中華人民共和國國務院批准的重大文化出版工程

國家文化發展規劃綱要的重點出版工程項目

新聞出版總署列為「十一五」、「十二五」國家重大工程出版規劃之首

国家出版基金项目
NATIONAL PUBLICATION FOUNDATION

ISBN 978-7-229-07842-3

中華大典

天文典

重慶出版集團
重慶出版社

《中華大典》工作委員會

《中華大典》編纂委員會

《中華大典》前言

《中華大典》是運用我國歷代漢文古籍編纂的一部大型工具書。其目的是爲學術界及願意瞭解中國古代珍貴文化典籍的人士提供準確詳實、便於檢索的漢文古籍分類資料。

中國是世界文明古國之一，幾千年來纂寫和聚集的文化典籍浩如烟海。我國歷代都有編纂類書的優良傳統，具有代表性的《永樂大典》等大多已佚失，現存《古今圖書集成》編就距今也已數百年。爲了適應今天和以後研究和檢索的需要，一九八八年海内外三百多位專家學者和各古籍出版社同仁倡議，在已有類書的基礎上，用現代科學方法編纂一部新的類書《中華大典》。

國務院在關於編纂《中華大典》問題的批覆中指出，編纂《中華大典》「是我國建國以來最大的一項文化出版工程」。本書所收漢文古籍上起先秦，下迄清末，約三萬種，達七億多字，分爲二十四個典，近百個分典，内容廣博，規模宏大，前所未有。

《中華大典》的編纂工作堅持科學態度和百花齊放、百家争鳴方針。儘量採用古精校精刻本，優先採用我國建國後文獻學和考古學的優秀成果。對傳統文化中重要的不同學派的資料，兼收並蓄。運用現代圖書分類的方法，對收集到的資料，精選、精編，力求便於檢索、準確可信。

這項工作從開始起就受到中共中央、國務院和有關部門的重視和支持。國家主席江澤民、國務院總理李鵬分别爲《中華大典》題詞。江澤民的題詞是：「同心同德群策群力認真編好中華大典爲建設有中國特色的社會主義服務」。李鵬的題詞是：「繼承和弘揚民族優秀傳統文化」。全國政

協主席李瑞環、國務委員李鐵映也作了重要指示，要求抓緊辦理。一九九〇年五月，國務院批准《中華大典》爲國家重點古籍整理項目。一九九二年九月，正式成立了《中華大典》工作委員會和《中華大典》編纂委員會，召開了《中華大典》工作、編纂會議。自此，《中華大典》的編纂工作由試點轉入正式啓動，逐步鋪開。

編纂《中華大典》，學術性很强，工作量很大，工程十分艱巨，全賴廣大專家學者和全國各有關高等院校、科研院所、圖書館、出版單位的鼎力支持與積極參與。大家本着弘揚中華民族優秀文化的心願，發揚奉獻精神，克服各種困難，團結協作，給這部巨大類書的出版提供了根本保證。在此謹表示誠摯的謝意。

對本書的批評與建議，我們將十分歡迎。

《中華大典》編纂委員會

一九九七年四月

二〇〇六年十一月修訂

《中華大典》編纂通則

一、性質：《中華大典》（以下簡稱《大典》）是對漢文古籍（含已翻譯成漢文的少數民族古籍）進行全面的、系統的、科學的分類整理和匯編總結的新型類書，是在繼承歷代類書優良傳統、考慮漢文古籍固有特點的基礎上，借鑒和參照近代編纂百科全書的經驗和方法編纂而成。編纂《大典》的目的，是爲學術界及願意瞭解中國古代珍貴文化典籍的人士提供各種分門別類的、準確詳細的古代漢文專題資料。

二、規模和體例：《大典》所收古籍的時限，上自先秦，下迄辛亥革命。全書共收各類漢文古籍三萬餘種，七億多字。全書體例，着重汲取清代《古今圖書集成》所採用的經目和緯目相交織這一統一框架結構的模式，同時參照現代科學的學科、目録分類方法，並根據各類學科内容的實際情况，一般將每一大類學科輯爲一典，也有將幾個相關學科共輯爲一典的。對各典名稱，均以現代學科命名，對於所收入的各種古籍資料，亦儘可能納入現代科學分類體系之中。

三、經目：大典共分二十四個典，即哲學典、宗教典、政治典、軍事典、經濟典、法律典、教育典、語言文字典、文學典、藝術典、歷史典、歷史地理典、民俗典、數學典、物理化學典、天文典、地學典、生物學典、醫藥衛生典、農業典、林業典、工業典、交通運輸典、文獻目録典。典以下以分典、總部、部、分部分級，分部之下的標目根據各學科特點由各典自行擬定。

四、緯目：共設置九項緯目，用以包容各級經目的具體内容：

①題解：對有關學科的名稱、概念、涵義、特點等作總體介紹的資料。

②論説：有關理論部分的資料。

③綜述：有關學科或事物的系統性資料，凡有關學科或事物的性狀、制度、範疇、特點及學科地位、發展情况等具體内容均編入此緯目中。

④傳記：有關人物的傳記資料。

⑤紀事：有關學科或事物的具體活動或事例的資料。

⑥著録：重要人物或文獻的有關著作資料，如專集介紹、序跋、藏書題記，以及有關著作的成書經過、版本源流等。

⑦ 藝文：有關屬於文學欣賞性的散文或韵文。

⑧ 雜録：凡未收入以上各緯目，而又有較高參考價值的資料，均入雜録。

⑨ 圖表：根據有關經目的内容需要，圖與表附於相關專題之下，或集中匯總於某級經目之後。

《大典》以内容分類安排各級緯目，各級緯目的正文，一般以原書爲單位，按時代順序排列。每一條資料前標明出處，包括書名或作者名、篇名或卷次，以利讀者核對原書。

五、書目：每分典後附有該分典所收書之書目，書目包括書名、作者、時（年）代、版本等内容。時代以成書時代爲準，成書時代不詳者，以作者主要活動時代爲準，並遵從歷史習慣。

六、版本：《大典》在選用版本時儘量採用古人的精校精刻本，亦採用學術界通用的近、現代整理圈點本及現代學者校點整理本。

七、校點：爲儘可能保存古籍原貌，《大典》祇對底本中明顯的脱、訛、衍、倒進行勘正。古本中的避諱字一般不作改動，祇對缺筆字補足筆畫。後人刻書時避當朝人諱而改動的字，據古本改回。《大典》採用新式標點法。

一九九六年八月

二〇〇六年十一月修訂

《中華大典·天文典》編纂委員會

《中華大典·天文典》總序

江曉原

《天文典》下設分典三：曰《天文分典》《曆法分典》《儀象分典》。茲略述與此三分典有關之基本概念，並根據近年新出研究成果，澄清若干常見之誤解。

天文·天學·天文學

「天文」一詞，今人常視爲「天文學」之同義語，以之對譯西文astronomy一詞，即現代意義上的天文學。然而古代中國「天文」一詞並無此義。古籍中較早出現「天文」一詞者爲《易經》。《易·彖·賁》云：

> 觀乎天文，以察時變；觀乎人文，以化成天下。

又《易·繫辭上》云：

> 仰以觀於天文，俯以察於地理。

「天文」與「人文」、「地理」對舉，其意皆指「天象」，即各種天體交錯運行而在天空所呈現之景象。這種景象又可稱爲「文」。《説文》九上：「文，錯畫也。」「天文」一詞正用此義。茲再舉稍後文獻中，更爲明確之典型用例二則，以佐證説明之。

《漢書》卷九九《王莽傳下》：

> 十一月，有星孛於張，東南行，五日不見。莽數召問太史令宗宣，諸術數家皆謬對，言天文安善，群賊且滅。莽差以自安。

張宿出現彗星，按照星占學理論本是凶危不祥之天象，但諸術數家不向王莽如實報告，而詭稱天象「安善」以安其心。

又《晉書》卷十三《天文志下》引《蜀記》云：

明帝問黄權曰：天下鼎立，何地爲正？對曰：當驗天文。往者熒惑守心而文帝崩，吴、蜀無事，此其徵也。

也以「天文」指天象，火星停留於心宿是具體事例。

「天文」既用以指天象，遂引伸出第二義，用以指稱仰觀天象以占知人事吉凶之學問。《易・繫辭上》屢言「在天成象，在地成形，變化見矣」、「仰以觀於天文，俯以察於地理，是故知幽明之故」，皆已隱含此意。而最明確之論述如下：

是故天生神物，聖人則之；天地變化，聖人效之。天垂象，見吉凶，聖人象之；河出圖，洛出書，聖人則之。

河圖、洛書是天生神物，「天垂象，見吉凶」是天地變化，「聖人」則之效之，乃能明乎治世之理。故班固在《漢書》卷三十《藝文志・數術略》「天文二十一家」後云：

天文者，序二十八宿，步五星日月，以紀吉凶之象，聖王所以參政也。

班固於《藝文志》中所論各門學術之性質，在古代中國文化傳統中有極大代表性。其論「天文」之性質，正代表了此後兩千年中國社會之傳統看法。

「天文」在古代中國人心目中，其含義及性質既如上述，可知正是今人所説的「星占學」，應該用以對譯西文astrology。故當初以「天文學」對譯西文astronomy，恐非考慮周全之舉。不過現既已約定俗成，自不得不繼續沿用耳。

歷代官史中諸《天文志》，皆爲典型星占學文獻，而其取名如此，正與班固的用法相同。此類文獻中最早見於《史記》，名《天官書》，尤見「天文」一詞由天象引伸爲星占學之脈絡——天官者，天上之星官，即天象也，亦即天文。後人常以「天文星占」並稱，正因此之故，而非如某些現代學者所理解，將「天文」與「星占」析爲二物。

現代意義上之天文學，是否曾經從古代中國之星占學母體中獨立出來？考之古代中國大量相關歷史文獻，答案祇能是否定的。儘管古代中國星占學活動中當然使用了具有現代意義的天文學工具——事實上世界各古老文明中的星占學無不如此。

理解此事的路徑之一，可如下述：中國古代雖不存在現代意義上之天文學，但確實使用了天文學工具以服務於星占學。設有人使用電腦算命，其算命活動之性質，爲僞科學無疑，不得視之爲「電腦技術」也；此算命之人，亦不得視之爲「電腦工程師」也。同理，今日研究中國古代相關文獻及古人之相關活動，亦不必強行將星占學認定爲天文學，將星占學家認定

爲天文學家。

基於以上所述各種情況，筆者在拙著《天學真原》等書中，①特以「天學」一詞，指稱中國古代「使用了天文學工具之星占學活動」，以避免造成概念之混淆。蓋因古代中國天學，就其性質或就其功能而論，皆與現代意義上之天文學迥異，如想當然而使用「天文學」一詞，即可能導致錯覺，以爲中國古代「使用了天文學工具之星占學活動」是現代天文學之早期形態或初級階段，而這絶非事實——此種早期形態或初級階段，在古代世界即或有之，也僅見於希臘。

「天學」一詞之上述用法，二十年來已漸被學術同行認同採納。

曆法真義及其服務對象

今人常言「天文曆法」，但曆法之用途究竟何在？也許有人會馬上想到日曆（月份牌）——曆法，曆法豈非編制日曆之方法乎？此言固不算錯，但編制日曆，實爲曆法中之極小一部分功能。

今人談論「曆法」時，其實涉及三種事物：

其一爲曆譜，即現今之日曆（月份牌），至遲在秦漢竹簡中已可見到實物。

其二爲曆書，即有曆注之曆譜，如在具體日子上注出宜忌（「宜出行」、「諸事不宜」之類）。此物在先秦也已出現，逐漸演變爲後世之「皇曆」及清代之「時憲書」。

其三爲曆法，其文獻通常在歷代官修史書之《律曆志》中保存下來。總計有近百種曆法曾在中國古代行用或出現過，時間跨度近三千年。

許多「好心」之人，希望中國古代文化遺産中多一些「科學」色彩，遂喜歡將中國曆法稱爲「數理天文學」。此言亦不算錯，但此「數理天文學」服務於何種對象？欲知此事，須先瞭解古代中國曆法之大致情形。

欲知中國古代曆法之大致情形，可以一部典型曆法，唐代《大衍曆》（公元七二七年修成）爲例，其中包括如下七章：

「步中朔」章六節，主要爲推求月相之晦朔弦望等內容。

---

① 江曉原：《天學真原》，遼寧教育出版社，一九九一、一九九二、一九九五、二〇〇四、二〇〇七；洪葉文化事業有限公司（中國臺灣），一九九五；譯林出版社，二〇一〇。

「步發斂」章五節，推求二十四節氣與物候、卦象的對應，包括「六十卦」、「五行用事」等神秘主義内容。

「步日賀」章九節，討論太陽在黃道上之視運動，其精密程度，遠遠超出編制曆譜之所需，主要爲推算預報日月交食提供基礎。

「步月離」章二十一節，專門研究月球運動。因月球運動遠較太陽運動複雜，故篇幅遠大於上一章，其目的則同樣是爲預報日月交食提供基礎——祇有將日、月兩天體之運動同時研究透徹，才可實施對日月交食之推算預報。

「步軌漏」章十四節，專門研究與古代授時有關之各種問題。

「步交會」章二十四節，在前「步日賀」、「步月離」兩章基礎上，給出推算預報日月交食之具體方案。

「步五星」章二十四節，以數學方法分别描述金、木、水、火、土五大行星之運動。

很容易看出，這樣一部典型曆法，其主要内容，是研究日、月及金、木、水、火、土五大行星這七個天體——古代中國稱爲「七政」——之運動規律；而其主要功能，則是提供推算上述七天體任意時刻天球位置之方法及公式。至於編制曆譜，特其餘緒而已。

那麼古人爲何要推算七政在任意時刻之位置？

以前最爲流行之説，謂中國古代曆法是「爲農業服務」——指導農民種地，告訴他們何時播種、何時收割等等。許多學者感到此説頗能給中國古代曆法增添「科學」色彩，故樂意在各種著作中遞相轉述。

但是祇要稍一思考即能發現問題。姑以上述《大衍曆》爲例，祇消做最簡單之統計，就能發現「曆法爲農業服務」之説何等荒謬。

姑不論農業之歷史遠早於曆法之歷史，在尚未發明曆法時，農民早就種植莊稼了，那時他們靠什麼來「指導」？我們且看曆法所研究之七個天體中，六個皆與農業無關：五大行星和月亮，至少迄今人類尚未發現它們與農業有任何關係；祇剩下太陽確實與農業有關。但對於指導農業而言，根本用不著將太陽運動推算到「步日賀」章中那樣精確到小時和分鐘。事實上，祇要用「步發斂」章中内容，給出精確到日的曆譜，在其上注出二十四節氣，即足以指導農業生產。

整部《大衍曆》共一百零三節，「步發斂」章祇五節（其中還包括了與農業無關的神秘主義内容），換言之，整部曆法中祇有不足百分之五的内容與指導農業有關。《大衍曆》爲典型中國古代曆法，其他曆法基本上亦爲同樣結構，也就是説，「曆法

爲農業服務」之説，其正確性不足百分之五。

那麽中國古代數理天文學其餘百分之九十五以上内容，究竟是爲什麽服務呢？答案是——爲星占學服務。

因在古代，衹有星占學需要事先知道被占天體之運行規律，特别是某些特殊天象之出現時刻和位置。比如日食被認爲是上天對帝王之警告，必須事先精確預報，以便在日食發生時舉行盛大禳祈儀式，向上天謝罪；又如火星在恒星背景中之位置，經常被認爲具有險惡不祥之星占學意義，星占學家必須事先推算火星運行位置。

故中國古代之曆法（數理天文學），主要是爲星占學服務。古波斯《卡布斯教誨録》中有云：「學習天文的目的是預卜凶吉，研究曆法也出於同一目的。」此一論斷，對於古代諸東方文明而言都完全正確。

儀象與古代中國人之宇宙

儀象者，在中國古代本爲二物：儀用以測量天球坐標，象用以模擬古人心目中之宇宙，演示古人所見之天象。

古人測量天球坐標之事，容易理解，其原理、操作等與現代天文臺上所運作之儀器，本質上完全一樣——衹是現代使用了望遠鏡、電腦等工具以增加精度而已。但古人對於宇宙之認識，則與現代有極大不同，故須在此稍論述之。

「宇宙」一詞，今日已成通俗詞彙（日常用法中往往衹取空間、天地之意），其實是古代中國原有之措詞。《尸子》（通常認爲成書於漢代）云：「四方上下曰宇，往古來今曰宙。」此爲迄今在中國典籍中所見與現代「時空」概念最好之對應。

以往一些論著談到中國古代宇宙學説時，有所謂「論天六家」之説，謂蓋天、渾天、宣夜、昕天、穹天、安天。其實歸結起來，真正有意義者至多僅《晉書·天文志》中所言「古言天者有三家，一曰蓋天，二曰宣夜，三曰渾天」三家而已。

欲論此三家之説，先需對宇宙有限無限問題有合理認識。

國人中至今仍有許多人相信宇宙爲無限（在時間及空間上皆如此），因爲恩格斯曾有如此斷言。然而恩格斯之言，是遠在現代宇宙學科學觀測證據出現之前所説，與這些證據（其中最重要之三者爲宇宙紅移、3K 背景輻射、氦豐度）相比，恩格斯所言衹是思辨結果。在思辨和科學證據之間，雖起聖人於地下，亦衹能選擇後者。

現代「大爆炸宇宙模型」，建立於科學觀測證據之上。在此一模型中，時間有起點，空間也有邊界。如一定要簡單化地在「有限」和「無限」之間作選擇，那就衹能選擇「有限」。此爲現代科學之結論，到目前爲止尚未被推翻。

有些論及中國古代宇宙理論者，凡見古人主張宇宙爲有限者，概以「唯心主義」、「反動」斥之；而見主張宇宙爲無限者，必以「唯物主義」、「進步」譽之。若持此種標準以論古人對宇宙之認識，必將陷入謬誤。

古人没有現代宇宙學之觀測證據，當然祇能出以思辨。《周髀算經》明確陳述宇宙直徑爲八十一萬里。漢代張衡作《靈憲》，其中所述天地直徑爲「二億三萬二千三百里」之球體，並謂：

> 過此而往者，未之或知也。未之或知者，宇宙之謂也。宇之表無極，宙之端無窮。

張衡將天地之外稱爲「宇宙」，但他明確認爲「宇宙」爲無窮——當然也祇是思辨結果，在當時他不可能提供科學證據。而作爲思辨結果，即使與建立在科學觀測證據上之現代結論一致，亦祇能視爲巧合而已，更毋論其未能巧合者矣。

也有明確主張宇宙爲有限，如漢代揚雄《太玄·玄摛》中爲宇宙所下定義爲：「闔天謂之宇，辟宇謂之宙。」天與包容於其中之地合稱爲「宇」，自天地誕生之日起方有「宙」。此處明確將宇宙限定在物理性質之天地内。此種觀點最接近常識及日常感覺，雖在今日，對於未受過足够科學思維訓練者而言，亦最容易接納。

若在中國古籍中尋章摘句，當然還可找到一些能够將其解釋爲主張宇宙無限之語（比如唐柳宗元《天對》中幾句文學性詠歎），但終以主張宇宙有限者爲多。

大體上，對於古代中國天文學、星占學或哲學而言，宇宙有限還是無限，并非極端重要之問題。而「上下四方曰宇，往古來今曰宙」之定義，則可以被主張宇宙有限、主張宇宙無限、主張宇宙有限無限爲不可知等各方所共同接受。

李約瑟《中國科學技術史·天學卷》中，爲「宣夜説」專設一節。李氏熱情讚頌此種宇宙模式，謂：

> 這種宇宙觀的開明進步，同希臘的任何説法相比，的確都毫不遜色。亞里士多德和托勒密僵硬的同心水晶球概念，曾束縛歐洲天文學思想一千多年。中國這種在無限的空間中飄浮著稀疏的天體的看法，要比歐洲的水晶球概念先進得多。雖然漢學家們傾向於認爲宣夜説不曾起作用，然而它對中國天文學思想所起的作用實在比表面上看起來要大一些。①

① 李約瑟：《中國科學技術史》第四卷「天學」（注意此爲二十世紀七十年代中譯本之分卷法，與原版不同），科學出版社，一九七五，頁一一五至一一六。

因李氏之大名，遂使「宣夜説」名聲大振。從此它一直沐浴在「唯物主義」、「比布魯諾（Giordano Bruno）早多少多少年」之類的讚美歌聲中。姑不論上引李氏話中，至少有兩處技術性錯誤，①更重要者是李約瑟對「宣夜説」之評價是否允當。

「宣夜説」之歷史資料，迄今衹見《晉書·天文志》中如下一段：

> 宣夜之書亡，惟漢秘書郎郗萌記先師相傳云：天性了無質，仰而瞻之，高遠無極，眼瞀精絶，故蒼蒼然也。譬之旁望遠道之黄山而皆青，俯察千仞之深谷而窈黑，夫青非真色，而黑非有體也。日月衆星，自然浮生虚空之中，其行其止皆須氣焉。是以七曜或逝或住，或順或逆，伏現無常，進退不同，由乎無所根繫，故各異也。故辰極常居其所，而北斗不與衆星西没也。攝提、填星皆東行，日行一度，月行十三度，遲疾任情，其無所繫著可知矣。若綴附天體，不得爾也。

衹需略微仔細一點考察這段話，即可知李氏高度讚美「宣夜説」實出於他一厢情願之想象。首先，這段話中並無宇宙無限之含義。「高遠無極」明顯是指人目之極限而言。其次，斷言七曜「伏現無常，進退不同」，卻未能對七曜運行進行哪怕最簡單的描述。造成這種致命缺陷的原因被認爲是「由乎無所根繫」，這就表明，此種宇宙模式無法匯出任何稍有積極意義之具體結論。

「宣夜説」因根本未能引導出哪怕衹是非常初步的數理天文學系統——即對日常天象之解釋和數學描述，以及對未來天象之推算預言。從這個意義上看，宣夜説（昕天、穹天、安天等説更毋論矣）完全不能與蓋天説和渾天説相提並論。故真正在古代中國産生過重大影響及作用之宇宙模式，實爲蓋天與渾天兩家。

關於蓋天説，情形頗爲複雜，此處僅能依據近年新出研究成果，略述其概要如次：②

《周髀算經》所述蓋天宇宙模型基本結構爲：天與地爲平行平面，在北極下方大地中央矗立著高六萬里、底面直徑爲

---

① 李約瑟兩處技術性錯誤爲：一、托勒密的宇宙模式衹是天體在空間運行軌跡的幾何表示，並無水晶球之類的堅硬實體。二、亞里斯多德學説直到十四世紀纔獲得教會的欽定地位，因此水晶球體系至多衹能束縛歐洲天文學思想四百年。參見江曉原：天文學史上的水晶球體系，《天文學報》二十八卷四期（一九八七）。

② 江曉原：《周髀算經》——中國古代唯一的公理化嘗試，《自然辯證法通訊》十八卷三期，一九九六。江曉原：《周髀算經》蓋天宇宙結構考，《自然科學史研究》十五卷三期，一九九六。江曉原：《周髀算經》與古代域外天學，《自然科學史研究》十六卷三期，一九九七。

二萬三千里之上尖下粗的「璿璣」。天之平面中，在此處亦有對應之隆起。

蓋天宇宙爲一有限宇宙，天與地爲兩平行之平面大圓形，此兩大圓平面直徑皆爲八十一萬里。

蓋天宇宙模型亦爲中國古代僅有的一次公理化嘗試，此後即成絶響。

與蓋天説相比，渾天説之地位要高得多——事實上它在中國古代占統治地位，是「主流學説」無疑。但奇怪的是它卻没有一部象《周髀算經》那樣系統陳述其學説的著作。

通常將《開元占經》卷一中所引的《張衡渾儀注》視爲渾天説的綱領性文獻，這段引文很短，全文如下：

渾天如雞子。天體（這裡意爲天的形體）圓如彈丸，地如雞子中黄，孤居於内。天大而地小。天表裡有水，水之包地，猶殼之裹黄。天地各乘氣而立，載水而浮。周天三百六十五度又四分度之一，又中分之，則一百八十二分之五覆地上，一百八十二分之五繞地下。故二十八宿半見半隱。其兩端謂之南北極。北極乃天之中也，在正北，出地上三十六度，然則北極上規徑七十二度，常見不隱；南極天之中也，在南入地三十六度，南極下規徑七十二度，常伏不見。兩極相去一百八十二度半強。天轉如車轂之運也，周旋無端，其形渾渾，故曰渾天也。

此爲渾天説的基本理論。其内容遠不及《周髀算經》中蓋天理論豐富。

在渾天説中，大地及天之形狀皆爲球形，此點與蓋天説相比大大接近現代結論。但渾天之天有「體」，即某種實體（類似雞蛋之殼）。

然而球形大地「載水而浮」之設想造成了很大問題。因在此模式中，日月星辰皆附著於「天體」内面，而此「天體」之下半部分盛著水，這就意味著日月星辰在落入地平線之後都將從水中經過，這與日常的感覺難以相容。於是後來又有改進之説——認爲大地懸浮在「氣」中，比如宋代張載《正蒙・參兩篇》謂「地在氣中」，這當然比讓大地浮在水上要合理一些。

以今日眼光觀之，渾天説初級簡陋，與約略同一時代西方托勒密（Ptolemy）精緻的地心體系（注意，渾天説也完全是地心的）無法同日而語，與《周髀算經》之蓋天學説相比也大爲遜色。然而這樣一個學説爲何竟能在此後約兩千年間成爲主流？

原因在於：渾天説將天和地形狀認識爲球形。這樣至少可以在此基礎上發展出一種最低限度之球面天文學體系——渾儀、渾象即服務於此一體系。而衹有球面天文學，方能使對日月星辰運行規律之測量、推算成爲可能。蓋天學説雖然有其數理天文學，但它對天象的數學説明和描述俱不完備（例如《周髀算經》中完全未涉及日月交食與行星運動）。

今日全世界天文學家共同使用之球面天文學體系，在古希臘時代就已完備。中國古代固已有球面天文學，惜乎始終未能達到古希臘水準。其中最主要之原因，在於渾天宇宙模型中，大地之尺度與天球之尺度相比，爲一比二，而在古希臘模型中此一比例爲一比二萬三千四百八十一（現代天文學所知比例當然更爲懸殊）。換言之，在古希臘宇宙模型中，大地尺度經常可以忽略（將大地視爲一個點），這種忽略爲球面天文學體系中許多情形下所必須——而這樣的忽略在古代中國渾天説中絶無可能。

古代天學之科學遺産及學術意義

今人常言中國古代天學留下了「豐富遺産」、「寶貴遺産」，但這些遺産究竟是何物，到今日還有何用，應如何看待，皆爲頗費思量之問題，且很少見前賢正面討論。

我們可以嘗試將中國天學遺産分爲三類：

第一類：可用以解決現代天文學問題之遺産。

第二類：可用以解決歷史年代學問題之遺産。

第三類：可用以瞭解古代中國社會之遺産。

此種分類，基本上可以將中國天學遺産全部概括。以下通過具體案例稍論之。

中國古代天學第一類遺産，先前已得到初步收集整理，即收録於《中國古代天象記録總集》一書中之天象記録，凡一萬餘條。① 此爲中國古代天學遺産中最富科學價值之部分。古人雖出於星占學目的而記録天象，但它們在今日卻可爲現代天文學所利用——因天體演變在時間尺度上通常極爲巨大，雖千萬年祇如一瞬，故古代記録即使科學性、準確性稍差，仍然彌足珍貴。

二十世紀四十年代，金牛座蟹狀星雲被天體物理學家證認出係公元一〇五四年超新星爆發之遺跡，這次爆發在中國古籍中有最爲詳細之記載。隨著射電天文學勃興，在蟹狀星雲、公元一五七二年超新星、公元一六〇四年超新星遺跡中都發

---

① 此書爲全國衆多科研單位大量科學工作者協同工作，查書十五萬餘卷，歷時三年（一九七五至一九七七）所得的成果。至一九八八年由江蘇科學技術出版社出版。

現了射電源。天文學家於是形成如下猜想：超新星爆發後可能會形成射電源。

但超新星爆發極爲罕見，如以太陽系所在之銀河系爲限，兩千年間歷史記載超新星僅十四顆，公元一六〇四年以來至今再未出現。故欲驗證上述設想，不可能作千百年之等待，衹能求之於歷史記載。當時蘇聯天文學界對此事興趣濃烈，因西方史料不足，乃求助於中國。

於是席澤宗於一九五五年發表《古新星新表》，①充分利用中國古代天象記録完備、持續、準確之巨大優勢，考訂了從殷商時代到公元一七〇〇年間共九十次新星和超新星之爆發記録。《古新星新表》一發表即引起美、蘇兩國高度重視。兩國都先對該文進行報導，隨後譯出全文。

事實上，隨著天體物理學飛速發展，《古新星新表》的重要性遠遠超出當時想象之外。此後二十多年中，世界各國天文學家在討論超新星、射電源、脈衝星、中子星、X射線源、γ射線源等最新天文學進展時，引用該文達一千次以上。國際天文學界著名雜誌之一《天空與望遠鏡》上出現評論稱：「對西方科學家而言，可能所有發表在《天文學報》上的論文中最著名的兩篇，就是席澤宗在一九五五年和一九六五年關於中國超新星記録的文章。」而美國天文學家斯特魯維（O. Struve）之名著《二十世紀天文學》中，唯一提到中國天文學家的工作即《古新星新表》。一篇論文受到如此高度重視，且與此後如此衆多新進展聯繫在一起，這在當代堪稱盛況。

此即中國古代天學史料被用以解決現代天文學問題之典型例證。

類似例證還有筆者用中國古代星占學史料解決困擾國際天文學界百餘年之「天狼星顔色問題」，②兹不具述。

中國天學留下之第二類遺産，可用以解決歷史年代學問題。

因年代久遠，史料湮没，某些重要歷史事件發生之年代，或重要歷史人物之誕辰，至今無法確定。所幸古人有天人感應之説，相信上天與人間事務有著神秘聯繫，故在叙述重大歷史事件發生或重要人物誕生死亡時，往往將當時特殊天象（如日月交食、彗星、客星、行星特殊位置等）虔誠記録下來。有些此類記録得以保存至今。依靠天文學家之介入，此種古代星占學天象記録，竟能化爲一份意外遺産——借助現代天文學手段，對這些天象進行回推計算，即可能成爲確定歷史事件年代

① 載《天文學報》三卷二期（一九五五）。

② 江曉原：中國古籍中天狼星顔色之記載，《天文學報》三十三卷四期（一九九二）。

之有力證據。

此種應用近年最爲成功的例證，即筆者所領導之研究小組，借助國際天文學界當時最先進之星曆表軟體，推算出武王伐紂確切年代，並成功重現當時一系列重大事件之日程表。① 結論爲：周武王牧野克商之戰，發生於公元前一〇四四年一月九日清晨。

類似例證，還有筆者所領導之研究小組利用日食記録，推算出孔子誕辰之確切日期：②公元前五五二年十月九日。

其實解決現代天文學問題，或解決歷史年代學問題，僅僅利用了中國天學遺産中之一小部分。中國古代留下大量「天學秘笈」，以及散佈在中國浩如煙海之古籍中的各種零星記載。這部分遺産數量最大，如何看待和利用也最成問題。

這第三類中國天學遺産，可用以瞭解古代中國社會。

中國古代並無現代意義上之天文學，有的衹是「天學」——此天學不是一種自然科學，而是深深進入古代中國人精神生活。日食、月食、火星、金星或木星處於特殊位置等等，更不用説一次彗星出現，凡此種種天象，在古代中國人看來都不是科學問題，而是哲學問題，神學問題，或是一個政治問題。

由於天學在中國古代有如此特殊之地位（此一地位，其他學科，比如數學、物理、煉丹、紡織、醫學、農學之類，根本無法相比），因此它就成爲瞭解古代中國人政治生活、精神生活和社會生活之無可替代的重要途徑。古籍中幾乎所有與天學有關之文獻，皆有此種價值及用途。具體案例，在筆者所著《天學真原》中隨處可見，兹不縷述。

中國天學這方面遺産之利用，將隨歷史研究之深入和拓展，比如社會學方法、文化人類學方法之日益引入，而展開廣闊前景。

故《天文典》之編纂，其重要意義之一，即爲我們繼承、利用上述各類中國古代天學遺産，提供一種集大成之史料庫。

二〇一〇年九月二十八日

於上海交通大學科學史系

① 江曉原、鈕衛星：《國語》伶州鳩所述武王伐紂天象及其年代，《自然科學史研究》十八卷四期（一九九九）。

② 江曉原、鈕衛星：以天文學方法重現武王伐紂之年代及日程表，《科學》五十一卷五期（一九九九）。
江曉原：孔子誕辰：西元前五五二年十月九日，《歷史月刊》（中國臺灣）一九九九年第八期。此文曾被國內多種報紙雜誌轉載。

中華大典·天文典

天文分典

天文分典

中華大典·天文典

《中華大典·天文典·天文分典》編纂人員名單

主　編： 鈕衛星

副主編： 董煜宇　陳志輝　宋神秘　周　元

參與編纂和校對人員：

吴　慧　孫萌萌　葉　璐　楊　凱　張　楠

靳志佳　陳月兒　胡　晗　錢　驌　姚妙峰

趙鳳翔　周利群　周霄漢　潘澍原　巍劉偉

王宏晨

《中華大典·天文典·天文分典》編纂説明

一、《中華大典·天文典·天文分典》以《中華大典》的編纂宗旨爲依據，彙編從先秦到清末中國古天文方面的資料性文獻，以供天文學、科學史工作者及一般讀者參考和檢索。

二、《天文分典》主要收録中國的古天文資料，其編纂目標是與《曆法分典》、《儀象分典》有機地結合在一起，成爲中國古代天文學的完整資料性文獻。《天文分典》收録的主要内容包括中國古代關於天地宇宙的認識和相關學説、關於日月五星和恒星的知識、對各種天文現象的記録和描述以及對天人關係的相關記述。作爲從事天文活動的主角，中國古代天文學家的有關傳記資料也統一收録在本分典中。

三、經目：《天文分典》下設天地總部、天象記録總部、七曜總部、星辰總部、天人感應總部、天學家總部等六個一級經目。各總部根據内容需要下設若干『部』作爲二級經目。

（一）天地總部主要收録中國古代本土及域外來華並産生影響的有關宇宙起源和宇宙結構的學説，下設天地本原部、天地結構部和域外來華學説部。

（二）天象記録總部主要收録中國古代對各種天文現象的記録和描述，下設日食部、月食部、太陽黑子部、月掩行星部、客星部、彗星部、流星雨部和隕石部。

（三）七曜總部主要收録中國古代有關日月五星的知識，主要偏重該七大天體的相關運動狀態、物理特性等方面的記述，描述和推算七大天體之運動和對日月交食等現象進行預測的數理内容則收録在《曆法分典》中。該總部下設總論部、日部、月部、水星部、金星部、火星部、木星部和土星部。

（四）星辰總部主要收録中國古代有關全天恒星的知識，主要涉及恒星天區的劃分、星官（星座）的設立、星圖的繪製和星表的測定等，下設總論部、三垣部和二十八宿部。

（五）天人感應總部主要收録中國古代有關天人關係的理論和記述，下設總論部、陰陽五行部、分野部、災祥部和人事部。

（六）天學家總部主要收録中國古代天文學家這個職業群體的有關記述和傳記資料，下設總論部、先秦部、兩漢部、魏晉南北朝部、隋唐部、五代兩宋部、金遼元部、明清部。

四、緯目：本分典在二級經目下設題解、論説、綜述、傳記、紀事、著録、藝文、雜録、圖表等緯目。各緯目含義和所收内容服從《中華大典》『編纂通則』的規定，並遵循按需而設的原則，部分經目下不設個别緯目，如『圖表』主要設在『星辰總部』之下，而『傳記』僅設在『天學家總部』經目之下。

五、《天文分典》收録資料的範圍上起先秦，下訖清末，因各代存世資料分布不均，因此明代以前儘量收全，明代以後特别是清中後期的資料則收録最具代表性的内容。

六、所收資料一依底本，並改正明顯的脱、訛、衍、倒，異體字改爲通用字，缺筆的避諱字直接改正。補出或改正的正確字用『〔　〕』標出，原文錯字用『（　）』標出。對古籍引用的省略處，用『【略】』標出。本書採用新式標點。

七、資料標明出處，包括朝代、作者、書名。對卷帙浩繁、編制複雜之巨著，則兼標卷次及篇名，以利讀者查核。對古籍卷次的書寫方式，亦依《中華大典》凡例。全書之末附主要引用書目。書目包括書名、作者（編者）、時（年）代、版本等内容。

八、本書爲集體編纂。《天文典》總主編江曉原負責全域工作，《天文分典》主編鈕衛星負責具體的組織編纂工作，董煜宇、陳志輝、周元、宋神秘、吴慧等參與了具體的編纂工作。其工作程式是：首先由分典主編提出全書編纂大綱，確立本分典經緯目設置，擬定收録之書目，與各部主編商定選材之原則和收録之内容；然後各總部負責人將相關内容編纂至各經緯目之下，形成初稿；校對人員核對原書，對初稿進行標點；最後分典主編對全書進行統稿。

九、由於各種主客觀條件的限制，本書的編纂肯定不能盡善，其中錯誤難免，望學術界同行不吝批評指正。

天文分典

目録

天地總部

天地本原部

題解

《易·賁·彖》 剛柔交錯,天文也。

《管子·宙合》 天地萬物之橐,宙合有橐天地。

《莊子·達生》 天地者,萬物之父母也。合則成體,散則成始。

《爾雅·釋天》 穹蒼,蒼天也。春爲蒼天。夏爲昊天。秋爲旻天。冬爲上天。

漢·董仲舒《春秋繁露·觀德》 天地者,萬物之本,先祖之所出也。廣大無極,其德炤明,歷年衆多,永永無疆。天出至明,衆之類也,其伏無不炤也。地出至晦,星日爲明不敢闇,君臣父子夫婦之道取之此。

漢·揚雄《太玄經·九天》 有九天:一爲中天,二爲羨天,三爲從天,四爲更天,五爲睟天,六爲廓天,七爲咸天,八爲沈天,九爲成天。

漢·許慎《説文·一部》 天,顛也,至高無上,從一大。

漢·許慎《説文·土部》 地,元氣初分,輕清陽爲天,重濁陰爲地。萬物所陳列。

漢·劉熙《釋名·釋天》 天,豫、司、兖、冀以舌腹言之:天,顯也,在上高顯也。青、徐以舌頭言之:天,坦也,坦然高而遠也。春曰蒼天,陽氣始發,色蒼蒼也。夏曰昊天,其氣布散,皓皓也。秋曰旻天,旻,閔也,物就枯落可閔傷也。冬曰上天,其氣上騰與地絶也。故《月令》曰:天氣上騰,地氣下降。《易》謂之乾。乾,健也,健行不息也。又謂之元。元,懸也,如懸物在上也。

漢·班固《白虎通·天地》 天者何也?天之爲言鎮也,居高理下,爲人鎮也。地者,易也。言養萬物懷任,交易變化也。

始起之天,始起先有太初,後有太始,形兆既成,名曰太素。混沌相連,視之不見,聽之不聞,然後剖判清濁。既分,精出曜布,度物施生。精者爲三光,號者爲五行。行生情,情生汁中,汁中生神明,神明生道德,道德生文章。故《乾鑿度》云:「太初者,氣之始也。太始者,形兆之始也;太素者,質之始也。陽唱陰和,男行婦隨也。」

天道所以左旋、地道右周何?以爲天地動而不別,行而不離。所以左旋、右周者,猶君臣、陰陽相對之義。

男女總名爲人,天地所以無總名何?曰:天圓地方,不相類,故無總名也。君舒臣疾,卑者宜勞,天所以反常行何?以爲陽不動,無以行其教;陰不静,無以成其化。雖終日乾乾,亦不離其處也。故《易》曰:「終日乾乾,反覆道也。」

《春秋緯·元命苞》 元者,端也,氣泉。

魏·張揖《廣雅·釋天》 太初,氣之始也,生於酉仲,清濁未分也。太始,形之始也,生於戌仲,清者爲精,濁者爲形也。太素,質之始也,生於亥仲,已有素朴而未散也。三氣相接,至於子仲,剖判分離,輕清者上爲天,重濁者下爲地,中和者爲萬物。

晉·楊泉《物理論》 天者,旋也,均也。積陽爲剛,其體迴旋,羣生之所大仰。

《黄帝陰符經》中篇 天地,萬物之盜。

唐·陳子昂《陳拾遺集·諫證理書》 臣聞之於師曰,元氣者天地之始,萬物之祖,王政之大端也。天地之道莫大乎陰陽,萬物之靈莫大乎黔首,王政之貴莫大乎安人。

唐·吕温《凌煙閣勛臣頌·河間王孝恭》 太極構天,本由一氣,大人創業,資我族類。

唐·李筌《陰符經疏》 天者,陰陽之總名也。

唐·佚名《無能子·紀見》 且萬物之名,亦豈自然著哉?清而上者曰天,黄而下者曰地,燭晝者曰日,燭夜者曰月,以至風雲、雨露、煙霧、霜雪,皆妄作者強名之也,人久習之,不見其強名之初,故沿之而不敢移焉。昔妄作者或謂清上者曰地,黄下者曰天,燭晝者月,燭夜者日,今亦沿之矣。

宋·胡瑗《周易口義·繫辭上》 義曰:天文者,則是日月星辰布設懸象成文章,故稱文也。

元·李簡《學易記》卷三 天文者,指上文剛柔相文而言也。剛柔交錯乃天之文,日月星辰之謂也。

明·王文禄《海沂子·儀曜篇》 天何也?清氣浮也。

論說

《易・乾・彖》 大哉乾元，萬物資始，乃統天。

又 大明終始，六位時成。時乘六龍以御天。

《易・乾・象》 天行健，君子以自強不息。

《易・賁》 觀乎天文，以察時變；觀乎人文，以化成天下。觀天之文，則時變可知也；觀人之文，則化成可爲也。

《書・皋陶謨》 天敘有典，勑我五典五惇哉。天秩有禮，自我五禮有庸哉。同寅協恭，和衷哉。天命有德，五服五章哉。天討有罪，五刑五用哉。政事懋哉，懋哉。

《書・益稷》 帝庸作歌曰：「勑天之命，惟時惟幾。」

又 天聰明，自我民聰明。天明畏，自我民明威。達於上下，敬哉有土。

《書・說命》 惟天聰明，惟聖時憲，維臣欽若，惟民從乂。

《書・高宗肜日》 祖己乃訓於王曰：「惟天監下民，典厥義。降年有永有不永，非天夭民，民中絶命。」

《書・泰誓上》 天佑下民，作之君，作之師。惟其克相上帝，寵綏四方。

又 天矜于民，民之所欲，天必從之。

《書・泰誓中》 天視自我民視，天聽自我民聽。

《書・泰誓下》 天有顯道，厥類惟彰。

《書・洪範》 惟天陰騭下民，相協厥居，我不知其彝倫攸敘。

《書・君奭》 天命不易，天難諶。

《老子》二十五章 有物混成，先天地生。寂兮寥兮，獨立而不改，周行而不殆，可以爲天下母。吾不知其名，字之曰道。【略】故道大，天大，地大，人亦大。域中有四大，而人居其一焉。人法地，地法天，天法道，道法自然。

《老子》四十二章 道生一，一生二，二生三，三生萬物。萬物負陰而抱陽，沖氣以爲和。

《老子》七十三章 天之道，不爭而善勝，不言而善應，不召而自來，繟然而善謀。天網恢恢，疏而不失。

《老子》七十七章 天之道，其猶張弓乎。高者抑之，下者舉之，有餘者損之，不足者補之。天之道，損有餘而補不足；人之道則不然，損不足以奉有餘。孰能以有餘奉天下？唯有道者。是以聖人爲而不恃，功成而不處，其不欲見賢。

《老子》七十九章 天道無親，常與善人。

《禮記・禮器》 天道至教，聖人至德。

《禮記・郊特牲》 萬物本乎天，人本乎祖，此所以配上帝也。

《莊子・至樂》 天無爲以之清，地無爲以之寧，故兩無爲相合，萬物皆化。芒乎芴乎，而無從出乎？芴乎芒乎，而無有象乎？萬物職職，皆從無爲殖，故曰：天地無爲也，而無不爲也。人也孰能得無爲哉？

《荀子・天論》 天行有常，不爲堯存，不爲桀亡。應之以治則吉，應之以亂則凶。強本而節用，則天不能貧；養備而動時，則天不能病；修道而不貳，則天不能禍。故水旱不能使之饑渴，寒暑不能使之疾，祆怪不能使之凶。本荒而用侈，則天不能使之富；養略而動罕，則天不能使之全；倍道而妄行，則天不能使之吉。故水旱未至而饑〔渴〕，寒暑未薄而疾，祆怪未至而凶。受時與治世同，而殃禍與治世異。不可以怨天，其道然也。故明於天人之分，則可謂至人矣。

不爲而成，不求而得，夫是之謂天職。如是者，雖深其人不加慮焉，雖大不加能焉，雖精不加察焉。夫是之謂不與天爭職。天有其時，地有其財，人有其治，夫是之謂能參。舍其所以參，而願其所參，則惑矣。

列星隨旋，日月遞照，四時代御，陰陽大化，風雨博施，萬物各得其和以生，各得其養以成。不見其事，而見其功，夫是之謂神。皆知其所以成，莫知其無形，夫是之謂天。唯聖人爲不求知天。

天職既立，天功既成，形具而神生，好惡、喜怒、哀樂藏焉，夫是之謂天情。耳、目、鼻、口、形，能各有接而不相能也，夫是之謂天官。心居中虛，以治五官，夫是之謂天君。財非其類，以養其類，夫是之謂天養。順其類者謂之福，逆其類者謂之禍，夫是之謂天政。暗其天君，亂其天官，棄其天養，逆其天政，背其天情，以喪天功，夫是之謂大凶。聖人清其天君，正其天官，備其天養，順其天政，

養其天情，以全其天功。如是，則知其所爲、知其所不爲矣，則天地官而萬物役矣。其行曲治，其養曲適，其生不傷，夫是之謂知天。

故大巧在所不爲，大智在所不慮。所志於天者，已其見象之可以期者矣；所志於地者，已其見宜之可以息者矣；所志於四時者，已其見數之可以事者矣；所志於陰陽者，已其見知之可以治者矣。官人守天，而自爲守道也。

治亂，天耶？曰：日月、星辰、瑞曆，是禹、桀之所同也。禹以治，桀以亂，治亂非天也。

時耶？曰：繁啟、蕃長於春夏，畜積、收藏於秋冬，是又禹、桀之所同也。禹以治，桀以亂，治亂非時也。

地耶？曰：得地則生，失地則死，是又禹、桀之所同也。禹以治，桀以亂，治亂非地也。詩曰：「天作高山，大王荒之。彼作矣，文王康之。」此之謂也。

天不爲人之惡寒也而輟冬，地不爲人之惡遼遠也而輟廣，君子不爲小人匈匈也而輟行。天有常道矣，地有常數矣，君子有常體矣。君子道其常，小人計其功。詩曰：「禮義之不愆兮，何恤人之言兮！」此之謂也。

楚王後車千乘，非知也；君子啜菽飲水，非愚也；是節然也。若夫心意修，德行厚，知慮明，生於今而志乎古，則是其在我者也。故君子敬其在己者，而不慕其在天者；小人錯其在己者，而慕其在天者。君子敬其在己者，而不慕其在天者，是以日進也；小人錯其在己者，而慕其在天者，是以日退也。故君子之所以日進，與小人之所以日退，一也。君子小人之所以相懸者，在此耳。

星墜木鳴，國人皆恐。曰：「是何也？」曰：無何也，是天地之變，陰陽之化，物之罕至者也。怪之，可也；畏之，非也。夫日月之有蝕，風雨之不時，怪星之黨見，是無世而不常有之。上明而政平，則是雖並世起，無傷也；上闇而政險，則是雖無一至者，無益也。夫星之墜，木之鳴，是天地之變，陰陽之化，物之罕至者也。怪之，可也；畏之，非也。

物之已至者，人祅則可畏也。楛耕傷稼，耘耨失歲，政險失民；田薉稼惡，糴貴民饑，道路有死人，夫是之謂人祅。政令不明，舉錯不時，本事不理，〔勉力不時，則牛馬相生〕夫是之謂人祅。禮義不修，内外無別，男女淫亂，則父子相疑，上下乖離，寇難並至，夫是之謂人祅。祅是生於亂。三者錯，無安國。其説甚邇，其菑甚慘。勉力不時，則牛馬相生，六畜作祅，可怪也，而不可畏也。傳曰：「萬物之怪書不説。」無用之辯，不急之察，棄而不治。若夫君臣之義，父子之親，夫婦之別，則日切瑳而不舍也。

雩而雨，何也？曰：無何也，猶不雩而雨也。日月食而救之，天旱而雩，卜筮而後決大事，非以爲得求也，以文之也。故君子以爲文，而百姓以爲神。以爲文則吉，以爲神則凶。

在天者莫明於日月，在地者莫明於水火，在物者莫明於珠玉，在人者莫明於禮義。故日月不高，則光輝不赫；水火不積，則煇潤不博；珠玉不睹乎外，則王公不以爲寶；禮義不加於國家，則功名不白。故人之命在天，國之命在禮。君人者，隆禮尊賢而王，重法愛民而霸，好利多詐而危，權謀傾覆幽險而盡亡矣。

大天而思之，孰與物畜而制之！從天而頌之，孰與制天命而用之！望時而待之，孰與應時而使之！因物而多之，孰與騁能而化之！思物而物之，孰與理物而勿失之也！願於物之所以生，孰與有物之所以成！故錯人而思天，則失萬物之情。

百王之無變，足以爲道貫。一廢一起，應之以貫，理貫不亂。不知貫，不知應變。貫之大體未嘗亡也。亂生其差，治盡其詳。故道之所善，中則可從，畸則不可爲，匿則大惑。水行者表深，表不明則陷。治民者表道，表不明則亂。禮者，表也。非禮，昏世也；昏世，大亂也。故道無不明，外内異表，隱顯有常，民陷乃去。

萬物爲道一偏，一物爲萬物一偏。愚者爲一物一偏，而自以爲知道，無知也。慎子有見於後，無見於先。老子有見於詘，無見於信。墨子有見於齊，無見於畸。宋子有見於少，無見於多。有後而無先，則群衆無門；有詘而無信，則貴賤不分；有齊而無畸，則政令不施；有少而無多，則群衆不化。《書》曰：「無有作好，遵王之道；無有作惡，遵王之路。」此之謂也。

《文子・上德》 天覆萬物，施其德而養之。與而不取，故精神歸焉。與而不取者，上德也，是以有德。高莫高於天也，下莫下於澤也，天高澤下，聖人法之，尊卑有敘，天下定矣。地載萬物而長之，與而取之，故骨骸歸焉。與而取者，下德也。下德不失德，是以無德。地承天，故定寧。地定寧，萬物形。地廣厚，萬物聚。定寧無不載，廣厚無不容。

《呂氏春秋・圜道》 天道圜，地道方，聖王法之，所以立上下。何以説天道之圜也？精氣一上一下，圜周復雜，無所稽留，故曰天道圜。何以説地道之方也？萬物殊類殊形，皆有分職，不能相爲，故曰地道方。主執圜，臣處方，方圜不易，其國乃昌。

《呂氏春秋・大樂》 太一出兩儀，兩儀出陰陽。陰陽變化，一上一下，合而成章。渾渾沌沌，離則復合，合則復離，是謂天常。天地車輪，終則復始，極則復反，莫不咸當。日月星辰，或疾或徐，日月不同，以盡其行。四時代興，或暑或寒，或短或長，或柔或剛。萬物所出，造於太一，化於陰陽。

漢・劉安《淮南子・天文》 天墜未形，馮馮翼翼，洞洞灟灟，故曰太昭。道始生虛廓，虛廓生宇宙，宇宙生氣。氣有涯垠，清陽者薄靡而爲天，重濁者凝滯而爲地。清妙之合專易，重濁之凝竭難，故天先成而地後定。天地之襲精爲陰陽，陰陽之專精爲四時，四時之散精爲萬物。積陽之熱氣生火，火氣之精者爲日；積陰之寒氣爲水，水氣之精者爲月；日月之淫爲精者爲星辰，天受日月星辰，地受水潦塵埃。

昔者共工與顓頊爭爲帝，怒而觸不周之山。天柱折，地維絶。天傾西北，故日月星辰移焉；地不滿東南，故水潦塵埃歸焉。天道曰圓，地道曰方。方者主幽，圓者主明。明者，吐氣者也，是故火曰外景；幽者，含氣者也，是故水曰內景。吐氣者施，含氣者化，是故陽施陰化。天之偏氣，怒者爲風；地之含氣，和者爲露。陰陽相薄，感而爲雷，激而爲霆，亂而爲霧。陽氣勝則散而爲雨露，陰氣盛則凝而爲霜雪。【略】

人主之情，上通於天，故誅暴則多飄風，枉法令則多蟲螟，殺不辜則國赤地，令不收則多淫雨。四時者，天之吏也；日月者，天之使也；星辰者，天之期也；虹霓、彗星者，天之忌也。天有九野，九千九百九十九隅，去地五億萬里。五星、八風、二十八宿、五官、六府、紫宮、太微、軒轅、咸池、四守、天阿。

何謂九野？中央曰鈞天，其星角、亢、氐；東方曰蒼天，其星房、心、尾；東北曰變天，其星箕、斗、牽牛；北方曰玄天，其星須女、虛、危、營室；西北方曰幽天，其星東壁、奎、婁；西方曰顥天，其星胃、昴、畢；西南方曰朱天，其星觜觿、參、東井；南方曰炎天，其星輿鬼、柳、七星；東南方曰陽天，其星張、翼、軫。【略】

何謂八風？距日冬至四十五日，條風至；條風至四十五日，明庶風至；明庶風至四十五日，清明風至；清明風至四十五日，景風至；景風至四十五日，涼風至；涼風至四十五日，閶闔風至；閶闔風至四十五日，不周風至；不周風至四十五日，廣莫風至。條風至，則出輕系，去稽留；明庶風至，則正封疆，修田疇；清明風至，則出幣帛，使諸侯；景風至，則爵有位，賞有功；涼風至，則報地德，祀四郊；閶闔風至，則收懸垂，琴瑟不張；不周風至，則修宮室，繕邊城；廣莫風至，則閉關梁，決刑罰。【略】

日入于虞淵之汜，曙于蒙穀之浦，行九州七舍，有五億萬七千三百九里。禹以爲朝、晝、昏、夜。夏日至則陰乘陽，是以萬物就而死。冬日至則陽乘陰，是以萬物仰而生。晝者陽之分，夜者陰之分。是以陽氣勝則日修而夜短，陰氣勝則日短而夜修。帝張四維，運之以斗，月徙一辰，復反其所。正月指寅，十二月指丑，一歲而匝，終而復始。指寅，則萬物螾螾也，律受太蔟。太蔟者，蔟而未出也。指卯，卯則茂茂然，律受夾鐘。夾鐘者，種始莢也。指辰，辰則振之也，律受姑洗。姑洗者，陳去而新來也。指巳，巳則生已定也，律受仲吕。仲吕者，中充大也。指午，午者，忤也，律受蕤賓。蕤賓者，安而服也。指未，未，昧也，律受林鐘。林鐘者，引而止也。指申，申者，呻之也，律受夷則。夷則者，易其則也，德以去矣。指酉，酉者，飽也，律受南吕。南吕者，任包大也。指戌，戌者，滅也，律受無射。無射，入無厭也。指亥，亥者，閡也，律受應鐘。應鐘者，應其鐘也。指子，子者，茲也，律受黃鐘。黃鐘者，鐘已黃也。指丑，丑者，紐也，律受大吕。大吕者，旅旅而去也。其加卯酉，則陰陽分，日夜平矣。故曰規生矩殺，衡長權藏，繩居中央，爲四時根。

道曰規，道始於一，一而不生，故分而爲陰陽，陰陽合和而萬物生。故曰「一生二，二生三，三生萬物」。天地三月而爲一時，故祭祀三飯以爲禮，喪紀三踊以爲節，兵重三罕以爲制。以三參物，三三如九，故黃鐘之律九寸而宮音調，因而九之，九九八十一，故黃鐘之數立焉。【略】

故律曆之數，天地之道也。

漢・劉安《淮南子・精神》 古未有天地之時，惟像無形，窈窈冥冥，芒芠漠閔，澒蒙鴻洞，莫知其門。有二神混生，經天營地，孔乎莫知其所終極，滔乎莫知其所止息，於是乃别爲陰陽，離爲八極，剛柔相成，萬物乃形，煩氣爲蟲，精氣爲人。是故精神，天之有也；而骨骸者，地之有也。精神入其門，而骨骸反其根，我尚何存？是故聖人法天順情，不拘於俗，不誘於人，以天爲父，以地爲母，陰陽爲綱，四時爲紀。天靜以清，地定以寧，萬物失之者死，法之者生。夫靜漠者，神明之宅也；虛無者，道之所居也。是故或求之於外者，失之於內；有守之於內者，失之於外。譬猶本與末也，從本引之，千枝萬葉，莫不隨也。

漢・劉安《淮南子・時則》 制度陰陽，大制有六度，天爲繩，地爲准，春爲

規，夏爲衡，秋爲矩，冬爲權。繩者，所以繩萬物也；準者，所以准萬物也；規者，所以員萬物也；衡者，所以平萬物也；矩者，所以方萬物也；權者，所以權萬物也。繩之爲度也，直而不爭，修而不窮，久而不弊，遠而不忘，與天合德，與神合明，所欲則得，所惡則亡，自古及今，不可移匡，厥德孔密，廣大以容，是故上帝以爲物宗。准之以爲度也，平而不險，均而不阿，廣大以容，寬裕以和，柔而不剛，鋭而不挫，流而不滯，易而不穢，發通而有紀，周密而不泄，准平而不失，萬物皆平，民無險謀，怨惡不生，是故上帝以爲物平。

漢·董仲舒《天人三策》 天不變道亦不變。

《孝經左契》 元氣混沌，孝在其中。

又 天序日月星辰以自光，人序孝弟忠信以自彰，務于德也。

漢·張衡《靈憲》 太素之前，幽清玄静，寂漠冥默，不可爲象，厥中惟虚，厥外惟無。如是者永久焉，斯謂溟涬，蓋乃道之根也。道根既建，自無生有。太素始萌，萌而未兆，並氣同色，渾沌不分。故《道志》之言云：「有物渾成，先天地生。」其氣體固未可得而形，其遲速固未可得而紀也。如是者又永久焉，斯爲庬鴻，蓋乃道之幹也。道幹既育，有物成體。於是元氣剖判，剛柔始分，清濁異位。天成於外，地定於内。天體于陽，故圓以動；地體于陰，故平以静。動以行施，静以合化，堙鬱構精，時育庶類，斯謂太元，蓋乃道之實也。在天成象，在地成形。天有九位，地有九域；天有三辰，地有三形；有象可效，有形可度。情性萬殊，旁通感薄，自然相生，莫之能紀。於是人之精者作聖，實始紀綱而經緯之。

八極之維，徑二億三萬二千三百里，南北則短減千里，東西則廣增千里。自地至天，半於八極，則地之深亦如之。通而度之，則是渾已。將覆其數，用重鉤股，懸天之景，薄地之義，皆移千里而差一寸得之。過此而往者，未之或知也。未之或知者，宇宙之謂也。宇之表無極，宙之端無窮。

天有兩儀，以舞道中。其可睹，樞星是也，謂之北極。在南者不著，故聖人弗之名焉。其世之遂，九分而減二。陽道左回，故天運左行。有驗於物，則人氣左羸，形左繚也。天以陽回，地以陰淳。是故天致其動，稟氣舒光；地致其静，承施候明。天以順動，不失其中，則四序順至，寒暑不減，致生有節，故品物用生。地以靈静，作合承天，清化致養，四時而後育，故品物用成。

凡至大莫如天，至厚莫若地。地至質者曰地而已。至多莫若水，水精爲漢，漢用於天而無列焉，思次質也。地有山嶽，以宣其氣，精種爲星。星也者，體生於地，精成於天，列居錯跱，各有逌屬。紫宫爲皇極之居，太微爲五帝之廷。明堂之房，大角有席，天市有坐。蒼龍連蜷于左，白虎猛據於右，朱雀奮翼於前，靈龜圈首于後，黄神軒轅於中。六擾既畜，而狼蚖魚鱉罔有不具。在野象物，在朝象官，在人象事，於是備矣。【略】

文曜麗乎天，其動者七，日、月、五星是也。周旋右回。天道者，貴順也。近天則遲，遠天則速，行則屈，屈則留回，留回則逆，逆則遲，迫於天也。

漢·王充《論衡·談天》 儒書言：「共工與顓頊爭爲天子不勝，怒而觸不周之山，使天柱折，地維絶。女媧銷鍊五色石以補蒼天，斷鼇足以立四極。天不足西北，故日月移焉；地不足東南，故百川注焉。」此久遠之文，世間是之言也。文雅之人，怪而無以非，若非而無以奪，又恐其實然，不敢正議。以天道人事論之，殆虚言也。

與人爭爲天子，不勝，怒觸不周之山，使天柱折，地維絶，有力如此，天下無敵。以此之力，與三軍戰，則士卒螻蟻也，兵革毫芒也，安得不勝之，恨怒觸不周之山乎？且堅重莫如山，以萬人之力，共推小山不能動也。如不周之山，大山也，使是天柱乎，折之固難，使非柱乎？觸不周山而使天柱折，是亦復難信。顓頊與之爭，舉天下之兵，悉海内之衆，不能當也，何不勝之有？且夫天者，氣邪？體也？如氣乎，雲烟無異，安得柱而折之？女媧以石補之，是體也。如審然，天乃玉石之類也。石之質重，千里一柱，不能勝也。如五嶽之巔，不能上極天乃爲柱。如觸不周，上極天乎？不周爲共工所折，當此之時，天毁壞也。如審毁壞，何用舉之？「斷鼇之足，以立四極」，説者曰：「鼇，古之大獸也，四足長大，故斷其足，以立四極。」夫不周，山也；鼇，獸也。夫天本以山爲柱，共工折之，代以獸足，骨有腐朽，何能立之久？且鼇足可以柱天，體必長大，不容於天地，女媧雖聖，何能殺之？如能殺之，殺之何用？足可以柱天，則皮革如鐵石，刀劍矛戟不能刺之，强弩利矢不能勝射也。

察當今天去地甚高，古天與今無異。當共工闕天之時，天非墜於地也。女媧，人也。人雖長，無及天者。夫其補天之時，何登緣階據而得治之？豈古之天，若屋廡之形，去人不遠，故共工得敗之，女媧得補之乎？如審然者，女媧以前，齒爲人者，人皇最先。人皇之時，天如蓋乎？説《易》者曰：「元氣未分，混沌爲一。」儒書又言：「溟涬濛澒，氣未分之類也。及其分離，清者爲天，濁者爲地。」如説《易》之家、儒書之言，天地始分，形體尚小，相去近也。近則或枕於不周之

山，共工得折之，女媧得補之也。含氣之類，無有不長。天地，含氣之自然也，從始立以來，年歲甚多，則天地相去，廣狹遠近，不可復計。儒書之言，殆有所見。然其言觸不周山而折天柱，絶地維，銷鍊五石補蒼天，斷鼇之足以立四極，猶爲虚也。何則？山雖動，共工之力不能折也。豈天地始分之時，山小而人反大乎？何以能觸而折之？以五色石補天，尚可謂五石若藥石治病之狀。至其斷鼇之足以立四極，難論言也。從女媧以來久矣，四極之立自若，鼇之足乎？

鄒衍之書，言天下有九州，《禹貢》之上所謂九州也；禹貢九州，所謂一州也，若《禹貢》以上者九焉。《禹貢》九州，方今天下九州也，在東南隅，名曰赤縣神州。復更有八州。每一州者四海環之，名曰稗海。九州之外，更有瀛海。此言詭異，聞者驚駭，然亦不能實然否，相隨觀讀諷述以談。故虚實之事，並傳世間，真僞不別也。世人惑焉，是以難論。

案鄒子之知不過禹。禹之治洪水，以益爲佐。禹主治水，益之記物。極天之廣，窮地之長，辨四海之外，竟四山之表，三十五國之地，鳥獸草木，金石水土，莫不畢載，不言復有九州。淮南王劉安，召術士伍被、左吳之輩，充滿宫殿，作道術之書，論天下之事。《地形》之篇，道異類之物，外國之怪，列三十五國之異，不言更有九州。鄒子行地不若禹、益，聞見不過被、吳，才非聖人，事非天授，安得此言？案禹之《山經》、淮南之《地形》，以察鄒子之書，虚妄之言也。太史公曰：「《禹本紀》言河出崑崙，其高三千五百餘里，日月所於辟隱爲光明也，其上有玉泉、華池，今自張騫使大夏之後，窮河源，惡睹《本紀》所謂崑崙者乎？故言九州山川，《尚書》近之矣。至《禹本紀》、《山經》所有怪物，余不敢言也。」夫弗敢言者，謂之虚也。崑崙之高，玉泉、華池，世所共聞，張騫親行無其實。案《禹貢》，九州山川，怪奇之物，金玉之珍，莫不悉載，不言崑崙山上有玉泉、華池。案太史公之言，《山經》、《禹紀》虚妄之言。

凡事難知，是非難測。極爲天中，方今天下，在禹極之南，則天極北，必高多民。《禹貢》「東漸於海，西被於流沙」，此天地之極際也。日刺徑千里，今從東海之上會稽鄞、鄮則察日之初出徑二尺，尚遠之驗也。遠則東方之地尚多，多則天極之北，天地廣長不復訾矣。如是，鄒衍之言未可非，《禹紀》、《山海》、淮南《地形》未可信也。鄒衍曰：「方今天下，在地東南，名赤縣神州。」天極爲天中，如方今天下，在地東南，視極當在西北。今正在北，方今天下在極南也。以極言之，不在東南，鄒衍之言非也。如在東南，近日所出，日出時其光宜大。今從東海察日，及從流沙視日，小大同也。相去萬里，小大不變，方今天下，得地之廣，少矣。雒陽，九州之中也，從雒陽北顧，極正在北。東海去雒陽三千里，視極亦在北。推此以度，從流沙之地視極，亦必復在北。東海、流沙，九州東西之際也，相去萬里，視極猶在北者，地小居狹，未能辟離極也。日南之郡，去雒且萬里。徙民還者，問之，言日中之時，所居之地未能在日南也。度之復南萬里，或在日之南。是則去雒陽二萬里，乃爲日南也。今從雒地察日之去遠近，非與極同也，極爲遠也。今欲北行三萬里，未能至極下也。假令之至，是則名爲距極下也。以至日南五萬里，極北亦五萬里也。極北亦五萬里，極東、西亦皆五萬里焉。東西十萬，南北十萬，相承百萬里。鄒衍之言：「天地之間，有若天下者九。」案周時九州，東西五千里，南北亦五千里，五五二十五，一州者二萬五千里。天下若此九之，乘二萬五千里。二十二萬五千里。如鄒衍之書，若謂之多，計度驗實，反爲少焉。

儒者曰：「天，氣也，故其去人不遠。人有是非，陰爲德害，天輒知之，又輒應之，近人之效也。」如實論之，天，體，非氣也。人生於天，何嫌天無氣？猶有體在上，與人相遠。祕傳或言：天之離天下，六萬餘里。數家計之，三百六十五度一周天。下有周度，高有里數。如天審氣，氣如雲煙，安得里度？又以二十八宿效之，二十八宿爲日月舍，猶地有郵亭爲長吏廨矣。郵亭著地，亦如星舍著天也。案附書者，天有形體，所據不虚。由此考之，則無恍惚，明矣。

魏・張揖《廣雅・釋天》 太初，氣之始也。

東方昦天，東南陽天，南方赤天，西南朱天，西方成天，西北幽天，北方元天，東北鑾天，中央鈞天。天圜闊南北二億三萬三千五百里七十五步，東西短減四步。周六億十萬七百里二十五步。從地至天一億一萬六千七百八十七里，下度地之厚與天高等。

晉・阮籍《達莊論》 天地生於自然，萬物生於天地。自然者無外，故天地名焉。天地者有内，故萬物生焉。當其無外，誰謂異乎？當其有内，誰謂殊乎？

晉・楊泉《物理論》 所以立天地者，水也。夫水，地之本也，吐元氣，發日月，經星辰，皆由水而興。

唐・劉禹錫《天論》上 世之言天者二道焉。拘於昭昭者則曰：「天與人實影響：禍必以罪降，福必以善來，窮阨而呼必可聞，隱痛而祈必可答，如有物的然以宰者。」故陰騭之説勝焉。泥於冥冥者則曰：「天與人實剌異：霆震於畜

木，未嘗在罪；春滋乎堇荼，未嘗擇善。跖、蹻焉而遂，孔、顏焉而厄，是茫乎無有宰者。」故自然之説勝焉。余之友河東解人柳子厚作《天説》以折韓退之之言，文信美矣，蓋有激之云，而非所以盡天人之際。故余作《天論》以極其辯云。

大凡入形器者，皆有能有不能。天，有形之大者也；人，動物之尤者也。天之能，人固不能也；人之能，天亦有所不能也。故余曰：天與人交相勝耳。其説曰：天之道在生植，其用在強弱；人之道在法制，其用在是非。陽而阜生，陰而肅殺；水火傷物，木堅金利；壯而武健，老而耗眊；氣雄相君，力雄相長：天之能也。陽而藝樹，陰而揫斂；防害用濡，禁焚用光；斬材窾堅，液礦硎鋩；義制強訐，禮分長幼；右賢尚功，建極閑邪：人之能也。

人能勝乎天者，法也。法大行，則是爲公是，非爲公非。天下之人，蹈道必賞，違之必罰。當其賞，雖三族之貴，萬鍾之禄，處之咸曰宜。何也？爲善而然也。當其罰，雖族屬之夷，刀鋸之慘，處之咸曰宜。何也？爲惡而然也。故其人曰：「天何預乃人事耶？惟告虔報本、肆類授時之禮，曰天而已矣。福兮可以善取，禍兮可以惡招，奚預乎天耶？」法小弛，則是非駁。賞不必盡善，罰不必盡惡。或賢而尊顯，時以不肖參焉；或過而僇辱，時以不辜參焉。故其人曰：「彼宜然而信然，理也。彼不當然而固然，豈理耶？天也。福或可以詐取，而禍亦可以苟免。」人道駁，故天命之説亦駁焉。法大弛，則是非易位。賞恒在佞，而罰恒在直。義不足以制其強，刑不足以勝其非。人之能勝天之具盡喪矣。夫實已喪而名徒存，彼昧者方挈挈然提無實之名，欲抗乎言天者，斯數窮矣。

故曰：天之所能者，生萬物也；人之所能者，治萬物也。法大行，則其人曰：「天何預人耶？我蹈道而已。」法大弛，則其人曰：「道竟何爲耶？任人而已。」法小弛，則天人之論駁焉。今人以一已之窮通，而欲質天之有無，惑矣！余曰：天恒執其所能以臨乎下，非有預乎治亂云爾；人恒執其所能以仰乎天，非有預乎寒暑云爾。生乎治者，人道明，咸知其所自，故德與怨不歸乎天；生乎亂者，人道昧，不可知，故由人者舉歸乎天。非天預乎人爾！

唐・劉禹錫《天論》中　或曰：子之言天與人交相勝，其理微，庸使戶曉，盍取諸譬焉。劉子曰：若知旅乎？夫旅者，群適乎莽蒼，求休乎茂木，飲乎水泉，必強有力者先焉；否則，雖聖且賢，莫能競也。斯非天勝乎？群次乎邑郛，求蔭于華榱，飽於餼牽，必聖且賢者先焉；否則，強有力莫能競也。斯非人勝乎？苟道乎虞、芮，雖莽蒼，猶郛邑然；苟由乎匡、宋，雖郛邑，猶莽蒼然。是一日之途，天與人交相勝矣。吾固曰：是非存焉，雖在野，人理勝也；是非亡焉，雖在邦，天理勝也。然則天非務勝乎人者也。何哉？人不宰則歸乎天也。人誠務勝乎天者也。何哉？天無私，故人可務乎勝也。吾於一日之途而明乎天人，取諸近也已。

或者曰：若是言之，則天之不相預乎人也，信矣。古之人曷引天爲？答曰：若知操舟乎？夫舟行乎濰、淄、伊、洛者，疾徐存乎人，次舍存乎人。風之怒號，不能鼓爲濤也；流之泝洄，不能峭爲魁也。適有迅而安，亦人也；適有覆而膠，亦人也。舟中之人未嘗有言天者，何哉？理明故也。彼行乎江河淮海者，疾徐不可得而知也，次舍不可得而必也。鳴條之風可以沃日，車蓋之雲可以見怪。恬然濟，亦天也；黯然沉，亦天也；阽危而僅存，亦天也。舟中之人未嘗有言人者，何哉？理昧故也。

問者曰：吾見其駢焉而濟者，風水等耳，而有沉有不沉，非天曷司歟？答曰：水與舟，二物也。夫物之合併，必有數存乎其間焉。數存，然後勢行乎其間焉。一以沉，一以濟，適當其數，乘其勢耳。彼勢之附乎物而生，猶影響也。本乎徐者其勢緩，故人得以曉也；本乎疾者其勢遽，故難得以曉也。彼江海之覆，猶伊淄之覆也。勢有疾徐，故有不曉耳。問者曰：子之言數存而勢生，非天也，天果狹於勢耶？答曰：天形恒圜而色恒青，周回可以度得，晝夜可以表候，非數之存乎？恒高而不卑，恒動而不已，非勢之乘乎？今夫蒼蒼然者，一受其形於高大而不能自還於卑小，一乘其氣於動用而不能自休於俄頃，又惡能逃乎數而越乎勢耶？吾固曰：萬物之所以爲無窮者，交相勝而已矣，還相用而已矣。天與人，萬物之尤者耳。

問者曰：天果以有形而不能逃乎數，彼無形者，子安所寓其數耶？答曰：若所謂無形者，非空乎？空者，形之希微者也。爲體也不妨乎物，而爲用也恒資乎有，必依於物而後形焉。今爲室廬，而高厚之形藏乎內也；爲器用，而規矩之形起乎內也。音之作也有大小，而響不能逾；表之立也有曲直，而影不能逾。非空之數歟？夫目之視，非能有光也，必因日月火炎而後光存焉。所謂晦而幽者，目有所不燭耳。彼狸狌犬鼠之目，庸謂晦而幽耶？吾固曰：以目而視，得形之粗者也；以智而視，得形之微者也。焉有天地之內有無形者耶？古所謂無形，蓋無常形耳，必因物而後見耳。烏能逃乎數耶？

唐・劉禹錫《天論》下　或曰：古之言天之曆象，有宣夜、渾天、《周髀》之

書，言天之高遠卓詭，有鄒子。今子之言有自乎？答曰：吾非斯人之徒也。大凡入乎數者，由小而推大必合，由人而推天亦合。以理揆之，萬物一貫也。今夫人之有頭目耳鼻齒毛頤口，百骸之粹美者也，然而其本在乎腎腸心腹。天之有三光懸寓，萬象之神明者也，然而其本在乎山川五行。濁爲清母，重爲輕始。兩位既儀，還相爲庸，噓爲雨露，噫爲風雷。乘氣而生，群分彙從，植類曰生，動類曰蟲。倮蟲之長，爲知最大，能執人理，與天交勝，用天之利，立人之紀。紀綱或壞，復歸其始。堯舜之書，首曰「稽古」，不曰稽天；幽厲之詩，首曰「上帝」，不言人事。在舜之庭，元凱舉焉，曰「舜用之」，不曰天授；在商中宗，襲亂而興，心知説賢，乃曰「帝賚」。堯民之餘，難以神誣；商俗已訛，引天而驅。由是而言，天預人乎？

唐・柳宗元《天對》 問曰：遂古之初，誰傳道之？上下未形，何由考之？冥昭瞢闇，誰能極之？馮翼惟像，何以識之？明明闇闇，惟時何爲？

對曰：本始之茫，誕老者傳焉。鴻靈幽紛，曷可言焉！曶黑晰眇，往來屯屯，龐昧革化，惟元氣存，而何爲焉！

問曰：陰陽三合，何本何化？

對曰：合焉者三，一以統同。籲炎吹冷，交錯而功。

問曰：圜則九重，孰營度之？

對曰：無營以成，遝陽而九。運轅渾淪，蒙以圜號。

問曰：惟茲何功，孰初作之？

對曰：冥凝元厘，無功無作。

問曰：斡維焉系，天極焉加？

對曰：烏溪系維，乃糜身位。無極之極，漭瀰非垠。或形之加，孰取大焉！

問曰：八柱何當，東南何虧？

對曰：皇熙亹亹，胡棟胡宇！宏離不屬，焉恃夫八柱！

問曰：九天之際，安放安屬？

對曰：無青無黃，無赤無黑。無中無旁，烏際乎天則。

問曰：隅限多有，誰知其數？

對曰：巧欺淫誑，幽陽以別。無限無隅，曷懵厥列。

問曰：天何所沓？十二焉分？

對曰：折篿剡筳，午施旁豎，鞠明究曛，自取十二。非予之爲，焉以告汝！

問曰：日月安屬？列星安陳？

對曰：規毀魄淵，太虛是屬。棋布萬熒，咸是焉托。

問曰：出自湯谷，次於蒙汜？

對曰：輻旋南晝，軸奠於北。軌彼有出次，惟汝方之側。平施旁運，惡有谷汜！

問曰：自明及晦，所行幾里？

對曰：當焉爲明，不逮爲晦。度引無窮，不可以里。

問曰：夜光何德，死則又育？

對曰：毀炎莫儷，淵迫而魄，遐違乃專，何以死育！

問曰：厥利維何，而顧菟在腹？

對曰：玄陰多缺，爰感厥兔，不形之形，惟神是類。

問曰：女歧無合，夫焉取九子？

對曰：陽健陰淫，降施蒸摩，歧靈而子，焉以夫爲！

問曰：伯強何處？惠氣安在？

對曰：怪彌冥更，伯強乃陽。順和調度，應氣出行。時屆時縮，何有處鄉。

問曰：何闔而晦？何開而明？

對曰：明焉非辟，晦兮非藏。

問曰：角宿未旦，曜靈安藏？

對曰：孰旦孰幽，繆躔於經。蒼龍之寓，而廷彼角亢。

問曰：不任汩鴻，師何以尚之？僉曰「何憂」，何不課而行之？

對曰：惟鯀譊譊，鄰聖而孽。恒師龐蒙，乃尚其圮。后惟師之難，矔頞使試。

問曰：鴟龜曳銜，鯀何聽焉？順欲成功，帝何刑焉？永遏在羽山，夫何三年不施？

對曰：盜堙息壤，招帝震怒。賦刑在下，而投棄於羽。方陟元子，以允功定地。胡離厥考，而鴟龜肆喙！

問曰：伯禹愎鯀，夫何以變化？纂就前緒，遂成考功。何續初繼業，而厥謀不同？

對曰：氣孽宜害，而嗣續得聖，汙塗而蕖，夫固不可以類。胝躬躄步，橋楯勩踣。厥十有三載，乃蓋考醜。宜儀刑九疇，受是玄寶。昏成厥孽，昭生於德。

惟氏之繼，夫孰謀之式！

問曰：洪泉極深，何以寘之？

對曰：行鴻下隤，厥丘乃降。焉填絶淵，然後夷於土！

問曰：地方九則，何以墳之？

對曰：從民之宜，乃九於野。墳厥貢藝，而有上中下。

問曰：河海應龍？何盡何歷？

對曰：胡聖爲不足，反謀龍智？畚鍤究勤，而欺晝厥尾！

問曰：鯀何所營？禹何所成？康回馮怒，地何故以東南傾？

對曰：圜燾廓大，厥立不植。地之東南，亦已西北。彼回小子，胡顛隕爾力！夫誰駭汝爲此，而以恩天極？

問曰：九州安錯？川谷何洿？

對曰：州錯富媪，爰定於處。躁川静穀，形有高庳。

問曰：東流不溢，孰知其故？

對曰：東窮歸墟，又環西盈。脈穴土區，而濁濁清清。墳壚燥疏，滲渴而升。充融有餘，泄漏復行。器運浟浟，又何溢爲！

問曰：東西南北，其修孰多？

對曰：東西南北，其極無方。夫何鴻洞，而課校修長。

問曰：南北順橢，其衍幾何？

對曰：茫忽不準，孰衍孰窮！

問曰：昆侖縣圃，其尻安在？

對曰：積高於幹，昆侖攸居。蓬首虎齒，爰穴爰都。

問曰：增城九重，其高幾里？

對曰：增城之里，萬有三千。

問曰：四方之門，其誰從焉？

對曰：清温燠寒，迭出於時。時之丕革，由是而門。

問曰：西北辟啟，何氣通焉？

對曰：辟啟以通，兹氣之元。

問曰：日安不到？燭龍何照？

對曰：修龍口燎，爰北其首，九陰極冥，厥朔以炳。

問曰：羲和之未揚，若華何光？

對曰：惟若之華，稟羲以耀。

問曰：何所冬暖？何所夏寒？

對曰：狂山凝凝，冰於北至。爰有炎洲，司寒不得以試。

問曰：焉有石林？何獸能言？

對曰：石胡不林？往視西極！獸言嘐嘐，人名是達。

問曰：焉有虬龍，負熊以遊？

對曰：有虬螏蛇，不角不鱗，嬉夫元熊，相待以神。

問曰：雄虺九首，儵忽焉在？

對曰：南有怪虺，羅首以噬。倏、忽之居，帝南北海。

問曰：何所不死？長人何守？

對曰：員丘之國，身民後死。封嵎之守，其横九里。

問曰：靡蓱九衢，枲華安居？

對曰：有蓱九歧，厥圖以詭。浮山孰産？赤華伊枲。

問曰：靈蛇吞象，厥大何如？

對曰：巴蛇腹象，足覿厥大。三歲遺骨，其修巳號。

問曰：黑水，玄趾，三危安在？

對曰：黑水淫淫，窮于不薑。元趾則北，三危則南。

問曰：延年不死，壽何所止？

對曰：仙者幽幽，壽焉孰慕！短長不齊，咸各有止。胡紛華漫汗，而潛謂不死！

問曰：鯪魚何所？鬿堆焉處？

對曰：鯪魚人貌，邇列姑射。鬿雀峙北號，惟人是食。

問曰：羿焉彈日？烏焉解羽？

對曰：焉有十日，其火百物！羿宜炭赫厥體，胡庸以枝屈！大澤千里。群烏是解。

問曰：禹之力獻功，降省下土四方。焉得彼嵞山女，而通之於台桑？閔妃匹合，厥身是繼。胡爲嗜不同味，而快朝飽？

對曰：禹懲于續，嵞婦亟合。胈離厥膚，三門以不氐。呱呱之不盡，而孰圖厥味！卒燥中野，民攸宇攸暨。

問曰：啟代益作后，卒然離蠥？

對曰：彼呱克臧，俾姒作夏。獻后益於帝，諄諄以不命。復爲叟者，曷戚曷孽！

問曰：何啟惟憂，而能拘是達？皆歸射鞠，而無害厥躬？

對曰：呱勤於德，民以乳活。亶仇厥正，帝授柄以撻凶窮。聖庸夫孰克害！

問曰：何后益作革，而禹播降？

對曰：益革民艱，咸粲厥粒。惟禹授以土，爰稼萬億。違溺踐垍，休居以康食。姑不失聖，天胡往不道！

問曰：啟棘賓商，《九辨》、《九歌》。

對曰：啟達厥聲，堪輿以呻。辨同容之序，帝以賀嬪。

問曰：何勤於屠母，而死分競墜？

對曰：禹母產聖，何疈厥旅！被淫言亂煙，聰聝以不處。

問曰：帝降夷羿，革孽夏民。胡羿射夫河伯，而妻彼雒嬪？

對曰：夷羿滔荒，割更后相。夫孰作厥孽，而誣帝以降。震高厥鱗，集矢於睆。肆叫帝不諶，失位滋嫚。有洛之雩，焉妻于狡！

問曰：馮珧利決，封豨是射。何獻蒸肉之膏，而后帝不若？

對曰：誇夫快殺，鼎豨以慮飽。馨骨腴帝，叛德恣力。胡肥台舌喉，而濫厥福！

問曰：浞娶純狐，眩妻爰謀。何羿之射革，而交吞揆之？

對曰：寒讒婦謀，後夷卒戕。荒棄於野，俾奸民是臧。舉土作仇，徒怙身弧！

問曰：阻窮西征，岩何越焉？化爲黃熊，巫何活焉？

對曰：鯨殛羽岩，比黃而淵。

問曰：咸播秬黍，莆雚是營？

對曰：子宜播殖稗，於丘於川。維莞維蒲，維菰維蘆。丕徹以圖，民以讓以都。

問曰：何由並投，而鯀疾脩盈？

對曰：堯酷厥父，厥子激以功，克碩厥祀，後世是郊。

問曰：白蜺嬰茀，胡爲此堂？安得夫良藥，不能固臧？天式從橫，陽離爰死。大鳥何鳴，夫焉喪厥體？

對曰：王子怪駭，形茀裳。衣褫操戈，猶懵夫藥良。終鳥號以遊，奮厥筐筐。曶漠莫謀，形胡在胡亡。

問曰：蓱號起雨，何以興之？

對曰：陽潛而爨，陰蒸而雨。蓱憑以興，厥號爰所。

問曰：撰體脅鹿，何以膺之？

對曰：氣怪以神，爰有奇軀。脅屬支偶，尸帝之隅。

問曰：鼇戴山抃，何以安之？

對曰：宅靈之丘，掉焉不危，鼇厥首而恒以恬夷。

問曰：釋舟陵行，何之遷之？

對曰：要釋而陵，殆或謫之。龍伯負骨，帝尚窄之。

問曰：惟澆在戶，何求于嫂？何少康逐犬，而顛隕厥首？

對曰：澆嫪以力，兄鹿聚之。康假于田，肆克宇之。

問曰：女歧縫裳，而館同爰止。何顛易厥首，而親以逢殆？

對曰：既裳既舍，宜咸墜厥首。

問曰：湯謀易旅，何以厚之？

對曰：湯奮癸旅，爰以傴拊。載厥德于葛，以詰仇餉。

問曰：覆舟斟尋，何道取之？

對曰：康復舊物，尋焉保之。覆舟喻易，尚或艱之。

問曰：桀伐蒙山，何所得焉？妹嬉何肆，湯何殛焉？

對曰：惟桀嗜色，戎得蒙妹，淫處暴娛，以大啟厥伐。

問曰：舜閔在家，父何以鱞？堯不姚告，二女何親？厥萌在初，何所意焉？

對曰：瞽父仇舜，鰥以不儷。堯專以女，茲俾允厥世。惟蒸蒸翼翼，于嬀之汭。

問曰：璜臺十成，誰所極焉？

對曰：紂台於璜，箕克兆之。

問曰：登立爲帝，孰道尚之？

對曰：惟德登帝，師以首之。

問曰：女媧有體，孰制匠之？

對曰：媧軀虺號，占以類之。胡曰化七十，工獲詭之！

問曰：舜服厥弟，終然爲害。何肆犬豕，而厥身不危敗？

對曰：舜弟氏厥仇，畢屠水火。夫固優遊以聖，而孰殆厥禍！犬斷於德，終不克以噬。昆庸致愛，邑鼻以賦富。

問曰：吳獲迄古，南嶽是止。孰期去斯，得兩男子？

對曰：嗟伯之仁，遜季旅嶽。雍同度厥義，以嘉吳國。

問曰：緣鵠飾玉，后帝是饗。何承謀夏，桀終以滅喪？帝乃降觀，下逢伊摯。何條放致罰，而黎服大說？

對曰：空桑鼎殷，諂羹厥鴿。惟軻知言，間焉以爲不。仁易愚危，夫曷揆曷謀。咸逃叢淵，虐後以劉。降厥現於下，匪摯孰承！條伐巢放，民用潰厥疣，以夷於膚，夫曷不謠！

問曰：簡狄在臺嚳何宜？玄鳥致貽女何喜？

對曰：嚳狄禱禖，契形於胞。胡乙㲉之食，而怪焉以嘉！

問曰：該秉季德，厥父是臧。

對曰：該德允考，蓐收於西。爪虎手鉞，尸刑以司慝。

問曰：胡終弊于有扈，牧夫牛羊？

對曰：牧正矜矜，澆扈爰踣。

問曰：干協時舞，何以懷之？

對曰：階幹以娛，苗革而格。不迫以死，夫胡狃厥賊！

問曰：平脅曼膚，何以肥之？

對曰：辛后駭狂，無憂以肥。肆蕩弛厥體，而充膏於肌。嗇寶被躬，焚以旗之。

問曰：有扈牧豎，云何而逢？擊床先出，其命何從？

對曰：扈釋於牧，力使后之。民仇焉宇，啟床以斷。

問曰：恆秉季德，焉得夫樸牛？何往營班祿，不但還來？

對曰：殷武踵德，爰獲牛之樸。夫唯陋民是冒，而不號以瑞。卒營而班，民心是市。

問曰：昏微遵跡，有狄不寧。何繁鳥萃棘，負子肆情？

對曰：解父狄淫，遭嗀以報。彼中之不目，而徒以色視。

問曰：眩弟並淫，危害厥兄。何變化以作詐，而後嗣逢長？

對曰：象不兄龔，而奮以謀蓋。聖孰凶怒，嗣用紹厥愛。

問曰：成湯東巡，有莘爰極。何乞彼小臣，而吉妃是得？水濱之木，得彼小子。夫何惡之，媵有莘之婦？

對曰：莘有玉女，湯巡爰獲。既內克厥合，而外弼於德。伊知非妃，伊之知臣，曷以不識！胡木化於母，以蠍厥聖！喙鳴不良，謾以詭正。盡邑以墊，孰譯彼夢！

問曰：湯出重泉，夫何罪尤？不勝心伐帝，夫誰使挑之？

對曰：埸行不類，重泉是囚。違虐立辟，實罪德之由。師憑怒以劊，癸挑而仇。

問曰：會鼂爭盟，何踐吾期？蒼鳥群飛，孰使萃之？列擊紂躬，叔旦不嘉。何親揆發，何周之命以諮嗟？授殷天下，其位安施？反成乃亡，其罪伊何？爭遣伐器，何以行之？並驅擊翼，何以將之？

對曰：膠鬲比漦，雨行踐期。捧盎救灼，仁興以畢隨。鷹之咸同，得使萃之。頸紂黃鉞，旦孰喜之！民父有釐，嗟以美之。位庸庇民，仁克蒞之。紂淫以害，師殛圯之。咸逭厥死，爭徂器之。冀鼓顛禦，讓舞靡之。

問曰：昭后成遊，南土爰底。厥利惟何，逢彼白雉？

對曰：水濱玩昭，荊陷弑之。繆迓越裳，疇肯雉之。

問曰：穆王巧梅，夫何周流？環理天下，夫何索求？

對曰：穆懵《祈招》，猖洋以遊。輪行九野，惟怪之謀。胡給娛戴勝之獸，觴瑤池以迭謠！

問曰：妖夫曳衒，何號於市？周幽誰誅？焉得夫褒姒？

對曰：孺賊厥詵，爰檿其弧。幽禍挐以誇，憚褒以漁。淫嗜蔑殺，諫尸謗屠。孰鱗漦以征，而化黿是辜。

問曰：天命反側，何罰何佑？

對曰：天邈以蒙，人厶以離。胡克合厥道，而潔彼允違。

問曰：齊桓九會，卒然身殺？

對曰：桓號其大，任屬以傲。幸良以九合，逮孽而壞。

問曰：彼王紂之躬，孰使亂惑？何惡輔弼，讒諂是服？比干何逆，而抑沈之？雷開何順，而賜封之？何聖人之一德，卒其異方？梅伯受醢，箕子佯狂？

對曰：紂無誰使惑，惟志爲首。逆圖倒視，輔讒以僇寵。干異召死，雷濟克後。文德邁以被，芮鞫順道。醢梅奴箕，忠咸喪以醜厚。

問曰：稷維元子，帝何竺之？投之於冰上，鳥何燠之？何馮弓挾矢，殊能將

之？既驚帝切激，何逢長之？

對曰：棄靈而功，篤胡爽焉。翼冰以炎，盍崇長焉。既歧既嶷，宜庸將焉。紂凶以啟，武紹尚焉。

問曰：伯昌號衰，秉鞭作牧。何令徹彼岐社，命有殷之國？

對曰：伯鞭于西，化江漢滸。易岐社乙太，國之命以祚武。

問曰：遷藏就岐，何能依？

對曰：逾梁橐囊，膻仁蟻萃。

問曰：殷有惑婦，何所譏？

對曰：妲滅淫商，痡民以亟去。

問曰：受賜茲醢，西伯上告。何親就上帝罰，殷之命以不救？

對曰：肉梅以頒，烏不台訴！孰盈癸惡，兵躬殄祀！

問曰：師望在肆，昌何識？鼓刀揚聲，后何喜？

對曰：牙伏牛漁，積内以外萌。歧目厥心，了氏顯光。奮力屠國，以髀髖厥商。

問曰：武發殺殷，何所悒？載屍集戰，何所急？

對曰：發殺曷逞，寒民於烹。惟栗厥文考，而虔予以徂征。

問曰：伯林雉經，維其何故？何感天抑墜，夫誰畏懼？

對曰：中譖不列，恭君以雉。胡蚓訟蟯賊，而以變天地。

問曰：皇天集命，惟何戒之？受禮天下，又使至代之？

對曰：天集厥命，惟德受之。允怠以棄，天又祐之。

問曰：初湯臣摯，後茲承輔。何卒官湯，尊食宗緒？

對曰：湯摯之合，祚以久食。昧始以昭末，克庸成績。

問曰：勳闔、夢生，少離散亡。何壯武厲，能流厥嚴？

對曰：光征夢祖，憾離以厲。仿惶激覆，而勇益德邁。

問曰：彭鏗斟雉，帝何饗？受壽永多，夫何久長？

對曰：鏗羹於帝，聖孰嗜味。夫死自暮，而誰饗以俾壽。

問曰：中央共牧，后何怒？蛾蜂微命，力何固？

對曰：鬼嚙己毒，不以外肆。細腰群螫，夫何足病。

問曰：驚女采薇，鹿何祐？北至回水，萃何喜？

對曰：萃回偶昌，鹿曷以女。

問曰：兄有噬犬，弟何欲？易之以百兩，卒無祿？

對曰：針欲兄愛，以快侈富。愈多厥車，卒逐以旅。

問曰：薄暮雷電，歸何憂？厥嚴不奉，帝何求？伏匿穴處，爰何云？荊勳作師，夫何長？悟過改更，我又何言？

對曰：諮吟於野，胡若之很！嚴墜誼殄丁厥任，合行違匿固若所。咿嚘忿毒意誰與？醜齊徂秦啖厥詐，讒登狡庸咈以施。甘恬禍凶亟鋤夷。愎不可化徒若罷。

問曰：吳光争國，久余是勝。何環穿自閭社丘陵，爰出子文？吾告堵敖以不長，何試上自予，忠名彌彰？

對曰：闔綽厥武，滋以侈頽。於菟不可以作，怠焉庸歸？款吾敖之閼以旅屍，誠若名不尚，曷極而辭？

唐·盧綸《真元先生箴天論》 有真元先生者，深粹虛寂，沖凝簡素。故其動也，則局四海而隘九垓；其静也，則棲一枝而憂環堵。履真守樸，與物無競，雖質居巖穴之間，神王煙塵之表。以首月元日，乃蔭雲蓋，濯飛流，涉西岑，面東陸，操白簡，染朱翰，俯而屏息，仰而起曰：天蕩蕩乎？蒼蒼乎？固無得而稱也。余有疑焉，請杜其惑。夫虧盈益謙，天之道也。禍淫福善，天之察也。春榮秋落，天之時也。晝明夜晦，天之運也。擊電鼓雷，天之怒也。蒸雲施雨，天之澤也。因斯以言，則庶類萬物，非天無以成；受形育氣，非天無以立。大哉博哉！乾之化也。故《書》云：「謂天爲大，唯堯則之。」《詩》云：「謂天蓋高，不敢不蹐。」《易》云：「先天而天弗違，後天而奉天時。」是禎祥之來不誣也。至於報施，何乃爽歟？或惡均而異罰，或善同而殊效。唐虞慎讓，祚不及子；湯武逆代，福垂累世。應物無親者，其若是哉！諂諛饕餮，非貴則富；廉潔貞素，不賤必貧。譎詐反道者，曜蟬鳴佩；直言順常者，傳刃伏鑕。

悲夫！何蓬蓽草萊之人，遇時而爲卿相；膏腴縉紳之士，失勢而作輿臺？豈窮達之有數乎？何否泰之無定也？至於積德致敗，變險成功，立信受尤，行仁招咎者，豈勝數哉？或一餐莫給，或萬錢頓廢，或綺紈斯敝，或短褐不完，或黄髮不終，或繈褓先斃。其於平施，不亦謬乎！夫德合天地，道濟生民，而有削伐之累；貞貫古今，廉稱百代，而有餒絶之憂。其於與善，不亦過乎！然負異才，蘊奇調，洞識幽顯，智周動植，而不免繩樞甕牖，糲食布衣，何所累若此之斥也？夫鶚隼以摯擊爲恒理，不可食之以粒；豺虎以搏噬爲常性，不可啖之以草，非其故

爾，固性分然。然則既授之以距角，而責之以觸蹄；既任之以爪牙，而罰之以獲殺者，不亦近於諂乎？苟正其味，則一改兩全矣！化惡不知變形，教善若易嗜也。鴆毒害吻而裂腹，虺蝮觸手而解腕，然則欲其勿害也。曷若勿生乎？如力不能易，則不可稱聖；能而不改，則不得謂仁。匪聖匪仁，將何以爲萬物主也。扛鼎投石者，不得云不舉鴻毛；竭河飲澤者，不得云不盡坳水。是知大既任，小何以辭乎？必爲治其若是，將恐亂之未息。

於是少選之間，肅然若有自天而降者。襜霞衣，控風轡，飛鳳駕，拖蜺旌。如影如響，若虛若滅。乃謂余曰：「帝有命焉，子其清耳。曰一氣既分，萬象云備。隨感斯化，生而無記。故大者自大，不可移之於小；短者自短，不可易之以長。多者不覺有餘，少者不知不足。減之斯傷，各守其貞；任之自是，豈較工拙於其間哉！是以百足一蹶，其行一也；六眸一目，其視一也。火鼠夏遊而不知其熱，水草冬茂而莫辨厥寒，各安所安，不可易位。必非其位，則西施與嫫母同姿；苟當所甘，則竹實將腐鼠齊味。各稟其性，余何預焉？若美則留之，醜則去之，其於簡也，不亦勞乎？若善則與之，惡則奪之，其於慮也，不亦繁乎？故任之則理息，放之則無累。餘以無告，故能成萬物。余以無心，故能安群有。是知善惡共域，吉凶同貫，唯爾所召，誰其制之？今子誚余以不治，何乃爽也？故不治而謂之至治，夫生不余謝，死則余尤；榮不余善，辱則余讎；多不余獲，少則余求。不與余共樂，而責余同憂乎？乃潛而訓之曰：若物皆然，則爲惡招禍，修善致福，徒虛言耳！又復余曰：何言之容易也？論者多云，命有定數，運有常期。非補養所能延，非備習所能益。此皆非通識，不可與言道也。是以不昵不義，因此而行；無賴無取，自斯而作。以之爲家則家敗，以之爲國而國亡。故桀、紂志之於前，而莽、卓踵之於後。所以覆宗絶嗣，事至而不寤者，良此之由也。悲夫！請以近小，喻之遠大。夫廣廈崇基，人之居也；褒衣博帶，士之服也。故栱差柱跌，則廢而正之，所以無壞傾之處。領決襟汙；則綴而浣之，所以無穿垢之憂。故能恒保其貞固，常守其完潔也。若傾而不視，穢而不澤，則坐見頹陷，立視緇蔑矣！

故修福禳災，爲惡敗德，若聲之召響，影之隨形，各有主司，自然冥會。惡積者報速，善小者應遲，猶夫秋生則夏殞，春敷則冬落，根深則難拔，器滿則易盈。故不可以遠近證有無，不可以賒促定虛實。疑耳信目，中庸尚所不免；以短度長，下愚固其致蔽。是知朝菌不可言椿鶴，蜉蝣不足語春秋。況以七尺之形，百年之命，欲辨生於沙界，語死於塵劫，其可得乎？然言者皆以應報與自然異，此蓋思之未精至也。夫所台者莫非由己，所感者皆是自致，萬物各有本性，故因而用之耳。猶蓺苗蒔果，初雖耕灌在功，至於結實成味，則非人力所爲也。又靈芝駐年，神丹養性，竟能禦風撫羽，陵煙蹈霞，此乃功用自然者也。萬象運爲，莫非此類。終日施用，不悟其理，動成鋒楯，不亦昧乎？至於自然之性，餘亦不知其所以，莫知所以然而然也。

於是言終形滅，莫知所之。余乃惕然恍然，忘視聽，若遺形骸者。久之乃神魂定，憂盡累息，蕩然與萬物同心，不知榮辱之有異也！

唐・釋道世《法苑珠林》卷七 俗書天地初分陰陽形變之意，謂有五重。一元氣，二太易，三太初，四太始，五太素。第一元氣者，依《河圖》曰：元氣無形，匈匈蒙蒙，偃者爲地，伏者爲天。禮統曰：天地者，元氣之所生，萬物之祖。皇甫士安《帝王世紀》曰：元氣始萌，謂之太初。《三五曆紀》曰：未有天地之時，混沌如雞子，溟涬始同，濛鴻滋分，歲起攝提，元氣啟肇。《帝系譜》曰：天地初起，溟涬濛鴻，即生天。皇治萬八千歲，以木德王。列子曰：夫有形者生於無形，則天地安從生？故有太易，有太初，有太始，有太素。變而爲一，一變而爲七，七變而爲九，九者變之究也，乃復變而爲一。一者，形變之始也。清輕者上爲天，濁重者下爲地，沖和氣者爲人。故天地含精，萬物化生也。

唐・吴筠《宗玄集別録・玄綱論・元氣章第二》 太虚之先，寂寥何有，至精感激，而真一生焉。真一運神而元氣自化。元氣者，無中之有，有中之無，曠不可量，微不可察，氤氲漸著，混茫無倪，萬象之端，兆朕於此。於是清通澄朗之氣浮而爲天，濁滯煩昧之氣積而爲地，平和柔順之氣結而爲人倫，錯謬剛戾之氣散而爲雜類。自一氣之所育播，萬殊而種分，既涉化機，遷變罔窮。然則，生天地人物之形者，元氣也，授天地人物之靈者，神明也。故乾坤統天地，精魂御人物，氣有陰陽之革，神無寒暑之變。雖羣動糾紛，不可勝紀，滅而復生，終而復始，道德之體，神明之心，應感不窮，未嘗疲於動用之境矣。

宋・邢昺《〈爾雅・釋天〉疏》 邢昺疏：天之爲體，中包乎地，日月星辰屬焉。然天地有高下之形，四時有升降之理，日月有運行之度，星辰有次舍之常，既曰釋天，不得不略言其趣。故其形狀之殊，凡有六等。一曰「蓋天」，文見《周髀》，如蓋在上。二曰「渾天」，形如彈丸，地在其中，天包其外，猶如雞卵白之繞黃。楊雄、桓譚、張衡、蔡邕、陸績、王肅、鄭玄之徒，並所依用。三曰「宣夜」，舊

説云殷代之制。其形體事義，無所出以言之。四曰「昕天」。昕讀爲軒，言天北高南下，若車之軒，是吳時姚信所説。五曰「穹天」，云穹隆在上，虞氏所説，不知其名也。六曰「安天」，是晉時虞喜所論。案鄭注《考靈耀》云：「天者純陽，清明無形，聖人則之，制琁璣玉衡以度其象。」如鄭此言，則天是大虚，本無形體，但指諸星運轉以爲天耳。但諸星之轉，從東而西，凡三百六十五日四分日之一，星復舊處。星既左轉，日則右行，亦三百六十五日四分日之一，至舊星之處。即以一日之行而爲一度，計二十八宿一周天，凡三百六十五度四分度之一，是天之一周之數也。天如彈丸，圍圜三百六十五度四分度之一。案《考靈耀》云：「一度二千九百三十二里千四百六十一分里之三百四十八。」周天百十萬一千里者，是天圜周之里數也。以圍三徑一言之，則直徑三十五萬七千里，此爲二十八宿所迴直徑之數也。然二十八宿之外，上下東西各有萬五千里，是爲四遊之極，謂之四表。據四表之内並星宿内，總有三十八萬七千里。然則天之中央上下正半之處，則一十九萬三千五百里，地在於中，是地去天之數也。鄭注《考靈耀》云：「地蓋厚三萬里。春分之時，地正當中。自此地漸漸而下，至夏至之時，地下萬五千里，地之上畔與天中平。夏至之後，地漸漸向上。至秋分，地正當天之中央。自此地漸漸而上，至冬至，上遊萬五千里，地之下畔與天中平。自冬至後，地漸漸而下。此是地之升降於三萬里之中，但渾天之體，雖繞於地，地則中央正平，天則北高南下，北極高於地三十六度，南極下於地三十六度，然則北極之下三十六度，常見不沒；南極之上三十六度，常沒不見。南極去北極一百二十一度餘。若逐曲計之，則一百八十一度餘。若以南北中半言之，謂之赤道，去南極九十一度餘，去北極亦九十一度餘。此是春秋分之日道。赤道之北二十四度，爲夏至之日道，去北極六十七度也。赤道之南二十四度，爲冬至之日道，去南極亦六十七度。」地有升降，星辰有四遊。又鄭注《考靈耀》云：「天旁日四表之中，冬南、夏北、春西、秋東，皆薄四表而止。地亦升降於天之中，冬至而下，夏至而上，二至上下，蓋極地厚也。地與星辰俱有四遊升降。四遊者，自立春地與星辰西遊，春分，西遊之極。地雖西極，升降正中，從此漸漸而東，至春末復正。自立夏之後北遊，夏至，北遊之極。地則升降極下，至夏末復正。立秋之後東遊，秋分，東遊之極。地則升降正中，至秋末復正。立冬之後南遊，冬至，南遊之極，地則升降極上，至冬末復正。」此是地及星辰四遊之義也。星辰亦隨地升降，故鄭注《考靈耀》云：「夏日道上與四表平，下去東井十二度爲三萬里，則是夏至之日，上極萬五千里，星辰下極萬五千里，故夏至之日，下至東井三萬里也。」日有九道，故《考靈耀》云：「萬世不失九道謀。」鄭注引《河圖·帝覽嬉》云：「黄道一，青道二，出黄道東；赤道二，出黄道南；白道二，出黄道西；黑道二，出黄道北。日春東從青道，夏南從赤道，秋西從白道，冬北從黑道。」立春，星辰西遊，日則東遊。春分，星辰西遊之極，日東遊之極，日與星辰相去三萬里。立夏，星辰北遊，日則南遊。夏至，星辰北遊之極，日南遊之極，日與星辰相去三萬里。以此推之，秋冬放此可知。計夏至之日，日在井星，當嵩高之上，以其南遊之極，故在嵩高之南萬五千里，所以夏至有尺五寸之景也。於時日又上極，星辰下極，故日下去東井三萬里也。然鄭四遊之説，元出《周髀》之文，但二十八宿從東而左行，日從西而右行，一度逆沿二十八宿。案《漢書·律曆志》云：「冬至之時，日在牽牛初度。春分之時，日在婁四度。夏至之時，日在東井三十一度。秋分之時，日在角十度。」若日在東井，則極長，八尺之表，尺五寸之景。若春分在婁，秋分在角，晝夜等，八尺之表，七尺五寸之景。冬至日在斗，則晝極短，八尺之表，一丈三尺之景。一丈三尺之中，去其一尺五寸，則餘有一丈一尺五寸之景，是冬夏往來之景也。凡於地，千里而差一寸，則夏至去冬至，體漸南漸下，相去十一萬五千里。又《考靈耀》云：「正月假上八萬里，假下一十萬四千里。」所以有假上假下者，鄭注《考靈耀》之意，以天去地十九萬三千五百里。正月雨水之時，日在上，假於天八萬里，下至地一十一萬三千五百里。夏至之時，日上極與天表平也。後日漸向下。故鄭注《考靈耀》云：「夏至日與表平，冬至之時，日下至於地八萬里，上至於天十一萬三千五百里也。」委曲具《考靈耀》注。凡二十八宿及諸星，皆循天左行，一日一夜一周天。一周天之外，更行一度，計一年三百六十五周天四分度之一。日月五星則右行，日一日一度，月一日一十三度十九分度之七，此相通之數也。今曆象之説，則月一日至於四日行最疾，日行十四度餘；自五日至八日行次疾，日行十三度餘；自九日至十九日行則遲，日行十二度餘；自二十日至二十三日又小疾，日行十三度餘；自二十四日至於晦行又最疾，日行一十四度餘。此是月行之大率也。二十七日月行一周天，至二十九日〔半月又於日與日相會，乃爲一月。故《考靈耀》云：「九百四十分爲一日，二十九日與四百九十九分爲月。」是一月二十九日之外，至第三十日分至四百九十九分。月及於日，計九百四十分，則四百七十爲半，今四百九十九分是過半二十九分也。但月是陰精，日爲陽精，故《周髀》云：「日猶火，月猶水，火則外光，水則含景，故

月光生於日所照，魄生於日所蔽，當日則光盈，就日則明盡。」京房云：「月與星辰陰者也，有形無光，日照之乃有光。先師以爲日似彈丸，月似鏡體。或以爲月亦似彈丸，日照處則明，不照處則闇。」案《律曆志》云：「二十八宿之度，角一十二度，亢九，氐十五，房五，心五，尾十八，箕十一；東方七十五度。斗二十六，牛八，女十二，虛十，危十七，營室十六，壁九；北方九十八度。奎十六，婁十二，胃十四，昴十一，畢十六，觜二，參九；西方八十度。井三十三，鬼四，柳十五，星七，張十八，翼十八，軫十七；南方一百一十二度。丑爲星紀，初斗十二度，終婺女七度。子爲玄枵，初婺女八度，終於危十五度。亥爲諏訾，初危十六度，終於奎四度。戌爲降婁，初奎五度，終於胃六度。酉爲大梁，初胃七度，終於畢十一度。申爲實沈，初畢十二度，終於井十五度。未爲鶉首，初井十六度，終於柳八度。午爲鶉火，初柳九度，終於張十七度。巳爲鶉尾，初張十八度，終於軫十一度。辰爲壽星，初軫十二度，終於氐四度。卯爲大火，初氐五度，終於尾九度。寅爲析木，初尾十度，終於斗十一度。」五星者，東方歲星，南方熒惑，西方太白，北方辰星，中央鎮星，其行之遲速俱在《律曆志》，不更煩説。《元命苞》云：「日之爲言實也。月，闕也。」劉熙《釋名》云：「日，實也。光明盛實。月，闕也。滿則闕也。」《説題辭》云：「星，陽精之榮也。陽精爲日，日分爲星，故其字日下生也。」《釋名》云：「星，散也。布散於天。」又云：「陰，蔭也。氣在内奥蔭也。陽，揚也。陽氣在外發揚。」此等是陰陽日月之名也。《祭法》：「黄帝正名百物。」其名蓋黄帝而有也，或後人更有增足。其天高地下、日盈月闕，觜星度少、井斗度多，日月右行、星辰左轉，四遊升降之差、二儀運動之法，非由人事所作，皆是造化自然。先儒因自然遂以人事爲義，或據理是實，或構虛不經。

宋・邵雍《皇極經世・觀物内篇》 物之大者，無若天地，然而亦有所盡也。乾，陽物也；坤，陰物也。乾坤謂之物，則天地亦物也。天地有物之大者耳。既謂之物，則亦有所盡也。然而有所謂悠久無疆者，固未嘗盡也。天之大，陰陽盡之矣；地之大，剛柔盡之矣。立天之道，曰陰與陽；立地之道，曰柔與剛。天地之道，不過陰陽、剛柔而已。

陰陽盡而四時成焉，剛柔盡而四維成焉。夫四時、四維者，天地至大之謂也。陰陽消長而爲寒暑，一寒一暑而四時成焉。剛柔交錯而有夷險，一夷一險而四維成焉。四時者，天之道；四維者，地之理也。萬物由是而生，由是而成也。萬物由是而生、由是而成，斯所以爲大者也。

又 太陽爲日。日者，至陽之精也。故太陽爲日，在地則爲火，《先天圖》以乾爲日，乾之位在正南。

太陰爲月。月者，至陰之精，得日氣而有光。故太陰爲月，在地則爲水，《先天圖》以兑爲月，兑之位在東南。

少陽爲星。星者，日之餘，有光而現。故少陽爲星，在地則爲石，《先天圖》以離爲星，離之位在正東。

少陰爲辰。日月星辰交，而天之體盡之矣。辰者，天之土，不見而屬陰。故少陰爲辰，在地則爲土。《先天圖》以震爲辰，震之位在東北。

太柔爲水。水者，天下至柔之物也。其性潤下，故太柔爲水，在天則爲月。《先天圖》以坤爲水，坤之位在正北。

太剛爲火。火者，天下至剛之物也。其性炎烈，故太剛爲火，在天則爲日。《先天圖》以艮爲火，艮之位在西北。

少柔爲土。土之爲物亦柔也。其性輭緩，故少柔爲土，在天則爲辰。《先天圖》以坎爲土，坎之位在正西。

少剛爲石。石亦剛物也。其性堅，故少剛爲石，在天則爲星。《先天圖》以巽爲石，巽之位在西南。

此圖《繫辭》所謂「天地定位，山澤通氣，雷風相薄，水火不相射」是也。此所謂伏羲八卦也。

又 混成一體，謂之太極。太極既判，初有儀形，謂之兩儀。兩儀又判而爲陰、陽、剛、柔，謂之四象。四象又判而爲太陽、少陽、太陰、少陰、太剛、少剛、太柔、少柔，而成八卦。太陽、少陽、太陰、少陰成象於天，而爲日、月、星、辰；太剛、少剛、太柔、少柔成形於地，而爲水、火、土、石。八者具備，然後天地之體備矣。天地之體備，而後變化生成萬物也。所謂八者，亦本乎四而已。在天成象日也，在地成形火也。陽燧取於日而得火，火與日本乎一體也。在天成象月也，在地成形水也。方諸取於月而得水，水與月本乎一體也。在天成象星也，在地成形石也。星隕而爲石，石與星本乎一體也。在天成象辰也，在地成形土也。自日月星之外高而蒼蒼者皆辰也，自水火石之外廣而厚者皆土也，辰與土本乎一體也。

天地之間，猶形影、聲響之相應。象見乎上，體必應乎下，皆自然之理也。蓋日、月、星、辰，猶人之有耳、目、口、鼻；水、火、土、石，猶人之有血、氣、骨、肉，

故謂之天地之體。陰、陽、剛、柔，則猶人之精神，而所以主耳、目、口、鼻、血、氣、骨、肉者也，故謂之天地之用。夫太極者，在天地之先而不爲先，在天地之後而不爲後，終天地而未嘗終，始天地而未嘗始。與天地萬物圓融和會，而未嘗有先後，始終者也。有太極則兩儀、四象、八卦，以至於天地萬物固已備矣。非謂今日有太極，而明日方有兩儀，後日乃有四象、八卦也。雖謂之曰「太極生兩儀，兩儀生四象，四象生八卦」，其實一時具足，如有形則有影，有一則有二、有三以至於無窮皆然。是故知太極者，有物之先本已混成，有物之後未嘗虧損，自古及今無時不存，無時不在。萬物無所不禀，則謂之曰「命」；萬物無所不本，則謂之曰「性」；萬物無所不主，則謂之曰「天」；萬物無所不生，則謂之曰「心」，其實一也。古之聖人，窮理盡性，以至於命；盡心知性，以知天。存心養性以事天，皆本乎此也。

日爲暑，太陽爲日，暑亦至陽之氣也。月爲寒，太陰爲月，寒亦至陰之氣也。星爲晝，少陽爲星，晝亦屬陽。辰爲夜，少陰爲辰，夜亦屬陰。暑寒晝夜交，而天之變盡之矣。日月星辰交，而後有暑寒晝夜之變，有暑寒晝夜之變而後歲成焉。

水爲雨，雨者，水氣之所化。火爲風，風者，火氣之所化。土爲露，露者，土氣之所化。石爲雷，雷者，石氣之所化。然四者又交相化焉。故雨有水雨，有火雨，有土雨，有石雨。水雨則爲霧霈之雨，火雨則爲若暴之雨，土雨則爲霢霂之雨，石雨則爲雹凍之雨。所感之氣如此，皆可以類推也。雨、風、露、雷交，而地之化盡之矣。水、火、土、石交，而後有雨、風、露、雷之化，有雨風露雷之化而後物生焉。

暑變物之性，物之性屬陽，故爲暑之所變。寒變物之情，物之情屬陰，故爲寒之所變。晝變物之形，形可見，故屬陽爲晝之所變。夜變物之體，體有質，故屬陰爲夜之所變。性情形體交，而動植之感盡之矣。性情形體交，而後有動植之感。感者唱也，陽唱乎陰也。雨化物之走，雨潤下，故走之類感雨而化。風化物之飛，風飄揚，故飛之類感風而化。露化物之草，露濡潤，故草之類感露而化。雷化物之木，雷奮迅而出，故木之類感雷而化。然飛、走、草、木又更相交錯而化，如木之類，亦有木之木，有木之草，木之飛，木之走，其他皆可以類推也。走、飛、草、木交，而動植之應盡之矣。走、飛、草木交，而後有動植之應。應者，和也。陰和乎陽也，性情形體本乎天者也。走、飛、草、木，本乎地者也。本乎天者有感焉，本乎地者有應焉。一感一應，天地之道，萬物之理也。

宋・張載《正蒙・太和篇》 太和所謂道，中涵浮沉、升降、動靜、相感之性，是生絪緼、相盪、勝負、屈伸之始。其來也幾微易簡。其究也廣大堅固。起知於易者，乾乎！效法於簡者，坤乎！散殊而可象爲氣，清通而不可象爲神。不如野馬、絪緼，不足謂之太和。語道者知此，謂之知道；學《易》者見此，謂之見《易》。不如是，雖周公才美，其智不足稱也已。

太虛無形，氣之本體，其聚其散，變化之客形爾。至靜無感，性之淵源，有識有知，物交之客感爾。客感、客形與無感、無形，惟盡性者一之。天地之氣，雖聚散攻取百塗，然其爲理也，順而不妄。氣之爲物，散入無形，適得吾體；聚爲有象，不失吾常。太虛不能無氣，氣不能不聚而爲萬物，萬物不能不散而爲太虛。循是出入，是皆不得已而然也。然則聖人盡道其間，兼體而不累者，存神其至矣。彼語寂滅者往而不反，徇生執有者物而不化，二者雖有間矣，以言乎失道則均焉。

聚亦吾體，散亦吾體，知死之不亡者，可與言性矣。知虛空卽氣，則有無、隱顯、神化、性命通一無二；顧聚散、出入、形不形，能推本所從來，則深於《易》者也。若謂虛能生氣，則虛無窮，氣有限，體用殊絶，入老氏「有生於無」自然之論，不識所謂有無混一之常；若謂萬象爲太虛中所見之物，則物與虛不相資，形自形，性自性，形性天人不相待，有陷於浮屠以山河大地爲見病之説。此道不明，正由懵者略知體虛空爲性，不知本天道爲用，反以人見之小因緣天地。明有不盡，則誣世界乾坤爲幻化。幽明不能舉其要，遂躐等妄意而然。不悟一陰一陽範圍天地，通乎晝夜，三極大中之矩，遂使儒、佛、老、莊混然一途，語天道性命者，不罔於恍惚夢幻，則定以「有生於無」。爲窮高極微之論，入德之途不知擇術而求，多見其蔽於詖而陷於淫矣。

氣坱然太虛，升降飛揚，未嘗止息。《易》所謂「絪緼」，莊生所謂「生物以息相吹」、「野馬」者與！此虛實、動靜之機，陰陽、剛柔之始。浮而上者陽之清，降而下者陰之濁，其感〔通〕（遇）聚〔結〕（散），爲風雨，爲霜雪，萬品之流形，山川之融結，糟粕煨燼，無非教也。

氣聚則離明得施而有形，氣不聚則離明不得施而無形。方其聚也，安得不謂之客？方其散也，安得遽謂之無？故聖人仰觀俯察，但云「知幽明之故」，不云「知有無之故」。盈天地之間者，法象而已；文理之察，非離不相覩也。方其形也，有以知幽之因；方其不形也，有以知明之故。

氣之聚散於太虛，猶冰凝釋於水，知太虛卽氣，則無無。故聖人語性與天道之極，盡於參伍之神變易而已。諸子淺妄，有有無之分，非窮理之學也。

太虛爲清，清則無礙，無礙故神；反清爲濁，濁則礙，礙則形。

凡氣清則通，昏則壅，清極則神。故聚而有間則風行，〔風行則〕(而)聲聞具達，清之驗與！不行而至，通之極與！

由太虛，有天之名；由氣化，有道之名；合虛與氣，有性之名；合性與知覺，有心之名。

鬼神者，二氣之良能也。聖者，至誠得天之謂；神者，太虛妙應之目。凡天地法象，皆神化糟粕爾。天道不窮，寒暑已衆，動不窮，屈伸〔也〕(已)；鬼神之實，不越二端而已矣。

兩不立則一不可見，一不可見則兩之用息。兩體者，虛實也，動靜也，聚散也，清濁也，其究一而已。

感而後有通，不有兩則無一。故聖人以剛柔立本，乾坤毁則無以見易。

游氣紛擾，合而成質者，生人物之萬殊；其陰陽兩端循環不已者，立天地之大義。

「日月相推而明生，寒暑相推而歲成。」神易無方體，「一陰一陽」，「陰陽不測」，皆所謂「通乎晝夜之道」也。

晝夜者，天之一息乎！寒暑者，天之晝夜乎！天道春秋分而氣易，猶人一寤寐而魂交。魂交成夢，百感紛紜，對寤而言，一身之晝夜也；氣交爲春，萬物糅錯，對秋而言，天之晝夜也。

氣本之虛則湛〔一〕(本)無形，感而生則聚而有象。有象斯有對，對必反其爲；有反斯有仇，仇必和而解。故愛惡之情同出於太虛，而卒歸於物欲，倏而生，忽而成，不容有毫髮之間，其神矣！

夫造化所成，無一物相肖者，以是知萬物雖多，其實一物；無無陰陽者，以是知天地變化，二端而已。

萬物形色，神之糟粕，性與天道云者，易而已矣。心所以萬殊者，感外物爲不一也，天大無外，其爲感者絪緼二端而已。

宋·張載《正蒙·參兩篇》 地所以兩，分剛柔男女而效之，法也；天所以參，一太極兩儀而象之，性也。一物兩體，氣也；一故神，兩在故不測。兩故化，推行於一。此天之所參也。地純陰凝聚於中，天浮陽運旋於外，此天地之常體也。恒星不動，純繫乎天，與浮陽運旋而不窮者也；日月五星逆天而行，并包乎地者也。地在氣中，雖順天左旋，其所繫辰象隨之，稍遲則反移徙而右爾，間有緩速不齊者，七政之性殊也。月陰精，反乎陽者也，故其右行最速；日爲陽精，然其質本陰，故其右行雖緩，亦不純繫乎天，如恒星不動。金水附日前後進退而行者，其理精深，存乎物感可知矣。鎮星地類，然根本五行，雖其行最緩，亦不純繫乎地也。火者亦陰質，爲陽萃焉。然其氣比日而微，故其遲倍日。惟木乃歲一盛衰，故歲歷一辰。辰者，日月一交之次，有歲之象也。

凡圜轉之物，動必有機；既謂之機，則動非自外也。古今謂天左旋，此直至粗之論爾，不考日月出沒、恒星昏曉之變。愚謂在天而運者，惟七曜而已。恒星所以爲晝夜者，直以地氣乘機左旋於中，故使恒星、河漢因北爲南，日月因天隱見，太虛無體，則無以驗其遷動於外也。

天左旋，處其中者順之，少遲則反右矣。

地，物也；天，神也。物無踰神之理，顧有地斯有天，若其配然爾。

地有升降，日有修短。地雖凝聚不散之物，然二氣升降其間，相從而不已也。陽日上，地日降而下者，虛也；陽日降，地日進而上者，盈也。此一歲寒暑之候也。至於一晝夜之盈虛、升降，則以海水潮汐驗之爲信。然間有小大之差，則繫日月朔望，其精相感。

日質本陰，月質本陽，故於朔望之際精魄反交，則光爲之食矣。

虧盈法：月於人爲近，日遠在外，故月受日光常在於外，人視其終初如鉤之曲，及其中天也，如半璧然。此盈虧之驗也。

月所位者陽，故受日之光，不受日之精。相望中弦則光爲之食，精之不可以二也。

日月雖以形相物，考其道則有施受、健順之差焉。星月金水受光於火日，陰受而陽施也。

陰陽之精互藏其宅，則各得其所安，故日月之形，萬古不變。若陰陽之氣，則循環迭至，聚散相盪，升降相求，絪緼相揉，蓋相兼相制，欲一之而不能，此其所以屈伸無方，運行不息，莫或使之，不曰性命之理，謂之何哉？

「日月得天」，得自然之理也，非蒼蒼之形也。

閏餘生於朔，不盡周天之氣，而世傳交食法，與閏異術，蓋有不知而作者爾。

陽之德主於遂，陰之德主於閉。

陰性凝聚，陽性發散；陰聚之，陽必散之，其勢均散。陽爲陰累，則相持爲雨而降；陰爲陽得，則飄揚爲雲而升。故雲物班布太虚者，陰爲風驅，斂聚而未散者也。凡陰氣凝聚，陽在内者不得出，則奮擊而爲雷霆；陽在外者不得入，則周旋不舍而爲風；其聚有遠近、虚實，故雷風有小大、暴緩。和而散，則爲霜雪雨露；不和而散，則爲戾氣曀霾。陰常散緩，受交於陽，則風雨調，寒暑正。

天象者，陽中之陰；風霆者，陰中之陽。

雷霆感動雖速，然其所由來亦漸爾。能窮神化所從來，德之盛者與！

火日外光，能直而施；金水内光，能闢而受。受者隨材各得，施者所應無窮，神與形、天與地之道與！

「木曰曲直」，能既曲而反申也；「金曰從革」，一從革而不能自反也。水火，氣也，故炎上潤下，與陰陽升降，土不得而制焉。木金者，土之華實也，其性有水火之雜，故木之爲物，水漬則生火，然而不離也，蓋得土之浮華於水火之交也。金之爲物，得火之精於土之燥，得水之精於土之濡，故水火相待而不相害，鑠之反流而不耗，蓋得土之精實於水火之際也。土者，物之所以成始而成終也，地之質也，化之終也，水火之所以升降，物兼體而不遺者也。

〔水〕（冰）者，陰凝而陽未勝也；火者，陽麗而陰未盡也。火之炎，人之蒸，有影無形，能散而不能受光者，其氣陽也。

陽陷於陰爲水，附於陰爲火。

宋·王柏《天地萬物造化論》 原夫未判之初，有太易，有太初，有太始，有太素。太易者，未見氣者也；太初者，氣之始也；太始者，形之始也；太素者，質之始也。氣、形、質而未相離，乃謂之混沌。混沌已分，乃開天地。天形如彈丸，半覆地上，半隱地下，其勢斜倚，故天行健。北高，故極出地三十六度；南下，故極入地三十六度。周天三百六十五度四分度之一。晝則自左而向右，夜則自右而復左。氣積於陽，而其精外明者謂之日；氣積於陰，而其魄含景者謂之月；體生於地，精浮於天者謂之星。五行之精，是謂五緯。經星則麗天而左行，七政則違天而右繞。日之徑千里，晝夜所經謂之一度。仲夏躔東井而去極近，則晝長而夜短；仲冬躔南斗而去極遠，則晝短而夜長。日之周天以歲計，月以朔計。二十八宿日之所經爲黃道；横絡天腹、中分二極者爲赤道。春、秋二分日循赤道平分天體，晝夜中停。春夏之交，陽極生陰，則陽升於天而生暑；秋冬之交，陰極生陽，則陰際於天而生寒。日行三百六十度而成歲，餘度之未周者爲五日之强。月行二十九日半而及於日，其不足者六日之弱。以不足乘其餘歲，得十一日，積而成月則置閏。三歲一閏，五歲再閏，十有九年而爲閏七，是謂一章，則餘分盡矣。

晝夜百刻而辰周十二，故以八刻二十八分爲一時，積六千分成晝夜。五日爲候，三候爲氣，六氣爲時，四時爲年，而天地備矣。

乾道變化，二氣流行，陰氣凝聚。陽在内者不得出，則激搏而爲雷；陽在外者不得入，則周旋不舍而爲風。陽與陰夾持，則磨軋有光而爲電。陽氣正升，爲陰氣所乘，則相持而爲雨。陰與陽得助其飛騰，則飃颺而爲雲。陰干於陽，而氣薄不能以揜日則虹見；陽伏於陰，而氣結不能以自收則雹降。月星布氣，陰感之則肅而爲霜，陽感之則液而爲露。上寒而下温則霜不殺物；上温而下寒則雨而不冰。風不宜温而温，則雨凝而爲雪，陽縱而陰翕之也；雷不當出而出，則雪霰交，至陽而陰乘之也。

然自天地剖判以來，裨海環之中國，外如赤縣神州者九。乃有大瀛海環其外，天地之際焉，天地和之氣悉萃諸。華而有衣冠、仁義、禮樂之風，殊方水土之精，溢於尤物，不過沈沙棲陸異之產，蓋氣偏也。彼窮荒遠徼：如日本，如流沙，如懸度，此其地多熱。如雪山，如漏天，如盧龍，此其地多寒。皆日月所偏照，梯航所罕通，浸不與中國類，亦氣中之窮也。

南北爲經，東西爲緯。東極以至西極，二億三萬五百里七十五步，南北亦如之。雒陽東抵扶桑，踰二萬里。次則日本，一萬五千里，其地温燠。西抵安息二萬五千里，南〔次〕至大秦八千里，其地喣熱。南抵真臘二萬里，次則扶南一萬三千里，其地炎暑。北抵流鬼一萬五千里，次則駁馬一萬四千里，其地常雪。驛傳至此極矣。

天地初分只有水火，水便是地，火便是日星也。土之所附，其氣融結，則峙而爲山；水之所趨，其勢蓄洩，則流而爲川。山氣暮合而爲嵐，水氣朝降而爲霧。地勢峻極，起自西北，故崑崙乘地之高，而東驅嵩山據地之中。而南鶩兩山並驅其中必有水，兩水夾行，其中必有山。水流東極氣虚而散，如沃焦釜，無有遺餘。往者既消來者，復息水流。東極其應於月者爲潮。蓋日爲陽精，陰之所依；月爲陰靈，潮之所附。朔望之際，月近於日，故月行疾而潮應大；朔望之後，月遠於日，故月行遲而潮應小。春爲陽，中陰生於午，而晝潮大；秋爲陰，中陽生於子，而夜潮大。一晝一夜而再至，亦猶歲之春秋而月之朔望云耳。

若夫乾道成男，坤道成女。凝體於造化之初，二氣交感，化生萬物。流形於造化之後，靈於萬物者爲人，散於動植者爲物。天一生水，在人爲精；地二生火，在人爲神；天三生木，在人爲魂；地四生金，在人爲魄；天五生土，在人爲體。受精於陰，其聚而能靈者魄也。受氣於陽，其散而能神者魂也。頭圓象天，足方象地。噓而温者陽也，吸而凉者陰也。

羽蟲三百有六十，而鳳爲之長；毛蟲三百有六十，而麟爲之長；甲蟲三百有六十，而龜爲之長；鱗蟲三百有六十，而龍爲之長；倮蟲三百有六十，而人爲之長。此乾坤之美也。故太平之人仁，丹穴之人智，太蒙之人信，空同之人武，堅土之人剛，弱土之人肥，墟土之人大，沙土之人細，息土之人醜，輕土之人多利，重土之人多遲。清水音小，濁水音大，湍水人輕，遲水人重。山氣多男，澤氣多女，石氣多力，暑氣多夭，寒氣多壽，陵氣多貪，衍氣多仁。惟中國稟太和，五性全備，爲無虧。

人之一身，分配五行，而造化之理具焉。五行，一陰陽也。人誠有之，物亦宜然。鷄知將旦，鶴知夜半，不類信乎！人狎鷗而機忘，犬吠屠而機露，不類智乎！虎嘯而風生，龍吟而雲起，將雨而魚噞，將風而鵲下，不類感應乎！燕知戊己，虎知破衝，巢居知風，穴居知雨，不類幾先乎！蠖屈而求伸，狨斷而求活，不類自全乎！螻蟻之君臣，鴻鴈之兄弟，出乎類也。烏鳶之知愛，豺獺之有祭，反其本也。

毛、羽、鱗、介之類如此，至於草木可類舉焉：松柏鬱蒼而知其葉自根流，豫章盤固而知其本盛末茂。橘踰淮而枳，蒿處陸而艾。藻寄根於水，葵傾心于日。兔絲桂枝之下草不植，麻黃之荄雪不積。觀木而可驗晴雨，占草而可知水旱。不土而蔓，映果無花而實。茨近陽而性暖，菱背日而性寒。蓮實下垂則取其象以治心，胡桃瓤縮則資其形以斂肺。生于西者物多辛，生于南者物多燥。東北二物亦然。麥受六陽之全，故就實而昂；稻分陰陽之半，則未實而俯。菽稟火氣，至水旺而枯；薺稟水氣，至土旺而絶。衍沃之區，以種而毓，人力所及；不毛之地，以氣而化，雨露所成。有根本則有枝幹，有花實，實中有仁，而生生不窮之理具焉。故曰「天開于子，地闢于丑，人生于寅」。循環無端，孰窺其際？自非聖人後天地而生知天地之始，先天地而知天地之終者。疇克然哉。大哉易也！斯其至矣。

宋・朱熹《朱子全書・天度》 天有三百六十度，只是天行得。過處爲度，天之過處便是日之退處。日月會爲辰，天道與日月五星皆是左旋。天道日一周天，而常過一度。日亦日一周天，起度端終度端，故比天道常不及一度。月行不及十三度十九分度之七。今人云：月行速日行遲。此錯説也。但曆家以右旋爲説取其易見日月之度耳。天行至健，一日一夜一周天必差過一度。日一日一夜一周，恰好月不及十三度有奇只是天行極速，日稍遲一度月又遲十三度有奇耳。因舉陳元滂云：「只似在圓地上走，一人過急一步，一人差不及一步，又一人甚緩差數步也。」天行只管差過，故曆法亦只管差。堯時昏旦星中于午，月令差于未。漢晉以來又差。今比堯時似差及四分之一。古時冬至日在牽牛，今在斗。或問天道左旋自東而西，日月右行則何如？曰：橫渠説日月皆是左旋。説得好。蓋天行甚健，一日一夜周三百六十五度四分度之一，又進過一度。日行速健，次于天，一日一夜周三百六十五度四分度之一。正恰好比天進一度，則日爲退一度；二日天進二度，則日爲退二度。積至三百六十五日四分日之一，則天所進過之度，又恰周得本數。而日所退之度亦恰退盡本數，遂與天會而成一年。月行遲，一日一夜三百六十五度四分度之一，行不盡比天爲退了十三度有奇，進數爲順天而左，退數爲逆天而右。曆家以進數難筭，只以退數筭之故，謂之右行，且曰日行遲月行速。

問：周天之度是自然之數，是強分？曰：天左旋，一晝一夜行一周，而又過了一度。以其行過處一日作一度，三百六十五度四分度之一方是一周。只將南北表看今日恁時，看時有甚星在表邊，明日恁時看這星又差遠或是一星了。天文有半邊在上面，須有半邊在下面。有一常見不隱者爲天之蓋，有一常隱不見者爲天之底。

叔器問：天有幾道？曰：據曆家説有五道，而今且將黃赤道説。赤道正在天之中，如合子縫模樣。黃道是在那赤道之間。天最健，一日一周而過一度。日之健次于天，一日恰好行三百六十五度四分度之一，但比天爲退一度。月比日大，故緩，比天爲退十三度有奇。但曆家只筭所退之度，云「日行一度月行十三度有奇」，此乃截法，故有日月五星右行之説，其實非右行也。橫渠曰：「天左旋，處其中者順之，少遲則反右矣。」此説最好。《書疏》「璣衡」，《禮疏》「星回于天」，《漢志》「天體」，沈括《渾儀議》皆可參考。天左旋，日月亦左旋，但天行過一度，日只在此當卯而卯，當午而午，某看得如此。後來得《禮記》説，暗與之合。

宋・朱熹《朱子全書・天地》 天地初間只是陰陽之氣。這一箇氣運行，磨

來磨去，磨得急了，便拶許多渣滓；裏面無處出，便結成箇地在中央。氣之清者便爲天，爲日月，爲星辰，只在外，常周環運轉。地便只在中央不動，不是在下。

天運不息，晝夜輥轉，故地榷在中間。使天有一息之停，則地須陷下。惟天運轉之急，故凝結得許多渣滓在中間。地者，氣之渣滓也，所以道「輕清者爲天，重濁者爲地」。

問：「天有形質否？」曰：「只是箇旋風，下軟上堅，道家謂之剛風。人常說天有九重，分九處爲號，非也。只是旋有九耳，但下面氣較濁而暗，上面至高處則至清至明耳。天地始初，混沌未分時，想只有水火二者，水之滓脚便成地。今登高而望羣山，皆爲波浪之狀，便是水泛如此。只不知因甚麽時凝了，初間極軟，後來方凝得硬。」

問：「想得如潮水湧起沙相似？」曰：「然。水之極濁便成地，火之極清便成風霆雷電日星之屬。」

問：「自開闢以來，至今未萬年，不知已前何如？」曰：「已前亦須如此一番明白來。」又問：「天地會壞否？」曰：「不會壞，只是人無道極了，便一齊打合。混沌一番，人物都盡又重新起。」又問：「生第一箇人時如何？」曰：「以氣化二五之精合而成形，釋家謂之化生。如今物之化生者甚多，如虱然。」

方渾淪未判，陰陽之氣混合幽暗；及其既分，中間放得開闊光朗，而兩儀始立。邵康節以十二萬九千六百年爲一元，則是十二萬九千六百年之前，又是一箇大闔闢，更以上亦復如此，直是「動静無端，陰陽無始」。小者大之影，只晝夜便可見。五峰所謂「一氣大息，震蕩無垠，海宇變動，山勃川湮，人物消盡，舊迹大滅，是謂鴻荒之世。」嘗見高山有螺蚌殼，或生石中，此石卽舊日之土，螺蚌卽水中之物。下者卻變而爲高，柔者却變而爲剛，此事思之至深，有可驗者。

問：「天地未判時，下面許多都已有否？」曰：「只是都有此理，天地生物千萬年古今只不離。許多物地卻是有空闕處，天卻四方上下都周匝無空闕，逼塞滿皆是天。地之四向底下卻靠著那天。天包地，其氣無不通。恁地看來，渾只是天了。氣卻從地中迸出，又見地廣處。天包乎地，天之氣又行乎地之中，故横渠云：『地對天不過。』」

問：「天地之所以高深？」曰：「天只是氣，非獨是高。只今人在地上，便只見如此高，要之連地下亦是天。又云世間無一箇物事大，故地恁地大，地只是氣之渣滓，故厚而深也。」

天地但陰陽之一物，依舊是陰陽之氣所生也。康節言「天依形，地附氣」，所以重復而言不出此意者，惟恐人於天地之外別尋去處故也。天地無外所以其形有涯，而其氣無涯也，爲其氣極緊，故能扛得地住，不然則墜矣。氣外更須有軀殼甚厚，所以固此氣也。若夫地動，只是一處動，動亦不至遠也。

古今曆家，只是推得箇陰陽消長界分爾。如何得似康節說得那「天依地，地附天」，「天地自相依附」，「天依形，地附氣」底幾句？

問：「『天依形，地附氣』？」曰：「恐人道下面有物。天行急，地閣在中。」

天明，則日月不明。天無明，夜半黑滓滓地，天之正色。

天只是一箇大底物，須是大著心腸看他，始得以天運言之。一日固是轉一匝，然又有大轉底時候，不可如此偏滯求也。

天轉也，非自東而西也，非旋環磨轉，是側轉。

問：「康節論六合之外恐無外否？」曰：「理無内外，六合之形須有内外。日從東畔升，西畔沈，明日又從東畔升。這上面許多，下面亦許多，豈不是六合之内？曆家算氣只算得到日，月、星辰運行處上去更算不得，安得是無内外？」

問：「天地之心亦靈否？還只是漠然無爲？」曰：「天地之心不可道，是不靈，但不如人恁地思慮。伊川曰：『天地無心，而成化聖人有心而無爲。』」

問：「天地之心，天地之理。理是道理，心是主宰底意否？」曰：「心固是主宰底意。然所謂主宰者，卽是理也。不是心外別有箇理，理外別有箇心。」又問：「此心字與帝字相似否？」曰：「人字似天字，心字似帝字。」

問：「天地無心，仁便是天地之心。若使其有心，必有思慮、有營爲。天地曷嘗有思慮來？然其所以四時行、百物生者，蓋以其合當如此便如此，不待思維，此所以爲天地之道。」曰：「如此則《易》所謂：『復其見天地之心。』正大而天地之情可見，又如何如所說祇說得他無心處耳。若果無心，則須牛生出馬，桃樹上發李花，他又自定。程子曰：『以主宰謂之帝，以性情謂之乾。』他這名義自定，心便是他箇主宰處，所以謂『天地以生物爲心』。」

宋・朱熹《朱子語類》卷六八 問：「健足以形容乾否？」朱子曰：「可。伊川曰：『健而无息之謂乾。』蓋自人而言，固有一時之健，有一日之健。惟无息，乃天之健。」

問「天行健」。胡安定說得好，其說曰：「天者，乾之形；乾者，天之用。天形蒼然，南極入地下三十六度，北極出地上三十六度，狀如倚杵。其用則一晝一

夜行九十餘萬里。人一呼一吸爲一息，一息之間，天行已八十餘里。人一晝夜有萬三千六百餘息，故天行九十餘萬里，天之行健可知。故君子法之，以自強不息云。

宋·朱熹《朱子語類》卷七八　朱子曰：因其生而第之以其所當處者，謂之「敘」；因其敘而與之以其所當得者，謂之「秩」。許多典禮都是天敘、天秩下了，聖人只是因而勑正之，因而用出去而已。德之大者則賞以服之大者，德之小者則賞以服之小者；罪之大者則罪以大底刑，罪之小者則罪以小底刑。盡是天命、天討，聖人未嘗加一毫私意於其間。

宋·陳季南《乾坤之蘊如何》　論曰：動静無端，道之妙也。自太極判而陰陽分，惟一故神，惟兩故化，動静互根，循環不已，而造化之妙莫窺焉。夫穹然而居乎上，隤然而處乎下者，天地之形體也。健而動者陽之變，順而静者陰之合，乃其性情之妙。

宋·張君房《雲笈七籤》卷二　何有至精感激而真一生焉，元氣運行而天地立焉，造化施張而萬物用焉？混沌者，厥中惟虚，厥外惟無，浩浩蕩蕩，不可名也。廣大之旨，雖典册未窮，祕妙之基而玄經可見。【略】

道君曰：元氣於眇莽之内、幽冥之外。生乎空洞，空洞之内生乎太無，太無變而三氣明焉。三氣混沌，生乎太虚而立洞。因洞而立無，因無而生有，因有而立空。空無之化虚生自然。上氣曰始，中氣曰元，下氣曰玄。玄氣所生出乎空，元氣所生出乎洞，始氣所生出乎無。故一生二，二生三，三者化生以至九。玄從九反一，乃入道真。氣清成天，滓凝成地，中氣爲和，以成於人。三氣分判萬化稟生，日月列照五宿焕明。上三天生於三氣之清，處於無上之上極乎，無極也。【略】

《太始經》云：昔二儀未分之時，號曰洪源。溟滓濛鴻如雞子狀，名曰混沌。玄黄無光無象無音無聲無宗無祖，幽幽冥冥。其中有精，其精甚真，彌綸無外，湛湛空成。於幽原之中而生一氣焉，化生之後九十九萬億九十九萬歲，乃化生三氣，各相去九十九萬億九十九萬歲，共生無上也。自無上生後九十九萬億九十九萬歲，乃生中二氣也。中三氣也。中二氣中三氣各相去九十九萬億九十九萬歲，三合成德，共成玄老也。自玄老生後九十九萬億九十九萬歲，乃化生下三氣也。下三氣各相去九十九萬億九十九萬歲，三合成德，共成太上也。《靈寶經》曰：一氣分爲玄、元、始三氣，爲氏，因姓李焉。其相也，美眉黄色，日月角縣，蹈五把十，耳有三門，鼻有雙柱。周德下衰，世道交喪。平王三十三年十二月二十五日，去周西度，青牛薄輦，紫氣浮關，遂付《道德真經》於關令尹喜，由此明道家經誥非唯五千。元始天尊實殊老君，豈唯年代差異，亦有位號不同。若爲名三界，一者欲界，有六天。即從度人經太皇黄曾天數滿六天是欲界，人壽命萬歲，人在世生不犯身業殺道邪淫之罪，來生即登此天之中，無六欲染著故生此天。二者色界，有十八天。即以次取之其天，人壽億萬歲，若一生之中不犯身業貪嗔之罪，得生此天。三者無色界。天其中人壽命億劫歲，若人一生之中不惡口兩舌、妄言綺語，當來過往，得居此天。其中善男子善女人功行滿足堪上四天者，王母迎之。登上四天，其三界太虚無上常融天、太釋玉隆騰勝天、龍變梵度天、太極平育賈奕天，此四天名種民天，即三界之上，三災所不及。四種民天，上有三清境，三清之上即是大羅天，元始天尊居其中施化敷教。

宋·姚勉《送葛仙人説》　太極剖開陰降陽升。其初也，天地間皆水也。得風而凝，柔者始堅，故今之山皆波濤洶湧之狀。而山之巔鑿之即有水，山蓋清氣中之有查滓者，故凝水則純乎清者故流也。夫是以謂之融而爲川，結而爲山，山屬陰，水屬陽也。山屬陰，故静水屬陽，故動爲青囊。學者不曰「山水」而曰「風水」，又曰「得水爲上，藏風次之」，莫先乎水也。

宋·翁葆光《紫陽真人悟真篇註疏》卷三　翁葆光註：大道肇自虚無，生一氣。一氣生陰陽，曰龍曰虎。龍木生火，虎金生水，木、火、金、水合成四象，四象合而成丹。丹之成本於土，土無正位，分位四季。四時不得四季之土，四序不行，不能生成萬物也。是以四象、五行，全藉土也。壬者，水也，即真一之氣，號曰真一水也。生於天地之先，變而爲陽龍陰虎也。龍虎合而成丹。丹土也，龍木也，虎金也，謂之三性三元，不離真一之水變也。八卦者，真一之氣，一變爲天，曰乾爲父。二變爲坤，曰地爲母。乾以陽氣索坤之陰氣。一索生長男曰震，再索生中男曰坎，三索生少男曰艮，此乾氣交於坤氣而生三男陽也。及乎坤以陰氣索陽之乾氣。一索生長女曰巽，再索生中女曰離，三索生少女曰兑，此坤之交於乾氣而生陰也。亦不離真一之水變也，故曰三元八卦豈離壬也。非惟三元八卦不離真一之精，自開闢以來，凡有形與名之類，莫不由此而成變化。真一子曰：真一之精乃天地之母，陰陽之根，水火之本，日月之宗，三才之源，五行之祖。萬物類之以生成，千靈承之以舒慘。至於高天厚地，洞府名山，玄象靈官，神仙聖衆，風雨晦明，春夏秋冬，未兆之前，莫不由此，鉛氣産出而成變化者也。

修丹之士，得真一之水，萬事畢矣。

元・史伯璿《管窺外篇》卷下《論天地》　《天問集註》：「地則氣之渣滓聚成形；質者但以其束於勁風旋轉之中。故得以兀然浮空甚久而不墜耳。」黄帝問於岐伯曰：「地有憑乎？」岐伯曰：「大氣舉之，亦此謂也。」

按邵子「天地自相依附」之言，至矣！盡矣！朱子此説，亦不過推廣邵子之説而言爾。本無可疑，所未曉者，氣運水動地，若無可根著，則不免有隨氣與水而動之患，況地之廣厚，雖曰以氣行乎其中，故得浮而不沈。然以極重之物，無所根著，乃能久浮而不沈，於心終有所未達者。不知，如何？愚切以意度之。

地若有所根著，則其勢當在下，在下則當天之南樞，入地三十六度處。何以知之？蓋天半在地上，半在地下，此特就地面言之爾。地有如此之廣博，則必有如此之深厚。今地之在水面者可見，在水下者不可見，是則地之深厚皆在下也。深厚既皆在下，則天之半在地下者宜多，爲容不與地之所不得，如半在地上者之空虚矣。水面之地北高南下，而東南又有不滿之處，以此度之，則天之兩極所以北高而南下者，正以地之形勢亦北高而南下也。如此南方水下之地當極深、極厚，其下必有所根著之處矣。天體繞地左旋無停息時，地若有所根著，宜在南樞不動之處，非地之形質根著乎天也。天若果有非實非虚之體運乎地外，則南樞所在必當亦有非實非虚之體與地相貫通矣。如此則地之所以兀然浮空，久而不墜者，非惟大氣有以舉之，亦天體有以貫之。譬如花中之實，其根蔕若不相連，則生意何由而相通哉？至於氣之運乎地外，水之束乎氣中者，自與此不相妨也。臆度之説，如此豈其然哉？姑誌於此云爾。

按書，傳引渾天之説曰：「天之形狀似鳥卵，地居其中，天包地外，如卵之裹黄。圓如彈丸，故曰『渾天』，言其形體渾渾然也。」其術以爲天半覆地上，半在地下。其天居地上見者一百八十三度半强，地下亦然。北極出地上三十六度，南極入地下亦三十六度。以此觀之，是地正當天之中也。然地有如此之廣博，宜必有如此之深厚。今特地面正當天之中耳，是地之深厚皆在下也。愚既已言于前矣，又按文公《天問註》曰：「地則氣之渣滓聚成形；質者但以其束於勁風旋轉之中。故得以兀然浮空甚久而不墜耳。」今自地以上何嘗見有所謂如勁風之氣哉？地下若亦如此，則水與地何所承載而自立耶？意者，自地以上皆爲化生人物之區域，若卽有如勁風之氣行乎其間，則化育何以寧息而得遂哉？如此則至剛至勁之氣，宜在去地幾萬里之上，近天象所麗之處而後運也。以在上者推之，則四方與在下者宜亦皆然。如此則地與水之在下者，當極深、極厚；在四方者，當極廣、極博。必充滿逼塞於大氣旋轉之中，而後可是。故地與水之外卽勁氣之所旋轉，勁氣之内卽是地與水之所充塞。氣之與水、與地相去無毫髮間，然則在下地形終極之處，與天體相接不相接，非愚所能及也，姑志所疑，以俟知道者而請問焉爾。

以前所論觀之，則在内者上虚而下實，皆是寧静之區在；外者東升而西沒，方是剛勁之氣内外相依附。動静相表裏，而天地之體段可識矣。愚嘗于清夜之間，仰瞻星象森羅，可以想見混淪磅礴圓方高廣之度。雖曰「天大地小」，然形氣固各當有分量，若形自有限，氣獨無涯，則氣大形小，遼絶已甚，無乃陰陽不相稱乎？以愚度之，氣是運動發散之物，若無範圍之於外將，恐空虚無極，則在外周徧之勢難亦恐外散，則在内剛勁之力減。故必有範圍之者，然後有至剛至勁之氣外薄乎？範圍之體而不得出，則内依乎？寧静之區而不停運而相依相附，自有不容不然者矣。

又按在《易》之《離》《彖》傳曰：「日月星辰麗乎天，百穀草木麗乎地。」聖人以日月星辰對百穀草木而言，以天對土而言，以此觀之，則天爲有體耶？無體耶？愚不得而知也。但若以爲日月星辰卽天之體，則土之體不可但以百穀草木當之明矣。以百穀草木不可爲土之體推之，則天之體與日月星辰之體二歟？一歟？愚亦不可得而知也。姑誌於此，以俟知道者而請問焉。

渾天説曰：「天之形狀似鳥卵，地居其中，天包地外，猶卵之裹黄。圓如彈丸，故曰『渾天』，言其形體渾渾然也。」佛氏以爲有須彌山，山之四畔有四大部洲，總名「娑婆世界」。日月星辰皆圍繞山腰而行，南晝則北夜，東以爲夕西以爲旦，其在三方亦然。如渾天之説，則天大於地；如須彌山之説，則地大於天。天大於地，則以無涯之氣囿有限之形，所謂「大氣舉之，勁氣所束」是也。若然，則伊川所疑「桌置地上，地置何處」之問，此説可以答之。地大於天，則須彌山與四大部洲至高大極廣，不知當於何處安放？此不通之論也。如渾天之説，則天半覆地上，半在地下。唯北極去地三十六度，故遶北極七十二度常見不隱可也。如須彌山之説，則山既極高，北鬱單越與南閻浮提，西瞿拏尼與東汾維岱皆隔山不相見。日月星辰遶山腰而行，方其在北者，則南皆不之見可也。今遶北極七十二度星辰，何故常在山腰南畔，並不行到其餘三方？並不爲山所遮隔耶？此又不通之論也。佛氏往往竊蓋天周髀之説，而少變之以爲此説。反不如蓋天

「斗極居中故常見」之説爲可通。蓋佛氏本不知天之形狀如何，又不肯自以爲不知，故謬爲此説，且務欺誑愚世，以掩覆其有所不知之羞而已。

《易・乾・大象天行健語錄》曰「惟胡安定説得好」，因舉其説曰：「天形蒼然，南極入地下三十六度，北極出地上三十六度，狀如倚杵。其周則一晝一夜行九十餘萬里，人一呼一吸爲一息，一息之間，天行已八十餘里。人一晝一夜有萬三千六百餘息，故天行九十餘萬里。」《靈耀》論云：「一度二千六百三十二里千四百六十一分里之三百四十八，周百七萬九百一十三里者，是天周圓之里數也。徑三十五萬七千九百七十一里，此二十八宿周回直徑之也。」《書許氏叢説》引《晉天文志》，以夏至之日景而以勾股法計之，自地上去天得八萬一千三百九十四里三十步五尺三寸六分，此天徑之半倍之得十六萬二千七百八十八里六十一步四尺七寸二分，以周率乘之徑率約之，得五十一萬三千六百八十七里六十八步一尺八寸二分，此周天之數也。今以其數分之，每度計一千四百單六里一百四十三步三尺五寸七分三釐八毫。

《離騷》、《天問》「所行幾里」。朱子註曰：「曆家以爲周天赤道一百七萬四千里。」愚按胡氏謂一息天行八十里，則萬三千六百息當有一百八萬八千里，今但言故天行九十餘萬里，豈一時計算之未審耶？抑後人傳寫之有誤耶？但胡氏皆以有餘言之，則亦大約如此而已。今以息數所積校之，《靈耀》所載僅差萬有餘里而已，而《晉志》所計乃不及一半，何其相遼絶。如此，以愚度之，當以胡氏説息數所積，及《靈耀》論所言里數爲當。

蓋天内是地，地形之廣約作十萬里，海水亦作地算。天體若不如此大，如何容得地在中間？形氣相依，形既如此廣，氣若不極其厚，如何束得形住？如何舉得形起地？在天中日月麗天而行，月常受日光爲光，惟地小天大，故地之四外空曠遼廓，日月之行雖有隔地之時，然天去地遠，則日光無時不旁出地外，而月常得受之以爲光。故必如《靈耀》論徑三十五萬之説，然後地之四面各有十餘萬里之空，日光乃不爲地所礙爾。若如《晉志》徑十六萬里之説，則地之四面僅各有二三萬里之空，日光安得不爲地所礙耶？姑誌臆説，以俟知者而問焉。

元・趙友欽《格象新書》卷一　天道左旋

古人仰觀天象，遂知夜久而星移斗轉，漸漸不同。昏暮東出者，曉則西墜；昏暮不見者，曉則東升。北天之星雖然旋轉未嘗入地，四時皆見其徹夜在天，然其旋轉有甚窄者。以衡管窺之，衆星無有不轉，但有一星旋轉最密，循環不出於管中，名曰紐星者是也。古人以旋磨比天，則磨臍比爲天之不動處，此即紐星旋轉之所，名曰北極。亦猶車輪之軸辦瓜之攢頂也。復觀南天，雖無徹夜見者，但比東西星宿旋轉則不甚遠。由是而推，乃是南北俱各有極，北極在地平之上，南極在地平之下。今比北極爲瓜之聯蔓處，南極爲瓜之有花處，東西旋轉最廣之所比乎瓜之腰圍。北極傍雖然旋轉常在於天，南極側近雖然旋轉不出於地，如是則知地在天内，天如鷄子，地如中黄。然鷄子形不正圓，古人非以天形相肖而比之，但喻天包地外而已。以此觀之，天如蹴毬，内盛半毬之水，水上浮一木板，比似人間，地平板上雜置微細之物，比如萬類。蹴毬雖圓轉不已，板上之物俱不覺知。謂天體轉旋者，天非可見其體，因衆星出没於東西，管轄於兩極，有常度無停机，遂即星所附麗，擬以爲天之體耳。

日至之景

古者因見天暑而日高近北，天寒而日低近南，遂立表木以測其長短之景。東西没之時，表景最長，日正中天，表景最短。若以四時驗之，中晝之景漸短逐日不同。乃以中晝表景極短之日爲夏至，中晝表景極長之日爲冬至。中晝之景所以短者，蓋日近北而高；所以長者，蓋日近南而低。日高則行天必久而晝長，晝長則人間陽氣積多而暑。日低則行天不久而晝短，晝短則人間陽氣漸少而寒。此寒暑因日而變也。

歲序終始

古人以冬至爲第一日，逐日記之。第三百六十六日中晝景復最長，是爲次年冬至。數夏至亦然。故曰三百六旬有六日。二至未定時辰，但以午景驗之，似乎皆在午矣。雖云三百六十六日爲一朞，然第一日午中數至第三百六十六日午中，只滿三百六十五日。比似初一日午中數至初六日午中又滿五日也。積二期滿七百三十日，積三期滿一千九十五日，積四期滿一千四百六十日。第一日爲第一冬至，第三百六十六日爲第二冬至，第七百三十一日爲第三冬至，第一千九十六日爲第四冬至，第一千四百六十一日爲第五冬至。五次冬至只得四期，滿一千四百六十日。然古人於第一千四百六十一日測午景，尚未極長，第一千四百六十二日纔是冬至。如此則四朞之日滿一千四百六十一，每年三百六十五日有餘。積四年之餘總多一日。一日十二時，四分之，則每年有三時爲餘數。古人謂三百六十五日四分日之一，蓋將一日分與四年爲餘數，每年得四分之一也。一日既作四分，則當定二至之時辰。然二至時辰難必其的，當酌量擬度以

定之耳。【略】

天周歲終

古人仰觀天象，見衆星昏曉出没，乃知天體每日運轉一周。然衆星昏見，四時漸漸不同。唐虞之時，日永則心宿當南方正午之位。心宿三星中赤者名曰大火，故曰「日永星火」。日短，則昴宿當午位。春中則張翼之類當午位。南方七宿配朱雀，故曰「日中星鳥」。中秋則虚宿當午位，歲歲皆然。古人因見四時昏曉之中星不同，乃知太陽所躔漸異。歲終而中星復舊，是太陽亦復舊，而行天一周矣。每年三百六十五日餘四之一，故亦以周天分爲三百六十五度餘四之一，歲數與天數相同，故曰「天周歲終」。大陽一日行一度。分寸尺丈引名曰「五度分天」。爲度者亦是度量之義，似乎以太陽爲尺，其一度即日圓之徑數也。於日行之道定二十八宿之名，宿之爲星數，多寡不等，各就其數内定之一點爲距星。距者，隔越之義。乃以此二十八點距星爲各宿之界，各宿度數由此而分。且知南斗從柄而起，以第三點爲距。前二點及爲距之半點，未離於箕而尚屬於箕，餘三點半方在本宿度内。然本宿之星數少，所占乃有二十餘度者，蓋斗牛之間又有建星等類，不在玄武七宿之數就附於斗。所以斗星雖少而占度却多。他宿亦猶是也。及觀太陰所躔，昏曉漸異，見其移六七度，遂知一日之内月行十三度有奇。月與日同躔之時謂之合朔。月與日對光滿匡廓兩輪相望名曰望。近一遠三，月體黑白各半，似乎張弦之弓，名曰弦月。行及日光盡，體伏，名曰晦。此晦朔望之名義。十九年爲一章之内。大陽在天一十九周，太陰在天二百五十四周，於月周之數減去日周，則爲二百三十五朔。十九日之内，太陽行十九度，太陰行二百五十四度，與十九年周天之數相同。以二百五十四均於十九，則知太陰每日行十三度餘十九之七，每年行十三周十九之七。每日太陰遠太陽十二度十九之七，每年太陰太陽十二周餘十九之七。故每年之日月合十二朔餘十九之七。爲閏，積十九年七閏也。一朔之内，太陽行二十九度，餘九百四十之四百九十九，太陰行一周外餘數與太陽同。太陰一周只該二十日餘三百二晝有奇。舊云天道左旋，日月右轉，蓋謂日月附着天體，天雖一晝夜，而周太陽於天只移一度，太陰則移十三度有奇。在後推測却是日月與天道相遠，而不附於天。如此則是太陽每日周地一遍，每年總計三百六十五周餘四之一，多過一度，則亦是每日周地三百六十六度餘四之一。太陰每日不及天運一度，太陰每日與太陽相多十二度，餘十九之七，却是日速月遲。由是觀之，日月右旋之説乃歷家用逆推之術，取其簡省籌策耳。日月相會爲朔。朔者，月終而復始也。月遲日速，歷二十九日四百九十九晝而復同度。今以良駑二馬比之。日比良馬，月比駑馬，一度比之一里。日月遶地一周比似馬之循環封疆一遍，每里分爲十九段每段爲小尺。良馬每日周遭一次，日計行三百六十五里四段七十五尺，駑馬每日不及周遭，止行三百五十二里十六段七十五尺，較遲一十二里七段，即所謂不及十二度十九之七也。以段計之，每日漸多二百三十五段，以尺計之每日漸多二萬三千五百尺，每晝漸多二十五尺。良駑一處同時發程，乍分先後不甚相遠，歷一十四日七百一十九晝半，良駑相距半周遭，又歷此數總二十九百九十九晝，駑不及良一周遭，二馬復同一處矣。此即一朔之喻。次朔而復相會，不會於元所，相會九百四十次，方於元所相會，乃一蔀之數也。古人又云，天與日會者，天體每日遶地而行三百六十六度餘四之一，太陽每日繞地一周計三百六十五度餘四之一。天不可知其體，但以經星言之，天速日遲，每日不及一度，一年而不及一周。則日復舊躔，故曰「天與日會」，亦可以良駑二馬比之。兹不贅。十九年則天與日而月亦會，是爲一章之數。但非子時相會，若四章爲一蔀，則日月皆與天會於夜半，皆在地平之下，乃曰月與天地四者俱會也。此云良駑九百四十會而方會元所者，以九百四十會比一蔀之朔。會於元所比日月之與地會。此只比日月與地會，而不比天會，故不喻及一章之數。【略】

日道歲差

日行不由赤道，晝永在赤道北，晝短在赤道南，其道别名黄道，之與赤道似乎兩環交差，且以冬至爲始。言之太陽，當時在赤道之南，横距赤道二十三度九十分，從冬至後行漸近北，迤邐向於赤道。及乎仲春之時，斜去冬至躔九十一度有奇，則在赤道之交矣。過交入赤道北，斜去九十一度有奇，及於夏至，纏則又與赤道遠。最近於北，横距亦二十三度九十分，從此漸轉南，非由故道，乃一環而循歷兩邊，亦向赤。及乎仲秋，交於赤，已斜去夏至躔九十一度有奇。非春中之交乃相對處耳。過出赤道南斜，去赤道九十一度有奇，及乎冬至又纏元度。故曰「天周歲終」。堯典云：日短星昴者乃仲冬。昴宿昏見於午方，昏時若昴宿正南，則知日躔虚宿。何以言之？正東之方名曰卯位，正西方之名曰酉位，日正南處名曰午位。一日十二時，太陽歷過十二位乃定方也。天以各宿經度分爲十二次，乃動體也。動者無常位，名曰「天盤」，定方有常，位名曰「地盤」。仲冬太陽在虚宿，虚屬天盤。子酉時太陽在西方，此際，天盤子加地盤酉，子加酉，則酉

必加午。昴宿屬天盤酉，故昏見於正南。漢作太初歷推步得，冬至日在牽牛之初。今之授時歷推步日躔，當至元，冬至乃在箕九度二十二分一十八秒。以漢武時較帝堯時已差二十度。當時，唐都洛下閎但擬八百年差一度，雖知有差，尚自踈畧。晉虞喜不用天周歲終之術，謂天度與歲日數殊，天自爲天，歲自爲歲，始將天體爲三百六十五度二十六分乃四分之一有餘，歲策爲三百六十五日二十四分乃四分之一不足。一年差二分，五十年差一度。宋何承天以爲歲差太速，改爲百年差一度，周天作三百六十五度二十五分半，周歲作三百六十五日二十四分半。隋劉焯又從而酌中，以七十五年差一度。唐一行以八十三年差一度。自後諸歷各各不同，宋歷多在七十五度左右，統天歷謂周天赤道三百六十五度二十五分七十五秒，周歲三百六十五日二十四分二十五秒，百年差一度半。然又謂周歲漸漸不同，上古歲策多，後世歲策少。如此則上古歲差少，後世歲差多。當今歷法倣之立加減歲策之法，上考往古百年加一秒，下驗將來百歲減一秒。至元辛巳行用，至今秒數尚作二十五，猶未減也。三代以前未有歲差之術，晉宋而後雖立歲差之術，時或議論不定。李淳風猶自執説無差，謂冬至常纏斗十三度，至一行作大衍歷，而後論定，以後必至歲差。歲差之法雖立，然差數歲歲如一，於前加後減之法，猶自未知，今則知加減矣。若欲測其加減親切之數，非歲久曷能知之。授時歷以赤道分三百六十五度二十五分六十四秒，周天分三百六十五度二十五分七十五秒，相較一十一秒者，蓋黄道一周同於歲策，只計三百六十五日二十四分二十五秒，有似周天尚未足一分五十秒，是謂歲差。其一分五十秒不在瓜之腰圍，横距赤道二十四度，斂而狹之，只廣一分三十九秒。以此一分三十九秒併入歲周，故云黄道三百六十五度二十四分六十四秒。黄道雖是歲差冬夏二至日躔必然横距赤道二十四度，黄道歲歲不由舊路，差移一分有餘，斜路絡於二十八宿變之間，歲久則遍滿而無非行過之所矣。今人斜捲麻苧之欿，周遭往返非復故處絲漸移重複纏絡而成團者，名曰「欿團」。以喻此理最切。唐虞之時，冬至日纏子，夏至日纏午，春分日纏卯，秋分日纏酉，至今未及四千年。冬至日已躔寅，夏至日已躔申，春秋二分已躔已亥。計其歲差，已退四五十度矣。由是觀之，後萬餘年，冬至日及躔午，夏至日及躔子，春卯秋酉，亦各互易。若周遭而復於舊躔，當在二三萬年間。逆而推之，帝堯以前亦必如是，此決然之理也。北斗有柄，常指天盤，卯辰間。唐虞之際，冬至太陽躔虚，昏見時天盤卯辰間加於地盤子，故十一月以斗柄指子爲説天旋一晝夜而周猶未戌初則指丑矣。斗、牛、女、虚、危、室、壁，北天七宿也。三冬太陽躔之，故曰「日在北陸」。今則歲差，太陽冬至已纏箕屬寅，冬至後日方躔斗。如此則季冬日在北陸，冬至已前尚在東陸也。冬至昏見時，太陽隨天盤寅以加地盤申酉界畔，其天盤卯辰之間却加地盤戌。仰觀斗柄指戌而不指子矣。今人於十一月猶以斗柄指子爲説是未知歲差者也。然天體於一時轉一位，戌末亥初却仍指子，但不可言初昏指耳，夫日躔既已歲差則昏旦亦差。唐虞初昏乃今戌亥之時在後。仲冬日差在卯，則斗柄夜半指子，差在午則平旦指子，差在酉則日中方指子，謂閏月指兩辰之間者，可發一笑歟。

黄道損益

子正玄枵，由於虚七度，赤道均分周天，宿度十二次各三十度四十三分七十五秒。是將子中爲的而分之黄道宿度與赤道宿度有多寡之不同，各次之黄道宿度亦不等，所以然者，冬夏二至之日黄道平近於兩極，其度斂狹，每度約得十之九。春秋二分斜行赤道之交，赤道所在度既廣而又斜行，每度十有一矣。四立之日度在酌中處，其餘漸廣狹迤邐。而推今之《授時曆》，步得冬至日躔箕宿，以此寅申度數最少，巳亥度數最多，其餘則多寡稍近。

元・趙友欽《革象新書》卷二 晝夜短長

冬至日躔距赤道二十四度，立冬與立春所距亦近似之，所較不甚多少。所以然者，此時黄道横而平近南極也。從立夏及於立秋之黄道横平，而近北極者亦然。蓋冬夏之日躔，東西移差多，南北移差少，春秋則黄道斜移南北。雖東西行，而南北差速於冬夏，故春秋壺箭六七日間增減晝夜一刻，若二至前後驗其晝夜短長其增減一刻相去二十餘日矣。由是觀之，冬夏增減之日遲，春秋增減之速，日數未始均平。考於渾儀即可以知其理。舊云，日未出二刻半而天先明，日已入二刻半而天方昏，此五刻之内若以衆星出没論之，似乎在晝。然不星論，但太陽出始爲晝，入則爲夜也。

氣積寒暑

夏至晝最長，日最近北，乃午中也。冬至晝入則最短，日最近南，乃子中也。然大暑在六月，却是未中，大寒在十二月，却是丑中。若以晝夜論之，未時熱甚於午，丑時寒過於子，此蓋甑竈之理也。夫竈火甚突，可比午中矣。然甑蒸之氣猶未其盛，及其甑蒸氣盛則竈火已稍衰矣。在後竈火盡滅可比子中矣。然甑蒸之氣又良久而後始衰。寒暑之理豈非積久而氣盛乎？天地正中，遠視物則微，

近視物則大，故當午之日似盤盂，出没之日如車輪，豈非午日與人相遠耶？然又疑東西與人相遠者，蓋爲午日熱而又似乎火之近人也，殊不知太陽久照則熱，殆不可以遠近論。星度高升者則其密，低垂者則見其踈。由是觀之，天頂遠而四傍近矣。且夫天體圓如彈丸，圓體中心六合之的也。周圍上下相距正等，名曰天中。直上至上，至于天頂，名曰嵩高。地平不當天半，地上天多，地下天少，從地平之中直上，自有天中之所，古人却謂地平。正當天半天中，即是地中所在，爲此説者，蓋爲周天三百六十五度餘四之一，仰視常有一半星宿可見，故以地中就爲天中。今謂地中直上自有天中之所者蓋見日月之近大遠小，星度之高密低踈，所以知其然也。地平既在天半之下，仰觀只見半周度者，蓋天遠則似乎較低。他平得以相妨，人目不可盡見，昔人以五表求地中，以今思之只須一表。其表與人齊高，於午日中盡其短景於地，用爲指北準繩，却置窺筒於表首，隨準繩以望北極。若窺見北極在筒心者，此處得東西之正而不偏矣。如窺見北極之東者，則是其地偏東，窺見北極之西者，則是其地偏西。已得東西之正，然後於二分之前十餘日内，就此處置立壺漏。準定十二時之端的，須以兩日午中短景求與時參合部。於春分前二日或秋分後二日太陽正當赤道時分，於卯酉中刻視其表景，晝地而定東西準繩。若卯酉兩景相直而不偏，平衡成一字者，是得南北正中矣。若兩景曲而向南者，則是其地偏南，北者則是其地偏北。古人測於二分之日，定以出没半輪之景，今恐地平或者高低難求端的。故縱擬於卯酉時中驗之。此術蓋以午景與北極定東西之偏正部，以東西之景定南北之偏正，測驗之最精者也。

城域遠近

古者測得陽城爲地中，然非四海之中，乃天頂之下，故曰地中也。若以四海之中言之，黄河之源爲崑崙，乃是天下地平最高處。東則萬水流東，西則萬水流西，南北亦然。彼處名悶毋梨山，蓋西蕃語也。其山距西海三萬餘里，距東海不及二萬里，如此陽城距東海甚近，天下之地多在地中以西，地中之東必皆水矣。高麗三邊盡海，惟有北連遼東。倭曲在高麗之南，雖越海而相去不遠，舶商發於閩越多往南海之西，西海遥遥，罕有去者，然西海雖遠，水陸猶自天通。若夫正北之海，則水陸皆惡而不可。至今言北海者乃諸小國及遼海耳。遼東多水，海島之國必多，舶商亦罕去。舊云蓬萊，弱水三萬里在於東南，殆非虚語。四海之內不中於陽城，中於四海者，天竺以北崑崙以西也。若論天之所覂通地與海，而言中却是中於陽城。陽城仰觀北極，出地三十六度，南極入地亦三十六度，迤邐朔方，而望之出入之度漸多，遂見北極出地四十五度，南極入地亦然。錢塘望之，出入之度三十一，交廣以南望之，其度不及二十。南極二十度已上其星猶多，中國不可見，迨今未有名。由是觀之，地平不當天半，地上天多愈無疑矣。然地中只見天之半體者，蓋天遠則似乎較低，地平得以相妨，人目不能盡見。地域遠近非特仰觀不同，寒暑晝夜表景亦皆差别：偏南者，暑多寒少；偏北者，暑少寒多。往前諸歷，晝永極於六十刻，晝短極於四十刻。今之授時歷因爲驗於燕臺而地稍偏北，是故永者六十二刻，短者三十八刻，蓋偏南則長短較少，偏北則所較漸多。朔方最遠之地，或煑羊髀未熟而天曉，或當午而纔方見日出没，只在須臾，此又晝夜長短之甚。所以然者，夏之太陽出寅入戌，其地近於朔方，近日之處天先明。今又測得地平在天半之下，則愈知其太陽出早入遲矣。彼雖曉，而南國未曉，彼未昏，而南國已昏，是以夏晝長而朔方尤長，夏夜短而朔方尤短。南國之晝夜長短則不較多。冬之太陽出辰入申，其地近於南國，南國已曉而朔方未曉，南國未昏而朔方已昏。故冬夜長而朔方尤長，冬晝短而朔方尤短。南國之晝夜長短則不較多。古者立八尺之表以驗四時日景短長，地中夏至午景在表北約一尺六寸，地中冬至午景在表北約一丈三尺，南至交廣北至鐵勒等處驗之，俱各不同。蓋午日偏南朔方之景四時皆長於地中，南國則較短，戴日之下，直而無景。迤邐南去，景在表南。啟開北户以向日，非特測於南北，亦當測於東西。帝堯之時，分命羲和之官宅於四方是也。古者測景，欲求一寸所差里數，終未爲真，蓋道路迂迴，難量直徑。是以一寸千里之説猶自難憑。表高八尺似失之短，蓋表短則景短，差難覺，表長，差數易明。至元已來，表高四丈，誠萬古之定法也。所謂土圭者，自古有之，然地平不在天半，地上天多早晚，太陽與人相近則景移必疾，日午與人相遠，則景移必遲。世間土圭均晝而已豈免午侵已未，而早晚時刻俱差。陽城池中差已如是，若以八分偏地表景驗之，土圭之不可準尤爲顯。然偏東者早景疾而晚景遲，午景先至。偏西者早景遲而晚景疾，午景後期；偏北者少其晝而景遲；偏南者多其晝而景疾。蠻粵短景南指，而子午及復則又訛逆甚矣。

明·楊慎《辯天外之説》 邵康節曰：「天何依？依乎地。地何附？附乎天。天地何所依附？曰自相依附。」自斯言一出，宋儒標榜而互贊之，隨聲而妄衍之。朱子遂云：「天外更須有軀殼甚厚，所以固此氣也。」天豈有軀殼乎？誰

曾見之乎？既自撰爲此説，他日遂因而實之曰：「北海只挨著天殻邊，過似曾親見天殻矣。」自古論天文者，宣夜、周髀、渾天之書，甘、石、洛下閎之流皆未嘗言。非不言也，實所不知也。若邵子、朱子之言人所不言，亦不必言也；人所不知，亦不必知也；人所不問，亦不必問也。莊子曰：「六合之外，聖人存而不論。」此乃切要之言。孰謂莊子爲虚無異端乎？元人趙緣督始稍正邵子之誕，而今之俗儒已交口議之。又丘長春世之所謂神仙也，其言曰：「世間之事尚不能究，天外之事乎？」由是言之，則莊子、長春乃異端之正論，而康節、晦翁之言則吾儒之異説矣。

本朝劉伯温，古甘、石、洛下之流。其言曰：「天有極乎？極之外何物也？天無極乎？凡有形必有極，理也勢也。是聖人所不能知耳。非不言也，故天之行，聖人以曆紀之；天之象，聖人以器驗之；天之數，聖人以算窮之；天之理，聖人以易究之。天之所閟，人無術以知之者，惟此耳。今不曰不知，而曰不言，是何好勝之甚也。」嗚呼！伯温此言其確論乎？其曰「好勝者」，蓋指宋儒之論天者。予嘗言東坡詩「不識廬山真面目，只緣身在此山中」，蓋處於物之外，方見物之真也。吾人固不出天地之外，何以知天地之真實歟？且聖賢之學切問近思，亦何必天外之事耶？

明・熊明遇《格致草》 天地之道可一言而盡也，其爲物不貳。不貳之宰至隱，不可推見，而費于氣則有象，費于事則有數。彼爲理外象數之言者，非象數也。人身戴圓履方，身附天地，抱魂載魄，身含天地，二而一者也。明乎天地之爲物，與物身者不悖，斯進於格物矣。黄帝以來，天地物類之官神聖，所以範圍而曲成者，若方圓之有規矩，罔或外焉。世運遞降，聰明日繁，論著日廣，春秋戰國以來，徂丘稷下，譚天雕龍，鄭圃漆園，纂玄標异，轉相郵效，邪説飆興，舉兩間之真象，數悉掩于恢奇要渺，寧復見真天地哉。夫象不真則氣戾，數不真則事悖，氣戾事悖則理反。于是乎，弑逆公行，九法淪壞，天地惡而伐之，以好還之道，誅無君無父之人，而又假手于秦火，痛斷誣天罔聖之學，懸象闇而恒文乖，彝倫斁而舊章缺。于是神聖統理之官，觀象法類之意，漸以湮没。而人傳天數，家占物怪，以合時應。其文圖籍禨祥不法，雖皆祖裨竈、甘公、唐昧、尹皋、石申之遺言，然課驗凌雜米鹽，而急候星氣。浸假令兩儀不貳之理，同于鷄占兔卦；先王敬授人時之曆，亦舛午不合矣。無論其他，即司馬遷世掌天官，其書亦多蠢駁，如「河鼓不欲曲」「心星不欲直」「老人見治安，不見兵起」之類，班固沿之，未見匡改。如「句信維散，黿鱉不居漢中」諸語皆幾以經星爲可移矣。《晉書》、《唐曆》紕繆更繁，一行、淳風任術遺理，其于真象數安在哉？有宋諸儒，研精理窟，望氣用數，得失平分。河南紫陽，狎主壇坫，《皇極經世》之書具在，皇帝王伯，元會運世，任意配合，求之于理，鮮有獲焉。萬世以後，誰爲證案？紫陽箋注經書，素王羽翼，語類雜出，門人理氣之論，尚無一歸，而宋志占詞，又未免同漢儒之凌雜也。然則廢占候與？曰：何可廢也！氣爲真象，事爲真數，合人於天，而真理不燦然於吾前乎？今時史官喪紀，疇人子弟剿襲陳言，靈臺類占，徵應雜奏，莫適所從，良由不揣其本，僅齊其末，皆不足稱天士之選也。愚一言以蔽之曰：天地之象至定，不定者氣蒙之也。天地之數至定，不定者事亂之也。達者始終古今，深觀時變，仰察蒙氣，俯識亂事，而權衡其理，則天官備矣。

明・章潢《圖書編》卷二八 天地總論

《易》道乾一而實，故以質言而曰大；坤二而虚，故以量言而曰廣。朱子謂：「此兩句説得極分曉，蓋曰以形言之，則天包地外，地在天中，所以説天之質大。以理與氣言之，則天之氣卻盡在地之中，地盡承受得天之氣，所以説地之量廣。天只是箇物事，一故實從裏面便實出來流行發生，只是一箇物事，所以説乾一而實。地雖堅實，然卻虚天之氣流行乎地之中，皆從裏面發出來，所以説坤二而虚。用之云：地如肺，形雖硬而中本虚，故陽氣升降乎其中，無所障礙，雖金石也透過去。地便承受得這氣，發育萬物，要之天形如一箇鼓鞴，天便是那鼓鞴，外面皮殻子中間包得許多氣，開闔消長，所以説乾一而實。地中間盡是這氣來往升降。緣中間虚，故容得這氣來往升降，以其包得地，所以説其質之大，以其容得天之氣。所以説其量之廣，非是説地之形有盡，故以量言也，只是説地盡容得天之氣，所以説地之廣爾。今曆家用律吕候氣，其法最精，氣之至也，分寸不差。便是這氣，都只地中透出來。如十一月冬至，用黄鍾管距地九寸，以葭灰實其中，至之日氣至灰去，晷刻不差。」天空虚而其狀與雞卵相似，地局定於天中，則如雞卵中黄。地之上下四圍，蓋皆虚空處，卽天也。地所以懸於虚空而亘古不墜者，天行於外，晝夜旋轉而無一息停也。天北高南下而斜倚，故北極出地三十六度，黄道周匝於天腹，日月則行於虚空之中，而晝夜不離黄道。《隋書》謂「日入水中」，妄也。水由地中行，不離乎地，地之四表皆天，安得有水？謂「水浮天載地」，尤妄也。冬至之日，晝則近南極而行，在天之南方，而陽氣去人甚遠，故寒；夜則潛於地底之虚空，而陽氣正在人之足下，所以井泉温。夏至之日，晝

則近北極而行，正在人之頂上，而陽氣直射於下，故熱；夜潛於地外在北方之虛空處，而陽不在地底，所以井泉冷。萬物春而生，夏而長，由地底太陽之氣自下蒸上也；秋而收，冬而藏，由太陽之氣去地底以漸而遠也。此理昭然，而昧者自不知耳。

又　天地東西南北温涼寒暑

帝曰：「天不足西北，左寒而右涼；地不滿東南，右熱而左温，其故何也？」岐伯曰：「陰陽之氣，高下之理，太少之異也。東南方陽也，陽者，其精降於下，故右熱而左温；西北方陰也，陰者，其精升於上，故左寒而右涼。是以地有高下，氣有温涼。寒涼者脹下之，温熱者瘡汗之。下之則脹已，汗之則瘡已。此腠理開閉之常，太少之異耳。」

天地運旋變化

天體東西南北經緯三十五萬七千里，每一方距八萬九千二百五十里，自地至上八萬里，以日照陽城之半爲中，乃天體正圓也。以古法算之，南極七十二度隱而不見，謂之「下規」。北極七十二度見而不隱，謂之「上規」。每度比人間二千九百三十里七十一步二尺七寸四分。總而算之，每度皆三千里。自下度之，每度如日輪之大，三百六十五周絡四方以行。七政雖位分四方，體無定常。旦暮視中星以知方所，其體健而不息，其行如璧周旋，自東運至南，自南運至西，自西運而入北，自北運而出東。推行以序，漸積寒暑以成歲功。二儀隨以出沒，五緯隨以伏留，列舍隨以隱見。七政非不行也，天行速而七政行緩，如負載以周運也。夫天一氣也，氣分東南爲陽，而日隨陽升於東南；氣分西北爲陰，而日隨陰入於西北。蓋東南陽氣盛，於自然故，日出於東方暘谷，熾於南方明都而顯麗於正晝；西北陰氣盛，於自然故，日入於西方昧谷，藏於北方幽都而晦伏於半夜。炎夏天道南行陽盛之方，日出寅入戌，以陽盛於陰，日影隨長。窮冬天道行北陰盛之方，日出辰入申，以陰盛於陽，日影隨短。春秋行於正中，日出卯入酉，而影隨停。且南爲明都，天體所見，日、月、五星至是明顯；北爲幽都，天體所藏，日、月、五星入是隱晦。兩都各異，天體一也。日、月、五星入幽都，陰盛之極，所以不明，非天入於地也。若天入地，則地中爲日，月所照而明，何得名地爲幽都壤歟？雨出天氣，霜雪肅寒皆自天降，蓋天體陽而其用陰也；雲出地氣，風煙蒸鬱皆自地出，蓋地道陰而其用陽也。天不足於西北，則陽弱而陰盛，西北之化常多風寒，地厚天低，日氣易及，乃生其和以成萬物。地不足於東南，則陰弱而陽盛，東南之化常多炎熱，江南陂湖水泉所聚，四五月時陽氣上蒸，其水脈時復爲雨，化爲寒熱方得其中，乃成萬物。且春首三陽上出，天地氣相交通。近水則陽蒸，水氣以成煙霧；近鹵則陽蒸，鹵氣以成雲靄；近山則陽蒸，山氣以成昏霾，皆籠日蔽天。春夏則東南氣如煙火，秋冬則西北氣如暝。此天道化令之常，皆無關於休咎也。

天地只是陰陽二氣

【略】唐孔氏曰：「陰，蔭也，陰氣在内奧蔭；陽，揚也，陽氣在外發揚。」伏羲見陰陽之數，畫一奇以象陽，畫一偶以象陰。陽一而施，陰兩而承，本一氣也。生則爲陽，消則爲陰，一者二而已。陽來則生，陽去則死，萬物生死主乎！陽則歸之於一也，蓋天地是劈。初，陰陽之氣結成，立其大者，以爲之主，便是個胚模子。然後爲父爲母，生人生物，千變萬化皆不出此。所以充塞宇宙何？莫非陰陽之氣，都離兩個物事不得。造化之初，以氣造形，故陰陽生天地；以形寓氣，故天地轉陰陽。漢董仲舒始推出陰陽，爲儒者宗。是故儒者知陰陽則知天地，而萬事萬物無餘奧矣。

天地所以爲天地論

虚谷問云：「有天然後有地，有天地然後有五行。地固不能敵天之大，水亦不當過地之多。以意推之，天形之内皆氣也。地體浮於天氣之中，天氣貫於地體之中。海至深至闊，猶有地以爲之底，流至於無地之處則無底。而天下之水皆入於天地之氣，日一夜一晝行地一次，所以助天之氣，潤其水以歸於無，似勝乎沃焦尾閭之説。」

魯齋答云：「予兒時侍東里葉公，知天者也。問乘查之事，謂『水從海逆入天河，循環天地中，只是許多水往往來來，不然水溢無去處，則天下浸殺。』公笑而不答。有客從傍代對謂：『海有沃焦石，水至一吸而乾；有尾閭穴，水至一洩而盡。』愚曰：『吸與洩有限而水無窮。』終不之信。及閱《隋志》，謂『陽精炎熾，入水則竭。百川歸注，足以相補，故旱不減而浸不溢。』此説固善。又遺了氣而説未瑩。今先生不取沃焦尾閭而取日，眾聵俱醒，真名言也。然愚猶又即水與氣之説，以求印証焉。葛洪《釋天》曰：『地居天内，天大而地小。表裏有水，天地各乘氣而浮。』此以水與氣並言也。何承天曰：『天形正圓，而水居其半地，中高外卑，水周其下。日東出暘谷，西入濛汜，亦曰咸池，四方皆水，故云『四海』。此專以水言也。虞聳曰：『天形穹窿如雞子，幕其際周，接四海之表，浮於元氣

之上。譬如覆奩於水而奩不沒，氣充其中也。』邵子曰：『其形也有涯，其氣也無涯。』程叔子曰：『有氣莫非天。』岐伯對黃帝問曰：『大氣舉之。』皆以氣言者也。愚謂言水不言氣，水從何生？言水與氣而不言日，二者何從消長？合而論之，水也，氣也，日也，三者相與循環於無窮，此天地之所以爲天地也。」

明・鄭瑗《井觀瑣言》 平陽史氏伯璿，亦近代博考精思之士。然揣摩太甚，反成傅會。所著《管窺外編》，其持論多無一定之見。

如論天地，既謂天屬氣，地屬形，形實氣虛，氣能載形，虛能載實。而主邵子有限無涯之說矣。復謂天亦有非虛非實之體，以範圍之內爲勁氣所充，上爲三光所麗，既主朱子天外無水地下是水載之言。而謂天包水，水載地，地浮於水上矣。復疑地不免有隨氣與水而動之患，必不能久浮而不沉，而謂南樞入地處必有所根著，與天體相貫通。

論月食，既疑先儒月爲日中暗處所射之說，而主張衡暗虛之說，以爲暗虛只是大地之影矣。復疑影當倍形，如此則月光常爲地影所蔽，失光之時必多而謂對日之衝，與太陽遠處往往自有幽暗之象在焉。既謂天大地小，地遮日之光不盡，日光散出地外，月常受之以爲明，是本沈括「月本無光日耀之乃光之言」矣。復謂月與星皆是有光，但月體半光半晦，月常面日，如臣主敬君。此其光所以有盈虧之異。

論置閏，既謂置一閏而有餘，則留所餘之分以起後閏。置兩閏而不足，則借下年之日以終前閏矣。復謂置閏之年，其餘分未必無餘，而不可有所欠。

論日月之運，既主橫渠「天與日月皆左旋」之說，而謂日月與天同運，但不及其健，則漸退而反右矣。復自背其說，而有二人同行之喻，謂曆家右轉之說自有源流，未可以先儒所學之大而小之。

凡此等處，屢言屢變，乍彼乍此，進退皆無所據。其曰天有範圍，地有根著，則近於無稽之妄談，而淪於小智之私矣。臣敬君，與二人同行之譬，尤爲不達事理。大抵天地日月之理，雖亦格物窮理者所當理會，然既未可目擊，難以遙度，則不如姑以先儒所正言者爲據，暫且放過，而於天理人事之切近者致詳焉可也。苟於此用心太過，則牴牾愈多，且終不能以豁然而無礙也。觀微子天地以分而殊名也，其實一物也，故專言之，則曰天而已矣。以地之上下四旁皆天也，通山澤、貫金石何莫非天？天地非翕聚專一，無以化生萬物。吾人非蓄養貞固，無以發揮大業。要哉靜也，寧惟壽乎！冥影契天地混沌之說，非也。無初也。天如卵白，亦非也。無形也。天之蒼蒼，亦非也。無色也。能見大塊面目者壽，山河大地皆天也。而求天於天，則無天地。一人身督脉經泥丸，遵夾脊而至尾閭；河源自雲漢下星宿海，而入歸虛古。言開闢至今，惟天不增不減，土有增有減，山有減無增，水有增無減，土、山、水皆地也。統言之，地亦不增不減，然其形體亦改變矣。其於人也，形體有減無增，嗜慾有增無減，惟天命之性不增不減。

明・湛若水《新論》 天地之初也至虛，虛，無有也。無則微，微化則著，著化則形，形化則實，實化則大。故水爲先，火次之，木次之，金次之，土次之。天地之終也，至塞。塞者，有也。有則大，大變而實，實變而形，形變而著，著變而微。故土爲先，金次之，木次之，火次之，水次之，微則無矣。而有生焉，有無相生其天地之終始乎？天外無地，地亦天也。氣無所不貫，天體物而不遺，故地不足以配天。而曰「天地」者，以形而言耳。而儒者謂滅地，則益天蓋未睹其理焉。

明・王文祿《海沂子》卷四《儀曜》 海沂子曰：渾沌，火先起，火由旱生，旱由日生，爍石流金，山壤崩坼，人物燼灰。久靜火息，更起大雲，降大雨，統成大水。起大風，吹水聚大沫成四大洲，八萬四千小洲，中擁崑崙山及衆山。水落而成四海。海水鹹者，從火災後洪雨澆洗潤下成鹹，後則百川歸之，晦濁益增。今人溺皆鹹，可徵也。開闢，日先山，炙退大水，燥乾大地。山色赤者，山高先得日氣，烘烈之，若窑中燒磚，近火色赤也。土在山下，故色黃。水底泥黑，不見日色也。山石堅，何也？亦渾沌前之質乎？曰：氣融結之也。因前之堅轉轉膠合或然也。亦有紋理筋脉若生成然。曰：星殞爲石亦氣耳？今人初生至柔也，見風，而堅骨尤堅也。人死必痰，火先升。在胎中水泡耳，靜久十月，氣足乃生。自人生死觀之天地，渾闢可徵也。或曰如何忽生天地也？曰如何忽生人物也？知忽生人物則知忽生天地矣。是故不能不生天地則不能不生人物，有生有死，有渾有闢，循轉無端，忽焉爾矣。

明・葉子奇《草木子・管窺》 天惟一氣爾。

明・張九韶《理學類編》卷一 天地

《易繫辭》曰：「易有太極，是生兩儀。」朱子曰：「易者，陰陽之變，太極者，其理也。」又曰：「太極之義正，謂理之極致耳。有是理即有是物，無先後次第之可言，故曰易有太極，則是太極乃在陰陽之中，而非在陰陽之外也。」若以乾坤未判，太衍未分之時論之，恐未安也。形而上者謂之道，形而下者謂之器。今論太極，而以天地未分，元氣合而爲一者言之，亦恐未安也。 有是理即有是氣，理一

而已，氣則無不兩者。故曰太極生兩儀。」今按孔氏《正義》曰：「太極謂天地未分之前，元氣混而爲一，則是認太極爲氣矣，故朱子辨之。」

周子曰：「無極而太極。太極動而生陽，動極而静，静而生陰，静極復動。一動一静，互爲其根，分陰分陽，兩儀立焉。」朱子曰：「無極而太極，是無形之中有箇極至之理。」又曰：「太極，只是天地萬物之理，未有天地之先，畢竟是先有此理。動而生陽，亦只是理。静而生陰，亦只是理。」又曰：「太極，理也。動静，氣也。氣行，則理亦行，二者常相依，而未嘗相離也。」又曰：「當初元無一物，只有此理。有此理，便會動而生陽，静而生陰，静極復動，動極復静，循環流轉。其實理無窮，氣亦與之無窮，自有天地，便是這物事在這裏流轉，一日有一日之運，一月有一月之運，一歲有一歲之運。只是這箇物事衮衮將去。」又曰：「太極動而生陽，是且從動處説起。其實動前是静，静前又是動，如晝而夜，夜而晝，晝前已有夜，夜前已有晝。或問太極之有動静，是動先静後否？曰：動静無端，陰陽無始，不可分先後。今此只是就起處言之。畢竟動前是静，静前又是動，將何者爲先後？不可只道今日動便爲始，而昨日静更不説也。如鼻息，言呼吸則辭順，不可道呼吸。畢竟呼前又是吸，吸前又是呼。」

邵子曰：「或曰顛然而高者，吾知其爲天也。隤然而下者，吾知其爲地也。吾不知天地之前何物也。曰夫無者，從而有者也，有者反而無者也。清濁混而爲一，是謂太極。太極者，已見氣也。太極判兩儀，生太極者謂之有邪？謂之無邪？太極者，一氣也。謂之一，非無數也，乃數之始。謂之氣，非無象也，乃象之始。安可謂之無哉？然太極之所以判兩儀，之所以分者，孰使之然邪？其所以然而然者，由道之變也。」朱子曰：「周子、邵子説太極是和陰陽衮説易中便擡起説。周子言太極動而生陽，静而生陰。動時便是陽之太極，静時便是陰之太極。蓋太極即在陰陽裏。如易有太極，是生兩儀，則先從實理處説。若論其生則俱生，但言其次序，須有這理，方始有陰陽也，其理則一。雖然自見在事物觀之，則陰陽函太極，推其本則太極生陰陽。」西山真氏曰：「自周子以前，凡論太極皆以氣言。莊子以道在太極之先。所謂太極，乃是指作天地人三者。氣形已具，而渾淪未判者之名。而道又别是一懸空底物，在太極之先，則道與太極爲二矣。不知道即太極，太極即道。以其理之通行者而言，則曰：道以其理之極至者而言，則曰太極又何嘗有二邪？倘非周子啓其秘，而朱子闡而明之，孰知太極之爲理，而非氣哉？」今按邵子之説，太極亦以氣言之，故備載西山之説，于此讀者當自擇焉。

邵子曰：「一氣分而爲陰陽，判得陽之多者爲天，判得陰之多者爲地。」又曰：「天生乎動者也，地生乎静者也，一動一静交，而天地之道盡之矣。」又曰：「人皆知天地之爲天地也，而不知天地之所以爲天地也。如欲知天地之所以爲天地，捨動静將奚之焉？」

朱子曰：「天地初間只是陰陽二氣，這一箇氣運行，磨來運去，磨得急了，拶得許多查滓在裏面，無出處，便結成地在中央。氣之清者便爲天、爲日月、爲星辰，只在外常周環運轉，地便只在中央不動，不是在下。」

朱子曰：「天地始初混沌未分時，想只是水火二者。水之滓脚，便成地。今登高而望羣山，皆爲波浪之狀，只不知因甚麽時凝了。初間極軟，後來方凝得硬。問：想得如潮來湧起沙相似？曰：然。水之極濁便成地，火之極清便成風霆雷電日星之屬。」

朱子曰：「方渾淪未判，陰陽之氣混合幽暗，及其既分，中間放得寬闊光朗，而兩儀始立。邵康節以十二萬九千六百年爲一元，則是十二萬九千六百年之前又是一箇大闔闢，更以上亦復如此。直是動静無端，陰陽無始，小者大之影，只晝夜便可見五峯。所謂一氣大息，震蕩無垠，海宇變動，山勃川湮，人物消盡，舊跡大滅，是謂鴻荒之世。嘗見高山有螺蚌殼或生石中，此石即舊日之土，螺蚌即水中之物。下者却變而爲高，柔者却變而爲剛，此事思之至深，有可驗者。」

朱子曰：「天運不息，晝夜輥轉，故地榷在中間，使天有一息之停，則地須陷下。惟天運轉之極，故凝結得許多渣滓在中間。地者，氣之渣滓也。」

朱子曰：「陽變陰合，初生水火。水火，氣也，流動閃爍，其體尚虚，其成形猶未定。次生木金，則確然有定形矣。水火初是自生木金，則資於土，五行之屬皆從土中施生出來。」

程子曰：「坎，水也，一始於中有生之最先者也。」魯齋鮑氏曰：「物之初生，其形皆水，水者萬物之一原，皆根於天一之造化。夫金石之産，其初亦乳。一陽之氣，一日之時，一年十一月冬至皆肇於子。子者，水位也。夫水生於陽而成於陰，氣始動而陽生氣。聚而静，則成水，觀呵氣可見。蓋生水之初屬一故微，至成水時則六矣。或問曰，天一生水，亦有物可驗乎？曰，人之一身可驗矣。貪心動則津生，哀心動則淚生，愧心動則汗生，慾心動則精生。方人心寂然不動之時，則太極也。此心之動，則太極動而生陽也。所以心一動而水生，即可以爲天

一生水之證。神爲氣，主神動，則氣隨氣爲水，母氣聚則水生也。」

朱子曰：「天數九重，漸漸上去，氣愈高愈清，只是箇旋風，就外面旋來旋去，旋出渣滓，在中間成地。」魯齋鮑氏曰：「天非若地之有形也，地之上無非天，減得一尺地，便有一尺天，人自不覺耳。輕清上浮者爲天。天圓而動，包著箇地；地方而静，在天之中；所以重濁下沉者，皆天氣之渣滓，凝聚於下者也。原其初，則一氣而已。一分爲二，陽得兼陰，是以乾天之一包坤地之二，而爲三。地在天中，地之氣皆天之氣也。」

朱子曰：「邵子《皇極經世書》以元統十二會爲一元，一萬八百年爲一會。初間一萬八百年而天始開，又一萬八百年而地始成，又一萬八百年而人始生。邵子於寅上方始註一開物字，蓋初間未有間，只是氣塞及天開些。子後便有一塊渣滓在其中，漸漸凝結而成地。初則溶軟，後漸堅實。今山形自高而下，便如水漾沙之勢，以此知必是先有天，方有地，有天地交感，方始生出物來。」

草廬吴氏曰：「一元，凡十二萬九千六百歲，分爲十二會。一會，計一萬八百歲。天地之運至戌會之中爲閉物，兩間人物俱無矣。如是又五千四百年，而戌會終。自亥會始五千四百年，當亥會之中，而地之重濁凝結者，悉皆融散，與輕清之天混合爲一，故曰渾沌。清濁之混，逐漸轉甚。又五千四百年而亥會終，昏暗極矣。是天地之一終也。貞又起，元又肇，一初爲子會之初，仍是混沌，是謂太始，言一元之始也。是謂太一，言清濁之氣混合爲一，而未分也。自此逐漸開明，又五千四百年當子會之中，輕清之氣騰上，有日有月，有星有辰。日月星辰四者成氣，而共爲天，故曰天開於子。濁氣雖摶在中間，然未凝結堅實，故未有地。又五千四百年，而子會終又自丑會之始，五千四百年當丑會之中，重濁之氣凝結者始堅實而成，土石濕潤之氣爲水流，而不凝燥烈之氣爲火，顯而不隱。水火土石四者成形，而共爲地。故曰地闢於丑。又五千四百年而丑會終，又自寅會之始五千四百年，當寅會之中，兩間人物始生，故曰人生於寅也。」

或曰三統，朱子曰：「諸儒之説爲無據，看來只是當天地肇判之初，天始開，當子位，故以子爲天正。其次地始闢，當丑位，故以丑爲地正。惟人最後方生，當寅位，故以寅爲人正。即邵康節十二會之説，當寅位則有所謂開物，當戌位則有所謂閉物，閉物即是天地之間都無物了，看他説便須天地翻轉數十萬年。」雙峯饒氏曰：「當初只是一氣清濁混沌，濁者沈，清者浮，濁自濁清自清。此是天開於子。其時雖已有地，而未成質，到丑上方堅實，有山川之類，方是地闢。到寅上人始生。問：以《皇極經世》觀之，自子至丑，丑至寅，年歲極多，不應天地人如此隔絶。曰：且論其理，那箇是數。」

或曰：「天開於子，地闢於丑，人生於寅，是如何？」朱子曰：「此是邵子《皇極經世》中説，今不可知他，只是以數推得如此。他説，寅上生物是到其上方有人物也。有一元十二會三十運十二世，十二萬九千六百年爲一元。歲月日時元會運世，皆自十二而三十，自三十而十二。至堯時會在巳午之間，今漸及未矣。至戌上説閉物，到那裏則不復有人物矣。問：不知人物消磨盡時，天地壞也不壞？曰：也須一場鶻突，既有形氣如何得不壞？但一箇壞了，便有一箇生得來。」觀樂黄氏曰：「堯之時，在日甲月巳星癸辰申，當十二萬九千六百年之半，以上爲六萬四千八百年之已往，以下爲六萬四千八百年之方來，是以謂堯得中數也。」袁明善曰：「禹即位後八年得甲子，初入午會前至元元年甲子初入午會第十一運，從天開甲子至泰定甲子，得六萬八千八百二十一年。」雙湖胡氏曰：「今當一元之午會癸運酉世，即一歲之五月初十日，酉時也。」

今按邵子《皇極經世書》一元統十二會，一會統三十運，一運統十二世，猶一歲有十二月，一月有三十日，一日有十二時。故西山蔡氏曰：「一元之數即一歲之數也。一元有十二會三百六十運四千三百二十世，猶一歲十二月三百六十日四千三百二十辰也。前六會爲息，後六會爲消，即一歲自子至巳爲息，自午至亥爲消也。開物於寅，猶歲之驚蟄也；閉物於戌，猶歲之立冬也。一元有十二萬九千六百歲，一會有十二萬九千六百月，一運有十二萬九千六百日，一世有十二萬九千六百辰，皆自然之數，非有所牽合也。知此則知《皇極經世》之旨矣。」

右論天地之始終，或曰天地亦有終始乎？邵子曰：「既有消長，豈無終始？天地雖大，是亦形氣之二物也。」愚按先儒之論，天地之初，混沌鴻蒙，清濁未判，但一氣耳。及其久也，其運轉於外者，漸漸輕清，其凝聚於中者，漸漸重濁。輕清者積氣成象而爲天，重濁者積氣成形而爲地。天之成象者，日月星辰是也。地之成形者，水火土石是也。天包地外，旋繞不停；地處天内，安静不動。天之旋繞，其氣急勁，故地浮載其中，不陷不墜。岐伯所謂「大氣擧之」是也。

邵子曰：「天何依？曰，依乎地。地何附？曰，附乎天。曰，然則天地何所依附？曰，自相依附。天依形，地附氣，其形也有涯，其氣也無涯。有無之相生，形氣之相息，終則有始，終始之間，天地之所存乎。」朱子曰：「康節此言，天依形，地附氣，所以重複而言不出此意者，惟恐人於天地之外別尋去處故也。天地

無外，所以其形有涯，而其氣無涯也。爲其氣極緊，故能扛得箇地住，不然則墜矣。外更須有軀殼甚厚，所以固此氣也。若夫地動只是一處動，動亦不至遠也。」又曰：「康節此説，古今歷家所未及。」邵伯温曰：「伊川先生見康節先生。伊川指食桌而問曰，此桌安在地上，不知天地安在甚處？康節爲之極論其理，以至六合之外。伊川嘆曰，平生惟見周茂叔論至此，然不及康節之詳也。」或問邵子論六合之外，恐無外否？朱子曰：「理無内外，六合之形，須有内外。日月東升西没，又從東升，這上面許多，下面亦許多，豈不是六合之外，今歷家只算到日月星辰運行處，上去更算不得，安得是無内外？」

邵子曰：「天圓而地方，天北高而南下，是以望之如倚蓋焉。地東南下而西北高，是以東南多水，西北多山也。天覆地，地載天，天地相函，故天下有地，地上有天。」觀物張氏曰：「天圓如虚毬，地斜隔其中。西北之高戴乎天頂，故北極出地纔三十六度，降及東南履乎天末，故南極入地亦三十六度。東南多水，西北多山，其高卑可見矣。地勢本傾峻，以其體大，故人居其上而弗覺。西北負實，東南面虚也。人倚北而面南，是以天潛乎北而顯乎南，水發乎西而流乎東也。天包地，地載天，天地相函，以立於太虚之中，而能終古不壞，故在天成象，則在地成形，仰天有文，則俯地有理。人能窮此，可以達性命之原，知生死之説矣。」

程子曰：「地之下豈無天？今所謂地者，特天中一物耳。凡有氣，莫非天；有形，莫非地。」

程子曰：「天地動静之理，天圓則須轉動，地方則須安静，南北之位豈可不定？」

致堂胡氏曰：「夫天非若地之有形也，自地而上無非天者。昔人以積氣名其象，以倚蓋名其形，皆非知天者。」莊周氏曰：「天之蒼蒼，其正色邪？言天無色也。無色則無聲，無臭，皆舉之矣。日月星辰之繫乎？天非若山川草木之麗乎？地也，著明森列，躔度行止，皆氣機自運，莫使之然而然者，無所託也。若其有託，則是以形相屬，一麗乎形能無壞乎？」西山真氏曰：「按陽倞註《荀子》亦曰天無實形，地之上空虚者，皆天也。」

朱子曰：「天之形圓如彈丸，朝夜運轉，其南北兩端，後高前下，乃其樞軸不動之處，其運轉者亦無形質，但如勁風之旋。當晝則自左旋而向右；向夕則自前降而歸後；當夜則自右轉而復左；將旦則自後升而趨前。旋轉無窮，升降不息，是爲天體，而實非有體也。地則氣之渣滓聚成形質者，但以其束於勁風旋轉之中，故得以兀然浮空，甚久而不墜耳。昔黄帝問於岐伯曰，地有憑乎？岐伯曰，大氣舉之，亦謂此也。其曰九重則自地之外氣之旋轉，益遠益大，益清益剛。究陽之數而至於九，則極清極剛而無復有涯矣。」

朱子曰：「天轉也，非自東而西也，非旋環磨轉，却是側轉」。

今按先儒謂天左旋者，背北面南視之，則其運如絡絲，背東面西視之，則其運如轉車是也。

或問天行健，朱子曰：「惟胡安定説得好。其言曰，天者，乾之形；乾者，天之用。天形蒼然，南樞入地下三十六度，北樞出地上三十六度，狀如依杵，其用則一晝夜行九十餘萬里。人一呼一吸爲一息，一息之間天行已八十餘里。人一晝夜有一萬三千六百餘息，故天行九十餘萬里。天之行健，可知因言天之氣運轉不息。故閣得地在中間或未達曰，如弄椀珠底，只恁運轉不住，故在空中不墜，少息則墜矣。」今按丹書言，人一晝夜有一萬三千五百息。一千一百二十五息，乃應一時，胡氏之言蓋取諸此。

或問天地之所以高深，朱子曰：「公且説天是如何後高，天只是氣，非獨是高。只今人在地上便只見如此高，要之他連地下亦是天，天只管旋來轉去。天大了故旋得許多渣滓在中間，世間無一箇物事大，故地恁大，地只是氣之渣滓，故厚而深也。」

朱子曰：「地却是有空缺處，天則四方上下都周匝無空缺，偪塞滿，皆是天地之四向，底下却靠著天。天包地，其氣無不通，恁地看來渾只是天，氣却從地中迸出，又見地之廣處。横渠云，地對天不過。」

胡用之問易本義云：「乾一而實，故以質言而曰大，坤二而虚故，以量言而曰廣。」朱子曰：「此兩句説得極分曉。蓋曰以形言之，則天包地外，地在天中，所以説天之質大。以理與氣言之，則天之氣却盡在地之中，地盡承受得天之氣，所以説地之量廣。天只是一箇物事，一故實從裏面便實出來流行發生，只是一箇物事，所以説乾一而實。地雖堅實，然却虚天之氣流行乎地之中，皆從裏面發出來，所以説坤二而虚。」用之云：地如肺，形質雖硬，而中本虚，故陽氣升降乎其中，無所障礙，雖金石也透過去。地便承受得這氣，發育萬物，曰然。要之，天形如一箇鼓鞴，天便是那鼓鞴，外面皮殼子中間包得許多氣，開闔消長，所以説乾一而實。地中間盡是這氣來往升降。緣中間虚，故容得這氣來往升降，以其包得地，所以説其質之大，以其容得天之氣。所以説其量之廣，非是説地之形有

盡，故以量言也，只是説地盡容得天之氣，所以説其量之廣耳。今歷家用律呂候氣，其法最精，氣之至也，分寸不差。便是這氣，都在地中透出來。如十一月冬至，用黄鐘管距地九寸，以葭灰實其中，至之日氣至灰去，晷刻不差。」

朱子曰：「《周禮》註，土圭一寸，折一千里，天地四遊，升降不過三萬里，土圭之景，尺有五寸，折一萬五千里，以其在地之中，故南北東西相去各三萬里。問，何謂四遊？曰，謂地之四遊，升降不過三萬里，非謂天地中間相去止三萬里也。春遊過東三萬里，夏遊過南三萬里，秋遊過西三萬里，冬遊過北三萬里。今歷家算數如此，以土圭測之皆合。曰，譬如大盆盛水，而以虚器浮其中，四邊定四方。若器浮過東三寸，以一寸折萬里，則去西三寸，亦如地之浮於水上，蹉過東方三萬里，則遠去西方亦三萬里矣。南北亦然。然則冬夏晝夜之長短，非日晷出没之所爲，乃地之遊轉四方而然耳。曰然。曰，人如何測得如此？恐無此理。曰，雖不可知，然歷家推算，其數皆合，恐有此理也。」今按鄭氏曰：「地厚三萬里。春分之時地正當中，自此漸漸而下，至夏至，地下萬五千里，地之上畔與天中平。夏至之後，地漸漸而上，至秋分地正當天之中央，自此地漸漸而上。至冬至上遊萬五千里，地之下畔與天中平。自冬至後，地又漸漸而下，此所謂地升降於三萬里中也。」

朱子曰：「天無體，只二十八宿便是體。」今按《爾雅疏》亦曰：「天是太虚，本無形體，但指諸星運轉以爲天耳。」

或曰：「天有質否，抑只是氣？」朱子曰：「只是箇旋風，下耎上堅。道家謂之『剛風』。人常説天有九重，分九處爲號，非也。只是旋有九耳。但下面氣較濁而暗，上面至高處則至清至明耳。

問：「《晉志》論渾天，以爲天外是水，所以浮天而載地，是如何？」朱子曰：「天外無水，地下是水載。」

朱子曰：「天以氣而依地之形，地以形而附天之氣，天包乎地，地特天中之一物耳。」

右論天地之形體，北溪陳氏曰：「天即理也。古聖賢説，天多是就理上論理，無形狀，以其自然而言，故謂之天。若就天之形體論也，只是箇積氣，恁蒼蒼茫茫，實有何形體？」餘説見下段。

朱子曰：「《尚書》璣衡疏載王蕃渾天説一段，極精密。其説曰，天之形狀似鳥卵，地居其中，天包地外，猶殻之裹黄，圓如彈丸，故曰渾天。言其形體，渾渾然也。其術以爲天半覆地上，半在地下，其天居地上，見者一百八十二度半强，地下亦然。北極出地上三十六度，南極入地下亦三十六度。而嵩高正當天之中。極南五十五度當高高之上，又其南十二度爲夏至之日道，又其南二十四度爲春秋分之日道，又其南二十四度爲冬至之日道。南下去地三十一度而已，是夏至日北去極六十七度，春秋分去極九十一度，冬至去極一百一十五度，此其大率也。南北極持其兩端，其天與日月星宿斜而迴轉也。」

或問：「北辰之爲天樞，何也？」朱子曰：「天圓而動，包乎地外，地方而静，處乎天中，故天之形半覆地上，半繞地下，而左旋不息。其樞紐不動之處則爲南北極。謂之極者，猶屋脊謂之屋極也。然南極低入地三十六度，故周回七十二度常隱不見；北極高出地三十六度，故周回七十二度常見不隱。北極之星正在常見不隱七十二度之中，常居其所而不動。其傍則諸星隨天左旋，更迭隱見，皆若環繞而歸向之，知此則知天樞之説矣。

朱子曰：「南極在地下中處，北極在地上中處，南北極相對，天雖轉極却在中不動。」

朱子曰：「南極上下七十二度常隱不見。唐書説，常有人至海上見南極下有數大星甚明，此亦在七十二度之内。」黄義剛問：「如説南極見老人星則是南極也，解見。」朱子曰：「南極不見，是南邊自有一箇老人星，南極高時也解浮得起來。」

或問北辰，朱子曰：「北辰是天之樞紐中間些子不動處。緣人要取此爲極，不可無箇記認，所以就其傍取一小星，謂之極星。天之樞紐如門簨子相似，又似箇輪，藏心藏在外，面動心却不動。」又問極星動不動，曰：「極星也動，只是他近那辰，故雖動而不覺。如射糖盤子樣，北辰便是中心樁子，極星便是近樁底點子。雖是也隨盤轉，緣近樁子，便轉得不覺。向來人説北極便是北辰，皆只説北極不動。至本朝人方推得是北極只在北辰邊頭，而極星依舊動。」

朱子曰：「《史記》載北極有五星，太一常居中，是極星也。辰非星，只是中間界分也。其極星亦微動，惟辰不動，乃天之中，猶磨之心也。」今按《史記・天官書》中宮天極星其一明者，太一常居也。註云：「北極，其星五在紫微中。」

或問：「上蔡謂，北極，天之樞也。以其居中，故謂之北極，以其周建於十二辰之舍，故謂之北辰。是否？」朱子曰：「以其居中不動，衆星環向爲天樞軸，天形如鷄子旋轉，極如一物横亘在中，兩頭抨定，一頭在北上，爲北極；一頭在南

下，爲南極。」問太一，曰：「太一是帝座，即北極也。以星辰之位言之，謂之太一；以其所居之處言之，謂之北極。太一如人主，北極如帝都。」

又曰：「帝座惟在紫微者，據北極七十二度，常見不隱，之中故有北辰之號。而常居其所，蓋天形運轉，晝夜不息。而此爲之樞如輪之轂，如磑之臍，雖欲動而不可，得非有意於不動也？」

朱子一日論黄赤道，日月躔度，潘子善曰：「嵩山本不當天之中，爲是天形敧側，遂當其中耳？」朱子曰：「嵩山不是天之中，乃是地之中。黄道赤道皆在嵩山之北，南極北極，天之樞紐，只此處不動，如磨心。然此是天之中至極處，如人之臍帶也。」

緣督趙氏曰：「古人仰視天象，遂知夜久而星移斗轉，漸漸不同。昏暮東出者曉則西墜，昏暮不見者曉則東升。北天之星雖然旋轉未嘗入地，四時皆見其徹夜在天，然其旋轉有甚窄者，以衡管窺之，衆星無有不轉。但有一星旋轉最密，循環不出於管中，名曰紐星者是也。古人以旋磨比天，則磨臍比爲天之不動處，此即紐星旋轉之所，名曰北極。亦猶車輪之中軸，瓜瓣之攢頂也。復觀南天，雖無徹夜見者，但比東西星宿旋轉則不甚遠。由是而推，乃是南北俱各有極，北極在地平之上，南極在地平之下。今比北極爲瓜之聯蔓處，南極爲瓜之有花處，東西旋轉最廣之所比乎瓜之腰圍。北極邊傍雖然旋轉，常在於天，南極則近，雖然旋轉不出於地，如是則知地在天内，天如鷄子，地如中黄。然鷄子形不正圓，古人非以天形相肖而比之，但喻天包地外而已。以此觀之，天如蹴毬，内盛半毬之水，水上浮一木板，比似人間，地平板上雜置微細之物，比如萬類。蹴毬雖圓轉不已，板上之物俱不覺。知謂天體旋轉者，天非可見其體，因衆星出没於東西，管轄於兩極，有常度無停機，遂即星所附麗擬以爲天之體耳。」

右論南北極爲天之樞紐。愚按先儒之説，天形至圓如虚毬，地隔其中，人物生於地上，地形正方，如博骰。日月星辰旋繞其外，自左而上，自上而右，自右而下，自下而復左。天形如勁風之旋，其兩端不動處曰極，上頂不動處謂之北極，下臍不動處謂之南極。南北二極相去之中，天之腰也，謂之赤道。日所行之道謂之黄道。春秋二分，黄道正與赤道相直，故其出没正與地之卯酉相當，是以晝夜均平。春分以後，行赤道北，夏至則去北極最近，故曰日北至。而其出入與地之寅戌相當，是以景短而晷長，晝刻多而夜刻少。夏至以後又移而南至，秋分又與赤道相直。秋分以後行赤道南，冬至則去南極最近，故曰日南至。而其出没與地之辰申相當，是以景長而晷短，晝刻少而夜刻多。冬至以後又移而北至，春分又與赤道相直。日極於南而復北，則爲冬至。上年冬至至下年，日道極南復北之時三百六十五日，餘三時不滿，故天度一周之時三百六十五日四分日之一。而有餘日道一周之時三百六十五日四分日之一而不足。天度有餘，日道不足，故六十餘年之後，冬至所直天度率差一度，是謂歲差。

明·方以智《物理小識·天象原理》 夫氣爲真象，事爲真數，合人于天，而真理不燦然于吾前乎？天地之象至定，不定者，氣蒙之也。天地之數至定，不定者，事亂之也。達者始終古今，深觀時變，仰察蒙氣，俯識亂事，而權衡其理，則天官備矣。

清·梅文鼎《曆算全書》卷一《曆學疑問》 論地圓可信

問：「西人言水地合一圓球，而四面居人，其地度經緯正對者，兩處之人以足版相抵而立，其説可信歟？」曰：「以渾天之理徵之，則地之正圓無疑也。是故南行二百五十里，則南星多見一度，而北極低一度，北行二百五十里，則北極高一度，而南星少見一度。若地非正圓，何以能然？至於水之爲物，其性就下，四面皆天，則地居中央爲最下，水以海爲壑，而海以地爲根，水之附地又何疑焉？所疑者，地既渾圓，則人居地上不能平立也。然吾以近事徵之。江南北極高三十二度，浙江高三十度，相去二度則其所戴之天頂即差二度。江南天頂去北極五十八度，浙江天頂去北極六十度。各以所居之方爲正，則遥看異地皆成斜立。又況京師極高四十度，瓊海極高二十度。京師以去北極五十度之星爲天頂，瓊海以去北極七十度之星爲天頂。若自京師而觀瓊海，其人立處皆當傾跌，瓊海望京師亦復相同。而今不然，豈非首戴皆天，足履皆地，初無欹側，不憂環立歟？然則南行而過赤道之表，北遊而至戴極之下，亦若是已矣。是故《大戴禮》則有曾子之説。」

《大戴禮》單居離問於曾子曰：「天圓而地方，誠有之乎？」曾子曰：「如誠天圓而地方，則是四角之不揜也。參嘗聞之夫子曰，天道曰圓，地道曰方。」

《内經》則有岐伯之説。

《内經》黄帝曰：「地之爲下，否乎？」岐伯曰：「地爲人之下，太虚之中也。」曰：「憑乎？」曰：「大氣舉之也。」《素問》又曰：「立于子而面午，立于午而面子，皆曰北面；立于午而負子，立于子而負午，皆曰南面。」釋之者曰：「常以天中爲北，故對之者皆南也。」

宋則有邵子之説。

邵子《觀物篇》曰：「天何依？曰依地；地何附？曰附天。曰天地何所依附？曰自相依附。」

程子之説

《程明道語録》曰：「天地之中，理必相直，則四邊當有空闕處。地之下豈無天？今所謂地者，特於天中一物爾。」又曰：「極須爲天下之中，天地之中，理必相直。今人所定天體，只是且以眼定，視所極處不見，遂以爲盡。然向曾有于海上見南極下有大星數十，則今所見天。」

論天重數

問：「七政既有高下，恒星又復東移，動天一日一周，静天萬古常定，則天之重數豈不截然可數歟？」曰：「此亦據可見之度可推之數而知，其必有重數耳。若以此盡天體之無窮，則有所不能。即以西説言之，有以天爲九重者，則以七曜各居其天并恒星宗動而九也。有以天爲十二重者，則以宗動之外復有南北歲差，東西歲差，并永静之天十二也。有以天爲層層相裹，如葱頭之皮密密相切，畧無虚隙者，利氏之初説也。又有以天雖各重，而其行度能相割能相入，以是爲天能之無盡者，則以火星有時在日天之下、金星有時在日天之上而爲此言，《曆書》之説也。又有以金水二星遶日旋轉爲太陽之輪，故二星獨不經天，是金水太陽合爲一重，而九重之數又減二重，共爲七重也。然又謂五星皆以太陽爲本天之心，蓋如是則可以免火星之下割日天，是又將以五星與太陽并爲一天，而只成四重也。一月天，二太陽五星共爲一天，三恒星天，四宗動天。其説之不同如此，而莫不持之有故。其可以爲定議乎？嘗試論之天一而已，以言其渾淪之體，則雖不動之地可指爲大圜之心，而地以上即天地之中，亦天不容有二。若由其蒼蒼之無所至極以徵其體勢之高厚，則雖恒星同在一天，而或亦有高下之殊？儒者之言天也，當取其明確可徵之辭，而畧其荒渺無稽之事。是故有可見之象，則可以知其有附麗之天，有可求之差，則可以知其有高下之等。如恒星七政皆有象有差。有一種之行度，知其有一樞紐。如動天無象可見，而有行度。此皆實測之而有據者也。而有常動者以爲之運行，知其必有常静者以爲之根柢。静天與地相應，故地亦天根。此則以理斷之，而不疑者也。若夫七政恒星相距之間，天宇遼闊，或空澄而精湛，或絪緼而彌綸，無星可測，無數可稽，固思議之所窮，亦敬授之所緩矣。」

論天重數二

問：「重數既難爲定，則無重數之説長矣？」曰：「重數雖難定，而必以有重數爲長，何也？以七政之行非赤道也。臨川揭氏曰：天無層數，七政皆能動轉，試以水注圓器而急旋之，則見其中沙土諸物，近心者凝而不動，近邊者隨水而旋，又且遲速洄漩以成留逆諸行矣。又試以丸置於圜盤而輒轉其盤，則其丸既爲圜盤所掣，與盤並行，而丸之體圓亦能自轉，而與盤相逆，以成小輪之象矣。此兩踰明切諸家所未及。然以七政能自動而廢，重數之説猶未能無滯碍也。何也？謂天如盤，七政如丸，盤之與丸同在一平面，故丸無附麗而能與盤同行，又能自動也。若天則渾圓而非平圓，又天體自行赤道，而七政皆行黄道，平斜之勢甚相差違。若無本天以帶之，而但如丸之在盤，則七政之行必總會於動天之腰圍闊處皆行赤道，而不能斜交赤道之内外，以行黄道。故曰，以有重數爲長也。曰，天既有重數，則當如西人初説。七政在天如木節在板，而不能自動矣。曰，七政各居其天，原非如木節之在板也。各有小輪，皆能自動，但其動只在本所，畧如人之目睛未嘗不左右顧盼而不離眉睫之間也。若如板之有節，則小輪之法又將安施？即西説不能自通矣。故惟七政各有本天以爲之帶動，斯能常行於黄道而不失其恒？惟七政之在本天又能自動於本所，斯可以施諸小輪而不礙揭説，與西説固可並存而不廢者也。」

論左旋

問：「天左旋，日月五星右旋，中西兩家所同也。自横渠張子有俱左旋之説，而朱子、蔡氏因之。近者臨川揭氏、建寧游氏又以糟丸盆水譬之。此孰是而孰非？」曰：「皆是也。七曜右旋自是實測，而所以成此右旋之度，則因其左旋而有動移耳。何以言之？七曜在天，每日皆有相差之度。歷家累計其每日差度，積成周天，中西新舊之法，莫不皆然。夫此相差之度，實自西而東，故可以名之右旋。然七曜每日皆東升西降，故又可以名之左旋。西歷謂七曜皆有東西兩動，而並出於一時，蓋以此也。夫既云動矣，動必有所向，而一時兩動，其勢不能。古人所以有蟻行磨上之喻，而近代諸家又有人行舟中之比也。七曜如人，天如舟，舟揚帆而西，人在舟中向舟尾而東行，岸上望之則見人與舟並西行矣。又天之東升西没，自是赤道，七曜之東移於天，自是黄道。兩道相差南北四十七度。自短規至長規合之得此數。雖欲爲槽丸盆水之喻，而平面之行與斜轉之勢終成疑義，安可以遽廢？右旋之實測，而從左轉之虚理哉。然吾終謂朱子之言不易者，則以天有重數耳。曰：天有重數，何以能斷其爲左旋？曰：天雖有層次以居七曜，而合之總一渾體，故同爲西行也。同爲西行矣，而仍有層次，以生微差。層次之

高下各殊，則所差之多寡亦異，故七曜各有東移之率也。然使七曜所差只在東西順逆遲速之間，則槽丸盆水之譬亦已足矣。無如七曜東移皆循黄道，而不由赤道，則其與動天異行者，不徒有東西之相違，而且有南北之異向。以此推知，七曜在各重之天皆有定所。而其各天又皆順黄道之勢，以黄道爲其腰圍中廣，而與赤道爲斜交，非僅如丸之在槽，沙之在水，皆與其器平行，而但生退逆也。丸在槽與其盤爲平面，沙在水與其器爲平面，故丸與盤同運而生退逆，水與沙並旋而生退逆，其順逆兩象皆在一平面。蓋惟其天有重數，故能動移，惟其天之動移皆順黄道，斯七曜東移皆在黄道矣，是故左旋之理得重數之説而益明。」曰：「謂右旋之度因左旋而成，何也？」曰：「天既有重數矣，而惟恒星天最近動天，故西行最速，幾與動天相若。六七十年始東移一度。自土星以内，其動漸殺，以及於地球，是爲不動之處，則是制動之權，全在動天，而恒星以内皆隨行也。使非動天西行，則且無動，無動即無差，又何以成此右旋之筭哉？其勢如陶家之有鈞盤，運其邊，則全盤皆轉。又如運重者之用飛輪，其運動也，亦以邊制中。假令有小盤、小輪附於大鈞盤、大飛輪之上，而别爲之樞，則雖同爲左旋，而因其制動者在大輪，其小者附而隨行，必相差而成動移，以生逆度。又因其樞之不同也，雖有動移，必與本樞相應而成斜轉之象焉。此之斜轉亦在平面，非正喻其平斜，但聊以明制動之勢。夫其退逆而右也，因其兩輪相疊，其退轉而斜行也。因於各有本樞，而其所以能退逆而斜轉者，則以其隨大輪之行而生此動移也。若使大者停而不行，則小者之逆行亦止，而斜轉之勢亦不可見矣。朱子既因舊説釋詩，又極取張子左旋之説，蓋右旋者已然之故，而左旋者則所以然之理也。西人知此，則不必言一時兩動矣。故揭氏以丸喻七曜，只可施於平面，而朱子以輪載日月之喻，兼可施諸黄赤，與西説之言層次者實相通貫。理至者數不能違，此心此理之同洵，不以東海西海而異也。」

論黄道有極

問：「古者但言北辰，渾天家則因北極而推其有南極。今西法乃復立黄道之南北極，一天而有四極，何也？」曰：「求經緯之度不得不然也，蓋古人治歷，以赤道爲主，而黄道從之，故周天三百六十五度，皆從赤道分其度，一一與赤道十字相交，引而長之，以會於兩極。若黄道之度雖亦匀分周天，三百六十五而有經度無緯度，則所分者只黄道之一綫，初不據以分宫，故授時十二宫，惟赤道匀分，各得三十度奇，黄道則近二至者，一宫或只二十八度，近二分者一宫多至三十二度。若是其濶狹懸殊者，何哉？過宫雖在黄道，而分宫仍依赤道。赤道之匀度抵黄道而成斜交勢，有横斜遂生濶狹，故曰以赤道爲主，而黄道從之也。向使歷家只步日躔，此法已足，無如月五星皆依黄道行，而又有出入其行度之舒亟轉變爲法多端，皆以所當黄道及其距黄之遠近内外爲根，故必先求黄道之經緯。西歷之法，一切以黄道爲主，其法匀分黄道，周天度爲十二宫，其分宫分度之經度綫皆一一與黄道十字相交，自此引之各成經度大圈，以周於天體，則其各圈相交以爲各度。輳心之處者不在赤道南北極，而别有其心，是爲黄道之南北極。自黄道兩極出綫至黄道，其緯各得九十度而均。以此各綫之緯聯爲圈綫，皆與黄道平行。自黄道上相離一度起，逐度作圈，但其圈漸小，以至九十度則成一點，而會於黄極，是爲緯圈。曰：黄道既有經緯，則必有所宗之極，測算所需固已然則爲測筭家所立歟？抑真有是以爲運轉之樞耶？曰：以恒星東移言之，則真有是矣，何則？古法歲差亦只在黄道之一綫，今以恒星移，則普天星斗盡有古今之差，惟黄道極終古不動，豈非真有黄極以爲運轉之樞哉？曰：然則北辰非黄極也，今曰惟黄極不動，豈北辰亦動與？曰：以每日之周轉言，則周天星度皆東升西没，惟北辰不動。以恒星東移之差言，則雖北辰亦有動移而惟黄極不動。蓋動天西旋以赤道之極爲樞，而恒星東移以黄道之極爲樞，皆本實測，各有至理也。」

論歷以日躔爲主中西同法

問：「天方等國以太陰年紀歲，即回回法。歐邏巴國以恒星年紀歲，即西洋本法。若是其殊，意者起筭之端亦將與中土大異，而何以皆用日躔爲主歟？」曰：「其紀歲之不同者，人也；其起筭之必首日躔者，天也。夫天有日，如國有君，史以紀國事，歷以紀天行，而史之綱在帝紀，歷之綱在日躔，其義一也。是故太陰之行度多端，無以準之，準於日也，五星之行度多端，無以準之，準於日也。恒星之行度甚遲，無以準之，亦準於日也。不先求日躔且不能知其何年何日，而又何以施其測騐推步哉？且夫天下之事，必先得其著，而後可以察其微，必先得其易，而後可以及其難，必先得其常，而後可以盡其變。故以測騐言之，日最著也；以推步言之，日最易也；以經緯之度言之，日最有常也。懸象常明而無伏見，是爲最著。立術步筭，道簡不繁，是爲最易。恒星東移，而分至不易，是爲經度之有常。月五星出入黄道，而日行黄道中綫，是爲緯度之有常。古之聖人以賓餞永短定治歷之大法，萬世遵行，所謂易簡而天下之理得也。愚故曰：今日

之歷愈密，皆聖人之法所該，此其一徵矣。」

論黃道

問：「黃道斜交赤道，而差至四十七度，何以徵之？」曰：「此中西之公論，要亦以日軌之高下知之也。今以表測日景，則夏至之景短，以其日近天頂而光從直下也；冬至之景長，以其日不近天頂而光從横過也。夫日近天頂，則離地遠，而地上之度高；日不近天頂，則離地近，而地上之度低。測筭家以法求之，則夏至之日度高，與冬至之日度高相較，四十七度。半之，則二十三度半，爲日在赤道南北相距之度也。然此相較四十七度者，非倏然而高，頓然而下也。逐日測之，則自冬至而春，而夏，其景由長漸短，日度由低漸高，至夏至乃極。自夏至而秋，而冬，其景由短漸長，日度由高漸低，至冬至乃極其進退也。有序其舒亟也，有恒而又非平差之率，故知其另有一圈，與赤道相交，出其内外也。」曰：「日行黃道，固無可疑，月與五星樊然不齊，未嘗正由黃道也。今曰七曜皆由黃道，何也？」曰：「黃道者，光道也。日爲三光之主，故獨行黃道，而月五星從之，雖不得正由黃道而不能遠離，故皆出入於黃道左右，要不過數度止耳。古歷言，月入陰陽歷，離黃道遠處六度，西歷測止五度奇。又測五星出入黃道，惟金星最遠，能至八度，其餘緯度乃更少於太陰，是皆以黃道爲宗故也。故月離黃道五度奇，合計内外之差共只十度奇。若其離赤道也，則有遠至二十八度半，合計内外之差，則有相差五十七度奇。金星離黃道八度奇，合計内外之差，共只十六度奇，若其離赤道也，則有遠至三十一度奇，合計内外之差，則有相差六十二度奇。以星距赤道内外各三十一度得之。是月五星之出入黃道最遠者，於赤道能爲更遠，豈非不宗赤道而皆宗黃道哉？」

論經緯度黃赤

問：「黃道有極以分經緯，然則經緯之度惟黃道有之乎？」曰：「天地之間，蓋無在無經緯耳，約畧言之，則有有形之經緯，有無形之經緯，而又各分兩條。曷言乎無形之經緯？凡經緯之與地相應者，其位置雖在地，而實在無形之天。朱子所謂先論太虛，一一定位者，此也。曷言乎有形之經緯？凡經緯之在天者，雖去人甚遠，而有象可徵，即黃赤道也，是故黃道有經緯，赤道亦有經緯，兩道之經度皆與本道十字相交，引而成大圈。經度皆三百六十，兩度相對者連而成大圈，故大圈皆一百八十。其圈相會交，必皆會於其極，兩道之緯圈皆與本道平行，而逐度漸小以至於本極而成一點，此經緯之度，兩道同法也。然而兩道之相差二十三度半，故其極亦相差二十三度半，而兩道緯圈之差數如之矣。若其經度，則兩道之相同者，惟有一圈，其餘則皆有相差之度，而其差又不等。此其勢如以兩重會網冒乎圓球，則網目交加縱横錯午，而各循其頂，以求之條理井然，至賾而不可亂，故曰在天之經緯有形，而又分黃赤兩條也。」

論經緯度二地平

問：「經緯之與地相應者，一而已矣，何以亦分兩條？」曰：「黃赤之分兩條者，有斜有正也。地度之分兩條者，有横有立也。今以地平分三百六十經度，四面八方皆與地平圈爲十字，而引長之成曲綫，以輳於天頂皆相遇成一點，故天頂者，地平經度之極也。又將此曲綫各匀分九十緯度，而逐度聯之作横圈，與地面平行而漸高，則漸小會于天頂，則成一點，即地平緯圈也。此地平經緯之度爲測驗所首重，其實與太虛之定位相應者也，然此特直立之經緯耳。又有横偃之經緯焉，其法以卯酉圈匀分三百六十度，從此度分作十字相交之綫，引而成大圈。大圈相遇相交，皆會於正子午，而正切地平，即子午規與地平規相交之一點。此一點即爲經度之極，而經度宗焉。又自卯酉規向南向北，逐度各作半圈，如虹橋狀，而皆與卯酉規平行，但離卯酉規漸遠，亦即漸小，以會於其極，是其緯圈也。此一種經緯，則爲横偃之度。一直立一横偃，其度皆與太虛之定位相應，故曰無形之經緯，亦分兩條也。不但此也，凡此無形之經緯，皆以人所居之地平起算，所居相距不過二百五十里，即差一度。而所當之天頂，地平俱變矣。地平移則高，天頂易則方向殊，跬步違離，輾轉異視，殆千變而未有所窮，故曰天地之間無在無經緯也。」

地平經緯有適與天度合者，如人正居兩極之下，則以一極爲天頂，一極爲地心，而地平直立之經緯即赤道之經緯矣。若正居赤道之下，則平視兩極，一切地平之子，一切地平之午，而地平横偃之經緯，亦即赤道之經緯矣。

論經緯相連之用及十二宫

問：「經緯度之交錯如此，得無益增測算之難乎？」曰：「凡事求之詳，斯用之易，惟經緯之詳，此歷學所以易明也，何也？凡經緯度之法，其數皆相待而成，如鱗之相次，網之在綱，衰序秩然。而不相凌越，根株合散，交互旁通，有全則有分，有正則有對，即顯見隱，舉一知三，故可以經度求緯，亦可以緯度求經。有地平之經緯，即可以求黃赤，有黃赤之經緯，亦可以知地平。而且以黃之經，求赤之經，亦可以黃之緯，求赤之經，以黃之緯，求赤之緯，亦可以黃之經，求赤之緯，

用赤求黄，亦復皆然，宛轉相求，莫不脗合。施於用從衡變化，而不失其常，求其源渾行無窮，而莫得其隙。夫是以布之於算，而能窮差變，筆之於圖，而能肖星躔，制之於器，而不違懸象，此其道如棊方罫之間，固善奕者之所當盡也。」曰：「經緯之度既然以爲十二宫，則何如？」曰：「十二宫者，經緯中之一法耳，渾圓之體，析之則爲周天。經緯之度，周天之度，合之成一渾圓，而十二分之則十二宫矣。然有直十二宫焉，有衡十二宫焉，有斜十二宫焉，又有百游之十二宫焉。以天頂爲極，依地平經度而分者，直十二宫也。其位自子至卯，左旋周十二辰，辨方正位，於是焉用之。以子午之在地平者爲極，而以地平子午二規爲界，界各三宫者，衡十二宫也。其位自東地平爲第一宫起，右旋至地心，又至西地平而歷午規，以復於東，立象安命于是乎？取之赤道十二宫，從赤道極而分，極出地有高下，而成斜立，是斜十二宫也。加時之法於是乎取之，則其定也，西行之度於是乎紀之，則其游也。黄道十二宫從黄道極而分，黄道極繞赤道之極而左旋，而黄道之在地上者，從之轉側，不惟日異，而且時移，晷刻之間，周流遷轉。正邪升降之度，於是乎取之。故曰百游十二宫也。然亦有定有游，定者分至之限，游者恒星歲差之行也。知此數種十二宫，而俯仰之間縷如掌紋矣。然猶經度也未及其緯，故曰經緯中之一法也。」

論周天度

問：「古歷三百六十五度四分之一，而今定爲三百六十，何也？豈天度亦可增損歟？」曰：「天度何可增減？蓋亦人所命耳。有布帛於此，以周尺度之，則於度有餘，以漢尺度之，則適足，尺有長短耳。於布帛豈有增損哉？」曰：「天無度，以日所行爲度，每歲之日既三百六十五日又四之一矣。古法據此以紀天度，宜爲不易，奈何改之？」曰：「古法以太陽一日所行命之爲度，然所謂四之一者，訖無定率，故古今公論以四分歷最爲疏闊，而歷代斗分，諸家互異。至授時而有減歲餘增天周之法，則日行與天度較然分矣？又況有冬盈夏縮之異，終歲之間，固未有數日平行者哉，故與其爲畸零之度，而初不能合於日行，即不如以天爲整度，而用爲起數之宗，固推步之善法矣。且所謂度生於日者，經度耳，而歷家所難尤在緯度。今以三百六十命度，則經緯通爲一法，故黄赤雖有正斜，而度分可以互求。七曜之天雖有内外大小，而比例可以相較，以其爲三百六十者，同也。半之，則一百八十。四分之，則九十。而八綫之法，緣之以生故。以製測器，則度數易分，以測七曜，則度分易得，以算三角，則理法易明。吾取其適於用而已矣，可以其出於回回泰西而棄之哉？況七曜之順逆，諸行進退損益，全在小輪，爲推步之要耿然。而小輪之與大輪比例懸殊，若鎰與銖而黍累不失者，以其度皆三百六十也，以至太陰之會望，轉交五星之歲輪，無一不以三百六十爲法，而地球亦然。故以日躔紀度，但可施于黄道之經，而整度之用，該括萬殊，斜側縱横，周通環應，可謂執簡御棼，法之最善者矣。」

清・王家弼《天學闡微》卷一《解經一》 六經之中，典禮、制度、地輿、人物，前人言之詳矣，獨於天文曆數，未免缺畧。儒者通天地人，以格物窮理爲事，顧於天文曆數之大茫然不解，而猶謂此小道不足學也，豈不誤哉？予幼時讀書，於《堯典》、《月令》中星，《周禮》土圭之類，亦茫然不知爲何物。迨後肆意經學，涉獵百家之書，而後昔日之疑漸釋。以是知天文曆數之學，固儒者事也，作解經。

北辰居其所

朱註云：「北辰，北極，天之樞也。」蓋本《爾雅》「北極謂之北辰」，讀者以爲北極即北辰矣。及觀《朱子語類》謂，北極星離天之不動處猶一度有餘，此語蓋本《隋書・天文志》祖暅所測。《宋史・天文志》、沈括《渾儀議》云：「攷驗極星，更三月而知天中不動處遠極星三度有餘。」《元史》郭守敬所測，仍三度奇。而宋邵諤鑄儀於臨安，已去極星四度有奇。諸家所測異於《爾雅》，《爾雅》是則諸家非，諸家是則《爾雅》非矣。且諸家所測或近或遠，而宋時邵諤所測在元郭守敬之先，而其度較遠，又何以故？曰：《爾雅》與諸家皆是也。北辰在第九重宗動天，北極在第八重恒星天。宗動天萬古不動，而恒星天則每歲東行也。作《爾雅》時，北極正當北辰之處，故曰「北極謂之北辰」。其後東行，而差則漸與北辰遠矣，故曰「離不動處一度有餘」、「三度有餘」也。今以所製儀器攷之，其儀器是自南周，用目以窺北周。祖氏所測，雖云離一度有餘，其真度尚未及一度。宋沈括時，亦正在二度左右。元郭太史所測爲的。至於邵諤時已去四度奇者，北極出地之高下差也。前所云每歲東行者，歲差也。歲差每七十餘年而移一度。此所云北極出地之高下者，里差也。里差則雖同在一時，而每向南二百里則北極低一度，每向北二百里則北極高一度。臨安北極出地三十度十八分，北極既低，而宗動、恒星二天參差益遠，固其宜也。故曰：《爾雅》與諸家皆是也。

然則當以何説爲宗？曰：今非周秦之時，亦非隋唐宋元之時，當以今日之實測爲宗耳。攷乾隆甲子經緯度，北極星經度在辰宫二十一度五十二分零七秒，緯度在赤道北八十四度四十七分四十五秒。用赤道差率加減推算，至今道

光甲申，經度在辰宫一十一度五十五分零三秒，緯度在赤道北八十四度二十一分三十秒一十四微，實去北辰五度三十八分二十九秒四十六微。是則今日之實測也。然則朱註之誤奈何？曰：朱註固不誤也，北極星非北極，乃紐星也。所謂近極小星强名極也。所謂北極者即北辰也。今法推測北極出地之高下者，亦以北極言之，俱指北辰，非謂紐星也。北極天樞正指北極之在宗動天者，其言原無可議，特以後人誤解，直以北極星爲北極耳。至於邢氏疏中，以北辰爲北斗，北斗運旋環繞亦同在衆星之列耳，又安能居所而不動哉？此又異説之不足辨者也。

日月星辰繫焉

太陽爲日，太陰爲月，五緯爲星，二十八宿爲辰。日、月、星、辰各有一重天，其行度各有本輪均輪，而皆宗動天挈之以行，故曰「繫」。所以謂二十八宿爲辰者，《左傳》云：「日月所會是謂辰。」而日月所會必以宿度爲紀，宿亦名舍，日所舍也。言辰者，二十八宿分十二辰也。亦曰十二次，日所次也。日之次舍空虚而無所紀，故以經星紀之，因謂之辰，因謂之宿。邵子云：「無星處爲辰。」無星之處即是天也，何所爲繫？按太陽之行有盈縮，由於本天有高卑。春分至秋分行最高半周，故行縮而歷日多；秋分至春分行最卑半周，故行盈而歷日少。其説一爲不同心天，一爲本輪。而不同心天之兩心差即本輪之半徑。刻白爾以來屢加精測，盈縮之最大差止有一度五十六分一十二秒。乃設本天爲橢圓，均分橢圓面積爲逐日平行之度，而角度不同則橢圓差之所生而與平圓之所以别也。太陰行度有九種，曰平行、曰自行、曰均輪行、曰次輪行、曰次均輪行、曰交行、曰最高行、曰距日行、曰距交行。刻白爾創爲橢圓之法，則有一平均、二平均、最高均、三平均四者，皆昔日之所無。又有初均、二均、三均、末均、正交均，末均爲昔日之所無，其餘亦名同而數異。至於黄白交角，日在交點，交角大，前後皆小，朔望尤小。日在大距，交角小，前後皆大，兩弦尤大。計其行度，一平均用日引度，二平均、最高均用日距月最高之倍度，三平均、正交均用日交正交之倍度。初均仍用自行度，二均仍用月距日倍度，三均、末均用月距日兼月高距日高度，交角用日距正交兼月距日度，而要不離乎本天高卑中距四限，與朔望兩弦前後參互比較而得之。

五星行度有平行、有自行、有距日行，大概與太陰同五星之行各相似，而細較亦有不同者。以平行言之，土木火各有平行，爲一類；而金水即以太陽之平行爲平行，是爲一類。以自行言之，土木火金之次輪心皆行倍引數爲一類，而水星之次輪心則行三倍引數，是獨爲一類。以次輪之大小言之，土木金水之次輪半徑皆有定數，爲一類。而火星之次輪在本天最高則大，最卑則小，又視太陽在最高則大，最卑則小，是獨爲一類。以次輪之行度言之，土木火皆行距日度，爲一類。而金水自有行度，又爲一類。以緯行言之，土木火皆有本天與黄道相交，以生緯度次輪斜交本天，其面又與黄道平行，能加減其緯度爲一類。而金水之本天即爲黄道，本無緯度，因次輪斜交黄道以生緯度，又爲一類。以伏見言之，土木火皆有合有冲，爲一類；而金水則有合有退合而無冲，是又爲一類也。五星冲伏俱在次輪而有留退者，其本輪小而次輪甚大，五星之平行甚遲，每日不足一度。而次均之大者至五十餘度，當其在輪之上，弧則見其順，在輪之下，弧則見其退，在輪之左右則見其留也。

恒星行即古歲差，古人謂黄道西移，今謂恒星東行。蓋使黄道西移，則恒星之黄道經緯度宜每歲不同，而赤道經緯度宜終古不變。今測恒星之黄道經度每歲東行，而緯度不變。至於赤道經度則連歲不同，而緯度尤甚。故知爲恒星之東行而非黄道之西移也。

道並行而不相悖

古謂日有中道，月有九行。中道者，黄道也，與赤道斜交而出入於其内外者也。赤道者天之腰，黄道者日天之腰也。赤道正而黄道斜。以黄道言之，日所行者一道耳。以其斜交赤道言之，則十二月分之爲七衡，即七道也。二十四氣分之，又爲十三道也。七十二候又各不同，故前人又以七十二道言之。大抵春秋分時黄興赤交，黄道即赤道也。春分後秋分前則在赤道之北，秋分後春分前則在赤道之南，去分一氣距赤道五度五十五分，去分二氣距赤道十一度三十分，三氣距十六度二十二分，四氣距二十度十一分，五氣距二十二度三十八分，六氣即冬夏至，距二十三度二十九分，距至後又一氣，近似一氣轉回向赤道矣，此日之道也。

古分月道爲九，以黄道内爲陰曆，外爲陽曆。冬入陰曆，夏入陽曆，月行青道，冬至夏至後青道半交在春分之宿，當黄道東；立冬立夏後青道半交在立春之宿，當黄道東南；至所冲之宿亦如之。冬入陽曆，夏入陰曆，月行白道，冬至夏至後白道半交在秋分之宿，當黄道西；立冬立夏後白道半交在立秋之宿，當黄道西北；至所冲之宿亦如之。春入陽曆，秋入陰曆，月行朱道，春分秋分後朱

道半交在夏至之宿，當黃道南；立春立秋後朱道半交在立夏之宿，當黃道西南；至所沖之宿亦如之。春入陰曆，秋入陽曆，月行黑道，春分秋分後黑道半交在冬至之宿，當黃道北；立春立秋後黑道半交在立冬之宿，當黃道東北；至所沖之宿亦如之。四序離爲八節，至陰陽之所交皆與黃道相會，故月行有九道也。今法總名白道，夏至在陰曆，冬至在陽曆，則月距赤道較黃道爲遠。夏至在陽曆，冬至在陰曆，則月距赤道較黃道爲近。其黃白大距最大則五度一十七分二十秒，最小則四度五十九分三十五秒，其道與黃道一歲十三交，歲歲遷動，至十九年二百四十九交而後復其原度焉，此月之道也。

土星本道與黃道相交之角二度三十一分；木星本道與黃道相交之角一度一十九分四十秒；火星本道與黃道相交之角一度五十分。金水二星同行黃道，而次輪之道亦異。金星次輪面交黃道之角三度二十九分，水星次輪心在正交當黃道北之角三度五分一十秒，當黃道南之角六度三十一分二秒，次輪心在中交當黃道北之角六度一十六分五十秒，當黃道南之角四度五十五分三十二秒，次輪心在兩交之中當黃道南北之角皆五度四十分。此五星之道也，道之出入內外各不同也。

日在第四重天，去地心二萬九千一百四十四萬五千三百八十餘里。月在第一重天，去地心八十四萬四千六百九十一里一百四十四步。金星在第三重天。水星在第二重天，畧低于日。火星在第五重天，高日倍半。木星在第六重天，高日五倍。土星在第七重天，高日十倍。此其所行之高下也，高下亦各不同。即其內外之道，或有經緯同度而爲食、爲合、爲淩、爲犯者，而其上下絕不相同，則固未有相悖者也。

天之高星辰之遠

天體無形，其高本不可以道里計。古言天之高者凡十三家。《淮南·天文訓》謂天去地五億萬里。張衡《靈憲》謂天去地一億一萬六千一百五十里。王充《論衡》謂天去地十二萬一千六百六十六里。《帝王世紀》謂天去地一十七萬八千四百八十五里半。《廣雅》謂天去地二億一萬六千七百八十一里半。《洛書甄曜度》、《春秋攷異郵》謂天去地一十七萬八千五百里。《春秋元命包》謂天去地十三萬五千里。《三五律紀》謂天去地九萬里。《關令內傳》謂天去地四十千萬里。《考靈曜》謂天去地八萬里。《河圖括地象》謂天去地一億一萬六千里。《月令正義》謂天去地一十九萬三千五百里。諸家所言里數大半荒唐之說，不可爲據。

西法於七政之行測其高度較地之半徑若干倍，爲其天去地心之數，所算較真。第按西人舊說，謂宗動天去地六萬四千七百三十三萬八千六百九十餘里，恒星天去地三萬二千二百七十六萬九千八百四十五里零，土星天去地二萬零五百七十七萬零五百六十四里零，木星天去地一萬二千六百七十六萬九千五百八十四里零，火星天去地二千七百四十一萬二千一百里零，日天去地一千六百零五萬五千六百九十里零，金星天去地心二百四十萬零六百八十一里零，水星天去地心九十一萬八千七百五十里零，月天去地心四十八萬二千五百二十二里零。後因測驗不合，另有新術，推得月去地心八十四萬四千六百九十一里一百四十四步，日去地心二萬九千一百四十四萬五千三百八十餘里，水星金星畧與日同，火星較日高一倍半，木星較日高五倍，土星較日高十倍，恒星較日高九千倍，恒星亦以火木土三星行天之遲速比擬得之。若恒星以上之天，太虛無跡，則仍非智識之可推矣。此說爲世所宗。厲寶青又推宗動天去地心數一百一十五億，亦聊以算法求之耳，不足爲定論也。其謂去地心者，須減去地半徑之數一萬四千三百三十三里零一十八丈餘爲去地面之數也。又按各重天去地心數隨時不同，設以天半徑爲一千萬全數，而依數立率推之。日天黃道最高則一千零十六萬九千，最卑則九百八十三萬一千。月天最高則一千零六十六萬七千八百二十，最卑則九百三十三萬二千一百八十。土星最高則一千零五十六萬九千一百七十四，最卑則八百九十五萬七千四百。木星最高則一千一百九十二萬九千四百八十，最卑則八百零七萬零五百二十。火星最高則一千七百九十萬九千二百五十，最卑則二百五十八萬四千二百五十。金星最高一千七百三十六萬七千九百六十，最卑二百七十三萬一千八百六十。水星最高一千四百五十三萬二千一百五十五，最卑五百六十九萬七千一百零九。又當隨時加減以得實數，不得僅以中距爲率也。

清·王家弼《天學闡微》卷二 日中宵中日永日短

古法晝夜百刻，日中宵中晝夜各五十刻，諸說皆同。至於日永日短，馬融謂長極於六十，短極於四十，據地中之言也。授時法謂長極於六十二，短極於三十八，據燕都言之也。鄭康成謂長極於五十五，短極於四十五，又取南北之適中者言之也。蓋晝夜長短時刻，由於南北極出入地與所居緯度之不同也。天頂近於赤道，則北極出地度數少，即晝夜長短亦少。天頂遠於赤道，則北極出地度數多，即晝夜長短亦多。人從北地南行每二百里即更一度，漸南漸移。以今法九

十六刻推之，日中宵中各處皆是四十八刻。至於日永日短，在順天，北極出地四十度，則長極於五十九刻七分，短極於三十六刻八分。在河南，北極出地三十五度，則長極於五十七刻七分，短極於三十八刻八分。在江南，北極出地三十二度有奇，則長極於五十六刻六分，短極於三十九刻九分。在廣東，北極出地二十三度，則長極於五十三刻十一分，短極於四十二刻四分。

星鳥、星火、星虚、星昴

二孔、王肅、陳祥道諸家皆不知曆家有歲差之法，故所解中星多謬。歲差者，太歲每歲與恒星相距之分也。西法謂之恒星東行，每歲所行定爲五十一秒，至七十年奇則差一度，此中星之所以不同也。堯時春分日躔在昴，初昏中星爲鶉鳥。夏至日躔在星，初昏中星爲大火。秋分日躔在房，初昏中星爲虚。冬至日躔在虚，初昏中星爲昴。古籍存者，惟《夏小正》與《堯典》合，周初列星東移已及一次，至今日則更移一次矣。今測道光甲申春分，日躔室八度五十八分，順天日入酉初四刻，加曚影六刻五分，至戌初二刻五分爲昏刻，其時中星則南河第三星正中。江南加曚影五刻，至戌初一刻爲昏刻，其時中星則北河第二星偏東一度二十九分。夏至日躔參七度四十五分，順天日入戌初一刻十一分，加曚影八刻十二分，至亥初二刻八分爲昏刻，其時中星則貫索第一星偏西二度十分。江南日入戌初初刻三分，加曚影六刻十三分，至戌正三刻一分爲昏刻，其時中星則氐宿第一星偏西三度十分。秋分日躔翼八度四十分，順天日入酉正初刻，加曚影六刻五分，至戌初二刻五分爲昏刻，其時中星則河鼓第二星偏東二度二十九分。江南加曚影五刻，至戌初一刻爲昏刻，其時中星則河鼓第二星偏東四度三十四分。冬至日躔箕一度十分，順天日入申正二刻四分，加曚影六刻十二分，至酉正一刻一分，其時中星則天倉第一星偏西一度四十八分。江南日入申正三刻十二分，加曚影六刻七分，至酉正二刻四分爲昏刻，其時中星則土司空偏西一度二十六分。夫測中星亦所以測日也。恒星當午，自人視之爲天之中，既得中星，計至日入度分加入昏刻所行，而太陽之真躔乃得確據，所以爲歷家之要務也。

日月之行則有冬有夏

日行黄道，而欲求日行之出入，必以赤道爲宗。赤道者天體之半腰；黄道者，斜交乎赤道而出其内外者也。古謂日有中道，中道者即黄道也。日循黄道而行，歷二十四節氣而一周。黄道之分宫分度别有其心，是爲黄道之南北極，而與赤道之極相距二十三度二十九分，故黄赤大距亦二十三度二十九分。春秋分時正當二道斜交之點，分之前後各有距緯。至冬至則在赤道之南二十三度二十九分，是爲外衡。至夏至則在赤道之北二十三度二十九分，是爲内衡。法與古同，但距緯較古爲少耳。月不行黄道，而欲求月行之出入必以黄道爲宗。蓋月道又斜交於黄道而出其内外者也。古謂月有九行，以黄道内爲陰曆，外爲陽曆。冬入陰曆，夏入陽曆，月行青道。冬入陽曆，夏入陰曆，月行白道。春入陽曆，秋入陰曆，月行朱道。春入陰曆，秋入陽曆，月行黑道。四序離爲八節，至陰陽之所交皆與黄道相會，今法総名白道。白道之分宫分度别有其心，是爲白道之南北極，與黄極恒相距五度，大則五度十七分二十秒，小則四度五十九分三十五秒。其經度則歲歲遷動，至滿二百四十九交交點一周天，而經度又復其始，約其數則十九年有奇。白極隨交點而移，交點逆行白極亦逆行。先求交點在黄道度分離一象限爲半交，與白極相應。半交是陽曆則白極在黄道南，半交是陰曆則白極在黄道北。白極循黄極而左旋，距黄極恒五度，而距赤極則隨時不同，惟交點在二分時半交，與白極並在極至交圈，其距黄極之綫合於黄赤兩極之距綫。正交在秋分，中交在春分，白極在兩極距綫外，則距赤極二十八度半。正交在春分，中交在秋分，白極在兩極距綫内則距赤極十八度半。若交點離二分則否，交點一周天，而半交大距亦一周天，而白極之循黄極而左旋者亦一周天而復於原度焉。測大距必在半交時，又必於月當冬夏二至時。當半交而又當冬夏二至，則兩交必在春秋二分。值兩弦，則日必在春秋分而適當兩交。值朔望，則日必在冬夏至而距半交。春分上弦秋分下弦，而月距半交，是月當夏至而日在兩交也。春分下弦秋分上弦，而月距半交，是月當冬至而日在兩交也。以兩弦與日在兩交而論皆交角大。冬至之日望而月距半交，是月當夏至而日距半交也。夏至之日望而月距半交，是月當冬至而日距半交也。以朔望與日距半交而論旨交角小。各測其距赤道度與黄赤大距相減，則最大最小之黄白距限皆得矣。

曾子地圓之説

《大戴禮記》曾子答單居離之言曰：「如誠天圓而地方，則是四角之不揜也。」四角不揜之説最妙。又曰：「嘗聞之夫子曰：『天道曰圓，地道曰方。』蓋方者其道而圓者其形也。」邵子謂『天地自相依附』，程子謂『地無適而不爲中』俱與曾子所言之理若合符節。今西人言水地合一圓球而四面居人，其地度經緯正對者兩處之人以足版相抵而立。以渾天之理徵之，則地之正圓無疑也。是故南行二百里則南星多見一度而北極低一度，北行二百里則北極高一度而南星少見一

度，若地非正圓何以能然？所疑者，地既渾圓則人居地上不能平立也。然自京師而觀瓊海，相去二十度之遥，其人立處皆當傾跌，而人皆平立者，地圓故也。蓋輕清而上者爲天，天皆上也。重濁而下者爲地，地皆下也。凡人首戴皆天，無非親上；足履皆地，無非親下。即南行而過赤道之表，北遊而至戴極之下，而親上親下亦猶是也，又要有斜立而傾跌者乎？然後信曾子四角不揜之言，蓋自格物窮理中得之，而札馬魯丁及歐邏巴之説亦發明古人之義也。第地體雖圓而有背有面，中土者地面也，故篤生神聖帝王以繼天立極，而五倫之教人人與知。亦如人身之有面，爲一身之精神所聚，五藏之精並開竅於五官。若夫西方之教，雖言心性精微之理，而反忽君臣父子之大倫，且語言惟中土爲順，西域則多倒語，北邊南徼亦皆倒用其字。又聞西士之言，謂所歷多國土地有大於中土者，而衣冠文物未有過焉，亦其徵也。豈得以四面皆人而睨視中土哉？又按河南汝寧天中山是天下正中，凡人頭骨皆八塊，獨汝寧人頭骨九塊，則汝寧又中土之中，所謂天地訢合之處也。

清・雷學淇《古經天象考》卷一　原始氣之始　象之始　數之始　曆之始

氣之始

《易彖傳》曰：「大哉乾元，萬物資始，乃統天。」集解引九家注云：元者，氣之始也。《繫辭》曰「乾知大始」、「易有大極」。

子華子曰：「元者，太初之中氣也。天帝得之運乎無窮。」淇按：元者，理氣合一之稱也。元爲天之始，亦即天之德。聖人設教不以不可見者示人，故易言萬物之始。以元統天，是元即天之所以爲天，而捨天之洪蒙周轉，亦無以見元也。伏羲之畫卦始於乾之奇畫，而乾元大始□□□於中，所謂太一太極也。《繫辭》曰「乾知大始」，又曰「易有大極」，董子曰「道之大原出於天」皆是此義。蓋以道之大，原言之則謂之元，故《文言》曰「元者善之長也」。以元之始萬物言之，則曰太初太始，以聖人卦象之始畫言之，則曰太一太極。太一者，奇畫最初之質名。太極者，所以贊此奇畫之妙，建於維皇，統攝萬象，括三才而無遺，而又能始之終之，可以縣象著明，使人共見也。莊列之徒於天元以前强爲區別。所謂太易、大□、太始、太素也。或又謂元爲玄、爲虚，異端乃索之空寂。秦漢以後或專謂元爲理、爲氣，而以太一太極爲天地未判之名，要而論之皆非經義矣。

象之始

《易繫辭》曰：「天尊地卑，乾坤定矣」，「一陰一陽之謂道，成象之謂乾。」《説卦》曰「立天之道曰陰與陽」，「乾爲天」。《大戴禮記・少間》曰：「先清而後濁者，天地也。」

《小戴記・禮運》曰：「夫禮必本於大一，分而爲天地，轉而爲陰陽。」

老子曰：「天得一以清。」

列子曰：「天積氣耳。」

《淮南子》曰：「清陽者薄靡而爲天，重濁者凝滯而爲地。」

《越絶書》范蠡曰：「道生氣，氣生陰，陰生陽。」

淇按：陰陽之理與氣皆在天未成象之前，但混合未分，無理氣陰陽之目耳。天既成象，斯又皆統於天矣。聖人於《易》之乾元微示其義，後世始以象數既分之目名之，即《禮》之所謂太一也。范子謂理在氣先，陰在陽先，與《易傳》先陰之義亦合。蓋凡物之生皆自無而有，由静而動。一日之氣始於子半，一歲之氣基於仲冬，天帝之神位於北極。《説卦》曰「乾爲寒爲冰」，然則天之爲天亦始于陰盛于陽矣。《吕覽》曰「天微以成」，亦謂氣之輕清漸積成象，及其極盛乃運轉無窮，更以陰陽育萬物耳。總之凡有生者，未生以前皆陰在陽前，既生以後皆陰在陽後。

數之始

《易繫辭》曰：「天一地二，天三地四，天五地六，天七地八，天九地十。天數五，地數五，五位相得而各有合。天數二十有五，地數三十，凡天地之數五十有五。此所以成變化而行鬼神也。」「易有大極，是生兩儀。兩儀生四象，四象生八卦。」

《大戴記・易本命》曰：「天一地二人三，三三而九，九九八十一。」

《春秋・僖公十五年・左傳》曰：「物生而後有象，象而後有滋，滋而後有數。」

老子曰：「道生一，一生二，二生三，三生萬物。」

列子曰：「易變而爲一，一變而爲七，七變而爲九，九變者究也，乃復變而爲一。一者，形變之始也。」

《漢書・律曆志》曰：「數者，一十百千萬也，所以算數事物順性命之理也。」

《周髀》曰：「數之法出於圓方，圓出於方，方出於矩，矩出於九九八十一。」

《數術記遺》曰：「黄帝爲法，數有十等。及其用也，乃有三焉。十等者，億兆京垓秭壤溝澗正載。三等謂上中下也。其下數十十變之，若言十萬曰億，十

億曰兆，十兆曰京也。中數者萬萬變之，若言萬萬曰億，萬億曰兆，萬兆曰京也。上數者數窮則變，若言萬萬曰億，億億曰兆，兆兆曰京也。從億至載終於大衍。」

淇按：天地之數皆出自然，但未有卦畫以前，其義弗彰，未有文字以前其名弗著。自伏羲氏仰觀俯察，作奇畫以象天，而即以象乾之元所謂太一也。八卦之象因此而出，三才之道因此而明，數與理皆以象成。故孔子贊其妙，謂之太極。極者，象數之顯著者也。極字从亟，上畫象天，下畫象地，中从人从口从手，三才之道口可得而言，手可得而摹，而又無適而不與之遇也。故古訓謂亟爲至，爲數即是此義。从木者，屋上棟也。棟在地上，下覆乎人，仰視即見有一之象，有三才之道。凡卦爻之懸象示人，皆有此義。所謂六爻之動，三極之道也。六爻皆皇建之極，凡所以錫民福前民用爲民極者，皆始於太初之一畫，故稱太極焉。蓋自有此畫而天之象以成，地之象以立。天地絪緼，萬物化醇，故爲八卦、爲六十四卦、爲三百八十四爻、爲萬有一千五百二十策。凡所以類萬物之情、成天下之象者，皆無非用其極而會其極者也。所謂一本而萬殊，萬殊而一本也。迄於黄帝，因仍古象作爲書契，正名百物，而文明之化日愈宣著焉。

再按：天地之化皆出於一、立於兩、成於三、終於五。一三五七九，天數也；二四六八十，地數也，所謂終於五也。自陽之氣薄靡而爲天，故一著洪蒙之象；陰之氣凝滯而成地，故二呈高下之形。陽積則精成，故天之一生水；陰積則神發，故地之二生火。此其氣之流形，皆由體之敦化，所謂出於一也。至三，其一爲參天之數倍，其二爲兩地之數，此仍是二氣之自爲充積，絶不相儳，因以生木生金。其爲四象者，故古文三三，皆積畫成字，所謂立於兩也。陽積至三，陰積至四，氣已充盛，無可復增，再積之則陽交于陰而爲㐅，陰含夫陽而爲亣，故㐅亣者，陰陽之際會也。陽既交陰以⧖。數生土位於中央，分王四方，此土之盛德，所以貫四時而不改。陰既受天⧖之生，得土以爲質，因而包涵天一之水，振而不洩，故古文㐅，作交午之形。亣作含納之象，其義即謂天地之道交于㐅合于亣也。《管子》曰，人道以六制。《漢志》曰，六者，所以含陽氣之施，林之于六合之内也。蓋天地之生，人實始于此，故曰天一地二人三。又曰，人受天地之中以生，五六爲天地之三數，又中數也。九九之數亦出于此，故《管子》曰「主一而三之，四開以合九九。」《地員篇》。此所謂成于三也。凡生生之化，至此有成物，物之理至此日著。陽交陰納既已生人，陽乃透出陰中，變而爲七，以成火之生。火性炎上，有所隔閡則斜出而上，即七之象也。陰以陽之旁達，乃亦自别于陽變而爲入，以成木之生。凡草木坼甲，根葉分向即其義也。陽爲陰之自别，終乃曲折而究竟之，以成金之生。金性至堅，剛柔畢達，即究之義也。至是而陰不自别，乃順承陽氣，四達而不悖，效天㐅之數以成土之生，即十之㚒矣。故土之氣充滿四方而王於四季，充滿四方者十之象，所謂直方大也。王於四季者㐅之象，所謂物皆歸於土也。此即㐅與十之合象位於中央，天地共之。至是而《河圖》之象以成天地之數，亦無少間缺焉。一九者陽數之始終也，以不息爲義。始終不易謂之一，能究盡之謂之九。二十者陰數之始終也，以從陽爲義。法陽之一爲二，法陽之㐅爲十。㐅十者陰陽際會之始終也，以生物爲義。五爲陽施之始，十爲陰受之終。一三五合而爲九，參天之義也。九能究盡陽氣，故乾元用之。二四合爲六，兩地之義也。六能包含陽氣，故坤元用之。坤凝乾之元以爲元，故用六。《列子》曰：一變而七，七變而爲九。九者究也，復變而爲一。此專以陽氣言，故七爲變之始，九爲變之終。九能究竟之，使陰順其化。法㐅爲十，以集其成而復開一數之始也。變不言三四五十者，三即一之積，三即二之積，㐅乃陽之充盛，甫交於陰，俱未可云變。至六受陽氣之施，包藏含畜，坤變爲坎，是爲大地之正象，故坤凝乾之元以爲元，而用六。乾元坤元不用七八者，七八雖變，數不得性之正。乾之動也直，而今旁達坤以順承天，而今自别。猶天地以五六生人七八歲後，漸染習俗，變而不得性之正。故古禮六歲至九歲先教於家而蒙養之，亦用六用九之義。三易之法，凡占不變者謂之七八。少陽少陰雜而不純，不與其變也。數變至九而極，十乃數之成，上效天㐅之數以成土，得地之本體，本性亦不可云變。故自十以前一一增之，名號屢易，自十以後則爲百、爲千、爲萬、爲億、爲兆、爲京，皆是十數之積，周而復始。數術所謂中數上數者亦然，惟其不變，故易亦不用耳。

曆之始

《易·繫辭》曰：「古者包羲氏之王天下也，仰則觀象於天，俯則觀法於地，觀鳥獸之文與地之宜。近取諸身，遠取諸物，於是始作八卦以通神明之德，以類萬物之情。」「大衍之數五十，其用四十有九，分而爲二以象兩，掛一以象三，揲之以四以象四時，歸奇於扐以象閏，五歲再閏，故再扐而後掛。」「乾之策二百一十有六，坤之策百四十有四，凡三百有六十，當期之日。」

《書·堯典》曰：「朞三百有六旬有六日，以閏月定四時成歲。」《周禮》：「馮相氏掌十有二歲，十有二月，十有二辰，十日，二十有八星之位，辨其敘事以會

天位。」

《大戴記・曾子天圓》曰：「聖人慎守日月之數，以察星辰之行，以序四時之順逆，謂之曆。」

《管子》曰：「伏戲造六峜以迎陰陽，作九九之數以合天道。」

《尸子》曰：「伏戲始畫八卦，列八節而化天下。」

《春秋・内事》曰：「伏羲氏始畫八卦，究天地之位，分陰陽之數，推列三光，建分八節，以爻應氣，凡二十四。」究一作定。

《周髀》曰：「古者包犧立周天曆度。」

《古史考》曰：「庖犧氏作卦，始有筮。」

《通曆》曰：「伏羲在位百一十年，始有甲曆五運。」

淇按：天無所謂度也，因日之行天三百六十五日有奇右轉一周，即以其周行之數分之，是之謂度。天無所謂次也，因月之行天二十七日有奇右轉一周，又二日有奇右行二十九度而與日會，凡十二會有奇而日一周天，因即以所會之處分之爲十二辰，是謂之次。天無所謂舍也，因日月之會互有先後，十二次中各有分星，以日躔月離所值者言之，大凡二十有八星，是謂之舍。天無所謂晝夜、冬夏、閏月也，因天之左旋，以大氣攝三光並行：人見日出地上則謂之晝，日入地中則謂之夜。抑因氣有陰陽，日月右轉：日在北陸而月會之，人覺陰氣日盛則謂之冬；日在南陸而月會之，人覺陽氣日盛則謂之夏。又因天與日月行度皆有盈餘，積其餘至三十日上下，於是次月之朔氣適當中旬之半，中氣之斗綱斜指兩辰之間，此與常月之天象判然不同，故治曆者置閏以象之，而四時之氣乃無有差貸。凡此者，皆曆之原也。伏羲氏仰觀於天，因其道之自然畫八卦之象，立周天之度，作九九之數，於是四時、八節、十二月、二十四氣之義以明。於是三辰、三正、五宮、五緯、十幹、十二支、二十八星之象以著。於是蓍筮之法、章蔀之義、一朞三百六十六日之數以定。蓋曆生於數而以日爲宗，推列三光，即曆象日月星辰也。必分陰陽之數以明之，一三五七九及十幹，皆天數也。二四六八十及十二支皆地數也。而後能治爲曆，故謂之曆數。推其原，則太極兩儀是也。太極之義於卦象爲奇畫，於卦氣爲乾元。其於天也，則爲北辰北斗。天帝之神棲於北辰，北辰之運著以北斗。北辰有象，而無象是爲體，北斗環建周天之象是爲用，所謂乾元用九矣。猶之兩儀之義，以體言之，則爲陰陽、爲天地、爲乾坤；以用言之，則爲消息、爲日月、爲坎離也。太一之神必運行九宮，伏羲之卦始則乾坤居正南正北，既則坎離居正南正北，皆所以著用也。《莊子》曰：伏戲得之以襲氣母。維斗得之，終古不忒；日月得之，終古不息。此於治曆之說亦互相爲證焉。《易傳》以揲蓍之法明曆，故譙周謂筮始於伏戲。大衍之數，説者不同。馬注、王注皆以不用者爲太極。《京房傳》云：五十者謂十日、十二辰、二十八宿也。凡五十其一不用者，天之生數將欲以虚來實，故用四十九。此與《史記・律書》璣衡旋建之説相符。京言日月之所循，史言斗綱之所建，其實一也。然則北斗日月即是太極兩儀之用象，凡曆之數與法皆出於此矣。王朔之《甲曆》之説，僞三墳用之，未足取審。蓋甲者始也，曆之理與數始於伏羲，晉以前必有此説。王氏誤謂作《甲曆》也。黄帝以後始有書契，故《世本》云「容成作曆」。太昊時文字未興，止有卦象，帝出乎震一章即八節二十四氣之象，謂此即伏羲之《曆圖》可也，謂此外別有《甲曆》焉，未之前聞。

再按：字書無峜字，《路史》及羅苹注讀作畫，《丹鉛録委宛編》讀作計，謂辛文子號計研，漢碑作峜研。未詳何碑。故王若谷曰：六峜其猶《周髀》算法乎？今按《管子》書造六峜與作九九之數並列，則六峜非算法甚明，以義推之，當是古畫字。人止山下，不肯上達。故《論語》曰：今汝畫六畫，即六十四卦之象也。下云周人之王循六峜，即謂文王周公之卦辭爻辭，故云迎陰陽、分陰陽。若是算法與九九句義複，況數始萌芽，安得即有算術？羅氏之説不可易也。五運見《素問》天元紀、五運行等篇，王砅注亦謂是伏羲之遺其象，與斗綱、三正、星土分野、帝出乎震俱合。詳見下宿星斗曆星法篇。

清・雷學淇《古經天象考》卷二　大圜

《周象象傳》曰：「天行健。」《文言》曰：「乾元用九，乃見天則。」「天玄而地黄。」《繫辭》曰：「天垂象，見吉凶，聖人象之。」「天地之道貞觀者也。」《說卦》曰：「乾爲天爲圜。」

《大戴記・曾子天圓》曰：「天道曰圓。」《五帝德》曰：「戴九天。」《小戴記・中庸》曰：「今夫天斯昭昭之多及其無窮，日月星辰繫焉，萬物覆焉。」

《爾雅・釋天》曰：「穹蒼蒼天也。春爲蒼天，夏爲昊天，秋爲旻天，冬爲上天。」

《逸周書》曰：「天有九列，別時陰陽。」

《管子》曰：「天道以九制。」

《楚辭》曰：「圜則九重。」

《吕覽》曰：「天有九野。」「大圜在上。」

《淮南子》曰：「天有九重，人亦有九竅。」

淇按：乾元者，天之所以爲天，即其運行不已之神也。以其體言之則一，以其用言之則九。九乃純陽之數，故乾元用此以統天，凡天之廣遠高峻無不以九制之，是爲九天。《逸書》曰：天有九列，别時陰陽。此即諸子所謂九鴻、九野、九位、九行也，以中央及八方分之故爲九。《吕覽》《太玄》《淮南子》九天之名互異，經傳無徵，不具録。行列道野皆是一義，此即天之廣遠也。屈子曰「圜則九重，孰營度之？」九重即辭賦家所云九關、九閽、九閿，西法所謂九重天也。月去地最近，二十七日有奇即右轉一周。其外爲水星，又其外爲金星，又其外爲日，此三者皆歲一周。日輪之上爲火星，二歲一周。又其外爲木星，十二歲一周。又其外爲土星，二十八歲一周。此七曜高下既殊，又行有遲疾，故分爲七重。七重外爲恒星之天，以北斗爲綱，以列宿爲紀，所以紀七曜之行而志其變動也，亦六十餘年東行一度，即歲差之説。凡三垣、五宫、九野、二十八舍皆分于此。此八者皆象之麗天而右轉者也。八重之外是爲大圜，大圜無象，北辰所居，至健至剛。攝三光而左旋，每晝夜必一周，終古不息，此天之最上者也。其樞紐處爲天極，天有二極，在北者高出地上，《虞書》謂之璿璣，其周布處爲十二次、十二辰。《周禮》謂之天位，此即天之高峻也，是二者皆謂之九天。

再按：天之象至圜，此所以周轉無端，三光迭照也。天之色爲元，此所以晦夜無見，能出五色也。特人處地上，仰視之止見其高，日月照之止見其青，故曰穹蒼天也。其實蓋不如渾元木非青，故《易》曰爲圜，又曰天元，著其實也。《莊子》曰：蒼蒼者，其天之正色邪？亦謂囿於所見耳。據所見而言，故春日蒼、夏曰昊、秋曰旻、冬日上，以四時分之，《周禮》因此有兆五帝之制。

天極

《易繫辭》曰：「大衍之數五十，其用四十有九。」馬注云：北辰居位不動，其餘四十九轉運而用也。王注曰：其用四十有九，則其一不用也。不用而用以之通，非數而數以之成，斯易之太極也。「天下之動貞夫一者也。」虞注云：一謂乾元。「易有太極。」虞注云：太極，太一也。

《書帝典》曰：「在璿璣玉衡。」

《周官・大宗伯》：「以槱燎祀司中。」

《考工記》曰：「晝參諸日中之景，夜考之極星以正朝夕。」

《論語》曰：「爲政以德，譬如北辰，居其所而衆星共之。」

《爾雅・釋天》曰：「北極謂之北辰。」張衡《靈憲》曰：天有兩儀，以儛中道，其可覩者樞星是也，謂之北極。在南者不著，故聖人弗之明焉。

《星經》曰：「璿璣謂北極星也。」《續漢志補注》。

《石氏星占》曰：「北極星其一明大者，太一之光含元氣以斗布常。」「道起于元，一爲貴，故太一爲北極天帝位。」

《吕覽》曰：「極星與天俱遊而天極不移。」

《尚書大傳》曰：「琁者，還也。機者，幾也，微也。其變幾微而所動者大，謂之琁機，是故琁機謂之北極。」「北辰謂之耀魄。」

《説苑》曰：「璿璣謂北辰句陳樞星也。」

淇按：璿璣之義，書傳詳之。極星非北辰，《吕覽》詳之。天極不移，即《論語》居其所之義。蓋北辰居大圜之第九重，每晝夜左旋一周，本無象可見，此即太極在天之隱象，所謂無象之象也。故曰「天極」，又曰「北極」。人欲識其居之所在，於是以大圜第八重恒星之近極者著之，是之謂極星，又曰樞星。祖暅謂樞星去北極不動處一度餘，宋沈括謂去極三度餘，此謂以人目所見之遠近言之其四旁相距之數如此，其實高下之相去不可數計也。是爲天之正中，故樞星一曰「司中」。舊説以司中爲文昌，三台皆未確，樞星司天之中，豈反遺而不祀乎？恒星以下八重象皆右轉，北辰能以大氣統之，使之皆隨以左旋，此即乾元之神用也。其神棲於北辰，其象寄於北斗，凡在天之曜無不統攝於此，所謂天下之動貞夫一者矣。劉向言樞星並及句陳者，句陳大於樞星，視而易見，北辰在二星之間以二星之象志北辰之居，即後世星晷之説所由起。古皆以北辰象乾元太極，惟張衡以象兩儀，此即各一太極共一太極之義也。蓋以元氣爲太極，則天地爲兩儀；以乾元爲太極，則南北極爲兩儀；以北辰爲太極，則日月爲兩儀。猶之以坤元爲太極，則水土爲兩儀；以日輪爲太極，則晝夜爲兩儀。取義各殊，理非相悖也。

再按：璿璣即北辰，玉衡即北斗。此唐虞以來相傳古義，當緯書未出以前，無不作如是解者。蓋天之有璣衡，猶國之有君相。天懸象而斗建指之，君建極而相贊治之，其理一也。太史公作《天官書》首敘中宫，獨詳北辰北斗，其近於辰斗者止畧及之，即虞舜在璣衡之遺義。自漢之洛下閎作渾儀用之，當時有效於

是。緯書之出，乃附會之，以機巧之制，上疑古聖之經，謂《書》之璣衡即儀象之器，此亦重誣虞帝矣。

清・陳懋齡《經書算學天文攷》卷上 尚書堯典曆象日月星辰攷

天左旋圖

日右旋圖

天左旋一日一周，自甲始復至甲，是爲順行。

日隨天左旋亦一日一周，但不能至甲，至乙。天西行：今日自甲始復至甲，明日自乙始復至乙是一日一周也。日西行：今日自甲始，不能至甲，至乙。明日自乙始，不能至乙，至丙。是每日不及天一度也。謂天一日一周而過一度者，過於日一度也。此左旋順行。若右旋之度，則亦甲乙之度所積而成。甲乙、乙丙、丙丁日行一度，月行十三度奇者，右旋逆行星紀退數也。

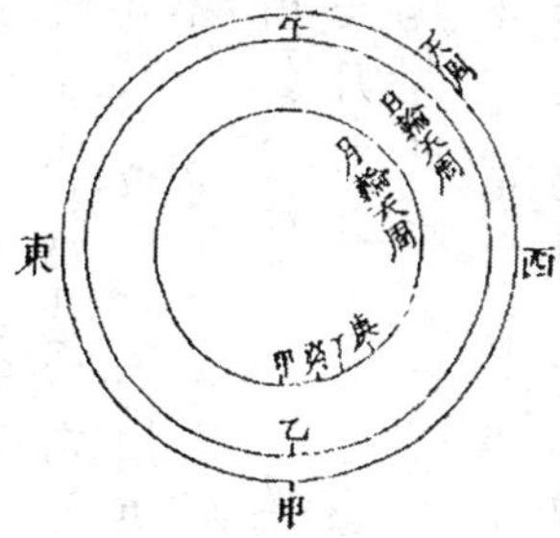

月行度圖

月逐日圖

甲天周，乙日周，丁月周，日每日一度，則丁爲右旋之第四度者，月日行十三度奇，則自甲至癸，復自甲至丁爲十三度奇也。明日則自丁至庚，閱兩日行二十

六度奇，迤邐而東，至三十日二十九日閒而與日會也。

日每日一度，至三十日二十九日奇而歷一宫，是日行遲也。月行十三度奇，故月行每速於日。日每在後，月每在前。在半象限以上，西與日近，東與日遠；半象限以後，西與日遠，東與日近。有似逐及於日而與之會者然。自甲至乙每十三度奇，月逐日行度也。

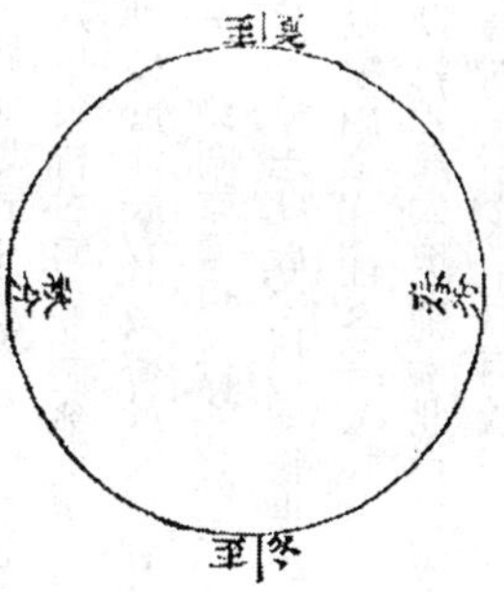
中氣歲周圖

年周朔氣圖

自今年冬至至來年冬至謂之歲周，中氣周也。歷三百六十五日又四分日之一而中氣一周，一歲合三百六十日之數共多五日是謂氣盈。

自正月朔旦至臘月晦日共十二月，謂之年周。古法月一大一小相間，合三百五十四日，而月與日十二會朔氣周爲年也，合三百六十日之數，朔虚五日是謂朔虚。

黃道過宮圖

四象圖

古法以三百六十五度四分度之一分布十二宫，每宫得三十度九十六分度之四十二。一歲十一會止三百五十四日，尚少十一日又四分日之一，未得周天。

是宮度有餘日躔不足，通之以閏，而歲十一月日月復會於丑宮也。

東方蒼龍，角、亢、氐、房、心、尾、箕；西方白虎，奎、婁、胃、昴、畢、觜、參；南方朱雀，井、鬼、柳、星、張、翼、軫；北方玄武，斗、牛、女、虛、危、室、壁。此四象二十八宿所加臨之方位也，其以龍虎龜蛇統七宿者象形耳。

十二辰圖

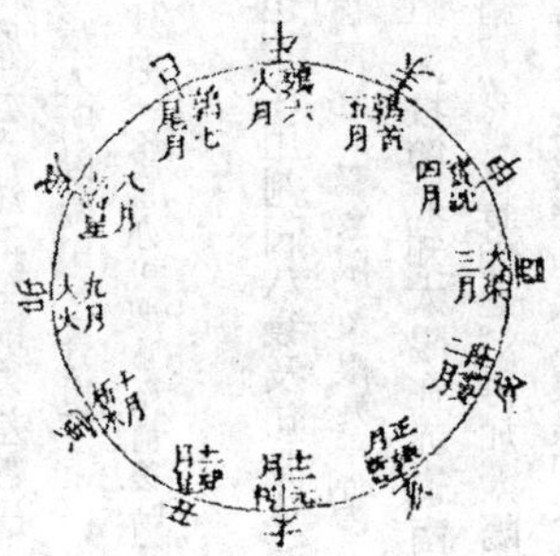
十二宮圖

壽星角、亢，大火氐、房、心，析木尾、箕，星紀斗、牛，玄枵女、虛、危，娵訾室、壁，降婁奎、婁、胃，大梁昴、畢，實沈觜、參，鶉首井、鬼，鶉火柳、星、張，鶉尾翼、軫。此十有二次，以二十八宿形象得名，不可移易也。

宫名者，由日月所會聚行度而得名，不係於次舍也。次舍者，星象也。恒星既已東移，則七十年差一度，二千餘年即差至三十餘度，而天上恒星全非其舊。若以日交丑宮即爲星紀，而定之於牽牛，不已謬乎？漢儒不知歲差，故以宫度與次舍星宿爲一，以恒星即爲天體，冬至日躔年年皆復故處，則歲可無差，豈其然乎？

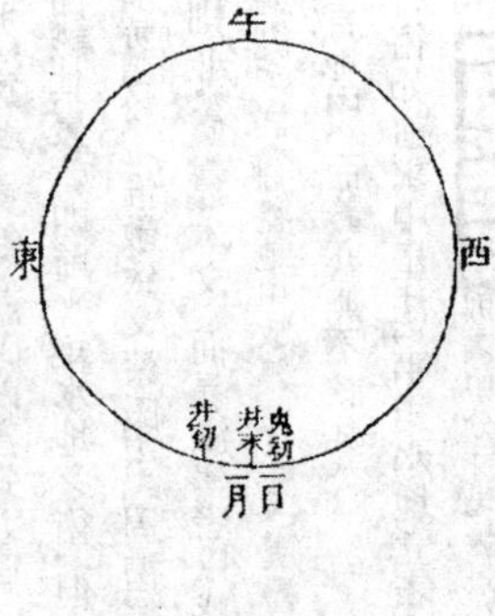

逐日逐月星躔過度圖

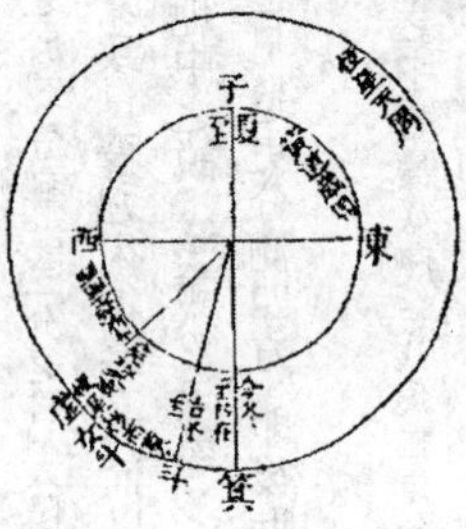
歲差恒星行圖

天度宮次如環之無端，不可別識，古人指星所在處爲天所在處。如孟春之月日在營室，非謂恒星即天體也。以逐日星躔過度言之，今日在井末度者，明日在鬼初度。此月合朔在井初度者，次月合朔在井末度。若周歲則自今年冬至至來年冬至。今年冬至在箕一度者，明年冬至仍在箕一度西法差五十一秒。而不能復躔故處，恒星東行故也，古法謂之歲差。

天漸差而東，歲漸差而西。所謂天即恒星，所謂歲即黄道歲周也。歲何以差？以星行，故覺有差。星何以行？以恒星非即天體，而宗動之運於其外也。詳《尚書堯典中星攷》。【略】

歲差恒星行圖

堯時冬至日在虛，昏中昴。今時冬至日在箕，昏中壁。古法謂之歲差，西人謂恒星行。今取宗動天周及恒星歲周，總列爲圖，庶可共曉。

宗動天大於恒星天而包乎其外。恒星天自軫至角約七十年東移一度。

黄道歲周二十四節氣，自今年冬至至來年冬至常如此數。

宗動天包恒星天周之外，恒星歲歲東移，故黄道日躔不在故處。古法以恒星即天體，故以二十八宿隸十二宫而歲歲不移。其後漸覺有差，迺以爲黄道歲周日差而西，其實恒星移而東也。西人以恒星與七政同運並行，但其距地有遠近，故其行有遲速。恒星約七十年退一度，以距地最遠，故行最遲。月一日行十三度奇，以距地最近，故其行速。特人不覺耳。堯時距今四千餘年，恒星行五十餘度，自虛六至箕六。今總列爲圖，上下古今者或有取焉。

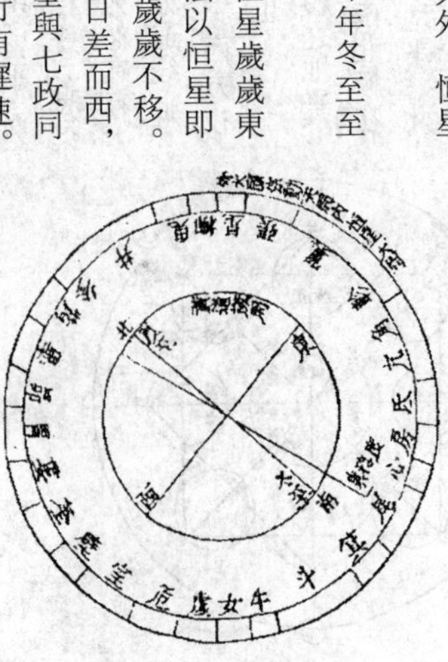

徐發《天元論》有《歲差圖説》一卷，取自堯時距本朝差數列爲圖，其用功亦勤矣，然輕信《竹書紀年》，而謂共和以前史乘爲不足憑，亦雖善無徵也。又不知恒星東行實生歲差，知其學頗爲授時所囿。甚矣，求益之難也。

冬夏致日攷

《堯典》寅賓、寅餞，蔡氏以春分之日、朝方出之日而識其景，秋分之日、夕方納之日而識其景。即前平矩水地之術，但測之於二分耳。二分之日，太陽在赤道綫上，故曰黄赤道交。惟敬致文蔡氏引《周禮》冬夏致日釋之術本無二，而以尺五寸爲地中，則非《虞書》本文，而易滋學者以惑。地中之説，議論紛紛，率多拘泥，而與二鄭爲仇。詳《周禮地中攷》。今攷《虞書》致日，遣吏分測四方，即後世里差之由，則不言地中，而義亦無不該矣。

致日術如前求中星法，平矩水地立表，規之中心長八尺。八尺無定分，但可分爲八段耳。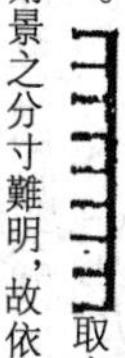取表中分寸爲量景分寸。執柯伐柯，取則不遠。表太長則景虚淡，太短則景之分寸難明，故依八尺。逐日測之，自今年冬至至來年冬至，識其景之分寸，進退折取中最短者爲夏至，日景最長者爲冬至日景。

日景有長短，以太陽去人有遠近不同，故中國人居在北極之南，人足所履爲地平，各方不同，以各方北極出地高下不同。北極中腰爲赤道。北極中腰爲赤道，江南北極出地三十二度，則北極距天頂五十八度，赤道距天頂又三十二度也。太陽有半年在赤道北，有半年在赤道南。古赤道極北至東井爲夏至，極南至牽牛爲冬至。惟二分之日，太陽終日行赤道綫上，午景折長短取其中。夏至日去人近，故景短；冬至日去人遠，故景長也。

凡測景用正午時刻，每日皆然。古人惟於二至，然二至前後差數最大，近二至前後一兩日間，午景不進不退，最難識别，後人所以改用二分也。

凡測景遇陰雨，或午刻雲掩，折兩日取其中。多日亦可取陰雨前後晴霽時所識日景分寸，折中用之即得。

《虞書》致日求端于天，萬世不易之法也。今用割圓八綫及句股算法，能預知景之分寸，其術以北極出地加象限，天圓周四之一爲象限，象限九十度。爲赤道高。赤道距北極一象限，加北極出地是爲赤道高。又按節氣知太陽在赤道南北而加減之，在赤道北宜用減，在赤道南宜用加。加減前取赤道高度用之。再加太陽半徑十五分，此從太陽心起算，或用景符取中景。檢本度分本表。西人八綫表即本表日南北緯度表。見《梅氏叢書》揆日卷。取其餘切綫用之，此直表直景，故用餘切。若横表横景，則用正切。與在地之表八尺相乘，即得本日本時景之長短分寸。切綫表景圖附後。

西人四率算法

一率	半徑	一
二率	餘切	○○○○○
三率	直表	八尺
四率	直景	○○○○○

西人四率之法，以中二率乘，首率除得四率。此首率是一，故省除耳。句股算法是爲小股，與大句相乘大股除之，得小句。小股與大股之比，若小句與大句之比也。

又《周禮》地中攷

地形正圓如毬，但隨人所履處皆平，而不能見地之圓象。今設圖九圓相疊，各分十字象限則各方之天頂、地平宛然在目。外大圈爲赤道綫，以二分日行赤道綫上。南方日中，北方夜半；東方日中，西方夜半。此方之午正，爲彼方之子正也。

凡人首所戴之天頂及足所履之地平，原各方不同。以赤道爲天頂則南北極在地平，以南北極爲天頂則赤道在地平。此人所居晝夜易處，寒暑不相及也。詳《子午規圖説》。或依黄道綫爲天頂，則《周髀》戴日下處是也。中國人居在日之北，去夏至黄道綫萬五千里，此並依《周髀算經》以表爲股景爲句，頗具粗率。不能與黄道綫相值也。

凡日在天頂則表無景，此惟戴日下。則然中國地在日北，日在表南，故可以景之進退分寸言而於冬夏至測之，景之進退分寸不能過是。

地渾圓如毬，天在地平上，見者一百八十度。西人象限之法，分地平上爲兩象限，南北各九十度，有極出地度、有赤道度、有黄道度，皆于兩象限中取之。

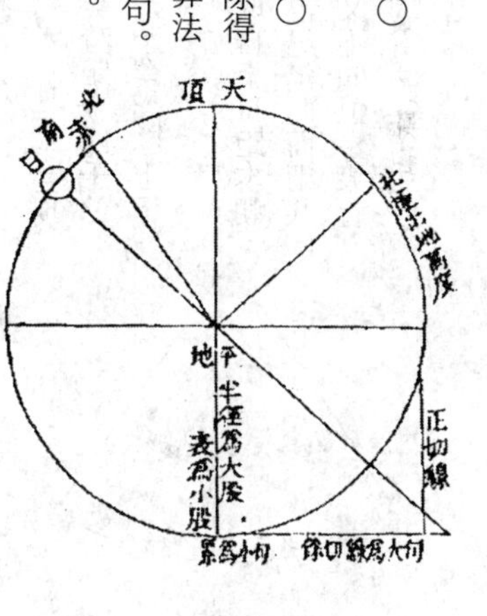

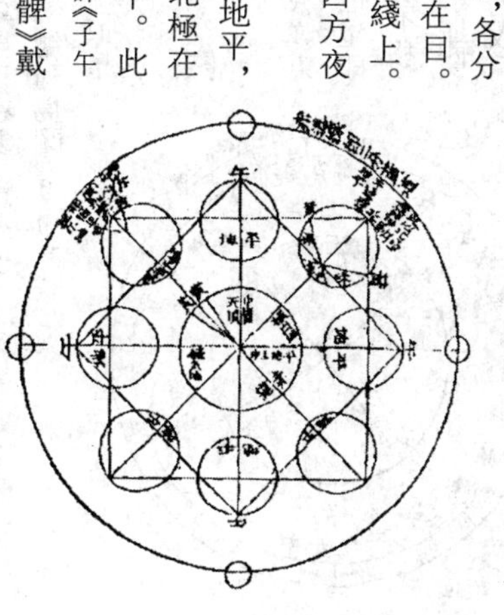

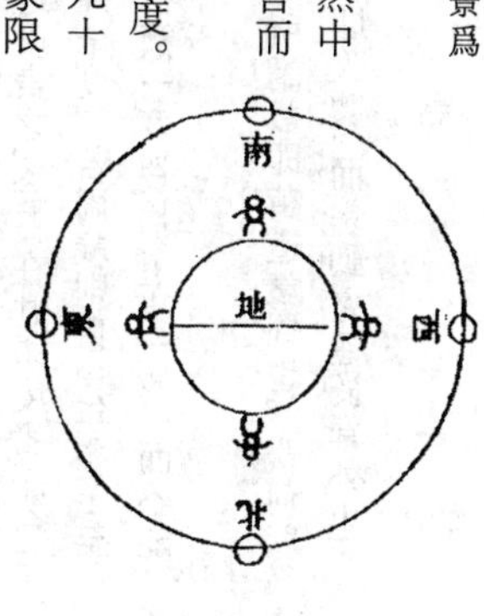

阮芸臺先生更定圖

阮雲臺先生曰：地圓之理本屬易曉，此設九圓解之，似反支離，且外大圈黄赤道既爲大規，而小圓上黄赤道又爲直綫，亦似矛盾也。不若仿乾坤體義圖爲之較便。

日南日北圖

象限有十字界，豎者股也，横在地者句也。以圭表取景與象限同用，圭表股也，表景句也。但隨地立表，可分地平上一百八十度爲兩象限，表景爲在地之句，日在表南南象限中事也，景在表北北象限中事也。

凡立表取景，日近表景短，日在天頂則表無景，赤道二分之下及戴日處皆然。夏至午正時，表景得尺五寸，日在表南表在日北故也。若移而千里，則景差以寸移。而東者日在西，故景如夕；移而西則日在東，故景如朝。

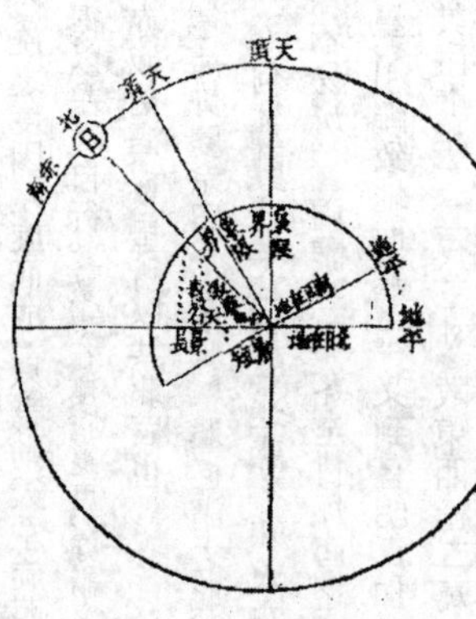

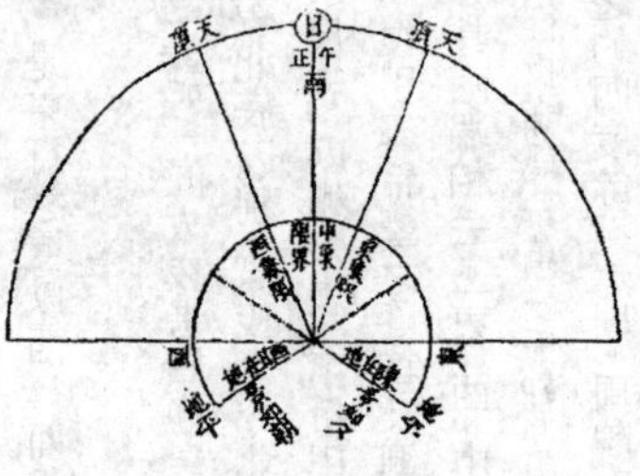

景朝景夕圖

日在東，象限在西；日在西，象限在東。一象限實四象限也。

鄭注景千里而差一寸，先儒駁之，嘖有煩言。要古人只作個如此算法，即如王制開方，原非截然整齊，但步畝尺寸必用之合總耳。無論地非正平，計里難定，而景差之説謂地形如扇摺相似，從景計里漸遠漸增，從里計景漸遠漸減，亦徒死於古人句下。今惟取各方之天頂地平，以明日東、日西、日南、日北寒暑進退之理。可知地中之中乃中國節氣之中，凡李唐以下異説，概從剪落焉。

清・陳懋齡《經書算學天文攷》卷下　魯論北辰北極攷

甲北極爲出地度，乙南極入地度，中地平人所履也。極星去不動處三度半，極星亦動，但在管内特不覺其動耳。

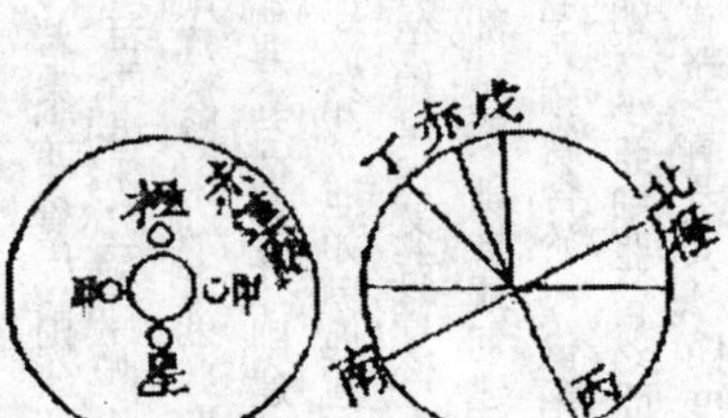

北極中腰爲赤道綫，如丙黄道綫出入於赤道之内外，戊夏至、丁冬至。外赤道圈，中極心小圈爲窺管邊。切管邊環行者，極星也，如甲。

北辰非北極小星也，古人指星所在處爲天所在處，其實北辰是無星處。今人測極星所在，晝夜環行折中取之是也。凡天之無星處曰辰，天上十二辰自子畢亥，爲日月所會聚之次舍，如十一月冬至日月畢會於丑，必有所當之星宿。漢初不知歲差，以牽牛爲冬至常星。若以歲差之理言之，今時在箕一度。冬至子中未嘗板定星度，北辰如何認定，極星但以之爲標準耳。

甲赤道極即北極，乙赤道，甲乙相距一象限。丙黄道，日南至也。丁黄極，丙丁相距一象限。

黄極赤極俱作距等圈，以黄道赤道爲要圜剡而上，至極則削成一點，所謂距等圈也。

天左旋西行一日一周，以赤道極爲極，即北辰也。日月五星右旋東行，日行一度，月行十三度奇，並以黄道極爲極，即黄極也。

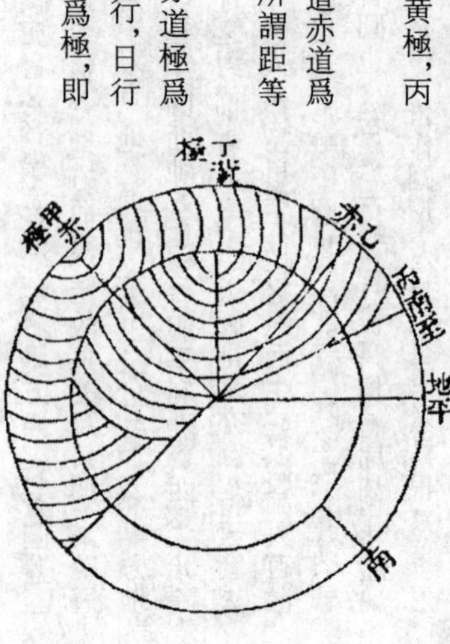

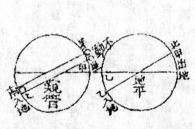

恒星七十年東行一度，古法謂之歲差，西人謂恒星行。其度右旋東行，亦以黃道極爲極，非向赤道極也。赤道極有二，一北一南，黃道圈出入於赤道之內外，夏北冬南。冬至日在赤道南二十三度半，離日一象限安黃極。黃極赤極相距亦二十三度半也。

恒星東行只在黃道之一綫上，故黃道極終古不移。古今測二十八宿星度、南北緯度皆有增減，又極星離不動處漸遠，是赤道星移而黃道綫不移，西人所以重黃極也。然黃道極亦以赤道極爲樞，北辰所以居其所而衆星共之。極星移，而北辰定所，實未嘗移。

赤道宗北極，恒星宗黃極。赤道西行，恒星東行。然黃道極亦以赤道極爲樞，右旋之度因左旋而成，只爲動天左旋西行，帶定七政恒星晝夜運轉，故七政恒星得以差次自行。數東行度爲退度，亦謂之自行度。是東行之度以西行而生，黃極以赤極爲樞，衆星所以共北辰也。

德清許慶宗曰：《爾雅》「北極謂之北辰」，《考工記》「匠人夜考諸極星以正朝夕」。何休註《公羊》云：「迷惑不知東西者，須視北辰以別心、伐。今北極星甚小，不易辨。《周髀》云：冬至日加酉之時，立八尺表，以繩繫表顛，希望北極中大星，引繩致地而識之。又到旦明日加卯之時，復引繩希望之。首及繩致地而識其兩端相去二尺三寸，故東西極二萬三千里，其兩端相去正東、西，中折之以指表正南、北。其云東西極二萬三千里，即璿璣徑折半爲一萬一千五百里，乃北極中大星距北極樞之數。樞爲不動處，以度計之約四度餘。然則《周髀》所謂北極中大星，非今小星可知。《史記·天官書》中宮天極星，其一明者太乙常居也。得毋即此星歟？今法測句陳大星，東西所極折中以正南北定赤道極所在，與《周髀》北極璿璣之法正同。或古時即用句陳大星，亦不可定。《公羊》、《爾雅》、《考工》所言極星及北辰，當即《周髀》北極中大星。若《論語》北辰，則專指不動處，《周髀》所謂正北極樞也。

遂登按：休寧戴吉士震謂北極璿璣即黃道極。嘉定錢詹事大昕曰：《周髀》七衡圖衡間相去一萬九千八百三十三里一百步，以三之得五萬九千五百里，即黃赤大距，亦即黃極距赤極也，與璿璣距北極之數遠近懸殊，戴説蓋偶誤。

清·張雋《天地問答》卷一　天地總

問者曰：張揖《廣雅》云：「天圓而色玄，地方而色黃。」《晉書·天文志》云：「天員如張蓋，地方如碁局。」《唐書·音樂志》云：「渺渺方輿，蒼蒼圓蓋。」《文子》云：「天圓而無端，故不得觀其形。地方而無涯，故莫能窺其門。」《鶡冠子》云：「無規圓者，天之文也。無矩方者，地之理也。」宋玉《大言賦》云：「方地爲輿，圜天爲蓋。」是中國之載籍，皆謂天圓而地方也。自明季利瑪竇西來，始論地爲圓體，然與否與？曰：天者地之對，地者天之配，天圓則地亦圓，特天圓人得而見之，地圓人不得而見之耳。然人與物皆稟天地之氣而生，吾觀諸人百骸四體，形無不圓也。吾觀諸物鳥獸蟲豸，形無不圓也。即至鱗介之族，若魴、若鱮、若鮒魚，其腹扁甚，然腹扁而背圓也。若蟹、若蚌、若黿鼈，其體扁甚，然體扁而形圓也。至於草木，根株、枝葉、華實，皆作圓形。竹有方者，然其根其葉，形無不圓也。觀其子可知其母。利氏之言是也，然亦中國之舊説，而非西國之新論。《大戴禮曾子》曰：「天之所生上首，地之所生下首。上首謂之圓，下首謂之方如。誠天圓而地方，則是四角之不揜也。」《晉書·天文志》云：「會稽虞喜作《安天論》，以爲天地當相覆冒，方則俱方，圓則俱圓，無有方圓不同義。」《周髀算經》「天象蓋笠，地法覆槃」，注云：「象、法義同，蓋槃形等。」按《荀子》云：「槃圓而水圓，盂方而水方。」《算經》言地法覆槃，亦謂地爲圓形也。又《管子》八十六篇，其一篇名《地員》，是皆中國之説也，彼特襲其緒餘耳。何言之？五洲風化之開，以亞細亞洲爲最早，美利加洲開闢於前明中葉，澳大利亞洲更在明季，而利未加洲一作阿非利加。惟埃及即麥西古稱厄日多。肇造於帝嚳之世，歐羅巴洲惟希臘古稱希利尼都城曰雅典。肇造於帝舜之時，餘則草昧未開，人獸雜處。今歐洲之名邦多矣，然羅馬《漢書》稱大秦國。及馬基頓則東周始建，日耳曼、國名西里亞、國名。白里登，即英吉利舊名。則西漢始建。若東、西羅馬，則分於東晉，荷蘭建國亦然。若英吉利、若法蘭西、一作佛郎機。若西班牙，一作日斯巴尼亞，或曰大日國。隋開皇中建。若意大里亞，一作義大利。則建於劉宋。若俄羅斯、一作阿羅斯。若嗹國，古稱大尼，亦稱丹麥。則建於唐。若瑞典、若葡萄牙，則建於宋。若土耳其、一作都魯機，亦稱突厥。若瑞士，一作瑞西則建於元。他如奧地利亞與普魯士，則我朝康熙三十九年始建，比利時則道光十一年始建。又若普魯士合日耳曼而改稱德意志，迄今纔三十年，尤爲新造若。亞洲諸國，則惟緬甸建於漢，漢曰撣，唐曰驃，宋曰緬。琉球顯於隋，阿剌伯造於唐，暹與羅斛合於元，爲稍後耳。而越南古稱交阯，繁衍乎神農之裔，祇屬於顓頊之朝。小亞細亞、國名亞西里亞，國名則於顓頊時立國。波斯、古稱安息，今之阿剌伯，俾路芝皆其所分。印度，古稱身毒，亦曰天

竺。則於帝嚳時立國。巴庇倫一作巴必鸞。則於帝舜時立國。即至朝鮮、肅慎、越裳、日本四國，亦顯於周，建國皆在三代上。而亞洲又以中國爲最古，《蓋天》之術，肇自庖犧。《晉書・天文志》《周髀》者即蓋天之説也。其説本庖犧氏周天曆度由此觀之，凡制度文爲，美洲則仿諸歐洲，歐洲則仿諸利洲，利洲則仿諸亞洲，亞洲則仿諸中國，其理顯然。故推步之學，泰西稱爲東來法。《史記》云：「幽厲之後，周室微，陪臣執政，史不紀時，君不告朔，疇人子弟分散，或在諸夏，或在夷狄」可證也。且地圓之説，泰西尤爲晚出。明正德中西班牙人麥者郎始論地爲圓體。萬曆中意大里人格力劉設天文院，聚徒講學，始撰《地球或問》一書。天啟三年羅馬城設天文會，利瑪竇始自會中來，而傳地球之説，謂其説本諸多祿某、歌白尼二人之遺書，而二人生當中國之漢代，僞託也。《疇人傳》後阮氏論之詳矣。明季士大夫空談性命，考据多疏，習聞夫天圓地方，而陡聞是説於西人，遂驚爲創獲，殊不知彼襲中國之緒餘也。然西人謂地圓如球，則又謬甚。蓋地可以扁球擬，而不可以圓球擬。圓亦可以平圓論，而不可以渾圓論也。其殆襲渾天説之緒餘，而憒不加察也夫。

問者曰：《晉書・天文志》云：「地處天之半。」《宋書・天文志》云：「天地之體，狀如鳥卵。天包地外，猶殼之裹黄也。」《素問》云：「黄帝曰：『地之爲下否乎？』岐伯曰：『地爲人之下，太虚之中也。』曰：『憑乎？』曰：『大氣舉之也。』」《慎子》云：「天形如彈丸，半覆地上，半隱地下。」《渾天儀注》云：「天如雞子，天大地小，天表裏有水，天地乘氣而立，載水而行。」此中國之説也。阮元《疇人傳》多祿某云：「天體渾圓，地與海共爲一球，居天與空氣之中，地較天大，不過一點等項。」利瑪竇云：「地與海合一球，居天球之中，其度與天相應，但天甚大，其度廣，地甚小，其度狹。」今地球分作兩圖，各繪一百八十度合之爲三百六十度者即遵其説而畫也。熊三拔云：「地球在天之中。」陽瑪諾云：「地球懸於十二重天之中央。」蔣友仁云：「地居天中。」此西人之説也。是皆言天大而地小也。然與否與？曰：否不然也。天地敵體也，圓則俱圓，大則俱大。《老子》云：「域中有四大，道大、天大、地大、王亦大。」未嘗言天大而地小也。如誠天大而地小，天包地外，地居天中，則圓天之内容圓地可，容方地亦無不可，而曾子不必有「四角不揜」之論矣。彼《素問》與《慎子》，秦火後漢求遺書，漢之人僞託以進耳。若晉、宋兩書之所述，泰西諸儒之所著，則渾天説也。漢之人爲渾天説者，豈其入於地下别睹夫天之九野乎？豈其出於地外周覽夫地之四表乎？且其言曰「天表裏有水」豈其身歷夫天之裏、而又身歷夫天之表乎？不然。何以云爾也？吾嘗與環游四海者遇矣，詢之則曰「地之上皆天，天之下皆地。地黑處，天亦昏。蓋近南極」云。然則衆人之所見，但見夫天覆地載，而未見天包地外也。即吾子之所見，亦但見天尊地卑，而未見地居天中也。今聞異説而疑起焉，抑何貴耳而賤目也。

問者曰：《後漢書・天文志》云：「張衡《靈憲》曰：『天體於陽，故圓以動。地體於陰，故平以靜。』」《晉書・成公綏傳》云：「天動以尊，地靜以卑。」《揚子》云：「天渾而撣，同揮移也故其運不已。地隤而靜，故其生不遲。」此中國之説也；言天動而地靜也。阮元《疇人傳》云：「利瑪竇《乾坤體義》云：『天十一重，第十一重天永靜不動。』陽瑪諾《天問畧》云：『天十二重，第十二重天永靜不動。』蔣友仁《輿地全圖説》云：『歌白尼論恒星天常靜不動，而以地球動爲主。』」李鳳苞《四裔編年表》云：「萬曆中意大利人格力劉著《地球自轉》若干卷。」此西人之説也，言天靜而地動也。然《尚書・考靈曜》云：「地有四游，冬至地上北而西三萬里，夏至地下南而東三萬里，春秋分則中矣。」《春秋元命苞》云：「地所以右轉者，氣濁精少，含陰而起遲，故轉右迎天佐其道。」《莊子》云：「海水三歲一周，流波相薄，故地動。」《尸子》云：「地右闢而起畢昴。」《鶡冠子》云：「地循理以作。」張華《博物志》云：「地常動不止，人不知。譬如人在大舟中，閉牖而坐，舟行不覺也。」此亦中國之説也，而地以動言。阮元《疇人傳》云：「多祿某著書十三卷，第二卷論宗動天。歌白尼著書六卷，第一卷天動以圓解。湯若望著《曆法西傳》、《新法表異》等書，論日行黄道，月五星皆出入黄道内外。曆家測天用赤道儀，所得經度尚非本曜在天之宫次。新法就所得通以黄赤通率表，乃與天行密合。」此亦西人之説也，而天以動言。分而觀之，中與中異，西與西異，中與西互異。合而觀之，中西有同亦有異，紛紛聚訟，孰是孰非？

曰：言天靜是，言天動非。言地靜是，言地動非。言天靜而地動、地靜而天動則半是半非。夫天地之體，圓則俱圓，大則俱大，而靜則俱靜者也。其以一靜一動言者，前明宏治五年以前，美洲未闢，天地之體半現半隱，人不知日月運轉周曆四方，本《崔浩傳》。第見其自東而西，未見其自西而東。而一晝夜間没西而還東，求其故而不得。於是爲之解者則曰：天左旋而牽日以出入，日出則晝，日入則夜。而變其説者則曰：地右轉而與日相向背，向日者晝，背曰者夜。其實皆陷溺於渾天之説，無往非誤而中西俱在昏瞀中也。夫天地者萬物之槖，萬物

自動而天地自靜。蓋萬物有爲而動也，天地何爲而動哉？且天至高而又至虚，地至厚而又至實，夫何動？《晉書・天文志》云：「天確乎在上，有常安之形；地魄然在下，有居静之體。」《宋書・天文志》云：「天高窮於無窮，地深測於不測。地有居静之體，天有常安之形。」可證也。

問者曰：天地之體，圓則俱圓，大則俱大，静則俱静。敬聞命矣。然美洲未闢則天地之體半現半隱，而美洲既闢，天地作何狀與？

曰：子既知天地當相覆冒，而得天地俱圓之實形，則天形非如彈、地形非如球可知。子既知天地當相匹敵，而得天地俱大之實體，則天非包地外、地非居天中可知。子既知天地當相奠定，而得天地俱静之實理，則時而爲晝，亞洲非轉而在上，美洲非轉而在下；時而爲夜，美洲非轉而在上，亞洲非轉而在下可知。是故北極者中極也，負亞洲而南望海盡處即天地盡處，是爲南極；負美洲而北望海盡處即天地盡處，是爲北極；負監札加而東望海盡處即天地盡處，是爲東極；負格林蘭而西望海盡處即天地盡處，是爲西極。此天地之狀也。

問者曰：屈子《天問》云：「八柱何當？」薛道衡《老氏碑》云：「四紀維地，八柱承天。」《博物志》云：「地下有四柱。」然與？否與？曰：此怪誕不經之説也。《列子》云：「天積氣耳，奈何憂墜乎？地積塊耳，奈何憂其壞？」夫天地不墜不壞，安用柱爲？

問者曰：《河圖・括地象》云：「天不足西北，地不足東南。」《列子》云：「共工氏與顓頊争爲帝，怒觸不周山，折天柱，絶地維。故天傾西北，日月星辰就焉。地缺東南，百川潦水歸焉。」《淮南子》云：「昔者女媧氏鍊五色石以補蒼天，斷鰲足以立四極。」又云：「共工之力觸不周之山，使地東南傾。」然與？否與？

曰：否，不然也。劉勰《文心雕龍》云：「康回傾地，夷羿彈日，譎怪之談也。」則女媧補天可推矣。夫天不足西北，地不足東南，特自中國而觀，其形則若有然耳。若自歐洲而觀，則反是。且自利洲美洲而觀，則西北之天不足，東北之天亦不足。東南之地不足，西南之地亦不足矣。中國上世之人耳，目不越萬里外，惡可與言天地之形體哉？

問者曰：天玄而地黄者何也？

曰：此皆主於日也。夫日行半空而光照六合，天高無窮，其爲日光所不及者則色玄。地深不測，而爲日氣所可及者則色黄。夫日猶火也，洞房深宫，火光遠去則已黑。紙窗粉壁，火氣微熏則已黄。其迹象亦猶是也。

問者曰：《漢志》云：「天一生水，地六成之。地二生火，天七成之。天三生木，地八成之。地四生金，天九成之。天五生土，地十成之。」《繫辭》「凡天地之數五十有五，此所以成變化而行鬼神也。」注朱子引之，而或者譏爲邪説，何如？

曰：王氏夫之謂，圖無其理，易無其象，六經之所不及，聖人之所不語，説不知其所出。誠是也。然王氏謂一生一成不知其何所驗，則又專論數而不論理。夫其數不可曉，而其理有可知。雨降自天，是天一陰氣之所積也。而形成於地，則爲水行潦是也。日照於地，是地一陽氣之所積也。而象成於天，則爲火閃電是也。木植於地矣，而榮枯繫於天時，是成之者地而生之者天也。金産於地矣，而得失存乎天道，是生之者地而成之者天也。至於土猶肉也，肉生於氣而成於血，土生於火而成於水。而曰天生地成者，水火不居其功也。夫氣屬陽，血屬陰，火屬陽，水屬陰。而天者陽之至，地者陰之至也。是則一生一成，其理亦非無可驗也，王氏弗思爾。

問者曰：天子祭天地，禮也。而西人譏之，謂天地有真宰，天地猶人之身無覺者也，真宰猶人之心有覺者也。士大夫有韙之者，謂與中國古説合。然與？否與？

曰：然，有是言也。《管子》云：「天地，萬物之橐。」《老子》云：「有真宰足以制萬物。」然王者父天母地，郊社之大禮，帝王之精意存焉，非西人所及知也。

問者曰：《後漢書・律曆志》注云：「四千五百六十歲爲一元，元中有厄，故聖人有九歲之蓄以備之也。」崔鴻《十六國春秋》云：「從上元人皇起，至於中元，窮於下元，天地一變盡三元而止。」邵子《皇極經世書》變其説，而加之甚，謂一元有十二萬九千六百年，分十二會，一會一萬八百年。」天開於子，地闢於丑，人生於寅。禹即位後八年而入未會。夫如是，則一元之數今已過半，而人物之蕩盡，天地之變滅爲期不遠矣。是説也，然與？否與？

曰：時窮數極，人物之蕩盡則然，天地之變滅則否也。夫天地者，人物混處之區也。開闢之初，未生人先生物，多生物，少生人。運會推遷而後人漸多而物漸少。故始焉以物逼人，繼焉以人制物，以物濟人，終焉以人殄物而物不足以濟人。迨至物類盡而人類亦盡，此必然之勢也。何以見之？當堯之時，洪水横流，氾濫於中國，草木暢茂，禽獸繁殖，此所謂以物逼人也。禹治水而龍蛇放，益焚

山而禽獸逃。亦越成周周，公驅虎豹犀象而遠之，此所謂以人制物也。聖王御宇，義正仁育，五十者衣帛，七十者食肉，此所謂以物濟人也。降及後世，奢侈成風，置酒若淮泗，積肴若山邱，此所謂以人殄物也。流而愈甚，至於今日。人數盈而物力絀，民間有「薪桂米珠鹽玉粒，魚龍雞鳳菜靈芝」之謠。斯亦不足濟人矣。夫夏禹之時，人口千三百五十五萬三千九百二十三，歷千餘年而至周成王時，人口亦僅千三百七十萬四千九百三十二。洎乎西漢，拓土漸廣，曆年漸遠，戶口迺漸多。孝平之時，民戶千二百二十三萬三千六十二，口五千九百五十九萬四千九百七十八。然東漢桓帝永壽二年戶千六百七萬九百六，口五千六萬六千八百五十六，戶增而口減矣。自時厥後，非大一統者勿論，若晉、若隋、若唐、若元、若明，其戶口極盛時皆有可考。晉太康元年平吳之後，九州攸同，大抵編戶二百四十五萬九千八百四，口千六百一十六萬三千八百六十三，蓋承三國凋敝之後也。然而晉之極盛者在是矣，較之西漢人數約減四千萬。隋大業二年，戶八百九十萬七千五百三十六，口四千六百一萬九千九百五十六，此隋之極盛也，較之西漢人數減一千萬有奇。唐天寶十四年，戶八百九十一萬四千七百八十，口五千二百九十一萬八千一百八十八，此唐之極盛也，較之西漢人數減六百餘萬。元至元二十七年，戶千三百一十九萬六千二百有六，口五千八百八十三萬四千七百一十一，而山澤溪峒之民不與焉，較之西漢相若矣。明嘉靖元年，戶九百七十二萬一千六百五十二，口六千八十六萬一千二百七十三，此明之極盛也，較之西漢人數僅增百二十萬耳。我朝開疆拓土，雖增東三省及新疆、臺灣二省，而土地未必倍於元明，乃休養生息二百餘年，丁口計四百餘兆，較之前明嘉靖間人數增七倍焉。即以廣東全省論，前明隆慶間戶五十三萬七百一十二，口二百四萬六百五十五。而光緒二十六年，廣東省城居民四百五十萬，此登諸粵督李鴻章奏疏者也。是則今日廣東省城之戶口較之前明廣東全省之戶口，增二倍有奇，而全省無論已生齒之繁，可謂極至。然人愈多，物愈少，道半里而逢村，山萬重而無樹。即以吾博之羅浮而論，唐人《送軒轅先生還山》詩有「犀象眠花不避人」之句，今則虎豹且無，何況犀象？由此觀之，中國之物華竭矣。雖亞洲之物華未竭，俄人墾其北境，（西伯利亞。）英人闢其南荒，（南洋羣島。）然俄英而有事於斯，則歐洲之物華早竭矣，幸而東南開澳洲，西南開利洲，其北更開別一區宇之美洲。而天又有以誘歐人之衷，益美人之智，妙舟車之製造，利水陸之懋遷，而有無于以相通，盈虛于以相劑耳。然而物力維艱，人心無厭，前此歷數千年而歐亞二洲之物華已竭，後此歷數千年而美利澳三洲之物華亦竭矣。迨至物盡而人無以濟浸假而歐亞二洲之人類與物類而俱盡，浸假而美利澳三洲之人類亦與物類而俱盡，此則理之所有也。若夫氣之輕清上浮者爲天，氣之重濁下凝者爲地。仰而觀之天至虛也，至虛者烏乎傾。俯而察之地至實也，至實者烏乎壞。當夫人物蕩盡之後，星雲之隕滅，陵谷之變遷事或有之，而謂至虛之天、至實之地亦與人物而俱盡焉，此則理之所無也。《中庸》云：「天地之道，博也、厚也、高也、明也、悠也、久也。」又云：「悠久無疆。」夫悠久而曰無疆，則天地之體，雖由十二萬而十二億、而十二兆、而十二京、而十二垓之多，歷年所而不變，而況三元乎？況於一元乎？是則天地者，陰陽之氣之所流行，即盈虛之數之所從生。其盈虛之數，亦僅加諸人物耳，而不能還而加諸天地者也。

綜述

《易·坤·文言》 天地變化，草木蕃；天地閉，賢人隱。

《易·謙·彖》 謙，亨，天道下濟而光明，地道卑而上行。【略】天道虧盈而益謙，地道變盈而流謙。

《易·豫·彖》 天地以順動，故日月不過，而四時不忒。

《易·咸·彖》 天地感而萬物化生，聖人感人心而天下和平。觀其所感，而天地萬物之情可見矣。

《易·解·彖》 天地解而雷雨作，雷雨作而百果草木皆甲坼。

《易·姤·彖》 天地相遇，品物咸章也。

《易·革·彖》 天地革而四時成。

《易·歸妹·彖》 歸妹，天地之大義也。天地不交，而萬物不興。歸妹，人之終始也。

《易·豐·彖》 日中則昃，月盈則食，天地盈虛，與時消息。

《易·節·彖》 天地節而四時成。

《易・繫辭上》 天一，地二；天三，地四；天五，地六；天七，地八；天九，地十。

又 天數五。地數五。五位相得而各有合，天數二十有五，地數三十。凡天地之數五十有五。此所以成變化而行鬼神也。

又 易與天地準，故能彌綸天地之道。仰以觀于天文，俯以察于地理，是故知幽明之故。

《易・繫辭下》 天地之道，貞觀者也；日月之道，貞明者也。天下之動，貞夫一者也。

《老子》六章 元牝之門，是謂天地根。

《老子》七章 天長地久，天地所以能長且久者，以其不自生，故能長生。

《禮記・禮運》 夫禮，必本於天殽於地。

又 天秉陽，垂日星；地秉陰，竅於山川。

《禮記・樂記》 大樂與天地同和，大禮與天地同節。

《禮記・鄉飲酒義》 天地嚴凝之氣，始於西南，而盛於西北，此天地之尊嚴氣也，此天地之義氣也。天地温厚之氣，始於東北，而盛於東南，此天地之盛德氣也，此天地之仁氣也。

《文子・道原》 清静者德之至也，柔弱者道之用也，虚無恬愉者萬物之祖也。三者行則淪於無形。無形者，一之謂也。一者，無心合於天下也。【略】夫無形大，有形細；無形多，有形少；無形强，有形弱；無形實，有形虚。有形者遂事也，無形者作始也。遂事者成器也，作始者樸也。有形則有聲，無形則無聲，有形産於無形，故無形者有形之始也。

《文子・九守》 夫道之爲宗也，有形者皆生焉，其爲親也亦戚矣，饗穀食氣者皆壽焉，其爲君也亦惠矣，諸智者學焉，其爲師也亦明矣。

《莊子・天地》 天地雖大，其化均也。

《列子・天瑞》 萬物皆出於機，皆入於機。夫有形者生於無形。

《吕氏春秋・有始覽》 天地有始。天微以成，地塞以形。天地合和，生之大經也。以寒暑日月晝夜知之，以殊形殊能異宜説之。夫物合而成，離而生。知合知成，知離知生，則天地平矣。平也者，皆當察其情，處其形。

漢・劉安《淮南子・俶真》 有始者，有未始有有始者，有未始有夫未始有有始者；有有者，有無者，有未始有有無者，有未始有夫未始有有無者。所謂有始者，繁憤未發，萌兆牙糵，未有形埒垠堮，無無蠕蠕，將欲生興而未成物類。有未始有有始者，天氣始下，地氣始上，陰陽錯合，相與優遊競暢於宇宙之間，被德含和，繽紛蘢蓯，欲與物接而未成兆朕。有未始有夫未始有有始者，天含和而未降，地懷氣而未揚，虚無寂寞，蕭條霄雿，無有仿佛，氣遂而大通冥冥者也。有有者，言萬物摻落，根莖枝葉，青葱苓蘢，萑蔰炫煌，蠉飛蠕動，蚑行噲息，可切循把握而有數量。有無者，視之不見其形，聽之不聞其聲，捫之不可得也，望之不可極也，儲與扈冶，浩浩瀚瀚，不可隱儀揆度而通光耀者。有未始有有無者，包裹天地，陶冶萬物，大通混冥，深閎廣大，不可爲外，析毫剖芒，不可爲内，無環堵之宇而生有無之根。有未始有夫未始有有無者，天地未剖，陰陽未判，四時未分，萬物未生，汪然平静，寂然清澄，莫見其形，若光燿之間於無有，退而自失也。

漢・劉安《淮南子・本經》 天地宇宙，一人之身。

漢・劉安《淮南子・原道》 夫無形者，物之大祖也；無音者，聲之大宗也。其子爲光，其孫爲水。皆生於無形乎！夫光可見而不可握，水可循而不可毁。故有像之類，莫尊于水。出生入死，自無蹠有，自有蹠無而爲衰賤矣！是故清静者，德之至也；而柔弱者，道之要也；虚無恬愉者，萬物之用也。肅然應感，殷然反本，則淪於無形矣。所謂無形者，一之謂也。所謂一者，無匹合於天下者也。卓然獨立，塊然獨處，上通九天，下貫九野。員不中規，方不中矩。大渾而爲一，棄累而無根。懷囊天地，爲道開門。穆忞隱閔，純德獨存，佈施而不既，用之而不勤。是故視之不見其形，聽之不聞其聲，循之不得其身；無形而有形生焉，無聲而五音鳴焉，無味而五味形焉，無色而五色成焉。是故有生於無，實出於虚，天下爲之圈，則名實同居。

漢・劉安《淮南子・繆稱》 日不知夜，月不知晝，日月爲明而弗能兼也，唯天地能函之。能包天地，曰唯無形者也。

漢・劉安《淮南子・説山》 寒不能生寒，熱不能生熱；不寒不熱，能生寒熱。故有形出於無形，未有天地能生天地者也，至深微廣大矣！

《黄帝内經・陰陽應象大論》 黄帝曰：陰陽者，天地之道也，萬物之綱紀，變化之父母，生殺之本始，神明之府也，治病必求於本。故積陽爲天，積陰爲地。陰静陽躁，陽生陰長，陽殺陰藏。陽化氣，陰成形。寒極生熱，熱極生寒。寒氣生濁，熱氣生清。

漢・班固《典引》 太極之元，兩儀始分，煙煙熅熅，有沈而奧，有浮而清。沈浮交錯，庶類混成。肇命民主，五德初始，同於草昧，玄混之中。

《易緯稽覽圖》 天有十二分，以日月之所躔也。

《洛書甄耀度》 元氣無形，匈匈隆隆。偃者爲地，伏者爲天。

《孝經鉤命訣》 天有顧盼之義，受圖於黎元。

又 地以舒形，萬物咸載。

《春秋元命苞》 水者，五行始焉，元氣之湊液也。

又 元氣開陽爲天精，精爲日。散而分布，爲大辰。天立於一，陽成於三，故日中有三足烏。數成於三，故合于三。三月陽極於九，故一時九十日也。

《春秋説題辭》 元，清氣以爲天，混沌無形。

《春秋命曆序》 定天之象，法地之儀，法作干支，以定日月度，共治一萬八千歲。天皇被蹟在柱州崑崙山下。

《河圖・括地象》 易有太極，是生兩儀；兩儀未分，其氣混沌。

《洛書・靈準聽》 太極具理氣之原，兩儀交媾而生四象，陰陽位别而定天地。其氣清者，乃上浮爲天，其質濁者，用下凝爲地。

漢・王符《潛夫論・本訓》 上古之世，太素之時，元氣窈冥，未有形狀。萬精合并混而爲一，莫制莫御。若斯久之，翻然自化。清濁分别，變成陰陽。陰陽有體，實生兩儀。天地壹鬱，萬物化淳，和氣生人，以統理之。是故天本諸陽，地本諸陰，人本中和，三才異務，相待而成，各循其道，和氣乃臻，璣衡乃平。天道日施，地道日化，人道日爲。爲者蓋所謂感通陰陽而致珍異也。

漢・華陀《中藏經》 天地者人之父母也，陰陽者人之根本也，未有不從天地陰陽者也。從者生，逆者死。

唐・孔穎達《禮記注疏・月令》 孔穎達疏：天地説有多家，形狀之殊凡有六等：一曰蓋天，文見《周髀》，如蓋在上。二曰渾天，形如彈丸，地在其中，天包其外，猶如雞卵白之繞黄，楊雄、桓譚、張衡、蔡邕、陸績、王肅、鄭玄之徒並所依用。三曰宣夜，舊説云殷代之制，其形體事義無所出以言之。四曰昕天，昕讀爲軒，言天北高南下，若車之軒，是吳時姚信所説。五曰穹天，云穹隆在上，虞氏所説，不知其名也。六曰安天，是晉時虞喜所論。注《考靈耀》用渾天之法，今《禮記》是鄭氏所注，當用鄭義，以渾天爲説。

唐・李賢《〈後漢書・郊祀志〉集解》 李賢集解：袁宏曰，夫天地者，萬物之官府。山川者，雲雨之丘墟。萬物生遂則官府之功大，雲雨施潤則丘墟之德厚。故化洽天下則功配於天地，澤流一國則德合於山川。是以王者經略必以天地爲本，諸侯述職必以山川爲主。體而象之，取其陶育；禮而告之，歸其宗本。

宋・程頤《伊川易傳》卷一 四居上，近君而無相得之義，故爲隔絶之象。天地交感，則變化萬物，草木蕃盛，君臣相際而道亨；天地閉隔，則萬物不遂，君臣道絶，賢者隱遁。四於閉隔之時，括囊晦藏，則雖無令譽，可得無咎言當。

宋・程頤《伊川易傳》卷二 天之道，以其氣下際，故能化育萬物，其道光明。下際謂下交也。地之道以其處卑，所以其氣上行，交於天，皆以卑降而亨也。【略】以天行而言盈者則虧，謙者則益，日月陰陽是也。

宋・程頤《伊川易傳》卷三 天道資始，地道生物。天施地生，化育萬物，各正性命，其益可謂無方矣。

宋・程頤《伊川易傳》卷四 天地不交，則萬物何從而生？女之歸男，乃生生相續之道。男女交而後有生息，有生息而後其終不窮。前者有終，而後者有始，是人之終始也。

宋・程頤《伊川易傳》卷六 天地之氣開散，交感而和暢則成雷雨。雷雨作而萬物皆生發甲坼，天地之功由解而成。

又 天地相遇，則化育庶類；品物咸章，萬物章明也。

又 天地陰陽，推遷改易而成四時，萬物於是生長成，終各得其宜。革而後四時成也。

又 一陰一陽之謂道。陰陽交感，男女配合，天地之常理也。

宋・程頤《伊川易傳》卷八 天地之運，亦隨時進退也。

又 天地有節，故能成四時。無節，則失序也。

宋・程頤《伊川易傳》卷一〇 昔者聖人之作《易》也，幽贊於神明而生蓍，參天兩地而倚數。

宋・沈括《夢溪筆談》卷七 歲運有主氣，有客氣。常者爲主，外至者爲客。初之氣厥陰以至終之氣太陽者，四時之常叙也，故謂之主氣。唯客氣本書不載其目，故説者多端。或以甲子之歲天數始於水一刻，乙丑之歲始于二十六刻、丙寅歲始于五十一刻、丁卯歲始于七十六刻者，謂之客氣，此乃四分曆法求大寒

之氣。何預《歲運》？又有相火之下水氣承之，土位之下風氣承之，謂之客氣。此亦主氣也，與六節相須不得爲客。大率臆計，率皆此類。凡所謂客者，歲半以前天政主之，歲半以後地政主之。四時常氣爲之主，天地之政爲之客。逆主之氣爲害暴，逆客之氣爲害徐。調其主客，無使傷沴，此治氣之法也。

六氣方家以配六神。所謂青龍者，東方厥陰之氣。其性仁，其神化。其色青，其形長，其蟲鱗。兼是數者，唯龍而青者可以體之，然未必有是物也。其他取象皆如是。唯北方有二：曰「玄武」，太陽水之氣也；曰「螣蛇」，少陽相火之氣也。其在於人爲腎，腎亦二，左爲太陽水，右爲少陽相火。火降而息水，水騰而爲雨露，以滋五臟，上下相交，此坎離之交以爲否泰者也。故腎爲壽命之藏，左陽右陰，左右相交，此乾坤之交以生六子者也。故腎爲胎育之臟。中央太陰土曰勾陳，中央之取象唯人爲宜。勾陳者，天子之環衛也。居人之中，莫如君，何以不取象於君？君之道無所不在，不可以方言也。環衛居人之中央而中虛者也。虛者妙萬物之地也。在天文，星辰皆居四傍而中虛，八卦分布八方而中虛，不虛不足以妙萬物。

宋・沈括《夢溪筆談》卷八 曆法：天有黃赤二道，月有九道，此皆強名而已，非實有也。亦由天之有三百六十五度。天何嘗有度？以日行三百六十五日而一朞強謂之度，以步日月五星行次而已。日之所由謂之黃道，南北極之中度最均處謂之赤道。月行黃道之南謂之朱道，行黃道之北謂之黑道，黃道之東謂之青道，黃道之西謂之白道。黃道内外各四，并黃道爲九。日月之行有遲有速，難可以一術御也。故因其合散分爲數段，每段以一色名之，欲以別筭位而已。如筭法用赤籌、黑籌以別正負之數，曆家不知其意，遂以謂實有九道，甚可嗤也。

宋・朱熹《易本義》卷五 此言天地之數，陽奇陰偶，即所謂《河圖》者也。

又 天數五者，一、三、五、七、九皆奇也。地數五者，二、四、六、八、十皆偶也。相得謂一與二，三與四，五與六，七與八，九與十，各以奇偶爲類。而各相得有合謂一與六，二與七，三與八，四與九，五與十皆兩相合。二十有五者，五奇之積也。三十者，五偶之積也。

又 天圓地方。圓者，一而圍三，三各一奇，故參天而爲三。方者，一而圍四，四合二偶，故兩地而爲二。

宋・馮椅《厚齋易學》卷三四 日月之行，景長不過南陸，短不過北陸。故分，至啓閉不差，其序以順陰陽之氣而動也。

宋・衛湜《禮記集説》 長樂陳氏曰：「天以清秉陽，在天者成象，則日星是也。地以濁秉陰，在地者成形，則山川是也。」

元・莊元臣《叔苴子・内篇》 天地之初，只有水火。

元・史伯璿《管窺外篇》 天之始開，理宜自小而大，故無始開氣即無涯之理。

明・胡廣《周易大全》卷一二 天地二氣交感，而化生萬物；聖人至誠以感億兆之心，而天下和平。

明・胡廣《禮記大全》卷九 禮本於天，天理之節文也，殽，效也，效於地者。

明・胡廣《禮記大全》卷二四 此言天地之無私也。春夏之啓，秋冬之閉，風雨之發，生霜露之肅殺，無非天道至公之教也。載猶承也，由神氣之變化，致風霆之顯設。地順承天施，故能發育羣品。形猶迹也，流形所以運造化之迹，而庶物因之以生，此地道至公之教也。

明・佚名《豢龍子》 或問：「天地有始乎？」曰：「無始也。」「天地無始乎？」曰：「有始也。」未達，曰：「自一元而言有始也，自元元而言無始也。」

清・李光地《尚書解義》卷一 乃命羲和，欽若昊天，歷象日月星辰，敬授人時。

以上統其德業言之，以下乃摘其行政用人之大者。順天授時，政之大本也。欽、敬一也，對天言則曰「欽」，對民言則曰「敬」。

分命羲仲，宅嵎夷，曰暘谷。寅賓出日，平秩東作。日中星鳥，以殷仲春。厥民析，鳥獸孳尾。

此下析言羲和四子之職。宅嵎夷則九州之極東處，故識其晷景以定中國之日出時也，尤以春分之朝爲重。故因司春令四時之政，莫大於民事，未及於人物之變者，對時順育亦有政焉故也。言鳥獸不及草木者，統於東作西成之類，尊五穀以槩其餘也。

申命羲叔，宅南交，平秩南訛，敬致。日永星火，以正仲夏。厥民因，鳥獸希革。

南交，九州之極南處，識其晷景以定中國之日北也。上言賓下言餞，在平秩之前，此言敬致在平秩之後，蓋歷日月而迎送之，雖以二分爲準，然測驗早晚時

刻四時同法，惟致午中之景則二至者歷之元也，二至正而歷本定矣。【略】

清·李文炤《周易本義拾遺》 觀，示也。天下之動，其變無窮。然順理則吉，逆理則凶。則其所正而常者，亦一理而已矣。

清·戴震《尚書義考》卷一 欽若昊天。昊當從《說文》作昦。

許氏慎《五經異義》曰：《今尚書》歐陽說曰：春曰昦天，夏曰蒼天，秋曰旻天，冬曰上天，總爲皇天。《爾雅》亦云：《古尚書》說云，天有五號，各用所宜稱之。尊而君之則曰皇天，元氣廣大則稱昦天，仁覆愍下則稱旻天，自上監下則稱上天，遠視之蒼蒼然則稱蒼天。謹案：《尚書》「堯命羲和，欽若昦天」總勅四時，知昦天不獨春也。《春秋左傳》曰：夏四月己丑，孔丘卒，稱曰「旻天不弔」，時非秋也。鄭駁云：玄之聞也，《爾雅》者，孔子門人所作以釋六藝之言，蓋不誤也。春氣博施，故以廣大言之。夏氣高明，故以遠言之。秋氣或殺或生，故以愍下言之。冬氣閉藏而清察，故以監下言之。皇天者，其尊大號六藝之中諸稱天者，以己情所求言之耳，非必於其時稱之。浩浩昦天，求天之博施。蒼天蒼天，求天之高明。旻天不弔，則求天之殺生當其宜。上天同雲，求天之所爲當順於時也。此之求猶人之所事各從其主耳。若察於是，則堯命羲和欽若昦天，孔丘卒稱旻天不弔，無可怪耳。

曆象日月星辰，敬授人時。人，當從古本作民。

孔氏穎達：日二十八宿隨天轉運更互在南方，每月各有中者。日行遲，月行疾，每月之朔月行及日而與之會，其必在宿，分二十八宿，是日月所會之處。辰，時也，集會之時故謂之辰。日月所會與四方中星俱是二十八宿，舉其人目所見，以星言之，論其日月所會，以辰言之。《益稷》稱古人之象日月星辰共爲一象，由其實同故也。《周禮·大宗伯》云：實祭祀日月星辰。鄭玄云：星謂五緯，辰謂日月所會十二次，以星辰爲二者，五緯與二十八宿俱是天星，天之神祇，禮無不祭。此「敬授人時」無取五緯之義，故鄭玄于此注以星辰爲一。

蘇氏軾曰：曆者，其書也。象者，其器也，璿璣玉衡之類是也。或曰：辰，三辰，心、伐、北辰也。

林氏之奇曰：辯氏云：周建子天時也，商建丑地時也，夏建寅人時也。堯之所授爲人事而已，以建寅之月授之，故曰「敬授人時」。此說雖近似，然改正朔始於商時，堯舜之世無三正之異。故《春秋疏》舉鄭氏曰：正朔三而改，自古皆相變而以其說爲不然。謂古惟用夏正，惟商革夏命而用建丑，周革商命而用建子，觀此說則辯氏之說亦不可用矣。人時，《史記》作民時。

分命羲仲，宅嵎夷，曰「暘谷」。寅賓出日，平秩東作。宅當從古本作度。

《爾雅》：寅，敬也。

《周禮疏》曰：分命羲仲，申命羲叔，分命和仲，申命和叔，使分主四方。注：仲叔亦羲和之子，堯既分陰陽四時，又命四子爲之官，掌四時者字曰仲叔。

疏又曰：分命仲叔，注云官名。則掌天地者其曰伯乎？閻氏若璩《尚書古文疏證》曰：朱子言羲和即是下四子。或云有羲伯、和伯共六人，未必是。金仁山案《尚書大傳》舜巡四岳，奏羲伯之樂、和伯之樂，則羲伯、和伯當有其人。蓋四子分職，必有二伯以總之，不然歷法無統矣。說致確。羲伯、和伯官在國，子中四子則分遣之，測驗于四極之地。羲伯、和伯猶今監正監副，四子則猶今春官正、夏官正、秋官正、冬官正。又古者太史職掌察天文記時政，漢時太史公掌天官，不治民而細，石室金匱之書猶是任也。

陸氏德明曰：馬云：嵎，海嵎也。夷，萊夷也。暘谷，海嵎夷之地名。王氏應麟《困學紀聞》曰：今按《史記·堯本紀》「居郁夷」，《正義》郁音隅。《夏本紀》嵎夷既略，《索隱》云：《今文尚書》及《帝命驗》並作「禺銕」。胡氏渭曰：銕，古文鐵。從夷則可讀爲夷，不當作鐵。其作鐵者，蓋後人傳寫之誤。《說文》：暘山在遼西，一曰嵎鐵，暘谷也。既在遼西，則冀域而非青域。辥士龍云：嵎夷，今登州。齊乘因以甯海州爲禺夷，近世皆宗其說。余按《封禪書》，秦始皇東遊海上，祠齊之八神。其七曰日主，祠成山。成山斗入海，最居齊東，北隅以迎日出云。韋昭曰成山在東萊不夜縣。今文登縣東北百八十里有成山是也。自古相傳爲日出之地，謂羲仲之所宅在此。頗近理，然文登與萊州接壤，禹既略嵎夷，不應越萊夷而治濰淄，是則可疑耳。且朝鮮更在成山之東，寅賓出日尤爲得宜范。史以東夷九種爲嵎夷，必有根據，杜氏《通典》亦用其說。《通鑑》：唐高宗顯慶元年，命蘇定方伐百濟，以新羅王春秋爲嵎夷道行軍總管。是亦以東夷爲嵎夷也。《元史·天文志》言：郭守敬爲太史，四海測景之所凡二十七，東極高麗，西至滇池，南踰朱崖，北盡鐵勒。皆古人所未及。高麗即古朝鮮，北極出地三十八度，與登州同後世朝鮮爲外國測景，但可在登州堯時嵎夷爲青域，則測景自當在朝鮮也。賓，徐音儐，馬云：從也。平，馬作苹，云使也。

孔氏穎達曰：鄭玄云：寅賓出日謂春分朝日。蔡氏沈曰：蓋以春分之旦朝方出之日而識其初出之景也。鄭以作爲生，計秋言西成，春宜言東生。林氏之奇曰：東作謂萬物發生於東耳，非取於農作之義也。惟曾氏謂：春爲陽中，萬物以生；秋爲陰中，萬物以成。且引《詩薇》「亦作止」、《老子》「萬物並作」爲證，此可以補先儒之失。

《孔傳》曰：宅，居也。東表之地稱嵎夷。暘，明也。日出於谷而天下明，故稱暘谷。暘谷，嵎夷一也。孔氏穎達曰：據日所出謂之暘谷，指其地名則稱嵎夷。

居者，居其官不居其地，居在帝都而遥統領之。王肅云：皆居京邸而統之，亦有時述職。蔡氏沈曰：嵎夷即《禹貢》嵎夷，既略者也。曰暘谷者，取日出之義。羲仲所居官次之名，蓋官在國都而測候之所則在於嵎夷，東表之地也。賓，導秩序也，平均次序，東作之事以務農也。

蘇氏軾曰：《禹貢》「嵎夷」在青州。又曰：暘谷則其地，近日而先明，當在東方海上。以此推之，則昧谷當在西極，朔方幽都當在幽州，而南交爲交趾明矣。當是致日景以定分至，然後歷可起也。故使往驗於四極，非當居也。

林氏之奇曰：據孔氏云：賓，導也。則音儐者，是與儐相之儐同。賓出日、餞納日，蓋將以候日晷之早晚，以驗晷刻之長短也。帝嚳歷日月而迎送之，即此法也。陰陽四時之氣運於天地之間，造化密移，莫不有序。平秩平在者，蓋所以候其氣節之早晚，如後世分定三十四氣之類是也。

《朱子語録》曰：宅字古與度字通，見《周禮注》等書者，非一宅嵎夷之屬，皆謂度日景於此。

金氏履祥《尚書表注》曰：帝堯以嵎夷正東方之景青境實跨有東夷。胡氏渭曰：《後漢書》：東夷有九種，昔堯命羲仲宅嵎夷，曰暘谷，蓋日之所出也。是以九夷爲嵎夷。金説本此。

案：《周禮・縫人》注曰：《書》「度西」以是例之，鄭康成本當作「度嵎夷」、「度南交」、「度朔方」，古音宅讀如度。分四方測景，故言度。王肅釋宅爲居，遂不可通。蔡氏以暘谷爲所居官次之名，尤非。寅賓《史記》作敬道，即其字義。平秩《史記》作便程。《索隱》引《尚書大傳》辯秩東作，便即辯也。

日中星鳥，以殷仲春。

陸氏德明曰：殷，馬、鄭云中也。

孔氏穎達曰：馬融云：古制刻漏晝夜百刻，晝長六十刻，夜短四十刻。晝短四十刻，夜長六十刻。晝中五十刻，夜亦五十刻。《隋書・天文志》曰：昔黄帝創觀漏水，《周禮・挈壺氏》則其職也。其法總以百刻分于晝夜。晝有朝、有禺、有中、有晡、有夕，夜有甲、乙、丙、丁、戊。漢哀帝時，改用晝夜百二十刻，尋亦寢廢。梁天監六年，武帝以晝夜百刻分配十二辰，辰得八刻，仍有餘分。乃以晝夜爲九十六刻，一辰有全刻八焉。至大同十年，又改用一百八刻，依《尚書・考靈耀》晝夜三十六頃之數，因而三之。陳文帝天嘉中，亦命舍人朱史造漏，依古百刻爲法。《五代會要》曰：晉天福三年，司天臺奏：《漏刻經》云晝夜一百刻，分爲十二時，六十分爲一刻，一時有八刻二十分。四刻十分爲正前，十分四刻爲正後。二十分中心爲時正，上古以來皆依此法。王氏逵《蠡海集》曰：百刻之説，每刻分爲六十分，百刻共六千分。數於十二時，每時得五百分。如此，則一時占八刻零二十分，將八刻截作初正各四刻，卻將二十分零頭數以作初，初正初微刻各一十分也。

馬融、鄭玄以爲星鳥星火謂正在南方春分之昏七星中、仲夏之昏心星中、秋分之昏虚星中、冬至之昏昴星中，舉仲月以統一時。王肅以所宅爲孟月，日中日永爲仲月，星鳥星火爲季月，以殷以正，皆總三時之月。讀仲爲中，言各正三月之中氣也。《周禮》小司馬疏曰：鄭注《堯典》云：日中者日見之漏，與不見者齊日長者日見之漏，五十五刻於四時最長也。夜中者日不見之漏，與見者齊日短者日見之漏四十五刻，於四時最短。孔氏穎達曰：天之晝夜以日出入爲分，人之晝夜以昏明爲限。日未出前二刻半爲明，日入後二刻半爲昏，損夜五刻以裨於晝，則晝多于夜。復較五刻。古今歷術與太史所候皆云：夏至之晝六十五刻，夜三十五刻；冬至之晝四十五刻，夜五十五刻；春分秋分之晝五十五刻，夜四十五刻。此其不易之法。然今太史氣候之法，則較常法半刻也。從春分至於夏至，晝漸長，增九刻半，夏至至於秋分所減亦如之。從秋分至於冬至，晝漸短，減十刻半，從冬至至於春分其增亦如之。又於每氣之間增減刻數，有多有少，不可通而爲率。漢初未能審知，率九日增減一刻。和帝時待詔霍融始請改之，鄭注與歷不同，故王肅難云：知日月之漏減晝漏五刻，不知馬融爲傳已改之矣。因馬融所減而又減之，故日長爲五十五刻，因以冬至反之，取其夏至夜刻以爲冬至晝刻，此其所以誤耳。

《詩・七月》疏曰：《堯典》注云：星鳥，鶉火之方。朱子曰：中星或以象言，或以次言，或以星言。蓋星適當昏中則以星言，如星虚、星昴是也。星不當中而適當其次者，則以次言，如星火是也。次不當中而適界於兩次之間者，則以象言，如星鳥是也。

《孔傳》曰：鳥，南方朱鳥七宿也。殷，正也。春分之昏，鳥星畢見，以正仲春之氣節，轉以推季孟則可知矣。

蘇氏軾曰：殷，當也。

林氏之奇曰：鳥火、虚、昴皆是分至之昏見於南方直正午之中星。王子雍謂，星鳥、星火、星虚、星昴，季月也。蓋不知歷家有歲差之法，以《月令》日在某宿求之，所以不合。《月令》日在某宿比之堯時則已差矣。歲差之法，乃曆家之所通知，先儒未之思耳。

案：古法晝夜百刻，後代或改用百二十刻，或用九十六刻，或用百八刻，取於分隸十二辰，每一辰爲十刻、八刻、九刻，無奇零耳。百刻之分隸十二辰也，每一辰八刻二十分，此二十分據五代會要謂之，時正若一辰之中，而分前四刻爲正

前，後四刻爲正後。據《蠡海集》，則分十分爲初初刻，在初一刻之前十分爲正初刻。在正一刻之前二法皆通，其晝夜永短之故。蓋由人所居有南北，則北極赤道因而異勢，於是日躔之發斂，每日成一左旋之規，在平地上下隨其南北不同。就中土言之，春秋分日值赤道，其左旋之規赤道是也，與地平交於卯酉，地平上下之度適均，故晝夜平分。冬至在赤道南，其左旋之規外衡是也，與地平交於辰申，地平上之度少，故晝短，地平下之度多，故夜永。夏至在赤道北，其左旋之規内衡是也，與地平於于寅戌，地平上之度多，故晝永，地平下之度少，故夜短。自中土而北，北極去地愈遠，赤道去地愈近，則夏至左旋之規在地平上之度愈多，冬至左旋之規在地平下之度愈多，而永者愈永，短者愈短。至北極正當天頂，赤道環地平如帶，則春分至秋分爲晝，秋分至春分爲夜。自中土而南，北極去地愈近，赤道去地愈遠，則夏至左旋之規在地平上之度漸少，冬至左旋之規在地平下之度漸少，永短皆漸減。至赤道正當天頂，南北極皆適準地平，則日躔雖有發斂而無永短。又黄道交於赤道，二分前後交之勢斜則發斂疾，數日而差一刻；二至前後勢近平則發斂遲，半月而差一刻。此隨時隨地，永短各殊也。古法晝長六十刻，晝短四十刻，約計大致云爾。據中土所見日出入，晝長踰六十刻，晝短不及四十刻也。古又有以日未出前二刻半爲明，日入後二刻半爲昏，合之五刻，損夜以裨於晝。鄭康成注《儀禮》云：日入三商爲昏。疏以爲三刻。凡言三刻，言二刻半者，亦約計大致云爾。日未出前及日入後距北平十八度奇，皆有光。惟春秋分左旋之規即赤道其度最廣，昏明各分五刻；冬夏至左旋之規其度狹，則昏明分且非五刻之可限也。至若人所居愈北，赤道距天頂愈遠，地平下十八度奇左旋之規以斜當其正遠踰乎十八度矣。人所居愈南，赤道距天頂愈近，地平下十八度奇左旋之規勢漸正而與之等。此昏明則分之亦隨時隨地各殊也。大抵北極出地幾五十度，則夏至夜半猶有光。故《唐書・天文志》言，骨利幹居瀚海之北，北距大海，晝長而夜短。既夜，天如曛不暝，夕胹羊髀，纔熟而曙。又言，凡晷差冬夏不同，南北亦異。今爲覆矩圖，南至丹穴，北暨幽都，每極移一度，輒累其差可以稽日食之多少定晝夜之長短，而天下之晷皆協其數矣。自古論晝夜永短以南北里差，言實始乎此。

又案：日中、宵中、日永、日短，此分至之不變者也。星鳥、星火、星虚、星昴，舉昏見南方之星以知時節。天左旋，日月星皆右旋，而北極爲左旋之樞，以正南北。赤道爲天之中帶，以正東西。以界南北左旋者，東西旋也。右旋者迆而爲南北旋也。月二十七日，小餘不及三分日之一，出入於黄道。一終其行黄道之南謂之陽曆，行黄道之北謂之陰曆。日躔黄道三百六十五日，小餘不及四分日之一，出入於赤道。一終自春分至秋分日之發斂在赤道之北，自秋分至春分日之發斂在赤道之南。恒星或謂之列星，或謂之經星。古人分之爲四象，爲二十八宿，爲十二次，凡二萬餘年出入於赤道。一終近春分黄赤道之交，古在赤道南者，今右旋入赤道北矣。近秋分黄赤道之交，古在赤道北者，今右旋出赤道南矣。此日月星迆而南北旋之驗也。遲速不同，其皆右旋則同以日言之，夏至而後自北發南，冬至而後自南斂北。歲一南至一北至，右旋之爲南北旋明矣。有南北旋以成寒暑，有東西旋以成晝夜。昔儒惑於左右之名，以爲日月與天皆左旋，少遲則反右，是知有東西旋而不察其何以南北發斂也。又昔人所謂天者，即以四象二十八宿當之。其言天左旋即指恒星，而不知恒星亦右旋。特其推移甚微，六七十年纔及一度，仰觀不覺耳。晉虞喜之言曰：堯時冬至日短星昴，今二千七百餘年乃東壁中，則知每歲漸差之所至。言歲差始此。稽諸載籍，《堯典》、《夏小正》所言星象相近，《詩三百篇》暨《國語》、《左氏春秋》、《月令》所言星象相近堯時日永星火以正仲夏。《夏小正》「五月初昏大火中」，流火宜在六月。《豳詩》「七月流火」，《春秋傳》張趯曰：火星中而寒暑退。《月令》「季夏之月昏火中」，則六月昏中暑退，十有二月旦中寒退。而七月初昏大火西流於星後一次，故於時後一月然。不聞古人疑之，亦不聞古人謂之差，而隨其世之推移表以示民，非明知恒星右旋一同乎日月之右旋歟？推步家分天自爲天，歲自爲歲，謂歲周不及天周。所云天周，亦指恒星言之。以恒星譬之郵程，日月譬之過客。夫借恒星以紀日月之躔離可也，謂日右旋，歲歲於天有差非也。黄道斜絡赤道，半在赤道南，半在赤道北。春秋分日值二道之交，冬至日值赤道南最遠，是爲子宫之半。夏至日值赤道北最遠，是爲午宫之半。春分卯宫之半，秋分酉宫之半，千歲之日至起子半，歷十二宫而復起其所，無毫木之差。使未值赤道之南，最遠不爲冬至；未值赤道之北，最遠不爲夏至；未值二道之交，不爲春秋分。據黄道言，日躔惡得有差？古今節氣日所在之宿以漸而異，由星右移故也。黄道分十二宫，與列宿分十二次，推步家本未區別爲二，即以星紀至析木十二次之名。名黄道十二宫，漢時未覺，冬至日躔於宿度相差，以其時節氣日躔所在分十二次，大雪屬星紀之初，冬至屬星紀之中，故曰日至其初爲節氣，至其中爲中氣。此由不明二十八宿雖近黄道之星，而日星各自運行也。列宿十二次因星得名，

終古不變。《宋書》：大明六年，南州從事史祖沖之曰：次隨星名義合宿體，分至雖遷而厥位不改。斯言足正十二次隨節氣、中氣推移之謬矣。黄道十二宫：大雪子宫之初，冬至子宫之中，芒種午宫之初，夏至午宫之中，二十四氣各有定在，亦終古不變。所謂日至其初爲節氣，至其中爲中氣者，加於黄道十二宫，斯至當不易。古歷皆節氣過宫，節謂兩節之間，中謂一宫之中。西域諸國推步日躔，以中氣過宫冬至屬星紀之初，小寒屬星紀之中。故於冬至，曰某日某刻日躔星紀之次，則中氣居兩宫之間，而節氣反居一宫之中，名與實悖。又襲用星紀至析木等名，冬至日在析木之箕半二三度猶曰日躔星紀，其宫界從中氣而定，故僅差半次。苟正中節之名，使宫界從節氣而定，則析木全改爲星紀，十二次名義悉因之淆惑。越四千餘年，將東陸三次全改爲北陸三次，此由不知十二次之名起於列宿，不可以名黄道十二宫也。與漢時昧於日星運行所以失不同，而其失則同。《左氏春秋》「玄枵虚中」，又言「婺女爲玄枵」，是遞之凡一規皆可分十二宫，皆可以十二子名之。十二子分奠四方，亥子丑位北，寅卯辰位東，巳午未位南，申酉戌位西，是爲四方之定位。十二次配十二子北陸三次，星紀丑、玄枵子、娵訾亥；西陸三次，降婁戌、大梁酉、實沈申；南陸三次，鶉首未、鶉火午、鶉尾巳；東陸三次，壽星辰、大火卯、析木寅。自昔相配如是。究其實，丑配十二次星紀，非丑配黄道冬至也。冬至必建子月則宜爲子宫之半明矣。天地之定位，赤道居正卯正酉，春秋分值二道之交，非卯宫酉宫之半。而何是故黄道十二宫宜順序十二月建以爲之定名，西洋人又稱黄道冬至爲丑宫，而春分爲戌，秋分爲辰，名義安在？蓋不惟十二次之名不可襲，即十二次配十二子之名亦不可襲。凡舉星象十二次及黄道十二宫，名實之際所宜察也。《史記》「衡殷南斗」，宋均云：殷，當也。又「衡殷中州河濟之間」，張守節云：殷，當也。當謂相當值。

清・孫星衍《尚書今古文注疏》　欽若昊天。【注】史遷「欽若」作「敬順」。今文歐陽説：春曰昊天，夏曰蒼天，秋曰旻天，冬曰上天，總曰皇天。古文説：天有五號，各用所宜稱之。尊而君之則稱皇天，元氣廣大則稱昊天，仁覆閔下則稱旻天，自上監下則稱上天，據遠視之蒼蒼然則稱蒼天。【疏】史公欽爲敬者，《釋詁》文；若爲順者，《釋言》文。今歐陽説及古文説見《詩・黍離》疏及《周禮・大宗伯疏》。許氏謹案《尚書》堯命羲和，欽若昊天，總勑四時。知昊天不獨春。鄭氏云：春氣博施，故以廣大言之。浩浩昊天求之博施，《尚書》所云者。論其義也，則「堯命羲和，欽若昊天」，無可怪耳。亦見《詩疏》引。案《爾雅・釋天》云：春爲蒼天，夏爲昊天，秋爲旻天，冬爲上天。今文及許、鄭春夏互易。《説文》昦，春爲昦天，元氣昦昦。旻，《虞書》曰：仁閔覆下則稱旻天。蓋用古文説也。昊天既爲春天之名，此舉春以統四時耳。曆象日月星辰。【注】史遷「曆象」作「數法」，鄭康成以星辰爲一。【疏】《漢書・李尋傳》：尋引《書》曰「曆象日月星辰」，此言仰視天文，俯察地理，觀日月消息，候星辰行伍。李尋言俯察地理者，蓋謂下「宅嵎夷」、「宅南交」等，亦以羲和即羲仲等四子也。史公説曆爲數者，《釋詁》文；象爲法者，王逸注《懷沙》云：「象，法也。」《大戴・五帝德篇》云：「帝嚳歷日月而迎送之。」《易・繫辭》云：「天垂象，見吉凶，聖人則之。」《曆書》云：「方士唐都分其天部，而巴落下閎運算轉歷。」落下閎之法，即所謂歷，如周馮相氏所掌今之推步學也。唐都之法，即所謂象，如周保章氏所掌今之占驗學也。」《白虎通・聖人篇》云：「堯歷象日月璇璣玉衡，是以星辰爲北極及斗建也。」鄭説見《書》疏。《周禮》：大宗伯職以實柴祀日月星辰。注：星謂五緯，辰謂日月所會於子二次，則辰當作嘗。此云星辰爲一，是鄭謂中星也。《魯語》展禽曰：帝嚳能序三辰以固民。注：三辰日月星，謂能次序三辰以治曆明時，教民稼穡以安也。亦以星辰爲一。敬授人時。【注】《大傳》説主春者張昏中，可以種稷；主夏者火昏中，可以種黍；主秋者虚昏中，可以種麥；主冬者昴昏中，可以收斂。皆云上告天子，下賦臣人。天子南面而視四方星之中，知人緩急，故曰敬授人時。【疏】《大傳》見《書》疏。又民之緩急下云：急則不賦籍、不舉力役。見《太平御覽》十一。《大傳》説本《尚書・考靈耀》，《史記正義》引其文略同。《五行大義》引曾子云亦同也。所云據昏中星以授民時，亦以羲和即四子，與馬、鄭義異。今文説也。

清・盛百二《尚書釋天》卷一　《堯典》「乃命羲和」節

羲氏、和氏，主曆象授時之官。

孔氏安國《傳》：重黎之後，羲氏、和氏世掌天地之官。

孔氏穎達《正義》：《楚語》云：少昊之衰，九黎亂德，人神雜擾，不可方物。顓頊受之，命南正重司天以屬神，火正黎司地以屬民，無相侵瀆。其後三苗復九黎之德，堯育重黎之後，使復典之，以至於夏商。故《吕刑傳》云：重即羲，黎即和也。羲和雖别爲氏族而出自重黎，故《吕刑》以重黎言之。

顧氏炎武《日知録》：《左傳》蔡墨對魏獻子言，少昊氏有四叔，曰重、曰該、曰脩、曰熙。使重爲勾芒，該爲蓐收，脩及熙爲玄冥。顓頊氏有子曰犂，爲祝融。犂即黎字異文。是重黎爲二人，一出於少昊，一出於顓頊。而《史記・楚世家》則曰：帝顓頊高陽者，黄帝之孫昌意之子也。高陽生稱，稱生卷章，卷章生重黎。《太史公自序》則曰：重黎氏世序天地。其在周，程伯休父其後也。《晉

書·宣帝紀》：其先出自帝高陽之子，重黎爲夏官祝融。《宋書》載：晉尚書令衛瓘，尚書左僕射山濤，右僕射魏舒，尚書劉實，司空張華等奏乃云：大晉之德始自重黎，實佐顓頊，至於夏商，世序天地。其在於周，不失其緒。似重黎爲一人，不容二代乃有兩祖，亦昔人相沿之謬。

百二按：古之羲和本以占日著。《漢志》：黄帝使羲和占日，常儀占月。《山海經注》：羲和，天地始生主日月者。又云：羲和是生十日方以智曰生，當作主十日，甲乙等十干是也。故帝堯以之命官，在高辛以前爲重黎，在唐虞以後爲羲和，亦猶范氏在夏爲御龍氏，在商爲豕韋氏也。顓頊之重黎與高辛時之重黎，蓋世掌其職，固非一人。《楚世家》云：帝嚳誅重黎，而以其弟吴回爲重黎。是始爲人名，既乃爲官號。《鄭語》史伯曰：荆子熊嚴，重黎之後也。韋昭注：重黎，官名。楚之先爲此二官。《楚語》觀射父曰：重黎氏世序天地。其在周，程伯休父其後也，宣王時失其官守而爲司馬氏。《太史公自序》全本之。昔束晳亦咎馬遷並二人爲一人，蓋不及撿外傳也。史伯明言：黎爲高辛氏火正，則楚之先黎也。而亦兼言重，蓋天地雖分，事實一貫，猶羲和雖分欽若之職一也。羲和在黄帝時爲一人，在唐虞爲二氏，仲康時又合爲一。説者不以爲異，而何疑於重黎哉？蘇氏軾：《書傳》：堯時羲和爲四人，仲康時有國邑，而以沉湎得罪者，則一人而已。黄氏度《書説》：今絳州稷山有羲和墓。

若，順也；昊，廣大之意。

《正義》：昊天混然之氣，昊然廣大也。《爾雅·釋天》云：春爲蒼天，夏爲昊天，秋爲旻天，冬爲上天。《毛詩傳》云：尊而君之則稱皇天，元氣廣大則稱昊天，仁覆閔下則稱旻天，自下降監則稱上天，據遠視之蒼蒼然則稱蒼天。《爾雅》四時異名，《詩傳》隨事立稱，此言堯敬順四天，故以廣大言之。

百二按：若者，順天以求合，非強天以從人也。《爾雅》夏爲昊天者，夏大也，萬物至夏則盛大，此就氣化之大言也。若曆象主乎度數，此昊天宜就形體之大言也。

《朱子語類》：天地初間只是陰陽之氣，此氣運行，磨來磨去，便拶許多查滓。裏面無處出，便結成箇地在中央。氣之輕清者便爲天、爲日月、爲星辰，只在外，常周環運轉。地便只在中央不動，不是在下。《離騷》有九天之説，注家妄解云有九天。王逸注：東方皞天，東南方陽天，南方赤天，西南方朱天，西方成天，西北方幽天，北方元天，東北方變天，中央鈞天。《太玄經》：一中天，二羨天，三從天，四更天，五睟天，六廓天，七咸天，八沈天，九成天。據某觀之，只是九重。蓋天運行有許多重數，裏面重數較輭，在外面則漸硬。想到第九重只成硬殼相似，那裏轉得愈緊也。天道左旋，日月星並左旋。星不是貼天，天是陰陽之氣在上面，下人看見隨天去爾。《性理精義》：古今皆以恆星即爲天體，朱子却謂星不貼天，亦正與今曆合。所謂陰陽之氣在上面者，即宗動也。

《御製曆象考成》：《虞書·堯典》曰：欽若昊天，曆象日月星辰。《楚詞·天問》曰：圜則九重，孰營度之？後世曆家謂天有十二重，非天實有如許重數，蓋言日月星辰運轉於天，各有所行之道，即《楚詞》所謂圜也。欲明諸圜之理，必詳諸圜之動。欲考諸圜之動，必以至静不動者準之，然後得其盈縮。蓋天道静專者也，天行動直者也。至静者自有一天，與地相爲表裏，故羣動者運於其間而不息。若無至静者以驗至動，則聖人亦無所成其能矣。人恆在地面測天，而七政之行無不可得者，正爲以静驗動故也。十二重天，最外者爲至静不動。次爲宗動，南北極赤道所由分也。次爲南北歲差，次爲東西歲差，此二重天其動甚微，曆家姑置之而不論焉。次爲三垣二十八宿，經星行焉。次爲填星所行，次爲歲星所行，次爲熒惑所行，次則太陽所行黄道是也。次爲太白所行，次爲辰星所行。最内者則太陰所行，白道是也。要以去地之遠近，而爲諸天之内外。然所以知去地之遠近者，則又從諸曜之掩食及行度之遲疾而得之。蓋凡爲所掩食者必在上，而掩之食之者必在下。月體能蔽日光，而日爲之食，是日遠月近之徵也。月能掩食五星，而月與五星又能掩食恒星，是五星高於月而卑於恆星也。五星又能互相掩食，是五星各有遠近也。又宗動天以渾灝之氣挈諸天左旋，其行甚速。故近宗動天者，左旋速而右移之度遲。漸遠宗動天則左旋較遲，而右移之度轉速。今右移之度惟恆星最遲，土木次之，火又次之，日金水較速，而月最速。是又以次而近之證也。是故恆星與宗動相較而歲差生焉。太陽與恆星相會而歲實生焉。黄道與赤道出入而節氣生焉。太陽與太陰循環，而朔望盈虚生焉。黄道與白道交錯而薄蝕生焉。五星與太陽離合，而遲疾順逆生焉。地心與諸圜之心不同而盈縮生焉。歷代專家多方測量，立法布算，積久愈詳，已得其大體，其間或有毫芒之差。諸説不無同異者，蓋因儀器仰測穹蒼，失之纖微，年久則著，雖有聖人莫能豫定。惟立窮源竟委之法，隨時實測，取其精密附近之數折中而用之，每數十年而一脩正，斯爲治曆之通，術而古聖欽若之道庶可復於今日矣。

百二按：朱子九重之説，其目未詳。至吴草廬始云，先定太虚空盤，以天與七政八者較其遲速，是以静天并恒星七政而九也。西法雖列十二重天之目，然二歲差天既置不論，而測量之根之在静天者，其用即寄於地，故入算而有象可指者仍止九重。舊説諸天重重包裹皆爲實體，乃細測火星能割入日天，金水二星又時在日上時在日下。使本天皆爲實體，焉能出入無礙？故但以重數解之，又不如以諸圜解之之爲得也。然既各有一圜，圜有大小以生高下，是又善言重數者矣。

曆所以經數之書，象所以觀天之器，如下篇璣衡之屬是也。

王氏安石曰：曆者步其數，象者占其象。

梅氏文鼎《曆學源流》論：世愈降，曆愈密，而其大法則定於唐虞之時。今夫曆所步有四：曰恒星，曰日，曰月，曰五星。治曆之具有三：曰算數，曰圖象，曰測驗之器。由是三者以得前四者躔離、朓朒、盈縮、交食、遲留、伏逆、掩犯之度。古今作曆者七十餘家，疏密代殊，制作各異，其法具在，可考而知。然大約三者盡之矣。堯命羲和曆象日月星辰，舜在璿璣以齊七政。曆者，算數也；象者，圖也，渾象也；璿璣玉衡，窺測之器也。故曰：定於唐虞之時也。然曆之最難知者有二：其一里差，其二歲差。是二差者有微有著，非積差而至於著，雖聖人不能知。而非其距之甚遠，則所差甚微，非目力可至不能入算。故古未有知歲差者。自晉虞喜、宋何承天祖冲之、隋劉焯、唐一行始覺之，或以百年差一度，或以五十年，或以八十三年，未有定説。元郭守敬定爲六十六年有八月，回回太西差法略似。而守敬又有上考下求，增損歲餘天周之法，則古之差遲今之差速是謂歲差之差可云精到。若夫日月星辰之行度不變，而人所居有南北、東西、正視、側視之殊，則所見各異，謂之里差，亦曰視差。自漢及晉未有知之者也。北齊張子信始測交道有表裏，此方不見食者，人在月外必反見食。《宣明曆》唐穆宗長慶二年壬寅徐昂所造。本之，爲氣刻時三差。《大衍曆》有九服測食定晷漏法。元人四海測驗二十七所。而近世歐羅巴航海數萬里，以身所經山海之程測北極爲南北差，測月食爲東西差。里差之説至是而確。是蓋合數千年之積測以定歲差，合數萬里之實驗以定里差。距數逾遠，差積逾多，而曉然易辨。且其爲法既推之數千年、數萬里，而準則施之近用可以無惑。曆至今日屢變益精以此。然余亦謂定於唐虞之時者，何也？不能預知者差之數，萬世不易者求差之法。古之聖人以日之所在不可以目視而器窺也，故爲之中星以紀之。鳥、火、虚昴，此萬世求歲差之根數也。又以日之出入發斂不可以一方之所見爲定也，故爲之嵎夷、昧谷、南交、朔方之宅以分候之，此萬世求里差之法也。嗚呼，至矣！【略】

辰，日月所會，分周天之度爲十二次也。

陸氏德明《釋文》十二次：寅曰析木，卯曰大火，辰曰壽星，巳曰鶉尾，午曰鶉火，未曰鶉首，申曰實沈，酉曰大梁，戌曰降婁，亥曰娵訾，子曰玄枵，丑曰星紀。

《元史》《授時曆經》：黄道十二次宿度：危十二度六十四分九十一秒入娵訾，奎一度七十三分六十三秒入降婁，胃三度七十四分五十六秒入大梁，畢六度八十八分五秒入實沈，井八度三十四分九十四秒入鶉首，柳三度八十六分八十秒入鶉火，張十五度三十六分六秒入鶉尾，軫十度七分九十七秒入壽星，氐一度一十四分五十二秒入大火，尾三度一分一十五秒入析木，斗二度七十六分八十五秒入星紀，女二度六分三十八秒入玄枵。

百二按：辰，日月所會，會即合朔也。日躔每月移一辰，一歲而周十二次，則日與月離同度之處亦每月不同，一歲而遍十二次。然三山林氏云：正月會亥，二月會戌，三月會酉爲定法。則又不然，蓋立春在亥，辰十五度之左右則正月必會亥，使立春在亥，辰初度則正月不必會亥矣。何也？以氣朔不能齊同也。如甲年立春在正月朔會在亥初矣，至乙年立春必在朔後十日，則合朔之時必未及娵訾，而在玄枵二十度餘矣。又堯時立春在降婁初度，至商周之際，立春乃在亥中，秦漢之後乃在亥初也。天運無息，每一時輒移三十度，非如方輿之有定向也。十二次之方位何從而定？抑何時所定？曰：古法以十一月朔夜半冬至爲曆元，乃萬法之所從始也。此夜半一刻天星加臨在時盤何向，即定爲天星之辰次矣。蓋動天十二宫仍取則於静天之十二宫也。以虚爲子中者，乃冬至日在虚宿時也，夜半虚宿之加臨與日同在正子，則胃昴在西，星、張在午，心、房在卯，餘可類知。考帝嚳及唐虞冬至，日皆在虚。《外傳》云「帝嚳能序三辰」，則十二次之定其在斯時乎？十二次木以玄枵爲首，或先星紀者，秦漢時冬至日起斗牛也。或先娵訾者，首正月日躔之次也。或先壽星者，以角亢爲列宿之首也。或先降婁者，首春分日躔之次也。《明史稾・曆志》回回曆日度説：二至乃陰陽之始，二分乃陰陽之交。中曆之元首冬至，本陽之始也，西曆之元首春分，據交之初也。西曆積年起於隋開皇己未，春分之交在於戌，故以白羊戌宫爲諸宫之首。曆家序日躔交宫必依列宿右旋。

陸氏以析木爲首依時盤左旋者，從平月建之序也。固無不可，然月建之十二辰非天星之十二次，不可不知。

宫界八宿度分劉向、陳卓、費直、蔡邕、皇甫謐，以及唐宋諸曆各不同，而以女、虚爲玄枵，斗、牛爲星紀則一也。若西法，則列宿可以遞居各宫，女、虚不必常爲玄枵，斗、牛不必常爲星紀。蓋回回、遠西同祖《九執》，其曆元爲隋開皇己未，時春分正值戌初，於是中氣交宫，著爲定法。上考下求，宿度雖移而交宫不變。如徐氏光啓推定堯時赤道星圖，冬至日在虚七度，即以虚七度入星紀，室九度入玄枵，奎十度入娵訾，昴三度入降婁，參二度入大梁，井二十六度入實沈，星三度入鶉首，翼九度入鶉火，角六度入鶉尾，房一度入壽星，箕五度入大火，斗二十四度入析木。夫十二次皆以星象得名，顧名思義，竊所未安。《安書志》：祖冲之曰：臣以爲辰極居中而列曜貞觀，羣像殊體而陰陽區别。故羽介咸陳則水火有位，蒼素齊設則東西可準。非以日之所在定其名號也。何以明之？夫陽爻初九，氣始正北；玄武七列，虚當子位。若圓儀辨方，以日爲主。冬至所舍，當在玄枵。而今之南極乃處東維，違體失中，其義何附？若南北以冬夏禀稱，則卯酉以生殺定號。豈得春躔義方，秋麗仁域，名舛理乖。若此之反哉，因兹以言。固知天以列宿分方，而不在於四時。景緯環序日，不獨守故轍矣。次隨方名義合，宿體分至雖遷而厥位不改。

人時謂耕穫之候，凡民事早晚之所關也。

吕氏祖謙書説：作曆之前欽若昊天，是先天而天弗違。作曆之後敬授人時，是後天而奉天時。皆以欽敬爲主也。

《欽定傳説彙纂》：曆以紀日月星辰所歷，象以著日月星辰之像。曆象首及於日，蓋因日由黄道，行有恆度，雖有盈縮加減之差而差亦有恆度。故曆象先測太陽日，行爲諸曜之本也。次及於月，月之晦朔弦望一生於日。蓋日與月各隨天行，又各有自行度分，遲疾不一，因而有朔望，兼有交食錯綜損益而閏餘生焉。又次及於星，星以二十八宿爲經，所以定諸曜之行度次舍。所謂日躔，躔於星也。所謂月離，離於星也。星以五行爲緯，而推步五緯亦以經星爲準。蓋諸曜之行循於黄道，而黄道非有光象可求，必用經星之度分以紀之也。又次及於辰。邵子云：天無星處皆辰。蓋辰者，日月所會。五緯所經，分周天爲十二辰，所以紀日月五緯推行之次也。後世又參以地圓之理、地心地面之説，而因地以測諸差法益加密焉。是故曆象日月星辰爲作曆之綱，綱既定而後曆可成。其曰欽若、曰敬授，實古聖敬天勤民之至意也。

百二按：授時以耕穫爲首務，而民事所包甚廣。《考靈曜》云：昏中張可以種穀，火中可以種黍，虚中可以種麥，昴中可以收斂。蓋舉一以例其餘耳。

清·劉逢禄《尚書今古文集解》卷一 乃命羲和，欽若昊天，曆象日月星辰，敬授人時。昊，《説文》：昦，春爲昦天，元氣昦昦，從日夰。夰亦聲。曆，段云：字本从止，衛包改从日。人時，《史記》、《漢書》引作民時，亦衛包所改。謹案：曆象，《史記》訓爲數法。

鄭曰：高辛氏之世，命重爲南正司天，犂爲火正司地。堯育重犂之後羲氏和氏之子賢者，使掌舊職天地之官，亦紀於近氏命以民事。其時官名蓋曰稷司徒，此命羲和者，命爲天地之官。下云分命、申命，爲四時之職。天地四時於周則冢宰，司徒之屬，六卿是也。星辰爲一，俱是二十八宿。

馬曰：羲氏，掌天官，和氏掌地官，四子掌四時。《傳》曰：星，四方中星。辰，日月所會。曆象其分節，敬紀天時以授人也。此舉其目下别序之。《尚書·考靈耀》云：主春者，張昏中可以種稷；主夏者，火昏中可以種黍菽；主秋者，虚昏中可以種麥；主冬者，昴昏中可以收斂。天子視四星之中，知民緩急，故云敬授民時也。

清·何濟川《管窺圖説》卷六 解釋經傳引列天文説

愚有志管窺，子姪輩每舉經傳中之天文必須解釋者以問，屢爲條陳之，但未識天體運行一如血脉之條貫，即獲通於此，而其扞格於彼者未免也。其見諸經傳者，正可依以爲據。因除《堯典》《月令》諸大端之已見編中，凡經傳之言及天文者，復爲備列而詳晰之如左。

《書經》

《允征》：乃季秋月朔，辰勿集於房。

註云：季秋辰次大火，其宿爲氐、房、心三星。於九月朔，日當輪於大火之次。《蔡傳》云：辰，日月會次之名。房，所次之宿也。集，通作輯。言日月相會於次，不相和輯而掩食於房宿也。愚考《孔疏》，房則指房室之房，言即舍也，不指房宿之房。謂於季秋朔日，日不見於房舍，知其被食矣。若專指大火次中房宿之房解，則當云朔日日宜在房，今舍此勿集而後先焉，咎只在司歷之失算，可無下文瞽鼓嗇馳救日之急，急著爲禮文矣。其説較蔡爲善。蓋古法大火之次起於氐之五度，遞歷房、心，終於尾之九度。一次共三十度，所以以古法輪舍言之，則季秋之朔日當集於氐之五度。如以天有三百六十五度四分度之一，非十二月

之朔可盡，且以閏月錯雜其間，不可以常度拘，則孔義爲尤當矣。揔之，既有孔疏在前，蔡宜有會通之説，申已見以存孔氏。竟衹以大概傳之，若不見有孔疏者，而後人之考究自不得置孔於勿道已。孔意亦以勿集爲日食，但不如蔡之以房坐定房宿耳。若坐定房宿則義欠妥，故申説之。

《洪範》：庶民惟星，星有好風，星有好雨。月之從星，則以風雨。

《傳》曰：箕星好風，畢星好雨。月經於箕則多風，月經於畢則多雨。孔氏《正義》曰：《詩》云，月離於畢，俾滂沱矣。其文見於經。經箕之多風，傳記無其事。鄭玄引《春秋緯》云：「月離於箕則風，揚沙作。」是可徵其俱屬後人之推測矣。常考《天官書》，軫亦好風。《星占》云：東井好風雨，壁翼與箕軫皆主風起。則好風好雨非獨箕畢矣。蓋此以星言，民亦以見情之各異耳。

《詩經》

《衛風》：定之方中，作於楚宮。

《詩傳》曰：定北方之宿營室星也。定，正也。作室者，以是星正爲的。此星昏而正中，夏正十月也。《晉天文志》云：營室二星，一曰元宮，一曰清廟，又爲土功之事。鄭氏曰：定昏止而中謂小雪時。劉氏瑾曰：此建亥之月，成周以後之制也。上考唐虞之時，定星以戌月昏中，歲久而差。至周時定星始以亥月昏中。下逮今日，此星又以子月昏中矣。按：此周時以《月令》言，自然與《堯典》異。今日瑾，元人也。

《唐風》：綢繆束薪，三星在天。

注曰：三星，心也，即東方蒼龍七宿之第五星。在天，言昏時始見於東方，建辰夏正之三月也。按：《毛傳》以三星爲參星。朱子則從鄭説，蓋以見其失嫁娶之時也。劉氏瑾曰：心宿之象三星鼎立，故此言三星也。然言三星者非止此，而知此爲心宿者，蓋孟夏之初三月之末日在畢，昏時日淪地之西位，而心宿始見於地之東方。此《詩》以婚過仲春，故成婚而已見心星之在天，所以言失時也。

愚嘗讀此詩，而謂可證天之左旋焉。始曰在天，謂初昏見於東方也。繼曰在隅，言在天之東南隅也，則夜久矣。終曰在户，蓋古人户必南出，言在天之正南也，則夜分矣。由此而半夜後自西淪地，復轉於東已。

《召南》嘒彼小星，三五在東。《集傳》云：嘒，微貌。三五，言其稀，蓋初昏或將旦時也。毛氏曰：小星衆無名者三心五噣，四時更見。鄭注曰：心在東方，三月時也。噣在東方，五月旦時也。孔疏曰：知三爲心者，心實三星。《公羊》云：心爲大辰，故言三星。此及《綢繆》、《苕之華》皆云心也。知五是噣者，《元命苞》云：柳五星。《爾雅・釋天》云：咮謂之柳，或作噣，音晝也。《天文志》云：柳爲鳥喙。則喙者柳星也，以其爲鳥星之口，故謂之喙。心，東方之宿；柳，南方之宿。朱氏《道行》曰：君，日象。夫人，月象。衆妾分被餘光以自照故，取象小星。因星小，故曰嘒。三五偶指所見言也。

嘒彼小星，維參與昴。參、昴，西方二宿之名。《天文志》云：參，白虎宿。三星直。下有三星鋭，曰伐。《潢孔圖》曰，參以斬伐，故言參伐。昴六星，昴之爲言留，言物成就繫留是也。程子曰：此衆無名之星，亦隨伐留在天。

《小雅・大東》篇：維南有箕，維北有斗。

注曰：箕斗二星以秋夏昏見於南方。云北斗者，以其在箕之北也。孔氏言二十八宿連四方爲名者，唯箕、斗、井、壁四星而已。壁在室東，故稱東壁。井在參東，故稱東井。推此則箕斗並在南方之時，箕在南而斗在北可知。

愚考斗柄所指十二月所建之北斗，則常見不隱，但以初昏斗柄所指定月辰。其實每夜未嘗不旋轉，位在紫微南，以斗建斟酌元氣運四時。

維南有箕，載翕其舌。翕，引也。按：箕四星在天漢之中，二爲踵在上，二爲舌在下。踵反在上，故曰引舌，似反貪也。

維北有斗，西柄之揭。南斗柄固西指，若北斗之西指則亦秋時也。按：此詩所指則以南斗言也。

《漸石》篇：月離於畢。

離，宿也。畢狀如掩兔之網，二星長柄在上下，大星兩行如張其口。故前《大東》云「有捄天畢」，言曲而長也。又考畢是漉魚網底，漉魚則其汁水淋漓而下若雨。然此名義也，故好雨，下云俾滂沱矣。

《春秋左氏傳》

桓公五年，有曰：龍見而雩。

注曰：建巳之月，今四月。東方蒼龍宿之體昏見東方，故遠爲百穀祈雨也。

莊公二十九年，有曰：龍見而務畢，戒事也。

注曰：建戌之月，今九月。龍星角亢晨見東方。蓋上云龍宿建巳之月昏見東方，自巳至戌，謂四月至九月，將盈六箇月矣。以一日一度數之春見巳月

者，秋於戌月亦應見東方矣。

火見而致用。

火，大火，心星也。氐、房、心三星，繼角亢而見東方。考氐十六度，房五度，心五度，尚未滿三十日，故云致築作之用。

水昏正而栽。

言今十月小雪時也。北方水，故北方之宿爲水星。正者，夜之初昏水星有正中者耳，非必七宿皆中也。《詩》「定之方中正」指此。按：栽即作栽者培之解，蓋用板以培築也。

日至而畢。

言十一月冬至時也。此一段傳九月至。冬至皆言上功，與上桓五年同，一龍見其時日，參互正可見其異而同也。

僖公五年有曰：丙之晨，龍尾伏辰。

龍尾即東方龍尾星也。日月所會曰辰，日在尾，故尾星伏不見。

均服振振，取虢之旂。鶉之賁賁，天策焞焞。火中成軍，虢公其奔。

鶉鶉，火星也。賁賁，鳥尾之體也。天策，傳説星，古言其附箕尾，故名。以其時近日星微，焞焞，無光耀也。言丙子平旦鶉火中，軍事有成。

其九月、十月之交乎。

此以夏時，言交，言晦朔交會也。

丙子旦，日在尾，月在策。

是夜日月合朔於尾，月行疾，故至旦而過在策。月行比日爲疾，其行數另有考。

鶉火中，必是時也。

言乙日夜半之後，丙日將旦之時，龍尾之星伏在合辰之下。言其時軍人克虢有功。按：此言鶉火中，井上龍見，與《堯典》、《月令》所以異，其詳已見辰星出没圖説中。

襄公九年，有曰：古之火正，或食於心，或食於咮，以出内火是故。咮爲鶉火，心爲大火。

註曰：火正之官配食於火神，心即大火，東方宿也。咮鶉火，南方柳星也。或以火正配食於大火之心，或以火正配食於鶉火之柳星。季春建辰之月，鶉火星昏見南方，則令民放火，是謂出火。季秋建戌之月，大火星伏在日下，夜不得見，則禁民放火，是謂内火。按：《月令》「季春之月，日在胃，昏七星中。」即南方之宿有朱鳥之象，咮謂柳也。《春秋緯·文耀鉤》云：咮謂鳥陽，七星爲頸。宋均注云：陽猶首也，柳謂之咮，咮鳥首也。七星謂頸，咮與頸共在於午者，以鳥之止宿首口屈在頸，七星與咮體相連接故也。故於十二次咮名鶉火也。又考「季秋之月日在房」，房爲東方七宿之第四星。「釋文」云：大辰，房、心、尾也。《爾雅》云：大火謂之大辰，即房、心、尾三星也。又曰：大火，心也，在中最明，故此傳以心爲大火。九月日體在房，房、心相近，與日俱出俱没，季秋伏日下不見，故内火。

陶唐氏之火正閼伯居商邱，祀大火，而火紀時焉。相土因之，故商主大火。商人閲其禍敗之釁，必始於火，是以知其天道也。公曰：可必乎？對曰：在道，國亂無象，不可知也。

以上文晉侯之問宋災，知有天道，故士文伯對之如此。

是謂一終，一星終也。

此季武子對晉侯之問，襄公年也。注曰：星，言歲星也，即木星，五緯之一也。木星十二年一周天，曰一終，即十二年，一終於天之度也。

襄公二十七年，有曰：十一月乙亥朔，日有食之。辰在申，司歷過也，再失閏矣。

注曰：言斗柄指申也。周十一月，今之九月，斗當建戌而在申，故知再失閏也。文公十一年三月甲子，至今年七十一歲，應有二十六閏。今長歷推得二十四閏，故通計之，少再閏也。

襄公二十八年，歲在星紀而淫於玄枵，以有時災，陰不堪陽。

注曰：歲，歲星也。星紀在丑，斗、牛之次。玄枵在子，虛、危之次。是歲當在星紀，明年乃在玄枵。今年已在玄枵，爲淫行失次。按：此知幾星右行，自丑而子而亥，爲自東而北、而西、南也。時災，春無冰也。盛陰用事而温無冰，是陰不勝陽，地氣發洩也。

蛇乘龍。

蛇，玄武之宿，虛、危之星也。東方龍，歲星。歲星木也。木爲青龍，失次在玄虛之下，爲蛇所乘也。

龍，宋、鄭之星也。

歲星木位在東方，東方房、心爲宋，角、亢爲鄭，故龍爲宋鄭之星。

宋、鄭必饑，玄枵虛中也。

玄枵三宿，虛、危在中。

枵，耗名也。

上虛而民耗，不饑何爲？歲爲宋鄭之星，今失常，淫在虛枵之次。時復無氷，地氣發洩，故曰土虛民耗。

歲棄其次而旅於明年之次，以害鳥帑，周楚惡之。

按：旅，客處也。歲星棄星紀之次，客在玄枵。歲星所在，其國有福，失次於北，禍衝在南。南爲朱鳥，鳥尾曰帑。鶉火鳥尾，周楚之分，故周王楚子受其咎。俱論歲星過次，梓慎則曰：宋鄭飢。裨竈則曰：周楚王惡。傳故備舉，以見占筮唯人所召。又考帑者，細弱之名，於人妻子爲帑，於鳥則尾爲帑。妻子爲人之後，鳥尾亦鳥之後，故俱以帑爲言也。按：帑音儻。帑，藏也。然經傳已通作孥久矣。

襄公三十年，有曰：於是歲在降婁，降婁中而旦。

降婁，奎、婁也。周七月，今五月，降婁中而天適明。裨竈指之曰：猶可以歲終。指降婁也。歲星十二年而一周。歲不及此次也已。及其亡也，歲在娵訾之口。其明年，乃及降婁。

奎、婁、營室、東壁二宿也。

昭公三年，有曰：譬如火焉，火中，寒暑乃退。

火，心也。言心以季夏昏中而暑退，季冬旦中而寒退。按：《堯典》於仲夏則曰「日永星火」，以時至春秋去堯已將一千七八百年，見星之差已漸西矣。所以堯時火中仲夏，此則火中季夏也。

昭公四年，有曰：古者日在北陸而藏氷。

按：陸，道也。謂夏十二月，日在危、虛，氷堅而藏之。又曰：陸，中也。北方之宿虛爲中也，西方之宿昴爲中。杜以西陸朝覿謂奎星朝見，昴爲西方中宿，則昴未得見。宿是日行之道。《爾雅》高平曰：陸，故以陸爲道也。十二月，日在玄枵之次，小寒節、大寒中也。《周禮》：凌人正歲十二月，令斬氷。《詩》二之日，鑿氷冲冲。

西陸朝覿而出之。

謂夏三月，日在昴、畢，春分之中奎星朝見東方。杜以西陸爲三月，日在大梁之次，即畢、昴、胃也。言清明節，穀雨之中氣也。前仲春日在圖，奎星見戌，以初昏時言也。此曰朝見東方，以初昏至旦則昏在西者，至旦自左旋而見於東方矣。

昭公六年，有曰：火見鄭，其火乎？火未出而作火，以鑄刑書。

周三月，夏之正月也。鄭人以鑄刑書，故云。然火，心星也，於夏三月見辰，周則在五月。今以夏之正月、周之三月，而用火以鑄，是犯令也。《周禮·司爟職》「季春出火，季秋内火。以爲令」是火未出不得用陶冶。

昭公十七年，有曰：有星孛於大辰，西及漢。申須曰：彗，所以除舊布新。

彗象如旗，即上孛也。

天事恒象，今除於火，火出必布焉，諸侯其有火災乎？

今火尚伏，故知當須火出，乃散爲災。

梓慎曰：往年吾見之，是其徵也。

始知有形象，以爲證也。

火出而見，今兹火出而章，必火入而伏。

今年火出之月而孛，益章明其終也。孛星必隨大火而没。

其居火也久矣，歷二年也。其與不然乎？火出，於夏爲三月，言昏見也。於商爲四月，於周爲五月。夏數得天，若火作，其四國當之，在宋、衛、陳、鄭乎？宋，大辰之虛也。

大辰即大火，房、心、氐，東方宿也。

陳，太皞之虛也。

太皞居陳，火所自出。

鄭，祝融之虛也。

祝融，高辛氏之火正，居鄭。按：以上所言，多指先代人所居地也。

皆火房舍也。也。星孛及漢。漢，水祥也。天漢，水也。衛，顓頊之虛也，故爲帝邱。

今濮陽縣，昔帝顓頊居之。

其星爲大水。

衛星營室，爲水。

水，火之牡也。

牡，雄也。水爲雄，火爲雌也。

其以丙子，若壬午作乎？水火所以合也。

丙火壬水，水火合而相薄。水少而火多，故水不勝火。

若火入而伏，必以壬午，不過其見之日。

火發不過來年，大火出見之日謂周五月。

昭公二十一年，有曰：二至二分，日有食之，不爲災。日月之行也，分同道也，至相過也。其他月則爲災，陽不克也。解見日食。

昭公二十四年，有曰：夏五月乙未朔，日有食之。梓慎曰：將水。

陰勝陽，故曰將水也。

昭子曰：旱也。日過分而陽猶不克，克必甚，能無旱乎？

五月建辰，故日已過春分，陽氣盛時而不勝陰，陽將猥出，故將爲旱。

陽不克，莫將積聚也。

陽氣莫然不動，乃將積聚。

昭公三十一年，有曰：十二月辛亥朔，日食。史墨占曰：六年，及此月也。

吴其入郢，終亦勿克。入郢必以庚辰。

庚日有變，日在辰尾，故曰以庚辰。

日月在辰尾。辰尾，東方宿龍尾也。周十二月，今之十月，合朔於辰尾，而日有食之。

庚午之日，日始有謫。火勝金，故弗克。

楚位南，火勝庚金，楚氣猶壯，故終亦不克。

《國語》

宣王不籍千畝，虢文公諫曰：農祥晨正。

農祥，房星也。晨正，謂立春之日晨中於午，農事之候，故曰農祥。

日月底於天廟。

底，至也。天廟，營室也。即孟春之月，日在營室也。

按：《堯典》於春分之日，房之第三度初見地上，以初昏之時言也。若立春，又前於春分四十五日。此云立春之日房星晨見於午者，以列宿無刻不轉，故於立春晨中在午位而可驗。云春分日房之第三度初見地上者，以列宿之行亦從天，每日移過一度而言。蓋春分以前，房星之行當日晝之時，伏於地下而不見，故考驗者必於地上，其時則或在早晨或在初昏爲的也。立春之日，房星晨中於午。然則其日中中於酉，初昏中於子，夜半中於卯，晨後中於午矣。《堯典》春分之日初昏中卯，其夜半當中酉，日中中子，初昏後中卯矣。此以一日言也，推之四立分至，皆可例矣。春分初昏，房星見於地上之卯位。然則立春先春分四十五日，初昏之時房星應在丑寅之間，未出地上，不可得見耳。凡此十二辰，皆以統地底而論者言。此言農祥晨中於午者，以午指方位而言也。細按陳說，并圖證之經傳之言無有或乖也。

單襄公告定王曰：火朝覿矣，道茀，不可行也。

火，心星也。覿，見也。朝見，謂夏正十月朝見於辰方。

又曰：夫辰角見而雨畢。

辰角，大辰，蒼龍之角。角，星名也。見者，朝見東方。建戌之初，寒露節也。雨畢者，殺氣日盛，雨氣畢也。

天根見而水涸。

天根，氐亢之間也。涸，竭也。謂寒露雨畢之後五日，天根朝見，水潦盡涸。《月令》季秋水始涸，天根見，乃盡涸也。

本見而草木節解。

本，即底星也。言寒露之後十月，陽氣盡也。

駟見而隕霜。

駟，天駟，房也。言建戌之中，霜始降也。

火見而清風戒寒。

言霜降之後清風至而戒寒，即「火朝覿矣」之候也。

按：以上言諸星之見，多據早晨星可見時而言其方位。其凡言不見者，如季秋火星自西伏於地下，據夜間不可見於天上者言也。

自「自朝覿矣」之下，其星多指晨見東方，蓋東方大火之次。試看前秋二十八宿出没圖。於秋分時，大火房、心之宿於初昏時入没於地，則自初昏至明旦已隔一夜，其星之行可得半天，所以於初昏没入西方，至明日早晨可見於東方。令民見之以課候，如此則與春之初昏見於東方者可不相悖，解者詳之。

又冷州鳩爲景王言七律之由，有曰：昔武王伐殷，歲在鶉火。

歲，歲星。鶉火，次名，周之分野。謂武王發師東行時，殷之十一月二十八日戊子，於夏爲十月。是時歲星在張十三度。張，鶉火也。

月在天駟。

天駟，房星也。謂戊子日，月宿房五度。

日在析水之津。

津，天漢也。析木，次名。從尾十度至斗十一度，其間爲漢津。謂戊子日，日宿箕七度，以箕夾於尾、斗間。

辰在斗柄。

辰，日月之所會也。斗柄，斗星之前也。謂戊子後三日得周正月辛卯朔，於殷爲十二月，夏爲十一月，是日，日月合朔於斗前之一度。

星在天黿。

星，辰星，即北方水宿也。天黿，次名，一曰玄枵，言周正月辛卯朔二日壬辰，辰星始見。三日癸巳，武王發行。二十八日戊午，渡孟津，距戊子三十一日。二十九日己未晦，冬至，辰星必須女伏在天黿之首。

星與日辰之位皆在北維。

星，辰星。辰星在須女，日在析木之津，辰在斗柄。故皆在北維，北方水位也。

顓頊之所建也，帝嚳受之。

建，立也。顓頊，帝嚳所代也。嚳爲稷之所出，故周人禘嚳而郊稷。言顓頊水德，嚳木德，故代水。周亦木德，當受殷之水，猶稷代顓頊也。

我姬氏出自天黿。

天黿即玄枵，齊之分野，周太姜逄伯陵之後，齊女是也，故出於天黿。傳曰：有逄伯陵因之，蒲姑氏因之，而後太公因之。又曰：有星出於須女，姜氏任氏實守其祀。

及析木者，有建星及牽牛焉。

析木，日辰所在也。建星在牽牛間，謂從辰星所在須女天黿之首至析木之分，歷建星及牽牛皆水宿，言得水祥也。

則我皇妣太姜之姪伯陵之後，逄公之所馮依也。歲之所在，我周之分野也。月之所在，辰馬農祥也。我大祖后稷之所經緯也。王欲合是五位歲、月、日、星、辰。三所註云：逄伯馮依周之分野，后稷經緯。而用之。自鶉及駟七列，註云：言張、翼、軫、角、亢、氐、房七宿。南北之揆七同也。註云：七同，合七律也。揆，度也。歲星在鶉火午，辰星在天黿子。鶉火，周分野。天黿及辰水星，周所出自。午至子，其度適協七同也。於是乎有七律。

按：上伶州鳩所言歲、月、日、星、辰之五位。劉歆嘗推此以爲三統曆，後韋昭亦即據以注《國語》。故並録以告究天文者。至後段推考七律之所由，又學人言律呂者所必講故並及之。

《晉語》：董因對晉文公曰：歲在大梁，將集天行，元年始受，實沈之星也。

歲在大梁，謂魯僖二十三年時也。集，成也。行，道也。言公將成天道也。公以辰出，晉祖唐祖所以封也，而以參入晉星也。元年，謂文公即位之年。魯僖二十四年，歲星去大梁在實沈之次。受，受於大梁也。

實沈之虚，晉人是居，所以興也。

虚，次也，是居居其分次所主祀也。傳曰：高辛氏有子季曰實沈，遷於大夏，主祀參。唐人是因成王滅唐而封叔虞，南有晉水，其子燮以其地改爲晉，號晉侯，故參爲晉祀。

今君當之，無不濟矣。

當歲星在實沈之次，故無不濟。

君之行也，歲在大火。大火，閼伯之星也，是謂大辰。

君之行，在魯僖五年重耳出奔，時歲輪大火。大火，大辰也。傳曰：高辛有子曰閼伯，遷於商，仰主祀大火。

辰以成善，后稷是相，唐叔以封。

成善謂辰爲農祥，周先后稷之所經緯以成善道相，視也。謂祀農祥以成農事。

封者，唐叔封。是歲在大火。

且以辰出而以參入，皆晉祥也。

辰，大火也。參，伐也。參在實沈之次。

而天之大紀也。

所以大紀，天時也。傳曰：大火爲大辰，伐亦爲大辰，辰即言時也。

《周禮》

《春官》：馮相氏掌十有二歲，十有二月，十有二辰，次各十二。十日，天干。二十有八星之位，辨其敘事東作西成。以會天位。

馮相取馮高望遠之意。歲，太歲也。此節掌十有二歲，專言太歲；保章氏以十有二歲之相，專言歲星。歲星，木星也。木星亦十二年一周，有似太歲，故名歲星。其詳必須參考《周禮注疏》并《周官義疏》。

冬夏致日，春秋致月，以辨四時之叙。

致日月，即上圭測景也。冬至日在牽牛，景長丈三尺；夏至在東井，景長尺

五寸。此長短之極，故冬夏言至也。春分日在婁，而月上弦於東井，下弦於牽牛；秋分日在角，而月上弦於牽牛，下弦於東井。此長短之中，故春秋言分也。按：春分日在婁，而月上弦於東井，此於天當未方也。下弦於牽牛，此於天屬丑方也。秋分日在角，而月上弦於牽牛，此於天在未方也。下弦於東井，此於天在丑方也。夫斗、牛，次名星紀。井、鬼，次名鶉首。春秋恒遞轉摠之，未當西南，丑屬東北，兩兩相對。故曰得長短之中，所謂分也。分至正則四時皆正矣。又考月當春秋二分在黄赤二道之交，此時測月之弦望而驗陽歷陰歷，則氣可正。按：黄道北至東井，蓋井宿坐定之位本在南方七宿之第一星，至夏至而左旋於黄道之北，《月令》所謂「仲夏之月，日在東井」是也。又曰南至牽牛，蓋牛宿坐定之位本在北方七宿之第二星，當冬至而左旋於黄道之南，《月令》所謂「仲冬之月，日在斗」近牛。是也。又曰東至角，夫角宿坐定之位本在東方七宿之第一星，至秋分而左旋於黄道之東，《月令》所謂「仲秋之月，日在角」是也。又曰西至婁，夫婁宿坐定之位本在西方七宿之第二星，當春分而日躔適於其宿，《月令》所謂「仲春之月，日在奎」近婁。是也。夫坐定之宿本角東婁西，故曰黄道東至角，西至婁。又婁、角爲天之中道，南北極之相去各得其半，故表景之長短中得七尺三寸，而晝夜等、寒暑均。若夏至爲陽之極，近極星，故景短，陽用事，則日進而北，晝進而長，陽勝，故爲温、爲暑。冬至爲陰之極，去極遠，故景長，陰用事，則日退而南，晝退而短，陰勝，故爲凉、爲寒。夫然，則黄道之分南北仍以天度之横者，言與統地底論者頗異。蓋黄道，日見於天，必以北至南至日之止者奉以爲的，而知其廣狹。若所云至婁至角，則猶是東西相對，而知其相去之數也，必如是考核而後黄道可洞悉焉。

保章氏：保，守也，言世守天章也。

掌天星以志星辰日月之變動，以觀天下之遷，辨其吉凶。以星土辨九州之地所封，封域皆有分星，以觀妖祥。以十有二歲之相，觀天下之妖祥。

星土，星所主之土。按《漢書·天文志》角、亢、氐，兖州；房、心，豫州；尾、箕，幽州；斗，江、湖；牛、女，揚州；虚、危，青州；室、壁，并州；奎、婁、胃，徐州；昴、畢，冀州；觜、参，益州；井、鬼，雍州；柳、星、張，三河；翼、軫，荆州。歲，歲星，即五緯之木星也。歲星所在，其國有福。

太史：正歲年以序事。

中數曰歲，三百六十五日四分日之一稍弱。朔數曰年，十二月朔，六大六小，則三百五十四日爲一年。中數生於日，朔數因乎日月之會而成。又考，中數即中氣也。一月兩氣，則三十日有奇，一朔則二十九日半有奇，故曰中朔大小不齊，合氣盈朔虚而致閏以調之，其詳已見前置閏說。天行周乎三百六十五日四分日之一，則爲朞歲，則以月行三百五十四日，省朞之日而名者，蓋中氣可周於三百五十四日之内，然則此言正歲年之歲當作朞字解，而此注又曰朔數、周曰年，是年之名與歲類也。此既以歲年並舉，則歲作朞爲是。

《秋官》：司民，孟冬祀司民。

司民，星名，即以爲官名也。按：其職掌民數，蓋《星經》南方軒轅角有大民小民之星，主民者也。其餘《周禮》有言天文者大約多見於編内。

《禮記》

《曲禮》：招摇在上，急繕其怒。

上文「四陣」即四方之二十八宿，招摇即北斗柄端之第七星，出師則畫於旗上，指所伐之國也。繕，勁也。按：北斗第一曰天樞，第二曰旋，第三曰璣，第四曰權，第五曰衡，第六曰開陽，第七曰摇光。又曰第一至第四爲魁，第五至第七爲標，招、摇，即摇光也。

《月令》：季春，命國難九門磔攘，以畢春氣。

鄭氏曰：此儺陰氣也，陰氣至此不出害將及人。以此月之中日行歷昴，昴有大陵、積尸之氣，氣佚則厲鬼，隨而出行，故難以逐之。按石氏《星經》，大陵八星，在胃北，主死喪。又，王居明堂。《禮》亦云「季春出疫於郊」。

仲秋，天子乃難，以達秋氣。此難陽氣也，陽暑至此不衰，恐亦將害人。蓋秋凉之後，陽氣應退，當凉反熱，故亦害人也。蓋以此月陽氣左行，宿值昴、畢，亦得大陵積、尸之氣。按：鄭謂陽氣左行者，以此月仲秋斗柄所建則在於西方之酉位。論二十八宿坐定之方，畢、昴、胃三宿本在西，而昴實當中，故斗柄隨天左行，而初昏所建者仲秋正當昴、畢。此所謂陽氣左行即天左旋也。至季春而言日行歷昴者，則爲陰氣右行矣。蓋日之行天自孟春在亥，於宿當室、壁，於次名娵訾。仲春在戌，於宿當奎、婁，於次名降婁。季春在酉，於宿當胃、昴、畢，於次名大梁。所謂陰氣右行者，蓋日行非陰，此第以左右分陰陽而言也。是知季春、仲秋皆有昴災，故云然也。

季冬，命有司大難，旁磔出土牛，以送寒氣。

鄭氏曰：此難，陰氣也。難陰始於此者，陰氣右行。此月之中，日歷虚、

危，有墳墓四司之氣爲厲鬼，將隨强陰出害人也。四司者，虛北有司命二星，司禄二星，司危二星，司中二星。史遷云：四司，鬼官之長。又，危東南有墳墓四星也。季春唯國難，仲秋唯天子難，此則下及庶人，故云大。此時强陰已盛，不逐恐來歲更爲人害。出土牛者，其時月建丑，土能剋水，故特作土牛，以畢送寒氣。且丑爲牛，牛可牽止，送猶畢也。寒實未畢，意欲畢之也。按：此《月令》之三難，愚嘗論之曰：難之爲義，歸於除邪慝而已。經曰：季春畢春氣，欲其生育之遂也。仲秋達秋氣，恐炎熱之久留而作戾也。季冬送寒氣，以陰慝之盛而除驅之也。經語明白坦直，其義自顯，陳而靡隱矣。即考聖人之典則亦曰：難近於戲，而聖人必極其誠敬而不敢忽。以見隆禮由義之實。蓋儺者，聚衆近戲，以盛其喜樂之氣，使人之和氣充溢，足以勝不正之乖氣。此聖人燮理陰陽調，劑物類之一事，以顯迹而寓其精意，使民由之而不知，義實止此耳。若必如先儒所引昴、畢、虛、危有鬼尸作祟之説，則近於巫史之倫，適以亂民志而昧聖教。且星辰之名義見諸三代者，猶是經典之明訓。世傳《星經》鼻祖甘石，嘗考二人生在齊、魏，其果先天勿違，遊天際而出於上帝之面諭，抑亦或如稷下談天窺星象而不無附會者乎？不然，如傳説、王良，其命名出於後世，夫人可知兹以儺有昴、虛之祟，爲先儒素所稱引者，故不敢獨廢，因援列以備考覽。摠之，五行之生剋，剛克柔克，氣候亦即因之，故有調燮之禮。如必泥大陵、積尸奉爲儺義之攸關，恐非吾儒窮經致用之本意，故爲辨晰如左。

補訂

晉侯問於士文伯曰：人多語辰而莫同，何謂辰？對曰：日月之會是爲辰。日月之會，言十二次也。疏曰：所謂語辰而莫同者，大火謂之辰也，北極謂辰，水星謂辰，東南隅有辰也，十二次謂之辰也。然大火則謂之大辰，北極則謂之北辰，水星則謂辰星，東南隅則方位之一耳。論辰之正義，必以十二次爲斷。晉侯之問，在昭公七年。更按《類考》云：日月行度皆從角起，角位在辰，指其所始者以名之，故總稱辰。蓋東南隅所屬十二辰之辰名壽星，在辰方正以日月行從角起也。

《周禮・大宗伯》：以槱燎祠司中、司命、飌師、雨師。鄭司農云：司中三能，三階也。司命，文昌宫星。風師，箕也。雨師，畢也。康成又謂，司中、司命，文昌第五、第四星，或曰中能、上能也。賈疏又引武陵太守《星傳》曰：文昌六星，一曰上將，二曰次將，三曰貴相，四曰司命，五曰司中，六曰司禄。三台一名天柱，上台司命爲太尉，中台司中爲司徒，下台司禄爲司空。按：注以此祀指某星，亦星家承授之言，即以風雨二師指箕、畢，亦以經有「好風」、「好雨」之言，豈真別有指授乎？况《星傳》有太尉之名，其爲嬴秦以後之人所稱可知。蓋東漢時以太傅、太尉、大司徒、大司空稱爲四府三公也。愚以爲此司中命大約佑民之神耳。傳曰：「民受天地之中以生。」所謂命也，蓋有受以生，應有其護衛之者。命則氣數所爲，吉凶禍福陰隲下民，司與中并祀之正禮，所謂求吉祥耳。風雨則祈其時，若豈必泥爲某星哉？

清・葉瀚、葉瀾《天文歌略》 萬球迴薄，對地曰天。日體發光，遥攝大千。地與行星，繞日而旋。

地體扁圓，亦一行星。繞日軌道，橢圓之形。同繞日者，測有八星。各行軌道，分列逐層。

天不可度，依地爲宗。先明地學，天文始通。

吾人所寓，實爲地球。其體圓轉，上下四游。一日一夜，自轉一周。繞日一年，四季周流。餘九日奇，閏月是求。

自地仰視，曜若旋空。東西出没，環地一通。實地自轉，由西迤東。

地形既詳，用名宜識。全球分度，三百六十。經縱緯橫，交成弧角。地軸直線，自南貫北。軸地交點，即南北極。

軸與軌道，平行微斜。約二十三度半。兩極不動，久亦有差。

中腰大圈，名曰赤道。平分地球，南北各半。繞日斜交，是爲黄道。黄道者，人在地軌平面上視日所行之道，實即地球繞日之光道也。分十二宫，推步是攷。

黄赤相交，二分點是。在上屬秋，在下屬春。太陽過此，晝夜平均。

春分以後，日照北球。以太陽在赤道北，故北半球向日受日光多故。秋分以後，日照南球。秋分後太陽在赤道南，南半球向日接受日光多，故南半球爲夏，北半球爲冬。冬夏二至，南北不同。

地與行星，旋日朝宗。日體較地，大百萬倍。太陽直徑二百五十五萬七千七百五十一里，較地大一百四十萬倍。居中自轉，攝星不墜。【略】

地球何形？橘子仿佛。兩極微凹，赤道微凸。地學之家，分爲二則。一講地面，一講地質。

地面之學，圖象攸資。球體度綫，事屬人爲。球體中徑，爲赤道圈。赤道以南，有晝短圈。距赤道二十三度二十八分。赤道以北，有晝長圈。亦距赤道二十三度

二十八分。晝短圈外，有南極圈。距晝短圈四十三度四分。晝長圈外，有北極圈。距晝長圈亦四十三度四分。

晝短晝長，二圈之中。日近天頂，酷暑多風。名曰熱帶，冬夏微同。二圈之外，至二極圈，名曰温帶，氣候涼暄。二極圈内，氣候極寒。名二寒帶，冰雪漫漫。

測地方向，全藉經緯。緯綫横列，與赤道平行諸圈是也。經綫直剖。直過二極，正交赤道諸大圈周是也。周分度數，三百六十。在地一度，爲里二百。欲測緯度，由赤道數。赤道以南，名南緯度。赤道以北，名北緯度。南北平分，各九十度。欲測經度，先求中綫。中綫所在，隨地而變。各國中綫不同，如中國以順天爲中綫，英國以倫敦爲中綫。中綫以東，名東經度。中綫以西，名西經度。東西各分，百八十度。

又因地圓，綫難均適。漸遠赤道，經度漸狹。及至南北，會於二極。

清・王闓運《尚書箋》卷一 乃命羲和。羲，王充引作曦。馬曰：羲氏掌天官，和氏掌地官。鄭曰：高辛氏之世，命重爲南正司天，黎爲火正司地。堯育重黎之後，羲氏和氏之子賢者，使掌舊職，亦紀於近，命以民事。其時官名蓋曰稷司徒。箋曰：許慎説，羲氣也，以調和陰陽，因名官也。和乃者既有萬國，當有所統，始立二伯也。欽若昊天。今文歐陽説：春曰昊天。古文説：元氣廣大則稱昊天。司馬釋欽若爲敬順。箋曰：《爾雅》：欽，興也。許慎説，昊從日夰，夰放也。元氣昦，昦天無質，以日爲天耳。曆象日月星辰。司馬釋歷象爲數法。孔穎達説鄭以星辰爲一。箋曰：日月會於列星謂之辰。數法之者，算其度數以爲法象。敬授民時。民，東晉本作人，此從司馬。《大傳》曰：天子南面而視四方星之中，知民緩急，故曰敬授民時。箋曰：敬，警也。

紀事

《易・繫辭下》 古者庖犧氏之王天下也，仰則觀象于天，俯則觀法于地，觀鳥獸之文與地之宜。近取諸身，遠取諸物，於是始作八卦，以通神明之德，以類萬物之情。

《書・大禹謨》 帝曰：「俞！地平天成，六府三事允治，萬世奚賴，時乃功。」

《管子・五行篇》 昔者黄帝得蚩尤而明于天道，得大常而察于地利。蚩尤明乎天道，故使爲當時大常，察乎地利故使爲廩者。

《管子・山權數》 桓公問於管子曰：「請問權數。」管子對曰：「天以時爲權，地以財爲權，人以力爲權，君以令爲權。失天之權，則人地之權亡。」桓公曰：「何謂『失天之權，則人地之權亡』？」管子對曰：「湯七年旱，禹五年水，民之無饘賣子者。湯以莊山之金鑄幣，而贖民之無饘賣子者；禹以歷山之金鑄幣，而贖民之無饘賣子者。故天權失，人地之權皆失也。故王者歲守十分之參，三年與少（半）成歲，三十一年而藏十一年與少半。藏參之一不足以傷民，而農夫敬事力作。故天毀地，凶旱水泆，民無入於溝壑乞請者也。此守時以待天權之道也。」

《周禮・春官・大宗伯》 大宗伯以蒼璧禮天，以黄琮禮地。

《禮記・孔子閒居》 子夏曰：「三王之德，參於天地，敢問：何如斯可謂參於天地矣？」孔子曰：「奉三無私以勞天下。」子夏曰：「敢問何謂三無私？」孔子曰：「天無私覆，地無私載，日月無私照。奉斯三者以勞天下，此之謂三無私。其在《詩》曰：『帝命不違，至於湯齊。湯降不遲，聖敬日躋。昭假遲遲，上帝是祇。帝命式於九圍。』是湯之德也。天有四時，春秋冬夏，風雨霜露，無非教也。地載神氣，神氣風霆，風霆流形，庶物露生，無非教也。【略】

《禮記・哀公問》 公曰：「敢問君子何貴乎天道也？」孔子對曰：「貴其不已。如日月東西相從而不已也，是天道也；不閉其久，是天道也；無爲而物成，是天道也；已成而明，是天道也。」

《國語・周語下》 晉孫談之子周適周，事單襄公。【略】襄公有疾，召頃公而告之曰：「必善晉周，將得晉國。其行也文，能文則得天地，天地所胙，小而後國。夫敬，文之恭也；忠，文之實也；信，文之孚也；仁，文之愛也；義，文之制也；知，文之輿也；勇，文之帥也；教，文之施也；孝，文之本也；惠，文之慈也；讓，文之材也。象天能敬，帥意能忠，思身能信，愛人能仁，利制能義，事建能知，帥義能勇，施辯能教，昭神能孝，慈和能惠，推敵能讓。此十一者，夫子皆有焉。天六地五，數之常也。經之以天，緯之以地。經緯不爽，天之象也。文王

質文，故天胙之以天下。夫子被之矣，其昭穆又近，可以得國。」

《國語・楚語下》 楚昭王問於觀射父，曰：「《周書》所謂重、黎實使天地不通者，何也？若無然，民將能登天乎？」

對曰：「非此之謂也。古者民神不雜。民之精爽不攜貳者，而又能齊肅衷正，其智能上下比義，其聖能光遠宣朗，其明能光照之，其聰能聽徹之，如是則明神降之，在男曰覡，在女曰巫。是使制神之處位次主，而爲之牲器時服，而後使先聖之後之有光烈，而能知山川之號、高祖之主、宗廟之事、昭穆之世、齊敬之勤、禮節之宜、威儀之則、容貌之崇、忠信之質、禋絜之服而敬恭明神者，以爲之祝。使名姓之後，能知四時之生、犧牲之物、玉帛之類、采服之儀、彝器之量、次主之度、屏攝之位、壇場之所、上下之神、氏姓之出，而心率舊典者爲之宗。于是乎有天地神民類物之官，是謂五官，各司其序，不相亂也。民是以能有忠信，神是以能有明德，民神異業，敬而不瀆，故神降之嘉生，民以物享，禍災不至，求用不匱。

「及少皞之衰也，九黎亂德，民神雜糅，不可方物。夫人作享，家爲巫史，無有要質。民匱于祀，而不知其福。蒸享無度，民神同位。民瀆齊盟，無有嚴威。神狎民則，不蠲其爲。嘉生不降，無物以享。禍災薦臻，莫盡其氣。顓頊受之，乃命南正重司天以屬神，命火正黎司地以屬民，使復舊常，無相侵瀆，是謂絶地天通。其後，三苗復九黎之德，堯復育重黎之後，不忘舊者，使復典之。以至于夏、商，故重、黎氏世敘天地，而別其分主者也。其在周，程伯休父其後也，當宣王時，失其官守，而爲司馬氏。寵神其祖，以取威于民，曰：『重實上天，黎實下地。』遭世之亂，而莫之能御也。不然，夫天地成而不變，何比之有？」

《左傳・僖公十五年》 秦獲晉侯以歸。晉大夫反首拔舍從之。秦伯使辭焉，曰：「二三子何其慼也？寡人之從君而西也，亦晉之妖夢是踐，豈敢以至？」晉大夫三拜稽首，曰：「君履后土而戴皇天，皇天后土實聞君之言，羣臣敢在下風。」

穆姬聞晉侯將至，以大子罃、弘與女簡、璧登臺而履薪焉。使以免服衰絰逆，且告，曰：「上天降災，使我兩君匪以玉帛相見，而以興戎。若晉君朝以入，則婢子夕以死；夕以入，則朝以死。唯君裁之。」乃舍諸靈臺。

大夫請以入。公曰：「獲晉侯，以厚歸也。既而喪歸，焉用之？大夫其何有焉？且晉人慼憂以重我，天地以要我。不圖晉憂，重其怒也；我食我言，背天地也。重怒，難任；違天，不祥，必歸晉君。」

《左傳・成公十三年》 公及諸侯朝王，遂從劉康公、成肅公會晉侯伐秦。成子受脤于社，不敬。劉子曰：「吾聞之：民受天地之中以生，所謂命也。是以有動作禮義威儀之則，以定命也。（略）國之大事，在祀與戎。祀有執膰，戎有受脤，神之大節也。今成子惰，棄其命矣，其不反乎？」

《左傳・昭公二十五年》 子大叔見趙簡子，簡子問揖讓、周旋之禮焉。對曰：「是儀也，非禮也。」簡子曰：「敢問，何謂禮？」對曰：「吉也聞諸先大夫子產曰：『夫禮，天之經也，地之義也，民之行也。』天地之經，而民實則之。則天之明，因地之性，生其六氣，用其五行。氣爲五味，發爲五色，章爲五聲，淫則昏亂，民失其性。是故爲禮以奉之：爲六畜、五牲、三犧，以奉五味；爲九文、六采、五章，以奉五色；爲九歌、八風、七音、六律，以奉五聲；爲君臣上下，以則地義；爲夫婦外内，以經二物；爲父子、兄弟、姑姊、甥舅、昏媾、姻亞，以象天明；爲政事、庸力、行務，以從四時；爲刑罰、威獄，使民畏忌，以類其震曜殺戮；爲溫慈、惠和，以效天之生殖長育。民有好惡、喜怒、哀樂，生於六氣。是故審則宜類，以制六志。哀有哭泣，樂有歌舞，喜有施捨，怒有戰鬭。喜生於好，怒生於惡。是故審行信令，禍福賞罰，以制死生。生，好物也；死，惡物也。好物，樂也；惡物，哀也。哀樂不失，乃能協于天地之性，是以長久。」簡子曰：「甚哉，禮之大也！」對曰：「禮，上下之紀，天地之經緯也，民之所以生也，是以先王尚之。故人之能自曲直以赴禮者，謂之成人。大，不亦宜乎！」

《莊子・知北遊》 舜問乎丞曰：「道可得而有乎？」曰：「汝身非汝有也，汝何得有夫道！」舜曰：「吾身非吾有也，孰有之哉？」曰：「是天地之委形也；生非汝有，是天地之委和也；性命非汝有，是天地之委順也；子孫非汝有，是天地之委蜕也。故行不知所往，處不知所持，食不知所味。天地之強陽氣也，又胡可得而有耶！」【略】冉求問於仲尼曰：「未有天地可知耶？」仲尼曰：「可。古猶今也。」

冉求失問而退。明日復見，曰：「昔者吾問『未有天地可知乎？』夫子曰：『可。古猶今也。』昔日吾昭然，今日吾昧然。敢問何謂也？」仲尼曰：「昔之昭然也，神者先受之；今之昧然也，且又爲不神者求耶？無古無今，無始無終。未有子孫而有子孫，可乎？」

冉求未對。仲尼曰：「已矣，未應矣！不以生生死，不以死死生。死生有待耶？皆有所一體。有先天地生者物耶？物物者非物，物出不得先物也，猶其有物也。猶其有物也，無已。聖人之愛人也，終無已者，亦乃取於是者也。」

《莊子·齊物論》 南郭子綦隱几而坐，仰天而噓，嗒焉似喪其耦。顔成子游立侍乎前，曰：「何居乎？形固可使如槁木，而心固可使如死灰乎？今之隱几者，非昔之隱几也？」子綦曰：「偃不亦善乎，而問之也！今者吾喪我，汝知之乎？汝聞人籟而未聞地籟，汝聞地籟而未聞天籟夫！」子游曰：「敢問其方。」子綦曰：「夫大塊噫氣，其名爲風。是唯無作，作則萬竅怒呺。而獨不聞之翏翏乎？山林之畏佳，大木百圍之竅穴，似鼻，似口，似耳，似枅，似圈，似臼，似洼者，似污者；激者，謞者，叱者，吸者，叫者，譹者，宎者，咬者，前者唱于而隨者唱喁。泠風則小和，飄風則大和，厲風濟則衆竅爲虛。而獨不見之調調之刁刁乎？」子游曰：「地籟則衆竅是已，人籟則比竹是已，敢問天籟。」子綦曰：「夫吹萬不同，而使其自已也，咸其自取，怒者其誰邪？」

《莊子·天下》 南方有倚人焉曰黄繚，問天地所以不墜不陷，風雨雷霆之故。惠施不辭而應，不慮而對，徧爲萬物説，説而不休，多而無已，猶以爲寡，益之以怪。以反人爲實，而欲以勝人爲名，是以與衆不適也。弱於德，強於物，其塗隩矣。由天地之道觀惠施之能，其猶一蚊一虻之勞者也。其于物也何庸！

《吕氏春秋·行論》 堯以天下讓舜，鯀爲諸侯，怒於堯，曰：「得天之道者爲帝，得地之道者爲三公。今我得地之道，而不以我爲三公。」以堯爲失論，欲得三公，怒甚。猛獸欲以爲亂。

漢·司馬遷《史記》卷一《五帝本紀》 帝顓頊高陽者，静淵以有謀，疏通而知事；養材以任地，載時以象天。

漢·司馬遷《史記》卷一三〇《太史公自序》 昔者在顓頊，命南正重以司天，北正黎以司地。

漢·揚雄《法言》卷五《問神》 或問「神」。曰：「心。」「請問之。」曰：「潛天而天，潛地而地。天地，神明而不測者也。心之潛也，猶將測之，況於人乎？況於事倫乎？」

漢·黄憲《天文》 徐淵遊於蜀山，見蒼禽集西岡之坡，順風而交鳴。徐淵異之，歸而問諸徵君。

曰：「此何禽也？」

曰：「其蒼鶂乎。鶂之孕不精而感，不交而生。其感也以風，其生也以睨。此之謂氣化。其鳥載於《爾雅》者也。子不聞觚竹之荒，有鳥曰鵙，翼生於股，熒惑見則孕，是以禽而感於星也。嘉陵之墟，有鳥曰鳶。鳶臨溪而啄影則孕，吐於口而生，是感於水也。扶桑之野，有鳥曰摇光，感日之精，千載一孕，其形如龜，是感於日也。此三禽者，《爾雅》不得而載焉。由此觀之，凡海外之荒國，其不名之禽，無稱之獸，惡可窮哉？是地無窮而物亦無窮也。」

曰：「然則天地果有涯乎？」

曰：「日月之出入者其涯也，日月之外則吾不知焉。」

曰：「日月附於天乎？」

曰：「天外也，日月内也。内則以日月爲涯，故躔度不易而四時成；外則以太虚爲涯，其涯也不睹。日月之光不測，躔度之流不察，四時之成，是無日月也，無躔度也，無四時也。同歸於虚，虚則無涯。是以日月之外，聖人不能範圍之而作曆。日月之内，聖人不能損益之而成象。故曆者，循其跡而作者也。」

曰：「天上旋也，左耶？右耶？」

曰：「清明不動之謂天。動也者，其日月星辰之運乎！是故言天之旋非也，規天而作曆猶非也，驗諸運焉云爾已矣。」

曰：「何謂分野？」

曰：「上古之輿，壤地無紀，不貢不賦，穴居而野處。後聖爲之經畫九州，以鎮其民人，奠其山川，頒其貢賦。地於是乎有紀。由此觀之，聖人别九州而紀地，所以配天之文也，非緣星而紀也。夫星辰之茫昧，亦未嘗屑屑然而爲之分。是故象緯者，天之文也；九州者，地之紀也。天地異位而合化，故聖人之烈照於天，若分野之所謂。則六經之未述者，吾奚徵。」

曰：「淵也聞魯王好天文，譚星之士，四方輻輳而進。子何隱厥藝哉？」

曰：「懈人紀而貪天文，惑孰甚。吾未之學，不敢進也。」

三國吴·徐整《三五曆紀》 天地混沌狀如雞子，盤古生其中，萬八千歲。天地開辟，陽清爲天，陰濁爲地。盤古在其中，一日九變，神於天聖於地。天日高一丈，地日厚一丈，盤古日長一丈，如此萬八千歲，天數極高，地數極深，盤古極長。後乃有三皇。

晉・葛洪《枕中書》 真書曰：昔二儀未分，溟涬鴻濛，未有成形，天地日月未具，狀如雞子混沌玄黃。已有盤古真人，天地之精，自號元始天王，遊乎其中。溟涬經四劫，天形如巨蓋，上無所係，下無所根。天地之外，遼屬無端，玄玄太空，無響無聲，元氣浩浩，如水之形。下無山嶽，上無列星，積氣堅剛，大柔服維，天地浮其中，展轉無方。若無此氣，天地不生。天者，如龍旋迴雲，中復經四劫，二儀始分，相去三萬六千里，巖石出血成水，水生元蟲，元蟲生濱牽，濱牽生剛須，剛須生龍，元始天王在天中心之上，名曰玉京山。山中宮殿並金玉飾之，常仰吸天氣，俯飲地泉。復經二劫，忽生太元玉女，在石澗積血之中出而能言，人形具足，天姿絶妙，常遊厚地之間，仰吸天氣，號曰太元聖母。

前秦・王嘉《拾遺記》卷一 帝堯在位，聖德光洽，河洛之濱，得玉版方尺，圖天地之形。又獲金璧之瑞，文字炳列，記天地造化之始。

南朝宋・劉義慶《世説新語・言語》 晉武帝始登祚，探策得「一」。王者世數，繫此多少。帝既不説，羣臣失色，莫能有言者。侍中裴楷進曰：「臣聞天得一以清，地得一以寧，侯王得一以爲天下貞。」帝説，羣臣歎服。

南朝梁・任昉《述異記》 昔盤古氏之死也，頭爲四嶽，目爲日月，脂膏爲江海，毛髮爲草木。秦漢間俗説盤古氏，頭爲東嶽，腹爲中嶽，左臂爲南嶽，右臂爲北嶽，足爲西嶽。先儒説盤古氏，淚爲江河，氣爲風，聲爲雷，目瞳爲電。古説盤古氏，喜爲晴，怒爲陰。吳楚間説盤古氏，夫妻陰陽之始也。

北周・甄鸞《笑道記》 《太上老君造立天地初記》稱：【略】老子遂變形，左目爲日，右目爲月，頭爲崑崙山，髮爲星宿，骨爲龍，肉爲獸，腸爲蛇，腹爲海，指爲五嶽，毛爲草木，心爲華蓋，乃至兩腎合爲真要父母。

宋・沈括《夢溪筆談》卷七 北齊(向)〔張〕子信候天文，凡月前有星則行速，星多則尤速。月行自有遲速定數，然遇行疾曆其前必有星。如子信説亦陰陽相感，自相契耳。

宋・羅泌《路史》卷一〇 (伏羲)命潛龍氏筮之，乃迎日推策相剛，建造甲子以命歲時，配天爲幹，配地爲枝，枝幹配類以綱維乎四象。

宋・羅泌《路史》卷一四 (黄帝)問於鬼臾蓲曰：「上下周紀其有數乎？」對曰：「天以六節，地以五制。周天紀者六，期爲備終。地紀者五，歲爲周五。六合者歲三千七百二十氣爲一紀，六十歲千四百四十氣爲一周，太過不及斯以見矣。乃因五量治五氣，起消息，察發斂以作《調歷》。

宋・王鞏《聞見近録》 丁晉公嘗忌楊文公。文公一日詣晉公，既拜而鬚拂地，晉公曰：「内翰拜時鬚拂地。」文公起，視其仰塵曰：「相公坐處幕漫天。」時人稱其敏而有理。

元・脱脱等《宋史》卷四三四《儒林傳四・陸九淵》 九淵字子静，生三四歲，問其父：「天地何所窮際？」父笑而不答，遂深思至忘寢食。

《太上洞玄靈寶天關經》 故造天地章云：【略】妙號高上老君而混成天地焉，分别元氣，清者爲天，濁者爲地，太陽之精爲日，太陰之精爲月，復分日月之精爲星辰，置二十八宿，布二十四氣，建八節、四時、五行，立五星，立五嶽，分五帝主之，日月星各立官室，主理其中。【略】天地之氣交，然后人及禽獸草木，宣氣蠕動，森然皆生。

元・陳桱《通鑑續編》卷一 古者民茹草木之實，食禽獸之肉，未知耕稼。炎帝因天時相地宜，斲木爲耜，揉木爲耒，始教民藝，五穀而農事興焉。

又 帝作冕，垂旒充纊，爲玄衣黄裳以象天地之正色，旁觀翬翟草木之華，乃染五采爲文章，以表貴賤。

元・陸深《玉堂漫筆》 薛文清公觀崖石，每層有紋横界而層層相沓，謂爲天地之初，陰陽磨盪而成，若水之漾沙，一層復一層也，殊不知實是水所漾耳。蓋天地之初，混沌一物，惟有水火二者，開闢之際，火日升，水日降，而天地分矣。凡山阜皆從水中洗出，觀江河間沙洲可見。余嘗謂：水，天下之至高者也；山，天下之至卑者也。故海底有石而山顛有水，然水亦實至高，霜露雨雪是也。

明・陳耀文《天中記》卷四二 伏羲削桐爲琴，面員法天，底平象地。

明・沈朝陽《通鑒紀事本末前編》卷一 帝嚳高辛氏順天義，知民之急，取地之財而節用之，撫教萬民而利誨之。

明・董斯張《廣博物志》 〔堯得舜服澤之陽，〕問以天下，曰：「我欲致天下，爲之奈何？」對曰：「執一亡失，行微亡怠，中信無倦，而天下自來。」問：「以奚事？」對曰：「事天。」問：「以奚任？」對曰：「任地。」又問：「奚務？」對曰：「務人。」

明・張定《在田録》 高祖游食四方時，嘗露宿野中，作詩自述云：「天爲羅帳地爲氈，日月星辰伴我眠。鞠躬不敢長伸脚，恐踏山河社稷穿。」

清·雷學淇《古經天象考序》 學者戴天履地，日讀聖賢書，而經傳所言若天象、若地理，竟茫乎不解其何謂，此亦士之恥矣。自漢以后，若《禹貢》之山川，《儀禮》之宫室，《春秋左氏傳》之國邑，具有成書，燦乎可覩，言天者恒畧。甄鸞之《五經算術》止計九章，王伯厚之《六經天文編》不無疏漏。史志載機巧之製，以儀器釋經，注疏或訛誤相承，失正朔之義。嘗欲住此扞格。十年庚辰，解組歸，豁然有悟，條分類記，匯爲八篇，曰原始觀象、循斗定法、治曆布憲、述徵演緒。分四紀十二卷，附圖説一卷。既卒業，敘次其目題曰《古經天象考》，所以補闕遺、訂僞誤、重民時、申古義也。大雅宏達幸釐正之，則淇也珥筆以俟。道光乙酉仲秋，雷學淇識。

著録

漢·班固《漢書》卷三〇《藝文志》 《宋司星子韋》三篇。景公之史。

《公檮生終始》十四篇。傳鄒奭《始終》書。

《公孫發》二十二篇。六國時。

《鄒子》四十九篇。名衍，齊人，爲燕昭王師，居稷下，號談天衍。

《鄒子終始》五十六篇。

《乘丘子》五篇。六國時。

《杜文公》五篇。六國時。

《黄帝泰素》二十篇。六國時韓諸公子所作。

《南公》三十一篇。六國時。

《容成子》十四篇。

《張蒼》十六篇。丞相北平侯。

《鄒奭子》十二篇。齊人，號曰雕龍奭。

《閭丘子》十三篇。名快，魏人，在南公前。

《馮促》十三篇。鄭人。

《將鉅子》五篇。六國時。先南公，南公稱之。

《五曹官制》五篇。漢制，似賈誼所條。

《周伯》十一篇。齊人，六國時。

《衛侯官》十二篇。近世，不知作者。

于長《天下忠臣》九篇。平陰人，近世。

《公孫渾邪》十五篇。平曲侯。

《雜陰陽》三十八篇。不知作者。

右陰陽二十一家，三百六十九篇。

陰陽家者流，蓋出於羲和之官，敬順昊天，曆象日月星辰，敬授民時，此其所長也。及拘者爲之，則牽於禁忌，泥於小數，舍人事而任鬼神。

唐·魏徵等《隋書》卷三四《經籍志》 《周髀》一卷。趙嬰注。

《周髀》一卷。甄鸞重述。

《周髀圖》一卷。

《靈憲》一卷。張衡撰。

《渾天象注》一卷。吴散騎常侍王蕃撰。

《渾天義》二卷。

《渾天圖》一卷。石氏。

《渾天圖》一卷。

《渾天圖記》一卷。梁有《昕天論》一卷，姚信撰；《安天論》六卷，虞喜撰；《圖天圖》一卷，《原天論》一卷，《神光内抄》一卷。

《定天論》三卷。

《天儀説要》一卷。陶弘景撰。

《玄圖》一卷。

《石氏星簿經贊》一卷。

《星經》二卷。

《廿氏四七法》一卷。

《巫咸五星占》一卷。

《録軌象以頌其章》一卷。內有圖。

《天文集占》十卷。晉太史令陳卓定。

《天文要集》四十卷。晉太史令韓楊撰。

《天文要集》四卷。

《天文要集》三卷。

《天文集占》十卷。梁百卷。梁有《石氏》、《甘氏天文占》各八卷。

《天文占》六卷。李暹撰。

《天文占》一卷。

《天文占氣書》一卷。

《天文集要鈔》二卷。

《天文書》二卷。梁有《雜天文書》二十五卷。

《雜天文横占》一卷。

《天文横圖》一卷。高文洪撰。

《天文集占圖》十一卷。梁有《天文五行圖》十二卷,《天文雜占》十六卷,亡。

《天文録》三十卷。梁奉朝請祖暅撰。

《天文志》十二卷。吴雲撰。

《天文志雜占》一卷。吴雲撰。梁有《天文雜占》十五卷,亡。

《天文》十二卷。史崇注。

《天文十二次圖》一卷。梁有《天宫宿野圖》一卷,亡。

又 《五星占》一卷。丁巡撰。

《五星占》一卷。梁有《五星集占》六卷,《日月五星集占》十卷。

《五星占》一卷。陳卓撰。

《五星犯列宿占》六卷。

《雜星書》一卷。

《星占》二十八卷。孫僧化等撰。

《星占》一卷。梁有《石氏星經》七卷,陳卓記;又《石氏星官》十九卷,又《星經》七卷,郭歷撰。亡。

《天官星占》十卷。陳卓撰。梁《天官星占》二十卷,吴襲撰。

《星占》八卷。梁又有《星占》十八卷。

《中星經簿》十五卷。梁有《星官簿贊》十三卷,又有《星書》三十四卷,《雜家星占》六卷,《論星》一卷,亡。

《著明集》十卷。

《雜星圖》五卷。

《天文外官占》八卷。

《雜星占》七卷。

《海中星占》一卷。梁有《論星》一卷。

《星圖海中占》一卷。

《解天命星宿要決》一卷。

《星圖》二卷。梁有《星書圖》七卷。

《雪星占》一卷。

《妖星流星形名占》一卷。

《太白占》一卷。

《流星占》一卷。

《石氏星占》一卷。吴襲撰。

《候雲氣》一卷。

《星官次占》一卷。

《彗孛占》一卷。

《二十八宿二百八十三官圖》一卷。

《荊州占》二十卷。宋通直郎劉嚴撰。梁二十二卷。

《翼氏占風》一卷。

《日月暈》三卷。梁《日月暈圖》二卷。

《孝經内記》二卷。

《京氏釋五星災異傳》一卷。

《京氏日占圖》三卷。

《夏氏日旁氣》一卷。許氏撰。梁四卷。

《日食弗候占》一卷。

《魏氏日旁氣圖》一卷。

《日旁雲氣圖》五卷。

《天文占雲氣圖》一卷。梁有《雜望氣經》八卷,《候氣占》一卷,《章賢十二時雲氣圖》二卷。

《天文洪範日月變》一卷。

《洪範占》二卷。梁有《洪範五行星曆》四卷。

《黄道晷景占》一卷。梁有《晷景記》二卷。
《月行黄道圖》一卷。梁有《日月交會圖鄭玄注》一卷，又《日月本次點陣圖》二卷。
《月暈占》一卷。
《日月食暈占》四卷。
《日食占》一卷。
《日月薄蝕圖》一卷。
《日變異食占》一卷。
《日月暈珥雲氣圖占》一卷。梁有《君失政大雲雨日月占》二卷。
《二十八宿十二次》一卷。
《二十八宿分野圖》一卷。
《五緯合雜》一卷。
《五星合雜説》一卷。
《垂象志》一百四十八卷。
《太史注記》六卷。
《靈臺秘苑》一百一十五卷。太史令庾季才撰。

宋·歐陽修、宋祁等《新唐書》卷五九《藝文志三》　《石氏星經簿贊》一卷。石申。

虞喜《安天論》一卷。
《甘氏四七法》一卷。甘德。
劉表《荊州星占》二卷。
劉叡《荊州星占》二十卷。
《天文集占》三卷。
祖暅之《天文録》三十卷。
韓楊《天文要集》四十卷。
高文洪《天文横圖》一卷。
吴雲《天文雜占》一卷。
陳卓《四方星占》一卷。又《五星占》一卷。
《天文集占》七卷。
孫僧化等《星占》三十三卷。
史崇《十二次二十八宿星占》十二卷。
庾季才《靈臺秘苑》一百二十卷。
逢行珪《玄機内事》七卷。
《論二十八宿度數》一卷。
《五星兵法》一卷。
《黄道略星占》一卷。
《孝經内記星圖》一卷。
《周易分野星圖》一卷。
李淳風釋《周髀》二卷。
又《乙巳占》十二卷。
《天文占》一卷。
《大象元文》一卷。
《乾坤秘奧》七卷。
《法象志》七卷。
《太白會運逆兆通代記圖》一卷。淳風與袁天綱集。
武密《古今通占鏡》三十卷。
《大唐開元占經》一百一十卷。瞿曇悉達集。
董和《通乾論》十五卷。和，本名純，避憲宗名改。善曆算。裴胄爲荊南節度，館之，著是書云。
《長慶算五星所在宿度圖》一卷。司天少監徐昇。
黄冠子李播《天文大象賦》一卷。李台集解。
王希明《丹元子步天歌》一卷。

元·脱脱等《宋史》卷二〇六《藝文志五》　甘、石、巫咸氏《星經》一卷。

石氏《星簿贊曆》一卷。
張衡《大象賦》一卷。
苗爲注張華《小象賦》一卷。
《乾象録》一卷。
抱真子《上象握鑒歌》三卷。
吕晚成《上象鑒》三卷。
《大象玄文》二卷。
《垂象志》二卷。

閭丘業《大象玄機歌》一卷。本三卷，殘闕。
《天象圖》一卷。
《大象曆》一卷。
《入象度》一卷。
《乾象秘訣》一卷。
祖暅《天文録》三十卷。
《天文總論》十二卷。
《天文廣要》三十五卷。
《立成天文》三卷。
《符天經》一卷。
曹士蔿《符天經疏》一卷。
《符天通真立成法》二卷。
《天文秘訣》二卷。
《天文經》三卷。
《天文録經要訣》一卷。鈔祖暅書。
《後魏天文志》四卷。
王安禮《天文書》十六卷。
《二儀賦》一卷。
李淳風《乾坤秘奥》七卷。
《太陽太陰賦》二卷。
《日月氣象圖》五卷。
《上象二十八宿纂要訣》一卷。
《太白會運逆兆通代記圖》一卷。
《日行黄道圖》一卷。
《月行九道圖》一卷。
《雲氣圖》一卷。
《渾天方志圖》一卷。
《九州格子圖》一卷。
張商英《三才定點陣圖》一卷。
《大象列星圖》三卷。
《大象星經》一卷。
《乾文星經》二卷。
劉表《星經》一卷。又《星經》三卷。
《上象占要略》一卷。
《天文占》三卷。
《天象占》一卷。
《乾象秘占》一卷。
《占北斗》一卷。
張華《三家星歌》一卷。又《玉函寶鑒星辰圖》一卷。
《渾天列宿應見經》十二卷。
《衆星配位天隔圖》一卷。
《文殊星曆》二卷。
《上象星文幽棲賦》一卷。
唐昧《秤星經》三卷。
《星説系記一作「紀」》一卷。
《混天星圖》一卷。
陶隱居《天文星經》五卷。
徐承嗣《星書要略》六卷。
《星經手集》二卷。
《天文星經》五卷。
《皇祐星經》一卷。
《五星交會圖》一卷。
徐升《長慶算五星所在宿度圖》一卷。【略】
李世勣《二十八宿纂要訣》一卷。又《日月運行要訣》一卷。
僧一行《二十八宿秘經要訣》一卷。
宋均《妖瑞星圖》一卷。
《妖瑞星雜氣象》一卷。
桑道茂《大方廣一作「大廣方」經神圖曆》一卷。
《仰覆玄黄圖十二分野躔次》一卷。
《仰觀十二次圖》一卷。

《宿曜度分功能變數名稱録》一卷。
《華夏諸國城名曆》一卷。
《渾儀》一卷。
《渾儀法要》十一卷。
《渾天中影表圖》一卷。
歐陽發《渾儀》十二卷。又《刻漏》五卷》一卷。
《晷影法要》一卷。
豐稷《渾儀浮漏景表銘詞》四卷。
蘇頌《渾天儀象銘》一卷。
韓顯符《天文明鑒占》十卷。
瞿曇悉達《開元占經》四卷。
《二十八宿分野五星巡應占》一卷。
《推占龍母探珠詩》一卷。
《古今通占》三十卷。
《荊州占》三卷。
《握掌占》十卷。
《蓍占新書要略》五卷。
《占風九天玄女經》一卷。
《驗天大明曆》一卷。
《占候雲雨賦》一卷。
《雲氣測賦候》一卷。
《符天五德定分曆》三卷。
王洪暉《日月五星彗孛淩犯應驗圖》三十卷。
《上象應驗録》二十卷。
郭穎夫一作「士」《符天大術休咎訣》一卷。
《五星休咎賦》一卷。
張渭《符天災福新術》五卷。
《天文日月星辰變現災祥圖》一卷。
仁宗《寶元天人祥異書》十卷。
徐彦卿《徵應集》三卷。
《玄象應驗録》二十卷。
《祥瑞圖》一卷。【略】
《樞要經》一卷。
《青霄玉鑒》二卷。
《碧霄金鑒》三卷。
《碧落經》十卷。
蔣權卿《應輪心鑒》五卷。
崔寓《神象氣運圖》十卷。
《紫庭秘訣》一卷。
《玄緯經》二卷。
《辨負一作「真」經》二卷。
《大霄論璧第五》一卷。
《氣象圖》一卷。
《乙巳略例》十五卷。
《唐書距子經》一卷。
陶弘景《象曆》一卷。
《括星詩》一卷。
《玄象隔子圖》一卷。
《鏡圖》三卷。
《天文圖》一卷。
《三元經傳》一卷。
《大衍明疑論》十五卷。
《交食論》一卷。並不知作者
王希明《丹元子步天歌》一卷。
楊惟德《乾象新書》三十卷。
《新儀象法要》一卷。
張宋臣《列宿圖》一卷。
張宏圖《天文志訛辨》一卷。
阮泰發《水運渾天機要》一卷。
鄒淮《考異天文書》一卷。

明・岳正《題重修〈革象新書〉後》 占天之學，本聖賢大事業。載典堯舜，蓋有由也。自慎、竈之説行，而儒者始術之矣。其氛祲祥眚，《周官》雖具。至甘石星座，其曰騎官、羽林、丞尉之類，襲用秦漢名稱，愈疑後學。學者不屑用力焉。殊不知經緯天地，首務明時。時苟不明，終不能撫五星以播四政矣。革象談異十無一二，皆爲歷設學者所當究心者也。第以邵子之書，不堪作曆，致可疑焉。《皇極經世》欠曆數用，宋人雖有此談，西山蔡氏以爲書不盡言者，藏諸用也。又曰：以當時日月五星推而上之，得堯即位之日，日即逆推法，而不著其法者，豈非藏諸用乎？且數家以毫厘絲忽極於十百千萬，如因影求形，無具可隱。況康節數學直繼孔子，程子嘗言歷法主於日，日正，他皆可推。洛下閎作曆，言數百年後當差一日。何承天因立差法，攤其差於所歷之年，以驗分數，竟亦不審。獨堯夫於日月交感之際，以陰陽虧盈求之，差法遂定，可謂冠絶古今，此非虚語也。又按邵學，伯温不與而傳王豫。豫歿書殉，蜀道士杜可大購得於發塚之盜，以授廖應淮，由是邵學復出。近世祝秘傳立齊琦皆得邵學者，本朝宋學士先正最號博洽，其序此書曰：傳立極敬畏緣督，謂其能發前人所未言，不知立時曾見此説否也？又論耶律西征庚午曆精妙絶出，及元許、王、郭、陳、鄧諸公相與訂定《授時曆》，可法萬代，曾無一言及邵。近舜江人余誠者爲予言，邵學内外篇具見傳書，而秘傳書又有内外集，具天、地、人三元之學。其天元所論曆數極爲精簡，意必具逆推法，或伊川所謂冠絶古今者耳。惜乎吾不得而時讀焉，因併書之，以爲有志聖賢大事業者告。蒙泉岳正書。

清・許桂林《〈宣西通〉序》 古言天者三家，渾天、蓋天互相詰駁。自崔靈恩、信都芳爲渾蓋合一之説，至李之藻《渾蓋通憲》而二家通而爲一矣。宣夜無師説，遂少有論及者。泰西之法，本於蓋天而推以與渾天相合，所云天有重數，則渾蓋所無。阮雲臺先生作《疇人傳》，《郗萌傳論》云：宣夜謂七曜不綴附天體。夫不附天體則七政各自有其高下可知。今西人言日月五星各居一天，俱在恒星天之下，即不綴附天體之謂。意其説或出於宣夜。桂林因而思之，宣夜本説但云「七政有高下」，西人之説乃云「天有重數」。有高下爲不綴附天體，有重數則各綴附於本天之體。而有高下於理甚協，有重數於理多礙。若西人果能用宣夜之説，則七曜有高下而不立重數，不設諸輪，宗宣夜以爲理。用西人新製儀器測算以爲法，斯宣夜之不絶如綫者。賴西法以大顯，而西士之爲法精密者。得宣夜之理以濟之，乃真如剎西泰所言强人不得不是之，而不復有理以疵之者矣。因極論宣夜長於渾、蓋。天有重數、七政有小輪實爲假設，而於理有不可者，觸發於雲臺先生之説，謹遵聖祖仁皇帝《考成》上編設立小輪，御論引申演暢，將以通西人之法於宣夜。而宣夜明通，宣夜之理於西法而西法正。故命曰「宣西通」。而談天叢説，附綴爲外篇。海州許桂林學壬申歲二月十二日寫稿初成，時日在營室，月正升在柳，填星晨見在南斗，歲星在參，熒惑、太白同在婁，辰星不見，二十一日當見於奎。

清・唐仲冕《〈宣西通〉序》 談天家言人人殊，無一説不窮，亦無一説不可通，何也？天必有所寄，天之外爲水、爲氣、爲空，皆必有止境，而亦安得有止境？《莊子》所謂天下有大惑焉，萬世之後遇大聖，知其解者是旦暮遇之也。此合古今聖神材智而皆窮者也。然以心思之幻説天上慌忽不可見之事，則亦何説不可通？非特渾、蓋、宣及歷朝測天諸家，即如天日本動而云不動，地本静而云日日東行，上下日月而人不覺，亦無不可自成一家言也。羣言淆亂衷諸聖，聖人與天合德，其言天亦第就可見者言之耳。《書》之《堯典》所載中星、七政爲渾、蓋、宣三家之祖。《繫易》曰「天星健」、「坤至静而德方」。又曰：日月得天而能久照、天尊地卑、日月運行。至於治麻明時，則取諸《革》。《戴記》亦云：「道並行而不相悖。」《春秋》書日有食之而不言所食，書恒星不見而不言所以不見。六合之内論而不議，六合之外存而不論。談天之法不外乎是。余素不了天官家言。聞地球之説，地底有人亦甚疑之。解之者曰：地以上皆天也，子以地底人爲倒懸，彼亦將以子爲倒懸。氣之所聚，人在氣中，故不知耳。余遂信之。東海許君月南，素精算學。近得宣夜不傳之祕，抹西法之失，著《宣西通》一書，而先以測天詩二十首見示，謂天頂沖不應有人。余乃據前説以規之。今月南郵寄是書，且云桂林於西法重數小輪，斷其必無其書，大端有二：一曰地下半皆氣承之，上半居人而非面面居人。一曰北極爲氣母，不爲天樞。蓋地誠面面居人，必周圍以氣裹之，氣外當有殼，殼外豈得便空？氣有母則可無殼。而日月星宿皆天屬爲陽，陽則輕清而能運轉。地獨屬陰，陰則重濁，下承以氣而不動。岐伯言：大氣舉地。舉非裹也。《考靈曜》言地四遊氣承之。乃能遊也。其説本《晉天文志》所載宣夜之説，以明西法之小輪重數及地底有人之説，必不可通。讀其書可謂明辨晳矣。而其來書且言桂林姑存此説，以備一解。先生可於序中指正其失，何其謙也？《傳》曰：禮吾未見者有六焉。又何以規？余三復是書，始而茫然，久乃豁然。又安能復理前説哉？蓋月南本宣夜「天了無形質，日月衆星浮

生空中，行止須氣。七曜無所根繫，遲疾任情」之説，以正西法之失。深有合於古人言天不知其所不知，故無惡於鑿也。雖然，有進焉。《易》曰：日月麗乎天。《記》云：日月星辰繫焉。若非麗且繫，何能宿離不忒？但麗不必有質，繫不必有繩。如西人木節在板，目睛自動之喻。日月之行有冬有夏，經星有歲差，緯星有進留退伏，皆可推算。意者即氣母之主宰，是而綱維是乎？月南其必能通其説矣。然月南謂得氣母之説，而談天竟可不窮，則吾請問氣母之上誠如宣夜所云？谷黑山青，眼瞀精絶矣，而究竟伊于胡底？恐亦不得不窮吁。殆所謂存而不論者也，夫言天亦第言其可見者而已矣。陶山唐仲冕譔。

清・阮元《〈經書算學天文攷〉序》 德清許君積卿，余丙午同年友也，精研經史，於推步算數尤明。丁巳冬，以上元陳君所撰《經書算學天文攷》示余，大要以五經算術猶多漏畧，因據今法及授時術一一推衍，補所未備。宣城梅徵君爲國朝算學弟一，陳君之學出于梅氏，知其淵源有所自矣。圖中有初學未易明者，兼爲商略改之。嘉慶二年正月八日，儀徵阮元序。

清・許慶宗《〈經書算學天文攷〉序》 慶宗少時未知有歷算之學。乾隆癸丑春闈，被放於燕市，買得《梅氏叢書》讀之，不能盡曉。有西士自富郎濟亞來入欽天監留粤者，數月往問西法，苦于言語不通，出其所著書，了不可辨。粤中友人無知此事足以相質問者，遂忽忽廢去。去歲在杭，偶與人論左右旋義，輒有所作，援緯書四游以疏本天高卑，而知不同心非渾圓之理。考《周髀》北極璿璣以推古人測驗之法，七政皆統于天，而知東漢以前用赤道不用黄道，爲得諸行之本。至若最高每歲有行分大距，古遠而今近，竊疑測大距當在最高卑時。而展轉思之，尚多滯義，蓋此學之難，非淺識所能究也。適於其時，有以江寧陳君《經書天文算學書》相視者，其言皆有據依，而又明白易曉，足輔疏家之畧。錢唐姜君遂登，好學士，見而愛之，欲梓行以便觀者。既請於督學阮芸臺先生題其卷端，而復屬慶宗爲之敘。慶宗所知當世鴻雅君子，若詹事錢辛楣先生，及芸臺先生皆神明於象數。而吴門李君鋭爲詹事弟子，將悉治太初以來至大統諸法爲一書，以補梅氏書之佚。慶宗同邑徐君養原，耽精算術，欲悉取大衍、天元、借根、對數諸法次於古九章，以會數度之全。顧兩君書皆不易猝成，而陳君書獨先出，慶宗深知此學之難，而幸其有以爲初學之導也，故不辭於言。若夫書之旨趣，則陳君自序詳之，不復及也。德清許慶宗序。

清・陳懋齡《〈經書算學天文攷〉自序》 唐人試士有明算科，五經算術限以年。今考其書，亦頗易究耳。夫算法至今日殆愈密而愈精，然不外《堯典》中星、《周禮》致日等項爲測算之根。漢儒掇拾於煨燼之餘，營造渾天，只因夫子有「北辰居其所」之一句。至孟子言「千歲日至可坐而致」，其自羲和俶擾、周幽薄蝕可攷而知。五經算術於此等處畧不議及，何耶？就中惟《職方》封國、《王制》開方、《魯論》乘馬詳哉言之。然《職方》鄭注迂誕，《王制》步畝乖違，《魯論》千乘畸零難合，讀其書卒難了然於心口。今依恒星東行，詳攷歲差，以弧三角視法圖寫渾儀，依郭守敬授時法通攷《詩》、《書》，及於魯隱，著爲史表，使學者可依法推步。雖不敢謂求詳於古，於西算亦萬分之一也。時嘉慶二年，歲在丁巳十月望日，上元陳懋齡識。

清・張壽榮《〈經書算學天文攷〉跋》 是書爲上元陳副貢撰。據阮文達序，謂副貢之學出於梅氏，則所言自非皮傅者。比書中於天象地輿史表推步諸事，繪圖立説，一以淺近爲初學導。許君積卿稱其明白易曉，足補疏家之略。良然！文達又以《周禮地中攷》原圖未允，爲更定之。蓋既於初學示之涂徑，固不容復令其擿埴冥索也。惟其書板久漫漶，中如閏月定時攷、算法、開方、田尺諸圖，史表諸圈，尤難辨識。因詳爲審定，讎校脱譌，改圖更列。原卷合一未分，析爲上下二卷，並少縮其本，俾便取閲。以視學海堂經解中及單行本舊刻加精焉。夫副貢以導初學爲心，茲其猶是心副貢之心，蘄至於盡達其道而已。壬午春仲，鎮海張壽榮鞠齡甫識。

藝文

佚名《八伯歌》 明明上天，爛然星陳。日月光華，宏予一人。

佚名《祭天辭》 皇皇上天，照臨下土。集地之靈，降甘風雨。庶物羣生，各得其所。靡今靡古，惟予一人。某敬拜皇天之祜。

屈原《天問》 曰：遂古之初，誰傳道之？上下未形，何由考之？

冥昭瞢闇，誰能極之？
馮翼惟像，何以識之？
明明闇闇，惟時何爲？
陰陽三合，何本何化？
圜則九重，孰營度之？
惟茲何功，孰初作之？
斡維焉系，天極焉加？
八柱何當，東南何虧？
九天之際，安放安屬？
隅隈多有，誰知其數？
天何所沓？十二焉分？
日月安屬？列星安陳？
出自湯谷，次於蒙汜？
自明及晦，所行幾里？
夜光何德，死則又育？
厥利維何，而顧菟在腹？
女歧無合，夫焉取九子？
伯強何處？惠氣安在？
何闔而晦？何開而明？
角宿未旦，曜靈安藏？
不任汩鴻，師何以尚之？
僉曰「何憂」，何不課而行之？
鴟龜曳銜，鯀何聽焉？
順欲成功，帝何刑焉？
永遏在羽山，夫何三年不施？
伯禹愎鯀，夫何以變化？
纂就前緒，遂成考功。
何續初繼業，而厥謀不同？
洪泉極深，何以窴之？
地方九則，何以墳之？
河海應龍？何盡何歷？
鯀何所營？禹何所成？
康回馮怒，地何故以東南傾？
九州安錯？川谷何洿？
東流不溢，孰知其故？
東西南北，其修孰多？
南北順橢，其衍幾何？
昆侖縣圃，其尻安在？
增城九重，其高幾里？
四方之門，其誰從焉？
西北辟啓，何氣通焉？
日安不到？燭龍何照？
羲和之未揚，若華何光？
何所冬暖？何所夏寒？
焉有石林？何獸能言？
焉有虬龍，負熊以遊？
雄虺九首，儵忽焉在？
何所不死？長人何守？
靡蓱九衢，枲華安居？
靈蛇吞象，厥大何如？
黑水、玄趾，三危安在？
延年不死，壽何所止？
鯪魚何所？鬿堆焉處？
羿焉彃日？烏焉解羽？
禹之力獻功，降省下土四方。
焉得彼嵞山女，而通之於台桑？
閔妃匹合，厥身是繼。
胡爲嗜不同味，而快朝飽？
啓代益作后，卒然離蠥。
何啓惟憂，而能拘是達？

皆歸射鞠，而無害厥躬。
何后益作革，而禹播降？
啟棘賓商，《九辨》、《九歌》。
何勤子屠母，而死分竟地？
帝降夷羿，革孽夏民。
胡射夫河伯，而妻彼雒嬪？
馮珧利決，封豨是射。
何獻蒸肉之膏，而后帝不若？
浞娶純狐，眩妻爰謀。
何羿之射革，而交吞揆之？
阻窮西征，岩何越焉？
化爲黄熊，巫何活焉？
咸播秬黍，莆雚是營。
何由並投，而鯀疾脩盈？
白蜺嬰茀，胡爲此堂？
安得夫良藥，不能固臧？
天式從横，陽離爰死。
大鳥何鳴，夫焉喪厥體？
蓱號起雨，何以興之？
撰體脅鹿，何以膺之？
鼇戴山抃，何以安之？
釋舟陵行，何之遷之？
惟澆在户，何求于嫂？
何少康逐犬，而顛隕厥首？
女歧縫裳，而館同爰止。
何顛易厥首，而親以逢殆？
湯謀易旅，何以厚之？
覆舟斟尋，何道取之？
桀伐蒙山，何所得焉？
妹嬉何肆，湯何殛焉？

舜閔在家，父何以鱞？
堯不姚告，二女何親？
厥萌在初，何所意焉？
璜臺十成，誰所極焉？
登立爲帝，孰道尚之？
女媧有體，孰制匠之？
舜服厥弟，終然爲害。
何肆犬豕，而厥身不危敗？
吴獲迄古，南嶽是止。
孰期去斯，得兩男子？
緣鵠飾玉，后帝是饗。
何承謀夏桀，終以滅喪？
帝乃降觀，下逢伊摯。
何條放致罰，而黎服大説？
簡狄在臺嚳何宜？
玄鳥致貽女何喜？該秉季德，厥父是臧。
胡終弊于有扈，牧夫牛羊？
干協時舞，何以懷之？
平脅曼膚，何以肥之？
有扈牧豎，云何而逢？
擊床先出，其命何從？
恒秉季德，焉得夫朴牛？
何往營班禄，不但還來？
昏微遵跡，有狄不寧。
何繁鳥萃棘，負子肆情？
眩弟並淫，危害厥兄。
何變化以作詐，而後嗣逢長？
成湯東巡，有莘爰極。
何乞彼小臣，而吉妃是得？
水濱之木，得彼小子。

夫何惡之，媵有莘之婦？
湯出重泉，夫何罪尤？
不勝心伐帝，夫誰使挑之？
會晁争盟，何踐吾期？
蒼鳥群飛，孰使萃之？
列擊紂躬，叔旦不嘉。
何親揆發，何周之命以諮嗟？
授殷天下，其位安施？
反成乃亡，其罪伊何？
争遣伐器，何以行之？
並驅擊翼，何以將之？
昭后成遊，南土爰底。
厥利惟何，逢彼白雉？
穆王巧梅，夫何周流？
環理天下，夫何索求？
妖夫曳衒，何號於市？
周幽誰誅？焉得夫褒姒？
天命反側，何罰何佑？
齊桓九會，卒然身殺。
彼王紂之躬，孰使亂惑？
何惡輔弼，讒諂是服？
比干何逆，而抑沈之？
雷開何順，而賜封之？
何聖人之一德，卒其異方：
梅伯受醢，箕子詳狂？
稷維元子，帝何竺之？
投之於冰上，鳥何燠之？
何馮弓挾矢，殊能將之？
既驚帝切激，何逢長之？
伯昌號衰，秉鞭作牧。
何令徹彼岐社，命有殷之國？
遷藏就岐，何能依？
殷有惑婦，何所譏？
受賜茲醢，西伯上告。
何親就上帝罰，殷之命以不救？
師望在肆，昌何識？
鼓刀揚聲，后何喜？
武發殺殷，何所悒？
載尸集戰，何所急？
伯林雉經，維其何故？
何感天抑墜，夫誰畏懼？
皇天集命，惟何戒之？
受禮天下，又使至代之？
初湯臣摯，後茲承輔。
何卒官湯，尊食宗緒？
勳闔、夢生，少離散亡。
何壯武厲，能流厥嚴？
彭鏗斟雉，帝何饗？
受壽永多，夫何久長？
中央共牧，后何怒？
蜂蛾微命，力何固？
驚女采薇，鹿何祐？
北至回水，萃何喜？
兄有噬犬，弟何欲？
易之以百兩，卒無祿？
薄暮雷電，歸何憂？
厥嚴不奉，帝何求？
伏匿穴處，爰何云？
荊勳作師，夫何長？
悟過改更，我又何言？

吴光争國，久余是勝。

何環穿自閭社丘陵，爰出子文？

吾告堵敖以不長。

何試上自予，忠名彌彰？

三國魏·曹植《七啓》 夫太極之初，混沌未分，萬物紛錯，與道俱隆。蓋有形必朽，有跡必窮。茫茫元氣，誰知其終。名穢我身，位累我躬。竊慕古人之所志，仰老莊之遺風。假靈龜以托喻，寧掉尾於塗中。

晉·傅玄《天行篇》 天行一何健，日月無停蹤。百川赴暘谷，三辰回泰蒙。

晉·傅玄《兩儀詩》 兩儀始分元氣清，列宿垂象六位成。日月西流景東征，悠悠萬物殊品名，聖人憂代念羣生。

晉·成公綏《天地賦并序》 賦者，貴能分賦物理，敷演無方。天地之盛，何以致思矣。歷觀古人未之有賦，豈獨以至麗無文，難以辭贊，不然何其闕哉，遂爲《天地賦》。

惟自然之初載兮，道虛無而元清。太素紛以混淆兮，始有物而混成。何一元之芒昧兮，廓開闢而著形。

爾乃清濁剖分，玄黄判離。太極既殊，是生兩儀。星辰焕列，日月重規。天動以尊，地静以卑。昏明迭炤，或盈或虧。陰陽協氣而代謝，寒暑隨時而推移。三才殊性，五行異位。千變萬化，繁育庶類。授之以形，稟之以氣。色表文采，聲有音律。覆載無方，流形品物。

鼓以雷霆，潤以慶雲。八風翱翔，六氣氤氲。蚑行蠕動，方聚類分。鱗殊族别，羽毛以群。各含精而容冶，咸受範於陶鈞。何滋育之罔極兮，偉造化之至神。

若夫懸象成文，列宿有章。三辰燭曜，五緯重光。河漢委蛇而帶天，虹霓偃蹇於昊蒼。望舒弭節於九道，羲和正轡於中黄。衆星回而環極，招摇運而指方。白虎峙踞於參井，青龍垂尾於氐房。元龜匿首於女虚，朱鳥奮翼於星張。帝皇正坐於紫宫，輔臣列位於文昌。垣屏絡繹而珠連，三台差池而鴈行。軒轅華布而曲列，攝提鼎峙而相望。

若乃徵瑞表祥，災變呈異。交會薄蝕，抱暈帶珥。流逆犯歷，譴悟象事。蓬容著而妖害生，老人形而主受喜。天矢黄而國吉祥，彗孛發而世所忌。爾乃旁觀四極，俯察地理。川瀆浩汗而分流，山嶽磊落而羅峙。滄海沆漭而四周，懸圃隆崇而特起。昆吾嘉於南極，燭龍曜於北阯。扶桑高於萬仞，尋木長於千里。崑崙鎮於陰隅，赤縣據於辰巳。

於是八十一域，區分方别。風乖俗異，險斷阻絶。萬國羅布，九州並列。青冀白壤，荊衡塗泥。海岱赤埴，華梁青黎。兖帶河洛，揚有江淮。辨方正土，經略建邦。王圻九服，列國一同。連城比邑，深池高墉。康衢交路，四達五通。東至暘谷，西極泰濛。南曁丹穴，北盡空同。遐方外區，絶域殊鄰。人首蛇軀，鳥翼龍身。衣毛被羽，或介或鱗。棲林浮水，若獸若人。居乎大荒之外，處於巨海之濱。

於是六合混一而同宅，宇宙結體而括囊。渾元運流而無窮，陰陽循度而率常。回動糾紛而乾乾，天道不息而自彊。統群生而載育，人託命於所繫。尊太一於上皇，奉萬神於五帝。故萬物之所宗，必敬天而事地。

若乃共工赫怒，天柱摧折。東南俄其既傾，西北豁而中裂。斷鼇足而續毁，鍊玉石而補缺。豈斯事之有徵，將言者之虚設。何陰陽之難測，偉二儀之奓闊。坤厚德以載物，乾資始而至大。俯盡鑒於有形，仰蔽視於所蓋。游萬物而極思，故一言於天外。

晉·郭璞《江賦》 類胚渾之未凝，象太極之構天。善曰：言雲氣杳冥似胚胎渾混尚未凝結，又象太極之氣欲構天也。《淮南子》曰：孕婦三月而胚。《春秋命歷序》曰：冥莖無形，濛鴻萌兆，渾渾沌沌。宋均曰：渾渾沌沌，雞卵未分也。周易曰：是故易有大極，是生兩儀。韓康伯曰：太極者，無稱之稱，不可得名也。翰曰：胚渾，渾沌也。太極生天地者也。言江氣類渾沌，渾沌氣未凝結，象太極欲構立二儀也。

晉·郭璞《釋天地圖贊》 祭地肆瘞，郊天致煙。氣升太一，精淪九泉。至敬不文，明德惟鮮。

晉·佚名《天行歌》 天時泰兮昭以陽，清風起兮景雲翔。仰觀兮辰象，日月兮運周。俯視兮河海，百川兮東流。

南朝宋·何承天《天贊》 軒轅改物，以經天人。容成造曆，大撓創辰。龍集有次，星紀乃分。

南朝梁·周興嗣《千字文》 天地玄黄，宇宙洪荒。日月盈昃，辰宿列張。

南朝梁·江淹《遂古篇并序》 僕嘗爲《造化篇》，以學古制。今觸類而廣之，復有此文，兼象《天問》以遊思云爾。

聞之遂古，大火然兮。水亦溟涬，無涯邊兮。女媧煉石，補蒼天兮。共工所

觸，不周山兮。河洛交戰，寧深淵兮。黄炎共鬭，涿鹿川兮。女妓九子，爲民先兮。蚩尤鑄兵，幾千年兮。十日並出，堯之間兮。羿迺斃日，事豈然兮。嫦娥奔月，誰所傳兮。豐隆騎雲，爲靈仙兮。夏開乘龍，何因緣兮。傅説託星，安得宣兮。夸父鄧林，義亦艱兮。尋木千里，烏易論兮。穆王周流，往復旋兮。河宗王母，可與言兮。青鳥所解，露誠亶兮。五色玉石，出西偏兮。崑崙之墟，海北間兮。去彼宗周，萬二千兮。山經古書，亂編篇兮。郭釋有兩，未精堅兮。上有剛氣，道家言兮。日月五星，皆虛懸兮。倒景去地，出雲煙兮。九地之下，如有天兮。土伯九約，寧若先兮。西方蓐收，司金門兮。北極禺強，爲常存兮。帝之二女，遊湘沅兮。霄明燭光，尚焜煌兮。太一司命，鬼之元兮。《山鬼》、《國殤》，爲遊魂兮。迦維羅衛，道最尊兮。黄金之身，誰能原兮。恒星不見，頗可論兮。其説彬炳，多聖言兮。六合之内，理常渾兮。幽明詭怪，令智惛兮。《河圖》、《洛書》，爲信然兮。孔甲豢龍，古共傳兮。禹時防風，處隅山兮。春秋長狄，生何邊兮。臨洮所見，又何緣兮。蓬萊之水，淺於前兮。東海之波，爲桑田兮。山崩邑淪，寧幾千兮。石生土長，必積年兮。漢鑿昆明，灰炭全兮。魏開濟渠，螺蚌堅兮。白日再中，誰使然兮。北斗不見，藏何間兮。建章鳳闕，神光連兮。未央鐘虡，生華鮮兮。銅爲兵器，秦之前兮。丈夫衣綵，六國先兮。周時女子，出世間兮。班君絲履，遊太山兮。人鬼之際，有隱淪兮。四海之外，孰方圓兮。沃沮肅慎，東北邊兮。長臂兩面，亦乘船兮。東南倭國，皆文身兮。其外黑齒，次裸民兮。侏儒三尺，並爲鄰兮。西北丁零，又烏孫兮。車師月支，種類繁兮。馬蹄之國，若騰奔兮。西南烏弋，及罽賓兮。天竺于闐，皆胡人兮。條支安息，西海濱兮。人跡所極，至大秦兮。珊瑚明珠，銅金銀兮。琉璃瑪瑙，來雜陳兮。車渠水精，莫非真兮。雄黄雌石，出山根兮。青白蓮花，被水濱兮。宫殿樓觀，並七珍兮。窮陸溟海，又有民兮。長股深目，豈君臣兮。丈夫女子，及三身兮。結胸反舌，一臂人兮。跂踵交脛，與羽民兮。不死之國，皆何因兮。茫茫造化，理難循兮。聖者不測，況庸倫兮。筆墨之暇，爲此文兮。薄暮雷電，聊以忘憂，又示君兮。

唐・陸肱《乾坤爲天地賦》 首而先爲馬，以居要爲男，而體玄大矣哉。確然示易，若天之父萬物焉。於坤則簡能可立，至順爲理，其闢也震，其翕也止。爲臣於主，爲腹於己。爲牛以當用，爲女而資始。至矣哉。隤然示簡，若地之母萬物矣，故能酌此生植，通諸鬼神，究其情於大壯，播其義於家人。否以知屈，泰以知伸，授以復而其心見，考之咸而其感陳。亦何異？分彼混茫，清爲天而濁爲地；定其律吕，宫曰君而商曰臣。既生而太極爲初，並用而三才斯取。彼策也，三百六十；此數也，五十有五。所以準此知道，采之立言。列之而其象顯，演之而其卦繁。蓋動静之二體，總牢籠之衆門。斯可謂明覆載之德，識化育之功。故曰：堯舜垂衣裳而天下治，蓋取諸乾坤。

唐・劉允濟《天賦》 臣聞混成發粹，大道含元；興於物祖，首自胚渾。分泰階而立極，光耀魄以司尊。懸兩明而必照，列五緯而無言。

驅馭陰陽，裁成風雨。叶乾位以凝化，建坤儀而作輔。錯落九垓，岧嶢八柱。燦黄道而開域，闢紫宫而爲宇。

橫斗樞以旋運，廓星漢之昭回。總三統之遷易，乘五運之遞推。察文明而降祥瑞，觀草昧而動雲雷。託璇樞之妙術，應玉管之浮灰。

柔克斯高，聽卑逾廣，覆幬千容，包含萬象，載光道德，聿符刑賞。既霆震而霜威，亦春生而夏長。

其功不測，其變惟神。大哉其施，曠乎其仁。周八紘而化育，籠四海而陶鈞。雖感通而下濟，終輔翼而無親。登大寶於上皇，發神圖於下帝。憑理亂而倚伏，候昏明而開閉。遘堯舜以降禎休，遇辛癸而呈祲沴。歷成敗而無爽，在興亡而必契。

深機不測，神化靈長。雖覃恩於列聖，必歸功於有唐。發星辰而效祉，雜烟雲以降祥。大猷載洽，景貺斯彰。浹庶品以光被，樂群生於會昌。軼大庭而包太昊，孕元頊而掩朱襄。見乾心之祚聖，即靈運之無方。

造化唯遠，生成不極。沾廣惠於禽魚，預湛恩於動植。非測管以能喻，豈戴盆之可識？欣大賚於天成，激長歌於帝力。

唐・柳宗元《天説》 韓愈謂柳子曰：「若知天之説乎？吾爲子言天之説。今夫人有疾痛、倦辱、饑寒甚者，因仰而呼天曰：「殘民者昌，佑民者殃！」又仰而呼天曰：「何爲使至此極戾也？」若是者，舉不能知天，夫果蓏飲食既壞，蟲生之；人之血氣敗逆壅底，爲癰瘍、疣贅、瘻痔，蟲生之；木朽而蠍中，草腐而螢飛，是豈不以壞而後出耶？物壞，蟲由之生；元氣陰陽之壞，人由之生。蟲之生而物益壞，食齧之，攻穴之，蟲之禍物也滋甚。其有能去之者，有功於物者也；繁而息之者，物之讎也。人之壞元氣陰陽也亦滋甚：墾原田，伐山林，鑿泉以井飲，竅墓以送死，而又穴爲郾溲，築爲牆垣、城郭、台榭、觀遊，疏爲川瀆、溝洫、

陂池，燧木以燔，革金以鎔，陶甄琢磨，悴然使天地萬物不得其情，倖倖衝衝，攻殘敗撓而未嘗息。其爲禍元氣陰陽也，不甚於蟲之所爲乎？吾意有能殘斯人，使日薄歲削，禍元氣陰陽者滋少，是則有功於天地者也；蕃而息之者，天地之讎也。今夫人舉不能知天，故爲是呼且怨也。吾意天聞其呼且怨，則有功者受賞必大矣，其禍焉者受罰亦大矣。子以吾言爲何如？」

柳子曰：「子誠有激而爲是耶？則信辯且美矣。吾能終其説。彼上而玄者，世謂之天；下而黄者，世謂之地；渾然而中處者，世謂之元氣；寒而暑者，世謂之陰陽。是雖大，無異果蓏、癰痔、草木也。假而有能去其攻穴者，是物也，其能有報乎？蕃而息之者，其能有怒乎？天地，大果蓏也；元氣，大癰痔也；陰陽，大草木也，其烏能賞功而罰禍乎？功者自功，禍者自禍，欲望其賞罰者，大謬矣；呼而怨，欲望其哀且仁者，愈大謬矣。子而信子之仁義以遊其內，生而死爾，烏置存亡得喪於果蓏、癰痔、草木邪？」

唐·張仲素《管中窺天賦》　管爲物兮虚受，天爲體兮據安。能因徑寸之丙，將窮轉轂之端。用當其無，蒼蒼之色何盡；微而不大，恢恢之狀則難。故雖無私以居上，信可因物而仰觀。

于是正瞻視，品清澄。察九垠之際，極一目之能。髣髴其形，難識翼摩之鵠；依稀其狀，猶如背負之鵬。或因夫窺牖是見，且異夫置階而升。

風息八方，烟消四極。默淳淳之靈嚮，湛悠悠之神域。乃執輕管，綞麗則，遥睇罔惑，審窺不忒。虚其內，雖高明之可分；小其形，胡廣大之能測！故使蓋影多掩，笠形半匿。月既滿而猶虧，日將中而如昃。掌握之內，安得容其九重；咫尺之中，豈能盡其五色？

且管之爲質也秉直，天之爲體也含虚。天執虚而秉陽垂象，管抱直而利有用無。信大小之有異，亦遐邇以斯殊。窺臨既加，徒云其至矣；貞觀必得，信安可測夫？若然，則固知事不可以近圖遠，物不可以小謀大。小謀大則立而致尤，近圖遠則坐而貫害。故方朔言也，明俟時之難；莊周著之，表游方之外。

客有勤學孜孜，憂心悄悄。服仁義而罔舍，守翰墨而自矯。將搦管而是窺，願天上之不遺微眇。

唐·王起《披霧見青天賦》　鬱彼宿霧，蔽乎遠天，霧晻需以氣徹，天清泠而色鮮。仰之彌高，五里始分其杳爾；積而能散，三光忽映其粲然。昔人引之以喻見賢。奇資允叶，美質相宣。豈徒卷冥冥之浄緑，覿昭昭於上元。始其雜氛昏，掩高朗。霏微有色，散漫無象。文豹去之而退藏，螣蛇游之而來往。將欲縱遥睇，滌煩想。則蒼蒼大圓之色，願豁其清明；英英上德之容，亦如其瞻仰。及夫收地表，歇天衢。啟晨光之有耀，闢麗景而多娱。於是碧落如邇，青冥若無。既仰之而不及，將覯止而豈殊？且欲蓋而彰，人與天而合契；不言而信，天與貌而相符。則知賢爲衆夥，人不知兮蔽之孰可？天實悠久，霧不披兮覩之則不。惟人也，玉立斯映；惟天也，管窺莫競。既遐邇之無氛，自心神而可瑩。狀煙消於冪冪，始露澄潭；凝塵洗之濛濛，自開朗鏡。所以彰風采之異，見光儀之盛。異哉！一言之美，萬祀攸欽。陋決雲而觀劒，小披沙而見金。有美人兮，青陽是仰，深鏡斯臨。自然比天於霄漢，卷霧於沉陰。亦何必觀樂廣之容，始欽重器；信衛瓘之説，方獲明心者哉！

唐·林琨《象賦》　載詳圖籍，爰尋古往。功辟二儀，物標萬象。既拆之於混沌，亦聞之於惚恍。雖處中而可求，信居外而能想。陰陽式布，造化斯分。江河草木，日月煙雲。或毓靈而稟氣，或照曜而氛氳。不因象而可睹，豈無聲而得聞？仰察天文，傍觀地理。爍爛星布，巍峨嶽峙。或守位而不易，或鎮方而恒止。不因象之所尊，豈爲君而勝紀？至若刻鳳之琴，盤龍之鏡；開玉軫以交錯，寫菱花而輝映。聲信美而具出，質含虚而轉静。不因象而可識，豈克愛而爲盛？則有大樂鼓吹，聖人輿蹕；備禮而制，乘時而出。宛轉國門，逶迤天術。不因象之爲用，豈二儀而不失？物皆有象，象必可觀。聽之則易，審之則難。借如玉京上天，貝闕中海。其名可識，其象安在？象以影隨，影圖象遍。居暗莫察，因明則見。衆象之德，唯人是則。任以去留，委其通塞。則有心沉跡淪，棲遲問津；無才補國，用道藏身。潁水尋隱，商山訪真。欣逢道遠，應時來賓。既無容而可托，空以象而爲親。

唐·林琨《空賦》　觀夫物則有名而有竭，空則無竭而有名。以空自名，何縮何盈？搏之不得，書之不明。二儀肇分，運寒暑則與時而應；百功勤務，鑿户牖則用之以貞。泰山岌而不以爲阻，鴻毛至而不以爲輕。恬澹者體之而爲性，澆浮者象之而爲情。情性之别，共稟殊呈。是知均乎空者既若兹，倍乎空者竟如彼。卷之在方寸之内，舒之盈宇宙之裏。上皇得之而化淳，季葉失之而亂起。妙一以爲稱，總萬以歸理。詎華説之所精，非掞藻之能擬。及夫天朗氣高，地平

風暢；颺飛鴻六翮之遠，彰彩雲五色之狀。若士九垓以冥期，蘭子七劍以寥亮。背之而騁捷，遂之而攸向。同橐籥之罔窮，越視聽之餘量。況使皓鶴聞天，白駒出谷，囹圄鞠草，洞簫生曲歟？是時端拱聖皇，坐嘯英牧，鼇勞求士，永介戩禄。事無事，爲無爲。衢常樽滿，路不拾遺。蓋有由而致之。

唐・元結《思元極》 天曠莽兮杳泱茫，氣浩浩兮色蒼蒼。上何有兮人不測積，清寥兮成元極。彼元極兮靈且異，思一見兮藐難致。思不從兮空自傷，心慅悁兮意惶懹。思假翼兮鸞鳳，乘長風兮上狃。揖元氣兮本深實，餐至和兮永終日。

唐・趙自勤《空賦》 無德而稱者，則其稱不朽；無形而用者，則其用不窮。若乃質混沌，氣鴻濛，生天地之始，匝天地之中。不可知詰，其名曰空。夫空也者，迎之不見其首，隨之不見其後，聽之不聞，搏之不有。舒之則遠彌六合，攬之則不盈一手，體無涯以爲大，物有來而必受。徒意其湛爾無營，飄然至輕，向遥山而似畫，對澄浦而同清。大而觀之，則漭漫兮類元胎之貌；審而察之，則眇漠兮凝至道之精。故老氏曰：「有物混成，先天地生。」「寂兮寥兮」，孰能爲其損益；不皦不昧，安可議其幽明。利萬物有含容之德，包二儀有覆載之名，草木資空以長茂，日月乘空以運行。霜雁雲鵬，非空無以矯其翼；喬鶯幽鳥，非空無以習其聲。夫天之無言，不能去蒼蒼之象；風之無聲，不能閟蕭蕭之響。陰陽者氣，猶不免於推遷；躔次雖高，亦未離於測想。豈若窅兮冥兮，吾則不知其靈；浩兮蕩兮，吾則不知其廣。含大化以虛無，起神功而惚恍，善計者無所用其籌策，善觀者無以勞其俯仰。故能象帝之先，玄之又玄。以無有，入無間，引微明於纖隙，混餘碧於長天。隨時小大，應物周旋，處覆盆而俱暗，引測管而同圓。入枝間而帶影，通野外以含煙，或高深放曠，或委曲連綿。雖可名而可道，終默然而澹然。則有閒居至人，宴坐開士，黜聰明而反聽，閉户庭而隱几。既而諦想群物，深觀至理，窮未來寂滅之端，探過去混元之始。見衆生生而不失，大化化而無已，知有爲盡於無形，化萬物歸於一指。然後色空皆泯，驗先覺於輪王；物我俱齊，得真筌於莊子。已矣哉！杳杳茫茫，地久天長，非色非相，不存不亡。故知大象無形，去文質而成體；至恒不變，混今古以爲常。然則無施不適，應用無方，作器以虛中爲貴，接賢以虛左爲良。亦有譚國大夫，嗟已空於杼軸；倡樓孤妾，怨難守於空床。當今四海會同，群方清晏，邦國有不空之歌，太史絶三空之諫。獨有文章遊子，書劍沈淪，出門以虛舟遇物，入室以虛白全真。生也數奇，每有書空之歎；長而樂道，猶在屢空之貧。惜揚名之未達，恨干禄之無津，敢作課虛之頌，用投虛受之人。

唐・范榮《三無私賦》 天得一以清，地得一以寧，日月得一以明，聖人法之以化成。無私之謂莫之與京。三者不忒天下和平。天之道也存乎至輕。潛運而三光是麗，不言而四時是行。夏以長，春以生。亭毒之德以無私覆爲名。地之義也，爲利至廣：大流百川，細包草莽。因金風而物成熟，遇木德乃氣騰上。且無私載，坤德存乎易象。月之來日之往，無幽不燭，有形斯仰。其照無私，實至明而稱朗。若天地不能存之以信，則生成之理息；日月不能存之以明，則終古之道爽。苟不朱曆，羲和得其所掌。

我天子今之有是御，因無私以成心，每宵衣以達曙，奉此三道守而勿去。大象是執，選賢爲急。昭昭爲大，與天地而相參；明明鑒下，齊日月而出入。天光發乎幽滯，仁聲振於潛蟄。儔陽之德，因時行而有階；起予者商，想兹道而無級。苟志斯道，立之斯立。當軸者斯焉取斯，何憂乎地芥之難拾？

唐・郭遹《空賦》 造化之工，稽夫有名之域，察以無象之中。彼去有而含體，乃因無而立空。極乾坤之包汗漫，何窅渺與沖融。且希夷難變，而橐籥罔窮。神禹莫知其至，離婁安睹其終。墜露有聲，杳然聞皓鶴之唳；太虛無礙，豈獨發醯雞之蒙。則七曜垂文，八紘作紀。應類示跡，變態無已。顥氣泱而流英，飛霞散而成綺。順晝夜以明晦，涵混元而古始。及夫長風清，驟雨霽。或暝魄初滿，或朝陽不翳。千里若鏡，合止水而澄鮮；四野無塵，分遠山之虧蔽。理通一貫，施極多族。忘取舍而惟静，任細大而皆足。溟漲會百川之宗，簫管達五音之目。墨客臨而責有，賦見平原；老氏酌以當無，道幾牝谷。户牖致有空之用，人神終害盈之黷。故至人得之於無心，公綽實之於不欲。欽若聖君赫赫，良牧英英。岩穴静而賢舉，囹圄空而法平。湛虛明而元鑒，在虛受而澄清。無談天之逸藻，慚叩寂以求聲。

唐・張鳴鶴《空賦》 造化不測，長空浩然，生於未有，物莫能先。故其走目遐甸，幽不可見；流聽高冥，漸不可聽。既從天而共色，又鑒水而同形，若乃變化隨時，憑乎動止。韶容春遍，火雲夏起，流電奪目，殷雷激耳，立繞樹之千巖，廣長風之萬里。驚飆既臨，彩虹破陰，雨盡天遠，雲空澗深。百尺樓頭，見朝陽之赫奕；九重宮裡，聞衆鳥之喧林。何高秋之遼迥，至窮冬而不極，感在物之捐

華，益窮人之歎息。惟長空之愛此，終生靈兮動植，歌和光以同塵，每因空以悟色。至人恬澹，既將玄之又玄。小智多非，豈斯文之果測。

唐·翟楚賢《碧落賦》 散幽情於曩昔，凝浩思於典墳。太初與其太始，高下混其未分。將視之而不見，欲聽之而不聞。爰及寥廓，其猶橐籥。輕清爲天而氤氲，重濁爲地而盤礴。爾其動也，風雨如晦，雷電共作。爾其静也，體象皎鏡，是開碧落。其色清瑩，其狀冥寞，雖離婁明目兮，未能窮其形。其體浩瀚，其勢渺漫，縱夸父逐日，兮不能窮其畔。浮滄海兮氣渾，映青山兮色亂。爲萬物之羣首，作衆材之壯觀。至妙至極，至神至虚。莫能測其末，莫能定其初。五石難補，九野環舒。星辰麗之而照耀，日月憑之而居諸。非吾人之所仰，實列仙之攸居。爾乃遺塵俗，務遐躅。養空栖無，懲忿窒欲。陵清高而自遠，振雨衣以相屬。七日王君，永別緱山之上。千年丁令，暫下遼水之曲。別有懷真俗外，流念仙家。撫龜鶴而增感，顧蜉蝣而自嗟。乃鍊心清志，洗煩蕩邪，凝魂於祕術，馳妙於餐霞。雲梯非遠，天路還賒。情恒寄於緜邈，願有託於靈槎。

唐·佚名《天賦》 彼蒼者天，成形物先，初鴻蒙以質判，漸輕清而體圓。生五材以亭毒，運六氣以陶甄，故使晦明相繼，寒暑遞遷。遠眺其原兮亦極之無極，近詳其理兮固玄之又玄，諒神功之罕測，實靈造之自然。徒觀其潛化不言，惟德是輔，列九野而爲號，峙八山而爲柱。其爲道也，或比之以張弓；其入夢也，或方之於漱乳。憫鄒衍則嚴霜夏降，應陳實則繁星夜聚。孔階遠而難登，樂霧披而已睹。雖覆傘之可媲，豈煉石之能補？美夫有功不伐，無遠不蓋。德冠三才，名參四大，日朝上而疑璧，河夜横而如帶。破鏡飛乎其所，長劍倚乎其外，違之則風雨差錯，順之則陰陽交泰。況乎觀文察變，虧盈尚默，則大著美於唐君，慮崩見譏於杞國。徒瞻蕩蕩之體，孰辯蒼蒼之色？在玉衡以齊政，任銅史以司刻。名既入於四知，光鎮臨於八極，顧惟仰歎，載之無力。思斡運之莫原，惟遠近之難識，倘聞鳴皋之響，願奮垂雲之翼。嗟天道之大哉，非管窺之可測。

唐·佚名《天行健賦》 大哉乾元，神不可測。其内也剛，其外也直。直所以保合太和，剛所以運行不息，故王者奉之而垂化，君子體之而進德者也。

原夫天者乾之形，乾者天之名。用九以則，得一而清。名也者純陽之經，形也者大無之精。語其動兮孰知其動？語其行兮孰見其行？得不詳所由稽，所以歷土圭以窮妙，因渾儀而探理。左出右没，不行則何以變三辰之度；上騰下降，不動則何以爲萬物之始？履柔兮居常，配坤兮秉陽。笠也誰覆？弓也誰張？四德雖具，未足以擬議；十翼雖廣，未足以披攘。微乎哉，得於幽者道；盛乎哉，得於道者王。綿綿若存，户樞不蠹。較之則火井易滅，當之則金柅難固。持剛靡失，既兼柔克之資；用壯罔虧，亦取易知之故。是以爲君爲首，爲金爲冰。杳冥兮不慮乎盈縮，寂寥兮何有於騫崩？諭彼成形，是顯飛龍之象；旌其致遠，因推良馬之能。

且夫天也者陽，乾也者健。窺之於裡，則其象歷歷；瞻之於表，則其容思思。不言非涉於可名，不拔方知乎善建。大道非物，豈容媧後之功？小説惑人，豈容秦宓之論？皇家恩流品物，禮達上元。垂文明畫一之令，秉神武不殺之權。推之蕩蕩，守之虔虔。信所謂神道設教，剛健而法天者歟！

唐·佚名《鍊石補天賦》 天何言哉，有闕則補。持五石而是用，彼四時而能取。成乎圓象，故資可轉之功；定彼乾儀，蓋俟至堅之主。所以裨覆燾，仰周普。磨礱入鍛，成功豈濫於宋人；緝綴爲勞，至德何慚於山甫。乾道甚明，配彼清貞。類鼓鑄而可致，冀穹元而是營。石不能言，默助無爲之化；天將假手，潛因妙用而成。則知媧氏之爲功也，體物情立，取法志生。眄悠遠而求則，象規圓而作程。小大寧遺，俾隨形以溥博；嵯峨不墜，皆投質於輕清。若乃元造呈材，神功效技。他山以綴，象帝自邇。卿雲初觸，當碧落以麗乎；銀漢同流，激清霄而即彼。天象又玄，石質既堅。究勤勞而日月逝矣，成廣大而星辰繫焉。暖積素之煙，尚疑苔點；降如絲之雨，終若溜穿。觀夫圓則九重，功惟百煉。眷無親而克敬，當有道而可見。言柔與剛，崇高是將。運有徒於晝夜，比爲炭於陰陽。照織女停梭，受支機於河漢；荊人抱璞，嗟韞玉於穹蒼。補之伊何，以當其闕。悠悠於峻極，驅鑿鑿於超忽。想夫取鍛之日，排剛之時。齟齬不安，或表艱難之步；清明於外，猶生錯落之姿。正圓虚之廣矣，下長風而淒其。是知補上天於煉石，蓋虚實之相資焉。

宋·邵雍《天聽吟》 天聽寂無音，蒼蒼何處尋？非高亦非遠，都只在人心。

宋·邵雍《一元吟》 天地如蓋軫，覆載何高極。日月如磨蟻，往來無休息。上下之歲年，其數難窺測。且以一元言，其理尚可識。一十有二萬，九千餘六百。中間三千年，迄今之陳迹。治亂與廢興，著見於方策。吾能一貫之，皆如身

所歷。

宋・邵雍《觀物詩》 地以静而方，天以動而圓。既正方圓體，還明動静權。静久必成潤，勁極遂成然。潤則水體具，然則火用全。水體以器受，火用以薪傳。體在天地後，用起天地先。

元・紫陽真人《紫陽真人悟真篇》 黄芽白雪不難尋，達者須凭德行探。四象五行全藉土，三元八卦豈離壬。鍊成靈質人難識，消盡陰魔鬼莫侵。欲向人間留祕訣，未逢一箇是知音。

明・劉基《鈞天樂》 君不見天穆之山二千仞，天帝所以觴百靈。三嬪不下兩龍去，九歌九辯歸杳冥。我忽乘雲夢輕舉，身騎二虹臂六羽。指揮開明辟帝闕，環佩泠泠曳風雨。明月照我足，倒影摇雲端。參差紫鸞笙，響震瑶臺寒。我欲聽之未敢前，空中接引皆神仙。煙揮霧霍不可測，翠葩金葉光相射。鯨鐘虎虡鏗鴻蒙，撼崑崙兮殷崆峒。揚天桴兮伐河鼓，咸池波兮析木風。遂升泰階朝玉帝，側身俯伏當瓊陛。訊曰太極折裂爲乾坤，紛紛枝葉皆同根。胡爲妄生水火金木土，自使激摶相熬煎？臣聞三皇前，群物咸熙熙，衆子戴一父，皞皞無偏私。忽然元氣自蕩潏，變换白黑分賢癡。蚩尤與黄帝，從此興戈矛。流毒萬萬古，争奪無時休。骨肉自殘賊，帝心至仁能不憂？帝不答，臣心迷。風師咆哮虎豹怒，銀漢洶湧天雞啼。飆輪擻捩三島過，海水盡是青玻璃。神奔鬼怪惕驚起，遺音鸞鶩猶在耳。夢耶游耶不可知，但見愁雲漠漠横九嶷。

雜録

《易・乾・文言》 九五本乎天者親上，本乎地者親下，則各從其類也。

《易・坤・文言》 陰疑于陽必戰，爲其嫌于無陽也，故稱龍焉。猶未離其類也，故稱血焉。夫玄黄者，天地之雜也。天玄而地黄。

《易・豫・彖》 豫順以動，故天地如之，而建侯行師乎。

《易・繫辭上》 範圍天地之化而不過。

又 廣大配天地。

又 法象莫大乎天地。

《易・繫辭下》 子曰：乾坤其易之門耶？乾，陽物也；坤，陰物也。陰陽合德而剛柔有體，以體天地之撰，以通神明之德。

又 天地設位，聖人成能。

《禮記・樂記》 樂者，天地之和也；禮者，天地之序也。

又 天高地下，萬物散殊，而禮制行矣。

又 樂者敦和，率神而從天；禮者别宜，居鬼而從地。故聖人作樂以應天，制禮以配地。禮樂明備，天地官矣。

又 地氣上齊，天氣下降，陰陽相摩，天地相蕩，鼓之以雷霆，奮之以風雨，動之以四時，煖之以日月，而百化興焉。如此，則樂者天地之和也。

又 夫禮樂之極乎天而蟠乎地，行乎陰陽而通乎鬼神，窮高極遠而測深厚。樂著大始，而禮居成物。著不息者天也，著不動者地也。一動一静天地之間也。故聖人曰禮樂云。

又 清明象天，廣大象地。

又 是故，大人舉禮樂，則天地將爲昭焉。天地訢合，陰陽相得，煦嫗覆育萬物，然後草木茂，區萌達，羽翼奮，角觡生，蟄蟲昭蘇，羽者嫗伏，毛者孕鬻，胎生者不殰，而卵生者不殈，則樂之道歸焉耳。

《禮記・鄉飲酒義》 賓主象天地。

《周禮・冬官・考工記》 軫之方也，以象地也。蓋之圜也，以象天也。

《關尹子・二柱》 一運之象，周乎太空，自中而升爲天，自中而降爲地。

又 天地雖大，有色有形，有數有方。吾有非色非形非數非方，而天天地地者存。

又 夢中鑑中水中，皆有天地存焉。欲去夢天地者寢不寐，欲去鑑天地者形不照，欲去水天地者盎不汲。彼之有無，在此不在彼。是以聖人不去天地去識。

又 天非自天，有爲天者；地非自地，有爲地者。譬如屋宇舟車，待人而成，彼不自成。知彼有待，知此無待。上不見天，下不見地，内不見我，外不見人。

《管子·白心》天或維之，地或載之。天莫之維，則天以墜矣，地莫之載，則地以沉矣。

《管子·五行》天道以九制，地理以八制。

《管子·形勢解》天公平而無私，故美惡莫不覆。地公平而無私，故小大莫不載。

又 天生四時，地生萬財，以養萬物而無取焉。明主，配天地者也，教民以時，勸之以耕織，以厚民養而不伐其功，不私其利。故曰：能予而無取者，天地之配也。

《列子·天瑞》子列子曰：「昔者聖人因陰陽以統天地。夫有形者生於無形，則天地安從生？故曰：有太易，有太初，有太始，有太素。太易者，未見氣也；太初者，氣之始也；太始者，形之始也；太素者，質之始也。氣形質具而未相離，故曰渾淪。渾淪者，言萬物相渾淪而未相離也。視之不見，聽之不聞，循之不得，故曰易也。易無形埒，易變而爲一，一變而爲七，七變而爲九。九變者，窮也，乃復變而爲一。一者，形變之始也。清輕者上爲天，濁重者下爲地，沖和氣者爲人；故天地含精，萬物化生。」

子列子曰：「天地無全功，聖人無全能，萬物無全用。故天職生覆，地職形載，聖職教化，物職所宜。然則天有所短，地有所長，聖有所否，物有所通。何則？生覆者不能形載，形載者不能教化，教化者不能違所宜，宜定者不出所位。故天地之道，非陰則陽；聖人之教，非仁則義；萬物之宜，非柔則剛；此皆隨所宜而不能出所位者也。故有生者，有生生者；有形者，有形形者；有聲者，有聲聲者；有色者，有色色者；有味者，有味味者。生之所生者死矣，而生生者未嘗終；形之所形者實矣，而形形者未嘗有；聲之所聲者聞矣，而聲聲者未嘗發；色之所色者彰矣，而色色者未嘗顯；味之所味者嘗矣，而味味者未嘗呈；皆無爲之職也。能陰能陽，能柔能剛，能短能長，能圓能方，能生能死，能暑能涼，能浮能沉，能宫能商，能出能没，能玄能黄，能甘能苦，能羶能香。無知也，無能也；而無不知也，而無不能也。」

《莊子·齊物論》天地一指也，萬物一馬也。

《莊子·人間世》絶迹易，無行地難。爲人使易以僞，爲天使難以僞。

《莊子·天道》天不産而萬物化，地不長而萬物育，帝王無爲而天下功。故曰：莫神於天，莫富於地，莫不於帝王。故曰：帝王之德配天地。

《莊子·天運》天其運乎？地其處乎？日月其爭於所乎？孰主張是？孰綱維是？孰居無事而推行是？意者其有機緘而不得已耶？意者其運轉而不能自止邪？

《莊子·秋水》知天地之爲稊米也，知豪末之爲丘山也，則差數覩矣。

又 師天而無地，師陰而無陽，其不可行明矣。

《莊子·庚桑楚》至人者，相與交食乎地，而文樂乎天，不以人物利害相攖。

《莊子·徐無鬼》聖人并包天地，澤及天下而不知其誰氏。是故生無爵，死無謚，實不聚，名不立，此之謂大人。狗不以善吠爲良，人不以善言爲賢，而況爲大乎？夫爲大不足以爲大，而況爲德乎？夫大備矣，莫若天地；然奚求焉，而大備矣！

又 吾所與吾子遊者，遊於天地。吾與之邀樂於天，吾與之邀食於地。吾不與之爲事，不與之爲謀，不與之爲怪。吾與之乘天地之誠，而不以物與之相攖。

《莊子·外物》陰陽錯行則天地大絯。於是乎有雷有霆，水中有火。

《莊子·天下》天能覆之而不能載之，地能載之而不能覆之，大道能包之而不能辯之。

漢·揚雄《太玄經》天穹窿而周乎下，地旁薄而向乎上，人茛茛而處乎中。天渾而攆，故其運不已。地隤而静，故其生不遲。人馴乎天地，故其施行不窮。

又 天奧西北，鬱化精也。地奧黄泉，隱魄容也。

又 天圜闢南北二億三萬三千五百里七十五步，東西短減四步，周六億十萬七百里二十五步。從地至天一億一萬六千七百八十七里，下度地之厚與天高等。

《遁甲開山圖》有巨靈者，偏得元神之道，故與元氣一時生混沌。

《春秋元命苞》天人同度，正法相授。天垂文象，人行其事，謂之教。教之爲言效也。上爲下效，道之始也。

又 天道煌煌，非一帝之功。王者赫赫，非一家之常。順命者存，逆命者亡。

《孝經鉤命訣》祭地之禮，與天同。

北魏·關朗《關氏易傳·動静義》張彝問動静之象，子曰：「天地者也，

動象天，静象地。天常動，地常静。常動柔克者也，常静剛克者也。」故曰：「動静有常，剛柔斷矣。天陽能柔，爲常道也。陰而能剛，爲常道。常者，剛柔得人也。」子曰：「噫！了未知易矣。天地之道，無立人之事，安足爲易哉！」

唐・佚名《無能子・聖過》 天地未分，混沌一氣。一氣充溢，分爲二儀，有清濁焉，有輕重焉。輕清者上爲陽爲天，重濁者下爲陰爲地矣。天則剛健而動，地則柔順而静，炁之自然也。天地既位，陰陽氣交於是，裸蟲、鱗蟲、毛蟲、羽蟲、甲蟲生焉。

又 天與地，陰陽氣中之巨物爾。裸、鱗、羽、毛、甲五靈，因巨物合和之炁，又物於巨物之内，亦猶江海之含魚鼈，山陵之包草木爾。

五代・譚峭《譚子化書・道化・天地》 天地盗太虚生，人蟲盗天地生，蠑虰盗人蟲生。蠑虰者，腸中之蟲也。嘷我精氣，鑠我魂魄，盗我滋味，而有其生。有以見我之必死，所以知天之必頹。天其頹乎，我將安有？我其死乎，蠑虰將安守？所謂奸臣盗國，國破則家亡；蠹蟲蝕木，木盡則蟲死。是以大人録精氣，藏魂魄，薄滋味，禁嗜慾，外富貴，雖天地老而我不傾。蠑虰死而我長生，奸臣去而國太平。

宋・王逵《蠡海集・人身類》 天氣通於鼻，地氣通於口。鼻受氣，口受味。天陽有餘，故鼻竅未嘗閉；地陰不足，故口常閉，必因言語飲食而方開也。鼻通天氣而疏豁，是以動息往來無礙；口通地氣而吝嗇，是以納食味而不出。反此者病也。天食人以五氣，五氣由鼻入，鼻通天氣也。地食人以五味，五味出口入，口通地氣也。天降五氣，地産五味。然味之生也，必質於五氣，五氣化而皆澹，雨露霜雪之類是也。則凡五味之微者，兼氣存焉，得天地之和也。

【略】

人受天地之氣形以生，而獨異於禽獸蟲魚者，由其得天地純全故也。天形圓而在上，人之首能應之；地形方而在下，人之足能應之。四時運於表，四肢應之於外。五行處於裏，五藏應之於内。百骸莫不應之於天地陰陽，是以人爲萬物之靈，獨異於禽獸蟲魚，而可參乎天地也。**【略】**

人之身法乎天地，最爲清切。且如天地以巳、午、申、酉居前在上，故人之心肺處於前上；亥、子、寅、卯居後在下，故人之腎肝處於後下也。其他四肢百骸莫不法乎天地，是以爲萬物之靈。

宋・王逵《蠡海集・氣候類》 天以五氣育萬物，故雨、露、霜、雪之自天降者皆無味。地以五味養萬物，故自地生者皆具五味焉。**【略】**

天賦氣，氣之質無性情，雨、露、霜、雪無性情者也。地賦形，形之質有性而無情，草、木、土、石無情者也。天地交則氣形具，氣形具則性情備焉。鳥、獸、蟲、魚，性情備者也。鳥、獸、蟲、魚之涎、涕、汗、淚，得天之氣；鳥、獸、蟲、魚之羽、毛、鱗、甲，得地之形。豈非其氣形具而備性情乎？

水居地上，陽分精浮而附於天爲氣，氣行乎天。氣潛地下，陰分精浮而附於地爲水，水行乎地。氣，陽也，始於東而盛於南。水，陰也，始於西而盛於北。天行陽分，自東升而西沈；天行陰分，自西沈而東升。沉則氣化水，升則水化氣。大海不盈溢者，氣之精浮於地。水生於西北而止息於東南，氣生於東南而降墜於西北。氣不輸精，則萬物爲之枯槁；水不輸精，則巨海爲之泛溢。是故氣輸精於地，水輸精於天。水之流必歸於東南者，天地之形西北高而東南低，水皆發於西北而聚於東南。氣之行必歸於西北者，日月之躔東南壯而西北殘，氣皆發於東南而聚於西北。陰陽升降之義氣也，水也一體而二用。**【略】**

九天九地之説，蓋以氣之升降而言：自春分氣升於天九十日而極，爲夏至矣，故曰九天。自秋分氣降於地九十日而極，爲冬至矣，故曰九地。是以二至爲升降始終之極位。

宋・邵雍《漁樵問答》 樵者問漁者曰：「天何依？」

曰：「依乎地。」

曰：「地何附？」

曰：「附乎天。」

曰：「然則天地何依何附？」

曰：「自相依附。天依形，地附氣。其形也有涯，其氣也無涯。有無之相生，形氣之相息。終則有始，終始之間，其天地之所存乎？天以用爲本，以體爲末；地以體爲本，以用爲末。利用出人之謂神，名體有無之謂聖。唯神與聖，能參乎天地者也。小人則日用而不知，故有害生實喪之患也。夫名也者，實之客也；利也者，害之主也。名生於不足，利喪於有餘。害生於有餘，實喪於不足。此理之常也。養身者必以利，貪夫則以身殉得，故有害生焉。立身必以名，衆人則以身殉名，故有實喪焉。竊人之財謂之盗，其始取之也，唯恐其不多也，及其

敗露也，唯恐其多矣。夫賄之與贓，一物而兩名者，利與害故也。竊人之美謂之徼，其始取之也，唯恐其不多也。及其敗露，唯恐其多矣。夫譽與毁，一事而兩名者，名與實故也。凡言朝者，萃名之地也；市者，聚利之地也。能不以争處乎其間，雖一日九遷，一貨十倍，何害生實霄之有耶？是知争也者取利之端也；讓也者趨名之本也。利至則害生，名興則實霄。利至名興，而無害生實霄之患，唯有德者能之。天依地，地會天，豈相遠哉！

宋·程頤《伊川易傳》卷一　本乎天者，如日月星辰。本乎地者，如蟲獸草木。陰陽各從其類，人物莫不然也。

宋·朱熹《易本義》　坤雖無陽，然陽未嘗無也。血陰屬，蓋氣陽而血陰也。玄黄，天地之正色，言陰陽皆傷也。

又　天地之道，知仁而已。知周萬物者，天也。道濟天下者，地也。知且仁，則知而不過矣。

又　天地之化無窮，聖人爲之範圍，不使過于中道，所謂裁成者也。

又　窮理則知崇如天，而德崇；循理則禮卑如地，而業廣。

又　諸卦剛柔之體，皆乾坤合德而成。

又　天地設位，而聖人作易以成其功。《詩經·小雅·正月篇》：「謂天蓋高，不敢不跼。謂地蓋厚，不敢不蹐。」朱註：「言遭世之亂，天雖高而不敢不跼，地雖厚而不敢不蹐。」

宋·李石《續博物志》卷一　《爾雅》既曰「釋天」，不得不略言其趣。凡有六等：一曰「蓋天」，文見《周髀》，如蓋在上。二曰「渾天」，形如彈丸，地在其中，天包其外，猶如鷄卵白之繞黄，揚雄、桓譚、張衡、蔡邕、陸績、王肅、鄭玄之徒並所依用。三曰「宣夜」，舊説云殷代之制。四曰「昕天」，昕讀爲軒，言天北高南下，若車之軒，吴時姚信所説。五曰「穹天」，云穹窿在上，虞氏所説。六曰「安天」，晉時虞喜所論。

鄭注《考靈耀》云：「天者純陽，清明無形。聖人則之，制璿璣玉衡以度其象。」如鄭此言，則天是太虛，本無形體，但指諸星運轉以爲天耳。天周圜三百六十五度四分度之一。按《考靈耀》云：一度二千九百三十二里千四百六十一分里之三百四十八，周天百七萬一千里者，是天圜周之里數也。以圍三徑一言之，則直徑三十五萬七千里，此爲二十八宿周迴直徑之數也。然二十八宿之外，上下東西各有萬五千里，是爲四遊之極，謂之四表，四表之内并星宿内總有三十八萬七千里。然則天之中央上下正半之處，則一十九萬三千五百里地在於中，是地去天之數也。

宋·俞琰《書齋夜話》　夫人之生也，寓形宇内。宇内之事可得而見之者且不能儘曉，何况自天地開闢、萬萬古以至如今？巧歷所不能算，又焉能究極其始哉？既不能究極其始，而欲窮竟其終，厥亦難矣。《春秋緯》謂開闢至獲麟凡三百二十七萬六千歲，吾固未之信。若邵康節十二萬九千六百年之數，吾亦未敢以爲然也。

宋·王與之《周禮訂義》　鄭鍔曰：聖人與天地合其德，與日月合其明，無所往而不與之俱。故或以宫室而象之，或以衣裳而象之，或以圭璧旌旗而象之，而又作車以象之。夫車以載乘不過一器耳，而天地日月之象實具焉。王者乘之豈徒然哉！期得覆載照臨之道於俯仰之間也。夫輿本方也，爲之軫以承之，其制亦方，方而在輿之下，所以象地。形之方也，不以輿象之，而取於軫者，蓋軫又在輿之下故也。輪人爲蓋，其形必員，員而在車之上，所以象天形之員也。輪亦員而不以爲象者，蓋輪雖員而運乎下，惟蓋則員而覆乎上故也。

元·伊世珍《瑯嬛記》卷上　姑射謫女問九天先生曰：「天地毁乎？」曰：「天地亦物也，若物有毁，則天地焉獨不毁乎？」

曰：「既有毁也，何當復成？」曰：「人亡於此，焉知不生於彼？天地毁於此，焉知不成於彼也？」

曰：「人有彼此，天地亦有彼此乎？」曰：「人物無窮，天地亦無窮也。譬如蛔居人腹，不知是人之外更有人也。人在天地腹，不知天地之外更有天地也。故至人坐觀天地，一成一毁如林花之開謝耳。寧有既乎？」

姑射謫女曰：「天上地下而人在中，何義也？」九天先生曰：「謂天外地内則可，謂天上地下則不可。天地人物不猶鷄卵乎？天爲卵殼，地爲卵黄，人物爲卵白。」

姑射謫女曰：「人能出此天地而游於彼天地乎？」曰：「能也。駕無形之馬，御大虛之車，一息之頃無不出也，無不游也。天地雖多，在吾心也。吾心雖大，無爲體也。汝其游矣乎！」

明·胡廣《周易大全》　故是幽明之所以然者，晝明夜幽，上明下幽，觀晝夜之運，日月星辰之上下，日出地上。便明日入地下，便幽天文有半邊在上面，須

有半邊在下面。可見天文幽明之所以然也。南明北幽，高明深幽，觀南北高深可見地理幽明之所以然也。與大地相似故不違，知周乎萬物而道濟天下故不過。

明·胡廣《周易大全》 南軒張氏曰：「乾之大生以資其始，坤之廣生以流其形，此『廣大配天地』也。」夫易聖人所以崇德而廣業也，知崇禮卑，崇效天卑法地。天地設位，而易行乎其中矣。

明·黄潤玉《海涵萬象録》 予幼時戲將猪水胞盛半胞水，置一大乾泥丸於內，用氣吹滿胞，畢見水在胞底，泥丸在中，其氣運動如雲，是即天地之形狀也。此太虚之外必有固氣者。

明·田藝蘅《留青日札》卷七 心如天運謂之勤，心如地寧謂之慎。天匪勤則不能廣運，地匪慎則不能久持。乾之自強，天心也；坤之厚載，地心也。

明·張綸《林泉隨筆》 《荀子》「天地比」註曰：「天無實形，地之上空虚者，皆天也。」此説最爲有功。朱子言：「天在四畔，地居其中。減得一尺地，遂有一尺氣，但人自不覺耳。」其言蓋本於此。

圖表

清·雷學淇《古經天象考圖説》 象數圖

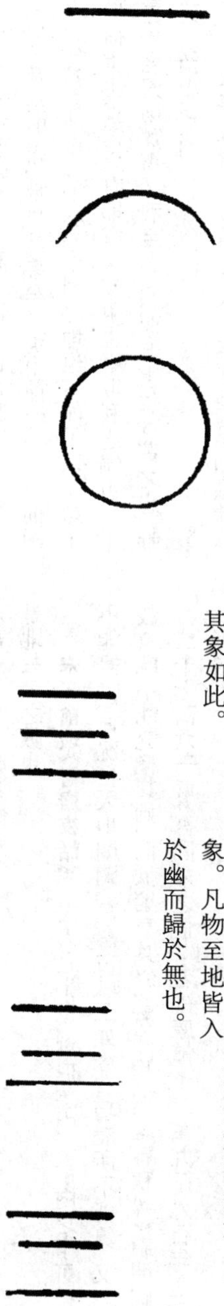

此自無而有之象，一之始也。以義言之，微塵一縣，怳忽若存。以象言之，圓轉無端，即古文凡字古時以漆作書，始落筆時皆作此形，故此即太極之始象，所謂弄丸丸矣。在易則爲日月行空之象。

此伏羲作卦之始，陽之奇畫也。是爲太極，亦曰太一。凡理數象法，皆出於此。

此乾元之運象。據在地上者言，即天之下器也。蓋天之説出此。古文宀、月等字从之。在易則日升於東而没於西，月生於西而晦於東之象。

此是行遠不息之象。據理氣象數之運動周轉者言，所謂乾爲天爲圜也。一日之象如是，一月之象、一歲之象如是，終古之象亦如是。後世渾天之説出此。唐以前皆以一爲太極，宋以後始以〇爲太極，其實即一静一動之象。

此爲地法天之象。上畫天下畫地也。人見天在上地在下，廣大如一，初不知天大地小，亦不見天包地外也。故其象如此。

此地之本象，即伏羲作卦之次□。所謂耦也，以兩旁有□處言。地之形以中間無盡處言。地之理，即明與幽之象。凡物至地皆入於幽而歸於無也。

此自下望高之象，即古文上字。

此自高口深之象，即古文下字。

此二象，凡地之山川、陵谷、原隰、田井、陂池，高低遠近比次隱見，晦明之象皆統焉。

天象之可見者三光，故乾象之高下三書。三其三則爲九，於是五星列宿又分七重，此所謂乾元用九，即九天九重矣。

隸楷三字中書短而近下。古文王字中書均而近上。《易大傳》曰：天一、地二、天三。《大戴記》：易本命曰天一、地二、人三。《老子》曰：道生一，一生二，二生三，三生萬物。此上三圖即其象。凡中書皆象人。天高而尊，地卑而親，故天象父，地象母。人生地上有智有愚。愚者俯視見土，不知天之高也，故其取近下。其聰明睿智達天德者，能贊天地之化育，裁成而輔相之，故一貫三爲王，其書與天地參而近上。推之，凡生於天地間者，皆有親上親下之殊，特人爲貴耳。

此兩地之象，所以象地之深厚也。古文四字，積畫成文。

此亦兩地之象，縱橫視之，地有四方也。乾爲圖則坤爲方，互文見義。《易》、《象》曰：六二之動，直以方也。

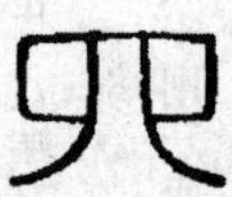

四字古文亦作𠔁，義未詳，似人之背立，俯身視地，但見四支之象。

《說文》曰：口，四方也。八，別也。口中八，象四方之形。今文四字从此。或曰：當作曰。天道左旋，地道右轉。中二點日月也，四象之義。

天道下濟，地氣上升，天地交而後萬物生，此天地始相交互之象也。一行《大衍麻議》曰：北斗自乾摭巽爲天綱，雲漢自艮抵坤爲地紀。

此天地交互之動象也。四隅中央無不充實，故土爲五之生數。太乙行九宮法，凡行四宮必歸於中，即其義。土之分王四方，皆在四時之季月。故二圖交互處皆指四隅。自五以後，凡六、七、八、九、十五象皆具×形。萬物非土不生，五行之象，尤其較著者也。

六，从入从八。八乃水停不流之象，此象天地既交，陽破陰之積，入於陰中，而陰包納之，涵天一之水，振而不洩。故其象如此。五六乃天地之三數中數，故傳曰：人受天地之中以生。《管子》曰：人道以六制。《漢書·律麻志》曰：六者，所以含陽氣之施，楙之於六合之內也。是其義矣。陰動則退，故其變始於八而退於六。六爲老陰之位，即因坤之六爻含納陽施變爲坎北之象，以生萬物也。

七者，陽變之始。陽爲陰所包納，充滿於中，因而旁運變而爲七，以成火之生。凡火以物隔之，其炎必旁達也。《易》曰：夫乾，其靜也專，其動也直。是乃陽之本性。今曲而旁達，是陽之變始於七矣。故《列子》曰：一變而爲七。

八者，別也。陽既逸於陰中，不受其包納，變而爲七。而陰遂亦自別於陽，變而爲八，以成木之生。凡草木之生，坼甲以後兩葉分向，其根茹亦然。此即其象。《易》曰：成象之謂乾，效法之謂坤。又曰：乾，健也。坤，順也。今陰不效順而自別於乾，故八之變不得其正。

古文九字，與《釋典》正字相似。但九之中从×而曲，卍之中从十而直，此不問耳。此是陽爲陰之自別，乃曲折而糾正之。究竟之，四方中央無不徧及，必使陰之自別，革以從陽，以成金之生。金性至堅剛，柔畢遠，即從革之義也。

陽既糾陰，革其自別之象。陰遂順從陽×之義，四達不悖，效法而爲十。十即直方之象，所以成土之生，無不持載也。土之分王雖在四隅，其德位則在正中。十與×相成，以象其充滿，此即河圖、洛書之要義。是二是一，會其有極者也。

此上十數，義背相因。一至四爲靜象，六至九爲動象。×由靜而動，十由動而靜，故百、千、萬、億、兆、京、垓、秭皆十之積數也。一二者，陰陽之始數也。三三者，一二之積數也。五六者，動之始動而變以正也。七八者，變之著變而失其

正也。九十者，變之終變而歸於正也。一六爲生成之始數，五十爲生成之終數。一二三四之生，皆需五而成。六七八九之成，皆因十而著。故五爲生數之小成，十爲衆數之大成。合×與十重疊書之，即河圖九宫，太極八卦，九天九野，及洛書九疇之象。所謂道在四方，要在中央，聖人執要四方來效矣。分×與十，上下書之，即古文午字，乃恭已正南面之象。聖人向明而治天下，其亡位必當乎此。因此之所值在南方，即地之午位也。故午字文从×十，南字文亦从十。北斗居中宫，制四鄉，文从人持十。蓋十即午違之象，言十而×即寓焉。此所以爲大衍之數。軒皇作甲子而制文字，必以×十之象。若於正南所以告萬世之南面者，使目擊道存，題名思義，有以裁成而輔相之也。故並著於後爲象數之總匯焉。

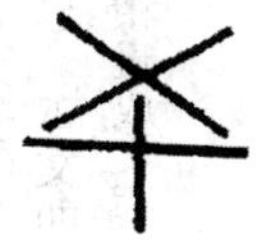

此古文午字。

此×十合并，數之全象也。正中爲北辰太極中宫，八端之所指即八方八卦，及九一、三七、二八、四六之本位也。八端之數互相乘除，各有奇零，惟五與十任與各數相乘仍得成數。五猶動而有變，十則一成而不易矣，故數終於九。

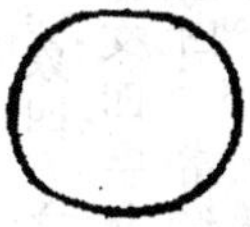

此即天地萬物出一入一之象，所謂九復變而爲一，數皆歸於大衍也。

大圜九重圖

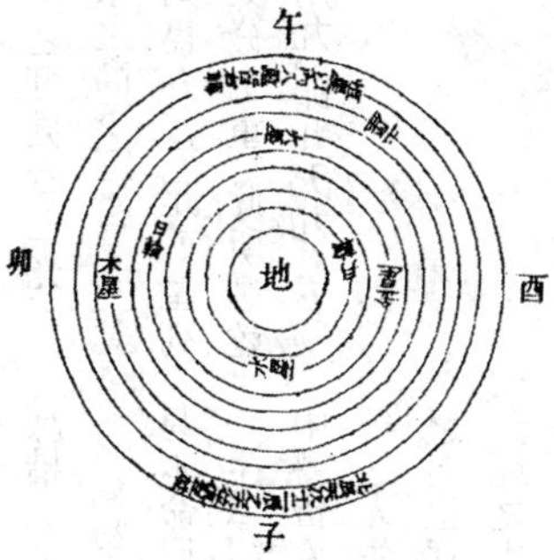

恒星以内八重雖右轉，而北辰以大氣攝之，每日皆隨天左旋一周而過一度。

大圜九野圖

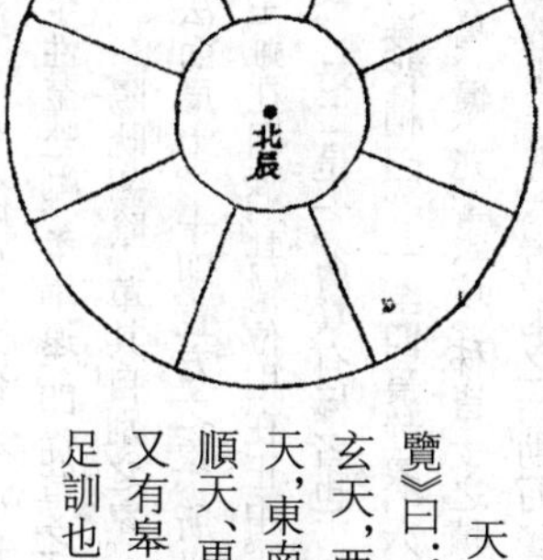

天之高下有九重，其廣大有九野。《呂覽》曰：中央鈞天，東蒼天，東北變天，北玄天，西北幽天，西皓天，西南朱天，南炎天，東南陽天。《太玄》謂：是中天、羡天、順天、更天、時天、廓天、咸天。《淮南》等書又有皋天、上天、赤天等名。經無明文，未足訓也。

天極圖

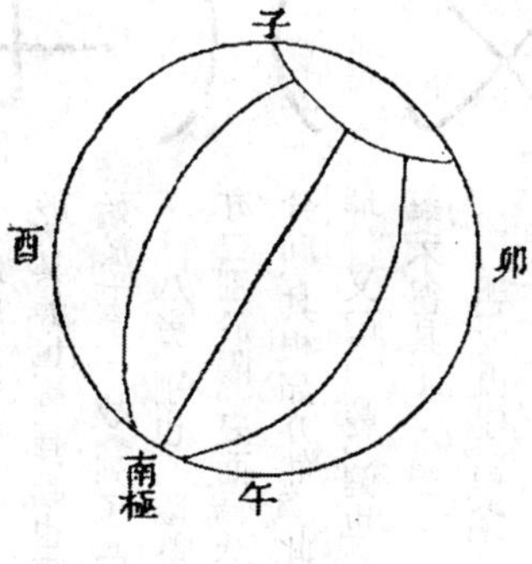

此立于赤道之下，北望見二極之象也。

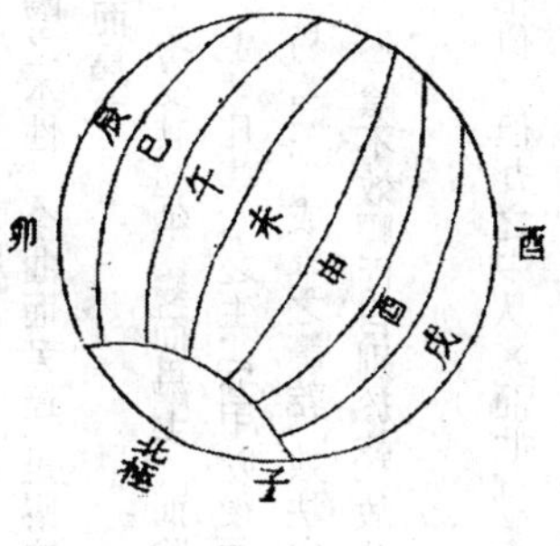

此立於中夏見南極入地、北極出地之象也。

璿璣玉衡圖

此即《鶡冠子》云「前張後極，左角右鉞」之象也。今星以下名與馬融《尚書注》少異。馬云：三曰命火，四曰煞土，五曰伐水，六曰危木，七曰罰金。似得其實，謂其星名罰而主金也。占經多訛，字部之名義與七政之説似亦未協。

天位圖

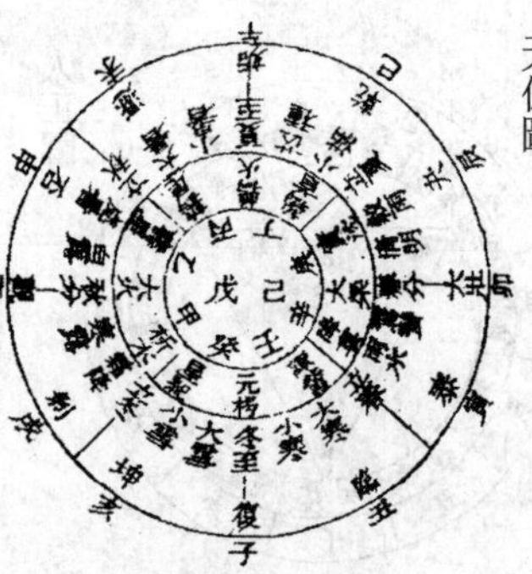

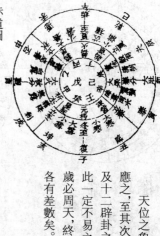

天位之象以日爲主，日至次首則節氣應之，至其次中則中氣應之。其七十二候及十二辟卦之消息於一氣者，亦依次可推此一定不易之位也。日每晝夜雖亦東行，歲必周天，終古無異。非若月斗宿星，每歲各有差數矣。

赤道圖

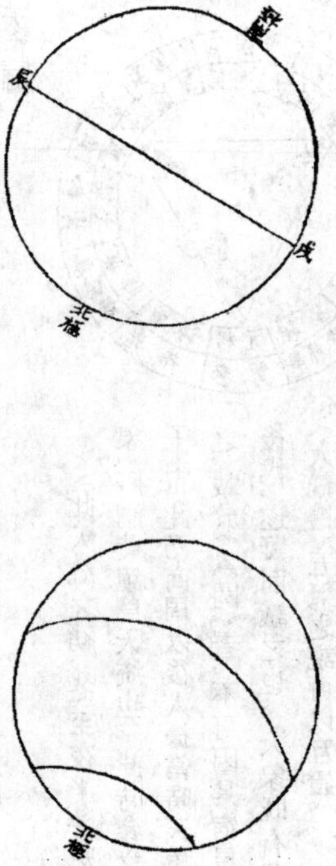

此赤道横亘天腹，居南北二極正中之象。

此北極出地南極入地，赤道隆起近南之象。

黃道圖

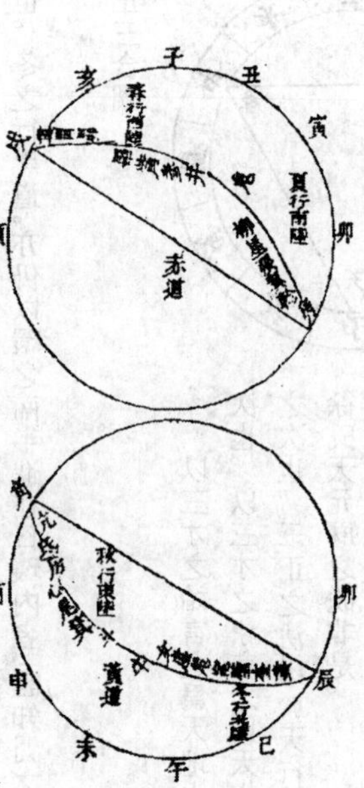

此東周及秦初黃道宿星之象也。堯時七星最北，虛宿最南。今時參伐最北，箕宿最南。惟東周以後冬至在牽牛，戰國及秦漢遂在斗，故曰日在牽牛則寒，在東井則暑。此已往之象，不可執也。

月行圖

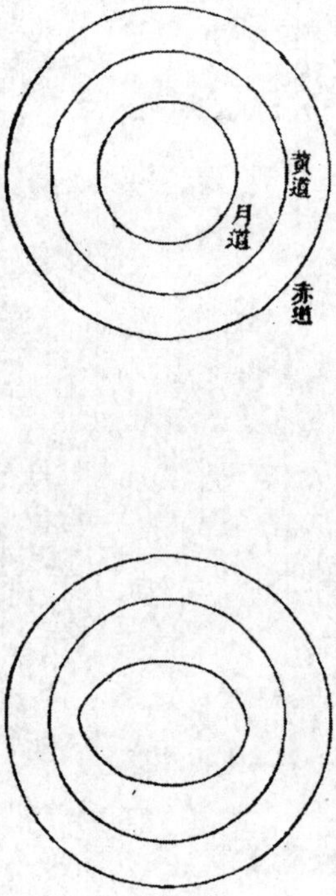

此月道與黃赤二道平正之象，故其形圓。月本無此象，國之以見下圖之橢形者，明其有出入也。

此月遵作東西橢形，乃仲夏仲冬之象。春秋則南北橢，四孟四季則橢向其方之左右。蓋三遵如環，正視之則其形皆圖，內環較中環或半高半下，則其象橢圓而不正矣。

淇按：自漢之耿壽昌作月行帛圖，歷代相因，遂將月行之六度畫於黃道外，並將日之去赤道二十四度亦畫於赤道外。此訛傳之誤，不可不知也。考九天之象可見者八重，赤道輪最大，月道輪最小。日輪在土、木、火三星之輪內，金、水二星之輪外，而月輪則又在水輪之內者也。史書厤志謂月出黃道外極遠不過六度，冬至則日在赤道外二十四度，此所謂出據測量之儀器言，非果月能超越金、火二重，又出於黃道之外，日能超越火、木、土三重，又出於赤道之外也。蓋測天者以日環月環與赤道環三環相襲，以地平儀準之，皆南高北下，南見北隱。而日環以卯酉爲二樞，人自地上而望見其環之南半二分之。日與赤道環適平，春分後則進在赤環上而漸北，及夏至而極。秋分後則退出赤環外而漸南，及冬至而極。二至之日，去赤道皆二十四度，此日環之進退上下，即所謂出入也。至於月之行天，又是小環在日環之內，無有定樞，亦無有常象。據帛圖九道之說，則一歲有八象。據歲行十二周天，則應有十三象，有閏之年且十四象。據每方一十八道，則連閏計之五歲餘即應有七十二象矣。象雖不同，而

大率以環之歆在日環後者爲出，進在日環内者爲入，其出入極遠去黄道皆不過六度也。冬之行黑道，亦仍以環之南半進在日環内者，證知月之在天出黄道外矣。

三正三合圖

以三才之始言之爲天地人，即右轉之次也。以三才之象言之則天人地，即左旋之次也。三正之法出於天行，自宜從左。徐氏天元厤之説非是。

天正圖

此天統之初，冬至夜半斗魁建子之象，所謂黄鐘爲天統也。此時參之初度當子中，此乃商周以後人據當時天象追而述之，載於《素問》者，不可因其宿星之同於後代，遂疑而議之也。天象既有明徵，與《大戴禮》五氣之説可以互證。

人正圖

此人統之初，冬至夜半斗衡及虚初建子之象，亦即《堯典》仲春日中星鳥之象也。

人統之初，立春夜半，斗衡建寅初。堯初立春昏杓建寅宫之二十三度，夏初建二十度。以日入三商言之，則夏初建寅宋。

地正圖

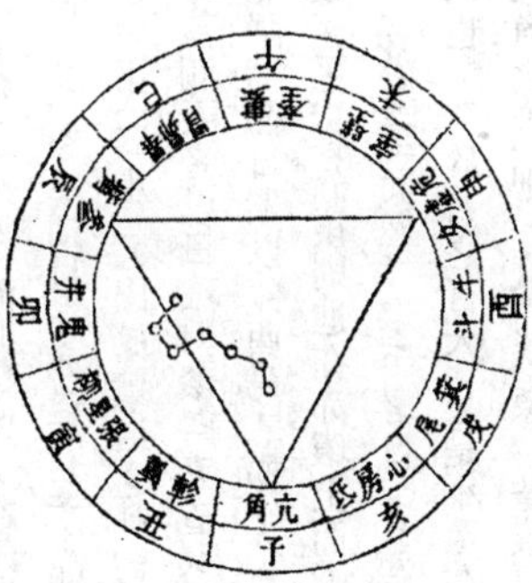

此地統之初冬至夜半斗杓建子之象也。此時斗衡負艮建坤，故爲地統坤之律，爲夷則吕，爲林鐘陰以退爲義，故林鐘爲地統也。

大正周建圖

三正之序雖是左旋，而斗宿之拱向北辰實皆右轉。此即陽健陰順之理自然之契合，毫無牽强者。迨建及申中，則次統之斗綱又貞子半矣。

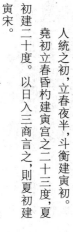

天地結構部

題解

漢·蔡邕《朔方上書》 言天體者有三家：一曰周髀，二曰宣夜，三曰渾天。

隋·劉焯《論渾天》（渾）、蓋、及宣夜三説并驅，平、昕、安、穹四天并行。

唐·房玄齡等《晉書》卷一一《天文志上》 古言天者有三家，一曰蓋天，二曰宣夜，三曰渾天。

唐·瞿曇悉達《開元占經》卷一 論天體象者凡有八家：一曰渾天，即今所載張衡《靈憲》是也。二曰宣夜，絶無師學。三曰蓋天，《周髀》所載。四曰軒天，姚信所説。五曰穹天，虞聳所擬。六曰安天，虞喜所述。七曰方天，王充所論。八曰四天，祆胡寓言。

宋·張君房《雲笈七籤》卷二 古今之言天者一十八家，爰考否臧，互有得失，則蓋、渾天儀之述，有其言而亡其法矣。至如蒙莊《逍遥》之篇，王仲任《論衡》之説，《山海經》考其理舍，列禦寇書其清濁，漢武王黄道，張衡銅儀，《周髀》之書，宣夜之學，昕天、安天之旨，晁崇、姚信之流，義趣不同，師資各異。所以虞喜、虞聳、劉焯、葛洪，宋有承天，梁有祖暅，唐朝李淳風，皆有述作。盧江句股之術，釋氏俱舍之譚，或托寓詞，或中浮説。

論説

《管子·白心》 天或維之，地或載之。天莫之維則天以墜矣；地莫之載則地以沉矣。夫天不墜，地不沉，夫或維而載之也。夫天張於上，地設於下，自古及今而不沉墜者，必有神靈維載之故。

《管子·侈靡》 天地不可留，故動，化故從新，是故天高者而不崩。

《莊子·天運》 天其運乎？不運而自行也。地其處乎？不處而自止也。日月其争於所乎？不争所而自代謝也。孰主張是？孰維綱是？皆自爾。孰居無事推而行是？無則無所能推，有則各自有事。然則無事而推行是者誰乎哉？各自行耳。意者其有機緘而不是已邪？意者其運轉而不能自止邪？自爾，故不可知也。

《吕氏春秋·有始覽》 天有九野，地有九州，土有九山，山有九塞，澤有九藪，風有八等，水有六川。

何謂九野？中央曰鈞天，其星角、亢、氐。東方曰蒼天，其星房、心、尾。東北曰變天，其星箕、斗、牽牛。北方曰玄天，其星婺女、虚、危、營室。西北曰幽天，其星東壁、奎、婁。西方曰顥天，其星胃、昴、畢。西南曰朱天，其星觜嶲、參、東井。南方曰炎天，其星輿鬼、柳、七星。東南曰陽天，其星張、翼、軫。

何謂九州？河、漢之間爲豫州，周也。兩河之間爲冀州，晉也。河、濟之間爲兗州，衛也。東方爲青州，齊也。泗上爲徐州，魯也。東南爲揚州，越也。南方爲荆州，楚也。西方爲雍州，秦也。北方爲幽州，燕也。

何謂九山？會稽，太山，王屋，首山，太華，岐山，太行，羊腸，孟門。

何謂九塞？大汾，冥阸，荆阮，方城，殽，井陘，令疵，句注，居庸。

何謂九藪？吴之具區，楚之雲夢，秦之陽華，晉之大陸，梁之圃田，宋之孟諸，齊之海隅，趙之鉅鹿，燕之大昭。

何謂八風？東北曰炎風，東方曰滔風，東南曰熏風，南方曰巨風，西南曰淒風，西方曰飂風，西北曰厲風，北方曰寒風。

何謂六川？河水，赤水，遼水，黑水，江水，淮水。

凡四海之内，東西二萬八千里，南北二萬六千里，水道八千里，受水者亦八千里，通谷六，名川六百，陸注三千，小水萬數。

凡四極之内，東西五億有九萬七千里，南北亦五億有九萬七千里。

極星與天俱游，而天極不移。

冬至日行遠道，周行四極，命曰玄明。夏至日行近道，乃參於上。當樞之下無晝夜。白民之南，建木之下，日中無影，呼而無響，蓋天地之中也。

《春秋元命苞》 天不足西北陽極於九，故周天九九八十一萬里。

《孝經援神契》天度厖鴻孳萌，周天七衡六間。

《河圖括地象》崑崙有柱焉，其高入天，即所謂天柱也。圍三千里，圓如削，下有仙人九府治，與天地同休息。其柱銘曰：崑崙銅柱，其高入天，圓周如削，膚體美焉。

《周髀算經》卷上 陳子曰：古時天子治周，此數望之從周，故曰周髀。髀者，表也。日夏至南萬六千里，日冬至南十三萬五千里，日中無影。以此觀之，從南至夏至之日中十一萬九千里。北至其夜半亦然。凡徑二十三萬八千里。此夏至日道之徑也，其周七十一萬四千里。從夏至之日中，至冬至之日中十一萬九千里。北至極下亦然。則從極南至冬至之日中二十三萬八千里。從極北至其夜半亦然。凡徑四十七萬六千里。此冬至日道徑也，其周百四十二萬八千里。從春秋分之日中北至極下十七萬八千五百里。從極下北至其夜半亦然。凡徑三十五萬七千里，周一百七萬一千里。故曰：月之道常緣宿，日道亦與宿正。南至夏至之日中，北至冬至之夜半，南至冬至之日中，北至夏至之夜半，亦徑三十五萬七千里，周一百七萬一千里。

春分之日夜分以至秋分之日夜分，極下常有日光。秋分之日夜分以至春分之日夜分，極下常無日光。故春秋分之日夜分之時，日所照適至極，陰陽之分等也。冬至、夏至者，日道發斂之所生也至，晝夜長短之所極。春秋分者，陰陽之脩，晝夜之象。晝者陽，夜者陰。春分以至秋分，晝之象。秋分至春分，夜之象。故春秋分之日中光之所照北極下，夜半日光之所照亦南至極。此日夜分之時也。故曰：日照四旁各十六萬七千里。

人望所見，遠近宜如日光所照。從周所望見北過極六萬四千里，南過冬至之日三萬二千里。夏至之日中，光南過冬至之日中光四萬八千里，南過人所望見一萬六千里，北過周十五萬一千里，北過極四萬八千里。冬至之夜半日光南不至人所見七千里，不至極下七萬一千里。夏至之日中與夜半日光九萬六千里過極相接。冬至之日中與夜半日光不相及十四萬二千里，不至極下七萬一千里。夏至之日正東西望，直周東西日下至周五萬九千五百九十八里半。冬至之日正東西方不見日。以算求之，日下至周二十一萬四千五百五十七里半。凡此數者，日道之發斂。冬至、夏至，觀律之數，聽鐘之音。冬至晝，夏至夜。差數及，日光所還觀之，四極徑八十一萬里，周二百四十三萬里。

從周至南日照處三十萬二千里，周北至日照處五十萬八千里，東西各三十九萬一千六百八十三里半。周在天中南十萬三千里，故東西矩中徑二萬六千六百三十二里有奇。周北五十萬八千里。冬至日十三萬五千里。冬至日道徑四十七萬六千里，周一百四十二萬八千里。日光四極當周東西各三十九萬一千六百八十三里有奇。

又 七衡圖：

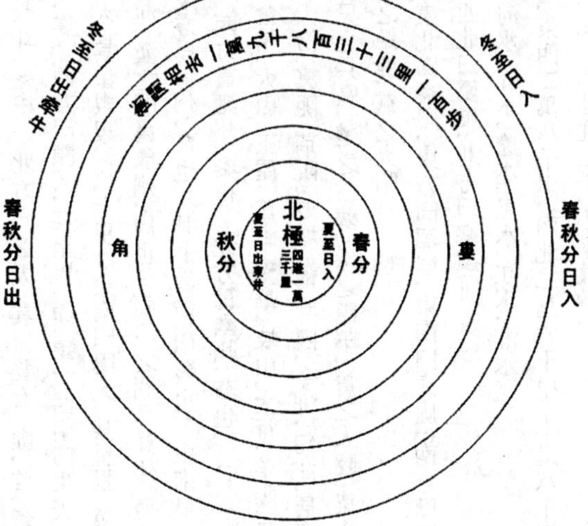

凡爲此圖，以丈爲尺，以尺爲寸，以寸爲分，分一千里。凡用繒方八尺一寸。今用繒方四尺五分，分爲二千里。

又 凡爲日月運行之圓周，七衡周而六間，以當六月節。六月爲百八十二日、八分日之五。故日夏至在東井極內衡，日冬至在牽牛極外衡也。衡復更終冬至。故曰：一歲三百六十五日、四分日之一，一歲一內極，一外極。三十日、十六分日之七，月一外極，一內極。是故衡之間萬九千八百三十三里、三分里之一，即爲百步。欲知次衡徑，倍而增內衡之徑。二之以增內衡徑。次衡放此。

內一衡徑二十三萬八千里，周七十一萬四千里。分爲三百六十五度、四分

度之一，度得一千九百五十四里二百四十七步、千四百六十一分步之九百三十三。

次二衡徑二十七萬七千六百六十六里二百步，周八十三萬三千里。分里爲度，度得二千二百八十里百八十八步、千四百六十一分步之千三百三十二。

次三衡徑三十一萬七千三百三十三里一百步，周九十五萬二千里。分爲度，度得二千六百六里百三十步，千四百六十一分步之二百七十。

次四衡徑三十五萬七千里，周一百七萬一千里。分爲度，度得二千九百三十二里七十一步、千四百六十一分步之六百六十九。

次五衡徑三十九萬六千六百六十六里二百步，周一百一十九萬里。分爲度，度得三千二百五十八里十二步、千四百六十一分步之千六十八。

次六衡徑四十三萬六千三百三十三里一百步，周一百三十萬九千里。分爲度，度得三千五百八十三里二百五十四步、千四百六十一分步之六。

次七衡徑四十七萬六千里，周一百四十二萬八千里。分爲度，得三千九百九里一百九十五步、千四百六十一分步之四百五。

其次，日冬至所北照，過北衡十六萬七千里。爲徑八十一萬里，周二百四十三萬里。分爲三百六十五度四分度之一，度得六千六百五十二里二百九十三步、千四百六十一分步之三百二十七。過此而往者，未之或知。或知者，或疑其可知，或疑其難知。此言上聖不學而知之。故冬至日晷丈三尺五寸，夏至日晷尺六寸。冬至日晷長，夏至日晷短。日晷損益，寸差千里。故冬至、夏至之日，南北遊十一萬九千里，四極徑八十一萬里，周二百四十三萬里。分爲度，度得六千六百五十二里二百九十三步、千四百六十一分步之三百二十七。此度之相去也。

其南北游，日六百五十一里一百八十二步、一千四百六十一分步之七百九十八。

《周髀算經》卷下 凡日月運行，四極之道。極下者，其地高人所居六萬里，滂沱四隤而下。天之中央，亦高四旁六萬里。故日光外所照徑八十一萬里，周二百四十三萬里。故日運行處極北，北方日中，南方夜半。日在極東，東方日中，西方夜半。日在極南，南方日中，北方夜半。日在極西，西方日中，東方夜半。凡此四方者，天地四極四和，晝夜易處，加四時相及。然其陰陽所終，冬至所極，皆若一也。

天象蓋笠，地法覆槃。天離地八萬里，冬至之日雖在外衡，常出極下地上二萬里。故曰兆月，月光乃出，故成明月。星辰乃得行列。是故秋分以往到冬至，三光之精微，以成其道遠。此天地陰陽之性自然也。

欲知北極樞，璿周四極。常以夏至夜半時北極南游所極，冬至夜半時北游所極，冬至日加酉之時西游所極，日加卯之時東游所極。此北極璿璣四游。正北極璿璣之中，正北天之中。正極之所游，冬至日加酉之時，立八尺表，以繩繫表顛，希望北極中大星，引繩致地而識之。又到旦，明日加卯之時，復引繩希望之，首及繩致地而識其端，相去二尺三寸。故東西極二萬三千里，其兩端相去正東西。中折之以指表，正南北。加此時者，皆以漏揆度之。此東、西、南、北之時。其繩致地所識，去表丈三寸，故天之中去周十萬三千里。何以知其南北極之時？以冬至夜半北游所極也，北過天中萬一千五百里，以夏至南游所極不及天中萬一千五百里。此皆以繩繫表顛而希望之，北極至地所識丈一尺四寸半，故去周十二萬四千五百里，過天中萬一千五百里；其南極至地所識九尺一寸半，故去周九萬一千五百里，其南不及天中萬一千五百里。此璿璣四極南北過不及之法，東、西、南、北之正勾。

周去極十萬三千里。日去人十六萬七千里。夏至去周一萬六千里。夏至日道徑二十三萬八千里，周七十一萬四千里。春、秋分日道徑三十五萬七千里，周一百七萬一千里。冬至日道徑四十七萬六千里，周一百四十二萬八千里。日光四極八十一萬里，周二百四十三萬里。從周南三十萬二千里。

璿璣徑二萬三千里，周六萬九千里。此陽絶陰彰，故不生萬物。其術曰，立正勾定之。以日始出，立表而識其晷。日入，復識其晷。晷之兩端相直者，正東西也。中折之指表者，正南北也。極下不生萬物。何以知之？冬至之日去夏至十一萬九千里，萬物盡死；夏至之日去北極十一萬九千里，是以知極下不生萬物。北極左右，夏有不釋之冰。

春分、秋分，日在中衡。春分以往日益北，五萬九千五百里而夏至。秋分以往日益南，五萬九千五百里而冬至。中衡去周七萬五千五百里。中衡左右冬有不死之草，夏長之類。

此陽彰陰微，故萬物不死，五穀一歲再熟。

凡北極之左右，物有朝生暮獲。

漢·王充《論衡》卷一一《談天》 凡事難知，是非難測。極爲天中，方今天

下，在極之南，則天極北，必(高)〔尚〕多民。《禹貢》「東漸於海，西被於流沙」，此則東方之地尚多。東方之地尚多，則天極之北，天地(則)〔非〕天地之極際也。日刺徑千里，今從東海之上，會稽鄞、鄮，則察日之初出徑二尺，尚遠之驗也。遠則東方之地尚多。東方之地尚多，則天極之北，天地廣長，不復訾矣。夫如是，鄒衍之言未可非，《禹紀》、《山(海)〔經〕》、《淮南地形》未可信也。鄒衍曰：「方今天下，在地東南，名赤縣神州。」天極爲天中，如方今天下，在地東南，視極當在西北。今正在北，方今天下在極南也。以極言之，不在東南，鄒衍之言非也。如在東南，近日所出，日如出時，其光宜大。今從東海上察日，及從流沙之地視日，小大同也。相去萬里，小大不變，方今天下，得地之廣，少矣。雒陽，九州之中也，從雒陽北顧，極正在北。東海之上，去雒陽三千里，視極亦在北。推此以度，從流沙之地視極，亦必復在北焉。東海、流沙，九州東西之際也，相去萬里，視極猶在北者，地小居狹，未能辟離極也。日南之郡，去雒且萬里。徙民還者，問之，言日中之時，所居之地，未能在日南也。度之復南萬里，日在日〔南〕之南，是則去雒陽二萬里，乃爲日南也。今從雒地察日之去遠近，非與極同也，極爲遠也。今欲北行三萬里，未能至極下也。假令之至，是則名爲距極下也。以至日南五萬里，極北亦五萬里也。極北亦五萬里，極東西亦皆五萬里焉。東西十萬，南北十萬，相承百萬里。鄒衍之言：「天地之間，有若天下者九。」案周時九州，東西五千里，南北亦五千里。五五二十五，一州者二萬五千里。天下若此九之，乘二萬五千里，二十二萬五千里。如鄒衍之書，若謂之多，計度驗實，反爲少焉。

儒者曰：「天，氣也，故其去人不遠。人有是非，陰爲德害，天輒知之，又輒應之，近人之效也。」如實論之，天，體，非氣也。人生於天，何嫌天無氣？(猶)〔獨〕有體在上，與人相遠。秘傳或言：天之離天下，六萬余里。數家計之，三百六十五度一周天。下有周度，高有里數。如天審氣，氣如雲烟，安得里度？又以二十八宿效之，二十八宿爲日月舍，猶地有郵亭爲長吏廨矣。郵亭著地，亦如星舍著天也。案附書者，天有形體，所據不虛。〔由〕此考之，則無恍惚，明矣。

漢・王充《論衡》卷一一《說日》 儒者曰：「日朝見，出陰中；暮不見，入陰中。陰氣晦冥，故没不見。」如實論之，不出入陰中。何以效之？夫夜，陰也，氣亦晦冥，或夜舉火者，光不滅焉。夜之陰，北方之陰也；朝出日，(入)〔人〕所舉之火也。火夜舉，光不滅；日暮入，獨不見，非氣驗也。夫觀冬日之出入，朝出東南，暮入西南。東南、西南非陰，何故謂之出入陰中？且夫星小猶見，日大反滅，世儒之論，竟虛妄也。

儒者曰：「冬日短，夏日長，亦復以陰陽。夏時，陽氣多，陰氣少，陽氣光明，與日同耀，故日出輒無鄣蔽。冬，陰氣晦冥，掩日之光，日雖出，猶隱不見，故冬日日短，陰多陽少，與夏相反。」如實論之，日之長短，不以陰陽。何以驗之？復以北方之星。北方之陰，〔冬〕日之陰也。北方之陰，不蔽星光，冬日之陰，何故〔獨〕滅日明？由此言之，以陰陽說者，失其實矣。實者，夏時日在東井，冬時日在牽牛，牽牛去極遠，故日道短，東井近極，故日道長。夏北至東井，冬南至牽牛，故冬夏節極，皆謂之至，春秋未至，故謂之分。或曰：「夏時陽氣盛，陽氣在南方，故天舉而高；冬時陽氣衰，天抑而下。高則日道多，故日長；下則日道少，故日短也。」夏日陽氣盛，天南方舉而日道長，月亦當復長。案夏日長之時，日出東北，而月出東南；冬日短之時，日出東南，月出東北。如夏時天舉南方，日月當俱出東北，冬時天復下，日月亦當俱出東南。由此言之，夏時天不舉南方，冬時天不抑下也。然則夏日之長也，其所出之星在北方也；冬日之短也，其所出之星在南方也。問曰：「當夏五月日長之時在東井，東井近極，故日道長。今案察五月之時，日出於寅，入於戌。日道長，去人遠，何以得見其出於寅入於戌乎？」日東井之時，去人極近。夫東井近極，若極旋轉，人常見之矣。使東井在極旁側，得無夜常爲晝乎？日晝行十六分，人常見之，不復出入焉。儒者或曰：「日月有九道，故曰：『日行有近遠，晝夜有長短也。』」夫復五月之時，晝十一分，夜五分；六月，晝十分，夜六分；從六月往至十一月，月減一分：此則日行，月從一分道也，歲，日行天十六道也，豈徒九道？

或曰：「天高南方，下北方。日出高，故見；入下，故不見。天之居若倚蓋矣，故極在人之北，是其效也。極(其)〔在〕天下之中，今在人北，其若倚蓋，明矣。」日明既以倚蓋喻，當若蓋之形也。極星在上之北，若蓋之葆矣；其下之南，有若蓋之莖者，正何所乎？夫取蓋倚於地不能運，立而樹之，然後能轉。今天運轉，其北際不著地者，觸礙何以能行？由此言之，天不若倚蓋之狀，日之出入不隨天高下，明矣。或曰：「天北際下地中，日隨天而入地，地密鄣隱，故人不見。然天地，夫婦也，合爲一體。天在地中，地與天合，天地並氣，故能生物。北方陰也，合體並氣，故居北方。」天運行於地中乎？不則，北方之地低下而不平也？如審運行地中，鑿地一丈，轉見水源，天行地中，出入水中乎？如北方低下不平，是

則九川北注，不得盈滿也。實者，天不在地中，日亦不隨天隱，天平正，與地無異。然而日出上，日入下者，隨天轉運，視天若覆盆之狀，故視日上下然，似若出入地中矣。然則日之出，近也；其入，遠，不復見，故謂之入，運見於東方近，故謂之出。何以驗之？系明月之珠於車蓋之橑，轉而旋之，明月之珠旋邪？人望不過十里，天地合矣；遠，非合也。今視日入，非入也，亦遠也。當日入西方之時，其下民亦將謂之日中。從日入之下，東望今之天下，或時亦天地合。如是方〔今〕天下在南方也，故日出於東方，入於〔西方〕。北方之地，日出北方，入於南方。各於近者爲出，遠者爲入。實者不入，遠矣。臨大澤之濱，望四邊之際與天屬；其實不屬，遠若屬矣。日以遠爲入，澤以遠爲屬，其實一也。澤際有陸，人望而不見。陸在，察之若〔亡〕，日亦在，視之若入，皆遠之故出。太山之高，參天入雲，去之百里，不見埵塊。夫去百里不見太山，況日去人以萬里數乎？太山之驗，則既明矣。試使一人把大炬火夜行於道，平易無險，去人不〔一〕〔十〕里，火光滅矣，非滅也，遠也。今日西轉不復見者，非入也。問曰：「天平正，與地無異。今仰視天，觀日月之行，天高南方下北方，何也？」曰：方今天下在東南之上，視天若高，日月道在人之南，今天下在日月道下，故觀日月之行，若高南下北也。何以驗之？即天高南方，〔南方〕之星亦當高。今視南方之星低下，天復低南方乎？夫視天之居近者則高，遠則下焉，極北方之民以爲高，南方爲下。極東極西，亦如此焉。皆以近者爲高，遠者爲下。從北塞下，近仰視斗極，且在人上。匈奴之北，地之邊陲，北上視天，天復高北下南，日月之道，亦在其上。立太山之上，太山高；去下十里，太山下。夫天之高下，猶人之察太山也。平正，四方中央高下皆同。今望天之四邊若下者，非也，遠也。非徒下，若合矣。

儒者或以旦暮日出入爲近，日中爲遠；或以日中爲近，日出入爲遠。其以日出入爲近，日中爲遠者，見日出入時大，日中時小也。察物，近則大，遠則小，故日出入爲近，日中爲遠也。其以日出入爲遠，日中時爲近者，見日中時溫，日出入時寒也。夫火光近人則溫，遠人則寒，故以日中爲近，日出入爲遠也。二論各有所見，故是非曲直未有所定。如實論之，日中近而日出入遠。何以驗之？以植竿於屋下。夫屋高三丈，竿於屋棟之下，正而樹之，上扣棟，下抵地，是以屋棟去地三丈。如旁邪倚之，則竿末旁跌，不得扣棟，是爲去地過三丈也。日中時，日正在天上，猶竿之正樹去地三丈也。日出入，邪在人旁，猶竿之旁跌去地過三丈也。夫如是，日中爲近，出入爲遠，可知明矣。試復以屋中堂而坐一人，一人行於屋上，其行中屋之時，正在坐人之上，是爲屋上之人，與屋下坐人相去三丈矣。如屋上人在東危若西危上，其與屋下坐人相去過三丈矣。日中時，猶人正在屋上矣；其始出與入，猶人在東危與西危也。日中，去人近，故溫；日出入，遠，故寒。然則日中時日小，其出入時大者，日中光明，故小；其出入時光暗，故大，猶晝日察火，光小；夜察之，火光大也。既以火爲效，又以星爲驗，晝日星不見者，光耀滅之也，夜無光耀，星乃見。夫日月，星之類也。平旦、日入光銷，故視大也。

儒者論：「日旦出扶桑，暮入細柳。扶桑，東方地；細柳，西方野也。桑、柳，天地之際，日月常所出入之處。」問曰：歲二月、八月時，日出正東，日入正西，可謂日出於扶桑，入於細柳。今夏日長之時，日出於東北，入於西北；冬日短之時，日出東南，入於西南，冬與夏日之出入，在於四隅，扶桑、細柳，正在何所乎？所論之言，〔猶〕〔獨〕謂春秋，不謂冬與夏也。如實論之，日不出於扶桑，入於細柳。何以驗之？隨天而轉，近則見，遠則不見。當在扶桑、細柳之時，從扶桑、細柳之民，謂之日中之時，從扶桑、細柳察之，或時爲日出入。〔皆〕以其上者爲中，旁則爲旦夕，安得出於扶桑，入細柳？儒者論曰：「天左旋，日月之行，不系於天，各自旋轉」。難之曰：使日月自行，不系於天，日行一度，月行十三度，當日月出時，當進而東旋，何還始西轉？系於天，隨天四時轉行也。其喻若蟻行於磑上，日月行遲天行疾，天持日月轉，故日月實東行而反西旋也。

或問：「日、月、天皆行，行度不同，三者舒疾，驗之人、物，〔何〕以〔爲〕喻？」曰：天，日行一周。日行一度二千里，日晝行千里，夜行千里，〔麒麟〕〔騏驥〕晝日亦行千里。然則日行舒疾，與〔麒麟〕〔騏驥〕之步，相似類也。月行十三度，十度二萬里，三度六千里，月一〔旦〕〔日〕〔一〕夜行二萬六千里，與晨鳧飛相類似也。天行三百六十五度，積凡七十三萬里也，其行甚疾，無以爲驗，當與陶鈞之運，弩矢之流，相類似乎？天行已疾，去人高遠，視之若遲，蓋望遠物者，動若不動，行若不行。何以驗之？乘船江海之中，順風而驅，近岸則行疾，遠岸則行遲。船行一實也，或疾或遲，遠近之視使之然也。仰視天之運，不若〔麒麟〕〔騏驥〕負日而馳，〔比〕〔日〕暮，而日在其前，何則？〔麒麟〕〔騏驥〕近而日遠也。遠則若遲，近則若疾，六萬里之程，難以得運行之實也。

儒者説曰：「日行一度，天一日一夜行三百六十五度，天左行，日月右行，與

天相迎。」問：日月之行也，系著於天也，日月附天而行，不(直)〔自〕行也。何以言之？《易》曰：「日月星辰麗乎天，百果草木麗於土。」麗者，附也。附天所行，若人附地而圓行，其取喻若蟻行於磑上焉。問曰：『何知不離天直自行也？』如日能直自行，當自東行，無爲隨天而西轉也。月行與日同，亦皆附天。何以驗之？驗之(以)〔似〕雲。雲不附天，常止於所處，使不附天，亦當自止其處。由此言之，日行附天明矣。

漢・王充《論衡》卷一八《自然》 天地合氣，萬物自生，猶夫婦合氣，子自生矣。萬物之生，含血之類，知飢知寒。見五穀可食，取而食之；見絲麻可衣，取而衣之。或説以爲天生五穀以食人，生絲麻以衣人。此謂天爲人作農夫桑女之徒也，不合自然，故其義疑，未可從也。試依道家論之。

天者，普施氣萬物之中，穀愈飢而絲麻救寒，故人食穀、衣絲麻也。夫天之不故生五穀絲麻以衣食人，由其有災變不欲以譴告人也。物自生，而人衣食之；氣自變，而人畏懼之。以若説論之，厭於人心矣。如天瑞爲故，自然焉在？無爲何居？何以〔知〕天之自然也？以天無口目也。案有爲者，口目之類也。口欲食而目欲視，有嗜欲於內，發之於外，口目求之，得以爲利，欲之爲也。今無口目之欲，於物無所求索，夫何爲乎？何以知天無口目也？以地知之。地以土爲體，土本無口目。天地，夫婦也，地體無口目，亦知天無口目也。使天體乎？宜與地同。使天氣乎？氣若雲煙，雲煙之屬，安得口目？

或曰：「凡動行之類，皆本有爲。有欲故動，動則有爲。今天動行與人相似，安得無爲？」曰：天之動行也，施氣也，體動氣乃出，物乃生矣。由人動氣也，體動氣乃出，子亦生也。夫人之施氣也，非欲以生子，氣施而子自生矣。天動不欲以生物，而物自生，此則自然也。施氣不欲爲物，而物自爲，此則無爲也。謂天自然無爲者何？氣也恬澹無欲，無爲無事者也，老聃得以壽矣。老聃稟之於天，使天無此氣，老聃安所稟受此性？師無其説而弟子獨言者，未之有也。或復於桓公，公曰：「以告仲父。」左右曰：「一則仲父，二則仲父，爲君乃易乎！」桓公曰：「吾未得仲父，故難；已得仲父，何爲不易？」夫桓公得仲父，任之以事，委之以政，不復與知。皇天以至優之德，與王政〔隨〕而譴告(人)〔之〕，則天德不若桓公，而霸君之操過上帝也。【略】

或曰：「太平之應，河出圖，洛出書。不畫不就，不爲不成。天地出之，有爲之驗也。張良遊泗水之上，遇黄石公，授太公書。蓋天佐漢誅秦，故命令神石爲鬼書授人，復爲有爲之效也。」曰：此皆自然也。夫天安得以筆墨而爲圖書乎？天道自然，故圖書自成。晉唐叔虞、魯成季友生，文在其手，故叔曰虞，季曰友。宋仲子生，有文在其手，曰：「爲魯夫人。」三者在母之時，文字成矣，而謂天爲文字，在母之時，天使神持錐筆墨刻其身乎？自然之化，固疑難知，外若有爲，內實自然。是以太史公紀黄石事，疑而不能實也。趙簡子夢上天，見一男子在帝之側。後出，見人當道，則前所夢見在帝側者也。論之以爲趙國且昌之(狀)〔妖〕也。黄石授書，亦漢且興之象也。妖氣爲鬼，鬼象人形，自然之道，非或爲之也。

草木之生，華葉青葱，皆有曲折，象類文章，謂天爲文字，復爲華葉乎？宋人或刻木爲楮葉者三年乃成。孔子曰：「使〔天〕地三年乃成一葉，則萬物之有葉者寡矣。」如孔子之言，萬物之葉自爲生也。自爲生也，故能並成。如天爲之，其遲當若宋人刻楮葉矣。觀鳥獸之毛羽，毛羽之采色，通(遏)可爲乎？鳥獸未能盡實。春觀萬物之生，秋觀其成，天地爲之乎？物自然也？如謂天地爲之，爲之宜用手，天地安得萬萬千手，並爲萬萬千千物乎？諸物在天地之間也，猶子在母腹中也。母懷子氣，十月而生，鼻口耳目，髮膚毛理，血脉脂腴，骨節爪齒，自然成腹中乎？母爲之也？偶人千萬，不名爲人者，何也？鼻口耳目非性自然也。【略】

問曰：「人生於天地，天地無爲，人稟天性者，亦當無爲，而有爲，何也？」曰：至德純渥之人，稟天氣多，故能則天，自然無爲。稟氣薄少，不遵道德，不似天地，故曰不肖。不肖者，不似也。不似天地，不類聖賢，故有爲也。天地爲鑪，造化爲工，稟氣不一，安能皆賢？賢之純者，黄、老是也。黄者，黄帝也；老者，老子也。黄、老之操，身中恬澹，其治無爲，正身共己而陰陽自和，無心於爲而物自化，無意於生而物自成。

《易》曰：「黄帝、堯、舜垂衣裳而天下治。」垂衣裳者，垂拱無爲也。孔子曰：「大哉，堯之爲君也！惟天爲大，惟堯則之。」又曰：「巍巍乎！舜、禹之有天下也，而不與焉。」周公曰：「上帝引佚。」上帝，謂舜、禹也。舜、禹承安繼治，任賢使能，恭己無爲而天下治。舜、禹承堯之安，堯則天而行，不作功邀名，無爲之化自成，故曰：「蕩蕩乎，民無能名焉！」年五十者擊壤於塗，不能知堯之德，蓋自然之化也。《易》曰：「大人與天地合其德。」黄帝、堯、舜，大人也，其德與天地合，故知無爲也。天道無爲，故春不爲生，而夏不爲長，秋不爲成，冬不爲藏。陽

氣自出，物自生長；陰氣自起，物自成藏。汲井決陂，灌溉園田，物亦生長。霈然而雨，物之莖葉根(垓)〔荄〕莫不洽濡。程量澍澤，孰與汲井決陂哉？故無爲之爲大矣。本不求功，故其功立；本不求名，故其名成。沛然之雨，功名大矣，而天地不爲也，氣和而雨自集。

儒家説夫婦之道，取法於天地。知夫婦法天地，不知推夫婦之道，以論天地之性，可謂惑矣。夫天覆於上，地偃於下，下氣烝上，上氣降下，萬物自生其中間矣。當其生也，天不須復與也，由子在母懷中，父不能知也。物自生，子自成，天地父母，何與知哉？及其生也，人道有教訓之義。天道無爲，聽恣其性，故放魚於川，縱獸於山，從其性命之欲也。【略】老子、文子，似天地者也。淳酒味甘，飲之者醉不相知；薄酒酸苦，賓主嚬蹙。夫相譴告，道薄之驗也。謂天譴告，曾謂天德不若淳酒乎？

三國吴・徐整《三五曆紀》 數起於一，立於三，成於五，盛於七，處七九，故天去地九萬里。

晉・楊泉《物理論》 楊雄非渾天而作蓋天，圓其蓋，左轉，日月星辰隨而東西。桓譚難之，雄不解。此蓋天者，復難知也。元氣皓大，則稱皓天。皓天，元氣也。皓然而已，無他物也。儒家立渾天以追天，形从車輪焉。周髀立蓋天，言天氣循邊而行，從磨石焉。斗極，天之中也。言天者必擬之人，故自臍以下，人之陰也；自極以北，天之陰也。所以立天地者，水也；成天地者，氣也。水土之氣升而爲天。天者，君也。夫地有形而天無體，譬如灰焉。煙在上，灰在下也。渾天説天，言天如車輪，而日月旦從上過，夜從下過，故得出卯入酉。或以斗極難之，故作蓋天。言天左轉，日月不行，皆緣邊爲道。就渾天之説，則斗極不正，若用蓋天，則日月出入不定。夫天，元氣也，皓然而已，無他物焉。自極以南，天之陽；自極以北，天之陰。北極，天之中，陽氣之北極也。極南爲太陽，極北爲太陰。太陰則無光，太陽則能照，故爲昏明寒暑之極也。

南朝梁・祖暅《天文録》 蓋天之説又有三體：一云天如車蓋，游乎八極之中；一云天形如笠，中央高而四邊下；一云天如欹車蓋，南高北下。

唐・房玄齡等《晉書》卷一一《天文志上》 蔡邕所謂周髀者，即蓋天之説也。其本庖犧氏立周天曆度，其所傳則周公受於殷高，周人志之，故曰周髀。髀，股也；股者，表也。其言天似蓋笠，地法覆槃，天地各中高外下。北極之下爲天地之中，其地最高，而滂沲四隤，三光隱映，以爲晝夜。天中高於外衡冬至日之所在六萬里，北極下地高於外衡下地亦六萬里，外衡高於北極下地二萬里。天地隆高相從，日去地恆八萬里。日麗天而平轉，分冬夏之間日所行道爲七衡六間。每衡周徑里數，各依算術，用句股重差推晷影極游，以爲遠近之數，皆得於表股者也。故曰周髀。

又周髀家云：「天員(圓)如張蓋，地方如棊局。天旁轉如推磨而左行，日月右行，隨天左轉，故日月實東行，而天牽之以西没。譬之於蟻行磨石之上，磨左旋而蟻右去，磨疾而蟻遲，故不得不隨磨以左迴焉。天形南高而北下，日出高，故見；日入下，故不見。天之居如倚蓋，故極在人北，是其證也。極在天之中，而今在人北，所以知天之形如倚蓋也。日朝出陽中，暮入陰中，陰氣暗冥，故没不見也。夏時陽氣多，陰氣少，陽氣光明，與日同輝，故日出即見，無蔽之者，故夏日長也。冬天陰氣多，陽氣少，陰氣暗冥，掩日之光，雖出猶隱不見，故冬日短也。」

宣夜之書亡，惟漢秘書郎郗萌記先師相傳云：「天了無質，仰而瞻之，高遠無極，眼瞀精絶，故蒼蒼然也。譬之旁望遠道之黄山而皆青，俯察千仞之深谷而窈黑，夫青非真色，而黑非有體也。日月衆星，自然浮生虚空之中，其行其止皆須氣焉。是以七曜或逝或住，或順或逆，伏見無常，進退不同，由乎無所根繫，故各異也。故辰極常居其所，而北斗不與衆星西没也。攝提、填星皆東行，日行一度，月行十三度，遲疾任情，其無所繫著可知矣。若綴附天體，不得爾也。」

成帝咸康中，會稽虞喜因宣夜之説作安天論，以爲「天高窮於無窮，地深測於不測。天確乎在上，有常安之形；地魄焉在下，有居静之體。當相覆冒，方則俱方，員(圓)則俱員(圓)，無方員(圓)不同之義也。其光曜布列，各自運行，猶江海之有潮汐，萬品之有行藏也」。葛洪聞而譏之曰：「苟辰宿不麗於天，天爲無用，便可言無，何必復云有之而不動乎？」由此而談，稚川可謂知言之選也。

虞喜族祖河間相聳又立穹天論云：「天形穹隆如雞子，幕其際，周接四海之表，浮于元氣之上。譬如覆奩以抑水，而不没者，氣充其中故也。日繞辰極，没西而還東，不出入地中。天之有極，猶蓋之有斗也。天北下於地三十度，極之傾在地卯酉之北亦三十度，人在卯酉之南十餘萬里，故斗極之下不爲地中，當對天地卯酉之位耳。日行黄道繞極。極北去黄道百一十五度，南去黄道六十七度，二至之所舍以爲長短也。」

吴太常姚信造昕天論云：「人爲靈蟲，形最似天。今人頤前侈臨胸，而項不能覆背。近取諸身，故知天之體南低入地，北則偏高。又冬至極低，而天運近南，故日去人遠，而斗去人近，北天氣至，故冰寒也。夏至極起，而天運近北，故斗去人遠，日去人近，南天氣至，故蒸熱也。極之高時，日行地中淺，故夜短；天去地高，故晝長也。極之低時，日行地中深，故夜長；天去地下，故晝短也。」

自虞喜、虞聳、姚信皆好奇徇異之説，非極數談天者也。至於渾天理妙，學者多疑。漢王仲任據蓋天之説，以駁渾儀云：「舊説天轉從下過。今掘地一丈輒有水，天何得從水中行乎？甚不然也。日隨天而轉，非入地。夫人目所望，不過十里，天地合矣。實非合也，遠使然耳。今視日入，非入也，亦遠耳。當日入西方之時，其下之人亦將謂之爲中也。四方之人，各以其近者爲出，遠者爲入矣。何以明之？今試使一人把大炬火，夜行於平地，去人十里，火光滅矣。非滅也，遠使然耳。今日西轉不復見，是火滅之類也。日月不(員)〔圓〕也，望視之所以(員)〔圓〕者，去人遠也。夫日，火之精也；月，水之精也。水火在地不(員)〔圓〕，在天何故(員)〔圓〕？」故丹楊葛洪釋之曰：

渾天儀注云：「天如鷄子，地如鷄中黄，孤居於天内，天大而地小。天表裏有水，天地各乘氣而立，載水而行。周天三百六十五度四分度之一，又中分之，則半覆地上，半繞地下，故二十八宿半見半隱，天轉如車轂之運也。」諸論天者雖多，然精於陰陽者少。張平子、陸公紀之徒，咸以爲推步七曜之道，以度曆象昏明之證候，校以四八之氣，考以漏刻之分，占晷景之往來，求形驗於事情，莫密於渾象者也。

張平子既作銅渾天儀，於密室中以漏水轉之，令伺之者閉户而唱之。其伺之者以告靈臺之觀天者曰「璇璣所加，某星始見，某星已中，某星今没」，皆如合符也。崔子玉爲其碑銘曰：「數術窮天地，制作侔造化，高才偉藝，與神合契。」蓋由於平子渾儀及地動儀之有驗故也。

若天果如渾者，則天之出入行於水中，爲的然矣。故黄帝《書》曰「天在地外，水在天外」，水浮天而載地者也。又《易》曰：「時乘六龍。」夫陽爻稱龍，龍者居水之物，以喻天。天，陽物也，又出入水中，與龍相似，故以龍比也。聖人仰觀俯察，審其如此，故晉卦坤下離上，以證日出於地也。又明夷之卦離下坤上，以證日入於地也。需卦乾下坎上，此亦天入水中之象也。天爲金，金水相生之物也。天出入水中，當有何損，而謂爲不可乎？

故桓君山曰：「春分日出卯入酉，此乃人之卯酉。天之卯酉，常值斗極爲天中。今視之乃在北，不正在人上。而春秋分時，日出入乃在斗極之南。若如磨右轉，則北方道遠而南方道近，晝夜漏刻之數不應等也。」後奏事待報，坐西廊廡下，以寒故暴背。有頃，日光出去，不復暴背。君山乃告信蓋天者曰：「天若如推磨右轉而日西行者，其光景當照此廊下稍而東耳，不當拔出去。拔出去是應渾天法也。渾爲天之真形，於是可知矣。」然則天出入水中，無復疑矣。

又今視諸星出於東者，初但去地小許耳。漸而西行，先經人上，後遂西轉而下焉，不旁旋也。其先在西之星，亦稍下而没，無北轉者。日之出入亦然。若謂天磨右轉者，日之出入亦然，衆星日月宜隨天而迴，初在於東，次經於南，次到於西，次及於北，而復還於東，不應横過去也。今日出於東，冉冉轉上，及其入西，亦復漸漸稍下，都不繞邊北去。了了如此，王生必固謂爲不然者，疏矣。

今日徑千里，圍周三千里，中足以當小星之數十也。若日以轉遠之故，但當光曜不能復來照及人耳，宜猶望見其體，不應都失其所在也。日光既盛，其體又大於星多矣。今見極北之小星，而不見日之在北者，明其不北行也。若日以轉遠之故，不復可見，其比入之間，應當稍小，而日方入之時乃更大，此非轉遠之徵也。王生以火炬喻日，吾亦將借子之矛以刺子之楯焉。把火之人去人轉遠，其光轉微，而日月自出至入，不漸小也。王生以火喻之，謬矣。

又日之入西方，視之稍稍去，初尚有半，如横破鏡之狀，須臾淪没矣。若如王生之言，日轉北去有半者，其北都没之頃，宜先如竪破鏡之狀，不應如横破鏡也。如此言之，日入北方，不亦孤子乎？又月之光微，不及日遠矣。月盛之時，雖有重雲蔽之，不見月體，而夕猶朗然，是光猶從雲中而照外也。日若繞西及北者，其光故應如月在雲中之狀，不得夜便大暗也。又日入則星月出焉。明知天以日月分主晝夜，相代而照也。若日常出者，不應日亦入而星月亦出也。

又案河、洛之文，皆云水火者，陰陽之餘氣也。夫言餘氣，則不能生日月可知也，顧當言日精生火者可耳。若水火是日月所生，則亦何得盡如日月之(員)〔圓〕乎？今火出於陽燧，陽隧員〔圓〕而火不員〔圓〕也；水出於方諸，方諸方而水不方也。又陽燧可以取火於日，而無取日於火之理，此則日精之生火明矣；方諸可以取水於月，而無取月於水之道，此則月精之生水了矣。王生又云遠故

視之員(圓)。若審然者，月初生之時及既虧之後，何以視之不員(圓)乎？而日食或上或下，從側而起，或如鉤至盡。若遠視見員(圓)，不宜見其殘缺左右所起也。此則渾天之理，信而有徵矣。

唐·魏徵等《隋書》卷一九《天文志上》 前儒舊説，天地之體，狀如鳥卵，天包地外，猶殼之裹黄，周旋無端，其形渾渾然，故曰渾天。又曰：「天表裏有水，兩儀轉運，各乘氣而浮，載水而行。」漢王仲任，據蓋天之説，以駮渾儀云：「舊説，天轉從地下過。今掘地一丈輒有水，天何得從水中行乎？甚不然也。日隨天而轉，非入地。夫人目所望，不過十里，天地合矣。實非合也，遠使然耳。今視日入，非入也，亦遠耳。當日入西方之時，其下之人亦將謂之爲中也。四方之人，各以其近者爲出，遠者爲入矣。何以明之？今試使一人把大炬火，夜行於平地，去人十里，火光滅矣。非火滅也，遠使然耳。今日西轉不復見，是火滅之類也。日月不圓也，望視之所以圓者，去人遠也。夫日，火之精也；月，水之精也。水火在地不圓，在天何故圓？」丹陽葛洪釋之曰：

《渾天儀注》云：「天如雞子，地如中黄，孤居於天内，天大而地小。天表裏有水，天地各乘氣而立，載水而行。周天三百六十五度四分度之一，又中分之，則半覆地上，半繞地下。故二十八宿半見半隱。天轉如車轂之運也。」諸論天者雖多，然精於陰陽者少。張平子、陸公紀之徒，咸以爲推步七曜之道，以度曆象昏明之證候，校以四八之氣，考以漏刻之分，占晷影之往來，求形驗於事情，莫密於渾象也。張平子既作銅渾天儀，於密室中，以漏水轉之，與天皆合如符契也。崔子玉爲其碑銘曰：「數術窮天地，制作侔造化。高才偉藝，與神合契。」蓋由於平子渾儀及地動儀之有驗故也。

若天果如渾者，則天之出入，行於水中，爲必然矣。故黄帝書曰：「天在地外，水在天外。水浮天而載地者也。」又易曰：「時乘六龍。」夫陽爻稱龍，龍者居水之物，以喻天。天陽物也，又出入水中，與龍相似，故比以龍也。聖人仰觀俯察，審其如此。故晉卦坤上離下，以證日出於地也。又明夷之卦離下坤上，以證日入於地也。又需卦乾下坎上，此亦天入水中之象也。天爲金，金水相生之物也。天出入水中，當有何損，而謂爲不可乎？然則天之出入水中，無復疑矣。

又今視諸星出於東者，初但去地小許耳。漸而西行，先經人上，後遂轉西而下焉，不旁旋也。其先在西之星，亦稍下而没，無北轉者。日之出入亦然。若謂天磨石轉者，衆星日月，宜隨天而迴，初在於東，次經於南，次到於西，次及於北，而復還於東，不應横過去也。今日出於東，冉冉轉上，及其入西，亦復漸漸稍下，都不繞邊北去。了了如此，王生必固謂爲不然者，疏矣。

今日徑千里，其中足以當小星之數十也。若日以轉遠之故，但當光曜不能復來照及人耳，宜猶望見其體，不應都失其所在也。日光既盛，其體又大於星。今見極北之小星，而不見日之在北者，明其不北行也。若日以轉遠之故，不復可見，其比入之間，應當稍小。而日方入之時，反乃更大，此非轉遠之徵也。王生以火炬喻日，吾亦將借子之矛，以刺子之楯焉。把火之人，去人轉遠，其光轉微，而日月自出至入，不漸小也。王生以火喻之，謬矣。

又日之入西方，視之稍稍去，初尚有半，如横破鏡之狀，須臾淪没矣。若如王生之言，日轉北去者，其北都没之頃，宜先如豎破鏡之狀，不應如横破鏡也。如此言之，日入北方，不亦孤孑乎？又月之光微，不及日遠矣。月盛之時，雖有重雲蔽之，不見月體，而夕猶朗然，是月光猶從雲中而照外也。日若繞西及北者，其光故應如月在雲中之狀，不得夜便大暗也。又日入則星月出焉。明知天以日月分主晝夜，相代而照也。若日常出者，不應日亦入而星月出也。

又案河、洛之文，皆云水火者，陰陽之餘氣也。夫言餘氣，則不能生日月可知也，顧當言日精生火者可耳。若水火是日月所生，則亦何得盡如日月之圓乎？今火出於陽燧，陽燧圓而火不圓也。水出於方諸，方諸方而水不方也。又陽燧可以取火於日，而無取日於火之理，此則日精之生火明矣。方諸可以取水於月，無取月於水之道，此則月精之生水了矣。王生又云：「遠故視之圓。」若審然者，月初生之時及既虧之後，何以視之不圓乎？而日食，或上或下，從側而起，或如鉤至盡。若遠視見圓，不宜見其殘缺左右所起也。此則渾天之體，信而有徵矣。

又 宋何承天論渾天象體曰：「詳尋前説，因觀渾儀，研求其意，有悟天形正圓，而水居其半，地中高外卑，水周其下。言四方者，東曰暘谷，日之所出，西曰濛汜，日之所入。莊子又云：『北溟有魚，化而爲鳥，將徙於南溟。』斯亦古之遺記，四方皆水證也。四方皆水，謂之四海。凡五行相生，水生於金。是故百川發源，皆自山出，由高趣下，歸注於海。日爲陽精，光曜炎熾，一夜入水，所經焦竭。百川歸注，足以相補，故旱不爲減，浸不爲益。」又云：「周天三百六十五度、

三百四分之七十五。天常西轉，一日一夜，過周一度。南北二極，相去一百一十六度、三百四分度之六十五强，即天經也。黄道衺帶赤道，春分交於奎七度，秋分交於軫十五度，冬至斗十四度半强，夏至井十六度半。從北極扶天而南五十五度强，則居天四維之中，最高處也，即天頂也。其下則地中也。」自外與王蕃大同。王蕃渾天説，具於《晉史》。

舊説渾天者，以日月星辰，不問春秋冬夏，晝夜晨昏，上下去地中皆同，無遠近。

列子曰：「孔子東遊，見兩小兒鬭。問其故，一小兒曰：『我以日始出去人近，而日中時遠也。』一小兒曰：『我以爲日初出遠，而日中時近也。』言初出近者曰：『日初出，大如車蓋，及其日中，裁如盤蓋。此不爲遠者小，近者大乎？』言日初出遠者曰：『日初出時，滄滄涼涼，及其中時，熱如探湯。此不爲近者熱，遠者涼乎？』」

桓譚《新論》云：「漢長水校尉平陵關子陽，以爲日之去人，上方遠而四傍近。何以知之？星宿昏時出東方，其間甚疎，相離丈餘。及夜半在上方，視之甚數，相離一二尺。以準度望之，逾益明白，故知天上之遠於傍也。日爲天陽，火爲地陽。地陽上升，天陽下降。今置火於地，從傍與上，診其熱，遠近殊不同焉。日中正在上，覆蓋人，人當天陽之衝，故熱於始出時。又新從太陰中來，故復涼於其西在桑榆間也。桓君山曰：子陽之言，豈其然乎？」

張衡《靈憲》曰：「日之薄地，闇其明也。由闇視明，明無所屈，是以望之若大。方其中，天地同明，明還自奪，故望之若小。火當夜而揚光，在晝則不明也。月之於夜，與日同而差微。」

晉著作郎陽平束皙，字廣微，以爲傍方與上方等。傍視則天體存於側，故日出時視日大也。日無小大，而所存者有伸厭。厭而形小，伸而體大，蓋其理也。又日始出時色白者，雖大不甚，始出時色赤者，其大則甚，此終以人目之惑，無遠近也。且夫置器廣庭，則函牛之鼎如釜，堂崇十仞，則八尺之人猶短，物有陵之，非形異也。夫物有惑心，形有亂目，誠非斷疑定理之主。故仰遊雲以觀月，月常動而雲不移，乘船以涉水，水去而船不徙矣。

姜岌云：「余以爲子陽言天陽下降，日下熱，束皙言天體存於目，則日大，頗近之矣。渾天之體，圓周之徑，詳之於天度，驗之於晷影，而紛然之説，由人目也。參伐初出，在旁則其間疎，在上則其間數。以渾檢之，度則均也。旁之與上，理無有殊也。夫日者純陽之精也，光明外曜，以眩人目，故人視日如小。及其初出，地有遊氣，以厭日光，不眩人目，即日赤而大也。無遊氣則色白，大不甚矣。地氣不及天，故一日之中，晨夕日色赤，而中時日色白。地氣上升，蒙蒙四合，與天連者，雖中時亦赤矣。日與火相類，火則體赤而炎黄，日赤宜矣。然日色赤者，猶火無炎也。光衰失常，則爲異矣。」

梁奉朝請祖暅曰：

自古論天者多矣，而羣氏糾紛，至相非毁。竊覽同異，稽之典經，仰觀辰極，傍矚四維，覩日月之升降，察五星之見伏，校之以儀象，覆之以晷漏，則渾天之理，信而有徵。輒遺衆説，附渾儀云。考靈曜先儒求得天地相去十七萬八千五百里，以晷影驗之，失於過多。既不顯求之術，而虚設其數，蓋夸誕之辭，宜非聖人之旨也。學者多固其説而未之革，豈不知尋其理歟，抑未能求其數故也？

王蕃所考，校之前説，不啻減半。雖非揆格所知，而求之以理，誠未能遥趣其實，蓋近密乎？輒因王蕃天高數，以求冬至、春分日高及南戴日下去地中數。法，令表高八尺與冬至影長一丈三尺，各自乘，并而開方除之爲法。天高乘表高爲實，實如法，得四萬二千六百五十八里有奇，即冬至日高也。以天高乘冬至影長爲實，實如法，得六萬九千三百二十里有奇，即冬至南戴日下去地中數也。求春秋分數法，令表高及春秋分影長五尺三寸九分，各自乘，并而開方除之爲法。因冬至日高實，而以法除之，得六萬七千五百二里有奇，即春秋分日高也。以天高乘春秋分影長實，實如法而一，得四萬五千四百七十九里有奇，即春秋分南戴日下去地中數也。南戴日下，所謂丹穴也。推北極里數法，夜於地中表南，傅地遥望北辰紐星之末，

唐·瞿曇悉達《開元占經》卷一 梁武説云：四大海外有金剛山，一名鐵圍山，山北又有黑山。虞履等又以璇璣玉衡在人之北五十五度，北去黑山三十六度。或曰：瞻星望月，蓋不及渾；度景量天，渾不及蓋。竊較卯之、笠之，未盡天體之賾；而候之、測之，纔窮推出之妙。

梁人朱史《定天論》：日一千六百七十里，周天六十萬二百三十一里，徑率求之，得十九萬四千一百六十四里，即天東西南北相去之數也。求之得九萬七千八百里，即春秋分日天去地之數也。夏至日天去地上八萬一千三百九十四里，冬至之日爲天去地上十萬六千二十里也。

《續性理會通·王可大象緯新篇》天之運無已，故無度數以日行所歷之數爲之。日行三百六十五日有餘與天會，故天之度有三百六十五度四分度之一也。是日與度會爲一日，與月會爲一月，與天會爲一歲。月之晦朔弦望，歷於日之義也。月會日而明盡，故曰晦。初離日而光蘇，故曰朔。月與日相去四分天之一，如弓之張，故曰弦月。與日相去四分天之二，相對，故曰望。

天體至圓，周圍三百六十五度四分度之一，繞地左旋，常一日一周而過一度。日麗天而少遲，故日行一日亦繞地一周，而在天爲不及一度。積三百六十五日九百四十分日之二百三十五而與天會是一歲，日行之數也。月麗天而尤遲，一日常不及天十三度十九分度之七，積二十九日九百四十分日之四百九十九而與日會。十二會得全日三百四十八餘分之，積又五千九百八十八如日法九百四十而一得六，不盡三百四十八，通計得日三百五十四九百四十分日之三百四十八。是一歲月行之數也。歲有十二月，月有三十日。三百六十者，一歲之常數也。故日與天會而多五日九百四十分日之二百三十五者爲氣盈，月與日會而少五日九百四十分日之五百九十二者爲朔虛。合氣盈朔虛而閏生焉。故一歲閏率則十日九百四十分日之八百二十七。三歲一閏則三十二日九百四十分日之六百單一。五歲再閏則五十四日九百四十分日之三百七十五。十有九歲七閏則氣朔分齊，是爲一章也。故三年而不置閏，則春之一月入於夏，而時漸不定矣。子之一月入於丑，而歲漸不成矣。積之之久，至於三失閏，則春皆入夏，而時全不定矣。十二失閏，子皆入丑歲，全不成矣。其名實乖戾，寒暑反易，農桑庶務皆失其時，故必以此餘日置閏月於其間，然後四時不差而歲功得成矣。

《推閏歌》括云：「欲知來歲閏，先筭至之餘。更看大小盡，決定不差殊。」謂如來歲合，置閏止以今年冬至後，餘日爲率且以今年十一月二十二日冬至，則本月尚餘八日，則來年之閏當在八月。或小盡止餘七日，則當閏七月。若冬至在上旬，則以望日爲斷，十二日足則得起一數焉。《推節氣歌》括云：中氣與節氣，但有半月隔。若要知仔細，兩時零五刻。謂如正月甲子日子時初刻立春，則數至己卯日寅時正一刻則是雨水節。《正推立春歌》括云：「今歲先知來歲春，但看五月五日三時辰。」謂如今年甲子日子時立春，明歲合是己巳日卯時立春。若夫刻數，則用前法推之。

宋·李如篪《東園叢説》卷中《天文曆數説》 四游

先儒常有四遊之説，謂地居天中，有升有降或南或北。其説謂地在天之中，舊説如卵之黄者是也。自春分漸降，而又漸漸著南，至夏至極南，降而下一萬五千里。自夏至以後即漸升而上，又漸漸著北，至冬至極北，升而上，亦一萬五千里。冬夏二至地或南或北，升降上下於三萬里之間。故冬至地升而上者，萬五千里，又最著北，故日居於南而去天近，所以日晷至短。夏至地降而下者，萬五千里，又最著南，故日居於北而去天遠，所以日晷最長。春秋二分地升降上下與南北皆居中，適平在三萬里之中，日居天地上下南北之中，故日晷不長不短。其説見於鄭玄不知其説自誰始，亦大費思索矣。然非至當之論也。蓋緣先儒不詳渾天之形，覩日有南有北，去地有遠有近，而晷有長有短，故爲是説。殊不知地至静之體，安得有遷動轉移而上下升降、南北往來之理哉？蓋渾天之體，其形如卵。地居其中，周天三百六十五度四分度之一，周圍其外天半在地上半在地下，一日運轉一周。赤道帶天之紘，居南北二極之中。黄道斜運，半在赤道內，半在赤道外。在赤道内極北去赤道二十四度，在赤道外極南去赤道亦二十四度。日之行雖曰左旋，而實循黄道。又有南有北，冬至則極南去赤道二十四度，與黄道同。夏至則極北去赤道二十四度，與黄道同。春秋二分則當赤道與黄道所交之中，南去冬至日之所在二十四度，北去夏至日之所在亦二十四度。二至二分，或南或北，進退往來於四十八度之間。緣天體北高而南下，南北二極相對，北極出地三十六度，常見而不隱；南極入地亦三十六度，常隱而不見。北極出地而高，南極入地而下。天形北高而南下，則天之中赤道之中分南北者，不在人頭之上，而近南稍下矣。猶是冬至日行至黄道極南之處，去地近而晷短；夏至日行至黄道極北之處，去地遠而晷長。蓋兩極居天之樞，一高一下。日循黄道，運於其中，故冬至日行地下多而地上少，夏至日行地下少而地上多，此日晷長短之不齊耳。明乎渾天之象，則日月星辰之行，與夫四序推遷之道，如示諸掌，四遊之論無取焉爾。

地深厚之數

天體周徑，以度推考之，亦可以步里計。惟地之深厚，古人未有言其數度者，予嘗冥搜而得之。地准天度之數，厚八度八百分度之六百四十一，蓋用天輪運轉與刻漏而推之也。其説斷然有不可易者，非臆測牽强而云爾也。蓋日入地則爲夜，出地面方爲晝。將昏時日已入地矣，更二刻半方黑；曉時日未出地面，先二刻半已明。用此爲旁照，則地之深厚數不可逃矣。夫日已入地而未黑者，

蓋尚在地之側而未入地下，故光透上而未黑也，至二刻半轉入地下而始黑矣。日未出地面而先明者，蓋已出地之下，故光透上而先明也，至二刻半而日方出於地之面矣。日之出入，隨天體而運轉，一日一夜而一周天，周天三百六十五度四分度之一。一晝凡百刻，百刻之中，日隨天運轉三百六十五度四分度之一，計二刻半合轉八度八百分度之六百四十一也。予嘗以此約昏旦，地之厚薄少差，則晝漏夜漏於二十四氣之中皆差，惟是此數與曆相應。

天地之形

舊說天形如卵，地形如卵黃，中高而四隤。予嘗深究之，天形如卵是也。謂如卵黃，中高而四隤，非也。地居天上下四圍之中，其形如餅，北微高而南微下，八度八百分度之六百四十一，爲之深厚。此地之真形也。夫洛陽陽城縣爲地之中。若地中高四隤，陽城之地當絶高於天下也，而東西南北皆漸低而下，望陽城若居霄漢之上矣。今地惟北高南下，則知中高四隤之說爲非是也。或曰：地有山嶽河海，高下之不同，烏得其平如餅？殊不知以人之所覩言之，其險夷萬狀，安得如餅？以天之高遠、地之深厚言之，山嶽河海之爲高下曾幾何也？升乎宇宙之表而下視之，吾見其平之如餅矣。

渾蓋

說天之家有曰周髀、曰宣夜、曰蓋天、曰渾天，而歷代太史氏之所用者，不出於渾蓋。揚子雲，深於天文者也。其《法言》語蓋天則曰：蓋哉，蓋哉，應難未幾也。語渾天則洛下閎營之，鮮于妄人度之，耿中丞象之。幾幾乎莫之能違也。夫蓋渾之爲用一也。但蓋天之形狀如倚蓋，故南方星度漸向疏闊，不與近北者同。又南極隱而在下，當與北極相對，無他位可以指定其處，此其不如渾天之密也。然渾天惟制器可以備列辰象，不可以爲圖。凡今之所謂渾天圖，實蓋天之法而寫蓋天之形也。《堯典》：「在璿璣玉衡，以齊七政。」儒者解釋往往不明。愚謂璣者，周旋而運轉者也。衡，居中而不動者也。璣之運轉必出入乎衡之上下，以正朝夕。周旋而運轉者，天也。居中而不動者，地也。以是知璿璣玉衡即渾天也。洛下閎諸公，其知此矣。愚以玉衡爲地，則所謂地形如餅，信矣。此語惟深於天文者可語，當今有張平子者，僕將持是以質之。

二極隱見之度

舊說北極出地三十六度，周圍七十二度，內星象常見而不隱南極。入地亦三十六度，周圍七十二度，內星象常隱而不見。《唐志》云：浮海者見老人星，下

有星明大者甚多而不知其名，所隱而不見者也。按：老人星常於二月八月見於桑榆間。蓋居南極七十二度之外，出乎地面之上者也。北斗之星常轉著於地而復起，蓋居北極七十二度之表者也。夫北極高而南極下，其說是矣。愚嘗推度之，二極之出地與入地皆不及三十六度之數，其出入之度實二十四度而已，何以明之？北極與南極相去一百八十三度弱，南極又在地下三十六度，則自北極而南至地面一百四十七度，南極至赤道九十一度半弱。冬至之日又在赤道南二十四度，三十六度又入地中，冬至日中時日去地只三十一度半弱。夫地面而至天中謂之天徑之半，則其高六十一度。今冬至之日當日中時去地僅三十一度半，則冬至之日晷不能及四十刻，其他四時之刻皆不能如數矣。僕常爲天文圖，南北二極隱見之數只用二十四度。又計地之深厚，以日入爲夜，日出爲晝，四序晷刻其數符合分毫不差，惟曆家通曉者可以語。此二十四度之說，古人亦嘗言之而未詳也。

宋・史繩祖《學齋佔畢》卷四《天大於地而包地》 張橫渠書云：天下之數當止於九，其言十者九之(耦)〔偶〕也。揚雄亦曰：五復守於五，何者？蓋地數無過天。數之理，孰有地大於天乎？故知數止於九，是陽極也。十者，姑爲五之(耦)〔偶〕耳，此橫渠說也。近世淺學，徒知天大於地之說始於橫渠，余嘗考《易注疏・坤卦・彖》之《正義》云：至哉坤元，言至極也。但天亦至極，包籠於地。非但至極，又大於地。故乾言大哉，坤言至哉。則知關洛先正之言皆本於經，非臆說也。陋儒以爲始於關洛，不曾明經耳。

元・莊元臣《叔苴子・內篇》 古人之言天者，莫詳於蓋天之說。

元・岳熙載撰、明・李泰補注《天文精義補注》卷一 天體

太虛之內，大哉天體。

原註云：張湛曰：容萬物者天地，容天地者太虛。老子曰：天大地大。

補註曰：《春秋・考異郵》云：周天一百七萬一千里，一度二千九百三十二里七十一步二尺七寸四分。晉陸續云：天東西南北徑三十五萬七千里。此言周三徑一也。考之，徑一不啻周三。率周百四十二而徑四十五，則天徑三十二萬九千四百一里一百二十二步二尺二寸一分。李淳風曰：天體東西南北徑三十五萬七千里，每一方八萬九千二百五十里。自地至上八萬里。南極七十二度隱而不見，謂之下規。北極七十二度見而不隱，謂之上規。周天三百六十五度四分度之一，每度二千九百三十二(鬼)〔里〕七十一步二尺四分。總而論之，每度三千里。朱子曰：天之形圓如彈丸，朝夜運轉。其南北兩端後高前下，乃其樞軸不動之處。其運轉者亦無形質，但如勁風之旋。當晝則左旋而向右，(向)〔當〕夕則自前降而歸後，

當夜則右轉而復左，將旦則自後而趨前。旋轉無窮，升降不息。是謂天體，而實非升降有體也。又曰：天無體，只二十八宿便是體。《爾雅疏》云：天是太虚，本無形質，但指諸星運轉以爲體爾。愚謂虚空之中，初無形體，乃氣化升降，轉運流動也。是以陰陽二氣氤氲於太空之中。故《正蒙》云：太虚無形者此也。又曰：由太虚有天之名。

既高遠以無極，故談論而不一。

原註云：《宋誌》曰：自古言天者有八。

補註：愚謂天形高大，悠遠而無窮極。故《孟子》曰：天之高也，星辰之遠也。後之言天者紛紜不定，解見下文。

蓋天則天如蓋笠。

原註云：言天者多矣，其始出於三家。一曰蓋天，又爲周(體)〔髀〕。其庖犧立周天天度，周公受於商，周人志之，故又曰周脾。髀，股也。股者，表也。蓋天之説，其言天似蓋笠，地法覆盆。皆中高而外下，爲之下爲天地之中，其北最高而滂沱四潰。三光隱映，以爲晝夜。其別爲周髀家云：天圓如張蓋，地方如棋局。天旁左轉行如推磨，而日月右行實東行，而天牽之以西没。譬如蟻行於磨上，磨左旋而急，蟻右去而遲，故不得不隨磨左迴焉。天形南高而北下，日出高，故見；日入下，故不見。天如倚蓋，故極在人北。極在天中，而今在人北，所以知天之形如倚蓋也。

補註曰：《隋書》「圓蓋」志云：「昔者先王正曆明時，作圓蓋以圖列宿。極在其中，迴之以觀天象。分三百六十五度四分度之一，以定日數。日行於星紀，轉迴右行，故圓規之以爲日行道。欲明其四時所在：故於春〔也〕，以(於)青爲道；於夏〔也〕，以赤爲道；於秋〔也〕，以白爲道；於冬〔也〕，以黑爲道。四季之末，各十八日，則以黄爲道。蓋圖(以)〔已〕定，仰觀雖明，而未可以正昏(旦)〔明〕，分晝夜。」故以混儀以象天體。《唐志》：「蓋天之説，李淳風以爲天地中高而四隤，日月相隱映以爲晝夜。繞北極常見者謂之上規，南極常隱者謂之下規，赤道横絡者謂之中規。(又)〔及〕一行考月出行入〔入行〕黄道，爲圖三十六，究九道增損，而(天)〔蓋〕(之)〔天〕(狀)〔之〕狀見矣。削(滅)〔篾〕爲〔度，徑一分，其厚半之，長與〕圖等，自中極樞之外，均刻百四十七度。〔全〕度之末，旋爲外規。規〔外太〕半度，(在)〔再〕旋爲重規。」(規)又爲赤道帶天之紘，距極三十五度爲内規。乃步冬至日所在，(旋)以正辰次之中。(按混儀所測)仰視小殊者，由混儀去南極漸近，其度益狹；而蓋圖漸遠，其度益(度)〔廣〕。若考其去極入宿〔度〕數，移於混天則一也。蔡邕所謂周髀者，即蓋天之説也。言天似蓋笠，地法覆盆。天地各中高外下，北極之下爲天地之中，三光隱映以爲晝夜。天地聳高相從，日去地常八萬里。日麗天而平轉，分冬夏之間，日前行道爲七衡六間，每衡周徑里數惟(咎)〔晷〕影以爲遠近之數也。邵子曰：天圓地方，天北高而南下，是以望之如倚蓋焉。

宣夜則曰天了無質。

原註曰：二曰宣夜，絶無師法，惟漢郄萌記先師相傳云：天了無質，仰而瞻之，高遠無極，眼瞀精絶，故蒼蒼然也。譬之旁望遠道之黄山而背青，俯察千仞之深谷而窈(里)〔黑〕，非真色而黑有體也。日月衆星，自然浮生虚空之中，行非止皆氣。而七曜遊住，順逆伏見，進退不同，由乎無所根繫。故辰極常居其所，而北斗不與衆星西没也。

補註曰：晉虞喜云：宣，明也。夜，幽〔也〕。幽明之數，其術兼之故也，曰宣夜。

蔡邕曰：宣夜之學，絶無師法，其説無取，所以世莫傳也。

渾天以形圖裹黄爲喻。【略】

補註曰：《春秋・文耀鈎》云：唐堯即位，羲和立(混)渾(義)〔儀〕。《虞書》：舜在璇璣玉衡，以齊七政。所謂璇璣者，謂渾天儀也。先儒以爲北斗第二星名璇，第三星爲璣，第五星名玉衡，即以爲北斗七星，莫之或辨。李淳風謂璇璣玉衡爲渾天儀，鄭玄謂以玉渾儀也。王蕃云：渾天儀，羲和之舊器，積代相(儀)〔傳〕謂之璇璣〔玉〕衡。漢帝延熹中，張衡更以銅製於密室中，具内外規、南北極、黄赤道，列二十四氣、二十八宿、中外星官及日月五緯，以漏水轉之於殿上室内。令司之者閉户而唱，以告靈臺之觀天者：「璇璣之加，某星始見，某星已中，某星已没」，皆如合符。崔子玉爲其銘曰：數術窮天地，製作侔造化。高才偉藝，與神合契。蔡邕上書言：渾天儀，令史官候臺所用銅儀。則其法也，立八尺圓體而具天地之形，以正黄道，占察發斂，以行日月，以步五緯。精微深妙，百代不易之道也。陸績以爲推步七曜之道度，曆象昏明之證候，校以四八之氣，考以漏刻之分，占(咎)〔晷〕影之往來，求形驗於事情，莫密於渾象者也。按《天文志》云：言天體者三家，一曰周髀，二曰宣夜，三曰渾天。宣夜絶無師説，不知其狀如何周髀之術，以爲天似覆盆，蓋以斗極爲中，中高而四邊下，日月旁行繞之。日近而見之爲日晝，遠而不見爲夜。蔡邕以爲，考驗天象，多所違失。《(澤)〔渾〕天説》曰：天之形狀似鳥卵，地居其中，天包地外，猶卵之裹黄。圓如彈丸，故曰渾天，言其形體渾渾然也。其術以爲天半覆地上，半在地下。其天居地上見者一百八十二度半强，地下亦然。北極出地上三十六度，南極入地三十六度，而嵩高正當天之中，極亦下十五度，當嵩高之上。又其南十二度爲夏至之日道。(南五)又其南二十四度爲春秋分之日道。又其南二十四度爲冬至之日道。南下去地三十一度而已。是夏至日北去極六十七度，春秋分去極九十一度，冬至去極一百一十五度，此其大率也。其南北極持其兩端，其天與日月星宿斜而回轉。此必古有其法，遭秦而滅。至漢武帝時，落下閎始經營之，鮮于妄人又量度之。至宣帝時，耿壽昌始鑄銅而爲之象。宋錢樂又鑄銅作渾天儀，衡長八尺，孔徑一寸，璣徑八尺，圓周二丈八尺强。轉而望之，以知日月星辰之所在，即璇璣玉衡之遺法也。歷代以來，其法漸密。本朝因之，爲儀三重。

方天以火光轉遠爲(此)〔比〕。

補註曰：葛洪云：《黄帝書》云：天在地外，水在天外，水浮天而載地者也。天出入水中，當有何損？而(旺)〔王〕生謂不可乎？又曰：今視諸星出東者，初但去地少許爾，漸而西

行，先經人上，後遂西轉而下焉，不旁旋也。其先在西之星亦稍下而没，無北轉者。日之出入亦然。若謂天如磨石轉者，衆星日月宜隨天而廻，初在於東，次經於南，次到於西，次及於北，而復於東，不應横道去也。今日出於東，冉冉轉上，及其入西，亦復漸漸稍下，都不繞邊北去。如此，（主）〔王〕生必謂爲不然者，疏矣。若日以轉遠之故，當但光耀不能復來照及人爾，宜猶望見其所在，不應都失見其所在也。日（先）〔光〕大於星多矣。今見北極之小星而不見日之在北者，明其不北行也。若日以轉遠之故不可見，其北入之間應當稍小，而日復入方時乃大，非轉遠之驗乎？王生以火（拒）〔炬〕諭日，謬矣。王生又云：遠，故視之（圖）〔圓〕。若審然者，日月初生之時及既虧之後何以視之不圓乎？而日食或上或下，從側而起，或如鉤至盡。若遠視見圓，不宜見之（賤）〔殘〕缺左右所起也。此則渾天之體，信不誣矣。

《昕天》謂天如人形，而北則偏高。

補註曰：吴太常姚信作《昕天論》云：天之體，（高）南低入地，北則偏高。冬至極低，而天運近（高）南，故日去人遠而斗去人近。夏至極起，而天運近北，故日去人近而斗去人遠。極時之立時，日行地中淺，故夜短；天去地高，故晝長。地極之低時，日行地中深，故夜長；天去地淺，故晝短。

《安天》言天形常安，而星辰不麗。

補註曰：晉河間相虞聳族屬虞喜，在咸康中因宣夜之説作《安天》。

《窮天》之説，天下正圓。

補註曰：愚又按：虞聳作《穹天論》云：日繞辰極，没西而還東，不出（日）〔　〕地中。天之有極，猶蓋之有斗也。日行黄道，繞極極北去黄道百（一十）五（十）度，南去黄道六十七度，二至之所至，以爲短長也。

四天之書，史官不記。

原註云：其四天者，蓋出釋氏，故不爲史官之所録。

補註云：愚按：虞喜爲宣夜之〔説〕而有安天之論，虞聳亦祖宣夜之説而有穹天之論，姚信又有昕天之論，先儒謂皆好奇徇異之説，非極數談天之者也。蓋宣夜有其名而無其傳，《周髀》有其術而無其驗，況四天之書，妖胡之寓言也。

觀天者，制器以占天。惟渾天，既親而見密。

原註云：蓋以謂日去赤道表裏二十四度，遠寒近暑，而中和二分之日去天頂二十六度。日出地中，四時同度，而有寒暑也。〔地〕氣上騰，天氣下降。遠日下而寒，近日下而暑。非有遠近也，猶火居上，雖近而炎；在旁，雖近而微。視日在旁而大，居上而小者，仰矚爲難，（乎）〔平〕視爲易也。今大寒在冬至後二氣（考）〔者〕，寒積而未消也；大暑在夏至後二氣者，暑積而未歇也。寒暑均和，乃在春秋分。後二氣者，寒暑積而未平也。自典籍所載皆以渾天爲長，而沿襲至唐，其説備矣。渾天之説（矣），天圓如彈丸，而其轉如車轂，半在地下，半在地上。周天三百六十五度少强。天常西轉，一日一夜旋行一周天而餘一度，一度則日晝夜之所行也。南北極出入地皆三十六度，周旋各七十二度。周北極者常見不隱，謂之上規；周南極者常隱不見，謂之下規。上下規（開白中規中天曰）〔間一百一十有二度〕。赤道帶天之（弦）〔紘〕，去兩極各九十一度少强，斜絡赤道（者）曰黄道。日當春秋（定）〔分〕日之宿，則黄（赤）二道相交之所也。日當冬至之宿，即黄道在赤道外二十四度，去北極一百一十五度少强，去天頂大十度。日當夏至之宿，黄道在赤道内二十四度，去北極六十七度少强，去天頂南一十二度。日（广）運周歲，不及天度，名曰歲差。僧一行作《暦議》云：「或者各封所傳之器以術天體，謂渾元可（作）〔任〕數而測，大象可運算而（闕）〔闚〕。（遁還）〔終〕以六（象）〔家〕之説，迭爲（吊）〔矛〕楯，（今）誠以謂蓋天邪，則（而）〔南〕方之度漸狹；果以爲渾天邪，則北方之極浸高。此（一）〔二〕者，又渾（天）、蓋家〔之〕盡（制）〔智〕畢議，未能有以通其説也。」由是而觀，則「王仲壬、葛稚川之徒，區區於異同之辨，何益於人倫之化哉？」史臣有云：論天者雖多，精於陰陽者少。張平子、陸公紀之徒，或以四八之氣考以刻漏之分，占晷影之往來，求形驗於事情，莫密於渾象。桓譚、鄭康成、蔡邕、陸績以《周髀》驗天，皆失。虞喜、虞聳、姚信之徒皆好奇尚異，非所以談天也。又，古今之論天者，其有八，曰渾天，曰宣夜，曰蓋天，曰昕天，曰穹天，曰安天，曰方天，曰四天。術者制器以占天，惟渾天家最親而可用，餘説畧著于書。《晉志》曰：若謂天如磨石轉者，衆星日月宜隨天迴，初在於東，次經於南，次到於西，次及於北，而復還於東，不應横過去也。今日徑千里，周圍三千里，中足以當小星之數十也。若日以轉遠之故，但當先耀，不能復來照及人爾。宜猶望見其體，不應都失其所在也。既盛其體，又大於星多矣。今見極北之小星而不見日之在北者，明其不北行。把火之去，人轉遠，其光轉微。而日月自出至入不見小也。王生火炬諭之，謬（之）〔也〕。王生又云：遠故視之圓。若審然者，月之初生之時既虧，之後何以視之不圓？日食或上或下，從側而起，或而如鉤至盡。若遠視見圓，不宜見其殘缺左右所起。（造化擢與）渾天之説圓如彈丸，半在地上，半在地下去天八萬餘里，地下〔八〕尺之表。勾股求之，地上去天八萬餘里，地下及天亦八萬餘里。周天三百六十五度四分度之一，則五十一萬三千餘里，天地之廣狹各一十六萬里，此天地高廣之大數也。凡日晝夜行一度，則一千四百餘里；月晝夜行一十三度，則一萬八千餘里。天運晝夜一環，周比三百六十五度四分度一，則五十一萬三千餘。此天與日月（運）行之常數也。天運之速，人呼吸之頃，約以四十餘里，或曰：「天外其可知乎？」答曰：「天者，陰陽也，至健至大之氣也。内既有所窮，外必有所極。外極之際，陰陽不行。必將太陰之虛以固圓天之氣爾。不然，陰陽敗，安能自若爲渾天久哉？」長虛子曰：「天地空中之細物，有之最巨者。」莊子曰：「天地之在太虛，猶稊稗之在太倉。」張湛曰：「容萬物者，天地；容天地者，太虛。」

補註曰：愚謂在「璿璣玉衡以齊七政」者，即渾天儀也。陳雅言曰：「璣衡，在器之天也；七政者，在天之天也。在天之〔天〕者，天不可得而見；在器之天，所可得而察。何莫非聖人心術淵源之所寓，精神流通之所及之。豈可以淺窺哉？

渾天

天者，至健至大之形；地者，至静至厚之質。

原註云：《易》曰：天形健。郭天信曰：「大而不可圍，高而不可度者，天曰。」此所謂至健至大者也。《宋書》曰：「地本於陰而生萬物，俱形至厚，其德至静。」此所謂至静至厚也。

補註曰：陽氣輕清，上浮爲天。《易》乾卦象曰：「天行健，」蓋天者，乾之形，乾者，天之用。一晝一夜行九十餘萬里，故曰：「大哉，乾元！萬物資始，」天之體也。正蒙曰：「陰陽，氣也。而謂之天，陰氣重濁，下凝爲地。」《易》坤卦《本義》曰：「陰之成形，莫大於地。地順而静，舍弘光大，品物咸亨，故曰：至哉，坤元！萬物資生，地之用也。正蒙云：「剛柔，質也，而謂之地。」邵子曰：「一氣分而爲陰陽，判得陽之多者爲天，判得陰之多者爲地。」又曰：「天生乎動者也，地生乎静者也。一動一静交而天地之道盡之矣。」又曰：「人皆知天地之爲天地也，而不知天地之所以爲天地。如能知天地之所爲天地，捨動静將奚之焉？」朱子曰：「天運不息，晝夜輥轉。故地搉在中間，使有一息停，則地須陷下。惟天運轉之急，故凝得許多(查)〔渣〕滓在中間。地者，氣之(查)〔渣〕滓也。」

天包地外也，地上下皆天，地在天中也，天表裏有水。

原註云：《造化權輿》曰：「天圓如彈丸，半在地上半在地下。」

補註曰：《黄帝書》云：「天在地外，水在天外，水浮天而載地者也。」故葛洪釋之曰：「天如鷄子，地如鷄黄，孤居於天内。天大而地小，表裏有水。天地各隨氣而立，載水而行也。」鮑氏曰：天非若地之有形也。地之上無非天，減得一尺地，便有一尺天。人自不覺爾。輕清上浮爲天。天圓而動，包着箇地。地方而静，在天之中。所以重濁下沉者，皆天氣之(查)〔渣〕滓凝聚於下者也。原其初，則一氣而已。一分爲二，陽得兼陰，是以天之二包坤地之二而爲三。地在天中之氣陰，是以皆天之氣也。」張氏曰：「天包地，地載天，天地相亟以立於太虚之中，而能終古不壞，故在天成象，則在地成形，仰天有文，俯地有理。」朱子曰：「天以氣而依地之形，地以形而附(之)〔天〕之氣。天包乎地，地(時)〔實〕其中之一物爾。

其圓如彈丸而無端，其轉如車轂而不息。

原註曰：《造化權輿》曰：「圓天如彈丸。」葛洪曰：「天轉如車轂之運也。」

補註曰：前儒舊説云：天地之體狀如鳥卵，天包地外，猶殼之裹黄也，周旋無端，其形渾渾然。又曰：周天三百六十五度四分度之一，又中分之，則半載地上，半則繞地下，故二十八宿半見半隱。(民)〔天〕轉如車轂之運，晝夜不息也。

渾渾沌沌，無極之氣充其中；窈窈冥冥，太陰之虚固其體。

原註云：楊炯：曰「渾渾沌沌，天地之本；窈窈冥冥，天地之精。」天形穹隆如鷄子，幕其際〔周〕，接四(侮)〔海〕之表。譬如覆奩以抑水而不没者，氣充其中故也。外極之際，陰陽不行，必將太陰之虚以固圓天之氣。不然，則陰陽敗，安能自若爲渾天久哉？」

補註云：《河圖·括地象》云：「易有太極，是生兩儀。兩儀未分，其氣渾沌。」愚按：天地未判之時，太極未有形象之先，而陰陽之氣已先充滿于虚無之中也。邵子曰：「無極之前，陰合陽也。有象陽分之後，陰也。故曰：『太極，陰之虚，固其體也』。」

日有發斂之殊，月有遲疾之異。

原註云：日北爲發，日南爲斂。月平行一十三度，遲則行十二度，雖疾則行十三度。

補註曰：《漢志》云：「日道發南(去)，去極彌遠，其景彌長，遠長乃極，冬乃至焉。日道斂(此)〔北〕，去極彌近，其景彌短，近短乃極，夏乃至焉。二至之中，道齊景正，春秋分焉。」「日有(中)〔光〕道，月有九行，〔九行〕出入而交生焉。朔會望(陸)衡鄰於所交，虧薄生焉。」李吉甫曰：「日月運行，遲速不齊。凡周天三百六十五度有餘，(旦)〔日〕行一度，月行十〔三〕度有餘，率二十九日半而與日會。」又曰：「月行有南北九道之異，或進或退，或遲或疾之所致也。」又曰：「月麗天尤遲，而一日不及天十三度，積二十九日而與日會。此月行大率之數也。」

赤道圜平，帶天體之紘。

原註云：「赤道横絡天體，南北距極各周天四分之一，九十二度少。具絡天體，猶帶之縈腹。」《唐天文志》曰：「赤道帶天之中，以分列宿之度。」其爲道不馴屈，不傾如陂，如環周旋。《五代史·司天考》曰：「赤道，天之紘帶，其勢如圜而平。」郭天信曰：「自道之北爲内、爲陰，自道之南爲外、爲陽，以此作現於天中。」又曰：「中規其與三百六十五度，一縱一横。度縱而生於南北，(道)〔度〕横而正於東西。旋而出乎東，必當卯位之正；旋而入乎西，必當酉位之正，旋而直乎中，必在天頂正三十六度。北極出地、南極入地各三十六度，旋至午中亦三十六度，黄道出入赤道不過二十四度。」

補註曰：朴云：「赤道者，天之紘帶也。其勢圜平，紀宿度之常數焉。（王）

黄道勢斜，爲轂之軌。

原註云：赤道常直，黄道常斜。《唐天文志》曰：「黄道斜運，以明日月之行。」黄道既斜，故其度或損於赤道，或增於赤道。日纏當二分前後，其道甚斜；二至前後，其道微斜。微斜則似直，赤非直也。二分前後，距赤道爲未遠度。雖未遠，其勢甚斜，每度比赤道爲有餘，故每宿得度多於赤道。至春秋分爲多，極之乃與赤道交。其後多，已而平；俄且少，已而愈少。二至前後距赤道爲彌遠。其勢雖彌遠，度似直宿比赤道度不足，故每宿得度少於赤道。至二至爲少之極，乃距赤道最遠，其後少，已而平；俄且多，已而愈多。二分前後多，所以補二至前後少，所以削二分前後多。然則(分)〔非〕於天體有斜直，(非於天體有多寡)乃於赤道有斜直；非於天體有多寡，乃於赤道有多寡也。

補註曰：王朴云：「黄道者，日軌也。其半在赤道内，半在赤道外。去極二十四度，此所以著黄道南北至去赤道各二十四度也，紀日軌之數焉。」

明·張九韶《理學類編·天地》

朱子曰：天無體，只二十八宿便是體。今按：《爾雅疏》亦曰：天是太虚，本無形體，但指諸星運轉以爲天耳。

或問：天有質否？抑只是氣？朱子曰：只是箇旋風，下軟上堅，道家謂之剛風。人常説天有九重，分九處爲號。非也，只是旋有九耳。但下面氣較濁而暗，上面至高處則至清至明耳。

問：《晉志》論渾天，以爲天外是水，所以浮天而載地。是如何？朱子曰：天外無水，地下是水載。

朱子曰：天以氣而依地之形，地以形而附天之氣。天包乎地，地特天中之一物耳。

右論天地之形體。北溪陳氏曰：「天即理也，古聖賢説天多是就理上論。理無形狀，以其自然而言，故謂之天。若就天之形體論也，只是箇積氣。恁蒼蒼茫茫，實有何形體？」餘説見下段。

朱子曰：《尚書》「璣衡」疏載王蕃渾天説一段極精密。其説曰：天之形狀似鳥卵，地居其中，天包地外，猶殼之裹黄。圓如彈丸，故曰渾天，言其形體渾渾然也。其術以爲天半覆地上，半在地下。其天居地上，見者一百八十二度半强，地下亦然。北極出地上三十六度，南極入地下亦三十六度，而嵩高正當天之中。極南五十五度，當嵩高之上。又其南十二度爲夏至之日道，又其南二十四度爲春秋分之日道，又其南二十四度爲冬至之日道，南下去地三十一度而已。是夏至日北去極六十七度，春秋分去極九十一度，冬至去極一百一十五度。此其大率也。南北極持其兩端，其天與日月星宿斜而迴轉也。

或問：北辰之爲天樞，何也？朱子曰：天圓而動，包乎地外；地方而静，處乎天中。故天之形半覆地上，半繞地下，而左旋不息。其樞紐不動之處，則爲南北極。謂之極者，猶屋脊謂之屋極也。然南極低，入地三十六度，故周回七十二度常隱不見；北極高，出地三十六度，故周回七十二度常見不隱。北極之星正在常見不隱七十二度之中，常居其所而不動。其傍則諸星隨天左旋，更迭隱見，皆若環繞而歸向之。知此，則知天樞之説矣。

朱子曰：南極在地下中處，北極在地上中處。南北極相對，天雖轉，極却在中不動。

朱子曰：南極上下七十二度常隱不見。《唐書》説常有人至海上，見南極下有數大星甚明，此亦在七十二度之内。黄義剛問：如説南極見老人星，則是南極也解見。朱子曰：南極不見，是南邊自有一箇老人星，南極高時也解浮得起來。

或問北辰。朱子曰：北辰是天之樞紐，中間些子不動處。緣人要取此爲極，不可無箇記認，所以就其傍取一小星，謂之極星。天之樞紐，如門簨子相似。又似箇輪藏心，藏在外面動，心却不動。又問：極星動不動？曰：極星也動，只是他近那辰，故雖動而不覺。如射糖盤子樣，北辰便是中心樁子，極星便是近樁底點子。雖是，也隨盤轉，緣近樁子，便轉得不覺。向來人説北極便是北辰，皆只説北極不動。至本朝人方推得是北極只在北辰邊頭，而極星依舊動。

朱子曰：《史記》載北極有五星，太一常居中，是極星也。辰非星，只是中間界分也。其極星亦微動，惟辰不動，乃天之中，猶磨之心也。今按《史記・天官書》「中宫天極星，其一明者，太一常居也」註云：「北極其星，五在紫微中。」

或問：上蔡謂北極天之樞也，以其居中故謂之北極，以其周建於十二辰之舍，故謂之北辰。是否？朱子曰：以其居中不動，衆星環向爲天樞軸。天形如鷄子旋轉，極如一物横亘在中，兩頭抨定。一頭在北上，爲北極；一頭在南下，爲南極。問太一。曰：太一是帝座，即北極也。以星辰之位言之謂之太一，以其所居之處言之謂之北極。太一如人主，北極如帝都。

又曰：帝座惟在紫微者，據北極七十二度常見不隱之中，故有北辰之號，而常居其所。蓋天形運轉，晝夜不息。而此爲之樞，如輪之轂，如磑之臍，雖欲動而不可得，非有意於不動也。

朱子一日論黄、赤道，日、月躔度。潘子善曰：嵩山本不當天之中，爲是天形敧側，遂當其中耳。朱子曰：嵩山不是天之中，乃是地之中。黄道、赤道皆在嵩山之北。南極、北極，天之樞紐，只此處不動，如磨心然。此是天之中至極處，如人之臍帶也。

緣督趙氏曰：古人仰視天象，遂知夜久而星移斗轉，漸漸不同。昏暮東出者，曉則西墜；昏暮不見者，曉則東升。北天之星，雖然旋轉，未嘗入地，四時皆見其徹夜在天，然其旋轉有甚窄者。以衡管窺之衆星，無有不轉，但有一星旋轉最密，循環不出於管中，名曰紐星者是也。古人以旋磨比天，則磨臍比爲天之不動處，此即紐星旋轉之所，名曰北極，亦猶車輪之中軸，瓜瓣之攢頂也。復觀南天，雖無徹夜見者，但比東西星宿旋轉則不甚遠。由是而推，乃是南北俱各有極。北極在地平之上，南極在地平之下。今比北極爲瓜之聯蔓處，南極爲瓜之

有花處，東西旋轉最廣之所比乎瓜之腰圍。北極邊傍，雖然，旋轉常在於天；南極則近，雖然，旋轉不出於地。如是則知地在天内，天如雞子，地如中黃。然雞子形不正圓，古人非以天形相肖而比之，但喻天包地外而已。以此觀之，天如蹴毬，内盛半毬之水，水上浮一木板，比似人間地平。板上雜置微細之物，比如萬類。蹴毬雖圓轉不已，板上之物俱不覺知，謂天體旋轉者。天非可見其體，因衆星出没於東西，管轄於兩極，有常度無停機，遂即星所附麗，擬以爲天之體耳。

右論南北極爲天之樞紐。愚按：先儒之説，天形至圓如虛毬，地隔其中，人物生於地上。地形正方如博骰，日月星辰旋繞其外，自左而上，自上而右，自右而下，自下而復左。天形如勁風之旋，其兩端不動處曰極，上頂不動處謂之北極，下臍不動處謂之南極。南北二極相去之中，天之腰也，謂之赤道。日所行之道謂之黃道，春、秋二分，黃道正與赤道相直，故其出没正與地之卯、酉相當，是以晝夜均平。春分以後行赤道北，夏至則去北極最近，故曰日北至，而其出入與地之寅、戌相當，是以景短而晷長，晝刻多而夜刻少。夏至以後又移而南，至秋分又與赤道相直。秋分以後行赤道南，冬至則去南極最近，故曰日南至，而其出没與地之辰、申相當，是以景長而晷短，晝刻少而夜刻多。冬至以後又移而北，至春分又與赤道相直。日極於南而復北則爲冬至。上年冬至，至下年日道極南復北之時三百六十五日餘三時不滿，故天度一周之時三百六十五日四分日之一而有餘。日道一周之時三百六十五日四分日之一而不足。天度有餘，日道不足，故六十餘年之後，冬至所直天度率差一度，是謂歲差。

明·陸深《玉堂漫筆》 周天三百六十五度四分度之一。天本無度，因日一晝夜所躔闊狹而名。蓋日之行也，三百六十五日之外，又行四分日之一，一年而一周天，以一日所行爲一度，故分爲三百六十五度四分度之一。星辰之相去，月、五星之行躔，皆以其度度焉。蓋天之有度，猶地之有里也，一度略廣三千里，周天大略一百一十萬里。上下四方，徑各三十六萬里。《後漢地理志》：度各二千九百三十二里，周天積一百七萬九百一十三里，徑三十五萬六千九百七十一里。又按《學林》云：「地與星辰四游，升降於三萬里之中，則地至天萬五千里爾。」按《唐書》，一行、梁令瓚候之，度廣四百餘里，上下四方徑各五萬餘里，周天實一十六萬里，地上、地下各八萬里。天道幽遠，術家各持一説，宜並存之。天圓如倚蓋，半覆地上，半隱地下，北極出地三十六度，繞極七十二度，常見者謂之上規。南極入地三十六度，繞極亦七十二度，常隱者謂之下規。

明·趙台鼎《脉望》卷六 天地相去八萬四千里。自天以下三萬六千里，應三十六陽候；自地以上三萬六千里，應三十六陰候。所謂天上三十六，地下三十六，中間一萬二千里，乃陰陽都會之處，天地之中也。

明·王鏊《震澤長語》 周天三百六十五度，然天體無定。占中星以知方位，天行健而不息，如磨之旋。自東運而南，南而西，西而北，北而又東。以爲昏明、寒暑二儀，運而出没，五緯隨而起伏，列舍就之隱見。炎天道南行，日出於寅入於戌，陽盛於陰也，日影隨短。窮冬北行，日出於辰入於申，陰盛於陽也，日影隨長。春秋天道行於正中，日出於卯入於酉，陰陽平也，日影隨停。南爲明都，天體所見也，日、月、五星至是則明。北爲幽都，天體所隱也，日、月、五星至北都而晦，非天入於地也。若天入於地，則日月隨之，地中爲日月所照，安得爲幽都哉？此説與渾天不同，然亦不爲無理，故著之。

明·王文禄《海沂子》卷四《儀曜》 海沂子曰：天，何也？清氣浮也。地，何也？濁沫聚也。何依也？大氣舉之也。地或坼陷，何也？猶人氣壯則脾土實，氣弱則洞洩也。地水乘水風乘風，空乘空，何也？氣也。渾沌何也？氣煩而薄消之也。開闢何也？氣積而充息之也。開闢混沌何也？猶人惺而睡，睡而惺也。人生何也？一消一息，復還真元而萌育也。試觀鑿池蓄水，久乃生魚化之也。今何不化生也？相禪而形生，氣寓于人，人萃而代之，亦奪之物。物不有化生者乎？氣初開能化生，人漸分弱矣。物細猶能化生，亦時焉爾。

天地二儀一也，日月二曜一也，陰陽二氣一也。天統地，日統月，陽統陰，元氣至明而純陽也。精萃爲日，神運爲天，往來屈伸動静爲寒暑。寒暑之交爲四時。一日之間有四時之候，是以渾沌開闢亦有四時之候。今開闢應春乎？往古至今細觀之，亦有四時之候，四時一也，渾闢無窮而元氣不改也。

天色青何也？《外典》曰：「崑崙山巔寶光之耀。」或曰：高虛則空遠，掩映故青也。或曰：乾坤中日光照曜，諸色攢簇，自然青也。《傳》曰：「夜半黑滓之色，真色也。」海沂子曰：氣之色如是，天之色亦如是。青色者，日光使之。日没

而青，何也？星月皆有光也。

洞陽馮子曰：「天以日月爲目，目之明根于腎，日月之明何根乎？」海沂子曰：氣者，水之原也。命門之火爲元陽。元氣，其根也。日蝕者，月掩之也。海沂子曰：嘗見庚子夏日蝕既，四面餘光一痕，果日大月小也。

《外典》：晦言黑月，望言白月，月中黑影或曰山河影，或曰蟾蜍影然乎？海沂子曰：否。月，太陰也。黑魄而内明，陽光射焉，猶金在鎔烈熖鑠液中有黑影也。

日没入地乎？海沂子曰：崑崙，至高也。日月繞之，彼曉此夜也。日行南陸，日短夜長，繞崑崙麓行，麓廣也，蔽明者多；日行北陸，日長夜短，繞崑崙巔行，巔狹也，蔽明者少。中國在崑崙東南，地勢側也，若入地然。猶人持火，行遠不見，非滅也。果入地，地底有倒生之物乎？曰：北海外骨利幹國煮羊脾未熟，天曉。何也？曰：愈達崑崙則明易露，猶物障燈近，則暗遠則明。

北極對崑崙頂爲宜。今北辰在北斗下，予至燕京，北斗已在中天，北辰反居崑崙之南。何也？旋轉如磨，則崑崙如磨心，不宜有南極也。海沂子曰：南北之極，曆家繆談也。天垂而覆，旋轉無停。蒼蒼太虛，無牽列星。星有動否？匪曰極紐于北辰。

崑崙在天地中若亭結。頂下有大海環繞，頂上有阿耨達池，從獅象牛馬四口流出。分四界，復環大海，南閻浮提，東弗于建，北鬱單越，西瞿耶尼。中國乃閻浮提也，即騶衍曰「赤縣神州」。水皆東南流，潛行地下，出積石爲河源。海沂子曰：崑崙中氣蘊焉，猶人之臍爲氣海也。四大洲者，猶人之四肢乎？《小戴記》曰：「天地温和之氣生于西北，而盛于東南；天地嚴凝之氣生于東南，而盛于西北。」馮子曰：「自古至今，天之氣無時不往東南，地之氣無時不往西北。」甲午孟冬，海沂子會試。至北河，舟人言：「東南風起，河始凍。」既乃凌澌冰堅，嚴凝之氣果生于東南也。居京，春二月，大暖矣，温和之氣果生于西北也。蓋中氣在崑崙，崑崙在中國之西北，中國東南拒大海，水氣生寒，是以中氣之煖不能不散于四肢，四肢之冷不能不歸于心也。氣，一而已，不可分天地。地之氣即天之氣也。須以崑崙爲中，而分東西南北，始盡天地之大。今之東西南北，乃中國之四方耳。

明·黄道周《三易洞璣》卷三《宓圖經下》 五德無定繫，五繫無定運，五運無定化，五化無定質。天以健而著動，地以静而微息。微息之動，歲不及度六十四分之一。故地運六十有四歲而日至改度，天運二萬三千四百二十有四歲而日月更始，進退伸絀五百七十有六，六九交際而物開聖出。故象以静著六十有四，度以動繫九十有六。六九損益而天地竟十復反於一，故天地之數常十有一。積差之究，四百五十伸絀相乘，二十六萬二千九百四十有四而象度交畢。故一歲日餘始於四分，終於五分之一。五四之間，四十有五在於軌中，以爲中率。故天從右也，地從左也。火麗於天，水麗於地。火以右著，水以左次。五物之精皆繫於天，其魄皆著於地。

地六十四歲而逾天一度，六十一歲而更爻之直。故地不轉轂則無以見易，轉積相命七八乘餘而日與歲并，故易九變倍以十八，天地七精之所分治也。爻變以參治之，以兩度其周數，以爲分次，初地上天，月、日、五星别居其中。地與月處下而多潛，鎮與天處上而多亢，月與水處二而多譽，日與火處四而多懼，金與日處三而多凶，歲與鎮處五而多功。六者，璣衡之等也。天六十有一度，當地三千九百有四歲。以六命之，而星日相浹天地之位也。

天地之分各萬一千五百二十，餘百九十二，當乾坤之界。六府相次，以順其事。聖人繼作，則萬世永賴。水、火、金、木、土、穀各以其叙，從地與歲。故箕治以水終之於亢，角治以木終之於張，星治以火終之於井，參治以土終之於婁，婁治以穀終之於危，虚治以金終之於斗，斗終而箕始，斗坤而箕復。故《易》逆數也，天數始一，地數始十。箕之有十，地數所命始也。故斗二十有五而箕一，以始一十更端。黄地赤天，一與九從天而左「旋」，十與二從地而右旋。左右更命而天地交政。【略】

大地之周一十三萬二千九百五十六里，聖人所治不過十一分之一。水以之流，木以之平，火以之興，金以之成，穀以之登。再倍周數而天道以盡，觀德所集而地與之合。火發於東方，木生於西北，土、穀、金、水榮於冀洛。故自中國規際，方圓勾髀萬二千百餘里之外，聖人不復稱治之矣。

聖人之所不治，與日月同制。日月之晷，南過丈有六尺，則晝短絀十之四；北不及尺有五寸，則晝永贏十之六。晝永贏十之六，則女傷魄無以成男；晝短絀十之四，則男傷魂無以成女。男女所成，日月之申。乾北行二百一十有六，坤南行一百四十有六。取地之徑，四分其一，聖人治之，與日同制晝夜，以宜寒暑，以序以制刑賞，以和男女。男女不愿而天地無事。大地東行，與日中逢人集艮端，坤連離交，表中之差七度强三，二千六百七十里，故晷表之移二千六百七十

里，則卯酉交分距於二日之外矣。聖人之治，使夏不過乾，冬不過坤，日月交差不過二萬三千一百八十餘分。爻象之究，不過二十六萬五千七百二十有半，因而倍之，四分地周而造化之體命，二儀之心魄，出没顯幽，舉可測也。故天以動閲地者若騁，地以静閲天者無竟。静見百世聖人之性，動見一度中人之命。中人有聖人之性，聖人有中人之命。體地命天微息，淵然不見其旋。久而復還，謂之長年。

右圖以地動微息原日(纏)(躔)之差，以日差交象證天行之運。萬物盛衰皆本於地，地道回還皆著於水。地道既静，則水應常停。水既不停，則地明自轉。古緯雖有左旋右轉之文，曆圖只指順數逆數之事，不知空中無一梗物，渾體既成，無二凝法。【略】

凡地通兩極，規(軸)(軸)精貫日環，其中東西無際以表揆之，陽城天中猶在日北衡，陽影直迺當夏仲，約人頂際，南當赤道一萬三千二百九十餘里，爲三十六度。天中地平，距日正等。折分其中，六千六百四十餘里，南炎北凉，在十分六四之内。凡日萬分，晝夜通度。冬至日經一百四十四，得坤策，在十分之四；夏至日經二百一十六，得乾策，在十分之六。皆在南北六千六百四十餘里之内。過此南北，有晝短逾十之三、夜永逾十之七，晝夜反照，短永逾十者矣。

聖人所治中華，南北約萬二千里。以天一度當地三十六十里分之，大地之周一十三萬二千九百五十六里。中華南北近當十一分之二，遠當十分之一也。日在天中之南，則地在天中之北。【略】

地既迎日而行，與卯酉直人居赤道之北，與紫極税。故人以極爲性，以日爲命。日當卯酉，則晝夜常均，人雖倚北，而日道正直。冬至出辰入申，則去遠而寒生；夏至出寅没戌，則去近而暑極。理甚淺明，不勞奥悟也。列宿七曜既皆右旋，則大地規輪漸牽而右。積歲成差，日移地面。故《虞書》以前日在虚十，逾六十四歲則地移虚九。日以子限，而别歲差；地以卯限，而别日(纏)(躔)。子卯同移，而分至各測。常見天度退就日(纏)(躔)，其實日(纏)(躔)因於地面。故日追天一日不及一度，積而成退者，曆之所以見端。地追天六十四歲始及一度，積而成進者，《易》之所以分爻也。【略】

日躔黄道，與赤道表裏。古今改憲，則差法殊分。度其相距，餘一非遠。而地行之卦，二至先後出入赤道，准星配著，不復差也。【略】

明・黄道周《三易洞璣》卷三《宓圖緯下》

日差　天行自左而右，三百八十四卦。

地行　歲周自右而左，七百六十八卦。

坤						剥						比						觀					
上六	六五	六四	六三	六二	初六	上九	六五	六四	六三	六二	初六	上六	九五	六四	六三	六二	初六	上九	九五	六四	六三	六二	初六
尾																			心				
十八	十七	十六	十五	十四	十三	十二	十一	十度	九度	八度	七度	六度	五度	四度	○○	三度	二度	一度	六度	五度	四度	三度	二度
坤	剥	比	豫	謙	師	復	坤	剥	比	豫	謙	師	頤	觀	萃	小過	升	臨	復	坤	剥	比	豫
頤						屯						益						震					
上帛度 中宗人 下箕筐	上　五 四　三 二　初	師謙 豫比 剥復	剥比 謙豫 師復			上東垣 中徐越 下斗杓	上　五 四　三 二　初	臨升 小過萃 觀頤	頤觀 萃小過 升臨			上垣左 中弁首 下魁左	上　五 四　三 二　初	蒙 明夷解 蹇 晉 屯	蒙 屯 晉 蹇 解 明	夷		上臺趾 中弁左 下狗建	上　五 四　三 二　初	損泰 恒咸 否益	損益 咸恒 泰否		

（續表）

豫						晉						萃						否					
上六	六五	九四	六三	六二	初六	上九	六五	九四	六三	六二	初六	上六	九五	九四	六三	六二	初六	上九	九五	九四	六三	六二	初六
	房							氐															
一度	六度	五度	四度	三度	二度	一度	〇〇	十六	十五	十四	十三	十二	十一	十度	九度	八度	七度	六度	五度	四度	三度	二度	〇〇
謙	蒙	屯	晉	蹇	解	明夷	師	頤	觀	萃	小過	升	損	益	否	咸	恒	泰	臨	復	坤	剝	比
噬嗑						隨						无妄						明夷					
上鼓北 中右旗 下天雞 上五 四三 二初		坎艮 震坎 艮震 艮坎 震艮 坎震				上左旗 中桴首 下狗 上五 四三 二初		賁蠱 豐困 漸嗑 賁渙 隨旅 井歸		妹		上旗津 中桴柄 下牛田 上五 四三 二初		渙賁 歸妹井 旅隨 蠱節 噬嗑漸 困豐				上津南 中瓜下 下周秦 上五 四三 二初		中孚大畜 大壯大過 遯无 大畜中孚 无妄遯大 過壯妄			

（續表）

謙						艮						蹇						漸					
上六	六五	六四	九三	六二	初六	上九	六五	六四	九三	六二	初六	上六	九五	六四	九三	六二	初六	上九	九五	六四	九三	九二	初六
	亢										角												軫
一度	九度	八度	七度	六度	五度	四度	三度	二度	一度	十二	十一	十度	九度	八度	〇〇	七度	六度	五度	四度	三度	二度	一度	十七
豫	艮	坎	震	艮	坎	震	謙	蒙	屯	噬嗑	蹇	解	賁	渙	困	旅	井	歸妹	明夷	師	頤	觀	萃
賁						既濟						家人						豐					
上津左 中命虛 下哭右 上五 四三 二初		解蹇 晉屯 蒙明 晉漸 解明夷 蒙夷		解		上祿左 中危右 下壘巔 上五 四三 二初		歸妹節 旅隨 渙 噬嗑漸 困豐 賁				上人星 中屋北 下壘左 上五 四三 二初		未既 未既 未既 濟濟 濟濟 濟濟				上臼 中危 下錢 上五 四三 二初		睽需 鼎革 訟家 睽家人 訟革 鼎人		需	

（續 表）

小過						旅						咸						遯					
上六	六五	九四	九三	六二	初六	上九	六五	九四	九三	六二	初六	上六	九五	九四	九三	六二	初六	上九	九五	九四	九三	六二	初六
																	翼						
十六	十五	十四	十三	十二	十一	十度	〇〇	九度	八度	七度	六度	五度	四度	三度	二度	一度	十八	十七	十六	十五	十四	十三	〇〇
小過	蠱	節	噬嗑	漸	困	豐	升	頤	益	否	咸	恒	大畜	中孚	无妄	遯	大過	大壯	泰	臨	復	坤	剝
離						革						同人						臨					
上上宮 中雷神 下梁下	上五 四三 二初	困漸 噬嗑節 蠱豐	旅井 歸妹賁 渙隨			上離宮 中霹靂 下壁陣	上五 四三 二初	兌巽 離兌 巽離	離巽 兌離 巽兌			上室中 中電神 下羽林	上五 四三 二初	訟家人 睽需 鼎革	鼎需 睽家人 訟革			上左宮 中雲雨 下壁陣	上五 四三 二初	履小 畜大有 夬姤	大有小 畜履 同人姤		

（續 表）

師						蒙						坎						渙					
上六	六五	六四	六三	九二	初六	上九	六五	六四	六三	九二	初六	上六	九五	六四	六三	九二	初六	上九	九五	六四	六三	九二	初六
												張											
十二	十一	十度	九度	八度	七度	六度	五度	四度	三度	二度	一度	十七	十六	十五	〇〇	十四	十三	十二	十一	十度	九度	八度	七度
比	晉	蹇	解	明夷	蒙	屯	豫	艮	坎	震	艮	坎	噬嗑	漸	困	豐	蠱	節	震	謙	蒙	屯	晉
損						節						中孚						歸妹					
上壁端 中土功下 下鈇端	上五 四三 二初	升小過 萃觀 頤臨	觀萃 小過升 臨頤			上壁端 中上功下 下鈇左	上五 四三 二初	泰恒 咸否 益損	益否 咸恒 泰損			上奎中 中溷口 下鈇左	上五 四三 二初	蠱豐 困漸 噬嗑節	渙隨 旅井 歸妹賁			上奎左 中溷屏 下倉南	上五 四三 二初	大大 大遯 元中	畜壯 過 妄孚	中无 大大大	孚妄 遯 過壯畜

（續表）

卦	爻	宿	度		變卦			
解	上六		六度		蹇	睽	上軍 門中屏下 下倉下 上 五 四 三 二 初	
	六五		五度		解			
	九四		四度		既濟		井 隨 渙 賁 歸 漸 困 豐 蠱 節 妹	
	六三		三度		未濟			
	九二		二度		濟		噬嗑	
	初六		一度		濟			
未濟	上九	星	七度		既濟	兌	上軍前 中屏間 下倉前 上五 四三 二初	
	六五		○○		豐			
	九四		六度		賁		需 鼎 革 訟 家人睽 家人訟 革 鼎 需 睽	
	六四		五度		渙			
	九二		四度		隨			
	初六		三度		旅			
困	上六		二度		井	履	上更端 中倉北 下囷右 上五 四三 二初	
	九五		一度		睽			
	九四	柳	十四		家人		巽 離 兌 巽 離 兌 巽 兌 離 巽 兌 離	
	六三		十三		訟			
	九二		十二		革			
	初六		十一		鼎			
訟	上六		十度		需	泰	上胃裏 中囷首 下囷尾 上五 四三 二初	
	九五		九度		歸妹			
	九四		八度		明夷		小畜 大有夬 姤 同人履 小畜	
	六三		七度		師			
	九二		六度		頤			
	初六		○○		觀			

（續表）

卦	爻	宿	度		變卦			
升	上六		五度		萃	大畜	上胃南 中囷首 下囷左 上五 四三 二初	
	六五		四度		旅			
	六四		三度		井		恒 咸 否 益 損 泰 否 咸 恒 泰 損 益	
	九三		二度		歸妹			
	九二		一度		賁			
	初六	鬼	二度		渙			
蠱	上九		一度		隨	需	上天衢 中廩限 下苑西 上五 四三 二初	
	六五	井	卅三		小過			
	六四		卅二		蠱		大 大 遯 无 中 大 壯 過 妄 孚 畜	
	九三		卅一		節			
	九二		三十		噬嗑		无妄 遯 大過 大壯 大畜 中孚	
	初六		廿九		漸			
井	上六		廿八		困	小畜	上昴宿 中廩左 下天苑 上五 四三 二初	
	九五		廿七		離			
	六四		廿六		巽		鼎 革 訟 家人 睽 需 訟 革 鼎 需 睽家人	
	九三		○○		兌			
	九四		廿五		離			
	初六		廿四		巽			
巽	上九		廿三		兌	大壯	上天街 中節右 下藁本 上五 四三 二初	
	九五		廿二		豐			
	六四		廿一		升		大有夬 姤 同人履 小 履 同人姤 夬 大有畜	
	九三		二十		損			
	九二		十九		益			
	初六		十八		泰			

（續表）

卦	爻	宿	度	變卦
恒	上六		十七	咸
	六五		十六	鼎
	九四		十五	需
	九三		十四	睽
	九二		十三	家人
	初六		十二	訟
鼎	上九		十一	革
	六五		○○	恒
	九四		十度	大畜
	九三		九度	中孚
	九二		八度	无妄
	初六		七度	遯
大過	上六		六度	大過
	九五		五度	大有
	九四		四度	小畜
	九三		三度	履
	九二		二度	同人
	初六		一度	姤
姤	上九	参	十度	夬
	九五		九度	大有
	九四		八度	小畜
	九三		七度	履
	九二		六度	同人
	初六		○○	姤

大有			夬			乾			姤		
上畢口 中節柄 下園北 上 五 四 三 二 下	大 遯 无 中 大 大 過 妄 孚 畜 壯	遯大過无妄大畜中孚无妄	上諸王 中節左 下園口 上 五 四 三 二 初	夬 姤 同人履 小畜大 同人 姤 夬大有 小畜履有		上天闕 中旗錞 下天屏 上 五 四 三 二 初	姤 同人履 小畜大有夬 姤 夬 大有小畜履同人		上天闕 中參體 下厠北 上 五 四 三 二 初	乾 乾 乾 乾 乾 乾 乾 乾 乾 乾 乾 乾	

（續表）

卦	爻	宿	度	變卦
乾	上九		五度	乾
	九五		四度	夬
	九四		三度	大有
	九三		二度	小畜
	九二		一度	履
	初九	觜	一度	同人
夬	上六	畢	十七	姤
	九五		十六	乾
	九四		十五	夬
	九三		十四	大有
	九二		十三	小畜
	初九		十二	履
大有	上九		十一	同人
	六五		十度	大過
	九四		九度	大壯
	九三		○○	大畜
	九二		八度	中孚
	初九		七度	无妄
大壯	上六		六度	遯
	六五		五度	姤
	九四		四度	乾
	九三		三度	夬
	九二		二度	大有
	初九		一度	小畜

大過			鼎			恒			巽		
上司怪 中參體 下市右 上 五 四 三 二 初	同人履 小畜大有夬 姤 夬 大有小畜履 同人姤		上鉞端 中濆右 下市下 上 五 四 三 二 初	遯 无 中 大 大 大 妄 孚 畜 壯 過	大過 大壯 大畜 中孚 无妄 遯	上井北 中濆下 下狼南 上 五 四 三 二 初	革 訟 家人睽 需 鼎 革 鼎 需 睽 家人訟		上天罇 中闕丘 下弧矢 上 五 四 三 二 初	咸 否 益 損 泰 恒 恒 泰 損 益 否	

（續表）

卦	爻	宿	度		卦
小畜	上九	昴	十一		履
	九二		十度		革
	六四		九度		鼎
	九三		八度		需
	九二		七度		睽
	初九		六度		家人
需	上六		五度		訟
	九五		〇〇		同人
	六四		四度		大過
	九三		三度		大壯
	九二		二度		大畜
	初九		一度		中孚
大畜	上九	胃	十五		无妄
	六五		十四		咸
	六四		十三		恒
	九三		十二		泰
	九二		十一		損
	九一		十度		益
泰	上六		九度		否
	六五		八度		遯
	六四		七度		姤
	九三		六度		乾
	九二		五度		夬
	初九		〇〇		大有

卦	星	爻			
井	上北河南中南河南下馬尾	上 五 四 三 二 初	離 兌 巽 離 兌 巽	兌 離 巽 兌 離 巽	
蠱	上積薪 中河左 下馬下	上 五 四 三 二 初	旅 隨 渙 賁 歸妹井	困 豐 蠱 節 噬嗑井	
升	上爟 中厨右 下厨南	上 五 四 三 二 初	豐 困 漸 噬嗑節 蠱	隨 旅 井 歸妹賁 渙	
訟	上鬼北 中厨限 下紀南	上 五 四 三 二 初	小過萃 觀 頤 臨 升	萃 小過 升 臨 頤 觀	

（續表）

卦	爻	宿	度		卦
	上九		四度		小畜
	九五		三度		兌
	九四		二度		離
	六四		一度		巽
	九二	婁	十二		兌
	九二		十一		離
兌	上六		十度		巽
	九五		九度		履
	九四		八度		革
	六三		七度		鼎
	九二		六度		井
	初九		五度		睽
睽	一九		四度		家人
	六五		三度		困
	九四		二度		豐
	六三		〇〇		蠱
	九二	奎	一度		節
	初九		十六		噬嗑
歸妹	上六		十五		漸
	六五		十四		訟
	九四		十三		同人
	六三		十二		大過
	九二		十一		大壯
	初九		十度		大畜

卦	星	爻			
困	上軒轅 中中柳下 下紀左	上 五 四 三 二 初	家人睽 需 鼎 革 訟	需 睽 家人訟 革 鼎	
未濟	上軒轅 中中旗下 下廟右	上 五 四 三 二 初	漸 噬嗑節 蠱 豐 困	井 歸妹賁 渙 隨 旅	
解	上軒軒 項中相星 下廟中	上 五 四 三 二 初	既 未 既 未 既 未	濟 濟 濟 濟 濟 濟	
渙	上軒轅 首中太尊 下廟左	上 五 四 三 二 初	蹇 晉 屯 蒙 明夷解	蹇 解 明夷蒙 屯 晉	

（續表）

中孚						節						損						臨					
上九	九五	六四	六三	九二	初九	上六	九五	六四	六三	九二	初九	上九	六五	六四	六三	九二	初九	上六	六五	六四	六三	九二	初九
										壁									室				
九度	八度	七度	六度	五度	四度	三度	〇〇	二度	一度	九度	八度	七度	六度	五度	四度	三度	二度	一度	十六	十五	十四	十三	〇〇
中孚	隨	旅	井	歸妹	賁	渙	无妄	咸	恒	泰	損	益	萃	小過	升	臨	頤	觀	否	遯	姤	乾	夬

坎					
上少微 中明堂 下翼右	上 五 四 三 二 初	賁 歸妹井 旅 隨渙	節 漸 困 豐 蠱		
蒙					
上少微 中翼右 下甌北	上 五 四 三 二 初	艮 震 坎 艮 震 坎	坎 震 艮 坎 震 艮		
師					
上虎賁 中翼將 下翼南	上 五 四 三 二 初	明夷解 蹇 晉 屯 蒙	屯 晉 蹇 解 明夷蒙		
遯					
上帝子 中右垣 下翼左	上 五 四 三 二 初	謙 豫 比 剥 復 師	比 豫 謙 師 復 剥		

（續表）

同人						革						離						豐					
上九	九五	九四	九三	六二	初九	上六	九五	九四	九三	六二	初九	上九	六五	九四	九三	六二	初九	上六	六五	九四	九三	六二	初九
												危											
十二	十一	十度	九度	八度	七度	六度	五度	四度	三度	二度	一度	十六	十五	十四	〇〇	十三	十二	十一	十度	九度	八度	七度	六度
大有	需	睽	家人	訟	革	鼎	小畜	兊	離	巽	兑	離	井	歸妹	賁	渙	隨	旅	巽	履	革	鼎	需

咸					
上幸臣 中右勢法 下右轄	上 五 四 三 二 初	无 中 大 大 大 遯	妄 孚 畜 壯 過	大壯大畜中孚无妄遯大過	
旅					
上內五侯 中左執法 下軫南	上 五 四 三 二 初	否 蠱 損 泰 恒 咸	恒 泰 損 益 否 咸		
小過					
上卿端 中左垣 下轄左	上 五 四 三 二 初	隨 渙 賁 歸妹井 旅	豐 蠱 節 噬嗑漸 困		
漸					
上東垣 端中平道 右下軍門	上 五 四 三 二 初	萃 觀 頤 臨 升 小	小過升 臨 頤 觀 過	萃	

（續表）

家人	上九		五度		睽	蹇	周鼎 中平道 下庫樓
	九五		四度		既濟		上五 四三 二初
	六四		三度		未濟		噬嗑節 蠱豐 困漸
	九三		二度		既濟		歸妹賁 渙隨 旅井
	六二		一度		未濟		
	初九	虛	九度		既濟		
既濟	上六		八度		未濟	艮	上鼎右 中亢西 下庫上
	九五		〇〇		家人		上五 四三 二初
	六四		七度		困		晉屯 蒙明夷 解蹇
	九三		六度		豐		解明夷 蒙屯 晉蹇
	六二		五度		蠱		
	初九		四度		節		
賁	上九		三度		噬嗑	謙	上右攝提 中亢端 下陽門
	六五		二度		蹇		上五 四三 二初
	六四		一度		解		震坎 艮震 坎艮
	九三	女	十一		明夷		震艮 坎震 艮坎
	六二		十度		蒙		
	初九		九度		屯		
明夷	上六		八度		晉	否	上大角 中左攝下 下頃頏
	六五		七度		解		上五 四三 二初
	六四		六度		訟		豫比 剥復 師謙
	九三		五度		同人		豫師 復剥 比豫
	六二		四度		大過		
	初九		〇〇		大壯		

（續表）

无妄	上九		三度		大畜	萃	上亢池 中氐上 下騎官
	九五		二度		節		上五 四三 二初
	九四		一度		噬嗑		益損 泰恒 咸否
	六三	牛	七度		漸		泰損 益否 咸恒
	六二		六度		困		
	初九		五度		離		
隨	上六		四度		蠱	晉	上亢池左 中氐北 下騎官
	九五		三度		中孚		上五 四三 二初
	九四		二度		隨		觀頤 臨升 小過萃
	六三		一度		旅		升臨 頤觀 萃小過
	六二	斗	廿四		井		
	初九		廿三		歸妹		
噬嗑	上九		廿二		賁	豫	上周垣 中天乳 下從官
	六五		廿一		坎		上五 四三 二初
	九四		二十		震		屯蒙 明夷解 漸晉
	六三		〇〇		艮		明夷蒙 屯晉 漸解
	六二		十九		坎		
	初九		十八		震		
震	上六		十七		艮	觀	上鄭垣 中列肆 下罰心
	六五		十六		渙		上五 四三 二初
	九四		十五		无妄		比剝 復師 謙
	六三		十四		咸		謙師 復剝 比
	六二		十三		小過		
	初九		十二		泰		

（續表）

卦	爻		度	卦
益	上九		十一	損
	九二		十度	屯
	六四		九度	晉
	六三		八度	蹇
	六二		七度	解
	初九		六度	明夷
屯	上六		五度	蒙
	九五		〇〇	益
	六四		四度	萃
	六三		三度	小過
	六二		二度	升
	初九		一度	臨
頤	上九	箕	十一	頤
	六五		十度	比
	六四		九度	豫
	六三		八度	謙
	六二		七度	師
	初九		六度	復
復	上六		五度	剥
	六五		四度	比
	六四		三度	豫
	六三		二度	謙
	六二		一度	師
	初九		〇〇	復

卦	星	爻			
比	上晉垣 中列肆 下心宿	上 五 四 三 二 初	頤 臨 升 小過萃 觀	頤 頤 觀 萃 小過 升	
剥	上宦北 中解下 下尾北	上 五 四 三 二 初	剥 復 師 謙 豫 比	師 復 剥 比 豫 謙	
坤	上帝座端 中市樓上 下龜	上 五 四 三 二 初	復 師 謙 豫 比 剥	復 剥 比 豫 謙 師	
復	上屠肆 中宗正南 下糠粃	上 五 四 三 二 初	坤 坤 坤 坤 坤 坤	坤 坤 坤 坤 坤 坤	

右緯日差地行，各自爲經緯。日差生於地行，而日周於地有三百八十四爻。爻自爲經，各成六卦，積横成(員)〔圓〕，亦三百八十四卦。地揆於日只四十八度，度自爲緯，各得六爻，比縱成(員)〔圓〕，有七百六十八卦。天一而地二也，故日因於天，一南一北，爲二十四氣。地因於日，一降一升，爲四十八度。天周之卦只三百八十，地行之卦得七百六十八。天皆得一，地皆得二也。圖經起例皆謂箕斗交於坤中，箕七爲復初度。箕一、尾十八爲復、頤之交緯。坤上六仍尾十八、頤初九亦尾十八者，天左地右，皆宗於復斗杓之前，爲復終始。自箕一爲一，則復初爲初，御頤而左行。自箕十一爲一，則復上爲初，御頤而右轉。故地行之緯皆以坤直頤，交絡於復。從復逆數，則頤與坤左右互起也。緯書七精反元皆在斗前，説本於此。然彼本漢曆，日在斗前，非通天地之朔也。

明・劉定之《劉氏雜志》 天有南北極，如瓜果有前後蔕尖。天分十二宫，如瓜果分十二瓣。近極處度狹，而當天腰處度闊。如瓜果之瓣近蔕尖者狹，而當腰者寬也。天之頂心當嵩高山下陽城，而地之頂心爲崑崙。參差不相對者，天地間東南暑熱，西北寒涼。地在寒涼方者，堅凝高峙；而在暑熱方者，融液坍塌，故東南多水西北多山。合東南多水、西北多山，處均平論，則地仍以嵩高山下陽城爲中。但取最高頂心處，則崑崙爲中也。

清・黄宗羲《明儒學案》卷四九 陰陽即元氣，其體之始，本自相渾，不可離析，故所生化之物有陰有陽，亦不能相離。但氣有偏盛，遂爲物主耳。星隕皆火，能焚物，故爲星，爲陽餘。柏齋謂雲爲獨陰矣，愚則謂陰乘陽耳。其有象可見者，陰也；自地如縷而出，能運動飛揚者，乃陽也。謂水爲純陰矣，愚則爲陰挾陽耳。其有質而就下者陰也，其得日光而散爲氣者則陽也，但陰盛於陽，故屬陰類矣。

天陽爲氣，地陰爲形。男女牡牝，皆陰陽之合也，特以氣類分屬陰陽耳。少男有陽而無陰，少女有陰而無陽也。寒暑晝夜，《管見》有論。至於呼吸，則陽氣之行不能直遂，蓋爲陰所滯有相戰耳。此屈伸之道也。凡屬氣者皆陽，凡屬形者皆陰，此數語甚真。然謂之氣則猶有象，不如以神字易之。蓋神即氣之靈，尤妙也。

愚嘗驗經星、河漢，位次景象終古不移，謂天有定體。氣則虚浮，虚浮則動蕩，動蕩則有錯亂，安得終古如是？自來儒者謂天爲輕清之氣，恐未然。且天包地外果爾？輕清之氣何以乘載地水？氣必上浮，安得左右旋轉？漢郄萌曰：「天體確然在上。」此真至論，智可以思矣。

柏齋惑於釋氏地水火風之説，遂謂風爲天類，以附成天地水火之論，其實不然。先儒謂風爲天體旋轉蕩激而然，亦或可通。今云風即天類，誤矣。男女牝

牡，專以體質言。氣爲陽而形爲陰，男女牝牡皆然也。即愚所謂陰陽有偏盛，即盛者恒主之也。柏齋謂男女牝牡皆陰陽相合，是也。又謂少男有陽而無陰，少女有陰而無陽，豈不自相背馳？寒暑晝夜以氣言，蓋謂屈伸往來之異，非專陰專陽之說。愚於董子陽月陰月辨之詳矣。呼吸者，氣機之不容已者。呼則氣出，出則中虚，虚則受氣。故氣入吸則氣入，入則中滿，滿則溢氣，故氣出。此乃天然之妙，非人力可以强而爲之者。柏齋謂陽爲陰滯而相戰，恐無是景象，當再體驗之，何如？柏齋又謂愚之所言凡屬氣者皆陽，凡屬形者皆陰，以下數語甚真。此愚推究陰陽之極言之。雖葱蒼之象亦陰，飛動之象亦陽。蓋謂二氣相待，有離其一不得者況神者，生之靈，皆氣所固有者也。無氣則神何從而生？柏齋欲以神字代氣，恐非精當之見。

土即地也，四時無不在，故配四季。木温爲火熱之漸，金涼爲水寒之漸，故配四時。特生之序不然耳。五行家之說自是一端，不必與之辨也。火旺於夏，水旺於冬，亦是正理。今人但知水流而不息，遂謂河凍川冰爲水之休囚，而不知涼凍爲水之本體，流動爲天火之化也。誤矣！

柏齋曰：「土即地，四時無不在。」愚謂金木水火，無氣則已，有則四時日月皆在。何止四季之月？今土配四季，金木水火配四時，其餘無配時月。五行之氣，不知各相退避乎？即爲消滅乎？突然而來，抑候次於何所乎？此假象配合穿鑿無理甚較然者。世儒惑於邪妄而不能辨，豈不可哀？柏齋又曰五行家之說自是一端，不必與辨。愚謂學孔子者，當推明其道，以息邪說。庶天下後世崇正論，行正道，而不至陷於異端可也。何可謂自是一端，不必與辨？然則造化真實之理，聖人雅正之道，因而蒙蔽晦蝕，是誰之咎？其謂水旺於冬，猶爲痼疾。夫夏秋之時，膚寸雲靄，大雨時行，萬流湧溢，百川灌河，海潮爲之嘯逆。不於此時而論水旺，乃於水泉閉涸之時而强配以爲旺，豈不大謬？又謂今人但知水流而不息，遂謂河凍川冰爲水之休囚，而不知冰凍爲水之本體，流動爲天火之化。嗟乎，此尤不通之說！夫水之始化也，冰乎？水乎？使始於冰，雖謂冰爲水之本體，固無不可矣。然果始於冰乎？水乎？此有識者之所能辨也。夫水之始，氣化也。陽火在内，故有氣能動。冰雪者，雨水之變，非始化之體也。安可謂之本？裂膚墮指而江海不冰，謂流動爲天火之化得乎哉。

清·梅文鼎《曆學疑問》卷一　論蓋天周髀

問：有圓地之說，則里差益明，而渾天之理益著矣。古乃有蓋天之說，殆不知而作者歟。曰：自揚子雲諸人主渾天，排蓋天，而蓋說遂詘。由今以觀，固可並存，且其說實相成而不相悖也。何也？渾天雖立兩極，以言天體之圓而不言地圓，直謂其正平焉耳。若蓋天之說具於《周髀》，其說以天象蓋笠，地法覆槃，極下地高，滂沲四隤而下，則地非正卑而有圓象明矣。故其言晝夜也，曰「日行極北，北方日中，南方夜半；日行極東，東方日中，西方夜半；日行極南，南方日中，北方夜半；日行極西，西方日中，東方夜半。凡此四方者，晝夜易處，加四時相反」。此即西曆地有經度，以論時刻早晚之法也。其言七衡也，曰「北極之下，不生萬物。北極左右，夏有不釋之冰；中衡左右，冬有不死之草，五穀一歲再熟。凡北極之左右，物有朝生暮獲」。趙君卿注曰：北極之下，從春分至秋分爲晝，從秋分至春分爲夜。即西曆以地緯度分寒煖五帶、晝夜長短各處不同之法也。使非天地同爲渾圓，何以能成此算？《周髀》本文謂周公受于商高，雖其詳莫攷，而其說固有所本矣。然則何以不言南極？曰：古人著書皆詳於其可見，而略於所不見。即如中高四下之說，既以北極爲中矣，而又曰「天如倚蓋」，是亦即中國之所見，擬諸形容耳，安得以辭害意哉？故寓天地以圓器，則蓋之度不違於渾；圖星象于平楮，則渾之形可存於蓋。唐一行，善言渾天者也，而有作《蓋天圖法》。元郭太史有《異方渾蓋圖》。今西曆有平渾儀，皆深得其意者也。故渾蓋之用，至今日而合；　渾蓋之說，亦至今日而合；渾蓋之說，亦至今日而益明。

元札馬魯丁《西域儀象》有兀速都兒刺不定，漢言晝夜時刻之器。其製以銅，如圓鏡而可掛，面刻十二辰位，晝夜時刻上加銅條綴其中，可以圓轉，銅條兩端各屈其首，爲二竅，以對望，晝則視日影，夜則窺星辰，以定時刻，以測休咎。背嵌鏡片二面，刻其圖凡七，以辨東西南北、日影長短之不同，星辰向背之有異。故各異其圖，以盡天地之變焉。按：此即今《渾蓋通憲》之製也，以平詮渾，此爲最著。

清·游藝《天經或問前集》卷二　天體

問：天之蒼蒼，高遠無極，其星辰錯綜，體象運旋。可得聞歟？曰：天體如碧璆，透映而渾圓。七曜列宿，層層運旋以裹地。七政運旋有高下，故謂層層云。地如彈丸，適天之最中，永静不動，而四面人居焉。最上一層常静天，爲諸天主宰。宋儒謂此天爲天殼也，而不可思議。其次爲宗動之天，帶轉下諸重天也。此天之運，依南北二極，從東而西左旋十二時，歷一周，其各天皆因此一動，製之而運焉。西士測尚有南北歲差、東西歲差二重，約四萬九千年從西歷東行一周。其次爲恒星天，在七曜之上。此天之本動也。於赤道上偏南而北，從北而南謂之一近一距之動，

歷七千年行一周；從東歷西之正行約二萬五千餘年而行一周。此即歲差正行之算也。其次土星，土星約二十九年一百五十五日零二十五刻行一周天。木星，木星約十一年三百十三日七十刻行一周。火星天，火星約一年三百二十一日九十三刻行一周。其次太陽之天，照映世界，萬象取光，故在七曜之中也。太陽約三百六十五日二十三刻五分行一周。其次金、水二星天，皆從太陽天行，而太陰天最近地。太陰約二十七日三十一刻行一周。此恒星七曜諸天俱從自西而東右旋之行算也。左旋一天以静天極爲軸，以赤道爲天腰；右旋諸天以黄道極爲軸，偏南北各二十三度三十一分，即以黄道爲天腰。赤道之心與静天之心、宗動天之心、地球之心同是一點。其兩極在南北正子午，主一日一周，七曜列宿之公運悉繫轉楗焉。其道與天元赤道相合爲一綫，動静雖異，終古不離其極，爲正子午也。黄道斜絡，出入赤道各二十三度半，其極非正子午，則在巳亥也。太陽行黄道正綫，其天心不與諸天同心，故其行轉於地面自非平行也。黄道左右各八度爲太陰五星出入之道，而日月經緯俱從黄道極轉，故有不同子午之樞也。吾儒按九重者，因恒星七曜行度各異，相次而上，權立數重以起測云。

地體

問：《藏經》以四方分爲四州，鄒衍以瀛海環九州外，文長謂水際天，是皆以地爲扁土也。今曰天體渾圓，古人亦曰天如卵白，地如卵黄，是天包於外，地亘於中也。然天乃輕清之氣，地乃重濁之滓，既爲圓體亘中，能浮空而不墜乎？四面皆人，何以安其居也，而能辯其四方乎？

曰：天地渾圓，本相聯屬。古人云：減一尺地，則多一尺天。然地亦天也，以其形言之謂之地。唯天虚晝夜運旋於外，地實確然不動於中也。而地四面窪者爲河海，突者爲山嶽，平者爲田地。人所居立皆依圓體，天裏著他。運旋之氣升降不息，四面緊塞不容展側，地不得不凝於中以自守也。然總無方隅，四面都是上，無可墜處；適天之至中，亦無可倚處。天之東升西降，亦就人所居而言，天則無處非升，無處非降，渾淪環轉而已，地圓則無處非中。揭子曰：天之虚，非虚也。虚者，氣塞滿之，無有空隙。如以瓶挈水，閉其一孔，水使不入，氣寒中也，氣即天也。地之實，非實也。氣出入之，雖有土石其堅者，悉在皮表，進焉則虚，濡也。然天内有氣，故時結爲攙搶、彗孛諸星，映爲暈珥、霄珮諸象。地内有空，故潮汐呼吸，轉爲泉源；深山大谷，吐爲雲霧；陰伏陽愆，發爲震撼。故游子曰：「地亦天也。」唯指極星分東西南北，測太陽定寒暑晝夜，故所居之地日所照不同。居赤道之下南北二十三度半之地一圈，春秋二分，太陽正過其天頂，日中無影。過春分則影在南，過秋分則影在北，名爲暖帶。南北二十三度半以外，截至六十六度半之地，此地太陽不經其天頂，而不近不遠，此南北二圈爲正帶，不甚冷熱。此帶温和而聖賢挺生，中國處赤道北十八度至四十二度，適當其地也。南北二方自六十六度半各抵其極爲冷帶。有日太陽繞其地恒見，有日太陽繞其地恒隱。隱見之候或至數月，或至半年。揭子曰：兩極之下，天輪橫繞，半年爲晝，半年爲夜。其地甚冷，其人耐寒。此五帶之大概也。因此推之，距赤道南北二方者，其氣候必相反。如太陽纏星紀，即丑宫向北之方爲冬至，向南之方則爲夏至，諸節莫不皆然。又因推之，地球爲人所止，以天頂而分四方，亦可界爲三百六十度，以合天行。東西爲經，測以黄道；南北爲緯，定以子午。若測南北，有二極，爲之端。游熊曰：西學測地球周圍有九萬里。如往北行二百五十里，測極星便高一度，二萬二千五百里便高九十度，在天頂正中。再行則又從中漸低。無北極過南，南極過北之理，地圓故也。若測東西，必先定一處爲起界之端，如處某地，即以某地爲端。方可測也。如無測法，則寒暑無定，東西不辨耳。

黄赤道

問：天體無涯，難以器測。日月五星有形可步，黄赤二道全無影象，何所指而名也？

曰：赤道者，平分天體爲南北。從南北二極相距正中之界，判一細道，名曰赤道。朱子云：天體如一圓匣相似，赤道是那匣子相合縫處一綫也。亘於中天，終古不易。推步者畢賴之爲準則也。李振之曰：此道列三百六十度分，十二辰界，九十六刻，以一時八刻算，餘分不列。而爲用有七焉：一以度天行一日一周之運，一以定晝夜刻分之永短，一以齊黄道出入之廣狹，一以限春秋分之晷影，一以判天道之南北，一以起南北之緯算，一以紀天下之地圓也。黄道者，從太陽旋周一歲之界而設，以記月與五星所經行者。蓋太陽行天一歲所周軌迹，旋以成規，名爲黄道。此道斜絡於赤道，如兩環相叠。然半出赤道南，最南之界約緯度二十三度半爲冬至。半出赤道北，最北之界約緯度二十三度半爲夏至。二道相交之所爲春秋分。四平分之爲四象限，限各九十度。是即二分二至之限也。以三百六十度計之，十二剖之則爲宫，二十四剖之則爲氣，七十二剖之則爲候。更細鍥之爲三百六十五度四分度之一，而二十八宿列焉。凡月建與宫界常差五度。所以分黄道爲十二宫者，日月相逐，會於黄道者，歲有十二次，而一歲四時有十二變，取數於十二，其義最精。半之則爲六，三之則爲四，四之則爲三。諸曜之行，四

時之變，總不出於此。天下寒暑榮瘁，皆由黃道。中國處赤道北，故太陽之行黃道也，北陸暖而萬物生，南陸寒而萬物死也。黃子曰：如國處赤道南者，太陽行南陸則反是。黃道一規而用有四焉：一以節七曜列宿逆行右轉之度，黃道惟太陽行道中正綫，餘各別有小輪，故有遲疾伏退之異。一以審日月交食之限，月行有九道，大抵近黃道則食。一以其出地多寡定天下晝夜長短，一以分列宿之南北及紀其緯度。

南北極

問：天學家：云南北二極是相對也。又曰北極出地，南極入地。則是低昂矣。是低昂乎，相對乎？

曰：南北極者，天體永久不動之兩點，周天倚爲環轉之樞者也，故名爲極。游燕曰：極如輪之轂，如磨之臍，非星也。云極星者，蓋指其近極之星而名耳。而居中有不轉之地以爲之心，故南北有不轉之極以爲之樞。太虛空洞，固有不轉之神，化以爲之主，而後此天得以循行，萬古而不越也。李振之名之藻曰：測從極中周圍起綫，爲南北緯度，至天之中九十度，爲赤道界。人居赤道之下者，以赤道爲天頂；居二極之下者，以二極爲天頂。極之低昂，因人所居而定也。從極中分瓣起綫，爲十二宮，從宮內分密綫爲東西經度，合至中天則爲赤道經度。此皆測法而定。太陽躔黃道行度，雖極南極北，止離赤道二十三度半也。故南北二極之規，天輪橫繞黃道之所，不至晝夜永短偏勝之極。二規之內，天地之氣甚寒，周圍皆有日影，而以半年爲晝，半年爲夜矣。

子午規

問：渾天以赤道爲中分，以南北二極爲子午。又以天頂爲午，地下爲子。則是以赤道爲子午，何也？

曰：南北二極處爲正子午是也。然天之子午亦南北極之子午。天之子午，但取中分南北極處過頂之綫爲名，從諸曜升降適中之界而設也。太陽一日繞天一周，見於東方，漸升天頂，爲午中，此地平以上東半晝分，謂之升；過天頂向西，漸低地平，是爲西半晝分，謂之降，他曜皆然。於此升降之中界設一規，爲子午規也。諸曜際此，謂之在子在午也。黃道十二宮之子午以列宿分度而定，天之子午以人所居之地而立也。此規透過赤道及地平與二極，其偕赤道地平而交爲直角也，恒然不動。但人在地面上，南北遷此規惟一，東西遷此規隨在各異也。極之子午即地之子午，靜而有定，此有定之子午。發綫去隨太陽，到天頂而轉，故天之子午動而不居也。游熙曰：日行周天，子午亦隨而周天，是以人所居之天頂而定也，餘支亦皆然。設此規其用有五：一以分半晝半夜時刻；一以尋列宿極高過頂之度，當此之謂中星；一以此規計日，凡每日自子半起，正當此規之下；一以撿夜半中星，以定太陽正宿；一以分周天之度，亦可緣太陽以求赤道，緣赤道以求北極。

清・蔣友仁《地球圖説》　坤輿全圖説

天體渾圓，地居天中，其體亦渾圓也。地圓如球，今畫大地全圖，作兩圈界，以象上下兩半球，合之即成全球矣。大地之經緯度各分三百六十，與天度相應，而以天上相應之處名之。如圖之上下頂衝兩點，與天之南北兩極應者，亦名南北兩極。橫綫平分南北爲兩半，與天上赤道應者，亦名赤道。餘綫倣此。

經緯綫

經綫以赤道爲主，平分赤道爲三百六十度，每度各作一橢圓之弧，上會于北極，下會于南極，以象地周三百六十經度，此綫即爲各處之子午綫。

緯綫以子午綫爲主，平分子午綫爲三百六十度，每度各作一圈。惟赤道爲大圈漸遠，赤道則漸小，至南北二極則合爲一點，以象地球南北各九十距等圈，是爲緯度。

經緯綫皆分三百六十，今圖止從各十度畫綫，以便觀覽也。

或問：地周三百六十經度從何處起算？曰：地既爲圓形，則隨處可爲初經度。如以京師爲主，則京師即爲初經度，各處或東或西，皆以距京師之遠近計之。今天文家作坤輿圖，則定初經度于鐵島。京師觀星臺之經度，距鐵島往東一百三十四度二分三十秒。

經綫即各地方之子午綫也。太陽于某處經綫之上分應之，則此處午正于某處經綫之下分應之，則此處子正。凡各地方之時差皆準于經度，太陽每日繞地一周爲二十四小時，太陽行十五度爲一小時，行一度爲一小時之四分。故知兩處之經度即可推兩處之時差。在東者以時差加，在西者以時差減。如以京師爲主，京師之經度一百三十四度二分三十秒，朝鮮國都城之經度一百四十五度，距京師東十度五十七分三十秒，變時爲二刻十三分五十秒。太陽至朝鮮都城之子午綫，則朝鮮都城計午正尚未至京師子午綫，其差爲二刻十三分五十秒，故京師止有午初一刻一分十秒。若太陽至京師子午綫，則京師計午正已過，朝鮮國都之子午綫，其差爲二刻十三分五十秒，故朝鮮國都已有午正二刻十三分五十秒也。又如拂郎濟亞國都城巴里斯之經度二十度，距京師西一百十四度二分三十秒，變時爲三十一刻六分十秒，故京師有午正，則巴里斯止有寅正一刻八分五十

秒；巴里斯午正，則京師有戌初二刻六分十秒。

緯度即南北兩極高度也。凡地面與赤道應者，視赤道于天頂，視兩極于地平。距赤道向南一度，則視南極高一度；距赤道向北一度，則視北極高一度。如京師在赤道北四十度，故視北極四十度高。晝夜長短不等，由兩極之高度所生。地面與赤道應者，四季晝夜皆等。距赤道北愈遠，則夏至晝愈長，冬至晝愈短；距赤道南愈遠，則夏至晝愈短，冬至晝愈長。

測量地周新程

凡圓形有二，一爲平圓，一爲橢圓。設經圈爲平圓，則分全圓爲三百六十度，其容積皆等。自古天文家但論地爲圓形，未察此圓形何類。今西士以新製儀器屢加推測，則疑地球大圈未必是平圓形，而其度所容之遠近亦未必相等，以故拂郎濟亞國王特遣精通數術之士分往各國，按法細測南北各度所容之里數。自近赤道者，自近北極高之，自居北極赤道之中者，凡三處，測其高度之容。近赤道則狹，漸離赤道則漸寬。由此推得地球大圈之圓形不等，止赤道爲平圓，而經圈皆爲橢圓。地球長徑過赤道，短徑過兩極。短徑與長徑之比例，若二百六十五與二百六十六。設如修地球或坤輿圖者，命過赤道徑二尺六寸六分，則過極徑止二尺六寸五分。然斯差微小，而于修地球或地圖，或可不論也。

按京師營造尺，一里得一百八十丈，而新法測得赤道各度一百九十五里十七丈二尺一九五八。若此數以三百六十乘之，則得赤道周圍六萬九千一百三十四里七十八丈九尺七，經圈上之初度一百九十里一百十八丈三尺，第四十度一百九十一里九十五丈四尺，第九十度一百九十二里一百四十六丈八尺，總合經圈上諸度之里數，則得經圈周圍六萬九千零二十四里一百零二丈七尺。

又 論春夏秋冬

歌白尼論春夏秋冬四季之輪流，亦由地運動而生，如十五圖。子卯午酉橢圓象地球一年所循之本輪，斯輪相應于渾天之黄道。地兩極之軸斜行于黄道之軸，而地赤道斜行于本輪各二十三度半，是爲黄赤距緯。地循本輪，其軸恒斜，而其極恒向天之兩極。今設地在本輪之午點，則地球之與太陽應者在赤道北二十三度半，故此處見太陽于天頂。此時地旋轉于本心，則見太陽于夏至圈繞地左行，北方之晝長，南方之晝短。夏至後第八日，地在本輪之乙點，爲太陽最高之時，因此時地距太陽最遠故也。地循本輪從午向酉，則地球與太陽應者漸近赤道，地在本輪之酉點，太陽正當地之赤道。此時地旋轉于本心，則見太陽于赤道圈旋行而晝夜適平。秋分後地自酉點漸近子點，則地球與太陽應者漸距赤道向南，地在本輪之子點，則地球與太陽應者在赤道南二十三度半。此時地旋轉于本心，則見太陽于冬至圈繞地左行。冬至後第八日，地在本輪之丁點，是爲太陽最卑之時，因此時地距太陽最近故也。地循本輪從子向卯，則地球與太陽應者漸近赤道。地至本輪之卯點，則見太陽于赤道圈旋行。地自卯點復至午點，此時地行本輪一周，人從地面視之，則見太陽于黄道上循行一周而爲一歲也。

太陽之視徑大小，太陽之視行盈縮，隨時不等，皆自地兩運動而生。地球循橢圓之理與太陽循橢圓之理略等。

地半徑差

地半徑差使人見諸曜卑于實高，如十二圖。庚爲人目，庚酉爲地平綫。設數星遠近不等，俱在地平綫内，于甲于丁于乙，人自庚視此，數星必見其應于天之酉點。若從地心計之，則視甲于丙，視丁于午，視乙于子。此酉丙、酉午、酉子三弧爲甲、丁、乙三星之地半徑差。星距地愈近，其差度愈多，恒星距地最遠，故無地半徑差。地半徑差最大者在地平，星漸高，其差漸小；星在天頂，則無半徑差。

清蒙氣差

蒙氣差能升卑爲高。人在地面，自蒙氣内觀，日月諸曜之高，必大于實高。設如十三圖。癸壬爲空盆，于其底丁點置一錢，人目在乙，則光綫射于庚，故目不能視錢于丁。若盆内添水，則光綫既入水，必折而依曲綫射于丁，故自乙能視丁錢。諸曜光綫入蒙氣亦然。如十四圖。太陽在乾點，若無蒙氣，則自京點不能見太陽。惟光綫既入蒙氣，則折而至于京點，故自京點能見太陽。然視物者必依直綫，故自京點見太陽行于丙，而乾丙弧爲蒙氣差。蒙氣差最大者在地平，自地平以上漸小，至天頂則無差矣。京師地平蒙氣差測得三十三分强。

論地圓

第一圖中心爲圓球，以象地球，其外大圈以象天之渾圓。地球上黄赤、兩至，經緯等圈皆與天上同名，諸圈相應。設如地球上甲巳兩點，相應于天上之南北兩極，亦名南北兩極；地球上丁癸圈相應于天上之赤道，亦名赤道，餘圈(放)〔仿〕此。地球赤道丁點之地平爲南甲巳北。人自地球之丁點視赤道于天頂，視兩極于地平。若人從丁點往北行四十度至京點，其地平爲子寅，天頂爲頂點。天上之赤頂弧與地球之丁京弧相應，各四十度，而北極之出地平亦高四十度。人從京點又往北至巳點，則見北極于天頂，而以丁癸赤道爲地平，此皆由地圓之

故也。凡在地之物以向地心爲下，以向于天者爲上，故人在地面上丁、京、巳、癸、甲等點東西南北各不同。其足皆向地心，則皆爲向下。

坤輿全圖

上圖

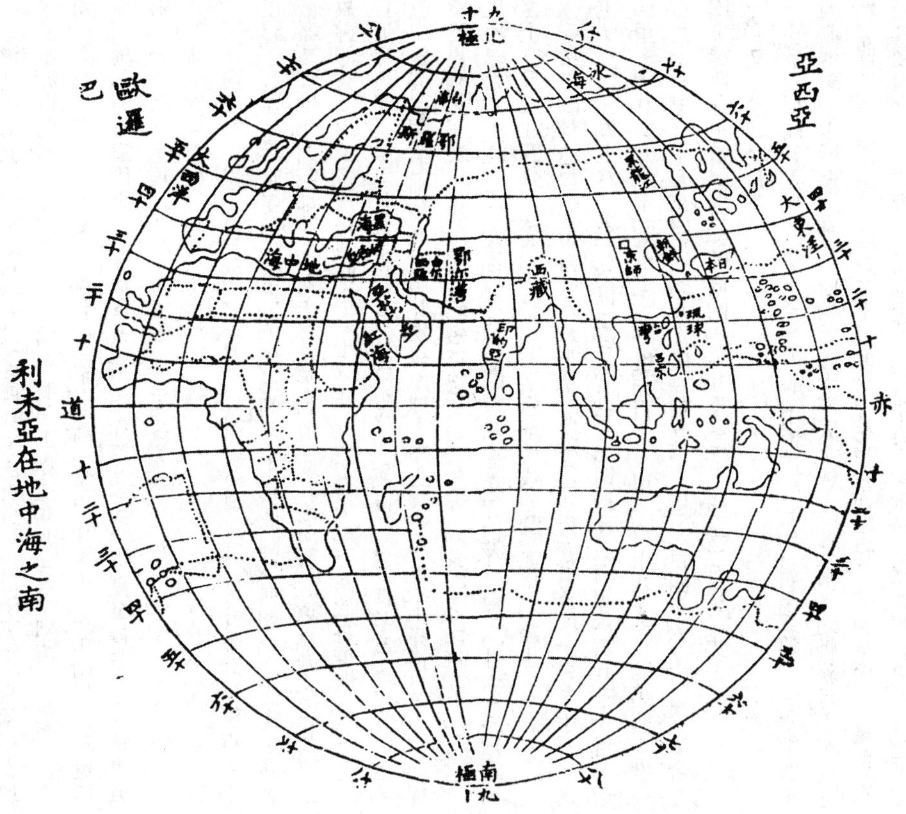

下圖

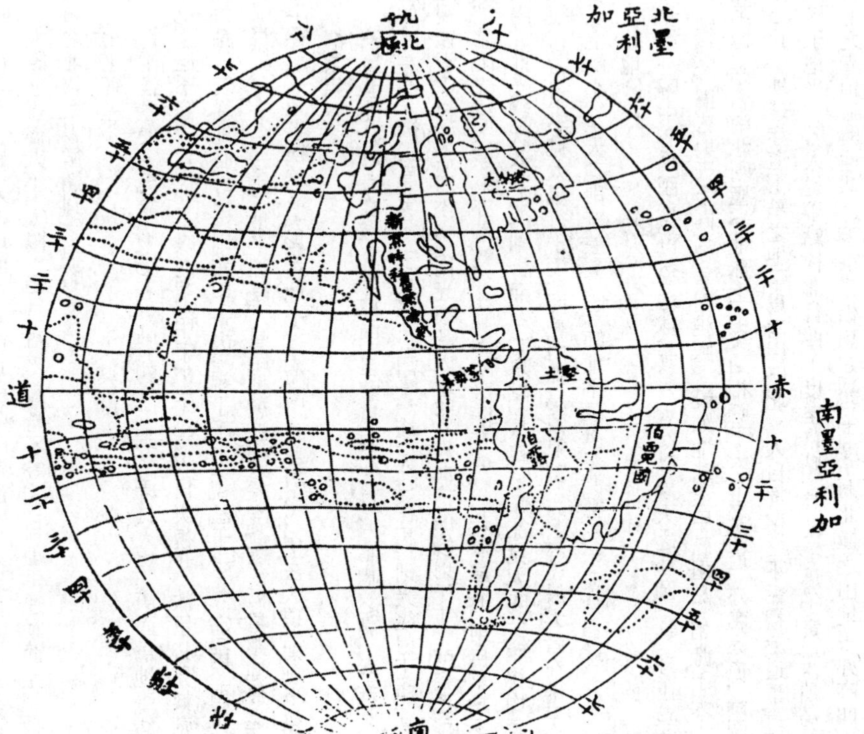

右坤輿全圖據《西域圖志》、《地體圖補繪圖志》，以兩極爲圈界，直省及新疆回部地名一一詳載，與友仁所稱正合。今摘友仁所舉之地名標之，餘以幅狹，不及詳録。亞細亞作亞西亞，伯西兒作伯西爾，伯露作百露，字異音近，譯有不同也。惟友仁所舉同河、泥碌河、解河吉多國等地，《地體圖》不載，無由知其處所，姑闕之以俟考。

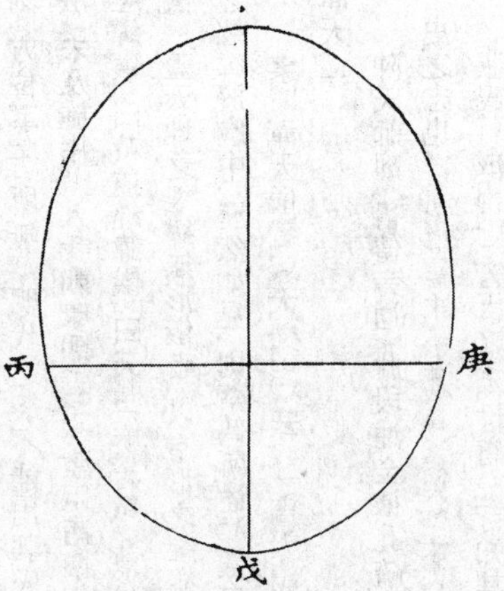

第十一圖

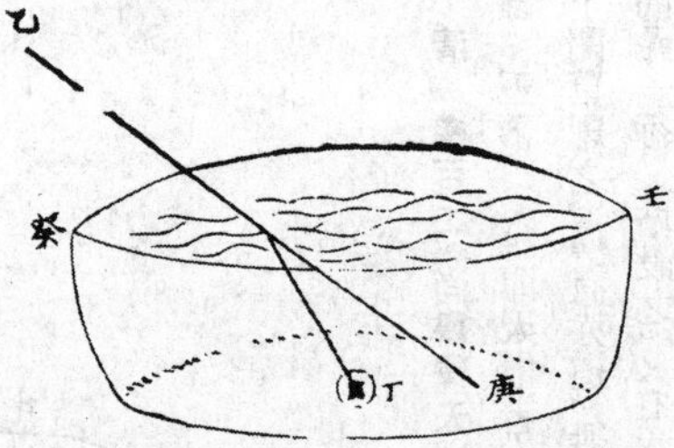

第十三圖

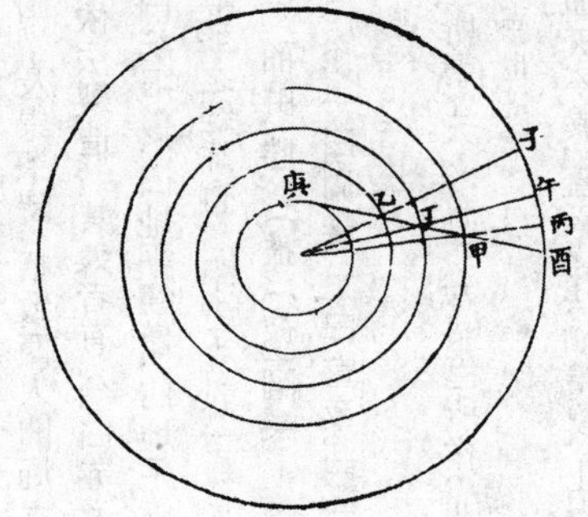

第十二圖

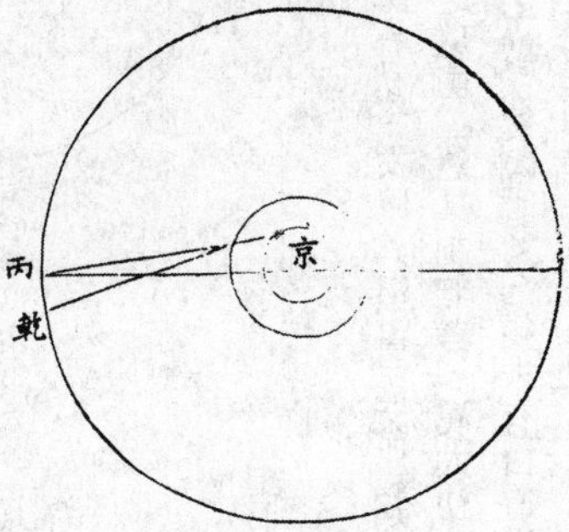

第十四圖

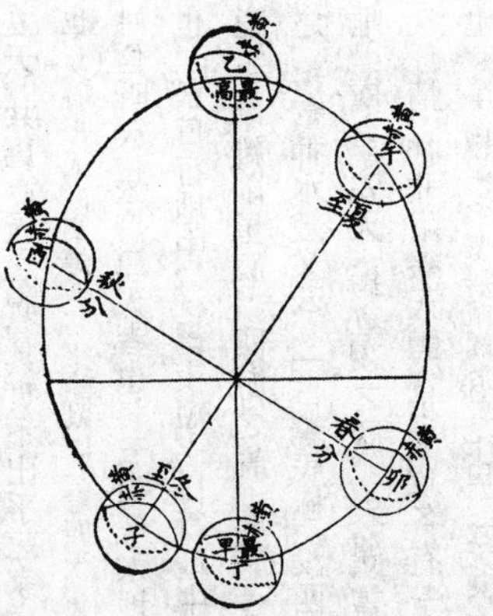

第十五圖

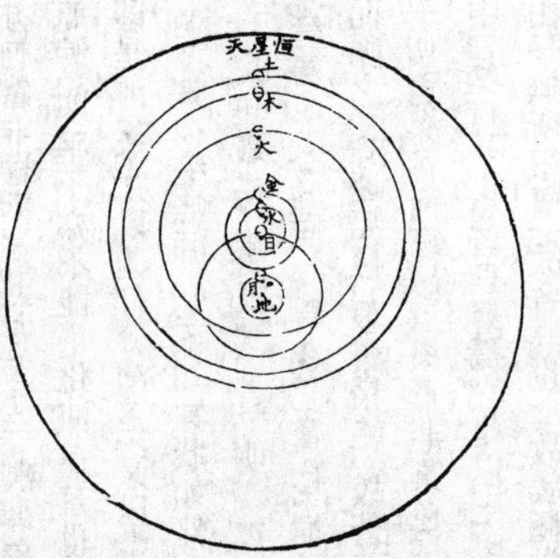

第十七圖

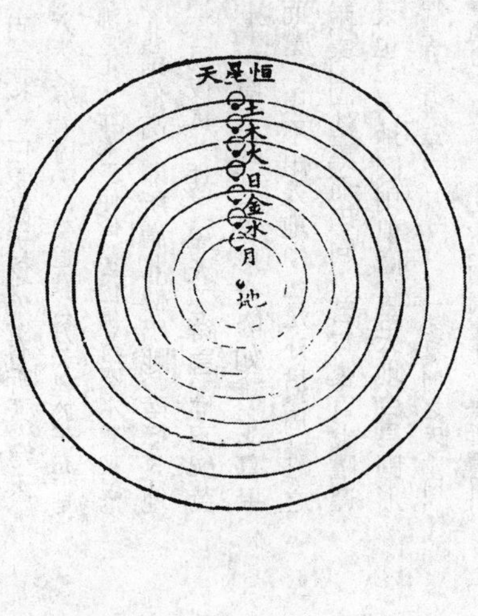

第十六圖

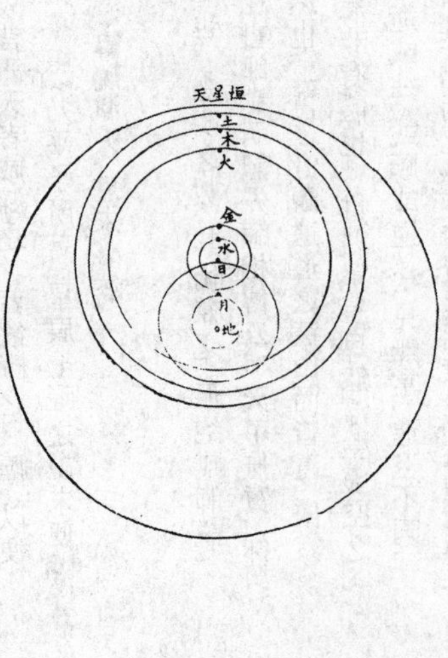

第十八圖

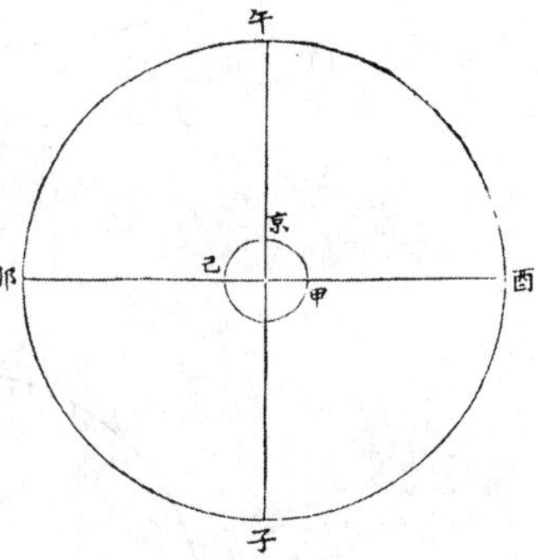

第十九圖

清・盛百二《尚書釋天》卷四　百二按：《春秋・文曜鉤》：唐堯命羲和立渾儀。王蕃曰：「渾天儀者，羲和之舊器，謂之璣衡。」然其制無考。漢太初時，洛下閎草創之，僅有赤道，無黄道。東漢永元中賈逵乃增設之，猶未有白道儀。唐開元一行又增設之，又有天頂環，跨於地平之卯酉，宋製無。於是大備。至宋元祐之製，號爲最精。然其法諸環重複窺測，有掩映之嫌。元郭守敬乃獨出新意，創爲簡儀，省去天經雙環，而天常、赤道、四游、地平等圜皆析而用之。又以綫代管窺，可以得宿度分秒。其器簡，而用則便。復有仰儀如釜形，可驗交食分秒、時刻、方位，尤古所無。明代之製不能出郭氏範圍。及崇禎時，招致西人開局立法，未及施用。入我朝康熙壬子，監臣南懷仁始依法製造。其大者有六，曰赤道經緯儀，曰黄道經緯儀，曰天體儀，古謂之渾象。曰紀限儀，曰地平經儀，曰地平緯儀。蓋天地之經緯無形儀者，以有形之經緯象無形之經緯也。學者先設一無形之經緯於胸中，歷然如見，則蔡傳所述渾儀自迎刃而解，勝於(披)〔彼〕圖矣。

案：渾天儀者，《天文志》云：「言天體者三家，一曰周髀，二曰宣夜，三曰渾天。」

陳氏師凱《書傳旁通》此段注全據孔疏。此所謂《天文志》，乃蔡邕所作，非諸史之志也。按：此説未確，蓋《晉》、《宋》二書《天文志》也。

張氏行成曰：「蓋天之學，惟唐一行知其與渾天不異，蓋天之法如繪象，止得其半；渾天之法如塑像，能得其全。堯之歷象，蓋天法也；舜之璣衡，渾天法。

百二按：《梁書》：儒者論天，渾蓋不合。崔靈恩以二義爲一焉。信都芳《四術周髀宗》序云：渾天覆觀，以《靈憲》爲宗；蓋天仰觀以《周髀》爲法。覆仰雖殊，大歸是一。可見一行以前早已觀其會通，若王仲任、葛稚川之徒，專以清言相尚。比之堅白同異，非欲見之實事者也。凡立圓即爲渾，平圓即爲蓋。信都芳云：蓋天仰觀者，三家星圖也。然星圖今亦有俯仰二法，即周髀經蓋天圖，亦何嘗非覆觀乎？張平子手製渾象，故言渾天者咸歸之。若欲圖之尺幅，以便簡編，即平子亦不能不化渾爲蓋也。《靈憲》乃平子所著，星辰七曜之説未便。即是渾象，如以俯仰分渾蓋，又以《靈憲》專屬渾天，恐未必然。

宣夜絶無師説，不知其狀如何。

《正義》：虞喜曰：宣，明；夜，幽也。幽明之數，其術兼之，但絶無師説。

《晉書・天文志》：宣夜之書亡，惟漢秘書郎郗萌記先師相傳云：天了無質，仰而瞻之，高遠無極，眼瞀精絶，故蒼蒼然也。譬之旁觀遠道之黄山而皆青，俯察千仞之深谷而窈黑。夫青非真色，而黑非有體也。日月衆星自然浮生虚空之中，其行其止，皆須氣焉。是以七曜或逝或往，或順或逆，伏見無常，進退不同，由乎無所根繫，故各異也。故辰極常居其所，而北斗不與衆星西没也。攝提、填星皆東行，日行一度，月行十三度。遲疾任情，其無所繫(著)〔者〕可知矣。若綴附天體，不得爾也。成帝咸康中，會稽虞喜因宣夜之説作「安天論」，以爲天高，窮於無窮；地深，測於不測。天確乎在上，有常安之形；地魄焉在下，有居静之體。常相覆冒，方則俱方，圓則俱圓，無方圓不同之義也。其光曜布列，各自運行，猶江湖之有潮汐，萬品之有行藏也。百二按：三家談天之外，有昕天、穹天、安天，共爲六天之説，其實不出乎三家。六天之外有方天。賀道養云方天興於王充，是也，又有平天。劉焯云：平、昕、安、穹四天，騰沸是也。亦本王仲任，皆仿佛蓋天，小變其説。姚信昕天，依傍渾天者也。云南低入地，北則偏高，即所謂北極出地，南極入地也。云日行地中，淺爲夜短；日行地中，深爲夜長。其爲渾天不待言，惟不解黄道發斂，雜以星辰。四游之説，虞聳一作昺。穹天云：「天形穹隆如雞子，幕擬之，覆奄抑水。」又云：「日繞辰極，没西而還。東不出入地中。」是亦拾《周髀》之唾。虞喜「安天」揚宣夜之塵。夫渾、蓋兩家，固法異而理同。若宣夜言七曜遲疾任情，初非附綴天體，是七政各有一天也。天地圓則俱圓，是天地合爲圓形也。《大戴記》：單居離問於曾子曰：「天圓而地方，有之乎？」曾子曰：「參嘗聞之夫子曰，天道曰圓，地道曰方。《呂氏春秋》：天道圓，地道方。精氣一上一下，圜周復雜。無所稽留，故曰『天道圓』。萬物殊形，皆有分職，不能相爲，故曰『地道方』。」天有常安之形，光曜各

自運行，是宗動之上猶有静天也，與渾蓋之理同條共貫。是三家仍止一家，但源遠末分，遂至水火之不相入耳。昕天家四遊之説本於《考靈耀》，然以今法通之，亦可得其梗概。《考靈耀》云：「地厚三萬里。」今法謂地周九萬里，古算術大都圍三則徑一，故得三萬里以爲厚也。又云：「日月四遊三萬里。」按：黄道出入赤道南北之距爲四十八度，月道又出入黄道各六度，南北之距爲六十度。以今每度二百五十里計之，自夏至戴日之北六度，至冬至戴日之南六度，合應地萬五千里。嵩高天頂南十二度爲夏至之日道，又其南四十八度爲冬至之日道，合之亦得六十度，則自嵩高南至冬至戴日之下亦正合萬五千里。鄭氏以爲陽城至夏至戴日之下萬五千里者，謬也。自南而北曰升，自北而南曰降，一升一降共三萬里也。又云：地亦升降三萬里，冬至上遊地下(面)〔而〕與天中平，夏至下遊地上而與天中平，春分西遊，秋分東遊，皆半徑與天中平，是地之升降不爲直動而爲圜動分明。地與諸天不同心，而地心左旋於天心之旁，成一小輪矣。冬至上遊則地面去天近，夏至下遊則地面去天遠，二分地半徑與天中平，則地面去天適得遠近之中。今法以不同心天及小輪論日行盈縮高卑，其意相仿佛，但緯書以本天之高卑爲地體之升降耳，因知小輪諸法亦古人所有。

《周髀》之術以爲天似覆盆，《晉書・天文志》：《周髀》者，即蓋天之説。其本庖犧氏立周天度，其所傳則周公受於殷高，殷大夫商高。周人志之，故曰周髀。髀者，股也。股者，表也。其言天似蓋笠，地法覆槃。

百二按：天似覆盆，本王充《論衡》。盧山陳氏但據《晉書・志》謂正義脱誤者，非也。《宋書》又作天如覆蓋，地如覆盆。

梅氏文鼎《曆學疑問》：《周髀》立笠以寫天，陳氏藎謨《度測》云：以天之穹隆者肖笠之形，以寫之。赤黑爲表，丹黄爲裏，以象天地之位。此蓋寫天之器也。今雖不傳，以意度之，當是圓形如笠，而圖度數星象於其内，其勢與仰觀不殊。以視平圖，渾象轉爲親切，何也？星圖强渾爲平，則距度之疏密改觀。渾象圖星於外，則星形之左右易位。若寫天於笠，則其圓勢屈而内向，星之經緯皆成弧綫，與測算吻合，勝平圖矣。又星形必在内面，則星之上下左右各正其位，勝渾象矣。

蓋以斗極爲中，沈氏括《渾儀議》：「舊説以天常傾西北，極星不得居中。臣謂以中國觀之，云天常倚北可也，謂極星偏北則不然。所謂東西南北者，何從而得之？豈不以日之所出者爲東，日之所入者爲西乎？臣觀古之候天者，自安南都護府至浚儀(大)〔太〕岳臺纔六千里，而北極之差凡十五度，稍北不已，庸(詎)〔詎〕知極星之不直人上也？臣嘗讀《黄帝素書》云『立於午而面子，立於子而面午。至於自卯而望西，自酉而望卯，皆曰北面。立於卯而負酉，立於酉而負卯，至於自午而望南，自子而望北，則皆曰南面』。臣始不喻其理，逮今思之，乃常以天中爲北也。常以天中爲北，則蓋以極星常居中也。今南北纔五百里，則北極輒差一度以上。而東西南北數千里間，日分之時候之，日未嘗不出於卯半而入於酉半，則又知天樞既中，則日之所出者定爲東，日之所入者定爲西，天樞則常爲北無疑矣。」

百二按：《論衡》云：今天下在東南之上，視天若南高北下。極北方之民以北方爲高、南方爲下，極東極西亦如此焉，皆以近者爲高，遠者爲下。從北塞下仰視，斗極且在人上，分明畫出天地圓形，乃渾蓋之精理。沈存中詫爲創獲，不知王仲任已明言之矣。然仲任反以天體爲平正，而造爲方天、平天之號，何也？斗、極二字連舉，亦似是之説。蓋北斗非北極也。王應麟云：《北斗經》引「居其所而衆星拱之」，誤以北斗爲北極，其失正同。

中高而四邊下，日月旁行繞之。日近而見之爲晝，日遠而不見爲夜。

《晉書・天文志》：天地各中高外下，北極之下爲天地之中，其地最高，而滂沲四隤，三光隱映以爲晝夜，日麗天而平轉，分冬夏之間，日前行道爲七衡六間，周髀家云：天圓如張蓋，地方如棊局。天旁轉如推磨而左行，日月右行，隨天左旋，故日月實東行而天牽之以西没。譬之蟻行磨石之上，磨左旋而蟻右去，磨疾而蟻遲，故不得不隨磨以左廻焉。按此姑以喻天左旋，日月右旋，一時兩動之理，非果謂平圓如磨也。天形南高北下，日出高，故見日入下，故不見天之居如倚蓋，故極在人北是其證也。極在天之中，而今在人北，所以知天之形如倚蓋也。按：此當云極本居中，因人居偏南，故見如倚蓋也。趙氏爽《周髀經注蓋天圖説》：青圖者，天地合際，人目所造者也。天至高，地至卑，非合也，人目極觀而天地合也。日入青圖内謂之日出，出青圖外謂之日入。青圖畫之内外皆天也。北極居天之中央，人所謂東西南北者，非有常處，各以日之出處

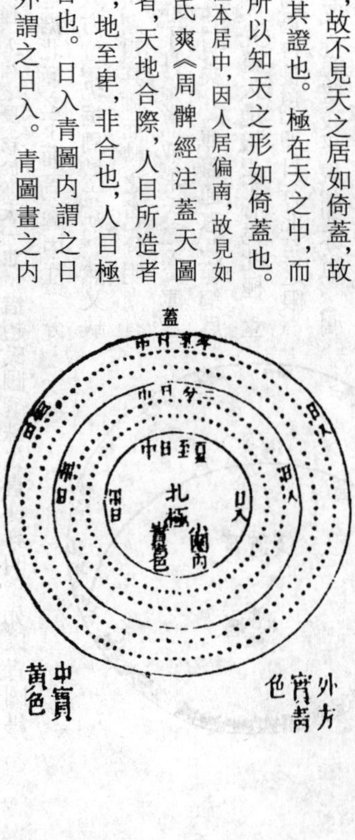

蓋天圖

爲東，日中爲南，日入爲西，日没爲北。北辰之下，春分至秋分六月見日，秋分至春分六月不見日，所謂北辰之下一晝一夜也。黄圖者，黄道也。二十八宿列焉，日月星辰躔焉。使青圖在上不動，貫其軸而轉之，則交矣。我之所，在北辰之南，非天地之中也；我之卯酉，非天地之卯酉。内第一夏至日道也，出第四春秋分日道也。外第七冬至，日道也。楊慎《易説》：邵氏曰：明入地中，搆精之象，後人遂謂日晝行天上，夜入地中。邱長春曰：輕清者上騰爲天，重濁者下凝爲地。萬物重濁皆附於地，三光輕清悉上於天。既上於天，如何却沈於地乎？天上日常無出没，人視之有出没。此間東方日出時，西向千里之外猶未，萬里之外猶昏。明夷之卦文王拘於羑里，失勢之象，何足爲据？慎按：明入地中，乃假象明理。如天在山中之類，邵子搆精之説，元儒已譏其褻矣。

百二按：六天騰沸，而蓋天一家之説，復言人人殊。其解《周髀》也，曰：「髀者，股也，周人志之，故曰周髀。」又曰：「周徑里數皆得於表股，故曰，周髀。」虞喜云：「地體不動，天周其上，故曰周髀。」其論晝夜也云：「地勢穹隆，三光隱映，以爲晝夜。日出高，故見，日入下，故不見。」又曰：「日朝出陽中，暮入陰中，陰氣暗冥，故没不見。」其論地體也，既云「地勢穹隆，滂沲四隤」，地爲圓象明矣，又云「方如綦局」；其言天體也，既云「中高四下，形如覆盆」，王仲任又云「天平正與地無異」，自餘矛盾甚多，汰其無雜，會其精微，在善讀者。以渾體而繪於平楮，始終爲平面，而不能具渾體。無論側立之圖與正視之圖，始終僅得渾圓之半。如欲及半周以外，在渾體漸斂，在平楮必反展，而大勢使然也。《周髀》蓋天圖即正視之法也，以北極爲中，日行南至之軌爲界，雖蓋模而實渾體。《周髀》陳子所言周徑里數，晝短規倍於晝長規，四極周徑又多於晝短規，與蓋天立法之意去而萬里。《唐・天文志》曰：蓋圖赤道外衆星疏密之狀，與仰視小殊者，由渾儀去南極漸近，其度漸狹，而蓋圖漸遠，其度益廣使然。若考其去極、入宿之度，移於渾天一也。惜趙氏圖解殊欠直捷詳明。如以青圖爲天地合際，是据北極之下而言，圖中注二分二至、日出入方位，仍据周城立法。然又缺地平儀，至所謂貫其軸而轉之者，分明尚有黄道規圖。亦不具學者，取李氏之藻《渾蓋通憲》參觀之自見矣。《渾蓋通憲》範銅爲之，其形平圓，先爲天地儀，中心爲北極，立小軸，外一圈爲晝長規，即日行北至之限；周髀謂之内衡。又外爲晝夜平規，即赤道；《周髀》謂之中衡。又外爲晝短規，即日行南至之限；《周髀》謂之外衡。最外平分十二辰，以北極爲宗，内應赤道之度，並晝夜時刻皆寄於此。原分二層，一層每辰三十度，一層每辰八刻。其在内之十二辰南疏北密者，爲地平之十二向。弧綫相交之點爲天頂，北極下半弧綫爲地平，北極至地平之度即北極高度，天頂至地平常爲九十度。北極去地平漸近，則天頂去北極亦漸遠。製器隨方不同，地平下虚綫爲晨昏限，甲、乙、丙、丁、〔戊〕爲五夜又爲黄道儀，周分二十四氣，日躔之所由也。亦半疏半密者，以北極爲樞心，出經綫近樞不得不密，遠樞不得不疏也。其面半規，即赤道黄赤相交之處爲春秋分，取黄道儀乘大儀上，以樞孔貫於小軸而轉之。自子丑而寅卯。冬至之黄道交於地平之辰申，故日出辰入申；二分之黄道與赤道同交於地平之卯酉，故日出卯入酉；夏至之黄道交於地平之寅戌，故日出寅入戌。其他節氣日出入之方位可以類推，與渾儀無二。至於儀面，尚有漸升度時盤指尺，並詳李氏書，凡二卷，《天學初函・器編》十種之一。兹不暇具。

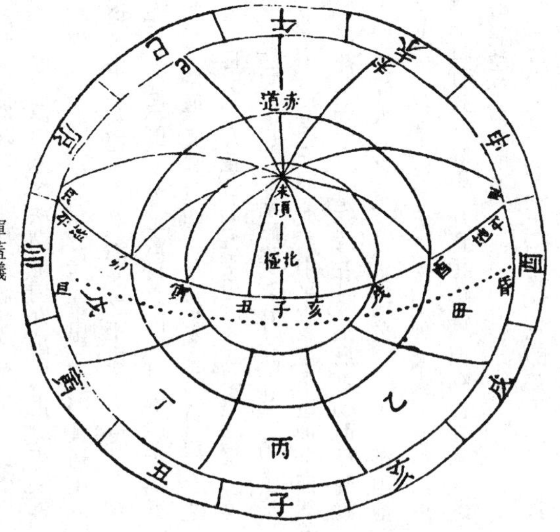

渾蓋儀

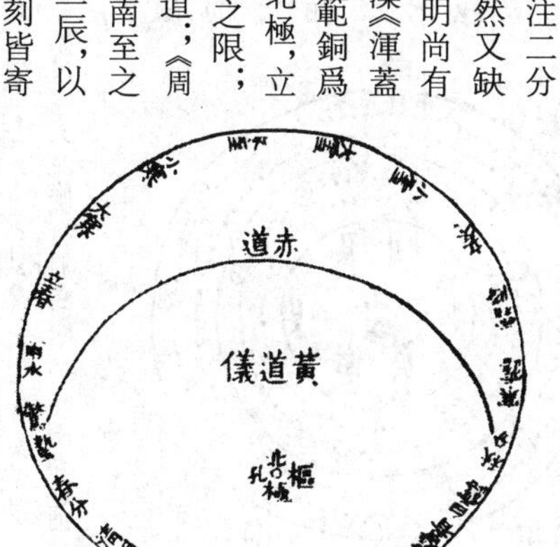

蔡邕以爲，考驗天象多所違失。

《晉書・天文志》：漢靈帝時，蔡邕於北方上書，言宣夜之學，絶無師法。《周髀》術數具存，考驗天狀，多所違失。

《隋書・天文志》：漢末楊子雲難蓋天八事，以通渾天。其後桓譚、鄭玄蔡邕、陸績各陳《周髀》考驗天狀多有所違。逮梁武帝於長春殿講義，別擬天體，全同《周髀》之文。蓋立新意，以排渾天而已。

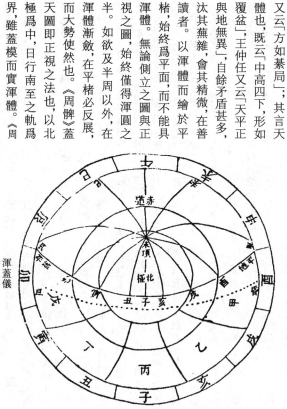

梅氏文鼎《曆學疑問補》：蓋天即渾天也。天體渾圓，故惟渾天儀爲能惟肖。然欲詳求其測算之事，必寫寄於平面，是爲蓋天。故渾天如塑像，蓋天如繪像，總一天也，總一周天之度也，豈得有二法哉？然渾天之器渾圓，其度均分，其理易見，而造之亦易。蓋天寫渾度於平面，則正視與斜望殊觀，仰測與旁窺異法，度有疏密，形有垤坳，非深思造微者不能明其理，亦不能製其器，不能盡其用。是則蓋天之學原即渾天，而微有精粗難易，無二法也。夫蓋天理既精深，傳者遂鮮，而或者不察，但泥倚蓋、覆槃之語，妄擬蓋天之形竟非渾體，天有北極無南極，倚地斜轉，出没水中，而其周不合，荒誕違理。宜乎揚雄、蔡邕輩之辭而闢之矣。漢承泰後，書器散亡，惟洛下閎爲渾天儀而他無考據。然世猶存蓋天之名，説者承訛，遂分爲二而不知非也。再攷容成作蓋天，隸首作算數在黄帝時，顓頊作渾天在後。夫黄帝神靈，首出又得良相，如容成，隸首皆神聖之人，其測天之法宜莫不備極精微。顓頊蓋本其意而製爲渾圓之器以發明之，使天下共知。非謂黄帝、容成但知蓋天不知渾天，而作此以釐正之也。渾天雖立兩極，以言天體之圓，而不言地圓，直謂其平正焉耳。若蓋天之説具於《周髀》其説，以爲天象蓋笠、地法覆槃，極下地高，滂沲四隤而下，則地非正平，而有圓象明矣。故其言晝夜也，曰日行極北，北方日中，南方夜半。日行極東，東方日中，西方夜半。日行極南，南方日中，北方夜半。日行極西，西方日中，東方夜半。凡此四方晝夜易處加四時相及，此即西曆地有經度以論時刻早晚之法也。其言七衡也，曰北極之下不生萬物，北極左右夏有不釋之冰，中衡左右冬有不死之草，五穀一歲再熟。凡北極左右物有朝生暮穫，即西曆以地有緯度，分寒暖五帶，晝夜長短各處不同之法也。使非天地同爲渾圓，何以能成此算？《周髀》本文謂周公受於商高，雖其詳莫考，而其説固有所本矣。然則，何以不言南極？曰：古人著書，詳於其可見而畧於所不見。即如中高四下之説，既以北極爲中矣，又云天如倚蓋，是亦即中國之所見擬諸形容耳，安得以辭害意哉？故寫天以圓器，則蓋之度不違於渾；圖星象於平楮，則渾之形可存於蓋。唐一行，善言渾天者也，而有作蓋天法，元郭太史有異方渾蓋圖，今西法有平渾儀，皆深得其意者也。故渾蓋之用，至今日而始合；渾蓋之説，至今日而益明。

百二按：蓋天之器有二，同以北極爲中。其一截常隱規爲界，如三家星圖是也。其一以晝短規爲界，如《周髀》蓋天圖是也。蓋常隱規以外既畧於所不見，又去南極漸近，其度當愈密，至南極則合爲一點。平面之圖以北極爲中，常隱規外，其度益寬，勢且相反，則雖欲不截去而不可得也。儀象以察日行之進退，故黄道不至之處亦截去不用，言蓋天者遂謂天形止於倚蓋，則全體已失。王仲任所以貽譏於葛稚川，揚子雲所以見屈於桓君山也。子雲初亦信蓋天，因桓君山之辨而立壞其作。見桓譚《新論》。

《渾天説》曰：「天之形狀似鳥卵，地居其中，天包地外，猶卵之裹黄。圓如彈丸，故曰渾天。」言其形體渾渾然也。

陳氏師凱《書傳旁通》：「此是吴中常侍廬江王蕃所作，《晉志》引之。又《晉志》及《孔疏》『裹』字皆作『裹』，取包裹之義。今《蔡傳》諸本並誤作『裏』。」

百二按：《晉志》云：陸績造渾象，形如鳥卵，則天爲長圓形矣。故王蕃益以「圓如彈丸」句以申足之。

朱子《楚辭注》或問邵子曰：「天何依？」曰：「依乎地。」「地何附？」曰：「附乎天。」「天地何所依附？」曰：「自相依附，天依形，地附氣。其形也有涯，其氣也無涯。」天之形圓如彈丸，朝夜運轉如勁風之旋，地則氣之渣滓聚成形質者。但以其束於勁風旋轉之中，故兀然浮空而不墜。黄帝問於岐伯曰：「地有憑乎？」岐伯曰：「大氣舉之。」亦此謂也。

百二按：《素問》黄帝問岐伯曰：「地之爲下，否乎？」曰：「否。地爲人之下，太虚之中者也。」曰：「憑乎？」曰：「大氣舉之也，蓋氣爲大圓之所束，四面求洩而不得，則必反而聚於中心，而地爲所舉矣。」

李氏光地《曆象本要》：天包地外，以兩極爲樞。地居天中，地平適當天徑之半分，兩極之中爲赤道。自地中上指爲天頂，兩極爲赤道之宗，天頂爲地平之宗，距赤道、地平各得平周四之一。曆象省曰象弧。地面遷轉則極高度數不齊。地向北徑，則北極漸高，向南行則北極漸下。天頂經緯易度，向東行，則天頂亦東；向西行，則天頂亦西。南北亦然。北極赤道與天頂地平參，相距亦互相晞。此極高度視赤道距天頂之弧。北極距天頂度視赤道距，地平之高弧。言渾天者，謂天包地如卵裹黄。然則卵圓而黄亦圓矣，又謂之地平，何哉？新法言地之體圓，斯得其實。古稱天圓地方者，語乎其動靜之性爾。故曾子曰「天道曰圓，地道曰方」。如地之果方，則是四角之不掩也。又，天地對言，蓋亦以道相配，實則天大

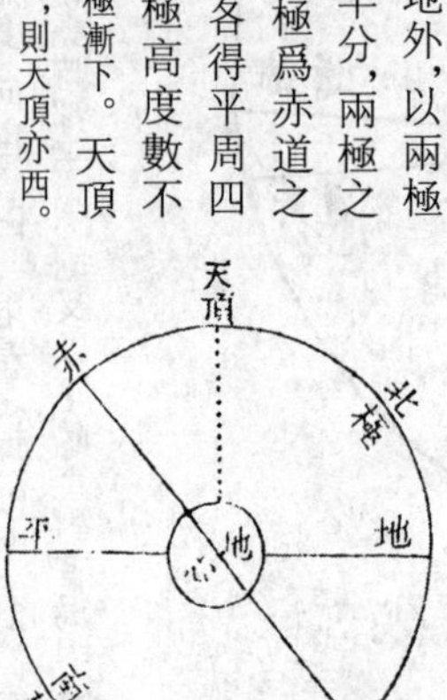

地小。以天視地，不過一撮，其四方上下去天極遠，而其度數道理皆均，非能横亘其中，與天相際也。然地形雖圓而小，而人周圍附居，隨所立以望四遠，目力所極，皆適得圓形之半，則雖圓而與平體不二，雖小而與際天之理不殊。就一處窺天，一方立法，雖謂之地平可也。惟極輪晷早晚永短之差，究交食實高、望高之異，則知今日之測轉爲精密，昔所謂景中而已。昳景已正而未中，八表同昏，萬方皆晝，真無是理矣。

其術以爲天半覆地上，半在地下。其天居地上，見者一百八十二度半强，地下亦然。北極出地上三十六度，南極入地下亦三十六度，而嵩高正當天之中。極南五十五度當嵩高之上，又其南十二度爲夏至之日道，又其南二十四度爲春秋分之日道，又其南二十四度爲冬至之日道，南下去地三十一度而已。是夏至日北去極六十七度，春秋分去極九十一度，冬至去極一百一十五度，此其大率也。

《朱子語類》：「或言嵩山本不當天之中，爲是天形欹側，遂當其中耳。」曰：「嵩山不是天之中，乃是地之中。黄道、赤道皆在嵩山之南，南極、北極天之樞紐。只是此處不動，如磨臍然。此是天之中至極處，如人之臍帶也。」

程子曰：「論地中，儘有説。據測景，以三萬里爲中，若有窮。然有至一邊已及一萬五千里，而天地之運蓋如初。然則，中者亦時中耳。地形有高下，無適而不爲中，故其中不可定下。若是因地形高下，無適而不爲中，則天地之化不可窮也。若定下不易之中，則須有左右有前有後。四隅既定，則各有遠近之限，便至百千萬億亦猶是有數。蓋有數則終有盡處，不知如何爲盡也。」極須爲天地之中，天地之中，理必相直。今人所定天體，只是且以眼定，視所極處不見，遂以爲盡。然向曾有於海上見南極下有大星數十，則今所見天體蓋未定，日月升降不過三萬里中。然而中國只到鄯善、莎車已是一萬五千里，若就彼觀日，尚只是三萬里中也。《性理精義》：古者三萬里之説，或以地之四遊言之，或以二至距景言之。觀程子之論，乃謂地之縱横止於三萬里也。蓋以北極高下里差之法推之，每二百五十里而差一度。周差三百六十度，則是地之四圍止得九萬里也。三分取一爲三萬里，是地面縱横之數。此説亦極真確。

百二按：北極出地、南極入地之三十六度，與天中距夏至日道之十二度，冬至日道南下距地平之三十一度，皆据嵩高一處地平子午規之度而言。如去嵩高南三千里，則北極出地二十四度，夏至日道當天中，冬至日道南下去地平四十三度，南極入地亦二十四度。天中者，天頂也。天中直下即地中。《隋書》：何承天《渾儀論》從北極扶天而南五十五度强，則居天四維之最高處，即天頂也。其下即地中也。《唐書》：開元渾儀天頂單環直中國人頂之上，東西當卯酉之中，去赤道三十六度，去黄道十二度，去北極五十五度，去南北地平各九十一度强。何也？自天頂垂弧至地平之際，四周無不適均，又自所履之地望地平之四際，亦無不適均也。然天頂隨人而移，地中亦隨處而改，不必定在嵩洛。程子所謂無適而不爲中也。朱子言嵩高非天之中，乃地中者，是據北極以言天中，據九州以言地中耳。地中辨見卷一。或曰：既無適非中，乃今方輿圖以順天直對爲中綫，餘皆爲偏度，何也？曰：里差之根，以順天爲定。既以順天爲定，即有偏東偏西之度。若堯時都平陽，則又以平陽直對者爲中綫矣。正惟無適而不爲中故也。

清·何濟川《管窺圖説》卷一

兩極二道并日至圖

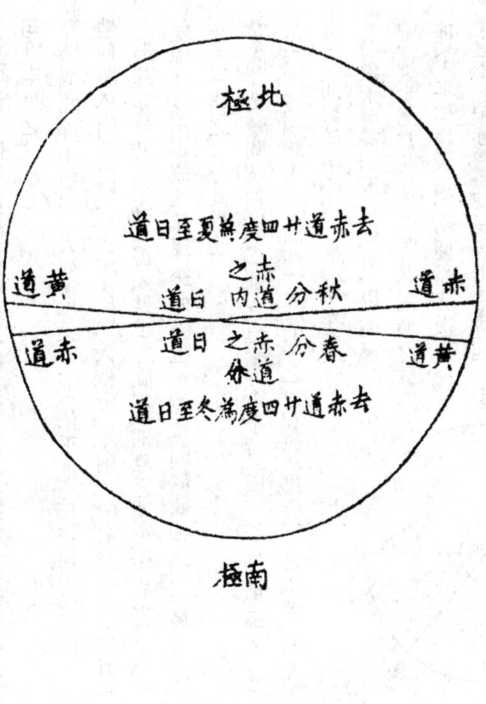

右爲天象之大規模首圖。出没之南北極，以天體之縱者言也。蓋天體如一大燈籠，南北極猶兩頭貫軸之處，所謂天之樞，而天體藉以旋轉者。若以天體之横論，則列宿皆升於東、中於南、沉於西、晦於北，與南北之縱又不同也。南北統地底論，則指天體之縱言也。

圖中黄赤二道形似偏倚於南，蓋就兩極之中而畫也，亦以其見於地上者則然，在天體則仍中也。又黄赤二道並畫，其實赤道常然在黄道，則隨日之所麗以爲名，所以黄道有或斜或長之殊，詳見下圖説，在看者之勿泥耳。

按：前南後北，左東右西，此天地之定位也。但畫圖者之設案多有不同，或

致位次之有乖，唯展閲時東須置在東方，西仍置諸西方，則圖中之方位自無不協之弊矣。

兩極二道并日至圖説

天體至(員)〔圓〕南與北三百六十五度四分度之一，天以一度分作九百四十分，四分度之一則得二百三十五分也。東至西亦然，而地處其中，適當天之半。以天度揆之，當有一百八十二度而盈。見於地上，北極與南極相去各一百八十二度而盈。北極出地三十六度，南極入地三十六度，準南北二極，截其中處爲赤道，是謂天中。赤道與黄道相間。於地適當嵩山之頂，則北方之天約赤道以内。既得九十一度而盈，又加北極出地三十六度，則赤道以北應得一百二十七度而盈。赤道以南亦應當有九十一度，但南極(巳)〔已〕入地三十六度，則赤道南之見於地上者，只得五十五度。以南五十五度合北一百二十七度，天之見於地上者，依舊一百八十二度而盈。於是揆其日道所在赤道之内以北爲内。二十四度爲夏至之日道，去北極大十七度。赤道之外以南爲外。二十四度爲冬至之日道。除南極既入地三十六度，則南方之見於地上者，去冬至日道只有三十一度矣。若春秋分之日道，則即在二至四十八度中，故春分之日道在赤〔道〕間。由此而漸進於夏至，爲日北至之極。由夏至而秋分，則日道又在赤道間。由此而漸進於冬至，爲日南至之極。於是南北反覆，相爲進退。此以天度之縱言之，是天體之大較也。知天之縱度，日行南北，冬至至夏至共四十八度。以一百八十二日進退於四十八度中，則日以每四日行一度而歉，此昔所未言及者，其數應亦有可按也。考黄道之南北有四十八度，亦以冬至與夏至日行所至者言之。其平時所行之道，如言日行黄道與月相值，則各指當時所行之道言之，亦不必泛指南北之廣也。按：圖中黄道赤道雖斜倚於南，而其東西兩旁仍居天之中央。二道斜倚于南，以就南北距地之數言也，在天體則總居其中。然黄道無定，因日之所在而得名，赤道則不移，故曰赤道横，黄道斜，赤道短，黄道長，赤道狹，黄道闊。以黄道隨日所在而得名故也。凡五緯亦皆隨日，由黄道而行。月之所行謂之九道，見下月道圖説。與黄道相交。半入黄道内，半出黄道外，出入不過六度。月與日交會皆歸極于黄道而轉變。又考古人之言，黄道者不□理則無殊。如五代時王朴著《歷晷》以步日月星辰，史臣取其説以爲司天考，則以黄道一周分爲七十二道，蓋一侯爲一道，亦猶是隨日所至者致區畫也。七十二道言截爲七十二度也。

二十八宿出没圖須人面向南，上下東西，其義乃協

此四圖於卯酉之下，即入地不見者，當作竪看。

此圖外之十二辰即九重天之最上層，所云宗動天，其運至速而辰位自有一定不移者。

春分列宿出没圖

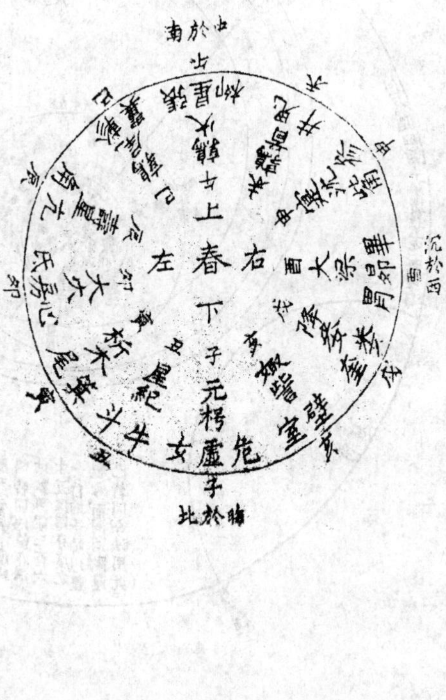

夏至列宿出没圖

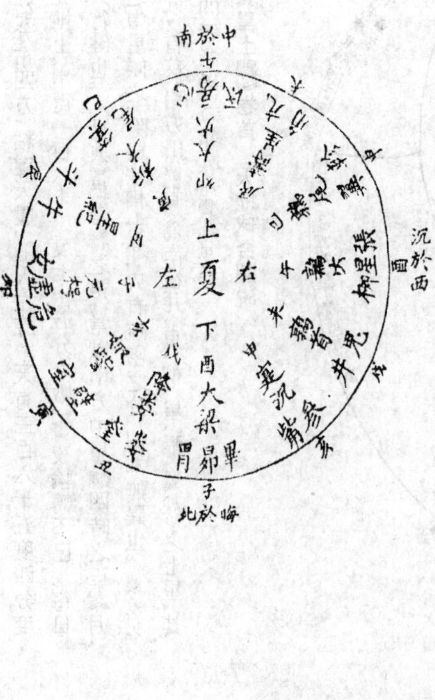

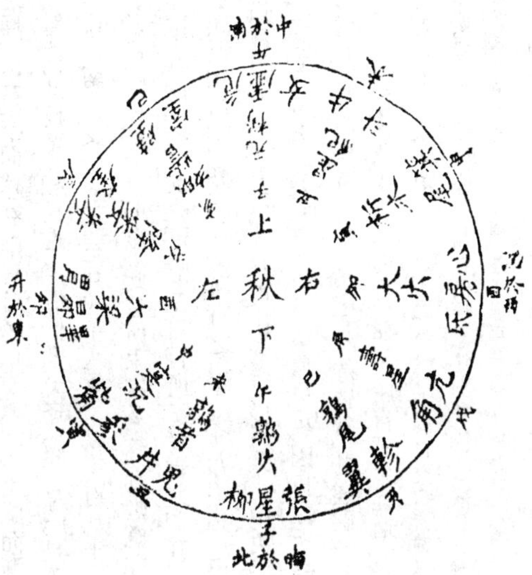
秋分列宿出没圖

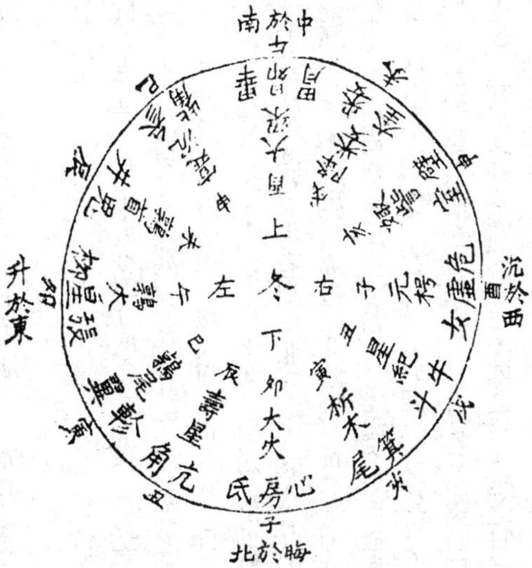
冬至列宿出没圖

二十八宿四仲出没圖説

按：二十八宿分布四方，粘定天體，隨天左旋。天有三百六十五度四分度之一，其一半出見地上，常得一百八十二度七十五分之數，晝夜輪轉不已。每日常過一度，所謂天行健也。《堯典》爲考曆之祖，常以南方中星驗四時之正，《月令》以每月昏旦之中星候之，除歲差相去外，只有疏密之分，理本無異也。歲差另有考，見下。如春分之見於南方午位者，爲南宿井、鬼、柳、星、張、翼、軫之七星，其居中央在張柳之間者名星。二十八宿獨此星名。

清・李林松《星土釋》卷首　天地球合圖説

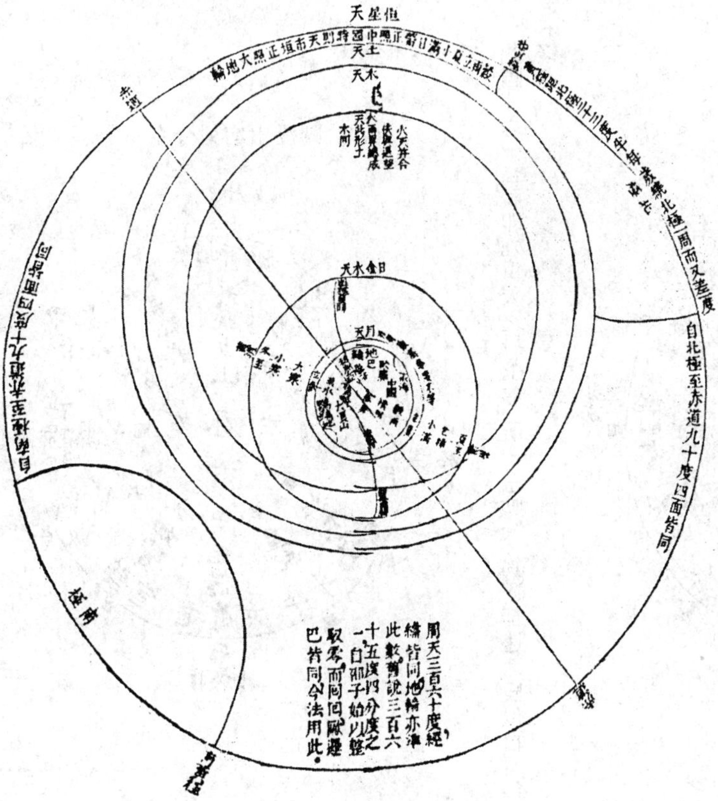

天地皆渾圓，今圖但能平畫一面。地輪以春分居中，則其東面也。西面尚

有南北亞墨利加、墨瓦刺尼加等名，半係荒渺無人之處。又七衡六間，春分對針者秋分，夏至後五節氣對針前五節氣，冬至前五節氣對針後五節氣，皆同黃道，以不能兩面書，故不列。又舊圖有地平一儀、金水附日一輪，然地隨處爲平，金水輪無關分野本義，故亦不列。中星一曰正南方所見之星，一曰人所見天頂之中星。陳氏師凱曰：「古玉衡之器，以玉爲管，横設之，以二端對南北。自南面北望之，則北極正對管之北端；自北面南望之，則某時某星正直管之南端，在南上正午之地，故謂之中星。」

《欽定書經傳説彙纂》曰：恒星當午，自人觀之，爲天之中，故曰中星。

清·張雋《天地問答》卷二《天文上》 問者曰：《晉書·天文志》云：「古言天者有三家。一曰蓋天，二曰宣夜，三曰渾天。漢靈帝時，蔡邕於朔方上書言：『宣夜之學，絕無師法。《周髀》術數具存，考驗天狀多所違失，惟渾天近得其情。』一作精。今史官候臺所用銅儀，則其法也，百代不易之道也。」然與否與？

曰：否，不然也。夫天文之説，上古著其實，晚近失之浮。三代以降，異喙争鳴。如《史記·天官書》、兩漢《天文志》類皆讖緯之説，占驗之談。《晉書志》從而述之，襲謬沿譌，不可枚舉矣。夫蓋天、宣夜、渾天斯三説，孰真孰僞，孰先孰後，有辨也。《晉書志》不云乎，蔡邕所謂《周髀》者，即蓋天之説也。其脱一字。本庖犧氏立周天曆度，其所傳則周公受於殷高。一作商。周人志之，故曰《周髀》。髀，股也。股者，表也。其言天似蓋笠，地法覆槃。天地各中高外下。北極之下爲天地之中，其地最高，而滂沲四隤。三光隱映，以爲晝夜。此蓋天之説也。夫術本庖犧，則其法最古。故《晉志》云「古言天者三家，一曰蓋天」。《志》不又云乎，宣夜之書，惟漢秘書郎郗萌記先師相傳。云天了無質，仰而瞻之，高遠無極，眼瞀精絕，故蒼蒼然也。譬之旁望遠道之黄山而皆青，俯察千仞之深谷而窈黑。夫青非真色，而黑非有體也。日月衆星，自然浮生虚空之中，其行其止，皆須氣焉。此宣夜之説也。《安天論》云：「宣，明也。夜，幽也。幽明之數，其術兼之。」賀道養《渾天記》云：「宣夜，夏殷法也。是其法視蓋天爲晚出，故志稱『二曰宣夜』。《志》不更云乎，《渾天儀注》云：「天如雞子，地如雞子黄，孤居於天内。天大而地小，天表裏有水。天地各乘氣而立，載水而行。周天三百六十五度四分度之一，又中分之，則半覆地上，半繞地下。故二十八宿半見半隱，天轉如車轂之運也。」此渾天之説也。王蕃云：「渾天，言其形渾渾然也。」揚子《法言》云：或問渾天，曰落下閎營之，落一作洛。《益部耆舊傳》：洛下閎，字長公，隱於洛下。武帝時，改《顓頊曆》作《太初曆》。鮮于妄人主曆使者。《漢書》：太史令張壽王上書，言更曆之過。詔下，主曆使者鮮于妄人請問壽王。度之，耿中丞名壽昌，爲司農中丞。象之。是其法視蓋天尤晚出，故《志》稱「三曰渾天」。夫宣夜之説，惟稱月行十三度爲失其實耳，月行十二度辨詳下。餘則未嘗不是。渾天之説，則百僞無一真矣。若夫蓋天之術，雖《周髀》家背其師説，謂天旁轉如推磨而左行，日月右行，隨天左轉，故日月實東行，而天牽之以西没。譬之蟻行磨石之上，磨左旋而蟻右去，磨疾而蟻遲，故不得不隨磨以左迴焉。又謂天形南高而北下，日出高故見，日入下故不見。又謂夏時陽氣多，陰氣少，陽氣光明，與日同輝，故日出即見，無蔽之者，故夏日長。冬天陰氣多，陽氣少，陰氣暗冥，掩日之光，雖出猶隱不見，故冬日短。所言皆失其實。然《周髀算經》具在，彼説無足累也。夫《周髀算經》之説與佛書《起世經》之説若合符節。《算經》云：「春分之日夜分至秋分之日夜分，極下常有日光。秋分之日夜分至春分之日夜分，極下常無日光。冬至夏至者，日道之所發斂也。發猶往也，斂猶返也。故日運行處極北，北方日中，南方夜半。日在極東，東方日中，西方夜半。日在極南，南方日中，北方夜半。日在極西，西方日中，東方夜半。」《起世經》云：「佛告諸比丘，若閻浮洲日正中時，弗婆提洲日則始没；瞿耶尼洲日則初出，鬱單越洲正當夜半。瞿耶尼洲日正中時，此閻浮洲日則始没；鬱單越洲日則初出，弗婆提洲正當夜半。鬱單越洲日正中時，瞿耶尼洲日則始没，弗婆提洲日則初出，此閻浮洲正當夜半。弗婆提洲日正中時，鬱單越洲日則始没，閻浮洲中日則初出，瞿耶尼洲正當夜半。」彼此可互證也。

不特此也。在宏治五年以前，地隱其半，天即隱其半。《周髀》但言其理，其説猶麗於虚。而宏治五年以後，地現其全，天即現其全。近人周覽其形，其説益徵於實，斯乃爲百代不易之道也。渾天之説，猥云不易之道哉？

問者曰：《晉書·志》云：張平子作銅渾天儀於密室中，以漏水轉之，令伺之者閉户而唱之，其伺之者以告靈臺之觀天者曰：「璇璣所加某星始見，某星已中，某星今没」，皆如合符也。渾天之説，殆未可厚非與？

曰：星之行也，朝東則暮西，朝西則暮東；晝南則夜北，晝北則夜南。見伏有時，盈縮有度，觀星者無不可驗。豈必用銅儀以測候哉？且吾所斥其非者，爲其言二十八宿半見地上、半隱地下也。如使某星已見而知爲自北而東，某星今没而知爲自西而北，則亦不以爲非矣。

問者曰：《晉書·志》云：會稽虞喜因宣夜之説作《安天論》。喜族祖河間相聳又立《穹天論》，吳太常姚信造《昕天論》，皆好奇徇異之説，非極數談天者也，然與否與？

曰：信言。冬至極低而天運近南，故日去人遠，而斗去人近，北天氣至，故冰寒也。夏至極起而天運近北，而斗去人遠，日去人近，南天氣至，故蒸熱也。極之立時，日行地中淺，故夜短；天去地高，故晝長。極之低時，日行地中深，故夜長；天去地下淺，故晝短。殊欠明確。喜以爲天高窮於無窮，地深測於不測。天確乎在上，有常安之形；地魄然在下，有居静之體。當相覆冒，方則俱方，圓則俱圓，無方員不同之義。聳謂日繞辰極，没西而還東，不出入地中，皆確論也。《晉志》譏之，妄矣。

問者曰：《晉書·志》云：「王仲壬據蓋天之説以駁渾儀云：『舊説天轉從地下過，今掘地一丈輒有水，天何得從水中行乎？』甚不然也。葛洪云：「天之出入行於水中爲的然矣。」故《黄帝書》曰：「天在地外，水在天外，水浮天而載地者也。」二説孰是孰非？

曰：充之説拙甚，洪之説愚甚。總之，天地之體上古半現半隱，令人測度之徒勞。而或失之拙，或失之愚，無所不至，然亦好奇之過也。六合之外，存而不論，何至如此？

問者曰：天者，何也？《宋書·律曆志》所謂三天，王維《六祖碑序》所謂五天，《禮記》郊特牲疏所謂六天，《漢書·郊祀志》所謂九天，佛書《法念經》所謂三十三天，《魏書·釋老志》所謂三十六天者，又何也？

曰：許慎《説文》云：「天，顛也，至高無上。從一大也。」夫一大爲天，是則天一而已，安得許多名目？吾子所引諸説，雖一筆勾之可也。

問者曰：屈子《天問》云：「圜則九重，孰營度之？」朱子謂《離騷》有九天之説，注家妄解，云有九天。據某觀之，只是九重。《明史·天文志》引西洋之説以注之，謂最上爲宗動天，次曰列宿天，次曰鎮星一作填星。天，坎曰歲星天，次曰熒惑天，次曰太陽天，次曰金星天，次曰水星天，最下曰太陰天。《新法算彗》據西人歌白尼説，於列宿天之上，又增東西歲差天、南北歲差天，共爲十一重。利瑪竇則於列宿天之上謂第九重爲無星水晶天，第十重爲無星宗動天，第十一重爲永静不動天。陽瑪諾則於列宿天之上謂第九重爲東西歲差天，第十重爲南北歲差天，第十一重爲無星宗動天，第十二重爲永静不動天。同是西人，彼此異論，孰是孰非？

曰：皆非也。夫西人以永静稱太虚天，其説極是。雖天高無窮，去列宿天仍無窮，未可合七曜列宿之八重而爲九重。然必欲爲九重天下一注脚，則即以七曜列宿之八重并不動天而爲九重，仍勉强説得去。《明史》引西人之説，謂第九重爲宗動天，則鑿矣。至於歌白尼、利瑪竇、陽瑪諾諸人多爲之名目，遞爲之增潤，而又各殊其説，其爲臆度顯然。梅勿庵最惑於西人之言，而亦以東西歲差、南北歲差之説爲不足據，則甚矣。西人之説之謬也。

問者曰：周天三百六十五度四分度之一。《月令正義》引《考靈曜》云：「一度二千九百三十二里千四百六十一分里之三百四十八，周天百七萬一千里。」《後漢郡國志》注《帝王世紀》云：「周天積百七萬一千三里。」《晉書·天文志》云「《洛書甄曜度》、《春秋考異郵》皆云周天一百七萬一千里。」此天算之説也，其數大畧相同者也。《廣雅》云：「天圜，南北二億三萬三千五百里七十五步，東西短減四步。」《靈憲》云：「八極之維，徑二億三萬二千三百里，南北則短減千里，東西則廣增千里。」此亦天算之説也，其數大畧相同者也。《元命苞》云：「陽極於九周天八十一萬里。」《關令内傳》云：「天地南午北子，相去九千萬里，東卯西酉亦九千萬里，四隅空相去九千萬里。」此又天算之説也，其數大相懸絶者也。是皆天體廣袤之里數也。《廣雅》云：「從地至天，億一萬六千七百八十七里半。」《靈憲》云：「八極之維，徑二億三萬二千三百里，自地至天半於八極。」此天算之説也，其數大畧相同者也。《淮南子》云天去地五億萬里。《關令内傳》云天去地四十千萬里，王應麟《困學紀聞》、《三五曆紀》云天去地九萬里。此亦天算之説也，其數大相懸絶者也。是皆天體高遠之數也，若此者紛紛聚訟，孰是孰非？

曰：皆非也。夫天何可以里計哉？胡致堂云：「天雖對地而名，未易以智識窺。非地有方所可議之比也。」不可計而計，宜其聚訟紛紛，莫衷一是矣。喜談天算的是妄人。

問者曰：《唐書·曆志》云：「三代之興，皆揆測天行，考正星次，爲一代之制。及繼體守文，疇人代嗣，則謹循先王舊制焉。」《演蕃露》云：「古人字多假借。疇人者，籌人也，以算數名之。」李程《日五色賦》云：「疇人有秩，天紀無失。」故疇人爲國家所不廢，天算之學何可厚非？嘗考《晉書·天文志》引鄭玄之説云：「凡日景於地，千里而差一寸。」景尺有五寸者，南戴日下萬五千里也。以

此推之，日當去其下地八萬里矣。日邪射陽城，則天徑之半也。體圓如彈丸，地處天之半，而陽城爲中，則日春秋冬夏、昏明晝夜去陽城皆等，無盈縮矣。以勾股求弦法得八萬一千三百九十四里三十步五尺三寸六分，天徑之半。而地上去天之數也倍之，得十六萬二千七百八十八里六十一步四尺七寸二分，天徑之數也。以周率乘之，徑率約之，得五十一萬三千六百八十七里六十八步一尺八寸二分，周天之數也。一度凡千四百六里二十四步六寸四分十萬七千五百六十五分分之萬九千四十九。此皆實算，非虛擬之比，豈亦不足信與？

曰：疇人之稱見於《史》、《漢》。其職官如堯之羲和、今之欽天監是也。豈曰可廢？然祇以考正天紀，敬授人時，而非以算周天之數及去地之數也。子以鄭説爲實算乎？鄭説稱天體如彈丸，地處天之半，二語已謬，安問其餘？夫《中庸》之言天也，曰無窮；《説文》之言天也，曰無上。無窮、無上，何以測算？近世中西之算學，其精密突過前人。然周天之數，卒無有不揣冒昧而敢於推算者。即七曜列宿之去地，間有逞其臆斷浮説者以詳其數，而太虛天去地之數，亦無有敢於推算者。何以見之？利瑪竇云：地心至月輪天四十八萬二千五百二十餘里，水星天九十一萬八千七百五十餘里，金星天二百四十萬六百八十一餘里，日輪天一千六百零五萬五千六百九十餘里，火星天二千七百四十一萬二千一百餘里，木星天一萬二千六百七十六萬九千五百八十四餘里，土星天二萬五千七十七萬五百六十四餘里，列宿天三萬二千二百七十六萬九千八百四十五餘里，宗動天六萬四千七百三十三萬八千六百九十餘里，而永静天去地之數則置而不言。江永云：三角八綫割圓之術，因七政之行度比次其高下，而各重之天去地之數可得而知，即恒星以上無法可算者，亦可得而知矣。姑以太陽與土星兩重天言之，西史第谷測太陽行度，得其高卑之中處距地一千一百五十地半徑。夫地半徑一萬四千一百三十餘里，以一一五乘之，則日去地有一千六百二十五萬七千五百餘里。又，地周九萬里亦以一一五乘之，則日天之周一萬零三百五十萬里，可謂大矣。而猶未也。火木土三星之天，皆在日天之上，而各星所行之歲輪皆與天等大。因其行歲輪一象限九十度，視黃道上得幾何度，因以測其本輪、均輪、次輪之半徑，而知此星之天去地視日天得若干倍，火星不及約半倍，木星不及約五倍，土星行歲輪九十度，其視度五度半有奇，其切綫一萬零四百有奇夫輪之半徑十萬而五度半有奇之切綫一萬零四百有奇，則不止十之一。其視日天之高十倍有奇矣。又設土星行最高而當合伏，其距地心一十一萬六千一百一十七有奇，以太陽本天比例爲十一倍又一三七三二四，地半徑有一萬二千八百零八弱，則土星最高而合伏距地蓋一萬八千零九十七萬餘里矣。此以星行度實算得之，非荒唐之比也，土星之高已如此矣。而恒星之天又在土星之上，雖無歲輪可測，而以右旋之遲速物畧計之，日一歲而一周，火星二年弱而一周，高於日天半倍弱，木星十二年弱而一周，高於日天不及五倍，土星二十九年半而一周，高於日天不啻十倍，恒星右旋二萬餘年一周，則高於日天其遠可知矣。而永静天去地之數亦置而不言。合而觀之，特無窮、無上兩語之注脚耳，而前此天算之説，則無稽之尤矣。夫天，顧可以里數論哉？

問者曰：《晉書·天文志》云：赤道帶天之紘，去兩極各九十一度。黃道日之所行也，半在赤道外，半在赤道内。其出赤道外極遠者去赤道二十四度，其入赤道内極遠者亦二十四度，然與否與？

曰：有是哉。是説之無所取義也。夫人之立説，必有其所取義，是殆取義於二十四氣耶？如誠取義於二十四氣，則當日外黃道去赤道六度，内黃道去赤道六度。冬至日自南而北，迄於夏至，歷十二氣，行十二度；夏至日自北而南，迄於冬至，歷十二氣，行十二度。合之一年，二十四氣爲二十四度。何以謂出赤道外極遠者去赤道二十四度，入赤道内極遠者去赤道二十四度，合之竟成爲四十八度？且一歲之中，日一往一返合之又成爲九十六度耶？彼將何所取義也？然則，元人郭守敬改爲二十三度九十分三十秒，以今度法約之，又改爲二十三度三十三分三十二秒，甚而西人刻白爾改爲二十三度三十分，又甚而西人利酉理與噶西尼均改爲二十三度二十九分，固其宜也。何也？有實理者有實數，無實理者無實數也。而或者以古遠今近解之，斯亦强矣。

問者曰：《書·洪範疏正義》云：張衡、蔡邕、王蕃等皆曰北極去南極直徑一百二十二度弱，其依天體隆曲，南極去北極一百八十二度彊，正當天之中央。南北二極中等之處謂之赤道，去南北極各九十一度。今徐繼畬《瀛環志畧》、魏源《海國圖志》所繪地球圖剖而二之，各畫一百八十度，蓋本諸此。其説何如？

曰：此惑於渾天之術者也。夫日行外黃道，則北極中極也。曰北極，姑仍之也。之下無日光。日行内黃道，則南極亞洲曰南極，美洲曰北極，兹統稱南極，亦姑仍之也。之下無日光。日行赤道，則南北二極之下皆有日光？是二極之去赤道亦相若。然謂赤道去南北二極各九十一度不可也。何則？黃道之表，日所不行，

既非道，何有度？然則一百八十二度之説，南北黄極之相去則然耳，而豈南北極之相去如是耶？徐、魏二公本此以畫天度，誤矣。然西人之地球圖，徐、魏二公猶懵不加察，而譜而繪之，則其本此以畫天度也，又烏足責哉？

問者曰：王蕃云：夏至日晝行地上二百一十九度弱，故日長；夜行地下百四十六度彊，故夜短。然與？否與？

曰：不然。夫王蕃之爲是説，殆謂地上、地下合而爲三百六十五度四分度之一耳，庸詎知日之軌道自東而南，而西行一百八十二度半彊，而自西而北、而東又行一百八十二度半彊，而未嘗入地耶？《晉書・天文志》云：「日麗天而平轉。」《北史・崔浩傳》云：「日月運轉，周歷四方。」《吕氏春秋》云：「冬至日行遠道，周行四極。」與《周髀算經》、佛書《起世經》之論日者若合符節可證也。不特此也，《晉書・天文志》云：「日繞辰極，没西而還東，不出入地中。」《論衡》云：「日不入地也，譬人把火夜行，平地十里外火光藏矣。非滅也，亦遠也。」李白詩云：「日出東方隈，似從地底來。」夫曰「似」便非真矣。又不特此也。《唐書・骨利幹傳》云：「骨利幹處瀚海北。其地北距海，去京師最遠。又北度海，則晝長夜短，日入非入地，是入北方去。烹羊，胛熟，東方已明，蓋近日出處也。」《元史・土哈傳》云：「欽察國去中國三萬餘里，夏夜極短，日暫没即出。」按：《元史》又云：「北海北極出地六十五度，夏至晝八十二刻，夜一十八刻。」天一刻日行三度四十八分彊，如誠晝行地上二百十九度弱，則晝不及六十刻，而北海何以有八十二刻之晝耶？夜行地下百四十六度彊，則夜已過四十刻，而北海何以有一十八刻之夜耶？且不特此也。《瀛環志畧》云：「瑞典國之挪耳瓦，地名。極北之境，冬至前後七十五日有夜無晝，夏至前後七十五日有晝無夜。」丁韙良《中西聞見録》云：「近北冰洋有島，曰愛斯蘭，譯言冰地。爲丹國又名嗹國。所屬。居人不識春秋，冬居九，夏居三，冬則日不曜，夏則日不隱。蓋近於北極而然。而北極下則半年爲晝，半年爲夜矣。」若此者，蕃將以何説解之？

問者曰：諸説皆非，天度果何如乎？

曰：天無度，以日行之度爲度。日亦無度，以南北經道西人以經爲緯，勿從。行一日爲一度。冬至自南黄極而北行，歷九十日，行九十度，疾則八十九度、八十八度不等。至於赤極，是爲春分。春分日再北行，歷九十三日，行九十三度，疾則歷九十二日，行九十二度；舒則歷九十四日，行九十四度不等。至於黄極，是爲夏至。夏至自北黄極而南行，歷九十三日，行九十三度，舒疾亦不等。復至赤極，是爲秋分。秋分日再南行，歷九十日，行九十度，舒疾亦不等。至於黄極，又爲冬至。而歲一周，大抵南北黄極之相距一百八十四度。日一南一北，合之則成爲三百六十五度四分度之一也。此南北經度也。而東西緯道西人以緯爲經，勿從。日亦無度，以距月之度爲度。晦最近，朔漸遠，望最遠，弦適中。朔距月十二度有奇，望距月百八十二度半彊，上下弦皆距月九十一度餘。是則自東而徂西，没西而還東，亦猶是三百六十五度四分度之一，此東西緯度也。此謂天度。

問者曰：《後漢書・志》云：在天成度，在律成日。律數之生也，乃立儀表，以校日景。景長則日遠，天度之端也。日發其端，周而爲歲。然其景不復，四周千四百六十一日而景復初。是則日行之終，以周除日，得三百六十五度四分度之一，何如？

曰：古書度法以日行一晝夜爲一度，以周歲得三百六十五日四分日之一爲周天。三百六十五度四分度之一，《後漢書・志》説來猶欠雪亮。

問者曰：《晉書・天文志》云：「劉洪曰：周天三百六十五度五百八十九分度之百四十五。」即四分度之一。而《唐書・志》云「《九執術》者，出於西域，周天三百六十度，無餘分。」每度六十分，每分六十秒，微纖以下仿此。《明史・志》云：「《回回法》天周度三百六十，宫十二。」每宫三十度。今定爲三百六十，古今不同，何也？

曰：今定爲三百六十，截去奇數，取其便於算也。夫日行有舒疾，疾則三百六十四日而歲已周，舒則三百六十六日而歲始周，舒疾適中，則三百六十五日而歲一周。即如光緒年間，乙亥之冬至距甲戌之冬至三百六十四日，丙子之冬至距乙亥之冬至三百六十五日，丁丑之冬至距丙子之冬至三百六十六日是也。奇零之數無定率焉，算家苦之矣，爰舉三百六十五度四分度之一而截去奇數，俾之無定而有定，此今法所以不同於古法也。然天周之度，今定爲三百六十，其名則然，其實則否。使其以爲定準而不置閏於其間，則五年以後仲春變而爲孟春，孟夏變而爲季春，再歷五年而更甚焉。何以定四時而成歲？所以名則然，而實則否也。夫名然而實否，斯亦有定而無定矣。若周天三百六十五度四分度之一，此其數分三年而觀，則無定；合三十年而觀則有定。試舉光緒年間而論，今光緒二十六年矣，其間冬至與冬至相距得三百六十六日者九，得三百六十四日者三，得三百六十五日者十有四。分而觀之，仍若無定也；而合而觀之，二十六年中得九千四百九十六日，以三百六十五日除之，尚餘六日，與四分日之一之數恰

合，則無定而有定矣。是故曆家於三百六十五度四分度之一之實數，至今因之而莫易。秦蕙田謂：象數之興，起於甲子十日十二子，數窮六十，因而六之，則三百六十，誤矣。夫二十四氣之時刻分秒，惟曆家推之，亦惟曆家喻之耳，莫與之辨也。若日月食之時刻分秒，則衆目共見，是非辨焉，非二十四氣之例也。而甲子之數惟算家創之，亦惟算家因之耳，莫與之辨也。若《堯典》所謂「期三百有六旬有六日，以閏月定四時成歲」，違之則四時互易，衆心共喻，是非辨焉，非甲子之例也。算家求其密合而定爲三百六十五度四分度之一，若之何其可易也？蕙田又謂：一歲之日，周乎三百六十之間，故《易》曰：「凡三百有六十，當期之日。」此古人部分天位之定法，非截去奇數，不言尤誤。

問者曰：《詩傳》云：周天三百六十五度四分度之一，左旋於地。一晝一夜，其行一周又過一度。日月右行於天，一晝一夜日行一度，月行十三度十九分度之七，故日一歲而一周天，月二十九日有奇而一周，天又逐及於日而與之會，一歲凡十二會。《書傳》云：天體至圓，周圍三百六十五度四分度之一，繞地左旋，一日一周而過一度。日麗天而少遲，故日行一日亦繞地一周，而在天爲不及一度，積三百六十五日九百四十分日之二百三十五即四分日之一，而與天會，是一歲日行之數也。月麗天而尤遲，一日不及天十三度十九分度之七，積二十九日九百四十分日之四百九十九而與日會，十二會得全日三百四十八，餘分之積又五千九百八十八。如日法九百四十而一得六，不盡三百四十八，通計得日三百五十四九百四十分日之三百四十八，是一歲月行之數也。二説孰是？

曰：《詩傳》以南北經度而言，《書傳》以東西緯度而言，皆是也。夫論南北之經度，日行遲，月行疾，一晝一夜日行一度。其往也，自冬至而夏至，歷百八十二日半彊；自外極南黄極。而内極，非黄極。行百八十二度半彊。其返也，自夏至而冬至，内極而外極，日如之，度亦如之，《周髀算經》云一歲三百六十五日四分日之一日，一内極，一外極是也。故《詩傳》謂日一歲而一周天，一日十二時。月一時許斜行一度，十二時斜行十二度有奇。上弦自外極而内極，歷十五日，行百八十二度半彊，是爲下弦。下弦自内極而外極，其日數度數亦然，是爲一月。《周髀算經》云三十日十六分日之七，月一内極一外極是也。然氣盈則過三十，朔虚則不滿三十，故《詩傳》謂月二十九日有奇而一周天。而論東西之緯道，日行疾，月行遲。一時許日行三十度有奇，十二時日行三百六十五度四分度之一。視星行不及一度，積三百六十五日四分度之一，不及星三百六十五度四分度之一，而星行又逐及於日而與之會而爲一歲，《書傳》所謂一歲日行之數如此。一時許月行二十九度有奇，十二時月行三百五十三度有奇，視日行不及十二度餘，積三十日不及日三百六十五度四分度之一，而日行又逐及於月而與之會，十二會而爲一歲。《書傳》所謂一歲月行之數如此。是則二傳之説皆是也。雖然，二《傳》之於天度，一言緯，一言經，各舉偏而遺全，有是而非盡，是蓋皆陷溺於渾天説也。

問者曰：《朱子語類》云：横渠説天左旋，日月亦左旋。看來横渠之説極是。只恐人不曉，所以《詩傳》只載舊説。然與否與？

曰：不然。讀《書傳》者之學識，以視讀《詩傳》者之學識，其深淺相去幾何？豈讀《書傳》時便曉横渠之説，而不妨爲《書傳》定之，蔡《傳》，朱子所定。讀《詩傳》時便不曉横渠之説，而不必爲《詩傳》集之耶？其分別當不至此也。意者横渠之説之，是朱子從集《詩傳》後悟之，而當其集《詩傳》時，覽横渠之説而不曉耳。且夫覽横渠之説而不曉，在朱子何足異哉？其陷溺於渾天之説者深，故其玩味夫横渠之説也淺。觀《詩傳》日一歲一周天之説，實爲東西緯度而言，殊不知南北之經度則然，而東西之緯度則否也。朱子見豈及此？故《詩・傳》載舊説而不疑迨，蔡沈傳《尚書》引横渠之説，以爲言朱子覽而思之乃悟，彼非而此是，其謂恐人不曉，所以《詩傳》只載舊説，此違心之論也。

問者曰：《詩傳》云：月二十九日有奇而一周天，又逐及於日而與之會。子則曰月行一日不及日十二度餘，積三十日不及日三百六十五度四分度之一，而日行已逐及於月而與之會。大反其説，何也？

曰：今有二人於此，一敏一鈍。雖鈍者先行，敏者後行，無何，敏者已追而及之。及之，則同時展步矣。乃無何，而敏者已先，鈍者已後。試令鈍者追之，雖終日不能及也。夫東西緯道，日行疾而月行遲也。日行一日一周天，月行一日不能一周。積三十日，月周天者二十有九，日周天者三十而恰與月會，是日逐及於月耳，而豈月逐及於日哉？《詩傳》之説誤矣。

問者曰：《詩傳》云一晝一夜，月行十三度十九分度之七；子則曰一時許行一度十二時，斜行十二度。何也？

曰：南北經道，《詩傳》謂一晝一夜月行十三度餘，其最初則然耳，次日則否矣。如誠日日行十三度餘，積二十九日有奇，不已行三百九十度乎？無是理也。夫《書傳》言月不及天十三度，即不及日十二度。其緯道遲於日十二度者，其經

道疾於日十二度也。月行十二度，夫復何疑？

問者曰：《詩》、《書》傳皆言天左旋，子則不語；《書傳》云日行一日亦繞地一周，而在天爲不及一度，子則曰視星行不及一度；《書傳》云積三百六十五日九百四十分日之二百三十五而與天會，子則曰積三百六十五日四分日之一，而星行又逐及於日而與之會。是以《詩》、《書》傳爲誤也。然如子之說，古書亦有可證否？

曰：有。《月令疏》鄭云：天者純陽，清明無形。聖人則之，制璿璣玉衡以度其象。然則，天是太虛，本無形體，但指諸星運轉以爲天耳。《宋史・天文志》云：《夏紀》日月列宿皆西移，列宿疾而日次之，月最遲是也。是故《傳》以天言，而吾以星言。夫吾以星言者，亦昭其實也。

問者曰：朱子云《離騷》有九天之說，注家妄解云有九天。據某觀之，只是九重。蓋天運行有許多重數，裏面重數較軟，在外面則漸硬。想到第九重，只成硬殼相似，那裏轉得又愈緊矣。子不以天動爲然。然則，朱子之說不足從與？

曰：是何可從哉？夫《宋史・志》之引《夏紀》，朱子不及見矣。《月令疏》之引鄭說，朱子又未之思矣。其胸中但有一渾天說耳，《管子》、《荀子》彼亦弗覽也。《管子》不云乎天不動。四時云下而萬物化？云，運動貌。《荀子》不云乎天無實形，地之上至虛者皆天？然則，第九重天固至虛之天也，夫何有硬殼相似乎？亦不動之天也，夫何有轉得愈緊乎？是何可從乎？則甚矣，渾天之說之陷溺吾儒深也！

問者曰：管荀之說特百家諸子之說耳。《乾・象傳》云：天行健，君子以自强不息。此聖經賢傳之說也。君不以天動爲然。然則，《乾・象傳》不足遵與？

曰：《乾・象傳》何不可遵？但經文有轉寫之訛，經義有詮解之誤，所當辨也。夫經義有詮解之誤，漢以來不可殫述矣。而經文轉寫之訛，如「南有喬木，不可休思；漢有游女，不可求思。」「休」、「求」爲韻，「思」語辭。合下四句讀之便見。而「休思」訛作「休息」至今沿之。「大學之道，在明明德，在新民」合下《新民傳》，讀之便見，而「新民」訛作「親民」，經文亦至今沿之。使非《韓詩》存其真，程子辨其僞，貽誤豈淺鮮哉？今吾子引《乾・象傳》而言，則沿訛襲謬矣。夫健者，乾之轉而行者道之謂也。武億《經讀考異》云：《象》曰「天行健，君子以自强不息」，億案：李氏《易傳》引何妥曰：天體不健，故能行之德健。猶如地體不順，承弱之勢順也。所以乾卦獨變名爲健。宋衷曰：晝夜不懈，以健詳其名。

餘卦當名，不假於詳矣。《正義》：天行健者，行者運動之稱，健者强壯之名，乾是衆健之訓。今大象不取餘健爲釋，獨取天者，萬物壯健皆有衰怠，惟天運動，日過一度，蓋運轉混茫，未曾休息，故曰天行健。考此諸說，並以天行健連讀爲義。愚謂「乾」字古作「⿰阝建」，見《古今韻會傳》。易者因轉寫作健，是健即乾字之轉。聖人釋象，皆以卦本名言之，不宜自變其例。是天行爲一讀，健爲一讀，天行與坤象地勢語正相比。而注家因文牽附，皆鑿說也。王引之《經義述聞》云：《乾・象傳》天行健，正義曰：「謂天體之行，晝夜不息，周而復始，無時虧退，故曰天行健。」引之謹案：《爾雅》：行，道也。天行謂天道也。《晉語》：「歲在大梁，將集天行。」韋昭注曰：「集，成也。行，道也。言公將成天道也。」是古人謂天道爲天行也。天行健、地勢坤相對爲文。故《傳》言純卦之象，文皆相對。水洊至習坎與明兩作離相對，洊雷震與兼山艮相對，隨風巽與麗澤兑相對，是其例也。若解爲運行之行，即與地勢之勢文不相當矣。《蠱彖》傳「終則有始，天行也」。《剥・彖傳》：「君子尚消息盈虚，天行也」，《復・彖傳》「反復其道，七日來復，天行也」，皆謂天道。《臨・彖傳》「天亨以正天之道也」與此同義。由此觀之，「乾」作「健」字，則經文轉寫之訛也。行訓運動，則經義詮解之誤也。子何以不揣譾陋，不揣冒昧，而漫然引以相難也？且爾言過矣。夫學者之去取，以古說之是非爲斷。說得是，雖百家諸子有真理焉，不可廢也；說得非，雖聖經賢傳有僞書焉，不可信也。孟子引陽虎之言而疑《武成》之策，職此故也。

清・張雋《天地問答》卷五《地理上》 問者曰：唐人錢起有《蓋地圖賦》，而《帝王世紀》云「西王母慕舜之德，來貢白環及玦，并獻《益地圖》」。「蓋」、「益」二字相近，必有一譌，果孰是與？

曰：「蓋地」是，「益地」非。古書皆作「蓋」，自渾天之說起，而蓋天之學廢，「蓋地」之義亦晦。晉皇甫謐不曉其義，始改爲「益」，非譌也。唐去晉未遠，謐之說未行，而古書猶存，故錢起仍遵古書作《蓋地圖賦》。唐以後古書漸没，而謐之說乃盛行，然「蓋地」之說終不可泯也。俞正燮《蓋地論》云：古經史天爲蓋天，地爲蓋地。《玉海》引《書緯帝驗期》，云西王母《爾雅》觚竹、北户、西王母、日下謂之四荒主地，說自《穆天子傳》出。郭璞《西王母讚》云：「天帝之女，蓬髮虎顔，遂以爲神人矣。」李杜詩並襲其謬。於大荒之國得《蓋地圖》，慕舜德，遠來貢之。自皇甫謐改作《益地圖》，學者遂不通究其義。又云謐以「蓋地」爲「益地」，謂舜據此作十二州，不知圖名益地在肇州之先，則名義不通，並錢起《蓋地圖賦》亦不能解。愚按《周髀算

經》「天象蓋笠，地法覆槃」注：象、法義同，蓋、槃形等。夫形既相等，則謂之槃可，謂之蓋亦可。何柱臣師云：天曰蓋天，地曰蓋地，相對爲文也。黄侶笙師云：《詩・小雅》：「謂天蓋高」、「謂地蓋厚」。天蓋猶車蓋也，《周禮・考工記》「輪人爲蓋以象天」是也。地蓋猶蒲蓋也。《集韻》：青、齊人蓋讀作盍，謂蒲席曰蒲蓋，《晉書・劉伶傳》幕天席地是也。《正韻》訓作語辭，非。林樹東師云「蓋天者，蓋乎地者也。蓋地者，蓋於天者也」，義俱精當。愚謂地蓋於天，即非包於天。明乎此，則「蓋地」之真出，「益地」之僞正，渾天之謬亦辨，而蓋地之義與蓋天之義而並彰。余繪蓋天蓋地圖以此，而猥云「益」訛爲「蓋」哉。

問者曰：地者何也？

曰《元命苞》云：「地者，易也。」言養物懷任，通妊。交易變化，含吐應節，故其立字土力於乙者爲地，是則大地一土也。但人泥目中之形，以爲地載於水，《玄中記》：天下之多者水焉，浮天載地。而不知水載於地，與火、與木、與金而皆寄於土者也。蓋木拔於地上而根生土中，水流於地上而源出土中，火更在水之下，而金無論已。是故人物稟受火氣則成氣，稟受水氣則成血，稟受金氣則成骨，稟受木氣則成毛，而稟受土氣則成肉。其内則心屬火純陽，腎屬水純陰，肺屬金由陽入陰，肝屬木由陰出陽，而脾則陰土，胃則陽土。陰陽二氣，土實兼之，知此始可與言地。

問者曰：《廣雅》云神農度四海内東西九十萬里，南北八十一萬里。《闕令内傳》云天有五億五萬五千五百五十里，地亦如之，各以四海爲脈。《淮南子》云禹乃使大章步自東極至於西極，二億三萬三千五百里七十五步；使豎亥步自北極至於南極，二億三萬三千五百里七十五步。《博物志》云地下有四柱，廣十萬里。利瑪竇云地廣九萬里。紛紛其説，孰是孰非？

曰：皆非也。夫里者，積步而成；步者，積尺而成；尺者，積寸而成者也。《周髀算經》云地不可以尺寸度。夫地不可以尺寸度，即不可以里步推，而顧曰里幾何，步幾何，其誰欺？自欺耳。《莊子》云計中國之在海内，似稊米之在太倉。神農也，大章也，豎亥也，中國人也。地之里數，其安知四海之外奚若，而四極之内奚若乎？其説亦後人之僞託耳。《博物志》則又溺於渾天説矣。何以知之？以其不言地上而言地下知之也。噫！上世中國，士大夫足跡不越亞洲外，以管窺天，以蠡測海，以錐指地，何足道哉！西人利瑪竇越西洋而遊中國，足跡歷歐亞二洲矣，然亦不可與言地，何則？利瑪竇，泰西人也。俄羅斯，泰西國也。而利瑪竇不知有俄羅斯，聞見何其狹隘，則不可與言地者一。上古美洲未闢，地之形體半現半隱。前明中葉，可侖比亞始得美洲，而利氏爲意大利人，可侖則西班牙人，可侖爲宏治時人，利氏則萬曆時人，地之相去如此其近也，世之相去如此其近也，美洲之别有天地，豈利氏所能夢見者乎？則不可與言地者二。利氏之來中國也，由歐洲而南，繞利洲而東，時蘇彝士河未開，我朝同治間始開以通地中海。入亞洲而北，計程已歷七萬里，未歷者豈僅二萬里乎？而顧以九萬里域坤輿乎？則不可與言地者三。今夫英人，遊歷五洲者也，其於五洲之地照丁方計，亞洲長六千七百里、廣五千四百里，歐洲長三千四百里、廣三千九百里，利洲長五千里、廣四千六百里，美洲長九千里、廣三千三百里，通計四洲長二萬四千一百里、廣一萬七千二百里。而英國之一里伸中國三里三分，以中國之里計之，四洲長七萬九千五百二十里，廣五萬六千七百六十里，而澳洲比歐洲少弱，然廣袤萬里有奇，通計五洲長九萬里，彊廣七萬里弱。海亦地也，汪汪洋洋，四望無際，孰能徧歷焉而記里乎？而顧以九萬里域坤輿乎？則不可與言地者四。且夫利氏言地九萬里，亦謂陽數極於九，猶之乎《曆紀》言天去地九萬里，胡安定言天行九十萬里，《闕令内傳》言天周九千萬里耳，而乃必爲之辭，謂南行二百五十里而南極高一度，北極低一度，北行二百五十里而北極高一度、南極低一度，遂指地之二百五十里上應天之一度，而周天三百六十度地即以九萬里括之。庸詎知天無度，以日行之度爲度。黄道之表，日所不行，日無度可算，天即無度可算，天無度可算，地即無里可算乎？而顧以九萬里域坤輿乎？則不可與言地者五。抑又言之，英人於五洲之地照丁方計，亦非實算也。余引而述之者，姑以西人之矛刺西人之盾耳，而豈信以爲然哉？夫天不可以里計，地亦不可以里計也。計之者，妄人也。吾故於子之所述而斷之曰：皆非也。

問者曰：西人地圖所分夏至道、冬至道、春秋分道，然與？否與？

曰：《瀛環志畧》、《海國圖志》諸書所繪之地球圖，以亞洲之蘇門答臘、利洲之桑多美島、美洲之可侖比亞爲地當春秋道下，猶或近之。而以亞洲之臺灣、利洲之沙漠、美洲之古巴爲地當夏至道下，澳洲之新金山、利洲之合丁突、美洲之巴拉圭爲地當冬至道下，此則據《晉書・天文志》所謂内外黄道各去赤道二十四度者畫之，失其實矣。何則？内外衡相距百八十四度，不僅四十八度也。

問者曰：地廣之里數，聚訟紛紛，莫衷一是，洵不足據矣。若夫地厚之里數，《廣雅》云從地至天億一萬六千七百八十七里半，下度地之厚，與天高等《靈

憲》云地深億一萬六千二百里，故至厚莫如地。斯二説相若也。《考靈曜》注云地蓋厚三萬里，利瑪竇云地厚二萬八千六百三十里零三十六丈，斯二説又相若也。夫《廣雅》本諸《靈憲》，二説相若，無足異。鄭玄，中國人也。利氏，外國人也，中外不約而同，或亦有所據而云然與？

曰：是何所據哉？人未遊四極之表，安知地廣之里數？人未歷九淵之下，安知地厚之里數？《中庸》之言地也，曰及其廣厚，載華嶽而不重，振河海而不洩，萬物載焉，如是而已矣。子貢曰：終日履地，不知地之厚。《安天論》云：喜以爲天高無窮，地深不測。斯三説皆得之，否則失之鑿矣。至於中外相同，何足爲異？夫西人之説，皆襲中國者也。

問者曰：西人謂地圓如球，人繞其上下四旁而居，首皆戴天，足皆履地，何如？

曰：妖言哉，是説也。夫人之立足，豎而不倒，正而不欹，平而不側，乃能安耳。信如西説，則繞地之旁者如蝸緣壁上，繞地之下者如蟻行案底，其何以安而不傾？

問者曰：向聞西儒謂美洲之人與亞洲、歐洲之人足版相抵，亦嘗慮其傾跌。西儒云：人負運動之氣，地亦負運動之氣，以地之氣吸人之氣，如磁吸鐵，故爲豎爲倒爲正爲欹爲平爲側履而皆安，不虞傾跌，何如？

曰：彼以吸力爲言乎？夫吸力，有及有不及。磁能吸鐵，非鐵則不能吸矣；地能吸人，非人則不能吸矣。即謂地不可與磁例。在地之舟車、宮室地能吸以力而不使下墜於天，而在天之雨露、霜雪地亦能吸以力而遥使上施於地乎？如謂地球自轉，在上者忽而在下，在下者忽而在上，歐在上而美在下，雨露霜雪不能上施，歐在下而美在上，雨露霜雪便能下降，則夫三日霖而十日霪，無論轉而在上轉而在下，要皆爲所霑渥者，又將何説以解之？古今之邪説多矣，莫此爲甚也。

問者曰：阮元《疇人傳》梅文鼎云南行二百五十里則南星多見一度而北極低一度，北行二百五十里則北極高一度而南星少見一度。若地非正圓，何以能然？至於水之爲物，其性就下，四面皆天，則地居中央爲最下。水以海爲壑，而海以地爲根，水之附地又何疑焉？所疑者，地既渾圓，則人居地上不能平立耳。然吾以近事徵之江南北極高三十二度，浙江高三十度，相去二度，則其所戴之天頂即差二度。各以所居之方爲正，則遥看異地皆成斜立，又況京師極高四十度，瓊海極高二十度，若自京師而觀其人立處，皆當傾跌。而今不然，豈非首皆戴天，足皆履地，初無欹側，不憂環立與？然則南行而過赤道之表，北行而至戴極之下，亦若是已矣。李光地云：新法以地爲圓體，東西南北隨處轉移，南北則望極有高下，東西則見日有早暮。望極有高下，而節氣之寒暑因之。見日有早暮，而節氣之先後因之矣。推之四海而外，上下四方可以按度而得其算，揆象而周其變，與《周髀》合。江永云：地爲圓形，周圍九萬里。南北則以二極之低昂而知之，東西則以月食之蚤晚而知之。此惟善測者能信。地之緜亙甚廣，其圓也以漸。人雖繞地一周，必無倒立之時。水之附地而繞，亦猶是也。三子之説相同，而夫子獨闢地球之説，然則彼皆非與？

曰：皆非也。梅氏之説本諸利瑪竇，而李氏、江氏之説又本諸梅氏者也。其源不清，其流庸有不濁乎？夫二極有低昂，此特履地有高卑而距極有遠近耳，豈必地體之渾圓者然哉？今夫水以海爲壑，而海以地爲根，理有固然也。乃曰水性就下，上面皆天，則地居中央爲最下，而水皆附地焉，殆以爲地力能吸耳。獨不見風吹海立乎？浪高數尋，花散萬點，彼地力何不吸之，而竟成此象也？且水亦惟附諸地上者乃能僅成此象耳。若附諸地下以及四旁，當夫風捲濤飛，不將下注於天耶？尤可異者，可疑而不疑，不可疑而疑，卒之又信而不疑，而始終皆誤。夫地，中高而外下，狀與山侔。其北行而至戴極之下者如近山之巔，其南行而過赤道之表者如近山之趾，其居江浙者則如登山而適當其半，其居京師者則如登山而既過乎半，其居瓊海者則如登山而未及乎半。其高也以漸，其下也以漸，而託足之地皆平，何嘗皆成斜立皆當傾跌？而今不然，夫何足異？不足異而竟異，而又穿鑿附會以成其異，斯真可異也。若夫李氏、江氏，一則曰東西見日有早暮，一則曰東西月食有蚤晚，亦猶是所履有高卑、所距有遠近耳，豈必地體之渾圓者然哉？何其愚也！夫三子者，阮氏以之入《疇人傳》，固一世所震而驚之者也，子述其説以相難，尚無足異。吾獨異乎阮氏述其説於傳中，而又以《疇人傳》登諸《皇清經解》，豈將援邪説而解聖經乎？抑何喪心病狂也！孔子殁而微言絶，七十子喪而大義乖，悲夫！

問者曰：子以地静爲主，果何所見而云然與？

曰：吾以地動之説之非而知之也。夫以地有四游而觀之，寒暑分矣。晝夜何以分？以地球自轉而觀之，晝夜判矣。寒暑何以判？即曰隨游隨轉，寒暑分，晝夜亦分；隨轉隨游，晝夜判，寒暑亦判。而考諸古今載籍，有大謬不然者。

《周髀算經》云春分之日夜分至秋分之日夜分，極下常有日光；秋分之日夜分至春分之日夜分，極下常無日光。《瀛環志畧》云：瑞典之挪耳瓦，極非之境，冬至前後七十五日有夜無晝，夏至前後七十五日有晝無夜。《中西聞見録》云：嗹屬之愛斯蘭島，地近北極，一歲之中冬居九、夏居三。冬則日不曜，夏則日不隱。信如彼説，則或以此詰之，彼將何説以對耶？不特此也，天地之間，日一而已。信如彼說，則或游或轉，要皆日在地之上，地在日之下。而天形如彈，半覆地上，半隱地下，夫豈非地上之天有日，地下之天無日乎？有是理乎？

問者曰：《序卦傳》云：震者，動也。子言地静而無動，而古今恒有地震，何也？

曰：震動與運動異。《國語》云：陽伏而不能出，陰遁而不能蒸，於是有地震。然以震而動，則或數年而一見，或數十年而一見，或數百年而一見，若以運而動，則晝夜不息，如日月行天，如江河行地，何可同？夫吾所非者，運動之説也。

問者曰：中國士大夫足跡大越萬里外，古書論地之形體大都臆斷而浮説，外國之地説幾何可得聞與？

曰：外國之地説凡十有五。然前明宏治五年前地體半現半隱，言地者亦皆臆斷浮説，與中國同。其一謂地有四洲：東勝神州，西牛賀洲，南贍部洲，北具盧洲，以須彌山爲地中，此與桑欽《水經》所謂崑崙爲地中者相類。蓋東方朔《十洲記》云崑崙一名崑陵，即釋家所謂須彌山，二而一也。其二謂地形曲折，浮於水上。其三謂地浮水上，有無數之根生於地下。此二説與《黄帝書》所謂水浮天而載地者相類。其四謂地有十二柱以擎之，故不陷。日落於西，穿地下之柱而復東。此與《博物志》所謂地下有四柱，王蕃所謂日晝行地上，夜行地下者相類。其五謂地形如覆舟，地下大龜踞焉，有巨象四立龜背上，以首戴之。此與《淮南子》所謂女媧氏斷鰲足以立四極者相類。其六，上古希臘人謂地形如扁盒懸空中，測地之厚約得對徑三分之一。此與岐伯所謂地爲太虚之中，鄭玄所謂地蓋厚三萬里者相類。其七，希臘人又謂地合上下四旁凡六面，如天之臍，居其所而不動。其八，羅馬人司得來波謂地爲圓形，居天之半，維以日月，養以潮汐，東西長八千里，南北寬三千六百里。其九，司得來波又謂地形如盒，四面壁立，高與天齊以承之，日出山之東而入山之西，日晷之短長以山之高卑處爲準。其十，阿(刺)〔刺〕伯人謂地形如雞子，豎立海中，半沈半浮。其十一，有丕德者謂地形如雞子，横置空中。地剖爲二，隔以海，不相通，兩地居人足版相抵。此六説與《晉書·天文志》所謂「天地之體狀如鳥卵，天包地外，猶殼之裹黄」，《渾天儀注》所謂天如雞子，天大地小，天表裏有水，天地乘氣而立，載水而行」者相類。其十二，意大利人格力劉謂地圓如球，繞日而轉。此與《考靈曜》所謂地有四游者相類。其十三，埃及人謂地形如人臥，其中有菩薩以擎天，其外有天后以護地。左右兩舟，一載日出，一載日入。其十四，有克士馬斯者謂地有二，一曰古洲，一曰新地，洪水時挪亞名人。拏舟避患，始自古洲徙新地，遂不返。新地形方而平，長倍於廣。其十五，有與丕德同時者，謂地形平圓，亞洲居上，歐洲居下，地中海居中，西北有英吉利與士各得蘭國，地盡處曰都刺。此三説頗爲創聞，中國之舊説無與之類者。然其説益駭聽矣，夫孰是真知地體者？

問者曰：《十洲記》云：須彌山爲帝釋天所居山。東天下名東弗寺，西天下名瞿耶尼，南天下名閻浮提，北天下名北鬱單。《瀛環志畧》云：大地之上，泰西人分爲四土：曰亞細亞，曰歐羅巴，曰阿非利加，曰亞墨利加。斯二説皆以四洲立論也。西洋人艾儒畧《職方外紀》增一洲，曰墨瓦蠟尼加。瑪吉士《地球總論》增一洲，曰阿塞亞尼亞。斯二説皆以五洲立論也。日本人岡本監輔《萬國史記》分美洲而二之，曰南亞美理駕，曰北亞美理駕。米利堅人林樂知《地理淺説》再分利洲而二之，曰南亞非利加，曰北亞非利加。則又以六洲、七洲立論，果孰是與？

曰：皆非也。六洲、七洲祇是五洲，五洲祇是四洲，四洲祇是一洲。何則？南北美洲土本相連，析而二之，强分疆域耳。利洲亦然。所謂六洲、七洲祇是五洲者，此也。海中羣島，碁置星羅，合之而命爲一洲，或曰墨瓦蠟尼加，或曰阿塞亞尼亞，固屬牽扯。即澳大利亞亦羣島之巨擘耳，引而入之曰五洲，亦屬强湊。所謂五洲祇是四洲者，此也。《瀛環志畧》謂亞細亞、歐羅巴、阿非利加三土相連，在地球之東半；别一土曰亞墨利加，在地球之西半。亦誤。其實大地中高而外下，亞、歐、利、美四洲俱從辰極而下，雖分腹背，仍屬一體。剖爲四土，不過多爲之名目，反失其真，不必如是。所謂四洲祇是一洲者，此也。抑又言之，大地之中高者陸，下者水，人第見塊積九地、環流四瀛，若大洲然，遂以洲名之耳，而究不可以洲名之也。

問者曰：《起世經》云：佛告比邱，若閻浮洲所謂西方，瞿耶尼洲以爲東方，瞿耶尼洲所謂西方，鬱單越洲以爲東方；鬱單越洲所謂西方，弗婆提洲以爲東方；弗婆提洲所謂西方，此閻浮洲以爲東方。南北亦然。是則各東其東，各西

其西，各南其南，各北其北，四方撫定稱也。子則以亞洲爲南，美洲爲北，何也？

曰：北極，天之中也。既正其名曰中極，有中極自有四極。雖地之四方無定稱，而天之四極有定稱；天之四極有定稱，即地之四方有定稱。人莫不背陰而向陽，我亞洲人也，負亞洲而面海，不以南目之，何以目之？夫負亞洲而面海，既命之曰「南海」，則負美洲而面海，必命之曰「北海」矣。而稱亞洲以東之大海，非《東海》而何？稱歐洲以西之大海，非「西海」而何？蓋吾以亞爲南、以美爲北，當然之理也。

問者曰：信乎《物理論》之言曰「地形東西長、南北短，西北高、東南下」乎？

曰：地無定形也。夫自亞洲而觀之，則誠東西長，南北短矣；而自利洲、美洲而觀之，不又南北長而東西短乎？人恒以天中爲北，自亞洲之東境而觀之，則誠西北高、東南下矣；而自歐洲之西境而觀之，不又東北高而西南下乎？且以利洲、美洲而論，則地高於北而東西南皆下矣。執一隅以論地，無當也。

問者曰：西人之所謂北極者，子曰中極；西人之所謂南極者，子曰一南極、一北極。然則北冰海者中冰海也；南冰海者，一南冰海、一北冰海也。而西人地球圖獨不言東西極、東西冰海者，何也？

曰：東西海島嶼甚稀，人跡罕到，故西人畧之而不詳。然中極不可謂之海也。冰結則高山峩峩，冰解則巨浸浩浩耳。四極處亦不可概稱冰海也。夏至則冰結爲山，冬至則冰澌爲水耳。《瀛環志畧》、《海國圖志》皆沿其説，誤甚。

綜述

《尚書考靈耀》 從上臨下八萬里，天以圓覆，地以方載。

《尚書琁璣鈐》 上清下濁，號曰天地。

《春秋元命苞》 天如雞子，天大地小，表裏有水，地各承氣而立，載水而浮天，轉如車轂之過。

《孝經援神契》 周天七衡六間者，相去萬九千里八百三十三里三分里之一，合十萬九十里。從内衡以至中衡，中衡以至外衡，各五萬九千五里。《河洛緯・甄耀度》：周天三百六十五度四分度之一。夫一度爲千九百三十二里，則天地相去六十七萬八千五百里。

《河圖括地象》 天有五行，地有五岳。天有七星，地有七表。天有八氣，地有八風。天有九道，地有九州。天有四維，地有四瀆。天有九部八紀，地有九州八柱。

唐・瞿曇悉達《開元占經》卷五 石氏曰：日光旁照十萬二千里。徑三十(二)[三]萬四千里，(同)[周]一百萬二千里，暉徑千里，周三千里。

宋・王應麟《困學紀聞》卷二 張文饒曰：「堯之曆象，蓋天法也；舜之璣衡，渾天法也。」

宋・王應麟《困學紀聞》卷九 《三五曆紀》：「天去地九萬里。」《淮南子》以爲五億萬里。《春秋・元命苞》：陽極於九，周天八十一萬里。《洛書・甄曜度》：一度千九百三十二里，天地相去十七萬八千五百里。《考經・援神契》：周天七衡六間，相去萬九千里八百三十三里三分里之一，合十一萬九千里。從内衡以至中衡，中衡以至外衡，各五萬九千五里。《闕令内傳》：天地南午北子，相去九千萬里。東卯西酉，亦九千萬里。四隅空相去九千萬里，天去地四十千萬里。天有五億五萬五千五百五十里，地亦如之，各以四海爲脉。《論衡》：天行三百六十五度，積凡七十三萬里，天去地六萬餘里。《靈憲》：自地至天一億萬六千二百五十里。垂天之晷，薄地之儀，皆千里而差一寸。《周髀》：天離地八萬里。冬至之日，雖在外衡，常出極下地上二萬里。《周禮疏》：案《考靈耀》從上臨下八萬里。天以圓覆，地以方載。《河圖・括地象》：西北爲天門，東南爲地户。天門無上，地户無下，極廣長，南北二億三萬一千五百里，東西二億三萬三千里。《廣雅》：天圜南北二億三萬三千五百里七十五步，東西短減四步，周六億十萬七百里二十五步。從地至天億一萬六千七百八十七里半。下度地之厚，與天高等。《南度》云：「東方七宿七十五度，南方七宿百一十二度，西方七宿八十度，北方七宿九十八度四分度之一。四方三百六十五度四分度之一。度二千九百三十二里，二十八宿間相距，積百七萬九百一十三里徑三十五萬六千九百七十里。」《月令正義》：《考靈耀》云：「一度二千九百三十二里千四百六十一分里之三百四十八。周天百七萬一千里，是天圓周之里數也。以圍三徑一言之，直徑三十五萬七千里，此二十八宿周廻直徑之數也。然二十八宿之外，上

下東西，各有萬五千里，是爲四遊之極，謂之四表。據四表之内，并星宿内總三十八萬七千里。天之中央，上下正半之處一十九萬三千五百里。地在於中，是地去天之數也。」安定胡先生云：「南樞入地下三十六度，北樞出地上三十六度，狀如倚杵，此天形也。一晝一夜之間，凡行九十餘萬里。人一呼一吸謂之一息，一息之間，天行八十餘里。人之一晝一夜，有一萬三千六百餘息，是故一晝一夜而天行九十餘萬里。」致堂胡氏謂：天雖對地而名，未易以智識窺，非地有方所可議之比也。

又 信都芳曰：「渾天覆觀，以《靈憲》爲文；蓋天仰觀，以《周髀》爲法。」劉智謂：「黄帝爲蓋天，顓頊造渾儀。」《春秋·文曜鉤》謂：「帝堯時，羲和立渾儀。」而前朝韓顯（苻）〔符〕《渾儀法要序》以爲伏羲立渾儀，未詳所出。

元·趙友欽《革象新書》卷四 蓋天舛理

《渾天論》謂天如鷄子，地如中黄，大地在天體之内，天之兩極如門樞輪輻。天旋一晝夜而周，兩極不離元所。是故日出地則曉，日没地則昏。《蓋天論》則不然，謂天形如蓋，北極如蓋之頂，正當天最高處，四海外則比蓋之圍簷，其蓋平旋一晝夜而周，蓋頂不離元所。上天下地，地下無天，亦無南極。日常在天，未知出没，但去此度遠，則此夜而彼晝；去彼度遠，則此晝而彼夜。爲其天遠，則似乎較低也。南地日午，則爲北地夜半；西地天初曉，東地天初昏。四方之更互皆然。《釋典》所謂日繞須彌山而晝夜互者，助蓋天之説也。蓋天之説以天愈低而愈遠。今北斗近南則高而小，近北則低而大。由是觀之，北極之北天雖愈低，却與中國相近。如此，則蓋天之謬明矣。夏晝長而夜短，太陽在地下時少，故井水冷。冬晝短而夜長，太陽在地下多，故井水温，是亦可一見。渾天之有理，又以蓋天而論，近日之星常隱，遠日之星當常見，隱見平分周天之半。既然如是，北斗之柄與夏至太陽相近，緣何徹夜耿耿？夏至太陽躔東井，其婁、胃、張、翼諸宿既在半周天内，緣何晨昏猶見於東西？夫日出二刻半而天先曉，日没後二刻半而天方昏。夏至太陽近北極，子時望北，天自當如天之將曉，否則豈非蓋天謬耶？然太陽出没，各與地城相近遠，晨昏之遲早想必不同。假若日常在天，恐衆星亦距日遠近而隱。既只係平地域之晝夜，則未可以盡信也。

元·趙友欽、明·王褘《重修革象新書》卷下 地有偏向

地中有子、午、卯、酉四向。四向既正，則輪盤二十四向皆正矣。然而八方之地各有偏向，春分前二日後二日，此兩日卯酉時日在卯酉正位。設地偏南北，則卯酉表景不相直。北極爲子正之位，日中太陽爲正午之位。設地偏東西，則子午表景不相直。故於偏地而欲取正四向以分輪盤，則二十四向疏密不均，首尾不對矣。要當各立偏向，而先審定偏卯、偏酉之方，置爲木架，如測經度者。其上所列兩木直鑄指偏卯酉，以測望天脊之緯度。天脊緯度與北極最近，天脊兩旁東西之緯度當鑄内者，距天脊愈偏，則距北極愈遠。苟其鑄所指得偏卯酉之真，則脊旁之度均偏矣。大抵偏卯偏酉者，或以正辰正申爲對，或以正寅正戌爲對；偏子偏午者，或以正丑正巳爲對，或以正亥正未爲對。而二十四向因可定也。然此法乃憑天象以測地向。若世所用指南針，要亦可准試。即偏地用之，驗其所指者正午歟？偏午歟？使偏地而指偏午，則二十四向皆隨偏午而定，而亦可因以測天。苟指正午，則偏地難指正向，午雖正午，而子非正子，首尾不對。一向既差，餘向俱差矣。此不可不辨也。

天地正中

物遠視則微，近視則大。當午之日如盤盂，出没之日如車輪，豈非午日爲遠耶？或疑午日熱爲近，殊不知日久照則熱，不可以遠近論也。至於星度，高升則密，低垂則疏，則天頂遠而四傍近，固可知矣。且天體圓如彈丸，圓體中心，六合之的也，周圍上下相距正等，名曰天中。從天中直上至天頂，名嵩高。地平不當天半，地上天多，地下天少，從地平之中直上，自有天中之所。或以爲地平正當天半者，蓋以周天三百六十五度餘四之一，仰視爲一半，星宿周度可見，故以地中就爲天中。而今以地中直上，自有天中之所者，以日月之近大而遠小、星度之高密而低疏知之也。然地平既在天半之下，而仰觀止見周度之半者，天遠似乎低，地平與之相妨，人目不可盡見也。古法以五表求地中，以今思之，惟用一表。其表與人齊高，當午日中晝其短景於地，以爲指北準繩。置窺筒於表首，隨準繩以窺北極。若見北極當筒心，則其處爲得東西之正。或窺見北極之東，則其地偏東；窺見北極之西，則其地偏西矣。既得東西之正，乃於二分之前十日内，就其處置壺漏定十二時，以兩日午中短景求與時參合。於春分前二日或秋分後二日日正當赤道之際，於卯酉中刻視其表景，晝地以定東西準繩。若卯酉兩景相直而不偏，平衡成一字，則南北正中矣。兩景或曲而向南，則其地偏南；或曲而向北，則其地向北矣。此法蓋以午景與北極定東西之偏正，又以東西之景定南北之偏正，測驗之最精者也。

地域遠近

古者以陽城爲地中，然非四海之中，乃天頂之下以爲地中也。論四海之中，則崑崙爲天下地平最高處，東則萬水流東，西則萬水流西，南北亦然。其山距西海三萬餘里，距東海不及二萬里，則天下之地多在地中以西，地中之東則皆海也。故四海之内不中於陽城。中於四海者，乃天竺以北、崑崙以西也。若天之所覆通地與海而言中，則中於陽城矣。陽城仰觀，北極出地三十六度，南極入地亦三十六度；北至朔方，則北極出地四五十度，南極入地亦然；南至錢唐，則出入之度三十一；又南至交廣，則出入之度二十而已。天地之遠近非惟仰觀不同，而寒暑晝夜表景亦皆差别。舊曆晝永極於六十二刻，短至三十八刻。蓋偏南則長短較少，偏北則所較漸多。夏日出寅入戌，其地近北；冬日出辰入申，其地近南。日近北，則夏晝長，而北方尤長，夏夜短而北方尤短；日近南，則冬夜長，而北方尤長，冬晝短而北方尤短。而南方之晝夜長短則不較多也。古者立八尺之表，驗日景短長，地中夏至午景在表北約一尺六寸，地中冬至午景在表北約一丈三尺。南至交廣，北至鐵勒等處，驗之景各不同。然非特測之南北，亦驗之東西，帝堯分命羲和之宦宅於四方是也。然表用八尺，似失之短。今至元辛巳用表四丈，允爲定法。是故表短則景短，差數難覺；表長則景長，差數易明。而一寸千里之差，終未足據。若土圭者，雖古有其制，然陽城地中已不無差，若即八方偏地驗之，實有不可准者。大抵偏東者，早景疾而晚景遲，午景先至；偏西者，早景遲而晚景疾，午景後期。偏北者，少其晝而景遲；偏南者，多其晝而景疾。蠻粤短景，指南而子午反復，則又舛訛甚矣。

蓋天舛理

古之言天者三家，曰渾天，曰宣夜，曰蓋天。宣夜已失其傳，而蓋天最爲舛理。其説謂天形如蓋，北極如蓋頂，正當天最高處，四海外比蓋之圍簷，其蓋平旋一晝夜而周，而蓋頂不動。上天下地，地下無天，亦無南極。日常在天，未始出没，去此度遠，則此夜而彼晝；去彼度遠，則此晝而彼夜。天以遠，故似乎低也。釋氏書所謂日繞須彌山而晝夜互更者，此即其説。且其論天以低而遠，今北斗近南則高而小，近北則低而大。然則，北極之北天既愈低，乃與中國相近，何歟？夏晝長而夜短，日在地下時少，故井水冷；冬晝短而夜長，日在地下時多，故井水温，而謂日長在天可乎？按：所論日在地下時少，故井水冷；日在地下時多，故井水温。近鑿考地徑幾三萬里，而井深不過一繩，其冷熱未必如此之透。且鑿穴置物，暖不結冰，斯實冷熱發斂之由，而日光適爲之助，非日光之力也。又其説：近日之星常隱，近月之星常見，隱見平分周天之半。審如是，則夏至北斗與日近，何以終夜常明？日躔東井，其婁、(胄)〔胃〕、張、(翊)〔翼〕諸宿既在半周天内，何以晨昏猶見於東西乎？夫日未出二刻半而天先曉，日既没二刻半而天始昏。夏至日近北極，子時望北天必知天之將曉，無足疑者。然則，蓋天之説其爲舛理，殆不辨而明者也。

天周歲終

觀衆星之昏旦出没，知天體日運一周。又觀中星四時所在不同，知日之所躔漸異。歲終中星復舊，知日亦復舊而行年一周矣。蓋每年三百六十五日餘四之一，故亦以周天分爲三百六十五度餘四之一，歲數與天數相同，故曰天周歲終也。夫日一日行天一度，分寸尺丈引名曰五度。分天爲度者，殆亦度量之義。若以日爲尺，其一度即日圓之徑數也。於日行之道定二十八宿之名，宿之星數多寡不等，於其數内定一星爲距星。距者，隔越之義。二十八距星既定其界，各宿度數由此而分。如斗星從柄起，以第三星爲距，前二星及爲距之半，星未離於箕而尚屬於箕，餘三星半乃在本宿之度内。然本宿星數少，而占度多者，蓋斗牛之間，又有建星等不在玄武七宿之數而附於斗，故斗雖星少而占度多，它宿亦猶是也。若夫月之所躔，昏旦漸異，見其行六七度，遂知一日之内行十三度有奇。月與日同躔之時謂之合朔。月與日相對，兩輪相望而光滿，謂之望。近一遠三，月體黑白各半，似弓張弦，謂之弦。月行及日，光盡體伏，謂之晦。此晦朔弦望之義也。一章之内，日在天一十九周，月在天二百五十四周，於月周之内減去日周，則爲二百三十五朔。十九日之内日行十九度，月行二百五十四度，與十九年周天之數相同。以二百五十四均爲十九，則知月行每日十三度餘十九之七，每年行十三周十九之七，每日遠日十二度十九之七，每年多日十二周餘十九之七。故每年之日月合十二朔，餘十九之七爲閏，積十九年爲七閏也。舊云天道左旋，日月右轉，蓋謂日月附著於天體，天則一晝夜而周，日於天止移一度，月則移十三度有奇。其後推測，知日月與天相遠而未嘗附著，故曰每日周天爲三百六十五度餘四之一，而每年亦總爲三百六十五周餘四之一。天體則每日周地三百六十六度餘四之一，而每年亦三百六十六周餘四之一，多過於日之周。是則日每日不及天運一度，月每日與日相多十二度，餘十九之七，日速而月遲也。故日月

右旋之説，乃曆家用逆推之術取其省筭耳。且日速月遲譬之二馬，日駿而月駑，以一度比一里，每里分爲十九段，每段分爲百小刻，日月行天一周猶馬循環封疆一周。駿馬一日周行一次，計行三百六十五里四段七十五尺；駑馬每日不及一周，止行三百五十二里十六段七十五尺，較之遲十二里七段，即所謂不及十二度十九之七也。以段計之，每日漸多二百三十五段；以天計之，每日漸多二萬三千五百尺。二馬一處同時並發，乍分先後，不甚相遠。歷十四日七百四十九畫半，駿駑相距半周。又歷此數至二十九日四百九十九畫，駑不及駿一周，而復同一處矣。此即一朔之喻。然一朔之内日行二十九度餘九百四十之四百九十九，而月行一周外餘數與日同。止該二十七日餘三百二畫有奇，至次朔復相會，但不會於元所，會九百四十次方與元所相會，則一蔀之數也。若夫天與日會者，天體每日繞地一周三百六十六度餘四之一，而日每日一周三百六十五度餘四之一。天體不可知，驗之經星。天速而日遲，每日不及一度，一年則不及一周，而日復舊躔，故曰天與日會。要之亦可以二馬爲喻也。至十九年天與日會而月亦會，是爲一章之數，但相會近，非子時。四章爲一蔀，則日月與天皆相會於夜半，又皆在地下，於是日月與天地四者俱相會也。夫謂二馬九百四十會乃會元所者，以九百四十會比一蔀之朔會於元所，比日月與地會而不及天會，故不喻及一章之數。

清·王錫闡《曉菴新法》自序　炎帝八節曆之始也，而其書不傳。《黄帝》、《顓頊》、《虞》、《夏》、《殷》、《周》、《魯》七曆，先儒謂其僞作。今七曆具存大指，與漢曆相似，而章蔀氣朔，未睹其真，其爲漢人所托無疑。《太初》、《三統》法雖疏遠，而創始之功不可泯也。劉洪、姜岌次第闡明，何、祖專力表圭，益稱精切。自此南北曆家率能好學深思，多所推論，皆非淺近。所及唐曆，《大衍》稍親。然開元甲子當食不食，一行乃爲諛詞以自解，何如因差以求合乎？

至宋而曆分兩途，有儒家之曆，有曆家之曆。儒者不知曆數而援虚理以立説，術士不知曆理而爲定法以驗天。天經地緯、躔離違合之原，概未有得也。國初，元統造《大統曆》，因郭守敬遺法，增損不及百一，豈以守敬之術果能度越前人乎？守敬治曆，首重測日。余嘗取其表景反復布算，前後牴牾。餘所刱改，多非密率。在當日已有失食失推之咎。況乎遺籍散亡，法意無徵，兼之年遠數盈，違天漸遠，安可因循不變耶？元氏藝不逮郭，在廷諸臣又不逮。元卒，使昭代大典，踵陋襲譌。雖有李德芳爭之，然德芳不能推理而株守陳言，無以相勝，誠可嘆也！

近代端清世子、鄭善夫、邢雲（鷺）〔路〕、魏文魁皆有論述，要亦不越守敬範圍。至如陳壤摭拾《九執》之餘津，冷逢震墨守元會之畸見，又何足以言曆乎？

萬曆季年，西人利氏來歸，頗工曆算。崇禎初，命禮臣徐光啓譯其書，有《曆指》爲法原，《曆表》爲法數，書百餘卷，數年而成，遂盛行於世，言曆者莫不奉爲俎豆。吾謂西曆善矣，然以爲測候精詳可也，以爲深知法意未可也，循其理而求通可也，安其誤而不辨不可也。姑舉其概。二分者，春秋平氣之中。二正者，日道南北之中也。《大統》以平氣授人時，以盈縮定日躔，法非謬也。西人既用定氣，則分正爲一，因譏中曆節氣差至二日。夫中曆歲差數强，盈縮過多，惡得無差？然二日之異，乃分正殊科，非不知日行之朓朒而致誤也。曆指直以怫已而譏之，不知法意一也。諸家造曆，必有積年日法，多寡任意，牽合由人。守敬去積年而起自辛巳，屏日法而斷以萬分，識誠卓也。西曆命日之時以二十四，命時之分以六十，通計一日爲分一千四百四十，是復用日法矣。至於刻法，彼所無也。近始每時四分之，爲一日之刻九十有六。彼先求度，而後日尚未覺其繁。施之中曆，則窒矣。反謂中曆百刻不適於用，何也？且日食時差法之九十六，與日刻之九十六何與乎？而援以爲據，不知法意二也。天體渾淪，初無度分可指，昔人因一日日躔命爲一度。日有疾徐，斷以平行，數本順天，不可損益。西人去周天五度有奇，斂爲三百六十，不過取便割圜，豈真天道固然？而黨同伐異，必曰日度爲非，詎知三百六十尚非弦弧之捷徑乎？不知法意三也。上古置閏，恒于歲終。蓋曆術疏闊，計歲以置閏也。中古法日趨密，始計月以置閏，而閏於積終。故舉中氣以定月，而月無中氣者即爲閏。《大統》專用平氣，置閏必得其月。新法改用定氣，致一月有兩中氣之時，一歲有兩可閏之月。若辛丑西曆者，不亦戾乎？夫月無平中氣者，乃爲積餘之終，無定中氣者，非其月也。不能虚衷深考，而以鹵莽之習，侈支離之學。是以歸餘之後，氣尚在晦，季冬中氣，已入仲冬；首春中氣，將歸臘杪，不得已而退朔一日以塞人望，亦見其技之窮矣。不如法意四也。天正日躔，本起子半，後因歲差，自丑及寅。若夫合神之説，乃星命家猥言，明理者所不道。西人自命曆宗，何至反爲所惑，而天正日躔定起丑初乎？況十二次舍命名，悉依星象，如隨節氣遞遷，雖子午不妨易地，而玄枵、鳥咮亦無定位耶。不知法意五也。

歲實消長，昉于《統天》郭氏用之，而未知所以當用；元氏去之，而未知所以

當去。西人知以日行高卑求之，而未知以二道遠近求之。得其一而遺其一，當辨者一也。歲差不齊，必緣天運緩促。今欲歸之偶差，豈前此諸家皆妄作乎？當黃、白異距，生交行之進退；黃、赤異距，生歲差之屈伸，其理一也。曆指已明於月，何蔽乎日？當辨者二也。日躔盈縮最高，斡運古今不同。揆之臆見，必有定數。不唯日躔，月、星亦應同理。但行遲差微，非畢生歲月所可測度。西人每詡數千年傳人不乏，何以亦無定論？當辨者三也。日月去人時分遠近，視徑因分大小，則遠近大小宜爲相似之比例。西法日則遠近差多而視徑差少，月則遠近差少而視徑差多，因數求理，難可相通。當辨者四也。日食變差，機在交分。西曆名交角。日軌交分與月高交分不同；月高交于本道，與交於黃道者又不同。曆指不詳其理《曆表》不著其數，豈黃道一術足窮日食之變乎？當辨者五也。中限左右，日月視差，時或一東一西；交廣以南，日月視差，時或一南一北。此爲視差異向與視差同向者加減迥別，《曆指》豈以非所常遇，故置不講耶？萬一遇之，則學者何從立算？當辨者六也。日光射物，必有虛景。虛景者，光徑與實徑之所生也。闇虛恒縮，理不出此。西人不知日有光徑，僅以實徑求闇虛。及至步推不符天驗，復酌損徑分以希偶合。當辨者七也。月蝕定望，唯食甚爲然。虧復四限，距望有差。日食稍離中限，即食甚已非定朔。至於虧復，相去尤遠。西曆乃言交食必在朔望，不用朓朒次差，西曆名次均加減。過矣，當辨者八也。歲、填、熒惑以本天爲全數，日行規爲歲輪；太白、辰星以日行規爲全數，本天爲歲輪。《曆指》又名伏見輪。故測其遲速留退而知其去地遠近。考於《曆指》，數不盡合。當辨者九也。熒惑用日行高卑變歲輪大小，理未悖也；用自行高卑變歲輪大小，則悖矣。太白交周不過二百餘日，辰星交周不過八十餘日。《曆指》皆與歲周相近，法雖巧，非也。當辨者十也。

語云：步曆甚難，辨曆甚易。蓋言象緯森羅，得失無所遁也。據彼所迷，亦未嘗自信無差。五星經度，或失二十餘分；西法一十二分。躔離表驗，或失數分。交食值此，當失以刻計；凌犯值此，當失以日計矣。故立法不久，違錯頗多，余於曆說已辨一二。乃癸卯七月望，食當既不既，與夫失食失推者何異乎？且譯書之初，本言取西曆之材質，歸《大統》之型範，不謂盡墮成憲，而專用西法，如今日者也。余故兼采中西，去其疵類，參以己意，著曆法六篇，會通若干事，攷正若干事，表明若干事，增葺若干事，立法若干事。舊法雖舛，而未可遽廢者，兩存之。理雖可知，而非上下千年不得其數者闕之。雖得其數而遠引古測未經目信者，別見補遺。而正文仍襲其故，爲目百幾十有幾，爲文萬有千言。非敢妄云窺其堂奥，庶幾初學之津梁也。

或曰：子雲稱洛下爲聖人，識者非之。嗣是名歷代興，業愈精而差愈見，徒供人之彈射。子今法成，而彈射者至矣。曰：培岡阜者易爲高，浚溪谷者易爲深。夫歷二千年來，差愈見而法愈密，非後人知勝於古也，增修易善耳。或者以吾法爲標的，則吾學明矣。庸何傷？昭陽單閼菊花開日，曉菴王錫闡自序。

清·胡襲參、方江自輯《囂囂子曆鏡》 囂囂子曰：凡人讀書稽古，以性道貫通爲學問之極，而性道之源出於天，是曆法烏可以不究也？第曆法甚繁，理氣幽頤，率數萬有餘條，難於下手。余因取曆學大概，各輯數語，名曰《曆鏡》，使觀者了然。則讀書好古之士，不必習乘除開方勾股諸法，不必用矩用規，不必考圭測景，不必布筭周密，而曆法之所以然已了了於胸中。則加一倍之法，程子曰都忘之矣者，其信然耶。

一、是書凡纂輯删訂若干卷，不及星象者，概論理、氣、數三者，而未及象也。

一、此集乃論其大概也，若推測步筭，另有專集。

地球方者，地之德。

地形本圓，其方者，非言其形也。天包乎地，地居天中，不啻稊米之於喬嶽也。人居地上，周圍分有五帶。暖帶一，温帶二，冷帶亦二，以北極赤道爲界限。極在兩端之極處，赤道則正東天腰。正居赤道下者曰暖帶。赤道南北各以二十三度半爲限。午正立表測景，必自射南射北。每歲必有二日，其表無景，即春秋二分日也，二日日正過其天頂。此外過春分則景在南，過秋分則景在北。又於其或南或北各自二十三度半外，各截去六十六度半爲限，名爲温帶。居其下者，在南則表景常射南，居北則表景恒在北。歲有一日，其景極短，乃夏至也。然太陽雖從上過，實不經其天頂矣。此帶有二，乃太陽每日有出有入者也。又于南北二方自六十六度半外，或南或北，其居近極下者曰冷帶，亦有二，其下表景則周圍旋轉矣。有日太陽繞地四圍恒見，有日太陽繞地恒隱。其隱見之候，久至半年或數月。不見者，黃道之極南極北與中界之故也。不知地形，何以知天？先明地形，可以測天矣。知之則知以天頂爲四方，分三百六十度，合于天行。東西爲經，測以赤道；南北爲緯，測以子午。然測南北有二極爲端，測東西，須先定一起界，而後地之經緯可得而明焉。不然，何以知幅員相距之數，諸方太陽節

氣，五星經度淩犯，交食時刻分(抄)〔秒〕，古今歲實之異，晝夜永短之差哉？學曆者，其首務也。

天道天之所以然，各册俱論甚明，渾儀更詳，故以渾儀測天入此集。

天體渾穆，無從端擬，聖人齊之，定以界限。圓出於方，是以方之以九而立四限，即子午卯酉及冬夏二至、秋春二分之限也。今法又定四規：一地平，二赤道，三黄道，四子午。四者缺一不可，亦璣衡之通變也。

赤道規

從南北二極起算，適折其中，定以赤道。天體左旋而行健，南北二極，永久不定之兩點，天之樞紐，倚此運行。極非星，所言極星，乃近極之星，指以爲記識耳。有此赤道，平分天體爲南北之限。南則爲外爲陽，北則爲内爲陰，横亘天中，終古不易。推步者倚之爲準則，規上定度三百六十，辰十有二，刻九十六。天行一日一周，于是焉紀。晝夜分刻永短，于是焉定。黄道出入旋轉，或廣或狹，于是焉齊。二分之晷景，于是焉限。南北緯算，于是焉起。天地全圓，于是焉度。凡此，皆其用也。

黄道規

從太陽旋周一歲之界，而設黄道斜交於赤道，半在南極，其南界爲冬至，半在北極，其北界爲夏至。黄赤二道相交之兩點，爲春秋二分。四平分之爲象限，限各九十度。二分二至，四正之限也。總之即合矩成圓，有三百六十度，剖之有十二宫辰，再剖之各十五，有二十四氣，又剖之爲七十二候，此爲平法。若推真率，以此爲根，察以自行等法，而纖毫無差矣。蓋以節七曜列宿之行，蓋以審交食之限，其用最著。

子午規

從七政列星出入之地，折中爲界，七政等自東而升，至午而正，逆午向西，漸入地平，乃謂之降。在子在午，透過地平，正對二極，而交爲直角也。測驗推步，所準則也。

黄赤二極

赤道居天中，其南北有極，黄道斜交于内，則非同極。故自有其極，爲七政列曜本行之樞。

二道中距

二道斜交，諸曜依黄道而行，必出入于赤道之南北，此間定有距度。今測定者，中距二十三度三十一分三十(抄)〔秒〕，上古多數十分，後此必漸減。

清·揭暄《璇璣遺述》卷末 諸圖彙説

先儒云：終日戴天而不知天之高，終身履地而不知地之厚，則天地不可不知也。余初習《禹書》，作一《經天合地圖》，蓋以向之作者導山導水，惟按《禹書》次第畫之，至近遠廣狹，則莫之問。余謂天下山川，千古無二。中圖止有黄河改流，濟伏不見，然其故道仍在。兹亦考古，亦證今，加以畫方計里，水形州勢始知其位，故曰合地中土。舊以河南北極出地三十六度爲準，又以燕京晝長必六十刻爲算，不知地自南而北，二百五十里即差天一度。赤道居兩極中，距赤道漸北則北極漸高，夏至日漸長。故元郭守敬測燕北夏至晝長有至六十二刻，測北瀚夜短有至一十八刻者。又謂日出入遍地皆同，不知自東而西，七千五百里即差天一時，愈東則日臨愈先，愈西則日入愈後。故漢安時日食有遼東獨見於早、張掖獨見於晚者。兹依各方遠近計里測度，晝夜時刻始有分别，故曰經天。此圖每方五百里，方各二度，縱徑六千里而遥，横擴七千里而近，弦弧倚借則不下萬里，業云廣矣。然在大地内所踞幾何，分昊天内所值幾何度，又莫得而知也。余因《職方外紀》畫圓出綫，作一《大地圓球全圖》，見大地圍九萬里，厚三萬里。中國止處亞細亞一隅，亞細亞又止五大州之一，因天規地，復作一《昊天垂象全圖》。依中國言，天高九萬二千里，地在内尚二百分之一；依遠西言，升之列宿位僅廿秒，較五等里更小。人生漸是淡淡，又曷足計哉？第就天地求之中國，西起地中海七十二度，東越二十八度，南起赤北瓊島一十九度，北踰二十二度，燕北北極出地四十二度，瓊南南極入地一十八度。赤道下左右日躔頂地，恒熱；兩極下左右日横繞地，恒寒。中國居赤道北極中，地屬温，得冲和之氣，所以恒産聖賢而能參配可知矣。至天地渾淪，星曜渾行，雲雨飛降，遠澨遐陬，風土物産，名勝殊迹，都會邊關，河漕封貢，亦並及之，庶展玩間稍得其概。莆田余賡之先生因易其名，曰《天地古今大觀》，亦因天地而大之也。至道通有形，思入變化，是又在神明之〔上〕者。

清·錢塘《淮南天文訓補注》卷上《天文訓上》 元注：文者，象也。天先垂文象日月五星及彗孛，皆謂以譴告一人，故曰天文，因以名篇。

天墜未形。

補曰：墜，籀文地。

馮馮翼翼，洞洞灟灟，故曰太昭。

元注：馮翼洞灟，無形之貌。洞讀挺挏之挏，灟讀以鐵頭斫地之钃也。

補曰：《楚辭・天問》：「馮翼何象，何以識之？」王逸注云：言天地既分，陰陽運轉，馮馮翼翼，何以識知其形象乎？

道始于虚霩。

補曰：霩，古廓字。《説文》：霩，雨止雲罷貌。臣鉉等曰：今別作廓，非是。

虚霩生宇宙，宇宙生氣，氣有漢垠。

元注：宇，四方上下也；宙，往古來今也，將成天地之貌也。漢垠，安重之貌也。

補曰：《御覽》卷一引作涯垠。案：漢莊刻本作涯，云俗本作漢，誤詳文義，當以涯爲是。

清陽者薄靡而爲天。

元注：薄靡者，若塵埃飛揚之貌。

重濁者凝滯而爲地。

補曰：《黄帝素問・陰陽應象大論》曰：積陽爲天，積陰爲地。故清陽爲天，濁陰爲地。

清妙之合專易。

元注：專一作摶。案：摶莊刻本誤作專。

補曰：專，古通摶。《易》：夫乾其静也專，陸績作摶，是也。《史記・王翦傳》：專委于我。徐廣曰：專亦作摶。今《淮南注》別本云：一作專者，傳寫誤。天言合專者，《楚辭》乘：精氣之摶摶兮。王逸云：楚人名員曰摶也，此其義也。

重濁之凝結難。

補曰：結一作竭。案：莊刻本正作竭。

故天先成，而地後定，天地之襲精爲陰陽。

元注：襲，合也，精氣也。

陰陽之專精爲四時，四時之散精爲萬物。積陽之熱氣生火，火氣之精者爲日；積陰之寒氣爲水，水氣之精者爲月；日月之淫爲精者爲星辰。天受日月星辰，地受水潦塵埃。昔者共工與顓頊争爲帝，怒而觸不周之山。

元注：共工，官名，霸于伏羲神農之間。其後子孫任智刑以强，故與顓頊黄帝之孫争位。不周山在西北也。

天柱折，地維絶，天傾西北，故日月星辰移焉。

元注：傾，高也。《原道》言地東南傾。傾，下也。此先言傾西北，明其高也。

地不滿東南，故水潦塵埃歸焉。

補曰：事見《列子・湯問》篇，古蓋天之説也。祖暅《天文録》云：古人言天地之形者有三，一曰渾天，二曰蓋天，三曰宣夜。蓋天之説又有三體，一云天如車蓋，遊乎八極之中；一云天形如笠，中夾高而四邊下；一云天如敧車蓋，南高北下。南高北下即東南高西北下也。禹所受《地説書》曰：崑崙東南方五千里，名曰神州，帝王居之。《河圖括地象》曰：地部之位起形高大者，有崑崙山。其山中應于天，居最中，八十一域布繞之，中國東南隅居其一分。此亦蓋天之説。然則，中國地西北高東南下，蓋天既以天爲東南高西北下，地又西北高東南下，于是以天之西北爲傾地之東南爲不足。楊炯《渾天賦》曰：有爲蓋天之説者曰：天則西北既傾，而三光北轉；地則東南不足，而萬穴東流。其明證也。古言天雖有三家，太初以後始用渾天，其前皆蓋天也，《淮南》亦主蓋天，故特載其説。王充作《論衡》不信蓋天其説。《日》篇云：鄒衍曰：方今天下在地東南，名赤縣神州。天極爲天中。如今天下在地東南，視極當在西北，今正在北方，今天下在極南也。不知天以辰極爲中，地以崑崙爲中，二中相值，俱當在人西北。人居崑崙東南，視辰極則在正北者，辰極在天，隨人所視方位皆同，無遠近之殊，處高故也。崑崙在地，去人有遠近，則方位各異，處卑故也。不妨今天下在極南，自在地東南隅矣。案：崑崙所在，其説不一。酈道元以爲是阿耨達大山，劉元鼎以爲即悶摩黎山，蒲蔡都實又謂是亦耳麻莫不剌山。但此諸山本不名崑崙，特中國人名之耳。中國自有崑崙山。山無別名者，是《禹貢》崑崙屬雍州。《漢書・地理志》：金城郡，臨羌西北塞外，有西王母石室，西有弱水崑崙山祠。《續漢書・郡國志》：金城郡，臨羌，有崑崙山。《十六國春秋前涼録馬岌傳》云：岌上言酒泉南山即崑崙之體也。周穆王見王母，樂而忘歸，即謂此山。此山上有石室王母堂，珠璣鏤飾，焕若神宫。《禹貢》：崑崙山在臨羌之西。即此明矣。然則崑崙近在雍州之西北隅，故《爾雅》言西北之美者，有崑崙之球琳琅玕焉。即《山海經・穆天子傳》所言崑崙，皆謂此山也。太史公曰：自張騫使大夏之後也，窮河源，惡睹所謂崑崙者乎？蓋譏武帝舍近求遠，非謂無崑崙也。故曰：言九州山川，《尚書》近之矣。晋鴻臚卿張匡鄴使于闐，作《行程記》云：玉河在于

闐城外，其源出崑崙，西流一千三百里，至于闐界牛頭山。然則崑崙在于闐東明，即臨羌之崑崙。蓋天家見中國之山唯此最高，用爲地中以應辰極，故曰天如敧車蓋。《周禮》説冬至祀天皇大帝，夏至祀崑崙，亦即此意。若神州之神祭于建申之月，猶祭感生之帝于建寅之月，以神州在地東南隅，非大地故也。《楚辭·天問》曰：「斡維焉繫，天極焉？加八柱何當，東南何虧？康回馮怒，地何故以東南傾？南北順橢，其衍幾里？崑崙縣圃，其尻安在？四方之門，其誰從焉？西北辟啓，何氣通焉？」此皆據楚先王廟之所圖而問之，知《淮南》所説其傳古矣。注以天傾爲高，則天北高南下。傾可言下，亦可言高，唯所命之而已。

天高曰圓，地道曰方。方者主幽，圓者主明。明者，吐氣者也，是故火曰外景。幽者，含氣者也，是故水曰内景。吐氣者，施含氣者化，是故陽施陰化。

補曰：以上皆見《大戴禮·曾子天圓》篇，蓋孔氏微言也。天圓地方之義，曾子答單居離言之曰：天之所生者上首，地之所生者下首，上首之謂圓，下首之謂方。如誠天圓而地方，則是四角之不揜也，此即渾天之理，而蓋天亦然。《周髀算經》曰：圓出于方，方出于矩；環矩以爲圓，合矩以爲方；方屬地，圓屬天，天圓地方。趙君卿注云：物有方圓，數有奇耦。天動爲圓，其數奇；地静爲方，其數耦。此配陰陽之義，非實天地之體也。足與曾子相備。火曰外景，水曰内景者，《周易》：離爲火。崔憬曰：取卦陽在外，象火之照也。坎爲水。宋衷曰：卦陽在中，内光明，有似于水是也。

天之偏氣，怒者爲風；地之含氣，和者爲雨。陰陽相薄，感而爲雷。

元注：薄，迫也，感動也。

激而爲霆，亂而爲霧。陽氣勝，則散而爲雨露。

元注：散，霧散也。

陰氣勝，則凝而爲霜雪。羽毛者，飛行之類也，故屬于陽。介鱗者，蟄伏之類也，故屬于陰。日者，陽之主也，是故春夏而羣獸除。案：春夏而羣獸除之，而莊刻本作則。

元注：除，冬毛微墮也。

日至而麋角解。

元注：日冬至麋角解，日夏至鹿角解。

月者陰之宗也，是以月虛而魚腦減，月死而蠃蛖膲。

元注：宗，本也，減少也。膲肉不滿，言應陰氣也。膲讀若物醮、少醮之〔醮也〕。

補曰：一本云讀若物少之醮也，語較明。案：醮，莊刻本作膲，讀若物醮，炒之醮也，與此異。

火上蕁。

元注：蕁，讀若葛覃之覃。案：莊刻本無若字。

補曰：蕁當爲燅，有司徹云乃燅。尸俎注：燅，温也。古文燅皆作蕁，記或作燖。《春秋傳》曰：若可燖也，亦可寒也。案：今《春秋傳》作尋是尋燅，古今字。蕁，又尋之借也。注讀爲覃，又即燂字。《説文》云：燂，火熱也。从火，覃聲。覃燂聲同，故讀從之。

水下流，故鳥飛而高，魚動而下，本標相應。

元注：標讀刀末之標。

故陽燧見日，則燃而爲火。

元注：陽燧，金也。取金杯無緣者，熟摩令熱，日中時以當日下，以艾承之，則燃得火也。

補曰：《論衡·率性篇》：陽燧取火于天。五月丙午日中之時，銷鍊五石，鑄以爲器，磨礪生光，仰以向日，則火來至。

方諸見月，則津而爲水。

元注：方諸，陰燧大蛤也，熟摩令熱，月盛時以向月下，則水生。以銅盤受之，下水數滴。先師説然也。

補曰：《舊唐書·禮儀志》引作「下水數石」，出于李敬貞所竄易。方諸下水，不得有數石也。《御覽》引有許慎注云：諸，珠也，方石也。以銅盤受之，下水數升。高所云先師説殆謂此。案：誘自序云：自誘之少，從故侍中同縣盧君，受其句讀誦舉。《大義》又云：深思先師之訓，爲之注解。盧君者，植也。誘所云先師，當是盧植。《周禮·秋官》：司烜氏掌以夫遂取明火于日，以鑒取明水于月。注：夫遂，陽遂也。鑒鏡屬取水者，世謂之方諸。《攷工記》：「金錫半，謂之鑒燧之齊。」是二器俱用金也。方諸亦有用石者。《萬畢術》「方諸取水」注云：形若杯，合以五石是也。依本注，陽燧爲鏡，方諸爲蚌。符子曰：鏡以曜明，故鑒人。蚌以含珠，故内照。曜明故能取火，含珠故能下水，義可知也。方諸一名蚌鏡，故古謂之鑒。案：《御覽》引許慎注如此，又引高誘注與此本同。知高、許兩家注本無别，先生所列元注係高注無疑。後引許注者，復有數條，義亦如是。

虎嘯而谷風生，龍舉而景雲屬。

元注：虎，土物也。風，木氣也。木生于土，故虎嘯而谷風至。龍，水物也。雲生水，故龍舉而景雲屬。屬，會也。案：虎，土物也。《御覽》引作虎，陽獸也。與此異。

補曰：《初學記》引高誘注云：虎陽獸，與風同類。與此注異，疑此出許慎也。《管輅别傳》云：龍者，陽精。以潛爲陰，幽靈上通，和氣感神，二物相扶，故能興雲。夫虎者，陰精而居于陽，依木長嘯，動于巽林。二氣相感，故能運風。

麒麟鬬而日月食。

補曰：《御覽》引許慎注云：麒麟，獨角之獸，故與日月相符。案：莊刻本引許慎注云：麒麟，大角獸。與此異。

鯨魚死而彗星出。

補曰：《初學記》引許慎注云：彗，除舊布新也。

蠶珥絲而商絃絶。

元注：蠶老絲成，自中徹外，視之如金精。珥，表裏見，故曰珥絲，一曰弄絲。于口商音清，絃細而急，故先絶也。

賁星墜而渤海決。案：莊刻本渤作勃。勃、渤，古今字耳。

元注：賁星，客星，又作孛星。墜，隕也。渤，大也，決溢也。

人主之情上通于天，故誅暴則多飄風。

元注：暴，虐也。飄風，迅也。

枉法令則多蟲螟。

元注：食心曰螟，穀之炎也。

殺不辜則國赤地。

元注：赤地，旱也。

令不收則多淫雨。

元注：干時之令不收納，則久雨爲災。

四時者，天之吏也，日月者，天之使也，星辰者，天之期也。

元注：期會也。

虹蜺彗星者，天之忌也。

元注：雄爲虹，雌爲蜺也。虹者，雜色也，忌禁也。

天有九野，九千九百九十九隅，去地五億萬里。

元注：九野，九天之野也，一野千一百一十一隅也。

五星八風二十八宿。

元注：五星，歲星、熒惑、鎮星、太白、辰星也。八風，八卦之風也。二十八宿，東方角、亢、氐、房、心、尾、箕，北方斗、牛、女、虛、危、室、壁，西方奎、婁、胃、昴、畢、觜、參，南方井、鬼、柳、星、張、翼、軫也。

五官六府。

元注：五官，五行之官。六府，加以穀。

補曰：六府具下，即《時則訓》之六合也，非《左傳》所説《夏書》六府。

紫微、太微、軒轅、咸池、四宫、天阿。案：原寫本作四宫，莊刻本作四守，其應作四守之義，見下「四宫者，所以爲司賞罰」句補注文，此處作四宫爲是。

元注：皆星名，下自解。

何謂九野？

補曰：此所説皆引《吕氏春秋・有始覽》之文，因采高誘彼注補之。

中央曰鈞天，其星角、亢、氐。

元注：韓鄭之分野也。

補曰：高誘云：鈞，平也，爲四方主，故曰鈞天。角、亢、氐，東方宿，韓鄭分野。

東方曰蒼天，其星房、心、尾。

補曰：高誘云：東方，二月建卯，木之中也。木，青色，故曰蒼天。房、心、尾，東方宿。房心，宋分野；尾箕，燕分野。

東北曰變天，其星箕、斗、牽牛。

元注：陽氣始作，萬物萌芽，故曰變天。尾、箕，一名析木，燕之分野。斗，吴之分野。牽牛，一名星紀，越之分野。案：莊刻本「陽氣始作」十二字，在「越之分野」句下，與此異。

補曰：彼注云，東北，水之季，陰氣所盡，陽氣所始，萬物向生，故曰變天。斗、牛，北方宿。尾、箕，一名析木之津，燕之分野。斗、牛，吴越分野。

北方曰玄天，其星須女、虛危、營室。

元注：虛危一名玄枵，齊之分野。

補曰：彼注云：北方，十一月建子，水之中也。水色黑，故曰玄天。婺女亦越之分野。虛、危齊分野。營室，衛分野。

西北方曰幽天，其星東壁、奎婁。

元注：幽，陰也。西北季秋，將即于陰，故曰幽天也。營室、東壁，一名豕韋，衛之分野。奎、婁一名降婁，魯之分野。案：豕韋，莊刻本作承韋，疑彼誤也。

補曰：彼注云：西北，金之季也，將即大陰，故曰幽天。東壁，北方宿，一名豕韋，衛之分野。奎、婁，西方宿，一名降婁，魯之分野。

西方曰顥天，其星胃、昴、畢。

元注：顥，白也。西方金，色白，故曰顥天，或作昊。昴畢一名大梁，趙之分野。

補曰：彼注云：西方，八月建酉，金之中也。金，色白，故曰顥天。昴、畢，西方宿，一名大梁，趙之分野。

西南方曰朱天，其星觜巂、參、東井。

元注：朱，陽也。西南爲少陽，故曰朱天。觜巂、參，一名實沉，晉之分野。

補曰：彼注云，西南，火之季也，爲少陽，故曰朱天。觜巂、參，一名實沈，晉之分野。東井，南方宿，一名鶉首，秦之分野。

南方曰炎天，其星輿鬼柳、七星。

元注：柳、七星，周之分野，一名鶉火。案：七星下原寫本有張字，莊刻本無張宿。分野在下，東南方。此當是衍字，今删。

補曰：彼注云，南方，五月建午，火之中也。火曰炎上，故曰炎天。輿鬼，南方宿，秦之分野。柳、七星，南方宿，一名鶉火，周之分野。

東南方曰陽天，其星張，翼、軫。

元注：東南，純乾用事，故曰陽天。翼、軫一名鶉尾，楚之分野。

補曰：彼注云：東南，木之季也，將即太陽，純乾用事，故曰陽天。張、翼、軫，南方宿。張、翼，周之分野。翼，軫一名鶉尾，楚之分野。

清・許桂林《宣西通》卷一　述宣夜遺文

言天家謂宣夜絶無師傳，惟《晉書・天文志》載後漢祕書郎郄萌記先師相傳宣夜之説云：天了無形質，仰而瞻之，高遠無極，眼瞀精絶，故蒼蒼然。譬之傍望遠道之黄山而皆青，俯察千仞之深谷而窈黑。青非真色，而黑非有體也。日月衆星自然浮生虚空之中，其行其止皆須氣焉。是以七曜或游或住，或順或逆，伏見無常，進退不同。由乎無所根繫，故各異也。故辰極常居其所，而北斗不與衆星西没也。攝提、填星皆東行。日行一度，月行十三度，遲疾任情，其無所繫著可知。若綴附天體，不得爾也。

述西法大要

西法謂天有重數，有以爲九重者，宗動、恒星、七曜也。加永静天則爲十重。有以爲十二重者，宗動外有南北歲差、東西歲差二天，並永静天也。永静天一名常静天。利瑪竇初説謂天層層相裹，如葱頭之密密相切。其後徐文定公修《曆書》，謂天雖各重，能相割能相入。蓋西士湯若望、羅雅谷之見，以火星有時在日下，金星有時在日上故也。又有謂金、水二星繞日旋轉，爲太陽之輪者，是金、水、太陽合爲一重，只七重天也。又有謂五星皆以太陽爲本天之心者，如是則免火星之下割日天，是五星太陽爲一天，只四重也。又有謂火星天實大於日天，包其外，而火星次輪大割入日天者。

西人初説七政在天如木節在板，不能自動。其後謂各有小輪，皆能自動。但其動只在本所，如人目睛，左顧右盼而不離眉睫之間。蓋各有本天以爲之帶動，又能自動於本所也。近動天者爲動天所掣，左旋速而右旋之度遲。漸近地心，去動天遠，左旋漸遲，右移之度反速。

西法以小輪言七政之盈縮。本天爲大輪，七政所居爲小輪，一曰本輪。小輪心在本天，七政在小輪，體皆相連，輪心不動而小輪動，小輪動故七政動。太陽本天之周有本輪，本輪之周有均輪。太陽在本輪下半周，去地近爲卑，人視之速於平行，爲盈。在本輪上半周，去地遠爲高，人視之遲於平行，爲縮。以盈縮知其有高卑，以有高卑知其在本天仍自平行。七曜皆然，而太陽尤易見。月有四輪，本輪心循本天自西而東，每日平行十三度奇，曰白道經度。本輪心循白道自西而東，太陰復依本輪周行，自東而西，每日亦十三度奇，微不及本輪心行〔度〕，是爲轉周。西士第谷言用一本輪以齊太陰之行，與實測未合，乃設均輪。均輪循本輪周行，自東而西；太陰復依均輪周行，自西而東，每日行二十六度奇，所生遲疾差即初均數。用本輪、均輪測朔望恰合，測上下弦不合。又於均輪設次輪，循均輪周行。次輪心自西而東，太陰復依次輪周，亦自西而東，每日行二十四度奇，爲本輪心距太陽之倍度，名爲倍離。所生遲疾差名次均數。兩弦前後測仍不合。思次輪之上必更有次均輪，其心循次輪周自西而東，行倍離之度。太陰循次均輪周，自東而西，亦行倍離之度。用所生差以加減次均數，即與兩弦前後所行合，是爲三均數。五星各有三輪，曰本輪、均輪、次輪。在輪之上弧則見其順行，在輪之下弧則見其退行，在輪之左右則見其留而不行。其上下弧非平分，上弧常多，下弧常少。而五星又各不同，以距地各有遠近，次輪各有

大小也。

清・顧觀光《〈九執曆解〉自序》 嘗讀釋氏之書，以須彌山爲天地之正中，忉利天居其頂，四王天居其半，而日月環繞須彌，不入地下。次及平地，乃有四大部洲。其論天地形體妄誕不經，又安能實測七政經緯度分，與天吻合？彼國之曆，殆錯亂無紀者耶？既又疑回回與大西洋初皆事佛，後乃別立教宗。何以曆法屢變益精，至争勝於中土？豈其別有師承而無與釋氏事耶？今讀《九執曆法》，乃知回回、泰西，其曆皆淵源于天竺，而向之詆訾釋氏者，殊未得其真也。

唐開元中，瞿曇悉達奉詔譯《九執曆》，其見《新唐書・曆志》者，寥寥數語。惟《開元占經》卷一百四備載其推躔離交食之術。度起春分，月起合朔，周天三百六十度，度析六十分。日月皆有小輪，以高卑爲加減之限。日月徑與影徑亦同。高卑而有大小，日食用黄平象限定南北差。亦有周徑密率，亦用弦切二綫推晝夜刻及黄平象限宫度。凡此數端，回曆與歐邏巴並有之，而溯厥由來，則非梵曆不爲功也。梵曆日最高恒在夏至前十度，而回曆有最高行。梵曆月止一小輪，而回曆益以次輪，歐邏巴又益以次均輪。梵曆推盈縮遲疾差及日月距緯並用正弦比例，而回曆用平三角弧三角法。梵曆影徑止論月高卑，而回曆兼論日高卑。梵曆日食止有南北差，而回曆更有東西差。此皆屢測屢推，由疏入密。而苟非有前之疏，無以得後之密也。

梵曆命日起子正，而回曆起午正。梵曆分一日爲六十刻，刻析六十分；而回曆分一日爲二十四時，時析四刻，刻析十五分。此其起數不同，而無與于曆法之疏密者也。一歲小餘二七六二，大於四分日之一。月小輪不與白道平行，月行小輪周能加減其緯度。此惟梵曆有之，而曆家棄置不用。蓋無當於天行，要其假象定數，倚數立法，首尾條貫，亦自成一家言。獨怪譯書者分段列數，而無一語明言其立法之根，豈唐荆川所謂藝士著書往往以祕其機緘爲奇耶？占候之於曆法，猶冰炭也。悉達既通曆法，而全書皆言占候，不免金屑雜於泥沙。豈奉敕撰書，有出於不得已者耶？

且夫曆何自昉哉？中土《調曆》，肇自軒轅。其後堯命羲和曆象日月星辰，舜在璇璣玉衡以齊七政。歷夏、殷、周三代，踵事增修，其立法之奇妙、義藴之奥衍，必有什伯千萬於是者。秦火以後，古藉散亡，而六經諸子之文傍見側出，皆與西曆相通。梅定九、戴東原諸君言之詳矣。惟是泰西之法本於回回，而回曆譯于明初，距周末已千六百餘載。源流授受，疑莫能明。今觀梵曆十九年七閏之率，正與古同。日月平行實行之算，與中曆亦相近。以較噶西尼新法，盈縮大差多十八分，黄赤大距多四分。西人謂兩心差古大今小，黄赤道古遠今近，得此證之。始明此固上承古法，下接西法，爲曆算中之一大關鍵矣。

釋氏分天下爲四大部洲：東勝神洲，南贍部洲，西牛賀洲，北具盧洲。皆以日環繞一周爲一晝夜。此即《周髀》所謂日行極東，東方日中，西方夜半；日行極南，南方日中，北方夜半；日行極西，西方日中，東方夜半；日行極北，北方日中，南方夜半。上合於《堯典》賓餞永短四方分測之文，下合於新法南北東西里差加減之算。蛛絲馬跡，歷歷可尋。惜其雜以悠謬荒唐之語，意在驚世駭俗而轉以起識者之疑。然因此而并疑其曆法，則又非也。古聖人盛德所被，四夷來王。積石、三危，本《禹貢》雍州之域。西戎即敘崑崙與焉。又況《史記》明言：幽厲之後，疇人子弟分散，或在諸夏，或在夷狄。小輪不同心天之算，我則失之，彼則得之。烏乎，識其然？烏乎，識其不然！唐三藏奉詔取經，獨不及於曆算，可謂拾其糟粕而棄其精華。歐邏巴大聲闢佛，不自知其由梵曆而加精。所述彼國改憲諸人，有在秦漢前者，如默冬、亞理、大各之類，半屬子虚，無從勘驗。今以《九執曆》徵之，猶捜盜者之獲得真贓矣。

九執二字，義殊難解。《大衍曆議》云：天竺曆以九執之，情皆有所好惡，遇其所好之星則趣之行疾，捨之行遲。後周王朴云：食神首尾，蓋天竺悉僧之妖説也。後學不能詳知，因言曆有九曜，以爲注曆之常式。據此二條，是以日、月、五星併羅、計，而爲九也。羅、計有數無象，乃與七政並偁九曜，誠爲失之。然曆法疏密，驗在交食。用以注曆，亦可知食限之淺深。王氏之説，未免以辭而害意矣。方今曆學大明，中西一貫，獨《九執曆》隱在《占經》。世無刊本，展轉傳寫，致錯誤不可通。余爲推尋本末，稍以新法通其所窮。動刀甚微，謋然已解。因一一推明其立法之故，得曆解若干條。世有子雲，或不以覆瓿置之乎？丙申清明日序。

清・顧觀光《讀〈周髀算經〉書後》 此書廢棄已千餘年，雖以梅定九、戴東原諸公竭力表章，而終不克大明於世者。以其所言周徑里數，皆非實測故也。今按經文首章，即云笠以寫天，天青黑，地黄赤。天數之爲笠也。青黑爲表，丹黄爲裏，以象天地之位。而《七衡圖》後又云：「凡爲此圖，以丈爲尺，以尺爲寸，以寸爲分，分一千里。凡用繒方八尺一寸。」然則，經中周徑里數皆爲繪圖而設，非其真也。天本渾圓，而繪圖之法必以視法變爲平圓。既爲平圓，則不得不以

北極爲心，而内衡環之，中衡環之，外衡又環之。夫外衡之度本與内衡等也，而自圖視之，則内衡之度最小，中衡稍大，外衡乃極大。此其出於不得已者一也。三衡之度惋細不同，繪圖之法必核其實。若以中衡爲主而齊之，則内外衡之度多寡不均，且奇零難盡。故必變度數爲里數，而取數始真。此其出於不得已者二也。中衡距北極九十一度，三一二五。本爲周天四分之一。而自圖視之，半徑六十〇度八七五〇。僅得周天六分之一，惟内衡距北極六十六度，七五七九。與半徑略相近，故中外衡距極里數並以内衡度法起算。此其出於不得已者三也。

然半徑六十〇度八七五〇。而内衡距北極六十六度，七五七九。兩數相差五度。八八二九。用以黄赤二極聯爲一綫，於此綫上距北極五度，八八二九。指一星以爲識，命曰北極璇璣。一晝夜左旋一周而過一度。恒以冬至夜半加子，春分夜半加卯，夏至夜半加午，秋分夜半加酉，十二月建之名因之而起，此借象之第一根也。當時實測内外衡相距四十九度，一〇九二。半之，得二十四度，五五四六。即黄赤大距加璇璣距北極五度，八八二九。得三十〇度，四三七五。適合周天十二分之一。夫中衡距北極，本周天十二分之三也，而中衡距内衡又爲周天十二分之一，則内衡距北極必爲周天十二分之二，而與外衡距内衡之度相等。此借象之第二根也。里數之根無所取之，乃於王城立八尺表，以測日景。夏至午正一尺六寸，冬至午正一丈三尺五寸，其較爲一丈一尺九寸，即命十一萬九千里爲外衡距内衡數，亦即爲内衡距北極數。此借象之第三根也。乃置十一萬九千里，倍之，得二十三萬八千里，即内衡徑。三之，得三十五萬七千里，即中衡徑。四之，得四十七萬六千里，即外衡徑。以度命之，内衡距北極六十〇度，八七五〇。内衡距中衡、中衡距外衡各三十〇度。四三七五。若與實測不符，而中衡距北極九十一度，三一二五。内衡距璇璣北游六十六度，七五七九。外衡距璇璣南游百十五度，八六七一。皆與實測所得不約而同。且黄赤極並無象可見，今以璇璣表之可以測北極之高下焉，可以得黄極環繞北極之象焉，可以明天左旋日右旋一歲而差一周天焉。烏乎，可謂巧之至矣！

但其理隱于法中而未嘗明言其故。自趙君卿以下隨文衍義，未有能闡其微者。戴東原直指北極璇璣爲黄極，則璇璣徑二萬三千里，而内衡距外衡十一萬九千里，判若天淵，何可混而爲一？錢竹汀以璇璣爲近北極大星，似矣，而以十一萬九千里爲内外衡相距之實數，則黄赤大距三十〇度，四三七五。亦振古未聞之異說。皆由不知《周髀》爲繪圖之法，且共圖爲借象而非實數故耳。

余於是書，蓋嘗輾轉思之而不得其解，後閲西人《渾蓋通憲》，見其外衡大於中衡，與《周髀》合，而以切綫定緯度，則其度中密外疏，無一等者，乃恍然悟《周髀》之圖欲以經緯通爲一法，故曲折如此，非真以地爲平遠。而以平遠測天，如徐文定公所謂千古大愚者也。況地圖之理，經中已不啻三令五申，安得復生異說？故爲此論，以明其故云。顧觀光識。

紀事

《列子·天瑞》 杞國有人憂天地崩墜，身無所寄，廢寢食者；又有憂彼之所憂者，因往曉之，曰：「天，積氣耳，亡處亡氣。若屈伸呼吸，終日在天中行止，奈何憂崩墜乎？」其人曰：「天果積氣，日月星宿，不當墜耶？」曉之者曰：「日月星宿，亦積氣中之有光耀者，只使墜，亦不能有所中傷。」其人曰：「奈地壞何？」曉者曰：「地積塊耳，充塞四虚，亡處亡塊。若躇步跐蹈，終日在地上行止，奈何憂其壞？」其人舍然大喜，曉之者亦舍然大喜。長廬子聞而笑之曰：「虹霓也，雲霧也，風雨也，四時也，此積氣之成乎天者也。山嶽也，河海也，金石也，水火也，此積形之成乎地者也。知積氣也，知積塊也，奚謂不壞？夫天地，空中之一細物，有中之最巨者。難終難窮，此固然矣；難測難識，此固然矣。憂其壞者，誠爲大遠；言其不壞者，亦爲未是。天地不得不壞，則會歸于壞。遇其壞時，奚爲不憂哉？」子列子聞而笑曰：「言天地壞者亦謬，言天地不壞者亦謬。壞與不壞，吾所不能知也。雖然，彼一也，此一也。故生不知死，死不知生；來不知去，去不知來。壞與不壞，吾何容心哉？」

《莊子·天下》 南方有倚人焉，曰黄繚，問天地所以不墜不陷，風雨雷霆之故。惠施不辭而應，不慮而對，徧爲萬物說。說而不休，多而無已，猶以爲寡，益之以怪。

漢·王充《論衡·談天》 儒書言：「共工與顓頊爭爲天子，不勝，怒而觸不周之山，使天柱折，地維絶。女媧銷煉五色石以補蒼天。斷鼇足以立四極。天

不足西北，故日月移焉；地不足東南，故百川注焉。」此久遠之文，世間是之言也。

唐・魏徵等《隋書》卷一九《天文志上》 漢末，揚子雲《難蓋天八事》，以通渾天。其一云：「日之東行，循黄道。晝〔夜〕中規，牽牛距北極（北）〔南〕百一十度，東井距北極南七十度，并百八十度。周三徑一，二十八宿周天當五百四十度，今三百六十度，何也？」其二曰：「春秋分之日正出在卯，入在酉，而晝漏五十刻。即天蓋轉，夜當倍晝。今夜亦五十刻，何也？」其三曰：「日入而星見，日出而不見，即斗下見日六月，不見日六月。北斗亦當見六月，不見六月。今夜常見，何也？」其四曰：「以蓋圖視天河，起斗而東入狼弧間，曲如輪。今視天河直如繩，何也？」其五曰：「周天二十八宿，以蓋圖視天，星見者當少，不見者當多。今見與不見等，何出入無冬夏，而兩宿十四星當見，不以日長短故見有多少，何也？」其六曰：「天至高也，地至卑也。日託天而旋，可謂至高矣。縱人目可奪，水與影不可奪也。今從高山上，以水望日，日出水下，影上行，何也？」其七曰：「視物，近則大，遠則小。今日與北斗，近我而小，遠我而大，何也？」其八曰：「視蓋橑與車輻間，近杠轂即密，益遠益疏。今北極爲天杠轂，二十八宿爲天橑輻。以星度度天，南方次地星間當數倍。今交密，何也？」

其後桓譚、鄭玄、蔡邕、陸績，各陳《周髀》考驗天狀，多有所違。逮梁武帝於長春殿講義，別擬天體，全同《周髀》之文，蓋立新意，以排渾天之論而已。

唐・司馬貞《史記索隱・三皇本紀》 共工氏與祝融戰，不勝而怒，乃頭觸不周山，崩，天柱折，地維缺。女媧乃煉五色石以補天，斷鼇足以立四極，聚蘆灰以止滔水。於是地平天成，不改舊物。

明・宋濂《〈革象新書〉序》 《革象新書》者，趙緣督先生之所著也。先生鄱陽人，隱遁自晦，不知其名若字。或曰名敬，字子恭，或曰友欽，其名弗能詳也。故世因其自號稱之，爲緣督先生。先生宋宗室之子，習天官、遁甲、鈐式諸書，欲以事功自奮。一日坐芝山酒肆中，逢丈夫脩眉方瞳，索酒酣飲。先生異而即之，相與談玄者頗久，且曰：「汝來何遲也！」於是出囊中九還七返丹書遺之。臨別，先生問其姓名，曰：「我扶風石得之也。」得之蓋世傳杏林仙人云。先生自是視世事若漠然，不經意間，往東海上獨居十年，註《周易》數萬言，時人無有知者。唯傳文懿公立極獨畏敬之，以爲發前人所未言。先生復即棄去，乘青騾，從以小蒼頭，往來衢婺山水間。人不見其有所齋，旅中之費未嘗有乏絶，竟不知爲何術。倦游而休，泊然坐忘，遂葬於衢之龍游鷄鳴山。原有朱暉德明者，龍游人也。久從先生游，得其星曆之學，因獲受是書。而暉亦以占天名家。暉既没，其門人同里章濬深懼泯滅無傳，亟正其舛訛，刻於文梓，而來徵濂爲之序。濂聞天官之説，歷代所步，必微有弗同，蓋欲隨時考驗，以合於天運而已。自唐涉宋，其法寖精，至元爲尤密。耶律文正王楚材以金《大明曆》後天，乃損節氣之分，減周天之秒，去交終之率，治月轉之餘，以至兩曜五行後先出没，皆有以研窮之而正其失。且以西域與中國地里相去之遠，立爲里差，以增損之，名曰《西征庚午元曆》，可謂無遺憾者矣。已而許文正公衡、王文肅公恂、太史令郭公守敬，復與南北日官陳鼎臣、鄧元麟等遍參歷代曆法，重測日月星辰消息運行之變，酌取中數以爲曆本，即所定《授時曆》。《曆經》、《曆議》二書猶存，可考證弗誣也。君子謂當世所推步者，皆一二三大儒，會其精神，博其見聞，備其儀像，而後能造其精微。今先生值天書有禁之時，又獨處大江之南，且無所謂觀天之器，其所著書往往與諸公吻合而無間者，雖絶倫之識，有以致之，誠以人心之理本同，固皆相符而無南北之異也。抑余聞西域遠在萬里之外，元既取其國，有扎瑪爾丹者獻《萬年曆》，其測候之法，但用十二宫而分爲三百六十度。至於二十八宿次舍之説，皆若所不聞。及推日月之薄蝕，頗與中國合者，亦以理之同故也。嗚呼！四海内外，凡圓顱方趾之民，其心皆同，其理皆不殊也，豈特占天之事爲獨然哉？先生之《易》已亡於兵燼，所著兵家書暨神僊方技之言亦不存，其所存者僅止此而已，當與《曆經》並行無疑。濂故特序先生之事於篇首，使讀者知先生之學通乎天人，庶幾相與謹其傳焉。金華宋濂序。

明・王褘《〈革象新書〉序》 革象，司天之書也，鄱陽趙緣督先生所纂。先生名友某，字子恭，其先於宋有屬籍，其學長於律法算數，而天官星家之術尤精，讀其書可見也。其書有推步立成等篇，皆載占驗之例。而革象者，則天地日月五星四時之故曆象之制俱在焉。然其爲言涉於蕪冗鄙陋，反若昧其旨意之所在，予因爲之纂次，削其支離，證其譌舛，釐其次等，挈其要領，於是辭益簡而旨加明矣。

清・朱彝尊《張氏〈定曆玉衡〉序》 《定曆玉衡》者何？新塍張簡菴氏曆書也。曆無定也，星有淩犯掩合勾己，月有朓側匿，日有盈縮，歲有差。然數主于革，而理存乎故。求其故，則百世可知，千歲之日至可致。理與數皆有定也。其云「玉衡」何？玉衡者，正天之器也。《周官》正歲年序事掌之太史、馮相氏；觀

妖祥，辨吉凶，則保章氏、眡祲司之。故歷代之史，律曆、天文、五行各有其志。自漢哀平之後，緯候雜出，於是曆術妖占混而爲一。稽曆序者，自詡前知受命之符，爲世主所忌。七緯既焚，遂致私習，天文有禁。逮宋太平興國中，詔天下知星者詣京師，至者百餘人，或誅，或配海島，由是言星占者絶，朝之大夫士并諱曆法不學矣。古之人，龍見而雩，駟見而隕霜，火見而戒寒，日北陸而藏冰，莫不有候。繁星之麗天，武夫憚人，以及束芻抱衾之女子皆能晰其形象。今也居軫蓋之中，三垣列宿，躔次之不分，天位淹速之莫辨。未通乎天地人，而自名曰「儒」，其亦小人儒也已。簡菴氏恥之，博綜曆法五十有六家，正古今曆術之謬四十有四，成書一十八卷。既擇焉而精，語焉而詳矣，始稽之吴江王寅旭氏，繼又往證之宣城梅定九氏。凡西洋之言，溺于數之中，出于理之外，傲人以所不知者，弗受其惑焉。班孟堅曰：曆譜者，聖人知命之術。蓋昧者視爲器數之學，明者知爲性命之原。自昔習天文有禁，而言曆者無禁也。是書傳，足以伸儒者之氣，折泰西之口，而王氏、梅氏爲不孤矣。簡菴，名雍敬。王氏，名錫闡。梅氏，名文鼎。皆有曆書。

清·段玉裁《戴東原先生年譜》〔乾隆〕四十二年丁酉，五十五歲。

先生在四庫館所校定之書，進呈文淵閣本皆具載年、月、銜名。聚珍版亦載之。而杭州文瀾閣寫本不載，故不能詳者，類述於此。大抵皆癸巳以後丁酉以前五年所定也。

一曰《周髀筭經》。此經爲《筭學十書》之首，而三千年來學者昧其旨趣。先生謂：此古蓋天之法。自漢以迄元明，皆主渾天。明時，歐羅巴人入中國，始稱別立新法。然其言地圜，即所謂「地法覆槃，滂沱四隤而下」也。其言南北里差，即所謂「北極左右，夏有不釋之冰；中衡左右，冬有不死之(艸)〔草〕」，是爲寒暑推移，隨南北不同之故也。其言東西里差，即所謂「東方日中，西方夜半；西方日中，東方夜半」，晝夜易處，如四時相反，是爲節氣合朔、加時早晚隨東西不同之故也。《新法曆書》述第谷以前西法三百六十五日四分日之一，每四歲之小餘成一日，即所謂「三百六十五日者三，三百六十六日者一」也。西法出於《周髀》，所謂「天子失官，學在四夷者」歟？而刻本脱誤多，不可通。古本五圖，而失傳者三，譌舛者一。凡皆正之補之，學者可以從事如道河積石，源流正矣。有提要一首。浙閣本五十二年二月。

清·謝墉《〈淮南天文訓補注〉序》 高誘注《淮南》，其序謂「深思先師之訓，參以經傳道家之言，比方其事，爲之注解」。是知道家之書，繇來已久。夫天道遠，人道邇。言人則莫精于儒書，談天則不得廢《道藏》。昔班生謂：道家本出史官蓋天文之學掌諸馮相，原非異術也。《漢志七略》有太壹、雜子、陰陽、候歲、雲氣、星諸篇，此其傳之。古有專門名家，迨其後唐都洛下閎皆爲方士之伎，而儒者鮮肄業及之矣。《易》曰：仰以觀于天文。今一翹首，莫不見七政二十八宿，非必睿聖始得辨之也。乃極探幽索隱之士，其于晨夕縣象者，弗能識其一二，是可嗤也！

官失而學在四夷，叔重之注《淮南》，其存于《道藏》者固宜。嘗讀宋廬陵羅氏《路史》，多援丹壺諸書爲證，要亦汲古者旁搜之一道也。溉亭之補注《天文訓》，于高、許二家之後，此物此志夫。夫律法算數之始也。而日景律法之原也，言天文者不能不讐算，言算學者不能不求日景。尺寸從黄鐘生，既從日景定。《淮南》之訓天文，而終之以律度者，義蓋取諸此。溉亭心知其意，既精其業而注之，且爲之圖説，以章之其旨，正其文博，以視八公、大小山，大有逕庭矣。讀是書者，其毋以溉亭之學爲淮南學哉。溉亭邃于經學，以是舉賢書。成進士，亟請于銓曹就教授，南歸。著書之歲月方多，尚其以《道藏》證儒書，而勿使儒術淪于道流，敢以是勗焉。乾隆庚子六月二十日，嘉禾友人謝墉。

清·阮亨《李氏遺書紀略》 儀徵阮雲臺宫保元《定香亭筆談》云：元和李尚之，錢辛楣宫詹高弟，深於天文算術，江以南第一人也。居西園，爲予校李冶《測圜海鏡》，推算立天元一細草。

儀徵阮仲嘉明經亨《珠湖草堂筆記》云：李四香與予訂交於浙撫署中，爲人樸厚篤學，邃於經義，尤精於天文步算，與焦里堂、淩次仲兩先生爲談天三友。秦道古、李欒城之書，久無習者，四香特講明天元一、大衍求一之術。餘事爲詩文，亦皆精湛。及門傳其學，多掇巍科以去。與予倡和之作，俱刊入《瀛舟筆譚》。

清·張雋《〈天地問答〉自序》 儒者之學，以人倫日用爲切近，而天文地理爲高遠，故六合之外，聖人存而不論。自三代以降，聖人不作，而談天之徒起，括地之志出，一倡百和，雖六合之外，侈然論之。夫論之則亦已矣，獨奈何其誣之也。天地受其誣，而古今蒙其惑，是惡可以不辨夫？東周之季，孔子殁而微言絶，七十子喪而大義乖，詖淫邪遁之辭起而與吾道相角，吾道孤矣。孟子出而楊墨之害熄焉，此吾道之幸也！秦政暴虐，阬儒焚書，然伏生無恙，六經俱存，猶不足爲吾道害，漢興而道泯矣！何則？秦火後漢求遺書，曲學異端，各撰一編，僞

託以進，而百家諸子之書叢焉。武宣之世，洛下閎、鮮于妄人、耿壽昌之輩易蓋天爲渾天，而張衡、蔡邕、王蕃之徒復爲之説。其言曰：「天如雞子，天大地小。」又曰：「天形如彈丸，半覆地上，半隱地下。」又曰：「日晝行地上，夜行地下。」又曰：「天左行，日月右行，隨天左轉。」而變其説者《考靈曜》則曰：「地有四游。」《博物志》亦曰：「地常動不止。」然可游可動，則仍無以易天大地小之説也。雖漢王充、梁武帝嘗據蓋天之説以駁之，終莫能正其謬。宋儒復懵不加察，引以詁《經》、《詩》、《書》、《傳》，竟相矛盾。近世西學入中國，又從其説而加之甚，謂日大而地小，日静而地動。地與七曜合而爲八曜，繞日而轉，向日者晝，背日者夜。士大夫喜新好異，羣然惑之。儀徵阮氏且引之入《疇人傳》而登諸《皇清經解》，豈直妖言惑世，邪説熒人云爾哉！蓋毒流儒林，害及吾道矣。此而不辨，其誣惑庸有已耶？夫古今中西之人士，聰明特達者不少，而卒未嘗悟其非而辨其謬者，無他。前明宏治五年以前，西人可侖比亞未得美洲之别一區宇，而天地之體現其半而隱其全。日月之行，人第見其自東而西，未見其自西而東，而一晝夜間没西而還東，遂以爲日月出入於地中，深信乎渾天之説，而復於《黄帝·素書》、《周髀算經》、《吕氏春秋》、王充《論衡》、《北史·崔浩傳》、佛書《起世經》諸書詳見天地問答。束焉而不觀，觀焉而不悟。故二千年來墨守渾天之説而莫易。今即美洲既闢，天地之全形畢露，而四海未嘗遊歷，於東朝則西暮，南晝則北夜之象既懵然其不知。又惑於西人之言，信以爲地圓如球，上下四旁皆人所居，而亞洲之人與美洲之人足版相抵，分上下不分前後，則亦無以悟其非而辨其謬也。嗟乎！天文地理，儒者雖以爲高遠，高遠亦道之所在也。一事不知，儒者之恥，況於天地之道乎？且不知爲不知猶可也，不知而自以爲知，胥天下相率於不知，而又胥天下相率於不知爲知，予安能忍而與此終古也？抑又言之，西漢之世，讖緯術數之學尚吉凶禍福之惑，滋其害中於人心，其獘沿爲風俗，亦世道之憂也，弗辨亦弗安也。歲癸巳，山居多暇，撰《天地問答》七卷，質諸提學徐公，公無所可否，不置一辭。客有覽而韙之而又病之者，讓余曰：「子是之撰，殆欲以奥峭簡潔成一家言，而非欲以剴切詳明，爲天地劈其誣，爲古今破其惑也。夫三代秦漢之文，奥峭簡潔，非不貴也。然而學者覽不終篇，輒沈沈睡去，是直爲引睡魔耳。徐公覽之不置一辭，宜也。吾子過矣。」余迺憬然悟，皇然謝，幡然改，務求如白傅詩，老嫗都解，極之麤淺平直、板滯冗煩而不恤。書成，客再過，出以質之，客曰：「可矣。雷霆衆聵，日月羣盲矣！」吁，如客所云，則吾豈敢？但使署者詳，晦者明，俾覽者瞭然，而天地之誣劈古今之惑破，斯道明矣。彬雅君子鄙其無文而以覆瓿焉，無憾也。知我者，其在對酒論文之外乎？庚子孟冬，張雋自序

著録

唐·張彦遠《歷代名畫記》卷三 《渾天宣夜圖》。各一。

《日月交會圖》。一，鄭玄註。

元·盛熙明《圖畫考》卷一 《渾天宣夜圖》。

《日月交會圖》。

明·范邦甸、范懋敏《天一閣書目》 《革象新書》二卷。刊本。宋趙敬著。明嘉靖戊午四明張淵序云：司天之學，世鮮其繼矣。《革象》一書，乃趙緣督先生所輯，真通天之奥義也。愚嘗備官留曹，偶得舊帙於敝肆中，命官工重梓，以廣其傳。宋濂、王禕均有序。

清·錢曾《讀書敏求記·天文》 《乾坤寳典》十二卷。脉望館録本清常道人校過。

《璇璣類聚》六卷。古之言天者八家：一曰渾天，張衡《靈憲》是也。二曰宣夜，絶無師學。三曰蓋天，《周髀》所載。四曰軒天，姚信所説。五曰窮天，虞聳所擬。六曰安天，虞喜所述。七曰方天，王充所論。八曰四天，祆胡寓言。李淳風取渾天近理，特載《靈(臺)〔憲〕》于《乙巳占》之首。此獨宗淳風説，採取諸家之異同，考古今之占驗，斷以渾天爲主。今人紊亂列宿，刊削四餘，殆狂而比于備矣，視此能不滋愧乎？

清·朱彝尊《曝書亭集》卷四四《書〈周髀〉後》 班固志藝文，《周髀》不著于録。商高姓名，《古今人表》無聞焉。然蔡邕謂其「術數具存，考驗天狀，多所違失」，則漢季已有其書。《隋·經籍志》載：「《周髀》一卷，趙嬰注。又《注》一卷，甄鸞重述。又《圖》一卷。」《唐志》益以李淳風《注釋》一卷。《崇文院總目》中《興館閣書目》均有之。《宋志》又益李籍《音義》一卷，而鼇《周髀》作二卷。此今本

流傳，惟《音義》別爲一卷，其餘悉合爲一矣。

高之言曰：「笠以寫天，青黑爲表，丹黃爲裏。」而陳子之告榮方曰：「天象蓋笠，地法覆槃。」主蓋天之説者也。《隋、唐志》均書「趙嬰」注，而今本卷首題「趙君卿」字。宋嘉定中，知汀州軍州兼管内勸農事、括蒼鮑澣之作序，疑唐以前有趙嬰之注，而本朝則有趙爽之本，君卿其字也。又疑趙嬰趙爽止是一人。今觀君卿注，每自稱其名曰「爽」，殆非《隋、唐志》之舊注矣。鸞，北周司隸校尉。淳風，唐太史令。籍，宋承務郎，祕書省鈎考算經文字。

清・朱彝尊《書〈宋寶祐會天曆〉後》 右《宋寶祐四年會天曆》保章正荆執禮、譚玉，靈臺郎楊旂、相師堯，判太史局提點曆書鄧宗文等算造具注頒行。是歲在丙辰元日立春，田家諺所云「百年罕遇」者也。按：《會天曆》初名《顯天》，淳祐十二年，太府寺丞張湜，祕書省檢閲林光世，同師堯、玉等推算，略見于《宋史・律曆志》。既而寶祐改元，定名曰《會天》。於是尤學士焴被命作序。原授時之典，歲頒曆于萬國，鏤板印行，莫可數計。然歲既更，無復存焉者。馬氏《經籍志》載金人《大明曆》，正以其不易得也。是本爲崑山徐閣老公肅甫所藏，予假之編修道積，録其副。按：南渡以後，自《統元》至《會天》曆名凡七改，惟《會天》史稱闕其法。試繇丙辰一歲推之，曆家可忖測而得其故已。

清・戴震《戴東原集》卷五《〈續天文略〉序》 臣震謹案：《書》言「敬授人時」，《易》言「天垂象，見吉凶」。其在《周官》，推步掌於馮相氏，占變掌於保章氏，各有專司。故司馬遷《史記》分爲八書之二。古者小民咸識天象，仰瞻星漢，用知時節而趣耕作。《夏小正》、《月令》諸書，示農事女工弗怠緩也。而律設科條，私習天文有禁，乃以絶民間或妄語禨祥。是二者，又有宜講求、不宜講求之別矣。然施之於用雖二事，苟溯而上之，日月星運行有常，其爲體也則一。

宋鄭樵《通志》録《步天歌》兼及其注文，繼以《晉書》所列天漢起没、十二次度數、州郡躔次，又參以《隋書》所列七曜述是數者爲《天文略》。樵稱：歌詞句中有圖，言下見象，不語休祥，而注内仍不免涉災祥休咎。至若十二次宿度雜舉劉歆、費直、蔡邕三家，則由未解歲差，故存其殊，致莫之折衷。其以郡隸州國也，如曰燕幽州，而所隸有西河、上郡、北地，此三郡實古雍州。曰衛而配以并州，下列安定、天水、隴西、酒泉、張掖、武都、金城、武威、敦煌，此九郡遠出雍西。曰魏而配以益州，隸廣漢、越巂、蜀郡、犍爲、牂牁、巴郡，漢中於下，實非魏之疆土。曰秦雍州，而所隸乃雲中、定襄、雁門、代郡、大原、上黨，又屬戰國時趙域。《晉書》此條謬舛特甚，既無從是正，不宜取以滋惑。蓋天文一事，樵所不知，而欲成全書，固不可闕而不載。是以徒襲舊史，未能擇之精，語之詳也。今更爲目十：曰星見伏昏旦中，曰列宿十二次，曰星象，曰黃道宿度，曰七衡六間，曰晷景短長，曰北極高下，曰日月五步規法，曰儀象，曰漏刻。或補前書闕遺，或賡所未及。凡占變推步不與焉。考自唐虞已來，下迄元、明見於六經史籍有關運行之體者，約而論之，著於篇。

清・紀昀等《四庫全書總目提要》卷一二《經部一二・書類二》 《讀書叢説》，六卷。浙江吳玉墀家藏本。

元許謙撰。謙字益之，金華人。延祐中以講學名一時，儒者所稱白雲先生是也。事蹟具《元史・儒學傳》。自蔡沈《書集傳》出，解經者大抵樂其簡易，不復參考諸書。謙獨博核事實，不株守一家，故稱《叢説》。如蔡氏釋《堯典》本張子「天左旋，處其中者順之，少遲則反右」之説。不知左旋者東西旋，右旋者南北旋，截然殊致，非以遲而成右也。日東出西没，隨大氣而左，以成晝夜，非日之自行。其自行則冬至後由南斂北，夏至後由北發南，以成寒暑。月之隨大氣而左，及其自行亦如之。謙雖不能盡攻其失，然《七政疑》一條，謂七政與天同西行，恐錯亂紛雜，泛然無統，可謂不苟同矣。

又 《書蔡傳旁通》，六卷。兩江總督采進本。

元陳師凱撰。師凱家彭蠡，故自題曰「東匯澤」。其始末則不可得詳。此書成於至治辛酉。以鄱陽董鼎《尚書輯録纂注》本以羽翼蔡《傳》，然多采先儒問答，斷以己意。大抵辨論義理，而於天文、地理、律曆、禮樂、兵刑、龜策、《河圖》、《洛書》、道德、性命、官職、封建之屬皆在所略。遇《傳》文片言之賾，隻字之隱，讀者不免囁嚅齟齬。因作是編，於名物度數蔡《傳》所稱引而未詳者，一一博引繁稱，析其端委。其蔡《傳》歧誤之處，則不復糾正。蓋如孔穎達諸經《正義》主於發揮注文，不主於攻駁注文也。然不能以回護注文之故廢孔氏之《疏》，則亦不能以回護蔡《傳》之故廢師凱之書矣。知其有所遷就而節取所長可也。

又 《書傳會選》，六卷。浙江朱彝尊家曝書亭藏本。

明翰林學士劉三吾等奉敕撰。案：蔡沈《書傳》雖源出朱子，而自用己意者多。當其初行，已多異論。宋末元初，張葆舒作《尚書蔡傳訂誤》，黃景昌作《尚書蔡氏傳正誤》，程直方作《蔡傳辨疑》，余苞舒作《讀蔡傳疑》，遞相詰難。及元仁宗延祐二年，議復貢舉，定《尚書》義用蔡氏，於是葆舒等之書盡佚不傳。陳櫟

初作《書傳折衷》，頗論蔡氏之失。迨法制既定，乃改作《纂疏》，發明蔡義，而《折中》亦佚不傳。其《自序》所謂「聖朝科舉興行，書宗蔡《傳》，固亦宜然」者，蓋有爲也。至明太祖始考驗天象，知與蔡《傳》不合，乃博徵績學，定爲此編。凡蔡《傳》之合者存之，不預立意見以曲肆詆排。其不合者則改之，亦不堅持門户以巧爲回護。計所糾正凡六十六條。祝允明《枝山前聞》載其示天下者，惟《堯典》注「日月左旋」、《洪範》注「相協厥居」二條，舉大凡耳。顧炎武《日知録》曰「此書謂天左旋，日月五星違天而右旋，主陳氏祥道。【略】其傳中用古人姓氏、古書名目，必具出處，兼亦考正典故。蓋宋元以來諸儒之規模猶在，而其爲此書者，皆自幼爲務本之學，非由八股發身之人。故所著之書雖不及先儒，而尚有功於後學」云云，以炎武之淹博絶倫，罕所許可，而其論如是，則是書之足貴，可略見矣。

清・紀昀等《四庫全書總目提要》卷二二《經部二二・禮類四》　《五禮通考》二百六十二卷。江蘇巡撫采進本。

國朝秦蕙田撰。蕙田字樹峰，金匱人。乾隆丙辰進士，官至刑部尚書。謚文恭。是書因徐乾學《讀禮通考》惟詳「喪葬」一門，而《周官・大宗伯》所列五禮之目，古經散亡，鮮能尋端竟委，乃因徐氏體例，網羅衆説，以成一書。凡爲類七十有五。以樂律附於吉禮宗廟制度之後；以天文推步、句股割圓，立「觀象授時」一題統之；以古今州國都邑山川地名，立「體國經野」一題統之：並載入《嘉禮》。雖事屬旁涉，非五禮所應該，不免有炫博之意，然周代六官，總名曰禮。禮之用，精粗條貫，所賅本博。故朱子《儀禮經傳通解》於《學禮》載鐘律詩樂，又欲取許氏《説文解字》序説及《九章算經》爲《書數篇》而未成。則蕙田之以類纂附，尚不爲無據。其他考證經史，元元本本，具有經緯，非剽竊餖飣，挂一漏萬者可比。較陳祥道等所作，有過之無不及矣。

清・紀昀等《四庫全書總目提要》卷一〇六《子部一六・天文算法類一》

《原本革象新書》五卷。永樂大典本。

不著撰人名氏。宋濂作序，稱趙緣督先生所著。先生鄱陽人，隱遯自晦，不知其名若字。或曰名敬，字子恭，或曰友欽，弗能詳也。王禕嘗刊定其書，序稱名友某，字子公，其先於宋有屬籍。考《宋史・宗室世系表》，漢王房十二世，以友字，聯名。書中稱歲策加減法，自至元辛巳行之至今，其人當在郭守敬後，時代亦合。然語出傳聞，未能確定。都卬《三餘贅筆》稱，嘗見一雜書云，先生名友欽，字敬夫，饒之德興人。其名敬，字子恭及字子公者皆非，亦不言其何所本，惟其爲趙姓，則灼然無疑也。其書自王禕删潤之後，世所行者皆禕本，趙氏原本遂佚。惟《永樂大典》所載，與禕本參校，互有異同，知姚廣孝編纂之時，所據猶爲舊帙。禕序頗譏其蕪冗鄙陋。然術數之家，主於測算，未可以文章工拙相繩。又禕於天文星氣雖亦究心，而儒者之兼通，終不及專門之本業。故二本所載，亦互有短長。並録存之，亦足以資參考。

其中如「日至之景」一條，《周髀》謂夏至日值内衡，冬至值外衡，中國近内衡之下，地平與内衡相際於寅戌，外衡相際於辰申，二至長短以是爲限，其寒暑之氣則以近日遠日爲殊。而此書謂日之長短由於日行之高低，氣之寒暑由於積氣之多寡。「天周歲終」一條，天左旋，其樞名赤極；日右旋，其樞名黄極。經星亦右旋，宗黄極以成歲差。而此書謂天體不可知。但以經星言之，左旋則自東而西，南北不移，右旋則自西而東，以出入而分南北，截然殊致；而此書謂如良駑二馬，駑不及良，一周遭則復遇一處。「日道歲差」一條，歲差由於經星右旋，凡考冬至日躔某星幾度幾分爲一事，至授時法所立加減謂之歲實消長，與恒氣冬至定氣冬至又爲一事，迥乎不同。而此書合而一之。又「天地正中」一條，日中天則形大，出地入地則形大，乃蒙氣之故。而此書謂天頂遠而四旁近。又南北度必測北極出地，東西度必測月食時刻，别無他術。而此書欲以北極定東西之偏正，以東西景定南北之偏正。「地域遠近」一條，地球渾圓，隨處皆有天頂。而此書拘泥舊説，謂陽城爲天頂之下。又《元史》所記南北海晝夜刻數各有盈縮。而此書謂南方晝夜長短不較多。又時刻由赤道度而景移在地平，故早晚景移遲，近午景移疾，愈南則遲者愈遲，疾者愈疾。而此書謂偏西則早遲而晚疾，偏東則早疾而晚遲。「月體半明」一條，凡日月相望必近交道，乃入闇虚，遠於交道則地不得而掩之。而此書謂隔地受光如吸鐵之石。其論皆失之疏舛。他如以月孛之孛爲彗孛之孛，謂地上之天多於地下之天，謂黄道歲歲不由舊路，謂月駁爲山河影，謂月食爲受日光多陽極反亢，謂日月圓徑相倍，謂闇虚非地影，或拘泥舊法，或自出新解，於測驗亦多違失。然其覃思推究，頗亦發前人所未發，於今法爲疏，於古法則爲已密。在元以前談天諸家，猶爲實有心得者。故於訛誤之處，並以今法加案駁正，而仍存其説，以備一家之學焉。

《重修革象新書》二卷。浙江範懋柱家天一閣藏本。

明王禕删定元趙氏本也。禕有《大事記續編》，已著録。是書並趙氏原本五

卷爲二卷。前有禕自序，稱原書涉於蕪冗鄙陋，反若昧其指意之所在。因爲之纂次，削其支離，證其訛舛，厘其次等，挈其要領云云。今以原書相校，其所潤色者頗多，刊除者亦復不少。然於改定之處不加論辨，使觀者莫能尋其增損之跡，以究其得失之由，又其中舛謬之處亦未能芟除浄盡。特其字句之蕪累，一經修飾，斐然可觀，抑亦善於點竄者矣。平心而論，原本詞雖稍遝，而詳贍可考。改本文雖頗略，而簡徑易明。各有所長，未容偏廢。故今仿新、舊《唐書》之例，並著於録焉。

清·錢大昕《〈淮南天文訓補注〉序》 溉亭主人嘿而湛思，有子雲之好，一物不知，有吉茂之恥。讀《淮南·天文訓》，謂其多三代遺術，今人鮮究其旨。乃證之羣書，疏其大義。或意有不盡，則圖以顯之。洵足爲九師之功臣，而補許、高之未備者也。嘗攷天之言，文始于宣尼贊《易》，言「一陰一陽之謂道。道有變動，故曰爻。爻有等，故曰物。物相雜，故曰文。」則天文即天道也。經傳言：天道者，皆主七政五行、吉凶休咎而言。子貢億則屢中，而猶謂「性與天道，不可得而聞」，則天道之微，非箕子、周公、孔子不足以與此。此子産譏裨竈焉知天道，而梓慎之見屈于叔孫昭子也。然古者祝宗卜史，亞于太宰。馮相、保章，官以世氏，習其業者，皆傳授有本，非矯誣疑衆。五紀、六物、七衡、九行、子卯之忌，具存昏旦之中，可紀天道不謟，文亦在茲。是以名卿學士就而咨訪，以察時變。睹火流而知失閏，望烏帑而識棄次。八會之占驗于吴、楚，玉門之策習于種、蠡。雖小道，有可觀。而夫子焉不學？詎如後之學者，未窺六甲，便衍先天；不辨五行，迺汩《洪範》。握算昧正負之目，出門迷鈎繩之方也哉？秦火以降，(曲)〔典〕籍散亡。《淮南》一篇，略存古法。溉亭爲引而伸之，觸類而長之。讀之可上窺渾蓋宣夜之原，旁究堪輿叢辰之應。但恐君山而外無好之者，不免覆醬瓿之嘲爾。竹汀居士大昕。

清·錢大昕《十駕齋養新録》卷一四　革象新書

趙緣督先生《革象新書》，元槧本，門人三衢章濬纂輯，不分卷，每(葉)〔頁〕廿六行，行廿四字。明初，義烏王禕有删本，其篇目前後與此互異。王序謂「其書有《推步》、《立成》諸篇，皆載占驗之術」。今檢此本初無之，豈王所見別有一本耶？邵康節元會運世之數，後儒尊信，莫敢有異議者，獨緣督譏其不可準，謂「以諸家術求《皇極》之元，不特七政無揔會之事，抑且散亂無倫」。此真通人之論，非精於推步者不能知，非胸有定見者不能言也。

寶祐會天曆

《宋寶祐會天曆》，予訪之五十年，今春始於姑蘇吴氏得見之。朱錫鬯跋引農家諺，以元日立春爲百年罕遇。予考元世祖至元三十一年甲午歲，正月一日立春，見於周密《癸辛雜識》、陶九成《輟耕録》。距《宋理宗寶祐》四年丙辰，僅卅有八年耳。夫元日立春，猶之天正朔旦冬至也。以古法十九年一章之率推之，本非罕覯之事。田家不諳推步，故有此諺，未可信以爲實也。分卦直日，以《坎》、《離》、《震》、《兑》各六爻主二十四氣，及五日一候，皆唐《大衍術》，而宋因之。元《授時》以後，始不立求卦氣七十二候諸術。今疇人子弟，遂不知六日七分爲何語矣。崑山徐相國家宋槧本今已不存，此從竹垞影鈔本展轉摹寫，不無脱漏訛舛。要是世間希有之物，其書「玄鳥」爲「鳦鳥」、「姤」爲「遇」、「恒」爲「常」，皆避宋諱。若八月三日下「大夫登」三字，當爲「禾乃登」之訛。

又　大乙統宗寶鑑

《大乙統宗寶鑑》二十卷，前有大德癸卯曉山老人序。其求太乙積年術，日法一萬五百，歲實三百八十三萬五千零四十八分二十五秒。予嘗詢之元和李尚之。尚之曰：宋同州王湜《易學》曰：每年於三百六十五日二千四百四十分之外，有終於五分者，有終於六分者，有終於五六分之間者。終於五分，五代王朴《欽天曆》是也，以七千二百爲日法。終於六分者，近年《萬分曆》是也，以一萬爲日法。終於五六分之間者，《景祐曆法》，載於《太一遁甲》中者是也。以一萬五百分爲日法者，此暗用《授時》法也。試以日法爲一率，歲實爲二率，授時日法一萬爲三率，推四率，得三百六十五萬二千四百二十五分，即授時之歲實也。其氣、朔二策，竟用《授時》數，則仍以一萬爲日法，不以一萬五百爲日法，所謂欲蓋彌章者也。王肯堂《筆麈》載此書。上元甲子，距元大德七年癸卯，歲積一千一十五萬五千二百一十九年。予所見本，積年至明正德十二年，蓋後人增改，非復大德舊本矣。

清·翁方綱《〈淮南天文訓補注〉序》 溉亭進士以所著《淮南天文訓補注》上下二卷見示。予讀而歎其賅洽。其曰「臣許慎記上」者，從《道藏》也。予曩于《道藏》見是文而類之，既而證以晁、陳二家之書。晁曰：慎標其首皆曰閒詁。陳云：敘言誘少從同縣盧君，受其句讀。盧君者，植也。與之同縣，則誘乃涿人。又言建安十年，辟司空椽，除東郡濮陽令。十七年，遷監河東。則誘漢末人也。是皆與許叔重不合。又嘗稽《昭明文選》李善注所引高誘《淮南注》校之，即

今所傳《道藏》注本。又即以此卷九野一條屬《吕覽》正文，而高注雖有詳略，究無殊旨。然則「許慎記上」之文，恐當闕疑矣。溉亭且存此説，他日有以訂定，幸必寄示也。乾隆庚子五月二十七日，北平友人翁方綱。

清・錢塘《〈淮南天文訓補注〉自序》　《淮南鴻烈解》有許慎、高誘兩家注，《隋書・經籍志》並列于篇。至劉昫作《唐書・經籍志》，唯載高注，則許注已佚于五季之亂矣。而《新唐書》及《宋史・藝文志》仍並列兩家，謂唐時許注猶存。歐陽氏得其故籍，以爲志可也，宋時安得復有許注，而修史志者猶采入之歟？歡陳氏《書録解題》有曰：既題許慎記上，而序文則用高誘，然則許注既佚，宋人以其零落僅存者羼入高注，遂題許慎之名，而其未羼入者仍名高注可知也。要其冠以高誘之序，則高注爲多矣。今世所傳高氏訓解已非全書，而明正統十年道藏刊本首有高誘之序，内則題「太尉祭酒臣許慎記上」，一如陳氏所云。是即宋時羼入之本，以校高注增多十三、四，其間當有許注也。夫以淮南王之博辯，善文辭，爲武帝所尊重，復得四方賓客如九師八公者，廣采羣籍作爲是書，固已極魁瑋奇麗之觀。而東漢兩大儒各以博識多聞之學，事爲之證，言爲之詁，亦既疏解略盡矣。道藏本雖不全，而雜有二家之注在焉，猶愈于訓解之止出一家而又爲庸妄子之所芟削者，獨《天文訓》一篇。道藏本未嘗增多訓解一字，而中有「誘不敏也」之文，其注亦遂簡略。蓋此篇決出于誘之所注，而誘于術數未諳，遂不能詳言其義耳。然吾謂三代古術，往往見于《周禮》、《左氏春秋傳》、《史記・律曆》、《天官書》中。其可以相質證者，賴有此篇，儒者而弗明乎是，即經史之奥旨，何由洞悉而無疑也哉？竊不自揆，推以算數，稽諸載籍，于高氏所未及者皆詳言之，亦時正其舛謬。如「天一元始，正月建寅，日月入營室五度，天一以始建」。即是。《顓頊曆》上元則天一當爲太一，而高氏無注。二十四時之變反覆比十二律，故一氣比一音，而注以十二月律釋之。淮南元年，太一在丙子，冬至甲午，立春丙子。曆術所無。蓋時己酉冬至，脱其日名甲子，自爲立春之日重言。丙子本與下文二陰一陽成氣二，二陽一陰成氣三，相連即釋太一丙子之義，而截立春丙子爲句，閡以注語，似立春僅去冬至四十二日。此皆舛錯尤大者。予之補注不爲高氏作疏正，不妨直糾其失耳。書成于己亥之夏，戊申秋復改正數條，遂繕爲定本焉。乾隆五十三年九月九日，嘉定錢塘序。

清・陶澍《〈淮南天文訓補注〉序》　漢淮南王安招集八公、大小山之徒，作書二十一篇，統名曰《鴻烈解》。爲之注者，有許慎、高誘兩家。今許注已佚，惟高注存。然亦非其舊，間有許注錯雜其中。《天文訓》者，特《鴻烈》之一篇，後世陰陽五行之説，多祖述於此。高注或未能悉得其義例，蓋疇人之學，非宿學世業不能通其奥也。乾隆中，嘉定錢進士塘特取而爲之補注，以淮南所用爲《顓頊曆》，信而有徵。以八風配奇門，亦足訂術家休生相次之謬。惟本書所言土生於午，壯於戌，死於寅，今即不用其説。豈天事微渺，其名以命之、數以紀之者，皆出於人之所爲，可隨時而轉易乎？又太陰在四仲，歲星行三宿；太陰在四鉤，歲星行二宿。四鉤之義，高注詳之。三宿、二宿，高氏無注。蓋本書後文「太陰在丑，歲星舍尾箕」、「太陰在寅，歲星舍斗、牛」，即二宿也。「太陰在子，歲星舍氐、房、心」、「太陰在午，歲星舍胃、昴、畢」，即三宿也。錢氏引《左傳》：婺女玄枵之維，首以玄枵，次有三宿，則大梁、鶉火、大火亦必三宿。其餘八次，僅得二宿。可知輾轉相證，似忘本書之已自注於後。然《淮南》亦第就漢時十二宫次舍言之，揆之於今，多有不合。蓋恒星東移約七十年而差一度，則亦未可膠柱而鼓瑟矣。是書向無刻本，適余門人淡君春臺作宰嘉定，因囑令表章之。淡君因與毛君嶽生、陸君珣，以莊本校字句之同異而付之梓。錢氏爲竹汀先生猶子，好學深思，喜著書。即此卷單行，可以見其一斑。識者無徒以陰陽五行家目之也。道光八年春，安化陶澍。

清・戴殿泗《遠堂〈管窺圖説〉序》　《管窺圖説》，何君遠堂言天文之書也，談經家舌撟而不得下者，莫如天文。遠堂以其心得著成是書，其於四時列宿之出没、躔度之次序、日道月行天上地底並列之區、左旋右旋之故、日月交會交食之狀，置閏法、月體盈虧法、天體里度分野、五星歲差曆法、儀象以及經傳所載之度數，無不詳明而切究之。製圖二十有四，以參其象；綴説四萬餘言，以盡其意。務令經傳諸言象緯者幽奥之處，較若列眉紛出之條，粲如指掌。天文即云難，冀從此而潛心焉。入其門者自可馴至，此遠堂之所以殷然於斯業也。然遠堂非必有所臆説創造於其間也，會注疏百家之言精而又精，折其衷而已，又非別有武斷速悟以訂正其是非也。積參稽之久，廢寢忘食，一旦洞然於胸中，於以筆之書而已。遠堂向有《溝洫圖説》，予曾序之，知其數十年來所研究，有《九經通解》及《條考讀史篇縮及筆議》諸書。殫歲時之力，可以繕成各種，何不次序編纂，以垂後乎？噫！吾金郡學者，當伊昔極盛時類，皆專志經史，無心外慕，諸所纂述，班班可考。遠堂所爲，其流風餘韻，後先接踵耶？以視今之束書不觀、略觀不(澈)[徹]者，其相去當不可以道里計。而豐玉荒穀，端有在矣，婺學之興，

吾於是望。

時嘉慶庚午夏四月穀旦。友弟仙華戴殿泗謹序。

清·何濟川《管窺圖説》弁言　竊維吾儒之學，基裕格致，猷爲副焉。則自名物以至身心，悉在所究或漫自期許，吾知遠效無徵，即近察難幾。夫人受天地之中，以生懋勉者，動云效健，而試究唯大之所以不停，三光之得以屢照，有終歲奉戴幾不能確指其所以，則聰明已歉於日接矣。此《管窺圖説》，愚之所以妄述也，蓋《堯典》爲言天之祖，後世象緯之學競言甘、石。史自《天官書》而外，歷代有志，大約多祖述渾天之説，圖不概見。嘗考《晉書》所載，謂中外之官常名者百有二十四，可名者三百二十，爲星二千五百，總諸微星有萬一千五百二十。後武帝時，太史令陳卓又揔甘、石、巫咸三家，大凡二百八十三官，一千四百六十四星，著爲星圖。後之議者，謂三垣列宿，分色維三。三人既已各專其一，則從前之星士，何以盡廢？且赤大黄次而黑小，三人之識何以竟不能兼一？後世之人名官名，當日何以豫知至度數之出入？陳圖每多與地不符，故郎氏直斥爲不可曉也。鄭氏夾漈則謂：天文不盡籍圖，以書經再傳尚可考究，圖一再傳，易成顛錯。故其《天文畧》亦舍圖而專繹其書。謂星即煩襍，圖象不存，猶得歷紀其星之所屬何宿。若日月所以運行，晝夜所以晦明，有非圖不可者。近世經傳習見之書，日道灣圖十二，月行繞纏九圈，自愧愚蒙，終難洞悉。因早歲研稽，今特區別分晝，從兩曜以及諸宿舉凡二十餘圖，日月則究及地底之道，宿度則指其當次之方。左旋、右旋，申詳其故；歲餘歲差，頗究其數。非敢舉以問人，意將昭示子姪，共參象緯，冀千慮之一得耳，若高明之談天也，謂創始鈎玄，先天勿違，非上聖不可法成則一，良有司足守其術。故腐遷亦言：文史星曆，近乎卜祝之間，但曆代之志天文，未嘗一委術士，必選一時之宿學碩儒相與推考，以成一朝之巨典，亦以法有一定，理待細參。自分淺陋，寧能望其項背，參其未議？而今顧區區竊自成編，蓋困則悟生，思則端啓，較從前之終日奉戴而漫不相識，隙或一開，敢自信有得而果當哉。稿成，將私藏之，以待有道之正，若敝帚之享盧胡之誚，勿遑恤已。時慶嘉已巳秋月，婺東蟾山何濟川遠堂書。

清·何濟川《管窺圖説》例言　夫談天以有顯證爲尚。仰觀之餘，渺渺漫漫，意欲捉諸紙上，究屬何憑。豈知在曆成日，在天成度。天有三百六十五度四分度之一，一日一週。以人間之晷刻測天運之程途，時行物生，有定不爽，且閏法立而積算之多寡時日可按歲差定，而更度之顯迹，歷代可參。此其彰明交著者也。讀「七月流火」之詩，可以驗列宿統體之回旋；觀左氏出没之星，可以考纏次四時之不變，尤爲吾儒言天之準。他如卦畫之升降、見月體之虧盈，此猶其借驗者也。

一、考究之學，即同著述。述者，傳舊之謂也。蓋凡事皆有定理，人或茫茫，待有推述者而後著，並難參以私智穿鑿也，况天文乎？初讀宋儒性理所載，有曰「天左旋，處其中者順之，少遲則反右矣」之言，以爲信，非道學人不能如是之明白而了當也。殆讀諸史，此言已見《晉書》之天文志，意出李淳風之《精究天文》所創也，後讀《白虎通》已先言之，又意必漢儒之粹天文者，如班固父子等言，豈知推而上之，實始《吕氏春秋》焉。蓋秦儒時近戰國，當必宗孟子求故之論而傳延之。此即聖門之祖述堯舜也。逮至後世，推究之方因而漸密，如唐虞之世未有所謂歲差，至晉虞喜、何承天等以列宿之漸移，乃定差法。他如地有遠近，則有里差；節有分度，則有定候，皆本神聖鈎玄，先天勿違，後天奉若者之積漸以求密也。豈能别參私測於其間哉？

一、求故之説，亦就天之所以運行，其大規模一定不易者言之。苟過泥其詞，則前甲之曆，本可不更易矣。蓋日月之食，考其常度，大約在一百七十三日有奇。然其交限之迹有内外之分，幾微相去，即有應不應之殊，以及五星之休咎，日纏之少移。見諸司天者之觀察，微更而不離其宗。此正求故之法則也。

一、《周髀》之法，始尚算經。我朝《四庫全書》非不博覽，兼收算法等類，以示包含，靡不統攝之量。至御纂諸經，如《堯典》、《月令》、《毛詩》、《周官》、《春秋》諸大端之言天文者，唯宗注疏。漢唐醇精，以及宋儒程朱之正議，垂法萬世，遍頒學宫。一切算經等書，並不採入，愚敢恪遵聖訓，依厥成規。外此概不牽連。

一、閏餘之四法，圖旁僅列其綱，不細數之以究其目，則仍蒙也，故必積數之分數之，以驗其實。蓋在天成度，在曆成日，分數日晷，即推步天度。

一、經傳所引，言天之一端，猶昭昭之多也。唯天之大體，脉絡洞貫，即一端可以驗天之全，故於編末悉臚列之。

一、言天之理，以質實爲可據。他如楊炯之《渾天賦》等文，非不爛然可愛，例不敢登。

嘉慶庚辰一陽穀旦蟾山何遠堂再識

清·張之洞《書目答問·天文算法》 《御製曆象考成》。上編十六卷，下編十卷，後編十卷，表十六卷。康熙十三年殿本，乾隆二年殿本。

又 《曉菴新法》六卷。王錫闡。守山閣本。

又 《天步真原》一卷。薛鳳祚。守山閣本、《指海》本。

又 《勿菴曆算全書》七十四卷。梅文鼎。魏念彤刻本，二十九種。梅穀成重編爲六十二卷，名《梅氏叢書》，序次尤善，附穀成《赤水遺珍》一卷、《操縵卮言》一卷。目列後。【略】《曆學疑問》三卷，《曆學疑問補》二卷。珠塵亦刻。

又 江慎修《數學》八卷，《續》一卷。江永。守山閣木。海山仙館本用原名，題曰《翼梅》。目列後。《曆學補論》，【略】《中西合法擬草》。

又 《宣西通》三卷。許桂林。善化唐氏刻本。

又 《鄒徵君遺書》八種。鄒伯奇。廣州家刻本。目列後。【略】《格術補》一卷。【略】《輿地圖》一册。

藝文

戰國·宋玉《大言賦》 方地爲輿，圓天爲蓋。

唐·楊炯《渾天賦并序》 顯慶五年，炯時年十一，待制弘文館。上元三年，始以應制舉補校書郎，朝夕靈台之下，備見銅渾之象。尋返初服，卧病邱園，二十年而一徙官，斯亦拙之效也。代之言天體者，未知渾蓋孰是？代之言天命者，以爲禍福由人，故作《渾天賦》以辯之。其辭曰：

客有爲宣夜之學者，喟然而言曰：「旁望萬里之横山，而皆青翠；俯察千仞之深谷，而皆黝黑。蒼蒼在上，非其正色；遠而望之，無所至極。日月載於元氣，所以或中而或昃；星辰浮於太空，所以有行而有息。故知天常安而不動，地極深而不測。可以爲觀象之準繩，可以作談天之楷式。」

有稱《周髀》之術者，輾然而笑曰：「陽動而陰静，天回而地遊。天如倚蓋，地若浮舟。出於卯入於酉而生晝夜，交於奎合於角而有春秋。天則西北既傾，而三光北轉；地則東南不足，而萬水東流。比於圓首，前臨胸者，後不能覆背；方於執炬，南稱明者，北可以言幽。此天與而不取，惡睘睘而更求？」

太史公有睟其容，乃盱衡而告曰：「楚既失之，齊亦未爲得也。言宣夜者，星辰不可以闊狹有常；言蓋天者，漏刻不可以春秋各半。週三徑一，遠近乖於辰極；東井南箕，曲直殊於河漢。明入於地，葛稚川所以有辭；日應於天，桓君山由其發難。假蘇秦之不死，既莫知其爲說；儻隸首之重生，亦不能成其算也。二客嘗亦知渾天之事與？請爲左右揚榷而陳之。」

原夫杳杳冥冥，天地之精，混混沌沌，陰陽之本。何太虛之無礙？俾造化之多端。南溟玉室之宫，爰皇是宅；西極金台之鎮，上帝攸安。地則方如棋局，天則圓如彈丸。天之運也，一北而物生，一南而物死；地之平也，景短而多暑，景長而多寒。太陰當日之沖也，成其薄蝕；衆星傅月之光也，因其波瀾。乾坤闔辟，天地成矣；動静有常，陰陽行矣。方以類聚，物以群分，吉凶生矣；在天成象，在地成形，變化見矣。部之以三門，張之以八紀。其周天也，三百六十五度；其去地也，九萬一千餘里。日居而月諸，天行而地止。載之以氣，浮之以水。生之育之，長之畜之，亭之毒之，蓋之覆之。

天聰明也，聖人得之；天垂象也，聖人則之。其道也，不言而信；其神也，不怒而威。驗之以衡軸，考之以樞機。三十五官爲群生之系命，一十二次當下土之封畿。中衡、外衡，每不召而自至；黄道、赤道，亦殊塗而同歸。表裏見伏，聖人於是乎發揮；分至啟閉，聖人於是乎範圍。可以窮理而盡性，可以極深而研幾。【略】

觀衆星之部署，歷七耀而驅馳。定天下之文，所以通其變；見天下之賾，所以象其宜。然後播之以風雨，威之以霜霰。或吐霧而蒸雲，或擊雷而鞭電。一旬而太平感，膚寸而天下遍。白日爲之晝昏，恒星爲之不見。爾乃重明合璧，五緯連珠，青氣夜朗，黄雲晝扶。握天鏡，授《河圖》。若曰賜之以福，此明王聖帝之休符。至如怪雲妖氛，冬雷夏雪，日暈長虹，星流伏鱉。陰有餘而地動，陽不足而天裂。若曰懼之以災，此昏主亂君之妖孽。

昔者顓頊之命重黎，司天而司地；陶唐之分仲叔，宅西而宅東。其後宋有子韋，鄭有裨竈，魏有石氏，齊有甘公。唐都之推星，王朔之候氣，周文之視日，吴範之占風，有以見天地之情狀，識陰陽之變通。

《詩》云謂天蓋高，《語》云惟天爲大。至高而無上，至大而無外。四時行焉，萬物生焉。群神莫尊於上帝，法象莫大於皇天。靈心不測，神理難詮。日何爲兮右轉？天何爲兮左旋？盤古何神兮立天地？巨靈何聖兮造山川？螟何細兮？師曠清耳而不聞，離婁拭目而無見。鵬何壯兮？搏扶摇而翔九萬，運海水而擊三千。鼀與蛇兮，異其短長之質，椿與菌兮，殊其大小之年。鐘何鳴兮應霜氣？劍何伏兮動星躔？列子何方兮，禦風而有待？師門何術兮，驗火而登仙？魯陽揮戈兮轉於西日，陶侃折翼兮登乎上元。女何寃兮化精衛？帝何恥兮爲杜鵑？争疆理者有零陵之石，聞弦歌者有蓋山之泉。若怪神之不語，夫何述於此篇？以天乙之武也，焦土而爛石；以唐堯之德也，襄陵而懷山；以顔回之仁也，貧居於陋巷；以孔子之聖也，情希乎執鞭。馮唐入於郎署也，兩君而未識；揚雄在於天禄也，三代而不遷。桓譚思周於圖讖也，忽焉不樂；張衡術窮於天地也，退而歸田。我無爲而人自化，吾不知其所以然而然。

唐·吴融《沃焦山賦》 域中公子問于方外先生曰：「蓋聞水之大也，下環乎地，上浮於空。無象無邊，夷猶洪濛。百派千流，皆歸於東。何巨溟之深也，萬古能容？何九州之高也，不淪其中？」先生曰：「渾沌死，乾坤始。東西傾，川澤委。帝乃慮海旁溢，俾山中峙。復孕以火，用銷其水。此沃焦之爲義，真帝之元旨者也。請言其狀也，巉乎崒乎，赫曦乎，翕乎。陰陽熾炭，天地開爐。景風鼓吹，赤帝規模。成於妙有，拔彼虛無。處冷能熱，雖燔且濡。于律則黄鐘取法，在易則既濟相符。岥峗兮壓海萬里，鴻洞兮烘天一隅。液馮夷，軋天吴。鱗介毁難以潛伏，草木安得其芬敷。巨靈不能擘，畏其爛手，愚公不能移，憚其焚軀。靈漲疑竭，大室若枯。爾其水之來也，浩浩争奔，滔滔不住。蹴嶽堆阜，跳天沃霧。暘穀無地，扶桑失樹。雷奔潮走，雪飛洙聚。吞吐造化，浮沈朝暮。一歸墟之積，積既久而還盈；一尾閭之泄，泄不供而旋注。苟彼不爲煎熬，何物當其委輸？」

公子曰：「夫萬物之是非也，當務所見，無矜所傳。不見五嶽，各司一邊。蟠地極天，吐雲含煙。玉石産其下，豫章森其巔。高高下下，綿綿聯聯。方面是傳，祀典是先。故無事則備王者之巡遊焉，有事則爲國家之關防焉。彼沃焦者，存耶亡耶？不知夫去中國幾千？其説何邇，其功豈然？」先生曰：「古不可以今論，遠不可以近識。至於先賢先聖，有功有德，或始火化，或始粒食。或衣裳兆民，或棟宇萬國。其人豈見？其道何極？但日用而不知，固神化之難測。

抑又人之爲意，見頻則不怪，聞數則不驚。只如踆烏元兔，迭代虧盈。迅雷烈風，無形有聲。北冰不泮，南雨無晴。方諸向月而水出，陽燧映日而火生。鶴知半夜，雞辨五更。螟蛉化而蜾蠃負，洛鐘鳴而蜀山傾。譚如詭妄，驗乃彰明。儻非目擊，皆必力争。如沃焦者，茫茫靄靄，存於物外。屹溟漲以獨立，無邱陵之相帶。何地能勝，惟天粗蓋。堯災是弭，禹功是賴。但以遠而不見貴，以近而不見大。何異乎曾參冠百行之首，出四科而不載。姬旦有再造之功，爲三監之相害。有以見深藏若虚，明道若昧。只如高稱日觀，靈號天孫，魯瞻所重，兖鎮攸尊。能攻善惡，業召精魂。何盜蹠壽而幸，何顔回夭而寃？何富慶，何貧原？靈獸出，何遭羈縻之困？海鳥來，何獲鐘鼓之喧？觀其倒置，孰爲司存？又如太華隱嶙，上五千仞，碧蓮若鍤，高掌如奮。然而設關太束，爲城太峻。苟一夫可守，四塞可鎮。終使險易恃而固易憑，而令驕易生而荒易徇。懼則能安，逸則成釁。又如嵐浮紫蓋，秀擢朱陵。北渚下壓，南箕上承。然而聚郁郁蒸，限嚴凝。雁不可度，人何以登？其禍聖賢也，則帝舜之遊不返，昭王之死無憑。其殃忠讜也，靈均有葬魚之痛，賈誼有占鵩之征。是非不辨，正直何稱？徒聞金簡玉書以爲貺，九向九背而自矜。又如幽並之墟，畢昴之位，岧嶢之上，磊落相次。然而藏趙符于上，成無恤之不義。産燕璧於中，假慕容之神器。大蛇蜿蜿，兩頭何異？嘉穀薿薿，五獲何利？旁扶跋扈之黨，坐索彤弓之賜。胡不懲革，而令馴致。又如據天地之中央，潤河洛之流光。岧亭壁立，壓疊屏張。而能降神表瑞，呼歲呈祥，控臨諸夏，標準四方。若乃陳蕃竇武，一時忠良。爲國除害，其謀乃臧。不獲天助，翻爲賊戕。劉聰劉曜，恣意焚傷。衣冠草莽，宫闕犬羊。俯折地軸，仰絶乾綱。漢陽九以遽畢，晉南渡而尋亡。曾何固護，自倚青蒼。月裏開宫，但容童子。雲中撚管，惟引鳳凰。籲其拙哉！彼五嶽者，長未一分，短以盈尺。論名則大，責實何益？封公封王，用圭用璧。邃宇崇館，朱殷粉白。然識者視之，何異沐猴而冠，牽牛負軛者耶？其次則有非方非嶽，亦怪亦神。昆侖則樹珠田芝，蓬萊則闕金台銀。周王迷之於轍跡，漢帝感之於禮禋。荆山美玉，獻不遇君。隴山嬰鵡，語或陷人。嶰谷有竹，慘舒不均。嶧陽有桐，清濁難分。姑射何靈，如冰如雪。巫山何感，爲雨爲雲。怪山何怪，飛來至越。慶山何慶，湧出于秦。若然則遠者近者，大者小者，如沃焦之功，實冠於天下，何以名耶？至於南面巍巍，安尊定卑。建邦設都，來蠻走夷。其爲武也有幹戚 鉞，其爲文也有俎豆樽彝。齊紈越絮，暖必如斯。周禾温麥，飽必以時。胎化卵育，手捉足馳。

其奉生也，有歌鐘管龠；其事死也，有棺槨幌帷。詒子詒孫，固本崇基。苟懷襄之不止，皆墊溺以何之。若然者，不惟九土潰而全墮，抑亦三光蕩而崩離。則堯舜禹湯之道，没不傳矣。周孔揚孟之文，又安存斯？況又上無灌木，誘良工之斤鑿。下無靈鼉，招巨人之釣索。不棲翠羽，飾綺被之彩錯。不孕明珠，供魏車之照灼。不滋金鐵，起兵交惡。不穴鱷鯨，吞舟恣虐。吉凶莫知，威福寧作。誰炫肸蠁，誰藏冥寞。所以貞瑁翠炎，卻絶罔録。桂湯蘭肴，何嘗約略？固不復邀物以白犬曰雞，媚人以靈草靈藥。但超世以崔嵬，爲普天之銷鑠。」

於是公子愕然如失，起而謝曰：「倏忽之神，能鑿人耳目。愈盧之術，善治人膏肓。向者聞衆人之論，浩然若涉津之無梁。今之也聞吾子之論，爗然若披雲霧而睹太陽。恨不能淩風雲，乘混茫，快意極觀，勒銘其旁。噫！有名之祀，所在感彰。至於山魅射影，水弩爲創，鴟夷鼓怒，耕父激揚。皆沾沃酹，不乏馨香。何茲山也，横絶於萬代，不遇于百王。將無時如孔子，豈獨行於務光？近者泰階未平，四郊多壘。貳負尚活，三苗未死。水仙則多陷齊人，米賊則半驅妖鬼。室散機杼，田抛耒耜。郎官困采橡於野，將卒貧鬻薪於市。霧足妖興，雲多陣起。既走群望，猶懸帝社。豈褒崇之漏彼，致災害之如此？方今封有功而爵有德，小不遺而大寧弛。蓋九重之深，執事者未聞于天子。」

元・紫陽真人《西江月》 天地纔經否泰，朝昏好識屯蒙。輻來湊轂水朝宗，妙在抽添運用。得一萬般皆畢，休分南北西東。損之又損慎前功，命寶不宜輕弄。

又 冬至一陽來復，三旬增一陽爻。月中復卦朔晨潮，望罷乾終姤兆。日又别爲寒暑，陽生復起中宵。午時姤象一陰朝，煉藥須知昏曉。

明・錢謙益《牧齋初學集》卷三六《壽福清公六十序》 今夫山之有臺也，用以爲簑笠，草屬之微者也。然而時雨將至，則簑笠之覆蓋不小于夏屋，何者？誠庇之也。公迂身救時，補苴撐柱，以養和平之福，而卒能不震不動，貽宗社萬年之安。公之簑笠，天下也。大矣。簑笠覆蓋天下，而天下弗知時雨既降，胥委而去之，甚且踐踏之，弗顧而簑笠之用自如也。公所爲邦家之基者，覆蓋之效在乎再世，又豈必使霑體塗足之人交口而頌之哉？

清・阮元《望遠鏡中望月歌》 天球地球同一圓，風剛氣緊成盤旋。陰冰陽火割向背，惟仗日輪相近天。别有一球名曰月，影借日光作盈闕。廣寒玉兔盡空談，搔首問天此何物？吾思此亦地球耳，暗者爲山明者水。舟楫應行大海中，人民也在千山裏。

清・凌廷堪《校禮堂詩集》卷一一《後學古詩》 其二

虞喜論歲差，莫能言厥故。自晉迨前明，茫如坐雲霧。或云日道縮，臆揣豈足據？近知緣恒星，每歲自東去。所以冬至宿，虞周不同處。歷六七十年，向右移一度。昔賢未發覆，由茲豁然悟。妙哉歐羅巴，談天憑實數。七政同一源，驗候了不誤。古疏今漸密，疇人慎推步。

其三

大地本圓形，方指厚載德。九天包地外，樞機惟兩極。人物周環列，高下始可測。溫帶氣和平，是在赤道北。冬寒而夏暑，其下爲中國。南北辨緯度，昏旦異晷刻。東西分經度，證之以月蝕。半年爲晝夜，最易起迴惑。相彼簡平儀，中維能轉側。以極作天頂，諦觀心自得。《周髀》有遺書，古人固先識。

其四

赤道束天腰，黄道斜絡之。大距廿四度，兩交相抱持。七政行其上，逐度皆東移。南北曰二至，冬夏各有時。二分在交點，均由黄道推。寒暑進退理，平易原非奇。仰觀偶指示，童稚都可知。底事張子厚，冥心矜寸私？妄謂亦左旋，致啟儒生疑。朱蔡注《尚書》，從而爲之辭。斜直本異勢，後世胡能欺？

其五

日食爲月掩，舊説世所解。月食因地影，新説人共駭。不知泰西書，中有至理在。大地居天中，日月相對待。太陽光四照，大於地數倍。闇影落空虚，星月爲匿彩。吾道無不包，芻蕘尚須採。何況茲説長，羲和不能改。猥云日亢月，詎異蠡測海。既匪蝦蟇精，詞人復奚罪？張衡《靈憲》文，洵足證千載。

清・王用臣《幼學歌》卷一《天文門》 九重天本《明史天文志》及《皇朝通志》

宗動天居第九重，次爲恒（三垣）宿（二十八宿）是經星。土星木（星）火（星）太陽（日）位，金（星）水（星）太陰（月）在下層。

九天

中央鈞天東蒼（一作旻）天，東北旻（一作變）天北曰玄。西北幽天西方昊（一作成），西南朱天南方炎（一作赤）。東南一方陽天位，《漢書》顔注至今傳。《太元經》九天作中天、羨天、從天、更天、睟天、廓天、減天、沈天、成天。

七政《尚書》注：七政，日月五星也。日月五星亦曰七曜。

七政堪詳紀，中天日月明。木火金水土，焜耀五名星。《星經》北斗星謂之七政。《尚書大傳》：七政，謂春、秋、冬、夏、天文、地理、人道，所以爲政也。

九道（《宋史·天文志》凡五緯皆隨日由黃道行，惟月之行有九道。）

天之中央黃道一，東二青道南二赤（道）。西白道二北黑（道）二，九道名詳《天文志》。

日月食

經（東西）緯（南北）同度乃有食，日食恒在合朔（月之始日曰朔）時。月在地與日之間，月蔽人目不見日。月食每當望日看，（《釋名》：望，月滿之名。月大十六日，小十五日。日在東，月在西，遥相望也。又《左傳》桓三年疏：月體無光，待日照而光生，半照即爲弦，全照乃成望。）望時地在日月間。月爲地隔日光掩，食之分秒淺深懸。

五星（亦曰五緯。緯星，五行之精，五星合於五行。）

五星首木爲歲星（春，東方），南方熒惑火星明（夏）。太白金星（秋，西方）辰星水（冬，北方），中央土星填星名（季夏）。

雜録

《列子·湯問》 渤海之東，不知幾億萬里，有大壑焉，實爲無底之谷。其下無底，名曰歸墟。八紘九野之水，天漢之流，莫不注之而無增無減焉。

《莊子·秋水》 尾閭，水之從海水出者也，一名沃焦，在東海之中。尾者，在百川之下，故稱尾。閭者，聚也，水聚族之處，故稱閭也。在扶桑之東，有一石，方圓四萬里，厚四萬里，海水注者無不燋盡，故曰沃焦。

宋·米芾《畫史》 漣漪藍氏收晉畫《渾天圖》，直五尺。素畫不作圓勢，别作一小圈畫北斗，紫極亦易於點閲，又列位多異於常圖。余常作《天説》以究天地日月旁側之形，盈虧之質，作成晝夜圖六十本。因得究潮候大小，又爲晝夜六十圖。所引六經，以黜古今百家星曆之妄説。又著《潮説》以證盧肇、皮日休之緣飾，釋氏假佛之詭論。將上之御府，藏之名山。

宋·洪邁《容齋隨筆》卷一一《天文七政》 《尚書·舜典》「以齊七政」，孔安國本注謂：「日月五星也。」而馬融云：「七政者，北斗七星各有所主：第一主日。第二主月。第三曰命火，謂熒惑也，第四曰煞土，謂填星也。第五曰代水，謂辰星也。第六曰危木，謂歲星也。第七曰剽金，謂太白也。日月五星各異，故曰七政。」《尚書大傳》一説又以爲：七政者，謂春、秋、冬、夏、天文、地理、人道，所以爲政也，人道正而萬事順成。三説不同，然不若孔氏之明白也。

宋·史繩祖《學齋佔畢》卷三《日隨天左旋》 余曏作《補亡月采篇》，辯日月隨天左旋，援引張横渠、朱文公、魏鶴山之言。及朱文公援引《月令注疏》，證詳無軼遺矣。後因讀陸德明《周易音義》，至《明夷》卦「明夷于左股」注，馬融、王肅音：股字作般，云旋也，日隨天左旋也，乃知經注已及之，不待注疏及後世之辯也，尤爲端的。惜先儒不及引此耳，故録以補其前説。

清·錢大昕《十駕齋養新録》卷一四《天道》 《後漢書·桓譚傳》：「天道性命，聖人所難言。自子貢以下，不得而聞。」注引鄭康成《論語注》：「性謂人受血氣以生，有賢愚吉凶。天道，七政變動之占也。」古書言天道者，皆主吉凶禍福而言。古文《尚書》：「滿招損，謙受益，時乃天道。」「天道福善而過淫。」《易傳》：「天道虧盈而益謙。」《春秋傳》：「天道多在西北。」「天道遠，人道邇。竈焉知天道？」「天道不謟。」《國語》：「天道賞善而罰淫。」「我非瞽史，焉知天道？」《老子》：「天道無親，常與善人。」皆論吉凶之數，與天命之性自是兩事。《孟子》「聖人之於天道也」，正謂虞舜井稟、文王拘幽、孔子厄困之類，故曰「命也」。

圖表

清·揭暄《璇璣遺述·圖》 圖本名《天地古今大觀圖》，公向刊有全幅，長三尺五寸，闊二尺三寸。因數圖與書發明，摘置於此。其九州京省合圖以限於幅不載，禹蹟河防諸説無圖，亦不備載也。年茂誌。

渾　　天

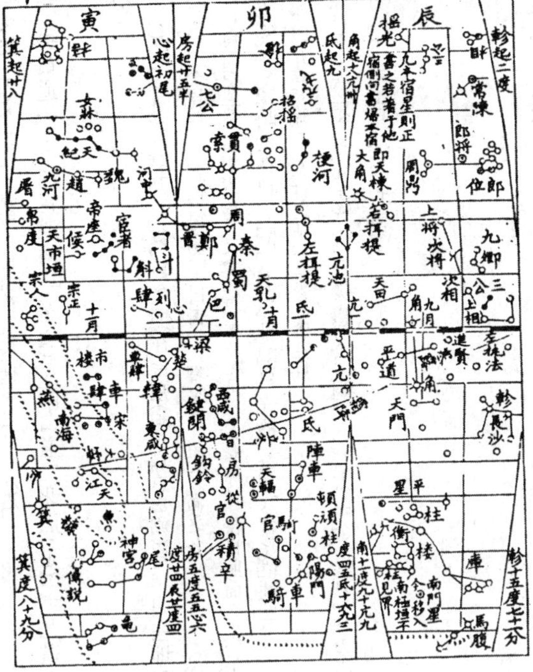

昊

圓　　象　　垂　　輪

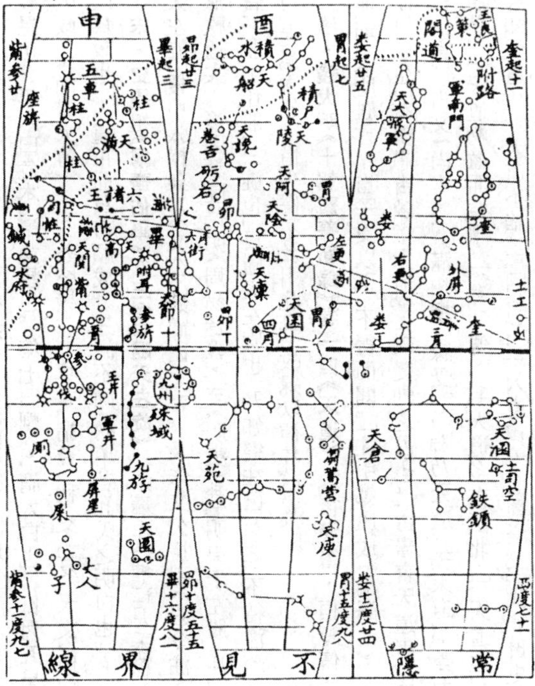

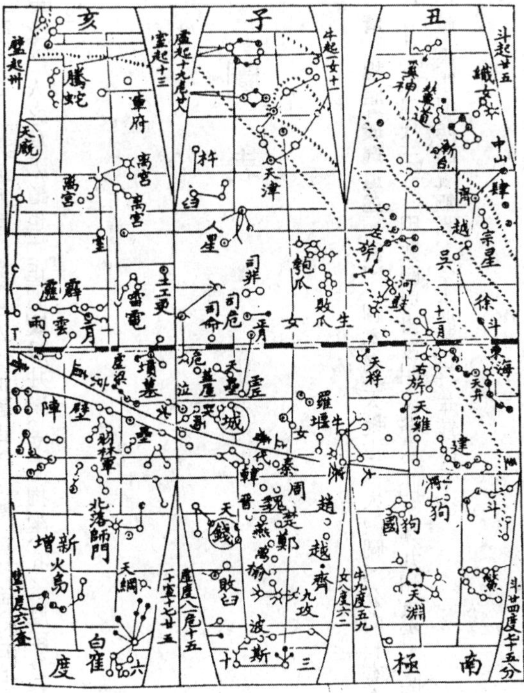

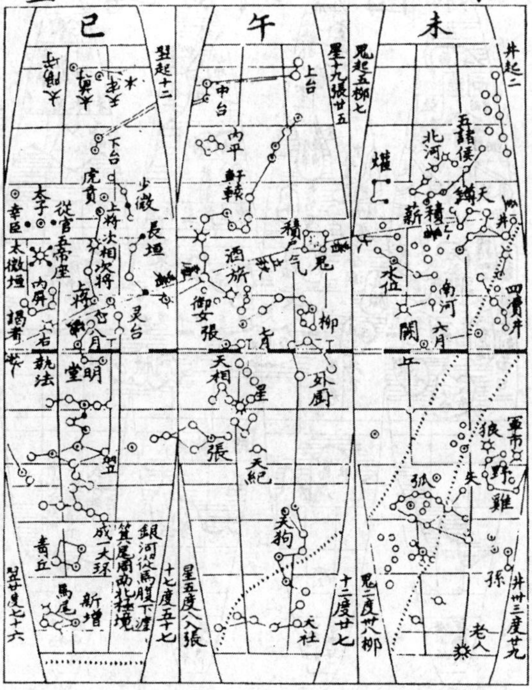

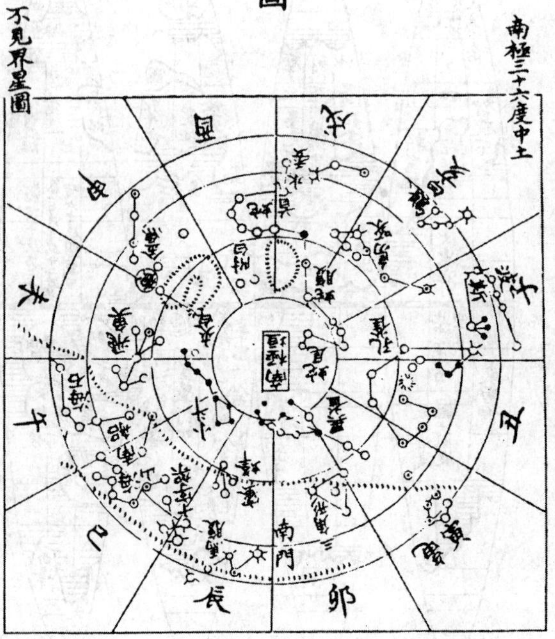

全球圖

天圓形，以紙平圖之則失真。今分十二片，長面橢圓，南北極分兩小圖，在紙可以平玩。去其餘位，湊合則成球，於垂象頗肖。依西法，星分六等，增氣。一等如大角織女一十七，二等如帝座開陽五十七，三等如大子少尉一百八十五，四等如上將柱史三百八十九，五等如上相虎賁三百二十三，六等如天皇后宫二百九十五，六等之小爲增，共一千二百六十六，爲有名，外四百五十九，爲無名，如各座旁附諸星。是小星攢合成白光，爲氣，如傅説鬼中諸星是。甘石分三垣二十八宿三百座，西法分十二宫四十八象，爲中主見界，星外加南極垣三十六度不見界，十四象渾天垂象全之矣。此亦僅著目力所及者，若依遠鏡，則昴宿爲三十七星，觜南星爲二十一，積尸氣爲三十六。銀河皆小星，攢合其數，無慮難施諸圖。又諸星被天所掣，激退滚進而成小輪。滚上輪弦見小進西速，滚下輪弦見大進遲，所以大小進退，古今躔度，前後所測從無一合，恒歷二百年後必改者，此也。兹就崇禎戊辰所見所測圖之，有差亦不遠耳。本當以冬至爲始，度第三垣正臨秋分之頂，角軫適交其下，從天從日亦從星也。每片一宫，宫三十度，赤道一黑一白爲十度，赤南北各五十四度，南北極各三十六度，渾圓三百六十度，地球亦倣此。蓋天圓地亦圓也，地度應天，特大小不同耳。有以五色屬五行徵星情好者，兹不及載。

地本圓形，以海面阻截分州者，凡五。亞細亞合中土在赤道北，爲一大州，南北亞墨利加跨赤道南北，居中土東，爲一大州。歐邏巴在赤道北，連中土西畔，爲一大州。利未亞亦跨赤道南北，連中土西南畔，爲一大州。墨瓦蘭正居南極下，爲一大州。共五大州。人環轉地面而居，足底相對。如中土金陵與南亞墨利加馬八作國足對行也。此圖因天規地，亦分十二片，長面橢形。去其空位，湊合則成球。地圓體，本無初度，姑以福島爲始。南北寒暑反，東西晝夜異，亦借此以便規算耳。

依福島初度爲始，自西而東，歐邏巴西起十一度，東抵七十度，南距赤北卅度，北距北極十八度。利未亞西起廿度，東抵八十八度，跨赤南四十一度，赤北二十五度。亞細亞西起七十一度，東抵百八十九度，南距赤北六度，北距北極廿度。北亞墨利加西起百九十五度，東抵三百卅八度，北距北極廿七度。中一峽跨赤道，連南亞墨利加，西起二百九十五度，東抵三百五十四度，南距南極四十三度。墨瓦蘭正居南極下，左向福島卅五度，右馬力六十四度，前鶯哥卅七度，

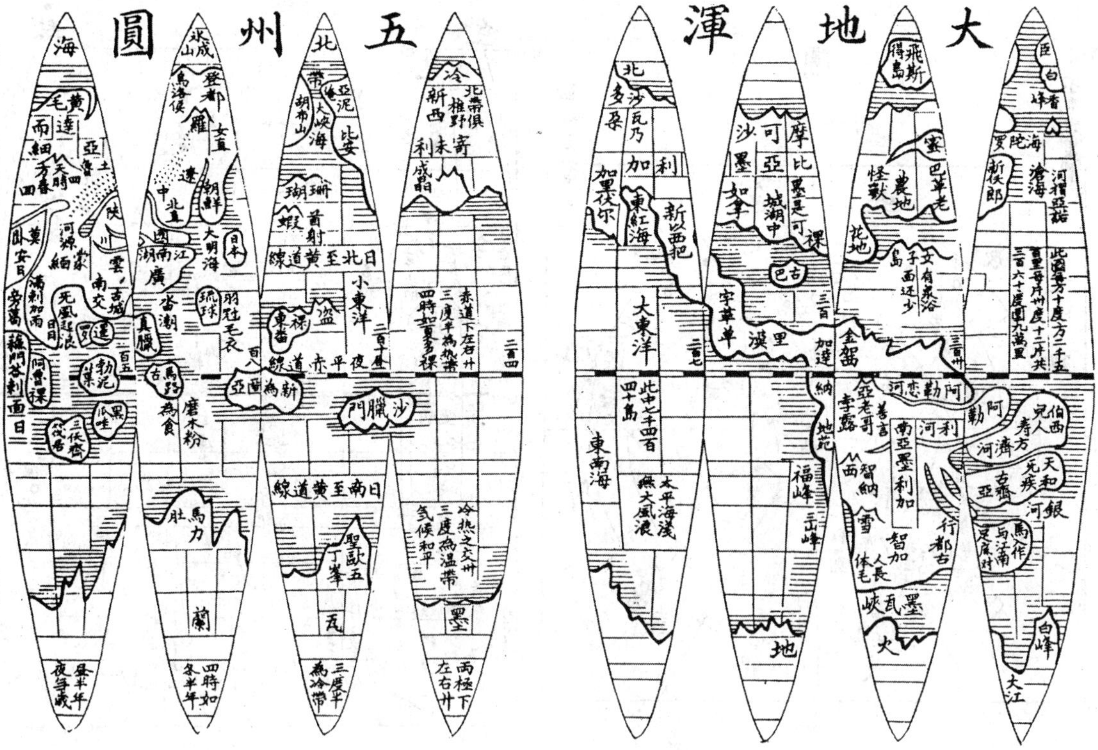
大地渾
五州圓

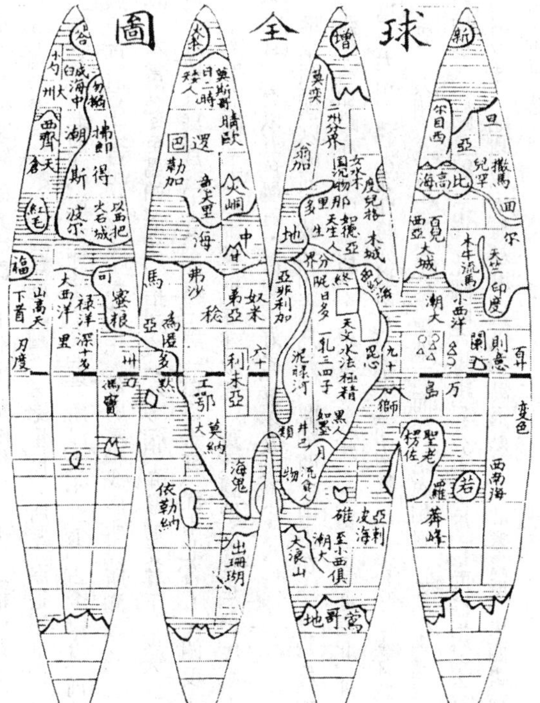
球全圖

後火地。三十六度末的者，俟再詳。

昊天一氣渾輪旋轉之圖

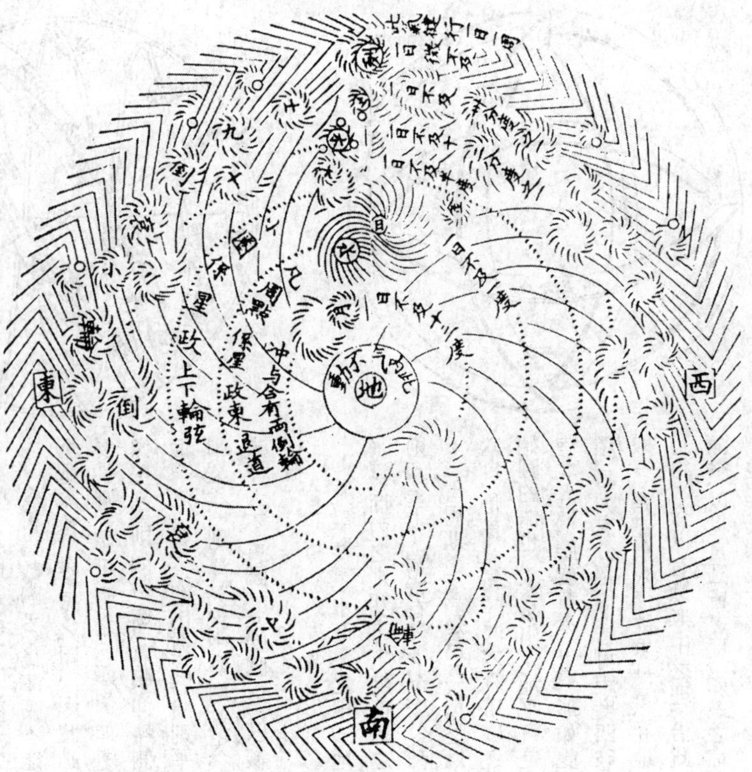

天之内氣，漸遠漸殺。以天之外體爲反掣，亦漸至不動。故其絲漸減漸遠漸殺，以至于不動。

此爲一天總圖。其有經星位次行道，各有未詳者，後小圖詳之。上下姑共紀于一道。

天渾淪一氣，無分重數。特其氣甚厚，外剛内柔，以外掣内，漸遠漸殺，以至不動。各政附于氣中，居有高下，因有遲速。又因掣而有倒退，如圓槽置珠，立幹挪之，盤進則凡自退。又因日火對冲而成小輪，如曲水流觴，急進緩退，自成小圈也。但行遠地輪弦則西進，近地氣緩則東退耳。上下往反，兩旁升降，視之似爲遲留順逆焉。實則共爲一氣，共此一掣，共屬左旋。萬氣皆由一氣，萬動總由一動也。

日掣金水黑星環轉圖

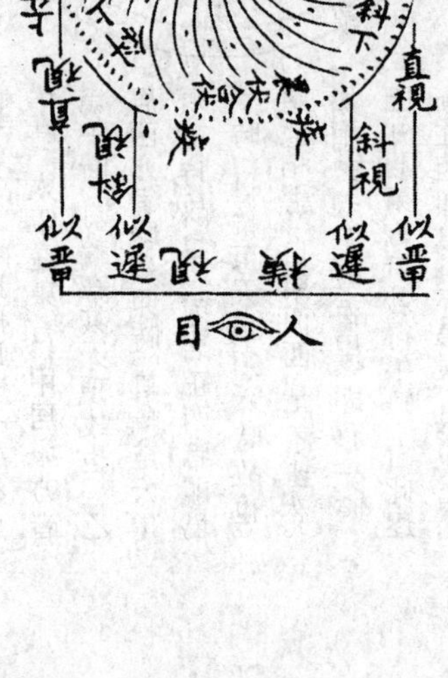

日從内掣金水與黑子，因抱日環轉，上下往返左右升降。人從地平橫視，爲遲留順逆，實則遶行無異也，星近日故見黑，金遠日見弦望。金共日爲輪徑，大九十四度。

清・游藝《天經或問前集》卷一

昊天一氣渾淪變化圖

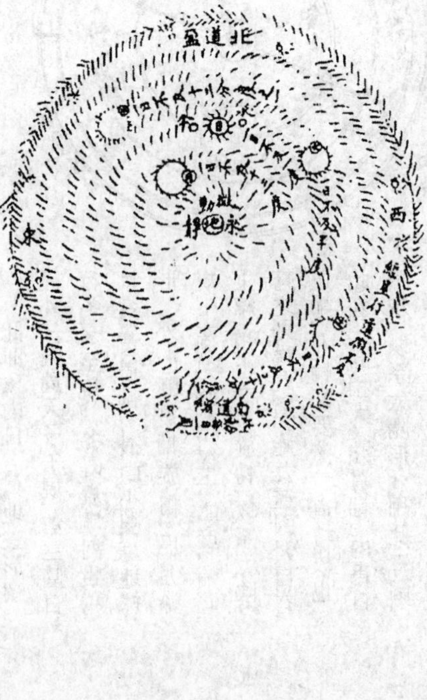

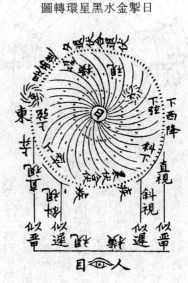

天渾淪一氣，無有重數。特以外製内，以剛製柔，則氣漸遠漸殺，以至永静。因分重數，以便起測。萬化皆由一氣，萬動總由一動。微妙不測者，莫如此動。

《新語》曰：天體本一，而各政居有上下。然共一心，同爲一製。諸政皆左旋而有自行輪，輪則激退滚進，遂有倒逆之形，其實皆是進也。

黄赤道南北極圖

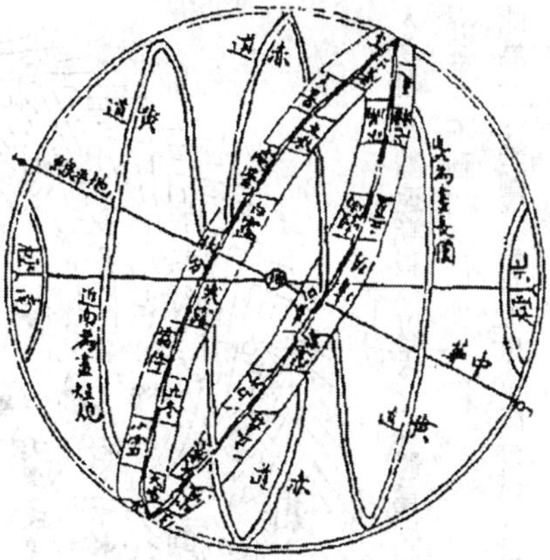

渾象圖子午對者爲南北極，南北分者爲赤道，圜斜絡於赤道者爲黄道，圜近北者又爲晝長圜，近南者又爲晝短圜。周圍列宿布焉，諸圜並星共□渾象之内。今析爲數圖者，爲渾圖不能全載故也。李振之曰：天體必要具圖，始可明之。渾儀如塑像，平儀則如繪像，兼頫仰轉側而肖之者也。塑則渾圜，繪則平圜，全圜則渾天，割圜則蓋天。夫渾天不可圖，今强圖之，以識梗概。

三輪六合八觚之圖

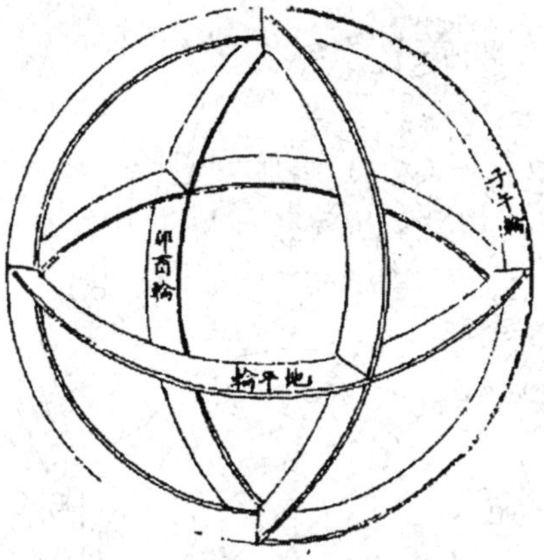

凡設三輪，水而臬之則知地平，針而丙之則知子午，繩而垂之則知上下。輪皆有先後，天、八卦、十二宫周期之度，是爲三輪，是爲六合，是爲八觚。此大舜璿璣之始圖約法也。於是出入地平可定南北二極，腰旋黄赤二道，形如雙環，日月交分經緯，皆可距度四破取一，是爲象限。欲求一星，立地可得。今以有徵無中之理，借此彌綸，以世言圜皆晝毬，如鏡之扁圓也，非圓圓也。

渾象内日月地三形圖

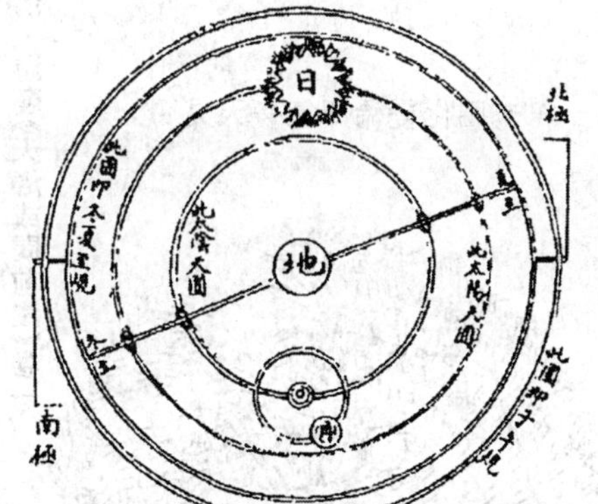

此渾象内日、月、地三形圖。最外一圜周天子午規，第二圜日行冬夏至規。冬夏規處對貫一軸，爲黄道軸。最中小圜爲地球形。外一圜貫軸旋轉，爲月輪規，上施月游輪，徑十二度，輪心上綰，規上亦可旋轉，以系太陰。轉之則爲九道，此九道因月自有遊輪，月輪又要隨黄道轉故也。此外一圜稍大，亦貫軸，内爲日輪規，以系太陽形。用此二圜，可辨日月交食之理，此皆渾天象也。

隨地天頂子午之圖

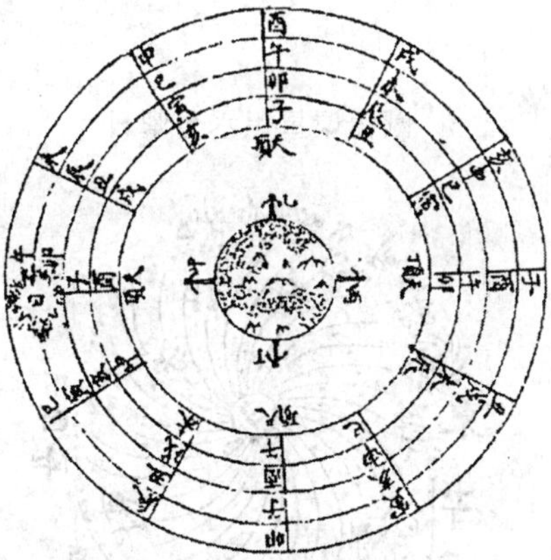

《天問略》曰：地爲圓體，懸於空際。上下四旁，皆有人居。四方之人，各以所居。子午綫爲午時，太陽在東方，甲居東方者爲午時，日輪在其天頂故也；乙居西方者即爲卯時，日輪至天頂須三時故也；丙居正西者即爲子時，日輪至天頂須六時故也。諸地相去，自東而西，莫不皆然。如相去七千五百里，即移一時。因知居東方者若得午時，自此逐漸往西即爲已、爲辰、爲卯、寅、丑、子矣。

大地圓球諸國全圖

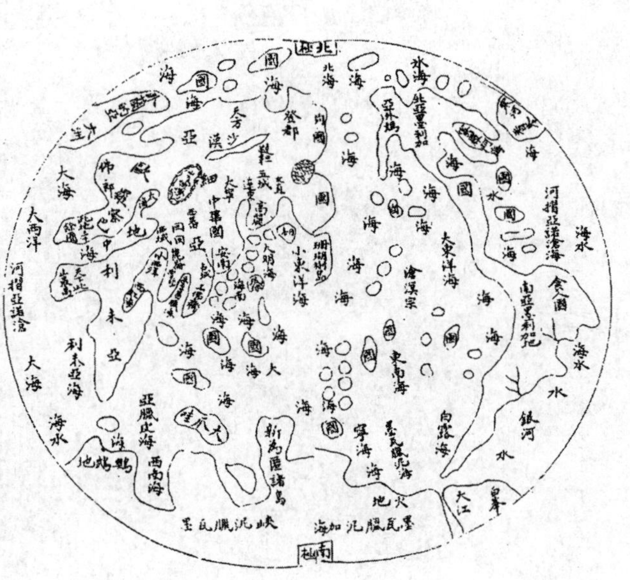

天體渾圓，内以中分，南北爲赤道圜，兩頭盡處爲南北極。極猶樞紐，運轉全天星斗也。古天學家唯以北極爲心目所見。旋繞諸星，爲圖不列南極，是中華處赤道北，不及見南極諸星故也。世人則以北極爲天心，周羅諸星爲邊幅，以南極爲空名耳。湯道未先生曰：人處赤道北，則見赤道南天應漸狹，而在圖則漸廣，形勢相違，無法可以入圖。故圖惟列北極處赤道，南者見北亦然。今圖全天地，必以赤道中分爲界，分作二圖，以二極爲心，然後體理相應，故作赤道二總圖，則見天渾圓全體也。今以赤道南北細分之，以南北二極二十八宿另爲圖，以黄赤道南北見界各爲圖，則知子午相對處爲南北極，南北中分處爲赤道圜，赤道之相交斜絡者爲黄道圜。是故分之求其詳，合之無遺漏矣。地輿圖者按：地在天中如鷄子，黄在青之内，天運旋於外，地静處居中，人依圓體，無方隅，上下蓋在天之内，何瞻非天也？故定一圓圖，倣西士職方之遺意也。復作一方圖，以九州爲心，四彝作輔，如朱思本之廣輿，按其畫方計里，修短廣狹偏正曲直如其地形，可分可合。山川險夷，郡邑聯絡，有不得盡聞者，按其形實一一瞭然。非如世圖，疏密失準，遠近錯誤者也。

禹書經天合地圖

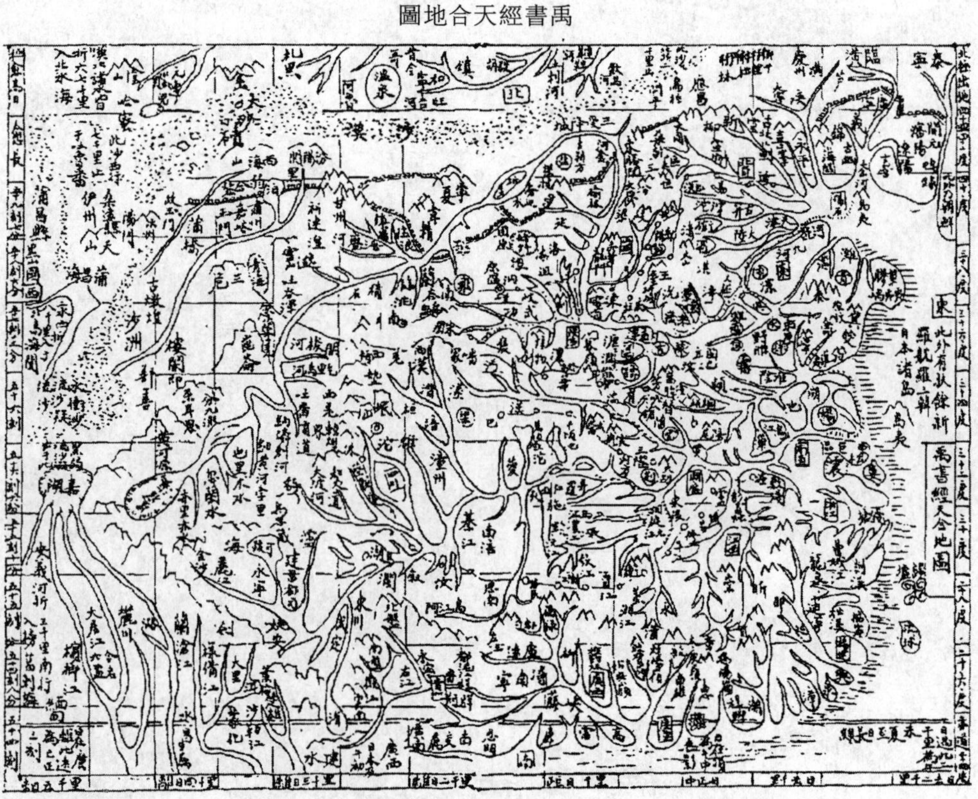

揭子暄《禹書經天合地圖説》曰：昔之作禹圖者，東西南北惟按書畫之，至地之長短，曲折廣狹偏正悉置不問。今以天下校古禹迹，而畫方計里，始如其形。故曰「合地」。中土以北，極出地三十六度，夏至日長，六十刻爲算，不知地自南而北二百五十里差天一度。赤道居兩極之中，離赤道漸遠，則北極漸高，夏至日漸長，且四方國土日之出入不同時。東方先見，西方後見，兩地相去七千五百里則差一時。惟以里度測刻分，而多寡早遲始可通推，故曰「經天」。藝以地圓形，東西升降，故時刻之先後不同；南北出入，故晝夜之長短互異。所以環地而轉，從東達西，時時曉，時時黄昏。自南而北，有半年爲晝，半年爲夜者。此圖每方五百里，方各二度。南起赤道二十三度，北行二十二度，縱五千五百里，西起地中海七十一度，東行二十八度，廣七千里。其間以單墨行者，州界；雙墨行者，水道；以圈行者，山道；點列者，貢道也。邊之左紀日長，右紀出極，下紀距日里，刻見各地之不同也。以其經天合地，余故約而布之。游藝書。

域外來華學説部

論説

晉・鳩摩羅什譯《大智度論》卷三八《釋往生品第四之上》 問曰：云何名跋陀？云何名劫？答曰：如《經》説：「有一比丘問佛言：『世尊！幾許名劫？』佛告比丘：『我雖能説，汝不能知，當以譬喻可解：有方百由旬城，溢滿芥子，有長壽人過百歲，持一芥子去，芥子都盡，劫猶不澌。』」「又如方百由旬石，有人百歲，持迦尸輕軟疊衣一來拂之，石盡，劫猶不澌。」時中最小者，六十念中之一念；大時名劫。劫有二種：一爲大劫，二爲小劫。大劫者，如上譬喻。劫欲盡時，衆生自然心樂遠離；樂遠離故，除五蓋，入初禪，是人離生喜樂。從是起已，舉聲大唱言：「諸衆生！甚可惡者是五欲，第一安隱者是初禪。」衆生聞是唱已，一切衆生心皆自然遠離五欲，入於初禪；自然滅覺觀，入第二禪，亦如是唱；或離二禪、三禪亦如是。三惡道衆生，自然得善心，命終皆生人中；若重罪者，生他方地獄，如《泥犁品》中説。是時三千大千世界，無一衆生在者；爾時，二日出，乃至七日出，三千大千世界地，盡皆燒盡。如「十八空」中，廣説劫生滅相。復有人言：四大中三大有所動作，故有三種劫：或時火劫起，燒三千大千世界，乃至初禪四處；或時水劫起，漂壞三千大千世界，乃至二禪八處；或時風劫起，吹壞三千大千世界，乃至三禪十二住處。是名大劫。小劫亦三種：外三大發，故世界滅；内三毒發，故衆生滅，所謂飢餓、刀兵、疾病。復有人言：時節歲數，名爲小劫。如《法華經》中説：「舍利弗作佛時，正法住世二十小劫，像法住世二十小劫」；「佛從三昧起，於六十小劫中説《法華經》」，是衆小劫和合，名爲大劫。」「劫簸」，秦言分别時節。「跋陀」者，秦言善。有千萬劫過去，空無有佛；是一劫中有千佛興，諸浄居天歡喜，故名爲善劫。浄居天何以知此劫當有千佛？前劫盡已，廓然都空；後有大水，水底涌出有千枚七寶光明蓮華，是千佛之相；浄居諸天，因是知有千佛。以是故説「是菩薩於此劫中得阿耨多羅三藐三菩提」。

北魏・菩提流支譯《提婆菩薩釋楞伽經中外道小乘涅槃論》 問曰：何等外道説見自在天造作衆生名涅槃？答曰：第十二外道摩陀羅論師言，那羅延論師説。我造一切物，我於一切衆生中最勝。我生一切世間有命無命物，我是一切山中大須彌山王，我是一切水中大海，我是一切藥中穀，我是一切仙人中迦毘羅牟尼。若人至心以水草華果供養我，我不失彼人，彼人不失我。摩陀羅論師説，那羅延論師言，一切物從我作生，還没彼處名爲涅槃，是故名常，是涅槃因。

問曰：何等外道説衆生遞共因生名涅槃？答曰：第十三外道尼犍子論師作如是説。初生一男共一女，彼二和合能生一切有命無命等物，後時離散還没彼處名爲涅槃。是故尼犍子論師説，男女和合生一切物，名涅槃因。

問曰：何等外道説證諦道名涅槃因？答曰：第十四外道僧佉論師説。二十五諦自性因生諸衆生，是涅槃因，自性是常故從自性生大，從大生意，從意生智，從智生五分，從五分生五知根，從五知根生五業根，從五業根生五大。是故論中説。隨何等何等性修行二十五諦，如實知從自性生還入自性能離一切生死得涅槃，如是從自性生一切衆生。是故外道僧佉説，自性是常能生諸法，是涅槃因。

問曰：何等外道説有作所作而共和合名涅槃？答曰：第十五外道摩醯首羅論師作如是説。果是那羅延所作，梵天是因。摩醯首羅一體三分。所謂梵天那羅延摩醯首羅，地是依處，地主是摩醯首羅天。於三界中所有一切命非命物，皆是摩醯首羅天生。摩醯首羅身者，虚空是頭，地是身，水是尿，山是糞，一切衆生是腹中虫。風是命，火是煖，罪福是業。是八種是摩醯首羅身。自在天是生滅因，一切從自在天生，從自在天滅，名爲涅槃。是故摩醯首羅論師説，自在天常生一切物，是涅槃因。

問曰：何等外道説一切物自然而生名涅槃？答曰：第十六外道無因論師作如是説。無因無緣生一切物，無染因無浄因。我論中説，如棘刺針無人作，孔雀等種種畫色皆無人作，自然而有不從因生名爲涅槃。是故無因論師説，自然是常生一切物，是涅槃因。

問曰：何等外道説諸物皆是時作名涅槃？答曰：第十七外道時散論師作如是説。時熟一切大，時作一切物，時散一切物。是故我論中説，如被百箭射時不到不死，時到則小草觸即死。一切物時生，一切物時熟，一切物時滅，時不可過。是故時論師説，時是常生一切物，名涅槃因。

問曰：何等外道説見有物名涅槃？答曰：第十八外道服水論師作如是説。水是萬物根本，水能生天地，生有命無命一切物。下至阿鼻地獄上至阿迦尼吒天，皆水爲主。水能生物，水能壞物，名爲涅槃。是故外道服水論師説，水是常名涅槃因。

問曰：何等外道説見無物名涅槃因？答曰：第十九外道口力論師説。虛空是萬物因，最初生虛空。從虛空生風，從風生火，從火生煖，煖生水。水即凍凌堅作地。從地生種種藥草，從種種藥草生五穀，從五穀生命。是故我論中説，命者是食後時還没，虛空名涅槃。是故外道口力論師説，虛空是常，名涅槃因。

問曰：何等外道説見有無物是涅槃因？答曰：第二十外道本生安荼論師説。本無日月星辰虛空及地，唯有大水。時大安荼生如雞子周匝金色時熟，破爲二段，一段在上作天，一段在下作地。彼二中間生梵天名一切衆生祖公，作一切有命無命物。如是有命無命等物散没，彼處名涅槃。是故外道安荼論師説，大安荼出生梵天是常，名涅槃因。

南朝陳・真諦譯《阿毘達磨俱舍釋論》卷八　説衆生世界已，器世界今當説。偈曰：此中器世界，説於下依住。深十六洛沙，風輪廣無數。釋曰：三千大千世界，諸佛説深廣，謂依於空住下底風輪，由衆生增上業所生。此風輪厚十六洛沙由旬，縱廣無復數。堅實如此：若大諾那力人，以金剛杵懸擊擲之，金剛碎壞而風輪無損。

於風輪上。偈曰：水輪深十一，復有二十千。釋曰：於風輪上，由衆生業增上，諸雲聚集雨滴如大柱，此水輪成，深十一洛沙二萬由旬。云何於中水輪不傍流散？由衆生業增上力故。譬如所食所飲，是諸食飲若未消時，不墮熟藏，餘師説如此；或如食道理故，由風所持故不流散，餘部説如此。復次此水由衆生業勝德所生，有別風大吹轉此水，於上成金，如熟乳上生膏。偈曰：水厚八洛沙所餘皆是金。釋曰：所餘有幾許，三洛沙二萬由旬，是名金地輪，在水輪上。

水輪并金地輪，厚量已説。偈曰：徑量有三千，復有四百半，有十二洛沙，水金輪廣爾。釋曰：此二輪徑量是同。偈曰：若周圍三倍。釋曰：若以邊量數則成三倍，合三十六洛沙一萬三百五十由旬。金地輪在水上，於此地中。偈曰：須彌婁山王，由乾陀羅山，伊沙陀羅山，佉特羅柯山，修騰婆那山，阿輸割那山，毘那多柯山。尼旻陀羅山。釋曰。如此等山依金地輪上住。八大山中央有須彌婁山。所餘山繞須彌婁住，一由乾陀羅，二伊沙陀羅，三佉特羅柯山，四修騰婆那，五阿輸割那，六毘那多柯，七尼旻陀羅，此須彌婁山七山城所圍。最外山城名尼旻陀羅。偈曰：於四大洲外，復有輪圍山。釋曰：於第七山外有四大洲，於四大洲外復有鐵輪圍山，由此山故，世界相圓如輪。於中偈曰：七金此是鐵。釋曰：由乾陀羅等七山皆金所成，此最外圍山唯鐵所成。

偈曰：四寶須彌婁。釋曰：約四邊次第，金銀琉璃頗梨柯四寶所成。諸邊隨能成寶，類光明故。於諸方中空色顯現似於本寶，對剡浮洲須彌婁邊，琉璃寶所成由此寶光映故。見空青色似於琉璃，復次云何如此等寶得生，於金地上，復有諸雲雨，水滴如車軸，此水爲種種種子胎藏，有種種威德差别。風吹變此水，轉成種種類寶，如此轉變爲生别種類事總别，由不先有及不並有，道理能作因緣。不同僧佉外道所立轉變義，僧佉轉變者，此物先已住，轉成别法，若爾有何失，此有法不可解。此法已住，由有於中分别諸餘法，何人説如此，從法有法異，此法類不異，唯成異相説名轉變。若爾亦非道理，云何非道理？此物即是即此不是，先未曾有，此言説道理，如此方便。金等諸寶已聚集生，有別風由業威力所起，此風能引取諸寶，集在一處，即成山成洲，所取處成内外海須彌婁等山，鐵輪圍爲後。

偈曰：入水八十千。釋曰：於金地上有水，深八萬由旬，此中諸山次第入中。偈曰：此山出水上，亦八萬由旬。釋曰：如此須彌婁山，高一十六萬由旬。偈曰：八山半半下。釋曰：由乾陀羅山，從水上高四萬由旬，半下須彌婁山，伊沙陀羅山，半下由乾陀羅山。如此於諸山應知次第半，下乃至鐵輪圍山半下，尼旻陀羅山，高三百一十二半由旬。偈曰：高廣量平等。釋曰如諸山從水上高量，廣量亦爾。偈曰：其中間七海。釋曰：尼旻陀羅最爲後，於彼中間有七海，遍滿八功德水。此水冷美輕軟清香，飲時不咽逆，於喉飲已利益内界不損於腹。此七海中，偈曰：初海八十千。釋曰：由乾陀羅内是第一海廣，八萬由旬。偈曰：説此名内海。釋曰：海有二種，一内，二外，此二山内海。偈曰：一一邊三倍。釋曰：已説此海廣八萬由旬，若約乾陀羅内邊數，一一邊三倍，此廣合成二洛沙四萬由旬。偈曰：餘海半半狹。釋曰：由乾陀羅、伊沙陀羅，此二山中間是第二海，半狹初海，廣四萬由旬，半第二廣爲第三由，此半半狹，應知餘廣量，乃至第七廣一千二百五十由旬，長量不説，由多量差别出故。偈曰：所餘名外

海。釋曰：何者爲餘，尼旻陀羅鐵輪圍，二山中間名外大海，此海鹹遍滿鹹烈味水，此海約由旬數廣。偈曰：三洛沙二萬及二千。釋曰：大海量如此。

偈曰：於中。釋曰：有四大洲，對須彌婁四邊。偈曰：剡浮洲二千，三邊相如車。釋曰：於此海中剡浮洲一邊二千由旬，三邊等量，其相似車，於此洲中央，從金地上起金剛座，徹剡浮洲地，與上際平，一切菩薩皆於中坐，修習金剛三摩提，何以故，更無餘依止及處能堪受此三摩提。偈曰：三由旬半。釋曰：此第四邊廣量三由旬半，是故此洲似車相。偈曰：東洲如半月。釋曰：從此洲向東，對須彌婁邊有洲名弗婆毘提訶出海上，其相如半月，若約邊量。偈曰：三邊如。釋曰：此洲三邊如剡浮洲三邊，量各二千由旬。偈曰：一邊，三百半由旬。釋曰：是第四邊，廣三百五十由旬。偈曰：瞿陀尼相圓，七千半由旬。釋曰：從此洲向西，對須彌婁邊有洲，名阿婆羅瞿陀尼洲，邊量七千五百由旬，此洲相圓如滿月。偈曰：徑量二千半。釋曰：中央廣二千五百由旬。偈曰：鳩婁八千等。釋曰：從此洲向北，對須彌婁邊有洲，名欝多羅鳩婁洲，邊量八千由旬，四角旻方其相似比陀訶，四邊量等，如一邊二千由旬，餘邊亦爾，無微毫增減。隨諸洲相，於中住衆生面相亦爾。

此四洲中間有諸別洲起，諸洲何名何處。偈曰：二提訶鳩婁，遮摩羅遮羅，中間有八洲，捨訶北臘陀。釋曰：此中有洲，一提訶，二毘提訶，屬東毘提訶，是彼類故。又有二洲，一鳩婁，二高羅婆，屬北鳩婁，是彼類故。復有二洲，一捨陀訶，二欝多羅臘陀，屬西瞿陀尼，是故類故。復有二洲，一遮摩羅，二阿婆羅遮摩羅，屬剡浮洲，是彼類故，此諸洲皆是人所住處。唯阿婆羅遮摩羅一洲，是羅刹住處。

偈曰：此中向北地，九山邊雪山。釋曰：此剡浮洲中，向北地有三黑山，度三黑山復有三黑山，度三黑山復有三黑山，此山悉下故名蟻山。

九山北邊有雪山，從雪山向北地。偈曰：香雪二山間，五十由旬池。釋曰：雪山北邊，香山南邊，此處最勝，其中有池名阿那婆恒多。從此池流出四大河，一恒伽，二辛頭，三私多，四薄搜，此池縱廣各五十由旬，遍滿八功德水，非人所行處，若有通慧人乃可得行。此池南邊山高二十五由旬，北邊山高五十由旬，此二山雜物所成，從香山北邊最勝處，有巖名難陀，七寶所成，縱廣各五十由旬，唯是象王所住處。從此度六國土，及度七重林，七重河度第七河更有二林形如半月，此林北生剡浮樹此樹高百由旬，此樹子若熟味美無等。由此樹最高子味最美，故洲因此立剡浮名。

地獄在何處？其數量復云何？偈曰：向下二十千，阿毘指廣爾。釋曰：於此剡浮洲，下二十千由旬有地獄，名阿毘指，深廣各二十千由旬，若從底向上，四十千由旬，於中苦受無間故名阿毘指，何以故？於餘地獄苦受有間，如更活地獄中衆生，身已被斫破及撞擣，有冷風吹其還生故，名更活地獄阿毘指中無如此事。有餘師説：於中無樂間苦，故名無間。何以故？於餘地獄雖無樂果報，不遮等流果故。【略】

故説彼爲閻摩王羅刹，非前能作殺害事立爲衆生。餘部説，彼悉是衆生，若爾此業復於何處受報，當於此處受報。何以故？彼由宿惡業報故，於此處生，於中更作惡業，即於中受報。若爾作無間業衆生，所受果報處，彼在其中，何法遮令不受此報？云何彼在火中而不被燒？汝作如此思，不業爲彼屬火，故不被燒。生於此中，與餘不異，云何爲卒？如此八種説名熱地獄。

偈曰：八寒地獄頞浮等。釋曰：復有餘八寒地獄，一頞浮陀，二尼剌浮陀，三阿吒吒，四阿波波，五嘔睺睺，六欝波羅，七波頭摩，八分陀利柯，於此八中衆生極寒所逼，由身聲瘡變異相，故立此名。此八是剡浮洲下，大地獄傍，剡浮洲如此廣量，云何於中得容阿毘指等地獄處，諸洲向下廣，譬如穀聚，是故大海次第漸深，如此十六地獄，一切衆生，增上業所起，有別處地獄，由衆生自業所起，或多人共聚，或二人或一人，此別地獄差別多種處所不定，或在江邊，或在山邊，或在曠野，或在餘處，地獄器本處在下。畜生行處有三，謂地水空，大海爲本處，從海行於餘處，鬼神以閻摩王處爲本處，此王處於剡浮洲向下深五百由旬，有大國土，縱廣亦五百由旬。是鬼神本所住處。從此本處散行餘處。於鬼神道中。有大福德業神通。受用富樂如天上所，餘諸鬼神如餓鬼，本業經説。

復次月日在於何處？住於風中，何以故？是風於空中，由衆生共業增上所生，繞須彌婁山轉，如水洄澓，能制持日月及星，從此洲向上。日月行高幾由旬？偈曰：日月彌婁半。釋曰：與由乾陀羅山頂齊。彼行如此，月日量云何？偈曰：五十一由旬。釋曰：月輪徑五十由旬，日輪徑五十一由旬。諸星輪量，若最小徑一俱盧舍，若最大徑十六由旬。日輪下面、外邊，頗梨抲寶所成，皆是火珠，此寶能炙能照。月輪下面、外邊，月愛寶所成，皆是水珠，此寶能冷能照。由衆生業，於眼身果花穀苗草藥等損益中。如應有能，於四洲中唯一月能作損益事，一日亦爾，此一日於四洲爲俱能作。

日所作事不？不爾。云何不爾？於中。偈曰：夜半日没中，日出同一時。釋曰：若於北鳩婁正半夜，是時於東毘提訶日正没，於剡浮洲日正中，於西瞿陀尼日正出，於餘處例皆如此。於此洲中由日行有差別，夜剎那有時增有時減，日剎那亦爾。此中復偈曰：雨際二後九，夜則漸漸長。釋曰：雨時第二月第二半第九日，從此去夜漸漸長。偈曰：寒際第四月夜短。釋曰：於冬時第四月第二半第九日，從此去夜漸短。偈曰：日翻此。釋曰：是時夜若增，是時日即減，是時夜若減，是時日即增，幾量增幾量減。偈曰：日夜長羅婆。釋曰：夜若增增一羅婆，日增亦爾，此增次第應知。偈曰：日行南北時。釋曰：若日行剡浮洲南邊夜則長，若日行剡浮洲北邊日即長，於白半初。

云何見月輪不圓，此有何因？偈曰：由自影近日，故見月不圓。釋曰：若月宮殿行近日宮殿，是時日光侵照月宮殿，由此日影覆月餘邊，是影顯月輪不圓。分別世經説，如此先舊諸師説，日月行相應有如此，有時見不圓及半。

復次日等宮殿何衆生於中住，四大天王所部天。此諸天爲唯住此中，更有別處。若住宮殿唯住此處，若依地住在須彌婁山諸層中住。此山有幾層，一一層其量云何？偈曰：山王層有四，相去各十千。釋曰：須彌婁山，從水際取初層，中間相去十千由旬，乃至第四層，相去亦爾。由此四層山王半量，層層所圍繞，此四層次第出，復有幾量。偈曰：十六八四二千由旬傍出。釋曰：初層從須彌婁傍出十六千由旬，第二八千，第三四千，第四二千由旬出。何衆生得住此中？偈曰：俱盧多波尼，持鬘恒醉神，諸四大王天。釋曰：有夜叉神名俱盧多波尼住初層，復有諸天神名持鬘住第二層，復有天神名恒醉住第三層，如此等皆是四大王天軍衆，四天王自身及餘眷屬，住第四層。如於四層中四大王天眷屬住？偈曰：於餘山亦爾。釋曰：於由乾陀羅等七山小大國土，四大天王所餘眷屬住皆遍滿，是故四天王天衆皆依地住。

三十三天住須彌婁頂。偈曰：三十三住頂，縱廣二十千。釋曰：於須彌婁山上，帝釋及三十三天住此最勝處。此處縱廣云何？有餘師説：一一邊各八萬由旬，如下際，此名最勝處。有餘師説：於須彌婁頂中央，一一邊各二萬由旬，周圍八萬由旬爲最勝處，三十三天於其中住。偈曰：方角有四峯，金剛神所住。釋曰：須彌婁四維各有一峯，此峯徑五百由旬，高量亦爾。有夜叉神名金剛手，於此中住守護諸天，此須彌婁頂。偈曰：中央二千半，高一由旬半，有城名善見，金軟多愛相。釋曰：須彌婁山王頂，中央有大城名善見，縱廣各二千五百由旬，高一由旬半，皆金所成，百一種類寶之所莊飾。城地亦爾，地觸柔軟猶如綿聚，下足即没舉足還滿，此城是帝釋所都之處。偈曰：一邊二百半，皮闍延多殿。釋曰：天帝釋所住宮殿，在大城中央，名皮闍延多，由種種寶類所莊飾故，此處最勝，能映奪諸天宮殿可愛相貌。此殿縱廣各二百五十由旬，於大城内有如是等最勝可愛相。偈曰：外衆車惡口，雜喜園莊嚴。釋曰：城外四面最勝可愛處，有四種園，是諸天所遊戲處。一衆車園，二惡口園，三相雜園，四歡喜園，此園於外莊嚴大城。偈曰：中二十由旬，四善地四方。釋曰：衆車等園四方各有別處名善地，中間相去二十由旬，是諸天最勝希有遊戲處，如互相妬生可愛想，餘園所不及。

大城外邊。偈曰：東北波利園，西南善法堂。釋曰：天中有樹，名波利闍多，是三十三天欲塵遊戲最勝處。樹徑五由旬，高百由旬，枝葉至杪四邊各出五十由旬，周圍覆三百由旬。住此樹華開敷時，香順風薰滿百由旬，香逆風薰滿五十由旬。若順風薰，此乃可然，説逆風薰，云何可信？有餘師説，不過樹界故，故説此言。何以故？無香得逆風薰故。有餘師説：此一樹花香威德有如此事，謂天上調和香風所遮隔，此香猶相續不斷，餘香若爲風所吹，則漸歇薄乃至都盡，是故餘香去不得遠。相形比勝餘樹，故説此言。花香相續，爲依止自四大能薰餘處，爲但薰風不出餘處，此中無定。諸師許有二種，若爾云何？世尊説此偈：花香非能逆風薰，根實諸香亦皆爾。善人戒香逆風薰，正行芳流遍國界。

依人中香氣，故説此偈。何以故？此香是世間共知，無如此能，彌嬉沙塞部説，此香順風薰百由旬，逆風薰五十由旬，有諸天集會堂名善法，對大城西南角，諸天於中坐，論量世間應作不應作事，四大天王及三十三天，安立器世其相如此。偈曰：從此上宮殿，天住。釋曰：三十三天上各有宮殿，所餘諸天依其中住，何者所餘？謂夜摩兜率多化樂他化自在梵衆等，如前所説，合有十六處。如此若略説，合二十二部諸天所，此等皆有別器世界。偈曰：六受欲。釋曰：於二十二中有六欲界天，能受用塵欲非餘，謂四大王天，乃至他化自在天，此六天。偈曰：身交抱捉手，笑相視爲婬。釋曰：依地住相應故，皆二身交爲婬，謂四大王天及三十三天，與人道不異。是諸天由風出故心熱即息，以無不浄故。夜摩天以相抱爲婬，心熱即息。兜率陀天以捉手爲婬化樂天以共笑爲婬，

他化自在天以相視爲婬，一切欲天同以二身交爲婬，後相抱等四，從譬時量得名。分別世經説如此，向上諸天，如欲塵次第轉勝妙，欲樂亦爾。向上轉重，於男天膝上及女天膝上，若有童男童女天生，此童男童女即是二天之子，初生身量云何。

又 中分別世間品之四

復次夜摩等天宫其量云何？上四天如須彌婁山量，餘部説如此。復有餘師説：向上倍倍廣。復有餘師説：初定地量，同一四洲世界；第二定地量，同小千世界；第三定地量，同二千世界；第四定地量，同三千世界。復有餘師説：初定等三地量同一千等世界，第四定無復量，復次何義名小千世界二千世界三千世界。偈曰：四洲及月日，須彌婁欲界，梵處各一千，名小千世界。釋曰：一千剡浮洲，乃至一千北鳩婁，一千月日，一千須彌婁山，一千四大王天，乃至一千他化自在天，一千梵處。説此名小千世界。偈曰：千倍此小千，名二千中世界。釋曰：更千倍小千世界，名二千中世界。偈曰：千倍三大千。釋曰：更千倍二千中世界，名三千大千世界。如此一切，偈曰：共同一壞成。釋曰：如此等世界同有小大三災，此大千世界同壞同成。此義後當廣説，如器世界量不同。於中住衆生身量亦有差別不有？此中偈曰：剡浮洲人量，四肘三肘半。釋曰：剡浮洲人從多身長三肘半，或有人長四肘。偈曰：後後倍倍增，東西北洲人。釋曰：東毗提訶人身長八肘，西瞿陀尼人身長十六肘，北鳩婁人身長三十二肘，若天云何。偈曰：身量四分增，乃至俱舍半欲界。釋曰：四大王天身長一俱盧舍四分之一，三十三天身長四分之二，夜摩天身長四分之三，兜帥多天身長四分，化樂天身長五分，他化自在天身長一俱盧舍半。偈曰色界，初半由旬次第。釋曰：色界諸天於初處梵衆天身長半由旬，從此次第。偈曰：半半增。釋曰：於三處半半增，梵先行天身長一由旬，大梵天身長一由旬半，少光天身長二由旬。偈曰：向上從少光，上身倍倍增，唯除無雲三由旬。釋曰：無量光天身長四由旬，遍光天身長八由旬，如此倍增由旬，乃至遍浄天身長六十四由旬，無雲天倍增減三由旬，身長一百二十五由旬，從此後福生等天更倍增，乃至阿迦尼師吒天身長十六千由旬。

身量向後有如此差別，壽量亦有差別不有？偈曰：北鳩婁千年，於二離半半。釋曰：北鳩婁人定壽千年，於西東二洲壽量半半減，西瞿陀尼壽五百年，東毗提訶壽二百五十年。偈曰：此不定。釋曰：於剡浮洲壽量不定，有時極多有時極少。多少云何？偈曰：最後十歲。釋曰：此壽漸減，最後唯有十歲。偈曰：初叵量。釋曰：劫初生衆生，壽命不可量。由千等數不能計量故，説人壽已，今當説天壽。若先安立日夜，方得計諸天壽，天日。夜云何偈曰：人中五十年，彼天一日夜，欲下天。釋曰：人中五十年，於欲界最下天，謂四大王天，是一日一夜。偈曰：以此彼壽五百年。釋曰：以此三十日夜立爲一月，以十二月立爲一年，以此五百年爲彼天壽量。偈曰：向上後倍增。釋曰：上地諸天倍增爲日夜，以此日夜計彼壽量，彼壽云何，人中一百年，是三十三天一日一夜，以此日夜一千年，爲彼天壽量，應知夜摩天等次第如此。人中二百四百八百十六百，爲彼一日一夜，以此日夜二千四千八千十六千，天年次第爲上天壽量，從由乾陀羅，向上無日月諸天云何安立日夜，用明光事，云何得成，由花開花合，謂倶牟頭花，波頭摩花等。諸鳥有鳴不鳴，睡有來去。以此等事判日夜，用光明事者，身自然光不須外光，説欲天壽量已。偈曰：色界無日月，由劫判彼壽，劫數如身量。釋曰：於色界中若有諸天，身量半由旬，壽量則半劫。若身量一由旬，壽量則一劫。

如此彼身隨由旬數，彼壽量劫數皆隨身量，乃至阿迦尼師吒天，以十六千大劫爲壽量。偈曰：無色二十千，劫後二二增。釋曰：於空無邊入，壽量二十千。劫識無邊入，更增二十千劫。無所有入，更增二十千劫。有頂更增二十千劫，此壽量二十四十六十八十千劫。此中應知，云何爲劫。爲是別劫，爲是壞劫，爲是成劫，爲是大劫。偈曰：從少光大劫，從此下半劫。釋曰：從少光梵處，應知壽量約大劫。從此下半大劫説名劫，以分別大梵等壽量。云何如此？是時世間二十別劫成，二十別劫成已住，二十別劫散集，是六十別劫。於大梵處説名一劫半，分別如此，已是半劫，謂四十別劫，立爲一劫。

説彼壽量，説善道壽量已，惡道壽量今當説。偈曰：與欲界天壽，日夜次第等。於更活等六，壽量如欲天。釋曰：如所説六欲天壽量，於六地獄日夜，應知次第皆等。六者謂更活、黑繩、聚磕、叫喚、大叫喚、燒然，於彼由旬日夜等。六欲天壽量，應知於彼壽量，亦等六天壽量。云何如此所説？四天王壽量，於更活地獄是一日一夜。以此日夜立月立年，以此五百年爲其壽量。三十三天壽量，於黑繩地獄是一日一夜，以此日夜於中壽量足一千年。如此於餘處次第應知，乃至他化自在天壽量，於燒然地獄是一日一夜，以此日夜於中壽量足十六千年。偈曰：於大燒半劫，阿毗指別劫。釋曰：於大燒燃地獄，壽量半別劫。於無間

地獄，壽量足一別劫。於畜生壽量無定。偈曰：畜生極別劫。釋曰：若畜生中最極長壽，但一別劫。謂諸龍難陀、優波難陀、阿輪多利等。何以故？佛世尊說，比丘有八部龍名大龍，皆一劫住持於地輪，廣說如經。偈曰：鬼日月五百。釋曰：人中一月，於鬼神是一日夜。以此日夜壽量五百年。於寒地獄壽量云何？偈曰：從婆訶百年，除麻盡爲壽。頞浮陀二十，倍倍後餘壽。

又 說壽命量已，此二齊量未說。如此一切用名分別，此名窮量，亦應顯說。爲說此三，是故初立方便。偈曰：隣虚字刹那，色名時最極。釋曰：若分分析色，極於隣虚。故隣虚是色極量，時量亦爾。極於刹那，名量亦爾。極於輕字，如伊短音。復次刹那者何量？若因緣已具足，隨時法得一生，是時名刹那。復次是法若行度一隣虚，是時名刹那。復次若有强力丈夫一彈指頃，經六十五刹那。阿毗達磨師說如此。

又 說由旬量已，年量今當說。偈曰：百二十刹那，怛刹那。釋曰：一百二十刹那爲一怛刹那。偈曰：六十，說名一羅婆。釋曰：六十怛刹那，說名一羅婆。偈曰：後三三十增，是一牟休多，及一日夜、月。釋曰：三十羅婆爲一牟休多。三十牟休多爲一日夜。夜有時長，有時短，有時等。三十日夜爲一月。偈曰：十二月一年，一年共減夜。釋曰：寒際有四月，熱際有四月，雨際有四月。如此十二月，立爲一年共減夜。何以故？有六減夜入一年中，云何如此？

寒熱雨三際，中月半已度。
於餘半月中，智人知減夜。

又 若是時，於梵處無一衆生爲餘。由此時量世間已壞，由衆生壞，故是時器世界皆空。從此時初定道所起，能感器世界業，悉已謝滅。七日次第出，乃至燒大地及諸須彌婁山無復餘。從此猛火風吹光焰，上燒梵處。如此光焰，應知是初定地同類。何以故？若災非同類，則不能壞。由相應發故，故說此火能燒。何以故？是欲界火能接色界火故。此義於餘災，如理應知亦爾。從地獄中，由衆生死不更生，乃至器世界盡，經如此時說名壞劫。偈曰：成劫先於風，乃至地獄有。釋曰：從初風起，乃至於地獄有衆生，是名成劫。何以故？世間如此已壞，唯空爲餘，於長時住。乃至後衆生業增上，故諸世界器先相初起。謂於空中有微細風，漸漸而動。是時世間二十別劫壞已住，此壞劫應知已度，更二十別劫，世間應成。此成是時應知，次第復至。從是時諸風漸漸增大，乃至成就如前所說風輪。如前所說次第事，一切皆成，謂水輪及大地、金輪、地輪，乃至諸洲、須彌婁山等。初成大梵天宮殿，次第乃至成夜摩天宮殿，從此後風輪起，由此時量應知世間已成。由器世界成故，是時隨有衆生，應作大梵王。從遍光天墮於大梵宮殿受生，餘諸衆生從彼次第墮。有生梵先行處，有生梵衆處，有生他化自在處。如此次第，乃至於北鳩婁、西瞿陀尼、東毗提訶、剡浮洲、鬼神道、畜生道、地獄道處受生，此是法爾。

隋・達摩笈多譯《起世因本經》卷九 「復次，諸比丘！於彼時，有迦梨迦大風，吹散八萬四千由旬大海水已，於下即出日之宮殿，擲置海上須彌留山王半腹四萬二千由旬，安日道中。諸比丘！此名世間第二日出，所有諸小陂池江河一切乾竭，悉無復有。諸比丘！一切諸行，悉皆無常，略說如前，可求免脫。復次，諸比丘！略說如前，大風吹海，出日宮殿，置日道中，是名世間第三日出，所有一切大陂大池大河及恒河等，一切大河悉皆乾竭，無復遺餘；諸行亦爾。如是世間，第四日出，所有大水大池，所謂善現大池、阿那婆達多大池、曼陀祇尼大池、蛇滿大池等，悉皆乾竭，無復有餘；諸行亦爾。如是世間第五日出，其大海水，漸漸乾竭，初如脚踝，已下減少，乃至猶如膝，已下減乃至半身，或復一身二三四五六七人身，已下乾竭。諸比丘！其五日出，大海水減半多羅樹，乃至一多羅樹，或二三四五六七多羅樹減；乃至半俱盧奢，或一二三四五六七俱盧奢減；乃至半由旬減，或一二三四五六七由旬而減，乃至百由旬減，或二三四五六七百由旬減。諸比丘！其五日出，大海之水，千由旬減，乃至二三四五六七千由旬減。諸比丘！其世間中五日出時，彼大海水，略說乃至七千由旬，餘殘住時，或至六五四三二一千由旬在，如是乃至七百由旬，其水殘在；或至六五四三二一百由旬在，或七由旬，其水殘在；或復六五四三二一由旬水在；或復減至七俱盧奢，其水殘在；乃至六五四三二一俱盧奢水餘殘住在。諸比丘！其世間中，五日出時，彼大海水，深七多羅餘殘而在，或復六五四三二一多羅樹水餘殘而在；或如七人其水殘在；或復六五四三二一；或復半人、或膝已下、或至踝骨，其水殘在。又五日時，於大海中，少分有水，餘殘而住。如秋雨時於牛跡中少分有水。如是如是，五日之時，彼大海中，亦復如是。又諸比丘！五日之時，彼大海中，於一切處，乃至塗脂水無復遺餘。諸比丘！一切諸行，亦復如是，無常不久，須臾暫時，略說乃至，可厭可離，應求免脫。復次，諸比丘！略說如前。乃至六日出現世時，其四大洲并及八萬四千小洲，諸大山等、須彌留山王，悉皆起烟，起已復起，猶如凡師欲燒器時，器上火焰一時俱起。其火大盛，充塞遍滿。如是

如是，其四大洲及諸山等，烟起猛壯，亦復如是，略説乃至，諸行無常，應求免脱。復次，諸比丘！略説如前，七日出時，其四大洲并及八萬四千小洲，諸餘大山及須彌留山王等，皆悉洞然。地下水際並盡乾竭，其地聚既盡，風聚亦盡。如是火大焰熾之時，其須彌留山王上分七百由旬，山峰崩落。其火焰熾，風吹上燒梵天宫殿，乃至光音。其中所有後生光音宫殿下者諸天子輩，不知世間劫轉壞成，及轉成住，皆生恐怖，驚懼戰悚，各相謂言：『莫復火焰來燒光音諸宫殿也。』是時，彼處光音天中諸天子輩，善知世間劫壞成住，慰喻其下諸天子言：『汝等仁輩，莫驚莫畏。所以者何？仁輩！昔有光焰，亦至於彼。』時，諸天子聞此語已，即便憶念往昔時光，憶念彼光不離於心，故有此名，名曰光天。彼等如是，極大熾然，猛焰洪赫，無有餘殘灰墨燋燼，可得知别。諸比丘！諸行如是，略説乃至，可求免脱。【略】

「諸比丘！如是作已，時彼水聚即便退下無量百千萬踰闍那，略説如前，四方風起，名曰阿那毘羅大風，吹擲沸沫，即成宫殿，名魔身天。垣牆住處，如梵身天，無有異也，唯有寶色，精妙差降，上下少殊。如是造作他化自在諸天宫殿，化樂諸天宫殿牆壁，其次造作删兜率陀諸天宫殿，其次夜摩諸天宫殿，如是出生，具足悉如梵身諸天，次第而説。

「諸比丘！時彼水聚復漸退下無量百千萬踰闍那，縮而減少，如是停住。彼水聚中，周匝四方，自然起沫，浮水而住，厚六十八百千由旬，廣闊無量。譬若泉池及以泊中，普遍四方，有於漂沫覆水之上彌羅而住。如是如是，諸比丘！彼水聚中普四方面，泡沫上住，厚六十八百千由旬，廣闊無量，亦復如是。

「諸比丘！時，彼阿那毘羅大風，吹彼水沫，即便造作彼須彌留大山王身，次作城郭，雜色可愛，四寶所成，所謂金銀琉璃頗梨等諸妙寶。諸比丘！此因緣故，世間便有彼須彌留山王，出生如是。諸比丘！又於彼時，毘羅大風，吹彼水沫，於須彌留山王上分四方化作一切山峰，其峰各高七百由旬，雜色微妙七寶合成，乃至車璖馬瑙等寶，以是因緣，世間出生諸山峰岫。彼風如是，次第又吹其水上沫，爲三十三諸天衆等造作宫殿，其次復於須彌留山東南西北半腹中間四萬二千踰闍那處，爲彼四大天王造作諸宫殿住城壁垣牆，雜色七寶可愛端嚴。如是訖已，爾時彼風又取水沫，於須彌留山王半腹四萬二千踰闍那中，爲月天子造作大城宫殿處所，雜色七寶，成就莊嚴。如是作已，風復取沫，爲日天子造作七日諸天宫殿，城郭樓櫓，七寶雜色，種種莊嚴。以是因緣，世間有斯七日宫殿，安置住持。又諸比丘！彼風次吹其水聚沫，於須彌留大山王所，造作三片城郭莊嚴，雜色七寶，乃至車璖馬瑙等寶，如是城聚世間出生。

「諸比丘！時，彼阿那毘羅大風，次吹水沫，於海水上高萬由旬，爲於虚空諸夜叉輩造作頗梨宫殿城郭。諸比丘！此因緣故，世間便有虚空夜叉宫殿城壁，如是出生。

「諸比丘。時，彼阿那毘羅大風，次吹水沫，於須彌留大山王邊，東西南北，各各去山一千由旬，在大海下，造作四面阿修羅城，雜色七寶，微妙可愛，乃至世間，有此四面阿修羅城如是出生。復次阿那毘羅大風，吹彼水沫於須彌留大山王外擲置彼處，造作一山，名曰佉提羅迦，其山高廣，各有四萬二千由旬，雜色七寶，莊嚴成就，微妙可觀。諸比丘！此因緣故，世間便有佉提羅迦山，如是出生。

「復次，阿那毘羅大風，吹彼水沫，於佉提羅迦山外，擲置彼處，造作一山，名曰伊沙陀羅，其山高廣，各有二萬一千由旬，雜色可愛，七寶所成，乃至車璖馬瑙等寶。諸比丘！此因緣故，世間便有伊沙陀羅山，如是出生。

「復次，阿那毘羅大風，吹彼水沫，擲置伊沙陀羅山外，於彼造作，一山而住，名曰由乾陀羅，其山高廣一萬二千由旬，雜色可愛，乃至爲彼車璖馬瑙七寶所成。諸比丘！此因緣故，世間便有由乾陀羅山王出生。如是次第，作善現山，高廣正等，六千由旬；次復造作馬片頭山，高廣正等，三千由旬；次復造作尼民陀羅山，高廣一千二百由旬；次復造作毘那耶迦山，高廣正等，六百由旬；次復造作彼輪圓山，高廣正等，三百由旬，雜色可愛，所謂金銀琉璃頗梨，及赤真珠車璖馬瑙等，諸七寶之所成就，廣説如上，佉提羅迦造作無異。諸比丘！此因緣故，世間有斯輪圓山出。

「復次，阿那毘羅大風，吹彼水沫，散擲置於輪圓山外，各四面住，作四大洲，及八萬小洲，并諸餘大山。如是展轉造作成就。諸比丘！此因緣故，世間便有斯四大洲，并及八萬小洲，諸大山等，次第出現。

「復次，阿那毘羅大風，吹彼水沫，擲四大洲及八萬小洲，須彌留山王，并餘諸大山之外，安置住立，名曰大輪圓山，高廣正等，六百八十萬由旬，牢固真實，金剛所成，難可破壞。諸比丘！是因緣故，大輪圓山，世間出生。

「復次，阿那毘羅大風，吹掘大地，漸漸深入，即於其處，置大水聚，湛然而住。諸比丘！此因緣故，世間之中，便有大海，如是出生。復何因緣，其大海水，如是鹹苦，不中飲食？諸比丘！此有三緣。何等爲三？一者從火災後無量時節

長遠道中，起大重雲，住持彌覆，乃至梵天，然後下雨，其雨渧大，廣説如前。彼大雨汁洗梵身天諸宫殿已，次洗魔身諸天宫殿、他化自在諸天宫殿、化樂宫殿、删兜率陀諸天宫殿、夜摩宫殿，洗已復洗，如是大洗，彼等洗時，所有鹹鹵辛苦等味，悉皆流下；次洗須彌留大山王身，及四大洲八萬小洲，自餘大山，并輪圓等，如是澆漬，流注洗盪，其中所有鹹苦辛味，一時併下，墮大海中。諸比丘！此一因緣，其大海水鹹不中飲。

「復次，其大海水，爲諸大神大身衆生之所居住。何等大身？所謂魚鼈蝦蟇、獺虬宫毘羅、低摩耶低寐彌羅低寐、兜羅兜羅祁羅等，其中或有身百由旬，或有二百三四五六七百由旬。如是大身，在其中住，彼等所有屎尿流出，皆在海中，以是因緣，其海鹹苦，而不中飲。諸比丘！此名第二鹹苦因緣。復次，其大海水又被往昔諸仙所呪，仙呪願言：『願汝成鹽，味不中飲。』諸比丘！此是第三鹹苦因緣，其大海水鹹不中飲。復次，於中有何因緣，大熱燋竭世間出生？諸比丘！若此世間劫初轉時，於彼三摩耶，其阿那毘羅大風，聚彼六日宫殿城郭，擲置於彼大海水下，其安置處，即於彼住。其大水聚，皆悉消盡，不曾盈汎。諸比丘！是因緣故，世間有是大熱燋竭，示現出生，此名世間轉壞已住。

「復次，云何名世間轉壞已成住？諸比丘。譬如現今世間成已，如是住立，有其火災。於中云何復有水災？諸比丘！其水災劫三摩耶時，彼諸人輩有如法行，説如法語，正見成就無有顛倒，持十善行。彼諸人輩當得無喜第三禪處，不勞功力，無有疲倦，自然而得。時，彼衆生得住虚空諸仙諸天梵行道中，得住中已，離喜快樂，即自稱言：『快樂，仁輩！此第三禪，如是快樂。』爾時，彼處諸衆生輩，即共問彼得禪衆生，彼便答言：『善哉仁輩！此是無喜第三禪道，應如是知。』彼等衆生，知已，成就如是無喜第三禪道。禪成已證，證已思惟，思惟已住，身壞命終，生遍浄天。如是下從地獄衆生、閻羅世中、阿修羅中、四天王中，乃至梵世、光音天下，諸衆生輩，一切處一切有皆斷盡。諸比丘！是名世轉。

「復次，於中云何世間轉已而壞？諸比丘！有三摩耶，無量久遠長道時節，大雲遍覆，乃至光音諸天已來，雨沸灰水，無量多年，略説乃至，百千億年。諸比丘！彼沸灰水，雨下之時，消光音天所有宫殿，悉皆滅盡，無有形相微塵影像可得識知。譬如以酥及生酥等擲置火中，消滅然盡，無有形相可得驗知。如是如是，彼沸灰水，雨下之時，消光音天諸宫殿等，亦復如是，無相可知。諸比丘！諸行無常，破壞離散，流轉磨滅，不久須臾，亦復如是，可厭可患，應求免脱。諸比丘！如是梵身諸天、魔身、化樂、他化自在、兜率、夜摩諸宫殿等，爲沸灰雨澆洗消滅，略説如前，似酥入火融消失本，無有形相，亦復如是。乃至一切諸行無常，應求免離。諸比丘！彼沸灰水，雨下之時。雨四大洲、八萬小洲、自餘諸山、須彌留山，消磨滅盡，無有形相可得記識，廣説如前。應可患厭，如是變化，唯除見者，乃能信之，此名世轉住已轉壞。

「復次，云何轉壞已成？諸比丘！於時起雲，注大水雨，經歷多年，起風吹沫，上作天宫，廣説乃至，如火災事，是爲水災。

「復次，云何有於風災？諸比丘！其風災時，諸衆生輩，如法修行成就正念，生第四禪廣果天處。其地獄中衆生，捨身還來人間，修清浄行成就四禪，亦復如是；畜生道中、閻羅世中、阿修羅中、四天王天、三十三天、夜摩、兜率、化樂、他化，及魔身天、梵世、光音、遍浄、少光等，成就四禪，廣説如上。諸比丘！是名世間轉成。云何轉壞？諸比丘！於彼無量久遠道中，有大風起，彼之大風，名僧伽多（隋言和合）。諸比丘！彼和合風，吹於遍浄諸天宫殿，令其相著揩磨壞滅，無有形相餘殘可知。譬如壯人取二銅器於兩手中，相揩破壞磨滅消盡，無有形相可得識知。彼和合風，吹遍浄天宫殿磨滅，亦復如是。諸比丘！一切諸行無常破壞，不久須臾，乃至可厭，應求免離。如是次吹光音諸天宫殿，吹梵身天宫殿、魔身諸天、他化自在、化樂、夜摩諸天宫殿，相打相揩，相磨相滅，無形無相，無影無塵可知其相。諸比丘！一切諸行，亦復如是，敗壞不牢，無有真實，應當厭離，早求免脱。

「諸比丘！彼僧伽多大風，吹四大洲，八萬小洲，并餘大山、須彌留山王，舉高一拘盧奢，分散破壞；或二或三四五六七拘盧奢已，分裂散壞；或吹舉高一踰闍那，二三四五六七；或吹舉高百踰闍那，二三四五六七百踰闍那，分散破壞；或吹舉高千踰闍那，二三四五六七千踰闍那；或復舉高百千由旬，分散破壞。彼風如是，吹破散壞，無形無相，無如微塵餘殘可知。譬如有力壯健丈夫，手撮一把麬令碎，擲向虚空，分散飄颺，無形無影。如是如是，彼風吹破諸洲諸山，亦復如是。唯除見者，乃能信之。此名世間轉住已壞。復次，世間云何壞已轉成？諸比丘！彼三摩耶無量年歲長遠道中，起大黑雲，普覆世間，乃至遍浄諸天居處。如是覆已，即降大雨，其雨渧麤，猶如車軸，或有如杵，相續注下，如是

多年百千萬歲，而彼水聚，深廣遠大，乃至遍淨，滿其中水。四種風輪，持如前說。乃至吹沫，造遍淨宮，七寶雜色，顯現出生。一一悉如火災水災，次第而說。諸比丘！是名世間壞已轉成。云何世間轉成已住？諸比丘。譬如今者，天人世間轉成已住。諸比丘！如是次第，有於風吹，此等名爲世間三災。

最勝品第十二上

「復次，諸比丘！彼三摩耶世間轉已，如是成時，其衆生輩，多得生於光音天上。彼等於彼天上生時，身心悦豫，歡喜爲食，自然光明。又有神通，乘空而行，得最勝色，年壽長遠，安樂而住。諸比丘！彼三摩耶世間轉壞，其轉壞時，虚空無物。於梵宮中，有一衆生，光音天上福業命盡，從光音天下來，生彼梵宮殿中，不從胎生，忽然化有，是梵天名娑婆波帝，爲如是故，有此名生。

「諸比丘！彼時復有自餘衆生，福業壽盡，從光音天，捨身命已，於此處生，身形端正，亦以歡喜持爲飲食，自然光明有神通力，騰空而行，身色最勝，即於此間長遠久住。彼等於此如是住時，無有男女，無有良賤，唯有衆生衆生名也，如是得名。

「復次，諸比丘！當於如是三摩耶時，此大地上，出生地肥凝然而住。譬如有人熟煎乳訖，其上便有薄膜而住，或復水上有薄膜住。如是如是，諸比丘！或復於三摩耶時，此大地上，生於地肥凝然而住。譬如攢酪成就生酥，有於如是形色相貌，其味有如無蠟之蜜。爾時，彼處諸衆生輩，其中有生貪性衆生，作如是念：『我於今者，亦可以指取味而嘗，乃至我知此是何物。』時彼衆生作是念已，即以其指齊一節間，取彼地味向口而嘗，吮已意喜，如是一過再過三過，即生貪著，次以手抄漸漸手掬，後遂摶掬而恣食之。時，彼衆生如是以手摶掬食時，於彼復有自餘人輩，見彼衆生如是噉已，即便相學競取而食。諸比丘！彼等衆生，以手如是摶掬地味，食噉之時，彼等身形自然澁惡，皮膚麤厚，軀體濁暗，色貌改變無復光明，亦更不能飛騰虚空，以地肥故神通滅没。諸比丘！如前所説，後亦如是，彼三摩耶世間之中，便成黑暗。

「諸比丘！爲如是故，世間始有大暗出生。復次，云何於彼時節，世間自然出生日月？彼三摩耶現星宿形，便有晝夜，一月半月，年歲時節，名字而生。諸比丘，爾時，日天大勝宮殿從於東出，繞須彌留山王半腹，於西而没西向没已，還從東出。爾時，衆生見彼日天大宮殿已，各相告言：『諸仁者輩！還是日天光明宮殿，再從東方出已，右繞須彌留山半腹西没。』再三見已，各相謂言：『諸仁者輩！此是彼天光明流行，是天光明流行世也。』是故稱言修梨耶修梨耶，故有如是名字出生。

隋・達摩笈多譯《起世因本經》卷一〇　最勝品下

「復次，諸比丘！其彼光明日大宮殿，縱廣五十一踰闍那，上下四方，周匝正等，七重牆壁、七重欄楯、七重多羅樹，普皆圍遶，雜色間錯，以爲莊嚴。彼諸垣牆，皆爲金銀瑠璃頗梨及赤真珠車𤦲馬瑙等，諸七寶之所成就。普四方面，悉有諸門，彼等諸門，各有樓櫓却敵臺觀，及諸樹林池沼園苑。其中悉生種種樹、種種葉、種種華，及種種果，種種香熏。復有種種諸鳥鳴聲。諸比丘！其彼日天大宮殿中，有二種法，立其宮殿，四方如宅，遥看似圓。諸比丘！其日大宮殿，多有天金及天頗梨，間錯成就，兩分天金。清淨無垢，離諸穢濁，皎潔光明。其一面以天頗梨成，淨潔光明，善磨善瑩，無垢無穢。諸比丘！其彼日天大宮殿中有五種風，吹轉而行。何等爲五？所謂一持、二住、三隨順轉、四波羅呵迦、五將行。

「復次，諸比丘！其彼日天大宮殿前，别有無量諸天先行。無量百天、無量千天、無量百千諸天而行行時，各各常受安樂牢行，牢行有是名字。又諸比丘！其彼日天大宮殿中，有閻浮檀妙輦出生，其輦上高十六由旬、廣八由旬。而彼輦中，其日天子及内眷屬，入彼輦中，以天五欲功德和合具足受樂歡喜而行。諸比丘！其日天子，壽命歲數，滿五百年，子孫相承，皆於彼治，其宮殿住，滿足一劫。

「復次，諸比丘！其日天子諸身分中，光明出照閻浮檀輦，其閻浮檀輦中光明出已，照彼日大宮殿。從彼日大宮殿，光明相接出已，照四大洲及於世間。諸比丘！其日天子，具足而有一千光明，五百光明傍照而行，五百光明向下而照。復次，於中何因緣故，其日天子大勝宮殿，照四大洲及衆世界？諸比丘！有一種人能行布施，彼布施時，施於沙門婆羅門及貧窮孤獨遠來乞求，所謂食飲乘騎、衣裳華鬘瓔珞塗香、床敷房舍燈油。凡是資身養活命者，彼布施時，速疾即施，不諂曲施。或復供養諸持戒仙功德具足行善法者，種種承事，彼因是故，受無量種種身心安樂。譬如曠澤空閑山林，或復廣磧而有池水，其水涼冷，清淨輕甜。時，有壯夫遠行疲極，熱惱渴乏，不飲食來已經多日。至彼池所，飲已澡浴，除斷一切渴乏熱惱，出於池外，身意怡悦，受於無量快樂歡喜。如是如是，彼布施時，心清淨故，身壞命終，於日天子宮殿中生，彼中生已，報得如是速疾稱心飛行宮

殿。此因緣故，日大宫殿，照四大洲及餘世界。

「諸比丘！復有一種，斷於殺生，不盜他物，不行邪婬，口不妄語，不飲諸酒，身不放逸，供養持戒功德具足諸仙諸賢，親近純直善法行人，廣説如前，身壞命終，隨願往生日天宫殿，住彼當受速疾果報，是故名爲諸善業道。此因緣故，其日宫殿，照四大洲并餘世界。復有一種，修不殺生，乃至正見，彼曾供養諸仙持戒功德具者，純直善行，曾值遇彼清净因緣，亦當報生日宫殿中受速疾果。以是緣故，其日宫殿，照四大洲及餘世界，廣説如前。

「諸比丘！六十刹那名一羅婆，三十羅婆名牟休多。諸比丘！若干刹那，若干羅婆，及牟休多，其日宫殿，六月北行，日於一日行六俱盧奢，不曾暫時離於日道。六月南行，亦一日行六俱盧奢，不差日道。諸比丘！其日宫殿，六月行時，其月宫殿，十五日中還爾許行。

「復次，於中有何因緣，生諸熱惱？諸比丘！其日宫殿，六月之中，向北道行，一日中行六俱盧奢，亦不曾離日道而行，但於其中，有十種緣故生熱惱。何等爲十？諸比丘！須彌留山王外，其次有山，名佉提羅迦，高廣正等四萬二千由旬，雜色可觀，七寶成就，於其中間，日大宫殿所有光明，照於彼山觸而生熱，彼三摩耶，致有熱惱，此第一緣故生熱惱。復次，諸比丘！佉提羅迦山外，其次有山名伊沙陀羅，高廣正等二萬一千由旬，於其中間，日大宫殿所有光明，照觸彼山，此是第二熱惱。其次由乾陀山，高廣一萬二千由旬，是第三緣。其次善現山，高廣六千由旬，是第四緣。其次馬片頭山，高廣三千由旬，是第五緣。其次尼民陀羅山，高廣一千二百由旬，是第六緣。其次毗那耶迦山，高廣六百由旬，是第七緣。其次輪圓山，高廣三百由旬，是第八緣。其次，從此大地已上虚空，高萬由旬，彼有夜叉諸宫殿輩，頗梨所成，是第九緣。其次四大洲中，并及八萬小洲之中，自餘大山，須彌留山王等，是第十緣。具足應如佉提羅迦中説，此是十種，日大宫殿，六月之中，向北道行，熱惱因緣。

「復次，於中何因何緣，有諸寒冷？諸比丘！日大宫殿，六月已後，向南而行，於中復有十二因緣，故生寒冷。何等十二？諸比丘！其須彌留山、佉提羅迦等，二山中間，須彌留海，廣八萬四千由旬，周迴無量優鉢羅、鉢陀摩、究牟陀、奔荼梨迦等華，悉皆遍滿，甚有香氣，於彼中間日大宫殿所有光明，而相照觸，此是第一寒冷因緣。如是次第，伊沙陀羅山，是第二緣。由乾陀山，是第三緣。善現山，是第四緣。馬片頭山，是第五緣。尼民陀羅山，是第六緣。毗那耶迦山，是第七緣。輪圓之山，是第八緣。其中諸花，具足次第，應如佉提羅迦山中廣説。

「復次，所有閻浮洲中諸河流行，日大宫殿所有光明，而相照觸，故有寒冷，略説乃至，此是第九寒冷因緣。

「復次，所有閻浮洲中諸河流行，其瞿陀尼洲中諸河流行，倍多於彼，日大宫殿，所有光明，而相照觸，此是第十寒冷因緣。

「復次，所有瞿陀尼洲中諸河流行，其弗婆提洲中諸河流行，倍多於彼，此是第十一緣。

「復次，所有弗婆提洲中諸河流行，其欝多羅究留洲中諸河流行，倍多於彼，日大宫殿光明而相照觸，此是第一寒冷，此是第十二緣。

「諸比丘！日大宫殿，六月向南行，日於一日行，六俱盧奢，不違其道，於中有此十二因緣，所以寒冷。

「復次，於中有何因緣，其冬天時，夜長晝短？諸比丘！其日宫殿，過六月已，次向南行，日於一日，日行六俱盧奢，亦不差移。但於彼時，其日在於閻浮提洲最南邊際，地形狹小，日過速疾。

「諸比丘！此因緣故，其冬分中，晝短夜長。復次，於中有何因緣，春夏晝長其夜短促？

「諸比丘！日天宫殿，過六月已，向北而行，一日中行六俱盧奢，亦不差移，乖異常道。但於彼時，正在閻浮處内而行，地寬行久，所以晝長。諸比丘！此因緣故，春夏晝長，其夜即短。

「復次，諸比丘！若閻浮提洲日中，於弗婆提洲則日没，其瞿陀尼洲日出，欝多羅究留洲正夜半；若瞿陀尼洲日中，其閻浮提洲日没欝多羅究留洲日出，弗婆提洲夜半；若欝多羅究留洲日中，其瞿陀尼洲日没，弗婆提洲日出，閻浮提洲夜半；若弗婆提洲日中則欝多羅究留洲日没，閻浮提洲日出，瞿陀尼洲夜半。諸比丘！其閻浮提洲人所有西方，瞿陀尼洲人以爲東方；其瞿陀尼洲人所有西方，欝多羅究留洲人以爲東方；其欝多羅究留洲人所有西方，弗婆提洲人以爲東方；其弗婆提洲人所有西方，閻浮提洲人以爲東方。南北二方，亦復如是。」

佛於此中，説優陀那：「轉住及轉壞，天出及薄覆，十二重風吹，於前諸天行。樓櫓及風吹，身體光明照。布施持戒業，刹那羅婆過。説熱有十緣，論寒十二種。晝夜及日中，東西説四方。

「諸比丘！其月天子最大宮殿，縱廣正等四十九由旬，周匝上下，七重垣牆、七重欄楯、七重鈴網，復有七重多羅行樹，而爲圍繞，雜色可觀。彼諸牆壁，皆以金銀乃至馬瑙七寶所成，四面諸門，各有樓櫓，種種莊校，廣説如前日天宮殿，乃至衆鳥，各各自鳴。諸比丘！其月宮殿，純用天金銀，天青琉璃，以爲間錯，其二分銀，清浄無垢，無諸滓穢，其體皎潔，甚爲明曜；彼之一分，天青瑠璃，亦復清浄，表裏映徹，光明遠照。諸比丘！其月天子最勝宮殿，有五種風所持而行。何等爲五？一持、二住、三順、四攝、五行，以是五種因緣持故，其月宮殿依空而行。諸比丘！其月宮殿，復有無量諸天宮殿，在前而行，無量百千萬數諸天在前而行；其行之時，受於無量種種快樂。彼諸天等，皆有名字。諸比丘！其月天子大宮殿中，更復別有青瑠璃輦，其輦出高十六由旬，廣八由旬，其月天子及諸天女，入於輦中，以天種種五欲功德，和合受樂，歡娛悦豫，隨意而行。

「諸比丘！其月天子，依天數量，壽五百歲，子孫相承，皆於彼治，然其宮殿，住於一劫。諸比丘！其月天子諸身分中，光明出已，即便照彼青瑠璃輦，其輦光照月大宮殿，月宮殿光照四大洲。諸比丘！其月天子有五百光向下照行，有五百光傍照而行，故名月天千光照也，亦復名爲涼冷光明。

「諸比丘！何因緣故，月大宮殿照四大洲？過去世時，布施沙門及婆羅門、貧窮孤獨遠來乞求，所謂食飲乘騎、衣服華鬘諸香、床鋪房舍諸資生等，而彼施時，應時疾與，不諂曲心，或復供養諸仙持戒具功德者，正直純善，彼因緣故，受無量種種身心快樂。譬如空閑山林荒澤曠野磧中，有一池水，涼冷輕美，無有濁穢。是時，有人，遠行疲乏，飢渴熱逼，入彼池中，澡浴飲水，除一切苦，受無量樂。如是如是。彼因緣故，生月天子宮殿之中，受樂果報。

「諸比丘！復有一種，斷於殺生，乃至斷酒及放逸行，供養承事諸仙人等，亦生於彼月宮殿中，照四洲界。復有斷殺乃至正見，故得速疾空行宮殿，此則名爲諸善業道。又何因緣，其月宮殿，漸漸而現？有三因緣。何等爲三？一者偕方面出；二者有青身諸天，形服瓔珞一切悉青，常半月中，隱覆其宮，以隱覆故，彼時月形，漸漸而現；三者從彼日天大宮殿中，別有六十光明出已，障彼月輪。以是義故，漸漸而現。

「復次，於中何因緣故，其月宮殿，圓浄滿足，如是顯現？諸比丘！此亦三緣，故使如是。一者彼時月大宮殿，正方面出，以是義故，圓滿而現。復次，彼青色天，衣服瓔珞一切皆青，常半月中，隱月宮殿，而月宮殿，於逋沙他十五日時，圓滿光明，照曜熾盛。譬如多有諸種油脂，中然大炬，彼等一切諸餘燈明，悉皆翳覆。如是如是，月大宮殿，十五日時，每恒如是。復次，日大宮殿，六十光明出已，障彼清浄月輪。而月宮殿，於逋沙他十五日中，圓滿具足，於一切處，皆捨翳障，彼時日光，不能覆蔽。

「復次，於中何因緣故，月大宮殿，於彼黑月第十五日，一切不現？諸比丘！其月宮殿，於彼黑月第十五日，近日宮殿行。彼由日光作覆翳故，一切不現。復次，何緣月大宮殿得名月也？

「諸比丘！其月宮殿，於彼黑月一日已去，以其光明顔色威德缺而減少，以此因緣得名月也。復次，於中何因緣故，月大宮殿，其中有影？諸比丘！有閻浮樹，因此故言閻浮洲也，於彼清浄月輪光明，爲其作影，此因緣故，有於影現。復何因緣，有諸河水流於世間？諸比丘！有日故有熱，有熱故有惱，有惱故有炙，有炙故有汗濕，有汗濕故，諸山之中，汁流水出。諸比丘！此因緣故，河流世間。復何因緣，有五種子世間出現？諸比丘！若於東方，或有世界，轉成已壞，或壞已成，或成已住；南西北方，成壞及住，亦復如是。爾時，阿那毘羅大風，別於他界，轉成住處，吹五種子，散此界中，散已復散，乃至大散，所謂根子、莖子、節子、合子、子子，此爲五子。諸比丘！閻浮大樹，有是色果。譬如摩伽陀國中量斛摩尼，彼等擣已，其汁流出，色譬如乳，味甜如蜜。

唐・般剌蜜帝譯《大佛頂如來密因修證了義諸菩薩萬行首楞嚴經》卷四

「阿難！汝見虚空遍十方界，空見不分；有空無體，有見無覺，相織妄成，是第一重名爲劫濁。汝身現摶四大爲體，見聞覺知壅令留礙，水火風土旋令覺知，相織妄成，是第二重名爲見濁。又汝心中憶識誦習，性發知見容現六塵，離塵無相離覺無性，相織妄成，是第三重名煩惱濁。又汝朝夕生滅不停，知見每欲留於世間，業運每常遷於國土，相織妄成，是第四重名衆生濁。汝等見聞元無異性，衆塵隔越無狀異生，性中相知，用中相背，同異失準，相織妄成，是第五重名爲命濁。

「阿難！汝今欲令見聞覺知遠契如來常樂我浄，應當先擇死生根本，依不生滅圓湛性成，以湛旋其虚妄滅生，伏還元覺得元明覺，無生滅性爲因地心，然後圓成果地修證。如澄濁水貯於浄器，静深不動，沙土自沈清水現前，名爲初伏客塵煩惱；去泥純水，名爲永斷根本無明。明相精純，一切變現不爲煩惱，皆合涅槃清浄妙德。

「第二義者，汝等必欲發菩提心，於菩薩乘生大勇猛，決定棄捐諸有爲相，應當審詳煩惱根本，此無始來發業潤生誰作？誰受？阿難！汝修菩提，若不審觀煩惱根本，則不能知虛妄根塵；何處顛倒處尚不知，云何降伏取如來位？阿難！汝觀世間解結之人，不見所結，云何知解？不聞虛空被汝隳裂。何以故？空無相形，無結解故。則汝現前眼耳鼻舌及與身心，六爲賊媒自劫家寶，由此無始衆生世界生纏縛故，於器世間不能超越。

「阿難！云何名爲衆生世界？世爲遷流，界爲方位。汝今當知東西南北東南西南東北西北上下爲界，過去未來現在爲世；位方有十，流數有三。一切衆生織妄相成，身中貿遷，世界相涉；而此界性，設雖十方定位可明，世間秖目東西南北，上下無位中無定方，四數必明與世相涉，三四四三宛轉十二，流變三疊一十百千，總括始終六根之中，各各功德有千二百。

「阿難！汝復於中克定優劣，如眼觀見後暗前明，前方全明後方全暗，左右傍觀三分之二，統論所作功德不全，三分言功一分無德，當知眼唯八百功德；如耳周聽十方無遺，動若邇遥静無邊際，當知耳根圓滿一千二百功德；如鼻嗅聞通出入息，有出有入而闕中交，驗於鼻根三分闕一，當知鼻唯八百功德；如舌宣揚盡諸世間出世間智，言有方分理無窮盡，當知舌根圓滿一千二百功德；如身覺觸識於違順，合時能覺離中不知，離一合雙，驗於身根三分闕一，當知身唯八百功德；如意默容十方三世一切世間出世間法，惟聖與凡無不苞容盡其涯際，當知意根圓滿一千二百功德。

「阿難！汝今欲逆生死欲流，返窮流根至不生滅，當驗此等六受用根，誰合？誰離？誰深？誰淺？誰爲圓通？誰不圓滿？若能於此悟圓通根，逆彼無始織妄業流，得循圓通，與不圓根日劫相倍，我今備顯六湛圓明，本所功德數量如是，隨汝詳擇其可入者，吾當發明令汝增進。十方如來於十八界，一一修行皆得圓滿無上菩提，於其中間亦無優劣；但汝下劣未能於中圓自在慧，故我宣揚，令汝但於一門深入，入一無妄，彼六知根一時清淨。」

唐·玄奘譯《大菩薩藏經》 世有大風，名烏盧博迦，乃至衆生諸有覺受，皆有此風所揺動，故此風輪量高三拘盧舍；於此風上虛空之中復有風起，名曰風雲輪，此風輪量高五拘盧舍；此風上虛空之中復有風起，名瞻薄迦，此風輪量高十逾繕那；於此風上虛空之中復有風起，名吠索縛迦，此風輪量高三十逾繕那；又此風上虛空之中復有風起，名曰去來，此風輪量四十逾繕那；如是舍利子次第輪上六萬八千拘胝。【略】舍利子最上風輪，周遍上界，水輪之所依止，其水高量六十八百千逾繕那，爲彼地輪所依止，其地高量六十八千逾繕那。舍利了是地量表，有一三千大千世界。

唐·玄奘譯《阿毗達磨大毗婆沙論》卷一三三 地云何？乃至廣説問何故作此論？答：欲令疑者得決定故。謂此論中多説勝義，或有生疑，彼作論者唯善勝義。不善世俗，爲令彼疑得決定故。顯地界等與地等別，故作斯論。

地云何？答：顯形色，此是世俗想施設地。謂諸世間於顯形色，依共假想施設地名，如世間説青黄地等、長短地等。地界云何？答：堅性觸，此是勝義，能造地體。

水云何？答：顯形色，此是世俗想施設水。謂諸世間於顯形色，依共假想施設水名，如世間説青黄等水、長短等水。云何水界？答：濕性觸，此是勝義，能造水體。

火云何？答：顯形色，此是世俗想施設火。謂諸世間於顯形色，依共假想施設火名，如世間説青黄等火、長短等火，又如梵志觀火。頌云：

赤焰多疾疫，黄兵緣飢饉。
綵豐青退減，白黑主興滅。

火界云何？答：煖性觸，此是勝義，能造火體。

風云何？答：即風界。風界云何？答：動性觸。問：何故不説世俗風耶？答：世間於風無假想故。有餘師説，世間於風亦起假想少，故不説。如世間説此有塵風，此無塵風，毘濕縛風，吠嵐婆風，小風大風。塵輪風等。

【略】

問：火災起時，火從何出？有作是説：世界成時有七日，輪俱時而起，持雙山後，隱伏而住，然後彼處一日輪昇，遶蘇迷盧而爲照耀，至劫將末火災起時，餘六日輪漸次而出，由彼勢力世界便壞。有説：世界將欲壞時，即一日輪分爲七日，由彼勢力世界便壞。有説：即一日輪至劫將末，成七倍熱焚燒世界。有説：七日先藏地下，後漸出現作用如前。如是説者，諸有情類業增上力，令世界成。至劫末時，業力盡故，隨於近處有災火生，乃至梵宫皆被焚燎。

問：水災起時，水從何出？有作是説：第三静慮邊雨熱灰水，由此乃至極光淨天皆被浸蕩。有説：從下水輪涌出，由彼勢力世界便壞。如是説者，諸有情類業增上力，令世界成。至劫末時業力盡故，隨於近處有災水生，由彼因緣世

界便壞。

問：風災起時，風從何出？有作是説：第四静慮邊有畔喋婆大風，卒起百俱胝界，妙高山王金輪圍等皆被傾拔，令互相擊上下翻騰。如麨麵摶空中散滅，有餘師説：從下風輪有猛風起，吹散世界。如是説者，諸有情類業增上力，令世界成。至劫末時業力盡故，隨於近處有災風生，至遍净天皆被散壞。【略】

如是欲界及諸梵宫，久遠空虚無有情類。贍部洲等大地諸山，經歷多時天不降雨，一切草木皆悉乾燋，更不復生，乃至都盡。久時，復有第二日輪出現世間，炎赫倍熱，由此枯涸坑澗泉池，乃至令其都無津潤。久時，復有第三日輪出現世間，炎赫倍熱，由此枯竭一切江河，乃至令其都無津潤。久時，復有第四日輪出現世間，炎赫倍熱，由此枯涸無熱惱池。即四大河所從出者，謂殑伽信度縛芻私多，乃至令其都無津潤。久時，復有第五日輪出現世間，炎赫倍熱，由此漸次枯涸大海，乃至令其都無津潤。久時，復有第六日輪出現世間，炎赫倍熱，由此大地妙高山等，皆悉焦熬發煙熢㶿。久時，復有第七日輪出現世間，炎赫極熱，由此大地妙高山王等，一時焰發中表烔燃，乃至梵宫悉皆焚蕩。上從梵世下至風輪，周遍燒燃無餘灰燼。如酥油等燒燃盡時，無有遺餘，此亦如是。

又 二十空劫此時已度，二十成劫從此爲初。所起微風漸廣漸厚，時經久遠，盤結成輪。厚十六億踰繕那量，廣則無數，其體堅密。假設有一大諾健那，以金剛輪奮威懸擊，金剛有碎，風輪無損。次有雲起雨風輪上，滴如車軸，積水成輪。如是水輪，於未凝結位，深十一億二萬踰繕那。有説，廣量與風輪等。有言，狹小分百俱胝。百俱胝輪，其量皆等。謂徑十二億三千四百半，圍量三倍，謂三十六億一萬三百五十踰繕那，此不傍流，由有情業力。有餘師説，由風力所摶，次於水輪。有別風起，摶擊此水上結成金。此即金輪厚三億二萬，水輪遂減唯深八洛叉。有説，金輪廣如水量。有師復説，少廣水輪，次有雲起雨金輪上，滴如車軸經於久時，積水浩然深過八萬，猛風攢擊寶等變生。復有異風析令區別，謂分寶土成諸山洲，分水甘鹹爲内外海。初四妙寶成蘇迷盧，挺出海中處金輪上，謂四面如次北、東、南、西、金、銀、吠琉璃、頗胝迦寶。隨寶威德，色現於空。故贍部洲空似吠琉璃色，此山出水八萬踰繕那。水中亦然，端嚴可愛。次以金寶成七金山，遶蘇迷盧住金輪上。在水中量同蘇迷盧，出水相望各半半減。次以土等成四大洲，下據金輪遶金山外。最後以鐵成輪圍山，在四洲外如牆圍遶，出水半減第七金山，在水量同蘇迷盧等。諸山廣量皆與出水量同。

七金山間有七内海，八功德水盈滿其中。七金山外有鹹外海，此八大海各深八萬，前七廣量如所遶山。第八有説，廣三億二萬二千踰繕那。有説，更增千二百八十七踰繕那半。蘇迷盧山有四層級，初層傍出一萬六千，次上三層各半半減。四層相去量各十千。有説，初層下齊水量，次二去下量各十千，其第四層去下二萬，四層四面如妙高山，四寶所成莊嚴殊妙。四層如次，堅手持鬘、恒憍。四王天衆居止持雙山等七金山上，亦有四王所部村邑。七山四級日月等天，皆是四大王衆天攝故。欲天中此天最廣，從第四層級復有四萬踰繕那，至蘇迷盧頂，是三十三天住處。山頂四面各二十千，若據周圍數成八萬。有餘師説，面各八十千，與下際四邊其量正等。山頂四角各有一峯，其高廣量各有五百。有藥叉神名金剛手，於中止住守護諸天，於山頂中有城名善見。面二千半周萬踰繕那，金城量高踰繕那半，其地平坦真金所成，俱用百一雜寶嚴飾。地觸柔軟如妬羅綿，躡時齊膝隨足高下，有微風起吹去萎華，引新妙華彌散其地。是天帝釋所都大城，城有千門嚴飾壯麗。門有五百青衣藥叉，勇健端嚴踰繕那量。各嚴鎧仗防守城門，於其城中有殊勝殿。種種妙寶，具足莊嚴。蔽餘天宫，故號殊勝。

面二百五十，周千踰繕那。其城四隅有四臺觀，以金銀等四寶所成。種種莊嚴，甚可愛樂。城外四面四苑莊嚴，是彼諸天共遊戲處。一衆車苑，謂此苑中隨天福力種種車現。二麁惡苑，天欲戰時，隨其所須甲仗等現。三雜林苑，諸天入中所玩皆同，俱生勝喜。四喜林苑，極妙欲塵，殊類皆集，歷觀無厭。

如是四苑形皆正方，一一周千踰繕那量。中央各有一如意池，面各五十踰繕那量。八功德水，盈滿其中。隨欲妙花、寶舟、好鳥，一一奇麗，種種莊嚴。四苑四邊，有四妙地。中間去苑各二十踰繕那，地一一邊量皆二百。是諸天衆勝遊戲所，諸天於彼捔勝歡娱。城外東北有圓生樹，是三十三天受欲樂處。盤根深廣五踰繕那，聳幹上昇枝條傍布，高廣量等百踰繕那。舒葉開花，妙香芬馥，順風熏滿百踰繕那。若逆風時，猶遍五十。城外西南角有大善法堂，三十三天常於半月八日十四日十五日。集此堂中，詳辨人天，及制伏阿素洛等。如法不如法，事如是等，類餘處廣説。

唐・玄奘譯《阿毘達磨大毘婆沙論》卷一三四 「已説成立風、水、金輪，諸

海、山、洲地、居器已，次辨成立空居諸天大梵天等所居宫地。然彼宫殿，有説依空，有説空中密雲，彌布如地，爲彼宫殿所依。外器世間，至色究竟？上無色，故不可施設。問：從夜摩天至色究竟，所依雲地其量如何？有説：從夜摩至他化自在雲地，皆等妙高頂量色界雲地，下狹上廣，謂初、二、三、四静慮地。如次等彼四洲，小千、中千、大千，諸世界量。有餘師説：夜摩天宫雲地倍於妙高山頂。乃至他化自在天宫雲地，望前展轉相倍。初、二、三定如次，等於小千、中千、大千界量。

「第四静慮，其量無邊。由此若依第四静慮，起有身見極難除斷，以執無邊地爲我故。

問：第四静慮地，若無邊災所不及，寧非常住？答：刹那無常，故無此失。有説：第四静慮地中，宫殿所依俱無常定，謂彼宫池隨彼諸天，生時死時俱起没故。此説非理，所以者何？應無有情共器業故。由此如前所説者好。

諸器世間既成立已，最初有一極光浄天。由壽業福隨一盡故，從彼殁已生大梵宫。後諸有情亦從彼殁，有生梵輔，有生梵衆，有生他化自在天宫。漸漸下生，乃至人趣北洲爲始。次瞿陀尼，次毗提訶。後生贍部，次生鬼趣，次生傍生，後生地獄。由法爾力。若處後空，彼必先住。若處先空，彼必後住。若大地獄，一有情生。爾時已度二十成劫，二十住劫此爲最初。問：幾劫器世間成？幾劫有情漸住？有説：十劫器世間成，十劫有情漸住。有説：五劫器世間成，十五劫有情漸住。如是説者，一劫器世間成，十九劫有情漸住。

問：齊幾世界俱壞俱成？有説：齊百俱胝四大洲界。有説：無數世界俱壞俱成。云何知然？經爲量故。如契經説，佛告苾芻，我眼清浄，過於人眼，見東方等無數世界。或有正壞，或壞已空，或有正成，或成已住。如天大雨，滴如車軸，無間無缺此亦如是。

又 火劫世間壞時，有情上生。災起時，分水劫、風劫，廣説亦然。但水風災壞相有異。謂水能浸爛，風能飄擊，所壞勢力遠近不同，復如火劫。世間成時，先後時分，水風亦爾。

唐・玄奘譯《阿毗達磨俱舍論》卷一一 論曰：許此三千大千世界，如是安立，形量不同。謂諸有情業增上力，先於最下，依止虚空，有風輪生廣無數，厚十六億踰繕那。如是風輪其體堅密。假設有一大諾健那，以金剛輪奮威懸擊，金剛有碎風輪無損。又諸有情業增上力，起大雲雨澍風輪上，滴如車軸，積水成輪。如是水輪於未凝結，位深十一億二萬踰繕那，如何水輪不傍流散？有餘師説：一切有情業力所持，令不流散。如所飲食，未熟變時，終不流移，墮於熟藏。有餘部説：由風所持，令不流散，如篅持穀。有情業力，感别風起，搏擊此水上結成金，如熟乳停上凝成膜。故水輪減，唯厚八洛叉，餘轉成金，厚三億二萬。二輪廣量其數是同，謂徑十二億三千四百半。周圍其邊數成三倍，謂周圍量成三十六億一萬三百五十踰繕那。頌曰：蘇迷盧處中，次踰健達羅。伊沙馱羅山，朅地洛迦山。蘇達梨舍那，頞濕縛羯拏。毗那怛迦山，尼民達羅山。於大洲等外，有鐵輪圍山。前七金所成，蘇迷盧四寶。入水皆八萬，妙高出亦然。餘八半半下，廣皆等高量。

論曰：於金輪上有九大山，妙高山王處中而住，餘八周匝繞妙高山，於八山中前七名内。第七山外有大洲等。此外復有鐵輪圍山，周匝如輪圍一世界。持雙等七唯金所成，妙高山王四寶爲體，謂如次四面：北東南西，金、銀、吠琉璃、頗胝迦寶。

又 如是言義，曾所未聞。如是變生金寶等已，復由業力引起别風，簡别寶等。攝令聚集，成山成洲。分水甘鹹，令别成立内海、外海。如是九山住金輪上，入水量皆等八萬踰繕那。蘇迷盧山出水亦爾，餘八出水半半漸卑，謂初持雙出水四萬，乃至最後鐵輪圍山出水三百一十二半。如是九山一一廣量，各各與自出水量同。頌曰：山間有八海，前七名爲内。最初廣八萬，四邊各三倍。餘六半半陿，第八名爲外。三洛叉二萬，二千踰繕那。

論曰：妙高爲初輪圍最後，中間八海。前七名内，七中皆具八功德水：一甘，二冷，三軟，四輕，五清浄，六不臭，七飲時不損喉，八飲已不傷腹。如是七海初廣八萬，約持雙山内邊周量。於其四面數各三倍。謂各成二億四萬踰繕那。其餘六海量半半陿。謂第二海量廣四萬，乃至第七量廣一千二百五十。此等不説周圍量者，以煩多故。第八名外，鹹水盈滿，量廣三億二萬二千。頌曰：於中大洲相，南贍部如車。三邊各二千，南邊有三半。東毗提訶洲，其相如半月。三邊如贍部，東邊三百半。西瞿陀尼洲，其相圓無缺。徑二千五百，周圍此三倍。北俱盧畟方，面各二千等。中洲復有八，四洲邊各二。

論曰：於外海中大洲有四，謂於四面對妙高山。南贍部洲北廣南陿，三邊量等，其相如車。南邊唯廣三踰繕那半，三邊各有二千踰繕那。唯此洲中有金剛座，上窮地際，下據金輪。一切菩薩將登正覺，皆坐此座上起金剛喻定，以無

餘依及餘處所有堅固力能持此故。東勝身洲東陜西廣，三邊量等，形如半月。東三百五十，三邊各二千。西牛貨洲圓如滿月，徑二千五百，周圍七千半。北俱盧洲形如方座，四邊量等，面各二千，等言爲明，無少增減。隨其洲相，人面亦然。復有八中洲，是大洲眷屬。謂四大洲側各有二中洲，贍部洲邊二中洲者。

【略】

如是等類廣説如經。日月所居量等義者。頌曰：日月迷盧半，五十一五十。夜半日没中日出四洲等。雨際第二月，後九夜漸增。寒第四亦然，夜減晝翻此。晝夜增臘縛，行南北路時。近日自影覆，故見月輪缺。

論曰：日月衆星依何而住？依風而住。謂諸有情業增上力共引風起，繞妙高山空中旋環，運持日等，令不停墜。彼所住去此幾踰繕那？持雙山頂齊妙高山半。日月徑量幾踰繕那？日五十一，月唯五十。星最小者唯一俱盧舍，其最大者十六踰繕那。日輪下面頗胝迦寶火珠所成能熱能照。月輪下面頗胝迦寶水珠所成能冷能照。隨有情業增上所生。能於眼身、果花、稼穡、藥草等物，如其所應，爲益爲損。唯一日月普於四洲作所作事，一日所作事爲四洲同時不？不爾。云何？北洲夜半，東洲日没，南洲日中，西洲日出。此四時等，餘例應知。日行此洲，路有差别，故令晝夜有減有增。從雨際第二月後半第九日夜漸增，從寒際第四月後半第九日夜漸減。晝增減位，與此相違。夜漸增時，晝便漸減；夜若漸減，晝則漸增。晝夜增時，一晝夜增幾？增一臘縛，晝夜減亦然。日行此洲，向南向北，如其次第，夜增晝增。

何故月輪於黑半末白半初位。見有缺耶？世施設中作如是釋：以月宫殿行近日輪，月被日輪光所侵照，餘邊發影自覆月輪，令於爾時見不圓滿。先舊師釋：由日月輪行度不同，現有圓缺。

唐·釋道世《法苑珠林》卷二　會名部第二

《長阿含》、《起世經》等：四洲地心即是須彌山，山外别有八山。圍如須彌山下大海深八萬四千由旬，其邊八山大海，初廣八千由旬，中有八功德水，如是漸小至第七山下。水廣一千二百五十由旬，其外鹹海廣於無際。海外有山即是大鐵圍山，四周圍輪，并一日月晝夜迴轉，照四天下，名爲一國土。即以此爲量，數至滿千鐵圍繞訖，名一小千。復至一千鐵圍繞訖，名爲中千世界。即數中千復滿一千鐵圍繞訖，名爲大千世界。其中四洲山王日月，乃至有頂，各有萬億。

地量部第三

依《華嚴經》云：三千大千世界，以無量因緣乃成。且如大地依水輪，水輪依風輪，風輪依空輪，空輪無所依。然衆生業感，世界安住？故《智度論》云：三千大千世界，皆依風輪爲基。又新翻《菩薩藏經》云：諸佛如來成就不思議智故，而能得知諸風雨相。知世有大風，名烏盧博迦，乃至衆生諸有覺受，皆由此風所摇動故。此風輪量高三拘盧舍，於此風上虚空之中，復有風起，名曰雲風輪。此風輪量高五拘盧舍，於此風上虚空之中，復有風起名瞻薄迦，此風輪量高十踰繕那。於此風上虚空之中，復有風起名吠索縛迦，此風輪量高三十踰繕那。又此風上虚空之中，復有風起名曰去來，此風輪量高四十踰繕那。如是，舍利子次第輪上，六萬八千拘胝風輪之相，如來應正等覺，依止大慧悉能了知。舍利子！最上風輪名爲周遍，上界水輪之所依止，其水高量六十八百千踰繕那。爲彼大地之所依止，其地量高六十八千踰繕那。舍利子！是地量表有一三千大千世界。又《樓炭經》云：此地深二十億萬里，下有金粟亦二十億萬里，下有金剛亦二十億萬里，下有水際八十億萬里，下有無極大風，深五百二十億萬里。此雖六重，前四是地輪，第五是水輪，第六是風輪。《金光明經》云：此地深十六萬八千由旬，下有金沙，金沙正是金粟。下有金剛地。釋云：前風輪堅固，不可沮壞，有大洛那力人以金剛杵擊之，杵碎，風輪無損。大洛那力者，是第四梵王那羅延力，是佛身力，亦名那羅延風輪。風輪上次有水輪，水輪者，依《立世經》云：深一百一十三萬由旬，減風輪三十八萬由旬。以衆生業力水不流散，如食未消，不墮熟藏。又如倉貯米，内外物持。水輪亦爾，外由有風持不散，如世間攢酪爲蘇。此風力順轉，此水成金水，深一百一十三萬由旬。既順成金水，但厚八十萬由旬。所略三十三萬由旬皆屬金地，金地輪中從少向多，應厚十二洛沙。一洛沙有十萬由旬，此輪縱廣一等。

山量部第四

今據三千大千世界之中，諸佛世尊皆垂化現，現生現滅，導聖導凡。約一四天下，即以一日月所照臨處，以蘇迷盧山爲中。高三百三十六萬里，四寶所成，東面黄金，南面琉璃，西面白銀，北面玻瓈。在大海中亦深三百三十六萬里，據金輪上。

如《起世經》云：須彌山下有八重山，初山名佉提羅，高四萬二千由旬，上闊亦爾，七寶所成。其須彌山佉提羅山二山之間，闊八萬四千由旬，周匝無量。佉

提羅山外有山，名曰伊沙陀羅，高二萬一千由旬，上闊亦爾，七寶所成。二山之間闊四萬二千由旬，周匝無量。伊沙陀羅山外有山，名曰游乾陀羅，高一萬二千由旬，上闊亦爾，七寶所成。二山之間二萬一千由旬，周匝無量。遊乾陀羅山外有山，名曰善見，高六千由旬，上闊亦爾，七寶所成。二山相去一萬二千由旬，周匝無量。善見山外有山，名曰馬半頭，高三千由旬，上闊亦爾，七寶所成。二山之間闊六千由旬，周匝無量。馬半頭山外有山，名曰尼民陀羅，高一千二百由旬，上闊亦爾，七寶所成。二山之間闊二千四百由旬，周匝無量。尼民陀羅山外有山，名毘那耶迦，高六百由旬，上闊亦爾，七寶所成。二山之間闊一千二百由旬，周匝無量。毘那耶迦山外有山，名斫迦羅，高三百由旬，上闊亦爾，七寶所成。二山之間闊六百由旬，周匝無量。上列諸山中間皆是海水，水皆有憂鉢羅華、鉢頭摩華、拘牟陀華、奔茶利迦華等，諸妙香物遍覆於水。去斫迦羅山其間不遠，亦有空地，青草遍布，即是大海。於大海北有大樹王，名曰閻浮樹，身周圍有七十由旬。根下入地二十一由旬，高百由旬，乃至枝葉四面垂覆五十由旬。《長阿含經》云：其山空地中有大海水，名欝禪那。此水下轉輪聖王道，廣十二由旬。俠道兩邊有七重牆、七重欄楯、七重羅網、七重行樹，周匝交飾七寶所成。閻浮提地輪王出時，水自然去其道平現。去海不遠，有山名欝禪山。去此山不遠，有山名金壁。過此山已有山名雪山，縱廣五百由旬，深五百由旬。雪山中間有寶山，高二十由旬。雪山埵出高百由旬，其山頂上有阿耨達池，縱廣五十由旬。其水清冷澄淨無穢。【略】

界量部第五

依《立世阿毘曇論》云：太鹹海外有山，名曰鐵圍，入水三百一十二由旬半，出水亦然，廣亦如是，周迴三十六億一萬三百五十由旬。從剡浮提南際取鐵圍山，三億六萬六百六十三由旬。從剡浮提中央取東弗於逮中央，三億六萬六百由旬。從剡浮提中央取西瞿耶尼中央，三億六萬六百由旬。從剡浮提北際取北欝單越北際，四億七萬七千五百由旬。從鐵圍山水際極西鐵圍山水際遥度，十二億二千八百二十五由旬。鐵圍山水際，周迴三十六億八千四百七十五由旬。從此須彌山頂至彼須彌山頂邊，十二億三千四百五十由旬。從此須彌山中央至彼須彌山中央，十二億八萬三千四百五十由旬。從此須彌山根至彼須彌山根，十二億三千十五由旬。如是義者，佛世尊説。

又 如《婆沙論》中説，天有三十二種，欲界有十，色界有十八，無色界有四。

合有三十二天也。第一欲界十天者，一名千手天，二名持華鬘天，三名常放逸天，四名日月星宿天，五名四天王天，六名三十三天，七名炎摩天，八名兜率陀天，九名化樂天，十名他化自在天。

元·八思巴造、沙羅巴譯《彰所知論》卷上 器世界品第一

謂器世界所成之體，即四大種。種具生故，地堅水濕火煖風動，是等大種。最極微細者曰極微塵，亦名隣虛塵，不能具釋。彼七隣虛爲一極微，彼七極微爲一微塵，彼七微塵爲一透金塵，彼七透金塵爲一透水塵。彼七透水塵爲一兔毛塵，彼七兔毛塵爲一羊毛塵，彼七羊毛塵爲一牛毛塵，彼七牛毛塵爲一遊隙塵，彼七遊隙塵爲一蟣量，彼七蟣量爲一蝨量，彼七蝨量爲一麥量，彼七麥量爲一指節，三節爲一指。二十四指横布爲一肘，量四肘爲一弓，五百弓量成一俱盧舍，八俱盧舍成一由旬。此是度量世界身相，成世界因，由一切有情共業所感。

云何成耶？從空界中十方風起，互相衝擊，堅密不動，爲妙風輪。其色青白極大堅實，深十六洛叉由旬，廣量無數。由暖生雲，名曰金藏，降澍大雨，依風而住，謂之底海。深十一洛叉二萬由旬，廣十二洛叉三千四百半由旬。其水搏擊上結成金，如熟乳停上凝成膜，即金地輪。故水輪減唯厚八洛叉，餘轉成金，厚三洛叉二萬由旬。金輪廣量與水輪等，周圍即成三倍，合三十六洛叉一萬三百五十由旬。其前風輪娑婆界底，地水二輪、四洲界底。於地輪上復澍大雨，即成大海。被風鑽擊，精妙品聚成妙高山，中品聚集成七金山，下品聚集成輪圍山，雜品聚集成四洲等。其妙高體，東銀、南瑠璃、西玻瓈珂、北金所成。餘七唯金，四洲地等雜品所成，彼輪圍山唯鐵所成。【略】四大洲外有輪圍山，高三百一十二由旬半，彼等廣量，各各自與出水量同。

明·利瑪竇、李之藻《乾坤體義》卷上 天地渾儀説

地與海本是圓形而合爲一。球居天球之中，誠如鷄子黄在青内。有謂地爲方者，語其德静而不移之性，非語其形體也。天既包地，則彼此相應，故天有南北二極，地亦有之。天分三百六十度，地亦同之。天中有赤道，自赤道而南二十三度半爲南道，赤道而北二十三度半爲北道。據中國在北道之北，日行赤道則晝夜平，行南道則晝短，行北道則晝長。故天球有晝夜平圈列於中，晝短晝長二圈列於南北，以著日行之界。地球亦有三圈對於下焉。但天包地外爲甚大，其度廣；地處天中爲甚小，其度狹。此其差異者耳。查得直行北方者，每路二百

五十里覺北極出高一度，南極入低一度。直行南方者，每路二百五十里覺北極入低一度，南極出高一度。則不特審地形果圓，而並徵地之每一度廣二百五十里，則地之東西南北各一週有九萬里實數也是。南北與東西數相等而不容異也。夫地厚二萬八千六百三十六里零三十六丈，上下四旁皆生齒所居，渾淪一球，原無上下。蓋在天之内，何瞻非天？總六合内，凡足所佇即爲下，凡首所向即爲上。其專以身之所居分上下者，未然也。且予自太西浮海入中國，至晝夜平綫，已見南北二極皆在平地，畧無高低。道轉而南，過大浪峯，已見南極出地三十六度，則大浪峯與中國上下相爲對待矣。而吾彼時只仰天在上，未視之在下也。故謂地形圓而週圍皆生齒者，信然矣。以天勢分山海，自北而南爲五帶：一在晝長晝短二圈之間，其地甚熱，則謂熱帶，近日輪故也。二在北極圈之内，三在南極圈之内，此二處地俱甚冷，則謂寒帶，遠日輪故也。四在北極晝長二圈之間，五在南極晝短二圈之間，此二地皆謂之正帶，不甚冷熱，日輪不遠不近故也。

又以地勢分輿地爲五大州：曰歐邏巴，曰利未亞，曰亞細亞，曰南北亞墨利加，曰墨瓦蠟泥加。其各州之界當以五色别之，令其便覽。各國繁夥難悉，大約各州共有百餘國。原宜作圓球，惟其入圖不便，不得不易圓爲平，反圈爲綫耳。欲知其形，必須相合連東西二海爲一方可也。其經緯綫本宜每度畫之，今且惟每十度爲一方，以免雜亂。依是可分置各國于其所。東西緯綫數天下之長，自晝夜平綫爲中而起，上數至北極，下數至南極。南北經綫數天下之寬，自福島起爲十度至三百六十度，復相接焉。試如察得南京離中綫以上三十二度，離福島以東一百二十八度，則安之於其所也。凡地在中綫以上至北極，則實爲北方；凡在中綫以下，則實爲南方焉。釋氏謂中國在南贍部洲，並計須彌山出入地數，其繆可知也。又用緯綫以著各極出地幾何，蓋地離晝夜平綫度數與極出地度數相等，但在南方則著南極出地之數，在北方則著北極出地之數也。故視京師隔中綫以北四十度，則知京師北極高四十度也。視大浪峯隔中綫以南三十六度，則知大浪峯南極高三十六度也。凡同緯之地，其極出地數同，則四季寒暑同態焉。若兩處離中綫度數相同，但一離於南一離於北，其四季並晝夜刻數均同，惟時相反焉。蓋此之夏爲彼之冬焉耳，且長晝夜愈離中綫愈長也。余以式之推計於圖濱，每五度其晝夜長何如，則西東上下隔中綫數一則皆可通用也。用經綫以定兩處相離幾何辰也，蓋日輪一日作一週，則每辰行三十度，而兩處相違三十度並謂差一辰。故視女直離福島一百四十度，而緬國離一百一十度，則明女直於緬國差一辰，而凡女直爲卯時，緬方爲寅時也。其餘倣是焉。設差六辰，則兩處晝夜相反焉。

如又離中綫度數同而差南北，則兩地人對足氐反行。故南京離中綫以北三十二度，離福島一百二十八度，而南亞墨利加之瑪八作離中綫以南三十二度，離福島三百零八度，則南京於瑪八作人相對反足氐行矣。從此可曉同經綫處並同辰，而同時見日月蝕矣。此其大畧也。其詳則備于圖並其後書云。

地球比九重天之星遠且大幾何

余嘗留心於量天地法，且從太西庠天文諸士討論已久，兹述其各數以便覽焉。夫地球既每度二百五十里，則知三百六十度爲地一週九萬里，又可以計地面至其中心隔一萬四千三百一十八里零十八丈。地心至第一重謂月天，四十八萬二千五百二十二餘里；至第二重謂辰星即水星天，九十一萬八千七百五十餘里；至第三重謂太白即金星天，二百四十萬零六百八十一餘里；至第四重謂日輪天，一千六百零五萬五千六百九十餘里；至第五重謂熒惑即火星天，二千七百四十一萬二千一百餘里；至第六重謂歲星即木星天，一萬二千六百七十六萬九千五百八十四餘里；至第七重謂填星即土星天，二萬五百七十七萬零五百六十四餘里；至第八重謂列宿天，三萬二千二百七十六萬九千八百四十五餘里；至第九重謂宗動天，六萬四千七百三十三萬八千六百九十餘里。此九層相包如葱頭皮焉，皆硬堅，而日月星辰定在其體内，如木節在板，而只因本天而動。第天體明而無色，則能通透，光如琉璃水晶之類，無所礙也。若二十八宿星，其上等每各大於地球一百零六倍又六分之一，其二等之各星大於地球八十九倍又八分之一，其三等之各星大於地球七十一倍又三分之一，其四等之各星大於地球五十三倍又十二分之十一，其五等之各星大於地球三十五倍又八分之一，其六等之各星大於地球十七倍又十分之一。夫此六等，皆在第八重天也。

土星大於地球九十倍又八分之一，木星大於地球九十四倍又一半分，火星大於地球半倍，日輪大於地球一百六十五倍又八分之三。地球大於金星三十六倍又二十七分之一，大於水星二萬一千九百五十一倍，大於月輪三十八倍又三分之一。【略】

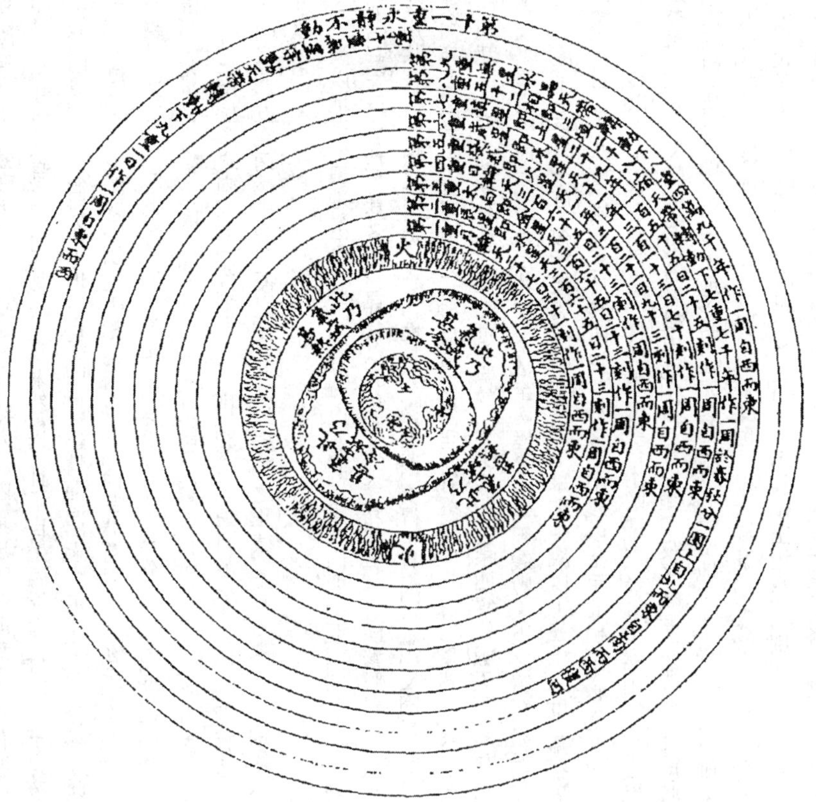

乾坤體圖

明・王英明《曆體略》卷上

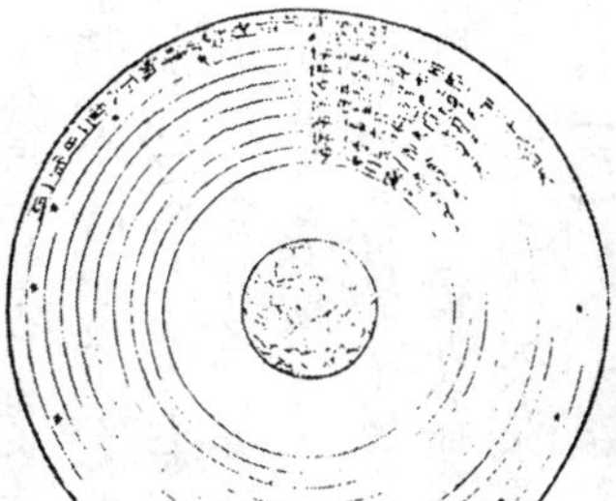

九重天圖

日月五星列宿運動各各相反，便知所麗之天原非一重。先儒曰：天左旋，日月五星右旋。則知左旋者在諸星天之外，是以有第九重天也。九重之説，向固有之。自天學諸儒由西海航入中國，發明其義，更爾精詳。其爲性命之學，更在九重之上，號曰静天。所謂造化之原，萬物之本也。談天者請于斯更進一籌焉。

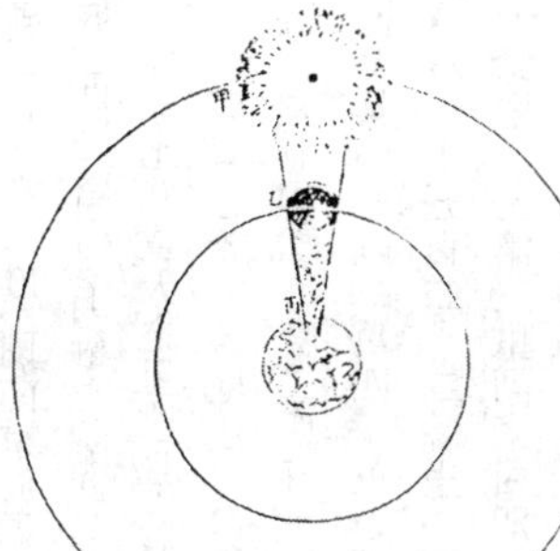

日蝕圖

日蝕非日失其光，乃月體掩之也。日天在月天之上，朔時月輪正過日輪之下，南北同經，東西同緯，故掩其光，非如俗所傳有異物以食之也。

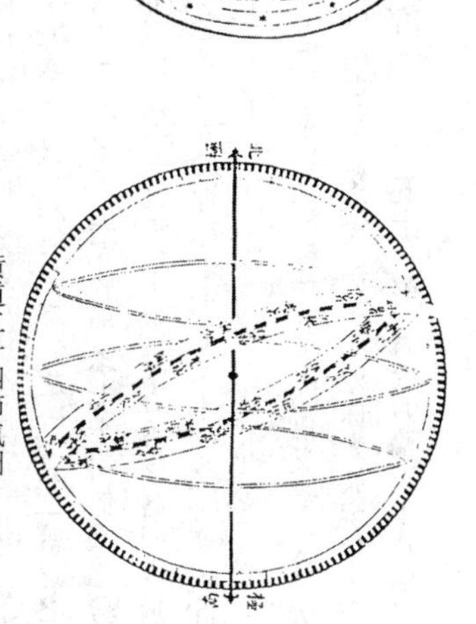

黃道二十四節氣圖

日輪恒躔黃道一道，不出入于南北界，非如月五星之出入于十二度内也。其上下四時各有定度，不稍前後也。黃道周天三百六十度，分爲四分，每分九十度爲四象限。又一象限分六分，每分十五度爲一節氣，共二十四節氣，而歲成焉，曆所繇定也。

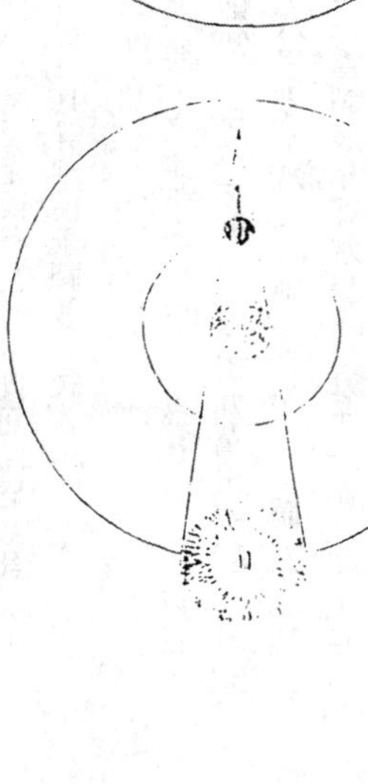

月蝕圖

地懸于六合中央，如雞卵黄在白内。故日繇西炤地，地必有景射東，照東必有景射西。夫日輪恒在黃道上，若遇望日而月輪亦在黃道上，與日正對望，則地球障隔在日月之間，月輪必入地景之内，太陽不能照之，故失光而食也。漸出地景之外，太陽能照之，乃漸復得原光矣。

天體地形

大圜者，上天下地之總名也。水附地以成一球，凝奠居中，天爲大圜包其外，有氣以充實其間。在天則有度數，在地則有經緯。以地合天，而太陽節氣與五星淩犯及各方之交食可得而推矣。

周天之度，縱横皆三百六十五度有奇。北極爲天樞，與南極相距一百八十二度半强。古曰天行健，又曰天左旋。繇其旋與健則知南北必有其極矣。極者非星，乃天體永久不移二點，周天所以爲環動之樞也。一極出地，必一極入地。其出入之度惟均所謂極星者，蓋指其最切近于極之一星以命耳。赤道帶天體之纮，距兩極各九十一度少强。二極相距正中之界謂之赤道，平分天體爲南北。南者爲外爲陽，北者爲内爲陰。黄道斜絡于赤道。黄道者，太陽所行之軌蹟也，斜絡黄道南北各二十三度半。太陽歷竟則成一歲，而二十四節氣由此而成矣。詳見後文。冬至日躔黄道，距北極一百一十五度有奇，在赤道外二十三度太强。夏至日躔黄道，距北極六十七度有奇，在赤道内二十三度太强。春秋二正日即《大統曆》晝夜五十刻是。日躔距兩極各九十一度少强，乃黄赤道相交之處也。黄赤道交處即是春秋分。黄道冬至自箕宿三度起，歷南斗之杓、天籥、南斗之魁、建星、天雞以及牛宿、羅堰，十二國之秦、代，壘壁、虚粱、雲雨、霹靂，又前過天囷、天廩、天陰，昴之月星、畢之附耳、天街、天高，諸王天關，觜參之司佐，遂至井鉞、天罇、五諸侯、積薪，鬼中積尸、酒旗、軒轅、右角，暨御女、左角、太微，西垣之靈臺上相，乃至進賢、平道、亢、氐西咸、鉤鈐、鍵閉、罰星、東咸、星宿中星天江，而復于箕爲一周，是爲太陽所經。然非古今一定者，日躔漸漸退移，則所經之星亦從而異，所謂歲差也。赤道分周天之列舍，而黄道則識太陽之經行，二道度分之不齊者，斜正廣狹，勢使然耳。地在寰宇之中，常静不動，與天相較，政若稊米之于喬岳。其形渾圓，即突者爲丘陵，凹者爲谿谷，仍無損其萬分之一。《易》謂天圓而地方者，指其德也。人處地球，以天頂而分，有東西南北，亦界爲三百六十餘度，以期合于天行。東西謂之經，南北謂之緯。求經度者，於赤道上測之。求緯度者，於子午綫測之，隨方用儀。測極出地，每南北行二百五十里則差一度，東西離三十度則差一時，所謂里差也。

二曜

日與月爲陰陽之宗，而日尤爲君。天之得以爲天，歲之得以成歲者，日而已矣。不得其軌度，欲以步曆，何道之從而可？

日者，太陽之精，循黄道右行，三百六十五日有奇而周天。黄道起箕斗間，北距赤道二十三度九十分，迤邐東北，至壁一度入赤道北，又東北至參十度，則南距赤道亦二十三度九十分，遂折而東南，至軫初度出赤道南，又東南旋于尾、箕，周而復始。長三百六十五度二十五分六十四秒。其與赤道交也，自南入北曰内道口，自北入南曰外道口。二交之口，隨歲差左移。日行于此，冬至居析木津躔箕，小寒躔斗，大寒躔牛，立春躔虚，雨水躔危，驚蟄躔室，春分躔壁，清明躔奎，穀雨躔婁，立夏躔胃，小滿躔昴，芒種躔畢，夏至躔參，小暑大暑俱躔井，立秋躔柳，處暑躔張，白露秋分俱躔翼，寒露躔軫，霜降躔角，立冬躔氐，小雪躔房，大雪躔尾，而二十四氣備矣。冬至後九日入星紀之次，大寒後十日入玄枵之次，雨水後六日入娵訾之次，春分後九日入降婁之次，穀雨後十日入太梁之次，小滿後十一日入實沉之次，夏至後十日入鶉尾之次，大暑後九日入鶉火之次，處暑後十日入鶉首之次，秋分後十三日入壽星之(星)〔次〕，霜降後十四日入大火之次，小雪後十二日入析木之次，而十二過宫備矣。冬至前後日行一度零百分度之五有餘日盈段，其前其後各十有八日，日損一分有奇。春秋分日行一度，無盈縮。夏至前後日行百分度之九十五不足曰縮段，其前其後各十有八日，益一分有奇。約一歲間截盈補縮日得一度，歲行黄道三百六十五度二十四分二十五秒，不及周天一分五十秒，是曰歲差，約六十六年八箇月而差一度。【略】

天體地形雜説

曆以步天，然地勢移則天度隨而異，如前各所北極高低是已。迂儒襲誤，有謂天形圜而地形方者，有謂東不可爲西、上不可爲下者，有謂冬夏非日之往來，乃地之游動者。悠謬若此，無怪乎北極出地一之以三十六度，而不知隨在爲高卑也。兹輯古聖賢格言以詔羣蒙。嗚呼，豈細故也與哉！將造化性命之微關焉。通此者謂之達天。

昔者單居離問于曾子曰：天圜而地方者，信有之乎？曾子曰：離而聞之云乎？單居離曰：弟子不察此，以敢問也。曾子曰：天之所生上首，地之所生下首，上首之謂圜，下首之謂方。如謂天圜而地方，則是四角之不相揜也。且來，吾語汝，參嘗聞之，夫子曰：天道曰圜，地道曰方。

黄帝《素問》曰：立于子而面午，立于午而面子，至于自卯望西、自酉望卯，皆曰北面。立于卯而負西，立于酉而負卯，至于自午望南、自子望北，皆曰北面。自子望北皆曰北面，言北方之北尚有北也，不愈証地之圜乎？

《周髀》曰：春分日之夜分以至秋分日之夜分，日内近極，極下常有光。秋

分日之夜分以至春分日之夜分，日外遠極，極下常無光。故春秋分之夜分，日所照適至極，陰陽之分等也。冬至夏至者，日道發斂之所生，晝夜長短之所極也。趙君卿註：天至高，地至卑，非合也，人目所窮而見其合也。北辰正居天之中央，人所謂東西南北者，非有常處，各以日出之處爲東，日中爲南，日入爲西，日没爲北。北辰之下，從春分至秋分六月見日，從秋分至春分六月不見日。見日爲晝，不見日爲夜。一歲之周，北辰之下，一晝一夜也。我之所在，北辰之南，非天地之中也。我之卯酉，非天地之卯酉也。日陽從冬至始，月陰從夏至始，往來之端也。

又曰：北極之下爲天地之中，其地最高，滂沱四隤而下，三光隱映以爲晝夜，天體亦然。故日運行處在極北，北方日中，南方夜半。在極東，東方日中，西方夜半。在極南，南方日中，北方夜半。在極西，西方日中，東方夜半。晝夜易處，南晨而北昏。四時相反，南暑而北寒也。北極左右，夏有不釋之冰，此陽微陰彰，晝夜分歲，物朝生而暮穫。中衡左右，冬有不死之草，此陽彰陰微，故萬物不死，五穀一歲再熟。

沈括曰：舊謂中國於地爲東南，當偏西北，望極星，置極不當正北。又謂天常傾西北，極星不得居中。夫謂中國觀之，天常北倚可也，謂極星偏西則不然。所謂東西南北者，何從而得？豈非以日之所出者爲東，日之所入者爲西乎？古人測天，自浚儀至安南纔六千里，而北極差十五度，漸北不已，庸詎知極星之不直人上也？又北而背負極星，其理可推矣。臣始讀黄帝《素問》，所論南面北面之語，不喻其理，久而思之，乃悟其常，以天中爲北，而對之者皆爲南也。南北取諸天中，以極星中天耳。《素問》真善言天者。今南北纔五百里，則北極輒差一度太强，而東西南北數千里間，日分之時候之日未嘗不出于卯半而入于酉半，固知天樞既中，則日之所出者定爲東，日之所入者定爲西，天樞常爲北，無疑矣。此殆放乎四海而同者，何從知中國爲東南也？彼徒見中國東南皆際海而爲是説也，其亦井蛙之見矣。

《内經》曰：帝曰：地之爲下否乎？岐伯曰：地爲人之下，太虚之中也。曰：何憑乎？曰：大氣舉之也。太虚之中即是太虚之下，圜物之重在乎中心，則中即最下之處。

晋束皙云：人之視天，旁方與上方等，旁視則天體存于側，故日出時視日大也。按：日初出有水土之氣浮于地上，故其影大。至高度則水土之氣清，故其形小。日無大小，而所存者有伸厭。厭而形小，伸而形大，此人目力之殊，日無遠近也。是故置器廣庭，則函牛之鼎如釜；堂崇十仞，則八尺之人猶短。蓋其理耳。

姜岌云：渾天之體，圜周之徑，詳之于天度，驗之于晷影。而知大小之異，由人目也。參伐初出，在旁則其間疏，在上則其間密。以渾儀測之，度則均也，旁之與上，無或殊也。

宋天台車若水曰：天地本黑也，以日而光。本寒也，以日而煖。日入則復黑，日遠則復寒矣。

《周髀》云：冬至晝極短，日之出入，炤三不覆九；夏至晝極長，日之出入炤九不覆三。炤三者，己午未也；不復三者，亥子丑也。此正北海北極出地六十五度之晝夜刻也。毉家五運起于月初各節氣是也，六氣起于月中各中氣是也。晝夜漏刻，古曆有用百二十者，不須發斂，即得加時。西曆六十分爲度，即此法之折半也。

古辰次及星宿與今不同。按《國語》云：辰角見而雨畢，天根見而水涸，本見而草木節解，駟見而隕霜，火見而清風戒寒。則亢爲天根，非氐矣。

《考工記》云：龍旂九游，以象大火也。則尾爲大火，非房心矣。又云：熊旂六游，以象伐也。則連卷言之而無左右肩足矣。龜蛇四游，以象營室也。則合東壁言之爲一宿矣。《史記·天官書》有參罰而無觜，有建星而無斗，有狼弧而無井鬼，作角亢氐房心尾箕，建牛女虚危室壁，奎婁胃留濁參罰，狼弧注張星翼軫，則二十八舍古今不同。

北齊顔之推，在修文令曹，有山東學士與關中太史競曆，凡十餘人，紛紜累歲。内史牒付儀官平之，之推曰：大抵諸臣所争，四分并減分兩家耳，曆象之要，可以晷影測之。今驗其分至薄蝕，則四分疏而減分密。疏者稱：政令有寬猛，運行致盈縮，非算之失也。密者則云：七政有遲速，以術求之，預知其度，無災祥也。疏則藏奸而不信，密似任數而違經。且儀官所知，不能精于訟者，以淺測深，安有肯服？舉曹咸以爲然。有一禮官，强欲考覈，朝夕聚議，背春涉冬，怨誚滋生，乃赧然而退。

明·王英明《曆體略》卷下 西曆

前所輯皆自古談天成説也。近有歐邏巴人，挾其曆自大西洋來，所論天地七政，歷歷示諸掌，創聞者不能無駭且疑。徐繹之，悉至理也。夫禮失而求之野，擇其善者而從之，不猶愈于野乎？述西曆體。歐邏巴，國名。其地亦在赤道北，北至北極出地四十五度，實與中國東西相對。俱有理學文字，其俗素精天文，專以尊事天主

上帝爲學。俗呼大西洋也。自利瑪竇于神廟初挾其彼國圖書器物，由海道自西南諸國以入中華，尚食京師，發明九重天奥義，自後同學相繼而來，所譯教義諸書不下充棟。而曆法一部，如《幾何原本》、《同文算指》、《表度》等説，《測量全義》、《日月星纏表》、《天問略》、《測天約説》及《渾天儀》、《測蝕》等書，確當詳明，遠過先代。今總彙爲《崇禎曆書》百餘卷，實推步家之指南也。集中所載，僅撮其度數經緯，及天體地形、日月星辰、纏宿薄蝕等義，足以左右曆指者。其文辭先後自相發明，故鮮所詮註也。

天體地度

凡曆象日月星辰者，南北東西，隨地理之差爲移易，故不知輿地者，不可以曆天。兹首著渾天包地之故，而以天躔經地度，信乎其爲物之不貳也。東海西海，心同理同，吾中前聖，舊蓋有其説矣，恨語焉不詳耳。於乎，請勿怪生齒之反足相對也。

天有九重，第九重號爲宗動天，體無星辰，帶下八重天轉動，一日一周，自東而西。第八重列宿天，二萬四千四百年一周。第七重填星天，二十九年一百五十五日二十五刻一周。第六重歲星天，一十一年三百一十三日七十〇刻一周。第五重熒惑天，一年二百二十一日九十三刻一周。第四重日輪天，三百六十五日二十三刻一周第三重太白天。第二重辰星天，俱隨日作三百六十五日二十三刻一周。第一重月輪天，二十七日三十一刻一周。此八重天者，俱自西而東右旋，而俱爲宗動天帶之左旋。九天層疊，包裹如葱頭，雖體極堅，而通透光亮，清虛無礙，不異琉璃水晶也。日月星辰在其體内，如木板之節，各因本天而動焉。天之内包火，火之内包氣，氣又包水土，而水土合爲一丸，即地也。火輕揚，故升于九重天之下；土重濁，故凝于天之中。水輕于土，故浮土之上。氣不輕不重，故乘水土而負火，此係元火，附于天而隨之環動，偕之一周，極浄甚炎。而無光也。何以無光？無薪炭等體以傳其光耳。一遇外物衝擊則發光矣，世所云天裂星流是也。試觀陶窑之久燒者，初除薪炭，雖内不見火光，而熱氣甚盛，物入之即焚，正猶是耳。乃氣又有上中下三域。上域近火，故大熱。下域近水土，而水土爲太陽所射，故發煖。中域上下隔絶，故大寒，而霜雪凝于斯。然三域又廣狹弗等。南極北極之下，太陽不到，陰氣甚盛，其上下熱暖之域狹而中寒冷之域廣。若赤道之下，正當太陽，陰氣甚微，其上下熱暖之域廣而中寒冷之域狹。地與海合爲一丸，本是圓形，居渾天之當中，微止一點。謂地爲方者，乃語其定而不移之性，非語其形體也。天既包地，則彼此相應，故天有南北二極，地亦有之。天分三百六十度，地亦同之。天中爲赤道，自赤道而南二十三度半爲南道，赤道而北二十三度半爲北道。中國在北道之北。日行赤道則晝夜平，行南道則晝短，行北道則晝長。故渾天有晝夜平道于中，晝短晝長二道于南北，爲日行之界。地亦有三界，對于下焉。但天包地外爲甚大，其度廣，地處天中爲甚小，其度狹耳。測得直行北方者，每路二百五十里北極出高一度，南極入低一度。直行南方者，每路二百五十里北極入低一度，南極出高一度。則審地形果圓而每二百五十里爲地之一度也。信地之東西一周，南北一周，各九萬里而不異也。夫地厚二萬八千六百三十七里零二十五分里之九，上下四旁皆生齒所居，渾淪一丸，原無上下。蓋在天之内，何瞻非天？總六合内，凡足所履即爲下，凡首所戴即爲上。其專以身之所居分上下者，皆不達者也。余自西海汎舟而來，南行至赤道下，見南北二極皆在平地，略無高低。又南過大浪山，但見南極出地三十六度，而北極隱而不見，則大浪山與中國上下相爲對待矣。而余彼時惟仰天在上，未嘗見其在下也，故謂地形圓而周圍皆生齒者，信然矣。以地圓故，凡自海西岸上船者，乘正東風，遶地一週于東岸下船，則一年止三百六十四日，其理固自明也。以天度分山海，自北而南爲五帶，一在晝長晝短二界之間，其地甚熱，近日故也。二在北極界之内，三在南極界之内，此兩處甚冷，遠日故也。四在北極晝長二界之間，五在南極晝短二界之間，此兩處皆謂之正帶，不冷不熱，日輪不遠不近故也。東西緯度定天下之縱，視其緯度可以知各極出地幾何度。自赤道一綫之界而起，平分天下之中，北至北極，南至南極。凡地在赤道以北，主北極，則爲北方；在赤道以南，主南極，則爲南方。中國主北極，而釋氏謂爲南贍部洲，其謬甚矣。蓋地距赤道度數與各極出地度數相等，但在南方則著南極出地之數，在北方則著北極出地之數。故北京在赤道以北四十度，則知北京北極高四十度也。大浪山在赤道以南三十六度，則知大浪山南極高三十六度也。凡同緯度之地，其極出地之數同，則四時寒暑同。若兩處距赤道度數相同，但一離而南一離而北，則四時之晝夜刻數皆同，惟時相反，此之秋，彼爲春，此之夏，彼爲冬耳。離赤道愈遠，則晝夜長短愈多。其長晝長夜之地，每度長幾何，則自西徂東離赤道度數皆一焉。南北經度定天下之衡，視其經度，可以知兩處相離幾何辰。蓋日行一日一周天，每時行三十度，而兩處相距三十度爲差一辰。故女直距緬甸東西三十度，則女直爲卯時，緬甸爲寅時也。其他倣是。若差六辰，則兩處晝夜相反焉。若晝夜相反者，離赤道度數同而一南一北，則兩處人行立正對足底。故中國金陵離赤道以北三十二度，而大東洋之瑪八作離赤道以南三十

二度，東西相距一百八十度，則金陵與瑪八作相對足底行立矣。從此知同經度地，并同辰而同時見日月食也。列宿即二十八宿，世謂恒星。填星即土星，歲星即木星，熒惑即火星，太白即金星，辰星即水星。火、氣、水、土爲四元行，乃造物主所用以造天地人物者。較之中國五行，其説尤大，而該確而當。元火謂無形之火也。天裂流星，今夏秋夜見，俗所謂星移者，謬也。元火在上，日蒸人物之氣，上觸而現爲光。太陽不到。南極夏至太陽不到，北極冬至太陽不到。東西南北，一周各九萬里而不異。以地里數準，天度數可考而知。釋氏謂南贍部洲，言日月繞須彌山而成晝夜。天文荒誕，如地理可知矣。凡同緯度之地，言東西國也。極東極西與中國止差早晚，而冬夏寒暑則等，止因緯度之同耳。

度里之差

凡北極差一度則地差二百五十里，測之無不合者。然渾天之體經度在所各同，而緯度自東周西，乃惟正當赤道之下，爲得一度漸南漸北則漸以狹，其里數亦難概以二百五十也。略舉其凡如左。

赤道北抵北極九十度，以次漸遞如殺，凡六十分爲一度，凡六十秒爲一分。則直得一度，橫得若干分秒。是故從赤道起第一度橫得五十九分五十九秒，第五度橫得五十九分四十六秒，第十度橫得五十九分〇五秒，第十五度橫得五十七分五十七秒，第二十度橫得五十六分二十三秒，第二十五度橫得五十四分四十九秒，第三十度橫得五十一分五十八秒，第三十五度橫得四十九分〇九秒，第四十度橫得四十五分五十八秒，第四十五度橫得四十二分二十六秒，第五十度橫得三十八分三十四秒，第五十五度橫得三十四分二十五秒，第六十度橫得三十分〇秒，第六十五度橫得二十五分二十一秒，第七十度橫得二十〇分三十一秒，第七十五度橫得十五分三十二秒，第八十度橫得一十〇分二十五秒，第八十五度橫得〇五分一十四秒，至第九十度則分秒俱無矣。此略舉隔五之數，實則每度不同焉。自赤道抵南極亦然。以地準之，則每度徑得二百五十里，每分徑得四里零六分里之一即六十步。凡積十四秒零二十四微爲一里，積二分二十四秒爲十里，積二十四分爲百里，積四度爲千里，積四十度爲萬里。皆以弦直道論云。里差每一度差二百五十里，此從渾天儀可驗者。經緯闊狹，理所固然，但隨南隨北，天體高圓未嘗少異，恐經緯亦隨處而皆然也。俟訂。

明·陽瑪諾《天問略》 天有幾重及七政本位

問：貴邦多習曆法，敢問太陽太陰之説何居？且天有幾重？太陽太陰位置安屬？曰：敝國曆家詳論此理，設十二重焉。最高者即第十二重，爲天主上帝諸神聖處，永静不動，廣大無比，即天堂也。其内第十一重爲宗動天。其第十第九動絶微，僅可推算，而甚微妙，故先論九重，未及十二也。十二重天，其形皆圓，各安本所，各層相包，如裹葱頭。日月五星列宿在其體内，如木節在板，一定不移，各因本天之動而動焉。

問：人居地上，依其目力所及，獨見一重自東而西，一日一週耳，今設十二重，何徵？曰：萬物或静或動，静者獨有一静，是静無動。動者獨有一動，是動無静。終古以來，未有一息之内能動静互現者也，未有二動並出，能此動東去，彼動西行者也。于其運動相反，可知其體有同異矣。今恒見日、月、五星、列宿，其運動各各相反，便知所麗之天原非一重。日月相反運動，于朔望見之。朔，日月共躔一度；望，日月相遠半周。月每日自西而東行十三度有奇，日每日約行一度。五星所離，日月列宿，每日各異，其相近相遠，亦各時刻不同，因知各有其本重所麗之天，可證五星之有五重天也。列宿諸星，相近相遠，終古恒同，因知其所麗天終古恒同，而可證其有第八重天也。夫日月諸星本動之天皆自西而東也，天左旋，日月五星右行，貴國先儒亦已晰之矣。今舉目而視之，日生于東没于西，月與諸星隨之以旋。其自東而西者，又昭昭然，此必有一天焉，爲之主宰，爲之牽屬，而日月諸星之天因之，則九重天是也。故自東而西者，宗動天也；自西而東者，日月諸星之天也。自西而東者，日月諸星之本動也；自東而西者，日月諸星之帶動也。明乎二動，得天體也。第九、第十重天，其説甚長，宜有專書備論。

問：自東而西、自西而東二動既相反矣，今宗動天自東而西，日月諸星之天自西而東，何不爲相反運動哉？曰：所謂相反運動，是一物自發二動，非有自外轉動。如一人在船中，船順風自東而西，人逆行自西而東。則自西而東，人之動也；自東而西，人之因船帶動也。雖有二動，非相反動。又如車輪上有蟻行自南而北，其輪之轉自北而南。實見此蟻行有二動，面非相反。何也？一從自動，一從外帶故也。日月諸星之動，何不其然？

問：今觀有異運動從星而出，星行于天，如鳥于空中，如魚于水内矣。天何所沓？九重焉分？曰：魚鳥一時獨有一動，諸星之動則非一也。蓋星行一時之際，自西而東，亦自東而西焉。所謂相反運動也，特有九重天以斡之故，非一物自發二動耳。且天體甚堅，非水可比，胡能穿之？兩天之連，不容一物，又焉分哉？

問：既有十二重天，敢問太陽何位？曰：自下往上在第四位，七政之中也。

日得其中，爲其本所。光及餘政，暄及下地。

明·熊明遇《格致草》 諸天位分恒論天有元位，元氣胚結，包裹精密，如葱本皮層疊，剛健中正，運旋不已。且晶明透徹，故清宅不毁，萬象爲章。

大之倉倉者，從人眼上視，似只一重。然吾儒言九重，西域人設十二重，皆就七曜列宿麗天行動之際測筭出來，殊皆有據。愚謂元氣層層，其人目所不見之星象尚多，重數亦未可定，但就有象者按之，作吾儒九重之解：其一月天，二辰星與金星，三日輪居中位，照暎世界，萬象取光，四火星，五木星，六土星，七列宿，八宗動，九静天。六天東行，有遲速。速則如月天之二十七日一週，遲則如土星之二十八年一週。與木、火、金、水、太陽載在臺官者，疇人子弟皆知之，而不知列宿天亦自西旋東。堯時冬至，日在虚七，距今四千年，冬至日在箕四，差六十度，大約二萬五千年一周。惟最上一層，無星可見，其行最健，自東旋西，一日一周，帶動列宿、七曜天俱左旋，所爲宗動天也。左旋一天，以静天極爲軸，以赤道爲天腰。右旋諸天，以黄道極爲軸，偏南北極各二十三度半，以黄道爲天腰。難者曰：七曜、列宿，豈不如鳥飛空中魚行水内，安得復設一天以麗之？曰：萬物之理，静者獨有一静，動者獨有一動，未有一息之内能動静互見，未有二動並出，能此動東去、彼動西行者也。今觀列宿、日、月、五星，其運動各各不同，便知其各有所麗之天。即如金、水二星，俄而在日前行，俄而在日後行，似有三動。何爲三動？每夜見其東升西没，每日一周者，一動也，最上健行之天所帶動也。其附日東行，每年一周者，二動也，本星所麗之天，常東旋也。而其或南或北、遲疾靡常者，又一動也。則本星在所麗之天，如循圈然，故于其一時而有數動，則知其有天以牽屬之。月亦若是矣，而火土諸星可例推矣。惟日循黄道右旋，一日一度，無南北之差，又無遲速之異。或者疑是自運乎？曰：非也。日之有天，更易明也。夫日平行日一度，一歲三百六十五度。自春分至秋分半歲，宜行一百八十二度半，半周天。自秋分至春分宜亦然。乃《大統曆》太陽自春分至秋分有空度，恒多八日。自秋分至春分有隔度，恒少八日。春秋分者，赤道黄道之交，天之一半也，而日行有多寡，何居乎？蓋二分之界限，乃地心與一日一周左旋最健之宗動天平中對心處。而日天之心。則與左旋天之心不對，每過北八度，故春分至秋分必遲數日乃可及，秋分至春分必早數日乃無過也。此義雖星官曆士，鮮有明其解者。不但此也，余嘗在京師與欽天監官周子愚論歲差之理，彼但拘世儒腐説以答曰：天老日行遲，陽漸衰故也。真可一笑。二至二分，乃黄道四分，平等定限，日不到那限上，自然不分不至。如何説得天老陽衰？實列宿天漸漸過東，如堯時虚宿在冬至限上者，今已東移六十度，冬至限恰直箕四。若從堯曆行筭至二萬五千年，依舊在虚宿冬至矣。此實燦然可據，非如宋儒之猜忖也。竊意天之層數，在剛柔虚實之外别有玄際，剛柔虚實落在五行氣質。上天非五行而生，五行豈復與五行同？其氣質其層數亦别有玄際，不如世間棚樓漫閣。試看温際冷際，原無物隔，温者自温，冷者自冷，可以類推。

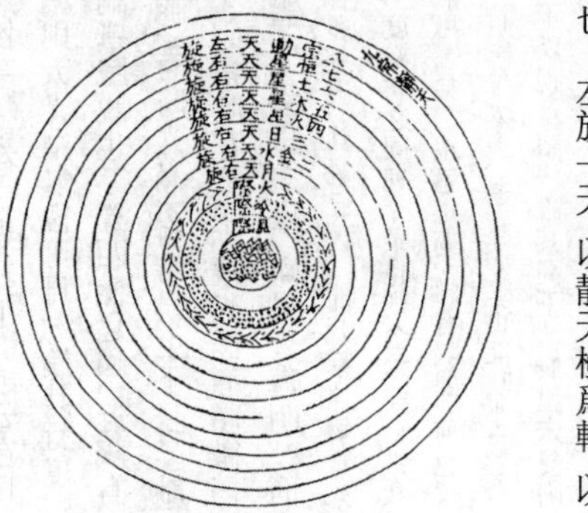

格言考信

《楚辭·天問》曰：圜則九重，孰營度之？《太玄經》曰：天有九天。《兵法》曰：動于九天之上。張衡《靈憲》曰：道幹既育，萬物成體。于是剛柔始分，清濁異位。天成于外而體陽，故圜以動。斯爲天元，道之實也。天有元位。

渺論存疑

宣夜學曰：天無質，日月衆星自然浮生虚空中。《山海經》曰：倚天山、蘇門山，日月所出。又曰：大荒之中，湯谷上有扶桑木，十日所浴。九日居下枝，一日居上枝，皆載烏。《淮南子》曰：若木端有十日，其華照地。王充《論衡》曰：日月一日一夜行二萬六千里，與飛鳧相似。

佛言：須彌山，日月相爲避隱，分晝夜。佛以無邊净華眼也看未到。《祛疑説》曰：自天統開於子，輕清之炁一萬八百年升而爲天，天之晶華凝結而爲日月星辰。成象既著，功用乃行。地統開於丑，重濁之炁一萬八百年凝而爲地，地之靈氣融結而爲山川河嶽。成形既定，肹蠁攸召。

《淮南子》云：天有九野，九千九百九十九隅，去地五億萬里。《論衡》曰：天行三百六十五度，積凡七十三萬里，天去地六萬餘里。《靈憲》云：天有九位，自地至天一億萬六千二百五十。

諸天位分演説

天實渾圓，其中毫無空隙，譬如葱本重重包裹。其分數幾何？第一爲地，水補其闕，共爲一球。若據地平，則水土相半。蹠實論之，水之視地，僅千分之一

耳。地外爲氣，氣之外爲七政之天，七政之外爲恒星之天，恒星之外爲宗動之天，宗動之外爲常静之天。夫地與水與氣相次之序，其理易明，今何以知七政在下，恒星在上？曰：有二驗焉。其一，六曜有時能掩恒星，掩之者在下，所掩者在上。其二，七政循黃道行皆速，恒星最遲也。止言六曜不及日者，以日光大，星不可見也。至于七政中，惟月最近地，何以知之？亦有二驗。其一，能掩日，五星也。其二，循黃道行二十七日有奇而周天，餘皆一年以上，是七政中爲最速也。雖然，以行度遲速別遠近固也，而太白辰星與日同一歲而周，將無遠近乎？曰：舊説或云日内月外，相去遼絶，不應空然無物，則當在日天之下。或云在日天之上。二説皆疑，了無確據。若以相掩證之，則大光中無復可見。論其行度，三曜運旋，終古若一。兩術皆窮，因知從前所論皆臆説也。獨西極之國，近歲有度數名家，造爲望遠之鏡。以測太白，則有時晦，有時光滿，有時爲上下弦。計太白附日而行，遠時僅得象限之半，與月異理。因悟時在日上，故光滿而體微；時在日下，則晦；在旁，故爲上下弦也。辰星體小，去日更近，難見其晦明。而其運行不異太白，度亦與之同理。金、水附日，各麗一天，其説已舊。而此稱遠鏡窺太白時晦時滿，遂謂金星或在日上或在日下。辰星至小，度亦與之同理。果也則金水與日當共一天，只其自行之輪以上下爲周動，而舊所傳之二天無可憑矣。端思幾過，尚有隔閡，何也？金水體小，若在日上，難復可見。與日同天，則月天至日空位太多，遠鏡照物止能映小爲大、映遠爲近，而非物之真體。金星之晦望豈是洞觀？何不以視差諸法證其高下？辰星未見晦望，更屬懸度。且于九重之數不合。説者云，金水終古附日，一年一周，二體應是同天，但各輪互異，動以上下爲環，理猶可信。但晦望之説，已經曆局奏明成書，事宜姑存，而書此一端，以俟天士。問：熒惑、歲、填孰遠近？曰：熒惑在歲、填内，在日外。何者？一爲其行黃道速於二星，遲於日也。歲星在其次外，其行黃道速於填，遲於熒惑。填星在於最外，其行黃道最遲。又恒星無視差，七政皆有之，遠近確矣。

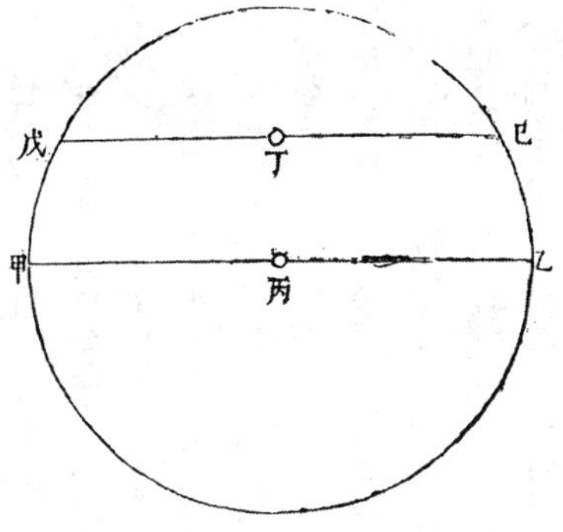

地在大圜天之最中

何以徵之？人任于所在，見天星半恒在下，故知地在最中也。如上圖，東見甲，西見乙，甲乙以上恒爲天星之半，知丙在中也。若云非中，當在丁，則東望戊、西望己，當見天之小半，而不見者大半。

列象恒論

日、月、五星、列宿，自人眼下觀，却像是一層位置，然實不是一層。如至京師，中間有許多省郡。一般月最下，辰星之與太白次之，日次之，熒惑次之，歲星次之，填星次之，經星次之。月離地中心四十八萬二千五百二十二里餘，辰星離地中九十一萬八千七百五十里有餘，太白離地中二百四十萬六百八十一里餘，日離地中一千六百五萬五千六百九十里餘，熒惑離地二千七百四十一萬二千一百里餘，歲星離地一萬二千六百七十六萬九千五百八十四里餘，填星離地二萬五百七十七萬五百六十四里餘，經星離地三萬二千二百七十六萬九千八百四十五里餘。此外即係一日一周之天，包絡轉運。此天離地六萬四千七百三十三萬八十六百九十里餘。其遠近各有測筭之法。蓋諸星之體甚鉅，只因離地絶遠，故人眼見得甚微。若從星上看地，决如一塵不能見矣。經星之體分爲六等。上等全徑大于地全徑六十八倍，其最大者加二十倍，次小者減，亦如之。次等大于地二十八倍，其三等大地一十一倍，其四等大地四倍有半，其五等同地稍大，六等得地體三分之一。七曜之體，惟日徑最大，徑大于地一百六十五倍八之三。填星大於地二十二倍。歲星同填星、熒惑，又不及歲星。地大于太白三十六倍二十七之一。而辰星最下，則又渺乎小矣。地大于月三十八倍又三之一，然則日大于月六千五百三十八倍又五之一也。此俱有測筭法不爽。人目所覩，近者雖小亦大，遠者雖大亦小，此定理也。試作一圈，如天地形。天分三百六十五度，地一點，上亦分三百六十五度，則天上一度便容得幾十個地矣。或問：何以知其里數？地上一度二百五十里，天上一度容得幾十地。地全徑九萬里，積而筭之，大畧便可覩也。試立一表，候日月俱升至三十度，月影肥而長，日影瘦而短，豈非日遠而月近之故乎？或又問：小兒論日出日午中邊近遠之説，如何？曰：人在地上，天頂與東西際俱各九十度。朝日清凉，斜照而夜氣初開，與午日探湯，正照而晝氣暄朗，此義易明。惟邊大中小，少費詮説。凡地面上，各有浮游濕氣擁抱，厚千餘里。當午直視，浮氣薄；當早、暮旁視，則浮氣隨地之所際。如東邊至中心地有二萬二千二百五十里，則浮氣亦有二萬二千二百五十里，故日月之大與星辰之闊皆爲氣所影近。如帶眼鏡看字，字畫便大。試將空盂，置錢其中，從人目不見處安定，斟水滿盂，錢自可見，是其徵也。究而論之，天頂在地面上起筭，更無占數。若邊際還遠中心二萬二千二百五十里，以地之斜占數

也。在善筭者得之。余向著《則草》，七曜經星之大小已有定論，距天遠近亦有定限。今所著大小遠近與前不同，以今《崇禎曆書》奏經御覽，乃曆書筭定之數，不得不依。前如野史，今如國史，從周之義也。

格言考信

《中庸》曰：不見而章。又曰：高也，明也。又曰：道並行而不相悖。《孟子》曰：天之高也，星辰之遠也。《周易》曰：懸象著明，莫大乎日月。劉氏《正曆》曰：日者，羣陽之精，衆貴之象也。范子《計然》曰：日者，火精也。《管子》曰：盛魄重輪，六合並照，非日月能乎？張衡《靈憲》曰：凡文曜麗乎天，其動者日月五星是也。周旋右迴。

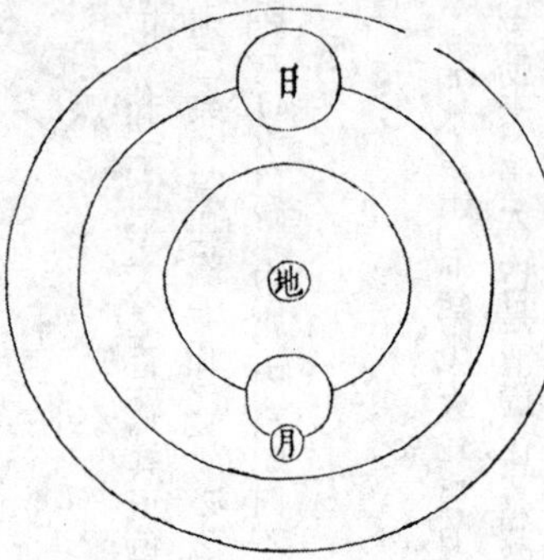

此日月麗天之像：日高，行黄道一綫；月低，出入黄道如循環。然其實月，地還小，畫圖不得不稍大耳。

《春秋説題辭》曰：星之爲言精也，陽之榮也。陽精爲日，日分爲星，故其字日生爲星。《物理論》曰：凡月與星，有形無光，日照之乃有光。【略】

列象演説《恒論》于列象之體分大小，尚未明其所以然之故，再演説之乃有據也。

古法推七政及恒星之體，大畧因其視徑及距地之遠可得渾體之容積。而恒星離地最遠而無視差可考，止依其視徑以較五星，即其體之大小十得七八矣。如鎮星得其視徑一分五十秒，亦微有視差爲一十五秒弱，推其離地，以地半徑爲度，得一萬〇五百五十，因得其全徑大于地之全徑三倍又一十一分之九，是鎮星之渾體容地之渾體二十有二矣。此測爲鎮星居最高，最高衝折中之數也。而恒星更遠居其上，因以所測之視徑分其等差。先測明星，如心宿中星、大角、参宿右肩等，其視徑二分，即得大地四徑有奇。因設星離地一萬四千，依圈界與圈徑之比例，即星所居之圈界得八萬八十。三百六十分之每度，得二百四十四〇九分之四。又六十分之每分，得四視徑二分，得八有奇，是恒星之全徑二分，當渾地之八半徑也。即四全徑也。又以立圜法推之，即此星渾體之容大于渾地之容六十有八倍，此爲第一等星也。此一等内尚有狼星、織女等，又見大一十五秒，其體更加二十餘倍。若見小一十五秒，如角宿南星，即反之，其體減二十餘倍。次則北斗、上相、北河等，其視徑一分三十秒。設其距地與前等，推其實徑大於地徑三倍有奇，而其渾體大于地之渾體二十八倍有奇，此爲第二等。又次測婁、箕、尾三宿等星，其視徑一分〇五秒，依前距地之遠，其實徑大于地徑二倍又五分之一，其體大于地體近一十一倍，爲第三等。又次測參旗、柳宿、玉井等星，其視徑四十五秒，其實徑與地徑若三與二，其體大於地體四倍有半，爲第四等。又次測内平、東咸、從官等小星，得視徑三十秒，其實徑與地徑若五十與四十九，其體比于地體得一又一十八分之一，爲第五等。又次測最小星如昴宿、左更等，得視徑二十秒，其實徑與地徑若一十五與二十二，即其體比于地體得三分之一，爲第六等。若各等之中更有微過或不及，其差無盡，則匪目能測，匪數可筭矣。夫恒星無數，若三垣二十八舍，三百座，一千四百六十一官之外試仰視之，樊然淆亂，雖隸首豈能窮其紀哉？

赤道心

赤道之心與静天之心、宗動天之心、地之心同是一點，其兩極在南北正子午，主一日一周。七政恒星之公運動悉繫轉楗焉，其道與天元赤道相合爲一綫，動静雖異，終古不離其極爲正子午。若春秋分與黄道交，則赤道之東西龍首龍尾也。

黄道極

黄道斜絡，出入赤道各二十三度有奇，其兩極在亥巳。十二分爲宫，曰玄枵、娵訾、降婁、大梁、實沈、鶉首、鶉火、鶉尾、壽星、大火、析木、星紀。曆家從便命之，曰子、亥、戌、酉、申、未、午、巳、辰、卯、寅、丑。二十四分爲節氣，曰冬至、小寒、大寒、立春、雨水、驚蟄、春分、清明、穀雨、立夏、小滿、芒種、夏至、小暑、大暑、立秋、處暑、白露、秋分、寒露、霜降、立冬、小雪、大雪。每一節分爲三候，節氣中以二至二分爲主。黄道左右各八度，爲月五星出入之道。諸曜出入于黄道度多寡不同，最遠者八度。又總名爲黄道帶。日、月、經緯星俱從黄道極轉，宗動天常平行，終古無遲疾，赤道繫焉，故其行亦終古無遲疾。

黄赤道距度

黄赤道相距之度，除却地之半徑差及清蒙差，定爲二十三度五十二分三十秒。

三動

凡動而有法者三，一自上而下，如土石等重物，以地心爲界。二自下而上，如氣火等輕物，以月天爲界。爲界者，至此而止也。此二動自行必成直綫，名爲直動。三循環行一周至元界，如天行一周成全圈，名爲周動也。三者而外，皆名

無法之動。

天體至純

天爲純體者，以寰宇内落于形氣之屬，皆不能離水火土氣四行以爲性。含性而動，多爲雜動。惟純動者，一爲直，一爲周。周者環中而運，其運無端。直者一向中而上，一向中而垂。天以周動，則知其于四行之外别有純體，不可意識思議。《詩》曰：惟天之命，於穆不已。文王之德之純，純則不已。天之周動，《詩》之不已也。

天體難定輕重

凡寰宇内有形之體，能向正中下降者謂之重，能由正中上升者謂之輕，自安諸能降體之下者謂之至重，自安諸能升體之上者謂之至輕。或一物之體，自性而然。或兩物之體，相權而然。如四行中，至輕者火也，至重者地也。如氣之視水，水之視土爲輕也；水之視氣，氣之視火爲重也。一落輕重，便有升降。天體固不繇中而升，亦不向中而降，則可知其不輕不重。

天體不壞

凡體質落四行，如水火相尅則受壞。天爲純體，不見生尅，則可不壞。或曰：静者堅固之象，動者研磨之象。天既如是動矣，能不虞壞？曰：凡是悖性者，即有悖動，即有壞徵。天之周動，既不屬悖，自是堅固。或又曰：天體鬆耶？密耶？曰：天非輕非重，非柔非剛。曰鬆曰密，此乃世間論四行之氣質，天不可以此論矣。或又曰：健行天從東而西，七政天從西而東，其動疑悖。曰：健行天與七政天不同軸，亦不同極，上下所向，各安其位，故可並行不悖。健行天即宗動天也。

天體難定色相

天色不可思議，其碧落而蒼蒼者，遠望之極也。莊子曰：天之蒼蒼，其正色耶？其遠而無所至極耶？其視下也亦若是。則已矣。蓋凡落于五色者，必落金、木、水、火、土五行之體。天另有純體，豈復與五行争色？《中庸》曰高明曰不見而章，佛曰化光大，都是一晶融之宇。

天體不容空隙

大圓之下，重地居中。四行包裹，層層精密。如水包土，氣包水，火包氣，月天包火，以至金、水、日、火、木、土諸天，以及于宗動天、静天，皆是清虚，皆是凝結至純至健，不可思議。即如地上氣界似屬空虚，而真氣填滿，即罌瓶之孔不虚也。試以瓦罌盛水，必置二孔，塞其一孔，不便不出，氣閉其外耳。

經緯定六曜

日躔終古行黄道，其經其緯易定耳。若月五星，各有道，各有極，各有交，各有轉，紛糅不齊，非定恒星之經緯，則六曜之經緯無從可論。六曜如乘傳，恒星其地右也；六曜如行棊，恒星其楸局也。恒星之動最微，二萬五千餘年而東行一周。填星二十八年東行一周，木星十二年一周，火星二年有奇一周，日一年一周，月二十七日一周，皆東行。宗動天西行，一日一周，諸曜所隨動者也。

清・揭暄《璇璣遺述》卷一　象緯億證

古之言天者衆矣。蓋以天與日月五星各有獨動之輪，高下、遲疾、伏逆不同，種種之議生焉。朱子則謂，天左旋，政亦左旋。天行疾，一日一週。政行遲，一日一週每有不及。明太祖則謂，天左旋，諸政右轉，循天而東，積久乃得一週。兩者皆言諸政附於天而不著于天，如螘之緣於礲，但有順逆之分耳。泰西則分天爲九重，諸政各居其一，所以左旋者，宗動天牽掣諸政之天而左耳。而諸政在天自皆右轉，各有本行，各爲遲疾。是言諸政之體各著一天，政不自行，其天帶之以行，如木節在版。至所動不定，不得已更生小輪及三動之説，而遲留伏逆不可問矣。是其説愈精，其理愈晦，其算愈確，其故愈支。以愚論之，止有一天，更無二天；止有一動，更無二動；止有左旋，更無右旋。日月星附于天，止有高下，氣位從内流轉，無九輪之隔别也。何以言之？天之體一而厚，雖其初賦時止屬微氲，然元氣之生機最神，故積久而體厚矣。地之初亦始于微塵，《莊子》所謂造物之以息相吹也。即以其體論，自地心至月，相距四十八萬二千五百二里餘。自月至宗動，相距六萬四千六百八十五萬六千一百六十八里。共計之，其厚已得六萬四千七百三十三萬八千六百九十里餘，況宗動之上尚有餘位乎？凡遠近大小，俱依西氏數算。

日月諸星之在天，如山之列於地，各有遠近。地體本(國)〔圜〕。從南之下至北之高，以衡山爲較。衡山，近南者也，遠而有嵩山，再遠而有華、恒、泰，相距各以千百計。諸政之相高下於天圜體中亦然，但山在地圜面之上，諸政在天圜殼之中耳。又諸政高下，如月含潮母，與地水緊攝，故居最卑。至日及五星、列宿，相次而高，則因其體有輕重、大小、激滾之不同，非有異天也。以距地心較月與宗動，見前。日距地一千六百五萬五千六百九十餘里。金、水附日環轉，論距日不論距地，見下。火星距地二千七百四十一萬二千一百里餘，木星距一萬二千六百七十六萬九千五百八十四里餘，土星距二萬五百七十七萬五百六十四里餘，經星距三萬二千二百七十六萬九千八

百四十五里餘。其體愈輕，則其位愈高耳。至於行，則諸政皆麗天而轉，何以故？天以氣生，還以氣行。氣從外呼而體繇以舉，氣從内貫而體繇以轉。亦猶人之呼吸，從鼻者則有出入，從臍輪者止有轉旋而已。天一呼吸而一週，是天一日一呼吸也。亦猶人一呼吸而氣脉一升一降，此内氣也。地一日有二呼吸，于潮汐見之。人則一日有二萬五千二百息已矣。天一日一呼吸而一週，故諸政麗天轉者，從東達西亦一日一週。然各自爲行者何？蓋天之體厚而凝，而中通有道。惟其凝故，諸政列有高下，而載之以轉。惟有道故，諸政各循其道而往來不息。天有道猶地有川，諸政行於道猶舟行於川。川有遠近，政之上下也。川有定趨，政之不能越也。又何有焉？政之道在天如人身有脉絡，人身本一而脉分十二，人一呼吸脉行六寸。此論血脉之脉，若氣脉則一呼吸俱貫徹矣。此自上下周流，旋轉無停息言也。然必絡於天中者何？天本圓體，圓則以中爲廣。諸政亦圓體，圓必以中爲滚。況天體輪轉，諸政爲其所掣，捨中更無所之也。日黄道，月九道，五星之道皆居其中。然必斜絡者何？亦猶山有凹凸，川有曲折，道之出入，黄道出入於赤道南北二十三度半，諸政又出入黄道南北。月五度，水四度，金七度，火内四度外六度，木一度，土二度，皆有奇零。至金、水則又斜倚日行而已。雖其氣機使然，然其自南而北、自北而南，密密轉移，時遷物變，造化之亭毒正於此以神其用。而謂各有一天，天心不同，豈其然哉？故聖人效之於春生秋殺，兩端未嘗偏廢，要不離於中道也。其行道又有然矣。獨是諸政在天，有似倒滚，大多不得其説，遂謂勢與天違，而不知其正與天相順也。説之如何？有槽進丸退之説焉。日月諸星，其體皆如圓珠，西儒或稱球、或稱輪圜故也。納於天之脉中。珠皆活動，則必各行其道，而天盤旋急，勢必倒退，於理然也。宗動周天四十萬零六千八百九十八萬六千零五十一里，日道周天一萬零九十二萬一千四百八十里，月道周天三百零三萬二千九百九十五里。人一日二萬五千二百息，天一日一周。計人一息月于道中應行一百二十里餘，日于道中應行四千零四里餘，宗動應行一十六萬一千四百六十七里零。按：群徵云，太陽從宗動西行四刻，約應地四百五十二萬里，列宿天近赤道之恒星則行九千三百六十萬里矣。物行之速，莫如銃彈。銃彈之行經十五分刻之一分得九里，如欲遶地一周，非七日不可。是太陽四刻之行，乃銃彈三百四十八日之行也。而列宿較太陽疾二十倍，宗動則疾四十倍，其動迅急如此，《易》所謂天行健，朱子所謂勁風旋轉，故地得以兀然浮空而不墜是也。試以平版作一盤，刳爲溝槽六道驗之。月、火、木、土各一道，金、水各日共一道，只須六道。其槽皆環規深滑，層層相裹。自内至外，各置一圓珠。以銅鉛爲之，使小而滑。豆黍亦可，但須善轉。共置一方，如日月合璧、五星貫珠。式版之中心竪一圓幹，以手挼之，使盤左旋，而盤行勢急，珠必倒退。

蓋珠之下附實麗於盤者，爲盤所洩，帶動而西，其珠之上虚者則必倒轉一步，以從西行之勢。盤轉一周，珠倒幾何，積久自周。于内外大小間，又可以徵遲速不等之别。猶夫舟之觸岸，人必反靡，馬之驟鞭，身必少卻也。夫珠之在槽，豈若鉗錮大丁之定鉗入也。於物哉？其盤旋動，槽中之物不能凝立，圓者必轉，又以迴水觀之，水勢流下，旁置一物，則反逆上。又以逆風觀之，風勢吹西，斜張其帆，舟反逆東。其勢然也。直者必仆，試使人立于平版上，前一人從下忽掣之，有不倒後乎？小者輕者不亟移則飛躍。如揚米者，以手擣箕，米必縮後；以手掣箕，米必奔前。不必圓物，急則反徙。至如粃麩之屬，則竟跳矣。定理如此，特不察耳。故倒退者，正以順天之行也。周天倒退更有遲速者何？政之居有高下，則度有廣狹。居内者其度狹，居外者其度闊。狹易周而闊者難。如月道最下，一度徑八千三百零九里。日道一度二十七萬六千四百九十七里。金、水附日，其度另算，見下。火道一度四十七萬一十六里。土道一度三百五十四萬三千六百零二里。列星一度五百五十五萬八千四百六十三里。愈高則其度愈廣。依倒退月輪二十七日三十一刻一周，月輪三百六十五日二十一刻一周，金、水附日周，火星一年三百二十一日九十三刻一周，土星二十九年一百五十五日二十五刻一周。木道一度二百一十八萬三千一百十六里，木星一十一年三百一十三日七十刻一周。列星二萬五千年一周。星愈廣而則愈難，周即歲差，詳在下矣。亦猶人身十有二脉，各有内外。踵息之周，自頂至踵。任督之周，自會陰至百會。胎息之周，臍輪升降。宗動之周，正臍輪不動之氣，特爲外之呼吸所致，故旋轉不□。遶榮與遶衛，遶臍與遶踵，其遲速固不同也。尤有説者，諸政遲速既因於度之闊狹，則其行可以度里許，亦有不合者何？諸政之體，各有大小，故其遲速亦異。即以日月爲較，日月在本道，其體俱得半度。然日道之度大於月道之度三十三倍二千三百里，因知其體亦大於月三十三倍餘。日體大，其倒退所占者多；月體小，其倒退所占者小。日占多而一度者，一度乃二十七萬六千四百九十七里，闊也。月占小而十三度者，十三度僅一十一萬一千八十三里半也。以里均之，月行十三度止當日行五分度之二。是日體大，倒退多於月幾一倍有半。西學云：日月在本天，每半度爲一全徑。以半度推之，月徑四千一百五十四里半，日徑一十三萬八千二百四十八里半。又云：地大于月三十八倍又三之一，則月徑七百四十七里餘，不及半度矣。日大于月六千五百三十八倍又五之一，則日徑四百八十八萬四千零三十五里餘，在本天應據一十七度一十一萬八千零三百六里矣。天覆于地平上者，半環止一百八十度。令一日體占十七度餘，則横纍十一日，亘天黄道自東達西，半匝俱滿矣。試舉目望之，儀測之，其十一日可滿乎？抑止半度乎？又以冷燠言之，日較地大一百六十五倍又八之三，雖係立圓，是地在日中僅一點耳。即有南北千里數千里之殊，不同亦止共

處一點。而南無雪北無雷，寒暑氣候迥然，則是太陽之氣不能徧蒸于群地。而曰太陽之體遠過于地，又安足信乎？但大於月，則有之矣。大者速而小者遲，此物此理也。火星大地半倍，木星大地九十四倍半，土星大地九十倍又八之一，金星小地三十六倍二十七之一，辰星小地二萬一千九百五十一倍。大者進退皆速，小者進退皆遲，如人大者步長，人小者步短，須審其微而推之。其遲速又有然矣，而於常行之中更有遲留伏逆者何？七政之行雖屬於天，而月與五星又繫於日。日者君象，諸星或先之而導，或後之而從，無不可者。惟至對衝則必速進，算家所謂逆，寔則西進倍速也。相近則必合伏。速推者不敢遲君之旨，合伏者不敢敵君之體。火氣相加，陽光相攝，此雖係於氣機，而見之色變，當之疾馳，實理亦從是附焉，不可不講也，此不定中之一定也。惟至兩界，則有遲留。遲留者，由於將逆而順，將順而逆，展轉上下，其勢不同於平行，上升下降，平視不同。亦理之所不得不然者。木、火、土固如是矣，金、水則不然。金、水二星，或居日前，或居日後，或在日天之上，或在日天之下。遠西分爲三天，其說不一，惟言與日共一輪爲是。熊文直先生《函宇通》亦云然。金水與日相副而行，其體雖異，其氣則相攝。如鍼之指南，氣之隨鼻，珀之拾芥，潮之從月。在日爲近侍象，故其所行輪抱日輪外。即以車輪言之，日如輪之軸，居中旋轉，金水如輪之輻，周圍循行，遶軸旋轉。故日之轉也，金水或旋而前，或旋而後，一前一卻，亦勢所至也。自人目視之，祇見其或順或逆，而不知其遶日環轉也。特順則趨於日之上，逆則退於日之下，遲留則行於日之側。二星並有晦伏弦望，即此故也。但水星小而近，不似金星易見耳。人祇見其爲遲爲留，而不知其自上下下、自下上上也。在上爲進疾，在下爲退，尤疾其中有不行而行、非退而退之象。在下除已退分數外，日又帶退一度，寔則無所謂遲留與逆。在金水第遶日平行而已。遠日則見，近日則伏，特其常耳。《史記》日中有黑點以爲災異，不知寔乃二星適過其下。又，日中別有黑子。詳後。雖然，二星均爲遶日，其周則有不同者何？此言遶日之周，故有不同。若遶天之周，則金水與日等耳。水附日近，其度少，其行速。以日度較之，距日二十三度零二十四分，環日僅一百四十三度零九分，一百一十九日九時四刻三分遶日一周。金離日遠，其度多，其行遲。距日四十七度，環日二百八十七度半，五百七十八日八時三刻八分遶日一周。故金之遶日一周，水已遶日五周矣。然二星並是活珠，雖爲日輪帶動東行，而周旋之間未免亦有倒退，如日月諸星之行天者。天西，故諸政倒退于東。日東，則金水當倒退于西。上下周旋，以人目平衡較之，未免有兩倒，其寔則一也。是日月諸星倒退所以順天，諸星之遲留伏逆又所以順日。惟月與日敵體，西國稱爲小日，有妻象然也。又離地近而氣緩，雖有逆行而不顯著。至於對衝，其光更加滿，豈偶也哉？天圜體，政亦圜體；天能轉，政獨不自轉乎？以前言天帶動諸政，此言諸政自轉。日之轉不可見，即以金水徵之。金水抱日輪外天轉，故日轉。日轉，故金水轉。金水轉益可推日之轉也。凡物屬氣者必動，體圜者善轉，於火尤甚。太陽之氣，屬火而體圜，性利摩盪，雖爲天所帶動，寔則自轉不已，迅疾勁勵。近之者爲其所掣，勢迫而急，愈近則愈急。譬之洩水，旋轉入渦，遠緩近急。而于近渦處，其急更有莫可名言者。海水歸墟亦然。又物之合爲一體者，其轉維均。如車輪然，軸轉一周，輻亦一周。如北極然，天轉一周，樞亦一周。無內外大小之別。異體而轉者，則內速外緩，近速遠緩。金水與日氣雖相攝，體則活動，故金轉一周，水已轉五周。是水速於金五倍矣。依其所少之度，水半於金。所減之日，五分之一。每折半進推之，則日自轉之速也，有千百其倍而不止者。水折金度之半其所周日，即減金行五分之四而得一轉，以此推算每折度之半，即減日五之四，折半又折半，從水六折有半。而至日體之半度則當十五分刻之二分三秒三微，而得日一轉一刻七轉半一時六十轉有奇。一日七百二十五轉，日體徑半度，一轉爲度半，較以日道里數，每日自轉一千零八十七度半，得三萬零八十二萬八千九百六十一里，速于日道三倍弱，速于水行輪九百一十二倍，速于金行輪二千二百倍。此特舉其大概耳。至觀光影之在地，雖係漸移，及細察之，以震摇跳盪而進，則其速又豈里度所得計哉？日中有黑子，亦可以徵日之轉。或一或二，以至于三四而止，大小不等。其大者能減大陽之光，東西徑行于日面，行十四日而盡。既盡而復出，此星者是，即離中之陰太陽之脂膏。有內侍象，與金水偕抱日環轉，特金水遠日則現，此近日，惟過于日下乃見爲黑子耳。其寔皆星也，皆六折有半內之星也。苟可覘測篇，其距日遠近與前後周行之日數，用折半遞減法推之，則此星之情狀得，太陽之情狀益知矣。月之轉不可見，特以其體徵之。其體外剛而內柔，具有黑像二種：其一所見畧有常形，乃內含水母，如汞善走而不濡。所謂柔也。黑白相間，恒與地水相吸，終古不移，故外體轉而內象如故。其一小者日日不同，蓋其點實附殼面，如玉之有瑕，所謂剛也。故外體轉而其象屢變。是黑之轉一週即月之轉一週，黑之轉刻刻不同，即月之轉刻刻不已者。木有四小星，周圍環行，遠近不等，行甚疾。土兩旁有小星各一，或離或合。當亦如木小星之環行，但土高，且三十年一周天，故止見爲離合耳。火星無所識記，要之，皆轉行者。經星雖以經緯度分，寔則潛有移動，如觜侵入參，天樞踰於北極者是。觜宿距參，漢洛下閎測得二度。唐僧一行，宋皇祐、元豐間皆一度，崇寧半度。元郭守敬測得五分。崇禎戊辰測之，不惟無分，且侵入參二十四分。北極天樞一星，古測離極二度，後行過北極，今踰三度有奇，是經星之移動不一者。若細推之，則無日無刻不有差變。特其

位甚高，度極廣，所居又值天厚凝中，二萬五千年一周，其移甚密，人不之覺耳。經星道周天二十萬零二千八百八十三萬九千零二十五里，二萬五千年一周，每年退八萬一千一百五十三里半，每日退二百二十二里零，每時退一十八里半，每刻退二里餘，則無時不行，無時不退，無時不轉也。而歲差之説，因是而起。差法往古之説毋論，在西曆有言七千歲一周，有言一萬五千四百歲一周，有言四萬九千歲一周。近乃約以二萬五千年爲數。然或云六十六年差一度，或增八閲月差一度。依堯時冬至在虛六度，萬曆四十年在箕三度十九分十九秒八十微，四千年共差五十七度，則當六十八年有十月差一度。是于二萬五千亦有出入，蓋因經星潛移，故其退有增減，行有遲速，妄名歲差耳。由此言之，不惟天體圜，日月諸星皆圜；不惟天自轉，日月諸星皆轉；不惟七政東，經星皆東；因西得東。不惟七政順，經星皆順；以逆成順。不惟一日一周爲順天，即數年數千萬年而後周者亦皆順天；不惟循道而東、歷久不變爲順之極，即遲、留、伏、逆、相侵、相踰、時有、時無者甘石諸書列有名之星凡千四百六十一。西曆增補新生，删除缺遺，共得一千七百二十有五矣。亦皆順極也。天也，莫之能違也。數也，氣也，莫之能違也。人之測之又豈能違哉？或曰：浮沉之説，可得言乎？曰：難言也。人之一身純屬氣，天地亦純氣。脉有大小、遲速，川有盈竭、消長，道有虛實、梗通。此皆風、雨、露、雷隨時變遷，罔有一定者也。故氣下日卑，地影短而月食淺；氣上日高，地影長而月食深。月亦自有浮沉，不獨衝輪也。此易知也。氣上日高進度速，而爲刻減日短；氣下日卑進度遲，而爲刻多日長。長短差至二刻，此就日行黄道有浮沉而言，要不離乎本位。人生泛泛之中，又烏足以定之？日一爲多，月遲爲少。若也，亦皆有數可推，無物足徵。説至此，可勝浩歎。或曰：天本輕清，能有實體可指乎？曰：有之矣，均氣也。有凝形之氣，有虛游之氣。虛游之氣雖虛而寔，故天體之中真氣填滿，不容空隙。《函宇通》云：如以罌瓶汲水，雖有二孔，閉其一孔，水不入。虞昺《穹天論》：覆甌抑水終不没，舉氣塞其中也。吸筩亦然。凝形之氣雖柔而勁，使非脬能包氣，豆何以居中而不動乎？西學有脬豆之喻，浮山大師陽符云：吹脬置豆，豆自居中，故能知天地之位。以腸吹豆，豆必直上，故能知形以氣舉。冬至以灰入脬，令童男女吹之，則氣帶灰旋轉不已，久之，凝中成塊。此初分天地之寔徵也。余見戲術，以甘遂、甘草爲二丸納脬，一上則一下，此往而彼來，相交相距，亦可以知日月之離合。然非有凝形之氣堅持，則此虛游者寧不涣散？又何以結地而載日月乎？天地與人雖分三才，實爲一體，地乃天之中臟，人乃天之心神。寧獨日月諸星在天，氣脉貫洽，互爲根株，即人之於天，天之於地，有不呼吸通而時時泰交哉？誠以是推之準之，崇效卑法，順天道自然，合諸家同異，凡不得解而自解，庶其豁然耳。然非一筆所能盡，姑表其概，以俟明者博論云。

又 天以中生

或問：天地大矣，無邊無際，而曰中生，以何者爲中，何者爲生乎？曰：由太虛之中而生。太虛之中原無一物，自不能不物，而元氣生焉。元氣摩盪，蒸爲白露重朗，陰滋陽長，吹息不已，遂豁然内空，有若浮漚，日月星辰從兹麗矣，故天原起於微氳於虛空之中。此天體内之空虛也。陽氣薰爍，陰氣藴結，燥爲野馬塵埃，日飛露聚，遂環然内貫，有若彈丸，大地山河從兹始矣，故地原起于微塵。何以知其爲中也？氣非中不聚，形非中不結，猶人有胞胎，必凝於腹而後能生。於此而知天地萬物，無不受中氣以生也。

天以虛舉

問：天地生太虛之中，地有天以舉之，天又何自而舉乎？曰：即太虛舉之。凡物有本然，有自然，有所以然。天生乎太虛，即安於太虛地；生於天内，即安於天内。鳥飛於空，空是家鄉。魚遊於水，水是性命。火山之鼠，雪天之蛆，禽獸之横，草木之倒，無不安其本所。物之生生，有固然者。砒能殺虫而生虫，腹可麋軀而藏軀。雲以浮爲形，風以飄爲事，皆爲本然自然，即爲所以然。況地屬形，形者，氣能載之，天屬氣，氣反不能自載乎？太虛之中，惟中爲下，四外皆上，天生太虛之中，而謂更須物載乎？

天體中堅

問：言天者類謂天虛地實，又謂天無形質，但如勁風之旋，天安得堅？曰：天包列曜於内，使非堅以維之，則列曜飛越，何以運行而不易？地厚三萬里，周九萬里，可謂重矣，使非堅以貞之，則地宜隕墜，何以舉之若輕塵？如氣之舉豆，假非脬之能包則氣散矣，安能居中而不動乎？況有色像，質如玻璃，蒼而像圓。有輪郭，有樞腰，有日月五星爲躔逵，黄赤經緯爲度道，二十八宿爲次舍。南北出入、東西升沉皆可測可算，千古不易，夫豈漫無形質者？然不堅於卑近，而獨見於高遠，亦自有故。凡氣聚於中則健，如風之逐物，正吹必動於隅側；川之行舟，中流必疾於兩畔。外剛内柔，特就内體一面而言耳。若上極下際，則剛者正在中停。剛則健，健則疾，疾故堅也。《格致草》云：地非渾寔，中多壘空，如芝蕈，如蜂房，如腹皮，能吸張。吴石渠先生《易象化機》云：地如餅，外結而中空。《地震解》云：地多空隙，故多震。凡地有六，寬敞爲巖，遠逗爲邃，深入爲耳。有響，響之清

亮鏗鏘，厲嘶嘔啞，㕦吼鳴吟，皆因地竅之曲直、淺深、大小而作。順天大房山石窟深不可測，有人浮舟秉燭遊之，隱隱聞作樂聲，遂心愳怯而返。伏流歸墟，火峒風峒，以西把厄河伏流地中百餘里。台州寧海有尾閭天霔。意大里亞屬地多火峒，各療一疾。格落蘭得地多火宅，宛轉作溝，烹不須薪。吉安龍泉西龍山頂有風穴，霜夜怒號異常。荆州長揚方山風穴，夏出冬入，亘古如斯，二分則静。泥窖柔坑，掘地深入，悉是濡泥。又深坑鑿石，孛露脂石。皆地之空隙所爲，則地又有虚也。然見於近者，在天無如星隕爲石，在地無如城化爲湖，更爲可徵也。南康落星湖，瑞州瑞星池，小山小石，皆星隕所化。合肥巢湖，海鹽雪湖，大名濬縣浮邱山西之湖，皆係故城所陷。地有忽裂，巨石吞陷村邑，其口隨合者。孛露常有突山、移山、郡邑墊溺無遺之事。我故曰，天爲凝氣，凝氣有實；地爲凝形，凝形有虚。謂天體層各堅寔者非，謂天不寔而浮者亦非。蓋有剛有柔，堅者惟在中庭耳。任上昇曰非堅硬之堅，惟氣疾，故堅。

互質：歷外古今，天數層層，各堅實相包而不相通。近有遠鏡，見火日金水相割相遇，交互上下，左右不定，木傍四星亦然，乃知天不實而浮其實。六曜皆有小輪，鈎巳作順逆之字。圓形久已在人心目，特不悟耳。

天氣内實

問：天之堅者，必在日月星辰所麗之位。外虚，故任此天旋轉；内虚，故人物往來無碍。何以又云内實？曰：天内虚，非虚也。虚者，氣充塞之。如瓶閉一孔，水不能入，如物壓球，球必不合，氣塞中也。氣即天也。荀子云：天地比注。天無實形，地上空虚皆天。不知空虚皆氣，則皆實也。朱子云地之四畔皆天，減一尺地便多一尺氣。多一尺氣不多一尺天乎？况地爲天心，亦氣所結，則地亦天也。其外雖實，其内則虚。虚者，亦氣塞之，則地内亦天也。天内有氣，故時結爲彗孛，諸星映爲暈蜺諸象。地内有氣，故呼爲潮汐，吐爲泉源，騰爲雲霧，鬱爲震撼。地與天皆氣所結，虚與實皆氣所充，上下聯屬，莫有間斷，渾然一物矣。然氣有兩種，有凝成之氣，有未凝之氣。凝成之氣，上而日月星辰，下而水土金石是也。未凝成之氣，逼塞空虚，無有空隙，不可見者是也。究之一氣貫徹，人在氣中，如魚游水中。天若冰壺而轉，地若匏瓠而空。

互質：西儒云，氣不可見者亦實有體。自地至天，悉無他物，其體至大。包舉全地，不徒不倚，其體至剛。充塞空際而潛隱，通利萬彙而無碍。微乎其微，順物成性，止以是矣。空中嘗雨石、雨銅鐵，以五金鎔之則返而爲液，可知凝形之氣即未凝形之氣所成。《性學通》論天地之間絶不得微有空隙，設有微空，切近諸物急相攢聚，填滿而後已，此寰宇公性也。

天惟一體

問：月處下，日居月上，火木土恒星以次而遠。或分天爲三、爲九、爲十一天，洵有幾重乎？曰：天，一而已，其體則厚。蓋天原以一氣生，天生地、生萬物，惟是渾淪磅礴，廣厚無際。日月星辰麗於中，如山之宿石，或在其巔，或在其半，或在其麓。又如人身之口、目、臍、腎，雖有高下，實共一體。夫以地之小，地在天内，無分數可較。尚數千里，而華又數千里，而恒而岱，况天乎？凡體圓者廣與厚等，氣合者小與大無間。天立圓而以氣合者也，雖欲分之，安所得而分之？

天止一動

問：天惟一氣，其體既不二矣，而諸政在天爲各種動，得非天有數動歟？曰：天惟一氣，亦止一動。然其氣外剛而内柔，剛者健行，柔者受掣，其位漸遠，其氣漸涣，其力漸薄，其行亦漸微。追隨不及，以次而殺。其實氣隨氣轉，所鼓惟一，所向皆同也。而諸政之受掣於内者，依高下之位，遲速順逆分焉。如輪水於盆，著浮物數片，從弦輪之則外急内緩，上順下逆。凡掣輪、攝輪、衝輪，上中下三行次輪，又次輪，加减損益分，再行加减損益分，諸説解見下動法。無不由此一運見之。雖無沖輪、攝輪，然即此一掣，各輪順逆遲留俱可悟矣。水豈有二，輪之又豈有二哉？萬種之動皆由一動，萬物之生皆由一氣。即卵長胎生，勾萌甲拆，雲升雨降，山峙川流，何莫非此？一動一氣，爲之橐籥。我故曰，天惟一氣，亦止一動。

天轉最疾

問：天體自内至外，其圍愈大，其度愈闊。然一日畢周，其行之迅速，可得聞與？曰：天行莫可擬議，但就天圍之遠近與星政之高下，以人息相較，則其疾速亦有可得而計者。人一日二萬五千二百息，天一日一周，即使天麗地而轉，地球九萬里，一息必行三里半，况愈遠愈高者乎？凡行，皆係全體滚轉，所謂齊動也。依新曆，星政所距地心遠近徑七周二十二率。及割圓術算以考周天圍徑，周天見後《圍徑考》割圜術較二十二率稍有加。則人之一息在月麗天位應行一百二十里，日位應行四千有四里餘，後《圍徑考》歷引所推日月距地數，有一息月應行一百八十里餘，日應行四千二百里，爲更多矣。火位應行六千八百三十七里餘，木位應行三萬一千六百二十里餘，土位應行五萬一千三百二十五里餘，列星位應行八萬有五百又九里餘，無星位應行一億六萬一千四百六十七里餘。既爲無星，則其高與行里數又何從而考？亦就有星處下貫至地如是之遠，則上貫無星亦復如是可知。此就天位遠近言

也。《主制羣徵》云：太陽西行四刻，約應地四兆五億二萬里，列宿天近赤道之恒星則行九京三兆立億萬里矣。物行之速，莫如銃彈之行，十五分刻之一分約得九里。二息約行一里。如欲遶地一周，非七日不可。是太陽四刻之行，乃銃彈三百四十八里之行也。而列宿天位疾於太陽二十倍，無星位又疾於太陽四十倍。此就星曜高下言也。其説雖未必盡合，然從是推之，其速亦可知矣。人之一息天行多寡，舉從赤道中廣算，若偏向兩極，則天位漸小漸減，有一息不及一里一尺者。兩極若輪轂，外廣中狹，至輻輳處間不容髮，見天地經緯條。又從赤道中廣一日畢周算，若七政不及則每息亦有減。月不及十三度，每息約少四里。日不及一度，每息約少十里，大約少九里。木約少七里，土約少五里。然物行於氣，較氣行更疾。以七政天位較七政之行，更有減數，此外别有筭法。從月而下，天氣再遲再減，有一息不行一里一尺者。其速莫可擬議，其遲亦莫可擬議。彼以鼂飛喻日，其説豈有當哉？《測見篇》云：日月一日夜行二萬六千里，與鼂飛類。測天約謂，天之運動一刻分中幾萬里，一切馬矢、銃礮、霹靂，皆非所及。《測見篇》：日初現時，乘駿馬疾馳四里，而日已全露在地。馬馳四里，在日已億萬里矣。不論天位闊狹，俱從三百六十度一日畢周筭，則六十九息行一度，爲二億七萬餘里。依《靈樞》，人之息數倍減，則各天位所行里數又倍增矣。其速爲如何？上近静天，下抵大地，其遲又何如哉？十云：宗動日一周之極，以地徑求之，四萬九千七百三十四倍淂一周。以十二時歸之，則一時行二萬五千二百里，然俱當以中夏律減算之。

方以智曰，更有一速於此者，何物也？曰：《易》不云乎？惟神也，不疾而速，不行而至。《莊子》風憐目，目憐心，稱善畫矣，何如乃者逐日出天之一筆耶？

又曰：《靈樞經》云，人一日之息萬三千五百息。黃文成公嘗疑與《易》策不合。先父推得之，三其《洛書》而百之也，六十四日與《易》策齊矣。今策爲二萬五千二百息，果後人之息惼乎？

萬南泉曰：人共呼吸爲一息，然呼爲陽息，吸爲陰息，以陰陽全息言，日得萬三千五百二十息。若晰言之，得二萬七千四十息。其實一也。余嘗以息準年，則《靈樞》説爲不易矣。今曰二萬五千二百息，視全息差九百二十，豈古今推驗之異乎？抑誤乎？方氏疑爲息惼者，非也。

清・揭暄《璇璣遺述》卷二　天堅地虛

隕星成石，惟天堅，故能綴之不墜，而包日月於內。海水歸墟，惟地虛，故能受之不溢，而發川源於山。大抵天如餅，地餅中餅也，舉外郛堅耳，故氣貫於中而能懸處焉。

天起地成

太陰本位也，太陰動而生陽，静則復陰。其初動也，爲一塵之游氣往來，至積久而氣厚矣，故天原起於微拂，言天起也。陽氣蒸貫，噴薄薰爍。凝氣燥爲野馬塵埃，日飛露聚，旋倨居中，大地山河從兹始矣。故地又起於彈丸。言地成也。

天行地居

氣好升，迫於内則循地而轉。氣隨地轉，天隨氣轉。有日月故不南北，有地水故不縱横，有堅脆故不停息。言天行也。天在太虛如一塵之舉，地在天中如一塵之停。以地嵌天，僅三百分度之一，一日週三百六十度。以宿天算之，以人息數之，一息之間其行也以萬計。呼吸之行萬，其氣迅而激，其勢漂而勁，渢渢疾險而莫可攖。故一塵地屹然居中而不動，以其行故不倚，以其周身行故不徙，以其力而常故終古存。言地居也。

天體地形

無空不氣，無氣不空。氣者，天也。故地以外即天，人飲天氣，恒游天中。自地至月、自月至二十八宿、自二十八宿至空洞無有爲三停。自地至月內一停爲虛氣，故能浮雲往來，鼓巽生息。自二十八宿至空洞無有爲外停，亦虛氣往來，蒸蒸外向，故能恒存，不倚不徙。中一停則堅凝渾厚，栖泊日月星辰，最下者居月，最上者居宿。當堅者留，當虛者行，堅中晝虛，故日月有所循。言天之體。日月旋繞，氣實者聚中，故圓而多稜。水成人，故氣生土。肉生骨，故土有石。膚生髮，故山有木氣也。從此生，從此滅，一山升，一山立，此轉脊也。其升也，其下也，形爲貫心，兩足相抵，以中爲下，以外爲上。二百五十里而移天一度。北行北極高，南行南極出。東升西沈，縱越寒暑，横越晝夜。言地之形。

天地懸處

天體渾圓，中心一丸，骨子是也。天以剛風，一日滚轉一週，以運包此地。地一圓形，虛浮適天之最中，非有倚也。所倚者，周圍上下惟氣耳。按西氏《主制羣徵》，用豬脬蹂薄，置小圓物於内，以虛實而轉之，圓物即懸處於中，屹然不動，不少偏倚。若方物納之，則薄于一隅。可知蛋白蛋黄之喻徒得其形耳，上古聖人存而不論，論而不議，後世則愈測愈精。

天地定盤

凡天地生物，雖微必應。如一滴水垂於空，亦必作圓形，以應天地上下東西

南北四旁。一微塵著於几，貼几者必屬下，向，空者必屬上。既有上下，必有四旁。既有四旁，定有四隅。有四隅則爲八卦，爲六十四，爲三百六亦從是可推矣。所云滴水全天，微塵大地。五尺之棰，日取其半，雖萬千年而有餘。三千大千，累而上之，雖百洛豢永，承而不足，內無內、外無外也。呼吸千古，千古只一呼吸，前無前，後無後也。有內外竟無內外，有前後不可言前後也。地生天內，原屬天之中體。其静也，非自静也，蓋因天之動旋轉逼束，不得不聚於中。所云輸水於盆，沙泥自積於中而不動也。其圓也，非自圓也，蓋因天之動抱地旋轉，如物之有規從外轉之，在內者安得不圓乎？天有形有體，使天不動，則無兩極可言；地不静，亦無兩極可言。惟其包地旋轉，如車之有輪，輪安得不軸而可轉乎？既有軸則亦有軌，既有軌則必成道。軌而成道，則必有極。但其極在兩頭盡處，二道横在中廣，非天自有二道也，乃七政之行，其體堅實，重滯兩傍，斜倚勢不可行，不得不麗中廣。以其堅，故軋而成槽。以其重，時南偏于左，北偏于右，遂成斜絡天腰。以堅且重，故遲而不及，遲之不已，遂碾成故道。但就日言，古南北偏二十四度，今減半度，抑在動物，古今雖出一轍，而軌迹久久亦或少有不同乎？抑古測量晷儀，不及今之精乎？在諸星之偏亦然，蓋其滚轉每有上下二弦，遂成激輪，小圈而成小偏。又有高低二孛，遂成二至，大圈而成大偏。此雖縱横二道，其實一道也。爰與天之旋轉，地之静定，南北兩極之直指相因而生，同爲定盤，此不定中之至定也。至定中有之小不定，亦有大不定，合而觀之，乃爲至定。此盤中之盤，萬理萬事，皆由之故也。

地圓

問：古云地方，今言其圓，何也？曰：天圓則地圓，天地圓，故無物不圓，前既已言其端矣。而地之圓則古無有知者，其説始於郭守敬而詳於西氏。守敬見北極出地之不同，曰地是圓形。西氏則謂大地圓球，徑三萬里，周九萬里，環轉皆國土，環轉足底相對行，處處是首頂天足履地，無或殊者。其徵有十五，一徵於日。日出有先後，如東方見食，西方尚未曉；西方見食，東方已黄昏矣，地圓弧揜故也。一徵於月。月食天下所見皆同，自東而西差七千五百里，則西方早一時，地弧揜下故也。一徵於星。五緯八月，月奄五星。東方先見，西方未見，西方後見，東方不見，足徵東西環轉矣。而北行北極高，南行南星出，北人所見，南方不見，南人所見，北方不見，非南北之圓乎？

清・楊光先《不得已・闢邪論上》　聖人之教平實無奇，一涉高奇即歸怪異。楊墨之所以爲異端者，以其持理之偏，而不軌於中正，故爲聖賢之所距。矧其人其學，不敢望楊墨之萬一，而怪僻妄誕，莫與比倫，群謀不軌，以死於法，乃妄自以爲冒覆宇宙之聖人，而欲以其道，教化於天下萬國，不有所以迸之，愚民易惑於邪，則遺禍將來，定非渺小。此主持世道者，他日之憂也。故不憚繁冗，據其説以闢之。

明萬曆中，西洋人利瑪竇與其徒湯若望、羅雅谷，奉其所謂天主教以來中夏。其所事之像，名曰耶穌，手執一圓象，問爲何物則曰天。問天何以持於耶穌之手，則曰天不能自成其爲天，如萬有之不能自成其爲萬有，必有造之者而後成。天主爲萬有之初有，其有無元，而爲萬有元。超形與聲，不落見聞，乃從實無，造成實有，不需材料、器具、時日。先造無量數天神無形之體，次及造人。其造人也，必先造天地品彙諸物，以爲覆載安養之需。故先造天造地造飛走鱗介種植等類，乃始造人。男女各一，男名亞當，女名厄襪，以爲人類之初祖。天爲有始，天主爲無始，有始生於無始，故稱天主焉。次造天堂，以福事天主者之靈魂；造地獄，以若不事天主者之靈魂。人有罪應入地獄者，哀悔於耶穌之前，並祈耶穌之母以轉達於天主，即赦其人之罪，靈魂亦得昇於天堂。惟諸佛爲魔鬼，在地獄中永不得出。問耶穌爲誰，曰即天主。問天主主宰天地萬物者也，何爲下生人世？曰天主憫亞當造罪，禍延世世胤裔，許躬自降生，救贖於五千年中，或遣天神下告，或託前知之口代傳。降生在世事蹟，預題其端，載之國史。降生期至，天神報童女瑪利亞胎孕天主，瑪利亞怡然允從，遂生子名曰耶穌。故瑪利亞爲天主之母，童身尚猶未壞。問耶穌生於何代何時？曰生於漢哀帝元壽二年庚申。噫！荒唐怪誕，亦至此哉？

夫天二氣之所結撰而成，非有所造而成者也。子曰：「天何言哉，四時行焉，百物生焉。」時行而物生，二氣之良能也。天設爲天主之所造，則天亦塊然無知之物矣，焉能生萬有哉？天主雖神，實二氣中之一氣，以二氣中之一氣，而謂能造生萬有之二氣，於理通乎？無始之名，竊吾儒無極而生太極之説。無極生太極，言理而不言事。苟以事言，則六合之外，聖人存而不論，論則涉於誕矣。夫子之不語怪力亂神，政爲此也。而所謂無始者，無其始也。有無始，則必有生無始者之無始；有生無始者之無始，則必又有生無無始者之無無始。遡而上之，曷有窮極？而無始亦不得名天主矣。誤以無始爲天主，則天主屬無而不得言有。真以耶穌爲天主，則天主亦人中之人，更不得名天主也。設天果有

天主，則覆載之內，四海萬國，無一而非天主之所宰制，必無獨主如德亞一國之理。獨主一國，豈得稱天主哉？既稱天主，則天上地下，四海萬國，物類甚多，皆待天主宰制。天主下生三十三年，誰代主宰其事？天地既無主宰，則天亦不運行，地亦不長養，人亦不生死，物亦不蕃茂，而萬類不幾息乎？天主欲救亞當，胡不下生於造天之初，乃生於漢之元壽庚申。元壽庚申距今上順治己亥，纔一千六百六十年爾，而開闢甲子至明天啟癸亥，以暨於今，合計一千九百三十七萬九千四百九十六年。此黄帝太乙所紀從來之曆元，匪無根據之説。太古洪荒，都不具論，而天皇氏有干支之名，伏羲紀元癸未，則伏羲以前，已有甲子明矣。孔子删《書》，斷自唐虞，而堯以甲辰紀元。堯甲辰距漢哀庚申，計二千三百五十七年。若耶穌即是天主，則漢哀以前，盡是無天之世界。第不知堯之欽若者何事，舜之察齊者何物也。若天主即是耶穌，孰抱持之而内於瑪利亞之腹中。《齊諧》之志怪，未有若此之無稽也。男女媾精，萬物化生，人道之常經也。有父有母，人子不失之辱；有母無父，人子反失之榮。四生中［惟］濕生無父母，胎卵化俱有父母。有母而無父，恐不可以爲訓於彼國，況可聞之天下萬國乎？世間惟禽獸知母而不知父，想彼教盡不知父乎？不然何奉無父之鬼，如此其尊也？尊無父之子爲聖人，實爲無夫之女，開一方便法門矣。瑪利亞既生耶穌，更不當言童身未壞。而孕胎何事，豈童女怡然之所允從？且童身不童身，誰實驗之？《禮》内言不出公庭，不言婦女。所以明耻也。母之童身，即禽獸不忍出諸口，而號爲聖人者，反忍出諸口，而其徒反忍嗚之天下萬國乎？耶穌之師弟，禽獸之不若矣。童身二字，本以飾無父之嫌，不知欲蓋而彌彰也。

天堂地獄，釋氏以神道設教，勸怵愚夫愚婦，非真有天堂地獄也。作善降之百祥，作不善降之百殃。百祥百殃，即現世之天堂地獄，而彼教則鑿然有天堂地獄，在於上下。奉之者昇之天堂，不奉之者墮之地獄。誠然則天主乃一邀人媚事之小人爾，奚堪主宰天地哉。使奉者皆善人，不奉者皆惡人，猶可言也。苟奉者皆惡人，不奉者皆善人，抑將顛倒善惡而不恤乎？釋氏之懺悔，即顏子不二過之學，未嘗言罪盡消也。而彼教則哀求耶穌之母子，即赦其罪，而昇之於天堂。是奸盜詐僞，皆可以爲天人。而天堂實一大逋逃藪矣。拾釋氏之唾餘，而謂佛墮地獄中，永不得出，無非滿腔忌嫉，以騰妬婦之口。如真爲世道計，則著至大至正之論，如吾夫子正心誠意之學，以修身齊家爲體，治國平天下爲用，不期人尊而人自尊之。奈何闢釋氏之非，而自樹妖邪之教也。其最不經者，未降生前，將降生事蹟豫載國史。夫史以傳信也，安有史而書天神下告未來之事者哉？從來妖人之惑衆，不有所藉託，不足以傾愚民之心，如社火狐鳴、魚腹天書、石人一眼之類。而曰史者，愚民不識真僞，咸曰信真天主也，非然何國史先載之耶？

觀蓋法氏之見耶穌頻行靈蹟，人心翕從，其忌益甚之語，則知耶穌之聚衆謀爲不軌矣。官忌而民告發，非反而何？耶穌知不能免，恐城中信從者多盡被拘執，傍晚出城，入山囿中跪禱。被執之後，衆加耶穌以僭王之耻，取王者絳色敝衣披之，織剛刺爲冕，以加其首，且重擊之。又納杖於耶穌之手，此之執權者焉，僞爲跪拜，以恣戲侮。審判官比辣多計釋之而不可得，姑聽衆撻以洩其恨。全體傷剥，卒釘死於十字架上。觀此則耶穌爲謀反之渠魁，事露正法明矣。而其徒邪心未革，故爲三日復生之説，以愚彼國之愚民。不謂中夏之人，竟不察其事之有無，理之邪正，而亦信之皈之，其愚抑更甚也。夫人心翕從，聚衆之蹟也；被人首告，機事之敗也；知難之至，無所逃罪也；恐衆被拘，多口之供也；傍晚出城，乘天之黑也；入山囿中，逃形之深也；跪禱於天，祈神之佑也；被以王者之衮冕，戲遂其平日之願也；僞爲跪拜，戲其今日得爲王也；衆撻洩恨，洩其惑人之恨也；釘死十字架上，正國法快人心也。其徒諱言謀反，而謀反之真臟實蹟，無一不自供招於《進呈書像説》中。十字架上之釘死，政現世之劍樹地獄。而云佛在地獄，何所據哉？且十字架何物也，以中夏之刑具考之，實凌遲重犯之木驢子爾。皈彼教者，令門上堂中，俱供十字架。是耶穌之弟子，無家不供數木驢子矣，其可乎？天主造人，當造盛德至善之人，以爲人類之初祖，猶恐後人之不善繼述，何造一驕傲爲惡之亞當，致子孫世世受禍。是造人之人，貽謀先不臧矣。天主下生救之，宜興禮樂行仁義，以登天下之人於春臺。其或庶幾，乃不識其大，而好行小惠。惟以瘳人之疾，生人之死，履海幻食，天堂地獄爲事。不但不能救其雲礽，而身且陷於大戮。造天之主如是哉，及事敗之後，不安義命，跪禱於天，而妖人之真形，不覺畢露。夫跪禱，禱於天也。天上之神，孰有尊於天主者哉。孰敢受其跪，孰敢受其禱，以天主而跪禱，則必非天主明矣。

按耶穌之釘死，實壬辰歲三月二十二日，而云天地人物俱證其爲天主。天則望日食既，下界大暗，地則萬國震動。夫天無二日，望日食既，下界大暗；則天下萬國宜無一國不共睹者。日有食之，春秋必書，況望日之食乎？考之漢史光武建武八年壬辰四月十五日，無日食之異，豈非天醜妖人之惡，使之自造一謊，以自證其謊乎？連篇累牘，辯駁其非，總弗若耶穌跪禱於天，則知耶穌之非

天主。痛快斬截，真爲照妖之神鏡也。一語允堪破的，而必俟數千言者。蓋其刊布之書，多竊中夏之語言文字，曲文其妖邪之説。無非彼教金多，不難招致中夏不得志之人，而代爲之創潤。使後之人，第見其粉飾之諸書，不見其原來之邪；本茹其華而不知其實，誤落彼雲霧之中，而陷身於不義。故不得不反復辨論，以直擣其中堅。世有觀耶穌教書之君子，先覽其《進呈書像》及《蒙引》《日課》三書，後雖有千經萬論，必不屑一寓目矣。邪教之妖書妖言，君子自能辨之，而世有不及知之無狀，真有不與同中國者，試舉以告夫天下之學人焉。今日之天主堂，即當年之首善書院也。若望乘魏璫之焰，奪而有之，毁大成至聖先師孔子之木主，踐於糞穢之内，言之能不令人眦欲裂乎？此司馬馮元颷之所以切齒痛心，向人涕泣而不共載天者也。讀孔氏書者，可毋一動念哉。邪説跛行，懼其日滋，不有聖人，何能止息？孟子之距楊墨，惡其充塞仁義也。天主之教豈特充塞仁義已哉。禹平水土，功在萬世。先儒謂孟子之功，不在禹下，以其距楊墨也。茲欲詎耶穌，息邪教，正人心，塞亂源，不能不仰望於主持世道之聖人云。韓愈有言：「人其人，火其書，廬其居。」吾於耶穌之教亦然。

清・楊光先《不得已・闢邪論中》 聖人學問之極功，只一窮理以幾於道。不能於理之外，又穿鑿一理，以爲高也。故其言中正平常，不爲高達奇特之論，學人終世法之，終世不能及焉，此《中庸》之所以鮮能也。小人不耻不仁不畏不義，恃其給捷之口，便佞之才，不識推原事物之理，性情之正。惟以辯博爲聖，瑰異爲賢，罔恤悖理叛道，割裂墳典之文，而支離之。譬如猩猩鸚鵡，雖能人言，然實不免其爲禽獸也。利瑪竇欲尊耶穌爲天主，首出於萬國聖人之上而最尊之。歷引中夏六經之上帝，而斷章以證其爲天主，曰天主乃古經書所稱之上帝。吾國天主，即華言上帝也。蒼蒼之天，乃上帝之所役使者。或東或西，無頭無腹，無手無足，未可爲尊。況於下地，乃衆足之所踏踐污穢之所歸，安有可尊之勢，是天地皆不足尊矣。如斯立論，豈非能人言之禽獸哉？

夫天萬事萬物萬理之大宗也，理立而氣具焉，氣具而數生焉，數生而象形焉。天爲有形之理，理爲無形之天，形極而理見焉。此天之所以即理也。天函萬事萬物，理亦函萬事萬物。故推原太極者，惟言理焉。理之外更無所謂理，即天之外更無所謂天也。《易》之爲書，言理之書也，理氣數象備焉。乾之《卦》：「乾：元亨利貞。」彖曰：「大哉乾元，萬物資始，乃統天。」夫元者，理也。資始萬物，資理以爲氣之始，資氣以爲數之始，資數以爲象之始，象形而理自見焉，故曰乃統天。《程傳》：乾天也，專言之則道也，分言之以形體謂之天，以主宰謂之帝，以功用謂之鬼神，以妙用謂之神，以性情謂之乾。此分合之説，未嘗主於分而不言合也。專者體也，分者用也，言分之用而專之體自在矣。天主教之論議行爲，純乎功用，實程子之所謂：「鬼神何得擅言主宰？」朱子云：「乾元是天之性，如人之精神，豈可謂人自是人，精神自是精神耶？」觀此則天不可言自是天，帝不可言自是帝也。萬物所尊者惟天，人所尊者惟帝。人舉頭見天，故以上帝稱天焉，非天之上，又有一帝也。《書》曰：「欽若昊天。」「惟天降災祥在德。」與天叙天秩天命天討。《詩》云：「畏天之威，天鑒在茲。」皆言天也。「上帝是皇，昭事上帝。」言敬天也。「予畏上帝，不敢不正。」言不敢逆天也。「惟皇上帝，降衷下民。」衷者，理也，言天賦民以理也。《禮》云：「天子親耕，粢盛秬鬯，以事上帝。」言順天時，重農事也。凡此皆稱上帝以尊天也，非天自天，而上帝自上帝也。讀書者毋以辭害意焉。今謂天爲上帝之役使，不識古先聖人何以稱人君爲天子，而以役使之賤，比之爲君之父哉。以父人君之天，爲役使之賤，無怪乎令皈其教者，必毁天地君親師之牌位，而不供奉也。不尊天地，以其無頭腹、手足，踏踐污穢而賤之也；不尊君以其爲役使者之子而輕之也；不尊親以耶穌之無父也。天地君親尚如此，又何有於師哉？此宣聖木主之所以遭其毁也。乾坤俱汨，五倫盡廢，非天主教之聖人學問，斷不至此，宜其誇詡？自西徂東，諸大邦國，咸習守之，而非一人一家一國之道也。吁嘻！異乎哉。自有天地以來，未聞聖人而率天下之人於無父無君者也。諸大邦國苟聞此道，則諸大邦國，皆禽獸矣，而況習守之哉。夫不尊天地而尊上帝，猶可言也；尊耶穌爲上帝則不可言也。極而至於尊凡民爲聖人、爲上帝，猶可言也；胡遽至於尊正法之罪犯爲聖人、爲上帝，則不可言也。古今有聖人而正法者否？上帝而正法，吾未之前聞也。所謂天主者，主宰天地萬物者也。能主宰天地萬物，而不能主宰一身之考終，則天主之爲上帝可知矣。彼教諸書，於耶穌之正法，不言其釘死者何事，第云救世功畢，復昇歸天。其於聖人易簀之大事，亦太草草矣。夫吾所謂功者，一言而澤被蒼生，一事而恩施萬世，若稷之播百穀，契之明人倫，大禹之平水土，周公之制禮樂，孔子之法堯、舜，孟子之距楊墨，斯救世之功也。耶穌有一於是乎？如以瘳人之病，生人之死爲功，此大幻術者之事，非主宰天地萬物者之事也。苟以此爲功，則何如不令人病，不令人死，其功不更大哉？夫既主宰人病人死，忽又主宰人瘳人生，其無主宰已甚，尚安敢言功乎？故只以「救世功畢，復昇

歸天」八字結之，絶不言畢者何功，功者何救。蓋亦自知其辭之難措，而不覺其筆之難下也。以正法之釘死，而云救世功畢，復昇歸天，則凡世間凌遲斬絞之重犯，皆可援此八字爲絶妙好辭之行狀矣。妖書妖言，悖理反道，豈可一日容於中夏哉。

清・楊光先《不得已・正國體呈稿》 江南徽州府新安衛官生編歙縣民楊光先呈，爲大國無奉小國正朔之理，一法無有閏有不閏之月，事關國體，義難緘默，請乞題參會勘改正，以尊大國名分，以光一代大典事：

竊惟正名定分，在隻字之間，成歲閏餘，有不易之法。顧法不可以紊亂，而名不可以假人。名以假人，將召不臣之侮，法而紊亂，定貽後世之譏。斯國體之攸關，匪尋常之得失也。皇上乘乾御宇，撫有萬國，從來幅員之廣，重譯之獻，未有如皇上之盛者。而正朔之頒，實萬國之所瞻聽，後世之所傚則，非一代因革損益之庶政比也。必名足以統萬國，而法足以憲萬世，始克稱一代之曆焉。茲欽天監監正湯若望之以新法，推《時憲曆》也。於名則有無將之誅，於法則有擾紀之罪。爲皇上之臣民者，豈能晏然而已乎？夫《時憲曆》者，大清之曆，非西洋之曆也；欽若之官，大清之官，非西洋之官也。以大清之官，治大清之曆，其於曆面之上，宜書「奏准印造時憲曆日，頒行天下」，始爲尊皇上而大一統。今書上傳「依西洋新法」五字，是暗竊正朔之權以予西洋，而明謂大清奉西洋之正朔也，其罪豈止無將已乎？《春秋》，魯記事之史也；仲尼，魯之老臣也。魯臣而修魯史，尚不敢自大其君，而必繫之以春王正月。蓋所以尊周天王而大一統，非藉周天王而張大夫魯也。今以大清之曆而大書「依西洋新法」，不知其欲天王誰乎？如天王皇上，則不當書「依西洋新法」；敢書「依西洋新法」，是藉大清之曆，以張大其西洋，而使天下萬國，曉然知大清奉西洋之正朔，實欲天王西洋而魯大清也，罪不容於誅矣。孔子惜繁纓，謂名與器不可以假人。今假以依西洋新法，此實見之行事，非託之空言者也，豈特繁纓已哉。若望必曰五字出自上傳。夫上傳者，傳用其法，未嘗傳其特書五字於曆面也。皇上即傳其特書五字於曆面，若望亦當引分以辭曰：「冠履有定分，臣偏方小國之法，曷敢云大國依之，而特書於曆面，以示天下萬國，臣不敢也。」天威不違顔咫尺，小白敢貪天子之命，毋下拜，不可師以辭乎？如曰習矣而不察，小國命大國，非習而不察之事也。人臣見無禮於其君者，如鷹鸇之逐雀。光先於本年五月内，曾具疏糾政。疏雖不得上達，而大義已彰於天下。若望即當檢舉改正，以贖不臣之罪。何敢於十八年曆日，猶然大書五字，可謂怙終極矣。此盗竊名器之罪，一也。三歲一閏，氣盈朔虚之數也。無法以推之，何以知其某月當置閏，其月不當置閏乎？一月之内有一節氣一中氣，此常月之法也。有一節氣而無中氣，則以上半月爲前月之中氣，下半月爲後月之節氣。此置閏之法，夫人而盡知也。《新法》於十八年閏七月十四日酉時正初刻交白露八月節。十四日以前作七月用，十四日以後作八月用。此有節氣而無中氣之爲閏，此法之正也。忽又於十二月十五日申時正三刻交立春正月節，此月有節氣而無中氣，政與閏七月之法同，是一歲而有兩閏月之法矣。同一法也而有閏有不閏，何以杜天下後世之口乎？且順治十八年實閏十月，而《新法》謬閏七月，此不知其憑何理以推也。若望必曰西洋新法與羲和不同。夫用新法者，冀其精密於羲和之法也，而《新法》謬亂若此，不敢望羲和之萬一，尚可侈口言《新法》哉？匪特此也，一月有三節氣，則又更異於有閏、有不閏之法矣。至於冬至之刻，至立春之刻，應有四十五日八時弱，而《新法》止四十四日一時三刻，將立春之刻躦在前一日六時三刻，是不應立春之日而立春，應立春之日而不立春。凡此開闢至今所未聞之法也。夫春爲一歲之首，《禮經・月令》：「立春之日，天子親帥三公九卿大夫，以迎春於東郊。」關於典禮，何等重大。乃以偏方之新法，淆亂上國之禮經，褻天帝而慢天子，莫此爲甚焉！《政典》曰：「先時者殺無赦，不及時者殺無赦。」《新法》之干於《政典》多矣。此僭擾天紀之罪，二也。夫以堂堂之天朝，舉一代之大經大法，委之無將擾紀之人，而聽其盗竊紊亂，何以垂之天下後世哉。總之西洋之學，左道之學也。其所著之書，所行之事，靡不悖理叛道。世盡以其爲遠人也而忽之，又以其器具之精巧也而暱之。故若望得藉其《新法》，以隱於金門，以行邪教。久之黨與熾盛，或有如天主耶穌，謀爲不軌於其本國；與利瑪竇謀襲日本之事，不幾養虎自貽患哉。二事一見於若望進呈之書，一聞於海舶商人之口。如斯情事，君之與相不可不一聆於耳中，以知天主教人之狼子野心。謀奪人國，是其天性。今呼朋引類，外集廣澳，内官帝掖，不可無蜂蠆之防，此光先之所以著《摘謬十論》，以政其謬曆；《闢邪三論》，以破其左道也。謬曆正而左道祛，左道祛而禍本亡，斯有位者之事也。伏乞詳察，備呈事關國體，具疏題參，請勅滿漢内閣翰林六部九卿科道，公同勘議，請旨改正，並將邪教迸斥，以爲無將擾紀之戒，庶名分定而上國尊，曆法正而大典光矣。字多逾格，仰祈鑒宥，爲此具呈，須知呈者。

清・楊光先《不得已・中星説》 古今掌故，無載籍可考，則紛如聚訟，終無

足徵，可以逞其私智，肆其邪説，以簧鼓天下後世，而莫之所經。正夫既有載籍可考，又有一定掌故，乃盡以爲不可據。是先王之法不足遵，而載籍不足憑也。載籍以羲畫爲祖，然有畫而無文。《尚書》有文有事，典雅足徵。故孔子删《書》斷自唐虞，誠文章政事之祖，而又經歷代大儒之所論註，則其爲憲萬世不待言矣。《堯典》乃命羲和欽若昊天之後，即分命申命二氏，宅於四極，考正星房虚昴，四正之中星。此二氏必羲后之裔與？其司天之史，守其家學，故世其官。而掌故之淵源，必本之肇造干支之太古。學有師承，其來舊矣。定非創自胸臆，若今人之以新鳴也。考其四正之中星，咸以太陽之宿，居於四正宫之中。蓋太陽者，人君之象，中立而弗偏倚者也。人君宅中，以治天下，故以太陽宅於四正宫之中以象之，非無所取義而云然也。故星曰馬宿，列於午宫之中，《典》曰日中星鳥。午宫正中之綫，當星宿五度九十二分一十二秒三十七微五十纖。房曰兔宿，列於卯宫之中，典曰日永星火。卯宫正中之綫，當房宿初度三分五十六秒一十二微五十纖。虚日鼠宿，列於子宫之中，《典》曰宵中星虚。子宫正中之綫，當虚宿五度九十九分九十九秒八十七微五十纖。昴日鷄宿，列於酉宫之中，《典》曰日短星昴。酉宫正中之綫，當昴宿三度二十五分六十八秒六十二微五十纖。此《堯典》之所紀載，歷代遵守，四千餘年，莫之或議，可云不足法乎？今西洋人湯若望盡更羲和之掌故而廢黜之，將帝典真不足據，則世間載籍，當盡付之祖龍一火矣，奚必存此贅疣，以爲撓亂《新法》之具哉？孔子之所以爲聖人者，以其祖述堯舜也。考其祖述之績，實上律天時，下襲水土而已。聖而至於孔子，無以復加矣。而羲和訂正星房虚昴之中星，乃《堯典》之所紀載。孔子之所祖述，若望一旦革而易之，是堯舜載籍之謬，孔子祖述之非。若望是而孔子非，孔子將不得爲聖人乎？試問舉世之先知後知、先覺後覺，堯舜應祖述乎？不應祖述乎？必有能辨之者。如應祖述，則羲和之法恐不可盡廢也。予不懼羲和之學絶而不傳，懼載籍之祖之掌故，不能取信於今日，使後之學者疑先聖先賢之典册，盡爲欺世之文具，而學脈道脈從斯替矣。此予之所以大憂也。故於中星之辯，刺刺不休，以當賈生之痛哭，予豈好辯哉，予不得已也。《禮・王制》曰：「析言破律，亂名改作，執左道以亂政，殺。」不以聽作記者，其前知有今日乎？

清・楊光先《不得已・摘謬十論》　一謬不用諸科較正之新：

從來治曆，以數推之，以象測之，以漏考之，以氣驗之。蓋推算者，主數而不主象，恐推算與天象不合。故用回回科之太陰，五星凌犯以較之。又恐推算凌犯二家與天象不合，故用天文科臺官之測驗以考之，三科之較政精矣，當矣。而猶曰：此數象之事，非氣候時刻分秒事也。故用漏刻科，考訂一日百刻之漏；布律管於候氣之室，驗葭灰飛之時刻分秒，以知推算之時刻分秒，與天地之節氣合與不合，此四科分設之意，從古已然。今惟憑一己之推算，竟廢古制之諸科，禁回回科之凌犯，而不許之進呈；進自著之凌犯，以掩其推算之失。置天文科之臺官，而不使之報象；廢漏刻科之律管，而不考其飛灰。縱氣候違於室中，行度舛於天上，誰則敢言？此若望所以能盡襲瞶一世之人，得成其爲《新法》也。

二謬一月有三節氣之新：

按曆法每月一節氣一中氣，此定法也，亦定理也。順治三年十一月大癸卯，初一日癸卯，卯初一刻大雪十一月節；十五日丁巳，亥正初刻冬至十一月節；三十日壬申，未初一刻小雪十二月節。此是一月之内有兩月之節氣矣。自開天闢地至今，未聞有此法也。

三謬二至二分長短之新：

按至分之數，時刻均齊，無長短不一之差。

冬至至夏至，古法一百八十二日七時半弱，新法一百八十二日二時。夏至至冬至，古法一百八十二日七時半弱，新法一百八十三日一時弱。是夏至至冬至，長十一時，而冬至至夏至，短十一時矣。春分至秋分，古法一百八十二日七時半弱，新法一百八十六日九時二刻十分弱。秋分至春分，古法一百八十二日七時半弱，新法一百七十八日五時五刻五分。是春分至秋分多八日三時五刻五分，而秋分至春分少八日三時五刻五分矣。

四謬夏至太陽行遲之新：

太陽之行，原無遲疾，一晝夜實行一度。夏至太陽躔申宫參八度，參八出寅宫入戌宫，晝行地上度二百一十九度弱，故晝長；夜行地下，度一百四十六度强，故夜短。苟因夏至之晝長，而謂太陽之行遲，則夏至之夜短，太陽應行疾矣；遲於晝而疾於夜，有是理乎？冬至太陽躔寅宫箕三度，箕三出辰宫入申宫，晝行地上度一百四十六度强，故晝短；夜行地下度二百一十九度弱，故夜長。苟因冬至之晝短，而謂太陽之行疾，則冬至之夜長；太陽應行遲矣；疾於晝而遲於夜，有是理乎？《新法》以夏至太陽之行遲，故將立秋壓在後一日三時；以冬至太陽之行疾，故將立春儹在前一日六時；立夏立冬，莫不皆差一日七八時，總因不明太陽之行誤之也。《禮經》：「立春之日，天子親率三公九卿諸侯大夫，以迎

春於東郊。」關於典禮，何等重大。茲以偏邦之《新法》，淆亂上國之《禮經》，慢天帝而褻天子，莫此爲甚焉。

五謬移寅宮箕三度入丑宮之新：

查寅宮宿度，自尾二度入寅宮起，尾三四五六七八九十一二三四五六七。箕初一二三四五六七八五十九分。斗初一二三四度。始入丑宮，今冬至之太陽，實躔寅宮之箕三度。而新法則移箕三入丑宮，是將天體移動十一度矣。一宮移動，十二宮無不移動也。

六謬更調觜參二宿之新：

四方七宿，俱以木金土日月火水爲次序。南方七宿：井、木犴。鬼、金羊。柳、土獐。星、日馬。張、月鹿。翼、火蛇。軫。水蚓。東方七宿：角、木蛟。亢、金龍。氐、土貉。房、日兔。心、月狐。尾、火虎。箕。水豹。北方七宿：斗、木獬。牛、金牛。女、土蝠。虛、日鼠。危、月燕。室、火猪。壁。水貐。西方七宿：奎、木狼。婁、金狗。胃、土雉。昴、日鷄。畢、月烏。觜、火猴。參。水猿。《新法》更調參水猿於前，觜火猴於後。古法火水之次序，四方顛倒，其一方矣。

七謬刪除紫氣之新：

古無四餘，湯若望亦云四餘自隋唐始有。四餘者，紫氣、月孛、羅睺、計都也。如真見其爲無，則四餘應當盡削。若以隋唐宋曆之爲有，則四餘應當盡存。何故存羅、計、月孛，而獨刪一紫氣？苟以紫氣爲無體，則羅、計、月孛，曷嘗有體耶？若望之言曰：「月孛是一片白氣，在月之上。」如果有白氣在月上，則月孛一日應同月行十三度，二日四時過一宮，何故九月始過一宮耶？況月上之白氣有誰見耶？

八謬顛倒羅計之新：

羅計自隋唐始有，若望亦遵用羅計，是襲古法，而不可言新法也。其所謂新者，不過以羅爲計，以計爲羅爾。但不知若望何以知隋唐之羅是計，計是羅耶？羅屬火，計屬土，火土異用，生剋制化，各有不同。敬授人時，以前民用，顛倒五行，令民何所適從？

九謬黄道算節氣之新：

按節氣當從赤道十二宮勻分，每一節氣該一十五日二時五刻一十七秒七十微八十三纖。今《新法》以黄道闊狹之宮算節氣，故有十六日、十五日、十四日一節氣之差。所以四立二分皆錯日，二至錯時。

十謬曆止二百年之新：

臣子於君，必以萬壽爲祝，願國祚之無疆。孟子云：「千歲之日至，可坐而致。」言千萬年之曆可前知也。太宗皇帝仁武而不嗜殺，天故篤生。皇上沖齡而爲一代開闢之主，皇上又英明仁武而不好殺。天將篤祐皇家，享無疆之曆祚，而若望進二百年之曆，其罪曷可勝誅。

清·楊光先《不得已·孽鏡》 孽：若望刻印之輿地圖，宮分十二幅，幅界三十度。

第一幅未宮：東極之盡，是伯西兒之西偏起三百六十度末；南亞墨泥加止三百三十一度初。第二幅申宮：未亞納起三百三十度末；大東洋止三百一度初。第三幅酉宮：加拿大國起三百度末；東紅海止二百七十一度初。第四幅戌宮：小東洋起二百七十度末；黑地止二百四十一度初。第五幅亥宮：雪山起二百四十度末；沙臘門島止二百一十一度初。第六幅子宮：亞泥俺國起二百一十度末；日本之中止一百八十一度初。第七幅丑宮：日本之中起一百八十度末；朝鮮起一百七十四三二度，中夏起一百七十度末；止一百五十一度初。第八幅寅宮：星宿海起一百五十度末，印度止一百二十一度初。第九幅卯宮：天竺回回起一百二十度末；小西洋魯蜜止九十一度初。第十幅辰宮：亞登起九十度末；利加亞止六十一度初。第十一幅巳宮：厄勒祭起六十度末；闌得山止三十一度初。第十二幅午宮：默理起三十度末；大西洋在十五度，伯西兒之東偏起五度止；一度初在西極之盡處，與東極第三百六十度之伯西兒相接。

鏡：據圖東極未宮第三百六十度之伯西兒，即西極午宮第一度之伯西兒。如天之第三百六十度，與第一度相接，此環體也。若然則四大部洲，萬國之山河大地，總是一大圓毬矣。萬國錯布其上下四旁，毬之大小窪處，即是大小洋，水附之。所以毬上國土人之脚心，與毬下國土人之脚心相對。想其立論之意見，天之有渾儀，欲作一渾地之儀，以配天之宮度，竟不思在下之國土人之倒懸。斯論也如無心孔之人，只知一時高興，隨意謅謊，不顧失枝脱節。無識者聽之，不悟彼之爲妄，反嘆己之聞見不廣；有識者以理推之，不覺噴飯滿案矣。夫人頂天立地，未聞有横立倒立之人也。惟蜾蟲能横立壁行，蠅能仰棲。人與飛走鱗介，咸皆不能。茲不必廣喻，請以樓爲率，予順立於樓板之上，若望能倒立於樓板之下，則信有足心相對之國。如不能倒立，則東極未宮第三百六十度之伯西兒，必非西極午宮第一度之伯西兒也。且若望生於午宮之西洋，今處於丑宮之

中夏。丑之與午，分上下之位。試問若望彼所見居之中夏，是順立乎，是倒立乎？如是順立，則彼所生之西洋，必成倒立矣。若西洋亦是順立，則東極未宮第三百六十度之伯西兒，不知何以得與西極午宮第一度之伯西兒接也。此可以見大地之非圓也。今夫水天下之至平者也，不平則流，平則止，滿則溢，水之性也。果大地如圓毬，則四旁與在下國土窪處之海水，不知何故得以不傾。試問若望彼教好奇，曾見有圓水壁立之水，浮於上而不下滴之水否？今試將滿盂之水，付之若望，能側其盂而水不瀉，覆其盂而水不傾，予則信大地有在四旁、在下之國土；如不能側而不瀉，覆而不傾，則大地以水爲平，而無似毬之事。苟有在旁在下之國，居於平水之中，則西洋皆爲魚鱉，而若望不得爲人矣。總之西洋之學，庸鄙無奇，而欲以行於中夏，如持布鼓過雷門，其不聞於世也必矣。故設高奇不根之論，以聳中夏人之聽。如南極出地三十六度之説，中夏人心知其妄，而不與之争者，以弗得躬履其地驗其謊，姑以不治治之。而彼自以爲得計，遂至於滅義和之學，撰不根之書，惑世誣民，以誤後世，不得不亟正之，以爲世道之防。請正言天地之德，以破之天德圓而地德方，聖人言之詳矣。輕清者上浮而爲天，浮則環運而不止；重濁者下凝而爲地，凝則方止而不動。此二氣清濁、圓方、動静之定體，豈有方而亦變爲圓者哉？方而苟可以爲圓，則是大寰之内，又有一小寰矣。請問若望，此小寰者，是浮於虚空乎？是有所安着乎？如以爲浮於虚空，則此虚空之大地，必爲氣之所鼓，運動不息，如天之行，一日一週，方成安立。既如天之環轉不息，則上下四旁之國土人物，隨地週流，晝在上而順，夜在下而倒，人之與物，亦不成其爲安立矣。如以爲有所安着，則在下之國土人物，盡爲地所覆壓，爲鬼爲泥，亦不得成其爲倒生倒長之安立矣。不知天之一氣，渾成如二碗之合，上虚空而下盛水，水之中置塊土焉。平者爲大地，高者爲山嶽，低者爲百川，載土之水，即東西南北四大海。天包水外，地着水中，天體專而動直，故日月星辰繫焉；地静翕而動闢，故百川之水輪焉。水輪東注，洩於尾閭，閭中有氣，機爲水所冲射，故輪轉而不息。而天運以西行，此動闢之理也。尾閭即今之弱水，欲所謂漏土是也。水洩於尾閭，氣翕之而輪轉爲泉，以出於山谷，故星宿海、岷、嶓，百川之源，盈科而進，此静翕之理也。苟非静翕之氣，則山巔之流泉，何以不捨晝夜，東委而不竭？非動闢之機，則東海之涯涘，何以自亘古至來今而不盈？此可以見地水之相着，而大地之不浮於虚空也明矣。地居水中，則萬國之地面皆在地平之上，水浸大地，則萬國之地背皆在地平之下。地平即東西南北四大海水也。地平上之面，宜映地平上之天度；地平下之背，宜映地平下之天度，此事理之明白易見者也。不觀之日月乎，月無光，映日之光以爲光。望之夕，日没於西，而月昇於東。月與日，東西相望，故月全映日之光，而盈朔之日月，與日同度謂之合朔，朝同出於東方，日輪在上，月輪在下。月之背上與日映，故背全受日之光，月之面下映大地，故晦而無光焉。此即地面映地平上一百八十二度半之天度，地背映地平下一百八十二度半之天度之理也。若望此焉而弗知，而謂大地如毬，以映天三百六十之全度，則月亦如毬，亦當全映日之光，而無晦朔弦望之異矣。此大地如毬之所以爲胡説亂道也。

孽：據若望之輿地圖，大西洋起午宮第十一度，東行歷巳辰卯寅至中夏止，丑宮第一百七十度。

鏡：詳觀此圖，中夏之人只知羡其分宮占度之精當，而弗察其自居居人之深意。中夏之人何太夢夢也，且高值求之，如獲拱璧，以居於聽事之上，豈不爲湯賊所暗哂哉？請聲其罪。按午宮者，南方正陽之地，先天爲乾。乾者，君之象也；陽者，君之位也。丑宮者，北方幽陰之地，先天爲坤。坤者，婦道也；陰者，臣道也。若望之西洋在西方之極，其占天度也，宜以酉戌自居。中夏在天地之中，其占天度也，宜居正午之位。今乃不以正午居中夏，而以正午居西洋；不以酉戌居西洋，而以陰丑居中夏。是明以君位自居，而以中夏爲臣妾，可謂無禮之極矣。人臣見無禮於其君者，如鷹鸇之逐雀，不知當日所稱宗伯平章者，果何所見而援引之也。因午丑上下之位推之，則大地如毬，足心相踏之説，益令人傷心焉。午陽在上，丑陰在下，明謂我中夏是彼西洋脚底所踹之國，其輕賤我中夏甚已，此言非譏之也。察彼所占之午，而義自見矣。總之天主教人之心，欲爲宇宙之大主，天則耶穌之役使，萬國人類爲亞當一人所生。國則居正午之陽，而萬國皆其臣妾；地則居上而萬國在其下與四旁，此猶可曰小人無稽之言，不足與較。而「依西洋新法」五字，明謂我中夏奉西洋之正朔，此亦不足較乎？人臣無將，將則必誅。若望之所行，可謂將之極矣。中夏君臣請試思之，斷不可與同中國，留之必爲他日患。

孽：若望進曆疏云：在地廣二百五十里，在天約差一度，此各省直節氣時刻，交食分秒，所繇以異。故分朝鮮、盛京、江、浙、川、雲等省爲十二區，區之節氣及日出没時刻，交食分秒，地各不同。此得天上之真節氣。

鏡：以地之道里，準天之度數，其法與羅經不同。羅經定二十四山之五行，

故用天三百六十五度四分度之一之全。以地測天，天有上下，地亦有面背，在上之天，映地平上之地面，即二分太陽晝行天上，度之體也；在地下之天，映地平下之地背，即二分太陽，夜行地下，度之體也。故以地測天者，用一百八十二度六十二分八十七秒五十微，此其所以與羅經之用不同也。今不必依古先聖人之法之理，以地之全映天之半，即照若望圓毬之地，以配天之全度，而天上之真節氣，可從而考矣。《新法》判天爲三百六十度。據若望疏云：二百五十里而差一度，是千里差四度，萬里差四十度，三百六十度共差九萬里止矣。果如所言，則大寰之内，萬國之多並四大海水合而計之，東天際至西天際，横徑九萬里；南天際至北天際，直徑九萬里止矣。而必不能有所增者，有天包之於外，有度以限之於天故也。地徑九萬里者，乃若望自訂二百五十里而差一度之率，雖有巧辯，不可易也。

蘗：若望又疏云：臣自大西洋八萬里航海來京。

鏡：考若望之西洋國，在午宫第十度起。至我中夏，在丑宫第一百七十度止。共計一百六十度，以每度差二百五十里積之，止該四萬里，何云八萬里來中夏也？以八萬里分爲一百六十度，每度該地五百里，此法之正也。再將東方二百度計之，又有十萬里，共計十八萬里，則與限定九萬里之率，自相刺謬矣。請問若望天上之節氣，將何從而得其真乎？觀此則十八年來盡墮其雲霧中矣。此猶就若望大地如毬之率推之也。若以地平横徑之法，二百五十里差一度推之，則自東天際至西天際，横徑止得四萬五千里。而八萬里之來程，已多於横徑三萬五千里矣。況所多之外，更有十萬里哉？且姑置此更多之十萬里於不論，即就若望來程所多之三萬五千里言之，定當撑破天外矣。試問若望，還是中夏在天外乎？還是西洋在天外乎？若云中夏在天外，而我中夏實居天地之中，無在天外之理。若云西洋在天外，則西洋爲天所隔限，若望何能越天而來？若云中夏西洋俱在天内，則二百五十里而差一度之奏，是爲欺罔紅牌之禁，若望何以自文也？

蘗：若望刻印之《見界總星圖》，箕水豹三度，在丑宫之初，鬼金羊在午宫之第三第四度。

鏡：若望因冬至日躔箕三度，不察天行之數，宫宿之理。違天定之則，逞曲學之私，將寅宫之箕三，移入丑宫之初，因而將滿天星宿，俱移十餘度。他宫猶爲不顯，獨未宫之鬼金羊宿，原在未宫第二十五、二十六度。今移入午宫第四五度，是未宫全爲井宿所踞，而無鬼金羊之氣矣。夫生人之十二肖，非無故而取也。天列二十八宿，占度各有短長，分布於十二宫。每宫取一宿，以爲一宫之主。故子午卯酉爲四仲，仲者，中也，正也，謂之四正宫，以四太陽爲主宿。故虚日鼠宿，居子宫之中，所以子年生人肖鼠；星日馬宿，居午宫之中，所以午年生人肖馬；房日兔宿，居卯宫之中，所以卯年生人肖兔；昴日鷄宿，居酉宫之中，所以酉年生人肖鷄。此四正宫之宿，所以居於中也。寅申巳亥爲四孟，孟居左，故以宿之在左者爲四孟宫，以四火星爲主宿。尾火虎宿，居寅宫之左，所以寅年生人肖虎；觜火猴宿，居申宫之左，所以申年生人肖猴；翼火蛇宿，居巳宫之左，所以巳年生人肖蛇；室火猪宿，居亥宫之左，所以亥年生人肖猪。此四孟宫之宿，所以居於左也。辰戌丑未爲四季，季居右，故以宿之在右者爲四季宫，以四金星爲主宿。亢金龍宿，居辰宫之右，所以辰年生人肖龍；婁金狗宿，居戌宫之右，所以戌年生人肖狗；牛金牛宿，居丑宫之右，所以丑年生人肖牛；鬼金羊宿，居未宫之右，所以未年生人肖羊。此四季宫之宿，所以居於右也。孟仲季之名，以主宿所居之左中右而定。十二宫之名，以主宿之象而定。人之生肖，以十二宫主宿而定，非漫無考據而亂拈，此可以徵羲和氏之精審也。且生肖書於曆後之紀年，以頒於天下與各屬國，其關於一代新修之曆法，亦匪細政令也。今《新法》調觜火猴於中，而以參水猿居於左，則申宫之左，爲猿所居。是申宫不當肖猴，而當肖猿矣。以井木犴宿之初度入未宫，井之三十一、二、三度入午宫；鬼金羊宿，入午宫之第四五度，是未宫全爲井木犴宿，獨據而絶無鬼金羊之氣，則未宫不當肖羊，而當肖犴矣。宇宙之内，凡係未年生人，速向若望於《時憲曆》後紀年條下，將未年生人改書羊字爲犴字，使天下後世及各屬國觀之，始與名實相符。如未年生人仍該肖羊，則鬼金羊宿，不當移入午宫也，此不通之最著者也。

附《金烏玉兔辯》：

世之使事，咸以金烏爲日，玉兔爲月，是皆未考究夫天之列宿，故誤呼月爲日，呼日爲月爾。按二十八宿，東方蒼龍，七宿有房日兔；西方白虎，七宿有畢月烏。西方屬金，故畢月烏爲金。烏玉者對待之文，非白兔也。如以玉爲真白，則金色亦白，而烏匪黑矣。金烏玉兔，昭然列於天上，而謂金烏是日，玉兔是月，不知出自何典？考卯宫又單有日星，酉宫有月星。日東月西，更與房日兔、畢月烏符合。而好奇者輒穿鑿翔陽烏名，爲日中踆烏三足，以附會其説，乃刊之《尚書》之端。此與蛇足何異？俗傳金烏西墜，玉兔東昇，蓋望夜未眠，瞷月至曉，見月西墜而日東昇，故爾云云。政與長夜之飲斗轉參横，同一命意，非望之夕之言也，人自錯會意爾。人以兔之無雄象，太陰之體，不察先天坎卦爲月之象在於西

方，外二陰而内一陽，是爲陰中有陽；先天離卦爲日之象，在於東方，外二陽而内一陰，是爲陽中有陰。無雄之兔之爲日宿，政陽中有陰之卦象。斯伏羲氏及古先聖人至精至微之道理，豈尋常之學問所能企及其萬一哉。文章使事，貴求義理之正，出處之真。若捨古先聖賢之大道理，不問而以至微小毛蟲之體爲據，是亦西洋新法之謬也。故附之於圓地圓水之後，與天下學者共政之見圖。

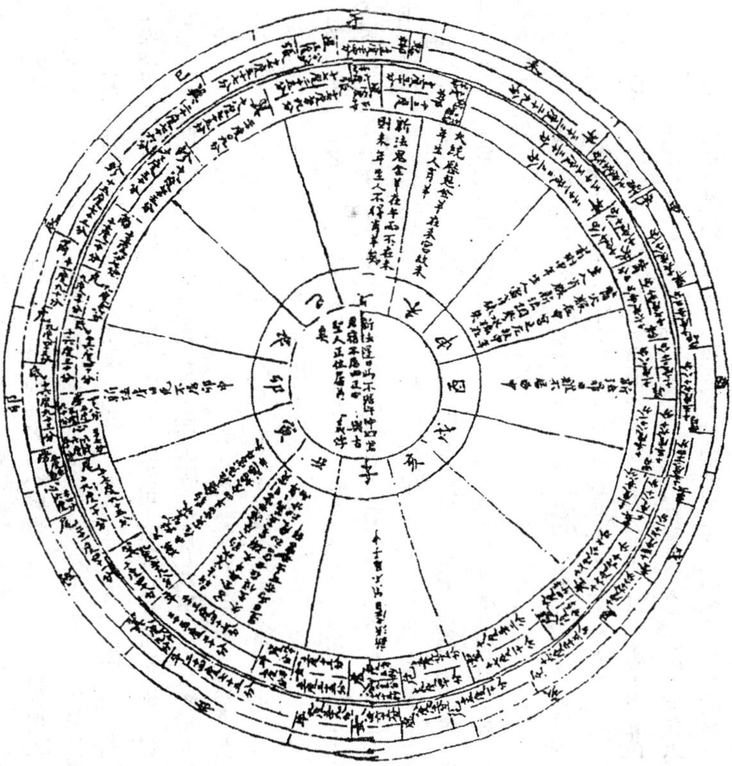

外盤是新法黄道之二十八宿，計三百六十度（佚查明補刻）。又外盤是新法赤道之二十八宿，計三百六十五度二十二分。此若望刊印見界總星圖所載之數，何赤黄二道之數目自相矛盾？《大統》、《回回》二科絶無斜駁，可見二科之衰弱也。

内盤是《大統》赤道之二十八宿，計三百六十五度二十五分七十五秒。又内盤是《大統》黄道之二十八宿，總數與赤同，而各宿之度數與赤異，由日行之宫有闊狹也。《大統》黄道自郭守敬至今未脩，十二宫之闊狹盡皆不同，所當亟宜考脩者也。

孽：若望《新法》判天之赤黄二道，俱是三百六十度。

鏡：若望既判天爲三百六十度，則凡法之輿圖皆宜畫一，不當自相異同也。查若望刻印之《見界總星圖》所載：赤道十二宫之二十八宿，位次改移，既與羲和迥異，而度數亦應與羲和不同。奈何於《新法》之圖用三百六十五度二十五分，仍踵羲和之數，何其自相抵牾之至此也。人傳《新法》之由，是利瑪竇以千金買回回科馬萬言之二百年恒年表。其紫炁未經算授，故《新法》祗有三餘而無四餘，其説似乎近真。今考《見界總星圖》之度數，可見其學之不自胸中流出，始信所傳之不謬也。羲和之舊官，不講羲和之學，已十七年於兹矣。是羲和之法已絶而未絶者，獨回回科爾。若望必欲盡去以斬絶二家之根株，然後《新法》始能獨專於中夏，其所最忌唯回回科爲甚。蓋回回科之法，以六十分作一度，六十秒作一分，回回法之春分，較之羲和在前二日，秋分較之羲和在後二日。新法盡與回回科同，恐識者看破其買來之學問，故必去之而後快。如悍妾之譖逐正妻，而得獨專其房幃，始無後來之患。李淳風、袁守誠亦唐初修曆之賢也，知回回科春分前二日，秋分後二日之誤，而猶存其科以備參考，此其心何等公虚正大，故回回科之法，得存於唐，以歷宋元明至於今日，豈若若望之是己滅人而不恤也。總之君子之學問真，故喜人學問之真，見人真學問之長，愈足以濟已學問之長；小人之學問假，最忌人學問之真，恐人真學問之長，便足以形己之短。此李袁若望學問之所以别，而存回回科與滅羲和、回回二科之所以異也。不有較證，孰爲辨别？故將羲和之宫宿度數，與《新法》之宫宿度數，合成一圖，以明未宫之無鬼金羊，與箕三度之在寅而不在丑，及《新法》不應有三百六十五度二十五分之數，俾天下之人一見了然，而知其天上節氣之不真。而若望數十年所作之孽，畢於此鏡中見之矣。

孽：若望十二宫象名，仍踵羲和法，以午宫爲獅子象，未宫爲巨蟹象等十二。

鏡：按羲和之法，以日躔六十六年二百四十三日六時而差一度。先聖恐後人誤認日躔之宿爲主，而不知天之退，將十二宫之宿隨冬至之日以移，則寅宫錯入丑宫，未宫錯入午宫。十二宫之宿與宫無所不移，故於十二宫取其星之形似省，爲十二象以[黔]定十二宫。使宫與宿不得移動，故午宫以軒轅、御女十七星爲獅子象，未宫以鬼金羊宿四星爲蟹匡，故名巨蟹象。餘十宫之象，各有不同。今若望移鬼金羊宿於午宫，是巨蟹與獅子同在午宫矣，而云未宫爲巨蟹象，不知

若望以何星爲蟹匡也，豈有兩鬼金羊乎？宮之名是宿，宿之體是象，象之名是宮，三者總一鬼金羊爾。若望此焉而不悟，尚敢言精於曆法曆理哉？竊人之長以爲己長，於此不覺露其短而真贓獲矣，不知徐李三君，果何所見而尊信之也。

孽：《新法》黄道十二宮，每宮三十度，無闊狹之分，以冬至之晝短，謂太陽之行疾；夏至之晝長，謂太陽之行速。

鏡：按二至晝之長短，視太陽行地上度之多寡，非太陽有遲疾也。太陽東行一刻行一分，一日行一度，此太陽右旋之體也。天西行一刻，行三度六十六分二十五秒，一日一週天，而猶過一度，此天道左旋之體也。細以實理求之，太陽繫於黄道，爲天之主輪而不行。故今日午時在正中，明日午時在正中，歷萬古之午時而在正中。天一日一週而猶過一度，故見太陽東行一度爾。其實太陽之輪，祇隨天運不及天一度而無行也。冬至太陽在赤道南二十四緯度，朝出辰方，暮入申方。晝行地上之天，度一百四十六度一十分，故晝短四十刻；夜行地下之天，度二百一十九度一十五分，故夜長六十刻。夏至太陽在赤道北二十四緯度，朝出寅方，暮入戌方。晝行地上之天，度二百一十九度一十五分，故晝長六十刻；夜行地下之天，度一百四十六度一十分，故夜短四十刻。此二至晝夜短長之所以别也。今若望謂冬至之晝短，爲太陽之行疾，是不分晝行地上度之少，夜行地下度之多，而概云行疾，則晝四十刻，夜亦四十刻。而冬至之晝夜，共八十刻止矣，如云冬至之夜長。夫晝短是行疾，則夜長是行遲矣，豈有疾於晝而遲於夜之理哉？謂夏至之晝長，爲太陽之行遲，是不分晝行地上度之多，夜行地下度之少，而概云行遲，則晝六十刻，夜亦六十刻矣。而夏至之晝夜，共有一百二十刻矣，如云夏至之夜短。夫晝長是行遲，則夜短是行疾矣，豈有遲於晝而疾於夜之理哉？斯言也，即坐卧不知顛倒之愚人，且不肯道，而自號精於曆法曆理者，肯作此論乎？吾不得其解也。

清·江永《數學》卷一　論天地開闢

問：天地固當有始，如陳星川壤天地人三元之説，一元有二千四百一十九萬二千年，今當人元四百五十六萬六千餘年者，固爲荒唐矣。邵子《皇極經世書》謂一元有十二萬九千六百年，分十二會，一會一萬八百年。天開於子，地闢於丑，人生於寅。禹即位後八年而入未會，則自天開至今七萬餘年，生人至今亦五萬餘年。世以邵子精於數學也而信之。自西士之書出，則自開闢以來只五六千年，何若是其不侔耶？果孰非而孰是耶？曰：以理斷之，疑西説近是也。中國有載籍始於唐、虞，堯至今四千餘年，堯以前畧有傳聞而難徵信，度有人物之初距唐虞之世，其年當不甚遠，豈有遥遥五六萬年晦冥如夜，竟無紀載可稽耶？又大西洋載其國古老所説，亦似不過四千年。夫中西相去數萬里，而年數符同竟若斯，則四千年以前徧天地有人物者不過一二千年，如今日之視秦漢已耳，當不以萬計也。顧天地之開闢，雖有最初之年，而其醖釀於未開闢之先者，必需積漸之久，如人獸之胎，蟲鳥之卵，草木之果實根荄，皆含生於未生之前，此則不知幾何年耳。曰：西士之言固可信矣，其紀年亦自不同。《天地儀書》謂自開闢至崇禎庚辰五千六百三十餘年，《聖經直解》則云六千八百三十六年，依《稽古定儀》推之則五千七百三十年，《月離曆指》則謂崇禎戊辰爲總期之六千三百四十一年。諸説孰爲是耶？曰：予嘗推之矣，其言五千餘年是開闢之始，太陽最高在春分也。此則《稽古定儀》之年爲近。元至元辛巳，高衝在冬至，最高在夏至，開闢以來行一象限九十度，以今曆一年行一分一秒一十微推之，九十度有五千三百餘年。《稽古定儀》開闢至至元百七十年。其言六千餘年是開闢之始，冬至日躔壁宿爲酉末戌初也，此則《聖經直解》之年爲近。崇禎庚辰冬至，日在箕四度。溯前六千八百三十餘年，約退九十八度，日在壁。二者皆有理，不知果孰爲確耳。曰：然則古曆家謂上元必是甲子歲前十一月甲子朔旦夜半冬至，日月如合璧，五星如連珠，則其説信然乎？曰：未必然也。天地開闢如人之初生，已屬後天，其始尚有胚胎之歲月，則甲子日月五星不必皆從始處始也。以爲始於甲子歲，安知其不始於他年乎？西書諸説皆非甲子。以爲始於十一月朔，安知其不始於十一月望乎？冬至爲中氣，望爲月半。以爲始於冬至，安知其不始於春分乎？《天文實用》云，開闢初時適當春分。又云中西皆以角爲宿首，因開闢首日昏時，角爲中星也。以爲始於甲子夜半，則時刻隨方有里差，西方見早，東方見晚，西以爲子，東以爲丑，東以爲子，西以爲亥。徧大地當以何處爲正位，而定其爲夜半冬至乎？日月果合璧，則開闢之始必日食乎？五星僅連珠，不猶有未齊同者乎？且日月五星，各有性情，以爲始於聚，安知其不始於散乎？如人身胚胎之始則聚，及其成形，臟腑宮散，各有部位。達理者默而觀之，毋泥前人之説可也。以今歲周計之，一歲小餘一百二十八分日之三十一，積一百二十八年四萬六千七百五十一日，無餘分。以六十乘一百二十八，凡七千六百八十年，積二百八十萬〇五千〇六十日，天正冬至，得甲子年甲子日無餘分。使開闢之年果在甲子，其冬至當自平者始，以今日平冬至逆推，終不能得甲

子朔旦冬至在中國之夜半也，而況五星又皆齊同乎？以是知曆元不可推也。開闢之年，約畧可知，而不可定也。

論地圓

問：地爲圓形，周圍九萬里，南北則以二極之低昂而知之。南北行二百五十里極高下差一度。東西則以月食之早晚而知之。地赤道經東西相距七千五百里，則月食先後差一時。此惟知曆者能信，又必如西人浮海數萬里見南極出地數十度而後可驗。若拘儒之見，不出户牖，囿於方隅，終疑人不可側立，水不可倒懸，告以地圓，謂其言猶河漢也。奈何？曰：地之綿亘甚廣，其圓也以漸。人雖繞地行一周，恒以足履地，首戴天，必無倒立之時。水之附地而流，亦猶是也。今試泛舟於江湖，登舟之高處望之，水之來不見其端，水之去不見其尾，但微有灣環之形，惟舟所到即是高處，此何故也？人目能望數十里，此數十里即以漸而圓故也。而地圓之最可見者，如月食於地景，月之虧必作灣形，由地景圓故也。使地不圓，何以有此圓景乎？

曰：地上山高而海深，形有凹凸，安得圓？曰：地之厚二萬八千餘里，山海雖極高深，如胡桃核之皺，畧有起伏，終不礙爲圓也。或又設一難曰：地誠圓矣，地之下誠有人居之矣。設使地有孔穴，上下穿通，人投石於穴中，此地見石墜而下，彼地之人豈不見石騰而上，直至於天乎？石惟能下，豈能上乎？曰：此説不足以難。地圓也，萬一有穿通之穴，投石其中，此石必至地心而止。心者，四面之極處，氣之所輳，必不令此石得過也。以地球之大，尚爲大氣舉之，處於天心，而況石乎。

梅先生謂《周髀》中即有地圓之理，又謂《周髀》所傳之説必在唐虞以前，此皆篤論。自古籍散亡，中土曆家既失其説，而又雜以臆度之見，無理之談。如云地有八柱，又云地有水載，又云地有四游。種種謬論，塗人耳目。即如王蕃言北極出地三十六度，此不過就中土地中洛陽北一帶所見極高言之，非可以此概大地也。唐一行嘗四方測景，未悟地圓。郭若思測景尤廣，南至南海，北盡北海，凡二十七所，各紀其方。北極出地、晝夜永短，似已悟地圓之理，而亦未能明白著論，意其猶在疑信之間也。今地圓之説大顯，是數千年來失者復得，曆家據以爲測算之根，而儒家亦藉爲窮理之要，可不謂厚幸乎？戰國時，鄒衍談天，謂九州之外有大瀛海環之，亦假本之於《周髀》。

梅先生引《大戴禮》曾子答單居離之問，以證地圓之論古已有之，極確。愚謂《易大傳》曰：坤至静而德方。《中庸》曰：振河海而不洩。皆地圓之證也。方言其德，則形體非方可知矣。水附於地而流，地振之而不洩，則地面四周有水，非是水載可知矣。梅先生又謂，地實圓體而有背面。中土篤生神聖，繼天建極，垂世立教，如人有面，爲一身精神所聚。此真至之理，非徒爲尊中國之言。昔有問於愚者謂，列星分野，大地所共，中國之地有限，何得據之以爲占？愚思之，梅先生此説亦可參悟。蓋五藏之精開竅於五官，則天光下臨，其精氣與中華相屬者必尤切，是以普天星宿皆有相關之理也。

論天大地小

問：地球周九萬里，不爲小矣。而西儒謂天極大，地在天中只一點，其言果可信與？仰而望之，日月星辰皆在目，天豈若是其遼闊與？曰：此不可以臆揣也。惟精於三角、八綫、割圓之術，因七政之行度比次其高下，而各重之天去地之數可得。即恒星以上無法可算者，亦可想而知矣。姑以太陽與土星兩重天言之。西史第谷後出最精曆算者，測太陽行度，得其高卑之中處距地一千一百五十地半徑。此數仍未確，今算一千一百四十二地半徑弱。夫地半徑一萬四千一百三十餘里，以周徑密率算。以一一四二乘之，則日去地有一千六百萬餘里有奇。又地周九萬里，亦以一一四二乘之，則日天之周一萬零二百七十八萬餘里，可謂大矣。而猶未也。火、木、土三星之天皆在日天之上，而各星所行之歲輪遲疾輪。皆與日天等大，因其行歲輪一象限九十度視黄道上得幾何度，因以測其本輪、均輪、次輪之半徑，而知此星之天去地視日天得若干倍。火星不及約半倍，木星不及約五倍。土星行歲輪九十度，其視度五度半有奇，其切綫一萬零四百有奇。夫輪之半徑十萬，而五度半有奇之切綫一萬零四百有奇，則不止十之一，其視日天之高十倍有奇矣。又設土星行最高而當合伏，其距地心一十一萬六千一百一十七有奇。以太陽本天比例爲十一倍又一三七三二四地半徑有一萬二千八百零八弱，則土星最高而合伏距地蓋一萬八千零九十七萬餘里矣。此以星行度實算得之，非荒唐之比也。土星之高已如此矣，而恒星之天又在土星之上，雖無歲輪可測算，而以右旋之遲速約畧計之：日一歲而一周；火星二年弱一周，高於日天半倍弱；木星十二年弱一周，高於日天不及五倍；土星二十九年半一周，高於日天不啻十倍。恒星右旋二萬五千餘年一周，則高於日天甚遠可知矣。況宗動天又在恒星之上，常静天又在宗動之上，其高不可思議，其視地不猶一微塵乎？

或曰：地小於天，如此則日入地下，其光當從四旁射上，地上可不夜矣，而深夜黑暗，何也？曰：地爲實體，日光不照則成黑影。人處地面正當暗影最深最闊之處，地徑二萬八千餘里，則影徑亦如之，漸高乃漸減。安得不夜？且氣無質，不能受日光，能受日光者唯月與星。有月則能透日光返照而夜明，有星則微明。月星皆隱，則地上之氣全黑而夜甚暗矣。故地雖小而自能成晝夜也。

問：各星歲輪與日天等大，土、木、火三星本天固可以日天半徑略計倍數矣，若日天半徑倍於地半徑者一千一百四十二，何從得之？曰：太陽本輪、均輪之半徑，既可以盈縮極差推而知，則最高時在均輪之底、最卑時在均輪之頂亦可得其相距之數矣。而最高、最卑，太陽則有視徑差，又射地景至月天，則有景徑差。又太陽近地平，則有地面地心高下差。合兹數差，參差互算，而日天距地可得而知矣，豈若舊説，言天去地若干萬里，荒唐無稽者哉？

又 論天極

問：自古只言北極，西士始言有黄極。而月與五行之道皆斜出入於黄道，則月道又自有極，五星道又各有極。然則七政七極，並北極而八，并南方相對之極而十六，何若是其分錯與？曰：七政各行一道，即各有所宗之極。北極爲心，黄極環繞而成一圈。月與五星之極皆以黄極爲心，各環之而成小圈。水星圈最大，月次之，金次之，土次之，火次之，木次之。皆載於黄極圈之上，各有條理，未嘗紛錯也。小圈自内而外，由近而遠。木、火、土金、水似順五行相生之序。月亦水類，在金水之間。曰：天之有北極也，如磨之臍，如輪之轂。太陽曷不宗之，乃自爲極，以成斜出之道，與赤道度齟齬不相當，何也？曰：太陽若宗北極，則恒行赤道，無寒暑進退，何以能生萬物？有北極、赤道，又有黄極、黄道，所以能成變化也。蓋北極，體也；黄極，用也。北極爲心，黄極繞之而成圈，則又未嘗不宗北極也。

清・楊文言《曆象本要・新曆法名》 周天度：古三百六十五度有奇，今三百六十。天體：古恒星即天體，今言宗動爲天體，其樞紐爲兩極。恒星之天麗宗動而漸移，與日月五星一理。其移處即歲差之根。天地體：古言天圓地平，今言天地皆圓。凡測極度日晷等法，皆以地圓起數。恒星、七政：古以爲同在一天，今言各有層次高下。凡月五星與日交食合望之遠近高下，及遲速留逆之變，皆生於此。日、五星行：古有盈縮曆，月行有遲疾曆；今以最高度加減。或用不同心天，或用同心天而加本輪，其高卑皆同理。五星行：古有遲留伏逆段，今以歲輪周加減。亦曰次輪。○以日行爲天度正也，然三百六十之外既有畸零而所謂四分之一者，又歷代增減紛紜，迄無確定。且其行有冬夏盈縮，一歲平行者無幾日焉。是以推步甚難。夫施於黄道之筭已難矣，至于南北緯度、黄赤斜交之度、月五星經緯之度一一皆以日躔之度推算，則愈難也。今概以三百六十爲率，自周天緯以皮及七政大小諸輪皆以此數比例相求，而絫黍不失。故定爲三百六十者，便於算而適於用也。極星在古去不動處甚近，今則離三度餘，以故二十八宿緯度皆有今古南北之殊，則知恒星之天猶非本體也。本體之樞不變，故赤道有常處；太陽之樞亦不變，故黄道有常行。以是二者爲天之大綱而已矣。天地體七政以下，書中詳之。若太陽過宫爲定氣及各地域節應之差，則古人之法已備，但今始以注曆爾。

天包地外，以兩極爲樞。地居天中，地平適當天徑之半。分兩極之中爲赤道，自地中上指爲天頂。兩極爲赤道之宗，天頂爲地平之宗，距赤道地平各得平周四之一。曆家省曰象弧。地面遷轉，則極高度數不齊。地向北行則北極漸高，向南行則北極漸下。天頂經緯易度。向東行則天頂亦東，向西行則天頂亦西，南北亦然。北極赤道與天頂地平參相距亦互相睎。北極高度視赤道距天頂之弧，北極距天頂度視赤道距地平之高弧。○言渾天者，謂天包地如卵裹黄。然則卵圜而黄亦圜矣，又謂之地平何哉？新曆言地之體圓，斯得其實。古稱天圓地方者，語乎其動静之性尔。故曾子曰：天道曰圓，地道曰方。如地之果方，則是四角之不掩也。又，天地對言，盖亦以道相配，實則天大地小，以天視地，不過一撮。其四方上下去天極闊，而其度數道里皆均，非能横亘其中與天相際也。然地形雖圓而小，而人周圍附居，隨所立以望四遠，目力所極，皆適得圜形之半。則雖圜而與平體不二，雖小而與際天之理不殊。就一處窺天一方立法，雖謂之地平可也。惟極輪晷蚤晚永短之差，究交食實高望高之異，則知今日之測轉爲精密。昔所謂景中而已昳，景已正而未中，八未同昏，萬方皆晝，真無是理矣。

兩極出圜綫至赤道，以剖經度。作平限全周三百六十。○經度者，以南北直下分之，中間闊、兩頭狹。闊狹皆以三百六十度爲準，以正宫分，以限平度者也。其度在赤道正得一度之廣，去赤道漸遠漸狹。

赤道居兩極之中，距南距北横歷各九十度爲準。○緯度者，以赤道爲中，其南北至兩極皆以平度分之，所以驗日月五星之行道表裡遠近，而推其交食淩犯之詳者也。

黄赤道經度，各自其極而縱剖。二道斜交互形，大小分後黄道率小於赤道，故同升之積赤道少而黄道多，漸遠漸大，一象弧而平。至後黄道率大於赤道，故

同升之積赤道多而黃道少，漸遠漸小亦一象弧而平。月星之道斜交黃道而與之同升，與此同理。〇赤道正當天腰，黃道斜帶赤道，兩道各有平度。因其相交而比校之，則闊狹不等，何也？腰度最廣，而漸近兩端則漸狹。今以赤道爲主，而以黃度準之，則在二至者，黃道之腰度而赤道之兩端也。故二至日行一度而見其餘於一度也。至於二分，則兩道皆腰度矣。然其時赤道平而黃道斜，故二分日行一度而見其不及一度也。二至日度雖大，而晝夜晷刻之差少。二分日度雖小，而晝夜晷刻之差多。由其自南而北、自北而南之勢，二至則紆，二分則徑，是以永短進退或遲或速也。〇新説言天有數重，盖一氣運旋而有高下，如曾雲叠浪之比與。然其説有赤極，則天樞也；又有黃極，日天之樞也。是雖一氣運旋，而其樞不同也。愚意不獨日與天，自恒星、五緯與月，皆宜有其極焉。今若以赤極即爲恒星之極，則極星去不動處有古今遠近之差，列宿緯度亦有古今南北之異，是以不動處爲極者，宗動之極，非恒星之極也。恒星有極，則月、五星可知。然而日、月、五星之極可指其處，其周道明也。恒星之極未可知，其周道在數萬年之後，而今未察也。或曰：極者，羣動所宗，一而已矣。若是其多與？曰：衆極起於一極，故曰宗動。如樹然，衆幹根於一根，而又各以幹爲之根，是以長條遠揚，横出斜向而不爲與根背也。如曰不然，則日、月、星宿皆須共行一道而後可，今既各有其道，則其道必在其木天腰圍折中之處，微樞何以運之？但月、五星雖各有道，而皆與黃道近，故其樞亦與黃極近。而恒星歲差隨黃道行，其極必當更近。則是月、五星、恒星，並宗黃極東行，又共宗宗動之極爲一日一周運之樞，故曰衆極根於一極也。

各曜升降，隨赤緯之南北爲早晚。黃道既出入赤道，月星之道又出入黃道。以出入黃道，故有在兩道之南者北者。界其間者，各據所入黃道經緯辨之。〇在北，則入地後赤道而疾見；在南，則入地先赤道而遲見。凡日行冬夏與月星出入黃赤道表裡，其理皆同。

黃道斜交於赤道，自春分交北，至夏至而極北，距赤道最遠。轉而南行，至秋分交赤道之南，至冬至而極南，距赤道最遠。又轉而北行，至春分復交於赤道。凡四象弧而一周，每周退天之分爲歲差。〇鄭世子《黃鐘曆議》云：黃道斜絡於二十八宿之間，如人捲絲爲團，絲絲纏絡，雖重複參差，而周道則一。譬如月之出入黃道，每交退移變動不居。日出入於赤道大率亦然。但月之退移也著，而日之退移也微。古人造曆，初未之覺，以爲天周即歲周。晉虞喜始覺之，因損歲餘益天周，立歲差法，歷代治曆者宗焉。初，喜以天體爲三百六十五度二十六分，乃四分之一有餘。歲策爲三百六十五日二十四分，乃四分之一不足。計五十年而差一度。宋何承天以歲差太速，改周天爲三百六十五度二十五分半，周歲爲三百六十五日二十四分半，百年差一度。祖冲之以四十五年差一度，隋劉焯以七十五年差一度，唐傅仁均以五十五年差一度，僧一行以八十二年差一度。自後諸曆，各各不同。宋曆多在七十五度左右，惟《統天曆》取《大衍》歲差率八十二年及開元所距之差五十五年折中，得六十六年三分年之二爲日退移一度之限。故謂周天三百六十五度二十五分七十五秒，周歲六十五日二十四分二十五秒，百年差一度半。又謂上古歲策多、後世歲策少，故上古歲差少，後世歲差多。元《授時曆》從之，比之諸家亦近密矣。〇按：古以歲差爲太陽移度，新法以歲差爲恒星行度。步法雖同，而推本則異。然恒星原有移動，驗之實測。而太陽軌景，萬古不殊。則新法之理長也。恒星行，歲萬分度之百四十二弱，約七十年餘而差一度。但所謂度者，以三百六十爲率，與古不同。〇《統天曆》謂古今歲策有多少，即《授時》百年消長之説也。然自《授時》後又復長，則此法不可用。而歲差因之有多少者，亦復不的矣。至於諸曆所定差分，或增或減，皆取驗於當時者耳。夫以尋尺儀表，仰究蒼形，失之纖微，年久則著，雖有聖者，莫適爲中。惟取精密附近之數，施於協用，而使疇人專家世明其説，體澤火之象，數十年而一修正，斯爲坐致之通術、無敝之至法矣。

晝夜生於日之出入，日道斜交而隨天在旋。二分日交赤道，出入於卯酉，最中，地平上下，其度適均，故晝夜平。夏至前後，日躔赤道內，出入於卯酉之北，天度分界，地平上多下少，故晝長夜短。冬至前後，日躔赤道外，出入於卯酉之南，天度分界，地平上少下多，故晝短夜長。北極愈高，長短之差愈甚。廣東極高二十三度半，其夏日冬夜各五十三刻十一分，冬日夏夜各四十二刻四分。京師極高四十度，其夏日冬夜各五十九刻七分，冬日夏夜各三十六刻八分。〇此分是以一刻十五分約之。〇自古天地道里、日月軌景之説多矣。至於今日，其説彌詳。以爲地在天中，止一彈丸，上下四方大氣束之，周圍度數與天相應。環地上下皆有國土人物，各以戴天爲上，履地爲下，南北東西隨處改觀。晝夜寒温因之互異：赤道之下，其地最熱，其景則四時常均，無有短永。按：其燠熱凉寒之節，盖一年而兩其四時也。近兩極處，其地最寒，景則短者極短，長者極長，至有數日常晝常夜者，數旬常晝常夜者。正當兩極之下，恒以半年爲晝，半年爲夜，而晝夜寒暑合矣。惟距赤道

二十三度至四十度許，其地寒不極寒，熱不極熱，温和可居。其景則與冬夏進退長短之極皆無過十之七，此寒暑晝夜之交，和氣之會也。中國九州，正當黄道北軌，距赤道二十三度之外。起於廣州，夏至戴日之下，迤邐而北。至於夏至去日十六度許，則今直隸也。自直隸越塞而北，風氣彌寒，晝夜之刻彌長彌短。自廣州〔越〕海而南，風氣彌熱，晝夜之刻漸無冬夏矣。此説得之親歷實測，非騶、莊荒忽者比。而今日遠賈内販飄泊周游，道其所至光景風候，悉與推法符合。故知天地之大，變化萬端，未可迹其一域，疑其區際。蓋自周公《周髀》之書已訾言之，於後大儒亦有心知其意而發其理者，並述於左，以徵信學者云。〇《周髀》之説以爲，天象盖笠，地法覆槃，北極下地高四隤而下。則今地圜之説也。不言南極者，闕於所不見也。既以北極爲中，而又曰天如倚盖，亦就中國言之也。極旁四方之地，晝夜易處，加四時相反，謂北方日中，南方夜半。東方早晨，西方晚暮。子午卯酉每加四箇時辰然後相追及。即今經度、節氣、時刻之説也。北極左右，夏有不釋之冰，中衡左右，冬有不死之草。言其極寒極熱。中衡左右，五穀一歲再熟，北極之下，物有朝生暮穫。赤道之下，有兩春秋、兩冬夏，故一歲再熟。北極之下，以半年爲晝，半年爲夜，故朝生暮穫。即今緯度、五帶之説也。自漢揚雄、蔡邕皆不信盖天之術，更今二千年，理始明曉。然《周官・大司徒》土圭之法則未嘗及此者，土圭測景爲九州之内擇建都畿設爾。九州之地南則景短之時多暑，北則景長之時多寒，東則景夕之時多風，西則景朝之時多陰。故惟洛邑土中爲天地四時之所交合，陰陽風雨之所和會。多暑多寒者，由去日近遠也。多風多陰，則以瀕海負山之故，乃通氣之爲，非容光之變也。周公相九土之中和而立王國，故不及《周髀》之事。且經以存信，術以稽異，具九州之理於經，而盡六合之變於術，言各有所當矣。〇明道程子道：據測景，地以三萬里。取中，若有窮也，然有至一邊已及一萬五千里者，而天地盖如初也。然則地形有高下，無適而不爲中，此天地之化所以不可窮也。若有不易之中，則須有左右前後四隅，雖百千萬里終有盡處。又曰：地既無適而不爲中，則日無適而不爲精也。至寅則寅上有光，至卯則卯上有光，氣行滿天地之中，知此則知生物之理。又曰：今人所定天體，且以目定爾，向有於海上見南極星者，則所見盖未盡也。昔在澤州，嘗三次食韭，始食懷州，次食澤州，又次食并州。數百里間，氣候之争如此。以此差之須争半歲如此，則有在此冬至、在彼夏至者，然其爲冬夏一爾。觀程子三章之言，則地之渾圜無端，日之隨處朝暮，氣候之南朔互易，盖皆以理推而得之。世有拘於所見、蔽於大象者乃曰：日月麗天，萬里同晷。自《周禮》明文先目之爲不經，况商高之學久失其傳者乎？今日天家之言，乃所以爲往聖前賢之助也。【略】

地居天中，與天度相應。七政運行於天之内，去地遠近不同。最近地者月，次日、金、水，次火，次木，次土，最遠恒星。〇以行之遲疾校之，月速，日、金、水遲，火又遲，木愈遲，土最遲。知彌近則速，彌遠則遲也。以象之高下測之，火退望時體大光爍，金、水退伏則遂出日下，月長掩日，是亦其以次而近之證。以理之陰陽推之，火、木、土陽也，在日之外，金、水、月陰也，在日之内，有男女正位之義焉。從前言七政共麗一天，然屈子又云「圜則九重，孰營度之」，是必古有其説，而自漢以下失之也。今曆言天與九重説合，盖恒星、七政并宗動，故爲九。宗動者，無星之天，一氣旋運而爲衆動之宗者也。所以知有此天者，此天樞紐繫於太虚，萬古不移。而恒星天之極星則去樞紐之不動者，較古以漸而遠，二十八舍經緯因之，亦有古今之異。則是恒星自爲一天，在此天之下與七政同也。然此天者，外貫軸於太虚而内根極於坤厚，所以日、月、星辰潛移嘿運，而兩極之在地平者，無今古之殊。觀是以悟其表裏之相應矣。〇朱子云：《離騷》注解云有九天，據某觀之，只是九重。盖天運行有許多重數，在内者較緩，至第九重則轉得愈緊矣。地在中央不動，不是在下。天包乎地，其氣極急，形氣相催，緊束而成體。但中間之氣稍寬，所以容得許多品物也。又曰：蔡季通欲先論天行次及七政，此猶未善。要當先論太虚，又見三百六十餘度一一定位。然後論天行，以見天度加損虚度之歲分。歲分既定，然後七政乃可齊爾。〇按朱子與横渠皆主左旋之説，惟動天旋急，故近之者速、遠之者遲，愈遠則愈遲，與前東行遲速之序正相反也。曆家取籌算之便，儒者求義理之通。譬如一盆之水，急旋其邊，則近邊者極速，向内者漸遲，中間沙土聚而不動，是爲地體矣。况以前陰陽之理推之，日以外屬陽，陽者動，故行速以從天。日以内屬陰，陰者静，故行遲以應地。是尤理之無可疑者。所謂天度加損虚度之歲分，尤與今恒星東行之説相似。

七政各有本天，而本天各有高卑，不以地心爲心。七政之行在最高，則遠地，視徑小，覺行遲，其差爲朒。在最卑，則近地，視徑大，覺行速，其差爲朓。〇天有九重，故七政各有本天。然惟恒星以地心爲心，七政之天則不以地心爲心者，因其有大、小、遲、疾，知其有高卑，因其有高卑，知其不以地爲心也。然用高卑之説，則本天之行即七政之行，但月、五星爲日所掣，轉生次輪，而無所謂小輪者。不用高卑之説，則有小輪，又有次輪，詳見下章。〇日行有盈縮，古法縮曆

起夏至，盈曆起冬至，即以二至爲盈縮之端而已。新法則極盈極縮不必定於二至之度，而歲有不同。且曰日行原無盈縮，人視之有盈縮爾。行最高，則離地遠，而見其度小，是以謂之縮也。行最卑，則離地近而見其度大，是以謂之盈也。又曰上古最高在夏至前，今在夏至後。由其説考之，郭太史作曆時，最高約與夏至同度。今定在夏至後七度，是其每歲移動之驗也。蓋日之盈縮，月之遲疾，今統謂之高卑視差。月行遲曆爲月孛者，月之最高處也。而月孛一周行三度餘，則日之最高安得定而不移乎？但月孛之行也速，而日高之動也微，約六七十年而始行一度，故古來推算者未之覺。以理揆之，則月孛周天日高之行亦應周天，特其數在千萬年之後，未可以意斷爾。五星之理亦然。○《授時曆》立爲歲分消長之法，謂上溯往古，百年長一，下推將來，百年消一。然自《授時》後至今，實測歲分不惟無消，而反長矣。論者皆莫能明其故，惟梅定九以爲根在最高之行。其説曰：《授時》立法之時，最高卑正與二至同度，而前此則在至前，後此則在至後。豈非高衝漸近冬至，而歲餘漸消；及其過冬至而東，又復漸長乎？然梅子之論止於此，而不察言之余。謂凡稽歲實者，始冬至，終冬至，故消長皆以冬至一日言之。若以全歲除補，則無消長也。蓋是日也，日行最卑，故最速。最速，故其景周也，不待刻分之滿也。據此日以總全歲，則若歲分之極消焉爾。其前者向乎此爲漸消，後者過乎此又漸長，理勢然矣。郭太史見往古之遞消，而不察其端，故謂消分往而不復。又幸其時適爲消極也，因而復長，以使後人得知其誤而求其説。假設歲實而起夏至，吾知極消者必爲極長矣。故曰以全歲除補，而初無消長也。○最高所以有行者，緣輪心之東行已周，而輪周之西轉未周也。蓋心雖爲輪之樞機，然心小而輪大，故運動之勢中外略不相權，而樞機之發遲速微不相應。月孛之行最速者，以月行最速也。月行之速即輪心之速，輪心之東行速，則輪周之西轉有不能追者，而反覺其東去也多矣。

以本天高卑求朒朓，謂之不同心圈。本輪者，有小輪在本天之周，而七政行其上，小輪之上半高於本天，下半卑於本天，人自地視之，則成不同心之圈矣。七政本天皆右移，而七政在本輪周左旋，故下半速而上半遲。○此説則七政本天皆以地心爲心，其所以有高卑者，小輪之上下爲之也。

月中距天以地爲心，本輪心乙行其上，月又行於本輪之上。月自輪頂最高子左旋行至丑，輪心乙亦右移至丁，月行至本輪底。辰爲最卑，心亦至庚。月行本輪滿一周復至子，心亦行中距滿一周復至乙。以輪心右移之速，能使輪周上月行之度變爲不同心之象，日、五星並同。○七政本輪周左旋之度，與輪心在本天周右移之度皆同數。輪心自本天最高右移一度，七政在輪周亦自小輪之最高左旋一度。若以一綫聯其環行之跡，則成大圈，而與地不同心，故曰異名同理。○二者法則同歸，而理以本輪爲確，蓋地在天中不動，與太虚相應。七政無與地不同心之理，故七政之天皆同心也。其行於本天而成輪象者，逐動天之行，勢使然也。天圓而動，日、月、五星亦圓而動，論者喻之盤之珠丸，雖隨盤轉，而又自生環繞之形。又喻之水之漩渦，雖逐水流，而又自作迴旋之勢。既有環繞迴旋，則其形勢或高或下，而似與地不同心矣。

五星皆以次輪心行於本輪之周，月則以次輪最近點行於本輪之周。朔望起最近每本輪心離日一度，則次輪最近行於本輪周亦一度。而月在次輪，則行兩度。朔望至弦離日九十度，而月行次輪一百八十度，至最遠。弦至朔望亦行一百八十度，復至最近，故一月行兩周。所以知者高卑視徑，遲疾視行，皆至兩弦，則其差倍增而朔望則平也。

又 七政各有本天，有本輪，日五星行本輪而有朓朒，盈縮曆是也。月行本輪而有朓朒，遲疾曆是也。然惟太陽無次輪，故本輪上行度即爲日體。月、五星則本輪之周又有次輪，故本輪上行度尚非月、五星之體，而次輪所行也。○七政本天皆右移，故本輪之心亦右移也。即平行度。而七政本輪周行度皆左旋，所以知者，七政之縮曆遲曆皆輪上半而盈速下半也。本輪左旋，則次輪亦必從之左旋，即星盈縮曆，月遲疾曆。而月、五星在次輪上仍皆右旋。輪周行即月星行也。所以知者，五星在次輪上半行反速，下半則反遲，留且退。月雖無留、退，亦上速而下遲也。○七政行天一周，而本輪之朓朒亦一周，七政從天者也。月與日一合一望，而次輪再周。五星與日合望，而次輪一周，月星從日者也。○本輪行度，日金水歲一周，月一歲十三周有奇，火約二歲，木約十二歲，土約二十八歲，皆一周。本輪心行天一周，則宿度徧。本輪周行度滿一周，則朓朒齊。星行次輪，土三百七十八日奇而一周，木三百九十九日弱而一周，火七百八十日弱而一周，金五百八十四日弱而一周，水一百一十六日弱而一周，皆自合伏至合伏也。惟月則十四日奇而一周，朔至望，望至朔，皆得全周也。五星次輪上行度與其離日之度同，惟月則次輪上行度與其離日之度爲加一倍，故名之倍離。○七政本輪皆不能改易經度，東行之向輪小故也。太陽無次輪，故有盈縮而無留退。若太陰則有次輪矣，何以亦無留退？曰：太陰次輪更小於本輪，故但能加損本輪之遲疾，而不

能改易經度之東行。五星則次輪皆大，故遲疾甚明，又能變經度東行之勢，俾成留退矣。○輪有遠近者，在七政本輪則爲最高卑，在土、木、火次輪則爲合日與衝日，金、水則爲順合與退合。故高則在本輪遠，卑則在本輪近。五星合伏則在次輪遠，土、木、火衝日，金、水退合則在次輪近。皆以遠近於地心爲遠近也。惟太陰不然，凡言次輪遠近，皆遠近於本輪之心，非遠近於地心，與五星異，故高卑朓朒之極增數皆在兩弦，而仍以本輪爲主，遇最高則極高，視徑加小，遇最卑亦成極卑，眎徑加大，遇遲限則極遲，遇疾限亦極疾，迥異常測。然而高卑極增之時遲疾反平，遲疾極增之時高卑眎差衹如中距兩輪相加，勢使然也。○土、木、火合伏後，起最遠順輪心行，故疾。本輪西行，則次輪心亦宜西行，然本輪心自順本天東行，本天度大，本輪周度小，以相折除，則次輪心總爲東行矣。中距漸遲，人視星自上而下，初不見其有動，爲留。至下半周，逆輪心爲退。最近與日衝，近地而星體必大。近中距自下而上又見爲留。至上半周復順疾而再合，金、水環繞日體。合伏起日上最遠，退合在日下最近。退合無緯度，即入日而日中有黑子。順逆遲留之理，與土、木、火同。大氐五星合伏必在次輪最遠，退望、退伏必在最近。而火次輪體徑倍大，退望時因直入日天之內，去地甚近也。○五星本輪在本天之上，則逐天行而西，計輪心退天一度，輪周亦西轉一度。次輪在本輪之上，則逐日躔而東，計輪心離日若干度，輪周亦東轉若干度。梅子曰：是皆氣所攝也。本輪之周爲最高所攝，故心雖右退，而其左轉以向最高者不移也。次輪之周爲日所攝，故心雖左徙，而其右轉以向日者不移也。夫虛空之中一氣而已，其動也一機而已，安得盤桓交錯，若是棼然哉？曰：凡皆理勢之自然也。若前盤珠水沫之喻，則珠之動也常循於其盤，而勢必傾；或銕九也，而運慈石引之，則又感於其類而勢必就沫之浮也。雖有迴轉，而勢常東之，或遇漩窩焉，則又爲之吞而勢必下。究今夫天者，盤也，水也。太陽之於星，不啻慈銕之呼噏、渦流之茹納也。故一氣之中，羣象効焉；一機之發，衆動生焉。然而兩輪雖周，不離其天；兩數加減，不改平度。變化而其道有常，參差而其數有紀，是亦可謂至賾、至動而不可亂者矣。

土、木、火合伏起順疾，日前星後而晨見，漸遠漸遲，遲極而留，將望而逆，既望夕見，逆極而留，乃順遲行，近日復疾，再與日合而一周。金、水合伏亦起順疾，日後星前而夕見，漸遠漸遲，遲極而留，逆行就日而伏，既乃晨見，逆而極遠復留，漸順遲行，近日復疾，再與日合，而一周。星道出入黃道，與月同理、雖有本輪、次輪，而人目所望，但見一綫迤里出入黃道也。凡距黃緯度近交則小，近半交則大，合伏時小，退望、退伏時最大，距黃最大緯度，月南北五度少强，土三度太，木二度太，火南六度半强，北四度十一分，金北八度半强，南九度弱，水南北四度。凡在此以下，爲凌犯之界。各周所行之實度不等。土十二度半强，木三十三度强，火四百八度半强，金五百七十五度半强，水一百一十五度强。○漢曆有遲速留逆諸限，後人又覺其疏而爲之段目衰序，然於理莫能明也。以今曆之說求之，則星在次輪，終古平行，無遲無速。其有遲速而又加有逆留者，皆視行也。蓋星行上半輪在本天之外，去地最遠，與輪心俱逐日而東，輪行而星亦行，所謂輪行者，輪心也。所謂星行者，輪周也。故見爲疾。漸下在兩旁盡處，人自下望其勢，徑直，雖行而似不行。然星雖不動，而輪猶移也，故見爲遲。及入下半輪稍深，輪東星西，其數相除恰盡，則見爲留。星之西行，其數稍贏，則見爲逆。方星行下半輪正中時，輪心尚爾東行，其度大，星行次輪，其度小。安能除盡東行之數而辰見贏乎？不知測驗之理，凡七政遠則見遲，而度之大者小，近則見疾，而度之小者大。當在下時，去地最近，其度雖小，足與大度相除而猶遇之也。數適相等，又見爲留。轉至兩旁盡處，又見爲遲。漸入上半輪界，又以漸而速。是故順逆遲留，皆因人所見，非星行實然。而究其故，則輪周之轉爲之也。金、水二星不經天者，緣與日同天，而其輪心行度又與日等，故退伏而不退望，實則與三星之理無有不同。○以其兩留之限攷之前留，土近合後百一十四度，木百二十六度，火百六十三度，金百六十七度，水百四十四度，後留土二百四十六度，木二百三十四度，火百九十七度，金百九十三度，水二百一十六度，兩留之間則傷退行。夫其兩留之間闊狹度殊者，蓋輪之東去遲，星之西行速，則兩數相除易盡而先留。輪之東去速，星之西行遲，則兩數相除難盡而後留。此闊狹之原也。土、木、水皆輪遲而星速，輪行，土十二度奇，木三十三度奇，水則一百一十四度奇。星行，土三百七十八日奇，木三百九十九日弱，水一百一十六日弱。故兩留之間多。火、金皆輪速而星遲，輪行，火四百八度奇，金五百七十五度奇。星行，火七百八十日弱，金五百八十四日弱。故兩留之間少。又前留距合在本天最高則少，最卑則多，後留在本天最高則多，最卑則少。所以然者，在最高則次輪心逐本輪周西移而東行之度縮，在最卑則順本輪周東過而度益贏。縮則星度與之相除也易，贏則星度與之相除也難，與前論留限闊狹者異原同歸也。又凡人目仰眂，遠則察見其兩際而近則窄。土、木水輪小，故高而遠。金、火輪大，故卑而近。在最高則遠，在最卑則近，此其兩留之視所以不同。

清·李明徹《圜天圖説》卷上　渾天説

天體渾圜如球，其廣莫測。地球懸於當中，外面數重包裹，内則日月星辰繫焉，故名渾天。其體雖則虚空，而有垂象可以推測。故善言天者，推恒星之位置，測七政之高卑，九重之體有明徵焉。

地球懸空居中，周圍九萬里。大畧圍三徑一而有不足，依九萬里之周測之，實測得地面至地心一萬四千三百一十八里九分里之二，爲地之半徑。自地球以上爲：第一重月輪天，離地心四十八萬二千五百二十二里餘。又上爲第二重水星天，别名辰星，離地心九十一萬八千七百五十里餘。又上爲第三重金星天，又名太白，離地心二百四十萬零六百八十一里餘。又上爲第四重日輪天，離地心一千六百零五萬五千六百九十里餘。以上從地心立算，以下從地面立算。又上爲第五重火星天，又名熒惑，離地面二千七百四十一萬二千一百里餘。又上爲第六重木星天，别名歲星，離地面一萬二千六百七十六萬九千五百八十四里餘。又上爲第七重土星天，又名填星，離地面二萬零五百七十七萬零五百六十四里餘。又上爲第八重恒星天，又名經星，即三垣二十八宿，内則包涵南北歲差、東西歲差，離地面三萬二千二百七十六萬九千八百四十五里餘。又上爲第九重宗動天，運行甚疾，一日一周，内包八重，離地面六萬四千七百三十三萬八千六百九十里餘。此外乃第十重永静天，包涵九重，爲渾天之主宰。朱子所謂硬殼天是也。九重之内乃恒星與七政動旋其中。

夫天地之間，或動或静，各主其一，未有一息之内動静互現者，亦未有兩動並出，能於此動東去、彼動西行者。今觀恒星七政，旋動各異，或致相反，則知所麗之天必非一重，可推測而得也。七政中惟日月最明，而易見其運動不同之處，在朔望時可驗之。凡遇朔時，日月共躔一度，望時日月相對，各遠半周。月輪每日自西而東，約行十三度有奇。日輪每日約行一度。其五星所離日月列宿每月亦各有異，離遠離近，運動時刻又各不齊，所以推測而知其各有所麗之本天，各主其動也。七政本天之動皆自西而東，是爲右旋。宗動天之動則自東而西，是爲左旋。左旋者運行甚疾，一日一周，能帶動右旋之日月五星盡往西移。人祇見其隨天左旋，而不知其本天自有右旋之度，非實測不知也。蓋自西而東者，乃日月諸星之自行，本同一體，内發二動，似乎相反，乃其層數各别也。如船行水上，順風東行，人在船内，自船頭走往船尾却是西行，岸上人只見船與人皆往東行，而不知船内之人自是西行。可知東行是爲帶動，西行原是自動。雖則二動，而各有所司焉，並非一象自發二動也。九重之中，以太陽爲正照，乃均天之主宰，居七政上下之中，得中正之氣，光及餘政。要知星月本無光，恒借太陽光以爲光。故月與日合則爲朔，遠則爲弦，對則爲望，隨其遠近而明闇生焉。五星列宿亦復如是。蓋日居諸天之中，照映上下，温暖真氣，暄及於地，下濟萬類，乃得中和氣候，發生萬物。若居最上，温暖不及，諸物難以滋生。若居最下，燥熱太甚，諸物受其暵損。惟居中而後氣感和平，物得其宜也。

渾天者，九重旋動，遲疾不同。惟宗動天最疾，牽制諸天帶同出没，十二時行三百六十度一周，每時行三十度，其迅速豈可思議。此天並無星象考測，但從赤道可以分宫，故隨十二宫立算，取太陽交會爲法。即以降婁宫西名白羊。初度爲定，是名太陽會天合位而分左右旋，生進退順逆之説。宗動天左旋爲進爲順，一晝夜行一周，仍復故位，再過一度，此天每日進一度也。積至三百六十度與太陽復會，爲一周天。既動天以静天爲主，赤道爲腰，南北二極即正子午之樞紐，名赤極，主一日一周之運行，藉以推測離地高廣之里數。太陽躔黄道右旋，每日行一度，較動天爲退數，動天左行一度爲進數。各行三十度而過一宫，至一百八十度是半周之數，往來正對相遇。到壽星宫西名天秤。初交乃秋分，正令周天各半。從此又分左右，各行一百八十度復回降婁故處，是爲歲周也。諸天皆向東移，動天是向西轉，勢相違逆。故近宗動東移者甚難，遠宗動東移者漸易，此恒星七政遲疾之原由也。

渾天十重圖

黃赤二道說

渾天之體有南北二極，爲天之樞紐，天動而極不動。從二極正對當中平分天體爲兩半，其中分之一圈處是爲赤道。凡推測者，皆賴此爲準繩。赤道周圍列三百六十度，三十度爲一宫，每(度)〔周〕分十二時，一時分八刻。以此立算，所主者有七焉：一以度天一日一周之運行，一以定晝夜刻分之永短，一以齊黃道之廣狹，一以限春秋分之晷影，一以判天道之南北，一以起南北之緯度，一以紀天中之地圓也。

又有黃道，是由恒星天所定，乃太陽終歲經行所周歷之路，及月與五星周歲經行所參錯之限也。此道斜絡於赤道，如兩環相疊，半出赤道南，半出赤道北。其最南之界在赤道緯度二十三度半，爲冬至；最北之界亦在赤道北緯度二十三度半，爲夏至；其兩道相交之處爲春分、秋分。就此道平分之爲四象限，每一象限九十度，即二至二分之界限也。春分至夏至九十度，夏至至秋分九十度，秋分至冬至九十度，冬至至春分九十度。合之爲三百六十度。再以十二辰分之爲宫，二十四分之爲節氣，七十二分之爲候。凡月建與宫界相差常五度。所以分黃道爲十二宫者，因日月相逐，每年會於黃道有十二次，共成十二變，故取數於十二，則爲十二月。四之得三，則爲一季。諸曜之行、四時之變、天下寒暑之各異，總由乎此。蓋太陽終歲所行衹躔黃道一綫，非如月與五星隨時而有出入，但日躔黃道，亦隨黃道而行出入於赤道。中國在赤道北，故太陽行至北陸則暖而萬物生，行至南陸則冷而萬物死。至如居赤道以南諸國，則日至南北陸其冷暖乃與中國相反矣。黃道所主有四：一以節七政列宿右行之度，一以測日月交食之限，一以其出地多寡定天下晝夜長短，一以分別列宿南北及紀赤道之緯度。

南北二極說

南北二極各有二，赤極、黃極是也。黃、赤各有南、北二極。黃極主天旋之化機，運行不息；赤極乃天元本體之樞，居所不動。名爲二極，實非星也。或有云極星者，蓋指近極之星而言，其實南北二點不動之處並無星位，衹爲天之蒂而已。故赤道南北極是爲不動之極，定中爲主，而後此天得以循行萬古而不越。測之須從二極周圍起圈綫各九十度以至中央，是爲赤道之界。合四象限共成三百六十度，此南北緯度也。又從極中分瓣起算列爲十二宫，每宫平分三十度，合四象限共三百六十度，此赤道東西經度也。黃道之分躔經緯度亦然。黃極在天，如輪之轂，如磨之臍，其天之旋機運轉，黃極實爲之主。太陽躔黃道一綫，而行最南至晝短規不出赤道緯度二十三度半，最北至晝長規亦不出赤道緯度二十三度半。此一南一北四十七度俱在天中正帶，太陽所行總在長短二規之內。至於赤道南北二有之規，是黃道不到之處，即日輪不至之處，遂有晝夜永短偏勝之極，而有寒無暑矣。

黃赤二道距交說

宗動天自東而西一日一周，帶動以下各重天亦自東而西一日一周。即此周日之間，太陽之行實則自西而東自行一度。人居地面，但見左旋而已，初不見其右旋者，因外動自東而西甚疾，内動自西而東者甚遲故也。然而因其遠近天頂可以證右移一度之實焉。何則？日行躔黃道一綫，無有出入，然而在於春分後則漸行過赤道北而上，秋分後則漸行過赤道南而下。其上其下者，並非日有偏行，緣本天之黃極與赤道極不同位耳。倘或黃赤二極並同，則日行應常在赤道下，絶無距度，安得有運行之異，以成變化？惟其兩極各不同位，是以行亦不一。如前圖甲乙之位乃宗動天，正中是名赤道。丙丁爲赤極，居南北正位。戊己之位乃日天正中，是名黃道。庚辛爲黃極，亦分南北二位。庚辛離丙丁位各二十三度半，戊己離甲乙之位亦二十三度半。南在戊爲冬至，北在己爲夏至，遇兩道相交之處在壬爲春分，在癸爲秋分。太陽每日右旋一度，所以自戊冬至行至壬春分漸上，至己夏至又行至癸秋分漸下，復戊冬至。一上一下，因而出入赤道南北，爲冬夏、爲晝夜長短。必行至兩道相交一點爲春分、秋分，則晝夜平也。

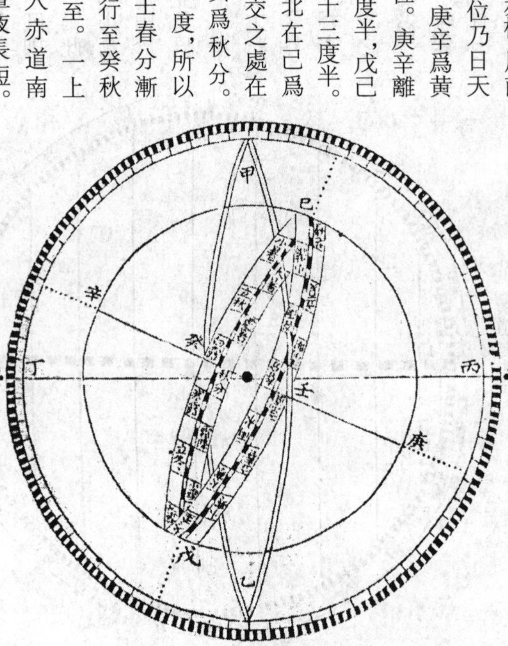

黃赤距交圖

黃道説

黃道居宗動天内，以地爲心，是太陽所行之路。周天三百六十度，分四象限，每象限九十度。又六分之，每分十五度爲一節氣，共二十四節氣備焉。太陽每日平行一度，歷二十四節氣全周之。每歷六節氣行滿一象限。如太陽躔冬至之節前後共九十度，正在赤道外而最遠於天頂，故有晝短夜長。而各方長短稍有參差之處，則因地球各方之地面不同而有異。所以自立冬至立春皆寒，而冬至在其九十度之中，而寒冷尤甚，則日遠天頂故也。自立春至立夏，太陽漸行近赤道而稍上於天頂，其時暖於冬至，涼於夏至。而春分正行值赤道中交，此時温和氣候，普天下皆是晝夜平分，則於赤道爲平行故也。自立夏至立秋，太陽行於赤道之上，而夏至在其九十度之中，斯時與冬至節爲對望，則有晝長夜短，而天氣甚爲炎熱，則日當天頂故也。自立秋至立冬，太陽又離天頂漸往下行，其時稍凉於夏至，甚暖於春分。復漸行至赤道中交而爲秋分，此時普天下又是晝夜平分，不寒不熱，與春分一樣。是則寒暑永短，皆因日行黃道有所出入於赤道之故。惟春秋二分，太陽皆躔二道之交，即屬循行赤道之下，永短既同，即寒暑亦宜畧同。緣春日陰氣塞滿大地，日光雖照，難成温熱；秋日陽氣焦灼，無所不暴，日輪雖下，難成寒氣。則寒暑畧有不同，在乎各方氣候之故耳。日之到天頂與離天頂因地而異，居赤道下者以赤道爲天頂，居二極下者以二極爲天頂。故極之低昂隨人在地球所居而定其度，天頂所在亦因人在地面所仰而易其方。前所謂天頂，就中國言之。蓋中國居赤道北二十三度半之下，故夏至之日最遠於赤道，而在中國則爲最正於天頂。過此以往，又往南行，則漸近於赤道，以至南出於赤道，而中國則見其日遠於天頂矣。

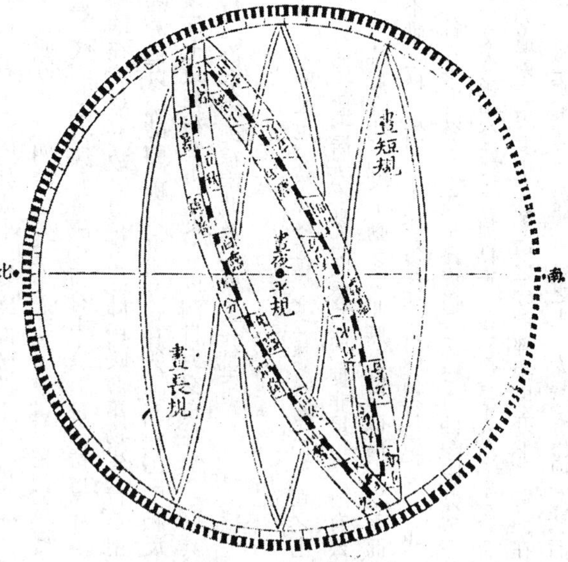

日行黃道圖

黃赤距交應中説

黃道爲七政之界限，太陽主其正，終古躔行，所以主周年之節令，定四時之氣候。非如月與五星，雖依黃道旋行，而行有出入，故太陽不距黃緯而有距赤緯。日輪由春分而至夏至，共行九十度，爲六節氣。自夏至至秋分，自秋分至冬至，冬至至春分皆然。雖則各行九十度，而其所距赤道之緯度則非九十度也，所距赤道總不出二十三度半之外。蓋日行九十度者，乃黃道自東而西之經度；二十三度半者，乃黃赤相距南北之緯度也。如應中國上，甲乙之正中即天腰横帶，是爲赤道。此道居中，分剖南北。其丙丁位南北相值，此即赤道之緯度。南爲冬至，北爲夏至，各距赤道二十三度半。假如太陽行春分正位，在赤道之中，故無距度。自春分以後行至清明，則已行十五度，而距赤道之緯度則非十五度，乃六度强也。清明至穀雨又行十五度，則又加距度得六度弱。穀雨至立夏又行十五度有奇，則又加距度得五度强。立夏至小滿又行十五度有奇，所加之距度不過四度也。小滿至芒種又行十五度有奇，所加距度只兩度而已。芒種至夏至又行十五度有奇，而所加距度只得一度弱。以後夏至至秋分距度亦如是。秋分以後日出赤道南，以至冬至復回至春分，其距度亦皆如前。所以近交差多，近至差少。欲知每日太陽躔黃道距赤道幾度，細看前圖度數可得焉。如圖中清明初

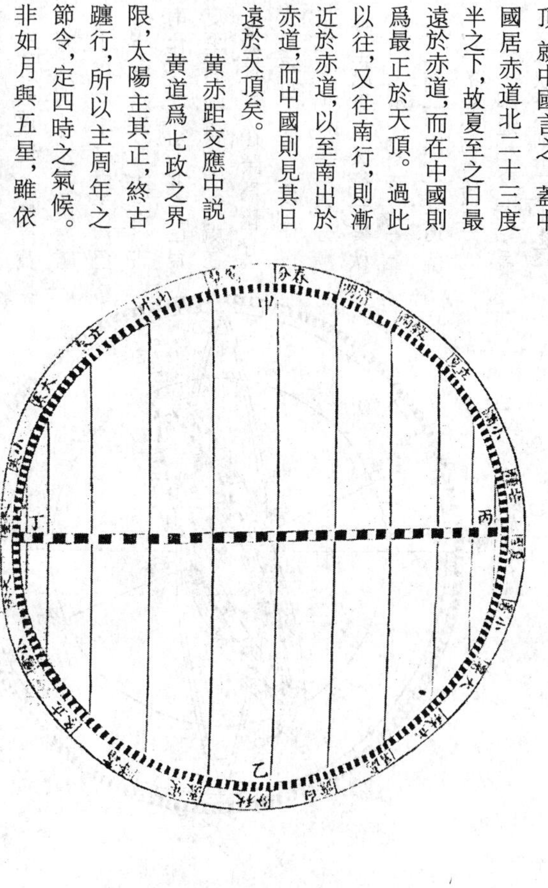

黃道應中圖

日，查太陽距赤道度分，上是清明初度，下是白露初度，兩界相對，用一綫引之，視綫所當丙丁綫度分，得六度强，因知清明初度即同白露初度，太陽並距赤道六度强也。若取清明五度，則對值處暑十度，依法視之於丙丁，則得七度。故可爲兩界互用之法，餘倣此。

太陽出入赤道説

太陽所躔黄道出入赤道南北各二十三度半，内外不異，往來有漸，以二十四節準之。太陽距赤道逐日皆有移動，但以節氣爲準，令人易測知其所在高低，因以推北極焉。此是周徑距交度數，應中圖是分宫相距度數，兩數皆同。如春分日太陽行周天圈，無偏南北之度，即知南北平分天體之界。

清·李明徹《圜天圖説》卷下　地球本略説

地本正圓，居天圓之中。天包地外，如卵裹黄。自是天依乎地，地附乎天。天依其形，地附其氣。但形氣相依相附，形則有涯，氣則無涯耳。夫天之形象渾圓如球，晝夜旋轉，如勁風之運旋。則氣之渣滓聚成形質，束於勁風旋轉之中，兀然浮空而不墜。蓋氣爲大圓所束，四面求洩而不能，洩則必反而聚於中心，結成圓球，恰居至中之位，此乃大氣所舉。然則天大地小，是天以地爲心，地球之心即天之心也。以天視地，不過一撮。其四方上下離天極遠，而相離之度數道里四面上下皆得均平，非地横亘天中，與天相際也。然而人附地球周圍而居，隨其所居以望四遠，目力所極皆適得圓體之半，則地形雖圓，又似與平體之象無二，雖小又似與際天之理不殊。若就一處窺天一方立法，是爲地平。凡曆法推測考驗，必須從地平圓面起初度，升至九十度即抵天頂，正與地心相應。蓋人之所居，全在地面，穹窿而據地心之上，徒以體圓勢順，目所環觀，得睹大輿之半，故云地平也。地球周圍九萬里，半徑則一萬五千里，爲地球之中與天心正合。人既環地而居，不拘東西南北，但所立處皆在半徑之處。然則地球之中，乃隨處之中耳。地球雖有高下，而地面上無適而不爲中，故中不可執一爲定也。古有言天圓地方者，是語其動静之性。地氣運行不息，地體則静而不動，故言其不動爲方，非謂形體方也。

地應天中圖説

凡測驗，必須先明其本像。地之本像乃是圓球，懸居天内正中，得宗動天周圍大氣所舉，故無偏倚。此地球乃天之心，周圍亦三百六十度，上與天度相應。其東西經、南北緯，悉符天之經緯度數，相爲表裏。分爲四象限，每象限九十度。如圖，卯、午、酉、子，此周天象限。太陽自卯向午，每刻行三度四十五分，每時平行三十度。至午得三時，共行九十度，太陽正中天頂。自午至酉亦如是。故知太陽合地均爲平行，所照物影，周圍地面亦皆平轉也。今太陽在甲位，照乙地球，其影必射至丙。日由甲向午上行一度，其影在丙亦必向子下移一度，此影與太陽均爲平行相等。然則地球確居天之正中，日輪行周天，上向天頂，下向地平，周圍旋轉於地面俱是平行，因而地體之影亦是平行，可以知地球應天之中心，無可疑也。

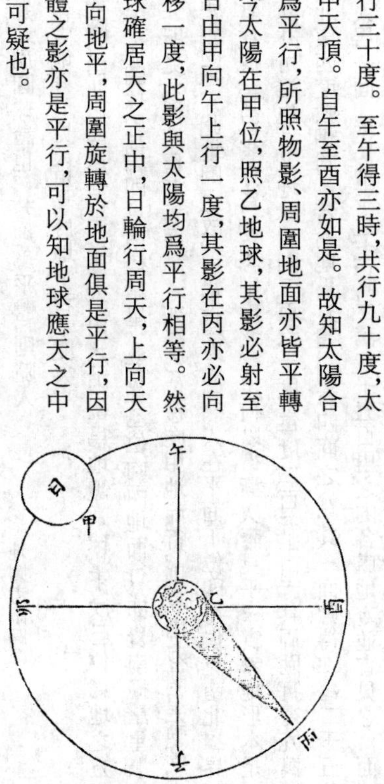

地應天中圖

地假偏隅圖説

假令地球不應天中，在其一隅。如圖，丁爲天中而地球偏在乙位，日在甲照乙地球，其影必至丙，則地影不能隨日平行周轉。日輪從甲過戊至丙，影必從丙過已至甲，是日行大半圈，影行小半圈，遲速不等矣，決非事理。試驗春秋二分，日躔赤道，其時日輪六時在地平上爲晝，六時在地平下爲夜，苟地居偏隅，何能平行適均乎？故知地球必正居中也。

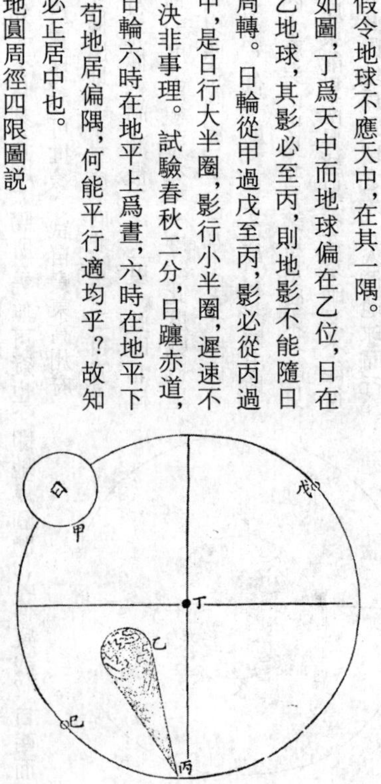

地假偏隅圖

地圓周徑四限圖説

地球在天中，日輪大於地球一百六十五倍。自日視地球，僅小如彈丸。自地球視日，則大如車輪。人附地而居，隨其所在，均得見天體一半。其所見一半之天爲晝，日行於所不見一半之天爲夜。春秋二分恒得晝夜平者，地球正中故也。故地平綫能分日天爲兩平分。欲細測地體，先就東西經度徵之，復推之南北緯度，皆可以合證地圓之旨。日月諸星每日出入地平一遍，而天下國土在地球上有五帶之分，雖同在一帶之地，又自有東西各别，故其視日月星辰亦非同時出入。蓋東方先見，西方後見，漸東漸早，漸西漸遲。假如一人居東，一人居西，兩地相去七千五百里，則東方人見爲午正初刻，西方人見爲巳正初刻，因地圓故也。周天三百六十

(五)度，每度合地面二百五十里。若相去一百八十度，是地球半徑，則東方之午即西方之子矣。此乃經度所分，其餘依此類推。

地圓周徑四限圖

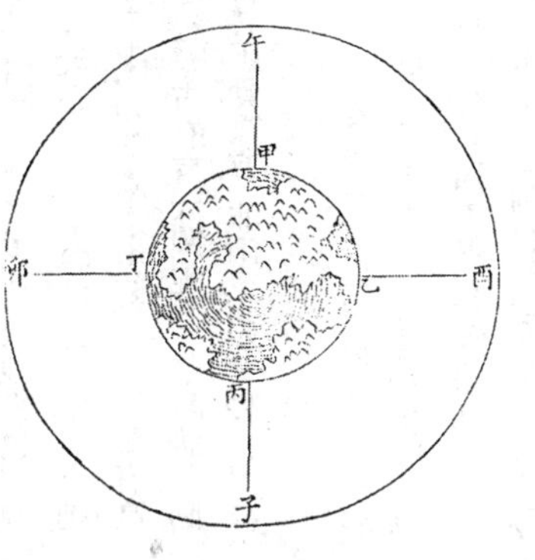

如圖，午酉子卯爲日天，甲乙丙丁爲地球。今日輪在午，人居甲地即見日正天頂而得午時，人居丙即得子時。日在天頂是對冲也，在東方離甲位九十度，居丁位，是得酉時。日既過其天頂，將没於地，則午甲丙子爲其地平也。西去九十度，居乙即得卯時，日向其天頂，是初出於地，亦午甲丙子爲其地平。依此推算，令日輪出地平在卯，人居丁得午時，居乙得子時矣。此可知地爲圓體也。蓋日出於卯，因甲高，與乙障隔，日光不照，故丁之日中爲乙之半夜也。

地若方平圖說

若地爲方體者，則日月諸星不當有隱顯各異。

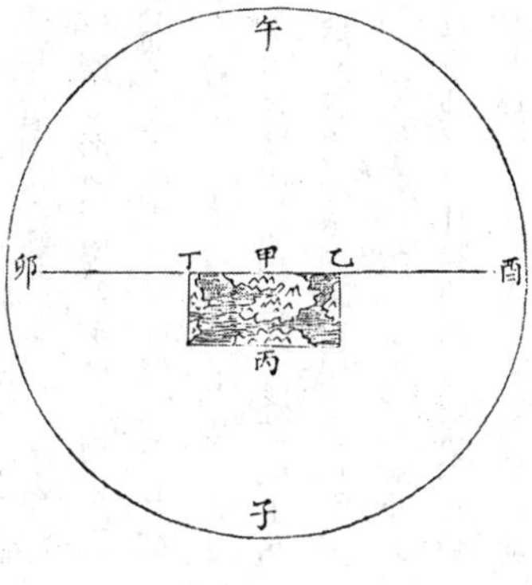

地若方平圖

如圖甲乙丙丁形，則日出卯，凡甲乙丁地面居人俱宜得卯。日入酉，居人俱宜得酉。不應東西相去二百五十里而差一度，至七千五百里而差一時。故明有時差者，不得不信地圓也。又丁乙與甲異地，即異天頂，即異日中。苟與甲同卯酉，即丁之午前短、午後長，乙之午前長、午後短，獨甲得午前後平耳。今觀春秋二分晝夜平分，天下皆同，不能不信地圓也。

地面經緯合圓說

凡曆象之學，推驗天地經緯度數與天相應，以爲推算七政、測量地海之用。但其推驗(經)〔緯〕度稍易，大抵用午正日晷或星高及南北二極取之。其推驗(緯)〔經〕度稍難，必於月蝕取之。夫月蝕與日蝕各異，日蝕是月掩日光，或蝕或有不蝕，或蝕而分數有多寡，時刻有先後，隨地不同。月之蝕限分數時刻天下皆同，但入限有晝夜、人有見不見耳。今借推測月蝕以顯地度，每測本處月蝕甚於子，即東去三十度必蝕甚於丑，西去三十度必蝕甚於亥。可見本處之子時，即東方之丑時、西方之亥時也。若兩地相去九十度，則東方見蝕於子，西方見蝕於酉矣。若相去一百八十度，則此處見蝕於子時，彼處必在午時。彼處地方雖不見蝕，是依所蝕之度數算之，知其午時當蝕也。蓋月蝕是有定之度數，維天下地方見蝕者，時刻各有所異，每離九百三十七里半而差一刻，可見時刻天下不同，各方以太陽到本處爲午時正初刻。又月自西而東，每日約行十三度强，每時約行一度五分之一，所離列宿次，舍每時亦各異。欲知兩地東西相去道里之數，即兩地相約同夜測月輪與某星同經度分爲何時刻分，如東方與此星同度分爲子時，西方與同度分爲丑時，兩地相隔一時，即東西相去共遠七千五百里也。以此推之，則知天下時刻各因太陽所至，無可疑也。即地爲圓體，又何疑哉？自南而北，地爲圓球，亦可推驗。試自廣東高州府，此處北極出地二十二度，向北直行二百五十里，又見北極稍高，測得二十三度。此即北極又出地一度，南極則入地一度。此度數道里南北與東西相同，每行二百五十里，北極再高一度，南極又低一度。直至京都，測北極出地，即得四十度矣。可見北界諸星是廣東不能見者，在廣東能見南界諸星若在京師又不能得見也。此因地爲圓球之故。人循地球而行，故南北二極及其附近諸星隨圓形漸次而有隱見，可知地爲圓球證也。若地爲平體，則隨人所至，各處地方恒見天星高於地平若干度矣。

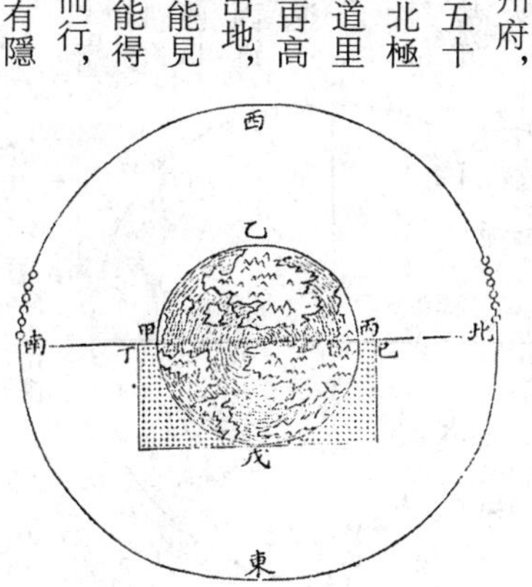

地圓考證圖

如圖，西北東南爲恒星之周天，甲乙丙位爲地體圓球，丁戊己位爲地之方面。若人在圓球乙地，即見南極諸星。若從乙位向丙地而行，即覺南極諸星漸次隱矣，所見北極諸星漸漸而高。如在乙位復向甲地而行，則見南方諸星漸高，北方諸星漸隱。此地圓之故。若地爲方體者，人在平面丁位即得俱見南北二界諸星，其在戊、在己者亦皆如是，則南北諸星何以得漸次隱見乎？實考地形本是圓球，此亦可證也。又地球周圍三百六十度，每度二百五十里，其周圍實得九萬里，南北東西度數相同。若論地爲方體，則有四面之分，其一面應得二萬二千五百里，人居一面，總在地平之上，其二萬二千五百里之內各處地方並宜見之。而

今目力所及，極大者略能見三百里之遠，即於最高之山，離四五百里之遠亦不能得見，可知地球本是圓體，突起於中，能遮兩界。不惟高山，即如空際之雲亦然。試令兩地相隔四五百里，此處得見密雲甚雨，彼處見日色晴明，此處密雲甚雨本不見日，彼處晴霽亦不見密雲，但聞雷聲，恒亦有之。蓋雷聲遠震可至三百里外，其雷起之處必有密雲，而三百里以外人遂不能見之。如前所云平地不能見四五百里，猶云目力有限，乃空際之雲物在三百里外者，亦不能見之，則豈非地爲圓體，人所及見之面至於三百里而止乎？以此見地爲圓球，尤有明驗。假如兩國相去一百八十度，隔爲半周，計里數約四萬五千里遠。如二人居西，欲往東國，一向東行，一向西行，約同時起程。至起行之第六日，相遇於東國。其同行時爲月之朔日，則向東者相遇之日爲月之六日，向西者相遇之日爲月之五日。此兩人同行同至，更歷時刻相同，一爲六日，一爲五日。蓋東行者迎日而行，漸就於日，故此人恒先得見日出地，而日先得至其天頂；西行者與日俱馳，漸遠於日，故此人恒後見出地，而日後至其天頂也。

地面東西周行圖

地面東西周行圖說

如泰西人說大西洋估船至小西洋，此歲歲有之。若二船同日解維，一向東行，一向西行，後遇於小西洋，東行者算得月之六日甲子，即西行者必算得月之五日癸亥。如圖，甲乙兩船俱從大西洋往小西洋，同以三月初一日午時解維，甲船往西行，至申，即申爲其天頂。乙船望東行，至戌，即戌爲其天頂。因日輪自東而西，當先至戌，後至申，戌在申東，即日輪第一周先至戌。乙船以戌爲天頂，是得午時，從昨開洋至此得一日足。甲船以申爲天頂，其時日尚在戌，未至申，自戌至申須二時，則乙船之午是甲船之辰扣至一日足，實欠二時。次乙船至亥，甲船必至未，各以亥、未爲天頂。是日輪第二周先至亥，後至未，自亥至未隔四時，則東船先四時而得午正，從開洋扣得二日足，西船更須四時而得午爲二日足也。次乙船至子，甲船必至午，而子、午爲其天頂。是日輪第三周先至子，後至午，東船在子先得午時爲三日足。自子至午隔六時，西船在午須六時乃得午爲三日足。次至丑、至巳亦如之。及東船至寅，西船至辰，日輪自寅遶東至辰隔十時，故十時之初東船先得五日足，而西船尚須十時乃適足。故甲乙二船自開洋至此際，一得五日，一得四日零二時。既抵小西洋，而卯爲其天頂，日輪至卯，即向東者實滿六日，向西者實滿五日。是故雖同行俱至，而先後各差一日也。此因地本圓球，人居東先得見日輪出地平，居西後得見日也。但五日六日皆假說之以爲比喻，其實行者不論一年、兩年，所差僅得一日耳。

地球應重心圖說

如火是也；地果圓體，則上下四旁皆生人所居。若在地球下面者，安所佇其足哉？此古今以來，無人曾至其境，談之若無左證，今略舉一二明徵其理，以顯大端。凡天下萬物，各有本所。如最上本所者即天，爲最上也。最下本所者，乃地之中心也。物之體質有重有輕，最輕者就上，最重者就下，如土是也。凡物之重者，各有本體之重心，此重心在於重體之中。試觀於衡，均重則不欹。物重在其心，是心得居正中矣。宇內至重者莫如地，而厚地之重亦重於其中心之本所。凡物之重心，悉欲就之。欲就之勢，其下必爲垂綫而成直角。且如人上山，山之陡面必不能正佇人足，如佇平地而爲直角。又如山上造室，立柱於山之陡面亦不能成直角。何者？爲其與地心不相值也。故凡人體之重心與物重心所欲就者爲地之心，其下就之勢無不直對地心作垂綫。若山之斜面與地中心非相對待，則人體物體悉不能爲直角。

地應重心一圖

如圖，甲爲山心，若立柱於山之陡面如乙，其柱必傾。必立柱如丙，乃與丁相值而得安然不動。丁固地心也，故夫物體之心所欲就者爲就丁地心，非就甲山之心。由此推之，凡重物居地面上者，皆以地心爲下，以天爲上。而物之重心咸欲就地心，始得安於地面，理一定矣。惟其願就地心，故地球懸於空際，居中無着，其上下四旁土物皆欲聚就於地心之本所。如東降欲就其心而遇西就者，南降欲就其心而遇北就者，相遇之際，其勢相沖相逆，故凝結於地之中心。即勢不相及者，均因欲就之故，附離不脫，得令大地懸安於空

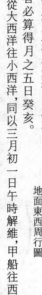

際也。

如圖，丙爲中心，甲乙兩分，各爲地之半球。甲東降就其心，乙西降亦就其心。其兩半球又有本體之重心，如丁、如戊。甲東降，其本性必欲令本體之重心丁至如丙然後止。而不可得者，因乙西降亦欲其本體之重心戊至丙中心然後止也。故兩半球相遇於丙中心，甲不令乙得西，乙不令甲得東，一冲一逆，勢力均平，遂得兩不進，亦兩不退，而懸居空際，安然不動矣。試於一門，二人出入，其一在内，其一在外。在外者冲欲開之，其在内者逆欲閉之，若同冲同逆，爲力均平，門必不動。甲乙兩半球之冲逆，理並同也。推至四方八面，一塵一土，莫不皆然。隤然下凝，職由於此。蓋大地、山河、江海與其塵土渾圓如球，是感動天大氣之所舉，凝聚於中，内含堅實，最重者凝結爲心，是地之所重爲重在堅凝之心也。因堅凝之心，則能翕受山川河海，所以山海各依其本所之重，附於地面之上而依重心之中，無有傾洩。凡附地面之人及其樓臺屋宇，無有一物不依本所正中之心而就地之中心者，上則爲天頂，下則爲地心。是以人物皆由周圍合凑而成中界，雖其旁面下面無人曾至彼界，而附着之理易地則皆然耳。

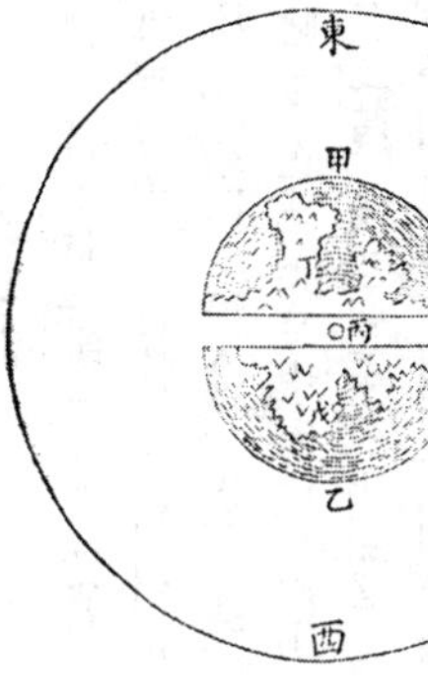

地應重心二圖

地球圖總説

天包乎地，地即天心，彼此相宜，動静相應。天有南北二極，共三百六十度，地亦相同。天之正中一圈爲赤道，其南北各離二十三度半，爲太陽所到之限。中國在赤道北。凡太陽躔赤道，則天下共得晝夜平，太陽往南行則晝短，往北行則晝長。如直道北行二百五十里，則北極高一度，南極低一度。若南行亦反是。然則不特審其地果圓球，而並徵地面每度二百五十里，則地球一周有九萬里，即爲實數也。南北（經）〔緯〕度東西（緯）〔經〕度，其爲一周九萬里，數並相等。故測地厚實數二萬八千六百三十六里零三十六丈，上下四旁皆生齒所居。渾淪一球，原無上下，蓋在天之下，隨處仰瞻，無非高天。分居六合之内，凡足所竚者爲下，首所向者爲上。居赤道下者，能見南北二極現於地平，故無高低，此晝夜平也。若往南至大浪山，即見南極出地三十六度，則大浪山與中國上下相爲對待矣。又以天分地球爲五截，别天下寒暑氣候，亦爲五截。如赤道下，其地四時皆燠，而春秋分爲甚，適當日度之下也。冬夏二至稍減，而其爲燠則同。僅去日道二十三度半，故周年晝夜平。如長短二規之下，其地每歲一寒一暑，而兩地相反。在長規者夏至暑、冬至寒，在短規者冬至暑、夏至寒。過此二規外，則太陽不經天頂矣。惟赤道與長短二規之下，相離適中，兩間中和之氣鍾焉。中國去赤道十八度至四十二度。凡此自東而西一帶，正當其界，毓靈孕秀，故多出聖賢豪傑。此外則過燠、過寒，皆屬偏氣，故有人類蠢頑不靈，五行不足矣。

如漸近南北二極之下，太陽所不至，陰陽偏勝之極，此二規内天地之氣極寒，則有半年爲晝、半年爲夜矣。

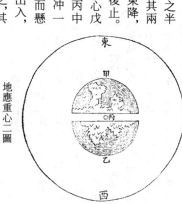

又以地輿山海分爲六大州爲六合：曰亞細亞地，爲中華大國，南至呂宋、亞齊、噶喇吧，北至新增、白臘及冰海，東至日本島，西至大乃河、黑海、小西洋等處。其歐邏吧者，爲大西洋，南至地中海，北至白海，東至黑海，西至大西洋各島。又利未亞者，四圍俱海，僅東北區盡西紅海處有微地與亞細亞相連。西人常有言，若在此微地處得有水道，與大西界内地中海相通，則西船可由此達小西洋，至中國甚近，免繞利未亞之海，經大浪山之風波，可能近二三萬里之程也。又亞墨利加者，是中國後面之地，全是四海所圍，亦有數大國。略近赤道之宇，在加單處止有微地與南極下地相連，遂分爲南亞墨、北亞墨。盡南是瑪辣尼峽，惟見南極之地，而北極恒藏焉。其地人物荒杳。從海北轉，即中土屬之瓜哇境。大約各州有百餘國。每十度一方爲經緯綫，東西（緯）〔經〕綫是數天下之長，南北（經）〔緯〕綫是數天下之寬。以晝夜平綫定緯度之中綫，從中綫往上數至北極爲北方，從中綫往下數至南極爲南方。即用此數以著各極出地多寡，蓋離晝夜平綫度數與極出地度數相等，但在南則若南極出地之數，在北則若北極出地之數。故視京師隔中綫四十度，即知京師北極出地四十度。其餘各省，皆可依中綫而得極度。如南視大浪山，隔中綫以南三十六度，則知大浪山南極亦出地三十六度矣。凡同緯度之地，其極出地度數同，則四時寒暑皆同。即或一離南、一離北，但其離中綫緯度爲數相同，則其四時晝夜時刻亦無不同，惟節氣相反耳。此之夏，彼之冬也。至於同經綫之地，則必同辰，而同見日月之蝕。凡晝夜時刻遠近，以經綫度之則不差。蓋日輪一日行一周，每辰行三十度，而兩處經綫相違三十度者即差一辰。故女直離福島一百四十度，緬國離福島一百一十度，則女直於緬國差一辰，凡女直之卯爲緬國之寅也。餘皆倣此。凡大地山河與海

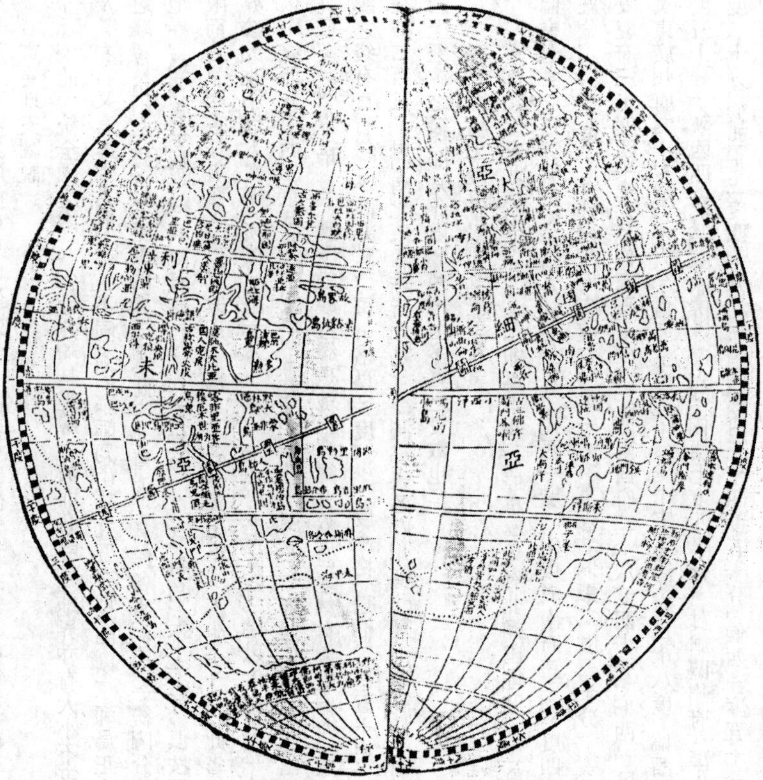

地球正面全圖

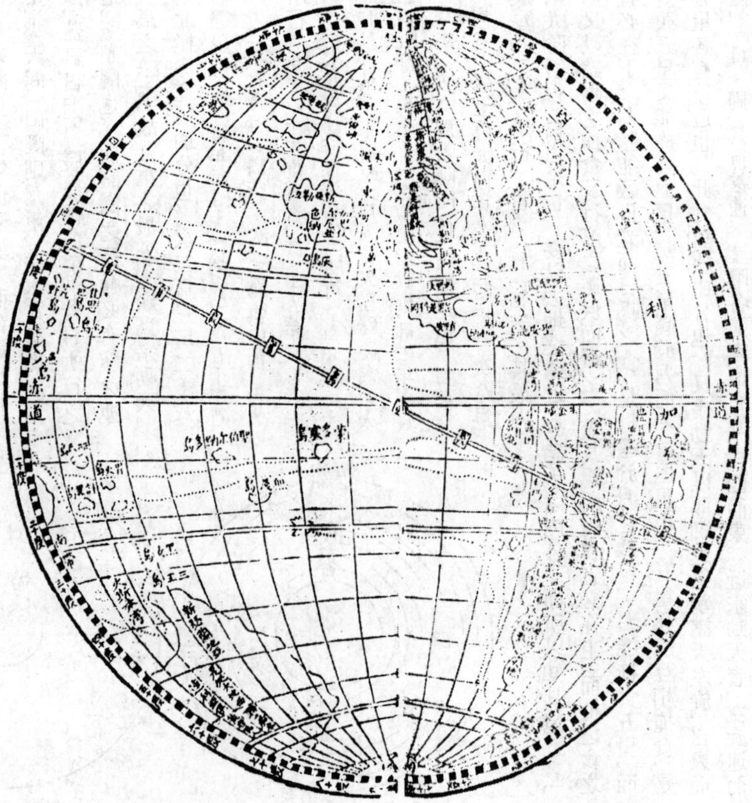

地球背面全圖

本一圓球，寫以入圖，分繪兩面，閲者聯東西爲一，反覆旋合，即得三百六十度全勢。今圖内十度爲一格，使簡約便覽。其緯度自晝夜平綫分南北兩極係横度，漸近極則圈漸小，而盡於九十度，其每度之東西里分應漸減除。其經度自兩極疏分至赤道係直度，再以月蝕之理定東西相去之廣。最東是杭州省城，最西是雲南省城。兩地相較，每差四刻八分。以刻分覈度數，知兩省東西相距當有十七度。按之輿圖，兩處東西相隔實十七度也。其餘他省各府，亦可依方測量。

直省地輿圖説

大清一統全國之内，各省地方隨其經緯度數而有高低，地界亦有大小不等，及其左右又有海疆番界，亦各不同。因京師乃中華九五之地，即以京師爲正中之綫，從正中一綫直至粵東南界海疆，此南北直道。其餘各省，皆依一統圖分别地界，爲各省全圖。但其地有方有長，並有横長、直長、斜角，大小不等，俱按界限而分。因直長者難入書册，改用横寫。又各省圖上格眼大小不一，因此省地界較大改小而入書册，所以格眼亦小。格眼大小，並無區分，總以度數爲紀，均依中綫而分東西。京師北極出地四十度，即以四十度立算。其餘各省北極出地高低，皆隨本地推算。圖上横綫直綫是地上經緯度數，但地勢有偏東偏西，故經緯之綫有直有斜，不能方正。每一格爲半度，每一度兩格，直徑二百五十里，横徑亦二百五十里，南北東西悉皆如是。欲測每省各府州縣北極出地高低，但看圖上經緯之綫，即知此處北極出地多寡之實數也。

各省北極出地度數偏東偏西表

京都順天府北極出地四十度，即爲中綫。盛京奉天府北極出地四十一度，偏東七度。直隸保定府三十八度五十分，偏西一度。山東濟南府三十六度四十五分，偏東一度十五分。江南江寧府三十二度二十分，偏東二度三十分。安徽安慶府三十度四十五分，偏東三十分。江西南昌府二十八度四十分，偏西一度。廣東廣州府二十三度二十分，偏西三度三十分。山西太原府三十八度，偏西三度五十分。陝西西安府三十四度二十分，偏西七度四十分。甘肅蘭州府三十六度二十分，偏西十二度四十分。河南開封府三十四度五十分，偏西一度五十分。江蘇蘇州府三十一度二十分，偏東四度。浙江杭州府三十度十五分，偏東三度四十分。四川成都府三十度四十五分，偏西十二度一十分。湖北武昌府三十度四十分，偏西二度十分。湖南長沙府二十八度一十分，偏西三度四十分。福建福州府二十六度三分，偏東三度。廣西桂林府二十五度二十分，偏西六度一十分。貴州貴陽府二十六度四十分，偏西九度五十分。雲南雲南府二十五度二十分，偏西十三度四十分。

清·何國棟《天學輯要》 天體地體

天體渾圓，包於地外，運轉不息。地如彈丸，處於天中，至静不動。古人謂天如卵殼，地如卵黄者是，但殼最大而黄最小耳。楚詞《天問》曰圜則九重，非天實有如許重數，蓋言日月星辰運轉於天，各有所行之道，所謂圜也。而諸圜之運轉必有挈之運者爲之宗主，故九重之最外一層爲宗動天，南北極赤道所由分也。次二爲三垣二十八宿經星行焉。每年行五十一秒，計二萬五千三百一十三年有奇行一周天。次三爲填星即土星。所行。每年行十二度有奇，計二十九年有奇行一周天。次四爲歲星即木星。所行。每年行三十度有奇，計十二年弱行一周天。次五爲熒惑即火星。所行。每年行一百八十度有奇，計二年弱行一周天。次六爲太陽所行，黄道是也。每年行一周天。次七爲太白即金星。所行。次八爲辰星即水星。所行。皆每年行一周天。其最内則太陰所行，白道是也。要以去地之遠近，分諸天之内外。而所以知其遠近者，則又以諸曜之掩食及行度之遲疾而得之。蓋凡爲所掩食者必在上，而掩之食之者必在下。月體能蔽日光而日爲之食，是日遠於月之徵也。月能掩食五星，而月與五星又能掩食恒星，是五星高於月而卑於恒星也。五星又能互相掩食，是五星各有遠近也。此九重所由分也。又宗動天以渾灝之氣挈諸天左旋，自東而西，一日一周，其行甚速。諸曜各隨本道右旋，自西而東。近宗動天者，左旋速而右移之度遲。漸遠宗動天，則左旋較遲而右移之度轉速。今右移之度，恒星最遲，土、木次之，火又次之，日、金、水較速，而月最速，是又以次而近之證也。古法命天之全周爲三百六十五度四分度之一，今法命天之全周爲三百六十度，以地應天，則地之全周亦命爲三百六十度。天至高，人不得以丈尺里數計，故以度命之。製造

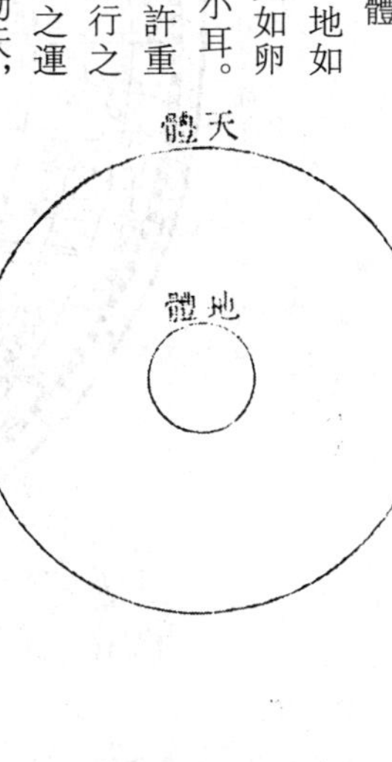

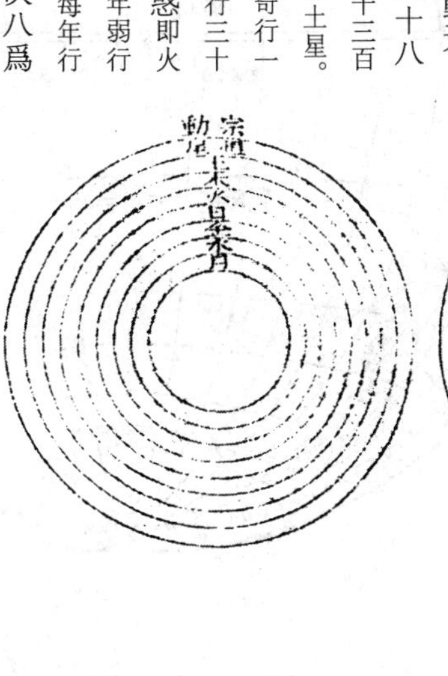

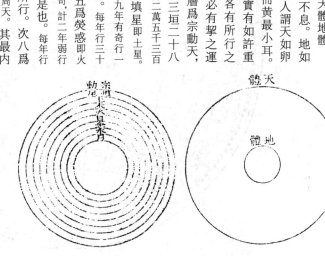

儀器，布列度數，以測天行。若地則可以里數計也，或南北，或東西。直數二百里，當在天之一度，亦即爲地面之一度。地周既爲三百六十度，故知地面之全周爲七萬二千里。〇全圓周爲三百六十度，平分之爲半圓周一百八十度，四分之爲象限九十度，六分之爲紀限六十度，十二分之爲宫三十度。度之下爲分，六十分爲一度。古法百分。分之下爲秒，秒之下爲微，微之下爲纖，俱以六十進。

北極南極赤道黄道

天體左旋，自東而西謂之左旋者，人面向北極，故自東而西者見爲左旋。以南北極亦名赤極。爲樞紐，兩極相距一百八十度。全圓三百六十度，兩極居中，故相距一百八十度。平分兩極之中、横帶天腰者爲赤道，距兩極各九十度。人居地面，適見天體之半一百八十度，頭之所向爲天頂，足之所履爲地平。地圓而小，隨人所立，凡目力所極，能見天體之腰圍大圈與平面無異，故謂之地平。天頂距地平四方皆九十度。人在地上，見大圓之半一百八十度，天頂居中，則四下皆九十度。天之南北極，原係定所，因人所居地面有南北之不同，則兩極之隱見高下亦隨之而各異。設人居赤道下之地面，則赤道正當天頂，而南北極正當地平。設人居南北極下之地面，則南北極正當天頂，而赤道正當地平。京師地面在赤道下偏北四十度，實三十九度五十五分，四十度言其整數也。則京師赤道距天頂南四十度，北極遂出於地平上四十度，南極遂入於地平下四十度。赤道距兩極各九十度，天頂距地平亦九十度。赤道既在天頂南四十度，則赤道高于南地平必五十度。北極既出地四十度，則北極距天頂必五十度矣。若人居赤道北六十度者，則北極出地亦六十度。人居赤道北二十度者，則北極出地亦二十度。人之居赤道南者，則南極現而北極隱，亦猶是也。黄道者，太陽所躔之軌迹也，與赤道斜交，半出赤道南，爲外、爲陽。半出赤道北。爲内、爲陰。交有定所而距有定義，其相距最遠處南北各二十三度半，半爲三十分，今測爲二十三度二十九分。名曰黄赤大距。太陽躔赤道之最北爲夏至，躔赤道之最南爲冬至，躔黄赤二道之交點爲春、秋分。南北極爲實有之理，天無兩極，則不能運矣。黄赤道爲人所命之名，赤道以定天體之中，黄道雖爲日道，而亦爲月星之所宗也。

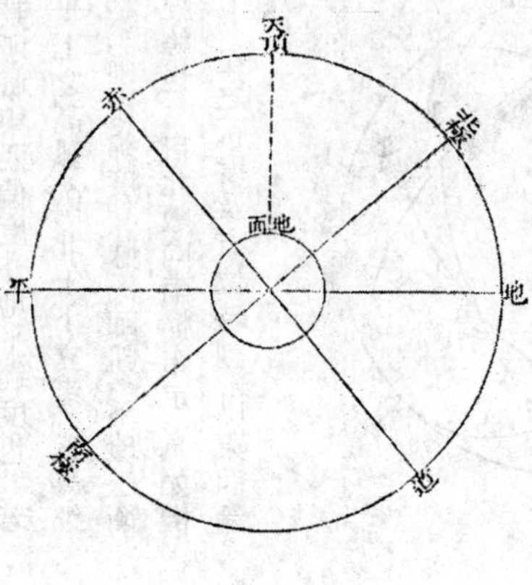

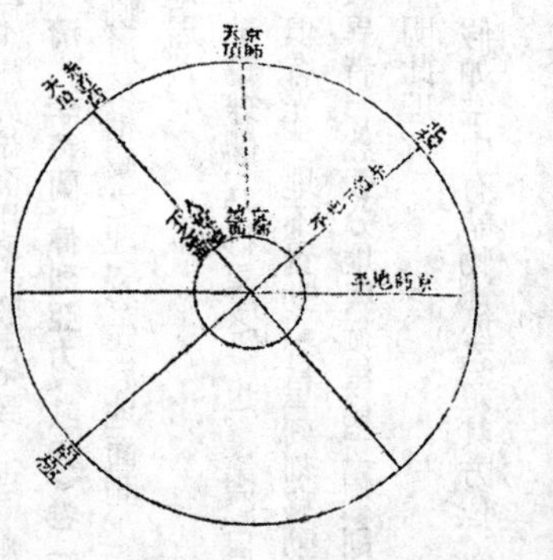

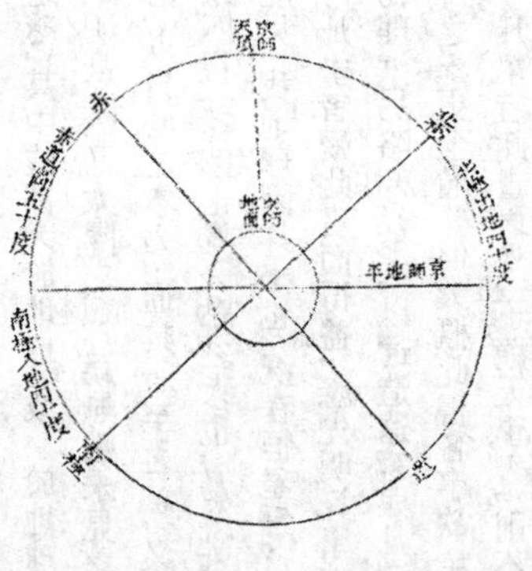

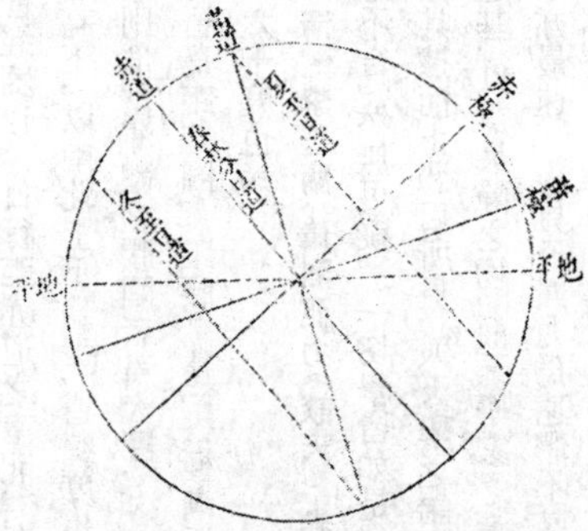

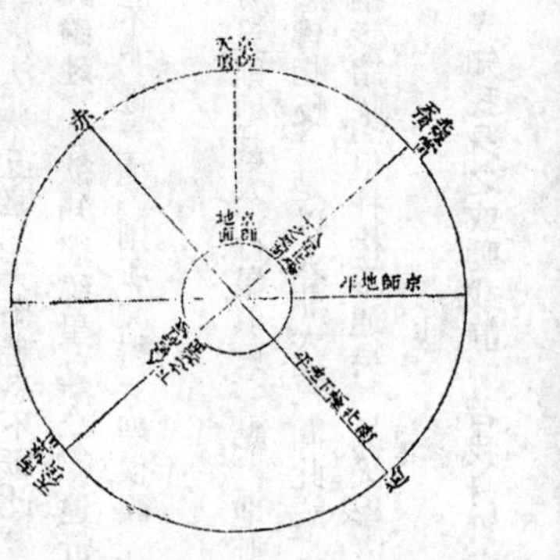

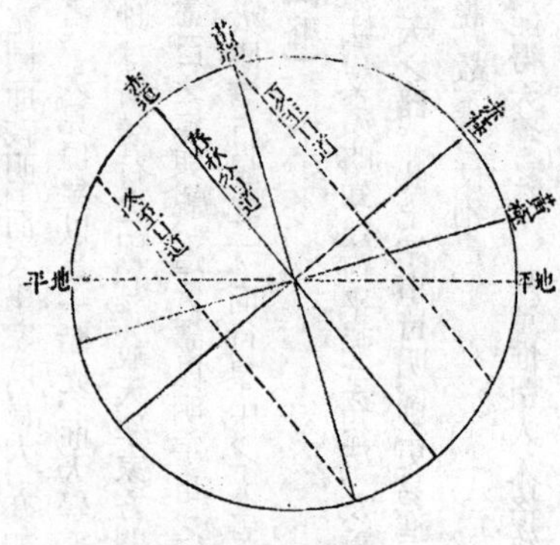

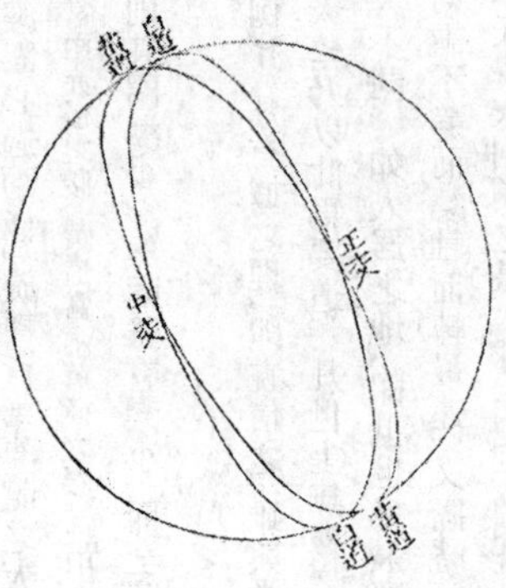

白道

白道者，月行之軌迹也，與黄道相交，出入於黄道内外。自黄道南過黄道北之點爲正交，自黄道北過黄道南之點爲中交。其交不定，日有移行，每歲退行月行自西而東，交行移而西，故曰退。十九度有奇，名曰交行。亦名羅計行。黄白兩道相距爲月道距日道之緯度，其相距最遠之度曰黄白大距。而大距亦有不同，最大者五度十七分三十秒，最小者四度五十八分三十秒。

五星行道

土、木、火三星，各有所行之道，名曰本天。皆與黄道斜交，出入于黄道内外。其交有移行，而距則有定度。【略】金水二星則即以日本天即黄道。爲本天，而以次輪爲出入。星在次輪周能繞日行，其次輪面與黄道斜交，則次輪周遂出入于黄道内外而生相距之度。【略】五星行道，各有不同，而皆以黄道爲宗也。

經度緯度

經緯之在布帛，直者爲經，横者爲緯。而天地則南北爲直，東西爲横。故凡赤道、黄道、白道及各星本道東西運者皆爲緯圈，而基所載之度自東數向西，或自西數向東，則爲經度。地平圈亦爲緯圈，其所載東西偏度亦地平經度也。若過赤道兩極，或過黄道兩極與夫日月星地平上之高弧，南北上下立者，皆爲經圈。而其所載之度自北數向南，或自上數向下，則爲緯度。陳氏師凱《璿璣玉衡註》曰：度自東數向西直排定者，如機上數經絲也。自北數向南横布定者，如機上數緯絲也。此經緯度之定名也。是以日月星之行度及方位時刻，以東西論者，皆經度也。日行距赤道之南北，月與星又距黄道之南北，並去極之遠近，距地之高下，以南北上下論者，皆緯度也。經圈必過兩極，旋轉皆爲渾體之大圈。緯圈則惟當渾體之腰圍者爲大圈，如赤道當兩赤極之腰，黄道當兩黄極之腰。距大腰南北皆爲距等圈。距腰漸遠，去極漸近，則其圈漸小。然圈雖有大小，而全圓皆三百六十度也。

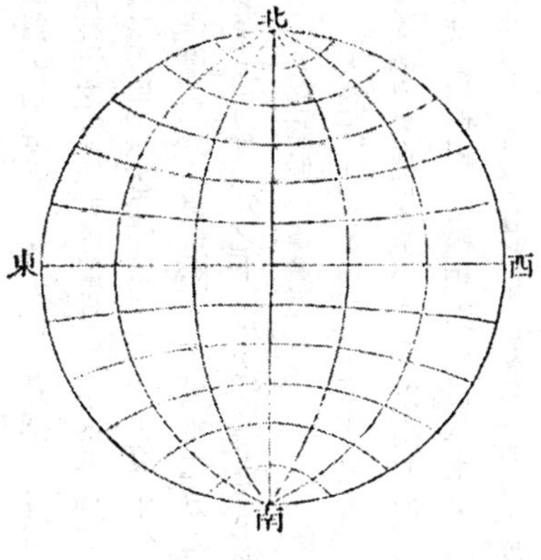

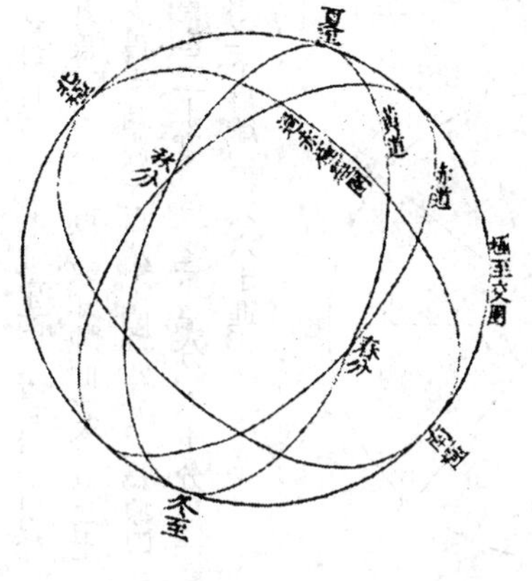

清·李善蘭、偉烈亞力《談天·卷首例》 凡有據之理，即宜信之，雖與常人之意不合，然無可疑。一切學皆如是，而天學乃以此爲要道。凡世上無據之意，未考其據而止憑目所見，與天學之諸端大不同。如人居之地，即世世爲最堅房屋之基，以爲最静之物，而天學家之意，則謂不静而繞軸而轉最速，又同時行於空中亦最速。人見日與月爲遠體不甚大，天學家則謂之甚大球，月則略配地球，日則甚大於地球。諸行星目見之與恒星略同而較明，而天學家以爲大，亦如人居之球，其中或甚大於地球，或小於地球者。人見恒星以爲一點光，而天學家謂之最明甚大，乃太陽之類，爲無數未見之地球所繞行之中心。故天學家方開發已心，以自心之本力，通其所至之意，又盡已之意與説，造譬語以明宇宙之大。至未四視地球，止覺一點之大也，乃繞本太陽諸行星之一，而行星中之大者，有不能見，我地球因其小也，況在恒星乎？【略】

凡學者觀此書而得益，應先明算學諸法，又須略知幾何平弧三角法，及重學之初理。另略知光學，以通造遠鏡與凡測天之器。此上諸事皆明，則更易進，前所得之學更全備。但大概此書各事欲全説，故不必仗別書。

凡學者此書之外，不觀天學書，則不能得天學之全。其意惟引人入格致一角之門，或如高立在宫外，能略見其全；或如助明其房基之圖，即知如何而入。【略】不用算術而用譬説論格致之理，雖非常法，然已略知天學者恐不厭此。

清·李善蘭、偉烈亞力《談天》卷一《論地》 欲知經緯星之大小、遠近、方位、軌道及相屬之理，必先於地面測之。不明地之理，則所測得之理俱誤，故以論地居首。

地爲球體，乃行星之一也。第憑目所見則地甚大，行星俱只一點。地無光，行星俱有光。地不覺動，行星刻刻移動悉皆相反。是以人非大智，聞此説，未有不駭異者。然强分地與行星爲二類，則推步諸曜，俱扞格不通矣。故天學入門，當首明此理。

假如空中有諸物，欲悉定其方位，必先知我身之或動或静。若我身實動而

誤爲静，則所定方位俱不合矣。我身居地面，動静因乎地，故欲定諸曜方位，必先考地之爲動爲静，此實天學中最要事也。

地係行星，故地亦動。地動而所載之物，如山岳河海風雲之類，莫不隨之俱動，故人不能覺，譬如舟不遇風浪，車在坦道，以平速行，所載什物與之俱行，人坐其中，如居安宅，初不覺動。其理一也。

以地爲不動者，由於未明地之狀。蓋常人之心，必以地爲無限之平面，面之上爲虚空，面之下爲無窮深，皆土也。果如此，日東出西没，將洞穿堅實之地底而過乎？抑地中有穴，自西通東，爲日出入之路乎？而日出入之方位，日日不同。且月與諸星，亦每日出入，將地有無數穴如蜂窠乎？必不然矣。故地不能無限廣且厚，其體必有盡界而浮於空中，四周無他物相連。若然，則地不難於動，而返難於静。蓋無他物粘連之令不動，則有力加之即動矣。故地動無疑。

欲明地之形狀，必于大平原或大海面，無林木峯巒礙目之處測之。凡陸登高塔，海居艙頂，升桅末，所見地面水面必有一定界綫，四周成大平圓，界綫外不能見。非蒙氣遮隔也。登高山頂則界綫之周更大，亦成平圓。此事無論何地皆然。凡體無論何方視之，其見界恒成平圓，則必爲球體。

如圖，丑啐啣咔球爲地，丙爲心，呷咦嗊爲高出地面之三點，正距地面甲庚寅三點，遠近不同。從嗊作地面之切綫寅啣卯，啣爲切點即嗊點所見地面界綫内之一點。以嗊寅爲軸，將切綫旋轉一周，必經過嗊哌辰、嗊吧巳、嗊咔午諸切綫。切點啣必行成啣哌吧咔平圓。人在嗊，則平圓内之地面可見，其外不可見，故名地面界綫。啣嗊咔爲對平圓全徑之角，蒙氣不論。名測深角，即地之視徑度。嗊距寅愈遠，則啣哌吧咔圓面愈大，嗊啣距亦愈遠，而啣嗊咔角愈鋭，地之視徑度愈小。嗊咦呷三點，高卑不同，各有地面界綫。今但論最高者，以例其餘。假設以卯嗊

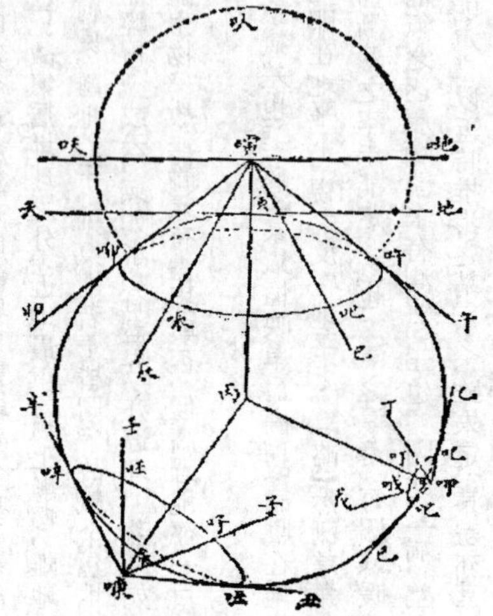

午爲規尺之二股，嗊點爲活銷，中銜一球，則嗊點愈近球，二股愈開。嗊寅合爲一點，則尺爲球面之切綫天地。【略】

地面必有平圓界綫者，此非爲平面而爲球面之證。蓋界外不見，非目力不能及，乃目之視綫直行，不能如弧綫之彎，故不見也。是以地形大略如球，海陸皆在球面。雖山谷有高深，不過如橘皮之微不平耳。

凡海舶出洋，人在海岸呻望之，未過地面界，雖漸遠漸小，然俱見全身。過界叱後，則一若沉入水中而漸不見。至吶，一若船身全入水，僅見桅。至叮，則并桅入水，幾全不見矣。若人在高處哂，令地面界展遠至叮，則船至叮時尚全見，過叮而漸不見。然則船非因漸遠而不見，乃地面界遮隔而然也。

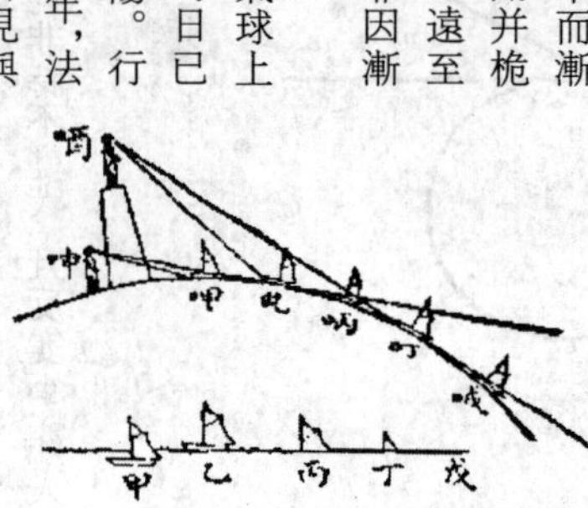

昔阿爾蘭國都伯林之地，有人曰煞特拉，乘氣球上升。風吹過海，近威勒士，球忽下墜。將入海，時日已昏黑，急去藤牀中之石，復上升至極高，仍見太陽。行至威勒士，乃下墜至地，再見日入。乾隆四十八年，法國都城巴黎斯，有人曰查里士，乘輕氣球上升，所見與此同。此皆非平面之證也。

設有二峯等高，登此頂僅望見彼頂，若無蒙氣差，則測其高及相距，即可推地球大小。【略】

山之最高者，不能至十五里，較地徑約得一千六百分之一。假如有球徑十六寸，其微凸處不及百分寸之一，則其高略如一厚紙耳。故諸高山不過如諸細沙，而高原不過如一薄紙。壑之最深者不過一里半，此如球面針芒之孔，非顯微鏡不能見也。而海之最深處，略如山之最高，則僅若點墨之著紙矣。前條以橘皮之凹凸喻地面之高山深谷，猶未確切也。

同治二年七月二十三日，英國格類失與告水勒二人，乘氣球上升二十里之高。若非雲隔之，則所當見之地面甚大於古今所曾見之地面也。推算全地球之面，與在此高所當見地面之比例，準弧三角法。凡球面截段與全球比，若截段之厚與球半徑比。按此次氣球距地面之高，略等於所見地面截段之厚，故全地球面與所見地面比若八千與七比，約得全地球面一千一百四十分之一。挨德納、

德内黎非、某納羅三山最高峯之巔所見之地面，約爲全地球面四千分之一。

凡人或乘氣球上升，或登高山，去地漸遠，氣漸輕而薄，呼吸必漸苦。用風雨表測之，高一千尺，氣輕三十分之一；高一萬零六百尺，輕三分之一；高一萬八千尺，輕二分之一。準此推之，則氣愈高愈薄而無盡界。雲最高不過二十九里，測其氣重爲海面氣重八分之一，故氣居地球之外，近地最重，漸上漸輕，離地稍遠，已甚薄無迹矣。無論地面何處，離地若干，則氣清若干皆同。故氣全包地球，可任分爲無數層，逐層以漸而輕也。或云，氣如水，有盡界，亦近理。蓋高如地徑一百分之一，氣已薄極，不能生物。故無論氣有盡界與否，但高過地徑一百分之一外，作無氣論可也。

氣能變光道令生差角，所謂蒙氣差也。【略】蒙氣恒映卑爲高，故諸曜在地平綫時。視之亦有高度，不第此，即在地平下，視之反在地平上。【略】然測差角最難，其故有三：氣漸高漸薄，而漸薄之率未能定，一也。氣之厚薄，每因寒暖而變，二也。燥濕亦能變差角，而氣之逐層燥濕未有測法，三也。因此三端，差角未能測定，故天文有數事亦未能定。以近時推步之精言之，雖未定，其差亦甚微。但精益求精，則必思求定耳。列蒙氣差角諸例于左。

一、凡天頂點無差角，諸曜至此點，與無蒙氣同。一、漸遠天頂，差角漸大，至地平爲最大。一、差角漸大之比，略如視點距天頂度切綫漸大之比。此例近天頂則合，近地平則不合。蓋切綫驟增大，且有氣變諸事故也。一、視點高四十五度差角約一分，而在地平面差角得三十三分，大於日月視徑。故人見日月全體。初出地平，其真體尚俱在地平下也。一、凡風雨針，以五十五度爲中數，升則差角變大，降則差角變小，升降十分寸之一，差角變三百分之一。一、凡寒暑針，降則差角變大，升則差角變小。升降一度，差角變四百二十分之一。

蒙氣差角表，詳列各處。自地平至天頂諸高度之差角，再用風雨寒暑二針隨時校正之，以加減諸視度，可略得諸真度。

準蒙氣差角之理，則視日月在地平上之時刻必大於真時刻，而夜之時刻小於真時刻。不特此也，日之視體入地平後尚有朦朧影，成晨昏分，此其故，由蒙氣回太陽之光返照地面而然也。蓋光綫遇物即返射，氣中有無數細質點，能令光返照。試于暗室中開微隙，日光僅漏入一綫，而滿室皆明，此其證也。【略】太陽在地平之上，其光照於空氣與雲之諸點，此諸點將光返照而四面散射至地面各處，故晝時所有返照之光與曚曨影時返照之光其理無異。若空氣無此返照散射之性，則不在正日光之下不能有所見，雲下之影及房中無日光之處黑暗如夜，晝能見星也。空氣返照之光差，另有能增加之性。即以空氣之受日光，各處熱度不勻而常成浪動，其不同熱度諸段之公界，亦稍有返照與光差，光乃不行直綫路而散至四面，爲各物所受，故在丁點之後，尚有副曚曨影。即正曚曨影返照四散於空氣，而重返照所生也。阿非利加洲努比阿國之曠野，空氣極清，日落之後仍有光，名曰夜光，即此理也。

凡光綫斜入氣中，無論自上至下，自下至上，不能直射，必曲向下。故或測星，或測高山，皆有差角。但蒙氣差逐層不同，地面之物僅有下諸層差而無上諸層差，與諸曜異，故名地蒙氣差以別之。

蒙氣差不獨變物之高度，且能變物之形狀。如太陽近天頂時則見爲平圜，近地平則橫徑大於直徑，而見爲橢圜。最近地平則下半更區於上半，既非平圜，亦不成正橢圜。蓋漸近地平，差角漸變大，下差角大於上差角，故直徑變小而橫徑不變也。人視日月近地平時，覺大於近天頂時，此非由蒙氣差，亦非目誤，乃意會之誤。蓋近地平有遠樹相襯而覺大，近天頂無物相襯而覺小。用器測之，則近地平時，日之視徑與近天頂時略同。月之視徑非特不變大，且反變小，離人目更遠故也。

準上諸條，蒙氣界與地面相距綫較之地半徑爲甚小。天空諸曜距地俱甚遠，不在蒙氣内，與地不相涉也。

諸曜距地遠近不一，近則見大，遠則見小。人視月大小無異於日者，因遠近相懸而然。視日月俱大於恒星亦然，實則日與恒星大小略同，而甚大於月也。

設人不附地，立於空中，盡見上下四周天空諸曜一若爲一大球，諸曜皆在球殼，而已在球心也。人居地面則不能見地平下諸曜。升最高處，有地面界深度加蒙氣差，所見亦

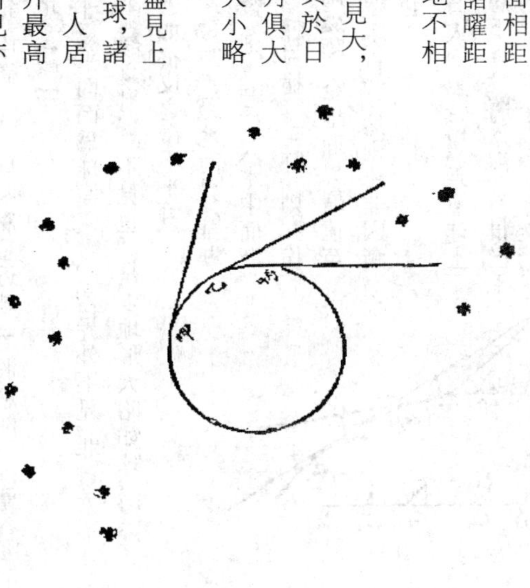

不過二度，且不能了了，蒙氣昏濁故也。故若人不遠行，星不自移。地球不自轉，則地平下半諸曜永不能見矣。人在地面，略移其處，則所見天空界亦必略移。譬人背大樹而立，樹後諸物俱不能見。環樹而轉，則盡見四周之物。故人每日向南行，則每夜必見南方新出地平之星，地平界漸移而南，反若天星漸移而北也。【略】

地自轉，故地平界之東半向下行，而西半向上行。然其行人不能覺，故反疑諸曜漸移，見地平界吐星而曰星出地平焉，見地平界掩星而曰星入地平焉。嗚呼，亦傎矣。

準重學理，地自轉，必有定則二。一，其轉不變方向，恒用平速。一，轉必有軸，軸之兩端，不變方位。或曰：物既自轉，則軸未始不可變方位。曰：正體行於空中，不遇他物，亦無他力加之，其軸斷無變方位之理也。設自轉不用平速或軸變方位，則視天星必有變行。而自古測諸星周時，載於典籍者，俱與今同。故云地球之轉，必依二定則焉。

欲知地球自轉之説於理合否，當先考天體左旋與地球自轉，目所見盡同與否。

一、設居赤道北夜觀天，則見諸星皆行平圓綫，圓之大小各不同，在地平界上之度多少亦不同。正當地平圈午點之星，纔出即入，其度最少。自午點迤東，地平所出諸星，其度漸增，平圓漸大，自出至入，歷時亦漸久。出地點在午點東若干度，則入地點在午點西亦若干度，而出卯點者必入酉點，自出至入，恰得六時，在地平界上之度，恰得半周，其平圓爲最大。自卯點迤北，地平所出諸星，其時遞增於六時，其度遞增於半周，而平圓漸小。至子點之星，則漸降切地平而過，又漸升不復入地。子點上面諸星，則常在地平界之上，平圓俱全見而漸小，至於一點，即北極也。北極無星，而有相近之星，名極星。極星之平圓最小，非細測幾疑不動焉。諸星每日皆於本平圓行一匝，而其相距之方位不變。聯一切星爲諸星座，諸座向地平界之體勢，刻刻不同。最甚者，北方諸星座常見不隱者，其向地平界體勢，有時相反。然各星座距極之體勢永不變。故無論何時，無論離地平若干度，測各座之形狀亦永不變。然則聯周天爲一大座，必如一星圖，畫於球殼，地爲球心，球之軸貫北極，斜交地平。

一、冬時澈夜觀天，則昏所見没於西方之星，旦必見其復出東方；昏所見初出東方之星，旦必見其已没西方。故昏所見半球諸星，旦已全没，而旦所見半球諸星，乃昏所不見者。然則一夜中已盡見全球之星，故上所云聯周天星爲一大星座者，此大星座布滿全球也。是則地平上之半天球恒有星，晝不見者，爲日光所奪耳。若用最精遠鏡，當正午能見最小星。而坐深井或煤洞中，雖無遠鏡，亦見金木二星。若知其經緯度，不須遠鏡，亦不必坐深井，但竭目力察之，亦能見也。又日食既，大星俱見，此尤明證焉。

一、全球之星，雖依次遞隱遞見，然地平上近北極一段，常見不隱，地平下近南極一段，常隱不見。其常隱段界上之星，每漸升切地平界而過復漸降，猶之常見段界上之星，每漸降切地平界而過復漸升也。蓋球面每點必有正相對之點，地平界既中分球面，則有出地之北極點，即有入地之南極點，繞北極既有常見界中諸點，則繞南極即有常隱界中諸點，一一相對也。

欲觀常隱界中之星，必向南行。向南行，則前所見北方諸星或切地界而過、或并不切地平者，今俱見其入地矣。其初入地即出，漸南則入地漸久。然繞北極如故，北極漸低故也。北極低若干度，則南極於地平下升若干度。故愈南，則見常隱界中之星愈多。直至赤道，則二極俱在地平界，而全見天球諸星。此即前繞樹而轉之理也。

準上諸條，則謂諸星不動，而地球每日自轉一周，於理亦合也。

假如人定立一處，四望峯巒林屋，遠近不一。略移數武，則諸物之近者方位各大變。如向北行，則初見在正東西者俱漸退後，一若物之向南行也。初見一綫上之物若相合者，今見其相離。初見其相離者，今適在一綫。而見其相合。而遠物則但覺微變，如初見在正東者，行三四里仍見在正東也。此何故？蓋由人心有一虚空之平圓周，以己目爲圓心，人行則此平圓隨之而行。【略】

假若有人居恒星上，用我所用之儀器以望我地球，必不能見。又當恒星處，設有體大若地球，我用器望之，亦不能見。故若自我目至恒星作一平面，又於地心作一平面，與之平行，此二面雖永不相遇，然自地望至恒星處則二面若合爲一，不能分也。命地心之平面爲真地平，我目之平面爲視地平。至極遠若合爲一處，爲天空地平界，則或居地心，依真地平界望星；或居地面，依視地平界望星，俱見在天空地平界上，無纖毫異也。

觀上諸説，則或人居一處而星環行，或星不動。而人依正東西綫繞地球行，所見無少異也。又或地不動而諸星西轉繞地，或諸星不動而地球東轉，所見無

少異也。

清・李善蘭、偉烈亞力《談天》卷二《命名》 古有諸層玻璃天載星而轉之説，此於恒星環繞之理未始不可通，而於日月及諸行星之理則殊不合。然即以恒星天言之，如此大玻璃球，每日自轉一匝，亦大不易。或古人力大，故作此想耳。近已廢此説不用，而以歌白尼地球自轉之説爲定論。既除舊法，必立新名，故此卷專主命名。

地球以平速向東自轉，所繞中心直綫爲地軸，見某星在地平上某度某分，明日復見其在某度某分，爲自轉一周。

地軸之兩端爲二極，終古不變。近中國者爲北極，遠中國者爲南極。

平分地爲南北二半球之大圈爲赤道，赤道每點距南北二極俱等，故赤道所居之平面必過地心，且正交地軸。

凡地面任一點，作過兩極之大圈，爲地子午圈。子午圈所居面爲子午面。

凡地平有真地平、視地平，詳前卷。

各地子午面交地平面之綫名午綫，所以定地平圈正南北二點。

各地子午圈上距赤道之度爲各地緯度，最小爲〇，最大爲九十度。在赤道南爲南緯，在北爲北緯。如順天府爲北緯四十度是也。按緯度之名，初學暫用之。若地之狀及天文之理益明，此名當改也。

凡地球面與赤道平行之諸小圈爲赤緯圈，圈之各點緯度皆同。如順天府在四十度緯圈上是也。

曆家恒以本國都城之觀星臺爲原點，各地子午圈與原點子午圈交赤道二點之距度爲各地經度，即二經圈之交角度分也。以後凡經度，皆以順天爲原點。

緯度分南北，則經度自當分東西。如法蘭西都城巴黎斯或爲東經二百四十五度五十一分五十二秒，或爲西經一百十四度八分八秒是也。然不若從原點〇度起至三百六十度，俱向西推更便。故以後但用西經度。經度亦可以時分秒計之，法以一小時代十五度，以一分代十五分，以一秒代十五秒。如巴黎斯爲十六時二十三分二十七秒九是也。

知各處之經緯度，即可準之作地球儀及地球全圖。若作各國圖，不過地球面之一段，可以法改球面爲平面。蓋但欲知本地之經緯度，不必拘定作球形也。餘詳四卷。

赤道南北各約二十三度二十八分之緯度圈爲晝長晝短圈，二圈上諸點當春秋分時俱見太陽過天頂。

距南北極各約二十三度二十八分之緯度圈爲南北二寒帶圈，其緯度約六十六度三十二分。此二圈及晝長晝短圈在地面恒變，故曰約。其變詳後。

虛擬一無窮大之球，以定諸星之方位，爲天空球。其半徑無窮長，地心及人目俱可作球心。

地軸所指天空球之點，爲天空南北極。

地赤道所居面割天球之綫爲天赤道，乃天球之大圈也。

展廣地平面所割天球之綫，爲天空地平界，視真二地平面無異。

所居地平面正中點作垂綫，上遇天球之點爲天頂點，下遇天球之點爲天底點。

凡遇天頂天底二點之大圈爲垂圈，必正交地平，亦名地平經圈。諸曜在地平上，依此諸綫測其高度，高度之餘度爲距天頂度。

地子午圈所居面割天空球之綫，爲本處天子午圈。曆書凡言每處子午圈者，皆指天子午圈，乃過天空兩極之垂圈也，正交地平界於子午二點。

正交子午圈之垂圈爲卯酉圈，必過地平界正東西二點。

諸曜所居垂圈交地平圈之點，距正南北二點爲地平經度，乃過極過曜二垂圈之交角也。地平經度舊從正南北二點向東向西計之，例不過一百八十度。今從距極最遠點向西計之，自〇至三百六十度爲正度，向東計之爲負度，以免淆亂，便於用代數也。

諸曜在地平上之度爲高度，即爲距天頂之餘度。知高度及地平經度，即知其所居之點。

凡諸曜距天赤道度名赤緯度，其餘度名距極度。赤緯度以北爲正，南爲負。距極度從北極起，至一百八十度，無正負，較便於用。

過極正交赤道之圈爲赤經圈，亦名時圈。時圈交赤道之點，一如垂圈交地圈之點也。

凡過某曜及本處天頂二時圈之較度爲本曜之時度，恒從子午圈正向西度之，從〇至三百六十度，與曜之每日視行合也。

凡從春分點至某曜經圈交赤道點爲本曜之赤經度，即春分及本曜時圈之交度也。考定春分點法詳後。

凡諸惟之赤經度，從春分點起，以度分秒計之，與地赤經度同例，自〇至三百六十度。或以時分秒計之，自〇至二十四小時。諸曜之視行與地自轉相反，故亦向西度之。

用恒星每日向西行計時，名恒星時，從春分點起。春分點雖有變，然甚微，在一周時中不覺，可不論。一周名恒星日，亦分爲二十四小時及分秒。凡星臺中必用恒星鐘表，以分點在午綫爲針之始，即〇時〇分〇秒也。諸曜之時度以十五度爲一小時，即指距午綫若干時也。在午綫後爲正，在前爲負。諸赤經時度，即本曜及分點距午綫時之和較也。在前後同則爲較，異則爲和。

凡渾天球及全天圖，或一段天圖，亦仿地球地圖法作之。則位置諸星，一一與天合，觀其闢如在地心觀天也。故不論在地面何處用之，皆與天合。蓋此圖無天頂天底二點，亦無地平界及東西方位，而過兩極之大圈與地諸子午圈合。然與地面各處之定子午圈不同，蓋地面各點每日必盡經過天之各子午圈也。

曆家欲天地二圖通爲一理，以天球之赤道與地球之赤道合，而地之諸子午圈在天球名時圈，諸圈於極成角度名時度。此法甚便於用。又有黄道經緯圈，地球所無，惟天球有之，以地與諸行星繞日之軌道爲主。二者曆家兼用之。

又 天視學爲視學之一門，知諸曜體綫角動等事之實象，即能知其視象。或先測得其視象，亦可推得實象。僅論天之一小分，與地面同。若測天之大分，或測全天球，則與地面不同。地面視法，只有一個視點，乃作畫之心。畫心至人目之綫正交畫面爲一點，餘直綫顯於畫面，仍爲直綫。天之視法，各點皆爲畫心，畫心至人目之綫爲球之半徑，餘直綫引長之，皆爲球之半周。任作若干平行綫，方向不論，皆視合於球之相對二點。常視學只用其一點，名曰合點，餘一點不用。天球上無論何點，從地望之，皆爲本點上半徑平行諸綫之合點，對面之點爲餘一合點，而凡球之大圈爲本圈平行諸面之合綫。

凡雲開微隙，日光漏入，成直綫數條。此諸綫從天之最遠處來，可作平行綫論。成天球之大圈有二合點，一在日，一在日對面之點。在日之點，平地可見；而對面之點，必登高山。當日初出或將入時，見此諸綫發於東漸斂於西，或發於西漸斂於東，成對面合點也。又北曉，俗名天開眼。或云是電氣光，其光成諸直綫，皆與指南針平行，視之向地平漸斂。若合於針所指之點，其上皆如天球之大圈，而合於對面之點。又立冬後四五兩夜，諸奔星之方向若引長之，可彙於一點，故諸奔星大約方向平行。觀此諸事，前條之理自明。

準天視學，則南北二極爲地軸諸平行綫之合點，頂底二點爲地平面垂綫平行綫之合點也。天赤道爲地赤道諸平行面之合綫，天球之地平界，爲真地平面諸平行面之合綫。測地面物，能知遠近，故目之視差易改。測天空諸曜，不能預知其實體大小，故視差不易知。欲知其方向遠近之真，非精心考察不能。然必先測其實象，方能得其視差。此天學之最要事也。

用弧三角以推諸曜，乃天學之一門，今略論之，爲學者入門之法。

凡各處極出地度，即各處赤道之緯度。如圖，極距天頂之角度吧呷叺即唧呷，而叺呷卯與唧呷戌皆爲直角，則極出地度吧呷卯必等於赤道緯度呷呷戌也。故居地之北極則以天之北極爲頂點，向南行則北極出地度漸小，至赤道則二極皆在地平面，再南行則北極入地，南極出度，至南極則天之南極爲頂點。

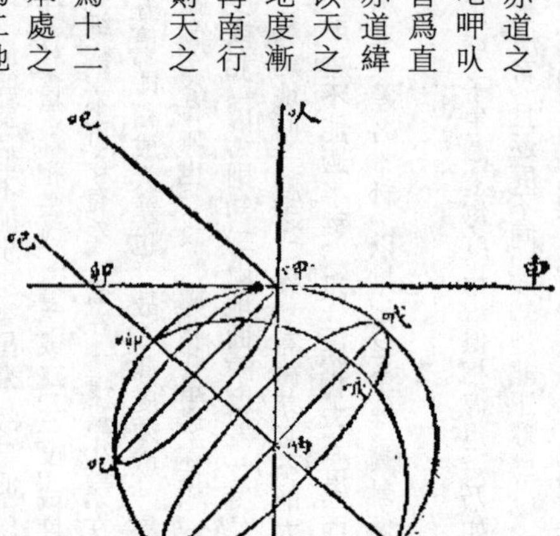

諸星每日繞地復至本所，爲十二恒星時。其繞地用平速，故至本處之時同。星過二子午圈之時較，爲二地經度較率。二星過子午圈之時較，爲二星經度較率。

赤道交地平面在正東西二點，其交子午圈點之高度爲極出地度之餘度。天之南北極爲赤道之二極。各處地平東西二點，爲子午圈之二極。南北二點，爲卯酉圈之二極天頂天底二點，爲地平圈之二極。諸曜皆以至子午圈爲最高度，蒙氣最小，最便於測。

諸曜在恒見圈中，自兩次至子午圈，一在極上，一在極下。

凡推天星諸題，皆用弧三角推其鈍正鋭形。而弧三角依大圈之二極布算較便，故用距極度便於赤緯度，用距天頂度便於高度。知此則推星較易矣。若但求一星之位置，可仿下推之。如圖，叺吧呻三角形，人爲天頂，吧爲出地之極，呻爲星。此形有極出地吧哷之餘度吧叺，即天頂赤緯之餘度。有星赤緯之餘度吧

呻，即星距極度。有星距天頂度叺呻，即星餘高度。若叱呻大於九十度，則星必赤道下。若叺呻大於九十度，則星必在地平下。又有叺叱呻角爲距午度，有叱叺呻角爲地平經度呻叺唇之餘度。有叱叺呻角，因無大用，不立名。故有五事：一天頂赤緯餘度，一星距極度，一星距天頂度，一距午度，一地平經餘度。不論何題，任有五事之三，則餘二事亦可推。假如有赤道經度、有距極度，求其出入時，凡見星初出地平，實尚在地平下三十四分。此由於蒙氣差，故有叺呻邊爲九十度三十四分。又有距極度叱呻，天頂赤緯餘度叺叱，則已有三角形之三邊，求得叺叱呻距午角，以減赤經度得出時，以加赤經度得入時。此係恒星時，欲知太陽時，依表變之。

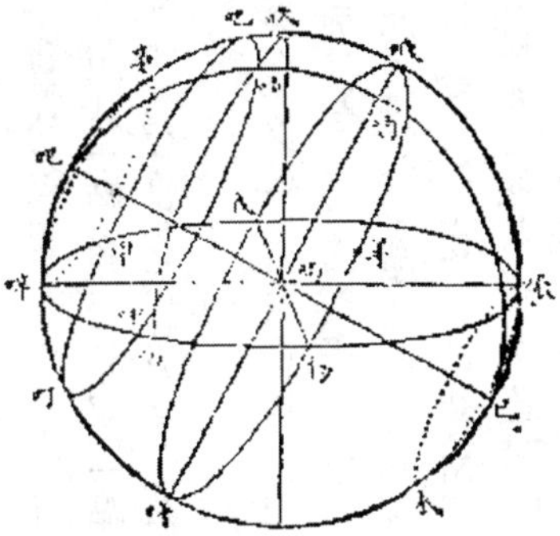

凡星在子午圈兩邊，其高度相等之時，測其距時若干，即知其地之恒星時及赤道緯度。凡高度等，其距午亦等。故測其兩邊相距度半之，即本時距午度也。此三角形有距午時度叺叱呻角，有星距極度叱呻，有高餘度叺呻，故可求赤緯餘度叱叺。又若已知距午度赤經度，即知此時之分點距地平度，故亦知此時之本地恒星時。是爲求新地緯度之要術。

清・李善蘭、偉烈亞力《談天》卷四《地理》 地理乃天文之一事，而實爲最要。蓋地球爲測天之公方位，如兩地測星，得數不同。而生角差，即可據之推星之遠近。然必先知地面諸方位之不同，推之方不誤。故此卷詳論測天，以定地理之事。

地理家所論之大概，爲洲島、海洋、山河之形，以及地質、地氣、物産、人民諸事。地質、物産、人民無與於天文，故不論。今僅論地之形狀及大小。地球之面，爲海洋，爲洲島。洲島之形狀，有山谷，有原隰，而海底與洲島。土面相連，其形狀亦常考之。今未能悉知，若悉知之，實有裨於天學。

地之狀大約近圜球，見一卷。而細測之，知非正球，乃微扁狀若橘。其南北軸短於赤道徑，然所差甚小，不過三百分之一。設以木仿此作徑十五寸之球，其差不過二十分寸之一，雖目力甚精者。亦難辨，故恒以球稱之。必細度，始知非正球也。地之狀若此，故若非依赤道平劃之，其面皆非正圜，而爲橢圜。人居地面，舍二極外，所見地面界亦非正圜。但所差甚微，目既不能覺，深度尺亦不能辨。苟不知測地球大小法，則地非正球，永不能知也。

圜之周徑率爲三一四一五九二六與一之比例，故若地爲正球，則測得其大圈爲幾里幾尺，即知其徑若干。而但測大圈之一分，即可知全周。如測一度，即知三百六十度也。故若依子午圈細測一度之里數，即全周可知。然地面無表，亦無準繩，指南針不能無小差，亦無用。則何以能知度分？何以能不離子午圈？故法當用地外之表恒星是也。恒星距極度可查，故測其高度，即知本地極出地度。乃依子午圈向南或向北至極出地差一度，計其所過里數，即三百六十分地球大圈之一也。用子午儀，則逐秒知子午圈之方向。雖地面有諸阻礙，不能盡依子午圈行，然其差可知，即能算而除去之。

用上法量子午圈度分之里數。最簡要，但不能步步築星臺，故二測處相去。不能恰得一度。然此亦無須，可任意築星臺，相去或一度，或二、三度，或度下帶奇零，俱可。測星之高度，須精心細察，不可令有差。蓋在一度爲小差，在全周則三百六十倍，在全徑則一百十五倍，即積成大差也。故二測處須取一星近本處天頂者測之，則蒙氣小，生差甚微，幾若無也。設一處測此星過天頂，一處測此星過子午圈時距天頂或南一度或北一度，則知二處地面緯度差一度。一度之二界已知，即有法量其里數尺數，定地面一度之二界。有微差必不能大於測星距天頂度之微差，而精心細測，所差不能過半秒。設二處相去五度，而地面每度之差爲一丈，用此差并二處之測差各半秒，以推地之全徑，其差僅約二里耳。

右測地球大小法，蓋以地爲正球，子午圈上每度長短俱相等也。乃如法依子午圈逐度量其距，則其差大於上所言，且逐度不同，故知地非正球。

又 推地球二徑，近有二家。一爲白西勒，取十一弧推之。一爲愛里，取十三弧推之。

其數如赤道徑。四千一百二十五萬二千九百六十一尺，即二萬二千九百十八里三一。二極徑。四千一百十一萬五千零八十尺，即二萬二千八百四十一里七一。二徑之較。十三萬七千七百八十三尺，即七十六里四六。二徑比例率。二百九十九・一五、二百九十八・一五。

右白西勒推得之數。

赤道徑。四千一百二十五萬三千一百九十三尺，即二萬二千九百十八里四

四。二極徑。四千一百十一萬五千三百七十二尺，即二萬二千八百四十一里八七。二徑之較。十三萬七千八百二十一尺，即七十六里五六。二徑比例率。二百九十九・三三、二百九十八・三三。

右愛里推得之數。

前卷約言地球徑二萬一千七百八十里，以今測較之，實略小。其較爲一千一百三十八里，約差二十分之一也。大略一度得二百里，共三十六萬尺。一秒得一千五百尺。地赤道之周，爲七萬二千里，其扁率約三百分赤道徑之一。依軸綫割地球，意其面必爲橢圜。以前所列諸數考之而信，雖間有不合處，大於測量之差，然較之正球差甚小矣。其不合處，或因地勢所生，或更有他故耳。【略】

考地球自轉所當生之形，與測得之數相符，故定地爲扁球，無可疑議。設云地爲正球，不動，各處之質俱相同，統地面之海等深。如此，輕重相抵定，水不流。若移二極多質於赤道，令極與赤道之徑差七十六里，令赤道上成山與洲，然水必流向二極，此理易明。蓋定質隨所置而定，而流質則一若在高山，必流向下也。如此，二極必成大海，而赤道爲高地以環之。乃今赤道與二極皆有海，而海面距地心赤道多於二極三十八里，未嘗背赤道向極流，此必有力攝之。若正球不動，不當有此力。故地球必動，此與地形扁圜。及地自轉之說俱合，其理詳下。

凡重物旋行，每欲離心，名曰離心力。試以繩一端繫石，手執一端旋舞空中，其理自見。又試懸桶水於繩，旋轉其桶，水面必中凹。蓋水之諸點，皆欲離軸向外行，故積於桶之四邊而漸高，至離心力與抵力相等而止。若轉漸緩，則四邊之水漸降，中心之水漸升，而凹漸小。其水面恒如玻璃，無波，至轉定而平。故設地爲正球，靜而不動，四周有海，其深俱等。忽令自轉，由緩而速，至十二時行一周。水之諸點生離心力，皆欲離軸，勢必四面散飛。試於雨中轉其繖，繖上之水皆四面散飛，此其證也。然有重力阻之水，恒欲離軸而又不能。故常離兩極向赤道成凸勢，與趨桶邊之理同焉。水恒趨赤道，令兩極生夾力，而當赤道有地心攝力，二力相等，故水之凸勢不變。如此，二極必有大地而無水，故地形若爲扁球而不自轉，則水必向二極，赤道必有大地。若爲正球而轉，則水必向赤道，二極必有大地。

海水衝激堤岸，漸被消蝕成泥沙石子。沉海底，察地家考今所有大洲皆如此。蓋陸地被海水蝕盡成泥，復積成大洲，非一次矣。地面陸地無一定之處，今所有高地，久必壞。故地之形狀，依等重之理屢變。設地球不動，則赤道所有大洲必漸壞，其質移至二極，成正球。設地球復動，則極上之高地必漸壞，其質移至赤道，成扁球，與今之形同。

已知地球大小及自轉時分，則離心力亦可知。赤道上無論何物，其離心力爲向心力二百八十九分之一。赤道上之海水，必依此而輕，故所居之面。高於極上。極上無離心力，海水必依此而重，故所居之面。低於赤道上。幾何家曾準此理推之，謂地體若各處等重，或有一分水，或全體皆水，自轉二十四小時一周，當成此形。算數所得與測驗所得，約略相近。故若能明知地中之質，則算與測當無絲毫差也。地形扁圓，乃地球自轉之明證。昔人言地球自轉，但用以解每日恒星繞地耳，未嘗及此理。然已知自轉，即可爲扁球之證。自轉與球扁，理相關如此。初，奈端用自轉之理，推地之形，謂當爲扁球。時尚未測量也，今既測量而知奈氏之說果不謬。

離心力必減地面諸物之重力，當赤道上所減最大，漸遠赤道漸小，至二極而無。故凡物南北移置，緯度變，重力亦變。曾於各緯度測其輕重，故能定其級數。物至二極增重最大，比赤道重一百九十四分之一。從赤道行至極，加重之比，若各地緯度正弦冪之比。

各緯度測物之輕重，不能用天平及秤。蓋二器皆用此重測彼重，彼重變，此重亦變，故不能用也。假如有物，在赤道重一百九十四觔，移至極重一百九十五觔。若用天平於赤道平之，移至極加法碼一觔，必偏重不能平矣。設有重物懸於赤道，如天。其索過滑車呷，又過滑車叱。至北極過滑車呐，亦懸以重物，如地。設此二重在赤道，或在北極，用天平平之，輕重相等。則如圖懸之，必不能相定。地重必向下行，若於天重加一百九十四分之一，則定矣。故各緯度測物之輕重，必用別器。一用簧，簧力不隨地面而變也。

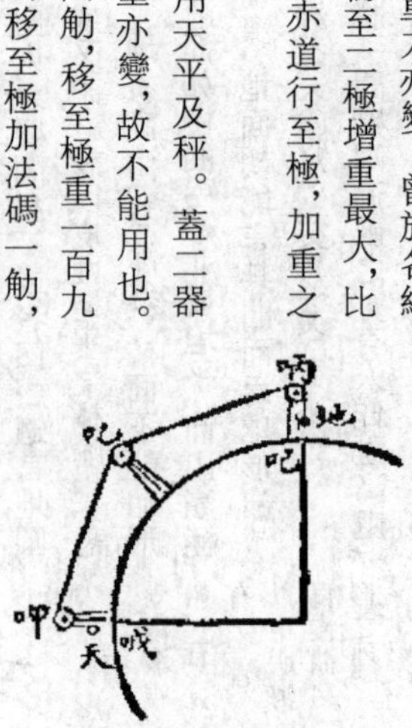

清・艾約瑟《天文啓蒙》卷一《地球並地球運轉》第一課　論地形圓

余等人居地球面際，地果爲平者乎？圓者乎？抑曲與方者乎？應以何法測而知也？舉目四周瞻望，或有高山，或有深谷，或爲平地。如山中居者，雖行一非遥途程，每甬越一山，面前復有一高山，橫列障目，使不能望遠。設或於平陽

郊原，曠觀憑眺，見四圍之樹木花草，舉屬上與天接，行之東西南北任何方向，必見地與天連處有一道平綫，俗呼曰天邊，無論何洲何國盡如此。若然，則地體殆爲極廣大寬濶之平面者乎？初何知地面之形大不然乎？

試取一無山林溝壑巨石崎嶇處，驗其地面果平焉與否。即所謂海也，船自遠方駛來，人於此凝眸而望，初時但見桅，繼乃漸近，則見船首與船出水上全體之半。及至甚邇，船出水上之體畢見矣。復有一説，船於是開往外行，始則不見船出水之他處，止見船艄，繼則並船艄不見，第見船桅，後乃並船桅亦不見耳。

如上所見，實何故哉？可借物以發明之。試備平面几一張，適有二活蒼蠅，於几面際，兩端行動，相對相向，彼此可見全身。後乃二蠅迎頭，俱就中間行，初距較遠。彼蠅見此蠅體甚小，此蠅見彼蠅體不大。及對頭相遇，則所見皆如其本體大也。夫蠅之視蠅，所以近則見大，遠則見小，不似人之視船近則全見，遠則半不見者。即因二蠅相距雖遠，在平面几上，故可永見全身，不能似船行海面，有半見半不見也。據此，可知海面不似几面之平矣。

試復用一法表明之：取一橘借喻，橘頂點適有蒼蠅跕立，如二圖式。一蠅立於甲，一蠅立於乙，彼此相向，相顧而不能相見。以中有橘皮圓面隔，故不能望見也。如乙蠅向甲蠅處行去，先行至丙點，甲蠅望見乙蠅首，僅伏於橘皮面間，丙蠅見甲蠅首亦僅伏於橘皮面間。其身體腿足俱爲橘皮圓面遮掩，不能望見。及乙蠅行至去甲蠅不遠處，甲乙二蠅可彼此皆見其全體矣。

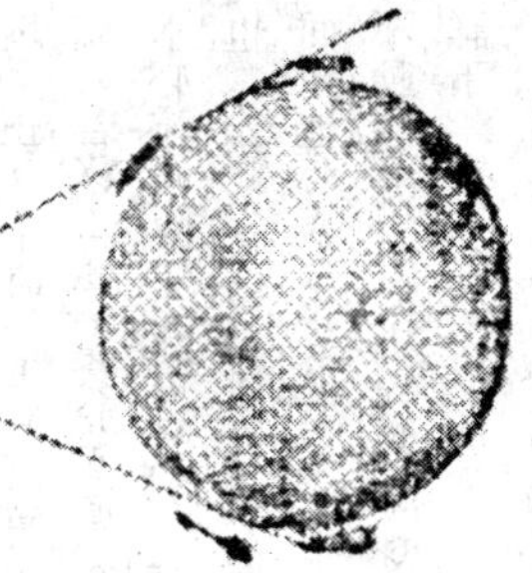

第二圖

蠅在橘面。

蓋橘皮圓面有蠅，正如地上水面有船。橘上蠅行，適同洋面船行。設蠅所居處爲平面，其理即一致。如前所言之二蠅在几面不能掩全體，非其明驗歟？

由此觀之，是地形如球，同於完橘外皮之式，非同几面平坦式矣。

吾等連類推之，來船之桅頂既爲吾目所先見，可知人升愈高見海面愈遠，人於地上升愈高則見地面亦愈遠矣。如三圖，即表明地同圓球，船行海面遠時少見，近時多見之理。船在甲時，全身不見；至乙，半見半不見；船至丙點，乃見其全體矣。於以知人居地面，無論在甲在乙在丙何點，目所見者，亦止見地面極邊與天接處之界綫。吾等所立處愈高，所望見地之極邊界綫亦愈遠耳。

諸生切勿誤會，上所言地之極邊界，非同山邊有可墜之式也。地形爲圓球，人向前移行，地邊亦向前移行。試將橘蠅之喻，詳細揣度其理，即可紬繹出矣。如四圖，亦發明登愈高望愈遠之理。人目在甲，見地邊界在丁丁兩點。人目在乙，見地邊界在戊戊兩點。人目在丙，視地邊界則在己己兩點矣。

第三圖

立海濱視船，有見有不見，以申明海爲慢曲弓形之理。

第二課　論地爲至大

自有是藉橘形地之喻，遂開出人之疑問矣。或者曰：適言地圓如橘，似也。而地小亦如橘乎？或又謂：設以皮面極平之橘喻地，恐不能相肖。地有高山，有深谷，橘面不能藉形出。雖云海面如慢曲弓形非屬坦平，而山巓極高，大川極深，地面胡能言其曲而爲球形哉？有如是諮詢者，余將依類答之矣。

試先將一問疑團道破之。有人佇立高處，以二圓球置其下，一球大，一球小，並使二球離人之遠近相同。二球面際俱有物行動，或向乎人目而來，或背乎人目而去。其來去所行至目能及見之極邊界，必不能一式。大球之極邊界必遠，小球之極邊界必近。如圖，正欲發明地球愈大，人目視爲天地相接之邊界者愈遠。

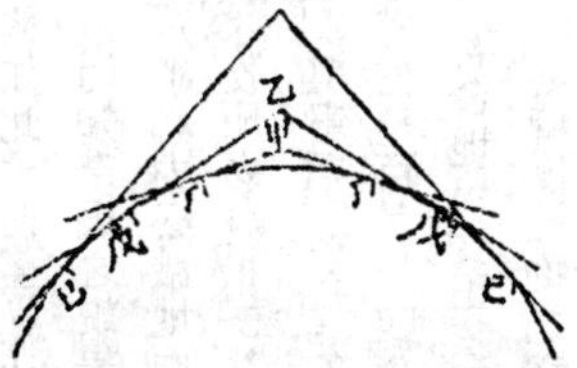

第四圖

申明人登愈高，見地面愈遠之理。

五圖乙乙爲橘，甲點爲蠅目去橘高之處，乙下二蠅行至乙點，方爲甲蠅目所見。設二蠅俱在丙丙大球面，丙下蠅行至丙點，即爲甲蠅目所見。是大球與橘球大小之別，即丙丙平圓綫與乙乙平圓綫相比之別也。

設有人立於海灘，向海望去，望及十數里，此際必明曉地爲極大矣，執此可藉以答地小如橘之疑問。其實地球之直徑，長及八千英里，合中國二萬四千里。如從中國與南美洲對足處，用一道直綫，由地內穿過，即如是長。

於是有人謂：地面高山甚多，何以謂爲平面？吾誠語汝，地面雖有高山，較

橘面尤平。地内中心離外殼地面，非一萬二千中國里乎？地上山極高者，止有十二中里。以十二里與萬二千里比之，僅爲地球千分半徑之一分。試取書院中所用地球儀喻之。是球用層紙纍疊裱糊成也，當匠役裱此地球時，其千分半徑之一分，早括於外裹之殼中。以是知山高十二里，較尋常地平面固爲高，然於地如是大亦不爲多。地球取橘作譬，地球面猶平於橘面也。如於是説猶不明，再以顯微鏡視橘。使橘球之大同於紙糊之地球，試看橘球之高處有若何高，低處有若何深乎？

試用五意以闡明夫地：一、吾身居地平面，欲目覩地之真形狀，或於平原，或在海面，皆可。二、地面崎嶇至不平，縱不見地有曲形，亦不能謂地無曲度。三、惟曲率由漸低淺，地面之曲形亦由漸低彎。立海面而望船遠行，行至距此十餘里外，方至目所及見物之盡頭界限下。以是爲據，不可爲地形漸曲之證乎？四、地形既如是由漸成曲，高山雖峭立，所關亦甚微。從可知此處曲度之平圓綫爲極大，並知地球體極大也。五、因地球體大，故地面際各處之高山，僅擬爲風塵中極細之小點。山形雖高，與二萬四千里直徑比之，猶足道乎？

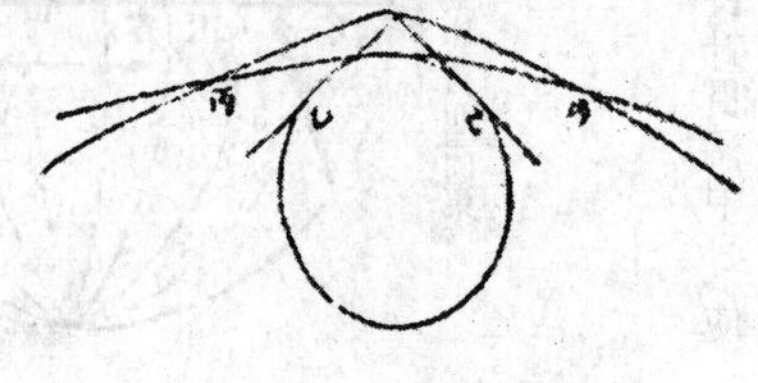

第五圖　發明地球愈大，人目所視爲天地相接之邊界愈遠式。

第三課　論地球動而不静

於是觀夫地，復詳閲前課，知地乃山與海並平原聯合成之一巨球也。設欲知地若何大，可作如是觀。自爾書塾起，如有一可圍繞地球行之路，遵其路每日行十二點鐘，每行足百里，歷二年之星霜，得歸迴原處。地球之大，不可見乎？

蓋地球懸於空中，與氣球之懸於空中，其理相同。如不知何爲氣球，試取絹數尺，密縫爲空球式，内充以輕氣。輕氣輕於風氣，其球即上懸空中，即名曰輕氣球。或者謂：地球懸於空中，動乎？不動乎？或有人疑地球不能動，則曰：我儕所居書塾，昔在何處，今猶在何處。且前在書塾外之樹木，或近或遠，距離若干，今昔相同，毫無差錯，豈非地球不動之證哉？

噫！是何説也？譬以大綫團，或橘實，權爲地球觀。於球面插一針，權爲書塾觀。别插許多針，權爲樹觀。於是舉目一覽綫團或橘，無論其爲動爲静，便知其面際所插各針，彼此相見方位不更變，且其各針距離遠近亦依然相同。

且將地球懸空動不動之問明解之，莫若不觀地球，於地球外别觀他物，則瞭然矣。諸生於晴夜出門，遥望無數星宿，皆自東以漸而升。回首西顧，衆星亦以漸而降。月之升降，理亦同此。白晝仰觀乎日，其出東入西，亦無二法。

由此觀之，是大地所載之屋宇草木等，彼此互相觀視，不覺其動。而在地球以外之日月與星，即地球視之，則或見其實動，又或見其似實動矣。

諸生試思之，吾儕平素所謂日月星辰出暮升降之語，果何意哉？即言自吾儕居處觀之，日月星辰皆方經過目所及見之盡頭界綫也。過盡頭界綫升者爲出，過盡頭界綫降者爲暮，與十節一圖船舶往來經過盡頭界綫之理相同。欲證明其理，試以綫團或橘球，安置几案中。於其傍平插一針，針頭權爲爾目，爾身權爲日、或月、或星。爾自遶行几案外，爾目與針須高下平齊。行至某處，爾見針頭方出團旁，就爾目權觀之，爾即爲方升之日月星。既而復行至某處，則不見，爲圓球遮掩，爾即同沉落之日月星矣。此即不動之地球言之也。

第六圖　申解日出日入、星出星入。

爾坐於玆，使他學士以綫團在爾繞几之方向對面旋轉，應使針頭距几案之高下常同。爾於綫團面際之針頭，必有見有不見，見日月有出入之理即如是。是即人静綫團動，人見綫團面如何；人動綫團静，人見綫團面亦如何也。

如是觀之，欲細解日月星升降之故，或作地球静而不動、日月星在外旋繞不停也可，即作爲日月星静而不動，地球自旋轉不息也亦可。昔人以爲地球不動，日月與星遶行地球外。時至今日，吾儕得知動者實地球矣。

第七圖　是圖爲解六圖而設按圖中箭行方向甲爲星暮處乙爲星出處丙即人頭所立之天頂觀此乃知爾在針位所可望見所不能望見者矣

第四課　論地球猶獨樂旋轉

前課所論地球運動之證，頗可爲確據，知日月星看似由東向西運行，非其真運行也。蓋吾儕之所以晝則見日運行、夜則見月與星運行者，皆因地球自爲運轉故也。從可知地球之自動果真，而日月星之動衹爲仰觀者覺之耳。

於此時也，諸生設問地球果動，其動果何若？則將應之曰：爾試思疾行時，不見兩邊百物如動乎？諸生乘快船，或火輪車，駕駛疾行，則見河道、車路兩旁之屋宇草木等皆似動，而己反覺静矣。其似動而非真動之各物，必與爾舟車動之方向互反也。

如是論來，似有理矣。第據上節言者，表明地球與星象之理，果足彰顯否？若然，是地球自西向東一直速行，經過日月星矣。吾人之觀日月星由東向西者，果因是故乎？

諸生一思，必知其非矣。果爲地球一直前行也，已過之日月星，必不能復見矣。豈有此理哉？

吾等欲解明所見者，當用何法？則惟將地球之行動，取譬於獨樂之旋轉。故於中外各國地方，每朝必同見一日東升，每晚必同見一日西暮也。

第八圖：獨樂旋轉式。

世間有晝夜之别，即因地球實如獨樂旋轉之故。且朝夕晝夜，相繼不絶，乃爲地如獨樂旋轉尤明之確據也。

吾人恒見日東出西入，乃知地球方向由西轉東。

試以書塾所用地球儀形容之。欲使其旋轉如獨樂，則地球儀軸即宜與獨樂之軸同式竪立。若問地球儀向何方旋轉，則必以爾右手從儀右面搏之，使其輪環旋轉。地球旋轉之式，誠如是矣。

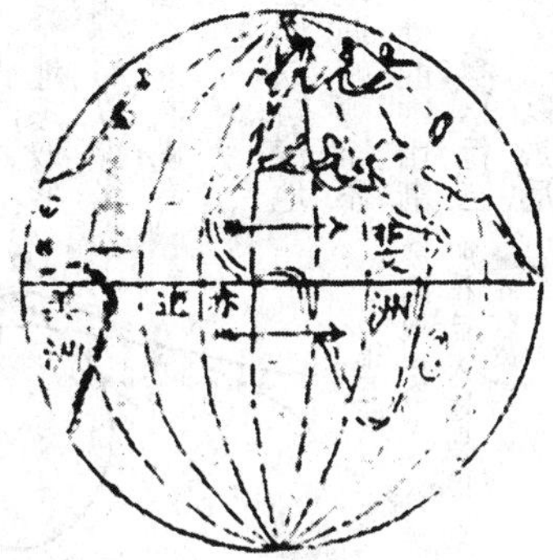

第九圖：地球旋轉自西而東。

第五課　論地球日有一次旋轉

設以一橘爲地球，安置於暗室中，以洋燈權爲太陽，而以長針貫橘中心，使長針插褥上直立。又以一小針插橘中間，插至盡處，僅露針頭，假爲地上之一人觀。於是捻長針使橘緩緩旋轉，惟旋轉之方向，宜與鐘表面上針轉環方向相反。

諸生思之，果見何形狀？則於長針貫橘之處，必有不動之二點，其點即可名曰極。在上之點爲北極，在下之點爲南極。南北二極相連之綫爲地軸，長貫針是也。復在橘中間距南北二極相同處，平晝一綫，名曰赤道。將小針插於距赤道不遠處，在向洋燈面之一點，則橘此半面必爲燈光照，是乃晝也。彼半面必暗，是乃夜也。

於是捻長針，使橘緩緩旋轉，則見小針之頭，漸離燈光所照半面之中點。及橘轉足四分圓之一，則見針頭至明暗相界處。復少捻之，燈光遂不照針頭，如燈没矣，人見日暮天邊即如是。設更轉足四分圓之一，則見針頭至半黑面之中心，即半夜式。又轉足四分圓之一，則見針頭方入燈照之明處，即燈出，人見日出天邊即如是。復轉足四分圓之一，橘球轉足一周，燈光如日午正式，由天頂直照下面。

第十圖：即此式以解明地轉如獨樂，始有晝夜相繼。

由此觀之，是燈圍橘旋轉一周，似日離天頂處向西落，復由東出，回至原處矣。

蓋地球旋轉，亦猶此橘之旋轉也。但地球實無串針，止於二極中貫處，有無形像之地軸耳。

世間之有晝夜，是以此旋轉爲原由矣。今見太陽歷十二時之頃，即西國鐘表二十四點鐘。起於某處，旋轉仍歸原處，乃知地球以十二時頃，自爲一轉其軸也。

試復以地球儀，安置几上，離數尺仍置一燈，燈正與地球儀中心平衡相對。令地球儀軸直立，或使其旋轉，或不使其旋轉。只見對燈半儀常爲燈光所照而明，背燈半儀常暗。故地球儀静而不動，則此半面許多部落永在明處，彼半面許多部落永在暗處。設使地球儀旋轉，則一處追隨一處而漸入於明，已而復入於暗。如此，是燈不動時，地球儀旋轉，能令各處明暗相繼矣。

夫地球儀雖小也，擴而充之，足以比地球之大。燈光雖微也，推而廣之，足以較太陽之光。然地球面各地各處，時或明、時或暗，皆因地球自轉其軸致之耳。

雖然，諸生切勿誤解，地球非實有軸者也。第以橘假爲地球，必有長針貫中心，地球儀必有鋼條貫中心，真地球非如斯也。所謂地球軸者，衹想像之一直綫耳。但想

像地直綫之兩端既名曰北極、南極，而地球儀軸兩端二點亦可名曰北極南極矣。

細觀上所言者，乃知地球以十二時頃，自一轉其無形之軸矣。地球旋轉時，日在天空不多動、不變異，放其光輝，惟地面對日之各處可得光。故地球常半面得光，半面爲暗，猶之置地球儀於燈前然。設地球果爲不動者，則將此半面永爲明，他半面永爲暗矣。豈有此理哉？地球乃常自旋轉，故各地各處，時或有光而明，時或無光而暗。吾人得光之時即謂之晝，在暗之時即謂之夜也。

吾人仰觀天象，覺太陽自東轉西者，實地球自西轉東。吾儕於清晨，所居地行至光明處，則覺日出東方。地球漸轉，復覺日漸升天。地球更轉，至正午時刻，又覺日行至極高點。既而復轉地球，則覺日西墜而暮矣。如欲知夜間地球運轉如何，宜熟視夫天上星。然亦易知事也。試思天星運行一宿追隨一宿，若者出而升，若者降而暮，不猶如白晝觀太陽出暮乎？

第六課　論地球旋轉不惟如獨樂復別有旋轉

時至於今，諸生可確知三事矣。一地形如球，一地轉如獨樂，其一即地非如此旋轉不能有晝有夜。且晝夜相繼，即因地旋如獨樂而成就者。

知斯三者，則於地旋轉之一，知有確據矣。試問地復有他等行動否？欲確知地有他等行動，當復以何法形容證明之？惟先立一與地球一式旋動之説，試觀其所見之一切形狀能解與否。

欲試其若何，可復將先用之燈與橘取至，置於四壁有畫之室內。諸生視若許畫可借喻何者？余欲以之譬天上行星。夫地與日所在處之外，復有衆多星也。第以日光過明，人於白晝不能見耳。是燈與橘之四圍有若許畫，即可表明地與日之外有衆多星。據理而論，室之頂棚間、地板間猶應有畫也。茲不必備具，有此四壁之畫圖足矣。

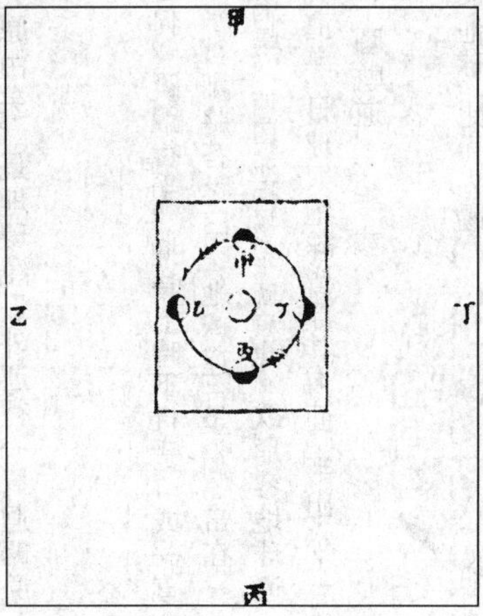

第十一圖：講明地繞日之旋轉。外方爲四壁，内方爲几中，空圈爲燈、日，四半黑圈爲橘、地。

是燈與橘，可權爲静而不動，亦毋使旋轉，更依前時橘借形地、燈借形日。其橘向燈之半面必恒明，橘、地。必見原燈、日。恒居一處，從無少動。橘、日。背燈、日。之半面必暗，恆見原畫、星。居一處不動，於橘、地。之面際明暗交界之各處，視原燈、日。與視原畫、星。乃一式，必見其恆在目及見之盡頭界間。借形俗言之天邊。

仍用一針，於橘皮面際赤道詳見四十一節。間刺之，使其僅露針頭，權喻爲地面際觀望之人。將橘旋轉，借徵地球旋轉式。諸生宜凝目注定借喻人觀望之針頭，設轉至半明面正居中時，相對足之彼點必在半暗面之正中。如復將橘旋轉半周，其半明面正中之針頭，已由明半面正中移至暗半面正中。諸生試思半明面半暗面橘之正中兩點，適可借以證明，人於午正即在半明面之正中，人於子正即在半暗面之正中矣。余視如是設譬，殆已足乎？

詳觀乎此，而知地與日果屬居其所不動，則余等於子正時所見星必恒久無異，日出時所見星必恆久無異，日入時所見星亦恒久無異矣。

諸生於此事須細心揣度，詳味此畫是如何。最要者，應洞明是事也。然亦無難處，諸生居此室不移坐處，亦不自有旋轉，豈非於所向之壁，視有從無變異之畫圖乎？

試問，於夜間子正時，仰觀天星常同否？必答云：不同。且不同者有三：一、夏令子正時見之星與冬令子正時見之星多異，歷六月之久，望見之星象所差極多。一、連夜子正觀星，歷數夜後，見星俱由漸西移方位，數日内即有如是之小變動。一、即周歷足一歲，子正時復觀星，所見之星象與前歲無異。堯命羲和，象四仲不同之星以授人時，理即同此。

試令橘旋轉繞行燈外，與地旋轉方向無異，所見之一切形狀俱明矣。

如十一圖，余已將燈橘桌室俱備爲式，諸生試於此幅圖，由上向下詳視。先設橘於甲，作啓行狀。子正時在地球半暗面之人，見與日相對面之星。於圖中橘上，即見甲壁間畫。橘行至乙，子正時在地球半暗面之人，亦見與日相對面之星。於圖中橘上，即見乙壁間畫，所見畫與甲俱異。由是橘行至丙、行至丁，可以類推。是橘移所見之畫不相同，地移所見之星故不同也。

至此，余猶有一言未盡者，不能不講與諸生聽。所見形狀既若此矣，講解發明亦若此矣，於是別設一説。設使日自東而西繞地而行，所見諸星隨時移置，其部落必與前所云者無二。然我儕實深知地繞行日外，非日繞行地外也。

第七課　論地球運行日外一歲一次

即上所言者觀之，乃知地不惟於本軸外一日自旋轉一周，復於日外有環繞。

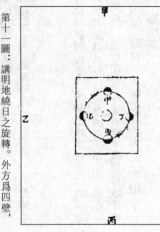

我儕已用是説，講明凡地球面上無論何洲何國，於子正時觀星，俱隨時有更變矣。思索知者所歷之夜無多，所見星之更變亦無多。觀星歷六月之久，見星之更變甚大。觀星歷周年，見星與初觀之夜無二式。可確知者，地不惟一日旋轉一次，並一年繞日一次矣。

上所言者，果何故哉？設地繞日但須歷六個月，則觀星足半年，必見前此見之星在原處。或以五、七等月數爲期，則所見之星過五、七等月數，亦依舊在原處。余等談論至此，知世間有年歲之原由矣。是地環繞日外運行一周迴歸原處，所用之時刻即爲年也。

第八課　論地球二轉其面不一

諸生如問地球運行日外，其式若何？跳躍行乎？抑時上時下行乎？或一直前往，無高無下，常在一面永無變異乎？則將答之曰：地球運行平勻，常在一面，永無變異也，譬猶西人馳馬於競馬場。西國競馬場，平圓者也。欲形容地球運行形狀如何，宜於心目間懸想一至大海洋，日球與地球皆浮其海面，半出水上。日球居海面正中，地球處擬爲畧如平圓軌道，一年一次運行日外，而其距日遠近畧同。

於兹取五個小球至，其一稍大於他球，比爲太陽。五球體之加重減輕，以能半露水上半浸水内之腰際爲準，使浮於小盤中。如圖。

日球居中，地球春夏秋冬四季之變遷，其形全在於兹。諸生須知地球運行，不但遲速平勻，且常在一平面，永不變異者也。如圖。諸生亦宜知地球運行面，經過太陽中點，與地球中點，正如輕重得宜之五球中心，均與水面相平也。更將表明地球運行之桶内水面，名爲黄道面。

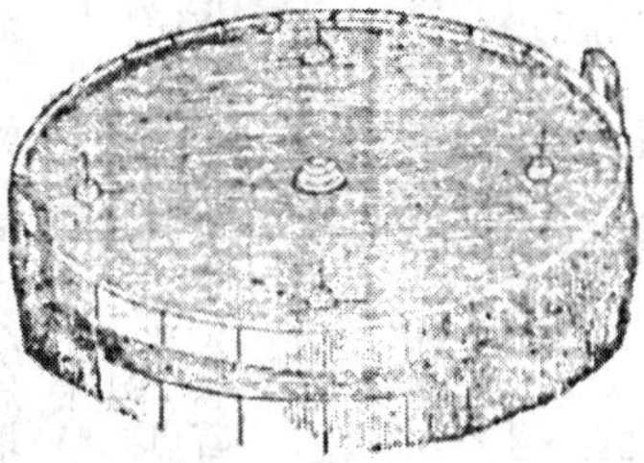

第十二圖：借形黄道面式。

此黄道面，即地球每年一次運行日外之面也。黄道猶如地球之競馬場。設於此有人云，黄道之式既明矣，地球運行於黄道面，與其每日自轉本軸外一次，名爲赤道面之面，有何關涉？

答以此事易曉。設地球直立於黄道面，與黄道面互相爲直角，則是地軸自轉面亦與地球運行日外面相同。如十二圖式矣。

然其二面，可權爲一面觀否？試於一小球插針竪立，假爲地球，使其式如獨樂直立旋轉。據理而論，遲速亦可作爲不變異。則明暗相繼之界綫，必經歷二極，地球各處相繼之明暗相等，晝夜長短、四時常同矣。第晝夜常不同其長短也，無論何地何處，日長則夜必短，日短則夜必長。如北半球冬時日短夜長，夏時日長夜短。因此知北半球入夏，南半球則爲冬矣。

詳觀上文，知二面實不同也。於兹猶有一法，可解明其一切理。設變爲二面互相斜入式，如圖。是四小球皆斜其軸而並列，如十五圖矣。地球之軸，實如是式，決非如十二圖四小球直立其軸擺列也。

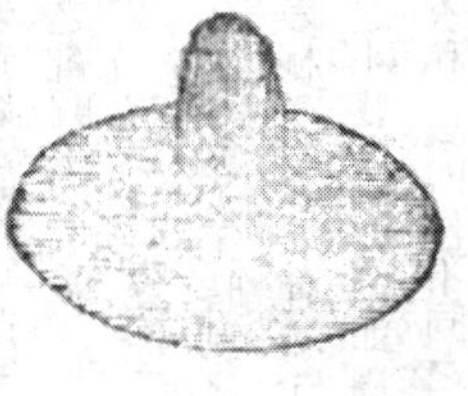

第十三圖　二面相交成直角式。

第十四圖　二面互相斜交式。

第十五圖：地軸斜列式。

第九課　論晝夜長短何以不同

斯時欲離卻桶，仍論橘與燈，但有一應變處。前時所借用爲地軸之串針，不可直立，須用爲斜串方向借燈心橘心連綫，所在之平衡面爲黄道面。

地面緣何有晝夜之理，於前既已講明。兹欲論晝夜之各時刻何以四時長短不等。依然將燈移置室内几上在左，橘亦依舊使其與燈一式高在右。惟串針之上端可使其向右少移斜串，此上端即可權爲地球北極觀。

於兹使橘旋轉，燈光不能照於附近北極處，必常照於附近南極處。而橘球旋轉，無論遲速皆不相關涉。其與赤道近之各處，俱有時而明，有時而暗。斯時可以一針插入橘内，使其在近北極處，權作人觀。試爲旋轉橘，針頭永無得光時。復將

針移至近南極處權作人觀，任橘若何旋轉，永遠見光。如是論來，橘球串針右移，既有若是與冬季同之象，是地球近北極之人永在夜，近南極之人永在晝矣。

試復將針移插於赤道北極相去適中區橘面間，將橘球旋轉一周，其針頭經歷暗處途程，較經歷明處途程長，是即夜長於晝之式。於是仍將針向北移插，距北極益近，其針經歷明時必愈少，經歷暗時必愈多。由是再漸北移，必至一無明盡暗處矣。

於此反覆論之，是於橘之北半球，插針於距赤道愈近處，針頭所歷明途漸較增，暗途漸較減，即晝漸增長夜漸減短也。如移置赤道處，所歷之明途暗途即相等，即晝夜同一長短也。

由是踰赤道而南移針頭插處，同上之旋轉橘球一周，愈距南極近，其經歷之明途愈加多，暗途愈減少。及移至去南極甚近處，則常明無暗，即永爲晝而無夜矣。

設復移其貫串針，即是燈觀之，串針之斜度益大，則權爲人觀之針頭無論插置何處，其所經晝夜之長短較從前必更不相等。惟赤道界之晝夜長短常一，永無更變。即燈觀之，串針之斜度漸少，針頭插置處所經之晝夜長短時刻相差者亦漸少。設串針漸移至上下直立處，與燈一式立直，而橘面各處晝夜無長無短，常相等矣。講論至此，諸生不俱知歐洲各國與蒙古、中國、日本國在赤道北乎？倫敦微近北極，畧遠赤道；北京少近赤道，微遠北極。每至冬令，赤道北皆晝短夜長矣。倫敦之晝，更短於北京之晝，其故何哉？諸生試詳揣之。設地球軸列擺之方向形式與橘球串針之列擺方向式同，上所言之一切即可解明，從知如是式擺列橘球，即表明冬令地球向日式也。

且時不能常冬也。繼冬後者有春至，春分則晝夜相等。繼春者復有夏令三月，是時晝長與夜，與冬令式相反。至秋分則晝夜復相等矣。諸生如問此論如何，余必答以須復加斟酌。於是仍觀夫橘，使橘由漸而立，斜度漸減，至串針立直時，即爲春令地球式。試復移串針向燈斜立，即可發明夏令地球式。何以知串針若是移，即可發明夏令地球哉？前此北極去燈遠，軸斜立時，夜長於晝；南北極針直立時，晝夜長短相同。而北極軸稍向燈面斜立，北半球不即晝長於夜哉？然地球軸之方向，實永無變動也。雖經歷乎四時八節，地北極永向天皇大帝一星，所差甚微。

然必易用他法。試使橘繞燈行，而方向與鐘表面針行者使相反。第有一最要處，務使其軸端常指向一點不變，即其軸亦常與已平行。設使其移繞四分周之一，並一面移行繞燈，一面自爲旋轉，細視其晝夜長短，即知北極南極俱在明半球暗半球之界間。橘皮各處行於光中時刻，與行於暗中時刻俱無異。地球如是向黃道面，即春分式。

試復將橘前移四分周之一，即見北極點已微向乎燈，其赤道北各處必晝較夜長，是即夏令式。赤道南各處必晝較夜短，即其冬令式。蓋橘旋轉移行已至半周，其更變之式，即與初啓行時式正相反矣。

更前移橘四分周之一，晝夜所歷之時刻復至相同，即秋分式。下復餘四分周之一，設復前移，則至橘啓行時之原處矣。

地行即同於橘行，一年中繞日一次。由冬令起，經歷春、夏、秋三時，後復至冬。春、秋時名爲春分、秋分。地於黃道有如是斜列之形式，至此二點時，各國各處晝夜時刻相同。

諸生細視圖，即知北半球夏令時，附近北極之各處常晝無夜。有人能至彼處，必見日至平西時不落，在天邊懸繫，由西而北，漸東行來。若至冬令，則永不見日出矣。南半球之冬夏令，雖與北半球相反，北冬南夏，北夏南冬，其理亦復如是。由是觀之，是南極北極二點，有六個月之晝，相繼有六個月之夜矣。

本課有四圖，均爲人在日面觀地球式。十六爲夏至地球式，十七爲冬至地球式，十八爲春分地球式，十九爲秋分地球式。各圖之中心，即日歷四季依次所向處。在此四方位，諸生試使地球儀繞行一周，即可洞明此許多理矣。

第十六圖

人在日面視地球夏令式，即夏至，西歷六月二十二日倫敦正午時。

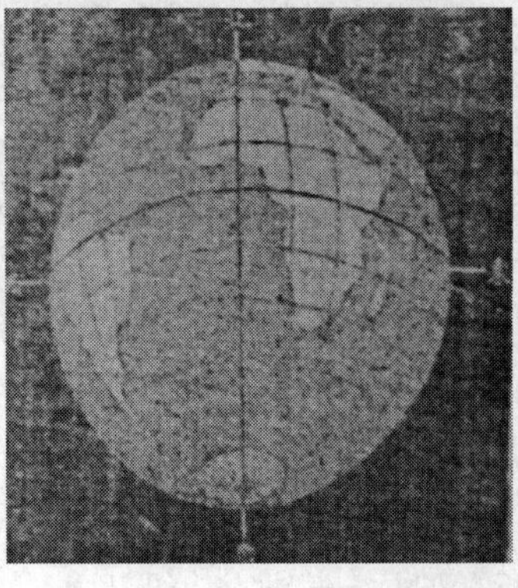

第十七圖

人在日面視地球冬令式，即冬至，西歷十二月二十二日倫敦正午時。

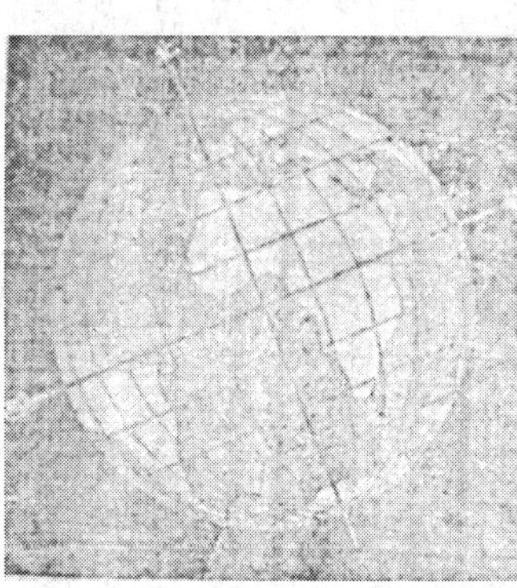

第十八圖

人在日面視地球春分式，即春分，西歷三月二十二日倫敦正午時。

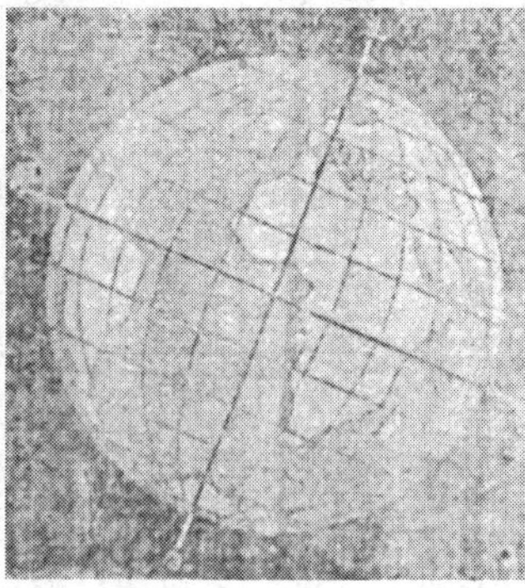

第十九圖

人在日面視地球秋分式，即秋分，西歷九月二十二日倫敦正午時。

第十課　論春夏秋冬之别以晝夜長短相異爲根

前課所論晝夜長短不等之故，諸生若已明晳，必能知在英國、在澳大利亞，如何又有冬又有夏矣，衹是英國夏令與澳洲冬令在一時。並知地面上晝夜長短不等，即爲四時相繼之根，而赤道南北二半球，皆有春夏秋冬相繼之序。但南冬北夏，北春南秋，非在同年内，同時爲春夏秋冬也。

無論北半地球、南半地球，於晝長夜短時，每日十二時中，日麗於天之時較多於不麗天之時。熱氣於地面隨時加增凝聚，故熱。反而言之，無論北半球、南半球，晝短夜長之時，每日十二時中，日麗於天之時少於不麗天之時。熱氣於地面凝聚者少，故冷。

春令之晝夜，雖與秋令相等，而其氣候景物有異。緣冬令化育萬物之氣止息，至春間草木萌動，萬物發生，故望之焕然一新。至秋間天地氣肅，草木黄落彫零，故不與春令同一式之悦人觀瞻也。

第十一課　論地球面各處見日月星運行不同之故

於兹時也，余欲講明地球面際各處，緣何視日月星運行各有不同之故。

南北二極點有六個月晝、六個月夜，上文已解明矣。外此猶有未盡言者，即南北二極點觀星，都環繞天頂點運行。赤道各處，不惟晝夜恒相等，而其觀星運行，亦與他處不同。彼處見經歷天頂一帶之星，東出時俱順直垂綫而升，西入時俱順直垂綫而降。不似英中美各國，見星以斜綫東出，由東漸南遷移，復由南漸向西旋，仍以斜綫方向落於山海間矣。

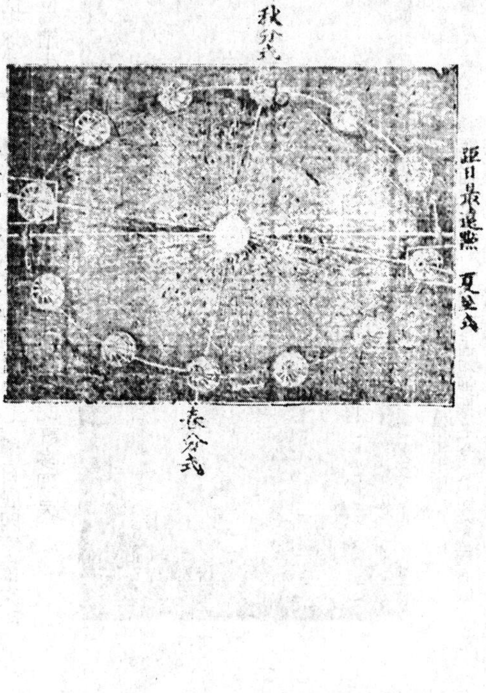

第二十圖

解明四時之式。圖中春、夏、秋、冬列擺依泰西歷式，與中國歷不同。中國以春分爲春之中，泰西以春分月爲孟春，餘可類推。

諸星由東方出西方入之理，諸生已明辨以晳。兹可揣不由東方出西方入、懸行於天他處之星，其行動有若何形式。如在英國觀星，見去南天邊不遠之諸星，均在正南點東偏之處出，由斜綫上行，經過正南午綫，復由斜綫下移，入正南點西偏之處。西入處與正南點相距之遠近，與東出處距正南點遠近同。凡一切初見在東之星，其行至正南經歷正午綫之點，去地平上之南天邊更高多矣。仍由斜綫西垂，漸而落於西面。仰首北望見之諸星，不見有出於何方、入於何方，從不見有下北天邊時，均屬環繞共向天皇大帝一星，行於平圓綫。諸生試取圖觀之，指天皇大帝，名爲指北極之二星，即天樞、天璇二星也。即行於平圓綫無入地時。

欲表此意，可取小地球儀，使其軸向上直立，要指明何處之天邊。亦有一

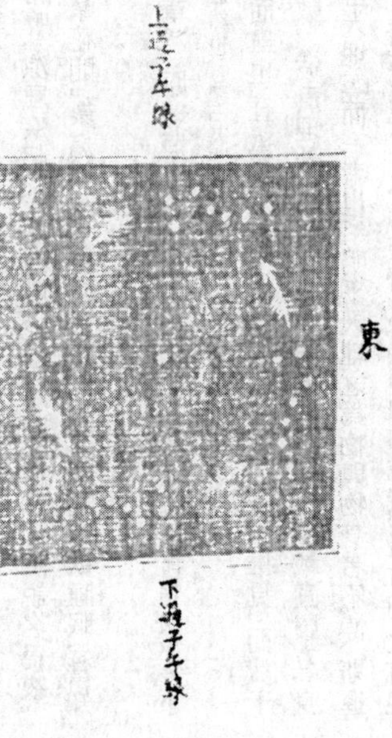

第二十一圖

北斗四方位式。繞北極移其方位，每六點鐘換一方位，當中一星即距北極，近之天皇大帝。

法：用紙三四層裱結，剪爲寸許寬之平圓片，將其中點粘貼地球儀面，須在去北極最近之處，果能正在軸端更佳。軸端爲北極點，圓紙片中心點權作有人站立，即立於北極處也。其立於北極點之人所能見者，惟紙片以上之各物。紙片下之物，皆不能見。是紙片圓邊，猶如天邊矣。至此時，使地球儀旋轉，以形容地球動。試看立北極點之人，觀四壁所懸掛之畫，所見畫式如何，即星之形式如何。觀之，即明此紙片隨地球儀旋轉，正如車轂輪旋轉式。在圓紙片上見之畫，初時在上，後仍在上，無不能見之時。如是觀來，是人於北極點觀諸星，無出升無降落，距天邊若干高下恒一式，惟見其横行，由東而南，由南而西，由西而北復東，常移行更變，北極星永居天頂，衆星四面旋繞，行於平圓綫。更有一事，在圓紙片面下，可選一幅畫，權爲太陽。於是旋轉地球儀，必不能見其有出入天邊之式。如欲見太陽有出天邊上入天邊下，必須地球儀軸端向下斜，法式與表明四時依次變易之法式同。至於斯時，諸生應詳記，地之北極，半年中向日斜，半年中背日斜，惟夏令時之半年能有晝，亦惟冬令時之半年能有夜矣。諸生復詳視二十圖，即見夏令時，近北極之小圓片内永明；地球旋轉時，在彼處永無夜。據此理論之，冬令時彼處亦永無晝，第於春令秋令，半圓屬於明，半圓屬於暗。每日十二時中，地球自旋轉一周，故其各處均又入於明，又入於暗。

上文於北極處觀星之形式已言矣，本節中欲講明赤道間觀星之形式。可將圓紙片粘貼於赤道處，使地球旋轉，至此時，紙片隨地球儀旋轉，不似車轂輪式，乃微如以錢邊立地指彈使轉式。使球旋半周，即見與前式俱不同之星升出天邊上，圓紙片之邊即可假爲目及見之天邊。於是觀地球二極所指之南北二點，俱在天邊，天皇大帝在正北點，天之南極在正南點。凡由正東出之諸星，均以直垂綫上升，經過圓紙片之天頂，復以直垂綫下降入於正西矣。

諸生選一幅畫，權爲日，其畫在圓紙片天邊上。若許時刻地球儀恰轉半周，畫在圓紙片天邊下。亦若許時刻轉彼半周，因地球旋轉一日之久，足十二時轉一周，故觀日六時頃顯明於天邊上，亦六時頃掩藏於天邊下。緣此知赤道處之晝夜時刻，必恒相同。於此復將地球儀軸端向左斜右斜試觀之，而赤道處之晝夜長短仍無變易。從可知赤道處之晝夜，歷四時不變矣。

諸生於是各隨己意試觀之，由赤道處起，使圓紙片隨時粘貼，方位漸向北移，詳視衆星或出或入，爲上爲下，隨時更變遷移之形式。

上所言者，俱屬在赤道與赤道北，見衆星出入或直升降、斜升降，或無出入升降之各形式，亦應依然在赤道南半球面察看彼處觀諸星運動之形式如何也。法宜將圓紙片移至赤道南，去赤道遠近各不同處，使地球旋轉，視其所見諸星之形式變易如何。可先將圓紙片粘貼於去赤道南極居中之區，權爲澳洲一人觀星之方位。此時見赤道不在南，乃在其北矣。望彼處之地極，亦在南不在北。若面向北觀星，見星之出入，與北半球見星之出入無異。但此時觀星者，右手在東，左手在西，必見星在右手邊斜出，在左手邊斜落。行歷於天空時，所用方向與北半球正爲對面。復有一事，在英國南望見近南天邊之諸星，於彼處必見在北。近北天邊去北極最近之諸星，永不能爲彼處人見矣。

余欲諸生深明在南半球見諸星運動之形式，試將地球儀軸之上端假爲南極，下軸端假爲北極，使地球儀旋轉，用與前反對方向，是果何理哉？地球旋轉方向本常同，惟即居地面視地者觀之，南北半球各有不同，如鐘表上之大小針然。由前面觀表針如是之運行轉動，將表作爲透光如玻璃者，由後面觀表針運轉之方向即與前面相反矣。故於南半球向赤道視之人，所見地球運行轉動方向，與北半球正相反。緣此，我儕以地球儀軸之上端既權爲南極觀，即不能不將地球每日旋轉方向，與一歲繞日一周之方向，俱反而試用矣。

至此，余已講論無餘。安置地球儀時，可令南極點在絶高之處，照依前法，以圓紙片粘貼於彼，即可類推所見諸星之形式矣。

今所用之地球儀外，非有一木邊乎？即地心言之，可假爲人居地心，遥望日月星之木天邊，正與我儕以圓紙片邊借爲本處所在之天邊一式。

綜述

三國吳·竺律炎、支謙譯《摩登伽經·明往緣品》 又汝法中，片在天者，造於世界，頭以爲天，足成爲地，目爲日月，腹爲虛空，髮爲草木，流淚成河，衆骨爲山，大小使得，盡成於海。斯等皆是汝婆羅門妄爲此說，夫世界者，由衆生業而得成立，何有梵天能辦斯事？

晉·瞿曇僧伽提婆譯《增壹阿含經》卷五〇 聞如是：一時，佛在舍衛國祇樹給孤獨園。爾時，有一比丘往至世尊所，頭面禮足，在一面坐。須臾退坐，前白佛言：「劫爲長短，爲有限乎？」佛告比丘：「劫極長遠，我今與汝引譬，專意聽之，吾今當說。」爾時，比丘從佛受教。世尊告曰：「比丘當知，猶如鐵城縱廣一由旬，芥子滿其中，無空缺處。設有人來百歲取一芥子，其鐵城芥子猶有減盡，然後乃至爲一劫，不可稱計。所以然者，生死長遠無有邊際，衆生恩愛縛著，流轉生死，死此生彼，無有窮已，我於其中厭患生死。如是，比丘！當求巧便，免此愛著之想。」爾時，諸比丘聞佛所說，歡喜奉行。

唐·玄奘譯《阿毘達磨大毘婆沙論》卷一三五 問：施設論說，人中四洲由日月輪以辨晝夜，欲天晝夜云何得知？答因相故知。謂彼天上若時鉢特摩花合，殟鉢羅花開，衆鳥希鳴，涼風疾起，少欣遊戲，多樂睡眠，當知爾時說名爲夜。若時殟鉢羅花合，鉢特摩花開，衆鳥和鳴，微風徐起，多欣遊戲，少欲睡眠，當知爾時說名爲晝。

明·熊明遇《格致草》 原理恒論今人言天官俱以占星氣爲急，其所指次率悖事理，故首以恒論推明其不盡然也。題曰原理。

天地之道，可一言而盡也，其爲物不貳。不貳之宰至隱，不可推見，而費于氣則有象，費于事則有數。彼爲理外象數之言者，非象數也。人身戴圓履方，身附天地，抱魂載魄，身含天地二而一者也。明乎天地之爲物與物身者不悖，斯進於格物矣。黄帝以來，天地物類之官，神聖所以範圍而曲成者，若方圓之有規矩，罔或外焉。世運遞降，聰明日繁，論著日廣。春秋戰國以來，徂丘稷下譚天雕龍，鄭圃漆園慕玄標异，轉相郵效，邪説飈興，舉兩間之真象數悉掩于恢奇要渺，寧復見真天地哉？夫象不真則氣戾，數不真則事誖，氣戾事誖則理反。于是乎弑逆公行，九法淪壞。天地惡而伐之，以好還之道誅無君無父之人，而又假手于秦火，痛斷誣天罔聖之學。懸象闇而恒文乖，彝倫斁而舊章缺。于是神聖統理之官、觀象法類之意，漸以湮没。而人傳天數家占物怪以合時應，其文圖籍禨祥不法，雖皆祖裨竈、甘公、唐昧、尹皐、石申之遺言，然，課驗凌雜米鹽，而急候星氣浸假，令兩儀不貳之理同于雞占兔卦，先王敬授人時之曆亦舛午不合矣。無論其他，即司馬遷世掌天官，其書亦多蠢駁，如河鼓不欲曲，心星不欲直，老人見治安不見兵起之類。班固沿之，未見匡改。如句信維散，黿鼉不居漢中諸語，皆幾以經星爲可移矣。《晉書》、《唐曆》，紕繆更繁。一行、淳風，任術遺理，其于真象數安在哉？有宋諸儒，研精理窟，望氣用數，得失平分。河南、紫陽，狎主壇坫。《皇極經世》之書具在，皇帝王伯，元會運世，任意配合，求之于理，鮮有獲焉。萬世之後，誰爲證？案：紫陽箋註經書，素王羽翼，語類雜出門人，理氣之論，尚無一歸，而《宋誌》占詞又未免同漢儒之淩雜也。然則廢占候與？曰：何可廢也？氣爲真象，事爲真數，合人于天，而真理不燦然于吾前乎？今時史官喪紀，疇人子弟剿襲陳言，靈臺類占，徵應雜奏，莫適所從，良由不揣其本、僅齊其末，皆不足稱天士之選也。愚一言以蔽之曰：天地之象至定，不定者氣蒙之也。天地之數至定，不定者事亂之也。達者始終古今，深觀時變，仰察蒙氣，俯識亂事，而權衡其理，則天官備矣。

原理演説恒論以氣配象，以事配數，皆據理推原，而語焉未詮，其義恐晦，再作演説，無二旨也。

或問曰：盈天地間皆象，則盈天地間皆氣。天地之氣宜無不正，天地之象宜無不定。而《易》曰天垂象見吉凶，何也？曰：譬諸人身，脾氣病則黄色動于貌，肝氣病則青色動于貌，腎氣病則黑色動于貌。若有喜慶惠廸之兆，額潤顴明，亦復如是。《華嚴經》曰：此閻浮提除大海水中間平陸有三千洲，止中大洲東西括量，大國凡有二千三百，惟一國人同感惡緣，則彼當土衆生覩諸一切不祥境界，或見二日，或見兩月，其中乃至暈適、珮玦、彗孛、飛流、負耳、虹蜺種種惡相。但此國見彼國衆生本所不見，亦復不聞。蓋氣由地起，如此地有吉氣，上徵爲青雲、紫氛、龍文、喬彩，人在氣中生養，自有聖賢豪傑挺生。有凶氣，上蒸爲

風霾、旱魃、淫雨、攙搶、暈背，人在氣中生養，自有饑饉兵戈橫出。故吉徵非能生祥，由氣先祥也。凶徵非能生孽，由氣先孽也。故望氣者止宜于當土辨禍福，入國邑而候息耗，不宜于普天率土，百年易世，一概牽合。若日星之光，其體本自如止，因此地氣有吉凶，則此地人眼從氣中窺便分祥異。故暈背、風霾、晴雨之候，百里有不可同觀者，惟彗孛之氣冲入晶宇，所至最高，天下仰見。然比之于七曜之度，不啻下甚，即千里而量測之差數覩矣。

或曰：地氣一也，何爲此方吉彼方凶，此時吉彼時凶？曰：是則數爲之也，實胚胎于人事也。如堯舜被勳華之德，行揖遜之事，醞釀宇宙太和元氣，故彼其時便能立地平天成之事業。厥後漢唐猶纂堯緒，敬仲尚復興齊，稷教稼穡，契明人倫，有安養生民之事業，醞釀宇宙太和元氣。厥後商祀六百，周世三十。及桀紂而以塗炭生民爲事，其數應窮，便致湯武放伐，斯固事數相根，而氣操其關籥者也。不獨地氣，天氣亦然。如中國處于赤道北二十度起，至四十四度止，日俱在南，既不受其亢燥，距日亦不甚遠，又復資其温煖，禀氣中和，所以車書禮樂、聖賢豪傑爲四裔朝宗。若過南，逼日太暑，只應生海外諸蠻人。過北，遠日太寒，只應生塞外沙漠人。若西方人所處北極出地與中國同緯度者，其人亦無不喜讀書、知歷理。不同緯度，便爲回回諸國，忿鷙好殺，此又一端也。或曰：世有古今，由氣有否泰。將來愈趨愈下，其氣象如何？曰：質文之運也，三代如循環。大都聖賢開國之初，便是湯武氣象，守成有令主，便是啓甲成康氣象，其亡也便是桀紂氣象。請借漢唐爲喻：伐秦亡隋，何異湯武吊民？文景殷富、貞觀治理，何異啓甲成康？其季之昏弱，又寧下桀紂乎？故曰三代如循環。若曰去古愈遠愈趨愈下，則邵子皇帝王伯之運已終于桓文之季，至今似應趨入魑魅矣，安得有我明之聖神御世，寰宇同風哉？若夫興廢，實關質文。凡開天草昧之朝，臣民甫脱于金戈吮啜、父子離散之餘，得食即飽，不復思膏粱，得衣即温不復思文繡，得寢即甘，不復思帷幙，自然而無乎不質。承平一久，家室葆就，不知有金戈吮啜之苦，聰明志巧日習日增，情欲取極，何所不至？將有厭膏粱不足食、文繡不足美、帷幙不足御，而天地之氣亦不能供其所求。上貪下盗，莫所底止，又必釀出金戈吮啜、父子離散之事。然後聖賢豪傑起而收之，方能返于麤衣、飽食、甘寢之故。于時臣民，亦不復知其質之如此也。由是而觀，質文有定運，興廢有定數，皆自人事釀成。當興之時，天地如律回陽，其氣條達，鏡重磨，其象宣朗，故雲潤、星輝、風揚、月皎。廢之時，天地如律窮陰節，其氣鬱閉，鏡蒙塵垢，其象湮闇，故陽慾陰伏，曜變文乖。此千古至定之理也。占候祁禳，元爲小數，而警予責己，仰思咎謝，俯答明譴，堯舜湯文以來，自有欽若昭事，毋敢戲渝之道法在焉，可忽乎哉？

大象恒論前恒論、演説所以闢世之小占天地者，此後臚列兩間之定儀定理，庶幾于格物之學也無言占矣。

天覆地載，自位言也。天圓地方，自德言也。其實天地皆圓體，地在天中只一點，適天之至中處，如彈丸然確然不動。天行一日一週。地球圍九萬里，徑三萬里，半徑一萬五千里。爲地面人所立處天大三百六十五度，地不及百分度之一。從人所立處際天左右上下各九十度，人目所見止半天。從地上虚空處看天便見天體大于地如許，上半如是，下半亦如是，故見地之確然在中也。何以見地止九萬里也？以極星騐之，假如往北行二百五十里，極星便高一度。行二千五百里，極星便高十度。北京極星高四十度，若從北京再北行一萬二千五百里，極星便高九十度，在天頂正中。再北行極星又從中漸低。無北極過南南極過北之理，地圓故也。夫二千五百里差十度，則二萬五千里差一百度，筭至九萬里則三百六十度，週而復始矣。此所以知地之爲九萬里也。夫北行二百五十里極星便高一度，若東西行就是將九萬里都行盡了，極星却不過東西一分者，則星大而地小故也。南北移者，人循地球經綫上行，天頂不同。若東西原只在地球一條緯綫上行，所以任行九萬里而北極無偏東西之理。地球四面窪者爲海水，突者爲山，平者爲田地。人所住立皆依圓體，以天爲上。即人不及見之地足趾相對，彼仍以天爲上，不是平行。人須大着眼合山河海水夷夏做一彈丸看，則得其解矣。西域人泛海至大浪國，南極出地三十六度，則與北極出地三十六度地方足趾相對，即今之陝西也。瑪八作南極出地三十二度，則又與南京相對矣。如右圖，大圓圈爲天，中一點爲地。然大圓圈四面皆視此一點爲下，施者如此其大，受者止此一點。妙矣哉，至小爲至大之樞也。或曰：地既虚空懸着，且質重濁，不虞其墜且倚乎？曰：天包着他，元氣晝夜運行，四面

天地圖

凡測量，地不襯度，故見其至小。天大，眼可見也。

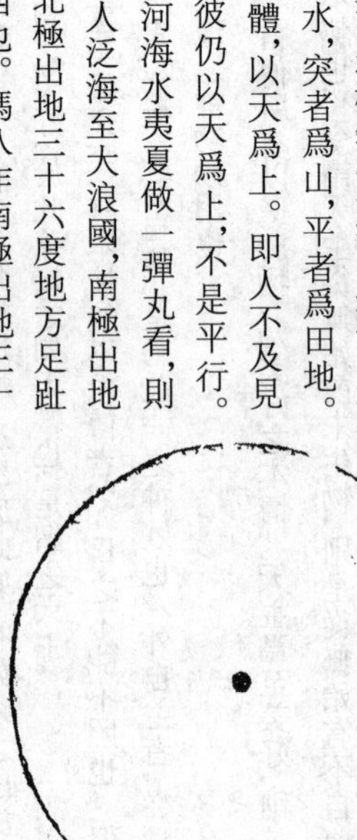

都是上，無可墜處。又在天之至中，亦無可倚處，分定故也。地既虞墜虞倚，則日月如此其大，且時時飛動，亦虞墜虞倚乎？譬如鳥飛魚躍，人竪畜横，各有定分，有定理，自然而然，不得不然者也。【略】

大象演説演説即恒論而譯闡之事理，屬于重玄，不妨更端縷析。

問：七政之上，何以有恒星之天？曰：恒星布列，終古常然。而一體東行，行度最遲，殆如不動。既與七政異行，知其不共居一天，故當别有一恒星之天，衆星皆麗其上矣。問：恒星天之上何以有宗動無星之天？曰：七政、恒星，其運行皆有兩種：其一自西而東各有本行，如月二十七日而周，日則一歲，此類是也。其一自東而西，一日一周者是也。非有二天，何能一時作此二動？故知七政、恒星天之上復有宗動一天，牽掣諸天一日一周。而諸天更在其中，各行其本行也。又七政恒星既隨宗動西行，一日而周，其爲迅速，殆非思議所及。而諸天又欲各遂其本行，一東一西，勢相違悖，故近於宗動東行極難，遠於宗動東行漸易，此則七政恒星遲速之所繇矣。問：宗動天之上又有常静天，何以知之？曰：今所論者，度數也，姑以度數之理明之。凡測量動物，皆以一不動之物爲準。如舟行水中，遲速遠近若干，道理何從知之？以離地知之。地本不動故也。若以此舟度彼舟，何從可得？自宗動以下，隨時展轉，八行不同，二極各異。若以動論動，雜糅無紀，將何憑藉用資考筭？故當有不動之天，其上有不動之道、不動之極，然後諸天運行，依此立筭。凡所云某曜若干時行天若干度分若干時一周天之類，所言天者，皆此天也。歷家謂之天元，道天元極、天元分至，此皆繫於静天，終古不動矣。不動之極對地中心，至大之天、至小之地通軸于一，而後諸天之錯行不忒，一定之理也。天之運動，恒不去其本所。論其各分，無一不動，而其全體無一分動，此又一定之理也。

明・傅汎濟、李之藻《寰有詮》卷一　原天地之始第五

引：前論形天肇有四章，皆依吾人性力所得推明者。若究本原確義，更有超性之學，載在聖經。今竊舉其首章所釋化成天地者，譯述如左。

經：天主厥始，化成天地，地土沉空，水冒冥蒙。主命出光，光乃肇有，分光分黯，光晝黯夜，朝夕而日。

解：天主者，萬有之初有也。其有無元，而萬有以之爲元。惟一無二，位三惟一。聖性所啓，即顯全能。其能，其有皆屬。無窮，充塞萬物。萬物莫能限、莫能函，不繇質模之合，至神無迹。行而不動，而令萬物動。是爲萬作最初之作者，是爲萬爲最終之爲者，是之爲至靈而萬靈繇之肇靈，是之爲至美好而萬美好繇之爲美好。往者、來者，無不即其見在。至近而至遠，不可見而無不見，常行而常寂，悠久而常新。一切萬有，有形無形，悉出於此妙，有如跡之出於履者。然竭人神所能思想之美好，於此美好悉如影響也，是謂之天主。

厥始者何？蓋美好之至，其本情無不自傳者，如日之不能不照也。但自傳之理有二，内固然者，從無始而自傳，是乃三一之神妙也。外自主者，從厥始而自傳，是乃化成天地之神功妙用也。

駁：或曰：自傳所有以通於物，乃美好之本情。天主爲至美好，則其自傳也，如火之不得不熱也。令謂天主從無始前未生物，則是從無始有不自傳。彼時美好自傳之情，誰能尼之而令不得其用乎？

正：曰：自傳有二：一不能自主而不得不自傳，如火不得不熱，日不得不照；二能自主傳，亦能自主不傳，如人之有所施予者。然夫不能自主其傳，豈如能自主其傳者？自主者，靈明之情也。天主之傳物，繇其所自主而傳。若時未當傳，則以不傳爲美，傳之不足爲惠，反虧其美。譬如施惠於人，明見今兹即施，不若遲歲而施，於彼更利，於是寧遲一歲而施。此其惠德之用，不更切歟？天主所傳於物，其理亦然，正爲善用美好之情，故於有始焉化成，而不於無始化成。甚矣哉，其以美利利人世也。

蓋吾人之所當知，其要有二：一爲知天主，一爲認己。知天主性之無極者，要在知其本全滿，本自足，絶無所待於外。若使天主從無始化生萬物，人何從得推知天主本自滿足，不需外物者乎？今惟想其不生物於無始，而生物於有始，則可推知。天主之體原滿、原足，天主之福原自全備，無所藉于世間之萬物也。知吾人之不足者，要在知己。所有之有，本無其有，曰天主而始有，又因天主而始存。有與存之，皆因天主也，如光之因乎日也。若使天主化生萬物於無始時，人又何從推知吾所有之不足？何從明吾之得有得存皆繫天主生之存之？將自負其有，不屈服於造物主，不認己有之原，不感造我之恩，萬罪之端皆從此起矣。今惟追想天主化生天、地、人、物時有自始，乃能明我人類本自缺欠，心恒謙抑，明我人類之所繇造，心恒愛戴也。天主化生天地於有始時，其故如此。

化成有二義：一繇絶無令有，一繇一物而造成諸物。論首義，天主最初化成形有之物，有四者焉，天一、地二、水三、光四，此皆天主自無令有者；論次義，天主以水、土二物化成一切有形之物也。或問：天主厥始化成天地，此化成之功用，即今何若？抑尚有化成不已者乎？曰：論化成之次義，天主永常，化成不已。第今與始有異者，始焉以此物化成彼物，即以水、土二者化成他有形物。本自天主神妙作用，絶不資諸司作者。其在於今，大率取諸司作之用，如因人成人、因馬成馬也。兼論首義，亦恒化成不已，惟是化成吾人靈性，日日顯其神用，令其自無爲有成，此神模以一一賦之於人。

或問：天主化生天地之質與模，爲並出否？或先造元質，而後從此元質造成天地萬物乎？或並造其質與模，無分先後乎？多瑪聖人釋曰：天主化生物之初，質不先模，模不先質，生質即有模，生模即有質，並生並有，合而成之，成而合之也。證姑舉一天之質，不可謂之天地之質，不可謂之地。天與地皆繇質模二者締結而成，經中論天主生物之功，曰：天主於始，化成天地。於始云者，乃最先之功。味此則質模自是並生，不分先後。

或曰：麗形之模所以得生、得存者，咸繫於質，故謂之繇質。而出如馬之體模，其生其存繇有馬質在故也。天主似先化生天地之質，後乃繇質賦模，蓋繇所爲繫者居先，得所繫者居後。

曰：爲所繫者居先，得所繫者居後，良然。第先後有二：一謂之時先後，一謂之原先後。日與所射之照，有原之先後。照與所生之熱，有時之先後。夫論時天地之質與模，一賦俱賦，並無先後。若論其原則，質可稱先，模可稱後，是謂之爲所繫者居先，而得所繫者居後也。

有形之天，惟最上一天恒静不運，謂之静天。天主初所化成有形之天即此静天也，有兩義焉：一則此天於諸有形無生之中，貴莫尚焉，故其所居，在諸形有之上，而其始肇，亦在諸形有之先；一則天主化成静天以自顯，其在於至尊無上之處也。或問：天主居静天，意如王者涖朝，然夫天主既彼無始以來即有此主，則未有形天之前，涖何所乎？曰：天主從無始來圜滿自足，絶不資賴外有，故不須逐所見在。在天、在地、在物，何所不在？然不以天地萬物爲所，天主函天地，豈天地能函天主者哉？未有天地之先，圜滿充塞，惟天主在。既有天地之後，圜滿充塞，全形全性。亦惟天主在天主所居之元所，不因未有天地、既有天地而有所遷移，即天地外無邊際空，亦天主無涯妙有之所，充滿不可限量也。所以必造此天地者，特用之以利天神、利人類焉耳。

天也者，亦釋曰以居静天之靈者。天主始第一日，從至無中即並化成，在天之靈者，顯其朝列焉。或云：享福者，非有儕侶，未爲全樂。天主所享福樂，固萬全無闕者，若於化成天地之時，乃須先造天神，方成朝列，則天主未造静天之先，不乃孑然無侶，福樂有闕乎？曰：福而苟繫於外，不爲滿備，必亦缺陷。真元至尊之妙，有性雖純一，其内函三，不得謂之孤孑無儔。

説地者有二，一謂無模之元質，二謂繇有其模乃成其體。若有質無模，則質滅矣，後説合理。或問：天於諸形有中至尊至貴，所以其居極高，其受化成最先。若地之爲形，與其所在之處，視他諸元行亦極卑矣。天主化成形有之時，天成之後，宜即化成近天某元行，乃經所云化成天地者，首天而即次以地，其理云何？曰：君國行政，有兩極焉。賞善罰惡，不可闕一。賞闕無以勸善，罰闕無以懲慝。寰宇如一國也，此大國至尊之王，惟吾天主，豈無慈義兩德爲所用之極乎？化成時即肇上天下地，以爲行賞罰處。形天最上，即静天。用爲善良永福之居；大地最下，用爲邪慝永苦之所。蓋善惡之分，從元始而已，有。當其化成，靈者即分兩途。約畧而論，其强半篤奉真主，頌其造我之恩，故蒙賞而居永福之天。其劣半傲負天主，不感其恩，故受罰而居永苦之域。造此受報二所，定爲兩極。然必首造天、次造地者，先仁慈後義刑也。

地土成空，水冒冥蒙者，化成地形之初，無所賁飾。聖多瑪論其無飾爲説有三：其一通光之形，惟一静天，餘皆無光，故曰冥蒙；其二水土，二物雜處，無别無序，故曰水冒；其三大地，皆水所包，土不可見，尚陸沉也，又其土未生草木，是空土也。或問：静天既屬極明，謂之光天，胡謂下域冥冥無光耶？曰：静天有上、中、下之分，其中與上光明無極，惟向吾下域之一面則無光耳。今人所居世界，暫如戰場，乃立功之處。静天者，享永福之處也，戰尚未勝，功尚未成，安得輒冒永報，睹静天之光明乎？

主所命出之光何光？釋義有二。其一謂天主初造一明體，豫當太陽之照，其太陽至第四日始有也。此所造之明體元不自動，有靈者周運之，如後來太陽之運。然或問：第四日既成太陽，則此明體安在乎？曰：天主既能以無爲有，亦能令有歸無，第其化成自立之物，永不令滅。此天學之實義，則夫天至所造之明體，不可謂其復歸於無，蓋變其明質之模爲太陽，模成一大明在天也。其二，謂明非有體，但有其光。其光非自立者，惟依賴静天與地中之水而能開徹其光，

以祛水之濁暗也。或問：依賴者既不自立，固亦不得離此底賴而他有所就以爲底賴，則此光焉能周運分光、分黯以成晝夜？曰：天主生存此光，亦如後來太陽所循之規，周照諸方，其光循環出没，相禪不絶，又此光爲天主獨造之光，不參諸司作者之功用。至第四日，一有太陽，天主仍施總作之大用，以禪太陽之專用，而顯著其光，於是其光始爲太陽之光也。以上二説皆當，而後説尤契經旨。蓋聖經論化成日月以爲化成二大明體，今第云主命出光，文異義異。蓋至化成日月即有日月之體，不但謂之明光。今僅謂光，可見始造之光尚屬無體之光也。

問：化成天地第四日始有太陽，前此雖肇光明，總屬混茫無分甲乙。今云首日造天、造地、造水、造光，次日堅定諸天及造火氣，三日分水土，生草木，其孰從而知之？曰：既有光明，即有旋運，即分明暗，其次第亦即可以日紀矣。主經傳訓如此，不可疑也。西文太陽之日謂之逮耳，甲日、乙日之日謂之弟約，語有分別，華言乃通命爲日耳。

朝夕以日者，自天始旦至日中，經文謂朝；自日中至暝，經文謂夕。或問：天地首歲所有，首月、首日準今何日？曰：聖賢釋經義者，謂天主造成天地在於仲春，古星家之論亦然，故相傳以春分晝夜平日爲太陽周運之始也。或曰：天地，圜體也。日行諸方，遠近四時各有不同，宜以何方爲定？曰：定於如德亞也。此國乃天主簡在之國，自古知奉真主，遵真教，天主寵之，且爲天主降誕親授教之國，亦宜首享太陽之惠也。又天主造成天地之春，自屬初人受造之方，在亞細亞區中、如德亞之東方，則天地始有之春定屬如德亞之春。曰：比我中華何如？曰：彼中協露撒稜如德亞京都爲天主救世之城。與我杭州準，北極及各所距地平兩地之綫相同，則其四時氣候正自相同。

問：化成天地，何據而謂爲春時？曰：四時莫和於春。夏則酷暑，冬則沍寒，不能調庶物之生。秋雖寒暑之中，然屬垂老之候，穀熟卉凋，不稱新造之宇。惟仲春爲少年之候，陽和調適，正可發生萬物，故聖盎薄樂。曰：周歲生養，美利莫踰品物始有之會。蓋五穀、百卉初生，不能勝盛夏隆冬之寒燠，故非春時不可。

天地受造之首日，聖協樂以爲正當天主取人性降世之日，又當天主救世受難懸木之日，是皆在春分後之第五日。推對中華天啓五年，正當二月十七日也。所以必首是日者，天主救世之恩無量，所生萬物皆令全美，則萬物肇形首日必恰對其圜滿之日。

問：天主降生救世，爲是洪恩，神人並得全其美好，兼享其利矣。至於有形無靈之天地萬物，則恩何以暨焉？曰：天主初賦人以元明，厥後漸失，洎乎娑殫魔祟。施妄，乃不認識真崇，反指物以爲宗，或尊形天之日、月、星，或敬奉火、氣、水、土，或禱求四行，所成一切之物，誕妄多端，不知天、地、日、月，庶物原本受造之故何爲也哉，皆爲導人認事真主而已，人反狥邪妄作，用爲叛主之具。迨至天主降生，爲人乃始，揭示真崇，垂訓人世，令知專奉一主，於是天地日月始各得其本有之尊、本爲之分，而物物各得完其美利，此則天主至恩所爲兼暨不遺者也。

經：主命堅定，於水受成。其上其下，水乃始分。

解：此第二日事也。化成天地之首日，從静天至地，皆水而已。至次日，乃以水體造成列宿天，與其上下諸天併成火氣二行。令火接天，氣接火，各因厥性，令得本所，故自列宿以下諸天，以至水上諸體，經文統謂堅定。或問：天既運動不已，火氣亦皆虚浮，何謂堅定？曰：稱物者，或舉全體之名以稱其分，或舉一分之名以稱其全。堅定本列宿天之名稱，緣此天之尊超越以下諸體，故經取其名，以併名受造之諸物也。夫列宿天所以稱堅定者，七政各有小輪別動，列宿天星不然，第有渾天一動，無別小輪。故其所居之天爲其體之不壞也，則謂之堅；爲其星無異動也，則謂之定。

又堅定原文亦謂追琢，天主至第二日如追琢水體，以成列宿天與火氣二行也。或問：何以造静天、水、地三物？經謂化成、造列宿天與火與氣，則如追琢。曰：追琢者，先有受追琢之質，隨加造作之功，令入某器之模也。經義取此爲示首日、次日功用之殊。蓋天主先具水模之質，而使容受他模。若夫化成静天與水土之初，質既絶無，何施追琢乎？

或問：水分上下，豈列宿天之上亦有水乎？曰：静天以下至地，其水瀰漫，即施追琢凝成，非有離於首日所居之所也。天主隨所在而堅定之，取其漫於列宿天所者而成列宿之天，取其漫於列宿天以上二天之所者而成列宿以上之二天，取其漫於火氣之所者而成火氣。然火氣之體較水尤泊，而形天之體較水尤醇，則似取其火氣有餘之質，以補天體不足之質。蓋天主至第二日，不必以無造有，惟取首日化成之物轉造他物耳。列宿天以上二天，其質原屬水，質又繫無星之天，謂之晶天，故謂其上其下水乃始分。

或問：聖經論化成天地與水，明謂天也、地也、水也，至於造成火氣，不顯其

名，何故？曰：火氣二元行，雖有其體，然非屬可見之物。古者數家，或指氣爲空無，或併未識元火，故每瑟述經，欲以造物之原訓世，而憫世人識淺，僅能通其目之所見也，乃於天、於地、於水，則明揭名目以示，而又云堅定以分上下之水，使明者自悟焉。即此堅定之義，併括天與火氣，不但謂水也。蓋凡分兩物之物，必其爲物隔兩物而居其中以接連其兩物，始謂能分其物。今天不接水而接火，火亦不接水而接氣，其云堅定而分上下之水者，統指自列宿天而下，至於水上之諸體悉皆堅定，則火氣不言可知。

經： 天主申命天以下水各匯厥壑，令乾見土，水土爰分。乾土曰地，瀦水曰海。再命大地茁厥草木，草自苞種，木自結實，悉惟主命。

解： 此第三日事也。化成天地之初日、次日，如欲築室以爲人居，而先定其基址，至三日則加修葺焉。命地面之水歸匯一處，以露地土，以殖庶物，爰命地生五穀、草木。此時無靈之物，皆若含靈，悉聽主命。於是水退歸壑以成江海，地土不須人力鬬種，自能發生今世所有種種草木、種種華實。

或問：化成天地之初，即有山谷否？曰：初化成天地時，地體渾淪，絶無山谷。蓋元火接天之圜形，不得不圜，而氣亦接火之圜，水又接氣之圜，俱有不得不圜之勢，則土之接水，其圜亦可知矣。圜，則山谷奚從而有？故其有之説有二焉，一謂洪水之後乃始有之。緣夫洪水蕩漾，土有遷移，遂成陵谷也。此不盡然，何者？地有山谷，始便人居。山谷能作界限，掩避天風與夫河海巨浪，又能培扶長養地上所生之物。又凡水泉皆從山谷而出，樹木之性亦有樂高阜、樂原隰，或宜風、或宜静之殊者。寧有開闢多年，人尚未享山谷之利，直待洪水後始有耶？故又有一説，謂地面所有山谷乃造成於三之日者。蓋於此時申命大地，瀦其半以成海，露其半以贍養生人，露見之地因成山谷也。然而隨地、隨時恒有變遷，高岸爲谷，深谷爲陵，其故又有二焉。一爲水有衝崩，一爲地有震動，所以隨在形勢時亦改觀。

或問：地生百穀草木之初，亦即生荆棘否？曰：此類在第六日外始生也。何以故？造物以來，設使人能常遵主命，守其教誡，則其在世、在天，萬福皆備，可以施及於今。其奈初人弗若於天主之訓，天主乃令身嘗世苦，曁吾儕爲其子孫者，亦因宗父遺辜，並受其罰焉。初人獲罪之時，天主明詔之曰：汝逆我命，今地亦不順，汝此後必生荆棘。於是荆棘乃生，人世萬苦，從兹而頓起矣。後來天主哀憫世人，降生以代贖其罪，自甘俾諸凶惡，置棘於額，其意亦顯。用此荆棘，標示受原罪之重刑也。

經： 主仍申命，明出麗天，司分晝夜，司備候占。歲時、日月，厥數攸紀。高天布光，乃照大地，悉若主命。肇二大明，厥巨主日，厥次主夜。亦造羣星，森布在天。

解： 此第四日事也。聖多瑪釋此謂天之明光，天主自造形，天之初已肇其有，至四之日乃始令其發照日、月、星，各函今所含藏之德，以施其各所利濟之效云。

或問：天主造形天時，既併造成日、月、星之體，何不令即有光與德，乃俟四日乎？聖計利瑣指其故曰：有形之美且貴者，莫如日、月、星辰。天主因欲利益於人，是以造之。然爲欲導人類識認元尊，免其誤謬，故必成於四之日，使知第四日後太陽始照，光被雖美，未爲至尊，而尚有無元之元尊能造之而始成耳。是以聖經之訓有曰：爾仰觀天，而見天主所造利益民生之日、月、星，毋謬爲元尊而奉之也。今論利益於人，蓋有三焉：其一，緣有日月之光，人目始得成見，分别物類，故云高天布光乃照大地；其二，原日之有離就，而時序更焉，人所需用之物，皆繇此成，人得暢足以無厭射殃咎，故云因之以分四時；其三，緣日、月、星施效各有不同，乃知雨暘寒燠之候，可以出作入息，故云司備候占。此皆天主所以造成日、月、星之故，經詳其義，欲人明知日、月、星辰但以事人、利人，不須贖祀，惟當專心向一造物共主也。

經： 主仍申命，水生鱗族及諸羽族。飛潛既生，祝俾生長，各傳其類。

解： 至第五日，天主命水肇生鱗蟲、羽蟲之類，於是氣、水二行化生衆物以完其美。或問：凡物必因内所函德，始能發生。他物若論水德，所函豈能生出有覺魂之屬乎？即謂水賴天施以能生物，然但能生不傳類者，不能生傳類者，其傳類者恐不得謂之水生，自歸作者之功效耳。曰：水非作之。所以然，乃其質之所以然也。亞微則納之《論生物》也，以爲但有四情之調適者，非惟不傳類之物可謂水之所生，即繇種類傳生者，亦能不賴牝牡，自因四情以生也。據此立論，則謂原初水族、羽族皆自水生，亦不害於性學。顧其於理實不盡然，當知具魂之生，皆須二者：一爲作始，一爲質始。凡具魂而繇種類以生者，其作始因牝

牡之合；不待種類而生者，其作始繇天功之施。此二類者，論其質始，或分而屬於四行，或兼而屬於四行之和合。至論首造此等生覺之魂，在五之日者，自賴天主全能，爲其作始，而水特其爲質始者也。然而水亦其質之遠而總者耳。天主欲生彼類，取之以爲質始，遂爲近而司者。要於作始宗理，自悉歸於主命。

或曰：鱗羽之類，不但屬水行，亦有土行，土分尤多。試觀彼類之體，苟非生活能動，必即墜地不能飛浮，因此知其性之就地，亦知其生之繇土也。曰：論鱗與羽之體，其義有二：一視其類之本有者，二視其類之生動者。論本有之義，土分誠多。蓋作德之在各行，其功能大小不同，火之作德勝氣，氣之作德勝水，水之作德勝土。故凡具形而合四元行以成者，其所需四幾何之分，大抵作德愈小者，所受之質必愈多也。土德既劣，則水、羽二族之物，其所繇結合而成所得於土者，必倍多於他德之分矣。然論後義生動之性，則魚鳥之屬，本性調適之所，其與水氣相稱者，過於所有土行之相稱。以此推之，其必造成於氣水，又何疑焉？

或曰：鱗屬性生之動，稱水之分，故謂繇水而生。則羽屬性生之動，稱氣之分，宜謂繇氣而生也。曰：多瑪論氣分上下二域。其上焉者乃彗孛受成之域，此域因受動於形天之運，亦稱爲天；其下焉者乃雲雨受成之域，此域因與水行變化相通，亦稱爲水。繇斯以觀，則知魚鳥二族，各不越其本域。既繇本域性體以生，則均可謂之屬水矣。

經：主仍申命，地出走獸，地即効靈。

解：此第六日事也。天主於前三日造成寰宇，分別四行，令各得所。至四之日，始加賁飾，令得全美。其次序有上、中、下三等，而各因其本分與其本所，受飾於三日之間。上者，日、月、星之文，於四之日得之；中者，鱗介飛翔之物，五之日得之；下者，百獸之類，六之日得之。

或曰：獸有攫噬，有害人類，初人未曾獲罪於主，未宜輒生害人之獸。設欲造之以示罰於不若主命者，似宜造於初人獲罪之後耳。曰：亞吾斯丁嘗有譬以釋此難曰：今有不知藝事之人，偶見工肆所列多器，不曉各適某用，則或目爲無用之具耳；或偶火灼刃割，殆將以爲傷人之物也。顧彼良工，自諳厥用，嗤此無知。夫天主造成物物，各具妙用，世人不知作者之意，謬謂某物或不需設。豈知即我不需然，六合之廣，民生日用必需備此始得成全，況乎初人若能恒聽主命，百獸咸亦聽人之命，總以事人、利人，絶不傷人也。但因人逆主命，人物失調。其流之弊。人靈既不聽命於大主，人身亦不聽命於靈性。自身靈性不自主張，蠢然百獸寧不逆命？其攫噬加害於人，亦人所自取耳。

經：主云：吾儕宜造人類，爲吾儕像，以主百物，以曁八埏。爰立初人，男女各一，諭之生長，傳類於世，得主萬物，飛潛、動植，有魂咸屬。

解：天主於六日間造天地萬物訖，乃造成人以爲四方之主。

或問：經云吾儕宜造人類，所言吾儕將更有誰？而天主面語之乎？曰：謂主云者，非口之有言，乃意之所示而已。云吾儕者，蓋第一位示意於二三位而言。凡天主性以外事，皆屬三位共成，然而有專屬焉。第一位從無始爲第二、第三位，無天之元，故屬能者，皆歸於第一位。其第二位緣第一位，明徹本性，從無始而生，故凡屬知者皆歸於第二位。其第三位因第一第二位相愛而發，故凡屬愛者皆歸於第三位也。兹論化成天地萬物之功，故專屬於第一位之全能。顧人之所以出，無爲有受天主造成之福者，則必兼賴天主之能、之知、之愛，從第一位之全能者造成之，第二位之至知者救訓之，第三位之至愛者煉飾之也。人所以成，統歸三位，故云吾儕。

經：造成天地，六日而訖，至於七日，是爲聖日。

明・傅汎濟、李之藻《寰有詮》卷二　純體篇第二

周動者，繞寰宇中心而動，而其周邊諸分距寰宇中心俱極均停。夫形天各重，或與地同心，或不與地同心。其同心者，周邊之諸分所距地心，厥度雜均。若不同心者，周邊諸分距地心有遠近，不能均矣。又七政或離地或就地，可驗於日之動，緣日在極則離，對極則就。日之所居在第四重天内，小輪之邊際隨小輪而運，小輪帶日運至高上處爲夏至之日，是爲在極，故離地遠；運至低下處爲冬至之日，是爲對極，故就地近。故不同心之天之動，與七政之動皆不爲周動，併亦不爲直動、雜動，則動類斷不止爲三也。【略】

天非質模輳合之有，而但爲純爲本自在。蓋受造之靈模有全有分。全者如天神，分者如人靈也。形模亦有全有分。在天者爲全，在形物者爲分也。所據者三：一、若天有質，天必屬壞。天體不壞，則天無質矣。天體不壞，後有本論。天設有質，必亦屬壞者。今具論之，凡專受者能兼容悖情，凡容悖情者能容不類

之模，凡容不類之模者自屬受壞質也者，是純受德也，故能容悖情能受不類之模。天設屬質，亦豈免屬壞者乎？

明・傅汎濟、李之藻《寰有詮》卷三　不壞篇第三

天體不壞，經有明據，故自二千年來理學天學通論執以爲然。今舉三證。其一，凡有壞之物，或繇容受悖情感觸其質，令去此模以受彼模。或繇其體可受裁截爲微，而又微之分以鄰於無，則其體模不得存於鄰無之分也。形天之模，無關四情，蓋當模與質結之初不容四情得入。又天體非屬分截之物，舉凡性之作者不能挾其本有之力分截天體。設令天之體質將受他模或受分截，亦惟天主能之，他物不能。

明・傅汎濟、李之藻《寰有詮》卷四　渾圜篇第五

古： 天體渾圜，在諸體初，天爲諸體之初兼有四義：一爲最先造成體，一爲最上體，一爲最貴不壞體，一爲圜動體。厥形亦初。蓋凡平形，或作直綫，或作圜綫。直綫非一，圜綫不二，一爲多先，渾爲輳先，故平形中圜爲初形。

解： 此篇論天形之圜也。曰：具形之初，當有初象，就平面之象而論，以圜爲初，就萬有之形而論，亦以天爲初，則天形必圜矣。復設二論，以證圜象之爲初象。其一曰：凡平面之象，或作直綫，如所成三角形、四方形者，或作圜綫，如成此圜形者。夫直綫之象成於多綫，圜綫之象成於一綫，則圜綫爲初而貴之象矣。蓋一而渾者，貴於二而輳合者故。

古： 無可增者，斯之謂全。直綫可增，圜綫無增。

解： 其二曰：全而成者，其貴踰於不全不成者。圜綫全而成，直綫不全不成，則圜綫爲諸綫之初綫，而推知圜象亦爲諸象之初象矣。所以謂圜綫全、直綫不全者，蓋不全者能更受增，全者不必更增。直綫尚可加也，圜綫則無庸加矣，故圜綫爲全成，直綫則否。

古： 屬厚體者，渾形爲初，厥面惟一。

解： 已知平面之象，惟圜爲初。今證厚體之象，理亦然也。蓋渾圜者第以一面而包全體，他象不然。故論在平面，既以圜象爲先；論在厚體，亦當以渾象爲先。

古： 在天成象，皆作圜形。大圜所含，胡形不圜？

解： 繇最上一天之形之圜推證，凡在以下諸天，與夫四行，其形悉圜。蓋兼統者與在其兼統之内者，體既接連，其象必類。

古： 水象亦圜，以包厥地，氣又包水。是諸上體形勢悉然，皆互接，故接渾體者，形胡弗渾？

解： 又證曰水行之形必爲渾圜，推而四行也，各重之天也，體皆相包，則其象定皆渾圜，不然則重重相接，其間悉容空隙處矣。水形之圜，證見別論。

古： 天既周動，形必渾圜。如其非渾，前所切所厥後有空。

解： 就天動之周，以證天形之圜。云天爲周動，其論既明，則天形固自渾圜，不然則有虚空矣。虚空者，謂無體而能容他體之處也。試作或直綫、或雜綫之形，周而運之，則前之所切後必爲空，空則容別體矣。然性學通論天地之間，絶不得微有虚空，則天形之渾無疑。

天形必圜之辯

疏： 古今星家與性學，咸定天象爲圜。覊辣篤曰：形天能函萬有形體之物，則宜亦函萬象之象，故造物者造天，取而圜之。都署亦曰：天象該諸象之象。美之超於諸象者，是圜象也，無角而甚平，無礙而甚捷。舉證有五：其一，測列宿運行，可驗天是渾體。蓋列宿皆以南北二極爲樞，旋轉而運。其二，從日月之運而推，蓋隨處測驗日月，俱繇地平綫而升。升至天中，乃復降至地平之綫。從此下旋，照彼下域與我足底反對之人，地亦圜體，各面皆有人居，隨足所履，以爲上下。至彼天中，復降彼處之地平綫，是彼所之入地平綫即吾所之出地平綫也。其三，視列宿之距吾目，四顧皆同。天倘非圜，則各處所見列宿必有或遠、或近之別。今各處測望列宿，無分遠近。其四，星與天同屬圜形。星之爲圜，就月證之，或盈或闕，恒歸於圜，則知天象亦圜。其五，繇測天之器，如渾儀、平儀之類而推設天象，或非極圜，豈能隨處用此等器窺測無差乎？

駁： 或曰：七政與列宿，其距地必有遠近。試觀凡星，出地平時其象則大，在天中時其象則小，豈非近乃見大、遠乃見小乎？此爲天體不圜之證。

正：曰：不然。據測量之學，天星在地平時，視其在天中時且稍爲遠，豈得謂近？蓋人之在地面也，其仰觀天頂所距辰象，中間但有二元行在：一氣一火。若平面而視之，其相距間既有氣火二行，又有地面在前之半圜。多此半圜，較爲稍遠，但因半圜甚小，人莫之覺，測量家謂「地在天中太虛之一點焉」耳，故星家咸定周天之諸分其所距地面皆同也。今據吾人目力所及，列宿之運相距地面無弗同者。夫星之所以在地平時覺其大於在天中時者，非此時距地之近而中天時距地之遠也，緣此時相距中間有濁氣映之故耳。蓋凡人目所視之界，其中分稍映濁氣，即能衍其物象，令其顯見之界稍大於常，故其相距似近。今試取盂盛水，置錢水底，此錢視未入水之時顯映必大，非錢之倏而能大也，有水以映其中分，故顯其大也。地面恒有多許土氣，人從中立之處平望地平，中間土氣掩映，是爲濁分。隔濁視星，必顯爲大，因顯爲近耳。微但當地平之星緣中分之映而見其大，即在天中之星，屢亦見大見小。總之天地相距中間恒有土氣升焉，中分濁則星見爲大，中分清則星見爲小。秋冬見大，春夏見小。又土風地氣不同，而星所見象隨之。東風動則土氣起而見大，西風動則天氣清而見小，所見不同，然而星體無異。義詳審視法中。

駁：或曰：視日與月，雖當天極清朗，不見渾圜，第見平圜，是日月未必渾圜也。前論天與星爲同一義，星既非渾圜，則天亦非渾圜矣。即謂星象似圜，亦無確證。凡種種形，遠望皆圜，緣人目力不能遠暨方形之隅，不見其隅，謬以爲圜。試觀臺榭之方，遠望亦圜，緣彼隅象所射漸失本真，不能入於吾目中也。

正：曰：人所見日與月雖似平圜，然其本體實爲渾圜，無可疑者。另詳本論。凡諸渾象之物所以距遠而但見謂平者，繇吾目力所及，止能見其所照之一面。就此一面之內所距明分遠近，中突必近，邊觭必遠。然而非目所辨，是以不能明見渾體，則但以爲平圜焉耳。

駁：或曰：方形者，有恒之義；圜形者，不恒之義。故古人繪知識像，坐於方柱；繪世福像，立於圜體。以表有知者隨處守常，而狥世福者圜轉而易爲物撼物變，則已亦受變也。夫天體恒久不已，則以理論之，固宜有方象云？

正：曰：以方形視他形，則方爲有恒固也。天則常運，常運則必宜渾圜。惟静天静天乃各重天之最上者。永定不行，固宜其有方形也。

駁：或曰：天雖常運，似不必定爲渾圜。設如鷄子形，貫軸其中，或直貫之，或横貫之，是皆旋轉無礙，奚必渾圜？

正：曰：天動既爲周旋之動，其情勢必歸渾圜。蓋從宗動天內各重之天，皆繇自己軸心而動，其心、其動與宗動天之心、之動各殊也。若謂諸天不爲渾圜如鷄子形，則其運行豈不參差拂戾，或觸而毁，或混而同哉？亞物樂云：各天所著之象，必皆具有中心，四面均齊，始利周運，且諸天重重包裹，毫無空隙。今若謂非渾體，則必運行拂戾，馴至摩盪毁缺。從前有體之所，今乃銷亡，即今有體之所，後又銷亡，將必多有空隙之處。以是推論，亞利所以證天之必渾圜也。

論天有幾重

疏：天之重數，其説自古不同。或謂天惟一重，列宿同居於此，各恒守其相距之所，七政亦居此天，但或遠如木星、土星，或近如月與金星，其動不恒，如魚之遊。或謂天有三重，星一、日二、月三也。二説各有所宗，然星家不以爲然。星家因測天有不同之動，遂識天有各重之數。緣夫各天、各動其故難知，故天有幾重亦復一時難定。前古曾謂天有八重，亦本亞利所定之義。蓋其所測不同之動有八，如七政之天七動，列宿天又共一動，而又誤指此一天即宗動天，故名八動也。原夫七政相距或遠、或近、或合、或離，八動不同，其理甚明，觀日與月，其證尤切，則姑以八重定之耳。迨其後復有精窺測者，明覩第八重天之運，卻顯二動，一爲列宿天之本動，一爲列宿天外一重天之動，乃定天爲九重。中古星家更細測之，覺於列宿之天更顯不同之動，所謂進退動者，因思凡諸具形有一形體但能有一本動，遂定天有十重，乃以此第十重天謂之宗動天，此第十重之本動即今一日一周以成晝夜者。自東而西，帶下諸輪而動。而其第九重天之動，則又從西而東，以帶列宿以下諸天之動。列宿天者，第八重天，其動一進、一退，即前所謂進退之動也。星家與性學皆執十重之説，然而發勿利又曰天數恐不止七，或八、或九，或尚多。緣其距下域也甚遠，又或大光之所掩映，雖多而人莫覺耳。亞爾白曰：今之星家測得天有多許之動，前人未知，則亦竊疑今時所測必尚未盡。既今星學性學定作十重，理所當從，若謂斷無遺議，亦未可必。

十重天之上尚有一天，包之天主所造具體之中，此爲特大。爲其恒静不動，故謂静天。爲至光明，亦謂光天。此天既不屬覺，又不屬動，非人性分學力所能

測識，惟憑天主聖經與諸聖賢所釋爲證。皆謂此天既屬不動，不必爲圜。既屬恒静，必自爲方也。【略】

論宗動天以下從東從西之運

疏：古有謂各重天皆静不運，惟地乃動者。此非通論，固不待辯。玆列正義兩端：一曰諸天皆繇宗動天之動，從東而西。欲明此義，先考天軸、天極。凡晝渾象者，先作直綫以徑天之中心，謂爲天軸。此軸兩端謂之兩極，其在北者曰北極，乃中國所恒見者；其在南者曰南極，南向望之爲厚地之所掩，是以中國不見，惟航海者行至赤道之下乃見。南北兩極皆在地平綫上，舟移漸北，則北極漸升，南極漸下；轉舟向南，則又南極漸升、北極漸下也。天軸著於二極，宗動天因之旋轉，帶動以下諸天悉隨運旋，人目可驗。所見列宿七政皆從東出而升、西降而没，每日升降如之，相禪不停，今日十二時之終即爲次日十二時之首，以成晝夜。但宗動天行度還初之時，諸天循其本動，各有退分，可以測驗而知。

或問：九與十兩重之天既皆無星，則其亦受動於從東而西之動者，於何驗之？曰：繇列宿天所顯三動，可推上二重亦隨其動而動也。夫列宿既爲一天，因性而動，無二動理，然而顯有三動：其一爲本天之動，乃一近一距之動；其一爲次上一重之動，第九重。即從西而東之動；其一爲諸天所共之動。夫本動之外既有二動，可見自西而東與夫自東而西應有第九第十重之天也。

其二，宗動天之下，其諸天各有本動，皆從西而東。證以人目所共睹者，非但七政諸天近距不恒同度，即視列宿天星每歲亦有推移，可知自列宿以下諸天，其本動皆自西而東矣。又但就一處地平之綫測驗，諸星出没時有不同，亦可以知列宿之天從西而東也。

欲詳前義，當明二端：一、諸天從西而東之動，非循南北二極，非循晝夜平綫，乃别有黄道之極，循黄道規而周運者。何以證之？蓋七政周歲之間，其出没於地平綫，每日不同，或當赤道，或行南陸、北陸，以漸遠漸近於赤道，可見諸天之軸、之極與宗動天之軸、之極各自不同。二、緣受動諸天層累承接，中間絶無一物爲間，又緣每重以上層含抱下層，而總一樞極，故上天之運能挈下天而運。第十宗動天帶動下之九重天，而其第九層之天以其最遲之動，從西而東帶動其下之八重天，第八層天亦以其一近一距之動帶動以下七天。故知宗動天之運惟有一動也，而第九層天則有二動，第八層天則有三動。

駁：或曰：在下之天不能帶動宗動之天，則宗動之天何以能帶在下之天？若謂宗動之天以其切於在下之天，故能施其帶力，使其順動，則在下之天亦切宗動之天，能施帶力矣。原夫周動者之施力，上下皆順。矧按前義，諸天之動，其性情周轉無滯，則自不拘於或左或右，其力所施亦不拘於或上或下，均之其可關挈而運也。

正：曰：此難可釋者二。一、在下之天不能挈宗動之天，蓋運行下天之靈者其力有限，不踰其界，足施於下，不能施於上。二、謂在下之天蓋亦與有施於宗動天，緣夫宗動天運行最疾，下天之力追隨不及，故宗動天雖疾而下天亦或滯之。設下天或止其動，或減其力，不與相礙，恐其疾者更疾也。

駁：或曰：宗動天與下天之動或等力，或不等力。若謂等力，則力敵相持，莫能相勝，上天何能挈動下天？若謂不等力，則健者勝弱者從，兩者當並向於一界，惡自而有東西二動乎？

正：曰：宗動天之動最健，能挈下天之動，然亦不能盡掩下天靈者之施，故西運者自西，東運者自東也。如人施力旋磨向右而動，蟻在磨上左行，豈緣右行之磨遂止左行之蟻乎？

駁：或曰：從東而西視從西而東者，正相悖也。一物兩悖之動，據理不得同時而舉，諸天何以兩動並運？

正：曰：若兩動同軸同極，則爲相悖，固不得同時。而有今論東西二動之運，其軸其極並皆不同，則其上下諸天所向所得之界原不相悖。界既不悖，隨向所動亦何悖之有焉？

明·傅汎濟、李之藻《寰有詮》卷五　論天動有聲否

疏：閉他臥勒研精義理，而好音樂，聞鐵工舉錘戛擊，覺有佳韻，投其所懷，因曰：天有大動，奚獨無聲？奚不成美樂乎？夫謂天之有聲，當據何義？曰：凡在地有形諸物，視天甚小，其動視天動之疾甚遲，然其相感而動，悉成聲響，則天之至大動之至疾，又至相切，寧不成聲響乎？且其聲必不乖亂。蓋天載有序，豈乏美好，則其動而成聲，必爲和平妙善之樂。

清·楊光先《不得已·卷下引》　孽鏡者，鏡《西洋新法》之妄也。人生世

上，造種種罪孽，事發經官，備諸拷掠。而飯刑憲之徒，獨强辯抵飾，以希徼倖。及至閻羅孽鏡之下，從前所作罪孽，畢見鏡中。然後欲辨不能，始俛首承伏，此予所以有孽鏡之著也。《新法》之妄，其病根起於彼教之輿圖，謂覆載之內，萬國之大地，總如一圓毬，上下四旁，布列國土，虛懸於太空之內。故有上國人之足心，與下國人足心相對之論。所以將大寰內之萬國，不盡居於地平之上，以映地上之天之一百八十度，而將萬國分一半於地平之上，以映地平上之天之一百八十度，分一半於地平之下，以映地平下之天之一百八十度。故云地廣二百五十里，在天差一度，自詡其測驗之精，不必較之葭管之灰，而得天上之真節氣。所以分朝鮮、盛京、江、浙、川、雲等省爲十二區，區之節氣時刻，交食分秒，地各不同。此荒唐之説，不但不知曆者信之，即精於曆法曆理者，亦莫敢不信之。何也？天遠而人邇，邇者既不克問天，而遠者又弗肯人答，真與不真，安所辨驗。雖心知其妄，然無法以闢之。所以其教得行於中夏，予以曆法闢一代之大經，曆理闢聖賢之學問，不幸而被邪教所擯絶，而弗疾聲大呼爲之救正，豈不大負聖門。故向以曆之法闢之，而學士大夫，邃於曆法者少。即有之，不過剽紙上之陳言，未必真知曆之法。故莫爲羲和之援，所以《摘謬十論》，雖爲前矛，然終以孤立，莫克靖其魔氛。既又以曆之理闢之，學士大夫，既不知曆之法，必反疑理之未必真能與法合。所以《呈稿》一書，竟作存疑之案，以俟後之君子，訂其是非。故若望愈敢肆其邪妄，而無所忌憚。噫！斯學士大夫之罪也。《典》重欽若察齊，不知學者何以弗潛心探討。明祖禁習天文，未嘗禁習曆法也。蓋天文觀星望氣，詹驗妖祥，足以惑亂人聽，動揺人心，故在所禁。若曆法乃聖帝明王敬天勤民之實政，豈亦所宜禁哉？使曆法而禁，則科場發策，不當下詢曆法於多士矣。朝廷既以曆法策多士，而多士又以曆法射榮名，今乃諉之弗知，而坐視《新法》之欺罔，羲和之廢絶，豈非學士大夫之罪哉？曆法近於術數，固不足動學士大夫之念。而二《典》爲祖述堯舜之孔子所首存，豈亦不足動學士大夫之念乎？此予之所以日夜引領，而不可得者也。不得已而幸冀於羲和之舊官，而舊官者，若而人乃盡叛其家學，而拜讐作父，反揺尾於賊蹠，以吠其生身之祖考，是欲求存羲和已絶之一綫，於羲和之後人者，又不可得矣。予爲此懼，捨欽若之正法正理，都置不論。唯就若望所刻之輿圖，所訂之道理，照以孽鏡，與天下後世共見其二百五十里差一度，天上真節氣之不真，即愚夫愚婦，見之莫不曉然明白，盡識其從前之無所不妄。學士大夫繇其天上真節氣之妄，推而知其曆法曆理學問之妄，鳴共攻之鼓，不與同於中國，俾羲和之學，墜而復明，尊羲和以尊二《典》；尊二《典》以尊仲尼，端有望於主持世道之大君子。特懸孽鏡，以照其妄如左。

清·王家弼《天學闡微》卷五 地球面積

古里法在天一度，在地二百五十里。今里法在天一度，在地二百里。天度大而地度小，地在天中如小圓在大圓中。大圓分三百六十度，小圓亦分三百六十度。度有大小而無多寡，其照臨之，相處者如此也。用周徑密率求得半徑一萬一千四百五十九里小餘，一五倍之，得二萬二千九百一十八里强，爲全徑。以全徑自乘，得五二五二四，以此平圓面積四一一四八又四，因之得一十六萬四九九二，爲地球之皮面積。得方萬里者，十六方半。今之中國，蓋得大地一十六分之一也。

清·許桂林《宣西通》卷二 內篇

宣夜言七政不綴附天體，是謂七政有高下也。七政之有高下，王曉菴、梅定九皆證其必然。西人則因高下以分重數，桂林竊謂小變宣夜之説，而遂不可通矣。夫自地以上皆天，若但因其高下從而名之以木星天、火星天，設虛象以便測算，未爲不可。測天固多立虛象，如平分兩極之中爲赤道，斜交赤道，半出其北、半出其南而爲太陽一歲所躔之軌迹者曰黃道，皆虛象。又如北極無星，測者於冬至前後測勾陳大星西時在北極上，卯時在北極下，以所測最高最低之度折中取之，即北極出地度，是兩極亦虛象也。今西人言有重數之天，質如琉璃，密密相切，層層相裹，如葱頭，如木節在板，如眸子在目中，是確有實象矣。其爲本輪、次輪、次均輪之説者，亦以各天實有形質，故安本輪於本天。一輪不得有兩種行，一輪不合，不得不加兩輪、三輪以至四輪。及火星有時在日下，則又不得不云火星天下割日天，其後乃云火星次輪割入日天。雖本天次輪之説小異，要其爲割日天同。西法以三角八綫言天，故初云相切，繼云相割，而不悟切與割不可並言也。桂林請詳辨焉。

重重之天果相切耶？所云諸輪安於何處？度必在本天之內矣。在本天之內自動於其所，而三輪四輪行度各異，是必本輪有樞，旁安於琉璃天質之內，各小輪又有樞安於本輪或均輪之邊。此固梅先生所謂本輪心在本天，體皆相連也。若然，則諸輪鑿鑿乎實有之矣，而火星忽有相割之説，蓋以相割濟相切之窮。然既能相割，則天質不得爲琉璃。非但不得爲琉璃，必且將無形質而爲氣。是七政固依然無重數，而但有高下耳。夫於重重相切相裹之天安諸輪已不勝其

繁、不勝其鑿，不似大造自然之理。乃一遇火星在日下而變爲相割，遂并琉璃之天而不能自保。昔利瑪竇言天相切相裹，宗動帶動諸天，七政在天如木節在板，雖其言未必然，尚自相應。踵其後者以火星有時在日下，改相切爲相割，則遂自不能應其言，而方且不自覺也。游子六言西人權立重數以便測算，即又不然。子六所著《天經或問》，大體言宗動帶動諸天。若果爲權立重數，則天且虛設，何由帶動？既云帶動，即是實有重數，權立之論愈見首鼠矛盾耳。若用宣夜之説，則天了無質，七曜自分高下，而不必有如琉璃、如葱皮之本天。各有遲疾，而不必日設兩輪、月設四輪、五星設三輪，且七曜浮生空中，各自運行，自可有時高而在日上、有時卑而在日下，而火星天下割日天之説不必爲此支離矣。火星天包日天外，而次輪大割入日天，並可不爲此宛轉矣。若以七政不得浮居空中爲疑，則地且以圓球浮居空中矣，七曜乃必須有所麗耶？昔晉虞喜因宣夜作《安天論》以難渾天，以爲「天高窮於無窮，地深測於不測。天確乎在上，有常安之形；地魄焉在下，有居静之體」「其光曜布列，各自運行，猶江海之有潮汐，萬彙之有行藏」。夫歲差自喜發之，喜於天學精矣。葛洪乃駁之曰：「辰宿不麗乎天，天爲無用，便可言無，何必復云有之而不動乎？」贅哉葛生。必若所云，七曜宜有所麗，是執於有而拘於迹也。然則地亦必當有所麗而説窮；七曜麗天，天亦必當有所麗而説又窮。若依宣夜，七政各自運行，天之不息也；七曜各有遲疾，天之不測也；各有遲疾，而仍有常度可推，天之不變也。要皆七政之行於天者而實求所謂天，則郗萌所傳了無形質，虞喜所論窮於無窮，正以見天之爲大而合乎聖人闕疑之義，其説轉不可窮矣。然則以西人測驗之精密，而通以宣夜之説，舉相切、相割，層層之天、本輪、次輪種種之名而一空之。七曜自行，非由帶動，遲疾高下，各任其情。乃以逐年逐時測驗所得，著之曰某曜某時行最高，某曜某時行最卑，某曜某時遲，某曜某時疾，非數之至密而理不能駁者乎？

《楚詞》「圓則九重」，説者指爲西人言天有重數之所自出，以爲七政異天，古必有其説。其實古人言數多云九，取其盈數。況天爲純陽，用九尤合，不必真有九重也。故梅先生但云以有重數之説爲長，而不敢執爲必有幾重。王曉菴以日月視差、五星順逆驗重數之必然，而自出新見，以爲日本天應最大，五星諸圓皆在其内。實則西人亦自不能堅持其説，或十二重，或九重，或四重。利西泰所謂解散羣疑，游子六所謂毫釐不爽安在乎？所以然者，視聽所不及，無所取證也。然則言天有重數，信不如但言七政有高下矣。

西士言九重天，實不異道家言三十三天，佛家言四天王天至有想無想天。而其言之彌近理，又佐以三角之算、儀器之測，故雖豪傑之士，多爲所囿。夫理數之精，莫如梅先生，請就梅先生所説而詰焉。梅先生云：七政各麗一天，其天動故七政動，不然則將如彗孛之類，旁行斜出。又云七政恒星相距之間，或空澄而精湛，或絪緼而彌綸，無星可測，無數可稽，則思議之所窮。桂林請即以其後説破其前説。

七政之間使空澄耶，則七政天各不相接。所謂七政天者，重重琉璃之殼各自懸空而轉，此與七曜本體各自懸空而轉，其説復何以異？獨不患七政各天旁行斜出乎？使絪緼耶，則七政各天之間亦填以氣耳，與七政各體之間各填以氣又復何異？是則七政有高下本宣夜之説，梅先生謂高下之理可無復疑是也。而西法所立各天實爲徒多之贅説，蓋不欲明襲宣夜，立此重數，緣飾以度數之學，料雖上智，猶將惑焉。乃平心思之，則雖至精如梅先生，而其言不能相應如此。至於重重天外又有静天，梅説云動者必有不動者以爲之根，天有兩極如碓有臍、户有樞，樞不動故户能開闔，臍不動故碓能運旋。此臍與樞又誰制之而使不動？以所麗者常静也。又推其説，以爲樞附於屋、碓之下半附於架，而屋與架附於地，是至小之根連於大地之體。桂林又請就其説而詰焉。謂天有樞如户有樞，則天必有體。天如有體，必如西言體如琉璃方可。今以琉璃作柱，另以琉璃片鑿孔而貫於柱，其下當圓孔處必有光圈，其内相貫處必有貫痕。誠使琉璃之天以南北極爲樞，如户樞、碓臍，此南北極二樞又安根於常静天？則以西人比例之學、度數之學論之，天之重數相距爲里幾何？圓周爲里幾何？此樞之體其長與徑宜如何其修廣乎？今西人能見太陽面上黑點，土星面上光圈，昴爲三十七星，積尸氣爲三十六星，獨不當見北極之處亦有痕迹乎？且即如其説以爲有之，户樞、碓臍推其極依於大地，今南北極譬如户樞、碓臍，天譬如户、碓，常静天譬如屋與碓架，不審所謂大地將以何譬？得無有取於郡子「天依地地附天」之説乎？「夫天何依？日依地。地何附？曰附天。天地何所依附？日自相依附。」此相傳爲妙論，桂林鈍人也，竊以爲直遁詞耳。夫問「爲何人」，對以不知何許人，問以「何處去」，對以去處去。爲可解不可解之言，機鋒小巧，豈可言天言理乎？且即有樞如户樞、碓臍，户與碓皆人實動之，天則誰爲動之也？

或曰：子之説未免太鑿。曰：非鑿也。梅先生固有言矣，曰：天之異於物者，大小也，無異理也。論者以户樞、碓臍喻，疑者即以户樞、碓臍詰，則鑿之端

不自我造矣。至諸小輪之樞亦可例論。且所謂天樞者，在常靜而獨爲宗動之樞乎？抑貫諸天而統爲之樞乎？獨爲宗動之樞，則恒星七政天必須相切乃可帶動，而金水遶日爲輪，火星下割日天之説皆不可用。且梅先生何以尚不知諸天之間爲絪縕、爲空澄乎？蓋帶動則必密密相切，非空澄，亦非絪緼，可以斷而不疑也。若爲七政總樞，則經度緯度何容各各異行乎？

夫西人初言天相切，是天有質也。繼言可相割，則天亦氣而已。氣不可分重數，而此氣可入彼氣，割之爲説尚通。若相切之質復可相割，惟平圓物得有此事，渾圓之體層層相包，無相割理。故相割之説出，則重數之説已自破矣。

天有重數也，宗動帶動諸天也，相切也，相割也，皆西説也。然相割則必不能相切，不相切則必不能帶動。相切則必不能相割，不相割則火星無由在日下。自相矛盾如此，天下未有其言自不相應而能取信於人也。如云虚設之象，重數以七政分猶可虚設爲某天某天之名切割、帶動皆實事，必不可云虚設。且即云虚設，則天仍是氣，固宣夜所謂七曜行止皆須氣也。

氣不可分重數而云猶可虚設重數者，七政有高下，所云重數可即七政之體以指之也。然氣雖可以相入，而云火星本天、火星次輪割入日天，是於火星天及日天一氣鼓盪中計較分寸、畫爲疆界矣，可乎？如必欲通相割之説，亦惟云火星本體割入日天，以火星在日下時指證之，是仍宣夜任情之説，但多一盧設重數耳。

西人謂，所以知宗動天上必復有常靜天者，凡測量動物必有不動之物以爲之準。如舟行水中，遲速遠近必以不動之岸爲準，否則若干道里何從而知？然七政有象則行度易推，宗動無象矣，而常靜又以無象在其外，何從而知之？假如舟入大洋，萬里無岸，舟未嘗不行也，所謂以不動物爲準者安在？今請即以西法詰之。《幾何原本》云：自有而分，不免爲有。有化爲無，猶可言也，兩無能並爲一有，不可言也。此西士至精之言，同於孔孟而異乎老莊者。宗動、常靜，兩無也，是可以爲有乎？況又有東西歲差、南北歲差二天之説。恒星天上有四重，以無爲有之天是可信耶？

或曰：子拘於目之所見耳。夫西人所恃以證其説之精密者曰弧三角，弧三角亦必測於目之所及見。且西人所謂視學者，非以目爲憑乎？西器所謂遠鏡者，非以目爲用乎？惟目見可據，則謂天河爲無數小星亦可信。今隔七重琉璃之天，其上毫無迹象，而以爲更有數重焉，是可信耶？竊即弧三角之法論之。梅先生謂弧三角以測渾圓，渾圓莫大於天，故弧三角度皆天度。所謂渾球極大之圈者，蓋即所謂不動天也。所謂爲比例必大圈者，即所謂動者必以靜者爲起算之根也。所謂距等圈皆小於大圈者，即所謂宗動七政天也。但弧三角法測他渾圓之物，實能知其外大圈周徑之數，自能算之不爽，常靜、宗動雖亦以比例算得其周徑，而未必爲真數也。要之，西法兼用渾蓋。渾天謂天如雞子，蓋天謂天如蓋笠，皆執迹象以言天。西法因而加詳，竊宣夜高下之説，演爲重數，傅以小輪，法益密，理益窒。弧三角法測知天之大形爲圓，非如雞子，亦非環行四周，不入地下，是西法較渾蓋爲密者。然但可度知最外之天爲圓形，未能確知此天形色及距地之確數。使實得之，則宜不差矣。今猶有差，知不得其確數也。所以不能得其確數者，宣夜云如俯視深谷而窈黑，斯言可喻焉。深谷未嘗無底，而所見至窈黑而止，眼瞀精絶耳，非可以窈黑即爲深谷之底也。天即使最外有形質，而遠鏡望之亦至眼瞀精絶處而止，非真天之周徑止於此也。不可知其周徑之確數，而苐以眼瞀精絶處而止，則固但可謂之了無形質耳，此宣夜之説所以長於渾蓋而可以通西法也。昔一行有言：古人所以持勾股術，謂其有證於近事。顧未知目視不能及遠，遠則微差。其差不已，遂與術錯。旨哉斯言。西人所以持弧三角術，亦如是而已。弧三角亦必以所見起算，而所見之天誠如宣夜所謂眼瞀精絶者，愈遠則愈不可以常法比例矣。一行又云：視聽所不及，當闕疑而不議。宣夜黄山深谷之喻，誠近之哉。

測驗七政，久而必差，此遲疾任情明證也。近世測知金星有時在日上，火星有時在日下，又高下任情明證也。高下任情必除重數，用宣夜行止須氣之説，於理乃合。西人立重數時，尚未知金有時在日上，火有時在日下。後人知之而不能除去重數，故相割及遶日爲輪之説愈致糾紛，其實天非特無重數，即高下亦非板定也。

西人言天號爲至精者，莫如小輪。如梅先生、李文貞公之精深算數，亦但爲推演而不致疑詰。夫天道簡易，何如是之紛紛？原其所以，蓋以思七政盈縮之故，而設本輪、均輪。推日而合，則不設次輪矣。推五星不合，則又設次輪。推月仍不合，則又設次均輪，輪多而本輪上將難安置，則又設負均輪之圈。是天上諸輪特因已所推不合而增，殆爲合以驗天，而非順天以求合矣。

諸輪之説，欲七政有平行耳。尖七政不必有平行也，乃設諸輪以强其合。使諸輪爲假設，是七曜本不平行，何勞鑿空使諸輪爲實有？則或三輪、或四輪，

一輪向東、一輪向西，此次輪小、彼次輪大，是欲七曜有平行而紛紜更甚於不平行也。若依宣夜遲疾任情，可進可退，七曜固一理耳。

平行乃古人測天之踈，加減生於法之漸密，乃立小輪。以爲七曜本自平行，而以小輪生盈縮，故須加減。其實測驗所得，七曜實非平行。小輪又不可見，無而爲有，易而爲難，莫甚於此。

梅先生云：古言盈縮，西言最高卑，最高卑生於諸輪，即盈縮之所以然。先生雖引西法合於中，而謂西人能言其所以然，又稱小輪心在本天上，日月在小輪上，體皆相連。蓋以諸輪爲實有，非假設之象也。桂林伏讀《考成》上編云：「小輪之設，藉以推步度數，期與實測相符而已。至於大象寥廓，其或然、或不然，非智計所及也。」

聖謨洋洋，大哉言乎！於是天下學者，始知諸輪爲假設之象，昭若發矇，而好奇者猶或昧焉。且西人之爲此說，本自以爲實有，若不因聖人之言演而極之，後必有仍受其愚者。竊謂黄赤道與小輪同爲假設，然黄赤道不可不假設，以明界限，小輪似可不必假設也。古原有初均加減，西人精於製器，測驗益密，故增次均、三均是也。乃造小輪以明其理，刱爲奇説，借測驗之密以自文焉。如所云小輪心在本天，日月在小輪上，確有其物，並非假設。夫西人默爵造遠鏡，望見日體偏圓、周如鋸齒，太陰面有凸而明者、有凹而暗者，金星有上下弦，木星旁有四小星，土星旁有兩小星。蔣友仁又言，望見土星體上有一光圈。土星距地西人言最遠，月距地西人言最近。利瑪竇《乾坤體義》以爲土星距地心二萬五千七十七萬五百六十四里，月距地心四十八萬二千五百二十二里，望見土星之光圈，尚不見月之本輪均輪，輪之必無審矣。無輪而有遲疾，則必並所謂本天大輪而無之又審矣。

梅先生謂西人論天能言其所以然，王曉菴、李文貞公意見亦同。李尚之爲焦里堂序《釋橢》，則謂古人言其當然，不言其所以然。本朝《時憲書》，甲子元用諸輪法，癸卯元用橢圓法。乃至穆尼閣、蔣友仁之説，皆言其當然，而又設言其所以然。然其當然者，悉憑實測，其所以然者，止就一家之説推而極之，以明算法而已。此言甚精，然桂林思之。《考成》明言諸輪爲假設，是不以諸輪爲盈縮之所以然。甲子元時，諸輪法測驗密合，則用諸輪法；癸卯元時，橢圓法測驗密合，則用橢圓法。以其測驗之密用之，非以能言所以然用之。故雍正癸卯六月朔日食，第谷諸輪法推得九分二十二秒，戴進賢橢圓法推得八分十秒，驗諸實測，新法爲合，即改用之。擇善而取，初無成心也。夫七政之行，算者宜有加減，此實然之數，已然之迹也。所以然之理，必寓此二者之中。法之用加減，實然已然者也。七政之行宜用加減，即其所以然，不必更求其所以然也。古但有初均加減，今有次均、三均，其更有差，以所測驗更增加減可也。故現所用法，但可謂之實然、已然，且不得謂之當然。或謂之現在之當然，萬不得謂之千古之當然，何也？當然者，一定者也。今須隨時酌改，非一定者也。至更須修改，即不得謂之當然矣。夫有必然之事，而後有所以然之理。其所謂諸輪者，尚出假設，而爲不必然之事，則所以然之理復何所託乎？故西人測驗甚精，而所以然之説適足以累之也。善乎，雲臺先生之言曰：「言天者但言其當然，而不言其所以然，斯爲千古無弊。」竊謂用宣夜説，省去本輪、次輪、橢圓面積，但以實測著其行度，隨時酌其加減以爲算法，是即推其當然，不言其所以然矣。言天固莫善於宣夜哉。

誠用宣夜之説，則但存所謂常静天以爲確然在上、窮於無窮者，七曜自行本天可省。於是七曜在空時高時卑，得自爲政，本輪可省。省本天、本輪，而最高卑之説愈便愈明也。高卑得自爲政，則遲疾因之不必一輪自西而東、一輪自東而西，多立虛輪，分各種行度以求合。是省均輪、次輪、次均輪，並省負均輪之圈，而遲疾之推愈便愈明也。因是以推恒星之東行也，北極之東行也，最高卑之東行也皆可一以貫之，而不必又增黄極也。梅定九謂王良策馬、參左足入玉井中爲必無之事，似乎恒星必有所麗，故能不移。然天有常度，即浮生空中，終古不移，亦無不可。其東行以生歲差，即周天星度所差並同，亦無不可。夫人之賢者，且有出入不逾尺寸者，卧則終夜不轉者，天之有常，豈必同麗一天而後不移哉？言天多精博之論，而類不免拘於迹，宣夜謂「天了無形質，而七曜行止須氣」最爲近之。然氣外無殼，其氣將散；氣外有殼，此殼何依？桂林思之，得一説以補宣夜所未及者。天實一氣，而其根在北，北極是也。北極不當爲天樞，而當爲氣母。萬物之祖皆在北，故十一月爲羣生之始。天時既然矣，天象獨不當以北極爲一氣之元乎？元氣發於北極，浩浩蕩蕩，久而不息，經星七政皆運於元氣之中。經星以上，遠之又遠，無論氣之至與不至，固可不必有殼以函氣矣。孔子嘗言「北辰居所而衆星共之」，聖人述而不作，此三代以上天官家至精至要之言，最可據者也。居所而衆星共明，明定一尊之詞，豈容復有與之對待者乎？則後人之增南極亦可省也。

以北極爲氣母，其氣應向左而運。古稱天道尚左，天根在北，自南望之，以西爲左。近氣母者左行疾，故恒星東行之差遲。遠氣母者左行漸緩，故月東行之差最疾。日月之出自北升，而入亦向北，向其母也。蓋天言日月北轉，證以北極出地五十度，夜半日猶有光，北轉良是。或以日入如横破鏡，不如立破鏡，非北去之象。然漸北亦漸低，蓋與渾不異也。又天以氣運七曜，而七曜各有其性情。性情不同，故其遲疾各異：土星東行之遲而月東行最疾，月之性情好疾而土星之性情好遲，亦猶箕之好風、畢之好雨也。月、五星之行度各不同，而同以太陽爲所向，是月與五星之性情又同向太陽。第谷謂日之攝諸曜，若磁石之吸鐵，即諸曜之向日，若鐵之就磁石耳。則諸曜遲疾不同，亦其就太陽之性情有緩急歟？一行用氣之和猛論日行盈縮之理，以爲疾極而寒，舒極而燠，然不可通於諸曜。桂林則謂夏煥冬寒，此天之一定氣之自然。惟日與天合德，故夏則北行而燠，冬則南行而寒，其時遲時疾，亦其一定自然者。而月與五星各以其性情之遲疾與日相向，以成晦朔弦望順逆留行。故日者，天之主宰而諸曜所宗也。或曰：性情之説，亦有所本歟？曰：本宣夜。宣夜謂七曜遲疾任情，非謂妄行横出爲任情也，謂七曜之行或遲或疾，彼各有其情焉。惟各有其情，故七曜雖浮生空中，而有率數可以推步，惟各任其情，故七曜既浮生空中，因有差數，宜酌加減。或曰善哉，是言宣夜之先師其相子乎？

沈括云日月星辰之行不相觸者，氣而已。惠天牧譏爲不知曆象。蓋括謂日月有氣無體，又無高下，實不可通。桂林則謂日月五星有體而天無體，蓋皆以實象定之。夫雲，本氣也，自地望之，亦若有體，此不可證日月爲氣也。雲無常而日月有常，有常者必有體也，蒼蒼者亦有常。最上之天或有體而虚，推周徑不如以眼晵之説存其疑，實言體殼不如以氣母之説通其窮矣。

氣有有形，有無形。有形者雲，無形者風。承地而運七曜者，無形之剛風也。有形之氣無力，無形之氣有力。聖祖《幾暇格物編》言：「風無正方，而常起於西南。嘗以論西人之在靈臺者，初猶未信，候驗乃服。」桂林伏思：風者，大氣之餘，時被地上。北極爲氣母，氣起於北，至西下轉，轉於西南，此日入於西，所以向北，而地上之風誠宜常自西南起矣。

趙友欽《革象新書・月體半明篇》言：以黑漆球映日，則其球必有光，可以轉射暗壁。太陽圓體，即黑漆球也。日月對望，爲地所隔，猶能受日之光者，陰陽精氣隔礙潛通，如吸鐵之石。桂林嘗觀日照盂水，必飛起一光，著於屋壁，因悟月爲水體，日照月猶照盂水，人間之月色則飛著屋壁之光。證以取明水於月及月與潮汐相應，月體爲水，確乎可信。至友欽所云隔礙而能潛通，於理甚乖遠，不如西人日大於地之説。日大於地，《考成》定爲五倍奇，最允當也。

近火則燠，近水則寒。日北行近人則燠，而南方之冬亦燠；月北行近人則寒，而北方之冬益寒。日爲火、月爲水，可以不疑。然火球、水球乘氣以行於空中，亦不近理。蓋日月之體，非如世間水火，乃水火之精，結而成質，故能運於大氣之中也。

西人謂金水二星遶日而行，爲太陽之輪，獨不經天，最爲近理，故梅先生以爲確乎可信。然《曆學答問》有云：「太白離太陽前後不得過五十度，故夕見西方，仍没於西，晨見東方，仍没於東。非不過午，必與日偕，爲日光所掩也。若日光微而星光盛，在晝漏明，是爲晝見。晝見不必盡在午地，在午則爲經天。然亦有非晝見而能經天者，此又别自有説。」夫非晝見而經天，其去日必遠五十度。若無以日爲輪之説，即亦非奇。今爲以日爲輪之説所牽，遂以别自有説爲引而不發之語。先生言算數唯恐人之不知，此果有説，盍即詳説之，恐不如宣夜之言遲疾任情爲直捷也。

宣夜謂七曜行止皆須氣，蓋天皆氣也。惟近地之氣絪緼輕細，人漸其中而不覺。董江都謂：人漸於氣，若魚漸於水。是也。七曜所行，及地之下則皆勁氣，故岐伯言「地，大氣舉之」。舉者，在下而承上之謂，非如「豆在脬中，四面皆氣包之」之説。夫烈風所至，人爲之偃，若四面以氣緊塞，近地處氣必益猛，人物不能生矣。游子六乃云：天裏地運旋之氣升降不息，四面緊塞，不容展側，故其四面皆得居人。獨不思地爲天氣所緊塞，尚不得展側，地上之人乃能運動，力反大於地乎？竊謂地球正圓，上半面居人而地平下半皆氣承之，既合岐伯大氣舉之之義，又合地下有風、水底有風之理，又可思地動地震之故。若四面居人，是地懸居空中，並無氣以舉之，理必不然。惟地之下皆氣舉之，其氣距人甚遠而與天相環，則七政轉入地下亦行氣中，出在天上亦行氣中，而古所謂地四游，今所謂最高卑，亦可通焉。蓋西人既言地四面皆氣，因疑地四面居人，以地上之人不爲氣所逼，則地下之地即有人焉居之，亦不妨，於氣之舉地而不覺地，遂自飛於空中也。

豆在脬中之喻，謂地在天正中。桂林謂地平下承以大氣，與天上之剛風環而相接，地不在大氣之心，而在其下半，蓋地重濁宜下。沈與古言地在天中，如

雞子黄在白中，亦合雞子黄固偏下而不當白中也。北極爲氣母，氣從極起，居高臨下，由西轉東，地勢亦宜偏下。諸曜與元氣皆陽類，故質輕清，爲氣所裹而轉。地獨爲陰，故質重濁，爲氣所承而不轉。元氣渾沌之中，地獨以重濁下沈，故元氣豁開，自地以上至月所行其間爲空。非惟形空，亦且氣空。空氣輕細，乃生人物。地既下墜，氣愈上迎，壓者愈重，承者愈力，物之情也。近地平下半之氣爲重，所壓理宜力。承爲陰所摶，亦當凝聚，則近地平下半之氣獨得不動，故諸曜動而地不動。氣遠漸動，地已不覺，而七曜之行地下又可轉於氣中矣。地平下半之氣或小游移，則地動。地體甚大，偶有游移甚小，故地動止數百里同也。或疑地偏下，則諸曜行地下似太狹。夫月以上至氣母，且氣母之上不知幾何萬里也；地以下至諸曜所行，且諸曜所不行不知幾何萬里也。所謂地偏下者，特以地之上、月之下、剛風不到處爲上半盈數耳，豈可執雞子以爲疑哉？

錢竹汀先生言最高卑即鄭注《考靈曜》地四遊之説，比附極確。竊謂地有四遊，與桂林大氣承地之説相合。蓋四面氣包，地必不動。如豆在脬中，非擧脬而摇豆，無動理。惟下半承以大氣，故春則東天氣至而地西游，夏則南天氣至而地北游。氣從北起，由西轉東，故其東也氣恒向上，其西也氣恒向下。以一日言，日月星皆自東而升，至西而降。以一歲言，春則東天氣至，地氣上升，秋則西天氣至、地氣下降。理皆通達。蓋大氣擧地之説、東天氣至之説、地有四遊之説皆漢以前諸賢所傳述，而三代以上諸聖之緒言也。桂林比諸説而合之，互以相成，而其精益顯焉。且蓋天之學出周公，周公以洛爲土中。蓋天謂地四隤而下，皆地下半承以大氣之意。地下半承以大氣，人不能至，亦不能見，故曰「四隤而下」。地上半五方居人，故統大地言，中國爲其中，古聖所以定中國之號。就中國言，洛又中國之中，周公所以立土中之名。西士言地面面居人，無適非中者，不欲中國獨擅得中之美耳。竊謂利瑪竇、陽瑪諾輩，誠西人之傑，然如岐伯、如周公，開天則神，知天則聖，其言之可據，必有過於西士者矣。

地圓之説出曾子，以里差證之，實有圓象。蓋天謂天地皆滂沱四（積）〔隤〕而下，是有圓象而不必正圓。渾天言其全，謂天地皆圓。蓋天用割圓法，但言其上半可見者，其實一也。回回法謂地如圓球，三分土、七分水，西法本焉。竊嘗論之，水之爲物，不可無所附麗而空立者也。今於圓球之體，七分安水，是水可以旁立，可以倒懸，且直一水球在空，浮以零星土石，四面以大氣戞之，而萬國之人物顛倒居焉，有是理乎？桂林竊意地以圓體浮空，以剛風載之，其上半面居人則可，上下四面居人則不可；有土有水則可，水多於土亦未可。蓋東南浮海，西北行陸，皆未有得地之盡者。東南西三洋皆水，水誠多也，而西土、北土亦未知其極，且入海者所見皆水，而行則又至一國。中國至明末始知有歐邏巴，即歐邏巴至明末始知有中國。過此以往，又可限乎？

地四面居人，亦西説之號爲至精者。桂林竊謂，西人言天九重相裹，而火星在日下，未能知也。至知火星有時在日下，而九重相裹非不可易之説矣。西人言地有五大洲，而閣龍所覓得之鸚鵡地未能知也。至《萬國全圖》外復有所未知之地，則彼國與中國正爲脚底相對，亦非不可易之説矣。彼之後説已自不能護其前説，而猶取其前説而亟稱之，可乎？桂林意地惟半面居人，則其上半合蓋天滂沱四（穨）〔隤〕之象，而徵之輿圖實境：北極寒門，冰山插天；西至戈壁，流沙無際。非其漸近下半剛風之故乎？東南大海，不知其極，必欲窮厥究竟，則《阿合經》所云「水止於風，風止於空」可取也。蓋剛風之力可以住水於空而不可使吸人於地，故地半面居人，則風可以承地，即可以承水。面面居人，則風既不可以吸人於地，並將不可以承附地之水矣。竊歎岐伯言大氣擧之，《阿合經》言水止於風，皆甚精妙。西人取而小變之，遂以難通，豈非鑿之爲害耶？

渾天言天在地外，水在天外。王仲任據蓋天以駁之，曰：「天何得從水中行？」虞聳作《穹天論》，謂天如覆奩，抑水而不没。其意謂地以上如蓋，用蓋天説，地以下水浮地兼浮天，用渾天説，酌渾蓋而兼用之。趙友欽《革象新書》謂地在天内，天如蹴球，内盛半球之水。水上浮一木板，比似人間地平。板上雜置細微之物，比似萬彙。蹴球雖圓轉不已，板上之物俱不知覺，此謂水在天内而浮地，比渾天水在天外之説爲近理。渾天則以渾圓之球欲浮之水上而回轉不已最爲難通，渾天家顧以語出黄帝書據爲實要。桂林昔作《談天讛詩》以論天學，於此則云：「渾天之人不從天外來，黄帝之書亦何足據哉？使葛洪輩聞之，不知何詞以解。」夫天外有水，水不能無底，以何爲底乎？如友欽言，天内有水而以浮地，天自圓轉，是以天爲水之底，而天真有殼？此殼既不知安置何所，而天中之地又不爲圓形，日入水底又無由使月借其光，皆不如虞喜據宣夜謂「天高窮於無窮、地深測於不測」之爲安。喜自名其論爲「安天」，信乎其安也。徐圃臣乃以喜知歲差，若遲疾任情，安得有差？《安天論》必好事者所作，託名於喜。桂林深所不解。以理言之，遲疾任情乃可有差，若有根繫，安得有差？如繫物於第一柱上，豈有歷歲時而自移至第二柱者乎？

西士視學亦出於宣夜。西法所謂視徑、視行、視差，以爲非七政之實，人視之則然，此正「旁望黄山」、「俯瞰深谷」、「實非真色」、「黑非有體」之説所觸類而引申也。

西人刻白爾、噶西尼、戴進賢以橢圓言天，用橢圓面積求太陰、太陽加減均數。自未葉大悟，不同心規與小輪難以推算，更刱蛋形圓以解天文根本。説者謂即古人天形如雞子鳥卵之説。其法舊有，而至戴進賢始得用者。諸輪法自多禄畝至湯若望、南懷仁，月已增至四輪，猶須加減，勢難更增小輪，乃改從橢圓立法，其實加減又密而已。若用宣夜了無形質之説，加減益密而不立橢圓之象，則但有實測，不設虛理，法密而不以象爲疑矣。既立橢圓之象，則又有以橢圓爲實象者。竊意橢圓又不如渾圓近理。蓋物極圓則能自動，莫難之珠、没柰何之球皆其證也。天與七曜之動，豈有運樞轉轂者乎？極圓則能自動，亦一説也。若以爲橢圓，試爲橢圓之輪，運於實處則不可行，運於虛處則必不可無樞軸。若橢圓之球，則只可平轉，兩頭竟爲無用，又無斜升斜降。證以天象，東西有差，南北極高度不變，亦有可通。而天爲横雞子形，不得如立雞子形。桂林嘗觀《九章算術》引張衡之言，立方爲質，立圓爲渾。知渾天之名本取立圓，非取於橢圓。乃悟雞子之喻，取黄在白中；若地在天中，非取橢圓形似。又讀《弧三角舉要》，云：弧三角非圖不明。然圖弧角於平面，必用視法變渾爲平。平置渾儀，從北極下視，則惟赤道爲外周不變，而黄道斜立，即成橢形。又悟最外之天仍爲渾圓，而七政天爲橢圓，亦視之若橢而非真橢。然則謂橢圓説本出渾天，非也；謂橢圓形爲實象，尤非也。而假立虛象不如宣夜，則前論諸輪已詳矣。

凡西士相切、相割、小輪、橢圓諸説，同一精密之法，而議論各異，又不能相通。以拘於迹象，造無中之有，以自爲難也。夫渾、蓋二家亦不言天有重數，桂林獨欲通宣夜於西法以相成者，重數之説由宣夜生，而渾、蓋亦不免拘於迹象也。蓋天謂天如蓋笠，地法覆槃。一笠一槃，兩重相襲，上無所繫，下無所承，揆之於理，恐無其事。渾天謂天在地外，水在天外，水浮天而載地。夫世未有無底不漏之水，浮天之水何以獨異？世未有載土不沉之水，載地之水何以獨異？此宣夜以氣説天之説，其理致所以長於渾、蓋也。參以桂林一得之見，天積氣而以北極爲其母，水附地而以剛風承其下，似益可據。誠依宣夜謂天惟積氣，了無形質，七政行度則以實測著之，亦無慊於天矣。其隨時有差，酌爲加減，正足見遲疾任情之説長於諸輪橢圓之説。去小輪橢圓之説，而西人實測精密，能與七政之遲疾任情者順時以相合，則西人之長也。故惟宣夜能證西人之短而去之，亦惟宣夜能顯西人之長而濟之，故通之也。

清・許桂林《宣西通》卷三　外篇

利瑪竇《譯幾何原本引》自言量天地之大，各重天之厚薄，日月星體去地遠近，而贊以爲强人，不得不是之。游子六亦贊爲毫釐不爽，乃湯若望、蔣友仁輩各有改定。湯若望以四十二事證西法之妙，有云遠溯唐虞，下沿萬禩，而戴進賢已有改定。乃知聖人言治曆明時取諸革，其義藴無窮也。

王曉菴日月左右旋問答有云：錫綸曰：日月乘氣而行，行有緩急，非由高卑，令望以爲乘氣而行者，緩急不倫，不可以率度而求其意。蓋謂日月真可以率度求，而小輪爲必有。然則次輪、次均輪何以遞加，且變而用橢圓法？夫月之行晦朔弦望，各各不同，即謂緩急不倫可矣。推測之法，久而必差，即謂不可以率度求可矣。

宏治中，西士吴默哥行至極南，見有無名多星。萬曆十八年，西士胡本篤始測定南極各星經緯度數。其星有火鳥、飛魚、十字架、三角形等名，詑爲古所未有。竊思張衡言「中外之官常明者百有二十四，可名者三百二十，爲星二千五百，而海人之占未存焉」，《靈憲》所序三垣列宿略具，所謂「海人之占」，非南極以下諸星而何？

洪武中，吴伯宗等譯回回曆成，伯宗爲序，有云：其緯度之法，又中國之書所未備。蓋古無五星緯度，西法出於回回，有五星交點緯行。梅先生謂中法之缺，得西法以補之。桂林觀《漢書・藝文志》有傳《周五星行度》三十九卷，《自古五星宿紀》三十卷。夫專言五星，其書至三四十卷，豈止如明以前所傳行率表及段目而已？蓋必舊有其法而失之。

《史・天官書》、漢、晉《天文志》俱不分三垣而爲五宫，惟張衡《靈憲》有云「紫宫爲皇極之居」、「太微爲五帝之居」、「明堂之房」、「大角有席」、「天市有坐」。三垣略具，而亦未顯其名。桂林竊謂《天官書》最簡古可據，後雖多所增加，究以《天官書》爲長。【略】

《奇器圖説》云：海附於地，合爲一球。又曰：水隨地流，地爲大圓，水附於地，其面亦圓。又曰：大圓不見其圓，只見其長，故亦只見其平面。又曰：水隨地而圓，亦隨地而平。蓋西人之説，以地心爲下，水性就之，故地爲圓體，而上下四旁皆可有水。然觀所書圖，亦但於球頂安水，不於球底安水，豈非理有所窮

乎？蓋謂地球上半徑之水隨地而圓、亦隨地而平可也，謂下半徑亦有水倒懸不洩，而以地心爲下，必不可也。

《奇器圖説》云：每重各有其心。又曰：每體重之更重，必在重之心。又曰：最重無過於地，地在天之下，必在中心。又曰：次重無過於海，海附於地，合爲一球。又曰：重性就下，地心乃其本所。此西人所謂重學而數言者，乃其至精至大之説也。竊推其意，謂每重各有其心，欲明地所以必在天之中，欲明地之必以心爲下，故其論重性就下，如磁石吸鐵，不論在下在上，而鐵必就之。欲以明地球下半必可有水倒懸，爲地心所吸而不墜也。此不可不謂之善説矣。然弧角比例算一切物，毫釐不爽，獨以算天，始亦密合，久則必差。天之爲物，獨不可以他物爲比例也。然則以重學論引重、起重亦精極矣，而以言地，又恐地之獨不可以他物爲比例也。

西人又言，磁石乃地中心性，一尖指地心，一尖指赤道。故以磨針而制之使平，即指南。蓋中國在赤道北也。夫西人謂地重而水次之，是不用三分土七分水之説，土當多於水。又謂重心更重，則地心自宜是石。然使地心果皆磁石，亦但能吸鐵，不見磁石能吸水也。

即云地以最重在天中心，日之爲體，西人云大於地百六十五倍，此得不重於地乎？地在天中心，則日必不在天中心，重必有重心之説，不可通矣。且日之爲體何物乎？若爲火，則以人間之物與爲比例，未見火能多且廣於土也。依桂林見，以爲日乃火精結而成，質重當過於水、木矣。度日之體，必不得如紙箔通草。若與水、木同重，以比例算法考之：石之重於水也，多不過三倍，石之重，於木也，多不過六倍。今日大於地且百六十五倍，得不重於地乎？若如《度算釋例》云「金之性情與太陽近」，則日重於地遠矣，況西人説恒星又有大於日數倍者，得毋如諺所云「自説自不信」歟？

西士亦自知謂地四面居人，難以取信，故爲重有重心、重性就下之説，以爲地四面有人物，非必外裹大氣能攝之，地心之性亦能攝之耳。夫地心之性，水果就之耶？水即就之，人亦向之耶？或謂人與天地同氣，故可附地而生；螻蟻有知，亦能倒緣梁柱。夫能倒緣者惟蟲豸，何足證人可倒立？更如無知之物，金木土石，大或千鈞，小或毫釐，從無倒置而能黏附者。今其在地，亦云可倒，有知者倒立則以蟻爲例，無知者倒置又將何以例之？更如至小之物，針縷黍芥，在地帖然，微風忽至，輒自移動。苟大氣能攝之使倒，何微風反吹之以移？故桂林以爲，大氣之力本可以持至大之物，然日月之上無人，則可以氣裹之，地之上有人，則但可以氣承之。惟地下半承以大氣，則雖謂地下有倒懸之水可矣。無人之處，大氣之力不礙其能止水於空也。又清蒙氣之説，亦足徵地平下半皆氣承之。四周游氣，時時上升，明係下半皆氣。地既下沈，則氣常上擁，且四十度以上即無游氣，尤足見地非四面氣裹。至水多之地，清蒙氣必高且厚者，地體東南下而水就之，其去地下半較近故也。

西士謂重之更重，必在其心，又云重性就下，因以明心之爲下。竊以爲重之更重，必在其心，故重繫於心則不動，此一理也，重性就下，此又一理也，不得合爲一説而以心爲下也。使心真爲下，重性就之，則注水滿器，投石其中，石當止於其心，不止於其底矣。否則置石於此，注水其上，水宜即趨石心，不散流四出矣。蓋以心爲下，與游子六謂地即天，皆所謂名不正則言不順，始未嘗不自疑，而習非則成是也。

西法莫精於弧三角，然算法之精是其實際，而小輪諸説乃所託以詫奇驚衆耳。一行之術精矣，而託於《易》。後人知其精，亦知其遁於《易》。西人弧三角自精，重數小輪自爲造作之説，不妨長短互見也。

游子六以槽中走丸喻天，揭子宣取盆水而輪之以喻天。夫盆水、槽丸之動，固以丸、水爲動體，如七政天；盆、槽爲静體，如常静天。然盆、槽不動，則丸水亦不動。盆、槽之動，必有動之者。今將於常静天外，又有轉常静者乎？粗易如此，而兩人相視而笑，莫逆於心。又如子宣論五行生克不用經典舊説，而自歎以爲非神明難析至理，其妄不止於自謂周公孔子復出，其實西洋新説，稍飾以宋儒理致而已。蓋習則生妄，其上者亦精極而妄焉。如一行謂五星潛在日下救日食，梅先生謂《環中黍尺》爲天外觀天之法，皆是也。

西法若依宣夜，去天之重數、七政之小輪，則其説固有精微之至者。如云七政有高下，而地小於日；夜間月在地上、日在地下；日照地球，地球則生暗影，是爲昏夜，其影之形尖圓，名曰闇虚。凡圓形大於火體者，其迎火面生光，背火面生暗影愈遠愈濶。圓球小於火體者，則背火面所生暗影愈遠愈狹，以至於盡，則爲尖形。日在地下，其光反射空中，月、五曜、恒星因咸得日之光以爲明焉。若地大於日，則地上背日處所生暗影愈遠當愈濶，諸星當悉爲闇虚所掩。今惟月有入闇虚時而爲月食，諸星未嘗爲闇虚所掩，則知諸曜恒星天爲闇虚尖影所不能到。間有日未西没已見月生於東，日已東出尚見月食於西者，則有清蒙氣

差之説。萬曆間，西國太史第谷始發之，謂地中游氣上騰，其質輕微，不能隔礙人目，却能映小爲大，升卑爲高。月實在地下，而清蒙氣升卑爲高，故人見其食，其實所見乃月影。利瑪竇證以錢在器中，貯水滿器，望見錢在水面。所見乃錢影，錢實在水底也。凡此諸説，如闇虚月食，張衡已言之；星月借日光，京房已方之；清蒙氣，姜岌、沈括已言之。西人能與暗合，而言之明白透徹遠過焉。然使誠有層層琉璃之天，則日光上射諸天悉當明朗，今觀無月之夜，諸星甚明而空處自黑，知星月有質而空處無質也。故曰通宣夜之説於西法，能去西人之短，而西人之長益見也。

西人所恃以窺測者，莫如遠鏡。所恃以推算者，莫如弧三角。弧三角未必能得天之真數，前已論之矣。遠鏡則湯若望謂爲窺天要具，西人近時新增其論。《西法大要》四十二事，四十一云：測器大備，而以遠鏡爲最。【略】

《高厚蒙求》言：日火下射地心，不爾諸天恐爲焦灼。所述西説如日徑及諸天距地里數，皆利瑪竇之舊。桂林請即利氏之言，明算以證其不可。利氏言地徑二萬八千六百三十六里，日大於地一百六十五倍奇，以徑一周三一六，用四率算之，地周當爲九萬四百八十九里七六。以一百六十五倍加之，日徑當爲四百七十二萬四千九百四十里，日周當爲一千四百九十三萬八百一十里。日之去地心一千六百五萬五千六百九十里。夫十丈之外有火十丈，百丈之外有火百丈，赫然可畏矣。今以一千五百萬里之火距一千六百萬里之地，而又謂其火下射，人物得不焦灼乎？至日之距諸天，火星至近也。利氏云火星天距地二千七百四十一萬二千一百里，除日天距地里數，尚有一千零八十五萬五千二百里。木星天距地一萬二千六百七十六萬九千五百八十四里，除去火星距地里數，餘爲日距木星天里數，尚有九千九百三十五萬七千四百八十四萬里。土星距日則二萬萬里矣。諸天何慮於焦灼？乃唯恐其上燒相去一千萬、或九千萬、或萬萬里無人無物之天，而反欲其下射相去一千萬里有人有物之地，其是非不待辨矣。

梅先生因和仲宅西不言其地，疑必西去極遠。又回回術以春分爲歲首，與《堯典》「殷仲春」合，謂羲和之遺，實爲西法。桂林竊謂先生偶發此言，初不自以爲定論也。蓋漢時傳古術六家：《黄帝》、《顓頊》、《夏》、《殷》、《周》、《魯》，雖不無附會，要亦傳述有因，然已獨無羲和術，何乃遠傳西極？況堯之正月上日並非卯月，西法起春分戌宫，謂之步戌成歲，特取異耳，豈羲和遺法哉？且即羲和法具在，亦不可用。孔子言治曆以革，括盡千古術法，羲和法當革久矣，豈得其傳者乃獨精哉？梅先生又嘗言西法在唐爲《九執》，在元爲《萬年》，俱疏遠，歐邏巴後出最精，蓋亦古疏今密。雲臺先生亦云西人舊實用漢《四分術》後乃漸精，足知非得羲和之傳矣。夫羲和術之最要，在以閏月定四時，而西人不知閏月。回回以太陰年紀歲，十二月爲一年，三十年閏十一日。中國有閏之年，其正月移早一月，寒暑錯亂。又立太陽年，爲耕穫之節，日行三十度爲一月，春分日爲一月一日，百二十八年閏三十一日。歐邏巴則正月一日定於太陽躔斗四度之日，恒星有歲差，則正月一日亦屢變，今在冬至後十餘日。更七八千年，正月一日且在三四月中，大非閏月定四時之旨，而謂得其傳可乎？故西法舊謂兼渾、蓋，雲臺先生謂天有重數本宣夜，要而言之，三家遠有淵源，或即羲和以來所傳。厥後奇巧百出，不能越其範圍，而不必西方獨得羲和遺法也。

天惟有氣，地乃有形，理則宰乎氣中。以人身言之，氣爲天，形爲地，而仁義禮智之理因乎喜怒哀樂之氣而後見，所謂「人身，小天地也」。古聖賢言天不過曰理曰氣，故曰天爲積氣。又曰天即理，惟理在氣中，故隨在皆氣，即隨在皆理。屋漏之地，天氣所至，即天理所至。於此不愧，乃寫不愧於天。君子慎獨，指視其嚴，蓋有實事，非但形容謹畏之詞。桂林竊謂，舉渾、蓋雞子、蓋笠、西士小輪、重數之説而空之，專依宣夜，以氣言天，可使測驗之法變通不窮，並與性道之精渾合無間。宣夜之學，何可任其湮墜而不爲疏通也？

清・合信《天文略論》 第一論 地球圓體

古人俱以爲地在天下，至平至大，不行不動。四方之極、地邊是海。洋海之水極闊，遠連天際，人人共見，每日早間，太陽由東而起，午時行至天中，申酉之時入於西邊。夜時見太陰亦由東起，子時行至天中，寅卯之時落於西邊，但未思此日月從何處來，從何處去。若問海底有何物扶承之，地底有基址否，皆不能知。各人所擬不同，總無一真見也。今將西國察實之理，告衆知之。地之形非平坦四方者，是團圓如一橙子之形也，確有憑據，可攷而知之。今若有一人立於海岸，望此海水之面，必見是畧圓的，非是平的。譬如有一大河，闊五六里，人側低其頭，平看對岸，則對岸之小屋小艇平地皆不得見，只可見對岸之高山大樹而已。此是何故？因水面微高，是畧圓的，遮目之故也。此第一憑據也。又如有人立在海岸，送一大船開行，此時一眼即見全船之身並桅帆旗號。及船去稍遠，則不見船身，猶可見船桅。去再遠，則不見船桅，猶可見船旗。更遠，則旗亦不見矣。又如人立在山頂，用千里鏡望一大船來到，必先見此船之旗，漸近，則見

船之桅，更近，然後見此船之身，即如看此地球圖一樣。若不面是平的，遠望之，必先見粗大之物，而後見細小之物，則應先見船、次見桅、而後見旗。今先見小旗，因其在高，後見大船，因其在低，可知海面亦是頗圓的。此第二憑據也。昔有西國人，用一大船在廣東開行，向西方而去，先過印度海，又向西南，過亞非利加海角，又向西行，過南大西洋海，過南亞美理駕海角，又向西北，過太平洋海直由西行，即能回至廣東，此可見地球之東西是圓的，可以通行無疑也。又有西國大船，試遊海面全地，至於北極之海，即見北斗之星甚高，如在頂上，而不能見南極之星，此因南極之星被地球遮掩之故。但北極之海，船不能窮其地，因半年爲日，半年爲夜，冰雪長年不消也。大船行至南極之海，即見南極之星甚明，亦如在頂上，而不見北斗之星，因北斗之星亦被地球遮掩。而南極之海船亦不能行盡，蓋南極之處亦是半年爲日、半年爲夜，冰雪四時不化也。由此推之，可見南北之地皆是圓的，此所以稱名地球，而非平地也。此第三憑據也。又於月蝕之時，有一黑影遮蓋月光，此黑影即是地球之影。因此時日與月相對照，地球適在中間，所以日光照出地影，遮蔽月色。而其黑影正是圓的，可想見地球全體必是圓的。此第四憑據也。

有此四據爲證，顯明地球真形果是圓的，就可知四海皆有岸的。既知四海有岸，應知天下有萬國，或水路，或陸路，皆可相通以往來。是以西國之人特用大船，經遊四海，察究地形，故能推算得知地球幾闊幾大，幾深幾厚。又再推算，得知日月離地有幾遠，各行之星相隔地球有幾遠。又漸知二十八宿更大於地，更遠於日。然至大至遠之物，無過日月星宿，至大至近之物，無過山川河海。至要常用之物，無過金木水火；至小必需之物無過布帛菽粟。若問：此大小之物係我世人能自做成否？非也。大小之物，各有一位靈神做成否？亦非也。是有一至聖全能真神造之，自盤古及今，迄於世末，皆管理之，即爺火華上帝是也。

第二論　地球自轉成晝夜

地圓如球之理，已論之矣。而晝夜晦明之理，今再陳之。夫地球向東時時轉動，轉一週遍成一晝夜，向日則光，背日則黑，此晝夜之理也。又日常居中不行，地球則圜日而轉。其軌道直徑一百九十二兆餘里，中國六百七十二兆餘里。每一點鐘自行軌道六萬八千里。中國二十三萬八千里。每三百六十五日二時七刻週圜日外一週，此一年之數也。有人言：我頭常戴天，足常履地，未見地能轉動，不信此理。是亦不思之至矣。譬如人坐大船之上，順水流去，則必見兩岸移動，而不覺大船之動。又如人乘馬車行路，則必見路旁樹木屋宇移動，而不覺馬車一時就動。同一理也。且地球係時時刻刻皆動，運行不息，即風水山川人物屋宇，亦必隨之而動。其轉動有常，並無錯禮。倘有一息不行，則萬物必然傾跌。地之轉常向東，所以人見日由東出也。

或問：地球之轉動，遲速何如，可知之否？答曰：可。地球之直徑七千九百一十二里，中國二萬七千六百九十二里。外圍二萬四千九百一十二里。中國八萬七千一百九十二里。時辰鐘一晝夜係有二十四點，每一點鐘地球自轉約有一千餘里。晦明相代，晝夜相繼，此皆上帝之神能使之，故有一定之理也。

第三論　行星大小遠近

天文士時時觀看週天，見萬星之中，有數星時時行動。若人常用千里鏡觀之，亦必得見數星常移動。有行向東的，有行向西的，因稱之爲十行星，連地球共成十一之數。中國觀星之士，只説五行星，不知有十一行星也。另有定位星，未得見其運行，其疏密之形、所居之位時時一樣，即如二十八宿、北斗七星之類是也。

十一行星係時時運行，週圜於日。有離日甚遠者，有離日畧近者。最近日者水星，其次畧遠者金星，第三地球，第四火星，第五喊士吖小星，第六嗯厘士小星，第七啤拉士小星，第八珠那小星，第九木星，第十土星，第十一於喺瘖士星。日常居中央不行，十星與地球次第圜之而轉。此十一星，木星至大，土星之大次之，於喺瘖士星之大又次之，地球之大又次之，金星之大又次之，火星之大又次之，水星之大又次之。觀天文圖，瞭然明矣。大概論之，比如地球離日有十分，水星離日四分，金星離日七分，火星離日十六分，木星離日五十二分，土星離日一百分，於喺瘖士星離日一百九十六分。【略】天文家言日大過地一百三十萬倍，地大過水星十四倍，地畧大過金星一些，地大過火星三倍。木星至大，大過地一千倍，於喺瘖士星大過地八十倍。

第四論　日離地之遠

日在衆行星之中，放大光明，有五色温熱之氣，所以日爲化生萬物之根本也。日外有地球並行星，遠近不同，其運行之遲速亦不同，但各有定數，不相混亂。皆因日有大德力，能收引管束之也。世俗之民，妄意日似一箇扁鏡，掛在天上，發出火光，照世間人，得操作以覓衣食而已。若此臆見，豈不愚哉？蓋地球本係微小之物，細過日一百三十萬倍。比如有人，一日能行四十五里之路，中國

一百五十七里半。若要行過日外週圍，天文士推算之，必須一百六十年之久，方能行過一回。衆行星雖係甚大，然合衆行星在一處，與日比較，日仍大過衆行星五百倍。

或人問：聽此所論，日甚大，因何我今看日甚小？請聽解之：因日離地球有九十五兆里之遠。中國三萬三千二百五十萬里。其理難明，今我設一比喻，助人明白。雖未能即明，亦可畧曉之也。比如人燒一大炮，炮彈飛出至快，人算一點鐘炮彈能去五百里。中國數一千七百五十里。如炮彈之飛雖快，若到日邊，計其數亦須二十一年二百四十五日，方纔到得。又比如有一火輪車，由地行去日邊，每日能行四百八十里，中國一千六百八十里。總無停息。計其數，亦俟五百四十七年之久，方纔到得。如此日與地相離甚遠矣。

第五論　萬類藉日暄而生

日雖離地甚遠，乃有奇妙之功。其氣之所播，能收引我地球，不容行亂。又能化生萬物，又能引起海潮。又能分布五色光明，照耀各行星；又能發出暢達之氣，使百菓百穀結實。衆行星雖在甚遠，皆領接日光之益。萬國之人，在地球上面，必須蒙日温和之德，乃能生活安樂。凡有血氣者，無不倚賴日光。平旦時，日光射出，立即消除一夜之陰寒黑暗，萬蟲俱醒，齊出羣飛，喜接陽和，百鳥得意朝陽，歡聲歌舞。勤力作工之人得見日光極喜，如獲至寶。百草百花接日光暖，即長葉開花，生發茂盛。千般樹木接日光暖，即水力通行，生高長大，結菓成實，資人食用。千山萬谷得日光暖，俱添新色，秀潤鮮明。日之大德奇妙，真不能言盡也。

第六論　日體圓轉

或問：日能轉動否？天文士常用大千里鏡看日面上，見有幾様形迹：初見形迹在日東邊，是窄窄暗暗的；數日間，見形迹在日中間，畧闊大明白些；旬日間，形迹到日西邊，又是窄窄暗暗的；十三日，即在西邊漸漸不見了；若過十三日，又復見形迹在日東邊。以此形迹推之，因而想出幾件道理：第一理，日不是扁的，必圓如球的。日體若扁，其形迹必時時一様大、一様明，亦不轉换了。第二理，是日能轉動，由西轉過東的。因見其形迹，初在東邊而漸過西邊也。第三理，日轉一遍，若二十六日。因二十六日，其形迹再見，仍在初時所見之位也。日之形迹，有大、有小、有方、有圓、有角。至小之迹約闊一千里，亦有大過一千里者。明理之人，必當思此日爲至寶，即星月地球、人物草木、鳥獸昆蟲，皆倚賴之以受益。其妙用無窮，不能殫述，亦造化之大主爺火華上帝所作成，更可想見上帝之尊貴、大德、全能，正當時時讚美而崇拜之也。

第七論　倣做地球經緯之法

日與地球之情形，衆行星離日之遠近已大畧論之矣。今將地球之理，再詳言之。蓋人爲萬物之靈，俱蒙上帝深恩生於地球之上，豈可不識地球之理而負此一生哉？地球週圍二萬四千九百十二里，中國八萬七千一百九十二里。直徑七千九百十二里。中國二萬七千六百九十二里。何以知之？天文士既尋出真理，知地是圓的，即易顯明地球長闊大小之度了。其法先做一圓球，中心貫通，立一轉軸，以上爲北極，以下爲南極。又在圓球中間畫一中帶，帶之上名爲北半球，帶之下名爲南半球。又在北極、南極、中帶左右，均分爲三百六十度，後再推算每度之内六十九里二分，中國二百四十二里二分。積算得週圍二萬四千九百十二里。中國八萬七千一百九十二里。既知週圍之數，便可算其中徑。大約外圍三分，中徑必是一分，微有零而已。又在地球上面寫成度數，以南至北之度爲經，東至西之度爲緯。又以中帶之北爲北緯，中帶之南爲南緯。緯度闊狹皆均平，經度則近中帶之處闊，近南極北極之經則漸狹。凡算緯度，必由中帶起數；若算經度，即隨各國之位起算也。【略】

第九論　地球各國地土定名

在東半球有一帶地方，由東北至西南，直路一萬餘里，中國三萬五千餘里。分爲三大段：一名亞細亞、一名歐羅巴、一名亞非利加。【略】西半球有一帶地方，名北亞美理駕，相連南亞美理駕，北至南長八千數百里。中國二萬九千餘里。【略】東西兩球之地，有太平洋海、大西洋海以分隔之。大西洋海東至西長三千里，中國一萬零五百里。北至南長一萬里。中國三萬五千里。東洋海至闊大，約居地球之半，東至西長一萬里，中國三萬五千里。北至南長一萬一千里。中國三萬八千五百里。若全地球分作四份，地面約有一分，海面却有三分矣。【略】

十二論　地球圜日即是行星

世人深信地圓者甚少，但前論之憑據已甚明白。倘人能細心思想，何難立曉哉？且地球之轉動有二：一是自轉一回成一晝夜，一是圜日一週而成四季。夫日夜與四季是人人所共見，實人人所不解，亦無能追想其故。此是緊要之理，試縷言之。人人共見日出於東落於西，又見衆星亦似，或上或落，皆在地面之上，則日與地球相比較，必有一様移動也。世人皆想日光在地面上遠遠行動，即

西國古人所揣亦如此，而實非如此也。自前明嘉靖二十年，有西國天文士名加利利阿者，稟賦聰明，初識地球轉動週圍圜日之理。以告衆人，人皆不信，謂他異説欺衆，遂繫之於獄。後追究其理，乃得明白耳。且晝明夜晦，不必日出日落也。地球自轉向日之處則有光，背日之處則暝矣。

至週圍圜日之理，非獨地球如此，即衆行星亦係圍日而行也。夫日及行星與地球相隔甚遠，若再圍地而行，則其路不能算盡。倘一日之間行不能算盡之路，豈不是太速？則日與星亦必破散不完矣。又萬物之中，卑小的每隨尊大的而行，總未有尊大反隨卑小之理。月小過地，故月圜地而轉；地與行星小於日，故地與行星亦圜日而轉也。地球圜日，亦是一個行星。世人不信，他看地面闊大，亦不發光，亦不覺動，若看行星則圓圓、小小、有光，故疑地不似行星也。試以喻言解之：譬如有人立在月上看我全地，必見全地如一大球掛在天邊。又在月見地球必大過在地球見月十三倍，亦必見地球有時半光似新月一般，有時滿光似圓月一般，有時黑暗似殘月一般也。又如有人立在金星之上看我地球，必見地球亦如一粒金星，見地球之月僅一小點之光而已。此因望遠則大物亦見小，平常之理也。【略】

十三論　地球圜日成四季

或聞地球轉動之説，固執不信。因看中國《七政通書》頒行論日之躔地，地之中帶爲赤道，冬至則日影躔至南二十三度半而回謂之黄道限，夏至日軌纏至北二十三度半而回亦謂之黄道限，躔度往來在天則分三百六十五度有零，在地球則以中帶上下四十七度爲限，分爲二十四節。每一月以天上月圓爲準，月圓之數每年有多，則以三年積成閏月。夏至日近則熱，冬至日遠則冷，春分秋分日夜均長以爲憑據。然《七政通書》頒行雖久，但可推測中國一隅之數，實未識全地球萬國之理也。

夫中國在地球赤道之北，廣東偏北二十三度半，京都偏北四十度，所以見日影常射於北。豈知南半球之地有日影常射於南，及冬至則熱，夏至則冷，與中國不同者乎？上帝化成地球，養育萬國之人，令之運行以分寒暑，此理奇妙。今繪成地球四季圜日之圖，請詳觀之。夫地球圜日，非正對日也。地球之轉，身時時畧倚，南極、北極各離企綫側倚二十三度半。今看此圖中間之光影是春分，蓋地球之形雖側，但春分之時，赤道黄道交接，日在天中。地球一轉，萬國畧同，故萬國亦知此時春分冷暖平和，日夜均長。此圖之左影是夏至，此時北半球之一邊向日，中帶北二十三度半日影直立，此北半球之黄道限也。故北邊諸國多熱，又見日光在高，晝長夜短。而南半球之國必冷，日光必低，晝短夜長也。此圖中之暗影是秋分，此時亦是赤道黄道交接，日在天中，故萬國亦是冷暖平和，日夜均長。此圖之右影是冬至，此時北半球諸國離日頗遠，又爲南半球所隔，日光邪照，故多冷。而中帶之南二十三度半日影直立，此南半球之黄道限也，南方諸國此時必熱，見日在高，晝長而夜短，與夏至之時正相反也。

夫赤道或在天，或在地，皆以中帶爲定位。黄道限内有四十七度，日影四時往來，故有交接之處也。夫地球不轉則日夜不分。圍日而地球不側，則中帶之國長熱，人民必不安，南北之國長冷草木亦不生矣。夫春耕而秋收，夏耘而冬藏，人民賴以滋生之本也。上帝深仁大德，令地球轉身以分光暗，側行而定四季。雖冷暖之時遲早不同，而萬國各有春夏秋冬以成農事，是萬國之人共仰此一上帝，正當萬國同心而奉事之。

清・摩嘉立、薛承恩《天文圖説》卷一　小引

吾人所居之地球實爲一大行星。夫大計有八，皆繞日而行，遠近不等。既藉日之光熱，復賴日之吸引。使日無此吸引之力，則各行星將飛散太虚，不得各循道而行矣。

吾人覩日與月之體，其大若相同，其實日大於月殊多，蓋月距地近而日距地遠也。未計遠近，則以爲日月之體寬闊相等，謬矣。

又　第四章　論地球

人所居之地球，即近日第三行星。按其帆道，距日約二十七千四百萬里，繞日約三百六十五日有六小時一周，成爲一年。西人以三百六十五日爲一年，而所餘之六小時，積四年則成一日，故西國每於四年二月中加一日焉。

地球二十四小時自轉本軸一周，成爲一日。於地球軌道平面竪一直綫，則知地之本軸斜離直綫二十三度半，此所以繞太陽而成爲四季也。三十一節。地球繞日，其本軸皆平行，本無動易，故南北極之方向永無變更，所以北半球夏至南半球即冬至，南半球夏至北半球即冬至也，南北兩半球之四時相反如此。

地球之面有水，其水之深較地體之厚如一膜者然，人稱爲海洋。夫海洋之深淺折衷只六里。如以木造一地球，直徑長二尺，球面塗以漆，則洋海之水恰如所塗之漆而已。

地面有空氣包羅，氣之厚者約一百五十里至二百四十里之，則若無此氣，則

世界之生靈草木必不能生活。而近地之氣密厚者，能生育萬物。倘出十餘里之上，則氣疏薄，萬物不能生育。漸高漸薄，直至於無。

地質與水各權之，地質則重五倍半，亦重於石，而輕於鐵。

清・摩嘉立、薛承恩《天文圖説》卷二　第一章　總論地球并天象

西國近來推究天文地理，較前甚精，前度地球乃一大平面，其外爲大海環包，廣遠莫測，且謂日月諸星皆繞地而行，但未知其繞行之道何若，此議殊謬。今而知地爲一大球能自轉，本軸而非平面，亦非天能旋轉，實係地旋轉也。

或謂地不動而天動者，非也。如人居行舟之中，見兩岸似有行動，而舟反若不動，究之實，舟動非岸動也。觀此可知地動天不動之理。

昔人有地居宇内中心之説，實未料及地能運動之理。或謂日月諸星皆小於地，詎經天文士測知日之全體，較地大一百四十萬倍。並知諸恆星距地萬萬里，且知地球自轉本軸，由西迤東。但以人視之，則儼若天之由東迤西三節。

地爲一圓球，實非平面。其據頗多，而人所易明者有三。人乘行舟，自此處解纜，順流直駛，任其所之，則遍繞地球，終至解纜原處，一也。又於月蝕時，見地影蔽月面，其形爲圓，二也。設地平而不圓，則船行海面，就目力所及之處，自能見其全，不過其形小耳。惟地體圓，而海面亦隨之高低，於稍低處不見船身，祇見帆檣，以帆檣較高於船身也。至甚低，檣梢亦不見矣。此蓋海面高處蔽船身及檣之故，三也。

吾人仰觀天空，見日由東升，漸中而昃，儼若天常運動者然。

一、地球圖式

日沉西時，見天象頓易。始則數星佈列，時尚未暝，而微光藹如。俄而天晦光消，衆星麗天，燦如點金。人初睹之，以爲星無運動，俟仰視畧久，則見衆星東出西沉，與太陽無異。

地球自轉本軸以成晝夜。當地半面向日，則承日之光而爲晝；半面背日，則無光而爲夜，但地球光暗分界處因空氣反映日光，現爲朦朧，則黎明薄暮候也。

吾人見日儼如由東漸升天中，則爲午正，自午而過則漸見西墜而朦朧昏黑者，因地球自轉本軸，由西迤東。故日之將出與甫入兩候，皆有朦朧之色。

當昏夜視天，如中空之球，包地而旋轉。本軸與地軸合而爲一，則天半居地平之上，半居地平之下。

地球繞日而行，人不之覺，須隔二三十日，仰觀天象，畧如太陽運行於諸天星之間。

就目而觀，似天由東迤西，晝夜繞地一周，實乃地自西迤東，而自轉本軸也。又太陽似由諸星中自東迤西，每年繞地一周，實乃地體由西迤東，每年繞日一周也。

兹借人目視日，由諸星中所環繞之道，名爲黄道帶。天文士將黄道帶分畫爲十二宫，各按其象而名之，一曰白羊，二曰金牛，三曰陰陽，四曰巨蟹，五曰獅子，六曰室女，七曰天秤，八曰天蝎，九曰人馬，十曰摩羯，十一曰寶瓶，十二曰雙魚。

五圖所繪景物以明地球繞日軌道，其旁之黄道帶，即十二宫之名與象内之圓湖比之地軌平面，中一大球比之日，旁一小球比之地球繞日，而地軸斜倚非正直，其赤道半在水面之上，半在水面之下，赤道兩旁與湖水即地軌平面相接處名爲分點，若分點正對太陽，是爲日夜平分之候。地繞日，其南北方位永無變更，故南極常向南，北極常向北。至夏時北極向日，臨冬則背日，使人居五圖地球中，其視太陽如在對面一星宫間，推之地在本軌行過一宫，自人視之，如日退行一宫，人若在此圖地球看日，如在摩羯宫處。

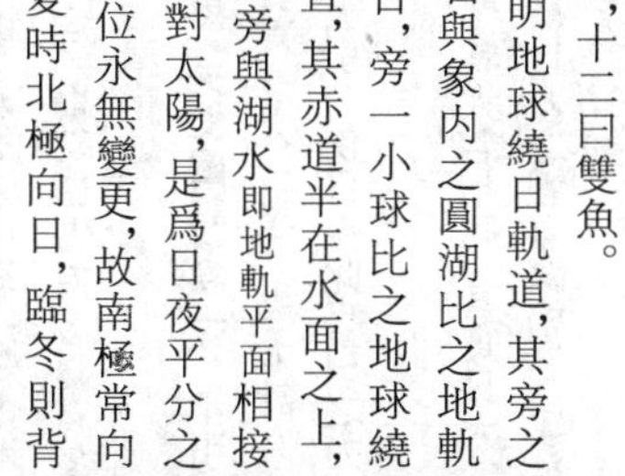
五、黄道帶

第二章　論天球之理

欲深究天文，要能明指空中某星在何處，某物在何方，其定位分毫不差，然後始得推擴其理。故天文士特立一簡便易明之法，用兩大圜，一平置，一立置，將立置圜套平置圜内，畧如十字之勢。

以立置圜劃爲兩半，圜比之天。平置圜亦劃爲兩半。其立置圜則自天頂與天底點處劃開，可以量度黄緯度。再將半圜各分爲二，合而成一之四，分而爲四之一，而平置圜可爲劃分之具，以成其南北也。

兩圜各劃爲四，而四之一分九十度，每度六十分，每分六十秒。度之號以°，分之號以′，秒之號以″。以秒計之，一圜一百萬有奇。尋常測量，此法足矣。

用以上法指定一星量之，始知該星之高，距北極若干度，名爲北極距。或有一星距赤道偏南偏北，名爲赤緯度。又有黄經度，量之實難，因其無現成起量之定所也。故天文士同擬自白羊宫第一點起量，計各星黄經度之遠近，此即所謂某星之赤經度也。法以點分秒量，測周圜滿二十四小時可得所求之數。

以地球赤道平面爲界限，可分天空爲南北兩半球。因地在本軌繞日，其軸與軌道平面斜有二十三度半，而軌道亦非與赤道平列，故一年軌道平面高於赤道低於赤道各一次，其度皆二十三有半，而南北極斜度亦如之。

地軌平面名爲黄道，與赤道斜交。年凡兩次而交接處謂之分點，在上屬秋分，在下屬春分，當太陽過分點處則爲日夜平分之候。

赤道與黄道於天球中可爲自然界限。距地極二十三度半之兩小圈與赤道平列，謂之北寒帶圈，南寒帶圈。距赤道南北二十三度半，與赤道平列之兩小圈，屬北者謂之晝長圈，屬南者謂之晝短圈。

此四圈在地球上分爲五位，有奇異之事三。自南北極至南北寒帶圈處當冬至時不能見日，夏至時日不沉西，一也。自晝長圈至晝短圈處有時日光直射其處，二也。從北寒帶至晝長圈，南寒帶至晝短圈，兩處有謂之北温道、南温道，其地逐日雖有太陽出没，但終無升至天中者，三也。

第三章　論地氣寒暑

地氣寒暑，由於距赤道之遠近而分也，故愈近地極之區則愈冷，愈近赤道則愈熱。且在地極視日所行，半年在地平之上，半年在地平之下。至春分時在北極視日，一日繞地一周，始則僅見半輪，繼則漸行漸高，終則全輪畢露。夏至時日高於地平二十三度半，故其地半年有晝無夜。嗣則漸行漸低，至秋分日在地平下，其光不得見，故半年有夜無晝。

赤道之區，一年中有兩夏至、兩冬至。在北極視日所行之道，似與地平平列。唯在赤道視日所行，似由東而上升天中，繼從正西而下。其首一夏至恰合北方之春分，其日午正上升天中，後漸迤北。越三月爲第一冬至，恰合北方之夏至，繼日反迤南。越三月爲第二夏至，恰合北方之秋分，仍漸迤南。越三月爲第二冬至，恰合北方之冬至，其後日反迤北，而盡四季之一周，唯當赤道日午時，日在天頂，不能越二十三度半之外，故其地冬至尚熱，與大英國夏至署同，是則天下之暑熱，無過於赤道之地。

英國倫敦京城在北半球，距赤道五十一度半，故其地寒暑平和。於倫敦視太陽之道，署斜而不平，非若地極之平而漸高，亦非若赤道之直而正。唯於倫敦見日自東方出，向於西南，至午正後向西而斜入。且倫敦當夏至之午正，日高於地平七十五度，冬至時高僅二十八度。

澳大利亞在南半球，其天氣平和，唯四季與北地相反，蓋北半球之夏即南半球之冬，北半球之冬即南半球之夏也。故澳大利亞夏至應北地西曆之十二月，冬至應北地西曆之六月，且目視日之升降乃由右升而左降，與北方相反。

第四章　論四季

南北兩半球之四季，地球之環繞太陽，有春夏秋冬之位。

地球於西曆六月時，北半球爲夏至，南半球爲冬至。以北半球向日，接日之光熱較多，斯時太陽早出遲入，故晝長於夜。南半球背日，與北半球相反，其日遲出早入，故晝短夜長，而所接之光熱甚少。

地球當秋分時，爲黄道與赤道交側之候，故南北兩半球日夜平分。

地球當西曆十二月時，北爲冬，南爲夏，斯時南半球向日，接日之光熱較多。又北之冬至正澳大利亞之夏至。

地球當春分時，兩半球日夜平分。至秋分，黄道越赤道而斜低，至春分，黄道越赤道而斜高。其低時謂之秋分點，高時謂之春分點。

地球軌道爲一橢圜，而日非在其圜之正中，故地距日遠近不一，而其運行本軌當北半球冬時則近於日，夏時則遠於日，所以北之冬較暖於南之冬，北之夏較涼於南之夏。

第五章　論吸引並運動之理

宇内萬物中，雖極微細，亦各具吸引之力，故物受其吸，無論遲速，皆有相向欲前之勢，且吸引之力，能攝制日月諸星天空運動之物。

地球全體頗巨，設有物自球外下墜，計始墜之一秒鐘，即一小時之三千六百分之一。其吸力能吸物走十六尺一寸。若地體更大，則物之墜亦較速。

物之下墜，無論輕重，其速率遲速之度。皆同。設有二石同時墜下，其一重

一觔，一重二十觔，至地之時亦同。推之即以百觔之石二，其一碎分爲百，各重一觔，與完整之百觔者一時下落，其速率亦無異。

吸力愈遠愈微，按二物距度之平方數而遞減。設有兩物相距一尺，其吸力計有四觔，若距二尺，則吸力較少四倍，蓋二尺之平方數合爲四，故其力減四倍。由此而推，距一尺者吸力四觔，距二尺者只一觔。

物下墜愈近地愈速，按時刻之平方數計之。設有物質，其初墜一秒小時能下六尺，至二秒下二十四尺，三秒下五十四尺，四秒則至九十六尺之多。

物爲力衝迫，苦無所阻，則隨力直行，始終如一。如以石擊迫，使一秒小時行十尺之遠，設無空氣前阻，亦無吸力下牽，則是石隨力直行，每秒十尺不止。唯有阻於空氣，其力遂漸緩，亦爲有吸力下牽，故成曲勢墜下。

以一物平擲至遠處，又以一物自平擲之處同時放墜而下，此兩物至地之時亦同。設置二球於高臺上，以一球平擊之去，任其所之，一球放墜而下，其放擊之時同，而到地亦同。如以一石於子位自上墜下，其初一秒小時至丑位，二秒至寅，三秒至卯，四秒至辰，又以一石於子位平擊之去，設無吸力下牽，則初一秒至午，二秒至未，三秒至申，四秒至酉。唯因有吸力下牽，又因平擊與直墜之兩石實乃同時到地，故所擊之二石必斜曲而落。

清·艾約瑟《天文啓蒙》卷七　第一課　論重

恒星之所以有益於世人者，即因其行動有準，使人能豫爲推定某星於後此何時日必行在何方。設星之行動或疾或徐不能循序，我等地之行動不能照常，所經歷時刻不準，即不能有預前推定之益。【略】

時至今日，可畧推論，夫天文之屬於重學類者，日月星辰麗乎天運行之理。上古人皆以地爲寧静不動，日月星繞行其外，至後知其理道不過去矣，遂易爲地有動，日月星俱有動之説。他人聞地有動轉，致肇不能遏止之疑問。有人向天文家問云，諸行星因何旋動，曾有天文家答云：金水火木土五星，俱如水溜波瀾廻旋式繞行日外。嗣後有人益殫心力，查得行星繞日，小月繞行星，均用橢圓與平圓差無幾之軌道式，日恒居衆行星所行橢圓軌道之旁心。奈端將衆行星均依橢圓形道行動繞日之故查出，言明衆行星運行均按重學之理，余試畧述與諸生聽之。

凡球向空抛去，後復落於地面，必諸生習見事也，其緣何落地面之理，諸生曾詢之於人否？諸生殆未嘗詢人，亦未嘗詢己。余今可詢之諸生，其物果緣何故復落於地，諸生大率如是答之，物之斤兩重，故落於地。第以此等語對答，恐亦有未盡處。如詢以物爲何有重，余將答以吸鐵石能攝鐵，衆所知也，萬物之互攝，與此理同，均如是之此物攝彼物，彼體攝此體。其彼此相攝之力不能甚顯者，即因地球體大，内之品類各物，蹤極多極大，亦屬各石彼此相攝，殊不及地球之攝力大。地球攝力較物大萬倍，物之攝力即不能顯矣。

凡言物經重若干，意即云地球攝其物之力若干。地球有攝取萬物力，故使各物向己身落。

凡物攝物之力，均視乎體積大小若干，援以爲率。譬猶地球體向外漲大加至一倍，其體内各質仍同，必用加倍力攝其面上之各物，玆時五斤重物必重及十斤，三十斤重物必重六十斤。余等兩股所擔荷者，仿如己身斤兩之外，又有一人欲我背負，一升水玆時重非一斤乎。英國升一升水約一斤有四分斤之一。至彼時，必等於重及二斤之物矣。【略】

仿如有鉛一升較水一升，鉛内之質物多，體積必大於水，此言物之體積若干，即物之輕重若干也。余等在此地時，可如是議論，設將地上之一斤重物移至木星中，即足二斤重，而其物内之體積毫無加增。此即各物隨處被各攝力所感者，各有不同。論輕重時，不能不選一隨處遷移可常一有同用之法，詳觀下文即知。

假使地球果大加一倍，用天平衡各物，此盤中一斤物與彼盤中一斤物相稱高下無差時，其斤兩已各加一倍矣。故余等必宜尋有他法，俟攝力更變時，可有標準。

設以鐘表法條調動形容之，亦無不可，蓋其法條無關於地心攝力，但不能十分適用，可别尋一更妙之法。余等可詳測物由空中向地落於某時刻分秒中，落下有若干高下遠，以定其率，則且以一秒論之，以觀其物於一秒中落下有若干遠。夫物果緣何下落不同乎，即以其所在星面之攝力也，攝力愈大，落必愈速。凡於地面外之物由空下落，無風氣阻遏時，一秒頃可落下丈有六尺，其速漸漲大，至此可有一秒頃落下三丈二尺之速。設於第一秒既畢時，地心攝力忽然停止，物用自有之速可於第二秒中下落三丈二尺。設慮風氣阻力不易除去，凝難測定，可以極長之管，以法去其内藏之風氣。西人曾以是法得其三丈二尺之數。

地面上之攝力，可以三十二爲率。木星面之攝力，較地球大加二倍有半。二倍半即七十八，以之爲率，即於一秒頃若無阻力，能下落七丈八尺。

第二課　論物離愈遠攝力愈小

地面上各物，斤兩有輕有重，即緣地施出攝其物之能力，上課業經畧言，於今復將其攝力深一層論之。各物離地遠近既有不同，地加於其物之攝力亦小大不等。

諸生不曾見吸鐵石能吸鐵乎？鐵塊離吸鐵石愈近，吸鐵石之攝力愈大也。設將鐵針安放几面，手執一能吸鐵之鋼片，西國常以法使吸鐵石之吸力歸於鋼片，以鋼片代吸鐵石用。鋼片如離針數寸，鋼片之攝力不足，几面阻力較大於鋼片攝力，其針必安然於几面不稍移動其部位。如將鋼片向下移動，使與針漸近，其攝力即由漸加大，及勝於几面阻力，針即奔就鋼片矣。

地攝各物之理，亦如是也。物去地面愈遠，地之攝力愈少。奈端曾經測得，物去地遠加一倍，地攝力減至二分一內之二分一，即四分之一；物去地遠加三倍，地攝力減爲三分一內之三分一，即減至九分之一也。由此類推，倘物去地遠加八倍，地所原有攝物之力減爲僅有六十四分之一矣。

第三課　以地之攝力解月繞地行於白道之理

上課云，物距地遠加一倍，地攝力減至四分之一，遠加三倍，減至九分之一。奈端欲解地攝各物之理，恒以月行著明之。夫月繞地球行動，固爲余等所已測知矣。其所以如是繞行之故，尚未察得講明。余等茲時如聞月行幾似平圓之白道，爲地攝使然之語，可不驚異矣。測乎其式，殆如童子戲耍。以繩之一端繫石，一端手握，使其於空中繞旋，綠繩力將石牽扯，不能離人遠颺。地球吸月，亦如是之因地攝力牽引，不能遠去。倘其繩忽爾出手，石即向空由直方向飛去。設使地攝月之力偶斷，月亦必離開，不如是之繞地球行也。

如圖，戊爲地球，月繞地行之白道爲午乙甲，則試假月在午，設地攝月之力忽止，其月必行於午未申直綫上，是即其停止時之方向。於第一秒中可權爲月行至未，其實月行在乙點，不在未處，即此可知地攝力能由未處將月攝至乙點矣。白道之遠近大小，余等固已知。以算法推測之，其未綫至乙點即英國尺十八分寸之一分，是即地於一秒中攝月之遠近數也。

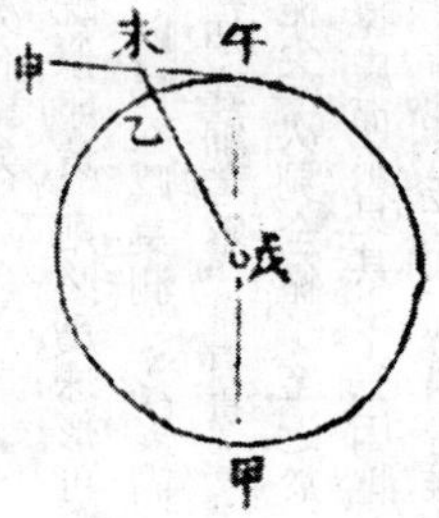

我儕試觀之，月行之事，與奈端測之理，相合與否。設使有物距地同於月去地之一式遠，爲地所攝一秒之頃，應向地落下若干路。月距地球七十二萬里，地面距地心一萬二千里，地之攝力可爲齊聚於地心點，七十二萬中有六十箇一萬二千，即可得知月距地心較地面距地心多至六十倍矣。相差既有是數，其攝力在地面較在月面，應大及六十箇，六十即所謂三千六百倍也。地面攝力能使物於一秒中下落一丈六尺，假使物距地心至月距地同遠之處，以一丈六尺析而爲三千六百分，一秒之頃止能下落三千六百分中之一，即爲英國尺十八分寸之一，此即地攝力當有之數，亦即天文家測月行白道所得之數也。如圖中未乙綫之長。

第四課　論萬物互相加之攝力

奈端以此法測得令石落於地面之攝力，同於令月繞於地球外之攝力。所測得者猶不止此，復申明地與他行星繞日，亦如是之因日攝力加乎其上，而不離本道。然亦不止於是，並至遠之恒星亦屬此攝力所牽制。昔時人觀日月星胥是亂行無章，至奈端業經測明，前之視爲無章者，非真紊亂無序也，均屬有條有理，各按次第，且俱可預測其行動時刻。緣此，彼能令吾等世間人民，舉頌揚讚美造化主所賜與天地萬物之美備。我儕仰觀俯察，見其相合相映，彼此互相維繫，實足使我等能知萬古所未知者，外此更能令世間人民，藉日月星之行動，作出若許大有益於人間之事也。

清・傅蘭雅《天文須知》總引

人居地面仰看天空，見朝出而暮入者日也，時圓而時缺者月也，光彩點點如散珠如列錢者星宿也，而講明日月星宿之理者，即天文之學也。明乎此學，則能擴充性靈，增長智慧；考求至精，更有裨於實用。如四時節候、日月虧蝕，皆可先期推算而定；海面行船，陸地遊覽，測量日星，亦能知所到之方位。至日之大小，月之形狀，星之遠近，宿之疏密，莫不能詳考而知。更有新奇之理，深趣之事，皆常人目力所難視及者，而天文中能各論其所以然。近來又以分光鏡窺看日星，能知其體爲何原質所成，又有法推量其各體之輕重，誠爲奇矣。況明此學，可以不信異端，不受邪惑。如論星命而卜人吉凶之事，自能不受其愚也。可見此學不可不習。【略】

第一章　總論地球

欲知天文之事，當先明地球之理。蓋人之生也，屬於地，是地於人爲最近，苟近者不明，則遠者難信。且所考察日月星辰之理，皆在地面上求之。故欲推

論天文，當自地球起手。地球之理既明，天文各事可依次而論矣。

地爲球形。中國語云：天如雞卵，地若卵黄。地既似卵黄，則必爲球形可知矣。但人往往遠望地面，以爲平闊無邊；下視地體，以爲深厚莫測。遂多謂地方而平，亘古不動。若言地是圓球，則駭異不信。豈知詳細考察，確有真據。如第一圖。人立近海高山，望海面遠來之船，則先見桅尖，次見全桅。至近於岸，則船桅及船身皆可見。無論何處，所見皆然。船在遠處而不見其身者，因地體圓，海面亦隨之凸起，遮蔽船身，人目不得直望之也。若地是平面，則船身雖遠，猶能得見，不過其形小耳。今既遠處不見船身，可知地是圓形也。試以人所易曉者爲喻，比方橘頂有一蠅，橘底亦有一蠅，則橘頂之蠅即不見橘底之蠅。若橘底之蠅向上行，漸近橘頂，則橘頂之蠅纔能見其頭額，漸見其全身。當其行至橘旁時，則橘頂之蠅尚難見之，因爲橘之凸面遮阻故也。由此思之，則上理益顯然矣。但地球之大，非橘可比。其赤道徑有二萬二千九百十八里，周圍約七萬二千里，所以其凸面人看之似平，實因地體大，人目不能遠視耳。設如畫一極大之圈，割取其圈上一小分，看似平直之綫，人望地面僅能見十數里之遠，正如大圈之一小分，故以爲地是平也。更有一事可證，即如有人，無論往西往東，直行久久，能仍回舊位。若地非球形，何能如是？但地球之體，非爲正圓，其南北徑爲二萬二千八百四十一里，乃比赤道徑略短七十六里也。

地自轉動。人居地上，見日與星宿似每日繞地而行，東上西下。但究其實，乃地球從西往東，自行旋繞，每十二時辰而轉一周。每轉一周時，見日與星一次，即爲一晝夜。其向太陽處有光而明，背太陽處無光而暗。地球旋轉不停，則面上各處迭相明暗，而山水人物亦皆隨之而轉，但人不覺地之轉動，故以爲日月星辰東升西没也。是猶人坐快船，向前駛行，則見船外樹林屋宇皆向船而來，而不覺船之動也，其實乃船自動耳。但地球之動，乃自盤旋而轉，不似船之直行，故夜盡復見日，日入又爲夜，從古如斯，未嘗稍變。若謂地爲平體，深厚無窮，静居中央，亘古不動，則日升落，將穿堅實之地底而過乎？抑地中有穴，自西通東，以爲日出入之路乎？而月與諸星亦每日出入，將地有無數穴如蜂窠乎？必不然矣，因知必爲地球自轉而成晝夜也明矣。

或以爲地球自轉，則所有萬物，能不墜落於地外乎？而星辰不東升西落，晝何以不見也？曰：萬物皆受地心吸力，不能墜落。而人晝間不見星辰者，因日光大，星光小，爲所奪耳。是猶在日光之下，難辨火之形色，理相同也。但如用最精千里鏡看星，雖當正午，猶能得見。若坐深井或洞中，雖不用千里鏡，亦可見之。即不坐深井，亦不用千里鏡，如已知其星方位，而竭目力察之，亦可得其隱約。若至日虧蝕時，則所有大星，更昭然易見矣。

兩極等名。欲明兩極之理，可以人所易見者言之。如在中華於冬時，夜初，向正東天際試看一星而記之，則必見其漸高至天頂，再漸低向西而没。可知此星東上西下，必有六時辰人目能見，後亦必有六時辰人不能見。視其所行之道，似爲半圜之形。又試向東北另看一星而記之，其亦漸上升至子午綫，亦漸低没，惟自出至没，比前星時刻加長，略有七八時辰能見，後祇有四五時辰不能見。視其所行之道，似爲大半圜之形。再試向北而看一星，則能不没，視其所行之道，似爲全圜之形。其三星之道，則爲同心之圜。若向正北再看得一星，居此三圜之中心而不轉動者，即北辰也。孔子曰：「譬如北辰，居其所而衆星共之。」乃言北辰爲天之樞，居於其所，恒無轉動，而衆星旋繞歸向之也。但北辰處無星，難於指認，所以僅就其旁取一星，謂之北極星。藉此星即可略知天北極之方位也。此爲地球北半之人所見如是。若地球南半，則理雖同而方向及反，所見各星每日行圜之正中心處，即謂之天之南極也。

假若以繩自北極穿至南極，則所通過者果何物耶？必是吾人所居之地球也。既是地球，則可知地所對天之北極處必地之北極，所對天之南極處亦地之南極，而南北兩極本不轉動，即爲地球樞軸也。如圖，居中直綫爲地軸，即地球自轉時所繞之軸，上端爲北極，下端爲南極。兩極之間，作圍地球之圈綫，名曰赤道，離兩極各爲九十度。從赤道向北二十三度半，有一圈綫，名晝長圈；向南二十三度半亦有一圈綫，名晝短圈。此兩圈綫與赤道爲距等圈，兩綫中所有之地面爲地球之熱帶。離兩極二十三度半處，亦各有圈綫，名北寒帶圈與南寒帶圈。北寒帶圈與晝長圈中所有之地面爲北温帶，南寒帶圈與晝短圈中所有之地面爲南温帶。另有一圈，與赤道斜交，而與晝長圈及晝短圈對面相切，名曰黄道，如圖之虚綫是也。黄道與赤道相交之二點，名曰分點，太陽直照此二點時，則晝夜均長，即春秋二分也。但地球面上本無此各圈綫與各點，乃依天文家所測天然之理，畫於圖上，以便顯明其理也。

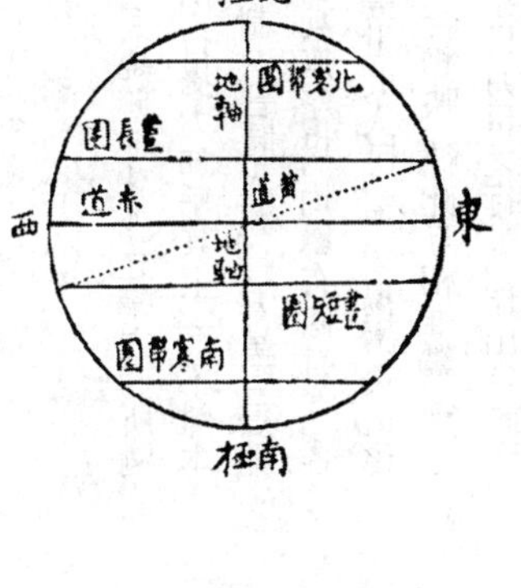

考地球每日轉動之軸，依黃道爲主，非直竪而爲斜側二十三度半，故能令日光有正照斜照之時，而地面得時寒時熱之益。

地球繞日。地球不但自轉，更能環繞太陽而行，每年一周而成四季。如圖，居中爲太陽，外圈綫爲地球運行之軌道，甲乙丙丁爲地球四季之時序。地球時時向右運行，行至甲時，是爲冬季，則日光直照在晝短圈上，南寒帶内常見日光，北寒帶内常爲昏暗，竟有數十日不見太陽而氣候極冷，赤道以北温熱兩帶内晝短夜長。冬至晝極短，後則漸長。迨過三個月，地球行至乙處，是爲春季，則日光直照在赤道上，地面各處晝夜均長，熱帶内極其炎熱，温帶内氣候温和。中國大半在温帶内，故此時亦得温和。再過三個月，地球行至丙處，是爲夏季，則日光直照在晝長圈上，北寒帶内常見日光，竟有數十日太陽不没而氣候則熱，赤道以北温熱兩帶内夜短晝長。夏至晝極長，後則漸短。惟南寒帶内，反成昏暗，亦有數十日不見太陽。又過三個月，地球行至丁處，是爲秋季，則日光又直照在赤道上，各處晝夜均長。再過三個月，地球復行至甲處，又爲冬季。如此繞行一周，即成一年，共歷時日爲三百六十五日零三時辰餘也。假如地球不繞日而轉，日光必恆照於一處，將見晝短處常爲晝短，晝長處常爲晝長，有光處常見太陽，無光處常爲昏暗，則地球上無四季矣，而萬物何以生長也？

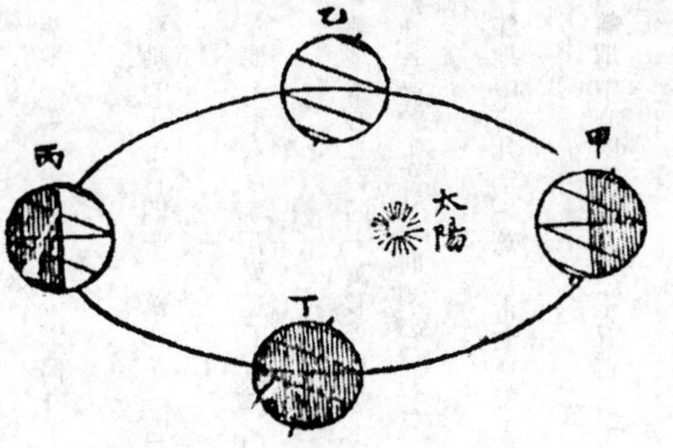

太陽之光直照於地面之處熱最大，斜照則熱小。如冬至時日光直照在晝短圈上，略成垂綫方向，故其處最熱，而地球北半日光斜照，故熱小而覺冷。愈遠赤道，則日光愈斜，而熱亦愈小，並非太陽離地球遠也。又地球旋轉之時，本軸常指一定方向，雖每年繞日一周，而所指方向仍舊不改。而地球繞日常依黃道而轉，故有北極見日而南極不見日，南極見日而北極不見日之時也。

地球所以必繞太陽之故，因太陽攝引地球，令有向心力，常欲向太陽而行。地球又自有離心力，常欲離太陽而行。惟因此兩力相稱，故必環繞而轉也。比如將石一塊，用繩繫之，手握繩之此端抛轉之，則覺其石常欲向外，此離心力也。但因有繩繫之，不得向外，此向心力也。既有此兩力，故其石必環繞而行。地球環繞太陽，同此理也。

清・李善蘭《談天》序　西士言天者曰：恆星與日不動，地與五星俱繞日而行。故一歲者，地球繞日一周也。一晝夜者，地球自轉一周也。議者曰：以天爲静，以地爲動，動静倒置，違經畔道，不可信也。西士又曰：地與五星及月之道俱係橢圜，而歷時等，則所過面積亦等。議者曰：此假象也。以本輪均輪推之而合，則設其象爲本輪均輪。以橢圜面積推之而合，則設其象爲橢圜面積。其實不過假以推步，非真有此象也。竊謂議者未嘗精心考察，而拘牽經義，妄生議論，甚無謂也。古今談天者，莫善於子輿氏苟求其故之一語，西士蓋善求其故者也。舊法火、木、土皆有歲輪，而金、水二星則有伏見輪。同爲行星，何以行法不同？歌白尼求其故，則知地球與五星皆繞日。火木土之歲輪，因地繞日而生；金水之伏見輪，則其本道也。由是五星之行，皆歸一例。然其繞日非平行，古人加一本輪推之，不合，則又加一均輪推之。其推月且加至三輪四輪，然猶不能盡合。刻白爾求其故，則知五星與月之道，皆爲橢圜。其行法：面積與時，恆有比例也。然俱僅知其當然，而未知其所以然。奈端求其故，則以爲皆重學之理也。凡二球環行空中，則必共繞其重心。而日之質積甚大，五星與地俱甚微，其重心與日心甚近，故繞重心即繞日也。凡物直行空中，有他力旁加之，則物即繞力之心而行，而物直行之遲速與旁力之大小。適合平圜率，則繞行之道爲平圜，稍不合，則恆爲橢圜。惟歷時等，所過面積亦等，與平圜同也。今地與五星本直行空中，日之攝力加之，其行與力不能適合平圜，故皆行橢圜也。由是定論如山，不可移矣。又證以距日立方。與周時平方之比例，及恆星之光行差，地道半徑視差，而地之繞日益信。證以煤坑之墜石，而地之自轉益信。證以彗星之軌道，雙星之相繞，多合橢圜，而地與五星及日之行橢圜益信。余與偉烈君所譯《談天》一書，皆主地動及橢圜立説，此二者之故不明，則此書不能讀，故先詳論之。

清・測隱居士《天學入門》卷一　天體

天體渾圓，圍注地心。周旋無端，其形渾渾。渾天元氣，包乎地外。地乃懸空，而不偏墜。天形：西人航海，嘗以遠鏡察天體，則見稜層凹凸，堅而且輕。又如葱頭之皮，明而無色，層層通透，光似琉璃。

天有九重，自西而東。日月五星，附麗而行。第一宗動，其天西行。以下八

重，天皆向東。宗動左旋，一日一週。故見諸曜，返向西遊。宗動天一日左旋一週，將諸重天所帶動。故人見日月五星皆若自東而西，其實諸重天皆向東，而各動其所本動也。惟其各有本動，而後四時寒暑、積閏歲差皆從此而出。

天本無度，計以日遊。黄赤兩道，天亦本無。就南北極，中爲赤道。日躔所經，斜爲黄道。天亦本無，十二宫次。日月所宿，名之爲次。測天者因畫南北半天之腰爲赤道，又日躔赤道内外各二十三度半强，斜交于赤道南北者爲黄道，又日月所宿之次爲次。此皆古聖人因天以定曆，而各立主名，爲推步張本。仰觀者第以二十八宿之遲動爲宗，而諸重天之遲速皆可得而定焉。

九重天離地遠近

九重諸天，層層包外。離地遠近，道里可測。兹就測就遠近録之。説本《渾蓋通憲》。

第一重天，名爲宗動，離地極遠，六萬萬零。離地六萬四千七百三十三萬八千六百九十餘里。

第二三垣，二十八宿。經星離地，三萬萬餘。離地三萬二千二百七十六萬九千八百四十五里零。

第三土星，其星名填。此天離地，二萬餘萬。離地二萬零五百七十七萬零五百六十四里零。

第四木星，其星名歲。萬萬餘里，是其離地。離地一萬二千六百七十六萬九千五百八十四里零。

第五火星，其名熒惑。二千七百，餘萬離地。離地二千七百四十一萬二千一百里零。

第六重天，即是日輪。千六餘萬，遠離地身。離地一千六百零五萬五千六百九十里零。

第七金星，太白長庚。離地二百，四十萬零。離地中心二百四十萬零六百八十一里零。凡日輪以上諸星，離地甚遠，而其體甚鉅，較地則地甚微，不妨就地面測之。若金、水、太陰，去地不甚遠，必須就地心測之，法須另算地形半徑。

第八水星，其星名辰。九十一萬，餘離地心。離地中心九十一萬八千七百五十里零。

第九重天，即是月輪。離地四十，八萬有零。離地中心四十八萬二千五百二十二里零。於地爲是近。

此論諸天，離地遠近。中西各法，别有備論。此新測諸重天離地遠近之大畧也。中西各有一法，以中法有八，所論宗動天爲至静不動，以地球爲宗動，每日左旋一週零一度而與日會，故人見諸曜皆若自東而西，其實八重天皆向東，其理亦然。而西法天文家所論以日爲心，而諸重天與地球皆繞日而行，是另有一測。

紀事

晉・瞿曇僧伽提婆譯《增壹阿含經》卷五〇 「爾時，波羅捺城有王治化，名梵摩達。時彼大王聞月光長者飯辟支佛，甚懷喜悦，乃遇真人，隨時惠施。梵摩達王即遣人召月光長者，而告之曰：『汝實飯神仙真人乎？』長者白王：『實遇真人，以食惠施。』時梵摩達王尋時賞賜，更增職位。時長者婢隨壽長短，命終之後生三十三天，顔貌殊妙，世之希有，五事功德勝彼諸天。諸妹莫作是觀，爾時長者婢，即我身是也。

「於此賢劫中有佛出世，名拘樓孫如來。時彼天女隨壽長短，命終之後生於人中。爾時，耶若達梵志作女。時此女人復飯如來，發誓願，求作女人身。後命終生三十三天，顔貌端正，勝諸天女。復從彼命終，生於人中。

「爾時，拘那含牟尼佛出現於世。時彼天女爲長者女，復以金華供養拘那含牟尼佛：『持此功德，所生之處，莫墮三惡趣，使我後身得作女人身。』時此女人隨壽長短，命終之後生三十三天，於彼端正，出衆天女上，有五事功德而不可及。爾時長者女供養拘那含牟尼佛，豈異人乎？莫作斯觀，爾時長者女人，則我身是。」

晉・法炬譯《樓炭經》卷一　閻浮利品第一

聞如是：

一時，佛遊於舍衛祇樹給孤獨園，與大比丘衆千二百五十人俱。爾時，衆比丘飯已後，會於講堂上，坐共議言：「可怪未曾有，是天地云何破壞？云何成就？」

佛徹聽遥聞，諸比丘飯已後，於講堂共坐議此事。佛即起到講堂坐，問諸比丘：「向者會議此何等？」

諸比丘白佛言：「飯已後，於講堂上共議：『可怪未曾有，是天地云何破壞？云何成就？』但共議是事耳。」

佛告諸比丘：「欲從如來聞知是天地成敗時不？」

諸比丘白佛言：「唯天中天，今正是時。應爲諸比丘説，知天地成敗時。比丘從佛聞，即當持之。」

佛告諸比丘：「諦聽，善思念之，今爲汝説。」

諸比丘言：「唯然，世尊！願欲聞知。」

佛言：「諸比丘！如一日月，旋照四天下時，爾所四千天下世界，有千日月、有千須彌山王、有四千天下、四千大海水、四千大龍宫、四千大金翅鳥、四千惡道、四千大惡道、七千種種大樹、八千種種大山、萬種種大泥犁，是名爲一小千世界。如一千小世界，爾所小千世界，是名爲中千世界。如一中千世界，爾所中千千世界，是名爲三千世界；悉燒成敗，是爲一佛刹。」

佛言：「比丘！是地深六百八十萬由旬，其邊無限。其地立水上，其水深四百六十萬由旬，其邊際無有限礙。大風持水，其風深二百三十萬由旬，其邊際無限。比丘！其大海深八百四十萬由旬，其邊際無崖底。比丘！須彌山王入大海水，深八萬四千由旬，高亦八萬四千由旬，下狹上稍稍廣，上正平。種種合四類在上止，悉滿無空缺處。諸大尊神亦在上止，諸尊復尊大神，悉在上居止。忉利天宫，在須彌山上；過忉利天，上有焰天；過焰天、有兜率天上；過兜率天、有尼摩羅天；過尼摩羅天，上有波羅尼蜜和耶越致天；過是上有梵迦夷天；過是天上有魔天。其宫廣長二十四萬里，宫壁七重，欄楯七重，刀分七重，行樹七重。周匝皆以七寶，畫妙好，金銀水精琉璃馬瑙赤真珠車璩，金壁銀門，銀壁金門，琉璃壁水精門，水精壁琉璃門，赤真珠壁馬瑙門，馬瑙壁赤真珠門，車璩壁一切衆寶門，采畫妙好，皆以七寶作之。金欄楯金柱栿銀桄，銀欄楯銀柱栿金桄，琉璃欄楯琉璃柱栿，水精欄楯水精柱栿琉璃桄，赤真珠欄楯赤真珠柱栿馬瑙桄，馬瑙欄楯馬瑙柱栿赤真珠桄，車璩欄楯車璩柱栿，一切妙寶作之。金刀分者銀垂，銀刀分者金垂，琉璃刀分者水精垂，水精刀分者琉璃垂，赤真珠刀分者馬瑙垂，馬瑙刀分者赤真珠垂，車璩刀分者一切寶垂。金樹金根金莖，銀枝葉花實，銀樹銀根銀莖，金枝葉華實，琉璃樹琉璃根莖，水精枝葉華實，水精樹水精根莖，琉璃枝葉華實，赤真珠樹赤真珠根，馬瑙莖枝葉華實，馬瑙樹馬瑙根莖，赤真珠枝葉華實，車璩樹車璩根莖，一切寶枝葉華實。彩畫姝好，皆以七寶，金銀、琉璃、水精、赤真珠、車璩馬瑙。其門上有曲箱蓋，欄楯上有交露，樓觀下有園觀舍宅。浴池生華，種種樹，種種葉，種種華，種種實，出種種香，種種飛鳥，各各悲鳴。

「過魔天，上有梵迦夷天；過梵迦夷天，上有阿衛貨天；過是上有首皮斤天；過是有比呼破天；過是已有無人想天；過是已有阿和天；過是已有答和天；過是已有名須達稱天；過是已有須陀尸天；過是已有阿迦尼吒天；過是已有天，名阿竭禪天；過是已有天，名識知；過是已有天，名阿因；過是已有天，名無有思想亦不無想，乃至其上有人，生老病死，往還不復過其上數。」

佛言：「比丘！須彌山王以四寶作城，琉璃水精金銀；須彌山王北有天下，名欝單曰，廣長各四十萬里，正方；須彌山王東有天下，名弗于逮，廣長各三十六萬里，周匝正圓；須彌山王西有天下，名倶耶尼，廣長各三十二萬里，如半月形；須彌山王南有天下，名閻浮利，廣長各二十八萬里，北廣南狹。須彌山王北脇天金照北方天下；須彌山王東脇天銀照東方天下；須彌山王西脇天水精照西方天下；須彌山王南脇天琉璃照南方天下。北方天下有樹名銀莖，圍二百八十里高四千里，枝葉分布二千里；東方天下有大樹名絛莖，圍二百八十里高四千里，枝葉分布二千里；倶耶尼天下有樹名斤莖，圍二百八十里高四千里，枝葉分布二千里，其樹上有石牛，高四十里；閻浮利天下，有大樹名閻，高四千里，莖圍二百八十里，枝葉分布二千里。金翅鳥王及龍有樹名駒利睒，高四千里，莖圍二百八十里，枝葉分布二千里；阿須倫有大樹名善晝過度，高四千里莖圍二百八十里，枝葉分布二千里；忉利天有樹名度晝，高四千里莖圍二百八十里，枝葉分布二千里；大海北有大樹名閻，高四千里莖圍二百八十里，枝葉分布二千里。北方地空中有叢樹名菴，廣長各二千里；復有叢樹名閻破，廣長各二千里；復有叢樹名多，廣長各二千里；復有叢樹名那多，廣長各二千里；復有叢樹名男，廣長各二千里；復有叢樹名女，廣長各二千里；復有叢樹名小兒，廣長各二千里；復有叢樹名柏，廣長各二千里；復有叢樹名栴檀，廣長各二千里；復有叢樹名佉鉢，廣長各二千里；復有叢樹名般奈，廣長各二千里；復有叢樹名比羅，廣長各二千里；復有叢樹名大利，廣長各二千里；復有叢樹名〔木＊奈〕，廣長各二千里；復有叢樹名安石榴，廣長各二千里；復有叢樹名抄羅，廣長各二千里；復有叢樹名陂，廣長各二千里；復有叢樹名陂隆，廣長各二千里；復有叢樹名阿摩勒，廣長各二千里；復有叢樹名呵黎勒，廣長各二千里；復有叢樹名毘醯勒，廣長各二千里；復有叢樹名竹，廣長各

二千里；復有叢樹名拖羅，廣長各二千里；復有叢樹名合羅，廣長各二千里；復有叢樹名瓜，廣長各二千里；復有叢樹名大瓜，廣長各二千里；復有叢樹名脱華，廣長各二千里；復有叢樹名浴陂，廣長各二千里；復有叢樹名須女華，廣長各二千里；復有叢樹名茄夷，廣長各二千里；復有叢樹名和師，廣長各二千里；復有叢樹名皮羅，廣長各二千里；復有叢樹名投鮮，廣長各二千里；復有叢樹名蒲萄，廣長各二千里。過是空地，其空地中，復有優鉢華池二千里，紅蓮華池二千里，白蓮華池二千里，黄蓮華池二千里，毒蛇池二千里。過是已地空，其空中有海欝禪，從東西流入大海，其欝禪海中，見轉輪王亦知天下，有轉輪王見遊行時跡，欝禪北有山名欝單茄。」

佛語比丘：「其山甚樂，姝好樹木生葉，華實甚香，畜獸鳥無所不有，無與等者也。」

晉·佛馱跋陀羅譯《大方廣佛華嚴經》卷三三　爾時，普賢菩薩摩訶薩告如來性起妙德菩薩等諸大衆言：「佛子！如來、應供、等正覺性起正法不可思議，所以者何？非少因緣，成等正覺出興于世。佛子！以十種無量無數百千阿僧祇因緣，成等正覺出興于世。何等爲十？一者、發無量菩提之心，不捨一切衆生。二者、過去無數劫修諸善根正直深心。三者、無量慈悲救護衆生。四者、行無量行不退大願。五者、積無量功德心無厭足。六者、恭敬供養無量諸佛教化衆生。七者、出生無量方便智慧。八者、成就無量功德藏。九者、具足無量莊嚴智慧。十者、分别演説無量諸法實義。佛子！如是等十種無量無數百千阿僧祇法門，成等正覺，出興于世。佛子！譬如三千大千世界，非少因緣成，以無量因緣乃能得成，所謂：興大雲雨，因大雨故，起四風輪，何等爲四？一名曰持，能持大水。二名、漸消，漸消大水。三名曰起，起諸處所。四名、莊嚴，莊嚴三千大千世界衆生業報。如是四種皆衆生業報及諸菩薩善根所起。佛子！如是等無量因緣，乃成三千大千世界，法如是故，無有作者，亦無成者，如來、應供、等正覺亦復如是，非少因緣成，以無量因緣，成等正覺出興于世。所謂：菩薩摩訶薩，曾於過去無量佛所，聞受正法甘露大雨，因是能起如來四種智慧風輪，何等爲四？一者，正念持陀羅尼未曾忘失如來大智風輪，能持如來一切法雨。二者、止觀如來大智風輪，悉能消滅一切煩惱。三者、善迴向如來大智風輪，成就一切功德善根。四者、出生離垢諸莊嚴法如來大智風輪，皆令衆生諸根清淨相好莊嚴，如來無漏善根所成，法如是故，無有作者，亦無成者。佛子！是爲第一最勝法門，成等正覺出興于世，菩薩摩訶薩應如是知。

「復次，佛子！譬如三千大千世界成時，大雲降雨名曰洪澍，一切世界不能容持，除大千世界初始成時，如來、應供、等正覺亦復如是，出興于世，演説如來性起法雨，一切聲聞、緣覺不能受持，除成就諸力菩薩摩訶薩。佛子！是爲第二因緣成等正覺出興于世，菩薩摩訶薩應如是知。

「復次，佛子！譬如衆生業報大雲降雨，無所從來，去無所至；如來、應供、等正覺亦復如是，以諸菩薩善根力故，演説如來性起法雨，無所從來，去無所至。佛子！是爲第三因緣成等正覺出興于世，菩薩摩訶薩應如是知。

「復次，佛子！譬如大雲降雨，大千世界一切衆生無能知數，若欲算計令心狂亂，除大千世界主摩醯首羅天王，乃至一渧無不知者，以本善根果報力故；如來、應供、等正覺亦復如是，出興于世，説如來性起甘露法雨，一切衆生聲聞、緣覺所不能知，若欲思量令心狂亂，除一切世界主，菩薩摩訶薩乃至一句、一味悉分别知，於過去佛所修地力故。佛子！是爲第四因緣成等正覺出興于世，菩薩摩訶薩應如是知。

「復次，佛子！譬如大雲降雨，名滅熾然，或名能起，或名能壞，或名成寶，或名分别大千世界；如來、應供、等正覺亦復如是，出興于世，雨正法雨，名曰除滅，除滅衆生煩惱盛火；或有法雨，名曰能起，能起衆生一切善根；或有法雨，名曰能壞，能壞衆生諸惡邪見；或有法雨，名曰成寶，能成衆生一切智寶；或有法雨，名曰分别，分别衆生心心所行。佛子！是爲第五因緣成等正覺出興于世，菩薩摩訶薩應如是知。

「復次，佛子！譬如大雲雨一味水，隨其所雨而有差别；如來、應供、等正覺亦復如是，雨於大悲一味法雨，隨所應化，種種不同。佛子！是爲第六因緣成等正覺出興于世，菩薩摩訶薩應如是知。

「復次，佛子！譬如三千大千世界初始成時，先成色界諸天宮殿，次成欲界諸天宮殿，次成人處及餘衆生諸所住處；如來、應供、等正覺亦復如是，出興于世，先起菩薩諸行智慧，次起緣覺，聲聞及餘衆生一切善根。佛子！譬如大雲雨一味水，隨諸衆生善根力故，起種種宮殿，如來大悲一味法水，隨衆生器根不同故，法雨差别。佛子！是爲第七因緣成等正覺出興于世，菩薩摩訶薩應如是知。

「復次，佛子！譬如世界初始成時，有大水輪，遍滿三千大千世界，滿世界已，生大蓮華名如來起，諸功德寶以爲莊嚴，遍覆三千大千世界，光照十方一切

國土。時，摩醯首羅淨居天等，見蓮華已，即決定知如蓮華數諸佛興世。佛子！爾時有風輪起名淨光明，能成色界諸天宮殿；又風輪起名淨莊嚴，能成欲界諸天宮殿；又風輪起名不可壞，能成大小圍山及金剛山；又風輪起名曰勝高，能成須彌山王；又風輪起名曰不動，能成十種大山。何等爲十？所謂：芭蕉山、仙人山、伏魔山、大伏魔山、持劫山、黑山、目真隣陀山、摩訶目真隣陀山、香山、雪山；又風輪起名曰安住，能成大地；又風輪起名曰莊嚴，能成地天宮殿、乾闥婆宮殿；又風輪起名無盡藏，能成三千大千世界海；又風輪起名明淨藏，能成大千世界珍寶；又風輪起名堅固根，能成一切如意樹。佛子！是爲大雲雨一味水，以衆生善根果報力故，法如是故，起種種風輪，風輪差別故，大千世界形類不同。如來、應供、等正覺亦復如是，出興于世，具諸善根，有光明，名無上大智不斷如來性起不思議智，普照十方世界，授一切菩薩如來記，號成等正覺出興于世。又能善知一一佛所有幾菩薩成就功德；復有光明，名離垢淨如來大智，能成如來無漏無生智；復有光明，名曰普照如來大智，能成如來不可思議法界智；復有光明，名持佛性如來大智，能成如來不動諸力；復有光明，名無壞最勝如來大智，能成如來無所畏智；復有光明，名一切明如來大智，能成如來堅固不退一切種智；復有光明，名出生變化如來大智，能令見聞恭敬供養諸如來者，善根不虛；復有光明，名普隨順至如來大智，能成如來無盡功德智慧清淨法身，饒益衆生；復有光明，名不可究竟如來大智，能成如來甚深妙智，不斷三寶；復有光明，名種種莊嚴如來大智，能成如來相好嚴身，令一切衆生皆悉歡喜得一切智；復有光明，名不可壞如來大智，能成如來法界、虛空界等無有窮盡殊勝壽命。佛子！如來大悲一味之水，以諸菩薩善根力故，及餘衆生根差別故，法如是故，如來智慧應化不同。佛子！如來性起正法，一切如來平等智慧光明所起，一切如來一味智慧，出生無量無邊功德，衆生念言：『此諸功德如來所造。』佛子！此非如來神力所造。佛子！乃至一菩薩成無上道，言佛造者無有是處，諸佛爲一切群生作善知識，衆生依此得大智慧，無有作法，亦無作者。佛子！是爲第八因緣成等正覺出興于世，菩薩摩訶薩應如是知。

「復次，佛子！譬如有四風輪依虛空住，能持水輪，何等爲四？所謂：安住、不動、常住、堅固，是名爲四能持水輪；水輪能持大地令不散壞，是故說大地依水輪；水輪依風輪，風輪依虛空，虛空無所依，虛空雖無所依，能令三千大千世界而得安住；如來、應供、等正覺亦復如是，依如來起四種無礙大智風輪，能持一切衆生善根。何等爲四？所謂：攝取衆生皆令歡喜大智風輪，分別諸法令衆生樂求大智風輪，守護衆生一切善根大智風輪，決定了知無漏法界大智風輪，是名四種大智風輪。大慈爲衆生歸依，大悲度脫衆生，大慈大悲饒益衆生，大慈大悲依方便智，大方便智依於如來，如來無所依，無礙慧光普照十方一切世界。佛子！是爲第九因緣成等正覺出興于世，菩薩摩訶薩應如是知。

「復次，佛子！譬如大千世界成已，種種饒益無量衆生，水性衆生得水安樂，陸地衆生得地安樂，宮殿衆生得宮殿安樂，空中衆生得虛空安樂；如來、應供、等正覺亦復如是，出興于世，種種饒益一切衆生，見聞如來踴躍歡喜修諸善根，住尸羅者得佛戒樂，住四禪、四無量者得聖無上智明之樂，住法門者得真實樂，住照明者得淨智樂，如是等無量法門種種饒益一切衆生。佛子！是爲第十因緣成等正覺出興于世，菩薩摩訶薩應如是知。」

後秦·佛陀耶舍譯《長阿含經》卷二一 第四分世記經三災品第九

佛告比丘：「有四事長久，無量無限，不可以日月歲數而稱計也。云何爲四？一者世間災漸起，壞此世時，中間長久，無量無限，不可以日月歲數而稱計也。二者此世間壞已，中間空曠，無有世間，長久迴遠，不可以日月歲數而稱計也。三者天地初起，向欲成時，中間長久，不可以日月歲數而稱計也。四者天地成已，久住不壞，不可以日月歲數而稱計也。是爲四事長久，無量無限，不可以日月歲數而計量也。」

佛告比丘：「世有三災。云何爲三？一者火災，二者水災，三者風災。有三災上際。云何爲三？一者光音天，二者遍淨天，三者果實天。若火災起時，至光音天，光音天爲際。若水災起時，至遍淨天，遍淨天爲際。若風災起時，至果實天，果實天爲際。云何爲火災？火災始欲起時，此世間人皆行正法，正見不倒，修十善行，行此法時，有人得第二禪者，即踴身上昇於虛空中，住聖人道、天道、梵道，高聲唱言：『諸賢！當知無覺、無觀第二禪樂，第二禪樂。』時，世間人聞此聲已，仰語彼言：『善哉！善哉！唯願爲我說無覺、無觀第二禪道。』時，空中人聞其語已，即爲說無覺、無觀第二禪道。此世間人聞彼說已，即修無覺無觀第二禪道，身壞命終，生光音天。

「是時，地獄衆生罪畢命終，來生人間，復修無覺、無觀第二禪，身壞命終，生光音天；畜生、餓鬼、阿須倫、四天王、忉利天、炎天、兜率天、化自在天、他化自在天、梵天衆生命終，來生人間，修無覺、無觀第二禪，身壞命終，生光音天。由

此因緣地獄道盡，畜生、餓鬼、阿須倫乃至梵天皆盡。當於爾時，先地獄盡，然後畜生盡；畜生盡已，餓鬼盡；餓鬼盡已，阿須倫盡；阿須倫盡已，四天王盡；四天王盡已，忉利天王盡；忉利天王盡已，炎摩天盡；炎摩天盡已，兜率天盡；兜率天盡已，化自在天盡；化自在天盡已，他化自在天盡；他化自在天盡已，梵天盡；梵天盡已，然後人盡，無有遺餘。人盡無餘已，此世敗壞，乃成爲災，其後天不降雨，百穀草木自然枯死。」

佛告比丘：「以是當知，一切行無常，變易朽壞，不可恃怙，有爲諸法，甚可厭患，當求度世解脱之道。其後久久，有大黑風暴起，吹大海水，海水深八萬四千由旬，吹使兩披，取日宫殿，置於須彌山半，去地四萬二千由旬，安日道中，緣此世間有二日出。二日出已，令此世間所有小河、汱澮、渠流皆悉乾竭。」

佛告比丘：「以是當知，一切行無常，變易朽壞，不可恃怙，凡諸有爲甚可厭患，當求度世解脱之道。其後久久，有大黑風暴起，海水深八萬四千由旬，吹使兩披，取日宫殿，置於須彌山半，去地四萬二千由旬，安日道中，緣此世間有三日出。三日出已，此諸大水，恒河、耶婆那河、婆羅河、阿夷羅婆提河、阿摩怯河、辛陀河、故舍河皆悉乾竭，無有遺餘。

「以是當知，一切行無常，變易朽壞，不可恃怙，凡諸有爲甚可厭患，當求度世解脱之道。其後久久，有大黑風暴起，海水深八萬四千由旬，吹使兩披，取日宫殿，置於須彌山半，安日道中，緣此世間有四日出。四日出已，此諸世間所有泉源、淵池，善見大池、阿耨大池、四方陀延池、優鉢羅池、拘物頭池、分陀利池、離池，縱廣五十由旬皆盡乾竭。

「以是故知，一切無常，變易朽壞，不可恃怙，凡諸有爲甚可厭患，當求度世解脱之道。其後久久，有大黑風暴起，吹大海水，使令兩披，取日宫殿，置於須彌山半，安日道中，緣此世間有五日出。五日出已，大海水稍減百由旬，至七百由旬。以是可知，一切行無常，變易朽壞，不可恃怙，凡諸有爲甚可厭患，當求度世解脱之道。是時，大海稍盡，餘有七百由旬、六百由旬、五百由旬、四百由旬乃至百由旬在。以是可知，一切行無常，變易朽壞，不可恃怙，凡諸有爲甚可厭患，當求度世解脱之道。時，大海水稍稍減盡，至七由旬、六由旬、五由旬，乃至一由旬在。」

佛告比丘：「以是當知，一切行無常，變易朽壞，不可恃怙，凡諸有爲甚可厭患，當求度世解脱之道。其後海水稍盡，至七多羅樹、六多羅樹，乃至一多羅樹。」

佛告比丘：「以是當知，一切行無常，變易朽壞，不可恃怙，凡諸有爲甚可厭患，當求度世解脱之道。其後海水轉淺，七人、六人、五人、四人、三人、二人、一人，至腰、至膝，至於蹲、踝。」

佛告比丘：「以是當知，一切行無常，變易朽壞，不可恃怙，凡諸有爲甚可厭患，當求度世解脱之道。其後海水猶如春雨後，亦如牛跡中水，遂至涸盡，不漬人指。」

佛告比丘：「以是當知，一切行無常，變易朽壞，不可恃怙，凡諸有爲甚可厭患，當求度世解脱之道。其後久久，有大黑風暴起，吹海底沙，深八萬四千由旬，令著兩岸颺，取日宫殿，置於須彌山半，安日道中，緣此世間有六日出。六日出已，其四天下及八萬天下諸山、大山、須彌山王皆烟起燋燃，猶如陶家初然陶時，六日出時亦復如是。」

佛告比丘：「以是當知，一切行無常，變易朽壞，不可恃怙，凡諸有爲甚可厭患，當求度世解脱之道。其後久久，有大黑風暴起，吹海底沙，八萬四千由旬，令著兩岸飄，取日宫殿，置於須彌山半，安日道中，緣此世間有七日出。七日出已，此四天下及八萬天下諸山、大山、須彌山王皆悉洞然，猶如陶家然竈焰起，七日出時亦復如是。」

佛告比丘：「以此當知，一切行無常，變易朽壞，不可恃怙，凡諸有爲甚可厭患，當求度世解脱之道。此四天下及八萬天下諸山，須彌山皆悉洞然；一時，四天王宫、忉利天宫、炎摩天宫、兜率天、化自在天、他化自在天、梵天宫亦皆洞然。」

佛告比丘：「是故當知，一切行無常，變易朽壞，不可恃怙，凡諸有爲法甚可厭患，當求度世解脱之道。此四天下，乃至梵天火洞然已，風吹火焰至光音天，其彼初生天子見此火焰，皆生怖畏言：『咄！此何物？』先生諸天語後生天言：『勿怖畏也，彼火曾來，齊此而止。』以念前火光，故名光念天。此四天下，乃至梵天火洞然已，須彌山王漸漸頹落，百由旬、二百由旬，至七百由旬。」

佛告比丘：「以是當知，一切行無常，變易朽壞，不可恃怙，凡諸有爲甚可厭患，當求度世解脱之道。此四天下乃至梵天火洞然已，其後大地及須彌山盡無灰燼。是故當知，一切行無常，變易朽壞，不可恃怙，凡諸有爲甚可厭患，當求度世解脱之道。其此大地火燒盡已，地下水盡，水下風盡。是故當知，一切行無

常，變易朽壞，不可恃怙，凡諸有爲甚可厭患，當求度世解脱之道。」

佛告比丘：「火災起時，天不復雨，百穀草木自然枯死。誰當信者？獨有見者，自當知耶？如是乃至地下水盡，水下風盡。誰當信者？獨有見者，自當知耶？是爲火災。

「云何火劫還復？其後久久，有大黑雲在虚空中，至光音天，周遍降雨，渧如車輪，如是無數百千歲雨，其水漸長，高無數百千由旬，乃至光音天。」

「時，有四大風起，持此水住。何等爲四？一名住風，二名持風，三名不動，四名堅固。其後此水稍減百千由旬，無數百千萬由旬，其水四面有大風起，名曰僧伽，吹水令動，鼓蕩濤波，起沫積聚，風吹離水，在於空中自然堅固，變成天宫，七寶校飾，由此因緣有梵迦夷天宫。其水轉減至無數百千萬由旬，其水四面有大風起，名曰僧伽，吹水令動，鼓蕩濤波，起沫積聚，風吹波離水，在於空中自然堅固，變成天宫，七寶校飾，由此因緣有他化自在天宫。

「其水轉減至無數千萬由旬，其水四面有大風起，名曰僧伽，吹水令動，鼓蕩濤波，起沫積聚，風吹離水，在虚空中自然堅固，變成天宫，七寶校飾，由此因緣有化自在天宫。其水轉減至無數百千由旬，有僧伽風，吹水令動，鼓蕩濤波，起沫積聚，風吹離水，在虚空中自然堅固，變成天宫，七寶校飾，由此因緣有兜率天宫。其水轉減至無數百千由旬，有僧伽風，吹水令動，鼓蕩濤波，起沫積聚，風吹離水，在虚空中自然堅固，變成天宫，由此因緣有炎摩天宫。其水轉減至無數百千由旬，水上有沫，深六十萬八千由旬，其邊無際，譬如此間，穴泉流水，水上有沫，彼亦如是。

「以何因緣有須彌山？有亂風起，吹此水沫造須彌山，高六十萬八千由旬，縱廣八萬四千由旬，四寶所成，金、銀、水精、琉璃。以何因緣有四阿須倫宫殿？其後亂風吹大海水吹大水沫，於須彌山四面起大宫殿，縱廣各八萬由旬，自然變成七寶宫殿。復何因緣有四天王宫殿？其後亂風吹大海水沫，於須彌山半四萬二千由旬，自然變成七寶宫殿，以是故名爲四天王宫殿。以何因緣有忉利天宫殿？其後亂風吹大水沫，於須彌山上自然變成七寶宫殿。

「復以何緣有伽陀羅山？其後亂風吹大水沫，去須彌山不遠，自然化成寶山，下根入地四萬二千由旬，縱廣四萬二千由旬，其邊無際，雜色間廁，七寶所成，以是緣故有伽陀羅山。復以何緣有伊沙山？其後亂風吹大水沫，去伽陀羅山不遠，自然變成伊沙山，高二萬一千由旬，縱廣二萬一千由旬，其邊無際，雜色參間，七寶所成，以是緣故有伊沙山。其後亂風吹大水沫，去伊沙山不遠，自然變成樹辰陀羅山，高萬二千由旬，縱廣萬二千由旬，其邊無際，雜色參間，七寶所成，以是因緣有樹辰陀羅山。其後亂風吹大水沫，去樹辰陀羅山不遠，自然變成阿般泥樓山，高六千由旬，縱廣六千由旬，其邊無際，雜色參間，七寶所成，以是緣故有阿般尼樓山。

「其後亂風吹大水沫，去阿般尼樓山不遠，自然變成彌隣陀羅山，高三千由旬，縱廣三千由旬，其邊無際，雜色參間，七寶所成，以是因緣有尼隣陀羅山。其後亂風吹大水沫，去尼隣陀羅山不遠，自然變成比尼陀山，高千二百由旬，縱廣千二百由旬，其邊無際，雜色參間，七寶所成，以是緣故有比尼陀山。其後亂風吹大水沫，去比尼陀山不遠，自然變成金剛輪山，高三百由旬，縱廣三百由旬，其邊無際，雜色參間，七寶所成，以是因緣有金剛輪山。

「何故有月、有七日宫殿？其後亂風吹大水沫，自然變成一月宫殿、七日宫殿，雜色參間，七寶所成，爲黑風所吹還到本處，以是因緣有日、月宫殿。

「其後亂風吹大水沫，自然變成四天下及八萬天下，以是因緣有四天下及八萬天下。其後亂風吹大水沫，在四天下及八萬天下，自然變成大金剛輪山，高十六萬八千由旬，縱廣十六萬八千由旬，其邊無限，金剛堅固，不可毁壞，以是因緣有大金剛輪山。其後久久，有自然雲遍滿空中，周遍大雨，渧如車輪，其水彌漫，没四天下，與須彌山等，其後亂風吹地爲大坑，澗水盡入中，因此爲海，以是因緣有四大海水。海水鹹苦有三因緣。何等爲三？一者有自然雲遍滿虚空，至光音天，周遍降雨，洗濯天宫，滌蕩天下，從梵迦夷天宫、他化自在天宫，下至炎摩天宫、四天下、八萬天下、諸山、大山、須彌山王皆洗濯滌蕩，其中諸處有穢惡鹹苦諸不浄汁，下流入海，合爲一味，故海水鹹。二者昔有大仙人禁呪海水，長使鹹苦，人不得飲，是故鹹苦。三者彼大海水雜衆生居，其身長大，或百由旬、二百由旬，至七百由旬，呼哈吐納，大小便中，故海水鹹。是爲火災。」

佛告比丘：「云何爲水災？水災起時，此世間人皆奉正法，正見，不邪見，修十善業，修善行已。時，有人得無喜第三禪者，踴身上昇於虚空中，住聖人道、天道、梵道，高聲唱言：『諸賢！當知無喜第三禪樂，無喜第三禪樂。』時，世間人聞此聲已，仰語彼言：『善哉！善哉！願爲我説是無喜第三禪道。』時，空中人聞此語已，即爲演説無喜第三禪道，此世間人聞其説已，即修第三禪道，身壞命終，生遍浄天。

「爾時，地獄衆生罪畢命終，來生人間，復修第三禪道，身壞命終，生遍淨天；畜生、餓鬼、阿須輪、四天王、忉利天、炎摩天、兜率天、化自在天、他化自在天、梵天、光音天衆生命終，來生人間，修第三禪道，身壞命終，生遍淨天。由此因緣，地獄道盡，畜生、餓鬼、阿須倫、四天王，乃至光音天趣皆盡。當於爾時，先地獄盡，然後畜生盡；畜生盡已，餓鬼盡；餓鬼盡已，阿須倫盡；阿須倫盡已，四天王盡；四天王盡已，忉利天盡；忉利天盡已，炎摩天盡；炎摩天盡已，兜率天盡；兜率天盡已，化自在天盡；化自在天盡已，他化自在天盡；他化自在天盡已，梵天盡；梵天盡已，光音天盡；光音天盡已，然後人盡無餘。人盡無餘已，此世間敗壞，乃成爲災。

「其後久久，有大黑雲暴起，上至遍淨天，周遍大雨，純雨熱水，其水沸湧，煎熬天上，諸天宮殿皆悉消盡，無有遺餘。猶如酥油置於火中，煎熬消盡，無有遺餘，光音天宮亦復如是。以此可知，一切行無常，爲變易法，不可恃怙，有爲諸法，甚可厭患，當求度世解脱之道。

「其後此雨復浸梵迦夷天宮，煎熬消盡，無有遺餘。猶如酥油置於火中，無有遺餘，梵迦夷宮亦復如是。其後此雨復浸他化自在天、化自在天、兜率天、炎摩天宮，煎熬消盡，無有遺餘。猶如酥油置於火中，無有遺餘，彼諸天宮亦復如是。其後此雨復浸四天下及八萬天下諸山、大山、須彌山王，煎熬消盡，無有遺餘。猶如酥油置於火中，煎熬消盡，無有遺餘，彼亦如是。是故當知，一切行無常，爲變易法，不可恃怙，凡諸有爲甚可厭患，當求度世解脱之道。其後此水煎熬大地，盡無餘已，地下水盡，水下風盡。是故當知，一切行無常，爲變易法，不可恃怙，凡諸有爲甚可厭患，當求度世解脱之道。」

佛告比丘：「遍淨天宮煎熬消盡。誰當信者？獨有見者，乃能知耳。梵迦夷宮煎熬消盡，乃至地下水盡，水下風盡。誰當信者？獨有見者，乃當知耳。是爲水災。

「云何水災還復？其後久久，有大黑雲充滿虛空，至遍淨天，周遍降雨，渧如車輪，如是無數百千萬歲，其水漸長，至遍淨天。有四大風，持此水住。何等爲四？一名住風，二名持風，三名不動，四名堅固。其後此水稍減無數百千由旬，四面有大風起，名曰僧伽，吹水令動，鼓蕩濤波，起沫積聚，風吹離水，在虛空中，自然變成光音天宮，七寶校飾，由此因緣有光音天宮。其水轉減無數百千由旬，彼僧伽風吹水令動，鼓蕩濤波，起沫積聚，風吹離水，在虛空中，自然變成梵迦夷天宮，七寶校飾；如是乃至海水一味鹹苦，亦如火災復時。是爲水災。」

佛告比丘：「云何爲風災？風災起時，此世間人皆奉正法，正見，不邪見，修十善業，修善行時，時，有人得清淨護念第四禪，於虛空中住聖人道，天道、梵道，高聲唱言：『諸賢！護念清淨第四禪樂，護念清淨第四禪樂。』時，此世人聞其聲已，仰語彼言：『善哉！善哉！願爲我説護念清淨第四禪道。』時，空中人聞此語已，即爲説第四禪道，此世間人聞其説已，即修第四禪道，身壞命終，生果實天。

「爾時，地獄衆生罪畢命終，來生人間，復修第四禪，身壞命終，生果實天；畜生、餓鬼、阿須倫、四天王乃至遍淨天衆生命終，來生人間，修第四禪，身壞命終，生果實天。由此因緣，地獄道盡，畜生、餓鬼、阿須倫、四天王，乃至遍淨天趣皆盡。爾時，地獄先盡，然後畜生盡；畜生盡已，餓鬼盡；餓鬼盡已，阿須倫盡；阿須倫盡已，四天王盡；四天王盡已，如是展轉至遍淨天盡；遍淨天盡已，然後人盡無餘。人盡無餘已，此世間敗壞，乃成爲災。其後久久，有大風起，名曰大僧伽，乃至果實天，其風四布，吹遍淨天宮、光音天宮，使宮宮相拍，碎若粉塵。猶如力士執二銅杵，杵杵相拍，碎盡無餘，二宮相拍亦復如是。以是當知，一切行無常，爲變易法，不可恃怙，凡諸有爲甚可厭患，當求度世解脱之道。

「其後此風吹梵迦夷天宮、他化自在天宮，宮宮相拍，碎如粉塵，無有遺餘。猶如力士執二銅杵，杵杵相拍，碎盡無餘，二宮相拍亦復如是。以是當知，一切行無常，爲變易法，不可恃怙，凡諸有爲甚可厭患，當求度世解脱之道。其後此風吹化自在天宮、兜率天宮、炎摩天宮，宮宮相拍，碎若粉塵，無有遺餘。猶如力士執二銅杵，杵杵相拍，碎盡無餘，彼宮如是碎盡無餘。以是當知，一切行無常，爲變易法，不可恃怙，凡諸有爲甚可厭患，當求度世解脱之道。

「其後此風吹四天下及八萬天下諸山、大山、須彌山王置於虛空，高百千由旬，山山相拍，碎若粉塵。猶如力士手執輕糠散於空中，彼四天下、須彌諸山碎盡分散，亦復如是。以是可知，一切行無常，爲變易法，不可恃怙，凡諸有爲甚可厭患，當求度世解脱之道。其後風吹大地盡，地下水盡，水下風盡。是故當知，一切行無常，爲變易法，不可恃怙，凡諸有爲甚可厭患，當求度世解脱之道。」

佛告比丘：「遍淨天宮、光音天宮，宮宮相拍，碎若粉塵。誰當信者？獨有見者，乃能知耳。如是乃至地下水盡，水下風盡。誰能信者？獨有見者，乃能信耳。是爲風災。

「云何風災還復？其後久久，有大黑雲周遍虛空，至果實天，而降大雨，渧如車輪，霖雨無數百千萬歲，其水漸長，至果實天。時，有四風持此水住。何等爲四？一名住風，二名持風，三名不動，四名堅固。其後此水漸漸稍減無數百千由旬，其水四面有大風起，名曰僧伽，吹水令動，鼓蕩濤波，起沫積聚，風吹離水，在於空中自然變成遍浄天宮，雜色參間，七寶所成，以此因緣有遍浄天宮。其水轉減無數百千由旬，彼僧伽風吹水令動，鼓蕩濤波，起沫積聚，風吹離水，在於空中自然變成光音天宮，雜色參間，七寶所成，乃至海水一味鹹苦，亦如火災復時。是爲風災。是爲三災，是爲三復。」

又 佛告比丘：「昔者，諸天與阿須倫共鬬。」爾時，諸天得勝，阿須倫退。時，天帝釋戰勝還宫，更造一堂，名曰最勝，東西長百由旬，南北廣六十由旬。其堂百間，間間有七交露臺，一一臺上有七玉女，一一玉女有七使人。釋提桓因亦不憂供給諸玉女衣被、飲食、莊嚴之具，隨本所造，自受其福，以戰勝阿須倫，因歡喜心而造此堂，故名最勝堂。又千世界中所有堂觀無及此堂，故名最勝。

佛告比丘：「昔者，阿須倫自生念言：『我有大威德，神力不少，而忉利天、日月諸天常在虛空，於我頂上遊行自在，今我寧可取彼日月以爲耳璫，自在遊行耶？』時，阿須倫王瞋恚熾盛，即念捶打阿須倫，捶打阿須倫即復念言：『今阿須倫王念我，我等當速莊嚴。』即勅左右備具兵仗，駕乘寶車，與無數阿須倫衆前後導從，詣阿須倫王前，於一面立。時，王復念舍摩梨阿須倫，舍摩梨阿須倫復自念言：『今王念我，我等宜速莊嚴。』即勅左右備具兵仗，駕乘寶車，與無數阿須倫衆前後導從，詣阿須倫王前，在一面立。

「時，王復念毘摩質多阿須倫，毘摩質多阿須倫復自念言：『今王念我，我等宜速莊嚴。』即勅左右備具兵仗，駕乘寶車，與無數阿須倫衆前後導從，往詣王前，在一面立。時，王復念大臣阿須倫，大臣阿須倫即自念言：『今王念我，我等宜速莊嚴。』即勅左右備具兵仗，駕乘寶車，與無數阿須倫衆前後導從，往詣王前，於一面立。時，王復念諸小阿須倫，諸小阿須倫復自念言：『今王念我，我等宜速莊嚴。』即自莊嚴，備具兵仗，與無數衆相隨，往詣王前，於一面立。時，羅呵阿須倫王即自莊嚴，身著寶鎧，駕乘寶車，與無數百千阿須倫衆兵仗嚴事，前後圍遶出其境界，欲往與諸天共鬬。」

「爾時，難陀龍王、跋難陀龍王以身纏遶須彌山七匝，震動山谷，薄布微雲，渧渧稍雨，以尾打大海水，海水波涌，至須彌山頂。時，忉利天即生念言：『今薄雲微布，渧渧稍雨，海水波涌，乃來至此。將是阿須倫欲來戰鬬，故有此異瑞耳。』

「爾時，海中諸龍兵衆無數巨億，皆持戈鉾、弓矢、刀劍，重被寶鎧，器仗嚴整，逆與阿須倫共戰，若龍衆勝時，即逐阿須倫入其宫殿。若龍衆退，龍不還宫，即馳趣伽樓羅鬼神所，而告之曰：『阿須倫衆欲與諸天共戰，我往逆鬬，彼今得勝；汝等當備諸兵仗，衆共併力，與彼共戰。』時，諸鬼神聞龍語已，即自莊嚴，備諸兵仗，重被寶鎧，與諸龍衆共阿須倫鬬，得勝時，即逐阿須倫入其宫殿。若不如時，不還本宫，即退走馳持華鬼神界，而告之言：『阿須倫衆欲與諸天共鬬，我等逆戰，彼今得勝；汝等當備諸兵仗，衆共併力，與彼共戰。』

「諸持華鬼神聞龍語已，即自莊嚴，備諸兵仗，重被寶鎧，衆共併力，與阿須倫鬬，若得勝時，即逐阿須倫入其宫殿。若不如時，不還本宫，即退走馳常樂鬼神界，而告之言：『阿須倫衆欲與諸天共鬬，我等逆戰，彼今得勝；汝等當備諸兵仗，與我併力，共彼戰鬬。』時，諸常樂鬼神聞是語已，即自莊嚴，備諸兵仗，重被寶鎧，衆共併力，與阿須倫鬬，若得勝時，即逐阿須倫入其宫殿。若不如時，不還本宫，即退走馳四天王，而告之曰：『阿須倫衆欲與諸天共鬬，我等逆戰，彼今得勝；汝等當備諸兵仗，衆共併力，與彼共戰。』

「時四天王聞此語已，即自莊嚴，備諸兵仗，重被寶鎧，衆共併力，與阿須倫共鬬，若得勝時，即逐阿須倫入其宫殿。若不如者，四天王即詣善法講堂，白天帝釋及忉利諸天言：『阿須倫欲與諸天共鬬，今忉利諸天當自莊嚴，備諸兵仗，衆共併力，往共彼戰。』時，天帝釋命一侍天而告之曰：『汝持我聲往告焰摩天、兜率天、化自在天、他化自在天子言：「阿須倫與無數衆欲來戰鬬，今者諸天當自莊嚴，備諸兵仗，助我鬬戰。」』時，彼侍天受帝教已，即詣焰摩天，乃至他化自在天，持天帝釋聲而告之曰：『彼阿須倫無數衆來戰鬬，今者諸天當自莊嚴，備諸兵仗，助我戰鬬。』

「時，焰摩天子聞此語已，即自莊嚴，備諸兵仗，重被寶鎧，駕乘寶車，與無數巨億百千天衆前後圍遶，在須彌山東面住。時，兜率天子聞此語已，即自莊嚴，備諸兵仗，重被寶鎧，駕乘寶車，與無數巨億百千天衆圍遶，在須彌山南面住。時，化自在天子聞此語已，亦嚴兵衆，在須彌山西面住。時，他化自在天子聞此語已，亦嚴兵衆，在須彌山北住。

「時，天帝釋即念三十三天忉利天，三十三天忉利天即自念言：『今帝釋念我，我等宜速莊嚴。』即勅左右備諸兵仗，駕乘寶車，與無數巨億諸天衆前後圍遶，詣天帝釋前，於一面立。時，天帝釋復念餘忉利諸天，餘忉利諸天即自念言：『今帝釋念我，我等宜速莊嚴。』即勅左右備諸兵仗，駕乘寶車，與無數巨億諸天衆前後圍遶，詣帝釋前，於一面立。時，帝釋復念妙匠鬼神，妙匠鬼神即自念言：『今帝釋念我，我宜速莊嚴。』即勅左右備諸兵仗，駕乘寶車，無數千衆前後圍遶，詣帝釋前立。時，帝釋復念善住龍王，善住龍王即自念言：『今天帝釋念我，我今宜往。』即詣帝釋前立。

「時，帝釋即自莊嚴，備諸兵仗，身被寶鎧，乘善住龍王頂上，與無數諸天鬼神前後圍遶，自出天宮與阿須倫往鬬。所謂嚴兵仗，刀劍、鉾矟、弓矢、斲釿、鉞斧、旋輪、羂索，兵仗鎧器，以七寶成，復以鋒刃加阿須倫身，其身不傷，但刃觸而已。阿須倫衆執持七寶刀劍、鉾矟、弓矢、斲釿、鉞斧、旋輪、羂索，以鋒刃加諸天身，但觸而已，不能傷損。如是欲行諸天共阿須倫鬬，欲因欲是。」

後秦・佛陀耶舍譯《長阿含經》卷二二 第四分世記經世本緣品第十二

佛告比丘：「火災過已，此世天地還欲成時，有餘衆生福盡、行盡、命盡，於光音天命終，生空梵處，於彼生染著心，愛樂彼處，願餘衆生共生彼處。發此念已，有餘衆生福、行、命盡，於光音天身壞命終，生空梵處。時，先生梵天即自念言：『我是梵王大梵天王，無造我者，我自然有，無所承受，於千世界最得自在，善諸義趣，富有豐饒，能造化萬物，我即是一切衆生父母。』其後來諸梵復自念言：『彼先梵天即是梵王大梵天王，彼自然有，無造彼者，於千世界最尊第一，無所承受，善諸義趣，富有豐饒，能造萬物，是衆生父母，我從彼有。』彼梵天王顔貌容狀常如童子，是故梵王名曰童子。

「或有是時，此世還成世間，衆生多有生光音天者，自然化生，歡喜爲食，身光自照，神足飛空，安樂無礙，壽命長久。其後此世變成大水，周遍彌滿。當於爾時，天下大闇，無有日月、星辰、晝夜，亦無歲月、四時之數。其後此世還欲變時，有餘衆生福盡、行盡、命盡，從光音天命終，來生此間，皆悉化生，歡喜爲食，身光自照，神足飛空，安樂無礙，久住此間。爾時，無有男女、尊卑、上下，亦無異名，衆共生世，故名衆生。

「是時，此地有自然地味出，凝停於地，猶如醍醐，地味出時，亦復如是，猶如生酥，味甜如蜜。其後衆生以手試甞知爲何味，初甞覺好，遂生味著。如是展轉甞之不已，遂生貪著，便以手掬，漸成摶食，摶食不已，餘衆生見，復效食之，食之不已。時，此衆生身體麤澁，光明轉滅，無復神足，不能飛行。爾時，未有日月，衆生光滅，是時，天地大闇，如前無異。其後久久，有大暴風吹大海水，深八萬四千由旬，使令兩披飄，取日宮殿，著須彌山半，安日道中，東出西没，周旋天下。

「第二日宮從東出西没，時，衆生有言：『是即昨日也。』或言：『非昨也。』第三日宮繞須彌山，東出西没，彼時衆生言：『定是一日。』日者，義言是前明因，是故名爲日。日有二義：一曰住常度，二曰宮殿。

「宮殿四方遠見故圓，寒温和適，天金所成，頗梨間廁，二分天金，純真無雜，外内清徹，光明遠照，一分頗梨，純真無雜，外内清徹，光明遠照。日宮縱廣五十一由旬，宮牆及地薄如梓柏。」

「宮牆七重，七重欄楯、七重羅網、七重寶鈴、七重行樹，周匝校飾以七寶成，金牆銀門，銀牆金門，琉璃牆水精門，水精牆琉璃門，赤珠牆馬磁門，馬磁牆赤珠門，車璖牆衆寶門，衆寶牆車璖門。又其欄楯，金欄銀桄，銀欄金桄，琉璃欄水精桄，水精欄琉璃桄，赤珠欄馬磁桄，馬磁欄赤珠桄，衆寶欄車璖桄，車璖欄衆寶桄。金網銀鈴，銀網金鈴，水精網琉璃鈴，琉璃網水精鈴，赤珠網馬磁鈴，馬磁網赤珠鈴，車璖網衆寶鈴，衆寶網車璖鈴。其金樹者銀葉華實，銀樹者金葉華實，琉璃樹者水精華實，水精樹者琉璃華實，赤珠樹者馬磁華實，馬磁樹者赤珠華實，車璖樹者衆寶華實，衆寶樹者車璖華實。宮牆四門，門有七階，周匝欄楯，樓閣臺觀，園林浴池，次第相比，生衆寶華，行行相當，種種果樹，華葉雜色，樹香芬馥，周流四遠，雜類衆鳥相和而鳴。

「其日宮殿爲五風所持：一曰持風，二曰養風，三曰受風，四曰轉風，五曰調風。日天子所止正殿，純金所造，高十六由旬，殿有四門，周匝欄楯。日天子座縱廣半由旬，七寶所成，清淨柔軟，猶如天衣。日天子自身放光照於金殿，金殿光照於日宮，日宮光出照四天下。日天子壽天五百歲，子孫相承，無有間異。其宮不壞，終於一劫。日宮行時，其日天子無有行意，言我行住，常以五欲自相娛樂。日宮行時，無數百千諸大天神在前導從，歡樂無倦，好樂捷疾，因是日天子名爲捷疾。

「日天子身出千光，五百光下照，五百光傍照，斯由宿業功德，故有此千光，是故日天子名爲千光。宿業功德云何？或有一人供養沙門、婆羅門，濟諸窮乏，施以飲食、衣服、湯藥、象馬、車乘、房舍、燈燭，分布時與，隨其所須，不逆人意，

供養持戒諸賢聖人。由彼種種無數法喜光明因緣，善心歡喜。如剎利王水澆頭種初登王位，善心歡喜，亦復如是。以此因緣，身壞命終，爲日天子，得日宮殿，有千光明，故言善業得千光明。

「復以何等故，名爲宿業光明？或有人不殺生，不盜，不邪婬，不兩舌、惡口、妄言、綺語，不貪取，不瞋恚，邪見，以此因緣，善心歡喜。猶如四衢道頭有大浴池，清淨無穢，有人遠行，疲極熱渴，來入此池，澡浴清涼，歡喜愛樂。彼十善者，善心歡喜，亦復如是。其人身壞命終，爲日天子，居日宮殿，有千光明，以是因緣故，名善業光明。

「復以何緣名千光明？或有人不殺，不盜，不婬，不欺，不飲酒，以此因緣，善心歡喜，身壞命終，爲日天子，居日宮殿，有千光明，以是因緣故，名善業千光明。

「六十念頃名一羅耶，三十羅耶名摩睺多，百摩睺多名優波摩。日宮殿六月南行，日行三十里，極南不過閻浮提，日北行亦復如是。」

「以何緣故日光炎熱？有十因緣。何等爲十？一者須彌山外有佉陀羅山，高四萬二千由旬，頂廣四萬二千由旬，其邊無量，七寶所成，日光照山，觸而生熱，是爲一緣日光炎熱。二者佉陀羅山表有伊沙陀山，高二萬一千由旬，縱廣二萬一千由旬，周匝無量，七寶所成，日光照山，觸而生熱，是爲二緣日光炎熱。三者伊沙陀山表有樹提陀羅山，上高萬二千由旬，縱廣萬二千由旬，周匝無量，七寶所成，日光照山，觸而生熱，是爲三緣日光炎熱。四者去樹提陀羅山表有山名善見，高六千由旬，縱廣六千由旬，周匝無量，七寶所成，日光照山，觸而生熱，是爲四緣日光炎熱。五者善見山表有馬祀山，高三千由旬，縱廣三千由旬，周匝無量，七寶所成，日光照山，觸而生熱，是爲五緣日光炎熱。六者去馬祀山表有尼彌陀羅山，高千二百由旬，縱廣千二百由旬，周匝無量，七寶所成，日光照山，觸而生熱，是爲六緣日光炎熱。七者去尼彌陀羅山表有調伏山，高六百由旬，縱廣六百由旬，周匝無量，七寶所成，日光照山，觸而生熱，是爲七緣日光炎熱。八者調伏山表有金剛輪山，高三百由旬，縱廣三百由旬，周匝無量，七寶所成，日光照山，觸而生熱，是爲八緣日光炎熱。復次，上萬由旬有天宮殿，名爲星宿，琉璃所成，日光照彼，觸而生熱，是爲九緣日光炎熱。復次，日宮殿光照於大地，觸而生熱，是爲十緣日光炎熱。」爾時，世尊以偈頌曰：

「以此十因緣，日名爲千光，
光明炎熾熱，佛日之所說。」

佛告比丘：「何故冬日宮殿寒而不可近，有光而冷？有十三緣，雖光而冷。云何爲十三？一者須彌山、佉陀羅山中間有水，廣八萬四千由旬，周匝無量，其水生雜華：優鉢羅華、拘勿頭、鉢頭摩、分陀利、須乾提華，日光所照，觸而生冷，是爲一緣日光爲冷。二者佉陀羅山、伊沙陀羅山中間有水，廣四萬二千由旬，縱廣四萬二千由旬，周匝無量，有水生諸雜華，日光所照，觸而生冷，是爲二緣日光爲冷。三者伊沙陀羅山去樹提陀羅山中間有水，廣二萬一千由旬，周匝無量，生諸雜華，日光所照，觸而生冷，是爲三緣日光爲冷。四者善見山、樹提山中間有水，廣萬二千由旬，周匝無量，生諸雜華，日光所照，觸而生冷，是爲四緣日光爲冷。五者善見山、馬祀山中間有水，廣六千由旬，生諸雜華，日光所照，觸而生冷，是爲五緣日光爲冷。六者馬祀山、尼彌陀羅山中間有水，廣千二百由旬，周匝無量，生諸雜華，日光所照，觸而生冷，是爲六緣日光爲冷。尼彌陀羅山、調伏山中間有水，廣六百由旬，周匝無量，生諸雜華，日光所照，觸而生冷，是爲七緣日光爲冷。調伏山、金剛輪山中間有水，廣三百由旬，周匝無量，生諸雜華，日光所照，觸而生冷，是爲八緣日光爲冷。復次，此閻浮利地大海江河，日光所照，觸而生冷，是爲九緣日光爲冷。閻浮提地河少，拘耶尼地水多，日光所照，觸而生冷，是爲十緣日光爲冷。拘耶尼河少，弗於逮水多，日光所照，觸而生冷，是爲十一緣日光爲冷。弗於逮河少，鬱單曰河多，日光所照，觸而生冷，是爲十二緣日光爲冷。復次，日宮殿光照大海水，日光所照，觸而生冷，是爲十三緣日光爲冷。」佛時頌曰：

「以此十三緣，日名爲千光，
其光明清冷，佛日之所說。」

佛告比丘：「月宮殿有時損質盈虧，光明損減，是故月宮名之爲損。月有二義：一曰住常度，二曰宮殿。四方遠見故圓，寒溫和適，天銀、琉璃所成，二分天銀，純真無雜，內外清徹，光明遠照，一分琉璃，純真無雜，外內清徹，光明遠照。月宮殿縱廣四十九由旬，宮牆及地薄如梓柏，宮牆七重，七重欄楯、七重羅網、七重寶鈴、七重行樹，周匝校飾以七寶成，乃至無數衆鳥相和而鳴。

「其月宮殿爲五風所持：一曰持風，二曰養風，三曰受風，四曰轉風，五曰調風。月天子所止正殿，琉璃所造，高十六由旬，殿有四門，周匝欄楯。月天子座縱廣半由旬，七寶所成，清淨柔軟，猶如天衣。月天子身放光明，照琉璃殿，琉璃殿光照於月宮，月宮光出照四天下。月天子壽天五百歲，子孫相承，無有異系。

其宮不壞，終於一劫。月宮行時，其月天子無有行意，言我行住，常以五欲自相娛樂。月宮行時，無數百千諸大天神常在前導，好樂無倦，好樂捷疾，因是月天名爲捷疾。

「月天子身出千光明，五百光下照，五百光傍照，斯由宿業功德故有此光明，是故月天子名曰千光。宿業功德云何？世間有人供養沙門、婆羅門，施諸窮乏飲食、衣服、湯藥、象馬、車乘、房舍、燈燭，分布時與，隨意所須，不逆人意，供養持戒諸賢聖人。猶是種種無數法喜，善心光明。如刹利王水澆頭種初登王位，善心歡喜，亦復如是。以是因緣，身壞命終，爲月天子，月宮殿有千光明，故言善業得千光明。

「復以何業得千光明？世間有人不殺，不盜，不邪婬，不兩舌、惡口、妄言、綺語，不貪取，瞋恚，邪見，以此因緣，善心歡喜。猶如四衢道頭有大浴池清浄無穢，有人遠行，疲極熱渴，來入此池，澡浴清涼，歡喜快樂。彼行十善者，善心歡喜，亦復如是。其人身壞命終，爲月天子，居月宮殿，有千光明，以是因緣故，名善業千光。

「復以何因緣得千光明？世間有人不殺、不盜、不婬、不欺、不飲酒，以此因緣，善心歡喜。身壞命終，爲月天子，居月宮殿，有千光明，以是因緣故，名善業千光。六十念頃名一羅耶，三十羅耶名摩睺多，百摩睺多名優婆摩。若日宮殿六月南行，日行三十里，極南不過閻浮提，是時，月宮殿半歲南行，不過閻浮提；月北行亦復如是。

「以何緣故月宮殿小小損減？有三因緣故月宮殿小小損減：一者月出於維，是爲一緣故月損減。復次，月宮殿內有諸大臣身著青服，隨次而上，住處則青，是故月減，是爲二緣月日日減。復次，日宮有六十光，光照於月宮，映使不現，是故所映之處月則損減。是爲三緣月光損減。

「復以何緣月光漸滿？復有三因緣使月光漸滿。何等爲三？一者月向正方，是故月光滿。二者月宮諸臣盡著青衣，彼月天子以十五日處中而坐，共相娛樂，光明遍照，遏諸天光，故光普滿。猶如衆燈燭中燃大炬火，遏諸燈明。彼月天子亦復如是，以十五日在天衆中，遏絶衆明，其光獨照，亦復如是，是爲二因緣。三者日天子雖有六十光照於月宮，十五日時月天子能以光明逆照，使不掩翳，是爲三因緣月宮團滿無有損減。復以何緣月有黑影？以閻浮樹影在於月中，故月有影。」

佛告比丘：「心當如月，清涼無熱，至檀越家，專念不亂。復以何緣有諸江河？因日月有熱，因熱有炙，因炙有汗，因汗成江河，故世間有江河。有何因緣世間有五種子？有大亂風，從不敗世界吹種子來生此國，一者根子，二者莖子，三者節子，四者虛中子，五者子子，是爲五子。以此因緣，世間有五種子出。

「此閻浮提日中時，弗於逮日没，拘耶尼日出，鬱單曰夜半；拘耶尼日中，閻浮提日没，鬱單曰日出，弗於逮夜半；鬱單曰日中，拘耶尼日没，弗於逮日出，閻浮提夜半；若弗於逮日中，鬱單曰日没，閻浮提日出，拘耶尼夜半。閻浮提東方，弗於逮爲西方；閻浮提爲西方，拘耶尼爲東方；拘耶尼爲西方，鬱單曰爲東方；鬱單曰爲西方，弗於逮爲東方。

「所以閻浮提名閻浮者，下有金山，高三十由旬，因閻浮樹生，故得名爲閻浮金。閻浮樹其果如蕈，其味如蜜。樹有五大孤，四面四孤，上有一孤，其東孤孤果乾闥和所食；其南孤者七國人所食：一曰拘樓國，二曰拘羅婆，三名毘提，四名善毘提，五名漫陀，六名婆羅，七名婆梨；其西孤果海蟲所食；其北孤果者禽獸所食；其上孤果者星宿天所食。七大國北有七大黑山：一曰裸土，二曰白鶴，三曰守宮，四者仙山，五者高山，六者禪山，七者土山。此七黑山上有七婆羅門仙人，此七仙人住處，一名善帝，二名善光，三名守宮，四名仙人，五者護宮，六者伽那那，七者增益。」

清·吴嘉善《算牘初編》序 昔在滬上與李君壬叔論當世算家，李君極推顧君，并出其算稾，以示愛其能。即舊法而自出新意，恨未見其人。適吴中亂，與李君倉卒别，不及歸顧君書，然常珍護之。遊粵中，有友人撰《集三禮會通》，見顧君有《釋大侯説》，請采入之，遂假之。去久而未歸，急索之，則已分裂篇目入所刻書中，收集未全，亡者大半，意甚恨之。友人曰：「已爲顧君傳之，常無恨也。」既已無可柰何，遂收殘本存篋笥。及再遊滬，見李君，知顧君已死矣。惜哉，惜哉！意其撰述當不止此。近來金陵晤張君嘯山，出顧君所爲《算牘初續編》，請爲之序，乃歎前所見者，果不足以盡君也。算學至今日，殆極盛矣。顧好古者或未通西法，通西法者又率棄置古書。顧君於西法未譯之初，即能創法而與之暗合，如割圜、對數之類。而其新譯出者又能推演其説，以爲了不異吾中法也。其於中法亦往往神明變通。如「日法朔餘强弱攷」，實超出李尚之上，豈非深造而自得者歟？今朝廷開天文算學館，徵聘李君爲教習，使顧君尚存，得共出

其學，爲國家造就材藝之士，豈非當務之急？乃不幸而抱其絶學以終。獨使李君踽踽無和，則亦李君之所傷也。久負張君諾。去年君歸南匯，再以書來促，乃檢昔存殘稾，屬還顧君後人，而敘之如此。

清・張文虎《顧尚之別傳》 國朝曆算之學，陵越百代，蓋自宣城梅氏始，而同時吴江王氏亦能研究中西，深涉窾奥。其後學者各以心得箸書自見，然大都主於發明西法，惟元和李氏解釋《三統》、《四分》、《統天》諸術，用數之原及正負開方、方程天元如積之術，甘泉羅氏發揮《四元》，演爲細草，古法大昌。而咸豐以來，西人新術益入中國，錢唐戴君煦、海寧李君善蘭別以其術精求對數，超出西人本法之上。於是不特古法爲土苴，即西人舊術亦筌蹏矣。吾友顧尚之氏曰：「積世、積測、積人、積智，曆算之學，後勝於前，微特中國，西人亦猶是也。舊法者，新法之所從出，而要不離舊法之範圍，且安知不紬繹焉而別有一新法在乎？故凡以爲已得新法而舊法可唾棄者，非也。中西之法可互相證而不可互相廢，故凡安其所習而黨同伐異者，亦非也。」烏乎！真通人之論哉。君名觀光，字賓王，尚之，其別自號也。世居金山，以醫學行於鄉里，爲善人。君生未能言即識字，或呼壁閒字，輒手指之，百不爽。每嘑哭，輒以此餌之。能立後常持箸醮水畫之，若作字者。父教以讀書，日夜輒數十行。九歲畢五經四書，學爲制舉文。十三補學官弟子，旋食餼。三試鄉闈不售，而祖父相繼没，遂無志科第，承世業爲醫。鄉錢氏多藏書，恆往假，恣讀之，遂博通經傳、史、子、百家，尤究極古今中西天文曆算之術，靡不因端竟委，能抉其所以然而摘其不盡然。時復蹈瑕抵隙而蒐補其未備，如據《周髀算經》笠以寫天、青黄丹黑之文及後文凡爲此圖云云，而悟篇中周徑里數皆爲繪圖而設。天本渾圓，以視法變爲平圓，則不得不以北極爲心。而内中外衡以次環之，皆爲借象，而非真以平遠測天也。《開元占經》魯曆積年於算不合，君用演紀術推其上元庚子至開元二年歲積，知《占經》少三千六十年。又以《占經》顓頊曆歲積攷之《史記・秦本紀》、《始皇本紀》，知其術雖起立春，而以小雪距朔之日爲斷。蓋秦以十月爲歲首，閏在歲終，故小雪必在十月，昔人未之言也。

李尚之用何承天調日法攷古曆日法、朔餘强弱，不合者十六家。君以爲未盡强弱之微，别立術以日法、朔餘展轉相減，以得强弱數。但使日法在百萬以上皆可求，惟朔餘過於强率者不可算耳。《授時術》以平立定三差求太陽盈縮，梅氏詳説，敷衍未明。君讀《明志》，乃知即三色方程之法。謂凡兩數升降有差，彼此遞減，必得一齊同之數，引而伸之即諸乘差，則八綫、對數、小輪、橢圓諸術皆可共貫。讀《占經》所載瞿曇悉達《九執曆》，而知回回、泰西曆法皆淵源於此。其所謂高月者即月孛，月藏者即月引數，日藏者即日引數，特偁名不同，亦猶回曆之偁歲實爲宫分日數、朔策爲月分日數之類是也。其論婺源江氏冬至權度，推劉宋大明五年十一月乙酉冬至前以壬戌丁未二日景，求太陽實經度而後求兩心差，乃專用壬戌。今求得丁未兩心差，適與江氏古大今小之説相反。蓋偏取一端以伸己見，其根誤在高衝行太疾也。西法用實朔距緯求食甚，兩心實相距術緐而得數未塙。君以前後兩設時求食甚，實引徑得兩心實相距，不必更資實朔，較本法爲簡而密矣。西人割圜止知内容各等邊之半爲正弦，而不知外切各等邊之爲正切。君依六宗三要二簡諸術，别立求外切各等邊正切綫法，以補其闕。杜德美求圓周術，用圓内六邊形起算，雖巧而降位尚遲。君謂内容十等邊之一邊即理分中末綫之大分距；周較近且十邊形之周與邊同數，不過遞進一位，而大分與全分相減即得小分，則連比例各率可以較數取之入算尤簡易。因演爲諸乘差表，可用弧度入算而不用弧背真數。然猶慮其難記，且仍不能無藉於表。因又合兩法而用之，則術愈簡，而弧綫直綫相求之理始盡。錢唐項氏割圜捷術止有弦矢求餘綫術，君以爲亦可通之切割二綫，因補立其術。西人求對數，以正數屢次開方，對數屢次折半，立術緐重。李氏《探源》以尖堆發其覆，捷矣，而布算猶繁，且所得者皆前後兩數之較，可以造表而不可徑求。戴氏簡法及西人《算學啓蒙》並有新術而未盡其理，君别爲變通，以求二至九之八對數。因任意設數，立六術以御之，得數皆合。復立還原四術，又推而衍之爲和較相求八術。自來言對數者未之聞也。君又謂對數之用，莫便於施之八綫，而西人未言其立表之根，因冥思力索得之，仍用諸乘差法迎刃而解，尤晚歲造微之詣也。其它凡近時新譯西術，如代數、微分、積分，諸重學皆有所糾正，類此。君於輿地、訓詁、六書、音韵、宋儒性理、以至二氏術數之學，皆能洞徹本末，尤喜校訂古書，綴緝其散佚。嘗以馬氏《繹史》尚多漏略，寫補眉上，字如蠶子，無空隙。錢通判熙祚輯《守山閣叢書》及《指海》以屬君，君以治病不能專力，舉文虎自代，仍常佐校讐，中多所商定。别校刊《素問》、《靈樞》，用功尤深。錢教諭熙輔輯《藝海珠塵》壬、癸二集及刊《重學》，錢縣丞培名輯《小萬卷樓叢書》，婁韓中書應陛刊《幾何原本》後九卷，君皆與參訂。

君視疾不以饋有無爲意，性坦率，貌黑而肥，衣服樸陋，不知者以爲村野人。

嘗有富人招君，君徒步數里遇雨，因跣足至門。僕豎詰姓名，告曰醫者也。入則主人相視錯愕，耳語，以爲冒。顧先生來者，診已定方，伸紙疾書脈及病狀，引據《内經》、仲景，洋洋千百言，曰：「向所治皆誤，今當如是。」主人乃改容爲禮，具肩輿以送。君大笑不受，仍跣足歸。本善飲酒，然三四行即偁醉，固强之數十觴，縱談忘告起矣。

咸豐閒，粤寇日逼，人心惶然，强以算理自遣。十年，遭母喪。明年，賊入鄉，避亂東走奉賢、南匯閒。既而暫歸，藏書多毀壞零落，而次子澐爲賊虜驚憂，不復出。明年，婦唐及季子源先後死，慘悼成疾。將終，以所箸書屬長子深，曰：求爾師爲我傳，及李壬叔序之。遂無它言。卒，年六十四。深嘗從文虎游。壬叔者，李善蘭也。深、澐皆諸生，當賊至時，深獨挈君書逃浦江東得以免。

君所箸曰「算賸初、續編」，凡二卷。曰《九數存古》，依《九章》爲九卷，而以堆垛、大衍、四元、旁要、重差、夕桀、割圜、弧矢諸術坿焉，皆采自古書而分門隸之。曰《九數外録》：則櫽括西術爲對數、割圓、八綫、平三角、弧三角各等面體圓錐三曲綫、静重學、動重學、流質重學、天重學，凡記十篇。曰《六曆通攷》：則據《古經》所紀黄帝、顓頊、夏、殷、周、魯積年而爲之攷證。曰《九執曆解》，曰《回回曆解》，皆就其法而疏通證明之。曰《推步簡法》，曰《新曆推步簡法》，曰《五星簡法》，則就疇人所用術改度爲百分，趨其簡易而省其迂曲。曰《古韵》，則本休甯戴氏陰陽同入之説，兼取顧、江、段、孔諸家，分爲二十二部，雜以《詩》、《騷》，證其用韵之例。上皆種別爲卷。曰《七國地理攷》，以七國爲綱，隸諸小國於下，而采輯古書，實以今地名，凡十卷。曰《國策編年攷》，求策文年次先後，以篇目四散隸之。始周貞定王元年，訖秦始皇二十六年，爲一卷。曰《周髀算經》、《列女傳》、《吴越春秋》、《華陽國志》諸校勘記，皆記其異文脱誤，或采補逸文。曰《神農本草經》，曰《七緯拾遺》，曰《帝王世紀》，皆所輯古人已佚之書。其曰《古書逸文》者，即所以補馬氏《繹史》者也。餘凡所校輯已刊入《守山閣叢書》及《指海》者，不復及。以上皆君所手訂，其身後深所搜括而文虎爲之别編者，曰《算賸餘稾》，曰《雜箸》，凡若干篇。君又據林億校注《傷寒》、《金匱》，謂今次非是，别各編宋本目次，於《傷寒論》審訂譌舛，略采舊説，閒下已意爲注。未成書，僅成辨脈、平脈、太陽上、中凡四篇。嘗以學者讀《禹貢》不得其條理，因爲之釋，遠近争傳，寫之爲讀本。然往往牽於俗見，以意改竄，失君本恉，别見文虎序中。蓋君於學實事求是，無門户異同之見，不特算術爲然，而算術爲最精。夫後有作者，君所未知不敢言；若其既見，則可謂集大成也已。

論曰：觀顧君之幼慧，殆所謂生有自來者邪？或者乃謂以君之學籍不出諸生，壽不及古稀，宜若天靳之者？烏乎！孔子曰：求仁而得仁，又何怨？君所志者博大宏達，綜貫天人，亦既得之矣。雖貴爲王侯，壽如彭鏗，何以易此？彼委巷拘墟，得失長短之見，小人哉，小人哉！

著録

明・王曰俞《重刻〈曆體書〉序》 澶淵種翁王公祖，碩學鴻材，綳中彪外，理漕集鴻之暇，進文人而詔之，宿羅心胸三辰四游，歷歷指掌。手一編示余，則太公晦翁先生所著《曆體書》也。余讀而嘆曰：自天文禁私習，士大夫目不識璣衡，臺司推步一依《授時》之舊，僅增閏應、交應各二刻，減轉應一十六刻九分而已。蓋以郭守敬之儀象法式已臻曆家大成，後有作者弗能越也。秘其書而守之，歲差不改，日躔不移，奚待四甲子後始怪交食失驗哉？神光未造，五官之屬手不握筭，足不登臺，儀器澁滯，交食之分杪時刻蓋已陰用西法矣。今太公之書鎔今鑄古，簡而該，奥而顯，大衍宗傳太初，心悟炳燿楮間。較之漢造八十一分之律書，十七家可以罷廢，唐推三千餘歲之甲子，十五年始得艸成者，未知孰勝，豈止臺司遜其精確，士大夫遜其淵灝哉？太公研經貫史，爲蓋代儒宗，以尚書得雋，未竟厥施，遂肆其餘力，推步叅稽，補一代寔學之闕，將以是書爲百世指南，而即爲我公光贊先資也。書成于萬曆四十年四月望，是歲冬至在黄道箕三度一十九分一十九杪八十微，赤道箕四度四分二十五杪。故内道口在璧一度，外道口在軫初度，距今丙戌歷三十四年，歲差一分三十五杪，則今之冬至其内道口已不在璧而在室，外道口已不在軫而在翼。太公固言之矣，曰：二交之口隨歲差而左移也。讀是書者，毋捫籥以爲日，則知太公之識窺元始，手扶雲漢，不信然歟！我公不以管見爲鄙，梓成，命余録是言而爲之序。

明・翁漢麐《曆體略》敘　自彗星告祲，江以北困于盜，江以南困于荒。漕賦愈增，銜胥弁卒相竄爲奸者益驁，吾民剜肉及心，無所控籲。澶淵王公來旬茲土，仁明廉斷，所爲造命吾民者指不勝屈，于是方千里内歡聲載途。惟公覆幬是德，而不知公之以實惠勤民者乃其先夫子之以實學詒訓也。先夫子才識淵博，于曆律、兵屯、河防、水衡之事，無弗沉究，卓然爲世大儒。少登高科，朝野並擬，以公輔之望，而絶意公車，閉關修道，四方名碩，户履恒滿。每相勖以今日操觚家類晉清談學者，當務爲有用，故闡發經旨，參決性命而外，即捃摭先代故實及時局竅要。答問之下，手演成帙，幾至充棟，雖遭兵火，猶有存者。今公不忍私其家珍，將次第就鋟。首先《曆體》一書，而以補圖屬小子。小子則烏知曆而敢冒昧哉？雖然，事類續貂，情同附驥，且辱公有命，夫何敢辭？勉竭愚鈍，折衷今昔，衡量分寸，比擬方圓。凡夫位置之高下疏密，度數之廣狹經緯，惟恐少戾于乾象，以黍是書。而鄙衷則實有未慊者。北辰高下三十五六度，其位在北，而圖則不能不移置于中央，一不合也。天體半在地下，旋繞無定，而圖則不能不平列爲静局，二不合也。天度皆斜分，而圖以直行，三不合也。自北極而分者至南極而合，故赤道以南度漸就狹，而圓則四垂反張，四不合也。此無他，天體渾圓，四方上下旋環無端，今以尺幅改爲平圓，則是蓋天而非渾天，其體有萬不相肖者，始悟王夫子著書而不著圖，非闕略也。圖不可著，故以不著著之。今第使讀是書者，知垣何以三，野何以九，宿何以二十八，則一覽可盡，庶無茫茫于仰睇已耳。敢謂是圖，真足補是書哉？惟公推其家學，惠教小子，使得預于管窺，斯爲頂佩，又寧特供輸一事，共有衆歌覆幬已也。

明・屠象美《曆體略》序　古《書》傳星虛星昴之載，農祥覛土之告，火覿道茀之謫，火伏蟄畢之對，琅琅簡編，不一而足。夫夫子至聖，苞舉也宜，諸君亦猶夫人耳，何以舉？蔚藍之高，繫焉者之棼殽，倉卒發端，了然心口，則其習之也夙。以是從政，罔所不賅，蓋未嘗岐天人而二之也。有唐以還，學鮮兼詣。昌黎有概於中，以不貫徹天地者不可以爲通儒，究無能兼之者。僻焉者入梓禆，測驗者流中號。爲儒者又率尚意不尚象，窮理不窮數，即終日戴天，不能舉而名之敬授之謂何？

長慨《甘石》一經，《史》、《晉》天官二書，如三神山，孤峙千古。何意輓近有王子晦先生耶？先生名于萬曆初禩，大河以北無抗行者。《曆體略》一書，原本垣宿、極命分野，撮諸家之要以爲經，而以己機杼緯而成之。象數既賅，深諦咸抉，博極西國之長，致其精者不必渾差。《周髀》朱丹示繪，而昭昭之縣，朗朗在人目中，即於穆之運、大塊之所以寧，亦胥在人意中。又災祥徵應之瑣言，荒唐臆度之鈐語，隻字不列，真足踵武《天官》，而《星經》自愧其樸矣。懸象諸編久爲理數所錯，殊不易舉其契，先生乃有拈必綮，無扼非要，所謂身有之者耶？昔輔嗣邃於《易》，故娓娓不殫。郭氏深於《莊》，遂挾《莊》就我。樂天、微之洞於音律，凡至言樂，清圓宛轉，若有至音出於句中。先生之知天，當亦若是。抑春蠶不緒於片桑，置容足之塗，以步立見踣耳，自非徹瑯環之秘，窮《墳》、《素》以來，何以能玄詣若斯？先生所謂綜萃天人者，惜天網恢羅，終疏一目，不能使施於有政，徒託之簡編而已也。就中西國人所謂「二極之下，有國半年晝而半年夜」，竊以爲未然。天以北辰之不動者爲體，而以經緯之動者爲用。地實承之，黄赤二道之下當其用者，是生人生物。二極之下當其體者，恐不能。然沙漠盡漠柳炎不毛，可徵也。噫！安得起先生而質之？先生雖不克從政，有子式似行世學於晉之襄垣，方以循最起云。

明・方以智《璇璣遺述》序　璣衡曆數，允中首傳。孔子提中五，以曆衍《易》，而成變化，行鬼神，莫能外焉。後世學者，循執常理而已，或冒洸洋以委天耳，誰肯合俯仰遠近，以通神明而質測其故者乎？此一實究原，未可坐望之世人也。平子、沖之、一行、康節，世罕覯矣。所號象緯，膠於占應，其所以然絶不問也。臺官疇人，襲守成式，其所以然亦不求也。大西既入，可當郯子，然其疑不決者終不可決。先中丞在西庫，與黄石齋先生深研往復，知易曆之本一歸，而衍之於静天、動天之法，固同符也，其細差別正俟高明之士積考而詳核之。廣昌揭子宣淵源其仰萊堂之學，獨好深湛之思，連年與兒輩測質旁徵，所確然決千古之疑者止一左旋，并無二動也。槽丸之激退而滚進也，日光肥而地影瘦也，七政各體皆圓圓皆轉行非平行也，金與水附日而爲小輪也，星避日衝故有伏逆遲留也，歲實無差祇星差耳，三際九重非定論矣，諸如此類，每發一條，輒出大西諸儒之上。乍閲之，洞心駴目，實究之本如是也。愚益以證此心之用符乎天日，而數度秩序總出固然。讀此一過，快何如之，因書以告後來之苦心研極者。

明・邱維屏《璇璣遺述》序　廣昌揭子宣，論天日月五星之體之行可謂刱獲矣。子究覽其書，大抵精思辨物，積悟而後得之也。其言經星、土、木、火、日、金、水、月高下之距，里數之計，皆本近來泰西之説，獨以八者合爲一天，而分其

隧道以爲高下。至金、水、日又自爲一道，其遠者乃侵入火星道中，則所以通泰西末節之膠固而開釋其疑矣。其更爲槽丸陀螺、鞭馬簸米之喻，乃特因磑磨之喻而通。其窮朱子天與七政皆左旋之言，而特明其要。其於蒼蒼之天匪但爲燭照之明、數計之悉，而已蓋已統一天而入隧，以入其旋牀之心使之爲水與乳之融洽。於戲！其不可謂之精矣乎？予嘗疑泰西日徑倍地之數與周天圜圍之算所占廣狹不侔，既已因子宣而釋之。又以古之聖人惟其深知天象，故以北極爲人之結頂，黃白諸道爲人之左衽，與子宣說推類而相附。至論《周易》得天之解，尤得子宣說而後信其文匪錯也。夫得天何謂非麗天之謂也？日月不得天而行，則不能自運轉，不能自運轉則不能久成四時之照。然則子宣謂經星七政之轉皆由天轉，是《易》天轉之言至子宣而始得其解者矣。自今有論日月五星者，雖如浮山大師以子宣與平子、沖之、一行、康節爲倫，況而苟欲推究天之爲物，悉其氣體必取子宣之言爲多，子宣其智矣乎！

子宣爲人貌甚樸，望似耑愚，身敝衣履，口不茹膏血。年已五十，幾半其生經歷家國之難。吾往者徒聞子宣報父仇一節頗有奇智，意子宣殆孔子所謂其愚者耶？自古辨物者甚精，則其人必愚，愚然後庶幾於道，故其研精於慮也。入之也既切，而出之也若忘，則要非斤斤以辨自詡者若子宣其勉之矣。子宣持是編過予，因謂予：「吾辨此每由泰西之説，蓋其精察明辨不可廢耳。」子宣年三十上下，予曾見所著《性書》、《昊書》、《兵經戰書》，此書特本《昊書》爲濫觴者。子宣初名其書爲《璇璣遺述》，持過予時都爲一篇，予爲鑑定之後，更就正浮山大師。師子位伯名之曰「寫天新語」，訂論尤詳，分列之以爲數十餘條。於是爲序。

清・方中通《〈璇璣遺述〉序》　兩間皆氣所彌也。自分爲二以綸之，因以代錯，因以交羅。數徵於度，理在其中，此不二不一者，固在元象之先乎？據質而測，火氣成光，水氣成精。氣既成形，形復倚氣而動，故流轉不息，數度生焉，遲速生焉。日月星各相差于天，因以日之差而度之，因其周而歲之，因積日星之差以追之，而天亦不能違。吾在齊平秩之度也。然象何以懸，運何以左，上下何所倚此，豈可以黔淺決哉？自太西氏入，而天學爲專門。崇禎時建局推候，所在有習之者，有咤之者，不知皆中土聖人之法天地之本然也。中通少時偶爾所算，初訊《授時》於湯聖弘，已與薛儀甫遊穆尼閣先生。所聞其言彼國近有五十年明一水星者，較之前此諸家又更精確，因有金水環日小輪非九重之疑，火木土對日而退之疑，日大於地百六十五倍而地上不熇之疑。讀熊文直公集，始有燈籠之說。邱邦士謂：日離地尚三倍餘，不至熇熱之說。游子六謂：金水有遠地之輪弦、近地之輪弦。黃石齋先生易象正小餘二十八分，較《授時》加三分。朱康流年伯有今時當長一之說，不肖自判，終影響也。及遇子宣，以素所疑難者質問，子宣輒爲剖析無留，義豁然。萬里一氣，萬數一理，萬種之動皆由一動，紗出參差，指掌犁然也。天不外乎人，徵人身之符則諸符一矣。談至此處，爲之起舞出汗，此真發太西之所未發，開中土之天學哉。省侍老父，聞先祖中丞公論，始知盡備於《易》、《河》、《洛》，爲度數之符，猶身心之爲兩間符也。必合俯仰遠近，以費觀隱，幾乃可徵，理乃表焉。道本易簡，心專則通，格致則一，中土聖人早開橐籥，特學者不肯窮，各膠於所執則不能窮，苟安其所便又不暇窮耳。商高對周公曰：筆能寫天，裁制萬物。急爲寫之，因名「寫天新語」，是固今日商高之椎輪乎？所區區者，此中差別代錯交羅，其説愈精，其理愈晦，其算愈秒，其故愈支。若非静正凝神，以易象極物者，合諸家而實徵之，不能彌綸而斷也。不肖何知，幸獲子宣徵質，寫與同心，互期研極，以定易天律襲之宗。擁篲中衢，翹首竚望，生千古下，集千古智，爲張、祖、邵、蔡，申中士之氣，豈甘爲遠西所軒輊耶？神而明之，接踵繼紹，寔在午會矣。

清・萬年茂《重刻〈璇璣遺述〉敘》　天學即道學，知天而道見。知蒼蒼之天，而天見唐虞授，受一中而已。孔子系中曰庸，子思曰誠，周曰静，程曰敬。敬著静也，静著誠也，誠著庸也，庸著中也。地中一天中爲中體。地中天，然後有中爲和，爲中用，誠者誠此而已。故敬求誠，誠本天而儒釋真妄之，原無辨而明。天地之道中出氣也，圓運神也。地中爲體，中氣滋熇於地爲水火，水火之精上見爲日月星辰，其升地爲風霆雲霧霜露雨雪雹霓煙霾。孳爲植化胎卵，秀靈爲人。其精氣感人爲禨祥怪變，諸成以水火皆爲用。受中爲命，體命謂性。禮樂者性也，鬼神者命也。後天乾西北域中，北極南、赤道北也。先天乾南域中，黃道在南也。堯命羲和，分四宅以地，測天而五，紀次四位。巽東南域中，於方爲巽，於疇九一，猶今云五州之一也。縱對乾則巽，下横得九一，止一隅，物圓明矣。後世言天宗渾儀，漢後法耳，而《周髀》無傳。然其文並趙君卿註時軼見，與今西法之言天球地球者合。余嘗據以明《易》，研後、先天，譔圖説以推中和之旨。顧念無他徵，而天官學亦無能言其義，以爲憾。歲甲申，主席豫章。明年，廣昌揭生要持其族半齋先生《璇璣遺述》暨《大觀圖》謁示。其法一本西氏，其論諸政皆

圓，有自行輪、激輪、倒輪、衝輪，其遲留伏逆以地平視，故其風雷雲雨飛流諸狀以暘氣下降、横衝上出。故其論諸政遠近有數，小大有形，雖其窮極幽渺，問若疑於强探力索者，要於所言皆確有以自信，而天命流行，不可知而可知，其誠然爲不可易。夫書道政事，七政曰政，以人治天。《易》道陰陽四德，曰：德以天治人，天在是，道亦在是。余於是既嘆其義之思深以博，而又以幸。夫惓惓者，雖時地之異乃得以其曰命、曰性、曰誠者，一以實跡證驗其間，而曩者之圖與説，若其根柢於是書爲尤信也。因爲重訂，梓而行之。肩其任者：干生從淳，熊生儀彬，汪生泩，李生學蘇，鄧生翥雲，余生步梅。董其成則新建學博吳君廷試云。

清·胡念修《重刻〈璇璣遺述〉序》 粤自庖犧畫卦，定天地雷風水火山澤之位，上觀下察，而吉凶通變之道著焉。於是軒轅蓋天之術，高陽渾天之儀，伊耆、羲和之司，文命、章亥之步，耿毫宣夜之器，鎬洛《周髀》之經，類皆文奇字古，義賾言幽，權輿百家，範圍億載，疇人之學敻乎尚矣。繼之者，兩京則有劉向尹咸之學，工於校讐；張衡郄萌之書，神於占驗。六代則有承天、沖之之輩，説立異同；高允、甄鸞之倫，理分疏密。唐儀屢易，獨推《麟德》、《大衍》之傳；宋術雖微，亦創《紀元》、《統天》之號。遼金僻處一隅，專家絶鮮，猶有賈剌史之《大明》，躅精懸象；楊承旨之太一，借箸司天。下涉元、明，耶律、扎馬出入西域之言，而若思、受益持其平；三拔、瑪竇闡演東來之法，而之藻、光啓伸其緒。書成衆手，以殫聞洽見而益新；學在四夷，故博採旁稽而愈密。遲任之言曰：「器非求舊惟新。」子思子之言曰：「文理密察足以有别。」夫觀乾象，制儀器，器之新者也；仰天文，俯地理，文理之密者也。自昔屋社勝國，宅鼎興朝，授時於民，正朔不襲，登臺而望雲物必書。皆有調曆之臣，推策之士，求經緯之度，别祥祲之占。或束帛於遺黎，或借才於異哉。疇徵箕獻，肇錫天紀之名；官訪郯夷，補闕雲師之政。談天之業，日異月新。聚書訟千，閲世曠萬。合九州之鑄，始定銅儀；非一管之窺，得矜塗説也。

廣昌揭子宣先生，致身庸德，窮目異書。以江右之逸民，爲海西之絶學。空山躋踽，但戴璇璣，遺迹飄零，僅存述作。其論天地也，餅中有餅，特形附物相較之堅虚；其論日月也，丸外滚丸，不變隨槽東行之體質。他若晝夜消長，剖歲差古今之殊；光影瘦肥，析日輪大小之故。莫不罕譬曲喻，切理饜心。説有沿譌，則功多辨正；言不盡意，則圖列簡明。以是祕諸延閣，三吴獻其遺書；懸之國門，宣城鈔其精語。游子六《天經》之箸，取緒論以名家；方中通《度數》之篇，附問難爲别録。若梅定九所稱深明西術而又别有悟入，其言多古今所未發，豈虚語哉？今者海禁大開，遠人駢集。碧瞳高準之流，挾我古微之術，發明精藴，測演實徵，遂謂地球圓轉，動若行星；鐵石晝隕，攝於空氣。南極北極，探黄赤白道之微；平圈垂圈，索温熱寒帶之隱。五星迤東而運，可破西行之積疑；七曜周天而移，爰悟宗動之妙用。凡斯創解，悉益多聞，使先生得之，當必拈鬚莞笑，授簡疾書也。

清·阮元《〈地球圖説〉序》 西洋人言天地之理最精，其實莫非三代以來古法所舊有。後之學者喜其新而宗之，疑其奇而闢之，皆非也。言天員地員者，顯著於《大戴記·曾子天員》篇。元曩見編修杭世駿作《梅文鼎傳》，言其有《曾子天員篇注》，向其裔人求之，實無此稿，但有一二條見《天學疑問》中。元之注釋《曾子》十篇也，於《天員篇》未嘗不用泰西之説。曾子曰：「上首謂之員，下首謂之方。如誠天員而地方，則是四角之不揜也。參嘗聞之夫子曰：天道曰員，地道曰方。」據此則天員地員之説，孔子、曾子已明言之，非西域所創也。《周髀算經》曰：「日運行處極北，北方日中，南方夜半。日在極東，東方日中，西方夜半。日在極南，南方日中，北方夜半。日在極西，西方日中，東方夜半。」據此則天員地員之説，周公、商高已明言之，非西域所創也。

嘉定少詹事錢大昕以乾隆年間奉旨所譯西法《地球圖説》一書見示，且屬付梓。元讀其書，校熊三拔《表度説》等書，更爲明晰詳備。按地球即地員，元時西域札馬魯丁造西域儀象，有所謂苦來亦阿兒子者，漢言地理志也。其製以木爲圓球，畫水與地，今之地球，即其遺法。西人之説以地體渾圓，在天之中。若令地球不在天中，則在地之景必不能隨日周轉，且遲速不等矣。今春秋二分，日輪六時在地平上爲晝，六時在地平下爲夜，非在正中而何？地體本圓，故一日十二辰更迭互見，如正向日之處得午時，其正背日之處得子時，處其東三十度得未時，處其西三十度得巳時。相去二百五十里而差一度，又七千五百里而差一時。若以地爲方體，則惟對日之下者其時正，處左處右者必長短不均矣。西域此説，即曾子地圓之意，亦即《周髀》日行之意，非創解也。梅徵君《天學疑問》曰：「西人言水地合一圓球，而四面居人。其地度經緯正對者，兩處之人以足版相抵而立。其説可從歟？曰：以渾天之理徵之，則地之正圓無疑也。是故南行二百五十里則南星多見一度而北極低一度，北行二百五十里則北極高一度南星少見一

度。若地非正圓，何以能然？所疑者，地既渾圓，則人居地上不能平立也。然吾以近事徵之，江南北極高三十二度，浙江高三十度，相去二度，則其所戴之天頂即差二度。各以所居之方爲正，則遥看異地皆成斜立。又況京師極高四十度，瓊海極高二十度，若自京師而觀瓊海，其人立處皆當傾跌。而今不然，豈非首戴皆天，足履皆地，初無傾側，不憂環立歟？然則南行而過赤道之表，北游而至戴極之下，亦若是矣。」元又謂，水地所以能居天中者，天行至健，有大氣以包舉之。試以豆置猪膀胱中，氣滿其内，則豆虚騰而居其中。以繩絡椀，置水盈椀，旋轉而急舞之，椀側覆而水不溢。置木球於水盎中，攪水急旋，則球必居正中。登泰山極頂，天寒風烈，氣塞耳鳴，況高遠千百倍於泰山者，其健氣急旋，地居其中，人皆正立，無分上下，又何疑哉？

此所譯《地球圖説》，侈言外國風土，或不可據。至其言天地七政恒星之行度，則皆沿習古法所謂「疇人子弟，散在四夷」者也。少詹事原書有説無圖，爰屬詹事高弟子李鋭畫圖，爲説以補之。凡坤輿全圖二，太陽併游曜諸圖一十九，共二十一圖。是説也，乃周公、商高、孔子、曾子之舊説也，學者不必喜其新而宗之，亦不必疑其奇而闢之可也。

清·阮元《〈地球圖説補圖〉序》　嘉定錢少詹主講蘇州紫陽書院，以《地球圖説》手稿若干葉，授其門人元和李尚之鋭。尚之以意聯屬爲一卷，書中所稱弟一弟二圖之等並佚不見。然有説無圖，讀者驟難通曉，今依其説補作諸圖，綴於其後，以示初學云爾。凡坤輿全圖二，太陽併游曜諸圖一十九，共二十一圖。

清·合信《〈天文略論〉序》　「天文畧論」者，畧講天文之理也。其理若假，則所講無憑，宜乎不足信矣。其理果真，則所講有據，應亦無可疑矣。夫天下同一理耳，若理確真而有據，則不論何人言之，皆應信之。如此書所講雖畧，而所據極真，因非特一人所言，且非特一國之人所言者，乃經各國之天文士，用大千里鏡窺測多年，善觀精算，分較合符，非由臆説。或有不合，並爲訂正。其法果真，乃爲載書，以傳後也。此書未載及算法，但將西學天文推算已定者畧爲譯之。

或問：此書畧論，大意安在？曰：諸天惟上帝主宰也。設若有人留心想日月所以光懸，星宿所以躔伏，其運行不息，亘古不紊誰爲致之？此事豈偶然？得非有全能者具大手法而做成萬物來乎？因而推論道理，知造化玄妙，是乃上帝獨一無他者也。於此試思上帝如何力量，如何神通，真乃至廣至大，極奥極深，不可測度矣。《聖書》云：天其表上帝之榮，蒼蒼彰其所作者，日以日告，夜以夜示，惟傾耳聽之，無音無話，並不得聞其聲焉。故此書大意，特提醒人心，要惟欽敬上帝之聖名，讚美化工之要道。切望上帝永施恩典，並倚賴救世主耶穌，大慈、大愛、大功德，救此不壞之靈魂。且我等在天壤間，藐焉小物，得受至尊上帝與我食、與我衣、與我享用，可不思自守其實命而共遵乎聖旨哉？

清·莫祥芝《〈武陵山人遺書〉序》　予友南匯張孟彪文虎以所箸《舒藝室餘筆》示予，予既爲刊之，乃謂之曰：「方今西學盛行，子號知天算，如有專書，蓋出之以質同好？」孟彪曰：「天算向者嘗習之，然不能深思，所得蓋淺。故友顧尚之、李壬叔深於是術。李書及身刊定，顧君箸述等身，且不止天算而已。因出顧君《別傳》詒予，予曰：「子與顧君厚，忍聽其遺書湮没邪？」孟彪曰：「能措刻資，則校讐吾任之。」予曰：「諾！」於是先校刊其天算諸種，以次及其《校古札記》，凡三年之間，得十有二種。予觀其於天算之術，貫串中西，批卻導窾，且爲之通其所蔽。其於古籍向所承訛襲謬者，皆能廣引曲證，疏其是非。在乾隆期，不在戴東原、錢曉徵下，而天算之學實過之。遺書多不勝刊，孟彪適有暨陽之行，請暫止，爲敘刻書緣起。如此至顧君爲人，則孟彪所爲《別傳》具矣。

清·艾約瑟《〈天文啓蒙〉序》　茲著此淺顯小書，首即選取無難明之數種法，以測擬日、月、星之行動。於近取譬，便可助觀書者確知日、月、星行動之真情形。次即論地，參列於日、月衆星中與日、月衆星有何異同。末即言日、月衆星於地理真學有若許裨益。非止以淺近易曉之言詞爲課童蒙計也，是邦之大雅君子誠肯把卷披閲，未始不可爲消傀儡、除積習，得天文真學之要路耳。是爲序。

清·吴趼人《〈天文地球圖説正續〉序》　事有去古愈遠法愈密、術愈精者，推步之學是矣。粤考黄帝之世，羲和占日，常儀占月，臾區占星氣，伶倫造律品，大撓作甲子，隸首作算數，綜斯六術者曰容成，而占天算事之學粗備。漢唐以還，攷求益密，術藝益精。至我朝聖祖仁皇帝天亶聰明，《御製數理精藴》、《考成》上下諸編，開歷代聖人不傳之秘。士大夫仰承聖訓，而數理之學邁越前代。儀徵阮文達及甘泉羅氏先後著《疇人傳》正續，蒐羅國朝數理家至九十餘人之多，而嘉道以後諸賢未與焉。猗歟盛矣！堯於中西各學素喜涉獵而龐雜不專，

特抱歧多羊亡之慨。曩讀吾粵省志，見藝文類内載有李青來《圜天圖説》一書，久欲搜致而未得。今秋偶於坊中得覩是本，完好無缺，急借讀之，而後知曾見知於阮文達，爲之梓行。然則前此之購求不得者，豈紅羊之刼，板片散失歟？抑鐫而未行歟？十數年未償之心願一旦得快覩之，未始非平生之幸也。爰囑坊友以西洋映石法印行，公諸同好。書成，來請序。竊謂序也者，或敘著書之緣起，或敘作者之命意，或抉其菁華而出之。而數事者，阮文達及羅西津、劉樸石諸先生言之詳矣，後學小子何從更贊一辭？書此以志吾幸，或庶幾耳。雖然，讀《南華》「吾生也有涯，而知無涯」二言，又適以增吾心之惆悵矣。

藝文

隋・達摩笈多譯《起世因本經》卷一〇　有優陀那偈：初説雨多少，宫殿中示現。二事多有風，於前諸天行。輦及於壽命，身體光明照。布施持戒業，徧及滿足輪。月影及不現，有影何因緣。諸河諸種子，閻浮樹最後。

唐・玄奘譯《阿毘達磨俱舍論》卷一一　安立器世間，風輪最居下。其量廣無數，厚十六洛叉。次上水輪深，十一億二萬。下八洛叉水，餘凝結成金。此水金輪廣，徑十二洛叉。三千四百半，周圍此三倍。

雜録

清・艾約瑟《天文啟蒙・訓牖》　讀是書者，固俱知己身讀書處爲若何書室矣。設使書室雖有户牖，不能透光外窺，或有人居書室中，永無由户出視之期，彼或即以己書室爲普世。余深知諸生不作如是觀。夫是書室也，止爲是宅中一室耳，外此相與同鄉共里者，尚有若許屋宇。爾肄業諸生，曾親行至他鄉他里，深曉夫比屋而居者，有不能勝數之人也。

設有人家居於中國京都正陽門外和地安門外，於南北大街往來行走。其大街之東西即屬二翼二縣地面，街東屬左翼，屬大興縣，街西屬右翼，屬宛平縣，是以街爲界也。設有人居於倫敦城大米斯河南北，每日必於河橋往來經過，河北屬米得賽郡，河南屬蘇利郡，是以河爲界也。越此河諸橋之一，即由此郡屬境至彼郡屬境矣。

諸生所肄業處，各有各塾各鄉，鄉與鄉合爲縣，縣與縣合爲府，府與府合爲省，省與省合爲國。如英吉利、蘇格蘭、愛爾蘭、威勒斯，皆若許府合而成者，四國合爲一國，即謂爲大英國。設有學者欲讀此書，可先書出生於何國、何省、何府、何縣、何鄉、何書塾業讀，無論是在歐洲、亞洲、美洲，或英國、中國、印度國，果有人如是録出，反覆審視，即知己身讀書之室，於地球上甚微，猶如太倉中之一粟也。世之不解天文者，告以日居中、地與行星旋繞四面，彼必斥以爲非，胡不返然醒悟，知己之識見甚淺，而於天文中致力學之乎？

設有一歐洲之英國學士，其於法國、德國以及俄、奥、土各國，縱未親身遍游歷，耳中已聞人云有如許國。既聞人云有如許國，即知俄、奥、土、德、法、意與英國合爲一歐洲。是可明曉一洲爲衆國所成，一國爲衆省所成，一省爲衆府所成，一府爲衆縣所成，一縣爲衆鄉所成，一鄉爲衆户所成矣。

無論何國人，己身所居者僅一洲也。耳中常聞人言，地球面上有歐羅巴、亞細亞、亞美利駕、亞斐利加、澳大利亞五大洲。此五大洲中俱有人居，盡分士農工商、百工技藝，舉屬國與國爲鄰，貿易人與貿易人通商互市。

五大洲外，復有無數海島。洲島之所有分，即以土地之出乎洋面者有大小也。其大而廣闊者即呼爲洲，小而狹窄者即呼爲島。諸洲諸島合併計之，猶不及海洋面之大而多耳。

諸生既欲習天文，應知此地球爲天文家所稱諸行星中之一星。習至此等步位，雖援筆而書己身勵學某書塾，某書塾屬某鄉，某鄉屬某縣，某縣屬某府，某府屬某省，某省屬某國，某國在某洲，某洲與他等數洲合爲何行星也，亦無不可。

諸生見余著書，於開端如是著筆，疑余欲作地理書，不作天文書乎？殊不知

非也。明語諸生，余未錯誤。余之意見，以爲天文始於地理，欲明天文，宜先曉地理也。余深願諸生洞明此事。諸生肄業之書室，其大小尺寸長短若干、方位若何，形狀若何，是無難一一紀録繪畫者；而容載諸生書室之地球，亦能紀録備舉。設有人離家遠行，至外洋周歷遠地，去已攻讀之書塾已遥遠矣。及一旦旋歸，可將遠地之方位形狀爲大爲小，詳明畢録，與已朝夕所居之書塾、心所知者並無所異。他時展紀録觀玩批閱，遠地之景物如在目前。由是推之，知地球參列衆行星中，將其方位形狀若干大小，詳細察查，紀録表述，指書談講，亦無不能之理也。余茲之著是書，即欲諸生明是理。後果明透而地球面際諸事，益了然矣。

清·葉瀾《天文地球啟蒙歌》凡例 一、《大學》以格物爲始基，是欲讀聖教之書，當先明格物之理。是歌之作，亦欲令童蒙知天地萬物皆有至理存乎其間，非敢以西學相標榜也。

一、中國舊以天地人物分四類，然人即物之最靈智者也，故是歌不復分編人類，而列於物類之首焉。欲明同派之理，不得不然。

一、中國格物之學久已失傳，是歌不得不就各西書採摭而成。其中地名物名多依西人取定名目，讀者不以辭害意可也。

一、歌編成四字一句，以便童蒙易於上口。間有繁瑣之理不能作歌，即就各句下小註詳述，庶讀者更易明白。

一、讀是歌，童子間有不能領會處，須由大人講解之。并宜觀天文圖說、平圓地球圖、百獸百鳥等圖，按歌指點。庶讀者不但知名目，更能知其形狀，由是悟解，精益求精焉。

清·偉烈亞力《談天》凡例 一、此書原本爲侯失勒約翰所撰。約翰昔爲英國天學公會之首，其父曰維廉，日爾曼之阿諾威人，遷居英國，專精天學，不假師授，有盛名。維廉有妹曰加羅林，相助測天，功亦不細。約翰有子亦名約翰，乃印度軍中之武官，即有博學之名。其次子名亞力，已勤習天學，而今即大學內之一師也。侯失勒氏言天者凡五人，學者勿混爲一云。

一、此書原本咸豐元年刊行，其後測天家屢有新得，今一一附入，如小行星最後有如同治十年所得者。又有論太陽等事説，非原書所有，而由重刊之本文新譯之也。

一、凡年月日時，原本皆用西國法，準倫敦經度。今用中國法，準順天經度

譯改，以便讀者。如第八百二十三條中，本文爲耶穌降世一千八百四十六年正月三日〇時九分五十三秒，今譯改道光二十五年十二月初六日戌初三刻十分四十七秒是也。亦間有用各國本地時者。如第五百九十條中，午後三小時六分，若改用中國時，則在夜中不能見日，與下文測見其中體距日心句不合，故仍原文也。

一、中國步天，黄經赤經皆用度分，西國黄經用度分，赤經用時分，例見第九十一、一百零八、一百零九三條。今間依中法，亦譯改度分。如八百二十九條，本文爲十六小時五十一分一秒五，今譯改二百五十二度四十五分二十二秒五是也。

一、凡數皆直書，單位下帶小數則以別之，如三百五十條一·〇一六七九，其小數即十萬分之一千六百七十九也。間有横書者，則因與代數記號相離，依代數例不便直書也。

一、凡度里尺諸數，皆遵《數理精蘊》每度二百里，每里一千八百尺。近代西國細測地球，密推赤道徑，得英尺四千一百八十四萬八千三百八十，赤道周得英尺一億三千一百四十七萬五百六十五，以三百六十度約之，則一度得英尺三十六萬五千一百九十六。考一度爲中尺三十六萬，乃以一度之英尺爲一率，一度之中尺爲二率，一爲三率，求得四率〇·九八五七七。是英國一尺，爲中尺九寸八分五釐七毫七絲也。凡原文英尺譯改中尺俱準此。又英國一里，得英尺五千二百八十，中國一里得英尺一千八百二十五·九八，依此推得英一里。當中國二里八九一六。凡原文英里譯改中里俱準此。

一、中國天圖有新舊二種。舊圖與《步天歌》合，新圖與《經天該》合。書中諸星凡舊圖所有者，則云某座第幾星，如角宿第一星之類是也。若舊圖無而新圖有者，則云某座增第幾星，如老人增第二之類是也。若二圖俱無，則或云近某星，如近外屏第三星之類是也。

清·偉烈亞力《談天》序 天文之學，其源遠矣。太古之世，既知稼穡，每觀天星以定農時。而近赤道諸牧國地炎熱，多夜放羣羊，因以觀天間。嘗上考諸文字之國。肇有書契，即記及天文。如《舊約》中屢言天星，希臘古史亦然。而中國《堯典》亦言中星，曆家據以定歲差焉。其後積測累推，至漢《太初》、《三統》而立七政統母諸數，從此代精一代。至郭太史《授時》，術法已美備，惟測器未精，得數不密，此其缺陷也。

中國言天者三家：曰渾天，曰蓋天，曰宣夜。然其推曆，但言數，不言象。而西國則自古及今，恆依象立法。昔多祿某謂地居中心，外包諸天層層硬殼。傳其學者，又創立本輪均輪諸象，法綦繁矣。後代測天之器益精，得數益密，往往與多氏說不合。歌白尼乃更創新法，謂太陽居中心，地與諸行星繞之。第谷雖譏其非，然恆得確證，人多信之。至刻白爾推得三例，而歌氏之說始爲定論。然刻氏僅言其當然，至奈端更推求其所以然，而其說益不可摇矣。

夫地球大矣，統四大洲計之，能盡歷其面者無幾人焉。然地球乃行星之一耳，且非其最大者。計繞太陽有小行星五十餘，大行星八，其最大者體中能容地球一千四百倍，其次能容九百倍也。設以五百地球平列，土星之光環能覆之。而諸行星又或有月繞之，總計諸月共二十餘。設盡并諸行星及諸月之積，不及太陽積五百分之一。太陽體中能容太陰六千萬倍，可謂大之至矣，而恆星天視之亦只一點耳。設人能飛行空中如最速礮子，亦須四百萬年方能至最近之恆星，故目能見之恆星最小者可比太陽，其大者或且過太陽數十萬倍也。

夫恆星多至不可數計。秋冬清朗之夕，昂首九霄，目能見者約三千。設一恆星爲一日，各有行星繞之，其行星當不下十五萬。況恆星又有雙星及三合四合諸星，則行星之數當更不止於此矣。然此僅論目所能見之恆星耳。

古人論天河皆云是氣，近代遠鏡出，知爲無數小星。遠鏡界内所已測見之星，較普天空目所能見者多二萬倍。天河一帶設皆如遠鏡所測之一界，其數當有二千零十九萬一千。設一星爲一日，各有五十行星繞之，則行星之數當有十億零九百五十五萬，意必俱有動植諸物如我地球。偉哉造物，其力之神、能之鉅真不可思議矣。而測以更精之遠鏡，知天河亦有盡界，非佈滿虛空也。而其界外別有無數星氣，意天河亦爲一星氣，無數星氣實即無數天河。我所居之地球，在本天河中，近故覺其大，在別星氣外，遠故覺其小耳。星氣已測得者三千餘，意其中必且有大於我天河者。初，人疑星氣爲未成星之質，至羅斯伯之大遠鏡成，始知亦爲無數小星聚而成，而更別見無數星氣，則亦但覺如氣不能辨爲星之聚。設異日遠鏡更精，今所見者俱能辨，恐更見無數遠星氣仍不能辨也。如是累推，不可思議。

動法亦然。月繞行星，行星繞太陽。近代或言，太陽率諸行星，更繞他恆星，與雙星同。然則安知諸雙星不又同繞一星？而所繞之星，不又繞別星耶？如是累推，亦不可思議。偉哉造物，神妙至此，蕩蕩乎民無能名矣！

昔大闢有詩曰：「觀爾所造之穹蒼，又星月之輝光：世人爲誰兮，爾垂念之；人子爲誰兮，爾眷顧之。」夫大闢所見天空，理非甚深也，尚歡欣贊歎不能自已，況我人得知天空。如此精奇神妙耶？夫造物主之全智鉅力，大至無外，小至無内，罔不蒞臨，罔不鑒察。故人雖至微，無時不蒙其恩澤。試觀地球上，萬物莫不備具。人生其間，渴飲饑食，夏葛冬裘，何者非造物主之所賜？竊意一切行星，亦必萬物備具，生其間者，休養樂利，如我地上。造物主大仁大慈，必當如是也。設他行星之人類，淳樸未雕，與天合一，見我地球，天性盡失，欺僞爭亂，厥罪甚大，而造物主猶不棄絶，令愛子降生，舍身代贖，當必贊歎造物主之深仁厚澤，有加無已而身受者。反不知感激圖報。吁呼！余與李君同譯是書，欲令人知造物主之大能，尤欲令人遠察天空，因之近察已躬，謹謹焉修身事天，無失秉彝，以上答宏恩則善矣。

清·測隱居士《〈天學入門〉自序》 今自和局既定之後，朝廷鋭意變通學校，爲培養人才之計。飭令各省辦理大中小各學堂，併令州縣多設蒙養學堂以教童蒙。惟思童蒙所讀之書，非簡易不足以便記誦。余既刻《歷代鑑略》、《史鑑節要》、《皇朝掌故》、《地球韻言》，最爲簡易。惟三才之中，尚缺天學一門，今又採取各家天文之書，編輯《天學入門》二卷，併前所刻諸書，總名之曰《三才蒙求》，祈爲初學之助云爾。

圖表

清·合信《天文略論》卷首圖

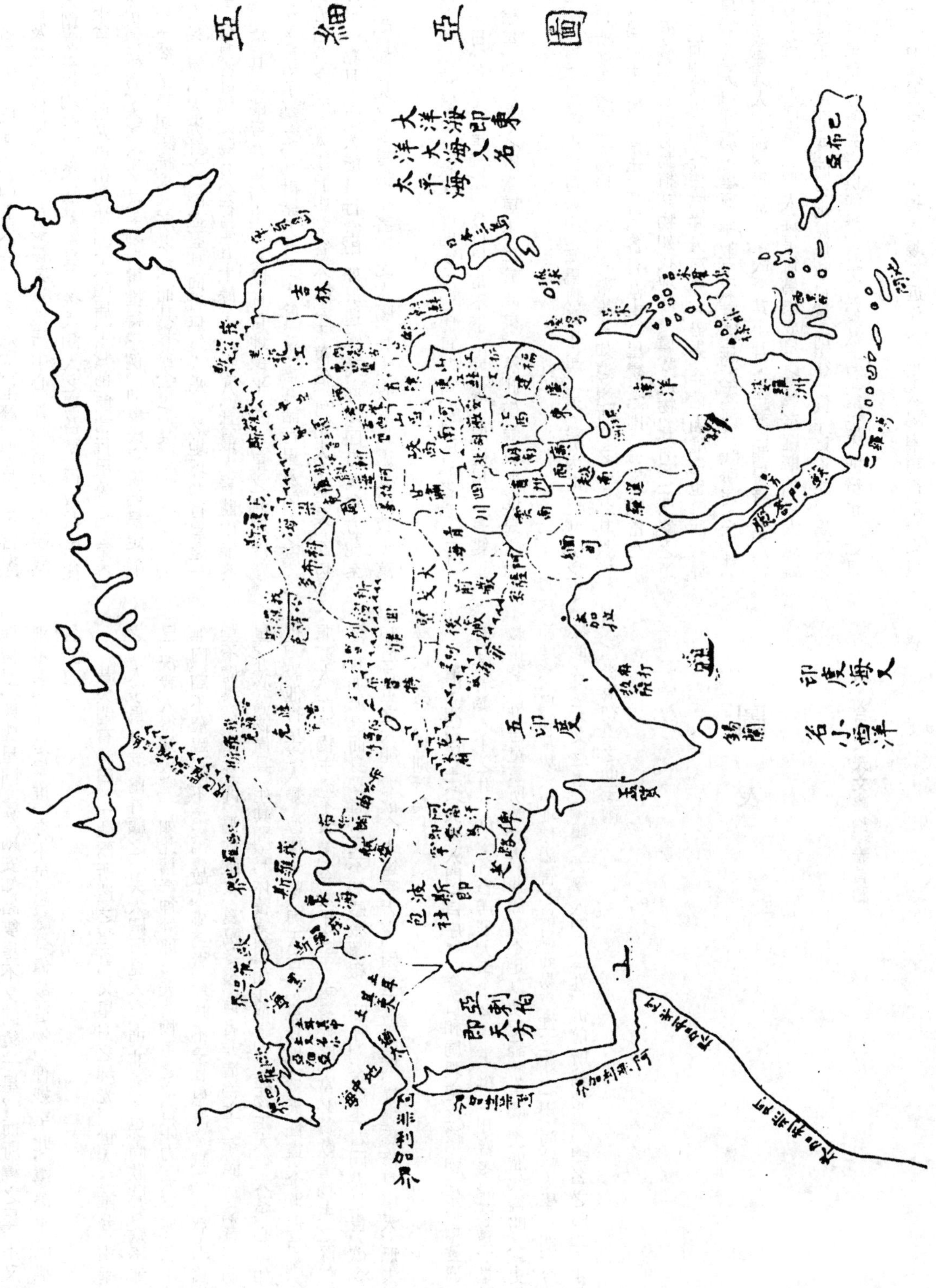
亞細亞圖
大洋海即東洋大海又名太平海
印度海又名小西洋

地球全圖

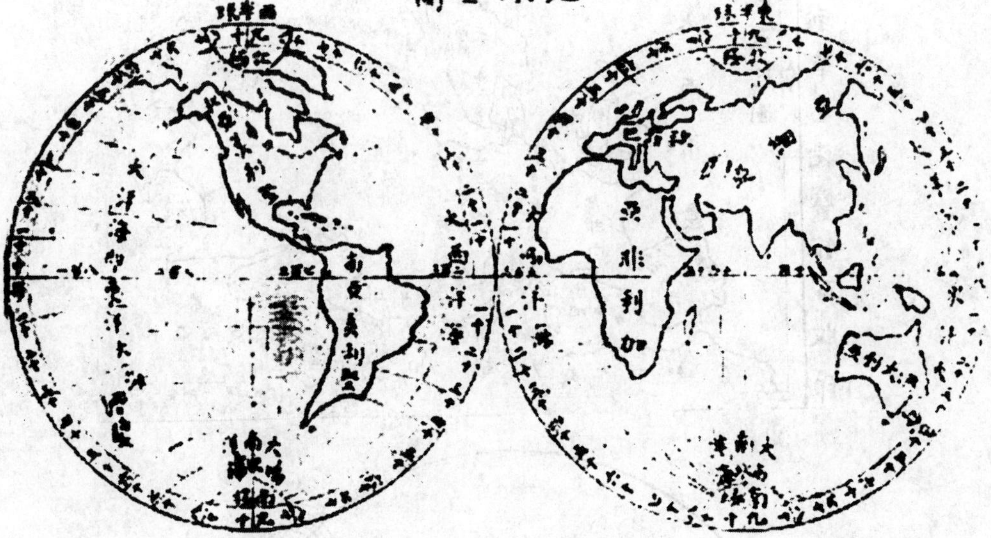

地球四圍南至北為經度東至西為緯度每度約二百四十里

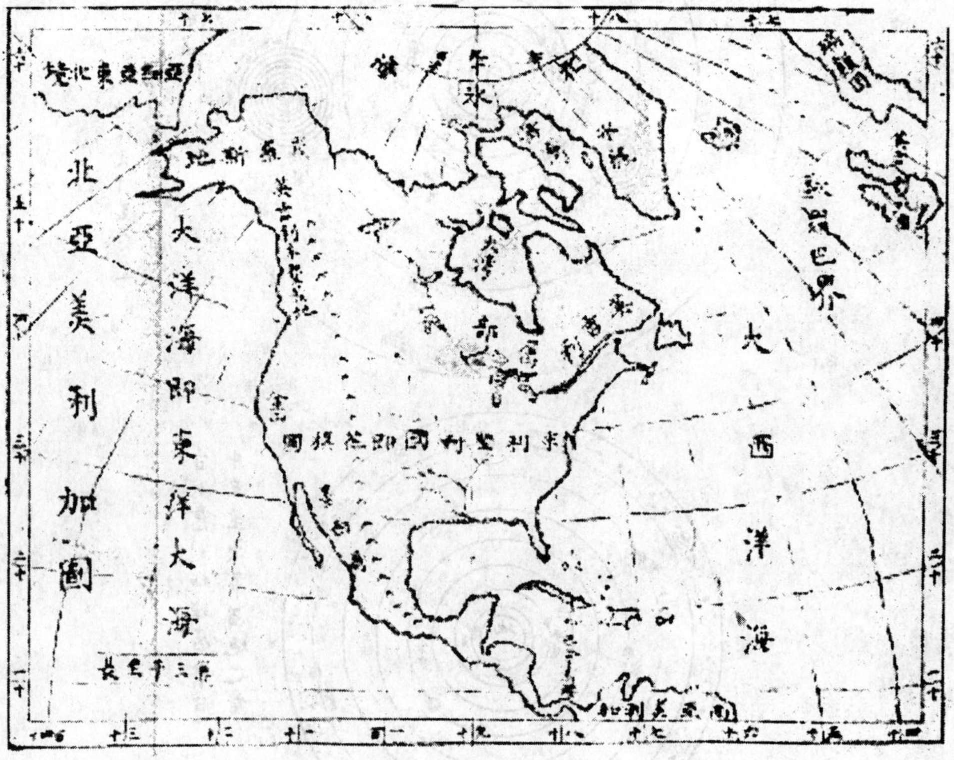

省城金利埠惠愛醫館石版印

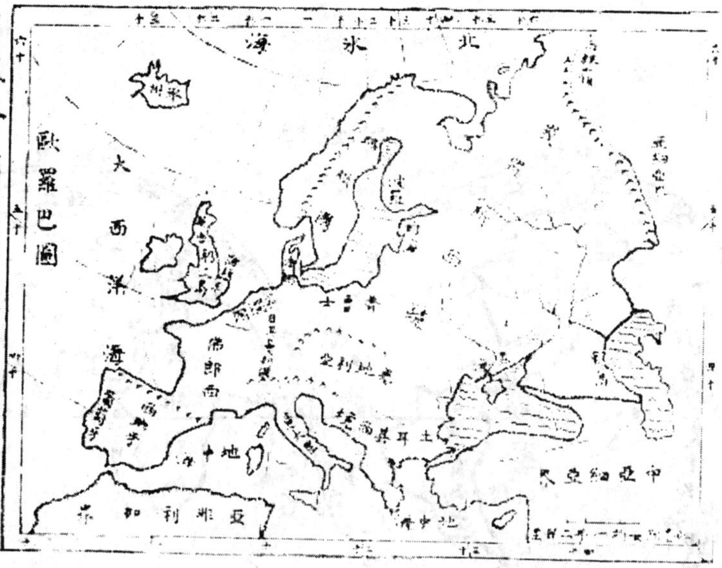

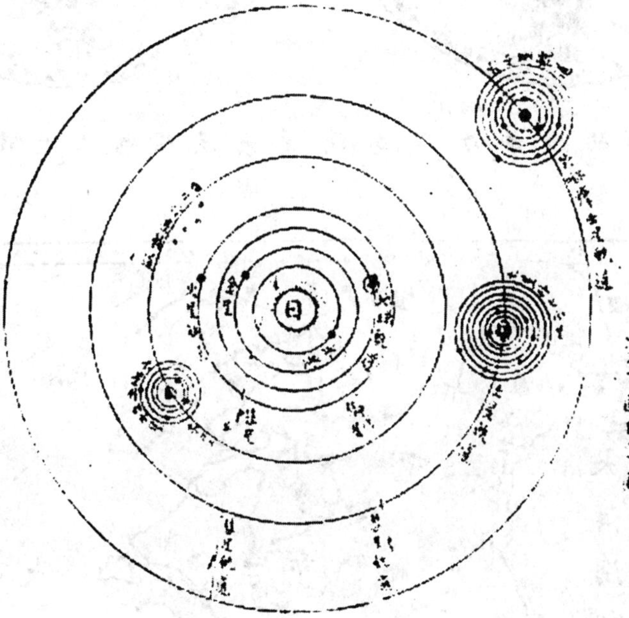

地球及行星繞日之次第圓圈之圖

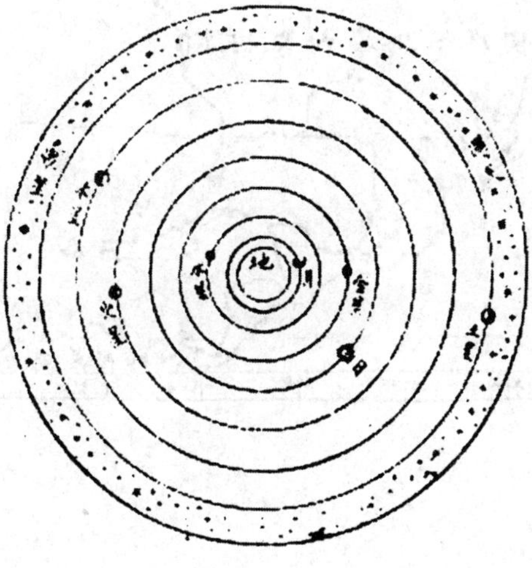

古人意測地球居中日月五星次第圍地之圖

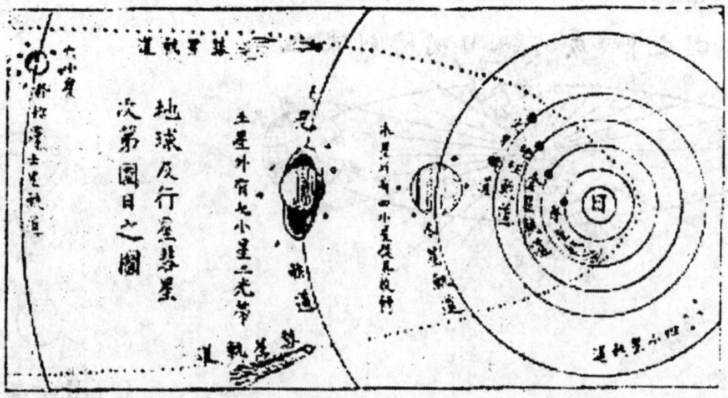

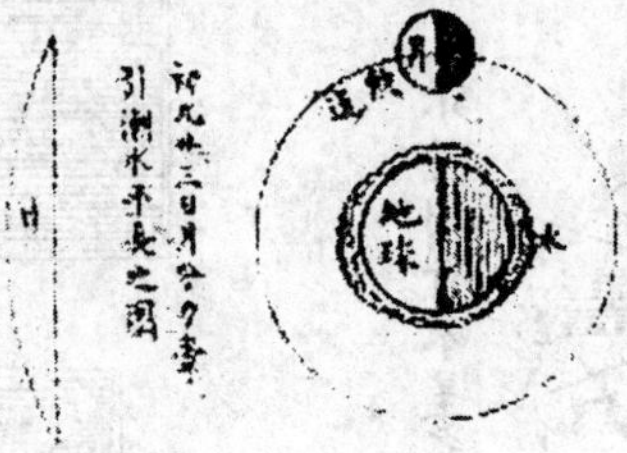

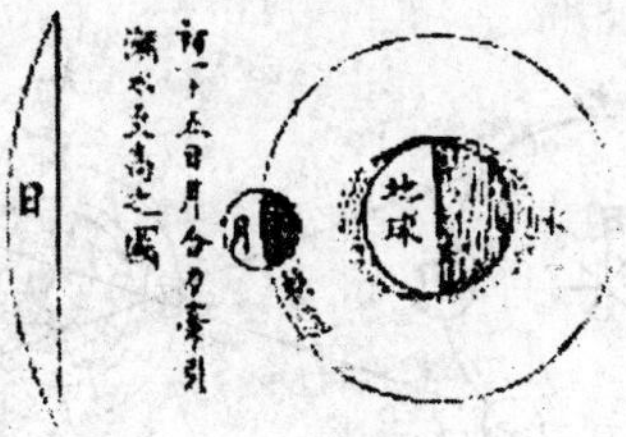

初三見月之形图

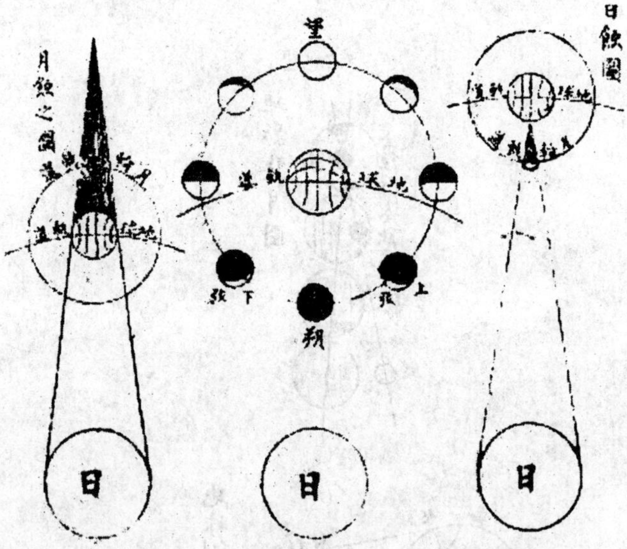

金星如月盈缺之图

土星及二光帶七小星之图

地球側倚圖日成四季之图

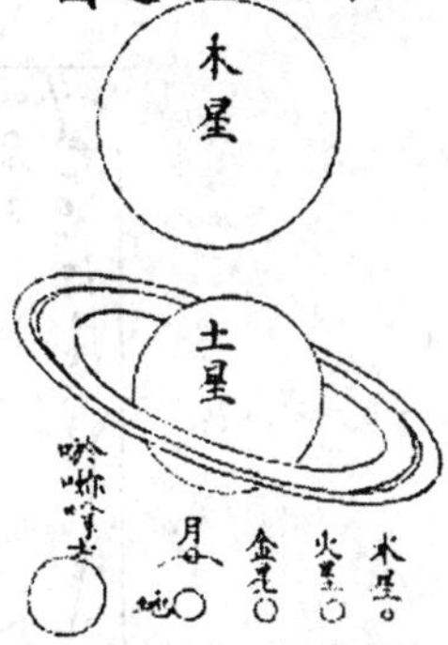

行星大小之图

木星形体及四小行星之图

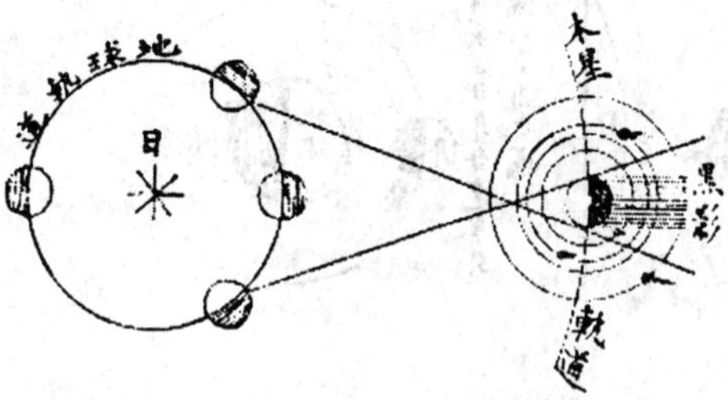

四小星圍行木星之图

大彗星之图

地影掩月圖

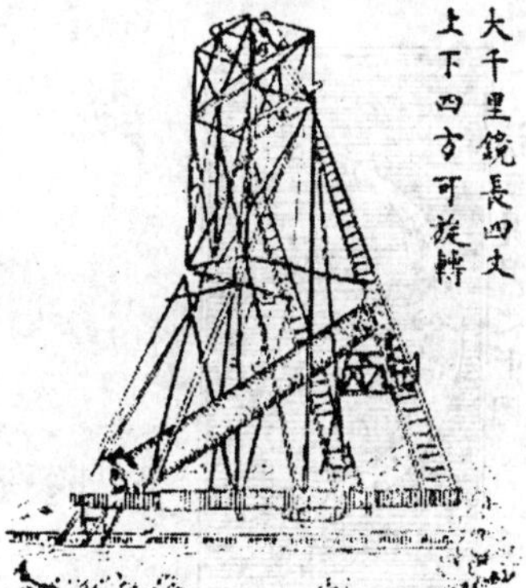

大千里鏡長四丈
上下四方可旋轉

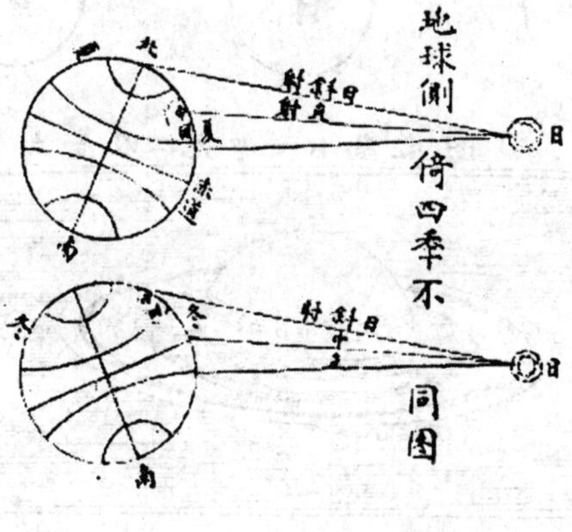

地球側倚四季不同图

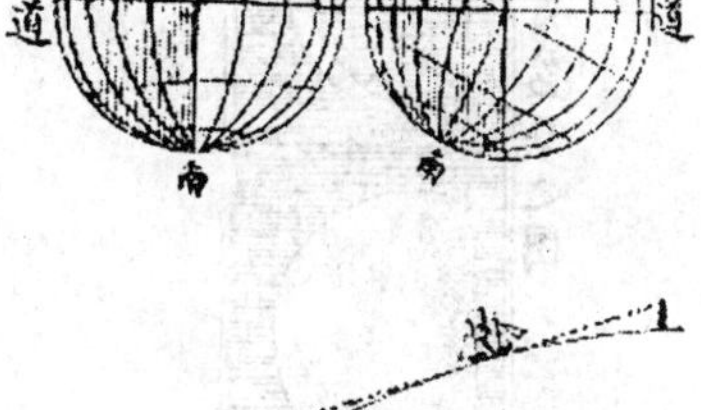

地球側正比較之图

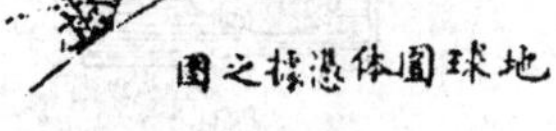

地球圓体憑據之圖

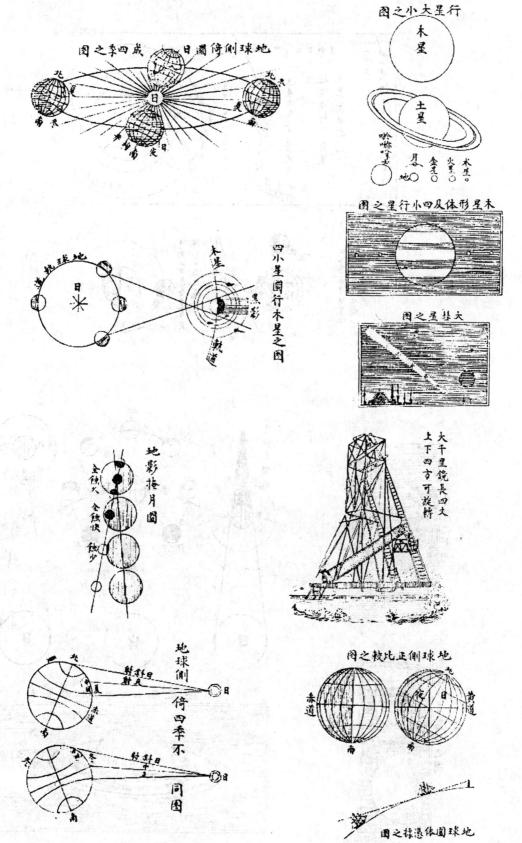

天象記録總部

天象端機醫籍

日食部

題解

《管子·四時》 日掌陽，月掌陰，星掌和。陽爲德，陰爲刑，和爲事，是故日食，則失德之國惡之。月食，則失刑之國惡之。彗星見，則失和之國惡之。風與日爭明，則失生之國惡之。是故聖王日食則修德，月食則修刑，彗星見則修和，風與日爭明則修生，此四者，聖王所以免於天地之誅也。

漢·王充《論衡》卷一一《說日》 日蝕之變，陽弱陰彊也。

又日食者，月掩之也。日在上，月在下，障於日之形也。日月合相襲，月在上，日在下者，不能掩日。日在上，月在日下，障於日，月光掩日光，故謂之食也。障於月也，若陰雲蔽日月，不見矣。其端合者，相食是也。其合相當如襲辟者，日既是也。日月合於晦朔，天之常也。日食，月掩日光，非也。何以驗之？使日月合，月掩日光，其初食，崖當與旦復時易處。假令日在東，月在西，月之行疾，東及日，掩日崖，須臾過日而東，西崖初掩之處光當復，東崖未掩者當復食。今察日之食，西崖光缺；其復也，西崖光復，過掩東崖復西崖，謂之合襲相掩障，如何？

漢·劉熙《釋名》卷一 日月虧曰蝕，稍小侵虧如蟲食草木之棄。

唐·房玄齡等《晉書》卷一二《天文志中》 《周禮》眡昆氏掌十煇之法，以觀妖祥，辨吉凶。【略】五曰闇，謂日月蝕，或曰脫光也。

南朝梁·沈約《宋書》卷一四《禮志一》 合朔之時，或有日掩月，或有月掩日。月掩日，則蔽障日體，使光景有虧，故謂之日蝕。

唐·李淳風《觀象玩占》卷二 日蝕占

李淳風曰：日依常度食者，月來掩之也。臣下蔽君之象，人君當慎防權臣、內戚在左右者。其食雖依常度，而災害在於國。

唐·李淳風《乙巳占》卷三 日月兩體相掩映，從一邊起，漸侵，或多或少，此爲蝕也。猶似蟲蝕葉之狀，日被月蝕陰侵陽，下淩上。

宋·王應麟《六經天文編》卷上《天道》 日食者，月體掩日光也。

論說

南朝梁·沈約《宋書》卷一四《禮志一》 史官答曰：「合朔之時，或有日掩月，或有月掩日。月掩日，則蔽障日體，使光景有虧，故謂之日蝕。日掩月，則日於月上過，謂之陰不侵陽，雖交無變。日月相掩必食之理，無術以知，是以嘗禘郊社，日蝕則接祭，是亦前代史官不能審蝕也。自漢故事，以爲日蝕必當於交。每至其時，申警百官，以備日變。故《甲寅詔》有備蝕之制，無考負之法。古來黃帝、顓頊、夏、殷、周、魯六曆，皆無推日蝕法，但有考課疏密而已。負坐之條，由本無術可課，非司事之罪。」乃止。

唐·李淳風《觀象玩占》卷三 日月食說

《天文志》曰：按：戰以後，古曆廢壞，漢世始推月行九道，然猶未驗其所行之遲速也。漢末劉洪作《乾象曆》，復推月行遲速，然交食之法，猶未詳著。大抵朔望值交，不問內外，入限便食。至陳，張賓創立外入限，然應食不食，亦未能。玄獨得其妙，以爲日行黃道，月行月道，月道交給黃道外十三日有奇而入，經黃道謂之交朔望，去交前後各十五度已下即當。若月行內道，在黃道之北，食多驗；月行外道，在黃之南，雖遇正交，無由掩映，食多不驗，交食之法至是始精。《隋書》曰：月，陰精也。日光照之則見，日光之所不照曰望日。日月相望，人居其間，盡觀其明，故形圓。二弦之日，日照其側，人觀其旁，故半明而半魄。晦朔之日，日照其表，人在其裏，故不見。張衡曰：對日之衝，其大如日，日光不照謂之者虛闇。虛值月則月食，值星亡。月望行黃道，值闇虛，故食。值之表裏深淺，故月食有此多少。沈括曰：凡日食，當月道自外而交入於內，則食起西南，復於東北；自內交出於外，則食起於西北，復東南。日在交東則食其內，日在交西則食其外。食既則起於正西，復於正東。凡月食，月道自外入內，則食起

於東南，復於西北；自内出外，則食起於東北，復於西南。月在交東則食其外，月在交西則食其内。食則起於正東，復於正西。交道每月退一度餘，凡二百四十九交而一期。故西天法。羅曠、計都皆逆步之，乃古今之交道也。交初謂之羅睺，交中謂之計都。

宋・朱熹《朱子全書》卷五〇　歷家之説，謂日光以望時遥奪月光，故月食；日月交會，日爲月掩則日食。然聖人不言月蝕日，而以有食爲文者，闕於所不見。

日食是爲月所掩，月食是與日争敵，月饒日些子方好無食，日月食皆是陰陽氣衰。徽廟朝曾下詔書，言此定數，不足爲災異，古人皆不曉歷之故。

明・熊明遇《格致草》　日月交食

日在月上，朔而日月行度南北同經，東西同緯，則月掩日而日爲之食，固也。惟望而月食，日在地下，月在天上。儒者謂月亢日而月爲之食。曆家曰闇虚。問其何以亢，何以闇虚，畢竟不能置對。殊不知月星皆借日爲光，日在地下，月在天上，經緯皆同則地影適遮日光，月不受光而月爲之食。然朔不必皆日食，望不能月食，何也？蓋經度同而緯度不同故也。日止行黄道一線，萬古有常；月則或南或北，故同經不能同緯。日體大，地體小，若不同緯，便爲日光射及，然普天之下，食之時與食之分數不能盡同，以地面早夜不同日月行動故。或曰：星月俱借日爲光，地影既可以食月，獨不可以食星乎？曰：諸星所麗之天距月天甚高，日光大，地影小，過月以上則暗影漸尖細，至於星邊地影不及矣。然金水二星亦在日下，地球大於金星三十六倍又二十七分，大於月輪三十八倍又三分之一，是金星大於月輪，月既掩日，金星過日下獨不掩日，何也？曰：凡物以形相掩，非惟論其大小，又當計其遠近。近目者，愈近則愈掩，如以一指置睫間，宇宙可蔽。及其遠也，雖泰山不礙，金星雖大於月，乃在月天之上，去人目甚遠，故不能掩日，月雖小於金星，去人目最近，故能掩日光也。

格言考信

《朱子語類》曰：月受日光只是得一邊光，日月相會時，日在月上，不是無光，光都載在上面一邊，故地上無光到得。日月漸漸相遠時漸擦挫，月光漸漸見於下，到得望時，月光渾在下面一邊，望後又漸漸光向上去。朱子《詩經・十月之交註》曰：晦朔而日月之合，東西同度，南北同道，則月掩日而日爲之食。

渺論存疑

《淮南子》曰：麟鬬則日月食。朱子《詩經・十月之交註》曰：望而日月之對，同度同道，則月亢日而月爲之食。月在天上，日在地下，請問月如何亢日而月爲之食？恐紫陽夫子也解不去，凡解得去者便做得像，試請做一亢日闇虚之象，如何？

當食不食辨

張衡云：對日之衝，其大如日，日光不照謂之闇虚。月望行黄道則值，闇虚有表裏深淺，故月食有南北多少。朱熹頗主是説，由是言之，日之食與否當，觀月之行黄道表裏，月之食與否，當觀所值闇虚表裏，大約於黄道驗之也。夫闇虚之説，謂對日之衝，其大如日，謬論也。殊不知地影遮隔至月天漸尖，安得與日同大？如唐開元盛際，及宋紹興十三年、十八年、十九年、二十四年、二十五年、二十八年、三十一年，隆興二年，淳熙三年、四年、十六年，慶元四年、五年、六年，嘉泰二年、三年，開禧二年，嘉定四年、十一年，皆有當虧而不虧。邵雍云：日當食而不食，曆筭之誤。云唐孔氏曰：日月交會謂朔也，交會而日月同道，則食；月或在日道表，或在日道裏，則不食矣。又曆家爲交食之法，大率以百七十三日有奇爲限。然月先在裏，則依限而食者多；若月在表，雖依限而食者少。杜預見其參差，乃云：日月動物，雖行度有大，量不能不少有盈縮，故有雖交會而不食，或有頻交會而食者，此説得之矣。孔氏此説猶屬臆揣，當食不食畢竟是曆筭之疏，邵子之言爲確，張衡、朱熹、杜預尚隔垣之見也。凡春秋十二公二百四十二年日食三十六，《穀梁》以爲朔二十六晦七，按《春秋》書日食，終於魯定公之十五年，《漢史》書日食始於高帝之三年，其間二百九十三年，搜考史傳，書日食者凡七而已。昔春秋二百四十二年日食凡三十六，劉向猶以爲乖氣致異，至前漢二百一十二年而日食五十三，則又數於春秋之時，後漢百九十六年而日食七十二，魏晉一百五十年而日食七十九，則愈數於漢西都之世矣。春秋降而戰國七雄競角，争城争地，斬艾其民，伏尸百萬，以至始皇二世，生民之禍裂矣，世道之變極矣。乖氣所致，謫見於天，宜不勝書，而此二三百年之間日食僅六七見焉，何哉？蓋史失其官，不書於册，故後世無繇考焉。夫日月食可以推步，正因其有常也。其春秋秦漢所記，疏密懸絶，或曆官之失，或史官之漏，或書册之缺耳。日月合朔乃食，恐未有月食於晦者，《穀梁》以後，如漢唐宋諸志書晦食者比比。皆曆官未密，亥子一差，遂争兩日耳。日食之難測，苦於陽精晃耀，每先食而後見；月食之難測，苦於游氣紛侵，每先見而後食。

清·揭暄《璇璣遺述》卷四　日月合璧

問：日月會而有交，交之正爲合璧。以起曆元甲子，乃屬休徵，後世不知，誤以爲食，稱以爲災，何與？曰：日月食不爲災。問：亦有言及者，日月交而非食，自古傳訛，未之是正耳。請言其所以。日月在天也，火氣飛騰，故日位高。水氣下附，故月位卑。人生環地而處，其位又里，過朔而交，則日居上，人居下，月隔於中，參值則日見而月不見，日非有食也，太陽照於月上，其光自若也。故食之時有多寡，食之地有遠近，皆由人目對與不對於日，無異也。如日當頂，見全食；東西南北稍偏，則或見半食，或見止一線；至萬五千里外，並不見食。凡見太陽處，乃人目被月掩，非太陽有異也。相望而交，則日居下，月居上，地隔於中，參值則月入地影而黑，亦非食也。火之照物，對沖必得黑影，地居天中，日循天而週，月適過影位則闇矣。但日徑大地數倍，光肥於照又數倍，故影漸遠漸小，沖至月位僅大度半，自初虧至復圓，雖深入闇影，無過二時止耳。月體本黑，借日爲光，蓋自生魄以至死魄，循環悉現黑象，豈待地隔而然哉！全食晦象也，半食上下弦也，出影入影皆由日光對與不對於月，無異也。而交之中又有實中，似三者從地心直至黄道，七曜正當此徑爲實交。月與五星居小輪之邊，俱有小輪，但大小不等。亦當地心徑爲中交，地心一徑，地面又一徑，人目所見皆從地面爲似，交合朔論實，實者未必見虧；復論見，見者未必實。地心至地面差一萬四千三百一十八里餘，在月約差一度，如月已出地心徑，尚未出地面徑，日止差二分。以日月較，凡在地平上二十度内，月常降於日五十八分，從此漸高漸減，高至七十度則日無視差，月差二十分。降於日二十分或至掩日數分而食，是爲視差。至午居頂，則地心地面共一垂線，爲無差矣。過此又漸降漸增，亦至一度。又月北交則視差有減，南交則增。然日月俱在地平上，不若實交則不論上下也。地平差又分二焉：一，加減交食分數謂之氣差。一，加減時刻分數謂之時差。今日食抑以實交爲食乎，亦以所見爲食乎？曰：交曰合璧皆美名也，至食則凶象也。《春秋》注：食者，有物侵噬。又曰如虫食草木葉。《爾雅翼》歷言交食竟是今日死法。又言若有物食而不知其名，既爲物侵噬，何以旋即復出如故？其實太陽、太陰爲天地正令化育根本，豈有物能侵噬？不過月形地影相隔耳。凡物之近目者，雖小必大；物之遠目者，雖大必小。月體小而近目，日距之且千百萬里。諺曰一指能掩喬嶽，以指近目也。謂之掩喬嶽，則可謂之食。喬嶽可乎凡物之大者，乃能掩小物之，小者安能掩大？月小於日又千百餘倍，謂指能掩目，則可謂指能掩喬岳，可乎？掩且不可言猥，云食耶日月合。朔爲正交，日月相望爲對交，止可以交論耳。以交論則皆爲美事，天地交則萬物長，夫婦交則男女生，天地之交無他，以陰陽交之也。陰陽之交無他，以日月交之也。日月交爲地天泰，而乃以爲變乎？日爲太陽之宗，有夫象。月爲太陰之宗，有婦象。其交也，正如男女婚配，夫妻好合，宜其室家相慶，乃以爲變乎？或曰：以其有虧損也，以其屈昏昧也。不知日在月上，其光正自故滿；日在地下，不過影射闇虚。太陰、太陽形體如故，曾何虧損乎？且古者嫁娶必以昏時，男女作合必於宵夜，是以禮名婚姻。日月在天也，惟恐其不交耳。交則萬物得以生，生惟恐交不甚耳。甚則生生之道必盛，即使日晝如夜，良屬快事，乃以爲變乎？凡不當有而有者謂之變，不當有而有又足爲害，乃謂之災。日月之交也，相合則同經同緯，相對則龍頭龍尾，兩道相從，勢所必至。夕桀家先已算定時日，測定分數，乃當有而有，烏足言變？太陽交於五千以下，太陰交於一萬以下，累中積四應，以交中策除之，截法則於交食後或加交差而以交終策除，或加轉差而以轉終策除，月則於除法而半折之，量其欠餘，則五千、一萬以内則知有食，然後以南北、升降、遠近、遲疾、地平高下而得實，似加減時刻分數焉測則。團朝欽天監每先二年於二至二分測定，推算交食分秒時刻，起復本位并五星行度，先週年禮部即頒行直省，惟食朔臨時乃宣。且其交亦比比矣，不惟昏昧之朝時見，即聖明之朝亦時見，在聖明固不足爲害，在昏昧亦，豈由此致害乎？乃當有而有，不足爲變，又安足爲災？或日時愆戾氣，孱夫則病，壯夫則否，故當聖明，雖數食不足爲累，當昏昧，即間食亦致亡國，其徵見下。又《天官書》暈璚風雲天之容氣，發見亦有大運，故董仲舒、劉向京房輩沾沾言之，高后崩則爲應二年食，衛后自殺則爲應建元食。漢成帝永始元年九月食，京師獨見，谷永以爲沉湎於酒故。二年二月食，京師不見，四方皆見，又以爲百姓屈竭故。惟知者知幾，聖人達變，指事爲應，是或一道也。自古傳訛未之或改者，蓋由上世天官草創，故堯時分命推測，舜時在璇璣玉衡，至仲康時義和由昏昧固知，《春秋》書朔不書日，或失之前；書日不書朔，或失之後；并有不書日不書朔，則日月俱失也。《公羊》云：失之前者，朔在前也；失之後者，朔在後也。《穀梁》云：言日不日朔，食晦也；不言日不言朔，夜食也。《春秋》書食凡三十七，失之後一月者六，失之前一月者七，失之前二月者二，失之前三月者二。《穀梁》以爲晦日食七，夜食二，二日食一。《公羊》以爲二日食七，晦日食二。《左氏》以爲二日食十八，晦日食一，失前失後皆由歷法疏也。在當時，合朔且不能定，矧能辨食與非食之故？與夫子作春秋，亦但因魯史舊文志謹而已，豈如天官時日災患之所必悉耶！太史公亦有曰：月食常也，日食不臧也。故《春秋》書日食不書月食，亦但知其一，不知其二。按大撓作甲子，邵子作經世，歷元謂皆首於日月合璧、五星貫珠。夫歷元甲子爲萬世歲首，古今朔旦第一日，開物成務之首，何等休美！何等重

政！不託始於吉祥，而託始於災變，未之敢信也。或曰：冬至子之半，歷元起於夜，不起於日，爲合璧不可爲食，不知子半雖屬宵夜，此處不見，他處必有見者。如漢安帝元初三年三月、五年八月，遼東張掖獨見之類。此處爲子半，在對足則爲中午，午非正見實食耶！如金陵則與南亞墨移加瑪八作國足底相對之類。況夜亦稱食，如莊十八年三月，不書日朔，稱爲夜食之類。故以吉言合璧爲正交，以凶言合璧爲食既，不論夜與日也。豈惟日月合即五星亦有相貫，不惟日月合先已算定日時，即五星相貫及陵犯雜座亦已預定之矣。日中黑子星入日中，星入月中，月掩五星，五星自相掩，皆可測算。至陵犯雜座計有名星一百三十九，無名星一百三十八，皆有定數。又以月五星所躔黃道盈外縮內緯度分，各以盈縮全分歸除之，得日行南北分，以行次日盈縮乘之，得黃道內外度分，與黃道相減，即得陵犯，又知時日矣。至五星順逆鉤巳，所陵所犯又以日沖正偏算。總之，七政在天，其離合聚散，皆其躔度使然，乃常而非變，自然而非拂戾，有何凶害而可以災目乎！然則素服以避者，何勵精之朝！安不忘危，治不忘亂，雖屬禎吉，亦必恐懼。修省以保之；而後可致無虞，不必專爲變異也。

謝尚璉曰：日月交正是陰陽和會，萬物亭毒，率士爲當歡禱相慶，而乃鐘鼓弓矢以救，何與？得此一變，乃劃然而解。

《春秋》伐鼓用牲，《春秋》譏其違禮。又長安每當月蝕，士女取鑑向月爭擊之，謂之救月，流弊使然與。萬年春曰：甲子曆元日月合璧，謂日光月魄兩兩併集如雙壁然，凡日行一道，月一道，五星各一道，是時七政之聚，異軌同方，蓋平合也，亦猶聯珠之義，與上下交蝕者異。偶與新建杜君葵芳洲論及，因記於此。

清·楊光先《不得已》卷下　日食天象驗

湯若望之曆法，件件悖理，件件舛謬，乃詫於人曰：我西洋之《新法》，算日月交食有準。彼以此自奇，而人亦此奇之，竟弗考對天象之合與不合，何其信耳而廢目哉？已往之交食，姑不具論，請以康熙三年甲辰歲十二月初一戊午朔之日食驗之，人人共見，人人有目，難盡掩也。其準與不準，將誰欺乎？而世方以其不合天象之交食爲準而附和之。

是以西洋邪教爲我國必不可無之人，而欲招徠之，援引之，以自貽伊戚也，毋論其交食不準之甚。即使準矣，而大清國臥榻之內，豈慣謀奪人國之西洋人鼾睡地耶？從古至今有不奉彼國差來朝貢，而可越渡我疆界者否？有入貢陪臣，不還本國，呼朋引類，散布天下，而煽惑我人民者否？

江統《徙戎論》，蓋早炳於幾先，以爲毛羽既豐，不至破壞人之天下不已。茲敢著書顯言，東西萬國及我伏羲與中國之初人，盡是邪教之子孫。其辱我天下人至不可以言喻。而人直受之而弗恥，異日者脱有蠢動，還是子弟拒父兄乎？還是子弟衛父兄乎？衛之於義，不可據之，力又不能。請問天下人何居焉？

光先之愚見，寧可使中夏無好歷法，不可使中夏有西洋人。無好歷法，不過如漢家不知合朔之法，日食多在晦日，而猶享四百年之國祚。有西洋人，吾懼其揮金以收拾我天下之人心，如厝火於積薪之下，而禍發之無日也。況其交食甚舛乎？故圖戊午朔食之天象，與二家報食之原圖，刊布國門，徧告天下，以辨舊法新法之孰得孰失，以解耳食者之惑云。

清·游藝《天經或問》卷二　日食

問：日爲諸陽之主，永無虧損，何得有食？

曰：日爲諸陽之宗，星月皆借光焉。而日所行在月天之上，月所行在日天之下。朔日日與月相遇，兩周相切，兩周者，日周天、月周天也。與南北同經，東西同緯，則月受日之光於上，月體隔日之光於下，是日月相值則蔽而不見。然日與月雖則相疊，而上下相離數百萬里，其相值也特相盪而過。自人在地面上仰視之，則見其月掩日，於是日若無光，然實未常失光也，人不見其光故謂之食，若日食非月掩，則食無常，何定在朔而不前後也？而食時天上度分唯一處，人居圓地，則食分隨東西南北，人見無有同者。歷家不明各方經緯之度，游熙曰：天有經緯之度，地亦有經緯，兩合之測則不甚差。則無以知幅幀相距之數，而交食時刻與分數行之一方，不能通之各方耳。如從西面東，地隔七千五百里者，則東人先八刻見食。設若地平形，則天下人見食共在一時，無有先後也。若南北經緯之度距過三十四分者，則月從邊行，人不見其掩，則無食矣。

清·魏源《海國圖志》卷九七　《日月蝕論》曰：人必明於月蝕之故，乃可證地圜之理。夫日蝕月蝕果何故耶？蓋地月各行於本道不息，月乃地之跟星，離地球八十五萬九千五百里，循環於地球之外，相離地球之遠近雖異於各星，卻有交會之際。其交會之際如日居上而地居下，月在其中，斯有日蝕，緣地本黑暗，必受日光而明，凡有月過其中，勢必掩蔽日光不能下照，且月之正面受日光而明者向上，其背面黑暗者向下，故日蝕必在月朔，乃此時日月地俱平直相對也。其交會之際如月居上而日居下，或月居東而日居西，地在其中，斯有月蝕，緣月本體亦黑暗，必受日光而明，凡有地過其中，勢必掩蔽日光不能射照，且月

之循環地球之外，必於十五日方能行至地球背面，故月蝕必在月望，乃此時月地日俱平直相對也。再日月之蝕，所蝕多寡不同，故有三等之分，一曰滿蝕，一曰半蝕，一曰圜蝕。

其滿蝕者，乃本體全被蔽者也，日月之蝕皆然。日蝕者，蓋月道非圓，其形如卵，故月行本道，離日地有遠近之分。雖本體較日甚小，但近日則不能全蔽其光，近地則可以全蔽其光也。且滿蝕更有隨蝕隨現、蝕後微停始現之别，蓋日大月小，日光照月，月之黑影下垂尖鋭，離日愈遠，其影愈尖，勢必影隨形轉。地上之人若在月影之末，其處黑影尖小，月身一動，其影即過人，則即見日光，故曰隨蝕隨現也。地上之人若在月影之中，其處黑影寬大，月身雖動，其影不能立刻過完，及至刻影過完，必緩斯須，人則方見日光，故曰蝕後微停始現也。月蝕者，地體大於月，月經於地，受日射於影中，地大月小，可以全蔽，無所受之光，月即黑，故爲滿蝕。且滿蝕亦有隨蝕隨現、蝕後微停始現之别，蓋日大地小，日光照地，地之黑影上射尖鋭，地離日愈遠，其影愈尖，亦必影隨形轉。天上之月若離地遠，其處黑影窄小，過之甚易，毋庸耽延，即刻可現，人則即見月光，故曰隨蝕隨現也。天上之月若離地近，其處黑暗寬大，過之較久，必需遲滯不能即現，人則微待方見月光，故曰蝕後微停始現也。

其半蝕者，有多半少半之分，日月之蝕皆然。蓋此際地月各行本道，雖然交會，未曾平直相對，或上或下，惟蔽半光，故爲半蝕。

其圜蝕者，乃中間黑暗周圍露光也，惟日蝕則然。蓋月體較日體甚小，雖平直相對，但月近日遠地，其黑影未曾到地，是以地上之人尚可見日之周圍圜光，故爲圜蝕。且日蝕非每朔而有之，因月行本道，或左或右，不能常與日地平直相對而交會也。又月蝕亦非每望而有之，因地行本道，其影隨形而轉，月行本道不能常常遇地之影也。但日蝕月蝕每年至多不能越七次，至少不能無二次，且日蝕比月蝕較多，但月蝕比日蝕易見，至日之滿蝕甚少，每十八年之間共約七十次，乃四十一次日蝕、二十九次月蝕也。又不能天下各處皆然，因有先後之分、多寡之别，故不能畫一也。

以上已解明月蝕之故，乃月上日下，地在其中，日所發之光爲地影遮蔽，不能照於月身，而地影射於月身也。夫影必如形，一定之理，若地體果方，月中之地影必露圭角，何以月蝕或滿或半，或多半或少半，人但見其黑影永爲圓者？蓋地必圓形，始有圓影，地球之圓無可疑矣。

綜　述

《禮記・婚義》 是故男教不修，陽事不得，適見於天，日爲之食。

又 是故日食則天子素服，而修六官之職，蕩天下之陽事。

漢・班固《漢書》卷二六《天文志》 其食，食所不利；復生，生所利；不然，食盡爲主位。以其直及日所躔加日時，用名其國。

又 古人有言曰：「天下太平，五星循度，亡有逆行。日不食朔，月不食望。」夏氏《日月傳》曰：「日月食盡，主位也；不盡，臣位也。」《星傳》曰：「日者德也，月者刑也，故曰日食修德，月食修刑。」然而曆紀推月食，與二星之逆亡異。熒惑主内亂，太白主兵，月主刑。自周室衰，亂臣賊子師旅數起，刑罰失中，雖其亡亂臣賊子師旅之變，内臣猶不治，四夷猶不服，兵革猶不寢，刑罰猶不錯，故二星與月爲之失度，三變常見；及有亂臣賊子伏尸流血之兵，大變乃出。甘、石氏見其常然，因以爲紀，皆非正行也。《詩》云：「彼月而食，則惟其常；此日而食，于何不臧？」《詩傳》曰：「月食非常也，比之日食猶常也，日食則不臧矣。」謂之小變，可也；謂之正行，非也。故熒惑必行十六舍，去日遠而顓恣。太白出西方，進在日前，氣盛乃逆行。及月必食於望，亦誅盛也。

唐・房玄齡等《晉書》卷一二《天文志中》 日蝕，陰侵陽，臣掩君之象，有亡國。

唐・魏徵等《隋書》卷二〇《天文志中》 日食，陰侵陽，臣掩君之象，有亡國，有死君，有大水。

日食見星，有殺君，天下分裂。王者修德以讓之。

唐・李淳風《乙巳占》卷一《日蝕占六》 夫日依常度，蝕者月來掩之也。臣下蔽君之象。日行遲，一日行一度，一月行二十九度餘，月行疾，二十七日半一周天，二十九日餘而追及日。及日之時，與日同道而在於内映日，故蝕其象。

唐・瞿曇悉達《開元占經》卷九　候日蝕一

京房《日蝕占》曰：日之將蝕也，五龍先見於日傍。青龍見於日左，以春蝕；赤龍見於日上，以夏蝕；黄龍見於日中央，以六月蝕；白龍見於日右，以秋蝕；黑龍見於日下，以冬蝕。欲候此龍見日蝕法，當以五寅日候之，春以甲寅，夏以丙寅，六月下旬以戊寅，秋以庚寅，冬以壬寅，此所謂五寅也。置盆水庭中，平旦至暮視之，則龍見。欲知何月？孟月以孟，仲月以仲，季月以季。欲知何日蝕？龍以上旬見，日以朔蝕龍；以下旬見，日以晦蝕；龍以日出見，以日出蝕；龍以日中見，以日中蝕；龍以晡時見，日以晡時蝕；龍以日入見，日以日入蝕。《春秋合誠圖》曰：日之將蝕，陽微陰漸，其城君蔽，臣恣，下壅塞，九引先出，日乃毀息。陽，日也，君也。陰，月也，漸猶入也。君微弱，故陰氣入日，是主闇蔽，臣下壅塞，君恩化使不施行也。九引先出，卒蝕日也。日將蝕破滅，必先氣引出見祥也。常經以效類，垂萌法至尊、陽精魄。常經、垂萌、上十二月所祭者也。故冬至、夏至，入陽氣，陰注布貞以精明魄，權成其尊也。《春秋感精符》曰：日將蝕，必先青黄不卒，至漸消也。日光沉掩，皆月所掩毀傷。雌爲政，伐其雄。京氏曰：日失魄者，將蝕。月失魄者，水。所謂失者，日光精，移處若有兩日也。《尚書璇璣鈐》曰：北斗第一星，率色數赤不明，七日内日蝕。《春秋感精符》曰：日紫色出二十日以上則蝕既禍必合。石氏曰：日月以二月、八月出房南，過其度，其衝日月以晦蝕；出房北，過其度，其衝日月以朔蝕。郗萌曰：辰星受制，不見輿鬼，乃日蝕。郗萌曰：歲星、辰星逆乘張左右角，皆爲日蝕，國有大變。《荆州占》曰：諸日變皆旬望以上，旬十日、望十五日，其衝月，皆應當蝕。乃災成正月日色變，來七月日蝕是也。韓楊曰：熒惑南去列星間，從四舍以上，期百二十日，日蝕。

候日夜蝕二

《易萌氣樞》曰：日夜蝕者，火中無影，言日當夜蝕，建八尺竹，視其下無影，蝕不可見，故以表候之耳。日所以夜蝕者，人君諱其過，臣下强，君不能制，見臣之惡，反以爲善；見臣邪僻，反以爲正直。故日夜蝕陰過盛，陽道微，日夜蝕者，謀臣誅。

日薄蝕三

《河圖帝覽嬉》曰：日月赤黄無光，命曰薄；破毀傷，命曰蝕。孟康子曰：日月無光曰薄。京房《易傳》曰：日月不交而蝕，曰薄。韋昭曰：月氣往迫之，爲薄。京房《易傳》曰：蝕皆於晦朔，有不於晦朔者，名曰薄。此人君誅不以理，賊臣漸舉兵而起，雖非日月同宿，時陰氣盛，猶掩薄日光也。《釋名》曰：日月虧，日蝕稍侵，虧如蟲食草木也。按：謝承《後漢書》曰：江夏黄琬七歲，祖瓊爲魏郡太守，梁太后詔問其日蝕之狀，未能對。琬跪而曰：何不言日蝕之餘如月之初？《穀梁傳》曰：日有蝕之，吐者外壤，蝕者内壤，闕然不見，其壤有食之者也。《毛詩》曰：彼月而食，則惟其常。此日而食，于何不臧？《春秋考異郵》曰：麟龍鬬，則日月蝕。按：《淮南鴻烈》曰：麒麟鬬，日月蝕也。《五經通義》曰：日蝕者，月往蔽之。君臣反，不以道，故蝕。《春秋漢含孳》曰：臣子謀，日乃蝕。案：檀道鸞《晉陽秋》曰：孝武太元元年十月辛亥，日有蝕之。時有張五虎、路六根等謀反，諸葛侃誘斬之，滅其凶黨。《春秋運斗樞》曰：人主自恣不循古，逆天暴物，禍起則日蝕。《禮斗威儀》曰：君喜怒無常，輕殺不辜，戮無罪，慢天地，忽鬼神，則日蝕。《淮南子》曰：君失其行，日薄蝕無光。京房《易説》曰：下侵上，則日蝕。《河圖帝覽嬉》曰：日蝕所宿，國主疾，貴人死，用兵者從蝕之面攻城取地。《河圖》曰：日三蝕，三雄謀；日四蝕，四夷謀。《春秋感精符》曰：再失陽事，則日蝕，謫見。《春秋感精符》曰：日蝕有三法：一曰妃黨恣，邪臣在側，日黄無澤，則日以晦蝕，其發必於眩惑。二曰偏任權并，大臣擅法，則日青黑，以二日蝕，其發必於酷毒。三曰宗黨犯命，威權害國，則日赤黲，快無光色，則日以朔蝕，其發必於嫌隙。班固《天文志》曰：古人有言曰：天下太平，五星循度，無有逆行者，日不蝕朔，月不蝕望。《洪範傳》曰：日蝕必以朔，非朔爲薄蝕，陰盛侵陽，其君凶，不出三年，日蝕皆蝕合朔，不當蝕晦蝕晦者，陽行遲，陰行疾，君舒臣驕之異也。京房《易傳》曰：人君謀罰不理，臣下將起，則日蝕不以朔晦。《春秋感精符》曰：日之蝕，國絶也。《春秋緯》曰：君不聰聰，無知德威，令不嚴舒，懦爲臣下所侵，則日光青赤，其後久旱，地動摇宫，陰氣盛，下臣太恣横，陽精挑奪，日行失度，不得，則日月薄於晦，陽爲臣所悦，故以晦日蝕之，失後也。案：《洪範天文日月度占》曰：春秋魯昭公二十四年夏五月乙未朔，日有蝕之。周之五月建辰，今之三月也。魯趙分也。魯太師梓慎曰：將水。叔孫昭子曰：旱也。夫日過春分而陽猶不勝陰，能無旱乎？是秋魯大旱。凡二至二分，日有蝕之，不爲水災，大旱而已也。《易萌氣樞》曰：昭明蔽塞，政在臣下，親戚干朝，君不覺悟，即雜氣失以星奔，日蝕爲咎。案：《洪範五行傳》曰：漢成帝建始三年冬十二月戊申朔，日有食之，其夜未央殿地震，日在須女九度，占在皇后貴妾。其後皇后廢，趙飛燕姊妹亂宫，皇子死，王氏專權。《易通卦驗》曰：日蝕則害命，王道傾側，故日蝕則正人主之過。《詩推度災》曰：日蝕君傷。按：檀道鸞

《晉陽秋》曰：孝武大元二十年三月庚長，日有食之，二十一年九月庚申，帝崩。《詩含神霧》曰：日之蝕，帝消。案：袁宏《漢紀》曰：安帝永初五年正月庚辰朔，日有蝕之。本志以爲正旦，王者聽朝之日也，鄧太后攝政，天子守虚位，不得行其號令，蓋陽不克之象也。《晉中興書》曰：成帝咸和六年三月壬戌朔，日有食之，是時顯宗已長，幸司徒第，猶出入見王導夫人曹氏如子弟之禮，以人君而敬人臣之妻，有虧君德。九年十月乙未朔，日有食之，是時顯宗冠，當親萬幾，而委政大臣，君道有虧也。《春秋潛潭巴》曰：凡日蝕之敗，或地嘔血，或天雨蝗鳥旁，蜚龍羣鬭，長人入宫，虎哭雉巢，列宿滅，皆禍敗顯然之徵也。《春秋潛潭巴》曰：日蝕之後，必有亡國弑君，奔走乖離，相誅專政，擁主滅兵車天下，昏亂，邦多郵。按：《洪範天文志·日月變占》曰：春秋魯昭公十五年夏六月丁巳朔，日有食之。晉魯分也。後二年晉昭公九年，六卿專晉，三家擅魯，魯昭公奔之應也。《洪範五行傳》曰：漢高帝三年冬十一月癸卯晦，日有食之。吴齊分也。後二年齊韓信徙封楚王，三年廢爲侯而誅之應也。《晉中興書》曰：太和三年三月丁巳，日有食之；五年七月癸酉，日有食之，皆海西被廢之應也。《宋書·天文志》曰：晉元帝太興元年四月丁丑朔，日有食之；明帝大寧三年十一月癸巳朔，日有蝕之在斗，斗，吴分也，其後蘇峻作逆。安帝元興二年四月癸巳朔，日有食之，其冬桓玄篡位。《春秋合誠圖》曰：日蝕之，主見賊。《春秋保乾圖》曰：日蝕，主行蔽明壅塞，改身修政，乃黜不法。又曰：日蝕治亂。《春秋公羊傳》曰：日蝕，皆臣弑君，子弑父，夷狄侵中國之異。按：《洪範天文志·日月變占》曰：春秋魯莊公十八年春三月，日有食之，衛齊分也，後狄人滅衛，齊桓公救而封之應也。二十六年冬十二月癸亥朔，日有食之，燕分也，其後山戎侵燕，齊桓救燕，北至孤竹平山戎之應也。三十年九月庚午朔，日有食之，楚之分也，其後楚世子商臣殺其君父之應也。魯文公元年春二月癸亥朔，日有食之，齊分也，後十一年間狄三侵齊，十四年昭公卒，其弟公子商人殺其君兄子而自立，四年齊人殺之，大亂之應。十五年六月辛丑朔，日有食之，晉分也，此正陽純乾之月，陰氣未起而能侵陽，其災最重，明年晉趙穿殺其君靈公，而周匡王崩之應也。魯襄公二十一年秋九月庚戌朔，日有食之，楚分也，後十二年楚公子圍殺其君兄而自立之應也。韋昭《漢紀》曰：光武十七年二月日有食之，二十年五月朔，虜數犯上黨，銅鞮右扶風，二十一年匈奴大入上谷郡之應是也。《洛書》曰：日蝕復生者，日光復故也，從日蝕生地擊敵，破之。《荆州占》曰：日蝕之下有破國大戰，將軍死，有賊兵。按：《洪範天文·日月變占》曰：魯成公十六年六月丙寅朔，日有食之，晉分也，是月魯侯伐鄭，戰於鄢陵，楚師大敗，恭王傷目，將軍子反死之，晉侯時豫而驕，多殺大臣，明年晉大夫欒書中行偃遂殺厲公，大亂之應也。《洛書》曰：日蝕不祥，善惡各爲其國。按：《左氏傳》曰：昭公七年夏四月甲辰朔，日有食之，晉侯問於士文伯曰：誰將當日食？對曰：魯衛惡之，衛大魯小。公曰：何故？對曰：去衛地如魯地。杜注曰：衛地豕幸也，魯地降妻也，日食自於豕韋之末及降妻之始乃息，故禍在衛大，在魯小也。《傳》曰：於是有災，魯實受之其大咎，其衛君乎？魯將工卿注曰：八月衛侯卒，十一月季孫宿卒。又《洪範天文·日月變占》曰：魯僖公五年杖九月戊申朔，日有食之，楚周之分也，其後楚莊王觀兵於周疆，有問鼎之應。《洪範五行傳》曰：漢高帝三年冬十月甲戌晦，日有食之，燕吴越分也，後二年，燕王臧荼反，誅；復以盧綰爲燕王，亦反，誅。南越王趙佗自立稱帝之應也。《洛書》曰：日月蝕，當用兵擊之，君安。日月蝕，不可出軍。日蝕之歲不可出軍，月蝕之月不可出軍。甘氏曰：無道之國，日月過之薄蝕，兵之所攻國家亡，又以有喪。甘氏曰：日，陽精之明耀，魄寶其氣，布德而至，生本在地，曰德。德者，生之類也。德傷則亡，故日蝕必有國災，日蝕則失德之國亡，日蝕修德。甘氏曰：日薄色赤黄，其月旱。京房《妖占》曰：日蝕，無道之君當之。京氏曰：外交之蝕，蝕旦不虧，虧而地猶明，是外謀也。京氏曰：專政之蝕，日明缺至，陽雖侵，光猶明，是司馬舉兵欲起。京氏曰：日蝕，諸侯相侵，白青明，君弱。京氏曰：日蝕，國有兵，大戰從西方來，勝。京氏曰：日蝕，王爲君蝕，相爲臣蝕，囚爲罪人蝕，死爲夷狄蝕。休爲民，有兵，其兵從陰所來。日蝕後必通水，在陰所來，在於三年之内，又必有火燒屋。按：韋昭《洞紀》曰：漢和帝永元二年二月日食，三年左校尉耿夔等征匈奴，戰破之。安帝元初三年日蝕，京師旱，武陵蠻夷燒官寺。桓帝永康元年日食，渤海水溢，殺人；十二月丁丑帝崩。孫盛《晉陽秋》曰：武帝太康七年正月甲寅朔，日有食之，乙卯又食，詔曰：邦之不滅，實在朕躬。公卿大臣極言其失，太尉亮、司徒舒司空瓘上言曰：三朔之始，日有食之。蓋陽蔀過而堅冰未消，謹按經義曰：君道也，父道也。夫道也，君子道也。陽勝陰，陽氣之常。今冰不消，陰氣盛。陰盛者，臣擅主權也，孝道不修也，后宫過度、小人在位也。後八年正月戊申朔，日又食，太熙元年而武帝崩之應也。劉向《洪範傳》曰：日之爲異，莫重於蝕，故《春秋》日蝕則書之也。日蝕者，下淩上，臣侵君之象也。日蝕數者其亂衆，稀者亂亦稀。《洪範傳》曰：人君失序，亨國不明，臣下務亂，羣陰蔽陽，則日月薄蝕，汶闇暗昧。若蝕從中起，背璚縱横，則亂交争，兵革並行。《史記·天官書》曰：諸侯作亂，日蝕盡時。夏氏曰：日蝕出軍，軍折傷，後疾病。《荆州占》曰：日蝕當其國，君王死。按：韋昭《洞紀》曰：周平王五十一年日食，三月平王崩。《洪範天文志·日月變占》曰：高帝九年六月乙未晦日，日有食之，周秦分也，是時漢都長安，都東及洛陽爲畿内，明年四月高帝崩。韋昭《洞紀》曰：漢文帝二年十一月晦，日食，帝引咎責躬，舉直言，省徭費，關籍田，除誹謗妖言之罪。文帝後四年四月晦，日食，七年六月己亥帝崩。哀帝元壽元年正月辛丑朔，日有食之，不盡如鈎，明年哀帝崩。《晉中興書》曰：愍帝建興五年十一月先晦，二日丙子日有食之，十二月愍皇帝崩於虜庭。咸康八年正月乙未朔，日有食之，京都大雨，郡國以聞，是謂三朝王者惡

之，六月而顯宗崩。升平四年八月辛丑朔，日有食之，幾既在角，爲天門，人主惡之，明年孝宗崩也。《洛書》曰：日蝕，從所蝕利擊敵也。王朔曰：日蝕，兩敵相當，即從蝕所擊之，大勝殺將。

日蝕早晚所主四

甘氏曰：日出至早食時蝕，爲齊；食時至禺中食，爲楚；禺中至日中蝕，爲周；日中至日昳蝕，爲秦；日昳至日晡蝕，爲魏；晡時至日夕蝕，爲燕；日夕至日入蝕，爲代。皆爲不出三年，當之者，國有喪。甘氏曰：日始出而蝕，是謂無明，齊越受兵，一曰亡地。京氏曰：日始出而蝕，是謂棄光，齊楚亡。甘氏曰：日中而蝕，荆魏受兵，一曰亡地，海兵大起。《太公兵法》曰：日中蝕，海内兵大起，王公憂。石氏曰：日晡蝕，兵將罷，兵不起。甘氏曰：日將入而蝕，大人出兵，趙燕當之，近期三月，遠期三年。魏氏《圖》曰：日入而蝕，是謂勝明，大人出兵，起當之。

日蝕從上起五

《春秋感精符》曰：日以上蝕者，子爲害。甘氏曰：凡日蝕則有兵，日蝕從上，失於道，君當之。京氏曰：日蝕上者，君爲其僞佞人而安用之，故尊卑失禮，責於尊者，故天見亡君之象。京房《易傳》曰：凡日蝕從上，失臣。郗萌曰：日蝕上，皆爲責在君，其色青，則弱於任，善生怨患；赤則君無禮，不好學；黄則君欺其下，掩臣美；白則弱於誅，惡生仇讎；黑則簡宗廟鬼神。

日蝕從中起六

甘氏曰：日蝕從中央起，内亂，兵大起，更立太子。京氏曰：日蝕内者，君即朝臨政，厲心爲治，不疑臣下，臣下以邪亂君政，故天見亡臣之象，故臣當之。京氏曰：日蝕從中，中青赤外黄，國亡。又曰：中人爲亂。郗萌曰：日蝕中，皆爲内有伏謀。青則謀者止，赤則謀其事，黄則謀成者受誅，白則事覺，黑則逆謀成其事。《洪範》曰：日蝕貫日中央，上下竟而黑，臣弑君，從中成之，刑也。《荆州占》曰：凡日蝕從中者，人君有娶於同姓。《荆州占》曰：日蝕從中央始，國君遇賊。《荆州占》曰：日蝕從中起，君受兵；一曰所宿國有兵；一曰臣謀君。《荆州占》曰：日蝕中央空，主死，期三年，應以善事，則消災。

日蝕從下起七

甘氏曰：日蝕從下者，王室女淫自恣，此臣下當有動師衆行軍。又曰：失於事，將當之。《春秋感精符》曰：日蝕從下起，妻害急。京氏曰：日蝕從下起，失民，人君疑於賢者爲不肖，不用其政教，故天見亡民之象也。以人君尊，天將亡君，必先喪其民。蝕者，侵削之意也。京氏曰：日蝕從下起，多死。一曰下人爲寇。郗萌曰：日蝕下，皆爲責在民。青則民相譖，後有疾疫蟲災；赤則衆庶上僭，强乘弱，後有旱災；黄則失民，飭宫室，争土疆，後有土功，皆奪主光，滅年筭；白則民相賊害，後有小兵；黑則小民多怨，後有水災，期三年也。

日蝕後左右起周蝕四傍八

京氏曰：日蝕，光清無雲，三日乃蝕，蝕已天鳴，蝕左右，此臣與君争美，尸大功。日，君也，所以有功者我也，心生慕意，起之蝕也。後九年臣謀君，六年成。京氏曰：日蝕左，爲噬嗑火燒民。京氏曰：日蝕從傍起者，爲兵從其方起，黎庶爲亂。郗萌曰：日蝕左，皆爲責在臣。青則臣專恩；赤則臣無禮於君，黄則臣侵君上，白則臣專法，黑則欺君失臣。京氏曰：日蝕從右傍者，君親作，惑道虎狼之行。京氏曰：日蝕右，皆爲貴火燒諸侯，必有異災起。郗萌曰：日蝕右，皆爲責在臣。青則佐公作惡；赤則佐公作福；黄則放其君；白則佐公作刑；黑則臣作威。《天鏡》曰：日蝕從右傍者，淫女暴爲主，君當暴治丘塚，傷害人民，百姓怨。甘氏曰：日蝕從傍起，失於令，相當之。《河圖》曰：日青黑以傍蝕之，臣之害。按：《洪範・日月變占》曰：漢武元狩元年五月乙巳晦，日有蝕之，從傍左，明年丞相公孫弘薨之應。《春秋感精符》曰：日蝕傍者，臣欲作禍之應，殺君亡國，四夷入侵，遠期二十七年，中期二十九月，近期九月。郗萌曰：日月蝕皆爲責在妃。青則女疾，衆妾欺君奪主榮，恣害争寵，内患；赤則右夫人乘君損主；白則衆妾怨妬；黑則君内消將絶嗣，卑妾得志，滅君德，失夫人。《荆州占》曰：日蝕四傍，缺諸侯。王有死者，期在三年中。

日蝕中分日蝕不盡日蝕三毁三復九

京房《易傳》曰：諸侯越職征伐，與上分威，則日蝕中分。《荆州占》曰：日蝕中分，五年其國亡，一曰二年亡。《荆州占》曰：日蝕有亡其國者，少半蝕少半亡，半蝕半亡。甘氏曰：日蝕過半必有亡國，期一年。甘氏曰：日蝕不盡，有失地一曰强國有逐相。京氏曰：日蝕不盡，相有出走者，期八十日。董仲舒曰：諸侯不承天子命，自相侵伐，則日蝕三毁三復。此仲舒曰異對也。

日蝕既十

《河圖》曰：日蝕盡者王位也，不盡者大臣位也，近期三月，遠期三年。《春秋感精符》曰：日蝕既，則破陰謀，黜豪傑，備邊輔，王易號，失天下，外填冠内填

下。《春秋感精符》曰：君行無常，公輔不德，夷强狄侵，萬事錯則日蝕既。《孝經内記》曰：日朔蝕既，天絶，晦蝕既，地絶；先晦蝕既，人絶。石氏曰：日蝕盡，其國大人亡，不盡相去。京房《易傳》曰：亡師茲謂不禦厥，異日蝕，其蝕既也。京房《易傳》曰：君臣不通茲謂亡厥，蝕三既。京房《易傳》曰：弑君獲位，茲謂逆厥，蝕既，先風雨折木，日赤。京氏曰：日蝕地拆。董仲舒曰：前事已大，後事將至者，又大則日蝕既。董仲舒《災異封》曰：人君自專禄，不封賜功臣，則日蝕既，而黑光反外照。董仲舒《災異對》曰：亂臣賊子欲作逆，弑君竊位，則日蝕既，先風折樹。董仲舒《災異對》曰：人君妬賢嫉能，臣下謀上，則日蝕既，先雨雹，殺走獸。《洛書》曰：日蝕盡伐者，謂既也。伐者，人君死，子代之，或臣簒殺，不盡者日虧缺也。按：《洪範天文・日月變占》曰：春秋魯襄公二十四年七月甲子朔，日有食之既。既，盡也。秦晉分也。後十二月秦景公卒，其弟車首晉復於秦之應也。漢惠帝七年夏五月丁卯先晦一日，日有食之既。既，盡也。亦周秦分野。陰匿始起而犯盛，其年八月惠帝崩。吕后七年春正月己丑晦，日有食之既。既，盡也。在營室九度，爲宫室中，吕后曰此爲我也，明年吕后崩應也。甘氏曰：日蝕盡，天下大凶，有亡國。一曰必更王，人主死。近期二年，不盡有失地者。京房《易傳》曰：君誅殺失理，臣下有叛心，則日蝕盡而光散。又曰：君臣見災不改，行國將亡，則日蝕三盡也。京房《妖占》曰：日蝕盡，臣欲殺主，一曰歲有夷王起，一曰有喪。按：韋昭《洞紀》曰：周桓王十一年七月日食既，十三年壬辰陳桓公鮑卒，弟佗殺兄，子代立也。京房《災異對》曰：日蝕盡無光露者，亡其邑。京氏曰：日蝕盡，日官不見直日者，其國有喪。《荆州占》曰：日蝕盡光，此謂帝之殃，三年之間，有國必亡。

日蝕變色十一

京房《易傳》曰：凡日蝕，其質赤黄黑而漸之者，明臣侵君也；日質赤黄而黑貫其中者，此人君無威，勢不行，爲臣下所輕，故臣謀欲逐其君，居其劇也，黄尚有中和之色也，故其咎也必覺，謀不行，君誅臣，當誅而不誅，則君必失其位。京氏《易傳》曰：日蝕赤質而黑漸之者，此人君誅衆失理，民持兵去之，其咎欲殺。京氏《易傳》曰：日蝕赤質青黑漸之者，爲三公誅衆失理，民亦持兵去，順受命征無道。闕。黑而貫其中，臣欲殺其君，不改，期在九年，必殺矣。京房《易傳》曰：臣有伏兵將欲殺其君者，日變白，咎十日而去，則日蝕矣。白青者，弱赤者，無知也。强臣所緣，上下必由此矣。黄赤者，非臣所緣爲也。京氏曰：日蝕日光明，先青赤白黑而蝕，蝕黑貫白中，日明，此聖德之臣行兵誅伐小人、左右不義之臣，擅誅小人，天子所謂無命而征，與弑君同之蝕也，後五年殺。京房《易傳》曰：酒無節，茲謂荒厥，蝕乍青乍黑，乍赤乍白。京氏曰：日青並蝕，惟命是争誅。京氏曰：日赤並蝕，自殺。京氏曰：日黄並蝕，其下得土。京氏曰：日黑並蝕，自殺。《易傳》曰：諸侯逆叛，更立法度，則蝕失光晻，晻月形見也。

日蝕而珥有雲衝之十二

京房《妖占》曰：以甲乙有二珥而蝕，東西南北有白雲衝之，天下有兵。京氏曰：日以甲乙，有四珥而蝕，有白雲衝出四角，青雲交貫中央，天下有兵。京氏《妖占》曰：日以丙丁二珥而蝕，有黑雲衝出東南西北，天下有兵。京氏《妖占》曰：日以丙丁，有四珥而蝕，下有黑雲衝出，天下有大水。京房《妖占》曰：日以戊巳，有二珥而蝕，上有青雲衝出東南西北，人主有喪。京房《妖占》曰：日以戊巳，有四珥而蝕，有青雲衝，天下兵行。京房《妖占》曰：日以庚辛，二珥而蝕，從下始，又有赤雲衝出東南西北，三邑兵作。京氏《易占》曰：日以庚辛，有四珥而蝕從上始，有赤雲出西方，天下有亂王。京氏《妖占》曰：日以壬癸，有二珥而蝕，有黄雲衝出，邑有土功事。京房《妖占》曰：日以壬癸，有四珥而蝕，有黄雲衝出，天子亡。京氏曰：日四珥蝕，從上而下，天子起兵，從下而上，天子有大喪。京氏曰：日以春二珥而蝕，從下始，大半邑有死主。京房《妖占》曰：日以春三珥而蝕，從上始，大半天下邑有小兵，重以喪。京氏《妖占》曰：日以春，四珥而蝕，從下始，大半天下凶。

日蝕而暈珥彗虹蜺十三

《河圖》曰：日蝕而交暈，貫日中，兩軍争，後者勝，將死之。《荆州占》曰：日蝕其所從爲側，日蝕從中起而暈，其分必亡國。京氏《妖占》曰：日以春暈三珥而蝕從上始，天下有兵。京氏《妖占》曰：日以春暈四珥而蝕從下始，天下有大喪。《洛書》曰：日蝕，下有氣如彗星，諸侯失國，天子有憂，不改，不出十二年。甘氏曰：日蝕，有如虹在日上者，比近臣謀，上政不明，不能見，不出五年。京氏曰：日蝕轉爲五色而蝕；白虹見日傍，光揜揜，此嫡讓庶之蝕也，後三年，尊坐無處。

日蝕而有雲氣在日傍十四

京氏曰：日蝕，有雲如坐人於上者主安，居下臣安。《洛書》曰：日蝕，有黄雲，中有伏龍，周室以興，文王受命。《洛書》曰：日蝕而傍有白虎守之，大臣謀死其君主，不出三月。一曰三年。石氏曰：日蝕如白虎守日者，人君九族有

伏謀，亂君政以自成，不救，不出五年，當有謀臣。甘氏曰：日蝕有如白兔守日者，民當謀舉兵，威亂三州，其先見變不改，不出其年，兵行。京氏曰：日蝕有如兔守日，政令不由君，或君不用賢，澤不下施，則高岸爲谷，深谷爲陵，發於衝。石氏曰：日蝕有兔守之，民爲亂，臣逆君，不出其年，分兵起。甘氏曰：日蝕有如羣鳥。《太公兵法》曰：兩鳥夾日，名爲天雞守日。人君妻家謀奪君處，先數視君動静，欲行其志，天先見變，戒之。《天鏡》曰：日蝕有鳥夾之，君當司謀防之急。

日蝕而地鳴震裂十五

京房《易傳》曰：内臣外向，兹謂背，厥蝕，蝕已巳，且而地中鳴。京氏曰：日蝕盛中時，黑乃蝕之，從内。闕。地中鳴，此京師諸侯叛，羣下與外土諸侯交亂法度之蝕，後人君亡國，臣伏其殃。京氏曰：日蝕，先地中鳴乃蝕，蝕左右，居雲中，四方無雲，先大風三日，此宰相專公謀反之蝕也。後三年，邪人謀反。京房《易傳》曰：臣欲居主位，兹謂不和，厥蝕，〔中〕白青，四方赤，已蝕，地震。京房《易傳》曰：人君荒酒無節，則日蝕。乍青乍黑乍赤，明日大雨，發濛而寒，地震動，宫中有水。京氏曰：日蝕後雺雺不解，地必震，不過旬中。京氏曰：諸侯更制兹謂叛，厥蝕，三蝕三復，已而風，地動。京氏曰：專制之蝕，光散左右冠，三蝕三復，已而風，明日地必動，是謂諸侯專制之變也。後九年殺。京氏曰：日蝕地震，一曰震裂，日白若中分，日。闕。然見而寒乃蝕，左右發四正，此方伯征誅過職，威權上侵之蝕，二年殺。

日蝕而寒風雨雹雷十六

京房《易傳》曰：同姓上侵，兹謂誣君，厥蝕，四方有雲，中央無雲，其日大風。京氏曰：親伐之蝕，日體而寒時明，是不和，自舉兵。京氏曰：日蝕，其質黄者，陽覺悟也。寒後九十日，必有誅者。京氏曰：日食已而寒饑，陰疾多喪。京氏曰：日大寒，饑病非一處，蝕陽下平旦，蝕發于。闕。對蝕從外，後中國大饑，盜賊羣居，夷狄動心，後九年，諸侯亂。闕。京氏曰：日蝕，白氣先出半天乃蝕，五色至，大寒，黑貫日，有旋風。闕。京氏曰：日食，先猋風三日乃食，蝕左右四方，並有雲濁，中央無雲，其日大寒，發於風，此同姓諸侯侵蝕也。後九年殺。京氏《易傳》曰：辛相大臣因專權日蝕，先大風，日食時日居雲中，四方無雲也。闕。京氏曰：日食，猋風，雨七日，折木，乃蝕既，此臣剥其君之蝕也。五年，五穀化爲蟲。京氏曰：日蝕爲亂爲兵。已蝕而風，是謂兵起。已蝕而雨，是爲分殃。已蝕而霧，羣豪聚。已蝕而飛烏，不復其鄉。京氏曰：君疾善，下謀上，兹謂亂，厥蝕，既先雨雹，殺走獸，赤質，黄貫其中，此君不肯用賢，而任小人政教，君必逐。京氏曰：縱欲兹謂不明，厥蝕，先大雨三日，雨降而寒，既蝕。京氏曰：日蝕而雷，國亡。日蝕而星墜，蝕盡晦而星見十七。京氏曰：日蝕，星墜復上，此賦歛重數下竭之蝕。九年殺。闕。京房《易傳》曰：人君貪殘重賦，日蝕而星墜前而下也。韋昭《洞紀》曰：周。闕。王。闕。年，日蝕盡晦。闕。年，星又晝見。闕。年，周貞定王崩，哀王時爲太子，立三月，爲弟叔殺之，叔自立爲思王，五月後爲少弟嵬復弑子，嵬立是爲考王。

日與月俱蝕十八

《洛書》曰：日月俱蝕有亡國，月先即陰國當之，日先即陽國當之，蝕陽男主受之，蝕陰女主受之。魏氏曰：日月俱蝕，國亡。一月三蝕主亡。

唐・瞿曇悉達《開元占經》卷一〇 日四時蝕一

《春秋左氏傳》曰：魯昭公二十一年秋七月，壬午朔，日有蝕之。公問梓慎曰：是何物也？禍福何爲？對曰：二至二分，日有蝕之，不爲災，日月之行也，分同道也，至相過也。其他月則爲災，陽不克也，故常爲水。甘氏曰：日者人主之象，故王者服道不道，施德不德，日爲之變。見道不明，德薄，日爲之無光。無德，日乃盡蝕。春蝕，大凶。又曰：國有女喪，夏蝕無年。又曰：諸侯王多死者，秋蝕，有兵戰勝，又曰主死。冬蝕有喪，一曰相死。甘氏曰：春丙丁、夏庚辛、秋壬癸、冬甲乙日蝕者，皆相死，諸蝕三日有雨，解之。甘氏曰：春以庚辛、夏壬癸、秋丙丁、冬戊巳日蝕，皆臣弑君也。一曰以德令除咎。京氏曰：日冬蝕相死不即有逐。《荆州占》曰：日夏蝕，陽爲南國，陰爲北國，是爲禍國。

日十二月蝕二

京房《易傳》曰：正月日蝕，大臣出走，不然大臣一人死。石氏曰：正月日蝕不見光，人多疾。陳卓曰：正月日蝕，齊大凶，五穀貴。京房《易傳》曰：二月日蝕，人主夫人死，不然大旱。石氏曰：二月日蝕，不見光，人多喪。陳卓曰：二月日蝕，魯大凶，豆貴牛死。京房《易傳》曰：三月日蝕，有欲反者，近期三月，遠期三年。石氏曰：三月日蝕，不見光，水大出。陳卓曰：三月日蝕，楚大凶，絲綿布帛貴。京氏《易傳》曰：四月日蝕，人主有過，臣有憂。石氏曰：四月日蝕，不見光，天下大旱。陳卓曰：四月日蝕，宋大凶，牛食貴，六畜死。京氏《易傳》曰：五月日蝕，諸侯多死，期三年。石氏曰：五月日蝕，不見光，大

旱，民饑。陳卓曰：五月日蝕，梁大凶，牛死畜貴。京房《易傳》曰：六月日蝕，人主有謀，外國侵，土地分。石氏曰：六月日蝕，不見光，六畜貴。陳卓曰：六月日蝕，沛大凶，稻米穀粟貴。京房《易傳》曰：七月日蝕，有反者，從内起，期三年。石氏曰：七月日蝕，不見光，其歲惡。又曰：秦國惡之。陳卓曰：七月日蝕，陳大凶，繒大貴。京房《易傳》曰：八月日蝕，大水敗城郭，天下更始，期三年。石氏曰：八月日蝕，不見光，兵大起。陳卓曰：八月日蝕，鄭大凶，兵起，兵革金貴。京氏《易傳》曰：九月日蝕，外主欲自立，不成，期一年。石氏曰：九月日蝕，不見光，布帛貴。又曰：衛國大惡。陳卓曰：九月日蝕，韓大凶，衣鹽貴。京氏《易傳》曰：十月日蝕，奸臣在朝，二人親，一人遠。淩君，君走。石氏曰：十月日蝕，不見光，六畜貴。又曰：魏國魚鹽貴。陳卓曰：十月日蝕，秦大凶，魚鹽貴。京房《易傳》曰：十一月日蝕，王者亡地，子弑父。石氏曰：十一月日蝕，不見光，魚鹽貴。又曰：趙國大惡。陳卓曰：十一月日蝕，燕大凶，魚鹽貴。京氏《易傳》曰：十二月日蝕，天下有兵，大臣欲自立，不成，夫人弑君也。石氏曰：十二月日蝕，不見光，穀粟貴。又曰：燕國牛死。陳卓曰：十二月日蝕，趙大凶，帛貴。京房《易傳》曰：日以十二月、正月蝕，破爲兩以上，王者盡走。

日六甲蝕三

甘氏曰：甲乙日蝕，東夷侵。丙丁日蝕，南夷侵。《春秋潛潭巴》曰：甲子日蝕，有兵，狄强起。京氏曰：甲子日蝕，北夷欲殺，中臣有謀不者，大水在東方。《春秋潛潭巴》曰：乙丑日蝕，大旱，大夫執綱。京房曰：乙丑日蝕，諸侯之臣欲弑其君，在西北兵行不勝，後有小兵。五穀頗蟲傷。《春秋潛潭巴》曰：丙寅日蝕，蟲久旱多水徵。京氏曰：丙寅日蝕，司徒欲弑君，後有小旱，在東南。《春秋潛潭巴》曰：丁卯日蝕，旱，有兵。京房曰：丁卯日蝕，諸侯欲弑君，在北方，後有蝗蟲之殃。《春秋潛潭巴》曰：戊辰日蝕，地動，陰强。京房曰：戊辰日蝕，同姓近臣欲殺君，後有地動，變在東南。《春秋潛潭巴》曰：己巳日蝕，地動，火災數降。京房曰：己巳日蝕，婚家欲弑君，後有諸侯謀兵在西南。《春秋潛潭巴》曰：庚午日蝕，後火燒后宫，有兵行。京房曰：庚午日蝕，司徒欲弑其主，兵必行。後有大旱，在南方。《春秋潛潭巴》曰：辛未日蝕，大水湯湯。京氏曰：辛未日蝕，司空欲弑君，後有大蟲在東方。《春秋潛潭巴》曰：壬申日蝕，水盛，陽潰，陰欲朔。京氏曰：壬申日蝕，諸侯相弑，在東北方，後有小兵，冦盜並行。《春秋潛潭巴》曰：癸酉日蝕，連陰不解，淫雨數出，有兵。京房曰：癸酉日蝕，上强，天下謀兵不出，其年大兵行，始於西方。《春秋潛潭巴》曰：甲戌日蝕，草木不滋，王令不行。京房曰：甲戌日蝕，近臣欲弑君，反爲戮辱，後有小旱在西南。《春秋潛潭巴》曰：乙亥日蝕，陽不明，冬無冰。京房曰：乙亥日蝕，子欲弑父，身獲虜，後有陰雨。一曰：日蝕，陰，天下大亂。《春秋潛潭巴》曰：丙子日蝕，五月大霜。京房曰：丙子日蝕，諸侯欲相弑，兵必行，在東，後有大水。《春秋潛潭巴》曰：丁丑日蝕，誅三公。京氏曰：丁丑日蝕，諸侯近臣欲弑其君，在西北方。後有小兵。《春秋潛潭巴》曰：戊寅日蝕，天下大風，無園菓。京氏曰：戊寅日蝕，異姓近臣欲弑其君，後歲旱，土沸騰。《春秋潛潭巴》曰：己卯日蝕，地賊起，砂石踴，以有壅。京氏曰：己卯日蝕，東夷欲殺，後有大蟲。《春秋潛潭巴》曰：庚辰日蝕，彗星東出，有寇兵。京氏曰：庚辰日蝕，君易賢，以剛卒，以自傷。後有水，在東北。《春秋潛潭巴》曰：辛巳日蝕，妃謀王子用兵。京房曰：辛巳日蝕，諸侯外親欲弑其君，兵行暴，至期衝兵起西北。《春秋潛潭巴》曰：壬午日蝕，久雨旬望。京氏曰：壬午日蝕，三公與諸侯相賊，弱其君王，天應而蝕，三公失國，後旱且水。《春秋潛潭巴》曰：癸未日蝕，仁義不明。京氏曰：癸未日蝕，諸侯上侵，下臣欲弑其君，在東北。後有小蟲。《春秋潛潭巴》曰：甲申日日蝕，蟲，四月大霜。京房曰：甲申日蝕，司馬大夫欲弑君，後有小水，在晉。《春秋潛潭巴》曰：乙酉日蝕，仁義不明，賢人消。京氏曰：乙酉日蝕，君弱臣强，司馬將兵反，征其主。《春秋潛潭巴》曰：丙戌日蝕，臣憎主，獄不理，多寃訟。京氏曰：丙戌日蝕，同姓近臣欲弑其君，後有大旱，火從天墮。《春秋潛潭巴》曰：丁亥日蝕，匿謀滿王室。京氏曰：丁亥日蝕，君臣無别，司馬牧民司徒將兵，後有蟲，在西北方。《春秋潛潭巴》曰：戊子日蝕，宫室内淫，必惑雄。京房曰：戊子日蝕，妻欲害夫，九族夷滅，後有大水，在東方。《春秋潛潭巴》曰：己丑日蝕，臣伐其主，天下皆亡。京房曰：己丑日蝕，婚家欲弑，後有小兵，在西方。《春秋潛潭巴》曰：庚寅日蝕，誅相，大小，多死傷。京房曰：庚寅日蝕，臣欲將兵誅過，軄身被刑殺。後有小旱，在東南方。《春秋潛潭巴》曰：辛卯日蝕，臣伐其主，京氏曰：辛卯日蝕，天子微弱，諸侯誅兵，欲弑其主，卒，反得其殃。後有小蟲，在東方。《春秋潛潭巴》曰：壬辰日蝕，河決，海溢，久霜，連陰。京氏曰：壬辰日蝕，諸侯欲弑其君，當誅。日復蝕，之後有大水，在東方。《春秋潛潭巴》曰：癸巳日蝕，在陽位者權不行。京氏曰：

癸巳日蝕，諸侯隔絶，轉相伐，兵稍出。《春秋潛潭巴》曰：甲午日蝕，大蟲螟蝗興，主貪暴，民流亡。京房曰：甲午日蝕，南夷欲弑其君。後有大旱。《春秋潛潭巴》曰：乙未日蝕，天下多邪氣，鬱鬱蒼蒼。京氏曰：乙未日蝕，君責衆庶暴虐，黎民背叛。後有地動。《春秋潛潭巴》曰：丙申日蝕，諸侯相攻。京氏曰：丙申日蝕，君暴死，臣下橫恣，上下相賊。後有大水。《春秋潛潭巴》曰：丁酉日蝕，侯侵王。京房曰：丁酉日蝕，諸侯之臣欲弑其主，身反獲傷，後有大兵起西北。《春秋潛潭巴》曰：戊戌日蝕，有殃主，后死，天下諒陰。京氏曰：戊戌日蝕，婚家欲弑後，有旱，馬駼運。《春秋潛潭巴》曰：己亥日蝕，小人用事。京氏曰：己亥日蝕，主弱，小人持政，慾心成天應，日蝕誡使精。《春秋潛潭巴》曰：庚子日蝕，君疑其男。京氏曰：庚子日蝕，庶子欲弑嫡，卒不得。守臣征伐。後有大水。《春秋潛潭巴》曰：辛丑日蝕，主疑三公。京氏曰：辛丑日蝕，賢者離散，小人盛，常欲弑主。《春秋潛潭巴》曰：壬寅日蝕，天下苦兵，大臣橫。京房曰：壬寅日蝕，諸侯欲弑主，反亡其國，在東南。後有小旱，在東南。《春秋潛潭巴》曰：癸卯日蝕，羣鳥翔，禽入園，外伐内，主危亡。京氏曰：癸卯日蝕，諸侯非其天子，不順。司徒亡國，後有大蟲。《春秋潛潭巴》曰：甲辰日蝕，四騎脅。京房曰：甲辰日蝕，王后爵命絶。後有水。《春秋潛潭巴》曰：乙巳日蝕，東國發兵。京氏曰：乙巳日蝕，諸侯上侵以自益，近臣盜竊以爲積，天子不知，日爲之蝕。《春秋潛潭巴》曰：丙午日蝕者，民多流亡。京房曰：丙午日蝕，親戚争嗣，同姓欲弑其主。後有大旱，在南方。《春秋潛潭巴》曰：丁未日蝕，王者崩。京氏曰：丁未日蝕，執政欲弑，司徒不肖。後有蟲，地震動。《春秋潛潭巴》曰：戊申日蝕，地動摇宫，外侵兵强。京房曰：戊申日蝕，臣欲弑君，意在王位，後必有小水。《春秋潛潭巴》曰：己酉日蝕，妃死子不葬，以内亂相怨疑。京房曰：己酉日蝕，西夷欲弑君，後有大兵，必西行。《春秋潛潭巴》曰：庚戌日蝕，臣相侵。京氏曰：庚戌日蝕，司馬之卿欲殺。有小旱。《春秋潛潭巴》曰：辛亥日蝕，子爲雄。京房曰：辛亥日蝕，司馬之大夫欲弑君，反受其殃。後有蟲害。《春秋潛潭巴》曰：壬子日蝕，女謀王。京氏曰：壬子日蝕，諸侯同姓，任政者欲殺其君，大夫害。《春秋潛潭巴》曰：癸丑日蝕，水湯湯。京氏曰：癸丑日蝕，冠盜行，兵恐，君王目爲不明。《春秋潛潭巴》曰：甲寅日蝕，雷擊殺人，骨肉争功。京氏曰：甲寅日蝕，同姓大臣欲殺其君，後有旱。《春秋潛潭巴》曰：乙卯日蝕，雷不行，霜不行，殺，草長。人入宫。京氏曰：乙卯日蝕，必有專政欲殺，不出三年，身被其誅。後有大蟲。《春秋潛潭巴》曰：丙辰日蝕，山水淫淫。京氏曰：丙辰日蝕，帝命之極武，王乃得。《春秋潛潭巴》曰：丁巳日蝕，下有聚兵。京房曰：丁巳日蝕，天乃去惡，依聖人。後有小兵。《春秋潛潭巴》曰：戊午日蝕，久旱穀不傷。京氏曰：戊午日蝕，有婚家執政，賊由妻始。後有旱。《春秋潛潭巴》曰：己未日蝕，失名王。京氏曰：己未日蝕，臣不安，居羣陰謀，欲侵。後地大動。《春秋潛潭巴》曰：庚申日蝕，夷狄内攘。京氏曰：庚申日蝕，骨肉相賊，後有水。《春秋潛潭巴》曰：辛酉日蝕，女謁且興。京氏曰：辛酉日蝕，昆弟相殺，更有國家。後有兵，大行三年不息。《春秋潛潭巴》曰：壬戌日蝕，羣山崩。京房曰：壬戌日蝕，諸侯欲殺，在西南。《春秋潛潭巴》曰：癸亥日蝕，大人崩。京氏曰：癸亥日蝕，天下命終極，聖人更起，不可救止。後大雨水。

日十二辰蝕四

《春秋感精符》曰：日蝕寅卯辰，木域招謀者，司徒也。日蝕巳午未，火域招謀者，太子也。日蝕申酉戌，金域招謀者，司馬也。日蝕亥子丑，水域招謀者，司空也。按：端謀人卒難別，故以時粗畧，其官位南方，陽精也，爲君君城。有異雖子屬也。《孝經雌雄圖》曰：子日日蝕者，燕國王死，期在五月、十一月。丑日日蝕趙國王死，期在六月、十二月。寅日日蝕者，齊國王死，期在七月、正月。卯日日蝕者，魯國王死，期在八月、二月。辰日日蝕者，楚國王死，期在九月、三月。魏氏曰：越王死。巳日日蝕者，宋國王死，期在十月、四月。午日日蝕者，梁國王死，期在五月、十一月。未日日蝕者，沛國王死，期在六月、十二月。申日日蝕者，陳國王死，期在七月、正月。酉日日蝕者，鄭國王死，期在八月、二月。魏氏曰：吴國王死。戌日日蝕者，韓衛王死，期在九月、三月。亥日日蝕者，秦魏王死，期在十月、四月。

日在東方七宿蝕五

《黄帝占》曰：日入角而蝕，將吏有憂，國門四闢，其邦凶。甘氏曰：日在角亢而蝕，戒之在於耕田之臣。京氏曰：日蝕角中，其國不安。一曰貴臣有憂，一曰主農之官憂。《春秋感精符》曰：日蝕亢中，其邦君有憂。石氏曰：日蝕亢中，其謀在朝廷之臣有罪者。《黄帝占》曰：日月蝕氐，中天子疾崩。石氏曰：日蝕氐中，卿相讒諛人君滅無辜。甘氏曰：日在氐旁而蝕，戒之在三公九卿大夫，且有相譖誤主上，使過刑殺不辜者。甘氏曰：日蝕氐中，大官惡之，一

曰右宫惡之，王者復以赦除之。《雒書説徵示》曰：淫色信讒，日以蝕房參。石氏曰：日入房而蝕，王者有憂，昏亂，大臣專權，必有憂病。郗萌曰：日在房心而蝕，公卿大夫有黜者。《春秋感精符》曰：日在心而蝕，兵喪並起。甘氏曰：日在心而蝕，王者臣下相疑不相信也。甘氏曰：日入心而蝕，政令失儀，禮度失繩，則爲變甚。一曰君臣不相信，有疑惑。《海中占》曰：日蝕心度，兵喪並發，王者以赦除咎。《春秋感精符》曰：日蝕尾箕中，尊后有憂。甘氏曰：日在尾箕而蝕，將有疾風，飛車發屋折木，戒之於出入。

日在北方七宿蝕六

《春秋感精符》曰：日蝕入斗，將相有憂，其國饑凶。一曰兵大起。甘氏曰：日入斗度而蝕，其國反叛，兵起。甘氏曰：日在牛而蝕，戒之在右，夫人姪婦，且有祠禮求幸於主者。《春秋感精符》曰：日蝕須女，邦有女主憂，天下女工不爲。甘氏曰：日在須女而蝕，戒之宫中，且有使巫祝禱祀以求貴幸者，戒之在於巫祝。《黄帝占》曰：日蝕虚中，其邦有崩喪，天下改服，期九十日。甘氏曰：日在虚危蝕，戒之在於主市租税及繒帛、刀劒、金玉之臣。如少府是也。甘氏曰：日蝕危，必有兵喪，大臣薨，天下改服。《黄帝占》曰：日在營室，離宫而蝕，出入無近妃色趣，任輔成功業。《春秋感精符》曰：日蝕營室，王者自將兵，天下擾動。甘氏曰：日在營室東壁而蝕，則陽消微，男道施而不能泄，陰道壞而不能化，故多有傷者敗。石氏曰：日在東壁而蝕，王者不從師友，失忠孝，故曰虧，文章圖書不用。

日在西方七宿蝕七

《春秋感精符》曰：日蝕奎南，邦不寧，有白衣之會。石氏曰：日蝕奎，魯國凶，邦君不安。甘氏曰：日在奎婁而蝕，慎之，在主邊境庾庫之臣。一曰慎在邊境得意之臣。《春秋感精符》曰：日蝕婁則王者郊祠不時，天下不和，神靈不享，小臣不忠，責在大臣。甘氏曰：日在婁而蝕，戒之在聚斂之臣。《黄帝占》曰：日在胃而蝕，王者食大絶，或亡，主委輸之臣有黜者。《春秋感精符》曰：日蝕胃，國王奉修宗廟，敬祀神靈，則害消。石氏曰：日蝕胃，國有憂，大臣誅。一曰主修郊廟，奉皇天，其咎消。甘氏曰：日在胃而蝕，戒之在主委輸之臣。如今大司農是也。《春秋感精符》曰：日蝕昴，王宗謀國，同姓自立。石氏曰：日蝕昴，臣厄囹圄者解。石氏曰：日蝕昴，王者有疾。甘氏曰：日在昴畢而蝕，戒之在衆，主獄之臣有亂天子者。《春秋感精符》曰：日蝕畢，邊王死，邊軍自殺其將，若軍校尉誅，遠國謀亂。石氏曰：日蝕畢，天下主獄之臣有當黜者。《春秋感精符》曰：日蝕觜，臣殺主，慎之。石氏曰：日蝕觜，大將謀議。甘氏曰：日在觜參伐而蝕，戒之在將兵之臣。如今諸將軍、校尉、執金吾是也。《春秋感精符》曰：日蝕參，大臣有憂之臣自相戮，以外勝内，遠國强。王者修身，則日蝕不爲災。甘氏曰：日在參伐而蝕，戒之在將帥之臣。

日在南方七宿蝕八

甘氏曰：日蝕東井，秦邦不臣，蝕不盡，謀不成，天下大旱，民流千里。甘氏曰：日在東井、輿鬼蝕，戒之在供養之臣。陳卓曰：日蝕東井，其國内亂苛法。《盛懸象説》曰：晉咸和二年五月甲申朔日有蝕之在東井，女主之象。明年皇太后以憂逼崩。《春秋感精符》曰：日蝕輿鬼，其國君不寧，臣下易服。一曰秦君當之。一曰皇后貴臣。甘氏曰：日蝕輿鬼，其國君不安，近期一年，遠期三年。《春秋感精符》曰：日蝕柳，王者以疾不安宫室。石氏曰：日蝕柳，君厨官憂。甘氏曰：日在柳、七星而蝕，戒之在門户道橋之臣。若今衛尉是也。《春秋感精符》曰：日蝕柳、七星，虧正陽王者不賜衣裳，承天郊退太常，放在獄，則無咎。石氏曰：日蝕柳、七星，橋門之臣有黜者。《春秋感精符》曰：日蝕張，王者失禮宗廟不親。急退太常，以廷尉代之，不者不安。期在十二月與五月。甘氏曰：日在注張而蝕，戒之在主山澤汙池之臣。如今水衡也。《黄帝占》曰：日蝕翼，王者退，太常以法官代之，有德則日蝕不爲害，其歲旱。石氏曰：日蝕翼者，王者失禮，宗廟不親。甘氏曰：日蝕翼者，忠臣見譖，言正者亡。不出其年。甘氏曰：日在翼軫而蝕，戒之在主車駕之臣。如今太僕、奉車駙馬是也。《河圖聖洽符》曰：日蝕軫，國有喪，以赦除其咎。甘氏曰：日蝕軫，貴臣亡。一曰后不安。期百八十日。《海中占》曰：日蝕軫，王侯壽絶，王者以赦除咎則安。一曰其國有憂，必有喪事。

救日蝕九

《春秋感精符》曰：救日蝕，天子南面，秉圖書，察九野萌生者絶，始正本案類勑下聞異郡官修政，招賢進士，獨絶其萌，所以防塞之者，故日蝕、大水，則鼓用牲於社，言社者陰之主，朱絲縈社鳴鼓脅之也。按：《左氏傳》曰：莊公二十五年六月辛未朔日有食之，鼓用牲於社，非常也，惟正月之朔，日有食之，於是乎用幣於社，伐鼓於朝。秋大水，鼓用牲於門，亦非常也。凡天災，有幣無牲。文公十五年六月辛丑朔日有蝕之，天子不舉，伐鼓於社，諸侯用幣於社，伐鼓於朝，以昭事神訓民事君，示有等威古之道也。《春

秋感精符》曰：消變之道，案明壇南郊。日之將蝕，漸青黑，謹遣大將三公如變所感之過，以告天。曰：天子臣某，謹承皇戒，退避正居，思行僭誤。陽精有幣，已政類素正，事去非，釋苛禁，不敢直命。遣臣欽喻，已絶國害之謫，近以緒盡，力宣文思。維表道願得修政，以奉宗祖，追往翼今，勉開嘉紀。縱大揚精，以興日寶，歸報天子，三日就宮，遣使詔諸侯問過，舉名士察奸理寃，督教化不宣者。審以勑身，務佐爲行天子吉。《春秋感精符》曰：朔日蝕，正臣陰退，后妃以内過省已。蝕二日者，王侯蕃，黜州輔以暴恣，自改。晦日蝕者，正近臣退素食。《周禮・地官司徒》曰：救日蝕則詔王鼓。鄭玄曰：救日月食，王必親擊鼓。《禮記・昏義》曰：男教不修陽事，不得讁見於天。日爲之蝕，是故日蝕，則天子素服，修六官之職，蕩天下陽事。鄭玄曰：讁之言責也。《穀梁傳》曰：日有食之，鼓用牲於社，鼓禮也。用牲非禮也，天子救日蝕，置五麾，陳五兵五鼓，諸侯置三麾，陳三兵三鼓，大夫擊門，士擊柝。言救日降殺多少之禮也。門取開閉有陰陽之道，柝舂粢盛之具，亦有上下陰陽之道也。《星傳》曰：日者德，月者刑，日蝕修德，月蝕修刑。《洪範天文》曰：凡日蝕，改行修德，即災消除，不改應在三年。三年不改，至六年，六年不改，至九年，九年而災成。司馬彪《五行志》曰：君道有虧，爲陰所乘。故日蝕者陽不克也，人君改修德，其事則咎害除。京氏《對災異》曰：人君驕溢專，明爲陰所侵，則有日蝕之災，不救之必有篡臣之萌。其救也，君懷謙虛，下賢受諫，位有德禄有智，日蝕災消也。京氏曰：日蝕既下，謀上。救也，設七事，正圖書，修經術，改惡爲化已隨賢，則國家安，社稷寧。董仲舒《災異對》曰：日蝕者，陰氣盛，浸漸奪君明，治道有失，臣專君政，出入爲奸，則治道在上，德不宣下，民常怨，當應析寵臣之勢，滅玉食之權，無忽諫言，大惡在於任賢，則災害不生也。董仲舒曰：日蝕者，邪臣蔽主之治，不有反臣，必有亡國。退臣絶陰止權平衡以德消，則無害。《荆州占》曰：日蝕審所始蝕之鄉，及星之野以名之，當之國，吉凶在焉，是故聖主見變則改身修行，親賢問老，與共憂之，則患可止，而福可致。故曰有福，將來受之，以危則福爲禍，將受之以德，則禍反爲福，輒禳祠之，去禍致福也。虞贊《決疑》曰：凡救日蝕者，皆着幘以助陽。日將蝕，天子素服避正殿，内外嚴警。太史靈臺伺，日有變，便伐鼓，聞鼓音，侍臣皆赤幘帶劒，則災異消。

唐・李淳風《觀象玩占》卷一　日食占

李淳風曰：日依常度食者，月來掩之也。臣下蔽君之象，人君當慎防權臣内戚在左右者。其食雖依常度而災害於國，大臣人或疑之，以爲日月虧食可筭，食分多少早晚起復，莫不先期知之，此豈天災之意邪？天月毁於天而魚腦減於泉，陰之氣迭相感應，自然之理，東風至而酒湛溢，東風非故爲溢酒來也，風至而酒自溢。象見於天而災應於下，理固然爾。有道之君脩德而無咎，暴亂之主傲虐而成災，譬之陽燧取火、專諸取水是也，求之而不得，感召之理信不誣矣。

日食必有亡國死君之災，食者如蠶食葉之象，陰侵陽，下淩上，媍乘夫，臣犯君之象也。日食則失道國之亡。《乙巳占》曰：凡日食爲有兵有喪失地下國，皆以食時早晚宿分日辰占之。

日食從上起，君失道而亡，一曰子爲害。

京房曰：君知佞人而安用之，以亡其國。郄萌曰：日食上者，青在君，色青則弱於任善，色赤無禮，色黄掩臣善欺其下，色白弱誅惡，色黑失禮於鬼神。

日食從旁起，内亂，兵大起，更立天子。一曰臣與君争美，一曰黎庶爲亂兵。從其方起，從左起多火災，從右起君政暴。《天鏡》曰：日從右食，賤女暴貴，人君失治，兵寇害民起怨。《春秋感精符》曰：日從旁食，臣謀亂。

日食從下而上，女肆主恣，臣下具師動衆，失律，將軍當之。一曰君失民，下人爲怨。

郄萌曰：日食從下起，色青，民相譖，有疾痰，虫災。色赤，衆庶上僭，强淩弱，有旱災。色黄，宫室沃侈，土工煩具。色白民之。禺中至日入時，秦當之。日昧至晡時食，魏當之。晡時至日入食，燕當之。日入至人定時食，代當之。皆不出三年有喪。

日食而有氣如虹在日上者，近臣犯上。其氏曰：近臣謀上，日食而暈，旁珥白雲，來去掩暎，天下大犯，臣弑君，君失其位。

日食而旁有似白兔、白鹿守之者，民爲亂，臣逆君，不出其年，其分兵起。

京房曰：日食而有如白兔守之，君不能用賢，澤不下施，則高爲下，下爲高，奔於衝取。

日食而有雲氣風宜暈珥，似有羣鳥守，名曰天雞，后妃外戚謀易主位，數視動静行其志。

日食而有雲如虎守之，大臣謀君，不出三月，遠不過三年。石氏曰：人君九族有伏謀亂君，政以自成。

日食而有雲如人坐於上者，君安居下者民安。

日食而旁有黑雲繞之者，臣下爲君。

日食且有大雲下垂，民饑賊起。

日食而有交暈貫日，兩軍相爭，後起者勝。

日食有珥，有雲衝之，甲乙日白雲，天下大兵。丙丁日黑雲，天下大亂。戊己日青雲，人主死喪。庚辛日赤雲，兵大作，相殘害，有小兵。色黑多怨，有火災。

日食從中起，内有伏謀，色赤事成，色青中止，色黄受誅，色白事竟，色黑逆謀。一曰日食從中起，内亂，兵起，更立天子。日色中青赤而外黄，國亡。《荆州占》曰：日食從中起，人君其妻同姓國受兵，君遇賊。又曰日食中，主死。

日食少半，諸侯大臣相逐，亡國失地。

日食過半，天下之主當其災。

日食其半，有大喪，亡國。

日食不盡，强國失地，一曰相出走。

日食其盡，君死天下亡，夷狄入制中國。其氏曰：有亡國，更立主。

日食見星，臣弑其君，天下分裂。一曰有亡國，易姓。

日食東方，東方之國災；食西方，西方之國災。南北亦如之。

日入地而食，大人當之。

日從地下食，出而虧，當有大兵，視其虧處以占兵起之方。

日始出而食，是謂棄光，齊越之國受兵地亡。

日中而食，其氏曰：荆魏受兵亡，海内兵皆起。

日晡而食，兵將罷。

日將出而食，大人出兵，燕趙當之。

《武蜜占》曰：日出至食時食，宋鄭當之。食時至禺中，楚當天下有繫王壬癸日黄雲土工具天子憂。

日食有四珥，從上而下，天子起兵；從下而上，天子大喪。

日食而大風，地鳴，四方有雲，宰相專政謀反。

日將食而地震裂，日色昧而寒乃食者，方伯專誅恣行殺害，君不能製。

日食已而風起，地動，大臣專制，諸侯有亡君。

日食而大寒，且在平旦，中國大饑，賊從西方，夷狄爲亂，諸反逆，一曰日食而寒，夷狄兵動。

日食已而寒，天下饑，賊盗起。

日食而有星墜覆上，賦歛煩數，下民屈竭，君弑國亡。

日食而出見，天下有大喪。

日食而雷，國亡。

日食而大風，亂從中起。

日食而陰，宜臣蔽主。

日四時以王，日食人主凶，以相日食國相死，以囚死，日食臣淩君，以休廃，日食民多疾疫。

京房曰：食日王爲相，爲臣囚，爲罪人死，爲夷狄休，爲民有兵。從食所未，在三年之内，有火災。

日四時食

春食，其氏曰：有女喪。《乙巳占》曰：年大凶，有喪，女主亡。

夏食，其氏曰：有兵。《乙巳占》曰：有兵戰，主死。

秋食，其氏曰：諸侯多死。一曰無年。

冬食。其氏曰：相死。《乙巳占》曰：多死喪。一曰日食春丙丁、夏庚辛秋壬癸冬甲乙日皆爲相死。春庚辛、夏壬癸、秋丙丁、冬戊巳日皆爲弑逆。日夏食陽爲中國，陰爲比國，是爲禍國之兆。

日十二月食

正月日食，京房曰：大臣死，不死則黜。《黄帝占》曰：大臣走。《乙巳占》曰：人多病。陳卓曰：五谷貴，齊大凶。《武密占》曰：内兵起，人流亡。

二月日食，人主夫人死，亦爲大旱。石氏曰：人多死。陳卓曰：豆貴，牛死，魯大凶。

三月日食，《黄帝占》曰：有反者，石氏曰：大水出。陳卓曰：牛無食，六畜死，絲綿布帛貴，楚大凶。《武密占》曰：大旱饑。

四月日食，人主有過，臣有憂。石氏曰：天下大旱。陳卓曰：牛無食，六畜死，宋大凶。京房曰：大臣憂。《武密占》曰：旱疫。

五月日食，諸侯多死。《乙巳占》曰：大旱，人饑。陳卓曰：牛死，六畜貴，梁大凶。《武密占》曰：兵起比方。

六月日食，京房曰：人主有謀其下國分土。一曰外國侵，其分失土。石氏

曰：六畜貴。陳卓曰：五谷貴，沛大凶。《武密占》曰：大臣死。

七月日食，《黄帝占》曰：有反者，從内起。《乙巳占》曰：歲惡，秦國惡之。陳卓曰：繒帛貴，陳大凶。《武密占》曰：兵起，人流亡。京房曰：大水，城壞。

八月日食，京房曰：天下更始，期三年。石氏曰：兵大起，兵甲貴，鄭大凶。《武密占》曰：兵饑。

九月日食，京房曰：外人欲自立不成。石氏曰：布帛貴。陳卓曰：鹽貴，韓大凶。《乙巳占》曰：女主貴。《武密占》曰：饑，疫。

十月日食，《黄帝占》曰：奸臣在朝，二人親，一人遠，淩君，君喪。

十一月日食，王者亡地，臣爲逆。石氏曰：魚鹽貴。陳卓曰：燕大凶。《乙巳占》曰：糴貴，牛死。《武密占》曰：人畜俱疫。

十二月日食，京房曰：其下有兵。《黄帝占》曰：大臣立不成，臣謀君。石氏曰：谷貴，牛死。陳卓曰：米貴，趙大凶。《武密占》曰：水災，夏麥不收。

日以十二支日食

《史記・天官書》曰：日食爲不臧，食以甲乙，四海之外不占；食以丙丁，江淮海岱也；食以戊巳，中州河濟也；食以庚辛，華山巴西也；食以壬癸，恒山比土也。其下君當之。

《武密占》曰：日食，子食兵起，丑寅卯日皆旱，辰日兵起，巳日食火災，午日兵起，未日水災，申酉日皆爲兵起，戌日草木多災，亥日小人用事。

凡日食，兩敵相當，即從食所擊之勝，殺將。日食復生，日光復也，吾軍居其地，擊敵必勝。日食不可出軍，日方食而出軍，其軍必敗，當害氣也。日食三虧三復也，相侵淩也，有兵從所食處擊之，勝。假令日食。

京房《潛潭巴》曰：占有異同，令合之，其不同者，以干支別之，甲子日，比虜有謀，不則大水在東方。一曰夷狄兵起。乙丑日，諸侯之臣欲殺其君，在西北兵行，不勝，後小兵，五谷虫傷。一曰大旱。

甲子日宰相死，不死其欲謀，上下相疑。

乙丑日，太子有憂，兵起北方。一曰土工具。

丙寅日，司徒欲謀其君。有小旱，在東南。一曰有旱蝗。

丁卯日，諸侯欲謀其君。在北方，有蝗。一曰兵動。

戊辰日，有同姓近臣欲謀其君。有地動，在東南。

己巳日，婚嫁，謀君，諸侯起兵，在西南。一曰火災。

庚午日，司徒謀君，有大旱，在南方。一曰有兵火。

辛未日，司空欲謀君，有虫，在東方。一曰有水澇。

壬申日，諸侯相殺，在東北，後有小兵，寇盜並行。

癸酉日，强國天下謀，兵起，不出其年，火兵行，始於西方。一曰霝雨數降。

甲戌日，近臣謀君，事竟。而戮，有小旱，在西南。一曰草木不滋，王命不行。

乙亥日，子欲爲逆而身死，有陰雨，天下亂。一曰冬無冰，東國發。

丙子日，諸侯相殺，兵行在東方，後有大水。一曰夏霜爲災。

丁丑日，諸侯近臣謀君，在西北方，後有小兵。一曰三公有憂。

戊寅日，異姓近臣謀其君，歲旱沸。一曰多大風。

己卯日，東夷欲殺其君，有虫。一曰多盜。

庚辰日，君易，賢以剛卒，以自傷，後有水，在東北方。一曰兵旱。

辛巳日，諸侯外親謀君，兵行在西北。一曰後宫有謀。

壬午日，三公與諸侯相賊，弱其君，三公失國。後有旱且水。一曰久雨。

癸未日，主上侵下，臣謀其君。在東有小虫。一曰仁義不行。

甲申日，司馬逆，有小雨，在晉。一曰四月雨霜。

乙酉日，君弱臣强，司馬將兵，反征其王。一曰賢人遠退。

丙戌日，同姓近臣不臣。後有大旱，火從天墜。一曰訟多寃者。

丁亥日，君臣無别，司馬牧民，司徒將兵，有虫在西北方。一曰有匿謀。

戊子日妻欲害夫，九族夷滅。後有大水，在東方。一曰營中有憂。

己丑日，婚嫁有謀，小兵在西方。一曰下民憂。

庚寅日，有謀反者，敗戮。有小旱，在東南方。一曰將相災骨肉相殘，且有水。

辛卯日，天子微弱，諸侯謀君，反受其殃。有虫在東方。一曰臣伐主。

壬辰日，諸侯謀逆。後有大水東方。一曰河水決。

癸巳日，諸侯相伐。一曰權不一人專政令亂。

甲午日，南夷弑君。後有大旱。一曰虫災。

乙未日，君責衆庶暴虐，民背叛，有地動。

丙申日，君暴亡，臣横恣，上下相殘。有大水。一曰諸侯反叛，亂夷狄内侵，

歲旱。

丁酉日，諸侯之臣謀其君，事敗。後有兵大起西方。一曰諸侯王侵。

戊戌日，婚嫁謀逆，有旱，馬騄運。一曰后妃憂。

己亥日，主弱，小人持政。

庚子日，庶子謀嫡不成，後大敗，天子疑。

辛丑日，賢人微，小人盛，人主危。一曰君疑臣，三公有免黜者。

壬寅日，諸侯謀逆，以亡其國。有小旱，在東南。一曰大臣驕恣，天下苦兵。

癸卯日，諸侯不順，天下有亡國。有虫。一曰外國伐主。

甲辰日，王侯后爵命絶。有水。

乙巳日，諸侯上侵以自益，近臣竊盜以爲積，人主不知。一曰東國起兵。

丙午日，親戚争嗣，同姓有親，大旱在南方。一曰民多流亡。

丁未日，司徒不道執政。有虫，有地震。一曰王者憂之。

戊申日，臣謀君。後有小水。一曰地動，諸侯争。

己酉日，西夷有弑君，有大兵，西行。

庚戌日，司馬之臣謀逆。有小旱。一曰臣下相侵。

辛亥日，有虫害。司馬之臣謀逆，自敗。一曰臣憂。

壬子日，同姓諸侯任政者不臣。一曰女主憂，後宫有謀者。

癸丑日，寇盜行兵，君主不明。一曰水滂爲災。

甲寅日，同姓大臣有謀，有旱。一曰相親戚相叛。

乙卯日，權臣專政，不出三年誅。有虫。一曰雷不行，霜不殺物，奸人入君宫。

丙辰日，帝命之極，武王乃得。一曰山水大出。

丁巳日，司空擅命行兵。一曰旱災。

戊午婚日，嫁執政，賊由妻始，後有大旱傷谷。

己未日，臣不安居，羣陰謀，地大動。一曰其王失土。

庚申日骨，肉相殘，有水。一曰夷狄内侵。

辛酉日，昆弟相殺，更有國家，後有兵三年不息。一曰奸邪欲起奸謀至。

壬戌日，諸侯謀叛，在西南。一曰小人用事。

癸亥日，天下命終，聖人更起，有大雨水。一曰王者憂。

日食春甲日，夏丙日，四季戊日，秋庚日，冬壬日，皆爲天子惡之。

日食春乙日，夏丁日，四季己日，秋辛日，冬癸日，皆爲王后惡之。

晦日日食，大臣執政。一曰臣專主命。

日月俱食，有亡國。月先食，陰國當之。日先食，陽國當之。食陽君主凶，食陰女主凶。

宋・歐陽修《新五代史》卷五八《司天考一》 自古相傳，皆謂去交十五度以下，則日月有蝕。殊不知日月之相掩，與闇虚之所射，其理有異。今以日月徑度之大小，校去交之遠近，以黄道之斜正，天勢之昇降，度仰親、旁視之分數，則交虧得其實矣。

宋・朱熹《朱子全書》卷五〇 日食是爲月所掩，月食是與日争敵，月饒日些子，方好無食。日月食皆是陰陽氣衰，徽廟朝曾下詔書言：此定數，不足爲災異，古人皆不曉歷之故。

元・脱脱等《宋史》卷五二《天文志五》 日食爲陰蔽陽，食既則大臣憂，臣叛主，兵起。日食在正旦，王者惡之。日珥，甲乙，日有二珥四珥而食，白雲中出，主兵；丙丁，黑雲，天下疫；戊己，青雲，兵、喪；庚辛，赤雲，天下有少主；壬癸，黄雲，有土功。

日食在甲乙日，主四海之外，不占；丙丁，江、淮、海、岱也；戊己，中州河、濟也；庚辛，華山以西；壬癸，常山以北。各以其下所主當之。寅卯辰木，招謀者司徒也。巳午未火，招謀者太子也。申酉戌金，司馬也。亥子丑水，司空也。

元・脱脱等《金史》卷二〇《天文志》 太祖天輔三年夏四月丙子朔，日食。四年冬十月戊辰朔，日食。六年春二月庚寅朔，日食。七年秋八月辛巳朔，日食。

元・李克家《戎事類占》卷二 日月虧毁曰食。其食，食所不利；復生，生所利。不然，食盡爲主位，以其直及日所躔，加日時，用名其國。人君誅將不以理，或賊臣將暴起日月雖不同宿，陰氣盛，薄日光也。

凡日月無光曰薄。又曰：日月赤黄爲薄。又曰：不交而食曰薄。又曰：氣往迫之爲薄。二至二分，日有食之，不爲災。日月之行也，春秋分日夜等，故同道。冬夏至長短極，故相過，相過同道而食，輕不爲大災，水、旱而已。日食，陰侵陽，臣掩君之象，日食皆從西缺，若中央名曰黑子。日食者，陰氣盛，陽不克也。日食而從中者，内有伏謀，色青則謀者止，色赤則其事起，色黄則謀者誅，色

白則其事覺，色黑則逆謀成。日食貫中央，上下竟而黃，臣弒而不卒之形也。日從下食，將有憂。日始出而食，有兵失地。日午時已後食者，有兵，兵罷。日薄食，陰謀弒奪。日食既，夷兵起。既者盡也，當嚴號令以正其災。一曰陰氣太盛，陰謀害君。正旦日食，陰勝其陽，君德昏蔽，奸邪欺謀。四月日食，乃六陽之極，陽不勝陰，陰謀立成，內變將作。八月日食，兵起。十月日食，乃六陰之極，陰冒其陽，君昏信讒，陰謀作亂。十二月日食，有兵。秋日有食，兵戰，客勝。

日食之日，國有兵。寅日，五穀大貴。午日，東北千里起兵。未日，十處兵起。酉日，邊境流血。亥日，賊盜傷人。日食甲子日，夷兵動。丁卯日，有旱、兵。庚午日，火燒官兵。癸酉日，淫雨毀山，連兵。乙亥日，東國發兵。庚辰日，主彗見，有寇兵。乙酉丁亥辛卯日，有謀逆。丙申日，臣下兵起相攻，地動。壬寅日，天下苦兵。戊申日，地動，兵侵。丁巳日，下有敗兵。日以甲乙見有二珥、四珥而食，有白雲從中出，主兵。丙丁日見有二珥、四珥而食，有黑雲從中出，兵起，疾疫。戊巳日見有二珥、四珥而食，有青雲從中出，主兵。庚辛壬癸日，不占兵。日食角，天下有兵。食右角國不寧。食亢，國有變。食氐有內亂。食房，爲兵，國亡。食鈎鈐，將軍死。食心，兵饑，將相疑。食尾，燕分夙，沙兵喪，將有疾。食箕，天下兵起，一曰將疾，大風沙。食斗，將相憂，吳分兵起。食牛，其分兵起，關梁不通。食女，越分饑。食虛，爲兵饑。食危，有叛臣。食室，天子將兵，庶民絕糧。食壁，民多疫。食奎，魯分凶，邊兵起。食胃，其分饑疫，一曰有委輸事。食昴，邊兵起，宗姓自立。食畢，邊王死，軍自殺主，遠國謀亂。食觜，邊兵災，戒在將臣。食參，大臣相譖，陰國兵強。食井，秦地旱，民流，有不臣者。食鬼，天下不安。食柳，橋道隄防有憂。食七星，天子不安其宮。其分兵起，臣爲亂。食翼，爲旱災。食軫，憂在將相，戒車駕之官。日食而暈珥，白雲來去掩映，兵起。一曰天下大亂，臣弒其主。日食而旁有雲，似兔，如鹿守之者，不出期年，其野兵起。日食有雲氣如羣鳥，曰天雞，后妃謀逆，篡奪君位。日食，大風，地震，四方有白雲，相傳臣叛。日食而星墜，兵起，民竭，國將破滅。日食而大寒者，夷兵動。日食不可出軍，日方食而出軍，其軍必敗，害氣也。日食三虧三復，相侵淩也有兵從虧擊之勝。

明・熊明遇《格致草》 日月交食

日在月上，朔而日月行度，南北同經，東西同緯，則月掩日，而日爲之食，固也。惟望而月食，日在地下，月在天上。儒者謂月亢日而月爲之食，曆家曰闇虛，問其何以亢何以闇虛，畢竟不能置對。殊不知月星皆借日爲光，日在地下，月在天上，經緯皆同，則地影適遮日光，月不受光而月爲之食。然朔不必皆日食，望不皆月食，何也？蓋經度同而緯度不同故也。日止行黃道一線，萬古有常，月則或南或北，故同經不能同緯。日體大，地體小，若不同緯，便爲日光射及，然普天之下，食之時與食之分數不能盡同，以地面早夜不同，日月行動，故或曰：星月俱借日爲光，地影既可以食月，獨不可以食星乎？曰：諸星所麗之天，距月天甚高，日光大，地影小，過月以上，則暗影漸尖細，至於星邊，地影不及矣。然金水二星亦在日下，地球大於金星三十六倍又二十七分，大於月輪三十八倍又三分之一，是金星大於月輪，月既掩日，金星過日下，獨不掩日，何也？曰：凡物以形相掩，非惟論其大小，又當計其遠近，近目者愈近則愈掩，如以一指置睫間，宇宙可蔽。及其遠也，雖泰山不礙。金星雖大於月，乃在月天之上，去人目甚遠，故不能掩；日月雖小於金星去人目最近，故能掩日光也。

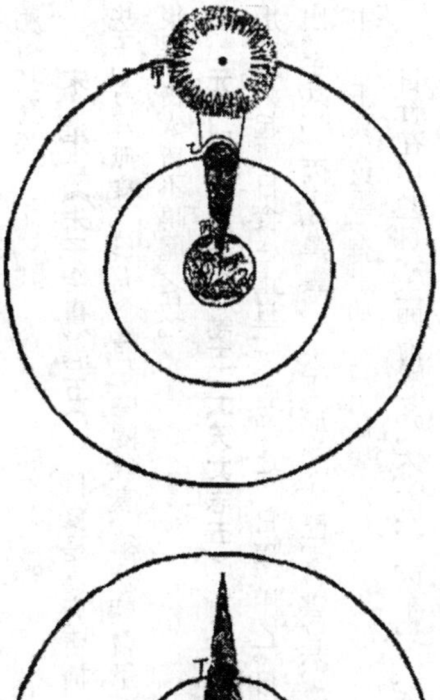

日食圖

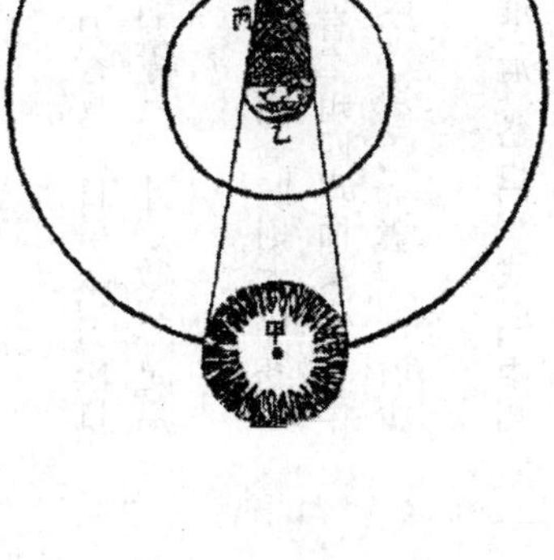

月食圖

格言考信

《朱子語類》曰：月受日光，只是得一邊光。日月相會時，日在月上，不是無光，光都載在上面一邊，故地上無光到得。日月漸漸相遠時，漸擦挫月光，漸漸見於下，到得望時，月光渾在下面一邊，望後又漸漸光向上去。朱子《詩經・十月之交》註曰：晦朔而日月之合，東西同度，南北同道，則月掩日而日爲

之食。

渺論存疑

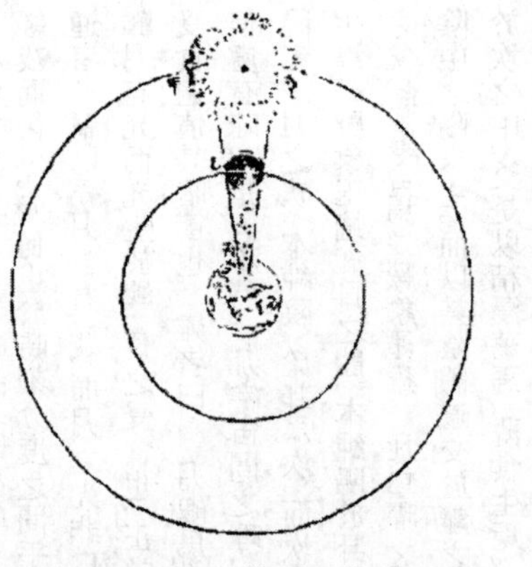

日蝕圖

《淮南子》曰：麟鬬則日月食。朱子《詩經·十月之交》註曰：望而日月之對，同度同道，則月亢日而月爲之食。月在天上，日在地下，請問月如何亢日，而月爲之食？恐紫陽夫子也解不去。凡解得去者，便做得像，試請做一亢日闇虛之象，如何？

明·王英明《曆體略》卷上　日蝕非日失其光，乃月體掩之也。日天在月天之上，朔時月輪正過日輪之下，南北同經，東西同緯，故掩其光，非如俗所傳有異物以食之也。

明·王英明《曆體略·附録》　人在地上，視日月大小不遠，然月之離地一十〇萬四千四百〇一里又百分里之八十一，日之離地一千五百九十一萬二千三百八十二里，人目之視近者大而遠者小，其常也。今遠近異，而體象等，所以知其有大小也，然何以知日大於地，地大於月也？答曰：凡以光相施者，丸之大小相等，則其受光與不受光相半，而所蔽之暗影，至於無窮，惟以小蔽大，則小者之受光必過於半體，而其暗影漸遠亦漸尖細；遠之極，無復暗影焉。其影有窮也，故月有蝕而星無蝕，月近地而星遠地也，地影不能及星也，若月與地等，何以蝕？既又有蝕甚耶？若地與日等，或更大焉，則衆星皆蝕矣，所以知其大小之分也。又問日月蝕之理，如何曰日蝕者，緣朔時月至黄道，在日之下，遮掩日光，人不能見日輪，謂日蝕也。然日輪了無失光，故其蝕非天下相同之蝕，或此處蝕，他處不蝕，或此處全蝕，他處半蝕，此因所當，有偏正之異故也。月蝕天下同也，蓋月與衆□皆借日爲光，地在九重天之□，若望時月至黄道，正與太陽相□，地形障隔，其中□得相射，則月失其光，而人以爲蝕，乃地影蒙之耳。□地影而復光矣，此交蝕之大略也。

明·傅汎際《寰有詮》卷四　駁或曰：天主耶穌救世受難之時，正當月望，月乃掩日，日失其光者，十有二刻，似此失常，則是渾天之動有時不均也。正曰：化生天地之主，乃至受難而死，開闢未有之變，天地應失其常。當此之時，大地震動，似欲出離本所，巨石自鬬而裂，塚墓自開，死者復活，日慘無光，蓋天地萬物顯證受難而死者，實爲造物之主也。事具本論。兹欲明辯天日無光之事，經典所載，普天之下，此時咸失其光，釋經者謂此時日斂其光，渾天一色，故協樂曰日斂其光，若不忍見真主之懸木，併亦不容戕真主者，得享其光也。顧日非有靈，能自主欲如是也，日因性而施光，其作用出於固然，豈能自主光之隱見？弟阿尼云日所以斂光者，天主遏其施，不容其有光也，是時月在望期，却退行以掩日，此諸聖賢共紀弟阿尼所目擊者。耶穌受難之時，弟阿尼在入多國之赫里阿薄城中，偕其友人亞薄樂明見月退掩日，以爲大物之奇變，紀其時日而藏之，迨耶穌升天後，聖徒寳琭周遊傳教，至亞得那城，嘗述耶穌救世之事，弟阿尼質其所紀期正相符，遂從寳琭領洗。弟阿尼傳教於法覽國，以守正不屈遇害，斷其首，身立不仆，自捧首置胸間，舉足行二千步，有此異蹟。後多瑪詳其義，云弟阿尼所見日食，有四異焉。一者日食必在晦朔之間，而此時正當其望，二者此時，日月同所。日食十有二刻復明，之後月即見於東方，仍與日相對成望，三者平時，日食初虧在西，漸食向東此時月已過日，相離周圜之半，乃回西向以揜日光。初虧在東，四者平時，日食初虧之分，亦先復明，此時月乃從東而西徑，至日西末際，相對揜蔽，仍復還東。始虧在東，復明在西，不同常度。計里瑣又立第五論，云平時日雖全食，只一頃間，蓋月行過日一分，日即還光一分。此奇變，月掩日凡十二刻，可驗月至日下止，其本動守日與偕者凡十二刻也。又推此，論者以爲日食五方所見不同，蓋緣月小於地，光不全揜，此方食盡，他方猶見。餘光；乃今大地盡黯，則其所以黯者，不但爲月所揜，亦緣日自斂光，故天下無光也。

或問：是時萬國咸覩此變否？曰：不惟此國之人如德亞國，乃耶穌受難之地。覩此奇變，亞細亞、歐羅巴各國悉皆得見，亦不但知天學者書紀此變，即彼異教亦紀此變也。或他國有未紀者，緣此食既在月望，星家豈能預測？一時噎暗，謂偶雲霧氛祲，不暇筆之於書耳。繇斯而論，月望日食乃萬古暫有之事，用以明證受死者爲造物主降生之身也，至於天動有常，自無可疑。

明·張萱《西園聞見録》卷四九《禮部八》　陳士元曰：按《越絶書》范子計然曰：日者寸也，紀刻而成晷也；月者尺也，紀度而成數也。《説文》云：日者實也，言形體充實也。《釋名》云：月者闕也。《淮南子》云：麒麟鬬則日月食。《春秋》隱公三年二月己巳日有食之。孔穎達氏云：日月同度則日被月映，而形魄不見。《小雅·十月之交》，孔安國曰：曆象交食之法，大率以百七十

三日有奇爲限，然月在先裏，則依限而食者多；若月在表，雖依限而食者少。杜預氏見其參次乃日日月動物，雖行有度，不能不小有盈縮，故雖有交會而不食者有頻交而食者。呂伯恭《讀詩紀》亦以爲然。《宋中興天文志》云：凡月行，曆二十九日五十三分而與日相會，是爲合朔。凡日月之交，月行黄道而日爲月所掩，則日食。若日月同度於朔，月行不入黄道，則雖會而不食。月行在望，與日對衝，月入於日暗虚之內，則月爲之食。此日月交會薄食之大略也。然先儒有月受日之光之説，竊疑月自有光，無繫於日。《易》曰：日月得天而能久照。又曰：日月之道，貞明者也。又曰：懸象著明，莫大於日月。子思曰：日月之代明。孟子曰：日月有明。皆以月之明，與日對言之也。月有晦朔弦望，由於陰道有盛衰，故《易》曰：月幾望。《書》曰：日哉生明。《禮》曰：月生於西。亦未嘗言日光之遠近也。月受日光之説，其始於京房之《易説》乎？房曰：月與星，至陰也，有形無光，日照之乃光。此或神其災異之談，本以儆戒人君不可以政權下移，而後世信之，遂以爲月本無光，不復致辨耳。夫古以日月星爲三光，使月星無光，何以並稱爲三哉？劉孝榮所謂日光不照則爲月食者，非通論也。

傅新德曰：昔之論月者，月本無光，受日之曜乃光。信斯言也。日與月遥對幾億萬里，然且能曜之使光，而況月與之同度，反能掩其光乎？論日者日衝有暗大地之影，即暗信斯言也。暗影之大於月，當不下幾百倍，則凡食，月必既，必經夜而後可，乃何止於時刻分度之間乎？愚嘗以二説求之於日月食，終有所不通者。竊以爲月自有光，而月之光非日曜也。日自有暗，而日之暗非地影也。顧月有光而光生於魄，日之受食也，正當其魄時也；日有暗而暗含於光，月之受食適值其暗衝也。難者曰：月魄爲水，水體全黑，是安有光而日明？萬古又何處有暗？是大不然。凡宇宙間之理，陰陽互更，闔闢互用，未有陰自陰，陽自陽者。月之魄，本純陰，於卦爲坎，而坎中有先天一畫之真陽，故爲陽之母，明漸生焉。厥象玉蟾。日之體，本純陽於卦爲離，而離中有後天一畫之真陰，故爲陰之父，暗虚含焉。厥象昴雞。凡二曜之合璧者，皆陰地也，而交食者皆陰勝也，陰中之陽未主，而以其陰體適交於離之外。爻陽中之陰對衝，而以其暗虚偶射於坎之中，爻是以精浸蕩焉，薄食生焉。分則各自爲明，合則交相爲暗，當合而合則爲晦，爲昝不當合而合，則爲食爲變，故必知其所謂明，而後知其所爲食；必知其明之分，而後知其食之合也。然余又聞之易象箕疇所云：天人感召之故，桴鼓不爽，故變不虞生，惟人所致。有道之世，則當食不食。蓋人定而天從之矣，豈諉於陰陽貞勝之數哉？後世直付之一星史耳，奏鼓刑牲曰是固然而始然，推驗咎徵曰是適然，而未必然，嗚呼其亦弗思也已！

明·陽瑪諾《天問略》　日蝕

問：日蝕所以曰日蝕，非日失其光，乃月掩其光也。月之天在日天之下，朔時月輪正過日輪之下，南北同經，東西同緯，故揜其光，若有失之耳。

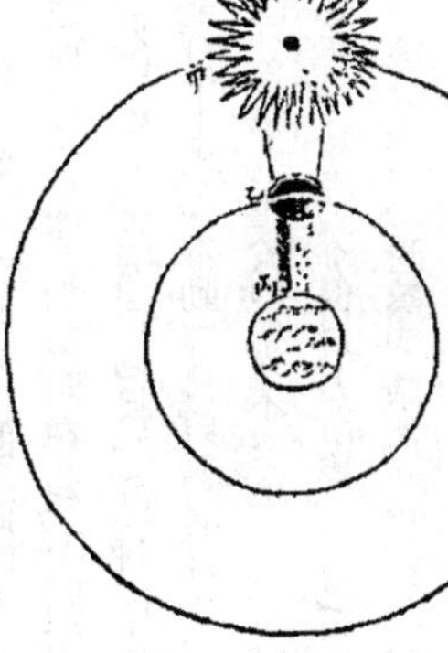

如上圖，甲爲日，乙爲月，丙爲人居地面，月輪隔在其中，使日光不能照地面，而人目不能見日輪也。因知日食非各處共有之，或一處見食，別處見光，或一處全食，別處半食，皆目隨地異也。聞貴國先時一年日食，司天言當幾分，草澤言當幾分，後卒如草澤言。説者以爲算法疎密使然，實不爾也。

如左圖，丙地面，乙月輪，甲日輪。居丁者正見月於日，故見全食，居戊者斜見月，子日，故見半日食。居己者不見月於日，故全不見食。如欲得日食時刻最準，先須得七政經緯度，及正斜視法，不然即交食分數測驗躔度悉不可算，悉不可定。故吾國曆家窮究此理，以爲曆準。別有備論，今特畧言食理也。試觀居房内者，房中有燭，以照四方，若於東方有揜光者，必坐東者不見其光，而坐南北西方者得光也。各方如是，如滅其光，則居諸方内者四方見燭無光矣，與食同理也。若月食，則所食全缺分秒，萬人萬目共作是觀，別無同異與日不同。

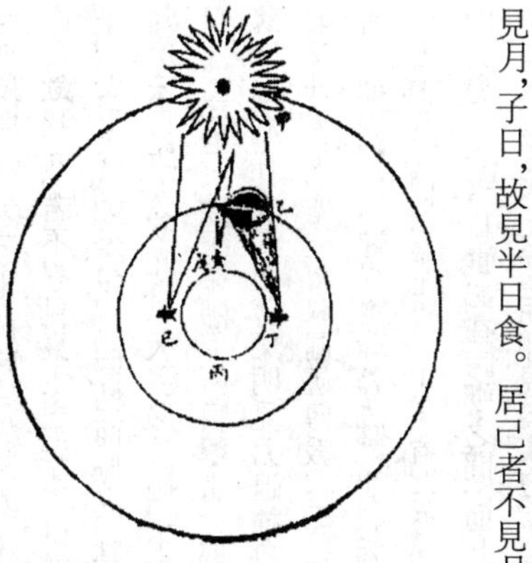

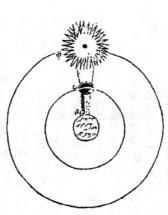

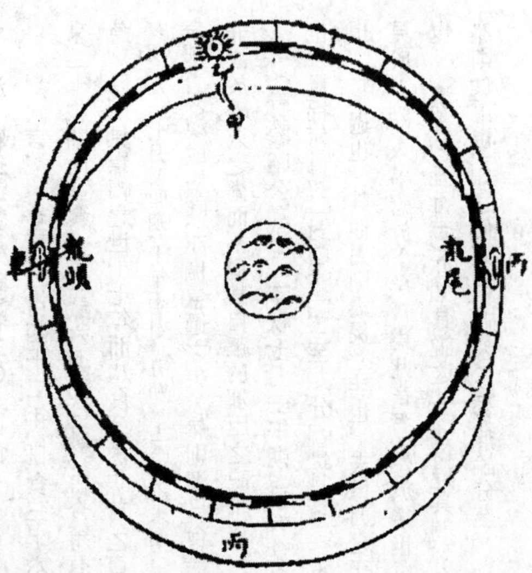

問：日蝕由於月掩其光，凡每朔時，日月同度，又正過其下，宜皆得食，今不盡然，何也？曰：日躔惟一黃道，終古無出其外也。月於黃道，有時在南在北，故月道半出黃道北半出黃道南，而爲南北二交，吾國所謂龍頭龍尾是也。朔時若月在二交之外，或南或北，與日非經緯同度，不能掩日光也。南北爲經，東西爲緯，凡是朔日，經度必同，如更同緯度，適在二交之上，乃能掩其光而食耳。如上圖，月道交黃道於龍頭，龍尾甲爲月道，在黃道南，內在北。試使月朔時在龍頭則經緯同度，月正過日輪之下，掩其光而食焉。如朔時月在甲，黃道之南，日乃在乙，黃道之上，而緯不同度，則日在北，月在南矣，故不食也。

問：日食若因月天在日天之下，則水星金星天亦在日天之下，而不見掩其光；且月天在金水二星之下，月亦宜掩其光，而金水有食如日矣。今其食不顯，何也？曰：水星金星雖正過日輪之下，而有與日同度時，然金星大於水星，而日大於金星一百倍，二星之體比日體甚小，豈能掩其光，而使人不見日也？吾國歷家遇金水二星與日同度，恒見日輪中有黑點，以星體不能全掩日體故也。月輪正過二星之下，亦宜掩其星光，使人不見，今不顯其食如日者。非月不能掩之，乃二星之光甚微，其體甚小，故不明顯也。

問：《天地渾儀説》曰：地球大於金星三十六倍又二十七分之一，大於月輪三十八倍又三分之一，是金星大於月輪也，夫月球能掩日光，則金星更大亦何不掩日光乎？曰：凡物以形相掩，非惟論其大小，又當計其遠近，蓋人目視物之時，自目至物之體射雨直線，爲直角形，故愈近於目，其物雖小而徑愈大；愈遠於目，其物雖大而徑愈小。

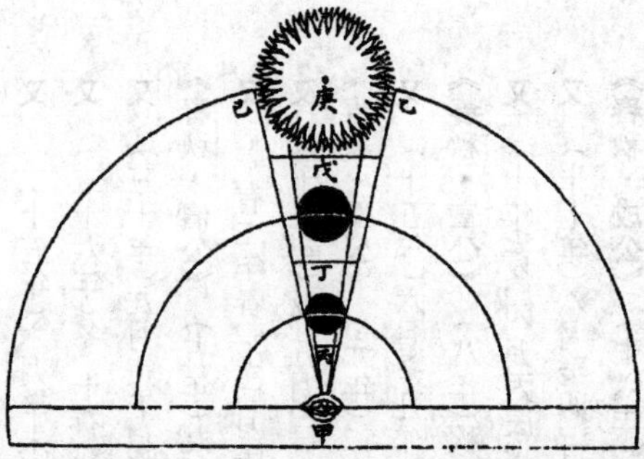

如上圖，甲爲人目，庚爲物體，甲乙甲己爲人目所射雨直線，則徑愈近愈小，愈遠愈大，故戊大於丁而丁大於丙也。試以人手隔目，手愈近於目則愈掩物體矣。是故金星雖大於月，乃在月天之上，去人目甚遠，故不能掩日光也；月雖小於金星，乃在金星天之下，去人目最近，故能掩日光也，此其理也。

清·蔣友仁《地球圖説》 交食

第二圖，太陰之體既爲圓球，太陽之光恒照其半面，向太陽之半恒明，背太陽之半恒暗。故人在地面上或全見其光面，或半見，或不見。由此以生朔、望、弦之别。設如朔日太陰之光而背地，故自地不得見之；朔以後，太陰之光而漸向地，故自地漸得見之；望，地在於太陰及太陽之間，故自地全見太陰之光面，望以後，太陰之光面漸背地，至朔日又不見其光面。太陽太陰相會之時，太陰在太陽與地之間，若地與太陰與太陽一線參直，地面上有月影之處，如甲與丁，則見太陰掩蔽太陽之光，是爲日食。惟朔日太陰會太陽，故獨朔日有日食。

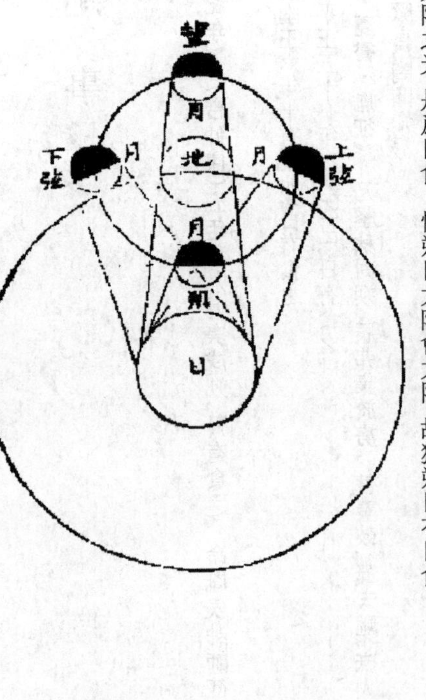

第二圖

清・傅蘭雅《天文須知》 日蝕月蝕〇月有時能正在日地之間，有時能正在日地之後，則成日蝕。月蝕之事不難解也，如第七圖，月在日地間時，月後有影，射於地面，人在影中，即不見日面之光，是爲日蝕。在影外者，仍能見日光，即不見有日蝕，所以日蝕時，地上各處不能皆見，因月影小，不能全遮地球也。至月行在日地之後，則地在日月之間，地後有影，遮蔽月面，人即不見其光，是爲月蝕。計月蝕時，恒在十五日，日蝕時恒在初一日。

日月蝕期〇或云：日蝕既在初一，月蝕既在十五，但每月皆有初一、十五，何不常蝕曰？乃因月之軌道，與地之軌道不在一平面內。如初一，月雖在日地之間，但其軌道或高在地軌道之上，或低在地軌道之下，月即不能遮掩日光，故不見日蝕。至於十五，地雖在日月之間，惟其軌道亦因有高低，地亦不能遮掩月面，故不見有月蝕，必其兩軌道正在一平面內，日月地又正在一直線上，始能見蝕。故日月之蝕不能每月皆有也。天文家推算每年蝕期多則七次，即日蝕五次，月蝕二次，少則兩次，俱是日蝕，但不能在地面各處皆見之。

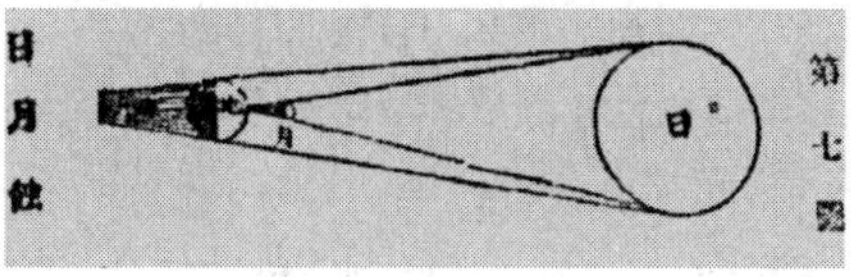

清・顧炎武《日知録》卷三〇 日食

劉向言：《春秋》二百四十二年，日食三十六。今連三年比食。自建始以來二十歲間而八食，率二歲六月而一發，古今罕有，異有大小希稠，佔有舒疾緩急。餘所見崇禎之世十七年而八食。一年五月乙酉朔，四年十月辛丑朔，七年三月丁亥朔，九年七月癸卯朔，十年正月辛丑朔，十二月乙未朔，十四年十月癸卯朔，十七年八月丙辰朔。與漢成略同，而稠急過之矣。然則謂日食爲一定之數，無關於人事者，豈非溺於疇人之術而不覺其自蹈於邪臣之説乎？

《春秋》昭公二十一年秋七月壬午朔，日有食之。公問於梓慎曰：「是何物也？禍福何爲？」對曰：「二至二分，日有食之，不爲災。日月之行也，分同道也，至相過也。其他月則爲災。」非也。夫日月之在於天，莫非一定之數，然大象見於上，而人事應於下矣。爲此言者，殆於後世以天變不足畏之説，进其君者也。《漢書・五行志》亦知其説之非而依違其間，以爲食輕不爲大災，水旱而已。然則食重也，如之何？是故日食之咎無論分至。

紀事

《竹書紀年》（帝仲康）五年秋九月庚戌朔，日有食之。命胤侯帥師征羲和。

又 周幽王六年十有辛卯，日有食之。

又 周平王五十一年二月乙巳，日有食之。

《尚書・夏書・胤征》 乃季秋月朔，辰弗集於房。瞽奏鼓，嗇夫馳，庶人走。羲和尸厥官，罔聞知。

《詩經・小雅・十月之交》 十月之交，朔日辛卯，日有食之，亦孔之丑。

《春秋・隱公》 三年春，王二月己巳，日有食之。

《春秋・桓公》（三年）秋，七月壬辰，朔，日有食之，既。

又（十七年）冬，十月朔，日有食之。

《春秋・莊公》 十有八年春，王三月，日有食之。

又（二十五年）六月辛未，朔，日有食之，鼓，用牲於社。

又（二十六年）冬，十有二月癸亥，朔，日有食之。

又（三十年）九月庚午，朔，日有食之，鼓，用牲於社。

《春秋・僖公》（五年）九月戊申，朔，日有食之。

又 十有二年春，王三月庚午，日有食之。

又（十五年）夏，五月，日有食之。

《春秋・文公》（元年）二月癸亥，日有食之。

又（十五年）六月辛丑，朔，日有食之，鼓，用牲於社。

《春秋・宣公》（八年）秋，七月甲子，日有食之，既。

又（十年）夏，四月丙辰，日有食之。

又（十七年）六月癸卯，日有食之。

《春秋・成公》（十六年）六月丙寅，朔，日有食之。

又(十七年)十有二月丁巳,朔,日有食之。

《春秋·襄公》(十四年)二月乙未,朔,日有食之。

又(十五年)秋,八月丁巳,日有食之。

又(二十年)冬,十月丙辰,朔,日有食之。

又(二十一年)九月庚戌,朔,日有食之。

又(二十一年)冬,十月庚辰,朔,日有食之。

又 二十有三年春,王二月癸酉,朔,日有食之。

又(二十四年)秋,七月甲子,朔,日有食之,既。

又(二十四年)八月癸巳,朔,日有食之。

又(二十七年)冬,十有二月乙卯,朔,日有食之。

《春秋·昭公》(七年)夏,四月甲辰,朔,日有食之。

又(十五年)六月丁巳,朔,日有食之。

又(十七年)夏,六月甲戌,朔,日有食之。

又(二十一年)秋,七月壬午,朔,日有食之。

又(二十二年)十有二月癸酉,朔,日有食之。

又(二十四年)夏,五月乙未,朔,日有食之。

又(三十一年)十有二月辛亥,朔,日有食之。

《春秋·定公》 五年春,王三月辛亥,朔,日有食之。

又(十二年)十有一月丙寅,朔,日有食之。

又(十五年)八月庚辰,朔,日有食之。

《春秋·哀公》(十四年)五月庚申,朔,日有食之。

漢·司馬遷《史記》卷一四《十二諸侯年表》(魯桓公十七年十月)日食,不書。日官失之。

又(魯僖公十五年)五月,日有食之。不書,史官失之。

又(魯文公十五年)六月辛丑,日蝕,齊伐我。

又(魯宣公八年)七月,日蝕。

又(魯宣公十年)四月,日蝕。

又(魯宣公十七年)日蝕。

又(魯襄公十四年)日蝕。

又(魯襄公十五年)日蝕。

又(魯襄公二十年)日蝕。

又(魯襄公二十一年)日再蝕。

又(魯襄公二十四年)日再蝕。

又(魯昭公七年)日蝕。

又(魯昭公十年四月)日食。

又(魯昭公十五年)日蝕。

又(魯昭公二十一年)日蝕。

又(魯昭公二十二年)日蝕。

又(魯昭公三十一年)日蝕。

又(魯定公五年)日蝕。

又(魯定公十五年)日蝕。

漢·司馬遷《史記》卷五《秦本紀》(秦厲共公)三十四年,日食。

又(秦昭襄王)日食,晝晦。

又(秦莊襄王三年)四月日食。

漢·司馬遷《史記》卷一五《六國年表》(秦厲共公)日蝕,晝晦。星見。

又(秦躁公八年)六月,雨雪。日、月蝕。

又(秦簡公五年)日蝕。

又(秦惠公三年)日蝕。

又(秦獻公三年)日蝕,晝晦。

又(秦獻公十年)日蝕。

又(秦獻公十六年)日蝕。

又(秦昭襄王六年)日蝕,晝晦。

又(秦莊襄王二年)蒙驁擊趙榆次、新城、狼孟,得三十七城。日蝕。

漢·司馬遷《史記》卷九《呂太后本紀》(漢呂后七年正月)己丑,日食,晝晦。太后惡之,心不樂,乃謂左右曰:「此爲我也。」

漢·司馬遷《史記》卷一〇《孝文本紀》(漢孝文帝二年)十一月晦,日有食之。十二月望,日又食。上曰:「朕聞之,天生蒸民,爲之置君以養治之。人主不德,布政不均,則天示之以菑,以誡不治。乃十一月晦,日有食之,適見於天,菑孰大焉!朕獲保宗廟,以微眇之身託於兆民君王之上。天下治亂,在朕一人,唯二三執政猶吾股肱也。朕下不能理育羣生,上以累三光之明,其不德大矣。

令至，其悉思朕之過失，及知見思之所不及，匄以告朕。及舉賢良方正能直言極諫者，以匡朕之不逮。因各飭其任職，務省繇費以便民。朕既不能遠德，故憪然念外人之有非，是以設備未息。今縱不能罷邊屯戍，而又飭兵厚衛，其罷衛將軍軍。太僕見馬遺財足，餘皆以給傳置。」

又 （漢孝文帝）三年十月丁酉晦，日有食之。十一月，上曰：「前日（計）〔詔〕遣列侯之國，或辭未行。丞相，朕之所重，其爲朕率列侯之國。」絳侯勃免丞相就國，以太尉潁陰侯嬰爲丞相。罷太尉官，屬丞相。四月，城陽王章薨。淮南王長與從者魏敬殺辟陽侯審食其。

漢・司馬遷《史記》卷一一《孝景本紀》 （漢景帝七年）十（二）〔一〕月晦，日有食之。

又 （漢景帝中二年）九月甲戌，日食。

又 （漢景帝中三年）九月戊戌晦，日食。

又 （漢景帝中六年七月）辛亥，日食。

又 （漢景帝後元年）七月乙巳，日食。丞相劉舍免。

又 （漢景帝）後三年十月，日月皆（食）赤五日。

漢・司馬遷《史記》卷二二《漢興以來將相名臣年表》 （漢景帝後元七年）五月，地動。七月乙巳，日蝕。

又 （漢元帝永光二年）三月壬戌朔，日蝕。

漢・班固《漢書》卷一《高帝紀》 （漢高祖三年）甲戌晦，日有食之。十一月癸卯晦，日有食之。

又 （漢高祖九年）夏六月乙未晦，日有食之。

漢・班固《漢書》卷二《惠帝紀》 （漢惠帝七年）春正月辛丑朔，日有蝕之，夏五月丁卯，日有蝕之，既。

漢・班固《漢書》卷三《高后紀》 （漢高后二年）夏六月丙戌晦，日有蝕之。

又 （漢高后七年正月乙丑）日有蝕之，既。

漢・班固《漢書》卷四《文帝紀》 （漢孝文帝二年）十一月癸卯晦，日有食之。詔曰：「朕聞之，天生民，爲之置君以養治之。人主不德，布政不均，則天示之災以戒不治。乃十一月晦，日有食之，適見於天，災孰大焉！朕獲保宗廟，以微眇之身託於士民君王之上，天下治亂，在予一人，唯二三執政猶吾股肱也。朕下不能治育羣生，上以累三光之明，其不德大矣。令至，其悉思朕之過失，及知見之所不及，匄以啓告朕。及舉賢良方正能直言極諫者，以匡朕之不逮。因各敕以職任，務省繇費以便民。朕既不能遠德，故憪然念外人之有非，是以設備未息。今縱不能罷邊屯戍，又飭兵厚衛，其罷衛將軍軍。太僕見馬遺財足，餘皆以給傳置。」

又 （漢孝文帝）三年冬十月丁酉晦，日有食之。十一月丁卯晦，日有蝕之。

又 （漢孝文帝）四年夏四月丙寅晦，日有蝕之。

漢・班固《漢書》卷五《景帝紀》 （漢景帝三年）二月壬子晦，日有食之。

又 （漢景帝四年）十月戊戌晦，日有蝕之。

又 （漢景帝）七年冬十一月庚寅晦，日有蝕之。

又 （漢景帝中四年）十月戊午，日有蝕之。

又 （漢景帝中六年）秋七月辛亥晦，日有蝕之。

又 （漢景帝後元年）五月，地震。秋七月乙巳晦，日有蝕之。

漢・班固《漢書》卷六《武帝紀》 （漢武帝建元二年二月）春二月丙戌朔，日有蝕之。

又 （漢武帝建元三年）九月丙子晦，日有蝕之。

又 （漢武帝元光元年）秋七月癸未，日有蝕之。

又 （漢武帝元朔二年）三月乙亥晦，日有蝕之。

又 （漢武帝元狩元年）五月乙巳晦，日有蝕之。

又 （漢武帝元鼎五年四月）丁丑晦，日有蝕之。

又 （漢武帝太始四年）冬十月甲寅晦，日有蝕之。

又 （漢武帝征和四年八月）秋八月辛酉晦，日有蝕之。

漢・班固《漢書》卷七《昭帝紀》 （漢昭帝始元三年）十一月壬辰朔，日有蝕之。

又 （漢昭帝元鳳元年）秋七月乙亥晦，日有蝕之，既。

漢・班固《漢書》卷八《宣帝紀》 （漢宣帝地節元年）十二月癸亥晦，日有蝕之。

又 （漢宣帝五鳳元年）冬十二月乙酉朔，日有蝕之。

又 （漢宣帝五鳳四年）夏四月辛丑晦，日有蝕之。詔曰：「皇天見異，以戒朕躬，是朕之不逮，吏之不稱也。以前使使者問民所疾苦，復遣丞相、御史掾二十四人循行天下，舉冤獄，察擅爲苛禁深刻不改者。」

漢・班固《漢書》卷九《元帝紀》（漢元帝永光二年）三月壬戌朔，日有蝕之。詔曰：「朕戰戰栗栗，夙夜思過失，不敢荒寧。惟陰陽不調，未燭其咎。婁敕公卿，日望有效。至今有司執政，未得其中，施與禁切，未合民心。暴猛之俗彌長，和睦之道日衰，百姓愁苦，靡所錯躬。是以氛邪歲增，侵犯太陽，正氣湛掩，日久奪光。乃壬戌，日有蝕之。天見大異，以戒朕躬，朕甚悼焉。其令內郡國舉茂材異等賢良直言之士各一人。」

又（漢元帝永光四年六月）戊寅晦，日有蝕之。詔曰：「蓋聞明王在上，忠賢布職，則羣生和樂，方外蒙澤。今朕晻於王道，夙夜憂勞，不通其理，靡瞻不眩，靡聽不惑，是以政令多還，民心未得，邪説空進，事亡成功。此天下所著聞也。公卿大夫好惡不同，或緣姦作邪，侵削細民，元元安所歸命哉！乃六月晦，日有蝕之。《詩》不云虖：『今此下民，亦孔之哀士？』自今以來，公卿大夫其勉思天戒，慎身修永，以輔朕之不逮。直言盡意，無有所諱。」

又（漢元帝建昭五年六月）壬申晦，日有蝕之。

漢・班固《漢書》卷一〇《成帝紀》（漢成帝建始三年）冬十二月戊申朔，日有蝕之。夜，地震未央宮殿中。詔曰：「蓋聞天生衆民，不能相治，爲之立君以統理之。君道得，則草木昆蟲咸得其所；人君不德，謫見天地，災異婁發，以告不治。朕涉道日寡，舉錯不中，乃戊申日蝕地震，朕甚懼焉。公卿其各思朕過失，明白陳之。『女無面從，退有後言。』丞相、御史與將軍、列侯、中二千石及內郡國舉賢良方正能直言極諫之士，詣公車，朕將覽焉。」

又（漢成帝河平元年）夏四月己亥晦，日有蝕之，既。詔曰：「朕獲保宗廟，戰戰栗栗，未能奉稱。《傳》曰：『男教不修，陽事不得，則日爲之蝕。』天著厥異，辜在朕躬。公卿大夫其勉悉心，以輔不逮。百寮各修其職，惇任仁人，退遠殘賊。陳朕過失，無有所諱。」大赦天下。

又（漢成帝河平三年）秋八月乙卯晦，日有蝕之。

又（漢成帝河平四年）三月癸丑朔，日有蝕之。

又（漢成帝永始二年）二月癸未夜，星隕如雨。乙酉晦，日有蝕之。詔曰：「乃者，龍見於東萊，日有蝕之。天著變異，以顯朕郵，朕甚懼焉。公卿申敕百寮，深思天誡，有可省減便安百姓者，條奏。所振貸貧民，勿收。」又曰：「關東比歲不登，吏民以義收食貧民、入穀物助縣官振贍者，已賜直，其百萬以上，加賜爵右更，欲爲吏補三百石，其吏也遷二等。三十萬以上，賜爵五大夫，吏亦遷二等，民補郎。十萬以上，家無出租賦三歲。萬錢以上，一年。」

又（漢成帝永始）三年春正月己卯晦，日有蝕之。詔曰：「天災仍重，朕甚懼焉。惟民之失職，臨遣大中大夫嘉等循行天下，存問耆老，民所疾苦。其與部刺史舉惇樸遜讓有行義者各一人。」

又（漢成帝永始四年七月）秋七月辛未晦，日有蝕之。

元延元年春正月己亥朔，日有蝕之。

漢・班固《漢書》卷一一《哀帝紀》（漢哀帝）元壽元年春正月辛丑朔，日有蝕之。詔曰：「朕獲保宗廟，不明不敏，宿夜憂勞，未皇寧息。惟陰陽不調，元元不贍，未睹厥咎。婁敕公卿，庶幾有望。至今有司執法，未得其中，或上暴虐，假勢獲名，溫良寬柔，陷於亡滅。是故殘賊彌長，和睦日衰，百姓愁怨，靡所錯躬。乃正月朔，日有蝕之，厥咎不遠，在余一人。公卿大夫其各悉心勉帥百寮，敦任仁人，黜遠殘賊，期於安民。陳朕之過失，無有所諱。其與將軍、列侯、中二千石舉賢良方正能直言者各一人。大赦天下。」

又（漢哀帝元壽二年）夏四月壬辰晦，日有蝕之。

漢・班固《漢書》卷一二《平帝紀》（漢平帝元始元年）夏五月丁巳朔，日有蝕之。大赦天下。

又（漢平帝元始二年）九月戊申晦，日有蝕之。赦天下徒。

漢・班固《漢書》卷二一《律曆志》漢元帝初元二年【略】是歲也，十月日食，非合辰之會，不得爲紀首。

漢・班固《漢書》卷二七下之下《五行志七下之下》隱公三年「二月己巳，日有食之」。《穀梁傳》曰：言日不言朔，食晦。《公羊傳》曰：食二日。董仲舒、劉向以爲其後戎執天子之使，鄭獲魯隱滅戴，衛、魯、宋咸殺君。《左氏》劉歆以爲正月二日，燕、越之分野也。凡日所躔而有變，則分野之國失政者受之。人君能修政，共御厥罰，則災消而福至；不能，則災息而禍生。故經書災而不記其故，蓋吉凶亡常，隨行而成禍福也。周衰，天子不班朔，魯曆不正，置閏不得其月，月大小不得其度。《史記》（月）〔日〕食，或言朔而實非朔，或不言朔而實朔，或脱不書朔與日，皆官失之也。京房《易傳》曰：「亡師茲謂不御，厥異日食，其食也既，並食不一處。誅衆失理，茲謂生叛，厥食既，光散。縱畔茲謂不明，厥食先大雨三日，雨除而寒，寒即食。專祿不封，茲謂不安，厥食既，先日出而黑，光反外燭。君臣不通茲謂亡，厥蝕三既。同姓上侵，茲謂誣君，厥食四方有雲，中

央無雲，其日大寒。公欲弱主位，茲謂不知，厥食中白青，四方赤，已食地震。諸侯相侵，茲謂不承，厥食三毀三復。君疾善，下謀上，茲謂亂。厥食既，先雨雹，殺走獸。弑君獲位，茲謂逆。厥食既，先風雨折木，日赤。内臣外鄉茲謂背，厥食，食且雨，地中鳴。冢宰專政茲謂因，厥食先大風，食時日居雲中，四方亡雲。伯正越職，茲謂分威，厥食，日中分。諸侯争美於上，茲謂泰。厥食，日傷月，食半，天營而鳴。賦不得茲謂竭，厥食星隨而下。受命之臣專征云試。厥食，雖侵光猶明，若文王臣獨誅紂矣。小人順受命者征其君云殺。厥食，五色，至大寒隕霜，若紂臣順武王而誅紂矣。諸侯更制茲謂叛。厥食，三復三食，食已而風，地動。適讓庶茲謂生欲。厥食，日失位，光晻晻，月形見。酒亡節茲謂荒。厥蝕，乍青乍黑乍赤，明日大雨，發霧而寒。」凡食二十占，其形二十有四，改之輒除；不改三年，三年不改六年，六年不改九年。推隱三年之食，貫中央，上下竟而黑，臣弑從中成之形也。後衛州吁弑君而立。

桓公三年「七月壬辰朔，日有食之，既」。董仲舒、劉向以爲前事已大，後事將至者又大，則既。先是魯、宋弑君，魯又成宋亂，易許田，亡事天子之心；楚僭稱王。後鄭岠王師，射桓王，又二君相篡。劉歆以爲六月，趙與晉分。先是，晉曲沃伯再弑晉侯，是歲晉大亂，滅其宗國。京房《易傳》以爲桓三年日食貫中央，上下竟而黄，臣弑而不卒之形也。後楚嚴稱王，兼地千里。

十七年「十月朔，日有食之」。《穀梁傳》曰：言朔不言日，食二日也。劉向以爲是時衛侯朔有罪出奔齊，天子更立衛君。朔藉助五國，舉兵伐之而自立，王命遂壞。魯夫人淫失於齊，卒殺威公。董仲舒以爲言朔不言日，惡魯桓且有夫人之禍，將不終日也。劉歆以爲楚、鄭分。

嚴公十八年，「三月，日有食之。」《穀梁傳》曰：不言日，不言朔，夜食。史推合朔在夜，明旦日食而出，出而解，是爲夜食。劉向以爲夜食者，陰因日明之衰而奪其光，象周天子不明，齊桓將奪其威，專會諸侯而行伯道。其後遂九合諸侯，天子使世子會之，此其效也。《公羊傳》曰：食晦。董仲舒以爲宿在東壁，魯象也。後公子慶父、叔牙果通於夫人以劫公。劉歆以爲晦魯、衛分。

二十五年「六月辛未朔，日有食之」。董仲舒以爲宿在畢，主邊兵夷狄象也。後狄滅邢、衛。劉歆以爲五月二日魯、趙分。

二十六年「十二月癸亥朔，日有食之」。董仲舒以爲宿在心，心爲明堂，文武之道廢，中國不絶若綫之象也。劉向以爲時戎侵曹，魯夫人淫於慶父、叔牙，將以弑君，故比年再蝕以見戒。劉歆以爲十月二日楚、鄭分。

三十年「九月庚午朔，日有食之」。董仲舒、劉向以爲後魯二君弑，夫人誅，兩弟死，狄滅邢，徐取舒，晉殺世子，楚滅弦。劉歆以爲八月秦、周分。

僖公五年「九月戊申朔，日有食之」。董仲舒、劉向以爲先是，齊桓行伯，江、黄自至，南服彊楚。其後不内自正，而外執陳大夫，則陳、楚不附，鄭伯逃盟，諸侯將不從桓政，故天見戒。其後晉滅虢，楚(國)〔圍〕許，諸侯伐鄭，晉弑二君，狄滅温，楚伐黄，桓不能救。劉歆以爲七月秦、晉分。

十二年「三月庚午(朔)，日有食之」。董仲舒、劉向以爲是時楚滅黄，狄侵衛、鄭，莒滅杞。劉歆以爲三月齊、衛分。

十五年「五月，日有食之」。劉向以爲象晉文公將行伯道，後遂伐衛，執曹伯，敗楚城濮，再會諸侯，召天王而朝之，此其效也。日食者臣之惡也，夜食者掩其罪也，以爲上亡明王，桓、文能行伯道，攘夷狄，安中國，雖不正猶可，蓋《春秋》實與而文不與之義也。董仲舒以爲後秦獲晉侯，齊滅項，楚敗徐於婁林。劉歆以爲二月朔齊、越分。

文公元年「二月癸亥，日有食之」。董仲舒、劉向以爲，先是，大夫始執國政，公子遂如京師，後楚世子商臣殺父，齊公子商人弑君，皆自立。宋子哀出奔，晉滅江，楚滅六，大夫公孫敖、叔彭生並專會盟。劉歆以爲正月朔燕、越分。

十五年「六月辛丑朔，日有食之」。董仲舒、劉向以爲後宋、齊、莒、晉、鄭八年之間五君殺死，(夷)〔楚〕滅舒蓼。劉歆以爲四月二日魯、衛分。

宣公八年「七月甲子，日有食之，即」。董仲舒、劉向以爲先是，楚商臣弑父而立，至於嚴王遂彊。諸夏大國唯有齊、晉，齊、晉新有篡弑之禍，内皆未安，故楚乘弱横行，八年之間六侵伐而一滅國；伐陸渾戎，觀兵周室；後又入鄭，鄭伯肉袒謝罪；北敗晉師於邲，流血色水；圍宋九月，析骸而炊之。劉歆以爲十月二日楚、鄭分。

十年「四月丙辰，日有食之」。董仲舒、劉向以爲後陳夏徵舒弑其君，楚滅蕭，晉滅二國，王札子殺召伯、毛伯。劉歆以爲二月魯、衛分。

十七年「六月癸卯，日有食之」。董仲舒、劉向以爲後邾支解鄫子，晉敗王師於貿戎，敗齊於革安。劉歆以爲三月晦朓魯、衛分。

成公十六年「六月丙寅朔，日有食之」。董仲舒、劉向以爲後晉敗楚、鄭於鄢陵，執魯侯。劉歆以爲四月二日魯、衛分。

十七年「十二月丁巳朔，日有食之」。董仲舒、劉向以爲後楚滅舒庸，晉弑其君，宋魚石因楚奪君邑，莒滅鄫，齊滅萊，鄭伯弑死。劉歆以爲九月周、楚分。

襄公十四年「二月乙未朔，日有食之」。董仲舒、劉向以爲後衛大夫孫、甯共逐獻公，立孫剽。劉歆以爲前年十二月二日宋、燕分。

十五年「八月丁巳(朔)，日有食之」。董仲舒、劉向以爲先是晉爲雞澤之會，諸侯盟，又大夫盟。後爲溴梁之會，諸侯在而大夫獨相與盟，君若綴斿，不得舉手。劉歆以爲五月二日魯、趙分。

二十年「十月丙辰朔，日有食之」。董仲舒以爲陳慶虎、慶寅蔽君之明，邾庶其有叛心，後庶其以漆、閭丘來奔，陳殺二慶。劉歆以爲八月秦、周分。

二十一年「九月庚戌朔，日有食之」。董仲舒以爲晉欒盈將犯君，後入於曲沃。劉歆以爲七月秦、晉分。

「十月庚辰朔，日有食之」。董仲舒以爲宿在軫、角，楚大國象也。後楚屈氏譖殺公子追舒，齊慶封脅君亂國。劉歆以爲八月秦、周分。

二十三年「二月癸酉朔，日有食之」。董仲舒以爲後衛侯入陳儀，甯喜弑其君剽。劉歆以爲前年十二月二日宋、燕分。

二十四年「七月甲子朔，日有食之，既」。劉歆以爲五月魯、趙分。

「八月癸巳朔，日有食之」。董仲舒以爲比食又既，象陽將絶，夷狄主上國之象也。後六君弑，楚子果從諸侯伐鄭，滅舒鳩，魯往朝之，卒主中國，伐吴討慶封。劉歆以爲六月晉、趙分。

二十七年「十二月乙亥朔，日有食之」。董仲舒以爲禮義將大滅絶之象也。時吴子好勇，使刑人守門；蔡侯通於世子之妻；莒不早立嗣。後閽戕吴子，蔡世子般弑其父，莒人亦弑君而庶子争。劉向以爲自二十年至此歲，八年間日食七作，禍亂將重起，故天仍見戒也。後齊崔杼弑君，宋殺世子，北燕伯出奔，鄭大夫自外入而篡位，指略如董仲舒。劉歆以爲九月周、楚分。

昭公七年「四月甲辰朔，日有食之」。董仲舒、劉向以爲，先是，楚靈王弑君而立，會諸侯，執徐子，滅賴，後陳公子招殺世子，楚因而滅之，又滅蔡，後靈王亦弑死。劉歆以爲二月魯、衛分。《傳》曰：晉侯問於士文伯曰：「誰將當日食？」對曰：「魯、衛惡之，衛大魯小。」公曰：「何故？」對曰：「去衛地，如魯地，於是有災，其衛君乎？魯將上卿。」是歲，八月衛襄公卒，十一月魯季孫宿卒。晉侯謂士文伯曰：「吾所問日食從矣，可常乎？」對曰：「不可。六物不同，民心不壹，事序不類，官職不則，同始異終，胡可常也？《詩》曰：『或宴宴居息，或盡顇事國。』其異終也如是。」公曰：「何謂六物？」對曰：「歲、時、日、月、星、辰是謂。」公曰：「何謂辰？」對曰：「日月之會是謂。」公曰：「《詩》所謂『此日而食，于何不臧』，何也？」對曰：「不善政之謂也。國無政，不用善，則自取適於日月之災。故政不可不慎也，務三而已：一曰擇人，二曰因民，三曰從時。」此推日食之占循變復之要也。《易》曰：「縣象著明，莫大於日月。」是故聖人重之，載於三經。於《易》在《豐》之《震》曰：「豐其沛，日中見昧，折其右肱，亡咎。」於《詩十月之交》，則著卿士、司徒，下至趣馬、師氏，咸非其材。同於右肱之所折，協於三務之所擇，明小人乘君子，陰侵陽之原也。

十五年「六月丁巳朔，日有食之」。劉歆以爲三月魯、衛分。

十七年「六月甲戌朔，日有食之」。董仲舒以爲時宿在畢，晉國象也。晉厲公誅四大夫，失衆心，以弑死。後莫敢復責大夫，六卿遂相與比周，專晉國，君還事之。日比再食，其事在春秋後，故不載於經。劉歆以爲魯、趙分。《左氏傳》平子曰：「唯正月朔，慝未作，日有食之，於是乎天子不舉，伐鼓於社，諸侯用幣於社，伐鼓於朝，禮也。其餘則否。」太史曰：「在此月也，日過分而未至，三辰有災，百官降物，君不舉，避移時，樂奏鼓，祝用幣，史用辭，嗇夫馳，庶人走，此月朔之謂也。當夏四月，是謂孟夏。」説曰：正月謂周六月，夏四月，正陽純乾之月也。慝謂陰爻也，冬至陽爻起初，故曰復。至建巳之月爲純乾，亡陰爻，而陰侵陽，爲災重，故伐鼓用幣，責陰之禮。降物，素服也。不舉，去樂也。避移時，避正堂，須時移災復也。嗇夫，掌幣吏。庶人，其徒役也。劉歆以爲六月二日魯、趙分。

二十一年「七月壬午朔，日有食之」。董仲舒以爲周景王老，劉子、單子專權，蔡侯朱驕，君臣不説之象也。後蔡侯朱果出奔，劉子、單子立王猛。劉歆以爲五月二日魯、趙分。

二十二年「十二月癸酉朔，日有食之」。董仲舒以爲宿在心，天子之象也。後尹氏立王子朝，天王居於狄泉。劉歆以爲十月楚、鄭分。

二十四年「五月乙未朔，日有食之」。董仲舒以爲宿在胃，魯象也。後昭公爲季氏所逐。劉向以爲自十五年至此歲，十年間天戒七見，人君猶不寤。後楚殺戎蠻子，晉滅陸渾戎，盜殺衛侯兄，蔡、莒之君出奔，吴滅巢，公子光殺王僚，宋三臣以邑叛。其君。它如仲舒。劉歆以爲二日魯、趙分。是月斗建辰。《左氏

傳》梓慎曰：「將大水。」昭子曰：「旱也。日過分而陽猶不克，克必甚，能無旱乎！陽不克，莫將積聚也。」是歲秋，大雩，旱也。二至二分，日有食之，不爲災。日月之行也，春秋分日夜等，故同道；冬夏至長短極，故相過。相過同道而食輕，不爲大災，水旱而已。

三十一年「十二月辛亥朔，日有食之」。董仲舒以爲宿在心，天子象也。時京師微弱，後諸侯果相率而城周，宋中幾亡尊天子之心，而不衰城。劉向以爲時吳滅徐，而蔡滅沈，楚圍蔡，吳敗楚入郢，昭王走出。劉歆以爲二日宋、燕分。

定公五年「三月辛亥朔，日有食之」。董仲舒、劉向以爲後鄭滅許，魯陽虎作亂，竊寶玉大弓，季桓子退仲尼，宋三臣以邑叛。劉歆以爲正月二日燕、趙分。

十二年「十一月丙寅朔，日有食之」。董仲舒、劉向以爲後晉三大夫以邑叛，薛弒其君，楚滅頓、胡，越敗吳，衛逐世子。劉歆以爲十二月二日楚、鄭分。

十五年「八月庚辰朔，日有食之」。董仲舒以爲宿在柳，周室大壞，夷狄主諸夏之象也。明年，中國諸侯果累累從楚而圍蔡，蔡恐，遷於州來。晉人執戎蠻子歸於楚，京師楚也。劉向以爲盜殺蔡侯，齊陳乞弒其君而立陽生，孔子終不用。劉歆以爲六月晉、趙分。

哀公十四年「五月庚申朔，日有食之」。在獲麟後。劉歆以爲三月二日齊、衛分。

凡春秋十二公，二百四十二年，日食三十六。《穀梁》以爲朔二十六，晦七，夜二，二日一。《公羊》以爲朔二十七，二日七，晦二。《左氏》以爲朔十六，二日十八，晦一，不書日者二。

高帝三年十月甲戌晦，日有食之，在斗二十度，燕地也。後二年，燕王臧荼反，誅，立盧綰爲燕王，後又反，敗。

十一月癸卯晦，日有食之，在虛三度，齊地也。後二年，齊王韓信徙爲楚王，明年廢爲列侯，後又反，誅。

九年六月乙未晦，日有食之，既，在張十三度。

惠帝七年正月辛丑朔，日有食之，在危十三度。谷永以爲歲首正月朔日，是爲三朝，尊者惡之。

五月丁卯，先晦一日，日有食之，幾盡，在七星初。劉向以爲五月微陰始起而犯至陽，其占重。至其八月，宮車晏駕，有呂氏詐置嗣君之害。京房《易傳》曰：「凡日食不以晦朔者，名曰薄。人君誅將不以理，或賊臣將暴起，日月雖不同宿，陰氣盛，薄日光也。」

高后二年六月丙戌晦，日有食之。

七年正月己丑晦，日有食之，既，在營室九度，爲宮室中。時高后惡之，曰：「此爲我也！」明年應。

文帝二年十一月癸卯晦，日有食之，在婺女一度。

三年十月丁酉晦，日有食之，在斗二十(三)〔二〕度。

十一月丁卯晦，日有食之，在虛八度。

後四年四月丙辰晦，日有食之，在東井十三度。

七年正月辛未朔，日有食之。

景帝三年二月壬午晦，日有食之，在胃二度。

七年十一月庚寅晦，日有食之，在虛九度。

中元年十二月甲寅晦，日有食之。

中二年九月甲戌晦，日有食之。

三年九月戊戌晦，日有食之，幾盡，在尾九度。

六年七月辛亥晦，日有食之，在軫七度。

後元年七月乙巳，先晦一日，日有食之，在翼十七度。

武帝建元二年二月丙戌朔，日有食之，在奎十四度。劉向以爲奎爲卑賤婦人，後有衛皇后自至微興，卒有不終之害。

三年九月丙子晦，日有食之，在尾二度。

五年正月己巳朔，日有食之。

元光元年二月丙辰晦，日有食之。

七月癸未，先晦一日，日有食之，在翼八度。劉向以爲，前年高園便殿災，與春秋御廩災後日食於翼、軫同。其占，內有女變，外爲諸侯。其後陳皇后廢，江都、淮南、衡山王謀反，誅。日中時食從東北，過半，晡時復。

元朔二年二月乙巳晦，日有食之，在胃三度。

六年十一月癸丑晦，日有食之。

元狩元年五月乙巳晦，日有食之，在柳六度。京房《易傳》推以爲，是時日食從旁右，法曰君失臣。明年丞相公孫弘薨。日食從旁左者，亦君失臣；從上者，臣失君；從下者，君失民。

元鼎五年四月丁丑晦，日有食之，在東井二十三度。

元封四年六月己酉朔，日有食之。

太始元年正月乙巳晦，日有食之。

四年十月甲寅晦，日有食之，在斗十九度。

征和四年八月辛酉晦，日有食之，不盡如鉤，在亢二度。晡時食從西北，日下晡時復。

昭帝始元三年十一月壬辰朔，日有食之，在斗九度，燕地也。後四年，燕剌王謀反，誅。

元鳳元年七月己亥晦，日有食之，幾盡，在張十二度。劉向以爲己亥而既，其占重。後六年，宫車晏駕，卒以亡嗣。

宣帝地節元年十二月癸亥晦，日有食之，在營室十五度。

五鳳元年十二月乙酉朔，日有食之，在婺女十度。

四年四月辛丑朔，日有食之，在畢十九度。是爲正月朔，慝未作，《左氏》以爲重異。

元帝永光二年三月壬戌朔，日有食之，在婁八度。

四年六月戊寅晦，日有食之，在張七度。

建昭五年六月壬申晦，日有食之，不盡如鉤，因入。

成帝建始三年十二月戊申朔，日有食之，其夜未央殿中地震。谷永對曰：「日食婺女九度，占在皇后。地震蕭牆之内，咎在貴妾。二者俱發，明同事異人，共掩制陽，將害繼嗣也。亶日食，則妾不見；亶地震，則后不見。異日而發，則似殊事；亡故動變，則恐不知。是月后妾當有失節之郵，故天因此兩見其變。若曰違失婦道，隔遠衆妾，妨絶繼嗣者，此二人也。」杜欽對亦曰：「日以戊申食，時加未。戊未，土也，中宫之部。其夜殿中地震，此必適妾將有争寵相害而爲患者。人事失於下，變象見於上。能應之(司)〔以〕德，則咎異消；忽而不戒，則禍敗至。應之，非誠不立，非信不行。」

河平元年四月己亥晦，日有食之，不盡如鉤，在東井六度。劉向對曰：「四月交於五月，月同孝惠，日同孝昭。東井，京師地，且既，其占恐害繼嗣。」日蚤食時，從西南起。

三年八月乙卯晦，日有食之，在房。

四年三月癸丑朔，日有食之，在昴。

陽朔元年二月丁未晦，日有食之，在胃。

永始元年九月丁巳晦，日有食之。谷永以京房《易占》對曰：「元年九月日蝕，酒亡節之所致也。獨使京師知之，四國不見者，若曰湛湎於酒，君臣不别，禍在内也。」

永始二年二月乙酉晦，日有食之。谷永以京房《易占》對曰：「今年二月日食，賦斂不得度，民愁怨之所致也。所以使四方皆見，京師陰蔽者，若曰人君好治宫室，大營墳墓，賦斂兹重，而百姓屈竭，禍在外也。」

三年正月己卯晦，日有食之。

四年七月辛未晦，日有食之。

元延元年正月己亥朔，日有食之。

哀帝元壽元年正月辛丑朔，日有食之，不盡如鉤，在營室十度，與惠帝七年同月日。

二年三月壬辰晦，日有食之。

平帝元始元年五月丁巳朔，日有食之，在東井。

二年九月戊申晦，日有食之，既。

凡漢著紀十二世，二百一十二年，日食五十三，朔十四，晦三十六，先晦一日三。

漢·班固《漢書》卷六〇《杜周傳》（漢成帝建始三年十二月戊申）日以戊申蝕，時加未。

漢·班固《漢書》卷八五《谷永杜鄴傳》（漢成帝建始三年）十二月朔戊申，日食婺女之分，地震蕭牆之内，二者同日俱發，以丁寧陛下，厥咎不遠，宜厚求諸身。

又（漢成帝永始）元年九月，日有食之。

又（漢成帝永始二年）二月己未夜，星隕；乙酉，日有食之。

又（漢成帝元延元年正月）己亥朔，日有食之。

又 元壽元年正月朔，上以皇后父孔鄉侯傅晏爲大司馬衛將軍，而帝舅陽安侯丁明爲大司馬票騎將軍，臨拜，日食，詔舉方正直言。扶陽侯韋育舉鄴方正，鄴對曰：臣聞禽息憂國，碎首不恨；卞和獻寶，刖足願之臣幸得奉直言之詔，無二者之危，敢不極陳！臣聞陽尊陰卑，卑者隨尊，尊者兼卑，天之道也。是以男雖賤，各爲其家陽；女雖貴，猶爲其國陰。故禮明三從之義，雖有文母

之德，必繫於子。《春秋》不書紀侯之母，陰義殺也。昔鄭伯隨姜氏之欲，終有叔段篡國之禍；周襄王内迫惠后之難，而遭居鄭之危。漢興，吕太后權私親屬，又以外孫爲孝惠后，是時繼嗣不明，凡事多晻，晝昏冬雷之變，不可勝載。竊見陛下行不偏之政，每事約儉，非禮不動，誠欲正身與天下更始也。然嘉瑞未應，而日食地震，民訛言行籌，傳相驚恐。案《春秋》災異，以指象爲言語，故在於得一類而達之也。日食，明陽爲陰所臨，坤卦乘離，明夷之象也。坤以法地，爲土爲母，以安靜爲德。震，不陰之效也，占象甚明，臣敢不直言其事！

漢·班固《漢書》卷七二《鮑宣傳》（漢哀帝元壽元年）正月朔日蝕，上乃徵孔光，免孫寵、息夫躬，罷侍中諸曹黄門郎數十人。宣復上書言：

陛下父事天，母事地，子養黎民，即位已來，父虧明，母震動，子訛言相驚恐。今日蝕於三始，誠可畏懼。小民正月朔日，尚恐毁敗器物，何況於日虧乎！陛下深内自責，避正殿，舉直言，求過失，罷退外親及旁仄素餐之人，徵拜孔光爲光禄大夫，發覺孫寵、息夫躬過惡，免官遣就國，衆庶歙然，莫不説喜。天人同心，人心説則天意解矣。乃二月丙戌，白虹虷日，連陰不雨，此天有憂結未解，民有怨望未塞者也。

漢·班固《漢書》卷九七《外戚傳》（漢成帝河平元年）四月己亥，日蝕東井，轉旋且索，與既無異。

漢·班固《漢書》卷八一《孔光傳》（漢哀帝）會元壽元年正月朔日有蝕之，後十餘日傅太后崩。是月徵光詣公車，問日蝕事。光對曰：「臣聞日者，衆陽之宗，人君之表，至尊之象。君德衰微，陰道盛彊，侵蔽陽明，則日蝕應之。《書》曰『羞用五事』，『建用皇極』。如貌、言、視、聽、思失，大中之道不立，則咎徵薦臻，六極屢降。皇之不極，是爲大中不立，其傳曰『時則有日月亂行』，謂朓、側匿，甚則薄蝕是也。又曰『六沴之作』，歲之朝曰三朝，其應至重。乃正月辛丑朔日有蝕之，變見三朝之會。上天聰明，苟無其事，變不虚生。《書》曰『惟先假王正厥事』，言異變之來，起事有不正也。臣聞師曰，天(右)〔左〕與王者，故災異數見，以譴告之，欲其改更。若不畏懼，有以塞除，而輕忽簡誣，則凶罰加焉，其至可必。《詩》曰：『敬之敬之，天惟顯思，命不易哉！』又曰：『畏天之威，于時保之。』皆謂不懼者凶，懼之則吉也。陛下聖德聰明，兢兢業業，承順天戒，敬畏變異，勤心虚己，延見羣臣，思求其故，然後敕躬自約，總正萬事，放遠讒説之黨，援納斷斷之介，退去貪殘之徒，進用賢良之吏，平刑罰，薄賦斂，恩澤加於百姓，誠爲政之大本，應變之至務也。天下幸甚。《書》曰『天既付命正厥德』，言正德以順天也。又曰『天棐諶辭』，言有誠道，天輔之也。明承順天道在於崇德博施，加精致誠，孳孳而已。俗之祈禳小數，終無益於應天塞異，銷禍興福，較然甚明，無可疑惑。」

漢·班固《漢書》卷九九《王莽傳》（漢孺子嬰居攝元年）冬十月丙辰朔，日有食之。

又（王莽天鳳元年）三月壬申晦，日有食之。大赦天下。策大司馬逯並曰：「日食無光，干戈不戢，其上大司馬印韍，就侯氏朝位。太傅平晏勿領尚書事，省侍中諸曹兼官者。以利苗男訢爲大司馬。」

又（王莽天鳳三年七月）戊子晦，日有食之。大赦天下。復令公卿大夫諸侯二千石舉四行各一人。大司馬陳茂以日食免，武建伯嚴尤爲大司馬。

南朝宋·范曄《後漢書》卷一《光武帝紀》（漢光武帝建武）二年春正月甲子朔，日有食之。

又（漢光武帝建武三年五月）乙卯晦，日有食之。

又（漢光武帝建武六年九月）丙寅晦，日有食之。冬十月丁丑，詔曰：「吾德薄不明，寇賊爲害，彊弱相陵，元元失所。《詩》云：『日月告凶，不用其行。』永念厥咎，内疚於心。其勑公卿舉賢良、方正各一人；百僚並上封事，無有隱諱；有司修職，務遵法度。」

又（漢光武帝建武七年三月）癸亥晦，日有食之，避正殿，寢兵，不聽事五日。詔曰：「吾德薄致災，譴見日月，戰慄恐懼，夫何言哉！今方念愆，庶消厥咎。其令有司各修職任，奉遵法度，惠兹元元。百僚各上封事，無有所諱。其上書者，不得言聖。」

夏四月壬午，詔曰：「比陰陽錯謬，日月薄食。百姓有過，在予一人，大赦天下。公、卿、司隸、州牧舉賢良、方正各一人，遣詣公車，朕將覽試焉。」

又（漢光武帝建武十六年）三月辛丑晦，日有蝕之。

又（漢光武帝建武十七年二月）二月乙(亥)〔未〕晦，日有食之。

又（漢光武帝建武二十二年）夏五月乙未晦，日有食之。

又（漢光武帝建武二十五年三月）戊申晦，日有食之。

又（漢光武帝建武）二十九年春二月丁巳朔，日有食之。

又（漢光武帝中元元年）十一月甲子晦，日有食之。

南朝宋・范曄《後漢書》卷二《顯宗孝明帝紀》（漢明帝永平三年八月）壬申晦，日有蝕之。詔曰：「朕奉承祖業，無有善政。日月薄蝕，彗孛見天，水旱不節，稼穡不成，人無宿儲，下生愁墊。雖夙夜勤思，而智能不逮。昔楚莊無災，以致戒懼；魯哀禍大，天不降譴。今之動變，儻尚可救。有司勉思厥職，以匡無德。古者卿士獻詩，百工箴諫。其言事者，靡有所諱。」

又（漢明帝永平八年十月）壬寅晦，日有食之，既。詔曰：「朕以無德，奉承大業，而下貽人怨，上動三光。日食之變，其災尤大，《春秋》圖讖所爲至譴。永思厥咎，在予一人。羣司勉修職事，極言無諱。」於是在位者皆上封事，各言得失。帝覽章，深自引咎，乃以所上班示百官。詔曰：「羣僚所言，皆朕之過。人冤不能理，吏黠不能禁；而輕用人力，繕修宫宇，出入無節，喜怒過差。昔應門失守，《關雎》刺世；飛蓬隨風，微子所歎。永覽前戒，竦然兢懼。徒恐薄德，久而致怠耳。」

又（漢明帝永平十三年）冬十月壬辰晦，日有食之。三公免冠自劾。制曰：「冠履勿劾。災異屢見，咎在朕躬，憂懼遑遑，未知其方。將有司陳事，多所隱諱，使君上壅蔽，下有不暢乎？昔衛有忠臣，靈公得守其位。今何以和穆陰陽，消伏災譴？刺史、太守詳刑理冤，存恤鰥孤，勉思職焉。」

又（漢明帝永平十六年五月）戊午晦，日有食之。

南朝宋・范曄《後漢書》卷三《肅宗孝章帝紀》（漢明帝永平十八年十一月）甲辰晦，日有食之。於是避正殿，寢兵，不聽事五日。詔有司各上封事。

又（漢章帝建初）五年春二月庚辰朔，日有食之。詔曰：「朕新離供養，愆咎衆著，上天降異，大變隨之。《詩》不云乎：『亦孔之丑。』又久旱傷麥，憂心慘切。公卿已下，其舉直言極諫、能指朕過失者各一人，遣詣公車，將親覽問焉。其以巖穴爲先，勿取浮華。」

又（漢章帝建初六年六月）辛未晦，日有食之。

又（漢章帝章和元年八月）乙未晦，日有食之。

南朝宋・范曄《後漢書》卷四《孝和帝紀》（漢和帝永元）二月壬午，日有食之。

又（漢和帝永元四年）六月戊戌朔，日有食之。

又（漢和帝永元七年）夏四月辛亥朔，日有食之。帝引見公卿問得失，令將、大夫、御史、謁者、博士、議郎、郎官會廷中，各言封事。詔曰：「元首不明，化流無良，政失於民，謫見於天。深惟庶事，五教在寬，是以舊典因孝廉之舉，以求其人。有司詳選郎官寬博有謀才任典城者三十人。」既而悉以所選郎出補長、相。

又（漢和帝永元十二年）秋七月辛亥朔，日有食之。

又（漢和帝永元十五年）夏四月甲子晦，日有食之。

南朝宋・范曄《後漢書》卷五《孝安帝紀》（漢安帝永初元年）三月癸酉，日有食之。詔公卿内外衆官、郡國守相，舉賢良方正、有道術之士，明政術、達古今、能直言極諫者，各一人。

又（漢安帝永初七年四月）丙申晦，日有食之。

又（漢安帝元初元年）三月癸酉，日有食之。

又（漢安帝元初二年九月）壬午晦，日有食之。

又（漢安帝元初三年）三月辛亥，日有食之。

又（漢安帝國元初）四年春二月乙巳朔，日有食之。

又（漢安帝元初五年）八月丙申朔，日有食之。

又（漢安帝元初六年）十二月戊午朔，日有食之，既。

又（漢安帝永寧元年）秋七月乙酉朔，日有食之。

又（漢安帝延光三年九月）庚申晦，日有食之。

又（漢安帝延光四年）三月戊午朔，日有食之。

南朝宋・范曄《後漢書》卷六《孝順帝紀》（漢順帝永建二年）秋七月甲戌朔，日有食之。

又（漢順帝陽嘉四年）閏月丁亥朔，日有食之。

又（漢順帝永和三年）十二月戊戌朔，日有食之。

又（漢順帝永和五年五月）己丑晦，日有食之。

又（漢順帝永和六年九月）辛亥晦，日有食之。

南朝宋・范曄《後漢書》卷七《孝桓帝紀》（漢桓帝）建和元年春正月辛亥朔，日有食之。詔三公、九卿、校尉各言得失。

又（漢桓帝建和三年）夏四月丁卯晦，日有食之。五月乙亥，詔曰：「蓋聞天生蒸民，不能相理，爲之立君，使司牧之。君道得於下，則休祥著乎上；庶事失其序，則咎徵見乎象。閒者，日食毁缺，陽光晦暗，朕祗懼潛思，匪遑啓處。傳不云乎：『日食修德，月食修刑。』昔孝章帝愍前世禁徙，故建初之元，並蒙恩澤，

流徙者使還故郡，没入者免爲庶民。先皇德政，可不務乎！其自永建元年迄乎今歲，凡諸妖惡，支親從坐，及吏民減死徙邊者，悉歸本郡；唯没入者不從此令。」

又（漢桓帝元嘉二年）秋七月庚辰，日有食之。

又（漢桓帝永興二年）九月丁卯朔，日有食之。詔曰：「朝政失中，雲漢作旱，川靈涌水，蝗螽孳蔓，殘我百穀，太陽虧光，饑饉薦臻。其不被害郡縣，當爲饑餧者儲。天下一家，趣不糜爛，則爲國寶。其禁郡國不得賣酒，祠祀裁足。」

又（漢桓帝永壽三年）閏月庚辰晦，日有食之。

又（漢桓帝延熹元年五月）甲戌晦，日有食之。

又（漢桓帝延熹八年正月）丙申晦，日有食之。詔公、卿、校尉舉賢良方正。

又（漢桓帝延熹）九年春正月辛（亥）〔卯〕朔，日有食之。詔公、卿、校尉、郡國舉至孝。

又（漢桓帝永康元年五月）壬子晦，日有食之。詔公、卿、校尉舉賢良方正。

南朝宋・范曄《後漢書》卷八《孝靈帝紀》（漢桓帝建寧元年）五月丁未朔，日有食之。詔公卿以下各上封事，及郡國守相舉有道之士各一人；又故刺史、二千石清高有遺惠，爲衆所歸者，皆詣公車。

又（漢靈帝建寧元年）冬十月甲辰晦，日有食之。令天下繫囚罪未決入縑贖，各有差。

又（漢靈帝建寧二年十月）（戊戌）晦，日有食之。

又（漢靈帝建寧三年）三月丙寅晦，日有食之。

又（漢靈帝建寧四年）三月辛酉朔，日有食之。

又（漢靈帝熹平二年十二月）癸酉晦，日有食之。

又（漢靈帝熹平六年）冬十月癸丑朔，日有食之。

又（漢靈帝光和元年）二月辛亥朔，日有食之。

又（漢靈帝光和元年十月）丙子晦，日有食之。

又（漢靈帝光和二年）夏四月甲戌朔，日有食之。

又（漢靈帝光和四年）九月庚寅朔，日有食之。

又（漢靈帝中平三年）五月壬辰晦，日有食之。

又（漢靈帝中平六年）夏四月丙午朔，日有食之。

南朝宋・范曄《後漢書》卷九《孝獻帝紀》（漢獻帝初平）四年春正月甲寅朔，日有食之。

又（漢獻帝興平元年六月）乙巳晦，日有食之，帝避正殿，寢兵，不聽事五日。

又（漢獻帝建安五年）九月庚午朔，日有食之。詔三公舉至孝二人，九卿、校尉、郡國守相各一人。皆上封事，靡有所諱。

又（漢獻帝建安）六年春（三）〔二〕月丁卯朔，日有食之。

又（漢獻帝建安十三年）冬十月癸未朔，日有食之。

又（漢獻帝建安）十五年春二月乙巳朔，日有食之。

又（漢獻帝建安十七年）六月庚寅晦，日有食之。

又（漢獻帝建安二十一年）五月己亥朔，日有食之。

又（漢獻帝建安）二十四年春二月壬子晦，日有食之。

又（漢獻帝建安二十五年）二月丁未朔，日有食之。

南朝宋・范曄《後漢書》卷一〇八《五行志六》 光武帝建武二年正月甲子朔，日有蝕之。在危八度。《日蝕説》曰：「日者，太陽之精，人君之象。君道有虧，爲陰所乘，故蝕。蝕者，陽不克也。」其候雜説《漢書・五行志》著之必矣。儒説諸侯專權，則其應多在日所宿之國。諸象附從，則多爲王者事。人君改修其德，則咎害除。是時世祖初興，天下賊亂未除。虚、危，齊也。賊張步擁兵據齊，上遣伏隆諭步，許降，旋復叛稱王，至五年中乃破。

三年五月乙卯晦，日有蝕之，在柳十四度。柳，河南也。時世祖在雒陽，赤眉降賊樊崇謀作亂，其七月發覺，皆伏誅。

六年九月丙寅晦，日有蝕之。史官不見，郡以聞。在尾八度。

七年三月癸亥晦，日有蝕之，在畢五度。畢爲邊兵。秋，隗囂反，侵安定。冬，盧芳所置朔方、雲中太守各舉郡降。

十六年三月辛丑晦，日有蝕之，在昴七度。昴爲獄事。時諸郡太守坐度田不實，世祖怒，殺十餘人，然後深悔之。

十七年二月乙未晦，日有蝕之，在胃九度。胃爲廩倉。時諸郡新坐租之後，天下憂怖，以穀爲言，故示象。或曰：胃，供養之官也。其十月，廢郭皇后，詔曰「不可以奉供養」。

二十二年五月乙未晦，日有蝕之，在柳七度，京都宿也。柳爲上倉，祭祀穀也。近輿鬼，輿鬼爲宗廟。十九年中，有司奏請立近帝四廟以祭之，有詔「廟處所未定，且就高廟祫祭之」。至此三年，遂不立廟。有簡墮心，奉祖宗之道有闕，故示象也。

二十五年三月戊申晦，日有蝕之，在畢十五度。畢爲邊兵。其冬十月，以武谿蠻夷爲寇害，伏波將軍馬援將兵擊之。

二十九年二月丁巳朔，日有蝕之，在東壁五度。東壁爲文章，一名娵訾之口。先是皇子諸王各招來文章談説之士，去年中，有人上奏：「諸王所招待者，或真僞雜，受刑罰者子孫，宜可分別。」於是上怒，詔捕諸王客，皆被以苛法，死者甚多。世祖不早爲明設刑禁，一時治之過差，故天示象。世祖於是改悔，遣使悉理侵枉也。

三十一年五月癸酉晦，日有蝕之，在柳五度，京都宿也。自二十一年示象至此十年，後二年，宫車晏駕。

中元元年十一月甲子晦，日有蝕之，在斗二十度。斗爲廟，主爵禄。儒説十一月甲子，時王日也，又爲星紀，主爵禄，其占重。

明帝永平三年八月壬申晦，日有蝕之，在氐二度。氐爲宿宫。是時明帝作北宫。

八年十月壬寅晦，日有蝕之既，在斗十一度。斗，吳也。廣陵於天文屬吳。後二年，廣陵王荆坐謀反自殺。

十三年十月甲辰晦，日有蝕之，在尾十七度。

十六年五月戊午晦，日有蝕之，在柳十五度。儒説五月戊午，猶十一月甲子也，又宿在京都，其占重。後二歲，宫車晏駕。

十八年十一月甲辰晦，日有蝕之，在斗二十一度。是時明帝既崩，馬太后制爵禄，故陽不勝。

章帝建初五年二月庚辰朔，日有蝕之，在東壁八度。例在前建武二十九年。是時羣臣爭經，多相非毀者。

六年六月辛未晦，日有蝕之，在翼六度。翼主遠客。冬，東平王蒼等來朝，明年正月，蒼薨。

(元)〔章〕和元年八月乙未晦，日有蝕之。史官不見，佗官以聞。日在氐四度。

和帝永元二年二月壬午，日有蝕之。史官不見，涿郡以聞。日在奎八度。

四年六月戊戌朔，日有蝕之，在七星二度，主衣裳。又曰行近軒轅，在左角，爲太后族。是月十九日，上免太后兄弟竇憲等官，遣就國，選嚴能相，於國蹙迫自殺。

七年四月辛亥朔，日有蝕之，在觜觿，爲葆旅，主收斂。儒説葆旅宫中之象，收斂貪妬之象。是歲鄧貴人始入。明年三月，陰皇后立，鄧貴人有寵，陰后妬忌之，後遂坐廢。一曰是將入參，參、伐爲斬刈。明年七月，越騎校尉馮柱捕斬匈奴温禺犢王烏居戰。

十二年秋七月辛亥朔，日有蝕之，在翼八度，荆州宿也。明年冬，南郡蠻夷反爲寇。

十五年四月甲子晦，日有蝕之，在東井二十二度。東井，主酒食之宿也。婦人之職，無非無儀，酒食是議。去年冬，鄧皇后立，有丈夫之性，與知外事，故天示象。是年水，雨傷稼。

安帝永初元年三月二日癸酉，日有蝕之，在胃二度。胃主廩倉。是時鄧太后專政，去年大水傷稼，倉廩爲虚。

五年正月庚辰朔，日有蝕之，在虚八度。正月，王者統事之正日也。虚，空名也。是時鄧太后攝政，安帝不得行事，俱不得其正，若王者位虚，故於正月陽不克，示象也。於是陰預乘陽，故夷狄並爲寇害，西邊諸郡皆至虚空。

七年四月丙申晦，日有蝕之，在東井一度。

元初元年十月戊子朔，日有蝕之，在尾十度。尾爲后宫，繼嗣之宫也。是時上甚幸閻貴人，將立，故示不善，將爲繼嗣禍也。明年四月，遂立爲后。後遂與江京、耿寶等共讒太子廢之。

二年九月壬午晦，日有蝕之，在心四度。心爲王者，明久失位也。

三年三月二日辛亥，日有蝕之，在婁五度。史官不見，遼東以聞。

四年二月乙(亥)〔巳〕朔，日有蝕之，在奎九度。史官不見，七郡以聞。奎主武庫兵。其(月)十(月)八日壬戌，武庫火，燒兵器也。

五年八月丙申朔，日有蝕之，在翼十八度。史官不見，張掖以聞。

六年十二月戊午朔，日有蝕之，幾盡，地如昏狀。在須女十一度，女主惡之。後二歲三月，鄧太后崩。

永寧元年七月乙酉朔，日有蝕之，在張十五度。史官不見，酒泉以聞。

延光三年九月庚(寅)〔申〕晦，日有食之，在氐十五度。氐爲宿宮。宮，中宮也。時上聽中常侍江京、樊豐及阿母王聖等讒言，廢皇太子。

四年三月戊午朔，日有蝕之，在胃十二度。隴西、酒泉、朔方各以狀上，史官不覺。

順帝永建二年七月甲戌朔，日有蝕之，在翼九度。

陽嘉四年閏月丁亥朔，日有蝕之，在角五度。史官不見，零陵以聞。

永和三年十二月戊戌朔，日有蝕之，在須女十一度。史官不見，會稽以聞。明年，中常侍張逵等謀譖，皇后父梁商欲作亂，推考，逵等伏誅也。

五年五月己丑晦，日有蝕之，在東井三十三度。東井，三輔宿。又近輿鬼，輿鬼爲宗廟。其秋，西羌爲寇，至三輔陵園。

六年九月辛亥晦，日有蝕之，在尾十一度。尾主后宮，繼嗣之宮也。以爲繼嗣不興之象。

桓帝建和元年正月辛亥朔，日有蝕之，在營室三度。史官不見，郡國以聞。是時梁太后攝政。

三年四月丁卯晦，日有蝕之，在東井二十三度。例在永元十五年。東井主法，梁太后又聽兄冀枉殺公卿，犯天法也。明年，太后崩。

元嘉二年七月二日庚辰，日有蝕之，在翼四度。史官不見，廣陵以聞。翼主倡樂。時上好樂過。

永興二年九月丁卯朔，日有蝕之，在角五度。角，鄭宿也。十一月，泰山盜賊羣起，劫殺長吏。泰山於天文屬鄭。

永壽三年閏月庚辰晦，日有蝕之，在七星二度。史官不見，郡國以聞。例在永元四年。後二歲，梁皇后崩，冀兄弟被誅。

延熹元年五月甲戌晦，日有蝕之，在柳七度，京都宿也。

八年正月丙申晦，日有蝕之，在營室十三度。營室之中，女主象也。其二月癸亥，鄧皇后坐酗，上送暴室，令自殺，家屬被誅。吕太后崩時亦然。

九年正月辛卯朔，日有蝕之，在營室三度。史官不見，郡國以聞。谷永以爲三朝尊者惡之。其明年，宮車晏駕。

永康元年五月壬子晦，日有蝕之，在輿鬼一度。儒説壬子淳水日，而陽不克，將有水害。其八月，六州大水，勃海(盜賊)〔海溢〕。

靈帝建寧元年五月丁未朔，日有蝕之。冬十月甲辰晦，日有蝕之。

二年十月戊戌晦，日有蝕之。右扶風以聞。

三年三月丙寅晦，日有蝕之。梁相以聞。

四年三月辛酉朔，日有蝕之。

熹平二年十二月癸酉晦，日有蝕之，在虛二度。是時中常侍曹節、王甫等專權。

六年十月癸丑朔，日有蝕之。趙相以聞。

光和元年二月辛亥朔，日有蝕之。十月丙子晦，日有蝕之，在箕四度。箕爲后宮口舌。是月，上聽讒廢宋皇后。

二年四月甲戌朔，日有蝕之。

四年九月庚寅朔，日有蝕之，在角六度。

中平三年五月壬辰晦，日有蝕之。

六年四月丙午朔，日有蝕之。其月浹辰，宮車晏駕。

獻帝初平四年正月甲寅朔，日有蝕之，在營室四度。是時李傕、郭汜專政。

興平元年六月乙巳晦，日有蝕之。

建安五年九月庚午朔，日有蝕之。

六年(十月癸未)〔二月丁卯〕朔，日有蝕之。

十三年十月癸未朔，日有蝕之，在尾十二度。

十五年二月乙巳朔，日有蝕之。

十七年六月庚寅晦，日有蝕之。

二十一年五月己亥朔，日有蝕之。

二十四年二月壬子晦，日有蝕之。

凡漢中興十二世，百九十六年，日蝕七十二，朔三十二，晦三十七，月二日三。

南朝宋・范曄《後漢書》卷六一《黄琬傳》 琬字子琰。少失父。早而辯慧。祖父瓊，初爲魏郡太守，建和元年正月日食，京師不見而瓊以狀聞。太后詔問所食多少，瓊思其對而未知所況。琬年七歲，在傍，曰：「何不言日食之餘，如月之初？」瓊大驚，即以其言應詔，而深奇愛之。後瓊爲司徒，琬以公孫拜童子郎，辭病不就，知名京師。時司空盛允有疾，瓊遣琬候問，會江夏上蠻賊事副府，允發書視畢，微戲琬曰：「江夏大邦，而蠻多士少。」琬奉手對曰：「蠻夷猾夏，責在司空。」因拂衣辭去。允甚奇之。

晉·陳壽《三國志》卷二《魏志·文帝紀》（魏文帝黄初二年六月）戊辰晦，日有食之，有司奏免太尉，詔曰：「災異之作，以譴元首，而歸過股肱，豈禹、湯罪己之義乎？其令百官各虔厥職，後有天地之眚，勿復劾三公。」

又（魏文帝黄初）三年春正月丙寅朔，日有蝕之。

又（魏文帝黄初三年十一月）庚申晦，日有食之。

又（魏文帝黄初五年十一月）戊申晦，日有食之。

晉·陳壽《三國志》卷三《魏志·明帝紀》（魏明帝太和五年十一月）戊戌晦，日有蝕之。

又（魏明帝青龍元年）閏月庚寅朔，日有蝕之。

晉·陳壽《三國志》卷四《魏志·三少帝紀》（魏齊王正始四年）五月朔，日有食之，既。

又（魏齊王正始五年）夏四月朔，日有蝕之。

又（魏齊王正始）八年春二月朔，日有蝕之。

又（魏高貴鄉公甘露）五年春正月朔，日有蝕之。

又（魏元帝景元）二年夏五月朔，日有食之。

唐·房玄齡等《晉書》卷三《世祖武帝紀》（晉武帝泰始二年）冬十月丙午朔，日有蝕之。丁未，詔曰：「昔舜葬蒼梧，農不易畝；禹葬成紀，市不改肆。上惟祖考清簡之旨，所徙陵十里内居人，動爲煩擾，一切停之。」

又（晉武帝泰始七年）冬十月丁丑，日有蝕之。

又（晉武帝泰始八年）冬十月辛未朔，日有蝕之。

又（晉武帝泰始九年）夏四月戊辰朔，日有蝕之。

又（晉武帝泰始九年）秋七月丁酉朔，日有蝕之。

又（晉武帝泰始十年）三月癸亥，日有蝕之。

又（晉武帝咸寧元年）秋七月甲申晦，日有蝕之。

又（晉武帝咸寧）三年春正月丙子朔，日有蝕之。

又（晉武帝咸寧）四年春正月庚午朔，日有蝕之。

又（晉武帝太康四年）三月辛丑朔，日有蝕之。

又（晉武帝太康七年）八月丙戌朔，日有蝕之。滅百姓緜絹三分之一。

又（晉武帝太康）七年春正月甲寅朔，日有蝕之。乙卯，詔曰：「比年災異屢發，日蝕三朝，地震山崩。邦之不臧，實在朕躬。公卿大臣各上封事，極言其故，勿有所諱。」

又（晉武帝太康）八年春正月戊申朔，日有蝕之。太廟殿陷。

又（晉武帝太康）九年春正月壬申朔，日有蝕之。詔曰：「興化之本，由政平訟理也。二千石長吏不能勤恤人隱，而輕挾私故，興長刑獄，又多貪濁，煩撓百姓。其敕刺史二千石糾其穢濁，舉其公清，有司議其黜陟。令内外羣官舉清能，拔寒素。」江東四郡地震。

唐·房玄齡等《晉書》卷四《孝惠帝紀》（晉惠帝元康九年）冬十一月甲子朔，日有蝕之。

又（晉惠帝永康元年）己卯，日有蝕之。

又（晉惠帝永康元年）夏四月辛卯，日有蝕之。

又（晉惠帝永寧元年）閏月丙戌朔，日有蝕之。

又 光熙元年春正月戊子朔，日有蝕之。

又（晉惠帝光熙元年）秋七月乙酉朔，日有蝕之。

唐·房玄齡等《晉書》卷五《孝懷帝紀》（晉惠帝光熙元年）十二月壬午朔，日有食之。

又（晉懷帝永嘉元年）冬十一月戊申朔，日有蝕之。

又（晉懷帝永嘉）二年春正月丙午朔，日有蝕之。

唐·房玄齡等《晉書》卷五《孝愍帝紀》（晉懷帝永嘉六年）二月壬子，日有蝕之。

又（晉愍帝建興四年）六月丁巳朔，日有蝕之。

又（晉愍帝建興四年）十二月乙卯朔，日有蝕之。

又（晉愍帝建興五年）夏五月丙子，日有蝕之。

又（晉愍帝建興五年）冬十月丙子，日有蝕之。

唐·房玄齡等《晉書》卷六《元帝紀》（晉元帝太興元年）夏四月丁丑朔，日有食之。

唐·房玄齡等《晉書》卷七《成帝紀》（晉明帝太寧三年）冬十一月癸巳朔，日有蝕之。

又（晉成帝咸和二年）五月甲申朔，日有蝕之。

又（晉成帝咸和六年）三月壬戌朔，日有蝕之。癸未，詔舉賢良直言之士。

又（晉成帝咸康元年）冬十月乙未朔，日有蝕之。

又（晉成帝咸康）七年春二月甲子朔，日有蝕之。

又（晉成帝咸康）八年春正月己未朔，日有蝕之。

唐・房玄齡等《晉書》卷八《穆帝紀》　（晉穆帝永和二年）夏四月己酉朔，日有蝕之。

又（晉穆帝永和）七年春正月丁酉，日有蝕之。

又（晉穆帝永和）八年春正月辛卯，日有蝕之。

又（晉穆帝永和十二年）冬十月癸巳朔，日有蝕之。

又（晉穆帝升平四年）八月辛丑朔，日有蝕之，既。

唐・房玄齡等《晉書》卷八《哀帝紀》　（晉哀帝隆和元年）三月甲寅朔，日有蝕之。

又（晉哀帝隆和元年）十二月戊午朔，日有蝕之。詔曰：「戎旅路次，未得輕簡賦役。玄象失度，豈政事未洽，將有板築、渭濱之士邪！其搜揚隱滯，蠲除苛碎，詳議法令，咸從損自下邳退鎮山陽，袁真自汝南退鎮壽陽。」

唐・房玄齡等《晉書》卷八《海西公紀》　（晉海西公太和）三年春三月丁巳朔，日有蝕之。癸亥，大赦。

又（晉海西公太和五年）秋七月癸酉朔，日有蝕之。

唐・房玄齡等《晉書》卷九《孝武帝紀》　（晉孝武帝寧康三年）冬十月癸酉朔，日有蝕之。

又（晉孝武帝太元元年）十一月己巳朔，日有蝕之。詔太官徹膳。

又（晉孝武帝太元四年）冬十二月己酉朔，日有蝕之。

又（晉孝武帝太元六年）夏六月庚子朔，日有蝕之。

又（晉孝武帝太元九年）冬十月辛亥朔，日有蝕之。

又（晉孝武帝太元十七年）五月丁卯朔，日有蝕之。

又（晉孝武帝太元二十年）三月庚辰朔，日有蝕之。

唐・房玄齡等《晉書》卷一〇《安帝紀》　（晉安帝隆安四年）六月庚辰朔，日有蝕之。

又（晉安帝元興二年）夏四月癸巳朔，日有蝕之。

又（晉安帝義熙三年）秋七月戊戌朔，日有蝕之。

又（晉安帝義熙十年）九月丁巳朔，日有蝕之。

又（晉安帝義熙十一年七月）辛亥晦，日有蝕之。

又（晉安帝義熙）十三年春正月甲戌朔，日有蝕之。

唐・房玄齡等《晉書》卷一〇《恭帝紀》　（晉恭帝元熙元年）十一月丁亥朔，日有蝕之。

唐・房玄齡等《晉書》卷一二《天文志中》　魏文帝黃初二年六月戊辰晦，日有蝕之。有司奏免太尉，詔曰：「災異之作，以譴元首，而歸過股肱，豈禹、湯罪己之義乎！其令百官各虔厥職。後有天地眚，勿復劾三公。」三年正月丙寅朔，日有蝕之。十一月庚申晦，又日有蝕之。五年十一月戊申晦，日有蝕之。

明帝太和初，太史令許芝奏，日應蝕，與太尉於靈臺祈禳。帝曰：「蓋聞人主政有不德，則天懼之以災異，所以譴告，使得自修也。故日月薄蝕，明治道有不當者。朕即位以來，既不能光明先帝聖德，而施化有不合於皇神，故上天有以寤之。宜敕政自修，有以報於神明。天之於人，猶父之於子，未有父欲責其子，而可獻盛饌以求免也。今外欲遣上公與太史令俱禳祠之，於義未聞也。羣公卿士大夫，其各勉修厥職。有可以補朕不逮者，各封上之。」

太和五年十一月戊戌晦，日有蝕之。六年正月戊辰朔，日有蝕之。

青龍元年閏月庚寅朔，日有蝕之。見吴曆。

少帝正始元年七月戊申朔，日有蝕之。三年四月戊戌朔，日有蝕之。四年五月丁丑朔，日有蝕之。五年四月丙辰朔，日有蝕之。六年四月壬子朔，日有蝕之。十月戊申朔，又日有蝕之。八年二月庚午朔，日有蝕之。是時曹爽專政，丁謐、鄧麗等轉改法度。會有日蝕之變，詔羣臣問得失。蔣濟上疏曰：「昔大舜佐治，戒在比周。周公輔政，慎於其朋。齊侯問災，晏子對以布惠；魯君問異，臧孫答以緩役。塞變應天，乃實人事。」濟旨譬甚切，而君臣不悟，終至敗亡。九年正月乙未朔，日有蝕之。

嘉平元年二月己未朔，日有蝕之。

高貴鄉公甘露四年七月戊子朔，日有蝕之。五年正月乙酉朔，日有蝕之。京房《易占》曰：「日蝕乙酉，君弱臣强。司馬將兵，反征其王。」五月，有成濟之變。

元帝景元二年五月丁未朔，日有蝕之。三年十一月己亥朔，日有蝕之。

武帝泰始二年七月丙午晦，日有蝕之。十月丙午朔，日有蝕之。七年十月丁丑朔，日有蝕之。八年十月辛未朔，日有蝕之。九年四月戊辰朔，日有蝕之。又，七月丁酉朔，日有蝕之。十年正月乙未，三月癸亥，並日有蝕之。

咸寧元年七月甲申晦，日有蝕之。三年正月丙子朔，日有蝕之。四年正月庚午朔，日有蝕之。

太康四年三月辛丑朔，日有蝕之。七年正月甲寅朔，日有蝕之。八年正月戊申朔，日有蝕之。九年正月壬申朔，六月庚子朔，並日有蝕之。永熙元年四月庚申，帝崩。

惠帝元康九年十一月甲子朔，日有蝕之。十二月，廢皇太子遹爲庶人，尋殺之。

永康元年正月己卯，四月辛卯朔，並日有蝕之。

永寧元年閏月丙戌朔，日有蝕之。

光熙元年正月戊子朔，七月乙酉朔，並日有蝕之。十一月，惠帝崩。十二月壬午朔，又日有蝕之。

懷帝永嘉元年十一月戊申朔，日有蝕之。二年正月丙子朔，日有蝕之。六年二月壬子朔，日有蝕之。

愍帝建興四年六月丁巳朔，十二月甲申朔，並日有蝕之。五年五月丙子，十一月丙子，並日有蝕之。時帝蒙塵於平陽。

元帝太興元年四月丁丑朔，日有蝕之。

明帝太寧三年十一月癸巳朔，日有蝕之，在卯至斗。斗，吴分也。其後蘇峻作亂。

成帝咸和二年五月甲申朔，日有蝕之，在井。井，主酒食，女主象也。明年，皇太后以憂崩。六年三月壬戌朔，日有蝕之。是時帝已年長，每幸司徒第，猶出入見王導夫人曹氏如子弟之禮。以人君而敬人臣之妻，有虧君德之象也。九年十月乙未朔，日有蝕之。是時帝既冠，當親萬機，而委政大臣，著君道有虧也。

咸康元年十月乙未朔，日有蝕之。七年二月甲子朔，日有蝕之。三月，杜皇后崩。八年正月乙未朔，日有蝕之。京都大雨，郡國以聞。是謂三朝，王者惡之。六月而帝崩。

穆帝永和二年四月己酉，七年正月丁酉，八年正月辛卯，並日有蝕之。十二年十月癸巳朔，日有蝕之，在尾。尾，燕分，北狄之象也。是時邊表姚襄、苻生互相吞噬，朝廷憂勞，征伐不止。

升平四年八月辛丑朔，日有蝕之，幾既在角。凡蝕，淺者禍淺，深者禍大。角爲天門，人主惡之。明年而帝崩。

哀帝隆和元年三月甲寅朔，十二月戊午朔，並日有蝕之。明年而帝有疾，不識萬機。

海西公太和三年三月丁巳朔，五年七月癸酉朔，並日有蝕之。皆海西被廢之應也。

孝武帝寧康三年十月癸酉朔，日有蝕之。

太元四年閏月己酉朔，日有蝕之。是時苻堅攻没襄陽，執朱序。六年六月庚子朔，日有蝕之。九年十月辛亥朔，日有蝕之。十七年五月丁卯朔，日有蝕之。二十年三月庚辰朔，日有蝕之。明年帝崩。

安帝隆安四年六月庚辰朔，日有蝕之。是時元顯執政。

元興二年四月癸巳朔，日有蝕之。其冬桓玄簒位。

義熙三年七月戊戌朔，日有蝕之。十年九月丁巳朔，日有蝕之。十一年七月辛亥晦，日有蝕之。十三年正月甲戌朔，日有蝕之。明年，帝崩。

恭帝元熙元年十一月丁亥朔，日有蝕之。自義熙元年至是，日蝕皆從上始，皆爲革命之徵。

唐·房玄齡等《晉書》卷一七《律曆志中》 熹平之際，時洪爲郎，欲改四分，先上驗日蝕：日蝕在晏，加時在辰，蝕從下上，三分侵二。事御之後如洪言，海内識真，莫不聞見，劉歆以來，未有洪比。夫以黄初二年六月二十九日戊辰加時未日蝕，乾象術加時申半强，於消息就加未，黄初以爲加辛强，乾象後天一辰半强爲近，黄初二辰半爲遠，消息與天近。三年正月丙寅朔加時申北日蝕，黄初加西弱，乾象加午少，消息加未，黄初後天半辰近，乾象先天二辰少弱，於消息先天一辰强，爲遠天。三年十一月二十九日庚申加時西南維日蝕，乾象加未初，消息加申，黄初加未强，乾象先天一辰遠，黄初先天半辰近，消息乾象近中天。二年七月十五日癸未，日加壬月加丙蝕，乾象月加申，消息加未，黄初月加子强，入甲申日，乾象後天二辰，消息後一辰爲近，黄初後天六辰遠。三年十一月十五日乙巳，日加丑月加未蝕，乾象月加巳半，於消息加午，黄初以丙午月加酉强，乾象先天二辰近，黄初後天二辰强爲遠，於消息於乾象先一辰。凡課日月蝕五事，乾象四遠，黄初一近。

南朝梁·沈約《宋書》卷三四《五行志五》 魏文帝黄初二年六月戊辰晦，日有蝕之。有司奏免太尉。詔曰：「災異之作，以譴元首，而歸過股肱，豈禹、湯罪己之義乎？其令百官各虔厥職。後有天地眚，勿復劾三公。」

黄初三年正月丙寅朔，日有蝕之；十一月庚申晦，又日有蝕之。

黄初五年十一月戊申晦，日有蝕之。後二年，宫車晏駕。

魏明帝太和初，太史令許芝奏日應蝕，與太尉於靈臺祈禳。帝詔曰：「蓋聞人主政有不得，則天懼之以災異，所以譴告使得自修也。故日月薄蝕，明治道有不當者。朕即位以來，既不能光明先帝聖德，而施化有不合於皇神，故上天有以寤之。宜勵政自修，以報於神明。天之於人，猶父之於子，未有父欲責其子，而可獻盛饌以求免也。今外欲遣上公與太史令具禳祠，於義未聞也。羣公卿士，其各勉修厥職。有可以補朕不逮者，各封上之。」

魏明帝太和五年十一月戊戌晦，日有蝕之。

太和六年正月戊辰朔，日有蝕之。見《吴曆》。

魏明帝青龍元年閏月庚寅朔，日有蝕之。

魏齊王正始元年七月戊申朔，日有蝕之。《紀》無。

正始三年四月戊戌朔，日有蝕之。《紀》無。

正始六年四月壬子，日有蝕之；十月戊寅朔，又日有蝕之。

正始八年二月庚午朔，日有蝕之。是時曹爽專政，丁謐、鄧颺等轉改法度。會有日蝕變，詔羣臣問得失。蔣濟上疏曰：「昔大舜佐治，戒在比周；周公輔政，慎於其朋。齊侯問災，晏子對以布惠；魯君問異，臧孫答以緩役。塞變應天，乃實人事。」濟旨譬甚切，而君臣不悟，終至敗亡矣。

正始九年正月乙未朔，日有蝕之。

魏齊王嘉平元年二月己未，日有蝕之。

魏高貴鄉公甘露四年七月戊子朔，日有蝕之。

甘露五年正月乙酉朔，日有蝕之。按谷永説，正朝，尊者惡之。京房占曰：「日蝕乙酉，君弱臣强。司馬將兵，反征其王。」五月，有成濟之變。

魏元帝景元二年五月丁未朔，日有蝕之。

景元三年三月己亥朔，日有蝕之。

晉武帝泰始二年七月丙午晦，日有蝕之。

泰始七年五月庚辰，日有蝕之。

泰始八年十月辛未朔，日有蝕之。

泰始九年四月戊辰朔，日有蝕之。

泰始十年三月癸亥，日有蝕之。

晉武帝咸寧元年七月甲申晦，日有蝕之。

咸寧三年正月丙子朔，日有蝕之。

晉武帝太康四年三月辛丑朔，日有蝕之。

太康六年八月丙戌朔，日有蝕之。

太康七年正月甲寅朔，日有蝕之。乙亥，詔曰：「比年災異屢發，邦之不臧，實在朕躬。震蝕之異，其咎安在？將何施行，以濟其愆？」太尉亮、司徒舒、司空瓘遜位，弗許。

太康八年正月戊申朔，日有蝕之。

太康九年六月庚子朔，日有蝕之。後二年，宫車晏駕。

晉惠帝元康九年十一月甲子朔，日有蝕之。

晉惠帝永康元年四月辛卯朔，日有蝕之。

晉惠帝永寧元年閏三月丙戌朔，日有蝕之。

晉惠帝光熙元年正月戊子朔，日有蝕之。尊者惡之。七月乙酉朔，又日有蝕之既。占曰：「日蝕盡，不出三月，國有凶。」十一月，宫車晏駕。十二月壬午朔，又日有蝕之。

晉孝懷帝永嘉元年十一月戊申，日有蝕之。

永嘉二年正月丙午朔，日有蝕之。

永嘉六年二月壬子朔，日有蝕之。明年，帝崩於平陽。

晉愍帝建興四年六月丁巳朔，日有蝕之。十一月，帝爲劉曜所虜。十二月乙卯朔，又日有蝕之。明年，帝崩於平陽。

晉元帝太興元年四月丁丑朔，日有蝕之。

晉明帝太寧三年十一月癸巳朔，日有蝕之。

晉成帝咸和二年五月甲申朔，日有蝕之。

晉成帝咸康元年十月乙未朔，日有蝕之。

咸康七年二月甲子朔，日有蝕之。

咸康八年正月己未朔，日有蝕之。正朝，尊者惡之。六月，宫車晏駕。

晉穆帝永和七年正月丁酉朔，日有蝕之。

永和十二年十月癸巳朔，日有蝕之。

晉穆帝升平四年八月辛丑朔，日有蝕之，不盡如鉤。明年，宫車晏駕。

晉哀帝隆和元年十二月戊午朔，日有蝕之。

晉海西公太和三年三月丁巳朔，日有蝕之。

太和五年七月癸酉朔，日有蝕之。明年，廢爲海西公。

晉孝武帝寧康三年十月癸酉朔，日有蝕之。

晉孝武帝太元四年閏月己酉朔，日有蝕之。

太元六年六月庚子朔，日有蝕之。

太元九年十月辛亥朔，日有蝕之。

太元十七年五月丁卯朔，日有蝕之。

太元二十年三月庚辰朔，日有蝕之。明年，宫車晏駕。海西時有此變。又曰，臣有蔽主明者。

晉安帝隆安四年六月庚辰朔，日有蝕之。

晉安帝元興二年四月癸巳朔，日有蝕之。

晉安帝義熙三年七月戊戌朔，日有蝕之。

義熙十年九月丁巳朔，日有蝕之；七月辛亥晦，日有蝕之。

義熙十三年正月甲戌朔，日有蝕之。明年，宫車晏駕。

晉恭帝元熙元年十一月丁亥朔，日有蝕之。

宋少帝景平二年二月癸巳朔，日有蝕之。

文帝元嘉四年六月癸卯朔，日有蝕之。

元嘉六年五月壬辰朔，日有蝕之。十一月己丑朔，又日有蝕之，不盡如鉤，蝕時星見，晡方没，河北地闇。

元嘉十二年正月乙未朔，日有蝕之。

元嘉十七年四月戊午朔，日有蝕之。

元嘉十九年七月甲戌晦，日有蝕之。

元嘉二十三年六月癸未朔，日有蝕之。

元嘉三十年七月辛丑朔，日有蝕之，既，星辰畢見。

孝武帝孝建元年七月丙戌朔，日有蝕之，既，列宿粲然。

孝武帝大明五年九月甲寅朔，日有蝕之。

明帝泰始四年八月丙子朔，日有蝕之；十月癸酉，又日有蝕之。

泰始五年十月丁卯朔，日有蝕之。

後廢帝元徽元年十二月癸卯朔，日有蝕之。

順帝昇明二年九月乙巳朔，日有蝕之。

昇明三年三月癸卯朔，日有蝕之。

南朝梁·沈約《宋書》卷四《少帝紀》（宋少帝景平）二年春二月癸巳朔，日有蝕之。

南朝梁·沈約《宋書》卷五《文帝紀》（宋文帝元嘉四年）六月癸卯朔，日有蝕之。

又（宋文帝元嘉六年）五月壬辰朔，日有蝕之。

又（宋文帝元嘉六年）十一月己丑朔，日有蝕之。

又（宋文帝元嘉）十七年夏四月戊午朔，日有蝕之。

又（宋文帝元嘉十九年七月）甲戌晦，日有蝕之。

又（宋文帝元嘉二十三年）六月癸未朔，日有蝕之。

南朝梁·沈約《宋書》卷六《孝武帝紀》（宋文帝元嘉三十年）秋七月辛丑朔，日有蝕之。

又（宋孝武帝孝建元年）秋七月丙申朔，日有蝕之。

又（宋孝武帝大明五年）九月甲寅朔，日有食之。

南朝梁·沈約《宋書》卷八《明帝紀》（宋明帝泰始四年）冬十月癸酉朔，日有蝕之。

又（宋明帝泰始五年）冬十月丁卯朔，日有蝕之。

南朝梁·沈約《宋書》卷九《後廢帝紀》（宋後廢帝元徽元年）十二月癸卯朔，日有蝕之。

南朝梁·沈約《宋書》卷一〇《順帝紀》（宋順帝昇明二年）九月乙巳朔，日有蝕之。

又（宋順帝昇明三年）三月癸卯朔，日有蝕之。

南朝梁·蕭子顯《南齊書》卷一二《天文志上》 建元二年九月甲午朔，日蝕。

三年七月己未朔，日蝕。

永明元年十二月乙巳朔，日蝕。

十年十二月癸未朔，加時在午之半度，到未初見日始蝕，虧起西北角，蝕十分之四，申時光色復還。

隆昌元年五月甲戌合朔，巳時日蝕三分之一，午時光復還。

北齊·魏收《魏書》卷一〇五《天象志》 天興三年六月庚辰朔，日有蝕之。

占曰「外國侵，土地分」。五年五月，姚興遣其弟義陽公平率衆四萬來侵平陽，乾壁爲平所陷。

六年四月癸巳朔，日有蝕之。占曰「兵稍出」。十月，太祖詔將軍伊謂率騎二萬北襲高車，大破之。

天賜五年七月戊戌朔，日有蝕之。占曰「后死」。六年七月，夫人劉氏薨，後謚爲宣穆皇后。

太宗神瑞二年八月庚辰晦，日有蝕之。

世祖始光四年六月癸卯朔，日有蝕之。占曰「諸侯非其人」。神䴥元年二月，司空奚斤、監軍侍御史安頡討赫連昌，擒之於安定。其餘衆立昌弟定爲主，走還平涼，斤追之，爲定所擒。將軍丘堆棄甲與守將高涼王禮東走蒲坂，世祖怒，斬堆。

神䴥元年十一月乙未朔，日有蝕之。

太延元年正月己未朔，日有蝕之。

四年十一月丁卯朔，日有蝕之。

太平真君元年四月戊午朔，日有蝕之。

三年八月甲戌晦，日有蝕之。

六年六月戊子朔，日有蝕之。占曰「有九族夷滅」。七年正月戊辰，世祖車駕次東雍州。庚午，圍薛永宗營壘。永宗出戰，大敗，六軍乘之，永宗衆潰，斬永宗，男女無少長皆赴汾水而死。

七年六月癸未朔，日有蝕之。占曰「不臣欲殺」。八年三月，河西王沮渠牧犍謀反，伏誅。

十年夏四月丙申朔，日有蝕之。

六月庚寅朔，日有蝕之。占曰「將相誅」。十一年六月己亥，誅司徒崔浩。【略】

興光元年七月丙申朔，日有蝕之。

和平元年九月庚申朔，日有蝕之。

三年二月壬子朔，日有蝕之。占曰「有白衣之會」。六年五月癸卯，高宗崩。

顯祖皇興元年十月己卯朔，日有蝕之。

二年四月丙子朔，日有蝕之。占曰「將誅」。四年十月，誅濟南王幕容白曜。

十月癸酉朔，日有蝕之。占曰「尊后有憂」。三年，夫人李氏薨，後謚思皇后。

三年十月丁酉朔，日有蝕之。

高祖延興元年十二月癸卯，日有蝕之。占曰「有兵」。二年正月乙卯，統萬鎮胡民相率北叛，遣寧南將軍、交阯公韓拔等滅之。

三年十二月癸卯朔，日有蝕之。

四年正月癸酉朔，日有蝕之。占曰「有崩主，天下改服。有大臣死」。五年十二己丑，征北大將軍城陽王壽薨。六年六月辛未，顯祖崩。【略】

太和元年冬十月辛亥朔，日有蝕之。【略】

二月乙酉晦，日有蝕之。占曰「有欲反者，近三月，遠三年」。四年正月癸卯，洮陽羌叛，枹罕鎮將討平之。

九月乙巳朔，日有蝕之。占曰「東邦發兵」。四年十月丁未，蘭陵民桓富殺其縣令，與昌慮桓和北連太山羣盜張和顔等，聚黨保五固，推司馬朗之爲主，詔淮陽王尉元等討之。

三月癸卯朔，日有蝕之。占曰「大臣誅」。四月，雍州刺史宜都王目辰有罪，賜死。

七月庚申朔，日有蝕之。

七年十二月乙巳朔，日有蝕之。【略】

十三年二月乙亥朔，日十五分蝕八。占曰「有白衣之會」。十一月己未，安豐王猛薨。

十四年二月己巳朔未時，雲氣班駁，日十五分蝕一。占曰「有白衣之會」。九日癸丑，文明太皇太后馮氏崩。

十五年正月癸亥晦，日有蝕之。占曰「王者將兵，天下擾動」。十七年六月丙戌高祖南伐。

十七年六月庚辰朔，日有蝕之。

十八年五月甲戌朔，日有蝕之。

二十年九月庚寅晦，日有蝕之。【略】

世宗景明元年正月辛丑朔，日有蝕之。

七月己亥朔，日有蝕之。

二年四月癸酉，日自午及未再暈，内黄外白。七月癸巳朔，日有蝕之。【略】

七月丁巳朔，日有蝕之。【略】

八月壬子朔，日有蝕之。

二年八月丙午朔，日有蝕之。丁卯旦，日旁有黑氣，形如月，從東南來衝日。如此者一辰，乃滅。【略】

十二月壬戌朔，日有蝕之，在牛四度。占曰「其國叛兵發」。延昌二年二月庚辰衍郁洲民徐玄明等斬送衍鎮北將軍、青冀二州刺史張稷首，以州内附。【略】

延昌元年二月甲戌至於辛巳，日初出及將没，赤白無光明。

五月甲寅朔，日有蝕之，京師不見，恒州以聞。【略】

肅宗熙平元年三月戊辰朔，日有蝕之。丁丑，日出無光，至於酉時。占曰「兵起」。神龜元年正月，秦州羌反；二月己酉，東益州氐反；七月，河州民却鐵忽聚衆反，自稱水池王。【略】

二年正月辛巳朔，日有蝕之。

正光元年正月乙亥朔，日有蝕之。占曰「有大臣亡」。七月丙子，殺太傅、領太尉、清河王懌。

二年五月丁酉，日有蝕之，夏州以聞。【略】

五月壬辰朔，日有蝕之。占曰「秦邦不臣」。五年六月，秦州城人莫折大提據城反，稱秦王。【略】

十一月己丑朔，日有蝕之。占曰「有小兵，在西北」。四年二月己卯，蠕蠕主阿那瓌率衆犯塞。

四年十一月癸未朔，日有蝕之。【略】

十月己酉朔，日從地下蝕出，十五分蝕七，虧從西南角起。占曰「西夷欲殺，後有大兵，必西行」。三年四月丁卯，雍州刺史尒朱天光討擒萬俟丑奴、蕭寶夤於安定，送京師，斬之。

六月己亥朔，日蝕從西南角起，雲陰不見，定相二州表聞。占曰「主弱，小人持政，時尒朱世隆兄弟專擅威福。【略】

十月辛酉朔，日從地下蝕出，虧從西南角起。占曰「有兵大行」。永熙二年正月甲午，齊獻武王自晉陽出討尒朱兆。丁酉，大破之於赤洪嶺，兆遁走自殺。

永熙二年四月己未朔，日有蝕之，在丙，虧從正南起。占曰「君陰謀」。三年五月辛卯，出帝爲斛斯椿等諸佞闗構，猜於齊獻武王，託討蕭衍，盛暑徵發河南諸州之兵，天下怪惡之。語在《斛斯椿傳》。

三年四月癸丑，日有蝕之。占曰「有亂殺天子者」。七月丁未，出帝爲斛斯椿等迫脅，遂出於長安。

孝靜元象元年春正月辛丑朔，日有蝕之。占曰「大臣死」。八月辛卯，司徒公高敖曹，戰殁於河陰。六月己丑，日暈一重，有兩珥；上有背，長二丈餘。十一月己巳辰時，日暈，南面不合，東西有珥、背；有白虹，至珥不徹。【略】

興和二年閏月丁丑朔，日有蝕之。占曰「有小兵」。七月癸巳，元寶炬廣豫二洲行臺趙繼宗、南青州刺史崔康寇陽翟，鎮將擊走之。【略】

五年正月己亥朔，日有蝕之，從西南角起。占曰「不有崩喪，必有臣亡，天下改服」。丙午，齊獻武王薨。【略】

六年七月庚寅朔，日有蝕之，虧從西北角起。

唐·李延壽《南史》卷二《宋紀中》（宋少帝景平）二年春二月癸巳朔，日有蝕之。

又（宋文帝元嘉四年）六月癸卯朔，日有蝕之。

又（宋文帝元嘉六年）五月壬辰朔，日有蝕之。

又（宋文帝元嘉六年）冬十一月己丑朔，日有蝕之，星晝見。

又（宋文帝元嘉十七年）夏四月戊午朔，日有蝕之。

又（宋文帝元嘉十九年）秋七月甲戌晦，日有蝕之。

又（宋文帝元嘉二十三年）六月癸未朔，日有蝕之。

又（宋文帝元嘉三十年）秋七月辛丑朔，日有蝕之。

又（宋孝武帝孝建元年）秋七月丙申朔，日有蝕之，既。

又（宋孝武帝大明五年）九月甲寅，日有蝕之。

又（宋明帝泰始四年）冬十月癸酉朔，日有蝕之，發諸州兵北伐。

又（宋後廢帝元徽元年）冬十二月癸卯朔，日有蝕之。

又（宋明帝泰始五年）冬十月丁卯朔，日有蝕之。

又（宋順帝昇明二年）三月癸卯朔，日有蝕之。

又（宋順帝昇明二年）秋九月乙巳朔，日有蝕之。

唐·李延壽《南史》卷四《齊紀上》（齊高帝建元二年）秋九月甲午朔，日有蝕之。

又（齊高帝建元三年）秋七月己未朔，日有蝕之。

又（齊武帝永明元年）十二月乙巳朔，日有蝕之。

又（齊廢帝隆昌元年）五月甲戌朔，日有蝕之。

又（齊廢帝建武元年）十一月壬申，日有蝕之。帝宿沐浴，不御內。其日，潔齋蔬食，斷朝務，屏人，單衣帢危坐，以至事畢。

又（齊東昏侯永元）三年春正月丙申朔，日有蝕之。帝與宮人於閱武堂元會，皇后正位，閹人行儀，帝戎服。臨視。

唐・李延壽《南史》卷六《梁紀上》（梁武帝天監元年）秋七月丁巳朔，日有蝕之。

又（梁武帝天監五年）三月丙寅朔，日有蝕之。

又（梁武帝天監）十五年春三月戊辰朔，日有蝕之，既。

又（梁武帝普通元年正月）丙子，日有蝕之。

又（梁武帝普通三年）五月壬辰朔，日有蝕之，既。癸巳，大赦。詔公卿百僚各上封事，連率郡國舉賢良、方正、直言之士。

又（梁武帝普通四年）十一月癸未朔，日有蝕之。

又（梁武帝大同四年）六月辛丑，日有蝕之。

又（梁武帝）太清元年春正月己亥朔，日有蝕之。

唐・李延壽《南史》卷九《陳紀上》（陳武帝永定三年）五月丙辰朔，日有蝕之。有司奏舊儀帝御前殿，服朱紗袍。通天冠。詔曰：「此乃前代承用，意有未同，合朔仰助太陽，宜備袞冕之服，自今永可爲準。」

又（陳文帝天嘉三年）九月戊辰朔，日有蝕之。

又（陳宣帝太建四年九月）九月庚子朔，日有蝕之。

又（陳宣帝太建六年）二月壬辰朔，日有蝕之。

又（陳後主至德）三年春正月戊午朔，日有蝕之。

唐・李延壽《北史》卷一《魏紀一》（北魏道武帝天興三年）六月庚辰朔，日有蝕之。

又（北魏道武帝天興六年）夏四月癸巳朔，日有蝕之。

又（北魏道武帝天賜五年）秋七月戊戌朔，日有蝕之。

又（北魏明元帝神瑞元年）九月丁巳朔，日有蝕之。

又（北魏明元帝神瑞二年）八月庚辰晦，日有蝕之。

又（北魏明元帝神瑞二年七月辛）亥晦，日有蝕之。

又（北魏明元帝泰常）二年春正月甲戌朔，日有蝕之。

又（北魏明元帝泰常四年）冬十一月丁亥朔，日有蝕之。

唐・李延壽《北史》卷二《魏紀二》（北魏太武帝始光四年）六月癸卯朔，日有蝕之。

又（北魏太武帝神䴥元年）冬十一月乙未朔，日有蝕之。

又（北魏太武帝太延四年）冬十一月丁卯朔，日有蝕之。

又（北魏太武帝太平真君元年）夏四月戊午朔，日有蝕之。

又（北魏太武帝太平真君三年）秋八月甲戌晦，日有蝕之。

又（北魏太武帝太平真君六年）夏六月戊子朔，日有蝕之。

又（北魏太武帝太平真君七年）六月癸未朔，日有蝕之。

又（北魏太武帝太平真君十年）夏四月丙申朔，日有蝕之。

又（北魏文成帝興光元年）秋七月丙申朔，日有蝕之。

又（北魏文成帝和平元年）九月庚申朔，日有蝕之。

又（北魏文成帝和平三年）二月壬子朔，日有蝕之。

又（北魏獻文帝皇興元年）冬十月己亥朔，日有蝕之。

又（北魏獻文帝皇興二年）夏四月丙子朔，日有蝕之。

又（北魏獻文帝皇興二年）冬十月癸酉朔，日有蝕之。

又（北魏獻文帝皇興二年）冬十月癸酉朔，日有蝕之。

又（北魏獻文帝皇興三年）冬十月丁酉朔，日有蝕之。

唐・李延壽《北史》卷三《魏紀三》（北魏孝文帝延興元年十二月）癸卯，日有蝕之。

又（北魏孝文帝延興三年）十二月癸卯朔，日有蝕之。

又（北魏孝文帝延興）四年春正月癸酉朔，日有蝕之。

又（北魏孝文帝太和元年）冬十月辛亥朔，日有蝕之。

又（北魏孝文帝太和二年二月）乙酉晦，日有蝕之。

又（北魏孝文帝太和二年）九月乙巳朔，日有蝕之。

又（北魏孝文帝太和三年）三月癸卯朔，日有蝕之。

又（北魏孝文帝太和五年）秋七月庚申朔，日有蝕之。

又（北魏孝文帝太和七年）十二月乙巳朔，日有蝕之。

又（北魏孝文帝太和十二年）二月辛亥朔，日有蝕之。

又（北魏孝文帝太和十四年）春正月己巳朔，日有蝕之。

又（北魏孝文帝太和十五年正月）癸亥晦，日有蝕之。

又（北魏孝文帝太和十七年）六月庚辰朔，日有蝕之。

又（北魏孝文帝太和十八年）夏五月甲戌朔，日有蝕之。

又（北魏孝文帝太和二十年九月）庚寅晦，日有蝕之。

唐・李延壽《北史》卷四《魏紀四》（北魏宣武帝）景明元年春正月辛丑朔，日有蝕之。

又（北魏宣武帝景明元年）秋七月己亥朔，日有蝕之。

又（北魏宣武帝景明二年）秋七月癸巳朔，日有蝕之。

又（北魏宣武帝景明三年）秋七月丁巳朔，日有蝕之。

又（北魏宣武帝永平元年）八月壬子朔，日有蝕之。

又（北魏宣武帝永平二年）秋八月丙午朔，日有蝕之。

又（北魏宣武帝永平四年）十二月壬戌朔，日有蝕之。

又（北魏宣武帝延昌元年五月）己未晦，日有蝕之。

又（北魏宣武帝延昌元年）五月甲寅朔，日有蝕之。

又（北魏孝明帝熙平元年）三月戊辰朔，日有蝕之。

又（北魏孝明帝神龜）二年春正月辛巳朔，日有蝕之。

又（北魏孝明帝）正光元年春正月乙亥朔，日有蝕之。

又（北魏孝明帝正光二年）五月丁酉朔，日有蝕之。

又（北魏孝明帝正光三年）五月壬辰朔，日有蝕之。

又（北魏孝明帝正光三年）冬十一月己丑朔，日有蝕之。

又（北魏孝明帝正光四年）冬十一月癸未朔，日有蝕之。

唐・李延壽《北史》卷五《魏紀五》（北魏莊帝永安二年）冬十月己酉晦，日有蝕之。

又（北魏前廢帝普泰元年）六月己亥朔，日有蝕之。

又（北魏出帝太昌元年）冬十月辛酉朔，日有蝕之。

又（北魏出帝永熙二年）夏四月己未朔，日有蝕之。

又（北魏出帝永熙三年）夏四月癸丑朔，日有蝕之。

又（東魏孝静帝）元象元年春正月辛酉朔，日有蝕之。

又（東魏孝静帝興和二年）閏月丁丑朔，日有蝕之。

唐・李延壽《北史》卷六《齊紀上》（東魏孝静帝武定）五年正月朔，日蝕。神武曰：「日蝕其爲我邪？死亦何恨！」崩於晉陽，時年五十二。祕不發喪。

唐・李延壽《北史》卷七《齊紀下》（北齊後主武平七年）夏六月戊申朔，日有蝕之。

唐・李延壽《北史》卷九《周紀上》（北周武帝保定元年）夏四月丙子朔，日有蝕之。

又（北周武帝保定元年）冬十月甲戌朔，日有蝕之。

又（北周武帝保定二年）秋九月戊辰朔，日有蝕之。

又（北周武帝保定三年三月）三月乙丑朔，日有蝕之。

唐・李延壽《北史》卷一〇《周紀下》（北周武帝保定四年）二月庚寅朔，日有蝕之。

又（北周武帝保定四年）八月丁亥朔，日有蝕之。

又（北周武帝保定五年）秋七月辛巳朔，日有蝕之。

又（北周武帝）天和元年春正月己卯朔，日有蝕之。

又（北周武帝天和）二年春正月癸酉朔，日有蝕之。

又（北周武帝天和二年）冬十一月戊戌朔，日有蝕之。

又（北周武帝天和三年）十一月壬辰朔，日有蝕之。

又（北周武帝天和五年）冬十月辛巳朔，日有蝕之。

又（北周武帝天和六年）夏四月戊寅朔，日有蝕之。

又（北周武帝建德元年）三月癸卯朔，日有蝕之。

又（北周武帝建德元年）九月庚子朔，日有蝕之。

又（北周武帝建德三年）二月壬辰朔，日有蝕之。

又（北周武帝建德四年二月）二月丙戌朔，日有蝕之。

又（北周武帝建德四年）十二月辛亥朔，日有蝕之。

又（北周武帝建德五年）夏六月戊申朔，日有蝕之。

又（北周武帝建德六年十一月）己亥晦，日有蝕之。

又（北周静帝大象二年）冬十月甲寅，日有蝕之。

唐・李延壽《北史》卷一一《隋紀上》（隋文帝開皇三年）二月己巳朔，日有蝕之。

又（隋文帝開皇三年七月）丁卯，日有蝕之。

又（隋文帝開皇）四年春正月甲子朔，日有蝕之。祀太廟。

又（隋文帝開皇七年）五月乙亥朔，日有蝕之。

又（隋文帝開皇十一年二月）辛巳晦，日有蝕之。

又（隋文帝開皇十二年七月）壬申晦，日有蝕之。

又（隋文帝開皇十三年）秋七月戊辰晦，日有蝕之。

又（隋文帝仁壽元年）二月乙卯朔，日有蝕之。

唐・李延壽《北史》卷一二《隋紀下》（隋煬帝大業十二年）五月丙戌朔，日有蝕之，既。

唐・魏徵等《隋書》卷一《高祖紀上》（隋文帝開皇三年七月）丁卯，日有蝕之。

又（隋文帝開皇）四年春正月甲子，日有蝕之。

又（隋文帝開皇七年）五月乙亥朔，日有蝕之。

唐・魏徵等《隋書》卷二《高祖紀下》（隋文帝開皇十一年二月）辛巳晦，日有蝕之。

又（隋文帝開皇十三年七月）戊辰晦，日有蝕之。

又（隋文帝仁壽元年二月）二月乙卯朔，日有蝕之。

唐・魏徵等《隋書》卷四《煬帝紀下》（隋煬帝大業十二年）五月丙戌朔，日有蝕之，既。

唐・魏徵等《隋書》卷一七《律曆志中》（北齊後主武平七年）六月戊申朔，太陽虧，劉孝孫言食於卯時，張孟賓言食於甲時，鄭元偉、董峻言食於辰時，宋景業言食於巳時。至日食，乃於卯甲之間，其言皆不能中。爭論未定，遂屬國亡。

又（隋文帝開皇）五年六月三十日，依曆太陽虧，日在七星六度，加時在午少强上，食十五分之一半强，虧起西南角。今伺候，日乃在午後六刻上始食，虧起西北角十五分之六，至未後一刻還生，至五刻復滿。六年六月十五日，依曆太陰虧，加時酉，在卯上，食十五分之九半弱，虧起西南。當其時，陰雲不見月。至辰巳，雲裏見月，已食三分之二，虧從東北，即還雲合。至巳午間稍生，至午後，雲裏暫見，已復滿。十月三十日丁丑，依曆太陽虧，日在斗九度，時加在辰少弱上，食十五分之九强，虧起東北角。今候所見，日出山一丈，辰二刻始食，虧起正西，食三分之二，辰後二刻始生，入巳時三刻上復滿。

開皇十四年七月一日，依曆時加巳弱上，食十五分之十二半强。至未後三刻，日乃食，虧起西北，食半許，入雲不見，食頃暫見，猶未復生，因即雲鄣。

唐・魏徵等《隋書》卷二一《天文志下》（梁武帝天監十年）十二月壬戌朔，日食，在牛四度。

又（梁武帝）普通元年春正月丙子，日有食之。占曰：「日食，陰侵陽，陽不克陰也，爲大水。」其年七月，江、淮、海溢。

又（梁武帝普通）四年十一月癸未朔，日有食之，太白晝見。

又（陳武帝永定）三年五月丙辰朔，日有食之。占曰：「日食君傷。」又曰：「日食帝德消。」

又（北周武帝保定元年）十月甲戌，日有食之。

又（北周武帝保定二年）九月戊辰，日有食之，既。

又（北周武帝保定）三年三月乙丑朔，日有食之。

又（北周武帝保定）四年二月庚寅朔，日有食之。

又（北周武帝保定五年）七月辛巳，朔，日有食之。

又（北周武帝）天和元年正月己卯，日有食之。

又（北周武帝天和）二年，正月癸酉朔，日有食之。

又（北周武帝天和六年）四月戊寅朔，日有蝕之。

唐・李淳風《觀象玩占》卷二 漢高帝三年十月甲戌晦，日食在斗二十度，占曰：燕地也。後二年燕王藏荼反，伏誅，立盧綰爲燕王，後又以反叛。

漢惠帝七年正月辛丑朔，日（月）食在危十三度，占曰：正月朔日，是爲三朝，尊者惡之。五月丁卯，先朔一日，日食幾盡，在七星初。劉向曰：占五月微陰，始起而犯至陽，其占至重。其十月宮車晏駕，而有呂氏詐置嗣君之害。京房《易傳》曰：凡日食不以晦朔日者，名曰薄。君誅罰不以理，或賊臣將暴起，日月雖不同宿，陰氣盛，薄日光也。

明帝永平三年八月晦，日食，在氐三度，氐爲宿宮。是時帝作地宮。又八年十月壬寅晦，日食，既，在斗十一度。占曰：斗，吳也。後二年廣陵王荆反，自殺。應廣陵吳分也。又十六年五月戊寅晦，日食，在柳十五度。占曰：五月戊午時王之日猶十一月甲子也。又宿在柳，爲京師，其占重。後二年，明帝崩。

章帝初建五年二月庚辰朔，日食，在壁八度。是時群臣爭兢，多相非毀者。

和帝永元四年六月戊戌朔，日食，在七星二度。占曰：七星衣裳。又曰：行近軒轅左角，爲太后。是時月十九日，上免太后兄弟竇憲等官，遣就國，選嚴能相於國戚，迫自殺。又十二年秋七月辛丑朔，日食，在翼八度，荆州宿也。明

年冬，南群蠻夷反爲寇。

安帝永初五年正月庚辰朔，日食，在虚八度。占曰：正月朔，王者統事之正日也。虚，空明也。是時鄧太后攝政，帝不得行事，蠻夷并起爲寇，西邊諸郡皆至空虚。

元初元年十月戊子朔，日食，在尾十度。尾爲后宫，繼嗣之室也。是時上甚幸閻貴人，明年四月立爲后，卒譖太子廢之。

又六年十二月戊子朔，日食，既，盡如昏，在須女十一度。占曰：女主惡之。後二年，鄧太后崩。

桓帝元嘉二年七月二日庚辰，日食，在翼四度。占曰：日食庚辰，君易賢，以剛卒，以自傷。翼又倡樂。時帝信任官，官殺戮忠良，以傾漢室。人好音樂，撫琴而太息，曰：善哉！爲琴若此，一而足矣。

永興二年九月丁卯朔，日食，在角五度，鄭宿也。十一月，泰山盜賊群起，刼殺長吏，泰山於天文屬鄭。

延喜八年正月丙申晦，日食在營室十三度。占曰：女主惡之。其二月癸亥，鄧皇后坐酗酒，上逆暴室，令自殺之。日陽不克，將有水害，其八月六州大災，渤海大盜起。

靈帝喜平二年十二月癸酉晦，日食在虚二度。是時中常侍曹節、王甫專政，帝爲虚位矣。

光和元年十月丙子晦，日食，在箕四度，箕爲后室，又主口舌。是月上聽譖，廢皇后宋氏。

後魏莊帝永安二年十月乙酉朔，日在地下，日出而虧，從西南角起。占曰：西夷反。後有大兵西行。三年三月，雍州史天光討萬爾未俟丑奴、蕭寶寅於安定，送京師斬之。

後晉·劉昫等《舊唐書》卷一《高祖紀》（唐高祖武德元年）冬十月壬申朔，日有蝕之。

又（唐高祖武德九年）冬十月丙辰朔，日有蝕之。

後晉·劉昫等《舊唐書》卷二《太宗紀上》（唐太宗貞觀二年）三月戊申朔，日有蝕之。

又（唐太宗貞觀三年）秋八月己巳朔，日有蝕之。

後晉·劉昫等《舊唐書》卷三《太宗紀下》（唐太宗貞觀四年）秋七月甲子朔，日有蝕之。

又（唐太宗貞觀）六年春正月乙卯朔，日有蝕之。

又（唐太宗貞觀八年）五月辛未朔，日有蝕之。

又（唐太宗貞觀九年）閏月丁卯，日有蝕之。

又（唐太宗貞觀十一年）三月丙戌朔，日有蝕之。

又（唐太宗貞觀十二年）閏二月庚辰朔，日有蝕之。

又（唐太宗貞觀十三年）秋八月辛未朔，日有蝕之。

又（唐太宗貞觀十七年）六月己卯朔，日有蝕之。

又（唐太宗貞觀十八年）冬十月辛丑朔，日有蝕之。

又（唐太宗貞觀二十年）閏月癸巳朔，日有蝕之。

又（唐太宗貞觀二十二年）八月己酉朔，日有蝕之。

後晉·劉昫等《舊唐書》卷四《高宗紀上》（唐高宗顯慶五年）六月庚午朔，日有蝕之。

又（唐高宗龍朔元年五月）甲子晦，日有蝕之。

又（唐高宗麟德二年）閏月癸酉，日有蝕之。

後晉·劉昫等《舊唐書》卷五《高宗紀下》（唐高宗乾封二年）秋八月己丑朔，日有蝕之。

又（唐高宗總章二年）六月戊申朔，日有蝕之。

又（唐高宗咸亨元年）六月壬寅朔，日有蝕之。

又（唐高宗咸亨二年）十一月甲午朔，日有蝕之。

又（唐高宗咸亨三年十一月）十一月戊子朔，日有蝕之。

又（唐高宗咸亨五年）三月辛亥朔，日有蝕之。

又（唐高宗永隆元年）十一月朔，日有蝕之。

又（唐高宗永隆二年）冬十月丙寅朔，日有蝕之。

又（唐高宗永淳元年）四月甲子朔，日有蝕之。

後晉·劉昫等《舊唐書》卷六《則天皇后紀》（唐武則天長安二年）秋九月乙丑，日有蝕之，不盡如鈎，京師及四方見之。

又（唐武則天長安）三年春三月壬戌，日有蝕之。

後晉·劉昫等《舊唐書》卷七《中宗紀》（唐中宗神龍元年）六月丁卯朔，日有蝕之。

又（唐中宗景龍元年）十二月乙丑朔，日有蝕之。

後晉・劉昫等《舊唐書》卷七《睿宗紀》（唐玄宗先天元年）九月丁卯朔，日有蝕之。

後晉・劉昫等《舊唐書》卷八《玄宗紀上》（唐玄宗開元六年）五月己丑朔，日有蝕之。

又（唐玄宗開元九年）九月己巳朔，日有蝕之。

又（唐玄宗開元十二年）閏十二月丙辰朔，日有蝕之。

又（唐玄宗開元十七年）冬十月戊午朔，日有蝕之，不盡如鈎。

又（唐玄宗開元二十年）八月辛未朔，日有蝕之。

又（唐玄宗開元二十一年）秋七月乙丑朔，日有蝕之。

又（唐玄宗開元二十二年）十二月戊子朔，日有蝕之。

又（唐玄宗開元二十三年）十一月壬申朔，日有蝕之。

後晉・劉昫等《舊唐書》卷九《玄宗紀下》（唐玄宗開元二十六年）九月丙申朔，日有蝕之。

又（唐玄宗開元二十八年）三月丁亥朔，日有蝕之。

又（唐玄宗天寶元年）秋七月癸卯朔，日有蝕之。

又（唐玄宗天寶十三年）六月乙丑朔，日有蝕之，不盡如鈎。

後晉・劉昫等《舊唐書》卷一〇《肅宗紀》（唐肅宗至德元年）十月辛巳朔，日有蝕之，既。

又（唐肅宗上元二年）秋七月癸未朔，日有蝕之，既。大星皆見。

後晉・劉昫等《舊唐書》卷一一《代宗紀》（唐代宗大曆三年）三月乙巳朔，日有蝕之。

又（唐代宗大曆四年正月）甲申，日有蝕之。

又（唐代宗大曆十年）冬十月辛酉，日有蝕之。

又（唐代宗大曆十四年）秋七月戊辰朔，日有蝕之。

後晉・劉昫等《舊唐書》卷一二《德宗紀上》（唐德宗貞元三年）八月辛巳朔，日有蝕之。

後晉・劉昫等《舊唐書》卷一三《德宗紀下》（唐德宗貞元八年）十一月壬子朔，日有蝕之。

又（唐德宗貞元十二年）八月辛未朔，日有蝕之。

又（唐德宗貞元十七年）五月壬戌朔，日有蝕之。

後晉・劉昫等《舊唐書》卷一四《憲宗紀上》（唐憲宗元和三年）秋七月辛巳朔，日有蝕之。

又（唐憲宗元和十年）八月己亥朔，日有蝕之。

又（唐憲宗元和十三年）六月癸丑朔，日有食之。

後晉・劉昫等《舊唐書》卷一六《穆宗紀》（唐穆宗長慶二年）夏四月辛酉朔，日有蝕之。

後晉・劉昫等《舊唐書》卷一七下《文宗紀下》（唐文宗大和八年）二月壬午朔，日有蝕之。

又（唐文宗開成元年）丙辰望，日有蝕之。

後晉・劉昫等《舊唐書》卷一八下《宣宗紀》（唐宣宗大中二年）五月己未，日有蝕之。

後晉・劉昫等《舊唐書》卷二〇下《哀宗紀》（唐哀宗天祐元年）十月辛卯朔，日有蝕之，在心初度。

又（唐哀宗天祐三年）四月甲申朔，日有蝕之，在胃十二度。

後晉・劉昫等《舊唐書》卷三六《天文志下》武德元年十月壬申朔，四年八月丙戌朔，六年十二月壬寅朔，九年十月丙辰朔。

貞觀元年閏三月癸丑朔，九月庚戌朔，二年三月戊申朔，三年八月己巳朔，四年閏正月丁卯朔，六年正月乙卯朔，九年閏四月丙寅朔，十一年三月丙戌朔，十二年閏二月庚辰朔，十三年八月辛未朔，十七年六月己卯朔，十八年十月辛丑朔，二十年閏三月癸巳朔，二十二年八月己酉朔。

高宗顯慶五年六月庚午朔。乾封二年八月己酉朔。總章二年六月戊申朔。咸亨元年六月壬寅朔，二年十一月甲午朔，三年十一月戊子朔。上元元年三月辛亥朔，二年九月壬寅朔。調露二年四月乙巳朔，十一月壬寅朔。開耀元年十月丙寅朔。永淳元年四月甲子朔，十一月庚申朔。

則天垂拱二年二月辛未朔，四年六月丁亥朔。天授二年四月壬寅朔。如意元年四月丙申朔。長壽二年九月丁亥朔，三年九月壬午朔。延載元年九月壬午朔。證聖元年二月己酉朔。聖曆三年五月乙酉朔。久視元年五月己酉朔。長安二年九月乙丑朔，三年三月壬戌朔，九月庚寅朔。

中宗神龍三年六月丁卯朔。景龍元年十二月乙丑朔。

睿宗太極元年二月丁卯朔。

玄宗先天元年九月丁卯朔。開元三年七月庚辰朔，六年五月乙丑朔，九年五月乙巳朔，十二年閏十二月壬辰朔，十七年十月丙午朔，二十年二月癸酉朔，八月辛未朔，二十一年七月乙丑朔，二十二年十二月戊子朔，二十三年閏十一月壬午朔，二十六年九月丙申朔，二十八年三月丁亥朔。天寶元年七月癸卯朔，五載五月壬子朔，十三載六月乙丑朔。

肅宗至德元載十月辛巳朔。上元二年七月癸未朔，蝕既，大星皆見。

代宗大曆三年三月乙巳朔，四年正月十五日甲午蝕。十三年甲戌，有司奏合蝕不蝕。十四年二月丙寅朔。

德宗貞元三年八月辛巳朔，日蝕。有司奏，准禮請伐鼓於社，不許。太常卿董晉諫曰：「伐鼓所以責羣陰，助陽德，宜從經義。」竟不報。六年正月戊戌朔，有司奏合蝕不蝕，百僚稱賀。七年六月庚寅朔，有司奏蝕，是夜陰雲不見，百官表賀。八年十一月壬子朔，先是司天監徐承嗣奏：「據曆，合蝕八分，今退蝕三分。准占，君盛明則陰匿而潛退。請書於史。」從之。十年四月癸卯朔，有司奏太陽合虧，巳正後刻蝕之既，未正後五刻復滿。太常奏，准禮上不視朝。其日陰雲不見，百官表賀。十七年五月壬戌蝕。

元和三年七月癸巳蝕。憲宗謂宰臣曰：「昨司天奏太陽虧蝕，皆如其言，何也？又素服救日，其儀安在？」李吉甫對曰：「日月運行，遲速不齊。日凡周天三百六十五度有餘，日行一度，月行十三度有餘，率二十九日半而與日會。又月行有南北九道之異，或進或退，若晦朔之交，又南北同道，即日爲月之所掩，故名薄蝕。雖自然常數可以推步，然日爲陽精，人君之象，若君行有緩有急，即日爲之遲速。稍踰常度，爲月所掩，即陰浸於陽。亦猶人君行或失中，應感所致。故《禮》云：『男教不修，陽事不得，謫見於天，日爲之蝕。』古者日蝕，則天子素服而修六官之職；月蝕，則后素服而修六宮之職。皆所以懼天戒而自省惕也。人君在民物之上，易爲驕盈，故聖人制禮，務乾恭兢惕，以奉若天道。苟德大備，天人合應，百福斯臻。陛下恭己向明，日慎一日，又顧憂天譴，則聖德益固，升平何遠！伏望長保睿志，以永無疆之休。」上曰：「天人交感，妖祥應德，蓋如卿言。素服救日，自貶之旨也，朕雖不德，敢忘兢惕？卿等當匡吾不逮也。」十年八月己亥朔，十三年六月癸丑朔。

長慶二年四月辛酉朔，三年九月壬子朔。

大和八年二月壬午朔，開成二年十二月庚寅朔，當蝕，陰雲不見。

會昌三年二月庚申朔，四年二月甲寅朔，五年七月丙午朔，六年十二月戊辰朔，皆蝕。

又（唐肅宗至德元年）十月辛丑朔，日有食之。

又（唐肅宗上元）二年七月癸未朔，日有蝕之，大星皆見。司天秋官正瞿曇譔奏曰：「癸未太陽虧，辰正後六刻起虧，巳正後一刻既，午前一刻復滿。虧於張四度，周之分野。甘德云：『日從巳至午蝕爲周』，周爲河南，今逆賊史思明據。《乙巳占》曰：『日蝕之下有破國。』」

又（唐代宗大曆三年）三月乙巳朔，日有蝕之，自午虧，至後一刻，凡蝕十分之六分半。

又（唐代宗大曆四年）四年正月十五日，日有蝕之。

又（唐代宗大曆十年）十月辛酉朔，日有蝕之。

又（唐德宗貞元四年）八月辛卯朔，日有蝕之。

又（唐穆宗長慶二年）四月辛酉朔，日有蝕之，在胃十二度，不盡者四之一，燕、趙見之既。

又（唐文宗開成元年正月）其月十五日，日有蝕之。

宋・歐陽修等《新唐書》卷一《高祖紀》（唐高祖武德元年）十月壬申朔，日有食之。

又（唐高祖武德四年）八月丙戌朔，日有食之。

又（唐高祖武德六年）十二月壬寅朔，日有食之。

宋・歐陽修等《新唐書》卷二《太宗紀》（唐高祖武德九年）十月丙辰朔，日有食之。

又（唐太宗貞觀元年）閏月癸丑朔，日有食之。

又（唐太宗貞觀元年九月）九月庚戌朔，日有食之。

又（唐太宗貞觀二年）三月戊申朔，日有食之。

又（唐太宗貞觀三年）八月己巳朔，日有食之。

又（唐太宗貞觀）四年正月丁卯朔，日有食之。

又（唐太宗貞觀四年）七月甲子朔，日有食之。

又（唐太宗貞觀六年）六年正月乙卯朔，日有食之。

又（唐太宗貞觀八年）五月辛未朔，日有食之。

又(唐太宗貞觀九年)閏四月丙寅朔,日有食之。

又(唐太宗貞觀十一年)三月丙戌朔,日有食之。

又(唐太宗貞觀十二年)閏月庚辰朔,日有食之。

又(唐太宗貞觀十三年)八月辛未朔,日有食之。

又(唐太宗貞觀十七年)六月己卯朔,日有食之。

又(唐太宗貞觀十八年)十月辛丑朔,日有食之。

又(唐太宗貞觀二十年)閏月癸巳朔,日有食之。

又(唐太宗貞觀二十二年)八月己酉朔,日有食之。

宋·歐陽修等《新唐書》卷三《高宗紀》 (唐高宗顯慶五年)六月庚午朔,日有食之。

又(唐高宗龍朔元年四月)甲午晦,日有食之。

又(唐高宗麟德二年)閏月癸酉,日有食之。

又(唐高宗總章二年)六月戊申朔,日有食之。

又(唐高宗咸亨元年)六月壬寅朔,日有食之。

又(唐高宗咸亨二年)十一月甲午朔,日有食之。

又(唐高宗咸亨三年)十一月戊子朔,日有食之。

又(唐高宗咸亨五年)三月辛亥朔,日有食之。

又(唐高宗永隆元年)十一月壬申朔,日有食之。

又(唐高宗永隆二年)十月丙寅朔,日有食之。

又(唐高宗永淳元年)四月甲子朔,日有食之。

宋·歐陽修等《新唐書》卷四《則天皇后紀》 (唐武則天垂拱二年)二月辛未朔,日有蝕之。

又(唐武則天垂拱四年)六月丁亥朔,日有食之。

又(唐武則天天授二年)四月壬寅朔,日有蝕之。

又(唐武則天如意元年)四月丙申朔,日有食之。

又(唐武則天長壽二年)九月丁亥朔,日有蝕之。

又(唐武則天長壽三年)九月壬午朔,日有蝕之。

又(唐武則天證聖元年)二月己酉朔,日有蝕之。

又(唐武則天聖曆元年)五月己酉朔,日有蝕之。

又(唐武則天長安二年)九月乙丑朔,日有蝕之。

又(唐武則天長安)三年三月壬戌朔,日有蝕之。

又(唐武則天長安三年)九月庚寅朔,日有蝕之。

宋·歐陽修等《新唐書》卷四《中宗紀》 (唐中宗神龍三年)六月丁卯朔,日有食之。

又(唐中宗景龍元年)十二月乙丑朔,日有食之。

宋·歐陽修等《新唐書》卷五《玄宗紀》 (唐玄宗先天元年)九月丁卯朔,日有食之。

又(唐玄宗開元三年)七月庚辰朔,日有食之。

又(唐玄宗開元)七年五月己丑朔,日有食之,素服,徹樂,減膳,中書門下慮囚。

又(唐玄宗開元九年)九月乙巳朔,日有食之。

又(唐玄宗開元十二年)閏十二月丙辰朔,日有食之。

又(唐玄宗開元十七年)十月戊午朔,日有食之。

又(唐玄宗開元二十年)二月甲戌朔,日有食之。

又(唐玄宗開元二十年)八月辛未朔,日有食之。

又(唐玄宗開元二十一年)七月乙丑朔,日有食之。

又(唐玄宗開元二十二年)十二月戊子朔,日有食之。

又(唐玄宗開元二十三年)閏十一月壬午朔,日有食之。

又(唐玄宗開元二十六年)九月丙申朔,日有食之。

又(唐玄宗開元二十八年)三月丁亥朔,日有食之。

又(唐玄宗天寶元年)七月癸卯朔,日有食之。

又(唐玄宗天寶五載)五月壬子朔,日有食之。

又(唐玄宗天寶十三載)六月乙丑朔,日有食之。

宋·歐陽修等《新唐書》卷六《肅宗紀》 (唐肅宗至德元年)十月辛巳朔,日有食之。

又(唐肅宗上元二年)七月癸未朔,日有食之。

宋·歐陽修等《新唐書》卷六《代宗紀》 (唐代宗大曆三年)三月乙巳朔,日有食之。

又(唐代宗大曆十年)十月辛酉朔,日有食之。

宋·歐陽修等《新唐書》卷七《德宗紀》 (唐代宗大曆十四年)七月戊辰朔,

日有食之。

又（唐代宗大曆十四年十二月）丙寅晦，日有食之。

又（唐德宗貞元三年）八月辛巳朔，日有食之。

又（唐德宗貞元）五年正月甲辰朔，日有食之。

又（唐德宗貞元八年）十一月壬子朔，日有食之。

又（唐德宗貞元十二年）八月己未朔，日有食之。

又（唐德宗貞元十七年）五月壬戌朔，日有食之。

宋·歐陽修等《新唐書》卷七《憲宗紀》（唐憲宗元和三年）七月辛巳朔，日有食之。

又（唐憲宗元和十年）八月己亥朔，日有食之。

又（唐憲宗元和十三年）六月癸丑朔，日有食之。

宋·歐陽修等《新唐書》卷八《穆宗紀》（唐穆宗長慶二年）四月辛酉朔，日有食之。

又（唐穆宗長慶三年）九月壬子朔，日有食之。

宋·歐陽修等《新唐書》卷八《文宗紀》（唐文宗大和）八年二月壬午朔，日有食之。

又（唐文宗）開成元年正月辛丑朔，日有食之。

宋·歐陽修等《新唐書》卷八《武宗紀》（唐武宗會昌三年）二月庚申朔，日有食之。

又（唐武宗會昌四年）二月甲寅朔，日有食之。

又（唐武宗會昌五年）七月丙午朔，日有食之。

又（唐武宗會昌六年）十二月戊辰朔，日有食之。

宋·歐陽修等《新唐書》卷八《宣宗紀》（唐宣宗大中二年）五月己未朔，日有食之。

又（唐宣宗大中）八年正月丙戌朔，日有食之。

宋·歐陽修等《新唐書》卷九《懿宗紀》（唐懿宗咸通四年）七月辛卯朔，日有食之。

宋·歐陽修等《新唐書》卷九《僖宗紀》 唐僖宗乾符三年九月乙亥朔，日有食之。

又（唐僖宗乾符四年）四月壬申朔，日有食之。

又（唐僖宗乾符六年）四月庚申朔，日有食之。

又（唐僖宗文德元年）三月戊戌朔，日有食之，既。

宋·歐陽修等《新唐書》卷一〇《哀帝紀》（唐哀帝天祐元年）十月辛卯朔，日有食之。

又（唐哀帝天佑三年）四月癸未朔，日有食之。

宋·歐陽修等《新唐書》卷三二《天文志二》 武德元年十月壬申朔，日有食之，在氐五度。占曰：「諸侯專權，則其應在所宿國；諸侯附從，則爲王者事。」四年八月丙戌朔，日有食之，在翼四度。楚分也。六年十二月壬寅朔，日有食之，在南斗十九度。吴分也。九年十月丙辰朔，日有食之，在氐七度。

貞觀元年閏三月癸丑朔，日有食之，在胃九度。九月庚戌朔，日有食之，在亢五度。胃爲天倉，亢爲疏廟。二年三月戊申朔，日有食之，在婁十一度。占爲大臣憂。三年八月己巳朔，日有食之，在翼五度。占曰：「旱。」四年正月丁卯朔，日有食之，在營室四度。七月甲子朔，日有食之，在張十四度。占爲禮失。六年正月乙卯朔，日有食之，在虚九度。虚，耗祥也。八年五月辛未朔，日有食之，在參七度。九年閏四月丙寅朔，日有食之，在畢十三度。占爲邊兵。十一年三月丙戌朔，日有食之，在婁二度。占爲大臣憂。十二年閏二月庚辰朔，日有食之，在奎九度。奎，武庫也。十三年八月辛未朔，日有食之，在翼十四度。翼爲遠夷。十七年六月己卯朔，日有食之，在東井十六度。京師分也。十八年十月辛丑朔，日有食之，在房三度。房，將相位。二十年閏三月癸巳朔，日有食之，在胃九度。占曰：「主有疾。」二十二年八月己酉朔，日有食之，在翼五度。占曰：「旱。」

顯慶五年六月庚午朔，日有食之，在柳五度。

龍朔元年五月甲子晦，日有食之，在東井二十七度。皆京師分也。

麟德二年閏三月癸酉，日有食之，在胃九度。占曰：「主有疾。」

乾封二年八月己丑朔，日有食之，在翼六度。

總章二年六月戊申朔，日有食之，在東井二十九度。

咸亨元年六月壬寅朔，日有食之，在東井十八度。二年十一月甲午朔，日有食之，在箕九度。三年十二月戊子朔，日有食之，在尾十度。東井，京師分。箕爲后妃之府。尾爲后宫。五年三月辛亥朔，日有食之，在婁十三度。占爲大臣憂。

永隆元年十一月壬申朔，日有食之，在尾十六度。

開耀元年十月丙寅朔，日有食之，在尾四度。

永淳元年四月甲子朔，日有食之，在畢五度。十月庚申朔，日有食之，在房三度。

垂拱二年二月辛未朔，日有食之，在營室十五度。四年六月丁亥朔，日有食之，在東井二十七度。京師分也。

天授二年四月壬寅朔，日有食之，在昴七度。

如意元年四月丙申朔，日有食之，在胃十一度。皆正陽之月。

長壽二年九月丁亥朔，日有食之，在角十度。角內爲天廷。

延載元年九月壬午朔，日有食之，在軫十八度。軫爲車騎。

證聖元年二月己酉朔，日有食之，在營室五度。

聖曆三年五月己酉朔，日有食之，在畢十五度。

長安二年九月乙丑朔，日有食之，幾既，在角初度。三年三月壬戌朔，日有食之，在奎十度。占曰：「君不安。」九月庚寅朔，日有食之，在亢七度。

神龍三年六月丁卯朔，日有食之，在東井二十八度。京師分也。

景龍元年十二月乙丑朔，日有食之，在南斗二十一度。斗爲丞相位。

先天元年九月丁卯朔，日有食之，在角十度。

開元三年七月庚辰朔，日有食之，在張四度。七年五月己丑朔，日有食之，在畢十五度。九年九月乙巳朔，日有食之，在軫十八度。十二年閏十二月丙辰朔，日有食之，在虛初度。十七年十月戊午朔，日有食之，不盡如鉤，在氐九度。二十年二月甲戌朔，日有食之，在營室十度。八月辛未朔，日有食之，在翼七度。二十一年七月乙丑朔，日有食之，在張十五度。二十二年十二月戊子朔，日有食之，在南斗二十三度。二十三年閏十一月壬午朔，日有食之，在南斗十一度。二十六年九月丙申朔，日有食之，在亢九度。二十八年三月丁亥朔，日有食之，在婁三度。

天寶元年七月癸卯朔，日有食之，在張五度。五載五月壬子朔，日有食之，在畢十六度。十三載六月乙丑朔，日有食之，幾既，在東井十九度。京師分也。

至德元載十月辛巳朔，日有食之，既，在氐十度。

上元二年七月癸未朔，日有食之，既，大星皆見，在張四度。

大曆三年三月乙巳朔，日有食之，在奎十一度。十年十月辛酉朔，日有食之，在氐十一度。宋分也。十四年七月戊辰朔，日有食之，在張四度。十二月丙寅晦，日有食之，在危十二度。

貞元三年八月辛巳朔，日有食之，在軫八度。五年正月甲辰朔，日有食之，在營室六度。八年十一月壬子朔，日有食之，在尾六度。宋分也。十二年八月己未朔，日有食之，在翼十八度。占曰：「旱。」十七年五月壬戌朔，日有食之，在東井十度。

元和三年七月辛巳朔，日有食之，在七星三度。十年八月己亥朔，日有食之，在翼十八度。十三年六月癸丑朔，日有食之，在輿鬼一度。京師分也。

長慶二年四月辛酉朔，日有食之，在胃十三度。三年九月壬子朔，日有食之，在角十二度。

大和八年二月壬午朔，日有食之，在奎一度。

開成元年正月辛丑朔，日有食之，在虛三度。

會昌三年二月庚申朔，日有食之，在東壁一度。并州分也。四年二月甲寅朔，日有食之，在營室七度。五年七月丙午朔，日有食之，在張七度。六年十二月戊辰朔，日有食之，在南斗十四度。

大中二年五月己未朔，日有食之，在參九度。八年正月丙戌朔，日有食之，在危二度。危爲玄枵，亦耗祥也。

咸通四年七月辛卯朔，日有食之，在張十七度。

乾符三年九月乙亥朔，日有食之，在軫十四度。四年四月壬申朔，日有食之，在畢三度。六年四月庚申朔，日有食之，既，在胃八度。

文德元年三月戊戌朔，日有食之，在胃一度。

天祐元年十月辛卯朔，日有食之，在心二度。三年四月癸未朔，日有食之，在胃十二度。

凡唐著紀二百八十九年，日食九十三：朔九十，晦二，二日一。

宋・薛居正等《舊五代史》卷六《梁書六》（後梁太祖）乾化元年正月丙戌朔，日有蝕之，帝素服避殿，百官守司以恭天事明復而止。制曰：「兩漢以來，日蝕地震，百官各上封事，指陳得失。蓋欲周知時病，盡達物情，用緝國章，以奉天誡。朕每思逆耳，罔忌觸鱗，將洽政經，庶開言路，況茲讜見，當有咎徵。其在列辟羣臣，危言正諫，極萬邦之利害，致六合之殷昌。毗予一人，永建皇極。」

宋・薛居正等《舊五代史》卷一〇《梁書一〇》（後梁末帝龍德三年）冬十

月辛未朔，日有食之。

宋·薛居正等《舊五代史》卷三〇《唐書六》（後唐莊宗）同光元年冬十月辛未朔，日有蝕之。

宋·薛居正等《舊五代史》卷三三《唐書八》（後唐莊宗同光三年）夏四月癸亥朔，日有蝕之。

宋·薛居正等《舊五代史》卷三七《唐書一三》（後唐明宗天成元年）天成元年秋八月乙酉朔，日有食之。

宋·薛居正等《舊五代史》卷三八《唐書一四》（後唐明宗天成二年）八月己卯朔，日有食之。

宋·薛居正等《舊五代史》卷三九《唐書一五》（後唐明宗天成三年）二月丁丑朔，有司上言，太陽合虧，既而有雲不見，羣官表賀。

宋·薛居正等《舊五代史》卷四二《唐書一八》（後唐明宗長興二年）十一月甲申朔，日有蝕之。

宋·薛居正等《舊五代史》卷七六《晉書二》（後晉高祖天福二年）乙卯，日有蝕之。

宋·薛居正等《舊五代史》卷七八《晉書四》（後晉高祖天福四年）秋七月庚子朔，日有蝕之。

宋·薛居正等《舊五代史》卷八一《晉書七》（後晉高祖天福八年）夏四月戊申朔，日有蝕之。

宋·薛居正等《舊五代史》卷八三《晉書九》（後晉少帝開運元年）九月庚午朔，日有蝕之。

宋·薛居正等《舊五代史》卷八四《晉書一〇》（後晉少帝開運二年）八月甲子朔，日有蝕之。

又（後晉少帝開運三年）二月壬戌朔，日有蝕之。

宋·薛居正等《舊五代史》卷一〇一《漢書三》（後漢隱帝乾祐元年）六月戊寅朔，日有食之。

宋·薛居正等《舊五代史》卷一〇二《漢書四》（後漢隱帝乾祐二年）六月癸酉朔，日有食之。

宋·薛居正等《舊五代史》卷一〇三《漢書五》（後漢隱帝乾祐三年）十一月甲子朔，日有蝕之。

宋·薛居正等《舊五代史》卷一一二《周書三》（後周太祖廣順二年）夏四月丙戌朔，日有食之，帝避正殿，百官守司。

宋·薛居正等《舊五代史》卷一三九《天文志》 梁太祖乾化元年，正月丙戌朔，日有蝕之。時言事諸臣，多引漢高祖末年日蝕於歲首，太祖甚惡之，於是素服避正殿，百官各守本司。是日，有司奏：「雲初陰晦，事同不蝕。」百僚奉表稱賀。

末帝龍德三年，十月辛未朔，日有蝕之。

唐莊宗同光三年，四月癸亥朔，時有司奏：「日蝕在卯，主歲大旱。」

明宗天成元年，八月乙酉朔，日有蝕之。

二年，八月己卯朔，日有蝕之。

三年，二月丁丑朔，日食。其日陰雲不見，百官稱賀。

長興元年，六月癸巳朔，日食。其日陰冥不見，至夕大雨。

二年，十一月甲申朔。先是，司天奏：「朔日合蝕二分，伏緣所蝕微少，太陽光影相鑠，伏恐不辨虧闕，請其日不入閤，百官守司。」從之。

晉高祖天福二年，正月乙卯。先是，司天奏：「正月二日，太陽虧蝕，宜避正殿，開諸營門，蓋藏兵器，半月不宜用軍。」是日太陽虧，十分內食三分，在尾宿十七度。日出東方，以帶蝕三分，漸生，至卯時復滿。

三年，正月戊申朔，司天先奏，其日日蝕。至是日不蝕，內外稱賀。

四年，七月庚子朔，時中書門下奏：「謹按舊禮：日有變，天子素服避正殿，太史以所司救日於社，陳五兵、五鼓、五麾，東戟西矛，南弩北楯，中央置鼓，服從其位，百職廢務，素服守司，重列於庭，每等異位，向日而立，明復而止。今所司法物，咸不能具，去歲正旦日蝕，唯謹藏兵仗，皇帝避正殿素食，百官守司。今且欲依近禮施行。」從之。

七年，四月甲寅朔，是日百官守司，太陽不蝕，上表稱賀。

八年，四月戊申朔，日有蝕之。

少帝開運元年，九月庚午朔，日有蝕之。

二年，八月甲子朔，日有蝕之。

三年，二月壬戌朔，日有蝕之。

漢隱帝乾祐三年，十一月甲子朔，日有蝕之。

周太祖廣順二年，四月丙戌朔，日有蝕之。

宋・王溥《唐會要》卷四二　日食

高祖朝四：　武德元年十月壬申朔，四年八月丙戌朔，六年十二月壬寅朔，九年十月丙辰朔。

太宗朝十五：　貞觀元年閏三月癸丑朔，九月庚戌朔，二年三月戊申朔，七月乙巳朔，三年八月己巳朔，四年正月丁卯朔，六年正月乙卯朔，九年閏四月丁卯朔，十一年三月丙戌朔，十二年閏二月庚辰朔，十三年八月辛未朔，十七年六月己卯朔，十八年十月辛丑朔，二十年閏三月癸巳朔，二十二年八月己酉朔。

高宗朝十二：　顯慶五年六月庚午朔，乾封二年八月己丑朔，總章二年六月戊申朔，咸亨元年六月壬寅朔，二年十一月甲午朔，三年十一月戊子朔，上元元年三月辛亥朔，調露二年四月乙巳朔，十一月壬寅朔，開耀元年十月丙寅朔，永淳元年四月甲子朔，十一月庚申朔。

天后朝十三：　垂拱二年二月辛未朔，四年六月丁亥朔，天授二年四月壬寅朔，如意元年四月丙申朔，長壽元年九月丁亥朔，三年九月壬午朔，延載元年九月壬午朔，證聖元年二月己酉朔，聖曆三年五月乙酉朔，久視元年五月己酉朔，長安二年九月乙丑朔，三年三月壬戌朔，九月庚寅朔。

中宗朝二：　神龍三年六月丁卯朔，景龍元年十二月乙丑朔。

睿宗朝一：　太極元年二月丁卯朔。

元宗朝十七：　先天元年九月丁卯朔，開元三年七月庚辰朔，六年五月乙丑朔，七年五月己丑朔，九年五月乙巳朔，十二年閏十二月壬辰朔，十七年十月丙午朔，二十年二月癸酉朔，八月辛未朔，二十一年十月己丑朔，二十二年十二月戊子朔，二十三年閏十一月壬午朔，二十六年九月丙申朔，二十八年三月丁亥朔，天寶元年七月癸卯朔，五載五月壬子朔，十二載六月乙丑朔。

肅宗朝二：　上元二年七月癸未朔，蝕既，大星皆見。至德元年十月辛巳朔。

代宗朝二：　大曆三年三月己巳朔，四年正月庚午朔。

德宗朝七：　貞元三年八月辛巳朔，日有蝕之。有司奏：「準禮，請伐鼓於社。」未許。太常卿董晉奏曰：「伐鼓於社，所以責羣陰助陽光也。所宣詔命，不合經義。」奏請不報，竟不伐鼓。六年正月戊戌朔。先是，有司奏：「元日太陽虧。」遂罷朝會。至時不蝕，百寮稱賀。七年六月庚寅朔。先是，司天監奏：「是日太陽虧。」至時，以陰雲不見，百寮稱賀。八年十一月壬子朔，日有蝕之，上不視朝。司天監徐承嗣奏：「據曆數，合蝕八分，今退蝕三分，計減强半。準古，君盛明則陰匿而潛退。請宣示朝廷，編諸史册，詔付所司。」十年三月壬寅，司天奏：「四月癸卯朔，太陽虧。」巳後五刻，蝕既，未後五刻復滿者，舊例合宣行。太常博士姜公復狀奏：「準開元禮，太陽虧，皇帝不視事，其朝會合停。」勅旨，依奏。至時，陰雲不見，百官表賀。十二年八月乙未朔，十七年五月壬戌朔。

憲宗朝五：　元和三年七月癸巳，上謂宰臣曰：「昨太史奏，太陽虧。及朔日，上瞻如言皆驗，其故何也？又素服救日之儀，有何所憑？」李吉甫對曰：「日月運行，遲速不齊。凡周天三百六十五度有餘，日行一度，月行十三度有餘，率二十九日半而與日會。又月行有南北九道之異，或進或退。若晦朔之交，又南北同道，即日爲月之所掩，故有薄蝕之變。雖自然常數，可以推步。然日爲陽精，人君之象。若君行有緩急，即日爲之遲速，稍逾常制，爲月所掩，即陰侵於陽。亦猶人君，行或失中，應感所致。故《禮記》云：「男教不修，陽事不得，謫見於天，日爲之蝕；婦順不修，陰事不得，謫見於天，月爲之蝕。」古者，日蝕則天子素服，而修六官之職；月蝕則后素服，而修六宫之職。所以懼天戒，自省惕也。君人者，居物之上，易爲驕盈。故聖人制禮，務乾恭兢惕，以奉順天道。苟德大備，則天人合應，百福來臻。陛下恭己嚮明，日慎一日，又顧憂天譴，則聖德益固，昇平何遠？伏望長保睿志，以永無疆之休，臣等不勝歡幸之至。」因與同列稱賀。上深然其言，謂吉甫等曰：「書傳皆言天人交感，妖祥應德。蓋如卿說；且素服救日，乃自貶之旨。朕自維不德，實懼有以致譴咎。載深兢惕，卿等當悉心務理，匡我不逮也。」十年八月己亥朔。十三年六月壬子朔。

穆宗朝一：　長慶二年三月，大禮院奏：「四月一日太陽虧，準開元禮，其日廢務，皇帝不視事。」居數日，上謂户部尚書韋綬曰：「災可禳，福可禱乎？」對曰：「可以德禳。宋景公善言，而罰星爲之退舍是也。福不可以求致，故漢文帝於祠祀，命有司敬而不祈，用能變已成之災，享自致之福。著於史傳，其理甚明。今人或不慎行，以祈災銷，媚於神而冀福至，神苟有知，當因致譴。」上深然其言。

文宗朝三：　太和八年二月壬午朔，開成元年正月丙辰朔，二年十二月庚寅朔，司天奏：「是日太陽虧。」至時，陰雪不見。

武宗朝四：　會昌三年二月庚申朔，四年三月甲寅朔，五年七月丙午朔，六年十二月戊辰朔，宣宗朝一：　大中二年五月己未朔。

昭宗朝一：　天祐元年十月辛卯朔，蝕在心宿，初度十五分之三。

哀帝朝一：天祐三年四月癸未朔，蝕在畢十二度，屬趙分。太常禮院奏：「準故事，伐鼓於社，皇帝素服避正殿。百官素服，各守本局，於廳事前重行。每等異位，向日端立。俟復明而止。」

宋・鄭樵《通志》卷七四《災祥略》　日食

周平王五十一年春二月己巳，日有食之。桓王十一年秋七月壬辰朔，日有食之。莊王二年冬十月朔，日有食之。惠王元年春三月，日有食之。八年夏六月辛未朔，日有食之。九年冬十二月癸亥朔，日有食之。十三年秋九月庚午朔，日有食之。二十二年秋九月戊申朔，日有食之。襄王四年春三月庚午朔，日有食之。七年夏五月，日有食之。二十六年春二月癸亥，日有食之。匡王元年夏六月辛丑，日有食之。定王六年秋七月甲子，日有食之，既。八年夏四月丙辰，日有食之。十五年夏六月癸卯，日有食之。簡王十一年夏六月丙寅朔，日有食之。十二年冬十二月丁巳朔，日有食之。靈王十三年春二月乙未朔，日有食之。十四年秋八月丁巳，日有食之。十九年冬十月丙辰朔，日有食之。二十年秋九月庚戌朔，日有食之。冬十月庚辰朔，日有食之。二十二年春二月癸酉朔，日有食之。二十三年秋七月甲子朔，日有食之，既。八月癸巳朔，日有食之。二十六年冬十二月乙卯朔，日有食之。景王十年夏四月甲辰朔，日有食之。十八年夏六月丁巳朔，日有食之。二十年夏六月甲辰朔，日有食之。二十四年秋七月壬午朔，日有食之。二十五年冬十二月癸酉朔，日有食之。敬王二年夏五月乙未朔，日有食之。九年冬十二月辛亥朔，日有食之。十五年春三月辛亥朔，日有食之。二十二年冬十一月丙寅朔，日有食之。二十五年秋八月庚辰朔，日有食之。三十九年夏五月庚申朔，日有食之。貞定王二十六年，日有食之，晝晦，星見，史失紀月。考王六年六月，日有食之。威烈王十六年，日有食之。安王五年，日有食之。二十年，日有食之，晝晦。烈王元年，日有食之。七年，日有食之。赧王十四年，日有食之，晝晦，並失紀月。秦莊襄王二年四月，日有食之。漢高帝三年冬十月甲戌晦，日有食之。十一月癸卯晦，日有食之。九年夏六月乙未晦，日有食之，既。惠帝七年春正月辛丑朔，日有食之。夏五月丁卯，先晦一日，食幾盡。高後二年夏六月丙戌晦，日有食之。七年春正月己丑晦，日有食之。文帝二年冬十一月癸卯晦，日有食之。三年冬十月丁酉晦，日有食之。十一月丁卯晦，日有食之。後四年夏四月丙寅晦，日有食之。景帝三年二月壬子晦，日有食之。四年十月戊戌晦，日有食之。七年冬十一月庚寅晦，日有食之。中二年秋九月甲戌晦，日有食之。三年秋九月戊戌晦，日有食之，幾盡。四年冬十月戊午，日有食之。六年秋七月辛亥晦，日有食之。後元年秋七月乙巳先晦一日，日有食之。武帝建元二年春二月丙戌朔，日有食之。三年秋九月丙子晦，日有食之。元光元年秋七月癸未，日有食之。元朔二年春三月乙亥晦，日有食之。元狩元年夏五月乙巳晦，日有食之。元鼎五年夏四月丁丑晦，日有食之。太始四年冬十月甲寅晦，日有食之。征和四年秋八月辛酉晦，日有食之。昭帝始元三年冬十一月壬辰朔，日有食之。元鳳元年秋七月己亥晦，日有食之。宣帝地節元年冬十二月癸亥晦，日有食之。五鳳元年冬十二月乙酉朔，日有食之。四年夏四月辛丑晦，日有食之。元帝永光二年春三月壬戌朔，日有食之。四年夏六月戊寅晦，日有食之。建昭五年夏六月壬申晦，日有食之。成帝建始三年冬十二月戊申朔，日有食之。河平元年夏四月己亥晦，日有食之。三年秋八月乙卯晦，日有食之。四年春三月癸丑朔，日有食之。陽朔元年春二月丁未晦，日有食之。永始元年秋九月丁巳晦，日有食之。二年春二月乙酉晦，日有食之。三年春正月己卯晦，日有食之。四年秋七月辛未晦，日有食之。元延元年春正月己亥朔，日有食之。哀帝元壽元年春正月辛丑朔，日有食之，與惠帝七年同月日。二年夏四月壬辰晦，日有食之。平帝元始元年夏五月丁巳朔，日有食之。二年秋九月戊申晦，日有食之。孺子嬰居攝元年冬十月丙辰朔，日有食之。王莽天鳳元年三月壬申晦，日有食之。三年秋七月戊子晦，日有食之。光武建武二年春正月甲子朔，日有食之。三年夏五月乙卯晦，日有食之。六年秋九日丙寅晦，日有食之。七年春三月癸亥晦，日有食之。十六年春三月辛丑晦，日有食之。十七年春二月乙未晦，日有食之。二十二年夏五月乙未晦，日有食之。二十五年春三月戊申晦，日有食之。二十九年春二月丁巳朔，日有食之。三十一年夏五月癸酉晦，日有食之。中元元年冬十一月甲子晦，日有食之。明帝永平三年秋八月壬申晦，日有食之。八年冬十月壬寅晦，日有食之，既。十二年冬十月壬辰晦，日有食之。十六年夏五月戊午晦，日有食之。十八年冬十一月甲辰晦，日有食之。章帝建初五年春二月庚辰朔，日有食之。六年夏六月辛未晦，日有食之。章和元年秋八月乙未晦，日有食之。和帝永元二年春二月壬午，日有食之。史官不見，他官以聞。四年夏六月戊戌朔，日有食之。七年夏四月辛亥朔，日有食之。十二年秋七月辛亥朔，日有食之。十五年夏四月甲子晦，日有食之。安帝永初元年春三月二日癸酉，日有食之。五年春正月庚辰朔，日有食之。七年

夏四月丙申晦，日有食之。元初元年春二月癸酉，日有食之。冬十月戊子朔，日有食之。二年秋九月壬午晦，日有食之。三年春三月二日辛亥，日有食之。四年春二月乙巳朔，日有食之。五年秋八月丙申朔，日有食之。六年冬十二月戊午朔，日有食之，幾盡。永寧元年秋七月乙酉朔，日有食之。延光三年秋九月庚申晦，日有食之。四年春三月戊午朔，日有食之。順帝永建二年秋七月甲戌朔，日有食之。陽嘉四年秋閏八月丁亥朔，日有食之。永和三年冬十二月戊戌朔，日有食之。五年夏五月己丑晦，日有食之。六年秋九月辛亥晦，日有食之。桓帝建和元年春正月辛亥朔，日有食之。三年夏四月丁卯晦，日有食之。元嘉二年秋七月庚辰，日有食之。永興二年秋九月丁卯朔，日有食之。永壽三年夏閏四月庚辰晦，日有食之。延熹元年夏五月甲戌晦，日有食之。八年春正月丙申晦，日有食之。九年春正月辛卯朔，日有食之。永康元年夏五月壬子晦，日有食之。靈帝建寧元年夏五月丁未朔，日有食之。冬十月甲辰晦，日有食之。二年冬十月戊戌晦，日有食之。三年春三月丙寅晦，日有食之。四年春三月辛酉朔，日有食之。熹平二年冬十二月癸酉晦，日有食之。六年冬十月癸丑朔，日有食之。光和元年春二月辛亥朔，日有食之。冬十月丙子晦，日有食之。二年夏四月甲戌朔，日有食之。四年秋九月庚寅朔，日有食之。中平三年夏五月壬辰晦，日有食之。六年夏四月丙午朔，日有食之。獻帝初平四年春正月甲寅朔，日有食之。興平元年夏六月乙巳晦，日有食之。建安五年秋九月庚午朔，日有食之。六年春二月丁卯朔，日有食之。十三年冬十月癸未朔，日有食之。十五年春二月乙巳朔，日有食之。十七年夏六月庚寅晦，日有食之。二十一年夏五月己亥朔，日有食之。二十四年春二月壬子晦，日有食之。二十五年春二月丁未朔，日有食之。魏文帝黄初二年夏六月戊辰晦，日有食之。三年春正月丙寅朔，日有食之。冬十一月庚申晦，日有食之。五年冬十一月戊申晦，日有食之。明帝太和五年冬十一月戊戌晦，日有食之。六年春正月戊辰朔，日有食之。青龍元年夏閏五月庚寅朔，日有食之。齊王正始元年秋七月戊申朔，日有食之。三年夏四月戊戌朔，日有食之。四年夏五月丁丑朔，日有食之，既。五年夏四月丙辰朔，日有食之。六年夏四月壬子朔，日有食之。冬十月戊申朔，日有食之。八年春二月庚午朔，日有食之。九年春正月乙未朔，日有食之。嘉平元年春二月己未朔，日有食之。高貴鄉公甘露四年秋七月戊子朔，日有食之。五年春正月乙酉朔，日有食之。陳留王景元二年夏五月丁未朔，日有食之。三年冬十一月己亥朔，日有食之。晉武帝泰始二年秋七月丙午晦，日有食之。冬十月丙午朔，日有食之。七年冬十月丁丑朔，日有食之。八年冬十月丁未朔，日有食之。九年夏四月戊辰朔，日有食之。秋七月丁酉朔，日有食之。十年春正月乙未，日有食之。三月癸亥，日有食之。咸寧元年秋七月甲申晦，日有食之。三年春正月丙子朔，日有食之。四年春正月庚午朔，日有食之。太康四年春三月辛丑朔，日有食之。六年秋八月丙戌朔，日有食之。七年春正月甲寅朔，日有食之。八年春正月戊申朔，日有食之。九年春正月壬申朔，日有食之。夏六月庚子朔，日有食之。惠帝元康九年冬十一月甲子朔，日有食之。永康元年春正月辛卯，日有食之。夏四月辛卯，日有食之。永寧元年春閏三月丙戌晦，日有食之。光熙元年春正月戊子朔，日有食之。秋七月乙酉朔，日有食之。冬十二月壬午朔，日有食之。懷帝永嘉元年冬十一月戊申朔，日有食之。二年春正月丙午朔，日有食之。六年春二月壬子朔，日有食之。愍帝建興四年夏六月丁巳朔，日有食之。冬十二月乙卯朔，日有食之。五年夏五月丙子，日有食之。冬十一月丙子，日有食之。元帝太興元年夏四月丁丑朔，日有食之。明帝太寧三年冬十一月癸巳朔，日有食之。成帝咸和二年夏五月甲申朔，日有食之。六年春三月壬戌朔，日有食之。九年冬十月乙未朔，日有食之。咸康元年冬十月乙未朔，日有食之。七年春二月甲子朔，日有食之。八年春正月己未朔，日有食之。穆帝永和二年夏四月己酉朔，日有食之。七年春正月丁酉朔，日有食之。八年春正月辛卯朔，日有食之。十二年冬十月癸巳朔，日有食之。升平四年秋八月辛丑朔，日有食之，既。哀帝隆和元年春三月甲寅朔，日有食之。冬十二月戊午朔，日有食之。廢帝太和三年春三月丁巳朔，日有食之。五年秋七月癸酉朔，日有食之。孝武帝寧康三年冬十月癸酉朔，日有食之。太元六年夏六月庚子朔，日有食之。九年冬十月辛亥朔，日有食之。十七年夏五月丁卯朔，日有食之。二十年春三月庚辰朔，日有食之。安帝隆安四年夏六月庚辰朔，日有食之。元興二年夏四月癸巳朔，日有食之。義熙三年秋七月戊戌朔，日有食之。十年秋九月丁巳朔，日有食之。十一年秋七月辛亥晦，日有食之。十三年春正月甲戌朔，日有食之。恭帝元熙元年冬十一月丁亥朔，日有食之。宋少帝景平二年春二月癸巳朔，日有食之。文帝元嘉四年夏六月癸卯朔，日有食之。五年冬十一月乙未朔，日有食之。六年夏五月壬辰朔，日有食之。冬十一月己丑朔，日有食之，星晝見。十二年春正月己未朔，日有食之。十五年冬十一月丁卯朔，日有食之。十七年夏四

月戊午朔，日有食之。十九年秋七月甲戌晦，日有食之。二十二年夏六月戊子朔，日有食之。二十三年夏六月癸未朔，日有食之。二十六年夏四月丙申朔，日有食之。三十年秋七月辛丑朔，日有食之。孝武孝建元年秋七月丙申朔，日有食之。大明四年秋九月庚申朔，日有食之。五年秋九月甲寅朔，日有食之。六年春二月壬子朔，日有食之。明帝泰始三年冬十月己卯朔，日有食之。四年夏四月丙子朔，日有食之。冬十月癸酉朔，日有食之。五年冬十月丁卯朔，日有食之。廢帝元徽元年冬十二月癸卯朔，日有食之。二年春正月癸酉朔，日有食之。順帝昇明元年冬十月辛亥朔，日有食之。二年春三月己酉朔，日有食之。秋九月乙巳朔，日有食之。三年春三月癸卯朔，日有食之。齊高帝建元二年秋九月甲午朔，日有食之。三年秋七月己未朔，日有食之。武帝永明元年冬十二月乙巳朔，日有食之。六年春二月辛亥朔，日有食之。八年春正月己巳朔，日有食之。九年春正月癸亥晦，日有食之。十一年夏六月庚辰朔，日有食之。鬱林王隆昌元年夏五月甲戌朔，日有食之。明帝建武元年冬十一月壬申朔，日有食之。三年九月庚寅晦，日有食之。東昏侯永元二年春正月辛丑朔，日有食之。秋七月己亥朔，日有食之。和帝中興元年春正月丙申朔，日有食之。秋七月癸巳朔，日有食之。梁武帝天監元年秋七月丁巳朔，日有食之。五年春三月丙寅朔，日有食之。七年秋八月壬子朔，日有食之。八年秋八月丙午朔，日有食之。十年冬十二月壬戌朔，日有食之。十一年夏五月己未晦，日有食之。十二年夏五月甲寅朔，日有食之。十五年春三月戊辰朔，日有食之，既。十八年春正月辛巳朔，日有食之。普通元年春正月丙子，日有食之。二年夏五月丁酉朔，日有食之。三年夏五月壬辰朔，日有食之，既。冬十一月己丑朔，日有食之。四年冬十一月癸未朔，日有食之。中大通元年冬十月己酉朔，日有食之。三年夏六月己亥朔，日有食之。四年冬十月辛酉朔，日有食之。五年夏四月己未朔，日有食之。六年夏四月癸丑朔，日有食之。大同四年春正月辛酉朔，日有食之。夏六月辛丑朔，日有食之。六年夏閏五月丁丑朔，日有食之。太清元年春正月己亥朔，日有食之。陳高祖永定三年夏五月丙辰朔，日有食之。文帝天嘉二年夏四月丙子朔，日有食之。冬十月甲戌朔，日有食之。三年秋九月戊辰朔，日有食之。四年春三月乙丑朔，日有食之。五年春二月庚寅朔，日有食之。秋八月丁亥朔，日有食之。六年秋七月辛巳朔，日有食之。天康元年春正月己卯朔，日有食之。廢帝光大元年春正月癸酉朔，日有食之。冬十一月戊戌朔，日有食之。二年冬十一月壬辰朔，日有食之。宣帝太建二年冬十月辛巳朔，日有食之。三年夏四月戊寅朔，日有食之。四年春三月癸卯朔，日有食之。秋九月庚子朔，日有食之。六年春二月壬辰朔，日有食之。七年春二月丙戌朔，日有食之。冬十二月辛亥朔，日有食之。八年夏六月戊申朔，日有食之。九年冬十一月己亥晦，日有食之。十二年冬十月甲寅朔，日有食之。後主至德元年春二月己巳朔，日有食之。秋八月丁卯朔，日有食之。二年春正月甲子朔，日有食之。三年春正月戊午朔，日有食之。禎明元年夏五月乙亥朔，日有食之。隋文帝開皇十一年春二月辛巳晦，日有食之。十二年秋七月壬申晦，日有食之。十三年秋七月戊辰晦，日有食之。仁壽元年春二月乙卯朔，日有食之。大業十二年夏五月丙戌朔，日有食之。

日夜出。前漢孝武帝建元二年夏四月戊申，有如日夜出。晉元帝太興元年冬十一月乙卯，日夜出，高三丈，中有赤青珥。

日夜食。後魏孝莊永安二年冬十月己酉，日從地下食出，虧從西南角起。

日薄食。晉懷帝永嘉元年冬十一月乙亥，黃黑氣掩日，所照皆黃。

衆日並出。晉孝愍帝建興二年春正月辛未，有三日相承出於西方而東行。四年，三日並照。五年春正月，三日並照，虹蜺彌天。元帝太興三年，五日並見。梁元帝承聖元年冬十一月，兩日俱見。

日鬭。晉元帝太興四年春二月癸亥，日鬭。後周武帝天和元年春二月庚午，日鬭，光遂微。

日隕於地。晉建興二年春正月辛未，庚時，日隕於地。

日中烏見。晉穆帝永和八年，張重華在涼，日暴赤如火，中有三足烏，形見分明，五日乃止。後周武帝天和元年春二月庚午，日中見烏。靜帝大象元年春二月癸未，日出，將入時，其中並有烏色。

宋·歐陽修《新五代史》卷二三《梁臣傳》 後梁太祖乾化元年正月庚寅，日有食之。

宋·歐陽修《新五代史》卷五九《司天考二》 開平二年夏四月辛丑，熒惑犯上將。甲寅，地震。四年十二月庚午，月有食之。

乾化元年春正月丙戌朔，日有食之。五月，客星犯帝坐。二年正月丙申，熒惑犯房第二星。戊申，月犯心大星。四月甲寅，月掩心大星。壬申，彗出於張；甲戌，彗出靈臺。

同光元年十月辛未朔，日有食之。二年六月甲申，衆星交流；丙戌，衆星交流。八月戊子，熒惑犯星。十一月丁巳，地震。三年三月丙申，熒惑犯上相。戊申，月有食之。四月癸亥朔，日有食之。甲子，熒惑犯左執法。六月甲子，太白晝見。丙寅，歲犯右執法。己巳，太白晝見。庚寅，衆星流，自二更盡三更而止。辛卯，衆小星流於西南。九月甲辰，月有食之。丁未，天狗墮，有聲如雷，野雉皆雊。丙辰，太白、歲相犯。十一月甲寅，地震。

天成元年三月，惡星入天庫，流星犯天棓。四月庚戌，金犯積尸。六月乙未，衆小星交流。七月己未，月犯太白。庚申，太白晝見。乙丑，月入南斗魁。八月乙酉朔，日有食之。癸卯，太白犯心大星。乙巳，月犯五諸侯。辛亥，熒惑犯上將。九月丁巳，月犯心大星。己巳，月犯昴。庚午，熒惑犯右執法；己卯，熒惑犯左執法。十月戊子，熒惑犯上相。己丑至於庚子，日月赤而無光。丙午，月掩左執法。十一月丁丑，月暈匝火、木。戊寅，月犯金、木、土。十二月戊戌，熒惑犯氐。乙巳，月掩庶子。二年正月甲戌，熒惑、歲相犯。二月辛卯，熒惑犯鍵閉。三月戊午，月掩鬼。庚申，衆小星流於西北。己巳，熒惑犯上相。乙亥，月入羽林。四月丁亥，月犯右執法；癸卯，月入羽林。六月辛丑，熒惑犯房。八月己卯朔，日有食之。庚子，月犯五諸侯。九月壬子，歲犯房。庚申，月入羽林；壬申，月犯上將。十月壬午，月犯五諸侯。癸未，地震。十一月乙卯，月入羽林。辛未，地震；壬申，地震。十二月癸未，地震。三年春正月壬申，金、火合於奎。二月丁丑朔，日有食之。四月丁酉，月犯五諸侯；五月丁巳，月掩房距星；六月乙酉，月掩心庶子；癸巳，月入羽林。自正月至於是月，宗人、宗正搖不止。七月乙卯，月入南斗魁。閏八月癸卯朔，熒惑犯上將。戊申，月犯南斗。乙卯，熒惑犯右執法。庚戌，太白犯右執法。九月庚辰，土、木合於箕。辛巳，金、火合於軫。十月庚午，彗出西南。十一月戊子，月掩軒轅大星。乙未，太白犯鎮，月掩房。十二月壬寅朔，熒惑犯房，金、木相犯於斗。乙卯，月有食之。四年正月癸巳，月入南斗魁。二月辛酉，月及火、土合於斗。三月壬辰，歲犯牛。六月癸丑，月有食之，既。七月丁丑，月入南斗。九月丙子，熒惑入哭星。十二庚戌，月有食之，既。

長興元年六月癸巳朔，日有食之。乙卯，太白犯天罇。八月己亥，月犯南斗。乙卯，月犯積尸。九月辛酉朔，衆小星交流而殞。十一月壬戌，熒惑犯氐。十二月丙辰，熒惑犯天江。二年正月乙亥，太白犯羽林。庚辰，月犯心距星；二月丁未，月犯房。四月甲寅，熒惑犯羽林。五月癸亥，太白晝見。閏五月乙巳，歲晝見。六月壬午，地震。八月丁巳，辰犯端門。九月丙戌，衆星交流；丁亥，衆星交流而殞。戊子，太白晝見。丁未，雷。十一月甲申朔；日有食之。丙戌，太白犯鍵。三年四月庚辰，熒惑犯積尸。九月庚寅，太白犯哭星。十月壬申，太白晝見。十一月己亥，太白犯壁壘。四年五月癸卯，太白晝見。六月庚午，衆星交流。七月乙亥朔，衆星交流。九月辛巳，太白犯右執法。乙未，雷。

應順元年二月丁酉，衆星流於西北。四月戊寅，白虹貫日。是月改元。

清泰元年五月己未，太白晝見。六月甲戌，太白犯右執法。九月辛丑，衆星交流。壬寅，雨雹於京師。冬十一月丁未，彗出虛、危，掃天壘及哭星。

天福元年三月壬子，熒惑犯積尸。二年正月乙卯，日有食之。七月丙寅，日有食之。十二月己卯朔，日有白虹二。三年三月壬子，日有白虹二。五月壬子，月犯上將。四年四月辛巳，太白犯東井北轅；甲午，太白犯五諸侯；五月丁未，太白犯輿鬼中星。七月庚子朔，日有食之。九月癸未，月掩畢。五年十一月丁丑，日有食之。六年八月辛卯，太白犯軒轅。九月己卯，熒惑犯上將。壬子，彗出於西，掃天市垣。八年四月戊申朔，日有食之。八月丙子，熒惑犯右掖。十月庚戌，彗出東方。丙辰，熒惑犯進賢。十一月庚子，月犯房。

開運元年二月辛亥，日有白虹二。壬戌，太白犯昴。己巳，熒惑犯天鑰。三月戊子，月有食之。四月丁巳，太白犯五諸侯。七月庚辰，月犯熒惑；壬午，月入南斗。甲申，太白犯東井。八月甲辰，熒惑入南斗。九月庚午朔，日有食之。丙子，月入南斗；乙酉，月食昴。丙戌，月有食之。庚寅，月犯五諸侯；十月癸卯，月入南斗；十一月辛巳，月犯昴。十二月癸丑，太白犯辰。二年七月乙未朔，月犯角；壬寅，月犯心前大星。庚戌，歲犯井鉞。八月甲子朔，日有食之。甲戌，歲犯東井。九月己酉，月犯昴。甲寅，太白犯南斗魁。十一月甲午朔，太白犯哭星。癸丑，月掩角距星；戊午，月犯心後星。三年二月壬戌朔，日有食之。

天福十二年四月丙子，太白晝見。十月己丑，太白犯亢距星。十一月壬子，雨木冰。辛酉，雨木冰。壬戌，月犯昴。癸酉，雨木冰。乙亥，月掩心大星；己卯，月犯南斗。十二月乙未，月有食之。

乾祐元年四月甲午，月犯南斗。六月戊寅朔，日有食之。乙未，月入南斗。七月甲寅，月掩心庶子星。八月乙酉，鎮犯太微西垣。戊戌，歲犯右執法。九月

丁卯，月掩鬼。十月丁丑，歲犯左執法。二年四月壬午，太白晝見。六月癸酉朔，日有食之。壬午，月犯心；丙戌，月犯天關；八月乙亥，月犯房次將。九月壬寅，太白犯右執法。庚戌，太白犯鎮。辛酉，鎮犯右執法。丁卯，太白犯歲。鎮自元年八月己丑入太微垣，犯上將、執法、内屏、謁者，鈎已往來，至是歲十一月辛亥而出。甲寅，月犯昴。三年二月甲戌，月犯昴。六月乙卯，鎮犯左掖。七月甲申，熒惑犯司怪。八月癸卯，太白犯房；庚戌，太白犯心大星。十月辛酉，月犯心大星，太白犯木。十一月甲子朔，日有食之。

廣順元年二月丁巳，歲犯咸池。己未，熒惑犯五諸侯。三月甲子，歲守心。己卯，熒惑犯鬼；壬午，熒惑犯天尸。四月甲午，歲犯鈎鈐。二年二月庚寅，太白經天。四月丙戌朔，日有食之。七月乙丑，熒惑犯井鉞；八月乙未，熒惑犯天罇。九月辛酉，熒惑犯鬼。庚辰，太白掩右執法。十月壬辰，太白犯進賢。三年四月乙丑，熒惑犯靈臺；五月辛巳，熒惑犯上將；丙申，熒惑犯右執法。七月乙酉，月犯房。十二月戊申，雨木冰。

顯德元年正月庚寅，有大星墜，有聲如雷，牛馬皆逸，京城以爲曉鼓，皆伐鼓以應之。三年正月壬戌，有星孛於參。十二月庚午，白虹貫日。癸酉，日有食之。

宋·葉隆禮《契丹國志》卷一《太祖紀》（遼太祖天贊元年）夏六月朔，日食。

又（遼太祖天贊三年）冬十月朔，日食。

又（遼太祖天贊五年）夏四月朔，日食。

又（遼太祖天贊六年）八月朔，日食。

宋·葉隆禮《契丹國志》卷二《太宗紀上》（遼太宗天顯元年）八月朔，日食。

又（遼太宗天顯二年）春二月朔，日食。

又（遼太宗天顯四年）夏六月朔，日食。

又（遼太宗天顯五年）十一月朔，日食。

又（遼太宗會同元年）春正月，日食。

又（遼太宗會同二年）春正月朔，日食。

又（遼太宗會同三年）秋七月朔，日食。

又（遼太宗會同七年）夏四月朔，日食。

又（遼太宗會同八年）九月朔，日食。

宋·葉隆禮《契丹國志》卷三《太宗紀下》（遼太宗會同九年）八月朔，日食。

又（遼太宗會同十年）春二月朔，日食。

宋·葉隆禮《契丹國志》卷四《世宗紀》（遼世宗天禄元年）六月朔，日食。

又（遼世宗天禄二年）六月朔，日食。

又（遼世宗天禄三年）十一月朔，日食。

宋·葉隆禮《契丹國志》卷五《穆宗紀》（遼穆宗應曆二年）夏四月朔，日食。

又（遼穆宗應曆五年）春二月朔，日食。

又（遼穆宗應曆八年）夏五月朔，日食。

又遼穆宗應曆十一年四月癸巳朔，日食。

又（遼穆宗應曆十七年）夏六月朔，日食。

宋·葉隆禮《契丹國志》卷六《景宗紀》辛未保寧四年。宋開寶四年。冬十月朔，日食。

壬申保寧五年。宋開寶五年。秋九月朔，日食。

又（遼景宗）甲戌乾亨元年。宋開寶七年。春二月朔，日食。

又（遼景宗乾亨二年）秋七月朔，日食。

又（遼景宗乾亨四年）冬十一月朔，日食。

又（遼景宗乾亨八年）秋九月朔，日食。

又（遼景宗乾亨九年）春三月朔，日食。

又（遼景宗乾亨九年）冬十二月朔，日食。

宋·葉隆禮《契丹國志》卷七《聖宗紀》遼聖宗統和元年二月朔，日食。

又遼聖宗統和三年十二月朔，日食。

又遼聖宗統和四年六月朔，日食。

又遼聖宗統和九年閏二月辛未朔，日食。

又遼聖宗統和十年二月乙丑朔，日有食之。

又遼聖宗統和十年八月朔，日食。

又遼聖宗統和十二年十二月戊寅朔，日有食之，陰雲不見。

又遼聖宗統和十六年五月朔，日食。

又 遼聖宗統和十六年十月朔，日食。

又 遼聖宗統和十七年九月朔，日食。

又 遼聖宗統和二十年七月甲午朔，日食。

又 遼聖宗統和二十二年十二月庚辰朔，日食。

又 遼聖宗統和二十五年五月朔，日食。

又 遼聖宗統和三十年八月朔，日食。

又 遼聖宗開泰元年十二月朔，日食。

又 遼聖宗開泰三年六月朔，日食。

又 遼聖宗開泰七年三月朔，日食。

又 遼聖宗開泰九年七月庚辰朔，日食。

又 遼聖宗太平五年十月朔，日食。

又 遼聖宗太平七年三月朔，日食。

又 遼聖宗太平八年八月朔，日食。

宋・葉隆禮《契丹國志》卷八《興宗紀》 遼興宗重熙元年六月朔，日食。

又 遼興宗重熙八年正月朔，日食。

又 遼興宗重熙十三年四月朔，日食。

又 遼興宗重熙十四年三月朔，日食。

又 遼興宗重熙十七年正月甲午朔，日食。

又 遼興宗重熙二十一年十月朔，日食。

又 遼興宗重熙二十三年四月朔，日食。

宋・葉隆禮《契丹國志》卷九《道宗紀》 遼道宗清寧二年八月朔，日食。

又 遼道宗清寧四年八月朔，日食。

又 遼道宗清寧五年正月朔，日食。

又 遼道宗清寧七年六月壬子朔，日食四分。

又 遼道宗咸雍四年正月甲戌朔，日食。

又 遼道宗咸雍五年七月乙丑朔，日食。

又 遼道宗咸雍九年四月朔，日食。

又 遼道宗咸雍十四年六月朔，日食。

又 遼道宗咸雍十六年十一月朔，日食。

又 遼道宗咸雍十九年九月朔，日食。

又 遼道宗咸雍二十七年五月朔，日食。

又 遼道宗咸雍三十年三月朔，日當食，雲霧不辨。

又 遼道宗壽昌三年六月朔，日食。

又 遼道宗壽隆六年四月丁酉朔，日食。

宋・葉隆禮《契丹國志》卷一〇《天祚帝上》 遼天祚帝乾統七年十一月朔，日食。

又 遼天祚帝乾統十年九月朔，日食。

又 遼天祚帝天慶三年三月朔，日食。

又 遼天祚帝天慶五年七月朔，日食。

宋・葉隆禮《契丹國志》卷一一《天祚帝下》 遼天祚帝天慶九年四月朔，日食。

又 遼天祚帝天慶十年十月朔，日食。

宋・宇文懋昭《大金國志》卷一一 金世宗大定十三年十一月朔，日有食之。

宋・宇文懋昭《大金國志》卷二二 金衛紹王大安二年六月丁巳朔，日有食之。

又 金衛紹王大安三年十一月己酉朔，日有食之。

宋・宇文懋昭《大金國志》卷二五 金宣宗元光二年，九月庚子朔，日有食之。

元・馬端臨《文獻通考》卷二八三《象緯考六》 夏仲康五年九月朔，日有食之。《書・允征》：「乃季秋月朔，辰弗集於房。辰，日月會次之名。房，所次之宿也。集，《漢書》作輯，通用。言日月會次不相和輯，而掩食於房宿也。《唐誌》言日食，在仲康即位之五年。瞽奏鼓，古者日食，則伐鼓用幣以救之。《春秋傳》曰：惟正陽之月則然，餘則否。今季秋非正陽月而行此禮。夏制與周異故也。嗇夫馳，庶人走。嗇夫，小臣也。庶人，庶人之在官者。《周禮》庭氏救日之弓矢，嗇夫、庶人蓋供救日之百役者。曰馳曰走者以見日食之變，天子恐懼於上，嗇夫、庶人奔走於下，以助救日，如此其急。羲、和尸厥官罔聞知。」羲、和爲歷象之官，尸居其位，若無所知，則其昏迷天象以干誅。豈特不恭之刑而已。

周幽王六年十月，日有食之。《詩》：「十月之交，朔日辛卯，日有食之，亦孔之醜。」毛氏曰：交，日月之交會。唐孔氏曰：交會，謂朔也。交會而日月同道，則食。月，或在日道表或在日道裏，則不食矣。又歷家爲交食之法，大率以百七十三日有奇爲限。然月

先在裏，則依限而食者多。若月在表，雖依限而食者少。杜預見其參差乃雲，日月動物，雖行度有大量，不能不少有盈縮，故有雖交會而不食，或有頻交會而食者，此說得之矣。

右《詩》、《書》中所載，春秋以前三代時，日食惟此二者可考云。

《春秋》：「魯隱公三年春王二月己巳，日有食之。」《公羊傳》：「何以書，紀異也。日食，則曷爲或日或不日，或言朔或不言朔。曰某月某日朔，日有食之者，合正朔也。」桓三年秋，七月壬辰朔，日有食之，是也。其或日或不日，或失之前或失之後，失之前者朔在前也，謂二日食，己巳日，有食之是也。失之後者朔在後也。其謂晦，日食。莊公十八年三月，日有食之也。《穀梁傳》：「言日不言朔，食晦日也。其日有食之，何也？吐者外壤，食者内壤。其所吐出者，其壤在外。其所吞咽者，壤入於内也。闕然不見其壤，有食之者也。今日闕損，而不壤之所在，此必有物食之。有内辭也，或外辭也。食者内壤，故曰内辭。吐者外壤，故曰外辭。《傳》無外辭之文者，蓋時無外壤也。而曰或外辭者，因事以明義例爾。有食之者，内於日也。内於日，以壤不見於外。其不言食之者，何也？知其不可知也。」

董仲舒、劉向以爲其後戎執天子之使，鄭獲魯隱隱公與鄭人戰於狐壤，爲所獲。滅戴，鄭滅之。衛、宋、魯咸殺君。《左氏》劉歆以爲正月二日，燕、越之分野也。凡日所躔而有變，則分野之國失政者受之。師古曰：「纏，踐也，音躔。」人君能修政，共禦厥罰，則災消而福至。師古曰：「共讀曰恭。禦讀曰禦，又讀如本字。」不能，則災息而禍生。師古曰：「息謂蕃數也。」故經書災而不記其故，蓋吉兇亡常，隨行而成禍福也。周衰，天子不班朔。師古曰：「班，布也。」魯歷不正，置閏不得其月，月大小不得其度。史記日食，或言朔而實非朔，或不言朔而實朔，或脱不書朔與日，皆官失之也。京房《易傳》曰：「亡師茲謂不禦，厥異日食，其食也既，並食不一處。誅衆失理，茲謂生叛，厥食既，光散。縱畔茲謂不明，厥食先大雨三日，雨除而寒，寒即食。專禄不封，茲謂不安，厥食既，先日出而黑，光反外燭。韋昭曰：「中無光，四邊有明外燭。」君臣不通茲謂亡，厥食三既。同姓上侵，茲謂誣君。厥食四方有雲，中央無雲。其日大寒。公欲弱主位，茲謂不知，厥食中白青，四方赤，已食地震。諸侯相侵，茲謂不承。厥食三毁三復。君疾善，下謀上，茲謂亂，厥食既，先雨雹，殺走獸。弑君獲位茲謂逆，厥食既，先風雨折木，日赤。内臣外鄉茲謂背。師古曰：「鄉讀曰鄉。」厥食食且雨，池中鳴。韋昭曰：「池中有聲如鳴耳。或曰如狗子聲。」冢宰專政茲謂因，厥食先大風，食時日居雲中，四方無雲。伯正越職，茲謂分威。師古曰：「伯讀曰霸。正者，長師之稱。」厥食日中分。諸侯争美於上茲謂泰。厥食日傷月，食半，天營而鳴。韋昭曰：「食半，謂食望也。」臣瓚曰：「月食半，謂月食之半也。月食常以望，不爲異也。」賦不得茲謂竭，厥食星隨而下。受命之臣專征云試。厥食雖侵光猶明，師古曰：「試，用也，自擅意也。一説試與弑同，謂欲弑君。」若文王臣獨誅紂矣。韋昭曰：「是時紂臣尚未欲誅紂，獨文王之臣欲誅之。」小人順受命者征其君云殺。厥食五色，至大寒隕霜。師古曰：「殺亦讀曰弑。」若紂臣順武王而誅紂矣。韋昭曰：「紂惡益甚，其臣欲順武王而誅紂。」諸侯更制茲謂叛，師古曰：「更，改也。」厥食三復三食，食已而風，地動。適讓庶茲謂生欲，師古曰：「適讀曰嫡。」厥食日失位，光晻晻，月形見。師古曰：「晻音烏感反。見音胡電反。」酒亡節茲謂荒，厥食乍青乍黑乍赤，明日大雨，發霧而寒。」凡食二十占，其形二十有四，改之輒除；不改三年，三年不改六年，六年不改九年。推隱三年之食，貫中央，上下竟而黑，臣弑從中成之形也，後衛州籲弑君而立。

恒公三年秋七月壬辰朔，日有食之，既。既，盡也。歷家之説，謂日光以望時遥奪月光，故月食。日月同會，月掩日，故日食。食亦上下者，行其高下。日光輪存而中食者，相掩密故日光溢出。皆既者，正相當而相掩間疏也。然聖人不言月食日，而以自食爲文，闕於其所不見。

董仲舒、劉向以爲前事已大，後事將至者又大，則既。先是，魯、宋弑君，魯又成宋亂，易許田，亡事天子之心；楚僭稱王。後鄭拒王師，射桓王，又二君相篡。鄭昭公厲公子亹。劉歆以爲六月，趙與晉分。周之六月，今之四月，始去畢而入參。參，晉分也。畢，趙也。日行去趙遠，入晉分多，故曰與。計二十八宿，分其次，度其月，及所屬，下皆以爲例。先是，晉曲沃伯再弑晉侯，是歲晉大亂，滅其宗國。京房《易傳》以爲桓三年，日食貫其中央，上下竟而黄，臣弑而不卒之形也。後楚嚴稱王，兼地千裏。師古曰：「楚武王荆尸久已見傳，今此言莊始稱王，未詳其説。」

十七年冬十月朔。不書日，官之失也。天子有日官，諸侯有日禦。日官、日禦，典歷數者。日官居卿，以底日禮也。日官，天子掌歷者，不在六卿之數，而位從卿，故言居卿。底，平也，謂平歷數。日禦不失日，以授百官於朝。日官平歷以班諸侯，諸侯奉之，不失天時，以授百官。《穀梁》言朔不言日，食二日也。

莊公十八年春王三月。《穀梁》不言日不言朔，夜食。《公羊》曰食晦。

史記推合朔在夜，明旦日食而出，出而解，夜食地中，出則生。是爲夜食。劉向以爲夜食者，陰因日明之衰而奪其光，象周天子不明，齊桓將奪其威，專會諸侯而行伯道。其後遂九合諸侯，天子使世子會之。

二十五年辛未朔，鼓用牲於社。《左傳》：鼓用牲於社，非常也。非常鼓之月，長歷推之，辛未實七月朔，置閏失所，故鼓月錯。唯正月之朔，慝未作，正月，夏之四月，周之六月，謂正陽之月。今《書》云六月，而《傳》云唯者明此月非正陽月也。慝陰氣。日有食之，於是乎用幣於社，伐鼓於朝。日食，歷之常也。然食於正陽之月，則諸侯用幣於社，請救於上公，伐鼓於朝，退而自責以明。陰不宜侵陽，臣不宜掩君，以示大義。二十六年十二月癸亥朔，三十年九月庚午朔，鼓用牲於社。

僖公五年九月戊申朔。十二年春王三月庚午。十五年夏五月。《左傳》不書朔與日，官失之也。

文公元年二月癸亥。十五年六月辛丑朔，鼓用牲於社。《左傳》：非禮也。得常鼓之月，而於社用牲，爲非禮。日有食之天子不舉，去盛饌。伐鼓於社，責群陰伐猶擊也。諸侯用幣於社，社尊於諸侯，故請救而不敢責之伐鼓於朝退自省也，以昭事神，訓民事君。天子不舉，諸侯用幣，所以事神；尊卑異制，所以訓民。示有等威，古之道也。

宣公八年秋七月甲子，日有食之，既。十年夏四月丙辰。十七年六月癸卯。

成公十六年六月丙寅朔。十七年十有二月丁巳朔。

襄公十四年二月己未朔。十五年秋八月丁巳。二十年冬十月丙辰朔。二十一年九月庚戌朔。二十三年春王二月癸酉朔。二十四年秋七月甲子朔，日有食之，既。八月癸巳朔。二十七年冬十有二月乙亥朔。今《長歷》推十一月朔，非十二月。《傳》曰：辰在申，再失閏。若是十二月，則爲三失閏，故知《經》誤。《左氏傳》：辰在申，司歷過也。再失閏矣。謂斗建指申，周十一月。今之九月斗柄當建戌而在申，故知再失閏也。文十一年三月甲子至今年七十一歲，應有三十六閏。今《長歷》推得二十四閏，通計少再閏，《釋例》言之詳矣。

董仲舒以爲比食又既，比，頻也。謂二十四年七月八月頻食。象陽將絶，夷狄主上國之象也。後六君弑，齊崔杼弑光，衛寧喜弑剽，閽弑吳餘祭，蔡班弑景侯，莒人弑其君密州。楚圍弑郟敖。楚子果從諸侯伐鄭，滅舒鳩，魯往朝之，二十八年。卒主中國，伐吳討慶封。劉向以爲自二十年至此歲，八年間日食七作，禍亂將重起，故天仍見戒也。

昭公七年夏四月甲辰朔。《左傳》：晉侯問於士文伯曰：「誰將當日食？」對曰：「魯、衛惡之，受其兇惡。衛大魯小。」公曰：「何故？」對曰：「去衛地，如魯地，衛地，豕韋也。魯地，降婁也。日食於豕韋之末及降婁之始，故禍在衛大，在魯小也。周四月，今二月，故曰在降婁。於是有災，魯實受之。災發於衛而魯受其餘禍。其大咎，其在衛君乎？魯將上卿。」八月衛侯卒，十一月季孫宿卒十五年六月丁巳朔。十七年夏六月甲戌朔。《左傳》：祝史請所用幣。禮：正陽之月日食，當用幣於社，故請之。昭子曰：「日有食之，天子不舉，不舉盛饌。伐鼓於社；責群陰。諸侯用幣於朝。禮也。」平子禦之，禦，禁也。曰：「止也。唯正月朔，慝未作，日有食之，於是乎有伐鼓用幣之禮也。其餘則否。」太史曰：「在此月也，正月爲建巳正陽之月也。於周爲六月，於夏爲四月。慝，陰氣也。四月純陽用事，陰氣未動而侵陽，災重，故有伐鼓用幣之禮也。平子以爲六月非正月，故太史參言在此月也。日過分而未至，過春分而未夏至。三辰有災。三辰，日月星也。日月相侵，又犯是宿，故三辰皆爲災也。於是乎百官降物，降物，素服。君不舉，辟移時；辟正寢，過日食時。樂奏鼓，伐鼓，祝用幣，用於社，史用辭。用以辭自責。故《夏書》曰：『辰不集於房，瞽奏鼓，嗇夫馳，庶人走，』此月朔之謂也。當夏四月，是謂孟夏。」言此六月，當夏之四月。平子弗從，昭子退，曰：「夫子將有異誌，不君君矣。」安君之災，故曰有異誌。二十一年秋七月壬午朔。《左傳》：公問於梓慎曰：「是何物也？禍福何爲？」物，事也。對曰：「二至二分，冬夏至，春秋分。日有食之，不爲災。日月之行也，分，同道也；至，相過也。二分，日夜等，故曰同道。二至，長短極，故言相過。其他月則爲災，陽不克也，故常爲水。」陰侵陽，是陽不勝陰。二十四年夏，五月乙未朔。《左傳》：梓慎曰：「將水。」昭子曰：「旱也。日過分而陽猶不克，克必甚，能無旱乎？適春分陽氣盛時而不勝陰，陽將隈出，故爲旱。隈，烏誰反。陽不克，莫將積聚也。」陽氣莫然不動不克，莫絶句。三十一年十有二月辛亥朔。《左傳》：是夜也，趙簡子夢童子贏而轉以歌。轉，宛轉也。且，占諸史墨曰：「吾夢如是，今而日食，何也？」簡子夢，適與日食會，謂咎在己，故問。對曰：「六年及此月也，吳其入郢乎？終亦弗克。史墨知夢非日食之應，故釋日食之咎而不釋其夢。入郢必以庚辰。庚辰有變，日在辰尾，故曰以庚辰定。四年十一月庚辰，吳入郢。日月在辰尾。辰尾，龍尾也。周十二月，今之十月，日月合朔於辰尾而食。庚午之日，日始有謫火勝金，故弗克。」謫，變氣也。庚午十月十九日，去辛亥朔四十一日，雖食在辛亥，更以始變爲占也。午，南乃方，楚之位也。午，火；庚，金也。日以庚午有變，故災在楚，楚之仇敵惟吳，故知入郢必吳。火勝金者，金爲火始。食在辛亥，水也。水數六，故六年也。

定公五年春正月辛亥朔。十有二年冬十一月丙寅朔。十有五年八月庚辰朔。

凡春秋十二公，二百四十二年，日食三十六。《穀梁》以爲朔二十六，晦七，夜二，二日一。《公羊》以爲朔二十七，二日七，晦二。《左氏》以爲朔十六，二日十八，晦一，不書日者二。

真定王二十六年，日食晝晦。

安王五年日食。二十年日食，既。

烈王元年日食。七年日食。

赧王十四年，日食晝晦。

秦莊襄王三年四月日食。

按，《春秋》書日食，終於魯定公之十五年；《漢史》書日食，始於高帝之三年。其間二百九十三年，搜考史傳，書日食者凡七而已。昔春秋二百四十二年，日食凡三十六，劉向猶以爲乖氣致異。至前漢二百一十二年，而日食五十三，則又數於春秋之時。後漢百九十六年，而日食七十二。魏、晉一百五十年，而日食七十九，則愈數於漢西都之世矣。春秋降而戰國七雄競角，争城争地，斬艾其民，伏尸百萬，以至於始皇二世，生民之禍烈矣，世道之變極矣。乖氣所致，謫見於天，宜不勝書，而此二三百年之間，日食僅六七見焉，何哉？蓋史失其官，不書於册，故後世無由考焉。昔春秋日食，必書晦朔與日。日而不書晦朔，與晦朔而不書日，俱以爲官失之。今秦初書日食者一，則書月而不書日與晦朔。周末書日食者六，則書年而并不書月，其見於史册而可考者，鹵莽疏漏如此，則其遺軼不書者可勝道哉！非日之果不食也。

漢高帝三年十月甲戌晦，日有食之，在斗二十度，燕地也。後二年，燕王臧荼反，誅，立盧綰爲燕王，後又反，敗。十一月癸卯晦，在虚三度，齊地也。後二年，齊王韓信徙爲楚王，明年廢爲列侯，後又反，誅。九年六月乙未晦，日有食之，既，在張十三度。

惠帝七年正月辛丑朔，在危十三度。谷永以爲歲首正月朔日，是爲三朝，尊者惡之。五月丁卯，先晦一日，日有食之，幾盡，師古曰：「幾音距依反，後皆類此。」在七星初。劉向以爲五月微陰始起而犯至陽，其占重。至其八月，宫車晏駕，有吕氏詐置嗣君之害。京房《易傳》曰：「凡日食不以晦朔者，名曰薄。人君誅將不以理，賊臣將暴起，日月雖不同宿，陰氣盛，薄日光也。」

高后二年六月丙戌晦，七年正月己丑晦，日有食之，既，在營室九度，爲宫室中。時高后惡之，曰：「此爲我也。」明年應。師古曰：「謂高后崩也。」

文帝二年十一月癸卯晦，在婺女一度。三年十月丁酉晦，在斗二十二度。十一月丁卯晦，在虚八度。後四年四月丙辰晦，在東井十三度。七年正月辛未朔。

景帝三年二月壬午晦，在胃三度。十年十一月庚寅晦，在虚九度。中元年十二月甲寅晦。中三年九月甲戌晦。三年九月戊戌晦，幾盡，在尾九度。六年七月辛亥晦，在軫七度。後元年七月乙巳，先晦一日，在翼十七度。

武帝建元二年二月丙戌朔，在奎十四度。劉向以爲奎爲卑賤婦人，後有衛皇后自至微興，卒有不終之禍。師古曰：「皇后自殺，不終其位也。」三年九月丙子晦，在尾二度。五年正月己巳朔。元光元年二月丙辰晦。七月癸未，先晦一日，在翼八度。劉向以爲前年高園便殿災，與春秋禦廩災後日食於翼、軫同。其占，内有女變，外爲諸侯。其後陳皇后廢，江都、淮南、衡山王謀反，誅。日中時食從東北，過半，晡時復。元朔二年二月乙巳晦，日有食之，在胃三度。六年十一月癸丑晦，日有食之。元狩元年五月乙巳晦，日有食之，在柳六度。京房《易傳》推以爲是時日食從傍右，法曰君失臣。明年公孫弘薨。日食從傍左者，亦君失臣；從上者，臣失君；從下者，君失民。元鼎五年四月丁丑晦，在東井二十三度。元封四年六月己酉朔。太始元年正月乙巳晦。四年十月甲寅晦，在斗十九度。征和四年八月辛酉晦，日有食之，不盡如鉤，在亢二度。晡時食從西北，日下晡時復。

昭帝始元三年十一月壬辰朔，在斗九度，燕地也。後四年燕刺王謀反，誅。元鳳元年七月己亥朔，日有食之，幾盡，在張十二度。劉向以爲己亥而既，其占重。孟康曰：「己，土；亥，水也。純陰，故食爲最重也。日食盡爲既。」後六年，宫車晏駕，卒以亡嗣。

宣帝地節元年十二月癸亥晦，在營室十五度。五鳳元年十二月乙酉朔，在婺女十度。四年四月辛丑朔，在畢十九度。是爲正月朔，慝未作，左氏以爲重異。

元帝永光二年三月壬戌朔，在婁八度。四年六月戊寅晦，在張七度。建昭五年六月壬申晦，日有食之，不盡如鉤，因入。

成帝建始三年十二月戊申朔，其夜未央殿中地震。谷永對曰：「日食婺女九度。占在皇后。地震蕭墻之内，咎在貴妾。師古曰：「蕭墻，謂門屏也。蕭，肅也，人臣至此，加肅敬也。」二者俱發，明同事異人，共掩制陽，將害繼嗣也。亶日食，則

妾不見；師古曰：「亶讀曰但。下例并同。」亶地震，則后不見。異日而發，則似殊事；亡故動變，則恐不知。是月后妾當失節之郵。師古曰：「郵與尤同。尤，過也。」故天因此兩見其變。若曰違失婦道，隔遠衆妾，師古曰：「遠音子萬反。」妨絶繼嗣者，此二人也。」杜欽對亦曰：「日以戊申食，時加未。戊未，土也，中官之部。其夜殿中地震，此必適妾將有争寵相害而爲患者。師古曰：「適讀曰嫡。」人事失於下，變象見於上。能應之以德，則咎異消；忽而不戒，則禍敗至。師古曰：「忽，怠亡。」應之，非誠不立，非信不行。」河平元年四月己亥朔晦，日有食之，不盡如鉤，在東井六度。劉向對曰：「四月交於五月，月同孝惠，日同孝昭。東井，京師地。且既，其占恐害繼嗣。」日蚤食時，從西南起。三年八月乙卯晦，在房。四年三月癸丑朔，在昴。陽朔元年二月丁未晦，在胃。永始元年九月丁巳晦，谷永以京房《易占》對曰：「元年九月日蝕，酒亡節之所致也。獨使京師知之，四國不見者，若曰湛湎於酒，君臣不别，禍在内也。」師古曰：「湛讀曰沈，又讀曰耽也。」永始二年二月乙酉晦，谷永以京房《易占》對曰：「今年二月日食，賦斂不得度，民愁怨之所致也。所以使四方皆見，京師陰蔽者，若曰人君好治宫室，大營墳墓，賦斂兹重，而百姓屈竭，師古曰：「兹，益也。屈盡也，竭其勿反。」禍在外也。」三年正月己卯晦，日有食之。四年七月辛未晦。鄭興上疏言：「夫日月交會，數應在朔，而頃年日食多在於晦。先時而合，皆月行疾也。日君象，月臣象，君亢急則臣下促迫故行疾也。」元延元年正月己亥朔。劉向上疏：「臣向前數年，言日當食，今連三年比食。自建始以來，二十歲間而八食，率二歲六月而一發，古今罕有。《易》曰：『觀乎天文，以察時變。』昔孔子對魯哀公并言，夏桀殷紂暴虐天下，故歷失則攝提失方，孟陬無紀，孟康曰：「攝提，星名也。隨斗杓建十二月。歷不正，則其所建。首時爲孟，正月爲陬。」此皆易姓之變也。」

哀帝元壽元年正月辛丑朔，日有食之，不盡如鉤，在營室十度，與惠帝七年同月日。鮑宣上言：「今日食於三始，誠可畏懼小民。正月朔日，尚恐毁敗器物，况日虧乎！」二年三月壬辰晦。

平帝元始元年五月丁巳朔，在東井。　二年九月戊申晦，日有食之，既。

凡漢著紀十二世，二百一十二年，日食五十三，朔十四，晦三十六，先晦一日三。

光武建武元年正月庚午朔，日有食之。帝是年六月方即位時，猶爲更始三年。二年正月甲子朔，在危八度。時世祖初興，天下賊亂未除，虚、危，齊也。賊張步擁兵據齊，上遣伏隆諭步，許降，旋復叛稱王，至五年中乃破。三年五月乙卯晦，《潛潭巴》曰：「乙卯食，雷不行，雪役草不長，奸人入官。」在柳十四度。柳，河南也。時世祖在雒陽，赤眉降賊樊崇謀作亂，其七月發覺，皆伏誅。《古今註》曰：「四年五月乙卯晦，日有食之。」六年九月丙寅晦，《潛潭巴》曰：「丙寅食，久旱，多有徵。」京房曰：「有小旱災。」史官不見，郡以聞。《本紀》：「都尉詡以聞。」在尾八度。朱浮上疏，以郡縣數代，群陽騷動所致，見《浮傳》。七年三月癸亥晦，《潛潭巴》曰：「癸亥日食，天人崩。」鄭興曰：「頃年日食，每多在晦，皆朋行疾也。君亢急，臣下促迫。」在畢五度。畢爲邊兵。秋，隗囂反，侵安定。冬，盧芳所置朔方、雲中太守各舉郡降。《古今註》曰：「九年七月丁酉，十一年六月癸丑，十二月辛亥，并日有食之。」十六年三月辛丑，《潛潭巴》曰：「辛丑食，主疑臣。」在昴七度。昴爲獄事。時諸郡太守坐度田不實，世祖怒，殺十餘人，然後深悔之。　十七年二月乙未晦，《潛潭巴》曰：「乙未食，天下多邪氣，郁郁蒼蒼。」京房曰：「若責衆庶暴害之。」在胃九度。胃爲廩倉。時諸郡新坐租之後，天下憂怖，以穀爲言，故示象。或曰：胃，供養之官也。其十月，廢郭皇后，詔曰：「不可以奉供養。」二十二年五月乙未晦，在柳七度，京都宿也。柳爲上倉，祭祀穀也。近輿鬼，輿鬼爲宗廟。十九年中，有司奏請立近帝四廟以祭之，有詔：「廟處所未定，且就高廟祫祭之。」至此三年，遂不立廟。有簡墮心，奉祖宗之道有闕，故示象也。　二十五年三月戊申晦，《潛潭巴》曰：「戊申食，地動摇，侵兵强。一曰，亡兵弱，諸侯争。」在畢十五度。畢爲邊兵。其冬十月，以武谿蠻夷爲寇害，伏波將軍將兵擊之。《古今註》曰：「二十六年二月戊子，日有食之，盡。」二十九年二月丁巳朔，《潛潭巴》曰：「丁巳食，下有敗兵。」在東壁五度。東壁爲文章，一名陬訾之口。先是，皇子、諸王各招來文章談説之士。去年中，有人上奏：「諸王所招待者，或真僞雜受刑罰者子孫，宜可分别。」於是上怒，詔捕諸王客，皆被以苛法，死者甚多。世祖不早爲明設刑禁，一時治之過差，故天示象。世祖於是改悔，遣使悉理侵枉也。　三十一年五月癸酉晦，《潛潭巴》曰：「癸酉食，有陰不解，淫雨毁山，連兵。」在柳五度，京都宿也。自二十一年示象，至此十年，後二年，宫車晏駕。中元元年十一月甲子晦，在斗二十八度。斗爲廟，主爵禄。儒説十一月甲子，時王日也，又爲星紀，主爵禄，其占重。

明帝永平三年八月壬申晦，《潛潭巴》曰：「壬申食，水滅，陽濱陰欲翔。」在氐二度。氐爲宿宫。是時明帝作北宫。《古今註》曰：「四年八月丙寅，時加未，日有食之。五年乙未朔，日有食之，京候者不覺，河南尹、五郡國三十已上。六年六月庚辰晦，日有食之，

時雒陽候者不覺。」八年十月《古今註》曰：「十二月。」壬寅晦，日有食之，既，《潛潭巴》曰：「壬寅食，天下苦兵，大臣驕橫。」在斗十一度。斗，吴也。廣陵於天文屬吴。後二年，廣陵王荆坐謀反自殺。十三年十月《古今註》曰：「閏八月。」甲辰晦，《潛潭巴》曰：「甲辰食，四騎脅大水。」在尾十七度。京房占曰：「王后壽命絶，後有大水。」十六年五月戊午晦，《潛潭巴》曰：「戊午食，久旱穀不傷。」在柳十五度。儒説五月戊午，猶十一月甲子也，又宿在京都，其占重。後二年宫車晏駕。十八年十一月甲辰晦，在斗二十一度。是時明帝既崩，馬太后制爵禄，故陽不勝。

章帝建初五年二月庚辰朔，《潛潭巴》曰：「庚辰食，彗星東至，育寇兵。」在東壁八度。例在前建武二十九年。是時群臣争經，多相毁者。又别占云：「庚辰食，久旱。」六年六月辛未晦，《潛潭巴》曰：「辛未食，大水。」在翼六度。翼主遠客。冬，東平王蒼等來朝。明年正月，蒼薨。元和元年八月乙未晦，史官不見，他官以聞。日在氐四度。《星占》曰：天子災，期三年。

和帝永元二年二月壬午，《潛潭巴》曰：「壬午食，久雨，旬望。」史官不見，涿郡以聞。日在奎八度《京易占》曰：「三公與諸侯相賊，弱其君王，應而日食。三公失國，後旱且水。」臣昭以爲三公宰輔之位，即竇憲。四年六月戊戌朔，《潛潭巴》曰：「戊戌食，有土殃，主後死，天下諒陰。」《京房占》曰：「婚嫁家欲戮。」在七星二度，主衣裳。又曰，行近軒轅左角，爲太后族。是月十九日，按，《本紀》：庚申幸北宫，詔捕憲等。庚申月二十三日。上免太后兄弟竇憲等官，遣就國，選嚴能相，於國蹙迫自殺。七年四月辛亥朔，《潛潭巴》曰：「辛亥食，子爲雄。」在觜觿，爲葆旅，主收斂。儒説葆旅宫中之象，收斂貪妒之象。是歲鄧貴人始入。明年三月，陰皇后立，鄧貴人有寵，陰后妒忌之，后遂坐廢。一曰是將入參，參、伐爲斬刈。明年七月，越騎校尉馮柱捕斬匈奴温禺犢王烏居戰。十二年秋七月辛亥朔，在翼八度，荆州宿也。明年冬，南郡蠻夷反爲寇。十五年四月甲子晦，在東井二十二度。東井，主酒食之宿也。婦人之職，無非無儀，酒食是議。去年冬，鄧皇后立，有丈夫之性，與知外事，故天示象。是年雨水傷稼。

安帝永初元年三月二日癸酉，在胃二度。主廩倉。是時鄧太后專政，去年大水傷稼，倉廩爲虚。《古今註》曰：「三年三月，日有食之。」五年正月庚辰朔，在虚八度。正月，王者統事之正日也。虚，空名也。是時鄧太后攝政，安帝不得行事，俱不得其正，若王者位虚，故於正月陽不克，示象也。於是陰預乘陽，故蠻夷并爲寇害，西邊諸郡皆至虚空。七年四月丙申晦，《潛潭巴》曰：「丙申食，諸侯相攻。」《京房占》曰：「君臣暴虐，臣下横恣，上下相賊，後有地動。」在東井一度。元初元年十月戊子朔，《潛潭巴》曰：「戊子食，宫室内淫，雌必惑雄。」《京房占》曰：「妻欲害夫，九族夷滅，後有大水。」在尾十度。尾爲后宫，繼嗣之宫也。是時上甚幸閻貴人，將立，故示不善，將爲繼嗣禍也。明年四月，遂立爲后，后遂與江京、耿寶等共讒太子，廢之。二年九月壬午晦，在心四度。心爲王者，明久失位也。三年三月二日辛亥，在婁五度。史官不見，遼東以聞。四年二月乙亥朔，《潛潭巴》曰：「乙亥食，東國發兵。」《京房占》曰：「諸侯上侵以自益，近臣盜竊以爲積，天子未知，日爲之食。」在奎九度。五年八月丙申朔，在翼十八度。史官不見，張掖以聞。《潛潭巴》曰：「丙申食，夷狄内攘。」《石氏占》曰：「王者失禮，宗廟不親，其歲旱。」六年十二月戊午朔，日有食之，幾盡，地如昏狀。《古今註》曰：「星盡見。」《春秋緯》曰：「日食既，君行無常，公輔不修德，夷狄强侵，萬事錯。」在須女十一度。女主惡之。後二歲三月，鄧太后崩。永寧元年七月乙酉朔，《潛潭巴》曰：「乙酉食，仁義不明，賢人消。」《京房占》曰：「君弱臣强，司馬將兵，反征其主。」在張十五度。史官不見，酒泉以聞。《石氏占》曰：「日食張，王者失禮。」延光三年九月庚寅晦，《京房占》曰：「骨肉相賊，後有水。」在氐十五度。氐爲宿宫，中宫也。時上聽中常侍江京、樊豐及阿母王聖等讒言，廢皇太子。四年三月戊午朔，在胃十二度。隴西、酒泉、朔方各以狀上，史官不覺。

順帝永建二年七月甲戌朔，日有食之，《潛潭巴》曰：「甲戌食，草木不滋，主命不行。」《京房占》曰：「近臣欲戮，身及戮辱，後小旱。」在翼九度。陽嘉四年閏月丁亥朔，《潛潭巴》曰：「丁亥食，匿謀滿玉堂。」《京房占》曰：「君臣無别。」在角五度。史官不見，零陵以聞。按，張衡爲太史令，表奏云：「今年三月朔方覺日食，北郡懼有兵患。臣愚以爲可敕北邊瀕塞郡縣，明烽火，遠斥候，深藏固閉，無令穀畜外露。」不詳是何年三月。永和三年十二月戊戌朔，在婺十一度。史官不見，會稽以聞。明年，中常侍張逵等謀譖皇后父梁商欲作亂，推考，逵等伏誅也。五年五月己丑晦，《潛潭巴》曰：「日食己丑，天下唱之。」在東井三十三度。東井，三輔宿也。又近輿鬼，輿鬼爲宗廟。其秋，西羌爲寇，至三輔陵園。六年九月辛亥晦，在尾十一度。尾主后宫，繼嗣之宫也。以爲繼嗣不興之象。

桓帝建和元年正月辛亥朔，日有食之，在營室三度。史官不見，郡國以聞。是時梁太后攝政。三年四月丁卯晦，《潛潭巴》曰：「丁卯食，有旱有兵。」《京房占》曰：「諸侯欲戮，後有裸蟲之殃。」在東井二十三度。例在永元十五年。東井

主法，梁太后又聽兄冀枉殺公卿，犯天法也。明年，太后崩。元嘉二年七月二日庚辰，在翼四度。史官不見，廣陵以聞。《京房占》曰：「庚辰食，君易賢以剛，卒以自傷，後有水。」翼主倡樂，時上好樂過，阮籍《樂論》曰：「桓帝聞琴，凄愴傷心，倚床而悲，慷慨長息曰：善乎哉，爲琴若此，一而足矣。」永興二年九月丁卯朔，在角五度。角，鄭宿也。十一月，泰山盜賊群起，劫殺長吏。泰山於天文屬鄭。永壽三年閏月庚辰晦，在七星二度。史官不見，郡國以聞。例在永元四年。後二歲，梁皇后崩，冀兄弟被誅。延熹元年五月甲戌晦，在柳七度。京都宿也。《梁冀別傳》曰：「常侍徐璜白言：臣竊見道術家常言，漢死在戌亥。今太歲在丙戌，五月丙戌，日食柳宿。朱雀，漢家之貴國，宿分周地，今京師是也。史官上占，去重見輕，璜召太史陳援詰問，乃以實對。冀恐援不爲隱諱，使人陰求其短，發摘上聞。上以亡失候儀，不敬，有司奏收殺獄中。」八年正月丙申晦，在營室十三度。營室之中，女主象也。其二月癸亥，鄧皇后坐酗，上送暴室，令自殺，家屬被誅。呂太后崩時亦然。九年正月辛卯朔，《潛潭巴》曰：「辛卯食，臣伐其主。」在營室三度。史官不見，郡國以聞。谷永以爲三朝尊者惡之。其明年，宮車晏駕。永康元年五月壬子晦，《潛潭巴》曰：「壬子食，妃后專恣，女謀王。」在輿鬼一度。儒說壬子屬水，日陽不克，將有水害。其八月，六州大水，渤海盜賊。

靈帝建寧元年五月丁未朔，《潛潭巴》曰：「丁未食，王者崩。」冬十月甲辰晦，日有食之。二年十月戊戌朔，右扶風以聞。三年三月丙寅晦，梁相以聞。四年三月辛酉朔。《潛潭巴》曰：「辛酉食，女謀王。」谷永上書：「飲酒無節，君臣不別，奸邪欲起。」《傳》曰：「酒無節，茲爲荒，厥異日食，厥咎亡。」靈帝好爲商估，飲於宮人之肆也。熹平二年二月癸酉晦，在虛二度。是時中常侍曹節、王甫等專權蔡邕上書曰：「四年正月朔，日體微傷，群臣服赤幘，赴宮門之中，無救，乃各罷歸。夫有大異，隱而不宣求禦過，是已事之甚者。」六年十月癸丑朔，趙相以聞。谷永上書：「賦斂滋重，不顧黎民，百姓虛竭，則日食，將有潰叛之變。」光和元年二月辛亥朔。十月丙子晦，在箕四度。箕爲后宮口舌。是月，上聽讒廢宋皇后。按：本傳盧植上書，丙子食自已過午，既食之後，雲霧晻曖，陳八事以諫。蔡邕對問曰：「詔問踐祚以來，災眚屢見，頻歲日食、地動，風雨不時，疫厲流行，勁風折木，河、淮盛溢。臣聞陽微則日食，陰盛則地動，思亂則風，貌失則雨，視闇則疾。簡宗廟，上不潤下，川流滿溢。明君臣上下，抑陰尊陽，修五事於聖躬，致精慮於共禦，其救之也。」二年四月甲戌朔。四年九月庚寅朔，《潛潭巴》曰：「庚寅食，將相誅，大水，多死傷。」在角六度。中平三年五月壬辰晦。《潛潭巴》曰：「壬辰食，河決海溢，久霧連陰。」六年四月丙午朔，其月浹辰宮車晏駕。

獻帝初平四年正月甲寅朔，在營室四度。《潛潭巴》曰：「甲寅蝕，雷電擊殺，骨肉相攻。」是時李傕、郭汜專政。《袁宏紀》曰：「未食八刻，太史令王立奏曰：『日晷過度，無有變也。』於是朝臣皆賀。帝密令尚書候焉，未晡一刻而食。尚書賈詡奏曰：『立伺候不明，疑誤上下；太尉周忠，職所典掌，請皆治罪。』詔曰：『天道遠，事驗難明，且災異應政而至，雖探道知幾，焉能無失？而欲歸咎史官，益重朕之不德也。』弗從。於是避正殿，寢兵，不聽事五日。」興平元年六月乙巳晦。建安五年九月庚午朔。《潛潭巴》曰：「庚午食，後火燒官兵。」六年十月癸未朔。十三年十月癸未朔，《潛潭巴》曰：「癸未食，仁義不明。」在尾十二度。十五年二月乙巳朔。十七年六月庚寅晦。二十一年五月己亥朔。《潛潭巴》曰：「己亥食，小人用事，君子縶。」二十四年二月壬子晦。

凡漢中興十二世，百九十六年，日蝕七十二；朔三十六，晦二十七，月二日三。

魏文帝黄初二年六月戊辰晦，日有食之。有司奏免太尉。詔曰：「災異之作，以譴元首，而歸股肱，豈禹湯罪己之義乎！其令百官各虔厥職。後有天地眚，勿復劾三公。」三年正月丙寅朔。十一月庚申晦。五年十一月戊寅晦。

明帝太和初，太史令許芝奏，日應蝕，與太尉於靈臺祈禳。帝曰：「蓋聞人主政有不德，則天懼之以災異，所以譴告，使得自脩也。故日月薄蝕，明治道有不當者。朕即位以來，既不能光明先帝聖德，而施化有不合於皇神，故上天有以寤之。宜敕政自脩，有以報於神明。天之於人，猶父之於子，未有父欲責其子，而可以獻盛饌以求免也。今外欲遣上公與太史令俱禳祠之，於義未聞也。群公卿士大夫，其各勉脩厥職。有可以補朕不逮者，各封上之。」太和五年十一月戊戌晦。六年正月戊辰朔，見吴曆。青龍元年閏月庚寅朔。

少帝正始元年七月戊申朔。三年四月戊戌朔。四年五月丁丑朔。五年四月壬子朔。七月戊申朔。八年二月庚午朔，是時曹爽專政，丁謐、鄧颺等轉改法度。有日蝕之變，詔群臣問得失。蔣濟上疏曰：「昔大舜佐治，戒在比周；周公輔政，慎於其朋。齊侯問災，晏子對以布惠；魯君問異，臧孫答以緩役。塞變應天，乃實人事。」濟旨譬甚切，而君臣不悟，終至敗亡。九年正月乙未朔。嘉平元年二月己未朔。

高貴鄉公甘露四年七月戊子朔。五年正月乙酉朔。京房《易占》曰：「日食乙酉，君弱臣强。司馬將兵，反征其王。」五月有成濟之變。

元帝景元二年五月丁未朔。三年十一月己亥朔。

晉武帝泰始二年七月丙午朔。十月丙午朔。七年十月丁丑朔。八年十月辛未朔。九年四月戊辰朔。十年正月乙未。三月癸亥。咸寧元年七月甲申晦。三年正月丙子朔。四年正月庚午朔。太康四年三月辛丑朔。七年正月甲寅朔。八年正月戊申朔。十年正月壬申朔，六月庚子朔，并日有食之。永熙元年四月庚申。帝崩。

惠帝元康九年十一月甲子朔。十二月，廢皇太子遹爲庶人，尋殺之。永康元年正月己卯。四月辛卯朔，并日有蝕之。永寧元年閏月丙戌朔。光熙元年正月戊子朔。七月乙酉朔。十一月惠帝崩。十二月壬午朔。

懷帝永嘉元年十一月戊申朔。二年正月丙子朔。六年二月壬子朔。

湣帝建興四年六月丁巳朔，十二月甲申朔，并日有食之。五年五月丙子，十一月丙子，并日有食之。時帝蒙塵於平陽。

元帝太興元年四月丁丑朔。

明帝太寧三年十一月癸巳朔，在卯至斗。斗，吴分也。其後蘇峻作亂。

成帝咸和二年五月甲申朔，在井。井，主酒食，女主象也。明年，皇太后以憂崩。六年三月壬戌朔，是時帝已年長，每幸司徒弟，猶出入見王導夫人曹氏如子弟之禮。以人君而敬人臣之妻，有虧君德之象也。九年十月乙未朔，是時帝既冠，當親萬機，而委政大臣，道有虧也。咸康元年十月乙未朔。七年二月甲子朔。三月，杜皇后崩。八年正月乙未朔。京都大雨，郡國以聞。是謂三朝，王者惡之。六月而帝崩。

穆帝永和二年四月己酉，七年正月丁酉，八年正月辛卯，并日有食之。十二年十月癸巳朔，在尾。尾，燕分，北狄之象也。是時邊表姚襄、苻生，互相吞筮，朝廷憂勞，征伐不止。升平四年八月辛丑朔，日有食之，幾，在角。凡蝕，淺者禍淺，深者禍大。角爲天門，人主惡之。明年而帝崩。

哀帝隆和元年三月甲寅，十二月戊午朔，并日有食之。明年而帝有疾，不識萬機。

海西公太和三年三月丁巳朔，五年七月癸酉朔，并日有食之。皆海西被廢之應也。

孝武帝寧康三年十月癸酉朔。太元四年閏月己酉朔。是時苻堅攻没襄陽，執朱序。六年六月庚子朔。九年十月辛亥朔。十七年五月丁卯朔。二十年三月庚辰朔。明年帝崩。

安帝隆安四年六月庚辰朔。是時元顯執政。元興二年四月癸巳朔。其冬桓元篡位。義熙三年七月戊戌朔。十年九月丁巳朔。十一年七月辛亥晦。十三年正月甲戌朔。明年，帝崩。

恭帝元熙元年十一月丁亥朔。自義熙元年至是，日食日從上始，皆爲革命之徵。

凡魏晉共一百五十年，日蝕七十九，朔六十五，晦七，不言朔、晦七。

宋營陽王景平二年二月己卯朔，日有蝕之。

文帝元嘉四年癸卯朔。五年五月壬辰朔。十一月己丑朔。十七年四月戊午朔。十九年七月甲戌晦。二十三年六月癸未朔。三十年秋七月辛丑朔。

孝武帝孝建元年七月丙申朔，日有食之既。大明五年九月甲寅。

明帝太始四年十月癸酉朔。五年十月丁卯朔。

後廢帝元徽元年十二月癸卯朔。

順帝昇明二年三月己酉朔。九月乙巳朔。三年三月癸卯朔。

齊高帝建元二年九月甲午朔。三年七月己未朔。

武帝永明元年十二月乙巳朔。

廢帝隆昌元年五月甲戌朔。

明帝建武元年十一月壬申朔。

東昏侯永元三年正月丙申朔。

梁武帝天監元年七月丁巳朔。五年三月丙寅朔。十年十二月壬戌朔，日食，在牛四度。十五年三月戊辰朔，日有食之，既。普通元年正月乙亥朔，丙子。古曰：「日食，陰侵陽，陽不克陰也，爲大水。」其年七月，江、淮、海溢。三年五月壬辰朔，日有食之，既。四年十一月癸未朔。大同四年六月辛丑朔。太清元年春正月己亥朔。

陳武帝永定三年五月丙辰朔。

文帝天嘉三年九月戊辰朔。

宣帝太建三年九月庚子朔。六年三月壬辰朔。

後主至德三年春正月戊午朔。

後魏道武帝天興三年夏六月庚辰朔即東晉安帝隆安四年。六年夏四月癸巳朔晉元興二年。天賜五年十月戊戌朔晉義熙三年。

明元神瑞元年九月丁巳朔。晉義熙十年。二年八月庚辰晦。晉義熙十一年，《晉史》作七月辛巳朔。泰常元年七月辛亥晦。二年正月甲戌朔晉義熙十四年。四年冬十一月丁亥朔。

太武始光四年六月癸卯朔。宋文帝元嘉四年。神䴥元年十一月乙未朔。宋元嘉五年，《南史》是年五月亦日食，此不載。太延元年正月乙未朔。三年冬十一月乙卯朔。太平真君元年四月戊午朔。宋元嘉十七年。三年八月甲戌晦。宋元嘉十九年。六年六月戊子朔。七年六月癸未朔。元嘉二十三年。十年四月丙申朔。

文成帝大安元年七月丙申朔。宋孝武孝建元年。和平元年九月庚申朔。二年二月壬子朔。宋大明五年。

獻文帝皇興元年十月己亥朔。宋明帝太始四年。二年四月丙子朔。十月癸酉朔。宋太始五年。三年十月丁酉朔。

孝文延興元年十二月癸卯朔。宋廢帝元徽元年。三年十二月癸卯朔。四年正月癸酉朔。太和元年十月辛亥朔。二年二月乙酉晦。宋順帝昇平二年。三年三月癸卯朔。宋昇平三年。五年七月庚申朔。齊高祖建元二年，《南史》書九月甲午朔。七年十二月乙巳朔。十二年二月辛亥朔。十四年正月己巳朔。十五年正月癸亥晦。十七年六月庚辰朔。十八年五月甲戌朔。齊明帝建武元年，《南史》書十一月壬申朔。二十年九月庚寅晦。

宣武帝景明元年正月辛丑朔。齊東昏侯永元三年。七月己亥朔。二年秋七月癸巳朔。三年七月丁巳朔。梁武帝天監元年。永平元年八月壬子朔。二年八月丙午朔。四年十二月壬戌朔。梁天監十年。神龜二年正月辛巳朔。

孝明帝熙平元年三月戊辰朔。梁天監十五年。延昌元年五月己未晦。二年五月甲寅朔。正光元年正月乙亥朔。梁普通元年。二年五月丁酉朔。三年五月壬辰朔。梁普通三年。冬十一月己丑朔。四年十一月癸未朔。梁普通四年。

孝莊帝永安二年十月乙酉朔。

節閔帝普泰元年六月己亥朔。

孝武永熙元年十月辛酉朔。二年四月己未朔。三年四月癸丑朔。孝靜帝元象元年正月辛酉朔。梁大同四年。興和元年閏五月丁丑朔。武定五年正月己亥朔。梁太清元年。

北齊後主武平七年六月戊申朔。

周武帝保定元年四月丙子朔。十月甲戌朔。二年九月壬辰朔。陳文帝天嘉三年。三年三月乙丑朔。四年二月庚寅朔。八月丁亥朔。五年七月辛巳朔。天和六年正月己卯朔。二年正月癸酉朔。十一月戊戌朔。二年十一月壬辰朔。五年十月辛巳朔。六年四月戊寅朔。陳宣帝太建三年。《南史》書九月庚子朔。建德元年三月癸卯朔。九月庚子朔。三年二月壬辰朔陳太建六年。四年二月丙戌朔。十二月辛亥朔。五年六月戊申朔。六年十一月己亥朔。

靜帝大象二年十月甲寅朔。

隋文帝開皇三年二月己巳朔。秋七月丁卯。四年正月甲子朔。七年五月乙亥朔。十一年二月辛巳晦。十二年七月壬申晦。十三年七月戊辰晦。仁壽元年二月乙卯朔。

煬帝大業十二年五月丙戌朔。

按：自李延壽南、北史不作諸誌，後來之閱史者遂以《隋書》上接《晉書》。然《隋書》諸誌，南止及梁、陳而不及宋、齊，北止及齊、周而不及元魏。而沈約、蕭子顯、魏收諸史，世所罕見。故宋、齊、魏之事無由考焉。近世鄭漁仲作《通誌》，號爲該洽，然其《天文略》所書日食，以梁武帝天監十年上接宋恭帝元熙元年，蓋止以《隋誌》之所有者書之，而更不考宋齊之事。疏略如此。又況梁、陳兩代，日食凡十四，而《隋誌》僅書其四，則《隋誌》亦未爲詳盡也。今就《帝紀》中剔出所書日食類而載之，南宋、齊、梁、陳，北魏、周、齊、隋，上承晉，下接唐，然後所載稍備。然南自宋武帝永初元年至陳後主禎明二年，北自魏明帝泰常五年至隋文帝開皇八年，此一百六十九年之間，《南史》所書日食僅三十六，而《北史》所書乃七十九，其間年歲之相合者才二十七，又有年合而月不合者，（如南齊高帝建元二年，即北魏孝文太和五年，是年日食，《南史》書九月甲午朔，《北史》書六月庚申朔之類。）夫縣象著明，同此一宇宙也，豈有食於北而不食於南之理？如以爲陰雲不見，則不書食，然《北史》所書過倍《南史》之數，豈南常陰翳而北常開霽乎？又歲年之不合，與年同而月異，皆所不可曉者。《春秋》日食不書日與晦、朔，猶以爲官失之，今二史抵牾乃如此，其爲官失也大矣。

唐高祖武德元年十月壬申朔，日有食之，在氐五度。占曰：「諸侯專權，則其應在所宿國；諸侯附從則爲王者事。」四年八月丙戌朔，在翼四度。楚分也。六年十二月壬寅朔，在斗十九度。吳分也。九年十月丙辰朔，在氐七度。

太宗貞觀元年閏三月癸丑，在胃九度。九月庚戌朔，在亢五度。胃爲天倉，亢爲疏廟。二年三月戊申朔，在婁十一度。占爲大臣憂。三年八月己巳朔，在

翼五度。占曰:「旱。」四年閏正月丁卯朔,在營室四度。七月甲子朔,在張十四度,占爲禮失。六年正月乙卯朔,在虚九度。虚耗祥也。八年五月辛未朔,在參七度。九年閏四月丙寅朔,在畢十三度。占爲邊兵。十一年三月丙戌朔,在婁三度。占爲大臣憂。十二年閏二月庚辰朔,在奎九度。奎,武庫也。十三年八月辛未朔,在翼十四度。翼爲遠夷。十七年六月己卯朔,在東井十六年,京師分也。十八年十月辛丑朔,在房三度。房,將相位。二十年閏三月癸巳朔,在胃九度。占曰:「主有疾。」二十二年八月己酉朔,在翼五度。占曰:「旱。」

高宗顯慶五年六月庚午朔,在柳五度。龍朔元年五月甲子晦,在東井二十七度。皆京師分也。麟德二年閏三月癸酉,在胃九度。占曰:「主有疾。」乾封二年八月己酉朔,在翼六度。總章二年六月戊申朔,在東井二十九度。咸亨元年六月壬寅朔,在東井十八度。二年十一月甲午朔,在箕九度。三年十一月戊子朔,在尾十度。東井,京師分。箕爲后妃之府。尾爲后宫。五年三月辛亥朔,在婁十三度。占爲大臣憂。永隆元年十一月壬申朔,在尾十六度。開耀元年十月丙寅朔,在尾四度。永淳元年四月甲子朔,在畢五度。十月庚申朔,在房三度。

武后垂拱二年二月辛未朔,在營室十五度。四年六月丁亥朔,在東井二十七度。京師分也。天授二年四月壬寅朔,在昴七度。如意元年四月丙申朔,在胃十一度,皆正陽之月。長壽二年九月丁亥朔,在角十度。角内爲天廷。延載元年九月壬午朔,在軫八度。軫爲車騎。證聖元年二月己酉朔,在營室五度。聖歷三年五月己酉朔,在畢十五度。長安二年九月乙丑朔,幾既,在角初度。二年三月壬戌朔,在奎十度。占曰:「君不安。」九月庚寅朔,在亢七度。

中宗神龍三年六月丁卯朔,在東井二十八度。京師分也。景龍元年十二月乙丑朔,在南斗二十八度。斗爲丞相位。

元宗先天元年九月丁卯朔,在角十度。開元三年七月庚申朔,在張四度。七年五月己丑朔,在畢十五度。九年九月乙巳朔,在軫十八度。十二年閏十二月丙辰朔,在虚初度。十七年十月戊午朔,不盡如鉤,在氐九度。二十年二月甲戌朔,在營室十度。八月辛未朔,在翼七度。二十一年七月乙丑,在張十五度。二十二年十二月戊子朔,在南斗十三度。二十三年閏十一月壬午朔,在南斗十一度。二十六年九月丙申朔,在亢九度。二十八年三月丁亥朔,在翼三度。天寶元年七月癸卯朔,在張五度。五載五月壬子朔,在婁十六度。十三載六月乙丑朔,幾既,在東井十九度。京師分也。

肅宗至德元載十月辛巳朔,日有食之,既,在氐十度。上元二年七月癸未朔,日有食之,既,大星皆見,在張四度。

代宗大曆三年三月乙巳朔,在奎十一度。十年十月辛酉朔,在氐十一度。宋分也。十四年七月戊辰朔,在張四度。十二月丙寅晦,在危十二度。

德宗貞元二年八月辛巳朔,在軫八度。五年正月甲辰朔,在營室六度。八年十一月壬子朔,在尾六度。宋分也。十二年八月己未朔,在翼十八度。占曰:「旱。」十七年五月壬戌朔,在東井十度。

憲宗元和三年辛巳朔,在七星三度。十年八月己亥朔,在翼十八度。十三年六月癸丑朔,在輿鬼一度,京師分也。

穆宗長慶二年四月辛酉朔,在胃十三度。三年九月壬子朔,在角十二度。

文宗太和八年二月壬午朔,在奎二度。開成元年正月辛丑朔,在虚三度。

武宗會昌三年二月庚申朔,在東壁一度,并州分也。四年二月甲寅朔,在營室七度。五年七月丙午朔,在張七度。六年十二月戊辰朔,在南斗十四度。

宣宗大中三年五月己未朔,在參九度。八年正月丙戌朔,在危二度。危爲元枵,亦耗祥也。

懿宗咸通四年七月辛卯朔,在張十七度。

僖宗乾符三年九月乙亥朔,在軫十四度。四年四月壬申朔,在畢三度。六年四月庚申朔,在胃八度。文德元年三月戊戌朔,在胃一度。

昭宗天祐元年十月辛卯朔,在心二度。三年四月癸未朔,在胃十二度。

右唐著紀二百八十九年,日食九十三,朔九十一,晦一,二日一。

梁太祖開平五年正月丙戌朔,日有食之。乾化元年正月丙戌朔。

少帝龍德三年十月辛未朔。

唐莊宗同光三年四月癸亥朔。司天奏在昴,主歲大旱。

明帝天成元年八月乙酉朔。二年八月己卯朔。三年五月丁丑,其日陰雲不見,百官稱賀。長興元年六月癸巳朔。二年十一月甲申朔。先是司天奏:「朔日合食二分。伏緣所食微少,太陽光影相鑠,伏恐不辨虧闕。請其日不入閤,百官不守司,從之。

晉高祖天福二年正月乙卯朔。二日。三年正月戊申朔。四年七月庚子朔。七年四月甲寅朔。八年四月戊申朔。

少帝開運元年九月庚午朔。二年八月甲子朔。三年二月壬戌朔。

漢隱帝乾祐元年六月戊寅朔。二年六月癸酉朔。三年十一月甲子朔。

周太祖廣順二年四月丙戌朔。

宋太祖皇帝建隆元年五月己亥朔。二年四月癸巳朔。乾德三年二月壬寅朔，驗之不食。五年六月戊午朔。開寶元年十二月己酉朔。三年四月辛未朔。四年十月癸亥朔。五年九月丁巳朔。七年二月庚辰朔。八年七月辛未朔。

太宗太平興國二年十一月丁亥朔。六年九月乙未朔。七年三月癸巳朔，八年二月戊子朔。雍熙二年十二月庚子朔。三年六月戊戌朔。晁化二年閏二月辛未朔。三年二月乙丑朔。四年二月己未朔。五年十二月戊寅朔，雲陰不見，與不食同。侍臣稱賀。

真宗咸平元年五月戊午朔。十月丙戌朔。二年九月庚辰朔。三年三月戊寅朔。五年七月甲午朔。景德元年十二月庚辰朔。三年五月壬寅朔，雲陰不見。四年五月丙申朔。十月甲午朔，雲陰不見。大中祥符二年三月丙辰朔，陰雨不見。五年八月丙申朔。六年十二月戊午朔。

七年十二月癸丑朔，驗之不食。八年六月己酉朔。天禧三年三月戊午朔。五年七月甲戌朔，當食既，測驗及四分止。

仁宗乾興元年七月甲子朔，日食幾盡。天聖二年五月丁亥朔，日當食，候之不食。四年十月甲戌朔。六年三月丙申朔。七年八月丁亥朔。明道二年六月甲午朔，皆食。景祐三年，殿中丞王立言：「四月己酉朔，日當食二分半，候之不食。」寶元元年正月丙辰朔，食六分，申一刻便復。六月戊子日食，楊惟德等言，來歲閏十二月，則庚辰歲正月朔，日當食。請移閏於庚辰，則日食在前正月之晦。帝曰：「閏所以正天時而授民事，其可曲避乎！」不許。康定元年正月丙辰朔，食。慶曆二年六月壬申朔，食五分，至酉六刻，帶二分入濁不見。三年五月丁卯朔，食。四年十一月戊申朔，日當食不食。五年四月丁亥朔，日應食，而雲晦不見。六年三月辛巳朔，食四分半，申三刻復。皇祐元年正月甲午朔，食一分。四年十一月壬寅朔，食二分弱，未正一刻復。五年十月丙申朔，午正一刻食，至四分半。至和元年四月甲午朔，食九分餘，闕於西南，申正一刻甚。是日雷雨，降詔恤刑及預降德音。占曰：「正陽之月日食，王者惡之。」嘉祐元年八月庚戌朔，食二分。三年八月己亥朔，食三分半。四年正月丙申朔，食三分餘，未初三刻復。占曰：「受歲而食日，王者惡之。」先是日食，欲改戊戌年十二月爲閏以避之，詔不許。六年六月壬子朔，未初刻食四分，入雲不見。時議稱賀，修起居註司馬光上言：「臣愚以爲日之所照，周遍華夷，雲之所蔽，至爲近狹。今若太陽實虧而有浮翳塞，雖京師不見，四方必有見者，此乃天戒至深，不可不察也。臣聞漢成帝永始元年九月，日有食之，四方不見，京師見。谷永以爲沈湎於酒，禍在內也。二年二月，日有食之，四方見，京師不見。谷永以爲百姓屈竭，禍在外也。臣愚以爲永之所言似未協天意。夫四方不見京師見者，禍尚淺也。四方見京師不見者，禍浸深也。日者人君之象，天意若曰人君爲陰邪所蔽，災慝明著，天下皆知其憂危，而朝廷獨不知也。由是言之，人主尤宜側身戒懼，憂念社稷，而群臣乃始相率稱賀，豈得不謂之上下相蒙，誣罔天譴哉？又所食不滿分數者，歷官術數之不精，當治其罪，亦非所以爲賀也。」

神宗熙寧元年正月甲戌朔，日有食之。二年七月乙丑朔，太史言日當食八分，是日陰雲蔽食，不及定分。

六年四月甲戌朔，太史言日當食，陰雲不見。八年八月庚寅，太史言日當食，陰雲不見。元豐元年六月癸卯，太史言當食，驗之不食。三年十一月己丑，太史言日食六分，不及所食分數。四年十一月癸未，太史言當食，驗之不食。五年四月壬子朔，太史言日有食之，陰雲不見。六年九月癸卯，日有食之。

哲宗元祐二年七月庚戌，太史言日當食，陰雲不見。六年五月己未朔。九年三月壬申朔，太史言日當食，陰雲不見，初虧至未時三刻，雲間見日西南已食一分餘，六刻食甚至七分，有雲，不見復圓。

紹聖三年二月丁卯，太史言日當食，驗之不食。四年六月癸未太史言當食，陰雲不見。

元符三年四月丁酉朔。

徽宗建中靖國元年四月辛卯朔，太史言日當食，陰雲不見。大觀元年十一月壬子朔。二年五月庚戌朔。四年九月丙寅朔。政和三年三月壬子朔。五年七月戊辰朔。八年五月壬午朔。

宣和元年四月丙子朔。五年八月辛巳朔，太史言日當食，陰雲不見。

高宗建炎三年九月丙午朔，食於亢四度。紹興五年正月乙巳朔，食於女分。占曰：「有喪。」又曰：「東國發兵。」是年，徽宗崩於五國城。七年二月癸巳朔，

食於室。占：「人主遊處不節，外戚擅權。」十三年十二月癸未朔，食於牛，露雲蔽之不見，用舊制，拜表稱賀。十五年六月乙亥朔，食於井。占「諸侯死」。又曰：「大旱，民流亡。」十七年十月辛卯朔，食於氐。

十八年四月戊子朔。十九年三月癸未朔。二十四年五月癸丑朔。二十五年五月丁未朔。日皆當食，黔雲不見。於是十月秦檜卒。

二十八年三月辛酉朔，日當食，黔雲不見。始降詔免賀，猶宜付史館。三十年八月丙午朔，食於翼。占「王者失禮，宗廟不親」。又曰：「民流，天下有大變，兵起，期三年。」於是始有言金人將敗盟，次年逆亮果犯邊。

三十一年正月甲戌朔，太史局言日當食，而不食。占：「人君修德罪己，察奸理賢，寬恩布德，上動於天，則有食而不食。」三十二年正月戊申朔，食於女。五月上內禪。

孝宗隆興元年六月庚申朔，食於井。三年六月甲寅，黔雲不見。乾道五年八月甲申朔，食於翼。九年五月壬辰朔，食於井。晁熙元年十二月甲申朔，食於尾。三年三月丙午朔，日當食，黔雲不見。四年九月丁酉朔，日當食，黔雲不見。時孝宗厲精爲治。

十年十一月壬戌朔，食於心。占曰：「食壬戌，群小萌。食太半，災重，相死。」又曰：「法令有失，將相相疑。」十五年八月甲子朔，食於翼。占曰：「甲子日食，夷兵動。」又曰：「在翼爲王者失禮，又秋食爲兵。」十六年二月辛酉朔，日當食。始孝宗將以正月內禪，宰臣周必大言，新天子即位而食，處當避殿，恐宜少緩。上大以爲然。故展內禪在次月，至是日，黔雲蔽，不見虧分。

寧宗慶元元年三月丙戌朔，食於婁。占：「多冤訟，其分有叛臣或大水。」又曰：「戒邊臣。」於是侂胄用事，始有意北伐。四年正月己亥朔，黔雲不見。五年正月癸巳朔，黔雲不見。六年六月乙酉朔，日食。太史言，夜食不見。嘉泰二年五月甲辰朔，食於畢。占：「主大水潦，諸侯死，邊將亡，遠國謀亂。」後三年，吴曦反於蜀，伏誅。三年四月己亥朔，日當食。而太史局言，日體圓明不見虧分。凡言不見虧分者，食不及一分也。開禧二年二月壬子朔。

嘉定四年十一月己酉朔，皆當食，皆不見虧分。七年九月壬戌朔，食於角。九年二月甲申朔，食於室。十年七月丙子朔，食於張。十一年七月庚午朔，日食一分，其日正午或見或不見。太史局言，是爲陽勝陰微，日體不虧。十四年五月甲申朔，食於畢。十六年九月庚子朔，日食於軫。

程氏《演繁露》曰：古謂日輪規環千里，特言其周廣當然者耳，而無有言其如何其圓者也。沈括取銀圜爲喻曰：「月如銀圜，本自無光，日耀之乃有光，其圓非圓，乃月與日相望，其光全耳。及其闕也，亦非真闕，乃日光之所不及耳。」此喻最爲精審，予已詳著之矣。淳熙丙申三月，予爲少蓬太史局言，朔日巳時，日食西北隅，食至一分半而復，已而，日行加巳，呼請臺官即道山下，以盆貯油對日景候之，時既及巳，雲忽驟起，少選雲退，則日輪西北角微有虧闕，約其所欠，殆不及一分，蓋食已而復，非不及一分半也，其年某人忘其名。使虜自北而回，正當食時，其行適及河北自北望之，則日輪虧及十分之二。是太史之言，固不能精，亦不全謬也。予因此之見，益知沈括銀圜之說，確與之合也。臨安距河北則向南二千餘里矣。日食而北，人在東南，故從東南見之闕處全少是以其分而闕僅及一也，至於人在河北，日并東南，故其食處多見，而遂十分虧二，以此見日輪正圓可驗也。此如東京所鑄渾儀，今在臨安清臺，則於西柱移低兩寸，以順天勢，其痕跡尚在可驗也。南北異地，於以準望天度，則臨安與汴京自是不同也。

元・脱脱等《宋史》卷四《太宗紀一》　宋太宗太平興國七年三月癸巳朔，日有食之。

元・脱脱等《宋史》卷一三《英宗紀》　宋英宗治平三年九月壬子朔，日有食之。

元・脱脱等《宋史》卷二二《徽宗紀四》　宋徽宗宣和二年十月戊辰朔，日有食之。

元・脱脱等《宋史》卷五二《天文志》　日食

建隆元年五月己亥朔，日有食之。二年四月癸巳朔，日有食之。

乾德三年二月壬寅朔，日當食，不食。五年六月戊午朔，日有食之。

開寶元年十二月己酉朔，日有食之。三年四月辛酉朔，日有食之。四年十月癸亥朔，日有食之。五年九月丁巳朔，日有食之。七年二月庚辰朔，日有食之。八年七月辛未朔，日有食之。

太平興國二年十一月丁亥朔，日有食之既。六年九月乙未朔，日有食之。七年三月癸巳朔，日有食之。八年二月戊子朔，日有食之。

雍熙二年十二月庚子朔，日有食之。三年六月戊戌朔，日有食之。

淳化二年閏二月辛未朔，日有食之。三年二月乙丑朔，日有食之。四年二月己未朔，日有食之。八月丙辰朔，日有食之。五年十二月戊寅朔，日有食之，

雲陰不見。

咸平元年五月戊午朔，日有食之。十月丙戌朔，日有食之。二年九月庚辰朔，日有食之。三年三月戊寅朔，日有食之。五年七月甲午朔，日有食之。

景德元年十二月庚辰朔，日有食之。三年五月壬寅朔，日有食之。雲陰不見。四年五月丙申朔，日有食之。陰雨不見。

大中祥符二年三月丙辰朔，日有食之。陰雨不見。五年八月丙申朔，日有食之。六年十二月戊午朔，日有食之。七年十二月癸丑朔，日當食，不食。八年六月己酉朔，日有食之。

天禧三年三月戊午朔，日有食之。五年七月甲戌朔，日有食之。

乾興元年七月甲子朔，日食幾盡。

天聖二年五月丁亥朔，日當食不食。四年十月甲戌朔，日有食之。六年三月丙申朔，日有食之。七年八月丁亥朔，日有食之。

明道二年六月甲午朔，日有食之。

景祐三年四月己酉朔，日當食不食。

寶元元年正月戊戌朔，日有食之。

康定元年正月丙辰朔，日有食之。

慶曆二年六月癸酉朔，日有食之。三年五月丁卯朔，日有食之。四年十一月戊午朔，日當食不食。五年四月丁亥朔，日有食之，雲陰不見。六年三月辛巳朔，日有食之。

皇祐元年正月甲午朔，日有食之。四年十一月壬寅朔，日有食之。五年十月丙申朔，日有食之。

至和元年四月甲午朔，日有食之。

嘉祐元年八月庚戌朔，日有食之。三年八月己亥朔，日有食之。四年正月丙申朔，日有食之。六年六月壬子朔，日有食之。雲陰不見。

熙寧元年正月甲戌朔，日有食之。二年七月乙丑朔，日有食之。雲陰不見。六年四月甲戌朔，日有食之。八年八月庚寅朔，日有食之。雲陰不見。

元豐元年六月癸卯朔，日當食不食。三年十一月己丑朔，日有食之。四年十一月癸未朔，日當食不食。五年四月壬子朔，日有食之，雲陰不見。六年九月癸卯朔，日有食之。

元祐二年七月庚戌朔，日有食之，陰雨不見。六年五月己未朔，日有食之。

紹聖元年三月壬申朔，日有食之。二年二月丁卯朔，日當食不食。四年六月癸未朔，日有食之，雲陰不見。

元符三年四月丁酉朔，日有食之。

建中靖國元年四月辛卯朔，日有食之，雲陰不見。

大觀元年十一月壬子朔，日有食之。二年五月庚戌朔，日有食之。四年九月丙寅朔，日有食之。

政和三年三月壬子朔，日有食之。五年七月戊辰朔，日有食之。

重和元年五月壬午朔，日有食之。

宣和元年四月丙子朔，日有食之。五年八月辛巳朔，日有食之，陰雲不見。

建炎三年九月丙午朔，日食於亢。

紹興五年正月乙巳朔，日食於女。七年二月癸巳朔，日食於室。是年，當金之天會十五年，金史不書日食。八年至十二年，日食多在夜，史蒙蔽不書。十三年十二月癸未朔，日食於牛，黔雲不見。十五年六月乙亥朔，日食於井。十七年十月辛卯朔，日食於氐。是年，乃金之皇統七年，金史不書日食。十八年四月戊子朔，日有食之，黔雲不見。十九年三月癸未朔，日有食之，黔雲不見。二十四年五月癸丑朔，日有食之，黔雲不見。二十五年五月丁未朔，日有食之，黔雲不見。二十八年三月辛酉朔，日有食之，黔雲不見。三十年八月丙午朔，日食於翼。三十一年正月甲戌朔，太史言日當食而不食。三十二年正月戊辰朔，日食於女。

隆興元年六月庚申朔，日食於井。二年六月甲寅朔，日有食之，黔雲不見。

乾道五年八月甲申朔，日食在翼，黔雲不見。九年五月壬辰朔，日食在井，黔雲不見。

淳熙元年十一月甲申朔，日食在尾，黔雲不見。三年三月丙午朔，日有食之，黔雲不見。四年九月丁酉朔，日有食之，黔雲不見。十年十一月壬戌朔，日食於心。十五年八月甲子朔，日食於翼。十六年二月辛酉朔，日有食之，黔雲不見。

慶元元年三月丙戌朔，日食於婁。四年正月己亥朔，日有食之，黔雲不見。五年正月癸巳朔，日有食之，黔雲不見。六年六月乙酉朔，日有食之，黔雲不見。是年，乃金承安五年，金史不書日食。

嘉泰二年五月甲辰朔，日食於畢。三年四月己亥朔，日有食之。金史不書。

開禧二年二月壬子朔，日當食，太史言不見虧分。

嘉定三年六月丁巳朔，日有食之。四年十一月己酉朔，日當食，太史言不見虧分。金史不書。七年九月壬戌朔，日食於角。九年二月甲申朔，日食於室。十年七月丙子朔，日食於張。十一年七月庚午朔，日有食之。十四年五月甲申朔，日食於畢。十六年九月庚子朔，日食於軫。

寶慶三年六月戊申朔，日有食之。

紹定元年六月壬寅朔，日有食之。六年九月壬寅朔，日有食之，黔雲不見。

端平二年二月甲子朔，日當食不虧。

嘉熙元年十二月戊寅朔，日有食之。

淳祐二年九月庚辰朔，日有食之。三年三月丁丑朔，日有食之。五年七月癸巳朔，日有食之。六年正月辛卯朔，日有食之。九年四月壬寅朔，日有食之。十二年二月乙卯朔，日有食之。

寶祐元年二月己酉朔，日有食之。

景定元年三月戊辰朔，日有食之。二年三月壬戌朔，日有食之。

咸淳元年正月辛未朔，日有食之。三年五月丁亥朔，日有食之。四年十月戊寅朔，日有食之。六年三月庚子朔，日有食之。七年八月壬辰朔，日有食之。八年八月丙戌朔，日有食之。

德祐元年六月庚子朔，日食，既，星見，鷄鶩皆歸。明年，宋亡。

元·脱脱等《宋史》卷六七《五行志五》 宋瀛國公德祐元年六月庚子朔，日有食之，既，天地晦冥，咫尺不辨人，雞鶩歸棲，自巳至午，其明始復。

元·脱脱等《宋史》卷八二《律曆志一五》 宋寧宗嘉泰二年五月朔，日食，太史以爲午正，草澤趙大猷言午初三刻半日食三分，詔著作郎張嗣古監視測驗大猷言然，曆官乃抵罪。

元·脱脱等《宋史》卷一〇二《禮志五》 宋哲宗元符三年四月丁酉朔，太陽虧，遣官告太社。

元·脱脱等《宋史》卷三一三《富弼傳》 宋仁宗康定元年正月丙辰朔，日食正旦。

元·脱脱等《宋史》卷三八八《李燾傳》 宋孝宗淳熙四年九月丁酉朔，日當夜食。

又 宋孝宗淳熙十年十一月壬戌朔，太史言日當食心八分。

元·脱脱等《遼史》卷二《太祖紀下》 遼太祖神册六年六月乙卯朔，日有食之。

又 遼太祖天贊二年十月辛未朔，日有食之。

元·脱脱等《遼史》卷四《太宗紀下》 遼太宗會同六年四月戊申朔，日有食之。

元·脱脱等《遼史》卷六《穆宗紀上》 遼穆宗應曆二年四月丙戌朔，日有食之。

又 遼穆宗應曆五年二月庚子朔，日有食之。

又 遼穆宗應曆十一年四月癸巳朔，日有食之。

又 遼穆宗應曆十五年二月壬寅朔，日有食之。

元·脱脱等《遼史》卷一三《聖宗紀四》 遼聖宗統和九年閏二月辛未朔，日有食之。

又 遼聖宗統和十年二月乙丑朔，日有食之。

又 遼聖宗統和十二年七月辛亥朔，日有食之。

又 遼聖宗統和十二年十二月戊寅朔，日有食之。

又 遼聖宗統和十五年五月甲子朔，日有食之。

元·脱脱等《遼史》卷一四《聖宗紀五》 遼聖宗統和二十七年七月甲午朔，日有食之。

元·脱脱等《遼史》卷一六《聖宗紀七》 遼聖宗開泰九年七月庚戌朔，日有食之。

元·脱脱等《遼史》卷二〇《興宗紀三》 遼興宗重熙十七年正月甲午朔，日有食之。

又 遼興宗重熙二十二年十月丙申朔，日有食之。

元·脱脱等《遼史》卷二一《道宗紀一》 遼道宗清寧七年六月壬子朔，日有食之。

元·脱脱等《遼史》卷二二《道宗紀二》 遼道宗咸雍二年九月壬子朔，日有食之。

又 遼道宗咸雍四年正月甲戌朔，日有食之。

又 遼道宗咸雍五年七月乙丑朔，日有食之。

元·脱脱等《遼史》卷二三《道宗紀三》 遼道宗大康元年八月庚寅朔，日有

食之。

元・脱脱等《遼史》卷二四《道宗紀四》　遼道宗大康六年十一月己丑朔，日有食之。

又　遼道宗大康九年九月癸卯朔，日有食之。

元・脱脱等《遼史》卷二五《道宗紀五》　遼道宗大安七年五月己未朔，日有食之。

又　遼道宗大安十年三月壬申朔，日有食之。

元・脱脱等《遼史》卷二六《道宗紀六》　遼道宗壽隆六年四月丁酉朔，日有食之。

元・脱脱等《遼史》卷二九《天祚皇帝紀三》　遼天祚帝保大二年二月庚寅朔，日有食之，既。

元・脱脱等《金史》卷一三《衛紹王紀》　金衛紹王大安二年十二月乙卯朔，日有食之。

元・脱脱等《金史》卷二〇《天文志》　金百有十九年，而日食四十二，星辰風雨霜雹雷霆之變，不知其幾。金九主，莫賢於世宗，二十九年之間，猶日食者十有一，日珥虹貫者四五。

日薄食煇珥雲氣

太祖天輔三年夏四月丙子朔，日食。四年冬十月戊辰朔，日食。六年春二月庚寅朔，日食。七年秋八月辛巳朔，日食。

太宗天會七年三月己卯朔，日中有黑子。九月丙午朔，日食。十三年正月丙午朔，日食。

熙宗天會十四年十一月丙寅，日中有黑子，斜角交行。

天眷三年七月癸卯朔，日食。

皇統三年十二月癸未朔，日食。四年六月辛巳朔，日食。五年六月乙亥朔，日食。八年四月戊子朔，日食。九年三月癸未朔，日食。

海陵庶人天德二年正月甲辰，日有暈珥，白虹貫之。十一月丙戌，白虹貫日。十二月乙卯，慶雲見，狀如鸞鳳，五彩。三年正月丁酉，白虹貫日。

貞元二年五月癸丑朔，日食。三年四月丁丑朔，昏霧四塞，日無光，凡十有七日乃霽。五月丁未朔，日食。

正隆三年三月辛酉朔，司天奏日食，候之不見。海陵勅，自今日食皆面奏，不須頒告中外。五年八月丙午朔，日食。庚午，日中有黑子，狀如人。六年二月甲辰朔，日有暈珥，戴背。十月丙午，慶雲見。

世宗大定二年正月戊辰朔，日食，伐鼓用幣，命壽王京代拜行禮。爲制，凡遇日月虧食，禁酒、樂、屠宰一日。三年六月庚申朔，日食，上不視朝，命官代拜。有司不治務，過時乃罷。後爲常。四年六月甲寅朔，日食。七年四月戊辰朔，日食，上避正殿，減膳，伐鼓應天門内，百官各於本司庭立，明復乃止。閏七月己卯午刻，慶雲環日。八月辛亥午刻，慶雲環日。九年八月甲申朔，有司奏日當食，以雨不見。爲近奉安太社，乃伐鼓於社，用幣於應天門内。十三年五月壬辰朔，日食。十四年十一月甲申朔，日食。十六年三月丙午朔，日食。十七年九月丁酉朔，日食。二十三年十月己未，慶雲見於日側。十一月壬戌朔，日食。二十八年八月甲子朔，日食。二十九年正月乙卯巳初，日有暈，左右有珥，上有背氣兩重，其色青赤而厚。復有白虹貫之亘天，其東有戟氣長四尺餘，五刻而散。丁巳巳初，日有兩珥，上有背氣兩重，其色青赤而淡。頃之，背氣於日上爲冠，已而俱散。二月辛酉朔，日食。甲子辰刻，日上有重暈兩珥，抱而復背，背而復抱，凡二三次。乙丑，日暈兩珥，有負氣承氣，而白虹亘天，左右有戟氣。

章宗明昌三年十二月丙辰，北方微有赤氣。四年九月癸未，日上有抱氣一，戴氣一，俱相連。左右有珥，其色鮮明。六年三月丙戌朔，日食。

承安三年正月己亥朔，日食，陰雲不見。五年十一月癸丑，日食。《宋史》作六月乙酉朔。

泰和二年五月甲辰朔，日食。三年十月戊戌，日將没，色赤如赭。甲辰，申酉間，天色赤，夜將旦復然。四年三月丁卯，日昏無光。五年九月戊子戌時，西北方黑雲間有赤氣如火，次及西南、正南、東南方皆赤，中有白氣貫徹，乍隱乍見。既而爲雨，隨作風。至二更初，黑雲間赤氣復起於西北方，及正西、正東、東北，往來遊曳，内有白氣數道，時復出没。其赤氣又滿中天，約四更皆散。六年正月，北京申，龍山縣西見有雲結成車牛行帳之狀，或如前後摧損之勢，晡時乃散。二月壬子朔，日食。七月癸巳，申刻，日上有背氣一，内赤外青，須臾散。九月乙酉，夜將曙，北方有赤白氣數道，歷王良下，徐行至北斗開陽，摇光之東而散。八年四月癸卯，巳刻，日暈二重，内黄外赤，移時而散。

衛紹王大安元年四月壬申，北方有黑氣如大道，東西竟天，至五更散。十二月辛酉朔，日食。三年三月辛酉辰刻，北方有黑氣如堤，内有白氣三，似龍虎之

狀。十月己卯，東北、西北每至初更如月將出之狀，明至夜半而滅，經月乃已。

宣宗貞祐元年十月丙午，夜有白氣三，衝紫微而不貫。十一月丙申，白氣東西竟天，移時散。二年九月壬戌朔，日食，大星皆見。三年正月壬戌，日有左右珥，上有冠氣，移刻散。二月丁巳，日初出赤如血，將没復然。六月戊申，夜有黑氣，廣如大路，自東南至於西北，其長竟天。四年二月甲申朔，日食。閏七月壬午朔，日食。

興定元年七月丙子朔，日食。二年七月庚午朔，日食。三年七月庚申，五色雲見。十月乙丑，平涼府慶雲見，遣官驗實，以告太廟，詔國中。五年正月，山東行省蒙古綱奏慶雲見，命圖以進。四月丙子，日正午，有黄暈四匝，其色鮮明。五月甲申朔，日食。六月戊寅，日將出，有氣如大道，經丑未，歷虚危，東西不見首尾，移時没。十二月己巳，北方有白氣，廣三尺餘，東西亘天。

元光元年十一月丁未，東北有赤雲如火。二年五月辛未，日暈不匝而有背氣。九月庚子朔，日食。

哀宗正大二年正月甲申，有黄黑祲。三年三月庚午，省前有氣微黄，自東北亘西南，其狀如虹，中有白物十餘，往來飛翔，又有光倏見如二星，移時方滅。四年十一月乙未，日上有虹，背而向外者二，約長丈餘，兩旁俱有白虹貫之。是年六月丙辰，有白氣經天，或云太白入井。五年十二月庚子朔，日食。八年三月庚戌酉正，日忽白而失色，乍明乍暗，左右有氣似日而無光，與日相淩，而日光四出，摇盪至没。

天興元年正月壬午朔，日有兩珥。三年正月己酉，日大赤無光，京、索之間雨血十餘里。是日，蔡城陷，金亡。

元·李志常《長春真人西遊記》卷上 元太祖辛巳五月朔，因問五月朔日食事。其人云，此中辰時食至六分止。師曰，前在陸局河時午刻見其食既，又西南至金山人言巳時食至七分，此三處所見各不同。

元·陶宗儀《南村輟耕録》卷一九 元順帝至正二十一年，至正辛丑四月朔日，日未没，三四竿許，忽然無光，漸漸作蕉葉樣，天且昏黑如夜，星斗粲然。飯頃，方復舊，天再明，星斗亦隱，又少時乃没。

明·宋濂等《元史》卷一七《世祖紀十四》 元世祖至元二十九年正月甲午朔，以日食免朝賀。日食時，左右有珥，上有抱氣。

明·宋濂等《元史》卷三〇《成宗紀三》 元成宗大德六月癸亥朔，日有食之。太史院失於推策，詔中書議罪以聞。

明·宋濂等《元史》卷三九《順帝紀二》 元順帝至元四年八月癸亥朔，日有食之。

明·宋濂等《元史》卷四〇《順帝紀三》 元順帝至正二年八月庚子朔，日有食之。

又 元順帝至正二年十月己亥朔，日有食之。

明·宋濂等《元史》卷四一《順帝紀四》 元順帝至正五年九月辛巳朔，日有食之。

又 元順帝至正六年二月庚戌朔，日有食之。

又 元順帝至正七年正月甲辰朔，日有食之。

又 元順帝至正八年七月丙申朔，日有食之。

明·宋濂等《元史》卷四二《順帝紀五》 元順帝至正九年十一月戊午朔，日有食之。

又 元順帝至正十一年五月己酉朔，日有食之。

又 元順帝至正十二年四月癸卯朔，日有食之。

明·宋濂等《元史》卷四五《順帝紀八》 元順帝至正十七年正月丙子朔，日有食之。

又 元順帝至正二十年五月丁亥朔，日有食之。

明·宋濂等《元史》卷四六《順帝紀九》 元順帝至正二十四年八月壬辰朔，日有食之。

明·宋濂等《元史》卷四七《順帝紀十》 元順帝至正二十七年六月丙午朔，日有食之，晝晦。

明·宋濂等《元史》卷四八《天文志一》 世祖中統二年三月壬戌朔，日有食之。三年十一月辛丑，日有背氣，重暈三珥。至元二年正月辛未朔，日有食之。四年五月丁亥朔，日有食之。五年十月戊寅朔，日有食之。七年三月庚子朔，日有食之。八年八月壬辰朔，日有食之。九年八月丙戌朔，日有食之。十二年六月庚子朔，日有食之。十四年十月丙辰朔，日有食之。十九年六月己丑朔，日有食之。七月戊午朔，日有食之。二十四年七月癸丑，日暈連環，白虹貫之。十月戊午朔，日有食之。二十六年三月庚辰朔，日有食之。二十七年八月辛未朔，日有食之。二十九年正月甲午朔，日有食之。有物漸侵入日中，不能既，日體如金

環然，左右有珥，上有抱氣。三十一年六月庚辰朔，日食。

咸宗大德三年八月己酉朔，日食。四年二月丁未朔，日食。六年六月癸亥朔，日食。七年閏五月戊午朔，日食。八年五月（癸未）〔壬子〕朔，日食。

武宗至大三年正月丁亥，白虹貫日。八月甲寅，白虹貫日。四年正月壬辰，日赤如赭。

仁宗皇慶元年六月乙丑朔，日有食之。延祐元年三月己亥，白暈亘天，連環貫日。二年四月戊寅朔，日有食之。五月甲戌，日赤如赭。乙亥，亦如之。九月甲寅，日赤如赭。戊午，亦如之。三年五月戊申，日赤如赭。五年二月癸巳朔，日有食之。六年二月丁亥朔，日有食之。七年正月辛巳朔，日有食之。三月乙未，日有暈若連環然。

英宗至治元年三月己丑，交暈如連環貫日。六月癸卯朔，日有食之。二年十一月甲午朔，日有食之。

泰定帝泰定四年二月辛卯，白虹貫日。九月丙申朔，日食。

文宗天曆二年七月丙辰朔，日有食之。至順元年九月癸巳，白虹貫日。二年正月己酉，白虹貫日。八月甲辰朔，日有食之。十一月壬申朔，日有食之。三年五月丁酉，白虹并日出，長竟天。

（順帝）元統元年三月癸巳，日赤如赭。閏三月丙申、癸丑、甲寅，皆如之。二年四月戊午朔，日有食之。至元元年十二月戊午，日赤如赭。閏十二月丁亥、戊子、己丑，皆如之。二年二月壬辰，日赤如赭。乙未、丙申，亦如之。三月庚申、壬戌、癸亥，四月丁丑〔朔〕，皆如之。八月甲戌朔，日有食之。十二月甲戌，日赤如赭。三年正月丁巳，日有交暈，左右珥上有白虹貫之。二月壬申朔，日有食之。八月癸未，日有交暈，左右珥上有白虹貫之。十月癸酉，日赤如赭。四年閏八月戊戌，日赤如赭。己亥、壬寅，亦如之。九月庚寅，皆如之。五年正月丙寅，日有交暈，左右珥上有白虹貫之。二月辛亥，日赤如赭。三月庚申、辛酉，四月丁未，皆如之。至正元年三月壬申，日赤如赭。三年四月丙申朔，日有食之。四年九月丁亥朔，日有食之。十年十二月壬子朔，日有食之。十三年九月乙丑朔，日有食之。十四年三月癸亥朔，日有食之。十五年二月丙子，日赤如赭。十七年七月己丑，日有交暈，連環貫之。十八年六月戊辰朔，日有食之。十二月乙丑朔，日有食之。二十一年四月辛巳朔，日有食之。二十五年三月壬戌，日有暈，內赤外青，白虹如連環貫之。二十六年二月丁卯，日有暈，左珥上有背氣一道。七月辛巳朔，日有食之。二十七年十二月癸卯朔，日有食之。

明・宋濂等《元史》卷五三《曆志二》 《詩》、《書》所載日食二事

《書・胤征》：「惟仲康肇位四海。乃季秋月朔，辰弗集於房。」

今按：《大衍曆》作仲康即位之五年癸巳，距辛巳三千四百八年，九月庚戌朔，泛交二十六日五千四百二十一分入食限。

《詩・小雅・十月之交》，大夫刺幽王也，「十月之交，朔日辛卯，日有食之，亦孔之丑。」

今按：梁太史令虞劇云，十月辛卯朔，在幽王六年乙丑朔。《大衍》亦以爲然。以《授時曆》推之，是歲十月辛卯朔，泛交十四日五千七百九分入食限。

《春秋》日食三十七事

隱公三年辛酉歲，春王二月己巳，日有食之。

杜預云：「不書（日）〔朔〕，史官失之。」《公羊》云：「日食或言朔或不言朔，或日或不日，或失之前或失之後，失之前者朔在前也，失之後者朔在後也。」《穀梁》云：「言日不言朔，食晦日也。」姜岌校《春秋》日食云：「是歲二月己亥朔，無己巳，似失一閏。三月己巳朔，去交分入食限。」《大衍》與姜岌合。今《授時曆》推之，是歲三月己巳朔，加時在晝，去交分二十六日六千六百三十一入食限。

恒公三年壬申歲，七月壬辰朔，日有食之。

姜岌以爲是歲七月癸亥朔，無壬辰，亦失閏。其八月壬辰朔，去交分入食限。《大衍》與姜岌合。以今曆推之，是歲八月壬辰朔，加時在晝，食六分一十四秒。

恒公十七年丙戌歲，冬十月朔，日有食之。

《左氏》云：「不書日，史官失之。」《大衍》推得在十一月交分入食限，失閏也。以今曆推之，是歲十一月加時在晝，交分二十六日八千五百六十入食限。

莊公十八年乙巳歲，春王三月，日有食之。

《穀梁》云：「不言日，不言朔，夜食也。」《大衍》推是歲五月朔，交分入食限，三月不應食。以今曆推之，是歲三月朔，不入食限。五月壬子朔，加時在晝，交分入食限，蓋誤五爲三。

莊公二十五年壬子歲，六月辛未朔，日有食之。

《大衍》推之，七月辛未朔，交分入食限。以今曆推之，是歲七月辛未朔，加時

在晝，交分二十七日四百八十九入食限，失閏也。

莊公二十六年癸丑歲，冬十有二月癸亥朔，日有食之。

今曆推之，是歲十二月癸亥朔，加時在晝，交分十四日三千五百五十一入食限。

莊公三十年丁巳歲，九月庚午朔，日有食之。

今曆推之，是歲十月庚午朔，加時在晝，去交分十四日四千六百九十六入食限，失閏也。《大衍》同。

僖公十二年癸酉歲，春王三月庚午朔，日有食之。

姜氏云：「三月朔，交不應食，在誤條；其五月庚午朔，去交分入食限。」《大衍》同。今曆推之，是歲五月庚午朔，加時在晝，去交分二十六日五千一百九十二入食限，蓋五誤爲三。

僖公十五年丙子歲，夏五月，日有食之。

《左氏》云：「不書朔與日，史官失之也。」《大衍》推四月癸丑朔，去交分入食限，差一閏。今曆推之，是歲四月癸丑朔，去交分一日一千三百一十六入食限。

文公元年乙未歲，二月癸亥朔，日有食之。

姜氏云：「二月甲午朔，無癸亥。三月癸亥朔，入食限。」《大衍》亦以爲然。今曆推之，是歲三月癸亥朔，加時在晝，去交分二十六日五千九百十七分入食限，失閏也。

文公十五年己酉歲，六月辛丑朔，日有食之。

今曆推之，是歲六月辛丑朔，加時在晝，交分二十六日四千四百七十三分入食限。

宣公八年庚申歲，秋七月甲子，日有食之。

杜預以七月甲子晦食。姜氏云：「十月甲子朔，食。」《大衍》同。今曆推之，是歲十月甲子朔，加時在晝，食九分八十一秒，蓋十誤爲七。

宣公十年壬戌歲，夏四月丙辰，日有食之。

今曆推之，是月丙辰朔，加時在晝，交分十四日九百六十八分入食限。

宣公十七年己巳歲，六月癸卯，日有食之。

姜氏云：「六月甲辰朔，不應食。」《大衍》云：「是年五月在交限，六月甲辰朔，交分已過食限，蓋誤。」今曆推之，是歲五月乙亥朔，入食限。六月甲辰朔，泛交二日已過食限，《大衍》爲是。

成公十六年丙戌歲，六月丙寅朔，日有食之。

今曆推之，是歲六月丙寅朔，加時在晝，去交分二十六日九千八百三十五分入食限。

成公十七年丁亥歲，十有二月丁巳朔，日有食之。

姜氏云：「十二月戊子朔，無丁巳，似失閏。」《大衍》推十一月丁巳朔，交分入食限。今曆推之，是歲十一月丁巳朔，加時在晝，交分十四日二千八百九十七分入食限，與《大衍》同。

襄公十四年壬寅歲，二月乙未朔，日有食之。

今曆推之，是歲二月乙未朔，加時在晝，交分十四日一千三百九十三分入食限也。

襄公十五年癸卯歲，秋八月丁巳朔，日有食之。

姜氏云：「七月丁巳朔，食，失閏也。」《大衍》同。今曆推之，是歲七月丁巳朔，加時在晝，去交分二十六日三千三百九十四分入食限。

襄公二十年戊申歲，冬十月丙辰朔，日有食之。

今曆推之，是歲十月丙辰朔，加時在晝，交分十三日七千六百分入食限。

襄公二十一年己酉歲，秋七月庚戌朔，日有食之。

今曆推之，是月庚戌朔，加時在晝，交分十四日三千六百八十二分入食限。

冬十月庚辰朔，日有食之。

姜氏云：「比月而食，宜在(簿)(誤)條。」《大衍》亦以爲然。今曆推之，十月已過交限，不應頻食，姜説爲是。

襄公二十三年辛亥歲，春王二月癸酉朔，日有食之。

今曆推之，是月癸酉朔，加時在晝，交分二十六日五千七百三分入食限。

襄公二十四年壬子歲，秋七月甲子朔，日有食之，既。

今曆推之，是月甲子朔，加時在晝，日食九分六秒。

八月癸巳朔，日有食之。

《漢志》：「董仲舒以爲比食又既。」《大衍》云：「不應頻食，在誤條。」今曆推之，立分不葉，不應食，《大衍》説是。

襄公二十七年乙卯歲，冬十有二月乙亥朔，日有食之。

姜氏云：「十一月乙亥朔，交分入限，應食。」《大衍》同。今曆推之，是歲十一

月乙亥朔，加時在晝；交分初日八百二十五分入食限。

昭公七年丙寅歲，夏四月甲辰朔，日有食之。

今曆推之，是月甲辰朔，加時在晝，交分二十七日二百九十八分入食限。

昭公十五年甲戌歲，六月丁巳朔，日有食之。

《大衍》推五月丁巳朔，食，失一閏。今曆推之，是歲五月丁巳朔，加時在晝，交分十三日九千五百六十七分入食限。

昭公十七年丙子歲，夏六月甲戌朔，日有食之。

姜氏云：「六月乙巳朔，交分不葉，不應食，當誤。」《大衍》云：「當在九月朔，六月不應食，姜氏是也。」今曆推之，是歲九月甲戌朔，加時在晝，交分二十六日七千六百五十分入食限。

昭公二十一年庚辰歲，七月壬午朔，日有食之。

今曆推之，是月壬午朔，加時在晝，交分二十六日八千七百九十四分入食限。

昭公二十二年辛巳歲，冬十有二月癸酉朔，日有食之。

今曆推之，是月癸酉朔，交分十四日一千八百入食限。杜預以長曆推之，當爲癸卯，非是。

昭公二十四年癸未歲，夏五月乙未朔，日有食之。

今曆推之，是月乙未朔，加時在晝，交分二十六日三千八百三十九分入食限。

昭公三十一年庚寅歲，十有二月辛亥朔，日有食之。

今曆推之，是月辛亥朔，加時在晝，交分二十六日六千一百二十八分入食限。

定公五年丙申歲，春三月辛亥朔，日有食之。

今曆推之，三月辛卯朔，加時在晝，交分十四日三百三十四分入食限。

定公十二年癸卯歲，十一月丙寅朔，日有食之。

今曆推之，是歲十月丙寅朔，加時在晝，交分十四日二千六百二十二分入食限，蓋失一閏。

定公十五年丙午歲，八月庚辰朔，日有食之。

今曆推之，是月庚辰朔，加時在晝，交分十三日七千六百八十五分入食限。

哀公十四年庚申歲，夏五月庚申朔，日有食之。

今曆推之，是月庚申朔，加時在晝，交分二十六日九千二百一分入食限。

右《詩》、《書》所載日食二事，《春秋》二百四十二年間，凡三十有七事，以《授時曆》推之，惟襄公二十一年十月庚辰朔及二十四年八月癸巳朔不入食限，蓋自有曆以來，無比月而食之理。其三十五食，食皆在朔，《經》或不書日，不書朔；《公羊》、《穀梁》以爲食晦，二者非；《左氏》以爲史官失之者，得之。其間或差一日二日者，蓋由古曆疏闊，置閏失當之弊，姜岌、一行已有定說。孔子作書，但因時曆以書，非大義所關，故不必致詳也。

三國以來日食

蜀章武元年辛丑，六月戊辰晦，時加未。

《授時曆》：食甚未五刻。

《大明曆》：食甚未五刻。

右皆親。二曆推戊辰皆七月朔。

魏黄初三年壬寅，十一月庚申晦食，時加西南維。

《授時曆》：食甚申二刻。

《大明曆》：食甚申三刻。

右《授時》親，《大明》次親。二曆推庚申皆十二月朔。

梁中大通五年癸丑，四月己未朔食，在丙。

《授時曆》：虧初午四刻。

《大明曆》：虧初午四刻。

右皆親。

太清元年丁卯，正月己亥朔食，時加申。

《授時曆》：食甚申一刻。

《大明曆》：食甚申三刻。

右《授時》次親，《大明》親。

陳太建八年丙申，六月戊申朔食，於卯甲間。

《授時曆》：食甚卯二刻。

《大明曆》：食甚卯四刻。

右《授時》次親，《大明》疏遠。

唐永隆元年庚辰，十一月壬申朔食，巳四刻甚。

《授時曆》：食甚巳七刻。

《大明曆》：食甚巳五刻。

右《授時》疏，《大明》親。

開耀元年辛巳，十月丙寅朔食，巳初甚。

《授時曆》：食甚辰正三刻。
《大明曆》：食甚辰正一刻。
右《授時》親，《大明》疏。
嗣聖八年辛卯，四月壬寅朔食，卯二刻甚。
《授時曆》：食甚寅八刻。
《大明曆》：食甚卯初刻。
右皆次親。
十七年庚子，五月己酉朔食，申初甚。
《授時曆》：食甚申初二刻。
《大明曆》：食甚申正初刻。
右《授時》次親，《大明》疏遠。
十九年壬寅，九月乙丑朔食，申三刻甚。
《授時曆》：食甚申一刻。
《大明曆》：食甚申四刻。
右《授時》次親，《大明》親。
景龍元年丁未，六月丁卯朔食，午正甚。
《授時曆》：食甚午正二刻。
《大明曆》：食甚未初初刻。
右《授時》次親，《大明》疏遠。
開元（元）〔九〕年辛酉，九月乙巳朔食，午正後三刻甚。
《授時曆》：食甚午正一刻。
《大明曆》：食甚午正二刻。
右《授時》次親，《大明》親。
宋慶曆六年丙戌，三月辛巳朔食，申正三刻復滿。
《授時曆》：復滿申正三刻。
《大明曆》：復滿申正一刻。
右《授時》密合，《大明》次親。
皇祐元年己丑，正月甲午朔食，午正甚。
《授時曆》：食甚午初三刻。
《大明曆》：食甚午正初刻。
右《授時》親，《大明》密合。
五年癸巳歲，十月丙申朔食，未一刻甚。
《授時曆》：食甚未三刻。
《大明曆》：食甚未初刻。
右《授時》次親，《大明》親。
至和元年甲午，四月甲午朔食，申正一刻甚。
《授時曆》：食甚申正一刻。
《大明曆》：食甚申正二刻。
右《授時》密合，《大明》親。
嘉祐四年己亥，正月丙申朔食，未三刻復滿。
《授時曆》：復滿未初二刻。
《大明曆》：復滿未初二刻。
右皆親。
六年辛丑，六月壬子朔食，未初虧初。
《授時曆》：虧初未初刻。
《大明曆》：虧初未一刻。
右《授時》親，《大明》次親。
治平三年丙午，九月壬子朔食，未二刻甚。
《授時曆》：食甚未三刻。
《大明曆》：食甚未四刻。
右《授時》親，《大明》次親。
熙寧二年己酉，七月乙丑朔食，辰三刻甚。
《授時曆》：食甚辰五刻。
《大明曆》：食甚辰四刻。
右《授時》次親，《大明》親。
元豐三年庚申，十一月己丑朔食，巳六刻甚。
《授時曆》：食甚巳五刻。
《大明曆》：食甚巳二刻。
右《授時》親，《大明》疏遠。
紹聖元年甲戌，三月壬申朔食，未六刻甚。

《授時曆》：食甚未五刻。

《大明曆》：食甚未五刻。

右皆親。

大觀元年丁亥，十一月壬子朔食，未二刻虧初，未八刻甚，申六刻復滿。

《授時曆》：虧初未三刻，食甚申初刻，復滿申六刻。

《大明曆》：虧初未初刻，食甚未七刻，復滿申五刻。

右《授時曆》虧初、食甚皆親，復滿密合；《大明》虧初次親，食甚、復滿皆親。

紹興三十二年壬午，正月戊辰朔食，申初虧初。

《授時曆》：虧初申一刻。

《大明曆》：虧初未七刻。

右皆親。

淳熙十年癸卯，十一月壬戌朔食，巳正二刻甚。

《授時曆》：食甚巳正二刻。

《大明曆》：食甚巳正一刻。

右《授時》密合，《大明》親。

慶元元年乙卯，三月丙戌朔食，午初二刻虧初。

《授時曆》：虧初午初一刻。

《大明曆》：虧初午初二刻。

右《授時》虧初親，《大明》虧初密合。

嘉泰二年壬戌，五月甲辰朔食，午初一刻虧初。

《授時曆》：虧初巳正三刻。

《大明曆》：虧初午初三刻。

右皆親。

嘉定九年丙子，二月甲申朔食，申正四刻甚。

《授時曆》：食甚申正三刻。

《大明曆》：食甚申正二刻。

右《授時》親，《大明》次親。

淳祐三年癸卯，三月丁丑朔食，巳初二刻〔甚〕。

《授時曆》：食甚巳初一刻。

《大明曆》：食甚巳初初刻。

右《授時》親，《大明》次親。

本朝中統元年庚申，三月戊辰朔食，申正二刻甚。

《授時曆》：食甚申正一刻。

《大明曆》：食甚申初三刻。

右《授時》親，《大明》疏。

至元十四年丁丑，十月丙辰朔食，午正初〔刻〕虧初，未初一刻食甚，未正二刻復滿。

《授時曆》：虧初午正初刻，食甚未初一刻，復滿未正一刻。

《大明曆》：虧初午正三刻，食甚未正一刻，復滿申初二刻。

右《授時》虧初、食甚皆密合，復滿親；《大明》虧初疏，食甚、復滿皆疏遠。

前代考古交食，同刻者爲密合，相較一刻爲親，二刻爲次親，三刻爲疏，四刻爲疏遠。今《授時》、《大明》校古日食，上自後漢章武元年，下訖本朝，計三十五事。密合者，《授時》七，《大明》二。親者，《授時》十有七，《大明》十有六。次親者，《授時》十，《大明》八。疏者，《授時》一，《大明》三。疏遠者，《授時》無，《大明》六。

《明太祖實録》卷二四　明太祖吴元年六月丙午朔，日有食之，晝晦。

《明太祖實録》卷二八　明太祖吴元年十二月癸卯朔，日有食之。

《明世宗實録》卷四九三　明世宗嘉靖四十年二月辛卯朔，日食。是日微陰，欽天監官言日食不見。

《明神宗實録》卷二　明穆宗隆慶六年六月乙卯朔，日食，自卯正三刻至巳初三刻，所不盡分餘，躔井宿度。

《明神宗實録》卷三〇一　明神宗萬曆二十四年閏八月乙丑朔，巳正二刻，日食初虧。正酉午初四刻，食九分餘。

《明神宗實録》卷四七七　明神宗萬曆三十八年十一月壬寅朔，日食約七分餘，在尾宿度初虧，未正三刻申半，日入未復。

《明崇禎實録》卷七　明莊烈帝崇禎七年七月丙戌，日食。

《明崇禎實録》卷九　明莊烈帝崇禎九年七月癸卯朔，日食。

《明崇禎實録》卷一〇　明莊烈帝崇禎十年十二月乙未朔，日食。

明・熊明遇《格致草・辯》　當食不食辨

張衡云：對日之衝，其大如日，日光不照，謂之闇虛。月望行黃道，則值闇虛，有表裏深淺，故月食有南北多少。朱熹頗主是說。由是言之，日之食與否，當觀月之行黃道表裏；月之食與否，當觀所值闇虛表裏，大約於黃道驗之也。夫闇虛之說謂對日之衝，其大如日，謬論也。殊不知地影遮隔，至月天漸尖，安得與日同大？如唐開元盛際及宋紹興十三年、十八年、十九年、二十四年、二十五年、二十八年、三十一年，隆興二年，淳熙三年、四年、十六年，慶元四年、五年、六年，嘉泰二年、三年，開禧二年，嘉定四年、十一年，皆有當虧而不虧。邵雍云：「日當食而不食，曆筭之誤云。」唐孔氏曰：日月交會謂朔也，交會而日月同道，則食月。或在日道表，或在日道裏，則不食矣。又曆家爲交食之法，大率以百七十三日有奇爲限，然月先在裏，則依限而食者多；若月在表，雖依限而食者少。杜預見其參差，乃云：日月動物，雖行度有大量，不能不少有盈縮，故有雖交會而不食，或有頻交會而食者，此說得之矣。孔氏此說猶屬臆揣，當食不食，畢竟是曆筭之疏。邵子之言爲確。張衡、朱熹、杜預，尚隔垣之見也。凡《春秋》十二公二百四十二年，日食三十六，《穀梁》以爲朔二十六、晦七。按《春秋》書日食。終於魯定公之十五年，漢史書日食始於高帝之三年，其間二百九十三年，搜考史傳，書日食者凡七而已。昔春秋二百四十二年，日食凡三十六，劉向猶以爲乖氣致異，至前漢二百一十二年而日食五十三，則又數於春秋之時，後漢百九十六年而日食七十二，魏晉一百五十年而日食七十九，則愈數於漢西都之世矣。春秋降而戰國七雄競角，爭城爭地，斬艾其民，伏尸百萬。以至始皇二世，生民之禍裂矣，世道之變極矣。乖氣所致讁見於天，宜不勝書，而此三百年之間日食僅六七見焉，何哉？蓋史失其官，不書於册，故後世無繇考焉。夫日月食可以推步，正因其有常也，其春秋、秦漢所記疏密懸絶，或曆官之失，或史官之漏，或書册之缺耳。日月合朔乃食，恐未有(月)〔日〕食於晦者，《穀梁》以後如漢唐宋諸志書晦食者比比，皆曆官未審，亥子一差，遂爭兩日耳。日食之難測，苦於陽精晃耀，每先食而後見；月食之難測，苦於游氣紛侵，每先見而後食。

清·龍文彬《明會要》卷二七《運曆一》 如正德九年八月辛卯日食，曆官報食八分六十七秒，而閩、廣之地，遂至食既。

又崇禎二年五月乙酉朔，日有食之。禮部侍郎徐光啓依西法豫推，順天府見食二分有奇，瓊州食既，大寧以北不食。大統、回回所推食分時刻，與光啓互異。已而光啓法驗，餘皆疏。

清·龍文彬《明會要》卷六八《祥異一》 日食

洪武十六：二年五月甲午朔；四年九月庚戌朔；六年三月癸卯朔；七年二月丁酉朔；八年七月己未朔；九年七月癸丑朔；十年十二月乙巳朔；十四年十月壬子朔；十六年八月壬申朔；十九年十二月癸未朔；二十一年五月甲戌朔；二十二年九月丙寅朔；二十三年九月庚寅朔；二十四年三月戊子朔；二十六年七月甲辰朔；三十年五月壬子朔。

建文一：二年三月丙寅朔。

永樂八：四年六月己未朔。七年九月庚午朔。十一年正月辛巳朔。先是，鴻臚寺奏習元旦賀儀。楊士奇曰：「日食，天變之大者。前代元旦日食，多不受賀。」帝從之，敕曰：「朕乖治理，上累三光。衆陽之宗，薄食元旦。衆臣尚勉輔朕，消弭災變。朝賀宴會，其悉罷免。」十三年五月丁酉朔。十八年八月丁酉朔。十九年八月辛卯朔。二十年正月己未朔，罷朝會。二十一年六月庚戌朔。

宣德三：五年八月己巳朔，陰雨不見，禮部請表賀，不許；七年正月辛酉朔，免朝賀；十年十一月戊辰朔。

正統四：六年正月己亥朔，欽天監言：「日食不應。」禮官請表賀，不許。九年十月丙午朔。十年四月甲辰朔。十二年八月庚申朔。

景泰四：二年六月戊辰朔，日當食不見；三年十一月己未朔；五年四月壬午朔；六年四月丙子朔。

天順四：四年七月乙亥朔；五年十一月丁酉朔；七年五月己丑朔；八年四月癸未朔，日當食不見，憲宗下天文生賈信於獄。

成化九：三年二月丁酉朔；五年六月癸丑朔；六年六月戊申朔；九年四月辛酉朔；十年九月癸丑朔；十一年九月丁未朔；十二年二月乙亥朔；二十年九月乙酉朔；二十一年八月己卯朔。

弘治七：元年六月癸巳朔；二年十二月甲申朔；八年二月乙卯朔；十一年閏十一月壬戌朔；十三年五月甲寅朔；十四年九月丙子朔；十五年九月庚午朔。

正德六：二年正月乙亥朔。九年八月辛卯朔，十年十二月癸丑朔。是日，車駕當出視郊祀牲，禮部請改次日，因言：「視牲乃郊祀之始，日食乃天變之大。今大禮將舉，忽遘此變，上天示戒昭然。伏望順承天意，益加敬畏，則天心感格，

災變不足弭矣。」不納。十二年六月乙巳朔。十三年五月己亥朔。十六年三月癸丑朔。

嘉靖十五：四年閏十二月乙卯朔；六年五月丁丑朔；八年十月癸亥朔；十二年八月辛未朔；二十一年七月己酉朔；二十二年正月丙午朔；二十四年五月壬戌朔；二十八年三月辛未朔；三十二年正月戊寅朔，日當食不見；三十四年十一月壬辰朔；三十五年十月丙戌朔；四十年二月辛卯朔；七月己丑朔；四十三年五月壬寅朔；四十五年四月壬戌朔。

隆慶二：四年正月己巳朔，以正旦日食罷元會，帝避殿減膳。是月，月復食。給事中陳吾德疏言：「歲首日月并食，天之大災。陛下宜屏斥一切玩好，應天以實。」報聞。六年六月乙卯朔。

萬曆十六：三年四月己巳朔，日有食之既。帝感日食之變，於宫中製牙牌，手書十二條於其上，所至懸座右，以自警。五年閏八月乙酉朔，日食不見。八年二月辛未朔。十年六月丁亥朔。十一年十一月己卯朔。十五年九月丁亥朔，日當食不見。十六年八月壬午朔。十七年正月己酉朔，以日食免元旦朝賀。嗣後，每元旦皆不視朝矣。十八年七月庚子朔。二十二年四月己酉朔。二十四年閏八月乙丑朔。三十一年四月丁亥朔。是日，當享太廟，禮部侍郎郭正域言：「當祭而日食，牲至未殺則廢。況時維四月，又爲正陽，變異非細。是日辰時食至巳時；若救護後，午刻祭享，曾未踰時，兩興大禮，精禋不肅。宜以朔旦救日，詰朝享廟。」詔改享太廟於初五日。三十二年四月辛巳朔。三十八年十一月壬寅朔，禮部侍郎翁正春言：「前兩歲，食四月朔，純陽之月也。今食十一月朔，陽生之月也。仲冬之月，於律爲『黄鍾』，於卦爲『復』，乃羣陰已極一陽初生之候。而有此虧蝕，其災異尤甚。君德象日，宜照臨宣布，不宜闇汶閉藏。自萬曆二十年後，財貨日斂聚，人材日剥落。閶闔徒號，天聽愈杳。天下不見陽和舒育之氣，如在窮陰沍寒之中，是以上天譴告如此。然日之食與更，止在一時；而皇上之寢與行，止在一念。誠翻然轉移，日中之治，可保無疆矣。」疏入，不省。四十年五月甲午朔。四十三年三月丁未朔，四十四年三月辛未朔。四十五年七月癸亥朔。

天啓一：元年四月壬申朔。

崇禎六：二年五月乙酉朔；四年十月辛丑朔；七年三月丁亥朔；十年正月辛丑朔；十四年十月癸卯朔；十六年二月乙丑朔。

清・孫之騄《二申野録》卷一 明成祖永樂五年十月辛巳朔，日有食之。

又明成祖永樂戊子四月己卯朔，日有食之。

又明成祖永樂戊子十月乙亥朔，日有食之。

清・查繼佐《罪惟録・天文志》 洪武二年，五月甲午朔，日有食之。

又洪武四年，九月庚戌朔，日有食之。

又洪武六年癸丑二月癸卯，日有食之。

又洪武七年甲寅二月丁酉，日有食之，日中屢有黑子。

清・萬斯同《明史稿》卷三四 交食有常度，大約太陽越五月皆能再食。春秋二百四十二年，僅書日食三十六者，蓋史失之也。今述其記於史者。吴元年六月丙午朔，日有食之，晝晦。十二月癸卯朔。洪武二年五月甲午朔。四年九月庚戌朔。六年三月癸卯朔。七年二月丁酉朔。八年七月己未朔，九年七月癸丑朔，十年十二月乙巳朔。十四年十月壬子朔。十六年八月壬申朔。十九年十二月癸未朔。二十一年五月甲戌朔。二十二年九月丙寅朔。二十三年九自庚寅朔。二十四年三月戊子朔。二十六年七月甲辰朔。三十年五月壬子朔，日有食之。永樂四年六月己未朔，日有食之，陰雲不見。七年九月庚午朔。十一年正月辛巳朔。十三年五月丁酉朔。十八年八月丁酉朔。十九年八月辛卯朔。二十年正月己未朔。二十一年六月庚戌朔，日有食之。宣德五年八月己巳朔，日當食，陰雲不見。七年正月辛酉朔。十年十一月戊辰朔，日有食之。正統六年正月乙亥朔，午刻日當食不食。八年六月甲申朔。十一月壬子朔。九年十月丙午朔。十年夏四月甲辰朔。十二年八月庚申朔，日有食之。景泰二年六月戊辰朔，日當食不食。三年十一月己未朔。五年四月壬午朔。六年四月丙子朔。天順四年七月朔。五年十一月丁酉朔。七年五月己丑朔，日有食之。八年四月己未朔，日食，不見。成化三年二月丁酉朔。五年六月癸丑朔。六年六月戊申朔。九年四月辛酉朔。十年九月癸丑朔。十一年九月丁未朔。十二年三月乙亥朔。二十年九月乙酉朔。二十一年八月己卯朔。弘治元年六月癸巳朔。二年十二月甲申朔。八年二月乙卯朔。十一年閏十一月壬戌朔。十三年五月甲寅朔。十四年九月丙子朔。十五年九月庚午朔。正德二年正月乙亥朔。九年八月辛卯朔。十年十二月癸巳朔。十二年六月乙巳朔。十三年五月己亥朔。十六年三月癸丑朔。嘉靖四年閏十二月乙卯朔。六年五月丁丑朔。八年十月癸亥朔。十二年八月辛未朔，日有食之。十八年九月乙未朔，日食，約三分。十九年三月癸巳朔，日食，不及三分。二十一年七月己酉朔。二十二年正月丙午

朔。二十四年五月壬戌朔。二十八年三月辛未朔，日有食之。三十二年正月戊寅朔，日有食之。陰雲不見。三十四年十一月壬辰朔。三十五年十月丙戌朔，日有食之。四十年二月辛卯朔，日有食之，微陰不見。七月己丑朔，日有食之，凡五分五秒。四十三年五月壬寅朔。四十五年四月壬戌朔。隆慶四年正月己巳朔。萬曆二年正月丁丑朔，日有食之。三年四月己丑朔，日有食之，既。五年閏八月乙酉朔，午正，日有食之，約六十三秒，陰雲不見。八年二月辛未朔。十年六月丁亥朔。十一年十一月己卯朔，午刻，日有食之。十二年十一月癸酉朔，午刻，日應食不食。十五年九月丁亥朔，日有食之，陰雲不見。十七年正月己酉朔。十八年七月庚子朔，日有食之。二十一年十一月辛亥朔，卯刻，日當食不食。二十二年四月己酉朔。二十三年四月癸卯朔。二十四年閏八月乙丑朔。二十八年九月辛丑朔。三十四年四月丁亥朔。三十二年四月辛巳朔。三十八年廿一月壬寅朔。四十年五月甲午朔。四十三年三月丁未朔。四十五年七月癸亥朔。天啟元年四月壬申朔，日有食之。六年七月辛未朔，日食，陰雲不見。崇禎二年五月己酉朔。四年十月辛丑朔。七年三月丁亥朔。七月乙酉朔。九年七月癸卯朔。十年正月辛丑朔，日有食之。十二月乙未朔，日有食之，會土星。十四年十月癸卯朔，日有食之，不盡如鈎。十六年二月乙丑朔，日有食之。

清·徐松《宋會要輯稿·瑞異二》 太祖建隆元年，司天少監王處訥言：「五月一日太陽當虧，請其日掩藏刀槍甲冑，事下有司。請其日皇帝避正殿，素服。文武百官各守本司。從之。二年四月一日，司天監言太陽其日當食。詔避正殿，守司如元年之制。淳化五淳年十二月一日，司天監言日當日食，雲陰不見。占與不食同。宰臣上表稱賀，詔付史館。《玉海》曰：當蝕，陰雲蔽之，羣臣賀，賀日不蝕，蓋始於此。災不勝德，雲爲垂陰。

真宗三年五月一日，司尺監言日當食。真宗避正殿，不視事，其日雲陰不見。帝語近臣：「此非朕德所致，且喜分野之内不被災矣。」七年十二月朔，司天監言日當食，驗之不食，宰臣王旦等上表稱賀。詔付史館。五年七月一日，司天監言：按儀天歷，日當食之，既。帝避正殿，命中使詣宮觀寺院及坊市道場祈禱。其日測驗，及四分止。按唐正元八年十一月朔，歷算官徐承嗣言食八分，測之及三分，宣示朝堂，編在史册，此蓋聖德廣大，陽盛陰替之慶。翌日宰臣率百官詣閤門，拜表稱賀，請付史館。帝曰：「虧食之變不甚，蓋上天眷祐下民也。」天聖二年五月二日，權判司天監宋行古等言，按占日當食一分半，今全不虧。詔付史館。

寶元元年六月二十三日，權知司天少監楊惟德等言，來歲閏十二月，則庚辰歲正月朔，日當食，請移閏子庚辰，則日食在前正月之晦。帝曰：「閏所以正天時，而授民事，其可曲避乎？」不許。五年四月朔，司天監言太陽當食，即陰晦不見。宰臣率從臣皆賀。六年二月二日，司天監言，日當食三月朔。仁宗謂輔臣曰：「日食之咎，蓋天所以譴告人君，願罪歸朕，躬而無及臣庶也，凡民之疾苦益思詢究而利安之。」宰臣賈昌朝對曰：「陛下發德音以應天弭變，臣等敢不夙夜悉心而奉行之？」於是再拜而退。

六年四月朔，日有食之，遣官祀社以救日。是日雷雨至，申刻見所食九分之餘。三日，宰臣率百官詣東上閤門，以日食不及算分表賀。

二年四月，復言己亥歲日當食。欲今年十二月爲閏，亦不許。

宗祐三年閏十二月詔，明年正旦日食，其日百官毋得拜表稱賀。六年六月朔，日有食之，司天監言當食六分之半，自未初從西食四分，而雲翳有雷電，頃之既，而渾儀所言雲掩日食不見不爲災。權御史中丞王疇言當祇懼天戒，不當受禍。乃詔百官毋得稱賀。

四年神宗已即位，未改元，十二月十七日詔：來歲正旦太陽當蝕，避正殿，減常膳。自此月二十一日爲始，罷元日百官稱賀。又出手詔曰：「古者太陽蝕日，百官守職，蓋所以祇天戒而備非常也。今獨闕焉，甚非。王者小心寅畏之道，其將來正旦日蝕，可中書議舉行之。宰臣累上表，請御正殿，復常膳，乃從之。熙寧元年正月一日，日有食之。司天監言其日巳時八刻，瞻見太陽於正西偏南起虧；至午時五刻後蝕及六分弱，至未時三刻復圓。二日羣臣詣閤門拜表曰：「天人之交，雖災祥之宜戒，日月之會，亦盈縮之有常，適緣簿食之期，屬在元正之旦，仰祇變象，深軫睿衷。虛槐楓之大庭，徹鼎俎之常舉。敢干聽聽冒進忱辭。伏惟皇帝陛下，求福不回，遇災而懼，矧焦勞之已至，何咎告之不除？伏願恢發至仁，俯從衆欲，御九宸之正中，復四食之常珍。上以隆户牖之尊，下以慰華夷之望。」批答曰：「朕德不明，上累三光。正月之朔，日有食之。考之古義，咎莫大焉。故朕避朝徹膳，思有以恐懼修省，謝上天之譴告。而二三輔臣，暨百辟庶尹，方當同心協德，以輔不逮，若夫進御虎門之朝，退加牢鼎之膳。請雖誠至，豈朕所望哉？」自是三上表，乃從之。

六年三月十三日司天監言：四月一日當食九分。詔自十四日易服，避正

殿，減常膳。仍降德音曰：「朕獲奉宗廟於七哉載，憂勤願治，弗敢荒寧，而太史豫言，天將降告，正陽之朔，日有食之。推原典經，斯謂太異。夙宵戰栗，未燭厥理，豈非庶政之失，加於四方，德誼來乎。刑罰未中，善氣繆盭，以累三光。今天重威申儆不逮，是用損膳、徹樂、變殿，推恩元元，蕩宥多辟，以圖消復，以召和平。」二十四日，羣臣詣閤門，上表曰：「太史占符，將侵陽而虧景；中宸軫慮，爰變服以致虔。復虛路寢之朝，重徹內饔之舉。中外咸惕，夙宵靡寧。竊以天體陰高，日纏交會，不無薄食，未損清明。恭惟皇帝陛下憲古聰文，體乾剛粹，面稽帝則，恭授人時，而乃孟月正陽，大明告眚，博鑒典經之訓，永惟侵沴之原，旁究政宜，預祇天戒，亟形深詔，載洽湛恩。固將格回復之靈釐，道和平之善氣。伏願特紓淵聽，俯徇輿情，法坐垂衣，還正黼屏之位；大庖陳俎，進加玉食之珍。協四海之歡康，副九賓之願望。」批答曰：「朕祇若天戒，憂心靡寧。循惟告災，咎在菲德，貶損常御，預乾明威。公卿庶士，率勵百職，圖救厥異，以昭棐忱，奏對所陳，豈亮朕意?」自是再上無弗許。元豐元年六月癸卯朔，日當食不食。十一月翰林天文院言：「日食，陰雲不見。」又司天監言：「巳時六刻雲開，見日不及所食分數。」四年十一月一日，日有食之。五年三月十七日司天監言：「四月朔，日當食於寅。」詔自月己亥素服，避正殿，減常膳，其日百司守職。十八日降德音於四京、諸道、州府、軍監。四月一日司天監言：「日當食而陰晦不見。」三日始御正殿。六年九月癸卯朔，日有食之。

元祐三年六月十五日有食之。六年五月朔，日食。詔罷文德殿視朝，祭太社，百司守職。太史言食二分。

紹聖元年二月二十八日詔：「三月朔，日當食，罷其日視朝。仍差翰林學士顧臨祭太社一位，百司守局。」

四年六月朔，日當食，陰雲不見。先是，太史局奏六月朔，日有食之。詔其日罷視事，仍令有司具素膳，公卿等更宜勉思所戒，以輔不逮，《續通鑒長編》群臣具表賀，三省樞密院同班致詞賀不見虧蝕。上顧三省曰：「卿等更當修政事，退不肖爲意。」元符二年十月十六，日有食之既。三年徽宗已即位，未改元。三月二十三日，降德音於四京畿內，曰：「朕以眇身，初嗣服歷，惟德不類，上類三光。太史豫言天文之蒙，乃四月朔，日有蝕之。譴告之來，必緣類至。側身而懼，敕命惟幾損膳、避朝以圖消弭，百姓有罪，時予之辜。其推渙恩，敷錫近甸。嗚呼！天道雖遠，其聽自民，格王所先，惟正厥事，誕告有於衆至懷。二十五日詔曰：「朕以眇身，始承天序，任大責重，罔知攸濟。永惟四海之遠，萬幾之煩，豈予一人所能遍察？必賴百辟卿士，下及庶民，敷奏以言，輔予不逮。矧太史前詣，天將動威，日有蝕之。期在正月，變異甚詎。殆不虛生，夙夜以思，未燭厥理。將以彌綸初政，消弭天災，自非藥石之規，孰開朕德。況今周行之內，人有所懷；蒭蕘之中，言亦可採。況朕躬之闕失，若左右之忠邪，政令之否臧，風俗之媺惡，朝廷之德澤，有不下完；閭閻之疾苦，有不上聞。咸聽直言，毋有忌諱。朕方開讜正之路，消壅消之風，其於鯁論嘉謀，惟恐不聞，而行之惟恐不及，其言可用，朕則有賞；言而失中，朕不加罪。朕言惟信，非事空文，尚愁乃心，毋有後害。應中外臣僚以至民庶，各許實封言事，布告邇遐，咸知朕意。先是，中書舍人曾肇言：「陛下踐祚之初，臣願修轉封之制，下不諱之令，明詔宜令百司，民庶得極言時政，無有所隱，庶以振起其不敢言之氣，紓發其鬱堙壅塞之情。故有是詔。」四月一日以日當蝕，遣官奏太社，百官守局。是日太史局奏：辰初日蝕西北四分，至巳三刻而復。時有陰雲往來，然不能掩。三日宰相章惇等上表請御正殿、復常膳，自是三上表，乃從之。徽宗建中靖國元年三月二十一日，制曰：「朕獲奉宗廟逾年於玆，任大責重，不敢康寧，今者太史豫言，日有蝕之，將在正陽之朔，斯乃大異，朕甚懼焉，夙夜拳拳，深惟其故，豈非教化未修，刑罰不中，吏之弗良者，衆民之失業者，蓄上累三光之明，示以譴戒，是用損膳避朝，蕩宥多辟，以圖消復，以召和平。於戲！百姓有過，罔不在予。萬邦作孚，孰非自朕。率求諸已庶，獲休證諮，爾有衆咸體朕懷，降德音於四京、諸道。四月一日以日當食，遣官祭告太社，百官守局。是日太史奏：陰雲，不見所食之分。二日宰臣韓□彥等奏：「伏奉詔以正月朔太陽虧，避正殿，減常膳者，占辰弗集馳走，逮於嗇律宥。惟時鞭樸空於司寇，未即路朝之正，猶推玉食之供，凡在臣工，莫遑寧處。竊以日符天統，當循黃道之常；君體乾剛，故謹正陽之畏。惟聖人觀象，以立戒，欲王者因事而自修。亦緣久動而必差，乃有頻交而屢食。恭惟皇帝陛下中正履位，在躬孝承七廟之安，仁暨萬邦之衆，官惟賢而士勸善，罰當罪而民禁非，承以無私，要容光而必照，建其有極，用勿憂以宜中。固念玆而在玆，寧弗畏而入畏，繫寅恭肅，可謂至矣，則變異何從召之，應以至誠，居然純曜，祥桑不拱，方知大戊之興，升雉何爲，益見高宗之盛。宜光臨於黼扆，且時御於饔飧。茂迎至和，允答群望。詔答曰：正陽之月，日有食之，謫見於天，爲變甚大，予未小子，不遑寧居，損膳避朝，以圖消弭，雖陰雲密布，變象弗昭，而群公

卿士，遽上封章，乃欲御前殿、復常珍，豈體朕慓慓危懼、祗畏戒天之心哉？所請宜不允。」自是三上表，乃從之。

二年四月十四日，秘書省狀據太史局申據同提點歷書推算到徑年五月朔，日蝕十分中大分三十九，初虧西南，在午時一刻，後復滿東南，在未時二刻。詔其日前後殿不視事，命禮部侍郎祭李圖、南祭太社一位，百司守職，其合行事，令太常寺勘會施行。五月一日，日有食之。四年九月一日，日有食之。政和三年三月一日，太史局奏：太陽當虧，至未時七刻後日體圓明，全不虧食。五日太師魯國公蔡京率文武百官拜表稱賀，先是太史局前期定到三月一日壬子朔午時八刻後太陽當食，從西北起蝕，及三分。是日不虧食，故也。《編年備要》五年七月戊辰朔，日有食之。八年五月一日，日有食之。《編年備要》重和元年五月壬午朔，日有食之。宣和元年三月二十三日詔曰：「日行黄道，及其相掩，人下而望，有南北仰側之異，故謂之蝕，月假日光，行於日所不燭，亦以爲蝕，日月之光，蓋未始虧，人望而然，古之人以歷推步，先期而定日數之常。然日爲陽，人君象也，爲陰所掩，不可不戒，故伐鼓於社，嗇夫馳，庶人走，以財成其道，輔相其宜。今太史有言，正陽之月，日有蝕之，朕欽明天道，若古之訓，罔敢怠廢。可令尚書省具前後故實，取旨施行，布告中外，咸使知之。」四月一日，日有食之。《編年備要》二月年十月戊辰朔，日有食之。五年八月一日，翰林天文局言：「今月朔辛巳，朔日當蝕，其日蒼黑，雲起不辨虧蝕。按《天文占》云：「日蝕陰陽相掩，有雲蔽之，即日不蝕。」乞付史館，從之。」

高宗建炎三年九月一日，日有蝕之，初日食僅四分，未幾復退，有頃上遣中使賫太史元進日食分數，晷刻，圖示宰執，晚朝奏事次。上曰：「太史初奏，日食早而分深，朕適以油盆觀之，食淺而退速。」呂頤浩曰：陛下嚴恭寅畏，天鑒精誠，宜感格之如此。崇寧、政和間，災異頻仍而消弭之速者頗鮮，恐於應天有所未至。」上曰：「朕常以謂奉天不如畏天，舊例日食不御殿，作休假。是日晚朝以巡幸，機務至繁，故視事也。

五年正月一日，日有食之。先是，四年十二月二十三日，侍御史魏矼奏：「太史言，來年正月朔旦日當食，乞下有司，講求故事。」上曰：「日食雖是躔度之文，術家能逆知之。《春秋》日食必書，謹天戒曰。矼之言良愜朕意。畏天之戒，罔敢怠忽，更宜下有司講求故事，凡可以消變者，悉舉行之。」沈興求曰：「日食雖躔度可推，然日爲陽類，至於薄食，則人君所當恐懼，修省以應天變。」於是詔公卿百執事講求闕政，察理冤獄，收輯流亡，詢問流疾苦舉遺逸來直言，凡可消變弭災者，毋匿厥指，共圖應天之實，稱朕意焉。」

十三年十二月一日太陽交食，皇帝不視事，減常膳，百司守職，過時乃罷。是日，陰雲不見。初，宰執進呈大禮畢，於十一月二十三日恭謝，上曰：「十二月朔，日食，自來有避殿減膳等事，今當舉行，至是，當虧不見，宰臣率百僚拜表稱賀。」

清・嵇璜等《續文獻通考》卷二一二《象緯考》 日食

臣等謹按：馬端臨《考》載宋寧宗嘉定四年至十六年，凡日食七，而遺三年六月日食事，今補録於左。

宋寧宗嘉定三年六月丁巳朔，日有食之。

臣等謹按：宋嘉定三年即金大安二年也，彼作十二月辛酉朔，日食與此不合。

理宗寶慶三年六月戊申朔，日有食之。紹定元年六月壬寅朔，日食。六年九月壬寅朔，日食。

臣等謹按：《宋史・天文志》：六年九月日當食，黔雲不見。端平二年二月甲子朔日當食，不虧。嘉熙元年十二月戊寅朔，日食。

先是，太史言：日食將既，日與金、木、水、火四星俱躔於斗。詔：減膳避朝，令有司檢會故實以聞。

淳祐二年九月庚辰朔，日食。三年三月丁丑朔，日食。五年七月癸巳朔，日食。六年正月辛卯朔，日食。

先是，五年十二月壬午太史奏：來歲正旦日當食。詔以本月二十一日避殿，減膳，命百司講行闕政，凡可以消弭災變者，直言無隱。至期詔天基節紫宸殿上壽，集英殿大宴并免。

九年四月壬寅朔，日食。十二年二月乙卯朔，日食。

寶祐元年二月己酉朔，日食。景定元年三月戊辰朔，日食。二年三月壬戌朔，日食。

臣等謹按：景定二年即元中統二年也，至宋末兩史日食皆合。

度宗咸淳元年正月辛未朔，日有食之。三年五月丁亥朔，日食。四年十月戊寅朔，日食。六年三月庚子朔，日食。七年八月壬辰朔，日食。八年八月丙戌朔，日食。

恭帝德祐元年六月庚子朔，日有食之，既，晝晦如夜，星見，鷄鶩皆歸。辛丑，太皇太后詔削尊號聖福字，以應天戒。

端宗景炎二年十月朔，日有食之。

臣等謹按：馬端臨《考》不載遼代日食事，然遼起於梁太祖開平五年辛未歲，終於宋徽宗宣和七年乙巳歲，前後共二百一十五年間，其日食載在帝紀，班班可考，而以《五代史》《宋史》及《契丹國志》彼此參考，同者少，而異者多。正如端臨所云：同一宇宙而牴牾如此，豈非其官失之乎？

遼太祖五年正月丙戌朔，日有食之。神册六年六月乙卯朔，日食。天贊二年十月辛未朔，日食。

臣等謹按：太祖五年即梁開平五年也。是年即改元乾化。正月日食，馬端臨《考》重書之。神册六年日食事《梁史》不載，若天贊二年即梁少帝龍德三年，唐莊宗同光元年所載與此相同。又端臨所載同光三年四月癸亥，契丹國志作天贊五年，明帝天成元年八月乙酉朔，二年八月己卯朔，《契丹國志》作天顯元年事。又載天顯二年二月朔，日食，乃端臨考所不載。長興元年六月癸巳朔，《契丹國志》作天顯四年事。二年十一月甲申朔，《契丹國志》作天顯五年事。遼史皆不載。

太宗會同六年四月戊申朔，日有食之。

臣等謹按：馬端臨《考》載晉天福二年正月乙卯朔。《契丹國志》作會同元年。三年正月戊申朔。《契丹國志》作會同二年。四年七月庚子朔。《契丹國志》作會同三年。七年四月甲寅朔，即會同六年也。歐陽修《五代史》不載是月日食事，而戊申與甲寅彼此不符。又開運元年九月庚午朔，二年八月甲子朔，三年二月壬戌朔，漢隱帝乾祐元年六月戊寅朔，二年六月癸酉朔，《契丹國志》即遼世宗天禄二年。三年十一月甲子朔，《契丹國志》即天禄三年。歐陽修《五代史》俱載日食而《遼史》獨不載。

穆宗應曆二年四月丙戌朔，日有食之。五年二月庚子朔，日食。十一年四月癸巳朔，日食。十五年二月壬寅朔，日食。

臣等謹按：馬端臨《考》載周太祖廣順二年四月丙戌朔日食，與應曆二年四月相符，若所載宋太祖建隆元年五月己亥、二年四月癸巳，乾德三年二月壬寅、五年六月戊午，以上《契丹國志》俱同。開寶元年十二月己酉，《契丹國志》不載。俱有日食事。應曆凡十九年，所載多不符，何耶？

英宗保寧九年十一月丁亥朔，司天奏日當食不食。

臣等謹按：《歷代甲子圖》，保寧九年即宋太宗興國元年也。馬端臨《考》太祖開寶三年四月辛未，四年十月癸亥，五年九月丁巳，七年二月庚辰，八年七月辛未，俱有日食事。《契丹國志》同，不知《遼史》何以不載也。惟九年十一月事則與端臨所載宋太宗太平興國二年相符耳。

聖宗統和九年閏二月辛未朔，日有食之。十年二月乙丑朔及十二年七月辛亥朔，十二月戊寅朔，俱日食。十五年五月甲子朔，日食。二十年七月甲午朔，日食。二十二年十二月庚辰朔，日食。

臣等謹按：統和九年、十年、十二年即宋太宗淳化二年、三年、五年。二十二年即宋真宗景德元年也。馬端臨《考》與此相同，但前後所載太平興國六年九月乙未、七年三月癸巳、八年二月戊子，雍熙二年十二月庚子、三年六月戊戌，淳化四年二月己未，真宗咸平元年五月戊午、十月丙戌，二年九月庚辰，五年七月甲午，景德三年五月壬寅，四年五月丙申、十月甲午，大中祥符二年三月丙辰，五年八月丙申，俱有日食事。《契丹國志》大概同之，而《遼史》不載。

開泰九年七月庚辰朔，日食。

詔以近臣代拜救日。

臣等謹按：開泰九年即宋真宗天禧五年。此與馬端臨所載相符者，但前此大中祥符六年十二月戊午、七年十二月癸丑、八年六月己酉，天禧三年三月戊午俱有日食事。又是年九月改元太平爲宋仁宗乾興元年。七月甲子及天聖二年五月丁亥、四年十月甲戌、六年三月丙申、七年八月丁亥亦俱有之。《契丹國志》所紀大約相同而史不載。

興宗重熙十八年正月甲午朔，日有食之。二十二年十月丙申朔，日食。

臣等謹按：重熙元年爲宋仁宗明道元年，此云十八年爲皇祐元年，二十二年則皇祐五年也。馬端臨《考》載明道二年六月至至和元年四月，日食凡十三。惟皇祐元年、五年則與遼相符耳。

道宗清寧七年六月壬子朔，日有食之。咸雍二年九月壬子朔，日食。四年正月甲戌朔，日食。五年七月乙巳朔，日食。太康元年八月庚寅朔，日食。六年十一月乙丑朔，日食。九年九月癸卯朔，日食。大安七年五月己未朔，日食。十年三月壬申朔，日食。壽隆六年四月丁酉朔，日食。

臣等謹按：清寧元年即宋仁宗至和二年。此云七年爲嘉祐六年，與馬《考》合，但前此嘉祐元年三年四年日食者三，《遼史》不載。咸雍二年爲宋英宗

治平三年，馬端臨不載九月日食事，而《契丹國志》有之。以下俱合於端臨《考》，但尚有宋神宗熙寧六年四月，元豐元年六月，四年十一月，哲宗元祐二年七月，紹聖三年二月，四年六月，凡日食者六，而不見於《遼史》。

天祚帝保大二年二月庚寅朔，日有食之。

臣等謹按：保大二年即宋徽宗宣和四年也。馬端臨《考》載徽宗建中靖國元年四月至宣和五年八月，凡日食者九，獨不載是年日食事。

又按：金之建國，始於宋徽宗政和五年乙未歲，終於理宗端平元年甲午歲，凡一百二十年，所載日食事參之宋史及馬端臨《考》，間有不合，詳列於左。

金太祖天輔三年四月丙子朔，日食。四年十月戊辰朔，日食。六年三月庚寅朔，日食。七年八月辛巳朔，日食。

臣等謹按：天輔三年七年即宋徽宗宣和元年五年也，與馬端臨《考》所書合，惟宣和二年、四年，端臨不載日食事。

太宗天會七年九月丙午朔，日食。十三年正月丙午朔，日食。

臣等謹按：《歷代甲子考》天會七年即宋高宗建炎三年，十三年即紹興五年，其事相符，但正月丙午馬端臨《考》作正月乙巳，微有異耳。

熙宗天眷三年七月癸卯朔，日食。皇統三年十二月癸未朔，日食。四年六月辛巳朔，日食。五年六月乙亥朔，日食。八年四月戊子朔，日食。九年三月癸未朔，日食。

臣等謹按：天眷三年即宋紹興十年，馬端臨《考》不載日食事。其皇統三年、五年、八年、九年與端臨《考》合，尚有紹興七年二月、十七年十月兩日食事，《遼史》不載。

海陵貞元二年五月癸丑朔，日有食之。

是日避正殿，勅百官勿治事。

三年五月丁未朔，日食。

臣等謹按：上二條與馬端臨《考》合，以後凡合者不贅述。

正隆三年三月辛酉朔，司天奏日食，候之不見。

勅自今日食皆面奏，不須頒告中外。

五年八月丙午朔，日食。

世宗大定二年正月戊辰朔，日有食之。

伐鼓用幣，命壽王京代拜行禮。帝撤樂、減膳、不視朝，爲制：凡遇日月虧食，禁酒樂，屠宰一日。

三年六月庚申朔，日食。

帝不視朝，命官代拜。有司不治務，過時乃罷。後爲常。

四年六月甲寅朔，日食。七年四月戊辰朔，日食。

帝避正殿，減膳，伐鼓。應天門內百官各於本司庭立，明復乃止。

九年八月甲申朔，日當食，以雨不見。

有司奏聞，伐鼓，用幣，如常禮。

十三年五月壬辰朔，日食。十四年十一月甲申朔日食。十六年三月丙午朔，日食。十七年九月丁酉朔，日食。二十三年十一月壬戌朔，日食。二十八年八月甲子朔，日食。二十九年二月辛酉朔，日食。

臣等謹按：大定二年即宋高宗紹興三十二年也，馬端臨《考》有三十一年正月甲戌日食。金史不載。若七年爲孝宗乾道三年，端臨《考》亦不載四月日食事。餘皆合。

章宗明昌六年三月丙戌朔，日有食之。承安三年正月己亥朔，日食，陰雲不見。五年十一月癸丑朔，日食。泰和二年五月甲辰朔，日食。

臣等謹按：承安五年即宋寧宗慶元六年。馬端臨《考》不載十一月日食事。彼載慶元五年正月、六年六月日食事，《金史》亦不載。

衛紹王大安二年十二月辛酉朔，日有食之。

臣等謹按：是年即宋寧宗嘉定三年也。考《宋史》嘉定三年六月辛酉日食，端臨《考》不載，與此不合。又端臨載寧宗嘉泰三年四月，開禧二年二月、嘉定四年十一月俱有日食事，《金史》亦不載。

宣宗貞祐二年，九月壬戌朔，日有食之，大星皆見。四年二月甲申朔、閏七月壬午朔，俱日食。

臣等謹按：貞祐四年即宋嘉定七年，《宋史》不載閏七月日食事。

興定元年七月丙子朔，日食。二年七月庚午朔，日食。五年五月甲申朔，日食。元光二年九月庚子朔，日食。

哀宗正大五年十二月庚子朔，日有食之。

臣等謹按：是年即宋理宗紹定元年，係六月壬寅朔日食，與此不合。

又按：《元史本紀》太祖、太宗、定宗、憲宗四朝俱不載日食事。今斷自世祖始據《本紀》，以次遞載。

元世祖中統二年三月壬戌朔，日有食之。至元二年正月辛未朔，日食。四年五月丁亥朔，日食。五年十月戊寅朔，日食。七年三月庚子朔，日食。八年八月壬辰朔，日食。九年八月丙戌朔，日食。十二年六月庚子朔，日食。十四年十月丙辰朔，日食。十九年六月己丑朔、七月戊午朔，俱日食。二十四年十月戊午朔，日食。二十六年三月庚辰朔，日食。二十七年八月辛未朔，日食。二十九年正月甲午朔，日食。三十一年六月庚辰朔，日食。

臣等謹按：至元十七年以前以《宋史》較之，無不合者。至十九年六月、七月連紀日食，時宋已亡。考《元史・天文志》則亦同之。又二十九年正月甲午朔以日食免朝賀，《天文志》載有物漸侵入日中，不能既，日體如金環然，左右有珥，上有抱氣。《志》詳而《紀》畧，亦其體應爾也。

成宗大德元年四月癸巳朔，日有食之。三年八月己酉朔，日食。四年二月丁未朔，日食。六年六月癸亥朔，日食。七年閏五月戊午朔，日食。八年五月癸未朔，日食。

臣等謹按：《元史・天文志》不載元年四月事，殆史臣失之也。又王圻云：大德三年八月朔，日食不應。太史言：是日巳時日食二分有奇，至期不食，衆懼。保章正齊履謙曰：「當食不食，在古有之。矧巳時近午，陽盛陰微，故當食不食。」遂考唐開元以來當食不食者十事以聞。

仁宗皇慶元年六月乙丑朔，日有食之。延祐二年四月戊寅朔，日食。五年二月癸巳朔，日食。六年二月丁亥朔，日食。七年正月辛巳朔，日食。

帝以元日日食齋居，損膳，輟朝賀。

英宗至治元年六月癸卯朔，日有食之。二年十一月甲午朔，日食。

泰定帝泰定四年九月丙申朔，日有食之。

文宗天曆二年七月丙辰朔，日有食之。至順二年六月甲辰朔、十一月壬申朔俱日食。

順帝元統二年四月戊午朔，日有食之。至元二年八月乙亥朔，日食。三年二月壬申朔，日食。至正二年八月庚子朔、十月己亥朔俱日食。

臣等謹按：日食無祇隔一月之理，《天文志》亦不載。蓋本紀兩存其月，未及覈實，今存以備考。

三年四月丙申朔，日食。四年九月丁亥朔，日食。五年九月壬午朔，日食。六年二月庚戌朔，日食。七年正月甲辰朔，日食。八月七月丙申朔，日食。九年十一月戊午朔，日食。

臣等謹按：《天文志》自五年至九年俱不載日食事。

十年十一月壬子朔，日食。十一年五月己酉朔，日食。十二年四月癸卯朔，日食。十三年九月乙丑朔，日食。十四年三月癸亥朔，日食。十七年正月丙子朔，日食。十八年六月戊辰朔、十二月乙丑朔俱日食，二十年五月丁亥朔，日食。二十一年四月辛巳朔，日食。二十四年八月壬辰朔，日食。二十六年七月辛巳朔，日食。二十七年六月丙午朔，日食，晝晦。又十二月癸卯朔，日食。

臣等謹按：《天文志》不載十二年、十七年、二十年、二十四年及二十七年六月日食事，存以備考。

明太祖洪武二年五月甲午朔，日有食之。四年九月庚戌朔，日食。六年三月癸卯朔，日食。七年二月丁酉朔，日食。八年七月己未朔，日食。九年七月癸丑朔，日食。十年十二月乙巳朔，日食。十四年十月壬子朔，日食。十六年八月壬申朔，日食。十九年十二月癸未朔，日食。二十一年五月甲戌朔，日食。二十二年九月丙寅朔，日食。二十三年九月庚寅朔，日食。二十四年三月戊子朔，日食。二十六年七月甲辰朔，日食。三十年五月壬子朔，日食。

臣等謹按：王圻《續通考》載洪武元年五月庚午朔日食，以《本紀》不載，故闕之。

惠帝建文二年三月丙寅朔，日有食之。

成祖永樂四年六月己未朔，日當食，陰雲不見。

禮官請表賀，不許。

七年九月庚午朔，日食。十一年正月辛巳朔，日食。

先是，欽天監奏日食，占在元旦。已而鴻臚寺奏習元旦賀儀，帝召禮部翰林官問。尚書呂震對曰：「日食與朝賀之時先後不相妨。」侍郎儀智曰：「終是同日，免賀爲當。」帝再顧翰林諸臣曰：「古有日食，行賀禮否？」左諭德楊士奇對：「宋仁宗時，元旦日食，富弼請罷宴撤樂，呂夷簡不從。弼曰：『萬一契丹行之，爲中國羞。』後有自契丹回者，言是日罷宴。仁宗深悔。今免賀爲當。」詔從之，罷朝賀、宴會，止賜百官節鈔。

十三年五月丁酉朔日食，十八年八月丁酉朔日食，十九年八月辛卯朔，日食。二十年正月己未朔，日食。

帝以元日日食，詔羣臣修省，免朝賀。

二十一年六月庚戌朔，日食。

宣宗宣德五年八月己巳朔，日食，陰雨不見。

時禮部尚書胡濙請稱賀，不許。敕曰：「日食，天戒之大者，惟修德、行政、用賢、去奸，而後當食不食。今陰雲不見，得非朕昧於省過而然與？況離明照四方，陰雲所蔽有限。京師不見，四方必有見者。天可欺與？其止勿賀。」

七年正月辛酉朔，日食。

詔免朝賀。

十年十一月時英宗已即位。戊辰朔，日食。

英宗正統六年正月己亥朔，日當食不見。

禮官請表賀，不許。

景帝景泰二年六月戊辰朔，日當食不見。三年十一月己未朔，日食。五年四月壬午朔，日食。六年四月丙子朔，日食。

英宗復辟，天順四年七月乙亥朔，日有食之。五年十一月丁酉朔，日食。七年五月己丑朔，日食。八年四月時憲宗已即位。癸未朔，日當食不見。

憲宗成化三年二月丁酉朔，日有食之。五年六月癸丑朔，日食。六年六月戊申朔，日食。九年四月辛酉朔，日食。十年九月癸丑朔，日食。十一年九月丁未朔，日食。十二年二月乙亥朔，日食。二十年九月乙酉朔，日食。二十一年八月己卯朔，日食。孝宗弘治元年六月癸巳朔，日有食之。二年十二月甲申朔，日食。八年二月乙卯朔，日食。十一年閏十一月壬戌朔，日食。十三年五月甲寅朔，日食。十四年九月丙子朔，日食。十五年九月庚午朔，日食。

武宗正德二年正月乙亥朔，日有食之。九年八月辛卯朔，日食。十年十二月癸丑朔，日食。十二年六月乙巳朔，日食。十三年五月己亥朔，日食。十六年三月癸丑朔，日食。

世宗嘉靖四年閏十二月乙卯朔，日有食之。六年五月丁丑朔，日食。八年十月癸亥朔，日食。二十一年七月己酉朔，日食。二十二年正月丙午朔，日食。二十四年五月壬戌朔，日食。二十八年三月辛未朔，日食。三十二年正月戊寅朔，日當食，陰雲不見。

時御史趙錦因正旦日食，劾閣臣嚴嵩怙寵，擅作威福，詞甚切直。詔下錦衣獄，削籍爲民。

三十四年十一月壬辰朔，日食。三十五年十月丙戌朔。日食。

四十年二月辛卯朔，日當食，陰雲不見。七月己丑朔，日食。

臣等謹按：《實録》四十年二月，以當食不見，允閣臣嚴嵩之請，行大謝禮。然甫更五月復食，一年兩食尤不多見。嚴嵩欺罔之罪上通於天矣。

四十三年五月壬寅朔，日食。四十五年四月壬戌朔，日食。

穆宗隆慶四年正月乙巳朔，日有食之。

詔免朝賀，丁未避殿修省。

六年六月乙卯朔，日食。

神宗萬曆三年四月己巳朔，日有食之，既。五年閏八月乙酉朔，日食，陰雲不見。八年二月辛未朔，日食。十一年六月丁亥朔，日食。十五年十一月己卯朔，日食。十六年九月丁亥朔，日當食，陰雲不見。十七年正月己酉朔，日食。十八年七月庚子朔，日食。二十二年四月己酉朔，日食。二十四年閏八月乙丑朔，日食。三十一年四月丁亥朔，日食。三十二年四月辛巳朔，日食。三十八年十一月壬寅朔，日食。四十年五月甲午朔，日食。四十三年三月丁未朔，日食。四十四年三月辛未朔，日食。四十五年五月癸酉朔，日食。

《明史·趙志皐傳》曰：二十四年閏八月，日食至九分餘。大學士趙志皐上言「紀綱不可不振者」六事。因累疏陳時政缺失，其大者，罷礦税，定國本諸務凡十一條。優詔報聞而已。

《神宗實録》：三十二年四月，大學士沈一貫請崇修實政，亟補中外缺官，罷無名礦税，釋逮繫纍臣，下諸司章奏，以格天心，而回天怒。帝不省。又三十八年十一月，禮部侍郎翁正春言：「前兩歲食四月朔，純陽之月也。今食十一月朔，陽生之月也。君德象日，宜照臨宣布，不宜黯汶閉藏。自萬曆二十年後，財貨日斂聚一日，人才日剥落一日，旨意日中留一日，黄扉紫闥之中，真如寂寥孤曜；六卿九列之地，不滿三五晨星。閶闔徒號而天聽愈杳；巡方莫代而霜斧久勞。天下不見陽和舒育之氣，而冰凝之象獨堅。一時如在窮陰冱寒之中，而融通之意盡塞。是以上天譴告如此。誠翻然轉移，太平盛業將綿萬載。」疏入不報。

熹宗天啟元年四月壬申朔，日有食之。六年七月辛未朔，日當食，陰雲不見。

愍帝崇禎二年五月乙酉朔，日有食之。四年十月辛丑朔，日食。七年三月丁亥朔，日食。十年正月辛丑朔，日食。十四年十月癸卯朔，日食。十六年二月

乙丑朔，日食。

清・張廷玉等《清文獻通考》卷二六三《象緯考》 日食

臣等謹按：馬端臨所紀歷代日食，於食分、時刻、宿度詳略不同。蓋以有可考，有不可考耳。今欽天監紀順治元年以來，所紀日食自食及一分以上者，具詳宿度、時刻分秒，至食不及一分者，則據實録所書而列之。

順治元年八月丙辰朔，日食在張宿八度十八分，食二分四十八秒。午初初刻一分初虧，午正一刻二分食甚，未初一刻十四分復圓。

二年十二月乙卯朔，日食。先是六月，掌欽天監事湯若望言：「舊法算得本年十二月己卯朔辰時，日食三分强。回回科算得食一分弱。依新法推之，止食半分强，且在日出地平之前。請臨期遣官測驗。」至是陰雲不見。

五年五月乙丑朔，日食在觜宿十一度七分，食九分十二秒，卯初三刻八分初虧，卯正三刻七分食甚，辰正初刻復圓。

七年十月辛巳朔，日食在亢宿二度十五分，食七分四十二秒，巳正二刻六分初虧，午正初刻一分食甚，未初二刻五分復圓。

十四年五月癸卯朔，日食在觜宿二度十二分，食六分三十七秒，寅正一刻四分初虧，卯初初刻九分食甚，卯正初刻四分復圓。

十五年五月丁酉朔，日食在畢宿六度五十七分，食四分二十五秒，辰正三刻九分初虧，巳正初刻十一分食甚，午初二刻九分復圓。

康熙三年十二月戊午朔，日食在斗宿二十一度二十分，食八分五十四秒，申初一刻六分初虧，申正二刻七分食甚，酉初三刻一分復圓。

五年六月庚戌朔，日食在井宿九度四十五分，食九分四十七秒，申初一刻十四分初虧，申正二刻十一分食甚，酉初二刻十四分復圓。

八年四月癸亥朔，日食在婁宿十一度。食五分二十九秒，未初初刻八分初虧，未正一刻十二分食甚，申初二刻十三分復圓。

十年八月己卯朔，日食在張宿九度二十九分，食一分五十九秒，申正一刻九分初虧，酉初初刻七分食甚，酉初二刻十四分復圓。

十五年五月壬午朔，日食。掌欽天監事南懷仁疏言：「依古法推算，應食五分六十秒；依新法推算，應食二十微。臣等登臺測驗，本日酉正一刻日食，未及一分，戌初初刻十分復圓。其古法所推失之甚遠。而新法亦不盡符合者，乃清蒙之氣使然。按《交食歷指》等書言：地中游氣，時時上騰，能映小爲大，升卑爲高。如日月出入時與地平相近，游氣掩映，比中天時望之，其光較大，此明驗也。今五月朔日食原不過二十微，因蒙氣之故，自平地視之，則爲不及一分。」疏入，下禮部知之。

二十年八月辛巳朔，日食在翼宿初度二十三分，食三分四十九秒，辰正一刻七分初虧，巳初一刻七分食甚，巳正二刻五分復圓。

二十四年十一月丁巳朔，日食在心宿一度二十二分，食二分十九秒，申初初刻八分初虧，申初三刻十三分食甚，申正二刻十四分復圓。聖祖仁皇帝諭大學士等曰：「天象稍有愆違，即當修省，或施行政事有未當歟？或下有冤抑未得伸歟？」廷臣詳議以聞。

二十七年四月癸卯朔，日食在婁宿十度五十九分，食九分四十九秒，辰正初刻八分初虧，巳初一刻四分食甚，巳正二刻九分復圓。先期諭大學士曰：「欽天監奏四月朔日食，凡應行應革之事，其令九卿詹事掌印科道集議以聞。」

二十九年八月己未朔，日食在張宿九度二十分，食二分四十四秒，卯正三刻五分初虧，辰初二刻五分食甚，辰正一刻十一分復圓。

三十年二月丁巳朔，日食在危宿十度五十二分，食三分二十一秒，午正初刻二分初虧，未初一刻五分食甚，未正一刻十三分復圓。

三十一年正月辛亥朔，日食在虚宿九度三十四分，食五分十七秒，午初三刻三分初虧，未初初刻十四分食甚，未正三刻二分復圓。先期諭禮部曰：「天象之變見於歲首，朕兢惕靡寧，力圖修省，其罷元旦行禮筵宴。」至是覽欽天監所奏日食占驗，有大臣黜、近臣有憂之語。諭大學士曰：「朕觀自古帝王於不肖大臣正法者頗多，今設有貪污之臣，朕得其實，亦必置之重典。此皆係於人事，凡占候當直書其占語。今欽天監往往揣度時勢，附會陳説，如去年視有旱狀，則用天時亢旱之占，譸張殊甚。可傳欽天監監正諭之。」

三十四年十一月己未朔，日食在尾宿三度二十六分，食八分三十三秒，申初二刻十三分初虧，申正三刻六分食甚，酉初三刻十二分復圓。

三十六年閏三月辛巳朔，日食在婁宿一度五十七分，食十分二十二秒，辰初三刻八分初虧，巳初初刻七分食甚，巳正一刻七分復圓。先期諭大學士曰：「日食雖可預推，然自古帝王皆因此而戒懼，蓋所以敬天變、修人事也，若庸主則委諸氣數矣！可諭九卿，有宜修改者悉以聞。」

四十三年十一月丁酉朔，日食在心宿一度二十六分，食四分三十七秒。先

期欽天監預推午正三刻十一分初虧，未正一刻食甚，申初一刻七分復圓。至期上以儀器測驗，午正一刻十一分初虧，未初三刻一分食甚，申初一刻復圓。諭詢欽天監監臣以推算未協。請罪，免之。

四十五年四月戊子朔，日食在胃宿八度十八分，食六分二十三秒，酉正一刻六分初虧，戌初初刻十三分食甚，戌正初刻三分復圓。

四十七年八月甲辰朔，日食在翼宿一度四十二分，食五分十九秒，申正三刻七分初虧，酉初三刻三分食甚，酉正二刻九分復圓。

四十八年八月己亥朔，日食在張宿九度二十六分，食四分五十四秒，卯正初刻八分初虧，卯正三刻十四分食甚，辰初三刻十四分復圓。

五十一年六月癸丑朔，日食在井宿十度三十二分，食五分四十一秒，寅初二刻十分初虧，寅正二刻一分食甚，卯初一刻十分復圓。

五十四年四月丙寅朔，日食在婁宿十二度十九分，食六分十二秒，酉正初刻十一分初虧，戌初初刻二分食甚，戌初三刻六分復圓。先期諭大學士九卿曰：「自古帝王，敬天勤政，凡遇垂象，必實修人事，以答天戒。其係國計民生，有應行應改者，詳議以聞。」

五十八年正月甲戌朔，日食在危宿初度四十五分，食七分，申初初刻七分初虧，申正一刻五分食甚，酉初一刻十四分復圓。諭大學士九卿曰：「元旦日食，以陰雲微雪未見，別省無雲之處必有見者，況日值三始，人事不可不謹，政或有闕失，諸臣確議以聞。」

五十九年七月丙寅朔，日食在柳宿五度十六分，食七分二秒，巳正二刻四分初虧，午正初刻十二分食甚，未初三刻復圓。

六十年閏六月庚申朔，日食在井宿二十九度四十二分，食四分二秒，酉初初刻七分初虧，酉初三刻十四分食甚，酉正三刻二分復圓。

雍正八年六月戊戌朔，日食在井宿二十度四十二分，食九分二十二秒，午初初刻一分初虧，午正三刻一分食甚，未正二刻復圓。先期世宗憲皇帝諭大學士等曰：「朕御極以來，七年之中，未遇日食，今欽天監奏稱六月朔日食，朕心深爲畏懼，時刻修省，内外臣工宜共相勉勗，以凜天戒。」尋山西巡撫石麟以至期陰雨不見食稱賀，江寧織造隋赫德以是日陰雨過午、晴明日光無虧稱賀，俱奉旨切責。又諭大學士等曰：「天象之災祥由於人事之得失，若上天嘉佑而示以休徵，欲人之知所黽勉，永保令善於勿替也；若上天譴責而示以咎徵，欲人之知所恐懼，痛加修省也。日食乃上天垂象示儆，所當敬畏，詎可以偶爾觀瞻之不顯，而遂誇張以稱賀乎？山西偶值陰雨，不可以概天下。江南日光不虧，朕推求其故，蓋日光外向，過午之後，已是漸次復圓之時，所虧止二三分，是以不顯虧缺之象。昔年遇日食四五分之時，日光照曜，難以仰視，皇考親率朕同諸兄弟在乾清宫用千里鏡測驗，四周以紙遮蔽日光，然後看出。又豈可因此而怠忽天戒，稍存縱肆之心乎？慶賀之奏甚屬非理，大違朕心，宣諭中外知之。」

九年十二月庚寅朔，日食在斗宿初度二十六分，食九分十一秒，卯正三刻八分初虧，辰初一刻十分帶食六分四十秒出地平，辰初三刻四分食甚，巳初初刻五分復圓。

十三年九月丁酉朔，日食在角宿二度五分，食八分二十一秒，辰初三刻二分初虧，辰正三刻十四分食甚，巳正一刻三分復圓。

乾隆七年五月己未朔，日食在畢宿七度十七分四秒，卯正二刻十一分初虧，辰初二刻七分食甚，辰正二刻八分復圓。十年三月癸酉朔，日食在壁宿六度四十九分，食一分十秒，巳正三刻十二分初虧，午初三刻一分食甚，午正二刻復圓。十一年三月丁卯朔，日食在室宿十一度二十三分，食六分五十七秒，巳初二刻五分初虧，午初初刻五分食甚，午正二刻十分復圓。先期上諭大學士等曰：「本月十六日月食，三月初一日日食，且自上冬以及今春，雨雪稀少，土膏待澤。朕敬天勤民之心，倍增乾惕，所望大小臣工，共體朕意，加修省迓天和。夫修省之道，以實不以文，其有關於民生國計者，當盡心籌畫，竭誠辦理，以盡職守。若朕躬有愆謬，政事有闕失，應行陳奏者，即據實以聞，不得避忌。瞻徇亦不得牽引虛文，負朕諮詢之意。」

十二年七月己丑朔，日食在柳宿六度三十三分，食二分二十一秒，申正三刻十四分初虧，酉初二刻十分食甚，酉正一刻三分復圓。

十六年五月丁酉朔，日食在昴宿七度三十七分，食四分四十一秒，卯正三刻四分初虧，辰初二刻九分食甚，辰正二刻三分復圓。先期諭曰：「日食，天變之大者，自古重之。顧僅以引咎求言，虛文從事，夫豈應天以實之義？乃者五月丁酉朔，日有食之，朕自惟宵旰憂勤，無時不深乾惕，寧待懸象著明，始知戒謹然？遇災而懼，罔敢不欽戒懼修省？惟崇實政，行在鑾儀衛早晚鼓角，是日著停止一日，以示撤縣齋戒。我君臣當就常存之敬畏，倍加謹凜，益修實政。即如朕向來巡幸地方，官惟修治道途，此外一無華飾。自乾隆十三年東巡，該撫等於省會城

市稍從觀美，後乃踵事增華，雖謂巷舞衢歌，輿情共樂，而以旬月經營，僅供途次一覽，實覺過於勞費。且耳目之娛，徒增喧聒，朕心深所不取。今歲恭逢皇太後萬壽，兆庶亦藉以申祝嘏之忱，是以俯順民情，至朕待督撫有司，惟因其能實心辦事，令地方日有起色，方加恩獎。予而不知朕心者，未必不以辦差華美、求工取悦爲得計，將玩視民瘼，專務浮華，此風一開，於吏治民風所關者甚大，嗣後以違制論，諭中外知之。」

二十三年十二月癸丑朔，日食在斗宿一度五十一分，食八分五十一秒，申初初刻五分初虧，申正一刻五分食甚，申正二刻六分帶食七分二十三秒入地平。諭大學士九卿科道等曰：「《春秋》書日食，古聖克警天戒，惟是爲兢兢。茲者季冬之朔，日食至八分之多，望日又值月食，一月之間，雙曜薄蝕，災莫大焉，我君臣當動色相戒，側席修省。念邇年來西陲底定，殊域來歸，克奏膚功，皆仰賴上蒼福佑。在朕宵旰殷懷，無刻不以持盈保泰爲惕，並非出於矯强，亦中外臣民所共知。第人情當順適之時，檢持或有未至。昔人所稱人苦不自知，良非虚語。夫天心仁愛，人事宜修，倘用人行政之間有所闕失，而不力爲振飭，何以裨政治而召休和？在廷諸臣，共襄治理，寅恭夙夜，宜有同心，其各抒所見，據實敷陳，無有隱諱。」

二十五年五月甲辰朔，日食在參宿一度十七分，食九分四十二秒，申正一刻十一分初虧，酉初一刻十二分食甚，酉正一刻八分復圓。諭大學士等曰：「序臨北至，一陰始生，薄蝕適逢，益切乾惕。所有本月朔内廷例用龍舟上年，既以禱雨不行。今雖際時和，並飭停罷，用申祗荷天仁示戒之至意。」

二十七年九月庚申朔，日食在角宿三度二十六分，食五分四十秒，申正三刻五分初虧，酉初一刻十三分帶食五分四十秒入地平。

二十八年九月乙卯朔，日食在軫宿六度一分，食七分七秒，卯正初刻九分初虧，卯正一刻三分帶食一分二十四秒出地平，辰初初刻二分食甚，辰正初刻復圓。

三十四年五月壬午朔，日食在畢宿八度三十八分，食三分三十五秒，酉初初刻五分初虧，酉初三刻二分食甚，酉正一刻十三分復圓。

三十五年五月丁丑朔，日食在昴宿七度三十四分，食三分五十三秒，辰初二刻五分初虧，辰正一刻十一分食甚，巳初一刻七分復圓。

三十八年三月庚寅朔，日食在室宿十二度三十七分，食四分十三秒，未初一刻三分初虧，未正二刻十分食甚，申初三刻九分復圓。

三十九年八月壬午朔，日食在張宿十度五十三分，食三分五十一秒，辰初初刻十四分初虧，辰正初刻十二分食甚，巳初一刻三分復圓。

四十年八月丙子朔，日食在張宿初度六分，食四分三十三秒，午初一刻六分初虧，午正三刻七分食甚，未正一刻二分復圓。

四十年十二月甲辰朔，日食在斗宿二十三度四十三分，食一分四十七秒，巳初二刻六分初虧，巳正一刻五分食甚，午初初刻六分復圓。

四十九年七月甲寅朔，日食在柳宿十六度二十一分，食一分五十五秒，卯初二刻二分初虧，卯正初刻十四分食甚，卯正三刻十四分復圓。

五十年七月戊申朔，日食在柳宿五度三十五分，食四分十七秒，卯正二刻十二分初虧，辰初二刻十三分食甚，辰正三刻八分復圓。

清·劉錦藻《清續文獻通考》卷三〇一《象緯考八》　五十年乙巳七月朔日戊申，日有食之。

五十一年丙午正月朔日丙午，日有食之。

乾隆五十年諭：「五十一年正月初一日日食，業經頒諭，停止朝賀，其救護典禮，禮部遵例奉行。朕仍於内殿恭設香案，虔誠祈禳，以答上天垂象，儆惕修省之意。至於下詔求言，史册所稱，朕以爲轉涉虚文。蓋事天以實，爲人君者敬天勤民，躬理庶務，日慎一日，乃職分所當然，即言官應行陳奏事件，原當隨時入告，何待日食然後求言？況今每日御便殿聽政、批答章奏，大學士、軍機大臣及九卿科道等不時召見，諮詢政務。即外省自督撫至道府，無不隨到宣召，未至民隱壅於上聞，詎因日食方始下詔求言耶？至薄蝕天變，日時度數有定，昔宋仁宗康定元年正月丙辰朔應日食，先是日官楊維德等請移閏於庚辰年，則日食在前月之晦。帝曰：『閏所以正天時而授民事，其可曲避乎？』不許。所見甚爲合禮。蓋凡日食必以合朔，移於晦日尤爲非是。又考漢唐以來，如光武帝建武二年，北魏孝文帝延興四年，太和十四年，唐太宗貞觀六年，均以正月朔日食。昔我皇祖時以康熙三十一年及五十八年正月朔日食，且三十一年有錫伯瓜爾察達呼爾等來歸，喀爾喀格楚爾喀亦以屬裔來歸之事，可見日食爲定數，而君人者則當因此益加戒懼。至於以改移爲消弭之説，則尤斷斷不可。朕踐阼之始，即叩天默禱以若蒙天佑享國至六十年，即當傳位歸政，不敢如皇祖之數逾花甲。今幸五十年來，壽逾古稀，康强如昔，惟有宵旰勤求，不遑暇逸，以仰副上

天眷顧之殷，祖宗託付之重。設以天變爲可消弭，自於今歲歸政，則是欲移咎後人，圖卸己責。如宋高宗年未六十，傳位孝宗，置軍國大事於不問，不獨無以對天，並無以對子。朕豈肯出此乎？從前推算天行度數，乾隆六十年乙卯亦當正旦日食，與今歲同。若於是年歸政，則值嗣子首歲元旦，尤屬非宜，朕心亦有不忍，何若以是歲爲朕臨御六十年，頤和錫福之餘，即以次年爲嗣子迎庥改元之始，國祥家慶，天日重光，以符朕首阼之祈，以紹我大清億萬年之寶命，不其懿歟！此願亦不敢期，必總以惟日孜孜，以靜俟上天垂佑耳。將此通諭中外臣民，咸知朕意。」

臣謹案：延興二年、太和十四年二次日食，一在上年十二月，一在上年二月，《魏史》俱誤載。

五十二年丁未五月朔日丁卯，日有食之。

五十三年戊申五月朔日壬戌，日有食之。十一月朔日己未，日有食之。按：十一月日食在夜，中國不見。

五十四年己酉五月朔日丁巳，日有食之。十月朔日癸丑，日有食之。按：五月日食，中國不見。

五十五年庚戌三月朔日辛巳，日有食之。十月朔日戊申，日有食之。按：三月、十月日食俱在夜，中國不見。

五十六年辛亥三月朔日乙亥，日有食之。按：三月日食，中國不見。

五十七年壬子三月朔日庚午，日有食之。八月朔日丁卯日有食之。按：三月、八月日食，中國不見。

五十八年癸丑八月朔日辛酉，日有食之。按：八月日食，中國不見。

五十九年甲寅正月朔日己丑，日有食之。八月朔日乙卯日有食之。按：正月、八月日食，中國不見。

六十年乙卯正月朔日甲申，日有食之。六月朔日庚辰日有食之。十二月朔日戊寅日有食之。

五十九年諭：「朕臨御天下五十九年，仰蒙昊蒼眷佑，列聖貽庥，薄海昇平，梯航向化，重熙累洽。惟日孜孜，無時不以敬天勤民爲念，行慶施惠，錫祜延禧。普免漕糧二次、地丁錢糧四次，而偶遇水旱，偏祲隨時，蠲租賜復，賑貸兼施，不下帑金數千萬兩。所以涵養生息，子愛黎民至周至渥，兹紹膺統緒，明歲正屆六十年。粵稽史册，前代帝王享國長久者，未可多得。即有一二，或係沖齡踐阼，用能多歷年所。朕則春秋二十有五始即位，誕膺大寶，迄今八旬開四，康彊逢吉，五代同堂，景運增隆，寰瀛寧謐，享國之年，幸周甲子，壽祚延洪，實爲罕覯之盛事。此皆上蒙昊貺駢蕃、克膺備福。朕於感荷之餘，彌深兢業。早經欽天監推算，六十年元旦日食，上元月食，古來史傳所載，有日食修德、月食修刑之說，固因上天垂象，理宜修省。其實君人之道，於德刑二事，平日本宜刻深兢勵，亦何待日月薄蝕，始懷寅戒之心？應天以實不以文，與其託諸空言，寧若見諸行事之實？修德莫大於愛民，若覃敷恩澤，加惠閭閻，俾海寓子民共臻樂利，則所謂修德孰大於是？所有六十年各省應徵漕糧著再加恩普免一次，其應如何分年輪免之處，仍著該部覈議具奏。至以修刑而論，則停免句到即所以恤刑，但赦非善政，利於宵小，而不利於善良，昔人即有此論。明年係六十年國慶，後歲丙辰爲嗣皇帝即位，元年俱應錫慶施仁，矜恤刑獄。若今年停句，則三年連緩。莠民恃有寬政，作奸犯科者無所儆畏，轉非辟以止辟之意。是以本年仍照舊句，到明年元旦著照五十一年之例，不御殿，不受朝賀，是日午後向有諸王及皇子、皇孫內庭家宴之例。五十一年元旦日食復圓後，曾經舉行。明歲究係六十年週甲，年分所有，內庭家宴亦著一併停止舉行。朕於是日亦不御禮服，照每年例，恭詣奉先殿堂子及先師等處行禮。時御龍袍貂褂，將屆日食時，即換常服以示寅恭，而寓修省。日月薄蝕躔度，本屬有定數，千百年後皆可推算而得，所謂千歲之日至，可坐而致。但元旦、上元，適值日月虧蝕，究爲昊蒼示儆之象。幸天恩垂佑，適值明歲爲朕即位告成之年，自應祇承無斁。設在丙辰正月，則爲嗣皇帝即位之元年，於吉祥盛事，轉爲未傑，是即日月薄蝕一事而上天之篤佑朕躬，以貽我子孫萬年無疆之庥者，至優至厚，朕惟有益感天恩，倍深乾惕。又明年乙卯爲朕臨御六十年，本欲於萬壽前由熱河回京受賀。今春因中外臣工懇請舉行慶典，適以上冬雪澤未獲優霑，春閒又復缺雨，業經降旨宣諭，令將明年慶典停止舉行。若仍照庚戌年八旬之例，於萬壽前回京，則王公外藩及大小臣工等，必又再四懇請舉行慶典，則似朕今春所降諭旨，轉爲不誠。是以明年仍定於熱河駐蹕。過萬壽後再行回鑾，俟至丙辰正月歸政嗣皇帝，以符正月上日受終文祖之義。彼時備儀，授受盛典光昭，嗣皇帝率領臣民，以天下養介禧祝嘏慶洽敷天，尤爲千古罕覯盛事，實我大清億萬載無疆之福也。」

又十二月諭：「前因六十年乙卯元旦日食，上元月食，雖薄蝕□度，可以豫

行推測。但稽古史傳所載，遇有日食、月食等事，往往下詔求言，以示修省。朕思上天垂象，固宜戒慎；而應天以實不以文，與其託諸空言，孰若施諸實政？前已降旨，普免天下應徵漕糧，俾海宇子民共臻樂利。今思各省尚有積年民欠及因災帶緩未完銀穀，俱應按限徵輸者，小民究因官欠未清，未得遂其含哺之樂。仰邀昊眷六十年，寰宇寧謐，景運增隆。丙辰年即届歸政，今若於朕臨御之年覃敷恩賚，俾小民積年欠項廓然一清，得以户慶盈寧，共游化宇，所謂修德愛民，孰大於是？而修刑亦概於是矣。以此上應垂象，感召休和，實屬吉祥盛事。所有各省，積年正耗、民欠及因災緩征帶征銀穀，著各督撫詳晰查明，按照各省所屬之某州某縣實欠在民銀穀若干，速行開單具奏，到日降旨豁免，並著先將此旨謄黄宣示，俾鄉村鎮市，咸使周知，得以共霑實惠。官吏胥役等無從影射侵冒，以副朕子惠黎元，敷錫延禧，俾普天群黎，無一負欠者，喜孰大於是？該部即遵諭行。」

嘉慶元年丙辰六月朔日乙亥，日有食之。

二年丁巳六月朔日庚午，日有食之。十月朔日丙申，日有食之。按：六月、十月日食，中國不見。

三年戊午十月朔日辛卯，日有食之。

四年己未四月朔日己丑，日有食之。十月朔日丙戌，日有食之。按：四年十月日食，中國不見。

五年庚申四月朔日癸未，日有食之。

六年辛酉三月朔日丁丑，日有食之。八月朔日乙巳，日有食之。

七年壬戌八月朔日己亥，日有食之。

是年諭：「本年八月朔，日食九分有奇，望日又值月食。朕仰維上天示儆，戰兢惕勵，時深悚懼愧，無以格昊佑而弭眚災。因命軍機大臣恭查乾隆年閒日食，皇考節次所降德音，内載乾隆二十三年十二月朔日食八分，望日亦值月食。恭奉諭旨，省過求言，仰見皇者持盈保泰之盛心。今一月之閒，雙曜薄蝕，而日食至九分有奇，視八分，殆又過之。朕觀象省躬，惟恐用人行政，或有闕失，朝夕寅畏，莫敢或遑。而四海之大，萬民之衆，或智慮未周，德意未孚，心甚歉焉。凡内外大小臣工，佐襄郅治，各宜勤思職業，恐懼修省，尤當齋心研慮，於朝廷政治、安内寧外之大者，剴切敷陳，讜言無隱。即如剿捕川楚邪匪一事，七歲於茲，見在軍營，連次克捷，雖已將著名首逆殄除殆盡，而一二敗殘餘孽尚在逋誅，或應靖以兵威，或應迪以德化，諸臣苟有真知灼見，不妨據事直陳。此外政治措施或有不便於民者，及一時行之日久，易滋流弊者，均當指陳利害，匡朕不逮。但不得毛舉細故，摭拾浮詞，如條陳更改、部院則例等事，試思見行，則例皆經前人諮謀審定，可垂久遠者，若其中有應因時變通者，我列祖列宗早經斟酌盡善。朕監於成憲，不敢輕議更張，而在廷諸臣，才識又豈能邁越前人，輒思更改舊制乎？況近日臣工條奏改例之事，交議後往往有格礙難通，仍行駁斥者，徒勞奏牘，於政事何補？若能於國計民生實有裨益，俾朕因言求治，可見施行，此乃修德之大者。至月食修刑，見於載籍，但人命至重，總當慎憲。於平時原不待月食，始懷矜恤。況以肆赦爲修刑，本非善政。昔人亦曾言之，我皇考明降諭旨，申論甚詳。誠以刑以輔德，道貴協中。若狃於救生不救死之俗，論將行凶釀命之犯，有心輕縱，不顧死者銜冤，是欲博寬大之名，而轉失平允之道。所謂修刑者，安在夫修刑之實？惟當於定讞時悉心研究，無枉無縱，使生者、死者兩無所憾，方有合於詳慎庶獄之意。即停免句決，閒一舉行，閲歲仍當，予勾並非施恩，以貸奸宄。總之爲人君者，克儆天戒，修德修刑，惟在本省身徵。民規乎遠大，所謂應天以實不以文，朕與在廷諸臣所當交修共勉。自大學士、九卿、科道及應奏事者，其詳繹諭旨，各抒所見，即時陳奏，朕將採納焉。」

又諭：「前據給事中宋澍奏稱，此次京師日食不及七分，復圓亦早，在京諸臣所共見等語。與欽天監所推日食九分三十四秒之數，少至二分有餘。靈臺職司儀象推測晷度，豈可差以毫釐？是以降旨詢問留京王、大臣，何以不行具奏？並令傳到該給事中，詢伊是否通曉測量？所奏有何證據？並傳詢在京之欽天監堂官推算是否舛誤？據實覆奏。茲王、大臣等奏到，據宋澍稱，是日救護時就目力所及，似不及七分，復圓時刻亦覺少早，並非通曉測量，無從指證。而欽天監堂官則稱，是日堂司各官在觀象臺用儀器測量日食分秒，用壺漏較量時刻，俱與原奏分數時刻相符各等語。並據王、大臣等稱，是日俱在公所瞻仰，實未能詳辨分數，而同時隨班救護之王公大臣官員等，亦未聞有較量七分、九分之説，所奏自屬實情。前代往往有日食不應，臣下獻諛表賀者，其實多因司天之官測量錯誤，如此次日食果不及七分，即係欽天監推算不準，必當懲以應得處分，今王公大臣及救護官員在京目覩均無異辭。宋澍亦自稱並不通曉

測量，是欽天監本無錯誤，而該給事中竟以己意揣度妄談天象，其意何居？宋澍著交部議處。」

八年癸亥二月朔日，丁酉日有食之。七月朔日癸巳，日有食之。按：二月日食，中國不見。

九年甲子正月朔日辛卯，日有食之。按：正月日食，中國不見。

十年乙丑正月朔日丙戌，日有食之。六月朔日癸丑，日有食之。按：正月日食在夜。

十一年丙寅五月朔日戊申，日有食之。十一月朔日甲辰，日有食之。按：五月日食，中國不見。

十二年丁卯五月朔日壬寅，日有食之。十一月朔日戊戌，日有食之。按：十二月日食在夜。

十三年戊辰四月朔日丁卯，日有食之。十月朔日癸巳，日有食之。按：四月日食，中國不見。

十四年己巳三月朔日辛酉，日有食之。按：三月日食在夜。

十五年庚午三月朔日乙卯，日有食之。九月朔日癸丑，日有食之。按：九月日食在夜。

十六年辛未八月朔日丁酉，日有食之。按：八月日食在夜。

十七年壬申正月朔日乙亥，日有食之。八月朔日辛丑，日有食之。按：八月日食，中國不見。

十八年癸酉正月朔日己巳，日有食之。

十九年甲戌正月朔日癸亥，日有食之。六月朔日庚申，日有食之。按：正月日食在夜。

二十年乙亥六月朔日乙卯，日有食之。十二月朔日壬午，日有食之。按：十一月日食在夜。

二十一年丙子十月朔日丙子，日有食之。

二十二年丁丑四月朔日甲戌，日有食之。十月朔日辛未，日有食之。

二十三年戊寅四月朔日戊辰，日有食之。十月朔日丙寅，日有食之。按：十月日食在夜。

二十四年己卯四月朔日壬戌，日有食之。八月朔日庚寅，日有食之。按：四月日食，中國不見。

二十五年庚辰八月朔日甲申，日有食之。按：八月日食，中國不見。

道光元年辛巳二月朔日壬午，日有食之。八月朔日戊寅，日有食之。按：八月日食在夜。

二年壬午二月朔日丁丑，日有食之。按：二月日食在夜。

三年癸丑正月朔日辛未，日有食之。六月朔日戊戌，日有食之。

四年甲申六月朔日癸巳，日有食之。十一月朔日己丑，日有食之。按：十一月日食在夜。

五年乙酉五月朔日丁亥，日有食之。十一月朔日甲申，日有食之。按：兩次日食，中國俱不見。

六年丙戌四月朔日壬子，日有食之。十一月朔日戊寅，日有食之。按：兩次日食，中國俱不見。

七年丁亥四月朔日丙午，日有食之。

八年戊子三月朔日庚子，日有食之。九月朔日戊戌，日有食之。

九年己丑九月朔日壬辰，日有食之。

十年庚寅二月朔日庚申，日有食之。八月朔日丙戌，日有食之。

十一年辛卯正月朔日乙卯，日有食之。按：正月日食，中國不見。

十二年壬辰正月朔日己酉，日有食之。七月朔日乙巳，日有食之。按：兩次日食，中國俱不見。

十三年癸巳六月朔日庚子，日有食之。十二月朔日丁卯，日有食之。按：十一月日食，中國不見。

十四年甲午六月朔日乙未，日有食之。十一月朔日壬戌，日有食之。按：兩次日食，中國俱不見。

十五年乙未五月朔日己未，日有食之。十月朔日丙辰，日有食之。按：五月日食在夜。

十六年丙申四月朔日癸丑，日有食之。十月朔日辛亥，日有食之。按：十月日食，中國不見。

十七年丁酉四月朔日戊申，日有食之。九月朔日丙子，日有食之。按：兩次日食，中國俱不見。

十八年戊戌八月朔日庚午，日有食之。按：八月日食，中國不見。

十九年己亥二月朔日丁卯，日有食之。八月朔日甲子，日有食之。按：二月日食在夜。

二十年庚子二月朔日壬戌，日有食之。

二十一年辛丑六月朔日癸未，日有食之。按：六月日食在夜，不見食。

二十二年壬寅六月朔日戊寅，日有食之。十二月朔日乙亥，日有食之。按：十二月日食在夜，不見食。

二十三年癸卯六月朔日癸酉，日有食之。十一月朔日己巳，日有食之。按：六月日食在夜，不見食。

二十四年甲辰四月朔日丁酉，日有食之。十一月朔日甲子，日有食之。按：兩次日食，中國俱不見。

二十五年乙巳四月朔日辛卯，日有食之。

二十六年丙午四月朔日丙戌，日有食之。九月朔日癸未，日有食之。按：四月日食，中國不見。

二十七年丁未三月朔日庚辰，日有食之。九月朔日丁丑，日有食之。

二十八年戊申二月朔日乙巳，日有食之。九月朔日辛未，日有食之。按：二月日食在夜，不見食。

二十九年己酉二月朔日庚子，日有食之。

三十年庚戌正月朔日甲午，日有食之。七月朔日辛卯，日有食之。

咸豐元年辛亥七月朔日乙酉，日有食之。按：七月日食，中國不見。

二年壬子六月朔日庚辰，日有食之。十一月朔日丁未，日有食之。按：六月日食，中國不見。

是年諭通政使羅惇衍奏一月之中日月並食，請嚴飭廷臣實力修省，以回天變，並請停止冬至慶賀等語。日月薄蝕、躔度固有定數，然自古帝王皆因此而深戒懼，我朝列聖，每因災異，特降諭旨戒飭，群臣共圖修省。蓋以上蒼垂象必當君臣交儆。克謹天戒，並非博側身修行之名，載之史册也。見在盜賊未平，河決未堵，國用未足，民困未蘇，總由朕用人行政多有缺失。謫見於天，敢不自省？所有本年冬至升殿受賀典禮著即停止，至內外大小臣工，各有職守，近來因循推諉，積習頗深，疊經降旨申誡，其感奮有爲者，固不乏人；而陽奉陰違甚至揣摩迎合者，亦復不少。是以朕於秋仲經筵以有言逆於汝心必求諸道，有言遜於汝志必求諸非道。命題特宣諭諭昭示臣工。朕兢業寸衷，幾康自敕，原不求中外共喻，而諸臣事上之心，爲實爲名，亦難逃朕鑒。嗣後惟期共矢公忠，力除積習，洗心滌慮，以佐朕躬斯即應天以實，不以文之意也。將此通諭知之。

三年癸丑五月朔日乙巳，日有食之。十一月朔日壬寅，日有食之。按：三年兩次日食，中國俱不見。

又諭：據文瑞奏，入春以來，風霾屢作，日色無光。本月初四日午刻，日旁忽見黑氣四圍，摩盪形成圓暈，兼以煙翳溟濛等語。覽奏曷勝儆惕上蒼示儆變，不虛生植，此賊匪肆擾，徵調頻仍。朕反躬自責，亦非語言所能喻，著載詮詳。考欽天監占驗等書，悉心推測，據實具奏，不可稍有隱飾。原摺著鈔給閱看。將此諭令知之。

四年甲寅五月朔日己亥，日有食之。

五年乙卯四月朔日癸巳，日有食之。九月朔日辛酉，日有食之。按：九月日食在夜。

六年丙辰九月朔日乙卯，日有食之。

七年丁巳三月朔日癸丑，日有食之。

八年戊午二月朔日丁未，日有食之。按：兩次日食在夜。

九年己未二月朔日壬寅，日有食之。七月朔日己巳，日有食之。按：二月兩方食，七月夜食，俱不見。

十年庚申十二月朔日庚申，日有食之。

十一年辛酉六月朔日戊午，日有食之。十二月朔日甲寅，日有食之。按：十二月日食在夜。

同治元年壬戌五月朔日壬午，日有食之。十一月朔日己酉，日有食之。

二年癸亥四月朔日丁丑，日有食之。按：四年日食在夜。

三年甲子四月朔日乙丑，日有食之。九月朔日癸亥，日有食之。按：十月日食在夜。

五年丙寅二月朔日辛卯，日有食之。九月朔日丁巳，日有食之。按：九月日食在夜。

六年丁卯二月朔日乙酉，日有食之。

七年戊辰二月朔日己卯，日有食之。七月朔日丙子，日有食之。按：二月日食在夜。

八年己巳七月朔日辛未，日有食之。

九年庚午七月朔日乙丑，日有食之。十一月朔日壬辰，日有食之。按：日食在西方，不見。

十年辛未五月朔日庚寅，日有食之。十一月朔日丁亥，日有食之。

十一年壬申五月朔日甲申，日有食之。十一月朔日壬午，日有食之。按：十一月日食在夜。

是年諭：翰林院侍講孫貽經奏：天象可畏，請遇災修省一摺。朕臨御以來，兢兢業業，宵旰不遑，期與中外臣工共求上理方。今軍務未竣，民氣未舒，正君臣交儆之時。豈上下恬嬉之日？矧值本年五日初一日日食，上蒼示警，寅畏益深，該侍講所陳降孝治、勤政理、親君子、遠小人，並崇儉、黜浮各節，披覽之餘，實深嘉納爾。中外大小臣工亦當振刷精神，各勤職業，庶幾交相，敬勉政事，修明以迓祥和，而消沴戾。

十二年癸酉五月朔日戊寅，日有食之。九月朔日丙午，日有食之。按：九月日食，在南方，不見。

十二年甲戌九月朔日庚子，日有食之。按：九月日食在夜。

光緒元年乙亥三月朔日戊戌，日有食之。九月朔日甲午，日有食之。按：九月日食在□。

二年丙子三月朔，日癸巳，日有食之。八月朔日己丑，日有食之。按：三月、八月日食，俱在夜。

三年丁丑二月朔日丁亥，日有食之。七月朔日甲寅，日有食之。

四年戊寅七月朔日己酉，日有食之。

五年己卯正月朔日乙巳，日有食之。六月朔日癸卯，日有食之。十二月朔日庚子，日有食之。按：正月日食在夜。

六年庚辰十二月朔日甲午，日有食之。按：十二月日食在夜。

七年辛巳五月朔日壬戌，日有食之。

八年壬午四月朔日丙辰，日有食之。十月朔日甲寅，日有食之。

九年癸未四月朔日辛亥，日有食之。十月朔日戊申，日有食之。

十年甲申三月朔日丙子，日有食之。九月朔日壬寅，日有食之。

十一年乙酉二月朔日辛未，日有食之。按：二月日食在夜。

十二年丙戌二月朔日乙丑，日有食之。八月朔日辛酉，日有食之。按：八月日食在夜。

十三年丁亥二月朔日己未，日有食之。七月朔日丙辰，日有食之。按：二月日食在夜。

十四年戊子七月朔日辛亥，日有食之。十二月朔日戊寅，日有食之。按：七月日食在夜。

十五年己丑六月朔日乙亥，日有食之。十二月朔日壬申，日有食之。按：十二月日食在夜。

十六年庚寅五月朔日己巳，日有食之。十一月朔日丁卯，日有食之。

十七年辛卯五月朔日甲子，日有食之。十一月朔日辛酉，日有食之。按：五日、十一月日食均在夜。

十八年壬辰九月朔日丙戌，日有食之。按：九月日食在夜。

十九年癸巳三月朔日癸未，日有食之。九月朔日庚辰，日有食之。按：兩次日食俱在夜。

二十年甲午三月朔日戊寅，日有食之。九月朔日甲戌，日有食之。按：七月日食在夜。

二十一年乙未三月朔日壬申，日有食之。七月朔日己亥，日有食之。

二十二年丙申七月朔日甲午，日有食之。

二十三年丁酉正月朔日辛卯，日有食之。七月朔日戊子，日有食之。按：兩次日食均在夜。

二十四年戊戌正月朔日乙酉，日有食之。十二月朔日庚辰，日有食之。

二十五年己亥五月朔日丁未，日有食之。

二十六年庚子五月朔日辛丑，日有食之。十月朔日己亥，日有食之。按：五月日食在夜。

二十七年辛丑四月朔日丙申，日有食之。十月朔日癸巳，日有食之。

二十八年壬寅三月朔日辛酉，日有食之。十月朔日丁亥，日有食之。按：三月日食在夜。

二十九年癸卯三月朔日丙辰，日有食之。按：二十九年日食，□□復圓在巳初三刻十三分。

三十年甲辰二月朔日庚戌，日有食之。八月朔日丁未，日有食之。按：八月日食在夜。

三十一年乙巳二月朔日甲辰，日有食之。八月朔日辛丑，日有食之。按：八月日食在夜。

三十二年丙午七月朔日丙申，日有食之。十二月朔日癸亥，日有食之。按：三十二年十二月日食，實測初虧未初二刻四分，食甚未正三刻五分，復圓申初三刻十三分。

三十三年丁未六月朔日庚申，日有食之。十二月朔日戊午，日有食之。按：六月日食在夜。

三十四年戊申六月朔日乙卯，日有食之。十二月朔日壬子，日有食之。按：六月、十二月日食俱在夜。

宣統元年己酉五月朔日己酉，日有食之。十一月朔日丁未，日有食之。

二年庚戌四月朔日甲戌，日有食之。十月朔日辛未，日有食之。按：四月甲戌日食在赤道南，不見。

三年辛亥四月朔日己巳，日有食之。九月朔日乙丑，日有食之。按：三年九月日食，實測初虧巳正初刻，食甚午初初刻十二分，復圓午正一刻十分。

清・嵇璜等《清通志》卷一二二　順治元年八月丙辰朔，日食，在張宿八度十八分，食二分有差。二年十二月己卯朔，日食，食不及一分，是日陰雲，不見。七年十月辛巳朔，日食，在觜宿十一度七分，食九分有差。十四年五月癸卯朔，日食，在觜宿二度十二分，食六分有差。十五年五月丁酉朔，日食，在畢宿六度五十七分，食四分有差。

康熙三年十二月戊午朔，日食，在斗宿二十一度二十分，食八分有差。五年六月庚戌朔，日食，在井宿九度四十五分，食九分有差。八年四月癸亥朔，日食，在婁宿十一度，食五分有差。十年八月己卯朔，日食，在張宿九度二十九分，食一分有差。十五年五月壬午朔，日食，食不及一分。二十年八月辛巳，日食，在翼宿初度二十三分，食三分有差。二十四年十一月丁巳朔，日食，在心宿一度二十二分，食二分有差。

聖祖仁皇帝諭大學士等曰：天象稍有愆違，即當修省或施行政事，有未當歟或下有冤抑未得伸歟，廷臣詳議以聞。二十七年四月癸卯朔，日食，在婁宿十度五十九分，食九分有差。

諭大學士等曰：欽天監奏四月朔日食，凡應行應革之事，其令九卿、詹事、掌印、科道集議以聞。二十九年八月己未朔，日食，在張宿九度二十分，食二分有差。三十年二月丁巳朔，日食，在危宿十度五十二分，食三分有差。三十一年正月辛亥朔，日食，在虚宿九度三十四分，食五分有差。

先期諭禮部曰：天象之變，見於歲首，朕兢惕靡寧力圖修省，其罷元旦行禮筵宴。至是覽欽天監所奏日食占驗，有大臣黜近臣有憂之語。

諭大學士等曰：朕觀自古帝王，於不肖大臣正法者頗多，今設有貪污之臣，朕得其實，亦必置之重典，此皆係於人事。凡占候，當直書其占語。今欽天監往往揣度時勢，附會陳説。如去年視有旱狀，則用天時亢旱之占，譸張殊甚，可傳欽天監諭之。三十四年十一月己未朔，日食，在尾宿三度二十六分，食八分有差。三十六年閏三月辛巳朔，日食，在婁宿一度五十七分，食十分有差。

先期諭大學士曰：日食雖可預推，然自古帝王皆因此而戒懼，蓋所以敬天變修人事也。若庸主，則委諸氣數矣。可諭九卿有宜修改者，悉以聞。四十一年十一月丁酉朔，日食，在心宿一度二十六分，食四分有差。四十五年四月戊子朔，日食，在胃宿八度十八分，食六分有差。四十七年八月甲辰朔，日食，在翼宿一度四十二分，食五分有差。四十八年八月己亥朔，日食，在張宿九度二十六分，食四分有差。五十一年六月癸丑朔，日食，在井宿十度三十二分，食五分有差。五十四年四月丙寅朔，日食，在婁宿十二度十九分，食六分有差。

先期諭大學士、九卿曰：自右帝王，敬天勤政，凡遇垂象，必實修人事，以答天戒，其係國計民生，有應行應改者，詳議以聞。五十八年正月甲戌朔，日食，在危宿初度四十五分，食七分有差。

諭大學士、九卿曰：元旦日食，以陰雲微雪未見，別省無雲之處，必有見者。況日值三始，人事不可不謹，政或有闕失，諸臣確議以聞。五十九年七月丙寅朔，日食，在柳宿五度十六分，食七分有差。六十年閏六月庚申朔，日食，在井宿二十九度四十二分，食二分有差。雍正八年六月戊申朔，日食，在井宿二十度四十二分，食九分有差。

先期世宗憲皇帝諭大學士等曰：朕御極以來，七年之中，未遇日食，今欽天監奏稱六月朔日食，朕心深爲畏懼，時刻修省。内外臣工宜共相勉勗，以懔天戒。尋山西巡撫以至期陰雨不見食稱賀，江寧織造以是日陰雨，過午晴明，日光無虧，稱賀俱奉。旨切責，又

諭大學士等曰：天象之災祥，由於人事之得失，若上天嘉佑，而示以休徵，欲人之知所黽勉，永保令善於勿替也。若上天譴責而示以咎徵，欲人之知所恐懼痛加修省也。日食乃上天垂象示儆，所當敬畏，詎可以偶爾觀瞻之，不顯而遂誇張以稱賀乎？山西偶值陰雨，不可以概天下、江南日光不虧，朕推求其故，蓋日光外向，過午之後，已是漸次復圓之時，所虧止二三分，是以不顯虧缺之象。昔年遇日食四五分之時，日光照耀，難以仰視。皇考親率朕，同諸兄弟在乾清宫用千里鏡測驗，四周以紙遮蔽日光，然後看出，又豈可因此而怠忽天戒，稍存縱

肆之心乎？慶賀之奏，甚屬非理，大違朕心，宣諭中外知之。九年十二月庚寅朔，日食，在斗宿初度二十六分，食九分有差，十三年九月丁酉朔，日食，在角宿二度五分，食八分有差。

乾隆七年五月己未朔，日食，在畢宿七度十七分，食七分有差。十年三月癸酉朔，日食，在壁宿六度四十九分，食一分有差。十一年三月丁卯朔，日食，在室宿十一度二十三分，食六分有差。先期二月，上諭大學士等曰：本月十六日月食，三月初一日日食，且自上冬以及今春，雨雪稀少，土膏待澤。朕敬天勤民之心，倍增乾惕所望。大小臣工，其體朕意，加修省迓天和。夫修省之道，以實不以文，其有關於民生國計者，當盡心籌畫，竭誠辦理，以盡職守。若朕躬有愆謬，政事有闕失，應行陳奏者，即據實以聞，不得避忌。瞻徇亦不得牽引虛文，負朕諮詢之意。十二年七月己丑朔，日食，在柳宿六度三十三分，食二分有差。十六年五月丁酉朔，日食，在昴宿七度三十七分，食四分有差。先期諭曰：日食，天象之大者，自古重之，顧僅以引咎求言，虛文從事，夫豈應天以實之義？乃者五月丁酉朔日有食之。朕自惟宵旰憂勤，無時不深乾惕，寧待懸象著明，始知戒謹？然遇災而懼，罔敢不欽戒懼修省，惟崇實政。行在鑾儀衛早晚鼓角，是日著停止一日，以示撤縣齋戒。我君臣當就常存之敬畏，倍加謹凜，並修實政。即如朕向來巡幸，地方官惟修治道途，此外一無華飾。自乾隆十三年東巡，該撫等於省會城市，稍從觀美，後乃踵事增華，雖謂巷舞衢歌，輿情共樂，而以旬月經營，僅供途次一覽，實覺過於勞費。且耳目之娛，徒增喧聒，朕心深所不取，今歲恭遇皇太后萬壽，兆庶亦藉以申祝嘏之忱，是以俯順民情，至朕待督撫有司，惟因其能實心辦事，令地方日有起色，方加恩獎予。而不知朕心者，未必不以辦差華美求工取悦爲得計，將玩視民瘼，專務浮華。此風一開，於吏治民風所關者甚大。嗣後以違制論諭中外知之。二十三年十二月癸丑朔，日食，在斗宿一度五十一分，食八分有差。

諭大學士、九卿、科道等曰：《春秋》書日食，古聖克警天戒，惟是爲兢兢兹者。季冬之朔，日食至八分之多，望日又值月食。一月之間，雙曜薄蝕，災莫大焉。我君臣當動色相戒，側席修省。念邇年來西陲底定，殊域來歸，克奏膚功，皆仰賴上蒼福祐，在朕宵旰殷懷，無刻不以持盈保泰爲惕，並非出於矯强，亦中外臣民所共知，第人情當順適之時，檢持或有未至。昔人所稱，人苦不自知良，非虛語。夫天心仁愛，人事宜修，倘用人行政之間有所闕失，而不力爲振飭，何以裨政治而召休，和在廷諸臣，其襄治理，寅恭夙夜，宜有同心，其各抒所見，據實敷陳，無有隱諱。二十五年五月甲辰朔，日食，在參宿一度十七分，食九分有差。

諭大學士等曰：序臨北至一陰始生薄蝕，適逢益切，乾惕所有。本月朔，内廷例用龍舟，上年既以禱，雨不行，今雖際時，和並飭停，止用申祇荷天仁示戒之至意。二十七年九月庚申朔，日食，在角宿三度二十六分，食五分有差。二十八年九月乙卯朔，日食，在軫宿六度一分，食七分有差。三十四年五月壬午朔，日食，在畢宿八度三十八分，食三分有差。三十五年五月丁丑朔，日食，在昴宿七度三十四分食三分有差。三十八年三月庚寅朔，日食，在室宿十二度三十七分，食四分有差。三十九年八月壬寅朔，日食，在張宿十度五十三分，食三分有差。四十年八月丙子朔，日食，在張宿初度六分，食四分有差。十二月甲辰朔，日食，在斗宿二十三度四十三分，食一分有差。四十九年甲午甲寅朔，日食，在柳宿十六度二十一分，食一分有差。五十年七月戊申朔，日食在柳宿五度三十五分，食四分有差。十二月，以明年正月元旦日食，命停止朝賀，並宣諭中外。

諭曰：五十一年正月初一日日食，業經頒諭，停止朝賀，其救護典禮。禮部遵例奉行，朕仍於内殿恭設香案，虔申祈禱，以答上天垂象、儆惕修省之意。至於下詔求言，史册所稱，朕以爲轉涉虛文。蓋事天以實，爲人君者，敬天勤民，躬理庶務，日慎一日，乃職分所當然。即大臣言官，應行陳奏事件，原當隨時入告，豈待日食然後求言？況今每日御便殿，聽政批答章奏。大學士、軍機大臣及九卿、科道等，不時召見，諮詢政務。即外省自督撫至道府，無不隨到宣召，未致民隱壅於上聞。詎因日食方始下詔求言耶？至薄蝕、天變、日時、度數有定，昔宋仁宗康定元年正月丙辰朔，應日食，先是，日官楊維德等請移閏於庚辰年，則日食在前月之晦。帝曰：閏所以正天時而授民事，其可曲避乎？不許所見甚爲合理，蓋凡日食，必以合朔，移於晦日，尤爲非是。又漢唐以來，如光武帝建武二年，北魏孝文帝延興四年、太和十四年，唐太宗貞觀六年，均以正月朔日食。昔我皇祖時，以康熙三十一年及五十八年正月朔日食，且三十一年錫伯瓜爾察達呼爾等來歸，喀爾喀格楚爾喀亦以屬裔來歸之事，可見日食爲定數。而君人者，則當因此益加戒懼，至於以改移爲消弭之說，則尤斷斷不可。朕踐阼之始，即叩天默禱，以若蒙天佑，享國至六十年，即當傳位歸政，不敢如皇祖之數逾花甲，今幸五十年來，壽逾古稀，康强如昔，惟有宵旰勤求，不遑暇逸，以仰副上天眷顧之殷，祖宗付託之重。設以天變爲可消弭，即於今歲歸政，則是移咎後人，

圖卸己責。如宋高宗年未六十，傳位孝宗，置軍國大事於不問，不獨無以對天，並無以對子。朕豈肯出此乎？從前推算天行度數，乾隆六十年乙卯亦當正旦日食，與今歲同。若於是年歸政，則值嗣子首歲元正，尤屬非宜，朕心亦有不忍。何若以是歲爲朕臨御六十年，頤和錫福之餘，即以次年爲嗣子迎庥改元之始？國祥家慶，天日重光，以符朕首祚之祈，以紹我大清億萬年之寶命，不其懿與？然此願亦不敢期必，總以猶日孜孜，以静俟上天垂佑耳！將此通諭中外臣民，咸知朕意。

臣等謹按：鄭氏《災祥畧》，但紀日食而不及月食，蓋以日爲陽象，故《春秋》書法特重「日有食之」，今從其例。

藝文

宋・艾性夫《日食》　誰撒天門虎狼扃，群妖食日上青冥。一眉不及黄昏月，萬目驚看白晝星。

宋・姚勉《日食罪言》　皇帝十四載，新元紀嘉熙。仲冬戊寅朔，午漏方中時。朔風震丘壑，猛籟號枯枝。黯如商雪天，四野昏垂垂。晝炊烟始息，暝色來庭帷。雞登杙櫟立，鳥急林梢棲。頗訝南至後，晷度宜舒遲。胡爲景尚促，疾甚駒隙馳。兒童忽走報，日壁無全規。倉忙出仰視，如月初蛾眉。金烏失焰彩，玉象潛光輝。蒼天玳瑁色，列宿争依稀。老稚相喧呼，伐社沸鼓鼙。不知何物怪，掩此清陽暉。吾聞陰陽家，日月以歷推。日遲月行速，贏縮數不齊。遇朔必會合，差忒無毫厘。氣盛或相掩，二曜斯一虧。望日日掩月，陽感陰故衰。朔日月掩日，陰盛陽乃微。又聞玉川子，月蝕曾有詩。謂此日月者，天眼生東西。兩眼不相攻，相食其説非。食月乃蟆精，伊慼蓋自貽。吾觀作詩人，誌各有所之。玉川特寓諫，假此爲之辭。日月有蟾烏，此事本怪奇。況自食其光，安能走而飛。書稱辰弗集，天象昏且迷。則知交相食，此説當勿疑。思既得其説，傷心重嗟咨。日爲衆陽宗，萬象皆影隨。今者何不臧，陰精奪炎曦。仰空不能救，涕泗紛交頤。嗟嗟今之歲，天屢彰其威。星文沓示變，雷震洊失宜。越在夏五月，郁攸煽京畿。六月既望後，月蝕主旱饑。今兹復日食，災異何繁滋。天意不虚示，坐井聊管窺。即天以論人，日君而月妃。關雎哀窈窕，意在賢才思。靡曼或盈前，必爲物欲移。今者日之蝕，或恐由宫闈。然而吾君聖，未必耽燕私。君象日而尊，臣象月而卑。正心在朝廷，昭德可塞違。國柄或竊弄，耳目相蔽欺。今者日之食，亦恐由群兒。然而吾君明，朝豈庸盲癡。人主向明治，武力不可隳。方今北有敵，負壘驚邊陲。戰士怯不勇，塞馬紛驕嘶。今者日之食，或由邊事危。然而吾君武，安肯假彼資。重念此三者，急務誠在兹。萬一或有是，是即變所基。應天不以文，減撤徒兒嬉。如人喪厥明，必求良藥醫。一片葵藿心，只恐天未知。何當排閶闔，碎首彤玉墀。一篇痛哭策，歷寫心傷悲。一者何所陳，無逸爲元龜。暗室屋漏中，肅如對神只。願爲楚莊王，規諫從樊姬。毋效漢成帝，温柔老昭儀。天君必清徹，智燭光發揮。如日麗中天，煌煌明作離。二者何所陳，用賢登臯夔。選衆立一相，國論公主持。烏臺執白簡，妙選剛正姿。戚裏勿柄授，貂璫毋印累。朝廷豁氛翳，在位銷脂韋。末光依漢日，天子是倚毗。三者何所陳，張皇吾六師。擊揖如逖輩，天寵畀節麾。賣國若檜等，電掃無孑遺。練軍明賞罰，勇鋭奔熊羆。南越頸可纓，中行背必笞。如日照霜雪，殄滅何難爲。凡此三説者，中心久思維。明白可舉行，匪曰徒費詞。能轉亂爲治，可回災爲厘。不學後羿射，不效誇交追。拜輪上扶桑，洗光出咸池。蒼生照共仰，九土光咸晞。五色太平象，重暈中興期。昊穹耀華彩，萬國長瞻依。

宋・舒岳祥《日食》　十月初吉日，四野聞驚呼。停杯出門看，日食將無余。有如黑漆盤，來掩白玉盂。自午而及申，磨盪未還初。父老涕泗語，便恐天眼枯。前年六月吉，晝日如煤塗。衆星争光怪，淡月懸天衢。已謂華生世，不復睹亦烏。須臾還舊觀，田野頓昭蘇。今胡久淪厄，翳昧不可祛。前時縉紳謂，占度不屬吴。分野受其咎，天道安可誣。以日誘敵國，不君良可籲。兹辰爲誰食，無路攄臣愚。太陽萬萬古，少待收桑榆。

宋・魏了翁《次韻西叔兄日食地震詩》　正月太陽食，六月陰萋萋。利沔階成間，桑土爲塗泥。破山覆橋閣，灌城壞河堤。蜀地五六震，積潦傷農畦。梓州暑尤異，我興看朝隮。出逢七十翁，履敝衣無綈。前行爲余言，老夫齒含齯。閲事亦已多，近聞何乖睽。去年大官括隱户，父詈子詛妻悲啼。大官深居那得聞，小吏鼻息幹雲蜺。今年得少休，經風苦凄凄。番軍襲江淮，將士驚噬臍。四方靡所寄，容身僅坤倪。災異又如此，寧保梁益西。太守聞此言，惕如履征鼙。又

見廣文詩，口呿心沈迷。力能得爲僅千裏，滔滔四少皆余黎。

宋·王令《日蝕》 錢塘山人大署壁，曰十月朔日且蝕。坐者跳起行者留，愚聞之驚智爲惑。我時過市偶自停，眩兩目視闊耳聽。自嗟身賤不有位，安得置此誅四刑。惟此丙申日在未，天面黯郁昏不濟。舉頭仰日已半虧，群陰得誌雲不披。塵函欲開鏡尚掩，誰把白壁塗之泥。大哉玄象浩難測，安有庸人似術得。天乎反成豎子名，不念吾皇禳以德。吾聞日名爲大明，光一自出滅月星。今乃爲之成薄蝕，安得君子不爲小人乘。

宋·方岳《日食守局》 乙巳之秋七月朔，太陽無光天索寞。辟雍諸儒坐讀書，談古談今自驚愕。玉皇不受紫宸朝，百官拜表群陰消。明朝丞相做禮數，宣押歸堂只如故。

宋·方岳《二月朔日食陰雨不見》 飛飛細雨濕花朝，不省陽烏影動搖。晚色漏晴山又紫，始知陰沴已潛消。

宋·黎廷瑞《壬戌正旦日蝕值陰有詩明日雨微雪再賦》 艷娥煽妖悖且饕，雲師圍之騎周遭。飛廉暗嗚挾箭號，萬鼓動地助戰鏖。吴剛棄斧北且逃，扶桑君還騎巨鰲。銀蜍腹聚流清膏，玉兔頸折飛白毛。蒼茫殺氣横四郊，凍鳶無語饑鴻嗷。紫皇第功封二豪，汝馬可歸弓可橐。黄道肅穆君請遨，黔首顒顒光勿韜。願駕丹轂揚錦旄，疾驅六龍升海濤。五色爛爛中天高，衣披水子絳錦袍。葵心不寧憂忉忉，矯首東方歌楚騷。

宋·樓鑰《五月望月蝕曆家又言六月朔日蝕》 閭巷夜争呼，相傳救望舒。偶因雲暫破，真似月之初。孰謂蟆能瞎，端知歷不疎。太陽交蝕近，試看更何如。

宋·陳普《壬辰日蝕》 憶昔度宗皇帝時，十年十三日食之。似道肩贔湖海曲，天子宫庭耽樂嬉。滿朝翕翕皆婦人，禍來照鏡方畫眉。北軍順流日食既，兩國正爾争雄雌。興亡豈必皆有數，百年以來士氣索。文臣髀肉不識馬，武士驚魄怕見旗。

宋·梅堯臣《日蝕詩》 赫赫初出咸池中，浴光洗跡生天東。不覺有物來晦昧，團團一片如頑銅。前時蝦蟆食爾妃，天下戢戢無有忠。責罵四方誰膽大，仰頭憤憤唯盧仝。欲持寸刃去其害，氣力雖有天難通。是時了無毫芒益，徒有文字辯且雄。仝死於今百餘載，日月幾度遭遮蒙。有人見之如不見，誰肯開口咨天公。老鴉居處已自穩，三足鼎峙何乖慵。而今有觜不能噪，而今有爪不能攻。任看怪物瞖天眼，方且省事保爾躬。日月與物固無惡，應由此烏招禍兇。吾意仿佛料此烏，定亦閃避離日宫。安逢後羿不乖暴，直與審彀彎强弓。射此賈怨烏，以謝毒惡蟲。二曜各安次，災害無由逢。南不尤赤烏，東不誚蒼龍。北龜勿吐氣，西虎勿嘯風。五行不汨陳，虞舜生重瞳。我今作此詩，可與仝比功。

明·朱權《日蝕》 光浴咸池正皎然，忽如投暮落虞淵。青天俄有星千點，白晝争看月一弦。蜀鳥亂啼疑入夜，杞人狂走怨無天。舉頭不見長安日，世事分明在眼前。

雜録

南朝梁·沈約《宋書》卷一四《禮志一》 日月將交會，太史上合朔。尚書先事三日，宣攝内外，戒嚴。摯虞《決疑》曰：「凡救蝕者，皆著赤幘，以助陽也。日將蝕，天子素服避正殿，内外嚴警，太史登靈臺，伺候日變。更伐鼓於門，聞鼓音，侍臣皆著赤幘，帶劍入侍。三臺令史以上，皆各持劍立其户前。衛尉卿馳繞宫，伺察守備，周而復始。日復常，乃皆罷。」魯昭公十七年，六月朔，日有蝕之。祝史請所用幣，叔孫昭子曰：「日有蝕之，天子不舉樂，伐鼓於社；諸侯用幣於社，伐鼓於朝，禮也。」又以赤絲爲繩繫社，祝史陳辭以責之。社，勾龍之神，天子之上公，故責之。合朔，官有其注。

昔漢建安中，將正會，而太史上言正旦當日蝕，朝士疑會不。共詣尚書令荀文若諮之。時廣平計吏劉劭在坐，曰：「梓慎、裨竈，古之良史，猶占水火，錯失天時。《禮》：諸侯旅見天子，入門不得終禮者四，日蝕在一。然則聖人垂制，不爲變異豫廢朝禮者，或災消異伏，或推術謬誤也。」文若及衆人咸喜而從之，遂朝會如舊，日亦不蝕。劭由此顯名，魏史美而書之。

魏高貴鄉公正元二年三月朔，太史奏日蝕而不蝕。晉文王時爲大將軍，大推史官不驗之負。史官答曰：「合朔之時，或有日掩月，或有月掩日。月掩日，則蔽障日體，使光景有虧，故謂之日蝕。日掩月，則日於月上過，謂之陰不侵陽，雖交無變。日月相掩必食之理，無術以知，是以嘗禘郊社，日蝕則接祭，是亦前代史官不

能審蝕也。自漢故事，以爲日蝕必當於交。每至其時，申警百官，以備日變。故《甲寅詔》有備蝕之制，無考負之法。古來黄帝、顓頊、夏、殷、周、魯六歷，皆無推日蝕法，但有考課疏密而已。負坐之條，由本無術可課，非司事之罪。」乃止。

晉武帝咸寧三年、四年，並以正旦合朔却元會，改魏故事也。

晉元帝太興元年四月合朔，中書侍郎孔愉奏曰：「《春秋》：『日有蝕之，天子伐鼓於社，攻諸陰也。諸侯伐鼓於朝，臣自攻也。』案尚書符，若日有變，便伐鼓於諸門，有違舊典。」詔曰：「所陳有正義，輒敕外改之。」

至康帝建元元年，太史上元日合朔，朝士復疑應却會與否。庾冰輔政，寫劉劭議以示八坐，於時有謂劭爲不得禮意，荀文若從之，是勝人之一失。故蔡謨遂著議非之曰：「劭論災消異伏，又以愼，黿猶有錯失，太史上言亦不必審，其理誠然也。而云聖人垂制，不爲變異豫廢朝禮，此則謬矣。災祥之發，所以譴告人君，王者所重誡。故素服廢樂，退避正寢，百官降物，用幣伐鼓，躬親而救之。夫敬誡之事，與其疑而廢之，寧愼而行之。故孔子、老聃助葬於巷黨，以喪不見星而行，故日蝕而止柩，曰安知其不見星也。今史官言當蝕，亦安知其不蝕乎？夫子、老聃豫行見星之防，而劭廢之，是棄聖賢之成規也。魯桓公壬申有災，而以乙亥嘗祭，《春秋》譏之。災事既過，猶追懼未已，故廢宗廟之祭；況聞天眚將至，行慶樂之會，於禮乖矣。《禮記》所云『諸侯入門不得終禮者』，謂日官不豫言，諸侯既入，見蝕乃知耳；非先聞當蝕，而朝會不廢也。劭引此，可謂失其義指。劉劭所執者《禮記》也；夫子、老聃巷黨之事，亦《禮記》所言，復違而反之，進退無據。荀令所善，漢朝所從，遂使此言至今見稱，莫知其謬。後來君子，將擬以爲式，故正之云爾。」於是冰從衆議，遂以却會。

清・張廷玉等《明史》卷五七《禮志一一》 救日伐鼓

洪武六年二月，定救日食禮。其日，皇帝常服，不禦正殿。中書省設香案，百官朝服行禮。鼓人伐鼓，復圓乃止。月食，大都督府設香案，百官常服行禮，不伐鼓，雨雪雲翳則免。

二十六年三月，更定禮部設香案於露臺，向日，設金鼓於儀門内，設樂於露臺下，各官拜位於露臺上。至期，百官朝服入班，樂作，四拜興，樂止，跪。執事者捧鼓，班首擊鼓三聲，衆鼓齊鳴，候復圓，復行四拜禮。月食，則百官便服於都督府，救護如儀。在外諸司，日食則於布政使司、府州縣，月食則於都指揮使司、衛所，如儀。

隆慶六年，大喪。方成服，遇日食。百官先哭臨，後赴禮部，青素衣、黑角帶，向日四拜，不用鼓樂。

清・允祹等《清會典》卷五五《禮部》 護日

凡日月食，由欽天監豫。推交食時刻，及食之分秒，具疏以聞。旨下通行直省及四夷屬國奉正朔者，按欽天監所推時刻分秒隨地測驗，祇行救護。

凡護日食之禮，部委祠祭司郎中一人暨欽天監博士一人，赴觀象臺測驗。禮部設香案於露臺上，隨食時早晚爲嚮。設各官拜位於香案前，鴻臚寺鳴贊二人，糾儀御史四人，禮部監禮司官四人，序立於案左右，鑾儀衛陳金鼓於儀門外，左右文武有頂帶官以上，咸朝服齊集。欽天監候時官以日初虧告鴻臚官，引各官就拜位序，立鳴贊，贊上香，禮部尚書詣香案前上香，贊跪叩興暨各官行三跪九叩禮，贊跪。禮部尚書就案前跪，衆皆跪和聲。署官二人奉鼓及枹進贊伐鼓救護，禮部尚書援枹伐鼓者，三儀門金鼓皆作，禮部堂官更番上香，各官分班祗跪，儀同。候時官以日復圓告，金鼓止，衆聽贊行三跪九叩禮如初，禮成皆退。〇月食於太常寺行禮救護，儀與護日禮同。〇直省救護日月食，省會於督撫署，各府州縣各於其公署齊集，自初虧時鳴金鼓，至復圓止，上香行禮，儀均與京師同。

清・允祹等《清會典》卷八六《欽天監》 凡日月交食，豫推京師直省見食分秒、時刻、方位，前期五月繪圖具疏以聞，旨下禮部頒行中外。臨期集官吏於公所救護，監正以下赴觀象臺，同禮部官測驗，按占密題，別委官赴救護衙門候時，如陰雲不見不占，食不及一分不救也。

圖表

圖・王英明《曆體略》 日蝕非日失其光，乃月體掩之也。日天在月天之上，朔時月輪正過日輪之下，南北同經，東西同緯，故掩其光。非如俗所傳有異物以食之也。

清·蔣友仁《地球圖説補圖》

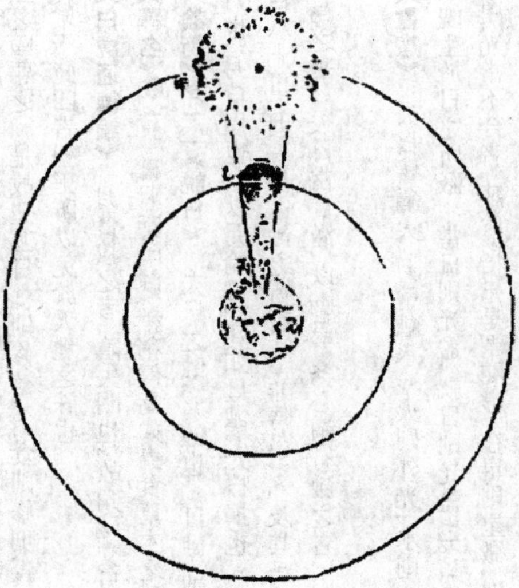

日蝕圖

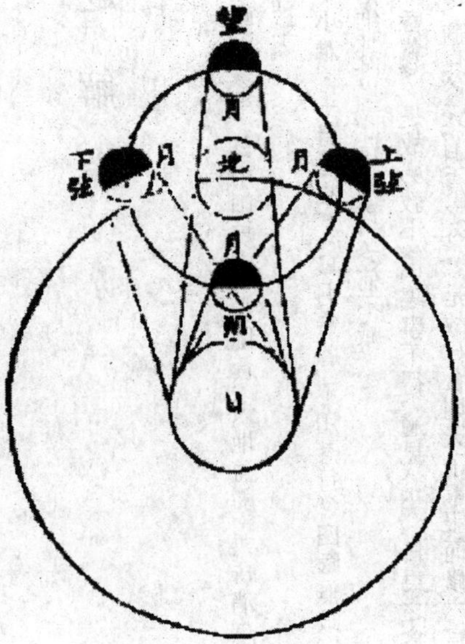

第二圖

清·游藝《天經或問》卷一

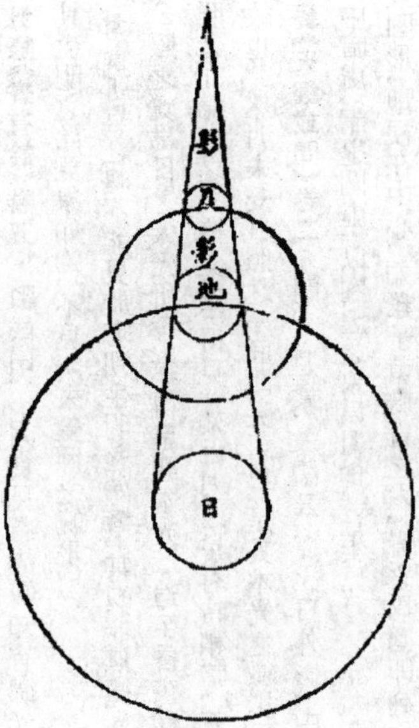

第四圖

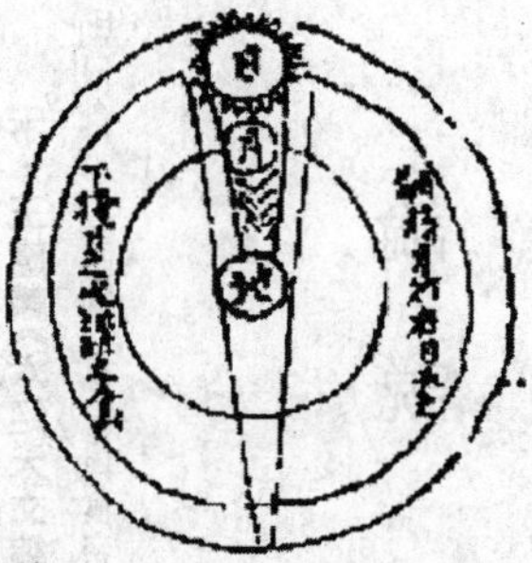

月掩日光爲日食之圖

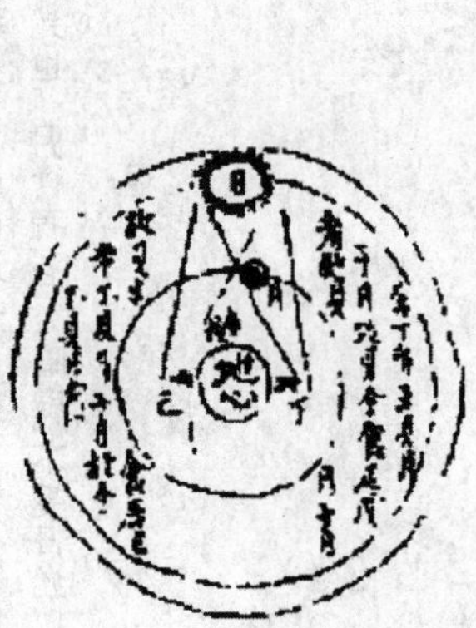

居地有見食不見食圖

月食部

題解

《周易・豐・彖》 日中則昃，月盈則食，天地盈虛，與時消息，而況於人乎？況於鬼神乎？

《詩經・小雅・十月之交》 日月告凶，不用其行。四國無政，不用其良。彼月而食，則維其常。此日而食，於何不臧。

《禮記・昏義》 是故男教不修，陽事不得，適見於天，日爲之食；婦順不修，陰事不得，適見於天，月爲之食。是故日食則天子素服而修六官之職，蕩天下之陽事；月食則后素服而修六宮之職，蕩天下之陰事。

《管子・四時》 日掌陽，月掌陰，星掌和，陽爲德，陰爲刑，和爲事，是故日食，則失德之國惡之。月食，則失刑之國惡之。彗星見，則失和之國惡之。風與日爭明，則失主之國惡之。是故聖王日食則修德，月食則修刑，彗星見則修和，風與日爭明則修生，此四者聖王所以免於天地之誅也。

漢・班固《白虎通德論》 月食救之者，陰失明也，故角尾交日。

漢・劉熙《釋名》卷一 日月虧曰蝕，稍稍侵虧如蟲食草木之葉。

漢・王充《論衡》卷一一《説日》 夫日之蝕，月蝕也。日蝕，謂月蝕之，月誰蝕之者？無蝕月也，月自損也。以月論日，亦如日蝕，光自損也。大率四十一二月，日一蝕；百八十日，月一蝕。蝕之皆有時，非時爲變，及其爲變，氣自然也。日時晦朔，月復爲之乎？夫日當實滿，以虧爲變，必謂有蝕之者，山崩地動，蝕者誰也？

漢・張衡《靈憲》 夫日譬猶火，月譬猶水。火則外光，水則含景。故月光生於日之所照，魄生於日之所蔽。當日則光盈，就日則光盡也。衆星被耀，因水轉光。當日之衝，光常不合者，蔽於地也，是謂闇虛，在星則星微，遇月則月食。

隋・蕭吉《五行大義》卷四 蝕者當日之衝有闇虛，闇虛當月則月蝕，當星則星亡，月蝕者，陽侵陰也。

唐・李淳風《觀象玩占》卷五〇《月食占》 月食者，陽侵陰，臣下有咎。董仲舒曰：「臣行刑執法不中，怨氣所積，則月爲之食。月食之宿，其國貴人死。」或曰：「月食則粟貴。」《荆州占》曰：「月食，失刑之國當其咎。」又曰：「月食，人主宜嚴號令，省刑罰。月食後三日内有大雨，則災降。」《乙巳占》曰：「凡有食，其鄉有拔邑大戰之事。」

宋・王應麟《六經天文編》卷上《天道》 月行於白道，與黄道正交之處在朔則日食，在望則月食。日食者，月體掩日光也。月食者，月入暗虛，不受日光。

論説

宋・朱熹《朱子全書》卷五〇 曆家之説謂日光以望時遥奪月光，故月食，日月交會，日爲月掩則日食。然聖人不言月蝕日，而以有食爲文者，闕於所不見。

日食是爲月所掩，月食是與日争敵，月饒日些子方好無食。日月食皆是陰陽氣衰。徽廟朝曾下詔書言此定數，不足爲災異，古人皆不曉曆之故。

明・傅汎際《寰有詮》卷五 駁或曰：月食見有赤魄知有微光，則何每月晦朔之間與其生明之始見象如鈎，不見所未受照之魄乎。

正曰：月食所有之魄不能見於晦朔生明之始者，其魄非無微光也，緣當晝日其所未受日照之處爲日之大光所奪，不得呈顯本光。迨至昏夜受照者，既借光於日。不照者亦爲光之所掩，皆不得見。如近月之星有時稍暗，有時盡暗，皆繇月掩其光故也。然月未受日照之一面屢見黄色，是其本光之微影云。

清・游藝《天經或問》卷二 問：月食，宋儒云：火日外影，中心實暗，到望時却當其中暗處，謂之闇虛，以闇虛之象爲月食。是否？

曰：天圓形，地梗在中心，如雞子黄處青之內，青之周圍即列宿七曜之天也。日一日行一度，月一日行十三度，餘以周天三百六十度記之，自朔至望僅行

一半月，距日一百八十度而日月正對望，中間地球障隔。月輪在地影之上，月輪在地球之下，日光不能照之，故失其光，而謂之食。漸出地影之外，日能照之，則漸復元光，因知月輪失光爲食，食悉由於地影之蔽，入此影中，安得不食。而半進半食，全進全食，是食必在望其食之處，定在龍頭、龍尾游燕曰：即黄白二道相交之所，則經緯同，故有食。十三度三分度之一，過此則月之行道不相涉，而地影不能障也。龍頭、龍尾者，是日躔之兩界，月食所經之處也。然食之時，地影從人之下蔽上去，故天下皆同。游熙曰：見月食必在夜，而人在地影中立，故天下皆同。凡地面見者，大小遲速亦同，唯居子午線不同，則時刻亦不同，大抵十九年所躔宫度同。而食之時刻淺深亦不同，而土木垣宿不及食者，影斜而鋭不相透也。日行天一周，則影亦行天一周，月當其影處即食，而食之處迄無定所。

綜述

漢·司馬遷《史記》卷二七《天官書》 月食始日，五月者六，六月者五，五月復六，六月者一，而五月者五，凡百一十三月而復始。故月蝕，常也；日蝕，爲不臧也。

唐·李淳風《乙巳占》卷二《月蝕占第十三》 月生三日無魄，其月必蝕。《易緯·萌氣樞》曰：候月盡蝕，視水中不見影者盡蝕。

凡月蝕，其鄉有拔邑大戰之事。

凡師出門而蝕，當其國之野，大敗軍死。

月蝕三日内，有雨，事解，吉。

月蝕以旦相及，太子當之；以夕，君當之。

月蝕起南方，男子惡之。起北方，女子惡之。起東方，少者惡之。起西方，老者惡之。

月蝕盡，光耀亡，君之殃。蝕不盡，光輝散，臣之憂。

月蝕中分，不出五年，國有憂兵，其分軍亡。

月蝕而斗且暈，國君惡之。有軍必戰，無軍兵起。

兩月並蝕，天下大亂。

月蝕，有氣從外來入月中，主人兇。從中出外，客兇。氣從南行，南軍兇；北行，北軍兇。東西亦然。

軍在外而月蝕，將環其國，戰不勝。

月生三日而蝕，是謂大殃，國有喪。十日至十四日而蝕，天下兵起。十五日而蝕，國破滅亡。

春蝕，歲惡，將死，有憂；夏蝕，大旱；秋蝕，兵起；冬蝕，其國有兵喪。

冬以其日辰占邦野：月以甲乙蝕，年多魚禾麥傷；丙丁蝕，年豐收；戊己蝕，無耕，下田兇；庚辛蝕，高田不收；壬癸蝕，歲和；月蝕辰巳，地采年麥傷。蝕午未，秋稼兇。

唐·瞿曇悉達《開元占經》卷一七《月占七》 候月蝕一

京氏曰：「月生三日，無光魄，其必蝕。」京房《易飛候》曰：「孟月六日而暈，月蝕；仲月七日暉，月蝕；季月八日暈，其月蝕。」《易緯·萌氣樞》曰：「候月盡蝕，視水中不見影者，月盡蝕。」

月薄蝕二

《帝覽嬉》曰：「月赤黄無光，曰薄；毁傷，曰蝕，皆不祥，善惡各有爲其國。」京房《易傳》曰：「日月不交而蝕，曰薄。」孟康曰：「日月無光，曰薄。」《易·豐卦》曰：「月盈則食。」《釋名》曰：「日月虧曰蝕；稍侵，虧如蟲食草木葉也。」《詩》曰：「彼月而食，則惟其常；此日而食，於何不藏。」班固《天文誌》曰：「古人有言曰：天下太平，五星循度，無有逆行者，日不蝕朔，月不蝕望。」王充《論衡》曰：「王者，有至德之萌；日月無朔望之異。」（異謂蝕之）《京氏占》曰：「月與日相衡，分天下之半，循於黄道，烏兔相衡，光盛威重，數盈理極，危亡之災，一時頓盡，遂使太陽，奪其光華，暗虚虧其體質；小潛則小虧，大驕則大滅，此理數之常然也。」《洛書》曰：「日月蝕當用兵擊之。若安居，日月蝕不可出軍。日蝕之歲，不可出軍；月蝕之月，不可出軍。」甘氏曰：「無道之國，日月過之薄蝕，兵之所攻，國家壞亡，又以有喪。」《洪範傳》曰：「人君失序，國不明，臣下晉亂，群陰蔽陽，則日月薄蝕；暗昧無光，四方蹐起，背璚縱横，賊亂交争，兵革並行。」《春秋緯·考異郵》曰：「麟龍斗，日月蝕。」（按《淮南鴻烈》曰：麒麟斗，則日月蝕之。）《河圖·帝覽嬉》曰：「月薄所宿，國主疾。」《春秋緯·感精符》曰：

「臣下大恣横，則日月薄於晦。」《石氏占》曰：「日蝕，其鄉有拔邑大戰。」《石氏占》曰：「師出門而月蝕，當其國之野，大敗；一曰軍死而後生。」《石氏占》曰：「月蝕三日，有雨事解，不占；一云七日。」（其雨及雪必須普霈，如微不解。）《雒書・雒罪級》曰：「月蝕既，不吉，刑法失命。」《荆州占》曰：「諫臣以直死，月爲之數蝕。」《帝覽嬉》曰：「月蝕所宿國，貴人死。用兵者從月蝕之面攻城，取地。日亦然。」《荆州占》曰：「日月蝕，當其國，君王死。又，攻戰從蝕所擊之者，勝。」《尚書緯・刑德放》曰：「當赦而不赦，月爲之蝕。」董仲舒《對災異》曰：「臣行刑罰，執法不得其中，怨氣盛，並濫及良善，則月蝕。」《河圖・帝覽嬉》曰：「月蝕所宿國，貴人死；又曰其鄉有拔邑大戰。」《易緯・通卦驗》曰：「月蝕，則糴貴，故月蝕則正臣下之刑。」《詩緯・推度災》曰：「月蝕，大臣刑。」京房《災異對》曰：「月蝕者，人君行適時時專受所致也。不救，則致水害，壞城。」《荆州占》曰：「月蝕，則失刑之國當之。」京房《易候》曰：「月蝕，失刑，所宿之國當之。」《帝覽嬉》曰：「兵常在内而月蝕，其國受殃；又曰兵未起而月蝕，所當之國起兵，戰不勝。」京房《易飛候》曰：「月當交而蝕，君子道長，小人道消。」夏氏曰：「月蝕出軍，軍折傷後有失。」《帝覽嬉》曰：「月滿而蝕，兩軍相當必戰，無軍兵必出，將死於野。」

月蝕早晚三

《帝覽嬉》曰：「月蝕以晨，相及太子當之；以夕，君當之。」

月蝕所起方四

《荆州占》曰：「月蝕起南方，男子惡之；起北方，女子惡之；起東方，少者惡之；起西方，老者惡之。」《帝覽嬉》曰：「月未望而蝕，從上始而盡無光，天子坐之。」《帝覽嬉》曰：「月蝕東方，其月中有惡風；月蝕西方，主人爲客。」《帝覽嬉》曰：「月蝕從上始，謂之失道，國君當之；從下始，謂之失法，將軍當之；從傍始，謂之失令，相當之。又曰從上始爲君親，從下始爲赤子蝕，其陰爲女蝕。」

月蝕既及中分五

《帝覽嬉》曰：「月蝕盡，女主當之。」《荆州占》曰：「月盡蝕，當其下者，君死。一曰有死相。」《河圖・帝覽嬉》曰：「有軍在外而月蝕盡者，軍罷帥。」《荆州占》曰：「月蝕盡，有大戰，軍破，將死，拔邑，亡地；蝕不盡，軍破，將不死。」京房《妖占》曰：「以十五日蝕而盡，此謂毁亡，其君有喪，若水。」京房《易飛候曰：「月蝕盡，則有亡國；不盡，有失地。」《荆州占》曰：「月蝕盡，大人憂，又曰糴貴，又曰豪族滅勢，家絶。」石氏曰：「月蝕不盡，光耀散，臣之象。」石氏曰：「月蝕盡，光耀亡，君之殃。」《刑德放》曰：「五刑當輕，反重虐酷，忽月蝕消既，行失繩墨，大水淫枯旱；其救之也，惟敬五刑，以成三德。」石氏曰：「月蝕中分，不出五年，國有憂，兵敗，軍亡。」

月蝕變色六

《荆州占》曰：「月蝕青色，人民多死者，五谷有傷，糴且大貴，望之下賤，皆不出一年，各爲其國災；月蝕赤色者，君爲客，不出其年；蝕黄色者，不出其年，有立諸侯爲國者；月蝕白色，其國失地，若有喪。」《荆州占》曰：「月蝕盡者，糴貴，各爲國。月已蝕而青者，爲憂；月已蝕而赤者，爲兵；月已蝕而黄者，爲財；月已蝕而白者，爲喪；月已蝕而黑者，爲水。」（蕭子顯《齊書》曰：「永泰元年正月乙亥，月蝕，色赤如血，二日而大司馬王敬則舉兵反。」）

月蝕而暈斗月並蝕七

京房《易飛候》曰：「月暈蝕殃祥；得其日者吉，得其時者兇。」石氏曰：「月蝕而暈，其國君主惡之。」《荆州占》曰：「月暈而蝕，人相食。」石氏曰：「月斗薄而蝕，有軍必戰，無兵兵起。」石氏曰：「兩月並蝕，天下大亂。」

月蝕雲氣入月中又有風雨八

《荆州占》曰：「月蝕，有氣從外來，入月中，主人凶；氣從中出，客凶；氣南行，南軍凶；北東西者亦然。」

月一月再蝕九

《帝覽嬉》曰：「軍在外，一月而再蝕，將還兵其國，戰不勝。」

月未望而蝕十

石氏曰：「月生三日而蝕盡，是謂大殃，國有喪。」甘氏曰：「月生十日至十四日而蝕，天下兵起。」（如望在十四，依垣占。）石氏曰：「十五日而蝕，國破滅亡。」（如望在十五亦然。）

月四時蝕十一

京氏曰：「月春蝕，歲惡，將軍死，一曰有憂。夏蝕，旱，憂穀。秋蝕，羌兵起。冬蝕，其國饑，有女喪。」京房《易候》曰：「月春蝕，有憂；夏蝕，有兵起，民無有一月糧，糴貴。」《荆州占》曰：「孟春月蝕，賤人當之；仲春蝕，貴人當之；季春蝕，人主當之。」《帝覽嬉》曰：「月春蝕東方，王死之；夏蝕南方，王死之；季夏蝕中央，王死之；秋蝕西方，王死之；冬蝕北方，王死之，國以謀亡。」《荆州占》曰：「月夏蝕南方，歲饑；秋蝕西方，兵起。」

月十二月蝕十二

《荆州占》曰：「正月蝕，有災異蟲。一曰燕受災，期在七月之後。」《帝覽嬉》曰：「正月月蝕，賤人病，糴石二千；二月月蝕，貴人病，糴石二千；三月月蝕，人主當之，糴石四千；四月月蝕，人主當之；五月月蝕，年饑；六月月蝕，赤地千里；七月月蝕，有兵；八月月蝕，兵罷；九月月蝕，年饑，一曰有戰；十月月蝕，藏谷，一曰起軍；十一月月蝕，有喪，兵圍城，破軍殺將；十二月月蝕，不盡，是謂當其數，不占。」《荆州占》曰：「正月月蝕，歲災。上旬蝕，旱；中旬蝕，蟲；下旬蝕，賤人死。」《荆州占》曰：「十二月月蝕，吴國受災，期六月；一曰有流民，盡乃以日辰占其野。」《荆州占》曰：「十二月月蝕，來年國有大事，小兵起。」

月十干蝕十三

《洛書》曰：「月以甲乙日蝕，年多魚；丙丁日蝕，年饑；一曰年谷收。戊巳日蝕，無耕下田；庚辛日蝕，高田不入，凶；壬癸蝕，其歲和美。」司馬遷《天官書》曰：「月蝕甲乙，四海之外，不占；丙丁，淮海，岱也；戊巳，中州，河濟也；庚辛，華山以南；壬癸，恒山以北；月蝕皆將軍當之。」

月東南西南方蝕十四

《荆州占》曰：「蝕辰巳地，來年麥傷，春蟲；蝕午未地，禾稼少實，麥夏傷。」

月行五星暈而蝕十五

甘氏曰：「月行宿歲星而蝕，民相食，粟石千文，司農憂。」《荆州占》曰：「月暈歲星而蝕，天下大戰。」甘氏曰：「月行宿熒惑而蝕，天下破亡，有憂；期不出三年。」《荆州占》曰：「月犯熒惑，暈而蝕，天下破亡，失地，大將有憂，期不出三年。」《帝覽嬉》曰：「月犯熒惑，暈而蝕，天下破軍亡地，大將有憂；蝕盡者，主位也；不盡者，大臣位也；近期三月，遠期三年。」甘氏曰：「月行宿填星而蝕，其國以伐，饑亡。」《巫咸占》曰：「月當填星而蝕，其國有土功之事。」甘氏曰：「月行宿太白而蝕，强國戰，不勝亡城，大將有兩心；不出三年。」《荆州占》曰：「月宿太白，暈而蝕，其國有强兵，若戰而亡。」甘氏曰：「月行宿辰星而蝕，其國有女亂而亡國；期三年，若五年。」

月在東方七宿而蝕十六

石氏曰：「月蝕在角、亢，刑法之臣有當黜者。」《黄帝占》曰：「月入角而蝕，將吏有憂，國門四閉，其邦凶。」陳卓曰：「月蝕於角，其君死。」甘氏曰：「月在亢中蝕，其君邦有憂。」《黄帝占》曰：「蝕在氐中，天子憂疾；一曰妃后憂疾。」石氏曰：「月在氐中蝕，大臣死，后惡之；一曰后宫惡之；王者復禮，以赦除之。」《荆州占》曰：「在氐、房蝕，主治耕之臣當有黜者。」石氏曰：「月在房而蝕，公卿大夫有憂，當有黜者。」石氏曰：「月在房蝕，王者有憂，皆亂，大臣專政，必有憂病。」京氏《妖占》曰：「月蝕於房，天子有喪。」郗萌曰：「月蝕房心間，人主有兵害。」石氏曰：「月在心蝕，人主惡之，太子庶子有憂，三公有死者。」郗萌曰：「月蝕心，臣伐主，内亂。」《荆州占》曰：「月在心蝕，三公諸侯有當黜者。」甘氏曰：「月蝕尾、箕，后族有刑罪，若御妾有坐者，后有憂。」石氏曰：「月在尾、箕而蝕，主禦者及樂人有當黜者。」郗氏曰：「月蝕於箕，爲風；一曰車騎發。」陳卓曰：「月宿箕而蝕，人相食。」

月在北方七宿而蝕十七

甘氏曰：「月在南斗而蝕，將相有憂，饑，凶。」甘氏曰：「月入牽牛度而蝕，其國叛兵起。」甘氏曰：「月在須女而蝕，邦有女主憂，天下女功廢。」郗萌曰：「月在須女而蝕，宫中有巫咒詛禱祝以求幸，有當黜者。」《黄帝占》曰：「月蝕在虚而蝕，邦有崩喪，天下改服，期九十日。」郗萌曰：「月蝕虚、危，民多去其室；一曰大戰。」郗萌曰：「月在虚、危而蝕，主刀劍衣履金玉之臣有當黜者。」甘氏曰：「月蝕危，不有崩喪，必有大臣薨，天下改服。」石氏曰：「月在危而蝕，刀劍之官憂；一曰月在虚、危而蝕，戒在衣履金玉之臣有黜者；一曰必有驚恐之事。」石氏曰：「月蝕危，不有病主，必有大喪，天下改服。」甘氏曰：「月在營室而蝕，爲軍族士衆之潰。」石氏曰：「月蝕營室，大軍絶糧。」郗萌曰：「月在營室而蝕，陰道毁，不能化生，有黜削之罪。」《玄冥占》曰：「月在東壁而蝕，大臣有戮，文章者執。」

月在西方七宿而蝕十八

石氏曰：「月在奎而蝕，有大臣憂，削凶；期九十日。」石氏曰：「月食奎度中，魯國凶，一曰邦君不安，白衣之會。」《郗萌占》曰：「月在奎而蝕，主邊兵之臣有當黜者。」《海中占》曰：「月蝕於奎，大將軍有謀。」石氏曰：「月在奎、婁而蝕，主聚斂之臣有黜者。」甘氏曰：「月蝕婁，皇后犯危，大臣受誅。」《海中占》曰：「月蝕婁，其國有王事。」郗萌曰：「月宿婁而蝕，人相食。」《黄帝占》曰：「月在胃而蝕，王者相吞食，大邑亡主，大將亡軍；一曰委轄之臣有罪。」甘氏曰：「月在胃而蝕，皇后有憂；一曰虐吏憂。」郗萌曰：「月在胃而蝕，人相食。」石氏曰：「月在昴而蝕，大臣貴，女失職。」郗萌曰：「月在昴而蝕，人相食。」郗萌曰：「月在昴、畢而蝕，天下聚；又曰主獄之臣有黜者。」甘氏曰：「月蝕在畢，有邊使者

凶，若邊國有臣誅，不出一年。」京房《妖占》曰：「月蝕於畢，天下有小兵。」郗萌曰：「月宿畢而蝕，人相食。」郗萌曰：「月在觜、參而蝕，主兵之臣當黜之。」甘氏曰：「月在觜蝕，主殺臣。」石氏曰：「月在參而蝕，旱，赤地千里，人民饑。」甘氏曰：「月在參而蝕，貴臣誅，大饑，人相食；一曰貴臣謀。」《海中占》曰：「月蝕於參，兵在外，大將死，其國有憂，天下更令。」

月在南方七宿而蝕十九

石氏曰：「月在井、鬼而蝕，主人主五祠之官憂。」甘氏曰：「月在東井而蝕，大臣誅；一曰大臣謀，皇后不安，五穀不登。」陳卓曰：「月在東井而蝕，其國內亂。」甘氏曰：「月在輿鬼而蝕，廢貴臣，后有憂，天下不安；期一年，遠三年。」石氏曰：「月在柳而蝕，大臣有黜者。」甘氏曰：「月在柳而蝕，主虞水官有當黜者。」郗萌曰：「月宿注而蝕，人相食。」（注者，柳之别名。）甘氏曰：「月在七星而蝕，正陽虧太陰星，大臣有暴誅，國大饑；又曰主詞事者憂黜。」郗萌曰：「月在七星而蝕，主道橋門户之臣有當黜者。」甘氏曰：「月在張而蝕，貴人失勢，皇后有憂，期七十日。」郗萌曰：「月在張而蝕，人相食。」甘氏曰：「月在張而蝕，水衡虞人當有黜者。」甘氏曰：「月在翼而蝕，忠臣見譖言，清正者亡，不出其年。」郗萌曰：「月在翼而蝕，主車駕之臣有黜者。」甘氏曰：「月在軫而蝕，貴臣亡；一曰后不安，期百八十日。」郗萌曰：「月在軫而蝕，車騎發。」

月犯石氏中官而蝕二十

《荆州占》曰：「月在建而蝕，后妃姪娣有當黜者。」石氏曰：「月在太微而蝕，有破國易王。」

月在石氏外官而蝕二十一

石氏曰：「月在弧、狼而蝕，主供養之官當黜者；一曰食者亡。」

救月蝕二十二

《海中占》曰：「月蝕，王者以救，除咎則安；又曰：月蝕，清刑明罰，赦法。」《周禮·地官司徒》曰：「救月蝕，則詔王鼓。」（鄭玄曰：救日月食，王者必親擊鼓。）《禮記·婚義》曰：「婦教不修，陰事不得，謫見於天，月爲之食。是故月蝕則后素服而修六宫之職，蕩天下之陰事。」《星傳》曰：「月者，刑也，月蝕修刑。」（鄭玄曰：救月蝕，王必親擊鼓也。）

唐·王溥《唐會要》卷四二 蘇氏曰：載月甚詳，然仲尼修《春秋》，二百四十二年，日星之變必書，而月蝕不紀。解之者云：月，諸侯道也，夷狄象也，彼有虧，則王者中國之政勝矣，故不謂爲災。或云：蓋取詩人「彼月而蝕，則惟其常之義。」《會要》亦國史之支也。學於史，宜取法《春秋》，以是不宜備書。

元·脱脱等《宋史》卷五二《天文志五·七曜》 凡月之行，歷二十有九日五十三分而與日相會，是謂合朔。當朔日之交，月行黄道而日爲月所掩，則日食，是爲陰勝陽，其變重，自古聖人畏之。若日月同度於朔，月行不入黄道，則雖會而不食。月之行在望與日對衝，月入於闇虚之内，則月爲之食，是爲陽勝陰，其變輕。昔朱熹謂月食終亦爲災，陰若退避，則不至相敵而食。所謂闇虚，蓋日火外明，其對必有闇氣，大小與日體同。此日月交會薄食之大略也。日食修德，月食修刑，自昔人主遇災而懼，側身修行者，此也。

元·李克家《戎事類占》卷四 日月相推，日舒月速，當其同謂之合朔。舒先速後，近一遠三，謂之弦。相與爲衡。分天之中謂之望。以舒及速，光盡體伏謂之晦。晦朔合離，斗建移辰，謂之日月之行，則有冬有夏。夫日譬猶火，月譬猶水。火則外光，水則含景，故月光生於日之所照，魄生於日之所蔽。當日則光盈，就日則光盡也。衆星被耀，因水轉光，當日之衝，光常不合者，蔽於(他)〔地〕也，是謂闇虚。在星星微，月過則食。日之薄地，其明也，繇暗視明，明無所屈，是以望之若火。方於中天，天地同明，繇明瞻暗，暗還自奪，故望之若水。火當夜而揚光，在晝則不明也。月之於夜與日同，而差微。月當日則光盈，照之全也。自是而闕，以日光之映其有不全，乃至於晦，愈相近而不照之故也。嘗觀諸水，日之所照，每借以爲光，仰而映於屋梁。一有掩焉，則向之光於屋梁者不復見也。月之借於日猶是。故夫月之光也，以日之光有照焉；則月之食也，亦其日之光有掩焉耳。對日之衝，其大如日。日光不照，謂之闇虚。月望行黄道，則值闇虚有表裏深淺，故月食有南北多少。所謂闇虚，蓋日火外明，其對必有闇氣，大小與日體同。月入於闇虚之内，則月爲之食。黄道與月道如二環相疊而小差。凡日月同在一處相遇，則日爲之食。正一度相對，則月爲之虧。雖同一度，而月道與黄道不相近，自不相侵。同度而又近黄道、月道之交，日月相值，乃相陵掩，正當其交處則食而既不全，當交道則隨其相犯淺深而食。凡月食，月在交東，則食其外；月在交西，則食其内。食既以正東、正西，西天法羅睺、計都，皆逆步之，乃今之交道也。交初謂之羅睺，交中謂之計都。月食乃陽氣太盛，於九道交行之時沖掩。月光一日行十三度，凡羅、計在十三度前後相隨，迫交道竝主爲食。鯨魚，至陰之物，以食爲感。月食則鯨魚死，蓋陰之傷八、十，月極當至

明，以象陰德之昌，或失色或食，皆陰德大虧之象。主將相災危，刑罰不明，獄有冤濫，掌陰者曲政用事，宜省刑，去不肖，以避其咎，則其禍可消。凡月食五星，其國皆亡。歲以饑，熒惑以亂，填以殺，太白强國以戰，辰以女亂。星入月而星見於月，是謂星食月。月奄星而星滅不見，是謂月食星。又曰：月體自若而星居月上，此爲星食月。月遇之而星隱不見，此爲月食星。月星相食，當有易主事。一曰主殺戮將相王侯之象，其分野有兵喪。

月食所離，宿次其下有大戰拔城。月滿而食者，兩敵相當，若無兵，將死於野。月食從上始，是謂失道，國君當之。月食從旁始，是謂失令，相臣當之。月食從下始，是謂失法，將軍當之。月食既，陽道極也，後難，將軍災，五穀貴，大人憂，貴人死，兵起。月食且盡，破軍，殺將，國主災危。月食後三日内雨，百事解。月食而鬬兵革亂起，大戰隨所食戰利。兩月竝食，天下亂。兵在内而月食者，其國受殃。兵未起而月食者，所當之國兵戰不勝。兵在外而月食，食分强者軍必還，食盡者城亡將殺。兵在外，月食下而上者，將軍當之。月食出軍，軍傷失地。月食而戰，破軍死將，拔邑亡城。月春食東方、夏食南方、秋食西方、冬食北方，其下軍憂。月食東方，其月惡風。月食西方，主兵利。月食青色，五穀貴。月食赤色，客兵利。一曰歲旱兵起。月食黄色王侯謀立。月食白色，其國失地。月食黑色，水災。月已食而青者爲憂，赤者爲兵，黄者爲財，白者爲喪，黑者爲水。月食有氣從外來入月中者主憂，氣從中出者客憂，氣從南行南軍憂，東西北皆然，氣所向者敗。月食雜氣射人，兵亂將凶。月食彗氣射人，將相災危；有兵，從射方擊之勝。

明・熊明遇《格致草》 日月交食

日在月上，朔而日月行度南北同經、東西同緯，則月掩日而日爲之食固也。惟望而月食，日在地下，月在天上，儒者謂月亢日而月爲之食，曆家曰「闇虚」。問其何以亢？何以闇虚？畢竟不能置對，殊不知月星皆借日爲光。日在地下、月在天上，經緯皆同，則地影適遮日光，月不受光而月爲之食。然朔不必皆日食，望不皆月食，何也？蓋經度同而緯度不同故也。日止行黄道一線，萬古有常，月則或南或北，故同經不能同緯。日體大地體小，若不同緯，便爲日光射及。然普天之下，食之時與食之分數不能盡同，以地面早夜不同，日月行動故。或曰：星月俱借日爲光，地影既可以食月，獨不可以食星乎？曰：諸星所麗之天距月天甚高，日光大、地影小，過月以上則暗影漸尖細，至於星邊，地影不及矣。然金水二星亦在日下，地球大於金星三十六倍又二十七分[之一]，大於月輪三十八倍又三分之一，是金星大於月輪。月既掩日，金星過日下獨不掩日，何也？曰：凡物以形相掩，非惟論其大小，又當計其遠近，近目者愈近則愈掩。如以一指置睫間，宇宙可蔽；及其遠也，雖泰山不礙。金星雖大於月，乃在月天之上，去人目甚遠，故不能掩日；月雖小於金星，去人目最近，故能掩日光也。

格言考信

《朱子語類》曰：「月受日光，只是得一邊光。日月相會時日在月上，不是無光，光都載在上面一邊，故地上無光。到得日月漸漸相遠時漸擦挫，月光漸漸見於下。到得望時，月光渾在下面一邊，望後又漸漸光向上去。」朱子《詩經・十月之交》註曰：「晦朔而日月之合，東西同度、南北同道，則月掩日而日爲之食。」

渉論存疑

《淮南子》曰：「麟鬬則日月食。」朱子《詩經・十月之交》註曰：「望而日月之對同度同道，則月亢日而月爲之食。」月在天上，日在地下，請問月如何亢日而月爲之食？恐紫陽夫子也解不去。凡解得去者，便做得(像)[象]。試請做一亢日闇虚之象，如何？

明・陽瑪諾《天問略》 月食

問：「望日月與日正對，則月光當滿圓矣。然而或全無光，或一分有光，一分無光，其故何也？」曰：「地球懸於十二重天之中央，如雞卵黄在青之中央。故日由西照地地必有景射東，照東必有景射西。夫日輪恒在黄道上，若遇望日而月輪亦在黄道上，與日正對望，則地球障隔日月之間，月輪必入地景之内，太陽不能照之，故失光而食矣。漸出地景之外太陽能照之，乃漸復得原光也。若渾然相對全失光，若一分對一分不對，對者失光，不對者否矣。因知月輪失光而食悉由於地景也。

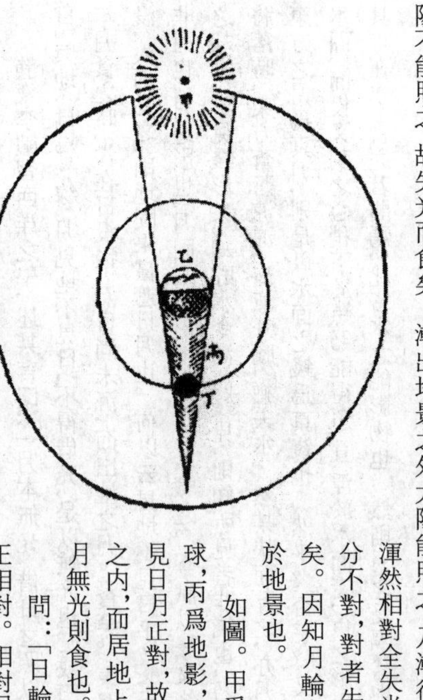

如圖。甲爲日輪，乙爲地球，丙爲地影，丁爲月輪。即見日月正對，故月輪全居地影之内，而居地上者視月無光，月無光則食也。」

問：「日輪值望，必與月正相對。相對月必過地影，過

影必當每望食矣。今月之遇食不過什一焉，地影之説毋乃碍乎？」曰：「日輪恒行黄道上，不出入内外。地體之影正對於日，亦恒在黄道上，不出入内外焉。月輪惟行龍頭、龍尾之上，月行黄道，故望時月輪適當龍頭、龍尾，適過地影之内，則食。若出黄道内外，或南或北，地影不掩，不能食。即食，或分秒不同，此望日日月雖對而亦不能常食也。」

清・蔣友仁《地球圖説》 若望時地球在太陰與太陽之間，人從地面視日月相距百八十度，若太陽與地與太陰一線參直，則太陰爲地影所蔽，不得受太陽之光，是爲月食。惟望日太陰與太陽正相對，故獨望日有月食。

清・傅蘭雅《天文須知》 日蝕月蝕

月有時能正在日地之間，有時能正在日地之後，則成日蝕月蝕之事，不難解也。【略】月在日地間時，月後有影射於地面，人在影中即不見日面之光，是爲日蝕。在影外者仍能見日光，即不見有日蝕。所以日蝕時，地上各處不能皆見，因月影小，不能全遮地球也。至月行在日地之後，則地在日月之間，地後有影遮蔽月面，人即不見其光，是爲月蝕。計月蝕時恒在十五日，日蝕時恒在初一日。

日月蝕期

或云：「日蝕既在初一，月蝕既在十五，但每月皆有初一、十五，何不常蝕？」曰：「乃因月之軌道與地之軌道不在一平面内。如初一，月雖在日地之間，但其軌道或高在地軌道之上，或低在地軌道之下，月即不能遮掩日光，故不見日蝕。至於十五，地雖在日月之間，惟其軌道亦因有高低，地亦不能遮掩月面，故不見有月蝕。必其兩軌道正在一平面内，日月地又正在一直線上，始能見蝕。故日月之蝕，不能每月皆有也。天文家推算，每年蝕期，多則七次，即日蝕五次，月蝕二次；少則兩次，俱是日蝕，但不能在地面各處皆見之。」

清・顧炎武《日知録》卷三〇《月食》 日食，月掩日也；月食，地掩月也。今西洋天文説如此，自其法未入中國而已有此論。陸文裕《金臺紀聞》曰：嘗聞西域人算日月食者，謂日月與地同大。若地體正掩日輪上，則月爲之食。南城萬實《月食辨》曰：凡黄道平分各一百八十二度半强，對沖處必爲地所隔，望時月行適當黄道交處，與日正相對，則地隔日光而月爲之食矣。按：其説亦不始於近代。漢張衡《靈憲》曰：「當日之沖，光常不合者，蔽於地也，是謂闇虚。在星星微，月過則食。」載《續漢天文志》中。俗本「地」字，有誤作「他」者，遂疑别有。所謂闇虚而致紛紛之説。《宋史・天文志》「日火外明，其對必有闇氣，大小與日體同」者，非。

静樂李鱸習西洋之學，述其言曰：「月本無光，借日之照以爲光曜。至望日，與地、日爲一線，月見地不見日，不得借光，是以無光也。」或曰不然。曾有一年月食之時，當在日没後，乃日尚未沉，而出地之月已食矣。東月初升、西日未没，人兩見之，則地固未嘗遮日月也。何以云見地不見日乎？答曰：於所見者非月也，月之影也，月固未嘗出地也。何以驗之？今試以一文錢置虚器中，前之却之，不見錢形矣，却貯水令滿而錢見，則知所見者非錢也，乃錢之影也。日將落時，東方蒼蒼涼涼，海氣升騰，猶夫水。然其映而升之，亦月影也。如必以東方之月爲真月，則是以水面之錢爲真錢也。然乎？否乎？又如漁者見魚浮水面，而投叉刺之心稍下於魚乃能得魚，其浮於水面者，魚之影也。舟人刺篙，其半在水，視之若曲焉，此皆水之能影物也。然則月之受隔於地，又何疑哉？

紀事

王襄《簠室殷契徵文・天象二》 商武丁旬壬申夕【略】月有食。

漢・司馬遷《史記》卷一〇《孝文本紀》 （漢文帝二年）十一月晦，日有食之。十二月望，日(月)又食。上曰：「朕聞之，天生蒸民，爲之置君以養治之。人主不德，布政不均，則天示之以菑，以誡不治。乃十一月晦，日有食之，適見於天，菑孰大焉！朕獲保宗廟，以微眇之身託於兆民君王之上，天下治亂，在朕一人，唯二三執政猶吾股肱也。朕下不能理育羣生，上以累三光之明，其不德大矣。令至，其悉思朕之過失，及知見思之所不及，白以告朕。及舉賢良方正能直言極諫者，以匡朕之不逮。因各飭其任職，務省繇費以便民。朕既不能遠德，故憪然念外人之有非，是以設備未息。今縱不能罷邊屯戍，而又飭兵厚衛，其罷衛將軍軍。太僕見馬遺財足，餘皆以給傳置。」

漢・司馬遷《史記》卷一五《六國年表》 秦躁公八年【略】月食。

南朝宋・范曄《後漢書》卷九二《律曆志中》 （和帝永元）十二年正月十二

日，蒙公乘宗紺上書言：「今月十六日月當食，而曆以二月。」至期如紺言。

又 （靈帝熹平四年）紺孫誠上書言：「受紺法術，當復改，今年十二月當食，而官曆以後年正月。」到期如言。

南朝宋・范曄《後漢書》卷一〇八《五行志六》 桓帝永壽三年十二月壬戌，月蝕非其月。

又 延熹八年正月辛巳，月蝕非其月。

《宋文紀》卷九《太史令錢樂之兼丞嚴粲奏》 （元嘉）十一年七月十六日望月蝕，加時在卯，到十五日四更二唱丑初始蝕，到四唱蝕既，在營室十五度末。

又 又到十三年十二月十六日望月蝕，加時在酉，到亥初始食，到一更三唱蝕既，在鬼四度。

又 又到十四年十二月十六日望月蝕，加時在戌之半，到二更四唱亥末始蝕，到三更一唱食既，在井三十八度。

又 到十五年五月十五日望月蝕，加時在戌，其日月始生而已，蝕光已生四分之一格，在斗十六度許。

又 又到十七年九月十六日望月蝕，加時在子之少，到十五日未二更一唱始蝕，到三唱蝕十五分之十二格，在昴一度半。

南朝梁・沈約《宋書》卷一三《曆志下》 法興議曰：「其置法所在，近違半次，則四十五年九月率移一度。」沖之曰：「元和日度，法興所是，唯徵古曆在建星，以今考之，臣法冬至亦在此宿，斗二十一了無顯證，而虛貶臣曆乖差半次，此愚情之所駭也。又年數之餘有十一月，而議云九月，涉數每乖，皆此類也。月盈則食，必在日衝，以檢日則宿度可辨，請據效以課疏密。按太史註記，元嘉十三年十二月十六日甲夜月蝕盡，在鬼四度，以衝計之，日當在牛六。依法興議曰『在女七』。又十四年五月十五日丁夜月蝕盡，在斗二十六度，以衝計之，日當在井三十。依法興議曰：『日在柳二。』又二十八年八月十五日丁夜月蝕，在奎十一度，以衝計之，日當在角二。依法興議曰：『日在角十二。』又大明三年九月十五日乙夜月蝕盡，在胃宿之末，以衝計之，日當在氐十二。依法興議曰：『日在心二。』凡此四蝕，皆與臣法符同，纖毫不爽，而法興所據，頓差十度，違衝移宿，顯然易覩。故知天數漸差，則當式遵以爲典，事驗昭晳，豈得信古而疑今。」

南朝梁・沈約《宋書》卷二六《天文志四》 （大明三年）三月，月在房，犯鉤鈐，因蝕。

又 （大明三年）九月，月在胃而蝕，既。

南朝梁・蕭子顯《南齊書》卷一二《天文志上・月蝕》 建元四年七月戊辰，月在危宿蝕。

永明二年四月丁巳，月在南斗宿蝕。

三年十一月戊寅，月入東井曠中，因蝕三分之一。

五年三月庚子，月在氐宿蝕。

九月戊戌，月在胃宿蝕。

六年九月癸巳，月蝕在婁宿九度，加時在寅之少弱，虧起東北角，蝕十五分之十一。

十五日子時，蝕從東北始，至子時末都既，到丑時光色還復。

七年八月丁亥，月在奎宿蝕。

十月庚辰，月奄蝕熒惑。

八年六月庚寅，月奄蝕畢左股第一星。

十年十二月丁酉，月蝕在柳度，加時在酉之少弱，到亥時月蝕起東角七分之二，至子時光色還復。

永泰元年四月癸亥，月蝕，色赤如血。三日而大司馬王敬則舉兵，衆以爲敬則祲烈所感。

永元元年八月己未，月蝕盡，色皆赤。是夜，始安王遥光伏誅。

史臣曰：日月代照，實重天行。上交下蝕，同度相掩。案舊説曰「日有五蝕」，謂起上下左右中央是也。交會舊術，日蝕不從東始，以月從其西，東行及日。於交中，交從外入內者，先會後交，虧西南角；先交後會，虧西北角；交從內出者，先會後交，虧西北角；先交後會，虧西南角。日正在交中者，則虧於西，故不嘗蝕東也。若日中有虧，名爲（西）〔黑〕子，不名爲蝕也。漢尚書令黄香曰：「日蝕皆從西，月蝕皆從東，無上下中央者。」《春秋》魯桓三年日蝕，貫中下上竟黑。疑者以爲日月正等，月何得小而見日中。鄭玄云：「月正掩日，日光從四邊出，故言從中起也。」王逸以爲「月若掩日，當蝕日西，月行既疾，須臾應過西崖既，復次食東崖。今察日蝕，西崖缺而光已復，過東崖而獨不掩。」逸之此意，實爲巨疑。先儒難「月以望蝕，去日極遠，誰蝕月乎」？説者稱「日有暗氣，天有虚道，常與日衡相對，月行在虚道中，則爲氣所弇，故月爲蝕也。雖時加夜半，日月當子午，正隔於地，猶爲暗氣所蝕，以天體大而地形小故也。暗虚之氣，如以

鏡在日下，其光耀魄，乃見於陰中，常與日衡相對，故當星星亡，當月月蝕」。今問之曰：「星月同體，俱兆日耀，當月之蝕，星不必亡。若更有所當，星未嘗蝕，同稟異虧，其故何也？」答曰：「月爲陰主，以當陽位，體敵勢交，自招盈損。星雖同類，而精景陋狹，小毀皆亡，無有受蝕之地，纖光可滿，亦不與弦望同形。」又難曰：「日之夜蝕，驗於夜星之亡，晝蝕既盡，晝星何故反不見？」答之曰：「夫言光有所衝，則有不衝之光矣。言有所當，亦有所不當矣。夜食度遠，與所當而同沒；晝食度近，由非衝而得明。」又問：「太白經天，實緣遠日。今度近更明，於何取喻？」答曰：「向論二蝕之體，周衝不同，經與不經，自由星遲疾，難蝕引經，恐未得也。」

北齊・魏收《魏書》卷一〇五之二《天象志二》（皇興元年）十月癸巳，月在參蝕。

又（延興三年）十二月戊午，月蝕在七星，京師不見，統萬鎮以聞。

又 承明元年四月甲戌，月蝕尾。

又（太和元年）十月乙丑，月蝕昴，京師不見，雍州以聞。占曰「貴臣誅」。是月，誅徐州刺史李訢。

又（太和二年）九月庚申，陰雲開合，月在昴蝕。

又（太和四年二月）壬午，月蝕。

又（太和六年正月）辛未，月蝕。

又（太和六年）七月丁卯，月蝕。

又（太和八年）五月丁亥，月在斗蝕盡。

又（太和九年）十一月戊寅，月蝕。

又（太和十一年二月）庚子，月蝕氐。

又（太和十一年）九月戊戌，陰雲離合，月在胃蝕。

又（太和十二年）九月，月蝕盡。

又（太和十三年）二月己丑，月在角，十五分蝕七。

又（太和十三年）八月丙戌，天有微雲，月在未蝕。

又（太和十五年）正月己酉，月在張蝕。

又（太和十五年）十二月辛卯，月蝕盡。

又（太和十六年）十二月丁酉，月在柳蝕。

又（太和十七年）六月甲午，月在女蝕。

又（太和十八年）四月庚申，月在斗蝕。

又（太和二十年）十月丙午，月在畢蝕。

又（太和二十二年）二月丁卯，月在角蝕。

又（太和二十三年）二月壬戌，月在軫蝕。

又（太和二十三年）八月，月在壁蝕，子已上。

又（景明元年）正月丙辰，月在翼蝕，十五分蝕三。

又（景明三年）十一月己巳，月蝕井，盡。

又（景明四年）五月丁卯，月在斗，從地下蝕出，十五分蝕十二。

又（正始二年）九月癸未，月在昴，十五分蝕十。

又（正始三年）三月庚辰，月在氐蝕盡。

又（永平二年）正月甲午，月在翼，十五分蝕十二。

又（永平三年）正月戊子，月在張蝕。

又（永平三年）閏月乙酉，月在危蝕。

又（永平三年）十二月壬午，月在張蝕。

又（延昌二年）四月己亥，月在箕，從地下蝕出，還生三分，漸漸而滿。

又（延昌二年）十月丙申，月在參蝕，盡。

又（延昌三年四月癸巳，月在尾，從地下食出，十五分蝕十四。

又（熙平元年）八月己酉，月在奎，十五分蝕八。

又（熙平二年）二月丁未，月在軫蝕。

又（熙平二年）八月癸卯，月在婁蝕，盡。

又（神龜二年）十二月庚申，月在柳，十五分蝕十。

又（正光元年）十二月甲寅，月蝕。

又（正光二年）五月丁未，月蝕。占曰「旱，饑」。三年六月，帝以炎旱，減膳撤懸。

又（正光三年）十一月己酉，月在井蝕。

又（孝昌元年）九月丁巳，月蝕。

又（永安二年）十月甲子，月在參蝕。

又（永安三年）五月甲申望前，月蝕於午。

又（普泰元年）五月甲申，月蝕盡。

又（中興二年）四月戊寅，月在箕蝕。

又（太昌元年）十月丙子，月在參蝕。

又（永熙三年）三月戊戌，月在亢蝕。

又（天平三年）二月丁亥，月蝕。

又（天平三年）八月癸卯，月蝕。

又（興和元年）十二月甲午，月蝕。

又（興和三年）四月壬辰，月蝕。

又（武定元年）三月丙午，月蝕。

又（武定四年）正月己未，月蝕軫。

又（武定七年）十二月丁卯，月食。

唐・房玄齡等《晉書》卷一二《天文志中》 魏齊王正始四年五月丁丑朔，月有食之。

又 孝懷帝永嘉五年三月壬申丙夜，月蝕，既。丁夜又蝕，既。占曰：「月蝕盡，大人憂。」又曰：「其國貴人死。」

又 穆帝永和二年四月己酉，月有食之。

唐・房玄齡等《晉書》卷一七《律曆志中》（黄初）二年七月十五日癸未，日加壬月加丙蝕。

又（黄初）三年十月十五日乙巳，日加丑月加未蝕。

唐・令狐德棻等《周書》卷五《武帝紀上》（天和六年）九月庚申，月在婁，蝕之既，光不復。

唐・魏徵等《隋書》卷一七《律曆志中》 宜又案：開皇四年十二月十五日癸卯，依曆月行在鬼三度，時加酉，月在卯上，食十五分之九，虧起西北。今伺候，一更一籌起食東北角，十五分之十，至四籌還生，至二更一籌復滿。

又（開皇六年）六月十五日，依曆太陰虧，加時酉，在卯上，食十五分之九半弱，虧起西南。當其時陰雲不見月。至辰巳，雲裏見月，已食三分之二，虧從東北，即還雲合。至巳午間稍生，至午後，雲裏暫見，已復滿。

又（開皇十年）三月十六日癸卯，依曆月行在氐七度，時加戌，月在辰太半上，食十五分之七半強，虧起東北。今候，月初出卯南，帶半食，出至辰初三分，可食二分許，漸生，辰未已復滿。見行曆九月十六日庚子，月行在胃四度，時加丑，月在未半强上，食十分之三半强，虧起正東。今伺候，月以午後二刻，食起正東，須臾如南，至未正上，食南畔五分之四，漸生，入申一刻半復滿。十二年七月十五日己未，依曆月行在室七度，時加戌，月在辰太强上，食十五分之十二半弱，虧起西北。今伺候，一更三籌起西北上，食准三分之二强，與曆注同。十三年七月十六日，依曆月在申半强上，食十五分之半弱，虧起西南。十五日夜，從四更候月，五更一籌起東北上，食半强，入雲不見。

又（開皇十五年）十一月十六日庚午，依曆月行在井十七度，時加亥，月在巳半上，食十五分之九半强，虧西北。其夜一更四籌後，月在辰上起食，虧東南，至二更三籌，月在巳上，食三分之二許，漸生，至三更一籌，月在丙上，復滿。十六年十一月十六日乙丑，依曆月行在井十七度，時加丑，月在未太弱上，食十五分之十二半弱，虧起東南。十五日夜伺候，至三更一籌，月在丙上，雲裏見，已食十五分之三許，虧起正東，至丁上。食既，後從東南生，至四更三籌，月在未末，復滿。

唐・魏徵等《隋書》卷二一《天文志下》（梁武帝普通六年）三月庚申，月食。

又（武平四年）九月庚申，月在婁，食既，至旦不復。

唐・王溥《唐會要》卷四二《月食》 高祖朝八：武德元年九月丁巳望，二年閏二月己卯望，四年十二月丁卯望，六年六月庚申望，十二月丁巳望，七年十一月乙卯望，八年四月乙卯望，九年十月庚午望。

太宗朝十八：貞觀二年二月壬辰望，三年二月丁亥望，八月甲申望，四年七月戊寅望，六年六月丁酉望，十一月乙未望，七年五月辛卯望，九年九月戊申望，十一年九月丁酉望，十三年正月乙未望，十四年七月庚戌望，十二月丁未望，十五年十二月乙酉望，十七年十月辛酉望，十八年十月乙卯望，二十一年八月庚申望，二十二年四月乙巳望，二十三年十二月乙酉望。

高宗朝二十五：永徽元年六月壬午望，十二月辛巳望，二年六月丁丑望，十一月甲戌望，四年十月癸巳望，五年九月戊子望，顯慶二年閏正月甲辰望，七月辛丑望，龍朔元年十一月丙午望，二年五月甲申望，麟德元年九月庚申望，乾封二年閏十二月辛未望，總章二年十二月庚申望，咸亨元年六月丁巳望，三年四月壬戌望，十月癸丑望，四年四月庚午望，上元二年八月丙戌望，儀鳳元年二月甲申望，二年七月乙亥望，永隆元年九月乙酉望，十二月丁酉望，永淳元年三月戊申望，二年九月庚子望。

天後朝十九：文明元年二月丁巳望，八月甲午望，垂拱二年七月癸丑望，

三年十月乙巳望，四年六月辛巳望，永昌元年十月甲子望，載初元年四月辛酉望，天授二年十月乙酉望，長壽二年二月乙亥望，證聖元年七月辛酉望，通天二年六月乙酉望，聖曆二年正月辛未望，三年正月丙寅望，九月辛卯望，大足元年九月乙酉望，長安二年九月庚辰望，三年八月癸酉望，四年正月壬寅望，七月戊戌望。

中宗朝三：　神龍元年正月丙申望，二年十二月甲申望，景龍元年十日己丑望。

睿宗朝三：　景雲二年八月丁巳望，太極元年三月乙卯望，八月辛未望。

(元)〔玄〕宗朝十一：　開元二年十二月戊辰望，三年十二月壬戌望，四年六月庚申望，五年五月甲寅望，六年十月丙子望，十年二月丁亥望，十一年正月辛巳望，七月戊寅望，十二年七月癸酉望，天寶三載十一月丁未望。

肅宗朝二：　乾元二年二月癸酉望，八月丁卯望。

代宗朝二：　寶應元年十二月庚申望，永泰三年三月辛未望。

後晉・劉昫等《舊唐書》卷八《玄宗紀上》　（開元四年）六月庚寅，月食，既。

又　（開元十二年）七月壬申，月食，既。

後晉・劉昫等《舊唐書》卷一〇《肅宗紀》　（乾元二年）二月壬子望，月食，既。

後晉・劉昫等《舊唐書》卷一一《代宗紀》　（大曆四年）正月甲申，(日)〔月〕有食之。

又　（上元二年）二月辛未，夜，月有食之，既。

後晉・劉昫等《舊唐書》卷一七下《文宗紀下》　（開成元年）正月丙辰望，(日)〔月〕有食之。

宋・李昉等《太平御覽・天部》　《晉書》曰：永嘉元年月蝕，赤如血。

宋・薛居正等《舊五代史》卷一三五《僭僞傳二》　（周世宗顯德五年）六月望，是夕，月有蝕之，測在牛女之度。

宋・薛居正等《舊五代史》卷一三九《天文志・月食》　唐莊宗同光三年三月戊申，月食。九月甲辰，月食。明宗天成三年十二月乙卯，月食。四年六月癸丑望，月食。十二月庚戌，月食。

晉高祖天福二年七月丙寅，月食。五年十一月丁丑，月食，鶉首之分。少帝開運二年三月戊子，月食。九月丙戌，月食。

漢高祖天福十二年十二月乙未，月食。

周世宗顯德三年正月戊申，月食。五年十一月辛未，月食。

宋・歐陽修《新五代史》卷五九《司天考二》　（後梁太祖開平四年）十二月庚午，月有食之。

又　（唐莊宗同光三年）三月丙申，熒惑犯上相。戊申，月有食之。

又　（唐明宗天成三年）九月甲辰，月有食之。

又　（唐明宗天成三年）十二月乙卯，月有食之。

又　（唐明宗天成四年）六月癸丑，月有食之，既。

又　（唐明宗天成四年）十二月庚戌，月有食之，既。

又　（晉高祖天福元年）七月丙寅，月有食之。

又　（晉高祖天福五年）十一月丁丑，月有食之。

又　（晉出帝開運元年）三月戊子，月有食之。

又　（晉出帝開運元年）九月乙酉，月食昴。丙戌，月有食之。

又　（漢高祖天福十二年）十二月乙未，月有食之。

又　（周世宗顯德三年）十二月癸酉，月有食之。

宋・歐陽修《新五代史》卷七三《四夷附録二》　漢高祖乾祐元年，月食。

元・馬端臨《文獻通考》卷二八五《象緯考八・月食月變（月煇　月暈）》

《中興天文志》或曰：日月猶水火也。火外光，水含景，故月之光生於日之所照，其魄生於日之不照也。故當日則光盈，照之全也，自是而闕，以日光之映其有不全，乃至於晦，愈相近而不之照故也。嘗觀諸水，日之所照，每借以爲光，仰而映於屋梁，若一有掩焉，則向之光於屋梁者不復見也。月之借於日猶是。故夫月之光也，以日之光有照焉。則月之食也，亦其日之光有掩焉耳。人之於月，獨見其光與食，豈知有借於日哉？太史遷曰：「月食，常也；日食，不臧也。」是以《春秋》書日之食，不書月食，月食固無可書也。然嘗試以前説推之於月之食，以知日之行於地中，其亦有食焉。不然，則日光之全，月與相望，其何食之有？月食所關豈細哉！夫日月者，象君臣也。咎繇稱：「元首明，股肱良；元首叢脞，股肱惰。」股肱良惰之分關於君德，月有光食顧不然乎？於是月食而書亦可也。《湯誥》曰：「萬方有罪，罪在朕躬。」古之畏天戒者，不以移於股肱。嗚呼！書月食其亦足以戒乎。

又曰：　孟康曰：「星入月，而星見於月中，是爲星食月；月掩星，而星滅不見，是爲月食星。」《隋・天文志》曰：「月食五星，歲以饑，熒惑以亂，填星以殺，太白以强國戰，辰以女亂。」孝宣本始四年七月甲辰，辰星在翼，月犯之。地

節元年正月戊午，月食熒惑，熒惑在角、亢。成帝建始四年十一月，月食填星。陽朔元年七月，月犯心。此其證也。

又　桓帝永壽三年十二月壬戌，月食非其時。延熹八年正月辛巳，月蝕非其時。

又　晉懷帝永嘉五年三月壬申丙夜，月食，既；丁夜，又食，既。占曰：「月食盡，大人憂。」又曰：「其國貴人死。」

又　（周武帝）宣政元年正月丙子，月食昴。占曰：「有白衣之會。」又曰：「匈奴侵邊。」其月，突厥寇幽州，殺掠吏人。五月，帝北伐。六月，帝疾甚，還京，次雲陽而崩。

又　梁太祖開平四年十二月庚午，月食。

唐莊宗同光三年三月戊申，月食。九月甲辰，月食。

明宗天成三年十二月乙卯，月食。四年六月癸丑，月食，既。十二月庚戌，月食，既。

晉高祖天福二年七月丙寅，月食。五年十一月丁丑，月食。

出帝開運元年三月戊子，月食。九月乙酉，月食昴。

漢高祖天福十二年十二月乙未，月食。

宋太祖乾德六年十一月庚寅。開寶二年十月戊子。三年四月乙酉。五年八月壬寅。七年八月庚寅，驗天不食。

太宗太平興國二年六月甲辰，既。十一月壬寅。三年十月丙寅，雲陰不見。五年八月乙卯，既。九年正月丙寅、雍熙二年七月戊午，驗天不食。四年五月丁丑。端拱二年三月丁酉，當食氐八度，既，驗天不食。淳化元年正月庚寅。二年八月壬午，既。三年正月癸卯。八月丙子，雲陰不見。五年六月乙未，食九分。占云：「后妃臣下災。」明年，孝章皇后崩。十二月癸巳，既。占曰：「大臣災。」明年春，同知樞密院事劉昌言罷，夏，宰相呂蒙正、參知政事蘇易簡罷。至道元年六月己丑，雲陰不見。十二月丁亥。二年十月辛亥。

真宗咸平元年十月庚子。二年九月乙未。三年二月壬戌，八月庚申。四年八月甲寅。五年正月辛亥，七月戊申。六年正月甲辰，七月壬寅。占：「羌夷有兵。」明年，契丹大舉寇邊。景德元年十一月乙丑。二年五月壬戌，十月庚寅。三年十一月癸丑。四年五月辛亥，雲陰不見。九月戊寅，驗天不食。大中祥符元年九月癸酉。二年九月丁卯，驗天不食。翼日上命辰也。三年閏二月甲子。五年正月甲申，陰翳不見；七月庚辰，十二月丁丑。八年十月辛卯。九年四月己丑，雲陰不見。天禧元年四月壬午，十月庚辰。三年二月壬寅。四年八月癸巳。

仁宗天聖二年五月壬寅，月當食不見。四年五月戊午。慶曆二年六月丁亥，食六分，既，而入濁，不見復。五年四月庚子，曉漏初食。九月戊戌，食六分，欲復，入雲不見。六年九月壬辰食三分。皇祐二年七月庚子。四年十一月丙辰，食未復而盡。占曰：「后妃臣下災。」後二年，貴妃張氏薨。先是預詔日官，以唐《戊寅》、《麟德》、《大衍》、《五紀》、《正元》、《觀象》、《宣明》、《崇真》及皇朝《應天》、《乾元》、《儀天》、《崇天曆》算此月太陰食分及辰刻分野。五年十月辛亥，食。至和二年九月庚午，食。三年八月甲子，食，既。占曰：「后宫宜崇德以致福。」嘉祐二年二月壬戌，食三分復；八月戊午。三年閏十二月辛巳，食。四年六月戊寅，食幾盡。十二月乙亥，食，既。占曰：「月陰類后妃大臣之位，食則修刑及兵。今食既，宜恤刑以除咎。若三日有雨雪，則不占。」來年，二月赦天下，太子少傅王舉正卒。五年十二月己巳、七年十月己丑皆食。八年十月癸未，食，既，卯初七刻食甚，已而入濁不見。

英宗治平元年四月庚辰，食。

神宗治平四年二月甲午，月食，丑之四刻，虧見西方，在翼十有五度，至六刻食甚，及八分彊，至酉地入濁不見。主飛蟲多死，北夷有兵。熙寧元年七月乙酉，月食，丑之五刻，在危十度，虧見東北方，食及二分半入濁不見，食甚及復。主齊分，有喪，大臣憂。二年閏十一月丁未，月食，亥之一刻，虧見東方，起東北，至子之初刻，食甚，及八分弱，在井度中，至三刻復。主五穀不登。三年五月乙巳，月當食，雲陰雨不見。四年五月己亥，月食，戌之一刻，虧見東南方，出濁未圓六分，在東井度中，至五刻復。主大臣黜，或宫中宜崇福。十一月丙申，月食，卯之二刻，虧見西方，起東南，至六刻食甚，及四分半弱，在東井一度少，至明入濁，不見復。占同上。六年三月戊午，月食，亥之一刻，虧見東南，六刻，食甚，及七分弱，子之四刻復。九月乙卯，月食，丑之四刻，虧見東北方，至寅之一刻，食甚，及六分，涉巳退未圓三分入濁，不見，復。七年九月己酉，月食，丑之一刻，虧見正東方，至六刻，食既，在婁二度弱，至明刻，不見復。九年正月壬申，月食，雲陰不見。十年正月丙寅，月食，子之三刻，虧見東南方，至七刻，食甚，及七分在張度中，至丑三刻復。主后有憂，周地，貴人卒死及大戰拔城。七月癸亥，月食，雲陰不見。元豐元年正月庚申，月食，有雲障之，至丑五刻，見西南方正東，食及

四分半，寅初食既。曉刻雲映，不見復。主羅貴，周分，貴人死。六月戊午，月食，戌之一刻，雲間見正東方，食及七分半，至二刻，食既，在虛度中，至亥三刻半復。主后宫憂，大臣有咎，齊分有喪。二年六月壬子，月食，雲陰不見。三年十月甲戌，月食，既，因雲陰不見。四年四月辛未，月食，既，自戌之二刻出濁巳食甚，月體東退生光，一分正西，九分在尾度中，至六刻復。主后妃災。十月辛巳，食於昏，出濁，食及七分，在畢度中，至二刻復。主有赦令，邊臣有咎，趙分有兵，胡人有疫。五年十月癸亥，月食，自酉之二刻虧，見東北方，至七刻食甚，及三分在昴七度，太弱，戌之三刻復。主邊兵起，或女主憂。六年八月丁亥，月食，驗之不食。七年二月乙酉，月食，八月辛巳，月食，皆雲陰不見。八年八月丙子，月食，戌之三刻虧初，至七刻蝕既，子之一刻復。

哲宗元祐元年十二月戊戌，月蝕，雲陰不見。三年六月庚寅，月蝕，亥之五刻虧初，至子六刻食既，丑四刻復，在斗度中，吴分。主吴兵起，大臣有憂。十二月丁亥，月食，雲陰不見。四年五月甲申，月食，初雲陰不見，至丑初刻，食巳九分，在斗度中，吴分，至六刻復。主大臣憂，有小兵。五年五月戊寅，月食，雲陰不辨虧蝕。六年四月癸卯，月食，雲陰不辨虧蝕。七年三月戊戌，月食，亥初一刻虧初，至七刻食既，子七刻復食甚，在氐度中。主大臣有憂，十日内有風雨則解災。八年九月己丑，月食，雲陰不見。紹聖三年七月癸卯，月食，雲陰不見虧蝕。四年正月庚子，月食，雲陰不見。初虧至酉七刻巳食三分，戌一刻食及四分，後復有雲障之。主貴臣后宫有憂，周分民饑。五年五月壬戌，月當食而不食。元符二年五月丙辰，月食，子之三刻至丑二刻食既，寅二刻復，在箕度中。主禦者或掌樂人當黜，又爲風。十月甲寅，月食，亥之四刻虧初，至子四刻食既，丑四刻復，在參度中。主兵官當黜。三年十月戊申，月食四分。

徽宗崇寧二年二月甲子，月食，既。主貴人當之。八月辛酉，月食，既。主西方兵起。三年二月己未，月食三分。主貴人當之。八月丙辰，月食四分。主西方兵起。四年十二月戊寅，月食七分七。主王者宫室不安。五年六月乙亥，月食九分。主旱。十二月壬申，月食既。主有女喪。大觀三年十月丙戌，月食五分。主有女喪。四年四月甲申，月食既。九月庚辰，月食既。政和元年三月戊寅，月食五分。九月甲戌，月食六分。三年六月丁酉，月食十分。七月甲午，月食八分。主其下君憂或兵起。四年正月辛卯，月食，主賤人當之。六年十一月乙巳，月食七分。七年十一月己亥，月食。八年五月丙申，月食九分。主旱。宣和二年三月丙辰，月食三分。主人主當之。六年正月癸亥，月食六分。主賤人當之。十二月戊午，月食，既。主有女喪。

高宗建炎三年二月壬午望，食於軫。紹興元年八月己卯望，當食，雲陰蔽之。二年二月十四日丙子，月體如食。太史言：「是謂月未當闕而闕。」七月十六日甲戌，食之，既，在室。三年七月戊辰望，食於危。四年十二月庚寅望，食於井。五年十一月乙酉望，食於井，既。六年五月十四日辛巳，食於南斗。十一月己卯望、八年三月辛丑望、九月丁酉望，月皆食，黔雲不見。九年九月壬辰望，食於胃，既。十二年七月丙午望，當食，黔雲不見。十三年六月庚子望，食於虛，既。十二月戊戌望，當食，黔雲蔽之不見。十四年六月甲午望，食於女。十五年五月己未望，當食，黔雲不見。十六年四月甲寅望，食於尾。二十一年二月丙辰望，當食，黔雲蔽不見。二十五年五月壬戌望，月食，候之至酉，以山色遮映不見虧分。二十七年九月丁丑望，食。史失宿次。三十年正月甲午望。月當食，陰雲蔽之。

孝宗隆興二年五月己亥望、乾道元年四月甲午望，月當食，黔雲不見。四年二月望，食於軫。五年二月辛丑望、六年十一月丁酉望、八年六月壬子望、淳熙元年四月壬申望，皆當食，黔雲不見。二年四月丙寅望，食於房，既。九月癸亥望、三年三月庚申望、五年二月己卯望，皆當食，黔雲不見。六年正月甲戌望，食於翼，既。八年十一月丁亥望，食於井。九年十一月辛巳望，食於井。十年五月己卯望，食於箕。十二年三月戊戌望，食於亢。九月乙未望、十三年三月壬辰望，皆當食，黔雲不見。八月丙寅，食於奎，既。十四年八月甲申望、十六年十二月辛丑望、光宗紹熙元年乙未望、二年六月壬辰望、三年四月乙巳望、五年九月癸卯望，皆當食，黔雲不見。慶元二年八月壬戌望，食於壁。三年七月己未望，食於翼，既。四年七月庚戌望，食於危。六年五月庚午望、寧宗嘉泰二年五月己未望、三年三月癸未望、開禧元年三月壬申望、閏八月己巳望，皆當食，陰雲不見。三年正月壬辰望，食於張。七月戊子望，食於危。嘉定元年二月丙戌望，當食，既，雨不見。十二月庚辰望，食於星。二年六月丁丑望，食於女。三年十一月庚戌望，食於參，五年十月戊子望，食於昴，七年二月庚午望，食於角。八月丁未，食於奎。八年八月辛丑望，食於壁。九年二月己亥望、閏七月乙未望，皆當食，雲陰不見。十年十二月戊午望，食於柳。十一年六月乙卯望，食於牛。十二月壬子，食於井。十二年五月庚戌望，當食，既，黔雲不見。十一月丙午望，食於

井。十三年五月甲辰望，食，黔雲不見。十四年十月丙寅望，食於胃。十五年三月癸卯望，食於氐，黔雲不見。十六年三月丁巳望，當食，黔雲不見。

又 容齋洪氏《隨筆》曰：曆家論日月食，自漢初以來，始定日食，不在朔則在晦，否則二日，然甚少。月食則有十四、十五、十六之差，蓋置望參錯也。天體有二交道，曰交初，曰交中。交初者，星家以爲羅睺，交中者，計都也。隱諱不可見，於是爲入交法以求之，然不過能求朔望耳。若餘日入交，則書所不載。由漢及唐二十八家，暨本朝十二曆，皆然。姑以慶元丁巳歲五次月食考之，三月望爲入交中，七月爲交初，唯十月二十日、二十一日連兩夜，乃以二更盡月食之既，才兩刻復明，十一月十八夜復如之。按此三食，皆是交中。十月二十夜月在張五度，而計都在翼二度，次夜月在張十七度，計都未動，相距才四度耳。十一月十八夜，月在星五度，計都在張十九度，相距二十度。十二月十七夜五更，月在星二度，入交陽末，卯初四刻交甚，食六分半，八刻退交。十八夜四更，月在張六度，入交中陰初，至寅四刻交甚，食九分，卯五刻退交。其驗如此。予竊又有疑焉：太陽一月一周天，必兩值交道，今年遂至八食，一一如星官曆翁之説，仍不拘月望，則玉川子之詩不勝作矣，當更求其旨趣云。頃見太史局官劉孝榮言：「月本無光，受日爲明，望夜正與日對，故一輪光滿。或月行有遲疾先後，日光所不照處則爲食。朔旦之日，日月同宮，如月在日上，掩太陽而過，則日光爲所遮，故爲日食。非此二日，則無薄蝕之理。」其説亦通。

又《夷堅志》：紹興三十二年正月，予被命接伴北使，次盱眙，天文官荆大聲隨行，見向西邊大星去月三寸許，指示予曰：「此木星也，或食月，或爲月所食，少刻便可決。」予質其義，曰：「月體自若，而星居月上，此爲星食月；月遇之而星隱不見，此爲月食星。」既而仰視高空，失星所在，俄出於月東，問其兆應如何？唯唯不肯説。至四月半，予報聘，偕荆行。荆出一書，大抵皆星氣占驗。其一曰：「月星相食，當有易主事。」時已竊聞將有堯禪舜之舉矣。予按景祐《乾象新書》引《晉書》「月蝕歲星，野有逐相」。又引《天文總論》曰：「主殺戮將相王侯之象，或其分有兵喪。」其説淺矣。五月十六日五更初，過臨淮境，瞻月外有環暈五重，附近者紫紅色，白者次之，青者又次之，黄者又次之，最外深紅，各相去一丈，分寸不差，忒其圓如規。馬上褅視起敬。荆馳至旁，附耳曰：「是爲月重輪，前史所紀，多不過兩三重，而今五數，但太陰極盛，恐非太陽之利耳。」將曉乃没。未一月而高宗遜位。乾道二年六月，北極前星之左有小星，大聲謂予：「向者不記有此星，若本無而今有，懼爲東宮禍三年。」又指軒轅星之側客星曰：「非中宮福。」已而皆然。八月中，蒙宣對便殿，孝宗聖意悲哽，邁輒奏大聲之説，以爲上穹默定久矣，乞少寬宸抱。上固素諳星象，慘然曰：「朕亦見之。」時大聲浮湛廛市，遂遭逢，今以春官大夫判太史局。

元·脱脱等《宋史》卷一八《哲宗紀二》（宋哲宗元符二年）十月甲寅，日有食之，既。

元·脱脱等《宋史》卷四八《天文志一》 寧宗慶元四年九月，太史言月食於晝，草澤上書言食於夜。及驗視，如草澤言。

元·脱脱等《宋史》卷五二《天文志五·月食》 開寶元年十一月庚寅，月食。二年十月戊子，月食。三年四月乙酉，月食。五年八月壬寅，月食。七年八月庚寅，月當食不食。

太平興國二年六月甲辰，月食，既。十一月壬寅，月食。三年十月丙寅，月食，雲陰不見。五年八月乙卯，月食，既。

雍熙元年正月丙寅，月食。二年七月戊午，月當食不食。四年五月丁丑，月食。

端拱二年三月丁酉，月當食不食。

淳化元年正月庚寅，月食。二年八月壬午，月食，既。三年正月癸卯，月食。八月丙子，月食，雲陰不見。五年六月乙未，月食。十二月癸巳，月食，既。

至道元年六月己丑，月食，雲陰不見。十二月丁亥，月食。二年十月辛亥，月食。

咸平元年十月庚子，月食。二年九月乙未，月食。三年二月壬戌，月食。八月庚申，月食。四年八月甲寅，月食。五年正月辛亥，月食。七月戊申，月食。六年正月甲辰，月食。七月壬寅，月食。

景德元年十二月乙丑，月食。二年五月壬戌，月食。十月庚寅，月食。三年十一月癸丑，月食。四年五月辛亥，月食，雲陰不見。九月戊寅，月當食不食。

大中祥符元年九月癸酉，月食。二年九月丁卯，月當食不食。三年閏二月甲子，月食。五年正月甲申，月食，陰翳不見。七月庚辰，月食。十二月丁丑，月食。八年十月辛卯，月食。九年四月己丑，月食，雲陰不見。

天禧元年四月壬午，月食。十月庚辰，月食。三年二月壬寅，月食。四年八月癸巳，月食。

天聖二年五月壬寅，月當食不食。四年五月戊午，月食。六年九月壬辰，月食。

慶曆二年六月丁亥，月食。五年四月庚子，月食。九月戊戌，月食。

皇祐二年七月庚子，月食。四年十一月丙辰，月食。五年十月辛亥，月食。

至和二年九月庚午，月食。

嘉祐元年八月甲子，月食，既。二年二月壬戌，月食。八月戊午，月食。三年閏十二月辛巳，月食。四年六月戊寅，月食。十二月乙亥，月食，既。五年十二月己巳，月食。七年十月己丑，月食。八年十月癸未，月食，既。

治平元年四月庚辰，月食。四年二月甲午，月食。

熙寧元年七月乙酉，月食。二年閏十一月丁未，月食。三年五月乙巳，月當食，雲陰不見。四年五月己亥，月食。十一月丙戌，月食。六年三月戊午，月食。九月乙卯，月食。七年九月己酉，月食，既。九年正月壬申，月食，雲陰不見。十年正月丙寅，月食。七月癸亥，月食，雲陰不見。

元豐元年正月庚申，月當食，有雲障之。六月戊午，月食。二年六月壬子，月當食，雲陰不見。三年十月甲戌，月食，雲陰不見。四年四月辛未，月食，既。十月己巳，月食。五年十月癸亥，月食。六年八月丁亥，月當食不食。七年二月乙酉，月食，雲陰不見。八月辛巳，月食，雲陰不見。八年八月丙子，月食，既。

元祐元年十二月戊戌，月當食，雲陰不見。三年六月庚寅，月食，既。十二月丁亥，月當食，雲陰不見。四年五月甲申，月食，雲陰不見。五年五月戊寅，月食，雲陰不見。六年四月癸卯，月食，雲陰不見。七年三月戊戌，月食，既。八年九月己丑，月食，雲陰不見。

紹聖三年七月癸卯，月食，雲陰不見。四年正月庚子，月食，雲陰不見。

元符元年五月壬戌，月當食不食。二年五月丙辰，月食，既。十月甲寅，月食，既。三年十月戊申，月食。

崇寧二年二月甲子，月食，既。八月辛酉，月食，既。三年二月己未，月食。八月丙辰，月食。四年十二月戊寅，月食。五年六月乙亥，月食。十二月壬申，月食，既。

大觀三年十月丙戌，月食。四年四月甲申，月食，既。九月庚辰，月食，既。

政和元年三月戊寅，月食。九月甲戌，月食。三年二月丁酉，月食。十月甲午，月食。四年正月辛卯，月食，既。六年十一月乙巳，月食。七年十一月己亥，月食。

重和元年五月丙申，月食。

宣和二年三月丙辰，月食。六年正月癸亥，月食。十二月戊午，月食，既。

建炎三年二月壬午，月食於軫。

紹興元年八月己卯，月當食，雲陰不見。二年二月丙子，月未當闕而闕，體如食，色黃白。七月甲戌，月食於室，既。三年七月戊辰，月食於危。四年十二月庚寅，月食於井。五年十一月乙酉，月食於井，既。六年五月辛巳，月食於南斗。十一月己卯，月當食，雲陰不見。八年三月辛丑，月當食，雲陰不見。九月丁酉，月當食，雲陰不見。九年九月壬辰，月食於胃，既。十二年七月丙午，月食，雲陰不見。十三年六月庚子，月食，既。十二月戊戌，月當食，陰雲不見。十四年六月甲午，月食於女。十五年五月己未，月當食，陰雲不見。十六年四月甲寅，月食。二十一年二月丙辰望，月當食，陰雲不見。二十五年五月壬戌望，月當食，以山色遮映不見虧分。二十七年九月丁丑，月食。三十年正月甲午望，月當食，陰雲蔽之。

隆興二年五月己亥，月當食，陰雲蔽之。

乾道元年四月甲午，月當食，陰雲蔽之。四年二月丁未，月食，既。五年二月辛丑，月當食，陰雲不見。六年十一月辛酉，月當食，陰雲不見。八年六月壬子，月當食，陰雲不見。

淳熙元年四月壬申，月當食，陰雲不見。二年四月丙寅，月食於房，既。九月癸亥，月當食，雲陰不見。三年三月庚申，月當食，雲陰不見。五年二月己卯，月當食，雲陰不見。六年正月甲戌，月食，既。八年十一月丁亥，月食。九年十一月辛巳，月食。十年五月己卯，月食。十二年三月戊戌，月食。九月乙未，月當食，雲陰不見。十三年三月壬辰，月當食，陰雲不見。八月庚寅，月食，既。十四年八月甲申，月當食，陰雲不見。十六年十二月辛丑，月當食，陰雲不見。

紹熙元年六月丁酉，月當食，陰雲不見。十一月乙未，月當食，陰雲不見。二年六月壬辰，月當食，陰雲不見。三年四月乙巳，月當食，陰雲不見。五年九月癸卯，月當食，陰雲不見。

慶元二年八月壬戌，月食。三年七月己未，月食，既。四年七月庚戌，月食。六年五月庚午，月當食，陰雲不見。

嘉泰二年五月己未，月當食，陰雲不見。三年三月癸未，月當食，陰雲不見。

開禧元年三月壬申,月當食,陰雲不見。閏八月己巳,月當食,陰雲不見。三年正月壬辰,月食。七月戊子,月食。

嘉定元年二月丙戌,月當食,陰雨不見。十二月庚辰,月食。二年六月丁丑,月食。三年十一月己亥,月食。五年十月戊子,月食。七年二月庚戌,月食。八月丁未,月食。八年八月辛丑,月食,既。九年二月己亥,月當食,雲陰不見。閏七月乙未,月當食,雲陰不見。十年十二月戊午,月食。十一年六月乙卯,月食。十二月壬子,月食,既。十二年五月庚戌,月當食,既,雲陰不見。十一月丙午,月食。十三年五月甲辰,月當食,雲陰不見。十四年十月丙寅,月食。十五年三月癸亥,月當食於氐,既,雲陰不見。十六年三月丁巳,月當食,雲陰不見。

寶慶元年正月丁丑,月食。七月癸酉,月食,陰雨不見。二年七月戊辰,月食,陰雨不見。

紹定元年十一月甲申,月食。二年十一月己卯,月食。四年四月庚午,月食。五年三月乙未,月食。六年二月庚寅,月食。

端平二年十二月癸卯,月食。三年十二月丁酉,月食。

嘉熙元年六月乙未,月食。三年四月甲寅,月食。四年四月戊申,月食。

淳祐元年九月庚子,月食。四年七月癸丑,月食。五年七月戊申,月食。七年五月丁卯,月食。八年十月己丑,月食。十一年三月乙亥,月食。九月壬申,月食。十二年八月丙寅,月食。

寶祐二年閏六月丙戌,月食。三年十二月丁丑,月食。五年十月丁酉,月食。六年四月癸巳,月食。十月辛卯,月食。

開慶元年四月戊子,月食。十月乙酉,月食。

景定二年七月甲戌,月食。

咸淳二年六月丁丑,月食。十一月甲辰,月食。四年七月癸亥,月食。五年九月丁巳,月食。六年三月乙卯,月食。九月辛亥,月食。九年正月戊辰,月食。十二月壬戌,月食。

元・脱脱等《金史》卷二〇《天文志》(太宗天會十一年)十二月丙戌,月食昴。熙宗天會十三年十一月乙酉,月食,命有司用幣以救,著爲令。

又 (海陵天德三年)二月丙辰,月食。

又 (海陵天德四年)十二月丙子,月食。

又 (海陵貞元元年)十二月庚午,月食。

又 (海陵貞元二年)三月辛巳,月食。

又 (海陵貞元二年)十一月甲子,月食。

又 (海陵正隆三年)二月辛巳,月食。

又 (海陵正隆五年)正月甲午,月食。

又 (海陵正隆六年)七月乙酉,月食。

又 (世宗大定四年)十一月丙申,月食,既。

又 (世宗大定)十六年三月庚申,月食。

又 (世宗大定十六年)九月丁巳,月食。

又 (世宗大定十九年)正月甲戌,月食,既。

又 (世宗大定二十二年)十一月辛巳,夜,月食,既。

又 (世宗大定二十三年)五月己卯,夜,月食,既。

又 (世宗大定二十六年)三月壬辰,月食。

又 (世宗大定二十九年)十二月辛丑,月食,既。

又 (章宗明昌元年)六月丁酉,月食,既。十二月乙未,月食。

又 (章宗明昌二年)六月壬辰,月食。

又 (章宗明昌三年)四月丁巳,月食。

又 (章宗明昌四年)九月戊申,月食。

又 (章宗明昌五年)十月癸卯,月食。

又 (章宗承安元年)八月壬辰,月食。

又 (章宗承安二年)二月己未,月食,既。

又 (章宗承安三年)正月甲寅,月食。七月庚戌,月食。

又 (章宗承安五年)五月庚午,月食。

又 (章宗泰和元年)十一月辛酉,月食。

又 (章宗泰和三年)三月癸未,月食。

又 (章宗泰和四年)九月乙亥,月食。

又 (章宗泰和五年)三月壬申,月食。閏八月己巳,月食。

又 (章宗泰和七年)正月辛卯,月食。

又 (章宗泰和七年)七月戊子,月食。

又 (章宗泰和八年)正月丙戌,月食。

又 (衛紹王大安元年)六月丁丑,月食。十月乙丑,月食。

又（宣宗貞祐二年）二月庚戌，月食。八月丁未，月食。

又（宣宗貞祐三年）八月辛丑，月食，既。

又（宣宗貞祐四年）二月己亥，月食。

又（宣宗貞祐四年）閏七月乙未，月食。

又（宣宗興定元年）十二月戊午，月食。

又（宣宗興定二年）六月乙卯，月食。

又（宣宗興定二年）十一月壬子，月食，既。

又（宣宗興定三年）五月庚戌，月食，既。

又（宣宗興定三年）十一月乙巳，月食。

又（宣宗興定四年）五月甲辰，月食。

又（宣宗興定六年）三月癸亥，月食。

明・宋濂等《元史》卷二七《英宗紀一》（仁宗延祐七年六月辛酉）是夜，月食，既。

明・宋濂等《元史》卷二九《泰定帝紀一》（泰定帝泰定元年四月）辛未，月食，既。

明・宋濂等《元史》卷三八《順帝紀一》（順帝元統二年）三月癸卯，月食，既。

明・宋濂等《元史》卷三九《順帝紀二》（順帝至元三年）正月丙辰，月食。

明・宋濂等《元史》卷四〇《順帝紀三》（順帝至元五年）六月壬寅，月食。

又（順帝至元六年十一月甲）子，月食。

又（順帝至正元年十月）戊午，月食，既。

明・宋濂等《元史》卷四一《順帝紀四》（順帝至正三年十月）丁未，月食。

又（順帝至正四年閏二月）乙亥，月食。

前代月食

宋元嘉十一年甲戌，七月丙子望食，四更二唱虧初，四更四唱食既。

《授時曆》：虧初四更三點，食既在四更四點。

《大明曆》：虧初在四更二點，食既在四更五點。

右《授時》虧初親，食既密合；《大明》虧初密合，食既親。

十三年丙子，十二月（己）〔癸〕巳望食，一更三唱食既。

《授時曆》：食既在一更三點。

《大明曆》：食既在一更四點。

右《授時》密合，《大明》親。

十四年丁丑，十一月丁亥望食，二更四唱虧初，三更一唱食既。

《授時曆》：虧初在二更五點，食既在三更二點。

《大明曆》：虧初在二更四點，食既在三更二點。

右《授時》虧初、食既皆親；《大明》虧初密合，食既親。

梁中大通二年庚戌，五月庚寅望月食，在子。

《授時曆》：食甚在子正初刻。

《大明曆》：食甚在子正初刻。

右皆密合。

大同九年癸亥，三月乙巳望食，三更三唱虧初。

《授時曆》：虧初三更一點。

《大明曆》：虧初三更三點。

右《授時》次親，《大明》密合。

隋開皇十二年壬子，七月己未望食，一更三唱虧初。

《授時曆》：虧初在一更四點。

《大明曆》：虧初在一更五點。

右《授時》親，《大明》次親。

十五年乙卯，十一月庚午望食，一更四點虧初，二更三點食甚，三更一點復滿。

《授時曆》：虧初在一更三點，食甚在二更二點，復滿在二更五點。

《大明曆》：虧初在一更五點，食甚在二更三點，復滿在二更五點。

右《授時》虧初、食甚、復滿皆親，《大明》虧初、復滿皆親，食甚密合。

十六年丙辰，十一月甲子望食，四更三籌復滿。

《授時曆》：復滿在四更四點。

《大明曆》：復滿在四更五點。

右《授時》親，《大明》次親。

後漢天福十二年丁未，十二月乙未望食，四更四點虧初。

《授時曆》：虧初四更五點。

《大明曆》：虧初四更一點。

右《授時》親，《大明》次親。

宋皇祐四年壬辰，十一月丙辰望食，寅四刻虧初。

《授時曆》：虧初在寅二刻。

《大明曆》：虧初在寅一刻。

右《授時》次親，《大明》疏。

嘉祐八年癸卯，十月癸未望食，卯七刻甚。

《授時曆》：食甚在辰初刻。

《大明曆》：食甚在辰初刻。

右皆親。

熙寧二年己酉，閏十一月丁未望食，亥六刻虧初，子五刻食甚，丑四刻復滿。

《授時曆》：虧初在亥六刻，食甚在子五刻，復滿在丑三刻。

《大明曆》：虧初在子初刻，食甚在子六刻，復滿在丑四刻。

右《授時》虧初、食甚密合，復滿親；《大明》虧初次親，食甚親，復滿密合。

四年辛亥，十一月丙申望食，卯二刻虧初，卯六刻甚。

《授時曆》：虧初在卯初刻，食甚在卯五刻。

《大明曆》：虧初在卯四刻，食甚在卯七刻。

右虧初皆次親，食甚皆親。

六年癸丑，三月戊午望食，亥一刻虧初，亥六刻甚，子四刻復滿。

《授時曆》：虧初在戌七刻，食甚在亥五刻，復滿在子三刻。

《大明曆》：虧初在亥二刻，食甚在亥七刻，復滿在子四刻。

右《授時》虧初次親，食甚、復滿皆親；《大明》虧初、食甚皆親，復滿密合。

七年甲寅，九月己酉望食，四更五點虧初，五更三點食既。

《授時曆》：虧初在四更五點，食既在五更三點。

《大明曆》：虧初在四更三點，食既在五更二點。

右《授時》虧初、食既皆密合；《大明》虧初次親，食既親。

崇寧四年乙酉，十二月戊寅望食，酉三刻甚，戌初刻復滿。

《授時曆》：食甚在酉一刻，復滿在酉七刻。

《大明曆》：食甚在酉三刻，復滿在戌二刻。

右《授時》食甚、復滿皆次親；《大明》食甚密合，復滿次親。

本朝至元七年庚午，三月乙卯望食，丑三刻虧初，寅初刻食甚，寅六刻復滿。

《授時曆》：虧初在丑二刻，食甚在寅初刻，復滿在寅六刻。

《大明曆》：虧初在丑四刻，食甚在寅一刻，復滿在寅七刻。

右《授時》虧初親，食甚、復滿密合；《大明》虧初、食甚、復滿皆親。

九年壬申，七月辛未望食，丑初刻虧初，丑六刻食甚，寅三刻復滿。

《授時曆》：虧初在子七刻，食甚在丑四刻，復滿在寅一刻。

《大明曆》：虧初在丑二刻，食甚在丑六刻，復滿在寅二刻。

右《授時》虧初親，食甚、復滿皆次親；《大明》虧初次親，食甚密合，復滿親。

十四年丁丑，四月癸酉望食，子六刻虧初，丑三刻食既，丑五刻甚，丑七刻生光，寅四刻復滿。

《授時曆》：虧初在子六刻，食既在丑四刻，食甚在丑五刻，生光丑六刻，復滿寅四刻。

《大明曆》：虧初在丑初刻，食既在丑七刻，食甚在丑七刻，生光在丑八刻，復滿寅六刻。

右《授時》虧初、食甚、復滿皆密合，食既、生光皆親；《大明》虧初、食甚、復滿皆次親，食既疏遠，生光親。

十六年己卯，二月癸酉望食，子五刻虧初，丑二刻甚，丑七刻復滿。

《授時曆》：虧初在子五刻，食甚在丑二刻，復滿在丑七刻。

《大明曆》：虧初在子七刻，食甚在丑三刻，復滿在丑七刻。

右《授時》虧初、食甚、復滿皆密合；《大明》虧初次親，食甚親，復滿密合。

八月己丑望食，丑五刻虧初，寅初刻甚，寅四刻復滿。

《授時曆》：虧初在丑三刻，食甚在寅初刻，復滿在寅四刻。

《大明曆》：虧初在丑七刻，食甚在寅二刻，復滿在寅四刻。

右《授時》虧初次親，食甚、復滿皆密合，《大明》虧初、食甚皆次親，復滿密合。

十七年庚辰，八月甲申望食，在晝，戌一刻復滿。

《授時曆》：復滿在戌一刻。

《大明曆》：復滿在戌四刻。

右授時密合，大明疏。

清・萬斯同《明史稿》卷三五 洪武三年四月甲戌，四年九月乙丑，五年三月壬戌，六年二月丁亥，八月甲申，八年正月丙子，九年十一月乙未，十年十一月

己丑，十一年五月丙戌，十一月癸未，十二年十月戊寅，十三年九月癸卯，十四年三月己亥，十七年正月甲寅，十八年六月丙午，二十年十月辛酉，二十一年四月己未，十月丙辰，二十五年二月丙寅，二十八年十一月乙亥，二十九年五月壬申，十一月己巳，三十年十一月癸亥夜，月食。永樂元年正月甲午，七月辛卯夜，月食，陰雨不見。十二月戊子，二年六月乙酉，四年十月辛丑，五年十月丙申，九年二月丁未，八月癸卯，十一年六月癸亥，十二年十一月甲寅，十三年五月壬子，十四年十月甲戌，月食。十五年九月戊辰，十六年三月乙丑，九月壬戌夜，月食，既。十八年閏正月乙酉，七月辛巳。十九年正月戊寅，二十年正月壬申，二十二年十一月壬辰，月食。洪熙元年十月辛巳夜，月食在畢。宣德二年三月癸卯，三年八月甲午，四年正月壬戌，五年二月壬辰，八月癸未，六年十二月乙巳，八年六月乙酉，十年四月丙辰，正統二年三月乙巳，三年二月庚午，四年四月壬辰，七月辛酉，七年五月乙亥，月食。十一月壬申夜，月食在井。八年五月己巳，九年五月癸亥，月食。十月辛酉，月當食不食。十一年三月癸未，月食。十四年正月丙申，月當食不食。景泰元年正月辛卯，六月戊子，十一月乙酉，四年四月庚子，十月己亥，五年十月癸巳，六年九月丁亥，天順元年二月庚戌，八月丙午，月食。二年二月甲辰昏刻，月食於翼。七月辛丑夜，月食於室。三年十二月癸亥，四年六月辛未，月食。閏十一月戊午曉刻，月食四分有奇。五年五月甲寅，十一月壬子，成化元年三月癸亥，三年七月己卯，四年正月丙子，月食。五年正月庚午，月食，既。七年十月甲申，八年四月辛巳，十月戊寅，月食。九年十月癸酉曉，月食。十二年二月乙未，十二年二月己丑，八月丁亥，十三年二月癸未，七月辛巳，十二月戊申，十四年十二月癸卯夜，月食。十五年十二月戊戌曉，月食，既。十六年十一月壬辰，十七年十月丙辰，十八年九月庚戌，月食。十九年三月己酉曉，月食，既。九月乙巳，二十年九月己亥，月食。二十一年二月丁卯，月當食不食。二十二年正月辛酉，二十三年七月癸丑，月食。弘治元年正月庚戌，六月丁未夜，月食不及一分。三年五月丁卯曉，月食。四年四月辛酉，六年八月丁丑，月食。九年十二月戊子，月食，既。十年六月癸未，十二月癸未，十一年六月己卯，月食。閏十一月丁丑，月當食不食。十三年四月己亥，十月丙申曉，月食。十四年九月庚寅，十五年三月戊子，月食。十六年二月壬子夜，月當食不食。十七年七月甲申，十八年正月辛丑，七月戊戌，正德二年五月丁巳，十一月己卯，三年十一月己酉，四年十月癸卯，月食。六年九月癸亥曉，七年七月丁亥，月食。十年六月庚午，月食，既。十二月戊辰，十三年十月辛巳，十四年四月己卯，月食。十月乙亥，月食，既。十五年四月癸酉，月食。嘉靖元年二月壬辰，月食十一分七十八秒。二年二月丙戌，月食一十分六十八秒。五年五月丁酉，十一月甲午，八年三月辛亥，十三年十二月戊申，十四年六月甲寅，十一月壬申，十六年四月癸亥，十七年十月乙卯，十九年二月丁丑，二十年八月己巳，二十一年二月丙寅，二十三年六月壬午，二十四年五月丁丑，二十七年三月庚寅曉，月食。二十八年九月壬午，三十年正月甲辰，三十一年正月己亥，七月乙未，三十二年正月癸巳，三十三年五月乙卯，三十四年十一月丙午，三十七年八月庚申，三十八年二月丁巳，月食。八月甲寅，月食，陰雲不見。三十九年八月戊申，四十年六月癸酉，十二月辛未，月食。四十二年十二月乙丑，月食，雲隱不見。四十三年六月壬戌，十二月己未，月食。隆慶三年七月丙戌，月食，不見。四年正月甲申，五年七月乙亥，月食。六年十一月戊戌，月食，陰雲不見。萬曆元年十一月辛卯夜，月食，既。二年五月己丑，十一月丙戌，四年九月乙巳，月食。五年三月壬寅，月食，既。閏八月庚子，月應食不食。六年二月丁酉，月食。七年七月戊午夜，月食，不見。八年正月丙辰，六月癸丑十二月庚戌，十年六月壬寅，十一年四月丁卯，十一月甲子，十二年四月辛酉，月食。十三年四月乙卯夜，月食約五分餘。閏九月癸丑，十五年二月乙亥，八月辛未，十七年正月甲子，七月庚申，十八年十二月壬午，十九年五月庚辰，二十年五月甲戌，月食。二十四年三月壬午，月應食不食。二十九年五月壬子，十一月己酉，三十年四月丙午，三十三年二月庚申，月食。三十四年二月乙卯，八月辛亥，月食，既。三十六年六月辛未，月食。三十七年六月丙寅，月食，陰雲不見。十二月壬戌夜，月食，既。四十年四月己卯，十月丙子，四十一年九月庚午，四十二年九月甲子，四十四年正月丁亥，四十五年正月辛巳，七月戊寅，月食。四十六年正月乙亥，月食二分。四十八年十一月己丑，天啓三年九月壬寅，四年二月庚子，月食。六年閏六月乙卯，月食，陰雲不見。十二月癸丑，七年十一月戊寅，崇禎元年正月丙子，六月乙巳，十一月癸酉，月食。二年九月丙申，月食，陰雲不見。三年十月辛酉，四年四月丁巳，月食。七年二月壬申夜，月食，陰雲不見。八月己巳，九年七月己未，十年十一月庚辰，十一年四月壬寅，五月辛未，十一月己巳，十四年三月辛卯，九月丁亥，十六年五月丁未，月食。

清·嵇璜等《續文獻通考》卷二一二《象緯考三·月變》 臣等謹按：馬端

臨《考》日食、日變分書，而月則總曰月變。首引《中興天文志》論月食，次自漢高祖七年迄後漢高祖天福十二年，凡月食及月暈、月生珥皆用合叙，殆猶《春秋》特書日食而月食不書之意也。叙至宋朝，則先書月食，後書月煇、月暈，已爲體例不一。若王圻本竟分月變、月食爲二，尤非體矣。今總以月變類紀之。

宋理宗寶慶元年正月丁丑，月食。七月癸酉，月食，陰雨不見。二年七月戊辰，月食，陰雨不見。

紹定元年十一月甲申，月食。二年十一月己卯，月食。四年四月庚午，月食。五年三月乙未，月食。六年二月庚寅，月食。端平二年十二月癸卯，月食。三年十二月丁酉，月食。嘉熙元年六月乙未，月食。三年四月甲寅，月食。四年四月戊申，月食。淳祐元年九月庚子，月食。四年十月癸丑，月食。五年七月戊申，月食。七年五月丁卯，月食。八年十月己丑，月食。十一年三月乙亥、九月壬申，俱月食。十二年八月丙寅，月食。寶祐二年閏六月丙戌，月食。三年十二月丁丑，月食。五年十月丁酉，月食。六年四月癸巳、十月辛卯，俱月食。開慶元年四月戊子、十月乙酉，俱月食。景定二年七月甲戌，月食。

顧炎武《日知録》曰：「日食，月掩日也。月食，地掩月也。今西洋天文説如此，自其法未入中國而已有此論。陸文裕《金臺紀聞》曰：『嘗聞西域人算日月食者，謂日月與地同大，若地體正掩日輪上，則月爲之食。』南城萬實《月食辨》曰：『凡黄道平分各一百八十二度半强，對衝處必爲地所隔，望時月行適當黄道交處，與日正相對，則地隔日光而月爲之食矣。』按其説亦不始於近代。漢張衡《靈憲》曰：『當日之衝，光常不合者，蔽於地也，是謂闇虚。在星星微，月過則食。』載《後漢天文志》中。俗本地字有誤作他者，遂疑别有所謂闇虚，而致紛紛之説。《宋史·天文志》『日火外明，其對必有闇氣，大小與日體同』者，非。」

又曰：「静樂李鱸習西洋之學，述其言曰：『月本無光，借日之照以爲光曜。至望日與地日爲一線，月見地不見日，不得借光，是以無光也。』或曰不然，曾有一年月食之時，當在日没後，乃日尚未沉，而出地之月已食矣。東月初升，西日未没，人兩見之，則地固未嘗遮日月也。何以云見地不見日乎？答曰：子所見者非月也，月之影也，月固未嘗出地也。何以驗之？今試以一錢置虚器中，前之却之，不見錢形矣，貯水令滿而錢見，則知所見者非錢也，乃錢之影也。日將落時，東方蒼蒼涼涼，海氣升騰，猶夫水然。其映而升之，亦月影也。如必以東方之月爲真月，則是以水面之錢爲真錢也。然乎？否乎？」

淳祐六年閏四月辛丑，月暈五重。八年二月戊子，月生黄白暈。寶祐四年三月乙卯，月暈周匝。四月庚午，亦如之。景定三年十月甲子，月暈周匝。十二月辛酉、四年二月戊午，並如之。

臣等謹按：《天文志》載淳祐五年十月辛丑，月生珥。《理宗紀》不載。

度宗咸淳二年六月丁丑、十一月甲辰，俱月食。四年七月癸亥，月食。五年九月丁巳，月食。六年三月乙卯，月食。九月辛亥，月食。九年正月戊辰、十二月壬戌，俱月食。

恭帝德祐二年正月己卯，月暈東井。

遼穆宗應曆十七年十一月庚子，司天臺奏月當食不虧，帝以爲祥，懽飲達旦。

臣等謹按：應曆十七年，即宋太祖開寶元年。考《宋史·天文志》，是年十一月庚寅月食，與此不合。

金太宗天會十一年五月乙丑，月忽失行而南，頃之復故。十二月丙戌，月食昴。

臣等謹按：是年即宋高宗紹興三年也馬端臨《考》載「三年七月戊辰，望月食於危」，彼此不符。

熙宗天會十三年十一月乙酉，月食。

命有司用幣以救，著爲令。

臣等謹按：是年即紹興五年，馬端臨《考》同。

海陵天德三年二月丙辰，月食。四年十二月丙子，月食。

臣等謹按：天德四年至正隆三年事，馬端臨《考》俱不載。

貞元元年十二月庚午，月食。二年三月辛巳、十一月甲子，俱月食。正隆三年二月辛巳，月食。五年正月甲午，月食。六年七月乙酉，月食。

世宗大定四年十一月丙申，月食，既。十六年三月庚申、九月丁巳，俱月食。十九年正月甲戌，月食。二十二年十一月辛巳，月食，既。二十三年五月己卯，月食，既。二十六年三月壬辰，月食。二十九年十二月辛丑，月食既。

臣等謹按：大定四年即宋隆興二年，歲在甲申。十六年即淳熙十三年，歲在丙申。馬端臨《考》不載十一月丙申及九月丁巳事，餘俱同。

章宗明昌元年六月丁酉，月食，既。十二月乙未，月食。二年六月壬辰，月食。三年四月丁巳，月食。

時司天臺劉道用改進新曆，詔學士院更定曆名。張行簡奏乞覆校測驗，俟將來月食無差，然後賜名。詔翰林侍講學士黨懷英等較定道用新曆。明昌三年不置閏，即以閏日爲三月。二年十二月十四日，金、木星俱在危十三度，道用曆在十三日，差一日。三年四月十六日夜，月食時刻不同道用。不曾考驗古今所記比證，事跡，輒以上進，不可用道用，當徒一年，取贖。長行彭徽等，各杖八十，罷去。

四年正月丙子，月有暈。九月戊申，月食。五年十月癸卯，月食。承安元年八月壬戌，月食。二年二月丁巳，月食，既。三(月)〔年〕正月甲寅、七月庚戌，俱月食。五年五月庚午，月食。泰和元年十一月辛酉，月食。二年五月己未，月食。三年三月癸未，月食。四年九月乙亥，月食。五年三月壬申、八月己巳，俱月食。六年八月癸卯，月暈，圍太白、熒惑二星。七年正月丙戌初更，月有暈圍歲、鎮二星，在參畢間。辛卯、七月戊子，俱月食。八年正〔月〕丙戌，月食。

臣等謹按：章宗明昌元年至泰和八年，即宋紹熙元年至嘉定元年也，此數年事與馬端臨《考》多不符。

衛紹王大安元年六月丁丑、十月乙丑，俱月食。

臣等謹按：是年即宋嘉定二年，惟六月丁丑月食與馬端臨《考》合。

宣宗貞祐二年二月庚戌、八月丁未，俱月食。三年八月辛丑，月食，既。四年二月己亥、閏七月乙未，俱月食。十一月丙戌，月暈歲星。歲在奎，月在壁。興定元年十一月癸未，月暈歲星、熒惑二星。木在胃，火在昴。十二月戊午，月食。二年六月乙卯，月食。十一月壬子，月食，既。三年五月庚戌，月食，既。十一月乙巳，月食。四年五月甲辰，月食。六年四月癸亥，月食。元光元年九月壬申，月食歲星。

哀宗正大七年十月己巳，月暈。至五更，復有大連環貫之，絡北斗內，有戟氣。

元世祖至元二十四年十一月壬辰，月暈金、土二星。

仁宗元祐二年三月丙辰，月色赤如赭。

英宗至治元年六月壬戌，月食，既。

泰定帝泰定元年四月辛未，月食，既。

是月庚辰，以風烈、月食、地震，手詔戒飭百官。

順帝元統二年三月癸卯，月食，既。至元元年三月丁酉，月食。三年正月丙辰，月食。五年六月壬寅，月食。六年十一月甲子，月食。至正元年五月壬戌，月食。三年十月丁未，月食。四年閏二月乙亥，月食。

王圻曰：十三年三月，月食太白。是時，徐貞一、倪蠻子、陳友諒等亂漢沔。

臣等謹按：《明史·天文志》不載月食事，正猶《春秋》之法也。第馬端臨《考》月變內詳載月食，不應明之一代，竟爾闕焉。特從歷朝實録，補之如左。

明太祖洪武三年四月甲戌，月食。四年九月乙丑，月食。五年三月壬戌，月食。六年八月甲申，月食。九年十一月乙未，月食而暈。十年十一月己巳，月食。十一年五月丙戌、十一月癸未，俱月食。十二年十月戊寅，月食。十三年九月癸卯，月食。十四年三月己亥、八月辛酉，俱月食。十七年正月甲寅，月食。十八年六月丙午，月食。二十年十月辛酉，月食。二十一年四月己未、十月丙辰，俱月食。二十五年二月丙寅，月食。二十八年十一月乙亥，月食。二十九年五月壬申，月食於斗。十一月己巳，月食於井。

成祖永樂元年正月甲午，月當食，陰雨不見。七月辛卯，亦如之。

時禮部尚書李至剛以月食不見，請率百官朝賀。帝曰：「王者能修德行政，任賢去邪，然後日月當食不食。適以陰雨不見之，果不食耶？」勿許。

二年六月乙酉，月食。四年十月辛丑，月食。五年十月丙申，月食。九年二月丁未、八月癸卯，俱月食。十一年六月癸亥，月食。十二年十一月甲寅，月食。十四年十月甲戌，月食。十五年九月戊辰，月食。十六年三月乙丑，月食，既。九月壬戌，亦如之。十八年閏正月己酉，月食。十九年正月己卯，月食，既。二十年正月壬申，月食。二十一年十一月壬辰，月食。

宣宗宣德元年正月丙午，月暈井、南北河、五車。二月己卯昏刻，月生兩珥。十二月丁丑，月生兩珥，色蒼白。二年三月癸卯，月食。七月乙未，月上生背氣。十二月甲戌，月生交暈，隨生兩珥。五年八月癸未，月食。六年十二月己巳，月食。八年六月丁酉，月食。十年四月時英宗已即位。丙辰，月食。

英宗正統元年二月乙卯，月暈五色。八月癸酉至己卯，月出入時皆有游氣，色赤無光。十二月丙戌，月生背氣、左右珥。二年三月乙巳，月食。十月甲戌，月生背氣及兩珥。三年二月庚午，月食。戊寅，月生暈，隨生冠氣。十二月癸酉，月生兩珥，隨生背氣。四年四月壬辰、七月辛酉，俱月食。七年二月壬寅、五

月乙亥，俱月食。十一月壬申，月食於井。十二月辛丑，月暈。九年五月癸亥，月食。十月辛酉，月當食不食。十一年三月癸未，月食。十一月己卯，月暈參、畢，五車。十四年正月辛卯，月暈五車，參、畢、井宿，復生左右珥。丙申，月當食不食。八月辛未，月晝見，與日爭明。

景帝景泰元年正月辛卯、六月戊子、十二月乙酉，俱月食。二年四月己卯，月色如赭。四年四月庚子、十月己亥，俱月食。五年十月癸巳，月食。十一月壬戌，月暈，左右珥及背氣，又生白虹，貫右珥。七年九月丙子，月色變赤。

《景帝實録》：「元年正月辛卯，月食卯正三刻，監官誤推辰初刻，致失救護。下法司，論徒，詔宥之。」

英宗天順元年二月庚戌、八月乙巳，俱月食。二年二月甲辰，月食。七月辛丑，月食於室。三年八月丁巳，月色如赭。十二月癸亥，月食。四年六月庚申，月食。五年十一月壬子，月食。七年正月壬寅，月生連環暈。憲宗成化元年三月癸亥，月食。三年四月辛亥，月色如赭。七月己卯，月食。四年正月丙子，月食，陰雲不見。是日上元節，以月食免宴。

五年正月庚午，月食，既。七年十月甲申，月食。八年四月辛巳，月食。九年十月癸酉，月食。十一年二月乙未，月食。十二年二月己丑、八月丁亥，俱月食。十三年二月癸未、十二月戊申，俱月食。十四年十二月癸卯，月食。十五年十一月戊戌，月食。十七年十月丙辰，月食。十八年九月庚戌，月食。十月癸巳，月當晦不晦。十九年三月己酉，月食，既。二十年九月己亥，月食。二十一年二月丁卯，月當食不食。二十二年正月辛酉，月食。

《憲宗實録》：「十五年十一月戊戌，監推又誤。帝以天象微渺，不之罪也。二十一年二月丁卯，當食不食。時以監官推算不精，停春官正李宏等俸一月。」

孝宗弘治元年十一月己卯，月生芒如齒，長三尺餘，色蒼白。二年十一月戊辰，月暈連環，貫左右珥，接北斗。六年十一月乙巳，月暈，左右珥，連環貫之。十年六月乙酉、十二月癸未，月食。十一年六月己卯，月食。十三年十月丙申，月食。十四年九月庚寅，月食。十七年七月甲辰，月食。十八年正月辛丑，月食。二月己巳，月暈，左右珥。

武宗正德元年十二月辛酉，月暈。甲子，亦如之。二年五月丁巳、十一月乙卯，俱月食。三年十一月己酉，月食。四年十月癸卯，月食。六年九月癸亥，月食。七年七月丁亥，月食。十年六月庚午，月食，既。十三年十月辛巳，月食。十四年四月己卯，月食。十月乙亥，月食，既。十五年四月癸酉，月食。

世宗嘉靖元年二月壬辰，月食。四月癸未，月生連環暈。二年正月己酉，月暈連環，左右珥。二月丙戌，月食。五年五月丁酉、十一月甲午，俱月食。八年三月辛亥，月食。十三年十二月戊申，月食。十四年六月甲辰、十一月壬申，俱月食。十六年四月癸亥，月食。十九年二月丁丑，月食。二十一年二月丙寅，月食。十一月甲子，月暈連環。二十三年六月壬子，月食。三十四年五月丁丑，月食。二十七年三月庚寅、九月戊子，俱月食。三十年正月甲辰，月食。三十一年正月己亥、七月乙未，俱月食。三十二年正月癸巳，月食。三十三年五月乙卯，月食。三十四年十一月丙午，月食。三十七年八月庚申，月食。三十八年二月丁巳，月食。八月甲寅，月當食，雲陰不見。三十九年八月戊申，月食。四十年六月癸酉、十二月辛未，俱月食。四十一年十二月己丑，月當食，雲隱不見。四十二年六月壬戌，月食。四十五年十月癸酉，月食。

穆宗隆慶三年七月丙戌，月食不見。四年七月庚辰，月食。五年七月乙亥，月食。六年五月，通州月光晝見，月下有二星。六月庚子，月食。

神宗萬曆元年十一月辛卯，月食，既。二年五月己丑、十一月丙戌，俱月食。四年九月乙巳，月食。五年三月壬寅，月食，既。八月庚子，月應食不食。六年二月丁酉，月食。七年七月戊午，月食，不見。八年正月丙辰、六月癸丑、十二月庚戌，俱月食。十一年四月丁卯、十月甲子，俱月食。十二年四月辛酉，月食。十三年四月乙卯、閏九月癸丑，俱月食。十五年八月辛未，月食。十七年正月甲子、七月庚寅，俱月食。十二月戊子，月食，不見。十八年十二月壬午，月食。十九年五月庚辰，月食。二十年五月甲戌，月食。二十二年三月癸巳，月食。二十四年三月壬午，月應食不食。二十九年二月壬子、十一月己酉，俱月食。三十年四月丙午，月食。七月丙子，月生五色暈三重。三十四年二月乙卯望，月食。丙辰，月食，既。八月辛亥，亦如之。三十六年六月辛未，月食。三十七年十二月壬戌，月食，既。四十年四月己卯、十月丙子，俱月食。四十一年三月癸酉、九月庚午，俱月食。四十二年三月庚辰，連日月色赤黄如赭。九月甲子，月食。四十四年正月丁亥，月食。四十六年正月乙亥，月食。

臣等謹按：三十四年二月乙卯、丙辰連夜月食，古今僅見變異之甚者，殆《實録》紀載之誤也。

光宗泰昌元年十一月己丑，月食，既。

時全魄黑，旋變紅，與尋常虧食不同。

熹宗天啓二年五月辛酉巳時，兗州見月明當午，有星隨月西轉。三年九月壬寅，月食。六年閏六月乙卯，月當食，雲陰不見。十二月癸丑，月食。七年十二月時莊烈帝已即位。戊申，月食。

愍帝崇禎元年六月乙巳、十一月癸酉，俱月食。四年四月戊午，月食。十月丙午，月晝見。七年二月壬申、八月己巳，俱月食。八年正月丙寅，月食。十四年九月戊子，月食。

臣等謹按：曆代月變，亦間有白虹貫之者，今俱見雲氣門。

清・張廷玉等《清文獻通考》卷二六《象緯考九・月食上》 臣等謹按：馬端臨所紀月食，略於前代而詳於宋乾德至嘉定，蓋可考者則存之耳。今欽天監紀順治元年以來所遇月食，與日食同例，並序列之。

順治二年正月己亥望，月食在星宿初度十六分，食八分三十三秒。丑初初刻三分初虧，丑正三刻食甚，寅正一刻十三分復圓。

閏六月丙申望，月食在女宿八度十五分，食十一分五十九秒。戌初初刻初虧，戌正初刻四分食既，戌正三刻七分食甚，亥初二刻十一分生光，亥正二刻十四分復圓。

三年六月辛卯望，月食在牛宿五度十九分，食十二分四十九秒。亥正三刻四分初虧，子初三刻十四分食既，子正三刻二分食甚，丑初二刻四分生光，丑正二刻十四分復圓。

十二月戊子望，月食在鬼宿初度八分，食三分五十二秒。寅初三刻九分初虧，卯初初刻五分食甚，卯正一刻二分復圓。五年閏四月己酉望，月食在尾宿四度五十分，食三分五十三秒。酉正三刻三分初虧，戌初三刻十四分食甚，亥初初刻十分復圓。

七年四月己亥望，月食在氐宿十四度四十六分，食六分三十五秒。丑正一刻一分初虧，寅初三刻食甚，卯初初刻十四分復圓。

九年八月乙卯望，月食在室宿六度三十七分，食八分三十六秒。子正三刻二分初虧，丑正一刻九分食甚，寅正初刻一分復圓。

十年七月己酉望，月食在危宿十六度二十四分，食十五分四十九秒。申正三刻一分初虧，酉初二刻九分食既，酉正二刻十分食甚，戌初二刻十分生光，戌正二刻四分復圓。

十二年十二月丙寅望，月食在井宿二十一度二分，食九分四秒。丑正三刻一分初虧，寅正一刻十一分食甚，卯正初刻六分復圓。

十三年閏五月壬戌望，月食在斗宿九度二十五分，食十三分五秒。戌初二刻十二分初虧，戌正三刻四分食既，亥初二刻九分食甚，亥正二刻生光，子初二刻七分復圓。

十一月庚申望，月食在井宿十度六分，食十五分四十七秒。申正三刻初虧，酉初二刻十一分食既，酉正二刻十分食甚，戌初二刻九分生光，戌正二刻五分復圓。

十四年五月丁巳望，月食在箕宿八度十九分，食十分四十五秒。丑正二刻五分初虧，寅初二刻十二分食既，寅正一刻十一分食甚，卯初初刻九分生光，卯正一刻一分復圓。

十一月乙卯望，月食在觜宿十度三十分，食三分二十五秒。丑初二刻十四分初虧，丑正三刻八分食甚，寅正初刻一分復圓。

十六年閏三月丁丑望，月食在氐宿五度五十分，食七分三十六秒。丑正初刻十分初虧，寅初二刻十二分食甚，卯初初刻十四分復圓。

十七年三月辛未望，月食在亢宿六度九分，食十六分四十二秒。申初初刻九分初虧，申正初刻十分食既，酉初初刻八分食甚，酉正初刻六分生光，戌初初刻七分復圓。

九月丁卯望，月食在奎宿七度五十八分，食十八分十四秒。酉正初刻初虧，酉正三刻十一分食既，戌初三刻十二分食甚，戌正三刻十二分生光，亥初三刻九分復圓。

十八年三月乙丑望，月食在角宿六度三分，食三分三十七秒。亥正一刻六分初虧，子初二刻三分食甚，子正二刻十四分復圓。

康熙二年七月壬午望，月食在虛宿六度五十一分，食十分四十秒。丑正初刻六分初虧，寅初一刻二分食既，寅初三刻十一分食甚，寅正二刻五分生光，卯初三刻十分復圓。

三年正月戊寅望，月食在星宿初度十一分，食十六分二十五秒。戌正一刻十二分初虧，亥初一刻五分食既，亥正一刻六分食甚，子初一刻七分生光，子正一刻復圓。

五年五月乙未望，月食在尾宿十五度，食二分三十八秒。丑正初刻四分初虧，寅初初刻五分食甚，寅正初刻七分復圓。十一月壬辰望，月食在觜宿初度四十九分，食七分四十七秒。戌正三刻二分初虧，亥正一刻十三分食甚，子正初刻八分復圓。

七年十月庚辰望，月食在昴宿一度四十四分，食五分三十一秒。亥初二刻四分初虧，子初初刻食甚，子正一刻十分復圓。

九年閏三月癸卯望，月食在軫宿九度五十分，食八分。酉初一刻七分初虧，戌初初刻四分食甚，戌正三刻一分復圓。

十年二月丁酉望，月食在翼宿十五度四十六分，食十七分七秒。酉初初刻九分初虧，酉正一刻三分食既，戌初初刻十二分食甚，戌正初刻七分生光，亥初一刻一分復圓。

八月乙未望，月食在室宿六度四十四分，食十六分三十九秒。子正二刻十一分初虧，丑初二刻七分食既，丑正二刻七分食甚，寅初二刻七分生光，寅正二刻三分復圓。

十一年二月辛卯望，月食在翼宿四度四十五分，食四分十一秒。戌正三刻八分初虧，亥正初刻八分食甚，子初一刻八分復圓。

十三年六月戊申望，月食在斗宿十九度三十六分，食十一分四十一秒。丑正一刻十一分初虧，寅初二刻二分食既，寅正一刻四分食甚，卯初初刻六分生光，卯正初刻十三分復圓。

十二月丙午望，月食在井宿二十一度六分，食十五分五十秒。丑初一刻六分初虧，丑正一刻二分食既，寅初一刻一分食甚，寅正一刻生光，卯初初刻十一分復圓。

十六年十月戊午望，月食在胃宿五度十分，食六分。酉初一刻十三分初虧，酉正三刻十一分食甚，戌正一刻九分復圓。十七年閏三月丁巳望，月食在氐宿五度四十八分，食十七分四十四秒。亥正一刻四分初虧，子初二刻五分食既，子正二刻四分食甚，丑初二刻二分生光，丑正二刻三分復圓。

九月癸丑望，月食在婁宿七度十三分，食十八分四十秒。丑正一刻一分初虧，寅初初刻十三分食既，寅正初刻十三分食甚，卯初初刻十四分生光，卯正初刻十一分復圓。

十八年三月辛亥望，月食在亢宿五度五十一分，食四分三十七秒。卯初初刻十一分初虧，卯正二刻三分食甚，辰初三刻九分復圓。

九月丁未望，月食在奎宿八度四分，食六分九秒。酉初三刻二分初虧，戌初一刻食甚，戌正二刻十分復圓。

二十年正月己巳望，月食在張宿十三度二十五分，食七分五十二秒，酉初一刻十分初虧，戌初初刻四分食甚，戌正二刻十二分復圓。

二十一年正月甲子望，月食在張宿二度三十八分，食十六分四十六秒。寅正三刻十一分初虧，卯初三刻四分食既，卯正三刻五分食甚，辰初三刻七分生光，辰正三刻復圓。

二十二年正月戊午望，月食在星宿初度三十分，食四分十二秒。亥初一刻十分初虧，亥正二刻八分食甚，子初三刻七分復圓。

二十三年十一月戊寅望，月食在井宿初度十四分，食七分四十秒。寅正三刻十二分初虧，卯正二刻六分食甚，辰正初刻十四分復圓。

二十四年五月乙亥望，月食在尾宿十五度四分，食十四分三十一秒。子初二刻十二分初虧，子正三刻七分食既，丑初二刻六分食甚，丑正二刻五分生光，寅初一刻十四分復圓。十一月壬申望，月食在觜宿初度十七分，食十八分十三秒。寅正一刻五分初虧，卯初二刻食既，卯正一刻十分食甚，辰初一刻五分生光，辰正二刻復圓。

二十五年閏四月己巳望，月食在尾宿五度，食八分五十二秒。酉初初刻十分初虧，酉正三刻四分食甚，戌正一刻十三分復圓。

十月丙寅望，月食在畢宿四度八分，食五分四十七秒。卯初二刻九分初虧，辰初初刻七分食甚，辰正二刻五分復圓。

二十七年三月己丑望，月食在角宿七度十三分，食七分二十二秒。子正二刻五分初虧，丑正初刻十三分食甚，寅初三刻六分復圓。

九月乙酉望，月食在壁宿十二度三分，食七分十四秒。酉初一刻四分初虧，酉正三刻六分食甚，戌正一刻八分復圓。

二十八年三月癸未望，月食在軫宿九度十七分，食十八分三秒。子正一刻十一分初虧，丑正二刻四分食既，丑正二刻食甚，寅初一刻十分生光，寅正二刻四分復圓。

二十九年二月丁丑望，月食在翼宿十五度二十一分，食四分五十二秒。寅正二刻六分初虧，卯初三刻十一分食甚，辰初一刻一分復圓。

八月甲戌望，月食在室宿六度三十九分，食四分十三秒。戌正初刻十二分初虧，亥初一刻十二分食甚，亥正二刻十二分復圓。

三十年十二月丙申望，月食在柳宿七度五十三分，食八分四十九秒。戌正初刻十四分初虧，亥初三刻八分食甚，子初二刻一分復圓。

三十二年六月丁亥望，月食在斗宿十九度十九分，食十三分三十二秒。申正二刻八分初虧，酉初二刻十分食既，酉正二刻四分食甚，戌初一刻十二分生光，戌正一刻十四分復圓。

十二月乙酉望，月食在井宿二十度五十四分，食三分三十一秒。酉正初刻十四分初虧，戌初一刻十一分食甚，戌正二刻八分復圓。

三十四年四月丁未望，月食在心宿三度四十一分，食五分十二秒。酉初二刻二分初虧，酉正三刻七分食甚，戌正初刻十二分復圓。

十月甲辰望，月食在昴宿二度五十九分，食五分四十五秒。丑初二刻六分初虧，寅初初刻二分食甚，寅正一刻十三分復圓。

三十六年九月癸巳望，月食在婁宿七度十九分，食六分三十二秒。丑正一刻八分初虧，寅初三刻七分食甚，卯初一刻五分復圓。

三十八年二月乙卯望，月食在翼宿六度二分，食七分二十三秒。丑初一刻十四分初虧，寅初初刻五分食甚，寅正二刻十一分復圓。

閏七月壬子望，月食在危宿十七度三十三分，食八分十九秒。申正二刻十一分初虧，酉正一刻七分食甚，戌正初刻四分復圓。

三十九年七月丙午望，月食在危宿六度四十三分，食十六分四十七秒。酉正二刻七分初虧，戌初三刻二分食既，戌正二刻十一分食甚，亥初二刻五分生光，亥正三刻復圓。

四十年正月甲辰望，月食在張宿二度四十七分，食四分二十六秒。卯初三刻十四分初虧，辰初一刻食甚，辰正二刻復圓。

七月庚子望，月食在虚宿五度五十二分，食三分十秒。戌正一刻七分初虧，亥初一刻十四分食甚，亥正二刻五分復圓。

四十三年五月乙卯望，月食在尾宿十五度十二分，食十分三秒。子正二刻三分初虧，丑初二刻五分食既，丑正一刻二分食甚，丑正三刻十四分生光，寅正初刻一分復圓。

四十五年九月辛未望，月食在奎宿九度二十九分，食六分四十三秒。丑初三刻七分初虧，寅初一刻六分食甚，寅正三刻六分復圓。

四十六年九月乙丑望，月食在壁宿十二度十分，食十八分一秒。申正三刻一分初虧，酉初二刻十三分食既，酉正二刻十三分食甚，戌初二刻十三分生光，戌正二刻十分復圓。

四十七年八月庚申望，月食在壁宿一度二十八分，食五分一秒。寅初二刻十二分初虧，卯初初刻四分食甚，卯正一刻十一分復圓。

四十九年正月壬午望，月食在星宿一度四十六分，食八分三十七秒。卯初初刻四分初虧，卯正二刻十二分食甚，辰正一刻五分復圓。

七月戊寅望，月食在女宿八度二十七分，食九分四秒。申正初刻二分初虧，酉初三刻一分食甚，戌初二刻復圓。

十二月丙子望，月食在柳宿七度五十六分，食十六分二秒。酉正一刻十二分初虧，戌初一刻八分食既，戌正一刻七分食甚，亥初一刻六分生光，亥正一刻二分復圓。

五十年六月癸酉望，月食在牛宿五度三十九分，食十四分五十三秒。子初三刻二分初虧，子正二刻十三分食既，丑初二刻十二分食甚，丑正二刻十分生光，寅初二刻六分復圓。

十二月辛未望，月食在鬼宿一度二十五分，食三分三十八秒。丑正一刻五分初虧，寅初二刻二分食甚，寅正二刻十四分復圓。

五十二年五月癸巳望，月食在尾宿六度二十分，食三分五十三秒。丑初初刻三分初虧，丑正一刻食甚，寅初一刻十一分復圓。

五十四年四月辛巳望，月食在氐宿十五度四十五分，食六分五十九秒。酉正二刻十三分初虧，戌正一刻四分食甚，亥初三刻十分復圓。

五十六年八月戊戌望，月食在室宿七度五十三分，食七分十九秒。子正初刻八分初虧，丑初三刻食甚，寅初一刻七分復圓。

五十七年二月甲午望，月食在翼宿六度，食十七分四十六秒。亥初二刻十三分初虧，亥正二刻六分食既，子初二刻八分食甚，子正二刻十分生光，丑初二刻四分復圓。

八月壬辰望，月食在危宿十七度五分，食十七分五十五秒。丑初二刻六分初虧，丑正三刻一分食既，寅初二刻十一分食甚，寅正二刻六分生光，卯初三刻一分復圓。

五十八年七月丙戌望，月食在危宿六度十二分，食四分二十一秒。寅初初刻九分初虧，寅正一刻十二分食甚，卯初三刻一分復圓。

五十九年十二月戊申望，月食在井宿二十二度八分，食七分二十五秒。亥初初刻十一分初虧，亥正三刻六分食甚，子正二刻復圓。

六十年十一月壬寅望，月食在井宿十度三十七分，食十八分二十八秒。戌正一刻七分初虧，亥初二刻三分食既，亥正一刻十二分食甚，子初一刻七分生光，子正二刻二分復圓。

六十一年十一月丙申望，月食在觜宿十度四十二分，食六分三秒。亥初三刻十四分初虧，子初一刻十四分食甚，丑初初刻復圓。

雍正三年九月辛亥望，月食在角宿八度十四分，食十八分二十八秒。丑初初刻九分初虧，丑正初刻十二分食既，寅初初刻六分食甚，寅正初刻生光，卯初初刻二分復圓。

四年三月丁未望，月食在奎宿七度五十一分，食六分三十二秒。戌初一刻十分初虧，戌正三刻十二分食甚，亥正一刻十四分復圓。

六年七月甲子望，月食在星宿四度八分，食七分四十六秒。子初初刻七分初虧，子正三刻三分食甚，丑正一刻十四分復圓。

七年正月壬戌望，月食在虛宿五度四十二分，食十六分二十四秒。丑正二刻十二分初虧，寅初三刻一分食既，寅正二刻九分食甚，卯初二刻一分生光，卯正二刻五分復圓。

八年六月壬子望，月食在鬼宿四度四分，食三分十一秒。亥正三刻一分初虧，子初三刻四分食甚，子正三刻八分復圓。

九年十一月甲戌望，月食在尾宿九度三十分，食五分二十二秒。酉正一刻初虧，戌初二刻十分食甚，亥初初刻五分復圓。

十年五月壬申望，月食在畢宿十三度十一分，食十五分三十三秒。戌初三刻八分初虧，亥初初刻食既，亥初三刻八分食甚，亥正三刻一分生光，子初三刻七分復圓。

十一月己巳望，月食在畢宿五度十九分，食十七分五十四秒。寅初三刻九分初虧，寅正三刻十一分食既，卯初三刻四分食甚，卯正二刻十三分生光，辰正三刻復圓。

十二年四月丁卯望，月食在心宿三度十六分，食七分二十三秒。丑初一刻十三分初虧，寅初初刻三分食甚，寅正二刻七分復圓。

十月癸亥望，月食在昴宿三度四十三分，食七分十秒。戌初二刻六分初虧，亥初初刻六分食甚，亥正二刻五分復圓。

十三年三月乙酉望，月食在軫宿十度十三分，食六分十秒。酉初初刻十三分初虧，酉正二刻十二分食甚，戌正初刻十分復圓。

乾隆二年二月甲戌望，月食在翼宿六度一分，食五分二十四秒。亥正二刻十四分初虧，子初三刻十四分食甚，丑初初刻十三分復圓。

三年十二月甲午望，月食在鬼宿二度三十二分，食五分五十二秒。卯初一刻十三分初虧，卯正三刻九分食甚，辰初初刻八分帶食五分四十二秒入地平。

四年六月庚寅望，月食在斗宿二十度四十三分，食十分五十九秒。亥正一刻二分初虧，子初二刻一分食既，子初三刻九分食甚，子正一刻二分生光，丑初二刻一分復圓。

十二月戊子望，月食在井宿二十一度二十八分，食十七分四十一秒。寅正一刻二分初虧，卯初一刻七分食既，卯正一刻食甚，辰初初刻八分生光，辰初一刻二分帶食八分三十七秒入地平。

五年十一月壬申望，月食在井宿十度三分，食五分十九秒。卯正初刻十分初虧，辰初一刻八分帶食五分十五秒入地平。

七年四月甲辰望，月食在氐宿十六度五十分，食二分一秒。亥正初刻一分初虧，亥正三刻十分食甚，子初三刻四分復圓。

十月辛丑望，月食在胃宿六度三十六分，食五分四十四秒。酉正三刻八分初虧，戌正初刻九分食甚，亥正一刻十分復圓。

八年四月戊戌望，月食在氐宿六度一分，食十六分九秒。亥初一刻十三分初虧，亥正二刻三分食既，子初一刻九分食甚，子正一刻一分生光，丑初一刻六分復圓。

九年三月癸巳望，月食在亢宿五度五十八分，食六分五十七秒。丑正三刻九分初虧，寅正一刻八分食甚，卯初初刻十二分帶食四分二十二秒入地平。

九月庚寅望，月食在奎宿九度四十二分，食五分二十六秒。戌初初刻七分初虧，戌正一刻十三分食甚，亥初三刻四分復圓。

十一年二月壬子望，月食在張宿十四度五十一分，食七分五十秒。亥正初

刻二分初虧，子初一刻十三分食甚，子正三刻十分復圓。

十三年正月辛丑望，月食在星宿一度二十一分，食二分五十九秒。酉正二刻五分初虧，戌初二刻七分食甚，戌正二刻十分復圓。

十四年十一月庚申望，月食在井宿初度二十八分，食四分九秒。丑正二刻十分初虧，寅初三刻六分食甚，卯初初刻三分復圓。上諭大學士等曰：「凡日月交食授時者，原可推算而得，而《春秋》之例又紀日而不紀月。朕惟懸象著明，人所共仰，雖爲晷運之常有，自不若光朗之恒度，無事於諱，不可不謹。故禜社奏鼓，自古重之舊制，交食分秒時刻頒行各省，不及一分者不行救護，後定爲三分以上方行救護。又經禮部奏定，不見食省分並不及三分者，皆不行知。夫不先期行，知，則二三分者原可見食，將致反生疑駭，不以爲靈臺失占，即謂有司怠事，非所以克謹天戒也。嗣後仍循曩制，一分以上即令救護。前期五月具題請旨，無論見食不見食省分皆頒行，其不見食省分不必救護。」

十五年五月戊午望，月食在箕宿初度三十三分，食十三分三十八秒。寅初初刻二分初虧，寅正初刻八分食既，寅正二刻五分帶食十三分入地平。

十六年十月己酉望，月食在畢宿五度二十三分，食七分二十九秒。寅正初刻三分初虧，卯初一刻十二分食甚，卯正三刻七分復圓。

十八年三月辛未望，月食在角宿七度三十一分，食四分三十二秒。丑初初刻十二分初虧，丑正一刻十分食甚，寅初二刻七分復圓。

九月戊辰望，月食在奎宿初度二十一分，食四分十六秒。申初二刻五分初虧，申正三刻四分食既，酉初一刻五分帶食二分二十九秒出地平，酉正初刻三分復圓。

十九年八月壬戌望，月食在壁宿二度二十二分，食十七分二十三秒。申初三刻八分初虧，酉初三刻四分帶食十七分二十三秒出地平，酉初三刻六分食甚，酉正二刻十四分生光，戌初三刻四分復圓。

二十年八月丙辰望，月食在室宿六度五十七分，食五分三十七秒。酉初初刻一分初虧，酉正初刻四分帶食五分十二秒出地平，酉正一刻九分食甚，戌初三刻三分復圓。

二十三年六月辛未望，月食在斗宿二十度五十分，食十四分二十二秒。亥正二刻五分初虧，子初二刻六分食既，子正一刻四分食甚，丑正初刻三分生光，丑正初刻四分復圓。

十二月丁卯望，月食在井宿二十度五十八分，食五分二十八秒。未正一刻十一分初虧，申初三刻三分食甚，申正二刻十三分帶食二分四十二秒出地平，酉初初刻九分復圓。

二十五年十月丁亥望，月食在昴宿五度十七分，食五分二十九秒。寅初二刻三分初虧，寅正三刻三分食甚，卯正初刻三分復圓。

二十六年四月甲申望，月食在氐宿十六度十八分，食十四分五十秒。寅正初刻十四分初虧，寅正三刻五分帶食五分二十八秒入地平。

十月辛巳望，月食在胃宿六度四十二分，食十七分四十七秒。酉初二刻四分初虧，酉正二刻二分食既，戌初一刻七分食甚，戌正初刻十三分生光，亥初初刻十一分復圓。

二十七年九月丙子望，月食在婁宿八度四十三分，食五分五十二秒。丑正三刻十四分初虧，寅正一刻八分食甚，卯初三刻一分復圓。

三十年二月壬辰望，月食在張宿十四度五十分，食十七分十二秒。戌初一刻二分初虧，戌正一刻二分食既，亥初初刻七分食甚，亥初三刻十三分生光，亥正三刻十三分復圓。

七月戊子望，月食在危宿七度十九分，食十八分三十九秒。亥初三刻十二分初虧，亥正三刻十一分食既，子正二刻八分生光，丑初二刻七分復圓。

三十一年正月丁亥望，月食在張宿三度四十六分，食三分十九秒。丑正一刻十三分初虧，寅初二刻四分食甚，寅正二刻十一分復圓。

三十三年十一月己亥望，月食在井宿初度二十二分，食十七分二十八秒。亥初初刻十分初虧，亥正初(虧)〔刻〕八分食既，亥正三刻十二分食甚，子初三刻二分生光，十六日子正三刻復圓。

三十六年九月甲寅望，月食在奎宿十度五十四分，食三分三十四秒。十六日夜亥初一刻七分初虧，十七日子正二刻一分食甚，丑初二刻十分復圓。

三十七年三月庚戌望，月食在角宿七度二十九分，食十七分四十一秒。亥正初刻八分初虧，子初初刻五分食既，子初三刻十分食甚，子正二刻十四分生光，丑初二刻十一分復圓。

三十七年九月戊申望，月食在壁宿十二度五十六分，食十六分三十三秒。子初初刻十三分初虧，子正一刻四分食既，丑初初刻十一分食甚，丑正初刻三分生光，寅初初刻三分復圓。

三十八年八月壬寅望，月食在壁宿一度四十六分，食六分三十三秒。子正一刻四分初虧，丑初三刻三分食甚，寅初一刻二分復圓。

四十年正月甲子望，月食在星宿二度四十六分，食五分十九秒。亥初一刻十四分初虧，亥正三刻六分食甚，子正初刻十四分復圓。

四十年十二月戊午望，月食在柳宿八度十六分，食十八分六秒。戌正初刻十一分初虧，亥初一刻食既，亥正初刻九分食甚，子初初刻一分生光，子正初刻六分復圓。

四十一年十二月癸丑望，月食在鬼宿一度二十六分，食五分三十九秒。亥正二刻十一分初虧，子正初刻四分食甚，丑初一刻十一分復圓。

四十二年六月庚戌望，月食在斗宿二十度五十分，食五十七秒。戌初三刻十二分初虧，戌正二刻二分食甚，亥初初刻八分復圓。

四十四年十月丁卯望，月食在昴宿五度七分，食十七分三十一秒。丑正初刻一分初虧，寅初初刻食既，寅初三刻五分食甚，寅正二刻十分生光，卯初二刻九分復圓。

四十五年四月癸亥望，月食在氐宿十五度五十五分，食九分三十秒。酉初一刻一分初虧，酉正三刻九分食甚，戌初初刻十分帶食九分七秒月出地平，戌正二刻二分復圓。

四十七年八月己卯望，月食在室宿八度十七分，食三分十六秒。亥初初刻五分初虧，亥正初刻十分食甚，子初一刻一分復圓。

四十八年二月戊寅望，月食在翼宿七度二十七分，食十七分四十六秒。寅初一刻七分初虧，寅正一刻八分食既，卯初初刻十四分食甚，卯正初刻二分帶食十分二十四秒月入地平，卯正初刻五分生光，辰初初刻五分復圓。

四十八年八月甲戌望，月食在危宿十七度四十三分，食十七分三十八秒。卯初二刻九分初虧，卯初三刻十四分帶食四十九秒月入地平，卯正二刻八分食既，辰初一刻十四分食甚，辰正一刻五分生光，巳初一刻三分復圓。

四十九年七月戊辰望，月食在危宿七度十九分，食六分四十秒。亥初一刻二分初虧，亥正二刻九分食甚，十六日子正初刻復圓。

五十年十二月庚寅望，月食在井宿二十二度二十四分，食四分五秒。戌初一刻十二分初虧，戌正二刻七分食甚，亥初三刻三分復圓。

清·劉錦藻《清續文獻通考》卷三〇一《象緯考八·月食》 乾隆四十年乙未正月甲子望，月食。十二月戊午望，月食。

四十一年丙申十二月癸丑望，月食。

四十二年丁酉六月庚戌望，月食。

四十四年己亥十月丁卯望，月食。

四十五年庚子四月癸亥望，月食。

四十七年壬寅八月己卯望，月食。

四十八年癸卯二月戊寅望，月食。八月甲戌望，月食。

四十九年甲辰七月戊辰望，月食。

五十一年丙午六月戊子望，月食。十一月乙酉望，月食。

五十二年丁未五月壬午望，月食。十一月己卯望，月食。

五十六年辛亥三月辛卯望，月食。

五十八年癸丑正月庚戌望，月食。

五十九年甲寅正月甲辰望，月食。

六十年乙卯正月戊戌望，月食。

嘉慶元年丙辰十一月丁巳望，月食。

二年丁巳五月甲寅望，月食。

三年戊午十月丙午望，月食。

五年庚申三月己巳望，月食。

七年壬戌二月丁巳望，月食。八月甲寅望，月食。

八年癸亥十二月丙子望，月食。

十年乙丑十一月乙丑望，月食。

十二年丁卯四月丁亥望，月食。十月甲申望，月食。

十三年戊辰九月戊寅望，月食。

十四年己巳九月壬申望，月食。

十七年壬申七月丙戌望，月食。

二十年乙亥五月庚子望，月食。

二十一年丙子十月壬辰望，月食。

二十四年己卯三月戊寅望，月食。八月甲辰望，月食。

二十五年庚辰二月癸卯望，月食。

道光二年壬午十二月丙辰望，月食。

三年癸未十二月庚戌望，月食。
五年乙酉十月庚午望，月食。
六年丙戌四月丙寅望，月食。十月癸亥望，月食。
七年丁亥九月戊午望，月食。
九年己丑二月庚辰望，月食。
十年庚寅七月壬申望，月食。
十一年辛卯正月己巳望，月食。七月丙寅望，月食。
十二年壬辰十一月戊子望，月食。
十三年癸巳十一月癸未望，月食。
十六年丙申九月乙未望，月食。
十七年丁酉三月甲午望，月食。九月庚寅望，月食。
十八年戊戌八月甲申望，月食。
二十年庚子正月丙午望，月食。
二十一年辛丑六月戊戌望，月食。十二月丙申望，月食。
二十二年壬寅六月壬辰望，月食。
二十三年癸卯十月乙卯望，月食。
二十五年乙巳四月丙午望，月食。
二十七年丁未二月丙寅望，月食。八月壬戌望，月食。
二十八年戊申二月庚申望，月食。
二十九年己酉七月壬子望，月食。
三十年庚戌十二月甲戌望，月食。
咸豐二年壬子五月甲子望，月食。十一月壬戌望，月食。
四年甲寅四月甲申望，月食。九月辛巳望，月食。
五年乙卯九月乙亥望，月食。
六年丙辰九月庚午望，月食。
八年戊午正月壬辰望，月食。七月己丑望，月食。
九年己未正月丙戌望，月食。七月甲申望，月食。
十一年辛酉十一月庚子望，月食。
同治二年癸亥十月戊子望，月食。
四年乙丑八月戊申望，月食。

五年丙寅八月壬寅望，月食。

又諭：「御史汪朝棨奏月食示警、請飭在廷諸臣實力修省一摺，見在捻匪回氛，尚未平定。江南之淮、揚、廬、鳳，湖北之江、漢、蘄、黄，均罹水災，允宜倍深儆惕。朝廷宵旰勤求，不敢稍自暇逸。內外臣工，其各力圖振作，同心協贊，用副朕恐懼修省之意。」

六年丁卯二月己亥望，月食。
八年己巳六月乙卯望，月食。十二月癸丑望，月食。【略】

又諭：「御史游百川奏請修德、以召祥和一摺，今歲雨澤愆期，月食再見。直隸、山東、湖廣等省，水旱歉收。凡此沴祲之興，皆係上蒼示警，寅畏殊深，允宜兢業爲懷，倍加修省。內外臣工，亦當各矢公忠，恪盡厥職，力除瞻徇奔競之習。其有言責諸臣，尤宜遇事指陳，毋泛毋隱。庶幾君臣交儆，以承天眷而迓天庥。」

九年庚午六月庚戌望，月食。十一月戊申望，月食。按：是年六月庚戌望，月食在晝，不見。
十年辛未五月甲辰望，月食。
十二年癸酉四月甲子望，月食。九月辛酉望，月食。
十三年甲戌三月己未望，月食。
光緒二年丙子七月乙亥望，月食。
三年丁丑正月壬申望，月食。七月己巳望，月食。
四年戊寅正月丙寅望，月食。
五年己卯十一月丙戌望，月食。
六年庚辰五月壬午望，月食。十一月己卯望，月食。
七年辛巳十月甲戌望，月食。
九年癸未三月丙申望，月食。
十年甲申三月庚寅望，月食。八月戊子望，月食。
十一年乙酉二月乙酉望，月食。
十三年丁亥正月甲辰望，月食。六月辛丑望，月食。十二月己亥望，月食。
十五年己丑六月庚寅望，月食。
十六年庚寅十月辛亥望，月食。按：辛亥望，京師月食十八秒，見食不及一分，毋庸救(綫)[護]。
十七年辛卯四月庚戌望，月食。十月丙午望，月食。按：是年十月丙午望，月

食在晝，不見。

二十年甲午二月壬戌望，月食。

二十二年丙申正月壬子望，月食。十一月乙丑望，月食。

二十四年戊戌五月戊辰望，月食。

二十五年己亥五月壬戌望，月食。

二十七年辛丑九月戊寅望，月食。

二十八年壬寅三月丙子望，月食。

二十九年癸卯八月丁卯望，月食。按：二十九年八月月食，實測食甚子初初刻十三分，復圓子正三刻四分。

三十一年乙巳正月庚寅望，月食。按：三十一年正月月食，實測初虧丑初一刻十分，食甚丑正二刻五分，復圓（實）〔寅〕初三刻。

三十二年丙午正月甲申望，月食。六月庚辰望，月食。十二月戊寅望，月食。按：是年正月月食，實測復圓酉初初刻十三分。六月月食，實測生光亥初二刻八分，復圓亥正二刻六分。十二月月食，實測初虧戌初三刻，食甚亥初一刻三分，復圓亥正三刻五分。

宣統元年己酉十月辛卯望，月食。按：元年十月月食，實測生光酉初二刻十分，復圓〔酉〕正二刻十三分。

二年庚戌十月丙戌望，月食。按：二年十月月食，實測初虧卯正三刻，食甚、生光俱在地平下。

藝文

《詩經·小雅·十月之交》 彼月而食，則維其常。

《孟子·公孫丑下》 古之君子，其過也，如日月之食，民皆見之；及其更也，民皆仰之。

唐·韓愈《月蝕詩效玉川子作》 【略】嘗聞古老言，疑是蝦蟆精。徑圓千里納女腹，何處養女百醜形。【略】赤鳥司南方，尾秃尾觰沙。月蝕於汝頭，汝口開呀呀，蝦蟆掠汝兩吻過，忍學省事不以汝觜啄蝦蟆。

唐·盧仝《月蝕詩》 東海出明月，清明照毫發。朱弦初罷彈，金兔正奇絶。三五與二八，此時光滿時。頗奈蝦蟆兒，吞我芳桂枝。我愛明鏡潔，爾乃痕翳之。爾且無六翮，焉得升天涯。方寸有白刃，無由揚清輝。如何萬里光，遭爾小物欺。却吐天漢中，良久素魄微。日月尚如此，人情良可知。

唐·盧仝《月蝕詩》 新天子即位五年，歲次庚寅，斗柄插子，律調黄鐘。森森萬木夜僵立，寒氣贔屓頑無風。爛銀盤從海底出，出來照我草屋東。天色紺滑凝不流，冰光交貫寒曈曨。初疑白蓮花，浮出龍王宮。八月十五夜，比並不可雙。此時怪事發，有物吞食來。輪如壯士斧斫壞，桂似雪山風拉摧。百煉鏡，照見膽，平地埋寒灰。火龍珠，飛出腦，却入蚌蛤胎。摧環破璧眼看盡，當天一搭如煤炱。磨蹤滅跡須臾間，便似萬古不可開。不料至神物，有此大狼狽。星如撒沙出，争頭事光大。奴婢炷暗燈，掩菼如玳瑁。今夜吐焰長如虹，孔隙千道射户外。玉川子，涕泗下，中庭獨自行。念此日月者，太陰太陽精。皇天要識物，日月乃化生。走天汲汲勞四體，與天作眼行光明。此眼不自保，天公行道何由行。吾見陰陽家有説，望日蝕月月光滅，朔月掩日日光缺。兩眼不相攻，此説吾不容。又孔子師老子云，五色令人目盲。吾恐天似人，好色即喪明。幸且非春時，萬物不嬌榮。青山破瓦色，緑水冰峥嶸。花枯無女艷，鳥死沈歌聲。頑冬何所好，偏使一目盲。傳聞古老説，蝕月蝦蟆精。徑圓千里入汝腹，汝此癡骸阿誰生。可從海窟來，便解緣青冥。恐是眶睫間，掩塞所化成。黄帝有二目，帝舜重瞳明。二帝懸四目，四海生光輝。吾不遇二帝，滉漭不可知。何故瞳子上，坐受蟲豸欺。長嗟白兔搗靈藥，恰似有意防奸非。藥成滿臼不中度，委任白兔夫何爲。憶昔堯爲天，十日燒九州。金爍水銀流，玉燏丹砂焦。六合烘爲窯，堯心增百憂。帝見堯心憂，勃然發怒決洪流。立擬沃殺九日妖，天高日走沃不及，但見萬國赤子生魚頭。此時九御導九日，争持節幡麾幢旒。駕車六九五十四頭蛟螭虯，掣電九火輈。汝若蝕開齱齵輪，禦轡執索相爬鉤，推蕩轟訇入汝喉。紅鱗焰鳥燒口快，瓴鬣倒側聲醆鄒。撐腸拄肚礧傀如山丘，自可飽死更不偷。不獨填饑坑，亦解堯心憂。恨汝時當食，藏頭擫腦不肯食。不當食，張唇哆觜食不休。食天之眼養逆命，安得上帝請汝劉。嗚呼，人養虎，被虎嚙。天媚蟆，被蟆瞎。

乃知恩非類，一一自作孽。吾見患眼人，必索良工訣。想天不異人，愛眼固應一。安得常娥氏，來習扁鵲術。手操春喉戈，去此睛上物。其初猶朦朧，既久如抹漆。但恐功業成，便此不吐出。玉川子又涕泗下，心禱再拜額榻砂土中，地上蟣虱臣仝告愬帝天皇。臣心有鐵一寸，可刳妖蟆癡腸。上天不爲臣立梯磴，臣血肉身，無由飛上天，揚天光。封詞付與小心風，颰排閶闔入紫宫。密邇玉几前擘坼，奏上臣仝頑愚胸。敢死横干天，代天謀其長。東方蒼龍角，插戟尾捭風，當心開明堂。統領三百六十鱗蟲，坐理東方宫。月蝕不救援，安用東方龍。南方火鳥赤潑血，項長尾短飛跋躠，頭戴井冠高逵枿。月蝕鳥宫十三度，鳥爲居停主人不覺察，貪向何人家。行赤口毒舌，毒蟲頭上吃却月，不啄殺。虚眨鬼眼明，鳥罪不可雪。西方攫虎立踦踦，斧爲牙，鑿爲齒。偷犧牲，食封豕。大蟆一臠，固當軟美。見似不見，是何道理。爪牙根天不念天，天若准擬錯准擬。北方寒龜被蛇縛，藏頭入殼如入獄。蛇筋束緊束破殼，寒龜夏鱉一種味。且當以其肉充臛，死殼没信處，唯堪支床腳，不堪鉆灼與天卜。歲星主福德，官爵奉董秦。忍使黔婁生，覆屍無衣巾。天失眼不吊，歲星胡其仁。熒惑矍鑠翁，執法大不中。月明無罪過，不糾蝕月蟲。年年十月朝太微，支盧謫罰何災兇。土星與土性相背，反養福德生禍害。到人頭上死破敗，今夜月蝕安可會。太白真將軍，怒激鋒銋生。恒州陣斬酈定進，項骨脆甚春蔓菁。天唯兩眼失一眼，將軍何處行天兵。辰星任廷尉，天律自主持。人命在盆底，固應樂見天盲時。天若不肯信，試喚皋陶鬼一問。一如今日，三臺文昌宫，作上天紀綱。環天二十八宿，磊磊尚書郎。整頓排班行，劍握他人將。一四太陽側，一四天市傍。操斧代大匠，兩手不怕傷。弧矢引滿反射人，天狼呀啄明煌煌。癡牛與騃女，不肯勤農桑。徒勞含淫思，旦夕遥相望。蚩尤簸旗弄旬朔，始捶天鼓鳴璫琅。枉矢能蛇行，眊目森森張。天狗下舐地，血流何滂滂。譎險萬萬黨，架構何可當。睒目釁成就，害我光明王。請留北斗一星相北極，指麾萬國懸中央。此外盡掃除，堆積如山岡，贖我父母光。當時常星没，殞雨如迸漿。似天會事發，叱喝誅奸强。何故中道廢，自遺今日殃。善善又惡惡，郭公所以亡。願天神聖心，無信他人忠。玉川子詞訖，風色緊格格。近月黑暗邊，有似動劍戟。須臾癡蟆精，兩吻自決坼。初露半個璧，漸吐滿輪魄。衆星盡原赦，一蟆獨誅磔。腹肚忽脱落，依舊掛穹碧。光彩未蘇來，慘淡一片白。奈何萬里光，受此吞吐厄。再得見天眼，感荷天地力。或問玉川子，孔子修春秋。二百四十年，月蝕盡不收。今子咄咄詞，頗合孔意不。玉川子笑答，或請聽逗留。孔子父母魯，諱魯不諱周。書外書大惡，故月蝕不見收。予命唐天，口食唐土。唐禮過三，唐樂過五。小猶不説，大不可數。災沴無有小大愈，安得引衰周，研核其可否。日分晝，月分夜，辨寒暑。一主刑，二主德，政乃舉。孰爲人面上，一目偏可去。願天完兩目，照下萬方土。萬古更不瞽，萬萬古。更不瞽，照萬古。

宋·方岳《八月十四月食中秋遂無月》 妖蟆不爲中秋地，老兔先奔昨夜寒。世事相違劇晴雨，人生何苦許悲歡。雲窗自照青藜杖，月户重修白玉盤。坐想西風萬袍鵠，政飛健筆寫琅玕。

宋·方岳《月蝕》 老兔酣眠一夜霜，妖蟆健啖未渠央。人間今欠玉川子，生語聱牙滿世香。

宋·梅堯臣《月蝕》 有婢上堂來，白我事可驚。天如青玻璃，月若黑水精。時當十分圓，只見一寸明。主婦煎餅去，小兒敲鏡聲。此雖淺近意，乃重補救情。夜深桂兔出，衆星隨西傾。

宋·仇遠《四月十六夜月蝕》 盛服拜清夜，中庭朝太陰。凡來仰天者，俱有愛君心。目斷山河影，耳聞鐘磬音。還光俄頃易，涕泗漫沾襟。

宋·葛立方《月蝕》 六月炎歊氣郁蒸，緣空寶鏡没埃塵。長歌不見徘徊影，並出初無齟齬輪。麟門何因識星度，鵲飛誰復見天津。春秋不著誠非異，毋惑東家號素臣。

宋·釋文珦《月蝕》 酷哉蝦蟆精，食月食之既。天地皆幽昏，使我增永愾。

元·佚名《鵲橋仙·月蝕》 前年蝕了，去年蝕了，今年又蓋來了。姮娥傳語這妖蟆，逞臉則管不了。鑼篩破了，鼓擂破了，謝天地早是明了。若還到底不明時，黑洞洞。

圖表

明·王英明《曆體略》卷上《月蝕圖》 地懸於六合中央，如雞卵，黄在白内。

月蝕圖

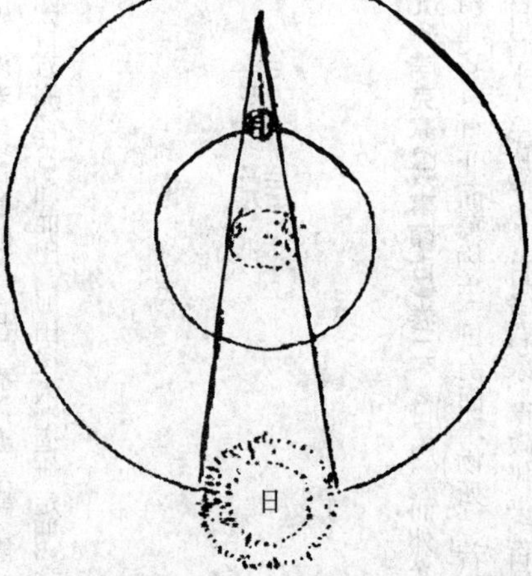

故日蹨西照地，地必有景射東，照東必有景射西。夫日輪恒在黃道上，若遇望日，而月輪亦在黃道上，與日正對望，則地球障隔在日月之間，月輪必入地景之內，太陽不能照之，故失光而貪也。漸出地景之外，太陽能照之，乃漸復得原光矣。

太陽黑子部

題解

漢・王充《論衡》卷一一《説日》 儒者曰：日中有三足烏，月中有兔、蟾蜍。

唐・房玄齡等《晉書》卷一二《天文志中》 日中有黑子、黑氣、黑雲，乍三乍五，臣廢其主。

元・李克家《戎事類占》卷二 日食陰侵陽，臣掩君之象。日食皆從西缺，若中央，名曰黑子。日食者陰氣盛陽不克也。

明・佚名《韜略世法存・新編行兵占驗天時》卷上 日蝕皆從兩缺，若中央黑，名曰黑子。日蝕者，陰氣盛陽不克也。

清・方以智《物理小識》卷二 日中黑子蓋恒有之，或見或不見。太白有二黑子，填星有四黑子旋轉其上，其暈而爲黑子者，則光所盪也。

清・湯若望《遠鏡説》 日面有浮游黑點，點大小多寡不一，相爲隱顯隨從，必十四日方周徑日面而出，前出後入，迄無定期，竟不解其何故也。

論説

元・李克家《戎事類占》卷二 日内黑而外光，麗於中天，照耀萬物，有遲疾發斂南北之行，日北而萬物生，日南而萬物死。若夫春日紅潤，夏日炎蒸，秋日燥烈，冬日温平，皆吉徵也。日者君象，德政無失，百姓安寧，則日華五采以兆禎祥。德政有瑕，人民怨咨，則日生變異以彰乖慝。又曰：日有變不在君上則在分野。

日月之體本黑，天之陽精充積於日，焕發而生光，日之精光衝射於月，顯耀而成照，故日見黑異皆由陽氣微弱不能輸貫黑體盛揚其光致，有此象猶燈燭將滅，煤炧發露，其光必微，蓋由膏盡不能灌注其體也。有天下者爲天之子，不能奉若天命以安兆民，郊祀不恭，政刑乖失，乃生黑類於日以譴在君。

清・揭暄《璇璣遺述》卷四 日中有黑子亦可以徵日之轉。日中黑子大小多寡不一，或一或二，以至三四而止。大者能減太陽之光。能減太陽光則知其體大過於金星矣。東西徑行於日面，其道止一線，必十餘日方盡，既盡而復繼，迄無定期。《遠鏡説》以爲浮游黑點，竟不解其故者此也。遠西測天約云：太陽黑子初疑爲水金二星，考其纏度，則又不合。近得遠鏡乃知其體不與太陽爲一，又不若雲霞之去日極遠，特在其面不審爲何物。歷引又云：以其行在日體外或疑爲小星，究不知何物。《寰有詮》云：日中斑點時小時大，羣徵云：日輪上見血點，時密，時疏，時盡，去而復來，必非日體。或有他星經行其下。《晉志》：日中見墨子，如桃，如李，如鷄鴨卵之不同。不知乃日切體之星亦離中之陰有内侍象與金水抱日環轉同，特金水稍遠，此尤切體耳。金水遠日故離日遠則入見，限此切體光芒爲太陽所奪，則無見限，反以入於體下而後見。金水遠日久見限則見其光，此切體入於體下惟見其黑，又上半面對日與月食日法同，月食日則見如黑球，此體小僅見爲黑點耳，其實皆星也。金水二星正過日下時亦僅見爲黑子，可知所過黑子皆星也，星本對日生光，但知金水抱日環轉則有消有長，在下爲晦，宜不見，在側爲弦，在上爲望，宜有光，而晝不見者，人目爲太陽所奪，如人在高燭懸炬，下雖有星仰視不見，行至暗處則白瑜燦然。日食既亦燦然，則知日非奪星光，乃奪人目光也。故以窺筒測日或中加録鏡，或以紙殼外掩四圍，凡以避目眩耳。水以一百一十九日餘一周，此以十四日一周，速於水八倍有半，是距日十度内外之星也。距日十度非實貼體，故爲浮游黑點。在諸星亦必遠近不等，遲速各異，故無有定期，必抱日環轉，故東西徑行一線，前者盡而後者繼。苟能於貼體時察識其一二大者，候其再至以周行遞減之法推之，則此星之情狀得太陽之轉法益得矣。

清・王仁俊《格致古微》卷四 一曰日面黑斑初見時不甚大，有時變爲大，即日體本黑説也。

綜述

漢・劉安《淮南子》卷七《精神訓》 是故耳目者日月也，血氣者風雨也。日中有踆烏，而月中有蟾蜍。日月失其行，薄蝕無光；風雨非其時，毀折生災；五星失其行，州國受殃。

漢・司馬遷《史記》卷一二八《龜策列傳》 孔子聞之曰：神龜知吉凶，而骨直空枯。日爲德而君於天下，辱於三足之烏。

漢・班固《漢書》卷二七下之下《五行志下之下》 京房《易傳》曰：「祭天不順茲謂逆，厥異日赤，其中黑。」

唐・李淳風《乙巳占》卷一 日中烏見，主不明，爲政亂，其分國有白衣會，大旱。三足烏出在日外，天下大國受殃，戴麻森森，哭聲吟吟。

又 日中有黑子、黑雲，若青若黄赤，乍二乍三，天子崩。按《晉中興書》云：升平三年十月丙午，日中有黑子，大如雞子，俄而孝宗崩。晉太和四年十月乙未，日中有黑子如李。至八年十一月己酉，天子廢爲海西公。

唐・瞿曇悉達《開元占經》卷六《日占二・日中烏見》 《洛書》曰：「日中有烏見，名曰陰德，不出六十日，兵出；從其所向伐之，勝，若有國主死。」按《抱樸子》曰：吴赤烏十三年，日中烏見，三足，然魏蜀不見，孫權死。 京氏曰：「日中有烏見，主失明，爲政者亂。」《黄帝》曰：「日中三足烏見者，其所居分野有白衣會，大旱赤地。三足烏出住日外者，天下大國受其災，戴麻森森，哭聲吟吟。」《太公陰秘》曰：「日中烏見者，君咎；雙烏見者，將相逆入，鬭者主出走，烏動者大饑，水旱不時，人民流在他鄉。救之法，實倉庫，舉賢士，遠佞邪，察后宫，任有道，赦不從，則災消矣。」《孝經・内記圖》曰：「日無暈而烏見，所宿之國亡絶。」王隱《晉書惠紀》曰：「元康六年六月日中若飛燕者，積數日，後有愍懷太子事。」《日傍氣圖》曰：「日中烏見，其國君死，期三年。」《荆州占》曰：「常以月十四日，候日，中有氣如飛烏，其地無居者。」京房《災異》曰：「日月薄赤，見日中烏，將軍出旌，舉此不祥，必亡。」

元・脱脱等《宋史》卷五二《天文志五》 日並出，諸侯有謀，無道用兵者亡。日鬬，爲兵寇。日隕，下失政。日中見飛燕，下有廢主。日中黑子，臣蔽主明。日晝昏，臣蔽君之明，有簒弑。赤如血，君喪臣叛。日夜出，兵起，下陵上，大水。日光四散，君失明。白虹貫日，近臣亂，諸侯叛。日赤如火，君亡。日生牙，下有賊臣。

明・佚名《天元玉曆祥異賦》 日中黑氣占

朱文公曰：「日中黑氣者，臣不掩惡而百姓惡君。」

《宋志》曰：「日中黑氣者，祭天不順之異也。黑氣者，亦爲日薄，皆陰也。落乍三乍五，則臣有謀反。」又曰：「臣蔽主，日中黑氣不明所致也。」

黑子落有黑色占

朱文公曰：「黑子落有黑色，乍三乍五，臣謀君落，臣亂，爵賞不平。」

太公曰：「日中有黑氣，落一二三四五者，教令不明，三公爲亂，爵賞不平。」

明・熊明遇《格致草》 日面上有黑子，或一或二，或三四而止，或大或小。恒於太陽東西徑上行，其道止一線行，十四日而盡，前者盡則後者繼之。其大者能滅太陽之光。先是或疑爲金水二星，考其度則又不合。近從望遠鏡窺之，乃知其體不與日體爲一，又不若雲霞之去日極遠，特在其面而不識爲何物，以此知日體亦是平行如轉行，則黑子不能常矣。

清・鄭光祖《一斑録》卷一 遠鏡窺日見日面有黑點，大小多寡不一，相爲隱顯接續行於日面，前點出後點入，十四日方周。此知日是火，黑點是燈花，生定日上，行於日面，乃日輪自轉也。

清・周人甲《管蠡匯占》卷一 日中有黑氣、黑子，乍三乍五，臣謀廢主，日中有飛鳥、飛燕見，主政亂，有白衣會，出兵遇之，兵敗。

清・傅蘭雅《天文須知》 日面黑斑

用最精千里鏡詳察日球，見其面多有黑斑。如第四圖，大小方圓斜角不等。若每日每時察看，則知其斑之位置，時有變動。如初見之斑，窄小而暗。在日面之東，過數日則見在日面之中，又過數日，則見在日面之西，到十三日以後，則其斑不復見，另有新斑出見，又過十三日，則舊斑又見在日面之東。以此推之，可知日體如球，能自轉動，每轉一徧，計二十五日零四時辰。其斑之形狀，中深黑而邊略淡，或謂其深黑處，即太陽之凹處也。但其斑有時變大或變小，或變形狀，或漸消滅，滅時其深黑處先滅，而淡處後滅，間有一斑或分爲二三斑者，由此

可知太陽之面必爲流質也。

日面黑斑

第四圖

清·蔣友仁《地球圖説》 太陽之光雖大，其面上每有黑點，或一或二或三四不定。其點初小漸長，然後漸消以至於盡。黑點或多且大則能減太陽之光。此點特在太陽之面究不審其何物，然視其自此往彼，每以二十五日半復歸於原所，則知太陽二十五日半旋轉於本心一周。

清·顧景星《白茅堂集》卷三一 日月變何也？日月未嘗變也，祲氣所爲也。【略】日有黑子，非日有黑子也。

清·李善蘭、偉烈亞力《談天》卷六 用最精遠鏡隔黑色玻璃窺太陽，見其面時見大黑斑，斑之中深黑，其邊略淡，如一版二圖，即此斑也。此斑累日累時測之，則見或變大，或變小，或變形狀，久而舊斑消滅，他處復見新斑。其滅時，中之深黑者先滅，四周之淡者遲滅，時或一斑分爲二三斑，即此太陽面爲流質之證。又其變動甚速，此爲氣之證。所見最小之斑，其徑一秒，地球測日面一秒之角，爲一千三百三十三里，而大斑有徑十三萬餘里者。自初見至消滅，久者約一月有半，故斑之邊每日約縮近三千里。又無斑之處，光非純一，其中有無數細點，若人身之毫孔。細測之，其點時時變動，極似水中沙泥，欲澄時向底之狀。因意日面必有發光之質，雜於透光之質中而然也。而近大斑或諸斑羣聚之地，時見一線，或曲或歧，其光較日面之常光愈明，相近處時有斑發出，或意此線乃光氣浪之頂，相近處必大動盪，故發斑也。此事多在近日邊處，其狀如一版一圖。

一圖

二圖

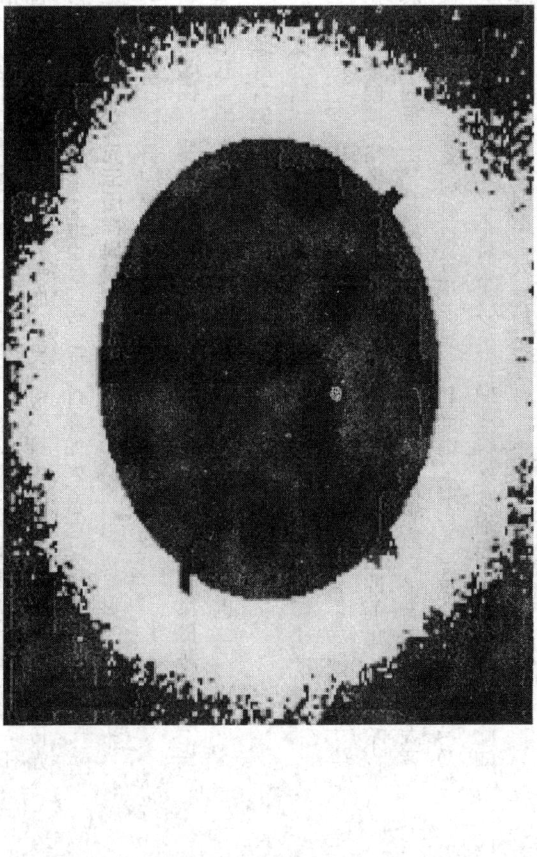
三圖 道光二十二年六月朔日食

四圖

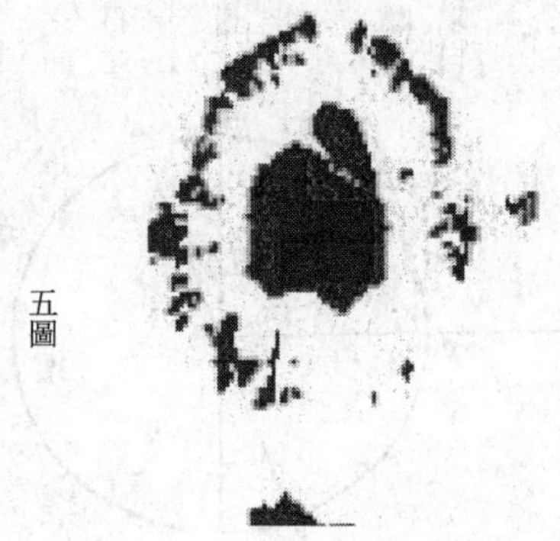

五圖

續：太陽面之無數小點，似毫孔者，近時奈斯密考察而釋之。同治元年，曼識特格致會歲册載，李氏之説，謂自造大回光遠鏡，常時窺測太陽之面，知此諸毫孔，皆係同式光物相交，而毫孔乃其相交間所成之角形也，其光物之形，如楊柳之葉，在無黑斑之處，充滿太陽之面，位置無定。乙版即奈氏説中之圖也，第一圖爲太陽無斑處之式，第二圖爲黑斑之中與邊及無斑處之式。英國之特拉路、不立搓、斯多尼三人，羅馬之色幾，俱考此事，與奈氏所考大同小異。斯多尼比此物如米粒之狀，或謂如條草之狀。按此物大似諸定質浮於透光之氣中，而此氣最薄，因流質受大熱與上面所壓之重，漸變而成也。此物有光，可爲定質之徵，蓋流質若透光而無色，則雖熱極大，皆不能發光也。

咸豐九年八月初四，賈令敦、好者孫二人，各在家中，忽見無法形大斑之相近處發二光雲，較諸無斑之處甚亮，約歷五分時而忽滅，見時行過大斑之面十萬餘里，並見指南針有大摇動。古今所記磁氣諸大摇動中，此爲最奇。

近時賈令敦著書，論詳測太陽黑斑最多最少之時，謂黑斑一周之時，依在太陽面之緯度，在近太陽之赤道，所行一周之時，必短於在遠赤道所行一周之時也。黑斑在丑，太陽緯度一日所行度之公式爲八六五丅一六五（正弦丑）一七五所以太陽赤道處之斑，在二十四日二〇二，南北十五緯度處之斑，在二十五日四四，南北三十度處之斑，在二十六日二四，皆行全恒星周。

太陽赤道左右各二十五度之内，黑斑最多，三十度之外，黑斑甚少，常成行列。【略】故可知太陽面外常有氣質旋轉，與地球之貿易風相似。或云太陽面外之氣質，是扁球形，故赤道處厚於兩極處，厚者多阻日體之發熱，而致赤道與兩極之熱不同，即使其氣質生動，與地球之貿易風同理。果如此，則在赤道處亦當静而不動。蓋地球外若包黑雲，而人在外觀之，則但見黑雲轉動，而不見地球之體，亦可想見地球亦必旋轉，測黑雲外層，在赤道及近極旋轉之速，可求得地球自轉一周之時。第見赤道與兩極間雲之動，而即以爲地球之動，則必差於太速，因其間雲之上層，常略向西而動也。自兩極起向赤道，其轉漸速，至距赤道南北二帶而最速，過此再向赤道，轉又漸慢，與賈令敦之例不合，必設别理解之。而可解者僅有一理，即太陽外之力，加於雲上，使動之理也。外力者，即行星之未成者，繞太陽而轉，漸低而漸濃，其繞轉甚速於太陽之自轉，以星氣之理【略】論之，中體皆爲四面之物相聚而成，各物之原轉力，彼此相消，而稍有餘轉力，故所餘之轉速，比原時甚慢，依此又可明中體極熱之理。

問黑斑係何物，曰：其説不一。或言是太陽實體，乃上面之光氣開裂而顯露者也，此説似可信。問開裂之故，曰：其説亦不一。拉浪謂黑斑乃太陽中突起之地，如地面之山其頂高出光氣面，故見深黑。其下斜入光氣底，光氣不厚，故見淡黑。準此説，則四邊淡黑，自内至外，必由深漸淺，以至於無，今深淺不分，且外有定界，於理不合。侯失勒維廉謂太陽實體外，四周有氣包之，氣之外有光氣一層浮於上，距實體甚遠，光氣下有雲一層，受此光返照地球，二層俱裂開，則見黑斑中之深黑者，太陽實體也，四邊淡黑者，雲也，光氣之裂口，必大於雲之裂口者，因氣旋動成風，愈遠實體愈大。或别有他故，不得而知也。如圖，甲爲實體，乙爲雲，丙爲光氣。

續：初著此書時，知黑斑之事如此。咸豐元年，導斯用前所論之器，【略】考察黑斑之異者，淡色邊中之黑處，昔測之人，謂日體透過光氣而見者，導斯以此器之大力測之，知爲另一層小光之質，名之爲雲層，此雲層亦有時見有小圓孔更黑，想是太陽之體質。一版四五兩圖。爲咸豐元年十一月初四日，與二十九日，二次所見之黑斑也。導斯逐日測其斑之變而思之，謂皆自轉其心，惟二十九

日所見如此，自此日至十月初五日，已轉過九十餘度，其雲層之原形，如五圖甲，至初五日則如乙形，俱略同。

細測日面諸斑，其方位俱漸變，自東向西，至邊而不見，另有斑出於東邊，過日面復没於西邊。凡他曜過日面，俱平速而斑之行，在中間則速，在兩邊則遲。又其過日面之道皆如橢圓，此必附於日面，與日同轉，其道與日之赤道平行而然也。其最大之橢圓，以日徑爲長徑，餘各以日面諸通弦爲長徑，諸長徑俱平行。夏至前約十七日，冬至前約十六日，見諸斑之道皆如直線，則此二日地球所居之處，即日之赤道斜交黄道之二點，而黄赤二面之交線，必經過地球。此二日從太陽視地之經度，依賈林登於道光元年測得，一爲七十三度四十分，一爲二百五十三度四十分，即相對之兩點也。

欲知日軸斜交黄道面之角度，取一最明晰之斑，測其過日面橢圓之長短二徑，即可推得之。此事當用分微尺，自初出至没，刻刻細測之。又測時地在黄道距太陽赤道交黄道點之度，亦當推之。假如驚蟄後四日，地球在太陽黄赤交線之垂線上，其日心經度一百七十度二十一分，太陽之軸在過地球正交黄道之面内，設地球定於此，則最易測。如圖，呐爲日心，吧呐巳爲日軸，戒呐爲地球之視線，唧呷呻面，引廣之必過地球，咔爲太陽赤道上之一斑，地球望之如在叮點，在日心北，其距爲呐叮，即視橢圓之小半徑也，即測得呐叮，則以日之視半徑與呐叮比，若一與咔呐唧角之餘弦比，咔呐唧角，即日軸與黄道面之交角也。

續：此時見黑斑在北半行成圈，其在南半者爲太陽體所隔，而太陽之南極，已在所見之面内，此乃自冬至前約十六日，至夏至前十七日之間，所正見太陽赤道之南邊也。自夏至前十七日，至冬至前十六日，則所見相反，太陽赤道之正交點，在太陽在黄經七十三度四十分，即此時太陽赤道上之一點，自黄道之南半至北半也。

若餘時則推算甚繁，今不載。案：太陽赤道與黄道交角，依賈令敦爲七度十五分，太陽自轉一周爲二十七日六小時二刻六分。

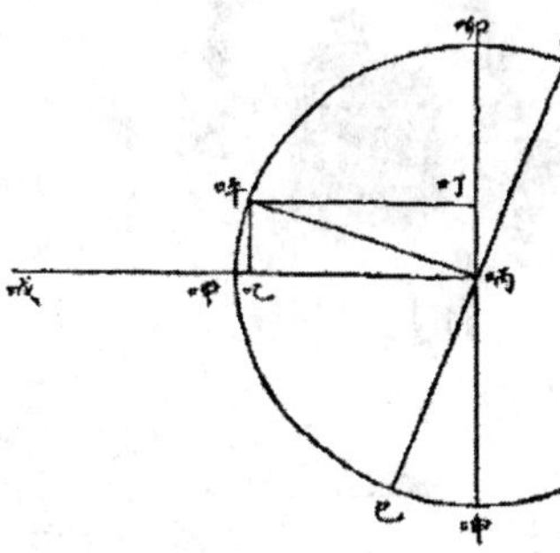

太陽赤道左右各二十五度之内，斑最多，三十度之外甚少，近二極則無。近赤道一帶，少於南北二帶。又北半球大而多，南半球小而少，赤道北自十二度至十五度最大最多，亦最久。又斑多時，恒列爲一帶，與赤道平行，故知日體上必有一(故)〔段〕，最易生此斑，其故今尚未知。又因日自轉，令斑成列，可見光氣爲流質，其動有若地面之貿易風也。【略】

斑自生至滅，歷時不久。最小者，僅見一次過日面，其次或一二周。有歷數周者，則甚少。乾隆四十四年，有一大斑閲六月而滅。道光二十年，有衆斑羣聚，歷八周而滅。凡測斑必記其距赤道方位，及其形狀，又有出没之時可推，故没而復出，誠能識之也。或言有數次所見斑，在日面之處略同，或本即一斑，滅而復發也，然未有證，未敢定其是否。

續：日耳曼德騷人失瓦白，自道光六年至三十年記太陽面上斑之多少而比較之，得知斑之多少及其時之變，均有定例，其最少至最少，周時恒略同。而最多至最多，周時亦同。按所記之事推之，知自第一次最少至第二次最少，約歷十年。嗣有瑞士國伯爾尼人胡而弗，以自萬歷三十八年初用遠鏡窺測之時以來，所記一切窺測太陽之事，會集商議，知最多至最多之周時，十一年一一。而一百年之中有最多之時九次，與失氏之説合。如康熙三十九年，嘉慶五年，皆最少之時也。此時黑斑或甚少，或無。最多之時，或見五十斑，或見一百斑。此時不在二最少時間之正中，而約在一最少時後之第五年也。又未造遠鏡之前，史中屢記日面有黑斑，如唐憲宗元和二年，文宗開成五年，宋哲宗紹聖三年，明萬歷三十五年是也。又梁武帝大同二年，日光大減，至十四日而復明。《梁書》數次曰老人星見。唐高祖武德九年七月至貞觀元年五月，日光減至半。《唐書》數次曰太白晝見。明嘉靖二十六年，日光甚小，晝見恒星，約皆因黑斑之多或大也。此可爲胡而弗所定周時之徵。惟元和二年，萬歷三十五年二次，與定時所差者多，其餘與定時所差不久二年也。

侯失勒維廉謂日面之多斑，因日體之氣包亂動而成，又發光與熱，因各雜料彼此有愛力，化合極緊而成。故據此諸説而謂當日面之斑甚多之年，地球之熱度大，而五穀豐。日面之斑甚少之年，地球之熱度小，而五穀歉。但稽之史中，不足爲全據。嗣有告爺以歐羅巴三十三處，米利堅二十九處，十一年内所測之天氣，會集而取其中數，與侯失勒之説相反，而謂斑多之年，地球之熱度小，斑少之年，地球之熱度大，其差約〇度一一。胡而弗又考蘇黎之史，自宋真宗咸平三年，至嘉慶五年間，確知多斑之年略旱而多穀，少斑之年陰溼而有暴風，與侯氏

説合。又日面多斑之年，指南針必摇，且斑之多少，與摇之多少亦相合。其針之摇，遍地球同時。故知此二者，必有相因，格致中之要事也，現在天學與吸鐵學，皆未能解其理焉。

紀事

漢·班固《漢書》卷二七下之下《五行志下之下》（成帝河平元年）三月乙未，日出黃，有黑氣大如錢，居日中央。京房《易傳》曰：「祭天不順兹謂逆，厥異日赤，其中黑。聞善不予，兹謂失和，厥異日黃。」

漢·班固《漢書》卷七七《鄭崇傳》（成帝河平二年六月）久之，上欲封祖母傅太后從弟商，崇諫曰：「孝成皇帝封親舅五侯，天爲赤黃晝昏，日中有黑氣。【略】今無故欲復封商，壞亂制度，逆天人心，非傅氏之福也。」

漢·班固《漢書》卷九九中《王莽傳中》（天鳳二年二月）是時，日中見星。

漢·班固《漢書》卷九九下《王莽傳下》（地皇元年）二月壬申，日正黑。莽惡之，下書曰：「乃者日中見昧，陰薄陽，黑氣爲變，百姓莫不驚怪。兆域大將軍王匡遣吏考問上變事者，欲蔽上之明，是以適見於天，以正於理，塞大異焉。」

南朝宋·范曄《後漢書》卷一〇八《五行志六》 中平四年三月丙申，黑氣大如瓜，在日中。

五年正月，日色赤黃，中有黑氣如飛鵲，數月乃銷。

南朝梁·沈約《宋書》卷三四《五行志五》 晉惠帝元康九年正月，日中有若飛鷰者，數月乃消。王隱以爲愍懷廢死之徵也。

又 晉惠帝永寧元年九月甲申，日有黑子。按京房占：「黑者，陰也。臣不掩君惡，令下見，百姓惡君，則有此變。又曰：「臣有蔽主明者。」

又 晉惠帝永興元年十一月，黑氣分日。

又 晉元帝太興四年三月癸亥，日有黑子。

又 晉元帝永昌元年十月辛卯，日有黑子。

又 （晉成帝）咸康八年正月壬申，日中有黑子。丙子，乃滅。

又 （晉海西公）太和六年三月辛未，白虹貫日，日暈五重。十一月，桓温廢帝。張重華在涼州，日暴赤如火，中有三足烏，形見分明，數日乃止。

南朝梁·蕭子顯《南齊書》卷一二《天文志上》 永元元年十二月乙酉，日中有三黑子。

北齊·魏收《魏書》卷一〇五之一《天象志一》 （北魏孝文帝太和）二十三年六月己卯，日中有黑氣。占曰「内有逆謀」。八月癸亥，南徐州刺史沈陵南叛。十二月甲申，日中有黑氣，大如桃。

又 （北魏宣武帝景明二年）八月戊辰，日赤無光，中有黑子一。三年正月乙巳，日中有黑氣如鵝子，申、酉復見；又有二黑氣横貫日。二月辛卯，日中有黑氣，大如鵝子。

又 （北魏宣武帝正始）三年二月甲子，日中有黑氣二。

又 （北魏宣武帝正始）四年十一月癸卯，日中有黑氣二，大如桃。占曰「天子崩」。延昌四年正月丁巳，世宗昇遐。

又 （北魏宣武帝延昌）二年閏月辛亥，日中有黑氣。占曰「内有逆謀」。三年十一月丁巳，幽州沙門劉僧紹聚衆反，自號浄居國明法王，州郡捕斬之。

唐·房玄齡等《晉書》卷一二《天文志中》 惠帝元康元年十一月甲申，日暈，再重，青赤有光。

九年正月，日中有若飛鷰者，數日乃消。王隱以爲愍懷廢死之徵。

永康元年【略】十二月庚戌，日中有黑氣。京房《易傳》曰：「祭天不順兹謂逆，厥異日中有黑氣。」

永寧元年九月甲申，日中有黑子。京房《易占》：「黑者陰也，臣不掩君惡，令下見，百姓惡君，則有此變。」又曰：「臣有蔽主明者。」

太安元年十一月，日中有黑氣。

永興元年十一月，日中有黑氣分日。

又 （懷帝永嘉五年三月庚申）日中有若飛鷰者。

又 （元帝太興四年）三月癸未，日中有黑子。

又 永昌元年十月辛卯，日中有黑子。

又 （成帝咸康）八年正月壬申，日中有黑子，丙子乃滅。夏，帝崩。

又 穆帝永和八年，張重華在涼州，日暴赤如火，中有三足烏，形見分明，五

日乃止。

十年十月庚辰，日中有黑子，大如雞卵。

十一年三月戊申，日中有黑子，大如桃，二枚。時天子幼弱，久不親國政。

升平三年十月丙午，日中有黑子，大如雞卵。少時而帝崩。

海西公太和三年九月戊辰夜，二虹見東方。

四年四月戊辰，日暈，厚密，白虹貫日中。十月乙未，日中有黑子。

五年二月辛酉，日中有黑子，大如李。

又 簡文咸安二年十一月丁丑，日中有黑子。

孝武寧康元年十一月己酉，日中有黑子，大如李。

二年三月庚寅，日中有黑子二枚，大如鴨卵。十一月己巳，日中有黑子，大如雞卵。時帝已長，而康獻皇后以從嫂臨朝，實傷君道，故日有瑕也。

太元十三年二月庚子，日中有黑子二，大如李。

十四年六月辛卯，日中又有黑子，大如李。

二十年十一月辛卯，日中又有黑子。是時會稽王以母弟干政。

又 （安帝隆安）四年十一月辛亥，日中有黑子。

唐・李淳風《觀象玩占》卷二 日中烏見，主不明政亂，其分國有衣會，有大旱。一曰王者憂之，一曰旌旆動，將軍出，若出軍遇之敗將死。

日中烏出外，天下大亂，國受殃，哭聲沸天。

晉穆帝永和八年，張重華在涼州，日暮赤如火，中有三足烏見，五日乃止。是時江左建國，胡夷竊據中華，涼州中陷，穆帝幼弱不親國政，卒以衰微。

陳文帝天嘉七年三月庚午，日無光，烏見。占曰：「王者惡之。」其日庚午吳越之分，四月甲子日交暈，白虹貫之，癸酉帝崩。日中有墨子，京房曰：「天下不順，其主厥異。」日中有黑子黑氣，一曰臣有蔽主明者，一曰臣暴君惡日中黑子。《乙巳占》曰：「日中有黑子黑雲，若青若赤若黃，乍二乍三，皆爲天子惡。」日中若有飛燕者，其下有廢。日中有如人立者，君慎左右。日中有如人行者，臣叛主，或曰有兩主立。

青氣入日狀如兩烏重立，日昏無光，夷狄入平中國。日中有如人黑幘黑衣仗刀而立，人主失位。日無光中有物或赤或黃或黑，大爪踴躍，世主絕命。

漢靈帝中平四年三月丙申，黑氣大如瓜在中日。

五年正月日色赤黃，中有黑氣如飛鵲，數月乃銷，是時帝失明，宦者禁錮忠良，遂亡漢祚。

晉惠帝元康九年正月，日中有若飛燕，數日乃銷。王隱以爲愍懷廢死之徵。

惠帝永寧九年甲申，黑子。京房《易傳》曰：「黑者陰也，臣不掩君惡，令下見，百姓惡君，則有此變。」

惠帝永康元年十二月庚戌，日中有黑氣。

太安元年十一月，日中有黑氣。

永興元年十一月，日中有黑氣分日。是時内寵擅權，諸王迭起，骨肉傷殘，天下大亂自此始也。

元帝元昌元年十月辛卯，日中有黑子。是時帝寵幸列隗擅威福，虧傷君道，王敦因之舉兵逼京師，禍及忠臣賢良。

穆帝永和十一年三月戊申，日中有黑子大如桃二枚。時天子幼弱不親國政。時黑子屢見，至升平三年十月丙午，日中有黑子大如雞卵，儀而帝崩。

晉孝武寧康二年三月庚寅，日中有黑子二枚大如雞子。十一月己巳，日中黑子大如雞卵。時帝已長而康獻皇后以從嫂臨朝，實傷君道，故日有瑕也。

太元十年十一月辛卯，日中又有黑子。是時會稽王以母弟干政。

晉太和四年十月乙未，日中有黑子如李。至八年十一月己酉天子廢爲海西公。日消小，所當國君死。

唐・令狐德棻等《周書》卷五《武帝紀上》 （天和元年）二月庚午，日鬭，光遂微，日裏烏見。

又 （天和二年）十月辛卯，日出入時，有黑氣一，大如盃，在日中。甲午，又加一焉。經六日乃滅。

唐・令狐德棻等《周書》卷七《宣帝紀》 （静帝大象元年二月）癸未，日初出及將入時，其中竝有烏色，大如雞卵，經四日滅。

唐・魏徵等《隋書》卷二一《天文志下》 （陳文帝天嘉）七年二月庚午，日無光，烏見。占曰：「王者惡之。」

又 （周武帝建德六年）十一月甲辰，晡時，日中有黑子，大如杯。占曰：「君有過而臣不諫，人主惡之。」

宋・歐陽修等《新唐書》卷三二《天文志》 （敬宗寶歷）二年三月甲午，日中有黑氣如杯。辛亥，日中有黑子。

又 （文宗太和六年三月）庚戌，日中有黑子。

又（文宗開成）二年十一月辛巳，日中有黑子，大如雞卵，日赤如赭，晝昏至於癸未。

又（武宗）會昌元年十一月庚戌，日中有黑子。

又（懿宗）咸通六年正月，白虹貫日，中有黑氣如雞卵。

又（僖宗）乾符元年，日中有黑子。二年，日中有若飛鷰者。

又（僖宗）光啓三年十一月己亥，下晡，日上有黑氣。

宋・薛居正等《舊五代史》卷一〇〇《漢書二・高祖紀下》（高祖天福十二年十月）壬辰，日有黑子如雞卵。

宋・李心傳《建炎以來繫年要録》卷二一（建炎三年三月庚辰）是日，日有黑子。

宋・李心傳《建炎以來繫年要録》卷二二（建炎三年四月壬戌）日中有黑子，又白氣貫日，皆災異之大者。

宋・李心傳《建炎以來繫年要録》卷四二（紹興元年二月）己卯，日中有黑子。

又（紹興元年二月壬午）是日，日中黑子消伏。翌日，范宗尹進呈，因言故事當避殿減膳，今人情危懼之際，恐不可以虚文揺動羣聽，望陛下修德以消弭之。臣等輔政無狀，義當罷免。上曰：「日爲太陽人主之象，豈關卿等，惟在君臣同心，行安民利物實事，庶幾天變不至爲災也。」

宋・李心傳《建炎以來繫年要録》卷一〇六（紹興六年十月壬戌）是日，日中有黑子。

又（紹興六年十一月）丁亥，日中黑子没。

宋・李心傳《建炎以來繫年要録》卷一二六（紹興九年二月）是月，日中見黑子，月餘乃没。

宋・曾公亮《武經總要》後集卷一六　日中黑子、黑氣。京房《易傳》曰：「天不順，兹謂逆厥異。黑者陰也，臣不掩君惡，令不見，百姓惡君，則有此變。」《河圖占》曰：「日中黑氣日薄也。」其説曰，凡日蝕皆於晦朔者爲日薄，雖非日月同宿時，陰氣盛掩其光也，其占類日蝕。

宋・趙鼎《建炎筆録》卷下　奏曰：「數日來外間傳言日中有黑子，司天臺曾奏否？」上曰：「有之。前月二十九日見如一李子大，兩頭尖，今消欲盡矣，其占陰干陽。」某奏曰：「臣徧閲諸家占書，其説不一，或云臣蔽君之明，或云臣不掩君之惡，令不見，百姓惡君，使有此變。其餘占候不一，俱非吉兆。日者，人君之象，恐非尋常災變，願陛下更加明察，恐皆臣等之罪。無惜黜責，以答天戒。」上曰：「干卿何事。」某奏曰：「恐懼修省，更乞陛下留意。」

宋・鄭樵《通志》卷七四《災祥略第一》　日中烏見。晉穆帝永和八年張重華在涼，日暴赤如火，中有三足烏，形見分明，五日乃止。後周武帝天和元年春二月庚午，日中見烏。靜帝大象元年春二月癸未，日出將入時，其中並有烏色。日中飛鷰。晉惠帝元康九年春正月，日中有若飛鷰者，數日乃消。孝懷帝永嘉五年春三月庚申，日中有若飛鷰者。

日中黑子。晉武帝泰始四年冬十月乙未，日中有黑子。惠帝永寧元年秋九月甲申，日中有黑子。元帝太興四年春三月癸未，日中有黑子。永昌元年冬十月辛卯，日中有黑子。成帝咸康八年春正月壬申，日中有黑子。穆帝永和十年冬十月庚辰，日中有黑子，大如雞卵。十一年春三月戊申，日中有黑子，大如桃，二枚。升平三年冬十月丙午，日中有黑子，大如雞卵。海西公太和四年冬十月乙未，日中有黑子。五年春二月辛酉，日中有黑子，大如李。簡文帝咸安二年冬十月丁丑，日中有黑子。孝武帝寧康元年冬十一月己酉，日中有黑子，大如李。二年春三月庚寅，日中有黑子二枚，大如鴨卵。冬十一月己巳，日中有黑子，大如雞卵。太元十三年春二月庚子，日中有黑子，大如李。十四年夏六月辛卯，日中又有黑子，大如李。二十年冬十一月辛卯，日中又有黑子。安帝隆安四年冬十一月辛亥，日中有黑子。齊永元元年冬十二月乙酉，日中有黑子三枚。後周建德六年冬十一月甲辰，黑子大如杯。

日中黑氣。漢孝靈帝中平四年三月丙申，黑氣大如瓜，在日中。五年正月，日色赤黄，中有黑氣如飛鵲，數月乃銷。晉惠帝永康三年冬十二月庚戌，日中有黑氣。太安元年冬十一月，日中有黑氣。永興元年冬十月，日中有黑氣分日。後魏孝文帝太和二年，日中有黑氣。三年夏六月癸卯，日中有黑氣。宣武帝景明二年秋八月戊辰，日赤無光，中有黑氣。三年正月乙巳，日中有黑氣。正始元年冬十二月丙戌，黑雲貫日。二年，日中有黑氣，形如月，從東南來衝日。三年春二月甲子，日中有黑氣三。四年冬十一月癸卯，日中有黑氣二，大如桃。後周武帝天和二年冬十月辛卯，日中有黑氣。

元・馬端臨《文獻通考》卷二八四《象緯考七》　元帝永光元年四月，日色青白，亡景（韋昭曰：「下無景也。無景，惟質見耳。」），正中時有景無光（韋昭曰：「無光耀也。」）。是夏寒，至九月，乃有光。京房《易傳》曰：「美不上人，兹謂上弱。厥異日白，七日不温。順無所制，兹謂弱（孟康曰：『君順從於臣下，無所能制。』），日白六十日，物無霜而死。天子親伐，兹謂不知，日白，體動而寒。弱而有任，兹謂不亡，日白不温，明不動。辟愆公行，兹謂不伸（孟康曰：『辟，君也。有過而公行也。』）。厥異日黑，大風起，天無雲，日光晻（師古曰：『晻與暗同也。』）。不難上政，兹謂見過，日黑居仄，大如彈丸。」

成帝河平元年正月壬寅朔，日月俱在營室，時日出赤。二月癸未，日朝赤，且入又赤，夜月赤。甲申，日出赤如血，亡光，漏上四刻半，乃頗有光，燭地赤黄，食後乃復。京房《易傳》曰：「辟不聞道，兹謂亡，厥異日赤。」三月乙未，日出黄，有黑氣大如錢，居日中央。京房《易傳》曰：「祭天不順，兹謂逆。厥異日赤，其中黑。聞善不予，兹謂失知，厥異日黄。」夫大人者，與天地合其德，日月合其明。故聖王在上，總命群賢，以亮天功，則日之光明，五色備具，燭燿亡主；有則爲異，應行而變也。色不虚改，形不虚毁。觀日之五變，足以監矣。

又　惠帝元康元年十一月甲申，日暈再重，青赤有光。九年正月，日中有若飛燕者，數日乃銷。王隱以爲湣懷廢死之徵。永康元年正月癸亥朔，日暈三重。十月乙未，日闇，黄霧四塞。占曰：「不及三年，下有拔城大戰。」十二月庚戌，中有黑氣。京房《易傳》曰：「祭天不順兹謂逆，厥異日中有黑氣。」永寧元年九月甲申，日中有黑子。京房《易傳》占：「黑者陰也，臣不掩君惡，令下見，百姓惡君，則有此變。」又曰：「臣有蔽主明者。」泰安元年十一月，日中有黑氣。永興元年十一月，日中有黑氣分日。光熙元年五月壬辰、癸巳，日光四散，赤如血流，照地皆赤。甲午，又如之。占曰：「君道失明。」

懷帝永嘉元年十一月乙亥，黄黑氣掩日，所照皆黄。按《河圖占》曰「日薄也」。其説曰：「凡日食皆於晦朔，不有於晦朔者爲日薄。非日月同宿，時陰氣盛，掩日光也。」占類日蝕。二年正月戊申，白虹貫日。二月癸卯，白虹貫日，青黄暈五重。占曰：「白虹貫日，近臣爲亂，不則諸侯有反者。暈五重，有國者受其祥，天下有兵，破亡其地。」明年，司馬越暴蔑人主。五年，劉聰破京都，帝蒙塵於寇庭。五年三月庚申，日散光，如血下流，所照皆赤。日中有若飛燕者。

又　元帝太興元年十一月乙卯，日夜出，高三丈，中有赤青珥。四年二月癸亥，日鬥。三月癸未，日中有黑子。辛亥，帝親録訊囚徒。永昌元年十月辛卯，日中有黑子。時帝寵幸劉隗，擅威福，虧傷君道，王敦因之舉兵，逼京都，禍及忠賢。

明帝太寧元年正月己卯，日暈無光。癸巳，黄霧四塞。占曰：「君道天明，陰陽昏，臣有陰謀。」京房曰：「下專刑之應。」敦既陵上，卒伏其辜。十一月丙子，白虹貫日。史官不見，桂陰太守華包以聞。

成帝咸和九年七月，白虹貫日。咸康元年七月，白虹貫日。二年七月，白虹貫日。自後庾氏專政，由後族而貴，蓋亦婦人擅國之義，故頻年白虹貫日。八年正月壬申，日中有黑子，丙子乃滅。夏，帝崩。

穆宗永和八年，張重華在涼州，日暴赤如火，中有三足烏，形見分明，五日乃止。十年十月庚辰，日中有黑子，大如雞卵。十一年三月戊申，日中有黑子，大如桃，二枚。時天子幼弱，久不親國政。升平三年十月丙午，日中有黑子，大如雞卵，少時而帝崩。

海西公太和三年九月戊辰夜，二虹見東方。四年四月戊辰，日暈，厚密，白虹貫日中。十月乙未，日中有黑子。五年二月辛酉，日中有黑子，大如李。六年三月辛未，白虹貫日，日暈五重。十一月，桓温廢帝，即簡文咸安元年也。

簡文咸安二年十一月丁丑，日中有黑子。

孝武寧康元年十一月己酉，日中有黑子，大如李。二年三月庚寅，日中有黑子二枚，大如鴨子。十二月己巳，日中黑子，大如雞卵。時帝已長，而康獻皇后以從嫂臨朝，實傷君道，故日有瑕也。太元十三年二月庚子，日中有黑子，二大如李。十四年六月辛卯，日中又有黑子，大如李。二十年十一月辛卯，日中又有黑子。是時會稽王以母弟干政。

安帝隆安元年十二月壬辰，日有暈，有背璚。是後不親萬機，會稽王世子元顯專行威罰。四年十一月辛亥，日中有黑子。元興元年二月甲子，日暈，白虹貫日中。三月庚子，白虹貫日，未幾，桓元克京都，王師敗績。明年，桓元纂位。義熙元年五月庚午，日有彩珥。壬辰、癸巳，日光四散，赤如流血，照地皆赤。六年五月丙子，日暈有璚。時盧循逼京都，內外戒嚴。七月，循走。七年七月，五虹見東方。占曰：「天子黜。」其後劉裕代晉。十年，日在東井，有白虹十餘丈在南干日。災在秦分，秦亡之象。

又　東昏侯永元元年十二月乙酉，日中有黑子三枚。

又　孝文帝太和二年正月辛亥，日暈，東西兩珥。四年正月癸丑，日暈，東西有背。八年正月戊寅，有白氣貫日。宣武帝景明二年八月戊辰，日赤無光，中有黑氣。三年正月乙巳，日有黑氣。正始二年四月甲辰，卯時暈匝，西有一背黄，南北有珥，內赤外黄，漸滅。十二月己酉，日暈，北有一抱，內赤外黄白，兩傍有珥下。三年十月乙巳，日赤無光。延昌元年十月甲戌至辛卯，日初出及將没，赤白無光。

又　天和元年二月庚午，日鬥，光遂散，日烏見。十月辛卯，黑雲貫日。建德二年二月辛亥，白虹貫日。占曰：「臣謀君，不出三年。」又曰：「近臣爲亂。」

後年，衛王直舉兵反。六年十一月甲辰，日晡時，日中有黑子，大如杯。占曰：「君有過而臣不諫，人主惡之。」

又 静帝大象元年二月癸未，日將出入時，其中並有烏色，大如雞卵，經四日乃滅。

又 德宗貞元二年閏五月壬戌，日有黑暈。

又 憲宗元和二年十月壬午，日傍有黑氣如人形跪，手捧盤向日，盤中氣如人頭。四年閏三月，日傍有物如日。五年四月辛未，白虹貫日。十年正月辛卯，日外有物如烏。

又 敬宗寶歷元年六月甲戌，赤虹貫日。九月甲申，日赤無光。二年三月甲午，日中黑氣如杯。辛亥，日中有黑子。四月甲寅，白虹貫日。

文宗太和二年二月癸亥，日無光，白霧昏晝。十二月癸亥，有黑祲，與日鬥。五年二月辛丑，白虹貫日。六年三月，有黑祲與日如鬥。庚戌，日中有黑子。四月乙丑，黑氣磨日。七年正月庚戌，白虹貫日。八年七月甲戌，白虹貫日，日有交暈。十月壬寅，白虹貫日，東西際天，上有背玦。九年二月辛卯，日月赤如血。壬辰，亦如之。開成元年正月辛丑朔，白虹貫日。二月己丑，亦如之。二年十一月辛巳，日中有黑子，大如雞卵，日赤如赭，晝昏至於癸未。五年正月己丑，日暈，白虹在東方，如玉環貫珥。三月丙辰，日有重暈，有赤氣夾日。十二月癸卯朔，日傍有黑氣來觸。

武宗會昌元年十一月庚戌，日中有黑子。四年正月戊申，日無光。二月己巳白虹貫日，如玉環。

宣宗大中十三年四月甲午，日暗無光。

懿宗咸通六年正月，白虹貫日，中有黑氣，如雞卵。七年十二月癸酉，白氣貫日，日有重暈。甲戌，亦如之。白氣，兵象也。十四年二月癸卯，白虹貫日。

僖宗乾符元年，日中有黑子。二年，日中有若飛燕者。六年十一月丙辰朔，有兩日出而鬥，三日乃不見。鬥者，離而復合也。廣明元年，日暈如虹，黃氣蔽日無光。日不可以二； 虹，百殃之本也。中和三年三月丙午，日有青黃暈。四月丙辰，亦如之。丁巳、戊午，又如之。光啓三年十一月己亥下晡，日上有黑氣。四年二月己丑，日赤如血。庚寅改元文德。是日，風，日赤無光。

又 （後唐明宗天成）二年二月乙酉，日中有黑氣，狀如雞卵。

又 （後周）顯德七年正月癸卯，日既出，其下復有一日相掩，黑光磨蕩久之。時太祖北征，知星者苗訓指謂親吏楚昭輔曰：「天命也。」是日，周恭帝遜位。

宋太祖皇帝開寶七年正月丙戌，日有黑子二。

真宗景德元年十二月甲辰，日有影，如三日狀。占在危宿，幽州之野，時契丹請和。

又 神宗熙寧十年二月辛卯，日中有黑子如李。占：「臣於君，不掩惡，令民見，則有此變。」或「王者惡之。」至乙巳散。元豐元年閏正月庚子，日中有黑子如李，至二月戊午，凡十有九日散。十二月丙午，日中有黑子亦如李，至丁巳，凡十有二日散。二年二月甲寅，日中有黑子如李，至癸亥散。

徽宗崇寧二年五月癸卯，日淡赤無光，至申乃復。三年十月壬辰，日中有黑子，如棗大。政和二年四月辛卯，日中有黑子，乍二乍三，如栗大。八年十一月辛亥，日中有黑子如李大。宣和二年正月己未，日蒙蒙無光。五月己酉，日中有黑子如棗大。三年十二月辛卯，日中有黑子如李，主：「臣蔽主明。」四年二月癸巳，日蒙蒙無光。

高宗建炎三年三月己卯朔，日中有黑子，壬寅乃消伏。占：「臣不掩君惡。」又「臣有蔽主明者。」紹興元年二月己卯，日中有黑子如李大，三日而伏。主：「臣蔽主明。」六年十月壬戌，日中有黑子如李大，占：「臣蔽主明。」七年二月庚子，日中有黑子如李大，旬日乃消。四月戊申，日有黑子如前。八年二月辛酉，日中有黑子大如棗。占：「君有過而臣不諫。」十月乙亥，日有黑子。

孝宗淳熙十三年五月庚辰，日生黑子如棗大，至甲申日乃復。

光宗紹熙四年十一月辛未，日生黑子。占：「祭天不順兹爲逆，厥異日中有黑子。黑子者，陰也，臣不掩君惡。」又曰：「臣有蔽主明者。」

寧宗慶元六年八月乙未，日內生黑子如棗大，凡六日乃消伏。十二月乙酉，日又生黑子如棗大，凡二十日乃消伏。時侂胄用事，群奸附和，蔽主明。嘉泰二年十二月甲戌，日生黑子如棗大，至丙戌消伏。四年正月癸未，日生黑子如棗大。開禧元年四月辛丑，亦如之。

元·脱脱等《宋史》卷三《太祖志三》（太祖開寶七年二月）丙戌，日有二黑子。

元·脱脱等《宋史》卷一五《神宗紀二》（神宗熙寧十年二月）辛卯，日中有黑子。

又 (神宗元豐元年正月)庚子,日中有黑子。

又 (神宗元豐元年)十二月丙午,日中有黑子,凡十二日。

又 (神宗元豐二年)二月甲寅,詔瘞漢州暴骸。日中有黑子。

元·脱脱等《宋史》卷二〇《徽宗紀二》 (徽宗崇寧四年十月)壬辰,日中有黑子。

元·脱脱等《宋史》卷二一《徽宗紀三》 (徽宗政和二年四月辛卯)日中有黑子。

又 (徽宗重和元年十一月)辛亥,日中有黑子。

元·脱脱等《宋史》卷二二《徽宗紀四》 (徽宗宣和二年五月)己酉,日中有黑子。

又 (徽宗宣和三年)十二月辛卯朔,日中有黑子。

元·脱脱等《宋史》卷二五《高宗紀二》 (高宗建炎三年)三月己卯朔,日中有黑子。【略】壬寅,日中黑子没。

元·脱脱等《宋史》卷二六《高宗紀三》 (高宗紹興元年二月)己卯,日中有黑子,四日乃没。

元·脱脱等《宋史》卷二八《高宗紀五》 (高宗紹興六年十月)壬戌,日中有黑子,没。

又 (高宗紹興七年四月)戊申,日中有黑子。

元·脱脱等《宋史》卷二九《高宗紀六》 (高宗紹興八年二月)庚申,日中有黑子。

又 (高宗紹興八年十月)乙亥,日中有黑子。

又 (高宗紹興九年二月)是月,日中有黑子,月餘乃没。

又 (高宗紹興九年十月)甲戌,日中有黑子。

元·脱脱等《宋史》卷三五《孝宗紀三》 (孝宗淳熙十二年正月)戊戌,日中有黑子。【略】庚戌,日中復有黑子。

又 (孝宗淳熙十三年)五月癸未,日中有黑子。

元·脱脱等《宋史》卷三六《光宗紀》 (光宗紹熙四年)十一月辛未,日中有黑子。【略】庚辰,日中黑子滅。

元·脱脱等《宋史》卷三七《寧宗紀一》 (寧宗慶元六年八月)乙未,日中有黑子。

又 (寧宗慶元六年十二月)乙酉,日中有黑子。【略】乙巳,日中黑子滅。

元·脱脱等《宋史》卷三八《寧宗紀二》 (寧宗嘉泰二年)十二月甲戌,日中有黑子。

又 (寧宗嘉泰四年正月)癸未,日中有黑子。

又 (寧宗開禧元年四月)辛丑,日中有黑子。

元·脱脱等《宋史》卷四二《理宗紀二》 (理宗嘉熙二年十月)己巳,日生黑子。

元·脱脱等《宋史》卷四七《瀛國公紀》 (恭宗德祐二年)二月丁酉朔,日中有黑子相盪,如鵝卵。

元·脱脱等《宋史》卷五二《天文志五》 周顯德七年正月癸卯,日既出,其下復有一日相掩,黑光摩盪者久之。

開寶七年正月丙戌,日中有黑子二。

景德元年十二月甲辰,日有二影,如三日狀。三年九月戊申,日赤如赭。四年四月甲申,日無光。

寶元二年十二月庚申,日赤如朱,踰二刻復。

慶曆八年正月乙未,日赤無光。

熙寧十年二月辛卯,日中有黑子如李,至乙巳散。

元豐元年閏正月庚子,日中有黑子如李,至二月戊午散。十二月丙午,日中有黑子如李大,至丁巳散。二年二月甲寅,日中有黑子如李,至癸亥散。

崇寧二年五月癸卯,日淡赤無光。三年十月壬辰,日中有黑子如棗大。

政和二年四月辛卯,日中有黑子,乍二乍三,如栗大。八年十一月辛亥,日中有黑子如李大。

宣和二年正月己未,日蒙蒙無光。五月己酉,日中有黑子如棗大。三年十二月辛卯,日中有黑子,如李大。四年二月癸巳,日蒙蒙無光。

靖康元年閏十一月庚申,日赤如火,無光。

建炎三年三月己卯,日中有黑子,至壬寅始消。

紹興元年二月己卯,日中有黑子如李大,三日乃伏。六年十月壬戌,日中有黑子如李大,至十一月丙寅始消。七年二月庚子,日中有黑子如李大,旬日始消。四月戊申,日中有黑子,至五月乃消。八年二月辛酉,日中有黑子。十月乙亥,日中有黑子。十五年六月丙午,日中有黑氣往來。丁未,日中有黑子,日

無光。

乾道五年正月甲申，日色黄白，昏霧四塞。

淳熙十二年正月癸巳，日中生黑子，大如棗。戊戌至庚戌，日中皆有黑子。十三年五月庚辰，日中生黑子，大如棗。

紹熙四年十一月辛未，日中有黑子，至庚辰始消。

慶元六年八月乙未，日中有黑子如棗大，至庚子始消。十二月乙酉，又生，至乙巳始消。

嘉泰二年十二月甲戌，日中生黑子，大如棗。丙戌，始消。四年正月癸未，開禧元年四月辛丑，日中皆有黑子大如棗。

嘉熙二年十月己巳，日中有黑子。

德祐二年二月丁酉朔，日中有黑子，如鵝卵相盪。

元·脱脱等《宋史》卷三六二《范宗尹傳》 紹興元年二月辛巳，日有黑子，宗尹以輔政無狀請免。上不許。

元·脱脱等《遼史》卷二三《道宗紀三》（道宗大康三年五月）癸亥，日中有黑子。

元·脱脱等《金史》卷二〇《天文志》 太宗天會七年三月己卯朔，日中有黑子。

又 熙宗天會十四年十一月丙寅，日中有黑子，斜角交行。

又（海陵王正隆五年八月）庚午，日中有黑子，狀如人。

明·佚名《英烈傳》卷四 與李善長議下東吴之事，劉基方行，太祖送之出帳，正餉午見日中有一黑子相盪。太祖曰：「日中黑子主閩廣之地有小災。」劉基曰：「此不主小災富，應東南方折二大將，殿下可遣使諭東南守禦之將，令謹慎防備。」

清·張廷玉等《明史》卷二七《天文志三》 洪武二年十二月甲子，日中有黑子。三年九月戊戌，十月丁巳，十一月甲辰，四年三月戊戌，五月壬子至辛巳，九月戊寅，五年正月庚戌，二月丁未，五月甲子，七月辛未，六年十一月戊戌朔，七年二月庚戌至甲寅，八年二月辛亥，九月癸未，十二月癸丑，十四年二月壬午至乙酉，十五年閏二月丙戌，十二月辛巳，並如之。

又（神宗萬曆二十五年）五月辛卯朔，日光轉蕩，旋爲黑餅。

又（神宗萬曆）四十四年八月戊辰，日中有黑光。四十六年閏六月丙戌至戊子，黑氣出入日中摩蕩。

又（熹宗）天啓四年正月癸未，日赤無光，有黑子二三蕩於旁，漸至百許，凡四日。【略】四月癸酉，日中黑氣摩蕩。

又（毅宗崇禎）十一年十一月癸亥，日中有黑子及黑青白氣。

清·張廷玉等《明史》卷一三六《崔亮傳》 帝以日中有黑子疑祭天不慎所致，欲增郊壇從祀之神。亮執奏：「漢唐煩瀆，不宜取法。」乃止。

清·張廷玉等《明史》卷二四二《董應舉傳》（神宗萬曆）四十六年閏四月，日中黑子相鬭。五月朔，有黑日掩日，日無光。時遼東撫順已失，應舉言：「日生黑眚，乃强敵侵淩之徵。亟宜勤政修備，以消禍變。」因條上方略。帝置不省。

明·楊士奇、黄淮等《歷代名臣奏議》卷三一三 高宗紹興元年，日有黑子。上曰：「日爲太陽人主之象，應天之道以實不以文，若朕實德未至，徒爲文飾，恐難動天。其在君臣相與盡心，行安民利物之事，庶幾天變不至爲災。」

明·談遷《國榷》卷三（太祖洪武二年十二月）甲子，日中黑。

明·談遷《國榷》卷四（太祖洪武三年三月戊午）日中頻有黑子。

又（太祖洪武三年十月）丁巳，日中黑。

又（太祖洪武三年十二月）日中屢有黑子。

又（太祖洪武四年三月）戊戌，日中黑。

又（太祖洪武四年五月壬子）日中黑，辛巳始隱。

又（太祖洪武四年九月戊寅）日中黑子見三年，今秋天鳴震動。日中黑子，或二或三，或一日更有之，更不知災禍自何年月日至。

明·談遷《國榷》卷五（太祖洪武五年庚戌）日中黑。

又（太祖洪武五年二月丁未）日中黑。

又（太祖洪武五年七月辛未）日中黑。

又（太祖洪武六年十一月戊戌）日中黑。

又（太祖洪武七年二月）甲寅，自庚戌至是日中黑。

明·談遷《國榷》卷六（太祖洪武八年二月辛亥）日中黑。

又（太祖洪武八年九月癸未）日中黑。

又（太祖洪武八年十二月癸丑）日中黑。

明·談遷《國榷》卷七（太祖洪武十四年二月）乙酉，自壬午至是日，日中黑。

又（太祖洪武十五年二月丙戌）日中黑。

又（太祖洪武十五年十二月辛巳）日中黑。

明・談遷《國榷》卷八三（神宗萬曆四十六年四月）丁巳，日中黑闕。

明・談遷《國榷》卷八六（熹宗天啓四年正月）癸未，日旁有黑子相盪，凡四日。

《明崇禎實録》卷一二（毅宗崇禎十二年二月庚子）黑氣掩日，日光磨蕩久之，黑氣始散。

清・邵遠平《元史類編》卷二《世祖一》（元世祖至元十三年）二月丁酉，日中有黑子相盪如鵝卵。

清・查繼佐《罪惟録・天文志》 洪武二年，十二月日中有黑子。

又 洪武三年，是年自春至冬日中屢有黑子。

又（洪武四年）五月壬子，日中黑子至辛巳始滅。

又 洪武七年甲寅二月丁酉，日有食之，日中屢有黑子。

清・查繼佐《罪惟録・列傳八》 洪武四年，奈何胡元以寬而失，朕收平中國，非猛不可，然歹人惡嚴法、喜寬容，謗罵國家，扇惑非非，莫能治。即今天象叠見，且天鳴已及八載，日中黑子又見三年，今秋天鳴震動，日中黑子或二或三或一，日日有之，更不知災禍自何年月日至。

又 洪武三年朔旦以來，日有黑子。

藝文

晉・左思《蜀都賦》 羲和假道於峻岐，陽烏迴翼乎高標。

南朝陳・徐陵《丹陽上庸路碑》 陽烏馭日，寧懼武賁之弓；飛雨彌天，無待期門之蓋。

唐・僧鸞《苦熱行》 陽烏落盡酒不醒，扶上西園當月樓。

唐・劉商《烏夜啼》 月中有桂樹，日中有伴侶。

唐・劉駕《苦寒行》 陽烏不自暖，雪壓扶桑枝。

唐・吴融《文德初聞車駕東遊》 鰲頭一蕩山雖没，烏足重安日不昏。

唐・李群玉《洞庭風雨二首之二》 陽烏猶曝翅，真恐濕蟠桃。

唐・李白《上雲樂》 陽烏未出谷，顧兔半藏身。

唐・杜甫《八哀詩・故右仆射相國張公九齡》 千秋滄海南，名繫朱鳥影。

唐・杜甫《前苦寒行二首》 三足之烏足恐斷，羲和送將何所歸。

唐・杜甫《嶽麓山道林二寺行》 蓮花交響共命鳥，金榜雙回三足烏。

唐・杜荀鶴《與友人話別》 月兔走入海，日烏飛出山。

唐・柳宗元《跂烏詞》 無乃慕高近白日，三足妒爾令爾疾。

唐・裴夷直《秋日》 六眸龜北涼應早，三足烏南日正長。

唐・貫休《古意九首之二》 陽烏爍萬物，草木懷春恩。

唐・貫休《苦熱》 松桂枝不動，陽烏飛半天。

月掩行星部

題解

漢·司馬遷《史記》卷二七《天官書》 月蝕歲星，其宿地饑若亡，熒惑也亂，填星也下犯上，太白也彊國以戰敗，辰星也女亂。（正義孟康云：「凡星入月，見月中，爲星蝕月；月掩星，星滅，爲月蝕星也。」）

北周·庾季才《靈臺秘苑》卷二 月中見星爲星食月，月掩星而不見爲月食星，相近盛明爲同光，自下而侵食之爲嚙。

唐·李淳風《乙巳占》卷三 星月相蝕者，月與五星列宿諸星相遇，月掩雲，星不見，爲月蝕星。星見，爲星蝕月。星蝕月者，國君女主，將有被其臣下殺之象也。亦爲自亡有喪。月蝕星者，爲殺戮將相諸侯之象。

又 掩者，覆蔽而滅之。

唐·瞿曇悉達《開元占經》卷六五 石氏曰：「星月相近俱隆明爲同光。」巫咸曰：「凡五星入月中，星不見爲月食星，星見爲星食月。」

元·李克家《戎事類占》卷四 星入月而星見於月，是謂星食月；月奄星而星滅不見，是謂月食星。又曰，月體自若，而星居月上，此爲星食月；月遇之而星隱不見，此爲月食星。月星相食當有易主事，一曰主殺戮將相王侯之象，其分野有兵喪。

又 星食月者星襲月中，月食星者月至星没也。同光者二體相合，不辯其孰爲彼而孰爲此也。

清·劉啓端《大清會典圖》卷一二一《天文十五》 凡距太陰十七分以內爲淩，十八分以外爲犯，五星三分以內爲淩，四分以外爲犯，兩緯同度並爲掩。

清·何國宗《曆象考成》下編卷一〇《恒星曆法》 太陰淩犯五星以本日太陰經度在星前，次日太陰經度在星後爲淩犯，入限餘與淩犯恒星同。五星淩犯恒星無論在上在下皆於相距一度以內取用（五星地半徑差甚小故皆於一度以內取），用兩緯相距三分以內爲淩，四分以外爲犯。五星光小，故三分以內方爲淩，四分以外即爲犯。兩緯相同爲掩，餘與太陰淩犯恒星同。

論説

明·章潢《圖書編》卷一九《月蝕五星論》 《天文别録》曰：「凡月蝕五星，其國棄祀。月蝕歲星，天下大饑。月蝕熒惑，天下大亂。月蝕鎮星，人君好殺。月蝕太白，强國侵陵。月蝕辰星，則有内亂，亦曰有女亂。各以其所在之國命之。」陳卓叙占：「月蝕五星，其國皆亡。五星入月，其野有逐相。」又曰：「凡星入月見月中，爲星蝕月。月掩星星滅，爲月蝕星。」

《古今通占》曰：「月蝕五星，其國皆亡。歲以饑，熒惑以亂，鎮以殺，太白强國以戰，辰以女亂。」

漢宣帝地節元年正月戊午乙夜，月蝕熒惑。孟康曰：「凡星入月見月中爲星蝕月，月掩星星滅爲月蝕星。」占曰：「有死亡期近一年遠二年，是時楚王延壽謀逆自殺。漢成帝建始四年十一月乙卯，月蝕鎮星，星不見，時在輿鬼西北八九尺所。」占曰：「月蝕鎮星，流民千里。」河平元年三月流民入函谷關。

後漢孝明帝永平十五年十一月乙丑，太白入月中，爲大將戮，人主亡，不出三年。後三年孝明帝崩。

綜　述

漢・班固《漢書》卷二六《天文志》　凡月食五星，其國（必）〔皆〕亡。歲以飢，熒惑以亂，填以殺，太白彊國以戰，辰以女亂。月食大角，王者惡之。

唐・房玄齡等《晉書》卷一二《天文志中》　凡月蝕五星，其國皆亡。歲以饑，熒惑以亂，填以殺，太白以强國戰，辰以女亂。凡五星入月，歲，其野有逐相；太白，將僇。

唐・魏徵等《隋書》卷二〇《天文志中》　凡月蝕五星，其國亡。歲以饑，熒惑以亂，填以殺，太白以强國戰，辰以女亂。凡五星入月，其野有逐相。太白，將僇。

唐・李淳風《觀象玩占》卷三《月五星相干犯占》　月犯歲星，其宿國飢。《晉志》曰：「其分歲飢人流。」《黄帝占》曰：「刑獄煩多盜賊。」一曰有邊兵，一曰其分主死，又爲民疫，一曰相有凶。

月乘歲星相死有大戰，其野有拔城。一曰其分王死。

月貫歲星有流民，不出十二年國以飢亡。月與歲星會，其年有疾疫。

月與星同宿而食宿，粟貴，民相食，農官憂。一曰女主凶，有大戰。

月與歲星同光，國以飢亡。一曰臣强。巫咸曰：「相死國飢期三年。」一曰其國且以女樂亡。

月食歲星，軍飢。一曰大臣誅，一曰邦無主，人相食。

月吞歲星，其國飢亡，不出十三年。

月食歲星而暈，女主凶，其國大飢，有大戰。

歲星入月，相以妃黨之譖去。一曰不一旬天下有火災，粟大貴，不出二年天下亡徒爲亂有野兵。荆州占曰：「臣殺主。」

歲星食月，有大喪，女主死，臣爲廷，國易主。歲星犯月，其野有逐相。晉惠帝太安二年十一月庚辰，歲星入月中。占曰：「臣犯主省逐相。」其後左將軍陳

畛奉帝伐成都王，敗績，兵逼乘輿。後二年帝崩。

明帝咸康五年四月辛未，月犯歲星在胃。占曰：「國飢人流。」乙未又犯歲星在卯。其年八月有沔南邪城之敗，百姓流亡者萬餘家。

孝武帝太元十九年四月乙巳，月食歲星在尾，爲燕分。明年慕容垂遣兵伐魏大敗，死者數萬垂死，燕遂亡。

穆帝永和九年十二月，月在東井犯歲星。是時，桓温伐符健於長安。

又升平元年十一月壬午，月掩歲星在房，房爲豫州。二年閏二月乙亥，月又犯歲星在房。三年豫州刺史謝萬敗，八月謝萬薨。

哀帝興寧三年正月乙卯，月掩歲星在參，爲益州。六月鎮西將軍益州刺史周〔撫卒〕。十月，梁州刺史司馬勳入益州以叛，朱序討平之。

安帝元興三年二月甲辰，月掩歲星於左角。是年二月劉裕起兵，殺桓修等明年遂滅。

安帝義熙七年六月庚子，月掩歲星在畢，八月乙未，月犯歲星在參，八年正月庚戌月又犯歲星在畢。其年七月朱齡石伐蜀，蜀人尋反，後又討平之。九年三月西羌入。

南朝宋孝武大明五年十月，月入太微西蕃犯歲星。後三年孝武帝崩。

後魏始光三年正月，歲星食月在張。四年六月攻赫連昌於統萬大敗之。

梁武帝太清十四年九月戊午，月掩歲星在斗。後侯景篡位。

北齊武帝武平三年十一月辛丑，月食歲星。後七年齊亡。

唐玄宗天寶十四年十二月，月食歲在東井，京師也，明年長安失守。

月犯熒惑有亂臣。一曰其國有兵，貴人出。巫咸曰：「有兵戰，小吏死。」一曰女主憂。《荆州占》曰：「戰勝之國大將死。」一曰天丁有女主憂，一曰貴人以兵死，國内亂。

月犯熒惑而暈，或食，天下破，亡太平，將軍憂，期三年。

月食熒惑，國亂兵起，有白衣之聚。一曰相及太子當之，一曰有内亂，帝不終。《武密占》曰：「爲飢。」一曰相死。《荆州》曰：「天下滅亡。」《河圖・帝覽嬉》曰：「其圖以兵致飢而以亂亡。」

月掩熒，或其地大敗，或其宿國主死。《海中占》曰：「其國人傷不可起兵。」《荆州占》曰：「月與火令光芒相及，其宿國亂。」又曰：「太子憂。」

月功齒熒惑，其分國軍破敗。

月與熒惑合，其宿國主死。《海中占》曰：「其國不可以爲貴人傷，有内兵。」《荆州占》曰：「月與火令光芒相及，國有内亂，三年不解。」又曰：「其國太子死。」月與火同宿而食，月在火北，禾不熟；在火南果不實；在火東天下默默；在火西，其分兵飢。一曰有大戰。

月與熒惑同光，有叛臣内亂，且飢。

熒惑食月，讒臣貴后宫，有女害主者。又曰國敗。

熒惑犯月，有亂臣。一曰諸侯有相謀者。

熒惑入月及七寸已内，人主惡之。一曰主信讒，邪人用。一曰熒惑入月憂在宫中，有盗賊。一曰有亂臣在側，相死。《黄帝占》曰：「有兵喪。」《海中占》曰：「以戰不勝。」《荆州占》曰：「臣叛主。」一曰其分兵且旱，不出五月女戚爲政，天下亂，逆行則其災甚大。

熒惑觸月，上角相憂，中央主憂，下角將憂。

熒惑貫月，陰，國亂，其國貴人兵死，國不可伐，不出五年，國亡。熒惑入月，女親爲政，天下亂。

漢宣帝地節元年正月戊午乙夜，月食熒惑，在角亢。占曰：「憂在宫中，非賊而盗也。有内亂，讒臣在旁。」後四年霍氏謀反伏誅。

晋孝武太元十二年二月，熒惑入月。占曰：「有亂臣，死者若有相戮者。」是時，瑯琊王輔政，王妃從兄國寶以姻昵。袁悦等交通相，扇帝殺悦，由有隙禍亂。

十八年正月，熒惑入月。

二十一年九月帝崩。衆言張夫人弑。逆又主國寶邪狡卒伏其幸。

後魏永興四年閏月庚申犯熒惑在昴，七月月食熒惑。占曰：「兵起。」五年濩澤劉逸自號征東將軍。

陳大建六年十月癸卯，月食熒惑，在斗。占曰：「國敗君亡，兵起，破軍，殺將。」明年三月吴明徹敗於吕梁被擒，十三年帝崩。

唐武后長安二年，熒惑入月，歲餘張。

月犯鎮星，女主喪敗。一曰有黜后，一曰爲亡地，不出十二年，國以飢亡。一曰天下有大喪。《荆州占》曰：「其地貴人以兵飢，天下亂。」一曰一夆事者敗，若天下有風之災。

月食填星，其地飢流亡，女主憂。一曰民流千里，一曰國以女亂亡。

月乘土星地動不則天裂，月與土合，其下國飢。

月與填星同光，以其月食。一曰且有以移徒亡者，若星動摇，其下亡地。填星入月中，臣賊主。一曰不出四十日，有土工事。《乙巳占》曰：「王者當之。貴人絶無後。」一曰女主死。

填星食月，有喪女主凶。填星貫月，國内亂，不出五年亡。

漢宣帝建始四年十一月乙卯，月食填星，填星不見，時在輿鬼西北八九寸。至和平元年，流民入函谷關。

晋安帝隆安四年正月乙亥，月犯填星在牛。占曰：「吴越有兵，喪主女憂。」六月乙未又犯填星在牛。至七月皇太后李氏崩。元興元年孫恩破會稽，七月大飢，人相食。

唐和元三年十月，月在氐，土星見月中，其分野在東平李師，古地也。未幾師右死，師道叛亡。

月犯太白，有兵大戰。一曰將有二心，一曰人主惡之。《荆州占》曰：「月犯太白，天下靡散。」

《河圖·帝覽嬉》曰：「强侯作難，以成戰，戰則不勝。」一曰太白與月相犯，國多寇盗。

月蝕太白，强國以戰亡。亦曰其分主人死。《荆州占》曰：「臣弑君，亦受誅。」一曰國君亡。

月掩太白，王者亡地。月吞太白，其分兵戰國亡。

月戴太白，有猝兵，期五日。

太白出月，下芒相反，君死民流。

月生三日刺太白之陽，國勝小邑損。月生三日刺太白之陰，兵在外者未及，兵在内者不及，出南方爲陽，北方爲陰，月與太白同出，守城者賣城，宜更其守者。月與太白合宿，太子死主憂。

月與太白會在南，南國凶，在北北國凶。

太白與月同光，其日月食，其下兵亡。

太白與月争光，大戰。相去五寸，有拔城。二寸，軍憂。三寸，天子罷相。六寸，天下有兵。三尺，有憂城，一尺拔城。五尺以外，無咎。

太白食月，易大將。一曰將死，一曰臣犯主。

太白入月中，其國戰不勝，亡地。《海中占》曰：「不及九年，國分兵亡。」《荆州占》曰：「有分國，主王。」一曰其分兵起，一曰將死，一曰臣謀不成，又曰

有內惡。郗萌曰:「國失政,大臣作亂。」《荆州占》曰:「軍出主將死。」太白入月中而不出,客將死,出者主將死。《武密》曰:「太白入月中而不見,客將死,其星見,主人將死,無軍,則大將軍當之。」《乙巳占》曰:「太白入月中,星不見,臣爲逆。」

月弦太白入弦中,侯王死。太白犯月,刑理失,中自毀其法。

太白貫月,期不出六年,國有大兵戰,殷亡地。一曰國以女亂亡。

漢明帝永平十五年十一月乙丑,太白入月中,後三年帝崩。

晉元帝大興三年十二月己未,太白入月中,在斗。其後有王敦之亂成。

成帝咸康四年四月己巳,五月乙巳,月俱掩太白。明年石季龍大寇沔南。

安帝義熙二年十月丙午,月掩太白在危。五年四月劉裕北伐,南燕滅之。

元熙元年十二月丁巳,月犯太白於羽林。二年六月禪於宋。

後魏普泰元年五月辛未,太白出西方,與並中間容一指。十月高歡起兵誅爾朱等。

陳文帝天嘉六年八月戊辰,月與太白光芒相著,在太微西蕃南有八尺。明年帝崩,安成王頊廢少帝而自立。

唐玄宗先天元年八月甲子,太白襲月。占曰:「大兵之象,月大臣體也。」

月犯辰星,兵起,上卿死。或曰,廷尉憂之軍略,月與水薄,王死。京房曰:「天下大水。」

月食辰星,其國有女憂,有水飢。一曰其國以女亂亡。一曰兵未起而月食辰星,所當之國戰不勝。

月與辰星會合,其宿國雨水敗物。一曰兵起,國亡地。又曰其分人流亡。

辰星與月同光,其國且以女樂亡。一曰有大水。

辰星入月中,臣叛主。《荆州占》曰:「有水,有刑事起。」又曰:「臣欲弑主,不出三年,必有内惡。」《武密》曰:「辰星入月而見,其國君子死。入而星不見,大臣死北方之國。」一曰辰星入月,君臣俱死,其下有大戰,亡國,不利先舉者。又曰内謀起,冬大雪。又曰辰星入月,人主戰敗亡地。一曰牛馬疫米貴。又曰辰星入月而不見,其國君臣皆死。

辰星食月,大水。一曰,臣有匿謀,不出三十日。辰星貫月,其國以女子亂。

辰星與月犯,有水行事起,因而匿謀,且有大水。一曰春夏大水。

漢太始四年七月丙辰,辰星在翼,月犯之。至地節元年楚王延反自殺,二年霍氏謀反伏誅。

晉孝武大元二年十月戊子,辰星入月,在危。時潮水入石頭城郭,冬春大雪,牛馬病,穀貴五倍。後魏天興五年四月辛丑,掩星在井,十一月帝伐秦師於象坑,戰敗,上將姚平赴水死北。月食五星,其國皆亡,歲以飢,熒惑以亂,填以殺,太白以强戰,辰以女亂。或曰,月食五星,大臣相譖死。

五星入月,其野有逐相,太白將戮。或曰,五星食月,天子殺同姓。又曰,月食五星,或薄,或合,皆爲其分有殃。

唐・李淳風《乙巳占》卷二《月蝕五星及列宿中外官占第十四》 月行與木同宿而蝕,民相食,粟貴,農官憂。

月行與火同宿而蝕,天下破亡,有憂。

月行與土同宿而蝕,國以饑亡。

月行與金同宿而蝕,强國戰勝亡城,大將有兩心。

月行與水同宿而蝕,其國有女亂而國亡。

唐・瞿曇悉達《開元占經》卷一二《月占二・月與五星相犯蝕四》 《巫咸占》曰:「五星入月中,人主死;不出,臣死,非將即相也。近期一年,遠期三年。」《帝覽嬉》曰:「月犯五星,粟貴;二犯之,數貴。」《海中占》曰:「月貫五星,天子坐之。」《郗萌占》曰:「金火與月相近,其間六寸,天下有兵;間尺,天下憂兵;五尺無害。」《荆州占》曰:「五星入月中,其野有逐君,大臣賊主;月蝕五星,若薄若合,皆其分有災。」《河圖・帝覽嬉》曰:「歲星入月中,其國有逐相。」《春秋緯・文曜鉤》曰:「歲星入月中,以妃黨之譖去。」《黄帝占》曰:「歲星入月中,不出一旬,天下有大災,人君不平,天星墜,若雨霧,不出一年,羅什長八,不出二年,天下亡徙爲亂,若有野兵。」《海中占》曰:「歲星蝕月,有大喪,女主死,臣殺君,易位。」《荆中占》曰:「歲星入月中,大臣賊其主。」《荆州占》曰:「月犯歲星,其國民饑死;一曰主死,期三年。」(按大興四年十二月丁亥,犯歲星,在房。占曰:「其國兵,饑民流亡。」永昌元年,王敦率領江荆之衆來攻京都,六軍敗績不能有以拒戰,於是殺護軍將軍周凱、尚書令刁協,驃騎軍戴淵,又鎮北將軍劉隗出奔。四月又殺湘州刺史譙王丞、鎮南將軍甘卓,閏十二月元帝崩。)《荆州占》曰:「月犯歲星,其國疾。」《春秋緯・元命包》曰:「歲星逆犯月,法令散。」《河圖・帝覽嬉》曰:「月犯歲星,其國饑一年二年乘之,主死。」《荆州

占》曰：「月乘歲星，相死。」《帝覽嬉》曰：「月貫歲星，有流民，不出十二年，國饑亡。」司馬遷《天官書》曰：「月蝕歲星，其宿地饑若亡。」《帝覽嬉》曰：「月蝕歲星，其鄉大戰，大拔邑。」（按晉建興三年正月乙卯，月掩歲星在參，益州分也。六月鎮西將軍益州刺史周撫薨，十月梁州刺史入益州以叛，朱序率衆助刺史周楚討平之。）《荆州占》曰：「月蝕歲星，邦主無，人人相食。」《荆州占》曰：「月吞歲星，其國十二歲而敗。」《河圖・帝覽嬉》曰：「熒惑入月中，憂在宫中，非賊乃盗也。有亂臣死相，若有戮者。」（按：《洪範傳》漢宣帝地節元年正月戊午夜，月食熒惑左角亢，亢爲朝廷，憂在殿内，非其賊，有盗，有内亂，讒臣在傍。故將軍霍光妻與其子及昆弟諸婿爲侍中諸曹，九卿太守皆謀反，伏誅。又晉太元十二年二月戊申，熒惑入月。占曰：「有亂臣死相，若有戮者；一曰女親爲政。」是時瑯琊王輔政，王妃從兄國寶以姻昵受寵。又陳郡袁悦私媚苟進，交通主相，扇揚朋黨。十三年殺悦，是時主相有隙，亂皆興矣。）《海中占》曰：「熒惑入月中，臣以戰不勝，内臣死。」《荆州占》曰：「火星入月中，臣賊其主。」《黄帝占》曰：「熒惑蝕月，讒臣貴，后宫有害女主者。」《海中占》曰：「熒惑入月中，及近月七寸之内，主人惡之；一曰讒臣在傍，主用邪。」巫咸曰：「熒惑居河若守之，月數其出間，百日兵多移。」巫咸曰：「熒惑犯月，戰，小吏死。」《帝覽嬉》曰：「月犯熒惑，國内降貴人，兵死。」京氏《妖占》曰：「月犯熒惑，天下有女主憂。」《荆州占》曰：「月戰勝之國，大將鬥而死。」《帝覽嬉》曰：「熒惑貫月，陰國可伐，期不出三年，其國亂，貴人兵死。近期不出五年，其國受兵。遠期不出十年，而以兵亂亡也。」《海中占》曰：「熒惑觸月，上角爲相，下角爲將，中央爲主。」司馬遷《天官書》曰：「月蝕熒惑，其宿地亂。」《海中占》曰：「月蝕熒惑，有白衣之事。」又曰：「其國内敗，五年大兵。」《荆州占》曰：「月蝕熒惑，有死相。」《荆州占》曰：「月蝕火星，天下滅亡，期九年。」《帝覽嬉》曰：「月蝕熒惑，其國以兵起，饑，又以亂亡月以旦，相及太子當；晦以君當之。」劉向《洪範五行傳》曰：「月蝕熒惑在角、亢，憂在中宫，非賊而盗也，有内亂；一曰有死相，若戮者貴人兵死，讒臣在旁。」《荆州占》曰：「月毁熒惑，急在臣下。」《黄帝占》曰：「月吞火，賊滅國。」《荆州占》曰：「月咽熒惑，其師破敗。」《河圖・帝覽嬉》曰：「填星入月中，臣賊其主。」《黄帝占》曰：「填星入月中，不出四旬，有土功事。若貴人絶嗣，不出其年，王者當之。」《郗萌占》曰：「填星蝕月，女主凶，當黜者有喪。」《河圖・帝覽嬉》曰：「月犯填星，爲亡地，期不出十年，其國以饑亡；一曰天下且有大喪。」（按《洪範傳》漢成帝建始元年十一月乙卯，月蝕填星在輿鬼西北八九尺。其占爲饑民流千里。後十五年，民人饑，函谷關逐食。）《荆州占》曰：「月犯填星，其國貴人兵死，天下亂；一曰主死，先舉事者敗；若天下有大風。」巫咸曰：「月犯填星，女主敗。」（按魏青龍二年十月乙丑，月犯填星。三年丙寅正月，太后郭氏無疾乃忽崩。）《河圖・帝覽嬉》曰：「月乘填星，地動，不乃天裂。」《河圖・帝覽嬉》曰：「填星貫月，國内亂，期不出五年而亡。」《河圖・帝覽嬉》曰：「月蝕填星，女主死，其國以伐亡，若以殺亡。」司馬遷《天官書》曰：「月蝕填星，其宿地，下犯上。」班固《天文志》曰：「月蝕填星，民流千里。」《荆州占》曰：「月蝕填星，國女亂。」《巫咸占》曰：「月不盡三日，候太白出東方，與月並準之，其間容一指，則八月有破軍，死將，主人不勝；容二指，期十三日，客軍不破主人亡地；容三指，期二十日，有破軍，死將，主人亡地；容四指，期八十日，客大敗；容五指，期三十日，軍起而不戰。」巫咸曰：「入月三日，修太白與並準之，其間容一指，軍在外，期十日，有破軍，死將，客勝；容二指，期十五日，破軍，死將，主人勝；容三指，期十八日，有破軍，死將，客軍大勝，主人亡地；容四指，期二十五日，客軍入境，主人不勝；容五指，期三十日，軍陣不戰。」《荆州占》曰：「太白與月光並，軍大戰。相去一寸，有拔城；二寸，有憂城；三寸，有憂軍。」《郗萌占曰：「太白與月相去三寸，天子罷相。」《巫咸占》曰：「太白與月相近五寸，天下有憂兵；間五尺，天下無害。」《荆州占》曰：「太白東方始出，爲低；在月南爲得行；在月北爲失行；其與月相過失行，月不盡一日，二月；二日，三月；三日，四月；四日，五月；五日，六月；六日，七月；七日，八月；八日，九月而起兵。」《荆州占》曰：「太白在西方以始入爲低，在月北爲得行；在月南爲失行；其與月相過失行，月生一日，二月；二日，三月；三日，四月；四日五月；五日，六月；六日，七月；七日，八月；八日，九月而起兵。」《荆州占》曰：「太白入月中不出，客將死；出者，主人將死；無軍，大將當之。」《帝覽嬉》曰：「太白入月中，將軍戮死；一曰臣謀主，不成；皆不出三年。」又曰：「必有内惡戰，不勝，亡地。」《海中占》曰：「太白入月中，有殺，不及九年；國以兵亡。」郗萌曰：「太白入月中，國失政，大人爲亂，期三年；一曰大人當之。」《荆州占》曰：「太白入月中，無軍，大將當之，兵死，期四十日；又軍出主人將死。」《河圖・帝覽嬉》曰：「月弦，太白入月中，侯多死者。」《荆州占》曰：「太白入月中，其國有分國立王。」《郗萌占》曰：「西方先起軍者，即太白與月相

去三尺，有憂軍；相去二尺，有憂城；相去一尺，有拔城。」《郗萌占》曰：「月犯太白，將有兩心；戴太白，有卒兵。」《帝覽嬉》曰：「月犯太白，强侯作難國，戰不勝，人君死，亡國。」（按：《宋書·天文志》：青龍二年十一月戊寅，月犯太白。占曰：「人君死，爲兵。」景初元年七月，公孫淵叛。三年正月，遣司馬懿討之。三年正月明帝崩。）《荆州占》曰：「月犯太白，强侯死。」又曰：「大將有兩心。」又曰：「太白與月相犯，國多寇盜。」《帝覽嬉》曰：「太白與月貫，期不出三年，國大危，戰敗，亡地，以女亂亡，期不出六年。」《帝覽嬉》曰：「月蝕太白，强國以饑亡，不必九年以城亡。」司馬遷《天官書》曰：「日蝕太白，强國以戰敗。」班固《天文志》曰：「月蝕太白，其國以戰亡。」《郗萌占》曰：「月蝕太白，其年臣殺主，勝臣亦死。」《荆州占》曰：「月蝕太白，民靡散。」（按：晉興寧三年十月丙戌夜，月掩太白，在須女。占曰：「天下民靡散。」）郗萌曰：「太白蝕月，易大將，刑死。」《海中占》曰：「太白居月中無光，名曰月蝕太白，臣弒其主勝，皆其三年。」（崔鴻《春秋燕録》曰：「正始三年秋八月，太白入月中，冬十月戊辰，雲臨東堂，幸臣雜班姚仁懷劍執袋而入，稱有所啓。劍擊雲，雲以反拒仁，仁進而殺。」）《帝覽嬉》曰：「辰星入月中，賊臣欲殺主，不出三年，必有內惡戰，不勝，亡地。」《黄帝占》曰：「辰星入月中，不出三旬，內有匿謀，春夏有大水，秋冬有大雪，牛馬疾疫，穀貴。」（按《晉陽秋考》曰：「太元十三年十一月戊子，辰星八月在晉。濤水入石頭，春大水，冬大雪，物馬死，穀踴貴不出百日。」）《荆州占》曰：「辰星入月，刑事起。」《荆州占》曰：「辰星入月中，復出，君死；入不出，君臣皆死。」《帝覽嬉》曰：「月犯辰星，兵大起，上卿死。一曰廷尉有憂，期不出三年。」京房《妖占》曰：「月犯辰星，天下大水。」《海中占》曰：「辰星貫月，不出四年，有殃，內禍，匿謀。」《荆州占》曰：「辰星貫月，國以女子內亂，期六年。」《巫咸占》曰：「辰星與月薄，所舍之宿，其主死，其國亡。」《帝覽嬉》曰：「月蝕辰星，其國以女亂亡，若水饑，期不出三年。」又曰：「兵未起而饑，所當之國，其兵戰不勝。」京房《易傳》曰：「月蝕辰星，其國女以戰。」《郗萌占》曰：「辰星蝕月，大水。」

元·馬端臨《文獻通考》卷二八五《象緯考八》 又曰：孟康曰：「星入月而星見於月中，是爲星食月。月掩星而星滅不見，是爲月食星。」《隋天文志》曰：「月食五星，歲以饑，熒惑以亂，填星以殺，太白以强國戰，辰以女亂。」孝宣本始四年七月甲辰，辰星在翼月犯之。地節元年正月戊午，月食熒惑，熒惑在角亢。成帝建始四年十一月，〔月〕食填星。陽朔元年七月，月犯心。此其證也。

明·楊嗣昌《楊文弱先生集》卷二四《微臣伏讀諭旨疏》 竊臣前因星變具奏上聞，惟願聖躬聖衷無所不謹。臣知主上朝乾夕惕，欽若昊天，寧有待於微臣之言，特以狗馬愚忠有不容已於言者耳。兹見邸報抄傳閣臣，諭旨主上宮中齋沐脩省，拜疏祈天，從古至今所未聞見。天表之應，如響隨聲，甘霖沛澤，火德韜光，化災爲祥，於斯可必然。而聖慮惓惓，猶以星未順行，青服減膳，臣愚伏讀數四，不勝狗馬傍徨。竊有一二鄙聞，願寬聖懷萬一者，敢不揣愚陋，披瀝上陳。臣聞月食五星，古來變異，史不絶書，然亦觀其時勢，主德何如，政事相感，災祥之異，不一其致。今兹月食火星在於前月己酉、寅卯之辰，臣愚以臆斷之，戊申、己酉，納音屬土，律應中宮，然有陰陽之分，戊申陽宮，主帝座，己酉陰宮，主后妃，其時寅卯適值熹廟成妃發引內外文武百官祭奠郊圻，所謂白衣之會，在陰宮，已有其應，主上無庸致疑一也。當食之時，火星觸月在於上角，不在中央，亦不在下，臣愚謹視明白主上無庸致疑二也。惟是曆載是日火星躔尾八度，月躔尾十二度，相距不啻萬里，何爲相掩，若果相掩於八度，當在戊申之亥，何爲己酉之寅？將謂掩於十二度，則火方逆行，無忽順行五度之理。以此推之，必月行見火而遲，有將進將退之象，其災祥亦可推也，火留守尾始三月戊寅，既留而逆，復始於丙戌，戊寅。丙戌音皆陽宮，至於己酉陰宮之日，乃觸太陰而不見，斯爲月食。尾者，蒼龍之尾，水星也。火流逆之，爲守所不勝。故其觸月亦不勝，而爲月食也。時方黎明，月遂西匿。若其尚畜，當復見星貫月而出。火星貫月，陰國當之。其國貴人兵死，不出五年國亡。李唐《州郡躔次》：漁陽、上谷、北平入尾，則今順、永二郡之間。北地、西河、上郡入尾，則今陝西延慶、山西汾水之地。遼東、遼西入尾，則今河東、河西我與敵國共之者。宋人《精義賦》曰：尾、箕、析木，幽燕是稱。濱、渤、碣、高麗，暨三韓之盡。自北平、保定，終北紀之所窮，是則陰國當之，自有其應，非臆説也。且臣稽於古，月食熒惑不爲大災者，蓋亦有之。在漢光武帝建武二十三年丁未三月，月食火星，其年無事。明年匈奴八部大人立呼韓邪單于，款五原塞。事下公卿，議者皆以爲中原初定，中國空虛，彼國情僞難知，不可許。五官中郎將耿國獨以爲宜，如孝宣故事受之，以率屬四彝，完復邊郡。帝從之。至孝明帝永平二年己未十二月，月食火星，頻年無事。其時皇后馬氏，馬援之女也，德冠后宮，常衣大練。明帝圖畫功臣二十八將於南

宮雲臺，又益以王常、李通、竇融、卓茂，合三十二人。馬援以椒房之親，抑不與焉。有唐憲宗元和七年壬辰正月，月掩熒惑。其年田興以魏博來歸，李絳請推心撫納，結以大恩。遣知制誥裴度至魏博宣諭，以錢百五十萬緡賞軍士，六州百姓給復一年。宋太宗太平興國三年戊寅七月，月掩熒惑。其年興師滅漢，車駕遂幸契丹，連年兵敗。臣愚所聞如此，以爲月食火星猶幸在尾，內則陰宮，外則陰國，主上脩德以昭和，治內以威外，必有災而不害者。若夫火猶逆行，五月丁丑當入乎心，踰句戊子留而守之。六月丙申順軌，方去心爲明堂，熒惑廟也，五星行入其廟，謹候其應，是尤有不同於尾者。主上精誠感召，天錫百祥，星行或不至乎心。或雖至乎心而不犯斯，則宗社萬靈之助，子孫千億之休徵。臣狗馬祝願聖躬，聖衷無所不謹者，必至是而後釋然於懷也。竊臣前因奏對，援引不倫，祇今束躬待罪，何敢復稱漢、唐、宋之言？第緣伏讀諭旨，至尊獨自憂天，羣臣聽從其便，狗馬惶汗欲死，不敢不述鄙聞，仰慰聖懷萬一。伏祈恩鑒愚忠俯宥多言之罪。」

崇禎十一年五月初三日，奉聖旨，克謹天戒，惟在實脩人事。覽卿奏，知道了。

明・文秉《烈皇小識》卷五　時火星示變，皇上於宮中齋沐，祈禱，素服，減膳，并論各衙門俱角素修省，楊嗣昌上疏略曰：

「臣聞月食五星，古今異變，史不絕書，然亦觀其時勢，主德何如。今茲月食火星在於前月己酉，納音屬主，律應中宮，然有陰陽之分，戊申陽宮主帝座，己酉陰宮主后妃，其時寅卯適值熹廟成妃發引內外文武百官祭奠郊外，其所謂白衣之會，在陰宮，已有其應，無庸致疑一也。當食之時，火星觸月在於上角，不在中，亦不在下，臣愚謹視明白無庸致疑二也。」

又云：

「臣稽於古，月食熒惑不爲大災者，蓋亦有之。在漢光武建武二十三年丁未三月，月食火星，其年無事。明年匈奴八部人立呼韓邪單于，款五原塞事下公卿議，議者皆以爲不可許。五官中郎將耿國獨以爲宜，如孝宣故事受之，以率屬四夷，帝從之。明帝永平二年己未十二月，月食火星，頻年無事。皇后馬氏馬援之女也，德冠后宮，嘗衣大練。明帝圖畫功臣二十八將於南宮雲臺，又益以王常、李通、竇融、卓茂，〔合〕三十二人馬援以椒房之親，抑不預焉。唐憲宗元和七年壬辰正月，月掩熒惑。其年田興以魏博來歸，李絳推心撫納，結以大恩。宋太宗太平興國三年戊寅七月，月掩熒〔惑〕，其明年興兵滅漢，車駕遂征契丹，連年兵敗。辛相張齊賢上疏，以『聖人舉事，動出萬全，必先本後末，安內養外』之說進。臣愚所聞如此。」

明・熊明遇《格致草》　孟康曰：「星入月而星見於月中是爲星食月，月奄星而星滅不見是爲月食星。」《隋天文志》曰：「月食五星，歲以饑，熒惑以亂，填星以殺，太白以强國戰，辰以女亂。孝宣本始四年七月甲辰，〔辰〕星在翼月犯之。地節元年正月戊午，月食熒惑在角亢。成帝建始四年十一月，〔月〕食填星。陽朔元年七月，月犯心。此其證也。【略】夫蒙氣能映小爲大，升卑爲高，故日月星之體初升甚大，而月食間有日未入地而見者，故曆家必立清蒙差法，乃爲密近。又月天甚低，諸星皆在其上。孟康云：「星入月而星見於月中是爲星食月。」又理之所無而事之所不經見者。月食星則維其常矣。或曰：「堯時十日並出而羿射之，非歟？」曰：「紀載羿善射，日落九烏，遂傳訛爲落九日。猶云一夔足矣，後人遂訛爲一足夔也。」

明・徐光啓《新法算書》卷一一《測天約説卷上》　問：「七政中復有上下遠近否？」曰：「有之。月最近也。何以知之？亦有二驗，其一能掩日五星也。月掩日而日爲食不待論也。唐文宗泰和五年二月甲申月掩熒惑，六年四月辛未月掩填星於端門，九年六月庚寅月掩歲星於太微，武宗會昌二年正月壬戌月掩太白於羽林，是月掩五星也。其二，循黃道行二十七日有奇而周天，餘皆一年以上，是七政中爲最速也。」

明・徐光啓《新法算書》卷三〇《月離曆指卷三》　試觀月掩日，日爲之食，日外月內，不待言矣。月掩恒星，星爲之食，星外月內，不待言矣。獨月與五星，歷家言有時星食月，有時月食星亦未然也，夫星固未始有在月下者也。歷稽古史多言月食五星，而不言五星食月，斯著明已。

清・張岱《夜航船》卷一《天文部》　月食五星，崇禎十一年四月己酉夜，熒惑去月僅七八寸，至曉逆行尾八度掩於月，丁卯退至尾初度，漸入心宿。楊嗣昌上疏言：古今變異，月食五星，史不絕書，然亦觀其時勢。昔漢光武帝建武二十三年月食火星，明年呼韓單于款五原塞。明帝永平二年月食火星，皇后馬氏德寇后宮，明年圖畫功臣於雲臺。唐憲宗元和七年月食熒惑，明年興師連年兵敗。今者月食火星，猶幸在尾，內則陰宮，外則陰國，皇上修德召和，必有災而不害者。然實考嗣昌所引年月俱謬。

紀事

漢・班固《漢書》卷二六《天文志》（宣帝）地節元年正月戊午乙夜，月食熒惑，熒惑在角、亢。占曰：「憂在宮中，非賊而盜也。有内亂，讒臣在旁。」

又（成帝建始四年）十一月乙卯，月食填星，星不見，時在輿鬼西北八九尺所。占曰：「月食填星，流民千里。」河平元年三月，流民入函谷關。

漢・班固《漢書》卷九九上《王莽傳上》（平帝元始五年）冬，熒惑入月中。

南朝梁・劉昭補注《後漢書》卷二〇《天文志上》（光武帝建武）二十三年三月癸未，月食火星。郗萌曰：「熒惑逆行氐爲失火。」

南朝梁・劉昭補注《後漢書》卷二一《天文志中》（明帝永平）二年十二月戊辰，月食火星。《黄帝星經》曰：「出入井，爲入主。一曰(陽)〔賜〕爵禄事。」

又（明帝永平）十五年十一月乙丑，太白入月中，爲大將戮，人主亡，不出三年。後三年，孝明帝崩。

唐・房玄齡等《晉書》卷一二《天文志中》 月奄犯五緯

凡月蝕五星，其國皆亡。五星入月，其野有逐相。

魏明帝太和五年十二月甲辰，月犯填星。

青龍二年十月乙丑，月又犯填星。占同上。戊寅，月犯太白。占曰：「人君死，又爲兵。」景初元年七月，公孫文懿叛。二年正月，遣宣帝討之。三年正月，天子崩。四年三月己巳，太白與月俱加景晝見，月犯太白。占同上。

景初元年十月丁未，月犯熒惑。占曰：「貴人死。」二年四月，司徒韓暨薨。

齊王嘉平元年正月甲午，太白襲月。宣帝奏永寧太后廢曹爽等。

惠帝太安二年十一月庚辰，歲星入月中。占曰：「國有逐相。」十二月壬寅，太白犯月。占曰：「天下有兵。」三年正月己卯，月犯太白，占同青龍元年。七月，左衛將軍陳昣等率衆奉帝伐成都王，六軍敗績，兵逼乘輿。後二年，帝崩。

元帝太興二年十一月辛巳，月犯熒惑。占曰：「有亂臣。」三年十二月己未，太白入月，在斗。郭璞曰：「月屬坎，陰府法象也。太白金行而來犯之，天意若曰，刑理失中，自毁其法。」四年十二月丁亥，月犯歲星，在房。占曰：「其國兵饑，人流亡。」永昌元年三月，王敦作亂，率江荆之衆來攻，敗京都，殺將相。又，鎮北將軍劉隗出奔，百姓並去南畝，困於兵革。四月，又殺湘州刺史、譙王司馬承，鎮南將軍甘卓。

成帝咸康元年二月乙未，太白入月。四月甲午，月犯太白。四年四月己巳，七月乙巳，月俱奄太白。占曰：「人君死。又爲兵，人主惡之。」明年，石季龍之衆大寇沔南，於是内外戒嚴。五年四月辛未，月犯歲星，在胃。占曰：「國饑，人流。」乙未，月犯歲星，在昴。及冬，有沔南、邾城之敗，百姓流亡萬餘家。六年二月乙未，太白入月。占曰：「人主死。」四月甲午，月犯太白。占曰：「人主惡之。」

穆帝永和八年十二月，月在東井，犯歲星。占曰：「秦饑，人流亡。」是時兵革連起。十年十一月，月奄填星，在輿鬼。占曰：「秦有兵。」時桓温伐苻健，健堅壁長安，温退。十二年八月，桓温破姚襄。

升平元年十一月壬午，月奄歲星，在房。占曰：「人饑。」一曰：「豫州有災。」二年閏三月乙亥，月犯歲星，在房。占同上。三年，豫州刺史謝萬敗。三年三月乙酉，月犯太白，在昴。占曰：「人君死。」一曰：「趙地有兵，胡不安。」四年正月，慕容儁卒。五年正月乙丑辰時，月在危宿，奄太白。占曰：「天下靡散。」三月丁未，月犯填星，在軫。占曰：「爲大喪。」五月，穆帝崩。七月，慕容恪攻冀州刺史吕護於野王，拔之，護奔走。時桓温以大衆次宛，聞護敗，乃退。

哀帝興寧元年十月丙戌，月奄太白，在須女。占曰：「天下靡散。」一曰：「災在揚州。」三年，洛陽没。其後桓温傾揚州資實北討，敗績，死亡太半。及征袁真，淮南殘破。後慕容暐及苻堅互來侵境。三年正月乙卯，月奄歲星，在參。占曰：「參，益州分也。」六月，鎮西將軍益州刺史周撫卒。十月，梁州刺史司馬勳入益州以叛，朱序率衆助刺史周楚討平之。

海西太和元年二月丙子，月奄熒惑，在參。占曰：「爲内亂，帝不終之徵。」一曰：「參，魏地。」五年，慕容暐爲苻堅所滅。

孝武太元十二年二月戊寅，熒惑入月。占曰：「有亂臣死，若有相戮者。」一曰：「女親爲政，天下亂。」是時琅邪王輔政，王妃從兄王國寶以姻昵受寵。又陳

郡人袁悦昧私苟進，交遘主相，扇揚朋黨。十三年，帝殺悦於市。於是主相有隙，亂階興矣。十三年十二月戊子，辰星入月，在危。占曰：「賊臣欲殺主，不出三年，必有内惡。」是後慕容垂、翟遼、姚萇、苻登、慕容永並阻兵争强。十四年十二月乙未，月犯歲星。占並同上。十五年，翟遼據司兗，衆軍累討弗克，慕容氏又跨略并冀。七月，旱。八月，諸郡大水，兗州又蝗。十八年正月乙酉，熒惑入月。占曰：「憂在宫中，非賊乃盗也。」一曰：「有亂臣，若有戮者。」二十一年九月，帝暴崩内殿，兆庶宣言，夫人張氏潛行大逆。又，王國寶邪狡，卒伏其辜。十九年四月己巳，月奄歲星，在尾。占曰：「爲饑，燕國亡。」二十年，慕容垂遣息寶伐魏，反爲所破，死者數萬人。二十一年，垂死，國遂衰亡。

安帝隆安元年六月庚午，月奄太白，在太微端門外。占曰：「國受兵。」乙酉，月奄歲星，在東壁。占曰：「爲饑，衛地有兵。」二年六月，郗恢遣鄧啓方等以萬人伐慕容寶於滑臺，啓方敗。三年九月，桓玄等並舉兵，於是内外戒嚴。四年正月乙亥，月犯填星，在牽牛。占曰：「吴越有兵喪，女主憂。」六月乙未，月又犯填星，在牽牛。十月乙未，月奄歲星，在北河。占曰：「爲饑，胡有兵。」其四年五月，孫恩破會稽，殺内史謝琰。後又破高雅之於餘姚，死者十七八。七月，太皇太后李氏崩。元興元年，孫恩寇臨海，人衆餓死，散亡殆盡。

元興元年四月辛丑，月奄辰星。七月，大饑，人相食。二年十一月辛巳，月犯熒惑。占悉同上。二年十二月，桓玄篡位，放遷帝、后於尋陽，以永安何皇后爲零陵君。三年二月，劉裕盡誅桓氏。三年二月甲辰，月奄歲星於左角。占曰：「天下兵起。」是年二月丙辰，劉裕起義兵，殺桓修等。明年正月，衆軍攻桓振，卒滅諸桓。

義熙元年四月己卯，月犯填星，在東壁。占曰：「其地亡國。」一曰：「貴人死。」七月己未，月奄填星，在東壁。占曰：「其國以伐亡。」一曰：「人流。」十月丁巳，月奄填星，在營室。占同上。十一月，荆州刺史魏詠之卒。二年二月，司馬國璠等攻没弋陽。三年，司徒、揚州刺史王謐薨。四年正月，太保、武陵王遵薨。三月，左僕射孔安國薨。二年十二月丙午，月奄太白，在危。占曰：「齊亡國。」一曰：「强國君死。」五年四月，劉裕大軍北討慕容超，卒滅之。七年六月庚子，月犯歲星，在畢。占曰：「有邊兵，且饑。」八月乙未，月犯歲星，在參。占曰：「益州兵饑。」七月，朱齡石剋蜀，蜀人尋反，又討之。八年正月庚戌，月犯歲星，在畢。占同上。九年七月，朱齡石滅蜀。十二年五月甲申，月犯歲星，在左角。占曰：「爲饑。」十四年四月壬申，月犯填星，於張。占曰：「天下有大喪。」其明年，帝崩。

恭帝元熙元年七月，月犯歲星。占悉同上。十二月丁巳，月犯太白於羽林。二年六月，帝遜位，禪宋。

五星聚舍

魏明帝太和四年七月壬戌，太白犯歲星。占曰：「太白犯五星，有大兵。」五年三月，諸葛亮以大衆寇天水。時宣帝爲大將軍，距退之。

青龍二年二月己未，太白犯熒惑。占曰：「大兵起，有大戰。」是年四月，諸葛亮據渭南，吴亦起兵應之，魏東西奔命。

惠帝元康三年，填星、歲星、太白三星聚於畢昴。占曰：「爲兵喪。畢昴，趙地也。」後賈后陷殺太子，趙王廢后，又殺之，斬張華、裴頠，遂篡位，廢帝爲太上皇，天下從此遘亂連禍。

永寧二年十一月，熒惑、太白鬭於虚危。占曰：「大兵起，破軍殺將。虚危，又齊分也。」十二月，熒惑襲太白於營室。占曰：「天下兵起，亡君之戒。」一曰：「易相。」初，齊王冏之京都，因留輔政，遂專傲無君。是月，成都、河間檄長沙王乂討之，冏、乂交戰，攻焚宫闕，冏兵敗，夷滅。又殺其兄上軍將軍寔以下二千餘人。太安二年，成都又攻長沙，於是公私饑困，百姓力屈。

太安三年正月，熒惑犯歲星。占曰：「有戰。」七月，左衛將軍陳眕奉帝伐成都，六軍敗績。

光熙元年九月，填星犯歲星。占曰：「填與歲合，爲内亂。」是時司馬越專權，終以無禮破滅，内亂之應也。十二月癸未，太白犯填星。占曰：「爲内兵，有大戰。」是後河間王爲東海王越所殺。明年正月，東海王越殺諸葛政等。五月，汲桑破馮嵩，殺東燕王。八月，苟晞大破汲桑。

懷帝永嘉六年七月，熒惑、歲星、太白聚牛、女之間，徘徊進退。案占曰「牛女，揚州分」，是後兩都傾覆，而元帝中興揚土。

建武元年五月癸未，太白、熒惑合於東井。占曰：「金火合曰爍，爲喪。」是時愍帝蒙塵於平陽，七月崩於寇庭。

元帝太興二年七月甲午，歲星、熒惑會於東井。八月乙未，太白犯歲星，合在翼。占曰：「爲兵饑。」三年六月丙辰，太白與歲星合於房。占同上。永昌元年，王敦攻京師，六軍敗績。王敦尋死。

成帝咸康三年十一月乙丑，太白犯歲星於營室。占曰：「爲兵饑。」四年二月，石季龍破幽州，遷萬餘家以南。五年，季龍衆五萬寇沔南，略七千餘家而去。又騎二萬圍陷邾城，殺略五千餘人。四年十二月癸丑，太白犯填星，在箕。占曰：「王者亡地。」七年，慕容皝自稱燕王。七年三月，太白熒惑合於太微中，犯左執法。明年，顯宗崩。八年十二月己酉，太白犯熒惑於胃。占曰：「大兵起。」其後庚翼大發兵，謀伐石季龍，專制上流。

康帝建元元年八月丁未，太白犯歲星，在軫。占曰：「有大兵。」是年石季龍將劉寧寇没狄道。

穆帝永和四年五月，熒惑入婁，犯填星。占曰：「兵大起，有喪，災在趙。」其年石季龍死，來年冉閔殺石遵及諸胡十萬餘人，其後褚裒北伐，喪衆而薨。六年三月戊戌，熒惑犯歲星。占曰：「爲戰。」七年三月戊子，歲星、熒惑合於奎。其年劉顯殺石祗及諸胡帥，中土大亂。十二年七月丁卯，太白犯填星，在柳。占曰：「周地有大兵。」其年八月，桓温伐苻健，退，因破姚襄於伊水，定周地。

升平二年八月戊午，熒惑犯填星，在張。占曰：「兵大起。」三年八月庚午，太白犯填星，在太微中。占曰：「王者惡之。」五年十月丁卯，熒惑犯歲星，在營室。占曰：「大臣有匿謀。」一曰：「衛地有兵。」時桓温擅權，謀移晉室。

海西公太和元年八月戊午，太白犯歲星，在太微中。三年六月甲寅，太白奄熒惑，在太微端門中。六年，海西公廢。

簡文咸安二年正月己酉，歲星犯填星，在須女。占曰：「爲内亂。」七月，帝崩，桓温擅權，謀殺侍中王坦之等，内亂之應。

孝武寧康二年十一月癸酉，太白奄熒惑，在營室。占曰：「金火合爲爍，爲兵喪。」太元元年七月，苻堅伐涼州，破之，虜張天錫。

太元十一年十二月己丑，太白犯歲星。占曰：「爲兵饑。」是時河朔未平，兵連在外，冬大饑。十七年九月丁丑，歲星、熒惑、填星同在亢、氐。十二月癸酉，填星去，熒惑、歲星猶合。占曰：「三星合，是謂驚立絶行，内外有兵喪與饑，改立王公。」十九年十月，太白、填星、熒惑、辰星合於氐。十二月癸丑，太白犯歲星，在斗。占曰：「爲亂饑，爲内兵。斗，吴越分。」至隆安元年，王恭等舉兵，顯王國寶之罪，朝廷殺之。是後連歲水旱饑。

安帝隆安元年二月，歲星、熒惑皆入羽林。占曰：「中軍兵起。」四月，王恭等舉兵，内外戒嚴。

元興元年八月庚子，太白犯歲星，在上將東南。占曰：「楚兵饑。」一曰：「災在上將。」二年，桓玄篡位。三年，劉裕盡誅桓氏。二年十月丁丑，太白犯填星，在婁。占同上。三年二月壬辰，太白、熒惑合於羽林。二年十二月，桓玄篡位，放遷帝、后。三年二月，劉裕起義兵，桓玄逼帝東下。

義熙二年十二月丁未，熒惑、太白皆入羽林，又合於壁。三年正月，慕容超寇淮北、徐州，至下邳。八月，遣劉敬宣伐蜀。三年二月癸亥，熒惑、填星、太白、辰星聚於奎、婁，從填星也，徐州分。是時，慕容超僭號於齊，兵連徐兖，連歲寇抄，至於淮泗。姚興、譙縱僭號秦蜀，盧循及魏南北交侵。其五年，劉裕北殄慕容超。其六月辛卯，熒惑犯辰星，在翼。占曰：「天下兵起。」八月己卯，太白奄熒惑。占曰：「有大兵。」其四年，姚略遣衆征赫連勃勃，大爲所破。五年四月甲戌，熒惑犯辰星，在東井。占曰：「皆爲兵。」十二月辛丑，太白犯歲星，在奎。占曰：「大兵起，魯有兵。」是年四月，劉裕討慕容超。六年二月，滅慕容超於魯地。七年七月丁卯，歲星犯填星，在參。占曰：「歲填合，爲内亂。」一曰：「益州戰，不勝，亡地。」是時朱齡石伐蜀，後竟滅之。明年，誅謝混、劉毅。八年七月甲申，太白犯填星，在東井。占曰：「秦有大兵。」九年二月丙午，熒惑、填星皆犯東井。占曰：「秦有兵。」三月壬辰，歲星、熒惑、填星、太白聚於東井，從歲星也。東井，秦分。十三年，劉裕定關中，其後遂移晉祚。十四年十月癸巳，熒惑入太微，犯西蕃上將，仍順行至左掖門内，留二十日乃逆行。至恭帝元熙元年三月五日，出西蕃上將西三尺許，又順還入太微。時填星在太微，熒惑繞填星成鉤已，其年四月丙戌，從端門出。占曰：「熒惑與填星鉤已天庭，天下更紀。」十二月，安帝母弟琅邪王踐阼，是曰恭帝。來年，禪於宋。

唐・房玄齡等《晉書》卷一三《天文志下》 月五星犯列舍

魏文帝黄初四年三月癸卯，月犯心大星。占曰：「心爲天王位，王者惡之。」六月甲申，太白晝見。案劉向《五紀論》曰：「太白少陰，弱，不得專行，故以己未爲界，不得經天而行。經天則晝見，其占爲兵喪，爲不臣，爲更王；强國弱，小國强。」是時孫權受魏爵號，而稱兵距守。其十二月丙子，月犯心大星。占同上。五年十月乙卯，太白晝見。占同上。又歲星入太微逆行，積百四十九日乃出。占曰：「五星入太微，從右入三十日以上，人主有大憂。」一曰：「有赦至。」七年五月，帝崩，明帝即位，大赦天下。六年五月壬戌，熒惑入太微，至壬申，與歲星

相及，俱犯右執法，至癸酉乃出。占曰：「從右入三十日以上，人主有大憂。」又曰：「月、五星犯左右執法，大臣有憂。」一曰：「執法者誅，金、火尤甚。」十一月，皇子東武陽王鑒薨。七年正月，驃騎將軍曹洪免爲庶人。四月，征南大將軍夏侯尚薨。五月，帝崩。《蜀記》稱明帝問黃權曰：「天下鼎立，何地爲正？」對曰：「當驗天文。往者熒惑守心而文帝崩，吳、蜀無事，此其徵也。」案三國史並無熒惑守心之文，疑是入太微。八月，吳遂圍江夏，寇襄陽，大將軍宣帝救襄陽，斬吳將張霸等，兵喪更王之應也。

明帝太和五年五月，熒惑犯房。占曰：「房四星，股肱臣將相位也。月、五星犯守之，將相有憂。」其七月，車騎將軍張郃追諸葛亮，爲亮所害。十二月，太尉華歆薨。其十一月乙酉，月犯軒轅大星。占曰：「女主憂。」六年三月乙亥，月又犯軒轅大星。十一月丙寅，太白晝見南斗，遂歷八十餘日，恒見。占曰：「吳有兵。」明年，孫權遣張彌等將兵萬人，錫受公孫文懿爲燕王，文懿斬彌等，虜其衆。青龍三年正月，太后郭氏崩。

青龍二年三月辛卯，月犯輿鬼。輿鬼主斬殺。占曰：「人多病，國有憂。」又曰：「大臣憂。」是年夏及冬，大疫。四年五月，司徒董昭薨。其五月丁亥，太白晝見，積三十餘日。以晷度推之，非秦魏，則楚也。是時，諸葛亮據渭南，宣帝與相持；孫權寇合肥，又遣陸議、孫韶等入淮沔，天子親東征。蜀本秦地，則爲秦魏及楚兵悉起矣。其七月己巳，月犯楗閉。占曰：「有火災。」三年七月，崇華殿災。三年六月丁未，填星犯井鉞。戊戌，太白又犯之。占曰：「凡月、五星犯井鉞，悉爲兵災。」一曰：「斧鉞用，大臣誅。」七月己丑，填星犯東井距星。占曰：「填星入井，大人憂。」行近距，爲行陰。其占曰：「大水，五穀不成。」景初元年夏，大水，傷五穀。其年十月壬申，太白晝見，在尾，歷二百餘日，恒晝見。占曰：「尾爲燕，有兵。」十二月戊辰，月犯鉤鈐。占曰：「王者憂。」四年閏正月己巳，填星犯井鉞。三月癸卯，填星犯東井。己巳，太白與月加景晝見。五月壬寅，太白犯畢左股第一星。占曰：「畢爲邊兵，又主刑罰。」九月，涼州塞外胡阿畢師使侵犯諸國，西域校尉張就討之，斬首捕虜萬計。其年七月甲寅，太白犯軒轅大星。占曰：「女主憂。」景初元年，皇后毛氏崩。

景初元年二月乙酉，月犯房第二星。占曰：「將軍有憂。」其七月，司徒陳矯薨。二年四月，司徒韓暨薨。其七月辛卯，太白晝見，積二百八十餘日。時公孫文懿自立爲燕王，署置百官，發兵距守，宣帝討滅之。二年二月己丑，月犯心距星，又犯中央大星。五月乙亥，月又犯心距星及中央大星。案占曰：「王者惡之。犯前星，太子有憂。」三年正月，帝崩。太子立，卒見廢。其年十月甲午，月犯箕。占曰：「將軍死。」正始元年四月，車騎將軍黃權薨。其閏十一月癸丑，月犯心中央大星。

少帝正始元年四月戊午，月犯昴東頭第一星。十月庚寅，月又犯昴北斗四星。占曰：「月犯昴，胡不安。」二年六月，鮮卑阿妙兒等寇西方，敦煌太守王延破之，斬二萬餘級。三年，又斬鮮卑大帥及千餘級。二年九月癸酉，月犯輿鬼西北星。三年二月丁未，又犯西南星。占曰：「有錢令。」一曰：「大臣憂。」三年三月，太尉滿寵薨。四年正月，帝加元服，賜羣臣錢各有差。四年十月、十一月，月再犯井鉞。是月，宣帝討諸葛恪，恪棄城走。五年二月，曹爽征蜀。五年十一月癸巳，填星犯亢距星。占曰：「諸侯有失國者。」七年七月丁丑，月犯左角。占曰：「天下有兵，左將軍死。」七月乙亥，熒惑犯畢距星。占曰：「有邊兵。」一曰：「刑罰用。」九年正月辛亥，月犯亢南星。占曰：「兵起。」一曰：「將軍死。」七月癸丑，填星犯楗閉。占曰：「王者不宜出宮下殿。」嘉平元年，天子謁陵，宣帝奏誅曹爽等。天子野宿，於是失勢。

嘉平元年六月壬戌，太白犯東井距星。占曰：「國失政，大臣爲亂。」四月辛巳，太白犯輿鬼。占曰：「大臣誅。」一曰：「兵起。」二年三月己未，太白又犯井距星。三年七月，王淩與楚王彪有謀，皆伏誅，人主遂卑。

吳孫權赤烏十三年夏五月，日北至，熒惑逆行，入南斗。秋七月，犯魁第三星而東。《漢晉春秋》云「逆行」。案占：「熒惑入南斗，三月吳王死。」一曰：「熒惑逆行，其地有死君。」太元二年，權薨，是其應也。故《國志》書於吳。是時，王淩謀立楚王彪，謂「斗中有星，當有暴貴者」，以問知星人浩詳。詳疑有故，欲悅其意，不言吳有死喪，而言「淮南楚分，吳楚同占，當有王者興」，故淩計遂定。

嘉平二年十二月丙申，月犯輿鬼。三年四月戊寅，月犯東井。五月甲寅，月犯亢距星。占曰：「將軍死。」一曰：「爲兵。」是月，王淩、楚王彪等誅。七月，皇后甄氏崩。四年三月，吳將爲寇，鎮東將軍諸葛誕破走之。其年七月己巳，月犯輿鬼。九月乙巳，又犯之。十月癸未，熒惑犯亢南星。占曰：「臣有亂。」四年十一月丁未，月又犯鬼積尸。五年六月戊午，太白犯角。占曰：「羣臣有謀，不成。」庚辰，月犯箕星。占曰：「將軍死。」七月，月犯井鉞。丙午，月又犯鬼西北

星。占曰：「國有憂。」十一月癸酉，月犯東井距星。占曰：「將軍死。」正元元年正月，鎮東將軍毌丘儉、揚州刺史文欽反，兵俱敗，誅死。二月，李豐及弟翼、后父張緝等謀亂，事泄，悉誅，皇后張氏廢。九月，帝廢爲齊王。蜀將姜維攻隴西，車騎將軍郭淮討破之。

高貴鄉公正元二年二月戊午，熒惑犯東井北轅西頭第一星。甘露元年七月乙卯，熒惑犯東井鉞星。壬戌，月又犯鉞星。八月辛亥，月犯箕。

吴廢孫亮太平元年九月壬辰，太白犯南斗，《吴志》所書也。占曰：「太白犯斗，國有兵，大臣有反者。」其明年，諸葛誕反。又明年，孫綝廢亮。吴魏並有兵事也。

甘露元年九月丁巳，月犯東井。二年六月己酉，月犯心中央大星。八月壬子，歲星犯井鉞。九月庚寅，歲星逆行，乘井鉞。十月丙寅，太白犯亢距星。占曰：「逆臣爲亂，人君憂。」景元元年五月，有成濟之變及諸葛誕誅，皆其應也。二年三月庚子，太白犯東井。占曰：「國失政，大臣爲亂。」是夜，歲星又犯東井。占曰：「兵起。」至景元元年，高貴鄉公敗。三年八月壬辰，歲星犯輿鬼鑕星。占曰：「斧鑕用，大臣誅。」四年四月甲申，歲星又犯輿鬼東南星。占曰：「鬼東南星主兵，木入鬼，大臣誅。」景元元年，殺尚書王經。

元帝景元元年二月，月犯建星。案占：「月五星犯建星，大臣相譖。」是後鍾會、鄧艾破蜀，會譖艾。二年四月，熒惑入太微，犯右執法。占曰：「人主有大憂。」一云：「大臣憂。」四年十月，歲星守房。占曰：「將相憂。」一云：「有大赦。」明年，鄧艾、鍾會皆夷滅，赦蜀土。五年，帝遜位。

武帝咸寧四年九月，太白當見不見。占曰：「是謂失舍，不有破軍，必有亡國。」是時羊祜表求伐吴，上許之。五年十一月，兵出，太白始夕見西方。太康元年三月，大破吴軍，孫晧面縛請罪，吴國遂亡。

太康八年三月，熒惑守心。占曰：「王者惡之。」太熙元年四月乙酉，帝崩。

惠帝元康三年四月，熒惑守太微六十日。占曰：「諸侯三公謀其上，必有斬臣。」一曰：「天子亡國。」是春太白守畢，至是百餘日。占曰：「有急令之憂。」一曰：「相死。」又爲邊境不安。後賈后陷殺太子。六年十月乙未，太白晝見。九年六月，熒惑守心。占曰：「王者惡之。」八月，熒惑入羽林。占曰：「禁兵大起。」其後，帝見廢爲太上皇，俄而三王起兵討趙王倫，倫悉遣中軍兵相距累月。

永康元年三月，中台星坼，太白晝見。占曰：「台星失常，三公憂。太白晝

見，爲不臣。」是月，賈后殺太子，趙王倫尋廢殺后，斬司空張華。其五月，熒惑入南斗。占曰：「宰相死，兵大起。斗，又吴分野。」是時，趙王倫爲相，明年，篡位，三王興師誅之。太安二年，石冰破揚州。其八月，熒惑入箕。占曰：「人主失位，兵起。」明年，趙王倫篡位，改元。二年二月，太白出西方，逆行入東井。占曰：「國失政，大臣爲亂。」是時，齊王冏起兵討趙王倫，倫滅，冏擁兵不朝，專權淫奢，明年，誅死。

永寧元年，自正月至於閏月，五星互經天，縱横無常。《星傳》曰：「日陽，君道也；星陰，臣道也。日出則星亡，臣不得專也。晝而星見午上者爲經天，其占『爲不臣，爲更王』。」今五星悉經天，天變所未有也。石氏説曰：「辰星晝見，其國不亡則大亂。」是後，台鼎方伯，互執大權，二帝流亡，遂至六夷更王，迭據華夏，亦載籍所未有也。其四月，歲星晝見。五月，太白晝見。占同前。七月，歲星守虚危。占曰：「木守虚危，有兵憂。虚危，齊分。」一曰：「守虚，饑；守危，傜役煩多，下屈竭。」辰星入太微，占曰：「爲内亂。」一曰：「羣臣相殺。」太白守右掖門，占曰：「爲兵，爲亂，爲賊。」八月戊午，填星犯左執法，又犯上相，占曰：「上相憂。」熒惑守昴，占曰：「趙魏有災。」辰星守輿鬼，占曰：「秦有災。」九月丁未，月犯左角。占曰：「人主憂。」一曰：「左衛將軍死，天下有兵。」二年四月癸酉，歲星晝見。占曰：「爲臣强。」初，齊王冏定京都，因留輔政，遂專慠無君。是月，成都、河間檄長沙王乂討之。冏、乂交戰，攻焚宫闕，冏兵敗，夷滅。又殺其兄上軍將軍寔以下二十餘人。太安二年，成都攻長沙，於是公私饑困，百姓力屈。

太安二年二月，太白入昴。占曰：「天下擾，兵大起。」七月，熒惑入東井。占曰：「兵起，國亂。」是秋，太白守太微上將。占曰：「上將以兵亡。」是年冬，成都、河間攻洛陽。八月，長沙王奉帝出距二王。三年正月，東海王越執長沙王乂，張方又殺之。三年正月，熒惑入南斗，占同永康。七月，左衛將軍陳眕率衆奉帝伐成都，六軍敗績，兵偪乘輿。是時，天下盜賊羣起，張昌尤盛。

永興元年七月庚申，太白犯角、亢，經房、心，歷尾、箕。九月，入南斗。占曰：「犯角，天下大戰；犯亢，有大兵，人君憂；入房心，爲兵喪；犯尾箕，女主憂。」一曰：「天下大亂。入南斗，有兵喪。」一曰：「將軍爲亂。其所犯守，又兗、豫、幽、冀、揚州之分野。」是年七月，有蕩陰之役。九月，王浚殺幽州刺史和演，攻鄴，鄴潰，於是兗豫爲天下兵衝。陳敏又亂揚土。劉元海、石勒、李雄等並

起微賤，跨有州郡。皇后羊氏數被幽廢。皆其應也。二年四月丙子，太白犯狼星。占曰：「大兵起。」九月，歲星守東井。占曰：「有兵，井又秦分野。」是年，苟晞破公師藩，張方破范陽王虓，關西諸將攻河間王顒，顒奔走，東海王迎殺之。

光熙元年四月，太白失行，自翼入尾、箕。占曰：「太白失行而北，是謂反生。不有破軍，必有屠城。」五月，汲桑攻鄴，魏郡太守馮嵩出戰，大敗，桑遂害東燕王騰，殺萬餘人，焚燒魏時宮室皆盡。其九月丁未，熒惑守心。占曰：「王者惡之。」己亥，填星守房、心。占曰：「填守房，多禍喪；守心，國内亂，天下赦。」是時，司馬越專權，終以無禮破滅，内亂之應也。十一月，帝崩，懷帝即位，大赦天下。

懷帝永嘉元年十二月丁亥，星流震散。按劉向説，天官列宿，在位之象；其衆小星無名者，衆庶之類。此百官衆庶將流散之象也。是後天下大亂，百官萬姓，流移轉死矣。二年正月庚午，太白伏不見，二月庚子，始晨見東方，是謂當見不見，占同上條。其後破軍殺將，不可勝數，帝崩虜庭，中夏淪覆。三年正月庚子，熒惑犯紫微。占曰：「當有野死之王，又爲火燒宮。」是時太史令高堂沖奏，乘輿宜遷幸，不然必無洛陽。五年六月，劉曜、王彌入京都，焚燒宮廟，執帝歸平陽。三年，填星久守南斗。占曰：「填星所居久者，其國有福。」是時，安東將軍、琅邪王始有揚土。其年十一月，地動，陳卓以爲是地動應也。五年十月，熒惑守心。六年六月丁卯，太白犯太微。占曰：「兵入天子庭，王者惡之。」七月，帝崩於寇庭，天下行服大臨。

元帝太興元年七月，太白犯南斗。占曰：「吴越有兵，大人憂。」二年二月甲申，熒惑犯東井。占曰：「兵起，貴臣相戮。」八月己卯，太白犯軒轅大星。占曰：「後宫憂。」三年五月戊子，太白入太微，又犯上將星。占曰：「天子自將，上將誅。」九月，太白犯南斗。十月己亥，熒惑在東井，居五諸侯南，踟躕留積三十日。占曰：「熒惑守井二十日以上，大人憂。守五諸侯，諸侯有誅者。」永昌元年三月，王敦率江荆之衆來攻京都，六軍距戰，敗績，人主謝過而已。於是殺護軍將軍周顗、尚書令刁協、驃騎將軍戴若思。又，鎮北將軍劉隗出奔。四月，又殺湘州刺史譙王司馬承、鎮南將軍甘卓。閏十二月，帝崩。

明帝太寧三年正月，熒惑逆行，入太微。占曰：「爲兵喪，王者惡之。」閏八月，帝崩。後二年，蘇峻反，攻焚宮室，太后以憂偪崩，天子幽劫於石頭城，遠近兵亂，至四年乃息。

成帝咸和六年正月丙辰，月入南斗。占曰：「有兵。」是月，石勒殺略婁、武進二縣人。明年，石勒衆又抄略南沙、海虞。其十一月，熒惑守胃昴。占曰：「趙魏有兵。」八年七月，石勒死，石季龍自立。是時，雖二石僭號，而其强弱常占於昴，不關太微、紫宫也。八年三月己巳，月入南斗。與六年占同。其年七月，石勒死，彭彪以譙，石生以長安，郭權以秦州並歸順。於是遣督護喬球率衆救彪，彪敗，球退。又，石季龍、石斌攻滅生、權。其七月，熒惑入昴。占曰：「胡王死。」一曰：「趙地有兵。」是月，石勒死，石季龍多所攻没。八月，月又犯昴。占曰：「胡不安。」九年三月己亥，熒惑入輿鬼，犯積尸。占曰：「兵在西北，有没軍死將。」六月、八月，月又犯昴。是時，石弘雖襲勒位，而石季龍擅威横暴，十一月廢弘自立，遂幽殺之。

咸康元年二月己亥，太白犯昴。占曰：「兵起，歲中旱。」四月，石季龍略騎至歷陽，加司徒王導大司馬，治兵列戍衝要。是時，石季龍又圍襄陽。六月，旱。其年三月丙戌，月入昴。占曰：「胡王死。」八月戊戌，熒惑入東井。占曰：「無兵，兵起；有兵，兵止。」十一月，月犯昴。二年正月辛亥，月犯房南第二星。八月，月又犯昴。九月庚寅，太白犯南斗，因晝見。占曰：「斗爲宰相，又揚州分，金犯之，死喪之象。晝見，爲不臣，又爲兵喪。」其後，石季龍僭稱天王，發衆七萬，四年二月自隴西攻段遼於薊，又襲慕容皝於棘城，不克，皝擊破其將麻秋，并虜段遼殺之。三年七月己酉，月犯房上星。八月，熒惑入輿鬼，犯積尸。甲戌，月犯東井距星。九月戊子，月犯建星。四年四月己巳，太白晝見，在柳。占曰：「爲兵，爲不臣。」明年，石季龍大寇沔南，於是内外戒嚴。其五月戊戌，熒惑犯右執法。占曰：「大臣死，執政者憂。」九月，太白又犯右執法。案占：「五星災同，金火尤甚。」十一月戊子，太白犯房上星。占曰：「上相憂。」五年四月乙未，月犯畢距星。占曰：「兵起。」七月己酉，月犯房上星。占曰：「將相憂。」是月庚申，丞相王導薨，庚冰代輔政。八月，太尉郗鑒薨。又有沔南邾城之敗，百姓流亡萬餘家。六年正月，征西大將軍庾亮薨。六年三月甲辰，熒惑犯太微上將星。占曰：「上將憂。」四月丁丑，熒惑犯右執法。占曰：「執政者憂。」六月乙亥，月犯牽牛中央星。占曰：「大將憂。」是時，尚書令何充爲執法，有譴，欲避其咎，明年求爲中書令。其四月丙午，太白犯畢距星。占曰：「兵革起。」一曰：「女主憂。」六月乙卯，太白犯軒轅大星。占曰：「女主憂。」七年三月，皇后杜氏崩。七年三月壬午，月犯房。四月己丑，太白入輿鬼。五月，太白晝見。八月辛丑，月犯輿鬼。八年六月，熒惑犯房上第二星。占曰：「次相憂。」八月壬寅，月犯畢。占

曰：「下犯上，兵革起。」十月，月又掩畢大星。占同上。其建元二年，車騎將軍庾冰薨。庾翼大發兵，謀伐石季龍，專制上流，朝廷憚之。

康帝建元元年正月壬午，太白入昴。占曰：「趙地有兵。」又曰：「天下兵起。」四月乙酉，太白晝見。是年，石季龍殺其子邃，又遣將寇没狄道，及屯薊東，謀慕容皝。二年，歲星犯天關。安西將軍庾翼與兄冰書曰：「歲星犯天關，占云『關梁當分』。比來江東無他故，江道亦不艱難，而石季龍頻年再閉關，不通信使，此復是天公憒憒，無皂白之徵也。」其閏月乙酉，太白犯斗。占曰：「爲喪，天下受爵禄。」九月，帝崩，太子立，大赦，賜爵。

穆帝永和元年正月丁丑，月入畢。占曰：「兵大起。」戊寅，月犯天關。占曰：「有亂臣更天子之法。」五月辛巳，太白晝見，在東井。占曰：「爲臣强，秦有兵。」六月辛丑，月入太微，犯屏西南星。占曰：「輔臣有免罷者。」七月、八月，月皆犯畢。占同上。己未，月犯輿鬼。占曰：「大臣有誅。」九月庚戌，月又犯畢。是年初，庾翼在襄陽。七月，翼疾將終，輒以子爰之爲荆州刺史，代己任。爰之尋被廢。明年，桓温又輒率衆伐蜀，執李勢，送至京都。蜀本秦地也。二年二月壬子，月犯房上星。四月丙戌，月又犯房上星。八月壬申，太白犯左執法。三年正月壬午，月犯南斗第五星。占曰：「將軍死，近臣去。」五月壬申，月犯南斗第四星，因入魁。占曰：「有兵。」一曰：「有大赦。」六月，月犯東井距星。占曰：「將軍死，國有憂。」戊戌，月犯五諸侯。占曰：「諸侯有誅。」九月臾寅，太白犯南斗第五星。占曰：「爲喪，爲兵。」四年七月丙申，太白犯左執法。甲寅，月犯房。丁巳，月入南斗，犯第二星。乙丑，太白犯左執法。占悉同上。十月甲辰，月犯亢。占曰：「兵起，將軍死。」十一月戊戌，月犯上將星。三年六月，大赦。是月，陳逵征壽春，敗而還。七月，氐蜀餘寇反，亂益土。九月，石季龍伐涼州。五年，征北大將軍褚裒卒。四年四月，太白入昴。是時，戎晉相侵，趙地連兵尤甚。七月，太白犯軒轅。占曰：「在趙，及爲兵喪。」甲寅，月犯房。十月甲戌，月犯亢。占曰：「兵起，將軍死。」八月，石季龍太子宣殺弟韜，宣亦死。其十一月戊戌，月犯上將星。五年正月，石季龍僭號稱皇帝，尋死。五年四月丁未，太白犯東井。占曰：「秦有兵。」九月戊戌，太白犯左角。占曰：「爲兵。」十月，月犯昴。占曰：「胡有憂，將軍死。」是年八月，褚裒北征兵敗。十月，關中二十餘壁舉兵內附。石遵攻没南陽。十一月，冉閔殺石遵，又盡殺胡十餘萬人，於是趙魏大亂。十二月，褚裒薨。八年，劉顯、苻健、慕容儁並僭號。殷浩北伐，敗績，見廢。六年二月辛酉，月犯心大星。占曰：「大人憂，又豫州分野也。」丁丑，月犯房。占曰：「將相憂。」六月己丑，月犯昴。占同上。乙未，月犯五諸侯。占同上。七月壬寅，月始出西方，犯左角。占曰：「大將軍死。」一曰：「天下有兵。」丁未，月犯箕。占曰：「將軍死。」丙寅，熒惑犯鉞星。占曰：「大臣有誅。」八月辛卯，月犯左角。太白晝見，在南斗。月犯右執法。占並同上。是歲，司徒蔡謨免爲庶人。七年二月，太白犯昴。占同上。三月乙卯，熒惑入輿鬼，犯積尸。占曰：「貴人有憂。」五月乙未，熒惑犯軒轅大星。占曰：「女主憂。」太白入畢口，犯左股。占曰：「將相當之。」六月乙亥，月犯箕。占曰：「國有兵。」丙子，月犯斗。丁丑，熒惑入太微，犯右執法。八月庚午，太白犯軒轅。戊子，太白犯右執法。占悉同上。七年，劉顯殺石祗及諸將帥，山東大亂，疾疫死亡。八年三月戊戌，月犯軒轅大星。癸丑，月入南斗，犯第二星。五月，月犯心星。六月癸酉，月犯房。七月壬子，歲星犯東井距星。占曰：「內亂兵起。」八月戊戌，熒惑入輿鬼。占曰：「忠臣戮死。」丙辰，太白入南斗，犯第四星。占曰：「將爲亂。」一曰：「丞相免。」九年二月乙巳，月入南斗，犯第三星。三月戊辰，月犯房。八月，歲星犯輿鬼東南星。占曰：「兵起。」是時，帝幼沖，母后稱制，將相有隙，兵革連起，慕容儁僭號稱燕王，攻伐不休。十年正月乙卯，月蝕昴星。占曰：「趙魏有兵。」癸酉，填星奄鉞星。占曰：「斧鉞用。」二月甲申，月犯心大星。占曰：「王者惡之。」七月庚午，太白晝見。晷度推之，災在秦鄭。九月辛酉，太白犯左執法。是時，桓温擅命，朝臣多見迫脅。四月，温伐苻健，破其嶢柳軍。十二月，慕容恪攻齊。十一年三月辛亥，月奄軒轅。占同上。四月庚寅，月犯牛宿南星。占曰：「國有憂。」八月己未，太白犯天江。占曰：「河津不通。」十二年六月庚子，太白晝見，在東井。占如上。己未，月犯鉞星。八月癸酉，月奄建星。九月戊寅，熒惑入太微，犯西蕃上將星。十一月丁丑，熒惑犯太微東蕃上相星。十二年十一月，齊城陷，執段龕，殺三千餘人。永和三年，鮮卑侵略河、冀。升平元年，慕容儁遂據臨漳，盡有幽、并、青、冀之地。緣河諸將奔散，河津隔絶。時權在方伯，九服交兵。

升平元年四月壬子，太白入輿鬼。丁亥，月奄井南轅西頭第二星。占曰：「秦地有兵。」一曰：「將死。」六月戊戌，太白晝見，在軫。占同上。軫是楚分野。壬子，月犯畢。占曰：「爲邊兵。」七月辛巳，熒惑犯天江。占曰：「河津不通。」十一月，歲星犯房。占曰：「豫州有災。」其年五月，苻堅殺苻生而立。十二月，慕容儁入屯鄴。二年八月，豫州刺史謝奕薨。二年二月辛卯，填星犯軒轅大星。

占曰：「人主惡之。」甲午，月犯東井。

六月辛酉，月犯房。十月己未，太白犯哭星。占曰：「有大哭泣。」三年正月壬辰，熒惑犯楗閉星。案占曰：「人主憂。」三月乙酉，熒惑逆行犯鉤鈐。案占：「王者惡之。」六月，太白犯東井。七月乙酉，熒惑犯天江。丙戌，太白犯輿鬼。占悉同上。戊子，月犯牽牛中央大星。占曰：「牽牛，天將也。犯中央大星，將軍死。」八月丁未，太白犯軒轅大星。甲子，月犯畢大星。占曰：「爲邊兵。」一曰：「下犯上。」三年十月，諸葛攸舟軍入河，敗績。豫州刺史謝萬入潁，衆潰而歸，萬除名。十一月，司徒會稽王以郗曇、謝萬二鎮敗，求自貶三等。四年正月，慕容儁死，子暐代立。慕容恪殺其尚書令陽騖等。四年正月乙亥，月犯牽牛中央大星。六月辛亥，辰星犯軒轅。占曰：「女主憂。」己未，太白入太微右掖門，從端門出。占曰：「貴奪勢。」一曰：「有兵。」又曰：「出端門，臣不臣。」八月戊申，太白犯氐。占曰：「國有憂。」丙辰，熒惑犯太微西蕃上將星。九月壬午，太白入南斗口，犯第四星。占曰：「爲喪，有赦，天下受爵禄。」十二月甲寅，熒惑犯房。丙寅，太白晝見。庚寅，月犯楗閉。占曰：「人君惡之。」五年正月乙巳，填星逆行，犯太微。五月壬寅，月犯太微。庚戌，月犯建星。占曰：「大臣相謀。」是時，殷浩敗績，卒致遷徙。其月辛亥，月犯牽牛宿。占曰：「國有憂。」六月癸亥，月犯氐東北星。占曰：「大將當之。」五年正月，北中郎將郗曇薨。五月，帝崩，哀帝立，大赦，賜爵，褚后失勢。七月，慕容恪攻冀州刺史吕護於野王，護奔滎陽。是時，桓温以大衆次宛，聞護敗，乃退。五年六月癸酉，月奄氐東北星。占曰：「大將軍當之。」九月乙酉，月奄畢。占曰：「有邊兵。」十月丁未，月犯畢大星。占曰：「下犯上。」又曰：「有邊兵。」八月，范汪廢。隆和元年，慕容暐遣將寇河陰。

哀帝興寧三年七月庚戌，月犯南斗。占曰：「女主憂。」歲星犯輿鬼。占曰：「人君憂。」十月，太白晝見，在亢。占曰：「亢爲朝廷，有兵喪，爲臣强。」明年五月，皇后庾氏崩。

海西太和二年正月，太白入昴。五年，慕容暐爲苻堅所滅，又據司、冀、幽、并四州。六年閏月，熒惑守太微端門。占曰：「天子亡國。」又曰：「諸侯三公謀其上。」一曰：「有斬臣。」辛卯，月犯心大星。占曰：「王者惡之。」十一月，桓温廢帝，并奏誅武陵王，簡文不許，温乃徙之新安，皆臣强之應也。

簡文咸安元年十二月辛卯，熒惑逆行入太微，二年三月猶不退。占曰：「國不安，有憂。」是時，帝有桓温之逼。二年五月丁未，太白犯天關。占曰：「兵起。」歲星形色如太白。占曰：「進退如度，姦邪息；變色亂行，主無福。」歲星於仲夏當細小而不明，此其失當也。又爲臣强。」六月，太白晝見，在七星。乙酉，太白犯輿鬼。占曰：「國有憂。」七月，帝崩，桓温以兵威擅權，將誅王坦之等，内外迫脅。又，庚希入京城，盧悚入宫，並誅滅之。

孝武寧康元年正月戊申，月奄心大星。案占曰：「災不在王者，則在豫州。」一曰：「主命惡之。」三月丙午，月奄南斗第五星。占曰：「大臣憂，有死亡。」一曰：「將軍死。」七月，桓温薨。九月癸巳，熒惑入太微。是時，女主臨朝，政事多缺。二年閏月己未，月奄牽牛南星。占曰：「左將軍死。」十二月甲申，太白晝見，在氐。氐，兗州分野。三年五月丙午，北中郎將王坦之薨。三年六月辛卯，太白犯東井。占曰：「秦地有兵。」九月戊申，熒惑奄左執法。占曰：「執法者死。」太元元年，苻堅破涼州。二年十月，尚書令王彪之卒。

太元元年四月丙戌，熒惑犯南斗第三星。丙申，又奄第四星。占曰：「兵大起，中國饑。」一曰：「有赦。」八月癸酉，太白晝見，在氐。氐，兗州分野。九月，熒惑犯哭泣星，遂入羽林。占曰：「天子有哭泣事，中軍兵起。」十一月己未，月奄氐角。占曰：「天下有兵。」一曰：「國有憂。」三年二月，熒惑守羽林。占曰：「禁兵大起。」九月壬午，太白晝見，在角。角，兗州分野。升平元年五月，大赦。三年八月，秦人寇樊、鄧，襄陽、彭城。四年二月，襄陽陷，朱序没。四月，魏興陷，賊聚廣陵、三河，衆五六萬。於是諸軍外次衝要，丹陽尹屯衛京都。六月，兗州刺史謝玄討賊，大破之。是時，中外連兵，比年荒儉。四年十一月丁巳，太白犯哭星。占曰：「天子有哭泣事。」五年七月丙子，辰星犯軒轅。占曰：「女主當之。」九月癸未，皇后王氏崩。六年九月丙子，太白晝見。七年十一月，太白又書見，在斗。占曰：「吴有兵喪。」八年四月甲子，太白又書見，在參。占曰：「魏有兵喪。」是月，桓沖征沔漢，楊亮伐蜀，並拔城略地。八月，苻堅自將，號百萬，九月，攻没壽陽。十月，劉牢之破苻堅將梁成，斬之，殺獲萬餘人。謝玄等又破苻堅於淝水，斬其弟融，堅大衆奔潰。九年六月，皇太后褚氏崩。八月，謝玄出屯彭城，經略中州矣。九年七月丙戌，太白晝見。十一月丁巳，又晝見。十年四月乙亥，又晝見於畢昴。占曰：「魏國有兵喪。」是時苻堅大衆奔潰，趙魏連兵相攻，堅爲姚萇所殺。十一年三月戊申，太白晝見，在東井。占曰：「秦有兵，臣强。」六月甲申，又書見於輿鬼。占曰：「秦有兵。」時魏、姚萇、苻登連兵，相征不

息。甲午，歲星晝見，在胃。占曰：「魯有兵，臣强。」十二年，慕容垂寇東阿，翟遼寇河上，姚萇假號安定，苻登自立隴上，吕光竊據涼土。十二年六月癸卯，太白晝見，在柳。十月庚午，太白晝見，在斗。十三年正月丙戌，又晝見。十二月，熒惑在角亢，形色猛盛。占曰：「熒惑失其常，吏且棄其法，諸侯亂其政。」自是後，慕容垂、翟遼、姚萇、苻登、慕容永並阻兵争强。十四年正月，彭城妖賊又稱號於皇丘，劉牢之破滅之。三月，張道破合鄉，圍泰山，向欽之擊走之。是年，翟遼又攻没滎陽，侵略陳項。於時政事多弊，君道陵遲矣。十四年四月乙巳，太白晝見於柳。六月辛卯，又晝見於翼。九月丙寅，又晝見於軫。十二月，熒惑入羽林。占並同上。十五年，翟遼掠司兗，衆軍累討不克，慕容垂又跨略并、冀等州。七月，旱。八月，諸郡大水，兗州又蝗。十五年九月癸未，熒惑入太微。十月，太白入羽林。十六年四月癸卯朔，太白晝見。十一月癸巳，月奄心前星。占曰：「太子憂。」是時，太子常有篤疾。十七年七月丁丑，太白晝見。十月丁酉，又晝見。十八年六月，又晝見。十九年五月，又晝見於柳。六月辛酉，又晝見於輿鬼。九月，又見於軫。二十年六月，熒惑入天囷。占曰：「大饑。」七月丁亥，太白晝見在太微。占曰：「太白入太微，國有憂。晝見，爲兵喪。」十二月己巳，月犯楗閉及東西咸。占曰：「楗閉，司心腹喉舌。東西咸，主陰謀。」二十一年二月壬申，太白晝見。三月癸卯，太白連晝見，在羽林。占曰：「有强世，有兵喪，中軍兵起。」三月，太白晝見於胃。占曰：「中軍兵起。」四月壬午，太白入天囷。占曰：「爲饑。」六月，歲星犯哭泣星。占曰：「有哭泣事。」是年九月，帝崩。隆安元年，王恭等舉兵脅朝廷，於是内外戒嚴，殺王國寶以謝之。又連歲水旱，三方動，衆人饑。

安帝隆安元年正月癸亥，熒惑犯哭泣星。占曰：「有哭泣事。」四月丁丑，太白晝見，在東井。占曰：「秦有兵喪。」六月，姚興攻洛陽，郗恢遣兵救之。冬，姚萇死，子略代立。魏王珪即位於中山。其八月，熒惑守井鉞。占曰：「大臣有誅。」二年六月戊辰，攝提移度失常。歲星晝見，在胃，兗州分野。是年六月，郗恢遣鄧啓方等以萬人伐慕容寶於滑臺，敗而還。閏月，太白晝見，在羽林。丁丑，月犯東上相。三年五月辛酉，月又奄東上相。辛未，辰星犯軒轅大星。占悉同上。二年九月，庚楷等舉兵，表誅王愉等，於是内外戒嚴。三年六月，洛陽没於寇。桓玄破荆、雍州，殺殷仲堪等。孫恩聚衆攻没會稽，殺内史。四年六月辛酉，月犯哭泣星。五年正月，太白晝見。自去年十二月在斗晝見，至於是月乙卯。案占：「災在吴越。」七月癸亥，大角星散摇五色。占曰：「王者流散。」丁卯，月犯天關。占曰：「王者憂。」九月庚子，熒惑犯少微，又守之。占曰：「處士誅。」十月甲子，月犯東次相。其年七月，太皇太后李氏崩。十月，妖賊大破高雅之於餘姚，死者十七八。五年，孫恩攻侵郡縣，殺内史，至京口，進軍蒲州，於是内外戒嚴。恩遣别將攻廣陵，殺三千餘人，退據郁洲，是時劉裕又追破之。九月，桓玄表至，逆旨陵上。十月，司馬元顯大治水軍，將以伐玄。元興元年正月，盧循自稱征虜將軍，領孫恩餘衆，略有永嘉、晉安之地。二月，帝戎服遣西軍。三月，桓玄克京都，殺司馬元顯，放太傅會稽王道子。

元興元年三月戊子，太白犯五諸侯，因晝見。占曰：「諸侯有誅。」七月戊寅，熒惑在東井。熒惑犯輿鬼、積尸。占並同上。八月丙寅，太白奄右執法。九月癸未，太白犯進賢。占曰：「進賢者誅。」二年二月，歲星犯西上將。六月甲辰，月奄斗第四星。占曰：「大臣誅，不出三年。」八月癸丑，太白犯房北第二星。九月己丑，歲星犯進賢，熒惑犯西上將。十月甲戌，太白犯泣星。十一月丁酉，熒惑犯東上相。十二月乙巳，月奄軒轅第二星。占悉同上。元年冬，魏破姚興軍。二年十二月，桓玄篡位，放遷帝、后於尋陽，以永安何皇后爲零陵君。三年二月，劉裕盡誅桓氏。三年正月戊戌，熒惑逆行，犯太微西上相。占曰：「天子戰於野，上相死。」二月丙辰，熒惑逆行，在左執法西北。占曰：「執法者誅。」四月甲午，月奄軒轅第二星。五月壬申，月奄斗第二星，填星入羽林。占並同上。是年二月丙辰，劉裕殺桓修等。三月己未，破走桓玄，遣軍西討。辛巳，誅左僕射王愉，桓玄劫天子如江陵。五月，玄下至峥嶸洲，義軍破滅之。桓振又攻没江陵，幽劫天子。七月，永安何皇后崩。

義熙元年三月壬辰，月奄左執法。占同上。丁酉，月奄心前星。占曰：「豫州有災。」太白犯東井。占曰：「秦有兵。」七月庚辰，太白晝見，在翼、軫。占曰：「爲臣强，荆州有兵喪。」八月丁巳，月犯斗第一星。占曰：「天下有兵。」一曰：「大臣憂。」九月甲子，熒惑犯少微。占曰：「處士誅。」庚寅，熒惑犯右執法。癸卯，熒惑犯左執法。占並同上。十一月丙戌，太白犯鉤鈐。占曰：「喉舌憂。」十二月己卯，歲星犯天江。占曰：「有兵亂，河津不通。」十一月，荆州刺史魏詠之薨。二年二月，司馬國璠等攻没弋陽。四月，姚興伐仇池公楊盛，擊走之。九月，益州刺史司馬榮期爲其參軍楊承祖所害。三年十二月，司徒、揚州刺史王謐薨。四年正月，太保、武陵王遵薨。三月，左僕射孔安國卒。自後政在劉裕，人

主端拱而已。二年二月，太白犯南斗。占曰：「兵起。」己丑，月犯心後星。占曰：「豫州有災。」四月癸丑，月犯太微西上將。己未，月犯房南第二星。乙丑，歲星犯天江。占曰：「有兵亂，河津不通。」五月癸未，月犯左角。占曰：「左將軍死，天下有兵。」壬寅，熒惑犯氐。占曰：「氐爲宿宫，人主憂。」六月庚午，熒惑犯房北第二星。八月癸亥，熒惑犯南斗第五星。丁巳，犯建星。占曰：「爲兵。」九月壬午，熒惑犯哭星，又犯泣星。是年二月甲戌，司馬國璠等攻没弋陽。又，慕容超侵略徐、兖，三年正月，又寇北徐州，至下邳。十二月，司徒王謐薨。四年正月，武陵王遵薨。五年，慕容超復寇淮北。四月，劉裕大軍討之，拔臨朐。又圍廣固，拔之。三年正月丙子，太白晝見，在奎。二月庚申，月奄心後星。占同上。五月癸未，月犯左角。己丑，太白晝見，在參。占曰：「益州有兵喪，臣强。」八月己卯，太白犯左執法。辛卯，熒惑犯左執法。九月壬子，熒惑犯進賢星。是年八月，劉敬宣伐蜀，不克而旋。四年三月，左僕射孔安國卒。七月，司馬叔璠等攻没鄒山，魯郡太守徐邕破走之。姚略遣衆征赫連勃勃，大爲所破。五年，劉裕討慕容超，滅之。四年正月庚子，熒惑犯天關。五月丁未，月奄斗第二星。壬子，填星犯天廩。占曰：「天下饑，倉粟少。」六月己丑，太白犯太微西上將。乙卯，又犯左執法。十月戊子，熒惑入羽林。占悉同上。五年，劉裕討慕容超，後南北軍旅運轉不息。五年二月甲子，月犯昴。占曰：「胡不安，天子破匈奴。」五月戊戌，歲星入羽林。九月壬寅，月犯昴。十月，熒惑犯氐。閏月丁酉，月犯昴。辛亥，熒惑犯鉤鈐。己巳，月奄心大星。占曰：「王者惡之。」是年四月，劉裕討慕容超。十月，魏王珪遇弑殂。六年五月，盧循逼郊甸，宫衛被甲。六年三月丁卯，月奄房南第二星。災在次相。己巳，又奄斗第五星。占曰：「斗主吴，吴地兵起。」太白犯五諸侯。占曰：「諸侯有誅。」五月甲子，月奄斗第五星。己亥，月奄昴第三星。占曰：「國有憂。」一曰：「有白衣之會。」六月己丑，月犯房南第二星。甲午，太白晝見。七月己亥，月犯輿鬼。占曰：「國有憂。」一曰：「秦有兵。」八月壬午，太白犯軒轅大星。甲申，月犯心前星。災在豫州。丙戌，月犯斗第五星。占同上。丁亥，月奄牛宿南星。占曰：「天下有大誅。」乙未，太白犯少微。丙午，太白在少微而晝見。九月甲寅，太白犯左執法。丁丑，填星犯畢。占曰：「有邊兵。」是年三月，始興太守徐道覆反。四月，盧循寇湘中，没巴陵，率衆逼京畿。是月，左僕射孟昶懼王威不振，仰藥自殺。七年十二月，劉蕃梟徐道覆首，杜慧度斬盧循，並傳首京都。八年六月，劉道規卒，時爲豫州刺史。八月，皇后王氏崩。九月，兖州刺史劉蕃、尚書左僕射謝混伏誅。劉裕西討劉毅，斬首徇之。十二月，遣益州刺史朱齡石伐蜀。七年四月辛丑，熒惑入輿鬼。占曰：「秦有兵。」一曰：「雍州有災。」六月，太白晝見，在翼。己亥，填星犯天關。占曰：「臣謀主。」八月，太白犯房南第二星。十一月丙子，太白犯哭星。其七月，朱齡石克蜀，蜀又反，討滅之。八年七月癸亥，月奄房北第二星。己未，月犯井鉞。八月戊申，月犯泣星。十月辛亥，月奄天關。占曰：「有兵。」十一月丁丑，填星犯東井。占曰：「大人憂。」十二月癸卯，填星犯井鉞。是年八月，皇后王氏崩。九月，誅劉蕃、謝混，討滅劉毅。十二月，朱齡石滅蜀。九年二月，熒惑入輿鬼。占曰：「有兵喪。」太白犯南河。占曰：「兵起。」五月壬辰，太白犯右執法，晝見。七月庚午，月奄鉤鈐。占曰：「喉舌臣憂。」九月庚午，歲星犯軒轅大星。己丑，月犯左角。時劉裕擅命，兵革不休。十月，裕討司馬休之，王師不利，休之等奔長安。十年正月丁卯，月犯畢。占曰：「將相有以家坐罪者。」二月己酉，月犯房北星。五月壬寅，月犯牽牛南星。乙丑，歲星犯軒轅大星。占悉同上。六月丙申，月奄氐。占曰：「將死之，國有誅者。」七月庚辰，月犯天關。占曰：「兵起。」熒惑犯井鉞。填星犯輿鬼，遂守之。占曰：「大人憂，宗廟改。」八月丁酉，月奄牽牛南星。占同上。九月，填星犯輿鬼。占曰：「人主憂。」丁巳，太白入羽林。十二月己酉，月犯西咸。占曰：「有陰謀。」十一年，林邑寇交州，距敗之。十一年三月丁巳，月入畢。占曰：「天下兵起。」一曰：「有邊兵。」己卯，熒惑入輿鬼。閏月丙午，填星又入輿鬼。占曰：「爲旱，大疫，爲亂臣。」五月癸卯，熒惑入太微。甲辰，犯右執法。六月己未，太白犯東井。占曰：「秦有兵。」戊寅，犯輿鬼。占曰：「國有憂。」七月辛丑，月犯畢。占同上。八月壬子，月犯氐。占同上。庚申，太白順行，從右掖門入太微。丁卯，奄左執法。十一月癸亥，月入畢。占同上。乙未，月入輿鬼而暈。十二年五月甲申，歲星留房心之間，宋之分野。始封劉裕爲宋公。六月壬子，太白順行入太微右掖門。己巳，月犯畢。占同上。七月，月犯牛宿。十月丙戌，月入畢。十三年五月丙子，月犯軒轅。丁亥，犯牽牛。癸巳，熒惑犯右執法。八月己酉，月犯牽牛。丁卯，月犯太微。占曰：「人君憂。」九月壬辰，熒惑犯軒轅。十月戊申，月犯畢。占悉同上。月犯箕。占曰：「國有憂。」甲寅，月犯畢。占同上。乙卯，填星犯太微，留積七十餘日。占曰：「亡君之戒。」壬戌，月犯太微。十四年三月癸巳，太白犯五諸侯。五月庚子，月犯太微。七月甲辰，熒惑犯輿鬼。占曰：「秦有兵，又爲旱，爲兵喪。」亦曰：「大

人憂，宗廟改，亦爲亂臣。」時劉裕擅命，軍旅數興，饑旱相屬，其後卒移晉室。丁巳，月犯東井。占曰：「將軍死。」八月甲子，太白犯軒轅。癸酉，填星入太微，犯右執法，固留太微中，積二百餘日乃去。占曰：「填星守太微，亡君之戒，有徙王。」九月乙未，太白入太微，犯左執法。丁巳，月入太微。占曰：「大人憂。」十月甲申，月入太微。癸巳，熒惑入太微，犯西蕃上將，仍順行，至左掖門內，留二十日，乃逆行。義熙十二年七月，劉裕伐姚泓。十三年八月，擒姚泓，司、兗、秦、雍悉平。十四年，劉裕還彭城，受宋公。十一月，左僕射、前將軍劉穆之卒。明年，西虜寇長安，雍州刺史朱齡石諸軍陷没，官軍捨而東。十二月，帝崩。

恭帝元熙元年正月丙午，三月壬寅，五月丙申，月皆犯太微，占悉同上。乙卯，辰星犯軒轅。六月庚辰，太白犯太微。七月己卯，月犯太微，太白晝見。自義熙元年至是，太白經天者九，月蝕者四，皆從上始，革代更王，臣失君之象也。是夜，太白犯哭星。十二月丁巳，月、太白俱入羽林。二年二月庚午，填星犯太微。占悉同上。元年七月，劉裕受宋王。是年六月，帝遜位於宋。

南朝梁・沈約《宋書》卷二四《天文志二》 晉惠帝太安二年二月，太白入昴。占曰：「天下擾，兵大起。」

又 太安二年十一月庚辰，歲星入月中。占曰：「國有逐相。」

又 （晉元帝太興三年）十二月己未，太白入月，在斗。郭景純曰：「月屬坎，陰府法象也。太白金行而來犯之，天意若曰刑理失中，自毀其法也。」

又 （晉成帝咸康四年）七月乙巳，月掩太白。占曰：「王者亡地，大兵起。」明年，胡賊大寇沔南，陷邾城，豫州刺史毛寶、西陽太守樊峻皆棄城投江死。於是內外戒嚴，左衛桓監、匡術等諸軍至武昌，乃退。七年，慕容皝自稱爲燕王。

又 （晉穆帝永和十年）十一月，月奄填星，在輿鬼。占曰：「秦有兵。」

又 （晉穆帝升平元年十一月）壬午，月奄歲星，在房。占曰：「民飢。」一曰：「豫州有災。」

又 （晉穆帝升平五年正月）乙丑辰時，月在危宿奄太白。占曰：「天下民靡散。」

又 （晉哀帝）興寧元年十月丙戌，月奄太白，在須女。占曰：「天下民靡散。」一曰：「災在揚州。」

又 興寧三年正月乙卯，月奄歲星，在參。參，益州分也。

又 晉海西太和元年二月丙子，月奄熒惑，在參。占曰：「爲內亂。」一曰：「參，魏地。」

南朝梁・沈約《宋書》卷二五《天文志三》 （晉孝武）太元十二年二月戊寅，熒惑入月。占曰：「有亂臣死，相若有戮者。」一曰：「女親爲敗，天下亂。」是時琅邪王輔政，王妃從兄國寶以姻昵受寵。又陳郡人袁悦昧私苟進，交遘主相，扇揚朋黨。十三年，帝殺悦。於是主相有隙，亂階興矣。

又 （太元十三年）十二月戊子，辰星入月，在危。占曰：「賊臣欲殺主，不出三年，必有內惡。」

又 太元十八年正月乙酉，熒惑入月。占曰：「憂在宮中，非賊乃盜也。」一曰：「有亂臣，若有戮者。」二十一年九月，帝暴崩內殿，兆庶宣言夫人張氏潛行大逆。於時朝政闇緩，不加顯戮，但默責而已。又王國寶邪狡，卒伏其辜。

又 （太元）十九年四月己巳，月奄歲星，在尾。占曰：「爲飢，燕國亡。」二十年，慕容垂遣息寶伐什圭，爲圭所破，死者數萬人。二十一年，垂死，國遂衰亡。

又 （晉安帝）隆安元年六月庚午，月奄太白，在太微端門外。占曰：「國受兵。」乙酉，月奄歲星，在東壁。占曰：「爲飢。衛地有兵。」

又 （隆安四年）十月，（月）奄歲星，在北河。占曰：「爲飢。」

又 （晉安帝元興元年）四月辛丑，月奄辰星。

又 （元興三年）二月申辰，月奄歲星於左角。占曰：「天下兵起。」

又 （晉安帝義熙元年）四月己卯，月犯填星，在東壁。占曰：「其地亡國。」一曰：「貴人死。」

又 （義熙元年）十月丁巳，月奄填星營室。

又 （義熙二年）十二月丙午，月奄太白，在危。占曰：「齊亡國。」一曰：「强國君死。」

南朝梁・沈約《宋書》卷二七《符瑞志上》 （漢獻帝）延康元年九月十日黄昏時，月蝕熒惑，過人定時，熒惑出營室，宿羽林。月爲大臣侯王之象；熒惑火精，漢氏之行。占曰：「漢家以兵亡。」

南朝梁・蕭子顯《南齊書》卷一二《天文志上・月犯列星》 建元元年七月丁未，月犯心大星北一寸。丁卯，月入軒轅中犯第二星。

十月丙申，月在心大星西北七寸。

十一月壬戌，月在氐東南星五寸。

十二月乙酉，月犯太微西蕃南頭第一星。庚寅，月行房道中，無所犯。癸巳，月入南斗魁中，無所犯。

二年三月癸卯，月犯心大星，又犯後星。

五月庚戌，月入南斗。

七月己巳，月入南斗。

三年二月癸巳，月犯太微上將。

四年二月乙亥，月犯輿鬼西北星。丙子，月犯南斗魁第二星。辛未，月犯心大星，又犯後星。

四月壬辰，月犯軒轅左民星。庚子，月犯箕東北星。

五月丙寅，月犯心後星。戊寅，月掩昴西北星。

六月乙未，月犯箕東北星。

七月癸亥，月行南斗魁中，無所犯。庚辰，月犯軒轅女主。

八月庚子，月犯昴西南星。壬寅，月犯五車東南星。壬申，月犯軒轅少民星。

九月丁巳，月犯箕東北星。壬辰，月在營室度，入羽林中。二十日，月入輿鬼，犯積尸。

十一月甲戌，月犯五車南星。

十二月丁酉，月犯軒轅女主星，又掩女御。

永元元年正月己亥，月犯心後星。

三月乙未，月犯軒轅女主星。

六月癸酉，月犯輿鬼西南星。

八月乙丑，月犯南斗第四星，又犯輿鬼星。

九月庚辰，月犯太白左蕃度。癸巳，月犯東井北轅西頭第一星。

十二月丁卯，月犯心前星，又犯大星。己巳，月犯南斗第五星。

二年二月甲子，月犯南斗第四星，又犯第三星。

三月丁丑，［月］犯東井北轅北頭第一星。

四月戊申，月犯軒轅右角。

六月丙寅，月犯東井轅頭第一星。

八月丙午，月掩心大星。戊申，月犯南斗第三星。戊子，月犯東井北轅西頭第一星。

十一月庚辰，月犯昴星。丙戌，月犯軒轅左角。

十二月壬戌，月犯心前星，又犯大星。

三年二月己未，月犯南斗第五星。

三月壬申，月在東井，無所犯。

六月丙午，月掩心前星。

八月丙辰，月犯東井北轅第二星。

九月癸未，月犯東井南轅西頭第一星。

四年正月癸酉，月入東井，無所犯。乙亥，月犯輿鬼。

閏月辛亥，月犯房。

二月丁卯，月犯東井鉞。

三月乙未，月入東井，無所犯。

七月辛亥，月犯東井。

八月戊寅，月犯東井。

九月辛卯，月與太白於尾合宿。丙午，月入東井。

十一月辛丑，月入東井曠中。辛亥，月犯房北頭第二星。

十二月己巳，月犯東井北轅東頭第二星。辛巳，月犯南斗第六星。

五年正月丙午，月犯房鉤鈐。

二月癸亥，月犯東井南轅西頭第二星。

三月癸卯，月犯南斗第二星。

六月乙丑，月犯南斗第六星，在南斗七寸。丙寅，月犯西建星北一尺。

史臣曰：《月令》昏明中星，皆二十八宿。箕斗之閒，微爲疎闊。故仲春之與孟秋，建星再用，與宿度竝列，亟經陵犯，災之所主，未有舊占。《石氏星經》云：「斗主爵禄，褒賢進士，故置建星以爲輔。若犯建之異，不與斗同。」則據文求義，亦宰相之占也。

七月丁未，月行入東井曠中，無所犯。

八月壬申，月在畢，犯左股第二星西北三寸。

九月戊子，月在填星北二尺八寸，爲合宿。

十月戊寅，月入氐犯東南星西北一尺餘。

十一月戊寅，月入氐。

十二月戊午，月在東壁度，在熒惑北，相去二尺七寸，爲合宿。甲子，月在東

壁度東南九寸，爲犯。癸酉，月在歲星南七寸，爲犯。

六年正月戊戌，月在角星南，相去三寸。

二月丁卯，月在氐西南六寸。

三月乙未，月入氐中，在歲星南一尺一寸，爲合宿。

四月癸丑，月犯東井南轅西頭第二星。壬戌，月在氐西南星東南五寸，爲犯。漸入氐中，與歲星同在氐度，爲合宿。癸亥，月行在房北頭第一星西南一尺，爲犯。

六月乙卯，月在角星東一寸，爲犯。丁巳，月行入氐，無所犯。在歲星東三寸，爲合宿。

七月乙酉，月入房北頭第二次相星西北八寸，爲犯。庚寅，月在牽牛中星南二寸，爲犯。庚子，月行在畢左股第一星七寸，爲犯。又進入畢。

八月壬子，月行在歲星東二尺五寸，同在氐中，爲合宿。

九月庚辰，月在房北頭第一上相星東北一尺，爲犯。又掩犯鬬楗閉星。丁酉，月行入東井。甲辰，月在左角星西北九寸，爲犯。又在熒惑西南一尺六寸，爲合宿。

十月癸酉，月入氐中，在西南星東北三寸，爲犯。

閏月壬辰，月行入東井。

十一月丙戌，月行入羽林中，無所犯。乙未，月行在東井南轅西頭第二星南一尺，爲犯。丙寅，月在左角北八寸，爲犯。辛未，月行在太白東北一尺五寸，同在箕度，爲合宿。

十二月甲申，月行在畢左股第二星北七寸，爲犯。乙未，月行入氐西南星東北一尺，爲犯。丙申，月在房北頭上相星北一尺，爲犯。

七年正月甲寅，月入東井曠中，無所犯。戊辰，月掩犯牽牛中星。

二月辛巳，月掩犯東井北轅東頭第一星。

三月庚申，月在歲星西北三尺，同在箕度，爲合宿。

四月乙酉，月入氐中，無所犯。丙戌，月犯房星北頭第一上相星北一尺，在楗閉西北四寸，爲犯。

六月乙酉，月犯牽牛中星。乙未，月入畢，在左股第二星東八寸，爲犯。

七月丁未，月入氐中，無所犯。戊申，在楗閉星東北一尺，爲犯。

八月甲戌，月入氐，在西南星東北一尺，爲犯。庚寅，月在畢右股第一星東北一尺，爲犯。

九月丁巳，月掩犯畢右股第一星。庚申，月在東井北轅東頭第一星西北八寸，爲犯。

十月甲申，月行掩畢左股第三星。丁酉，月行在楗閉星西北八寸，爲犯。

十二月壬午，月在東井北轅東頭第一星北八寸，爲犯。

八年正月丁巳，月在亢南頭第三星南七寸，爲犯。

二月己巳，月行在畢右股第一星東北六寸，爲犯。

六月甲戌，月在亢南頭第二星西南七寸，爲犯。

八月乙亥，月在牽牛中星南九寸，爲犯。辛卯，月在軒轅女御南八寸，爲犯。

九月辛酉，月在太微左執法星南四寸，爲犯。

十月壬午，月入東井曠中，無所犯。戊子，月在太微右執法星東南六寸，爲犯。

十一月戊戌，月行在填星北二尺二寸，爲合宿。乙卯，月行在太微右執法星南二寸，爲犯。

十二月庚辰，月行在軒轅右角星南二寸，爲犯。癸未，月掩犯太微右執法。

九年正月辛丑，月在畢蹕西星北六寸，爲犯。庚申，月在歲星西北二尺五寸，同在須女度，爲合宿。

二月辛未，月入東井曠中，無所犯。壬申，月行東井北轅東頭第一星北九寸，爲犯。

三月丙申，月入畢，在左股第二星東北六寸，又掩大星。

四月庚午，月在軒轅女御星南八寸，爲犯。癸酉，月在太微東南頭上相星南八寸，爲犯。癸未，月在歲星北，爲犯，在危度。

五月庚子，月行掩犯太微，在執法。丁未，月掩犯東建西星。

七月癸巳，月在太白東五寸，爲犯。乙未，月在太微東蕃南頭上相星西南五寸，爲犯。壬寅，月掩犯東建星。癸卯，月在牽牛南星北五寸，爲犯。乙巳，月在歲星北六寸，爲犯。

閏七月辛酉，月在軒轅女御星西南三寸，爲犯。

八月，月在軒轅左民星東八寸，爲犯。

九月乙丑，月掩牽牛南星。癸未，月入太微，在右執法東北四寸，爲犯。甲申，月掩太微東蕃南頭上相星。

十月甲午，月行在填星西北八寸，爲犯，在虚度。戊申，月在軒轅女主星南四寸，掩女御，竝爲犯。辛亥，月入太微左執法東北七寸，爲犯。

十一月壬戌，月行掩犯歲星。己巳，月在畢右股大星東一寸，爲犯。辛未，月在東井南轅西頭第二星南八寸，爲犯。又入東井曠中。丙子，月入在軒轅左民星東北七寸，爲犯。丁丑，月行在太微西蕃上將星南五寸，爲犯。

十二月庚寅，(月行)在歲星東南八寸，爲犯丙午，月掩犯太微東蕃南頭上相星。

十年正月庚午，月在軒轅右角大民星南八寸，爲犯。

二月己亥，月行太微，在右掖門。甲辰，月行入氐中，掩犯東北星。壬子，月行入羽林。

三月己卯，月行入羽林，在填星東北七寸，爲犯。在危四度。

四月甲午，月行入太微，在右掖門内。丙午，月行在危度，入羽林。

五月己巳，月掩南斗第三星。甲戌，月行在危度，入羽林。

六月戊子，月在張度，在熒惑星東三寸，爲犯。己丑，月行入太微，在右掖門。丁酉，月掩西建星西。丁未，月行入畢，犯右股大赤星。

七月甲戌，月行在畢躔星西北六寸，爲犯。丁丑，月在東井北轅東頭第二星西南九寸，爲犯。

八月辛卯，月行西建星東一尺，又在東星西四寸，爲犯。壬寅，月行在畢右股大赤星東北四寸，爲犯。甲辰，月行入東井曠中，無所犯。戊申，月行在軒轅女主星西九寸，爲犯。辛亥，月入太微，在左執法星北二尺七寸，爲犯。

九月癸亥，月行掩犯填星一寸，在危度。

十月辛卯，月在危度，入羽林，無所犯。癸亥，月入東井曠中，無所犯。

十一月甲子，月入畢，進右股大赤星西北五寸，爲犯。壬申，月入太微，在右執法星東北一尺三寸，無所犯。丁丑，月入氐，無所犯。

十二月甲午，月入東井曠中，又進北轅東頭第二星四寸，爲犯。庚子，月入太微，在右執法星東北三尺，無所犯。

十一年正月辛酉，月入東井曠中，無所犯。乙丑，月在軒轅女主星北八寸，爲犯。壬申，月行在氐星東北九寸，爲犯。

二月甲午，月行入太微，在上將星東北一尺五寸，無所犯。壬寅，月行掩犯南斗第六星。癸卯，月掩犯西建中星，又掩東星。

四月乙丑，月入太微，在右執法西北一尺四寸，無所犯。壬寅，月行在危度，入羽林，無所犯。

五月丁巳，月行入太微左執法星北三尺，無所犯。甲子，月行在南斗第二星西七寸，爲犯。乙丑，月掩犯西建中星。又犯東星六寸。

六月辛丑，月行掩犯畢左股第三星。壬寅，月入畢。

七月壬子，月入太微，在左執法東三尺，無所犯。丙辰，月行入氐，在東北星西南六寸，爲犯。己未，月行南斗第六星南四寸，爲犯。庚申，月行在西建星東南一寸，爲犯。

九月庚寅，月行在哭星西南六寸，爲犯。壬辰，月行在營室度，入羽林，無所犯。丁酉，月入畢，在右股大赤星西北六寸，爲犯。己亥，月入東井曠中，無所犯。乙巳，月行太微，當右掖門内，在屏星西南六寸，爲犯。

十月壬午，月行在東建中星九寸，爲犯。

十一月壬子，月在哭星南五寸，爲犯。辛酉，月行在東井鉞星南八寸，又在東井南轅西頭第一星南五寸，竝爲犯。進入井中。丁卯，月入太微。壬申，月行入氐，無所犯。

十二月辛巳，月入羽林，又入東井曠中，又入東井北轅西頭第二星南六寸，爲犯。乙未，月入太微，在右執法星東北二尺，無所犯。乙亥，月入氐，無所犯。

隆昌元年正月辛亥，月入畢，在左股第一星東南一尺，爲犯。

三月辛亥，月在東井北轅西頭第二星東七寸，爲犯。甲申，月入太微，在屏星南九寸，爲犯。

六月乙丑，月入畢，在右股第一星東北五寸，爲犯。又在歲星東南一尺，爲犯。丁卯，月入東井南轅西頭第一星東北七寸，爲犯。

南朝梁・蕭子顯《南齊書》卷一三《天文志下・五星相犯列宿雜災》 建元元年八月辛亥，太白犯軒轅大星。

九月癸丑，太白從行於軫犯填星。

二年六月丙子，太白晝見。

四年二月丙戌，太白晝見在午上。

六(年)(月)辛卯，太白晝見午上。庚子，太白入東井，無所犯。

七月己未，太白有光影。

八月戊子，太白從軒轅犯女主星。甲辰，太白從行犯軒轅少民星。

九月己卯，太白從行犯太微西蕃上將。辛酉，太白從行入太微，在右執法星西北一尺。戊辰，太白從行犯太微左執法。

十二月壬子，太白從行犯塡星，在氐度。丙辰，太白從行犯房北頭第一星。丁卯，太白犯楗閉星。

永明元年六月己酉，太白行犯太微上將星。辛酉，太白行犯太微左執法。

八月甲申，太白犯南斗第四星。

九月乙酉，太白犯南斗第三星。壬辰，太白、熒惑合，同在南斗度。

十月丁卯，太白犯哭星。

二年正月戊戌，太白晝見當午上。

三月甲戌，太白從行入羽林。

四月丙申，太白從行犯東井鉞星。

六月戊辰，太白、熒惑合，同在輿鬼度。己巳，太白從行輿鬼度犯歲星。

三年四月丁未，太白晝見。癸亥，太白晝見當午上。

五月戊子，太白犯少民星。

八月丁巳，太白晝見當午上。

十一月壬申，太白從行入氐。

十二月己酉，太白、塡星合在箕度。

四年九月壬辰，太白晝見當午。丙午，太白犯南斗。

十一月庚子，太白入羽林，又犯天關。

五年五月丁酉，太白晝見當午上。庚子，太白三犯畢左股第一星西南一尺。

六月甲戌，太白犯東井北轅第三星，在西一尺。

八月甲寅，太白從行入軒轅，在女主星東北一尺二寸，不爲犯。戊辰，太白從在太微西蕃上將星西南五寸。辛巳，太白從在太微左執法星西北四寸。

六年四月辛酉，太白從在熒惑北三寸，爲犯，竝在東井度。

五月癸卯，太白晝見當午上。

六月己巳，太白從在太微西蕃右執法星東南四寸，爲犯。

七月癸巳，太白在氐角星東北一尺，爲犯。

八月乙亥，太白從行在房南第二左股次將星西南一尺，爲犯。

閏八月甲午，太白晝見當午。

十一月戊午，太白從在歲星西北四尺，同在尾度。又在熒惑東北六尺五寸，在心度，合宿。

十二月壬寅，太白從行在塡星西南二尺五寸，〔在〕斗度。

七年二月辛巳，太白從行入羽林。

十月癸酉，太白在歲星南，相去一尺六寸，從在箕度爲合。

十一月丁卯，太白從行入羽林。

八年正月丁未，太白晝見當午上。

六月戊子，太白從行入東井。己丑，太白晝見當午。

八月庚辰，太白從在軒轅女主星南七尺，爲犯。

九月丙申，太白從行在太微西蕃上將星西南一尺，爲犯。丁未，太白從行入太微。辛酉，太白從行在進賢西五寸，爲犯。

十月乙亥，太白從行在亢南第二星西南一尺，爲犯。甲申，太白從行入氐。

十一月戊戌，太白從行在房北頭第二星東北一寸，又在楗閉星西南七寸，竝爲犯。又在熒惑西北二尺，爲合宿。癸卯，太白從行在熒惑東北一尺，爲犯。

九年四月癸未，太白從歷，夕見西方，從疾參宿一度，比來多陰，至己丑開除，已見在日北，當西北維上，薄昏不見宿星，則爲先歷而見。

六月丙子，太白晝見當午上。

七月辛卯，太白從行入太微，在西蕃上將星北四寸，爲犯。

九月乙亥，太白從行在南斗第四星北二寸，爲犯。丁卯，太白在南斗第三星西一寸，爲犯。

十年二月甲辰，太白從行入羽林。

五月辛巳，太白從行入東井，在軒轅西第一星東六寸，爲犯。

七月乙丑，太白從行在軒轅大星東八寸，爲犯。

十一年正月戊辰，太白從行在歲星西北六寸，爲犯，在奎度。

二月丁丑，太白從行東井北轅西頭第一星東北一尺，爲犯。

四月戊子，太白在五諸侯東第二星西北六寸，爲犯。辛丑，太白從行入輿鬼，在東北星西南四寸，爲犯。

五月戊午，太白晝見當午，名爲經天。癸亥，太白從行入軒轅大星北一尺二寸，無所犯。

九月己酉，太白晝見當午上。

十月丙戌，太白行在進賢星西南四寸，爲犯。

十一月戊戌，太白從行入氐。丁卯，太白從行在楗閉星西北六寸，爲犯。

十二月壬辰，太白從行在南斗第六星東南一尺，爲犯。辛丑，太白從行在西建東星西南一尺，爲犯。

建元元年五月己未，熒惑犯太微西蕃上將，又犯東蕃上將。

二年十月辛酉，熒惑守太微。

四年六月戊子，熒惑從行入東井，無所犯。戊戌，熒惑在東井度，形色小而黄黑不明。丁丑，熒惑、太白同在東井度。

七月甲戌，熒惑從行入輿鬼，犯積尸。

十月癸未，熒惑從行犯太微西蕃上將星。丙戌，熒惑從入太微。

十一月丙辰，熒惑(後)〔從〕行在太微，犯右執法。

永明元年正月己亥，熒惑逆犯上相。辛亥，熒惑守角。庚子，熒惑逆入太微。

三月丁卯，熒惑守太白。

六月戊申，熒惑從犯亢。己巳，熒惑從行犯氐東南星。

七月戊寅，熒惑、填星同在氐度。丁亥，熒惑行犯房北頭第二星。

八月乙丑，熒惑從行犯天江。甲戌，熒惑犯南斗第五星。

十一月丙申，熒惑入羽林。

二年八月庚午，熒惑犯太微西蕃上將。癸未，熒惑犯太微右執法。丁酉，熒惑犯太微右執法。

十月庚申，熒惑犯進賢。

十一月壬辰，熒惑犯亢南第二星。丙申，熒惑犯亢南星。

十二月乙卯，熒惑入氐。

三年二月乙卯，熒惑在房北頭第一星西北一尺，徘徊守房。

四月戊戌，熒惑犯。

六月乙亥，熒惑犯房。癸亥，熒惑犯天江南頭第二星。

八月丁巳，熒惑犯南斗第五星。

十一月丙戌，熒惑從行入羽林。

四年八月戊辰，熒惑入太微。癸酉，熒惑犯太微右執法。戊子，熒惑在太微。

九月戊申，熒惑犯歲星。己酉，熒惑犯歲星，芒角相接。

十月丁丑，熒惑犯亢南頭第一星。

十一月庚寅，熒惑犯氐西南星。

十二月己未，熒惑犯房北頭第一星。庚申，熒惑入房北犯鉤鈐星。

五年二月乙亥，熒惑、填星同在南斗度，爲合宿。

九月乙未，熒惑從行在哭星東，相去半寸。

六年四月癸丑，熒惑伏在參度，去太白二尺五寸，辰星去太白五尺，三星爲合宿。甲戌，熒惑在辰星東南二尺五寸，俱從行，入東井曠中，無所犯。

閏四月丁丑，熒惑從行在氐西南星北七寸，爲犯。己卯，熒惑從行入氐，無所犯。乙巳，熒惑從行在房北頭第一上將右驂星南六寸，爲犯。又在鉤鈐星西北五寸。

十一月丙寅，熒惑從行在歲星西，相去四尺，同在尾度，爲合宿。

七年二月丙子，熒惑從行在填星西，相去二尺，同在牽牛度，爲合宿。

三月戊午，熒惑從在泣星西北七寸。戊辰，熒惑從行入羽林。

八月戊戌，熒惑逆入羽林。

九月乙丑，熒惑入羽林，成句已。

八年四月丙申，熒惑從行入輿鬼，在西北星東南二寸，爲犯。

十月乙亥，熒惑入氐。

十一月乙未，熒惑從入北落門，在第一星東南，去鉤鈐三寸，爲犯。

九年三月甲午，熒惑從在填星東七寸，在歲星南六寸，同在虛度，爲犯，爲合宿。

四月癸亥，熒惑從行入羽林。

閏七月辛酉，熒惑從行在畢左股星西北一寸，爲犯。

八月十四日，熒惑應伏在昴三度，前先曆在畢度，二十一日始逆行北轉，垂及玄冬，熒惑囚死之時，而形色漸大於常。

十年二月庚子，熒惑從入東井北轅西頭第一星西二寸，爲犯。

三月癸未，熒惑從行在輿鬼西北七寸，爲犯。乙酉，熒惑從行入輿鬼。

六月壬寅，熒惑從行入太微。

十一年二月庚戌，熒惑從在填星西北六寸，爲犯，同在營室。

五月戊午，熒惑從行在歲星西南六寸，爲犯，同在婁度。

八月辛巳，熒惑從行入東井，在南轅西第一星東北一尺四寸。

十一月丁巳，熒惑逆行在五諸侯東星北四寸，爲犯。
隆昌元年三月乙丑，熒惑從行入輿鬼西北星東一寸，爲犯。癸酉，熒惑從行在輿鬼積尸星東北七寸，爲犯。
閏三月甲寅，熒惑從入軒轅。
五月丁酉，熒惑從入太微，在右執法北二寸，爲犯。
建元四年正月己卯，歲星、太白俱從行，同在婁度爲合〔宿〕。
六月丁酉，歲星晝見。
永明元年五月甲午，歲星入東井。
七月壬午，歲星晝見。
三年五月丙子，歲星與太白合。
六月辛丑，歲星與辰星合。
十月己巳，歲星從入太微。
十一月甲子，歲星從入太微，犯右執法。
四年閏二月丙辰，歲星犯太微上將。
三月庚申，歲星犯太微上將。
四月己未，歲星犯右執法。
八月乙巳，歲星犯進賢，又與熒惑於軫度合宿。
五年二月癸卯，歲星犯進賢。
六月甲子，歲星晝見在軫度。
十月己未，歲星從在氐西南星北七寸，又辰星從入氐，在歲星西四尺五寸，又太白從在辰星東，相去一尺，同在氐度，三星爲合宿。
十二月甲戌，歲星晝見。
六年三月甲申，歲星逆行入氐宿。
六月丙寅，歲星晝見在氐度。
八年三月庚申，歲星守牽牛。
九年二月壬午，歲星從在填星西七寸，同在虛度爲合〔宿〕。
閏七月辛酉，歲星在泣星北五寸，爲犯，又守填星。
九月辛卯，在泣星西一尺五寸，爲合〔宿〕。
永明元年六月，辰星從行入太微，在太白西北一尺。
二年八月甲寅，辰星於翼犯太白。
九年六月丙子，辰星隨太白於西方，在七星度，相去一尺四寸，爲合宿。
十一年九月丙辰，辰星依曆應夕見西方亢宿一度，至九月八日不見。
隆昌元年正月丙戌，辰星見危度，在太白北一尺，爲犯。
建元三年十月癸丑，填星逆行守氐。
四年七月戊辰，填星從行入氐。
永明元年正月庚寅，填星守房心。
三月甲子，填星逆行犯西咸星。
二年二月戊辰，填星犯東咸星。
四年十二月辛巳，填星犯建星。
七年十二月戊辰，填星在須女度，又辰星從〔行〕在填星西南一尺一寸，爲合宿。
八年三月庚申，填星守哭尾。
九年七月庚戌，填星逆在泣西星東北七寸，爲犯。
十月甲午，填星從行在泣星西北五寸，爲犯。

北齊・魏收《魏書》卷一〇五之二《天象志二》 太祖皇始二年六月庚戌，月掩太白，在端門外。占曰：「國受兵。」九月，慕容賀驎率三萬餘人出寇新市。十月，太祖破之於義臺塢，斬首九千餘級。
天興元年十一月丁丑，月犯東上相。
二年五月辛酉，月掩東上相。
八月壬辰，月犯牽牛。占曰：「國有憂。」三年二月丁亥，皇子聰薨。
三年三月乙丑，月犯鎮星，在牽牛。
七月己未，月犯鎮星，在牽牛。辛酉，月犯哭星。
四年三月甲子，月生齒。占曰：「有賊臣。」五年十一月，秀容胡帥、前平原太守劉曜聚衆爲盜，遣騎誅之。
七月丁卯，月犯天關。
十月甲子，月犯東次相。
五年四月辛丑，月掩辰星，在東井。
五月丙申，月犯太微。
七月己亥，月犯歲星，在左角。
十月戊申，月暈左角。時帝討姚興弟平於乾壁，克之。太史令晁崇奏角蟲

將死，上慮牛疫，乃命諸軍併重焚車。丙戌，車駕北引。牛大疫，死者十八九，官車所馭巨犗數百，同日斃於路側，首尾相屬。麋鹿亦多死。

乙卯，月犯太微。占曰：「貴人憂。」六年七月，鎮西大將軍、司隸校尉、毗陵王順有罪，以王還第。

十二月庚申，月與太白同入羽林。

六年正月，月掩氐西南星。

六月甲辰，月掩北斗魁第四星。

十月乙巳，月犯軒轅第四星。

十一月辛巳，月犯熒惑。

天賜元年二月甲辰，月掩歲星，在角。占曰：「天下兵起。」三年四月，蠕蠕寇邊，夜召兵將，旦，賊走乃罷。

四月甲午，月掩軒轅第四星。占曰：「女主惡之。」六年七月，夫人劉氏薨，後謚宣穆皇后。

五月壬申，月掩斗魁第二星。

二年三月壬辰，月掩左執法。丁酉，月掩心前星。

四月己卯，月犯鎮星，在東壁。占曰：「貴人死。」四年五月，常山王遵有罪，賜死。

七月己未，月掩鎮星。

八月丁巳，月犯斗第二星。占曰：「大臣憂。」三年七月，太尉穆崇薨。

十月丁巳，月掩鎮星，在營室。

三年二月己丑，月犯心後星。

四月癸丑，月犯太微西上將。己未，月犯房南第二星。占曰：「將相有憂。」四年五月，誅定陵公和跋。

五月癸未，月犯左角。占曰：「左將軍死。」六年三月，左將軍、曲陽侯元素延死。

十二月丙午，月掩太白，在危。

四年二月庚申，月掩心後星。

五年五月丁未，月掩斗第二星。占曰：「大人憂。」六年十月戊辰，太祖崩。

太宗永興元年二月甲子，月犯昴。占曰：「胡不安，天子破匈奴。」二年五月，太宗討蠕蠕社崘，社崘遁走。

九月壬寅，月犯昴。

閏月丁酉，月犯昴。

二年三月丁卯，月掩房南第二星，又掩斗第五星。

五月甲子，月掩斗第五星。己亥，月掩昴。

六月己丑，月犯房南第二星。

七月乙亥，月犯輿鬼。

八月甲申，月犯心前星。

三年六月庚子，月犯歲星，在畢。占曰：「有邊兵。」五年四月，上黨民勞聰、士臻羣聚爲盜，殺太守令長，相率外奔。

八月乙未，月犯歲星，在參。

四年春正月壬戌，月行畢，蝕歲星。癸亥，月掩房北第二星。

閏月庚申，月行昴，犯熒惑。

七月，月蝕熒惑。

八月戊申，月犯泣星。

十月辛亥，月掩天關。占曰：「有兵。」五年六月，濩澤民劉逸，自號征東將軍、三巴王，署置官屬，攻逼建興郡，元城侯元屈等討平之。

五年三月戊辰，月行參，犯太白。

四月癸卯，月暈翼、軫、角。

七月庚午，月掩鈎鈐。占曰：「喉舌臣憂。」五年三月，散騎常侍王洛兒卒。

八月庚申，月犯太白。占曰：「憂兵。」神瑞元年二月，赫連屈丐入寇河東，殺掠吏民，三城護軍張昌等要擊走之。

九月己丑，月犯左角。占曰：「天下有兵。」神瑞元年十二月，蠕蠕犯塞。

十月乙巳，月犯畢。占曰：「貴人有死者。」泰常元年三月，長樂王處文薨。

十一月丙戌，月蝕房第一星。

十二月甲辰，月三暈東井。

神瑞元年正月丁卯，月犯畢。占曰：「貴人有死者。」泰常元年四月庚申，河間王脩薨。

二月戊申，月蝕房第一星。

三月壬申，月蝕左角。

五月壬寅，月犯牽牛南星。

六月丙申，月掩氐。

七月庚辰，月犯天關。

八月丁酉，月蝕牽牛中大星。己酉，月犯西咸。占曰：「有陰謀。」神瑞二年三月，河西飢胡屯聚上黨，推白亞栗斯爲盟主，號大單于，稱建平元年。四月，詔將軍公孫表等五將討之。

二年三月丁巳，月入畢。占曰：「天下兵起。」泰常元年三月，常山民霍季自言名載圖讖，持一黑石，以爲天賜玉印，誑惑聚黨，入山爲盜，州郡捕斬之。

四月己卯，月犯畢陽星。

七月辛丑，月犯畢。占曰：「貴人有死者。」泰常元年十二月，南陽王良薨。

八月壬子，月犯氐。

十月甲子，月暈畢。

十一月，月暈軒轅。戊午，月犯畢陽星。

泰常元年五月甲申，月犯歲星，在角。

六月己巳，月犯畢。占曰：「貴人死。」二年十月，豫章王夔薨。

七月，月犯牛。

十月丙戌，月入畢。占曰：「有邊兵。」二年二月，司馬德宗、譙王司馬文思自江東遣使詣闕上書，請軍討劉裕，太宗詔司徒長孫嵩率諸將邀擊之。

二年五月丙子，月犯軒轅。

八月己酉，月犯牽牛。占曰：「其地有憂。」三年，司馬德宗死。丁卯，月犯太微。

十一月癸未，月犯東井南轅西頭第一星。占曰：「諸侯貴人死。」一曰：「有水。」三年八月，雁門、河内大雨水，復其租税。五年三月，南陽王意文薨。

三年正月戊申，月犯輿鬼、積尸。己酉，月犯軒轅、爟星。占曰：「女主有憂。」五年六月丁卯，貴嬪杜氏薨，後謚密皇后。

四月壬申，月犯鎮星，在張。

五月癸亥，月犯太白於東井。

七月丁巳，月犯東井。

九月丙寅，月犯熒惑，在張、翼。

十一月庚申，月犯太白，在斗。

十二月庚辰，月犯熒惑於太微。

四年正月丙午，月犯太微。

三月壬寅，月犯太微。

五月丙申，月犯太微。占曰：「人君憂。」八年十一月，太宗崩。

十二月丁巳，月犯太白，入羽林。

五年十一月辛亥，月蝕熒惑，在亢。占曰：「韓鄭地大敗。」八年九月，劉義符、潁川太守李元德竊入許昌，太宗詔交阯侯周幾擊之，元德遁走。

六年二月己亥，月蝕南斗杓星。

五月丙辰，月暈，在角亢。

七年正月丁卯，月犯南斗。占曰：「大臣憂。」三月，河南王曜薨。

三月壬戌，月犯南斗。

五月丙午，月犯軒轅。

六月辛巳，月犯房。占曰：「將相有憂。」八年六月己亥，太尉、宜都公穆觀薨。

世祖始光元年正月壬午，月犯心中央大星。

二年三月丙子，月犯熒惑，在虚。

十二月丁酉，月犯軒轅。

神䴥三年夏四月壬戌，月犯軒轅。

六月，月犯歲星。

四年十月丙辰，月掩天關。占曰：「有兵。」延和元年七月，世祖討馮文通於和龍。

十二月，月犯房、鈎鈐。

延和元年三月，月犯軒轅。

四月，月犯左角。占曰：「天下有兵。」二年二月，征西將軍金崖與安定鎮將延普及涇州刺史狄子玉争權，舉兵攻普，不克，退保胡空谷，驅掠平民，據險自固。世祖詔平西將軍、安定鎮將陸俟討獲之。

五月，月犯軒轅，掩南斗第六星。

七月丙午，月蝕左角。

三年二月庚午，月犯畢口而出，月暈昴、五車及參。占曰：「貴人死。」五月甲子，陰平王求薨。

閏月己丑，月入東井，犯太白。占曰：「憂兵。」七月辛巳，世祖行幸隰城，命

諸軍討山胡白龍於西河，克之。

太延元年五月壬子，月犯右執法。占曰：「執法有憂。」十月，尚書左僕射安原謀反，伏誅。

十月丙午，月犯右執法。

二年正月庚午，月犯熒惑。占曰：「貴人死。」三年正月癸未，征東大將軍、中山王纂薨。

二月，月犯太微東蕃第一星。

三月癸亥，月犯太微右執法，又犯上相。占曰：「將相有免者。」真君二年三月庚戌，新興王俊、略陽王羯兒有罪，並黜爲公。

三年正月，月犯東井。占曰：「將相死。」戊子，太尉、北平王長孫嵩薨；乙巳，鎮南大將軍、丹陽王叔孫建薨。

九月丙申，月暈太微。

十一月戊戌，月掩太白。

四年四月己卯，月犯氐。

十一月丁未，月犯東井。占曰：「將軍死。」真君二年九月戊戌，撫軍大將軍、永昌王健薨。

五年六月甲午朔，月見西方。

七月，月掩鎮星。

真君元年十二月，月犯太微。

二年六月壬子朔，月見西方。

三年三月癸未，月犯太白。占曰：「憂兵。」四年正月，征西將軍皮豹子等大破劉義隆將於樂鄉，擒其將王奂之、王長卿等。

五年五月甲辰，月犯心後星。

六年四月，月犯心。占曰：「有亡國。」是月，征西大將軍、高涼王那討吐谷渾慕利延於陰平。軍到曼頭城，慕利延驅其部落西渡流沙，那急追之，故西秦王慕璝世子被囊逆軍距戰，那擊破之。慕利延遂西入于闐。

七年八月癸卯，月犯熒惑，又犯軒轅。

十一月，月犯軒轅。

八年正月庚午，月犯心大星。

九年正月，月犯歲星。

十一年正月甲子，月入羽林。

正平元年正月，月入羽林。

高宗太安四年正月己未，月入太微，犯西蕃。

三月，月犯五諸侯。

六月癸酉朔，月生西方。

八月，月入南斗。

九月，月犯軒轅。

十二月，月犯氐。

五年正月，月掩軒轅，又掩氐東南星。

六月，月犯心前星。

十二月，月犯左執法。占曰：「大臣有憂。」和平二年四月，侍中、征東大將軍、河東王閭毗薨。

和平元年正月丁未，月入南斗。

三月，月掩軒轅。占曰：「女主惡之。」四月，保皇太后常氏崩。

六月戊子，月犯心前星。

十一月壬辰，月犯右執法。

二年正月，月犯心後星。

九月，月犯心大星。

三年三月壬寅，月犯心後星。

八月，月犯哭星。

四年四月，月掩軒轅、女御星。

五年二月甲申，月入南斗魁中，犯第三星。

三月庚子，月入輿鬼、積尸。

六年七月，月犯心前星。

九月，月犯軒轅右角。

顯祖天安元年六月甲辰，月犯東井。

十月癸巳，月掩東井。

皇興元年正月丙辰，月犯東井北轅東頭第三星。

八月辛酉，月蝕東井南轅第二星。占曰：「有將死。」三年正月，司空、平昌公和其奴薨。

十月癸巳，月在參蝕。

二年四月丙辰，月犯牽牛中星。

三年十二月乙酉，月犯氐。

五年七月辛巳，月犯東井。

高祖延興元年十月庚子，月入畢口。占曰：「有赦。」二年正月乙卯，曲赦京師及河西，南至秦涇，西至枹罕，北至涼州及諸鎮。

二年正月壬戌，月犯畢。占曰：「天子用法。」九月辛巳，統萬鎮將、河間王閭虎皮坐貪殘賜死。

閏月丙子，月犯東井。占曰：「有水。」是年，以州鎮十一水旱，免民田租，開倉賑恤。庚子，月犯東井北轅。

三年八月己未，月犯太微。占曰：「將相有免者，期不出三年。」承明元年二月，司空、東郡王陸定國坐事免官爵。

十二月戊午，月蝕在七星，京師不見，統萬鎮以聞。

四年正月己卯，月犯畢。占曰：「貴人死。」五年十二月，城陽王長壽薨。

二月癸丑，月犯軒轅。甲寅，月犯歲星。占曰：「饑。」太和元年正月，雲中饑，詔開倉賑恤。

九月乙卯，月犯右執法。占曰：「大臣有憂。」承明元年六月，大司馬、大將軍、安成王萬安國坐矯詔殺部長奚買奴於苑中，賜死。

五年三月甲戌，月掩鎮星。

八月乙亥，月掩畢。占曰：「有邊兵。」太和元年正月，秦州略陽民王元壽聚衆五千餘家，自號爲衝天王。二月，詔秦益二州刺史武都公尉洛侯討破元壽，獲其妻子送京師。

十一月癸卯，月入軒轅中，蝕第三星。

承明元年四月甲戌，月蝕尾。

太和元年二月壬戌，月在井，暈參、南北河、五車二星、二柱、熒惑。

三月甲午，月犯太微。

戊辰，月蝕尾，下入濁氣不見。

五月丁亥，月犯軒轅大星。丙午，月入太微。

八月庚申，月入南斗，犯第三星。戊寅，月入太微，犯屏南星。

十月乙丑，月蝕昴，京師不見，雍州以聞。占曰：「貴臣誅。」是月，誅徐州刺史李訢。

十二月癸卯，月犯南斗。

二年六月庚辰，月犯太微東蕃南頭第一星，京師不見，定州以聞。甲申，月犯房，又犯太微。

八月壬午，月入南斗。占曰：「大臣誅。」十二月，誅南郡王李惠。

九月庚申，陰雲開合，月在昴蝕。

十月戊戌，月入南斗口中。占曰：「大臣誅。」三年四月，雍州刺史、宜都王目辰有罪賜死。

十一月甲子，月犯鎮星。

十二月戊戌，月入南斗口中。

三年正月壬子，月暈觜、參兩肩、五車五星、畢、東井。占曰：「有赦。」十月，大赦天下。

二月庚寅，月犯心。

三月庚戌，月入南斗口中。占曰：「大臣誅。」九月，定州刺史、安樂王長樂有罪，徵詣京師，賜死。乙卯，月入南斗口中。

七月癸未，月犯心。

十月，月犯心。

十二月丙戌，月犯太微左執法。占曰：「大臣有憂。」四年正月，襄城王韓頹有罪，削爵徙邊。

四年正月丁未，月在畢，暈參兩肩、五車、東井。丁巳，月犯心。占曰：「人伐其主。」五年二月，沙門法秀謀反，伏誅。戊午，月又犯心。

二月己卯，月犯軒轅北第二星。辛巳，月犯太微左執法。占曰：「大臣有憂。」閏月，頓丘王李鍾葵有罪賜死。壬午，月蝕。乙酉，月掩熒惑。

五年二月癸卯，月犯太微西蕃南頭第一星。

二月甲辰，月在翼，暈東南，不帀；須臾西北有偏白暈，侵五車二星、東井、北河、北河、輿鬼、柳、北斗、紫微宮、攝提、翼星。戊戌，月犯心，京師不見，濟州以聞。

七月戊寅，月犯昴。占曰：「有白衣之會。」六年正月，任城王雲薨。

六年正月癸亥，月在畢，暈參兩肩、五車三星、胃、昴、畢，京師不見，營州以聞。己巳，月在張，犯軒轅大星。辛未，月蝕。

五月戊申，月入南斗口中。戊寅，月犯昴。

七月丁卯，月蝕。

十一月辛亥朔，月寅見東方，京師不見，平州以聞。

七年五月辛卯，月犯南斗。

八年正月辛巳，月在畢，暈東井、歲星、觜、參兩肩、五車。

三月己丑，月犯心。

四月丁亥，月蝕斗。癸亥，月犯昴，相州以聞。占曰：「有白衣之會。」十一年五月，南平王渾薨。

五月丁亥，月在斗，蝕盡。占曰：「饑。」十二月，詔以州鎮十五水旱民饑，遣使者循行，問所疾苦，開倉賑恤。

九年正月丁丑，月在參，暈觜、參兩肩、東井、北河、五車三星。占曰：「水。」是年，冀定數州水，民有賣男女者。戊申，月犯東井。占曰：「貴人死。」一曰：「有水。」十月，侍中、司徒、魏郡王陳建薨。是年，京師及州鎮十二水旱傷稼。

四月丁未，月犯心。

十一月戊寅，月蝕。

十年十一月辛亥，月犯房。

十一年正月丙午，月犯房鈎鈐。

二月癸亥，月犯東井。

三月丙申，月三暈太微。庚子，月蝕氐。占曰：「糴貴。」是年，年穀不登，聽民出關就食，開倉賑恤。

六月乙丑，月犯斗。丙寅，月犯建星。

七月丁未，月入東井。

八月己巳，月蝕胃。占曰：「有兵。」是月，蠕蠕犯塞，遣平原王陸叡討之。

九月戊戌，陰雲離合，月在胃蝕。

十一月乙巳，月入氐。

十二月戊午，月及熒惑合於東壁。甲子，月入東井，犯天關。

十二年正月戊戌，月犯左角。

二月壬戌，月暈太微。丁卯，月犯氐。

四月癸丑，月犯東井。占曰：「將死。」九月，司徒、淮南王他薨。壬戌，月犯氐，與歲星同在氐。癸亥，月犯房。

六月丁巳，月入氐，犯歲星。

七月乙酉，月犯房。庚寅，月犯牽牛。庚子，月犯畢。

九月，月蝕盡。

十一月己未，月犯東井。丙寅，月犯左角。占曰：「天下有兵。」十三年正月，蕭賾遣衆寇邊，淮陽太守王僧儁擊走之。

十二月甲申，月犯畢。乙未，月犯氐。丙申，月犯房。

十三年正月甲寅，月入東井。壬戌，月掩牽牛。

二月己丑，月在角，十五分蝕七。

三月庚申，月犯歲星。

四月丙戌，月犯房。

六月乙酉，月掩牽牛。乙未，月犯畢。占曰：「貴人死。」十二月，司空、河東王苟頹薨。

七月丁未，月入氐。戊申，月犯楗閉。

八月丙戌，天有微雲，月在未蝕。占曰：「有兵。」十四年四月，地豆于頻犯塞，詔征西大將軍、聯平王頤擊走之。

九月丁巳，月掩畢。庚申，月入東井。

十月己卯，月掩熒惑，又掩畢。丁酉，月犯楗閉。

十二月壬午，月入東井。

十四年二月甲戌，月犯畢。

六月甲戌，月犯亢。

八月乙亥，月犯牽牛。辛卯，月犯軒轅。占曰：「女主當之。」九月，文明皇太后馮氏崩。

十月壬午，月入東井。戊子，月犯太微。

十一月戊戌，月犯鎮星。乙卯，月犯太微右執法。

十二月庚辰，月犯軒轅。癸未，月掩太微左執法。

十五年正月己酉，月在張蝕。

三月丙申，月掩畢。占曰：「有邊兵。」十六年八月，詔陽平王頤、右僕射陸叡督十二將、七萬騎，北討蠕蠕。

四月庚午，月犯軒轅。癸酉，月犯太微東蕃上將。占曰：「貴人憂。」六月，濟陰王鬱以貪殘賜死。癸未，月犯歲星。

五月庚子，月掩太微左執法。占曰：「大臣憂。」十七年二月，南平王霄薨。

丁未，月掩建星。

七月乙未，月犯太微東蕃。辛丑，月掩建星。癸卯，月犯牽牛。

九月乙丑，月犯牽牛。占曰：「大臣有憂。」十七年，蕭賾死。大臣疑當作吳越。癸未，月入太微，犯右執法。占曰：「大臣憂。」十七年八月，三老、山陽郡開國公尉元薨。

十月甲午，月犯鎮星。戊申，月犯軒轅。

十一月乙巳，月犯畢。辛未，月入東井。

十二月辛卯，月蝕，盡。

十六年二月甲辰，月入氐。

三月己卯，月入羽林。

四月壬辰，月入太微。丙午，月入羽林。

五月壬子，月掩南斗第六星。甲戌，月入羽林。

六月戊子，月犯熒惑。占曰：「貴人死。」十九年五月，廣川王諧薨。己丑，月入太微。丁酉，月掩建星。丁未，月入畢。占曰：「有邊兵。」十九年正月，平南將軍王肅頻破蕭鸞軍於義陽，降者萬餘。

七月甲戌，月入畢。丁丑，月犯軒轅。

八月壬辰，月犯建星。壬寅，月犯畢。甲辰，月入東井。戊申，月犯軒轅。占曰：「女主當之。」二十年七月，廢皇后馮氏。辛亥，月入太微，犯右執法。

九月癸亥，月掩鎮星。

十月辛卯，月入羽林。癸亥，月入東井。

十一月甲子，月犯畢。壬申，月入太微。丁丑，月入氐。

十二月丁酉，月在柳蝕。占曰：「國有大事，兵起。」十七年八月己丑，車駕發京師南伐，步騎三十餘萬。

十七年正月己丑，月犯軒轅。壬申，月犯氐。

三月甲午，月入太微。壬寅，月掩南斗第六星。

四月癸丑，月入太微。占曰：「大臣死。」十九年二月辛酉，司徒馮誕薨。壬寅，月入羽林。

五月甲子，月犯南斗第六星。乙丑，月掩建星。

六月甲午，月在女蝕。占曰：「旱。」二十年，以南北州郡旱，遣侍臣循察，開倉賑恤。

七月壬子，月入太微。占曰：「有反臣。」二十年二月，恒州刺史穆泰謀反，伏誅，多所連及。丙辰，月入氐。癸未，月犯南斗第六星。庚申，月犯建星。

八月庚寅，月犯哭星。辛卯，月入羽林。丁酉，月入畢。占曰：「兵起。」十九年二月，車駕南伐鍾離。辛丑，月犯輿鬼。乙巳，月入太微，犯屏星。

十月壬午，月犯建星。甲午，月入東井。

十一月壬子，月犯哭星。辛酉，月犯東井前星。丁卯，月入太微。占曰：「大臣死，有反臣。」二十一年四月，大將軍、宋王劉昶薨，廣州刺史薛法護南叛。壬申，月入氐。

十二月辛巳，月入羽林。乙未，月入太微。己亥，月入氐。

十八年二月甲午，月入氐。

四月庚申，月在斗蝕。

六月丁卯，月入東井。

十九年三月己卯，月犯軒轅。占曰：「女主當之。」二十一年十月，追廢貞皇后林氏爲庶人。

二十年七月辛巳，月掩鎮星。

十月丙午，月在畢蝕。

二十一年三月丁酉，月犯屏星。

四月庚午，月掩房星。

六月丁卯，月掩斗魁。

十二月乙亥，月掩心。

二十二年正月丙申，月掩軒轅。占曰：「女主當之。」二十三年，詔賜皇后馮氏死。

二月乙丑，月與歲星、熒惑合於右掖門內。丁卯，月在角蝕。占曰：「天子憂。」二十三年四月，高祖崩。

七月乙酉，月掩心。

九月庚申，月蝕昴。

二十三年二月壬戌，月在軫蝕。

六月癸未，月掩房南頭第二星。甲申，月掩箕北頭第一星。

八月，月在壁，蝕子已上。

十一月癸丑，月在畢，暈昴、觜、參、五車。

十二月己卯，月掩昴。辛巳，月掩五車。

世宗景明元年正月丙辰，月在翼蝕，十五分蝕三。

十二月癸未，月暈太微，既而有白氣長一匹，廣二尺許，南至七星。俄而月復暈北斗大角。丁亥，月暈角、亢、房。

二年正月甲辰，月暈井、觜、參兩肩、昴、五車。占曰：「貴人死，大赦。」二月甲戌，大赦天下。五月壬子，廣陵王羽薨。

二月丙子，月掩軒轅大星。占曰：「女主憂。」正始四年十月，皇后于氏崩。癸未，月掩房南頭第二星。丙戌，月入南斗距星南三尺。占曰：「吴越有憂。」十二月，蕭寶卷直後張齊玉殺寶卷。

五月丙午，月掩心第三星。戊申，月掩斗魁第三星。

七月辛亥，月暈婁，内青外黄，轢昴、畢、天船、大陵、卷舌、奎、婁。

三年正月甲寅，月入斗，去魁第二星四寸許。占曰：「吴越有憂。」四月，蕭衍又廢其主寶融。

四月癸酉，月乘房南頭第二星。己亥，月暈，在角、亢、氐、房、心。

六月戊戌，月掩南斗第二星。

八月壬寅，月暈，外青内黄，轢昴、畢、婁、胃、五車。占曰：「貴人死。」乙卯，三老元丕薨。己酉，月犯軒轅。

十一月己巳，月蝕井，盡。

十二月壬辰，月掩昴。占曰：「有白衣之會。」正始二年四月，城陽王鸞薨。乙未，月暈參、井、鎮星。占曰：「兵起。」四年，氐反，行梁州事楊椿、左將軍羊祉大破之。丙申，月掩鎮星，又暈。

四年正月庚申，月暈胃、昴、參、五車。

二月辛亥，月掩太白。

三月辛酉，月暈軒轅、太微西垣帝坐。

四月丙申，月掩心大星。

五月丁卯，月在斗，從地下蝕出，十五分蝕十二。占曰：「饑。」正始四年八月，敦煌民饑，開倉賑恤。

六月癸卯，月犯昴。占曰：「有白衣之會。」永平元年三月，皇子昌薨。丁未，月掩太白。

七月戊午，月犯房大星。壬申，月犯昴、畢、觜、參、東井、五車五星。占曰：「旱，有大赦。」正始元年正月丙寅，大赦，改年。六月，詔以旱，徹樂減膳。

十二月丁亥，月暈昴、畢、婁、胃。己未，月暈太微帝坐、軒轅。庚子，月暈房、心、亢、氐。占曰：「有軍，大戰。」正始元年，荆州刺史楊大眼大破羣蠻樊秀安等。

正始元年正月乙卯，月暈胃、昴、畢、五車二星。丁巳，月暈婁、胃、昴、畢。戊戌，月暈五車三星、東井、南河、北河、輿鬼、鎮星。

二月甲申，月暈昴、畢、參左肩、五車。

二年九月癸未，月在昴，十五分蝕十。占曰：「饑。」四年九月，司州民饑，開倉賑恤。

十一月丙子，月暈；東西兩珥，内赤外青；東有白虹，長二丈許；西有白虹，長一匹；北有虹，長一丈餘，外赤内青黄，虹北有背，外赤内青黄。

三年正月辛巳，月暈太微帝坐、軒轅左角、貫疑星。

三月庚辰，月在氐，蝕盡。

十月甲寅，月犯太白。

永平元年五月丁未，月犯畢。占曰：「貴人有死者。」九月，殺太師、彭城王勰。

六月己巳，月掩畢。

十一月癸酉，月犯左執法。占曰：「大臣有憂。」四年三月壬戌，廣陽王嘉薨。

二年正月甲午，月在翼，十五分蝕十二。

十一月丙戌，月掩畢大星。

三年正月戊子，月在張蝕。

閏月乙酉，月在危蝕。

十一月壬寅，月犯太白。

十二月壬午，月在張蝕。

四年四月癸酉，月暈太微、軒轅。占曰：「小赦。」延昌二年八月，諸犯罪者恕死，從流已下減降。辛卯，月犯太白於胃。

八月癸丑，月掩輿鬼。丁巳，月入太微。占曰：「大臣死。」延昌元年三月己未，尚書左僕射、安樂王詮薨。辛酉，月犯太白。

十月壬午，月失行黄道北，犯軒轅大星。甲申，月入太微。

十一月乙巳，月犯畢。占曰：「爲邊兵。」十一月戊申，詔李崇、奚康生治兵壽春，以討朐山之寇。

延昌元年二月庚午，月暈東井、輿鬼、軒轅大星。

三月辛丑，月在翼暈，須臾之間，再成再散。壬寅，月犯太微。乙巳，月暈角、亢、房、心、鎮、歲。九月丁卯，月及熒惑俱在七星。

十月癸酉，月暈東井、五車、畢、參。占曰：「大旱。」一曰：「爲水。」二年四月庚子，出絹十五萬匹，賑恤河南饑民。五月，壽春水。

十二月戊戌，月犯熒惑於太微。占曰：「君死，不出三年。」四年正月，世宗崩。

二年正月庚子，月暈，暈東有連環，轢亢、房、鎮、織女、天棓、紫宫、北斗。

二月己巳，月暈熒惑、軒轅、太微帝座。占曰：「旱。」六月乙酉，青州民饑，詔開倉賑恤。

四月丙申，月掩鎮星。己亥，月在箕，從地下蝕出，還生三分，漸漸而滿。占曰：「饑。」三年四月，青州民饑，開倉賑恤。

六月乙巳，月犯畢左股。占曰：「爲邊兵。」三年六月，南荆州刺史桓叔興破蕭衍軍於九江。

七月戊午，月掩鎮星。

十月丙申，月在參，蝕盡。占曰：「軍起。」三年十一月，詔司徒高肇爲大將軍，率步騎十五萬伐蜀。

三年二月乙酉，月暈畢、昴、太白、東井、五車。

四月癸巳，月在尾，從地下蝕出，十五分蝕十四。占曰：「旱，饑。」熙平元年四月，瀛州民饑，開倉賑恤。

九月丁卯，月犯太微屏星。

十月壬寅，月犯房第二星。

十二月丙午，月掩熒惑。

四年五月庚戌，月犯太微。占曰：「貴人憂。」九月，安定王燮薨。

九月乙丑，月犯太微。

十月癸巳，月入太微。占曰：「大臣死。」熙平二年二月，太保、領司徒、廣平王懷薨。

閏月戊午，月犯軒轅。占曰：「女主憂之。」神龜元年九月，皇太后高尼崩於瑶光寺。

肅宗熙平元年八月己酉，月在奎，十五分蝕八。占曰：「有兵。」神龜元年三月，南秦州氐反，遣龍驤將軍崔襲持節喻之。

十二月戊戌，月犯歲星。甲辰，月暈東井、觜、參、五車。占曰：「大旱。」一曰：「水。」二年十月庚寅，幽、冀、滄、瀛四州大饑，開倉賑恤。

二年二月丁未，月在軫蝕。

四月癸卯，月犯房。

八月癸卯，月在婁，蝕盡。

九月癸酉，月犯畢。占曰：「貴人有死者。」神龜元年四月丁酉，司徒胡國珍薨。

十月癸卯，月暈昴、畢、觜、參、五車四星。甲辰，月暈畢右股、觜、參、五車三星、東井。占曰：「天下饑，大赦。」神龜元年正月，幽州大饑，死者甚衆，開倉賑恤；又大赦天下。

十一月戊戌，月暈觜、參、東井。壬子，月犯心小星。

神龜二年二月丙辰，月在參，暈井、觜、參右肩、歲星、五車四星。占曰：「有相死。」十二月，司徒、尚書令任城王澄薨。

八月辛未，月犯軒轅。

十二月庚申，月在柳，十五分蝕十。

正光元年正月戊子，月犯軒轅大星。占曰：「女主有憂。」七月丙子，元叉幽靈太后於北宫。

十二月甲寅，月蝕。占曰：「兵外起。」二年正月，南秦州氐反。二月，詔光禄大夫邴虬討之。

二年五月丁未，月蝕。占曰：「旱，饑。」三年六月，帝以炎旱，减膳撤懸。

七月乙卯，月在昴北三寸。

九月庚戌，月暈胃、昴、畢、五車二星。辛亥，月暈昴、畢、觜、參兩肩、五車五星。占曰：「有赦。」三年十一月丙午，大赦天下。

十月辛卯，月掩心大星。

十一月己酉，月在井蝕。乙卯，月犯昴。

三年正月甲寅，月掩心距星。

二月丁卯，月掩太白，京師不見，涼州以聞。甲戌，月在張，暈軒轅、太微右執法、歲星。

四月丁丑，月掩心距星。

九月丙午，月在畢，暈昴、畢、觜、參兩肩、五車四星。

四年正月戊戌，月在井，暈東井、南河，轢觜，參右肩一星、五車一星。

七月乙巳，月在胃，暈婁、胃、昴、畢、觜。占曰：「貴人死。」四年十一月丁酉，太保崔光薨。

八月乙亥，月在畢，掩熒惑。

五年二月庚寅，月在參，暈畢、觜、參兩肩、東井、熒惑、五車一星。占曰：「兵起。」六月，秦州城人莫折大提據城反，自稱秦王，詔雍州刺史元志討之。

閏月壬辰，月在張，暈軒轅、太微西蕃。占曰：「天子發軍自衛。」孝昌三年正月己丑，詔内外戒嚴，將親出討。癸巳，月在翼，暈太微、張、翼。占曰：「士卒多逃走。」二曰：「士卒大聚。」十月，營州城人劉安定、就德興反，執刺史李仲遵。其部下王惡兒斬安定以降，德興東走，自號燕王。

八月丙申，月在昴，暈胃、昴、五車二星、畢、觜、參一肩。

十二月癸未，月在婁，暈奎、婁、胃、昴。

孝昌元年九月丁巳，月蝕。

十月丙戌，月在畢，暈昴、畢、觜兩肩、五車二星。

二年八月甲申，月在胃，掩鎮星。

閏月癸酉，月掩鎮星。

三年正月戊辰，月犯鎮星於婁，相去七寸許，光芒相及。占曰：「國破，期不出三年。」一曰：「天下有大喪。」武泰元年二月癸丑，肅宗崩；四月庚子，尒朱榮害靈太后及幼主，又害王公已下。癸酉，月在井，暈觜、參兩肩、南北河、五車兩星。占曰：「有赦。」七月己丑，大赦天下。

武泰元年三月庚申，月掩畢大星。庚午，月在軫，暈太微、角。

莊帝建義元年七月丙子，月在畢，掩大星。

永安元年十一月丙寅，月在畢大星東北五寸許，光芒相掩。

十二月辛卯，月在婁，暈奎、歲星、胃、昴。癸巳，月掩畢大星。

二年三月乙卯，月入畢口。占曰：「大兵起。」壬戌，詔大將軍、上黨王天穆與齊獻武王討邢杲。

四月己丑，月在翼，入太微，在屏星西南，相去一尺五寸，須臾下没。辛卯，月在軫，暈太微、軫、角。乙丑，月在危。

八月乙丑，月在畢左股第二星北，相去二寸許，光芒相掩，須臾入畢。占曰：「兵起。」三年正月辛丑，東徐州城民吕文欣等反，殺刺史，行臺樊子鵠討之。

十月辛亥，月在畢，暈畢、昴、鎮星、觜、參、井、五車四星。占曰：「兵起，大赦。」三年三月，万俟丑奴遣其大行臺尉遲菩薩寇岐州，大都督賀拔岳、可朱渾道元大破之。四月，大赦天下。甲子，月在參蝕。

十二月丙辰，月掩畢右股大星。乙丑，月、熒惑同在軫。丁巳，月在畢，暈昴、畢及鎮星、觜、參、伐、五車四星。占曰：「大赦。」三年九月，大赦天下。癸亥，月在翼，暈軒轅、翼、太微。占曰：「有赦。」三年十月戊申，皇子生，大赦天下。乙丑，月在軫，掩熒惑。

三年正月己丑，月入太微，襲熒惑。辛卯，月行太微中，暈太微、熒惑。壬辰，月在軫，掩熒惑。

四月戊午，月暈太微。

五月甲申望前，月蝕於午。《洪範傳》曰：「天子微弱，大法失中，不能立功成事，則月蝕望前。」時尒朱榮等擅朝也。

六月乙巳，月在畢大星北三寸許，光芒相掩。

八月庚申，月入畢口，犯左股大星。辛丑，月入軒轅后星北，夫人南，直東過太白，犯次妃。占曰「人君死」，又爲「兵起」。十二月，尒朱兆入洛，執帝，殺皇子，亂兵汙辱后宫，殺司徒公、臨淮王彧。

九月庚寅，月在參，暈昴、觜、參、井、歲鎮二星、五車三星。

十月辛亥，月暈東壁。

十一月辛丑，月在太白北，中不容指。

前廢帝普泰元年正月己丑，月在角，暈軫、角、亢，亦連環暈接北斗柄三星、大角、織女。

五月甲申，月蝕盡。己未，月犯畢右股第一星，相去三寸許，光芒相及，又入畢口。

十月癸丑，月暈昴、觜、參、東井、五車三星。占曰：「有赦。」是月，齊獻武王推立後廢帝，大赦天下。

後廢帝中興元年十一月甲申，月暈。

二年四月戊寅，月在箕蝕。

出帝太昌元年六月癸未，月戴珥。

九月甲寅，月入太微，犯屏星。

十月丙子，月在參蝕。

永熙二年十一月乙丑，月在畢，暈昴、觜、參兩肩、五車五星。

三年三月戊戌，月在亢蝕。

八月庚午，月在畢，暈昴、畢、觜、參、五車四星。占曰：「大赦。」是月戊辰，大赦天下。

孝静天平元年十二月庚申，月在畢，暈昴、畢、觜、參兩肩、五車五星。

閏月庚子，月掩心中央星。

二年三月，月暈北斗第二星。占曰：「糴貴兵聚。」是月，齊獻武王討山胡劉蠡升，斬之。三年，并、肆、汾、建諸州霜儉。壬申，月在婁，太白在月南一寸許，至明漸漸相離。

八月己卯，月在心，去心中央大星西廂七寸許。

十一月戊辰，月在心，掩前小星。

三年春正月丁卯，月掩軒轅大星。

二月丁亥，月蝕。

八月癸未，月蝕。

十月丁丑，月在熒惑北，相去五寸許。

四年二月壬申，月掩五車東南星。庚辰，月連環暈北斗。

八月癸未，月掩五車東南星。

元象元年三月丁卯，月掩軒轅大星。

六月癸卯，月蝕。

十月己亥，陰雲班駁，月在昴，暈胃、昴、畢。占曰：「大赦。」興和元年五月，大赦天下。丁未，月在翼，暈太微、軒轅、左角、軫二星。

十一月庚午，月在井，暈五車一星及東井、南北河。占曰：「有赦。」興和元年十一月，大赦，改年。

興和元年八月辛丑，月在畢，暈畢、觜、參兩肩、五車。

九月丁巳，月在斗，犯魁第三星，相去三寸許，光芒相及。丁卯，月掩昴。

十二月甲午，月蝕。

二年八月己酉，月犯心中央大星。

三年春正月辛巳，月在畢，暈東井、參兩肩、畢、西轢昴、五車五星。占曰：「大赦。」武定元年正月，大赦，改元。

四月壬辰，月蝕。

八月丁巳，月在胃，暈畢、歲星、昴、婁、胃、五車一星，須臾暈缺復成。

四年十一月壬午，月在七星，暈熒惑、軒轅、太微帝坐。

十二月壬寅，月在昴，暈昴、畢、五車兩星。占曰：「有赦。」武定二年三月，齊獻武王歷冀、定二州，因入朝，以今春亢旱，請蠲懸租，賑窮乏，死罪已下一皆原宥。

武定元年三月丙午，月蝕。

四年正月己未，月蝕軫。

六月癸巳，月入畢中。

九月癸亥，月在翼，暈軒轅、太微帝坐、熒惑。占曰：「兵起。」是月，北徐州山賊鄭土定自號郎中，偷陷州城，儀同斛律平討平之。

五年正月乙巳，月犯畢大星、昴、東井、觜、參、五車三星。占曰：「大赦。」五月丁酉朔，大赦天下。庚辰，月在張，暈軒轅大星、太微天庭。

七年九月戊午，月在斗，掩歲星。占曰：「吴越有憂。」是歲，侯景破建業，吴人餓死及流亡者不可勝數。

北齊·魏收《魏書》卷一〇五之三《天象志三》（太祖皇始）二年六月庚戌，月奄金於端門之外。戰祥也，變及南宮，是謂朝庭有兵。時燕王慕容寶已走和龍。秋九月，其弟賀麟復糾合三萬衆，寇新市，上自擊之，大敗燕師於義臺，悉定河北。而晉桓玄等連衡內侮，其朝廷日夕戒嚴。是歲正月，火犯哭星。占有死喪哭泣事。秋八月，又守井、鉞。占曰：「大臣誅。」十月，襄城王題薨。明年正月，右軍將軍尹國於冀州謀反，被誅。

又（太祖天興）元年十月至二年五月，月再掩東蕃上相。相所以蕃輔王室而定君臣位。天象若曰：今下淩上替而莫之或振，將焉用之哉？且曰：中坐成刑，貴人奪勢。是歲，桓玄專殺殷仲堪等，制上流之衆，晉室由是遂卑。是歲五月，辰星犯軒轅大星。占曰：「女主當之。」三年三月至七月，月再犯鎮星於牽牛，又犯哭星。爲兵喪、女憂。或曰：月爲强大之臣，鎮，所以正綱紀也。是爲强臣有干犯者，在吴越。既而晉太后李氏殂，桓玄擅命江南，仍有艱故云。

又（太祖天興）五年四月辛丑，月掩辰星，在東井。月爲陰國之兵，辰象戰

闞。占曰：「所直野軍大起，戰不勝，亡地，家臣死。」冬十月，帝伐秦師於蒙坑，大敗之，遂舉乾壁，關中大震。其上將姚平赴水死。是月戊申，月暈左角。太史令晁崇奏：「角蟲將死。」上慮牛疫，乃命諸將併重焚車。丙戌，車駕北引。牛大疫，死者十有八九，官車所御巨犗數百，同日斃於路側，首尾相屬，麋鹿亦多死者。

五年三月戊子，太白犯五諸侯，晝見經天；九月己未，又犯進賢。太白爲强侯之誡，犯五諸侯，所以興霸形也。是時桓玄擅征伐之柄，專殺諸侯，以弱其本朝，卒以干君之明而代奪之。故皇天著誡焉，若曰：夫進賢興功，大司馬之官守也，而今自殘之，君於何有焉。是冬十月，客星白若粉絮，出自南宫之西，十二月入太微，亂氣所由也。以距乏之氣而乘粹陽之天庭，適足以驅除焉爾。明年，竟簒晉室，得諸侯而不終。是歲五月丙申，月犯太微；十月乙卯，又如之。月者太陰，臣象，太微正陽之庭，不當横行其中，是謂朝庭間隙，强臣不制，亦桓玄之誡也。又占曰：「貴人有坐之者。」明年七月，鎮西大將軍、毗陵王順以罪還第，亦是也。

五年七月己亥，月犯歲星，在鶉火鳥帑，南國之墟也。至天賜元年二月甲辰又掩之，在角。角爲外朝，而歲星君也。天象若曰：有强大之臣干君之庭，以挾其主而播遷於外。是歲桓玄之師敗績於劉裕，玄劫晉帝以奔江陵。至五月，玄死，桓氏之黨復攻江陵，陷之，凡再劫天子云。先是，六年六月甲辰，月掩斗魁第四星；至天賜元年五月壬申，又掩斗魁第三星；二年八月丁巳，又犯斗第一星。斗爲吴分。大人憂，將相戮，宫中有自賊者。及桓玄伏誅，貴臣多戮死者。江南兵革十餘歲乃定，故謫見於斗。

天賜二年四月己卯，月犯鎮星，在東壁；七月己未又如之；十月丁巳又掩之，在室。夫室星，所以造宫廟而鎮司空也。占曰：「土功之事興。」明年六月，發八部人，自五百里内繕修都城，魏於是始有邑居之制度。或曰，北宫後庭，人主所以庇衛其身也，鎮主后妃之位，存亡之基。而是時堅冰之漸著矣，故犯又掩再三焉。占曰：「臣賊君邦，大喪。」是歲三月丁酉，月犯心前星；三年二月，月犯心後星；四年二月，又如之。心主嫡庶之禮。占曰：「亂臣犯主，儲君失位，庶子惡之。」先是，天興六年冬十月至元年四月，月再掩軒轅。占曰：「有亂易政，后妃執其咎。」三年五月壬寅，熒惑犯氐。氐，宿宫也。天戒若曰：是時蠱惑人主而興内亂之萌矣，亦自我天視而修省焉。及六年七月，宣穆后以强死，太子微行人間，既而有清河萬人之難。二年八月，火犯斗；丁亥，又犯建。斗爲大人之事，建爲經綸之始，此天所以建創業君。時劉裕且傾晉祚，而清河之釁方作矣，帝猶不悟。至是歲九月，火犯哭星。其象若曰：將以内亂，至於哭泣之事焉。由是言之，皇天所以訓劫殺之主熟矣，而罕能敦復以自悟，悲夫！

二年八月甲子，熒惑犯少微；庚寅，犯右執法；癸卯，犯左執法；十一月丙戌，太白掩鈎鈐。皆南邦之謫也。火象方伯，金爲强侯，少微以官賢材而輔南宫之化，執法者威令所由行也。天象若曰：夫禄去公室，所由來漸矣，始則奮其賢材以爲其本朝，終以干其鈐鍇而席其威令焉。至三年十二月丙午，月掩太白於危。危，齊分也。占曰：「其國以戰亡。」丁未，金、火皆入羽林。四年正月，太白晝見奎。是謂或稱王師而干君明者。占曰：「天下兵起，魯邦受之。」二月癸亥，金、火、土、水聚於奎、婁。徐魯之分也。四神聚謀，所以革衰替之政，定霸王之命。五月己丑，金晝見於參。天意若曰：是將自植攻伐，以震其主，而代奪之云爾。八月辛丑，熒惑犯執法；九月，遂犯進賢。與桓氏同占。是時，南燕慕容氏兼有齊魯之墟，不務修德，而驟侵晉淮、泗。六年四月，劉裕以晉師伐之，大敗燕師於臨朐，進克廣固，執慕容超以歸，戕諸建康。於是專其兵威，薦食藩輔，簒奪之形由此而著云。二年三月，月掩左執法；三年四月，又犯西蕃上將；己未，犯房次相；六月，火犯房次將。三年七月，太尉穆崇薨。四年，誅定陵公和跋，殺司空庾岳。又四年六月，火犯水左翼。八月，金掩火，犯左執法。占曰：「大兵在楚，執法當之。」至五年，火犯天江。占曰：「水賊作亂。」六月，金犯上將，又犯左執法。其後盧循作亂於上流，晉將何無忌戰死，左僕射孟昶仰藥卒，劉裕自伐齊奔命，僅乃克之。

六年六月，金、火再入太微，犯帝座，蓬、孛、客星及他不可勝紀。太史上言，且有骨肉之禍，更政立君，語在帝紀。冬十月，太祖崩。夫前事之感大，即後事之災深，故帝之季年妖怪特甚。是歲二月至九月，月三犯昴。昴爲白衣會，宫車晏駕之徵也。十二月辛丑，金犯木於奎。占曰：「其君有兵死者。」既而慕容超戮於晉。是歲四月，火犯水於東井。其冬，赫連氏攻安定，秦主興自將救之，自是侵伐不息。或曰：「水火之合，内亂之形也。」時朱提王悦謀反，賜死。

太宗永興二年五月己亥，月掩昴。昴爲髦頭之兵，虜君憂之。是月，蠕蠕社崘圍長孫嵩於牛川，上自將擊之，社崘遁走，道死。六月甲午，太白晝見。占曰：「爲不臣。」七月，月犯鬼。占曰：「亂臣在内。」明年五月，昌黎王慕容伯兒謀反，誅之。是歲三月至秋八月，月三掩南斗第五星。斗，吴分也。且曰：强大之臣有干天禄者，大人憂之。是月乙未，太白犯少微，晝見；九月甲寅，進犯左執法。占曰：「且有杖其霸刑，以戮社稷之衛而專威令者，徵在南朔。」先是，三月丁卯，月掩房次將；六月己丑，又如之；八月甲申，犯心前星。占曰：「服軛者當之，君失馭，徵在豫州。」時劉裕謀弱晉室，四年九月，專殺僕射謝混，因襲荆州刺史劉毅於江

陵，夷之。明年二月，又誅晉豫州刺史諸葛長人，其君託食而已。是歲八月壬子，太白犯軒轅大星。占曰：「有亂易政，女君憂。」三年十一月丙午，金犯哭星。午，秦地。四年八月戊申，月犯哭星。申，晉地。是月，晉后王氏死；其後姚主薨。

三年六月庚子，月犯歲星，在畢；八月乙未，又犯之，在參；四年正月又蝕，在畢。直徵垣之陽，參在山河之右。歲星所以阜農事安萬人也。占曰：「月仍犯之，邊萌阻兵而薦饑。」是歲六月癸巳，金、木合於東井；七月甲申，金犯土於井。占曰：「其國內兵，有白衣之會。」十一月，土犯井；十二月癸卯，土犯鉞。土主疆理之政，存亡之機也，是爲土地分裂，有戮死之君，徵在秦邦。至五年二月丙午，火、土皆犯井。占曰：「國有兵喪之禍，主出走。」是月壬辰，歲、填、熒惑、太白聚於井。將以建霸國之命也，其地君子憂，小人流。又自三年四月至五年三月，熒惑三干鬼。主命者將天而國徙焉。是時雍州假王霸之號者六國，而赫連氏據朔方之地，尤爲强暴，薦食關中，秦人奔命者殆路。間歲，姚興薨而難作於內。明年，劉裕以晉師伐之，秦師連戰敗績，執姚泓以歸，戕諸建康。既而遺守內攜，長安淪覆焉。或曰：自上黨並河、山之北，皆鬼星、參、畢之郊也。五年四月，上黨羣盜外叛。六月，濩澤人劉逸自稱三巴王。七月，河西胡曹龍入蒲子，號大單于。十月，將軍劉潔、魏勤擊吐京叛胡失利，勤力戰死，潔爲所虜。明年，赫連屈孑寇蒲子、三城，諸將擊走之。其餘災波及晉、魏，仍其兵革之禍。二年九月，土犯畢，爲疆埸之兵。三年七月，木犯土於參。占曰：「戰敗，亡地，國君死。」四年十月，月掩天關。其災同上。參，外主巴蜀。其後晉師伐蜀，戮其主譙縱。先是，四年閏月，月犯熒惑，在昴；七月，又蝕之。五年，將軍奚斤討越勤，大破之。明年，禿髮氏降於西秦，其君傉檀戮死。

神瑞元年二月，填入東井，犯天尊，旱祥也。天象若曰：土失其性，水源將壅焉；施於天尊，所以福矜寡之萌也。先是，去年九月至於五月，歲再犯軒轅大星；八月庚寅至二年三月，填再犯鬼積尸。歲星主農事，軒轅主雪霜風雨之神，返覆由之，所以告黃祇也。土爰稼穡，鬼爲物之精氣，是謂稼穡潛耗，人將以饉而死焉。一曰大旱。是後，京師比歲霜旱，五穀不登，詔人就食山東，以粟帛賑乏，語在《崔浩傳》。先是，月犯歲於畢。占曰：「饑在晉代，亦其徵。」又鬼主秦，旱在秦邦。至二年，太史奏，熒惑在匏瓜中，一夜忽亡失之，後出東井，語在《崔浩傳》。既而關中大旱，昆明枯涸。是歲四月癸丑，流星晝見中天，西行。占曰：「營頭所首，野有覆軍，流血西行，謫在秦邦。」而魏人覲之，亦王師之戒也。天若戒魏師曰：是擁衆而西，固欲干君之明而代奪之爾，姑息人以觀變，無庸禦焉。先是五年三月，月犯太白於參；八月庚申，又犯之。參，魏分野。占曰：「强侯作難，國戰不勝。」九月己丑，月犯左角；是歲三月壬申，又蝕之。是謂以剛晉之兵合戰而偏將戮，徵在兖州。二年四月，太白入畢，月犯畢而再入之。占曰：「大戰不勝，邊將憂，魏邦受之。」六月己巳，有星孛於昴南。天象若曰：且有驅除之雄，勿用距之於朔方矣。明年七月，劉裕以舟師泝河。九月，裕陷我滑臺，兖州刺史尉建以畏懦斬。時崔浩欲勿戰，上難違衆議，詔司徒嵩率師迓之，及晉人戰於畔城，魏師敗績，語在《崔浩傳》。裕既定關中，遽歸受禪，既而赫連氏并之，遂竊尊號云。自元年正月至泰常元年十月，月三犯畢，再入之，再犯畢陽星。占曰：「邊兵起，貴人有死者。」元年十二月，蠕蠕犯塞，上自將，大破之。二年，上黨胡反，詔五將討平之。泰常元年，長樂、河間、南陽王皆薨。二年，豫章王又薨，常山霍季聚衆反，伏誅。

唐・魏徵等《隋書》卷二一《天文志下》　（梁武帝）大通元年八月甲申，月掩填星。閏月癸酉，又掩之。占曰：「有大喪，天下無主，國易政。」其後中大通元年九月癸巳，上又幸同泰寺捨身，王公以一億萬錢奉贖。十月己酉還宮，大赦，改元。中大通三年，太子薨，皆天下無主、易政及大喪之應。

又　（梁武帝太清三年）九月戊午，月在斗，掩歲星。占曰：「天下亡君。」其後侯景篡殺。

又　（陳廢帝光大）二年正月戊申，月掩歲星。占曰：「國亡君。」

又　（陳宣帝太建十年）十月癸卯，月食熒惑。占曰：「國敗君亡，大兵起，破軍殺將。」來年三月，吴明徹敗於吕梁，十三年帝崩，敗國亡君之應也。

又　（北齊後主武平）三年十二月辛丑，（日）〔月〕食歲星。占曰：「有亡國。」至七年，而齊亡。

又　（北周武帝建德三年）十二月庚寅，月犯歲星，在危，相去二寸。占曰：「其邦流亡，不出三年。」辛卯，月行在營室，食太白。占曰：「其國以兵亡，將軍戰死。營室，衛也，地在齊境。」後齊亡入周。

又　（北周武帝建德七年）十月癸卯，月食熒惑在斗。占曰：「國敗，其君亡，兵大起，破軍殺將。斗爲吴、越之星，陳之分野。」十一月，陳將吴明徹侵吕梁，徐州總管梁士彦出軍與戰，不利。明年三月，郯公王軌討擒陳將吴明徹，俘斬三萬餘人。

後晉・劉昫等《舊唐書》卷一〇《肅宗紀》　（肅宗乾元二年正月）癸未夜，月

掩歲星。

後晉・劉昫等《舊唐書》卷一四《憲宗紀上》（憲宗元和二年二月）壬申夜，月掩歲星。

後晉・劉昫等《舊唐書》卷三六《天文志下》（則天）長安四年，熒惑入月及鎮星，犯天關。太史令嚴善思奏：「法有亂臣伏罪，臣下謀上之變。」歲餘，誅二張，五王立中宗。

又（憲宗）元和七年正月辛未，月掩熒惑。

又（文宗大和九年）六月庚寅夜，月掩歲星。

宋・歐陽修等《新唐書》卷八《武宗紀》（武宗會昌三年十月）壬午，日中，月食太白。

宋・歐陽修等《新唐書》卷三三《天文志》（則天長安）四年，熒惑入月，鎮星犯天關。

又（玄宗天寶）一十四載十二月，月食歲星在東井。占曰：「其國亡。」東井，京師分也。

又（肅宗乾元）二年正月癸未，歲星蝕月在翼，楚分也。一曰：「饑。」

又（代宗）寶應二年四月己丑，月掩歲星。占曰：「饑。」

又（德宗）建中元年十一月，月食歲星在秦分。占曰：「其國亡。」

又（憲宗元和二年）二月壬申，月掩歲星。占曰：「大臣死。」

又（憲宗元和）三年三月乙未，鎮星蝕月在氐。占曰：「其地主死。」

又（憲宗元和）七年正月辛未，月掩熒惑。

又（文宗大和元年）五月，月掩熒惑在太微西垣。

又（文宗）大和二年正月庚午，月掩鎮星。

又（文宗大和）五年二月甲申，月掩熒惑。

又（文宗大和）六年四月辛未，月掩鎮星於端門。

又（文宗大和九年）六月庚寅，月掩歲星在危而暈；十月庚辰，月復掩歲星在危。

又（文宗開成二年）二月己亥，月掩太白於昴中。

又（文宗開成二年）七月壬申，月入南斗；丁亥，掩太白於柳。

又（文宗開成）四年二月丁卯，月掩歲星於畢。

又（文宗開成五年）七月乙酉，月掩鎮星。

又（武宗會昌）二年正月壬戌，掩太白於羽林。

又（武宗會昌二年）十月丙戌，月掩歲星於角。三年三月丙申，又掩歲星於角。

又（武宗會昌三年）十月壬午晝，月食太白於亢。

元・脱脱等《宋史》卷五三《天文志六・月犯五緯》建隆二年十一月癸未，月犯歲星。三年二月乙巳，又犯。

開寶三年九月乙卯，犯填星。

太平興國三年七月己亥，掩熒惑。八月甲戌，與太白合。八年七月辛巳，淩歲星。

端拱元年二月戊申，犯填星。辛亥，犯歲星。六月丁卯，掩填星。

淳化元年十一月丙申，與熒惑合。二年六月己丑，犯歲星。三年三月癸亥，與太白合。九月戊午，掩熒惑。十二月甲申，與熒惑合。四年十月癸未，與辰星合。五年二月己亥，犯歲星。

至道元年三月乙卯，又犯。三年八月戊申，犯填星。十二月癸丑，犯歲星。

咸平元年三月乙丑，犯熒惑。五月己巳，掩歲星。七月甲子，又犯。十二月甲午，犯填星。二年二月戊子，犯太白。十一月乙未，犯熒惑。三年二月壬子，犯太白。九月辛丑，又犯。四年十月辛酉，掩熒惑。十一月己丑，又犯。五年二月癸巳，犯歲星。六年十一月癸卯，犯填星。十二月庚午，又犯。

景德元年八月壬申，犯填星。二年五月辛卯，犯填星。七月庚午，犯歲星。

大中祥符二年十一月丙子，犯歲星。三年十月丙辰，犯熒惑。四年正月丁丑，犯太白。二月壬辰，犯填星。八月丙寅，犯太白。五年三月癸未，犯填星。六月乙巳，又犯。六年正月壬子，犯填星。二月丙戌，犯歲星。四月辛巳，又犯。七月癸卯，又犯。十月甲申，犯太白。七年十二月丁丑，犯填星。八年三月己亥，犯填星。四月丙辰，掩熒惑。八月癸未，犯填星。九年五月己巳，犯歲星。十月戊戌，犯太白。十二月丙戌，犯熒惑。

天禧元年正月戊申，犯歲星。三年四月乙未，犯熒惑。五月癸亥，又犯。九月己卯，犯歲星。四年二月乙未，又犯。三月癸亥，又犯。七月辛亥，犯太白。八月庚子，犯熒惑。五年五月辛卯，犯填星。九月己卯，又犯。

天聖三年正月丁未，犯熒惑。五年七月己未，犯歲星。八月丁亥，犯熒惑。十一月戊申，掩歲星。六年九月己酉，犯填星。

明道元年九月戊子，犯填星。

景祐二年四月丁巳，掩太白。

寶元元年三月己酉，犯填星。四月庚寅，犯歲星。

慶曆元年八月庚子，掩歲星。十月丙申，犯填星。四年七月壬午，犯熒惑。六年三月丙申，犯歲星。七月乙酉，又犯。

皇祐元年七月丙午，犯歲星。二年六月壬申，犯填星。四年十月己丑，犯歲星。

至和二年五月庚辰，犯填星。十一月己酉，犯歲星。十二月辛丑，犯填星，甲辰，掩歲星。

嘉祐元年三月丙寅，掩填星。閏三月癸巳，掩歲星。五月戊子，犯填星。二年四月庚申，犯熒惑。六月戊申，犯太白。乙卯，犯熒惑。四年五月丁酉，犯太白。十月甲戌，犯熒惑。十二月甲戌，又犯；庚午，掩之。五年三月甲午，掩熒惑。六年閏八月辛丑，犯填星。十一月癸亥，又犯。八年七月壬戌，掩歲星。

治平四年正月辛亥，犯辰星。八月辛未，犯太白。癸酉，犯歲星。九月壬寅，犯太白。十月戊辰，掩填星，又犯熒惑。

熙寧元年二月丁巳，犯填星。四月壬子，犯歲星。五年四月癸亥，犯填星。閏七月庚申，犯熒惑。六年九月甲辰，掩太白。十年九月庚午，犯歲星。十二月壬辰，犯歲星。

元豐七年十月甲午，犯辰星。八年八月戊寅，犯填星。十一月戊戌，犯歲星。庚子，犯填星。

元祐三年七月庚午，犯太白。十月壬辰，犯歲星。四年三月丙子，又犯。七月辛卯，犯填星。十月癸丑，掩填星。六年九月癸卯，犯熒惑。十二月甲戌，掩歲星。八年十二月丁巳，犯熒惑。

紹聖元年六月甲戌，犯太白。九月辛酉，犯填星。十二月癸未，又犯。二年正月庚戌，又犯。三月壬申，又犯。三年九月戊戌，犯歲星。四年七月丁丑，犯熒惑。

元符二年八月壬辰，犯歲星。十一月辛巳，十二月戊申，皆犯。三年六月癸卯，犯熒惑。

建中靖國元年五月辛未，犯填星。

崇寧元年七月丁亥，犯太白。五年二月戊子，犯熒惑。

大觀二年十二月戊子，犯熒惑。四年七月戊午，犯歲星。

政和元年正月己巳，犯歲星。

宣和元年正月乙卯，犯填星。三年八月戊申，犯熒惑。四年八月庚戌，犯填星。七年十一月乙酉，犯熒惑。

建炎四年六月戊寅，犯熒惑。

紹興元年九月己未，犯太白。六年五月壬午，犯填星。十六年六月庚申，掩填星。二十年二月己未，犯歲星。二十四年八月戊子，犯歲星。二十七年六月甲辰，犯太白。三十年六月壬子，犯熒惑。三十二年正月癸巳，犯太白。二月己亥，犯歲星。

隆興元年三月丙申，四月丙子，七月戊戌，皆犯填星。

乾道元年十一月庚午，犯熒惑。四年十月庚子、十一月戊申，皆掩犯熒惑。七年三月辛巳，又犯。

淳熙三年五月庚午，掩犯太白。六年十一月己未，犯歲星。九年十一月癸巳，犯太白。

慶元四年七月己亥，宿於歲星。

嘉泰三年四月，犯太白。四年十月辛丑，掩犯歲星。十二月丙申，又掩犯。

嘉定二年六月甲申，掩食填星，不見。乙丑，掩食熒惑。五年九月丁未，犯歲星。十二年八月甲申，犯熒惑。十三年十月辛酉，犯太白。十五年三月壬子，掩食太白。

端平二年正月丁酉，犯太白。

嘉熙元年四月丁亥，犯熒惑。五月丙辰，又犯。七月辛酉，犯歲星、填星。

淳祐元年二月癸酉，掩食熒惑。六年四月壬戌，犯太白。

寶祐四年正月乙巳，掩歲星。己酉，犯熒惑。六年八月癸未，又犯。

景定元年八月己酉，掩填星。三年十月己未，犯歲星。

元・馬端臨《文獻通考》卷二八八《象緯考十一・月五星淩犯》 晉武帝咸寧四年九月，太白當見不見。占曰：「是謂失舍，不有破軍，必有亡國。」是時羊祜表求伐吴，上許之。五年十一月，兵出，太白始夕見西方。太康元年，平吴。太康八年三月，熒惑守心。占曰：「王者惡之。」太熙元年四月乙酉，帝崩。

惠帝元康三年四月，熒惑守太微六十日。占曰：「諸侯三公謀其上，必有斬臣。」一曰：「天下亡國。」是春太白守畢，至是百餘日。占曰：「有急令之憂。」一

曰：「相死。」又爲邊境不安。後賈后陷殺太子。六年十月乙未，太白晝見。九年六月，熒惑守心。占曰：「王者惡之。」八月，熒惑入羽林。占曰：「禁兵大起。」其後，帝見廢爲太上皇，俄而三年起兵討趙王倫，倫悉遣中軍兵相距累月。永康元年三月，中台星坼，太白晝見。占曰：「台星失常，三公憂。太白晝見，爲不臣。」是月，賈后殺太子，趙王倫尋廢殺后，斬司空張華。其五月，熒惑入南斗。占曰：「宰相死，兵大起。斗，又吴分野。」是時趙王倫爲相，明年，篡位，三王興師誅之。泰安二年，石冰破揚州。其八月，熒惑入箕。占曰：「人主失位，兵起。」明年，趙王倫篡位，改元。二年二月，太白出西方，逆行入東井。占曰：「國失政，大臣爲亂。」時齊王冏起兵討趙王倫，倫滅冏，擁兵不朝，專權淫奢，明年，誅死。永寧元年七月，歲星守虛危。占曰：「有兵憂。虛危，齊分。」一曰：「守虛，饑；守危，徭役繁多，下屈竭。」辰星入太微，占曰：「爲內亂，群臣相殺。」太白守右掖門，占曰：「爲兵，爲亂，爲賊。」八月戊午，填星犯左執法，又犯上相，占曰：「上相憂。」熒惑守昴，占曰：「趙魏有災。」辰星守輿鬼，占曰：「秦有災。」九月丁未，月犯左角。占曰：「人主憂。」一曰：「左衛將軍死，天下有兵。」泰安二年二月太白入昴。七月，熒惑入東井。是秋，太白守太微。占曰：「天下擾，兵大起，國亂，上將以兵亡。」是年冬，成都、河間攻洛陽。八月，長沙王奉帝出距二王。二年正月，東海王越執長沙王乂，張方又殺之。十一月庚辰，歲星入月中。占曰：「國有逐相。」十二月壬寅，太白犯月。占曰：「天下有兵。」三年正月，月犯太白，熒惑入南斗，占同。七月，左衛將軍陳眕率衆奉帝伐成都王，六軍敗績，兵逼乘輿。時天下盗賊群起，張昌尤盛。永興元年七月庚申，太白犯角、亢，經房、心，歷尾、箕。九月，入南斗。占曰：「犯角，天下大戰；犯亢，有大兵，人君憂；入房、心，爲兵喪；犯尾、箕，女主憂。」一曰：「天下大亂。入南斗，有兵喪。」一曰：「將軍爲亂。其所犯守，又兖、豫、幽、冀、揚州之分野。」是年七月，有蕩陰之役。九月，王浚殺幽州刺史和演，攻鄴，鄴潰，於是兖、豫爲天下兵沖。陳敏又亂揚土。劉元海、石勒、李雄等並起微賤，跨有州郡。皇后羊氏數被幽廢。皆應也。二年四月丙子，太白犯狼星。占曰：「大兵起。」九月，歲星守東井。占曰：「有兵，井又秦分野。」是年，苟晞破公師蕃，張方破范陽王虓，關西諸將攻河間王顒，顒奔走，東海王迎殺之。光熙元年四月，太白失行，自翼入尾、箕。占曰：「太白失行而北，是謂反生。不有破軍，必有屠城。」五月，汲桑攻鄴，魏郡太守馮嵩出戰，大敗，桑遂害東燕王騰，殺萬餘人，焚燒魏時宫室皆盡。其九月丁未，熒惑守心。占曰：「王者惡之。」己亥，填星守房、心。占曰：「填守房，多禍喪；守心，國內亂，天下赦。」是時，司馬越專權，終以無禮破滅，內亂之應也。十一月，帝崩，懷帝即位，大赦天下。

懷帝永嘉二年正月庚午，太白伏不見，二月庚子，始晨見東方，是謂當見不見，占同上。其後破軍殺將，不可勝數，帝崩虜庭，中夏淪覆。三年正月庚子，熒惑犯紫微。占曰：「當有野死之王，又爲火燒宫。」是時太史令高堂沖奏：「乘輿宜遷幸，不然必無洛陽。」五年六月，劉曜、王彌入京都，焚燒宫廟，執帝歸平陽。四年，填星久守南斗。占曰：「填星所居久者，其國有福。」是時，安東將軍、瑯邪王始有揚土。其年十一月，地動，陳卓以爲是地動之應也。五年十月，熒惑守心。六年六月丁卯，太白犯太微。占曰：「兵入天子庭，王者惡之。」七月，帝崩於寇庭，天下行服大臨。

元帝太興元年七月，太白犯南斗。占曰：「吴越有兵，大人憂。」二年二月甲申，熒惑犯東井。占曰：「兵起，貴臣相戮。」八月己卯，太白犯軒轅大星。占曰：「后宫憂。」十一月辛巳，月犯熒惑。占曰：「有亂臣。」三年五月戊子，太白入太微，又犯上將星。占曰：「天子自將，上將誅。」九月，太白犯南斗。十月己亥，熒惑在東井，居五諸侯南，踟蹰留積三十日。占曰：「熒惑守井二十日以上，大人憂。守五諸侯，諸侯有誅者。」永昌元年三月，王敦反，攻京師，六軍敗績，人主謝過。敦殺周顗、刁協、譙王承、甘卓。閏十一月，帝崩。十二月己未，太白入月在斗。郭璞曰：「月屬坎，陰府法象也。太白金行而來犯之，天意若曰刑理失中，自毁其法。」四年十二月丁亥，月犯歲星在旁。占曰：「其國兵，饑，人流亡。」永昌初，王敦反，百姓困於兵革。

明帝太寧三年正月，熒惑逆行，入太微。占曰：「爲兵喪。王者惡之。」閏八月，帝崩。後二年，蘇峻反，攻焚宫室，太后以憂逼崩，天子幽劫於石頭城。遠近兵亂，至四年乃息。

成帝咸和六年正月丙辰，月入南斗。占曰：「有兵。」是月，石勒殺略婁、武進二縣人。明年，石勒衆又抄略南涉、海虞。其十一月，熒惑守胃昴。占曰：「趙、魏有兵。」八年七月，石勒死，石季龍自立。是時雖二石僭號，而其强弱常占於昴，不關太微、紫宫也。八年三月己巳，月入南斗。與六年占同。其年七月，石勒死，彭彪以譙，石生以長安，郭權以秦州，並歸順。於是遣督護喬球率衆救彪，彪敗，球退。又，石季龍、石斌攻滅生、權。其七月，熒惑入昴。占曰：「胡王

死。」一曰：「趙地有兵。」是月，石勒死，石季龍多所攻没。八月，月又犯昴。占曰：「胡不安。」九年三月己亥，熒惑入輿鬼，犯積尸。占曰：「兵在西北，有没軍死將。」六月、八月，月又犯昴。是時，石弘雖襲勒位，而石季龍擅威横暴，十一月，廢弘自立，遂幽殺之。咸康元年二月己亥，太白犯昴。占曰：「兵起，歲中旱。」四月，石季龍略騎至歷陽，加司徒王導大司馬，治兵列守沖要。是時，石季龍又圍襄陽。六月，旱。其年二月丙戌，月入昴。占曰：「胡王死。」八月戊戌，熒惑入東井。占曰：「無兵，兵起；有兵，兵止。」十一月，月犯昴。二月乙未，太白入月。四月甲午，月犯太白。二年正月辛亥，月犯房南第二星。八月，月又犯昴。九月庚寅，太白犯南斗。占曰：「斗爲宰相，又揚州分，金犯之，死喪之象。」其後石虎僭王，攻段遼，襲慕容皝，不克，皝擊破並虜段遼。三年七月己酉，月犯房上星。八月，熒惑入輿鬼，犯積尸。甲戌，月犯東井距星。九月，月犯建星。四年四月己巳，七月乙巳，月俱奄太白。占曰：「人君死，又爲兵，人主惡之。」五月戊戌，熒惑犯右執法。占曰：「大臣死，執政憂。」九月，太白又犯右執法。按占曰：「五星災同，金、水尤甚。」十一月戊子，太白犯房上星。占曰：「上相憂。」五年四月辛未，月犯歲星在胃。占曰：「國饑，人流。」乙未，月犯歲星在昴，又犯畢距星。占曰：「兵起。」七月己酉，月犯房上星。占曰：「將相憂。」是月庚申，丞相王導薨，庾冰代輔政。八月，太尉郗鑒薨。又有沔南邾城之敗，百姓流亡萬餘家。六年正月，征西大將軍庾亮薨。六年三月甲辰，熒惑犯太微上將星。占曰：「上將憂。」四月丁丑，熒惑犯右執法。占曰：「執政者憂。」六月乙亥，月犯牽牛中央星。占曰：「大將憂。」是時，尚書令何充爲執法，有譴，欲避其咎，明年求爲中書令。其四月丙午，太白犯畢距星。占曰：「兵革起。」一曰：「女主憂。」六月乙卯，太白犯軒轅大星。占曰：「女主憂。」七年三月，皇后杜氏崩。七年三月壬午，月犯房。四月己丑，太白入輿鬼。五月，太白晝見。八月辛丑，月犯輿鬼。八年六月，熒惑犯房上第二星。占曰：「次相憂。」八月壬寅，月犯畢。占曰：「下犯上，兵革起。」十月，月又掩畢大星。占同上。其建元元年，車騎將軍庾冰薨，庾翼大發兵，謀伐石季龍，專制上流，朝廷憚之。

康帝建元二年正月壬午，太白入昴。占曰：「趙地有兵。」又曰：「天下兵起。」四月乙酉，太白晝見。是年，石季龍殺其子邃，遣將寇没狄道及屯薊東，謀慕容皝。三年，歲星犯天關。安西將軍庾翼與兄冰書曰：「歲星犯天關，占曰：『關梁當分。』比來江東無他故，江道亦不艱難，而石季龍頻年再閉關，不通信使，此便是天公憒憒，無皂白之徵也。」其閏月乙酉，太白犯斗。占曰：「爲喪，天下受爵禄。」九月，帝崩，太子立，大赦，賜爵。穆帝永和元年正月丁丑，月入畢。占曰：「兵大起。」戊寅，月犯天關。占曰：「有亂臣更天子之法。」五月辛巳，太白晝見，在東井。占曰：「爲臣强，秦有兵。」六月辛丑，月入太微，犯屏西南星。占曰：「輔臣有免罷者。」七月、八月，月皆犯畢。占同上。己未，月犯輿鬼。占曰：「大臣有誅。」九月庚戌，月又犯畢。是年初，庾翼在襄陽。七月，翼疾將終，輒以子爰之爲荆州刺史，代己任。爰之尋被廢。明年，桓温又輒率衆伐蜀，執李勢，送至京師。蜀本秦地也。二年二月壬子，月犯房上星；四月丙戌，又犯房上星。八月壬申，太白犯左執法。三年正月壬午，月犯南斗第五星。占曰：「將軍死，近臣去。」五月壬申，月犯南斗第四星，因入魁。占曰：「有兵。」一曰：「有大赦。」六月，月犯東井距星。占曰：「將軍死，國有憂。」戊戌，月犯五諸侯。占曰：「諸侯有誅。」九月庚寅，太白犯南斗第五星。占曰：「爲喪，爲兵。」四年七月丙申，太白犯左執法。甲寅，月犯房；丁巳，入南斗，犯第二星。乙丑，太白犯左執法。占悉同上。十月甲辰，月犯亢。占曰：「兵起，將軍死。」十一月戊戌，月犯上將星。三年六月，大赦。是月，陳逵征壽春，敗而還。七月，氐蜀餘寇反，亂益土。九月，石季龍伐涼州。五年，征北大將軍褚裒卒。四年四月，太白入昴。是時，戎晉相侵，趙地連兵尤甚。七月，太白犯軒轅。占曰：「在趙，及爲兵喪。」甲寅，月犯房。十月甲戌，月犯亢。占曰：「兵起，將軍死。」八月，石季龍太子宣殺弟韜，宣亦死。其十一月戊戌，月犯上將星。五年正月，石季龍僭號稱皇帝，尋死。五年四月丁未，太白犯東井。占曰：「秦有兵。」九月戊戌，太白犯左角。占曰：「爲兵。」十月，月犯昴。占曰：「胡有憂，將軍死。」是年八月，褚裒北征兵敗。十月，關中二十餘壁舉兵内附。石遵攻没南陽。十一月，冉閔殺石遵，又盡殺胡十餘萬人，於是趙、魏大亂。十二月，褚裒薨。八年，劉顯、苻健、慕容儁並僭號。殷浩北伐，敗績，見廢。六年二月辛酉，月犯心大星。占曰：「大人憂，又豫州分野也。」丁丑，月犯房。占曰：「將相憂。」六月己丑，月犯昴。占同上。乙未，月犯五諸侯。占曰同上。七月壬寅，月始出西方，犯左角。占曰：「大將死。」一曰：「天下有兵。」丁未，月犯箕。占曰：「將軍死。」丙寅，熒惑犯鉞星。占曰：「大臣有誅。」八月辛卯，月犯左角。太白晝見，在南斗。月犯右執法。占並同上。是歲，司徒蔡謨免爲庶人。七年二月，太白犯昴。占同上。三月乙卯，熒惑入輿鬼，犯積尸。占曰：「貴人有憂。」五月乙未，熒惑犯軒轅大星。

占曰：「主女憂。」太白入畢口，犯左股。占曰：「將相當之。」六月乙亥，月犯箕。占曰：「國有兵。」丙子，月犯斗。丁丑，熒惑入太微，犯右執法。八月庚午，太白犯軒轅。戊子，太白犯右執法。占悉同上。七年，劉顯殺石祗及諸將帥，山東大亂，疾疫死亡。八年三月戊戌，月犯軒轅大星。癸丑，月入南斗，犯第二星。五月，犯心星。六月癸酉，月犯房。七月壬子，歲星犯東井距星。占曰：「內亂兵起。」八月戊戌，熒惑入輿鬼。占曰：「忠臣戮死。」丙辰，太白入南斗，犯第四星。占曰：「將爲亂。」一曰：「丞相免。」十二月，月在東井，犯歲星。占曰：「秦饑，人流亡。」九年二月乙巳，月入南斗第三星。三月戊辰，月犯房。八月，歲星犯輿鬼東南星。占曰：「兵起。」時帝幼沖，母后專政，將相有隙，兵革連起，慕容儁僭號，攻伐不休。十年正月己卯，月蝕昴星。占曰：「趙、魏有兵。」癸酉，填星奄鉞星。占曰：「斧鉞用。」三月甲申，月犯心大星。占曰：「王者惡之。」九月辛酉，太白犯左執法。十一月，月奄填星，在輿鬼。占曰：「秦有兵。」時桓溫伐苻健，破姚襄。十一年三月辛亥，月奄軒轅。占同上。四月庚寅，月犯牛宿南星。占曰：「國有憂。」八月己未，太白犯天江。占曰：「河津不通。」十二年六月庚子，太白晝見，在東井。占如上。己未，月犯鉞星。八月癸酉，月奄建星。九月戊寅，熒惑入太微，犯西蕃上將星。十一月丁丑，熒惑犯太微東蕃上將星。十二年十一月，齊城陷，執段龕，殺三千餘人。永和三年，鮮卑侵略河、冀。升平元年，慕容儁遂據臨漳，盡有幽、并、青、冀之地。緣河諸將奔散，河津隔絕。時權在方伯，九服交兵。升平元年四月壬子，太白入輿鬼。丁亥，月奄井南轅西頭第三星。占曰：「秦地有兵。」一曰：「將死。」六月戊戌，太白晝見，在軫。占同上。軫是楚分野。壬子，月犯畢。占曰：「爲邊兵。」七月辛巳，熒惑犯天江。占曰：「河津不通。」十一月，歲星犯房。占曰：「豫州有災。」其年五月，苻堅殺苻生而立。十二月，慕容儁入屯鄴。二年八月，豫州刺史謝奕薨。二年閏三月，月犯歲星，在房。十月，太白犯哭星。占曰：「有大哭泣。」十二月，填星犯軒轅大星。占曰：「人主惡之。」甲午，月犯東井。三年正月，熒惑犯鍵閉星。三月，復逆行犯鉤鈐。占俱曰：「人主惡之。」月犯太白，在昴。占曰：「人君死。」一曰：「趙地有兵，胡不安。」六月，太白犯東井。七月，熒惑犯天江。丙戌，太白犯輿鬼。占悉同上。戊子，月犯牽牛中央大星。占曰：「牽牛，大將；犯之，將軍死。」八月，太白犯軒轅大星。甲子，月犯畢大星。占曰：「爲邊兵。」一曰：「下犯上。」三年十月，諸葛攸舟軍入河，敗績。豫州刺史謝萬入潁，潰而歸，萬除名。司徒、會稽王以二鎮敗，求自貶三等。四年正月，慕容儁死，子暐代立，慕容恪殺其尚書令陽鶩等。四年正月，月犯牽牛中央大星。六月，辰星犯軒轅。占曰：「女主憂。」己未，太白入太微右掖門，從端門出。占曰：「貴奪勢。」一曰：「有兵。」又曰：「出端門，臣不臣。」八月，太白犯氐。占：「國有憂。」熒惑犯太微西蕃上將星。九月，太白入南斗口，犯第四星。占曰：「爲喪，有赦，天下受爵祿。」十二月，熒惑犯房，月犯鍵閉。占：「人主惡之。」五年正月乙丑，月在危宿奄太白。占曰：「天下靡散。」乙巳，填星逆行犯太微。三月，月犯填星，在軫。占曰：「爲大喪。」五月，月犯太微；又犯建星。占曰：「大臣相謀。」時殷浩敗績，坐廢。其月辛亥，月犯牽牛宿。占曰：「國有憂。」六月癸亥，月犯氐東北星。占曰：「大將當之。」五年正月，北中郎將郗曇薨。五月，帝崩，哀帝立，大赦，賜爵，褚后失勢。七月，慕容恪攻冀州刺史呂護於野王，護奔滎陽。是時，桓溫以大衆次宛，聞護敗，乃退。六月癸酉，月奄氐東北星。占曰：「大將軍當之。」九月乙酉，月奄畢。占曰：「有邊兵。」十月丁未，月犯畢大星。占曰：「下犯上。」又曰：「有邊兵。」八月，范汪廢。隆和元年，慕容暐遣將寇河陰。

哀帝興寧三年七月，月犯南斗。占曰：「女主憂。」歲星犯輿鬼。占曰：「人君憂。」明年，庚后崩。

海西公太和元年二月，月奄熒惑，在參。占曰：「爲內亂，帝不終之徵。」一曰：「參，魏地。」五年，慕容暐亡。二年正月，太白入昴。五年，苻堅滅燕，據幽、冀、司、并四州。六年閏月，熒惑守太微端門。占曰：「天子亡國。」又曰：「諸侯三公謀其上。」一曰：「有斬臣。」辛卯，月犯心大星。占曰：「王者惡之。」十一月，桓溫廢帝，並奏誅武陵王，簡文不許，溫乃徙之新安，皆臣强之應也。

簡文帝咸安元年十二月辛卯，熒惑逆行入太微，二年三月猶不退。占曰：「國不安，有憂。」是時，帝有桓溫之逼。二年五月丁未，太白犯天關。占曰：「兵起。」歲星形色如太白。占曰：「進退如度，奸邪息；變色亂行，主無福。」歲星於仲夏當細小而不明，此其失常也。又爲臣强。」六月，太白晝見，在七星。乙酉，太白犯輿鬼。占曰：「國有憂。」七月，帝崩，桓溫以兵威擅權，將誅王坦之等，內外迫脅。又，庚希入京城，盧悚入宮，並誅滅之。

孝武寧康元年正月戊申，月奄心大星。按占曰：「災不在王者，則在豫州。」一曰：「王命惡之。」三月丙午，月奄南斗第五星。占曰：「大臣有憂死亡。」一曰：「將軍死。」七月，桓溫薨。九月癸巳，熒惑入太微。是時，女主臨朝，政事多

缺。二年閏月己未，月奄牽牛南星。占曰：「左將軍死。」十二月甲申，太白晝見，在氐。氐，兗州分野。三年五月丙午，北中郎將王坦之薨。三年六月癸卯，太白犯東井。占曰：「秦地有兵。」九月戊申，熒惑奄左執法。占曰：「執法者死。」太元元年，苻堅破涼州。二年十月，尚書令王彪之卒。太元元年四月丙戌，熒惑犯南斗第三星。丙申，又奄第四星。占曰：「兵大起，中國饑。」一曰：「有赦。」八月癸酉，太白晝見，在氐。氐，兗州分野。九月，熒惑犯哭泣星，遂入羽林。占曰：「天子有哭泣事，中軍兵起。」十一月己未，月奄氐角。占曰：「天下有兵。」一曰：「國有憂。」二年二月，熒惑守羽林。占曰：「禁兵大起。」九月壬子，太白晝見，在角。角，兗州分野。升平元年五月，大赦。三年八月，秦人寇樊、鄧、襄陽、彭城。四年二月，襄陽陷，朱序没。四月，魏興陷，賊聚廣陵、三河，衆五六萬。於是諸軍外次衝要，丹陽尹屯衛京師。六月，兗州刺史謝玄討賊，大破之。是時中外連兵，比年荒儉。四年十一月丁巳，太白犯哭星。占曰：「天子有哭泣事。」五年七月丙子，辰星犯軒轅。占曰：「女主當之。」九月癸未，皇后王氏崩。十二年二月，熒惑入月。占曰：「有亂臣死，若有相戮者。」一曰：「女親爲政，天下亂。」時瑯琊王輔政，王妃從兄王國寶以姻昵受寵，袁悦等交遘主相，扇揚朋黨。帝殺悦。自是主相有隙，亂階興。十三年十一月，辰星入月，在危。占曰：「賊臣欲殺主，不出三年，必有内惡。」十二月，熒惑在角亢，形色猛盛。占曰：「熒惑失其常，吏且棄其法，諸侯亂政。」自是慕容垂、翟遼、姚萇、苻登、慕容永並阻兵争强。十四年十二月，月犯歲星，熒惑入羽林。占並同上。十五年，翟遼據司、兗，衆軍累討弗克，慕容氏又跨略并、冀。七月，旱。八月，諸郡大水，兗州又蝗。十五年九月，熒惑入太微。十月，太白入羽林。十六年十一月癸巳，月奄心前星。占曰：「太子憂。」時太子常有篤疾。十八年正月，熒惑入月。占曰：「憂在宫中，非賊乃盜也。」一曰：「有亂臣，若有戮者。」二十一年九月，帝暴崩，衆言張夫人弒逆。又王國寶邪狡，卒伏其辜。十九年四月，月奄歲星，在尾。占曰：「爲饑，燕國亡。」二十年，慕容垂伐魏，反爲所破，死者數萬人，垂死，國遂衰亡。二十年六月，熒惑入天囷。占曰：「大饑。」十二月己巳，月犯鍵閉及東西咸，占曰：「鍵閉，司心腹喉舌。東西咸，主陰謀。」二十一年四月壬午，太白入天囷。占曰：「爲饑。」六月，歲星犯哭泣星。占曰：「有哭泣事。」是年，帝崩。隆安元年，王恭等舉兵脅朝廷，於是内外戒嚴，殺王國寶以謝之。又連歲水旱，三方動，衆人饑。

安帝隆安元年正月，熒惑犯哭泣星。占曰：「有哭泣事。」六月，月奄太白，在太微端門外。占曰：「國受兵。」乙酉，月奄歲星，在東壁。占曰：「爲饑，衛地有兵。」二年六月，郗恢遣鄧啓方以萬人伐慕容於滑臺，啓方敗。三年，桓玄等並舉兵，内外戒嚴。三年五月，月奄東上相，辰星犯軒轅大星。占悉同上。其年，庾楷等舉兵，表誅王愉等，内外戒嚴。三年，洛陽没於寇。桓玄破荆、雍州，殺殷仲堪等。孫恩聚衆攻没會稽，殺内史。四年正月乙亥，月犯填星，在牽牛。占曰：「吴越有兵喪，女主憂。」六月，月犯哭星；又犯填星。十月，月奄歲星，在北河。占：「爲饑，胡有兵。」其四年五月，孫恩亂。七月，太皇太后李氏崩。七月癸亥，大角星散摇五色。占曰：「王者流散。」丁卯，月犯天關。占：「王者憂。」九月，熒惑犯少微，又守之。占曰：「處士誅。」十月，月犯東次相。其次年，盧循、桓玄内外遘逆。元興元年四月，月奄辰星。七月，大饑，人相食。熒惑在東井，犯輿鬼，積尸。八月，太白犯右執法，九月，太白犯進賢。占曰：「進賢者誅。」二年二月，歲星犯西上將。六月，月奄斗第四星。占曰：「大臣誅，不出十一月。」十二月，月犯熒惑。是月，桓玄篡位。三年正月，熒惑逆行，犯太微西上相。占曰：「天子戰於野，上相死。」月奄歲星於左角。占曰：「天下兵起。」二月，熒惑逆行，在左執法西北。占曰：「執法者誅。」四月，月奄軒轅第二星。五月，月奄斗第二星，填星入羽林。是年春，劉裕討桓玄，玄劫天子如江陵。五月，義軍破滅之。義熙元年三月，月奄左執法及心前星。占曰：「豫州有災。」太白犯東井。占曰：「秦有兵。」四月，月犯填星，在東壁。占曰：「其地亡國，貴人死。」一曰：「人流。」八月，太白犯斗第一星。占曰：「天下有兵。」一曰：「大人憂。」九月，熒惑犯少微。占曰：「處士誅。」又犯左右執法。十月，奄填星，在營室。十一月丙戌，太白犯鈎鈐。占曰：「喉舌憂。」十二月己卯，歲星犯天關。占曰：「有兵亂，河津不通。」十一月，荆州刺史魏詠之薨。二年二月，司馬國璠等攻没弋陽。四月，姚興伐仇池公楊盛，擊走之。九月，益州刺史司馬榮期爲其參軍楊承祖所害。三年十二月，司徒、揚州刺史王謐薨。四年正月，太保、武陵王遵薨。三月，左僕射孔安國卒。自後政在劉裕，人主端拱而已。二年二月，太白犯南河。占曰：「兵起。」己丑，月犯心後星。占曰：「豫州有災。」四月癸丑，月犯太微西上將。己未，月犯房南第二星。乙丑，歲星犯天江。占曰：「有兵亂河津不通。」五月癸未，月犯左角。占曰：「左將軍死，天下有兵。」壬寅，熒惑犯氐。占曰：「氐爲宿宫，人主憂。」六月庚午，熒惑犯房北第二星。八月癸亥，熒

惑犯南斗第五星；丁巳，犯建星。占曰：「爲兵。」九月壬午，熒惑犯哭星，又犯泣星。是年二月甲戌，司馬國璠等攻没弋陽。又，慕容超侵略徐、兗，三年正月，又寇北徐州，至下邳。十二月，司徒王謐薨。四年正月，武陵王遵薨。五年，慕容超復寇淮北。四月，劉裕大軍討之，拔臨朐，又圍廣固，拔之，十二月，月奄太白，在危。占曰：「齊亡國。」五年，劉裕滅燕。三年，月奄心後星，又犯左角。八月，太白犯左執法，熒惑復犯之。九月，熒惑犯進賢。四年正月，熒惑犯天關。五月，月奄斗第二星，填星犯天廩。占曰：「天下饑，倉粟少。」六月，太白犯太微西上將，又犯左執法。十月，熒惑入羽林。五年二月，月犯昴，占曰：「胡不安，天子破匈奴。」五月戊戌，歲星入羽林。九月，犯昴。十月，熒惑犯氐，又犯鉤鈐。己巳，奄心大星。占曰：「王者惡之。」是年，劉裕討慕容超。十月，魏王珪遇弒殂。次年，盧循逼郊甸。六年三月丁卯，月奄房南第二星。災在次相。己巳，又奄斗第五星。占：「斗上吴地兵起。」太白犯五諸侯。占曰：「諸侯有誅。」五月甲子，月奄斗第五星。己亥，月奄昴三星。占曰：「國有憂。」一曰：「有白衣之會。」六月己丑，月犯房南第二星。甲午，太白晝見。七月己亥，月犯輿鬼。占曰：「國有憂。」一曰：「秦有兵。」八月壬午，太白犯軒轅大星。甲申，月犯心前星。災在豫州。丙戌，月犯斗第五星，占同上。丁丑，月奄牛宿南星。占曰：「天下有大誅。」乙未，太白犯少微。丙午，太白在少微而晝見。九月甲寅，太白犯左執法。丁丑，填星犯畢。占曰：「有邊兵。」是年，徐道覆、盧循反，衆逼郊畿。七年十二月，破斬之。八年，豫州刺史劉道規卒。七年四月，熒惑入輿鬼。占曰：「秦有兵。」一曰：「雍州災。」六月，填星犯天關。占曰：「臣謀主。」月犯歲星，在畢。占曰：「有邊兵，且饑。」八月，太白犯房南第二星。月犯歲星，在參。占曰：「益州兵饑。」七月，朱齡石克蜀，蜀又反，討滅之。十一月，太白犯哭星。八年正月，月犯歲星，在畢。七月癸亥，月奄房北第二星。己未，月犯井鉞。八月戊申，月犯泣星。十月辛亥，月奄天關。占曰：「有兵。」十一月丁丑，填星犯東井。占曰：「大人憂。」十二月癸卯，填星犯井鉞。是年八月，皇后王氏崩。九月，誅劉蕃、謝混，討滅劉毅。十二月，朱齡石滅蜀。九年二月，熒惑入輿鬼。占曰：「有兵喪。」太白犯南河。占曰：「兵起。」五月壬辰，太白犯右執法，晝見。七月庚午，月奄鉤鈐。占曰：「喉舌臣憂。」九月庚午，歲星犯軒轅大星。己丑，月犯左角。 時劉裕擅命，兵革不休。十年裕討司馬休之，王師不利，休之等奔長安。十年正月丁卯，月犯畢。占曰：「將相有以家坐罪者。」二月己酉，月犯房北星。五月壬寅，月犯牽牛南星。乙丑，歲星犯軒轅大星。占悉同上。六月丙申，月奄氐。占曰：「將死之，國有誅者。」七月庚辰，月犯天關。占曰：「兵起。」熒惑犯井鉞。填星犯輿鬼，遂守之。占曰：「大人憂，宗廟改。」八月丁酉，月奄牽牛南星。占同上。九月，填星犯輿鬼。占曰：「人主憂。」丁巳，太白入羽林。十二月己酉，月犯西咸。占曰：「有陰謀。」十一年，林邑寇交州，距敗之。十一年三月丁巳，月入畢。占曰：「天下兵起。」一曰：「有邊兵。」己卯，熒惑入輿鬼。閏月丙午，填星又入輿鬼。占曰：「爲旱，大疫，爲亂臣。」五月癸卯，熒惑入太微。甲辰，犯右執法。六月己未，太白犯東井。占曰：「秦有兵。」戊寅，犯輿鬼。占曰：「國有憂。」七月辛丑，月犯畢。占同上。八月壬子，月犯氐。占同上。庚申，太白順行，從右掖門入太微。丁卯，奄左執法。十一月癸亥，月入畢。占同上。乙未，月入輿鬼而暈。十二年五月，月犯歲星，在左角。占曰：「爲饑。」歲星留房心之間，宋之分野。始封劉裕爲宋公。六月壬子，太白順行，入太微右掖門。己巳，月犯畢。占同上。七月，月犯牛宿。十月丙戌，月入畢。十三年五月丙子，月犯軒轅。丁亥，犯牽牛。癸巳，熒惑犯右執法。八月己酉，犯牽牛。丁卯，月犯太微。占曰：「人君憂。」九月壬辰，熒惑犯軒轅。十月戊申，月犯畢。占悉同上。月犯箕。占曰：「國有憂。」甲寅，月犯畢。占同上。乙卯，填星犯太微，留積七十餘日。占曰：「亡君之戒。」壬戌，月犯太微。十四年三月癸丑，太白犯五諸侯。四月壬申，月犯填星於張。占曰：「天下有大喪。」其明年，帝崩。五月庚子，月犯太微。七月甲辰，熒惑犯輿鬼。占曰：「秦有兵。又爲旱，爲兵喪。」亦曰：「大人憂，宗廟改，亦爲亂臣。」時劉裕擅命，軍旅數興，饑旱相屬，其後卒移晉室。丁巳，月犯東井。占曰：「軍將死。」八月甲子，太白犯軒轅。癸酉，填星入太微，犯右執法，因留太微中，積二百餘日乃去。占曰：「填星守太微，亡君之戒，有徙王。」九月乙未，太白入太微，犯左執法。丁巳，入太微。占曰：「大人憂。」十月甲申，月入太微。癸巳，熒惑入太微，犯西蕃上將，仍順行，至左掖門內，留二十日，乃逆行。義熙十二年七月，劉裕伐姚泓。十三年八月，擒姚泓，司、兗、秦、雍悉平。十四年，劉裕還彭城，受宋公。十一月，左僕射、前將軍劉穆之卒。明年，西虜寇長安，雍州刺史朱齡石諸軍陷没，官軍捨而東。

恭帝元熙元年正月、三月、五月，月皆犯太微。辰星犯軒轅。六月，太白犯太微。七月，月犯歲星，太白犯哭星。十二月，月、太白，俱入羽林。二年三月，填星犯太微。元年七月，劉裕受宋王。是年六月，帝遜位於宋。

宋孝武孝建二年五月乙未，熒惑入南斗。

齊東昏侯永元三年十一月甲寅，辰星及太白俱見南方。是日，荊州長史蕭穎胄奉南康王寶融起兵，後即帝位，是爲和帝。

梁武帝天監元年八月壬寅，熒惑守南斗。占曰：「糴貴，五穀不成，大旱，多火災，宰相死。」是歲，大旱，米斗五千，人多餓死。五月，尚書范雲卒。二年五月丙辰，月犯心。占曰：「有亂臣。」其四年，交州刺史李凱舉兵反。七月丙子，太白犯軒轅大星。七年九月己亥，月犯東井。占曰：「有水災。」其年，京師大水。十三年二月，太白失行，在天關。占曰：「津梁不通。又兵起。」其年，填星守天江，占曰：「有江河塞，有決溢，有土功。」其年，大發軍衆造浮山，碣淮水。至十四年，填星去天江而堰壞，奔流決溢。十四年十月辛未，太白犯南斗。十七年閏八月戊辰，月行奄昴。普通六年三月丙午，歲星入南斗。九月壬子，太白犯右執法。大通元年八月，月奄填星。占曰：「有大喪，天下無主，國易政。」其後，上幸同泰寺舍身，王公以錢奉贖，又太子薨，皆無主，易政、大喪之應。中大通元年閏月壬戌，熒惑犯鬼積尸星。占曰：「有大喪、大兵，破軍殺將。」其二年，蕭玩帥衆援巴州，爲魏所敗，玩被殺。六年，熒惑在南斗。占曰：「熒惑出入留舍南斗中，有賊臣謀及，天下易政、改元。」其年十二月，北梁州刺史蘭欽舉兵反，後改大同元年。

大同三年三月，歲星奄建星。占曰：「有反臣。」其年會稽山賊起。七年，交州刺史李賁反。太清三年正月，熒惑守心。占曰：「王者惡之。」三月，熒惑又守心。占曰：「大人易政，主去其宮。人饑亡，天下大潰。」其年，帝爲侯景所逼，崩。七月，九江大饑，人相食。九月，月在斗，奄歲星。占曰：「天下亡君。」其後，侯景篡殺。

元帝承聖三年九月甲午，月犯心中星。占曰：「有反臣，王者惡之，有亡國。」其後三年，帝爲周師所俘，梁亡，陳氏取國。

陳武帝永定三年九月，月入南斗。占曰：「大人憂，太子殃。」後二年，帝崩，太子昌在周爲質，文帝立。後昌還國，爲侯安都迎殺之。

文帝天嘉元年五月，熒惑犯右執法。占曰：「大臣有憂，執法者誅。」後四年，司空侯安都賜死。二年五月己酉，歲星守南斗。六月丙戌，熒惑犯東井。七月乙丑，熒惑入鬼中。戊辰，熒惑犯斧質。十月，熒惑行在太微右掖門。三年閏二月己丑，熒惑逆行，犯上相。甲子，太白犯五車、填星。七月，太白犯輿鬼。八月癸卯，月犯南斗。丙午，月犯牽牛。庚申，太白入太微。十一月丁丑，月犯畢左股。辛巳，熒惑犯歲星。戊子，月犯角。庚寅，月入氐。四年六月癸丑，太白犯右執法。七月戊子，熒惑犯填星。八月甲午，熒惑犯軒轅大星。丁未，太白犯房。九月戊寅，熒惑入太微，犯右執法。癸未，太白入南斗。占曰：「太白入斗，天下大亂，將相謀反，國易政。」又曰：「君死，不死則廢。」又曰：「天下受爵祿。」其後安成王爲太傅，廢少帝而自立，改官、受爵之應也。辛卯，熒惑犯左執法。十一月辛酉，熒惑犯執法。甲戌，月犯畢左股。五年正月甲子，月犯畢大星。丁卯，月犯星。壬寅，月入氐，又犯熒惑。癸卯，月犯房上星。五月，熒惑逆行二十一日，犯氐東南、西南星。占曰：「國有賊臣。」又曰：「人主無出，廊廟間有伏兵。」又曰：「君死，有赦。」後二年，少帝廢之應也。六月丙申，月犯亢。七月戊寅，月犯畢大星。閏十月庚申，月犯牽牛；丙子，又犯左執法。十一月，月食畢大星。六年四月，月犯畢軒轅。占曰：「女主有憂。」五月，太白犯軒轅。占同。其後少帝廢，廢後慈訓太后崩。六月己未，月犯氐。八月戊辰，月奄畢大星。丙子，月與太白並，光芒相著，在太微西藩南三尺所。九月辛巳，熒惑犯左執法。癸未，太白犯右執法；辛卯，犯左執法。己巳，月犯上相。廢帝天康元年五月，月犯軒轅女禦大星。占曰：「女主憂。」後年，太后崩。癸未，月犯左執法。光大元年正月，月犯軒轅大星。占曰：「女主當之。」八月，月食哭星。占曰：「有喪泣事。」明年，太后崩，臨海王廢。己未，月犯歲星。占曰：「國亡君。」十二月辛巳，月又犯歲星。辛卯，月犯建星。占曰：「大人惡之。」二年正月，月奄歲星。占曰：「國亡君。」五月，月犯太白。六月，太白犯左執法。八月，犯太微。十一月丙午，歲星守左執法。甲申，月犯太微東南星。戊子，太白入氐。其年帝廢。

宣帝太建七年五月，熒惑犯右執法。十年十月，月食熒惑。占曰：「國敗君亡，大兵起，破軍殺將。」來年，吳明徹敗於吕梁。十三年，帝崩。十二年十月戊午，月犯牽牛吳越之野。占曰：「其國君有憂。」後年，帝崩。

齊文宣帝天保元年十二月，熒惑犯房北頭第一星及鈎鈐。占曰：「大臣有反者。」二年，太尉彭樂謀反，誅。八年二月，歲星守少微，經六十三日。占曰：「五官亂。」五月，歲星犯太微上將。占曰：「大將憂，大臣死。」其十年，誅諸元宗室四十餘家；乾明元年，誅楊彦遵等，皆「五官亂」「大將憂，大臣死」之應。七月，月奄心星。占曰：「人主惡之。」九年二月，熒惑犯鬼質。占曰：「斧質用，有大喪。」三月，熒惑犯軒轅。其十年五月，誅諸元，十月，帝崩。「斧質用，大喪」之

應也。

廢帝乾明元年三月，熒惑入軒轅。占曰：「女主凶。」太寧二年，太后崩。

肅宗皇建二年七月，熒惑入鬼中，犯鬼質。占曰：「有大喪。」十一月，帝暴崩。

武成帝河清元年七月，太白犯輿鬼。占曰：「有兵謀，誅大臣，斧質用。」十月，冀州刺史平秦王高歸彦反，討誅之。又二年，殺太原王紹德，皆斧質之應。八月，月奄畢。占曰：「國君死，大臣誅，有邊兵，破軍殺將。」其月，歸彦以反誅。三年，周師與突厥入并州，大戰城西，伏尸流血百余里。皆其應也。

後主天統五年二月，歲星逆行，奄太微上將。占曰：「天下大驚，四輔有誅者。」五月甲午，熒惑犯鬼積尸。占曰：「大臣誅，兵大起，斧質用，有大喪。」至武平二年九月，誅琅邪王儼；三年，誅右丞相斛律明月；四年，誅蘭陵王長恭；皆懿親名將。四年，誅崔季舒等。皆「斧質用」之應。四年五月，熒惑犯右執法。占曰：「大將軍死，執法者誅。」其應如前。

周閔帝元年五月癸卯，太白犯軒轅。占曰：「大臣出令。」又曰：「皇后失勢。」辛亥，熒惑犯東井北端第二星。占曰：「其國亂。」又曰：「大旱。」其年九月，冢宰護廢帝，幽而弒之，又殺司會李植等。其冬大旱。皆「大臣出令」、「大臣死」、「旱」之應也。

明帝二年三月，熒惑入軒轅。占曰：「王惡之，女主凶。」其月，獨孤后崩。六月庚子，填星犯井鉞，與太白並。占曰：「傷成於鉞，君有戮死者。」其年，太師護毒帝崩。

武帝保定二年閏正月，太白入昴。二月壬寅，熒惑犯太微上相。三月壬午，熒惑犯左執法。七月，太白犯輿鬼。三年九月，熒惑犯太微上將。十月，熒惑犯左執法。四年三月，熒惑犯房右驂。占曰：「上相誅，車馳人走，天下兵起。」其年十月，伐齊；柱國、庸公王雄力戰死之，遂班師。兵起、將死之應也。天和元年七月，太白犯軒轅大星，相去七寸。占曰：「女主失勢，大臣當之。」又曰：「西方禍起。」其十一月，太保、許公宇文貴薨。十月，熒惑犯鈎鈐，去之六寸。占曰：「王者憂。」又曰：「車騎驚，三公謀。」三年三月，太白犯井北轅第一星。占曰：「將軍惡之。」其七月，隋公楊忠薨。四月，太白入輿鬼，犯積尸。占曰：「大臣誅。」又曰：「亂臣在内，有屠城。」四年二月，歲星逆行，奄太微上將。占曰：「天下大驚，國不安，四輔有誅，必有兵革，天下大赦。」五月，熒惑犯輿鬼及積尸。占曰：「大臣有誅。」後三年，太師宇文護以不臣誅。六年四月，熒惑逆行，犯輿鬼。占曰：「有兵喪，大臣誅，兵大起。」其月，取齊宜陽等九城。六月，齊將攻陷汾州。建德元年九月，月犯心中星，相去一寸。占曰：「亂臣在旁，不出五年，下有亡國。」後伐齊，平之。二年二月，熒惑奄鬼西北星。占曰：「大賊在大人之側。」又曰：「大臣有誅。」四月，太白奄西北星，又奄東北星。占曰：「國有憂。」六月，月犯心中後二星。占曰：「不出三年，有亡國。人主惡之。」九月，太白犯左執法。占曰：「大臣憂，執政誅。」三年十二月，月犯歲星，在危，相去二寸。占曰：「其邦流亡，不出三年。」辛卯，月行在營室，食太白。占：「其國以兵亡。營室，衛，在齊地。」後齊亡。四年三月，月犯軒轅大星。占曰：「女主有憂。」又：「五官有亂。」五年十月，熒惑犯太微西蕃上將星。占曰：「天下不安，上將誅。」六年，皇太子西巡，討吐谷渾。吐谷渾寇邊，「天下不安」之應。六月，熒惑入鬼。占曰：「有喪、旱。」十月，歲星犯大陵。六年四月，先時熒惑入太微宫二百日，犯東蕃上相，西蕃上將，句已往還。至此月甲子出端門。占曰：「爲大臣代主。」又曰：「臣不臣，有反者。」又曰：「大喪。」後宣、武繼崩。高祖以大運代起。十月，月食熒惑，在斗。占曰：「國敗君亡，兵大起。」斗爲吴、越、陳之分野。宣政元年七月，月犯心前星。占曰：「太子惡之，若失位。」後静帝立爲天子，不終之徵。己未，太白犯軒轅大星。占：「女主凶。」後二年，宣帝崩，隋氏受命，廢楊后爲平樂公主，餘四后悉廢爲比邱尼。八月庚辰，太白入太微。占曰：「爲天下驚。」又曰：「近臣起兵，大臣相殺，國有憂。」其後，趙、陳等五王爲執政所誅，「大臣相殺」之應也。九月丁酉，熒惑入太微西掖門，庚申，犯左執法，相去三寸。占曰：「天下不安，大臣有憂。」又曰：「執法者誅，若有罪。」是月，汾州稽胡反，討平之。十一月，突厥寇邊，圍酒泉，殺略吏人。明年二月，殺柱國、郯公王軌。皆其應也。十二月癸未，熒惑入氐，守犯之三十日。占曰：「天子失其宫。」又曰：「賊臣在内，下有反者。」又曰：「國君有繫饑死，若毒死者。」静帝禪位，隋高祖幽殺之。

宣帝大象元年七月壬辰，熒惑奄房北頭第一星。占曰：「亡君之誡。」又曰：「將軍爲亂，王者惡之，大臣有反者，天子憂。」其十二月，帝親禦驛馬，日行三百里。四皇后及文武侍衛數百人，並乘驛以從。房爲天駟，熒惑主亂，此宣帝亂道德，馳騁車騎，將亡之誡。八月辛巳，熒惑犯南斗第五星。占曰：「且有反臣，道路不通，破軍殺將。」尉遲迥、王謙等起兵敗亡之徵也。九月己酉，太白入

南斗魁中。占曰：「天下有大亂，將相謀反，國易政。」又曰：「君死，不死則疾。」又曰：「天下爵禄。」皆高祖受命，群臣分爵之徵也。十月壬戌，歲星犯軒轅大星。占曰：「女主憂，若失勢。」

静帝大定元年正月，歲星逆行，守右執法，熒惑奄房北第一星。占曰：「房爲明堂，布政之宫，無德者失之。」二月，隋王稱帝。

隋高祖開皇八年二月，填星入東井。占曰：「填星所居有德，利以稱兵。」其年大舉伐陳，克之。

煬帝大業元年六月，熒惑入太微。占曰：「熒惑爲賊，爲亂入宫，宫中不安。」三年三月，熒惑逆行入南斗，色赤如血，如三斗器，光芒震耀，長七八尺，於斗中句己而行。占曰：「有反臣，道路不通，國大亂，兵大起。」其後，楊玄感反，雖誅滅，而群盜屯聚，剽掠州縣，道路不通。斗牛，楚越分野，玄感父初封越，後徙封楚。九年五月丁丑，熒惑入南斗。十一年，熒惑守羽林。占曰：「衛兵反。」十三年六月，鎮星贏而旅於參。參，唐星也。李淳風曰：「鎮星主福，未當居而居，所宿國吉。」七月，熒惑守積尸。十一月，熒惑犯太微。

恭宗義寧二年三月丙午，熒惑入東井。占曰：「大臣憂。」

元・脱脱等《金史》卷二〇《天文志》（熙宗天會十四年正月）壬辰，熒惑入月。

又（海陵正隆三年二月）甲午，月掩歲星。

又（世宗大定八年）十月庚子，月掩熒惑。

又（世宗大定十六年五月）庚午，月掩太白。

又（世宗大定二十四年四月）甲申，月掩太白。

又（章宗承安五年）六月庚戌，月掩太白。

又（衛紹王大安元年）十月乙丑，月食熒惑。

又（宣宗興定六年）三月壬子，月食太白。

又（宣宗元光元年九月）壬申，月食歲星。

又（哀宗正大）三年十一月丙辰，月掩熒惑。

又（哀宗正大三年）十二月，熒惑入月。

明・宋濂等《元史》卷四八《天文志一》（世祖至元二十年）十二月甲辰，太陰掩熒惑。

又（世祖至元二十七年）十一月戊申，太陰掩填星。

又（世祖至元二十八年八月）癸巳，太陰掩熒惑。

又（世祖至元三十一年九月）丙寅，太陰掩填星。

又（世祖至元三十一年十月）癸巳，太陰掩填星。

又（仁宗延祐元年）三月壬辰，太陰掩熒惑。

明・宋濂等《元史》卷四九《天文志二》（惠宗至正二年）七月乙未，太陰掩太白。

《明英宗睿皇帝實録》卷三二（正統二年七月戊申）夜，月掩火星。

明・徐光啓《新法算書》卷三〇《月離曆指卷三》 月食辰星

一、總積五千四百六十八年，爲唐玄宗天寶十四年乙未十二月。

月食太白

一、總積五千五百五十〇年，爲唐文宗開成二年丁巳二月己亥日。

二、本年七月丁亥日

三、五千五百五十五年，爲唐武宗會昌二年壬戌正月。

四、本年三月

五、六千〇五十五年，爲元順帝至正二年壬午七月乙未日。

月食熒惑

一、五千五百二十五年，爲唐憲宗元和七年壬辰正月辛未日。

二、五千五百四十四年，爲唐文宗泰和五年辛亥二月甲申日。

三、六千〇百二十七年，爲元仁宗延祐元年甲寅三月壬申日。

月食歲星

一、五千四百七十五年，爲唐肅宗寶應元年壬寅正月癸未日。

二、五千五百一十九年，爲唐憲宗元和元年丙戌二月壬申日。

三、五千五百四十八年，爲唐文宗泰和九年乙卯六月庚寅日。

四、本年十月庚申日

五、五千五百五十二年，爲唐文宗開成四年己未二月丁卯日。

月食填星

一、五千五百四十一年，爲唐文宗泰和二年戊申正月庚午日。

二、五千五百四十五年，爲唐文宗泰和六年壬子四月辛未日。

三、六千〇〇七年，爲元世祖至元二十一年甲午九月丙寅日。

清・張廷玉等《明史》卷二六《天文志二・月掩犯五緯》 洪武元年五月甲

申，犯填星。十二年三月戊辰朔，犯辰星。十四年十一月甲午，犯填星。十九年五月己未，犯歲星。二十三年四月丁酉，掩太白。十一月癸卯及永樂四年正月戊午，五年六月丙午，七年十二月壬子，俱犯熒惑。八年十二月壬子，九年四月庚子，十六年七月戊辰，俱犯歲星。十八年十一月辛卯，掩太白。二十年三月辛未，掩填星。二十二年八月乙丑，犯熒惑。

洪熙元年二月己未，掩填星。

宣德元年十二月丙子，掩熒惑。二年正月癸卯，犯熒惑。四月甲申，犯太白。六年十月丙申，掩太白。七年二月甲寅，犯填星。八年二月癸巳，掩歲星。四月戊子，犯歲星。

正統二年正月辛亥，掩歲星。四月癸酉、五月庚子，俱犯歲星。七月戊申，犯熒惑。四年正月乙酉，掩填星。八年三月庚申，犯填星。十一月丙寅，掩歲星。十年十一月辛卯，犯熒惑。十一年十二月甲寅，犯歲星。十二年正月辛巳，閏四月庚午，俱犯歲星。十四年四月壬子，犯太白。五月癸未，掩太白。

景泰二年四月戊子，犯歲星。九月甲辰，犯歲星於斗。五年二月丁亥，犯太白。六年正月甲寅，犯歲星。七年四月癸丑，犯填星。乙丑，犯太白。

天順五年十一月己亥，犯太白於斗。

成化五年二月丙申、癸亥，俱犯歲星。六年三月癸未，八年正月癸亥，俱犯太白。十二年十一月戊申，犯歲星於室。十三年十月乙卯，犯填星。十二月丁酉，犯太白。十四年三月戊辰，十八年二月戊午，俱犯填星。八月己酉，二十三年四月乙亥，俱掩熒惑。五月戊午，六月乙酉，俱犯歲星。十月甲戌，掩歲星。

弘治四年二月壬子，犯歲星。七年十一月戊申，犯熒惑。八年正月癸卯，犯歲星。十二月丙辰，掩填星。十一年四月甲申、九月庚子，俱犯歲星。十二年八月壬寅，犯熒惑。十四年七月丁卯，九月己丑，俱犯歲星。丙辰，掩歲星。十二月癸丑，犯熒惑。十七年十一月甲辰，犯歲星。十八年二月丙寅，掩歲星。九月乙巳，掩填星。

正德元年十一月己卯，犯太白。四年閏九月癸亥，犯歲星。八年正月己丑，犯填星。十六年二月丙戌，掩太白。

嘉靖二年五月戊子，掩歲星。十一月壬申，犯歲星。十七年十二月己未，犯填星。十八年十月丙戌，犯熒惑。二十年五月辛卯，犯歲星。二十一年四月甲寅，二十七年七月丁丑，俱犯太白。九月庚子，犯太白於角。三十一年五月辛丑，犯填星。九月庚寅，掩填星。十二月丁卯，犯歲星。四十二年五月庚辰，掩歲星。四十四年七月丁巳，犯熒惑。

萬曆二年九月己卯，犯熒惑於箕。十年八月戊申，犯熒惑於井。十四年八月己丑，犯太白於角。十五年六月乙丑，十九年九月辛未，俱犯熒惑。十二月甲辰，犯填星於井。二十四年正月甲申，犯填星於張。二十七年九月辛亥，犯太白。三十一年五月癸未，犯太白。三十五年六月乙未，犯填星於斗。三十七年八月辛酉，犯填星。四十一年九月癸未，犯歲星。

崇禎三年八月辛亥，掩太白。十一年四月己酉，掩熒惑於尾。

清·孫之騄《二申野録》卷六　明神宗萬曆戊申七月十四日，月掩土星。

清·查繼佐《罪惟録》卷一　明毅宗崇禎十七年正月望前，太白食月。

清·談遷《國榷》卷二七　明英宗正統十四年八月丙辰夜，金星入月。

清·談遷《國榷》卷四四　明孝宗弘治十二年七月甲戌曉刻，南京見火星入月。

又　明孝綜弘治十四年十月丙辰夜，月掩木星。

清·談遷《國榷》卷五二　明世宗嘉靖二年五月丁亥夜，月犯奎星，明夜掩木星。

清·談遷《國榷》卷九六　明毅宗崇禎十一年四月己酉夜丑刻，熒惑去月僅七八寸，至曉逆行尾八度，掩於月。

清·嵇璜等《續文獻通考》卷二一三《象緯考·太陰五星陵犯上》　宋理宗寶慶三年正月戊寅熒惑入氐，十一月辛亥熒惑犯填星，辛酉犯歲星。紹定元年十月(戊申)熒惑犯壘壁，甲子犯填星，十一月癸酉入羽林。三年六月乙酉歲星入井。

六年四月戊寅歲星守太微垣上相，五月己酉月入氐。端平元年五月辛巳熒惑入填，九月辛丑熒惑入斗。二年八月(丁巳)太白犯太微垣左執法星。嘉熙元年五月丙子熒惑犯太微垣上將星。二年七月壬寅熒惑犯輿鬼。四年十一月甲子熒惑入太微垣。淳祐三年七月丁亥太白入井。五年四月甲申填星犯太微垣上相星。六年四月壬戌月犯太白，八月辛酉犯房。七年七月己未月入心。十一年七月丁酉熒惑入井。寶祐四年六月丁亥太白入井，十二月庚申犯填星。五年十二月丁未熒惑入氐。開慶元年七月辛亥太白入井，八月庚子夜犯權火星，九

月戊辰犯熒惑。景定元年五月壬午熒惑犯斗，六月戊申月犯斗，八月壬子夜太白入房，丙戌夜熒惑犯壁。二年十二月乙亥月犯五車。三年二月乙巳月入氐。五年三月丁卯夜月犯斗，七月甲午夜填星守畢。

遼穆宗應曆十一年十一月歲星犯月。

聖宗統和八年五月月掩天駟第一星。十二年六月太白、歲星相犯。

道宗大安二年二月太白犯歲星。

金太宗天會十年閏四月丙申熒惑入氐。

熙宗天會十四年正月壬辰熒惑入月。十五年正月戊辰歲星犯積尸氣。天眷二年三月辛巳朔歲星留逆在太微，九月辛巳太白犯軒轅左星，乙巳犯左執法，十一月戊寅太白入氐。三年七月壬戌月犯畢，十二月壬午掩東井軒轅南第一星。皇統元年二月甲戌月掩畢大星。二年十一月己酉月犯軒轅大星，甲寅犯氐東北星。三年正月己丑熒惑逆犯軒轅次北一星，二月己丑月犯畢大星，閏四月癸巳月掩軒轅左角星，九月丁丑犯軒轅大星。四年八月癸未熒惑入輿鬼。五年四月甲辰熒惑犯左執法。六年九月戊寅熒惑犯西垣上將，己丑月犯軒轅第二星。七年正月庚辰熒惑犯房第二星，十一月壬戌歲星逆犯井東扇第二星。八年閏八月丙子熒惑入太微垣。九年二月癸亥月掩軒轅第二星，七月丁未熒惑犯南斗第四星，八月壬子又犯南斗第三星。

海陵天德元年十二月甲子土犯東井東星。二年正月己酉月犯昴，壬辰犯木，乙未犯角，二月丙寅犯心大星，九月丁酉犯軒轅左角，十月乙丑犯太微上將，十二月癸丑犯昴。三年十月丁亥月犯軒轅左角。四年二月乙亥月掩鬼犯鎮星，六月癸巳太白犯井東第二星，八月辛未犯軒轅大星，十二月甲辰熒惑犯鉤鈐，丙午月犯井北第一星。貞元二年正月辛丑月犯井東第一星。二年正月庚申月掩昴，二月辛丑犯心前星，八月戊戌熒惑入井凡十一日而出。三年八月乙酉月犯牛，九月辛亥犯建星，十一月戊午掩井鉞星。正隆三年二月己卯熒惑入鬼，甲午月掩歲星，六月丁酉犯氐，十二月戊申入氐。四年九月壬寅月掩軒轅右角，十一月壬辰入鬼犯大星。

時海陵問司天馬貴中曰：「近日天道何如？」貴中曰：「前年八月二十九日太白入太微右掖門，九月二日至端門，九日至左掖門出，並歷左右執法。太微爲天子南宮，太白兵將之象。其占兵入天子之庭。」海陵曰：「今將征伐，而兵將出入太微正其事也。」貴中又言：「當端門而出，其占爲受制，歷左右執法爲受事，此當有出使者，或爲兵，或爲賊。」海陵曰：「兵興之際，小賊固不能無也。」是歲，海陵南伐遇弑。

世宗大定元年十月丙午熒惑入太微垣，在上將東，丁巳月犯井西扇北第二星。二年閏二月戊寅月掩軒轅大星，三月戊申掩太微東藩南第一星，八月乙酉犯井西扇北第二星，九月庚戌犯畢距星。三年五月辛丑月入氐，八月丁未犯井距星，十月庚辰犯太微垣西上將星，十一月庚寅歲星入氐，壬子月入氐。四年二月壬午歲星退入氐凡二十九日，九月丙午月犯軒轅大星北次星，十二月癸卯掩房北第一星。五年正月癸亥月掩軒轅大星北次星，八月丁酉犯井東扇第一星，十一月癸丑熒惑入氐凡二十一日。六年二月丙申月犯南斗東南第二星，三月己未入氐，十一月辛亥金入氐凡七日，十二月癸巳月犯房北第二星。七年十月乙巳火入氐凡四日。八年正月癸未月掩心大星，三月庚午掩軒轅大星北一星，八月甲午太白犯軒轅大星，十月庚子月掩熒惑，十一月庚午犯昴。九年正月戊寅月掩心後星，四月庚子掩心前星，八月癸卯掩昴，十二月丙戌犯土。十年正月丙寅月掩軒轅大星，七月庚子犯五車東南星，八月戊申朔木星掩熒惑在參畢間。十一年二月壬戌熒惑犯井東扇北第一星。十二年五月辛巳月犯心後星，八月癸卯犯心大星，辛亥熒惑掩井東扇北第二星，十月己酉掩鬼西北星。十三年二月己丑熒惑犯鬼西北星，三月癸巳朔入鬼，次日犯積尸氣，六月辛未月犯心前星。十四年八月庚辰熒惑犯積尸氣，十二月乙丑月掩井西扇北第一星。十六年五月庚午月掩太白，七月丁未犯角宿距星，甲子掩畢宿距星，八月丙子太白犯軒轅大星，十月丁丑熒惑入太微，十一月甲寅月掩畢距星，戊辰熒惑犯太微上將，十二月己丑月掩太微左執法。十七年正月丙寅熒惑犯太微西藩上相。十八年七月庚辰土星犯井東扇北第二星，九月己丑熒惑犯左執法，十二月甲午填星掩井西扇北第一星凡十日。十九年三月甲戌熒惑犯氐距星，八月癸卯太白犯軒轅御女，辛亥熒惑犯南斗杓第二星，九月壬申月掩畢大星，十一月辛未熒惑掩歲星，十二月丁亥月犯歲星。二十年二月己丑月掩畢大星，三月丙辰掩畢西第二星。二十一年二月戊子月犯填星，四月壬申熒惑掩斗魁第二星十有四日，七月乙亥朔熒惑順入斗魁中凡五日。二十二年十一月辛未熒惑行氐中，乙亥太白入氐，十二月戊戌熒惑犯鉤鈐。二十四年四月甲申月掩太白，九月庚子歲星犯軒轅大星。二十五年三月乙酉太白與月相犯，九月丁亥月在斗魁中犯西第五星，十二月己未犯熒惑。二十六年三月丙戌熒惑入井，鎮星犯太微東藩上相，四月丁丑

熒惑犯鬼西南星，七月丙申月掩心前星，十二月乙未掩心前大星，又犯於後星。二十七年五月壬子月犯心大星，六月癸巳月掩昴，七月丙午犯房南第一星，十二月丁丑月掩昴。二十八年正月己未歲星留於房，甲子守房北第一星，十一月丙申填星入氐，十二月壬申月掩昴。二十九年正月丁酉土星留氐中，三十有七日逆行，後七十有九日出氐，六月丙辰月犯太白月北星南同在柳宿，十一月己未熒惑守軒轅至戊辰退行，其色稍怒。

章宗明昌二年十二月戊子木金星相犯，有光芒。三年三月戊戌熒惑順行犯太微西藩上將，四月己未熒惑掩右執法，色怒而稍赤。四年八月己亥歲星留胃十三度守天廩。承安五年六月庚戌月掩太白。泰和六年八月辛亥歲星晨見，至夜五更與東井距星相去七寸內，癸丑熒惑與輿鬼積尸氣相犯七寸內，庚申在輿鬼積尸氣中，十月丙午歲星犯東井距星，十一月壬午太白入氐。七年三月癸丑月掩軒轅大星，九月己卯初更有在南斗魁中，且歲星在輿鬼中。

衛紹王太安元年十月丙寅歲星犯左執法。三年正月乙酉熒惑入氐中凡十有一日乃出，二月犯房，閏月犯鍵閉星，十月癸巳犯壘壁陣。

宣宗貞祐元年十一月丙子熒惑入壘壁陣。二年十一月庚辰填星犯太微東垣上相，辛巳熒惑犯房鉤鈐。三年七月己卯月入畢至戊夜犯畢大星。四年閏七月辛丑月犯畢，十一月己丑犯畢大星，十二月戊午復如之。興定元年正月乙酉月犯畢左股第二星，九月癸巳犯東井西扇第二星。二年十月庚申月犯軒轅左角之少民星。三年八月丁卯歲星犯輿鬼東南星。四年正月庚子月犯東井，三月甲寅歲星犯輿鬼積尸氣，六月戊辰月犯填星，十一月壬辰歲星犯靈臺北第一星。五年九月庚戌歲星犯左執法，閏十二月戊子熒惑犯軒轅，甲午月犯熒惑。六年正月辛酉月犯熒惑，壬戌犯軒轅，四月丙寅歲星犯太微左執法。元光二年八月乙亥熒惑入輿鬼掩積尸氣，十月壬午犯靈臺，十一月又犯心大星。

哀宗正大元年正月丙午月犯昴，三月癸丑犯熒惑，是月熒惑逆行犯左執法，四月癸酉犯右執法。三年十一月丙辰月掩熒惑，庚申熒惑犯壘壁陣，十二月熒惑入月。四年六月丙辰太白入井，七月丁亥熒惑犯斗從西第二星。五年五月乙酉月掩心大星。

章宗明昌二年十一月乙丑，危宿在羽林軍上壘壁陣下光芒明大。

元太宗癸卯年夏五月熒惑犯房星。

世祖中統元年五月乙未，熒惑入南斗，留五十餘日。二年二月丁酉太陰掩昴，六月戊戌犯角，八月丙午太白犯歲星，十一月庚午太陰犯昴，十二月辛卯熒惑犯房，壬寅熒惑犯鉤鈐。至元元年二月丁卯太陰犯南斗，四月辛亥犯軒轅御女星，五月丙戌犯房，己亥犯昴，十二月甲子犯房。二年六月丙子太陰犯心宿大星。四年八月庚申填星犯天罇距星，壬午太白犯軒轅大星，甲子歲星犯軒轅大星，十一月乙巳填星犯天罇距星。五年正月甲午太陰犯井，二月戊子犯天關，己丑犯井。六年十月庚子太陰犯辰星。七年正月乙酉太陰犯畢，九月丁巳犯井，十月庚午太白犯右執法，十一月壬寅熒惑犯太微西垣上將。八年正月辛未太陰犯畢，三月丁亥熒惑犯太微西垣上將，九月丙子太陰犯畢。九年五月乙酉太白犯畢距星，九月戊寅太陰犯御女，十月戊戌熒惑犯填星，十一月丁卯太陰犯畢。十一年二月甲寅太陰犯井宿，十月壬戌歲星犯壘壁陣。十二年七月癸酉太白犯井，辛卯太陰犯畢，九月己巳太白犯少民，己卯犯太微西垣上將，十月癸丑太陰犯畢，十一月丙戌犯軒轅大星，十二月戊戌填星犯亢，戊申太陰犯畢。十三年九月辛亥太白犯南斗，甲寅入南斗，十二月乙卯太陰犯填星，辛酉熒惑掩鉤鈐。十五年二月丁丑熒惑犯天街，三月丁亥太陰犯太白，戊子犯熒惑。十六年四月癸卯鎮星犯鍵閉，七月丙寅如之，八月庚寅太陰犯房宿距星，庚子歲星犯軒轅大星，十月丙申太陰犯太微西垣上將，十一月癸丑犯熒惑。十七年四月庚子歲星犯軒轅大星，是月又犯南斗，七月戊申太陰犯掩房宿距星，己酉犯南斗，八月丙子犯心宿東星，甲子犯右執法并犯歲星。十八年五月歲星犯右執法，七月癸卯太陰犯房距星，閏八月癸巳朔熒惑犯司怪南第二星，庚戌太陰犯昴，九月甲申犯軒轅大星，十一月甲申犯五車次南星，丁丑犯鬼，丁亥掩心，十二月丙午犯軒轅大星。二十年正月己巳太陰犯軒轅御女，庚辰入南斗犯距星，二月庚寅掩昴，庚子太白犯昴，壬寅如之，乙巳太陰犯心，三月己未歲星犯鍵閉，庚申太陰犯井，壬戌犯鬼，乙巳歲星犯房，癸酉歲星掩房，四月己亥太陰犯房，壬寅犯南斗，五月丙寅掩心，秋七月復掩昴，丙辰太白犯井，癸亥太陰犯南斗，乙丑太白犯井，庚午熒惑犯司怪，八月丙午太白犯軒轅，丁未歲星犯鉤鈐，九月壬子太白犯軒轅少女，戊午太陰犯斗，己巳太白犯右執法，壬申太陰掩井，癸酉熒惑犯鬼，甲戌太陰犯鬼，熒惑犯積尸氣，太白犯左執法，十月丙申太陰犯昴，十一月戊寅太白歲星相犯，十二月甲辰太陰掩熒惑。二十一年閏五月戊寅朔填星犯斗，七月甲申太白犯熒惑，九月癸巳犯南斗第四星，乙未太陰犯井，十月己酉犯軫，十一月丙戌犯昴，己丑掩輿鬼，庚子犯心。二十二年二月辛亥太白犯東井，癸丑犯鬼，壬戌犯

心，癸亥犯入東井，十二月己亥歲星犯填星。二十三年正月太陰犯昴，壬午犯軒轅太民，乙酉犯氐，二月丙午犯井，三月癸巳歲星犯壘壁陣，己巳太陰犯婁，五月己巳熒惑犯太微西垣上將，庚辰歲星犯壘壁陣，乙酉熒惑犯太微右執法，六月丙申朔太白犯御女，八月乙卯太白犯軒轅右角星，九月甲申太陰犯天關，十月壬寅太白犯左執法，甲午朔太白犯右執法，戊戌太陰犯建星，辛亥犯東井，甲寅太白犯進賢，十一月戊辰太白犯亢，己卯太陰犯東井，辛巳歲星犯壘壁陣，十二月戊戌太白犯東咸，丁未太陰犯井，丁巳犯氐。二十四年正月甲戌太陰犯東井，乙酉犯房，二月庚子犯天關，辛丑犯東井，閏二月癸亥犯辰星，甲申犯牽牛，三月丙申犯東井，四月癸酉犯氐，甲戌犯房，乙亥犯氐，七月戊戌犯南斗，辛丑犯牽牛，壬寅熒惑犯輿鬼積尸氣，甲辰犯輿鬼，壬子太陰犯司怪，八月癸亥太白犯亢，丙子填星南犯壘壁陣，己卯太陰犯天關，辛巳犯東井，甲申太白犯房，九月丁酉熒惑犯長垣，庚子太白犯天江，乙巳太陰犯畢，辛亥熒惑犯太微西垣上將，壬子太白犯南斗，十月壬戌太陰犯牽牛大星，乙酉熒惑犯左執法，十一月壬辰太白犯壘壁陣，丙申熒惑犯太微東垣上將，丙辰熒惑犯進賢，十二月丙寅太陰犯畢。二十五年正月乙巳太陰犯角，戊申犯房，三月丁亥熒惑犯太微東垣上相，戊子太陰犯畢，巳亥掩角，四月戊午犯井，五月戊申太白犯畢，六月甲戌犯井，丁丑太陰犯歲星，七月己亥熒惑犯氐，庚子太白犯鬼，乙巳太陰掩畢，八月丙辰熒惑犯房，乙未太白犯軒轅大星，九月癸未朔熒惑犯天江，庚子太陰犯畢，癸卯熒惑犯南斗，十二月辛酉太陰犯畢，甲子犯井，甲戌犯亢，熒惑犯壘壁陣。二十六年正月辛丑太陰犯氐，三月甲午犯亢，五月壬辰太白犯鬼，七月辛卯太陰犯牛，乙未犯歲星，九月戊寅歲星犯井，乙未太陰犯畢，辛丑熒惑犯太微西垣上將，十月癸丑太陰犯斗宿距星，甲寅熒惑犯右執法，閏十月丁亥辰星犯房，己丑太陰犯畢，熒惑犯進賢，太陰犯井，十一月丁巳熒惑犯亢，戊辰太陰犯亢。二十七年正月庚戌太白犯斗，癸丑太陰犯井，丁卯熒惑犯房，壬申犯鍵閉，二月戊寅太陰犯畢，庚寅犯亢，三月壬子熒惑犯鉤鈐，四月丙子太陰犯井，壬辰熒惑守氐十餘日，五月乙丑太陰犯填星，六月己丑熒惑犯房，七月辛酉犯天江，九月癸卯歲星犯鬼，十月辛巳太白犯斗，十一月戊申太陰掩填星，辛酉掩左執法，十二月辛卯犯亢。二十八年二月癸未太陰犯左執法，甲申太白犯昴，三月丁未太陰犯御女，己酉犯右執法，庚戌犯太微東垣上相，乙卯太白犯五車，四月乙未歲星犯輿鬼積尸氣，五月壬寅太陰犯少民，甲寅犯牛，六月辛卯犯畢，七月己亥太白犯井，八月丙寅犯輿鬼，丙子太陰犯牽牛，癸未歲星犯軒轅大星，戊子太白犯軒轅大星并犯歲星，癸巳太陰犯熒惑，九月丙辰熒惑犯左執法，戊午太白犯熒惑，辛酉歲星犯少民，十月丙戌太陰犯軒轅大星并御女，己丑太陰犯太微東垣上相，十一月甲辰犯房，丙午熒惑犯亢，丁未太陰犯畢，庚申熒惑犯氐，十二月庚辰太陰犯御女，癸未犯東垣上相，己丑熒惑犯房，庚寅犯鉤鈐。二十九年正月戊申太陰犯歲星及軒轅左角，二月己巳犯畢，四月丙子犯氐，六月己丑太白犯歲星，閏六月戊申熒惑犯狗國，七月辛未太陰犯牛，八月丁酉辰星犯右執法，己亥太白犯房，乙巳歲星犯右執法，九月壬戌熒惑犯壘壁陣，辛巳太白犯南斗，十月乙巳太陰犯井，丁未犯鬼，乙卯犯氐，十一月壬戌犯壘壁陣，己卯太陰犯太微東垣上將，十二月庚子太陰犯井，甲辰犯太微西垣上將。三十年正月丙寅太陰犯畢，丁丑犯氐，庚辰歲星犯左執法，二月壬辰太陰犯畢，乙巳熒惑犯天街，庚戌太陰犯牛，癸丑犯壘壁陣，三月辛未太陰犯氐，四月癸丑太白犯填星，六月己丑歲星犯左執法，丙申太陰犯斗，七月甲子太陰犯建星，辛丑犯鬼，八月甲午辰星犯太微西垣上將，甲辰太陰犯畢，戊申犯鬼，九月丁卯太陰犯畢，十月丙申熒惑犯亢，己亥太陰犯天關，辛丑犯井，十一月乙丑太陰犯畢，丁卯犯井，庚子犯鬼，丙子熒惑犯鉤鈐，戊寅歲星犯亢，十二月乙未太陰犯井。三十一年四月戊申太白犯鬼，五月庚戌朔太白犯輿鬼，六月丙午太陰犯井，八月戊戌太陰犯畢，太白犯軒轅，九月丙寅太陰掩填星，辛未犯軒轅，乙亥太白犯右執法，太陰犯平道，十月壬午太白犯左執法，癸巳太陰掩填星，乙未犯井，十一月己酉太陰犯亢，庚申犯畢，癸酉太白犯房，十二月癸未歲星犯房，丁亥犯鉤鈐，壬辰太陰犯鬼，庚子犯房，又犯歲星。

成宗元貞元年正月乙卯太陰犯填星，又犯畢，癸酉歲星犯東咸，二月癸未熒惑犯太陰，壬辰太陰犯平道，癸卯犯歲星，三月庚戌太陰犯填星，壬戌犯房，四月庚寅犯東咸，閏四月癸丑歲星犯房，甲寅太陰犯平道，乙卯犯亢，丁巳掩房，五月丁亥太陰犯南斗，七月丁丑犯亢，甲申歲星犯房，八月乙酉太陰犯牛，壬子犯壘壁陣，九月甲午犯軒轅，戊戌犯平道，十月辛酉辰星犯房，壬戌犯鍵閉，戊辰太陰犯房，十一月甲戌太白犯壘壁陣，乙酉太陰犯井，丁亥犯鬼，十二月丙辰犯軒轅，甲子犯天江。二年正月壬午太陰犯輿鬼，丁亥犯平道，庚寅犯鉤鈐，二月丁未犯井，三月乙酉犯鉤鈐，五月丁丑犯平道，六月乙巳太白犯天關，丁巳犯填星，癸亥太陰犯井，七月壬午填星犯井，太白犯輿鬼，八月庚子太陰犯亢，太白犯軒轅，癸卯太陰犯天江，乙卯犯天街，太白犯上將，九月戊辰太白犯左執法，壬申太陰掩

南斗，丁丑犯壘壁陣，己丑犯軒轅，十一月丁丑犯月星，又犯天街，庚辰犯井，丁亥犯上相，戊子犯平道，壬辰犯天江，十二月丁未犯井，乙卯犯進賢。大德元年三月戊辰熒惑犯井，癸酉太陰掩軒轅大星，五月癸酉太白犯鬼積尸氣，乙亥太陰犯房，七月庚午如之，九月辛酉朔祆星犯奎，十二月甲辰太白犯東咸，丙午太陰犯軒轅，甲寅犯心，閏十二月癸酉太白犯建星，丙子如之。二年二月辛酉熒惑犯歲星，辛未太陰犯左執法，丙子犯心，五月戊戌犯心，六月壬戌犯角，七月癸巳犯心，八月壬戌犯箕，九月辛丑犯五車南星，癸卯犯五諸侯，己酉犯左執法，十月壬戌太白犯牽牛，戊寅太陰犯角宿距星，十一月己亥犯輿鬼，辛丑辰星犯牽牛，壬寅太陰犯右執法，十二月己未鎮星犯輿鬼，乙丑太白犯歲星，太陰犯熒惑，庚午填星入輿鬼，太陰犯上將，己卯犯南斗。三年正月丙戌太陰犯太白，丁酉犯西垣上將，戊戌犯右執法，三月乙巳熒惑犯五諸侯，戊戌犯輿鬼，四月己未太陰犯上將，丙寅填星犯輿鬼，太白犯心，五月丙申犯南斗，己亥太白犯畢，六月庚申太陰掩房，丁卯熒惑犯右執法，七月己卯朔太白犯井，丁未太陰犯輿鬼，八月丁巳犯箕，戊辰太白犯軒轅大星，己巳太陰犯五車星，九月乙未犯昴宿距星，丁酉太白犯左執法，十月丙子太陰犯房，十一月乙酉太白犯房。四年二月戊午太陰犯軒轅，五月甲午犯壘壁陣，辛丑太白犯輿鬼，太陰犯昴，六月丁巳太白犯填星，七月辛卯熒惑犯井，八月癸丑太陰犯井，甲子辰星犯靈臺上星，閏八月庚辰熒惑犯輿鬼，九月戊午太白犯斗，壬戌太陰犯輿鬼，甲子太白犯斗，十二月庚寅熒惑犯軒轅，癸巳太陰犯房宿距星。五年正月己酉太陰犯五車，壬子犯輿鬼積尸氣，辛酉犯心，二月己卯犯輿鬼，三月戊申犯女，丁卯熒惑犯填星，四月壬申太陰犯東井，五月癸丑犯南斗，乙卯熒惑犯右執法，丁卯太白犯井，六月甲申歲星犯司怪，己酉太白犯輿鬼，歲星犯井，甲午太白犯輿鬼，七月丙午歲星犯井，辛亥太陰犯壘壁陣，庚申辰星犯太白，八月壬辰太陰犯軒轅御女，乙未填星犯太微上將，十月癸未太陰犯東井，十一月己亥歲星犯東井，戊申太陰犯昴，十二月甲戌歲星犯司怪，辛卯太陰犯南斗。六年正月壬戌填星犯太微西垣上將，二月庚午太陰犯昴，三月壬寅犯輿鬼，癸卯歲星犯井，壬寅太陰犯鉤鈐，四月乙丑朔太白犯東井，戊寅太陰犯心，庚寅太白犯輿鬼，六月癸亥朔填星犯太微西垣上將，乙亥太陰犯斗，七月庚子太陰犯心，戊午犯熒惑，八月乙丑熒惑犯歲星，己巳犯輿鬼，辛巳太陰犯昴，壬午太白犯軒轅，九月丙午熒惑犯軒轅，癸丑太陰犯輿鬼，丁巳太白犯右執法，十月壬午熒惑犯太微西垣上將，十一月辛亥填星犯左執法，乙未辰星犯房，癸卯太陰犯昴，己酉犯軒轅，十二月庚申朔熒惑犯填星，乙丑歲星犯輿鬼，乙亥太陰犯輿鬼，庚辰熒惑犯太微東垣上相，癸未太陰犯房。七年正月戊戌太陰犯昴，甲辰犯軒轅，二月戊寅犯心，四月癸亥犯東井，丙寅犯軒轅，乙亥歲星犯輿鬼，太陰犯南斗，甲申熒惑犯太微垣右執法，丁亥歲星犯輿鬼，五月壬辰辰星犯東井，閏五月戊辰太陰犯心，七月戊寅歲星犯軒轅，己卯太陰犯井，乙酉熒惑犯房，八月癸巳太白犯氐，甲午熒惑犯東咸，太陰犯牽牛，乙巳歲星犯軒轅，辛亥熒惑犯天江，九月辛未熒惑犯南斗，甲戌太陰犯東井，乙亥太白犯南斗，壬午辰星犯氐，十月辛丑太陰犯東井，十一月丙寅填星犯進賢，戊辰太陰犯東井，己卯犯東咸，十二月丙戌熒惑犯壘壁陣，丙申太陰犯東井，辛丑犯明堂，丁未犯天江。九年正月丁巳太陰犯天關，甲子犯明堂，己巳犯東咸，三月甲寅熒惑犯氐，戊午歲星犯左執法，四月庚辰太陰犯井，壬辰太白犯井，五月癸亥歲星掩左執法，七月丙午熒惑犯氐，丁卯犯房，八月辛巳太陰犯東咸，乙未熒惑犯天江，九月丁巳熒惑犯斗，十一月癸丑歲星犯亢，十二月丙子太陰犯西咸，庚寅熒惑犯壘壁陣，己亥辰星犯建星。十年正月丁巳太白犯建星，閏正月癸酉太白犯牽牛，己丑犯壘壁陣，二月戊午太陰犯氐，三月戊寅歲星犯亢，四月辛酉填星犯亢，六月癸丑太陰犯羅堰上星，己未歲星犯亢，七月庚辰太陰犯牽牛，八月壬寅歲星犯氐，熒惑犯太微垣上將，九月己巳犯太微垣右執法，壬午犯太微垣左執法，十月甲辰太白犯斗，辛亥太陰犯畢，甲寅犯井，十一月辛未歲星犯房，壬申太陰犯虛，甲戌熒惑犯亢，戊子犯氐，辛卯太陰犯熒惑，十二月乙巳歲星犯東咸，戊午太陰犯氐。十一年六月丙午太陰犯南斗杓星，己巳犯亢，七月壬午熒惑犯南斗，九月癸酉太白犯右執法，己卯犯左執法，十月乙巳犯亢，己酉熒惑犯壘壁陣，甲寅太陰犯明堂，己未犯太白，十一月丁卯太白犯房，丙子太陰犯東井，乙酉犯亢，辛卯辰星犯歲星，十二月丁巳填星犯鍵閉。

武宗至大元年正月辛未太陰犯井，甲申犯填星，二月丁未犯亢，甲寅犯牛距星，三月乙丑犯井，五月癸未太白犯輿鬼，壬申犯左執法，八月壬子太陰犯軒轅太民，九月壬申鎮星犯房，丙子太陰犯井，癸未犯熒惑，十月辛丑太白犯南斗，十一月癸亥熒惑犯亢，己巳太陰掩畢，甲戌熒惑犯氐，乙亥辰星犯填星，閏十一月壬寅熒惑犯房，丁未太陰犯亢，十二月甲子太陰犯畢，丙子犯氐，戊寅太白掩建星。二年二月己巳太陰犯亢，辛未犯氐，庚辰犯太白，三月戊戌犯氐，己亥熒惑犯歲星，丙午犯壘壁陣，五月辛卯太陰犯亢，六月乙卯太白犯井，癸酉辰星犯輿

鬼，乙亥太陰掩畢，八月乙亥犯軒轅，丁丑犯右執法，九月丙午犯進賢，十月壬申犯左執法，十一月己亥犯右執法，庚子犯上相，辛丑熒惑犯外屏，十二月庚申太陰犯參，癸亥辰星犯歲星，辛未太白犯壘壁陣。三年正月壬辰太陰犯軒轅御女，甲午犯右執法，丙申犯平道，二月辛亥熒惑犯月星，庚申犯天街，太陰犯軒轅少民，壬戌犯左執法，甲戌太白犯月星，三月甲申太陰犯井，庚寅犯氐，丙申犯南斗，丁未太白犯井，甲寅太陰犯軒轅御女，五月乙酉太陰犯平道，癸巳熒惑犯輿鬼，六月乙卯太陰犯氐，七月戊寅犯右執法，己卯犯上相，八月甲子太白犯軒轅太民，乙丑太陰掩畢大星，辛巳犯建星，辛卯犯天廩，十月丙午太白犯左執法，癸丑熒惑犯亢，十一月甲戌朔太白犯亢，丁亥太陰犯畢，十二月甲辰朔犯羅堰，庚申犯軒轅大星，辛酉太白犯填星，丙寅犯氐。四年二月甲子太陰犯填星，三月丙戌犯太微上將，四月甲寅犯亢，熒惑犯壘壁陣，癸未太陰犯氐，五月乙未犯太微東垣上相，庚戌犯氐，七月癸巳掩畢，丁酉犯鬼宿距星，閏七月丙寅犯軒轅，九月乙卯犯畢，十月丙申犯壘壁陣，十一月甲寅犯輿鬼，十二月甲申犯太微西垣上將。

仁宗皇慶元年正月癸丑太陰犯太微東垣上相，二月壬午犯亢，三月丁酉朔熒惑犯東井，壬寅太陰犯東井，四月壬午熒惑犯輿鬼，癸未犯積尸氣，六月己巳太陰犯天關，七月戊午犯東井，八月戊辰太白犯軒轅，辛未太陰犯填星，壬午辰星犯右執法，乙酉太白犯右執法，丁亥辰星犯左執法，九月丁巳太白犯亢，十月丁亥太陰犯平道，戊子犯亢，十一月己亥掩壘壁陣，十二月戊子犯熒惑。二年正月戊申太陰犯三公，三月庚子熒惑犯壘壁陣，七月己丑朔歲星犯東井，壬戌如之，壬午太陰犯輿鬼。延祐元年二月癸酉熒惑犯東井，三月壬辰太陰掩熒惑，閏三月辛酉犯輿鬼，丙寅犯太微東垣，五月戊午辰星犯輿鬼，六月乙未熒惑犯右執法，十月庚戌辰星犯東咸，十二月甲午太陰犯輿鬼，癸卯犯房，甲辰犯天江。二年正月乙卯歲星犯輿鬼，癸亥太陰犯軒轅，丁卯犯進賢，四月庚子犯壘壁陣，五月辛酉犯天江，六月甲申夜犯平道，癸卯太白犯東井，丙午辰星犯輿鬼，九月己酉太陰犯房，辛酉太白犯左執法。三年十月甲申太白犯斗。四年三月乙酉太陰犯箕，六月乙巳犯心，八月丙申熒惑犯輿鬼，壬子太陰犯昴，九月庚午犯斗。六年正月戊寅太陰犯心，二月己亥犯靈臺，三月己巳犯明堂，癸酉犯日星，甲戌犯心，五月辛酉犯靈臺，丁卯犯房，丙子犯壘壁陣，六月己亥歲星犯東咸，七月壬戌太陰犯心，丙子太白犯太微垣右執法，八月乙酉熒惑犯輿鬼，閏八月壬辰辰星犯太微垣右執法，丁巳太陰犯心，癸亥熒惑犯軒轅，甲子太陰犯壘壁陣，乙亥太白犯東咸，十月癸亥熒惑犯太微垣左執法，乙丑太陰犯昴，戊辰太陰犯東井，辛未犯軒轅，辛卯熒惑犯進賢，庚子太陰犯明堂，十二月丙寅犯軒轅。七年正月乙未太陰犯明堂上星，癸卯犯斗宿東星，二月辛酉犯軒轅御女，壬戌犯靈臺，丁卯犯日星，庚午犯斗宿距星，三月戊子犯酒旗上星，熒惑犯進賢，庚寅太陰犯明堂上星，四月甲寅太白犯填星，壬戌太陰犯房宿距星，五月庚寅犯心宿東星，癸巳犯狗宿東星，丙申太白犯畢宿距星，六月庚申太陰犯斗宿東星，癸亥犯壘壁陣西二星，丁卯太白犯井宿東扇第三星，辛未太陰犯昴宿，七月丁亥太陰犯斗宿東二星，戊戌熒惑犯房宿上星，己亥太陰犯昴宿距星，八月丙辰太白犯靈臺上星，乙丑熒惑犯天江，丁卯太白犯太微垣右執法，壬申太陰犯軒轅御女，九月乙酉太陰犯壘壁陣西二星，丙戌熒惑犯斗宿，癸巳太陰犯昴宿東星，己亥太白犯亢星，十月庚戌太陰犯熒惑於斗，癸亥犯井宿，十一月癸卯熒惑犯壘壁陣，乙卯太陰掩昴宿，戊午犯井宿東星，庚申犯鬼宿。

清·嵇璜等《續文獻通考》卷二一八《象緯考·太陰五星陵犯下》 英宗至治元年正月乙未太陰掩房宿距星，甲辰辰星犯外屏西第一星，二月辛酉太白犯熒惑，癸亥太陰犯心宿大星，又犯心宿東星，三月丁丑掩昴宿，四月戊午犯心宿大星，庚申犯斗宿東第三星，五月戊寅太白犯鬼宿積尸氣，太陰犯軒轅右角，庚辰犯明堂中星，六月己未犯虛梁東第二星，七月癸巳犯昴宿，八月丁未犯心宿前星，己酉犯斗宿西第二星，壬子熒惑犯軒轅大星，九月乙亥犯靈臺東北星，壬午犯太微西垣上將，丁酉犯太微垣右執法，十月戊申犯太微垣左執法，十一月辛未犯進賢，丙子太陰犯虛梁東第一星，戊寅辰星犯房宿上星，丙戌太陰犯井宿東扇北第二星，己丑犯酒旗西星，又犯軒轅右角，辛酉犯明堂中星，己亥太白犯西咸南第一星，十二月甲辰熒惑犯亢宿南第一星，庚戌太陰犯昴宿東第一星，辛酉熒惑入氐宿。二年正月丁丑太陰犯昴宿距星，庚辰太白犯建星西第二星，辛巳犯建星西第三星，辛卯太陰犯心宿大星，甲午熒惑犯房宿上星，丁酉太白犯牛宿南第一星，二月己亥朔熒惑犯鍵閉星，丙午犯罰星南一星，戊申太陰犯井宿東扇北第二星，庚戌熒惑犯東咸北第二星，辛亥太陰犯酒旗西第一星及軒轅右角星，壬子太白犯壘壁陣西第一星，癸丑太陰犯明堂中星，己未太陰犯天江南第一星，壬戌太白犯壘壁陣第六星，五月丙午熒惑退犯東咸南第一星，六月壬申犯心宿距星，七月己亥犯天江南第一星，戊午太陰犯井宿鉞星，九月己未犯明堂中星，十月庚辰犯井宿距星，辛巳犯井宿東扇北第二星及第三星，己丑熒惑犯壘壁陣西

第六星，十一月甲辰太白犯壘壁陣第一星，乙巳熒惑犯壘壁陣西第八星，戊申太陰犯井宿東扇北第二星，己未犯東咸南第一星，庚申犯天江上第二星，辛酉熒惑犯歲星，十二月乙丑太白犯壘壁陣西第八星，乙亥太陰掩井宿距星，戊寅太白犯歲星，己丑熒惑犯外屏西第三星，太陰犯建星西第一星。三年正月壬寅太陰犯鉞星，又犯井宿距星，癸卯犯井宿東扇南第二星，二月癸酉太白犯昴宿，辛巳太陰犯東咸南第二星，五月癸卯犯房宿第二星，庚戌太白犯畢宿右股第三星，六月癸未填星犯畢宿距星，九月辛卯又退犯畢，十月己巳太白犯亢，丙子犯氐，十一月己丑朔熒惑犯亢，庚寅大白犯鉤鈐，乙未犯東咸，壬寅熒惑犯氐，十二月己巳辰星犯壘壁陣，辛未熒惑犯房，辛巳犯東咸。

泰定帝泰定元年五月丙午太白犯鬼宿，丁未又犯鬼宿積尸氣，十月丙寅犯斗宿距星，己巳入斗宿魁，太陰犯填星，庚午太白犯斗，壬午熒惑犯壘壁陣，十二月庚午犯外屏。二年正月丙戌辰星犯天鷄，壬寅太白犯建星，六月丙戌填星犯井宿鉞星，丙午犯井宿，八月癸巳歲星犯天罇，十月壬辰熒惑犯氐宿，癸巳填星退犯井宿，十一月戊午又退犯井宿鉞星，十二月乙酉熒惑犯天江，辰星犯建星，甲午太白犯壘壁陣。三年正月辛酉太白犯外屏，三月丙午填星犯井宿鉞星，戊辰熒惑犯壘壁陣，填星犯井宿，四月戊戌太白犯鬼宿，壬寅熒惑犯壘壁陣，九月壬戌太白犯太微垣右執法，十月辛巳犯進賢。四年正月己酉太白犯牛宿，三月丁卯熒惑犯井宿，九月壬子太白犯房宿，十月戊午辰星犯東咸，十一月癸酉太白犯壘壁陣，熒惑犯天江，十二月己未歲星退犯太微西垣上將。致和元年七月丙戌太白犯軒轅大星。

文宗天曆元年九月庚辰太白犯亢宿。二年正月甲子太白犯壘壁陣，二月己酉熒惑犯井宿，五月庚申太白犯鬼宿積尸氣，十一月癸酉太陰犯填星。至順元年七月庚午歲星犯氐宿，八月戊辰太白犯氐宿，九月己丑熒惑犯鬼宿，甲午如之，十一月甲申又犯鬼宿，丙戌太白犯壘壁陣。二年二月壬子太白犯昴，三月丙子朔熒惑犯鬼宿，己卯犯鬼宿積尸氣，五月丁丑犯軒轅左角，甲午太白犯畢宿，庚子太陰犯太白，六月丁卯犯畢，太白犯井，八月乙卯太白犯軒轅大星，庚申犯軒轅左角，九月丙子犯填星，十一月壬申朔犯鉤鈐。三年五月癸酉熒惑犯東井，十月己酉太白犯斗。

順帝元統元年二月己亥填星退犯太微東垣上相，丙辰太陰犯天江下星，三月戊寅犯太微東垣上相，五月丁酉熒惑犯太微垣右執法，六月丁丑太陰犯壘壁陣西第二星，七月己亥犯房宿北第二星，九月甲午犯東咸西第一星，填星犯進賢，乙未太陰犯天江下星，丁巳犯填星，己未犯氐宿距星，十月甲子入犯斗宿魁東北星，十一月甲午犯壘壁陣西方第二星，辛亥犯太微東垣上相，壬子犯填星，癸丑犯亢宿南第一星，癸酉犯鬼宿東北星，乙亥太白犯壘壁陣西第八星，太陰犯軒轅夫人星，己卯犯進賢，癸未犯東咸西第二星。二年正月壬寅太陰犯軒轅夫人星，庚戌犯房宿北第二星，二月癸酉犯太微東垣上相，三月辛丑犯進賢，又犯填星，四月壬午太白犯鬼宿積尸氣，七月壬子熒惑入犯鬼宿積尸氣，八月己卯太白犯軒轅御女星，九月壬辰太陰入南斗魁，癸巳犯狗國東星，太白犯靈臺中星，乙巳太白犯太微垣右執法，壬子犯太微垣左執法，十月癸亥熒惑犯太微西垣上將，太白犯進賢，乙亥太陰犯軒轅夫人星，太白犯填星，十一月乙未填星犯亢宿距星，辰戌熒惑犯太微東垣上相。至元元年二月甲戌熒惑逆行入太微垣，四月壬戌太陰犯太微垣左執法，五月癸卯犯壘壁陣東方第四星，六月壬戌犯心宿大星，七月乙未犯壘壁陣西方第二星，八月辛亥熒惑犯氐宿東南星，九月丁亥太陰入魁犯斗宿東南星，庚寅犯壘壁陣西方第二星，十月甲寅熒惑犯斗宿西第二星，庚申太陰犯壘壁陣東方第二星，甲子犯昴宿西第二星，丁卯太白犯斗宿魁第三星，十一月己丑辰星犯房宿上星及鉤鈐星，丙申太陰犯鬼宿東北星，己亥犯太微西垣上將，庚子犯太微垣左執法，十二月壬子犯壘壁陣西方第二星，辛酉太白犯壘壁陣東方第六星，乙丑太陰犯軒轅夫人星，又犯太微右執法，閏十二月乙酉熒惑犯壘壁陣西第八星，庚子太陰犯心宿大星，壬寅犯箕宿距星，癸卯犯斗宿魁東南星。二年正月壬戌太陰犯太微垣右執法，甲子犯角宿距星，丁卯犯房宿距星，二月辛巳犯昴宿距星，己丑犯太微西垣右執法，三月壬戌犯心宿距星，甲子犯箕宿距星，乙丑犯斗宿東南星，四月丙戌犯角宿距星，五月庚戌犯靈臺西第一星，六月戊子太白犯井宿東扇北第二星，七月己酉犯鬼宿東南星，乙卯犯熒惑，八月己卯太陰犯心宿東第一星，辛巳犯箕宿東北星，九月庚戌熒惑犯太微西垣上將，十月丙子熒惑犯太微垣左執法，丁亥太陰犯昴宿，己亥熒惑犯進賢，十一月己酉太陰犯壘壁陣西第八星，己未犯鬼宿積尸氣，丁卯犯房宿距星。三年正月太陰犯昴，三月辛亥犯靈臺上星，四月辛卯犯壘壁陣西方第五星，五月壬寅太白犯鬼宿東北星，乙巳太陰犯軒轅左角，壬子犯心宿後星，己未犯壘壁陣西方第六星，六月乙亥太白犯靈臺上星，己卯犯太微西垣上將，壬午太陰犯斗宿魁尖星，丁亥太白犯太微垣右執法，甲戌太陰犯心宿後星，九月己亥熒惑犯斗宿西第

二星，甲辰太陰犯斗宿魁第二星，丁未犯壘壁陣西第一星，己酉犯壘壁陣西第八星，辛酉犯軒轅大星，十月丙子太陰犯壘壁陣西方第七星，壬子犯昴宿上行星，丁亥犯鬼宿積尸氣，十一月戊戌太白犯亢宿距星，壬寅太陰犯熒惑，癸卯犯壘壁陣西第六星，丁未填星犯鍵閉，辛亥太陰犯五車東南星，甲寅犯鬼宿西北星，丙辰犯軒轅左角，丁巳犯太微垣三公東南星，十二月己巳歲星退犯天罇東北星，填星犯罰星南第一星，甲戌熒惑犯壘壁陣東第五星，太白犯東咸上星。四年正月癸卯太白犯建星西第一星，甲辰犯建星西第三星，丙午太陰犯五車東南星，辛亥犯軒轅左角，己未填星犯東咸上星，庚申太陰入斗魁，太白犯牛宿，二月戊寅太陰犯軒轅大星，己卯犯靈臺中星，三月戊申填星退犯東咸上星，六月辛巳又退犯鍵閉星，八月太陰犯昴，閏八月己亥填星犯罰星南第一星，太陰犯斗宿南第二星，庚戌犯昴宿南第二星，乙卯犯鬼宿東南星，九月丙寅太陰犯斗宿距星，戊辰太白犯東咸上第二星，甲申太陰犯軒轅御女，乙酉犯靈臺南第一星，庚寅太白犯斗宿北第二星，十月辛亥太陰犯酒旗上星，十一月辛未熒惑犯氐宿距星，丁丑太陰犯鬼宿東南星，戊寅太白犯壘壁陣西第六星，十二月太陰復犯昴，庚子熒惑犯房宿上星，壬子犯東咸上第二星，乙卯太白犯外屏西第二星，太陰犯斗宿距星。五年正月庚午太陰犯井宿東扇上星，乙亥熒惑犯天江上星，二月甲午太陰犯昴宿上西第一星，壬寅犯靈臺下星，四月壬寅犯日星及房宿距星，五月庚午犯心宿後星，壬申犯斗宿西第四星，丙子太白犯畢宿右股西第三星，六月甲辰熒惑退入南斗魁內，七月辛酉犯南斗魁尖星，壬戌如之，甲子復如之，又犯房宿距星，八月甲午太陰犯斗宿西第四星，丁酉太白犯軒轅尖星，乙巳太陰犯昴宿上行西第三星，十月己亥熒惑犯壘壁陣西方第六星，十一月丁巳犯壘壁陣東方第五星，十二月甲午太陰犯昴宿距星，癸丑熒惑犯外屏西第三星。六年正月丁卯太陰犯鬼宿距星，乙亥犯房宿距星，二月己丑犯昴宿，丙申犯太微西垣上將，癸卯犯心宿大星，丁未犯羅堰南第一星，戊申熒惑犯月星，太陰犯虛粱南第二星，三月癸亥犯軒轅右角，庚午犯房宿距星，壬申犯南斗杓第二星，丙子犯虛粱南第一星，戊寅太白犯月星，四月乙巳太陰犯雲雨西北星，五月丁卯犯斗宿西第二星，辛未犯虛粱西第二星，六月辛亥太白犯歲星，又太白、歲星皆犯右執法，七月庚申太陰犯心宿距星，又犯心宿中央大星，甲子犯羅堰，九月辛酉犯虛粱北第一星，丁卯犯昴宿距星，熒惑犯歲星，甲戌太陰犯軒轅右角，十月丁酉太白入南斗魁，己亥太白犯斗宿中央東星，十一月乙卯太陰犯虛粱西第一星，戊午熒惑犯氐宿距星，丙寅辰星犯東咸上第一星，戊寅辰星犯天江北第一星，十二月癸未太陰犯虛粱北第一星，乙酉犯土公東星，丁亥熒惑犯鉤鈐南星，乙未犯東咸北第二星，戊戌太陰犯明堂星。至正元年甲寅熒惑犯天江上星，庚申太陰犯井宿東扇北第一星，辛未犯心宿距星，癸酉犯斗宿北第二星，二月癸巳犯明堂東南星，三月癸酉犯雲雨西北星，六月庚午犯井宿距星，七月乙酉犯填星，庚寅犯雲雨西北星，九月庚辰犯建星南第二星，壬辰犯鉞星，又犯井宿距星，十月己卯歲星犯氐宿距星，丁巳太陰犯月星，十一月己亥犯東咸南第一星，庚子犯天江北第二星，十二月丁巳太白犯壘壁陣東方第五星。二年正月戊子太陰犯明堂北第二星，甲午熒惑犯月星，三月戊子太陰犯房宿北第二星，四月庚申犯羅堰上星，七月乙未掩太白，九月丁丑犯羅堰北第一星，戊子犯井宿東扇南第一星，十月癸卯犯建星北第三星，甲寅犯天關。三年二月甲辰太陰犯井宿西扇北第二星，填星犯牛宿南第二星，熒惑犯羅堰南第一星，乙卯太陰犯氐宿東南星，三月壬午犯氐宿東南星，七月庚辰犯右執法。四年十二月壬戌太陰犯外屏西第二星。七年七月丙辰太陰犯壘壁陣東第四星，十一月庚戌太陰犯天廩西北星。八年二月庚辰太陰犯軒轅左角，癸未犯平道東星，三月丙辰犯建星西第一星，八月丙子犯壘壁陣西方第五星，九月己未犯靈臺東北星。九年正月庚戌太白犯建星東第三星，辛亥太陰犯平道西星，二月甲申犯建星西第二星，三月己亥太白犯壘壁陣東方第六星，七月丙午太陰犯壘壁陣東方南第一星，癸丑犯天關，九月丙戌熒惑犯靈臺上星，十一月戊辰太陰犯畢宿左股北第三星，庚辰太白犯壘壁陣西方第二星，十二月戊戌犯壘壁陣東方第五星。十年正月壬申太陰犯熒惑，二月辛丑犯平道東星，甲辰犯鍵閉，三月己卯熒惑犯太微西垣上將，四月丙午太白犯鬼宿西北星，七月辛酉太陰犯房宿北第一星，九月壬戌熒惑犯天江南第二星，十月癸巳歲星犯軒轅大星，丙申太陰犯昴宿右股東第二星，十一月戊辰太陰犯鬼宿東北星，十二月乙未犯鬼宿西北星。十一年正月丙戌辰星犯牛宿西南星，二月庚寅太陰犯鬼宿東北星，乙未犯太微東垣上相，丁酉犯亢宿距星，三月丁卯太陰犯東咸第二星，戊辰犯天江西第一星，七月己未犯斗宿東第三星，壬戌太白犯右執法，甲子太陰犯壘壁陣東方第一星，己巳太白犯太微垣左執法，熒惑入犯鬼宿積尸氣，八月乙酉太陰犯天江南第二星，九月乙卯辰星犯太微垣左執法，丁巳太白犯房宿第二星，戊辰太陰犯鬼宿東北星，十月戊寅熒惑犯太微西垣上將，辛巳太陰犯斗宿距星，乙酉太白犯斗宿西第二星，己丑熒惑犯歲星，辛卯太白犯斗宿西第四星，癸巳歲星

犯右執法，丙午熒惑犯太微垣左執法，十一月丁巳太陰犯填星，十二月庚辰太白犯壘壁陣西第六星，甲申太陰犯填星，丙戌太白犯壘壁陣西第七星，丁酉太陰犯熒惑，庚子辰星犯天江西第二星。十二年正月乙丑太陰犯熒惑，己巳歲星犯右執法，二月庚寅太陰犯太微東垣上相，癸巳犯氐宿距星，三月戊午太陰犯進賢，壬戌犯東咸西第一星，五月癸酉太白犯填星，六月辛亥犯井宿東第二星，七月丁酉辰星犯靈臺北第二星，八月丁卯太白犯歲星，九月壬辰太陰犯軒轅南三星，十月戊午犯鬼宿東北星，甲子犯歲星，乙丑犯亢宿南第一星，十一月庚寅犯太微東垣上相。十三年正月乙酉太陰犯太微東垣上相，二月己酉犯軒轅南第三星，庚戌太白犯熒惑，壬子太陰犯太微東垣上相，四月辛丑太白犯井宿東扇北第一星，辛亥太陰犯房宿北第二星，五月乙亥犯歲星，九月庚寅犯熒惑，壬辰熒惑犯左執法，十月甲辰歲星犯氐宿距星，癸亥太白犯亢宿距星，十一月壬申太陰犯壘壁陣第四星，十二月丁酉太白犯東咸北第一星，庚子熒惑入氐宿，丁巳太陰犯心宿距星。十四年正月乙丑熒惑犯歲星，丁卯太白犯建星西第二星，癸酉熒惑犯房宿北第一星，二月戊午太白犯壘壁陣西第八星，六月甲辰太陰入斗宿南第二星，七月乙丑犯角宿距星，壬午犯昴宿距星，十月壬子犯太微垣右執法，十一月丙子犯鬼宿東北星，十二月己亥掩昴宿。十五年正月戊辰太陰犯五車東南星，辛未犯鬼宿東北星，閏正月丁未犯心宿後星，三月庚寅犯五車東南星，五月丙申犯房宿距星，九月乙丑太白入犯太微垣左執法，十月己未太陰犯壘壁陣西方第二星，癸酉犯軒轅大星，十一月乙酉熒惑犯氐宿距星，庚寅填星退犯井宿東扇北第二星，己亥太陰犯鬼宿東北星，十二月癸丑熒惑犯房宿北第一星。十六年正月己丑太陰犯昴宿西第一星，四月癸亥熒惑犯壘壁陣西方第四星，五月壬辰太陰犯鬼宿西北星，癸巳太白犯鬼宿積尸氣，甲午太陰入犯斗宿南第二星，丁酉犯壘壁陣西方第一星，八月丁卯犯昴宿西北星，十一月壬辰犯井宿東扇上星。十七年二月癸丑太陰犯五車東南星，三月甲申入犯鬼宿積尸氣，又犯東南星，壬辰歲星犯壘壁陣西第六星，七月癸未太白入犯鬼宿積尸氣，甲申太陰入犯斗宿距星，丁亥填星入犯鬼宿距星，八月癸卯填星犯鬼宿東南星，太白犯軒轅大星，己酉歲星犯壘壁陣西方第六星，甲子太陰犯五車尖星，閏九月丙午犯斗宿南第三星，庚申犯井宿東扇北第一星，十月乙亥熒惑犯氐宿距星，甲申太陰掩昴宿，十二月庚午朔熒惑犯天江北第一星，戊寅太白犯歲星，庚辰太白犯壘壁陣東方第五星，甲申太陰犯鬼宿距星，丁亥歲星犯壘壁陣東方第五星，癸巳太陰犯心宿後星。十八年正月辛丑填星退入犯鬼宿積尸氣，丙午太陰犯昴宿，二月乙亥填星入守鬼宿積尸氣，三月丁卯熒惑犯壘壁陣東方第六星，四月辛卯太白入犯鬼宿積尸氣，五月壬寅犯填星，壬子太陰犯斗宿東第三星，七月丁未犯斗宿南第三星，八月壬申掩心宿大星，甲申掩昴宿距星，十月乙卯犯昴宿距星，十一月丙午犯昴宿距星，太白犯房宿上第一星，辛酉太陰掩心宿大星，十二月戊子太陰犯房宿南第二星。十九年正月辛丑太陰犯昴宿東第一星，三月庚戌犯房宿距星，五月丙申熒惑入犯鬼宿積尸氣，丙午太陰犯天江南第一星，丁未太陰犯斗宿北第二星，七月丁酉太白犯上將，甲辰犯右執法，己酉犯左執法，九月甲寅入犯天江南第一星，十月壬申入犯斗宿南第三星，十一月犯斗，十二月戊辰犯壘壁陣西方第七星。二十年正月己亥太陰犯井宿東扇北第二星，丙辰熒惑犯斗宿東角星，四月丁卯太陰犯明堂中星，癸酉犯東咸西第一星，五月癸卯犯建星西第二星，六月癸巳太白犯井宿東扇北第二星，戊戌太陰犯建星西第三星，七月丁丑犯井宿距星，八月辛卯犯天江北第二星，壬寅填星犯太微西垣上將，甲辰太陰犯井宿鉞星，十月戊子熒惑犯井宿東扇北第一星。二十一年正月庚申太陰犯歲星，二月癸未填星退犯太微西垣上將，壬寅太陰犯天江北第一星，三月丙辰犯井宿西扇第二星，庚辰熒惑入犯鬼宿西北星，五月壬戌太陰犯房宿北第二星，癸酉太白犯軒轅左角，甲戌熒惑犯太白，六月戊戌太陰犯雲雨上二星，七月丙辰犯氐宿東南星，十月甲申犯牛宿距星，十一月庚戌犯建星西第四星，癸亥犯井宿東扇四星，壬申犯氐宿東南星。二十二年正月戊申朔太白犯建星西第二星，乙卯填星退犯左執法，二月己卯太白犯壘壁陣西第二星，五月辛酉太陰犯建星西第四星，八月癸巳犯畢宿右股第二星，九月丁未太白犯亢宿南第一星，己酉太陰犯牛宿北第一星，癸亥歲星犯軒轅大星，丙寅熒惑犯鬼宿西北星，己巳犯鬼宿積尸氣，十月己卯太陰犯牛宿距星，丁亥辰星犯亢宿南第一星，戊子太陰犯畢宿距星，十二月壬辰犯角宿距星。二十三年正月庚戌〔歲星〕退犯軒轅大星，三月丙辰太陰犯氐宿距星，四月辛丑熒惑犯歲星，庚申歲星犯軒轅大星，五月乙未熒惑犯右執法，六月乙卯太白犯井宿西扇北第二星，壬戌入犯井宿東扇南第二星，八月壬寅入犯軒轅大星，乙巳太陰犯建星東第二星，丁未太白犯軒轅左角，丙辰太陰犯畢宿右股北第二星，辛酉太白犯歲星，乙丑入犯右執法，九月辛未入犯左執法，乙亥歲星入犯右執法，丁丑辰星犯填星，丁亥太白犯填星，辰星犯亢宿南第一星，十月癸卯太白犯氐宿距星，戊午犯房宿北第一星，十一月癸未太陰犯軒轅右角，歲星犯太微垣左執法。

二十四年正月癸酉太陰犯畢宿大星，戊寅犯軒轅右角，二月壬子歲星自去年九月九日東行入右掖門，犯右執法，出端門，留守三十餘日，犯左執法，今逆行入端門西右掖門，又犯右執法，太陰犯西咸第一星，四月丁未如之，癸丑太白入犯井宿東扇北第一星，五月甲戌太白犯鬼宿西北星，乙亥又犯積尸氣，歲星入犯右執法，六月丁巳太白犯右執法，七月甲子歲星犯左執法，八月丁未熒惑入犯鬼宿積尸氣，九月甲申太陰犯軒轅右角，戊子熒惑入犯軒轅大星，十月丙午太陰犯畢宿大星，己酉太陰犯井宿東扇南第一星，丙辰太白犯斗宿西第二星，十二月乙卯太陰犯太白。二十五年正月戊辰太陰犯畢宿右股東第四星，甲戌太白犯建星西第四星，二月丙午太陰犯填星，三月戊辰太白犯壘壁陣東方第五星，四月壬子熒惑犯靈臺東北星，五月辛酉犯太微西垣上將，七月己卯太陰犯畢宿左股北第二星，八月乙未犯建星東第三星，己亥犯壘壁陣東方第六星，九月丁丑犯井宿東扇南第一星，十月辛卯熒惑犯天江東第二星，己酉熒惑犯斗宿杓星西第二星，太陰犯右執法，庚戌犯太微垣上相，閏十月戊辰太陰犯畢宿右股北第四星，又犯左股北第三星，壬申太白犯辰星，十一月己丑犯熒惑，太陰犯壘壁陣東方第五星，丙申犯畢宿大星，癸卯犯太微西垣上將，十二月丙辰犯太白，癸亥犯畢宿右股第二星，庚午歲星掩房宿北第一星，辛未太陰犯太微垣右執法。二十六年正月戊戌太陰犯太微西垣上將，辛丑犯亢宿距星，二月戊午犯畢宿大星，丁丑歲星退犯房宿北第一星守鈎鈐，三月甲午太陰犯左執法，四月己未犯軒轅大星，乙丑犯西咸西第一星，丙子太白入犯鬼宿積尸氣，七月丁酉熒惑犯鬼宿積尸氣，八月己未太陰掩牛宿南三星，歲星犯鈎鈐，乙亥太陰掩軒轅大星，九月壬辰太白犯太微垣右執法，甲辰太陰犯太微西垣上將，丙午熒惑犯太微西垣上將，十一月乙酉太白犯填星，丁亥太白犯房宿北第一星，戊子熒惑犯太微東垣上相，太白犯鍵閉，庚寅太陰犯畢宿右股北第四星，庚子犯太微東垣上相，辛丑填星犯房宿北第一星，甲辰太白犯歲星，十二月戊午太陰犯畢宿大星，庚申犯井宿西扇北第二星，乙丑犯軒轅左角，丙寅犯太微西垣上將，辛未犯西咸西第一星，甲戌犯建星西第三星。二十七年正月癸巳太陰犯太微西垣上將，二月乙卯犯井宿西扇北第二星，三月辛巳填星退犯鍵閉，四月丙寅太陰犯壘壁陣西方第四星，六月乙卯犯氐宿東北星，辛未犯井宿西扇北第二星，七月壬辰熒惑犯氐宿東南星，丙申太陰犯畢宿大星，己亥犯井宿東扇南第二星，八月庚戌熒惑犯房宿北第二星，癸丑太陰犯建星西第二星，九月丁丑填星犯房宿北第一星，熒惑犯天江南第二星，乙酉太陰犯壘壁陣東方第六星，辛卯填星犯鍵閉，太陰犯畢大星，癸巳犯井宿西扇北第二星，丁酉熒惑犯斗宿西第二星，十月戊午太陰犯畢宿右股西第二星，辛酉犯井宿東扇南第三星，癸亥犯鬼宿西南星，十一月庚辰太陰犯壘壁陣東方第一星。

明太祖洪武七年十二月，太陰犯軒轅左角。上諭中書省臣曰：「太陰犯軒轅占云：大臣黜免。爾中書宜告各省衛官知之，凡政務有乖政體者，宜速改以求自安。」九年閏九月，以五星紊度日月相刑，詔求直言。淮安海州學正曾秉正上修德弭災疏。上嘉之，召至京擢思文監丞。十五年壬戌秋九月乙丑熒惑犯南斗時，大將傅友德征雲南。太祖因賜敕曰：「上天垂象，宜嚴加戒飭，以備不虞。」十八年春二月己巳，初昏五星並見。十九年夏四月，熒惑留南斗。二十三年庚午春正月，熒惑入南斗。三十年丁丑冬十月，熒惑犯南斗。建文三十一年熒惑守心時，四川岳池縣教諭程濟占應兵起北方，期在明年，因上書於朝。朝廷怒其妄言逮京，詔獄。明年靖難兵果起北平。

成祖永樂元年夏四月，太白出昴北。

宣宗宣德六年秋九月，熒惑犯南斗。八年癸丑秋八月，熒惑犯南斗。

英宗正統十四年秋七月，熒惑入南斗。未幾土木報至。

憲宗成化元年十一月乙丑夜，月犯太微垣上將星，十二月丙子曉刻金星犯鍵閉星，癸巳夜月犯右執法星。二年丙戌太白曳入南斗，八月乙未夜火星犯壘壁陣東方第一星。四年八月甲午夜，月犯房宿南第二星。五年春正月乙丑夜月犯五諸侯南第一星，己巳夜月入鬼宿犯積尸氣，戊寅夜月犯心宿，二月癸巳曉刻金星犯牛宿，丙申夜月犯木星，又犯鬼宿，二月己未月犯昴宿，癸亥夜月犯木星，甲子夜月犯軒轅御女星，秋七月己酉曉刻木星犯軒轅大星。六年三月癸未昏刻月犯金星，七月戊戌曉刻月犯昴宿，八月己巳月犯天罇星，九月丙子曉刻金星犯軒轅左角星，甲午夜金星犯左執法，己亥曉刻金星犯木星，庚子曉刻金星犯左執法。七年二月丁卯曉刻月犯羅堰星，四月乙卯夜木星入太微垣留守端門，閏九月辛亥曉刻土星犯天狗星。八年正月夜月犯軒轅左角星，癸酉曉刻月犯金星，二月甲申曉刻金星犯辰壘壁陣東第五星，十一月癸丑曉刻木星犯鈎鈐。十一年癸卯曉刻月犯牛宿大星，五月乙卯昏刻月犯明堂中星。十三年閏二月壬子夜月犯進賢星。十五年冬十二月二十日夜金星犯南斗。十八年九月庚戌金星晝見於申。二十三年八月甲申夜金星犯亢宿。

武宗正德元年七月五星陵犯。二年五官監候楊源奏二年以來火星入太微

垣帝座前東西往來不一。

世宗嘉靖三年甲申春正月五星聚營室。欽天監掌監事光禄少卿樂護疏入，下禮部議。禮臣覆：請稽乾象，順時宜，圖任老成，斥遠群小，崇敬畏，戒逸欲，嚴諸一心，以爲祈天永命之本，其他齋醮祈禳異端小説不宜輕信，以啓倖門。十八年秋閏七月庚申，木火水金星聚東井。十九年庚子九月壬子熒惑入南斗數日，冬十月水土金星聚於角。二十一年壬寅秋八月丁酉，熒惑掩南斗。二十三年甲辰七月熒惑入南斗，占主東南大饑。是冬至明年春江南果斗米二錢。二十三年六月熒惑犯南斗。

穆宗隆慶元年正月二十八日夜月犯角宿南星，三月戊午夜水星逆行守亢宿。二年六月火星犯太微西垣右執法。三年八月丁未夜火星犯鬼宿，十月朔彗星見於天市垣，色蒼白芒，指東北，長二丈餘，至二十日滅。四年五月己卯夜火星順行犯太微垣右執法，十一月月犯畢宿。五年二月丙寅夜月犯畢左股第二星，八月丙辰月犯軒轅大星，九月己卯月犯井宿西扇北第二星，甲申夜月犯軒轅左角星。六年正月戊寅夜月犯亢宿，閏二月辛酉夜月犯畢宿。

今上萬曆二十七年九月，太白、太陰同見於午。

《清實録·世祖章皇帝實録》卷三〇（世祖順治四年二月）壬午夜，月掩犯木星。

客星部

題解

漢·司馬遷《史記》卷二七《天官書》 國皇星，大而赤，狀類南極。所出，其下起兵，兵彊；其衝不利。

又 燭星，狀如太白，其出也不行。見則滅。所燭者，城邑亂。

又 天精而見景星。景星者，德星也。其狀無常，常出於有道之國。

漢·張衡《靈憲》 方星巡鎮，必因常度，苟或盈縮，不逾於次。故有列司作使，曰老子四星，周伯、王逢、芮各一，錯乎五緯之間，其見無期，其行無度，寔妖經星之所，然後吉凶宣周，其祥可盡。

北周·庾季才《靈臺秘苑》卷一五 客星者，亦妖星也。前世術者爲別篇，而曰天之使也。偶見於天而無常，所入列舍，以告休咎。大而見久者，事大而禍深；反則事微而禍淺。若芒角，必有誅殺之象。見而微小，則有陰謀、兵亂之事。亦占其色。青，憂疾；赤有芒角，其下破軍殺將，侵城奪邑；黄，得地而有土工；白，其分有兵，喪；黑爲兵亡之象。皆以宿次分野占之。其名有五，一曰周伯，二曰老形，三曰蓬絮，四曰國皇，五曰温星。

唐·李筌《太白陰經》卷八 《經》曰，客星者非本位之星，故曰客星。其色白若氣，勃然似粉絮，故所過之宿及所過之分野必有災異。

唐·李淳風《觀象玩占》卷三四 客星者，非常之星。天皇大帝之使，以告咎罰者也。其出也，無恒時，其居也，無定所。忽見忽没，或行或止，不可推算。寓於星辰之間，如客，故謂之客星。

唐·李淳風《乙巳占》卷七 客星者，非其常有，偶見於天，皆天皇大帝之使者，以告咎罰之精也。

唐·瞿曇悉達《開元占經》卷七七 黄帝曰，客星者，周伯、老子、王蓬絮、國皇、温星，凡五星皆客星也，行諸列舍，十二國分野各在其所臨之邦，所守之宿，以占吉凶。

宋·鄭樵《通志·災祥略》 客星，非其常有，曰客星。

宋·許洞《虎鈐經》卷一四 客星者，非主座之星也，故曰客星。色白如氣勃勃以絮，所過之宿必有災害。

宋·曾公亮《武經總要》卷一七 《天文總論》曰，客星者，非其常有，偶見於天，此天皇大帝之使，以告休咎也。一曰，客星見無常所，或出西，或出東。

清·萬斯同《明史·天文五》 客星者，非常之星也，出無恒時，居無定次，爲善爲惡，所主略異。

清·游藝《天經或問》卷四 此外更有非所常見之星，偶見於天，謂之新星、客星者。

清·李善蘭、偉烈亞力《談天》卷一六 古今史志所載客星亦變星類也，但其見時甚暫，而不見之時甚久，意其復見必有一定之時，古今測望僅一見而未再見，故未能知，蓋其周時甚長也。

論説

漢·王充《論衡》卷一七 又言太平之時有景星。《尚書中候》曰：「堯時景星見於軫。」夫景星，或時五星也，大者歲星、太白也。彼或時歲星、太白行於軫度，古質不能推步五星，不知歲星、太白何如狀，見大星則謂景星矣。《詩》又言：「東有啓明，西有長庚。」亦或時復歲星、太白也。或時昏見於西，或時晨出於東，詩人不知，則名曰啓明、長庚矣。然則長庚與景星同，皆五星也。太平之時，日月精明。五星，日月之類也，太平更有景星，可復更有日月乎？詩人，俗人也。《中候》之時，質世也，俱不知星。王莽之時，太白經天，精如半月，使不知星者見之，則亦復名之曰景星。《爾雅·釋四時》章曰：「春爲發生，夏爲長嬴，秋爲收成，冬爲安寧。四氣和爲景星。」夫如《爾雅》之言，景星乃四時氣和之名也，恐非著天之大星。《爾雅》之書，《五經》之訓，故儒者所共觀察也，而不信從，更

謂大星爲景星，豈《爾雅》所言景星與儒者之所説異哉！

明・徐應秋《玉芝堂談薈》卷二〇 客星爲災

《雙槐歲抄》：「嚴子陵足加帝腹，感動星象，高風不可尚已。」近柳倅桑悦《客星亭記》謂客星有五，所犯無不菑凶。《後漢天文志》客星犯周野，光武崩，應之於此不書，似因子陵而諱占也。且犯帝座，與劉聰時入紫微同，其太史康相以爲大變，聰遂滅。光武無其應，豈非政鮮闕失？即目前下賢一事，亦可弭其災，與其論殊。新考之客星者，一曰周伯，大而色黄煌煌然。見，其國兵起，若有喪，衆庶流亡，去其鄉。一曰老子，明大、色白，所出爲飢，爲凶，爲善，爲惡，爲喜，爲怒，兵大起，人主憂。一曰王蓬絮，狀如粉絮，拂拂然。見，其國兵起，若有喪。白衣之會，其邦饑亡。一曰國皇星，出而大，其色黄白，望之有芒角，見則兵起，國多變，若有水飢，人主惡之，衆庶多疾。一曰温星，色白而大，狀如風動摇。出東南，天下有兵，將軍出於野；出東北，當有千里暴兵；出西北亦如之；出西南，其國兵喪並起，大水，人民飢。五者實爲不祥，民懌之，語不誣。又《通志》：客星十有二，一曰景星，二曰周伯，三曰含譽，四曰王蓬芮，五曰格澤，六曰玄保，七曰昭明，八曰昏昌，九曰旬始，十曰司晨，十一曰菟昌，十二曰地維臧光。馬總《意林》：神農稽首拜於泰一小子曰：上古之人壽過百無〔缺〕落之咎獨，何氣之使耶？泰一小子曰：天有九門，中道最良，日月行之，名曰國皇，字曰老人，出見西方，長生不死，衆曜同光。則國皇、老子、周伯、王蓬芮，並非妖星。殊不可曉者，又稱周伯、王蓬芮，皆古者高世不仕之人。王其姓，蓬芮其名，周伯其姓氏也。或曰客星者老子，非李耳，古之有德行不仕、老而有壽之人。國皇者，國姓，温星者，温姓，俱有操行而不仕者，則似因子陵附會耳。《漢書》元鳳四年九月客星在紫宫中斗樞極間，占曰爲兵。其五年發三輔郡國少年詣北軍。地節元年六月客星居左右角間，東南指，長可二尺，色白。占曰：有姦人在宫廷間。又客星見貫索，東南行。至七月，夜入天市之交，東南指，其色白，占曰有戮卿，一曰有戮王。是時楚王延壽謀逆，自殺，霍光夫人顯謀反伏誅。黄龍元年三月客星居王梁東北可九尺，長丈餘西指，出閣道間，至紫宫，其十二月宫車晏駕。元帝元初元年四月，客星大如瓜，色青白，在南斗第二星東可四尺，占曰：爲水、饑，其五月渤海水大溢，六月關東人大饑。二年五月客星見昴分，居卷舌東可五尺，青白色餤？長三寸，占曰天下有妄言者，其年十二月鉅鹿都尉謝君男詐爲神人，論死，父免官，其爲災亦可槩見。而《史記・天官書》三能三衡者，天廷也，客星出天廷有奇令，則又似不甚係災祥者。小説漢武帝微行造主人家，家有婢，國色。帝悦之，夜與主婢卧。有一書生亦寄宿，善天文，忽見客星將掩帝座，大呼咄咄。俄見一男子操刀將入户，聞書生聲甚急，謂爲己故，遂縮走，客星應時而退。何與子陵事相彷彿也？

清・張廷玉等《明史》卷二七《天文志三》 《史記・天官書》有客星之名，而不詳其形狀。敘國皇、昭明諸異星甚悉，而無瑞星、妖星之名。然則客星者，言其非常有之星，殆諸異星之總名，而非有專屬也。李淳風誌晉、隋天文，始分景星、含譽之屬爲瑞星，彗、孛、國皇之類爲妖星，又以周伯老子等爲客星，自謂本之漢末劉睿《荆州占》。夫含譽，所謂瑞星也，而光芒則似彗；國皇，所謂妖星也，而形色又類南極老人。瑞與妖果有定哉？且周伯一星也，既屬之瑞星，而云其國大昌。又屬之客星，而云其國兵起有喪。其説如此，果可爲法乎？馬遷不復區別，良有以也。今按《實録》，彗、孛變見特甚，皆别書。老人星則江以南常見，而燕京必無見理，故不書。余悉屬客星而編次之。

清・李明徹《圜天圖説續編》卷下 此外更有非常見之星，偶見於天，謂之新星、客星。新星著天甚高，行度則初起時小，而能漸大，其後又能漸小漸滅。推測之法視，其所附某宫星以定其經緯度，求其離赤道經緯度，取其似經約較有三分三十餘秒，不比彗孛，止麗空際。他實麗列宿之天也，但此種類皆屬火氣，實非星。

綜述

漢・班固《漢書》卷二六《天文志》 天晪而見景星。景星者，德星也，其狀無常，常出於有道之國。

北周・庾季才《靈臺秘苑》卷一五 瑞星

瑞星者，福德之應，和氣之所致，有道則見。其别有六：一曰景星，二曰周伯，三曰含譽，四曰格澤，五曰歸邪，六曰天保。

景星

景星，主德之星也，見則其國大昌。狀如半月，生於晦朔，助月爲明，或星大而中空，或曰有赤方氣與青方氣相連。赤方中有兩黄星，青方中有一黄星，凡三星合爲景星。一曰有三星在赤方氣與青方氣相連，黄星在赤方氣中，名景星。德合天則景星見焉。

周伯

周伯，色黄潤而光澤，煌煌然，見則國昌。

含譽

含譽，光耀似彗。喜則含譽射，人君施德孝，興禮義，人民和，而夷狄表化，則含譽出焉。

格澤

格澤，類炎火而色黄白，上鋭下大，起於地而漸升。見則不種而獲，下有土工，當大客。

歸邪

歸邪，似星非星，似雲非雲，或生而赤彗，向上如張蓋，下有星相連。見則必有歸國之兆。

天保

天保，若流星而有音如炬火，至地野雞皆鳴，所墜之地有慶。

又 客星

客星者，亦妖星也。前世術者爲别篇，而曰天之使也。偶見於天而無常，所入列舍，以告休咎。大而見久者，事大而禍深；反則事微而禍淺。若芒角，必有誅殺之象。見而微小，則有陰謀，兵亂之事。亦占其色：青，憂疾；赤有芒角，其下破軍殺將，侵城奪邑；黄，得地而有土工；白，其分有兵喪；黑爲兵亡之象。皆以宿次分野占之。其名有五，一曰周伯，二曰老形，三曰蓬絮，四曰國皇，五曰温星。

周伯

周伯與瑞星同，而其異者非潤而光澤。見則其下兵喪，大饑，民流。

老形

老形，皆占如雜妖之説。災也，明大而顯。

蓬絮

蓬絮，狀如粉絮，沸沸然。見，其下兵，饑，或喪，又爲白衣會。又白色青，熒惑之氣干之，風雨不時，蟲蝗，旱焦枯而物不生。

國皇

國皇，色白而有大芒角。見則人主惡之，饑，疫，水災，兵起，國多變。

温星

温星，色白而大，如風雷摇。出四隅，東南則兵，將軍出於野。東北、西北，暴兵千里。西南則有地，兵喪並起，大水，人饑。

唐·房玄齡等《晉書》卷一二《天文志中》 張衡曰：「老子四星及周伯、王蓬絮、芮各一，錯乎五緯之間。其見無期，其行無度。」《荆州占》云：「老子星色淳白，然所見之國，爲饑爲凶，爲善爲惡，爲喜爲怒。周伯星黄色煌煌，所至之國大昌。蓬絮星色青而熒熒然，所至之國風雨不節，焦旱，物不生，五穀不登，多蝗蟲。」又云：「東南有三星出，名曰盗星，出則天下有大盗。西南有三大星出，名曰種陵，出則天下穀貴十倍。西北三大星出而白，名曰天狗，出則人相食，大凶。東北有三大星出，名曰女帛，見則有大喪。」

唐·魏徵等《隋書》卷二〇《天文志中》 客星

客星者，周伯、老子、王蓬絮、國皇、温星，凡五星，皆客星也。行諸列舍，十二國分野，各在其所臨之邦，所守之宿，以占吉凶。周伯，大而色黄，煌煌然。見其國兵起，若有喪，天下饑，衆庶流亡去其鄉。瑞星中名狀與此同，而占異。老子，明大，色白，淳淳然。所出之國，爲饑，爲凶，爲善，爲惡，爲喜，爲怒。常出見則兵大起，人主有憂。王者以赦除咎則災消。王蓬絮，狀如粉絮，拂拂然。見則其國兵起，若有喪，白衣之會，其邦饑亡。又曰，王蓬絮，星色青而熒熒然。所見之國，風雨不如節，焦旱，物不生，五穀不成登，蝗蟲多。國皇星，出而大，其色黄白，望之有芒角。見則兵起，國多變，若有水饑，人主惡之，衆庶多疾。温星，色白而大，狀如風動摇，常出四隅。出東南，天下有兵，將軍出於野。出東北，當有千里暴兵。出西北，亦如之。出西南，其國兵喪並起，若有大水，人饑。又曰，温星出東南，爲大將軍服屈不能發者。出於東北，暴骸三千里。出西亦然。

凡客星見其分，若留止，即以其色占吉凶。星大事大，星小事小。星色黄得地，色白有喪，色青有憂，色黑有死，色赤有兵，各以五色占之，皆不出三年。又曰，客星入列宿中外官者，各以其所出部舍官名爲其事。所之者爲其謀，其下之

國，皆受其禍。以所守之舍爲其期，以五氣相賊者爲其使。

客星占一

瑞星

宋均曰：「景星大而中空。」孟康曰：「景星者，有赤方氣與青方氣相連，赤方氣中有兩黄星，青方中一黄星，凡三星合爲景也。」（案《蜀誌》曰：後主景耀元年，史官言星見，於是大赦，改年爲景耀也。）《天官書》曰：「天晴而見景星，景星者，德星也；其狀無常，常出有道之國。」《瑞應圖》曰：「景星者，大星也，狀如半月，生於晦朔，助月爲明；王者不私人，則見。又曰：德及幽隱，則出。」又曰：「景星者，星之精也，光從月出，出於西方，王者不私人以官，使賢者在位，則景星出見，佐月爲明。」班固《天文誌》曰：「天晴而見景星。」（占六十日晴，精明亡。）《河圖》曰：「黄帝治，景星見於北斗也。」《尚書中侯·握河紀》曰：「堯即位去年，景星出翼，鳳凰止庭。」鄭玄註曰：「景，大也，明也；翼，朱鳥宿也。」又曰：「帝執德恭，聰明密微，思心清静，在庭從宜，仁推度符，移序精和，天地休通，五行相化，景星出攝提。」《含文嘉》曰：「王者序長幼，各得其正，則房心有德星應之。」《合誠圖》曰：「天子精耀，心墳務德，則景星窺。」（宋均曰：墳，盛也，窺猶見也。）《禮·稽命征》曰：「王者制禮作樂，得天心，則景星見。」《感精符》曰：「王者德上感皇天，則景星也。」《孔演圖》曰：「天子以賢舉，則景星效於天。」《春秋緯》曰：「《周圖變書》云：赤雀所銜，蜀，下授文王於豐殿之（闕）剽天子精耀，招神任理（闕）有響心順務德，則景星見，鸞鳳下。」《元命包》曰：「仁義茂盛，賢俊彰明，神符感出，景星守參。」《感精符》曰：「堯時，氣充盛，上感皇天，故景星見。」《孝經·内事》曰：「天子行孝德，則景星出。」《援神契》曰：「王者德至天，則景星見。」《白虎通》曰：「景星者，大星也，月或不見，景星恒見，可以夜作，有補於人。」《帝王世紀》曰：「舜時，景星見於房。」《坤靈圖》曰：「至德之萌，黄景索於北斗，必以戊己日，其光無芒，行久無武，動軍，莫之敢拒。」

《含文嘉》曰：「宮室之禮得，則虚、危有德星應。」又曰：「居喪以禮，則德星應在虚、危。」《稽命征》曰：「禮得其宜，則虚、危有德星見。」《含文嘉》曰：「宮室之禮得，營室有德星應。」又曰：「居喪以禮，則德星應輿鬼。」又曰：「天子穆穆，諸侯皇皇，則少微有德星。」又曰：「殯喪之禮以其時，則三階平正，有德星出入其間。」又曰：「天子袷禘，巡狩有度，考功責實，外内之制，各得其宜，四方之事，無畜滯，上下交通，則出澤出靈龜、寶石，麒麟至苑囿，六畜繁多，天苑有德星應。」（案申穎《秦書》：苻堅建元六年四月，天苑有大星，色甚白，占者以爲太平之祥，乃立望氣臺於宮左。冬十一月，平燕國，擒慕容。）《含文嘉》曰：「天子行鄉射飲酒之禮，得其宜，則曰大德；天苑，左右角，皆有大德星應。」《海中占》曰：「德星守建星，君臣俱明，天下更平，五穀更興。」

宋均曰：「含譽瑞星，光耀侣慧。」《援神契》曰：「喜則含譽射。」

客星名狀二

【略】巫咸曰：「客星入列宿中外官者，各以其所部舍官名，爲其事；所之者，爲其謀；其下之國，皆受其禍；以所守之舍，爲其期；以五氣相賊者，爲其使。」

客星犯月三

《河圖》曰：「日月與大星晝並見，是謂争明；大國弱，小國强。」《河圖》曰：「大客星流入月中無光，當有與君俱並兵死者。」又曰：「客星入月中，有破觸月，臣弑主，有内亂。」《洛書》曰：「客星入月中，有破軍。」又曰：「大星入月中，臣弑主。」又曰：「大星入月，月無光，其國再伐而亡；一曰其國當者滅亡，四夷來侵。」又曰：「居月，見，不出三年，人主死，不死，國有殃。」又曰：「星見月中，不出其年，主憂。」又曰：「月未中而日星入之，有賊人爲政者在東方，文者長，武者亡；月過中而星入之，有賊人爲政者在西方，武者長，文者亡。」又曰：「他星入月中，兵將起，他國有來降者。」《高宗》曰：「星入月中，將有大兵。」《海中占》曰：「星入月中，其國戎，有憂，一曰不出三年，臣勝其主。」京氏曰：「星入月中，臣賊其主，奪其家。」又曰：「月中有星，天下有賊，星多者，賊多。」又曰：「星入月中，大臣謀伐其主，主令不行。」《荆州占》曰：「星入月，其國有喪。」又曰：「星入月中，有破軍殺將。」又曰：「大客星入月中，月無光，其國滅亡，四夷來侵；期五月，若十月。」又云：「客星貫月，其國内亂，大臣死。」《洛書》曰：「星在月右角者，秦氏、丁氏爲奸，在西宮中。」又曰：「星在月右角，竇氏、宋氏爲奸，在東宮中。星在月上者，鄧氏、司馬氏爲奸，在南宮中。星在月下者，趙氏、李氏爲奸，在后宮中。星在月兩角，劉氏爲奸，敗。」《孝經·内記》曰：「月在星角者，臣與黄門僮女人陰奸爲賊，兩星在月角者，臣與人君作奸；一星在月中，臣與君婦女共作奸謀；一星在月下者，后宮列女要臣爲奸也。」《河圖》

曰：「星在月陰，負海國有勝； 星出月下，芒相爍也，君死，人饑。」京氏曰：「星與月同光，臣下作亂，人民非上，令不行。」甘氏曰：「星食月，其國相死。」《洛書》曰：「星毀月，下司上。」

客星犯歲星四

《荆州占》曰：「歲星與他星合，人主不安。」又曰：「歲星與他星薄之，主有謀。又曰：有賊。」又曰：「客星與歲星鬥，不出其年，强國易相。」巫咸曰：「他星守歲星，越有憂； 一云城邑有憂。」甘氏曰：「有星守歲星，人主有憂。」《春秋緯》曰：「歲星與他星會而鬥，因破他星，人主不寧； 他星薄破之，主有謀賊害。」

客星犯熒惑五

石氏曰：「熒惑與他星會而鬥者，皆爲禍。」《荆州占》曰：「熒惑與他星會而鬥，天下兵起； 他星破熒惑，爲禍； 熒惑破他星，會事，雖有不能爲禍。」又曰：「熒惑與他星合，相陵而鬥，二星相近者，其殃大； 相遠，其殃小。」

客星犯太白六

甘氏曰：「有星入太白中，强國以戰亡。」又曰：「有星入金星，天子伐諸侯，武士大將死。」郗萌曰：「縣亂，星出也； 常出太白之旁，相去三四寸所； 星出，天下大亂。又星從他所來之太白旁，居與往來，亦爲使，其事急； 又太白與他星過於四方，必有大敗。又太白與他星遇，太白避他星，兵畏； 他星避太白，兵成。」

客星犯辰星七

巫咸曰：「有星入水星，天下大水，大理、御史官多死。」班固《天文誌》曰：「辰星與他星遇，而天下亂。」石氏曰：「辰星與他星會，光相薄，用爲害； 不相及，雖同會，不爲害。」《荆州占》曰：「辰星與他星會，破之，刑事行； 他星不破，刑事不害。」石氏曰：「辰星出，與他星遇而鬥，天下大亂。」

唐・李淳風《觀象玩占》卷三四　客星名狀

一曰周伯，大而色黄煌煌然，所見之國兵起，若有喪，天下大飢，衆庶流亡，人去其鄉。

二曰老子，明大而色淳白，淳淳然，所出之國爲善，爲惡，爲喜，爲怒，見則兵起，主憂，宜以赦除咎。

三曰王蓬絮，狀如粉絮，色白，拂拂然，見則兵起，有白衣會，其國飢以亡，一曰王蓬絮，色青，熒熒然。所見之國，風雨不節。焦旱，物不生，五穀不成，多蝗蟲。四曰國皇，大而色黄白，望之有芒角，見則兵起，國多變，若有水飢衆，庶多疾，人主惡之。

五曰温星，色白而狀如風動摇，恒出四隅，出東南則天下有兵，將軍出野； 出東北當有千里暴兵來； 出西南其國有喪兵起，大水，人飢； 出西北暴骸三千里。又曰温星出東南，大將軍屈服不能發，出西北、東北同。

右《隋志》所載五客星，其國皇星與妖星國皇星名同而狀異，周伯星與瑞星周伯星名狀皆同而占異，今並存之。

東南方有三星出而色白，名曰盗心，見則天下多盗賊。

西南方有三大星出，氣各長三丈，名曰種陵，見則天下兵起，隕霜不時，穀貴十倍。

東北方有三大星出，氣各長三丈，名曰女帛，見則天下有大喪。

西北方有三大星出，名曰天狗，見則天下人相食。

瑞星總敘

瑞星亦客星也，五行衝和、王相喜合之所生，必出於有道之國。周伯星《晉志》以爲祥，《隋志》以爲妖，未知其肯，今仍存之，歸邪入瑞氣。以其狀言之，則星而非氣也，故徙入此。

瑞星明狀

一曰景星，狀如半月，生於晦朔，助月爲明，亦曰德星。大而中空，或曰有三星在赤方，氣與青方氣相連，有黄星在赤方氣中，主者德至於天則見。

二曰周伯，煌煌然，所見之國大昌。

三曰含譽，光耀似彗，喜則含譽射，必有外國來朝者。

四格澤，狀如炎火，下大上鋭也，黄白而地起上，見則不種而穫，不有土工，必有大客。

五曰歸邪，如星非星，如雲非雲。或曰星有兩赤彗，上向，有蓋，下連星，見則必有歸國者。

李淳風曰：景星生於晦朔，或出於西北天門之上，或入月二三日，或出月二十七八九日，狀如星而中空，如魚星而不明，或青赤白三氣聚，如星，如半月狀，狀出而不行，必於四時王相日見。周伯大而白色，如太白，光熒如月。照地，或有芒角煌煌然，不竹，或如水星而赤色光潤，或黄如橘，皆出而不行。含譽似彗有尾而不長，亦不甚有光，而明不急。格澤如炎火，上黄下白，從地而上，形如梢竿，狀如天狗，潤澤而明，見則大客。客者，外國之貴使來歸也。

唐・李淳風《乙巳占》　客星干犯列宿占第四十五

客星者，非其常有，偶見於天，皆天皇大帝之使者，以告咎罰之精也。

客星干犯兩角者，軍起不戰，邦有大喪。其色赤戰，所指必有破軍侵城，期七十日，或三年。他星入左角，兵吏有來系者。色赤兵系也，黄土功，色白義，黑色死，青色憂。守左角，色赤，天下大旱，五穀不成；守右角，大水。

客星干犯亢，中國不安，兵起政亂，期一年。有星出右角間入亢，色赤有兵，白有過客，黑有過喪。入亢，有兵戰，士卒行，期不出九十日，天下大亂。出氐入亢中而散，人主有病，從帶下而上。守亢，國有臣不祥。

客星干犯入氐中，后宫有亂，暴兵動，期半年，遠一年。出氐，君有疾於國外。色黄白與兩星齊，期十日而赦；去二星一尺，期六十日赦；去兩星二尺，期百日赦。有星入氐，黑色大水，其國有改主，廊廟有憂；赤有兵，在廟中，近臣誅，殺貴人；逆守乘氐，諸侯王者坐法者，誅絶無後。

客星干犯房，主國空，兵起，人饑，骨肉相殘。入房，有大臣殺其君。又曰：入天府，天下有喪，更令之事，若有急令。出房，在陽，爲喪旱饑；在陰，爲水兵饑。干犯鉤鈐，王宫大亂，不出二年。

客星入心，諸侯有來使者，出心，君使人於諸侯。色赤兵，黄土功，色青使者憂，色黑客凶。入太子宫，太子益官。赤星入心左星，太子有兵；入右星，庶子有兵。赤星大如缽大，赤如雞冠，而入心，人主遇賊。其出心也，行道甚遠，人主戮於千里外。客犯乘守心者，大旱，天下慎火，近期十日，遠期一年。

客星入尾，歲饑，人相食，多死者，北夷大饑來降，宫中忌之。天下大抵，一東一西，一南一北，男不得耕，女不得織。出入尾，皇后有去宫者。一曰：賤女有暴貴者。君使人於諸侯，備賊臣，兵革罷，天下大饑，歲多大風大雨。

客星入箕中，天下大饑，人相食，人多徙棄，國多土功，北夷大饑，來歸中國，大風雨。舍箕，秋多水，干犯同。

客干犯南斗度，其國必亂，兵大起，期一年。入斗中三尺，三日不去，城郭閉，道路有阻，貴人坐之。入鈇鑕，士卒殺傷，其國將亡，外國來降。入斗，諸侯客有來見天子者；出斗，天子使人之諸侯，色青憂，赤兵，黄土功，白義，黑凶。入斗中，三日三犯，天下有赦，期三月。守斗，天下大喜得福。客守斗，兵家憂。

客入牛，諸侯有客來，以四足蟲爲幣。出牛，君使人之使諸侯，以四足蟲爲幣。色青病，黑死不至。客出牛，兵起，大將出，關梁阻塞，地大動，牛馬貴三倍，期二年。入牛，臣謀主，五穀不登。守牛，越有喜象，獻中國。客入牛，盜賊在江海，歲多水。

客干犯女，鄰國有以妓女來進，妾遷爲后。入女，留不去，天下諸侯王者阻塞。出女或守女，宫人有憂，女主憂，后起宫門，貴人有死，期一年，遠二年，有嫁女事，黄吉，青黑凶，赤憂。暴出女，女主戮死，期一年。他星出御女，女有出者。赤星守女，女喪。守女，南邦獻女，賤女暴貴；守女，糴貴。

客星干犯虚中，有哭泣之事，有井田之法、改制之事。入虚中，有軍在外，大饑，將離散，卒死亡，天下有大令。入中三日，强環繞之，赦，期七十日。入虚，赤色有赦，白爲幣客來者。出虚，大臣亂，兵大起，國有喪，天下哭泣，期三年。守虚，共國兵起，近期一年，遠二年，當有哭泣。

客星犯危，國有哭泣事。一曰：雨水五穀不收，人相食於道。入危，有土功，王者築宫室，不出一年，大饑，年無全食。出危中，大水，一曰大饑。

魏景初二年十月癸巳，客星見危，逆行在離宫北，螣蛇南，甲辰犯宗皇，己酉滅。占曰：客星所出，有兵喪，虚危爲宗廟，又近墳墓，宫中將有大喪，就先君於宗廟，皆王者崩隕之象。三年正月，明帝崩之驗也。

客星入室中，天子有憂，順行有德，逆行兇。黑星入廟，人主有藥死。不然，有藥人主者。客星入室，有陰雨，垣牆無立者。客舍室，其國作宗廟，多土功事。留不去，匈奴有兵來。客星干犯東壁，有帝者死；舍壁，牛馬多疫。入守東壁，諸侯相謀，有赤星從東壁入西壁，臣殺其主。

客星犯奎，國有溝瀆之事。入奎，破軍殺將，邊兵大動，土功起。赤星逆行，從婁至奎，有兵。守奎，主有憂，大人當之，又魯國兵起。

客星犯婁，國有大兵，四時絶祠，（婁主苑牧給享，祀天以奉事，孝也。王者以乘天法古。）遠不出三年。入婁，外夷兵有聚衆之事，三日環繞之，天下有赦，期七十日。守婁，天下大虚，或天下奪主權，布帛貴。守犯婁，天下欲分社稷者，白衣自立，牛馬貴。

客星入胃，王者有倉廩之事。出胃，王者備四夷。臣强淩君，國有大兵，天下發粟，金銅之事，期半年，遠一年，粟滅。守胃，國宫有大兵，焚燒其倉。入天獄中二月，天下有赦五日。

客星入昴，有白衣會於國内。他星入昴，貴人有急獄。他星出昴，兵衆滿野。客星守昴，胡有兵，天下多亂。犯守昴，讒諛賊臣在内，諸侯謀上。一曰，白衣聚謀慮。

客星入畢，邊兵動，又十二月，天下有赦，期五月。入畢口，與兩股齊者，有走主。又曰：期三十日，兵發。一曰：期十日，兵罷。其去也，視其東西南北所往及所主近宿，或受兵。他星入畢，有兵革謀。客星入畢口，留不去，馬貴。一曰牛貴。守天子，嗣無後。守附耳，有兵，一曰邊兵尤甚。

客星干犯觜，若暴出觜，中臣與外臣謀殺其主，星遊行明，覺不得成，不行不明不覺，期一月。守觜，西戎侵動，欲爲君者，崇禮以制，則國安。干犯觜，國破亡。入觜，車馬有急，期五月，四月有大喪。

客星入參中央星，色白，縣令有賜，若伐。色青黑，縣令有罪，又云邊有暴兵起，邊城圍而壞。入伐，有兵不足以傷。又曰，入天尉中十日，宫中有自殺者。入其陽爲男，入其陰爲女，皆期三十日。出參，邊有兵起，城圍，客軍入國。若有戰，期不出二年。客星出參鈇鑕，兵出；入參鈇鑕，兵入。赤星出參武卒，若守之天尉中，媵嫡相拒。守參者，老人多死，馬貴。入守參，諸侯國當之，伐誅大臣。

客星犯井，國有大土功之事，小兒妖言。入東井，五穀不登，糴貴，有客以水令來者。出東井，宫中火起，大人憂，及爲亂兵起，將軍憂，若白衣有自立，其國必破，期三年。守井，大臣亂，入鉞，外兵愈殺其將士卒。

客星犯鬼，國有非次自立，必敗亡。守天屍，帝王亡，天下多病。入屍，金玉貴，三日一環之，有赦。出鬼，其國有喪，出南爲人君，出北爲女主，左爲太子，右爲庶子。或守四星，隨其所犯發之，期不出二年。守鬼，五十日不去，國有大喪，兵起，將軍戰於野，當有死，期不出一年。若守西，若從西入鬼，老人死；若從東入鬼，少年死。干犯守鬼，天下有喪，陽爲君，陰爲臣，若左太子，右貴臣，又隨所主事，王者發之，不出七十日。

客星干犯柳，周當之，期九十日，入柳，兵大起，人大怨，若布帛繒絮貴，蒼星出柳舍，殺邊將諸侯。守柳，庫兵大發，天下有爲王者，犯守柳，王者賜邊臣。

客星入七星，有立太子者，若有苛令。客星爲死喪，客星留不去左右中，以火爲憂；守星，周有大賢，兵大起，道路多水潦。一曰：溝渠道路阻塞。一曰：水大出。

客星入張，有賜客之事。出入張，君使客賜諸侯。出張，白衣同姓有自立，天下更令，有徙民，君使人放諸侯；守張，楚周有隱士。不去，滿三十日，有亡國死王，臣戮其主，小人謀貴，禍及嗣子，期三年，食中有毒，鄰國有獻食物者，天下酒大出，天子以爲憂敗。出張若守之，白衣自立者。犯守張，天子以酒爲憂。

客星干犯翼，國有兵，大臣憂，遠期百八十日。（與流星同。）出翼，將軍謀反，兵大起，必有戰，邊兵有大急，同姓諸侯有自立者。若大水，五穀傷，人民饑，去其邦，期三年。守翼，君弱臣强，四夷王。客星明大守翼，大水，江海決溢，四海道路阻塞，魚龍死於陸路。

赤星入軫，輕車入；出軫，輕車出。客星出軫，若有白衣自立者，大國多害，有喪，兵革起，天下有逃主，期不出一年，遠三年。守軫，國有自立者，大國憂多害。守軫，兵大起，邊境尤甚。守軫，天下有山崩，若水溢出地。入長沙，天下有逃亡。一曰兵盡散。

客星犯中外官占第四十六

客星入攝提座，謀臣在側，聖人受制。

干犯天市，所犯者誅。

出大角，兵起，天下亂。若守之二十日已上，王者惡之，國易政，期三年。

干犯帝座，人民大亂，宫朝徙大臣，期三年。

守東西咸，人主淫泆失道。

入天江，津關絶，道路阻塞。一曰：河津吏有憂。

干犯建星，王者失道，貴者誅，賢士逃亡。

犯離珠，后宫凶。

守天大將軍，大將憂。干犯五車。兵起滿野，天下半傾，百姓徙居，去其鄉土，期三年；守，五穀貴。

入天關，天下有急，關市閉塞，人多疾病，多盜賊。

出南河戒，有男喪事於外。暈三重，必有降城。一曰：客干犯兩戒間，天子出走，大臣執勢，王者以赦除咎，群臣天子以寧。入北河，多胡爲異兵。

干犯五諸侯，王室亂，大兵起，天下宫廟不祀。出五諸侯，大臣有憂，若執政臣得罪。一曰：議臣有黜。赤星守五諸侯，天下大亂。

干犯積水，兵起宫門，宗廟毀絶，大臣憂。出積水，天下水溝爲災，土功堤防之事，期不出一年。

出積薪，有憂，若以薪蒿之事而致罪。

干犯水位，水道閉塞，伏兵在水中，以水爲害。出水位，爲水官有憂，若臣下有謀兵起，期三年。

干犯軒轅，近者誅滅宋族，王以赦除咎。入軒轅，有遠客來者。

入東門，有夷人從外來降。

干犯少微，白衣聚，王者凶，術士不彰，智者逃亡，期三年。入少微，奸臣衆；出少微，術士用，及功巧，王用之。

入端門仍出，其國大患，天下亂，以色占之。出左掖門，其國憂；出東門，旱；出右門，亂；出西門，國亂及大水。

入太微庭中，出端門，天下大亂，王憂，國易政，期三年。他星入太微，色白潤澤者有赦。入太微中，兵大起，有客賊來入國，守之十日不出，其災成。在陽爲男，在陰爲女，不出三十日。入天子宫十日而成句已，天下有赦。入太微中乘守者，有殃；出太微，國有兵喪。

入太微，犯黄帝座，天子憂，臣謀主。至座而還，謀不成，反受其殃。犯之十日已上，臣謀成，期不出一年。抵帝座，天子有喪；抵座旁，臣有反。有赤星鋭如鉤抵座星，天子兵驚，一曰火驚。黑星抵帝座，天子惡之。客星有犯乘守内屏星者，爲君臣失禮，而輔臣有諫者免罷。

客星入紫微，王室有兵喪。

客星出平星，賦斂之臣有罪；若庫使不忠，當有廢黜，期不出一年。

守羽林軍天陣，兵戈大起。

元·馬端臨《文獻通考》卷二八一《象緯考四》 《中興天文誌》：瑞星有十二：一曰景星（一名德星），二曰周伯，三曰含譽，四曰王蓬芮，五曰格澤，六曰元保，七曰昭明，八曰昏昌，九曰旬始，十曰司危，十一曰菟昌，十二曰地維藏光。瑞星，五行之沖和氣也，五行順樂旺相喜合之所生也。周伯、王蓬芮，皆古者高世不仕之人。王其姓，蓬芮其名，周伯其姓字也。其精爲星，帝命之爲瑞星。三家義同。然考之《晉誌》，瑞星止四星，其周伯又於客星見之，無王蓬芮。而客星則有王蓬絮芮，所至之國非福也。而三家所言妖星，則别有蓬星焉，曰蓬芮、曰蓬絮芮、曰蓬星。其言福禍不同，豈各有據乎？並存之。又《晉誌》無元保以下七星，其昭明、司危、地維藏光則皆爲妖星。若《隋誌》則因《晉誌》，而又無格澤疑當從《晉誌》。

又 《中興天文誌》：客星有三：一曰老子，二曰國皇，三曰温星。老子一星，休咎半之。國皇、温星，皆爲咎徵。老子非李耳，古之有德行而不仕，老而有壽之人。國皇者，國星也，不知何國人。温星者，温其姓，古之有操行不仕者也。三人者其精皆爲星，帝命之爲客星，錯出乎五緯之間，其見無期，其行無度。《晉誌》無國星、温星而有周伯、王蓬絮芮，又有盜星、種陵、天狗、女帛之爲兇也。《隋誌》五星，周伯、蓬絮同《晉誌》，其三星與此同。然周伯《晉誌》以爲祥，《隋誌》以爲妖。

元·脱脱等《宋史》卷五二《天文志五》 景星

景星，德星也，一曰瑞星，如半月，生於晦朔，大而中空，其名各異。曰周伯，其色黄，煌煌然，所見之國大昌。曰含譽，光耀似彗，喜則含譽射。曰格澤，狀如炎火，下大上鋭，色黄白，起地上，見則不種而穫。曰歸邪，兩赤彗向上，有蓋。曰天保星，有音，如炬火下地，野雞鳴。皆五行沖和之氣所生也。其王蓬芮、玄保、昭明、昏昌、旬始、司危、菟昌、地維藏光之類，亦皆爲瑞星。然前志以王蓬芮已下星爲妖星。又奇星，古無所考，見於仁宗、英宗之時，故附於景星之末云。

又 客星

客星有五：周伯、老子、王蓬絮、國皇、温星是也。周伯，大而黄，煌煌然，所見之國，兵喪，饑饉，民庶流亡。老子，明大純白，出則爲饑，爲凶，爲善，爲惡，爲喜，爲怒。王蓬絮，狀如粉絮，拂拂然，見則其國兵起，有白衣之會。國皇，大而黄白，有芒角，主兵起，水災，人主惡之。温星，色白，狀如風動摇，常出四隅。皆主兵。此五星錯出乎五緯之間，其見無期，其行無度，各以其所在分野而占之。又四隅各有三星：東南曰盜星，主大盜；西南曰種陵，出則穀貴；西北曰天狗，見則天下大饑；東北曰女帛，主有大喪。

又 景星者德星也，天暒而見景星。暒，精明也，一名良星，亦名瑞星，如半月，生於晦朔，助月爲明，或曰德星，大而中空，或曰黄光焰焰，如半月，或曰有赤方氣與青方氣相連，赤方中有兩黄星，青方中有一黄星。凡三星合爲景星也。其狀無常，常出於有道之國。星如炎火，色黄白，起地而上，下大上鋭曰格澤，其見則不種而穫，不有土功，必有大客。大星在西方，光明黄潤曰壽星，見則人君壽考。赤星，黄光在赤氣中曰禄星，見則其國吉昌。星黄，色煌煌然，其光燭地，曰周伯，所見之國大昌。與客星周伯占異。星光耀，明盛似彗射出，曰含譽，喜則含譽射，又主蠻夷入貢。

明·王嗚鶴《登壇必究》卷二 非其常有，是爲客星。體小去速者事微而禍淺，芒角見久者事大而禍深，黄爲土功而得地，赤爲殺將而侵城，青黑則其下多病，純白則其分多兵，周伯其色枯黄兵喪饑饉，王蓬狀如粉絮饑儉或兵，温星之出四隅所生如風動摇，而白色人饑大水而兵争。

明・熊明遇《格致草》 亦有天上生一客星,與列宿同行,幾年不易位者。是又天道之玄微處。

清・蔣友仁《地球圖説》 《明史》曰,客星者,言其非常有之星,殆諸異星之總名。若客星不發光芒,則曰客星。若發光芒,則曰孛彗長。今按客星之體非地氣上升,亦並非妖瑞之兆,第如諸恒星及游星之體。其行於天上也,亦如游星行于本輪。客星之本輪爲橢圓形,太陽在其一偏心。客星距地遠,故自地不見;距地近,故自地可見。相等之時,其所行本輪弧之面積皆相等星行本輪之弧,愈大而行愈速,又橢圓之長徑愈長,則其行一周愈遲,故客星或五六十年止行一周,止見一次。古今懼客星爲災,因未明其實理耳。兹千百餘年來,已測得五六客星再見之準策。日後屢測諸客星之見,庶可得其一定之數,並隱見之諸策也。

清・李善蘭、偉烈亞力《談天》卷一六 恒星雖甚遠,然亦有攝力之理,與我諸行星相同。此非臆説也。諸恒星中或有光變明變暗,有一定周時,甚者其光消盡而復生,此類星名曰變星,如天囷第十三星。萬曆二十四年,法必修覺其爲變星,大率十一年中,明暗十二次,其周時三百三十一日十五小時七分。其最明之時約半月,時或與二等大星相若,乃漸暗約三月而目不能見,約五月而復見,乃漸明,約三月而復最明。但每次最明,光分非恒同,其變大變小亦無一定次第,每二次最明相距之時亦無定。近代阿及蘭特詳考測簿,知一切有定期,八十八周而復初,周時之最長最短差至二十五日,最明時之光分變大變小,意亦有一定。又赫佛流言,此星自康熙十一至十五年,俱不見。道光十九年八月二十八日爲最明,大於天囷第一星,與五車第三星等近。最小之時,其色白,後變爲深紅。又大陵第五星最明時若二等星,歷二日十三小時二刻忽漸暗,約三小時半而僅若四等星,歷一刻乃漸明,歷三小時半復如初,其周時爲二日二十小時三刻三分五十八秒五。乾隆四十七年,歌特歷格初測得其數。自此至今,屢有人測之,覺其周時漸小,阿及蘭特、亥師、賜密特三人,俱言其變無一定比例,而其比例恒變速,意後當復變遲,若干周而復初,必有一定也,今未能測定。又造父第一星,亦有明暗。自暗變明,一日十四小時,自明變暗,三日十九小時,其周時爲五日八小時三刻二分三十九秒五。最明時爲三四等,最暗時爲五等。歌特歷格於乾隆四十九年始測之,自此至今屢測俱同。又漸臺第二星,歌特歷格亦於乾隆四十九年始測之,其周時六日九小時至十一小時。言人人殊,其光自明至暗有大變。阿及蘭特復細測之,謂其周時實十二日二十一小時三刻八分十秒。每周之變有二次最明,二次最暗,二最明俱爲三四等,而二最暗一爲四三等,一爲四五等。其周時每次不等,亦須久而復初。自乾隆四十九年後,其周時恒變大,而變大之比例漸小。至道光二十年而止,自此至今恒變小。準阿及蘭所推,此星最暗之限,在道光二十五年十二月初五日戌時三刻十分五十三秒。又天桴第一星,必哥得於乾隆四十九年測知爲變星,其周時爲七日四小時十三分五十三秒,其漸變明歷五十七小時,漸變暗歷一百十五小時,最明爲四三等,最暗爲五等。上諸星俱已細測,確知其周時及光分之變。此外有略知其周時。及光分變而未細測者,列於後。

星	周時	變等	測者	測年
大陵第五	二日八六七三	二至四	歌特歷格	乾隆四十七
畢宿第八	四日强弱未定	四至五四	伯生特利	道光二十八
造父第一	五日三六六四	三四至五	歌特歷格	乾隆四十九
天桴第一	七日一七六三	三四至四五	必哥得	乾隆四十九
鬼宿變星嘉慶五年表赤經一百二十八度七分三十秒距極七十度十五分	九日〇一五	七八至十	欣特	道光二十八

（續表）

星	周時	變等	測者	測年
井宿第七	十日二	四三至四五	賜密特	道光二十七
漸臺第二	十二月九一一九	三四至四五	歌特歷格	乾隆四十九
帝座	六十三日强弱未定	三至四	侯失勒維廉	嘉慶元年
天弁變星嘉慶六年表赤經二百七十九度十五分距極九十五度五十七分	七十一日二〇〇	五至〇	必哥得	乾隆六十
柱第一	二百五十日强弱未定	三至四	亥師	道光二十六
天囷第十三	三百三十一日六三	二至〇	法必修	萬曆二十四
市垣鄭變星道光八年表赤經二百三十六度四十一分十五秒距極七十四度二十分三十秒	三百三十五日强弱未定	七至〇	哈爾定	道光六
輦道變星	三百九十六日八七五	六至十一	格戢	康熙二十六
張宿變星	四百九十四日强弱未定	四至十	馬拉題	康熙四十三
螣蛇變星	五六年	三至六	侯失勒維廉	乾隆四十七
天津變星	十八年强弱未定	六至〇	然孫	萬曆二十八
軒轅變星	多年	六至〇	高黑	乾隆四十七
狗西三	多年	三至六	好里	康熙十五
靈臺第一	多年	六至〇	門他那力	康熙六
輦道第四	多年	四五至五六	侯失勒	道光二十二
屏變星道光二十年表赤經一百八十度四十五分距極八十二度八分	一百四十五日	六七至〇	哈爾定	嘉慶十九

（續表）

星	周時	變等	測者	測年
貫索變星	十月半	六至〇	必哥得	乾隆六十
婁宿變星	五年	六至八	必亞齊	嘉慶三
海山第二	不等	一至四	不直勒	道光七
參宿第四	不等	一至一二	侯失勒	道光十六
天樞	數年	一二至二	侯佚勒	道光二十六
搖光	數年	一二至二	侯佚勒	道光二十六
帝	二三年	二至二三	斯得路佛	道光十八
王良第四	二百二十五日	二至二三	侯失勒	道光十八
星宿第一	二十九三十日	二三至三	侯失勒	道光十七
雷電變星道光二十七年表赤經三百四十四度四十四分四十三經距極八十度十七分三十秒	未知	八至〇	欣特	道光二十八
積薪第一變星道光二十八年表赤經一百十三度二十八分四十八秒距極六十六度十一分五十六秒	未知	九至〇	欣特	道光二十八
積薪第二變星道光二十八年表赤經一百十五度二分三十四秒五距極六十五度五十三分二十九秒	未知	九至〇	欣特	道光二十八
虛梁變星道光二十八年表赤經三百三十五度十五分六秒距極一百度四十二分四十秒	未知	七八至〇	龍格	
氐宿變星道光二十八年表赤經二百二十一度九分五十四秒距極一百零一度四十五分二十五秒	未知	八至九十	書馬赫	
天權	多年	二至二三	衆云	

星名	赤經時	北極距	變等	周時	測者	測年
近壁增第十三星	二十四分	七十六度二十三分	九·五至十一	三百四十二干	路得	咸豐五年
王良第四星	三十二分	三十四度十七分	二至二·五	七十九·一	白德	道光十一年
近外屏第三星	一小時十分	八十一度五十一分	九至十三		欣特	咸豐十一年
近外屏增五星	一小時二十三分	八十七度五十四分	七·五至九·五	三百四十三	欣特	道光十年
芻藁增第二星	二小時十二分	九十三度四十分	二至十二	三百三十一·三三六	法必修	萬曆二十四年
大陵第五星	二小時五十八分	四十九度三十八分	二·三至四·五	二·八六七三	歌特歷格	乾隆四十七年
畢宿第八星	三小時五十二分	七十七度五十六分	四至五·四	四干	伯生特利	道光二十八年
近天節第七星	四小時二十分	八十度十分	八至十三·五		欣特	道光二十九年
更近天節第七星	四小時二十二分	八十度二十二分	八至十二·五	二百五十七		道光二十八年
近參旗增第十星	四小時五十一分	八十二度六分	九至十二·五	二百三十七 未定	欣特	道光二十八年
柱第一星	四小時五十一分	四十六度二十四分	三至四	二百五十干	亥師	道光二十六年
近九旌第五星	四小時五十三分	一百零五度二分	七		賜密特	咸豐五年
參宿第四星	五小時四十七分	八十二度三十八分	一至一·五		侯失勒約翰	道光二十六年
井宿第七星	六小時二十五分	六十九度十三分	三·七至四·五	十·一五	賜密特	道光二十七年
近天罇增第六星	六小時五十八分	六十七度四分	七至十一	三百七十日	欣特	道光二十八年
近四瀆第一星	七小時	七十九度四十四分	八		阿及蘭特	咸豐四年
近南河第二星	七小時二十五分	八十一度二十二分	八·一		欣特	咸豐六年
近積薪	七小時三十四分	六十六度十二分	九至十三·五	二百九十五日	欣特	道光二十八年
近積薪	七小時四十分	六十五度九十四分	九至十三·五	二百八十七	欣特	道光二十八年
近積薪增第三星	七小時四十六分	六十七度三十七分	九至十三·五	未定	欣特	咸豐五年

（續表）

星名	赤經時	北極距	變等	周時	測者	測年
近柳宿增第九星	八小時八分	七十七度五十一分	六至十	三百八十	衰而特	道光九年
近鬼宿第四星	八小時五十五分	七十度二十五分	八至十·五	九·四八四	欣特	道光二十八年
近柳宿第六星	八小時四十六分	八十六度二十二分	八·五至十三·五	二百六十	欣特	道光二十八年
近鬼宿增第十二星	八小時四十八分	六十九度三十五分	八·五至十二		欣特	道光三十年
近外厨增第七星	八小時四十九分	九十八度三十九分	八·五至十·五	二百四十十	欣特	咸豐元年
星宿第一星	九小時二十分	九十八度	二·五至三	五十五	侯失勒約翰	道光十七年
酒旗增第五星	九小時二十一分	八十一度十分	六	七十八	斯密忒	不定
酒旗第一星	九小時三十六分	七十五度十八分	六	多年	門他那力	康熙六年
近軒轅增第四十四星	九小時三十九分	七十七度五十三分	五至十	三百十三　未定	高黑	乾隆四十七年
近天樞增第三星	十小時三十四分	二十度二十六分	七·五至十三	三百零一三五	包克孫	咸豐三年
海山第二星	十小時三十九分	一百四十八度五十四分	一至四	四十六年　未定	不直勒	道光三年
天樞	十小時五十四分	二十七度二十六分	一·五至二	多年	拉浪	乾隆五十一年
近幸臣	十一小時五十七分	七十度二十三分	八·			
天權	十二小時八分	三十二度八分	二至二·五	多年		
軫宿增第一星	十二小時二十六分	九十八度二十八分				
近三公第一星	十二小時三十一分	八十二度十一分	六·五至十一	一百四十五·七二四	哈爾定	嘉慶十四年
近內厨增第二星	十二小時三十七分	二十八度五分	七至十二	二百二十一·七五	包克孫	咸豐三年
近三公第三星	十二小時四十三分	八十三度三十八分	七·八			
張宿第一星	十三小時二十二分	一百十二度二十分	四至十	四百九十五	馬拉題	康熙四十三年

（續表）

星名	赤經時	北極距	變等	周時	測者	測年
近角宿增第二星	十三小時二十五分	九十六度二十五分	五・五至十一	三百七十七 未定	欣特	咸豐三年
摇光	十三小時四十二分	三十九度五十六分	一・五至二	多年	拉浪	乾隆五十一年
近氐增第四星	十四小時四十五分	一百零一度四十五分	八至九・五		書馬割	不定
帝	十四小時五十一分	十五度十四分	二至二・五	多年	斯得路佛	道光十八年
氐宿增第一星	十四小時五十三分	九十七度五十五分				
近周增第一星	十五小時十五分	七十五度九分	八至十	三百六十七	哈爾定	道光八年
近貫索第六星	十五小時五十二分	六十一度二十三分	六	三百二十三	必哥得	乾隆六十年
近周增第十三星	十五小時四十四分	七十四度二十四分	六・五至十	三百五十九	哈爾定	道光六年
近心宿增第三星	十六小時九分	一百十二度二十分	九		沙哥納	不定
近心宿增第三星	十六小時九分	一百十二度二十分	九至十二		沙哥納	咸豐五年
近心宿增第一星	十六小時九分	一百十二度二十六分			包克孫	咸豐十年
近東咸第一星	十六小時二十六分	一百零六度五十二分	九・三至十三・五	二百二十 未定	包克孫	咸豐四年
近宋增第一星	十六小時五十一分	一百零二度三十九分	四・五至十三・五		欣特	道光二十八年
近宋	十六小時五十九分	一百零五度五十三分	八至十三	三百九十六 未定	包克孫	咸豐三年
帝座	十七小時八分	七十五度二十六分	三・一至三・七	六十六・三三 未定	侯失勒維廉	乾隆六十年
鱉第十星	十八小時二十三分	一百二十八度五十分	三至六	多年	好里	康熙十五年
近天弁第四星	十八小時三十九分	九十五度五十一分	五至九	六十一	必哥得	乾隆六十年
漸臺第二星	十八小時四十五分	五十六度四十九分	三・五至四・五	十二・九一四	歌特歷格	乾隆四十九年
輦道第一星	十八小時五十一分	四十六度十五分	四・三至四・六	四十八	伯生特利	咸豐六年

（續 表）

星名	赤經時	北極距	變等	周時	測者	測年
近徐增第三星	十八小時五十九分	八十二度	六·五			
近奚仲第三星	十九小時三十三分	西十度八分	八至十四·	四百十五·五	包克孫	嘉慶十七年
輦道第五星	十九小時四十一分	五十六度三十七分	五至十一	四百零〇六·〇六	格而吸	康熙二十六年
天桴第四星	十九小時四十五分	八十九度二十二分	三·三至四·七	七·一七六三	必哥得	乾隆四十九年
輦道增第五星	十九小時五十一分	五十五度十九分	四·五至五·五	多年	侯失勒約翰	道光二十二年
近牛宿第三星	二十小時三分	一百零四度四十二分	九·五至十三·五		欣特	道光二十八年
天津增第九星	二十小時十二分	五十二度二十六分	三至六	十八年　未定	然孫	萬曆二十八年
近敗瓜第三星	二十小時三十三分	七十七度四十九分	八至八有奇	二百七十四　未定	斯得路佛	道光三年
近勾陳增第五星	二十小時三十八分	一度二十分	五至十一		包克孫	咸豐三年
近女宿增第一星	二十小時四十二分	九十五度四十二分			哥勒斯迷	
近代第一星	二十一小時十五分	一百零五度四十七分	九	二百七十四		
造父第四星	二十一小時三十九分	三十一度五十四分	三至六	多年	侯失勒維廉	乾隆四十七年
近土公吏第二星	二十二小時二十五分	八十二度四十四分	八·五至十三·五		欣特	道光二十八年
造父第一星	二十二小時二十四分	三十二度二十一分	三·七至四·七	五·三六六四	歌特歷格	乾隆四十九年
室宿第二星	二十二小時五十七分	六十二度四十四分	二至二·五	四十一	賜密特	道光二十八年
近雷電增第五星	二十二小時五十九分	八十度十六分	八·五至十三·五	三百五十	欣特	道光二十八年
近羽林軍第四十五星	二十三小時三十七分	一百零六度六分	六·五至十	三百八十八·五	哈爾定	嘉慶十五年
近螣蛇增第十二星	二十三小時五十一分	三十九度二十六分	六至十四	四百三十四　未定	包克孫	咸豐三年

表中有星光分最明最暗時，其等不定，或周時不等，與前所論天囷第十三星相似。葛西尼言輦道變星，康熙三十八年至四十年，當最明時亦不易見。又天

弁變星，當最暗時或目能見之，或不見其最明時，等亦不定。又必哥得所測貫索變星，阿及蘭特言其明暗相去甚微，目不能辨，而每隔數年急大變，暗至不見。又參宿第四星，於道光十六至二十年，其變顯然，二十至二十八年不甚可辨。

續：至二十八年終時，其變又起，至咸豐二年十月二十四日，弗賴出觀參宿第四星比五車第二星更明，當時爲北半球諸星之最大者。右表内近積薪增第三星之變星，包克生云，變大變小，自九等至十三等，變時九秒至十五秒，其光如螢，而相近處等明諸星不變。

古今史志所載客星亦變星類也，但其見時甚暫，而不見之時甚久，意其復見必有一定之時，古今測望僅一見而未再見，故未能知，蓋其周時甚長也。漢元朔四年，有客星見，日中不隱。依巴谷因此創作恒星表。又晉太元十四年，近河鼓第二星有客星見，歷二旬，明如金星而隱。又石晉開運二年，元至元元年、明隆慶六年，皆有客星，俱在王良造父之間，考其年數，相距略同，恐即一星也，約三百十二年，或一百五十六年而一見。在隆慶時，其見驟非由小漸大。其見之夜，第谷由化學館歸，路見村人羣聚望一星，第谷亦望之，見明如天狼，半時前尚未有也，於是遂夜測之。其光分漸大。過於木星，正午不隱，歷一月漸小，至萬曆二年春始隱。而萬曆三十二年，亦有客星，見於天市垣，明於前星同，至明秋始隱。又康熙九年，安得林見近漸臺有一三等星，隱而復見，歷二年，其光數次大變，後隱不復見。又道光二十八年三月二十五日，欣特見近天市垣宋有一五等星，其赤經二百五十二度四十五分二十二秒五，距極一百零二度三十九分十四秒。此處星俱最小，欣特所常測，知初二日以前無大如九十等之星，攷古表此處亦無星。此星見後光漸減，未幾而隱。其色紅，或因高度少蒙氣厚故耳。

南半球海山第二星，其光分之變見於測簿者可異焉。康熙十六年，好里測爲四等星。乾隆十六年，拉該勒測爲二等星。嘉慶十六至二十年，俱爲四等星。道光二年至六年，又爲二等星。七年正月初六日，卜直勒見其變大爲一等星，與十字架第四星等明，復漸暗爲二等星，盡十七年冬，至十八年春復變大爲一等大星，略與南門第二星等明，惟不及天狼老人，後復漸小，然仍爲一等，至二十三年春又變大，明過老人，惟少遜於天狼耳。凡變星俱有一定周時，其漸明漸暗俱有法，而此星若任意變大小，歷測數百年，未有一定之次第，其忽明忽暗，究屬何理？設有動植諸物，藉其光熱而生，必甚不便也。此非妄論，蓋意諸恒星皆爲太陽，俱有行星繞之，而行星上必生諸物也。證以察地家言，知亘古以前，我地球有大變化，非海陸變遷所可比。蓋日之光熱若有變，地質必隨之而變，故知此星所屬諸行星上之物必大不安也。

續：阿波得云，此星在同治二年三月僅爲六等星，羅密士以爲其變有一定之周時，其二次最小之間約七十年。

馬端臨《文獻通攷》所載客星，意大半是彗，然其中亦有真客星。如云漢熹平二年十月癸亥，客星在南門中，五色，至後年六月消，此必客星也。又宋大中祥符四年正月丁丑，客星見南斗魁前，意即西史五年所見者。西史言在南半球，歷三月最明，其經緯度與馬氏所載合。又漢元光元年六月，客星見於房，或即依巴谷所見之星也。

續：同治五年三月二十八日，罕忽在阿爾蘭之都安，新見近貫索第七星有二等星，速變小，黑京於是年四月初一日，見此如三六等，初二日見如四二等，初三日見如四九等，初四日見如五三等，初五日見如五七等，初六日見如六二等，小至十等，則又變大，八月二十七日，賜密特見爲七等，依是年之星表，赤經十六小時三刻九分，距北極六十三度四十二分，其成之光圖，有二式顯明正負二質之線，指有火炎，及收他物之質。

攷歷代恒星表，參以新測，則知有多星，古有今無，其故或由表誤，或誤以行星爲恒星，亦有恒星實隱者，蓋變星也。變星之理，雖未能全知，然此事無須諸器，人人可以目驗之。侯失勒維廉作恒星表，詳每星光分若干，爲攷變星者之助云。

紀事

《竹書紀年》 堯四十二年景星見於翼。

又 舜元年己未景星出於房。

又 景王十三年春，有星出婺女。

漢·班固《漢書》卷二六《天文志》（漢武帝）元光元年六月，客星見於房。

占曰：「爲兵起。」其二年十一月，單于將十萬騎入武州，漢遣兵三十餘萬以待之。

又　元鳳四年九月，客星在紫宮中斗樞極間。占曰：「爲兵。」其五年六月，發三輔郡國少年詣北軍。

又　元帝初元元年四月，客星大如瓜，色青白，在南斗第二星東可四尺。占曰：「爲水飢。」其五月，勃海水大溢。六月，關東大飢，民多餓死，琅邪郡人相食。

又　元光元年六月，客星見於房。占曰：「爲兵起。」其二年十一月，單於將十萬騎入武州，漢遣兵三十餘萬以待之。

又　元鳳四年九月，客星在紫宮中斗樞極間。占曰：「爲兵。」其五年六月，發三輔郡國少年詣北軍。五年四月，燭星見奎、婁間。占曰「有土功，胡人死，邊城和。」其六年正月，築遼東、玄菟城。二月，度遼將軍范明友擊烏桓還。

南朝宋·范曄《後漢書》卷二一《天文志中》　漢明帝永平七年，《後漢書》注引《古今注》曰：「三月庚戌，客星光氣二尺所，在太微左執法南端門外，凡見七十五日。」

又　漢明帝永平十三年，《後漢書》注引《古今注》曰：「十一月，客星出軒轅四十八日。」

又　漢和帝永元十三年十一月乙丑，軒轅第四星閒有小客星，色青黃。軒轅爲后宮，星出之，爲失勢。其十四年六月辛卯，陰皇后廢。

又　漢安帝永初元年八月戊申，客星在東井、弧星西南。【略】客星在東井，爲大水。【略】是歲郡國四十一縣三百一十五雨水。四瀆溢，傷秋稼，壞城郭，殺人民。【略】是其應也。

又　漢安帝延光四年十一月，客星見天市，熒惑出太微，爲亂臣。太白犯昴、畢，爲(近)[邊]兵，一曰大人當之。鎮星犯左執法，有誅臣。太白入輿鬼中，爲大喪。太白出太微，爲中宮有兵；入斗口，爲貴將相有誅者。客星見天市中，爲貴喪。是時大將軍耿寶、中常侍江京、樊豐、小黃門劉安與阿母王聖、聖子女永等並構譖太子保，並惡太子乳母男、廚監邴吉。三年九月丁酉，廢太子爲濟陰王，以北鄉侯懿代。殺男、吉，徙其父母妻子日南。四年三月丁卯，安帝巡狩，從南陽還，道寢疾，至葉崩，閻后與兄衛尉顯、中常侍江京等共隱匿，不令羣臣知上崩，遣司徒劉喜等分詣郊廟，告天請命，載入北宮。庚午夕發喪，尊閻氏爲太后。北鄉侯懿病薨，京等又不欲立保，白太后，更徵諸王子擇所立。中黃門孫程、王國、王康等十九人，共合謀誅顯、京等，立保爲天子，是爲孝順皇帝。皆姦人强臣狂亂王室，其於死亡誅戮，兵起宮中，是其應。

又　漢順帝永建元年二月，《後漢書》注引《古今注》曰：「永建元年二月甲午，客星入太微。五月甲子，月入斗。」《李氏家書》曰：「時天有變氣，李郃上書諫曰：『臣聞天不言，縣象以示吉凶，挻災變異以爲譴誡。昔齊桓公遭虹貫牛、斗之變，納管仲之謀，令齊去婦，無近妃宮。桓公聽用，齊以大安。趙有尹史，見月生齒，齕畢大星，占有兵變。趙君曰：「天下共一畢，知爲何國也？」下史於獄。其後公子牙謀弒君，血書端門，如史所言。乃月十三日，有客星氣象彗孛，歷天市，梗河，招搖，槍，棓，十六日入紫宮，迫北辰，十七日復過文昌、泰陵，至天船，積水間，稍微不見。客星一占曰：「魯星歷天市者爲穀貴，梗河三星備非常，泰陵八星爲凶喪，紫宮、北辰爲至尊。」如占，恐宮廬之內有兵喪之變，千里之外有非常暴逆之憂。魯星不得過歷尊宿，行度從疾，應非一端，恐復有如王阿母母子賤妾之欲居帝旁耗亂政事者。誠令有之，宜當抑遠，饒足以財。王者權柄及爵禄，人天所重慎，誠非阿妾所宜干豫，天故挻變，明以示人。如不承慎，禍至變成，悔之靡及也。』」

又　漢靈帝中平二年十月中平二年十月癸亥，客星出南門中，大如半筵，五色喜怒稍小，至後年六月消。占曰：「爲兵。」至六年，司隸校尉袁紹誅滅中官，大將軍部曲將吴匡攻殺車騎將軍何苗，死者數千人。

南朝宋·范曄《後漢書》卷五八《虞詡傳》　程曰：「陛下始與臣等造事之時，常疾姦臣，知其傾國。今者即位而復自爲，何以非先帝乎？司隸校尉虞詡爲陛下盡忠，而更被拘繫；常侍張防臧罪明正，反搆忠良。今客星守羽林，其占宮中有姦臣。宜急收防送獄，以塞天變。」下詔出詡，還假印綬。」

南朝宋·范曄《後漢書》卷八三《嚴光傳》　復引光入，論道舊故，相對累日。帝從容問光曰：「朕何如昔時？」對曰：「陛下差增於往。」因共偃卧，光以足加帝腹上。明日，太史奏客星犯御坐甚急。帝笑曰：「朕故人嚴子陵共卧耳。」

南朝梁·沈約《宋書》卷二三《天文志一》　魏文帝黄初三年九月甲辰，客星見太微左掖門內。占曰：「客星出太微，國有兵喪。」十月，孫權叛命，帝自南征，前驅臨江，破其將呂範等。是後累有征役。七年五月，文帝崩。

又　太熙元年四月，客星在紫宮。占曰：「爲兵喪。」太康末，武帝耽宴遊，

多疾病。是月己酉，帝崩。永平元年，賈后誅楊駿及其黨與，皆夷三族。楊太后亦見殺。是年，又誅汝南王亮、太保衛瓘、楚王瑋，王室兵喪之應。

南朝梁・沈約《宋書》卷二四《天文志二》 晉惠帝永興元年五月，客星守畢。占曰：「天子絶嗣。」一曰：「大臣有誅。」

又 太和四年二月，客星見紫宮西垣，至七月乃滅。占曰：「客星守紫宮，臣殺主。」

又 太元十一年三月，客星在南斗，至六月乃没。占曰：「有兵。」一曰：「有赦。」是後同、雍兗、冀常有兵役。十二年正月，大赦。八月，又赦。

又 太元十八年二月，有客星在尾中，至九月乃滅。占曰：「燕有兵喪。」十九年四月己巳，月奄歲星，在尾。占曰：「爲飢，燕國亡。」二十年，慕容垂遣息寶伐什圭，爲圭所破，死者數萬人。二十一年，垂死，國遂衰亡。

北齊・魏收《魏書》卷一〇五之三《天象志三》（太祖皇始元年）先是，有大黄星出於昴、畢之分，五十餘日。慕容氏太史丞王先曰：「當有真人起於燕代之間，大兵鏘鏘，其鋒不可當。」冬十一月，黄星又見，天下莫敵。

又 魏太祖泰常五年十二月，是月，客星見於翼。翼，楚邦也。占曰「國更服，邊有急，將軍或謀反者」。

又 魏太武帝太延三年正月壬午，有星哺前書見東北，在井左右，色黄；大如橘。魏師之應也。黄星出於燕墟而慕容氏滅，今復見東井，涼室亡乎？

北齊・魏收《魏書》卷一〇五之四《天象志四》 魏孝静帝元象四年正月，客星出於紫宮。占曰「國有大變」。

唐・令狐德棻等《周書》卷五《武帝紀上》 周武帝保定元年乙巳，客星見於翼。

唐・房玄齡等《晉書》卷一三《天文志下》 晉惠帝永興元年五月，客星守畢。占曰：「天子絶嗣。」一曰：「大臣有誅。」時諸王擁兵，其後惠帝失統，終無繼嗣。

又 晉海西太和四年二月，客星見紫宮西垣，至七月乃滅。占曰：「客星守紫宮，臣弒主。」六年，桓温廢帝爲海西公。

宋・歐陽修等《新唐書》卷三二《天文志二》 唐文宗大和三年十月，客星見於水位。

又 開成二年三月甲申，客星出於東井下。四月丙午，東井下客星没。

又 開成二年三月戊子，客星别出於端門内，近屏星。五月癸酉，端門内客星没。

又 中和元年，有異星出於輿鬼。占者以爲惡星。

又 乾寧元年七月，妖星見，非彗非孛，不知其名，時人謂之妖星，或曰惡星。

又 唐昭宗光化三年正月，客星出於中垣宦者旁，大如桃，光炎射宦者，宦者不見。

宋・薛居正等《舊五代史》卷三四《唐書・莊宗紀》 唐莊宗同光四年三月壬戌，宰臣豆盧革率百官上表，以魏博軍變，請出内府金帛優給將士。不報。時知星者上言：「客星犯天庫，宜散府藏。」

宋・歐陽修《新五代史》卷五九《司天考二》 梁太祖乾化元年五月，客星犯帝坐。

宋・釋文瑩《玉壺清話》 景德三年，有巨星見於天氐之西，光芒如金圓，無有識者。春官正周克明言：「按《天文録・荆州占》，其星名周伯，語曰：『其色金黄，其光煌煌，所見之國，太平而昌。』又按《元命苞》，此星一曰德星，不時而出。」時方朝野多歡，六合平定，鑾輿澶淵凱旋，方域富足，賦斂無横，宜此星之見也。克明本進士，獻文於朝，召試中書，賜及第。

宋・鄭樵《通志・災祥略》 客星。非其常有曰客星。漢武帝元光元年夏六月，有客星見於房。孝昭帝元鳳四年，客星在紫宫中斗樞極間。孝宣帝地節元年夏六月戊戌甲夜，客星居左右角間，東南指，長可二尺，色白。其丙寅，又有客星見於貫索東北，南行，至秋七月癸酉夜，入天市，芒炎東南指，其色白。黄龍元年春三月，客星居王良東北可九尺，長丈許，西指，出閣道間，至紫宫。孝元帝初元元年夏四月，有客星，大如瓜，色青白，在南斗第二星東可四尺。二年夏五月，客星見於昴分，居卷舌東可五尺，色青白，炎長三寸。後漢光武建武三十一年秋七月，有客星見軒轅。炎二尺所，西南行，至明年二月二十二日，在輿鬼東北六尺所，凡百十三日，滅。孝明帝永平四年秋八月辛酉，客星出梗河，西北指貫索，七十日，去。八年冬十二月戊子，客星出東方。九年春正月戊申，客星出牽牛，長八尺，歷斗建箕，過角、亢，至翼，芒東指，見至五十日，滅。十三年冬十一月，客星出於軒轅，四十八日。十四年春正月戊子，有客星出昴，六十日，在軒轅右角，稍滅。孝章帝元和二年夏四月，客星晨出東方，在胃八度，歷閣道入紫

宮，留四十日，滅。孝和帝永元十三年冬十月乙丑，軒轅第四星間有小客星，色青黃。十六年夏四月戊午，客星從紫宮西行至昴，五月壬申，滅。孝安帝永初元年秋八月戊申，有客星在東井弧星西南。四年夏六月甲子，客星大如李，蒼白，芒氣長二尺，指上階星。元初三年冬十一月甲午，客星見於西方，己亥，在虛、危，南至胃、昴。延光四年冬十一月，客星見天市。孝順帝永建六年冬十二月壬申，客星芒氣長二尺餘，西南指，色蒼白，在牽牛六度。陽嘉元年閏月戊子，客星氣白，廣二尺，長五丈，起天苑西南。孝桓帝延熹四年夏五月辛酉，客星在營室，相順行，生芒長五尺所，至心一度，轉爲彗。孝靈帝中平二年冬十月癸亥，有客星出南門中，大如半筵，五色喜怒稍小，至後年六月，消。五年夏六月丁卯，客星如三升椀，出貫索，西南行入天市，至尾而消。魏文帝黃初三年秋九月甲辰，客星見太微左掖門內。明帝景初二年冬十月，客星見危，逆行，在離宫北騰蛇南，甲辰，犯宗星，己酉乃滅。高貴鄉公甘露四年冬十月丁丑，客星見太微中，轉東南行，歷軫宿，七日，滅。晉武帝太熙元年夏四月，客星在紫宮。

宋・李心傳《建炎以來繫年要録》卷一三七　宋高宗紹興十年九月，金主亶殺尚書右丞相陳王希尹，右宰相蕭慶。先是客星守陳，太史以告宇文虛中，虛中以告希，尹不以爲怪。

元・脱脱等《宋史》卷七《真宗紀二》　真宗三年景德三年三月乙巳，客星出東南。

元・脱脱等《宋史》卷八《真宗紀三》　宋真宗景德三年五月壬寅，日當食不虧。周伯星見。

元・脱脱等《宋史》卷一二《仁宗紀四》　宋仁宗嘉祐元年三月丁巳，詔禮部貢舉。辛未，司天監言：自至和元年五月，客星晨出東方守天關，至是没。

元・脱脱等《宋史》卷五六《天文志九》　景德三年四月戊寅，周伯星見，出氐南騎官西一度，狀如半月，有芒角，煌煌然可以鑒物，歷庫樓東，八月，隨天輪入濁，十一月，復見在氐。自是常以十一月辰見東方，八月西南入濁。

三年三月乙巳，出東南方。

又　大中祥符四年正月丁丑，見南斗魁前。

至和元年五月己丑，出天關東南，可數寸，歲餘稍没。

熙寧二年六月丙辰，出箕度中，至七月丁卯，犯箕乃散。三年十一月丁未，出天囷。

紹興八年五月，守婁，魯分也。九年二月壬申，守亢，陳分也。

乾道二年三月癸酉，出太微垣内五帝坐大星西，微小，色青白。

淳熙八年六月己巳，出奎宿，犯傳舍星，至明年正月癸酉，凡一百八十五日始滅。

嘉泰三年六月乙卯，出東南尾宿間，色青白，大如填星。甲子，守尾。

嘉定十七年六月己丑，守犯尾宿。

嘉熙四年七月庚寅，出尾宿。

元・馬端臨《文獻通考》卷二九四《象緯考》　客星

漢武帝元光元年六月，客星見於房。占曰：「爲兵起。」其二年十一月，單於將十萬騎入武州，漢遣兵三十餘萬以待之。

昭帝元鳳四年九月，客星在紫宮中斗樞極間。占曰：「爲兵。」其五年六月，發三輔郡國少年詣北軍。

宣帝地節元年六月戊戌甲夜，客星居左右角間，東南指，長可二尺，色白。占曰：「有奸人在宮庭間。」其丙寅，又有客星見貫索東北，南行，至七月癸酉夜入天市，芒炎東南指，其色白。占曰：「有戮卿。」一曰：「有戮王。期皆一年，遠二年。」是時，楚王延壽謀逆自殺。四年，霍氏謀反，誅。黃龍元年三月，客星居王良東北可九尺，長丈餘，西指，出閣道間，至紫宮。其十二月，宮車晏駕。

元帝初元元年四月，客星大如瓜，色青白，在南斗第二星東可四尺。占曰：「爲水饑。」其五月，渤海水大溢。六月，關東大饑，民多餓死，瑯琊郡人相食。二年五月，客星見昴分，居卷舌東可五尺，青白色，炎長三寸。占曰：「天下有妄言者。」其十二月，鉅鹿都尉謝君男詐爲神人，論死，父免官（孟康曰：「姓謝，名君。男者，兒也，不記其名，直言男兒。」）。

後漢光武建武三十一年十月，有客星，焰二尺許，西南行，至明年二月二十二日，在輿鬼東北六尺所滅，凡見百一十三日。輿鬼屍星主死亡，客星居之爲死喪。後二年，光武崩。

按《漢書・嚴光傳》：帝即位，思光，召之。至京入宮，論道舊故，因其偃臥，光以足加帝腹。明日，太史奏客星犯御座甚急。帝笑曰：「朕故人嚴子陵其臥耳。」《通鑑》載徵光事在建武五年。然史誌五年不言客星之事云。

孝明永平四年八月辛酉，客星出梗河，西北指貫索，七十日去。梗河爲胡兵。至五年，北匈奴七千騎入五原、雲中。貫索，貴人之牢。其十二月，陵鄉侯

梁松坐怨望誹謗下獄死。七年三月庚戌，客星光氣二尺所。在太微左執法南端門外，凡見七十五日。八年十二月戊子，客星出東方。九年正月戊申，客星出牽牛，長八尺，歷建星至房南，滅見至五十日。牽牛主吴、越，房、心爲宋。後廣陵王荆、楚王英謀逆，事覺，自殺。廣陵屬吴，彭城古宋地。十三年十一月，客星出軒轅四十八日。十四年五月戊子，客星出昴六十日，在軒轅右角稍滅。昴主邊兵。後一年，漢遣竇固、耿秉等將兵擊匈奴。一曰，軒轅右角爲貴相，昴爲獄事。時考楚事未竟，司徒虞延坐與楚王英交通，自殺。

孝章元和元年四月丁巳，客星晨出東方，在胃八度，長三尺，歷閣道入紫宫，留四十日滅。閣道、紫宫，天子之宫也。客星犯入留久爲大喪。後四年，帝崩。

孝和永元十三年十一月乙丑，軒轅第四星間有小客星，色青黄。軒轅爲后宫，星出之，爲失勢。其十四年六月，陰皇后廢。十六年四月戊午，客星出紫宫西行至昴，五月滅。昴爲趙。每一年，和帝崩。又一年，殤帝崩，無嗣。太後遣迎清河孝王子即位，是爲安帝。清河，趙地，是其應也。

孝安永初元年八月戊申，客星在東井、弧星西南。占爲大水。是歲郡國四十一縣三百一十五雨水，四瀆溢，傷稼壞城郭，殺人民。三年六月甲子，客星大如李，蒼白，芒氣長二尺，西南指上階星。指上階，爲三公。後太尉張敏免官。元初二年十一月甲午，客星見西方。已亥在虚、危，南至胃、昴（郗萌曰：「客星入虚，大人當之。」又曰：「客星守危，强臣執國命，在后族。又且大風，有危敗。」《黄帝星經》曰：「客星入守若出危，大饑，民食貴。」）。延光三年十一月，客星見天市。占爲貴人喪。四年帝崩。

孝順永建六年十二月壬申，客星芒氣長二尺餘，西南指，色蒼白，在牽牛六度。客星芒氣白爲兵。牽牛爲吴、越。後一年，會稽海賊曾於等殺長吏，拘奪吏民。揚州六郡逆賊章何等稱將軍，犯四十九縣，大攻略吏民。陽喜元年閏月戊子，客生氣白，廣二尺，長五丈，起天苑西南。主馬牛，爲外軍，色白爲兵。是時，燉煌太守徐白使疏勒王盤等兵二萬人入於闐界，虜掠軒首二百餘級。烏桓校尉耿曄使烏桓親漢都尉戎末瘣等出塞，鈔鮮卑，斬首，獲生口財物；鮮卑怨恨，鈔遼東、代郡，殺傷吏民。是後，西戎、北狄爲寇害，以馬牛起兵，馬牛亦死傷於兵中，至十餘年乃息。

孝靈光和五年六月丁卯，客星如三升碗，出貫索，西南行入天市，至尾而消。占曰：「客星入天市，爲貴人喪。」明年，宫車晏駕。中平二年十月癸亥，客星出南門中，大如筵，五色喜怒稍小，至後年六月消。占曰：「爲兵。」至六年，司隸校尉袁紹誅滅中宫，大將軍部曲吴匡攻殺車騎將軍何苗，死者數千人。

魏文帝黄初三年九月甲辰，客星見太微左掖門内，占曰：「客星出太微，國有兵喪。」十月，帝南征孫權。是後，累有征役。

明帝景初二年十月癸巳，客星見危，逆行，在離宫北、騰蛇南。甲辰，犯宗星。己酉，滅。占曰：「客星所出有兵喪。虚危爲宗廟，又爲墳墓。客星近離宫，則宫中將有大喪，就先君於宗廟之象也。」三年正月，帝崩。

高貴鄉公甘露四年十月丁丑，客星見太微中，轉東南行，歷軫宿，積七日滅。占曰：「客星出太微，有兵喪。」景元元年，帝爲成濟所弑。

晉惠帝永興元年五月，客星守畢。占曰：「天子絶嗣。」一曰：「大臣有誅。」時諸王擁兵，其後惠帝失統，終無繼嗣。

海西公太和四年二月，客星見紫宫西垣，至七月乃滅。占曰：「客星守紫宫，臣弑主。」六年，桓温廢帝。

孝武太元十一年三月，客星在南斗，至六月乃没。占曰：「有兵，有赦。」是後司、雍、兖、冀常有兵役。十二年正月大赦，八月又大赦。十八年二月，客星在尾中，至九月乃滅。占曰：「燕有兵喪。」二十年慕容垂伐魏，爲所破，死者數萬人。二十一年，垂死，國遂衰亡。

安帝元興元年十月，有客星色白如粉絮，在太微西。至十二月，入太微。占曰：「兵入天子庭。」二年十二月，桓元篡位，放遷帝，后於潯陽。三年二月，劉裕盡誅桓氏。

宋文帝元嘉十九年客星在北斗，化爲彗。

陳廢帝光大二年六月壬子，客星見氐東。

周武帝保定元年九月丁巳，客星見於翼。天和三年七月己未，客星見房心，白如粉絮，大如斗，漸大，東行；八月，入天市，長如匹所，復東行，犯河鼓右將；癸未，犯匏瓜，又入室，犯離宫；九月壬寅，入奎，稍小；壬戌，至婁北一尺所滅。凡六十九日。占曰：「兵起，若有喪，白衣會，爲饑旱，國易政。」又曰：「兵犯外城，大臣誅。」建德三年二月戊午，客星大如桃，青白色，出五車東南三尺所，漸東行，稍長二尺所；至四月壬辰，入文昌；丁未，入北斗魁中，後出魁，漸小。凡見九十三日。占曰：「天下兵起，車騎滿野，人主有憂。」又曰：「天下亂，兵大起，臣謀主。」其七月，衛王直舉兵反，討禽之。十月，始州民王鞅擁衆反，討平之。

唐文宗太和三年十月，客星見於水位。開成二年三月甲申，客星出於東井下。戊子，客星别出於端門內，近屏星。四月丙午，東井下客星没。五月癸酉，端門内客星没。壬午，客星如孛，在南斗天籥旁。

昭宗乾寧三年有客星三，一大二小，在虚、危間，乍合乍離，相隨東行，狀如斗，經三日而二小星没，其大星後没。虚、危，齊分也。光化三年正月，客星出於中垣宦者旁，大如桃，光炎射宦者，宦者不見。天復二年正月，客星如桃，在紫宫華蓋下，漸行至御史。丁卯，有流星起文昌，抵客星，客星不動。己巳，客星在杠，守之，至明年猶不去。占：「將相出兵。」

梁太祖乾化元年五月，客星犯帝座。

宋太祖建隆二年十二月己酉，客星出天市垣宗人星東，微有芒彗。三年十二月辛未，西南行入氐宿。二月癸丑，至七星没。

太宗太平興國八年二月甲辰，客星出太微垣端門東，近屏星北行。占曰：「主弱臣失禮免。」端拱二年七月丁亥，客星出北河星西北，稍暗，微有芒彗，指西南。淳化元年正月辛巳，客星出軫宿，逆行至張，七十日，經四十度乃不見。占云：「有土功。」又云：「有使來。」

真宗景德二年八月甲辰，客星出紫微天棓側，孛孛然如粉絮，稍入垣内，歷御女、華蓋，凡十一日没。占曰：「后妃災。」逾年，莊穆皇后崩。三年三月乙巳，客星出東南方。大中祥符四年正月丁丑，客星見南斗魁前。占曰：「有赦令。」其年親祀汾陰后土，大赦。天禧五年四月丙辰，客星出軒轅前星西北，大如桃，速行，經軒轅大星入太微垣，掩右執法，犯次將，歷屏星西北，凡七十五日，入濁没。占曰：「周雒之分，大臣憂。」

仁宗明道元年六月乙巳，客星出東北方，近濁，如木星太微，有芒彗，至丁巳，凡十三日而没。至和元年五月己丑，客星出天關東南，可數寸，歲餘消没。

神宗熙寧二年六月丙辰，客星出箕度中，至七月丁卯，犯箕乃散。主民饑，大臣有見棄者，或大水，河溢，船行平地。三年十一月丁未，客星出天囷。主倉庫憂火災。

哲宗元祐六年十一月辛亥，客星出參度中，犯掩厠星。主有暴兵，米貴。晉分兵災。壬子，犯九斿星。十二月癸酉入奎，至七年三月辛亥乃散。主邊兵動。

高宗紹興八年五月，客星守婁，魯分也。虜將悟室占之太史，曰：「無傷。」至七月，虜殺魯、兗、滕、虞等二十一王，虜亦應天象也。九年，客星守亢。亢，陳分也。九月，虜將悟室被誅。悟室封陳王云。

孝宗淳熙八年六月己巳，客星出奎宿，犯傳舍。占：「客星亦妖星，天之使者，見於天而無常所，入列舍以示休咎。星大者事大而禍深。」色白，其分有兵喪。今客星出紫微外座傳舍星，宜備奸使邊夷侵境。」又云：「出奎宿爲兵，奸臣僞惑天子。」於是金虜遣使來争執進書儀。甲戌，客星守傳舍第五星。九年正月癸酉，客星始不見。自去年六月己巳至是，凡一百八十五日乃消伏。時虜使久在館，至是乃去。

寧宗嘉泰三年六月乙卯，東南方泛出一星在尾宿，青白色，無芒彗，係是客星，如土星大。占：「客星者，天之使者。偶見於天而無常所，入列宿以示休咎。色青，憂疾；白爲兵喪。兵革罷，民饑死。」於是韓侂胄方謀用兵。

元・脱脱等《金史》卷二〇《天文志》 金世宗大定二十一年六月甲戌，客星見於華蓋，凡百五十有六日滅。

《明太宗實録》卷八四 明太宗永樂六年十月庚辰【略】夜，中天輦道東南有星如盞，黄色光潤，出而不行，蓋周伯德星云。

《明宣宗實録》卷六九 明玄宗宣德五年八月甲申【略】夜，客星見南河東北尺餘，色青黑。

又 明宣宗宣德五年八月庚寅【略】夜，客星現南河旁，如彈丸大，色青黑，凡二十有六日滅。

《明宣宗實録》卷七三 明宣宗宣德五年十二月丁亥【略】昏刻，有含譽星見，如彈丸大，色黄白光潤。旬有五日而隱。

《明宣宗實録》卷七四 明宣宗宣德五年十二月【略】戊戌，文武羣臣以含譽星見，上表賀時行在欽天監奏：含譽星見九牛星傍，如彈丸大，今候至十夕，其色愈黄白光潤。謹按占書曰：人君施孝德興禮樂，而人民和悦，夷狄奉化，外國來朝，則含譽星見。於是羣臣上表稱賀。賀畢，上諭羣臣曰：表辭稱道過實，朕甚愧之。今海内粗安，皆由天地宗廟垂佑，聖母皇太后訓教，及羣臣匡輔所致，朕何德也？《書》曰：儆戒無虞。《詩》曰：夙夜敬止。朕及卿等相與飭勵，罔有怠心，庶幾共保福禄永遠。

《明孝宗實録》卷一二八 明孝宗弘治十年八月癸巳【略】昏刻，南京客星見天厩星旁。

《明神宗實録》卷六 明穆宗隆慶六年【略】先十月初三丙辰夜，客星見東北

方，如彈丸，出閣道旁，壁宿度，漸微芒有光。歷十九日，壬申夜，其星赤黄色，大如盞，光芒四出。占曰：是爲孛星。日未入時見，占曰：亦爲晝見。是時，上於宫中見之儆懼，夜露禱於丹陛。輔臣張居正等言：「君臣一體，請行内外諸司，痛加修省。」仍請奏兩宫聖母，宫闈之内，同加修省。從之。【略】禮部題奏災異言：【略】十月以來，客星當日而見，光映異常【略】諭禮部曰：玄象示異，朕心深切警惕。内外諸司，宜痛加修省。便查舊例，來行禮部奏請。如嘉靖四十二年火星叠行之例，百官青衣角帶辦事。五日，報曰：你每爲臣的，都要體朕敬畏天戒之意，著實盡心修舉職業，共圖消弭，毋徒爲修省虚文。按：是星歷萬曆元年二月，光始漸微，至二年四月乃没。

《明神宗實録》卷四〇〇　明神宗萬曆三十二年九月乙丑夜，西南方生異星，大如彈，體赤黄色，名曰客星。【略】十二月辛酉，是夜，客星隨天轉，見東南方，大如彈丸，赤黄色，光芒微小，在尾宿。【略】三十三年八月丁卯夜，客星不見。自三十二年九月客星見尾分，一更時出西南方，隨天西轉，至十月夕伏不見。十一月五更時出東南方。今年二月，其光漸暗，至是乃滅。

清·張廷玉等《明史》卷二七《天文志三》　明太宗永樂二年十月庚辰，輦道東南有星如盞，黄色，光潤而不行。

又　宣德五年八月庚寅，有星見南河旁，如彈丸大，色青黑，凡二十六日滅。

又　明宣宗宣德五年十二月丁亥，有星如彈丸，見九斿旁，黄白光潤，旬有五日而隱。六年三月壬午，又見。

又　明神宗萬曆十二年六月己酉，有星出。

又　明神宗萬曆三十二年九月乙丑，尾分有星如彈丸，色赤黄，見西南方，至十月而隱。十二月辛酉，轉出東南方，仍尾分。明年二月漸暗，八月丁卯始滅。

又　明神宗萬曆三十七年，有大星見西南，芒刺四射。

又　明熹宗天啓元年四月癸酉，赤星見於東方。

清·張廷玉等《明史》卷二一五《胡涍傳》　明穆宗隆慶六年其冬，妖星見。

清·徐松《宋會要輯稿》卷五二　宋真宗景德三年【略】五月一日，司天監言：先四月二日夜初更，見大星，色黄，出庫樓東，騎官西，漸漸光明，測在氐三度，鄭之分野，壽星之次，後益潤澤。謹按星經，瑞星有四，其一曰周伯，色黄煌煌然，所見之國大昌。又按《太一占》云：王者制禮作樂，内外咸得其宜，四方之事無畜滯，君上壽考，國運大昌，則周伯星出。天示殊休，允符聖運，乞付史館。從之。文武百官上表稱賀。初是星之見，知星者屢言嘉瑞，雖考驗有據，而帝未之信。至是司天監翰林天文連狀稱述，始聽羣臣表賀。

又　宋仁宗【略】至和元年七月二十二日，守將作監致仕楊維德言：伏睹客星出見，其星上微有光彩，黄色。謹案《皇帝掌握占》云：客星不犯畢，明盛者，主國有大賢。乞付史館，容百官稱賀。詔送史館。嘉祐元年三月司天監言：客星没，客去之兆也。

又　初至和元年五月晨出東方，守天關，晝見，如太白，芒角四出，色赤白，凡見二十三日。

又　宋孝宗淳熙二年七月二十三日【略】夜，孛星見於西方，二十七日夜消伏。

又　宋理宗【略】紹定三年十一月丁酉，【略】有星孛於天市垣屠市四星之下，明年二月壬午乃消。

藝文

唐·司空圖《狂題十八首》其四　南華落筆似荒唐，若肯經綸亦不狂。偶作客星侵帝座，卻應虚薄是嚴光。

唐·張繼《題嚴陵釣臺》　舊隱人如在，清風亦似秋。客星沈夜壑，釣石俯春流。鳥向喬枝聚，魚依淺瀨遊。古來芳餌下，誰是不吞鈎。

唐·崔道融《釣魚》　閑釣江魚不釣名，瓦甌斟酒暮山青。醉頭倒向蘆花裏，卻笑無端犯客星。

唐·張賁《偶約道流終乖文會答皮陸》　仙侣無何訪蔡經，兩煩韶濩出彤庭。人間若有登樓望，應怪文星近客星。

唐·白居易《看夢得題答李侍郎詩詩中有文星之句因戲和之》　看題錦繡報瓊瑰，俱是人天第一才。好遣文星守躔次，亦須防有客星來。

唐·李德裕《臨海太守惠予赤城石報以是詩》 若值客星去，便應隨海槎。

唐·李白《書情題蔡舍人雄》 夢釣子陵湍，英風緬猶存。彼希客星隱，弱植不足援。

唐·李頻《送壽昌曹明府》 若宿嚴陵瀨，誰當是客星。

唐·杜甫《宿白沙驛》 萬象皆春氣，孤槎自客星。

唐·林寬《送李員外頻之建州》 句踐江頭月，客星臺畔松。

唐·汪遵《嚴陵臺》 一釣淒涼在杳冥，故人飛詔入山扃。終將寵辱輕軒冕，高卧五雲爲客星。

唐·羅鄴《行次》 終日長程復短程，一山行盡一山青。路傍君子莫相笑，天上由來有客星。

唐·高適《遇沖和先生》 莫見今如此，曾爲一客星。

宋·楊萬里《讀嚴子陵傳》 客星何補漢中興，空有清風冷似冰。早遣阿瞞移漢鼎，人間何處有嚴陵。

宋·翁合《卜算子·贈陳五星》 口誦百中經，手運周天數。試問微垣一小星，誰知是、韓王普。知得客星來，知得賢人聚。我若乘槎犯斗牛，莫向常人語。

宋·周必大《點絳唇·贈歌者小瓊》 秋夜乘槎，客星容到天孫渚。

明·皇甫涍《夜作》 入夜看牛斗，安知有客星。

明·張煌言《冰槎集引》 昔之乘槎者，或爲客星而犯斗牛，或入女宿而得支機。故至今羨爲勝事。

雜録

晉·張華《博物志》卷三 舊説天河與海通。近世有人乘槎而去，十餘日中，猶睹日月星辰，後忽忽不覺晝夜。至一處，遥望宫中多織婦，一丈夫牽牛飲之，因還。後至蜀，問嚴君平，曰：「某年月日，有客星犯牽牛宿。」計年月，正此人到天河時也。

明·孫能傳《剡溪漫筆》卷一 客星犯御座辨

嚴子陵足加帝腹，太史奏客星犯御座甚急。光武笑曰，故人嚴子陵共卧耳。古今相傳，以爲美談，遂名其釣處爲客星亭。考歷代天文志，客星乃妖星之别名。自漢元光至宋末，凡五十餘見，見必有兵弑之應。光武屈身下賢，乃帝王盛節，何緣致有客星？天文志何以不書？桑悦《客星亭記》云，客星有曰周伯，曰老子，曰王蓬絮，曰國皇，曰温星，凡有所犯，無不菑凶。《後漢·天文志》客星居周野，光武崩應之。於此不書，似因子陵而諱占也。且犯帝之變，劉聰遂亡，光武無應者，豈下賢一事亦可弭其菑患與？此記回護大有意。但以理斷之，何問史書不書占應不應，當人君下賢之日，而妖星見象於上，天公亦大瞶瞶矣。當時侯霸諸君即非嫉賢之人，其阿諛順旨，一語足成大隙，焉知不深恨而謀以間之？唐紀處訥與武三思昵，中宗嘗因穀價踴貴，召處訥問所以救人者。三思陰諷太史迦葉志忠，奏是夜攝提入太微，近帝坐，此是天子與大臣接，有納忠之符。帝信之。彼樹黨者能假天象以固人之寵，彼譖人者獨不能假天象以離人之交乎？謂之客星其辭危，犯御座甚急其辭危。帝乃爲之一笑，而以故人共卧當之，直視以爲吉祥善事，乃見光武之大也。

彗星部

題解

《春秋公羊傳》 孛者何，彗星也。

漢·劉熙《釋名》卷一 彗星，光梢似彗也。孛星，星旁氣孛孛然也。筆星，星氣有一枝，末鋭似筆也。

《爾雅·釋天》 彗星爲欃槍。

漢·司馬遷《史記》卷二七《天官書》 進而東南三月生彗星，長二丈類彗。（《正義》：天彗者，一名掃星，本類星，末類彗，小者數寸長，長或竟天，而體無光，假日之光，故夕見則東指，晨見則西指，若日南北，皆隨日光而指。光芒所及爲災變，見則兵起，除舊布新，彗所指之處弱也。）

又 蚩尤之旗，類彗而後曲，象旗。見則王者征伐四方。

漢·劉安《淮南子·天文訓》 虹霓、彗星者，天之忌也。

又 長庚，如一匹布著天。此星見，兵起。

漢·劉向《説苑·辨物》 欃槍彗孛，旬始枉矢，蚩尤之旗，皆五星盈縮之所生也。

漢·班固《漢書》卷四《文帝紀》 八年夏，封淮南厲王長子四人爲列侯，有長星出於東方。（文穎曰：孛、彗、長三星，其占畧同，然其形象小異。孛星光芒短，其光四出，蓬蓬孛孛也。彗星光芒長，參參如埽彗。長星光芒有一直指，或竟天，或十丈，或三丈，或二丈，無常也。大法孛彗星多爲除舊布新，火災，長星多爲兵革事。）

漢·班固《漢書》卷二六《天文志》 彗孛飛流日月薄食【略】此皆陰陽之精，其本在地，而上發於天者也。政失於此，則變見於彼，猶景之象形，鄉之應聲。

漢·班固《漢書》卷二七下之下《五行志下之下》 董仲舒以爲，孛者，惡氣之所生也。謂之孛者，言其孛孛有所防蔽，闇亂不明之貌也。

南朝宋·范曄《後漢書》卷二〇《天文志上》 孛星者，惡氣所生，爲亂兵，其所以孛德。孛德者，亂之象，不明之表。又參然孛焉，兵之類也，故名之曰孛。孛之爲言，猶有所傷害，有所妨蔽。或謂之彗星，所以除穢而布新也。

北周·庾季才《靈臺秘苑》卷一五 彗孛，類星，末類彗。小者數寸，長或横天。其體無光，假日爲光，所指隨日，故夕見則東指，晨見則西指，近日而狀頓挫。其芒或長或短，光所及爲災。

孛星光芒四出，蓬蓬孛孛，惡氣之所生，孛亂不明之象。參焉，孛焉，兵之類也，不有内亂，則有外兵，天下合謀，闇蔽不明，見有所傷客，災甚於彗。

長星者，二丈至於横天，其體無常。

唐·房玄齡等《晉書》卷一二《天文志中》 妖星一曰彗星，所謂掃星，本類星，末類彗，小者數寸，長或竟天。

唐·瞿曇悉達《開元占經》卷八八 石氏曰，掃星者，逆氣之所致也，枝條長短如彗星之形，出居二十八宿及中外官，三日七日，或三十日，或五十日，常不滅。彗孛出而即滅，掃除凶穢，除故布新，故言掃星。董仲舒曰，孛星者，彗星之屬也，偏指曰彗，芒氣四出曰孛。孛者，孛孛然也。謂之孛者，言其暗昧不明之貌也。一説云孛即彗也，彗星所敝爲孛，《春秋》言星孛者皆彗敝也，《鴻範傳》曰，孛星者非。孛星，惡氣之所生也，内不有大亂，則外有大兵，其所以孛孛曖曖者，亂之象也。不明之表，又參然孛焉，兵之類也，故聖人名曰孛。孛者，猶有所妨蔽，有所傷害也。《荆州占》曰，彗星其象如竹彗，樹木枝條，長短無常。

唐·李淳風《觀象玩占》卷三四 彗星，亦謂之掃星，本類星，末類彗，小者數寸，長或竟天。見則兵起，大水，除舊布新。彗有五色，各以本情所主。《天文志》曰，彗體無光，附日而爲光，故夕見則東指，晨見則西指，在日南北，皆隨日光而指，頓挫其芒，或長或短。光芒所及則爲災。

唐·李淳風《乙巳占》卷七 長星，狀如帚；孛星圓，狀如粉絮，孛孛然。皆逆亂凶孛之氣，狀雖異，爲殃一也。

宋·趙汝愚《諸臣奏議》卷三七 按《漢書·天文志》及諸書云，歲星辰見東方，行疾則不見，遲則變爲妖星。石氏云，爲攙槍，爲天棓。又曰，彗星者，所謂掃星也，其本星、其末彗也，小者數寸，長者或竟天。彗狀如箒，亦爲孛，孛然或如紛絮。形狀雖異，其殃一也，皆是逆亂凶悖非常惡氣之所生也。

元·脱脱等《宋史》卷五二《天文志五》 慧星，小者數寸，長者或竟天。見

則兵起，大水，除舊布新之兆也。其體無光，傅日而爲光。故夕見則東指，晨見則西指。光芒所及則爲災。有五色，各依五行本精所生。

孛星，彗屬。偏指曰彗，芒氣四出曰孛。孛者，孛孛然，非常惡氣之所生也。主大亂，主大兵，災甚於彗。旄頭星，《玉册》云亦彗屬也。

又 妖星，五行乖戾之氣也。五星之精，散而爲妖星。形狀不同，爲殃則一。

清・赫歇耳《談天》卷一一 古人以彗星之行速率甚大而無法，恒隱而忽見，光或甚巨，異於常星，故恒目爲災異，人皆畏之，雖智者不免焉。今始知其行與繞日諸星同理，未嘗無法。然其狀及功用亦未能深悉，又有難解者數事，如尾其一也。凡此俱俟後賢深考之。

清・劉錦藻《清朝續文獻通考・象緯七》 彗星爲繞日旋轉之星氣，其軌道或爲橢圓，或爲抛物綫及雙曲綫不等，其兩心差較行星之兩星差尤大。

論說

明・傅汎際《寰有詮》卷三 所謂異星見之，故天文家持論各别，歸在四端。其一謂此星非在列宿天，但在月天之下，氣行上域之彗孛耳。此説非也。空中所見之彗孛，其象隨在不一。蓋繇人居地上，距星遠近不一，則其所見亦自不一。而此異星隨處所見皆同。其二謂此異星實居列宿天，特其體甚微，人不恒見。其有時或見者，繇下域土氣騰上，當其中分，此星下感土氣之濛映，遂呈厥象。此説亦非。一則列宿天之多星與此異星既共一所，所距地上中隔之分彼此無異，若此微星既繇中分濛映以呈其大，則彼經星必亦視前尤大。而今不然。一則設使此異星者繇土氣之濛密以呈其象，則其象必當隨在不一，蓋五方之人所居異地，則其所見當亦異形也。而今又不然。其三謂此異星實在列宿天，但繇此天本性而生，非生於超性之能。此又涉於天體有壞之説者也。夫天體星體皆極堅實，特有凝透之分。天體堅而透，星體堅而凝也。如異星誠居列宿天，必即此天之質所成之象，緣在一天之内，無别體。故第此星既就此天而成，則此天體中將必以其未成星之别分移彼就，此必亦因此成星之處減其質體，愈當虚透。然論性分之力必不令其體之愈虚，則此異星必非天之性力所成也。爲此説者，殆謂天體原屬沖虚，不屬堅實，故其性力或結或澌。澌則融通，日光直透不迓。結則厚密，日光方射即迓以成此星也。此説之非，其辯有三。一、天體若不堅實，則變恠必多。蓋沖虚之體易結易澌，則其所現異星當不勝數。又列宿天之衆星，其距遠近不一，然皆恒守定位。垂象之變，古今絶少，則是天必堅實，非沖虚者。二、天體若沖虚不堅實也，則宗動天之運轉不得帶各天以同共速，而各天之離宗動天也，其勢愈遠，所受施動之力不實不均，則其運轉亦必愈遲。試以氣行證之：月天帶氣行之上域，而氣行不與月天同運。其運轉甚遲者，繇氣沖虚，體非堅實不得全受月天施動之力也。彗孛在氣行之上域運行甚遲，以此證知氣行之遲。三、《聖經》論天體之堅實如銅鑄，然夫天體既堅實，則其性一定不易，安有結澌之分致成異星哉？其四，有謂異星之見非天性力所成，而成於超性之能。此説近是。蓋度形天本性之力，必不能呈見此象，惟諸所以然之初，所以然者始能施此效也。此中奥義，人不易曉。蓋性非定向不行。大造者，制性之主，不令形天自反所向，能有所妄行也。

明・熊明遇《格致草》 妖星不由水木辨

《天官書》曰，歲星失次，進而東北，三月生天棓。進而東南，三月生彗星。退而西北，三月生天攙。退而西南，三月生天槍。辰星常以辰戌丑未其蚤爲月食，晚爲彗星，及天矢、天棓、彗、欃槍。夫地氣所勃發，至於火際而止，不能遠及星月之天。試以法測，視差甚大。月食之度數，亦可預筭。而以爲皆出於歲辰二星之失次所生，則懸揣甚矣。

又 彗屬火。火氣從下挾土上升，不遇陰雲，不成雷電淩空。此二等物至於火際，火自歸火。挾上之土，輕微熱乾，畧似炱煤，乘勢直衝，遇火便燒，狀如藥引，今夏月奔星是也。其土勢大盛者，有聲有跡，下復於地，或成落星之石，與霹靂楔同理，今各處隕石初落之際，熱不可摩，如埏噐初出於陶焉。更精更厚，結聚不散，附於火際，即成彗孛。火氣相從，如增薪添油，故彗漸長，孛漸大。然彗本必向日，晨見東方則西指，夕見西方則東指，火從陽也。附麗既久，勢盡力衰，漸乃微滅，故彗孛無百日不滅者。或曰是則彗孛乃地出，非天降也，何以有經緯星自孛，如史載星孛大角大角以亡之類者乎？曰，彗孛止從晶宇成象，不能至星月之天。而隨天左旋，大氣所鼓。試以彗孛之度與星度易地量測，其度必

不同也。星孛大角，大角以亡，當是孛氣爲大角所吸，從下遮上，故大角以亡。

明・邢雲路《古今律曆考》卷六〇《曆議一》 月孛，水之餘氣也，隱而不見，見則妖孽，謂之彗孛，其行三千二百三十二日弱，凡八歲十月一周天。

明・邢雲路《古今律曆考》卷六四《曆議五》 月孛者，彗星之屬。光芒偏掃爲彗，光芒四出爲孛。孛星數見於《春秋》，或見大辰，或入北斗，見則必凶，星家謂之淫氣。孛之所在，其行最遲。月行遲處，與之同躔。

明・徐應秋《玉芝堂談薈》卷二〇 彗孛不同

彗孛考諸記傳，類以爲一星。《左氏》有：星孛於大辰，申須曰：彗所以除舊布新也。《公羊》曰：孛者何，彗星也。文十四年有星孛於北斗。杜預曰：孛，彗也。周史服曰：不出七年，宋、齊、晉之君皆將死亂。劉歆以爲北斗有環域，四星入其中，彗所以除舊布新。斗七星，故曰不出七年。哀十三年冬十一月，有星孛於東方，劉歆以爲：孛，東方大辰也。不言大辰，旦而見與日争光，星入而彗猶見。漢高三年七月，有星孛於大角，劉向以爲楚將滅，故彗除王位也。宣帝地節元年，有星孛於西方，去太白二丈所。劉向以爲太白爲大將，彗孛加之，掃滅象也。郭璞《釋爾雅》亦云：彗，妖星也，亦謂之孛。綜其實不然。考《漢書》文穎注：彗星、孛星、長星，三星其占畧同，而形少異。孛星光芒短，其光四出，蓬蓬勃勃然。彗星光芒長，參之如掃帚。長星光芒有一直或竟天，或三十丈，或十丈。大率孛彗多爲除舊布新、火災，長星多爲兵革事。晏子：君高臺深池，賦斂如弗得，刑罰恐弗勝，孛星將出，彗何懼乎？然則孛甚於彗也。宋約《鉤命訣》註：彗，五彗也。蒼則侯王破天子，苦兵；赤則賊起，强國恣；黄則女害，權奪於后妃；白則將軍逆，二年兵火作；黑則河決，賊處處起。佛經稱夜叉口煙爲彗，龍王身光爲憂流迦，此言天狗。《晉書》：歲星之精，流爲天棓、天槍、天沖、天猾、國皇、反登，皆蒼彗。熒惑散爲昭旦、昭明、蚩尤之旗、司危、天欃，皆赤彗。填星散爲五殘、獄漢、大賁、昭星、絀流、旬始、蚩尤、虹蜺、擊咎，黄彗。太白散爲天杵、天柎、伏靈、大敗、司姦、天狗、天殘、卒起，白彗。辰星散爲枉矢、破女、拂樞、滅寶、繞綎、驚理、大奮祀，黑彗。京房《集星章》：歲星所生妖星曰天槍，曰天根，曰天荆，曰真若，曰天樓，曰天垣。熒惑所生妖星曰天陰，曰晉若，曰官張，曰天惑，曰天崔，曰赤若，曰蚩尤。鎮星所生妖星曰天上，曰天伐，曰從星，曰天樞，曰天翟，曰天沸，曰荆彗。太白所生妖星曰若星，曰帚星，曰若彗星，曰竹彗星，曰墻星，曰槺星，曰白藋。辰星所生妖星曰天美，曰天毚，曰天杜，曰天麻，曰天林，曰天蒿，曰端下。微有異同。孟康曰：五星之精，散爲六十四變，志記不盡也。《黄帝占》：甲寅之日，有青方氣在日旁，此歲星之精將爲彗也。丙寅之日，有赤方氣在日旁，此熒惑之精將爲彗也。戊寅日有黄氣在日旁，此填星之精將爲彗也。庚寅日白方氣爲太白，壬寅日黑方氣爲辰星，出則災在其分及衝。宋《中興天文志》：孛者，黄帝時，一女子修行，不得其死，五行戾氣蓄結而爲孛也。

清・方以智《物理小識》卷二 滿空皆火，近天極。如窑中無光，投物則發光耳。此皆地氣迸上，帶物入此際而火光迸射。其久者氣結厚大，隨輪天轉，去地尚近，非列宿之天也。古爲掃舊布新，亦以應言也。大風雨則解。

清・游藝《天經或問》卷四 彗孛

問：流星晝一火光，瞬息之間，見而無定形；隕星或落而無形，或落有如石者；彗則有尾如箒，孛則有芒如刺，能同天轉。此種何物也？

曰：流隕彗孛，皆火也。火氣從下挾土上升，不遇陰雲，不成雷電。淩空直突至於火際，火自歸火，挾上之土輕微熱燥，亦如臭煤，乘勢直衝，遇火便燃，狀如爇引。今夏月奔星是也。其土勢大盛者，有聲有跡，下反於地，或成落星之石。初落之際，熱不可摩，如埏氣初出。若更精厚，結聚不散，附於晶宇，即成彗孛。游熙曰：火際極熱，土氣衝此際，如窑中無光，投物則發光耳。結聚其氣，論其厚薄大小之分，則有彗孛之不同。彗長而孛大，故能久不散，亦隨天轉，盛有光刺出鋒曰芒。芒長四出曰角，芒長而偏出曰彗。彗之芒謂之正旗。晨見東方芒則西指，夕見西方芒則東指。而附麗日久，勢盡力衰，漸乃微滅，故彗孛無百日不滅者。凡彗將見，必多大風大旱。緣燥熱横滿空中，容易變風。未帶濕氣，不能變雲，主多荒而旱。以彗燥熱，能嗡地上饒澤之氣，又主多震。以彗在上嗡氣之緊，地中之氣欲出，所以摇動，又主災病。以彗嗡動燥氣流動，人間水澤之處或有四圍芒角似鐵蒺藜者，或爲孛亦彗也。此是上邊恒星所嗡其氣，雖不到星，却與星對，所以周圍芒角也。如日月暈，此方見，彼方不見，暈氣厚低，不在日月體上也。此外更有非所常見之星，偶見於天，謂之新星、客星者。然新星著天甚高，行度有則，初起時小，而能漸大，後又漸減。測法視其所附某宫星以定其經緯度，求其離赤道經緯度，取其似徑，約較有三分三十餘秒，不似彗孛止麗空際，他實麗列宿之天也。但此種俱屬火氣，非星也，總由太陽爲諸火之原，上耀全天，下徹入地。火諸變異，各隨其地，挾水土之氣而生也，惟大風雨則漸而解矣。然水土非氣不升，非火不化，故密之。方師曰，惟火至純，不受餘物，而能入於餘

物，水土與虛氣則皆相容相受者也。海水夜明，燒酒能熱，是水有火分也。水體同重，惟酒則輕，是水有氣分也。積雪消之，砂土下凝，是水有土分也。雲氣上升，激成雷電，是虛氣有火分也。雨露霜雪，虛升實降，是虛氣有水分也。地中最重，自心以至地面，虛竅甚多，皆水氣、火氣與虛所行，虛氣與水火皆相接無際而能相化者也。地中之氣，與水接，水隨氣到。即水所不到，而土情本冷，氣遇其冷亦化爲水，故地中皆水也。日光徹地，則生温熱。温熱入地，積成乾燥。燥乾之極，乘氣成火也。火氣盛，必欲伸，則乘氣衝上，遇雲雨所鬱裹者，即迸裂成雷電也。火氣體大而無圍裹者，則結之成彗孛，故彗孛能久不散，隨天而轉也。如不衝上，從地脉經之温柔而散者，石氣觸之爲硫礬，水源經之爲温泉，故地中有火也。游熊曰：世人惟知地中有水滂沛，不知有火如此神異也。氣水在地，皆因虛空。雖居洞穴，終是地上，實亦未嘗離其本所。火在地中，非從本所而降，蓋由熱生，以成濟萬物，因緣上升，仍歸本所者也。

清・許桂林《宣西通》卷三　桂林案：彗孛乃星變之大，而李淳風有推孛星法，第谷有推彗星法，是亦不足爲變異矣。諸史所列應驗，多以適值之事傳之。或星變甚異，而近無大事，則又曰應愈遠事愈大。夫古無數百年無水旱兵戈者，寧虞其無應乎？此遁詞也。至保章、馮相並列周官，聖人神道設教以治天下，遇變修省，以治一心，又非習數之士所能喻。第聖人本以畏天之心不廢占候，而天象小異，亂民或萌妄心，似不如純任實政爲無弊耳。

清・魏源《海國圖志》卷九七　辨彗星論

曰：夫彗星，古者不明其理，或以爲硫磺之氣由地上升而然，然盡即息。或以爲五星之流火，或以爲地上之流星，或以爲至高之雲受日光照射而明，更有以爲妖星出現，主有水旱刀兵之災。紛紛議論，不一而足。凡此皆不明彗星之理者也。自乾隆二十四年以後，西域之精習天文者，逐日多方考察，漸悉奧理。蓋彗星之現至高且久，硫磺氣然由地而起，何能及其高久？即五星流火、地上流星，亦不過瞬息之光，彗星則有數日皆現者，數月皆現者，且現必終夜光明，其非流火、流星也明矣。如乾隆二十四年所現之彗星六月有餘，更可知也。況流火、流星無定期，亦無定向，而彗星則現有定期，行有恒道。即至高之雲，日照而明，一遇風吹，或飄散，或變形，何能如其有定恒也？至妖星之論，尤屬杳茫。彗星各國皆見，若主災異，理應各處皆然，何以此國有刀兵，彼國卻無，或彼國有刀兵，又無彗星出現也？此等議論，乃古人不知彗星之運動，惟見其時隱時現，故以爲無定。自加西奴及合略等考查真確，始悉彗星之本體與五星相同，惟所行之本道與五星異耳。金、木、水、火、土五星，均循環於日之外，月及各跟星又循環於所跟者之外。除此尚有別星，亦循環於日外者，名曰彗星。其循環之道，與五星等行法不同。蓋五星繞於日外，其循環之道近於圓形，日在正中。彗星亦繞於日外，其循環之道近乎卵形，日在一邊。因其本道長圓，是以所行似有多寡不同。其近於日，則所行甚速，日漸分明；遠於日，則所行甚緩，日漸隱没。故時隱時現，人不能常見，雖用至上之千里鏡觀之，亦不得見。越數十載，各按其本行輪回之期而現，人方得見也。且彗星之體，大小不同，所行之道，亦有直横斜三者之分，或如卵形而行，或直道而來繞過日體仍直道而去，各從其所向行於本道，所行較五星甚緩，往返之年限亦久，故人不能深悉其定期，如五星之准。然有數星，亦知其輪回之限。如前明嘉靖十年所現之彗星，越七十六載，於萬曆三十五年復現。西域習天文者推算其行度，乃倒退而轉，即嘉靖十年所現者，至康熙二十一年又現，較前所差不足一年之期。後之習天文者按前推算，預定其期，云至西洋之一千七百五十七八年間，即乾隆二十二三年，此星必復現，至期果然。今以七十五六年之數計之，道光十四五年間所現者亦此星也。又康熙十九年所現之彗星，光芒甚大，查古書所載，前一百零三年，即明隆慶十一年所現者亦如此星，按其運動行度推算，此星乃一百零三年周而復始者，至乾隆四十八年果復現。今以一百零三年之數計之，至道光六十六年其星必當復現也。又康熙四十一年所現之彗星，察其形體光芒，即前康熙七年所現者。按其運動行度推算，此星乃三十四年周而復始者。越三十四載，即乾隆元年，其星復現，至乾隆三十五年又現，嘉慶九年又現，道光十八年又現，皆此星。今以三十四年之數計之，至道光五十二年其星亦必復現也。

迄今西域之精習天文者考查推算，共識彗星二十有一，皆循環於日之外，各行本道，運動不同。可見彗星亦如五星之類，不過法稍異耳。

猶有一者異於五星，即其光芒也。其光芒按牛敦等諸精習天文者所論，並非他故，乃日之太陽真火鍛煉其星，而星體所發之暈遠射也。何以見之？如彗星之初現也，離日尚遠，其光芒微細。及漸漸近日，則光芒漸漸長大。其始退也，離日尚近，其光芒遠射甚長。及漸漸遠日，則光芒亦漸漸短小。相離愈遠，不惟光芒隱没，即本體亦不見矣。且其光芒與日相對，如日在右，其光芒則左射，日在東，其光芒則西射，常散見於背後也。譬如然物於空中，若不動摇，其煙

必一直上升，若稍動之，其煙必偏斜而上。天上之彗星亦然。再彗星分爲三等，一名有鬚者，一名有尾者，一名有髮者。其有鬚者，比日先出，光芒在前，本體在後。其有尾者，日落方現，本體在先，光芒在後。其有髮者，與日相對地間，其中光芒在本體之後，故人視之如在本體周圍，若髮之在本體鬅鬅然也。更有數星，其體甚小，光芒微暗，人視之如無光芒者也。

以上辨論考察，詳明確據，毫無疑義，前人紛紛虚謬之論，豈其然哉！

綜　述

漢·劉安《淮南子·俶真訓》 古之人有處混冥之中，神氣不蕩於外，萬物恬漠以愉静，攙槍衡杓之氣莫不彌靡，而不能爲害。

漢·班固《漢書》卷二六《天文志》 歲星贏而東南，《石氏》「見彗星」，《甘氏》「不出三月乃生彗，本類星，末類彗，長二丈」。贏東北，《石氏》「見覺星」，《甘氏》「不出三月乃生天棓，本類星，末鋭，長四尺」。縮西南，《石氏》「見欃雲，如牛」，《甘氏》「不出三月乃生天槍，左右鋭，長數丈」。縮西北，《石氏》「見槍雲，如馬」，《甘氏》「不出三月乃生天欃，本類星，末鋭，長數丈」。《石氏》「槍、欃、棓、彗異狀，其殃一也，必有破國亂君，伏死其辜，餘殃不盡，爲旱、凶、飢、暴疾」。至日行一尺，出二十餘日乃入，《甘氏》「其國凶，不可舉事用兵」。出而易，「所當之國，是受其殃」。又曰「祅星，不出三年，其下有軍，及失地，若國君喪」。

又 國皇星，大而赤，狀類南極。所出，其下起兵。兵彊，其衝不利。

昭明星，大而白，無角，乍上乍下。所出國，起兵多變。

五殘星，出正東，東方之星。其狀類辰，去地可六丈，大而黄。

六賊星，出正南，南方之星。去地可六丈，大而赤，數動，有光。

司詭星，出正西，西方之星。去地可六丈，大而白，類太白。

咸漢星，出正北，北方之星。去地可六丈，大而赤，數動，察之中青。

此四星所出非其方，其下有兵，衝不利。

四填星，出四隅，去地可四丈。地維臧光，亦出四隅，去地可二丈，若月始出。所見下，有亂者亡，有德者昌。

燭星，狀如太白，其出也不行，見則滅。所燭，城邑亂。

如星非星，如雲非雲，名曰歸邪。歸邪出，必有歸國者。

星者，金之散氣，其本曰人。星衆，國吉，少則凶。漢者，亦金散氣，其本曰水。星多。

又 蚩尤之旗，類彗而後曲，象旗。見則王者征伐四方。

旬始，出於北斗旁，狀如雄雞。其怒，青黑色，象伏鼈。

唐·房玄齡等《晉書》卷一二《天文中》 妖星

一曰彗星，所謂掃星。本類星，末類彗，小者數寸，長或竟天。見則兵起，大水。主掃除，除舊布新。有五色，各依五行本精所主。史臣案，彗體無光，傅日而爲光，故夕見則東指，晨見則西指。在日南北，皆隨日光而指。頓挫其芒，或長或短，光芒所及則爲災。

二曰孛星，彗之屬也。偏指曰彗，芒氣四出曰孛。孛者，孛孛然非常，惡氣之所生也。内不有大亂，則外有大兵，天下合謀，闇蔽不明，有所傷害。晏子曰：「君若不改，孛星將出，彗星何懼乎！」由是言之，災甚於彗。

三曰天棓，一名覺星。本類星，末鋭長四丈。或出東北方西方，主奮争。

四曰天槍。其出不過三月，必有破國亂君，伏死其辜。殃之不盡，當爲旱飢暴疾。

五曰天欃。石氏曰，雲如牛狀。甘氏，本類星，末鋭。巫咸曰，彗星出西方，長可二三丈，主捕制。

六曰蚩尤旗，類彗而後曲，象旗。或曰，赤雲獨見。或曰，其色黄上白下。或曰，若植雚而長，名曰蚩尤之旗。或曰，如箕，可長二丈，末有星。主伐枉逆，主惑亂，所見之方下有兵，兵大起；不然，有喪。

七曰天衝，出如人，蒼衣赤頭，不動。見則臣謀主，武卒發，天子亡。

八曰國皇，大而赤，類南極老人星。或曰，去地一二丈，如炬火，主内寇内難。或曰，其下起兵，兵强。或曰，外内有兵喪。

九曰昭明，象如太白，光芒，不行。或曰，大而白，無角，乍上乍下。一曰，赤彗分爲昭明，昭明滅光，以爲起霸起德之徵，所起國兵多變。一曰，大人凶，兵大起。

十曰司危，如太白，有目。或曰，出正西，西方之野星，去地可六丈，大而白。

或曰，大而有毛，兩角。或曰，類太白，數動，察之而赤，爲乖争之徵，主擊强兵。見則主失法，豪傑起，天子以不義失國，有聲之臣行主德。

十一曰天讒，彗出西北，狀如劍，長四五丈。或曰，如鉤，長四丈。或曰，狀白小，數動，主殺罰。出則其國内亂，其下相讒，爲飢兵，赤地千里，枯骨藉藉。

十二曰五殘，一名五鋒，出正東，東方之星。狀類辰，可去地六七丈。或曰，蒼彗散爲五殘，如辰星，出角。或曰，星表有氣如暈，有毛。或曰，大而赤，數動，察之而青。主乖亡，爲五分，毀敗之徵，亦爲備急兵。見則主誅，政在伯，野亂成，有急兵，有喪，不利衝。

十三曰六賊，見出正南，南方之星。去地可六丈，大而赤，動有光。或曰，形如彗。五殘、六賊出，禍合天下，逆侵闔樞；其下有兵，衝不利。

十四曰獄漢，一名咸漢，出正北，北方之野星，去地可六丈，大而赤，數動，察之中青。或曰，赤表，下有三彗從横。主逐王，主刺王。出則陰精横，兵起其下。又爲喪，動則諸侯驚。

十五曰旬始，出北斗旁，如雄雞。其怒，有青黑，象伏鼈。或曰，怒，雌也，主争兵。又曰，黄彗分爲旬始，爲立主之題，主亂，主招横。見則臣亂兵作，諸侯虐，期十年，聖人起伐，羣猾横恣。或曰，出則諸侯雄鳴。

十六曰天鋒，彗象矛鋒。天下從横，則天鋒星見。

十七曰燭星，如太白。其出也不行，見則不久而滅。或曰，主星上有三彗上出，所出城邑亂，有大盗不成，又以五色占。

十八曰蓬星，大如二斗器，色白，一名王星。狀如夜火之光，多至四五，少一二。一曰，蓬星在西南，長數丈，左右兑。出而易處。星見，不出三年，有亂臣戮死。又曰，所出大水大旱，五穀不收，人相食。

十九曰長庚，如一匹布著天。見則兵起。

二十曰四填，星出四隅，去地六丈餘，或曰可四丈。或曰，星大而赤，去地二丈，常以夜半時出。見，十月而兵起，皆爲兵起其下。

二十一曰地維藏光，出四隅。或曰，大而赤，去地二三丈，如月始出。見則下有亂，亂者亡，有德者昌。

《河圖》云：

歲星之精，流爲天棓、天槍、天猾、天衝、國皇、反登、蒼彗。

熒惑散爲昭旦、蚩尤之旗、昭明、司危、天欃、赤彗。

填星散爲五殘、獄漢、大賁、昭星、絀流、旬始、蚩尤、虹蜺、擊咎、黄彗。

太白散爲天杵、天柎、伏靈、大敗、司姦、天狗、天殘、卒起、白彗。

辰星散爲枉矢、破女、拂樞、滅寳、繞綎、驚理、大奮祀、黑彗。

五色之彗，各有長短，曲折應象。

漢京房著《風角書》有《集星章》，所載妖星皆見於月旁，互有五色方雲，以五寅日見，各有五星所生云：

天槍、天根、天荆、真若、天樓、天垣，皆歲星所生也。見以甲寅，其星咸有兩青方在其旁。

天陰、晉若、官張、天惑、天崔、赤若、蚩尤，皆熒惑之所生也。出在丙寅日，有兩赤方在其旁。

天上、天伐、從星、天樞、天翟、天沸、荆彗，皆填星所生也。出在戊寅日，有兩黄方在其旁。

若星、帚星、若彗、竹彗、牆星、榬星、白藋，皆太白之所生也。出在庚寅日，有兩白方在其旁。

天美、天毚、天杜、天麻、天林、天蒿、端下，皆辰星之所生也。出以壬寅日，有兩黑方在其旁。

已前三十五星，即五行氣所生，皆出於月左右方氣之中，各以其所生星將出不出日數期候之。當其未出之前而見，見則有水旱，兵喪，饑亂；所指亡國，失地，王死，破軍，殺將。

北周·庚季才《靈臺秘苑》卷一五 妖星

妖星者，五行五星之變，天地惡氣之所生也。和氣致祥，乖氣致異。蓋人事失於下，則星變見於上。吉凶大小，隨類而至，大則除舊布新，兵饑、疾疫、水旱交興，甚則彗孛長星。京房所載三十五座，皆見於月傍方氣之中。五星，五行氣之所生。將出不出，日數候之，當其未出之前而見，則有水旱、兵喪、饑亂，所指其下必有破軍殺將。以則有雜妖，以則有客星，亦妖星也。妖星之婦女已著，晝見瞥頭。瞥頭者，雲及晝與虹霓自別，別若客星之老子與雜。妖之星名，占皆同而小異。國皇、格澤有二，而形與占殊，與周伯狀同而事别，則皆如舊。《天文經論》曰：「妖星所出，形狀不同，爲災一也。近期一年，遠三年，其下必有屠城，喪地，亂兵，天下戰，人死於野，餘殃爲水旱，兵饑，疾疫之戾。」彗孛長三丈，其占略同。彗孛爲除舊布新及火災。長星多，有兵革事。

歲星之精，流而爲七，一曰天棓，二曰天槍，三曰天滑，四曰天衝，五曰國皇，六曰及登，七曰蒼彗。熒惑之精流而爲六，一曰析旦，二曰蚩尤，三曰昭明，四曰司危，五曰天讒，六曰赤彗。填星之精流而爲九，一曰五殘，二曰六賊，三曰獄漢，四曰大賁，五曰炤星，六曰佛星，七曰旬始，八曰系咎，九曰黄彗。太白之精流而爲九，一曰天杵，二曰天附，三曰伏靈，四曰大敗，五曰司奸，六曰天狗，七曰天殘，八曰足起，九曰白彗。辰星之精，流而爲八，一曰天在，二曰破女，三曰拂樞，四曰滅寶，五曰擾綎，六曰驚理，七曰大舊，八曰黑彗。

彗星

彗孛，類星，末類彗。小者數寸，長或横天。其體無光，假日爲光，所指隨日，故夕見則東指，晨見則西指，近日而狀頓挫。其芒或長或短，光所及爲災。古人以爲天教蓋日月之氣，風雨不時，天爲民亂而見。又爲天地之旗，亦所以除穢布新。行者事小，止者事大。長大爲災深，短小爲災淺。占其分野，則爲兵喪、大水。若兩軍相當而見，隨其所指擊之勝。或云見東方河逆決，將相有謀，又爲君臣不明。又曰長而曲象旗者，主討伐四方。又以五色占之：蒼則天子將兵。赤如火熠，兵盜興，强國縱恣。黄如垂雲，女后亡，危。白如鋒刃，長可四丈，將叛，兵起。黑爲寇亂，江河決。凡占期歷一百日以上，三年；一百五十日以上，五年；二百日以上，七年。

孛星

孛星，光芒四出，蓬蓬孛孛，惡氣之所生。孛亂不明之象。參焉，孛焉，兵之類也。不有内亂，則有外兵。天下合謀，暗蔽不明。見，有所傷客，災甚於彗。

長星

長星者，三丈，至於横天，其體無常。

天棓

天棓又名覺星，又名天格，本類星，末鋭長四丈，或出東北方。主奮事，主滅兵。出則其地凶，不可舉事用兵，必有破軍屠城，或饑旱，暴疾，女后用事。

天槍

天槍，彗出四方，或本類星，末鋭長丈，或如馬，又如槍，長數丈，兩頭鋭。又云歲星失次，舍退而西南三月生此。見則主補製，主政[illegible]，或其地有土工。

天滑

天滑主招亂。若人主自恣，〔逆〕天暴物，則（火）〔天〕滑起。

天衝

天衝又名衝星，如蒼衣人無首。主滅位，見則臣謀，主武卒發。

國皇

國皇大而赤，類南極老人。或赤，去地二一丈，如炬火。主滅奸，内寇内難，亦機星散而爲之。見則兵。長，若見東南，爲急兵。

及登

及登主夷。

蒼彗

蒼彗主不義。皆太陽之精，司徒之類，青龍七宿之域，有謀反，恣虐主。失春政者，以出時衝爲期，皆主君上弱微。京房言：歲星所出，天槍在箕，天棓在尾，天荆在心。赤若在房，天猿在氐，天樓在亢，天垣在角，皆以甲日見，有雨，青方氣在其旁。

析旦

析旦，又名照旦，主君弱。

蚩尤

蚩尤，旗星或旄頭星散而爲之，亦五星盈縮之所生，本類星而後類彗，委曲如旗幡，長二三丈，或四望無雲雨，赤雲獨見。又云如箕，可長二丈，末有星或有雲。若二竹而長，上黄下白，主酷暴及誅伐逆國。見則王者征伐四方，兵大起；不然爲喪。又曰帝將怒，則出見。

昭明

昭明五星，變而爲之，見於西方金之氣。又曰赤彗，機星散而爲之，狀如太白，光芒不行。又云有星可六尺，去地而有光，類太白，數動。察之中赤，或體大如太白而有角。又云星狀如三足，杌上九彗。見則兵大起，下有喪，多變而大人凶，有德者昌。若守房心則國有喪；不然，有屠城。不則爲天狗，大戰血流。

司危

司危，白彗或璣星散而爲之，如太白而有數動，且動而赤，或出正西，去地可六丈，大而白。或星大而有毛，兩角，司危所以平非也。爲乖争之兆，主係强兵也。見則主失法，豪傑起，臣行主德，又云其下國相殘賊。出非方，其下有兵，不利其中。

天讒

天讒，狀白，小數。又云斬星。又彗出西方如鉤，長四五丈，主殺將。見則

兵起，或將戮，其下又有相讒，内亂，赤地千里，枯體籍。

赤彗

赤彗，主滅五都，皆熒惑之精，朱雀七宿之域，有謀，及恣逆虐爲害，主憂，正衡爲期。京房占熒惑之所生，天陰在井。昔若在翼，在張，天惑；在星，天雀；在柳，赤。若在鬼、蚩尤，在井，皆以丙寅日見，有兩赤方氣在其旁。

五殘

五殘，亦名五鋒，一本而五枝，五星之變。或璣星蒼彗散而爲之。出東方，水之氣也。又云類辰星，去地可五六丈。大而白，或赤而中青，或有青氣如暈，有毛。五殘者，五分也，毁敗乖亡之兆。見則爲兵，不則喪政。在下或四蕃虚，天子有急兵。若出北方，則東方之國災，失地。

六賊

六賊，五行之氣，又云火之氣，形如彗，亦曰類熒惑，見南方，去地可六丈。赤，大動而有光，是謂南方之野。見則爲兵喪。若出東方，則南方之邦失地。又云出非其方，其下有兵，不利其中。

獄漢

獄漢，又曰漢，五行之氣，或璣星散而爲之。出於北方，水之青中赤表，下有赤彗，爲縱横。又云北方有星，去地可六丈，大而赤，數動，察之中青類辰星，是謂北方之野。星見則爲兵，爲有喪。若出西方，則北方之邦失地。

大賁

大賁，主暴兵。

炤星

炤星，主滅邪。

佛星

佛星本類星，末類彗。佛見東方出，則其分受殃。

旬始

旬始又名蚩尤，五星盈宿之所生，又樞星或黄彗散而爲之。出北斗旁，如雄雞。又云青黑，象伏鼈，皆主兵亂，主招横。見則爲改更。又曰諸侯爲虐，暴骨，積骸，以子續食。亦曰常以戊戌日見，視五車、天軍、天庫中，有奇怪。亦曰旬始，如鳥有啄，見則兵大起，後戰者敗。又曰羣猾横恣，其地不寧。

繫咎

繫咎，主大兵。見則臣行主德。

黄彗

黄彗，主女亂。皆土之精，斗七星之域，以掌四方，司空之位，有謀反、恣虐者，衡爲期。京房曰：「填星之所，主曰天。」天伐、從星、天樞、天翟、天神、荆彗皆以戊寅日見，有兩黄方氣在其旁。

天杵

天杵，主穀不實。

天附

天附，主繫殃。

伏靈

伏靈，主領讒，見則天下亂。

大敗

大敗，主衝門，見則繫殃。

司奸

司奸，主見妖。

天狗

天狗，五星氣合之。出西南方，金、火氣合也。其星有尾，旁有短彗，下如狗。又西北方有星長三丈，金、水氣交也。亦曰西北有三星，大而白。又曰如奔星，色黄有聲，其止地類狗，所墜望之如火，炎炎衝天，上鋭下圓，有類狗。又曰星色赤白，又有流星，有光見人，而墜無聲，若有足。又星色白，其中黄如遺火，其皆曰天狗。見則爲更改，爲兵亂，人相食，伏屍流血，亦戒在守禦。

天殘

天殘，主貪殘。

足起

足起，主虐亡。見則禍無時，諸變有萌，臣折柄。

白彗

白彗，主犴强。皆太陰之精，大司馬之位，類乃白虎七宿之域。有謀反，苦恣虐，爲害主。失秋政者，衡爲期。京房書「太白之所生」。若星在參，帚星在觜。若彗在畢，竹彗在昴；猿星在婁，白彗在奎。皆以庚寅日見，有兩白方氣在

其旁。

天在

天在，填星之變，黑彗或璣星散而爲之，亦曰五星盈縮之所生。弓弩之象，類大流星，色蒼黑，蛇行。望之如有毛目，亦云目羽。長數尺或一匹布，皎皎著天，主反萌，主射愚令。見此則謀反之兵合射所誅，亦爲以亂伐亂。又曰臣不忠，民不良，天下怨。一曰政暴虐，事已則天在見。

破女

破女，見則上下亂，主勝之符。

拂樞

拂樞，見則主驚兵，亂擾。

滅寶

滅寶，主伐亂。

擾綖

擾誕，見則妖孽興。

驚理

驚理，主相屠。

大舊

大舊，主祀邪。

黑彗

黑彗，主上歡，皆太陰之精，真武七宿之域。有謀反，若恣虐，爲害主。失冬政者，衝爲期。京房書「辰星所生」。天美在壁，天䜛在室，天柱在危，天麻在虛，天林在女，天杵在牛，端下在斗。皆以壬寅日見，有兩黑方氣在其旁。

雜妖

雜妖，一曰天鋒，二曰燭星，三曰蓬星，四曰長庚，五曰填星，六曰地維藏光，七曰女帛，八曰積陵，九曰盜星，十曰瑞星，十一曰昏星，十二曰華星，十三曰白星，十四曰長星，十五曰格澤，十六曰濛星，十七曰老子。

天鋒

天鋒，彗象，形似矛鋒，見則兵起。

燭星

燭星，如太白而不行，不久而滅，或曰星上有芒。彗所燭城邑，又曰見則有大盜不成。又云青色，憂兵；黃，益地；白，喜。又曰若出東方，戰不勝；南方，亡地；西方，其地有喪，兵勝；北方，亦勝。

蓬星

蓬星，大如三斗器，色白。又云色黃白，方不過三尺。又曰如夜光之光，多即四五，少即一二。又曰西南高數丈，左右鋭，出而易處，其地受殃。若出正東正南及東北，不旱則水，五穀不成。又曰如粉絮，出北斗門則諸侯奪地。又曰必有亂臣。

長庚

長庚，如一匹布著天，見則兵起。

填星

填星，去地六丈或四丈許。又曰大而赤，去地二丈，常以夜半時出四隅。見則兵起其下。

地維藏光

地維藏光，一曰藏作咸。大而赤，去地二三丈，如月始出，或去地四丈，而赤黃，摇動，類填星，是謂中央之野。星出於四隅，東南旱，東北大水，西南兵，西北天下大變。又曰地維藏光，見則下有亂，亂者亡，有德者昌。

女帛

女帛，三大星出東北方。或東北有星長三丈，水木氣合之變也。見則爲兵喪。

積陵

積陵，三大星出西南。其方有星長三丈。見則隕霜，兵饑，水戾。

盜星

盜星，三大星出東南。或其方有星，長三丈，火木氣合之變也。見則盜蜂起。

瑞星

瑞星，出四隅，土金木水火之風合之變也。大而赤，察之中黃，數動，長可四丈。所出，兵大起。

昏星

昏星，出西北方，有氣環之，中赤外青。見則變易，爲兵先起者昌，後兵者亡。高一丈則亂一年，亂之年如其丈數。

華星

華星，出北，如有環。見則西北諸侯失地。

白星

白星，非星，狀如削瓜。見則有男喪。

長星

長星，有黄赤環之。見則天下改易，爲水，爲殃。

格澤

格澤，熒惑之變也。氣赤如火，炎炎衝天，上下同色，東西亘天，南北可長五里。見則兵起其下，伏屍流血。

濛星

濛星，一曰刀星，夜有赤氣如矛旗，長短四面，西南最多，亂之象也。又曰遍天薄雲，四方赤黄氣，長三丈，乍見没，尋見滅消。見則爲兵，大戰，流血。

老子

老子，色白，淳淳然，所見之地爲饑，爲凶，爲惡，爲怒，爲喜，爲善。又曰兵大起，人主憂，赦則除咎。

唐・魏徵等《隋書》卷二〇《天文志中》 妖星

妖星者，五行之氣，五星之變名，見其方，以爲殃災。各以其日五色占，知何國吉凶決矣。行見無道之國，失禮之邦，爲兵爲饑，水旱死亡之徵也。又曰，凡妖星所出，形狀不同，爲殃如一。其出不過一年，若三年，必有破國屠城。其君死，天下大亂，兵士亂行，戰死於野，積尸從横。餘殃不盡，爲水旱兵饑疾疫之殃。又曰，凡妖星出見，長大，災深期遠；短小，災淺期近。三尺至五尺，期百日。五尺至一丈，期一年。一丈至三丈，期三年。三丈至五丈，期五年。五丈至十丈，期七年。十丈以上，期九年。審以察之，其災必應。

彗星，世所謂掃星，本類星，末類彗，小者數寸，長或竟天。見則兵起，大水。主掃除，除舊布新。有五色，各依五行本精所主。史臣案，彗體無光，傅日而爲光，故夕見則東指，晨見則西指，在日南北，皆隨日光而指。頓挫其芒，或長或短，光芒所及則爲災。

又曰，孛星，彗之屬也。偏指曰彗，芒氣四出曰孛。孛者，孛然非常，惡氣之所生也。内不有大亂，則外有大兵，天下合謀，闇蔽不明，有所傷害。晏子曰：「君若不改，孛星將出，彗星何懼乎？」由是言之，災甚於彗。

歲星之精，流爲天棓、天槍、天猾、天衝、國皇、反登。一曰天棓，一名覺星，或曰天格。本類星，末鋭，長四丈。主滅兵，主奮争。又曰，天棓出，其國凶，不可舉事用兵。又曰，期三月，必有破軍拔城。又曰，天棓見，女主用事。其本者爲主人。二曰天槍，主捕制。或曰，攙雲如牛，槍雲如馬。或曰，如槍，左右鋭，長數丈。天攙本類星，末鋭，長丈。三曰天猾，主招亂。又曰，人主自恣，逆天暴物，則天猾起。四曰天衝，狀如人，蒼衣赤首，不動。主滅位。又曰，衝星出，臣謀主，武卒發。又曰，天衝抱極泣帝前，血濁霧下，天下寃。五曰國皇。或曰，機星散爲國皇。國皇之星，大而赤，類南極老人星也。主滅姦，主内寇難。見則兵起，天下急。或云，去地一二丈，如炬火狀。後客星内亦有國皇，名同而占狀異。六曰反登，主夷分，皆少陽之精，司徒之類，青龍七宿之域。有謀反，若恣虐爲害，主失春政者，以出時衝爲期。皆主君徵也。

熒惑之精，流露析旦、蚩尤旗、昭明、司危、天攙。一曰析旦，或曰昭旦，主弱之符。又曰，析旦横出，參櫂百尺，爲相誅滅。二曰蚩尤旗。或曰，旋星散爲蚩尤旗。或曰，蚩尤旗，五星盈縮之所生也。狀類彗而後曲，象旗。或曰，四望無雲，獨見赤雲，蚩尤旗也。或曰，蚩尤旗如箕，可長二丈，末有星。又曰，亂國之王，衆邪並積，有雲若植藋竹長，黄上白下，名曰蚩尤旗。主誅逆國。又曰，帝將怒，則蚩尤旗出。又曰，虐王反度，則蚩尤旗出。或曰，本類星，而後委曲，其像旗旛，可長二三丈。見則王者旗鼓，大行征伐，四方兵大起。不然，國有大喪。三曰昭明者，五星變出於西方，名曰昭明，金之氣也。又曰，赤彗分爲昭明。昭明滅光，象如太白，七芒，故以爲起霸之徵。或曰，機星散爲昭明。又曰，西方有星，望之去地可六丈而有光，其類太白，數動，察之中赤，是謂西方之野星，名曰昭明。出則兵大起。其出也，下有喪。出南方，則西方之邦失地。或曰，昭明如太白，不行，主起有德。又曰，西方有星，大而白，有角，目下視之，名曰昭明。金之精，出則兵大起。若守房心，國有喪，必有屠城。昭明下則爲天狗，所下者大戰流血。四曰司危。或曰，機星散爲司危。又曰，白彗之氣，分爲司危。司危平，以爲乖争之徵。或曰，司危星大，有毛，兩角。又曰，司危星類太白，數動，察之而赤。司危出，强國盈，主擊强侯兵也。又曰，司危見則主失法，期八年，豪傑起，天子以不義失國。有聲之臣，行主德也。又曰，司危見，則其下國相殘賊。又曰，司危星出正西，西方之野星，去地可六丈，大而白，類太白。一曰，見，兵起强。又曰，司危出則非，其下有兵衝不利。五曰天攙，其狀白小，數動，是謂攙星，一名斬星。天攙主殺罰。又曰，天攙見，女主用事者，其本爲主人。又曰，天

攙出，其下相攙，爲饑爲兵，赤地千里，枯骨籍籍。亦曰，天攙出，其國内亂。又曰，太陽之精，赤鳥七宿之域，有謀反，恣虐爲害，主失夏政。

填星之精，流爲五殘、六賊、獄漢、大賁、炤星、絀流、茀星、旬始、擊咎。一曰五殘。或曰，旋星散爲五殘。亦曰，蒼彗散爲五殘。故爲毀敗之徵。或曰，五殘五分。亦曰，一本而五枝也。期九年，姦興。三九二十七，大亂不可禁。又曰，五殘者，五行之變，出於東方，五殘木之氣也。一曰，五鏠又曰五殘，星出正東，東方之野星，狀類辰星，可去地六七丈，大而白，主乖亡。或曰，東方有星，望之去地可六丈，大而赤，察之中青。或曰，星表青氣如暈，有毛，其類歲星，是謂東方之野星，名曰五殘。出則兵大起。其出也，下有喪。出北則東方之邦失地。又曰，五殘出，四蕃虚，天子有急兵。或曰，五殘大而赤，數動，察之有青。又曰，五殘出則兵起。二曰六賊者，五行之氣，出於南方。或曰，六賊火之氣也。或曰，六賊星形如彗。又曰，南方有星，望之可去地六丈，赤而數動，察之有光，其類熒惑，是謂南方之野星，名曰六賊。出則兵起，其國亂。其出也，下有喪。出東方則南方之邦失地。又曰，六賊星見，出正南，南方之星，去地可六丈，大而赤，數動有光。三曰獄漢，一曰咸漢。或曰，權星散爲獄漢。又曰，咸漢者，五行之氣，出於北方，水之氣也。獄漢青中赤表，下有三彗從横，主逐王刺王。又曰，北方有星，望之可去地六丈，大而赤，數動，察之中青黑，其類辰星，是謂北方之野星，名曰咸漢。出則兵起，其下有喪。出西方則北方之邦失地。又曰，獄漢動，諸侯驚，出則陰横。四曰大賁，主暴衝。五曰炤星，主滅邦。六曰絀流，動天下敖主伏逃。又曰，絀流，主自理，無所逃。七曰茀星，在東南，本有星，末類茀，所當之國，實受其殃。八曰旬始。或曰，樞星散爲旬始。或曰，五星盈縮之所生也。亦曰，旬始妖氣。又曰，旬始蚩尤也。又曰，旬始出於北斗旁，狀如雄雞。其怒青黑，象伏鼈。又曰，黄彗分爲旬始。旬始者，今起也。狀如雄雞，土含陽，以交白接，精象雞，故以爲立主之題。期十年，聖人起代。又曰，旬始主争兵，主亂，主招横。又曰，旬始照，其下必有滅王。五姦争作，暴骨積骸，以子續食。見則臣亂兵作，諸侯爲虐。又曰，常以戊戌日，視五車及天軍天庫中有奇怪，曰旬始。狀如鳥有喙，而見者則兵大起，攻戰當其首者破死。又曰，出見北斗，聖人受命，天子壽，王者有福。九曰擊咎，出，臣下主。一曰，臣禁主，主大兵。又曰，土精，斗七星之域，以長四方，司空之位，有謀反恣虐者，占如上。

太白之精，散爲天杵、天柎、伏靈、大敗、司姦、天狗、天殘、卒起。一曰天杵，主牂羊。二曰天柎，主擊殃。三曰伏靈，主領讒。伏靈出，天下亂復人。四曰大敗，主鬬衝。或曰，大敗出，擊咎謀。五曰司姦，主見妖。六曰天狗。亦曰，五星氣合之變，出西南，金火氣合，名曰天狗。或曰，天狗星有毛，旁有短彗，下有如狗形者，主徵兵，主討賊。亦曰，天狗流，五將鬬。又曰，西北方有星，長三丈，而出水金氣交，名曰天狗。亦曰，西北三星，大而白，名曰天狗。見則大兵起，天下饑，人相食。又曰，天狗所下之處，必有大戰，破軍殺將，伏尸流血，天狗食之。皆期一年，中二年，遠三年，各以其所下之國，以占吉凶。後流星内天狗，名同，占狀小異。七曰天殘，主貪殘。八曰卒起。卒起見，禍無時，諸變有萌，臣運柄。又曰，少陰之精，大司馬之類，白獸七宿之域，有謀反，若恣虐爲害，主失秋政者，期如上占，禍亦應之。

辰星之精，散爲枉矢、破女、拂樞、滅寶、繞廷、驚理、大奮祀。一曰枉矢。或曰，填星之變爲枉矢。又曰，機星散爲枉矢。亦曰，枉矢，五星盈縮之所生也，弓弩之像也。類大流星，色蒼黑，蛇行，望之如有毛目，長數匹，著天。主反萌，主射愚。又曰，黑彗分爲枉矢。枉矢者，射是也。枉矢見，謀反之兵合，射所誅，亦爲以亂伐亂。又曰，人君暴專己，則有枉矢動。亦曰，枉矢類流星，望之有尾目，長可一匹布，皎皎著天。見則大兵起，大將出，弓弩用，期三年。曰，枉矢所觸，天下之所伐，射滅之象也。二曰破女。破女若見，君臣皆誅，主勝之符。三曰拂樞。拂樞動亂，駭擾無調時。又曰，拂樞主制時。四曰滅寶。滅寶起，相得之。又曰，滅寶主伐之。五曰繞廷。繞廷主亂孽。六曰驚理。驚理主相署。七曰大奮祀。大奮祀主招邪。或曰，大奮祀出，主安之。太陰之精，玄武七宿之域，有謀反，若恣虐爲害，主失冬政者，期如上占，禍亦應之。又曰，五精潛潭，皆以類逆所犯，行失時指，下臣承類者，乘而害之，皆滅亡之徵也。入天子宿，主滅，諸侯五百謀。

雜妖

一曰天鋒。天鋒，彗象矛鋒者也，主從横。天下從横，則天鋒星見。

二曰燭星，狀如太白，其出也不行，見則不久而滅。或曰，主星上有三彗上出。燭星所出邑反。又曰，燭星所燭者城邑亂。又曰，燭星所出，有大盜不成。

三曰蓬星，一名王星，狀如夜火之光，多即至四五，少即一二。亦曰，蓬星在西南，修數丈，左右鋭，出而易處。又曰，有星，其色黄白，方不過三尺，名曰蓬星。又曰，蓬星狀如粉絮，見則天下道術士當有出者，布衣之士貴，天下太平，五

穀成。又曰，蓬星出北斗，諸侯有奪地，以地亡，有兵起。星所居者，期不出三年。又曰，蓬星出太微中，天子立王。

四曰長庚，狀如一匹布著天。見則兵起。

五曰四填，星出四隅，去地六丈餘。或曰，四填去地可四丈。或曰，四填星大而赤，去地二丈，當以夜半時出。四填星見，十月而兵起。又曰，四填星見四隅，皆爲兵起其下。

六曰地維臧光。地維臧光者，五行之氣，出於四季土之氣也。又曰，有星出，大而赤，去地二三丈，如月，始出謂之地維臧光。四隅有星，望之可去地四丈，而赤黄摇動，其類填星，是謂中央之野星，出於四隅，名曰地維臧光。出東北隅，天下大水。山東南隅，天下大旱。出西南隅，則有兵起。出西北隅，則天下亂，兵大起。又曰，地維臧光見，下有亂者亡，有德者昌。

七曰女帛。女帛者，五星氣合變，出東北，水木氣合也。又曰，東北有星，長三丈而出，名曰女帛，見則天下兵起，若有大喪。又東北有大星出，名曰女帛，見則天下有大喪。

八曰盜星。盜星者，五星氣合之變，出東南，火木氣合也。又曰，東南有星，長三丈而出，名曰盜星，見則天下有大盜，多寇賊。

九曰積陵。積陵者，五星氣合之變，出西北，金水氣合也。又曰，西南有星，長三丈，名曰積陵，見則天下隕霜，兵大起，五穀不成，人飢。

十曰端星。端星者，五星氣合之變，出與金木水火，合於四隅。又四隅有星，大而赤，察之中黄，數動，長可四丈。此土之氣，効於四季，名曰四隅端星，所出，兵大起。

十一曰昏昌。有星出西北，氣青赤以環之，中赤外青，名曰昏昌，見則天下兵起，國易政。先起者昌，後起者亡。高十丈，亂一年。高二十丈，亂二年。高三十丈，亂三年。

十二曰莘星。有星出西北，狀如有環二，名山勤。一星見則諸侯有失地，西北國。

十三曰白星。有如星非星，狀如削瓜，有勝兵，名曰白星。白星出，爲男喪。

十四曰菀昌。西北菀昌之星，有赤青環之，有殃，有青爲水。此星見，則天下改易。

十五曰格澤，狀如炎火。又曰，格澤星也，上黄下白，從地而上，下大上鋭，見則不種而穫。又曰，不有土功，必有大客鄰國來者，期一年、二年。又曰，格澤氣赤如火，炎炎中天，上下同色，東西緪天，若於南北，長可四五里。此熒惑之變，見則兵起，其下伏尸流血，期三年。

十六曰歸邪，狀如星非星，如雲非雲。或曰，有兩赤彗上向，上有蓋狀如氣，下連星。或曰，見必有歸國者。

十七曰濛星，夜有赤氣如牙旗，長短四面，西南最多。又曰刀星，亂之象。又曰，偏天薄雲，四方生赤黄氣，長三尺，乍見乍没，尋皆消滅。又曰，刀星見，天下有兵，戰鬬流血。或曰，偏天薄雲，四方合有八氣，蒼白色，長三尺，乍見乍没。

漢京房著《風角書》有《集星章》，所載妖星，皆見於月旁，互有五色方雲，以五寅日見，各五星所生云。

天槍星生箕宿中，天根星生尾宿中，天荆星生心宿中，真若星生房宿中，天猿星生氐宿中，天樓星生亢宿中，天垣星生左角宿中，皆歲星所生也。見以甲寅日，其星咸有兩青方在其旁。

天陰星生軫宿中，晉若星生翼宿中，官張星生張宿中，天惑星生七宿中，天雀星生柳宿中，赤若星生鬼宿中，蚩尤星生井宿中，皆熒惑之所生也。出在丙寅日，有兩赤方在其旁。

天上、天伐、從星、天樞、天翟、天沸、荆彗，皆鎮星之所生也。出在戊寅日，有兩黄方在其旁。

若星生參宿中，帚星生觜宿中，若彗星生畢宿中，竹彗星生昴宿中，牆星生胃宿中，槐星生婁宿中，白藋星生奎宿中，皆太白之所生也。出在庚寅日，有兩白方在其旁。

天美星生壁宿中，天毚星生室宿中，天杜星生危宿中，天麻星生虚宿中，天林星生女宿中，天高星生牛宿中，端下星生斗宿中，皆辰星之所生也。出以壬寅日，有兩黑方在其旁。

已前三十五星，即五行氣所生，皆出月左右方氣之中，各以其所生星將出不出日數期候之。當其未出之前而見，見則有水旱兵喪饑亂，所指亡國失地，王死破軍殺將。

唐・李淳風《乙巳占》卷八　彗孛占第四十七

長星，狀如帚；孛星圓，狀如粉絮，孛孛然，皆逆亂凶。孛之氣狀雖異，爲殃一也，爲兵喪，除舊布新之象。餘災不盡，爲兵喪水旱，凶饑暴疾。長大見久，災

深；短小見速，災淺。彗孛所當之國受其殃。

彗孛干犯月五星，有兵喪，中國兵動，四夷來侵，百姓不安。

凡彗孛見，亦爲大臣謀反，以家坐罪，破軍流血，死人如麻，哭泣之聲遍天下，臣殺君，子殺父，妻害夫，小淩長，衆暴寡，百姓不安，干戈並興，四夷來侵，國兵不出，饑疫死亡之事。

彗星有行有止，行者則事小，止者則事大，各在邦以直事國分占之。

凡戰，兩軍相當，執本者勝，隨彗所指處以討之焉。

彗孛入列宿占第四十八

彗孛出行，歷二十八宿。留舍出見百日不去，三年應之。五十日已上，五年應之。二百日已上，七年應之，災深。

彗孛干犯兩角間，白者，軍起不戰，邦有大喪；其色赤，戰，芒所指，必有破軍侵城，期七十日，或三年。與彗孛出角，天下大亂，更改易王，暴兵起，必有戰，近期三年，中五年，遠九年。彗入出角，長可七八尺，天下更改。金火守之，兵大用。

彗出亢，天下大饑，其國有兵喪，人民多疫，人相食，不出三年。彗出亢，天子失德，天下大亂，有大水、兵疫。

彗干犯氐，大赦，天子失德，米大貴。彗出氐中，天下大赦。其滅氐，大疾惡，米大貴，兵起。彗孛起氐中，天子不安宮，移徙，失德，易政。

彗起房出，天子行爲無道，諸侯守兵守國。彗孛貫房，王室大亂。彗干犯鈎鈐，王宮大亂，不出三年。

彗出心，兵起宮中，劍戟交鋒。大臣相疑，有戮死者，近期七日，中七十日，遠百八十日。彗出心，居守之，天子有喪，德令不行，蝗蟲大起，人民饑，流去其鄉，期一年，遠六年。

彗出入尾，后相貴臣誅，兵起宮門，宮人走出，國易政，近一年，中二年，遠三年。彗孛干犯尾，后有以珠玉簪珥惑天子者，誣讒大起，后相貴臣誅，宮人走出，兵起宮門，歲多土功，近期百八十日，遠一年。

彗出箕，夷狄爲亂，大兵起，天下大旱，米貴十倍，大饑。彗守箕，東夷下濕與水居，將爲亂。

彗孛長干犯南斗，爵祿大臣憂，王者病疫，臣謀君，子謀父，弟謀兄，是謂無禮，諸侯不通，天下易政，大亂兵起，期百八十日，遠不出一年。彗出南斗，大臣謀反，兵水並起，天下亂。彗出斗，天下皆謀上。

彗犯牛，吴越兵起自立，三年而滅。彗孛干犯牛，中國兵起。彗出牛，四夷兵起，邊境爲亂，來侵中國，人主有憂，期一年，中二年，遠三年。彗出牛，改元易號之象。又曰：多兵，糴貴，牛大死。

彗孛干犯須女，其邦兵起，女爲亂，若妾遥爲后，王者無信，大亂，期不出三年，退女所親，天下安寧。彗出須女，其國兵大起，女主爲亂，王者惡之，將軍戮死，若以戰亡，期不出三年。

彗出虚，兵大起，天子自將兵於野，大戰流血，光芒所指，國必亡，期三年，遠五年。彗出虚危之間，其國有叛臣，兵大起，將軍出行，國易政，期三年。

彗出干犯危，其國有叛臣，兵大起，將軍出，國易政，若大水，人饑，期三年。

彗孛干犯危，其國有叛者，兵起，大將軍出。

彗孛干犯室，先起兵者弱，不可以戰，戰必亡地，主將必亡，去之吉，期百八十日，遠二年。一云：期三年，遠六年。又曰：彗出室，大水。彗出室壁間，兵大起，若有大喪，有亡國死王，期不出三年。彗出室，天下亂，易政。孛見室中，后宮且有亂。一曰：有德令。彗犯室，先起兵者，不可以戰，亡地，期三年，遠六年。

彗孛犯壁，且其國起兵大災，廟堂四門流血，天下降。彗干犯出壁，王者兵起，毁壞宗廟，四門伐兵，流血滂滂，人民惶惶，莫知其殃，近期一年，中三年，遠五年。

彗孛干犯奎，其國君出戰，大饑，人相食，國無繼嗣，近期一年，遠三年。彗孛出奎，西北舉兵伐中國。其下食石千錢，天下大水，庫兵悉出，禍在强侯外夷，相應首謀，期三年。彗出奎，魯國兵起。

彗孛干犯婁，國有大兵，四時絶祀，遠不出三年。彗出婁，國有大兵，四時絶祀，有亡國，先旱後水，人民亂，饑死，五穀大貴，糴無價，期一年，遠三年。彗孛干犯出婁，五穀不成，倉廩空虚，六畜疫。

彗出胃，五穀不成，倉廩空虚。彗孛出昴胃之間，狀如竹竿而倚，此出爲兵起戒，此太白之變見，不過一年，其國兵起，若有喪。彗出胃，大臣爲亂，天下兵起，五穀不登，人民饑，京都國倉，悉皆空虚，期三年，中五年，遠七年。彗出胃昴之間，狀如竹帚，有兵災，大臣爲亂，君弱臣强，邊兵大起，天子憂之，人民驚恐，國工有憂，期一年，中二年，遠三年。彗孛出胃昴之間，大國兵起。

彗孛干犯昴，大臣爲亂，國兵大起，期一年。彗孛出昴，赦。

彗孛犯畢，必有丈夫數萬人。彗孛犯畢，邊大戰，中原流血，彗出畢觜之間，小而長，狀如長竿，上有壘壘然。此出爲兵戰戒，此填星之變見，不過一年，兵起宫中，女主有殃。

彗孛守畢柄，侯邑益土；守畢口，中邦相亂易政，邑君大臣當之。

彗干犯觜，國兵起，天下動擾，期一年，遠三年。彗出觜，其國兵起，有失地死主，人流，大臣出戰，下有亡國，期三年，遠五年。彗見觜，必有破國亂軍，伏死其辜。

彗孛干犯參，其國邊兵大敗，其軍亡，期一年，遠三年，彗出參，天子更政。彗出參伐，天兵蔽地，大臣謀反，君有憂，天子躬甲，斧鉞大用，兵馬馳道，弓弩恒張，期三年，遠五年。彗孛流入參，若出參，其年兵起。彗干犯東井，則大臣誅，其國用兵，期百八十日。

彗在井，大人死，見三十日，兵將當之；見五十日，相當之；見七十日，主當之。彗孛干犯鬼，國有大兵横行，近一年，遠三年，天子以赦除咎。

彗出鬼，名曰喪樓見，皆以赦應之；彗出鬼，有喪。

彗出於犯柳，國誅大臣，兵喪並起。又云：强臣淩主，天下傾危，其國大旱，民以饑死，期三年，遠五年。彗出柳，有兵，臣淩主，大旱，穀貴。

彗干犯七星，邦有大亂，國主不定，兵起宫殿，貴臣戮，近期七十日，遠百八十日。掃出星張之間，狀如布，從風而靡，此爲兵戒，熒惑之變也。彗出星張之間，狀如炊火，且爲兵災，熒惑之變。

彗干犯張，其國内外用兵，主徙宫，天下半亡。彗出張，大旱，穀石三千。

彗干犯翼，其國用兵，大臣爲憂，遠期百八十日。彗出翼軫之間，天下皆謀上，國有大喪，人主死亡，必有大兵，期其不出三年。彗出翼，其國有兵，若有喪，以水爲饑，人多流亡，所指有降伏，期五年。

彗孛干犯軫，兵喪並起，近期百八十日，遠一年。彗出軫，天子崩，兵喪並起，滿宫門，車馬無主，人無定居，期三年，中五年，遠九年。王者以赦除咎，則災消也。

彗孛入中外官占第四十九

彗出攝提，天下亂，帝自兵於野，兵起宫中，王者有憂，期不出三年。

彗干大角，長可六七尺，天下大亂，兵大起，國易政，期三年。彗出大角，大角爲帝座。秦始皇時，彗出大角，大角亡，以亡秦之象。

彗犯天市，地震。（一云天紀。）彗干天市，所犯者誅。

彗孛犯宦者，中外有兵。

彗干犯帝座，民大亂，宫廟徙，大臣憂，期三年。

彗出東西咸，女主淫泆自恣，宫門不禁，若貴女有憂。

彗干歷天江，大兵攻王國，王者以赦解之，則國豐年。

彗孛干犯建，王者失道，忠言誅，賢士逃亡。

彗孛犯離珠，后宫爲亂，若宫人有誅。若守之陽，爲大旱；守之陰，爲大水，五穀不登，人民饑。

魏陳留咸熙二年五月，彗見王良，長丈餘，色白，東南指，十二日滅。占曰：王良，天子御馳；彗掃之，除舊布新之象也。色白爲喪，王良在東壁次，又并州之分野，八月晉文王薨，十二月帝遜位於晉。

彗出天大將軍，兵大起，將軍出，旗鼓陳。若守之，大將死，若有誅，期不出三年。

彗孛干犯五車，兵滿野，天下半傾，百姓徙居，去其鄉土，期三年。

彗出天關，兵大起，道路不通，人多盜賊，必有關塞之事，人主有憂。彗出天關而守之，天下道絶，國多盜賊，關梁不通，人主有憂。

彗出南河，蠻越兵起，邊戍有憂，若關吏有罪者。彗守南河，爲大旱，守北河，胡爲亂，來侵中國；若守，胡軍敗。

彗干犯五諸侯，王室大亂，兵起，天子宫廟不祀。彗出五諸侯，執政臣有誅，若有被戮者，貴人當之，主有憂，期一年，遠五年。

彗孛干犯積水，兵起宫門，宗廟毁絶，大臣有憂。

彗孛干犯積薪，有亂臣在宗廟。

彗孛干犯水位，水道不通，伏兵在水中，以水爲害。彗出水位，天下以水爲憂，有兵起，五穀不成，人饑。

彗出軒轅，皇后有憂，若失勢，宫人不安，入主有憂，后宫當之。彗犯軒轅，天下大亂，易主，以五色占期。彗出軒轅，若守之，天下大亂，易王，宫門當閉，若女主死，期三年，遠五年。

彗孛干犯少微，白衣聚，王者凶，術士不顯，智者逃亡，期三年。彗出少微，多能臣有戮者，若功臣有罪，一曰：法令臣有誅者。彗出少微，士大夫起。

彗孛干太微，天下亂，有兵喪，大人惡之，以色占期，亦爲死王。彗孛干歷太微，所歷者亡。出而孛太微，天下亂，不過三五年，必易政，以色占期，亦爲徙王。彗如粉絮，入太微，守五帝座，國有崩喪，大臣立，天下亂，大兵起。若犯守四帝座，輔臣有誅，執政者亡，期三年。

大彗干犯五帝座，王者亡，子孫不昌，王者修孝於天，奉宗廟郊祠則災除。狀如帚，正赤，抵内屏，兵也。彗出内屏，守衛臣有誅，若有罪執法者皆當之。

彗孛干犯北辰，天下有大喪。

彗孛干犯北斗，有殺罰。春秋時，有孛干於北斗，則齊、魯、晉、鄭、宋、莒之君並殺亂之禍。

孛東方，則楚滅，三家、田氏分篡齊魯。漢文帝末，孛西方，後吴楚六國反，而誅滅亡。晉太始末至太康初，災異數見，而晉氏隆盛，吴實滅亡，天變在吴可知矣。昔漢高三年，孛大角。大角，項王以亡，漢氏無事，此項王先受命也。吴晉之時，天下横分，大角孛而吴亡，與項氏事同。

彗干三台，三公誅喪。彗孛干紫微，天下易王。

彗出執法，臣有憂，政令不行，國失綱紀。

彗出羽林，軍人反。

魏正始六年八月戊午，彗見七星，長可二尺，色白，進至張，積二十三日滅。九年三月見昴，長六尺，色青白，西南指。七月見翼，長二尺，進至軫，積四十二日滅。占曰：七星、張爲周分野，翼、軫爲楚，昴爲趙魏。彗所以除舊布新，主兵喪。嘉平元年，司馬懿誅曹爽兄弟及其黨與，皆夷三族，京師嚴兵。三年，誅楚王彪，又襲王淩於淮南。淮南，東楚也，魏諸王幽於鄴。

雜星祅星占第五十

祅星晝見。甘氏曰：星與日並出，名曰婦女與日争光，武且弱，文且强，在邑爲文，在野爲兵。

恒星不見。楊泉《物理論》曰：凡無名之星，一見一不見，唯二十八宿度數有當，故曰恒。《左氏傳》曰：魯莊公時恒星不見，夜中，星隕如雨。傳曰：恒星不見，夜明也。《穀梁傳》曰：常者在位，人君之象。不見者，無君之象，晉世祖太始四年七月，星隕如雨，西流星隕，民叛吴歸晉之象也。

斗摇占。《吕氏春秋》曰：至亂之代，有星斗星摇。漢文帝元年，中星盡摇，上問候星者，對曰：星摇者，民勞也。後伐四夷，百姓勞於兵革。京房《易傳》曰：星者陰陽之精，萬物之體，五行之形。其體在下，精耀在上。百官之命，各因其原，飛及行，萬人不安。大星隕下，陽失其位，災害之萌也。其救也，人君當悔過，反政責躬，省徭役，安國封侯，以寧人爲先，則宿星正矣。京房《易傳》曰：君不任賢，厥祅天雨星。

祅占。《黄帝占》曰：祅者，五行之氣，五星之變，各見其方，以爲災殃。各以五色占，知何國吉凶，必決矣。行見無道之國，失禮之邦，爲饑爲兵，水旱死亡之徵。《黄帝占》曰：凡祅所出，形狀不同，爲殃一也。其出不過一年，若三年，必有破國屠城，其君死亡，天下反亂，戰死於野，積屍縱横，餘殃不盡，爲水旱、兵饑、疾疫之殃也。

天棓。《河圖》曰：歲星之精，流爲天棓。班固《天文志》曰：歲星贏而東南，變爲天棓。石氏曰：天棓出，其國凶，不可舉事用兵。又曰：期三月，必破軍拔城。甘氏曰：天棓見，女主用事。

天槍占。《春秋緯》曰：歲星退而南，三月生天槍。陽亢變萌，義亂兵行，諸侯大横，所見國，無用兵。《漢書・天文志》曰：孝文帝時，天槍夕出西南。占曰：爲兵喪亂。其六年十一月，匈奴入上郡雲中，漢起兵以衛京師。劉向曰：吴楚七國反。

國皇。巫咸曰：國皇之大而赤，類南極老人也。《春秋考異郵》曰：國皇見東南，則兵起，天下急。司馬彪《天文志》曰：孝靈光和中，國皇見東南角，去地一二丈，如炬火狀，十餘日不見。占曰：國皇爲亂，内外有兵喪。其後黄巾賊張角燒州郡，朝廷遣將討平，斬首十餘萬級。

蚩尤旗。《河圖》：熒惑之精，流爲蚩尤旗，類彗而後委曲，像旗也。《説苑》曰：蚩尤旗，五星盈縮之所生。夏氏曰：四望無雲，獨見赤雲，蚩尤旗也。《黄帝占》曰：蚩尤旗，本類彗而後委曲，像旗旛，長可二三丈。見則王者旗鼓大行，征伐四方，兵大起。不然，國有大喪，期三年，中五年，遠七年。魏高貴鄉公元年，有白氣出南北側，廣數丈竟天。王肅曰：蚩尤旗也，東方有亂乎？後毌丘儉據淮南以叛。《春秋運斗樞》曰：蚩尤旗干太微，法滅，帝死於野。

天讒占。甘氏曰：天讒在西南，長數丈，左右鋭，出而易處。京房曰：天讒出其下，相讒爲兵，赤地千里，枯骨籍籍。《漢書・天文志》曰：天讒爲天喪。

（一云兵喪。）

旬始。《説苑》曰：旬始，五星盈縮之所生也。巫咸曰：旬始出於北斗旁，狀如雄雞，其怒有青黑，像伏鱉。《春秋合誠圖》曰：黄彗分爲旬始，爲立王之題，主亂主招横，見則臣亂兵作，諸侯虐，期十年，聖人起伐，羣猾横恣。《春秋考異郵》曰：旬始照其下，必有滅王。《漢天文志》曰：旬始如鱉，一見羣猾横恣。《玄冥占》曰：有如雄雞，其色赤黄，其名曰旬始，則天下有兵，其國不寧，期三年。

天狗。《黄帝占》曰：天狗者，五星之氣，出西南，金火氣合，名曰天狗。孟康曰：天狗有尾，旁有短彗，下有如狗下食血，其軍必敗。石氏曰：西北有星，長三丈而出，水金氣交，名曰天狗，見則大兵起，天下大饑，人相食。石氏曰：夫天狗所下之處，必有大戰，破軍殺將，伏屍流血，天狗食之。皆期一年，中二年，遠三年，各以其所下之國占之。郤萌曰：出狀赤白有光，即爲天狗，其下小小無足。所下之地，必流血，國易政。《漢天文志》曰：哀帝時著天白氣，廣如一匹布，長十餘丈，如雷，西南行止，名曰天狗。傳曰：言之不從，則有狗禍、詩祆。其年人相驚動，喧嘩奔走。《春秋緯》：天狗如犬奔有聲，望之如火，見則四方相射。《漢史》云：西北有三丈如火，名曰天狗，出則人相食。《天官》云：天狗狀如犬。《鏡星》又曰：大流星，有聲，其止地，類狗所墜，如火光中天。其下圓，如數頃田處，上鋭，見有黄色，千里破軍殺將。《漢史》又曰：昭明，下爲天狗，兵起流血，占昭明。《洛書》曰：昭明見，霸者出。《運斗樞》曰：昭明有芒角徵也。《河圖》曰：太白散爲天狗。又曰：有出其狀赤白有光，則爲天狗。其下小無足，所下國易主。貞觀十三年正月三日日午，東南方有聲如雷，久而方絶。參驗此徵，多是天狗下。衆説不同，未詳孰是。推亂亡之運，此其必天狗乎。

枉矢。《説苑》曰：枉矢，五星盈縮之所生也。巫咸曰：枉矢，類大流星，色蒼黑，蛇行，望之如有毛，（一云目。）因長數匹，著天。《海中占》曰：枉矢，類流星，望之有毛目，可一匹布，皎皎著天。見則天下兵大起。將出，弓弩用，期三年，《漢天文志》云：枉矢所觸，天下之所伐射，滅亡之象也。又曰：枉矢流，以伐亂。又云項羽救巨鹿，枉矢西流。占曰：枉矢所觸，天下之所伐射，滅亡之象也。物類莫直於矢，今蛇行不能直，矢而枉者，執矢者不正矣，以象項羽執正亂也。

天鋒。宋均曰：天鋒，彗象矛鋒也。《洪範五行傳》曰：漢昭帝時，天鋒出西方天市，東行過河鼓，入營室中，占有亂臣戮死。後左將軍上官傑與燕王謀反伏誅。

蓬星。《荆州占》曰：蓬星，一名王星，狀如夜火之光，多則四五，少則二三。一曰：蓬星在西南，長數丈，左右有光，出而易處。《漢書・天文志》曰：景帝中，三年六月壬戌，蓬星見西南，在房南，去房可二丈，大如二斗器，白色；癸亥，在心東北，可丈所；甲子，在尾北，可六尺；丁卯，在箕北，近漢稍小，且去時大如桃；壬申，去，凡十日。占曰：蓬星出，必有亂臣。房心間，天子宫也，是時梁王欲爲漢嗣，使人殺漢諍臣袁盎。漢欲誅梁大臣，斧鉞用，梁王恐懼，乘車入關，伏斧鑕謝罪，然後得免也。

唐・瞿曇悉達《開元占經》卷八五　妖星所主一

《黄帝占》曰：妖星者，五行之氣，五星之變，如見其方，以爲災殃，各以其日五色占，知何國吉凶決矣。以見無道，國失禮，邦爲兵爲饑，水旱死亡之徵也。《黄帝占》曰：凡妖星所出，形狀不同，爲殃如一。其出不過一年若三年，必有破國屠城，其君死亡，天下大亂，兵士行，戰死於野，積尸縱横，餘殃盡爲水旱兵饑疾疫之殃。石氏曰：妖星之狀不相類，其殃一也。其出不過三月，必有破國亂君，伏死其辜。殃之不盡，當有旱饑暴疾疫矣。甘氏曰：凡妖星出見長大，災深期遠，短小，災淺期近。三尺至五尺，期百日；五尺至一丈，期一年；一丈至三丈，期三年；三丈至五丈，期五年；五丈至十丈，期七年，十丈以上，期九年。審以察之，其災必應。

天棓占二

《河圖》曰：歲星之精，流爲天棓。甘氏曰：天棓一名覺星。甘氏曰：天棓本數星，末鋭長四丈。班固《天文志》曰：歲星贏而東南。孟康曰：歲星見東方，行疾則不見，不見則變爲妖星也。石氏曰：見彗星。甘氏曰：不出三月乃生彗，本顛星，末顛彗，長二丈，盈而東北。石氏曰：見覺星。甘氏曰：不出三月，乃生天棓，本類星，末鋭長四丈也。《春秋緯》曰：天棓主滅兵。《春秋潛潭巴》曰：天棓主奮爭。《河圖》曰分爭。甘氏曰：天棓出其國，凶，不可舉事用兵。又曰：期三月，必有破軍拔城。《潛潭巴》曰：棓槍出仲孟，芒交若相棓，宰將伐主，天下大亂。甘氏曰：天棓出，期三月，必有破軍拔城，人君伏死其罪。甘氏曰：客天棓見，女主用事，其本者爲主人。

天槍三

《河圖》曰：歲星之精，流爲天槍。《春秋合誠圖》曰：天槍主捕制。《春秋緯》曰：歲星退而其南，三月生天槍，陽沈變萌，戰亂兵行，諸侯大横，所見國無用兵。班固《天文志》曰：歲星縮而西南。孟康曰：歲星當伏西方，行遲早没，變爲妖星也。石氏曰：見攙雲如牛。甘氏曰：不出三月，乃生天槍，左右鋭長數丈，縮西北。石氏曰：見槍雲如馬。甘氏曰：不出三月，乃生天槍，本類星，末鋭長丈。《河圖》曰：天槍主改修。甘氏曰：天槍在西北，本類星，末鋭一丈。甘氏曰：天槍見則女主有用事者，其本爲主人。巫咸曰：天槍出，國有功。班固《天文志》曰：孝文後二年正月壬寅，天槍夕出西南，占曰爲兵喪亂。其六年十一月，匈奴入上郡、雲中，漢起三軍以衛京師。按劉向《洪範》曰：文帝崩，吴楚七國反者也。郄萌曰：歲星與日月同宿八十日，(闕)天槍出婺，女至胃爲天槍。

天猾四

《河圖》曰：歲星之精，流爲天猾。《河圖》曰，《春秋緯》曰：天猾主招亂者。《春秋緯》曰：人主自恣，不備古王，逆天暴物，則天猾起，如衆馬鬬於邦，地躍璚曰反光。

天衡五

《河圖》曰：天衡，歲星之精流爲之。劉向《洪範》曰：天衡，其狀如人蒼衣赤首，不動，其名曰天衡。《春秋潛潭巴》曰：天衡主滅位。《春秋運斗樞》曰：衡星出，臣謀主，武卒廢，天子亡。《運斗樞》曰：天衡抱極泣帝前，血濁霧下，天下寃。宋均曰：抱，猶向也。極，北辰也。泣言有淚衆也。帝，大帝，即北辰也。血濁如霧，霧濁如血。

國皇六

《河圖》曰：歲星之精，流爲國皇。《春秋運斗樞》曰：機星散爲國皇。巫咸曰：國皇之星大而赤，類南極老人星也。《春秋緯》曰：國皇主滅奸。《春秋合誠圖》曰：國皇主内寇，一曰主内難。《春秋考異郵》曰：國皇星見，則兵起，天下急。司馬彪《天文志》曰：孝靈光和中，國皇星見東南角，去地一二丈，如炬火狀，十餘日不見，占曰：國皇爲内亂，外内有兵喪。其後黄巾賊張角燒州郡，朝廷遣將討平，斬首十餘萬級。中平年，宫車晏駕，大將軍何進令司隷校尉袁紹私募兵千餘人，陰射洛陽城外，竊呼并州牧董卓，使將兵至京都，共誅中官，對戰南北宫及闕下，死者數千人，燔燒宫室，遷都西京。及司徒王允與將軍吕布誅卓，卓部曲將郭汜、李傕提兵攻長安，公卿百官吏民戰死者亦且萬人。天下之亂，皆自内發。巫咸曰：國皇星所指，其下起兵兵强。或曰其衝不利。石氏曰：國皇星入天庫，兵起亡地。《荆州占》曰：國皇入紫宫，國有大變，兵起。又曰人主有憂。《荆州占》曰：國皇星入紫宫，兵起得地。

反登七

《河圖》曰：歲星之精，流爲反登。《春秋緯》曰：反登主夷分。《春秋緯》曰：皆少陽之精，司徒之類，青龍七宿之域，有謀反，若恣虐爲害，主失春政者，以出時衝爲期，皆主君徵也。

析旦八

《河圖》曰：熒惑之精，流爲析旦。或曰昭旦。《春秋緯》曰：析旦主弱符。

《春秋緯》曰：析旦横出，濁百尺，爲相誅滅。

蚩尤旗九

《河圖曰》熒惑：之精流爲蚩尤旗。按《皇覽·塚墓記》曰：蚩尤塚在東郡壽張縣闞鄉城中，高七丈，民常十月祠之，有赤氣出如絳帛，民名爲蚩尤旗。《述征記》曰：須昌縣闞鄉有蚩尤塚，或云上代民以十月旦祠之，輒有赤氣如一疋絳，謂蚩尤旗也。《漢書》：武帝建元六年、元狩四年，並有長星見，班固《五行志》曰：爲蚩尤之旗也。《春秋運斗樞》曰：旋星散爲蚩尤旗。《説苑》曰：蚩尤旗，五星盈縮之所生也。巫咸曰：蚩尤之旗，類彗而後曲象旗。夏氏曰：四望無雲，獨見赤雲，蚩尤旗也。《荆州占》曰：蚩尤星如箕，可長二丈，末有星。《吕氏春秋》曰：亂國之主，衆邪並積，有雲若桓藿，以長，黄上白下，其名曰蚩尤旗。《春秋緯》曰：蚩尤旗誅逆國。《春秋緯合誠圖》曰：蚩尤之旗出，平四野。《河圖提》曰：帝將怒，則蚩尤旗出。《論語摘輔象》曰：虐王反度，則蚩尤旗出。《雒書》曰：旗刺旋，主備臣，邊雄侯之賢主過，出兵馬驚。《黄帝占》曰：蚩尤旗本類星，而後委曲，其象旗幡，長可一二三丈，見則王者鼓旗大行，征伐四方，兵大起。不然國有大喪，王者亡，期三年，中五年，遠七年。按《洪範五行傳》曰：武帝建元六年八月，長星出東方，長竟天，占曰：是蚩尤旗，見則王者征伐四方。自是之後，兵討四夷，連二十年。元狩四年四月，長星復出西北，是時擊胡狄。司馬彪《天文志》曰：孝獻初平三年九月，蚩尤旗長十餘丈，色白，出角亢之南，其後丞相曹公征伐天下且三十年。《魏志》曰：高貴卿公正元元年十一月，有白氣出南斗側，廣數丈，長竟天，景王問王肅，肅對曰：蚩尤之旗也，東南其有亂乎。二年正月，毌丘儉等據淮南以叛，大將軍司馬師討平之，自後征淮南，西平巴蜀。是歲，吴主孫亮五鳳元年、太平三年，孫綝盛兵圍宫，廢亮爲會稽王。孫綝主淮南、江東同揚州地，故於時變見吴楚之分，則魏之淮南多與吴同災，是以毌丘儉以爲己應，遂起兵而敗。三年，即魏甘露二

年，諸葛誕又反淮南，吴遣朱異救之。及城陷，誕衆誅滅。《魏氏春秋》曰：正始元年十一月，蚩尤旗見於箕，東吴兵死没各數萬人，車騎將軍黄權薨之兆也。《黄帝占》曰：蚩尤旗出北斗，長二三丈，本有星，其上委曲，見則天下亂，大兵起，天子自將兵，旗皷用。不然國有大喪，期百八十日，中一年，遠三年。《春秋緯》曰：蚩尤之旗，見則山崩。《春秋緯》曰：蚩尤之旗，五精離芒，天運大兵，垂其彗，後曲而前長，四方並亂，天下滅兵，羣猾動帝座於堂，見則五寇行，主不正暴，必有反兵，期五年，天子憂，不以亡，則九年凶加於斗宿，天子嚻嚻，出於列位，勉正四方。《春秋緯》曰：蚩尤伐矜誅逆滅患，蚩尤起天下之兵，合禍紛紛。《春秋緯潛潭巴》曰：蚩尤之旗主伐叛。又曰主惑亂。《春秋運斗樞》曰：蚩尤之旗見，則山崩，后族擅權。《春秋運斗樞》曰：蚩尤旗干大微，法式滅，帝死於野。《春秋緯考異郵》曰：蚩尤旗見，則王者伐枉逆。《鈎命決》曰：旗刜瘠咄咀，出匿謀合。旗，蚩尤旗也。夏氏曰：蚩尤旗所見之方，其下有兵，四方盡有，天下有兵。郄萌曰：蚩尤旗守軫，赤哭禮。《荆州占》曰：蚩尤旗見則兵大起，不然有喪。

昭明十

《河圖》曰：熒惑之精，流爲昭明。《荆州占》曰：填心之變爲昭明也。《黄帝占》曰：昭明者，五星之變，出於西方，名曰昭明，金之氣也。《春秋合誠圖》曰：赤彗分爲昭明，昭明滅光也。宋均注曰：滅主之光明也。象如太白吐芒，故以爲起霸之徵，期七年。《春秋運斗樞》曰：機星散爲昭明。《黄帝占》曰：西方有星，望之去地可丈而白，有光，其顛太白數動，察之中赤，是謂西方之野星，名曰昭明，出，兵大起，其出也，下有喪，出南則西方邦失地。《黄帝占》曰：昭明星出入畢中有屠國。《河圖》曰：昭明茀心，天子三公殺主必成。《雒書兵鈐勢》曰：昭明見，霸者生。《春秋運斗樞》曰：昭明有角亡徵也。《春秋緯》曰：昭明改德。《春秋緯合誠圖》曰：昭明所起，期七年，天子奪於州牧，去所出下發。《春秋緯考異郵》曰：昭明星見則國滅，賢主立。《春秋緯考異郵》曰：昭明如太白不行。《春秋緯潛潭巴》曰：昭明起有德。巫咸曰：昭明所起，國起兵，多變。巫咸曰：西方有星，大而白，有角，目下視，名曰昭明，金之精。出，則兵大起。若守房星，國有大喪，必有屠城。昭明下則爲天狗，所下者大戰流血。星出非其方，有兵衝則不利，期不出三年。郄萌曰：昭明星見，大人凶。郄萌曰：昭明出，兵大起。郄萌曰：昭明星守心，大有喪。郄萌曰：昭明星見虚中，天下無兵兵起，有兵兵罷大臣爲謀。《天官書》曰：昭明大而白，無角，乍上乍下，孟康曰：形如三足几，上有九彗上向也。所出國起兵多變。《荆州占》曰：昭明星出營室中，大臣爲亂，無兵兵起，有兵兵罷。

司危十一

《河圖》曰：熒惑之精，流爲司危。《春秋合誠圖》曰：白彗之氣，分爲司危。司危平非也，以爲乖事之徵。《春秋運斗樞》曰：機星散爲司危。孟康曰：司危星大而有毛，兩角。《荆州占》曰：司危顛太白，數動，察之赤。《洛書》曰：司危出，强國盈。《春秋緯潛潭巴》曰：司危主擊强侯兵也。《合誠圖》曰：司危如太白有目，以爲乖事之徵，見則主失法，期八年，豪傑起，天子以不義失國，有聲之臣行主德也。宋均注曰：聲，名稱也。《春秋緯考異郵》曰：司危見則其下國殘賊。《天官書》曰：司危星出正西方之野，星去地可六七丈而白，顛太白。一曰見兵起强。《天官書》曰：司危出非其方，下有兵衝，不利。《荆州占》曰：司危出則兵起，其下爲喪。

天攙十二

《河圖》曰：熒惑之精，流爲天攙。《春秋緯》曰：歲星退如西北，三月生天攙。郄萌曰：星出其狀白，小顛動，是謂攙星，一名斬星。孫炎曰：攙槍，妖星別名也。尸子曰：彗星爲攙槍也。《春秋緯潛潭巴》曰：天攙主煞時。甘氏曰：天攙見，女主用事者，其本爲主人。甘氏曰：天攙出西南，長數丈，左右鋭，出而易處。巫咸曰：天攙出，其國内亂。京房曰：天攙出，其下相攙，爲亂爲兵，赤地千里，枯骨藉藉。按班固《天文志》曰：孝文後二年正月壬寅，天攙夕出西南，後匈奴入上郡、雲中，漢起軍以衛京師也。郄萌曰：攙星出，即出兵，起出於東方，國益鄉皆然。班固《天文志》曰：天攙出，爲兵喪。《河圖》曰：太陽之精，赤烏七宿之域，有謀反，若悖心爲虐害，主失政者，期如占，皆以顛名之也。

五殘十三

《河圖》曰：五殘主奔亡。《河圖》曰：填星之精，流爲五殘。《春秋運斗樞》曰：旋星散爲五殘。《春秋合誠圖》曰：蒼彗散爲五殘，如辰星出角，陽失德，故生角。五殘者，五分也。故爲殘毁敗之徵。宋均曰：五殘五分彗，一本而五枝也。期九年奸興，三九二十七，亂大不可禁。《黄帝占》曰：五殘者，五行之變，出於東方，名曰五殘，木之氣也。宋均曰：五殘一曰五鋒。巫咸曰：五殘星出正東方之野，星狀顛辰星，可去地六七丈，大而白。《春秋合誠圖》曰：五殘，主乖亡。郄萌曰：五殘兵星也。《黄帝占》曰：東方有星，望之去地可六丈，大而

赤，察之中青，孟康曰：星表青氣，如有暈也。其顛歲星，是謂東方之野，星名曰五殘，出則兵大起。其出也，下有喪，北出則東方邦失地。《河圖》曰：五殘出，則宰司馬之輩萌。《河圖》曰：五殘出，四蕃虐，天子有急兵。《雒書雒罪級》曰：五殘六賊出，禍合天下，逆侵闕樞。《雒書兵鈐勢》曰：五殘起，野亂成。《雒書緯考異郵》曰：五殘備急。《考異郵》曰：五殘見則主誅，政去伯。郗萌曰：曰：五鋒星出翌，白帝亡也。《尚書緯運期授》曰：白帝亡也，五殘出。《春秋五殘見則國殘，起奔繫亡。《天官書》曰：五殘所出非其方，爲其下有兵衝不利。《荆州占》曰：五殘大而赤，數動，察之而青。《荆州占》曰：五殘出則兵起，其下爲喪。

六賊十四

《黄帝占》曰：六賊者，五行之氣，出於南方，名曰六賊，火之氣也。孟康曰：六賊星形如彗。《黄帝占》曰：南方有星，望之去地六丈，赤而數動，察之有光，其顛熒惑，是謂南方之野星，名曰六賊，出則兵起，其國亂。其出也，下有喪，出東方則南方邦失地。巫咸曰：六賊星見，出正南方之星，去地可六丈，大而赤，數動有光。《天官書》曰：六賊星所出非其方，爲其下有兵衝不利。

獄漢十五

《河圖》曰：填星之精，散爲獄漢。《春秋運斗樞》曰：權星散爲獄漢。《黄帝占》曰：咸漢者，五行之氣，出於北方，名曰咸漢，水之氣也。班固《天文志》曰：獄漢一名曰咸漢。《天官書》曰：獄漢星出正北，北方之野星，去地可六丈，大而赤，數動，察之中青。孟康曰：獄漢青中赤表，下有三彗縱横。《春秋合誠圖》曰：獄漢主逐王。《春秋潛潭巴》曰：獄漢主刺王。《黄帝占》曰：北方有星，望之可去地六丈，大而赤，數動，察之中青黑，其顛辰星，謂北方之野星，名曰咸漢，出則兵起。其出也，下有喪，出西則北方之邦失地。《雒書兵鈐勢》曰：獄漢動，諸侯驚。《春秋運斗樞》曰：獄漢出，陰精横。《天官書》曰：獄漢所出非其方，爲其下有兵衝不利。《荆州占》曰：獄漢出則兵起，其下爲喪。

大賁十六

《河圖》曰：填星之精，散爲大賁。《河圖》曰：大賁出，主暴衝也。

炤星十七

《河圖》曰：填星之精，散爲炤星。《河圖》曰：炤星主滅邦。又曰：炤星見，主滅亡。

紐流十八

《河圖》曰：填星之精，散爲紐流。《春秋緯》曰：紐流主伏逃。《河圖》曰：紐流動，天下嗷主自理，無所逃。

茀星十九

甘氏曰：茀星出東南，本有星，末顛茀，所當之國是受其殃。京房曰：茀星三角三年消，五角五年消，七角七年消，九角九年消。

唐·瞿曇悉達《開元占經》卷八六《妖星占中》 旬始占二十

《河圖》曰：填星之精，散爲旬始。《春秋運斗樞》曰：樞星散爲旬始。《説苑》曰：旬始五星，盈縮之所生也。《廣雅》曰：旬始，妖氣也。徐廣曰：旬始，蚩尤也。巫咸曰：旬始出於北斗傍，伏如雄雞，其怒青黑，象伏鼈。李奇曰：怒當爲弩。晉灼曰：弩，雌也，或曰怒則青色。按司馬長卿《大人賦》曰：垂旬始以爲慘兮，槽彗星以爲髾。謂此星也。《春秋合誠圖》曰：黄彗分爲旬始。旬始者，令起也。狀如雄雞，土含陽，以文白接精，象雞，故以爲立主之題，十年聖人起伏。宋均註曰：接，理也。題，識也。土含文采，故其氣理爲雞，取其知時。土數十也。起，作也。《春秋合誠圖》曰：旬始主争兵。《春秋考異郵》曰：旬始主亂。《春秋潛潭巴》曰：旬始主招横。《春秋考異郵》曰：旬始其下，必有滅亡，五姦争治，暴骨積骸，以子續食，見則臣亂兵作，諸侯爲虐。《黄帝占》曰：常以戊戌巫咸曰戊己。視五車中有奇怪曰旬始，狀如鳥，有喙而見者，明則兵大起攻戰，當其首者破死，欲爲之左右勿逆。《黄帝占》曰：旬始見天庫中，所向兵弗能當。《黄帝占》曰：旬始出見北斗，聖人受命，天子壽，主者有福。《文曜鈎》曰：旬始見行起北斗傍，期六十日，兵大起，上將軍出，帝自臨兵，期不出年。《春秋緯》曰：衆變並集旬始，昭天下有滅主，五姦争治。《春秋緯運斗樞》曰：辟之失樞，旬始出於五諸侯。《孝經章句》曰：有妖星在東井陰，名曰旬始。旬始出，主失國，入井則霜。郗萌曰：旬始出建星，水災並行，邊境起兵者，備水盜賊。班固《天文志》曰：旬始如鷩，見羣猾横盜。《玄冥占》曰：有星狀如雄雉，其色赤黄，名曰旬始，見則天下有兵，其國不寧，期三年。石氏曰：常以戊戌日，（一曰戊己。）視天軍中，有旬始星，狀如鳥，見者兵大起。攻戰，向其首者破，爲之左旋乃戰，常勿逆也。

擊咎二十一

《河圖》曰：填星之精，散爲擊咎。《河圖》曰：擊咎出，臣弄主。一曰臣禁主。《河圖》曰：擊咎主大兵。《文曜鈎》曰：擊咎守軫，耀百尺，爲相誅滅。

《河圖》曰：土精斗七星之域，以長四方八卦之内，司空之位有謀反，若盜虐者，期如上占。

天杵二十二

《河圖》曰：太白散之精爲天杵。石氏曰：天杵主牸羊。

天拊二十三

《河圖》曰：太白之精，散爲天拊。《河圖》曰：天拊主擊殃。

伏靈二十四

《河圖》曰：太白之精，散爲伏靈。《河圖》曰：伏靈主領讒。郗萌曰：伏靈出，天下亂復治。

大敗二十五

《河圖》曰：太白之精，散爲大敗。《河圖》曰：大敗主開衝。韓楊曰：大敗出，擊咎謀。

司姦二十六

《河圖》曰：太白之精，散爲司姦。《河圖》曰：司姦主見妖。

天狗二十七

《河圖》曰：太白之精，散爲天狗。《黄帝占》曰：天狗者，五星氣合變，出西南，金火氣合，名曰天狗。孟康曰：天狗星有毛，旁有短彗，下有如狗刑者。按《三秦記》曰：驪山西有白鹿原，周平王時白鹿出是原，原上有狗枷保。秦襄公時有天狗枷來下，民保，其上有賊，天狗則吠而護之，故一保無患也。《抱朴子》曰：有黑氣如牛馬入其軍者，名天狗，下食血，其軍必敗。《廣雅》曰：天狗，妖氣也。《河圖》曰：天狗主候兵。《春秋緯》曰：天狗主討賊。《春秋緯》曰：天狗流，五將開。石氏曰：西北有星，長三丈而出，水金氣交，名曰天狗。《荆州占》曰：西北三星大而白，名天狗，見則大兵起，天下飢，人相食。按辛氏《秦州》記：乙伏韓歸獵於康狼州，見天上如有十丈餘絳直下，山川草木皆赤。相氣者云：天狗下。後遂破呂保足也。石氏曰：天狗所下之處，必有大戰，破軍殺將，伏尸流血，天狗食之，皆期一年，中二年，遠三年，各以其所下之國以占吉凶。郗萌曰：西北有三大星，出如日狀，名曰天狗。天狗出，人相食。一曰昭明下則爲天狗，天狗所下，兵大起，流血。郗萌曰：星出其狀赤白有光，下即爲天狗，其下小小有足，所下之地，必流血，國易政。按《山海經》曰：金門之山有赤犬，名曰天犬，其所下有兵。郭璞註曰：《周書》云：天狗所止地，蓋頂餘光飛天爲流星，長數十丈，其疾如風，聲如雷，走如電。吳楚七國反時，過梁野。《鴻範五行傳》曰：七國之兵戰於梁地，故狗先降梁壘，以見其象也。狗者，守圉之類也。天狗所降，以戒守圉。班固《天文志》曰：孝文帝後二年八月，天狗下梁野，是歲誅反者周殷長安市。吳楚攻梁，梁王堅守，遂伏尸流血其下也。七年六月，文帝崩。班固《天文志》曰：哀帝定平元年正月丁未，日出時有著天白氣，廣如一疋布，長十餘丈，西南行，讙如雷，西行一刻而止，名曰天狗。《傳》曰：言不從則有狗禍到。其四年正月二月三月，民相驚動，讙譁奔走，傳行詔籌祠西王母。《兵書》曰：兩敵相望，其雲氣如牛馬狀，頭低尾仰，名曰天狗，勿與戰。《荆州占》曰：天狗犯弧星，大將有千里之行，若貴人多死。

天殘二十八

《河圖》曰：太白之精，散爲天殘。《春秋緯》曰：天殘主貪殘。

卒起二十九

《河圖》曰：太白之精，散爲卒起。《河圖》曰：卒起見，禍無時，諸變有萌者，臣運柄。《河圖》曰：卒起王虐亡河，少陰之精，大司馬之類，白虎七宿之域有謀反，若戾虐爲害，主失秋政者，期如上占禍應之。

枉矢三十

《河圖稽燿鉤》曰：辰星之精，散爲枉矢。《荆州占》曰：填星之精，變爲枉矢。《春秋運斗樞》曰：幾星散爲枉矢。《説苑》曰：枉矢之星，盈縮之所生也。《鴻範五行傳》曰：枉矢者，弓弩之象也。枉矢之所觸，天下之所伐，滅亡之象也。巫咸曰：枉矢類大流星，色蒼黑，蛇行，望之如有毛目，長數丈著天。《春秋合誠圖》曰：枉矢主反萌，黑彗分爲枉矢。枉矢者，射星也。水流蛇行，含明，故有毛目。陰合於四，故長四。又水生木，其怒青黑，水滅火，其精沉，故以爲謀反之徵。在所流，受者滅，皆爲天子之詳。陰道於六期六年，萌二十四年，天子以兵亡，所已議見起。《春秋緯》曰：枉矢主射愚。又曰：枉矢流射所謀。《河圖》曰：枉矢東流，天下恐。《洛書》曰：枉矢出，夏桀滅。《尚書中候》曰：夏桀無道，枉矢射。《河圖真紀鉤》曰：人君邪暴專己，則枉矢動。《洛書説徵示》曰：枉矢射心，山崩，火燔宫。《雒書雒罪級》曰：枉矢射，主以兵去。《易緯辨終備》曰：枉矢流，隱謀合，國雄逃。《詩緯》曰：枉矢流，天降喪亂。《詩緯含神務》曰：白之亡，枉矢流。《尚書運期授》曰：白之亡也，枉矢射參。《尚書緯》曰：枉矢流，天射王。《春秋緯》曰：黄之亡，有枉矢下流到地，上屬天，下以兵亡，天子凶。《春秋緯》曰：枉矢芒，臣不忠，民不良。《春秋緯》曰：枉矢

或東或西，五穀不升，民流亡。《春秋潛潭巴》曰：枉矢或南或北，無聚衆，伐敵國。《春秋潛潭巴》曰：枉矢守虚，卑國以實，尊國虚。《春秋潛潭巴》曰：枉矢守填星，民多事，其大芒也，黄德昌。《春秋潛潭巴》曰：枉矢黑，軍士不勇，疾流腫。《春秋緯運斗樞》曰：枉矢出，射所誅。《春秋運斗樞》曰：黄帝行失，則枉矢出，射所謀。謀易失樞之主，故以枉矢射之。《春秋考異郵》曰：枉矢見則謀反之兵合。《考異郵》曰：枉矢而流射，伐秦以亡。《春秋漢含孳》曰：枉矢流，主見射。《春秋佐助期》曰：枉矢流射，黜滅不詳。《孝經鉤命決》曰：亂蔣蔣，枉矢出。《孝經援神契》曰：枉矢射，匿謀强。《論語摘輔像》曰：虚王反度，則枉矢合。《海中占》曰：枉矢類流星，望之有毛目，長可一疋布，皎皎著天，見則大兵起，大將出，弓弩用，期三年。石氏曰：枉矢射心，地陷備虚狼。郗萌曰：枉矢出東井，邊境起兵，火災並行，受者備火盜賊。《說苑》曰：秦二世立，枉矢夜光。郗萌曰：枉矢射參，秦以亡，一曰帝亡。班固《天文志》曰：枉矢所觸，天下之所伐射，滅亡之象也。按《宋書·天文志》曰：晉元帝大興三年四月壬辰，枉矢出虚危，没翼軫。永昌元年三月，王敦率江荆之衆來攻京都，六軍距戰，敗績，於是殺護軍將軍周顗、尚書令刁協、驃騎將軍戴弼，又鎮北將軍劉隗出奔。四月，又殺湘州刺史譙王承、鎮南將軍甘卓。閏十一月，元帝崩，間一年，敦亦梟，枉矢之應。班固《天文志》曰：枉矢流，以亂伐亂。按：《宋書·天文志》曰：晉元康六年六月丙午夜，有枉矢在斗魁東南行，是後趙王殺張華，廢賈后，以理太子之寃，遂自篡，以至屠城。光熙元年五月，枉矢西南流，是時司馬越西破河間，奉迎大駕，尋收繆胤，和綏等，肆其無君之心，天下惡之。及死而石勒焚其屍柩也。班固《天文志》曰：項羽救鉅鹿，枉矢西流。占曰：枉矢所觸，天下之所伐射，滅亡象也。物莫直於矢，今蛇行不能直，矢而枉者，執矢者亦不正，以象項羽執政亂也。羽遂合從，坑秦人，屠咸陽。司馬彪《天文志》曰：孝靈中平中夏，流星赤如火，長三四尺，起河鼓，入天市，抵觸宦者，星色白，長二三尺，後尾再屈，食頃乃滅，狀似枉矢。占曰：枉矢流，發其官射，所謂矢當直而枉者，操矢者邪枉人也。中平六年，大將軍何進謀盡誅中宦。中宦覺，於省中殺進，俱兩破滅，天下由此遂大壞亂。

破女三十一

《河圖》曰：辰星之精，散爲破女。《河圖》曰：破女見，羣臣皆誅。《河圖》：曰破女主勝之符。

拂樞三十二

《河圖》曰：辰星之精，散爲拂樞。《河圖》曰拂樞動亂，駭擾無調時。《河圖》曰拂樞主制時。

滅寶三十三

《河圖》曰：辰星之精，散爲滅寶。《河圖》曰：滅寶起，相得之。《河圖》曰：滅寶主伐之。

繞綖三十四

《河圖》曰：辰星之精，散爲繞綖。《春秋緯》曰：繞綖主亂孳。

驚惺三十五

《河圖》曰：辰星之精，散爲驚惺。《河圖》曰：驚惺主相署。

大奮祀三十六

《河圖》曰：辰星之精，散爲大奮祀。《河圖》曰：大奮祀主招邪。韓楊曰：大奮祀出，主安之。《河圖》曰：太陰之精，玄武七宿之域，有謀反，若恣虐爲害，主失冬政者，期如上占禍應之。《春秋緯》曰：五精潛潭，皆以類逆，所犯行失時指下，臣承類者乘而害之，皆滅亡之徵也。入天子宿，主滅諸侯五伯謀。

天鋒三十七

宋均曰：天鋒彗象矛鋒者也。《春秋合誠圖》曰：天鋒主從横。宋均曰：天下横從，則天鋒星見。《洪範五行傳》曰：漢昭帝始元元年，鋒星出西方，出天市東門，行過河鼓，入營室中，占曰：有亂臣戮死。後左將軍上官桀、子驃騎將軍安與燕王謀反，誅死。

燭星三十八

石氏曰：燭星狀如太白，其出也不行則見，不久而滅。孟康曰：燭星上有三彗上出。石氏曰：燭星所出邑反。甘氏曰：燭星出東方，其所出者兵不勝；出南方，有兵，王者亡地；出西方，其國有喪，兵勝；出北方，其所出者兵勝。《天官書》曰：燭星所燭者城邑亂。《荆州占》曰：燭星所出，有大盜，不成。《荆州占》曰燭星青，有憂事，不吉，赤有華事，黄蓋地，白有歡事。班固《天文志》曰：孝昭五年四月，燭星見奎婁間，占曰有土功，胡人死，邊城和。六年築遼東玄菟郡，二月度遼將軍范明友擊烏丸還。

蓬星三十九

《荆州占》曰：蓬星一名王星，狀如夜火之光，多即至四五，少即一二。一曰蓬星，在西南，脩數丈，左右鋭出而易處。《聖洽符》曰：有星其色黄白，方不

過三尺，名曰蓬星，見則天下道，術士當有出者，布衣之士貴，天下太平，五穀成，人民寧，期一年，遠二年。甘氏曰：蓬星出北斗，諸侯有奪地，以地亡，有兵起星所房者，期不出三年。郗萌曰：蓬星出太微中，天子立王，期不出三年。班固《天文志》曰：漢昭帝始元中，漢宦者梁成恢及燕王候星者吴莫如見蓬星，出西方天市東門，行過河鼓，入營室中。恢曰：蓬星出六十日，不出三年，下有亂臣戮死於市。班固《天文志》曰：孝景中三年六月壬戌，蓬星在房南，去房可二丈，大如二斗器，色白；癸亥在心東北，可長丈所；甲子在尾北，可六丈；丁卯在箕北近漢，稍小，且去時大如桃；壬申去，凡十日。占曰：蓬星出，必有亂臣。房心間，天子宫也。是時梁王欲爲漢嗣，使人殺漢諍臣袁盎，漢誅梁大臣，斧鉞用，梁王恐懼，布車入關，伏斧鉞謝罪，然後得免。《荆州占》曰蓬星出北斗魁中，王者坐賊死，若大臣諸侯有受誅者。《荆州占》曰：蓬星出見於東方東南東北，不大旱則大水，五穀不收，糴貴十倍，人相食。《荆州占》曰：蓬星出司命，王者疾死。何法盛《中興書》曰：晉孝武太元二十年九月，有蓬星如粉絮，東南行，歷女虚危，至哭星，明年而烈宗崩。韓楊曰：蓬星出北斗中，大臣諸侯有受兵者。

長庚四十

司馬遷《天官書》曰：長庚如一疋布著天。此長庚非《詩》所謂西有長庚者。司馬遷《天官書》曰：長庚見則兵起。

四填四十一

巫咸曰：四填星出陽，去地六丈餘。司馬遷《天官書》曰：四填出地，可四丈。《荆州占》曰：四填星大而赤，去地二丈，當以夜半子時出。《荆州占》曰：四填星見，十月而兵起。又曰：四填星見，四隅皆爲兵起其下。

地維藏光四十二

《黄帝占》曰：地維藏光者，五行之氣出於四季土之氣也。《荆州占》曰：有星出，大而赤，去地二三丈，如月始出，是謂地維藏光。《黄帝占》曰：四隅有星，望之可去地四丈，而赤黄摇動，其類填星，是謂中央之野星，出於四隅，名曰地維藏光。出東北隅，天下大水；出東南隅，天下大旱；出西南隅，則有兵起；出西北隅，則天下亂兵大起。《天官書》曰：地維藏光見，下有亂者亡，有德者昌。

女帛四十三

《黄帝占》曰：女帛者，五星氣合之變，出東北，木水氣合也。石氏曰：東北有星，長三丈而出水，水氣交，名曰女帛，見則天下兵起，若有大喪。《荆州占》曰：東北有三丈星出，名曰女帛。女帛出，天下有大喪。

盜星四十四

《黄帝占》曰：盜星，五星氣合之變。出東南，木火氣合也。石氏曰：東南有星，長三丈而出，木火氣交，名曰盜星。《荆州占》曰東南有三星出，名曰盜星，見則天下有大盜，多寇賊。

積陵四十五

《黄帝占》曰：積陵者，五星氣合之變，出西北，金水氣合也。石氏曰：西南有星，長三丈而出《荆州占》曰：有三星，乃火星出。金水氣交，名曰積陵，見則其下隕霜，兵水並起，五穀不成，人民飢。《荆州占》曰：天下穀十倍。

瑞星四十六

《黄帝占》曰：瑞星者，五星氣合之變，出與金木水火合於四隅也。石氏曰：四隅有星，大而赤，察之中黄，數動，長可四丈，此土之氣，効於四季，名曰四隅瑞星，所出兵大起，有土功。正月出，十月起兵；二月出，十一月起兵；三月出，七月起兵；四月出，九月起兵。皆期三年，中五年，遠七年。

昏昌四十七

《黄帝占》曰：有星出西北，氣青赤，以環之，中赤外青，名曰昏昌，見則天下兵起，國易政，先起者昌，後起者亡。高十丈，亂一年；高二十丈，亂二年；高三十丈，亂三年。

華星四十八

甘氏曰：有星出西北，狀如有環，名之曰華星。華星見西南，諸侯有失地，西北國。

白星四十九

郗萌曰：有如星非星，狀如削瓜，有勝兵，名曰白星。白星出，爲男喪。

菟昌星五十

石氏曰：西北菟昌之星，其有青赤環之，有殃，青爲水。此星見，天下易。

格澤五十一

《黄帝占》曰：格澤者，炎火之狀。《天官書》曰：格澤，星也。上黄下白，從地而上，下大上鋭，見則不種而穫。《天官書》曰：不有土功，必有大客至。必有大客鄰國來者，期一年，遠二年。《廣雅》曰：格澤，妖氣也。《玉歷》曰：格澤氣赤如

火，炎炎中天，上下同色，東西絚天，若於南北，長可四五里，此熒惑之變，見兵起其下，伏尸流血，期三年。《史記・天官書》曰：格澤星者，如炎火之狀，黄白，起地，而下大上鋭。其見也，不種而穫，不有土功，必有大客。

歸邪五十二

巫咸曰：如星非星，如雲非雲，名曰歸邪。李奇曰：邪音蛇。孟康曰：有兩赤彗上向，上有蓋，狀如氣，下連星。司馬遷《天官書》曰：歸蛇見，必有歸國者。

濛星五十三

蕭子顯《晉書》曰：明帝大明三年十二月，夜有赤氣如牙旗，長短四面，西南最多。按天文占，此爲濛星，一曰刀星，亂之象。大興末及此再見，王敦、蘇峻之禍，其應切矣。《宋書・天文志》曰：宋孝武大明三年正月夜，通天薄雲，四方生赤黄氣，長三尺，乍没乍見，尋皆消滅，占曰：名濛星，一曰刀星，天下有兵，戰鬬流血。時南兖州刺史竟陵王誕尋據廣陵反，遣車騎大將軍沈慶之領羽林勁兵，及豫州刺史宗殼、徐州刺史劉道降衆軍攻戰及屠城，城内男女，道降梟斬靡遺。七年正月夜，又通天薄雲，四方合，有八氣，蒼白色，長二三尺，乍見乍没，亦名曰濛星，一名刀星。占曰天下有兵。後二年，帝崩，大臣將相誅滅，皇子被害，昭太后崩，四方兵起，公遣諸軍推鋒外討。

唐・瞿曇悉達《開元占經》卷八七《妖星占下》 天垣一

天垣星在角宿中。出月左方，日在甲寅，歲星將出而不出，其與日合二十日，其未出二日，必有災，雲蒼赤黑色，三物厭日之光，青色之星有兩青方在其旁出而生。天垣之星所指之國消主死，政星變色而青，期三年。

天樓二

天樓星在亢宿中。出月左方，日在甲寅，歲星將出而不出，其與日合三十日，其未出三日，必有災，雲蒼赤黑色，三物厭日之光，青色之星有兩青方在其旁出而生。天樓之星長八十尺一本八丈。所指之國穀糴大貴，法星變色而青，期三年。

天棖三

天棖星在氐宿中。出月左方，日在甲寅，歲星將出而不出，其與日合四十日，其未出四日，必有災，雲蒼赤黑色，三物厭日之光，青色之星有兩青方在其旁出而生。天棖星一本長十丈。所宿之國，有立王，一本云地。令星變色而青，期三年。

首若四

首若一本真若。星在房宿中。出月左方，日在甲寅，歲星將出而不出，其與日合五十日，其未出五日，必有災，雲蒼赤黑色，三物厭日之光，青色之星有兩青方在其旁出而生，首若之星六七尺，一本六丈。所指之國亡地，煞星變色而青，期二年或三年。

天荆五

天荆星在心宿中。出月左方，日在甲寅，歲星將出而不出，與日合六十日，其未出六日，必有災，雲蒼赤黑色，三物厭日之光，青色之星有兩青方在其旁出而生。天荆之星所指之國亡，戰不勝，主死，伐星變色而青，期三年。

天根六

天根星在尾宿中。出月左方，日在甲寅歲，星將出而不出，其與日合七十日，其未出七日，必有災，雲蒼赤黑色，三物厭日之光，青色之星有兩青方在其旁出而生。天根之星所指之國大亡地，戰敗，星變色而青，期三年。

天槍星七

天槍星，在箕宿中。出月左方，日在甲寅，歲星將出而不出，其與日合八十日，其未出八日，必有災，雲蒼赤黑色，三物厭日之光，青色之星有兩青方在其旁出而生。天槍之星長數丈，所指之國有兵，大軍破，應星變色而青，期一年。

端下八

端下星，在斗宿中。出月左方，日在壬寅，辰星將出而不出，其與日合二十日，其未出二日，必有災，雲黑黄青色，三物厭日之光，黑色之星有兩黑方在旁出而生，端下之星所指之國大破，將死，政星變色而黑，期六月。一本云或十二月一月。

商若九

商若一本云天蒿。星，在牛宿中。出月左方，日在壬寅，辰星將出而不出，其與日合二十五日，其未出二日，必有災，雲黑黄青色，三物厭日之光，黑色之星有兩黑方在其旁出而生。商若之星長三四尺，所指之國大水，敗，兵起，法星變色而黑，期一年。

天杵十

天杵一本云天林。星，在女宿中。出月左方，日在壬寅，辰星之變而不出，其與日合三十六日，其未出三日，必有災，雲黑黄青色，三物厭日之光，黑色之星有兩黑方在其旁出而生。天杵之星長七八尺，所指之國軍破將死，令星變色而黑，期一年。

天麻十一

天麻星，在虚宿中。出月左方，日在壬寅，辰星將出而不出，其與日合三十五

日，其未出五日必有災，雲黑黃青色，三物厭日之光，黑色之星有兩黑方在其旁出而生，天麻之星長七八尺。一本云四五尺。所指之國破亡，煞星之變色而黑，期六月。

天杖十二

天杖一本天社。星，在危宿中。出月左方，日在壬寅，辰星將出而不出，其與日合四十日，其未出四日，必有災，雲黑黃青色，三物厭日之光，黑色之星有兩黑方在其旁出而生。天杖之星長十餘丈，勾曲所指之國兵，主死，伐星變色而黑，期二年。

天攙星十三

天攙星，在室宿中。出月左方，日在壬寅，辰星將出而不出，其與日合四十五日，其未出四日，必有災，雲黑黃青色，三物厭日之光，黑色之星有兩黑方在其旁出而生。天攙之星長五六尺，所指之國破亡，危星之變色而黑，期三年。

天英十四

天英星，在壁宿中。出月左方，日在壬寅，辰星將出而不出，其與日合五十日，其未出五日，必有災，雲黑黃青色，三物厭日之光，黑色之星有兩黑方在其旁出而生。天英之星長一十丈，所指之國軍破亡地，應星變色而黑，期三年。

白舊十五

白舊星，在奎宿中。出月左方，日在庚寅，太白將出而不出，其與日合十日，其未出一日，必有災，雲白赤黑色，三物厭日之光，白色之星有兩白方在其旁出而生。白舊之星所指之國，亡地主死，政星變色而白，期一年。

星十六

星在婁宿中。出月左方，日在庚寅，太白將出而不出，其與日合二十日，其未出二日，必有災，雲白赤黑色，三物厭日之光，白色之星有兩白方在其旁出而生。星所指之國亡，必有大喪，有水災，法星變色而白，期一年。

糞星十七

糞一本牆星。星在胃宿中。出月左方，日在庚寅，太白將出而不出，其與日合三十日，其未出三日，必有災，雲白赤黑色，三物厭日之光，白色之星有兩白方在其旁出而生。糞星長十餘丈，一本丈餘。所指之國內亂，令星變色而白，期一年。

林若十八

林若一本作彗。星，在昴宿中。出月左方，日在庚寅，太白將出而不出，其與日合四十日，其未出四日，必有災，雲白赤黑色，三物厭日之光，白色之星有兩白方在其旁出而生。林若之星長十餘丈，一本七尺。所指之國破亡死喪，煞星變色而白，期一年。

若彗十九

若彗星，在畢宿中。出月左方，日在庚寅，太白將出而不出，其與日合五十日，其未出五日，必有災，雲白赤黑色，三物厭日之光，白色之星有兩白方在旁出而生。若彗之星長七八尺，所指之國內亂亡地，伐星變色而白，期三年。

箒星二十

箒星，在觜宿中。出月左方，日在庚寅，太白將出而不出，其與日合六十日，其未出六日，必有災，雲白赤黑色，三物厭日之光，白色之星有兩白方在其旁出而生。箒星長四尺，所指之國內亂亡地，危星變色而白，期六月。一本六年。

若星二十一

若星，在參宿中。出月左方，日在庚寅，太白將出而不出其，與日合七十日，其未出七日必有災，雲白赤黑色，三物厭日之光，白色之星有兩方在其旁出而生。若星所指之國大敗，戰不勝，應星變色而白，期二年。

蚩尤二十二

蚩尤星，在井宿中。出月左方，日在丙寅，熒惑將出而不出，其與日合三十日，其未出三日必有災，雲赤青黃色，三物厭日之光，赤色之星有兩赤方在其旁出而生。蚩尤之星長十七丈，一本丈餘。其下有大戰，政星變色而赤，期二年。

赤若二十三

赤若，在鬼宿中。出月左方，日在丙寅。熒惑將出而不出，其與日合四十日，其未出四日，必有災，雲赤青黃色，三物厭日之光，赤色之星有兩赤方在其旁出而生。赤若之星其下有死亡流血戰敗，法星變色而赤，期二年。

天雀二十四

天雀，一本赤雀，在柳宿中。出月左方，日在丙寅，熒惑將出而不出，其與日合五十日，其未出五日，必有災，雲赤青黃色，三物厭日之光，赤色之星有兩赤方在其旁出而生。天雀之星所指之國敗亡，令星變色而赤，期三年。

天惑二十五

天惑，在星宿中。出月左方，日在丙寅，熒惑將出而不出，其與日合六十日，其未出六日，必有災，雲赤青黃色，三物厭日之光，赤色之星有兩赤方在其旁出而生。天惑之星三角，一本云四角。長三尺，下旱，有兵起，所指之國亡，煞星變色

而赤，期一年，遠二年。

官張二十六

官張星，在張宿中。出月左方，日在丙寅，熒惑將出而不出，其與日合七十日，其未出七日，必有災，雲赤青黄色，三物厭日之光，赤色之星有兩赤方在其旁出而生。官張之星三角，而勾所指之國主死，伐星變色而赤，期一年。

晉若二十七

晉若之星，在翼宿中。出月左方，日在丙寅，熒惑將出而不出，其與日合八十日，其未出八日，必有災，雲赤青黄色，三物厭日之光，赤色之星有兩赤方在其旁出而生。晉若之星所指之國破亡，危星變色而赤，期三年若四年。

天陰二十八

天陰星，在軫宿中。出月左方，日在丙寅，熒惑將出而不出，其與日合九十日，未出九日，必有災，雲赤青黄色，三物厭日之光，赤色之星有兩赤方在其旁出而生。天陰之星所指之國亡，應星變色而赤，期三年。

折若二十九

折若，一本云彗出月左方，日在戊寅，填星將出而不出，其與日合四十日，其未出四日，必有災，雲黄赤青色，三物厭日之光，黄色之星有兩黄方在其旁出而生。折若之星長五尺，所指之國亡，政星變色而黄，期六年，遠九年。

天拂三十

天拂星出月左方，日在戊寅，填星將出而不出，其與日合五十日，其未出五日必有災，雲黄赤青色，三物厭日之光，黄色之星有兩黄方在其旁出而生，天拂之星所指之國兵，法星變色而黄，期三年。

天翟三十一

天翟星，出月左方，日在戊寅，星將出而不出，其與日合六十日，其未出六日必有災，雲黄赤青色，三物厭日之光，黄色之星有兩黄方出其旁而生。天翟之星四角而勾，中央有星長四尺五尺，所指之國小敗，令星變色而黄，期二年或三年。

天樞三十二

天樞星，出月左方，日在戊寅，填星將出而不出，其與日合七十日，其未出七日，必有災，雲黄赤青色，三物厭日之光，黄色之星有兩黄方在其旁出而生。天樞之星三角，而勾所指之國戰敗，煞星變色而黄，期一年或二年。

天從三十三

天從星，出月左方，日在戊寅，填星將出而不出，其與日合八十日，其未出八十日，必有災，雲黄赤青色，三物厭日之光，黄色之星有兩黄方在其旁出而生。天從之星長六七尺，一本云七八尺。所指之國亡，伐星變色而黄，期二年或三年。

天罰三十四

天罰或作伐。星，出月左方，日在戊寅，填星將出而不出，其與日合九十日，其未出九日，必有災，雲黄赤青色，三物厭日之光，黄色之星有兩黄方在其旁出而生。天罰之星所指之國中見大敗，危星變色而黄，期二年或五年。

天社三十五

天社一本天上。星，出月左方，日在戊寅，填星將出而不出，其與日合一百日，其未出十日必有災，雲黄赤青色，三物厭日之光，黄色之星有兩黄方在其旁出而生。天社之星天下大亂，所指之國亡，應星變色而黄，期一年。

唐·瞿曇悉達《開元占經》卷八八《彗星占》 候彗孛法一

《黄帝占》曰：候彗星之法，當以五寅之日視瓮水，中見兩方氣在日旁，則彗將出矣。其與北斗之星各有所主，乃視氣之五色相象而定之。其彗星之出，以寅日見日旁，有青方氣在日旁，此歲星之精將欲爲彗。以寅日見赤方氣在日旁，此熒惑之精將爲彗。各以五色氣候之，是則五星將欲爲彗之變，先見其氣，後見其彗。彗星見而長，天子死，五都亡，賤人昌，無道之君受其殃，期不出三年。石氏曰：候彗災應之法，各以十二辰所出之地各屬相連，衝破之下當有兵誅。假令彗星出室壁而依戍地，奎本魯分，室壁衛分，衛於寅尾，箕燕分，破於辰，角亢鄭分，明魯有兵誅於此國，他皆倣此。巫咸曰：歲星行東行南，六十日不還，以初去日六月；彗星出東北，六十日不還，以初去日六月；棓星出西北，六十日不還，以初出日六月；欃星出西南，六十日不還，以初去日六月；搶星出，乍東乍西，乍南乍北，天狗出，必有兵革。巫咸曰：辰星出四季，彗星出。郗萌曰：太白與日共合，同舍七十日，生彗星。郗萌曰：熒惑守箕三月，彗星出。《荆州占》曰：歲星逆行過度宿者，則生彗星。一曰天棓，二曰天槍，三曰天欃，四曰茀星。此四者皆爲彗。陳卓占曰：熒惑守心，期三十日，彗星出。陳卓曰：填星守熒惑，期三十日，彗星出。齊伯曰：填星出入以舍斗五十日不下，彗星出。

彗孛名狀占二

《春秋文耀鈎》曰：辰星散爲茀。《説苑》曰：欃搶彗棓，皆五星盈縮之所

生。《荆州占》曰：彗星者，君臣失政，濁亂三光，五逆錯變氣之所生也。《呂氏通紀》曰：彗星者，天地之之旗也。《淮南鴻列》曰：彗星者，天之忌也。《春秋演孔圖》曰：海精死，彗星出。《春秋考異郵》曰：鯨魚死，彗星合。《淮南子》曰：彗星出。宋均曰：是將有兵相煞之祥也。《春秋考異郵》曰：臣之恣，地動星孛。京房曰：君爲禍，則彗星出。鄭玄曰：彗星主掃除。石氏曰：凡彗星有四名，一名孛星，二名拂星，三名掃星，四名彗星。其狀不同，爲殃如一。其出不過三月，必有破國亂君，伏死其辜。餘殃不盡，當爲飢旱疾疫之災。其星日行一尺，二十日而入，此彗星之行也。文穎注《漢書》曰：孛彗長三星其占略同，然其形象小異。孛芒短，其光四出，蓬蓬孛孛也；彗其光芒長，參參如掃彗；長星其光芒有一直指，或竟天，或十丈，或二三丈，無常也。大法孛彗星多爲除舊布新，改易君上，亦爲火災，長星多爲兵革。《史記·淮南王傳》曰：建元六年，彗星見，淮南王安心怪之。或說王曰：先吳軍起時，彗星長數尺，然尚流血千里。今彗星長竟天，天下兵當大起。王心以爲上無子，天下有變，諸侯並争，愈益治攻戰具，遂謀反。《黄帝占》曰：彗星出見，本類星，長可二三尺，其炎如氣，黄白，孛孛然，名孛星，見則天下兵起，臣謀其主，必有亡國，期不出三年。《黄帝占》曰：彗星出見，本類星，長可一丈，其炎頭散下垂，狀如毛拂，名曰拂星，見則天下亂，兵大起，强臣有謀，有走主，其君失地，近一年，中三年，遠五年。《黄帝占》曰：彗星出見可二丈至三丈，形如竹木枝條，名曰掃星。三丈已上至十丈，名曰彗星，彗掃同形，長短有差，殃災如一，見則掃除凶穢，必有滅國，臣弑其君，大兵起，國易政，無道之君當之，期三年，中五年，遠九年。《石氏》曰：掃星者，逆氣之所致也，枝條長短如彗星之形，出居二十八宿及中外官，三日七日或三十日或五十日常不滅，彗孛出而即滅，掃除凶穢，除故布新，故言掃星。董仲舒曰：孛星者，彗星之屬也。《偏指》曰：彗芒氣四出，曰孛孛者，孛孛然也，謂之孛者，言其暗昧不明之貌也。一說云孛即彗也，彗星所敝爲孛，《春秋》言星孛者皆彗敝也。按《史記》曰：齊景公三十二年，彗星見，景公坐柏寢歎曰：堂堂誰有此乎！羣臣皆泣。晏子笑，公怒。晏子曰：臣笑羣臣諛甚。景公曰：彗星出東北，當齊分野，寡人以憂。晏子曰：君高臺深池，賦歛如弗得，刑罰恐弗勝，孛星將出，彗星何懼乎！公曰：可禳否？晏子曰：使神可視而來，亦可禳而去也。百姓苦怨以萬數，而君令一人禳之，安能勝衆口乎？推此言，則孛之爲災，踰於彗也。劉向《鴻範傳》曰：孛星者，非孛星惡氣之所生也，內不有大亂，則外有大兵。其所以孛孛曖曖者，亂之象也；不明之表，又參然孛焉，兵之類也，故聖人名曰孛。孛者，猶有所妨蔽，有所傷害也。《荆州占》曰：彗星其象如竹彗樹木枝條，長短無常。《黄帝占》曰：彗星出行犯守外舍，當先知逆順，入宿深淺，去之遠近久速，觀其五色，察其動静，及以喜怒揚變色，皆爲殃咎。守之去速災輕，守之久災重，各隨所在之宿命其國以占吉凶。《黄帝占》曰：彗孛所干歷百日以上，期三年；百五十日以上，期五年；二百日以上，期七年。《黄帝占》曰：彗星出見其國，大人亡。見一旬，期三月，十日見三十日，將當之，期三年；見五十日，相當之，期五年；見七十日，人主當之，期七年若九年，災必應。《春秋緯》曰：諸彗內官皆爲內謀，曝骨將將，死尸滿谿，血流千里，出外宿不加內官，禍小起。《巫咸占》曰：彗星入列宿中外者，各以其所部舍官名爲其事，所之者爲其謀，其下之國皆受其禍，以所守之舍爲其期，以五氣相賊者爲其決。《海中占》曰：彗長五尺以至一丈，期三月若十月；一丈以至三丈，期三年；三丈以至五丈，期五年；五丈以至十丈，期七年；十丈以上，期九年。《荆州占》曰：彗星見久，災深大；其短淺爲災小。《黄帝占》曰：彗星者，所以除舊布新，掃滅凶穢。其象若竹彗樹木枝條，長大而見則災深期遠，短小而見則災淺期近，皆爲兵飢水喪亡國之殃。按班固《天文志》：始皇之時，十五年間彗星四見，久者八十日，長或竟天，後秦遂以兵內兼六國，外攘四夷，死人如亂麻。韋昭《洞紀》曰：《洛書兵鈐勢》曰：彗星出，野骨捐。《春秋演孔圖》曰：彗星出則國樞蹶。《演孔圖》曰：彗星東出，長八丈，天下更政。《春秋文曜鈎》曰：彗星孛填街塞路，九州粉擊，庶人爲主。《春秋運斗樞》曰：彗星見，後曲象旗，則王者伐枉逆。《春秋運斗樞》曰：星之孛，臣威孳，兵粉擊，滅國謀。《春秋保乾圖》曰：星孛脩强圉，黜臣所欲。又曰：星孛，兵變。石氏曰：彗星出而長，名曰白旗，喪氣也，當視旗之所指所掃衝破之下必有兵喪，其國滅亡，大人受殃，各以衝互爲期。前互爲近期，衝破爲中期，後互爲遠期，皆不過五七九，災必應。石氏曰：掃出，狀如上有烏，赤色，此謂有憂，黑者羣臣有賊，掃所在之下，主亡國。石氏曰：掃出狀如小木，長三丈，其本有黑，二三丈，其本有赤，見居四維，此謂爲謀，其歲兵發。石氏曰：掃出，狀如直竹，長二三丈，其尾鋭，白色，此謂天下喪，天子死，亡國，朝不慶，諸侯亡。石氏曰：掃出狀如直竹，長二三丈，赤色，尾鋭，此謂出急令，兵戰以見，諸侯不德。石氏曰：掃出，諸侯誅，皆在其國受殃，指亦然。石氏曰：蓬掃出見者飢，有兵，亡地。四方蓬掃出，其狀如太白，蓬長三丈，指。欒掃見兵起大亂；蕖掃見者，禾稼就；蒲掃見，兵起於境上，軍戰不勝；杵掃出，大將起反，人主凶；竹掃見，爲兵。甘氏曰：彗茀見則女主有用事者，其本爲主人。甘氏曰：

彗掃水之精，出則不過一年，天下水，及有飢，星所在宿其邦尤甚。甘氏曰：彗星春夏出爲飢，水，秋冬出爲人主自將兵，若大喪。又曰：冬春見爲小凶，夏秋爲大凶。甘氏曰：彗星其枝條長爲兵爲喪，短爲水爲飢，其見一旬，期三月。京房曰：彗星出爲飢兵，臣下失中和，故出彗掃除之。按韋昭《洞紀》曰：漢安帝三年，彗星見，四年，勃海鮮卑磨懷反，掠遼東三縣地，平原賊起，攻官寺長吏，西羌匈奴侵邊，又旱也。劉向《鴻範傳》曰：彗星者，天所以去無道而建有德也。按《春秋左氏傳》曰：昭公二十六年，齊有彗星，齊侯使禳之，晏子曰：無益也，祇取誣焉。天道不謟不貳其命，若之何禳之？且天之彗也，以除穢也，君無穢德，又何禳焉？若德之穢，禳之何損？乃止。郗萌曰：彗星短爲飢爲兵，向下爲土功，所見之邦當之。《荆州占》曰：彗星昏見，其國受兵。一曰必亡國滅軍。不然必有死主。按《晏子春秋》曰：景公謂晏子曰：寡人聞彗星出，其所向之國當之。今彗星向吾國，我是以悲。晏子曰：君穿池欲深廣，爲臺欲高大，誅戮如仇讐，又將出彗星，寧可拒乎？公乃填陂池，滅臺榭，薄賦歛，緩刑罰。三十七日彗星亡矣。韋昭《洞紀》曰：周貞定王七年，彗星見。八年，貞定王崩。周元王二年，彗星見，其年魯哀公卒。《幽明録》曰：晉太元末，長星見，孝武心惡之，夜在華林園中飲酒，因舉杯屬星曰：長星勸爾一杯酒，自古亦何時有萬歲天子耶？帝亦尋崩也。《荆州占》：彗星出，必有反者，兵大起，其國亂亡。一曰不出一歲，天下大水，其邦尤甚。《荆州占》曰：彗星見則敵國兵起，得人者勝。按《尉寮子》曰：昔楚將軍城父子公子心與齊人未合戰，其日夜彗星出，柄在齊。柄之所在，勝不可擊。子心曰：彗星何衝？以彗鬬者，周知而列之。明日與齊人戰，大破之。《玉歷》曰：彗星出見，是謂天地相靡，其分受兵，必有亡國，若有死主，期不出三年。按韋昭《洞紀》曰：周赧王十年十二年十九年，彗星見。後秦取周之地，彗星之應也。《巫咸占》曰：彗星有出者，皆是五星之象，以其所出宿以命五行所屬之象。出於木宿，歲星之象；出於火宿，熒惑之象；出於土宿，填星之象；出於金星，太白之象；出於水宿，辰星之象。見於二十八宿中外官變色揚芒，怒而與五星合鬬，此皆大兵之衝，破國之殃，臣淩其君，下不伏上，天下不順，故致此災。審以五色察之，決知存亡之事。《海中占》曰：蒼彗主滅不義，少陽之精，司徒之類，蒼龍七宿之域，有起反，若恣虐爲害，主失春政者，以出時衝爲期，皆主君之敗也，大人滅。《春秋緯》曰：蒼彗木精出見而生芒，主逆陽，失天常，則日蝕明消。此星出，期三年，五侯破天子，若兵。《春秋緯合誠圖》曰：蒼彗破神明。《河圖》曰：黑彗主涿州，太陰之精，玄武七宿之域，有謀反若恣虐爲害，主失冬政者，期如上占，禍應之，入天子之宿，主滅諸侯位五伯謀。《春秋緯》曰：彗水精，賊起，則水決江河，期二年。其出赤，世以水害。亡水害者，以類發難也。近四遠八，以其禍行。《河圖》曰：白彗主斬强，少陰之精，大司馬之類。白如上占，禍應之。《春秋緯》曰：白彗金精，如鋒刃，長四丈，見則將軍逆，期二年兵作。《春秋合誠圖》曰：白彗主臣權，一曰專權。《河圖》曰：赤彗主滅五卿，太陽之精也，朱鳥七宿之域，有謀反若恣虐爲害，主失夏政者，期如上占，皆類名之。《河圖》曰：赤彗火精，如火耀，長七尺，賊起，强圖恣虐，期三年。《春秋合誠圖》曰：赤彗滅五卿。《河圖》曰：黄彗主女亂，皆土精，斗七星之域以張四方，八卦之内，司空之類，有謀反若恣虐爲害者，期如上占。《春秋緯》曰：黄彗如正見，一本云如重雲。則主女害，妃嬪有以色擢上，奪於后妃，期一年。彗星孛，見於四方。《黄帝占》曰：彗星出東方，諸侯有起覇者，若有兵飢。按韋昭《洞紀》曰：漢武元狩三年春，有星孛於東方，匈奴入右北平、定襄，煞掠數千人。後元二年七月，有星孛於東方，冬，匈奴入朔方，煞掠人民。《吴志》曰：嘉禾五年十月，彗星見東方，都陽賊彭旦等爲亂。《晉朝雜事》曰：武帝太康二年九月，彗星見東方，十一月，鮮卑磨懷反，掠遼東三縣地。《河圖》曰：彗星出東方，河逆決，將相代主，有與天子並治者。按《古洪範天文星辰變占》：魯哀公十三年冬十一月，有星孛於東方，其後楚滅陳國，田氏簒齊，六卿分晉也。《易坤靈圖》曰：彗星自東方出，蒼萌動功。《春秋緯》曰：彗星出東方，争明，光見金代蒼，北，皆天子之異，大小之類，各應其邦。《春秋感精符》曰：星孛於東方，言陰奪陽，臣代主，以兵相滅，以勢相乘，天下變易，帝位久空，人人傲倖，布衣縱横，禍未定息，主滅亂起，陰動争明之異也。按韋昭《洞紀》曰：漢武建元六年八月，有星孛於東方，長竟天門，後越王邪攻南越，趙王恢擊之，未至，越人殺邪。《春秋運期授》曰：蒼，帝亡也，大〔闕〕亂，彗東出。《春秋保乾圖》曰：彗星出東，君臣争明。《春秋緯》曰：星茀於東方，將軍謀主，主兵去，代主治，行天子之權。巫咸曰：彗星出東方，其下發兵與天子争，人主亡。京房曰：星孛於東，則骨肉欲簒，近北邊國入於西，則兵大起，蠻貊戰，經東西方，民病不救之，則致日蝕，既下謀。《荆州占》曰：彗星出東方，將軍有謀人主者。《黄帝占》曰：彗星出北方，將軍有謀欲代其主，若臣行不順而致。《洪範大文星辰變占》曰：漢武建元六年六月，有星孛於北方。及淮南王安反，服誅。《易坤靈圖》曰：彗星自北方出，色黑動功。《春秋緯》曰：彗掃星出北方，諸侯起覇。郗萌曰：彗星出北方，長八九丈，名勉功。勉功出，天下更致。石氏曰：掃在北，狀如雞，聖人受兵，强國發兵，諸侯争權，人主凶。《黄帝占》曰：彗掃茀出西

方，天下有兵，夷狄大勝，中國大敗。按《宋書・天文志》曰：晉成帝咸和四年七月，星孛於西北，二十三日滅。十二月，郭默殺江州刺史劉胤，荆州刺史陶侃討默。明年斬之。石勒又始僭號。《易坤靈圖》曰：彗星自西方出，白萌動功。《春秋運斗樞》曰：彗星出西方如鉤，長可四丈，名曰天攙。《晉書》曰：彗星出西方，長可二三丈，名曰天槍，受之者其國方有土功。《洪範天文星辰變占》曰：漢宣帝地節元年正月，有星孛於西方，去太白二丈所，占曰：太白爲大將軍，彗孛加之，掃滅象也。明年，大將軍霍光薨。後二年，光家夷滅。《荆州占》曰：彗星出西方，命曰天棓。《黄帝占》曰：彗掃星出南方，天下大亂，無有君上，兵飢並起。《易坤靈圖》曰：彗星自南方出，赤萌動功。石氏曰：彗星出東南，其本類星，末類彗，長可二三丈至一丈，名曰天槍，受之者其國內亂，兵起宫中，王者憂之。甘氏曰：彗星出東南方，狀茀，長一丈，所受之者其國有喪，內亂。甘氏曰：彗掃東，東南國大人死，七十日主當之，五十日相當之，四十日將當之。《荆州占》曰：彗星出東南長二丈以上，爲其國內亂。《春秋運斗樞》曰：彗星出東北，名曰天棓。石氏曰：彗星出東北，其本類星，末類彗，長可四五尺若一丈，名曰天攙，受之者其國有戮死者，大臣貴人當之。甘氏曰：掃星見東北，名曰天棓，受之者其國君有戮。石氏曰：彗星出西北，本類星，末類彗，長可四五尺至一丈，名曰天棓，受之者大亂，兵大起，若女主有憂，有大水，其年民飢。巫咸曰：彗星出西北如鉤，長可四五丈，名曰天攙，受之者國內亂。《荆州占》曰：彗掃出西北，其本類星，末類箒，長三丈以上，其內亂按《魏志》曰：毌丘儉爲鎮東都督日，與楊州刺史文欽善。正元二年正月，有彗星數十丈西北竟天起於吴楚之分，儉、欽喜以爲己祥，遂矯太后詔罪狀大將軍司馬景王，移諸郡國，降兵大反。石氏曰：彗星出西南，本類星，末類彗，長可二三丈。名曰掃星，受之者其國兵大起，將相有死者，邦易政，人主有憂。按韋昭《洞紀》曰：漢景二年，有星孛於西南。四月壬午，太后薄氏崩也。石氏曰：掃出西南，有本類星，末類彗長三丈以上，其國有土功。《春秋緯》曰：彗星出中央，正在人上，一本長四丈也。命曰天罰，受者國有喪。石氏曰：彗星出中央，正在人上，其本類星，末類彗星，長可五六尺至一丈，名曰天戈，天下兵也，人主亡，受者其國有大喪，人民飢亡。凡五彗出見，皆期三年，中五年，遠七年九年。《荆州占》曰：彗星見中央，正出人上，長三四丈以上，其國內喪。《魏氏圖》曰：箒星東去，西南指，海中兵起，欲敗中國也；西去而東指，羌胡入界，煞人災也；南去而北指者，天下人死半邦也；北去而南指，天下水没城郭，地陷崩也。《魏氏圖》曰：東行西指，越兵大起，得所出國，民排患也。《魏氏圖》曰：南行西北指者，其國天豐。《孝經內紀》曰：彗星東北行西南指者，所出國中大要爲亂也。魏氏圖曰：西行東指者，國塞外兵入國，爲大起兵。魏氏圖曰：北行南指者，其國中禍大起也。魏氏圖曰：西行東南指者，國中大惡爲亂。《孝經雌雄圖》曰：彗星四出，按圖文横如十字而四尾並散也。滿天下有知之士就高而居之也，無知之士流爲糞土，耕於山脅。《彗星圖》曰：蒺藜星出，天下大旱，赤地五百里，無生草也。兩彗俱見，彗有芒角五。《孝經雌雄圖》曰：兩彗俱見者，天子歲再赦。一曰北向指者，一歲再赦也。《孝經內記》曰：二彗星起南指者，所出國大血流道。《洛書摘亡辟》曰：三彗俱起，海內少男子。《春秋元命包》曰：彗星四出，滅六王。《洛書摘亡辟》曰：彗星四出，滅六王。《荆州占》曰：彗星四出，竟天，人主亡徵也。《洛書》曰：五彗並出，太白入午，白虹貫能，主省尚可治。《春秋緯》曰：五彗俱出，聖君起，則獲麟執授紀。巫咸曰：五彗俱出，侯稱王，天下大亂，兵起四方，諸侯同謀，人主亡，除舊布新，掃去凶殃，更立明君，天下大昌，期百八十日，遠一年。又曰：五彗出東方，人主坐之，聖人起亦然。《荆州占》曰：五彗俱出，天下兵起，人主亡。《春秋緯》曰：彗星五芒，禍之極効之徵也。《春秋考異郵》曰：彗星之芒臨京都，主以賞罰不行，偏任見犯。

元・馬端臨《文獻通考》卷二八一《象緯考四》 又曰：變星，《天官書》及《漢》、《晉》、《隋誌》所載紛雜，象位色占或相抵迕。蓋祥妖之所繫，知者不傳，傳者不真。往哲先賢，心口相授，不著之書，以爲國之重事，故也。今訂其繁重，削其繆妄，定正其數而存其名。《晉》、《隋誌》又載漢京房《風角書》云，五緯所生妖星三十五，旁各有五色方雲，常見月左右。木火金水，各生所屬宿中，惟鎮星所生無所從出。又載《河圖》説云，五緯之精，散爲妖星又三十五。既多複出不可考，而其分隷亦往往傳會難信云。

元・脱脱等《宋史》卷五二《天文志五》 天棓星乃歲之精，主奮争。天槍如彗，出西方，長二三尺，名天槍，主破國。天猾主招亂。天欃出西方，長數丈，主國亂。蚩尤旗類彗而後曲，主兵。天衝狀如人，蒼衣赤首，不動，主下謀上，滅國。國皇大而赤，去地三丈，如炬火，主內寇。及登主夷分，主恣虐，且見則主弱。昭明如太白，光芒不行，主兵、喪。司危，《天官書》如太白，有目，去地可六丈，大而白，其下有兵，主擊强。五殘如辰星，去地六七丈，其下有兵，主奔亡。六賊去地六丈，大而赤，有光，出非其方，下有兵、喪。獄漢青中赤表，下有三彗，

去地可六丈，大而赤，數動。大賁主滅邪暴兵。燭星主滅邪。絀流主伏逃。茀星、昴、孛星主災。旬始出北斗旁，如雄雞，見則更主。擊咎主大兵，有反者，大亂。天杵主牂羊。天柎主擊殃。伏靈見則世亂。天敗主鬭衡。司姦主見怪。天狗有毛，旁有短彗，下如狗形，見則兵饑。天殘主貪殘。卒起有謀反，主驚亡。枉矢色黑，蛇行，望之如有毛目，長數匹者，見則兵起，破女君臣憂，上下亂。拂樞主制時。滅寶主伐亂。繞綎主亂孽。驚理主相屠。大奮祀主招邪。

天鋒彗象，形似矛鋒，見則兵起，有亂臣。昭星有三彗，兵出，有大盗不成，又主滅邪。蓬星大如二斗器，色白，出東南方，東北主旱，或大水。長庚星如一匹布著天，見則兵起。四填大而赤，可二丈，爲兵。地維臧光星如月，始出，大而赤，去地二丈，東南，旱；西北，兵；出東北，大水。老子星色白，爲善爲惡，爲饑爲凶，爲喜爲怒。誉頭星有雲如壞山墜，所墜下有覆軍流血。積陵出西南，長三丈，主兵，小饑。昏昌出西北，氣青赤色，中赤外青，主國易政。莘星出西北，狀如環，大則諸侯失地。白星如削瓜，主男喪。菟昌有赤青環之，主水，天下改易。濛星赤如牙旗，長短四面，西南最多，亂之象。長星出西方。

元·李克家《戒事類占》卷一四 彗，五彗也，蒼則王侯破，天子苦兵。赤則賊起，强國恣。黄則女害權奪后。白則將軍逆，二年兵大作。黑則水，江河決，賊處處起。彗星世所謂掃星，本類星，末類彗，小者數寸，長或竟天，見則兵起，大水，主掃除，除舊布新，有五色，各依五行本精所主。彗體無光，假日而爲光，故夕見則東指，晨見則西指，在日南北皆隨日光而指，頓挫其芒，或長或短，光芒所及則爲災。又曰：其象若竹彗樹木條，長短無常，其長大見久災深，短小見不久災狹。《河圖》云：歲星之精流爲蒼彗，熒惑散爲赤彗，填星散爲黄彗，太白散爲白彗，辰星散爲黑彗。五色之彗，各有長短，曲折應象。

兩軍相對彗星見，隨彗所指擊之者勝。彗星行者事小，止者事大，各以分野占之。彗星昏見，其國受兵。彗星出，有叛者兵起其國，一曰不出一歲天下大水，其邦尤甚。彗星見後曲象旗，則王者討伐四方。彗星見，敵國兵起，得本者勝。彗從中出，尾向東。天下人民死，上殺下也。尾向北，天下相殺，向南亦然。尾向西南三處，逆臣動。尾向東南，人不安。尾向西北，臣弑君，西北者乾位。尾向東北，胡夏不和。四尾相連，天下太平，君臣有德。彗出兩尾，天下囚徒反。二彗竝現，天下大亂，一年主赦。

彗星犯乾不移，國災亢旱，人民有難，一年内應。犯坎不移，兵起，一年内應。犯艮不移，五穀不收，人民不安。犯震不移，民亂，五穀無收，凶。犯巽不移，有陰謀事，二百日内應。犯離不移，兵亂，旱災，一年内應。犯坤不移，反逆之兆，一年内應。犯兑不移，君王離位，一年内應。

彗犯角亢至近不移，主大風，有哭痛聲，人民饑，一年内應。犯氐房心不移，宋國水災，兵戈，大亂，三百日内應。犯尾箕，不移，燕國大兵起，人民饑荒，三百日内應。犯斗牛女不移，吴越兵起，人民荒亂，水災，一年内應。犯虚危不移，蝗蟲災，傷人民，大亂，一年内應。犯室壁不移，水災漂流，人民散亂。犯奎婁近不移，魯地有兵起，人民離亡，疾疫，一年内應。犯胃昴畢近不移，趙魏有火災，妖孽鬼祟作害，饑荒，一年内應。犯觜參井近不移，晉地大兵起，亢旱，饑饉，一年内應。犯鬼柳近不移，秦地大兵起，人民災，三百日内應。犯星張近不移，周地有兵，人民疾疫，一年内應。犯翼軫近不移，楚地有賊，大亂，三年内應。【略】

八怪星

一毛頭星，一曰彗星，又曰掃星，形如掃帚，色似白雲，如赤土獨，尾指處大凶，見則不過一年，夷狄兵起，中國荒亂。又曰白氣穿心，上如披頭，百物消耗，亂兵爲害。又曰從起處一道白氣長三五丈如箒，不出百日國内兵起，合主喋血。二帶劒星，一曰毛，一曰懸刀，一曰仗刀，形如刀，色似白雲，如赤土，尖鋒指處大凶，見則不過一年，主兵奸臣作亂。又曰白氣一條穿心斜貫，兵起作亂，宜先進戰。又曰有一道氣色，百日内兵起，先動者勝。三銀鎗星，一曰神錐，一曰昊鉤，形如短鎗，色似白雲，尖指處大凶，主夷狄來侵，盗起，天下亂。又曰白氣一條穿心直貫，兵起四方，擾害天下。又曰有氣穿星而過，長三五丈，形如神鎗，不過六十日兵起，侵越疆界。四張弓星，一曰射弓，一曰破射，形如弓樣，如初月，色似白雲，尖指處大凶，見則不過二年兵起，天下大亂。又曰氣焰如弓架箭以射，兵起民災，後終有功。又曰形如弓拽滿起立當心，中國兵起以威天下，靖亂定難。五神叉星，一曰神鎗，一曰神戟，形如叉，色似白雲尖指處凶，見則不過一年，國内大亂，又曰星焰上出末開兩丫大兵起，亂主將乖疑，又曰下一道氣色見不過四十日，國内大亂死亡相藉。六拖練星，一曰長庚，一曰短帶，形如拖練，色似白雲，尖指處大凶，見則不過一年，草寇興兵。又曰星垂白氣如練，兵革起亂國，主凶災。又曰從起處有氣色一道如舒綿，不過九十日國亂兵起民逃。七拋毬星，一曰長人頭，一曰數月，形如圓月，色似白雲，見則不過一年，天子離宫，人民失業。又曰旋頭上圓下披，見則兵亂，人死如山。又曰從起處發一道氣，色細微如

練長三二丈，號曰抛毬，不過五六十日兵大起。八旗鎗星，一曰懸纛，一曰擔旗，形如旗鎗，色似白雲，見則一年內兵起國亂。又曰星焰上起，斜如擔旗，邊兵作亂，血戰無休。又曰其氣一道，如人肘搶上面氣如遮大旗。其星若於夜起，從營寨上見，主營中不過三更有血也。此星見者，百日內四夷兵起，中國大亂，殺人如麻。

明·傅汎際《寰有詮》卷六　論元行大小　疏四行之體，其所居愈高，則其體愈大。爲證有五：一、論寰宇當然之理，貴者宜大。四行之所愈高，厥性愈貴，則在上者必大於在下者。二、亞利云，各行之分所化他行之分之比例，是即各行之全所化他行之全之比例。今土之一分化而成水之十分，則水之大於土者十倍。而水以上之二行依各相比之例，其體之大俱倍勝於在下者。三、水大於土，四海足證。又地內水多，井河足證。故設聚海河諸水成一圜形，其大必過土圜之大。四、氣大於水，孛彗爲證。蓋依亞利與諸窮理者之論，孛彗成象在於氣域，其所居之高似與列宿共在一處，因而有謂孛彗在天乃天體所成者，謂氣域不踰二百六十里。余以高山驗之，山雖甚高，其距火域必遠。若非甚遠，火將灼焉。今福島之得逆利弗山高踰二百二十四里，可見火域尚遠，而氣域必非前數可限。五、火大於氣。蓋火因炎燥能化諸物以增壯其本體，則其大於相接之氣可知也。

究論元行，其謂居愈高則體愈大者，未必盡然。今試以土較水，則土固大於水也。測海者除穌額未亞與般多海及路洗大尼與迤西巴尼，其水極深，莫測其底，其餘海洋深不過十五里耳。測量之學，地徑二萬八千六百三十六里零九分里之二，則雖合天下諸水聚一圜形，終不及地圜之大也。或問水所見之面比地所見之面孰大。曰其説有二，一謂水面倍於地面，二謂地面水面所見正等。余謂人既經多許島，亦日遇多許新地，水與地所見之面終莫審其孰大。止據人所知見，則前説似是也。

論氣行循天文學，其厚二百六十餘里，蓋土氣升至最高以顯彗孛之象，彗孛所見即氣限也。若使氣域更高，則此從土上升之乾氣當必更騰而高，而孛彗所見亦當更高於今所測者。今測孛彗之所僅高二百六十餘里，則當定以此數爲氣域限。

或謂土升所止之處不可爲氣域之限，蓋氣域之限尤高，但彼處逼近於火，其氣極熱，土升至此即爲火化，不能呈孛彗之象也。曰其然。但孛彗所見更上之域爲其極熱極乾，雖存氣，模其情與火不異，故超越孛彗以上皆可謂火。繇此而推，氣域之厚幾何尚未可定。

元火之體從孛彗呈象之域至月天，其厚六十萬二千八百九十里也，顧論四行之體者，不必以其所居之高而謂大於居下者，土行之厚過於水氣二行。

所謂形性愈貴其體愈大者，此論不然。如凡含生之形性其貴踰於四行，然而四行之大豈不遠過含生者之大耶？或謂愈貴愈大之説，惟總四行諸天而言，此亦非也。蓋論寰宇當然之美，四行與天相稱之序切要有二：一、愈貴者其所愈高；二、其所愈高者包含在下形體之面愈廣。此二者從地至靜天諸純體皆然。

或謂人目所見之水面不能廣於地面，則謂其所愈高所含在下之面愈廣者，殆未必然。曰論水土受造之原，勢水行全包土行，然而造物者欲令生齒得有所居，故命水退聚成海，命土出見成地也。所謂各行之分，視所化之分。云者曰亞利惟云設令土行全化成水，其大十倍於今之水。設令水行化而爲氣，氣行化而爲火，其例皆然。

所謂孛彗所見，云者曰人望孛彗似以爲其居甚高，與星不異然，而當據實理，不據人目，緣目有差，理無差也。福島山頂甚高，然距土氣所呈孛彗之所尚四十里有奇，不受火化，況火之元行其體精微，力非猛烈乎？

明·徐光啓《新法算書·月離曆指卷四》　孛者，悖也。是爲月行之最遲，一悖也。又逆經度行，二悖也。又違天左旋，三悖也。曆家遂以當彗孛，謬甚矣。彗孛非時之變象，豈有行度可指可推乎？

清·鄭光祖《一斑録》卷一　彗星之體通明，如玻璃、水晶，故能借日之光於其背日一面發光。如彗低於日則見長，高於日則見短，再高則其星隱。客星，非常之星也。孛星光四出，亦皆低而見、高而隱。

清·張廷玉等《明史》卷二七《天文志三》　彗之光芒，傅日而生，故夕見者必東指，晨見者必西指。孛亦彗類，其芒氣四出，天文家言其災更甚於彗。

清·李善蘭、偉烈亞力《談天》卷一一　古人以彗星之行，速率甚大而無法，恒隱而忽見，光或甚巨，異於常星，故恒目爲災異，人皆畏之。雖智者不免焉。今始知其行與繞日諸星同理，未嘗無法，然其狀及功用，亦未能深悉，又有難解者數事，如尾其一也。凡此俱俟後賢深考之。

彗之見於史者，多至數百次。意古時未有遠鏡，所見者彗之大者耳。近代

遠鏡日精，大率每年必見一二彗，甚或二彗三彗並見於一時，故知彗之數必多至數千。有彗晝在地平上，則不能見，惟日食既方見之。漢宣帝元康四年日食，見大彗在日旁，事載賽乃加所著書。又有數彗光最大，正午亦能見，載於史者，明建文五年、嘉靖十一年、近道光二十三年諸彗皆是也。而前古漢初元五年，羅馬國主該撒亞古士督新嗣位，大會臣民，陳百戲，賽祀鬼神，彗忽晝見。時前主該撒儒略死未逾時，國人皆謂彗即儒略之神也，至作詩歌詠其事。

凡彗之頭，大率爲大光體，其狀不一定，中心一點最明，如一行星，或如一恒星。背日之面發長光二道，近頭合爲一，或不合，漸遠頭漸闊漸散，其本末略似流星後之光，或似火箭後之光，是謂尾。亞利斯多託周威烈王五年之彗，尾長六十度。而近代萬曆四十六年之彗，尾長一百零四度。康熙十九年之彗，尾長七十度，或云九十度。乾隆三十四年之彗，尾長九十七度。道光二十三年之彗，尾長六十五度，乃嘉慶二十四年之彗也。此彗不甚大，然不難目見之。

彗非恒有尾，有光甚明而尾短不顯者，有體甚大而絶無尾者。萬曆十三年，乾隆二十八年二次所見彗是也。葛西尼言康熙三年二十一年二次之彗爲正圜形，甚清晳，若木星然。彗或有數尾者，乾隆九年之彗有六尾，如摺扇狀，長三十度。道光三年見一小彗二尾，其交角約一百六十度，一尾背日，光更明，一尾幾向日，稍淡。凡彗之尾，恒微曲向後，若有力撓之。

凡小彗非遠鏡不能見者甚多，或無尾，望之若正圜或橢圜之星氣，漸近中心漸厚，疑無實體。女士密哲勒於道光二十七年八月二十七日，用一百倍力之遠鏡，測一彗正過五等恒星，不能言其質何邊爲厚。此恒星地面霧氣高十餘尺，尚能掩之，而隔彗望之甚明晳，此彗非實體之證。彗雖大，不見有朔弦望之象，然借日光而明，無可疑者。蓋彗乃薄氣積成，能透日光，故内外通明也。竊意彗體甚小，而包體之氣甚大，體與氣俱受日光而明，則上三事俱非難解矣。譬如日落時，天半之霞，通體光明，以彗之薄比之此霞猶是實體也。故以目視彗，疑爲實體，用遠鏡察之，知非實體。或中心有一點更明者，意是實體耳，此實體甚小，其攝力不能收束所包之氣，故氣漲，甚大甚薄也。假如地球之質積變小，僅賸千分之一，則攝外氣之力亦變小，僅得千分之一，其氣必漲大，多二千倍，或不止二千倍，蓋氣距中心愈遠，攝力愈小故也。然氣雖大，必仍包其中體，此理僅能解彗氣之薄，至其尾當別有理也。

彗之頭，其外體或似煙，或似霧，或似雲，可以上條理解之。尾之本包頭，而與頭不相連，望之若雲二層，中有空處，其狀如水漚，其曲勢合拋物線，頭在内近漚之頂，如圖，此可明尾分爲二之故。人於地斜望其漚，故愈近邊光愈深。

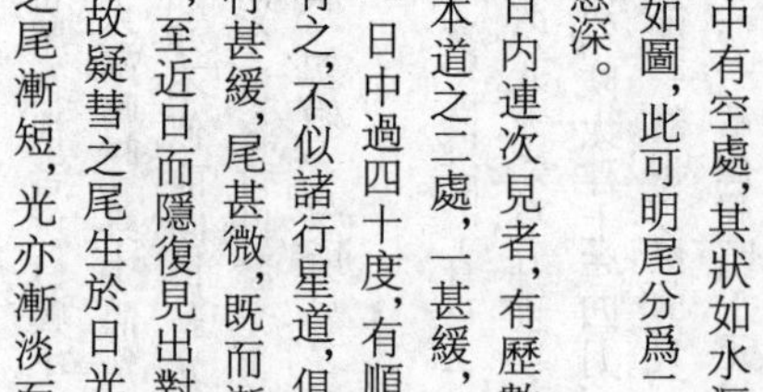

彗之行一若無法，有數日内連次見者，有歷數月見者，有行甚緩，有行甚速，亦有於本道之二處，一甚緩，一甚速者。明成化八年之彗，其最速時一日中過四十度，有順有逆有曲折。又諸彗之道，徧天空皆有之，不似諸行星道，俱近黄道一帶也。有初見光甚淡而小，行甚緩，尾甚微，既而漸速，光漸明大，尾出漸大，甚長且甚明，至近日而隱復見出對邊。大率過卑點後光最大，尾亦最長，故疑彗之尾生於日光也。又過卑點後，其行先速後遲，久之尾漸短，光亦漸淡而小，以至不見。

若不知攝力之理，則彗之行無法能解之。奈端已考明繞日諸體，皆依圜錐諸曲線而行，因悟彗星道亦必依此理。康熙十九年之彗尾長，且近日，用以驗其理最便，因測之，果合。其道爲橢圜而極長，與拋物線幾無别，日居其一心。彗之行道所過面積，與時有比例，與行星無異，此後人皆信之，無復疑者。

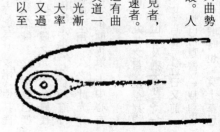

凡有彗星見，大率三次測其赤道經緯度，以推其橢圜道或拋物道之大小及方向，即可定其諸根數，曰最卑點之經度，曰正交點之經度，曰與黄道交角度，曰半長徑，曰兩心差，曰過最卑之時，及繞日順逆行，大略皆與行星同。諸根既定，即可依法推其全道，而更測驗以考其合否。考驗之法，此爲最嚴。

拋物線爲圜錐上橢圜與變曲線二線分界處之一線，即長徑大至無窮之橢圜，彗所行橢圜道大率極長，故見時其所行道依拋物線推之，不覺其不合。然彗有再見者，若其道爲拋物線，則已過最卑後，不能復回，而或入於恒星中，或滅於天空，安能再見耶？今測得彗星行橢圜道者居多。此等彗若不因行星攝動，令道大變，必永爲太陽之屬星。或疑有彗行雙線道者，但未有二人詳推其道而得實證。彗星道之根數已知，則無論何時，距地球數及尾之實方向亦可知，故其頭之實徑，尾之實長實廣俱不難推。今取已推得者，録數則於此，以廣見聞。康熙十九年之彗，過最卑點後僅二日，奈端測其尾，已長一億七千萬里。推其最長時，必至三億六千萬里。乾隆三十四年之彗，其尾長一億四千萬里。嘉慶十六年之彗，其尾長三億一千萬里，其頭在透光氣中，了了可見，與尾不連，實徑一百

六十萬里。其質漲大至此，以意度之，必不能復斂，其中心質積微，攝力甚小故也。凡彗數次復見，其尾漸小，或亦因此也。

康熙二十一年有彗見，尾長三十度，好里測其過最卑，得諸根數，與嘉靖十年萬曆三十五年二次之彗根數略同，意必一彗也。其再見約計七十五或七十六年，因言乾隆二十四年必再見。及期將至，天學家俱欲驗其言。或恐因大行星攝動，必生差，格來羅依奈端攝力之理，推得因土星攝動，當退後一百日，因木星攝動，當退後五百十八日，并之，得六百十八日，乃依根數預推其時，内減此日數，謂見時當在乾隆二十四年清明前後二月之中。既而二月十四日，彗星果見，在清明前二十四日。其後精曆算者復預推其再見過最卑之時，大慕鎖推得道光十五年九月十四日，邦的古浪推得九月十七日，陸孫白推得九月二十一日，立曼推得十月初七日，而陸孫白、立曼二家，細考康熙二十一年、乾隆二十四年測簿，又細推諸行星之攝動，故人更信之。六月三十日，立曼以所推刊板傳送。閏六月十一日，羅馬天氣清朗，最先見之，若淡星氣然，與陸孫白所推是日當在之處不差一度。二十六日，人共見之，所過之道略與所推合。九月二十六日，過最卑，後其行向南，北半球不能見。十六年正月至三月，俱見於南半球，至三月二十日而隱。此彗因好里所測定，即名好里彗云。

好里彗道光間見時，遠鏡較乾隆時力更大，而統地球皆測之，故考察最詳。初見時距日甚遠，僅若小圜星氣，微橢，無尾，有一點較明，不在中心。八月十一日，尾初發，逐日漸大。至十四日，長四五度。二十四日，至二十度，爲最長。既而漸小。至九月初八日，僅長三度，十五日二度半，意未至最卑點，其尾已隱，過最卑點口，俄羅斯之波羅咯有人測之，不言有尾也。當八月十一日尾初發時，其中體忽明，向日之面發光一道，未幾即隱，既而復發。至十七日其勢更猛，既而時隱時發，以至不見。其光之狀及方向變化不定，連二夜無時或同，有時爲一道，距中體不遠，有時爲扇形，有時或二道，或三道，或多道，發於各方向，【略】見光道擺動於向日線之左右，一若指南針擺動於午線之左右。其光之本甚明，距中體稍遠即暗，散入空中而不見。其形曲向後，若煙或水氣出小孔，遇風不能常之狀。天學家據此，立彗星例若干條如左。

一、凡彗之中體，受日之熱必發氣。其氣於彗體包力小處洩出，條條直射。意此氣洩時，必有令彗倒退力，而彗行之方向，必因之微變。

一、中體發氣，必在向日之面，故洩出之方向恒對日。

一、氣洩出，日有力推之令退至中體之後，行甚遠，而成尾之質。

一、彗之質，有不變氣者，有變氣而包中體，以成頭及鬚者。

一、日推氣成尾之力，與攝力異，而較攝力更大。何則？此氣洩時，有中體漲力，又有彗之木行力，而退後甚速，故知推力甚大，蓋推力能銷盡此二力，尚有餘力，推氣令急向後也。

一、若彗之攝力，不大於一切萬物之攝力，尾必離彗而去。竊意尾離彗中體如是之遠，中體如是之小，其攝力必不能攝定之。然則彗每近日一次，必稍減體中成尾之質，久之，能令洩出之氣漸少，而其狀漸似行星。

一、續彗尾發至甚遠，意必散於天空，而不能回聚至中體，故每過最卑點一次，必稍減中體成尾之質，因成尾之質，不受日之攝力，而受日之推力，則減餘之質，受日之攝力必益大，與體質之多少爲反比。行道爲橢圜，每過最卑點一次，其周時必減小於前一次之周時，至受日推力之質盡去而止。好里彗過最卑後二月不見，至十二月初八夜始復見，其狀大異於前，尾已無，以目望之，大如四五等星，而薄若星氣，用大力遠鏡窺之，爲小光面，徑二分强，外有氣包之，鬚甚多，其面内近心處，有中體，略明，背日發一短光線。彗離日稍遠，鬚速滅，若面食之，而其面驟變大。初九及十二日，依彗距地，以分微尺測而推之，其光面變大之比，若一與四十比，從此漸大漸薄，以至不見，其不見由於無光可測，非關遠也。變大時，其面背日之半，略變長，其全形作拋物線狀。向日之半，恒有明晢之界，而底變淡難辨。意此時若光未滅，亦能見其發尾，但其面漸大漸暗，故惟見其後，有若尾之根者。目與小力遠鏡，俱能察之，而彗已極遠，數夜遂不見。拋物包漸大漸暗時，其中體無大變，但所發之光線，漸變長而明，其方向合拋物體之軸，亦不似前向日發光時變化無定也。竊意若前日之向日發光，爲養尾之用，則今日之背日發光，必爲收尾之用。久之，此光亦漸變暗。又末一夜所見之狀，如始一夜所見之狀，一若小圜星氣，近中心有光點也。

彗之見於史者，中有若干次，或疑即一彗。一爲康熙十九年之彗，推得其周時爲五百七十五年。其前一次，北宋崇寧五年正月，時君士但丁及猶太亦見之，故中西史中俱載焉。又前一次，陳太建七年四月，史載正午見彗。近日又前一次，前漢初元五年，彗晝見，意即一彗也。又前有二次，一載古希臘書，一載和馬詩。此時之曆不甚明，今推之，一當在周頃王元年，一當在殷時也。英士韋思

敦，謂此彗昔行近地時，成挪亞之洪水云。

續此類之彗，所見者罕，前所記者，可爲典要。因格細辨所記康熙十九年彗星之理，其内有諸行星攝動之力，依所推得者，言其周時既爲五百七十五年，則無有橢圜道能合之，故憶度其周時，當爲八千八百十四年也。另有所記北宋崇寧五年之彗，與康熙十九年之彗，不能合一道，故以此二彗爲一彗，必不能也。

一爲明嘉靖三十五年之彗，甚大，近或推得約於咸豐十年當復見，而至今未見也。此彗或疑即南宋景定五年七月之彗，欣特曾取當時測簿細推之，根數悉合，無可疑也。又宋開寶八年六月之彗，其光日出後尚能見，尾長四十度，又晉太元二十年所見，漢永元十六年所見，恐皆即此彗，其周時約二百九十二年弱。又順治十八年，明嘉靖十一年，建文五年，南宋紹興十五年，唐大順二年四月，蜀漢延熙六年，俱有大彗，或云是一彗。其周時一百二十九年，果爾，則乾隆五十四五十五二年之間，當再見，而竟不見。意其過最卑，或在夏至後一月，則以其道之方向推之，法當恒隱也。嘉靖十一年、順治十八年二次測簿，墨商曾細推之，謂根數不同，恐非一彗。阿爾白士覆推，所得嘉靖年根數與墨商大異，而順治年根數與墨商合，故此一彗尚未能定。

彗之周時有甚小者，一曰因格彗。初推得其根而預定其再見時者，爲白靈之因格，即以人之名名之也。亦行橢圜道，兩心差甚大，其道與黄道交角約十三度二十二分，其周時爲一千二百十一日。嘉慶二十四年，用四次測簿參考得之。因格推得其橢圜道謂道光二年當復見，至期果見。龍格於新南維立斯巴拉馬大測之，時歐羅巴州不見。此後天下星臺皆預推而測之。以因格彗逐次過最卑之時細考之，除諸行星之攝動外，尚有差覺，其周漸小，每周減一百分日之十一。如此，距日之中數及長徑亦必略變小。因格言此必天空中有薄氣阻其行，令速率變小，故離心力亦變小，而日之攝力拉之令近也。此説若確，則彗之體若非自消盡，久之必與日相併，惟因其體質之輕，故無所不可依前言，本卷彗星例條。能有别理解説之，彗體可不必滅也。又測因格彗之體積，漸近日漸小，漸遠日漸大，與好里彗同。乞勒思謂徧天空有薄氣，漸近日漸厚，故擠彗之體，令變小也。果爾，則將謂彗體之外如一皮，令内氣與天空氣不通耶？恐未必然。竊意因距日遠近，冷熱不同，令彗之體或變爲雲，或變爲不能見之薄氣，故覺有大小耳。善蘭案，此恐乞氏之説不誤。此彗無尾，有小中體，不在中心，恒偏於向日之一邊，其形狀未能測定。一曰比乙拉彗，乃道光六年比乙拉在墺地利所測得者，意即乾隆三十七年及嘉慶十年之彗也。所行道甚橢，其周時爲二千四百十日，其道與黄道交角十二度三十四分，道光十二年二十六年、咸豐二年俱爲再見之期，其交點最近地道。道光十二年，設地行速一月，必遇彗於交點，恐亦一大危事也。比乙拉彗甚小，最明時尚不能以目見，而道光二十五年，乃獨顯一大異事，忽分爲二彗，並行七十度，遠鏡能合觀之。十一月二十一日，初覺有異，望之如一梨。至十二月十六日，米利堅華盛頓初見分爲二。十八日，統歐羅巴州皆見爲雙彗。初分時見小彗之中體距本中體之心二分，其距心線之方向與經圈交角約三百二十八度，小彗在本彗之北。從此漸分爲二，至二十六年正月初四日，小彗距木彗心三分。十二日距心四分，十八日距心五分，二月初八日，距心九分十九秒，而距心線之方向略不變。其分後二彗各有變狀，且各有中體及短尾，尾之方向平行，與距心線略近正交。十二月十六日，新彗較舊彗小而暗，其後大小明暗互相消長。正月十四日，新彗爲月所奪，而舊彗仍見。十五日，二彗大小明暗略同。十九至二十一日，新彗明於舊彗，中體清晳若恒星。二十三日，舊彗倍明於新彗，中體最明若恒星。從此新彗漸暗，直至二月十八日後，二彗並見。至二月二十七日，而僅見一彗。至三月二十七日，而俱隱，二彗互爲明暗時，新彗於尾之外，另發光一條作弧形，與舊彗相聯若橋然。舊彗復明時，亦另發光一條。故正月二十七二十八二夜，視舊彗若有三小尾，其一聯於新彗，三尾之角約一百二十度。時瑞士日内瓦星臺官拔蘭大木，詳考測簿，分推得二彗之根數。謂正月十五夜至二月二十五夜，所見二體相距之大小，乃視距非真距也。準地距二彗線，及此距線與二彗聯線之交角，推其真距約三十九倍地半徑，幾及月地距三分之二。彗之質甚微，相距如是遠，其相與之攝動必幾若無。

續：此事甚奇也。因其根數，知此雙彗在咸豐二年必復見。測天家咸詳測之，至六七月間，英國堪比日星臺查里司，羅馬之色幾與斯得路佛三人，皆測此二彗，其方向相與之勢相同，所以當時見太陽，又加一屬星也。參弟尼以根數推之，言其二彗當於同治四年十二月十一日與十三日，各復過最卑點。然而諸測天家雖勤測之，皆未見之也。

又有一彗，道光二十三年十月初一日，巴黎斯飛測得之，其道爲橢圜。呢谷來推其根數，力佛理亞復改正之，其周時爲二千七百十七日六八，兩心差爲○·

五五五九六，其道與黃道交角十一度二十二分三十一秒。依諸根及諸行星攝動力，推得再見過最卑約在咸豐元年三月初二日。其後於道光三十年十一月二十三夜，查里斯測見之，斯得路佛亦測之，至明年二月初三日而隱。在三十日過最卑點，與推得之數略合。咸豐八年復過最卑。

諸彗之道，俱爲極長橢圜，與黃道交角又大小不一，則其出入諸行星道，必有時與星最近，甚者或相遇，如比乙拉彗道與地道甚近，恐數百萬年後，與地球必有相遇之時。又乾隆三十五年之彗，閏五月初八日，距地最近時，約七倍月地距。又三十二年，此彗與木星最近時，爲五十八分木星道半徑之一。或謂此時爲木星所攝動，而其道愈近地。勒石力推此彗之兩心差爲○・七八五八，其周時約五年半，其道與黃道交角一度三十四分。乾隆三十五年六月二十二日，過最卑，四十一年復過最卑，近日不能見。四十四年七月十一日，距木星最近，爲四百九十一分木星道半徑之一，即木星第四月道半徑五分之四。此時受木星攝動更大，其道大變，測算諸根，與勒石力前所推大異，而木星及諸月，不見有攝動，故知彗體之質甚微也。

道光二十四年七月初九日，羅馬星臺官迪未谷測得一彗，知其道爲橢圜，與拋物線大不合。自二十日過最卑直至十月二十八日，每夜俱可測之。各家推其根數，大略相同，其周時約一千九百九十日。若無攝動，再過最卑，當在道光二十九年十二月。此時彗恒近日，不能見。凡小彗，測其體恒不清晰，故最難推。今以諸家所推根數列爲表，令讀者知測算之精密也。推者六家：曰昵谷來，曰欣特，曰哥勒斯迷，曰飛曰書白，曰白倫諾。此彗最明時，目亦能見，有小尾。力佛理亞細推，謂與康熙十七年所見同一彗。而樂竭與毛費二人，謂與萬曆十三年第谷所測者同一彗，又乾隆八年三十一年嘉慶二十四年三次所見恐俱即此彗也。凡半長徑以地道半徑爲一，兩心差以半長徑爲一。

道光二十四年七月各家所推迪未谷彗諸根數表

	過最卑時	最卑黃經度			正交黃經度			交黃道角			半長徑	兩心差	周日
	日	度	分	秒	度	分	秒	度	分	秒			
尼	二一・二九九四八	三四二	二二	五・五	六二	四八	四八・九	二	五四	四五・八	三・○九八五三	○・六一七一六	一九九二
欣	二一・二二七六六	三四二	五二	四○・一	六二	五二	一四・一	二	五四	二七・一	三・○八五八二	○・六一五六六	一九八○
哥	二一・二七七八四	二四二	二九	四四・九	六二	四八	五五・二	二	五五	一・九	三・二一二	○・六一八六一	二四○○
飛	二一・二一○九九	二四二	三一	一五・五	六二	四九	二○・六	二	五四	四五・○	二・○九九四六	○・六一七二六	一九九六
書	二一・二八七○一	二四二	三四	三一・五	六四	五四	四○・八	二	五二	五一・八	三・○二六三	○・六○八六六	一九二二
白	二一・二九七五六	三四二	五○	四九・六	六三	四九	○・一	二	五四	五○・三	三・一○二九五	○・六一七八八	一九九六

道光二十六年二月初一日，勃陸孫測得一彗，言其道非拋物線，今以諸家推得橢圜諸根數列爲表。推者四家曰白倫諾曰欣特曰威令根曰特漢此彗甚暗，形狀無大異，其根數與嘉靖十一年之彗，大略相近。

道光二十六年各家所推勃陸孫彗諸根數表

	過最卑時		最卑黃經度			正交黃經度			交黃道度			半長徑	兩心差	周日
	月	日	度	分	秒	度	分	秒	度	分	秒			
白	二	一·二〇一四八	一一六	二八	三四·〇	一〇二	二九	三六·五	二〇	五五	六·五	五·一五〇二一	·七九三六三	二〇四二
欣	二	一·一五四六三	一一六	二八	一七·八	一〇二	四五	二〇·九	三〇	四九	三·六	五·一二三九二	·七九七七一	一〇一六
威特	一	五〇·八四五八一	一一六	二三	五二·九	一〇二	三一	二五·七	二〇	三〇	二〇·二	二·八七〇五二	·七七三一三	一七七六

道光二十六年閏五月初三夜，彼得測得一彗，達喉詳推其根數，得周時五千八百零四日三，兩心差〇·七五六七二，半長徑六·三二〇六六，交黃道角三十一度二分十四秒，是年五月初八日過最卑。

道光二十三年，有大彗見，未過最卑時，統地球俱不見。正月二十九日過最卑，二月初一日始見於萬地曼蘭。初三日，北半球熱帶内初見其尾，而赤道南日落後見其頭。在西地平上用遠鏡察之，其面若行星，尾分爲二，交角甚小，有黑氣一道隔之，長約二十五度，尾根有光射出，與尾同方向，其北又發光一道，引長其尾，與尾交角五六度，其長距頭六十五度，其南亦有光一道，但暗於北者，中體甚明，若一二等恒星，至十一日，若三等恒星，光驟暗，十九日目不能見，而尾仍極明，愈遠中體愈明，若以目視，不能見其與頭連。初三日後，尾成一長光帶，覺微彎。十一日，加爾各搭革勒里休測見尾之南又發一尾，與本尾交角十八度，而長幾倍本尾，約一百度。前後日俱不見，於一日中發之，能令如是遠，可想見中體發力之大。若所發爲實質，則其力更强於攝力。此彗過最卑後一日，印度貿易公局有船曰阿文格論頭爾，過好望角，日將落時，其見此彗，狀若小佩刀。是日來到堅波德蘭格拉格，午後三小時六分，用紀限儀測見其中體，距日心僅三度五十分四十三秒，中體與尾俱甚明晳，如月在清天，近頭處色略異。格氏謂中體如此厚，設過日面，亦能見也。又測尾長五十九分，約倍日視經。此日，彗距地與日略同，推其實長約五百萬里。此爲古今最異之彗，故其根數曆算家多推之，今擇其尤密者，列爲表。凡最卑距日以地道半徑爲一。此彗之異者，最卑距日甚近，古今所見之彗，未有若是近日者。試以日地距之中數爲半徑，命爲一，則日半徑爲十六分一秒五之正弦〇·〇〇四六六，取下表中諸距日之中數，爲〇·〇〇五三四，大於日半徑僅〇·〇〇〇六八，約爲七分之一，是彗在最卑時，距日面數，如七分日半徑之一。凡日所發光與熱，距日愈遠則愈分而愈薄，其比例如半天球與日視而之比。地球所見日之視面，其徑爲三十二分三秒，此彗在最卑時所見日之視面，其徑爲一百二十一度三十二分，準幾何，凡球截面之比，若四分截弧之一之正弦平方比，依法推得地與彗所見日二視面之比，若一與四萬七千零四十二之比，即地與彗所受日光熱之比。試思若四萬七千零四十二箇太陽，合以照我，其光與熱，當若何耶？巴格所造陽隧，徑二十七寸，聚光點距鏡六尺半，用時光熱盡彙於聚光點，必與見日視徑二十三度二十六分處同，比球所受光熱大一千九百十五倍，與彗所受光熱比若二與四十九比，而此鏡已能鎔瑪瑙與水晶。或再用一斂光鏡增其力至七倍，則比地所受光熱爲一萬三千四百零五倍，即此聚光點之光熱，與彗所受光熱比，若二與七比。然則此彗所受光熱，真不可思議也。此彗在最卑時，其速率一秒中行一千零五十八里。自正交至中交，不過二小時强。在中交距日，倍最卑時，所受光熱少四分之三。按康熙十九年之彗，最卑距日心爲〇·〇〇六二，其距日面如三分日半徑之一弱，較此彗一倍强，奈端推其受熱，已多於赤鐵二千倍云。此彗之道雖未能細推，然測知其非拋物線而爲橢圜。康熙七年，里斯本薄羅那及巴西等地，俱見大彗之尾，與此時所見之尾略同。自正月二十一日後，數日間，其方向亦略同，光甚大，照海面生影。其後頭出地平，亦如此彗不甚清晳。當時雖未細測，但諸事俱相似，人多意其爲一彗，其周時約一百七十五年，後細考舊彗測簿而益信。又考史而知晉秦

始四年正月，劉宋元嘉十九年九月，唐貞元七年，宋開寶元年，南宋紹興十三年，元延祐四年，明弘治七年，諸次所見，必皆即此彗也。蓋準所推，當見於秦始四年，劉宋元嘉二十年，唐武德元年，貞元九年，開寶元年，紹興十三年。延祐五年，弘治六年，與史所見或同年，或先後一二年。因有諸行星攝動，故不能一定也。或疑康熙二十八年十月二十六日至十一月十一日所見之彗，與此彗同。爾時粗測其方位，冰立取測簿細推其根數，最卑甚近日，又最卑及交點之經度俱略同，但交黃道角六十九度，大不合。庇爾思復推之，僅三十度四分，則非甚不合。然則一百七十五年中，當見八次，其周時爲二十一年八七五。自道光二十三年正月二十九日上推，見於史者，不獨如上所云，又有雍正十一年，康熙二十八年，明嘉靖三十八年，及十六年，正德十年，成化七年，宣德元年，永樂三年，洪武十六年，元至正二十一年，後至元六年二月，元貞二年，宋咸淳十年，紹定三年，嘉定元年，元符元年，嘉祐元年七月，景祐元年，大中祥符五年，淳化元年，後唐同光三年，唐大中十一年九月，嗣聖元年，梁永壽元年，中大通二年，劉宋永和二年，蜀漢延熙八年，或十年，漢光和三年冬，延熹元年，諸彗疑皆是也。果爾，則同治三年冬過最卑前後，俱當見於南半球。後格勞孫合各次測簿，統考其根數，謂其周時僅六年三八。或云二十一年八七五，以三分之，當爲七年二九二，方與諸史合。此說恐未必合理，然用如此小周時，其行法尚能合，則二十一年之周時，更可信矣。

諸家所推道光二十三年正月大彗星諸根數表

推步家	過最卑時	最卑黃經度			正交黃經度			交黃道角			最卑距日	順逆行
	日	度	分	秒	度	分	秒	度	分	秒		
因格	三〇·二七四五〇	二七九	二	三〇	四	一五	五	三五	一二	三八	〇·〇〇五二二	逆行
拔蘭大木	三〇·二五二八七	二七八	一八	三	〔缺〕	五一	四	三五	八	五六	〇·〇〇五八一	逆行
腦爾	三〇·二一九九二	二七八	二八	二五	一	四八	三	三五	三五	二九	〇·〇〇五七九	逆行
呢谷來	三〇·二五三七七	二七八	三六	三三	一	三七	五五	三五	三六	二九	〇·〇〇五五八	逆行
彼得	三〇·二三六七三	二七九	五九	一七	三	五五	一七	三五	一五	四二	〇·〇〇四二八	逆行

近代天算家所最究心者莫如彗，推彗之法，日精一日。考諸行星攝動之力，日密一日。偏查古史所記及測簿，以新法盡推其根數，一有彗見，輒用新法考之，三四日後，即能得其根數之大略。復細測而推之，遂愈密。人人樂此不疲，略覺有不合拋物線處，則大喜，輒偏查舊彗根數相合否，以證其爲橢圜道，若干年復見也，又悉推諸行星之攝動，以證其見之期，或差而前，或差而後。嗹國昔王下令，偏地球能測得一彗者，旌以金牌，由是測彗者益衆，亦益精，而得彗亦益多。每得一彗，即郵告嗹國，嗹國即以金牌郵寄之，而以其測單偏送各國星臺，令詳測之，故彗一出，即能盡得其根數也。

續：測天諸家所得彗星之多者，有木斯得二十九，梅西蘭得十四，墨商得十，迪未谷得八，女士侯失勒加羅林得八。又米利堅女士密哲勒與阜堡女士龍格於道光二十七年異處同時得一彗，而密哲勒稍先。

因測彗，又得旁通諸理。憑周時差，而知偏天空有薄氣，能阻動，其一也。又彗近行星時，測其攝動力，可推行星質積多少。如水星之質積古昔未知，道光十八年，有彗近之，始大略能推定。二十八年十二月二十六日，是彗復過水星，較前更近，僅十五倍月地距，而推得其質積益密。

彗之尾若係實質，則當其過最卑時，疾行旋轉而尾不曲，與攝力理不合，與重學中動理亦不合。康熙十九年、道光二十三年二次之彗，其尾幾與地道半徑等，旋過最卑皆不壞。而道光之彗，其尾之方向旋過一百八十度，僅二小時略強。如是之速，恐未必是實質也。或云彗能於薄氣中作負影，似有理，此須俟後世格致家精思密察，方能定也。

有多彗，測其道似與拋物線合，或謂彗本非日所屬，因人我日屬界，而暫遵日法。此説是否難定，若果爾，則諸橢圜道之彗，昔時必因近行星爲所攝動，而變拋物線爲橢圜也。恐又有彗近行星，或變拋物線爲變線者。然變爲橢圜，必行無數周變爲雙線，則永不再見，故測得彗道雙線少而橢圜多也。

諸行星諸月大率皆順行，而彗則有逆行者。嘉慶時所見諸彗之道，拉白拉瑟推其與黄道交角之中數，略近九十度，則皆可云順行，因交角鈍，似逆行耳。近代彗之橢圜根數，已推定者凡三十六，其交黄道角大小不等，逆行者只有五彗，其二已有確證，一即好里彗，一乃道光二十三年之大彗也，而交角十七度以内，無一逆行者。此外書瑪割與阿爾白士所推得道光三年以前諸彗之根數，其交角小於十度者九彗，逆行者二，小於二十度者二十三彗，逆行者七，凡道近於黄道，而周時有一定者，大率皆順行，與行星同。欣特言周時一定之彗，當分爲二類。一周時約七十五年，略與天王等，好里彗周時七十六年，阿爾白士測得一彗七十四年，迪未谷所測得第四彗七十三年，勃陸孫所測得第三彗七十五年，共四彗。一周時略如小行星與木星周時之中率，詳末卷附表中。又言小行星中，有一二略如彗之狀。

續：凡有定時之彗，其道之長徑略在一方向。向北在天球黄經七十度，北緯三十度，乃近天河内積水星也。其向南亦在天河相對之一點。

近代嘉慶十六年，道光三年，二大彗之外，咸豐八年杜捺底測得第三大彗，自四月二十一日至十二月間，其頭甚明，尾似羽帚。最長至三十度，曲向彗已離之處，似留於後者。其曲非因有所阻也，乃因尾自彗發出，彗向日而行與其本速率而行之和而然也。米利堅測者云有長狹而直之淡光線二條，爲羽帚連其頭内外曲線之二切線，用大力遠鏡觀其頭形，繁而奇。咸豐十一年見一大彗，其尾甚長，而一邊直。六月二十三日，地球雖未通過其尾，亦已甚近。同治元年，又見一大彗，其頭結成定質，噴氣之光，獨有一條。

清·百一居士《壺天録》卷上 彗星之見，史家多詳記之，乃更有隨之而出者。辛巳六月，彗星見於四更，時出自東北方。不數日，二更即見，尾上光芒約有丈餘。其時西方又一星，大如盌，光芒射人。香港居民見墮一大星於東北方，其色藍而帶黄，愈下愈大，亦愈明，附近處明如天曉，見者咸駭異之。或謂彗星出見其左右，多有是星飛流。是耶否耶，願與占星者証之。

清·劉嶽雲《格物中法》卷三《火部》 彗星爲欃槍，奔星爲彴約《爾雅》。人知地中有火，不知天亦有火，無火則無日月星辰矣。其火安静則日月星外無所見，其火變動則彗孛飛流是已。《海上愚者集》天彗者一名掃星，本類星，末類彗。小者數寸，長者或竟天。而體無光，假日之光，故夕見則東指，晨見則西指。若日南北，皆隨日光而指。《史記天官書正義》彗亦星耳，歷若干年而顯，其留見伏逆殆與五緯相同，但不知其光亦受之於日否。或云彗各不同。愚謂天不止一星，固當不止一彗。《揭暄文集》

又 嶽雲謹案：彗星之説，中國與西人論理相同，但未測算行度耳。

又 嶽雲謹案：孛星乃彗之短小者。

清·傅蘭雅《天文須知》 彗星之行，異於他星。其繞日遲速不一，有三年一次者，有五年一次者，有七十五六年一次者，有數百年一次者，亦有見一回再久不見者。因其軌道有長短，所以來去有遲速也。其星有頭有尾，仿彿掃帚，故俗稱爲掃帚星。見時人多以爲異兆，必有凶荒，但究其實皆有軌道循環，並無關於世事。史書中記録所見彗星有數百次。近來天文家用最精大千里鏡察看天空，大約每年能見一二彗星，間有兩個或三個，一時同見，所以彗星之數，必多至數千。彗星來時，常以其頭向日，而尾向後。及近日邊，其尾光大而長。離日漸去，其尾漸短小，去甚遠則全不見尾。有人云彗星非爲堅實之質，因能見其體後所有之星，故疑其乃薄氣積成者，能透日光，内外通明也。至其究有何用，尚未有能考定者也。

清·劉錦藻《清朝續文獻通考·象緯七》 彗星爲繞日旋轉之星氣，其軌道或爲橢圓，或爲拋物綫及變曲綫不等，其兩心差較行星之兩星差尤大。自昔發見之彗，載於西曆紀年以後者六百有奇，近今五十年新測見者計有八十之數。彗星之軌道方位已測知者共有二百五十，其爲拋物綫或橢率尤大，而與拋物綫無異者計二百有五，其爲變曲綫者有五，其見爲橢圓形者有四十，而其交於黄道之角自零度至九十度不等，行向順逆亦無定。發見之期以二三月爲常，亦有數日至年餘者，蓋其久暫乃隨其密率與長度而變也。

英人奈端於康熙十九年攷得一彗星之軌道爲拋物綫形，日居其心。依拋物綫根數之式，則其行次方位可以預測，惟繞日周時無法可求。乃記其已顯之行狀及所行軌道之根數，告知天學家，謂日後彗星遇有相合，即此星之復見。及好里於康熙五十九年至乾隆七年之間專心攷驗彗星軌道，測知彗星行拋物綫者二十有四，因推得一千五百三十一年、即明世宗嘉靖十年。一千六百零七年、即明神

宗萬曆三十五年。一千六百八十二年，即康熙二十一年。三次所見之彗星所行軌道略同，確爲一彗，繞日周時約七十五六年，謂當再見於一千七百五十八年之終或一千七百五十九年之始。即乾隆二十四年。及一千七百五十八年十二月，此彗果見，遂名之爲好里彗。此後再見之期當在一千八百三十五年、即咸豐六年。一千九百十年，即宣統二年。及期皆驗。自好里發明周時，繼此而知他彗星周期者不下三十，其周時皆不逾百年。有彗十八已屢見，往復測其周時並卑點高點之距，及所見之次數，列表於左。

	彗星名	恒星周時	距數高點	距數卑點	測見之次
一	因格	三・三〇年	四・一〇	〇・三四	二九
二	但白勒	五・二八	四・六八	一・三九	四
三	勃陸孫	五・四六	五・六一	〇・五九	五
四	但白勒快彗	五・五五	五・一八	一・〇九	三
五	文納克	五・八三	五・五五	〇・九二	七
六	迪未谷	六・四〇	五・二二	一・六七	三
七	但白勒	六・五四	四・九〇	二・〇九	三
八	芬乙蘭	六・五六	六・〇四	〇・九七	二
九	杜那底	六・六七	五・七七	一・三二	六
十	比一拉	六・六九	六・二二	〇・八八	六
十一	胡而弗	六・八四	五・六一	一・六〇	三
十二	耗而墨司	六・八七	五・一〇	二・一三	二
十三	勃洛格司	七・一〇	五・四三	一・九六	二
十四	費	七・五七	五・九七	一・七四	八
十五	托脱而	一三・六七	一〇・四一	一・〇二	五
十六	龐斯	七一・五六	三三・七〇	〇・七八	二
十七	阿爾白斯	七二・六五	三三・六二	一・二〇	二
十八	好里	七六・〇八	三五・二二	〇・六九	二三

表中所列諸彗周時頗短，卑點距太陽亦近。比一拉彗於道光二十六年見，其體裂而爲二。迨咸豐二年又見之，二體相距約逾二百八十萬里。厥後西人包克於同治十一年在瑪德拉斯所見之彗星，知其爲比一拉彗無疑。更有數彗星已知其裂爲二體，或裂爲數體，由此知彗星與流星有相關之理。且每次彗星過後，流星益衆，必因在尾質脱落於軌道間，團結而爲流星。表中勃洛格斯彗第一次以遠鏡窺之，見其體裂爲四。至屢見而形不變者，惟好里彗。

彗星周時凡不足百年者，業已知其軌道爲橢圓，而橢率甚大。惟周時多至千百年者，雖有重至卑點之期，吾人所不及見而考之也。

在有周時之彗星中，測得數彗當居高點時見其位置屬乎行星軌道，今已測定有十八彗屬木星，兩彗屬土星，三彗屬天王星，六彗屬海王星。懸揣彗星軌道始必爲拋物綫式，及行近某大行星，被其所攝，改道而馳，遂爲橢圓軌道。木星體大，故所攝彗星之多若是。

詳測兩次同形之彗，按根數而計其軌道，則其再至之時，即可知其爲前見之彗。惟以目力或遠鏡窺之其同否，實不足據，因各彗形狀不能無改易也。更有一等彗星，即考其軌道亦不足憑，因其雖歷若干年，而一見仍難確指爲周時否也。

更有數彗，其體簡潔可觀，最奇者形如光環。此類之彗，今尚未明。

嘉慶十六年曾見一彗，形極光曜，當九月間經過卑點，其尾亘於天際，長及二十五度。

龐斯於嘉慶二十三年在瑪色勒測得因格彗係行橢圓軌道，計周時約三年有半。在乾隆五十一年六十年、嘉慶十年歷測周時，每次微短，理頗奇異，大抵被行星攝之使然。因格氏當嘉慶二十四年測其周時爲一千二百十一日又百分日之七十八。道光二年爲一千二百十一日又百分日之六十六。道光五年爲一千二百十一日又百分日之五十五。咸豐八年爲一千一百十日又百分日之四十四。因格謂空際有一種微渺之氣，是生阻力，漸向前則氣漸密，阻力亦漸加，彗星經此阻力而行漸緩，故軌道改小，周時漸短，以光緒六年所測文納克彗行率爲據。然厥後西人拔克倫測驗彗星，又與因格之説不合，是則改小軌道之説猶是疑案。

咸豐八年杜那底彗又見，而形狀較昔闊大。杜那底氏初在弗連司天文臺測見此彗，其光絶倫，尾長至一萬萬里以外，其時大角明星適出於尾際，而彗星之光未嘗稍減。

楊氏天文學曰：彗星體積極大，如連尾計入，其偉大之數常出意想之外。通例彗首之徑約自十一萬里至四十二萬里，彗星徑之在三萬里下者，每不易見。但超過四十二萬里者，雖在紀録中有之，究不多見。

臣謹案：嘉慶十六年之彗曾有一時，其徑竟比太陽徑大百分之四十。

楊氏天文學曰：彗首之徑常有變遷，大抵近日時則縮，離日後則仍復原狀。

臣謹案：彗星伸縮之故，迄無定解。侯失勒約翰嘗謂此種變遷僅屬光學關係，蓋當彗星近日時核質之一部份爲日熱力所蒸散，故不見，離日後至氣候較冷之區凝結又見云。

楊氏天文學曰：彗核之徑約自三百里至一萬四千里，或一萬七千里。徑之變遷，亦日有不同。但核徑之變，似關乎射出物與光芒，二者與距日遠近無涉。

彗星之長常在一千四百萬里至二千八百萬里，甚有至三萬萬里者。然星體積之大既若是，而體質僅及地球體質之一小份。因彗星行近恒星時恒星絶無變更，而彗星轉受攝力影響，遂成體大質稀之物，故量不重。

臣謹案：最大彗星之體積僅爲地球體積十萬分之一，約爲地球空氣體質之十倍。

楊氏天文學曰：彗星密率必爲極小，彗首之徑如爲十四萬里，體質爲地球體質十萬分之一，則平均密率當爲地球面空氣密率六千分之一。以彗尾論，則密率之小更覺無限。科學上之真空已無密率可言，而彗尾密率尚遠在真空下。此可由星體之透明見之，二十八萬里徑之彗星雖在核中，尚能透見小星，密率之小可知。

彗星之光變換甚速，且無定例當。其近日而自能發光，可從光圖中證之。因光圖所顯，全無日光，僅見亮紋數條，中有三條，通常視爲炭輕氣，有時復有第四紋可見，如彗星非近日時，更有鈉鎂或爲鐵。光綫發見，或通常炭輕光紋爲別種光紋所掩使然。西人陸克尤氏謂彗星光圖變遷與彗之距日有關，但此事尚屬疑問。

彗星初見時常作圓形雲霧狀星氣，近心處則較亮，迨行近太陽則光力驟增，其核始顯，自是核在向日之面噴射光芒，形如髮狀，左右勻垂，逐層分佈，每有延長至數小時而漸薄漸隱，更成普通彗端星氣而止。

造成彗尾之物質，論者頗多。有謂彗星行向太陽時從核中發射物質，繼爲太陽所拒，乃成尾狀。據此以比較其實在大小及形狀，推算彗星在軌道上不同諸點，頗爲有據。

臣謹案：準是説則彗尾僅爲被拒諸微物所合而成，各質點自循其雙曲綫軌道繞日而行。第微物之結，合力甚小，故以漸分離脱去彗首。且因放射力小，故微物質點之軌道常近在彗星軌道平面内，致彗尾成爲空平之圓錐體，而末端有大口之形。

楊氏天文學曰：彗尾質點離彗首後，仍作原有行動，沿日彗間直綫而行。惟因彗星之動，故質點行成灣形，太陽之抗拒力愈大，彗尾彎度愈小。

西人勃累狄輕曾本以上理由，分彗尾爲三類，兹述之如右。

第一類爲長直射綫，此類彗尾之物質，其太陽拒力當爲攝力之十二倍至十五倍，是以質點行離彗星之速率約爲每秒鐘十一里至十四里。此速率又以漸增長，直至不可數計。勃累狄輕氏又以密率之低謂質點含有輕氣，此氣由分離炭輕氣而來。彗尾質點既分離無定，且光亮不足，非分光鏡所能分析，故天然情形難明。

第二類爲彎曲羽形之尾，此類疑爲炭輕氣所成，其拒力尾面爲二・二倍攝力，尾裏拒力僅及面部之半。

第三類爲梗刷狀之短曲尾，其拒力較攝力相差極微，質點中似爲金屬氣，或鐵氣，參和鈉氣等，狀極濃厚。

彗星質點受天然拒力之狀尚未確定，近時天文家有謂電力所致，最近試驗又以爲光浪推拒作用使然。光浪推拒之力亦屬光力，電磁論中之結果，故二説亦不相背謬。

大彗星行近日時有特殊見象，蓋尾中有一黑紋如彗首之影，但與太陽向成或人或小之角度，則非影可知，如彗星距日較遠時，則尾中黑紋又轉爲亮。彗尾有時向日，有時與日成直角，有時則成光鞘包圍彗首而向日方發射，有時彗質微點離彗而成煙雲，恍若炸彈爆發之煙狀。凡兹見狀，與上述理論無大異。

綜上諸説，彗體組織其首當爲金屬小物質，分佈甚廣，各質點皆帶一氣包，光即由氣包發出。至組合質點之大小，議論紛如，尚無定説。或謂質點均屬大石，或謂僅屬塵雲，要皆疑似之説耳。

清・劉錦藻《清續文獻通考・象緯考十》 臣謹案，彗星各循軌道而行，其質較呼吸之氣更薄，惟中體稍厚，其隱見有定數可推，故西國天文家謂於災異無關，而我國人輒疑爲兵禍之兆，借天象以警人心，期在有裨政治，古人固寓深意

於其閒，不可盡詆爲虚誣也。

清·葉青《古今彗星考》序　光明閃爍，麗於天空者爲之星。星有恒星、行星。恒星者有連星、變星、色星、雙星、多合星、星團、星氣、大漢之别。行星者有水星、金星、火星、木星、土星、天王星、海王星。在火星木星軌道之間，又有諸小行星。諸小行星，疑昔時實爲一大行星，被彗星衝突而碎成諸小行星，而諸小行星中又有最出奇之情女星。此於西歷一千八百九十八年八月日天文學家囘脱於橢圓用攝影鏡測得此爲行星中距地最近之星有客星、彗星、飛星、流星、隕星之分，諸星中惟彗星形狀變幻百出，因昔人見之最易驚駭，故中西歷史載之甚詳。其中長而竟天者爲長星，短而無尾者爲孛星，客星，形狀奇異者爲蚩尤星、蓬星、妖星、含譽星、奇星等名，故今人見其形色而名爲掃帚星、噴筒星。世人罕見，未識其來去之踪，每多驚怪，實則與行星相類，而有一定之周時，一定軌道。周時自三年以至千萬年及無窮盡年不等。其周時之長短，實因軌道之遠近以别。周時最短者，若因格彗，只三年奇。因其體甚小，非遠鏡不克見。周時長者若道光二十四年所見之馬伐大來斯脱彗，須歷十萬餘年。更有無窮盡年之周時，其故根於所行之軌道以别。彗星所行之軌道，爲西士奈端發明攝力之理考驗。彗星循行於軌道之間，顯爲太陽所攝，與行星同理。其道爲三種曲線，即雙曲線、拋物線、橢圓線是也。嗣於西曆一千六百八十年考得某彗星之軌道爲拋物線式，惟太陽居其中心。拋物曲線者式與橢圓畧似，惟兩端相離漸遠，永無窮期。彗星循其一端而來，緩緩繞過太陽，又循彼端而去，以至隱而不見，恐在吾人星團之内永無再見之期矣。雖橢率最大之圜與拋物線不同，然當彗星之見也，必其行近中心之時，苟於此際細測其道，則彗之爲拋物線可知。依拋物線根數之式，彗星行次方位亦可得而預推矣。惟繞日周時無法可求，蓋以拋物曲線非若平圜橢圜之可周而復始故也。奈端遂將彗星已顯之形狀及所行軌道之根數若天學家謂日後遇有相合者，當爲一星，由此而彗星之周時始得其詳，按法以推根數，皆符其形狀，同其顯隱時，又同故軌道之周時，即可由是以推測之。余作是表，考查最爲簡便。天學士好里自一千七百二十年至一千七百四十二年專心考驗彗星軌道，測定行拋物線者二十有四。於一千六百八十二年考知某彗星與一千六百零七年及一千五百三十一年所見之彗星情形皆合，確知其爲一彗星，而循行於橢圜軌道者無疑，其周時約七十六年左右，並預推該彗再見時日當在一千七百五十八年之終，或一千七百五十九年之始。及一千七百五十八年十二月間，果得見之。次年三月十二號爲過卑點之時。因好里發明，故名曰好里彗。本年三月十二日午時爲該彗過卑點之期，余恐愚民之驚心，故於三年前曾登諸《申報》預先布告之，以解世人之疑惑焉。四月十一日晨爲該彗合日之時，其彗尾從地球旁掃過，亦無甚大礙。故彗星之體形似雲霧，首明若星，尾長有光，以其形近於彗，故名曰彗星。其明處爲核，核之質甚稠密，外籠以氣，蓬鬆若髮，故西人昔名爲散髮星。其質微渺，折垂向下而成尾，尾向恒與太陽相背。平時所見者體皆大，而光明，更有無數小彗，須以遠鏡始得見之。其首明皆向太陽。當彗初見也，若星氣而微暗，嗣後日漸光明，及距太陽相近時，其尾亦光耀可見。若本年之好里彗星，德國海得堡學士泛克華夫於前年已經查測此彗，直至去年七月二十七日始測得該彗，但其光線甚微，如十六等恒星，位置與預算者相符。又有倫敦學士施馬脱推其過卑點時日，及其距太陽爲五千六百萬英里，其速率每杪時行三十三英里又四分之三，其距地最近時爲一千四百萬英里。而金星最近距地爲二千五百萬英里，情女星最近距地爲一千三百萬英里。然彗星設當過交點時而遇地球，必有大危險，須視彗星與地球之體質爲衡，或兩體之質積大小，發攝力之强弱，電力之正負。若彗小而地大，其衝突惟地面受擊處有災，不致大害。若彗大而地小，地球必裂爲無數小行星。或因電力正負，兩體能驅開，不致相衝，惟改變兩體軌道，而地面安隱如故，或地面因彗過受其力而有大潮汎。彗尾之形質，每逢過卑點發出，余疑爲包彗體之氣質受太陽之電力而發出其尾，故彗過卑點一次，其尾爲太陽吸去若干，爲地球吸去若干，入於地氣，吾人見爲流星隕星，故凡彗星每過卑點一次，必見有流星，而其尾質亦損，周時軌道均減短。久之，其尾減盡，若行星然。軌道長橢圜變爲短橢圜，成爲吾太陽屬之行星。或彗星行近太陽被其吸入，落於太陽體中，助太陽之發熱，以射吾地，不致失太陽之功用。或别恒星屬彗星直行經過吾太陽屬受太陽之牽制，改其向而去，亦可受吾太陽牽制成爲吾太陽屬之彗星，永遠繞吾太陽。或被行星攝其尾質成爲月，若木星之第五月，因彗星經過，攝得其尾質，以成木星之月。按太初時天空之各質點散布若星氣，由吸力凝結成爲太陽而發白熱。及太陽屬之行星，及行星之月，既而外界之質漸凉漸散，經若干年，此攝引力引質點合繞一心，或繞多數中心而成各世界。然星氣本似雲星，及至成球，則中爲一核，外包蒙氣。而彗星亦若星氣團聚而未堅凝者，故彗星有有核者又有無核者。而繞太陽時，其包彗核之氣質外發以成其尾。有時其尾質遺落於軌道間，經入地氣以成流星，故凡彗星過後，必

有流星於天空飛過。故據此理推之，彗星與地球雖有衝突，無甚大礙也。法國學士力佛理亞云在西歷一百二十六年，但白勒彗原爲一長周時之彗星，因是年行近天王星，受其牽制，變爲一太陽屬之彗星，其尾質成爲流星羣，故西歷一千八百六十六年之但白勒彗根數與西十一月獅座流星羣合，西歷一千八百六十二年之透脫而彗根數與西八月英仙座之流星羣合。故彗星流星俱有定期發見，天學家能預算之，雖千萬年後亦能預推，豈有異乎？故作《古今彗星攷》，以備天學家考証也。

宣統二年歲次庚戌夏四月吳縣葉青自序

周

頃王六年戊申〇魯文公十四年七月，有星入於北斗。
景王十三年己巳〇晉平公二十六年春，有星出婺女。
景王二十年丙子〇魯昭公十七年冬，有星孛於大辰。
敬王四年乙酉〇齊景公三十二年夏，彗星見天市。
敬王二十年辛丑〇秦惠公元年，彗星見。
敬王三十八年己未〇魯哀公十三年冬十一月，有星孛於東方心長二度。
敬王三十九年庚申〇魯哀公十四年冬，有星孛。
元王七年壬申〇秦共公七年，彗星見。
貞定王二年甲戌〇秦共公十年冬，客星見七十五日。好里彗。
顯王八年庚申〇秦孝公元年，彗星見西方。
赧王十年丙辰〇秦昭襄王二年，彗星見。
赧王十二年戊午〇秦昭襄王四年，彗星見。
赧王十九年乙丑〇秦昭襄王十一年，彗星見。

秦

始皇七年辛酉，彗星先出東方，見北方，五月見西方，彗星復見西方十六日。好里彗。
始皇九年癸亥春，彗星見，或竟天，彗星見西方，又見北方，從斗以南八十日。
始皇十三年丁卯正月，彗星見東方。
始皇三十三年丁亥，明星出西方。

漢

高帝三年丁酉七月，有星孛於大角旬餘。
呂后三年丙辰秋，星晝見。
呂后六年己未春，星晝見。
文帝八年己巳有長星出於東方。
文帝後七年甲申九月，有星孛於西方，其本直指尾箕，其末指虛危室壁，長十度，及天漢，歷十六日而沒。
景帝二年丙戌八月，彗星出東北。冬十二月，有星孛於西南。
景帝三年丁亥春正月乙巳，長星出西方。
景帝中二年癸巳夏四月，有星孛於西北。彗見參西北二十日。
景帝中三年甲午三月丁酉，彗星夜見西北，色白，長丈，在紫觿，日去益小，十五日不見。
六月壬戌，蓬星見西南，在房南去房可二丈，大如二斗器，色白。癸亥在心東北，可長丈所。甲子在尾北，可六丈。丁卯在箕北近漢，稍小，且去時大如桃。壬申去，凡十日。
秋九月，星孛於西北。
武帝建元二年壬寅三月，有星孛於注張，歷太微，干紫宮，至於天漢。
夏四月戊申，有星如日夜出。
武帝建元三年癸卯四月，有星孛於天紀，至織女。
秋七月，有星孛於西北。
武帝建元四年甲辰秋九月，有星孛於東北。
武帝建元六年丙午六月，有星孛於北方。
八月，長星出於東方，長竟天，三十日去。
武帝元光元年丁未六月，客星見於房。
武帝元光三年己酉春，有星孛於東方。
武帝元狩三年辛酉春，有星孛於東方。
武帝元狩四年壬戌春，有星孛於東北。
夏四月，長星出於西北。
武帝元封元年辛未秋五月，有星孛於東井，又孛於三台。
武帝太初二年戊寅，有星孛於招搖。
武帝後元二年甲午秋七月，星孛於東方。
昭帝始元三年丁酉春二月，有星孛於西北。蓬星出西方天市東門，行過河鼓，入營

室中。

昭帝元鳳四年甲辰九月，客星在紫宫中斗樞極間。

昭帝元鳳五年乙巳四月，燭星見奎婁間。

宣帝地節元年壬子春正月，有星孛於西方，去太白二丈。

六月戊戌甲夜，客星又居左右角間，東指，長可二尺，色白。丙寅，又有客星見貫索東北，南行。至七日癸酉夜，入天市，芒炎，東南指，其色白。

宣帝神爵元年庚申六月，有星孛於東方。

宣帝黄龍元年壬申三月，客星居王梁東北可九尺，長丈餘，而指出閣道間，至紫宫。

元帝初元元年癸酉四月，客星大如瓜，色青白，在南斗第二星東可四尺。

元帝初元二年甲戌五月，客星見昴分，居卷舌東可五尺，青白色，炎長三寸。

元帝初元五年丁丑四月，彗星出西北，赤黄色，長八尺所。後數日長丈餘，東北指在參分。

成帝建始元年己丑正月，有星孛於營室，青白色，長六七丈，廣尺餘。二月，有星孛於東方。

成帝元延元年己酉七月辛未，有星孛於東井，踐五諸侯，出河戍北，率行軒轅、太微，後日六度有餘，晨出東方。十三日夕見西方，犯次妃、長秋、斗、填，蠭炎再貫紫宫中大火。當後達天河，除於妃后之域，南逝度，犯大角、攝提後西去，五十六日與蒼龍俱伏。好里彗。

哀帝建平二年丙辰二月，彗星出牽牛七十餘日。

哀帝建平三年丁巳閏三月，有星孛於河鼓。

莽始建國五年癸酉十一月，彗星出。

王莽地皇三年壬午十一月，有星孛於張東南，行五日不見。

後漢

光武建武十五年己亥正月丁未，彗星見昴，稍西，北行入營室，犯離宫，二月乙未至東壁滅，見四十九日。

光武建武三十年甲寅閏三月甲午，水在東井二十度生白氣，東南指炎，長五尺，爲彗。東北行至紫宫西藩止，五月甲子不見，凡見三十一日。

光武建武三十一年乙卯十月己亥，又七日間，有客星炎二尺所，西南行。至明年二月二十二日，在輿鬼東北六尺所滅，凡見百一十三日。

明帝永平三年庚申六月丁卯，彗星出天船北，長二尺所，稍北行，至亢南，百三十五日去。

明帝永平四年辛酉八月辛酉，客星出梗河西北，指貫索，七十日去。

明帝永平七年甲子三月庚戌，客星光氣二尺所，在太微左執法端門外，凡見七十五日。

明帝永平八年乙丑六月壬午，長星出柳張三十七度，犯軒轅，刺天船陵太微氣至上階，凡見五十六日去。好里彗。

十二月戊子，客星出東方。

明帝永平九年丙寅正月戊申，客星出牽牛，長八尺，歷建星至房南滅，見至五十日。

明帝永平十三年庚午十一月，客星出軒轅四十八日。

明帝永平十四年辛未正月戊子，客星出昴六十日，在軒轅右角稍滅。

明帝永平十八年乙亥六月己未，彗星出張，長三尺，轉在郎將南入太微。

章帝建初元年丙子八月庚寅，彗星出天市，長二尺所，稍行入牽牛三度，積四十日稍滅。

章帝建初二年丁丑十二月戊寅，彗星出婁三度，長八九尺，稍入紫宫中，百六日稍滅。

章帝元和元年甲申四月丁巳，客星晨出東方，在胃八度，長三尺，歷閣道入紫宫，留四十日滅。

和帝永元十二年庚子十一月癸酉夜，有蒼白氣長三丈，起天園東北指軍市，見積十日。

和帝永元十三年辛丑十一月乙丑，軒轅第四星間有小客星，色青黄。

和帝永元十六年甲辰四月丁未，紫宫中生白氣如粉絮。戊午，客星從紫宫西行至昴，五月壬申滅。

安帝永初元年丁未八月戊申，客星在東井弧星西南。

安帝永初三年己酉十二月，彗星起天菀南，東北指，長六七尺，色蒼白。

安帝永初四年庚戌六月丙子，客星大如李，蒼白，芒氣長二尺，西南指上階星。

安帝元初二年乙卯十一月甲午，客星見西方，己亥在虚危南，至胃昴。

安帝延光二年癸亥十一月，客星見天市。

順帝永建元年丙寅二月甲午，客星入太微。

順帝永建六年辛未十二月壬申，客星芒氣長二尺餘，西南指，色蒼白，在牽牛六度。

順帝陽嘉元年壬申閏十二月戊子，客星氣白廣二尺，長五丈，起天苑西南。

順帝永和六年辛巳二月丁巳，彗星見東方，長六七尺，色青白，西南指營室及墳墓星。丁丑，彗星在奎一度，長六尺，癸未昏見西北，歷昴畢，甲申在東井，遂歷輿鬼、柳、七星、張光炎及三台至軒轅中滅。 好里彗。

桓帝建和三年己丑八月乙丑，彗星芒長五尺，見天市中，東南指，色黃白，九月戊辰不見。

桓帝延熹四年辛丑五月辛酉，客星在營室，稍順行，生芒長五尺所，至心一度轉爲彗。

靈帝熹平二年癸丑四月，有星出文昌，入紫宫，蛇行，有首尾，無身，赤色，有光炤垣墻。

靈帝光和元年戊午八月，彗星出亢北，入天市中，長數尺，稍長至五六丈，赤色，經歷十餘宿，八十餘日乃消於天苑中。

靈帝光和三年庚申冬，彗星出狼弧，東行，至於張乃去。

靈帝光和五年壬戌七月，彗星出三台下，東行入太微，至太子幸臣，二十餘日而消。

靈帝中平二年乙丑十月癸亥，客星出南門中，大如半筵，五色喜怒，稍小，至後年六月消。

靈帝中平五年戊辰二月，彗星出奎，逆行入紫宫，後三出，六十餘日乃消。六月丁卯，客星如三升椀，出貫索，西南行入天市，至尾而消。

獻帝初平二年辛未九月，蚩尤旗見，長十餘丈，色白，出角亢之南。

獻帝初平四年癸酉十月，孛星出兩角間，東北行入天市中而滅。

獻帝建安五年庚辰十月辛亥，有星孛於大梁。

獻帝建安九年甲申十一月，有星孛於東井、輿鬼，入軒轅、太微。

獻帝建安十一年丙戌正月，星孛於北斗，首在斗中，尾貫紫宫及北辰。

獻帝建安十二年丁亥十月辛卯，有星孛於鶉尾。

獻帝建安十七年壬辰十二月，有星孛於五諸侯。

獻帝建安二十三年戊戌三月，孛星晨見東方二十餘日，夕出西方，犯歷五車、東井、五諸侯、文昌、軒轅、后妃、太微，鋒炎指帝座。 好里彗。

三國

魏文帝黃初三年壬寅九月甲辰，客星見太微左掖門内。

文帝黃初六年乙巳十月乙未，有星孛於少微，歷軒轅。

明帝太和六年壬子十一月景寅，有星孛於翼，近太微上將星。

明帝青龍四年丙辰十月甲申，有星孛於大辰，長三尺。乙酉，又孛於東方。十二月己亥，彗星見犯宦者、天紀星。

明帝景初二年戊午八月，有彗見張，長三尺，逆西行，四十一日滅。十月癸巳，客星見危，逆行，在離宫北騰蛇南，甲辰犯宗星，己酉滅。

齊王正始元年庚申十月乙酉，彗星見西方，在尾，長二丈，拂牽牛，犯太白，十一月甲子進犯羽林。

齊王正始六年乙丑八月戊午，彗見七星，長二尺，色白，進至張，積二十三日滅。

齊王正始七年丙寅十一月癸亥，彗星見軫，長一尺，積百五十六日滅。

齊王正始九年戊辰三月，彗星見昴，長六尺，色青白，芒西南指，七月又見翼，長二尺，進至軫，積四十二日滅。

少帝嘉平三年辛未十一月癸亥，有星孛於營室，西行，積九十日滅。

少帝嘉平四年壬申三月丁酉，彗星見西方，在胃，長五六丈，色白，芒南指貫參，積二十日滅。

少帝嘉平五年癸酉十一月，彗星又見軫，長五丈，在太微左執法西，東南指，積百九十日滅。

高貴鄉公正元元年甲戌冬十一月，有星茀於斗牛，白氣出南斗側廣數丈，長竟天，蚩尤旗也。

高貴鄉公正元年乙亥正月，有彗星見於吳楚分，西北竟天。

高貴鄉公甘露二年丁丑十一月，彗星見角，色白。

高貴鄉公甘露四年己卯十月丁丑，客星見太微中，轉東南行，歷軫宿，積七日滅。

元帝景元三年壬午十一月壬寅，彗星見亢，色白，長五寸，轉北行，積四十五日滅。

晉

武帝泰始元年乙酉五月，彗星見王良，長丈餘，色白，東南指，積十二日滅。

武帝泰始四年戊子正月景戌，彗星見軫，青白色，西北行，又轉東行。

武帝泰始五年己丑九月，星孛於紫宮。

武帝泰始十年甲午十二月，有星孛於軫。

武帝咸寧二年丙申六月甲戌，星孛於氐，七月星孛大角，八月星孛太微，至翼、北斗、三台。

武帝咸寧三年丁酉正月，星孛於西方，三月星孛於胃，四月星孛於女御，五月又孛於東方，七月星孛紫宮。

武帝咸寧四年戊戌四月，蚩尤旗見於東井。

武帝咸寧五年己亥三月，星孛於柳，四月又孛於女御，七月孛於紫宮。

武帝太康二年辛丑八月，有星孛於張，十一月星孛軒轅。

武帝太康四年癸酉三月戊申，星孛於西南。

武帝太康八年丁未九月，星孛於南斗，長數十丈，十餘日滅。

惠帝永熙元年庚戌四月，客星在紫宮。

惠帝元康五年乙卯四月，有星孛於奎，至軒轅、太微，經三台、大陵。好里彗。

惠帝永康元年庚申三月，妖星見南方，中台星坼。

十二月，彗星出牽牛之西，指天市。

惠帝永康二年辛酉四月，彗星見齊分。

惠帝太安元年壬戌四月，彗星晝見。

惠帝太安二年癸亥三月，彗星見東方，指三台。

惠帝永興元年甲子五月，客星守畢。

惠帝永興二年乙丑八月，星孛於昴、畢，十月丁丑，有星孛於北斗。

元帝太興元年戊寅十一月乙卯日夜出，高三丈，中有赤青珥。

成帝咸和四年己丑七月，有星孛於西北，犯斗，二十三日滅。

成帝咸康二年丙申正月辛巳，彗星夕見西方，在奎。

成帝咸康六年庚子二月庚辰，有星孛於太微。

康帝建元元年癸卯十一月六日，彗星見亢，長七尺，白色。

穆帝永和五年己酉十一月乙卯，彗星見於亢，芒西向，色白，長一丈。

穆帝永和六年庚戌正月丁丑，彗星又見於亢。

穆帝升平二年戊午五月丁亥，彗帝出天船，在胃度中。

哀帝興寧元年癸亥八月，有星孛於角、亢，入天市。

海西太和四年己巳二月，客帝見紫宮西垣，至七月乃滅。

武帝寧康二年甲戌正月丁巳，有星孛於女虛，經氐、亢、角、軫、翼、張。至三月景戌，彗星見於氐。九月丁丑，有星孛於天市。好里彗。

武帝太元十一年丙戌三月，客星在南斗，至六月乃没。

武帝太元十五年庚寅七月壬申，有星孛於北河，或經太微、三台、文昌入北斗，色白，長十餘丈，八月戊戌入紫宮乃滅。

武帝太元十八年癸巳二月，客星在尾中，至九月乃滅。

武帝太元二十年乙未九月，有蓬星如粉絮，東南行，歷女虛，至哭星。

武帝太元二十一年丙申夏六月，有星孛於昴，先是有大黄星出於昴華之分，五十餘日。

安帝隆安四年庚子二月己丑，有星孛奎，長三丈，上至閣道、紫宮、西蕃，入北斗魁犯太陽守循下台，至三台。三月遂經於太微帝坐端門。

十二月戊寅，有星孛於貫索、天市、天津。

安帝元興元年壬寅十月，有客星，色白，如粉絮，在太微西，至十二月入太微。

安帝義熙十一年乙卯四月辛巳，有星孛於天市。

五月甲申，彗星二出天市，掃帝坐，在房心北。

六月己巳，有星孛於昴南。

安帝義熙十四年戊午五月庚子，有星孛於北斗魁中。

七月癸亥彗星出太微西，柄起上相星下，芒漸長至十餘丈，進掃北斗、紫宮、中台。

九月，長星孛於北斗，轢紫微，辛酉入南宮，凡八十餘日。

十二月，彗出自天漢，入太微，遝北斗，干紫宮，犯天棓，八十餘日，及天漢乃滅。

恭帝元熙元年己未正月戊戌，有星孛於太微西蕃。

南北朝

宋

武帝永初元年庚申十二月，客星見於翼。

武帝永初三年壬戌二月辛卯，有星孛於虛、危，向河津掃河鼓。

十一月戊午，有星孛於室、壁。甲寅，彗星出室，掃北斗，及於闕門。

少帝景平元年癸亥正月乙卯，有星孛於東壁南，白色，長二丈餘，拂天苑二十日滅。

十月戊午，有星孛於氐北，尾長四丈，西北指，貫攝提，向大角，東行，日長六七尺，十餘日滅。

文帝元嘉十二年乙亥五月，彗出軒轅。

文帝元嘉十四年丁丑正月壬午，有星晡前晝見，東北維在井左右，黄赤色，大如橘。

文帝元嘉十九年壬午九月，客星見北斗，漸爲彗星，至天苑末滅。

文帝元嘉二十六年己丑五月，彗星出於昴北。

十月辛巳，彗星見於太微。

十一月，白氣貫北斗。

文帝元嘉二十八年辛卯五月，彗星見卷舌，入太微。六月辛酉，彗星進逼帝座。七月乙酉，犯上相，拂屏，出端門，滅於翼軫。 好里彗。

文帝元嘉三十年癸巳二月，有星孛於西方。

孝武大明四年庚子十月，有長星出於天倉，長丈餘。

孝武大明五年辛丑三月辛巳，有長星出於天津，色赤，長匹餘，滅而復出，大小百數。

孝武大明八年甲子十一月，長星出織女，色正白。

齊

武帝永明元年癸亥十月，有客星大如斗，在參東，如孛。

明帝永泰元年戊寅十一月，彗星起軒轅，歷鬼南，及天漢。

和帝中興元年辛巳三月乙巳夜，彗星竟天。

梁

武帝天監六年丁亥七月己卯，有星孛於東北。

武帝普通元年庚子九月乙亥，有彗星，光爛如火，晨見，出於東方。

武帝中大通二年庚戌七月甲午，有彗星，晨見東北方，在中台東一丈，長六尺，色正白，東北行，西南指。丁酉距下台上星西北一尺，而晨伏。庚子夕見西北方，長尺，東南指，漸移入氐。至八月己未，漸見。 癸亥滅。 好里彗。

武帝中大通五年癸丑正月己酉，長星見。

武帝大同元年乙卯，有星孛於太微，歷下台及室、壁而滅。

武帝大同五年己未十月辛丑，彗星出於南斗，長一尺餘，東南指，漸長一丈餘。

至十一月丙戌，距太白三尺，長丈餘，東南指。十一月乙卯至婁始滅。

陳

文帝天嘉元年庚辰九月癸丑，彗星長四尺見，芒指西南。

文帝天嘉二年辛巳九月乙巳，客星見於翼。即周保定元年。

文帝天嘉六年乙酉三月戊子，彗星見。六月庚申，彗星出三台，辛酉彗長丈餘。壬戌見於文昌，長數寸，入文昌犯上將，後經紫宫西垣入危，漸長一丈餘，指室、壁，後百餘日稍短，長二尺五寸，在虚危滅。即齊後主天統元年。

臨海光大。二年戊子六月壬子，客星見氐東。甲戌彗星見東井，長一丈，上白下赤而鋭，漸東行，至七月癸卯在鬼北八寸所乃滅。

七月己未，客星見房心，白如粉絮，大如斗，漸大，東行八日，入天市，漸長四尺，如匹所，後東行犯河鼓、右將，癸未犯瓠瓜，歷虚危，又入室犯離宫。

九月壬寅入奎，稍小。壬戌至婁北一尺所滅，凡六十九日。即周天和三年。

宣帝太建六年甲午二月戊午，客星大如桃，青白色，出五車東南三尺所，漸東行，稍長二尺所，至四月壬辰入文昌，丁未入北斗魁中，後出魁漸小，凡見九十三日。

四月乙卯，星孛於紫宫垣外，大如拳，赤白，指五帝座，漸東南行，稍長一丈五尺，五月甲子至上台北滅。

宣帝太建七年乙未四月丙戌，有星孛於大角。

宣帝太建十二年庚子十二月辛巳，彗星見西南。

隋

文帝開皇八年戊申十月甲子，有星孛於牽牛。

文帝開皇十四年甲寅十一月癸未，有彗星孛於虚危及奎婁。

煬帝大業三年丁卯三月辛亥長星見西方，竟天，干歷奎、婁、角、亢而没，至九月辛未轉見南方，亦竟天，又干角、亢，類掃太微、帝座，干犯列宿，唯不及參、井，經歲乃滅。好里彗。

煬帝大業十一年乙亥六月，有星孛於文昌東南，長五六寸，色黑而鋭，夜動摇，西北行數日至文昌，去宫四五寸不入，却行而滅。

煬帝大業十三年丁丑六月，有星孛於太微五帝座，色黄赤，長三四尺所，數日而滅。

唐

高祖武德九年丙戌二月壬午，二十三夜。有星孛於胃昴間，凡二十八日，丁亥又孛於卷舌。

太宗貞觀八年甲午八月甲子，二十三夜。有星孛於虛危，歷於玄枵，凡十一日，乙亥而滅。

太宗貞觀十三年己亥三月乙丑，二十二夜。有星孛於畢昴。

太宗貞觀十五年辛丑六月己酉，十九夜。有星孛於太微，犯郎位，七月甲戌滅。

高宗龍朔三年癸亥八月癸卯，有彗星於左攝提，長二尺餘，乙巳不見。

高宗總章元年戊辰四月丙辰，有彗星於東北，在五車畢昴間，乙亥不見，二十二日星滅。

高宗上元二年乙亥十月壬午，有星孛於角、亢南，長五尺。

高宗上元三年丙子七月丁亥，二十一日。有彗星於東井，指北河、積薪，長三尺餘，漸向東北行，光芒益盛，長三尺，掃中台，指文昌，經五十八日，九月乙亥滅。

高宗開耀元年辛巳九月丙申，一日夜。有彗星於西方天市中，長五丈，漸小，東行至河鼓、右旗，十七日癸丑滅。

高宗永淳二年癸未三月丙午，十八日。有彗星於五車北，凡二十五日，四月辛未而滅。好里彗。

中宗嗣聖元年甲申七月辛未，二十二日。夕見西北方有彗星，長二丈餘，凡四十九日，八月甲辰滅。

九月丁丑，二十九日。星如半月見於西方。

中宗景龍元年丁未十月壬午，十八日。有彗星於西方，凡四十三日，十一月甲寅不見。

中宗景龍二年戊申七月丁酉，七日。有星孛於胃昴間。

中宗景龍三年己酉八月壬辰，八日。有星孛於紫宮。

睿宗太極元年壬子六月，有彗星自軒轅，七月四日。入太微，至太角滅。

元宗開元十八年庚午六月甲子，十一日。彗星見五車。癸酉，三十日。有星孛於畢昴。

元宗開元二十六年戊寅三月丙子，八日，有星孛於紫宮垣，歷北斗魁，旬餘。因雲陰不見。

肅宗上元元年庚子四月丁巳夜五更，彗出於東方，色白，長四尺，在婁胃間疾行，向東北角，歷昴、畢、觜、參、井、鬼、柳、軒轅，至太微左執法七寸所，凡五十餘日方滅。好里彗。

閏四月辛酉朔，有彗星於西南方，長數丈，至五月乃滅。

代宗大曆元年丙午十二月己亥，有彗星於瓠瓜，長尺餘，犯宦者，經二旬不見。

代宗大曆五年庚戌四月己未夜，彗星出五車，光芒蓬勃，長三丈。五月己卯夜，彗星見於北方，色白。癸未夜，彗隨天東行，近八穀中星。甲申，西北方白氣竟天。六月癸卯，彗去三公二尺。甲寅，白氣出西北方竟天。己未彗星滅。

代宗大曆七年壬子十二月丙寅，有長星於參下，其長亘天。

憲宗元和十年乙未三月，有長星於太微，尾至軒轅。

憲宗元和十二年丁酉正月戊子，有彗出畢南，長二尺餘，指西南，凡三日，近參旗滅。

穆宗長慶元年辛丑正月己未夜，有星孛於翼，二月丁卯夜孛在辰上去，太微西垣南第一星七寸所，六月有彗星於昴，長一丈，凡十日不見。

文宗太和二年戊申七月甲辰，有彗星於右攝提南，長二尺。

文宗太和三年己酉十月，客星見於水位。

文宗太和八年甲寅九月辛亥夜五更，有彗星於太微，長丈餘，西北行，越郎位，至庚申出東方，長三丈，芒耀甚猛，而後不見。

文宗開成二年丁巳二月丙午夜，彗星出東方，於危長七尺餘，在危初度，西指南斗，戊申夜在危西南，芒耀愈盛，長七尺，癸丑夜在危八度，庚申夜在虛三度半，辛酉夜，彗長丈餘，直西行，稍南指，在盧一度半，壬戌在婺女九度，彗長二丈餘，廣三尺，癸亥夜彗愈長，且廣，在女四度，三月甲子朔其夜在南斗，乙丑夜彗長五丈，歧分兩尾，其一指氐，其一掩房，在斗十度，丙寅夜長六丈，尾無歧，北指在危七度，丁卯夜彗長五丈，闊五尺，却西北行，東指，戊辰夜彗長八丈有餘，西北行，東指，在張十四度，癸未夜彗長三尺，在軒轅之右，東指，在張七度。好里彗。

三月甲申，客星出於東井下，戊子客星別出於端門內近屏星，四月丙午東井下客星没，五月癸酉端門客星没，壬午客星如孛，在南斗天籥旁，八月丁酉彗星於虛危。

文宗開成三年戊午十月乙巳，十九日。有彗星於軫魁長二丈餘，漸長，西指，二十日夜長二丈五尺，二十一日夜長三丈，二十二日夜長三丈五尺，並在辰上，西指軫魁。十一月乙卯朔，是夜彗星出東方，在尾箕，東西竟天，十二月壬辰不見。

文宗開成四年己未正月癸酉，彗出於西方，在室十四度，羽林衛分也，閏月丙午二十三日。有彗星於卷舌北，凡三十三日。至二月己卯二十六日夜滅。

文宗開成五年庚申二月庚申，有彗星於營室東壁間，二十日滅。

十一月戊寅，有彗星於東方燕分也。

武宗會昌元年辛酉七月，有彗星於羽林營室東壁間。

十一月壬寅，六日。有彗星見於西南北落師門，在營室初度，入紫宮，凡五十六日，至十二月辛卯不見。

宣宗大中六年壬申三月，有彗星，於觜參。

宣宗大中十一年丁丑九月乙未，有彗星，於房，長三尺。

懿宗咸通五年甲申五月己亥夜漏未盡一刻，有彗星出於東北，色黃白，長三尺，在婁。

懿宗咸通九年戊子正月，有彗星婁胃。

懿宗咸通十年己丑八月，有彗星於太陵，東北指。

僖宗乾符四年丁酉五月，有彗星。

僖宗光啓元年乙巳，有彗星於積水、積薪之間。

僖宗光啓二年丙午五月丙戌，有星孛於尾、箕，歷北斗、攝提。

昭宗大順二年辛亥四月庚辰，有彗星於三台東行，入太微，掃大角、天市，長十丈餘，五月甲戌不見。

昭宗景福元年壬子五月，蚩尤旗見。初出，有白彗形如髮，長二尺許，經數日乃從中天下如匹布，至地如蛇。

十一月，有星孛於斗牛。

十二月丙子，天攙出於西南，己卯化爲雲而没。

昭宗景福二年癸丑三月天久陰，至四月乙酉夜雲稍開，有彗星於上台，長十餘丈，東行入太微，掃大角，入天市，經三旬有七日益長至二十餘丈，因雲陰不見。

昭宗乾甯元年甲寅正月，有星孛於鶉首。

七月妖星見，非彗非孛，不知其名。

昭宗乾甯三年丙辰十月，有客星三，一大二小，在虛危間，乍合乍離，相隨東行，狀如鬬，經三日而二小星没，其大星後没。

昭宗光化三年庚申正月，客星出於中垣宦者旁，大如桃，光焰射宦者，宦者不見。

昭宗天復元年辛酉五月，有三赤星，各有鋒芒，在南方，既而西方、北方，東亦如之，頃之又各增一星，凡十六星，少時先從北滅，占曰濛星。

昭宗天復二年壬戌正月，客星如桃，在紫宮華蓋下，漸行至御女，丁卯有流星起文昌，抵客星，客星不動，己巳客星在杠守之，至明年猶不去。

昭宗天祐元年甲子四月，有星狀如人，首赤身黑，在北斗下紫微中。

昭宗天祐二年乙丑四月庚子夕，西北隅有星類太白，上有光，似彗，長三四丈，色如赭，辛丑夕色如縞，甲辰有彗星於北河，貫文昌，長三丈餘，陵中台下台，五月乙丑夜自軒轅左角乃天市西垣，光芒猛怒，其長亘天，丙寅雲陰，至辛未少霽不見。

五代

梁

太祖乾化元年辛未五月，客星犯帝座。

太祖乾化二年壬申四月壬申，彗出於張。甲戌夜，彗見於靈臺之西。好里彗。

唐

明宗天成三年戊子十月庚午夜，西南有孛，長丈餘，東南指，在牛五度。

末帝清泰三年丙申，晉高祖天福元年九月乙丑，彗出虛危，長尺餘，形細微，經天壘、哭星。

十一月丁未彗出虛危，掃天壘及哭星。

晉

高祖天福六年辛丑九月壬子，彗星出於西方，掃天市垣，長丈餘。

高祖天福八年癸卯十月庚戌夜，有彗見於東方，西指，尾長一丈，在角九度。

周

世宗顯德三年丙辰正月壬戌夜，有星孛於參、角，其芒指於東南。

宋

太祖建隆二年辛酉十二月己酉，客星出天市垣宗人星東，微有芒彗。

太祖建隆三年壬戌正月辛未，客星西南行，入氐宿，二月癸丑至七月没。
太祖開寶四年辛未八月癸卯，景星見。
太祖開寶八年乙亥六月甲子，彗星出柳，長四丈，辰見東方，西南指，歷輿鬼至東壁，凡十一舍，八十三日而滅。
太宗太平興國八年癸未二月甲辰，客星出太微垣端門東，近屏星，北行。
太宗端拱二年己丑七月丁亥，客星出北河星西北，稍暗微，有芒彗，指西南。戊子，彗星出東井、積水西，青白色，光芒漸長，辰見東北，旬日夕見，西北歷右攝提，凡三十日而亢没。好里彗。
太宗淳化元年庚寅正月辛巳，客星出軫宿，逆至張，七十日經四十度乃不見。
真宗咸平元年戊戌正月甲申，彗星出營室北，光芒尺餘，至丁酉，凡十四日滅。
真宗咸平六年癸卯十一月辛亥，旄頭犯輿鬼。甲辰，有彗孛於井鬼，大如杯，色青白，光芒四尺餘，歷五諸侯及五車，入參，凡三十餘日没。
真宗景德二年乙巳八月甲辰，客星出紫微天棓側，孛孛然如粉絮，稍入垣内，歷御女華蓋，凡十一日没。
真宗景德三年丙午三月乙巳，客星出東南方。
四月戊寅，周伯星見氐南騎官西一度，狀如半月，有芒角，煌煌然可以鑒物，歷庫樓東，八月隨天輪入濁，十一月復見在氐，自是常以十一月辰見東方，八月西南入濁。
真宗大中祥符四年辛亥正月丁丑，客星見南斗魁前。
真宗大中祥符七年甲寅正月己酉，含譽星見，其年九月丙戌又見，似彗有尾而不長。
真宗天禧三年己未六月辛亥，彗出北斗魁第二星東北，長三尺許，與北斗第一星齊北行，經天牢，拂文昌，長三尺餘，歷紫微、三台、軒轅，速行而西至七星，凡三十七日没。
真宗天禧五年辛酉四月丙辰，客星出軒轅前星西北，大如桃，速行經軒轅大星，入太微垣掩右執法，犯次將歷屏星西北，凡七十五日入濁没。
仁宗天聖元年癸亥二月己亥，奇星見。
仁宗天聖二年甲子八月丙子，奇星見。
仁宗天聖四年丙寅七月壬申，又見奇星。
仁宗明道元年壬申六月乙巳，客星出東北方近濁有芒彗，至丁巳凡十三日没。

仁宗明道二年癸酉二月戊戌，含譽星見東北方，其色黄白，光芒長二尺許。
仁宗景祐元年甲戌八月壬戌夜，有星孛於張翼，長七尺，闊五寸，十二日而没。十二月己未夜，有星出外屏，有芒氣。
仁宗景祐二年乙亥正月己丑，奇星又見。
仁宗皇祐元年己丑二月丁卯，彗出虚，晨見東方，西南指，歷紫微至婁，凡一百一十四日而没。
仁宗至和元年甲午五月己丑，客星出天關東南可數寸，歲餘稍没。
仁宗嘉祐元年丙申七月，彗出紫微，歷七星，其色白，長丈餘，至八月癸亥滅，二月辛亥、八月己未，奇星見。
仁宗嘉祐二年丁酉八月庚午，三年八月丙辰，四年正月庚戌、八月癸未，五年八月庚午，六年正月癸丑、八月壬辰，七年正月辛亥，八年正月辛酉，奇星均見。
英宗治平元年甲辰二月己丑、七月癸巳，二年二月癸巳、八月己亥，三年正月庚辰、八月庚戌，奇星皆見。
英宗治平三年丙午三月己未，彗出營室，晨見東方，長七尺許，西南指危，洎墳墓，漸東速行，近日而伏。至辛巳，夕見西南北有星，無芒彗，益東方别有白氣一，闊三尺許，貫紫微極星，並房宿首尾入濁，益東行，歷文昌北斗貫尾。至壬午星復有芒彗，長丈餘，闊三尺餘，東北指，歷五車白氣爲歧横天貫北河、五諸侯、軒轅、太極、五帝坐、内五諸侯，及角、亢、氐、房宿。癸未彗長丈五尺，星有彗氣，如一升器，歷營宿至張，凡一十四舍，積六十七日星氣孛皆滅。好里彗。
神宗熙甯二年己酉六月丙辰，客星出箕度中，至七月丁卯犯箕乃散。
神宗熙甯三年庚戌十一月丁未，客星出天囷。
神宗熙甯八年乙卯十月乙未，彗星出軫度中，如填，青白色，丙申西北生光，芒長三尺，斜指軫，若彗。丁酉光芒長五尺，戊戌長七尺，斜指左轄，至丁未入濁不見。
神宗元豐三年庚申七月癸未，彗出西北太微垣郎位南，白氣長一丈，斜指東南，在軫度中，丙戌向西北行，在翼度中，戊子長三尺，斜穿郎位，癸卯犯軒轅，至丁酉入濁不見，庚子日辰復出於張度中，至戊子，凡三十有六日没不見。

哲宗元祐六月辛未十一月辛亥，客星出參度中，犯掩側星，壬子犯九遊星，十二月癸酉入奎，至七年三月辛亥乃散。

哲宗紹聖四年丁丑八月己酉，彗出氐度中，如填，有光，色白氣，長三丈，斜指天市左星，九月壬子光芒長五尺，入天市垣，己未犯天市垣宦者，庚申犯天市垣帝坐，戊辰没不見。

徽宗崇甯五年丙戌正月戊戌，彗出西方，如杯口大，光芒散出如碎星，長六丈，濶三尺，斜指東北，自奎宿貫胃、昴、畢，後入濁不見。

徽宗大觀四年庚寅五月丁未，彗出奎、婁，光芒長六尺，北行入紫微垣，至西北入濁不見。

欽宗靖康元年丙午六月壬戌，彗出紫微垣。

高宗紹興元年辛亥九月，彗星見，十二月戊寅。

高宗紹興二年壬子八月辛亥，彗星出於文昌，甲寅見於胃，丙辰行犯土司空，至九月甲戌始滅。

高宗紹興八年戊午五月，客星守婁。

高宗紹興九年己未二月壬申，客星守亢。

高宗紹興十五年乙丑四月戊寅，彗星見東方，丙申復見於西北，長丈餘，在參度，五月丁巳，化爲客星，其色青白，壬戌留守張，至六月丁亥乃消。好里彗。

高宗紹興十六年丙寅十一月庚寅，彗星見西南危宿。

高宗紹興十七年丁卯正月辛未，彗星出東方，長丈餘，九十五日滅。

高宗紹興二十六年丙子七月丙午，彗星見東井，約長一丈，光芒二尺，癸丑又犯五諸侯。

高宗紹興三十一年辛巳六月己巳，彗星見北斗，天權星東北。

孝宗乾道二年丙戌三月癸酉，客星出太微垣内五帝坐大星西，微小，色青白。

孝宗淳熙二年乙未七月辛丑，有星孛於西北方，當紫微垣外七公之上，小如熒惑，森然蓬孛，至丙午始消。

孝宗淳熙八年辛丑六月己巳，客星出奎宿，甲戌見於華蓋，犯傳舍星，至明年正月癸酉，凡一百八十五日始滅。

孝宗嘉泰三年癸亥六月乙卯，客星出東南尾宿間，色青白，大如填星，甲子守尾。

甯宗嘉定十五年壬午八月己卯，彗星出於亢宿右攝提周鼎之間，甲午彗星見於右攝提，光芒三尺餘，體類歲星，凡兩月，歷氐房心乃没。好里彗。

甯宗嘉定十七年甲申六月己丑，客星犯尾宿。

理宗紹定三年庚寅十一月丁酉，有星孛於天市垣屠肆星之下，明年二月壬午乃消。

理宗紹定五年壬辰閏九月己酉，彗星見東方，色白，長丈餘，變曲如象牙，出角、軫，南行至十二日長二丈，十六日月燭不見，二十七日五更復出東南，約長四丈餘，至十月一日己未始消，凡四十有八日。

理宗嘉熙四年庚子正月辛未，彗星見於室，至三月辛未乃消。

七月庚寅，客星出尾宿。

理宗景定五年甲子〇元至元元年七月甲戌，彗星見於柳，芒角燭天，長十餘丈，日高方斂，凡月餘。己卯退行，見於輿鬼，昏見西北，貫上台，掃紫微、文昌及北斗，旦見東北，辛巳在井，丙申見於參，戊戌在參宿度内，八月末光芒稍滅，凡四月乃滅。

度宗咸淳九年癸酉〇元至元十年三月癸酉，客星青白如粉絮，起畢度五車北，復自文昌貫斗杓歷梗河至左攝提，凡二十一日。

端宗景炎二年丁丑〇元至元十四年二月癸亥，彗出東北，長四尺餘。

元

世祖至元三十年癸巳十月庚寅，彗星入紫微垣抵斗魁，光芒尺許，凡一月乃滅。

成宗大德元年丁酉八月丁巳，祆星出奎。九月辛酉朔，祆星復犯奎。

成宗大德二年戊戌十二月甲戌，彗出子孫星下。

成宗大德五年辛丑八月庚辰，彗出井二十四度四十分，如南河大星，色白，長五尺，直西北後，經文昌斗魁南掃太陽，又掃北斗、天機、紫微垣、三公、貫索星，長丈餘，至天市垣，巴蜀之東梁楚之南宋星上長盈尺，凡四十六日而滅。好里彗。

成宗大德八年甲辰十二月庚戌彗星見，約盈尺，指東南，色白，測在室十一度，漸長尺餘，復指西北，掃騰蛇，入紫微垣，至是滅，凡七十四日。

仁宗皇慶二年癸丑三月丁未，彗出東井。

仁宗延祐二年乙卯十月丙子朔，客星見太微垣，十一月丙午客星變爲彗，犯紫

微垣，歷軫至壁十五宿，明年二月庚寅乃滅。

順帝至元三年丁丑四月甲戌，有星孛於王良，至七月壬寅没於貫索，五月丁卯彗星見於東北，如天船星大，色白，約長尺餘，彗指西南，測在昴五度，八月庚午彗星不見，其星自五月丁卯始見，戊辰往西南行，日益漸速，至六月辛未芒彗愈長，約二尺餘，丁丑掃上丞，己卯光芒愈甚，約長三尺餘，入圜衛，壬午掃華蓋杠星，乙酉掃鈎陳大星及天皇大帝，丙戌貫四輔經樞心，甲午出圜衛，丁酉出紫微垣，戊戌犯貫索掃天紀，七月庚子掃河間，癸卯經鄭晉入天市垣，丙午掃列肆，己酉太陰光盛，微辨芒彗，出天市垣掃梁星，至辛酉光芒微小，瞻在房宿鍵閉之上罰星中星正西難測，日漸南行，至是凡見六十有三日，自昴至房，凡歷一十五宿而滅。

順帝至元六年庚辰二月己酉，彗星如房星大，色白，狀如粉絮，尾跡約長五寸餘，彗指西南，測在房五度，漸往西北行，辛巳夜彗星不見，自二月己酉至三月庚辰，凡見三十二日。

順帝至正十一年辛卯十一月辛亥，孛星見於奎宿，癸丑孛星見於婁宿，甲寅孛星見於胃宿，乙卯赤如之，丙辰孛星見於昴宿，丁巳孛星微見於畢宿。

順帝至正十六年丙申五月甲戌，彗星見於正東如軒轅左角大，色青白，彗指西南，約長尺餘，測在張宿十七度一十分，至十月戊午滅跡西北行四十餘日。

順帝至正二十二年壬寅二月乙酉彗星見，光芒約長尺餘，色青白，測在危七度二十分，丁酉彗星犯離宫西星，至二月終光芒約長二丈餘，三月戊申彗星不見星形，惟有白氣形曲竟天，西指掃大角，壬子彗星行過太陽前，惟有星形無芒，如酒盃大，昏濛，色白，測在昴宿六度，至戊午始滅跡焉。

六月辛巳彗星見於紫微垣，測在牛二度九十分，色白，光芒約長尺餘，東南指，西南行，戊子彗星光芒掃上宰，七月乙卯彗星滅跡。

順帝至正二十三年癸卯三月辛丑朔，彗星見於東方，經月乃滅。

順帝至正二十六年丙午九月庚子，孛星見於紫微垣北斗權星之側，色如粉絮，約斗大，往東南行，過犯天棓星，辛丑孛星測在尾十八度五十分，壬寅孛星測在女二度五十分，癸卯孛星測在女九度九十分，甲辰孛星測在虛初度八十分，乙巳孛星出紫微垣北斗權星玉衡之間，在軫宿東南行，過犯天棓，經漸臺輦道去虛宿壘壁陣西方星始消滅焉。

明

太祖洪武元年戊申正月庚寅，彗星見於昴、畢，三月辛卯彗星出昴北大陵天船間，長八尺餘，指文昌，近五車，四月己酉没於五車北。

太祖洪武三年庚戌七月，文星見。

太祖洪武六年癸丑四月，彗星三入紫微垣。

太祖洪武九年丙辰六月戊子，有星大如彈丸，白色，止天蒼經外屏、卷舌，入紫微垣，掃文昌，指内厨，入於張，七月乙亥滅。

太祖洪武十一年戊午九月甲戌，有星見於五車東北，發芒丈餘，掃内堦，入紫微宫，掃北極五星，犯東垣、少宰，入天市垣，犯天市，至十月己未陰雲不見。好里彗。

太祖洪武十八年乙丑九月戊寅，有星見太微垣，犯右執法，出端門，乙酉入翼，彗長丈餘，至十月庚寅犯軍門，彗掃天廟。

太祖洪武二十一年戊辰二月丙寅，有星出東壁。

太祖洪武二十四年辛未四月丙子，彗二，一入紫微垣閶闔門犯天牀，一犯六甲掃五帝内座。

成祖永樂二年甲申十月庚辰，輦道東南有星如盞，黄色，光潤而不行。

成祖永樂五年丁亥十一月丙寅，彗星見。

成祖永樂二十二年甲辰九月戊戌，有星見斗宿，大如椀，色黄白，光燭地，有聲如撒沙石。

宣宗宣德五年庚戌八月庚寅，有星見南河旁，如彈丸大，色青黑，凡二十六日滅。

十月丙申，蓬星見外屏南，東南行經天倉、天庾，八日而滅。

十二月丁亥，有星如彈丸，見九斿旁，黄白光潤，旬有五日而隱。

宣宗宣德六年辛亥三月壬午，文星見。

四月戊戌，有星孛於東井，長五尺餘。

宣宗宣德七年壬子正月壬戌，彗星出東方，長丈餘，尾掃天津，東南行，十月始滅，是月戊子又出西方，十有七日而滅。

宣宗宣德八年癸丑閏八月壬子，彗星出天倉旁，長丈許，己巳入貫索，掃七公，己卯後入天市垣，掃晉星，二十有四日而滅。

戊午景星三見西北方天門，青赤黄各一，大如椀，明朗清潤，良久聚半月形。

丁丑有黄赤色見東南方，如星非星，如雲非雲，蓋歸邪星也。

英宗正統四年己未閏二月己丑，彗星見張宿旁，大如彈，丁酉長五丈餘，西行掃酒旗，逾北犯鬼宿。六月戊寅，彗星見畢宿旁，長丈餘，指西南，計五十有五日乃滅。

英宗正統九年甲子七月庚午，彗星見太微東垣，長丈許，累日漸長，至閏七月己卯入角没。

英宗正統十四年己巳十二月壬子，彗星見天市垣市樓旁，歷尾度，長二尺餘，至乙亥滅。

景帝景泰元年庚午正月壬午，彗星出天市垣外，掃天紀星。

景帝景泰三年壬申三月甲午朔，有星孛於畢。十一月癸未，有星見鬼宿積尸氣旁，徐徐西行。

景帝景泰七年丙子四月壬戌，彗星東北見於胃，長二尺，指西南，五月癸酉漸長丈餘，戊子西北見於柳，長九尺餘，掃犯軒轅星，甲午見於張，長七尺餘，掃太微北，西南行六日，壬寅入太微垣，長尺餘，十二月甲寅彗星復見於畢，長五寸，東南行漸長，至癸亥而没。好里彗。

英宗天順元年丁丑五月丙戌，彗星見於危，若動摇者，東行一度，芒長五寸，指西南，六月癸巳朔見室，長丈餘，由尾至東壁，犯天大將軍，卷舌第三星，井宿水位南第二星，十月己亥彗星見於角，長五寸餘，指北，犯角北星及平道東星。

英宗天順二年戊寅十一月癸卯，有星見於星宿，色白，西行。至丙午，其體微狀如粉絮，在軒轅旁。庚戌生芒五寸，犯爟位西北星。至十二月壬戌没於東井。

英宗天順五年辛巳六月壬辰，天市垣宗正旁有星粉白，至乙未化爲白氣而消。戊戌彗見東方，指西南，入井度，七月丙寅始滅。

英宗天順六年壬午六月丙寅，有星見策星旁，色蒼白，入紫微垣，犯天牢，至癸未居中台下，形漸微。

憲宗成化元年乙酉二月彗星見，三月又見，西北長三丈餘，三閲月而没。

憲宗成化四年戊子九月己未有星見星五度，東北行，越五日芒長三丈餘，尾指西南，變爲彗星，其後晨見東方，昏見室南，犯三公、北斗、瑶光、七公轉入天市垣，出垣漸小，犯天屏西第一星，十一月庚辰始滅。

憲宗成化七年辛卯十二月甲戌彗星見天田，西指，尋北行犯右攝提，掃太微垣上將及幸臣、太子、從官，尾指正西，横掃太微垣郎位，己卯光芒長大，東西竟天，北行二十八度餘，犯天槍，掃北斗、三公、太陽，入紫微垣内，正晝猶見，自帝星、北斗魁、庶子、后宫、勾陳、天樞、三師、天牢、中台、天皇大帝、上衛、閣道、文昌、上台，無所不犯，乙酉南行犯婁、天河、天陰、外屏、天囷，八年正月丙午行奎宿外屏漸微，久之始滅。

孝宗弘治三年庚戌十一月戊戌彗星見天津南，尾指東北，犯人星，歷杵臼，十二月戊申朔入營室，庚申犯天倉。十二月丁巳有星見天市垣，東南行，戊辰見天倉下，漸向壁

孝宗弘治七年甲寅十二月丙寅，有星見天江旁，徐行近斗，至八年正月庚戌入危。

孝宗弘治十二年己未七月戊辰，有星見天市垣宗星旁，入紫微垣東藩，經少宰、尚書，抵太子、后宫，出西藩、少輔旁，至八月己丑滅。

孝宗弘治十三年庚申四月甲午，彗星見壘壁陣上，入室壁間，漸長三尺餘，指離宫，掃造父，過太微垣，漸微入紫微垣，近女史，犯尚書，六月丁酉没。

孝宗弘治十五年壬戌十月戊辰，有星見天廟旁，自張抵翼，復退至張，戊寅滅。

武宗正德元年丙寅七月己丑，有星見紫微西藩外，如彈丸，色蒼白，越數日有微芒，見參井間，漸長二尺，如帚，西北至文昌。庚子彗星見，有光流東南，長三尺，越三日，長五尺許，帚下台上星入太微垣。

武宗正德十五年庚辰正月，彗星見。

武宗正德十六年辛巳正月甲寅朔，東南有星如火，變白，長可六七尺，横亘東西，復變勾屈狀，良久乃散。

世宗嘉靖二年癸未六月，有星孛於天市。

世宗嘉靖八年己丑正月立春日，長星亘天，七月又如之。

世宗嘉靖十年辛卯閏六月乙巳，彗星見於東井，長尺餘，掃軒轅第一星，芒漸長，至翼長七尺餘，東北掃天罇，入太微垣，掃郎位，行角度東南，掃亢北第二星，漸斂，積三十四日而滅。好里彗。

世宗嘉靖十一年壬辰二月壬午，有星見東南，色蒼白，有芒積，十九日滅。八月己卯，彗星見東井，長尺許，後東行，歷天津漸至丈餘，掃太微垣諸星，及角宿天門，至十二月甲戌，凡一百十五日而滅。

世宗嘉靖十二年癸巳六月辛巳，彗星見於五車，長五尺餘，掃大陵及天大將軍，漸長丈餘，掃閣道，犯螣蛇，至八月戊戌而滅。

世宗嘉靖十三年甲午五月丁卯朔，有星見螣蛇，歷天廄，入閣道，二十四日滅。

世宗嘉靖十五年丙申三月戊午，有星見天棓旁，東行歷天厨，西入天漢，至四月壬辰滅。

世宗嘉靖十八年己亥四月庚戌彗星見，長三尺許，光指東南，掃軒轅第八星，旬日始滅。

世宗嘉靖二十四年乙巳十一月壬午，有星出天棓，入箕，轉東北行，逾月没。

世宗嘉靖三十三年甲寅五月癸亥，彗星見天權旁，犯文昌，行入近濁，積二十七日而没。

世宗嘉靖三十五年丙辰正月庚辰，彗星見進賢旁長，尺許，西南指，漸至三尺餘掃太微垣，次相東北入紫微垣，犯天牀，四月二日滅。

世宗嘉靖三十六年丁巳九月戊辰，彗星見天市垣列肆旁，東北指，至十月二十三日滅。

穆宗隆慶三年己巳十月辛丑朔，彗星見天市垣，東北指，至庚申滅。

穆宗隆慶六年壬申，客星見王良。

神宗萬曆五年丁丑十月戊子，彗星見西南，蒼白色，長數丈，氣成白虹，由尾箕越斗牛，逼女，經月而滅。

神宗萬曆六年戊寅正月戊辰，有大星如日，出自西方，衆星皆西環。

神宗萬曆八年庚辰八月庚申，彗星見東南方，每夜漸長，縱横河漢，凡七十日有奇。

神宗萬曆十年壬午四月丙辰，彗星見西北，形如匹練，尾指五車，歷二十餘日滅。

神宗萬曆十二年甲申六月己酉，有星出房。

神宗萬曆十三年乙酉九月戊子，彗星出羽林旁，長尺許，每夕東行漸小，至十月癸酉滅。

神宗萬曆十九年辛卯三月丙辰，西北有星如彗，長尺餘，歷胃室壁，長二尺，閏三月丙寅朔入婁。

神宗萬曆二十一年癸巳七月乙卯，彗星見東井，乙亥逆行入紫微垣，犯華蓋。

神宗萬曆二十四年丙申七月丁丑，彗星見西北，如彈丸，入翼長尺餘，西北行。

神宗萬曆三十二年甲辰九月乙丑，尾分有星如彈丸，色赤黄，見西南方，至十月而隱，十二月辛酉轉出東南方，仍尾分，明年二月漸暗，八月丁卯始滅。

神宗萬曆三十五年丁未八月辛酉朔，彗星見東井，指西南，漸往西北，壬午自房歷心滅。好里彗。

神宗萬曆三十七年己酉，有大星見西南，芒刺四射。

神宗萬曆四十六年戊午九月乙卯，東南爲白氣一道，闊尺餘，長二丈餘，東至軫西入翼，十九日而滅，十一月丙寅旦有花白星見東方。

十月乙丑彗星出於氐，長丈餘，指東南，漸指西北，掃犯太陽守星入亢度西北，掃北斗、璿璣、文昌、五車，逼紫微垣右，至十一月甲辰滅。

神宗萬曆四十七年己未正月杪，彗星見東南，長數百尺，光芒下射，末曲而鋭，未幾見於東北，又未幾見於西。

熹宗天啓元年辛酉四月癸酉，赤星見於東方。

懷宗崇禎九年丙子冬，天狗見豫分。

懷宗崇禎十二年己卯秋，彗星見參分。

懷宗崇禎十三年庚辰十月丙戌，彗星見。

清

聖祖康熙三年甲辰十月己未，彗星見。

聖祖康熙四年乙巳二月己巳，彗星見於女。

聖祖康熙十六年丁巳三月甲辰，含譽星見。

聖祖康熙十九年庚申十月戊子彗星見於翼，十一月丙辰朔彗星見於西方。

聖祖康熙二十一年壬戌七月己巳，彗星見井度，長二尺餘。好里彗。

聖祖康熙二十七年戊辰，彗星見。

聖祖康熙四十一年壬午，彗星見。

世宗雍正七年己酉，彗星見。

高宗乾隆七年壬戌正月丙戌，彗星見。

高宗乾隆二十四年己卯三月甲午，彗星見。好里彗。

高宗乾隆三十五年庚寅，勒格司彗見。

高宗乾隆四十五年庚子，彗見。

仁宗嘉慶三年戊午，彗見。
仁宗嘉慶十年乙丑，彗見。
仁宗嘉慶十二年丁卯，夏大彗見。
仁宗嘉慶十六年辛未二月，大彗星見。勃洛格斯彗。
仁宗嘉慶十七年壬申，彗見。
仁宗嘉慶二十年丁亥，阿爾白斯大彗見。
仁宗嘉慶二十四年己卯五月，彗見。
宣宗道光元年辛巳正月乙亥，彗星出西方。
宣宗道光三年癸未十二月，彗見，尾長七度。
宣宗道光五年乙酉，大彗見。
宣宗道光六年丙戌正月，比乙拉彗見。
宣宗道光七年戊子，因格彗見。光微之小彗。
宣宗道光十五年乙未閏六月十一日，彗星見。好里彗。
宣宗道光二十三年癸卯正月，大彗星晝見。
宣宗道光二十六年丙午，彗星見。
宣宗道光二十七年丁未，彗星見。
宣宗道光二十九年己酉，彗星見。
文宗咸豐八年戊午九月，大彗星見，長四十度，闊十度。杜那底彗。
文宗咸豐十一年辛酉五月，大彗見於西北。
穆宗同治十年辛未十月，因格彗見。
穆宗同治十三年甲戌五月，大彗星見於西北。角迦彗。
德宗光緒五年己卯十二月，大彗星夕見西南地平，尾長四十度。
德宗光緒七年辛巳二月，透勃脱彗見。
夏，紫色大彗見，至明月七月隱。
德宗光緒八年壬午八月，大彗星晨見東南，光似金星。
德宗光緒九年癸未八月，龐斯勃洛格司彗見。
德宗光緒十一年乙酉，彗見。
德宗光緒十二年丙戌四月，勃洛格司彗見。
德宗光緒十三年丁亥，八月，阿爾白斯彗見。
德宗光緒十八年壬辰三月，施會甫彗見，尾長二十度。
德宗光緒十九年癸巳九月，勃洛格司彗見。
德宗光緒二十八年壬寅冬，施會甫彗見。
德宗光緒二十九年癸卯六月，波拉力彗、秋費彗、大來司脱彗均見。
德宗光緒三十年甲辰春，文納克彗、因格彗均見。
德宗光緒三十一年乙巳春，胡而弗彗見。
德宗光緒三十二年丙午，夏芬蘭彗見。
德宗光緒三十四年丁未八月朔，彗星晨見於東方井宿。
今上宣統二年正月，但白勒彗見數日。

四月好里彗於初六晨丑正見於東方，長四十五度，闊一度，尾指危中星署南偏，首在奎宿南，初十晨尾長九十餘，闊二度，被雲所掩而隱，至十四晚，見於西方，因有月光，不甚明顯，在軒轅星南，尾指太微垣，長十餘度，至月杪而隱。

紀事

《春秋左氏傳・文公》 魯文公十四年，秋，七月，有星孛入於北斗。

又 魯文公十四年，有星孛入於北斗。周内史叔服曰：不出七年，宋齊晉之君，皆將死亂。

《春秋左氏傳・昭公》 魯昭公十七年冬，有星孛於大辰，西及漢。申須曰：彗所以除舊布新也，天事恒象，今除於火，火出必布焉，諸侯其有火災乎？梓慎曰：往年吾見之，是其徵也。火出而見，今兹火出而章，必火入而伏，其居火也久矣，其與不然乎？火出，於夏爲三月，於商爲四月，於周爲五月。夏數得天，若火作，其四國當之，在宋、衛、陳、鄭乎？宋，大辰之虚也；陳，大皞之虚也；鄭，祝融之虚也，皆火房也。星孛天漢，漢，水祥也。衛，顓頊之虚也，故爲帝丘，其星爲大水，水，火之牡也，其以丙子若壬午作乎？水火所以合也。若火入而伏，必以壬午，不過其見之月。鄭裨竈言於子産曰：宋、衛、陳、鄭將同日

火，若我用瓘斝玉瓚，鄭必不火，子產弗與。

又 （魯昭公二十六年，）齊有彗星，齊侯使禳之。晏子曰：無益也，祇取誣焉。天道不諂，不貳其命，若之何禳之？且天之有彗也，以除穢也。君無穢德，又何禳焉？若德之穢，禳之何損？《詩》曰：惟此文王，小心翼翼。昭事上帝，聿懷多福。厥德不回，以受方國。君無違德，方國將至，何患於彗？《詩》曰：我無所監，夏后及商。用亂之故，民卒流亡。若德回亂，民將流亡，祝史之爲，無能補也。公說，乃止。

《春秋左氏傳·哀公》 魯哀公十三年冬，十有一月，有星孛於東方。

又 魯哀公十四年冬，有星孛。

《春秋穀梁傳·昭公》 魯昭公十七年冬，有星孛於大辰。一有一亡曰有。於大辰者，濫於大辰也。

《春秋穀梁傳·哀公》 魯哀公十七年，十有一月，有星孛於東方。

《春秋公羊傳·文公》 魯文公十四年，秋，七月，有星孛入於北斗。孛者何？彗星也。其言入於北斗何？北斗有中也。何以書？記異也。

《春秋公羊傳·昭公》 魯昭公十七年冬，有星孛於大辰。孛者何？彗星也。其言於大辰何？在大辰也。大辰者何？大火也。大火爲大辰，伐爲大辰，北辰亦爲大辰。何以書？記異也。

《春秋公羊傳·哀公》 魯哀公十三年冬，十有一月，有星孛於東方。孛者何？彗星也。其言於東方何？見於旦也。何以書？記異也。

《竹書紀年·昭王》 周昭王十九年春，有星孛於紫微。祭公、辛伯從王伐楚。天大曀，雉兔皆震，喪六師於漢。王陟。

《竹書紀年·頃王》 周頃王六年，彗星入北斗。王陟。

《戰國策·魏策》 夫專諸之刺王僚也，彗星襲月。

漢·劉安《淮南子·兵略訓》 武王伐紂【略】彗星出，而授殷人其柄。時有彗星，柄在東方，可以掃西人也。

漢·司馬遷《史記》卷五《秦本紀》 昭襄王元年，嚴君疾爲相。甘茂出之魏。二年，彗星見。

又 （昭襄王）四年，取蒲阪。彗星見。

又 昭襄王十一年，齊、韓、魏、趙、宋、中山五國共攻秦，至鹽氏而還。秦與韓、魏河北及封陵以和彗星見。

漢·司馬遷《史記》卷六《秦始皇本紀》 躁公享國十四年。居受寢。葬悼公南。其元年，彗星見。《集解》徐廣曰：「年表云『星晝見』。」

又 （始皇）七年，彗星先出東方，見北方，五月見西方。將軍驁死。以攻龍、孤、慶都，還兵攻汲。彗星復見西方，十六日。

又 （始皇）九年，彗星見，或竟天。彗星見西方，又見北方，從斗以南八十日。

又 十三年正月，彗星見東方。

又 三十三年，明星出西方。《集解》徐廣曰：「皇甫謐云彗星見。」

漢·司馬遷《史記》卷一一《孝景本紀》 （漢景帝二年）八月，以御史大夫開封侯陶青爲丞相。彗星出東北。

又 （漢景帝）三年正月乙巳，赦天下。長星出西方。

漢·司馬遷《史記》卷一四《十二諸侯年表》 魯文公十四年，彗星入北斗。

又 魯昭公十七年，彗星見辰。

又 齊景公三十二年，彗星見。

又 秦惠公元年，彗星見。

漢·司馬遷《史記》卷一五《六國年表》 秦厲公七年，彗星見。

又 秦剌龔公十年，彗星見。

又 秦孝公元年，彗星見西方。

又 秦昭襄王二年，彗星見。

又 秦昭襄王四年，彗星見。

又 彗星見，竟天。嫪毐爲亂，遷其舍入於蜀。彗星復見。

又 秦始皇十三年，彗星見。

漢·司馬遷《史記》卷二七《天官書》 秦始皇之時，十五年彗星四見，久者八十日，長或竟天。其後秦遂以兵滅六王，并中國，外攘四夷，死人如亂麻，因以張楚並起，三十年之閒兵相駘藉，不可勝數。自蚩尤以來，未嘗若斯也。

項羽救鉅鹿，枉矢西流，山東遂合從諸侯，西坑秦人，誅屠咸陽。

漢之興，五星聚於東井。平城之圍，月暈參、畢七重。諸呂作亂，日蝕，晝晦。吳楚七國叛逆，彗星數丈，天狗過梁野；及兵起，遂伏尸流血其下。元光、元狩，蚩尤之旗再見，長則半天。其後京師師四出，誅夷狄者數十年，而伐胡尤甚。越之亡，熒惑守斗；朝鮮之拔，星茀於河戍；兵征大宛，星茀招搖；此其犖

犖大者。若至委曲小變，不可勝道。由是觀之，未有不先形見而應隨之者也。

漢·司馬遷《史記》卷二八《封禪書》 （元封元年）其秋，有星茀於東井。後十餘日，有星茀於三能。望氣王朔言：「候獨見填星出如瓜，食頃復入焉。」有司皆曰：「陛下建漢家封禪，天其報德星云。」

漢·司馬遷《史記》卷三二《齊太公世家》 三十二年，彗星見。景公坐柏寢，嘆曰：「堂堂！誰有此乎？」羣臣皆泣，晏子笑，公怒。晏子曰：「臣笑羣臣諛甚。」景公曰：「彗星出東北，當齊分野，寡人以爲憂。」晏子曰：「君高臺深池，賦斂如弗得，刑罰恐弗勝，茀星將出，彗星何懼乎？」公曰：「可禳否？」晏子曰：「使神可祝而來，亦可禳而去也。百姓苦怨以萬數，而君令一人禳之，安能勝衆口乎？」是時景公好治宫室，聚狗馬，奢侈，厚賦重刑，故晏子以此諫之。

漢·司馬遷《史記》卷四四《魏世家》 （魏惠王）十年，伐取趙皮牢。彗星見。十二年，星晝墜，有聲。

又 吴楚七國叛逆，彗星數丈，天狗過梁野；及兵起，遂伏屍流血其下。元光、元狩，蚩尤之旗再見，長則半天。其後京師師四出，誅夷狄者數十年，而伐胡尤甚。越之亡，熒惑守斗；朝鮮之拔，星茀於河戍；兵征大宛，星茀招摇：此其犖犖大者。若至委曲小變，不可勝道。由是觀之，未有不先形見而應隨之者也。

漢·司馬遷《史記》卷一一八《淮南王列傳》 建元六年，彗星見，淮南王心怪之。或説王曰：「先吴軍起時，彗星出長數尺，然尚流血千里。今彗星長竟天，天下兵當大起。」王心以爲上無太子，天下有變，諸侯並争，愈益治器械攻戰具，積金錢賂遺郡國諸侯游士奇材。諸辨士爲方略者，妄作妖言，諂諛王，王喜，多賜金錢，而謀反滋甚。

漢·劉向《説苑·權謀》 城濮之戰，文公謂咎犯曰：「吾卜戰而龜熸。我迎歲，彼背歲。彗星見，彼操其柄，我操其標。吾又夢與荆王搏，彼在上，我在下。吾欲無戰，子以爲何如？」咎犯對曰：「十戰龜熸，是荆人也。我迎歲，彼背歲，彼去我從之也。彗星見，彼操其柄，我操其標，以掃則彼利，以擊則我利。君夢與荆王搏，彼在上，君在下，則君見天而荆王伏其罪也。且吾以宋、衛爲主，齊、秦輔我，我合天道，獨以人事，固將勝之矣。」文公從之，荆人大敗。

漢·王充《論衡》卷五 晉文公將與楚成王戰於城濮，彗星出楚，楚操其柄，以問咎犯。咎犯對曰：「以彗鬭，倒之者勝。」倒之者勝，謂當彗之末若勝。《説苑·權謀篇》：「城濮之戰，文公謂咎犯曰：『彗星見，彼操其柄，我操其標。』咎犯曰：『以掃則彼利，以擊則我利。』」《淮南·兵略篇》：「武王伐紂，彗星出，而授殷人其柄，然而得天下。」注：「彗星柄在東方，可以掃西方。」事與此類。文公夢與成王搏，成王在上，鹽其腦。問咎犯，咎犯曰：「君得（見）天而成王伏其罪，戰必大勝。」文公從之，大破楚師。嚮令文公問庸臣，必曰不勝。何則？彗星無吉，《淮南·冥覽訓》高注：「彗星爲變異，人之害也。」搏在上無凶也。夫桑穀之占，占爲凶，猶晉當彗末、搏在下爲不吉也。然而吉者，殆有若對彗、見天之詭，故高宗長久，殷朝不亡。

漢·班固《漢書》卷一上《高帝紀上》 （漢高祖三年）秋七月，有星孛於大角。

漢·班固《漢書》卷四《文帝紀》 （漢文帝）八年夏，封淮南厲王長子四人爲列侯。有長星出於東方。

漢·班固《漢書》卷五《景帝紀》 （漢文帝後元七年）九月，有星孛於西方。

又 （漢景帝）二年冬十二月，有星孛於西南。

又 （漢景帝中元二年）夏四月，有星孛於西北。

又 （漢景帝中元三年）三月，彗星出西北。

又 （漢景帝中元三年）秋九月，蝗。有星孛於西北。

漢·班固《漢書》卷六《武帝紀》 （漢武帝建元三年）秋七月，有星孛於西北。

又 （漢武帝建元四年）秋九月，有星孛於東北。

又 （漢武帝建元六年）秋八月，有星孛於東方，長竟天。

又 （漢武帝元狩）三年春，有星孛於東方。

又 （漢武帝元狩）四年春，有星孛於東北。

又 （漢武帝元封元年）秋，月星孛於東井，又孛於三台。

漢·班固《漢書》卷七《昭帝紀》 （漢昭帝後元二年）秋七月，有星孛於東方。

又 （漢昭帝始元）三年春二月，有星孛於西北。

漢·班固《漢書》卷八《宣帝紀》 （漢宣帝）地節元年春正月，有星孛於西方。

又 （漢宣帝神爵元年）六月，有星孛於東方。

又（漢宣帝黃龍元年）三月，有星孛於王良、閣道，入紫宮。

漢・班固《漢書》卷一〇《成帝紀》（漢成帝建始元年正月，）有星孛於營室。

又（漢成帝元延元年）秋七月，有星孛於東井。詔曰：「乃者，日蝕星隕，謫見於天，大異重仍。在位默然，罕有忠言。今孛星見於東井，朕甚懼焉。公卿大夫、博士、議郎其各悉心，惟思變意，明以經對，無有所諱；與內郡國舉方正能直言極諫者各一人，北邊二十二郡舉勇猛知兵法者各一人。」

漢・班固《漢書》卷一一《哀帝紀》（漢哀帝建平三年）三月己酉，丞相當薨。有星孛於河鼓。

又（漢哀帝建平三年）三月己酉，丞相當薨。有星孛於河鼓。

漢・班固《漢書》卷二五上《郊祀志上》（漢武帝元封元年，）其秋，有星孛於東井。後十餘日，有星孛於三能。望氣王朔言：「候獨見填星出如瓜，食頃，復入。」有司皆曰：「陛下建漢家封禪，天其報德星云。」

漢・班固《漢書》卷二六《天文志》 孝文後二年正月壬寅，天欃夕出西南。占曰：「爲兵喪亂。」其六年十一月，匈奴入上郡、雲中，漢起三軍以衛京師。

又（漢景帝二年，）是歲彗星出西南。

又 中元年三月丁酉，彗星夜見西北，色白，長丈，在觜觿，且去益小，十五日不見。占曰：「必有破國亂君，伏死其辜。觜觿，梁也。」其六月壬戌，蓬星見西南，在房南，去房可二丈，大如二斗器，色白；癸亥，在心東北，可長丈所；甲子，在尾北，可六丈；丁卯，在箕北，近漢，稍小，且去時，大如桃。壬申去，凡十日。占曰：「蓬星出，必有亂臣。房、心間，天子宮也。」是時梁王欲爲漢嗣，使人殺漢爭臣袁盎。漢桉誅梁大臣，斧戉用。梁王恐懼，布車入關，伏斧戉謝罪，然後得免。

孝武建元三年三月，有星孛於注、張，歷太微，干紫宮，至於天漢。《春秋》「星孛於北斗，齊、（魯）〔宋〕、晉之君皆將死亂」。今星孛歷五宿，其後濟東、膠西、江都王皆坐法削黜自殺，淮陽、衡山謀反而誅。

孝武建元三年三月，有星孛於注、張，歷太微，干紫宮，至於天漢。《春秋》「星孛於北斗，齊、（魯）〔宋〕、晉之君皆將死亂」。今星孛歷五宿，其後濟東、膠西、江都王皆坐法削黜自殺，淮陽、衡山謀反而誅。

三年四月，有星孛於天紀，至織女。占曰：「織女有女變，天紀爲地震。」至四年十月而地動，其後陳皇后廢。

元封中，星孛於河戍。占曰：「南戍爲越門，北戍爲胡門。」其後漢兵擊拔朝鮮，以爲樂浪、玄菟郡。朝鮮在海中，越之象也；居北方，胡之域也。

太初中，星孛於招搖。《（星）傳》曰：「客星守招搖，蠻夷有亂，民死君。」其後漢兵擊大宛，斬其王。招搖，遠夷之分也。

孝昭始元中，漢宦者梁成恢及燕王候星者吳莫如見蓬星出西方天市東門，行過河鼓，入營室中。恢曰：「蓬星出六十日，不出三年，下有亂臣戮死於市。」

又 地節元年六月戊戌甲夜，客星又居左右角間，東南指，長可二尺，色白。占曰：「有姦人在宮廷間。」其丙寅，又有客星見貫索東北，南行，至七月癸酉夜入天市，芒炎東南指，其色白。占曰：「有戮卿。」一曰：「有戮王。期皆一年，遠二年。」是時，楚王延壽謀逆自殺。

又 黃龍元年三月，客星居王梁東北可九尺，長丈餘，西指，出閣道間，至紫宮。其十二月，宮車晏駕。

又（漢元帝初元）二年五月，客星見昴分，居卷舌東可五尺，青白色，炎長三寸。占曰：「天下有妄言者。」其十二月，鉅鹿都尉謝君男詐爲神人，論死，父免官。

五年四月，彗星出西北，赤黃色，長八尺所，後數日長丈餘，東北指，在參分。後二歲餘，西羌反。

又 十二月，白氣出西南，從地上至天，出參下，貫天廁，廣如一疋布，長十餘丈，十餘日去。占曰：「天子有陰病。」其三年十一月壬子，太皇太后詔曰：「皇帝寬仁孝順，奉承聖緒，靡有解怠，而久病未瘳。夙夜惟思，殆繼體之君不宜改作。《春秋》大復古，其復甘泉泰畤、汾陰后土如故。」

二年二月，彗星出牽牛七十餘日。傳曰：「彗所以除舊布新也。牽牛，日、月、五星所從起，曆數之元，三正之始。彗而出之，改更之象也。其出久者，爲其事大也。」其六月甲子，夏賀良等建言當改元易號，增漏刻。詔書改建平二年爲太初（元將）元年，號曰陳聖劉太平皇帝，刻漏以百二十爲度。八月丁巳，悉復蠲除之，賀良及黨與皆伏誅流放。其後卒有王莽篡國之禍。

漢・班固《漢書》卷二七下之下《五行志下之下》 文公十四年「七月，有星孛入於北斗」。董仲舒以爲孛者惡氣之所生也。謂之孛者，言其孛孛有所妨蔽，

闇亂不明之貌也。北斗，大國象。後齊、宋、魯、莒、晉皆弒君。劉向以爲君臣亂於朝，政令虧於外，則上濁三光之精，五星贏縮，變色逆行，甚則爲孛。北斗，人君象；孛星，亂臣類，簒殺之表也。《星傳》曰「魁者，貴人之牢」。又曰「孛星見北斗中，大臣諸侯有受誅者」。一曰魁爲齊、晉。夫彗星較然在北斗中，天之視人顯矣，史之有占明矣，時君終不改寤。是後，宋、魯、莒、晉、鄭、陳六國咸弒其君，齊再弒焉。中國既亂，夷狄並侵，兵革從横，楚乘威席勝，深入諸夏，六侵伐，一滅國，觀兵周室。晉外滅二國，内敗王師，又連三國之兵大敗齊師於鞌，追亡逐北，東臨海水，威陵京師，武折大齊。皆孛星炎之所及，流至二十八年。《星傳》又曰：「彗星入北斗，有大戰。其流入北斗中，得名人；不入，失名人。」宋華元，賢名大夫，大棘之戰，華元獲於鄭，傳舉其效云。《左氏傳》曰有星孛北斗，周史服曰：「不出七年，宋、齊、晉之君皆將死亂。」劉歆以爲北斗有環域，四星入其中也。斗，天之三辰，綱紀星也。宋、齊、晉，天子方伯，中國綱紀。彗所以除舊布新也。斗七星，故曰不出七年。至十六年，宋人弒昭公；十八年，齊人弒懿公；宣公二年，晉趙穿弒靈公。

昭公十七年「冬，有星孛於大辰」。董仲舒以爲大辰心也，心(在)〔爲〕明堂，天子之象。後王室大亂，三王分争，此其效也。劉向以爲《星傳》曰「心，大星，天王也。其前星，太子；後星，庶子也。尾爲君臣乖離。」孛星加心，象天子適庶將分争也。其在諸侯，角、亢、氐，陳、鄭也；房、心，宋也。後五年，周景王崩，王室亂，大夫劉子、單子立王猛，尹氏、召伯、毛伯立子鼂。子鼂，楚出也。時楚彊，宋、衛、陳、鄭皆南附楚。王猛既卒，敬王即位，子鼂入王城，天王居狄泉，莫之敢納。五年，楚平王居卒，子鼂奔楚，王室乃定。後楚帥六國伐吴，吴敗之於雞父，殺獲其君臣。蔡怨楚而滅沈，楚怒，圍蔡。吴人救之，遂爲柏舉之戰，敗楚師，屠郢都，妻昭王母，鞭平王墓。此皆孛彗流炎所及之效也。《左氏傳》曰：「有星孛於大辰，西及漢。申繻曰：『彗，所以除舊布新也，天事恒象。今除於火，火出必布焉。諸侯其有火災乎？』梓慎曰：『往年吾見，是其徵也。火出而見，今兹火出而章，必火入而伏，其居火也久矣，其與不然乎？火出，於夏爲三月，於商爲四月，於周爲五月。夏數得天，若火作，其四國當之，在宋、衛、陳、鄭乎？宋，大辰之虚；陳，太昊之虚；鄭，祝融之虚；皆火房也。星孛及漢；漢，水祥也。衛，顓頊之虚，其星爲大水。水，火之牡也。其以丙子若壬午作乎？水火所以合也。若火入而伏，必以壬午，不過見之月。』」明年「夏五月，火始昏見，丙子風。梓慎曰：『是謂融風，火之始也。七日其火作乎？』戊寅風甚，壬午太甚，宋、衛、陳、鄭皆火。」劉歆以爲大辰，房、心、尾也，八月心星在西方，孛從其西過心東及漢也。宋，大辰虚，謂宋先祖掌祀大辰星也。陳，太昊虚，虙羲木德，火所生也。鄭，祝融虚，高辛氏火正也。故皆爲火所舍。衛，顓頊虚，星爲大水，營室也。天星既然，又四國失政相似，及爲王室亂皆同。

哀公十三年「冬十一月，有星孛於東方」。董仲舒、劉向以爲不言宿名者，不加宿也。以辰乘日而出，亂氣蔽君明也。明年，《春秋》事終。一曰，周之十一月，夏九月，日在氐。出東方者，軫、角、亢也。軫，楚；角、亢，陳、鄭也。或曰角、亢大國象，爲齊、晉也。其後楚滅陳，田氏簒齊，六卿分晉，此其效也。劉歆以爲孛，東方大辰也，不言大辰，旦而見與日争光，星入而彗猶見。是歲再失閏，十一月實八月也。日在鶉火，周分野也。十四年冬，「有星孛」，在獲麟後。劉歆以爲不言所在，官失之也。

高帝三年七月，有星孛於大角，旬餘乃入。劉向以爲是時項羽爲楚王，伯諸侯，而漢已定三秦，與羽相距滎陽，天下歸心於漢，楚將滅，故彗除王位也。一曰，項羽阬秦卒，燒宫室，弒義帝，亂王位，故彗加之也。

文帝後七年九月，有星孛於西方，其本直尾、箕，末指虚、危，長丈餘，及天漢，十六日不見。劉向以爲尾宋地，今楚彭城也。箕爲燕，又爲吴、越、齊。宿在漢中，負海之國水澤地也。是時景帝新立，信用鼂錯，將誅正諸侯王，其象先見。後三年，吴、楚、四齊與趙七國舉兵反，皆誅滅云。

武帝建元六年六月，有星孛於北方。劉向以爲明年淮南王安入朝，與太尉武安侯田蚡有邪謀，而陳皇后驕恣，其後陳后廢，而淮南王反，誅。

八月，長星出於東方，長終天，三十日去。占曰：「是爲蚩尤旗，見則王者征伐四方。」其後兵誅四夷，連數十年。

元狩四年四月，長星又出西北，是時伐胡尤甚。

元封元年五月，有星孛於東井，又孛於三台。其後江充作亂，京師紛然。此明東井、三台爲秦地效也。

宣帝地節元年正月，有星孛於西方，去太白二丈所。劉向以爲太白爲大將，彗孛加之，掃滅象也。明年，大將軍霍光薨，後二年家夷滅。

成帝建始元年正月，有星孛於營室，青白色，長六七丈，廣尺餘。劉向、谷永以爲營室爲后宫懷任之象，彗星加之，將有害懷任絶繼嗣者。一曰，后宫將受害

也。其後許皇后坐祝詛后宮懷任者廢。趙皇后立妹爲昭儀，害兩皇子，上遂無嗣。趙后姊妹卒皆伏辜。

元延元年七月辛未，有星孛於東井，踐五諸侯，出河戍北率行軒轅、太微，後日六度有餘，晨出東方。十三日夕見西方，犯次妃、長秋、斗、填，蠭炎再貫紫宮中。大火當後，達天河，除於妃后之域。南逝度犯大角、攝提，至天市而按節徐行，炎入市，中旬而後西去，五十六日與倉龍俱伏。谷永對曰：「上古以來，大亂之極，所希有也。察其馳騁驟步，芒炎或長或短，所歷奸犯，内爲后宮女妾之害，外爲諸夏叛逆之禍。」劉向亦曰：「三代之亡，攝提易方；秦、項之滅，星孛大角。」是歲，趙昭儀害兩皇子。後五年，成帝崩，昭儀自殺。哀帝即位，趙氏皆免官爵，徙遼西。哀帝亡嗣。平帝即位，王莽用事，追廢成帝趙皇后、哀帝傅皇后，皆自殺。外家丁、傅皆免官爵，徙合浦，歸故郡。平帝亡嗣，莽遂篡國。

漢·班固《漢書》卷三六《楚元王傳》 （秦始皇之末至二世，）星孛大角，大角以亡。

漢·班固《漢書》卷六三《武五子傳》 建元六年，蚩尤之旗見，其長竟天。

漢·班固《漢書》卷八五《谷永傳》 （漢成帝元延元年）七月辛未，彗星橫天。

漢·班固《漢書》卷九七下《外戚傳下》 建始元年正月，白氣出於營室。營室者，天子之后宮也。正月於《尚書》爲皇極。皇極者，王氣之極也。白者西方之氣，其於春當廢。

漢·班固《漢書》卷九九中《王莽傳中》 （新王莽建國五年）十一月，彗星出，二十餘日，不見。

漢·班固《漢書》卷九九下《王莽傳下》 （新王莽地皇三年）十一月，有星孛於張，東南行，五日不見。莽數召問太史令宗宣，諸術數家皆繆對，言天文安善，羣賊且滅。莽差以自安。

漢·荀悦《前漢紀》卷三〇 新王莽建國五年冬十有一月，孛星出。

晉·陳壽《三國志》卷三《魏志·明帝紀》 （魏明帝太和六年）十一月丙寅，有星孛於翼，近太微上將星。

又 （魏明帝青龍四年十月）甲申，有星孛於大辰，乙酉，又孛於東方。十一月己亥，彗星見，犯宦者天紀星。

又 （魏明帝景初二年八月）癸丑，有彗星見張宿。

晉·陳壽《三國志》卷二八《魏志·毌丘儉傳》 （魏高貴鄉公）正元二年正月，有彗星數十丈，西北竟天，起於吳、楚之分。儉、欽喜，以爲己祥。遂矯太后詔，罪狀大將軍司馬景王，移諸郡國，舉兵反。

晉·陳壽《三國志》卷四七《吳志·吳主傳》 （吳大帝嘉禾五年）冬十月，彗星見於東方。鄱陽賊彭旦等爲亂。

晉·陳壽《三國志》卷四八《吳志·三嗣主傳》 （吳會稽王五鳳元年）冬十一月，星茀於斗、牛。

南朝宋·范曄《後漢書》卷一上《光武帝紀上》 （新王莽地皇三年）十一月，有星孛於張。

南朝宋·范曄《後漢書》卷一下《光武帝紀下》 （漢光武帝建武十五年正月）丁未，有星孛於昴。丁未，有星孛於營室。

又 （漢光武帝建武三十年）閏月癸丑，有星孛於紫宮。

南朝宋·范曄《後漢書》卷二《明帝紀》 （漢明帝永平三年）六月丁卯，有星孛於天船北。

又 漢明帝永平十八年六月己未，有星孛於太微。

南朝宋·范曄《後漢書》卷三《章帝紀》 漢章帝建初元年八月庚寅，有星孛於天市。

又 漢章帝建初二年十二月戊寅，有星孛於紫宮。

又 （漢章帝元和二年）夏四月乙巳，客星入紫宮。

南朝宋·范曄《後漢書》卷五《安帝紀》 （漢安帝永初三年）十二月辛酉，郡國九地震。乙亥，有星孛於天苑。

南朝宋·范曄《後漢書》卷六《順帝紀》 （漢順帝永建六年十二月）壬申，客星出牽牛。

又 （漢順帝陽嘉元年十二月）戊子，客星出天苑。

又 （漢順帝永和六年）二月丁巳，有星孛於營室。

南朝宋·范曄《後漢書》卷七《桓帝紀》 （漢桓帝建和三年）八月乙丑，有星孛於天市。

又 （漢桓帝延熹四年）五月辛酉，有星孛於心。

南朝宋·范曄《後漢書》卷八《靈帝紀》 （漢靈帝光和元年）八月，有星孛於

天市。

又（漢靈帝光和三年）冬閏月，有星孛於狼、弧。

又（漢靈帝光和五年七月）秋七月，有星孛於太微。

又（漢靈帝中平五年）二月，有星孛於紫宫。

南朝宋・范曄《後漢書》卷九《獻帝紀》（漢獻帝初平二年）九月，蚩尤旗見於角、亢。

又（漢獻帝初平四年十月）辛丑，京師地震。有星孛於天市。

又（漢獻帝建安五年）冬十月辛亥，有星孛於大梁。

又（漢獻帝建安九年）冬十月，有星孛於東井。

又（漢獻帝建安十一年）正月，有星孛於北斗。

又（漢獻帝建安十二年）冬十月辛卯，有星孛於鶉尾。

又（漢獻帝建安十七年）冬十二月，星孛於五諸侯。

又（漢獻帝建安二十二年）冬，有星孛於東北。

又（漢獻帝建安二十三年）三月，有星孛於東方。

南朝宋・范曄《後漢書》卷二〇《天文志上》王莽地皇三年十一月，有星孛於張，東南行五日不見。孛星者，惡氣所生，爲亂兵，其所以孛德。孛德者，亂之象，不明之表。又參然孛焉，兵之類也，故名之曰孛。孛之爲言，猶有所傷害，有所妨蔽。或謂之彗星，所以除穢而布新也。張爲周地。星孛於張，東南行即翼、軫之分。翼、軫爲楚，是周、楚地將有兵亂。後一年正月，光武起兵舂陵，會下江、新市賊張卬、王常及更始之兵亦至，俱攻破南陽，斬莽前隊大夫甄阜、屬正梁丘賜等，殺其士衆數萬人。更始爲天子，都雒陽，西入長安，敗死。光武興於河北，復都雒陽，居周地，除穢布新之象。

又 漢光武帝建武十五年正月丁未，彗星見昴，稍西北行入營室，犯離宫，三月乙未，至東壁滅，見四十九日。彗星爲兵入除穢，昴爲邊兵，彗星出之爲有兵至。十一月，定襄都尉陰承反，太守隨誅之。盧芳從匈奴入居高柳，至十六年十月降，上璽綬。一曰，昴星爲獄事。是時大司徒歐陽歙以事繫獄，踰歲死。營室，天子之常宫；離宫，妃后之所居。彗星入營室，犯離宫，是除宫室也。是時郭皇后已疏，至十七年十月，遂廢爲中山太后，立陰貴人爲皇后，除宫之象也。

又（建武）三十年閏月甲午，水在東井二十度，生白氣，東南指，炎長五尺，爲彗，東北行，至紫宫西藩止，五月甲子不見，凡見三十一日。水常以夏至放於東井，閏月在四月，尚未當見而見，是贏而進也。東井爲水衡，水出之爲大水。是歲五月及明年，郡國大水，壞城郭，傷禾稼，殺人民。白氣爲喪，有炎作彗，彗所以除穢。紫宫，天子之宫，彗加其藩，除宫之象。後三年，光武帝崩。

三十一年七月戊午，火在輿鬼一度，入鬼中，出尸星南半度，十月己亥，犯軒轅大星。又七（日）〔星〕間有客星，炎二尺所，西南行，至明年二月二十二日，在輿鬼東北六尺所滅，凡見百一十三日。熒惑爲凶衰，輿鬼尸星主死亡，熒惑入之爲大喪。軒轅爲后宫。七星，周地。客星居之爲死喪。其後二年，光武崩。

南朝宋・范曄《後漢書》卷二一《天文志中》（漢明帝永平）三年六月丁卯，彗星出天船北，長二尺所，稍北行至亢南，（百）〔見〕三十五日去。天船爲水，彗出之爲大水。是歲伊、雒水溢，到津城門，壞伊橋；郡七縣三十二皆大水。

四年八月辛酉，客星出梗河，西北指貫索，七十日去。梗河爲胡兵。至五年十一月，北匈奴七千騎入五原塞，十二月又入雲中，至原陽。貫索，貴人之牢。其十二月，陵鄉侯梁松坐怨望懸飛書誹謗朝廷下獄死，妻子家屬徙九真。

又（永平）八年六月壬午，長星出柳、張三十七度，犯軒轅，刺天船，陵太微，氣至上階，凡見五十六日去。柳，周地。是歲多雨水，郡十四傷稼。

九年正月戊申，客星出牽牛，長八尺，歷建星至房南，滅見至五十日。牽牛主吳、越，房、心爲宋。後廣陵王荆與沈涼，楚王英與顔忠各謀逆，事覺，皆自殺。廣陵屬吳，彭城古宋地。

又（永平）十四年正月戊子，客星出昴，六十日，在軒轅右角稍滅。昴主邊兵。後一年，漢遣奉車都尉顯親侯竇固、駙馬都尉耿秉、騎都尉耿忠、開陽城門候秦彭、太僕祭肜，將兵擊匈奴。一曰，軒轅右角爲貴相，昴爲獄事，客星守之爲大獄。是時考楚事未訖，司徒虞延與楚王英黨與黄初、公孫弘等交通，皆自殺，或下獄伏誅。

又（永平）十八年六月己未，彗星出張，長三尺，轉在郎將，南入太微，皆屬張。張，周地，爲東都。太微，天子廷。彗星犯之爲兵喪。其八月壬子，孝明帝崩。

又（漢章帝建初元年）八月庚寅，彗星出天市，長二尺所，稍行入牽牛三度，積四十日稍滅。太白在昴爲邊兵，彗星出天市爲外軍，牽牛爲吳、越。是時蠻夷陳縱等及哀牢王類〔牢〕反，攻（蕉）〔嶲〕唐城。永昌太守王尋走奔楪榆，安

夷長宋延爲羌所殺。以武威太守傅育領護羌校尉，馬防行車騎將軍，征西羌。又阜陵王延與子男魴謀反，大逆無道，得不誅，廢爲侯。

又 (漢章帝建初二年)十二月戊寅，彗星出婁三度，長八九尺，稍入紫宮中，百六日稍滅。流星過，入紫宮，皆大人忌。後四年六月癸丑，明德皇后崩。

又 (漢章帝)元和(元)(二)年四月丁巳，客星晨出東方，在胃八度，長三尺，歷閣道入紫宮，留四十日滅。閣道、紫宮，天子之宮也。客星犯入留久爲大喪。後四年，孝章帝崩。

又 (漢和帝永元)十二年十一月癸酉，夜有蒼白氣，長三丈，起天園，東北指揮市，見積十日。占曰：「兵起，十日期歲。」明年十一月，遼東鮮卑二千餘騎寇右北平。

又 (漢和帝永元)十六年四月丁未，紫宮中生白氣如粉絮。戊午，客星出紫宮西行至昴，五月壬申滅。七月庚午，水在輿鬼中。十月辛亥，流星起鉤陳，北行三丈，有光，色黃。白氣生紫宮中爲喪。客星從紫宮西行至昴爲趙。輿鬼爲死喪。鉤陳爲皇后，流星出之爲中使。後一年，元興元年十(二)月(二日)，和帝崩，殤帝即位一年又崩，無嗣，鄧太后遣使者迎清河孝王子即位，是爲孝安皇帝，是其應也。清河，趙地也。

又 (漢安帝永初三年)十二月，彗星起天菀南，東北指，長六七尺，色蒼白。太白晝見，爲强臣。是時鄧氏方盛，月犯心後星，不利子。心爲宋。五月丁酉，沛王(牙)(正)薨。太白入斗中，爲貴相凶。天菀爲外軍，彗星出其南爲外兵。是後使羌、氐討賊李貴，又使烏桓擊鮮卑，又使中郎將任尚、護羌校尉馬賢擊羌，皆降。

又 (漢安帝永初四年)四年六月甲子，客星大如李，蒼白，芒氣長二尺，西南指上階星。癸酉，太白入輿鬼。指上階，爲三公。後太尉(張禹、司空)張敏(皆)免官。太白入輿鬼，爲將凶。後中郎將任尚坐贓千萬，檻車徵，棄市。

又 (漢安帝元初三年)十一月甲午，客星見西方，己亥在虛、危，南至胃、昴。

又 客星見天市中，爲貴喪。皆姦人狂臣亂王室，其於死亡誅戮，兵起宮中，是其應。

《古今注》曰：「永建元年二月甲午，客星入太微。五月甲子，月入斗。」《李氏家書》曰：「時天有變氣，李郃上書諫曰：『臣聞天不言，縣象以示吉凶，挺災變異以爲譴誡。昔齊桓公遭虹貫牛、斗之變，納管仲之謀，令齊去婦，無近妃宮。桓公聽用，齊以大安。趙有尹史，見月生齒，齕畢大星，占有兵變。趙君曰：「天下共一畢，知爲何國也？」下史於獄。其後公子牙謀弒君，血書端門，如史所言。乃月十三日，有客星氣象彗孛，歷天市、梗河、招摇、槍、棓，十六日入紫宮，追北辰，十七日復過文昌、泰陵，至天船、積水間，稍微不見。客星一占曰：「魯星歷天市者爲穀貴，梗河三星備非常，泰陵八星爲凶喪，紫宮、北辰爲至尊。」如占，恐宮廬之内有兵喪之變，千里之外有非常暴逆之憂。魯星不得過歷尊宿，行度從疾，應非一端，恐復有如王阿母母子賤妾之欲居帝旁耗亂政事者。誠令有之，宜當抑遠，饒足以財。王者權柄及爵禄，人天所重慎，誠非阿妾所宜干豫，天故挺變，明以示人。如不承慎，禍至變成，悔之靡及也。』」

又 (漢順帝永建元年)十二月壬申，客星芒氣長二尺餘，西南指，色蒼白，在牽牛六度。客星芒氣白爲兵。牽牛爲吴、越。後一年，會稽海賊曾於等千餘人燒句章，殺長吏，又殺鄞、鄮長，取官兵，拘殺吏民，攻東部都尉；揚州六郡逆賊章何等稱將軍，犯四十九縣，大攻略吏民。

陽嘉元年閏月戊子，客星氣白，廣二尺，長五丈，起天菀西南。主馬牛，爲外軍，色白爲兵。是時，敦煌太守徐白使疏勒王盤等兵二萬人入於窴界，虜掠斬首三百餘級。烏桓校尉耿曄使烏桓親漢都尉戎末瘣等出塞，鈔鮮卑，斬首，獲生口財物；鮮卑怨恨，鈔遼東、代郡，殺傷吏民。是後，西戎、北狄爲寇害，以馬牛起兵，馬牛亦死傷於兵中，至十餘年乃息。

又 (漢順帝永和)六年二月丁巳，彗星見東方，長六七尺，色青白，西南指營室及墳墓星。丁丑，彗星在奎一度，長六尺，癸未昏見，西北歷昴、畢，甲申，在東井，遂歷輿鬼、柳、七星、張，光炎及三台，至軒轅中滅。營室者，天子常宮。墳墓主死。彗星起而在營室、墳墓，不出五年，天下有大喪。後四年，孝順帝崩。昴爲邊兵，又爲趙。羌周馬父子後遂爲寇。又劉文劫清河相射暠，欲立王蒜爲天子，暠不聽，殺暠，王閉門距文，官兵捕誅文，蒜以惡人所劫，廢爲尉氏侯，又徙爲犍陽都鄉侯，薨，國絶。歷東井、輿鬼爲秦，皆羌所攻鈔。炎及三台，爲三公。是時，太尉杜喬及故太尉李固爲梁冀所陷入，坐文書死。及至注、張爲周，減於軒轅中爲后宮。其後懿獻后以憂死，梁氏被誅，是其應也。

南朝宋・范曄《後漢書》卷二二《天文志下》 (漢桓帝建和三年八月)乙丑，

彗星芒長五尺，見天市中，東南指，色黄白，九月戊辰不見。

又（漢桓帝延熹四年）五月辛酉，客星在營室，稍順行，生芒長五尺所，至心一度，轉爲彗。

又（漢靈帝光和元年）八月，彗星出亢北，入天市中，長數尺，稍長至五六丈，赤色，經歷十餘宿，八十餘日，乃消於天苑中。

又（漢靈帝光合）三年冬，彗星出狼、弧，東行至於張乃去。張爲周地，彗星犯之爲兵亂。後四年，京都大發兵擊黄巾賊。

又（漢靈帝光合五年）七月，彗星出三台下，東行入太微，至太子、幸臣，二十餘日而消。

又（漢靈帝中平）五年二月，彗星出奎，逆行入紫宫，後三出，六十餘日乃消。六月丁卯，客星如三升椀，出貫索，西南行入天市，至尾而消。占曰：「彗除紫宫，天下易主。客星入天市，爲貴人喪。」

又 孝獻初平（二）年九月，蚩尤旗見，長十餘丈，色白，出角、亢之南。占曰：「蚩尤旗見，則王征伐四方。」其後丞相曹公征討天下且三十年。

四年十月，孛星出兩角閒，東北行入天市中而滅。占曰：「彗除天市，天帝將徙，帝將易都。」是時上在長安，後二年東還，明年七月，至雒陽，其八月，曹公迎上都許。

建安五年十月辛亥，有星孛於大梁，冀州分也。時袁紹在冀州。其年十一月，紹軍爲曹公所破。七年夏，紹死，後曹公遂取冀州。

九年十一月，有星孛於東井輿鬼，入軒轅太微。十一年正月，星孛於北斗，首在斗中，尾貫紫宫，及北辰。占曰：「彗星掃太微宫，人主易位。」其後魏文帝受禪。

十二年十月辛卯，有星孛於鶉尾。荆州分也，時荆州牧劉表據荆州，（時）益州從事周羣以（爲）荆州牧將死而失土。明年秋，表卒，以小子琮自代。曹公將伐荆州，琮懼，舉軍詣公降。

十七年十二月，有星孛於五諸侯。周羣以爲西方專據土地者，皆將失土。是時益州牧劉璋據益州，漢中太守張魯別據漢中，韓遂據涼州，（宋）〔宗〕建別據枹罕。明年冬，曹公遣偏將擊涼州。十九年，獲（宋）〔宗〕建；韓遂逃於羌中，病死。其年秋，璋失益州。二十年秋，（曹）公攻漢中，魯降。

又（漢獻帝建安）二十三年三月，孛星晨見東方二十餘日，夕出西方，犯歷五車、東井、五諸侯、文昌、軒轅、后妃、太微，鋒炎指帝坐。占曰：「除舊布新之象也。」

南朝宋・范曄《後漢書》卷三〇下《朗顗傳》 臣竊見去年閏（十）月十七日己丑夜，有白氣從西方天苑趨左足，入玉井，數日乃滅。

南朝宋・范曄《後漢書》卷六三《李固傳》 且永初以來，政事多謬，地震宫廟，彗星竟天，誠是將軍用情之日。

南朝梁・沈約《宋書》卷四《少帝紀》 （宋武帝永初元年）冬十一月戊午，有星孛於營室。

又（宋少帝景平元年正月）乙卯，有星孛於東壁。

又（宋少帝景平元年）冬十月己未，有星孛於氐，指尾，貫攝提，向大角，仲月在危，季月掃天倉而後滅。是歲，魏主拓跋嗣薨，子燾立。

南朝梁・沈約《宋書》卷二三《天文志一》 黄初六年十月乙未，有星孛於少微，歷軒轅。案占，孛、彗異狀，其殃一也。爲兵喪除。舊布新之象，餘災不盡，爲旱凶飢暴疾。長大見久災深；短小見速災淺。是時帝軍廣陵，辛丑，親御甲胄，跨馬觀兵。明年五月，文帝崩。

又 太和六年十一月丙寅，有星孛於翼，近太微上將星。占曰：「爲兵喪。」甘氏曰：「孛彗所當之國，是受其殃。」翼又楚分，孫權封略也。明年，權有遼東之敗。權又自向合肥新城，遣全琮征六安，皆不克而還。又明年，諸葛亮入秦川，據渭南，司馬懿距之。孫權遣陸議、諸葛瑾等屯江夏口，孫韶、張承等向廣陵淮陽，權以大衆圍新城以應亮。於是帝自東征，權及諸將乃退。太和六年十二月，陳王植薨。青龍元年夏，北海王蕤薨。三年正月，太后郭氏崩。

又 青龍四年十月甲申，有星孛於大辰，長三尺。乙酉，又孛於東方。十一月己亥，彗星見，犯宦者天紀星。占曰：「大辰爲天王，天下有喪。」劉向《五紀論》曰：「《春秋》星孛於東方，不言宿者，不加宿也。」宦者在天市爲中外有兵，天紀爲地震。孛彗主兵喪。景初元年六月，地震。九月，吴將朱然圍江夏，荆州刺史胡質擊走之。皇后毛氏崩。二年正月，討公孫淵。三年正月，明帝崩。

又 景初二年八月彗星見張，長三尺，逆西行，四十一日滅。占曰：「爲兵喪。張，周分野，洛邑惡之。」其十月，斬公孫淵。明年正月，明帝崩。

又 景初二年十月癸巳，客星見危，逆行在離宫北，騰蛇南。甲辰，犯宗星。己酉滅。占曰：「客星所出有兵喪。虚危爲宗廟，又爲墳墓。客星近離宫，則

宫中將有大喪，就先君於宗廟，皆王者崩殞之象也。」三年正月，明帝崩。正始二年五月，吴將朱然圍樊城，司馬懿率衆距卻之。

又 正始元年十月乙酉，彗星見西方，在尾，長三丈，拂牽牛，犯太白。十一月甲子，進犯羽林。占曰：「尾爲燕，又爲吴，牛亦吴、越之分。太白爲上將，羽林中軍兵。吴、越有兵喪，中軍兵動。」二年五月，吴將全琮寇芍陂，朱然圍樊城，諸葛瑾入沮中。吴太子登卒。六月，司馬懿討諸葛恪於皖，恪焚積聚，棄城走。三年，太尉滿寵薨。

又 正始六年八月戊午，彗星見七星，長二尺，色白，進至張，積二十三日滅。七年十一月癸亥，又見軫，長一尺，積百五十六日滅。九年三月，又見昴，長六尺，色青白，芒西南指。七月，又見翼，長二尺，進至軫，積四十二日滅。按占，「七星、張，周分野，翼、軫爲楚，昴爲趙、魏，彗所以除舊布新，主兵喪也。」嘉平元年，司馬懿誅曹爽兄弟及其黨與，皆夷族，京師嚴兵，實始翦魏。三年，誅楚王彪，又襲王淩於淮南。淮南，東楚也。幽魏諸王於鄴。

又 嘉平三年十一月癸未，有星孛於營室，西行積九十日滅。占曰：「有兵喪。室爲后宫，后宫且有亂。」四年二月丁酉，彗星見西方，在胃，長五六丈，色白，芒南指貫參，積二十日滅。五年十一月，彗星又見軫，長五丈，在太微左執法西，東南指，積百九十日滅。按占，「胃，兖州之分，參白虎主兵，太微天子廷，執法爲執政，孛彗爲兵，除舊布新之象。」正元元年二月，李豐、豐弟兖州刺史翼、后父光禄大夫張緝等謀亂，皆誅，皇后亦廢。九月，帝廢爲齊王，高貴鄉公代立。

又 魏高貴鄉公正元元年十一月，有白氣出斗側，廣數丈，長竟天。王肅曰：「蚩尤之旗也。東南其有亂乎！」二年正月，毌丘儉等據淮南以叛，大將軍司馬師討平之。案占，「蚩尤旗見，王者征伐四方。」自後又征淮南，西平巴蜀。

又 甘露二年十一月，彗星見角，色白。占曰：「彗見兩角間，色白若，軍起不戰，邦有大喪。」景元元年，高貴鄉公帥左右兵襲晉文王，未交戰，爲成濟所害。

又 甘露四年十月丁丑，客星見太微中，轉東南行，歷軫宿，積七日滅。占曰：「客星出太微，有兵喪。」景元元年，高貴鄉公被害。

又 景元三年十一月壬寅，彗星見亢，色白，長五寸，轉北行，積四十五日滅。占爲兵喪。一曰：「彗見亢，天子失德。」四年，鍾會、鄧艾伐蜀克之。會、艾反亂皆誅，魏遜天下。

又 陳留王咸熙二年五月，彗星見王良，長丈餘，色白，東南指，積十二日滅。占曰：「王良，天子御駟，彗星掃之，禪代之表，除舊布新之象。白色爲喪。王良在東壁宿，又并州之分也。」八月，晉文王薨。十二月，帝孫位於晉。

又 晉武帝泰始四年正月丙戌，彗星見軫，青白色，西北行，又轉東行。占曰：「爲兵喪。軫又楚分也。」三月，皇太后王氏崩。十月，吴將施績寇江夏，萬彧寇襄陽，後將軍田璋、荆州刺史胡烈等破却之。

又 泰始五年九月，有星孛於紫宫，占如上。紫宫，天子内宫。十年，武元楊皇后崩。

泰始十年十二月，有星孛於軫。占曰：「天下兵起。軫又楚分也。」咸寧二年六月，星孛於氐。占曰：「天子失德易政。氐又兖州分。」七月，星孛大角。大角爲帝坐。八月，星孛太微，至翼、北斗、三台。占曰：「太微天子廷，大人惡之。」一曰：「有徙王。翼又楚分也。」「北斗主殺罰，三台爲三公。」三年，星孛於胃。胃，徐州分。四月，星孛女御。女御爲后宫。五月，又孛於東方。七月，星孛紫宫。占曰：「天下易主。」五年三月，星孛於柳。占曰：「外臣陵主。柳又三河分也。大角、太微、紫宫、女御，並爲王者。」明年吴亡，是其應也。孛主兵喪，征吴之役，三河、徐、兖之兵悉出，交戰於吴、楚之地。吴丞相都督以下，梟戮十數，偏裨行陣之徒，馘斬萬計，皆其徵也。《春秋》星孛北方，則齊、魯、晉、鄧、陳、宋、莒之君，並受殺亂之禍。星孛東方，則楚滅陳，三家、田氏分篡齊、晉。漢文帝末，星孛西方，後吴、楚七國誅滅。案泰始末至太康初，災異數見，而晉氏隆盛，吴實滅，天變在吴可知矣。昔漢三年，星孛大角，項籍以亡，漢氏無事，此項氏主命故也。吴、晉之時，天下横分，大角孛而吴亡，是與項氏同事。後學皆以咸寧災爲晉室，非也。

晉武帝咸寧四年四月，蚩尤旗見。案《星傳》，蚩尤旗類彗，而後曲象旗。漢武帝時見，長竟天。獻帝時又見，長十餘丈，皆長星也。魏高貴時則爲白氣。案校衆記，是歲無長星，宜又是異氣。後二年，傾三方伐吴，是其應。至武帝崩，天下兵又起，遂亡諸夏。

又 晉武帝太康二年八月，有星孛於張。占曰：「爲兵喪。」周分野，災在洛邑。十一月，星孛軒轅。占曰：「后宫當之。」四年三月戊申，星孛於西南。四

年三月癸丑，齊王攸薨。四月戊寅，任城王陵薨。五月己亥，琅邪王伷薨。十一月戊午，新都王該薨。

又 太康八年九月，星孛於南斗，長數十丈，十餘日滅。占曰：「斗主爵禄，國有大憂。」曰：「孛於斗，王者疾病，臣誅其父，天下易政，大亂兵起。」太熙元年四月，客星在紫宫。占曰：「爲兵喪。」太康末，武帝耽宴遊，多疾病。是月己酉，帝崩。永平元年，賈后誅楊駿及其黨與，皆夷三族。楊太后亦見殺。是年，又誅汝南王亮、太保衛瓘、楚王瑋，王室兵喪之應。

南朝梁·沈約《宋書》卷二四《天文志二》 元康五年四月，有星孛於奎，至軒轅、太微，經三台、大陵。占曰：「奎爲魯，又爲庫兵，軒轅爲后宫，太微天子廷，三台爲三司，大陵有積屍死喪之事。」明年，武庫火，西羌反。後五年，司空張華遇禍，賈后廢死，魯公賈謐誅。又明年，趙王倫篡位。於是三王興兵討倫，士民戰死十餘萬人。

又 （晉惠帝）永康元年十二月，彗出牽牛之西，指天市。占曰：「牛者七政始，彗出之，改元易號之象也。」天市一名天府，一名天子禖，帝座在其中。明年，趙王篡位，改元，尋爲大兵所滅。

又 （晉惠帝）永康二年四月，彗星見齊分。占曰：「齊有兵喪。」是時齊王冏起兵討趙王倫。倫滅，冏擁兵不朝，專權淫奓，明年誅死。

又 晉惠帝太安二年三月，彗星見東方，指三台。占曰：「兵喪之象。三台爲三公。」

又 永興二年八月，星孛於昴、畢。占曰：「爲兵喪。昴、畢，又趙、魏分也。」十月丁丑，有星孛於北斗。占曰：「璿璣更授，天子出走。」又曰：「强國發兵，諸侯争權。」是後皆有其應。明年，惠帝崩。

又 光熙元年十二月甲申，有白氣若虹，中天北下至地，夜見五日乃滅。占曰：「大兵起。」明年，王彌起青、徐，汲桑亂河北，毒流天下。

又 成帝咸和四年七月，有星孛於西北，二十三日滅。占曰：「爲兵亂。」十二月，郭默殺江州刺史劉胤，荆州刺史陶侃討默，明年，斬之。是時石勒又始僭號。

又 咸康二年正月辛巳，彗星夕見西方，在奎。占曰：「爲兵喪。奎又爲邊兵。」四年，石虎伐慕容皝不剋，皝追擊之，又破麻秋。時皝稱蕃，邊兵之應也。

又 建元元年十一月六日，彗星見亢，長七尺，尾白色。占曰：「亢爲朝廷，主兵喪。」二年九月，康帝崩。

又 永和五年十一月乙卯，彗星見於亢，芒西向，色白，長一丈。占曰：「爲兵喪。」是年八月，褚裒北征兵敗。十月，關中二十餘壁舉兵歸從，石遵攻没南陽。十一月，冉閔殺石遵，又盡殺胡十餘萬人，於是中土大亂。十二月，褚裒薨。八年，劉顯、苻健、慕容儁並僭號。殷浩北伐敗，見廢。

又 晉穆帝升平二年五月丁亥，彗出天船，在胃度中。彗爲兵喪，除舊布新，出天船，外夷侵。一曰：「爲大水。」

又 晉哀帝興寧元年八月，星孛大角亢，入天市。按占「爲兵喪」。三年正月，皇后王氏崩。二月，哀帝崩。三月，慕容恪攻洛陽，沈勁等戰死。

南朝梁·沈約《宋書》卷二五《天文志三》 寧康二年正月丁巳，有星孛於女虚，經氐、亢、角、軫、翼、張。九月丁丑，有星孛於天市。十一月癸酉，太白奄熒惑，在營室。占曰：「金火合爲爍，此災皆爲兵喪。」太元元年五月，氐賊苻堅伐涼州。七月，氐破涼州，虜張天錫。十一月，桓沖發三州軍軍淮、泗，桓豁亦遣軍備境上。

又 太元十五年七月壬申，有星孛於北河戒，經太微、三台、文昌，入北斗，長十餘丈。八月戊戌，入紫微，乃滅。占曰：「北河戒，一名胡門。胡門有兵喪。掃太微，入紫微，王者當之。三台爲三公，文昌爲將相，將相三公有災。

又 太元二十年九月，有蓬星如粉絮，東南行，歷女虚至哭星。占曰：「蓬星見，不出三年，必有亂臣戮死於市。」

又 隆安四年二月己丑，有星孛於奎，長三丈，上至閣道紫宫西蕃，入斗魁，至三台、太微、帝座、端門。占曰：「彗拂天子廷閣，易主之象。」經三台，入北斗，占同上條。

又 隆安四年十二月戊寅，有星孛於貫索、天市、天津。占曰：「貴臣獄死，内外有兵喪。天津爲賊斷，王道天下不通。」

又 晉安帝元興元年十月，客星色白如粉絮，在太微西，至十二月，入太微。

又 （晉安帝義熙十一年）五月甲申，彗星出天市，掃帝座，在房、心。房、心，宋之分野。案占，得彗柄者興，除舊布新，宋興之象。

又 （晉安帝義熙十四年五月）壬子，有星孛於北斗魁中。占曰：「有聖人受命。」

又 （晉安帝義熙十四年七月）癸亥，彗星出太微西，柄起上相星下，芒漸長

至十餘丈，進掃北斗紫微中台。占曰：「彗出太微，社稷亡，天下易王。入北斗紫微，帝宮空。」一曰：「天下得聖主。」

南朝梁・沈約《宋書》卷二六《天文志四》（宋武帝永初三年）二月辛卯，有星孛於虚危，向河津，掃河鼓。占曰：「爲兵喪。」五月，宫車晏駕。明年，遣軍救青、司。二月，太后蕭氏崩。

又 永初三年十一月戊午，有星孛於室壁。占曰：「爲兵喪。」明年，兵救青、司。二月，蕭氏崩。營室，内宫象也。

又 少帝景平元年正月乙卯，有星孛於東壁南，白色，長二丈餘，拂天苑，二十日滅。二月，太后蕭氏崩。十月戊午，有星孛於氐北，尾長四丈，西北指，貫攝提，向大角，東行，日長六七尺，十餘日滅。明年五月，羨之等廢帝。

南朝梁・沈約《宋書》卷二七《符瑞志上》（晉安帝義熙）十一年五月三日，彗星出天市，其芒掃帝坐。天市在房、心之北，宋之分野。得彗柄者興，除舊布新之徵。

又（晉安帝義熙）十四年五月十七日，茀星出北斗魁中。占曰：「星茀北斗中，掃北斗及紫微中。占曰：『彗星出太微，社稷亡，天下易政。入北斗，帝宫空。』一占：『天下得召人。』召人，聖主也。一曰：『彗孛紫微，天下易主。』」

又（晉安帝義熙）十四年七月二十九日，彗星出太微中，彗柄起上相星下，芒尾漸長至十餘丈，進掃北斗及紫微中。占曰：「彗星出太微，社稷亡，天下易政。入北斗，帝宫空。」

又 元嘉十九年九月，客星見北斗，漸爲彗星，至天苑末滅。

又 元嘉二十六年十月，彗星入太微。

又 元嘉二十八年五月，彗星見卷舌，入太微，逼帝座，犯上相，拂屏，出端門，滅翼、軫。翼、軫，荆州分。

北齊・魏收《魏書》卷一〇五之三《天象志三》（北魏）太祖皇始元年夏六月，有星彗於髦頭。

又（北魏太祖天興）三年三月，有星孛於奎，歷閣道，至紫微西蕃，入北斗魁，犯太陽守，循下台，轥南宫，履帝坐，遂由端門以出。奎是封豨，剥氣所由生也。又殷徐州之次，桓玄國焉，劉裕興焉。天象若曰：君德之不建，人之無援，且有權其列蕃，盜其名器之守而薦食之者矣；又將由其天步，席其帝庭，而出號施令焉。

又（北魏太宗神瑞）二年四月辛巳，有星孛於天市。五月甲申，彗星出天市，掃帝座，在房心北。

又（北魏太宗神瑞二年）六月己巳，有星孛於昴南。天象若曰：且有驅除之雄，勿用距之於朔方矣。

又（北魏太宗泰常三年）九月，長彗星孛於北斗，轢紫微，辛酉，入南宫，凡八十餘日。十二月，彗星出自天津，入太微，逕北斗，干紫宫，犯天棓，八十餘日，及天漢乃滅，語在《崔浩傳》。

又（北魏太宗泰常）七年二月辛巳，有星孛於虚、危，向河津。占曰「玄枵所以飾喪紀也，崇廟並起，司人疑更謀，有易政之象」。十一月甲寅，彗星出室，掃北斗，及於閼門。占曰「内宫幾室，主命將」。

又（北魏太宗泰常）八年正月，彗星出奎南長三丈，東南掃河。

又 十一月，彗星孛於土司空。司空主疆理邦域，且曰有土功哭泣事。後年，赫連屈孑薨，太武征之，取新秦之地，由是征伐四克，提封萬里云。

又（北魏太武太延）元年五月，彗出軒轅。

又（北魏太武太延）二年五月壬申，有星孛於房。占曰「名山崩，有亡國」。

又（北魏太武太平真君三年）九月乙丑，有星孛於天牢，入文昌、五車，經昴、畢之間，至天苑，百餘日與宿俱入西方。天象若曰：且有王者之兵，彗除髦頭之域矣，貴臣預有戮焉。

又 北魏太武帝太平真君十年五月，彗星出於昴北。此天所以滌除天街而禍髦頭之國也。時間歲討蠕蠕。

又（北魏太武帝太平真君）十年十月辛巳，彗星見於太微。占曰「兵喪並興，國亂易政，臣賊主」。

又（北魏太武帝）正平元年五月，彗星見卷舌，入太微。卷舌，讒言之戒。六月辛酉，彗星進逼帝坐；七月乙酉，犯上相，拂屏，出端門，滅於翼、軫；辛酉，直陰國。

又（北魏文成帝）興安二年二月，有星孛於西方。占曰「凡孛者，非常惡氣所生也，内不有大亂，外且有大兵」。

又（北魏文成帝和平五年）十一月，長星出織女，色正白，彗之象也。女主專制，將由此始，是以天視由之。長星，彗之著，易政之漸焉。

又（北魏孝文帝太和二十二年）十一月，又彗星起軒轅，歷鬼南，及天漢。天又若曰：是固多穢德，宜其彗除矣。行歷鬼，又强死之徵。

又（北魏宣武帝正始）四年七月己卯，有星孛於東北。占曰「是謂天讒，大臣貴人有戮死者」。凡孛出東方必以晨，乘日而見，亂氣蔽君明之象也。昔魯哀公十三年十一月，有星孛於東方，明年，春秋之事終，是謂諸夏微弱，蠻夷遞霸，田氏專齊，三族擅晉，卒以干其君明而代奪之，陵夷遂爲戰國，天下横流矣。今孛星又見，與春秋之象同。天戒若曰：是居太陽之側而於其明者，固多穢德，可彗除矣，而君不悟，衰替之萌將繇此始乎？是歲，高肇鴆后及皇子，明年又譖殺諸王，天下寃之。肇故東夷之俘，而驟更先帝之法，累構不測之禍，干明孰甚焉，魏氏之悖亂自此始也。

又（北魏孝明帝）正光元年九月辛巳，有彗星光焰如火，出於東方，陰動爭明之異也。《感精符》曰：「天下以兵相威，以勢相乘，至威疑亂，起布衣，從衡禍，未庸息，帝宫其空。」昔正始中，天讒孛於東北，是歲而攝提復周。故天象若曰：夫讒之亂萌有自來矣，彗除之象今則著矣，戰國之禍將由此作乎？間三年而北鎮肇亂，關中跡之。自是姦雄鼎沸，覆軍相踵，其災之所及且二十餘年而猶未弭焉。《梁志》曰：九月乙亥，有星晨見東方，光如火。占曰「國皇見，有内難急兵」。明年，義州反。乙亥去辛巳凡六日，而北方覩之，其氣蓋同矣。始干其明，以妖南國，既又彗而布之，以除魏邦。

又（北魏孝莊帝永安三年）七月甲午，有彗星晨見東北方，在中台東一丈，長六尺，色正白，東北行，西南指；丁酉，距下台上星西北一尺而晨伏；庚子，夕見西北方，長尺，東南指，漸移入氐；至八月己未，漸見；癸亥，滅。占曰「彗出太階，有陰謀姦宄興」。凡天事爲之徵形以戒告人主，始滌公輔之穢而彗除之，權臣將滅之象；再干太陽之明而後陵奪之，逆亂復興之象也。三月而見者，變近亟也。

又 東魏孝静天平二年，有星孛於太微，歷下台，及室壁而滅。南宫，成周之墟，孝文之餘烈也，孛星由之，易政徙王之戒。天象若曰：王城爲墟，夏聲幾變，而台階持政，有代奪之漸乎？且抵於營室，更都之象也。是後兩霸專權，皆以北俗從事，河南新邑遂爲戰爭之郊。間三歲，至興和元年九月，發司州卒十萬營鄴都，十月新宫成。

又（東魏孝静帝興和）元年十月辛丑，有彗星出於南斗，長丈餘；至十一月丙戌，距太白三尺，長丈餘，東南指；二月乙卯，至婁始滅。占曰「彗出南斗之土，皆誅其上」。

北齊·魏收《魏書》卷三五《崔浩傳》（北魏太宗泰常）三年，彗星出天津，入太微，經北斗，絡紫微，犯天棓，八十餘日，至漢而滅。太宗復召諸儒術士問之曰：「今天下未一，四方岳峙，災咎之應，將在何國？朕甚畏之，盡情以言，勿有所隱。」咸共推浩令對。浩曰：「古人有言，夫災異之生，由人而起。人無釁焉，妖不自作。故人失於下，則變見於上，天事恒象，百代不易。《漢書》載王莽篡位之前，彗星出入，正與今同。國家主尊臣卑，上下有序，民無異望。唯僭晉卑削，主弱臣强，累世陵遲，故桓玄逼奪，劉裕秉權。彗孛者，惡氣之所生，是爲僭晉將滅，劉裕篡之之應也。」諸人莫能易浩言，太宗深然之。

唐·房玄齡等《晉書》卷三《武帝紀》（晉武帝泰始四年正月）丙戌，有星孛於軫。

又（晉武帝泰始五年）九月，有星孛於紫宫。

又（晉武帝泰始十年）十二月，有星孛於軫。

又（晉武帝咸寧二年六月）甲戌，有星孛於氐。

又（晉武帝咸寧二年）秋七月，有星孛於大角。

又（晉武帝咸寧二年八月，）有星孛於太微，九月又孛於翼。

又（晉武帝咸寧三年正月，）有星孛於西方。

又（晉武帝咸寧三年三月，）有星孛於胃。

又（晉武帝咸寧五年三月，）有星孛於柳。夏四月，又孛於女御。

又（晉武帝咸寧五年）秋七月，有星孛於紫宫。

又（晉武帝太康二年）八月，有星孛於張。

又（晉武帝太康二年十一月，）有星孛於軒轅。

唐·房玄齡等《晉書》卷四《惠帝紀》（晉惠帝元康）五年夏四月，彗星見於西方，孛於奎，至軒轅。

又（晉惠帝太安元年）夏四月，彗星晝見。

又（晉惠帝永康元年）十二月，彗星見於東方。

又（晉惠帝永興二年十月丁丑，）有星孛於北斗。

唐·房玄齡等《晉書》卷七《成帝紀》（晉成帝咸和四年）秋七月，有星孛於西北。

又（晉成帝咸康）二年春正月辛巳，彗星見於奎。

又（晉成帝咸康六年二月）庚辰，有星孛於太微。

唐·房玄齡等《晉書》卷八《穆帝紀》（晉穆帝永和六年閏月）丁丑，彗星見於亢。

又（晉穆帝升平二年）夏五月，大水。有星孛於天船。

唐·房玄齡等《晉書》卷八《哀帝紀》（晉哀帝興寧元年）八月，有星孛於角亢，入天市。

唐·房玄齡等《晉書》卷九《孝武帝紀》（晉孝武帝寧康二年二月）丁巳，有星孛於女虛。三月丙戌，彗星見於氐。

又（晉孝武帝寧康二年）九月丁丑，有星孛於天市。

又（晉孝武帝太元十五年）秋七月丁巳，有星孛於北河。

唐·房玄齡等《晉書》卷一〇《安帝紀》（晉安帝隆安四年）二月己丑，有星孛於奎婁，進至紫微。三月，彗星見於太微。

又（晉安帝隆安四年）十二月戊寅，有星孛於天市。

又（晉安帝義熙十一年）五月甲申，彗星二見。

唐·房玄齡等《晉書》卷一〇《恭帝紀》（晉恭帝元熙元年正月）戊戌，有星孛於太微西藩。

唐·房玄齡等《晉書》卷一三《天文志下》 魏文帝黄初三年九月甲辰，客星見太微左掖門內。占曰：「客星出太微，國有兵喪。」十月，帝南征孫權。是後，累有征役。六年十月乙未，有星孛於少微，歷軒轅。占「爲兵喪，除舊布新之象。」時帝軍廣陵，辛丑，親御甲冑觀兵。明年五月，帝崩。

明帝太和六年十一月丙寅，有星孛於翼，近太微上將星。占曰：「爲兵喪。」甘氏曰：「孛彗所當之國，是受其殃。」翼又楚分野，孫權封略也。」明年，權有遼東之敗。又明年，諸葛亮入秦川。孫權發兵，緣江淮屯要衝，權自圍新城以應亮，天子東征權。

青龍四年十月甲申，有星孛於大辰，長三尺。乙酉，又孛於東方。十一月己亥，彗星見，犯宦者天紀星。占曰：「大辰爲天王，天下有喪。」劉向《五紀論》曰：「《春秋》，星孛於東方，不言宿者，不加宿也。宦者在天市，爲中外有兵。天紀爲地震，孛彗主兵喪。」景初元年六月，地震。九月，吴將朱然圍江夏。皇后毛氏崩。二年正月，討公孫文懿。三年正月，明帝崩。

景初二年八月，彗星見張，長三尺，逆西行，四十一日滅。占同上。張，周分野。十月癸巳，客星見危，逆行，在離宫北、騰蛇南。甲辰，犯宗星。己酉，滅。占曰：「客星所出有兵喪，虚危爲宗廟，又爲墳墓。客星近離宫，則宫中將有大喪，就先君於宗廟之象也。」三年正月，帝崩。

武帝泰始四年正月丙戌彗星見軫，青白色西北行，又轉東行。占曰：「爲兵喪，軫又楚分野。」三月，皇太后王氏崩。十月，吴寇江夏、襄陽。五年九月，星孛於紫宫。占如上。紫宫，天子内宫。十年，武元楊皇后崩。十年十二月，有星孛於軫。占曰：「天下兵起，軫又楚分野。」

咸寧二年六月甲戌，星孛于氐。占曰：「天子失德易政。氐，又兖州分。」七月，星孛大角。大角爲帝坐。八月，星孛太微，至翼、北斗、三台。占曰：「太微，天子庭，大人惡之。」一曰：「有改王。翼，又楚分野。北斗主殺罰，三台爲三公。」三年正月，星孛於西方。三月，星孛於胃。胃，徐州分。四月，星孛女御。女御爲后宫。五月，又孛於東方。七月，星孛紫宫。占曰：「天下易主。」四年四月，蚩尤旗見東井。後二年，傾三方伐吴，是其應也。五年三月，星孛於柳。四月，又孛於女御。七月，孛於紫宫。占曰：「外臣陵主。柳，又三河分野。大角、太微、紫宫、女御並爲王者。」明年吴亡，是其應也。孛主兵喪。征吴之役，三河、徐、兖之兵悉出，交戰於吴楚之地，吴丞相都督以下梟戮十數，偏裨行陣之徒馘斬萬計，皆其徵也。

太康二年八月，有星孛於張。占曰：「爲兵喪。」十一月，星孛於軒轅。占曰：「后宫當之。」四年三月戊申，星孛於西南。是年，齊王攸、任城王陵、琅邪王伷、新都王該薨。八年九月，星孛於南斗，長數十丈，十餘日滅。占曰：「斗主爵禄，國有大憂。」一曰：「孛於斗，王者疾病，天下易政，大亂兵起。」

太熙元年四月，客星在紫宫。占曰：「爲兵喪。」太康末，武帝耽宴遊，多疾病。是月己酉，帝崩。永平元年，賈后誅楊駿及其黨與，皆夷三族，楊太后亦見弑。又誅汝南王亮、太保衛瓘、楚王瑋，王室兵喪之應也。

惠帝元康五年四月，有星孛於奎，至軒轅、太微，經三台、太陵。占曰：「奎爲魯，又爲庫兵，軒轅爲后宫，太微天子庭，三台爲三司，太陵有積尸死喪之事。」其後武庫火，西羌反。後五年，司空張華遇禍，賈后廢死，魯公賈謐誅。又明年，趙王倫篡位。於是三王興兵討倫，兵士戰死十餘萬人。

永康元年三月，妖星見南方。占曰：「妖星出，天下大兵將起。」是月賈后

殺太子，趙王倫尋廢殺后，斬司空張華，又廢帝自立。於是三王並起，迭總天權。其十二月，彗星出牽牛之西，指天市。占曰：「牛者七政始，彗出之，改元易號之象也。天市一名天府，一名天子旗，帝坐在其中。」明年，趙王倫篡位，改元，尋爲大兵所滅。二年四月，彗星見齊分。占曰：「齊有兵喪。」是時，齊王冏起兵討趙王倫。倫滅，冏擁兵不朝，專權淫奢。明年，誅死。

太安元年四月，彗星晝見。二年三月，彗星見東方，指三台。占曰：「兵喪之象。三台爲三公。」三年正月，東海王越執太尉、長沙王乂，張方又殺之。

永興元年五月，客星守畢。占曰：「天子絶嗣。」一曰：「大臣有誅。」時諸王擁兵，其後惠帝失統，終無繼嗣。二年八月，有星孛於昴畢。占曰：「爲兵喪。昴畢又趙魏分野。」十月丁丑，有星孛於北斗。占曰：「旋璣更授，天子出走。」又曰：「强國發兵，諸侯争權。」是後，諸王交兵，皆有應。明年，惠帝崩。

成帝咸和四年七月，有星孛於西北，犯斗，二十三日滅。占曰：「爲兵亂。」十二月，郭默殺江州刺史劉胤，荆州刺史陶侃討默，斬之。時石勒又始僭號。

咸康二年正月辛巳，彗星夕見西方，在奎。占曰：「爲兵喪。奎，又爲邊兵。」三年正月，石季龍僭天王位。四年，石季龍伐慕容皝，不克。既退，皝追擊之，又破麻秋。時皝稱蕃，邊兵之應也。六年二月庚辰，有星孛於太微。七年三月，杜皇后崩。

康帝建元元年十一月六日，彗星見亢，長七尺，白色。占曰：「亢爲朝廷，主兵喪。」二年，康帝崩。

穆帝永和五年十一月乙卯，彗星見於亢。芒西向，色白，長一丈。六年正月丁丑，彗星又見於亢。占曰：「爲兵喪、疾疫。」其五年八月，褚裒北征，兵敗。十一月，冉閔殺石遵，又盡殺胡十餘萬人，於是中土大亂。十二月，褚裒薨。是年，大疫。

升平二年五月丁亥，彗星出天船，在胃。占曰：「爲兵喪，除舊布新。出天船，外夷侵。」一曰：「爲大水。」四年五月，天下大水。五年，穆帝崩。

哀帝興寧元年八月，有星孛於角亢，入天市。案占曰：「爲兵喪。」三年正月，皇后王氏崩。二月，帝崩。三月，慕容恪攻没洛陽，沈勁等戰死。

海西太和四年二月，客星見紫宫西垣，至七月乃滅。占曰：「客星守紫宫，臣弑主。」六年，桓温廢帝爲海西公。

孝武寧康二年正月丁巳，有星孛於女虚，經氐亢、角、軫、翼、張。至三月丙戌，彗星見於氐。九月丁丑，有星孛於天市。占曰：「爲兵喪。」太元元年七月，苻堅破涼州，虜張天錫。

太元十一年三月，客星在南斗，至六月乃没。占曰：「有兵，有赦。」是後司、雍、兗、冀常有兵役。十二年正月大赦，八月又大赦。十五年七月壬申，有星孛於北河戍，經太微、三台、文昌，入北斗，色白，長十餘丈。八月戊戌，入紫宫乃滅。占曰：「北河戍一名胡門，胡有兵喪。掃太微，入紫微，王者當之。三台爲三公，文昌爲將相，將相三公有災。入北斗，諸侯戮。」一曰：「掃北斗，强國發兵，諸侯争權，大人憂。」二十一年，帝崩。隆安元年，王恭、殷仲堪、桓玄等並發兵，表以誅王國寶爲名。朝廷順而殺之，並斬其從弟緒，司馬道子由是失勢，禍亂成矣。十八年二月，客星在尾中，至九月乃滅。占曰：「燕有兵喪。」二十年，慕容垂息寶伐魏，爲所破，死者數萬人。二十一年，垂死，國遂衰亡。二十年九月，有蓬星如粉絮，東南行，歷女虚，至哭星。占曰：「蓬星見，不出三年，必有亂臣戮死於市。」是時，王國寶交構朝廷。二十一年九月，帝崩。隆安元年，王恭等興兵，而朝廷殺王國寶、王緒。

安帝隆安四年二月己丑，有星孛於奎，長三丈，上至閣道、紫宫西蕃，入北斗魁，至三台，三月，遂經於太微帝坐端門。占曰：「彗星掃天子庭閣道，易主之象。」經三台入北斗。占同上條。十二月戊寅，有星孛於貫索、天市、天津。占曰：「貴臣獄死，内外有兵喪。天津爲賊斷，王道天下不通。」案占：「災在吴越。」五年二月，有孫恩兵亂，攻侵郡國。於是内外戒嚴，營陣屯守，栅斷淮口。九月，桓玄表至，逆旨陵上。其後玄遂篡位，亂京都，大饑，人相食，百姓流亡，皆其應也。

元興元年十月，有客星色白如粉絮，在太微西，至十二月入太微。占曰：「兵入天子庭。」二年十二月，桓玄篡位，放遷帝、后於尋陽，以永安何皇后爲零陵君。三年二月，劉裕盡誅桓氏。

義熙十一年五月甲申，彗星二出天市，掃帝坐，在房心北。房心，宋之分野。案占：「得彗柄者興，除舊布新，宋興之象。」十四年五月庚子，有星孛於北斗魁中。七月癸亥，彗星出太微西，柄起上相星下，芒漸長至十餘丈，進掃北斗、紫微，中台。占曰：「彗出太微，社稷亡，天下易王。」入北斗、紫微，帝宫空。」十四年，劉裕還彭城，受宋公。十二月，帝崩。

恭帝元年正月戊戌，有星孛於太微西蕃。占曰：「革命之徵。」其年，宋有天下。

唐・李延壽《南史》卷一《宋本紀上》（南朝宋武帝永初三年）二月丙戌，有星孛於虛、危。

又（南朝宋武帝永初三年）冬十一月戊午，有星孛於營室。

又（南朝宋少帝景平元年正月）乙卯，有星孛於東壁。

又（南朝宋少帝景平元年）冬十月己未，有星孛於氐。

唐・李延壽《南史》卷二《宋本紀中》（南朝宋文帝元嘉十九年）九月丙辰，有客星在北斗，因爲彗，入文昌，貫五車，掃畢，拂天節，經天苑，季冬乃滅。

又（南朝宋文帝元嘉二十六年）四月己卯，彗星見於昴。是月，都下疾疫，使巡省給醫藥。

又（南朝宋文帝元嘉二十六年）五月壬子，彗星見太微中，對帝坐。

又（南朝宋文帝元嘉二十六年十月）癸卯，彗星見於太微。

唐・李延壽《南史》卷一四《宋文帝諸子傳》（南朝宋文帝元嘉）二十八年，彗星起畢、昴，入太微，掃帝座端門，滅翼軫。

唐・李延壽《南史》卷五《齊本紀下》（南齊和帝中興元年三月乙巳，）是日，長星見，竟天。

唐・李延壽《南史》卷七《梁本紀中》（梁武帝普通元年）九月乙亥，有星晨見東方，光爛如火。

唐・李延壽《南史》卷九《陳本紀上》（陳文帝天嘉元年）九月癸丑，彗星見。

又（陳文帝天嘉六年）六月辛酉，彗星見於上台北。周人來聘。

又（陳廢帝光大二年）六月丁亥，彗星見。

唐・李延壽《南史》卷一〇《陳本紀下》（陳宣帝太建六年）夏四月庚子，彗星見。

又（陳宣帝太建七年）夏四月丙戌，有星孛於大角。

又（陳宣帝太建十三年）十二月辛巳，彗星見西南。

唐・李百藥《北齊書》卷七《武成帝紀》（北齊武成帝河清四年三月，）彗星見。

唐・李百藥《北齊書》卷八《後主紀》（北齊後主天統元年）六月壬戌，彗星出文昌東北，其大如收，後稍長，乃至丈餘，百日乃滅。

又（北齊後主天統四年）六月，彗星見於東井。

唐・李延壽《北史》卷一〇《周紀下》（北周武帝保定五年）六月庚申，彗星出三台，入文昌，犯上將，經紫宮入危，漸長丈餘，百餘日乃滅。

又（北周武帝天和三年）六月甲戌，有星孛於東井。

又（北周武帝建德三年四月）丁巳，有星孛於東井。

唐・令狐德棻等《周書》卷五《武帝紀上》（北周武帝保定五年）六月庚申，彗星出三台，入文昌，犯上將，後經紫宮西垣入危，漸長一丈餘，指室、壁。後百餘日，稍短，長二尺五寸，在虛、危滅。

又（北周武帝天和三年）六月甲戌，有星孛於東井，北行一月，至輿鬼，乃滅。

又（北周武帝天和三年七月）己未，客星見房，漸東行，入天市，犯營室，至奎，四十餘日乃滅。

又（北周武帝建德三年四月）丁巳，有星孛於東北紫微宫垣，長七尺。

唐・李鳳《天文要録》自三代已來到予大唐麟德元年，凡天妖星之類二百五十二星，此謂天下離星類也。

唐・魏徵等《隋書》卷二《高祖紀下》（隋文帝開皇八年十月甲子，）有星孛於牽牛。

又（隋文帝開皇十四年十一月）癸未，有星孛於角亢。

唐・魏徵等《隋書》卷三《煬帝紀上》（隋煬帝大業三年正月）丙子，長星竟天，出於東壁，二旬而止。

又（隋煬帝大業三年）二月己丑，彗星見於奎，掃文昌，歷大陵、五車、北河，入太微，掃帝坐，前後百餘日而止。

又（隋煬帝大業三年五月）癸酉，有星孛於文昌上將，星皆動摇。

又（隋煬帝大業四年九月）戊寅，彗星出於五車，掃文昌，至房而滅。辛巳，詔免長城役者一年租賦。

唐・魏徵等《隋書》卷四《煬帝紀下》（隋煬帝大業十三年九月，）彗星見於營室。

唐・魏徵等《隋書》卷二一《天文志下》（梁武帝普通元年）九月乙亥，有星晨見東方，光爛如火。占曰：「國皇見，有内難，有急兵反叛。」其三年，義州刺史

文僧朗以州叛。

又（梁武帝大同）五年十月辛丑，彗出南斗，長一尺餘，東南指，漸長一丈餘。十一月乙卯，至婁滅。占曰：「天下有謀王者。」其八年正月，安成民劉敬躬挾左道以反，黨與數萬。其九年，李賁僭稱皇帝於交州。

又（陳文帝天嘉元年）九月癸丑，彗星長四尺，見芒，指西南。占曰：「彗星見則敵國兵起，得本者勝。」其年，周將獨孤盛領衆趣巴湘，侯瑱襲破之。

又（北齊武成帝河清四年）三月戊子，彗星見。

又（北周武帝保定五年）六月庚申，彗星出三台，入文昌，犯上將，後經紫宮西垣，入危，漸長一丈餘，指室壁，後百餘日稍短，長二尺五寸，在虛危滅，齊之分野。七月辛巳，朔，日有食之。

又（陳文帝天嘉六年六月）辛酉，有彗長可丈餘。占曰：「陰謀姦宄起。」一曰：「宮中火起。」

又 北齊後主天統元年六月壬戌，彗星見於文昌，長數寸，入文昌，犯上將，然後經紫微宮西垣，入危，漸長一丈餘，指室壁。後百餘日，在虛危滅。占曰：「有大喪，有亡國易政。」其四年十二月，太上皇崩。

又（北周武帝天和三年六月，）彗見東井，長一丈，上白下赤而鋭，漸東行，至七月癸卯，在鬼北八寸所乃滅。占曰：「爲兵，國政崩壞。」又曰：「將軍死，大臣誅。」

又（北齊後主天統）四年六月，彗星見東井。占曰：「大亂，國易政。」七月，孛星見房心，白如粉絮，大如斗，東行。八月，入天市，漸長四丈，犯瓠瓜，歷虛危，入室，犯離宮。九月入奎，至婁而滅。孛者，孛亂之氣也。占曰：「兵喪並起，國大亂易政，大臣誅。」其後，太上皇崩。至武平二年七月，領軍庫狄伏連、治書侍御史王子宜，受琅邪王儼旨，矯詔誅録尚書、淮南王和士開於南臺，伏連等即日伏誅，右僕射馮子琮賜死。此國亂之應也。

又（北周武帝天和三年）七月己未，客星見房心，白如粉絮，大如斗，漸大，東行；八月，入天市，長如匹所，復東行，犯河鼓右將；癸未，犯瓠瓜，又入室，犯離宮；九月壬寅，入奎，稍小；壬戌，至婁北一尺所滅。凡六十九日。占曰：「兵起，若有喪，白衣會，爲饑旱，國易政。」又曰：「兵犯外城，大臣誅。」

又（北周武帝建德）三年二月戊午，客星大如桃，青白色，出五車東南三尺所，漸東行，稍長二尺所；至四月壬辰，入文昌；丁未，入北斗魁中，後出魁，漸小。凡見九十三日。占曰：「天下兵起，車騎滿野，人主有憂。」又曰：「天下有亂，兵大起，臣謀主。」其七月乙酉，衛王直在京師舉兵反，討擒之，廢爲庶人。至十月，始州民王鞅擁衆反，討平之。四月乙卯，星孛於紫宮垣外，大如拳，赤白，指五帝座，漸東南行，稍長一丈五尺；五月甲子，至上台北滅。占曰：「天下易政，無德者亡。」後二年，武帝率六軍滅齊。

又（陳）宣帝太建七年四月丙戌，有星孛於大角。

又（陳宣帝太建十二年十二月）辛巳，彗星見西南。占曰：「有兵喪。」明年帝崩，始興王叔陵作亂。

又（陳）後主至德元年正月壬戌，蓬星見。

又（隋文帝開皇）十四年十一月癸未，有彗星孛於虛危及奎婁。

又（隋煬帝大業）三年三月辛亥，長星見西方，竟天，干歷奎婁、角亢而没；至九月辛未，轉見南方，亦竟天，又干角亢，頻掃太微帝座，干犯列宿，唯不及參、井。經歲乃滅。占曰：「去穢布新，天所以去無道，建有德，見久者災深，星大者事大，行遲者期遠。兵大起，國大亂而亡。餘殃爲水旱饑饉，土功疾疫。」其後，築長城，討吐谷渾及高麗，兵戎歲駕，略無寧息。水旱饑饉疾疫，土功相仍，而有羣盜並起，邑落空虛。

又（隋煬帝大業）十一年六月，有星孛於文昌東南，長五六寸，色黑而鋭，夜動摇，西北行，數日至文昌，去宮四五寸，不入，却行而滅。占曰：「爲急兵。」其八月，突厥圍帝於雁門，從兵悉馮城禦寇，矢及帝前。

又（隋煬帝大業十三年六月）有星孛於太微五帝座，色黄赤，長三四尺所，數日而滅。占曰：「有亡國，有殺君。」明年三月，宇文化及等殺帝也。

後晉・劉昫等《舊唐書》卷三六《天文志下》（唐高祖）武德九年二月二十三日夜，星孛於胃、昴間，凡二十八日，又孛於卷舌。

貞觀八年八月二十三日，星孛於虛、危，歷於玄枵，凡十一日而滅。太宗謂侍臣曰：「是何妖也？」虞世南對曰：「齊景公時，有彗星。晏子對曰：『公穿池畏不深，築臺恐不高，行刑恐不重，是以彗爲誡耳。』景公懼而修德，十六日而星滅。臣聞若德政不修，麟鳳數見，無所補也；苟政教無闕，雖有災愆，何損於時。伏願陛下勿以功高古人而矜大，勿以太平日久而驕逸，慎終如始，彗何足憂。」帝深嘉之。十三年三月二十二日夜，星孛於畢、昴。十五年六月十九日，星孛於太微，犯郎位。七月甲戌，滅。

總章元年四月，彗見五車，上避正殿，減膳，令內外五品已上上封事，極言得失。許敬宗曰：「星雖孛而光芒小，此非國眚，不足上勞聖慮，請御正殿，復常膳。」不從。敬宗又進曰：「星孛於東北，王師問罪，高麗將滅之徵。」帝曰：「我爲萬國主，豈移過於小蕃哉！」二十二日星滅。上元二年十月，彗見於角、亢南，長五尺。三年七月二十一日，彗見東井，指南河、積薪，長三尺餘，漸向東北，光芒益褱，長三丈，掃中台，指文昌，經五十八日而滅。永隆二年九月一日，萬年縣女子劉凝静，乘白馬，著白衣，男子從者八九十人，入太史局，升令廳牀坐，勘問比有何災異。太史令姚玄辯執之以聞。是夜彗見西方天市中，長五尺，漸小，向東行，出天市，至河鼓右旗，十七日滅。永淳二年三月十八日，彗見五車之北，凡二十五日而滅。

文明元年七月二十二日，西方有彗，長丈餘，凡四十九日滅。

光宅元年九月二十九日，有星如半月，見西方。

景龍元年十月十八日，彗見西方，凡四十三日而滅。二年二月，天狗墜於西南，有聲如雷，野雉皆雊。七月七日，星孛胃、昴之間。三年八月八日，星孛於紫宫。

太極元年七月四日，彗入太微。

開元十八年六月十一日，彗見五車；三十日，星孛於畢、昴。二十六年三月八日，星孛於紫微垣，歷斗魁，十餘日，陰雲不見。

又　（唐肅宗乾元）三年四月丁巳夜五更，彗出東方，色白，長四尺，在婁、胃間，疾行向東北角，歷昴、畢、觜、參、井、鬼、柳、軒轅，至太微右執法七寸所，凡五十餘日方滅。閏四月辛酉朔，妖星見於南方，長數丈。是時自四月初大霧大雨，至閏四月末方止。

又　（唐代宗）大曆元年十二月己亥，彗星出瓠瓜，長尺餘，犯宦者星。

又　（唐代宗大曆五年四月）己未夜，彗出五車，蓬孛，光芒長三丈。五月己卯夜，彗出北方，其色白。癸未夜，彗隨天東行，近八穀。甲申，西北方白氣竟天。【略】（六月）癸卯，彗去三公二尺。【略】己未，彗星滅。

又（唐代宗大曆七年十二月丙寅）是夜，長星出於參。

又　（唐憲宗元和）十二年正月戊子，彗出畢南，長二尺餘，指西南，凡三日，近參旗没。

又　（唐穆宗長慶元年正月）己未夜，星孛於翼。

又　（唐穆宗長慶元年正月）丁卯夜，星孛在辰上，去太微西垣南第一星七寸所。

又　（唐文宗大和八年）九月辛亥夜五更，太微宫近郎位有彗星，長丈餘，西指，西北行，凡九夜，越郎位星西北五尺滅。

又　（唐文宗大和八年九月庚申）夜，彗星出東方，長三尺，芒耀甚猛。

又　（唐文宗開成）二年二月丙午夜，彗出東方，長七尺餘，在危初度，西指。戊申夜，危之西南，彗長七尺，芒耀愈猛，亦西指。癸丑夜，彗在危八度。庚申夜，在虚三度半。辛酉夜，彗長丈餘，直西行，稍南指，在虚一度半。壬戌夜，彗長二丈，其廣三尺，在女九度。癸亥夜，彗愈長廣，在女四度。三月甲子朔，其夜，彗長五丈，岐分兩尾，其一指氐，其一掩房，在斗十度。丙寅夜，彗長六丈，尾無岐，北指，在亢七度。文宗召司天監朱子容問星變之由，子容曰：「彗主兵旱，或破四夷，古之占書也。然天道懸遠，唯陛下修政以抗之。」乃敕尚食，今後每日御食料分爲十日。其夜彗長五丈，闊五尺，却西北行，東指。戊辰夜，彗長八丈有餘，西北行，東指，在張十四度。詔天下放繫囚，撤樂減膳，避正殿；先是，羣臣拜章上徽號，宜並停。癸未夜，彗長三尺，出軒轅之右，八月丁酉，彗出虚、危之間。【略】

三年十月十九日，彗見，長二丈餘；二十日夜，長二丈五尺；二十一日夜，長三丈；二十二日夜，長三丈五尺；並在辰上，西指軫、魁。十一月乙卯朔，是夜彗出東方，東西竟天。

又　（唐文宗開成四年正月）癸酉，彗出於西方，在室十四度。閏月二十三日，又見於卷舌北，凡三十三日，至（二月）二十六日夜滅。

又　（唐武宗會昌元年）十一月六日，彗見西南，在室初度，凡五十六日而滅。

後晉・劉昫等《舊唐書》卷三《太宗紀下》　（唐太宗八年）八月甲子，有星孛於虚、危，歷於氐，十一月上旬乃滅。

又　（唐太宗貞觀十三年）三月乙丑，有星孛於畢、昴。

又　（唐太宗貞觀十五年六月）己酉，有星孛於太微，犯郎位。丙辰，停封泰山，避正殿以思咎，命尚食減膳。秋七月甲戌，孛星滅。

後晉・劉昫等《舊唐書》卷四《高宗紀上》　（唐高宗龍朔三年）秋八月癸卯，彗星見於左攝提。戊申，詔百僚極言正諫。命司元太常伯竇德玄、司刑太常伯劉祥道等九人爲持節大使，分行天下。仍令內外官五品已上各舉所知。

後晉・劉昫等《舊唐書》卷五《高宗紀下》（唐高宗乾封二年）夏四月丙辰，有彗星見於畢、昴之間。乙丑，上避正殿，減膳，詔内外羣官各上封事，極言過失。於是羣臣上言：「星雖孛而光芒小，此非國眚，不足上勞聖慮，請御正殿，復常饌。」帝曰：「朕獲奉宗廟，撫臨億兆，謫見於天，誡朕之不德也，當責躬修德以禳之。」羣臣復進曰：「星孛於東北，此高麗將滅之徵。」帝曰：「高麗百姓，即朕之百姓也。既爲萬國之主，豈可推過於小蕃！」竟不從所請。乙亥，彗星滅。辛巳，西臺侍郎楊武卒。

又（唐高宗上元二年十月）壬午，星孛於角、亢之南，長五尺。

又（唐高宗上元三年）秋七月，彗起東井，指北河，漸東北，長三丈，掃中台，指文昌宫，五十八日方滅。

又（唐高宗永隆二年）九月丙申，彗星見於天市，長五尺。

後晉・劉昫等《舊唐書》卷六《則天皇后紀》（唐太宗皇后文明元年七月）彗星見西北方，長二丈餘，經三十三日乃滅。

後晉・劉昫等《舊唐書》卷七《中宗紀》（唐中宗景龍元年）冬十月壬午，彗見於西，月餘而滅。

又（唐中宗景龍三年八月壬辰，）有星孛於紫宫。

後晉・劉昫等《舊唐書》卷八《玄宗紀上》（唐玄宗開元十八年六月）甲子，彗星見於五車。癸酉，有星孛於畢、昴。

後晉・劉昫等《舊唐書》卷九《玄宗紀下》（唐玄宗開元二十六年三月）丙子，有星孛於紫微垣中，歷斗魁十餘日，因陰雲不見。

後晉・劉昫等《舊唐書》卷一〇《肅宗紀》（唐肅宗乾元三年四月）丁巳夜，彗出東方，在婁、胃間，長四尺許。【略】閏四月辛酉朔，彗出西方，其長數丈。

後晉・劉昫等《舊唐書》卷一一《代宗紀》（唐代宗大曆元年）十二月己亥，彗起瓠瓜，其長尺餘，犯宦者星。

又（唐代宗大曆五年四月）己未夜，彗起五車，長三丈。【略】己卯夜，彗起北方，其色白。【略】六月己未，彗星始滅，赦天下見禁囚徒。

又（唐代宗大曆七年）十二月丙寅，雨土。是夜，長星出於參。

後晉・劉昫等《舊唐書》卷一五下《憲宗紀下》（唐憲宗元和十二年正月）戊子夜，彗出畢南，長丈餘，指西南，凡三日，南近參旗而没。

後晉・劉昫等《舊唐書》卷一六《穆宗紀》（唐穆宗長慶元年正月）戊午夜，星孛於翼【略】丁卯，星孛於辰，近太微西垣南第一星。

後晉・劉昫等《舊唐書》卷一七上《文宗紀上》（唐文宗大和二年六月）甲辰，【略】是夜，彗西出攝提南，長二尺。

後晉・劉昫等《舊唐書》卷一七下《文宗紀下》（唐文宗大和八年）九月乙酉朔。辛亥夜，彗起太微，近郎位，西指，長丈餘，西北行，凡九夜，越郎位西北五尺滅。【略】庚申，【略】是夜，彗出東方，長三尺，輝耀甚偉。

又（唐文宗開成二年二月）丙午夜，彗出東方，長七尺，在危初，西指。【略】辛酉夜，彗長丈餘，直西行，稍南指，在虚九度半。壬戌夜，彗長二丈餘，廣三尺，在女九度，自是漸長闊。【略】乙丑夜，彗星長五丈，岐分兩尾，其一指氐，其一掩房。丙寅，【略】是夜，彗長六丈，尾無岐，在亢七度。【略】戊辰夜，彗長八丈有餘，西北行，東指，在張十四度。

又 唐文宗開成二年八月壬辰朔。丁酉，彗出虚、危之間。

又（唐文宗開成三年十月）乙巳，【略】是夜，彗起於軫，其長三丈，東西指。【略】十一月乙卯朔，是夜，彗孛東西竟天。

後晉・劉昫等《舊唐書》卷一八上《武宗紀》 唐文宗會昌元年七月【略】彗復出室壁之間。【略】十一月丁酉朔，其彗起於室，凡五十六日而滅。

後晉・劉昫等《舊唐書》卷一八下《宣宗紀下》（唐宣宗大中十一年九月，）是月乙未，彗出於房初度，長三尺。

後晉・劉昫等《舊唐書》卷一九上《懿宗紀》（唐懿宗咸通十年十二月，）敕荆南節度使杜悰：「據司天奏，有小孛星氣經歷分野，恐有外夷兵水之患。緣邊藩鎮，最要隄防，宜訓習師徒，增築城堡。凡關制置，具事以聞。」制以魏博節度使何全皥起復檢校司空、同平章事。

後晉・劉昫等《舊唐書》卷一九下《僖宗紀》（唐僖宗光啓二年五月，）是月，星孛於箕尾，歷北斗攝提。

後晉・劉昫等《舊唐書》卷二〇下《哀帝紀》（唐哀帝元佑二年四月）甲辰夜，彗起北河，貫文昌，其長三丈，在西北方。【略】五月乙酉夜，西北彗星長六七十丈，自軒轅大角及天市西垣，光輝猛怒，其長竟天。

後晉・劉昫等《舊唐書》卷七二《虞世南傳》（唐太宗貞觀八年）有星孛於虚、危，歷於氐，百餘日乃滅。太宗謂羣臣曰：「天見彗星，是何妖也？」世南

曰：「昔齊景公時有彗星見，公問晏嬰，對曰：『穿池沼畏不深，起寡榭畏不高，行刑罰畏不重，是以天見彗爲公誡耳。』景公懼而修德，後十六日而星没。臣聞『天時不如地利，地利不如人和』，若德義不修，雖獲麟鳳，終是無補，但政事無闕，雖有災星，何損於時。然願陛下勿以功高古人而自矜伐，勿以太平漸久而自驕怠，慎終如始，彗星雖見，未足爲憂。」太宗斂容謂曰：「吾之撫國，良無景公之過。但吾纔弱冠舉義兵，年二十四平天下，未三十而居大位；自謂三代以降，撥亂之主，莫臻於此。重以薛舉之驍雄，宋金剛之鷙猛，竇建德跨河北，王世充據洛陽，當此之時，足爲勍敵，皆爲我所擒。及逢家難，復決意安社稷，遂登九五，降服北夷，吾頗有自矜之意，以輕天下之士，此吾之罪也。上天見變，良爲是乎？秦始皇平六國，隋煬帝富四海，既驕且逸，一朝而敗，吾亦何得自驕也。言念於此，不覺惕焉震懼。」

後晉・劉昫等《舊唐書》卷八〇《褚遂良傳》（唐太宗貞觀）十五年，詔有事太山，先幸洛陽，有星孛於太微，犯郎位。遂良言於太宗曰：「陛下撥亂反正，功超前烈，將告成東嶽，天下幸甚。而行至洛陽，彗星輒見，此或有所未允合者也。且漢武優柔數年，始行岱禮，臣愚伏願詳擇。」太宗深然之，下詔罷封禪之事。

後晉・劉昫等《舊唐書》卷一六九《鄭注傳》（唐文宗大和元年九月，）召對之夕，彗出東方，長三尺，光耀甚緊。

後晉・劉昫等《舊唐書》卷一七九《柳璨傳》（唐哀帝元佑）二年五月，西北長星竟天，掃太微、文昌、帝座諸宿，全忠方謀篡代，而妖星謫見，占者云：「君臣俱災，宜刑殺以應天變。」

宋・歐陽修等《新唐書》卷三二《天文志二》　武德九年二月壬午，有星孛於胃、昴間；丁亥，孛於卷舌。孛與彗皆非常惡氣所生，而災甚於彗。

貞觀八年八月甲子，有星孛於虛、危，歷玄枵，乙亥不見。十三年三月乙丑，有星孛於畢、昴。十五年六月己酉，有星孛於太微，犯郎位，七月甲戌不見。

龍朔三年八月癸卯，有彗星於左攝提，長二尺餘，乙巳不見。攝提，建時節，大臣象。

乾封二年四月丙辰，有彗星於東北，在五車、畢、昴間，乙亥不見。

上元二年十二月壬午，有彗星於角、亢南，長五尺。三年七月丁亥，有彗星於東井，指北河，長三尺餘；東北行，光芒益盛，長三丈，掃中台，指文昌。九月乙酉，不見。東井，京師分；中台、文昌，將相位；兩河，天闕也。

開耀元年九月丙申，有彗星於天市中，長五丈，漸小，東行至河鼓，癸丑不見。市者，華食之所聚，以衣食生民者；一曰帝將遷都。河鼓，將軍象。

永淳二年三月丙午，有彗星於五車北，四月辛未不見。

文明元年七月辛未夕，有彗星於西方，長丈餘，八月甲辰不見。是謂天攙。

光宅元年九月丁丑，有星如半月，見於西方。月，衆陰之長，星如月者陰盛之極。

景龍元年十月壬午，有彗星於西方，十一月甲寅不見。二年七月丁酉，有星孛於胃、昴間。胡分也。三年八月壬辰，有星孛於紫宫。

延和元年六月，有彗星自軒轅入太微，至大角滅。

開元十八年六月甲子，有彗星於五車。癸酉，有星孛於畢、昴。二十六年三月丙子，有星孛於紫宫垣，歷北斗魁，旬餘，因雲陰不見。

乾元三年四月丁巳，有彗星於東方，在婁、胃間，色白，長四尺，東方疾行，歷昴、畢、觜觿、參、東井、輿鬼、柳、軒轅至右執法西，凡五旬餘不見。閏月辛酉朔，有彗星於西方，長數丈，至五月乃滅。婁爲魯，胃、昴、畢爲趙，觜觿、參爲唐，東井、輿鬼爲京師分，柳其半爲周分。二彗仍見者，薦禍也。又婁、胃間，天倉。

大曆元年十二月己亥，有彗星於瓠瓜，長尺餘，經二旬不見，犯宦者星。五年四月己未，有彗星於五車，光芒蓬勃，長三丈。五月己卯，彗星見於北方，色白，癸未東行近八穀中星；六月癸卯近三公，己未不見。占曰：「色白者，太白所生也。」七年十二月丙寅，有長星於參下，其長亘天。長星，彗屬。參，唐星也。

元和十年三月，有長星於太微，尾至軒轅。十二年正月戊子，有彗星於畢。

長慶元年正月己未，有星孛於翼；丁卯，孛於太微西上將。六月，有彗星於昴，長一丈，凡十日不見。

大和二年七月甲辰，有彗星於右攝提南，長二尺。三年十月，客星見於水位。八年九月辛亥，有彗星於太微，長丈餘，西北行，越郎位，庚申不見。

開成二年二月丙午，有彗星於危，長七尺餘，西指南斗；戊申在危西南，芒耀愈盛；癸丑在虛；辛酉，長丈餘，西行稍南指；壬戌，在婺女，長二丈餘，廣三尺；癸亥，愈長且闊；三月甲子，在南斗；乙丑，長五丈，其末兩岐，一指氐，一掩房；丙寅，長六丈，無岐，北指在亢七度；丁卯，西北行，東指；己巳，長八丈

餘，在張；癸未，長三尺，在軒轅右不見。凡彗星晨出則西指，夕出則東指，乃常也，未有遍指四方，淩犯如此之甚者。甲申，客星出於東井下。戊子，客星別出於端門內，近屏星。四月丙午，東井下客星没。五月癸酉，端門內客星没。壬午，客星如孛，在南斗天籥旁。八月丁酉，有彗星於虛、危，虛、危爲玄枵。枵，耗名也。三年十月乙巳，有彗星於軫魁，長二丈餘，漸長，西指。十一月乙卯，有彗星於東方，在尾、箕，東西亘天；十二月壬辰不見。四年正月癸酉，有彗星於羽林。衛分也。閏月丙午，有彗星於卷舌西北；二月己卯不見。五年二月庚申，有彗星於營室、東壁間，二十日滅。十一月戊寅，有彗星於東方。燕分也。

會昌元年七月，有彗星於羽林、營室、東壁間也。十一月壬寅，有彗星於北落師門，在營室，入紫宫，十二月辛卯不見。并州分也。

大中六年三月，有彗星於觜、参。参，唐星也。十一年九月乙未，有彗星於房，長三尺。

咸通五年五月己亥，夜漏未盡一刻，有彗星出於東北，色黄白，長三尺，在婁。徐州分也。九年正月，有彗星於婁、胃。十年八月，有彗星於大陵，東北指。占爲外夷兵及水災。

乾符四年五月，有彗星。

光啓元年，有彗星於積水、積薪之間。二年五月丙戌，有星孛於尾、箕，歷北斗、攝提。占曰：「貴臣誅。」

大順二年四月庚辰，有彗星於三台，東行入太微，掃大角，天市，長十丈餘，五月甲戌不見。宦者陳匡知星，奏曰：「當有亂臣入宫。」三台，太一三階也；太微大角，帝廷也；天市，都市也。

景福元年五月，蚩尤旗見，初出有白彗，形如髮，長二尺許，經數日，乃從中天下，如匹布，至地如蛇。六月，孫儒攻楊行密於宣州，有黑雲如山，漸下，墜於儒營上，狀如破屋。占曰：「營頭星也。」十一月，有星孛於斗、牛。占曰：「越有自立者。」十二月丙子，天欃出於西南；己卯，化爲雲而没。二年三月，天久陰，至四月乙酉夜，雲稍開，有彗星於上台，長十餘丈，東行入太微，掃大角，入天市，經三旬有七日，益長，至二十餘丈，因雲陰不見。

乾寧元年正月，有星孛於鶉首。秦分也。又星隕於西南，有聲如雷。七月，妖星見，非彗非孛，不知其名，時人謂之妖星，或曰惡星。三年十月，有客星三，一大二小，在虛、危間，乍合乍離，相隨東行，狀如鬬，經三日而二小星没，其大星後没。虛、危，齊分也。

光化三年正月，客星出於中垣宦者旁，大如桃，光炎射宦者，宦者不見。

天復元年五月，有三赤星，各有鋒芒，在南方，既而西方、北方、東方亦如之，頃之，又各增一星，凡十六星；少時，先從北滅。占曰：「濛星也，見則諸侯兵相攻。」二年正月，客星如桃，在紫宫華蓋下，漸行至御女。丁卯，有流星起文昌，抵客星，客星不動；己巳，客星在杠，守之至明年猶不去。占曰：「將相出兵。」五月夕，有星當箕下，如炬火，炎炎上衝，人初以爲燒火也，高丈餘乃隕。占曰：「機星也，下有亂。」

天祐元年四月，有星狀如人，首赤身黑，在北斗下紫微中。占曰：「天衝也。天衝抱極泣帝前，血濁霧下天下寃。」後三日而黑風晦暝。二年四月庚子夕，西北隅有星類太白，上有光似彗，長三四丈，色如赭；辛丑夕，色如縞。或曰五車之水星也，一曰昭明星也。甲辰，有彗星於北河，貫文昌，長三丈餘，陵中台，下台；五月乙丑夜，自軒轅左角及天市西垣，光芒猛怒，其長亘天；丙寅雲陰，至辛未少霽，不見。兩河爲天闕，在東井間，而北河，中國所經也。文昌，天之六司。天市，都市也。

宋・薛居正等《舊五代史》卷四八《唐書二四》（後唐末帝清泰三年）冬十月丁巳夜，彗星出虛危，長尺餘。

宋・薛居正等《舊五代史》卷八〇《晉書六》（後晉高祖天福六年九月）壬午夜，有彗星出於西方，長二丈餘，在房一度，尾跡穿天市垣東行，踰月而滅。

宋・薛居正等《舊五代史》卷八二《晉書八》（後晉高祖天福八年十月庚戌，）是夕五更，有彗見於東方，在角，旬日而滅。

宋・薛居正等《舊五代史》卷一〇〇《漢書二》（後漢高祖天福十二年閏七月）丁丑，有彗出於張，旬日而滅。

宋・薛居正等《舊五代史》卷一三九《天文志》 梁太祖乾化二年，四月甲戌夜，彗見於靈臺之西。

唐明宗天成三年，十月庚午夜，西南有孛，長丈餘，東南指，在牛宿五度。

末帝清泰三年，九月己丑，彗出虛危，長尺餘，形細微，經天壘、哭星。

晉高祖天福六年，九月，有彗星長丈餘。八年，十月庚戌夜，有彗見於東方，西指，尾長一丈，在角九度。

周太祖顯德三年，正月壬戌夜，有星孛於參角，其芒指於東南。

宋·歐陽修《新五代史》卷三五《唐六臣傳》（唐哀帝元祐三年，）是歲四月，彗出西北，掃文昌、軒轅、天市。

宋·歐陽修《新五代史》卷五九《司天考二》（後梁太祖乾化二年四月）壬申，彗出於張；甲戌，彗出靈臺。

又（後唐莊宗天成三年）十月庚午，彗出西南。

又（後唐末帝清泰元年）冬十一月丁未，彗出虛、危，掃天壘及哭星。

又（後晉高祖天福六年九月）壬子，彗出於西，掃天市垣。

又（後晉高祖天福八年）十月庚戌，彗出東方。

又（周太祖顯德）三年正月壬戌，有星孛於參。

宋·李昉等《太平御覽》卷七《天部七》 郭子橫《洞冥記》曰，武帝嘗見彗星，東方朔折指星之木以授帝，帝以指彗，彗遂没。星出之夜，野獸皆鳴，或爲獸鳴星。

宋·丁謂《丁晉公談録》 真宗即位，晉公言真宗即位，有彗星見於東方。真宗恐懼，内愧涼德，何以紹太祖太宗之德業？是天禍也，不敢詢於掌天文者，唯俟命而已。忽有先生王得一入見，見聖容似有憂色，密詰於中貴。中貴述以聖上憂懼彗星之事，得一遂奏云：「此星主契丹兵動，十年方應。」至十年，果契丹兵寇澶淵，聖駕親征。

宋·司馬光《資治通鑑·後唐紀一》（後唐莊宗同光元年十月戊戌，）彗星見輿鬼，長丈餘，蜀司天監言國有大災。蜀主詔於玉局化設道場，右補闕張雲上疏，以爲：「百姓怨氣上徹於天，故彗星見。此乃亡國之徵，非祈禳可弭。」蜀主怒，流雲黎州，卒於道。

宋·陸游《南唐書·烈祖紀》（南唐烈祖昪元元年十一月丙午，）有星孛北方。

又（南唐烈祖昪元五年）八月，有星孛於天市，長數尺，七十日没。

宋·陸游《南唐書·元宗紀》（南唐元宗保大元年）十月庚戌，有星孛於東方。

又（南唐元宗保大五年）閏七月丁丑夜，有彗出東方，近濁，其尾跡近側掃少微及長垣，至八月壬辰乃没。

又（南唐元宗保大十四年二月）壬戌，有星孛於參，芒東南指。

宋·陸游《南唐書·後主紀》（南唐後主乙亥歲三月丁丑，）彗出五車，色白，長五尺，夏六月轉見西方，犯太微，六十日滅。

宋·鄭樵《通志》卷七四《災祥略》 彗星。《隋志》曰：「孛星，彗之屬也。偏指曰彗，芒氣四出曰孛。」彗星者，掃星也，有五色。春秋時，齊有彗星，齊君禳之，晏子曰，無益也。周貞定王二年，彗星見。顯王八年，彗星見於西方。赧王十年，彗星四見。十二年，彗星見。十九年，彗星見。秦始皇七年，彗星先見東方，見北方，五月見西方。九年，彗星見，或竟天。是歲，彗星復見西方，又見北方，從斗南八十日。十三年，彗見東方。漢孝景帝二年冬十二月，彗星出西南。中三年春三月丁酉，彗星見西北，色白，長丈，在觜觿，且去益小，十五日不見。孝元帝初元五年夏四月，彗星出西北，赤黄色，長八尺所，數日長丈餘，東北指，在參分。孝哀帝建平二年春二月，彗星出牽牛，七十餘日。後漢建武十五年春正月丁未，彗星見昴，炎長三丈，稍西北行，入營室，犯離宫，二月乙未至東壁，滅，四十九日。三十年閏月甲午，水在東井二十度，生白氣，東南指，炎長五尺，爲彗，東北行，至紫宫西藩止，五月甲子不見，凡見三十一日。孝明帝永平三年夏六月丁卯，彗星出天船北，長二尺所，稍北行，至亢南，見三十五日，去。十八年夏六月己未，彗星出張，長三尺，轉在郎將南，入太微。孝章帝建初元年秋八月庚寅，彗星出天市，長三尺所，稍行入牽牛三度，積四十日，稍滅。二年冬十二月戊寅，彗星出婁三度，長八九尺，稍入紫宫，百六日，稍滅。孝安帝永初三年冬十二月，彗星起天苑南，東北指，長六七尺，色蒼白。孝順帝永和六年春二月丁巳，彗星見東方，長六七尺，色青白，西南指營室及墳墓；丁丑，彗星在奎一度，長六尺；癸未，昏見西北，歷昴、畢，甲申，在東井，遂歷輿鬼、柳、七星、張，光炎及三台，至軒轅中滅。孝桓帝建和三年秋八月乙丑，彗星芒長五尺，見天市中，東南指，色黄白，九月戊辰，不見。孝靈帝光和元年秋八月，彗星出亢北，入天市中，長數尺，稍長至五六丈，赤色，經歷十餘宿，八十餘日，乃消於天苑中。三年冬，彗星出狼、弧，東行至於張，乃去。五年秋七月，彗星出三台下，東行入太微，至太子、幸臣，二十餘日而消。中平五年春二月，彗星出奎，逆行入紫宫，復三出，六十餘日乃消。孝獻帝初平四年冬十月，彗星出兩角間，東北行，入天市中而滅。魏明帝青龍四年冬十一月己亥，彗星見，犯宦者皇、天紀星。景初二年秋八月癸丑，彗星見張，長三尺，逆西行，四十一日乃滅。齊王正始元年冬十月乙酉，彗星見於西方，在尾，長二丈，拂牽牛，犯太白，十一月甲子，進犯羽林。六年秋八月戊午，彗星見七星，長二尺，色白，進至張，積二十三日，滅。七年冬十一

月癸亥，彗星見軫，長一尺，積百五十六日，滅。九年春三月，彗星見昴，長六尺，色青白，芒西南指。秋七月，又見翼，長二尺，進至軫，積四十二日，滅。嘉平四年春二月丁酉，彗星見於西方，在胃，長五六丈，色白，芒南指，貫參，積二十日，滅。五年冬十一月，彗星又見軫，長五丈，在太微左執法西，東南指，百九十日，滅。高貴鄉公正元二年春正月，彗星見於吳楚分，西北竟天。甘露二年冬十一月，彗星見角，色白。陳留王景元三年冬十一月壬寅，彗星見亢，色白，長五寸，轉北行，積四十五日，滅。咸熙二年夏五月，彗星見王良，長丈餘，色白，東南指，積十二日，滅。晉武帝泰始四年春正月丙戌，彗星見軫，青白色，西北行，又轉東行。孝惠帝永康元年冬十二月，彗星出牽牛西，指天市。二年夏四月，彗星見於齊分。太安元年夏四月，彗星晝見。二年春三月，彗星見於東方，指三台。成帝咸康二年春正月辛巳，彗星見西方，在奎。康帝建元元年冬十一月六日，彗星見亢，長七尺，白色。穆帝永和五年冬十一月乙卯，彗星見亢，芒西向，色白，長一丈。

六年春正月丁丑，彗星又見亢。升平二年夏五月丁亥，彗星出天船，在胃。孝武帝寧康二年春三月丙戌，彗星見氐。安帝義熙十一年夏五月甲申，彗星二，出天市，掃帝座，在房、心北。十四年秋七月癸亥，彗星出太微西，柄起上相星下，芒漸長，至十餘丈，進掃北斗、紫微、中台。宋文帝元嘉十九年秋九月丙辰，有客星在北斗，因爲彗，入文昌，貫五車，掃畢，拂天節，經天苑，季冬乃滅。二十六年，彗星見太微。二十八年夏四月己卯，彗星見昴。六月壬子，彗星見太微中，對帝座。齊和帝中興元年，彗星竟天。梁武帝大同五年冬十月辛丑，彗星出南斗，長一尺餘，東南指，漸長丈餘，至婁，滅。陳文帝天嘉元年秋九月癸丑，彗星見，長四尺，芒指西南。六年夏六月辛酉，彗星見上台，長丈餘。廢帝光大二年夏六月，彗星見。宣帝太建十二年冬十二月辛巳，彗星見西南。後魏道武帝天興四年春正月，彗星見於西方。孝文帝太和六年秋八月戊午，彗星見於七星，長二尺，色白，行至張，積四十餘日，滅。七年冬十月癸亥，彗星見軫，長一丈，六十日乃滅。九年春二月，彗星見昴，長一尺。秋七月，又見冀，長二尺，進至軫。正光元年九月辛亥，彗星出東方，長尺三寸。北齊武成帝河清四年春三月，彗星見。後主天統元年夏六月壬戌，彗星出文昌東北，其大如手，經紫微，後稍長至丈餘，百餘日，滅於虛，危。四年夏六月，彗星見於東井。後周武帝保定五年夏六月庚申，彗星出三台，入文昌，經紫宮，漸長丈餘，後百餘日，稍短，長二尺五寸，在虛、危滅。天和三年夏六月甲戌，彗星見東井，長一丈，上白下赤而銳，東行至鬼北八寸，乃滅。隋文帝開皇十四年十一月癸未，有彗星孛於虛、危，及奎、婁。煬帝大業三年春二月己丑，彗星見於東井、文昌，歷太陵、五車、北河，入太微，掃帝座前後，百餘日而止。四年秋九月戊寅，彗星出五車，掃文昌，至房而滅。大業十三年秋九月，有彗星見於營室。

孛星。偏指曰彗，芒氣四出曰孛。彗亦爲孛。孛者，非常惡氣之所生也，孛然爲粉絮。《春秋》，魯文公十四年，有星孛於北斗。昭公十七年冬，有星孛於大辰，西及漢。哀公十三年冬十一月，有星孛於東方。十四年冬，有星孛。漢高帝三年秋七月，有星孛於大角，旬餘乃入。孝文帝後七年秋九月，有星孛於西方，其本直尾、箕，末指虛、危，長丈餘，及天漢，十六日不見。孝景帝二年冬十二月，有星孛於西南。中二年夏四月，有星孛於西北。中三年秋九月，有星孛於西北。孝武帝建元三年春三月，有星孛於星、張，歷太微，干紫宮，至於天漢。是歲夏四月，有星孛於天紀，至織女。秋七月，有星孛於西北。四年秋九月，有星孛於東北。六年夏六月，有星孛於北方。秋八月，有星孛於東方，長竟天。元狩三年春，有星孛於東方。四年春，有星孛於東北。元封元年秋，有星孛於東井，又孛於三台。元封中，有星孛於河戍。太初中，有星孛於招摇。後元二年秋七月有星孛於東方。孝昭帝始元三年春二月，有星孛於西北。孝宣帝地節元年春正月，有星孛於西方，去太白二丈所。神爵元年夏六月，有星孛於東方。黄龍元年春三月，有星孛於王良閣道，入紫宮。孝元帝初元五年夏四月，有星孛於參。孝成帝建始元年春正月，有星孛於營室，青白色，長六七丈，廣尺餘。元延元年秋七月，有星孛於東井，踐五諸侯，出河戍北，率行軒轅、太微，後日六度有餘，晨出東方，十三日，夕見西方，犯次妃、長秋、斗、填，蠭炎再貫紫宮中，大火當後，達天河，除於妃后之域，南逝度，犯大角、攝提，至天市而按節徐行，炎入市，中旬而後西去，五十六日，與蒼龍俱伏。孝哀帝建平三年春三月，有星孛於河鼓。王莽地皇三年冬十一月，有星孛於張，東南行，五日，不見。後漢孝桓帝延熹四年夏五月，有星孛於心。孝獻帝建安五年冬十月辛亥，有星孛於大梁。九年冬十一月，有星孛於東井、輿鬼，入軒轅、太微。十一年春正月，有星孛於北斗，首在斗中，尾貫紫宮及北辰。十二年冬十月辛卯，有星孛於鶉尾。十七年冬十二月，有星孛於五諸侯。二十二年冬，有星孛於東北。二十三年春三月，孛星晨見東方，二十餘日，夕出西方，犯歷五車、東井、五諸侯、文昌、軒轅、后妃、太微，鋒炎指帝

座。魏文帝黃初六年冬十月乙未，有星孛於少微，歷軒轅。明帝太和六年冬十一月丙寅，有星孛於翼，近太微上將星。青龍四年冬十月甲申，有星孛於大辰，長三尺。乙酉，又孛於東方。齊王嘉平三年冬十一月癸亥，有星孛於營室，西行，積九十日，滅。晉武帝泰始五年秋九月，有星孛於紫宮。十年冬十二月，有星孛於軫。咸寧二年夏六月甲戌，有星孛於氐。秋七月，有星孛於大角。八月，有星孛於太微，至翼、北斗、三台。三年春正月，有星孛於西方。三月，有星孛於胃。夏四月，有星孛於女御。五月，又孛於東方。秋七月，有星孛於紫宮。五年春三月，有星孛於柳。夏四月，有星孛於女御。秋七月，有星孛於紫宮。太康二年秋八月，有星孛於張。冬十一月，有星孛於軒轅。四年春三月戊申，有星孛於西南。八年秋九月，有星孛於南斗，長數十丈，十餘日，滅。孝惠帝元康五年夏四月，有星孛於奎，至軒轅、太微，經三台、大陵。永興二年秋八月，有星孛於昴、畢。冬十月丁丑，有星孛於北斗。成帝咸和四年秋七月，有星孛於西北，犯斗，二十三日，滅。咸康六年春二月庚辰，有星孛於太微。哀帝興寧元年秋八月，有星孛於角、亢，入天市。孝武帝寧康二年春正月丁巳，有星孛於女、虛，經氐、亢、角、軫、翼、張。秋九月丁丑，有星孛於天市。太元十五年秋七月壬申，有星孛於北河，經太微、三台、文昌，入北斗，色白，長十餘丈，八月戊戌，入紫微，乃滅。安帝隆安四年春二月己丑，有星孛於奎，長三丈，上至閣道、紫宮西蕃，入北斗魁，至三台，三月，遂經於太微帝座端門。冬十二月戊寅，有星孛於貫索、天市、天津。義熙十四年夏五月庚子，有星孛於北斗魁中。恭帝元熙元年春正月戊戌，有星孛於太微西蕃。宋武帝永初三年春二月丙戌，有星孛於虛、危。是歲冬十一月戊子，有星孛於營室。少帝景平元年春正月乙卯，有星孛於東壁。冬十月己未，有星孛於氐。陳宣帝太建七年夏四月丙戌，有星孛於大角。北齊後主天統四年秋七月，有星孛於房、心，自如粉絮，大如斗，東行，八月入天市，漸長四丈，犯瓠瓜，歷虛、危，入室，犯離宮，九月入奎，至婁，滅。後周武帝建德三年夏四月乙卯，有星孛於紫宮垣外，大如拳，赤白色，指五帝座，東南行，稍長丈五尺，五月甲子，至上台北，滅。隋煬帝大業十一年夏六月，有星孛於文昌東南，長五六寸，色黑而銳，夜動搖，西北行，數日至文昌，去紫宮四寸，不入，却行而滅。十三年六月，有星孛於太微、五帝座，色黃赤，長三四尺，數日而滅。

天狗。《隋志》曰：「狀如大奔星，色黃，有聲，其止地類狗所墜，望之炎炎，如火光衝天，其上銳，其下圓，如數頃田處。或曰，星有毛，旁有短彗，下有狗形者。或曰，星出，其狀赤白有光，下即爲天狗。一曰，流星有光，見人面墜無音，若有足者，曰天狗。其色白，其中黃，如遺火狀。」漢孝文帝六年秋八月，天狗下梁壄。孝景帝三年秋七月，天狗下。孝哀帝建平元年春正月丁未，日出時，有著天白氣，廣如一匹布，長十餘丈，西南行，讙如雷，西南行一刻而止，名曰天狗。後漢獻帝初平四年夏六月辛丑，天狗西北行。晉穆帝升平四年冬十月庚戌，天狗見西南。孝武帝太元十三年閏月戊辰，天狗東北行，有聲。北齊孝昭帝皇建二年，天狗下晉陽。

枉矢。《説苑》曰：「枉矢，辰星盈縮之所生也。」又曰：「機星散爲枉矢。」又曰：「五星盈縮之所生也，弓弩之象也。」《巫咸》曰：「枉矢類大流星也，色蒼黑，蛇行，望之如有毛目，長數匹。」又曰：「黑彗分爲枉矢，枉矢者射是也。」秦二世二年，項羽救鉅鹿，枉矢西流。晉惠帝元康四年秋九月甲午，枉矢東北行，竟天。六年夏六月丙午，夜有枉矢自斗魁東南行。光熙元年夏五月，枉矢西南流。元帝太興三年夏四月壬辰，枉矢出虛、危，没翼、軫。穆帝升平二年冬十二月，枉矢自東南流於西北，其長半天。隋煬帝大業十二年秋九月戊午，有枉矢二，出北斗魁，委曲蛇形，注於南斗。

蚩尤旗。孟康曰：「熒惑之精也，流爲蚩尤旗。」晉灼曰：「《吕氏春秋》云，其色黄上白下。」夏氏曰：「望之無雲，獨見赤雲成者是也。」或曰：「形如箕，可長三丈，末有星。」漢武帝建元六年秋八月，長星出於東方，長亘天，三十日，去。占曰，爲蚩尤旗。後漢獻帝初平三年秋九月，蚩尤旗見，長十餘丈，色白，出角、亢之南。魏高貴鄉公正元元年冬十一月，白氣出南斗側，廣數丈，長亘天。王肅曰，蚩尤旗也。晉武帝咸寧四年夏四月，蚩尤旗見於

長星。漢孝文帝八年夏，有長星出於東方。孝武帝元狩四年夏，有長星出於西北。後漢孝明帝承平八年夏六月壬午，長星出於柳、張三十七度，犯軒轅，刺天船。陵太微，氣至上階，凡見五十六日，去。晉孝武帝太元二十一年，長星見。恭帝元熙二年夏四月，長星竟天。齊東昏侯永元三年春正月乙巳，長星見，亘天。梁武帝中大通五年春正月己酉，長星見。隋煬帝大業二年春正月，有長星竟天，出於東壁，二旬而止。

蓬星。漢孝景帝中三年夏六月壬戌，有蓬星見於西南，在房南，去房可二丈，如二斗器，色白；癸亥，在心東北，可長丈所；甲子，在尾北，可六丈，丁卯，

在箕北，近漢，稍小；去時大如桃，壬申去，凡十日。孝昭帝始元中，蓬星出於西方天市東門，行過河鼓，入營室中。

《宋會要・瑞異二》 太宗端拱元年六月二日，彗星見於井鬼，時下詔行謁廟之禮，即詔停罷，止御樓肆赦，不數日彗滅。二年七月司天監言：「六月十八日彗見積水西，光芒長五尺，行拂右攝提星，至今月十九日隱(大)〔伏〕西方，計見四十日。」太宗命撤樂，避正殿，進素食，分遣使臣往諸道平決刑獄，廣布恩宥，以荅天誡。至八月九日，司天監言：「肆赦之後，天氣澄廓，彗星不見。」郡臣稱賀。七月戊子，又出東井積水西，青白色，光芒漸長；辰見東北，旬日夕見西北，歷右攝提，凡三十日，至亢沒。

太宗至道二年四月，帝以梁雍之分兵難未寧，民多歉食，令中書門下召判司天監事苗守信問以天道咎證安在。守信奏曰：「臣仰瞻元象，及考驗太一經歷宮分，其荆、楚、吳、越、交、廣分野並無災咎。自來天文淩犯，彗星出見及四神太一臨照，並在井鬼秦分，所以雍及梁之地有災。其四神太一來年自益州却入幽州，京都之分見，是木星照臨，自此多吉祥之事，餘無所占。」真宗咸平元年正月十三日，彗出營室北，光芒尺餘。二月，對中書、樞密院於洪福殿。真宗曰：「朕臨御以來，未嘗逸豫，日謹一日，期於和平，而星見表異，何也？」宰臣呂端曰：「陛下纘承朞年，勤政求治，雖上穹謫見，非陛下政治有闕，實臣等不才，致傷和氣。然前代亦嘗有之，堯、湯水旱，非有失德。若垂象示人，則修人事可以禳之。今星出，分野當齊魯間，恐其地有災。」帝曰：「朕所憂天下生靈，非獨一二。」十三日，以星變詔有司直言，自今月五日不御正殿，尚食所供常膳一宜減省。自是止於崇政殿視事，親慮京城繫囚，並減一等，情理輕可並遣之。召近臣對崇政殿西北廊，至午後六刻罷。呂端等再上表求罷。又詔諸路繫囚並與申理，杖已下釋之。二十六日，彗星滅，輔臣請御正殿，復常膳，從之。真宗咸平元年正月甲申，彗出營室北，光芒尺餘，至丁酉凡十四日滅。甲寅，有彗孛於井鬼，大如杯，色青白，光芒至四尺餘。歷五諸侯及五車入參，凡三十日沒。占有燕兵。明年冬，契丹入寇。

天禧二年六月二十日，有彗出北斗魁北，行經天。二十七日，詣玉清昭應宮開寶寺舍利塔焚香。先一日，風雨霧翳。及亘，晴霽。是夕彗始滅，凡三十七日，宰臣奉表稱賀。三年六月辛亥，彗出北斗魁第二星東北，辰三尺許，與北斗第一星齊，北行經天牢，拂文昌，長三丈餘，歷紫微、三台、軒轅，速行而西，至七星，凡三十七日沒。仁宗景祐元年八月壬戌夜，有星孛於張翼，長七尺，闊五寸，十二日而沒。十二月己未夜，有星出外屏，有芒氣。皇祐元年二月丁卯，彗出虛，晨見東方，西南指，歷紫微至婁，凡一百一十四日而沒。占曰：有兵喪。嘉祐元年七月，彗出紫微，歷七星，其色白，長丈餘，至八月癸亥滅。

英宗治平三年三月三日，司天監言：「彗星晨見於東方，在營室。」自是日見，然天多陰雲不辨。至十六日，又見。詔避正殿，減常膳。二十七日夕，見於西方，疾行至張，遂止不行。四月六日後，頓然行緩，避於列曜，將漸隱伏。宰臣文武百官請御正殿，復常膳，凡三表。詔曰：「朕惟前載三辰之眚，太上修德，其次修政。間者星氣之變，曉昏遞見，畏天明威，深省厥咎，飭身正事，以自抑損。公卿列辟過爲不遑，奏讀再三，請御常禮。顧惟誠恪，復所重違。尚期日新，共茲勵勉，庶格太和之應，用敷福於下民。所請宜允。」神宗熙寧八年十月乙未，星出軫度中，如填，青白。丙申，西北生光芒，長三尺，斜指軫，若彗。

徽宗大觀四年五月丁未，彗出奎婁，光芒長六尺，北行入紫垣，至西北入濁不見。占主水旱、穀傷、兵飢，人主惡之。十八日，詔：「朕以寡昧，獲奉宗廟，顧德弗類，不足以仰當天心。今彗出東方，茲爲大異，永思厥咎，朕甚懼焉。自五月十八日避正殿，損常膳，許在京任職侍從官直言朝政闕失。朕虛心以改，庶獲休嘉之應。二十日，大赦天下。是日，又詔：「太史言彗出奎婁間，行度頗速，朕甚懼焉。雖夙夜震恐，側身祇畏，慮未足仰荅天戒。賴近弼輔臣精意思索，應可以惠澤養民、忠厚利物、嘉謨寬政及合行事，件並條析以聞，庶翕輯善祥，消伏災沴，遵蹈格王正厥事之意。」二十四日，羣臣上表曰：「天垂警戒，扶持實愛於人君；帝極寅恭，感格遂昭於乾象。宜內寬於抑畏，用俯則於彝儀。輒布輿情，冒塵淵聽。竊以妖不勝德，天惟棐憂。穀祥昭太戊之興，升雉著高宗之美。仰惟近證，遠邁前聞。恭惟皇帝陛下，剛健日新，聰明時憲。纂睿謀而善繼，躬旰食以克勤。畏天之畏，順帝之則。雖星躔之暫歷在皇度以何虧。然且溫詔丁寧，慮政刑之或失，渙恩霶霈，條罪眚以惟新。生靈共戴於寬仁，垂象遽銷於妖祲。尚抑內饔之饌，未親正寧之朝。凡屬照臨，靡遑啓處。伏願上承眷佑，下徇懇祈。鳴清蹕以事法宮，供大庖而昭盛禮。千官拱極，俾瞻萬壽之清光；多品在庭，復奉九州之備味。豈特副華夷之望，蓋將安宗社之靈。」詔荅不允。自是至六月三日，四上表，乃從之。政和元年七月六日，司天監言：「有彗星出紫微垣，歷七星，其色白，長丈餘，自是至八月十四日夜滅。」宣和五年正月五日，彗出西

方，由奎貫婁、胃、昴、畢。十二日，詔曰：「朕以寡昧，奉承大烈，夙夜祇惕，靡敢康寧，冀以仰當天心，感格和氣。乃孟春之夕，星文變見，推原載籍，兹謂大異。豈朕德弗類，政刑罔中，皇天動威，以示譴告？永惟厥咎，朕甚懼焉。已避正殿，損常膳。中外臣僚等並許直言朝政闕失，朕將親覽，虚心以改，庶先格王正厥事，以銷乾象之變。」十四日，大赦天下。至二十五日彗没，羣臣上表請御正殿，復常膳，批荅不允。自是三上表，乃從之。

高宗紹興二年八月二十九日，上謂輔臣曰：「二十六日太史言，是夜四更彗出，位宿度内，如火木星，卿等見否？夜來初更，奏又犯土司空星。朕側身省懼，欲避正朝，又只一殿。已減膳食素，用謹天戒。卿等深思政事闕失，更初修舉。」吕頤浩、權邦彦再三請罪：皆臣等失職，致虧於理。陛下克自抑畏，宜便消伏。然所次分野甚速。上曰：「今不論所次齊魯燕趙之分，天象示譴，朕敢不畏天之威耶？」至九月十七日，彗星消。十五年四月三日，夜有星見東北方，如彗。翌日，上宣諭輔臣曰：「彗星見，朕甚懼焉。卿等可圖所以消弭之道。」秦檜因奏：「太宗、真宗朝嘗緣彗星，踈決獄囚等事。」上曰：「可。」且降詔以四事爲主，避殿減膳，寬民力，卹滯獄，庶幾應天，以實不以文也。至是月十八日消伏。十六年十二月三日，是夜彗見西南方。於是上避正殿，減常膳。至是月九日夜消伏。翌日，宰執率百僚上表，請御正殿，詔不允。自是三上表，從之。二十六年七月八日，彗出井宿内。翌日，上謂輔臣曰：「夜來太史奏彗出井宿間，朕當避殿損膳，以荅天戒。深慮朝政尚多闕失，或民情疾苦無由上達，可降詔述此意，許士庶實封陳言，務盡應天之實。」十一日，沈該等言：「星象變異，臣等便合引咎待罪。以兩日星象不見，所以未敢遽勤聖聽，若更未銷伏，不免上章引去，以避賢路。」上曰：「天象亦有數，卿等不須如此。朕與卿等思所以應天實德，以銷天變可也。」又曰：「若據所臨分野，當在秦晉間。然朕以天下爲憂，豈當問遠近耶？」至是月十七日消伏。於是宰臣率百僚上表，請御殿，不允。自後凡三上表，乃從之。

又 孝宗淳熙二年七月二十三日夜，孛星見於西方。二十七日夜消伏。理宗紹定三年十一月丁酉，有星孛於天市垣屠市四星之下。明年二月壬午乃消。

又 宋真宗大中祥符七年正月二十二日夜，有星出東方，光芒二尺餘。司天言：含譽星也，喜則光射。帝作歌，近臣屬和。九月丙戌又見，似彗有尾，而不長。明道二年二月戊戌，含譽星見東北方，其色黄白，光芒長二尺許。

宋・魏了翁《古今考》卷一七 有星孛於大角

三年秋七月，有星孛於大角，按《春秋》文公十四年秋七月，有星孛入於北斗。《公羊傳》曰：《左傳》杜預注：孛，彗也。既見而後入北斗，非常所有，故書之。《左傳》周内史服曰：不出七年，宋、齊、晉之君皆將死亂。杜預注：後三年，宋弑昭公；五年，齊弑懿公；七年，晉弑靈公。史服但言事徵而不論其占，固非末學所得詳言。《公羊傳》曰：孛者何？彗星也。其言入於北斗何？北斗中有也。何以書？紀異也。《穀梁傳》：孛之爲言猶茀也。其曰入北斗，斗有環域也。高郵孫氏曰：星孛之異，經書之者三，而皆曰有。夫有者，不宜有之辭。且不知其所孛者何星，闕所不知也。昭公十七年冬，有星孛於大辰。哀公十三年冬十一月，有星孛於東方，明年春秋事終。《春秋》彗星三見，皆書爲孛，後世彗孛異書。《景祐新書》：孛星，芒氣四出爲孛，非常惡氣所生，亦彗也。《春秋》書者三，彗星偏指曰彗，亦曰掃星，除舊布新之象。秦始皇十四年間，彗四見。回初識星象後，已未年三十三歲避地江陵府。魏静齋先生之姊夫劉朔齋先生，諱震孫，字長翁，爲賈似道宣撫司參議官時，鄂州解圍，令回稾撰賀啓，因言及天文。朔齋謂天文之書，惟《景祐新書》最佳。後爲沿江制司幹官書，行兵房事，房吏嘗爲陳子華韓制使書表司傳寫得之，予亦録得其本。用此及史、漢、晉、隋《天文志》作歷象攷是也。今攷之大角一星在攝提中，亢池北入亢二度，赤道内二十六度，天王座也，又爲天棟，爲紀綱也。漢高帝三年七月有星孛於大角，又攷星圖角亢氐房心尾箕，角二星十三度，亢四星九度，氐四星十六度，房四星五度，心三星六度，尾九星十九度，箕四星十度，東方蒼龍之七宿也。古之觀星者以赤道界於渾天儀之中，角七宿亢氐房心尾箕皆在赤道外，亢四星九度在赤道内外之中，而大角在赤道内有玄戈一星，招摇一星，分亢氐間梗河三星，帝席三星在帝席之旁，此一星曰大角，在亢池六星之北，右攝提、左攝提。各三星與亢池而並亢之四星跨赤道，而二星在北，二星在南，是爲天之壽星，其次在辰，其分野在鄭。楚漢方大戰，滎陽、成皋、京索間正是鄭之分野。有德者昌，無德者亡，項羽之爲漢所滅，其兆固先見於此矣。

附論秦始皇彗星

秦始皇帝七年彗星見出東方、北方，五月見西方，彗星復見西方六十日。九年彗星見，或竟天，四月寒凍有死者，彗星見西方，又見北方，從斗以南八十日。

十三年正月彗星見東方。此所謂秦始皇十四年間彗星四見者也，其間一歲再見者三，其三十三年明星出西方。徐廣曰：「皇甫謐云，彗星見三十六年，熒惑守心，有墜星下東郡，至地爲石。明年七月始皇崩，天下大亂。始云所以除舊布新者，滅六國也，終於自滅，則除舊布新之尤甚者也。此馬遷所書也。書彗不書孛，遷於《秦紀》惠公元年，書孔子行魯相事，又八公爲孝公子惠文王武王，昭襄王五十二年周初亡，昭襄王在位五十六年，又歷孝文王、莊襄王而始皇立，凡八公五王，彗孛非無有也，史缺書耳。班固《五行志》論孛自春秋孛北斗始，凡三孛。董仲舒、劉向、申繻、梓慎、劉歆及諸家星傳災異之應，此不具書。哀公十四年冬有星孛，在獲麟後，劉歆以爲不言所在，官失之也。

附論漢武帝彗星

秦皇之後，兵爭莫若劉項，用兵不輟莫若武帝。漢高帝一孛之後，漢文帝後七年九月有星孛於西方，劉向以爲七國誅滅之兆，遂至武帝，其即位之建元三年秋七月，有星孛於西北，四年秋九月有星孛於東北，此二孛班固《五行志》缺。六年秋八月有星孛於東方，長竟天，紀之所書也，而《五行志》乃書曰：建元六年六月，有星孛於北方。紀無此一孛。下文曰八月長星出於東方，長終天，三十日去。占曰是爲蚩尤旗，見則王者征伐四方。其後兵誅四夷，連數十年。或曰戾太子之生年也。武帝即位六年而四見彗孛。中一名長星，蚩尤旗。《五行志》論徵應不必書。元光元年，即位之七年，策賢良，有曰：周之成康，星辰不孛，日月不食。然則唐虞三代太平之世，其必果如此否？元狩四年，在位之二十二年，春有星孛於東北，夏有長星出於西北。《五行志》不書孛，但曰長星又出西北。是時征伐尤甚。元封元年，在位之三十一年，秋有星孛於西北，又孛於三台。《五行志》書爲五月，史之異同始此。謂其後江充作亂，京師紛然，此明東井三台爲秦地效也。此皆不可拘泥，人主當聞變而修己，不可如武帝之嗜兵用刑也。乃後宣帝地節元年正月有星孛於西方，去太白二丈所也。劉向以爲太白爲大將，彗孛加之，掃滅象也，爲霍光死家夷滅之兆。成帝建始元年正月有星孛於營室，青白光，長六七丈，廣尺餘。劉向、谷永以爲后宮許皇后廢，趙姊妹害皇子無嗣卒，皆伏辜之兆。又元延元年七月辛未有星孛於東井，踐五諸侯，出河戒北，率行軒轅、太微，後日六度有餘，晨出東方，後十三日見西方云云，五十六日與蒼龍俱伏。谷永曰：上古以來，大亂之極所希有也，內爲后宮女妾之害，外爲諸侯叛逆之禍。劉向曰：三代之亡，攝提易方；秦項之滅，星孛大角。秦滅久矣，前人作文不務太密。志以爲趙昭儀害兩皇子，哀帝無嗣，王莽篡國之兆。蓋西漢十二帝，一武帝之身爲彗孛長星者八，其餘有高之一，文之一，宣之一，成之二，凡五。而元延之孛，西漢遂絶云，吁可畏哉。東漢以下未論。

附論景定甲子七月彗

回忝科第之三年，景定五年甲子，以隨州州學教授兼湖北安撫大使司簽廳寓居鄂州州治之宅堂西偏。七月不記日，夜四鼓聞天西有聲，如大火砲之震，起登城上煙波亭視之，有星如箒，長丈六七尺。鄂州與漢陽軍對，州在東岸，軍在西岸，星正臨漢陽稍北，而尾掃江之順流，光燄燄然，是謂彗出柳，在午，爲周之分野，然尾之所掃對宮則子也，爲吴之分野。至十一月不滅，而白氣亘天。理廟是時欲罷丞相賈似道不果，而十一月崩，或以爲應在此也。咸淳乙丑改元，權臣得志，迄至亡國。甲戌年秋，度廟奄忽。冬十二月，溶子口失守，鄂州先降，荆閫沿江副閫次之。乙亥改元德祐，丙子正月十九日宋祚終焉。吁可畏哉。

元・馬端臨《文獻通考》卷二八六《象緯考九》 宋太祖皇帝開寶八年六月甲子，彗出柳，長四丈，晨見東方，西南指，歷輿鬼至東壁，凡十一舍，八十三日而滅。是歲平江南。

太宗端拱二年六月戊子，有彗出東井、積水西，青白色，光芒漸長，晨見東北，旬日：夕見西北，歷右攝提，凡三十日，至亢没。

真宗咸平元年正月甲申，有彗出營室北，光芒尺餘，至丁酉，凡十四日滅。六年十一月辛亥，旄頭犯輿鬼。占與彗同。甲寅，有星孛於井、鬼，大如杯，色青白，光芒四尺餘，犯五諸侯，歷五車，入參，凡三十餘日没。占：「有燕兵。」明年冬，契丹入寇。天禧二年六月辛亥，彗出北斗魁第二星東北，長三尺許，與北斗第一星齊，北行經天牢，拂文昌，長三丈餘，歷紫微、三台、軒轅，遠行而西，至七星，凡三十七日没。

仁宗明道二年二月戊戌，東北方有含譽星見，其色黄白，有光芒長二尺許。其後章獻明肅太后崩，或以爲彗。景祐二年八月壬戌夜，有星孛於張、翼，長七尺，閼五寸，十二日而没。十二月己未夜，有星出外屏，有芒氣。皇祐元年二月丁卯，彗出虚，晨見東方，西南指，歷紫微至婁，凡一百一十四日而没。占曰：「有兵喪。」嘉祐元年七月，彗出紫微，歷七星，其色白，長丈餘，至八月癸亥滅。

英宗治平三年三月己未，彗出營室，晨見東方，長七尺許，西南指危，泊墳墓，漸東遠行，近日而伏；至辛巳，夕見西北，有星無芒，彗益東行，別有白氣一，闊三尺許，貫紫微極星，並房宿，首尾入濁；益東行，歷文昌、北斗，貫尾；至壬午，星復有芒，彗長丈餘，闊三尺餘，東北指，歷五車，白氣爲歧，橫天，貫北河、五諸侯，軒轅、太微，五帝座，內五諸侯，及角、亢、氐、房宿；癸未，彗長丈五尺，有星孛氣，如一升器，歷營室至張，凡一十四舍，積六十七日，星氣孛皆滅。占曰：「白氣，長星也；孛氣，孛也；光如箒者，彗也。爲兵喪、水旱、饑疫之災。」

神宗熙寧八年十月乙未，星出東南軫度中，如填，青白；丙申，西北生光芒，長三尺，斜指軫，若彗；丁酉，光芒長五尺；戊戌，長七尺，斜指左轄，至丁未入濁不見。主兵喪。元豐三年七月癸未，彗出西北太微垣郎位南，白氣長一丈，斜指東南，在軫度中；丙戌，向西北方行，在翼度中；戊子，長三尺，斜穿郎位；癸卯，犯軒轅，至丁酉入濁不見；庚子晨，復出於張度中，至戊午，凡三十有六日，没不見。主除舊布新，兵喪，火災；又主京城有兵變。

哲宗紹聖四年八月己酉，彗出氐度中，如填，有光，色白，氣長三尺，斜指天市垣中星；九月壬子，光芒長五尺，入天市垣；己未，犯天市宦者，主侍臣有憂；庚申，犯天市垣帝座；戊辰，没不見。主兵喪大水及赦；又主五穀大貴，侍臣有憂；又主人民亂，大臣憂。

徽宗崇寧五年正月戊戌，彗出西方，如杯口大，光芒散出如碎星，長六丈，闊三尺，斜指東北，自奎宿貫婁、胃、昴、畢，後入濁不見。主兵喪大饑，西北宜備之。大觀四年五月丁未，彗出奎、婁，光芒長六尺，北行入紫微垣，至西北入濁不見。主水旱、穀傷、兵饑，人主惡之。

欽宗不靖康元年六月壬戌，彗出紫微垣。主天下兵變，破軍亡國。閏十一月，彗竟天，時金人入寇，京城失守。

高宗紹興元年九月，僞齊長星見。於是劉豫謀明年遷。十二月戊寅，彗星見。二年八月甲寅，彗見胃。占：「彗大則除舊布新，兵饑、疫癘、水旱交興。」至九月甲戌乃没。次年金虜陷金州，入興元。十五年四月戊寅，彗出東方宿度內，五十餘日乃没。占爲「兵饑，臣下失忠務私，彗掃除之。」丙申，復出參度，旬有五日乃伏。是歲蒙國始建號改元。五月丁巳，彗星因爲客星，其色青白。占喪。十六年十二月戊戌，彗出西南危宿。十七年正月乙亥，彗出東北方女宿，二月二日乃伏。二十二年七月丙午，彗見東北方井宿內；丁未，其星如木星，光芒長二尺。占：「天所以去無道，建有德，彗出有叛者，兵起，大水，晉邦尤甚。」彗晨見東方，又爲君臣争明。癸丑夜，彗星犯五諸侯。占：「大臣憂，執法之臣凶。」

孝宗淳熙二年七月辛丑夜，泛出一小星，在紫微垣外七公星之上，小如火星，參然蓬勃，體氣蒼白，是爲孛星。占：「孛星惡氣所生，爲亂兵，孛德。」又云：「參然孛焉，兵之類也。無內亂則水兵，天下合謀，闇蔽不明，有所傷害，災甚於彗。」

寧宗嘉定十五年八月甲午，彗星出右攝提，光芒約三丈以上，其體小如木星，凡兩月，行歷氐、房、心乃没。占：「彗，本類星，末類彗，大則除舊布新，天所以去無道而建有德。彗出，有叛者，兵起其國。彗星昏見，其國受兵。」於是其應金主殂。九月壬戌，彗星消伏。

元・脱脱等《宋史》卷三《太祖紀三》 宋太祖開寶八年六月甲子，彗出柳，長四丈，辰見東方。

元・脱脱等《宋史》卷五《太宗紀二》 宋太宗端拱二年七月戊子，有彗出東井，上避正殿，減常膳。【略】八月丙辰，大赦，是夕彗不見。

元・脱脱等《宋史》卷六《真宗紀一》 宋真宗咸平元年正月甲申，彗出營室北。

元・脱脱等《宋史》卷七《真宗紀二》 宋真宗咸平六年十一月甲寅，有星孛於井、鬼。

又 辛丑，有星孛於紫微。

元・脱脱等《宋史》卷八《真宗紀三》 宋真宗天禧二年六月辛亥，彗出北斗魁。【略】秋七月丁亥，彗没。

又 宋真宗天禧五年夏四月丙辰，客星出軒轅。

元・脱脱等《宋史》卷一〇《仁宗紀二》 宋仁宗明道二年二月戊戌，含譽星見東北方。

又 宋仁宗景祐元年八月壬戌，有星孛於張、翼。

元・脱脱等《宋史》卷一二《仁宗紀四》 宋仁宗嘉祐元年七月，是月，彗出紫微垣，長丈餘。【略】八月癸亥，是夕彗滅。

元・脱脱等《宋史》卷一三《英宗紀》 宋英宗治平三年三月庚申，彗星晨見於室。辛酉，黜諫官傅堯俞、御史趙鼎趙瞻。戊辰，上親録囚。庚午，以彗避正

殿，減膳。辛未，以黜吕誨等詔内外。癸酉，以災異責躬，詔轉運使察獄訟、調役利病大者以聞。辛巳，彗晨見於昴，如太白，長丈有五尺。壬午，孛於畢，如月。

元・脱脱等《宋史》卷一五《神宗紀二》 宋神宗熙寧八年十月乙未，彗出軫。己亥，詔以災異數見，不御前殿，減常膳，求直言。壬寅，赦天下。罷手實法。丁未，彗不見。丙辰，御殿復膳。

又 宋神宗元豐三年七月癸未，彗出太微垣。丙戌，避殿減膳，詔求直言。【略】八月戊午，彗不見。

元・脱脱等《宋史》卷一八《哲宗紀二》 宋哲宗紹宗四年八月己酉，彗出西方。

九月壬子，以星變避殿減膳，罷秋宴，詔公卿悉心修政，以輔不逮，求中外直言。乙卯，赦天下，出元豐庫緡錢四百萬付陝西廣糴，詔歸明人未給田者舍以官屋。戊辰，彗滅。癸酉，謁中太一宫爲民祈福。丙子，御殿復膳。命宗景爲開府儀同三司。己卯，封婉儀劉氏爲賢妃。

元・脱脱等《宋史》卷二〇《徽宗紀二》 宋徽宗崇寧五年春正月戊戌，彗出西方，其長竟天。三月丙申，詔星變已消，罷求直言。

又 宋徽宗大觀四年五月丁未，彗出奎、婁。【略】丙辰，詔以彗見避殿減膳，令侍從官直言指陳闕失。

元・脱脱等《宋史》卷二三《欽宗紀》 宋欽宗靖康元年六月壬戌，彗出紫微垣。【略】庚子，詔以彗星避殿減膳，令從臣具民間疾苦以聞。

又 宋欽宗靖康元年閏月戊午，何㮚入言，金人邀上皇出郊。帝曰：「上皇驚憂而疾，必欲之出，朕當親往。」自乙卯雪不止，是日霽。夜有白氣出太微，彗星見。

元・脱脱等《宋史》卷二六《高宗紀三》 宋高宗紹興元年九月，長星見。【略】十二月戊寅，以彗出，求直言。

元・脱脱等《宋史》卷二七《高宗紀四》 宋高宗紹興二年八月甲寅，彗出胃。乙卯，減膳，戒輔臣修闕政，罷修建康行宫。【略】辛酉，以彗出大赦，許中外臣民直言時政，陝西叛將許令自新。甲戌，彗没。

元・脱脱等《宋史》卷二九《高宗紀六》 宋高宗紹興八年七月辛亥，彗出東方。【略】丁丑，彗滅。

元・脱脱等《宋史》卷三〇《高宗紀七》 宋高宗紹興十五年四月戊寅，彗星出東方。癸未，避殿減膳，命監司、郡守條上便民事宜，提刑巡行決獄。賜禮部進士劉章以下三百人及第、出身。丁亥，以彗出大赦。癸巳，彗没。

又 宋高宗紹興十六年十二月戊戌，彗見西南方，乙巳，滅。

元・脱脱等《宋史》卷三一《高宗紀八》 宋高宗紹興二十六年七月丁未，彗出井，避殿減膳。【略】丙辰，彗滅。

元・脱脱等《宋史》卷三二《高宗紀九》 宋高宗紹興三十一年六月庚申，彗出角。

元・脱脱等《宋史》卷四〇《寧宗紀四》 宋寧宗嘉定十四年三月庚寅，長星見。

又 宋寧宗嘉定十五年八月甲午，有彗星出於氐。【略】九月壬戌，彗星没。

元・脱脱等《宋史》卷四一《理宗紀一》 宋理宗紹定五年九月庚戌，彗星出於角。【略】冬十月戊子，以星變大赦。

元・脱脱等《宋史》卷四二《理宗紀二》 宋理宗嘉熙四年春正月辛未，彗星出營室。庚辰，以星變下詔罪己。【略】甲午，彗星犯王良第二星。三月辛未，【略】彗星消伏。

元・脱脱等《宋史》卷四五《理宗紀五》 宋理宗景定五年秋七月甲戌，彗星出柳。丁丑，詔避殿減膳，應中外臣僚許直言朝政闕失。【略】己卯，【略】彗星退於鬼。辛巳，彗星退於井。【略】臺臣言太子賓客楊棟指彗爲蚩尤旗，欺天罔君，詔棟罷職予祠。戊戌，彗星退於參。【略】八月戊午，彗星消伏。甲子，彗星復見於參。辛未，彗星化爲霞氣。

元・脱脱等《宋史》卷五六《天文志九》 明道二年二月戊戌，含譽星見東北方，其色黄白，光芒長二尺許。

又 開寶八年六月甲子，出柳，長四丈，辰見東方，西南指，歷輿鬼至東壁，凡十一舍，八十三日而滅。

端拱二年七月戊子，又出東井積水西，青白色，光芒漸長，辰見東北，旬日夕見西北，歷右攝提，凡三十日至亢没。

咸平元年正月甲申，又出營室北，光芒尺餘，至丁酉，凡十四日滅。六年十一月辛亥，旄頭犯輿鬼。甲寅，有彗孛於井、鬼，大如杯，色青白，光芒四尺餘，歷五諸侯及五車入參，凡三十餘日没。

天禧二年六月辛亥，彗出北斗魁第二星東北，長三尺許，與北斗第一星齊，

北行經天牢，拂文昌，長三丈餘，歷紫微、三臺、軒轅速行而西，至七星，凡三十七日没。

景祐元年八月壬戌夜，有星孛於張、翼，長七尺，闊五寸，十二日而没。十二月己未夜，有星出外屏，有芒氣。

皇祐元年二月丁卯，彗出虚，晨見東方，西南指，歷紫微至婁，凡一百一十四日而没。

嘉祐元年七月，彗出紫微，歷七星，其色白，長丈餘，至八月癸亥滅。

治平三年三月己未，彗出營室，晨見東方，是七尺許，西南指危洎墳墓，漸東速行近日而伏；至辛巳，夕見西南，北有星無芒彗，益東方，別有白氣一，闊三尺許，貫紫微極星並房宿，首尾入濁，益東行，歷文昌、北斗貫尾；至壬午，星復有芒彗，長丈餘，闊三尺餘，東北指，歷五車，白氣爲歧横天，貫北河、五諸侯、軒轅、太微五帝坐内五諸侯及角、亢、氐、房宿；癸未，彗長丈五尺，星有彗氣如一升器，歷營宿至張，凡一十四舍，積六十七日，星氣孛皆滅。

熙寧八年十月乙未，星出軫度中，如填，青白，丙申，西北生光芒，長三尺，斜指軫，若彗，丁酉，光芒長五尺，戊戌，長七尺，斜指左轄，至丁未入濁不見。

元豐三年七月癸未，彗出西北太微垣郎位南，白氣長一丈，斜指東南，在軫度中，丙戌，向西北行，在翼度中，戊子，長三尺，斜穿郎位，癸卯，犯軒轅，至丁酉入濁不見，庚子晨，復出於張度中，至戊子，凡三十有六日，没不見。

紹聖四年八月己酉，彗出氐度中，如填，有光，色白，氣長三丈，斜指天市左星，九月壬子，光芒是五尺，入天市垣，己未，犯天市垣宦者，庚申，犯天市垣帝坐，戊辰，没不見。

崇寧五年正月戊戌，彗出西方，如杯口大，光芒散出如碎星，長六丈，闊三尺，斜指東北，自奎宿貫婁、胃、昴、畢，後入濁不見。

大觀四年五月丁未，彗出奎、婁，光芒長六尺，北行入紫微垣，至西北入濁不見。

靖康元年六月壬戌，彗出紫微垣。

紹興元年九月，彗星見。十二月戊寅，二年八月甲寅，見於胃，丙辰，行犯土司空，至九月甲戌始滅。十五年四月戊寅，彗星見東方，丙申，復見於參度，五月丁巳，化爲客星，其色青白。壬戌，留守張，至六月丁亥乃消。十六年十一月庚寅，彗星見西南危宿。二十六年七月丙午，彗星見東井，約長一丈，光芒二尺，癸丑，又犯五諸侯。三十一年六月己巳，彗星見北斗天權星東北，太史妄稱爲含譽。

淳熙二年七月辛丑，有星孛於西北方，當紫微垣外七公之上，小如熒惑，森然蓬孛，至丙午始消。

嘉定十五年八月甲午，彗星見右攝提，光芒三尺餘，體類歲星，凡兩月，歷氐、房、心乃没。

紹定三年十一月丁酉，有星孛於天市垣屠肆星之下，明年二月壬午乃消。五年閏九月，彗星見東方，十月己未始消。

嘉熙四年正月辛未，彗星見於室，至三月辛來乃消。

景定五年七月甲戌，彗星見於柳，芒角燭天，長十餘丈，日高方斂，凡月餘，己卯，退行見於輿鬼，辛巳，在井，丙申，見於參，戊戌，在參宿度内，八月末，光芒稍減，凡四月乃滅。

建隆二年十二月己酉，出天市垣宗人星東，微有芒彗，三年正月辛未，西南行入氐宿，二月癸丑至七星没。

太平興國八年二月甲辰，出太微垣端門東，近屏星北行。

端拱二年七月丁亥，出北河星西北，稍暗，微有芒彗，指西南。

淳化元年正月辛巳，出軫宿，逆至張，七十日，經四十度乃不見。

景德二年八月甲辰，出紫微天棓側，孛孛然如粉絮，稱入垣内，歷御女、華蓋，凡十一日没。三年三月乙巳，出東南方。

大中祥符四年正月丁丑，見南斗魁前。

天禧五年四月丙辰，出軒轅前星西北，大如桃，速行，經軒轅大星入太微垣，掩右執法，犯次將，歷屏星西北，凡七十五日入濁没。

明道元年六月乙巳，出東北方，近濁，有芒彗，至丁巳，凡十三日没。

又 至和元年五月己丑，出天關東南，可數寸，歲餘稍没。

熙寧二年六月丙辰，出箕度中，至七月丁卯；犯箕乃散。三年十一月丁未，出天囷。

元祐六年十一月辛亥，出參度中，犯掩廁星，壬子，犯九斿星，十二月癸酉入奎，至七年三月辛亥乃散。

元・脱脱等《宋史》卷五七《天文志十》 宋真宗天禧五年四月丙辰，有星出軒轅前星，大如桃，狀若粉絮，犯次將，入太微垣，歷屏星，凡七十五日，入濁没。

元・脱脱等《宋史》卷六〇《天文志十三》 景祐元年八月壬戌，青黄白氣如彗，長七尺餘，出張、翼之上，凡三十三日不見。【略】慶曆元年八月庚辰夜，東方有白氣，長十尺許，在星宿度中，至十日，長丈餘，衝天相，居星宿大星南九十餘日没。

又 紹興十七年正月乙亥，妖星出東北方女宿内，小如歲星，光芒長五丈，二月丙寅始消。

淳熙十三年九月辛亥，星出，大如太白，色先赤後黄白，尾跡約三尺，委曲如蛇行，類枉矢。十四年五月，有星出濁際，大如日，與日相摩盪而入。

嘉定十一年五月癸未，蚩尤旗竟天。

宋・葉隆禮《契丹國志》卷九 遼道宗咸雍二年。春三月，彗見西方。庚申，晨見於室，本大如月，長七尺許。辛巳，昏見於昴，如太白，長丈有五尺。壬午，孛於畢，如月，至五日没。

又 遼道宗壽昌三年，秋八月，彗出氐，斜指天市垣，光芒三尺餘，越三夕，長丈餘，掃巴星。

元・脱脱等《遼史》卷四《太宗紀下》 遼太宗會同四年九月壬申，有星孛於晉分。

元・脱脱等《遼史》卷一五《聖宗紀六》 遼聖宗開泰三年春正月丁酉【略】是夕，彗星見西方。

元・脱脱等《遼史》卷二二《道宗紀二》 遼道宗咸雍二年三月壬午，彗星見於西方。

元・脱脱等《遼史》卷二四《道宗紀四》 遼道宗大康五年十二月丙午，彗見犯尾。

元・脱脱等《遼史》卷二六《道宗紀六》 遼道宗壽隆三年八月乙巳，彗星見西方。

元・脱脱等《金史》卷一六《宣宗紀下》 金宣宗興定六年八月己卯，彗星見西方。

元・脱脱等《金史》卷二〇《天文志》 金熙宗皇統五年四月丙申，彗星見於西北，長丈餘，至五月壬戌始滅。

七年正月辛未，彗星出東方，長丈餘，凡十五日滅。

又 金宣宗興定六年八月己卯，彗星出於亢宿、右攝提、周鼎之間，指大角。太史奏：「除舊布新之象，宜改元修政以消天變。」於是，改是年爲元光元年。九月丁未，滅。

又 金哀宗正大七年十二月庚寅，有星出天津下，大如鎮星而色不明，初犯輦道，二日見於東北，在織女南；乙未，入天市垣，戊申方出；癸丑，歷房北，復東南行，入積薪，凡二十五日而滅。

又 金哀宗天興元年九月己酉，彗星見東方，色白，長丈餘，彎曲如象牙，出角、軫南行，至十二日長二丈，十六日月燭不見，二十七日五更復出東南，約長四丈餘，至十月二日始滅，凡四十有八日。司天奏其咎在北，哀宗曰：「我亦北人，今日之事我當滅也，何乃不先不後適丁此乎？」

明・宋濂等《元史》卷五《世祖紀二》 元世祖至元元年秋七月甲戌，彗星出輿鬼，昏見西北，貫上臺，掃紫微、文昌及北斗，旦見東北，凡四十餘日。

明・宋濂等《元史》卷八《世祖紀五》 元世祖至元十年三月癸酉，客星青白如粉絮，起畢，度五車北，復自文昌貫斗杓，歷梗河，至左攝提，凡二十一日。

明・宋濂等《元史》卷九《世祖紀六》 元世祖至元十四年二月癸亥，彗星出東北，長四尺餘。

明・宋濂等《元史》卷一七《世祖紀十四》 元世祖至元三十年十月庚寅，彗星入紫微垣，抵斗魁，光芒尺許，凡一月乃滅。

明・宋濂等《元史》卷一九《成宗紀二》 元成宗大德二年十二月甲戌，彗出子孫星下。

明・宋濂等《元史》卷二〇《成宗紀三》 元成宗大德五年八月庚辰彗出井，歷紫微垣至天市垣，凡四十六日而滅。

明・宋濂等《元史》卷二一《成宗紀四》 元成宗大德八年三月去歲十二月庚戌，彗星見，約盈尺，在室十一度入紫微垣，至是滅，凡七十四日。

明・宋濂等《元史》卷二四《仁宗紀一》 元仁宗皇慶二年三月丁未，彗出東井。壬子，秃忽魯言：「臣等職專燮理，去秋至春亢旱，民間乏食，而又隕霜雨沙，天文示變，皆由不能宣上恩澤，致兹災異，乞黜臣等以當天心。」帝曰：「事豈關汝輩耶？其勿復言。」

明・宋濂等《元史》卷二五《仁宗紀二》 元仁宗延祐二年冬十月丙子朔，客星見太微垣。十一月丙午，客星變爲彗，犯紫微垣，歷軫至壁十五宿，明年二月庚寅乃滅。辛未，以星變赦天下，減免各路差税有差。

明·宋濂等《元史》卷三九《順帝紀二》 元順帝至元三年四月甲戌，有星孛於王良，至七月壬寅没於貫索。

又 元順帝至元三年五月丁卯，彗星見於東北，大如天船星，色白，約長尺餘，彗指西南，至八月庚午始滅。【略】八月庚午，彗星不見，自五月丁卯始見，至是凡六十三日，自昴至房，凡歷一十五宿而滅。

明·宋濂等《元史》卷四〇《順帝紀三》 元順帝至元六年二月己酉，彗星如房星大，色白，狀如粉絮，尾跡約長五寸餘。彗指西南，漸向西北行。【略】辛巳，彗星(不)見，自二月己酉至三月庚辰，凡(見)三十二日。

明·宋濂等《元史》卷四二《順帝紀五》 元順帝至正十一年十一月癸丑，有星孛於婁宿。甲寅，孛星見於胃宿。乙卯、丙辰，亦如之。孛星微見於畢宿。

明·宋濂等《元史》卷四四《順帝紀七》 元順帝至正十六年八月甲戌，彗星見張宿，色青白，彗指西南，長尺餘，至十(二)月戊午始滅。

明·宋濂等《元史》卷四五《順帝紀八》 元順帝至正二十年三月戊子朔，田豐陷保定路。彗星見東方。

明·宋濂等《元史》卷四六《順帝紀九》 元順帝至正二十二年二月乙酉，彗星見於危宿，光芒長丈餘，色青白。丁酉，彗星犯離宮西星，至二月終，光芒長二丈餘。三月戊申，彗星不見星形，惟有白氣，形曲竟天，西指掃大角。壬子，彗星行過太陽前，惟有星形，無芒，在昴宿，至戊午始滅。

又 元順帝至正二十二年夏四月丙子朔，長星見，其形如練，長數十丈，在虚、危之間，後四十餘日乃滅。

又 元順帝至正二十二年六月辛巳，彗星見紫微垣，光芒長尺餘，東南指，西南行。戊子，彗星光芒掃上宰。秋七月乙卯，彗星滅跡。

又 元順帝至正二十三年三月辛丑朔，彗星見東方，經月乃滅。

明·宋濂等《元史》卷四七《順帝紀十》 元順帝至正二十六年九月辛丑，孛星見東北方。

又 元順帝至正二十八年正月庚寅，彗星見於昴、畢之間。

又 元順帝至正二十八年三月庚寅，彗星見於西北。

又 元成宗大德五年八月庚辰，彗出井二十四度四十分，如南河大星，色白，長五尺，直西北，後經文昌北魁，南掃太陽，又掃北斗、天機、紫微垣、三公、貫索，星長丈餘，至天市垣巴蜀之東、梁楚之南、宋星上，長盈尺，凡四十六日而滅。

又 元成宗大德八年二月乙丑，自去歲十二月庚戌，彗星見，約盈尺，指東南，色白，測在室十一度，漸長尺餘，復指西北，掃騰蛇，入紫微垣，至是滅，凡七十四日。

又 元仁宗皇慶二年三月

又 元仁宗延祐二年十月丙子朔，客星見太微垣。十一月丙午，客星變爲彗，犯紫微垣，歷軫至壁十五宿，明年二月庚寅乃滅。

明·宋濂等《元史》卷四九《天文志二》 元順帝至元三年五月丁卯，彗星見於東北，如天船星大，色白，約長尺餘，彗指西南，測在昴五度。八月庚午，彗星不見。其星自五月丁卯始見，戊辰往西南行，日益漸速，至六月辛未，芒彗愈長，約二尺餘，丁丑掃上丞，己卯光芒愈甚，約長三尺餘，入圜衛，壬午掃華蓋、杠星，乙酉掃鉤陳大星及天皇大帝，丙戌貫四輔，經樞心，甲午出圜衛，丁酉出紫微垣，戊戌犯貫索，掃天紀，七月庚子掃河間，癸卯經鄭晉，入天市垣，丙午掃列肆，己酉太陰光盛，微辨芒彗，出天市垣，掃梁星，至辛酉，光芒微小，瞻在房宿鍵閉之上、罰星中星正西，難測，日漸南行，至是凡見六十有三日，自昴至房，凡歷一十五宿而滅。

又 元順帝至正十一年十一月辛亥，孛星見於奎宿。癸丑，孛星見於婁宿。甲寅，孛星見於胃宿。乙卯，亦如之。丙辰，孛星見於昴宿。丁巳，太陰犯填星。孛星微見於畢宿。

又 元順帝至正十六年八月甲戌，彗星見於正東，如軒轅左角大，色青白，彗指西南，約長尺餘，測在張宿十七度一十分，至十月戊午滅跡，西北行四十餘日。

又 元順帝至正二十二年二月乙酉，彗星見，光芒約長尺餘，色青白，測在危七度二十分。丁酉，彗星犯離宮西星，至二月終，光芒約長二丈餘。三月戊申，彗星不見星形，惟有白氣，形曲竟天，西指，掃大角。壬子，彗星行過太陽前，惟有星形，無芒，如酒盃大，昏濛，色白，測在昴宿六度，至戊午始滅跡焉。

又 元順帝至正二十二年六月辛巳，彗星見於紫微垣，測在牛二度九十分，色白，光芒約長尺餘，東南指，西南行。戊子，彗星光芒掃上宰。七月乙卯，彗星滅跡。

又 元順帝至正二十六年九月庚子，孛星見於紫微垣北斗權星之側，色如粉絮，約斗大，往東南行，過犯天棓星。辛丑，孛星測在尾十八度五十分。壬寅，

孛星測在女二度五十分。癸卯，孛星測在女九度九十分。甲辰，孛星測在虚初度八十分。【略】乙巳，孛星出紫微垣北斗權星、玉衡之間，在於軫宿，東南行，過犯天棓，經漸臺、輦道，去虚宿、壘壁陣西方星，始消滅焉。

明・崔嘉祥《崔鳴吾紀事》 明神宗萬曆五年九月二十九，彗星見於尾、箕，長十餘丈，光蔽南斗，芒焰如旗幟然，凡四十餘日而滅。此星色赤而特長，乃拖練星也。

明・范濂《雲間舉目抄》卷三 明神宗萬曆五年十月，彗星見西方，大如車輪，氣焰上衝如噴壯，甚可畏，逾年不散，後芒漸微，而長竟天，且移入吴越分井。

明・黄溥《閒中古今録》 明英宗景泰七年七月晝刻當申刻之末，彗星如洗帚狀，微見於西方，至酉刻以後，漸長如掃帚，人呼掃帚星，日既没，其長競半天，如此兩月而滅。

又 明孝宗弘治十三年四月望後，夜半，行者見彗星出北方，予時在京師，聞之，特夜半起視，果出紫微垣掃五尚書。

《明太祖實録》卷三一 明太祖洪武元年三月辛卯【略】夜，彗星出。

又 明太祖洪武元年四月己酉夜，彗星没。先是，三月辛卯，彗出昴北大陵、天船間，芒長約八尺餘。辛丑，指文昌，近五車。是夜，没於五車北。

《明太祖實録》卷一〇七 明太祖洪武九年七月乙亥，客星没。先是六月戊子，客星大如彈丸，白色，止天倉。至癸巳，益有光。甲午，經外屏。壬寅，經卷舌，入紫薇垣。庚戌，掃文昌，指内厨。壬子，掃文昌。是月癸亥，入於張，至是夕始滅。

《明太祖實録》卷一一九 明太祖洪武十一年九月己丑，客星掃天弁，西南行入尾。先是，甲戌見於五車東北，丁丑入紫微，戊寅發芒長丈餘，掃内階，庚辰入紫微宫，掃北極五星，壬午犯東垣、少宰，甲申入天市垣，丁亥入天市。自是至十月己未，雲陰不見。

《明太祖實録》卷一四六 明太祖洪武十五年，諭都督濮英及守禦都指揮宋晟曰：「七月二十日晚，彗星出西北，主有賊兵，出入宜警備。自今回回之地有馬駝羊畜入境，止遣親信一二人往視，切勿發兵迎之。此輩或假以貿易爲詞，伏賊兵於後也。慎之，慎之。」

《明太祖實録》卷一七五 明太祖洪武十八年九月戊寅，【略】客星入太微垣。辛巳夜，客星犯右執法，出端門。【略】乙酉，太白晝見。夜，客星入翼，彗長丈餘。【略】丁亥，【略】夜，客星在軫宿西南，彗掃翼宿。【略】戊子，遣使以敕諭秦王樉、晉王棡、周王橚曰：「近者，五星太陰皆犯井，主秦、晉、周有兵。今客星又入太微，此非小異也。符至，秦兵勿出關，晉、周之兵皆不宜有所調遣，止於本國訓練防閑。慎之，慎之！」【略】十月庚寅夜，客星犯軍門，彗星掃天廟。

《明太祖實録》卷二〇八 明太祖洪武二十四年四月【略】丙子夜，慧星二：一入紫微垣閶闔門，犯天宋；一犯六甲，掃五帝座。

《明太宗實録》卷七三 明太宗永樂五年十一月乙丑，【略】欽天監奏彗星見燕分，爾宜謹慎出入，伺察邊境，毋或怠忽。【略】丙寅夜，【略】彗星不見。

《明宣宗實録》卷七一 明宣宗宣德五年十月【略】丙申，夜有蓬星，色白如粉絮，見外屏，南漸東南行，經天倉、天庾，凡八日始滅。

《明宣宗實録》卷七八 明宣宗宣德六年四月戊戌【略】昏刻，彗出東井，芒角蓬勃，長五尺餘。

《明宣宗實録》卷八六 明宣宗宣德七年正月壬戌【略】有彗出東方，光芒長丈餘，尾掃天津，漸東南行，十日始滅。

《明宣宗實録》卷一〇五 明宣宗宣德七年正月戊子【略】有彗出西方，十有七日始滅。

又 明宣宗宣德八年八月壬子【略】昏刻有彗出天倉旁，光芒長丈。己巳，入貫索，掃七公。己卯，入天市垣，掃晉星，又二十有四日滅。

又 明宣宗宣德八年八月庚午【略】昏刻有彗出貫索内，尾長五尺餘，漸西南行，凡三十有四日始滅。

《明英宗實録》卷五二 明英宗正統四年二月己丑【略】夜，東南張宿旁生彗星，大如彈，色白，西行。【略】丁酉夜，【略】是夜彗星芒長五尺餘，西北行掃酒旗。

《明英宗實録》卷五六 明英宗正統四年六月戊寅，【略】彗星見畢宿，光芒長一丈餘，指西南，至七月二十五日乃没。

《明英宗實録》卷一一八 明英宗正統九年七月庚午【略】昏刻，太微東垣彗星光芒長二丈，漸長，至閏七月初二日，入角宿没。

《明英宗實録》卷一八六 明英宗正統十四年十二月壬子，曉刻彗星見於天市垣市樓星旁。癸丑【略】曉刻彗星見於尾十二度，色蒼白，芒長尺餘，掃正西【略】乙卯【略】曉刻，彗星見於尾十一度，長二尺餘。【略】丙辰【略】曉刻，彗星見

尾宿十一度，西行，至乙亥夜不見。

《明英宗實録》卷一八七　明英宗景泰元年正月壬午，彗星出天市垣外，掃天紀星。

《明英宗實靈》卷二六五　明英宗景泰七年四月壬戌【略】夜，彗星見東北方，在胃宿，光芒長二丈，尾指西南。五月癸酉夜，彗星光芒漸長丈餘，指西南。【略】戊子昏刻，彗星見西北方在柳宿，尾長九尺餘，掃犯軒轅星。【略】甲子昏刻彗星見張宿，光芒七尺餘，尾埽太微西垣，往西南行。【略】六月壬寅夜，彗星入太微西垣内上將星旁，芒長五尺餘。

《明英宗實録》卷二七三　明英宗景泰七年十二月甲寅【略】夜，彗星復見於畢宿，光芒長五寸，徐徐東南行，光芒漸長，自是日至於癸亥。

《明英宗實録》卷二七八　明英宗天順元年五月丙戌夜【略】彗星見於危宿，狀如粉絮，色青白，拂拂摇動；【略】至丁亥夜，東行一度，微芒長五寸，指西南；六月癸巳夜，彗星見於室宿，芒角長丈餘；【略】己亥夜【略】彗星犯壁宿，尾指東壁上星；【略】乙巳夜，夜彗星犯天大將軍；【略】壬子夜，夜彗星經犯卷舌第三星；【略】七月戊寅夜，彗星犯井宿；【略】辛卯夜，彗星犯水位南第二星；【略】八月甲午，上躬禱於昊天上帝，詞曰：　兹者彗星出現於今兩月，光芒尚在，垂變不清。必闕失之政未更，乖違之行未改，罔答天譴，以致如斯。臣深疚於衷，痛省其過，兢兢戒懼，不敢暫忘，謹復齋沐，仰叩蒼穹，俯察丹悃，轉災爲福，弭變爲常，惟七政以無愆，願列星而順度，永保洪圖之固，均期萬姓之安。臣無任懇切祈哀之至。

《明英宗實録》卷二八三　明英宗天順元年十月己亥【略】夜，彗星復見於角宿，芒長五寸餘，尾指北：　己酉夜曉刻，彗星犯角宿北星；　壬子夜，彗星犯平道東星。

《明英宗實録》卷二九七　明英宗天順二年十一月癸卯【略】夜，有客星見於星宿，色白，西行；　至丙午夜，其體微大，狀如粉絮，在軒轅之旁；【略】庚戌夜，客星生芒，可五寸，經犯爟位西北星；【略】十二月壬戌夜，客星没於井宿。

《明英宗實録》卷三二九　明英宗天順五年六月壬辰【略】夜，天市垣宗正星旁有異星見，色粉白，至乙未夜，化爲白氣而消。

又　明英宗天順五年六月戊戌【略】夜，彗星見東方，光芒長三尺餘，尾指西南。七月庚子夜曉刻，彗星在井四度，光芒長一尺餘，尾指西南；　丙午【略】夜曉刻，慧星仍見井宿，至丙寅夜始滅。

《明英宗實録》卷三四一　明英宗天順六年六月丙寅夜，客星見於策星旁，色蒼白；【略】己巳【略】夜，客星入紫微垣内；【略】乙亥【略】夜，客星入犯天牢星；　【略】癸未【略】夜，客星居中臺星下，形漸微。

《明憲宗實録》卷五八　明憲宗成化四年九月己未【略】夜，客星見星五度，東北行；【略】癸亥【略】夜，客星色蒼白，光芒長三丈餘，尾指西南，變爲彗星；【略】戊辰，【略】彗星晨見東北方；【略】己巳，【略】彗星昏見西南方；【略】庚午昏刻，彗星犯三公星；【略】辛丑昏刻，彗星犯北斗摇光星；【略】丁丑昏刻，彗星犯七公西第四星；【略】壬午昏刻，彗星入天市垣；【略】十月乙巳，彗星出天市垣，其體漸小；【略】甲寅，彗星犯天屏西第一星；【略】十一月庚申夜，彗星滅。

《明憲宗實録》卷九九　明憲宗成化七年十二月【略】甲戌，敕諭文武羣臣曰：　乃者彗見天田，光芒西指。仰觀玄象，祗懼實深。俯自省修，罔知厥咎。豈朕涉道尚淺，燭理未明，而刑政之不善歟？　抑用人有未嘗而賢否混淆歟？聽言有不察，而是非乖舛歟？　將用度奢侈，賞賜無節，妄費府庫之財歟？　營繕頻煩，徵科無藝，致傷軍民之心歟？　有一於此，悉朕之過。而爾文武羣臣皆居官食禄，以輔朕者，可不痛自修省歟？　其有背公徇私，怠廢政事者，宜速改勵，以修庶政，以匡朕之不逮。凡時政得失，生民利病，有可張弛興革者，爾文武大臣並科道公同會議停當，條舉以聞。務在切實可行，庶幾君臣上下同心協德，盡交修少道，則人心悦而天意回矣。【略】乙亥夜，彗星北行，光芒漸著，犯右攝提，掃太微垣上將及幸臣、太子官；【略】丁丑夜，彗星北行五度餘，尾指正西，其光益著，横掃太微垣郎位星；【略】己卯夜，彗星光明長大，東西竟天，自十一日北行二十八度餘，犯天槍尾，掃北斗、三公、太陽；【略】庚辰，彗星北行入紫微垣内，正晝猶見，歷犯帝星、北斗魁第二星、庶子、后宫、勾陳下星、北斗魁第一星、勾陳第三星、天樞、三師、天牢、中臺、天皇太帝上衛星；　辛巳昏刻彗星入紫微垣，歷犯閣道，文昌上星；【略】乙酉昏刻彗星南行犯婁宿；【略】丙戌昏刻，彗星犯天河星；【略】己丑昏刻，彗星犯天陰星；　癸巳昏刻，彗星犯外屏星；【略】乙未昏刻，彗星犯天囷星；【略】八年正月丙午夜，彗星行奎宿外屏星下，形漸消小。

《明孝宗實録》卷四五　明孝宗弘治三年十一月戊戌【略】昏刻，彗星見於天津南，芒長尺餘，尾指東北。【略】辛丑昏刻，彗星入室宿。【略】庚申昏刻，彗星

犯天倉。

《明孝宗實録》卷四六　明孝宗弘治三年十二月丁巳【略】夜，客星見天市垣内，色蒼白，徐徐東南行。【略】戊辰昏刻，客星見天倉下，色蒼白，漸向壁宿。

《明孝宗實録》卷九五　明孝宗弘治七年十二月丙寅【略】曉刻，尾宿天江旁客星見，自庚午至庚辰，徐徐近斗宿。【略】八年正月庚戌【略】曉刻，客星入危宿，犯上星。

《明孝宗實録》卷一五二　明孝宗弘治十二年七月戊辰【略】昏刻，客星見天市垣宗星旁。【略】丙子昏刻，客星光指東南，行至紫微垣東蕃少宰星旁。【略】丁丑昏刻，客星入紫微垣東蕃内尚書星旁。【略】戊寅夜，客星行至紫微垣内太子星旁，漸微。【略】己卯夜，客星在紫微垣内後星旁。【略】甲申昏刻，客星行至紫微垣西蕃内少輔旁，星漸消。【略】丁亥昏刻，客星行出紫微垣西蕃外。【略】八月己丑夜，客星不見。

《明孝宗實録》卷一六一　明孝宗弘治十三年四月甲午，【略】彗星見室宿壘壁陣上。【略】丙申夜，彗星見室宿西北。【略】乙亥夜，彗星見室、壁之間，芒長尺餘。【略】乙巳，彗星芒長三尺餘，尾指離宫。【略】五月甲寅夜，彗星掃造父星。【略】丁卯夜，彗星行過紫微垣，漸微。【略】辛巳夜，彗星入紫微垣，近女史。【略】六月丁亥，彗星連犯尚書星。【略】戊戌夜，彗星不見。

《明孝宗實録》卷一九二　明孝宗弘治十五年十月戊辰，【略】客星見張宿天廟星旁。【略】己巳，客星行至翼宿。【略】癸酉，客星復在張宿。【略】十一月戊寅夜，客星滅。

《明武宗實録》卷一五　明武宗正德元年七月己丑【略】夜，有星見北方紫微西蕃外，如彈丸，色蒼白。【略】壬辰夜，又見其星，有微芒，連三夕，數見參、井之間。【略】至戊戌夜，芒漸長二尺，偏掃如帚，徐徐入西北至文昌。【略】壬寅夜，彗星光芒長五尺許，掃犯下臺上星。【略】癸卯昏刻，彗星入太微垣。

《明世宗實録》卷一二七　明世宗嘉靖十年六月乙巳，【略】彗星見於東井，光芒長尺餘，指西南。【略】庚戌夜，彗星行掃軒轅北第一星，光芒漸長。【略】七月乙卯，彗星行翼度，光芒七尺餘，尾東北指，掃大尊星。【略】戊午，入太微垣，掃郎位星。【略】丙子，彗星行角度，尾東南指，掃亢北第二星，芒漸斂，越三日而没。

《明世宗實録》卷一三五　明世宗嘉靖十一年二月壬午【略】夜五更，有星見東南方，蒼白色，微芒，至十九日始滅。

《明世宗實録》卷一四一　明世宗嘉靖十一年八月己卯【略】夜，彗星見於東井，芒長尺餘，後東北行，歷天津星宿，芒漸長至丈餘，掃太微垣諸星及角宿舍天門，至十二月甲戌，凡一百十有五日而滅。

《明世宗實録》卷一五一　嘉靖十二年六月辛巳，【略】彗星見於五車，芒長五尺餘，尾指西南。壬午，彗星復出畢、昴之間，光芒稍見。己亥夜，彗星掃大陵及天大將軍，芒長丈餘。七月甲寅，彗星掃閣道，行騰蛇，至八月二十八日而滅。

《明世宗實録》卷一六三　明世宗嘉靖十三年五月丁卯【略】夜四更，客星見於騰蛇，歷天廄，入閣道，二十四日滅。

《明世宗實録》卷一八五　明世宗嘉靖十五年三月戊午【略】夜，客星見於天棓星旁。

《明世宗實録》卷一八六　明世宗嘉靖十五年四月壬辰【略】初，客星見於天棓旁，漸東行，歷天厨西，入天漢，至是日始没。

《明世宗實録》卷二二三　明世宗嘉靖十八年四月庚戌【略】夜，彗星見，芒長三尺許，光指東南，掃軒轅北第八星，旬日始滅。

《明世宗實録》卷三〇五　明世宗嘉靖二十四年十一月壬午【略】夜，客星出天棓，如箕宿。越三日，轉東北方，逾月始没。

《明世宗實録》卷四一〇　明世宗嘉靖三十三年五月癸亥【略】夜，彗星見北斗天權星旁。【略】六月辛未夜，彗星漸西北行，犯文昌。【略】己丑夜，彗星行入近濁，始没。

《明世宗實録》卷四三一　明世宗嘉靖三十五年正月庚辰夜，彗星見進賢星旁，芒長尺，西南指，漸長至三尺餘，歷掃太微垣次相星，又東北行，入紫微垣，掃天床星，至四月二日始滅。

《明世宗實録》卷四五一　明世宗嘉靖三十六年九月戊辰，【略】彗星見於天市垣内列肆星旁，芒長尺餘，東北指向，至十月二十三日始滅。

《明穆宗實録》卷三八　明穆宗隆慶三年十月辛丑，【略】彗星見於天市垣，色蒼白，芒指東北，長二尺餘，至二十日滅。

《明神宗實録》卷六八　明神宗萬曆五年十月戊子，彗星見西南，光明大如盞，芒蒼白色，長數丈，繇尾、箕越斗、牛，直逼女宿。

《明神宗實録》卷一〇三　明神宗萬曆八年八月庚申【略】夜，有異星見於東

南方，每夜形態漸長，有光芒，占爲彗星。【略】至十一月望後始退。

《明神宗實録》卷一二三　明神宗萬曆十年四月丙辰【略】夜，彗星見於西北，尾指五車，歷二十餘日始滅。

《明神宗實録》卷一六五　明神宗萬曆十三年九月戊子，【略】彗星出羽林傍，形如彈丸，尾長尺許，指東北，其色蒼白；後每夕移東行，芒林漸滅小。【略】十月癸酉，彗星滅不見。

《明神宗實録》卷二三四　明神宗萬曆十九年三月丙寅，彗入婁。癸酉，大學士申時行題：三月二十日一更後，西北方有星如彗，尾長尺餘，欽天監云，在尾宿度，近又在東北方室壁宿度，尾長約二尺。

《明神宗實録》卷二六二　明神宗萬曆二十一年七月乙卯【略】夜五鼓，彗星見於井度，長三尺餘。【略】乙亥，彗星逆行，入紫微垣，犯華蓋星。

《明神宗實録》二九八　明神宗萬曆二十四年六月己酉，彗星見東北方，芒指西南。

《明神宗實録》卷二九九　明神宗萬曆二十四年七月丁丑，【略】彗星見西北方，如彈丸大，蒼白色，芒指東南，入翼宿度，約長尺餘，往西北行入。

《明神宗實録》卷四三七　明神宗萬曆三十五年八月辛酉，【略】彗星見於井度，色蒼白，尾指西南，約長二尺，漸往西北。丁丑，彗歷於房。壬午，彗歷於心。

《明神宗實録》卷五七四　明神宗萬曆四十六年九月乙卯，【略】有長星見於東南，其星白氣一道，形如匹布，闊尺餘，長二丈餘，東至軫，西入翼，凡十九日而滅。

《明神宗實録》卷五七五　明神宗萬曆四十六年十月乙丑，彗星出於氐，如雞彈大，長丈餘，色蒼白，尾指東南。後十數日，轉指西北，掃犯太陽守星，入亢七度一十分。又三日，漸往西北方行，尾掃北斗、天璇、天璣、文昌、五車等星，逼紫垣，在亢六度，至次月十九日始滅。

《明神宗實録》卷五七八　明神宗萬曆四十七年正月，彗星見東方，長數百尺，月下射射，末曲而鋭，未幾而見於東北，又未幾見於西。

《明崇禎實録》卷一二　明毅宗崇禎十二年十月丙戌，【略】彗星見。

清・張廷玉等《明史》卷一三《憲宗紀一》　明憲宗成化十七年十二月壬午，彗星入紫微垣。

清・張廷玉等《明史》卷一五《孝宗紀》　明孝宗三年十二月甲戌，以彗星見引咎自責，諭羣臣修省，條舉時政闕失，民生利病以聞。壬午，復以星變避正殿、撤樂。

清・張廷玉等《明史》卷二〇《神宗紀一》　明神宗萬曆十九年閏三月丁丑，以彗星見，敕修省。

又　明神宗萬曆二十一年七月乙卯，彗星見，敕修省。

清・張廷玉等《明史》卷二七《天文志三》　洪武三年【略】九年六月戊子，有星大如彈丸，白色。止天倉，經外屏、卷舌，入紫微垣，掃文昌，指內厨，入於張。七月乙亥滅。十一年九月甲戌，有星見於五車東北，發芒丈餘。掃內階，入紫微宮，掃北極五星，犯東垣少宰，入天市垣，犯天市。至十月己未，陰雲不見。十八年九月戊寅，有星見太微垣，犯右執法，出端門。乙酉，入翼，彗長丈餘。至十月庚寅，犯軍門，彗掃天廟。

宣德五年【略】十月丙申，蓬星見外屏南，東南行，經天倉、天庾，八日而滅。

景泰三年十一月癸未，有星見鬼宿積屍氣旁，徐徐西行。

天順二年十一月癸卯，有星見於星宿，色白，西行，至丙午，其體微，狀如粉絮，在軒轅旁。庚戌，生芒五寸，犯爟位西北星，至十二月壬戌，沒於東井。五年六月壬辰，天市垣宗正旁，有星粉白，至乙未，化爲白氣而消。六年六月丙寅，有星見策星旁，色蒼白，入紫微垣，犯天牢，至癸未，居中臺下，形漸微。

弘治三年十二月丁巳，有星見天市垣，東南行。戊辰，見天倉下，漸向壁。七年十二月丙寅，有星見天江旁，徐行近斗，至八年正月庚戌，入危。十二年七月戊辰，有星見天市垣宗星旁，入紫微垣東藩，經少宰、尚書，抵太子后宮，出西藩少輔旁，至八月己丑滅。十五年十月戊辰，有星見天廟旁，自張抵翼，復退至張，戊寅滅。

正德十六年正月甲寅朔，東南有星如火，變白，長可六七尺，横亘東西，復變勾屈狀，良久乃散。

嘉靖八年正月立春日，長星亘天。七月又如之。十一年二月壬午，有星見東南，色蒼白，有芒，積十九日滅。十三年五月丁卯朔，有星見螣蛇，歷天厩入閣道，二十四日滅。十五年三月戊午，有星見天棓旁，東行歷天厨，西入天漢，至四月壬辰没。二十四年十一月壬午，有星出天棓，入箕，轉東北行，逾月没。

又　洪武元年正月庚寅，彗星見於昴、畢。三月辛卯，彗星出昴北大陵、天船間，長八尺餘，指文昌，近五車，四月己酉，没於五車北。六年四月，彗星三入紫微垣。二十四年四月丙子，彗星二，一入紫微垣閶闔門，犯天牀；一犯六甲，掃五帝

內座。

永樂五年十一月丙寅，彗星見。

宣德六年四月戊戌，有星孛於東井，長五尺餘。七年正月壬戌，彗星出東方，長丈餘，尾掃天津，東南行，十月始滅。是月戊子，又出西方，十有七日而滅。八年閏八月壬子，彗星出天倉旁，長丈許。己巳，人貫索，掃七公。己卯，復入天市垣，掃晉星，二十有四日而滅。

正統四年閏二月己丑，彗星見張宿旁，大如彈。丁酉，長五丈餘，西行，掃酒旗，迤北，犯鬼宿。六月戊寅，彗星見畢宿旁，長丈餘，指西南，計五十有五日乃滅。九年七月庚午，彗星見太微東垣，長丈許，累日漸是，至閏七月己卯，入角没。十四年十二月壬子，彗星見天市垣市樓旁，歷尾度，長二尺餘，至乙亥没。

景泰元年正月壬午，彗星山天市垣外，掃天紀星。三年三月甲午朔，有星孛於畢。七年四月壬戌，彗星東北見於胃，長二尺，指西南。五月癸酉，漸是丈餘。戊子，西北見於柳，長九尺餘，掃犯軒轅星。甲午，見於張，長七尺餘，掃太微北，西南行。六月壬寅，入太微垣，長尺餘。十二月甲寅，彗星復見於畢，長五寸，東南行，漸長，至癸亥而没。

天順元年五月丙戌，彗星見於危，若動摇者，東行一度，芒長五寸，指西南。六月癸巳朔，見室，長丈餘，由尾至東壁，犯天大將軍、卷舌第三星，井宿水位南第二星。十月己亥，彗星見於角，長五寸餘，指北，犯角北星及平道東星。五年六月戊戌，彗見東方，指西南，入井度。七月丙寅始滅。

成化元年二月，彗星見。三月，又見西北，長三丈餘，三閱月而没。四年九月己未，有星見星五度，東北行，越五日，芒長三丈餘，尾指西南，變爲彗星。其後晨見東方，昏見室，南犯三公、北斗、瑶光、七公，轉入天市垣。出垣漸小，犯天屏西第一星。十一月庚辰，始滅。七年十二月甲戌，彗星見天田，西指，尋北行，犯右攝提，掃太微垣上將及幸臣、太子、從官，尾指正西，横掃太微垣郎位。己卯，光芒長大，東西竟天。北行二十八度餘，犯天槍，掃北斗、三公、太陽，入紫微垣内，正晝猶見。自帝星、北斗、魁、庶子、后宫、勾陳、天樞、三師、天牢、中臺、天皇大帝、上衛、閣道、文昌、上臺，無所不犯。乙酉，南行犯婁、天河、天陰、外屏、天囷。八年正月丙午，行奎宿外屏，漸微，久之始滅。

弘治三年十一月戊戌，彗星見天津南，尾指東北。犯人星，歷杵臼。十二月戊申朔，入營室。庚申，犯天倉。十三年四月甲午，彗星見壘壁陣上，入室壁間，漸長三尺餘。指離宫，掃造父，過太微垣，漸微。入紫微垣，近女史，犯尚書，六月丁酉没。

正德元年七月己丑，有星見紫微西藩外，如彈丸，色蒼白。越數日，有微芒見參、井間，漸長二尺，如帚，西北至文昌。庚子，彗星見，有光，流東南，長三尺。越三日，長五尺許，掃下臺上星，入太微垣。十五年正月，彗星見。

嘉靖二年六月，有星孝於天市。十年閏六月乙巳，彗星見於東井，長尺餘，掃軒轅第一星。芒漸長，至翼，長七尺餘。東北掃天罇，入太微垣，掃郎位，行角度，東南掃亢北第二星，漸斂，積三十四日而没。十一年八月己卯，彗星見東井，長尺許。後東北行，歷天津，漸至丈餘。掃太微垣諸星及角宿、天門，至十二月甲戌，凡一百十五日而滅。十二年六月辛巳，彗星見於五車，長五尺餘，掃大陵及天大將軍。漸長丈餘，掃閣道，犯螣蛇，至八月戊戌而滅。十八年四月庚戌，彗星見，長三尺許，光指東南。掃軒轅北第八星，旬日始滅。三十三年五月癸亥，彗星見天權旁，犯文昌，行入近濁，積二十七日而没。三十五年正月庚辰，彗星見進賢旁，長尺許，丙南指，漸至三尺餘。掃太微垣，次相東北，入紫微垣，犯天牀，四月二日滅。三十六年九月戊辰，彗星見滅市垣列肆旁，東北指，至十月二十三日滅。

隆慶三年十月辛丑朔，彗星見天市垣，東北指，至庚申滅。

萬曆五年十月戊子，彗星見西南，蒼白色，長數丈，氣成白虹。由尾、箕越斗、牛逼女，經月而滅。八年八月庚申，彗星見東南方，每夜漸長，縱横河漢凡七十日有奇。十年四月丙辰，彗星見西北，形如匹棟，尾指五車，歷二十餘日滅。十三年九月戊子，彗星出羽林旁，長尺許。每夕東行，漸小，至十月癸酉滅。十九年三月丙辰，西北有星如彗，長尺餘。歷胃、室、壁，長二尺。閏三月丙寅朔，入婁。二十一年七月乙卯，彗星見東井。乙亥，逆行入紫微垣，犯華蓋。二十四年七月丁丑，彗星見西北，如彈丸。入翼，長尺餘，西北行。三十五年八月辛酉朔，彗星見東井，指西南，漸往西北。壬午，自房歷心滅。四十六年十月乙丑，彗星出於氐，長丈餘，指東南，漸指西北。掃犯太陽守星，入亢度，西北掃北斗、璿璣、文昌、五車，逼紫微垣右，至十一月甲辰滅。四十七年正月杪，彗見東南，長數百尺，光芒下射，末曲而鋭，未幾見於東北，又未幾見於西。

崇禎十二年秋，彗星見參分。十三年十月丙戌，彗星見。

清・張廷玉等《明史》卷三〇《五行志三》

（明世宗嘉靖七年十二月望，）白

氣亘天津。

清・張廷玉等《明史》卷九四《刑法志三》（明毅宗崇禎十二年冬，）以彗見，停刑。

清・張廷玉等《明史》卷一六五《王得仁傳》（明憲宗成化七年，）彗星見。

清・張廷玉等《明史》卷一六八《萬安傳》（明憲宗成化七年，）彗見天田，犯太微。

清・張廷玉等《明史》卷一七六《彭時傳》（明憲宗成化七年，）彗復見。

清・張廷玉等《明史》卷一七六《商輅傳》（明憲宗成化四年九月，）彗星見。

清・張廷玉等《明史》卷一八〇《魏之傳》（明憲宗成化四年九月，）彗星見東方，光拂臺垣。

清・張廷玉等《明史》卷一九三《李時傳》（明世宗嘉靖十年，）彗星見東井。

清・張廷玉等《明史》卷一九六《方獻夫傳》（明世宗嘉靖十一年，）彗見東井。

清・張廷玉等《明史》卷二〇二《萬鏜傳》 明世宗嗣位，彗星見，應詔陳八事。

清・張廷玉等《明史》卷二〇六《魏良弼傳》（明世宗嘉靖十一年八月，）彗星見東井，芒長尺餘。

清・張廷玉等《明史》卷二〇七《郭弘化傳》（明世宗嘉靖十一年冬，）彗星見。

清・張廷玉等《明史》卷二一三《張居正傳》（明神宗萬曆五年，）時彗星從東南方起，長亘天。

清・張廷玉等《明史》卷二一八《王錫爵傳》（明神宗萬曆二十一年七月，）彗星見。

清・張廷玉等《明史》卷二一八《方從哲傳》（明神宗萬曆四十六年四月，）長星見東南，長二丈，廣尺餘，十有九日而滅。

清・張廷玉等《明史》卷二五七《楊鎬傳》 明神宗萬曆四十六年冬，蚩尤旗長竟天，彗見東方。

清・張廷玉等《明史》卷二五八《陳龍正傳》（明毅宗崇禎十二年十月，）彗星見。

清・孫之騄《二申野録》卷二 明英宗景泰七年七月，彗星晝見西方，自申刻至日没，其長竟半天，凡兩月而滅。

又 明英宗天順四年九月癸亥夜，客星色蒼白，光芒長三丈餘，尾指西南，變爲彗。

又 明憲宗成化四年九月癸亥，客星色蒼白，光芒長三丈餘，尾指西南，變爲彗，掃三臺。戊辰，彗星晨見東北。己巳，彗星昏見西南。丁丑昏刻，彗星犯七宫西等四星。壬午昏刻，彗星入天市垣。冬十月甲寅，彗星犯天屏西第一星。十一月戊午夜，彗星滅。

又 明憲宗成化七年十一月，彗出軒轅。十二月丁丑夜，彗星北行，横掃太微垣郎位星。己卯夜，彗星光芒東西竟天，自十一日北行二十八度餘，犯天槍，尾掃北斗、三公、太陽。丙戌立春昏刻，彗星犯天河星。

清・孫之騄《二申野録》卷四 明世宗嘉靖十一年五月五日，彗星見東方，芒長尺餘，復東北行，歷天津，望井宿，芒漸至丈餘，掃太微垣及角宿天門。八月己卯，彗星見東井。

又 明世宗嘉靖十二年八月，彗星復出東井，掃太微垣，至於十二月。

清・孫之騄《二申野録》卷五 明神宗萬曆四年七月，彗星見。

又 明神宗萬曆十年六月丁亥，朔三日，彗出五車口柱星以南。

清・孫之騄《二申野録》卷六 明神宗萬曆甲寅正月，彗星見義烏西北。

又 明神宗萬曆四十六年正月，白彗出氐、亢。

又 明神宗萬曆四十六年七月，東方有白氣，長竟天，其占爲彗及蚩尤旗象。

又 明神宗萬曆四十六年九月癸丑，廣州彗星見，出辰分角、亢度，其尾衝指奎、婁、壁度。先數夜有白氣自東亘西，如刀形，與彗星並見，鋒芒如帚，二月乃滅。

又 清太祖天命三年九月二十九日，長星見東南，形如匹布，廣尺，長二丈，九日而滅，所謂蚩尤旗也。

清・董含《三岡識略》卷五 清聖祖康熙三年，十一月朔，彗見翼軫分野，尾向西北。數日後，復移向東北，長三丈餘，白光黯黯，歷五十餘日，至婁而滅。

又 清聖祖康熙七年正月二十七日酉刻，天槍出西南，指東北，上下皆鋭。初長二丈許，既而長至五六丈，瞥而滅。《觀象玩占》曰：「天槍雲狀，左右鋭，歲

星縮西南，不出三月主水。」又云：「天槍見則有兵喪。或云主大水。」至夏，果有地震、水發之變。

清·佚名《雲間雜録》 清聖祖康熙七年正月甲子，黄昏，西南有白光數丈，横亘天際，指向東南，若沉若浮，末鋭。初起光細而短，漸次寬長，更餘漸微而没。凡七夕，至二月初三夜乃滅。

清·葉夢珠《閲世編》卷一 清聖祖康熙三年十一月初五壬辰冬至，夜半，彗星出東南，上指數丈，光芒如帚，至十四日辛丑，彗芒下指東北，直至月終，漸縮而光淡。

又 七年戊申正月二十八日丁卯，彗星見，光芒下指，長數丈。

又 二十一年壬戌七月二十七日壬申起，每夜彗星見於西南，光芒四五丈。皇上面諭羣臣，同加修省。

清·龍文彬《明會要》卷一 洪武元年正月庚寅，彗星見於昴、畢。三月辛卯，彗星出昴北大陵、天船間，長八尺餘，指文昌，近五車。

六年四月，彗星三入紫微垣。

九年七月，有星孛於北斗。

永樂五年十一月丙寅，彗星見。諭趙王高燧曰：「彗星見燕分，爾宜謹慎出入，伺察邊境，毋或怠忽。」

十三年八月，有星孛於南斗。

宣德六年四月戊戌，有星孛於東井。

七年正月壬戌，彗星出東方。

八年閏八月壬子，彗星出天倉旁。

正統四年閏二月，彗星見張宿旁，大如彈。六月戊寅，彗星見畢宿旁。

九年七月庚午，彗星見太微東垣。

十四年十二月壬子，彗星見天市垣市樓旁歷尾度。

景泰元年正月壬午，彗星出天市垣外，掃天紀星。

三年三月甲午朔，有星孛於畢。

七年四月壬戌，彗星東北見於胃，敕内外羣臣脩省。

天順元年五月丙戌，彗星見於危。

五年六月戊戌，彗星見東方，指西南，入井度。

成化元年二月，彗星見。

四年七月，有星孛於臺斗。九月癸亥，有客星蒼白色，芒長三丈，尾指西南，變爲彗星，掃三臺，越五十八日乃滅。

七年十二月甲戌，彗星犯紫微，光長竟天，正晝猶見。帝避正殿，撤樂，敕羣臣脩省，條時政得失。彗至明年正月乃滅。

八年正月，彗星見軒轅。

弘治三年十一月戊戌，有星孛於天津，詔羣臣言闕失。

十三年四月甲午，彗星見室壁間，至五月辛巳，入紫微垣。

正德元年七月庚子，彗星見，光流東南，長三尺。越三日，長五尺許，掃下臺，入太微垣。

時八黨竊柄，朝政日非，而災異疊見。於是南京御史陸崑偕同官上疏極諫。帝不省。

十五年正月，彗星見。

十六年正月，有星孛於東南。

嘉靖二年六月，有星孛於天市。

十年六月乙巳，彗星見東井。

十一年八月，彗星見東井，芒長丈餘，掃太微垣及角宿、天門，凡一百五十有五日乃滅。南京御史馮恩上疏，以「張孚敬爲根本之彗，汪鋐爲心腹之彗，方獻夫爲門庭之彗，三彗不除，庶政終不可理。」帝得疏大怒，逮下獄，論死。

十二年六月，彗出昴、畢，射天漢。八月，彗星復出東井。

十五年三月，彗星見東南。

十八年四月庚戌，彗星見，光長三尺許，指東南，旬日始滅。

三十三年五月癸亥，彗星見天權，旁犯文昌，二十七日而没。

三十五年正月庚辰，彗星見進賢旁，西南指。

三十六年九月戊辰，彗星見天市垣列肆旁，東北指。

隆慶三年十月辛丑朔，彗星見天市垣，東北指。

萬曆四年七月，彗星見。

五年十月戊子，彗星從東南方起，長亘天。人情洶洶，指目張居正，至懸謗書通衢。帝詔諭羣臣：「再及者誅無赦。」謗乃已。

八年八月庚申，彗星見東南方，每夜漸長，縱横河漢凡七十日有奇。

九年三月，彗星見紫微垣，尾光芒射西北。

十年四月丙辰，彗星見西北，形如匹練，尾指五車。

十三年九月戊子，彗星出羽林傍，長尺許；每夕移東行，芒漸小。

十九年三月丙辰，彗星見於西北，歷胃、室、壁，至閏三月入婁。

二十一年七月乙卯，彗星見東井。乙亥，逆行入紫微垣，犯華蓋。王錫爵密奏：「古帝王禳彗之法，或更張新政，或更用新人，一切以除穢布新爲義。若彗入紫微垣，王者之宫，則咎在君身，必非區區用人行政之間所能消弭。竊惟天子之象曰帝星，太子之象曰前星。臣以爲方今禳彗之第一義，無過早行册立之典。」

二十四年六月，彗星見。

三十五年八月辛酉朔，彗星見於井，指西南，漸往西北，至丁丑，歷於房。兵科給事中宋一韓上言：「《春秋》二百四十年，孛見者一。終《綱目》之世，彗見十七。今彗星復見東井，其咎安在？臣謹按星野，東井秦分。彗尾指西南，漸往西北，又指秦地。秦其急乎？且彗者埽除之象，刑人之職也。小人用之以埽除爲職，君子用之以除舊布新。今李鳳鯨噬於粵東，潘相蝮螫於江右，其他諸處内使，其爲埽除之役等耳。宜因此變悉撤之，因而一新舊令，整飭政事，以紓萬民之困。」不報。

四十六年十月乙丑，彗星見於氐。

四十七年正月，彗星見東南，長數百丈，光芒下射，末細而鋭，或曰蚩尤旗。時方議進師遼陽，識者以爲兵敗之兆。

崇禎十二年十月，彗星見。

十三年十月丙戌，彗星見。

清・張廷玉等《清文獻通考》卷二六七《象緯考十二》 清聖祖康熙三年，先是十月己未朔，彗星見東南方，其體微小，在軫宿右轄星旁。丁卯，見東方，尾跡長七寸餘，蒼色，指西南。丁亥，逆行西南，其體漸大，尾跡長三尺餘，指西北，在翼宿。十一月戊戌，尾跡長五尺餘，指北，在張宿。庚子，在井宿。癸卯，逆行西北，在昴宿。乙巳，尾指東，在胃宿。庚戌，在婁宿。乙卯，楊雍建言：星象之異，日久未消，乞清宫齋戒，力圖修省，廣求直言，詳詢利病，有可以惠百姓者。立賜舉行，並飭内外大小臣工滌慮洗心，共修職業。疏入，聖祖仁皇帝諭議政王大臣曰：楊雍建直言可嘉。星象示異，皆因德薄敷政失宜所致。今惟力圖修省，務期允當，以答天心。

四年二月，以星變詔内外臣工追言無隱。先是三年十二月壬戌，彗星移奎宿，其體漸小，四年正月癸巳不復見。二月己巳復見東南方，其體微小，在女宿。甲戌見東北，尾跡長七寸餘，蒼白色，指西南。丁丑，尾跡長一尺餘，在虚宿。辛巳，其體漸大，尾跡長八尺餘，在室宿。乙酉，尾跡長五尺餘，在壁宿。丙戌，諭曰：異星復見，實由德薄所致。上天垂象，屢示警戒，敢不益圖修省？以後凡用人行政，務加敬慎，以求允當。

又 乾隆八年十二月，以星變諭廷臣修省之實。先是十一月己亥彗星見，距奎宿第二星二度，大如彈丸，黄色，尾跡長尺餘，每夜逆行指東。

又 清高宗康熙二十四年三月甲午，彗星見於虚宿之次，色蒼白，尾跡長尺餘，指西南，每夜順行，十餘日伏不見。四月戊辰復出，在張宿，體勢甚微，向東順行，至五月初隱伏。

又 清高宗乾隆三十四年七月甲辰，彗星見於昴宿之次，體如彈丸，色蒼白，尾跡長二尺餘，指正西偏南，每夜順行，八月望後伏不見。十月復移見西方，尋即隱伏。三十五年閏五月己酉，客星見於斗宿之次，每夜向北行，十餘日即隱伏。十一月彗星見於柳宿之次，色蒼白，尾跡長尺餘，指南，每夜向北行十餘度，七日隱伏。

清・嵇璜、劉墉等《清通志》卷一二二《災祥略一》 康熙三年十月，彗星見東南方。是月己未朔，彗星見於軫宿之次，在左轄星之旁，其體微小，每夜逆行，尾跡漸長，經翼、張、井、昴、胃諸宿，至十一月庚戌在婁宿之次。聖祖仁皇帝論議政王大臣曰：星象示異，皆因德薄，敷政失宜所致，今惟力圖修省，務期允當，以答天心。

四年二月，彗星復見。先是三年十二月壬戌，彗星移奎宿之次，其體漸小，四年正月癸巳不復見，二月己巳復見東南方，在女宿之次，閲十餘日，經虚、室、壁三宿。諭曰：彗星復見，實由德薄所致。上天垂象，屢示警戒，敢不益圖修省？以後凡用人行政，務加謹慎，以求允當。至於關係國家利弊，民生休戚，應興應革事宜，内而部院及科道官，外而督撫，其各抒所見，以備採擇，朕不憚改正。

七年五月，太白晝見，是月甲辰未時太白見，午位在柳宿三度。丙午庚戌朔癸丑諭曰：太白晝見，天象屢示儆戒，朕甚懼焉。今力圖修省，彌加敬慎，勵精勤政，以答天心。在内部院官各盡乃職，公廉自效，在外督撫提鎮以下，各綏理地方，撫卹軍民，咸令得所。

二十一年七月，彗星見東北方。是月己巳，彗星見於井宿之北，其色白，尾

跡指西南。壬申行東北，尾跡長六尺餘。癸酉諭大學士等曰：天道關於人事，彗星上見，政事必有闕失。其應行應革者，令九卿科道詹事會議以聞。

乾隆七年正月，巽星見東南方。是月丙戌，巽星見於斗宿之次，在天弁第二星之上，其色黄白，向西北逆行，四十餘日隱伏。

八年十一月彗星見，是月己亥，彗星見奎壁之中，距奎宿第二星二度，體如彈丸，其色黄，尾跡長尺餘，每夜向西逆行，由戌宫至亥宫。十二月丁卯，上御門聽政畢召大學士等前曰：星象見異，朕思天心仁愛，垂象示儆，必政事之間有所缺失。我君臣當夙興夜寐，勤加修省，以回天意。惟是應天以實不以文，修省之實非徒托之空言也。且書不云乎：王省惟歲，今歲序將周正其時矣。我君臣必深思所以致此之由，缺失何在？亟圖悛改，庶幾盡事天之道，有以感召和氣，而消未萌之眚也。癸酉朔諭曰：昨召見大學士陳世倌，據奏近日彗星見，宜下修省之詔，宣示百官。朕思人主君臨天下，敬天勤民之心，必嚴恭寅畏，無時不凛上帝之鑒，觀念兆人之休戚，以期弭咎於未然，誠以修省全在乎平日，此朕之所以夙夜兢兢者。事天以實不以文，以誠不以僞也。若但托於文告，飾爲敬慎警懼之辭，而無引咎責躬之實，徒務臣民之觀聽以塞責，是明以示戒，而更加粉飾，則欺世慢天，其過愈大，豈能感召天和、懵消沴戾乎？前日御門時，朕面降諭旨，原欲與大臣等交相儆省，深思所以致此之由，缺失何在，亟圖悛改。格天之道，惟在乎修省之實，而不在修省之文，我君臣其共勉之。

十三年三月，客星見東方。是月癸丑，客星見於室宿第三星之南一度，其色黄，向東順行，至次日即消。

二十四年三月，彗星見東南方。是月甲午，彗星見於虛宿之次，其色蒼白，尾跡長尺餘，指西南，每夜順行，十餘日伏不見。四月戊辰，復出西南方，在張宿第二星之上，體勢甚微，向東順行，至五月初仍隱伏。至十一月戊辰，有客星見東南方，在未宫井宿四星之下，自未宫行至酉宫胃宿之次，尋亦隱伏。

三十四年七月，彗星見東南方。是月甲辰，彗星見於昴宿之次，體如彈丸，其色蒼白，尾跡長二尺餘，指正西偏南，每夜順行，八月望後伏不見。十月復移見西方，尋即隱伏。

三十五年閏五月，客星見東南方。是月己酉，客星見於斗宿之次，在天弁第一星之西，其色蒼黄，每夜向北行，十餘日即隱伏。十一月彗星見東南方，是月彗星見於柳宿之次，在第一星之下，色蒼白，尾跡長尺餘，指南，每夜向北行十餘度，七日隱伏。

清·張廷玉等《續文獻通考》卷二一二《象緯考》 臣等謹按：馬端臨《考》載彗孛始於《春秋》魯文公十四年，終於宋寧宗嘉定十五年，各著占驗於下。今據宣城梅文鼎云，聖人遇災而懼，實有修省轉移之道，故古人言占必兼人事。若執定占書一二言以斷其休咎，將修德弭災語爲虛設，而天亦可量矣。是固不容妄議，故祇考正史天文志，具詳其事於左。宋理宗紹定三年十一月丁酉，有星孛於天市垣屠肆星之下，明年二月壬午乃消。五年閏九月庚戌，彗星出於角，十月己未始消。帝以彗星詔中外臣僚指陳缺失，諸路監司察守令之貪廉仁暴，民間利便疾苦以聞。臣等謹按：紹定五年即金天興元年也。考《金史·天文志》其等相符，但作己酉，與此庚戌異耳。

嘉熙四年正月辛未，彗星出營室，甲午彗星犯王良西南第二星，三月辛未始滅。景定五年七月甲戌彗星見於柳，芒角燭天，長十餘丈，日高方斂，凡月餘，己卯退行見於輿鬼，辛巳在井，丙申見於參，戊戌在參宿度內，八月末光芒稍減，凡四月乃滅。彗見柳時，詔避殿，減膳，許中外臣僚直言朝政闕失。臺臣言太子賓客楊棟指彗爲蚩尤旗，欺天罔君。詔棟罷職予祠。《宋史·趙景緯傳》曰：考功郎趙景緯疏：百姓之心，即天心也。乞捐内帑以絶壅利之謗，出嬪嫱以節用度之費。弄權之貂寺，素爲天下所惡者，屏絶之。毒民之恩澤，侯嘗爲百姓所憤者，黜棄之。擇忠鯁敢言之士，置之臺諫，以通闕鬲之壅；選慈惠忠信之人，使爲守宰，以保元氣之殘。又必稽乾、淳以來凡利源窠名之在百司庶府者，悉隸其舊，以濟經用之急；公田派買不均之弊，聽民自陳，隨宜通變，以安田里之生；則人心悦，天意解矣。臣等謹按：景定五年即元世祖至元二年，考《元史·天文志》其事亦相符。

遼太宗會同四年九月壬申，有星孛於晉分。聖宗開泰三年正月丁酉，彗星見西方。道宗咸雍二年三月壬午，彗星見西方。太康五年十二月丙午，彗星犯尾。壽隆三年八月乙巳，彗星見西方。臣等謹按：遼之開泰三年，即宋真宗大同祥符七年，咸雍二年即英宗治平三年，太康五年即神宗元豐二年。以上數條，馬端臨《考》俱不載。

金太宗天會十年八月辛亥，彗星出於文昌。熙宗皇統五年四月丙申，彗星見於西北，長丈餘，至五月壬戌始滅。七年正月辛未，彗星出東方，長丈餘，凡十五日滅。宣宗興定六年八月己卯，彗星出於角亢右攝提周鼎之間，指大角，九月

丁未滅。太史奏除舊布新之象，宜改元修政以消天變，於是改是年爲元光元年。臣等謹按：天會十年即宗高宗紹興二年，皇統五年七年即紹興十五年十七年，興定六年即寧宗嘉定十五年也。馬端臨《考》俱有其事，而月日不同。

哀宗天興元年閏九月己酉，彗星見東北，色白，長丈餘，彎曲如象牙，出角軫南行，至十二日長二丈，十六日月燭不見，二十七日五更復見東南，約長四丈餘，至十月一日始滅，凡四十有八日。司天奏其咎在北。哀宗曰：我亦北人，何乃不先不後適丁此乎？臣等謹按：是年亙見於宋紹定五年。

元世祖至元元年七月甲戌，彗星出輿鬼，昏見西北，貫上臺，掃紫微、文昌及北斗，旦見東北，凡四十餘日。十四年二月癸亥彗星出東北，長四尺餘。三十年十月庚寅，彗星入紫微垣，抵北斗，光芒尺許，凡一月乃滅。時帝以彗入紫微，憂之，夜召平章政事博果密入禁中，問所以銷天變之道。奏曰：風雨自天而至，人則棟宇以待之；江河爲地之限，人則舟楫以通之。天地有所不能者，人則爲之，此人所以與天地參也。且父母怒，人子不敢疾怨，惟起敬起孝。故易震之象曰：君子以恐懼修省。《詩》曰：敬天之怒。三代聖王克謹天戒，鮮有不終。漢文之世，同日山崩者二十有九。日食地震，頻歲有之，善用此道，天亦悔禍，海內乂安，此前代之龜鑑也。因誦文帝日食求言詔。悚然曰：「此言深合朕意，可復誦之。」遂詳論疑陳，至四鼓乃罷。

成宗大德二年十二月甲戌，彗出子孫星下。五年八月庚辰，彗出井二十四度四十分，如南河大星，色白，長五尺，直西北。後經文昌、斗魁，南掃太陽，又掃北斗、天機、紫微垣、三公、貫索星，長丈餘，至天市垣巴蜀之東、梁楚之南宋星上，長盈尺，至九月乙丑而滅，凡四十六日。七年十二月庚戌彗星見，約盈尺，指東南，色白，在室十一度漸長，尺餘，復指西北，掃騰蛇入紫微垣，至八年三月乙丑始滅，凡七十四日。仁宗皇慶二年三月丁未彗出東井。御史臺言：富人夤緣特旨，濫授官爵；徽政宣徽，用人多罪廢之流，內侍託爲貧乏，亙奏恩賞，而西僧以作佛事之故累釋重囚。外任之官身犯刑憲，輒營求內旨以免罪，諸王、駙馬、寺觀，土田徵租民間，擾害尤甚，皆今之弊政，所宜悉革也。制曰：「可。」

延祐二年十一月丙午，客星變爲彗，犯紫微垣。歷軫至壁十五宿，明年二月庚寅乃滅。時以星變赦天下，減免各路差稅有差。順帝至元三年五月丁卯，彗星見於東北，如天船星大，色白約長尺餘，指西南，在昴五度。戊辰往西南行，日益漸速，至六月辛未芒彗愈長，約二尺餘。丁丑掃上丞，己卯光芒愈甚，約長三尺餘，入閭衛，壬午掃華蓋杠星，乙酉掃鈎陳大星及天皇太帝，丙戌貫四輔經樞心，甲午出閭衛，丁酉出紫微垣，戊戌犯貫索掃天紀，七月庚子掃河間，癸卯經晉鄭入天市垣，丙午掃列肆，己酉太陰光盛，微辨芒彗，出天市垣，掃梁星，至辛酉光芒微小，在房宿鍵閉之上，罰星中星正西，日漸南行凡見六十有三日，自昴至房歷一十五宿，至八月庚午乃滅。六年二月己酉彗星如房星大，色白，狀如粉絮，尾跡約長五寸餘，彗指西南在房七度，漸往西北行至三月庚辰，凡見三十有二日。十六年八月甲戌彗星見於正東，如軒轅左角大，色青白，彗指西南，約長尺餘，在張宿十七度十一分，至十月戊午滅，跡西北行，四十餘日。臣等謹按：順帝紀，至元三年四月甲戌有星孛於王良，至七月壬寅沒於貫索。至正十一年十一月辛亥孛星見於奎，癸丑見於婁，甲寅見於胃，乙卯亦如之，丙辰見於昴，丁巳微見於畢，不知《志》何以不載也。

二十二年二月乙酉彗星見，光芒約長尺餘，色青白，在危七度二十分，丁酉犯離宮西星，至二月終光芒約長二丈餘，三月戊申不見星形，惟有白氣，形曲竟天，西指，掃大角，壬子行過太陽前，惟有星形，無芒，如酒盃大，昏濛，色白，在昴宿六度，至壬午始滅跡，六月辛巳彗星見於紫微垣，在牛二度九十分，色白，光芒約長尺餘，東南指，西南行，戊子掃上宰，至七月乙卯始滅。臣等謹按：順帝紀二十年三月戊子，彗星見於東方。二十二年四月丙子朔，長星見，其形如練，長數十丈，在虛危之間，後四十餘日乃滅。二十三年三月辛丑，彗星見於東方，經月乃滅，《志》俱不載。

二十六年九月庚子，孛星見於紫微垣北斗權星之側，色如粉絮，約斗大，往東南行，犯天棓，辛丑在尾十八度五十分，壬寅在女二度五十分，癸卯在女九度九十分，甲辰在初度八十分，乙巳出紫微垣北斗權星、玉衡之間，在軫東南行，犯天棓，經漸臺輦道，去虛宿壘壁陣西方星，始滅。臣等謹按：順帝紀二十八年正月庚寅彗星見於昴、畢之間，三月庚寅又見於西北。是年即明太祖洪武元年，詳見於下，但三月之庚寅《明史》作辛卯，微有異耳。

明太祖洪武元年正月庚寅，彗星見於昴畢，三月辛卯出昴北大陵天船間，長八尺餘，指文昌，近五車。四月己酉没於五車北。六年四月彗星三入紫微垣。二十四年四月丙子，彗星二，一入紫微垣閶闔門，犯天牀，一犯六甲，掃五帝內座。成祖永樂五年十一月丙寅，彗星見。宣宗宣德六年四月戊戌，有星孛於東

井，長五尺餘，七年正月壬戌，彗星出東方，長丈餘，尾掃天津，東南行十月始滅，是月戊子又出西方十有七日而滅。八年閏八月壬子彗星出天倉旁，長丈許，已巳入貫索，掃七公，己卯復入天市垣，掃晉星，二十有四日而滅。

英宗正統四年閏二月己丑，彗星見張宿旁，大如彈，丁酉長五丈餘，西行掃酒旗，迤北犯鬼宿，六月戊寅彗星見畢宿旁，長丈餘，指西南，計五十有五日乃滅。九年七月庚午彗星見太微東垣，長丈許，累日漸長，至閏七月己卯入角沒。十四年十二月時景帝已即位。壬子，彗星見天市垣市樓旁，歷尾度，長二尺餘，至乙亥沒。

景帝景泰元年正月壬午彗星出天市垣外，掃天紀星。三年三月甲午朔有星孛於畢。七年四月壬戌彗星東北見於胃，長二尺，指西南。五月癸酉漸長丈餘，戊子西北見於柳，長九尺餘，掃犯軒轅星，甲子見於張，長七尺餘，掃太微北西南行，六月壬寅入太微垣，長尺餘，十二月甲寅彗星復見於畢，長五寸，東南行，漸長至癸亥而沒。

英宗天順元年五月丙戌彗星見於危，若動搖者，東行一度，芒長五寸，指西南，六月癸巳朔見室，長丈餘，由尾至東壁犯，天大將軍、卷舌第三星、井宿水位南第二星，十月己亥彗星見於角，長五寸餘，指北，犯角北星及平道東星。五年六月戊戌彗見東方，指西南入井度，七月丙寅始滅。

憲宗成化元年二月彗星見，三月又見，西北長三丈餘，三閱月而沒。四年九月己未有星見星五度，東北行，越五日，芒長三丈餘，尾指西南，變爲彗星，其後晨見東方，昏見室南，犯三公、北斗搖光、七公轉入天市垣，出垣漸小，犯天屏西第一星，十一月庚辰始滅。七年十二月甲戌彗星見天田，西指，尋北行犯右攝提，掃太微垣上將及幸臣、太子、從官，尾指正西，橫掃太微垣郎位，己卯光芒長大，東西竟天，北行二十八度餘，犯天槍，掃北斗、三公、太陽，入紫微垣內，正晝猶見，自帝星、北斗魁、庶子、后宫、勾陳、天樞、三師、天牢、中臺、天皇大帝上衛、閣道、文昌、上臺，無所不犯，乙酉南行犯婁、天河、天陰、外屏、天囷。八年正月丙午彗行奎宿外屏，漸微久之始滅。

孝宗弘治三年十一月戊戌彗星見天津南，尾指東北，犯人星，歷杵、臼，十二月戊申朔入營室，庚申犯天倉。

詔羣臣言闕失。大學士劉吉等言：妖星見天津，歷人星、杵臼，近營室。考之載籍，爲兵荒水旱之徵。竊見連年風雨不時，所在水旱邊境未寧，盜賊竊發，惟深思軍民困苦，罷工役，停遺內官燒造，所司陳闕失者次第舉行，則可以易災爲祥，轉禍爲福。從之。

十三年四月甲午，彗星見壘壁陣上，入室，壁間，漸長三尺餘，指離宫，掃造父，過太微垣，漸微入紫微垣，近女史，犯尚書。六月丁酉沒。

武帝正德元年七月己丑，有星見紫微西藩外，如彈丸，色蒼白，越數日，有微芒，見參井間，漸長二尺，如帚，西北至文昌。庚子彗星見，有光，流東南，長三尺，越三日長五尺許，掃下臺上星入太微垣。十五年正月，彗星見。

世宗嘉靖二年六月有星孛於天市。十年閏六月乙巳彗星見於東井，長尺餘，掃軒轅第一星，芒漸長，至翼長七尺餘，東北掃天罇，入太微垣，掃郎位，行角度，東南掃亢北第二星，漸斂，積三十四日而沒。十一年八月己卯彗星見東井，長尺許，後東北行，歷天津，漸至丈餘，掃太微垣諸星及角宿天門，至十二月甲戌，凡一百十五日而滅。十二年六月辛巳彗星見於五車，長五尺餘，掃大陵及天大將軍，漸長丈餘，掃閣道，犯螣蛇，至八月戊戌而滅。十八年四月庚戌彗星見，長三尺許，光掃東南，掃軒轅第八星，旬日始滅。三十三年五月癸亥彗星見天權旁，犯文昌，行入近濁，積二十七日而沒。三十五年正月庚辰彗星見進賢旁，長尺許，西南指，漸至三尺餘，掃太微垣，次相東北入紫微垣，犯天牀，四月二日滅。三十六年九月戊辰彗星見天市垣列肆旁，東北指，至十月二十三日滅。穆宗隆慶三年十月辛丑朔，彗星見天市垣，東北指，至庚申滅。

神宗萬曆五年十月戊子，彗星見西南，蒼白色，長數丈，氣成白虹，由尾箕越斗牛逼女，經月而滅。八年八月庚申彗星見東南方，每夜漸長。縱橫河漢，凡七十日有奇。十年四月丙辰彗星見西北，形如匹練，尾指五車，歷二十餘日滅。十三年九月戊子彗星出羽林旁，長尺餘，每夕東行漸小，至十月癸酉滅。十九年三月丙辰西北有星如彗，長尺餘，歷胃、室、壁，長二尺，閏三月丙寅朔入婁。二十一年七月乙卯彗星見東井，乙亥逆行入紫微垣，犯華蓋。

時以彗見東井下，詔修省。大學士王錫爵因請延見大臣，又言彗漸近紫微垣，於象爲君，於地爲藏神布政之所，不可不深畏，宜慎起居之節，寬左右之刑，寡嗜慾，以防疾散積聚，以廣恩。疏入報聞。

二十四年七月丁丑彗星見西北，如彈丸，入翼，長尺餘，西北行。三十五年八月辛酉朔，彗星見東井，指西南，漸往西北，壬午自房歷心滅。

給事中宋一韓以彗見東井上言：「謹按星野，東井秦分，彗尾西南漸徙西北，又指秦地，秦其急乎？且彗者掃除之象形，人之職小，小人用之以掃除爲職，君子用之以除舊布新。今李鳳鯨噬於粵東，潘相蝮螫於江右，高淮虎視於遼左，馬堂鴟張於河道，其他若張奕、胡濱、杜茂、魯保、沈永壽、邱乘雲輩悉撤中官，反其故職，因而一新舊令，勤政講學，親賢遠奸，躬二聖之典，修四孟之儀，復三朝之制，補九列之班，平積薪之嘆，沛賜環之詔，作臺諫之氣，決章疏之壅，慎節鉞之選，懲憤帥之風，出禁藏之儲，杜問寺之借，節大官之奉，減水衡之織，釋詔獄之冤，紓都民之困，一旦滌除，煥然改觀，則和氣成，禎祥見矣。疏入留中。

四十六年十月乙丑，彗星出於氐，長丈餘，指東南，漸至西北，掃犯太陽，守星入亢度，西北掃北斗、璿璣、文昌、五車，逼紫微垣右。至十一月甲辰滅。四十七年正月杪彗星見東南，長數百尺，光芒下射，末曲而銳，未幾見於東北，又未幾見於西。愍帝崇禎十二年秋，彗星見參分。十三年十月丙戌，彗星見。

清・劉錦藻《清朝續文獻通考》卷三〇三《象緯考十》 道光元年正月乙亥，彗星見西方。

三年十二月，彗星見。

六年正月，彗星見。

十五年閏六月十一日，彗星見。

二十三年正月，大彗星晝見。

又 咸豐八年九月，大彗見。九年彗星見。十一年五月二十六日，有白氣亘天，形如匹練，衝天河。

又 同治元年七月二十五六日夜中彗星見於西北。

又 十月彗星見。

又 十三年月己未彗星見。按是年五月大彗星見西北方。

臣謹案：彗星各循軌道而行，其質較呼吸之氣更薄，惟中體稍厚。其隱見有定數可推，故西國天文家謂於災異無關，而我國人輒疑爲兵禍之兆，借天象以警人心，期在有裨政治，古人固寓深意於其間，不可盡詆爲虛誣也。

又 光緒五年十二月大彗星夕見西南。七年二月彗星見，是年夏紫色大彗見，至明年七月而隱。八年八月二十四日彗星見。是年諭：上年彗星見於西北，降旨諭令內外臣工各勤職守，本月中旬彗星復見於東南，此必用人行政時多闕失，於閭閻疾苦未盡上聞，以致昊蒼示警。

又 十二年四月彗星見。十三年八月彗星見。十八年三月彗星見。十九年九月彗星見。

又 宣統二年四月初二日寅初初刻，東北方雲中彗星出見，尾指西南。方因在雲中，未能考測。初五日寅初一刻東北方見彗星在外屏之北，尾指西南危宿土公史之閒，測得彗星高四度正東偏北十五度，嗣於十六日不見。

四月十八日戌正三刻正西偏南柳宿閒彗星出見，尾指東南翼宿明堂之閒，測得彗星高二十六度正西偏南十二度，日漸微，至五月三十日不見。

三年八月十一日戌初二刻，正西偏北有異星。初見因值月望，未能考查步位。二十一日天氣晴明，酉正三刻觀候得正西偏北彗星出常陳，尾約長一丈有餘，摇指三公，至戌正入地平，於次日寅正二刻正東偏北復見，其體甚微，至卯初不見。

藝文

《楚辭・遠遊（戰國・屈原）》 擥彗星以爲旍兮，舉斗柄以爲麾。

《楚辭・九歌・少司命（戰國・屈原）》 孔蓋兮翠旍，登九天兮撫彗星。

《楚辭・九歌・東君（戰國・屈原）》 青雲衣兮白霓裳，舉長矢兮射天狼。操余弧兮反淪降，援北斗兮酌桂漿。

《楚辭・九辯（戰國・宋玉）》 仰明月而太息兮，步列星而極明。

《楚辭・九懷（漢・王褒）》 顧列孛兮縹縹，觀幽雲兮陳浮。

《楚辭・九歎（漢・劉向）》 曳彗星之皓旰兮，撫朱爵與鵔鸃。

漢・班固《封燕然山銘》 然後四校横徂，星流彗掃，蕭條萬里，野無遺寇。

唐・李白《擬古十二首（其六）》 太白出東方，彗星揚精光。

唐・呂溫《道州觀野火》 過處若彗掃，來時如電激。

唐・劉景復《夢爲吴泰伯作勝兒歌》 時看漢月望漢天，怨氣衝星成彗孛。

唐·佚名《秦家行》　彗孛飛光照天地，九天瓦裂屯冤氣。

宋·周邦彦《汴都賦》　囚孛彗於幽獄，斂景雲而黯靄。

宋·文天祥《有感》　夜凉看星斗，何處是欃槍？

宋·鄭清之《太史報彗星没》　老彗妖芒欲爇天，王良見迫爲收鞭。紫微一夜璣衡轉，甘雨祥風到野田。

宋·戴埴《彗星》　紹定壬辰閏九月，己酉之夜彗星出。清臺奏御，正衙避席。太官減膳羞，瞽宗徹音樂。鶏竿肆眚出囚縶，龍扆責躬求讜直。精誠徹九垓，德音走重譯。圜橋冠帶虀鹽生，筦窺熿熿對以臆。臣聞泰素朕形，玄黄辨色。左旋右轉，一闔一闢。來伸往屈四時行，除舊布新寒暑易。恢恢天網疏，統理廢厥職。東方歲星木主仁，不掃暴刻尚搥剥。南方熒惑火主禮，不掃驕蹇習淩弱。西方太白金主義，不掃寇盗生亂略。北方辰星水主智，不掃蒙蔽長讒慝。中央填星土主信，不掃詐欺滋奸猾。皇穹遴選綱紀星，出持彗帚掃環域。日華機上有九彗，作上作下空如筆。歸邪向上有兩彗，出出不行見則滅。天狗短彗在尾傍，火光炎炎空烜赫。天攙類彗雲如斗，蚩尤類彗箕後曲。六賊如彗在西方，咸漢帶彗居正北。驅策擧莫前，彗乃排膠轕。不指房心明堂位，不臨箕尾后妃宅。不抵參昴咏衾裯，不向牛女逐淫佚。不訪獄廪至婁胃，不詢蓋詧到危室，不求社廟上井鬼，不好文章游奎壁。不窮天根越亢氐，不咨弋獵來柳畢。不從玄枵問虚耗，不由張素丐觴客。不自觜觿訪葆旅，不入柳倉覓厨食。不呼七星問急事，不召南斗共斟酌。天王帝廷爲大角，兩帝三得如鼎足。斗柄指所，以建時節，曰攝提格。灑掃庭内萬化基，蕪穢不治孰觀法。秃軫驅風車爲宰輔，負衡失平在修飾。翼鼓羽翮主變夷，飛翰不功必振刷。秃帚一加，内清外肅。四海九州，罔不臣妾。帝府中居幹樞機，萬年千載不停息。

明·王醇《日珥録五首（其一）》　又看彗星掃空百餘丈，徹夜光芒侵斗象。遼東軍民半陷胡，天復示變胡爲乎。

明·夏完淳《哀燕京》　一出乾清翠華列，仰視欃槍大如月。

清·顧炎武《酬程工部先貞》　風沙春氣亂，彗孛夜芒垂。

清·黄景仁《冬青樹引和謝臯羽别唐玨韻》　杜宇啼碧千年枝，西來妖彗曳長尾。

雜録

《晏子春秋·内篇諫上第一》　日暮，公西面望睹彗星，召伯常騫，使禳去之。晏子曰：「不可！此天教也。日月之氣，風雨不時，彗星之出，天爲民之亂見之，故詔之妖祥，以戒不敬。今君若設文而受諫，謁聖賢人，雖不去彗，星將自亡。今君嗜酒而並於樂，政不飾而寬於小人，近讒好優，惡文而疏聖賢人，何暇在彗！茀又將見矣。」公忿然作色，不說。

《晏子春秋·外篇重而異者第七》　景公瞢見彗星。明日，召晏子而問焉：「寡人聞之，有彗星者必有亡國。夜者，寡人瞢見彗星，吾欲召占瞢者使占之。」晏子對曰：「君居處無節，衣服無度，不聽正諫，興事無已，賦斂無厭，使民如將不勝，萬民懟怨。茀星又將見瞢，奚獨彗星乎！」

又　公慚而更辭曰：「我非爲去國而死哀也。寡人聞之，彗星出，其所向之國君當之。今彗星出而向吾國，我是以悲也。」晏子曰：「君之行義回邪，無德於國，穿池沼，則欲其深以廣也；爲臺榭，則欲其高且大也；賦斂如撝奪，誅僇如仇讎。自是觀之，茀又將出。天之變，彗星之出，庸可悲乎！」於是公懼，迺歸，寘池沼，廢臺榭，薄賦斂，緩刑罰，三十七日而彗星亡。

圖表

清·楊逸《古今彗星考》

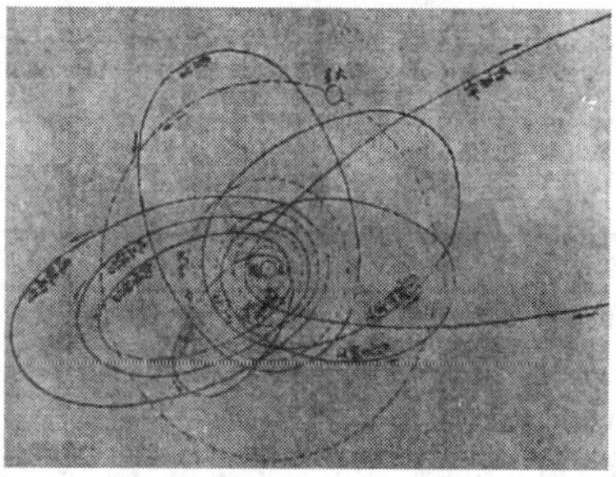

彗星軌道圖

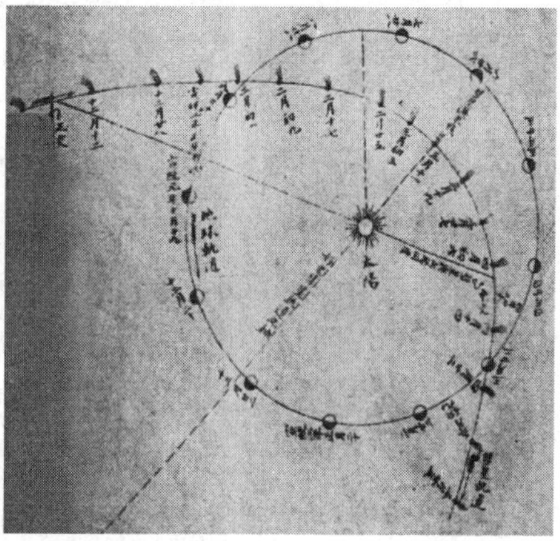

好里彗星軌道圖(宣統元年十一月廿五)

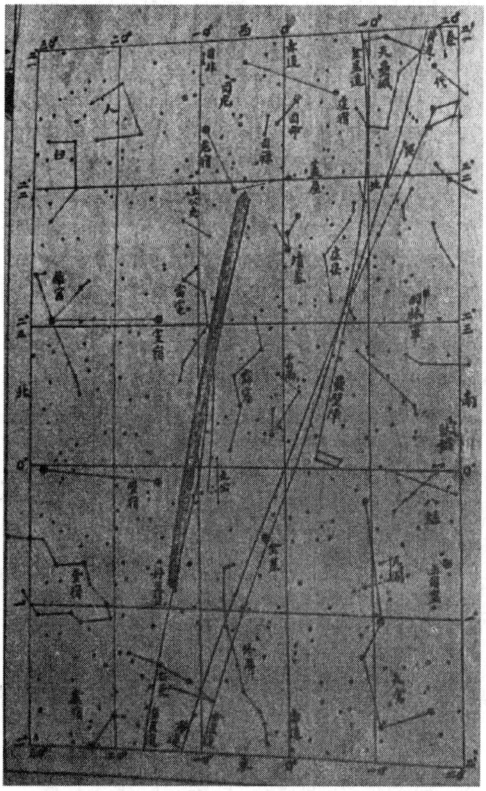

好里彗星圖

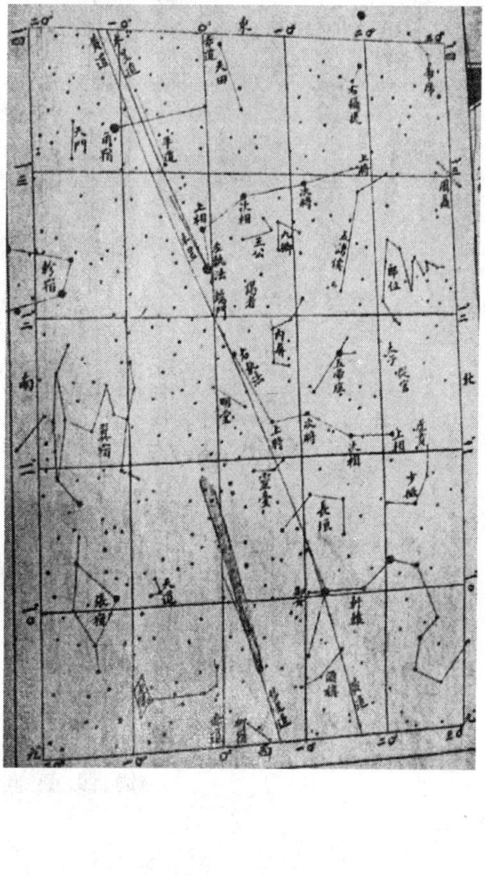

好里彗星圖(宣統二年四月二十一日戌正測見西方彗星方向)

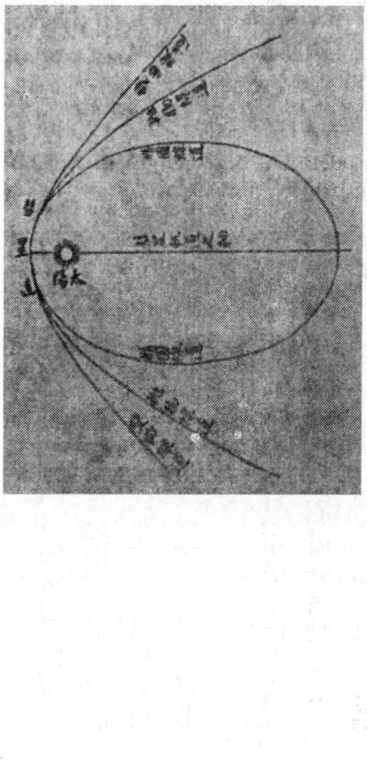

彗星三種軌道線

測準周時百年以内彗星根數表

彗數	西曆過卑點時 年		月	日	卑距交(度)	正交黄經(度)	交角(度)	半點距日	橢圓長半經	周時(年)	兩心差	彗名
一	一三七八		一一	八·八	一○七·八	四七·三	一六二·一	○·五八三				好里
二	一四五六		六	八·二	一○四·八	四三八	一六二·四	○·五八○	一七·九七	七五·○	○·九六八	好里
三	一五五一		八	二五·八	一○四·三	四五·五	一六三·○	○·五八○	一七·七九	七五·○	○·九六七	好里
四	一六○七		一○	二六·七	一○七·○	四八·七	一六一·八	○·五八八	一七·八七	七五·五	○·九六七	好里
五	一六七八		八	一八·三	一五九·五	一六三·三	二·九	一·一四五	三·○七○	五·三八	○·六二七	蘭希
六	一六八二		九	一四·八	一○九·三	五一·二	一六二·三	○·五八三	一八·一七	七七·五	○·九六八	好里
七	一七四三	壹	一	八·二	六·四	八六·九	一·九	○·八六二	三·一○	六·七三	○·七二一	萬力司高
八	一七五九	壹	三	一二·六	一一○·六	五三·八	一六二·四	○·五八五	一八·○九	七六·九	○·九六八	好里
九	一七六六	貳	四	二七·○	一七七·○	七四·二	八·○	○·三九九	二·九三四	五·○二五	○·八六四	黑而芬力達
一○	一七七○	壹	八	一三·五	一二四·三	一三一·○	一·六	○·六七四	三·一六三	五·六二六	○·七八六	勒矢而
一一	一七七二		二	一六·七	一一三·○	二五七·三	一七·一	○·九八六	三·五八	六·七七	○·七二五	比乙拉
一二	一七八三		一一	一九·九	三五四·六	五五·七	四五·一	一·四五九	三·二六○	五·八八八	○·五五二	畢闍脱
一三	一七八六	壹	一	三○·九	一八二·五	三三四·一	一三·六	○·三三五	二·二○八	三·二八一	○·八四八	因格
一四	一七九○	貳	一	三○·九	二○七·一	二六八·六	五四·一	一·○四四	五·七八	一三·九○	○·八一九	透脱而
一五	一七九五		一二	二一·四	一八二·○	三三四·七	一三·七	○·三三四	二·二一三	三·二九二	○·八四九	因格
一六	一八○五		一二	二一·五	一八二·五	三三四·三	一三·六	○·三四○	二·二一三	三·二九二	○·八四六	因格
一七	一八○五	壹	一	二·○	二一八·二	二五一·三	一三·六	○·九○七	三·五六七	六·七三七	○·七四六	比乙拉
一八	一八一二		九	一五·三	一九九·三	二五三·○	七四·○	○·七七七	一七·○九六	七○·六九	○·九五六	龐斯
一九	一八一五		四	二六·○	六五·六	八三·五	四四·五	一·二一三	一七·六三四	七四·○五	○·九三一	阿爾白斯
二○	一八一九	壹	一	二八·○	一八二·四	三三四·六	一三·六	○·三三五	二·二一四	三·二九五	○·八四九	因格

（續　表）

測準周時百年以内彗星根數表

彗數	西曆過卑點時 年		月	日	卑距交(度)	正交黃經(度)	交角(度)	半點距日	橢圓長半經	周時(年)	兩心差	彗名
二一	一八一九	叁	七	一八·九	一六一·五	一一三·二	一〇·七	〇·七七四	三·一六〇	五·六一八	〇·七五五	文納克
二二	一八一九	肆	二	二〇·三	三五〇·一	七七·二	九·〇	〇·八九三	二·八四九	四·八一〇	〇·六八七	勃來平
二三	一八二二	貳	五	二四·〇	一八二·八	三三四·四	一三·三	〇·三四六	二·二二四	三·三一八	〇·八四五	因格
二四	一八二五	叁	九	一六·三	一八二·八	三三四·五	一三·四	〇·三四五	二·二二三	三·三一五	〇·八四五	因格
二五	一八二六	壹	三	一八四	二一八·三	二五一·五	一三·六	〇·九〇三	三·五六一	六·七二〇	〇·七四七	比乙拉
二六	一八二九		一	九·七	一八二·八	三三四·五	一三·三	〇·三四六	二·二二四	三·三一六	〇·八四五	因格,
二七	一八三二	壹	五	四·〇	一八二·八	三三四·五	一三·四	〇·三四三	二·二二二	三·三一二	〇·八四五	因格
二八	一八三二	叁	一一	二六一	二二一·八	二四八·三	一三·二	〇·八七九	三·五三七	六·六五二	〇·七五一	比乙拉
二九	一八三五	貳	八	二六·四	一八二·八	三三四·六	一三·四	〇·三四四	二·二二三	三·三一四	〇·八四五	因格
三〇	一八三五	叁	一一	一五·九	一一〇·六	五五·二	一六二·二	〇·五八七	一七·九九	七六·二九	〇·九六七	好里
三一	一八三八		一二	一九·〇	一八二·八	三三四·六	一三·四	〇·三四四	二·二二二	三·三一三	〇·八四五	因格
三二	一八四二	壹	四	一二·〇	一八二·八	三三四·七	一三·三	〇·三四五	二·二二三	三·三一四	〇·八四五	因格
三三	一八四三	叁	一〇	一七·一	二〇〇·一	二〇九·五	一一·四	一·六九三	三·八一二	七·四四二	〇·五五六	費
三四	一八四四	壹	九	二·五	二七八·七	六三·八	二·九	一·一八六	三·一〇〇	五·四五九	〇·六一七	迪米谷
三五	一八四五	肆	八	九·六	一八三·四	三三四·三	一三·一	〇·三三八	二·二一六	三·三〇〇	〇·八四七	因格
三六	一八四六	貳	二	一一·〇	二二三·一	二四五·九	一二·六	〇·八五六	三·五二〇	六·六〇三	〇·七五七	比乙拉甲
三七	一八四六	貳	二	一一·一	二二三·一	二四五·九	一二·六	〇·八五六	三·五一九	六·六〇一	〇·七五七	比乙拉乙
三八	一八四六	叁	二	三五·四	一三·八	一〇二·七	三〇·九	〇·六五〇	三·一四二	五·五六九	〇·七九三	勃隆孫
三九	一八四六	肆	三	五·六	一二·九	七七·六	八五·一	〇·六六四	一七·九〇	七五·七	〇·九六三	迪米谷

(續表)

測準周時百年以内彗星根數表

彗數	西曆過卑點時 年		月	日	卑距交(度)	正交黃經(度)	交角(度)	半點距日	橢圓長半經	周時(年)	兩心差	彗名
四〇	一八四六	陸	六	一·一	三三九·六	二六〇·四	三〇·七	一·五二九	五·六三五	一三·三八	〇·七二九	彼德
四一	一八四七	伍	九	九·五	二二九·三	三〇九·八	一九·一	〇·四八八	一八·七	八一·一	〇·九七四	勃陸孫
四二	一八四八	貳	二	二六·一	一八三·四	三三四·四	一三·一	〇·三三七	二·二一五	三·二九六	〇·八四八	因格
四三	一八五一	壹	四	一·九	二〇〇·二	二〇九·五	一一·四	一·七〇〇	三·八一九	七·四六二	〇·五五五	費
四四	一八五二	貳	七	八·七	一七四·五	一四八·四	一三·九	一·一七三	三·四四四	六·三九〇	〇·六五九	大來司脱
四五	一八五二	壹	三	一四·七	一八三·五	三三四·四	一三·一	〇·三三七	二·二一五	三·二九七	〇·八四八	因格
四六	一八五二	叁	九	二三·七	二二三·三	二四五·九	一二·六	〇·八六一	三·五二六	六·六二二	〇·七五六	比乙拉甲
四七	一八五二	叁	九	二三·一	二二三·三	二四五·九	一二·六	〇·八六一	三·五二六	六·六一九	〇·七五六	比乙拉乙
四八	一八五二	肆	一〇	一二·八	五七·一	三四六·二	四〇·九	一·二五〇	一五·四四	六〇·七	〇·九一九	回斯塔兒
四九	一八五五	叁	七	一·二	一八三·四	三三四·四	一三·一	〇·三三七	二·二一五	三·二九五	〇·八四八	因格
五〇	一八五七	貳	三	二九·三	一四·〇	一〇一·八	二九·八	〇·六二一	三·一三〇	五·五三八	〇·八〇二	勃陸孫
五一	一八五七	叁	二	二八·二	一七四·六	一四八·五	一三·九	一·一七〇	三·四四〇	六·三八〇	〇·六六〇	大來司脱
五二	一八五八	壹	二	二三·五	二〇六·八	二六九·一	五四·四	一·〇二五	五·七三六	一三·七四	〇·八二一	透脱而
五三	一八五八	貳	五	二·〇	一六二·一	一一三·五	一〇·八	〇·七六九	三·三一七	五·五五五	〇·七五五	文納克
五四	一八五八	叁	五	三·〇	二五·七	一七五·一	一九·五	一·一四九	三·五二三	六·六〇九	〇·六七四	透脱而
五五	一八五八	伍	九	一二·九	二〇〇·二	二〇九·七	一一·四	一·六九四	三·八一三	七·四四五	〇·五五六	費
五六	一八五八	捌	一〇	一八·四	一八三·五	三三四·五	一三·一	〇·三四一	二·二一八	三·三〇四	〇·八四六	因格
五七	一八六二	壹	二	六·三	一八三·五	三三四·五	一三·一	〇·三四〇	二·二一七	三·三〇二	〇·八四七	因格
五八	一八六五	貳	五	二七·九	一八三·五	三三四·五	一三·一	〇·三四一	二·二一八	三·三〇四	〇·八四六	因格

（續　表）

測準周時百年以内彗星根數表

彗數	西曆過卑點時 年		月	日	卑距交（度）	正交黃經（度）	交角（度）	半點距日	橢圓長半經	周時（年）	兩心差	彗名
五九	一八六六	壹	一	一一・一	一七一・〇	二三一・四	一六二・七	〇・九七七	一〇・三二	三三・一八	〇・九〇五	但白勒
六〇	一八六六	貳	二	一四・〇	二〇〇・二	二〇九・七	一一・四	一・六八二	三・八〇二	七・四一三	〇・五五八	費
六一	一八六七	壹	一	二〇・二	三五七五	七八・五	一八・二	一・五七七	一・一七一	四〇・〇九	〇・八六五	施退文
六二	一八六七	貳	五	二三・九	一三五・〇	一〇一・二	六・四	一・五六三	三・一八九	五・六九五	〇・五一〇	但白勒
六三	一八六八	壹	四	一七・四	一四・八	一〇一・二	二九・四	〇・五九七	三・一〇九	五・四八二	〇・八〇八	勃陸孫
六四	一八六八	叁	九	一四・六	一八三・七	三三四・五	一三・一	〇・三三四	二・二一二	三・二八九	〇・八四九	因格
六五	一八六九	壹	六	二九・九	一六二・四	一一三・六	一〇・八	〇・七八一	三・一五〇	五・五九二	〇・七五二	文納克
六六	一八六九	叁	一一	一八・八	一〇六・二	二九六・八	五・四	一・〇六三	三・一〇九	五・四八三	〇・六五八	但白勒快彗
六七	一八七〇	叁	九	二三・七	一七二・三	一四六・四	一五・七	一・二八〇	三・五〇七	六・五七	〇・六三五	大來司脱
六八	一八七一	叁	一二	一・八	二〇六・八	二五九・三	五四・三	一・〇三〇	九・七五七	一三・八一一	〇・八二一	透脱而
六九	一八七一	伍	一二	二八・八	一八三・六	三三四・六	一三・一	〇・三三三	二・二一〇	三・二八五	〇・八四九	因格
七〇	一八七三	壹	五	九・八	一五九・三	七八・七	九・八	一・七七一	三・二九六	五・九八四	〇・四六三	但白勒一
七一	一八七三	貳	六	二五・二	一八五・二	一二〇・九	一二八	一・三四四	三・〇〇四	五・二〇七	〇・五五三	但白勒二
七二	一八七三	叁	七	一八・五	二〇〇・四	二〇九・六	一一・四	一・六八三	三・八〇一	七・四一二	〇・五五七	費
七三	一八七三	陸	一〇	一〇・五	一四八	一〇一・二	二九・四	〇・五九四	三・一〇六	五・四七五	〇・八〇九	勃陸孫
七四	一八七五	壹	三	一二・一	一六五・一	一一一・六	一一・三	〇・八二九	三・二〇一	五・七二六	〇・七四一	文納克
七五	一八七五	貳	四	一三・〇	一八三・七	三三四・六	一三・一	〇・三三三	二・二一一	三・二八七	〇・八四九	因格
七六	一八七七	肆	五	一〇・五	一七三・〇	一四六・二	一五七	一・三一八	三・五四一	六・六六四	〇・六二八	大來司脱
七七	一八七八	貳	七	二六・二	一八三・七	三三四・七	一三・一	〇・三三三	二・二一二	三・二八五	〇・八四九	因格

測準周時百年以内彗星根數表

彗數	西曆過卑點時 年	月	日	卑距交（度）	正交黄經（度）	交角（度）	半點距日	橢圓長半經	周時（年）	兩心差	彗名
七八	一八七八 叁	九	七・三	一八五・一	一二一・〇	一二・八	一・三四〇	三・〇〇一	五・二〇二	〇・五五四	但白勒二
七九	一八七九 壹	三	三〇五	一四・九	一〇一・三	二九・四	〇・五九〇	三・一〇一	五・四七〇	〇・八一〇	勃陸孫
八〇	一八七九 叁	五	七・二	二五九五	七八・八	九・八	一・七七一	三・二九五	五・九八二	〇・四六三	但白勒二
八一	一八八〇 肆	一一	八・〇	一〇六・二	二九六・九	五・四	一・〇六七	三・一一三	五・四九三	〇・六五七	但白勒快彗
八二	一八八一 壹	一	二二・七	二〇一・二	二〇九・六	一一・三	一・七三八	三・八五四	七・五六六	〇・五四九	費
八三	一八八一 伍	九	一三・三	三一二・五	六五・九	六・九	一・七二五	四・二二六	八・六八七	〇・八二八	滕甯一
八四	一八八一 貳	一一	一五・三	一八三・九	三三四・六	一二・九	〇・三四三	二・二二一	三・三一〇	〇・八四五	因格
八五	一八八四 壹	一	二五・七	一九九・二	二五四・一	七四・〇	〇・七七六	一七・二一	七一・五六	〇・九五五	龐斯勃洛克斯
八六	一八八四 貳	八	一六・五	三〇一・〇	五・一	五・五	一・二七九	三・〇七八	五・四〇〇	〇・五八四	罷那得
八七	一八八四 叁	一一	一七・八	一七二・七	二〇六・三	二五・三	一・五七一	三・五八〇	六・七七四	〇・五六一	胡而弗
八八	一八八五 壹	三	七・六	一八三・九	三三四・六	一二・九	〇・三四二	二・二二〇	三・三〇七	〇・八四六	因格
八九	一八八五 肆	九	一一・一	二〇六・八	二六九・七	五四・三	一・〇二四	五・七四二	一三・七六	〇・八二三	透脱而
九〇	一八八六 肆	六	六・七	一七六・八	五三・五	一二・七	一・三二七	三・一五二	五・五九五	〇・五七九	勃洛克斯
九一	一八八六 陸	九	四・四	一七二・〇	一〇四・一	一四・五	〇・八八五	三・二三四	五・八一六	〇・七二六	文納克
九二	一八八六 柒	一一	二三・四	三一五・一	五二・五	三・〇	〇・九九八	三・五三六	六・六四八	〇・七一八	芬蘭
九三	一八八七 伍	一〇	八・五	六五・三	八四・五	四四・六	一・一九九	一七・四一	七二・六五	〇・九三一	阿爾白斯
九四	一八八八 貳	六	二八・〇	一八四・〇	三三四・六	一二・九	〇・三四三	二・二二〇	三・三〇八	〇・八四五	因格
九五	一八八八 肆	八	一九・九	二〇一・二	二〇九・六	一一・三	一・七三八	三・八五四	七・五六六	〇・五四九	費
九六	一八八九 伍	九	三〇・三	三四三・六	一八・〇	六・一	一・九五〇	三・六八四	七・〇七二	〇・四七一	勃陸孫

（續　表）

測準周時百年以内彗星根數表

彗數	西曆過卑點時 年	月	日	卑距交(度)	正交黃經(度)	交角(度)	半點距日	橢圓長半經	周時(年)	兩心差	彗名
九七	一八八九	陸	一二	二九·五	六九·七	三三〇·六	一〇·二	一·三五四	四·一七六	八·五三四	〇·六七六	施會甫
九八	一八九〇	伍	九	一七·五	一七三·〇	一四六·三	一五·七	一·三二四	三·五五一	六·六九一	〇·六二七	大來司脱
九九	一八九〇	柒	一〇	二六·五	三三八·二	四五·一	一二·九	一·九七〇	三·四四八	六·四〇二	〇·四七一	施畢推樓
一〇〇	一八九一	貳	九	三·四	一七二·八	二〇六·四	二五·二	一·五九三	三·五九七	六·八二一	〇·五五七	胡而弗
一〇一	一八九一	叁	一〇	一八·〇	一八四·〇	三三四·七	一二·九	〇·三四〇	二·二一八	三·三〇三	〇·八四六	因格
一〇二	一八九一	伍	一二	一五·〇	一〇六·七	二九六·五	五·四	一·〇八七	三·一二九	五·五三四	〇·六五三	但白勒快彗
一〇三	一八九二	叁	六	一三·二	一四·二	三三一·七	二〇·八	二·一三九	三·六二六	六·九〇四	〇·四一〇	耗而墨司
一〇四	一八九二	肆	六	三〇·九	一七二·一	一〇四·一	一四·五	〇·八八七	三·二三五	五·八一八	〇·七二六	文納克
一〇五	一八九二	伍	一二	一一·一	一七〇·三	二〇六·七	三一·二	一·四二八	三·三八四	六·二二六	〇·五七八	罷那持
一〇六	一八九三	叁	工一	二二·二	三一五·五	五二·五	三·〇	〇·九八九	三·五二六	六·六二三	〇·七二〇	芬蘭
一〇七	一八九四	壹	二	九·五	四六·三	八四·四	五·五	一·一四八	三·八〇四	七·四二	〇·六九八	滕甯二
一〇八	一八九四	叁	四	二三·二	一八五·六	二一·二	二·七	一·三五一	三·〇〇八	五·二一八	〇·五五一	但白勒二
一〇九	一八九四	肆	一〇	一二·二	二九六·六	四八·七	三·〇	一·三九二	三·二五二	五·八六三	〇·五七二	迪未谷快彗
一一〇	一八九五	壹	二	四·七	一八四·〇	三三四·七	一二·九	〇·三四一	二·二一八	三·三〇三	〇·八四六	因格
一一一	一八九五	貳	八	二〇·九	一六七·八	一七〇·三	三·〇	一·二九六	三·六八〇	七·〇五九	〇·六四八	司會甫
一一二	一八九六	貳	三	一九·三	二〇一·二	二〇九·八	一一·三	一·七三八	三·八五四	七·五六六	〇·五四九	費
一一三	一八九六	伍	一〇	二六·〇	一三九·五	一九二·一	一一·六	一·四八二	三·五〇〇	六·五四九	〇·五八五	吉可年那
一一四	一八九六	陸	一二	四·二	三四三·八	一八·〇	六·一	一·九五九	三·六九三	七·〇九七	〇·四六九	勃洛克斯
一一五	一八九六	柒	一一	二四·六	一六三·九	二四六·六	一三·六	一·一一〇	三·四六二	六·四四一	〇·六七九	潘休

（續 表）

測準周時百年以內彗星根數表

彗數	西曆過卑點時 年		月	日	卑距交(度)	正交黃經(度)	交角(度)	半點距日	橢圓長半經	周時(年)	兩心差	彗名
一一六	一八九七	貳	五	二四・〇	一七三一	一四六・四	一五・七	一・三三四	三・五五一	六・六七五	〇・六二七	大來斯脱
一一七	一八九八	貳	三	二〇・四	一七三・四	一〇〇・九	一七・〇	〇・九二四	三・二四〇	五・七一九	〇・七一五	文納克
一一八	一八九八	叁	五	二七・八	一八四・〇	三三四・八	一二・九	〇・三四一	二・二一八	三・三〇三	〇・八四六	因格
一一九	一八九八	肆	七	四・六	一七二・九	二〇六・四	二五・二	一・六〇四	三・五九七	六・八二一	〇・五五七	胡而費
一二〇	一八九九	貳	四	二八・一	一四・一	三三一・七	二〇・八	二・一三九	三・六一五	六・八七四	〇・四二一	耗而墨斯
一二一	一八九九	叁	五	四・五	二〇六・七	二六九・八	五四・五	一・〇二四	五・七四二	一三・六六四	〇・八二二	透脱而
一二二	一八九九	肆	七	二八・五	一八五・六	二二一・〇	一二・六	一・三五一	五・二一八	五・二八一	〇・五四二	但白勒一

彗星根數表

彗數	西曆過卑點時 年		月	時	卑距交	正交黃經	交角	卑點距日	周時	兩心差	彗名
一二三	一六八〇		一二	一八・〇	三五〇・七	二七二・二	六〇・七	〇・〇〇六	八八一四	〇・九九九九八五	寇法
一二四	一七六三		一一	一・九	八八・六	三五六・四	七二・五	〇・四九八	七三三四	〇・九九八六八	梅西安
一二五	一七六九		一〇	七・六	三二九・一	一七五・一	四〇・八	〇・一二三	二〇九〇	〇・九九九二四九	梅西安
一二六	一七八五	貳	四	八・四	一二七・二	六四・六	九二・六	〇・四二七	一三三六	〇・九九九六四六一	梅輕
一二七	一七九三	貳	一二	二〇・二	六九・九	二・〇	五一・五	一・四九五	四二二・九	〇・九七三四二一	潘尼
一二八	一八〇七		九	一八・七	三五五・九	二六六・八	六三・二	〇・六四六	一七一・四	〇・九九五四八八	巴力昔
一二九	一八一一	壹	九	一二・三	六五・四	一四〇・四	一〇七・〇	一・〇三五	三〇〇・九	〇・九九五〇三三	弗能來
一三〇	一八一一	貳	一一	一一・〇	三二四・四	九三	三一・三	一・五八二	八七五・四	〇・九八二七一	龐斯
一三一	一八二三	肆	一〇	二三・七	一八一・五	九二・七	一二七・三	一・一四五	五四四九	〇・九九六三〇二	龐斯

（續　表）

彗星根數表

彗數	西曆過卑點時 年		月	時	卑距交	正交黃經	交角	卑點距日	周時	兩心差	彗名
一三二	一八二五	肆	一二	一〇・七	二五六・九	二一五・七	一四六・五	一・二四一	四四七二	〇・九九五四二九	龐斯比乙拉
一三三	一八二七	叁	九	一一・七	二五八・七	一四九・七	一二五・九	〇・一三八	二六一一	〇・九九九二七三	龐斯
一三四	一八四〇	貳	三	一三・一	一五六・六	二三六・八	一二〇・八	一・二二一	三七八九	〇・九九四九七七	該而
一三五	一八四〇	肆	一二	一三・七	二三三・六	二四八・九	五八・〇	一・四八一	三六七・二	〇・九七一一一五	勃里密
一三六	一八四三	壹	二	二七・四	八二・六	一・三	一四四・三	〇・〇〇六	五一二・四	〇・九九九九一四	大彗
一三七	一八四四	貳	一〇	一七・四	二一一・三	三一・七	一三一・四	〇・八五五	一〇二〇五一	〇・九九九六〇八	馬伐天來斯脫
一三八	一八四六	壹	一	二二一	三三八・〇	一一一・一	四七・四	一・四八一	二七二一	〇・九九二四〇三	迪來谷
一三九	一八四六	柒	六	五・五	九九・八	二六一・九	一五〇・七	〇・六三四	四九九・九	〇・九八九九三九	勃陸孫
一四〇	一八四七	壹	三	三〇・三	二五四・三	二一・七	四八・六	〇・〇四三	一〇二一九	〇・九九九九一〇	欣特
一四一	一八四七	叁	八	九・三	九一・五	三三八・三	九六・六	一・七六六	四四二二九	〇・九九八五八八	馬伐
一四二	一八四九	叁	六	八・二	二三六・六	三〇・五	六六・九	〇・八九四	八三六八	〇・九九七八三〇	施回考嚴特
一四三	一八五〇	壹	七	二三・五	一八〇・五	九二・九	六八・二	一・〇八一	二八九〇九	〇・九九八八五二	彼德生
一四四	一八五三	壹	二	二四・〇	二七五・八	六九・六	一五九・八	一・〇九二	一二一五	〇・九九〇四一三	色幾
一四五	一八五三	貳	五	九・八	一九九・二	四一・〇	一二二・二	〇・九〇七	七八二・三	〇・九八九二九七	施回春
一四六	一八五四	肆	一〇	二七・五	一二九・九	三三四・五	四〇・九	〇・七九九	一〇八九	〇・九九二四五五	克林冠弗
一四七	一八五四	伍	一二	一五・七	二八七・〇	二三八・一	一四・二	一・三五七	九九四二	〇・九八六三七三	高拉
一四八	一八五五	壹	二	五・四	三三三・一	一八九・七	二八・七	二・一九五	一〇五九	〇・九七八八六六	施回壽
一四九	一八五五	肆	一一	二五・四	三三五・五	五一・六	一六九・八	一・二三三	九五・一二	〇・九九七二五五	勃羅墨斯
一五〇	一八五七	肆	八	二四・〇	一七九・〇	二〇〇・八	三二一・八	〇・七四七	二三四・七	〇・九八〇三七一	彼德

（續　表）

彗星根數表

彗數	西曆過卑點時 年		月	時	卑距交	正交黃經	交角	卑點距日	周時	兩心差	彗名
一五一	一八五七	伍	九	三〇・九	二二四・八	一五・〇	一二三・九	〇・五六三	二四六三	〇・九九六九一三	克林冠弗
一五二	一八五七	伍	二	一九・一	九五・一	一三九・三	一四二・二	一・〇〇九	六一四三	〇・九九六九九二	杜那挨斯特爾
一五三	一八五八	陸	九	三〇・〇	一二九・一	一六五・三	一一七・〇	〇・五七八	一八八〇	〇・九九六二〇二	杜那底
一五四	一八六一	壹	六	三・四	二一三・五	二九・九	七九八	〇・九二一	四一五・四	〇九八三四六三	透王里
一五五	一八六一	貳	六	一一・五	三三〇・一	二七九・〇	八五・四	〇・八二二	四〇九・一	〇・九八五〇七七	透勃脱
一五六	一八六二	叁	八	二二・九	一五二・八	一三七・五	一一三・六	〇・九六三	一一九六	〇・九六〇三五二	透脱而
一五七	一八六三	叁	四	二〇・九	五五・六	二五〇・二	八五・五	〇・六二九	一七七四〇	〇・九九九〇七六	力斯畢希信寇
一五八	一八六三	肆	一二	九・五	三五七・二	九七・五	七八・一	〇・七〇七	一八三六八	〇・九九八九八五	但白勒施密脱
一五九	一八六四	貳	八	一五・六	一五一・〇	九五・二	一七八・一	〇・九〇九	三九三三	〇・九九六三五一	但白勒
一六〇	一八六六		一	二五・六	二三三・九	二四五・八	一二二・四	〇・八七九	六・六九二	〇・七五二四二三	比乙拉一
一六一	一八六六		一	二七・五	二三三・九	二四五・八	一二二・四	〇・八七九	六・六九三	〇・七五二四五七	比乙拉二
一六二	一八七一	壹	六	一〇・六	二三二・五	二七九・三	八七・六	〇・六五四	五一七八	〇・九九七八一四	文納克
一六三	一八七一	肆	一二	二〇・四	二四二・九	一四七・一	八九・三	〇・六九一	二〇五七	〇・九九五七二六	但白勒
一六四	一八七三	肆	九	一〇・八	一六六・二	二三〇・六	九六・〇	〇・七九四	三三七五	〇・九九六四七一	波拉力
一六五	一八七三	伍	一〇	一八	二三三・八	一七六・七	一二一・五	〇・三八五	五三九一七	〇・九九九七三〇	保爾摩利
一六六	一八七三		一二	三	一九六・九	二四八・六	二六・五	〇・七七五	六・二〇二		角迦
一六七	一八七四	叁	七	八・九	一五二・四	一一八・七	六六・四	〇・六七六	一三七〇八	〇・九九八八二〇	角迦
一六八	一八七四	肆	七	一七・七	一四九・六	二一五・九	三四・一	一・六八八	三〇六	〇・九六二八三一	角迦
一六九	一八七四	伍	八	二六・九	九二・六	二五一・五	四一・八	一・九八三	二四三六八	〇・九九八八三一	波拉力

（續　表）

彗星根數表

彗數	西曆過卑點時 年		月	時	卑距交	正交黃經	交角	卑點距日	周時	兩心差	彗名
一七〇	一八七七	貳	四	一七·七	六三·一	三一六·六	一二一·一	一·九五〇	一九七六五	〇·九九八七〇〇	文納克勃洛克
一七一	一八七七	叄	四	二六·八	一一六·八	三四六·一	七七·二	一·〇〇九	一〇七一八	〇·九九七九二四	波拉力勃洛克
一七二	一八八一	叄	六	一六·四	三五四·三	二七一·〇	六三·四	〇·七三五	二四四六	〇·九九五九五四	透勃稅
一七三	一八八一	叄	二	一九八	一一八·〇	一八一·四	一四四·八	一·六二三	七九二·八	〇·九七七五四六	施會甫
一七四	一八八二	貳	九	一七·二	六九·六	三四六·〇	一四二·〇	〇·〇〇八	七七一八	〇·九九九九〇八	勃洛克
一七五	一八八五	叄	八	一〇·二	四二·九	二〇四·八	五九·一	〇·七四九	二七四·五	〇·九八二二六五	勃洛克斯
一七六	一八八六	伍	六	七·四	二〇一·三	一九二·六	八七·七	〇·二七〇	七二五·一	〇·九九六七一七	勃洛克斯
一七七	一八八七	貳	三	一七·四	一五九·四	二七九·九	一〇四·三	一·六三〇	一〇九·〇	〇·九八四六〇九	失回透而
一七八	一八八七	肆	六	一六·七	一五·一	二四五·二	一七·六	一·三九四	八二九八	〇·九九六五九九	罷那得
一七九	一八八八	壹	三	一七·〇	三五九·九	二四五·四	四二·三	〇·六九九	二一八三	〇·九九五八四七	罷那得
一八〇	一八八八	伍	九	一二·八	二九〇·八	一三七·六	五六·四	一·五二九	一三三九	〇·九九三三三六	罷那得
一八一	一八八九	叄	六	二〇·八	六〇·一	二七一·〇	三一·二	一·一〇二	一二八三	〇·九五六六六五	罷那得
一八二	一八八九	肆	七	一九·三	三四五·九	二八六·二	六六·〇	一·〇四〇	五一二七	〇·九九六五〇四	臺維孫
一八三	一八九〇		二	二四·一	一四·九	一〇一·五	二九·四	〇·五八八	五·四五六	〇·八一〇三四三	勃陸孫
一八四	一八九〇	肆	八	六·九	三三一·二	八五·四	一五四·三	二·〇四七	一一〇四〇	〇·九九五八七二	狀那
一八五	一八九〇	陸	九	二四·五	一六三·〇	一〇〇·一	九八·九	一·二六〇	五七五一三	〇·九九九一五四	滕霄
一八六	一八九二	壹	四	六·七	二四·五	二四〇·九	三八·七	一·〇一七	二〇一三三	〇·九九八六一二	施會甫
一八七	一八九三	貳	七	七·三	四七·一	三三七·四	一六〇·〇	〇·六七五	四四四〇九	〇·九九九四六二	施寶勒
一八八	一八九三	肆	九	一九·二	三四七·五	一七四·九	一二九·八	〇·八一二	三五一六	〇·九九六四八九	勃洛克斯

（續表）

彗星根數表

彗數	西曆過卑點時 年		月	時	卑距交	正交黃經	交角	卑點距日	周時	兩心差	彗名
一八九	一八九七		六	四·七	一〇七·〇	二九六·五	五·四	一·〇九〇	五·五四七	〇·六五二二三四	但白勒快彗
一九〇	一八九八	壹	三	一七·一	四七·三	二六二·四	七二·五	一·〇九五	四〇二·八	〇·九七九九二一	潘林
一九一	一八九八		一〇	四·〇	一六八·七	七二·六	一〇·八	二·〇九一	六·五三八	〇·四〇一九四二	但白勒
一九二	一九〇〇		二	一六·七	三一五·七	五二·四	三·〇	〇·九六九	六·五五六	〇·七二三三四三	芬蘭
一九三	一九一〇		五	二〇	二四八·五	五七·二	一六二·二	〇·五八九	七六·〇八	〇·九六一七三三	好里

彗星根數表

彗數	西曆過卑點時 年		月	日	卑距交	正交黃經	交角	卑點距日	兩心差	行向	彗名
一九四	前三七〇		冬		二四〇·〇	三〇〇·〇	三〇·〇	甚近	一	逆	尾分爲二
一九五	前一三六		四	二九	一〇·〇	二二〇·〇	二〇·〇	一·〇一	一	逆	
一九六	前六八		七		一五〇·〇	一六五·〇	七〇·〇	〇·八〇	一	順	尾短而明
一九七	前一一		一〇	八八	二五二·〇	二八·〇	一〇·〇	〇·五八	一	逆	好里彗
一九八	白曆六六		一	一四·二	二九二·三	三二·六	四〇·五	〇·四四五	一	逆	好里彗
一九九	一四一		三	二九·一	二三九·一	一二·八	一七·〇	〇·七二〇	一	逆	好里彗
二〇〇	一七八		九		一〇〇·〇	一九〇·〇	一八·〇	〇·五	一	順	
二〇一	二一八		四	六					一		
二〇二	二四〇		一二	一〇·〇	八二·〇	一八九·〇	四四·〇	〇·三七二	一	順	尾長三十度
二〇三	二九五		四	一					一		
二〇四	四五一		一	五·五					一		好里彗

（續　表）

彗星根數表

彗數	西曆過卑點時 年		月	日	卑距交	正交黃經	交角	卑點距日	兩心差	行向	彗名
二〇五	五三九		一〇	二〇·六	七五·五	二三八·〇	一〇·〇	〇·五四一	一	逆	尾長十尺
二〇六	五六五	貳	七	一一·八	二八五·三	一三八·七	六〇·五	〇·七七五	一	逆	尾長十度
二〇七	五六八	貳	八	二九·三	二四·三	二九四·二	四一	〇·九〇七	一	順	尾長四十度
二〇八	五七四		四	六·五	一五·三	一二八·五	四六·五	〇·九六三	一	順	
二〇九	七六〇		六	一一					一		好里彗
二一〇	七七〇		六	九六	二六六·一	九一〇	六一·八	〇·六四二	一	逆	尾長三十度
二一一	八三七	壹	二	二九·〇	八三·五	二〇六·五	一一·〇	〇五八·〇	一	逆	尾長八十度
二一二	九六一		一二	三〇·一	二七七·五	三五〇·六	七九·五	〇·五五二	一	逆	
二一三	九八九	貳	九	一二·〇	一八〇·〇	八四·〇	一七·〇	〇·五六八	一	逆	好里彗
二一四	一〇〇六		三	二二	二六六·〇	三八·〇	一七·五	〇·五八三	一	逆	
二一五	一〇六六		四	一·〇	二三九·一	二五·八	一七·〇	〇·七二〇	一	逆	好里彗
二一六	一〇九二		二	一五·〇	三一·七	一二五·七	二八·九	〇·九二八	一	順	
二一七	一〇九七	壹	九	二一九	一二五·〇	二〇七·五	七三·五	〇·七三八	一	順	尾長五十度
二一八	一二三一		一	三〇·三	一三一·三	一三·五	六·一	〇·九四八	一	順	
二一九	一二六四		七	一六·〇	九七·〇	一七五·五	三〇·四	〇·四三〇	一	順	尾長一百度
二二〇	一二九九		七	三一·三	一九六·二	一〇七·一	六八·九	〇·三一八	一	逆	
二二一	一三〇一	壹	一〇	二四·〇	一七四·〇	一三八·〇	一三·〇	〇·六四〇	一	逆	好里彗
二二二	一三三七	壹	六	一五·〇	二六九·三	九三·〇	四〇·五	〇·八二八	一	逆	
二二三	一三五一		一一	二六·〇	六六·〇	〇·〇	〇·〇	一·〇〇〇	一	順	

彗星根數表

（續　表）

彗數	西曆過卑點時 年		月	日	卑距交	正交黃經	交角	卑點距日	兩心差	行向	彗名
二二四	一三六二	壹	三	一一・二	三三〇・〇	二四九・〇	二一・〇	〇・四五六	一	逆	尾長二十尺
二二五	一三六六		一〇	一三・〇	二一四・〇	二一二・〇	六・〇	〇・九五八	一		
二二六	一三八五		一〇	一六三	一九三三	二六八五	五二・二	〇・七七四	一	逆	尾長十度
二二七	一四三三		一一	五・二	一七一・九	一一〇・一	七七・二	〇・三二九	一	逆	
二二八	一四四九		一二	九〇	二七七・〇	一四三・〇	七五・五	〇・一五〇	一	順	
二二九	一四五七	叁	九	三・七	一九六・七	三五六・一	二〇・三	二一〇・三	一	順	尾長十五度
二三〇	一四六二		八	六・一	一七一・〇	二五・〇	二五・〇	〇・三一	一	逆	
二三一	一四六八	貳	一〇	七・三	二九四・八	六一・二	四四・三	〇・八五三	一	逆	尾長三十度
二三二	一四七二		二	二八・二	二〇〇・五	二〇七・五	一・九	〇・五三九	一	逆	距地三□英里
二三三	一四九〇		一二	二四・五	一二九・九	二八八・七	五一・六	〇・七三八	一	順	
二三四	一四九九		九	六・八	三三・五	三二六・五	二一・〇	〇・九五四	一	順	距地近
二三五	一五〇〇		五	一七・〇	三四〇・〇	三一〇・〇	七五・〇	一・四	一	逆	尾長五度
二三六	一五〇六		九	三・六	一一七・八	一三二・八	四五・〇	〇・三八六	一	逆	
二三七	一五三二		一〇	一九・六	一六・六	一一九・一	四二・五	〇・六一三	一	順	
二三八	一五三三		六	一四・九	三四八・三	二九九・三	二八・二	〇・三二七	一	順	尾長十五度
二三九	一五五六		四	二三・〇	九八・八	一七五・四	三〇・二	〇・五〇五	一	順	
二四〇	一五五八		八	一〇・五	三五七・二	三三一・六	七三・五	〇・五七七	一	逆	
二四一	一五七七		一〇	二六・九	一〇四・三	二五・三	七五・一	〇・一七八	一	逆	尾長廿二度
二四二	一五八〇		一一	二八・五	八九・三	一九・一	六四・六	〇・六〇二	一	順	

（續 表）

彗星根數表

彗數	西曆過卑點時 年		月	日	卑距交	正交黃經	交角	卑點距日	兩心差	行向	彗名
二四三	一五八二		五	六·七	一四·三	二三一·一	六一·五	〇·二二六	一	逆	尾長三度
二四四	一五八五		一〇	八·〇	三三一·四	三七·七	六·一	一·〇九五	一	順	
二四五	一五九〇		二	八·〇	五二·三	一六五·六	二九·五	〇·五六八	一	逆	尾長七度
二四六	一五九三		七	一八·五	一二·一	一六四·二	八八·〇	〇·〇八九	一	順	尾長四度半
二四七	一五九六		七	二五·二	三〇〇·六	三三〇·三	五二·〇	〇·五六七	一	逆	
二四八	一六一八	壹	八	一七·一	二四·九	二九三·四	二一·五	〇·五一三	一	順	
二四九	一六一八	叁	一二	八·三	二八七·三	七五·七	三七·二	〇·三九〇	一	順	尾長一百〇四度
二五〇	一六五二		一二	一二·六	三〇〇·一	八八·一	七九·五	〇·八四八	一	順	
二五一	一六六一		一	二六·九	三三·四	八一·九	三三·〇	〇·四四三	一	順	
二五二	一六六四		一二	四·五	四九·三	八一·二	二一·三	一·〇二六	一	逆	尾長十度
二五三	一六六五		四	二四·二	二〇三·九	二二八·〇	七六·一	〇·一〇六	一	逆	尾長廿五度
二五四	一六六八		二	二四·八	二〇六·七	一九三·四	二七·一	〇·二五一	一	順	南半球見

流星雨部

題解

《爾雅・釋天》 奔星爲彴約。

漢・司馬遷《史記》卷二七《天官書》 天狗，狀如大奔星，有聲，其下止地，類狗。所墮及，望之如火光炎炎沖天。其下圜如數頃田處，上兑者則有黄色，千里破軍殺將。

漢・劉熙《釋名》卷一 流星，星轉行如流水也。枉矢，齊魯謂光景爲枉矢，言其光行若射矢之所至也。亦言其氣枉暴有所災害也。

漢・王充《論衡》卷九 《春秋》「莊公七年：夏四月辛卯，夜中恒星不見，星霣如雨。」《公羊傳》曰：「如雨者何？非雨也。非雨則曷爲謂之如雨？不修《春秋》曰：雨星，不及地尺而復。君子修之『星如雨』。」不修《春秋》者，未修《春秋》時《魯史記》，曰「雨星不及地尺如復」。君子者，謂孔子也。孔子修之，「星如雨」。如雨者，如雨狀也。山氣爲雲，上不及天，下而爲雨。星隕不及地，上復在天，故曰如雨。孔子正言也。夫星霣或時至地，或時不能，尺丈之數難審也。《史記》言尺，亦以太甚矣。大地有樓臺山陵，安得言尺？孔子言如雨，得其實矣。孔子作《春秋》，故正言如雨。如孔子不作，不及地尺之文，遂傳至今。

北周・庾季才《靈臺秘苑》卷一五 流星者，天之使，五行之散精，飛行列宿，告示休咎。自上而降，或光跡相連，皆曰流，自下而升曰飛，至地曰墜，星大或絶跡而去皆曰奔星。

唐・李淳風《觀象玩占》卷三六 流星者，天之使，五行之散精，飛行列宿，告示休咎。自上而降，或光跡相連，皆曰流。自下而昇，曰飛。至地曰墜。星大或絶跡而去，皆曰奔。

綜述

漢・班固《漢書》卷二六《天文志》 天鼓，有音如雷非雷，音在地而下及地。其所往者，兵發其下。

天狗，狀如大流星，有聲，(共)〔其〕下止地，類狗。所墜及，望之如火光炎炎中天。其下圜如數頃田處，上鋭見則有黄色，千里破軍殺將。

又 枉矢，狀類大流星，虵行而倉黑，望如有毛目然。長庚，廣如一匹布著天。此星見，起兵。

北周・庾季才《靈臺秘苑》卷一五 星辰麗於天，猶民之附於王也，將叛去，故星亦離矣。而隕其占亂兵起，陽失其位，災害之萌，星隕如雨，諸侯强衆暴寡，百姓離叛，下反其上之象。

唐・房玄齡等《晉書》卷一二《天文志中》 流星，天使也。自上而降曰流，自下而升曰飛。大者曰奔，奔亦流星也。星大者使大，星小者使小。聲隆隆者，怒之象也。行疾者期速，行遲者期遲。大而無光者，衆人之事；小而有光者，貴人之事；大而光者，其人貴且衆也。乍明乍滅者，賊成賊敗也。前大後小者，恐憂也；前小後大者，喜事也。蛇行者，姦事也，往疾者，往而不反也。長者，其事長久也；短者，事疾也。奔星所墜，其下有兵。無風雲，有流星見，良久間乃入，爲大風，發屋折木。小流星百數四面行者，衆庶流移之象。

流星之類，有音如炬火下地，野雉鳴，天保也；所墜國安，有喜。若小流星色青赤，名曰地雁，其所墜者起兵。流星有光青赤，長二三丈，名曰天雁，軍中之精華也；其國起兵，將軍當從星所之。流星暉然有光，光白，長竟天者，人主之星也；主相將軍從星所之。

飛星大如缶若甕，後皎然白，前卑後高，此謂頓頑，其所從者多死亡。飛星大如缶若甕，後皎然白，星滅後，白者曲環如車輪，此謂解銜，其國人相斬爲爵禄。飛星大如缶若甕，其後皎然白，長數丈。星滅後，白者化爲雲流下，名曰大

滑，所下有流血積骨。

杠矢，類流星，色蒼黑，蛇行，望之如有毛，目長數匹，著天，主反萌，主射愚。見則謀反之兵合射所誅，亦爲以亂伐亂。

天狗，狀如大奔星，色黄，有聲，其止地，類狗。所墜，望之如火光，炎炎衝天，其上鋭，其下員，如數頃田處。或曰，星有毛，旁有短彗，下有狗形者。或曰，星出，其狀赤白有光，下即爲天狗。一曰，流星有光，見人面，墜無音，若有足者，名曰天狗。其色白，其中黄，黄如遺火狀。主候兵討賤。見則四方相射，千里破軍殺將。或曰，五將鬬，人相食，所往之鄉有流血。其君失地，兵大起，國易政，戒守禦。

唐・魏徵等《隋書》卷二一《天文志中》　流星，天使也。自上而降曰流，自下而升曰飛。大者曰奔，奔亦流星也。星大者使大，星小者使小。聲隆隆者，怒之象也。行疾者期速，行遲者期遲。大而無光者，衆人之事。小而光者，貴人之事。大而光者，其人貴且衆也。乍明乍滅者，賊敗成也。前大後小者，恐憂也。前小後大者，喜事也。蛇行者，姦事也。往疾者，往而不返也。長者，其事長久也。短者，事疾也。奔星所墜，其下有兵。無風雲，有流星見，良久間乃入，爲大風發屋折木。小流星百數，四面行者，庶人流移之象。流星異狀，名占不同。今略古書及《荆州占》所載云。

流星之尾，長二三丈，暉然有光竟天，其色白者，主使也，色赤者，將軍使也。流星有光，其色黄白者，從天墜有音，如炬熛火下地，野雉盡鳴，斯天保也。所墜國安有喜，若水。流星其色青赤，名曰地雁，共所墜者起兵。流星有光青赤，其長二三丈，名曰天雁，軍之精華也。其國起兵，將軍當從星所之。流星暉然有光，白，長竟天者，人主之星也，主將相軍從星所之。凡星如甕者，爲發謀起事。大如桃者爲使事。流星大如缶，其光赤黑，有喙者，名曰梁星，其所墜之鄉有兵，君失地。

飛星大如缶若甕，後皎然白，前卑後高，此謂頓頑，其所從者多死亡，削邑而不戰。有飛星大如缶若甕，後皎然白，前卑後高，摇頭，乍上乍下，此謂降石，所下民食不足。飛星大如缶若甕，後皎然白，星滅後，白者曲環如車輪，此謂解衘。其國人相斬爲爵禄，此謂自相齧食。有飛星大如缶若甕，其後皎然白，長數丈，星滅後，白者化爲雲流下，名曰大滑，所下有流血積骨。有飛星大如缶若甕，後皎白，縵縵然長可十餘丈而委曲，名曰天刑，一曰天餉，將軍均封疆。

天狗，狀如大奔星，色黄有聲，其止地類狗，所墜，望之如火光，炎炎衝天，其上鋭，其下圓，如數頃田處。或曰，星有毛，旁有短彗，下有狗形者。或曰，星出，其狀赤白有光，下即爲天狗。一曰，流星有光，見人面，墜無音，若有足者，名曰天狗。其色白，其中黄，黄如遺火狀。主候兵討賤，見則四方相射，千里破軍殺將。或曰，五將鬬，人相食，所往之鄉有流血。其君失地，兵大起，國易政，戒守禦。餘占同前。謍頭，有雲如壞山墮，所謂謍頭之星。所墮，其下覆軍，流血千里。亦曰，流星晝隕名謍頭。

唐・李淳風《觀象玩占》卷三六　流星

流星者，天皇之使，五行之散精也。自上而降曰流，自下而升曰飛，大者曰奔，皆流星也。星大則其事大，星小則其事小。大者害深，小者禍淺。有聲隆隆者，怒之象也。行疾也期疾，遲者期遲。大而無光者，衆人之事；小而有光者，貴人之事。大而光者，其人貴且衆也，出則内使出，入則外使入也。前小後大者，喜事也；前大後小者，恐憂也。蛇行者，奸事也。往疾者，往而不返也。長者其事久，短者其事疾也。乍明乍滅者，賊成賊敗也。小而多者，庶民也；甚大者，大貴人也。又曰：絶跡而去曰奔，光跡相連曰流，有所干犯掩滅，則爲誅罰之象，宜以五色占之。

又　流星雜占

流星有芒角有聲者怒也。以色占其吉凶，以日辰及所起所止占其處。大抵色青爲憂，爲飢色，赤爲兵、爲旱、爲火色，白爲刑獄，亦爲兵事色，黑爲疾病、爲死喪、爲水災色，黄潤澤則爲喜，不則爲土功事。又以日時休囚王相兼言之。流星大如甕爲發謀事，大如桃以下爲使事。流星有尾，狀如匹布，蒼白色者，使星也。流星紛紛交行，光耀人目者，人君自貴，視人如草芥，臣民思欲離叛，期不出二年。石氏曰：流星紛紛交行不止，天下兵飢，人民流亡各去，其期不出三年。流星數百千枚四行者，人民流徙也。大星小星交錯而行者，貴人與小民俱也。流星交馳，絡繹相逐，有急使奔馳道路。衆星並流，庶民離散也。將軍與兵隨星所之，勝星流不止，亦爲百姓離散。若墜吾國，宜從避之。

唐・瞿曇悉達《開元占經》卷七一　流星四面交行二

《考異郵》曰：陪臣專行請謁至尊，衆星數流主命凶。《海中占》曰：流星紛紛交行，耀目，人君自貴，視臣如草土，臣欲有離散之象也。期不出二年。班固《天文志》曰：孝昭元平元年二月，有大流星如月，衆星隨而西行，大如月，大

臣之象也。衆星隨之，衆人皆隨從，大臣之象也。此大臣欲行權以安社稷。其四月，昌邑王賀行淫僻，立二十七日。大將軍霍光白皇太后，廢賀章。《昭洞記》曰：四月癸未，昭帝崩。司馬彪《天文志》曰：流星百數四面行者，庶人移徙之象。案宋《天文志》曰：宋明帝大始二年三月乙未，有流星大小西行，不可勝數，至曉乃息。占曰：人流之象。其年淮北四州地彭城、兖州並爲虜所没，人流之象。《黄帝占》曰：大流星出行，衆星紛紛從之而流。期不出三年，王者徙都邑，去其宫殿。又曰：星數流者，天下不安，急使絡驛之象也。石氏曰：流星紛紛交行，移時不止，天下大饑，兵起，人民流亡，各去其鄉，期不出三年。司馬彪《天文志》曰：光武建武十二年正月己未，小流星百枚以上，或西北，或正北，或正東，或東北，二夜止。六月戊寅，流星百枚以上四面行。小星者，庶人之類；流行者，移徙之象。於時西討公孫述，北征虜羯，匈奴侵邊。漢遣將軍馬武等屯下曲陽臨呼沱，以備胡。匈奴入河東，中未安，米穀荒，貴人或流散。後三年，吴漢等從鴈門代郡上谷關西使人六萬餘置常關、居庸關以東，以避胡寇。《宋書·天文志》曰：晉孝懷永嘉元年十二月丁亥，流星震散。案劉向説，天官列宿，在位之象，衆小星無名者，庶人之類。此百官庶人將流散之象也。其後天下大亂，百官萬人流移轉死矣。驗近事：中宗朝衛王重俊與李多祚等欲舉兵誅鋤干紀者武三思等，於時光夜有流星，繽紛交亂，不可勝記。向晚有大流星百數，皆有尾跡，紛馳漸下，向西南。及至王與左右將軍等奔退，多向西南，衛王亦殞身於西南方有鄠之野。又驗：景龍二年六月癸未，夜有流星無數，四方奔墮，繽繽紛紛，不可勝記，多出虛危、河鼓、天津、貫索、織女、羽林、王良閣道。又先天二年六月庚戌夜，有流星無數，皆向北及西北流，從羽林飛入紫微宫者甚衆，亦出河鼓、織女等坐。後皆朝有變故，因羽林兵誅岑羲等賊。干戈垂於紫宫，鋒鏑流於絳闕，羣小流移，急使駱驛。又驗：其月丙辰夜，小流星四面交流極多，不可勝記。所流者不過二尺。後果京兆醴泉坊人遞相訛恐，多棄已宅，散走他里，經宿而止。凡小流星者，庶人之象；交流者，驚馳之應也。

又　星隕占五

《京房易傳》曰：星者，陰精也。五行之形，其體在下，精燿在天，百官之本，各因其原。星飛反行，萬民不安。大星隕下，陽失其位，災害之萌也。其救也，人君當悔過反政，克己責躬，省徭役，安國封侯，以寧民爲先，則宿正矣。《洪範傳》曰：星者，在位人君之類也。隕者，衆其隕墜，失其所也。夜中然後隕者，言不得終其性命，中道而敗。或曰象其叛也。夜中然後反者，言當以中和之道反之也。天變所以語人也，防惡遠非，隕卑有微，將以安之也。班固《天文志》曰：夜中星隕者爲中國也。《鹽鐵論》曰：常星猶公卿也，衆星猶萬民也。列星正則衆星齊，常星亂則衆星墜。《感精符》曰：天下無法度，莫能相治，患禍並見，四夷爲邪，則星隕，皆失其正。異姓起，行貪奢，强國並兼，民流彼邦，此王者失執，諸侯起覇之異。董仲舒曰：星隕者，君主太盛，臣下墜落之象也。省刑，罪無加賢臣以救之。《洛書》曰：衆星隕不言侯伯伐王。《天鏡》曰：國易主則星墜。國有大凶，其主亡，則衆星墜。董仲舒曰：衆星墜，民失其所也。《荆州占》曰：星墜，當其下有戰場，天下亂，期三年。《推度災》曰：奔星之所墜，其下有兵；列宿之所墜，滅家邦；衆星之所墜，萬民亡。《運期授》曰：黄帝亡也，黄星墜。《文曜鉤》曰：鎮星墜，海水溢。《考異郵》曰：黄星騁，海水躍。《運斗樞》曰：黄星墜，海水傾。《淮南子》曰：奔星墜而渤海決。許慎曰：奔星，流星也。《天官書》曰：宋襄公時，隕如雨。杜預《春秋》曰：如而也。星落而且雨也。天子微，諸侯力政，五伯代興，更爲民主。自是之後，衆暴寡，大並小，並爲戰國。京房曰：星以春三月墜，歲凶不登，其二月大殃。秋三月墜，兵起，八月大殃。《左傳》曰：星隕如雨，與雨偕也。洪範曰：此象天子微弱，民將去土，諸侯起覇，終於微滅之應也。《潛潭巴》曰：星隕如雨，厥民叛，下有專討歸衆。京房曰：人君不仁，傷胎孕，殺無辜，則歲星失度，星隕如雨。不收，則弟殺兄，臣誅君。其救也，内慈仁敬讓，外慮恩施惠，無犯四時，歲星承度，隕星上覆列宿。又曰：君不任賢，厥妖天雨星也。《漢書》曰：成帝永始二年二月癸未，夜過中星，隕如雨，長一二丈，繹繹未至地滅，至雞鳴止。谷永對曰：日月星辰，燭臨下土，其有食隕之異。即遐邇幽隱，靡不咸覩。星附麗於天，猶庶民，附麗王者。君失道也，綱紀廢頹，下將畔去。故星畔天而隕，以見其象。《春秋》記異星隕最大自魯莊公已未，於今再爲見。臣聞三代所以喪亡者，繇婦人羣小沉湎於酒。《書》云：乃用其婦人之言，四方之多罪逋逃，是信是使。《詩》云：赫赫宗周，褒姒滅之。顛覆厥德，荒湛於酒。及秦所以二世而亡者，養生太奢，奉終太厚。方今國家，兼而有之，社稷宗廟之大憂也。《天鏡》曰：星墜爲石，天下兵起，流血萬里。又曰：國有兵凶，則星墜爲鳥獸。京房曰：天下將亡，則星墜爲飛蟲。又曰：歲大饑，大殃，則星墜爲粟豆。又曰：天下大兵，則星墜爲金鐵。《天鏡》曰：天下有水，則星墜爲水。又曰：國有大饑，有兵流血，則星墜爲上。又曰：國主亡，有兵，則星墜爲草木。又曰：兵起，國主亡，則星墜爲沙。京房曰：星墜爲人而言者，善惡如其言。又曰：國有大喪，則星墜爲龍。《河圖》曰：將失政不法，石墜星亡。《援神契》曰：星墜、石墜，大人憂。京房曰：星

墮化爲石，臣下倍主，主妄行。又曰：兵將作妖星，隕爲石。《天官書》曰：星墜地則石也，河濟之間時有墜星。《左傳》曰：僖十六年春，隕石於宋五，隕星也。周内史叔興聘於宋，宋襄公問曰：「是何祥也？吉凶焉在？」對曰：「今兹魯多大喪，明年齊有亂，君將得諸侯而不終。」退而告人曰：「君失問，是陰陽之事，非吉凶所生也。吉凶由人，吾不敢逆君故也。」《洪範占》曰：明年齊桓公卒，五子争國，宋公伐齊行霸，後六年爲楚所敗，不終之應也。《抱樸子・外圖》曰：隕星者，其精耀，非隕其質也。隕石於宋五，非星也。俗人視天上惟有日月與星，計言從天上墮惟當是此三物。而日月常在，故謂墮者必是星耳。天或雨血、雨魚、雨灰、雨草、木、雨兵、雨石、雨穀。如此，是天降怪異，無所不有。春秋時，隕石所謂雨石者也，何必星乎？或四方高山之石，飛行爲怪，墜之於地耳。其妖大甚，不可悉載。《史記》秦始皇三十六年，有墜星下東郡，至地爲石。黔首或刻其石云：「始皇死而地分。」始皇問之，遣御史逐問，莫服。盡取石旁舍人誅之，燔其石。《洪範占》曰：是歲始皇崩，三年而秦滅亡。《趙書》曰：石勒時有星隕魏郡鄴縣東北六十里，初有黑黄雲如幕，長數十疋，交錯音聲如雷，墜地熱氣如火，塵起連天。時左右有私鋤者，皆震疊。塵止，經視之，土猶帶熱，求覓，見有一石，方一尺，青色，而輕擊之，聲如磬。未幾，石勒死，虎殺其子而自立。

元・馬端臨《文獻通考》卷二八一《象緯考四》 流星，天使也。自上而降曰流，自下而升曰飛。大者曰奔，奔亦流星也。星大者使大，星小者使小。聲隆隆者，怒之象也。行疾者期速，行遲者期遲。大而無光者，衆人之事。小而光者，貴人之事。大而光者，其人貴且衆也。乍明乍滅者，賊敗成也。前大後小者，恐憂。前小後大者，喜事也。蛇行者，奸事也。往疾者，往而不返也。長者，其事長久也。短者，事疾也。奔星所墜，其下有兵。無風雲，有流星見，良久間乃入，爲大風發屋折木。小流星百數，四面行者，庶人流移之象。流星異狀，名占不同。今略古書及《荊州占》所載云。

流星之尾長二三丈，暉然有光竟天，其色白者，主使也，色赤者，將軍使也。流星有光，其色黄白者，從天墜有音，如炬爃火下地，野雉盡鳴，斯天保也。所墜國安有喜，若水。流星其色青赤，名曰地雁，其所墜者起兵。流星有光青赤，其長二三丈，名曰天雁，軍之精華也。其國起兵，將軍當從星所之。流星暉然有光，白，長競天者，人主之星也，主相將軍從星所之。凡星如甕者，爲發謀起事。大如桃者爲使事。流星大如缶，其光赤黑，有喙者，名曰梁星，其所墜之鄉有兵，君失地。

飛星大如缶若甕，後皎然白，前卑後高，此謂頓頑，其所從者多死亡，削邑而不戰。有飛星大如缶若甕，後皎然白，前卑後高、摇頭，乍上乍下，此謂降石，所下民食不足。飛星大如缶若甕，後皎然白，星滅後，白者曲環如車輪，此謂解銜。其國人相斬爲爵禄，此謂自相齧食。有飛星大如缶若甕，其後皎然白，長數丈，星滅後，白者化爲雲流下，名曰大滑，所下有流血積骨。有飛星大如缶若甕，後皎白，縵縵然，長可十餘丈而委曲，名曰天刑，一曰天飾，將軍均封疆。

天狗，狀如大奔星，色黄有聲，其止地類狗，所墜，望之如火光，炎炎沖天，其上鋭，其下圓，如數頃田處。或曰，星有毛，旁有短彗，下有狗形者，或曰，星出，其狀赤白有光，下即爲天狗。一曰，流星有光，見人臣，墜無音，若有足者，名曰天狗。其色白，其中黄，黄如遺火狀。主候兵討賊，見則四方相射，千裏破軍殺將。或曰，五將鬥，人相食，所往之鄉有流血。其君失地，兵大起，國易政，戒守御余占同前。。營頭，有雲如壞山墮，所謂營頭之星。所墮，其下覆軍，流血千里。亦曰，流星晝隕名營頭。

《中興天文誌》：流星有八：一曰天使、二曰天暉、三曰天雁、四曰天保、五曰地雁、六曰梁星、七曰營頭、八曰天狗。自上而降曰流，東西横行亦曰流，奔亦流也。流星之爲天使者，有祥有妖。流星之爲天暉、天雁者，祥。流星夜隕而爲天保者，亦祥。流星夜隕而爲地雁、爲梁星者，妖。流星晝隕或夜隕而爲營頭者，亦妖。流星之大者爲奔星，奔星夜隕而爲天狗，其妖甚矣。飛星有五：一曰天刑、二曰降石、三曰頓頑、四曰解銜、五曰大濆。自下而升曰飛，飛星之爲天刑者祥。白降石以下皆妖。

元・脱脱等《宋史》卷四九《天文志》 流星，天使也。自上而降曰流，東西横行亦曰流。流星有八，曰天使，曰天暉，曰天鴈，曰天保，曰地鴈，曰梁星，曰營頭，曰天狗。流星之爲天使者有祥有妖，爲天暉、天鴈，夜隕而爲天保，則祥；若夜隕而爲地鴈、梁星，晝隕而爲營頭，則妖。流星之大者爲奔星，夜隕而爲天狗，厥妖大。自下而升曰飛。飛星有五，亦有妖祥之分，飛星化而爲天刑則祥；爲降石，爲頓頑，爲解銜，爲大滑，則爲妖。

元・李克家《戎事類占》卷一四 流星，天使也。自上而降曰流，自下而升曰飛，大者曰奔，奔亦流星也。星大者使大，星小者使小。聲隆隆者，怒之象也。行疾者期速，行遲者期遲，大而無光者衆人之事，小而有光者貴人之事。大而光

者其人貴且衆也，乍明乍滅者賊不成也。前大後小者恐憂也，前小後大者喜事也。蛇行者奸事也，往疾者往而不反也。長者其事長久也，短者事疾也。【略】衆星流者萬人不安之象，凡衆星竝流，將軍舉兵，隨流星所向擊之勝。凡見流星赤光入我營中，大凶。若在前後，此伏兵之氣，不可出戰。

明・王鳴鶴《登壇必究》卷二　流星自上而降，飛星自下而昇，所之之地曰有使，所墜之下言有兵。奸事乃蛇行而曲曲，怒氣則聲震而隆隆。奔星所墜，其下有兵。五星自流，則帝王不安其位；衆星並流，則將軍並舉其兵。

明・邢雲路《古今律曆考》卷五《經五》　莊公七年夏四月辛卯，夜恒星不見，夜中星隕如雨。恒星，列星，即常見之經星也。隕，墜也。言衆星流墜如雨之衆也。經星没，衆星流，其變大矣。天星雖有時不見，久之仍復其常，雖隕乃氣之散，非墜而無也。天星有數，若真没而隕，何以從古至今竝未少一星耶？曆法推日月躔離今在某星度，古在某星度，千歲可坐致也。

清・張廷玉等《明史》卷二七《天文志三》　靈臺候簿飛流之記，無夜無有。其小而尋常者，無關休咎，擇其異常者書之。

清・傅蘭雅《天文須知》　夜見天空有星飛過，其後曳長光者，謂之流星。間有星過後，其所曳之光帶，留空中二三秒時纔滅，用千里鏡看其星，非恒星，亦非行星。又與隕石諸小體異，乃如石屑一般，飛行空中且甚速，亦繞附太陽。時或經過地球上層空氣，則被地吸引，與空氣相磨，其質即燒化而發火光。流星有大者，望之略如月輪，或如大球。如乾隆四十八年七月二十一日，有大流星經過歐羅巴洲，從蘇格蘭之舌蘭島至羅馬。其一秒中約行九十里，其光比十五日之月更大，形狀屢變，後分爲數體並行，各曳長光。有時見流星多至無數，如花礮亂放，光滿天空。最多之時略在立冬後五六夜。因地球行度每到此處，必過許多流星聚繞之位，一二日始能過盡。計其年數，應三十三年見最多一次，如道光十四年、同治五年，西國皆見過最多也。

清・鄭光祖《一斑録》卷一　一切大小流星非星也，天上諸星皆定分位。即微細小星，古今雖有增減，從不流墮。其流墮者，乃近地一氣中化出，其光如星，或有聲，或無聲，高低無一定，或散落如雨，休咎皆不易測。

清・王韜《甕牖餘談》卷五　流星隕石之異，古來史不絶書，未可以爲災祥也。同治丙寅春，上海郵信至粵，謂於三月初二日有大星如斗，其次者巨猶如椀。隨有小星無數，約計萬餘，從東南隕於西北，聲如雷轟，逾刻始靜。其時將黎明，衆多有聞聲起者，城廂内外萬目共瞻，咸嘖嘖稱異焉。考星隕如雨載於《春秋》，説者以爲即佛生之歲，固附會可笑，而星隕之理究未有明言其指。昔西士曾細加辨察，其質爲火石、硫磺、鐵、黄灰、白鉛不等，其重自數斤至千萬石皆有之。其行之捷，一秒可八十里。體質在空中每自發光。尤異者，星隕之時，空中有若槍礮金鼓聲。與地球相去或數十里，或數百里。大抵流行空中，則見爲星；一隕於地，遂成爲石。西國曾有隕石自空墜下，去地八十里，計其重可一千萬石。其中有一方墜地，大異尋常。使非天空之行甚速，則地面吸力可引之盡下。西國格致家參考其故，有云月距地球最近，其中常有火山吐燄，或有鎔化之質噴出，偶落空際，墜下極速，地氣吸之，故能至地。有云行星中有無數小體，由於大體分裂，有時本質自散復聚，環日而行，至地球軌道，爲地力吸引，至天空而發光，其行甚捷，變爲隕石、流星諸異象。有云凡體在天空，一秒可行三里，能吸空氣之熱，故易於發光。以寒暑表計之，約三萬度。故初隕之石，氣猶甚熱。上海所見流星，大抵行星中分裂小體耳，奚足爲祲祥之先見哉？近時西國疇人家俱究心於流星隕石之理，便孫伯、勃蘭特二人欲知其道與地道之交角，細測初見至隱之時分，大抵流星之行道設有方向，速率略與地同，而又近地，則必爲地面攝力所留而繞地。若爲實體能借光照地，則有時必於一刹那中見之，即入闇虚而隱。道光二十七年七月初九日，有大流星過法都巴黎斯，士魯士星臺官白底推得其繞日之道爲雙曲線。白底所測諸流星中有一疑其繞地如月，然距地面尚一萬四千五百里。有云流星、隕石二者不同。太虚中薄氣略厚處能阻彗星，此乃數萬彗星過最卑時所留尾上餘質漸積而成。或意是無數小體，與日相屬，俱若小行星，各有本道，各有周時，距地甚遠，故視之甚微。所見尖錐，一若日光透門隙，見光中無數微塵也。此諸小體所併，較日體尚甚微，不可比，故攝動不能覺。然其各道相交，則有時必相遇而相擊，或落於日中，或落於行星中。各國史中所載隕石、隕鐵之事，即此物也。西史有四人爲隕石所擊死。周貞定王四年，隕石於土耳其之哀哿卜大摩，其大六十石。後梁龍德元年，以大利之那尼隕石於河中，高出水面四尺。明泰昌元年，隕鐵於印度本若之斜林特，其王曰杭格鍛以鑄劍。隕石於英國十六次，一在倫敦。嘉慶八年三月六日午正，法蘭西諾曼的省蘭格城空中有大火球，裂爲數千石而隕，偏散於地，方里者七八十。王命人往觀之，不誣。昔人謂此係地面或月中火山吐燄時飛出者，非也。今人皆知空中小體與行星同類，其隕時有火光，至地尚甚熱。或於空中碎裂者，蓋其下行速

率遞增甚大，與氣相磨，力甚猛，故發熱，且生火也。至於流星，與上鐵石諸小體異，當别是一質。每見大流星曳長光或大火球經過地氣之上層，有時過後所曳光帶留於空中，歷時數分始滅；有時空中作喧沸聲，其體豁裂而隱；有時無聲而自隱，此必地氣外之物偶入地氣中而發光也。乾隆四十八年七月二十一日，有大流星經過歐羅巴洲，從蘇格蘭之舌蘭島至羅馬，其速率一秒中約九十里，距地面一百五十里。其光較望時之月尤大，實徑一里半，其狀屢變，後分爲數體並行，各曳光尾，爲最異焉。或有時見流星多至無數，如花炮亂放，如雨雪交紛，光滿天空，歷數時之久。徧大洲大洋皆見之，或兩半球皆得覩。此必在冬至後五、六兩夜，或立秋後二、三兩夜。常有大流星皆曳光尾，徹夜不絶。意地球行道每周至此處，必過無數流星繞日道之面，一二日始過盡。其過時，諸流星及地球之路皆當作直線。立冬後五、六兩夜所向之點近軒轅第十二星，立秋後二、三兩夜所發之公點恒近傳舍第七星。流星道非必與黄道同面，但設爲橢圜。若諸流星匀列於橢圜道，則地球繞日每年必一次遇之。若諸流星分作數隊依次相隨行於橢圜道，而周時與地球不同，則或間數年。所遇之隊有疏密，故所見各異。述星隕者，其理盡於此矣。

清・劉錦藻《清朝續文獻通考》卷三〇〇《象緯考七》　西儒赫士氏《天文揭要》云：流星即天空流行之星，大小不等，行極速，每秒約八十四里。天學家謂逐日流星經過地軌道者約有八百萬。設非以日月雲霧之礙，逐日各處所見約有千數，合全地所見等於八百萬。如以遠鏡測之，自必更多，至於不可勝數矣。

臣謹案：流星小體或繞日行而成圈，或繞他行星而成圈。其數至多其繞日成圈者，地球行經其處，即發見流星。故每歲流星之期，可以推知也。

西儒希特氏《天文圖説》云：流星分三類，流星、隕石、雷流星是也。此三類出自一源，而形質不同。又有隕鐵，係鐵質隕墜時聚合而成，其質鎳居百分之十，鈷銅錫炭錳鎂等質所含不多。隕鐵石係鐵與石鎔合墜地。歷史所載隕石落地面者甚多，英法美各國博物院皆有搜藏其質，似火山噴吐之汁所成，更無他質。雷流星與隕石微異，球體而明，所過處恒見墜石爆則發紫光而滅。

又云：清朗之夜所見流星數目無幾，惟當地球行向與流星行向相逆時，流星羼入空氣中篇數較多，以中數計之，平旦多於昏刻。黎明時星光多隱，雖繁不可見。故吾人所見流星最多之時在先日出之數小時間。測量家謂流星在子後二三小時爲最多。以流星之觸於地者計之，每二十四小時内當有數百萬顆之數。

數十年前天文家注意流星僉謂於每年某夜中所見之流星比平日爲多，紛紜亂射，勢如驟雨，故西人名爲流星雨。流星相襍於天空恒星之間，其位置與路徑亦有可以測定者。按各流星雨每發源於天空之一定點，名爲流星雨之公點。測流星之親路繞公點近者，其路雖短，而向四出；距公點遠者則視路相較甚長。按其公點年事測驗，知流星雨亦循軌道而行，則被牽於太陽之攝力也無疑。流星中更有散見各處，非出自公點者，名曰散流星。流星雨之已經考定者，其軌道與有周時之彗星無異，故與彗星必有相關。細測流星雨軌道，如但白勒彗與獅座流星雨爲侶。獅座流星雨因其公點出自獅座，故名。仙女流星與比一拉彗爲侶。

吾人所見之流星雨係小流星羣循行於其軌道之間，橫經地道，過地時，與空氣相遇而發光，故世人得共知之，流星羣在每年冬至後十日内適過軌道交點行，經空氣摩擦生熱，故望之如明星橫越而過。

流星雨之見於每年一定之時者，細察其軌道，循環一周，爲路甚長。如英仙流星雨，在每年立秋後數日内地球至其軌道交點時，即見流星紛然射出。然，在立秋後數日内英仙座之流星雨閒有多寡不同。蓋流星循行於軌道之閒，非聚合而爲窄狹之流星羣，實散布於道之左右三百五百里内，惟其前後聯絡疏密不一。如獅座流星雨每年在立冬時見之，然每歷數年則寥寥無幾。蓋流星在其軌道中或一處甚疏，或一處甚密。密處過軌道交點須歷數年，故吾人逢其交點可得連年見之，過此則雖有流星雨而爲數甚少，其名不著。此流星雨約三十三年又四分年之一循環軌道一周，且其橢率甚大，遠出天王星之外也。

西儒赫士《天文新編》云：流星所行之道，幾盡在天空二度寬之處。以此見諸流星原屬一羣。其諸道相遇處即其入地氣界處。謂之射源。今所知之射源約有二百餘處，而諸流星羣皆以射源所在之處爲名。如大獅流星羣、英仙流星羣、雙子流星羣諸射源是也。

大獅流星羣於道光十三年見於美國，光最明麗，歷五六小時之久，密聚流行無落於地面者。其後復見於同治五年、光緒二十四年、二十七年。軌道平面與黄道作十七度之角，地在流星羣之近日點與之相遇。此羣繞日而轉，星之散布

不均，最密之處長二萬里。全羣之行歷數年而始盡過近日點，故其羣可一年見之，或二三年連見之。惟以星羣之首方至近日點時，地適行於何點爲斷。此羣之星色作藍綠，最多之時爲十一月十三前後二十四小時之間。

英仙流星羣軌道橢圓，遠日點在海王星軌道之外，百餘年而轉一周，諸星分散於軌道，故每年可得見之，間有星稀之處。故光緒十八年間地經其道而無所見，以平時計算，地球須歷五星期始出其界，可知其軌道之寬。此羣之星爲逆行，惟速度較大獅羣爲小。體尾色黄，亦未有落至地面。此羣最多之時在八月初十前後數日之間。

仙女流星羣因受行星吸動力，故發見遲早有數日之差。如光緒十八年早見四日，因受木星之吸動也，其行甚緩，又與地道相順，故所見者惟追及地而入地氣界之星。視行速度每秒約四十里，色紅而尾小。此羣每歲可見，惟每閱六年則加多。此羣最多之時，爲十一月二十四及二十八之間。

英國天文家陸克亢氏曾謂流星在天空中極爲重要，黄道光之組織及土星光環、彗光等久已察得與流星有關。陸克亢氏更擴大其説，謂天空物體或爲流星羣所凝結，或當由凝結變化而成之物。又本此論斷爲恒星系變星色、星之見象、星類光圖以及星氣之成因組織等，其發達皆由流星所致，此論頗爲見時天文家所引用，顧尚不能視爲定論也。

清·李善蘭、偉烈亞力《談天》卷一七　或言太陽有薄質包之，故與雲星同類。其證有二：一曰黄道光，二三四月間，若天氣清朗，日初入時能見之，或八九十月日未出前亦能見之。狀如光尖錐，其軸在黄道面内，頂點距太陽之視度自四十至九十不等，與軸正交之底自八度至三十度不等，其尖錐角包太陽於中，其頂出水星金星道之外。有時頂點距太陽九十度，則至地道矣，愈近亦道見之愈明，不可云北曉之類也。或云太虚中薄氣略厚處能阻彗星，此乃數萬彗星過最卑時所留尾上餘質積而成也。或云是太陽之本氣，然有如是氣胞，當有橢率及大小，而與中體同轉，與動重學之理大不合也。意或是無數小體與日相屬。俱若小行星，各有本道，各有周時，距我甚遠，故視之甚微耳。所見尖錐，一若日光透門隙，見光中無數微塵也。此諸小體並之，較日體尚甚微，不可比，故攝動不能覺。然其各道相交，則有時必相遇而相擊，而或落於日中，或落於行星中。各國史中所載隕石、隕鐵諸事，即此物也。西史有四人爲隕石所擊死。周貞定王四年，隕石於土耳其之哀可卜大摩，大六七石。後梁龍德元年，以大利之那尼隕石於河中，高出水面四尺。明泰昌元年，隕鐵於印度本若之斜林特，其王日杭格以鑄劍。此後隕石於英國十六次，一在倫敦。嘉慶八年三月初六日午正，法蘭西諸滿的之來格城，空中有大火球，裂爲數千石而隕，徧散於地，方里者七八十。王命人往觀之，不誣。此外不能勝載。昔人謂此係地面或月中火山口飛出者，非也。今人皆知是空中小體，與行星同類。其隕時有火光，至地尚甚熱。或於空中碎裂者，蓋其下行，速率遞增甚大，與氣相磨，力甚猛，故發熱，且生火也。一曰流星與上鐵石諸小體異，常别是一質。每見大流星曳長光或大火球，經過地氣之上層。有時過後，所曳光帶留於空中，歷時數分始滅。有時發喧鬧聲，其體豁裂而隱。有時無聲而自隱，此必地氣外之物偶入地氣中而發光也。乾隆四十八年七月二十一日，有大流星經過歐羅巴洲，從蘇格蘭之舌蘭島至羅馬，其速率一秒中約九十里，距地面一百五十里。其光較望時之月尤大，實徑一里半。其狀屢變，後分爲數體並行，各曳光尾，爲最異焉。或有時見流星多至無數，如花礮亂放，光滿天空，歷數時之久，徧大洲大洋皆見之，或兩半球皆見之。此必在立冬後五六兩夜。嘉慶四年、道光十二、十三、十四諸年皆然。其見史志者，攷之亦恒在此二夜。又立秋後二三兩夜亦有之，然不能如是之多。但常有大流星，皆曳光尾，徹夜不絶，又有數夜略可定其時，不如此諸夜之確準。意地球行道，每周至此處必過無數流星，繞日道之面，一二日始過盡。其過時，諸流星及地球之路皆當作直線論。又諸流星俱若用同速平行，而視地若定，故從地望之，若俱從天空一公點發出，此與雲隙日光平行線之合點同理。故諸流星所行之弧線引長之，俱成大圈。立冬後五六兩夜所向之點，近軒轅第十二星。立秋後二三兩夜所發之公點，恒近傳舍第七星。無論此二星與地平成何方位，皆然。流星道非必與黄道同面，但設爲橢圜，且兩心差無定。而各流星之速率及方向，無論與地同異，其所發公點之緯度雖大同，未嘗不合理也。若諸流星匀列於此橢圜道，則地球繞日，每年必一次遇之。若諸流星分作數隊，依次相隨行於橢圜道，而周時與地球不同，則或間數年一遇之。所遇之隊有疎密，故所見不同也。

近時天文家俱究心流星之理，便孫伯、勃蘭特二人。欲知其道與地道之交角，細測各流星初見至隱之時分，及恒星中之方位，用底線長五千丈，從兩端測之，知其高從四十六里至四百餘里不等，速率每秒中五十二里至一百餘里不等。其速如是，繞日無疑也。

道光二十七年七月初九日，有大流星過法蘭西提挨伯及巴黎斯。測如上

法，土魯士星臺官白底推得其繞日之道爲變曲線，半長徑〇·三二四〇〇八三，負兩心差三·九五一三〇，最卑點距日〇·九五六二六，與地赤道而之交角十八度二十分十八秒，正交點黄經十度三十四分四十八秒。依此諸根推之，此流星從最近恒星即視差一秒之星。天行三萬七千三百四十年而始至也。諸流星之行道，設有方向，速率略與地同，而又近地，則意必爲地攝力所留而繞地也。若爲實體，能借光照地，則有時必於一剎那中見之，即入闇虚而隱。觀白底所測，中有一疑：其繞地如月，其周時三小時一刻五分。其距地心與地半徑比，若二·五一三與一比，其距地面爲一萬四千五百里也。

續依前言太陽之熱因摩盪而生，故其體不燒毀礫裂。古時倍根創説，謂凡動者之熱，皆因體内之質點常速轉而生，其後細勒亦附和其説，然其是否未定。近時梅爾、儒勒、唐生三人新論此理，云凡體之動無論如何而生，已生之後，永不能滅。若有物阻之，則其動力變形而存於體内，使其諸質點加速旋轉，因此而成熱，或成光，或成光及熱。而加入天空亮氣内之諸點，分散於天空各處，成所顯之光及熱也。此説有數事不解而難信，然合之則有妙論，故謂熱因擊力與面阻力而生。此可爲例矣。瓦得孫、唐孫二人因此解太陽之光熱，瓦得孫云諸隕石行甚長之橢圜道，如彗星相似，其遇太陽之雲氣而落至太陽面者甚多，而速率亦甚大。太陽所發一切之大光大熱即由此而成。準此，太陽而每方尺每小時必受隕石重五觔，速率每秒一千一百三十里。設隕石之疎密率等於花綱石，則每年必蓋於太陽面高十二尺。唐孫信此説，而謂太虚之黄道光黄道光如氣質之星氣以螺絲道轉行，漸近太陽，而摩盪太陽之光氣，以成太陽所發一切之大光大熱。然此不必詳辨可依前説。而攷遠鏡所見太陽之事，以知此説之合理與否也。同治五年立冬後五夜，見流星極多，故後必以是年爲流星天學之元年也。近時勤於測流星之人甚多，故大英格致公會設白來利格、類失格勒格與侯失勒亞力會合地面陸海多人，如亥師及海定格等所測，而用便孫、伯勃蘭特二人之原法，詳攷獨流星顯滅之高與速率行道，而知立冬、立秋後之外，亦有依定時而見之流星。今已定流星顯滅之高及速率，而得總説如左。

流星所顯之光道距地面之高，至少五十八里，至多三百七十六里。其初顯時高之中數爲二百里，滅時高之中數爲一百五十里。故依此曉之證，言雲氣之高過於一百三十里有據也。流星之速率，每秒五十里至二百三十里，中數爲九十八里，與便孫伯、勃爾特之數合。

立冬立秋後之外，最要之各隊流星，小寒前四日所顯者，合點在赤經二百三十四度，北赤緯五十一度。穀雨日所顯者，合點在赤經二百七十七度，北赤緯三十五度。霜降前五日所顯者，合點在赤經九十度，北赤緯十六度。大雪後五日所顯者，合點在赤經一百零五度，北赤緯三十度。立冬後甚多之流星，米利堅紐赫温之奈端攷相傳之書，知自唐昭宗至道光十三年，共有十三次。在唐昭宗天復二年、後唐明宗應順元年、宋真宗咸平五年、宋徽宗建中靖國元年、宋甯宗嘉泰二年、元順帝至正二十六年、明嘉靖十二年、明萬曆三十年、康熙三十七年、嘉慶四年、道光十二年、十三年也。其間之期爲三十二年、三十三年、三十四年，中數爲三十三年又四分年之一，即一百三十三年内有四次。唐昭宗天復二年，在霜降前七夜，以後日期移易不勻。至道光十三年，則在立冬後六夜。依曆法，變此年爲日數，得二百零五萬零七百九十九日。與二百三十九萬零八百六十七日之較，爲三十四萬零六十八日。而九百三十一太陽年，爲三十四萬零四十日，其較爲二十八日。故發流星之日期，在九百三十一年内，漸移後二十八日，約每百年移後三日也。按嘉慶四年、道光十二年、十三年人所推算者，知在同治五六年當再見甚多之流星。將此預傳各處，使人候之。至期有驗，雖不及嘉慶時之亮，而已爲甚亮。同治六年所見者則尤多。米利堅見其最大者。音地亞那不路明敦人格固烏特，自半夜至卯初一刻，共見五百二十五流星。近馬的尼島見光星如雨。任特尼塔島之舟主，名赤木云，自丑正至天明，記所見共一千六百流星。巴哈馬島之那掃，有武官名司多爾得，與其伴自丑初至卯初二刻，記所見共一千零四十流星。彼時細攷此流星之合點，在黄經一百四十二度三十五分，黄北緯十度二十七分，即在軒轅第十一、第九之間也。彼時自太陽觀地球之黄經，爲五十一度二十八分。故道光十三年，因格謂合點在黄道面，推之當時必略在地道内地球所在之點切線之方向。故若以每流星爲細行星，則必逆行環繞，與地道同心之平圜或橢圜，其最卑點或最高點，略與合點相同，在黄經五十一度二十八分。而其道之長徑約在黄道之面内。

設以流星爲細行星，而地球與大發流星之處一百三十三年中相會四次，則流星所行道之形有二法可解之。第一法謂微橢圜道，周時略一恒星年。第二法謂行長橢圜道，周時三十三恒星年又四分恒星年之一。第一法之橢圜道亦有二式。第一式：米利堅奈端之説，其相會在橢圜之最高點，周時三百五十四日五七，少於恒星年十日六七，半徑〇·九八一，兩心差〇·〇二〇四。第二式：

同治七年英國月録無名氏之説，其相會在橢圜之最卑點，周時三百七十六日五六，多於恒星年十一日三三，半徑一·〇二一，兩心差〇·〇一九二。依第一式，每恒星年必行一周多十度五十分。故在三十三年内必過原點二度三十分。依第二式，每恒星年必行一周而少如前數。故在三十三年内必不及原點，亦如前數。故推算各周時，得其元皆在三十一年、三十二年、三十三年及三十四年，而流星恒必略近所會之原點也。若諸流星散大至公總道闊十一度，則幾必相會；若散大至闊二十二度，則定必相會，而幾能連有兩年相會矣。第二法，以大利密蘭星臺官沙怕勒利之説。其相會甚近橢圜道之最卑點，周時三十三年又四分年之一，半徑十〇·三四，兩心差〇·九〇三三。此法與前法其相會皆在往下時之中交點也。其諸流星若散大至公總道之闊能容地球過此交點，則歷時必多於一年，爲一百三十三分之四，相會約可在所定之年。若諸流星散大之闊爲此二倍，則相會必在所定之年。若再闊，則相會速有二三年，而與古所記者相合矣。每百年移後三日之故，半因恒星年長於太陽年一日四。尚有一日六，乃因被他行星所攝動。而每百年交點移前一度三十六分，即每年五十七秒六，地球屢近之，攝力最大，攝動必因此也。故知必被地球攝動也。前言流星行道第一法之二式，其速率必略同地球之速率，而行與地球相逆，可知其真交角約倍其視交角，而得二十度五十四分。流星行道第二法，在橢圜道之最卑點，速率與地球速率比，若一·三七一與一比。設呷呐爲地道，吃叮爲流星道，視交角吃呷叮十度二十七分，吃叮邊爲一·三七一，叮呷邊爲一，則得叮吃呷角爲七度十三分，故真交角吃叮呐爲十八度三十一分。

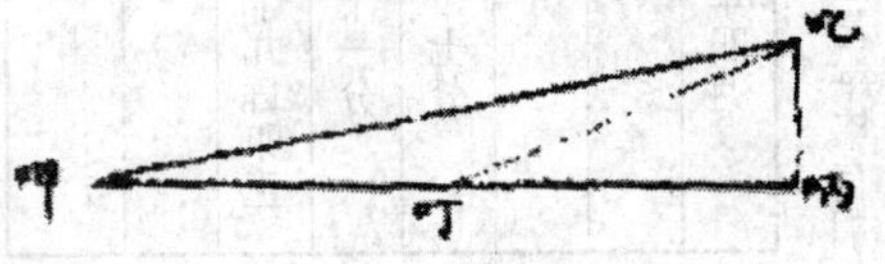

設諸流星爲細行星，而略行正圜道，與地道大小略同而逆行，其道之交角不大於小行星中者之一道，則與太陽所屬諸行星之例不合。又因其無亂攝力能使外移而至其本道，則必恒依此而行無窮之年，而與地球相會無窮之次數。故全團必因地球之慑力所散亂，而使各流星行道之斜度與兩心差各不同。設諸流星行長橢圜道，而周時爲三十三恒星年又四分恒星年之一，則似彗星之道。彗星則常有逆行也。彼得與沙帕勒利同時攷得。但白勒於同治四年所測之彗星，除過最卑點外，其根數與此流星盡合。列其二數如左，以比較之。

	流星道	但白勒彗星道
過最卑時	同治五年十月初七日	同治四年十一月二十五日
最卑點之距	〇·九八九三即立冬後六日地道之帶徑	〇·九七六五
兩心差	〇·九〇三三	〇·九〇五四
半長徑	一〇·三四	一〇·三三四
交角	十八度三分	十七度十八分一
中交黄經度	五十一度二十八分	五十一度二十六分一
周時	三十三年二五	三十三年一七六
行法	逆行	逆行

觀表内之半長徑一〇·三四，最卑點之距略爲一，則知最高點距日必一九·六四，稍出天王星道之外，而道面與天王星道面之交角甚小，長徑與黄道面略合，故天王星與流星同時至二道之交處，略必相遇。無論長徑之方向有變，古必已有相遇之時，後亦必有相遇之時也。惟長徑之方向未必與交點同變尚未推算，故未能確知其變否。力佛理亞另立一説云，在漢順帝永延元年必已相遇。彼時天王星與流星之行俱慢於今。流星在最高點之速率與地球速率比，若〇·〇七與一比，得每秒行三里八二，故必久受天王星攝動之力。而流星道之方向，大有變移，即與古時木星攝動勒石力彗星，變之爲短時道相似也。可知流星之行古尚在外，若非天王星攝之，使行於今之道，則在地球永不能見之也。沙帕勒利又另立説，謂流星道之半短徑爲〇·四四一，其道面與地道面之交角小，故出地道面之距，永不能過於一·五地道半徑。又思古時必已近木星或土星，而受其攝動，使行於今之道也。按：此説不合理。倘如此，則攝力必正加於道面，而行星與流星之速率皆甚大，加力之時必甚小；所受攝動亦必甚小也。

立秋後三日之流星，依同治二年侯失勒亞力測星所得其合點，在大陵中。若其道合抛物線，則遇時之速率與地行正圜當有之速率比，若二之平方根與一比。此與侯失勒亞力及同測者所定之速率略同。又，沙帕勒利依此而推得其道之根數，知與同治元年大彗星道之根數略合。列其二數如左，以比較之。

	沙帕勒利推流星之根數	大彗星道之根數
過中交點	同治五年七月初二日未正	
過最卑點	同治五年六月十三日午初	同治元年七月二十九日卯正
最卑點黃經度	三百四十三度三十八分	三百四十四度四十一分
正交之黃經度	一百三十八度十六分	一百三十七度二十七分
交角	六十四度三分	六十六度二十五分
最卑點距	○・九六四三	○・九六二六
周時		一千二百三十七年四月

設非拋物線道，而是長橢圜道，周時約一百二十三年，亦是相合。惟若每年有相遇，則或正圜，或橢圜，皆必全圈有流星也。立秋後流星之合點，各人各年所測者各不同，不及立冬後合點之有定。可知立秋後之流星屬太陽，甚久於立冬後之流星。蓋各流星之周時必有稍異。故久則行前留後，而團聚者散開成一帶。又因地球之攝動，而諸交角兩心差亦各不同，故合點不定也。立冬後之流星不如此，故合點有定也。

紀事

《竹書紀年》卷上　夏禹八年夏六月，雨金於夏邑。

又　夏桀十年，五星錯行，夜中星隕如雨。地震。伊、洛竭。

《竹書紀年》卷下　周成王三十四年，雨金於咸陽。

又　周襄王三年，雨金於晉。

又　周顯王五年，雨碧於郢。

《春秋左氏傳》　魯莊公七年夏四月辛卯，夜，恒星不見，夜中，星隕如雨。

又　魯僖公十有六年，春，王正月，戊申朔，隕石於宋五。

又　魯僖公十六年，春，隕石於宋五，隕星也。六鷁退飛，過宋都，風也。周內史叔興聘於宋，宋襄公問焉，曰：「是何祥也？吉凶焉在？」對曰：「今茲魯多大喪，明年齊有亂，君將得諸侯而不終。」退而告人曰：「君失問，是陰陽之事，非吉凶所生也。吉凶由人，吾不敢逆君故也。」

《春秋穀梁傳》　魯莊公七年夏四月辛卯昔，恒星不見。恒星者，經星也。日入至於星出，謂之昔。不見者，可以見也。夜中星隕如雨。其隕也如雨，是夜中與？《春秋》著以傳著，疑以傳疑。中之幾也，而曰夜中，著焉爾。何用見其中也？失變而録其時，則夜中矣。其不曰恒星之隕何也？我知恒星之不見，而不知其隕也；我見其隕而接於地者，則是雨説也。著於上，見於下，謂之雨；著於下，不見於上，謂之隕，豈雨説哉？

漢・司馬遷《史記》卷二七《天官書》　蓋略以春秋二百四十二年之閒，日蝕三十六，彗星三見，宋襄公時星隕如雨。

漢・班固《漢書》卷七《昭帝紀》　漢昭帝元平元年二月甲申，晨有流星，大如月，衆星皆隨西行。

漢・班固《漢書》卷一〇《成帝紀》　漢成帝永始二年二月癸未夜，星隕如雨。

又　漢成帝元延元年夏四月丁酉，無雲有雷，聲光耀耀，四面下至地，昏止。赦天下。

漢・班固《漢書》卷二六《天文志》　漢昭帝元平元年二月甲申，晨有大星如月，有衆星隨而西行。

又　元延元年四月丁酉日餔時，天暒晏，殷殷如雷聲，有流星頭大如缶，長十餘丈，皎然赤白色，從日下東南去。四面或大如盂，或如雞子，燿燿如雨下，至昏止。郡國皆言星隕。《春秋》：星隕如雨，爲王者失勢，諸侯起伯之異也。其後王莽遂顓國柄。王氏之興萌於成帝〔時〕，是以有星隕之變。後莽遂篡國。

漢・班固《漢書》卷二七《五行志》　成帝永始二年二月癸未，夜過中，星隕如雨，長一二丈，繹繹未至地滅，至雞鳴止。谷永對曰：「日月星辰燭臨下土，其有食隕之異，則遐邇幽隱靡不咸睹。星辰附離於天，猶庶民附離王者也。王者失道，綱紀廢頓，下將叛去，故星叛天而隕，以見其象。《春秋》記異，星隕最大，自魯嚴以來，至今再見。臣聞三代所以喪亡者，皆繇婦人羣小，湛湎於酒。《書》

云：『乃用其婦人之言，四方之逋逃多罪，是信是使。』《詩》曰：『赫赫宗周，褒姒威之。』『顛覆厥德，荒沈於酒。』及秦所以二世而亡者，養生大奢，奉終大厚。方今國家兼而有之，社稷宗廟之大憂也。」京房《易傳》曰：「君不任賢，厥妖天雨星。」

漢·班固《漢書》卷八五《谷永傳》 漢成帝元延元年四月丁酉，四方衆星白晝流隕。

南朝宋·范曄《後漢書》卷二〇《天文志上》 十二年正月己未，小星流百枚以上，或西北，或東北，二夜止。六月戊戌晨，小流星百枚以上，四面行。小星者，庶民之類。流行者，移徙之象也。或西北，或東北，或四面行，皆小民流移之徵。是時西北討公孫述，北征盧芳。匈奴助芳侵邊，漢遣將軍馬武、騎都尉劉納、閻興軍下曲陽、臨平、呼沱，以備胡。匈奴入河東，中國未安，米穀荒貴，民或流散。後三年，吳漢、馬武又徙鴈門、代郡、上谷、關西縣吏民六萬餘口，置常〔山〕關、居庸關以東，以避胡寇。是小民流移之應。

南朝梁·沈約《宋書》卷二四《天文志二》 孝懷帝永嘉元年九月辛亥，有大星自西南流於東北，小者如升相隨，天盡赤，聲如雷。占曰：「流星爲貴使。」是年五月，汲桑殺東燕王騰，遂據河北。十一月，始遣和郁爲征北將軍鎮鄴，而田甄等大破汲桑，斬於樂陵。於是以甄爲汲郡太守，弟蘭鉅鹿太守。小星相隨，小將別帥之象也。司馬越忿魏郡以東，平原以南，皆黨於桑，悉以賞甄等，於是侵略赤地，有聲如雷，怒之象也。

永嘉元年十二月丁亥，星流震散。案劉向說：「天官列宿，在位之象，小星無名者，庶民之類。此百官庶民將流散之象也。」是後天下大亂，百官萬民，流移轉死矣。

又 三月甲寅，流星赤色衆多，西行經牽牛、虛、危、天津、閣道，貫太微、紫宮。占曰：「星者庶民，類衆多西流之象。徑行天子庭，主弱臣强，諸侯兵不制。」

又 元嘉二十年二月二十四日乙未，有流星大如桃，出天津，入紫宮。須臾有細流星或五或三相續，又有一大流星從紫宮出入北斗魁。須臾又一大流星出，貫索中，經天市垣。諸流星並向北行，至曉不可稱數。流星占並云：「天子之使。」又曰：「庶民惟星。星流，民散之象。」至二十七年，索虜殘破青、冀、徐、兗、南兗、豫六州，民死太半。

又 元嘉二十四年正月，月犯心大星。天星並西流，多細，大不過如雞子，尾有長短，當有數百，至旦日光定乃止，有入北斗紫宮者。占：「流星羣趨所之者，兵聚其下，有大急。」又占：「衆星並流，將軍並舉兵。隨星所之，以應天氣。」又占：「流星入紫宮，有喪，水旱不調。」又占：「流星入北斗，大臣有繫者。」又占：「流星爲民，大星大臣流，小星小民流。」四月，太白晝見。八月，征北大將軍衡陽王義季薨。豫章民胡誕世率其宗族破郡縣，殺太守及縣令。

又 南朝宋武帝大明五年三月，月掩軒轅。占曰：「女主惡之。」有流星數千萬，或長或短，或大或小，並西行，至曉而止。占曰：「人君惡之，民流亡。」

又 南朝宋明帝泰始二年三月乙未，有流星大小西行，不可稱數，至曉乃息。占曰：「民流之象。」

又 南朝宋明帝泰始二年四月，其月己卯，竟夜有流星百餘西南行，一大如甌，尾長丈餘，黑色，從河鼓出。又曰：「有兵。」

南朝梁·蕭子顯《南齊書》卷一三《天文志下》 建元元年十月癸酉，有流星大如三升堰，色白，尾長五丈，從南河東北二尺出，北行歷輿鬼西過，未至軒轅後星而没。没後餘中央，曲如車輪，俄頃化爲白雲，久乃滅。流星自下而升，名曰飛星。

三年十月丙午，有流星大如月，赤白色，尾長七丈，西北行入紫宮中，光照墻垣。

四年正月辛未，有流星大如三升堰，赤色，從北極第二星北一尺出，北行一丈而没。

九月壬子，流星如鵝卵，從柳北出，入軒轅。又一枚如瓜大，出西行没空中。

永明元年六月己酉，有流星如二升椀，從紫宮出，南行没氐。

二年三月庚辰，有流星如二升椀，從天市中出，南行在心後。

四年二月乙丑，有流星大如一升器。戊辰，有流星大如五升器。

四月丁卯，有流星大如一升器，從南斗東北出，西行經斗入氐。

六月丙戌，有流星大如鴨卵，從匏瓜南出，至虛而入。

八月辛未，有流星大如三升堰，從觜星南出，西南行入天濛没。

十一月戊寅，有流星大如二升堰，白色，從亢東北出，行入天市。

十二月丁巳，有流星大如三升椀，白色，從天市帝座出，東北行一丈而没。

五年六月辛未，有流星大如三升器，没後有痕。

九月丙申，有流星大如四升器，白色，有光照地。

十二月甲子，西北有流星大如鴨卵，黄白色，尾長六尺，西南行一丈餘没。

六年三月癸酉，有流星大如鴨卵，赤色，無尾。

四月丙辰，北面有流星大如三升器，白色，北行六尺而没。

七月癸巳，有流星大如鵝卵，白色，從匏瓜南出，西南行一丈没空中。須臾，又有流星大如五升器，白色，從北河南出，東北行一丈三尺没空中。

十月戊寅，南面有流星，大如雞卵，赤色，在東南行没，没後如連珠。

十二月壬寅，有流星大如鵝卵，黄白色，尾長三丈，有光，没後有痕從梗河出，西行一丈許，没空中。

七年正月甲寅，有流星如五升器，白色，尾長四尺，從坐旗星出，西行入五車而過，没空中。

六月丁丑，流星大如二升器，黄赤色，有光尾長六尺許，從亢南出，西行入翼中而没，没後如連珠。

十月乙丑，有流星如三升器，赤黄色，尾長六尺，出紫宫内北極星，東南行三丈没空中。壬辰，流星如三升器，白色，有光從五車北出，行入紫宫，抵北極第一、第二星而過，落空中，尾如連珠，仍有音響似雷。太史奏名曰「天狗」。

八年四月癸巳，有流星如二升器，黄白色，有光，從心星南一尺許出，南行二丈没，没後如連珠。丁巳，流星如鵝〔卵〕，白色，長五丈許，從角星東北二尺出，西北行，没太微西蕃上將星間。

六月癸未，有流星如鴨卵，赤色，從紫宫中出，西南行，未至大角五尺許没。

七月戊申，有流星如五升器，赤白色，長七尺，東南行二丈，没空中。

十月乙亥，有流星如鵝卵，白色，從紫宫中出，西北行三丈許，没空中。

十一月乙未，有流星如鵝卵，赤白色，有光無尾，從氐北一丈出，南行，入氐中没。辛丑，流星如鵝卵，白色，從參伐出，南行一丈没空中。又有一流星大如三升器，白色，從軫中出，東南行，入婁中没。

九年五月庚子，有流星如雞子，白色，無尾，從紫宫裏黄帝座星西二尺出，南行一丈，没空中。丁未，流星如李子，白色，無尾，從奎東北大星東二尺出，東北行，至天將軍而没。戊申，流星如鵝卵，黄白色，尾長二丈，從箕星東一尺出，南行四丈没。

七月乙卯，西南有流星大如二升器，白色，無尾，西南行一丈餘没。戊午，有

流星如二升器，黄白色，有光從天江星西出，東北經天過，入參中而没，没後如連珠。

閏七月戊辰，流星如鵝卵，赤色，尾長二尺，從文昌西行入紫宫没。己巳，西南有流星如二升器，白色，西南行一丈没。

九月戊子，有流星大如雞卵，白色，從少微星北頭出，東行，入太微抵帝座星而過，未至東蕃次相一尺没，如散珠。

十年正月甲戌，有流星如五升器，白色，從氐中出，東南行，經房道過，從心星南二尺没。

三月癸未，有流星如鷄卵，青白色，尾長四尺，從牽牛南八寸出，南行一丈没空中。

十一年二月壬寅，東北有流星如一升器，白色，無尾，北行三丈而没。

四月丙申，有流星如三升器，白色，有光，尾長一丈許，從箕星東北一尺出，行二丈許，入斗度，没空中，臨没如連珠。

五月壬申，有流星大如雞子，黄白色，從太微端門出，無所犯，西南行一丈許没，没後有痕。

七月辛酉，有流星如雞子，赤色，無尾，從氐中出，西行一丈五尺没空中。戊寅，有流星如鷄卵，黄白色，從紫宫東蕃内出，東北行一丈五尺，至北極第五星西北四尺没。

九月乙酉，有流星如鴨卵，黄白色，從婁南一尺出，東行二丈没。

十二月己丑，西南有流星如三升器，黄赤色，無尾，西南行三丈許没，散如遺火。

永元三年夜，天開黄色明照，須臾有物絳色如小甕，漸漸大如倉廩，聲隆隆如雷，墜太湖中，野雉皆雊，世人呼爲「木殃」。史臣案《春秋緯》「天狗如大奔星，有聲，望之如火，見則四方相射」。漢史云：「西北有三大星，如日狀，名曰天狗。天狗出則人相食。」《天官》云：「天狗狀如大鏡星。」又云：「如大流星，色黄，有聲。其止地類狗所墜。望之如火光，炎炎衝天。其上鋭，其下圓，如數頃田。見則流血千里，破軍殺將。」漢史又云：「照明下爲天狗，所下兵起血流。」昭明，星也。《洛書》云：「昭明見而霸者出。」《運斗樞》云：「昭明有芒角，兵徵也。」《河圖》云：「太白散爲天狗。」漢史又云：「有星出，其狀赤白有光，即爲天狗，其下小無足，所下國易政。」衆説不同，未詳孰是。推亂亡之運，此其必天狗乎？

北齊・魏收《魏書》卷一〇五《天象志三》　北魏高宗太安四年，是歲三月，流星數萬西行。占曰「小流星百數四面行者，庶人遷之象」。

又　北魏高宗和平二年三月辛巳，有長星出天津，色赤，長匹餘，滅而復出，大小百數。天津，帝之都，船所以渡，神通四方，光大且衆，爲人君之事。天象若曰：是將有千乘萬騎之舉，而絶逾大川矣。是月，發卒五千餘，通河西獵道。後年八月，帝校獵於河西，宋主亦大閱舟師，巡狩江右云。

又　北魏高宗和平六年，是歲三月，有流星西行，不可勝數，至明乃止。至六月己卯，又有流星，多西南行。星衆而小，庶人象也，星之所首，人將從之。

又　北魏莊宗永安三年二月壬申，有大流星相隨西北，尾跡不絶，以千計。西北直晉陽之墟。而微星，庶人所以載皇極也，人徙而君從之。

唐・房玄齡等《晉書》卷三《武帝紀》　晉武帝泰始四年秋七月，太山石崩，衆星西流。

又　晉武帝太康九年秋八月壬子，星隕如雨。

唐・房玄齡等《晉書》卷一〇《安帝紀》　晉安帝隆安五年三月甲寅，衆星西流，歷太微。

唐・房玄齡等《晉書》卷一三《天文志下》　武帝泰始四年七月，星隕如雨，皆西流。占曰：「星隕爲百姓叛。西流，吴人歸晉之象也。」二年，吴夏口督孫秀率部曲二千餘人來降。

又　太康九年八月壬子，星隕如雨。《劉向傳》云：「下去其上之象。」後三年，帝崩而惠帝立，天下自此亂矣。

又　安帝隆安五年三月甲寅，流星赤色，衆多西行，經牽牛、虚、危、天津、閣道，貫太微、紫宫。占曰：「星庶人類，衆多西行，衆將西流之象。經天子庭，主弱臣强，諸侯兵不制。」其年五月，孫恩侵吴郡，殺内史。六月，至京口。於是内外戒嚴，營陣屯守，劉裕追破之。元興元年七月，大饑，人相食。浙江以東流亡十六七，吴郡、吴興户口減半，又流奔而西者萬計。十月，桓玄遣將擊劉軌，破走之。軌奔青州。

唐・姚思廉《梁書》卷三《武帝紀下》　南朝梁武中大通四年七月甲辰，星隕如雨。

唐・李延壽《北史》卷五《魏紀五・魏武帝紀》　北魏孝武帝永熙三年三月，是歲二月，熒惑入南斗，衆星北流。

唐・李延壽《北史》卷一二《隋紀上・隋文帝紀》　隋高祖開皇五年八月戊申有流星數百，四散而下。

唐・瞿曇悉達《開元占經》卷七一　南朝梁簡文帝大寶二年六月庚戌，夜有流星無數，皆向北及西北流，從羽林飛入紫微宫者甚衆，亦出河鼓、織女等座。后皆朝有變故，因羽林兵誅岑義等賊，干戈垂於紫宫，鋒鏑流於絳闕，羣小流移，急使駱驛。又驗其月丙辰，夜，小夜星四面交流，極多，不可勝記，所流者不過二尺。後果京兆、醴泉、坊人遞相訛恐，多棄己宅，散走他里，經宿而止。凡小流星者，庶人之象，交流者，驚馳之應也。

唐・魏徵等《隋書》卷一《高祖紀》　隋高祖開皇五年八月戊申，有流星數百，四散而下。

後晉・劉昫等《舊唐書》卷一一《代宗紀》　唐代宗廣德二年十二月丁卯夜，星流如雨。

後晉・劉昫等《舊唐書》卷一八《文宗紀下》　唐文宗大和四年六月辛未夜，自一更至五更，大小星流旁午，觀者不能數。

後晉・劉昫等《舊唐書》卷一九《武宗紀》　唐武宗會昌元年六月庚子夜五更，小流星五十餘旁午流散。

後晉・劉昫等《舊唐書》卷四〇《天文志下》　唐代宗廣德二年十二月三日夜，星流如雨，自亥及曉。

又　唐文宗大和九年六月丁酉夜一更至四更，流星縱横旁午，約二十餘處，多近天漢。

又　唐文宗開成四年二月二十六日，自夜四更至五更，四方中央流星大小二百餘，並西流，有尾跡，長二丈。

又　武宗即位。會昌元年六月二十九日，從一鼓至五鼓，小流星五十餘，交横流散。

宋・歐陽修等《新唐書》卷六《代宗紀》　唐代宗廣德二年十二月戊申，衆星隕。

宋・歐陽修等《新唐書》卷九《僖宗紀》　唐僖宗中和元年八月己丑，衆星隕於成都。

宋・歐陽修等《新唐書》卷三六《天文志二》　開元二年五月乙卯晦，有星西北流，或如甕，或如斗，貫北極，小者不可勝數，天星盡摇，至曙乃止。占曰：

「星，民象；流者，失其所也。」《漢書》曰：「星摇者民勞。」

又　唐代宗廣德二年十二月丙寅，自乙夜至曙，星流如雨。

又　興元元年六月戊午，星或什或伍而隕。

又　唐憲宗元和九年正月，有大星如半席，自下而升，有光燭地，羣小星隨之。

又　唐穆宗長慶四年四月，紫微中，星隕者衆。

又　唐文宗大和四年六月辛未，自昏至戊夜，流星或大或小，觀者不能數。占曰：「民失其所，王者失道，綱紀廢則然。」又曰：「星在野象物，在朝象官。」七年六月戊子，自昏及曙，四方流星，大小縱横百餘。

又　唐文宗大和九年六月丁酉，自昏至丁夜，流星二十餘，縱横出没，多近天漢。

又　唐文宗開成二年九月丁酉，有星大如斗，長五丈，自室、壁西北流，入大角下没，行類枉矢，中天有聲，小星數百隨之。

又　唐文宗開成四年二月己亥，丁夜至戊夜，四方中天流星小大凡二百餘，並西流，有尾跡，長二丈至五丈。

又　唐武宗會昌元年六月戊辰，自昏至戊夜，小星數十，縱横流散。占曰：「小星，民象。」

又　唐武宗咸通六年七月乙酉，甲夜有大流星長數丈，光爍如電，羣小星隨之，自南徂北。其象南方有以衆叛而之北也。

又　唐僖宗中和元年八月己丑夜，星隕如雨，或如杯椀者，交流如織，庚寅夜亦如之，至丁酉止。三年十一月夜，星隕於西北，如雨。

又　天祐二年三月乙丑，夜中有大星出中天，如五斗器，流至西北，去地十丈許而止，上有星芒，炎如火，赤而黄，長丈五許，而蛇行，小星皆動而東南，其隕如雨，少頃没，後有蒼白氣如竹叢，上衝天中，色瞢瞢。占曰：「亦枉矢也。」

宋・薛居正等《舊五代史》卷四六《唐末帝紀上》　五代唐末帝清泰元年九月辛丑，夜有星如五斗器，西南流，尾跡長數丈，屈曲如龍形。又衆星亂流，不可勝數。

宋・薛居正等《舊五代史》卷一三九《天文志》　五代唐明宗唐長興二年，九月丙戌夜，二鼓初，東北方有小流星入北斗魁滅。至五鼓初，西北方次北有流星，狀如半升器，初小後大，速流如奎滅。尾跡凝天，屈曲似雲而散，光明燭地。又東北有流星如大桃，出下台星，西北速流，至斗柄第三星旁滅。五鼓後至明，中天及四方有小流星百餘，流注交横。

宋・歐陽修《新五代史》卷五九《司天考二》　五代唐莊宗同光二年六月甲申，衆星交流。丙戌，衆星交流。三年六月，辛卯，衆小星流於西南。

又　五代唐明宗天成元年六月乙未，衆小星交流。

又　天成二年三月庚申，衆小星流於西北。

又　五代唐明宗長興元年九月辛酉朔，衆小星交流而殞。

又　長興二年九月丙戌，衆星交流；丁亥，衆星交流而殞。

又　長興四年六月庚午，衆星交流。七月乙亥朔，衆星交流。

又　五代唐閔帝應順元年二月丁酉，衆星流於西北。

又　五代唐末帝清泰元年九月辛丑，衆星交流。

宋・王溥《五代會要》卷一一　後唐同光三年六月庚寅夜一鼓，西南有流星，約七十餘，皆有尾跡，西南流。

宋・王闢之《澠水燕談録》卷九　建隆中南都一夕星隕如雨點，或大或小，光彩煜然，未至地而滅。景祐初忻州夜中星隕極多，明日視之皆石。

宋・沈括《夢溪筆談》卷二〇　治平元年，常州日禺時，天有大聲如雷，乃一火星，幾如月，見於東南。少時，而又震一聲，移著西南。又一震，而墜在宜興縣民許氏園中。遠近皆見，火光赫然照天。許氏藩籬皆爲所焚。是時火息，視地中只有一竅，如杯大，極深。下視之，星在其中，熒熒然，良久漸暗，尚熱，不可近。又久之，發其竅深三尺餘，乃得一圓石，猶熱，其大如拳，一頭微鋭，色如鐵，重亦如之。州守鄭伸得之，送潤州金山寺，至今匣藏，遊人到則發視。王無咎爲之傳甚詳。

宋・鄭樵《通志》卷七四《災祥略》　流星。自上而降曰流，自下而升曰飛。秦始皇二年三月乙未，有流星大小西行，不可勝數，至曉乃息。漢孝昭帝始元中，有流星下燕萬載宫，極東去。元平元年春二月甲申，晨有流星大如月。衆星皆隨西行。三月丙戌，流星出翼、軫東北，於太微，入紫宫。始出小，且入大，有光。入有頃，聲如雷，三鳴乃止。孝成帝建始元年秋九月戊子，有流星出文昌，色白，光燭地，長可五六丈，大四圍所，詘折委曲，貫紫宫西；在斗西北子亥間，復詘如環，北方不合，留一刻所。元延元年夏四月丁酉，日晡時，天腥晏，隱隱如雷，有流星頭大如缶，長十餘丈，皎然赤白色，從日下東南去。四面〔行〕，或大如

盂，或如雞子，燿燿如雨下，至昏止。綏和元年春二月辛未，有流星從東南入北斗，長數十丈，二刻所息。光武建武十年春三月癸卯，流星如月，從太微出，入北斗魁第六星，色白。旁有小星射者十餘枚，滅則有聲如雷，食頃止。冬十二月己亥，大流星如缶，出柳，西南行，入軫。且滅時，分爲十餘，如遺火狀。須臾，有聲隱隱如雷。十二年春正月己未，小星流百枚以上，或西北，或正北，或東北，二夜止。夏六月戊戌晨，小流星百枚以上，四面行。中元二年冬十月戊子，大流星從西南東北行，聲如雷。孝明帝永平元年夏四月丁酉，流星大如斗，起天市樓，西南行，光照地。七年春正月戊子，流星大如杯，從織女西行，光照地。孝章帝建初二年秋九月甲寅，流星過紫宮中，長數丈，散爲三，滅。孝和帝永元元年春正月辛卯，有流星起參，長四丈，有光，色黄白。一云，大如拳，起參東南。又云，大如桃，色赤，起太微東蕃。二月，流星起天棓，東北行三丈所，滅，色青白。壬申，夜有流星起太微東蕃，長三丈。三月丙辰，流星大如桃，起天津，東至斗，黄白頻有光。壬戌，有流星起天將軍，東北行，色黄，無光。二年春二月丁酉，有流星大如桃，起紫宮東蕃，西北行，五丈稍滅。四月丙辰，有流星大如瓜，起文昌東北，西南行，至少微西滅，有頃音如雷。八月丁未，有流星如雞子，起太微西，東南行，四丈所消。冬十月癸未，有流星大如桃，起天津，西行，六丈所消。十一月辛酉，有流星大如拳，起紫宮，西行，到胃消。三年秋九月丁卯，有流星大如雞子，起紫宮，西南至北斗柄間消。七年春正月丁未，有流星起天津，入紫宮中滅，色青黄，有光。冬十二月己卯，有流星起文昌，入紫宮消。十一年夏五月丙午，有流星大如瓜，起氐，西南行，稍有光，白色。十六年冬十月辛亥，流星起鉤陳，北行三丈，有光，色黄。元興元年春二月庚寅，有流星起角、亢，五丈所。夏四月辛亥，有流星起斗，東北行到須女。秋七月己巳，有流星起天市五丈所，其色光赤。孝順帝永和三年春二月辛丑，有流星大如斗，從西北東行，長八九尺，色赤黄，有聲隆隆然如雷。孝桓帝永壽元年秋九月己酉，晝有流星，長二尺所，色黄白。孝靈帝熹平二年夏四月，有流星出文昌，入紫宮，蛇行，有首尾無身，赤色，有光照垣墻。光和元年夏四月癸丑，流星犯軒轅第二星，東北行，入北斗魁中。中平中夏，流星赤如火，長三丈，起河鼓，入天市，抵觸宦者星，色白，長二三丈，後尾再屈，食頃乃滅。魏明帝景初二年秋八月丙寅夜，有大流星，長數十丈，白色，有芒鬣，墜遼東襄平城東南。陳留王景元四年夏六月，有大星二並如斗，見西方，分流南北，光照地，隆隆有聲。蜀後主建興十三年，諸葛亮屯渭南，有星流投亮營，三投再還。晉懷帝永嘉元年秋九月辛卯，有大星如日，自西南流於東北，小者如斗相隨，天盡赤，聲如雷。元帝永昌元年秋七月甲午，有流星大如甕，長百餘丈，青赤色，從西方來，尾分爲百餘歧方散。成帝咸康三年夏六月辛未，流星大如二斗魁。色青赤，光燿地，出奎中，没婁北。六年春二月庚午朔，有流星大如斗，光燿地，出天市，西行入太微。穆帝永和八年夏六月辛巳，日未入，有流星大如三斗魁，從辰巳上，東南行，以晷度推之，在奎斗之間，蓋燕分也。十年夏四月癸未，流星大如斗，色赤黄，出織女，没造父，有聲如雷。海西公太和四年冬十月壬申，有大流星西下，有聲如雷。安帝隆安五年春三月甲寅，流星赤色，衆多，西行經牽牛、虚、危、天津、閣道，貫太微、紫宮。宋文帝元嘉十年冬十二月，有流星大如甕，尾長二十餘丈。孝武孝建初二月，流星大如月，西行。梁武帝太清三年春正月戊辰，有流星長三十丈，隨武庫。元帝承聖三年冬十一月庚子，夜有流星，墜江陵城中。後魏道武帝登國四年春三月丁未，有大流星東南行，尾屬地六七丈，有聲。天興元年冬十一月乙酉，有流星照地，啾啾有聲。文成帝興安元年夏五月辛亥，流星大如五斗許，西南爲六七段，有聲。後周武帝天和四年夏四月庚午，有流星大如斗，出左攝提，流至天津，滅，有聲如雷。建德六年冬十二月癸丑，流星大如月，西流，有聲，蛇行屈曲，光照地。戊辰，平旦有流星，大如三斗器，色赤，出紫宮。静帝大象元年夏六月丁卯，有流星，大如雞子，出氐中，西北流，有尾長一丈所，入月中，即滅。己丑，有流星，大如斗，出營室。二年五月甲辰，有流星一，大如三斗器，出太微端門，流入翼，色青白，聲如風卷旗。秋七月壬子，有流星大如斗，出五車東北。隋文帝開皇元年冬十一月己巳，有流星，聲如隤墻，光燭地。五年秋八月戊申，有流星數百，四散而下。煬帝大業十二年秋八月壬子，有大流星如斗，出王良閣道，聲如隤墻。癸丑，有流星大如甕，出羽林。

奔星。光跡相連曰流，絶跡而去曰奔。晉太元二年冬十月乙卯，有奔星，東南經翼、軫，聲如雷。

飛星。飛類於流，自下而上曰飛。漢成帝陽朔四年閏月庚午，飛星大如缶，西南入斗下。

星隕。周莊王十年夏四月辛卯夜，恒星不見，夜中，星隕如雨。襄王元年，星晝隕秦。八年春正月戊申朔，隕石於宋五。傳曰，隕星也。漢孝成帝永始二年春二月癸未，夜過中，星隕如雨，長一二丈，繹繹未至地滅，至雞鳴止。後漢更始元年夏，有流星墜昆陽王尋王邑營中。晝有雲如壞山，當營而隕，不及地尺而

散。晉武帝泰始四年秋七月，星隕如雨，皆西流。太康九年秋八月壬子，星隕如雨。孝惠帝太安二年冬十一月辛巳，有星晝隕中天北下，光變白，有聲如雷。永興元年秋七月乙丑，星隕，有聲。二年冬十月，星又隕，有聲。孝懷帝永嘉四年冬十月庚子，大星西北墜，有聲。恭帝元熙元年，西涼星隕。梁武帝中大通四年秋七月甲辰，星隕如雨。元帝承聖元年，星隕吳郡。後魏道武帝登國九年，有星墜於河北，聲如雷震，光明燭天地。隋文帝開皇十九年，星隕於勃海。煬帝大業十一年冬十二月戊寅，大流星如斛，墜賊盧明月營。十二年夏五月，有大流星隕於吳郡爲石。十三年夏五月辛亥，大流星隕於江都。

元・脱脱等《宋史》卷一〇《仁宗紀二》 宋仁宗景祐四年七月戊申，有星數百西南流至壁東，大者其光燭地，黑氣長丈餘，出畢宿下。

元・脱脱等《宋史》卷一三《英宗紀》 宋英宗嘉祐八年七月乙丑，星大小數百西流。

元・脱脱等《宋史》卷五七《天文志十》 宋太祖開寶三年九月庚午，廣州民見衆星皆北流。

又 宋真宗咸平五年八月辛巳，有星出營室，色白。丙申，有星流出東方，西南行，大如斗，有聲若牛吼，小星數十隨之而隕。戊戌，又有星千數入輿鬼，至中台，凡一大星，偕小星數十隨之，其間兩星，一至狼星，一至南斗没。

又 大中祥符元年二月戊申，有星十餘，急流入濁，色赤黃，有尾跡。

又 大中祥符五年八月戊午，有星大小二十餘，皆有尾跡，北流。又一星光燭地，出紫微垣外，尾丈餘，闊三寸許，東北流，至傳舍没。

又 宋仁宗景祐四年七月戊申，有星數百，皆西南流，其最大者一星至東壁没，光燭地，久之不散。

又 宋英宗嘉祐八年七月乙丑，星數百，縱橫西流。

元・脱脱等《宋史》卷五八《天文志十一》 熙寧元年正月辛卯，星出張西南，如太白，速行入濁没，赤黃。乙未，星出左攝提西，如太白，東南急行，至庫樓北没，赤黃，有尾跡。二月戊午，星出常陳南，如太白，西慢行至軒轅東没，赤黃，有尾跡。辛酉，星出北斗魁東，如太白，南急行，至軒轅大星南没，赤黃，有尾跡。壬戌，星出角東，如太白，西急行，至翼没，赤黃，有尾跡。戊辰，星出大角南，如太白，東南急行，至氐没，赤黃，有尾跡。己巳，星出天市垣内宦者，如太白，西南急流，至氐没，青白，有尾跡。四月壬寅，星出軒轅南，如太白，東南慢行，至軫没，赤黃，有尾跡。己酉，星出天市垣内宦者西，如太白，西南慢流，至織女没，青白，有尾跡。壬戌，星出天棓東，如太白，東北慢行，至天津没，赤黃，有尾跡。五月乙亥，星出天棓，如太白，東北急行，至天津没，青白，有尾跡，照地明。六月癸卯，星出天槍南，如太白，西南速行，至角没，赤黃，有尾跡。又星出平星南，如太白，西南急行，入濁没，青白，有尾跡。乙巳，星出軫東，如太白，緩行入濁没，青白，有尾跡，照地明。丁未，星出牽牛西，如太白，東南速行，入濁没，赤黃。戊申，星出騎官北，如太白，南緩行，入濁没，青白。又星出壘壁陣，如太白，東南速行，至濁没。戊午，星出閣道北，如歲星，東北緩行，入濁没，青白。庚申，星透雲出天棓西，如太白，北急行，至天市垣西牆没，赤黃，有尾跡。壬戌，星出王良南，如歲星，東北急行，至天大將軍没，赤黃，有尾跡。有星出紫微垣内，至鈎陳没，赤黃，有尾跡。又星出紫微垣内北極南，如太白，西北速行，至西咸北没，赤黃，有尾跡。甲子，星出尾北，如杯口，西緩行，至平星没，赤黃，有尾跡。丙寅，星出氐北，如歲星，西南急流，入濁没，赤黃，有尾跡。七月乙亥，星出虚南，如歲星，西急行，至天市垣西牆没，赤黃色，有尾跡。丙子，星出東壁東，如太白，東南急行，入濁没，赤黃，有尾跡。丙戌，星出天大將軍北，如歲星，東北慢行，入濁没，青白。乙未，星出九坎北，如太白，西北緩行，至牽牛分迸而没，赤黃。又星出右旗，如太白，西緩行，入濁没，青白，有尾跡，照地明。己亥，星出天廩北，如太白，南急行，至天苑没，赤黃，有尾跡，照地明。八月癸卯，星出天棓東，如太白，北速行，入濁没，赤黃，有尾跡，照地明。甲辰，星透雲出虚北，如歲星，北緩行，至奎没，赤黃。乙巳，星出女牀東，如杯口，西北急流，至天市垣牆河中北没，赤黃，有尾跡，照地明。又星出參北，如太白，東速行，入濁没，赤黃，有尾跡，照地明。又星出王良南，如太白，西南急行，至天津没，赤黃，有尾跡，照地明。丙午，星出左攝提南，如太白，西北慢行，至濁没，赤黃，有尾跡。丁未，星出牽牛，如杯口，東南緩行，入濁没，青白，有尾跡。癸亥，星出壘壁陣，如太白，西南緩行，至狗國没，赤黃，有尾跡，照地明。乙丑，星出壘壁陣北，如太白，西南速行，至十二國没，赤黃，有尾跡。九月甲戌，星出上台南，如太白，東北急行，至内平星没，赤黃，有尾跡，照地明。庚辰，星出北斗魁中，如歲星，西北緩行，入濁没，青白。又星出弧矢西，如太白，西南急行，至天社没，青白，有尾跡，照地明。辛巳，星出紫微垣内北極星北，如太白，北急行，入濁没，赤黃，有尾跡，照地明。癸未，星出紫

微垣南，如太白，北急行，至北斗没，赤黄，有尾跡。戊子，星出畢南，如太白，東南慢行，入濁没，青白，有尾跡，照地明。癸巳，星出織女西，如太白，西南慢流，入天市垣内没，赤黄，有尾跡，照地明。甲午，星出中台北，如太白，東南急流，至下台没，青白，照地明。丙申，星出天津北，如歲星，西北急流，至女牀没，赤黄。丁酉，星出軒轅，如太白，西北慢流，至紫微垣内北極没，赤黄，有尾跡，照地明。十月庚子，星出羽林軍東，如太白，東急行，入濁没，赤黄，有尾跡，照地明。又星出壘壁陣西，如杯口，西南速行，入濁没，青白，照地明。壬寅，星出鈎陳西，如太白，北急行，至北斗没，赤黄，有尾跡。又星出東井北，如歲星，東北急行，至柳没，赤黄，有尾跡。又星出扶筐，如太白，西北急行，至濁没，赤黄，有尾跡，照地明。甲辰，星出壘壁陳東，如太白，南急行，入濁没，赤黄，有尾跡，照地明。又星出天津西，如太白，西北緩行，入濁没，青白，照地明。又星出昴南，如太白，西南緩行，至天囷没，赤黄，有尾跡，明燭地。又星出郎位東，如太白，東北速行，至右攝提没，赤黄，明燭地。庚戌，星出婁南，如歲星，西南速行，至昴没，青白，有尾跡。乙卯，星出天市垣南牆西，如太白，西急行，入濁没，青白。壬戌，星出軒轅西，如太白，東南急行，至張没，赤黄，有尾跡。癸亥，星出婁北，如太白，西急流，至濁没，赤黄，有尾跡。十一月庚午，星出鈎陳東，如太白，東北急流，至北斗魁没，青白，有尾跡，照地明。癸未，星出營室東，如太白，西南急行，至羽林軍没，赤黄，有尾跡。十二月己亥，星出王良北，如太白，東慢行，至五車没，赤黄，有尾跡，照地明。庚子，星出天倉東，如太白，東南急行，至濁没，青白，有尾跡。辛酉，星出太微垣東牆，如太白，速行至柳没，黄白，有尾跡。

二年正月庚寅，星透雲出紫微垣内鈎陳西，如太白，西慢行，入濁没，青白。二月甲辰，星出平星南，如太白，南急行，入濁没，赤黄，有尾跡。二月壬辰，星出天市垣西牆東，如太白南急行，至濁没，赤黄，有尾跡。癸丑，星出胃東，如太白，西南急流，至天苑没，青白，有尾跡。甲寅，星出卷舌西，如歲星，西南急行，至婁没，青白，有尾跡。十一月丙寅，星出織女北，如太白，西南急行，至河鼓没，青白，有尾跡，照地明。壬申，星出羽林軍内，如歲星，西南急行，至濁没，青白。己卯，星透雲出大陵北，如太白，西南急行，至東壁没，青白，有尾跡。閏十一月辛酉，星出天倉，如歲星，西南緩行，至濁没，青白。

三年正月丙申，星出右攝提，如太白，東北速行，入濁没，赤黄，有尾跡。己未，星出畢，如杯，西南緩行，至濁没，青白，有尾跡。二月丁卯，星出七星南，如太白，西南急行，至濁没，青白。己丑，星出太微西扇上將南，如盂，西急行，入濁没，赤黄，有尾跡，明燭地。又星出文昌中，如杯，西北急行，入濁没，赤黄，有尾跡，明燭地。又星出北斗魁南，如盂，西北急行，入濁没，赤黄，有尾跡，明燭地。庚寅，星出紫微垣西牆東，如杯，北慢流，至濁没，赤黄，有尾跡，明燭地。三月戊戌，星出七公，如杯，速行入紫微垣中鈎陳没，青白，有尾跡，明燭地。壬寅，星出天市垣西牆東，如杯，東南急流，至騎官没，青白，有尾跡。己未，星出軫北，如太白，西北慢行，至明堂没，赤黄，有尾跡。四月壬戌，星出紫微垣内帝星南，如太白，北急行，至鈎陳没，赤黄，有尾跡。癸未，星出文昌南，如杯，西北慢行，至濁没，青白，有尾跡，照地明。甲申，星出軒轅東，如太白，東南慢行，至太微垣左執法，赤黄。六月己巳，星出牽牛東，如太白，東急流，至濁没，赤黄，有尾跡。壬申，星出紫微垣西牆北，如太白，東北慢流，至濁没，赤黄。庚辰，星出羽林軍東，如杯，東南急流，入濁没，青白，有尾跡。七月庚子，星透雲出紫微垣西牆，如太白，南慢行，至天市垣西牆没，青白，有尾跡。八月丙戌，星出紫微垣西牆，如杯，北急行，至濁没，赤黄，有尾跡。九月己亥，星出紫微垣西牆，如太白，西北慢流，至濁没，青白，有尾跡。丁未，星透雲出天船，如太白，西慢流，至内階没，赤黄，有尾跡。庚戌，星出紫微垣東路，如太白，東北急流，至鈎陳没，青白，有尾跡。十月己未，星出奎西，如太白，南慢行，至天倉南没，青白，有尾跡。戊辰，星出天囷西，如太白，西南速行，至土司空没，赤黄，有尾跡。十一月戊戌，星出五車，如太白，西南緩行，入濁没，赤黄，有尾跡。十二月甲子，星出外屏，如太白，西南速行，入濁没，赤黄，有尾跡。

四年正月丙午，星出五車西，如杯，南速行，入燭没，赤黄，照地明。二月甲子，星出昴西，如杯，西緩行，入濁没，青白。三月癸巳，星出天市垣内斗星西，如太白，西北速行，至貫索西没，赤黄，有尾跡。五月己亥，星出左攝提，如太白，東北急行，至濁没，赤黄，有尾跡。六月丁丑，星出營室西，如太白，西南急流，至壘壁陣没，赤黄，有尾跡。辛巳，星出造父西，如太白，東南慢流，至天棓没，青白，有尾跡。七月戊申，星出天津東，如太白，西慢流，至天棓没，赤黄，有尾跡。八月己未，星出五諸侯西，如太白，東南慢流，入濁没，青白，有尾跡，照地明。辛酉，星出天市垣西墻西，如太白，西急行，入濁没，赤黄，有尾跡。癸亥，星出北河西，如太白，西北急行，至上台没，赤黄。乙丑，星出南斗北，如太白，西南緩行，入濁没，赤黄。九月甲午，星出紫微垣西墻東，如太白，東北速行，入濁没，赤黄，

有尾跡。乙巳，星出天廩，如太白，南緩行，至天苑没，青白，有尾跡，照地明。丙午，星出北落師門南，如太白，南緩行，至天苑没，青白，有尾跡，照地明。又星出北落師門南，如太白，南緩行，入濁没，青白，有尾跡。十月壬子，星出紫微垣內北極北，如太白，東北緩行，至紫微垣西墻没，青白，有尾跡。癸丑，星出外屏北，如太白，東緩行，至天囷没，赤黄，有尾跡。甲寅，星出文昌西，如杯，北速行，至紫微垣右樞没，青白，有尾跡，照地明。乙卯，星出牽牛，如太白，南速行，入濁没，赤黄，有尾跡。庚申，星出天苑南，如太白，東南慢行，至濁没，赤黄，有尾跡。戊辰，星出天囷東，如杯，東緩行，至濁没，青白，有尾跡。癸酉，星出五車東，如太白，東北急行，至濁没，赤黄，有尾跡，照地明。十一月壬辰，星出天棓西，如杯，西北緩行，至濁没，赤黄，有尾跡。庚子，星出太微垣左執法南，如太白，東南慢行，至角没，赤黄，有尾跡。

五年七月己丑，星出七公南，如太白，西南急行，至天市垣西墻没，赤黄。癸巳，星出太微垣東，如杯，西急行，入濁没，青白，有尾跡如鈎，南行。十月戊寅，星出紫微垣內後宫東，如杯，北慢行，入濁没，赤黄，照地明。又星出文昌西，如杯，急行至卷舌没，赤黄，有尾跡，照地明。甲申，星出天鷄南，如杯，西慢行，至濁没，赤黄。丁亥，星出紫微垣東，如杯，北慢行，至濁没，青白。戊子，星出羽林軍，如太白，西南急行，至濁没，赤黄，有尾跡。乙巳，星出婁南，如杯，西北急行，至七公没，赤黄，有尾跡，照地明。十一月甲寅，星出七星南，如杯，西慢行，至參旗没，青白，有尾跡。十二月辛卯，星透雲出五車東，如太白，東北急行，至文昌没，赤黄，有尾跡。壬辰，星出招摇東，如太白，西北急行，至濁没，青白。丙申，星出角南，如太白，南慢行，至庫樓没，赤黄，有尾跡。

六年正月庚申，星出天市垣東，如杯，東南急行，至濁没，青白。三月庚午，星出氐東，如盂，西慢行，入濁没，赤黄，照地明。四月丙子，星出貫索西，如杯，北慢行，至紫微垣墻上宰没，青白，照地明。戊寅，星出貫索西，如太白，西南急行，至亢没，赤黄，有尾跡。己卯，星出柳北，如太白，西南急行，至南河没，赤黄，有尾跡。五月癸卯，星出騰蛇西，如杯，西北慢行，至濁没，青白，照地明。六月辛卯，星出營室北，如杯，東南急行，至壘壁陣没，赤黄，有尾跡，照地明。庚子，星出天市垣吴越東，如杯，東南急行，至牽牛没，青白，有尾跡，照地明。七月丙寅，星出壘壁陣西，如杯，南緩行，至濁没，青白，有尾跡。戊辰，星出天闕，如杯，東南緩行，至東井内没，青白，有尾跡，照地明。己巳，星出天倉東，如太白，南速行，至天園没，赤黄，有尾跡，照地明。八月庚辰，星出天市垣内宗正南，如太白，西南速行，入濁没，赤黄，有尾跡。壬辰，星出羽林軍西，如杯，南緩行，入濁没，青白，有尾跡，分迸，照地明。乙未，星出河鼓，如杯，南速行，至建没，青白，有尾跡，照地明。九月甲辰，星出鈎陳東，如杯，北速行，入濁没，赤黄，有尾跡，照地明。丙午，星出天苑南，如杯，南速行，入濁没，青白，有尾跡，照地明。辛亥，星出天船西，如杯，西速行，穿北斗没，赤黄，有尾跡，照地明。辛酉，星出鈎陳東，如杯，西南速行，至天紀没，赤黄，有尾跡，照地明。丁卯，星出文昌西，如杯，西北速行，至王良没，赤黄，有尾跡，照地明。十一月甲辰，出弧矢東，如盂，西南緩行，至天社没，青白，有尾跡，照地明。辛酉，出軒轅南，如杯，南緩行，入濁没，赤黄，有尾跡，照地明。

七年正月丁未，出角南，如太白，東南速行，至濁没，青白。丁巳，出張南，如杯，西南緩行，至濁没，赤黄，有尾跡。二月壬申，出天棓北，如杯，東北緩行，至造父没，青白，有尾跡，照地明。辛卯，出軫北，如杯，東慢行，至角没，青白，有尾跡，照地明。三月甲子，出西咸北，如杯，南急行，至氐没，赤黄，有尾跡，照地明。四月壬申，出軒轅西，如太白，西北慢行，至五車没，青白，有尾跡。又出漸臺南，如杯，東北急行，至天津没，青白，有尾跡，照地明。丙戌，星出天市垣蜀星西，如杯，東北慢行，至候星没，青白，有尾跡，照地明。六月辛未，星出輦道東，如太白，北急行，至鈎陳没，赤黄，有尾跡。又星出狗國南，如太白，東北慢行，至天田南，曲尺東行，至天壘城没，赤黄。己卯，星出天市垣内列肆西，如太白，西南慢行，入濁没，赤黄色，有尾跡。庚辰，星出華蓋北，如杯，東北慢行，至天船没，赤黄，有尾跡。乙酉，星出壘壁陣北，如太白，東南急行，入濁没，赤黄，有尾跡。庚寅，星出梗河西，如太白，西南急行，至氐没，赤黄，有尾跡。又星出五車北，如太白，東北急行，至北河没，青黄，有尾跡，照地明。辛卯，星出危西，如太白，西南急行，至南斗没，赤黄，有尾跡。壬辰，星出紫微垣墻内鈎陳北，如太白，西北急行，至北斗魁内没，赤黄，有尾跡，照地明。七月甲寅，星出王良北，如盂，北慢行，至文昌没，赤黄，有尾跡。丁巳，星出天津北，如太白，北急行，至紫微垣墻内没，赤黄，有尾跡，照地明。戊午，星出大陵北，如太白，東北慢行，至濁没，赤黄，有尾跡。壬戌，星出羽林軍東，如太白，東南急行，入濁没，赤黄，有尾跡。癸亥，星出天倉，如杯，南急行，入濁没，青白，有尾跡。八月戊寅，星出北斗天樞南，如太白，東北慢行，至文昌没，青白，有尾跡。癸未，星出羽林軍内，如杯，北慢行，

至大陵没，赤黄，有尾跡。乙酉，星出天紀西，如太白，東慢流，至奚仲没，赤黄，有尾跡。九月丁酉，星出羽林軍南，如太白，南慢流，至濁没，赤黄，有尾跡。辛丑，星出王良西，如太白，西北急流，至濁没，有尾跡。丙午，星出天囷東，如太白，東急流，至九斿没，青白，有尾跡，照地明。戊申，星出天倉北，如杯，東北慢流，至濁没，青黄。甲子，星透雲出營室東，如太白，西南急流，至左旗没，赤黄。十月丙子，星出天倉西，如杯，西南慢流，至敗臼没，赤黄，尾跡分裂，照地明。又星出軫東，如杯，東南急流，至濁没，赤黄，有尾跡，照地明。丙戌，星出五車，如杯，東北慢流，至濁没，赤黄，有尾跡，照地明。戊子，星出天苑南，如太白，西南急流，至濁没，赤黄，有尾跡。又星出右樞星東，如太白，東北慢流，至濁没，青白。

八年正月壬子，星出貫索西，如杯，東北急流，至濁没，赤黄，有尾跡，照地明。二月乙亥，星出七星，如太白，西緩行，至弧矢没，赤黄，有尾跡。三月丁酉，星出積水東，如太白，西北速行，至五車東没，赤黄，有尾跡。戊戌，星出貫索東，如太白，東北速行，至織女没，赤黄，有尾跡。四月癸亥，星出北斗天樞北，如杯，北速行，至鈎陳没，赤黄。閏四月癸巳，未昏，星出土司空南，如太白，西南速行，至天廟没，赤黄，有尾跡，照地明。又星出心東，如杯，南速行，至濁没，赤黄，照地明。五月壬戌，星出尾東，如太白，西南速行，至濁没，赤黄，有尾跡。戊寅，星出文昌西，如太白，西北緩行，至濁没，赤黄。六月癸巳，星出天市垣西墻西，如太白，西南緩行，入氐没，赤黄。戊戌，星出天市垣齊星東，如太白，西南緩行，至濁没，赤黄，有尾跡。又星出齊星北，如太白，西南速行，至天市垣内列肆没，赤黄，有尾跡。又星出文昌東，如太白，北行至濁没，赤黄，有尾跡，照地明。乙巳，星出北落師門南，如太白，南速行，至濁没，赤黄。壬子，星出北斗魁東，如杯，北緩行，至濁没，青白，有尾跡，照地明。七月辛酉，星出天津北，如太白，東北緩行，至天船没，赤黄，有尾跡，照地明。庚午，星出北斗摇濁没，赤黄，有尾跡，照地明。丁丑，星出尾北，如太白，東南急行，入濁没，赤黄，有尾跡。戊寅，星出心南，如太白，南急行，入濁没，赤黄。壬午，星出天津北，如太白，西南急行，至天江没，赤黄，有尾跡。六月丙戌，星出華蓋西，如太白，西北急行，至濁没，赤黄，有尾跡。戊子，星出車府東，如太白，東南急行，至濁没，赤黄，有尾跡。壬辰，星出牽牛東，如太白，南慢行，至濁没，赤黄，有尾跡，照地明。甲辰，星出閣道北，如杯，西南急行，至鈎陳没，赤黄，有尾跡，照地明。乙巳，星透雲出虛南，如太白，南急行，入濁没，赤黄，有尾跡。丙午，星出東壁北，如杯，南急流，至羽林軍没，赤黄，有尾跡。己酉，星出閣道南，如太白，西急行，至車府没，赤黄，有尾跡。辛亥，星出天市垣内斛星南，如太白，東南急流，至建没，赤黄，有尾跡。又星出北斗内大理北，如太白，東北急行，至濁没，赤黄，有尾跡。又星出天槍南，如太白，西南急行，至濁没，赤黄，有尾跡，照地明。癸丑，星出天棓南，如太白，東南慢行，至天津没，赤黄，有尾跡。七月乙卯，星出羽林軍西，如太白，西南急行，至濁没，赤黄，有尾跡。戊寅，星出外屏西，如太白，東北急行，至天囷没，赤黄，有尾跡。壬午，星出王良西，如杯，東北慢行，至濁没，青白，有尾跡。八月戊子，星出大角東，如太白，南緩行，至氐没，赤黄，有尾跡。又星出王良北，如太白，西北急流，至天津没，青白，有尾跡。壬寅，星出危北，如杯，西南急流，至濁没，赤黄，有尾跡，照地明。甲辰，星出梗河南，如太白，西急流，至濁没，青白，有尾跡，照地明。戊申，星出外屏北，如太白，南急流，至土司空没，赤黄，有尾跡。辛亥，星出營室西，如太白，南急流，至墳墓没，赤黄。壬子，星出參西，如太白，東南急流，至狼星没，赤黄，有尾跡，照地明。又星出紫微垣内後宫東，如杯，北急流，至濁没，赤黄，有尾跡，照地明。癸丑，星出天大將軍，如太白，急流至造父没，赤黄，有尾跡，照地明。九月丁巳，星出昴北，如杯，東北急流，至五車没，赤黄，有尾跡。又星出紫微垣少輔東，如杯，西北急流，至濁没，赤黄，有尾跡，照地明。戊午，星出南河東，如歲星，東慢流，至七星没，赤黄，有尾跡。辛酉，星出牽牛西，如太白，東慢流，至危没，赤黄，有尾跡。戊辰，星出王良西，如太白，西北慢流，至北斗没，青白，有尾跡。丁丑，星出危西，如太白，南慢流，至牽牛没，青白，有尾跡。庚辰，星出紫微垣墻右樞北，如太白，北急流，至濁没，赤黄，有尾跡，照地明。十月己酉，星出天囷西，如太白，東南緩行，至天苑没，赤黄，有尾跡。己丑，星出昴南，如太白，西北緩行，至内階没，赤黄，有尾跡，照地明。庚子，星出五車西，如杯，緩行至鈎陳没，赤黄。辛丑，星出屏星，如盂，向東速行，入濁没，赤黄，有尾跡，照地明。癸卯，星出天倉北，如太白，東北緩行，至天囷没，赤黄，有尾跡。丁未，星出柳東，如太白，東速行，入濁没，青白，有尾跡。十一月甲寅，星出參旗西，如太白，南緩行，至天苑内没，赤黄，有尾跡。庚午，星出弧矢東，如太白，東南緩行，入濁没，赤黄，有尾跡。十二月癸未，星出天苑東，如太白，西南緩行，至濁没，赤黄，有尾跡。庚子，星出婁東，如杯，西南緩行，至濁没，青白，有尾跡，照地明。甲辰，星出軍井西，如太白，南緩行，至天囷没，赤黄，有尾跡。

十年正月丁丑，星出紫微垣内相南，如太白，南緩行，至太微垣右執法没，赤黄，有尾跡。辛巳，星出參西，如太白，西南速行，至天苑没，赤黄，有尾跡。二月丙戌，星出五車大星西，如太白，赤黄色，北急流，至大陵没，有尾跡。癸巳，星透雲出北斗北，如太白，速行入濁没，青白，有尾跡。戊申，星出天弁東南，如杯，東速行，入濁没，赤黄，有尾跡，明燭地。三月丁巳，星出右樞東，如太白，東北速行，至濁没，赤黄，有尾跡。四月甲申，星出河鼓北，如太白，東速行，至濁没，青白，有尾跡。甲辰，星出郎位北，如太白，西急流，至下台南没，赤黄，明燭地。己酉，星出積卒北，如杯，南急流，至濁没，青白，有尾跡，明燭地。又星出太微垣内屏南，如太白，西南慢流，至翼南没，赤黄，有尾跡，照地明。五月甲戌，星出庫樓北，如太白，西南慢流，至濁没，赤黄。乙亥，星出五車西南，如太白，西北急流，至文昌没，赤黄，有尾跡。丁丑，星出天市垣内候北，如太白，東北急流，至左旗没，赤黄，有尾跡。六月辛丑，星出天市垣西，如杯，西北急流，至右攝提没，赤黄，有尾跡，照地明。乙巳，星出王良東，如太白，西北急行，至紫微垣内鈎陳没，赤黄，有尾跡。丙午，星出天鷄南，如太白，南慢流，至濁没，青白，有尾跡。戊申，星出南斗南，如太白，東南急流，至濁没，赤黄，有尾跡。七月庚戌，星透雲出北斗南，如太白，西南急流，至氐宿没，赤黄，有尾跡。又星出天市垣内宗人東，如太白，南急流，至尾没，赤黄，有尾跡。甲寅，星透雲出氐，如太白，西北急流，至濁没，赤黄，有尾跡。乙亥，星出人星西南，如太白，西北急流，至織女没，赤黄，有尾跡。八月己卯，星出左攝提東，如杯，東慢流，至天大將軍没，赤黄，有尾跡，照地明。壬午，星出鈎陳東，如太白，東北慢流，至濁没，青白，有尾跡，照地明。壬辰，星出天船西，如太白，西慢流，至紫微垣没，赤黄，有尾跡。甲辰，星出軍市西，如太白，東南慢流，至濁没，青白，有尾跡，照地明。九月庚戌，星出内階北，如杯，北慢流，至文昌没，青白，有尾跡，照地明。戊辰，星透雲出織女，如太白，西北急流，至紫微垣内北極没，赤黄，有尾跡，照地明。又星出紫微垣内北極東，如太白，北急流，至濁没，青白，有尾跡。己巳，星出司怪西，如太白，東北急流，至濁没，赤黄，有尾跡，照地明。庚午，星出天船北，如太白，西北急流，至紫微垣内階没，青白，有尾跡。壬申，星出紫微垣少尉東，如杯，北急流，至濁没，青白，有尾跡，照地明。丙子，星出河鼓北，如太白，西急行，至濁没，青白，有尾跡。十月己卯，星出七星北，如太白，東急行，至濁没，赤黄。乙酉，星出天紀北，如杯，西慢行，至濁没，赤黄，有尾跡，照地明。丁亥，星出昴南，如杯，西急行，至營室北没，赤黄，有尾跡，照地明。又星出東井北，如杯，東急行至軒轅没，赤黄，有尾跡，照地明。辛卯，星出天棓北，如太白，北急流，至濁没，赤黄，有尾跡。己亥，星出霹靂北，如太白，西北急行，至濁没，赤黄，有尾跡，照地明。庚子，星出紫微垣内，如太白，北急流，至濁没，青白，照地明。辛丑，星出軒轅西第三星北，如杯，東南慢流，至天狗没，赤黄，有尾跡，照地明。乙巳，星出紫微垣内鈎陳東，如太白，東北慢行，至濁没，青白。十一月癸丑，星出天廟西，如太白，西南急行，至濁没，赤黄，有尾跡，照地明。甲寅，星出天厨北，如杯，西行至天棓没，赤黄。又星出天船北，如太白，西北急行，至騰蛇没，赤黄，有尾跡，照地明。乙卯，星出紫微垣内五帝坐南，如太白，東北急行，至角没，青白，有尾跡。十二月甲申，星出天廟東南，如杯，南急行，至濁没，赤黄，有尾跡。

元·脱脱等《宋史》卷五九《天文志十二》 元豐元年正月丁卯，星出天紀，向南速行，至天社北没，赤黄。庚午，星出天紀南，如太白，西南慢行，至天社没，赤黄，有尾跡。閏正月壬寅，星出紫微垣内鈎陳北，如杯，北慢行，至濁没，青白，有尾跡。甲辰，星出柳北，如杯，西急行，至天廩没，赤黄，有尾跡，照地明。二月己酉，星出太微垣内，如杯，西南急行，至翼没，有尾跡，照地明。癸亥，星出角南，如杯，西南急行，至土司空没，青白。三月丁酉，星出箕東，如杯，西南急行，至濁没，赤黄，有尾跡，照地明。四月丙寅，星出閣道東，如杯，北急行，入濁没，赤黄，有尾跡，照地明。六月甲辰，東南方光燭地，有星如盂，出瓠瓜，至内階没，分裂，有聲如雷。己巳，星出左攝提西，如太白，西南急行，至太微垣内五諸侯没，赤黄，有尾跡，照地明。辛未，星出外屏北，如太白，東北慢行，至濁没，青白，有尾跡。七月甲申夕，星出大角南，如太白，北慢行，至北斗没，赤黄，有尾跡。庚子，星出天市垣内列肆東，如杯，西慢行，至亢没，青白，有尾跡。八月己酉，星出紫微垣内陰德南，如杯，北急行，至濁没，赤黄，有尾跡，照地明。乙卯，星出營室北，如盂，西北慢行，至濁没，赤黄，有尾跡，照地明。丙辰，星出貫索西北，如太白，西慢行，至濁没，青白，有尾跡。甲子，星隔雲照地明，東北急行，至濁没。九月庚辰，星出鈎陳北，如杯，西北急行，至濁没，赤黄，有尾跡。甲申，星出七公北，如太白，西北慢行，至濁没，青白，有尾跡。己亥，星出大囷南，如杯，東南慢行，至濁没，青白，有尾跡，照地明。又星出東井西，如杯，東北急行，至濁没，赤黄，有尾跡，照地明。十月乙巳，星出天津北，如太白，西北急行，至天棓没，赤黄，有尾跡，照地明。十二月丙寅，星出北河北，如杯，東南急行，至弧矢没，赤

黄，有尾跡，照地明。

二年三月戊子，星出氐内，如太白，東北緩行，至天市垣内候星没，赤黄，有尾跡，照地明。五月戊辰，星出軫中，如太白，西速行，至濁没，赤黄，有尾跡，照地明。庚午，星出天厨東，如太白，東北速行，至天津没，赤黄，有尾跡，照地明。甲午，星出氐南，如太白，南速行，至濁没，青白。丙申，星出織女北，如杯，北速行，至紫微垣内太子没，赤黄，有尾跡，照地明。丁酉，星出紫微垣上宰北，如杯，北速行，至右樞没，青白，照地明。六月戊戌，星出尾東，如杯，南速行，至濁没，青白，照地明。庚子，星出危東，如杯，東緩行，至濁没，青白，有尾跡，照地明。七月乙巳，星出雷電北，如太白，東速行，至霹靂，赤黄，有尾跡。庚子，星出氐北，如杯，西速行，至濁没，青白，照地明。庚寅，星出天津西，如杯，南急行，至河鼓没，赤黄，有尾跡，照地明。八月癸卯，星出天囷西，如太白，東南速行，至濁没，赤黄，有尾跡。九月戊辰，星出天弁，如太白，西南速行，至天市垣没，青白，有尾跡，照地明。十月丁未，星出天船北，如太白，西南速行，至營室没，青白，有尾跡。乙卯，星出北斗西，如太白，東北速行，至濁没，赤黄，有尾跡。十二月壬子，星出輿鬼東，如太白，東北速行，至軒轅没，赤黄，有尾跡，照地明。

三年正月癸未，星出右攝提西，如太白，青白色，東北速行，至濁没，有尾跡。二月辛丑，星出弧矢南，如太白，東南速行，至濁没，青白，有尾跡。五月庚午，星出尾南，如太白，南速行，至濁没，青白，有尾跡。辛未，星出中台北，如太白，東南緩行，至天江没，赤黄。丁丑，星出織女西，如杯，東北速行，至濁没，青白，有尾跡。六月己亥，星出南斗南，如杯，南速行，至鼈星没，青白，有尾跡，照地明。壬子，星出天津東，如杯，東速行，至濁没，青白，有尾跡，照地明。七月甲子，星出天棓，如杯，北急行，至濁没，赤黄，有尾跡。丙寅，星出天棓北，如杯，西南急流，至濁没，赤黄，有尾跡，照地明。己丑，星出北斗西，如太白，東北急流，至濁没，赤黄，有尾跡，照地明。八月乙卯，星出天囷北，如太白，東南慢流，至弧矢没，赤黄，有尾跡，照地明。戊午，星出紫微垣内大理西，如太白，北慢流，至濁没，青白，有尾跡。閏九月辛卯，星出輿鬼南，如杯，急流至軒轅没，赤黄，有尾跡，照地明。庚戌，星出紫微垣内鈎陳北，如太白，北急流，至天棓没，青白，照地明。十月庚申，星出狼東，如太白，東南急流，至濁没，青白，有尾跡，照地明。十一月丙辰，星出廁星東，如太白，東南慢流，至濁没，青白。

四年正月戊戌，星出五車北，如杯，西南急流，至天囷没，赤黄，有尾跡，分裂。六月戊寅，星出紫微垣内厨南，如太白，南慢流，至大角没，赤黄，有尾跡。八月丁巳，星出壁壘陣南，如杯，西南慢流，至濁没，青白，有尾跡，照地明。癸亥，星出文昌北，如太白，東北慢流，至濁没，青白，有尾跡。癸酉，星出貫索南，如太白，東南至天市垣秦星没，赤黄色，有尾跡，照地明。戊寅，星出婁，大如太白，東急流，至濁没，青白。己卯，星出文昌西，如太白，北慢流，至紫微垣内鈎陳没，赤黄，有尾跡。九月己酉，星出天街，如杯，北急行，穿五車北没，赤黄，有尾跡，照地明。庚戌，星出天倉南，如太白，南急行，至濁没，赤黄，有尾跡，照地明。十一月己丑，星出紫微垣内六甲，如太白，東北慢行，入濁没，赤黄，有尾跡，照地明。乙未，星出鈎陳北，如太白，東北慢行，至濁没，赤黄，有尾跡，照地明。

五年四月庚申，星出角東，如太白，東南急行，至濁没，赤黄。辛未，星出紫微垣内鈎陳北，如太白，急行至濁没，青白。五月己丑，星出天津西，如太白，西北急行，至紫微垣内鈎陳没，赤黄，有尾跡。六月丁卯，星出天槍東，如太白，西急行，至天罇没，赤黄，有尾跡，照地明。己卯，星出郎位，如太白，東南急行，至濁没，赤黄，有尾跡，照地明。七月辛巳，星出天市垣内列肆西北，如杯，西急行，至濁没，赤黄，有尾跡，照地明。十月庚戌，星出參南，如太白，東南急行，至濁没，青白。辛亥，星出參旗南，如杯，東急行，至軍井没，青白，有尾跡。甲寅，星出騰蛇西，如太白，南速行，入虚没，赤黄，有尾跡，照地明。甲子，星出中台南，如太白，東北速行，至濁没，赤黄，有尾跡。十一月辛巳，星出五車西南，如太白，西北速行，入雲没，赤黄，有尾跡，照地明。甲申，星出天津北，如太白，東北速行，至紫微垣内鈎陳没，赤黄，有尾跡。十二月庚申，星出東壁西，如太白，西南速行，至濁没，赤黄，有尾跡。戊辰，星出畢南，如太白，西南速行，至濁没，赤黄。壬申，星出中台北，如太白，東北速行，至濁没，赤黄。

六年四月辛酉，星出軒轅西南，如杯，西緩行，至天罇没，青白，有尾跡，照地明。閏六月丙子，星出貫索東北，如杯，西南急行，至濁没，青白，有尾跡，照地明。戊寅，星出貫索西，如盂，西緩行，至濁没，赤黄，有尾跡，照地明。己卯，星出天槍東，如太白，西南急行，至濁没，赤黄，有尾跡。癸卯，星出壁壘陣西南，如太白，西南慢行，至濁没，青白，有尾跡，照地明。八月癸巳，星透雲出王良南，如太白，西南急行，至室没，青白，有尾跡。甲午，星出騰蛇北，如太白，西北急行，至濁没，青白，有尾跡。丙申，星出天船北，如太白，西北急流，至文昌没，赤黄，有尾跡，照地明。九月癸卯，星出五車東，如杯，北急行，至濁没，赤黄，照地明。

乙巳，星出輿鬼東北，如太白，西北速行，至紫微垣內文昌沒，赤黃，有尾跡，照地明。庚申，星出危北，如太白，西南急行，至牽牛沒，赤黃，有尾跡。乙丑，星出織女西南，如太白，西北急行，至濁沒，青白，有尾跡。十月辛丑，星出大角西，如太白，南慢行，至角距星沒，青白，有尾跡，照地明。

七年四月辛未，星出牛星東，如杯，西南慢行，至濁沒，赤黃，有尾跡。丙子，星出亢，如太白，西南急行，至角沒，赤黃，有尾跡，照地明。六月庚辰，星出天棓南，如太白，西南急行，入天市垣內候星沒，青白，有尾跡。癸巳，星出紫微垣東，如杯，東北流行，至濁沒，赤黃，有尾跡。戊子，星出王良西，如杯，西北速行，至女牀沒，赤黃，有尾跡，照地明。丁酉，星出鼈星南，如太白，東南急行，至濁沒，赤黃，有尾跡，照地明。七月丙午，星出閣道北，如杯，北慢行，至濁沒，青白。己未，星出胃東，如太白，東急行，至濁沒，青白，有尾跡。八月辛未，星出文昌東，如太白，西北速行，至濁沒，青白，有尾跡，照地明。癸巳，星出天津東，如太白，西南急流，至河鼓沒，青白，有尾跡。十一月乙卯，星出虛南，如杯，西南急行，至濁沒，赤黃，有尾跡，照地明。丁巳，星出七星東，如太白，東南急行，入濁沒，赤黃，有尾跡，照地明。

八年正月丙午，星透雲出角南，如杯，東南速行，至濁沒，赤黃，有尾跡，照地明。二月丙寅，星出婁南，如太白，西速行，至濁沒，赤黃，有尾跡。庚辰，星出太微垣左執法北，如太白，東南速行，至濁沒，赤黃，有尾跡。癸巳，星出紫微垣內鉤陳東，如盂，西北速行，至濁沒，青白，有尾跡，照地明。六月己丑，星出右旗西，如杯，向南急流，至濁沒，青白，有尾跡，明燭地。七月庚申，星出胃宿，如杯，急流至天囷沒，青白，有尾跡，明燭地。十月壬申，透雲星出王良西，如太白，急流至織女北沒，赤黃，有尾跡，明燭地。丁丑，透雲星出天囷南，如太白，東南慢流，至濁沒，青白，有尾跡。戊子，透雲星出奎東，如太白，西北急流，至濁沒，赤黃，有尾跡，明燭地。庚寅，星出昴南，如太白，急流至獨沒，青白，有尾跡，明燭地。十二月乙巳，星出紫微垣鉤陳東，如太白，向北速行，至太子沒，黃赤，有尾跡，明燭地。

元祐元年正月癸巳，星出狼星南，向東南急流，至濁沒，赤黃，有尾跡，明燭地。癸丑，透雲星出近軫南，如太白，東南急流，至濁沒，青白，有尾跡，明燭地。二月丙戌，透雲星出近紫微垣文昌西，向西北急流，至王良北沒，赤黃，有尾跡，明燭地。又星出上台北，向西北急流，至王良南沒，赤黃，有尾跡，明燭地。閏二月庚戌，星出五車南，向西北慢流，至濁沒，青白。五月壬申，星出女北，向東急流，至虛東沒，青白，有尾跡，明燭地。六月甲辰，星出天津西，如太白，西南急流，至尾北沒，赤黃，有尾跡，明燭地。七月丁巳，星出墳墓東，如太白，慢流至壁南沒，青白，有尾跡，明燭地。九月庚申，星出天苑南，如太白，向南急流，入濁沒，赤黃，有尾跡，明燭地。壬戌，星出天津北，如太白，西北急流，至濁沒，赤黃，有尾跡。十月庚寅，星出羽林軍南，如太白，西南急流，至濁沒，赤黃，有尾跡。辛丑，透雲星出近五車西，如太白，西南急流，至天囷北沒，青白，有尾跡。丙午，星出室南，如太白，西南急流，至濁沒，赤黃，有尾跡，明燭地。戊申，星出紫微垣北，如太白，西北急流，至濁沒，青白，有尾跡。十二月庚寅，星出天苑南，如太白，東北急流，至濁沒，赤黃，有尾跡。

二年正月癸酉，星出柳南，如杯，東南急流，至濁沒，赤黃，有尾跡，照地明。辛巳，星出軫南，如杯，向南急流，至濁沒，赤黃，有尾跡，照地明。壬子，星出柱史西，如盂，西北急流，至鉤陳東沒，赤黃，有尾跡。四月丙午，星出天棓南，如太白，東北急流，至天津沒，赤黃，有尾跡，照地明。六月壬寅，星出文昌東，如杯，向北急流，至濁沒，赤黃，有尾跡，照地明。九月甲寅，星出天市垣中山北，如太白，向西急流，至天紀西沒，赤黃，有尾跡，照地明。丁丑，星出雷電南，如太白，向西急流，入天市垣內至宗正東沒，赤黃，有尾跡，照地明。

三年三月己酉，星出亢南，如杯，向南慢行，至濁沒，赤黃，有尾跡，照地明。六月壬午晝酉時八刻後，星出西南甲位，如盂，向東急流，至卯位沒，青白，有尾跡。庚子，星出壁南，如杯，東南急流，入羽林軍內沒，赤黃，有尾跡，照地明。甲辰，星出天市垣魏星西，如太白，西北急流，至梗河西沒，赤黃，有尾跡。又有星出霹靂南，如杯，東南急流，至羽林軍東沒，赤黃，有尾跡，照地明。八月癸巳夕，有星自中天向東急流，至濁沒，青白，有尾跡，照地明。十一月戊申，星出北斗天璇，如杯，流至南河沒，赤黃，有尾跡，照地明。閏十二月甲子，星出天廚北，如太白，向北急流，至濁沒，赤黃，有尾跡。

四年二月己酉，星出五諸侯西，如太白，急流至五車北沒，赤黃，有尾跡，明燭地。三月戊戌，星透雲出織女東，如太白，速行至天津西沒，赤黃，明燭地。己亥，星透雲出氐西，如太白，速行至濁沒，赤黃，有尾跡，明燭地。四月壬寅，星出車肆南，如太白，速行至濁沒，青白，有尾跡，明燭地。五月癸巳，星出天弁南，如太白，速行至尾北沒，赤黃，有尾跡，明燭地。八月甲辰，星出天津東，如太白，慢

流至霹靂東没，青白，有尾跡。九月己巳，星出天津東南，如太白，速行至女牀西北没，赤黄，有尾跡，明燭地。壬午，星透雲出天棓北，如太白，速行至濁没，赤黄，有尾跡。十月丁巳，星出天津東南，如太白，速行至濁没，赤黄，有尾跡，明燭地。十一月乙酉，星出司怪西南，如杯，慢流至參旗没，赤黄，有尾跡。

五年正月己酉，星出右攝提，如杯，西北緩行，至濁没，青白，有尾跡，明燭地。四月癸丑，星出天廚，如太白，急流北至濁没，赤黄，有尾跡，明燭地。又星出天棓，如杯，急流北至濁没，青白，有尾跡，明燭地。又星出天市垣斗星西北，如杯，急流至北斗西没，青白，有尾跡，明燭地。五月癸酉，星出文昌，如太白，急流北至濁没，赤黄，有尾跡，明燭地。六月庚申，星出室北，如太白，東北緩行，至濁没，青白，有尾跡。辛酉，星出氐，如太白，西北急流，至濁没，青白，有尾跡。又星出紫微垣少尉，如太白，西北急流，至濁没，赤黄，有尾跡，明燭地。七月辛未，星出危，如太白，東南急流，至濁没，青白，有尾跡，明燭地。癸未，星出天市垣屠肆西，如太白，急流西至貫索南没，赤黄，有尾跡，明燭地。丁亥，星出自天市垣市西，如太白，西南急流，至心没，赤黄，有尾跡，明燭地。八月甲午，星出房西，如太白，東南急流，至心没，赤黄，有尾跡，明燭地。庚子，星出内厨，如太白，急流至文昌北没，赤黄，有尾跡，明燭地。癸卯，星出八穀西，如太白，東北急流，至濁没，青白，有尾跡。九月辛巳，星出軍市西，如太白，東南急流，至濁没，赤黄，有尾跡。乙酉，星出漸臺西，如太白，急流至濁没，青白，有尾跡。辛卯，星出羽林軍内，如太白，西南急流，至濁没，赤黄，有尾跡，明燭地。十月甲午，星出柳，如杯，緩北行，至濁没，有尾跡，明燭地。己未，星出車府西，如太白，急流北至天津西南没，青白，有尾跡，明燭地。又星出紫微垣柱史南，如杯，西南緩行，至天津東没，赤黄，有尾跡，明燭地。十一月壬戌，星出紫微垣内極星北，如太白，急流北，至濁没，青白，有尾跡。十二月己亥，星出柳，如太白，西北流，至北河没，赤黄，有尾跡，明燭地。丙辰，星出卷舌西，如太白，急流西，至濁没，青白，有尾跡。

六年二月辛丑，星出翼東，如杯，東南急流，至濁没，赤黄，有尾跡，明燭地。丙辰，星透雲出郎將西，如太白，東北速行，至紫微垣内少尉没，赤黄，有尾跡，明燭地。五月乙酉，星出天市垣内宗人南，如杯，西北急流，至宋星南没，赤黄，有尾跡，明燭地。丁亥，星出貫索東，如太白，東南急流，至候東没，赤黄，有尾跡。六月丙辰，星透雲出太微垣内郎位北，如太白，西南急流，至濁没，赤黄，有尾跡。七月癸亥，透雲星二，皆如太白：一出天槍東，西南急流，至亢東没；一出奎東，西南急流，至壁壘陣東没；赤黄，有尾跡。九月甲寅，星出天津北，如太白，東北慢流，至内階没，赤黄，有尾跡，明燭地。十月壬戌，星出婁南，如太白，東南慢流，至天苑没，赤黄，有尾跡，明燭地。丁卯，星出東北方，如杯，急流至濁没，赤黄，有尾跡。又星出王良南，如太白，東南急流，至濁没，赤黄，有尾跡，明燭地。

七年二月戊午，星出敗瓜東南，如太白，急流至虚東没，赤黄，有尾跡，明燭地。甲戌，星出平星西，如太白，急流至濁没，赤黄，有尾跡。己卯，星出紫微垣帝星西北，如杯，急流至濁没，青白，有尾跡，明燭地。癸未，星出心東，如太白，急流至尾南没，青白，有尾跡，明燭地。三月辛亥，星出北極天樞北，如太白，急流至濁没，青白，有尾跡，明燭地。四月癸亥，星出輦道東，如太白，急流至濁没，青白，有尾跡，明燭地。甲子，透雲星出天市垣燕星南，如太白，急流至濁没，赤黄，有尾跡。辛巳，星出牛西北，如杯，急流至壁壘陣西没，青白，有尾跡，明燭地。六月庚午，星出騰蛇南，如太白，急流至匏瓜東北没，赤黄，有尾跡，明燭地。乙亥，星出閣道東，如太白，急流至天船北没，赤黄，有尾跡，明燭地。八月辛未，星出奎距星西南，如太白，急流至濁没，青白，有尾跡，明燭地。九月甲辰，星出參旗西，如太白，急流至參東南没，青白，有尾跡，明燭地。

八年正月甲申，星出天市垣内候南，如杯，東南急流，至箕南没，赤黄，有尾跡，明燭地。三月庚寅，透雲星出左攝提東南，如太白，東北慢流，至濁没，青白，有尾跡。又星出天市垣内，如太白，東北急流，至漸臺南没，赤黄，有尾跡，明燭地。五月辛丑，透雲星出紫微垣天厨西，如太白，向北急流，至濁没，青白，有尾跡，明燭地。六月庚申，星出氐北，如太白，慢流至角西没，赤黄，有尾跡，明燭地。八月壬戌，星出中天，如太白，東南急流，至濁没，青白，有尾跡。庚午，星出五車北，如太白，東北急流，至濁没，赤黄，有尾跡，明燭地。九月辛卯，星出紫微垣，如杯，向南急流，青白，有尾跡，明燭地，至五車内没。乙未，透雲星出羽林軍南，如大白，東南急流，至濁没，赤黄，有尾跡，明燭地。丁酉，星出敗瓜西，如太白，西南急流，至天弁北没，赤黄，有尾跡，明燭地。又星出王良北，如太白，向北急流，至上輔西北没，青白，有尾跡。己亥，透雲星出天苑南，如太白，東南急流，至濁没，赤黄，有尾跡，明燭地。癸卯，星出天苑西南，如太白，西南急流，至濁没，赤黄，有尾跡，明燭地。十月乙巳，星出營室北，如太白，西南急流，至左旗北

没，赤黄，有尾跡，明燭地。戊申，星出天棓東南，如杯，北流，至濁没，赤黄，有尾跡，明燭地。又星出壁西，如太白，向南慢流，至羽林軍没，青白，有尾跡，明燭地。

紹聖元年正月壬午晝，星出中天，如太白，西南急流，入濁没，赤黄。丙戌，星出鉤陳北，如杯，東北急流，至北斗没，赤黄，有尾跡，明燭地。丁酉，透雲星出北斗摇光西，如太白，西北速行，至鉤陳没，赤黄，有尾跡，明燭地。二月丙午，透雲星出壁東，如杯，西南慢流，入濁没，青白，有尾跡。庚午，星出紫微垣内天槍西南，如杯，急流入濁没，赤黄，有尾跡，明燭地。四月辛酉，星出北斗摇光南，如太白，向南急流，至大角没，赤黄，有尾跡，明燭地。六月癸酉，星出人星南，如太白，急流至牛没，赤黄，有尾跡，明燭地。丁丑晝，有飛星出東南，如太白，西北急流，至中天没，青白，有尾跡，明燭地。乙未，星出牛東南，如太白，西南速行，入濁没，赤黄，有尾跡，明燭地。丙申，透雲星出室北，如太白，西南速行，入天市垣，至宗正西没，赤黄，有尾跡。八月戊戌，星出奎南，如太白，東南速行，至天囷没，赤黄，有尾跡，明燭地。九月庚子，星出天囷南，如太白，急流至九州殊口没，赤黄，有尾跡，明燭地。丁巳，透雲星出羽林軍南，如太白，西南急流，入濁没，赤黄，有尾跡，明燭地。辛酉，星出天弁西，如太白，慢行至濁没，赤黄，有尾跡，明燭地。丙寅，星出室東，如太白，急流至濁没，青白。戊辰，星出紫微垣内鉤陳南，如杯，急流至濁没，赤黄，有尾跡，明燭地。十月己巳，星出紫微垣内，如太白，慢行至濁没，青白，有尾跡。癸酉，星出軒轅，如太白，急流至濁没，赤黄，有尾跡，明燭地。甲申，星出天倉南，如太白，慢行至上台没，赤黄，有尾跡，明燭地。辛卯，星出鬼東，如太白，急流至濁没，赤黄，有尾跡，明燭地。十一月庚子，星出北斗天樞西北，如杯，急流至濁没，赤黄，有尾跡，明燭地。壬戌，星出星宿，如太白，急流至天稷西没，赤黄，有尾跡，明燭地。又星出天廟南，如杯，慢行至濁没，青白，照地明。十二月辛未，透雲星出柳西，如太白，東南速行，至張没，赤黄，有尾跡，明燭地。壬申，星出天厨，如太白，急流至濁没，青白，有尾跡。

二年二月丁未，星出危西，如杯，西急流，至敗瓜南没，赤黄，有尾跡，明燭地。丙辰，星出天津東北，如杯，向東慢流，至室北没，青白，有尾跡，明燭地。四月甲申，透雲星出上台南，如太白，西北慢流，至濁没，赤黄，有尾跡，明燭地。五月癸卯，星出漸臺東，如太白，東北急流，至人星南没，赤黄，有尾跡，明燭地。甲寅，星出閣道東北，如太白，東北急流，至濁没，青白，有尾跡，明燭地。辛酉，透雲星出建西北，如太白，西南急流，至箕宿南没，赤黄，有尾跡，明燭地。六月壬午，透雲星出壁壘陣北，如太白，東南急流，至濁没，青白，有尾跡，明燭地。七月辛丑，星出九州殊口東，如太白，東南慢流，至濁没，赤黄，有尾跡，明燭地。乙巳，星出天棓北，如杯，東北急流，至内階東没，赤黄，有尾跡，明燭地。庚申，星出天槍西南，如太白，西南急流，至濁没，青白，有尾跡，明燭地。九月乙未，星出北斗天樞西南，如太白，東北急流，至濁没，青白，有尾跡，明燭地。丁酉，星出左更東，如杯，東北急流，至上台西没，赤黄，有尾跡，明燭地。庚戌，星出外厨西南，如太白，西北急流，至濁没，赤黄，有尾跡，明燭地。十月癸亥，星出厠星東，如太白，東南急流，至濁没，青白，有尾跡，明燭地。甲子，星出輦道東，如太白，西南慢流，至漸臺南没，赤黄，有尾跡。又星出騰蛇西北，如太白，西北急流，至濁没，青白，有尾跡，明燭地。丙寅，星出天倉南，如太白，向南急流，至濁没，赤黄，有尾跡，明燭地。戊辰，星出昴東南，如太白，向西急流，至天陰西没，青白，有尾跡，明燭地。甲戌，星出壁南，如太白，向東南急流，至天倉南没，赤黄，有尾跡，明觸地。丙戌，透雲星出參旗北，如太白，向東慢流，至觜北没，赤黄，有尾跡。丁亥，透雲星出婁東，如杯，向東急流，至胃北没，青白，有尾跡，明燭地。庚寅，透雲星出張南，如太白，東南急流，至濁没，赤黄，有尾跡，明燭地。十一月癸巳，星出外屏西，如太白，西南急流，至羽林軍西没，赤黄，有尾跡，明燭地。庚申，星出外屏西南，如太白，西北慢流，至濁没，赤黄，有尾跡。十二月甲子，透雲星出中天，如杯，西南急流，至濁没，赤黄，有尾跡，明燭地。戊辰，透雲星出五車北，如太白，西北急流，至濁没，青白，有尾跡，明燭地。

三年二月丙子，透雲星出太微垣，如太白，慢流至濁没，赤黄，有尾跡。四月庚申，星出貫索西南，如太白，急流至女牀東没，赤黄，有尾跡，明燭地。五月乙未，星出平星西，如杯，急流至濁没，青白，有尾跡，明燭地。辛丑，星出天棓南，如太白，急流至漸臺東南没，赤黄，有尾跡。六月壬戌，星出女牀南，如太白，急流至織女西没，赤黄，有尾跡，明燭地。七月癸丑，星出室北，如太白，急流至天倉東北没，赤黄，有尾跡，明燭地。乙卯，透雲星出危南，如太白，急流至濁没，赤黄，有尾跡，明燭地。丁巳，星出左更東，如太白，慢流至觜北没，青白，有尾跡，明燭地。八月癸亥，星出天津南，如太白，急流至天棓北没，赤黄，有尾跡。乙酉，星出天倉南，如太白，慢流至濁没，青白，有尾跡，明燭地。九月乙未，星出七公北，如太白，慢流至角北没，青白，有尾跡，明燭地。丁未，星出五車西北，如太

白，急流至文昌南没，青白，有尾跡，明燭地。辛亥，星出右更西，如太白，急流至壁東没，赤黄，有尾跡，明燭地。壬子，星出天倉南，如太白，急流至濁没，赤黄，有尾跡，明燭地。又星出昴南，如杯，慢流至諸王没，青白。癸丑，星出北斗天璇東，如太白，慢流至輦道西南没，赤黄，有尾跡，明燭地。又星出閣道西北，如太白，急流至大將軍西没，赤黄，有尾跡，明燭地。甲寅，星出柳西南，如太白，急流至屏星没，赤黄，有尾跡，明燭地。又星出文昌西北，如杯，急流至鉤陳西没，赤黄，有尾跡，明燭地。丁丑，透雲星出織女西南，如太白，急流至濁没，青白，有尾跡，明燭地。壬午，星出亢池東南，如太白，急流至濁没，青白，有尾跡，明燭地。十月己未，星出天市垣吴越星西，如太白，急流至濁没，赤黄，有尾跡，明燭地。十一月癸巳，星出五車東南，如太白，東北慢流，至濁没，青白，有尾跡，明燭地。甲午，星出太微垣郎位西北，如太白，急流至周鼎北没，赤黄，有尾跡，明燭地。戊戌，星出柳北，如太白，急流至軒轅西没，赤黄，有尾跡，明燭地。壬子，星出紫微垣太一西，如太白，慢流至鈇鑕南没，赤黄，有尾跡，明燭地。十二月丁巳，星出南河北，如太白，急流至濁没，赤黄，有尾跡，明燭地。

四年正月甲辰，星出北斗開陽南，如太白，東北急流，至鉤陳没，青白，有尾跡，明燭地。二月戊午，星出井南，如太白，東南急流，至弧矢西北没，赤黄，有尾跡，明燭地。丙子，星出星宿北，如太白，向北急流，至紫微垣右樞西没，赤黄，有尾跡，明燭地。三月己未晝，星出東南丙位，如太白，西南急流，至西南未位没，赤黄，有尾跡。四月壬辰，星出天淵東南，如太白，南慢流，至濁没，青白，有尾跡，明燭地。五月甲戌，星出人星東，如太白，向東急流，至濁没，青白，有尾跡，明燭地。庚辰，星出紫微垣鉤陳西南，如太白，向北慢流，至濁没，赤黄，有尾跡，明燭地。六月甲申，星出亢西南，向西急流，至濁没，色赤黄；又星出室西南，急流至女西没，色青黄：皆如太白，有尾跡，明燭地。乙未，星出紫微垣少輔東，如太白，西北急流，至北斗天權西没，赤黄，有尾跡，明燭地。丙午，透雲星出王良西北，如太白，東北急流，至濁没，青白，有尾跡，明燭地。戊申，星透雲出室西北，如太白，西北急流，至紫微垣内鉤陳南没，赤黄，有尾跡，明燭地。七月丙辰，星出天津北，如太白，東北急流，至天棓西没，色赤黄。戊午，透雲星出匏瓜南，如太白，向東急流，至人星西南没，赤黄，有尾跡，明燭地。丙子，星出匏瓜南，如太白，西南速行，至牛西没，赤黄，有尾跡，明燭地。八月己酉，星出天市垣南海，向西南慢流，至濁没，色青白；又星出天大將軍西，西北急流，至室東没，色赤黄：皆如太白，有尾跡，明燭地。九月壬子，星出女牀西北，如太白，西南急流，至天市垣内斗星北没，赤黄，有尾跡，明燭地。乙卯，星出河鼓西，西南急流，入天市垣東海西没，色赤黄；又星出天園東，東南急流，入濁没，色青白：皆如太白，有尾跡，明燭地。戊午，透雲星出牛西，大如杯，西南急流，至建北没，赤黄，有尾跡，明燭地。丁卯，星出天棓西，如太白，西北急流，入濁没，青白，有尾跡，明燭地。十月丁酉，星出天關東北，如太白，東南慢流，至濁没，青白，有尾跡。辛丑，透雲星出文昌北，如太白，向北急流，入紫微垣内鉤陳北没，赤黄，有尾跡，明燭地。十二月甲申，星出太微垣内五諸侯西，如太白，西南急流，至明堂南没，赤黄，有尾跡，明燭地。癸巳，透雲星出天廟東，如太白，東南慢流，至濁没，青白，有尾跡，明燭地。乙巳，星出中台南，如太白，西南慢流，至八穀北没，赤黄，有尾跡，明燭地。丁未，星出天倉北，西南急流，至壁壘陣北没，赤黄；又星出天倉西北，西南急流，至濁没，青白：皆如太白，有尾跡，明燭地。

元符元年二月丁亥，星出井北，如太白，急流至參没，赤黄，有尾跡，明燭地。戊申，星出宗正東，如太白，急流至天江南没，赤黄，有尾跡，明燭地。三月甲戌，星出明堂南，急流至土司空西没；又星出天乳北，急流至角没：皆如太白，赤黄，有尾跡，明燭地。四月乙酉，透雲星出卷舌，如杯，慢流至濁没，青白，有尾跡。戊子，星出氐西，如太白，慢流至濁没，赤黄，有尾跡，明燭地。丙午，星出文昌南，慢行至濁没；又星出平星東南，急流至濁没：皆如杯，青白，有尾跡。五月庚戌，星出斗宿南，如太白，急流至濁没，赤黄，有尾跡，明燭地。戊辰，星出左旗東南，如太白，急流至下台東没，赤黄，有尾跡，明燭地。癸酉，星出文昌東，如太白，急流至濁没，青白，有尾跡，明燭地。六月癸巳，星出天津東南，如杯，至室東没，青白，有尾跡。又星出室，如杯，至壁東没，青白，有尾跡。辛丑，星出箕，如太白，急流至尾没，赤黄，有尾跡，明燭地。壬寅，星出文昌西，如太白，慢行至濁没，赤黄，有尾跡，明燭地。七月丁未，星出天津西北，如太白，急流至建東没，赤黄，有尾跡，明燭地。甲寅，星出騰蛇東北，如太白，急流至閣道東没，赤黄，有尾跡，明燭地。乙卯，星出大角東北，如太白，急流至濁没，青白，有尾跡。丁巳戌時初刻，星出東方，如杯，急流至濁没，赤黄，有尾跡。癸亥，星出鉤陳南，如太白，慢行至文昌北没，赤黄，有尾跡，明燭地。八月壬辰，西南方有星自濁出，如太白，慢行經天，至紫微垣北斗天樞西北没，赤黄，有尾跡，明燭地。九月癸亥，星出天囷東南，如太白，急流至濁没，青白，有尾跡。丙寅，星出井西，如太白，急

流至室西北没，赤黄，有尾跡，明燭地。十月丁酉，星出壁南，如太白，急流至女西没，赤黄，有尾跡，明燭地。十一月辛未，星出胃南，如太白，慢行至婁西南没，赤黄，有尾跡，明燭地。

二年正月辛酉，星出太陽守東南，如太白，慢流至濁没，青白，有尾跡，明燭地。二月丙申，星出鈎陳東，如太白，西北慢流，至濁没，青白。壬寅，星出天市垣趙星西南，如太白，急流至吴越星没，赤黄，有尾跡，明燭地。癸卯，星出靈臺北，如太白，向西慢行，至軒轅没，赤黄，有尾跡，明燭地。五月戊辰，星出氐西南，如太白，西南速行，至濁没，青白，有尾跡，明燭地。六月丁酉，星出亢池東，如太白，西北急流，至太微垣東扇上將没，赤黄，有尾跡，明燭地。戊戌，透雲星出壁壘陣南，如太白，東南速行，至羽林軍没，赤黄，有尾跡。八月乙未，透雲星出閣道東，如太白，東北急流，至濁没，赤黄，有尾跡，明燭地。九月己巳，星出昴東南，如太白，向南慢流，至天苑没，青白，有尾跡，明燭地。閏九月乙亥，星出河鼓西，如太白，西南急流，入天市垣内没，青白，有尾跡，明燭地。又星出天苑東南，如太白，向南急流，至濁没，青黄，有尾跡，明燭地。十月辛丑，星出女西北，如太白，西南急流，至牛西北没，青白，有尾跡，明燭地。癸卯，星出上台東，如太白，西北急流，至文昌没，青白，有尾跡，明燭地。壬戌，星出壁南，如太白，向南急流，入羽林軍没，赤白，有尾跡，明燭地。十一月丙子，星出陰德東，如太白，東北慢行，至北斗魁内大理西没，赤黄，有尾跡。庚寅，星出中台東，如太白，向北急流，至濁没，赤黄，有尾跡，明燭地。

三年五月癸巳，星出織女，如杯，西北慢流，至北斗摇光没，青白，有尾跡，明燭地。

元・脱脱等《宋史》卷六〇《天文志十三》　建中靖國元年正月癸亥，星出西南，如盂，東北急流，入尾距星没，青黑，無尾跡，明燭地。

崇寧元年三月庚辰，星出張，如金星，西南急流，至濁没，赤黄，有尾跡，明燭地。五月丁卯，星出尾，如杯，西南慢流，入濁没，青白，有尾跡，明燭地。閏六月癸酉，星出斗，向西南慢流，至建没，青白，有尾跡，數小星從之。八月己未，星出羽林軍，如杯，急流至濁没，青白，有尾跡，明燭地。十月壬子，星出天船，如盂，急流至五車没，青黑，有尾跡，聲隆隆然。十二月己卯，星出婁，如金星，西南慢流，至外屏没，赤黄，有尾跡，明燭地。二年正月戊申，星出未位，如金星，急流至北河没，青白，有尾跡，明燭地。六月戊午，星出亢，如金星，西南急流，入濁没，赤黄，有尾跡，明燭地。九月辛巳，星出牛，如杯，西南慢流，至狗國没，青白，有尾跡，明燭地。十一月甲辰，星出參，如金星，西南急流，至濁没，青白，有尾跡，明燭地。十二月丁未，星出大陵，如金星，至騰蛇没，赤黄，有尾跡，明燭地。三年四月戊申，星出軫，如杯，西北慢流，入太微垣内屏星没，赤黄，有尾跡，明燭地；又入太微；又入屏星。六月丙午，星出氐，如金星，東北慢流，入天市垣，赤黄，有尾跡，明燭地。八月己酉，星出建，如杯，西南急流，至鼈没，青白，有尾跡，明燭地。十二月甲子，星出天大將軍，如盂，西北急流，入王良没，赤黄，無尾跡，明燭地。四年正月甲申，星出角，如盂，西南慢流，入濁没，青白，無尾跡。閏二月壬申，星出井，如金星，西北急流，入五車没，青白，有尾跡，明燭地。三月庚子，星出紫微垣華蓋，如杯，至鈎陳大星没，赤黄，有尾跡，明燭地。五月庚申，星出河鼓，如盂，西北急流，入濁没，青白，無尾跡。十二月甲午，星出參，如杯，東南慢流，入軍市没，赤黄，有尾跡，明燭地。五年六月庚午，星出西咸，如金星，東北急流，入天市垣内没，青白，有尾跡，明燭地。六月乙酉，星出庫樓，如杯，向西急流，入濁没，赤黄，有尾跡，明燭地。九月癸卯，星出天船，如杯，慢流至諸王没，青白，有尾跡，明燭地。十二月壬戌，星出奎，向南急流，入天倉没，青白，有尾跡及三丈，明燭地，聲散如裂帛。

大觀元年二月丁卯，星出參，如杯，西南急流，入濁没，赤黄，無尾跡，明燭地。四月辛未，星出軫，如盂，向南慢流，入濁没，青白，有尾跡，明燭地。六月乙亥，星出尾西南，如杯，西南慢流，入濁没，青白，有尾跡，明燭地。七月庚戌，星出箕，如杯，西南急流，入濁没，赤黄，無尾跡，照地明。二年十二月癸卯，星出奎，如盂，西北急流，入造父没，青白，有尾跡，照地明，有聲。

政和元年四月丙辰，星出亢，如盂，西北急流，至右攝提没，赤黄，有尾跡，照地明。五月辛巳，日未中，星隕東南。二年九月乙卯，星出斗，如杯，西南急流，入濁没，赤黄，有尾跡，照地明。三年四月丙申，星出心，如盂，西南急流，至積卒没，青白，有尾跡，照地明。四年九月庚子，星出墳墓，如盂，東南急流，入羽林軍没，青白，有尾跡，照地明。七年十二月甲子，星出胃東南，如盂，西北急流，至天大將軍没，赤黄，有尾跡，照地明。

重和元年九月庚辰，星出斗魁南，如盂，東南急流，至天淵没，赤黄，有尾跡，照地明。

宣和元年三月丁卯，星出柳，如盂，東北急流，入太微垣，赤黄，有尾跡，照地

明。十月戊子，星出雲雨，如盂，西南慢流，入羽林軍内没，青白，照地明。二年六月庚寅，星出氐南，如太白，東北急流，入天市垣，無尾跡。十二月辛巳，星出奎西南，如杯，西南慢流，至北没，赤黄，有尾跡，照地明。三年七月癸未，星出斗，如太白，東南急流，入濁没，青白，有尾跡，照地明。四年十一月丙寅，星出王良北，如杯，急流至紫微垣内上輔北没，赤黄，有尾跡，照地明。五年二月丙午，星出北河東北，如杯，東南慢流，至軫没，赤黄，有尾跡，照地明。六年七月丁酉，星出太陽守，如盂，東北急流，入濁没，赤黄，有尾跡，照地明。七年十一月戊子，星出王良北，如杯，急流入紫微垣上輔北，赤黄，有尾跡，照地明。

靖康元年二月丙辰，星出張，如太白，東南急流，至濁没，青白，有尾跡，照地明。又星出北河，如太白，東南慢流，至軫東没，赤黄，有尾跡，照地。三月壬辰，星出紫微垣内鈎陳東南，如金星，東北慢流，至濁没，赤黄，有尾跡，照地。五月乙未，星出權東北，如桃，西北急流，至濁没，青白，有尾跡，照地。六月癸丑，星流大如五斗器，衆光隨之，明照地，起東南，墜西北，有聲如雷。庚申，星出紫微垣内華蓋東南，如金星，向北急流，至左樞没。二年正月乙未，大星出建，向西南急流，至濁没，赤黄，有尾跡，照地。

建炎四年六月乙酉，星出紫微垣鈎陳。十月辛未，星出壁。

紹興元年四月甲戌，星出東方，晝隕。七月乙未朔，星出河鼓。八月辛未，星出羽林軍。十一月庚戌，星出婁宿西南。丁巳，星出天槍北。十二月甲子朔，星出大陵西北。二年三月甲午，星出紫微垣華蓋西南。乙卯，星出角。丁巳，星出紫微垣右樞星。戊午，星出軒轅大星西南。閏四月乙巳，星出太微垣西右執法北。五月癸未，星出河鼓。五年十月壬戌，星出室東南，赤黄而大。六年十月壬子，星出壁西北。七年八月壬寅，星隕於汴。八年十一月乙巳，星出天囷東北。九年五月癸未，星出房宿東南。十七年八月己未，星出危宿，慢流至貫索没，青白色，有尾跡，照地明，大如太白。二十六年六月丁亥，星出東北方，光明照地。二十八年六月戊戌，星晝隕，有尾長三丈，至西北没。二十九年八月戊寅，星出紫微垣西南，約長三尺，赤黄色，西南急流，至鈎陳大星東北没。三十一年六月乙卯，星出右攝提，赤白色，急流向東南没，有尾跡，大如歲星。丁巳，星出，青白色，自東北急流向東南没，有尾跡，大如盞口。甲子，星出氐，赤黄色，慢流至角宿天田没，初小後大，如太白，後有小星隨之。九月壬午，星晝隕，約長三丈。

隆興元年六月丁丑，星出尾宿，青白色，向東南慢流没。七月壬寅，星出天市垣内，赤色，向西北慢流，至右攝提西南没，炸散小星二十餘顆，有聲，尾跡大如太白。丙午，又出天市垣，慢流至氐宿没，青白色，微有尾跡，小如填星。癸丑，星出織女，急流向貫索西北没，青白色，明大如土星，照地。丙辰，星出輦道，急流入天棓西南没，赤黄色，有尾跡，小如土星。八月庚申，星出羽林軍，赤黄色，向東南急流，至濁没。戊辰，星出虚宿，赤黄色，急流至牛宿西南没。壬申，星出天市垣，赤青色，慢流至西咸西北没。癸酉，星出壁宿，赤黄色，急流犯王良星没，如太白。丙子，星出羽林軍門，青白色，慢流委曲行，至東南濁没。辛巳，星出南斗，赤黄色，慢流入羽林軍没，有尾跡，大如金星；次有星一，赤黄色，有尾跡，亦如金星，出雲雨星，慢流向西南，至女宿之下没。戊子，星出羽林軍門東南，慢流至濁没，青白色，有尾跡，大如土星。又星一，青白色，出天倉，向東南急流，有尾跡，小如木星，至濁没。九月庚戌，星出紫微垣外坐，赤黄色，向西北急流，抵紫微垣内坐尚書星没。十一月庚寅，星出軫宿，急流向東南騎官星没，赤黄色，有尾跡，大如木星。丁未，飛星出天船，急流向紫微垣外坐内厨西北没，炸出二小星，青白色，有尾跡，照地，大如木星。二年二月辛酉，飛星出權星，慢流至太微垣内五帝坐大星西南没，青白色，微有尾跡，大如歲星。六月丁丑，星出王良，青白色，急流犯天津西南没。己卯，飛星出造父，急流入紫微垣内鈎陳大星東南没，青白色，大如填星。辛亥，星出天關，急流貫入畢口西北没，有尾跡，照地明，大如太白，赤黄色。十月丙辰，星出趙國，向西南慢流，犯趙東星没，有尾跡，大如填星，赤黄色。十一月壬午朔，星出卯位，慢流至西南没，有尾跡，照地明，大如太白，青白色。癸未，星出，犯弧矢，急流至天廟東南没，有尾跡，大如太白，青白色。丁亥，星出天苑，向西南慢流，至濁没，微有尾跡，大如太白，色赤黄。癸卯，星出羽林軍，慢流向西南濁没，大如太白，色赤黄。辛亥，星出南河，向東南慢流，至翼宿没，微有尾跡，大如太白，色赤黄。十二月壬午，星出弧矢，向東南至濁没，有尾跡，照地明，大如太白，色青白。

乾道元年三月丙辰，星出周國，急流至天雞没，微有尾跡，大如歲星，色黄白。甲子，星出張宿，慢流向西南，至濁没，有尾跡，照地明，大如太白，色赤黄。五月丁丑，星出河鼓，白色，向東北慢流，至濁没，有尾跡，照地明，大如太白。六月甲辰，星出東北，慢流向西南没，有尾跡，音聲，大如太白，色赤黄。七月壬戌，星出西南，慢流至東南没，大如歲星，色赤黄。庚午，星出代國，慢流至趙國没，

大如歲星，色青白。九月戊申，星出王良，慢流至尾宿没。十月癸未，星出權星東南，急流至太微垣没，有尾跡，照地明，如太白，色青白。二年二月庚子，星出西北方，急流至濁没，明大如歲星，色青白。六月丙子，星出角宿，急流至軫宿没，有尾跡，大如太白，色赤黄。七月己巳，星出織女，急流至天市垣内宗星没，有尾跡，大如歲星，青白色。十一月己未，星出，急流東南蒼黑雲間没，大如歲星，色青白。十二月，星出天關，急流至外屏星没，有二小星隨之，赤黄色，微有尾跡，大如歲星。三年九月甲午，星出卷舌，急流至婁宿没，有尾跡，大如歲星，黄白色。又有星青白色，出北斗，急流至少宰西北没，大如歲星。五年七月甲子，星出宗正，赤色，慢流至女宿没，有尾跡，照地明，大如歲星。九月丙辰，星出，赤黄色，如蛇，入天棓没。六年九月辛巳，星出狼星，入弧矢，至濁没，微有尾跡，大如填星，赤黄色。十月庚戌，星出天囷，急流至濁没，有尾跡，大如歲星，赤黄色。七年七月戊戌，星大如拳，急流向西北方，至濁没，有尾跡，照地如電。九月甲午，透雲星出，急流向西南方，至濁没，高丈餘，有尾跡，照地明，大如太白，色青白。

淳熙三年正月辛未，星出狼星，急流至濁没，尾跡照地明，大如太白。四月戊戌，星出角宿，青白色。五年八月乙巳，星出狼星，急流向東南没，微有尾跡，大如太白，青白色。六年八月壬辰，星出紫微垣鉤陳大星，慢流至濁没，有尾跡，大如盞口，青白色。七年五月乙亥，星出天市垣内東海星，慢流，炸作三小星，有尾跡，照地，大如盞口，青白色。八月丁未，星出貫索大星西北，急流至濁没，有尾跡，照地明，大如太白，色青白。十一年四月乙丑，星出自中天，慢流向東北方没，微有尾跡，炸作小星相從，有聲，明大如太白，色青白。十五年二月辛未，星出太尊，大如盞口，急流至濁没，色青白。

慶元二年九月甲午，四年六月甲午，星晝隕。七月壬寅，星出羽林軍下，青白色，大如椀。九月丁巳，星出奎宿，向壁壘陣没，赤白色，大如太白。五年六月丁丑，星出東北，慢流至西南方没，大如歲星，青白色。九月壬子，星出西南，慢流向東北没，大如太白，青白色。

嘉泰二年四月辛巳，星出西北，急流東北至濁没，色赤。十月乙酉，星出五車，大如歲星。四年十一月庚午，星出天津，急流入天市垣没。

開禧元年正月庚子，星出中天，赤色，大如太白，向濁没。七月癸亥，星出天津，入斗宿東南没，色赤，大如太白。二年六月癸丑，星出招摇，入庫樓，色赤，大如太白。

嘉定元年六月辛未，星出天津東北，慢流向天市垣没。二年六月壬午，星出織女東南，慢流入天市垣没，色赤，有尾跡，照地明，大如太白。庚寅，星出中天，急流向東北，至濁没。三年九月己酉，星夕隕。五年七月乙巳，星出中天，慢流向西南方，至濁没。六年五月癸亥，星晝隕。九月癸卯，星夕隕。丁巳，星晝隕。十月戊戌，星出昴宿西南，慢流向天廪東南没。壬戌，星出西南，慢流至濁没，青白色。十二月壬寅，星晝隕。七年三月壬午，星出軫宿距星東南，慢流至濁没。五月辛卯，星出天津西南，慢流向心宿西北没。八年七月癸未，星出室宿距星東北，急流向天倉星西北没。乙酉，星出織女東南，慢流向牛宿西北没，有尾跡，照地明，大如太白，青白色。八月甲辰，星出天津西南，慢流向河鼓東北没。十二月丙申，星出五諸侯東北，慢流向天關西南没，有聲及尾跡，明照地，赤黄色。九年六月乙巳，星出牛宿距星東北，慢流至濁没。十年五月壬申，星出尾宿距星西北，慢流向牛宿距星東南没。十一年六月乙卯，星出河鼓距星西南，急流向正西，至濁没。十二年十一月己亥，星出昴宿東南，急流至濁没。十三年十二月丁巳，星出參旗東北，慢流至濁没，赤黄色。十四年二月壬午，星出南河距星東南，慢流向西南，至濁没，赤黄色。八月戊午，星出房宿距星，急流至濁没，有尾跡，照地明，大如太白，赤黄色。十一月甲申，星出天倉距星西北，慢流向東南方，至濁没，赤黄色。十六年十一月壬戌，星出五諸侯東北，急流向西北，至濁没，色赤黄，隆隆有聲，及尾跡照地，大如盞。

寶慶二年四月辛亥，星出，大如太白。

紹定元年六月己酉，星晝隕。二年正月庚辰，九月壬辰，星出，大如太白。三年十一月丁未，星晝隕。四年七月庚戌，星出，大如太白。九月甲辰，星晝隕。五年八月甲寅，星夕隕。閏九月己酉，星出，大如太白。

端平元年六月丙戌，星西南行，大如太白，有尾跡，照地明。二年四月戊子，星出，大如太白。六月庚辰，星晝隕。七月丁酉，星出，大如太白。辛丑，星晝隕。十月辛卯，星出，大如太白。三年五月庚辰，星出心宿，大如太白。六月癸巳，星夕隕。

嘉熙元年正月壬午，星出，大如太白。二月己丑，星夕隕。九月癸丑，星出七公西，至濁没。十月戊戌，星出，大如桃。二年四月甲子，七月辛卯，九月乙未，星出，大如太白。六月甲辰，八月癸亥，星晝隕。三年三月甲戌，星晝隕。八

月辛丑，星出，大如太白。四年正月辛巳，六月戊午，星出，大如太白。二月辛丑，三月癸未，星晝隕。

淳祐元年六月癸酉，星出，大如太白。己卯，星晝隕。三年六月甲戌，星出氐宿距星，大如太白。八月乙卯，星晝隕。四年四月丙子，星出尾宿距星下，大如太白。六月乙未，星出畢宿，大如太白。六年七月癸酉，星出室宿，大如太白。九月甲子，星出斗宿，尾跡青白照地，大如太白。七年九月丙辰，星出室宿。八年六月甲辰，星出河鼓，大如太白。十月丙戌，星出角宿距星。九年六月壬戌，其日，星自南方急流，至濁没，赤黄色，大如太白。十月壬申，星出織女。十年四月丁酉朔，星夕隕。十一年七月丁丑，星出畢宿距星，赤黄色，大如太白。八月己丑朔，星夕隕。十二年四月庚申，星出角宿、亢星，大如太白。八月癸丑，星出角，色赤照地。

寶祐元年四月丁巳，星出，大如太白。二年七月庚戌，星出，大如太白。三年七月辛酉，星出，大如太白。十月丁丑，星出畢宿距星。五年七月丁卯，星出，大如桃。六年九月戊辰，透霞星出。

開慶元年六月己亥，星出斗宿河鼓，急流向東南，至濁没，赤黄色，有音聲，尾跡照地明，大如太白。

景定元年七月丙子，星出東南，大如太白。十月乙卯，星出東北，急流向太陰，有音聲，尾跡照地明，大如桃。三年四月甲辰，星出，大如盞。六月己酉，星出，大如熒惑。九月丙子，星出，大如太白。閏九月丙戌，透霞星出，大如太白。庚子，星出，大如太白。四年五月戊戌，星出角宿距星。六月丁卯，星出河鼓。八月乙卯，星出天倉。五年二月壬戌，星出畢宿。五月甲午，星出河鼓大星東南，急流向西北，至濁没，赤黄，有尾跡，照地明，大如太白。七月己卯，星出右攝提。

咸淳二年六月甲戌，星出左攝提。三年七月庚寅，星出昴宿東南，急流至濁没，赤黄，有尾跡，照地明，大如太白。四年七月戊午，星出氐宿距星西北，急流入騎官星没，赤黄，有尾跡，照地明，大如桃。五年五月庚申，星出斗宿距星東北，急流向牛，至濁没。六月庚寅，星出斗宿。七月壬戌，星出東南河鼓距星西北，急流至濁没。

德祐元年四月癸亥，有大星自心東北流入濁没。

又 建隆二年五月己丑，天狗墮西南。

色紅。

端平二年春，天狗墜懷安金堂縣，聲如雷，三州之人皆聞之，化爲碎石，其

咸淳十年九月壬寅，有星見西方，曲如蚓。

德祐元年二月丁亥，有星二鬬於中天，頃之，一星墜。

元・馬端臨《文獻通考》卷二九一《象緯考十四》 流星星隕

《春秋》魯莊公七年夏四月辛卯夜，恒星不見恒，常也，謂常見之星。辛卯，四月五日，月光先尚微，蓋時無雲，日光不以昏没。夜明也。夜中，星隕如雨如，而也。夜半乃有雲，星落而且雨，其數多，皆記異也。日光不匿，恒星不見，而雲夜中者，以水漏知之。與雨偕也偕，俱也。《公羊傳》：恒星者何？列星也。列星不見，則何以知夜之中星反也反者，星復其位？如雨者何？非雨也，非雨則曷爲謂之如雨？《不修春秋》曰：「雨星不及地尺而復《不修春秋》謂史記言。古者謂史記爲春秋。」君子修之曰：「星霣如雨明其狀似雨耳。不當言雨星不言尺者。霣則爲異，不以尺寸録之，何以書？記異也。」《穀梁傳》：恒星者，經星也經，常也，謂常列宿。日入至於星出，謂之昔不見者可以見也。夜中星隕如雨如，而也。星既隕而復雨。隕，雲敏反。復，扶又反，其隕也如南，是夜中與星既隕而雨，必晦暝，安知夜中乎？與，音餘。暝，亡定反？《春秋》著以傳著，疑以傳疑明實録也。傳，真專反，中之幾也，而曰夜中著焉耳幾，微也。星既隕而雨，中微難知，而曰夜中，自以實著爾，非臆度而知。度，徒各反。何用見其中也？失變而録其時，則夜中矣失星變之始，而録其已隕之時，檢録漏刻，以知夜中。其不曰恒星之隕何也？我知恒星之不見，而不知其隕也。我見其隕而接於地者，則是雨説也言我見從上來接於下，然後可以言雨星。今唯見在下，故曰隕星，我見之。見，音如字，註曰雨，於仕反，註同。著於上，見於下，謂之雨；著於下，不見於上，謂之隕，豈雨説哉解經不得言雨星而言隕星也。鄭君曰：衆星列宿，諸侯之象。不見者是，諸侯棄天子禮儀法度也。劉向曰：隕者象諸侯，隕墜失其所也。又中夜而隕者，象不終其性命，中道而落。

僖公十六年春王正月戊申朔，隕石於宋，五隕，落也。聞其隕，視之石，數之五，各隨其聞見先後而記之。莊七年，星隕如雨，見星之隕而墜於四遠若山若水，不見在地之驗。此則見在地之驗，而不見始隕之星。史各據事而書之也。隕星也但言星，則嫌星使石隕，故重言隕星。

秦始皇三十六年，熒惑守心，有墜星下東郡，至地爲石。或刻其石曰：「始皇死而地分。」始皇聞之，遣御史逐問，莫服。盡取石旁人誅之，燔其石。

漢惠帝三年，隕石綿諸，一綿諸，道也，屬天水部。

孝武帝元光中，天星盡搖。上以問候星者。對曰：「星搖者，民勞也。」後伐四夷，百姓勞於兵革。

武帝征和四年二月丁酉，隕石雍，二，天晏無雲，聲聞四百里雍，扶風之縣。晏，天昏也。

昭帝始元中，流星下燕萬載宫極，東去李奇曰：「極，屋梁也，或曰，極，棟也。三輔間名棟爲極。尋棟東去也。延篤謂之堂前闌楯也。」。法曰：「國恐有誅。」元平元年二月甲申晨，有大星如月，有衆星隨而西行。乙酉，牂雲如狗，赤色，長尾三枚，夾漢西行。大星如月，大臣之象，衆星隨之，衆皆隨從之象也。天文以東行爲順，西行爲逆，此大臣欲行權以安社稷。占曰：「太白散爲天狗，爲卒起。卒起見禍無時，臣運柄。牂雲爲亂君。」到其四月，昌邑王賀行淫辟，立二十七日，大將軍霍光乃白皇太后廢賀。三月丙戌，流星出翼、軫東北，幹太微，入紫宫。始出小，且入大，有光，入有頃，聲如雷，三鳴止。占曰：「流星入紫宫，天下大凶。」四月癸未，宫車晏駕。

元帝建昭元年正月戊辰，隕石梁國，六。

成帝建始元年九月戊子，有流星出文昌，色白，光燭地，長可四丈，大一圍，動搖如龍蛇形。有頃，長五六丈，大四圍所，詘折委曲，貫紫宫西，在斗西北子亥間。後詘如環，北方不合，留一刻許。占曰：「文昌爲上將貴相。」時帝舅王鳳爲大將軍，其後宣帝舅子王商爲丞相，皆貴重任政，鳳妒商，譖罷。商自殺，親屬皆廢黜。四年正月癸卯，隕石槁，四、肥累，一皆縣名，屬真定。陽朔三年二月壬戌，隕石白馬，八東郡之縣名。四年閏月庚午，飛星大如缶，出西南，入斗下。占曰：「漢使匈奴。」明年，單於死，漢遣使往吊。鴻嘉二年五月癸未，隕石杜衍，三南陽之縣名。永始二年二月癸未，夜過中，星隕如雨，長一二丈，繹繹未至地滅師古曰：繹繹，光采貌。至雞鳴止。谷永對曰：「日月星晨燭臨下土，其有石隕之異，則遐邇幽隱靡不咸睹。星辰附離於天，猶庶民附離王者也。王者失道，綱紀廢頓，下將叛去，故星叛天而隕，以見其象。《春秋》記異，星隕最大，自魯嚴以來，至今再見。臣聞三代所以喪亡者，皆繇婦人羣小，湛湎於酒湛讀曰沈，又音耽，下亦同。《書》云：『乃用婦人之言，四方之逋逃多罪，是信是使』。師古曰：《周書·泰誓》也，言紂惑於妲己，而昵近亡逃罪人，信用之。詩曰『赫赫宗周，褒姒滅之師古曰：《小雅》、《正月》之詩也。已解於上。滅，許悅反。顛覆厥德，荒沈於灑師古曰：《大雅》、《板》之詩也。刺王傾敗其德，荒廢政事而耽酒。』及秦所以二世而亡者，養生太奢，奉終太厚。方今國家兼而有之，社稷宗廟之大憂也。」京房《易傳》曰：「君不任賢，厥妖天雨星。」元延元年三月，隕石都關，一山陽縣名。四月丁酉日餔時，天暝晏，殷殷如雷聲，有流星頭大如缶，長十餘丈，皎然赤白色，從日東南去，四面或大如盂，或如雞子，燿燿如雨下，至昏止。郡國皆言星隕。《春秋》星隕如雨，爲王者失勢，諸侯起伯之異也。其後王莽遂專國柄。王氏之興萌於成帝時，是以有星隕之變，後莽遂篡國。綏和元年正月辛未，有流星從東南入北斗，長數十丈，二刻所息。占曰：「大臣有系者。」其年十一月庚子，定陵侯淳於長坐執左道下獄死。

哀帝建平元年正月丁未，隕石北地，十。其九月甲辰，隕石虞，二梁國縣名。

平帝元始二年六月，隕石鉅鹿，二。

自惠盡平，隕石凡十一，皆有光燿雷聲，成、哀尤屢見。

光武建武十年三月癸卯，流星如月，從太微出，入北斗魁第六星，色白。旁有小星射者十餘枚，滅則有聲如雷，食頃止孟康曰：「流星，光跡相連也，絶跡而去爲飛也。」。流星爲貴使，星大者使大，星小者使小。太微天子廷，北斗魁主殺。星從太微出，抵北斗魁，是天子大使將出，有所伐殺《古今註》曰：正月壬戌，月犯心後星。閏月庚辰，火入輿鬼，過軫北。庚申，月在斗，赤如丹者也。。十二月己亥，大流星如缶，出柳，西南行入軫，且滅時分爲十餘，如遺火狀，須臾有聲，隱隱如雷。柳爲周，軫爲秦、蜀。大流星出柳入軫者，是大使從周入蜀。是時光武帝使大司馬吴漢發南陽卒三萬人，乘船溯江而上擊蜀。十二年十一月丁丑，敗公孫述兵，殺述。明日，漢入屠蜀城，誅述大將公孫晃、延岑等，所殺數萬人，夷滅述妻宗族萬餘人以上。是大將出伐殺之應也。其小星射者，及如遺火分爲十餘，皆小將相隨之象。有聲如雷隱隱者，兵將怒之徵也。十二年正月《古今註》曰：丁丑，月犯軒轅大星。己未，小星流百枚以上，或西北，或正北，或東北，二夜止《古今註》曰：二月辛亥，月入氐，暈珥圍角、亢、房。。六月戊寅晨，小流星百枚以上，四面行。小星者，庶民之類。流行者，移徙之象也。或西北，或東北，或四面行，皆小民流移之徵。是時西討公孫述，北征盧芳。匈奴助芳侵邊，漢騎將軍馬武、騎都尉劉納、閻興軍下曲陽、臨平、呼沱，以備胡。匈奴入河中東，中國未安，米穀荒貴，民或流散。後三年，吴漢、馬武又徙雁門、代郡、上谷、關西縣吏民六萬餘口，置常山關、居庸關以東，以避胡寇。自是小民流移之應。十月丁卯，大星流有光，發東

井，西行，聲隆隆。郗萌占曰：「流星出東井，所之國水。」中元二年十月戊子，大流星從西南東北行，聲如雷。流星爲使。中郎將竇固、揚虛侯馬武等將兵西征也。

孝明永平元年四月丁酉，流星大如斗，起天市樓，西南行，光照地。流星爲外兵，西南行爲西南夷。是時益州發兵，擊姑復蠻夷大牟替陵，斬首，詣洛陽。七年正月戊子，流星大如杯，從織女西行，光照地。織女，天之貴女，流星出之，女主憂。其月癸卯，光烈皇后崩。

孝章建初元年二月甲寅，流星過紫宮中，長數丈，散爲三，滅。爲大人忌。後四年，明德皇后崩。六年七月丁酉夜，有流星起軒轅，大如拳，歷文昌，餘氣正白向西，如文昌，久久乃滅。

孝和永元元年正月辛卯，有流星起參，長四丈《古今註》曰：大如拳，起參東南。有光，色黃白《古今註》曰：癸亥，鎮在參，又有流星大如桃，色赤，起太微東蕃。石氏曰：「鎮守參，有土功事。」。二月，流星起天棓，東北行三丈所滅，色青白。壬申夜，有流星起太微東蕃，長三丈。三月《古今註》曰：戊子，土在參。丙辰，流星起天津行《古今註》曰：星大如桃，起天津，東至斗，黃白，頻有光。。壬戌，有流星起天將軍，東北行《古今註》曰：色黃，無光。。參爲邊兵，天棓爲兵，太微天廷，天津爲水，天將軍爲兵，流星起之皆爲兵。其六月，漢遣車騎將軍竇憲、執金吾耿秉，與度遼將軍鄧鴻出朔方，並進兵臨私渠北鞮海，斬虜首萬餘級，獲生口牛馬羊百萬頭。日逐王等八十一部降，凡三十餘萬人。追單於至西海。是歲七月，又雨水漂人民，是其應也。二年二月丁酉，有流星大如桃，起紫宮東蕃，西北行五丈稍滅《古今註》曰：三月甲子，火在亢南端門第一星南。乙亥，金在東井。。四月丙辰，有流星大如瓜，起文昌東北，西南行，至少微西滅。有頃音如雷聲，已而金在軒轅大星東北二尺所《古今註》曰：丁丑，火在氐東南星東南。。八月丁未，有流星如雞子，起太微西，東南行四丈所消。十月癸未，有流星大如桃，起天津，西行六丈所消。十一月辛酉，有流星大如拳，起紫宮西，行到胃消。三年九月丁卯，流星大如雞子，起紫宮西南，至北斗柄間消《尾紫宮》占曰：「有流星出紫宮，天子使也。色赤言兵，色白言喪，色黃言蟲，色青言憂，色黑言水。出皆以所之野命東、西、南、北。」。紫宮天子宮，文昌、少微爲貴臣，天津爲水，北斗主殺。流星起，歷紫宮、文昌、少微、天津，文昌爲天子使，出有兵誅也。竇憲爲大將軍，與其弟篤、景，女弟婿郭舉等坐謀不軌，伏誅。六年六月己丑，流星大如桃，起參北，西至參尾南，稍有光。七年正月丁未，有流星起天津，入紫宮中滅，色青黃，有光。八年九月辛丑，夜有流星大如拳，起婁。十一年五月丙午，流星大如瓜，起氐，西南行，稍有光，白色《古今註》曰：六月庚辰月入畢中。。占曰：「流星白，爲有使客，大爲大使，小亦小使。疾期疾，遲亦遲。大如瓜爲近小，行稍有光爲遲也。」又正王日，邊方有受王令者也。明年二月，蜀郡旄牛徼外夷白狼摟薄種王唐繒等率種人口十七萬歸義內屬，賜金印紫綬錢帛。十四年十一月丁丑，有流星大如拳，起北斗魁中，北至閣道，稍有光，色赤黃，須臾西北有雷聲。十六年十月辛亥，流星起鉤陳，北行三丈，有光，色黃。元興元年二月庚辰，有流星起角、亢五丈所，光色赤。四月辛亥，有流星起斗東，北行到須女。七月己巳，有流星起天市五丈所，光色赤。閏月辛亥，水、金俱在氐巫咸曰：「辰星守氐，多水災。」《海中占》曰：「天下大旱，所在不收。」《荊州星占》：「太白守氐，國君大哭。」。流星起斗，東北行至須女。須女，燕地。天市爲外軍。水、金會，爲兵誅。其年遼東貊人反，鈔六縣，發上谷、漁陽、右北平、遼西烏桓討之。

殤帝延平元年九月，隕石陳留四。傳曰：隕星也。董仲舒以爲從高反下之象。或以爲庶人惟星，隕，民困之象也。

順帝永和三年二月辛丑，有流星大如斗，從西北東行，長八九尺，色黃赤，有聲隆隆如雷。

桓帝延熹七年二月癸亥，隕石右扶風，一，鄠又隕石，二，皆有聲如雷。

靈帝光和元年四月癸丑，流星犯軒轅第二星，東北行，入北斗魁中。流星爲貴使，軒轅爲內宮，北斗主殺。是天子大使將出，有伐殺也。至中平元年，黃巾賊起，上遣中郎將皇甫嵩等征之，斬首十餘萬級。中平中夏，流星赤如火，長三丈，起河鼓，入天市，抵觸宦者星，色白，長三丈，後尾曲屈，食頃乃滅，狀似枉矢。占曰：「枉矢流發，其宮射，所謂矢當直而枉者，操矢者邪枉人也。」六年，大將軍何進謀盡誅中官，中官覺，於省中殺進，俱兩破滅，天下遂大壞亂。

蜀後主建興十三年，諸葛亮率大衆伐魏，屯於渭南。有長星赤而芒角，自東北西南流，投亮營，三投再還，往大還小。占曰：「兩軍相當，有大流星來走軍上反墜軍中者，皆破敗之徵也。」九月，亮卒於軍，焚營而退，羣帥交怒，多誅殘。

魏明帝景初二年，宣帝圍公孫文懿於襄平。八月丙寅夜，有大流星長數十丈，白色有芒鬣，從首山東北流，墜襄平城東南。占曰：「圍城而有流星來走城上及墜城中者破。」又曰：「星墜，當其下有戰場。」又曰：「凡星所墜，國易姓。」九月，文懿突圍走，至星墜所被斬，屠城，坑其衆。

元帝景元四年六月，有大流星二，並如斗，見西方，分流南北，光炤地，隆隆有聲。按占：「流星爲貴使，星大者使大。」是年，鍾、鄧克蜀，二星蓋二帥之象。二帥相背，又分流南北之應。鍾會既叛，三軍憤怒，隆隆有聲，兵將怒之徵也。晉武帝泰始四年七月，星隕如雨，皆西流。占曰：「星隕爲百姓叛。西流，吴人歸晉之象也。」二年，吴夏口督孫秀率部曲二千餘人來降。太康九年八月壬子，星隕如雨。《劉向傳》言：「下去其上之象。」後三年，帝崩而惠帝立，天下自此亂矣。

惠帝泰安二年十一月辛巳，有星晝隕中天北下，光變白，有聲如雷。按占曰：「營首，營首所在，下有大兵，流血。」明年，劉、石攻略並州，多所殘滅。王浚起燕代，引鮮卑攻掠鄴中，百姓塗地。有聲如雷，怒之象也。永興元年七月乙丑，星隕有聲。二年十月，星又隕有聲。占同上。是後，遂亡中夏。

懷帝永嘉元年九月辛卯，有大星如日，自西南流於東北，小者如斗，相隨，天盡赤，聲如雷。占曰：「流星爲貴使，星大者使大。」是年五月，汲桑殺東燕王騰，遂據河北。十一月，始遣和郁爲征北將軍，鎮鄴西。田甄等大破汲桑，斬於樂陵。於是以甄爲汲郡太守，弟蘭鉅鹿太守。小星相隨者，小將副帥之象也。司馬越忿魏郡以東平原以南皆黨於桑，以賞田甄等，於是侵掠桑地。有聲如雷，忿怒之象也。十二月丁亥，星流震散。按劉向説，天官列宿在位之象，其衆小星無名者，衆庶之類。此百官衆庶，將流散之象也。是後天下大亂，百官萬姓流移轉死矣。四年十月庚子，大星西北墜，有聲。尋而帝蒙塵於平陽。

元帝永昌元年七月甲午，有流星大如甕，長百餘丈，青赤色，從西方來，尾分爲百餘岐，或散。時王敦亂，百姓流亡之應也。

成帝咸康三年六月辛未，流星大如二斗魁，色青赤，光耀地，出奎中，没婁北。按占：「爲饑，五穀不藏。」是月大旱饑。六年二月庚午朔，有流星大如缶，光耀地，出天市，西北入太微。占曰：「大人當之。」八年六月，成帝崩。

穆帝永和八年六月辛巳，日未入，有流星大如三斗魁，從辰巳上，東南行。晷度推之，在箕、斗之間，蓋燕分也。按占：「爲營首。營首之下流血滂沱。」是時慕容儁僭稱大燕，攻伐無已。十年四月癸未，流星大如斗，色赤黄，出織女，没造父，有聲如雷。占曰：「燕、齊有兵，百姓流亡。」其年十二月，慕容儁遂據臨漳，盡有幽、並、青、冀之地。緣河諸將奔敗，河津隔絶。慕容恪攻齊。

海西公太和四年十月壬申，有大流星西下，有聲如雷。明年，遣使免袁真爲庶人。桓温征壽春，真病死，息瑾代立，求救於苻堅。温破苻堅軍。六月，壽春城陷。

孝武太元六年十月乙卯，有奔星東南，經翼、軫，聲如雷。占曰：「楚地有兵，軍破，百姓流亡。」十二月，苻堅荆州刺史梁成、襄陽太守閻震率衆伐竟陵，桓石虔擊大破之，生擒震，斬首七千，獲生口萬人。聲如雷，將帥怒之象也。十三年閏月戊辰，天狗東北下，有聲。占曰：「有大戰，流血。」自是後，慕容垂、翟遼、姚萇、苻登、慕容永並阻兵争强。十四年正月，彭城妖賊又稱僞號於皇邱，劉牢之破滅之。三月，張道破合鄉、太山，向欽之擊破之。

安帝隆安五年三月甲寅，流星赤色衆多，西行經牽牛、虚、危、天津、閣道，貫太微、紫宫。占曰：「星庶人類，衆多西行，衆將西流之象。經天子庭，主弱臣强，諸侯兵不制。」其年五月，孫恩侵吴郡，殺内史。六月至京口。於是内外戒嚴，營陣屯守，劉裕追破之。元興元年七月，大饑，人相食。浙江以東流亡十六七，吴郡、吴興户口減半，又流奔而西者萬計。十月，桓(元)〔玄〕遣將擊劉軌，破走之。軌奔青州。

石勒末年，星隕於鄴東北六十里，初赤黑，黄雲如幕，長數十丈，交錯如雷震聲。墜地，氣熱如火，塵起連天。時有耕者往視之，土猶然沸，見一石方尺餘，青色，而輕擊之，聲如磬。未幾，石勒死，虎殺其子而自立。

宋文帝永嘉十年十二月，有流星大如甕，尾長二十餘丈。

梁武帝天監十年九月丙申，天西北隆隆有聲，赤氣下至地。占曰：「天狗也，所往之鄉有流血，其君失地。」其年十二月，馬仙琕大破魏軍，斬馘十餘萬，克復朐山城。中大通四年七月甲辰，星隕如雨。占曰：「星隕，陰失其位，災害之象萌也。星隕如雨，人民叛，下有專討。大人憂。」其後侯景狡亂，以憂崩，人衆奔散，皆其應也。太清三年，有流星長三十丈，墮武軍。

元帝承聖元年十二月，星隕吴郡。三年十一月，周人圍江陵，有流星墜城中。

陳文帝天嘉六年三月丁卯，日入後，衆星未見，有流星白色，大如斗，從太微間南行，尾長尺餘。占曰：「有兵與喪。」明年帝崩，少帝廢。

後魏道武帝登國四年三月丁未，有大流星東南行，尾屬地六七丈，有聲。九年，有星墜於河北，聲如雷震，光明燭天地。

文成帝興安元年五月辛亥，流星大如五斗許，西南爲六七段，有聲。

獻文帝大安元年十一月乙酉，有流星照地，啾啾有聲。

孝静帝武定四年九月丁未，高祖圍玉壁城，有星墜於營，衆驢皆鳴。占曰：「破軍殺將。」高祖不豫，次年崩。

周武帝天和三年二月庚午，有流星大如斗，出在攝提，流至天津滅，有聲如雷。建德六年十二月癸丑，流星大如月，西流，有聲，蛇行屈曲，光炤地。占曰：「兵大起，下有戰場。」戊辰平旦，有流星大如三斗器，色赤，出紫宫，疑著天，乃北下。占曰：「人主去其宫殿。」是月，營州刺史高寶寧反。其明年帝總戎北伐。後年帝崩。

宣帝大成元年六月丁卯，有流星一，大如雞子，出氐中，西北流，有尾跡，長一丈所，入月中即滅。占曰：「不出三年，人王憂。」又曰：「有亡國。」静帝幽閉之應。己丑，有流星一，大如斗，色青，有光明照地，出營室，抵壁入濁。二年四月乙丑，有星大如斗，出天厨，流入紫宫，抵鉤陳乃滅。占曰：「有大喪，兵大起，將軍戮。」又曰：「臣犯上，主有憂。」其五月，帝崩。隋公執國政，大喪，臣犯主之應。趙王、越王以謀執政被誅。又荆、豫、襄三州諸蠻反，尉遲迥、王謙、司馬消難各舉兵畔，不從執政，終以敗亡。此皆大兵起，將軍戮之應也。五月甲辰，有流星一，大如三斗器，出太微端門，流入翼，色青白，光明照地，聲若風吹幡旗。占曰：「有立王，若徙王。」又曰：「國失君。」其月己酉，帝崩。劉昉矯制以隋公受遺詔輔政，終受天命，立王、徙王，失君之應也。七月壬子，歲星、太白合於張，有流星大如斗，出五車，東北流，光明燭地。隋文帝開皇元年十一月己巳，有流星，聲如隤墻，光燭地。占曰：「流星有光有聲，名曰天保，所墜國有喜。」其九年，平陳，天下一統。五年八月戊申，有流星數百，四散而下。占曰：「小星四面流行者，庶人流移之象。」其九年，平陳，江南士人悉播遷京師。十九年十二月乙未，星霣於渤海。占曰：「王失其位，災害之徵也。」又曰：「大人憂。」

煬帝大業十一年十二月戊寅，大流星如斛，墜賊盧明月營，破其沖輣，壓殺十餘人。占曰：「奔星所墜，破軍殺將。」其年，王充擊盧明月城，破之。十二年五月癸巳，大流星隕於吴郡，爲石。占曰：「有亡國，有死王，有大戰，破軍殺將。」其後大軍破逆賊劉元進於吴郡。八月壬子，有大流星如斗，出王良、閣道，聲如隤墻。癸丑，大流星如甕，出羽林。十三年五月辛亥，大流星如甕，墜於江都。占曰：「其下有大兵戰，流血，破軍殺將。」明年帝遇弑。

唐高祖武德三年十月己未，有星隕於東都，隱隱有聲。

太宗貞觀二年，天狗隕於夏州城中。十四年八月，有星隕於高昌城中。十六年六月甲辰，西方有流星如月，西南行三丈乃滅。占曰：「星甚大者，爲人主。」十八年五月，流星出東壁，有聲如雷。占曰：「聲雷者，怒象。」十九年四月己酉，有流星向北斗杓而滅。

高宗永徽三年十月，有流星貫北極。四年十月十日，睦州女子陳石真反，婺州刺史崔義元討之，有星隕於賊營。乾封元年正月癸酉，有星出太微，東流，有聲如雷。咸亨元年十一月，西方有流星，聲如雷。調露元年十一月戊寅，流星入北斗魁中。乙巳，流星燭地有光，使星也。

武后延載元年六月，幽州都督孫佺討奚契丹，出師之夕，有大星隕於營中。

中宗神龍三年三月丙辰，有流星聲如頹墻，光燭天地。景龍二年二月癸未，有大星隕於西南，聲如雷，野雉皆雊。景雲元年八月己未，有流星出五車，至上台滅。九月甲申，有流星出中台，至相滅。大極元年正月辛卯，有流星出太微，至相滅。

元宗開元二年五月乙卯晦，有星西北流，或如甕，或如斗，貫北極，小者不可勝數，天星盡摇，至曙乃止。占曰：「星，民象；流者，失其所也。」《漢書》曰：「星摇者民勞。」十二年十月壬辰，流星大如桃，色赤黄，有光燭地。占曰：「色赤爲將軍使。」天寶三載閏二月辛亥，有星如月，墜於東南，墜後有聲。

肅宗至德二載，賊將武令珣圍南陽。四月甲辰夜中，有大星，赤黄色，其長數十丈，光燭地，墜賊營中。十一月壬戌，有流星大如斗，東北流，長數丈，蛇行屈曲，有碎光迸出，占曰：「是謂枉矢。」

代宗廣德二年六月丁卯，有妖星隕於汾州。十二月丙寅，自乙夜至曙，有星流如雨。大曆二年九月乙丑，晝有星如一斗器，色黄，有尾長六丈餘，出南方，没於東北。東北於中國，則幽州分也。三年九月乙亥，有星大如斗，北流，有光燭地，占爲貴使。六年九月甲辰，有星西流，大如一斗器，光燭地，有尾，迸光如珠，長五丈，出婺女，入天市南垣滅。八年六月戊辰，有流星大如一升器，有尾，長丈餘，入太微。十二月壬申，有流星大如一升器，有尾，長二丈餘，出紫微入濁。十年三月戊戌，有流星出於西方，如二升器，有尾，長二丈，入濁。十二年二月辛亥，有流星如桃，尾長十丈，出匏瓜，入太微。

德宗建中四年八月庚申，有星隕於京師。興元元年六月戊午，星或什或伍

而隕。貞元三年閏五月戊寅，枉矢墜於虛、危。十四年閏五月辛亥，有星墜於東北，光燭如晝，聲如雷。

憲宗元和二年十二月己巳，西北有流星亘天，尾散如珠。占曰：「有貴使。」四年八月丁丑，西北有大星，東南流，聲如雷鼓。六年三月戊戌，日晡，天陰寒，有流星大如一斛器，墜於兗、鄆間，聲震數百里，野雉皆雊，所墜之上，有赤氣如立蛇，長丈餘，至夕乃滅。時占者以爲「日在戌，魯分也」。不及十年，其野主殺而地分。九年正月，有大星如半席，自下而升，有光燭地，羣小星隨之。四月辛巳，有大流星，尾跡長五丈餘，光燭地，至右攝提西滅。十二年九月己亥甲夜，有流星起中天，首如甕，尾如二百斛舡，長十餘丈，聲如羣鴨飛，明若火炬，過月下西流，須臾，有聲礱礱，墜地，有大聲如壞屋者三，在陳、蔡間。十四年五月己亥，有大流星出北斗魁，長二丈餘，南抵軒轅而滅。占曰：「有赦。赦視星之大小。」十五年七月癸亥，有大星出鈎陳，南流至婁滅。

穆宗長慶元年正月丙辰，有大星出狼星北，色赤，有尾跡，長三丈餘，光燭地，東北流至七星南滅。四月，有大星墜於吴，聲如飛羽。七月乙巳，有大流星出參西北，色黃，有尾跡，長六七丈，光燭地，至羽林乃滅。八月辛巳，東北方有大星自雲中出，色白，光燭地，前鋭後大，長二丈餘，西北流入雲中滅。二年四月辛亥，有流星出天市，光燭地，隱隱有聲，至郎位滅。市者，小人所聚。郎在天建中，主宿衛。六月丁酉，有小星隕於房、心間。閏十一月丙申，有流星大如斗，抵中台上星。三年八月丁酉夜，有大流星如數斗器，起西北，經奎、婁，東南流，去月甚近，迸光散落，墜地有聲。四年四月，紫微中，星隕者衆。七月乙卯，有大流星出天舡，犯斗魁樞星而滅。占曰：「有舟楫事。」丙子，有大流星出天將軍東北，入濁。

敬宗寶曆元年正月乙卯，有流星出北斗樞星，光燭地，入濁。占曰：「有赦。」二年五月癸巳，西北有流星，長三丈餘，光燭地，入天市中滅。占爲有誅。七月丙戌，日初入，東南有流星，向南滅，以晷度推之，在箕、斗間。八月丙申，有大流星出王良，長四丈餘，至北斗杓滅。王良，奉車禦官也。

文宗太和四年六月辛未，自昏至戊夜，流星或大或小，觀者不能數。占曰：「民失其所，王者失道，綱紀廢則然。」又曰：「星在野象物，在朝象官。」七年六月戊子，自昏及曙，四方流星，大小縱橫百餘。八年六月辛巳，夜中，有流星出河鼓，赤色，有尾跡，光燭地，迸如散珠，北行近天棓滅，有聲如雷。河鼓爲將軍。天棓者，帝之武備。九年六月丁酉，自昏至丁夜，流星二十餘，縱橫出没，多近天漢。開成二年九月丁酉，有星大如斗，長五丈，自室、壁西北流，入大角下没。行類枉矢，中天有聲，小星數百隨之。十一月丁丑，有大星隕於興元府署寢室之上，光燭庭宇。三年五月乙丑，有大星出於柳、張，尾長五丈餘，再出再没。四年二月乙亥，丁夜至戊夜，四方中天，星流大小凡二百餘，並西流，有尾跡，長二丈至五丈。八月辛未，流星出羽林，有尾跡，長八丈餘，有聲如雷。羽林，天軍也。十二月壬申，蚩尤旗見。

武宗會昌元年六月戊辰，自昏至戊夜，小星數十，縱橫流散。占曰：「小星，民象。」七月庚午，北方有星，光燭地，東北流，經王良，有聲如雷。十一月壬寅，有大星東北流，光燭地，有聲如雷。四年八月丙午，有大星如炬火，光燭天地，自奎、婁掃北方七宿而隕。六年二月辛丑夜中，有流星赤色如桃，光燭地，有尾跡，貫紫微入濁。

懿宗咸通六年七月乙酉，甲夜，有大流星長數丈，光燦如電，羣小星隨之，自南徂北。其象南方有以衆叛而之北也。九年十一月丁酉，有星出，如匹練，亘空，化爲雲而没，在楚分。是謂長庚，見則兵起。十三年春，有二星從天際而上，相從至中天，狀如旌旗，乃隕。九月，蚩尤旗見。

僖宗乾符二年冬，有二星，一赤一白，大如斗，相隨東南流，燭地如月，漸大，光芒猛怒。三年，晝有星如炬火，大如五升器，出東北，徐行，隕於西北。四年七月，有大流星如盂，自虛、危，歷天市，入羽林滅。占爲外兵。中和元年，有異星出於輿鬼，占者以爲惡星。八月己丑夜，星隕如雨，或如杯如碗者，交流如織。庚寅夜亦如之。至丁酉止。三年十一月夜，星隕於西北，如雨。光啓二年九月，有大星隕於揚州府署延如閣前，聲如雷，炎光燭地。十月壬戌，有星出於西方，色白，長一丈五尺，屈曲而隕。占曰：「長庚也，下則流血。」三年五月，秦宗權擁兵於汴州北郊，晝有大星隕於其營，聲如雷，是謂營頭。其下破軍殺將。

昭宗乾寧元年夏，有星隕於越州，後有光，長丈餘，狀如蛇。或曰枉矢也。三年六月，天暴雨，雷電，有星大如碗，起西南，墜於東北，色如鶴練，聲如羣鴨飛。占爲奸謀。光化元年九月丙子，有大星墜於北方。三年三月丙午，有星如二十斛舡，色黃，前鋭後大，西南行。十一月，中天有大星，自東緩流如帶，屈曲，光凝著天，食頃乃滅。是謂枉矢。天復三年二月，帝至自鳳翔，其明日，有大星如月，自東濁際西流，有聲如雷，尾跡橫貫中天，三夕乃滅。天祐元年五月戊寅，

夜雨晦暝，有星長二十丈，出東方，西南向，首黑、尾赤、中白，枉矢也。一曰長星。二年三月乙丑，夜中有大星出中天，如五斗器，流至西北，去十丈許而止，上有星芒，炎如火，赤而黄，長丈五許，而蛇行，小星皆動而東南，其隕如雨，少頃没。後有蒼白氣如竹叢，上沖天中，色瞢瞢。占曰：「亦枉矢也。」

梁太祖乾化元年十一月，甲辰夜，東方有流星如數升器，出畢宿口，曳光三丈餘，有聲如雷。

後唐莊宗同光三年六月甲申，衆星交流；丙戌，衆星交流。庚寅夜一鼓，西南有流星約七十餘，皆有尾跡，西南流；其年七月，皇太后崩。辛卯，衆小星流於西南。九月丁未，天狗墮，有聲如雷，野雉皆偢。

明宗天成元年六月乙未，衆小星交流。二年三月庚申，衆小星流於西北。三年，自正月至於六月，宗人、宗正摇不止。長興元年九月辛酉，衆小星交流而隕。丙戌夜二鼓初，東北方有小流星入北斗魁滅。至五鼓初，西北方次北有流星，狀如半升器，初小後大，速流入奎滅，尾跡凝天，屈曲似雲而散，光明燭地。又東北有流星，如大桃，出下台星，向西北速流，至斗柄第三星旁滅。五鼓後至明，中天及四方有小流星百餘，流註交横。六月庚午，衆星交流。七月乙亥朔，衆星交流。

閔帝應順元年二月丁酉，衆星流於西北。

末帝清泰元年九月辛丑，夜五鼓初，有大星如五斗器，西南流，尾跡長數丈，色赤，移時盤屈如龍形，蹙縮如二鏵，相斗而散。又二星稍小，東流，有尾跡凝成白氣，食頃方散。

晉高祖天福三年三月壬申，夜四鼓後，東方有大流星，狀如三升器，其色白，尾跡長二尺餘，屈曲流出河鼓星東三尺，東流丈餘滅。

周世宗顯德元年正月庚寅，有大星墜，有聲如雷，牛馬皆逸，京城以爲曉鼓，皆伐鼓應之。三年正月癸亥，五鼓後有大星出南斗，東北流丈餘滅。

宋太祖建隆元年正月戊午，有星出東北方，如半升器，青赤色，北行，初小後大，尾跡斷續，光燭地。九月癸亥，有星出昴，大如缶。十二月戊辰，有星如半升器，青赤色，出參旗西南，慢行而没，蒼光燭地。三年五月乙丑，天狗墮西南。占曰：「其地有兵。」後王師討西蜀，孟昶既降，草寇連年方定。四年二月丙午，有星如桃，色赤，如弧矢，東南没，有光明。乾德二年二月乙丑，有星如三升器，黄白色，出太微五帝南，速行至外厨没，其體散落，光燭地。三年六月丁巳，有星如桃，色黄赤，出北斗魁，經太微垣北，過角西，漸大，行五尺餘没，尾跡凝天，有光明。十二月丁己，有星出天河，青白色，南行至天倉没，初小後大，如半升器，光燭地。四年正月乙未，有星出社星，青白色，速行，尾跡三丈餘，初小後大，没，有光明。四月甲寅，有星出天乳，青赤色，如升器，東南行，貫房没，光燭地。閏八月己丑，有星出天船，如升器，青白色，西北速行，没於文昌。五年七月戊子，有星出大角，如升器，青白色，北行没，明燭地。六年六月己卯，有星出河鼓，如升器，慢行，明燭地。開寶三年九月庚午，廣州民見衆星皆北流。知星者言劉氏當舉國以歸中原，明年廣南平。四年八月辛卯，有星出織女，西北行，尾跡三丈餘，没，久有聲。五年八月乙巳，有星出王良，西北行四丈，有聲而散。占云：「有聲，怒也。主使出。」七年九月甲午，有星出室，西北行，星體散落，有聲，明燭地。

太宗太平興國二年三月丙午，有大星出天棓，光燭地。三年十月甲寅，有星出天船，赤黄色，如二升器，至天棓，星體散，明燭地。七月辛巳，有星如稱權，没於婁。八月壬寅，有星出紫微鉤陳東，如碗大，赤黄色，向北速行，近北極没。占曰：「外國有使至。」是冬，三佛齊、吐蕃山後兩林蠻來貢。雍熙元年十月丁酉，有星出昴，赤色，東南蛇行二丈餘没。占曰：「外國使至，又爲奸邪之象。」二年正月壬戌，有星出東井，其大倍於金星，至輿鬼没。占云：「四表來貢。」是歲占城、邛部川蠻西南蕃來貢。四年六月庚戌，酉初有星出西北，色青白，入濁，當戌地，有聲如雷。占曰：「戌地兵饑流血。」是後李繼遷擾西鄙。八月乙亥，有星出天關東，色赤黄，尾貫月。端拱元年四月辛亥，亥時有星出天津，大如醆，赤黄色，蛇行，有聲，明燭地，犯天津東北星。占云：「枉矢見，逆臣誅。」其年，陳廷山謀叛，磔於市。閏五月辛亥，丑時有星出奎，如半月，北行而没。占云「有溝瀆事。」乙卯，有星出紫微鉤陳西，大如醆，色青，尾跡短，赤光照地，北行而没。九月癸丑，有星出西南，如太白，有尾跡，至中天，旁出一小星，行丈餘，又出一小星，相隨至五車没。占：「主兵戰，賊敗。」二年四月辛亥，戌時有星出東南，如升器，色白，墜於氐、房間。占云：「宰相出。」明年春，趙普留守西京。壬申，有星出漸臺，大如碗，色赤，東南急行，掩左旗，過河鼓没。晁化元年九月辛巳，有星出羽林，色青，南行，光奪月。占曰：「禁兵出。」十一月壬午，流星出天關，如半月，南行，歷東井、郎位、攝提，至大角東北墜於地，光芒四照，聲如隤墻。占曰：「秦、燕分，兵疫水旱。」二年正月丙申，有星出水府西，大如杯，色赤黄，經參，其分爲三星相從，至天苑東没，光燭地。七月癸酉，有星出雲雨側，大如杯，色青

白，緩行三尺餘没。占云：「爲大風發屋折木。」三年三月己酉，未時西北方有星，西北速行，大如杯，色青白，有尾跡。占云：「有陰謀，將不和，刑傷兵疫之象，屬燕分。」四月己卯，有星出文昌西南，速行至柳，分爲二星而没。六月己丑，有星出天市垣屠肆東，色青白，西北慢行丈餘，分爲三星，從而没。四年五月乙未，平明有星東南出南斗，大如杯，色青白，西北行而没。占云：「衆星没，流星出者，爲警動衆庶之象。色青白，主兵，急流事速。」五年八月己酉，常星未見，有星出東方，色青白，東北慢行，入濁没，約出奎、婁間。占爲「兵衆之象」。九月庚午，有星出昴北，大如杯，緩行，過卷舌，至礪石没。占云：「星大事大，緩行事緩，爲候兵討賊殺將之象。」至道元年四月乙巳，常星未見，有星出心北，大如杯，色青赤，急行而墜。占云：「兵象。」七月癸丑，有星出危，大如杯，色青白，入羽林没。占云：「爲兵大起，將軍出。」二年五月辛丑，有星出紫微北，尾跡丈餘，彗而有聲，墜於室、壁間。占云：「所墜之地，破軍殺將。」今墜北方，主北蕃君長災。五月己未，日未及地五尺間，有星出中天，大如杯，色赤黄，有尾跡，東北速行二丈餘没。占云：「動衆之象，荆楚有兵疫。」六月己卯，有星出牽牛西，歷狗國，光芒丈餘，墜東南，及地無聲。又有星出翼，貫天廟，墜於稷星東，光燭地。占云：「胡戎狂亂。」又云：「兵起，命將宣告廟。」九月丁酉，平明有星出北方，大如杯，東行三丈餘，分爲三星，從而没。占云：「皇王欲發使慰四方。」三年九月丁丑，有星二隕於西南，一出南斗；一出牽牛，有光三丈許。

真宗咸平五年三月丙午，有星晝出心，至南斗没，赤光丈餘。八月辛巳，有星出營室，大如杯，色白，有光。九月丙申，有星出東方，西南行，大如斗，有聲若牛吼，小星數十隨之而隕。戊戌，又有星十數，入輿鬼至中台。凡一大星偕小星數十隨之，其間兩星如升器，大至狼星，壹至南斗没。占曰：「燕、朔民流徙。」又曰：「有兵不戰。」逾年，契丹擾河朔，請盟而去。壬子，有星出中天，如缶，尾跡數道如迸火，西流至狼、弧没。六年五月乙未，有星出王良西，又出北極稍東北，至垣外没，有聲如雷。占曰：「遠邦有歸伏者。」其年，高麗、三佛齊、大食、蒲端國並朝貢。七月壬辰，有星出昴，尾跡丈餘，色白，隱隱有聲，至狼没。占曰：「有赦。」明年改元大赦。二月乙酉，威虜軍有星大如斗，歷城西北，尾跡長數里，光炤地，落蕃帳，有聲如雷者三。占曰：「有敗兵流血，殺將伏屍。」明年春，李繼遷寇西涼府，爲潘羅友所敗，中流矢死。景德元年十月戊申，天雄軍有星出北方，大如斗，隕於西北，赤光丈餘。二年正月丙子，日未没，有星速流西南，大如杯。占曰：「外國大使至。」是冬，契丹使來。四月癸卯，有星北流入天市，如升器，尾跡丈餘。十二月壬子，有星出胃南，聲如雷，光燭地。三年五月乙卯，有星出天津東北，至紫微垣北，分爲四星隨而没，赤黄，有尾跡。丁酉，有星出胃北，入天囷，迸爲數星，光燭地。七月庚申，有星出虚，旁有短彗，聲如雷，至東北没，赤光照地。占曰：「秦、楚有暴兵。」明年，宜賊叛荆楚發兵。十一月辛丑，有星出中台東北，速流，有聲，光燭地。四年六月丙辰，有星出北方，慢流至八穀，迸爲數星没，光燭地。七月辛卯，有星出敗瓜南，大如杯，漫流，歷河鼓，入天市，至宗人東北，迸爲二星没，色赤黄，有尾跡。十二月癸巳，有星出弧矢，赤黄色，尾跡丈餘，光燭地，速流入濁。占曰：「燕、趙饑。」大中祥符元年二月戊申，有星十餘，急流入濁，色赤黄，有尾跡。五月辛未，有星如太白，出天市垣宗人東南，尾跡丈餘，闊三寸，向北慢流至女床西，分爲數星没。九月乙丑，有星出天倉，急流東南，星體散落。二年三月己未，有星如斗器，出天津南，至離珠没，尾跡五尺餘，照地明。占曰：「后宫憂。」四月丙申，有星出八穀，如升器，有尾跡，速流，西至五車東，迸爲數星没。八月丙申，有星出北斗杓西南，急行至郎將西，分爲數段。占曰：「燕分饑。」三年三月丁未，有星出天市宗人東北，如升器，尾跡二丈，至旗，迸爲數星没，光燭地。五月丁亥，有星出北斗魁，如桃，色青白，尾跡二丈餘。乙丑，有星出傳舍，如桃，色赤黄，至紫微没。壬申，有星出建星，如升器，入南斗没，赤黄，有尾跡。七月庚辰，有星出宗人西，如升器，北流入濁，光照地。八月丁未，有星出貫索，如升器，至帝席没，尾跡光明。九月庚辰，有星出軒轅，如半升器，入太微垣没。十月甲戌，有星出東方，赤黄，無尾跡，分爲數星，稍南没。四年二月辛亥，有星出東方，尾跡赤黄，二丈餘。占爲「天保星，所見吉」。四月乙丑，有星出柳，如升器，色赤黄，至翼没。六月壬戌，有星出觜東北，如升器，流入濁。占曰：「東北蠻夷憂。」七月壬申，有星出紫微宫，如升器，速流至天皇没。十月戊午，有星出東北，如升器，流入濁。又星出七星南，大如杯，至天稷没，尾跡丈餘。五年二月戊申，有星出貫索，經庫樓，迸爲數星没。八月戊午，有星大小二十餘，皆有尾跡，北流。又一星如升器，光燭地，出紫微垣外，尾丈餘，闊三寸許，東北流，至傳舍没。占「有大慶大赦」。是冬，聖祖降赦常所不原者。六年十一月丁巳，有星出太微郎位東，大如杯，色赤黄，有尾跡，至軫北，迸爲數星没。占曰：「大臣憂。」七年三月丙戌，有星出南河，大如杯，至玉井没。占曰：「秦，齊饑。」四月辛酉，有星出鉤陳，大如杯，尾跡，赤黄。占曰：「發大使

宣急令。」是歲，遣巡撫江淮兩浙。八年二月丁卯，有星出郎將北，迸爲三星。四月癸丑，有星出亢西，至右攝提，迸爲數星，隨而没。五月乙酉，有星大如杯，青白色，出人星，至騰蛇没，光燭地。八月己亥，有星出參，大如杯，南流入濁。天禧元年四月己巳，有星出軫，大如杯，至器府北没，光炤地。十二月癸巳，有星出東北，大如杯，尾跡，赤黄，急流西南没。二年八月乙卯，有星二，大如杯，尾跡，赤黄，一出五車，一出狼北，入濁。九月戊子，有星如二升器，出西南河，色赤黄，至柳没。三年六月乙巳，星出昴，大如杯，急流至天倉没。十二月壬寅，有星出軒轅，大如杯，尾跡，黄，慢流至太微垣，久之有聲如雷。占曰：「女主之慶。」四年正月丁巳，有星出王良，大如杯，明照地，至騰蛇没。占曰：「有大水。」其年秋，京師大雨，河渠壅溢，壞廬舍。五年四月己未，有星出南方，如二升器，北流入濁，尾跡三丈餘。十月乙巳，有星出天津西，大如杯。

元·馬端臨《文獻通考》卷二九二《象緯考十五》 仁宗乾興元年五月壬午，星出危，大如杯，赤黄色，有尾跡，速行而東，炸如迸火，隨至羽林軍南没，明燭地。占曰：「北夷兵動。」九月己丑，星出天市垣旁，緩行經天，過天市垣，至營室没。占曰：「大臣出使，土功起。」十月丁酉，星出右旗，如太白，西南速行，至天弁没，明燭地。占曰：「兵動，將軍勝。」天聖元年閏九月甲辰，常星未見，星出營室，至外屏没。占曰：「主屋室，修營事。」四年五月辛巳，星出天市垣市樓側，東北流入濁。占曰：「有街肆之事。」五年九月丁未，星出北辰，没於天床側。占曰：「宫中不安，宜審察之。」六年四月甲申，夜漏欲盡，有星大如斗器，自北方至於西南，光照地，有聲如雷，曳尾跡長數丈，久之，散爲蒼白雲。八年二月丁酉，星出軒轅大星側，如杯，速行至器府没。占曰：「憂火災。」十年三月癸巳，星出中台，貫化河，入東井没，炸烈有聲，明燭地。食頃，又有星出天市垣宗人側，東流入濁。八月癸亥，星出天船，盡勾陳没，明燭地。乙丑，星出胃，大如杯，有尾跡，西北緩行，迸爲六七小星，相隨於大陵，明燭地。九月丙子，星出婁，没於雲雨側，尾跡久方散。食頃，又有星出天大將軍，近奎没，尾跡久方散，明燭地。續又星出北辰，西北速行，至内階没。又有星出天苑，没於天園，明燭地。景祐元年八月己卯，星出東井，行至厠星没。尾跡久方散，明燭地。占曰：「並秦地，主有水災。没於厠爲兵象。」九月己丑，星出東井，如太白，赤黄色，有尾跡，向東速行，至柳没，光照地。占曰：「使出有火令。」其夜，星出婁，至奎没，明燭地。占曰：「有溝瀆之事。」二年八月庚申，星出太陵，如太白，赤黄色，東南緩行，没於昴，尾跡久方散，明燭地。占曰：「四夷有兵。」四年六月壬申，星出王良，如太白，青白色，有尾跡，東南速行，至婁没，明燭地。占曰：「兵出及倉庫官有憂。」七月戊申，有星數百，皆西南流，其最大者一星至東壁没，光燭地，久之不散。占曰：「衆庶流移之象。」五年四月壬申，有星出中台，如太白，青白色，有尾跡，向北速行入濁，明燭地。占曰：「將相憂。」又星出天江，如太白，有尾跡，西南速行，至房没。占曰：「有大水。」寶元二年三月癸丑，星出右旗，赤黄，有尾跡，向南速行，没於建星，明燭地。占曰：「兵爲亂，下有謀。」

康定元年三月癸丑，星出北斗，北行入濁，明燭地。占曰：「使出北方。」三年九月己酉，有星出奎，如太白，赤黄，有尾跡，西行，没於東壁，明燭地。占曰：「天下文章之士用。」慶曆二年三月庚戌，星出勾陳側，如太白，赤黄，有尾跡，西北緩行，至天棓没，明燭地。占曰：「天棓主忿争、刑罰、藏兵、禦難，備非常也。」今流星入之，主爭地。七月乙丑，星出西北方，大如醆，西北行丈餘没，色赤黄，有尾跡，明燭地。十二月庚申，有星出弧矢，南行入濁，赤黄，有尾跡，明燭地。占曰：「秦分，兵動及土功事起。」五年六月，星出奎，如太白，西行至天倉没，有尾跡，明燭地。占曰：「有溝瀆事及兵起。」壬戌，星出營室，如太白，赤黄色，東南速行，過危及虚，有尾，明燭地。占曰：「北狄交兵，齊分，民有災。」六年六月丁巳，星出營室，大如杯，光燭地，有聲，北行至王良没。占曰：「兵出。」七年六月己巳，星出天田，赤黄色，有尾跡，西南緩行，至折威没。占曰：「邊將憂。」九月，星出天苑，如太白，南行至天園没，有尾跡，明燭地。占曰：「牛馬禽獸多死。」八年六月己卯，星出北斗，至郎位没，有尾跡，明燭地。占曰：「兵出。」八月乙亥，星出東壁，赤黄色，東北速行，至濁没。占曰：「天下文章之士用。」皇祐元年六月己巳，星出匏瓜，赤黄，有尾跡，向南速行，至建星没。占曰：「吴分，有謀。」二年四月癸未，星出氐，赤黄色，東南速行至心没，有尾跡，明燭地。占曰：「内使出，外使來，德令宣布，國人有喜。」四年九月，星出紫宫北辰側，赤黄色，西南速行，至貫索没，尾跡凝天，明燭地。占曰：「有赦宥。」五年九月乙亥，星出參，如太白，西北速行，至昴没，有尾跡，明燭地。占曰：「兵出以禦胡寇。」至和元年七月壬戌，星出王良，色赤黄，向北速行至天船没，有尾跡，明燭地。占曰：「兵涉津梁。」三年九月壬午，星出東井，如太白，赤黄色，向北速行，至文昌没。占曰：「秦、晉分，有水，將兵者還。」嘉祐二年七月丁丑，星出王良，如太白，赤黄色，西南緩行，至亢没，有尾跡，明燭地。占曰：「中官有咎。」三年七月乙酉，星

出北河，如太白，赤黃色，東南緩行，散爲數道，至狼没，尾跡凝天。占曰：「北河，胡漢之界，狼爲盜賊侵掠，宜警邊河，備兵革。」四年五月癸丑，星出營室，大如杯，赤黃色，西南速行，至羽林軍没，炸烈有聲。占曰：「軍行炸而有聲者，戍兵不安。」六月辛未，星出胃，没於勾陳。又有星出天船，至王良没。占曰：「倉廩官災，津梁有阻，策馬者憂。」九月己亥，星出紫宫勾陳側，大如碗，東北速行，曳尾長五尺，初直後曲，流至北辰東没，没後，尾跡凝結如盤，食頃散。占曰：「流星大者事大，曲行者奸事也。色赤兵象。北行其事在北方。今形體異於常，而小星十數，南北分流，衆庶流行之象。宜審察奸謀以備未萌。」五年正月辛卯，星出畢，大如碗，赤黃色，速行至天倉没，明燭地，尾跡炸烈而散，有聲如雷。占曰：「流星大者事大，有聲如雷怒之象。出於畢，主邊事，兵争不利；入天倉，粟以兵出。」八月庚申，星出東壁，東行入濁。占曰：「文學之士有憂。」六年八月丁未，星出狼，大如杯，至天社没，明燭地，尾跡凝大良久散。占曰：「國多盜賊，風雨不時。」七年十月庚寅，星出南河，至天社没，明燭地。占曰：「邊兵不安，風雨失序。」八年七月乙丑，星數百，縱横西流。占曰：「流星無名，衆庶之象，皆西流，民勞役。」

英宗治平元年二月，星出紫宫勾陳側，西北入濁没，明燭地，尾跡，炸烈有聲。占曰：「后妃有憂。」二年八月乙未，星出河鼓，大如醆，色赤黃，速行至天市垣内宗星没。占曰：「有兵。」三年四月癸巳，星出房，至濁没，明燭地，尾跡，炸而散。占曰：「卿相有逐者。」四年正月壬子，星出亢西，如太白，東南急行，至氐東没，赤黃，有尾跡。主國有使清獄頒恩。流於氐，主上卿憂。四月己酉，星出房東，如盂口，西南慢行至亢没，赤黃，有尾跡，明燭地，聲如擺旗。主有使出恤民，或外國有使來。八月，星出柳東，如太白，東急行，入濁，赤黃，有尾跡。主宗廟有喜，賢臣任用。十一月，星出五車東，如杯口，西南急流，至昴北没，赤黃，照地明。主天子遣使恤民，五穀成。亦主西夷交兵。

神宗熙寧元年二月壬戌，星出角東，大如太白，急行至翼没，赤黃，有尾跡。主天子發使外國，四夷受賜。六月庚申，星透雲出天棓西，如太白，北急行，至天市垣西墻没，赤黃，有尾跡。主藏兵，以備難非常。八月癸亥，星出壘壁陣，如太白，緩行至狗國没，赤黃，照地。二年二月，星出平星南，急行入濁没，狀如前。主有執法正紀綱，使出。四月辛酉，星出閣道，如太白，東南速行，至東壁没，青白，有尾跡。主文章士用，天子好道，賢臣在位，遠國來賓。七月丁卯，星出危南，西南急行，至壘壁陣没，狀如前。主天下安，五穀熟，土功興。十月己卯，星透雲出大陵北，如太白，西南急行，至東壁没，青白，有尾。主用故臣，亦主文章士爲用，遠國來賓。三年二月己丑，星出太微垣西上將南，如盂，西急行，入濁没，狀如前，明燭地。主大臣於楚分有外事。六月壬申，星出紫微垣西垣墻北，東北慢流至濁没，狀如前，主天子之使言兵事。十二月，星出外屏，西南速行入濁没，狀如前。主人多不安。四年三月，星出天市垣内斗星西北，逆行至貫索西没，狀如前。主倉庫盈溢五穀豐。六月，星出營室，西南流至壘壁陣没，狀如前。主天子行禮出賞，國樂民安。九月甲午，星出紫微垣西墻東北，速行入濁没，狀如前。主兵或土功之事。五年七月己丑，星出七公南，西南急行，至天市垣西墻没，狀如前。主五穀豐成，倉庫盈溢。十月戊寅，星出紫微垣内后宫東，如杯，北慢行，入濁没。主使出外夷，亦主地動。六年四月丙子，星出貫索，如杯，慢行至紫微垣墻上宰没，青白，照地明。主外國有使入。六月辛卯，星出營室北，如杯，東南急行至壘壁陣没，赤黃，有尾跡，照地明。主使出言兵。八月壬辰，星出羽林軍西，如杯，南緩行，入濁没，青白，尾跡分迸，照地明。主軍出邊鄙，亦主軍中不和。七年二月壬申，星出天棓北，東北緩行，至造父没，狀如前。主兵出備邊鄙。四月丙戌，星出天市垣東北，慢行，至候星没，狀如前。主萬物貴。八月癸未，星出羽林軍内，如杯，北慢飛，至大陵没，赤黃，有尾跡。主大軍出。十月庚子，星出天倉西，西南慢流，至敗臼没，如杯，赤黃，尾跡分裂，照地明。主藏五穀待邦用，亦主歲饑粟出。八年三月丁酉，星出積水東，如太白，速行，至五車東没，赤黃，有尾跡。主糴貴。九月丙寅，星透雲出河鼓北，如太白，東南緩行至危没，赤黃。主天下民安，五穀熟，土功興。十月乙未，星出弧矢西北，如杯，東南緩行，至濁没，青白，有尾跡，照地明。主南夷來貢，國有賢臣。九年二月甲子，星透雲出天市内宗正西北，慢至太微垣五帝座没，狀如前。主執政憂，人多死。五月丁丑，星出尾北，東南急行入濁，狀如前。后宫有子孫之喜。六月丙午，星出東壁北，如杯，南急流至羽林軍没，赤黃，有尾跡，主天子用故臣。八月壬寅，星出危北，西南急流至濁，狀如前，照地明。主天下不安。十月丁未，星出柳東，速行入濁，狀如前。主宗廟有喜，賢臣任用，亦主多雨。十年正月辛巳，星出參西南，速行至天苑没。主穀賤，牛馬多傷。四月甲辰，星出郎位北，急流至下台南没，狀如前。主大臣有咎。六月乙巳，星出王良東，西北急流，至紫微垣内勾陳没，狀如前。主兵將出。一月己亥，星出霹靂北，西南急行，至濁没，狀如前。

主陽氣太盛，擊辟萬物。元豐元年閏正月甲辰，星出柳北，西急行至天廩没，狀如前，照地明。主穀熟。六月甲辰，東南方，光燭地，有星如盂，出匏瓜，至内階没，分裂，有聲如雷。主兵喪。八月甲子，星隔雲照地明，東北急行，至濁没。主有大使出東北方，其方流血。十一月丙寅，星出北河北，東南急行，至弧矢没，狀如前。主使出。十二月壬子，星出輿鬼東北，速行，至軒轅没，狀如前。主後有喜。三年二月辛丑，星出弧矢南，東南速行，至濁没，狀如前。主西戎有兵賊。五月辛未，星出中台北，東南緩行至天江没，狀如前。主水泛溢民饑。十一月丙辰，星出厠星東，東南慢流，至濁没，狀如前。主晉分，民疾。四年正月戊戌，星出五車北，如杯，西南急流。至天囷没，赤黄，尾跡分裂。主外國來貢。六月戊寅，星出紫微垣内厨南，如太白，慢流，至大角没，赤黄，有尾跡。主將出。九月己酉，星出天街北，急行穿五車没，狀如前。主粟麥貴。十二月乙未，星出勾陳北，東北慢行，至濁没，狀如前。主后宫有喜。五年四月庚申，星出角東南，急行，至濁没，狀如前。主發使外國。七月辛巳，星出天市垣内列肆西北，急行，至濁没，狀如前。主人主憂。六年閏六月丙子，星出貫索東北，西南急行至濁没，狀如前。主貴女憂。九月癸卯，星出五車東北，急行至濁没，狀如前。主有兵車出。七年四月辛未，星出平星東，西南慢行至濁没，狀如前。主臣黜期半年。八年二月庚辰，星出太微北，左執法北，東南急行入濁没，狀如前。主大臣執法者憂。七月庚申，星出胃宿，急流至天囷没，狀如前。主外國來降，倉庫盈，賞大臣及有憂恤事。十月庚寅，星出昴南，急流至濁没。主有赦令恤民。

哲宗元祐二年二月丙戌，星出上台北，向西北急流至王良南没，赤黄，有尾跡，明燭地。主遣使安撫四方，搜揚草澤，招賢集德。七月丁巳，星出墳墓東，慢流，至壁南没，狀如前。主大臣有喪。十一月戊申，星出紫微垣北，西北急流，至濁没，狀如前。主使出。二年正月辛巳，星出軫南，向南急流，至濁没，狀如前。主大臣忠諫，賢人來，國昌萬物賤。九月甲寅，星出天市垣中山北，向西急流，至天紀西没，狀如前。主有赦令賞賜。三年三月己酉，星出亢南，向南慢行，至濁没，狀如前。主天子遣使清奸獄，頒赦令。六月庚子，星出壁南，東南急流，入羽林軍内没，狀如前。主文章士爲用，亦爲兵起。八月癸巳夕，有星自中天向東急流，至濁没，狀如前。主其下兵戰。四年三月戊戌，星透雲出織女東，速行，至天津西没，狀如前。主布帛貴，亦主大衆。九月壬午，星透雲出天棓北，速行，至濁没，狀如前。主修兵備。十一月己酉，星出司怪西南，如杯，慢流，至參旗没，赤黄，有尾跡。主使出其方，亦主兵起。五年正月己丑，星出司怪，西南行，至濁没，狀如前。主遣使。七月辛未，星出危，如太白，東南急流，至濁没，青白，有尾，明燭地。主國安民豐及土功興。十月己未，星出車房，急流，北至天津西南没，狀如前。主兵軍動，大衆行，及主河事。六年二月辛丑，星出翼東南，急流，至濁没，狀如前。主國人皆受恩賜。七月癸亥，透雲星二，皆如太白，一出天槍東，南急流，至亢東没；一出奎東，西南急流，至壘壁陣東没，赤黄，有尾跡。主有兵起，侯王受賜。十月丁卯，星出王良南，東南急流，至濁没，狀如前。主多風雨，亦主遣將。七年二月戊午，星出敗瓜東南，急流，至虚東没，狀如前。主遣使，或冢宰憂。四月甲子，透雲星出天市垣燕星南，急流，至濁没，狀如前。主倉庫盈溢，五穀豐登。又主市有火災。十二月丁未，星出天槍西南，急流，至濁没，狀如前。主大兵起，斧鉞用。亦主賑貸，及遠方賢人至。元符元年三月甲戌，星出天乳北，急流，至大角没，狀如前。主禮義教興，遣使及鄰國使入貢。六月，星出室，如杯，至壁東没，青白，有尾跡。主軍糧豐，五穀成，文士入，賢人用。二年二月癸卯，星出靈臺北，向西慢行，至軒轅没，狀如前。主賢臣在位，天子有子孫之喜。十月辛丑，星出女西北，急流，至牛西北没，狀如前。主五穀貴，有水災。

容齋洪氏《隨筆》曰：國朝星官歷翁之伎，殊媿漢唐，故其占測荒茫，幾於可笑。偶讀《四朝史·天文誌》云：「元祐八年十月戊申，星出東壁西，慢流，至羽林軍没。主擢用文士，賢臣在位。」「紹聖元年二月丙午，星出壁、室東没。主文士入國，賢臣用。」「二年二月癸卯，星出靈臺，北行至軒轅没。主賢臣在位，天子有子孫之喜。」按是時宣仁上仙，國是大變，一時正臣以次竄斥，章子厚在相位，蔡卞輔之，所謂四星之占，豈不可笑也？子孫之説，蓋諂劉后云。

辛未，星出奎距星西南，急流，至濁没，狀如前。主天下安寧，遠人來貢。八年正月甲申，星出天市垣内候南，東南急流，至濁没，狀如前。主民流。十月戊申，星出天棓東南，北流，至濁没，狀如前。主有赦及宥大臣罪。紹聖元年二月丙午，透雲星出壁東，慢流入濁，狀如前。主天下文章士登用，賢臣在位，遠國來賓。六月星出人星南，急流，至牛没，狀如前。主牛馬昌盛，關梁入貢。十月甲申，星出天槍南，慢行，至上台没，狀如前。主賑貸，亦主兵及大將憂。二年三月丙辰，星出天津東北，向東慢流，至室北没，狀如前。主使出及外國使至。五月甲寅，星出閣道北，東北急行，至濁没，狀如前。主風雨。十月庚寅，透雲星出張南，東南急流，至濁没，狀如前。主天子社稷昌。三年二月丙子，透雲星出太微

垣，慢流，至濁没，狀如前。主使出。五月己未，星出平星西，如杯大，急流，至濁没，青白，有尾跡，明燭地。主臣有黜者。四年六月甲申，星出亢西南，向西急流，至濁没，狀如前。主使出清犴獄頒恩赦。九月乙卯，星出天囷東之南，急流，入濁没。主帝王布德，令外國貢異寶及賞賚。

按：容齋言星歷之學無傳，故其占不驗。然愚嘗考之，五緯行天其常也，流星飛星之變非常也。故前史所書，或數年一見，或間歲一見，其甚者則一歲頻見。今《宋史》所書，則無月無之，而《四朝誌》尤甚，至有一月而四五見，或同日而數流者。今姑掎摭其略，每季僅一書而猶覺繁夥，夫其紀載之冗雜如此，則其占驗之茫昧固宜矣。

徽宗建中靖國元年正月，星出西南，如盃，東北急流，入尾距星没，青黑，無尾跡，明燭地。主舊來歸，后族進祿，亦曰，風雨時，稼穡成。崇寧元年三月，星出張，如金星，西南急流，至濁没，狀如前。主諸侯受賜，天子宗廟社稷昌。十月壬子，星出天船，如盃，急流，至五車没，青黑，有尾跡，聲隆隆然。主大水，或曰水旱不時。二年正月戊申，星出水位，如金星，急流至北河没，狀如前。主大水。六月戊午，星出亢西南，急流，入濁没，狀如前。主天子遣使清獄頒恩。九月辛巳，星出牛西南，慢流，至狗國没，狀如前。主民流亡。十二月丁未，星出大陵，如金星，至螣蛇没，狀如前。主其下有積屍，一曰水旱兵喪。三年四月戊申，星出軫西北，慢流，入太微垣内屏星没，狀如前。主外國有急使，期不出一年。十二月甲子，星出天大將軍，西北急流，入王良没，狀如前。主大兵將出。四年正月甲申，星出角，如盃，西南慢流，入濁没，青白，無尾跡。主天子發使外國。五月庚申，星出河鼓，西北急流，入濁没，狀如前。主諸侯作亂，一曰兵起。十二月甲午，星出參，如杯，東南慢流，入軍市没，狀如前。主大將出，一曰有赦，又云饑。五年六月庚午，星出西，東北急流，入天市垣内没，狀如前。主王者有憂，一曰閹臣出。六月乙酉，星出庫樓，向西急流，入濁没，狀如前。主鄭分，受兵。九月癸卯，星出天船，慢流，至諸王没，狀如前。主水旱不時。十二月壬戌，星出奎，向南急流，入天倉没，青白，有尾跡及三丈，明燭地，聲散如裂帛。主天子用文偃武，一曰歲熟。大觀元年二月丁卯，星出參，如杯，西南急流，入濁没，狀如前。主天子遣使安邊，一曰米賤，有赦。二年十二月癸卯，流星出奎，如盃，西北急流，入造父没，青白，有尾跡，照地明，有聲。主有溝瀆事。政和元年四月丙辰，星出亢，如盃，西北急流，至右攝提没，赤黃，有尾跡，照地明。主兵來入計於王庭。五月辛巳，日未中，星隕東南，主下有兵流血。二年九月乙卯，星出斗，如杯，西南急流，入濁没，赤黃，有尾跡，照地明。主大臣死。四年九月庚子，星出危墳墓，如盃，東南急流，入羽林没，青白，有尾跡，照地明。主人民安，土功興。一曰有喪，諸侯憂。七年十二月甲子，星出胃東南，如盃，西北急流，至天大將軍没，赤黃，有尾跡，照地明。主天子以金玉賞大臣，外國有來降者。一曰趙分五穀熟。八年九月庚辰，星出斗魁南，如盃，東南急流，至天淵没，赤黃，有尾跡，照地明。主不出其年兵起。一曰大臣死，江河溢。宣和元年三月丁卯，星出柳，如盃，東北急流，入太微垣，赤黃，有尾跡，照地明。主多雨水。一曰周分，憂兵起，外國或有急使。十月戊子，星出雲雨，如盃，西南慢流，入羽林軍内没，青白，照地明。主后憂疾，大風雨。二年十二月辛巳，星出奎西南，如杯，西南慢流，至壁没，赤黃，有尾跡，照地明。主其下破軍殺將，一曰天子好道，用故臣。四年十一月丙寅，星出王良北，如杯，急流，至紫微垣内上輔北没，赤黃，有尾跡，照地明。主匈奴兵起，天下大亂，上輔人君惡之。五年二月丙午，星出北河東北，如杯，東南慢流，至軫没，赤黃，有尾跡，照地明。主天下有難。六年七月丁酉，星出太陽守，如盃，東北急流，入濁没，赤黃，有尾跡，照地明。主將相憂，兵革興。七年十月戊子，星出王良北，如杯，急流，入紫微垣上輔北，赤黃，有尾跡，照地明。主大兵將起，天下大亂，人君惡之。

欽宗靖康元年二月丙辰，星出張，如金星，東南急流，至濁没，青白，有尾跡，照地明。主有赦令。三月壬辰，星出紫微垣内勾陳東南，如金星，東北慢流，至濁没，赤黃，有尾跡，照地明。主兵起土功興。一曰人君惡，后妃憂。六月癸丑，星流大如五斗器，衆光隨之，明照地，起東南，墜西北，有聲如雷。庚申，星出紫微垣内華蓋東南，如金星，向北急流，至左樞没。主發使有赦，人君惡之。二年正月乙未，大星出建，向西南急流，至濁没，赤黃，有尾跡，照地明。主吴、秦有兵。

高宗建炎四年十月辛未，流星出壁。占「文章士用」。自是範沖等召。紹興元年三月甲戌，流星出東方，晝隕。占「其下有急兵，破軍殺將，其地流血」。七月乙未朔，流星出河鼓。占「兵出」。十一月丁巳，流星出天槍北。占「兵大起，斧鉞用」。於是命韓世忠提兵入建州討範汝爲，平之，明年岳飛大破曹成。二年三月甲午，流星出紫微垣華蓋西南，占「主内使出」。戊午，流星出自權星西南，照地明。占「有使來論兵事」。未幾，王倫自虜還，乃遣潘致堯等使虜，金人遣李永

壽等來議事。四月乙巳，流星出太微垣西右執法星北。占「主大臣有外事，出天庭之門，天子使也」。次月呂頤浩出師。六年十月，流星出壁西北。占「天下文章士與賢士並用」。於是胡安國、尹焞召。七年八月，有星隕於汴京。是年，金人廢僞齊。八年十一月乙巳，流星出天囷東北。占「有賑發事」。於是以米二萬石付岳飛賑京西、湖北饑民，又以錢五千萬付吴玠犒軍。二十六年六月乙亥，流星出東北方，照地明。占「流星晝隕，其北大戰，流血千里，分屬燕野，在幽」。二十八年六月癸巳，有星從西北離地約高一丈，至西北没。三十一年六月甲子，飛星出氐宿，入角宿，赤黄色，初小後大，有小星相隨。占「爲兵」。八月壬午，流星約長三丈，晝隕。占「營頭也。若晝見横天明者，臣下圖議，誅罰善良」。

孝宗隆興元年七月丙申，流星出天市垣内，向西北慢流，至右攝提西没。臨没時，炸散小星二十餘顆，赤色，有音聲，有尾跡。占「天子欲有赦賜事，庫倉盈溢，五穀豐，君喜。入右攝提星，則有外兵事，來入計王庭。炸散有聲，皆爲怒氣，天下不安，急使馳驛。色赤，爲兵、旱、火」。八月庚申，流星出羽林軍，向東南急流，至濁没。九月庚戌，流星出紫微外垣座鉤星，向西北急流，抵紫微垣内座尚書没。十一月丁未，飛星出天船，星急流向紫微垣外座内厨西北没，炸出二小星，青白色，二年二月辛酉，飛星出權星，慢流，至太微垣内五帝座大星西南没，青白色，微有尾，大如木星。占「兵起，外國當有急使，爲大人憂」。三年九月戊戌，大角摇動。十一月壬午朔，流星晝隕。占「臣下圖議，誅罰忠良」。癸未夜，流星出犯弧矢，急流，至天廟東南没，大如金星。十二月壬午，亦如之。占「胡兵起，屠城殺將」。乾道四年八月丙辰，流星如蛇，出自十二諸侯國代、哭之間，至師門之下没。占「哭泣之象」。五年九月丙辰，流星如蛇，入天棓。占「流星如蛇行者，奸事也。大而光者，其貴人且衆也。入天棓星，爲天子之先驅，分争及刑罰」。

六年九月辛巳，有星出狼星，穿入弧矢星，至濁没，如土星大，赤黄色，有尾跡，後化爲緊細白雲，九刻乃散。占「胡兵起，當有屠城殺將」。尾跡化爲白雲，其名大渭，流血積骨，縵縵如秦野，在雍，戎狄將亡之兆。七年七月戊戌，東北方蒼黑雲間，有透雲流星，如拳大，急向西北方，至濁没，狀如前。主「大使也」。凡流星暉然有光白，長竟天。曰「人主之星，相從三軍」。於是次年春，遣虞允文出蜀治兵事。九月甲午，西南方流星急流至濁没，狀如前。主兵刑，民饑。晁熙七年五月乙亥，流星出天市垣東海，慢流，炸作三小星，青白色，尾跡，照地，如盞口。占「青爲憂饑，白爲兵」。十一年四月乙丑，流星透雲，出自中天，慢流向東北方没，有尾跡，後炸作散小星從，青白色，有音聲，大如金星，是爲流星。夕墜者，占「下有兵疫，炸散有聲，怒之象」。十三年九月辛亥，流星大如金星，其色先赤後黄白，尾約二尺，委曲如蛇行，有類枉矢。占「爲以亂伐亂」。又云：「枉矢，臣不忠不良，天下恐。」又云：「政暴虐。」枉矢如蛇行，奸事。

寧宗慶元二年九月甲午，流星晝隕。四年六月甲午，亦如之。七月壬寅，流星如碗大，出羽林軍之下，青白色。占「爲憂，爲兵」。嘉泰二年四月辛巳，流星晝隕。占「赤色爲兵旱」。是歲大旱。四年十一月庚午，流星出天津，急流天市垣。占「水災民疾」。開禧元年十二月庚子，流星赤色及金色，星大，出中天，向濁没。占「爲兵、旱、火」。二年六月癸丑，流星出招摇，入庫樓，色赤。占同上。六年五月癸亥，流星晝隕。占「其地大戰覆軍，流血千里」。九月癸卯，流星夕隕。占「其下兵疫。色赤爲兵、旱」。丁巳，流星晝隕，於是金國亂。十月戊戌，流星出自昴宿西南，慢向天廪東南没。占「兵起，他國使來，有赦令。入天廪，色赤爲旱、火，黄則大熟」。七年四月壬午，流星出自軫宿距星東南，慢流至濁没。有使出。辛卯，流星出自天津西南，慢向心宿西北没。占如前。是秋，金人使來索歲幣。十六年十一月壬戌，流星怒聲如雷。

宋・葉隆禮《契丹國志》卷八 遼興宗重熙六年春正月，有衆星西北流。

元・脱脱等《遼史》卷三《太宗紀上》 遼太祖天星九年九月庚子，西南星隕如雨。

明・查應光《靳史》卷二〇 曾鞏知襄州日，朝廷遣使按水利，令從官各辟三兩選人充勾當公事。鞏一日宴諸使者，坐客云：「昨夕九星墜於西南，有聲甚厲，又有小星隨之。」鞏曰：「小星必是天狗下，勾當公事也。」

《明英宗實録》卷二一 正統元年八月乙酉，昏刻至曉，大小流星一百餘。

《明英宗實録》卷五八 正統四年八月癸卯，自夜達旦，有流星大小二百六十餘。

《明英宗實録》卷二〇五 景泰二年六月丙申，夜大小流星凡八十有五。

《明孝宗實録》卷一四二 曉刻，東方流星大如碗，色赤，起東北，行丈餘，發光如斗，燭地，東南行，小星數十隨之。

《明武宗實録》卷七六 明武宗正德六年六月六日，臨江府見火星交流。

《明世宗實録》卷一五五 嘉靖十二年十月丙子，四更至五更，大小流星縱

橫交行，不計其數，至曉乃息。

《明神宗實録》卷三七六　萬曆三十年九月庚辰，有大小星數百，交錯行。

《明熹宗實録》卷二六　明熹宗天啓二年九月甲寅，陝西固原州星隕如雨。

清·張廷玉等《明史》卷二七《天文志三》　正統元年八月乙酉，昏刻至曉，大小流星百餘。四年八月癸卯，大小流星數百。

又　景泰二年六月丙申，大小流星八十餘。

又　明孝帝弘治十一年十月壬申，曉，東方赤星如盌，行丈餘，光燭地，東南行，小星數十隨之。

又　萬曆三十年九月辛巳，有大小星數百交錯行。

又　天啓三年九月甲寅，固原州星隕如雨。

又　嘉靖十二年九月丙子，流星如盞，光照地，自中台東北行近濁，尾跡化爲白氣。四更至五更，四方大小流星，縱横交行，不計其數，至明乃息。十四年九月戊子，開封白晝天鼓鳴。有星如盌，東南流，衆小星從之如珠。

又　萬曆六年正月戊辰，有大星如日，出自西方，衆星皆西環。

又　萬曆三十年九月辛巳，有大小星數百交錯行。

又　天啓三年九月甲寅，固原州星隕如雨。

又　崇禎十五年夏，星流如織。

清·孫之騄《二申野録》卷四　明世宗嘉靖七年十月，河間星隕如雨。

又　明世宗嘉靖十二年十月辛巳，晝，星隕如雨，京口舟人不敢渡，潮州、瓊州星隕亦如之。

又　明世宗嘉靖十九年四月，棗强縣天鼓鳴，夜，星隕如雨。

又　明世宗嘉靖四十五年十一月十五日，四更，有一大星下隕，羣星數百，如雨隨之。

清·孫之騄《二申野録》卷五　明神宗萬曆甲午九年二十三，夜東北方有星大如雞子，青白色，西南方有星大如碗，亦青白色，尾跡散光照地，西南行，後有二小星隨之，復有流星數千，四面紛紛交錯而行。

又　明神宗萬曆三十年九月辛巳，夜五更，東北有星如雉卵大，青白色，尾有光，起自下台，東北行，至近西南方，有星如碗大，青白色，尾跡炸散，光照地，起自參宿，西南行如天苑星，後二小星隨之，又有大小流星數百紛錯隨之。

清·孫之騄《二申野録》卷七　明熹宗天啓辛酉七月初五，亥時，流星引練，紅赤色，後有小星數百隨之，起自西北，傍女宿。

清·孫之騄《二申野録》卷八　明毅宗崇禎壬午十五年五月，星流如織。

清·查繼佐《罪惟録·天文志》　洪武三年，十月丙寅，流星爆散，有聲，數小星隨之，忽大如碗，至天倉没。

又　明武宗正德元年三月，星隕如雨，有大如月者。

又　明世宗嘉靖十二年十月初十己卯，流星起中台，化白氣，自四更起，大小星交行，不計其數，至晚没。

又　明世宗嘉靖四十五年十一月望前三日，夜，有大星下隕，羣星隨之，如雨有聲，歷三晚。

又　明神宗萬曆三十年九月，流星數日，出參宿入天苑。

又　弘光元年七月，海中有星大如斗，從西北隕，衆小星從之者無數，落舟山。

清·趙宏恩《江南通志》卷三六　流星園在亳州東天静宫南，相傳有星突流於園，老子因而誕生。《史記》云：老子楚苦厲鄉曲仁里人也。《括地志》云：苦縣在亳州谷陽縣界，有老子宅及廟，廟有九井尚存，在今亳州真源縣地。

清·諸聯《明齋小識》卷六　清仁宗嘉慶三年九月，上海青浦縣有星移於天，如飛如織，輝光四布，如是者數夜。

《清世祖實録》卷五七　清世祖順治八年五月戊寅，夜，西南有流星如盞，白色，尾跡有光。

《清世宗實録》卷二二　清世宗雍正七年正月十六日，夜，見衆星摇動，如欲墜狀，又或飛或走，羣向東行。

《清仁宗實録》卷四二　清仁宗嘉慶戊午十月二十八、九日，夜間，衆星交流如織。

清·趙吉士《寄園寄所寄》卷五　成化中，星殞於山東莒城縣馬長史家門中。初墮地，其光熀熀，而星體腐軟如粉漿。馬家人以杖抵之，没杖成穴，久而漸堅，乃成一石。

清·錢泳《履園叢話·災祥》　嘉慶戊午十月廿八九日夜，衆星交流如織，人人共睹。庚辰七月十八日夜亦有星移之異。廿五日初更有大流星隕於南方，光如白晝。先是五六月內，太陽旁有一點小星與日同行，八月十五日夜太陰旁亦有一點小星與月同行。甲申十一月初十夜西北方星隕如雨，乙酉十月廿四五

兩夜，星移如織，俱由西北而至東南。廿六日夜東南方星隕，颯颯有聲，最後有大星墮於地，其聲如雷。

清·董含《三岡識略》卷五 清聖祖康熙五年十月十一日，四更有大星見東南，衆小星隨之，或上或下，倏左倏右。大星隕，小星隨之隕。

藝文

《楚辭·九懷·昭世》 流星墜兮成雨，進瞵盼兮上丘墟。覽舊邦兮滃鬱，余安能兮久居？

唐·獨孤及《季冬自嵩山赴洛道中作》 皇運偶中變，長蛇食中土。天蓋西北傾，衆星隕如雨。

宋·謝翱《後桂花引》 月中落子如雨星，至今收拾無六丁。

明·蘭江滸公《懷故人待一翁》 吴中夜半北風惡，自起開窗望天角。東湖西湖作銀流，大星小星如雨落。道不同兮不爲謀，寥寥天地誰同儔？彼美人兮在何處？霜月冷浸青海頭。

隕石部

題解

漢・董仲舒《春秋繁露》卷三　是故，星墜謂之隕。

漢・司馬遷《史記》卷二七《天官書》　星墜至地則石也，河濟之間時墜星。

唐・李淳風《乙巳占》卷一　夫三光同形，而有似珠玉。神守精存，麗其職而宣其明。及其衰也，神歇精斁，於是乎有隕星。然則，奔星之所墜，至則石矣。

唐・李淳風《觀象玩占》卷三六　星隕者，自上墜也。凡星附叢於天，猶庶人附叢於王者也。王者失道，紀綱廢缺，下將判去，故星畔天而隕，以見其象。大星隕下，陽失其位，災害之萌也。凡星所墜，其國易政。又曰：當其下有戰場，天下亂期三年。又曰：奔星所墜，其下有兵；列宿所墜，滅家邦；衆星所墜，衆庶亡。又曰：鎮星墜，海水淡；黄星騁，海水躍。又曰：星墜而潮海決，周衰。星隕墜如雨，天子微，諸侯力政，五伯伐興，更爲盟主，衆暴寡，大併小，帝王之政由此壞滅。故隕星之災，比之流星爲尤甚也。

宋・王應麟《六經天文編》卷上《天道》　曰：星隕石，何也？曰：光耀既散氣，凝爲石。

宋・黎靖德《朱子語類》卷二《理氣下・天地下》　星有墮地，其光燭天而散者，有變爲石者。

元・郝經《續後漢書》卷八四　隕星者，自上而下隕也。有不及地而無象者，《春秋》「星隕如雨」是也；有墜地爲石者，「隕石於宋五」是也。星爲少陽，其精剛而繫於剛風，墜地則爲石，剛之體也。故石中有火，而星中有光，其類同也。陽隕而從陰，剛墜而從柔。

清・嚴復《天演論》卷上　地入流星軌中則見隕石。

論說

宋・李明復《春秋集義》卷二一　十有六年春王正月戊申朔，隕石於宋五。是月，六鷁退飛過宋都。程頤曰：隕石於宋，自空凝結而隕；六鷁退飛，倒逆飛必有氣驅之也。如此等皆是異事，故書之。

又曰：隕石無種，種於氣。麟亦無種，亦氣化。厥初生民亦如是。

又曰：《春秋》書隕石霜，何故不言石隕、霜、隕？此便見得天人一處。

謝湜曰：陽氣蕴積，寒氣薄而凝之則爲雹；陰氣蕴積，温氣薄而燠之則爲石。五石自空而降，若惡夫宋隕石而害之也，其爲異大矣。書日、書朔，當歲之始，謹其變也。書五，謹其數也。星曰星，隕石曰隕石者，星以隕爲異，石以隕之示譴故也。福善禍惡，天之常理。災異之來，皆緣政治。故夷伯廟震，《書》曰「震」。夷伯之廟者，以天惡夷伯而震之也。石隕於宋，《書》曰「隕石於宋」者，以天禍宋公而隕之也。謂之廟震，則廟自震而已；謂之石隕，則石自隕而已。天事何與於人哉？故《春秋》每因天變推天意，以示譴戒，使賢君觀之可以知天；庸君觀之，亦以自警。

又曰：沴氣積於空中，鷁飛爲沴氣所鬩，故退飛。書六謹其數，書宋都謹其地，政治舛於下而微禽逆於上，故書六鷁退飛之異。

胡安國曰：隕石自空凝結而隕也，退飛有氣逆驅而飛也，石隕、鷁飛而得其數與名。在春秋時，凡有國者，察於物象之變亦審矣。此宋異也，何以書於魯史？亦見當時諸國有非所當告者矣。何以不削乎？聖人因災異以明天人感應之理，而著之於經，垂戒後世。如石隕於宋而書曰隕石，此天應之也，和氣致祥，乖氣致異。人事感於下，則天變應於上。苟知其故，恐懼修省，變可消矣。宋襄公以亡國之餘欲圖伯業，五石隕，六鷁退飛，不自省其德也。後五年有盂之執，又明年有泓之敗，天之示人顯矣，聖人所書之義明矣，可不察哉？

明・熊明遇《格致草》　彗屬火，火氣從下挾土上升，不遇陰雲，不成雷電，淩空直突。此二等物至於火際，火自歸火，挾上之土，輕微熱乾，畧似炱煤，乘勢直衝，

遇火便燒，狀如藥引。今夏月奔星是也，其土勢大盛者，有聲有跡，下復於地，或成落星之石，與霹靂楔同理。今各處隕石初落之際，不可摩，如埏器初出於陶焉。

清・王韜《甕牖餘談》卷五　流星隕石之異，古來史不絶書，未可以爲災祥也。同治丙寅春，上海郵信至粤，謂於三月初二日有大星如斗，其次者巨猶如椀。隨有小星無數，約計萬餘，從東南隕於西北，聲如雷轟，逾刻始静。其時將黎明，衆多有聞聲起者，城廂内外萬目共瞻，咸嘖嘖稱異焉。考星隕如雨載於《春秋》，説者以爲即佛生之歲，固附會可笑，而星隕之理，究未有明言其指。昔西士曾細加辨察，其質爲火石、硫磺、鐵、黄灰、白鉛不等，其重自數斤至千萬石皆有之。其行之捷，一秒可八十里。體質在空中每自發光。尤異者，星隕之時，空中有若槍礮金鼓聲。與地球相去或數十里，或數百里。大抵流行空中，則見爲星；一隕於地，遂成爲石。西國曾有隕石自空墜下，去地八十里，計其重可一千萬石。其中有一方墜地，大異尋常。使非天空之行甚速，則地面吸力可引之盡下。西國格致家參考其故，有云月距地球最近，其中常有火山吐燄，或有鎔化之質噴出，偶落空際，墜下極速，地氣吸之，故能至地。有云行星中有無數小體，由於大體分裂，有時本質自散復聚，環日而行，至地球軌道，爲地力吸引，至天空而發光，其行甚捷，變爲隕石、流星諸異象。有云凡體在天空，一秒可行三里，能吸空氣之熱，故易於發光。以寒暑表計之，約三萬度。故初隕之石，氣猶甚熱。上海所見流星，大抵行星中分裂小體耳，奚足爲祲祥之先見哉？近時西國疇人家俱究心於流星、隕石之理，便孫伯、勃蘭特二人欲知其道與地道之交角，細測初見至隱之時分，大抵流星之行道設有方向，速率略與地同，而又近地，則必爲地面攝力所留而繞地。若爲實體能借光照地，則有時必於一刹那中見之即入闇虚而隱。道光二十七年七月初九日，有大流星過法都巴黎斯，土魯士星臺官白底推得其繞日之道爲雙曲線。白底所測諸流星中有一疑其繞地如月，然距地面尚一萬四千五百里。有云流星、隕石二者不同。太虚中薄氣略厚處能阻彗星，此乃數萬彗星過最卑時所留尾上餘質漸積而成。或意是無數小體，與日相屬，俱若小行星，各有本道，各有周時，距地甚遠，故視之甚微。所見尖錐，一若日光透門隙，見光中無數微塵也。此諸小體所併，較日體尚甚微，不可比，故攝動不能覺。然其各道相交，則有時必相遇而相擊，或落於日中，或落於行星中。各國史中所載隕石、隕鐵之事，即此物也。西史有四人爲隕石所擊死。周貞定王四年，隕石於土耳其之哀哿卜大摩，其大六十石。後粱龍德元年，以大利之那尼隕石於河中，高出水面四尺。明泰昌元年，隕鐵於印度本若之斜林特，其王日杭格鍛以鑄劍。隕石於英國十六次，一在倫敦。嘉慶八年三月六日午正，法蘭西諾曼的省蘭格城空中有大火球，裂爲數千石而隕，偏散於地，方里者七八十。王命人往觀之，不誣。昔人謂此係地面或月中火山吐燄時飛出者，非也。今人皆知空中小體與行星同類，其隕時有火光，至地尚甚熱。或於空中碎裂者，蓋其下行速率遞增甚大，與氣相磨力甚猛，故發熱，且生火也。至於流星，與上鐵石諸小體異，當别是一質。每見大流星曳長光或大火球經過地氣之上層，有時過後所曳光帶留於空中，歷時數分始滅；有時空中作喧沸聲，其體豁裂而隱；有時無聲而自隱，此必地氣外之物偶入地氣中而發光也。乾隆四十八年七月二十一日，有大流星經過歐羅巴洲，從蘇格蘭之舌蘭島至羅馬，其速率一秒中約九十里，距地面一百五十里。其光較望時之月尤大，實徑一里半，其狀屢變，後分爲數體並行，各曳光尾，爲最異焉。或有時見流星多至無數，如花炮亂放，如雨雪交紛，光滿天空，歷數時之久。徧大洲、大洋皆見之，或兩半球皆得睹。此必在冬至後五、六兩夜，或立秋後二、三兩夜。常有大流星，皆曳光尾，徹夜不絶。意地球行道每周至此處，必過無數流星繞日道之面，一二日始過盡。其過時，諸流星及地球之路皆當作直線。立冬後五、六兩夜所向之點近軒轅第十二星，立秋後二、三兩夜所發之公點恒近傳舍第七星。流星道非必與黄道同面，但設爲橢圜。若諸流星匀列於橢圜道，則地球繞日每年必一次遇之。若諸流星分作數隊依次相隨行於橢圜道，而周時與地球不同，則或間數年。所遇之隊有疏密，故所見各異。述星隕者其理盡於此矣。

綜述

漢・班固《漢書》卷二六《天文志》　星䃍至地，則石也。

唐・瞿曇悉達《開元占經》卷三　《京房易候》曰：「王者不顧骨肉，不親九族，則天殞石。」甘氏曰：「無雲而雷，石殞隨地，大可一丈，圜形如雞子，兩頭鋭，名曰天鼓。所下之邦必有大戰，伏尸數萬，不可救。春秋僖公十六年隕石於宋

五，此時宋襄之應也。望之是星，至地爲石，其所無光榮之象也。」

唐·瞿曇悉達《開元占經》卷七六《雜星占》 星隕占五

京房《易傳》曰：「星者，陰精也。五行之形，其體在下，精燿在天。百官之本，各因其原。星飛反行，萬民不安。太星隕下，陽失其位，災害之萌也。其救也，人君當悔過反政，克己責躬，省徭役，安國封侯，以寧民爲先，則宿正矣。」《洪範傳》曰：「星者，在位人君之類也；隕者，衆其隕墜，失其所也。夜中然後隕者，言不得終其性命，中道而敗。」或曰：「象其叛也。夜中然後反者，言當以中和之道反之也。天變所以語人也，防惡遠非，隕卑有微，將以安之也。」班固《天文志》曰：「夜中星隕者，爲中國也。」《鹽鐵論》曰：「常星，猶公卿也；衆星，猶萬民也。列星正，則衆星齊；常星亂，則衆星墜。」《感精符》曰：「天下無法度，莫能相治，患禍並見，四夷爲邪，則星隕，皆失其正。異姓起，行貪奢，强國並兼，民流彼邦，此王者失執，諸侯起覇之異。」董仲舒曰：「星隕者，君主太盛，臣下墜落之象也。省刑罪，無加賢臣，以救之。」《洛書》曰：「衆星隕，不言侯伯伐王。」《天鏡》曰：「國易主，則星墜，國有大凶；其主亡，則衆星墜。」董仲舒曰：「衆星墜，民失其所也。」《荆州占》曰：「星墜，當其下有戰場，天下亂，期三年。」《推度災》曰：「奔星之所墜，其下有兵；列宿之所墜，滅家邦；衆星之所墜，萬民亡。」《運期授》曰：「黄帝亡也，黄星墜。」《文曜鉤》曰：「鎮星墜，海水溢。」《考異郵》曰：「黄星騁，海水躍。」《運斗樞》曰：「黄星墜，海水傾。」《淮南子》曰：「奔星墜而渤海決許慎曰：奔星，流星也。」《天官書》曰：「宋襄公時隕如雨杜預《春秋》曰：如，而也。星落而且雨也。天子微，諸侯力政，五伯代興，更爲民主。自是之後，衆暴寡，大并小，並爲戰國。」京房曰：「星以春三月墜，歲凶，不登；其二月，大殃；秋三月墜，兵起；八月大殃。」《左傳》曰：「星隕如雨，與雨偕也。」《洪範》曰：「此象天子微弱，民將去土，諸侯起覇，終於微滅之應也。」《潛潭巴》曰：「星隕如雨，厥民叛，下有專討歸衆。」京房曰：「人君不仁，傷胎孕，殺無辜，則歲星失度，星隕如雨。不收，則弟殺兄，臣誅君。其救也，內慈仁敬讓，外慮恩施惠，無犯四時，歲星承度，隕星上覆列宿。」又曰：「君不任賢，厥妖，天雨星也。」《漢書》曰：「成帝永始二年二月癸未，夜過中，星隕如雨，長一二丈，繹繹未至地滅，至雞鳴止。谷永對曰：『日月星辰，燭臨下土，其有食隕之異，即遐邇幽隱，靡不咸睹。星附麗於天，猶庶民附麗王者。君失道也，綱紀廢頹，下將畔去，故星畔天而隕，以見其象。』《春秋》記異，星隕最大自魯莊公已未，於今再爲見。臣聞三代所以喪亡者，繇婦人羣小，沉湎於酒。《書》云：『乃用其婦人之言，四方之多罪逋逃。』是信是使。《詩》云：『赫赫宗周，褒姒滅之。顛覆厥德，荒湛於酒。』及秦所以二世而亡者，養生太奢，奉終太厚。方今國家兼而有之，社稷宗廟之大憂也。」《天鏡》曰：「星墜爲石，天下兵起，流血萬里。」又曰：「國有兵凶，則星墜爲鳥獸。」京房曰：「天下將亡，則星墜爲飛蟲。」又曰：「歲大饑大殃，則星墜爲粟豆。」又曰：「天下大兵，則星墜爲金鐵。」《天鏡》曰：「天下有水，則星墜爲水。」又曰：「國有大饑，有兵流血，則星墜爲上。」又曰：「國主亡，有兵，則星墜爲草木。」又曰：「兵起，國主亡，則星墜爲沙。」京房曰：「星墜爲人而言者，善惡如其言。」又曰：「國有大喪，則星墜爲龍。」《河圖》曰：「將失政不法，石墜星亡。」《援神契》曰：「星墜，石墜，大人憂。」京房曰：「星墮化爲石，臣下倍主，主妄行。」又曰：「兵將作，妖星隕爲石。」《天官書》曰：「星墜地則石也。河濟之間，時有墜星。」《左傳》曰：「僖十六年春，隕石於宋五，隕星也。周内史叔興聘於宋，宋襄公問曰：『是何祥也？吉凶焉在？』對曰：『今兹魯多大喪，明年齊有亂，君將得諸侯而不終。』退而告人曰：『君失問，是陰陽之事，非吉凶所生也。吉凶由人，吾不敢逆君故也。』」《洪範占》曰：「明年，齊桓公卒，五子争國，宋公伐齊，行霸，後六年爲楚所敗，不終之應也。」《抱樸子外圖》曰：「隕星者，其精燿，非隕其質也。隕石於宋五，非星也。俗人視天上惟有日月與星，計言從天上墮惟當是此三物。而日月常在，故謂墮者必是星耳。天或雨血、雨魚、雨灰、雨草木、雨兵、雨石、雨穀。如此，是天降怪異，無所不有。春秋時隕石，所謂雨石者也。何必星乎？或四方高山之石，飛行爲怪，墜之於地耳。其妖大甚，不可悉載。」《史記》：「秦始皇三十六年，有墜星下東郡，至地爲石。黔首或刻其石，云『始皇死而地分』。始皇問之，遣御史逐問，莫服。盡取石旁舍人誅之，燔其石。」《洪範占》曰：「是歲始皇崩，三年而秦滅亡。」《趙書》曰：「石勒時，有星隕魏郡鄴縣東北六十里。初有黑黄雲如幕，長數十匹，交錯，音聲如雷。墜地熱氣如火，塵起連天。時左右有私鋤者，皆震疊。塵止，經視之，土猶帶熱。求覓，見有一石，方一尺，青色，而輕擊之，聲如磬。未幾，石勒死，虎殺其子而自立。」

宋·鮑雲龍《天原發微》卷六 水與月本一體，故方諸取於月而得水，在天成象爲星，在地成形爲石。石與星本一體，故傳言星隕爲石。

明·章潢《圖書編》卷二一 隕星總叙

隕星者，自上墜也，星附麗於上者也。君失道，紀綱紊，天下將叛去，故星畔

而隕，以見其象。大星隕下，陽失其位，災害之萌也。凡星所墜，其國易政。又曰：「當其有兵，列宿下墜，大亂三年。」又曰：「奔星所墜，其下有兵，列宿所墜，滅家邦；衆星所墜，衆庶亡。」又曰：「隕星墜，海水淡；黄星騁，海水躍。太白騎星墜，而渤海決。周襄星墜隕如雨，天子微，諸侯爲政，五伯代興，更爲盟主，衆暴寡，大併小，地天之分由此壞滅。故隕星之災，比之流星爲甚大也。」

清・王仁俊《格致古微》卷一 僖十六年，隕石於宋五。隕星也。案：此西人流星隕石論所自出。《天文圖説》三曰：「昔人謂流星、隕石附近地球，亦由空氣凝結而成，今知不然。細考其質，散布於行星軌道中甚多，若附近地球，被地攝引即下墜於地。」江慎《修曆學補論》曰：「隕石非天星也，由地上火土之氣上衝天際，偶然融結而隕也。」余煌《春秋求故》二曰：西人言天有三際，近地爲温際，其上爲冷際，又其上爲火際。火氣喜明，故地之濁氣入火際亦受日光而能明。火能生土，地氣又得火氣鍛鍊而有質，有則重而墜。諸書載隕星初隕時無不熱如熾炭，或火光煜然，着物輒焚，久而息，降自火際故也。又二曰：雲物氛祲，能竊明而夜明，亦《漢書》武帝建元二年有如日夜出之類，蓋祆氣也。近地不明之所，即《靈憲》所謂「闇虚」也。氣散如星，入闇虚而不能明，正《靈憲》所謂闇虚在星，則星微也。闇虚西法直云地影，其體尖圓，其末漸小而盡，月值之則蝕。推月食之食分淺深，必先算之。夜中日在地下，影正在地上，故星隕無得見及地者。《漢書・五行志》「成帝永始二年二月癸未，夜過中，星隕如雨，長一二丈，繹繹未至地滅」，亦氣入闇虚不明之證。

清・劉嶽雲《格物中法》卷三《首火部》 嶽雲謹案：自隕石於宋載於《春秋》，歷代《五行志》相承記載，惟流星落地有無物者，有成石者，有成鐵者，有成非石非鐵之質者。昔年泊舟六合縣瓜埠，黄昏後見一流星趨過，高僅及舟桅，明如旭日，百物皆見，星過即暗。至隕石隕鐵之所由來，西士或云：地面火山噴出，或云月中火山噴出，或云從恒星中來，或云包地之空氣凝結而成，迄無定説。然後説似與中國説同也。

清・百一居士《壺天録》卷上 春秋言星隕者不一，如星隕而雨，隕石於宋五，皆隕也，未嘗卜人之吉凶也。至張華爲司空時，中台星坼然已有咎徵矣。此後言休徵者遂不一其事。如本朝粤督瑞公騎鯨之先有大星如巨球，光芒迸射，暗室爲明，落於省垣大東門外，衆目共見，率相駭異。不三日，而瑞公卒於署矣。人咸謂瑞公上應列宿，故有此異云。又有欲隕不隕，降而復升者。如太湖舟子所言，則異矣。舟子高某素在太湖泛舟爲業，某歲七月間，每交四鼓時，天之西南有巨星，光彩逾恒，夜輒見之，殆已月餘矣。忽於八月十八日夜間聞空際激盪，有聲震如霹靂。驚而起，立於鷁首眺望，則巨星光芒簇簇，較往日所見尤大，降而復升者至再至三。約片時許，陡化電光一道，直沖霄漢，星仍復位，其光頓縮，迥不似前時之巨云。又有將隕而散彩者，則殊足異矣。辛巳之歲四月五日，金陵城人陡見天半一星，徑逾一尺，光紅如火，由東南飛至西北落下，照耀屋宇，明於月色。星過處隱隱有聲，餘光亘天，儼若長虹一道。約半炊許始滅。不知者誤認回禄。俗云「落將星，擂天鼓」，其或即此。要之，天道遠，人道邇，必以星象占休咎，往往失於穿鑿。蓋隕星則天空攝力偶不足耳，豈真有咎而後隕哉？

清・朱駿聲《春秋左傳識小録》卷上 僖十六隕石於宋五，隕星也。按恒星大小有六等，其全徑皆大於地徑，第一等大於地一百餘倍，第六等亦大於地十七倍有奇。使真星隕，是無地矣，況五乎？莊七年書星隕如雨，尤奇。此皆古今來必無之理，必無之事。或曰：隕石、隕星俱在月輪天下。隕星者，衆星奔流，皆屬光氣。隕石者，星質如瑪瑙，譬若石之有泐，所墜者屑。亦求其説，不得而爲之辭。

清・薛福成《出使日記續刻》卷五 《春秋傳》：隕石於宋五。隕星也，其解確矣。厥後史傳紀隕星者甚多。今倫敦博物院中有隕星石，其色黑，其長不過數尺。然或以爲一石即一星，則大不然。蓋一星即一地球，地球之氣或太陽與彗星之氣飛散空中，則當時望之如流星。久而旋轉太空，其大者數百千里至數萬里不等，又分爲一小地球。其小者化爲一拳之石，或偶近吾地，則翕附於吾地矣。又考《春秋左氏傳》，莊公四年夏，恒星不見，夜明也，星隕如雨，與雨偕也。夫至星隕如雨，余意空中必有與吾地相近之星，或者全球迸裂，火星散布，故猝然見爲夜明，見爲星隕如雨。其或飛至他地球，則必化爲石。蓋受此石者不止吾地矣。觀於吾地諸山之石，不可殫紀，則孕結成石者無日無之。其初皆氣也，而氣之偶散入太虛，亦何足爲異也？

清・李善蘭、偉烈亞力《談天》卷一七 小行星各有本道，各有周時，距我甚遠，故視之甚微耳。所見尖錐，一若日光透門隙，見光中無數微塵也。此諸小體並之，較日體尚甚微，不可比，故攝動不能覺。然其各道相交，則有時必相遇而相擊，而或落於日中，或落於行星中。各國史中所載隕石、隕鐵諸事，即此物也。西史有四人爲隕石所擊死。周貞定王四年，隕石於土耳其之哀可卜大摩，大六

七石。後梁龍德元年，以大利之那尼隕石於河中，高出水面四尺。明泰昌元年，隕鐵於印度本若之斜林特，其王日杭格以鑄劍。此後隕石於英國十六次，一在倫敦。嘉慶八年三月初六日午正，法蘭西諾滿的之來格城，空中有大火球，裂爲數千石而隕，徧散於地，方里者七八十。王命人往觀之，不誣。此外不能勝載。昔人謂此係地面或月中火山口飛出者，非也。今人皆知是空中小體，與行星同類。其隕時有火光，至地尚甚熱。或於空中碎裂者，蓋其下行，速率遞增甚大，與氣相磨，力甚猛，故發熱，且生火也。一曰流星與上鐵石諸小體異，當别是一質。

紀事

漢・司馬遷《史記》卷五《秦本紀》　秦獻公十八年，雨金櫟陽。

又　秦始皇三十六年，熒惑守心。有墜星下東郡，至地爲石，黔首或刻其石，曰「始皇帝死而地分」。始皇聞之，遣御史逐問，莫服，盡取石旁居人誅之，因燔銷其石。始皇不樂，使博士爲《仙真人詩》，及行所游天下，傳令樂人謌弦之。秋，使者從關東夜過華陰平舒道，有人持璧遮使者曰：「爲吾遺滈池君。」因言曰：「今年祖龍死。」使者問其故，因忽不見，置其璧去。使者奉璧具以聞。始皇默然良久，曰：「山鬼固不過知一歲事也。」退言曰：「祖龍者，人之先也。」使御府視璧，乃二十八年行渡江所沈璧也。於是始皇卜之，卦得游徙吉。遷北河榆中三萬家。拜爵一級。

漢・司馬遷《史記》卷一四《十二諸侯年表》　宋襄公茲父七隕石五。

漢・司馬遷《史記》卷一五《六國年表》　秦始皇三十六年，石晝下東郡，有文，言「地分」。

漢・班固《漢書》卷二五《郊祀志》　漢武帝征和四年二月丁酉，雍縣無雲如靁者三，或如虹，氣蒼黃，若飛鳥集棫陽宮南，聲聞四百里。隕石二，黑如黳。有司以爲美祥，以薦宗廟。

漢・班固《漢書》卷二七《五行志》　魯釐公十六年正月戊申朔，隕石於宋五。是月六鶂退飛過宋都。董仲舒、劉向以爲象宋襄公欲行伯道，將自敗之戒也。石陰類，五陽數，自上而隕，此陰而陽行，欲高反下也。石與金同類，色以白爲主，近白祥也。鶂水鳥，六陰數，退飛，欲進反退也。其色青，青祥也，屬於貌之不恭。天戒若曰：「德薄國小，勿持炕陽。欲長諸侯，與彊大爭，必受其害。」襄公不寤，明年齊威死，伐齊喪，執滕子，圍曹，爲盂之會，與楚爭盟，卒爲所執。後得反國，不悔過自責，復會諸侯伐鄭，與楚戰於泓，軍敗身傷，爲諸侯笑。《左氏傳》曰：「隕石，星也；鶂退飛，風也。」宋襄公以問周内史叔興曰：「是何祥也？吉凶何在？」對曰：「今茲魯多大喪，明年齊有亂，君將得諸侯而不終。」退而告人曰：「是陰陽之事，非吉凶之所生也。吉凶繇人，吾不敢逆君故也。」是歲，魯公子季友、鄫季姬、公孫茲皆卒。明年齊威死，適庶亂。宋襄公伐齊行伯，卒爲楚所敗。劉歆以爲是歲歲在壽星，其衝降婁。降婁，魯分壄也，故爲魯多大喪。正月，日在星紀，厭在玄枵。玄枵，齊分壄也。石，山物；齊，大嶽後。五石象齊威卒而五公子作亂，故爲明年齊有亂。庶民惟星，隕於宋，象宋襄將得諸侯之衆，而治五公子之亂。星隕而鶂退飛，故爲得諸侯而不終。六鶂象後六年伯業始退，執於盂也。民反德爲亂，亂則妖災生，言吉凶繇人，然后陰陽衝厭受其咎。齊、魯之災非君所致，故曰「吾不敢逆君故也」。京房《易傳》曰：「距諫自彊，茲謂卻行，厥異鶂退飛。適當黜，則鶂退飛。」

又　惠帝三年，隕石緜諸，一。有光耀雷聲。

武帝征和四年二月丁酉，隕石雍，二，天晏亡雲，聲聞四百里。

元帝建昭元年正月戊辰，隕石梁國，六。

成帝建始四年正月癸卯，隕石亳，四，肥累，一。

陽朔三年二月壬戌，隕石白馬，八。

鴻嘉二年五月癸未，隕石杜衍，三。

元延四年三月，隕石都關，二。

哀帝建平元年正月丁未，隕石北地，十。其九月甲辰，隕石虞，二。

平帝元始二年六月，隕石鉅鹿，二。

自惠盡平，隕石凡十一，皆有光耀雷聲，成、哀尤屢。

漢・荀悅《前漢紀》卷一五《孝武皇帝紀》　漢武帝征和四年二月丁酉，有隕石於雍，二。時天晴，晏然無雲。有紅氣，蒼黃色。若飛鳥集成陽宮南。隕星於

雍，聲聞四百餘里。墜而爲石，其色黑如磬。

漢・荀悦《前漢紀》卷二二《孝元皇帝紀》 漢元帝建昭元年春正月戊辰，有石隕於梁國，六。

漢・荀悦《前漢紀》卷二四《孝成皇帝紀》 漢成帝建始四年春正月癸卯，有石隕於槁，四。隕於肥累，二。

又 漢成帝陽朔三年二月，有石隕於東郡，八。

又 漢成帝鴻嘉二年五月癸未，隕石杜衍，三。

又 漢成帝元延四年三月，有石隕於關東，二。

漢・荀悦《前漢紀》卷二八《孝哀皇帝紀》 漢哀帝建平元年正月，有石隕於地，十六。

又 漢哀帝建平元年九月甲辰，有石隕於虞，二。

漢・荀悦《前漢紀》卷三〇《孝平皇帝紀》 漢平帝元始二年六月，有石隕於鉅鹿，二。

南朝宋・范曄《後漢書》卷三〇下《襄楷傳》 漢桓帝延熹七年六月十三日，扶風有星隕爲石，聲聞三郡。

南朝宋・范曄《後漢書》卷一二《天文志下》 殤帝延平元年九月乙亥，隕石陳留四。《春秋》僖公十六年，隕石於宋五，傳曰隕星也。董仲舒以爲從高反下之象。或以爲庶人惟星，隕，民困之象也。

桓帝延熹七年三月癸亥，隕石右扶風一，鄠又隕石二，皆有聲如雷。

南朝宋・范曄《後漢書》卷二五《五行志三》 殤帝延平元年九月乙亥，陳留雷，有石隕地四。

晉・陳壽《三國志》卷三《魏志・明帝紀》 魏明帝青龍三年正月乙亥，隕石於壽光縣。

唐・房玄齡等《晉書》卷八《穆帝紀》 晉穆帝升平元年正月，丁丑，隕石於槐里。

唐・房玄齡等《晉書》卷二八《五行志中》 魏明帝青龍三年正月乙亥，隕石於壽光。案《左氏傳》「隕石，星也」，劉歆説曰：「庶衆惟星隕於宋者，象宋襄公將得諸侯而不終也。」秦始皇時有隕石，班固以爲：「石，陰類也。又白祥，臣將危君。」是後宣帝得政云。

武帝太康五年五月丁巳，隕石於温及河陽各二。六年正月，隕石於温，三。

成帝咸和八年五月，星隕於肥鄉，一。九年正月，隕石於涼州二。

又 劉聰僞建元元年正月，平陽地震，其崇明觀陷爲池，水赤如血，赤氣至天，有赤龍奮迅而去。流星起於牽牛，入紫微，龍形委蛇，其光照地，落於平陽北十里。視之則肉，臭聞於平陽，長三十步，廣二十七步。

唐・房玄齡等《晉書》卷八七《涼武昭王李玄盛傳》 建元十九年，姑臧南門崩，隕石於閑豫堂。

唐・房玄齡等《晉書》卷一〇五《載記五》 後趙石勒，星隕於鄴東北六十里，初赤黑黄雲如幕，長數十匹，交錯，聲如雷震，墜地氣熱如火，塵起連天。時有耕者往視之，土猶燃沸。見有一石方尺餘，青色，而輕擊之音如磬。

南朝梁・沈約《宋書》卷三二《五行志二》 宋後廢帝元徽四年，義熙、晉陵二郡，並有霹靂車墜地，如青石，草木燋死。

又 魏明帝青龍三年正月乙亥，隕石於壽光。按《左氏傳》，隕石，星也。劉歆説曰：「庶民，惟星隕於宋者，象宋襄公將得諸侯而不終也。」秦始皇時有隕石。班固以爲石陰類，又白祥，臣將危君。是後司馬氏得政。

晉武帝太康五年五月丁巳，隕石於温及河陽各二。

太康六年正月，隕石於温三。

晉成帝咸和八年五月，星隕於肥鄉一。

咸和九年正月，隕石於涼州。

北齊・魏收《魏書》卷九九《張駿傳》 前涼張駿爲涼州牧時，有石隕於破胡，燋而碎，聲如擊鼓，聞七百里。其處氣上黑如煙，煙首如赤飆。

唐・李延壽《南史》卷一〇《陳紀》 南朝陳後主禎明二年五月甲午，東冶鐵鑄，有物赤色，大如數升，自天墜熔所，有聲隆隆如雷，鐵飛出墻外，燒民家。

唐・李延壽《南史》卷六六《周文育傳》 南朝陳高祖永定三年初，文育之據三陂，有流星墜地，其聲如雷，地陷方一丈，中有碎炭數升。

唐・魏徵等《隋書》卷一《高祖紀上》 隋文帝開皇七年五月己卯，雨石於武安、滏陽間十餘里。

唐・魏徵等《隋書》卷四《煬帝紀下》 隋煬帝大業十一年十二月戊寅，有大流星如斛，墜明月營，破其衝車。

唐・魏徵等《隋書》卷二一《天文志》 隋煬帝大業十一年十二月戊寅，大流星如斛，墜賊盧明月營，破其衝輣，壓殺十餘人。占曰：「奔星所墜，破軍殺將。」

唐・魏徵等《隋書》卷二二《五行志上》 開皇十七年，石隕於武安、滏陽間十餘。《洪範五行傳》曰：「石自高隕者，君將有危殆也。」後七載，帝崩。

唐・魏徵等《隋書》卷二三《五行志下》 南朝陳後主至德三年十二月，有赤物隕於太極殿前，初下時，鐘皆鳴。

又 北朝齊世祖河清四年三月，有物隕於殿庭，色赤，形如數斗器，衆星隨者如小鈴。

宋・歐陽修等《新唐書》卷三九《五行志二》 唐武后垂拱三年七月，廣州雨金。

宋・歐陽修等《新唐書》卷四〇《五行志三》 乾寧四年，李茂貞遣將符道昭攻成都，至廣漢，震雷，有石隕於帳前。

又 唐太宗貞觀八年七月，汾州青龍見，吐物在空中，光明如火，墮地地陷，掘之得玄金，廣尺，長七寸。

又 永徽四年八月己亥，隕石於同州馮翊十八，光耀，有聲如雷。近星隕而化也。庶民惟星，自上而隕，民去其上之象。一曰：「人君爲詐妄所蔽則然。」

宋・沈括《夢溪筆談》卷二〇《神奇》 宋神宗元豐【略】世人有得雷斧、雷楔者，云：「雷神所墜，多於震雷之下得之。」而未嘗親見。元豐中，予居隨州，夏月大雷震一木折，其下乃得一楔，信如所傳。凡雷斧多以銅鐵爲之，楔乃石耳，似斧而無孔。

又 治平元年，常州日禺時，天有大聲如雷，乃一大星，幾如月，見於東南。少時而又震一聲，移著西南。又一震而墜在宜興縣民許氏園中，遠近皆見，火光赫然照天，許氏藩籬皆爲所焚。是時火息，視地中有一竅如杯大，極深。下視之，星在其中熒熒然。良久漸暗，尚熱不可近。又久之，發其竅，深三尺餘，乃得一圓石，猶熱，其大如拳，一頭微鋭，色如鐵，重亦如之。州守鄭伸得之，送潤州金山寺，至今匣藏，遊人到則發視。王無咎爲之傳甚詳。

宋・鄭樵《通志》卷七四《災祥略》 天雨石。商紂末年，天雨石，如大甕。秦始皇時，隕石。漢孝惠帝三年，隕石緜諸一。孝武帝征和四年春二月，隕石於雍二，聲聞四百里。孝元帝建昭元年春正月戊辰，隕石梁國六。成帝建始四年春正月隕石稾四，肥累一。陽朔三年春三月壬戌，隕石東郡八。鴻嘉二年夏五月，隕石杜衍三。元延四年春三月，隕石都關二。孝哀帝建平元年春正月，隕石北地十。其九月甲辰，隕石虞二。平帝元始二年夏六月，隕石鉅鹿二。自惠盡平，隕石凡十一，皆有光耀雷聲，成、哀尤屢。後漢殤帝延平元年秋九月，隕石陳留四。孝桓帝延熹七年春三月，隕石右扶風一，鄠又隕石二，皆有聲如雷。魏明帝青龍三年春正月乙亥，隕石於壽光。晉武帝太康五年夏五月丁巳，隕石於温及河陽各二。六年春正月，隕石於温三。成帝咸和八年夏五月，隕石於涼州二。隋文帝開皇十七年，石隕於武安、滏陽間十餘。

天雨金。秦獻公時，櫟陽雨金。晉惠帝二年，雨金。隋文帝仁壽四年，諸軍州舍利塔成，陜州雨金。

元・脱脱等《宋史》卷八《真宗紀三》 宋真宗天禧三年三月甲申，潁州石隕出泉，飲之愈疾。

元・脱脱等《宋史》卷六〇《天文志十三》 端平二年春，天狗墜懷安金堂縣，聲如雷。三州之人皆聞之，化爲碎石，其色紅。

元・脱脱等《宋史》卷六二《五行志一下》 天禧三年正月晦，沈丘縣民駱新田聞震，頃之隕石入地七尺許。淳熙十六年三月壬寅，隕石於楚州寶應縣，散如火，甚臭腥。慶元二年六月辛未，黄巖縣大石自隕，雷雨，甚至山水濆湧。

明・宋濂等《元史》卷一九《成宗紀二》 元成宗大德二年五月己酉，撫州之崇仁星隕爲石。

明・宋濂等《元史》卷五〇《五行志一》 元成宗大德二年六月，撫州崇仁縣辛陂村有星隕於地，爲緑色隕石。邑人張椿以狀聞。

又 元順帝至正十年正月甲戌，棣州白晝空中有聲自西北而來，距州二十里隕於地化爲石，其色黑，微有金星散佈其上。有司以進，遂藏之司天監。十一月冬至夜，陝西耀州有星墜於西原，光耀燭地，聲如雷鳴者三，化爲石，形如斧，一面如鐵，一面如錫，削之有屑，擊之有聲。十六年冬十一月，大名路大名縣有星如火，自東南流，尾如曳彗，墜入於地，化爲石，青黑光瑩，狀如狗頭，其斷處類新劀者。有司以進，太史驗視，云天狗也，命藏於庫。十九年四月己丑，建甯路甌寧縣有星墜於營山前，其聲如雷，化爲石。二十三年六月庚戌，益都臨朐縣龍山有星墜入於地，掘之深五尺，得石如磚，褐色，上有星如銀，破碎不完。

《明憲宗實録》卷八〇 明憲宗成化六年六月壬申，山東陽信縣雨，雷聲如嘯，隕石一，碎爲三，其色外黑内青。

《明神宗實録》卷二九七 明神宗萬曆二十四年五月庚辰，順天撫按李頤等題：夜，有墜星下撫寧，至地爲石。

《明神宗實録》卷四一三　明神宗萬曆三十三年九月十七日，戌時，南京龍江陸兵後營有星大於碗，其光如火，墮於閲兵後臺，至地粉碎，遊走如螢，移時乃滅，化爲黑灰。

《明神宗實録》卷五六一　明神宗萬曆四十五年八月，山東武城縣天降異物三塊，其聲如雷，重各有斤兩。

《明神宗實録》卷五七五　明神宗萬曆四十六年十月辛酉，昏，有星如斗，霹靂一聲，隕於南京安德門外，化爲石，重二十一斤，而萬善鄉亦報星石兩塊，重一百三十斤，俱存京庫。

清·孫之騄《二申野録》卷一　明宣宗宣德三年二月，晝，有星隕於邳州民高浩家。

清·孫之騄《二申野録》卷二　明英宗天順四年二月，陝西慶陽隕石如雨，石又能言。

又　有星隕於山東莒城縣馬長史家門中，初墮地七光煜煜，而星體腐軟如粉漿，馬家人以杖抵之，没杖成穴，久而漸堅，乃成一石。

清·孫之騄《二申野録》卷三　明孝宗弘治十一年六月，修武縣東嶽祠北又有黑氣，聲如雷，隱隱墮。村民李雲往視之，得温黑石一枚，良久乃冷。

又　明武宗正德八年五月，德慶州日中雨石，其色赤黑，大如拳，小似卵，人取拾之。

清·孫之騄《二申野録》卷四　明世宗嘉靖三十年正月，連江雨石，其聲如雷。

又　明世宗嘉靖三十九年四月，隕石於華亭五舍鎮。越數月，其石自動，一夕風雨失去。

清·孫之騄《二申野録》卷五　明穆宗隆慶二年三月，直隸新城縣空中迅響三次，其聲如雷。二聖廟前天鼓鳴三次，南面六十步天下火光一塊，陷地一尺，跑出黑石一塊，如碗大。許家莊亦落一星，天鼓鳴三次，火光落地，陷一孔如拳大，出黑石一塊，重二斤十四兩。

又　明穆宗隆慶二年，静樂樓煩碣石村，晝星落入地，掘出黑石重千斤。

又　明神宗萬曆三年九月，萬載縣有巨石自天而墜，至今其石尚存。

又　明神宗萬曆十六年九月，岢嵐州天鼓鳴三日，至四日隕星，其聲如雷，化爲石，青黑色，長三尺餘，形如枕。

又　明神宗萬曆二十五年八月二十七日，巳時，天鼓鳴，有飛星帶火光墜於河内縣常平鎮。

又　明神宗萬曆二十八年，河南天鼓鳴如雷，有飛星大如升，帶火光墮地，掘之尺許，獲一石，外黑中白，重百六十兩，寄開封庫。

清·孫之騄《二申野録》卷六　泰州天鳴累日，聲如怒濤。又鎮江以至宜興一帶天鳴如泰州。南京教場夜隕星，或墜地化爲灰，或自空中分作三塊，墜地有聲，尋覓無跡。

清·張廷玉等《明史》卷二七《天文志三》　成化十二年十一月乙丑，延綏波羅堡有星二，形如轆軸，一墜樊家溝，一墜本堡，紅光燭天。二十年五月丙申，有大星墜番禺縣東南，聲如雷，散爲小星十餘。既而天地皆晦，良久乃復。

又　弘治四年十月丁巳，有星赤，光如電，自西南往東北，聲如鼓，隕光山縣化爲石如斗。光州商城亦見大星飛空，如光山所見。十一月甲戌，星隕真定西北，紅光燭天，西南天鳴如鼓，又若奔車。

又　萬曆三年五月癸亥晝，景州天鼓鳴，隕星二，化爲黑石。四年十一月甲午，有四星隕費縣，火光照地質明，落赤點於城西北，色如硃砂，長二里，濶一二尺。

又　萬曆十三年七月辛巳，有星如盌，隕於沈丘蓮花集，天鼓鳴。十五年六月丙寅，平陽晝隕星。丁卯辰刻有星如斗，隕於平陰，震響如雷。十七年正月庚申，有星隕西寧衛，大如月，天鼓鳴。二十年二月丙辰，有三星隕閩縣東南。二十七年三月庚子，薊州衛天鼓鳴，連隕大星三。

又　萬曆三十三年九月戊子，有星如盌，墜於南京龍江後營，光如火，至地遊走如螢，移時滅。明日復有星如月，從西北流至閲兵臺，分爲三，墜地有聲。十一月，有星隕南京教場，入地無跡。三十五年十一月癸巳，有星隕於涇陽淳化諸縣，大如車輪，赤色，尾長丈餘，聲如轟雷。三十八年二月癸酉，有星大如斗，墜陽曲西北，碎星不絶，天鼓齊鳴。四十一年正月庚子，真定天鼓鳴，流星晝隕，有光。四十三年三月戊申晝，星墜清豐東流邨，聲如雷。四十六年十月辛酉，有星如斗隕於南京安德門外，聲如霹靂，化爲石重二十一觔。天啓三年九月甲寅，固原州星隕如雨。崇禎十五年夏，星流如織。後二年三月己丑朔，有星隕於御河。

清·張廷玉等《明史》卷二八《五行志一》　成化六年六月壬申，陽信雷聲如

嘯，隕石一，碎爲三，外黑内青。十四年六月辛亥，臨晉天鳴，隕石縣東南三十里，入地三尺，大如升，色黑。二十三年五月壬寅，東鹿空中響如雷，青氣墜地。掘之得黑石二，一如盌，一如雞卵。弘治三年三月，慶陽雨石無數，大小不一，大者如鵝卵，小者如芡實。四年十月丁巳，光山有紅光如雷，自西南往東北，聲如鼓，久之入地，化爲石，大如斗。十年二月丙申，修武黑氣入地，化爲石，狀如羊首。十二年五月戊寅，朔州有聲，如迅雷，白氣騰上，隕大石三。正德元年八月壬戌，夜有火光落即墨，化爲緑石，圓高尺餘。九年五月己卯，濱州有聲隕石。十三年正月己未，鄰水隕石一。嘉靖十二年五月丁未，祁縣有聲如鼓，火流墜地爲石。四十二年三月癸卯，懷慶隕石。隆慶二年三月己未，保定新城隕黑石二。萬曆三年五月癸亥，有二流星晝隕景州城北，化爲黑石。十七年九月戊午，萬載黑煙騰起，隕石演武廳畔。十九年四月辛酉，遵化隕石二。四十四年正月丁丑，易州及紫荊關有光化石崩裂。崇禎九年九月丁未，太康隕石。

《清世祖實録》卷九八　清世祖順治十三年二月己未，午刻，河南空中有聲不絶，黑氣大如斗，光芒如燈，墜於寧陵縣，形似石，重五十三兩。

清・張廷玉等《清文獻通考》卷二六八《物異考》　清聖祖康熙十三年五月，甘肅寧遠縣有聲如雷，墜地化爲石。

藝　文

先秦・佚名《荀況佹詩》　天地易位，四時易鄉。列星隕墜，旦暮晦盲。

宋・洪咨夔《落星寺》　春秋隕石於宋五，分作金焦與星渚。大圓鏡裏八窗開，面面魚龍聽人語。瀑長一線吹不動，山擁萬綺明可數。嗟哉蓄眼無此奇，欲倒銀河卷歸去。

宋・何夢桂《愚石歌》　大塊初分生怪石，曾與不周山作骨。山崩地缺天柱摧，片石者姿轉奇崛。媧皇煉石補天工，化作五星成五色。地下爲石天上星，頑質變化生神靈。一朝天狼齧蝕五星隕，隕石枕頭猶有光晶熒。

宋・蘇洞《三峽》　飛空多隕石，失木有驚猿。

宋・蔡肇《遊善權洞》　常星曉掛層臺冷，隕石宵飛夏屋摧。

宋・程公許《屏居北郊自秋涉冬絶省人事觸緒有感咤之諷吟》　瘴暑困新恩，隕星泣忠武。梁壞將安仰，天高杳難訴。

宋・施樞《聞西山訃音》　奪到斯人處，天心亦杳冥。嘉年謀猶罄，直道信無靈。四海方思雨，中營忽隕星。羣賢知孰附，客淚欲飄零。

宋・秦觀《隕星石》　蕭然古丘上，有石傳隕星。胡爲霄漢間，墜地成此精？雖有堅白姿，塊然誰汝靈。犬眼牛礪角，終日蒙膻腥。疇昔同列者，到今司賞刑。森然事芒角，次第羅空青。俛仰一氣中，萬化無常經。安知風雲會，不復歸青冥。

元・郯韶《次玉山分題韻》　白雲盡日春團蓋，靈石何年夜隕星。

七曜總部

總論部

題解

《易·繫辭上》 縣象著明，莫大乎日月。

《易·繫辭下》 日月之道，貞明者也。

《書·舜典》 在璇璣玉衡，以齊七政。傳：七政，日月五星各異政，舜察天文，齊七政，以審己當天心與否。

《管子·四時》 日掌陽，月掌陰。

《計然萬物録·日月》 日者，寸也；月者，尺也。尺者，紀度而成數也；寸者，制萬物陰陽之短長也。

漢·劉安《淮南子·天文訓》 積陽之熱氣生火，火氣之精者爲日。積陰之寒氣者爲水，水氣之精者爲月。

又 日者，陽之主也。是故春夏則羣獸除，日至而麋鹿解。月者，陰之宗也。是以月虛而魚腦減，月死而蠃蛖膲。

又 日爲德，月爲刑。月歸而萬物死，日至而萬物生。

又 四時者，天之吏也。日月者，天之使也。星辰者，天之期也。

又 何謂五星？東方，木也，其帝太皞，其佐句芒，執規而治春；其神爲歲星，其獸蒼龍，其音角，其日甲乙。南方，火也，其帝炎帝，其佐朱明，執衡而治夏；其神爲熒惑，其獸朱鳥，其音徵，其日丙丁。中央，土也，其帝黄帝，其佐后土，執繩而制四方；其神爲鎮星，其獸黄龍，其音宫，其日戊己。西方，金也，其帝少昊，其佐蓐收，執矩而治秋；其神爲太白，其獸白虎，其音商，其日庚辛。北方，水也，其帝顓頊，其佐玄冥，執權而治冬；其神爲辰星，其獸玄武，其音羽，其日壬癸。

漢·司馬遷《史記》卷二七《天官書》 北斗七星，所謂「璇、璣、玉衡以齊七政」。

漢·揚雄《方言》卷一二 躔，歷行也。日運爲躔，月運爲逡。

漢·馬融注《尚書》 七政者，北斗七星，各有所主：第一曰正日；第二曰主月法；第三曰命火，謂熒惑也；第四曰煞土，謂填星也；第五曰伐水，謂辰星也；第六曰危木，謂歲星也；第七曰剽金，謂太白也。日、月、五星各異，故曰七政也。」

三國魏·張揖《廣雅·釋天》 朱明、曜靈、東君，日也。夜光，謂之月。【略】日御，謂之羲和。月御，謂之望舒。

宋·林之奇《尚書全解》 堯之曆象日、月、星辰，命羲和之四子，方且考四方之中星而已。至舜考察日、月之行，加之以五緯之躔度，然後其法加密也。日行一度，月行十三度十九分度之七，歲星日行千七百二十八分度之百四十五，熒惑星日行一萬三千八百二十四分度之七千二百五十五，太白、辰星日各行一度，鎮星日行四千三百二十分度之百四十五。惟其七政之躔度，其多寡長短之不同如此。故必以璇、璣、玉衡，然後立法無差忒矣。而王氏云：「《堯典》言『曆象』，《舜典》言『璣衡』者，器也。《堯典》言『日、月、星辰』，此言七政。七政者，事也。《堯典》所言皆道也，於此所言皆器也、事也。」此説殊不然。夫《堯典》所謂「曆象」，即《舜典》所謂「璣衡」也。《舜典》所謂「七政」，即《堯典》所謂「日、月、星辰」，皆在其中矣。豈有道與器、與事之異哉？

宋·蔡沈《書經集傳》 在，察也。美珠謂之璇，璣，機也。以璇飾璣，所以象天體之轉運也。衡，横也，謂衡簫也。以玉爲管横而設之，所以窺璣而齊七政之運行，猶今之渾天儀也。七政，日、月、五星也。七者運行於天，有遲有速，有順有逆，猶人君之有政事也。

宋·朱熹《儀禮經傳通解》 七政，其政有七，於璣衡察之，必在天者，知七政謂日月與五星也。木曰歲星，火曰熒惑星，土曰鎮星，金曰太白星，水曰辰星。《易·繫辭》云：天垂象，見吉凶，聖人象之。此日月五星，有吉凶之象，因其變動爲占，七者各自異政，故爲七政。得失由政，故稱政也。

宋·陳經《陳氏尚書詳解》 七者，在天之政也。君爲天與日、月、星辰之主。君有缺政，則日月薄食、星辰變動，安得而齊。

宋·陳大猷《書集傳或問·舜典》 或問七政諸説如何？三山陳氏曰：「日、月、五星，在天之政也。」唐孔氏曰：「言吉凶，各有異政，得失由於君之政也。」王氏曰：「以人之所取正也。」葉氏曰：「七者，所以正四時，作萬事也。」曰：「陳説、葉説主天而言政；唐孔説、王説主人而言政然。主人而言要，不若

主天而言；但葉謂「正四時，作萬事」則不然，日、月、五星所以成歲功，豈止正四時而已，不若陳説爲，當然猶未明故。推其意而足之，曰：「人有政耳，天豈有政乎？」曰：「此但譬喻之辭，猶曰『五星，謂之五緯星』，豈有緯乎？以其變動，異於經星，故謂之緯。『北斗，謂之天樞。』天豈有樞乎？以其持造化之綱，故謂之樞。日、月、五星，司天之政，亦猶人之有政也，故以政言之耳。唐孔氏説亦微有意，故附見之。

宋・陳顯微《周易參同契解》卷上　坎戊月精，離己日光。日月爲易，剛柔相當。

又　日合五行精，月受六律紀。

宋・陳顯微《周易參同契解》卷中　陽神日魂，陰神月魄。

又　坎男爲月，離女爲日。日以施德，月以舒光。月受日化，體不虧傷。陽失其契，陰侵其明。晦朔薄蝕，掩冒相傾。

宋・張行成《皇極經世觀物外篇衍義》卷九　日者，月之形也；月者，日之影也。

又　地不天，不能以生；月不日，不能以光。

宋・王應麟《六經天文編・書》　五辰

天地氣數合而成五行，復升爲五氣，五氣之精爲五辰，聖人正五事，修五行，調五氣，則五辰自然順軌。故曰撫于五辰。亦猶五行之精凝於地，而爲金銀鉛汞砂也。黄氏曰：五辰，緯星。凡星皆出辰没戌，故五星爲五辰，【略】歲星司肅典致時雨，熒惑司哲典致時燠，太白司又典致時暘，辰星司謀典致時寒，填星司聖典致時風。經星有常不變，緯星有伏、有息、有進、有退，與日相終始，變則不可準難齊，惟聖人能安之，而以日星爲紀，日成、月要、歲會由是而出，故庶績凝焉。

明・胡廣《書經大全》　林氏曰：「璣衡，以步七政之軌度、時數，兩不差焉，故曰『以齊日、月、五星』。在天有常度，其災祥與政事相應，故曰『七政』。」

明・楊慎《丹鉛總録・七政》　日、月、木、火、土、金、水謂之七政，亦曰七曜。

明・楊慎《升菴集・望氣經》　天無言，以七曜垂文。

明・王英明《曆體略》　二曜

日與月爲陰陽之宗，而日尤爲君，天之得以爲天，歲之得以成歲者，日而已矣。不得其軌度，欲以步曆，何道之從而可？

清・王用臣《幼學歌》　七政《尚書》注：七政，日月五星也。日月五星亦曰七曜。七政堪詳紀，中天日月明。木火金水土，焜耀五名星。《星經》北斗星謂之七政。《尚書大傳》七政，謂春、秋、冬、夏、天文、地理、人道，所以爲政也。

又　五星亦曰五緯，緯星，五行之精，五星合於五行。五星首木爲歲星，春東方。南方熒惑火星明，夏太白金星秋西方。辰星水，冬北方中央土星填星名。季夏。

論説

北齊・魏收《魏書》卷四八《高允傳》　后詔允與司徒崔浩述成《國記》，以本官領著作郎。時浩集諸術士，考校漢元以來，日月薄蝕、五星行度，并識前史之失，別爲魏曆，以示允。允曰：「天文曆數不可空論。夫善言遠者必先驗于近。且漢元年冬十月，五星聚于東井，此乃曆術之淺。今譏漢史，而不覺此謬，恐後之譏今猶今之譏古。」浩曰：「所謬云何？」允曰：「案《星傳》，金水二星常附日而行。冬十月，日在尾箕，昏没于申南，而東井方出於寅北。二星何因背日而行？是史官欲神其事，不復推之於理。」浩曰：「欲爲變者何所不可，君獨不疑三星之聚，而怪二星之來？」允曰：「此不可以空言争，宜更審之。」時坐者咸怪，唯東宫少傅游雅曰：「高君長于曆數，當不虚也。」後歲餘，浩謂允曰：「先所論者，本不注心，及更考究，果如君語，以前三月聚于東井，非十月也。」又謂雅曰：「高允之術，陽元之射也。」衆乃歎服。允雖明于曆數，初不推步，有所論説。唯游雅數以災異問允，允曰：「昔人有言，知之甚難，既知復恐漏泄，不如不知也。天下妙理至多，何遽問此？」雅乃止。

宋・邵雍《皇極經世書》卷一四　日，朝在東，夕在西，隨天之行也；夏在北，冬在南，隨天之交也。天一周而超一星，應日之行也。春酉正，夏午正，秋卯正，冬子正，應日之交也。

冬至之月所行如夏至之日，夏至之月所行如冬至之日。日行陽度則盈，行陰度則縮，賓主之道也。月去日則明生而遲，近日則魄生而疾，君臣之道也。

日以遲爲進，月以疾爲退，日月一會而加半日、減半日是以爲閏餘也。日一大運而進六日，月一大運而退六日，是以爲閏差也。

又陽消則生陰，故日下而月西出也。陰盛則敵陽，故日望而月東出也。天爲父，日爲子，故天左旋，日右行。日爲夫，月爲婦，故日東出，月西生也。

日月相食，數之交也。日望月則月食，月掩日則日食，猶水火之相尅也。

宋·沈括《渾儀議》 五星之行有疾舒，日月之交有見匿，求其次舍經劘之會，其法一寓於日。冬至之日，日之端南者也。日行周天而復集於表鋭，凡三百六十有五日四分日之幾一，而謂之歲。周天之體，日別之謂之度。度之離，其數有二：日行則舒則疾，會而均，別之曰赤道之度；日行自南而北，升降四十有八度而迤，別之曰黄道之度。度不可見，其可見者星也。日、月、五星之所由，有星焉。當度之畫者凡二十有八，而謂之舍。舍所以絜度，度所以生數也。度在天者也，爲之璣衡，則度在器。度在器，則日、月、五星可摶乎器中，而天無所豫也。天無所豫，則在天者不爲難知也。

宋·張載《張子全書·正蒙一》 地純陰凝聚於中，天浮陽運旋於外，此天地之常體也。恒星不動，純繫乎天，與浮陽運旋而不窮者也；日月五星逆天而行，并包乎地者也。地在氣中，雖順天左旋，其所繫辰象隨之，稍遲則反移徙而右爾，間有緩速不齊者，七政之性殊也。月陰精，反乎陽者也，故其右行最速；日爲陽精，然其質本陰，故其右行雖緩，亦不純繫乎天，如恒星不動。金水附日前後進退而行者，其理精深，存乎物感可知矣。鎮星地類，然根本五行，雖其行最緩，亦不純繫乎地也。火者亦陰質，爲陽萃焉，然其氣比日而微，故其遲倍日。惟木乃歲一盛衰，故歲歷一辰。辰者，日月一交之次，有歲之象也。凡圜轉之物，動必有機；既謂之機，則動非自外也。古今謂天左旋，此直至粗之論爾，不考日月出没、恒星昏曉之變。愚謂在天而運者，惟七曜而已。恒星所以爲晝夜者，直以地氣乘機左旋於中，故使恒星、河漢因北爲南，日月因天隱見，太虚無體，則無以驗其遷動於外也。天左旋，處其中者順之，少遲則反右矣。

宋·楊時《二程粹言》卷下《天地篇》 子曰：日月之爲物，陰陽發見之尤盛者也。

劉安節問：人有死於雷霆者，無乃素積不善，常歉然於其心，忽然聞震則懼而死乎？子曰：非也，雷震之也。然則雷孰使之乎？子曰：夫爲不善者，惡氣也，赫然而震者，天地之怒氣也，相感而相遇故也。曰：雷電相因，何也？子曰：動極則陽形也，是故鑽木戛竹皆可以得火，夫二物者未嘗有火也，以動而取之故也。擊石火出亦然，惟金不可以得火，至陰之精也，然軋磨既極則亦能熱矣，陽未嘗無也。【略】

子曰：冬至之前，天地閉塞，可謂静矣，日月運行未嘗息也，則謂之不動，可乎？故曰：動静不相離。

子曰：致敬乎鬼神，理也。暱鬼神而求焉，斯不知矣。

子曰：陰過之時必害陽，小人道盛必害君子，欲無害者，惟過爲防耳，弗過防之，從或戕之。【略】

或問：日月有定形乎，抑氣散而復聚也？子曰：難言也，然究其極致，則二端一而已。

范蜀公謂鬼神之際曰：佛氏謂生爲此，死爲彼，無是理也。子曰：公無惑，則有是言也。蜀公曰：鬼神影響則世有之。子曰：公有所見，則無是言也。【略】

子曰：天地日月，其理一致。月受日光而不爲之虧，月之光乃日之光也，地氣不上騰，天氣不下降。天氣下降至於地中，生育萬物者乃天之氣也。

或問：日食有常數者也，然治世少而亂世多，豈人事乎？子曰：天人之理甚微，非燭理明，其孰能識之？曰：無迺天數人事交相勝負有多寡之應耶？子曰：似之，未易言也。

子曰：君子宜獲福於天而有貧瘁夭折者，氣之所鍾有不周耳。【略】

宋·朱熹《朱子全書》 問以氣而語其行之序，則木火土金水，而木火陽也，金水陰也，此豈即其運用處而言之耶？而木火何以謂之陽，金水何以謂之陰？曰：此以四時而言，春夏爲陽，秋冬爲陰。

天文

月無盈闕，人看得有盈闕。蓋晦日則月與日相疊了，至初三方漸漸離開去，人在下面側看見，則其光闕。至望日，則月與日正相對，人在中間正看見，則其光方圓。【略】

問：月本無光，受日而有光。季通云：日在地中，月行天上。所以光者，以日氣從地四旁周圍空處迸出，故月受其光。先生曰：若不如此，月何緣受得日光？方合朔時，日在上，月在下，則月面向天者有光，向地者無光，故人不見。及至望時，月面向人者有光，向天者無光，故見其圓滿。若至弦時，所謂近一遠三，只合有許多光。又云：月常有一半光。月似水，日照之，則水面光倒射壁上，乃月照也。

曆家之說，謂日光以望時遥奪月光，故月食；日月交會，日爲月掩，則日食。然聖人不言月蝕日，而以有食爲文者，闕於所不見。

日食是爲月所掩，月食是與日爭敵。月饒日些子方好無食。日月食皆是陰陽氣衰。徽廟朝曾下詔書，言此定數，不足爲災異，古人皆不曉歷之故。

楊子雲云：月未望則載魄於西，既望則終魄於東，其遡於日乎？先生舉此問學者是如何，衆人引諸家注語，【略】皆不合，久之乃曰：只曉得箇載字便都曉得。載者如加載之載，如老子云：載營魄。左氏云：從之載。正是這箇載字，諸家都亂說，只有古注解云：月未望則光始生於西面，以漸東滿，既望則光消虧於西面，以漸東盡。此兩句略通而未盡，此兩句盡在其遡於日乎？一句上蓋以日爲主，月之光也，日載之；光之終也，日終之。載猶加載之載。【略】蓋初一二間時，日落於西，月是時同在彼，至初八九，日落在西，則月已在午。至十五日相對，日落於酉，而月在卯。此未望而載魄於西，蓋月在東，日則在西，日載之光也。及日與月相去愈遠，則光漸消而魄生。少間，月與日相蹉過，日却在東？月却在西，故光漸至東盡，則魄漸復也。當改古注云：日加魄於西面，以漸東滿，日復魄於西面，以漸東盡，其載也，日載之其終也，日終之皆繫於日。又說秦周之士貴賤拘肆皆繫於上之人，猶月之載魄終魄，皆繫於日也。故曰：其遡於日乎，其載其終皆向日也。温公云：當改載魄之魄作胐。都是曉揚子雲說不得，故欲如此改。老子所謂載營魄，便是如此。載營魄抱一能無離乎？一便是魄，抱便是載，蓋以火養水也。魄是水，以火載之，營字恐是熒字，光也，古字或通用，不可知。或人解作經營之營，亦得。次日又云昨夜說終魄於東，終字亦未是。【略】蓋終魄亦是日光加魄於東而終之也。

問：日月陰陽之精氣，向時所問，殊覺草草。所謂終古不易與光景常新者，其判別如何？非以今日已昳之光復爲來日將升之光固可略見，大化無息，而不資於已散之氣也，然竊嘗觀之，日月虧食隨所食分數，則光没而魄存，則是魄常在而光有聚散也。所謂魄者，在天豈有形質耶？或乃氣之所聚，而所謂終古不易者耶？曰：日月之說，沈存中《筆談》中說得好。日食時，亦非光散，但爲物掩耳。若論其實，須以終古不易者爲體，但其光氣常新耳。然亦非。但一日一箇，蓋頃刻不停也。【略】

天道左旋，日月星並左旋，星不是貼天。天是陰陽之氣，在上面，下人看見星隨天去耳。【略】

南極在下七十二度，常隱不見。《唐書》說，有人至海上，見南極下有數大星甚明。此亦在七十二度之内。

問：星受日光否？曰：星恐自有光。

緯星是陰中之陽，經星是陽中之陰。蓋五星皆是地上木火土金水之氣上結而成，却受日光。經星却是陽氣之餘凝結者，疑得也受日光，但經星則閃爍開闔，其光不定；緯星則不然，縱有芒角，其本體之光亦自不動，細視之可見。

莫要說水星，蓋水星貼著日行，故半月日見。

夜明多是星月，早日欲上未上之際，已先鑠退了星月之光，然日光猶未上，故天欲明時，一霎時暗。

星有墮地，其光燭天而散者，有變爲石者。

分野之說，始見於春秋時，而詳於《漢志》。然今《左傳》所載大火、辰星之說，又却只因其國之先曾主二星之祀而已，是時又未有所謂趙、魏、晉者，然後來占星者又却多驗，殊不可曉。【略】

天度

天有三百六十度，只是天行得過處爲度，天之過處便是日之退處，日月會爲辰。

天道與日月五星皆是左旋，天道日一周天而常過一度，日亦日一周天，起度端終度端，故比天道常不及一度，月行不及十三度十九分度之七，今人却云月行速，日行遲，此錯說也，但曆家以右旋爲說，取其易見日月之度耳。

天行至健，一日一夜一周天，必差過一度，日一日一夜一周，恰好月却不及十三度有奇，只是天行極速，日稍遲一度，月又遲十三度有奇耳。因舉陳元滂云：只似在圓地上走，一人過急一步，一人差不及一步，又一人甚緩差數步也。天行只管差過，故曆法亦只管差。堯時昏旦星中於午，《月令》差於未，漢晉以來又差，今比堯時似差及四分之一，古時冬至日在牽牛，今却在斗。

辰天壞也，每一辰各有幾度，謂如日月宿於角幾度，即所宿處爲辰。日月所會是爲辰。注云：一歲日月十二會，所會爲辰。十一月辰在星紀，十二月辰在玄枵之類是也。然此特在天之位耳，若以地而言之，則南面而立，其前後左右亦有四方十二辰之位焉。但在地之位一定不易，而在天之象運轉不停，惟天之鶉火加於地之午位，乃與地合，而得天運之正耳。

或問：天道左旋，自東而西，日月右行，則何如？曰：横渠説：日月皆是左旋，説得好。蓋天行甚健，一日一夜周三百六十五度四分度之一，又進過一度，日行速健次於天，一日一夜周三百六十五度四分度之一，正恰好比天進一度，則日爲退一度；二日天進二度，則日爲退二度。積至三百六十五日四分日之一，則天所進過之度又恰周得本數，而日所退之度亦恰退盡本數，遂與天會而成一年。月行遲一日一夜三百六十五度四分度之一，行不盡比天爲退了十三度有奇，進數爲順天而左，退數爲逆天而右曆家以進數難算，只以退數算之，故謂之右行，且曰日行遲，月行速。

問：天道左旋，日月星辰右轉。曰：自疏家有此説，人皆守定。其看天上日月星不曾右轉，只是隨天轉。天行健，這箇物事極是轉得速，且如今日，日與月星都在這度上，明日旋一轉天，却過了一度，日遲些便欠了一度，月又遲些，又欠了十三度，如歲星須一轉争了三十度，要看曆數子細只是璇璣玉衡。疏中載：王蕃《渾天説》一段極精密，便是説一箇現成天地了，其説曰：天之形狀似鳥卵，地居其中，天包地外，猶殼之裹黄，圓如彈丸，故曰渾天，言其形體渾渾然也。其術以爲天半覆地上，半在地下，其天居地上見者，一百八十二度半强，地下亦然。北極出地上三十六度，南極入地下亦三十六度，而嵩高正當天之中，極南五十五度，當嵩高之上。又其南十二度爲夏至之日道，又其南二十四度爲春秋分之日道，又其南二十四度爲冬至之日道。南下去地三十一度而已是夏至，日北去極六十七度，春秋分去極九十一度冬至去極一百一十五度，此其大率也。南北極持其兩端，其天與日月星宿斜而迴轉也。

問：或以爲天是一日一周，日則不及一度，非天過一度也？曰：此説不是，若以爲天是一日一周，則四時中星如何解？不同更是如此，則日日一般却如何紀歲？把甚麽時節做定限？若以爲天不過，而日不及一度，則趲來趲去，將次午時便打三更矣。因取《禮記·月令疏》指其中説，早晚不同及更行一度兩處，曰：此説得甚分明，其他曆書都不如此説，蓋非不曉，但習而不察，更不去子細檢點。而今若就天裏看時，只是行得三百六十五度四分度之一；若把天外來説，則是一日過了一度。蔡季通嘗有言：論日月則在天裏，論天則在太虚空裏，若去太虚空裏觀那天，自是日月滚得不在舊時處了。又曰：天無體，只二十八宿便是天體，日月皆從角起，天亦從角起，日則一日運一周，依舊只到那角，上天則一周了，又過角些子，日日累上去，則一年便與日會。蔡仲默《天説》亦云：天體至圓，周圍三百六十五度四分度之一，繞地左旋，常一日一周而過一度，日麗天而少遲，故日行一日，亦繞地一周，而在天爲不及一度，積三百六十五日九百四十分日之二百三十五而與天會，是一歲日行之數也。月麗天而尤遲，一日常不及天十三度十九分度之七，積二十九日九百四十分日之四百九十九而與日會。十二會得全日三百四十八餘分之積又五千九百八十八。如日法九百四十而一得六，不盡三百四十八，通計得日三百五十四九百四十分日之三百四十八，是一歲月行之數也。歲有十二月，月有三十日，三百六十日者，一歲之常數也。故日與天會而多五日九百四十分日之二百三十五者，爲氣盈。月與日會而少五日九百四十分日之五百九十二者，爲朔虚。合氣盈、朔虚而閏生焉。故一歲閏率則十日九百四十分日之八百二十七，三歲一閏則三十二日九百四十分日之六百單一，五歲再閏則五十四日九百四十分日之三百七十五，十有九歲七閏則氣朔分齊，是爲一章也。此説也分明。

問：周天之度是自然之數，是强分？曰：天左旋一晝一夜行一周而又過了一度，以其行過處，一日作一度，三百六十五度四分度之一方是一周，只將南北表看今日恁時，看時有甚星在表邊，明日恁時看這星又差遠，或别是一星了。

問同度同道。曰：天有黄道，有赤道，天正如一圓匣，相似，赤道是那匣子相合縫處。在天之中，黄道一半在赤道之内，一半在赤道之外，東西兩處與赤道相交度却是將天横分爲許多度數。會時是日月在那黄道、赤道十字路頭相交處厮撞著，望時是月與日正相向，如一箇在子，一箇在午，皆同一度。謂如月在畢十一度，日亦在畢十一度，雖同此一度，却南北相向。日所以蝕於朔者，月常在下，日常在上，既是相會，被月在下面遮了日，故日蝕。望時月蝕，固是陰敢與陽敵。然曆家又謂之暗虚，蓋火日外影，其中實暗，到望時恰當著其中暗處，故月蝕。

或言嵩山本不當天之中，爲是天形欹側，遂當其中耳。曰：嵩山不是天之

中，乃是地之中，黄道赤道皆在嵩山之南，南極、北極天之樞紐，只是此處不動如磨臍。然此是天之中。至極處，如人之臍帶也。

問：經星左旋，緯星與日月右旋，是否？曰：今諸家是如此説，横渠説天左旋，日月亦左旋，看來横渠之説極是。只恐人不曉，所以《詩傳》只載舊説。或曰此亦易見，如以一大輪在外，一小輪載日月在内，大輪轉急，小輪轉慢，雖都是左轉，只有急有慢，便覺日月似右轉了。曰：然。但如此，則曆家逆字皆著改做順字，退字皆著改做進字。

天文有半邊在上面，須有半邊在下面。

有一常見不隱者爲天之蓋，有一常隱不見者爲天之底。

叔器問：天有幾道？曰：據曆家説有五道，而今且將黄赤道説。赤道正在天之中，如合子縫模様，黄道是在那赤道之間。

天一日周地一遭更過一度，日即至其所，趕不上一度，月不及十三度，天一日過一度，至三百六十五度四分度之一，則及日矣，與日一般，是爲一期。

天最健，一日一周而過一度，日之健次於天，一日恰好行三百六十五度四分度之一，但比天爲退一度，月比日大，故緩，比天爲退十三度有奇，但曆家只算所退之度，却云日行一度，月行十三度有奇，此乃截法。故有日月五星右行之説，其實非右行也。横渠曰：天左旋，處其中者順之，少遲則反右矣。此説最好。《書疏》璣衡、《禮疏》星回於天、《漢志》天體、沈括《渾儀議》皆可參考。

天左旋，日月亦左旋，但天行過一度，日只在此，當卯而卯，當午而午，某看得如此，後來得《禮記》説，暗與之合。

《晉天文志》論得亦好，多是李淳風爲之。日月隨天左旋如横渠説較順，五星亦順行，曆家謂之緩者(及)〔反〕是急，急者反是緩。曆數謂日月星所經曆之數。

問：日是陽，如何反行得遲如月？曰：正是月行得遲。問：日行一度，月行十三度有奇。曰：曆家是將他退底度數爲進底度數，天至健，故日常不及他一度；月又遲，故不及天十三度有奇，且如月生於西，一夜一夜漸漸向東，便可見月退處。問：如此説則是日比天行遲了一度，月比天行遲了十三度有奇。曰：曆家若如此説，則算著那相去處度數多，今只以其相近處言，故易算。聞季通云：西域有《九執曆》却是順算。

天、日、月、星皆是左旋，只有遲速。天行較急，一日一夜繞地一周三百六十五度四分度之一，而又進過一度。日行稍遲，一日一夜繞地恰一周，而於天爲退一度，至一年方與天相值在恰好處，是謂一年一周天。月行又遲，一日一夜繞地不能匝而於天常退十三度十九分度之七，至二十九日半强，恰與天相值在恰好處，是謂一月一周天。月只是受日光，月質常圓不曾缺，如圓毬，只有一面受日光，望日日在酉，月在卯，正相對，受光爲盛。天積氣，上面勁，只中間空，爲日月來往地，在天中不甚大，四邊空。有時月在天中央，日在地中央，則光從四旁上受於月，其中昏暗便是地影。望以後日與月行便差，背向一畔，相去漸漸遠，其受光面不正，至朔行又相遇，日與月正緊相合，日便蝕無光，月或從上過，或從下過，亦不受光。星亦是受日光，但小耳。北辰中央一星甚小，謝氏謂天之機，亦略有意，但不似天之樞較切。

曆家言天左旋，日月星辰右行，非也。其實天左旋，日月星辰亦皆左旋，但天之行疾於日。天一日一周更攙過一度，日一日一周，恰無贏縮，以月受日光爲可見。月之望，正是日在地中，月在天中，所以日光到月，四畔更無虧欠，惟中心有少翳處，是地有影蔽者爾。及日月各在東西，則日光到月者止及其半，故爲上弦；又減其半，則爲下弦；逐夜增減，皆以此推。地在天中，不爲甚大，只將日月行度折算可知。天包乎地，其氣極緊。試登極高處驗之，可見形氣相催緊束而成體，但中間氣稍寛，所以容得許多品物。若一例如此氣緊，則人與物皆消磨矣。

宋・張行成《皇極經世觀物外篇衍義》卷五

日月五星皆從地道而右行，天道左行，以辰爲體，辰者無物之氣，不可見也。觀天之行，以斗建而已，斗有七星，天之數也，晝不過乎七分者，天數極乎九，而盈于七也。一二三四五，由五以前生數十五也，五六七八九，由五以後成數三十五也。天數二十有五，合之而五十者，天之令數，故大衍之數五十也。生數十五，其一爲太極之體，大衍不用其十四者，七爲天之本體。七爲日月五星，所以著數七。七而見於象者，止有三十五名，四布四方爲二十八舍，一居中央，是爲北斗，是故數足于十，天得其六，地得其四，天兼餘分盈于七，而斗有七星也。北斗七星自一至四爲魁，自五至七爲杓，魁爲璇璣，杓爲玉衡，星以寅爲晝者，中星以寅爲旦，戌爲昏也，日以卯酉爲中，則十二分而用七星。以寅戌爲限，則十分而用七矣。

天行所以爲晝夜，日行所以爲寒暑，夏淺冬深，天地之交也；左旋右行，天日之交也。

日麗乎天，日行一度，爲天所轉。故天一日一周，日亦隨之。夏則出寅入戌，冬則出辰入申，春秋出卯入酉，出爲晝入爲夜。晝夜雖係乎日之出入，而日之出入則係乎天之行，故曰天行所以爲晝夜也。日在地下則寒，在天上則暑。冬行北陸爲寒，夏行南陸爲暑，春行西陸，秋行東陸，爲寒暑之中，故曰日行所以爲寒暑也。夏則日行地下淺，冬則日行地下深，天道向南則自深之淺，向北則自淺之深，此天地之交也。或者謂夏則南極仰，冬則南極俯，引人首爲喻。以爲夏淺冬深之説，此不知日有黄道者也。夏至日在午，而正于午；冬至日在子，而正于子。隨天運而然，故以淺深爲天地之交。冬至日起星紀右行，而日移一度，天道左旋日一周，而過一度。日巡六甲與斗相逢，此天日之交也。

【略】

日朝在東，夕在西，隨天之行也；夏在北，冬在南，隨天之交也。天一周而超一星，應日之行也；春酉正、夏午正、秋卯正、冬子正，應日之交也。

冬至夜半子時，日起星紀。日右行一度，天亦左移一度，故夜半日常在子，所以朝必出於東，夕必入於西者，隨文之行，非日之行也。夏則日行在北，冬則日行在南，日最北去極最近，故影短而日長；最南去極最遠，故影長而日短，此隨天之交也。日日行一度，天日一周，而過一度。一星者，星之一度也，故爲應日之行也。冬至日在子，夏至日在午，春分日在酉，秋分日在卯，天之移也，冬至子時日正在子，夏至午時日正在午，春秋二分日或正于酉或正于卯。東西迭緯，所以冬夏爲陰陽之正，春秋爲陰陽之交，故曰應日之交也。

日以遲爲進，月以疾爲退，日月一會而加半日、減半日，是以爲閏餘也。日一大運而進六日，月一大運而退六日，是以爲閏差也。

日一晝夜行天一度，月一晝夜行天十三度十九分度之七，天運左旋，日月右行，月一月一周天，皆爲徒行，其及日者在最後之二日半，而常在日之後，故曰遲而反爲進，月疾而反爲退也。日月三十日一會，實二十九日半，故一會而日加半日，月減半日，加半日者，日一歲本多於月六日，而今又加六日。減半日者，月一歲本虧於日六日，今人減六日。以所加減積之，是爲閏餘也。日月一大運，進退十二日得三年一閏，五歲再閏，是爲閏差也。又云：一會而月加半日，日減半日。蓋月本得二十九日半，日本得三十日半，而皆以爲三十日故也。

日行陽度則盈，行陰度則縮，賓主之道也，月去日則明生而遲，近日則魄生而疾，君臣之義也。

日自冬至以後行陽度而漸長，夏至以後行陰度而漸短。雖以陽臨陰爲客之禮，亦不敢自肆，此君所以禮臣，夫所以禮婦也。諸曆家説月一日至四日行最疾，日夜行十四度；餘五日至八日行次疾，日夜行十三度餘；自九日至十九日其行遲，日夜行十二度餘；二十日至二十三日行又小疾，日夜行十三度餘；二十四至晦行又大疾，日夜行十四度餘。以一月均之，則日得十三度十九分度之七也，遠日則明生而行遲，近日則魄生而行疾，有君臣之義焉。故易二多譽，四多懼。《詩》曰：被之僮僮，夙夜在公。被之祈祈，薄言還歸。夫婦之禮，君臣之義一也。

陽消則生陰，故日下而月西出也，陰盛則敵陽，故月望而東出也，天爲父，日爲子，故天左旋，日右行，日爲夫，月爲婦，故日東出月西生也。

初三日，日初入時月在庚上，哉生明，見西方。八日爲上弦，日初入時月在丁上。十五日爲望，日初入時月在甲上，盛於東方。十六日將出時，月在辛上，哉死魄，見平旦。二十三下弦，日將出時，月在丙上。三十日爲晦，月與日合在乙上。月本無光，借日以爲光，及其盛也，遂與陽敵，爲人君者可不慎哉？天左旋，日右行，日東出，月西生，父子夫婦之道，陰陽之義也，月望亦東出者，敵陽也，非常道也。

日月之相食，數之交也。日望月則月食，月掩日則日食，猶水火之相剋也，是以君子用智，小人用力。

日月相對謂之望，日月相會謂之晦，日常食於朔，月常食於望，正如水火之相剋，水之剋火，掩而克之，小人用力也。火之剋水，必隔物焉，君子用智也。月近日無光爲晦，月敵日而光盛爲望，然日食於朔，月食於望，乃知小人在外，雖盛必自危，而其柔弱狎比之時多能危君，此則慮與不慮之間，所以《易》戒履霜而不懼揚庭也。日月一年十二會，十二望，而有食有不食者，交則食，不交則不食也。所以有交與不交者，日行黄道，月行九道也。亦有交而不食者，同道而相避也。月行九道詳見《唐曆志》。

日隨天而轉，月隨日而行，星隨月而見，故星法月，月法日，日法天，天半明半晦，日半贏半縮，月半盈半虧，星半動半静，陰陽之義也。

日雖右行，然隨天左轉，月雖行疾，然及日而會常在其後，星隨月者見於夜也，一陰一陽之謂道。天法道，故半明半晦；日法天，故半盈半縮；月法日，故半盈半虧；星法月，故半動半静。有一必有二，獨陰、獨陽不能自立也，半盈半

縮者，在陽度則盈，在陰度則縮；半動半靜者，緯星動經星靜也。

宋・章如愚《山堂考索・總論七政之運行》　爰自混元之初，七政運行歲序變易，有象可占，有數可推，由是曆數生焉。夫日月星辰有形而運乎上者也，四時六氣無形而運乎下者也。一有一無，不相爲侔。然而二者實相撿押，以次歲功。蓋日窮於次，月窮於紀，星回於天，此有形之運于上而成歲者也。五日爲候，三候爲氣，六氣爲時，四時爲歲，此無形之運于下而成歲者也。混元之初，日月如合璧，五星如連珠。自此運行迨今，未嘗復會如合璧連珠者，何也？蓋七政之行，遲速不同，故其復會也甚難。日之行天也，一歲一周。月之行天也，一月而一周。歲星之周也，常以十二年。鎮星之周也，以二十八年。熒惑之周也，以二年。太白、辰星附日而行，或速則先日，或遲則後日。速而先日，昏見西方。遲而後日，晨見東方。要之周天，僅與日同，故亦歲一周天焉。夫惟七政之行，不齊如此，此其所以難合也。世之觀漢史者，見其論《太初曆》之密，日月如合璧，五星如連珠，而遂以謂五星會于太初之元年，殊不知此乃論《太初曆》之周密，推而上，至于混元之初，其數之精，無有餘分。故有是言，在太初之年，實未嘗如合璧如連珠也。何以言之？五星之會常從鎮星，五星之行鎮星最遲，故諸星從之而會。以曆考之，漢高祖之元年，五星聚於東井，蓋鶉首之次也。自高祖元年至太初元年，凡百有年也。鎮星二十八年而一周，當是之時，鎮之周天蓋已三周而復行半周有餘。凡八次矣，進在元枵之次，安得有日月如合璧、五星如連珠，起于牽牛之初乎？

宋・王應麟《六經天文編》　辰弗集房

夏氏曰：「辰弗集房」。其説有二。漢孔氏謂辰日月所會，房所舍之次。集，合也，不合則日食可知。磨孔氏廣其説，謂日月俱左行於天，日行遲，月行速，日每日行一度，月每夜行十三度十九分度之十，計二十九日過半，已行天一周，又逐及日而與日聚會，故日月所聚會處謂之辰。一歲十二會，故爲十二辰，即此子、丑、寅、卯之屬是也。房如房室之房，謂日月所舍止之處，計季秋九月之朔，日月當會於大火之次，今乃不合於舍，則日食可知。據二孔此説，則以辰弗集爲日食，房爲所舍之處，非二十八宿之房。胡舍人則謂日月交會之謂辰。日行赤道，月行黄道，日行速，月行遲，一月一會必合於黄道赤道之間，或高或低，或上或下，不相掩蔽，是謂不食，或左或右或先或後，偶相掩蔽則食之矣。是日月交會則有蝕，今既言不集所舍，則不得謂之蝕，兼此房乃二十八宿之房，非是十二次之舍。此言辰弗集房，蓋是秋九月，日月當合朔於房心之次。今也，弗集房則是歷之誤，非日蝕。據胡氏此説，則以辰弗集爲歷誤，非日蝕。以房爲二十八宿之房，非十二次之舍。二説相反，如此惟林少頴折中之謂。胡以辰弗集房爲歷誤，夫歷誤至於當合朔而不合朔，此非精於歷者不足以知，何至於瞽奏鼓、嗇夫馳、庶人走？故當依孔氏爲日食，但孔氏以集爲集合之集，則非其義，所以起胡氏之疑。兼胡氏以房爲房心之房考之。九月，日月雖會於大火之次，其説頗通，但日之所在星宿不見，正可推筭知之，非能舉目而見，則房又不當爲房心之房，當是日月所會之舍即皆可謂之房也。是所謂房者，又當依孔氏説爲所次之舍也。按《唐書曆志》論辰弗集房之義，謂古文『集』與『輯』義同，日月嘉會而陰陽輯睦，陽常明而陰亦含章，若變而相傷則不輯矣。兼《漢書・帝紀》言東夷、北蠻頗未集睦。顔師古謂集與輯同，如此觀之，則辰弗集房爲日蝕明矣，蓋此集乃輯睦之輯，謂日月不相輯睦於所會之舍，則蝕也。蔡氏曰：按《唐志》，日蝕在仲康即位之五年。張氏曰：日月相望謂之望，相合謂之朔，每至朔則日月當如合璧，有一毫不合則月與日參差，月魄磨蕩，上下侵犯，此日所以食也。

林氏曰：近代善曆者，推仲康時九月合朔已過房心北矣。據《左氏傳》曰：朱，大辰之虚；陳，太皥之虚；鄭，祝融之虚；皆火房。所謂房者，皆所次之舍也。王氏曰：曆家推步日食於朔，月食於望，一百七十三日有餘而爲交，交然後食，此曆法之常也。沈存中云：西天法羅睺、計都皆逆步之，乃今之交道也，交初謂之羅睺，交中謂之計都。然《春秋》二百四十二年，書日食三十有六。隱公三年三月己巳日食，至威公三年七月壬辰朔而又食，中間十有二年，至莊公十八年又食，中間三十二年。則當交而不食也。襄公二十一年九月庚戌朔日食，十月庚辰朔又食，二十四年七月甲子朔日食，八月癸巳朔又食，則不當交而食也。夫不當交而食，與當交而不食，非曆法所能盡推。故先王以日食爲天災，日主陽，月主陰，月食陽勝陰也，日食陰勝陽也。《大衍曆議》曰：仲康五年癸巳歲九月庚戌朔日蝕，在房二度。

又　五紀

歲星十二歲一周滅，所以紀歲，月一日行天十三度而贏，二十九日過半而一周天與日會，所以紀月，自夜半至明日夜半日一出没，行天一度，所以紀日，星二十八宿辰其次也。日百刻二十八宿晝夜迭見，而天行周十二次，故曰十二辰，亦曰十二時，所以紀星辰，積辰而爲日，積日而爲月，積月而爲歲。歲日月星辰其

行各有盈縮、進退、遲速、長短之不同，然皆不離於數。故以曆而紀其數，因以是數而推考其行度，以驗其當否。朱氏曰：《左傳》曰：日月所會是謂辰。注云：一歲日月十二會，所會爲辰，十一月辰在星紀，十二月辰在元枵之類是也。然此特在天之位耳，若以地言之。則南面而立，其前後左右亦有四方十二辰之位焉。但在地之位一定不易，而在天之象運轉不停，惟天之鶉火加于地之午位，乃與地合，而得天運之正耳。蓋周天三百六十五度四分度之一，布二十八宿以著天體而定四方之位。以天繞地則一晝一夜，適周一匝而又超一度。日月五星亦隨天以繞地，而唯日之行一日一周無餘無欠，其餘則各有遲速之差焉。然其懸也，固非綴屬而居其運也，亦非推挽而行，但當其氣之盛處，精神光耀，自然發越而又各自有次第耳。列子曰：天積氣耳，日月星宿亦積氣中之有光曜者。張衡《靈憲》曰：星也者，體生於地，精成於天。列居錯跱，各有攸屬。此言皆得之矣。《正義》曰：從冬至以及明年冬至爲一歲。

又　十月之交

朱氏曰：「十月以夏正言之，建亥之月也。交，日月交會，謂晦朔之間也。曆法，周天三百六十五度四分度之一，左旋於地，一晝一夜則其行一周，而又過一度。日月皆右行於天，一晝一夜則日行一度，月行十三度十九分度之七。故日一歲而一周天，月二十九日有奇而一周天。又逐及於日而與之會，一歲凡十二會。方會則月光都盡而爲晦，已會則月光復蘇而爲朔，朔後晦前各十五日，日月相對，則月光正滿而爲望。晦後而日月之合，東西同度，南北同道，則月揜日而日爲之食。望而日月之對，同度同道，則月亢日而月爲之食，是皆有常度矣。然王者脩德行政，用賢去奸，能使陽盛，足以勝陰，陰衰不能侵陽，則日月之行雖或當食，而月常避日。故其遲速高下必有參差而不正相合，不正相對者。所以當食而不食也。若國無政不用善使，臣子背君父，妾婦乘其夫，小人陵君子，夷狄侵中國，則陰盛陽微，當食必食。雖曰：行有常度，而實爲非常之變矣。蘇氏曰：日食，天變之大者也，然正陽之月，古尤忌之。夏之四月爲純陽，故謂之正月。十月純陰，疑其無陽，故謂之陽月。純陽而食，陽弱之甚也。純陰而食，陰壯之甚也。凡日月之食皆有常度矣。而以爲不用其行者，月不避日，失其道也。然其所以然者，則以四國無政，不用善人故也。如此則日月之食皆非常矣。而以月食爲其常，日食爲不臧者，陰亢陽而不勝猶可言也，陰勝陽而揜之不可言也。故《春秋》曰：食必書而月食則無紀焉，亦以此爾。張氏曰：《詩》有夏正無周正，七月之陳王業，六月之北伐，十月之交，刺純陰用事，而日食四月，維夏六月徂暑，言暑之極，其至皆夏正也。《漢曆》幽王無八月朔食，而《唐曆》則有之。識者疑其傅會而爲此也。《補傳》曰：「詩人於夏正皆以月言於周正，則以日言，故不日朔日而日朔月也。日月皆右行，月行天一周，追及於日，而與之會則食。杜預曰：日月動物，不能不少有盈縮，故有雖交而不食者，有頻交而食者。孔穎達曰：月或在日道表，或在日道裏，故不食。月與日同道乃食也。又曰：若月先在裏，依限而食者多；若月先在表，雖依限而食者少，此皆據歷而言。若然，則詩人以爲孔醜。何也？《唐志・日食議》曰：日，君道也；月，臣道也。望而至於黃道，是謂臣干君明，則陽斯蝕之。朔而至於黃道，是謂臣壅君明，則陽爲之蝕。十月之交，於歷當蝕，君子猶以爲變，詩人悼之，然則古之太平，日不蝕，星不孛，蓋有之矣。若過至未分，月或變行而避之，或五星潛在日下，禦侮以救之，或涉交數淺，或在陽曆，陽盛陰微，則不蝕，或德之休明而有小眚焉，則天爲之隱，雖交而不蝕，四者皆德之所出生也。故説者謂交而食，陽微而陰乘之也；交而不食，陽盛而陰不能掩也。此則係乎人事所感，蓋臣子背君父，妾婦乘其夫，小人陵君子，夷狄侵中國，所感如是，則陰盛陽微，而日爲之食矣。曰：彼月而微，此日而微者，意當時月食，又適與日食相近。《正義》曰：曆家爲交食之法，大率以百七十三日有奇爲限，古之曆書亡矣。今世有周歷、魯歷者，蓋漢初爲之。其交無遲速盈縮，考日食之法，而其年月往往參差。是以漢世通儒未有以歷考此辛卯日食者。《天衍曆議》曰：「虞劆以曆推之，在幽王六年，開元曆定交分四萬三千四百二十九入蝕限加時在晝。」

元・吴澄《吴文正集》卷二　天與七政，八者皆動。今人只將天做硬盤，却以七政之動在天盤上行。古來曆家蓋非不知七政亦左行，但順行不可筭，只得將其逆退與天度相直處筭之，因此後遂謂日月五星逆行也。譬如兩船使風皆趨北，其一船行緩者，見前船之快，但覺自己之船如倒退南行，然其實只是行緩，趕前船不着故也。今當以太虛中作一空盤，却以八者之行較其遲速。天行最速，一日過了太虛空盤一度。鎮星之行比天稍遲，於太虛盤中雖略過了些子，而不及於天，積二十八个月則不及天三十度。歲星之行比鎮星尤遲，其不及於天，積十二个月與天爭差三十度。熒惑之行比歲星更遲，其不及於天，積六十日爭差三十度。太陽之行比熒惑又遲，但在太虛之盤中，一日行一周匝，無餘無欠，比天之行，一日不及天一度，積一月則不及天三十度。太白之行稍遲於太陽，但有

疾時遲，疾相準則與太陽同。辰星之行又稍遲於太白，但有疾時遲，疾相準則與太白同。太陰之行最遲，一日所行，比天爲差十二三四度，其行遲，故退度最多，今人不曉，以爲逆行則謂太陰之行最疾也。今次其行之疾遲，天一土二木三火四日五金六水七月八。天土木火，其行之速過於日；金水月，其行之遲又不及日，此其大率也。

元・趙友欽《革象新書》卷下　目輪觀天

物小而近，蔽遠則多，日月之行，道於列宿，雖若依躔，而相去懸遠，測望不同。試畫紙爲輪，其輻輳比三百六十餘度，輪圍比宿之躔，轂覈比六合之中。復剪黄紙爲日，黑紙爲月，日大月小，圍徑相倍於輻度，内置日月同躔，月近轂中，日近輪際。盖近中則度狹，際邊則度廣。日月雖大小不同，而俱占一度也，復置日月距終之數，以黄色畫日道，黑色畫月道，各取日月體心爲距數，别用薄紙畫爲大輪，與前小輪同而周徑倍之，謂之目輪，其轂覈以比測望之目。以大輪加於小輪，測目瞳在六合之中，因即其處偏，望月體所遮，正在本度矣。然地平不當天半，目輪須令低就，低仰望則月體所遮之度非本度矣，此非特比望各宿經度，而亦可比望去極之緯度也。

元・史伯璿《管窺外篇・雜輯》　《詩・十月之交》篇：日有食之。《傳》：（云云）晦朔而日月之合，東西同度，南北同道，則月掩日而日爲之食。望而日月之對，同度同道，則月亢日而月爲之食。

按，月掩日而日食之説易曉，月亢日而月食之説難曉。先儒有謂日之質本陰，陰則中有暗處，望而對度、對道則月與日亢，爲日中暗處所射故食。此横渠之意，即《詩》《傳》之所本也。其説尤可疑，夫日光外照，無處不明，縱有暗處在内，亦但自暗於内而已，又安能出外射月，使之失明乎？惟張衡之説似易曉。衡謂對日之衝，其大如日，日光不照，謂之暗虚。暗虚逢月則食月，值星而星亡。今曆家月行黄道則值暗虚矣，值暗虚有表裏淺深，故食有南北多少，按暗虚之説無以易矣。但曰其大如日，則恐大不止此，蓋月食有歷二三箇時辰者，若暗虚大只如日，則食安得如此久？今天文家圖暗虚之象，可以容三四箇月體，有初食、食既、食甚之分，可見暗虚之大，不止如日之大而已。但不知對月之衝，何故有暗虚在彼？愚竊以私意揣度，恐暗虚是大地之影，非有物也。蓋地在天之中，日麗天而行，惟天大地小，地遮日之光不盡，日光散出遍於四外，而月常得受之以爲明。然凡物有形者莫不有影，地雖小於天而不得爲無影。既曰有影，則影之所在不得不在。對月之衝矣，蓋地正當天之中，日則附天體而行，故日在東，則地之影必在西；日在下，則地之影必在上。月既受日之光以爲光，若行值地影則無日光可受，而月亦無以爲光矣，安有不食者乎？如此則暗虚只是地影可見。既是地影，則其大不止如日又可見矣，不然日光無所不照，暗虚既曰對日之衝，何故獨不爲日所照乎？臆度之言，無所依據，姑記於此，將就有道而正焉。

《堯典》：期三百有六旬有六日，以閏月定四時成歲。《蔡氏傳》曰：天體至圓，周圍三百六十五度四分度之一，繞地左旋，常一日一周而過一度。日麗天而少遲，故日行一日亦繞地一周，而在天爲不及一度，月麗天而尤遲，一日常不及天十三度十九分度之七。

朱子曰：曆家只算所退之度，卻云日行一度，月行十三度有奇，此乃截法。故有日月五星右行之説，其實非右行也，横渠云：天左旋，處其中者順之少遲，則反右矣。此説最好。問：經星左旋，緯星與日月右旋，是否？曰：今諸家是如此説。横渠説天左旋，日月亦左旋，看來横渠之説極是，只恐人不曉，所以《詩》《傳》只載舊説。

《晉・天文志》：天圓地方，天旁轉，半在地上，半在地下，日月本東行，天西旋入於海，牽之以西，如蟻行磨上，磨左旋，蟻右行，磨疾蟻不得不西。

或疑儒者言，日月每日不及天一度與十三度。曆家言日月每日行一度與十三度有奇，二説不同如傳者説，則是日月每日左旋一周，於天行所不到處纔一度與十三度耳，如曆家説則是日月每日俱右行，到此一度與十三度，其餘天體皆所不到之處，其説正相反。愚謂不然，二説雖若相戾，其實只一般。蓋天體非但高圓不動，待日月自就上運行而已，天亦是運動物事，其行健，又過於日月。天是動物，日月又是動物上動。天非有體，二十八宿與衆經星即其體也，此二十八宿與衆經星皆繞地左旋，一晝一夜適一周，而又過一度。日月亦與之同運，但不及其健，則漸退而反似右耳，其所退之界分即日月所不及天之一度與十三度也。是則日月雖曰一晝一夜隨天旋轉一周於天，然實歷天體每日只有此一度與十三度，即曆家所謂右行之處也。譬如有一大磨在此，使三百六十五人環繞此磨而行，磨非天，此三百六十五人繞磨而行者，天也。又别使二人與此三百六十五人之爲首行者，從今日子時並肩起脚同行，行至明日子時，皆適一周。但此二人者其一人乃與三百六十五人之第二人並肩，即日也。其一人乃與三百六十五人之第十四人並肩，即月也。相去近遠日日如此，是則以大磨視之，此三等人固皆一

周；以二人與三百六十五人視之，則此二人者，雖曰與三百六十五人同行，其實一人僅與三百六十五人之第一人相摩肩而過，一人僅與三百六十五人之第一人至第十三人相摩肩而過，此即日月所實歷之天體也，此即傳者所謂日月不及天之一度與十三度也，此即曆家所謂日月右行之一度與十三度也，初豈有二致哉？但如傳者之論，則日月五星亦是天象，不應獨與衆星背而右轉，故以左旋爲順耳，右轉左旋説雖不同，其實歷天體則皆共此一度與十三度，非有二也，不知精於論天者以爲如何？姑志於此，以俟就正焉。

許益之《尚書叢説》有《七政疑》曰：唐堯命羲和居四方，考天象，惟舉分至四中星而知日之所在，又言以閏月定四時成歲，而知月之所行。典文簡古，存其大法，推步之術未詳。西漢《天文志》始(闕)(有)日月東行，天西轉，而周髀家則有日月實東行，而天牽西没之説，其論天(闕)(轉)如磨者，則非論日月右行者，則是自是志天文者轉相祖述，以爲定論，言日月，則五星從可知矣。唐一行鑄渾天儀，注月轉輪一晝夜，天西轉一周，日東行一度，月行十三度十九分度之七，晦明、朔望、遲速有準，然則二十八宿附天西循而爲經，七政錯行而爲緯，其説爲得之。而文公詩傳亦猶是也。蔡仲默傳《堯典》則曰：天體至圓，周圍三百六十五度四分度之一，繞地左旋，一日一周而過一度。日月麗天亦左旋，日則一日繞地一周而在天爲不及一度。月尤遲，一日不及天十三度十九分度之七，積二十九日復有餘分而與日會合。氣盈、朔虚而閏生，典謨之傳已經文公定正而公蓋許之矣。意以爲日者陽之精，其健當次於天；月，陰精也，其行當緩。月之行，晝夜常過於日十二度有奇，鈔本作幾。是陰速於陽，不若二曜皆西轉，則於陰陽遲速爲合宜。蓋亦祖横渠先生之意，其説可謂正矣。然愚以古説較之，其可疑者有七：天體左旋，七政右逆，則七政皆附著天體，遲速雖順其性，而西行則爲天所牽爾，然所倚者各得循序。若七政與天同西行，恐錯亂紛雜，似泛然無統一也。日，君道也；月，臣道也。從東行則合朔後月先行，既望則月在日後，及再合朔是月之後日，爲臣從君，爲順；若西行則日在月前，至望後再合朔必日行從月，是君從臣，爲逆，二也。大而一歲陰陽升降，小而一月日月合朔，此正天地生物之心，而陰陽得於此會合，以造就萬類者也。以一歲之運陰盛，乃生意收斂之時，而品物流形，舉霄壤之間，曷嘗有一息間斷哉？其所以盛陰否閉之時而生生猶不息者，正以日月之合而繼助元氣之偏也，然凡進者陽道也，生道也；退者陰道也，死道也日月東行則月之進從日之進，西行則月之退又符於日之退，三也。日月雖皆進行，比天行不及則爲退。日月五星行無殊，金水在太陽先後，率歲一周天爲最速，次火，次木，惟土積厚重之氣，入天體最深，故比五星形最小，行最遲，而二十八歲一周。天若七政，皆西行，則向謂遲者今反速，向謂速者今更遲，是金、水行最遲，故一日退一度而一歲一周天。土行最速，當及於天，大約二十八日始不及天一度，而二十八年然後周天，四也。星雖陽精，然亦日之餘也，以日之陽次於天，且一日不及一度，星之陽不及日(遠甚)(甚遠)而(闕)木十餘日，(闕)(土)二十餘日，始不及天一度，而木、土之精反過日遠矣，五也。五星以退留遲疾伏，伏疾。遲留退，政者有遲有速，有順有逆也。五政推步，姑以歲星言之，大約退九十三日而留，留二十三日而遲，疾伏共行百六十餘日而復留而復退。是行常五倍於退，而退四倍於留之日。然行乃其常，退乃其變也。若西行則行爲退，退爲行，是五星進日甚少，而退何其多，六也。星家步星伏行最急，疾行次急，遲行爲緩，留則不行，退則逆而西，此皆以星附著天體而言者也，若七政隨天西行，則天自天，星自星，不可著著天體，但附著則爲東行矣。然則星家所謂遲疾伏皆爲最緩而不及天。所謂留則不可言，留乃行與天同健，一日皆能過太陽一度，至於所謂退，乃更速，過於天運矣，七也。由是言之，則古法比蔡傳爲密，於此不可無疑，姑識於此，以俟知者而問焉。

按許氏所疑七事，大抵皆以左旋之説有所未信，而以曆家右轉之説爲可信也。其言似亦有理，愚亦因此不能無疑於先儒之説。夫先儒謂日一日不及天一度，月一日不及天十三度十九分度之七。五星雖行有遲速，然亦皆不及於天。夫七政既皆隨天左旋，則宜皆面西而背東，非有意於退，特以天運過速，故七政亦不能進，與天齊而不免退隨天後耳。若然，則其所不及於天之界分，但依直而退可也。譬猶二人同行，其一人足力健者既前我鈔本作后。而過去，其足力弱者不能及之，則亦但隨其後而已，又何暇回顧其所退之步數使之循規蹈矩不失尺寸哉？今則黄道循赤道之左右，交出交入漸遠漸近，一歲一周未嘗改易，而月道又循黄道之左右，出入遠近亦皆一月一變，各有常度，又如五星之運，遲留伏逆各各不同，而各有態度，如此凡此其勢皆似違天，而右轉者此豈面西背東無意於退而能各有條理如是哉？妄謂術業有專攻，以夫子之聖而猶問禮問官名，豈老聃、郯子之徒其智反過於聖人哉？業專而已。然則窮理盡性，繼往開來，固先儒之能事，至於天文，自是一家之傳，恐曆家所言，自有源流，未可以先儒所學之大而謬言之也。區區私見，輒因許氏此疑而附記焉，愚不自知，罪無所逃，智者其

幸教之。

元・脱脱等《宋史》卷五二《天文志五》 凡五星之行，古法周天之數，如歲星謂十二年一周天，乃約數耳。晉灼謂太歲在四仲則行三宿，在四孟、四季則行二宿，故十二年而行周二十八宿。其説亦非。夫二十八宿，度有廣狹，而歲星之行自有盈縮，豈得以十二年一周無差忒乎？唐一行始言歲星自商、周迄春秋季年，率百二十餘年而超一次，因以爲常。以春秋亂世則其行速，時平則其行遲，其説尤迂。既乃爲後率前率之術以求之，則其説自悖矣。今紹興曆法，歲星每年行一百四十五分，是每年行一次之外有餘一分，積一百四十四年剩一次矣。然則先儒之説，安可信乎？餘四星之行，固無逆順，中間亦豈無差忒？一行不復詳言，蓋亦知之矣。

明・朱元璋《明太祖文集》卷一〇《七曜天體循環論》 洪武十年春，既暇，與翰林諸儒游於殿庭，驀論乾旋之理，日月五星運行之道，内翰林應奉傅藻、典籍黄鄰、考功監丞郭傳。人皆以蔡氏言爲必然，乃曰：天體左旋，日月亦左旋。複云：天健疾，日月不及天一度。月遲於日，不及天十三度。謂不及天，爲天所棄也。有若是之云，朕失讀詩書，不知蔡氏若此。諸儒忽然論斯，吾將謂至罕矣。及至諸儒將《尚書》之注一一細爲分解，吾方知蔡氏之謬也。朕特謂諸儒曰：非也，斯説甚謬，吾觀蔡氏之爲人也，不過惟能文而已。夫文章之説，凡通儒賢智者必格物而致知，然後以物事而成章其非。通儒賢智者，或以奇以巧，雖物事可書其的，而爲文不順則棄物事以奇巧而成者有之；或者心不奇巧，其性僻而迂，意在著所聽聞以爲然，著成文者有之。吾聽諸儒言蔡氏之論，甚以爲不然。雖百餘年，已往之儒，朕猶因事而罵之。時令取蔡氏所注《尚書》試目之，見其序文理條暢，於内之説皆諸書古先哲人之見，話於蔡氏自新之言頗少，然非聰明不能若此而類成，獨蔡氏能之，可謂當時過庸，愚者故作聰明，以注書及觀書注語纏矣，所言乾旋之道，但知膚不究其肌，不格其物以論天象是以。以己意之順亂乾道之順，以己意之逆亂乾道之逆，夫何云？蓋謂朕自起兵以來，與知天文精歷數者晝夜仰觀俯察，二十有三年矣。知「天體左旋，日月五星右旋」非此一日之辯，辯非尋常之機，所以非尋常之機者，何因？與羣雄並驅，欲明休咎，特用心焉，故知日月五星右旋之必然也。今蔡氏以進曰退，以退曰進，朕謂諸儒曰何故，典籍黄鄰代蔡氏曰以理，若是曰理者，何曰首以天疾行，晝夜三百六十五度行健也？次以理日當繼之，不及天一度；末以太陰之行不敢過太陽，特不及天十三度，此因意僻著而爲理，所以順亂逆，逆亂順是也。所謂蔡氏之僻者，但見日月在天，周流不息，安得不與天順其道而並馳，既馳安得不分次序，而進此蔡氏之機理不見也。吾以蔡氏此説審慮之，知其不當，其蔡氏平昔所著之書莫不多差矣。夫日月五星之麗天也，除太陽剛而人目不能見其行於列宿之間，所行舍次盡在數中分曉。其太陰與夫五星昭昭然右旋，緯列宿於穹壤，其太陰之行疾而可稽驗者，若指一宿爲主，使太陰居列宿之西一丈許。若天晴氣爽正當望日，則盡一夜知太陰右旋矣。何以見？蓋列宿附天舍次定而不動者，其太陰居列宿之西一丈，比月未入地時而行過列宿之東一丈曉然。今蔡氏所言不過一晝夜一循環，爲之理説差多矣，且天覆地，以地上仰觀平視，則天行地上，所以行地上者，以十二方位驗之，定列宿之循環是也。其日月附於天，以天上觀之，以列舍不動之分，則日行上天右旋，驗矣。故天大運而左旋，一晝夜一週三百六十五度。小運之旋一晝夜西行一度，一年一周天。太陽同其數。太陰一晝夜行十三度，一月一周天，此日月細行之定數也。其日月一晝夜一周天，日月未嘗西行也，乃天體帶而循環見其疾速也，此即古今曆家所言蟻行磨上的論，吾爲斯而著意，因蔡氏不窮稽於理，以郭傳、黄鄰等務本蔡氏之謬言，意在刑其人以誡後人，特赦三番入禁而又權赦之，使得知天象而畢，各各欽遵行焉，因爲之論。

明・宋濂《宋學士文集・楚客對》 宋子泛舟西上，夜泊彭蠡，褰蓬而坐，時長空無雲，明月皎然孤照，衆星環列，一一可數。同舟有楚客者，忽指月問曰：日月一也，此何以有虧盈乎？宋子曰：不然也，月圓如珠，其體本無光，借日爲光，背日之半常暗，向日之半常明，其常明者正如望夕，初無虧盈，但月之去日，度數有遠近；人之觀月，地勢有正偏，故若有虧盈爾。曰：然則其有夜食柰何？曰：此爲地影之所隔也，月上地中，而日居下，地影既隔，則日光不照，其隔或多或寡，故所食有淺有深，蓋地居天内，如雞子中黄，其形不過與月同大，地與月相當，則其食既矣。唯天之體，廣漠無際，然其門徑之數及去地幾千萬里，巧筭者亦可以推之也。客曰：月之爲説既聞命矣，五星盈縮，占者時有不合，此何以無定論乎？宋子曰：五星從黄道内外而行，考其盈縮，則於分段距度最宜精審。近代占天象，於測景授時之法，誠可謂度越前古，至於星占則微有不同，且如辛亥歲正月乙酉朔火當躔房五度，彼則謂在房之一度；二月辛巳火當入斗初度，彼則謂在三月己丑。正月己酉金木始當同度，彼則謂在於乙巳。其後驗之，天象所失昭然，若論水星距日之度，盈縮之間終不踰二十三度半之

外，彼則謂正月癸卯水躔斗十九度在晨疾段中，較之日躔虚六度已距二十七度，此尤所未鮮。然天道未易言，必得明理之儒如許衡者出，正之可也。客曰：星曆之學，儒者亦在所講乎？宋子弗荅，趣侍史具衾入舟而寢。

明・鄭瑗《井觀瑣言》卷二 平陽史氏伯璿，亦近代博考精思之士，然揣摩太甚，反成傅會。所著《管窺外編》，其持論多無一定之見。【略】論月食既疑先儒月爲日中暗處所射之説，而主張衡暗虚之説，以爲暗虚只是大地之影；復疑影當倍形，如此則月光常爲地影所蔽，失光之時必多，而謂對日之衝與太陽遠處往往自有幽暗之象在焉。既謂天大地小地遮日之光不盡，日光散出地外而月常受之以爲明，是本沈括月本無光日耀之乃光之言矣；復謂月與星皆是有光，但月體半光半晦，月常面日如臣主敬君，此其光所以有盈虧之異。【略】論日月之運既主横渠天與日月皆左旋之説，而謂日月與天同運但不及其健，則漸退而反右矣；復自背其説而有二人同行之喻，謂曆家右轉之説自有源流，未可以先儒所學之大而小之。凡此等處，屢言屢變，乍彼乍此，進退皆無所據。

明・王應電《七政右旋説》 今夫天左旋，日月星辰皆西墜。夫人而見之，故謂七政皆從天左旋，甚似直截明快。因謂昔人推步，咸以七政右轉者，止以退度數少，易於推算之故，説亦可通。然細觀之，則有大不通者四。天地之化，一順一逆，以成化工。故律左旋而同右轉。《河圖》主順而《洛書》主逆，故七政逆天而行。若皆左旋是有順無逆，何以示凶吉而成化工，此不可之一。然猶曰：此書生常談，渾渾未足以判案。夫君道逸，主於無爲，故日一日行一度，歲一周天，故經天者以日爲主。臣道勞，主於代君，故月一日行十三度，一月一周天，故以月之一周天而命之爲一月。若謂日月每日皆一周，日不及天一度，月不及天十三度，是日勞月逸，元首叢脞而股肱惰耶？此不可之二也。天下物理，金水之行爲最疾，水一日千里，五金在世無頃刻停，因命錢曰泉，火次之，四時而改，木又次之，一歲而彫，惟土爲不動。故金水附日，歲一周天，火二歲一周天，木歲居一辰，十二歲而一周，故謂之歲。土歲居一宿，二十八歲而一周天，故曰填。一音震，取其以填静爲體；一音田，取其以填塞爲用也。今曰皆從天左旋，是金水一歲而不及天之一周，火星二歲而不及天之一周，木星十二歲而不及天之一周，土星二十八歲而不及天之一周，是應速者反遲，而應遲者反速矣。且右旋則以所進而名，爲日爲月爲歲爲填。左旋則以所退而名，爲日月歲填。其義與名何乃不經若是耶？此不可之三也。語云善言天者必有驗於人，人稟天地五行之氣而生，術家凡立命于天，二十八宿度數各有所屬，安命之度而遇五星之左行者，則其人必悖逆一生，作事顛倒其正。大順利之人，必值五星之右行者也。設若以左旋爲順，右旋爲逆，則豈人之立命皆值五星逆行而間值其順者。且值其順者何反凶，而值其逆者反吉邪？此不可之四也。言天者尚詳之。

明・僧德孺《日月周天論》 天地者，陰陽之氣也，日月，陰陽之精，而放乎天地以行者也。日，陽道也，君子之象也，其卦離，離爲火，火從日也，故日出而火事作，日中而火盛，日入而火事息焉。火，陽屬也，然火爲水妃，反屬乎陰。蓋離之爲卦，一陰居中，而正位是陽，須陰以成者也。觀夫日中之景，如雞、如烏者，雞，酉物也。酉，西方也，四時爲秋，五行爲金。西，陰方也，秋，商吕也，金，殺氣也，烏之色黔，黔爲黑，黑之質爲陰。陰，死氣也。故火之爲用爲熯，爲焚，爲烹煎，爲餁熟。無或萌生之道焉，惟無生也，屬陰明矣，然火之煅物，燼餘歸土，土能生物，生生不窮，是陰極而反乎陽也。故離日之火爲陽也亦明，然非假乎陰不能自成也。月，陰道也，小人之道也，其卦坎，坎爲水，水從月也，故月出而海潮生，月正而海潮平，月没而海潮汐矣。水，陰屬也，然水能勝火，反屬乎陽。蓋坎之爲卦，一陽居中以正位，是二陰以從陽者也。觀夫月中之景，如兔、如蟾者，蟾兔，卯物也。卯，東方也，四時爲春，五行爲木。東，陽方也；春，角律也，木，仁德也。兔非耦生，非耦則奇。奇，陽數也，兔蟾之色白，白之質爲陽，陽生氣也，故水之用爲潤，爲滋，爲膏澤，爲涵濡，無或非生之道焉，惟能生也，屬陽明矣。然水之濬物，液以成木，木能生火，火燼無餘，是陽亢而反屬乎陰也。故坎月之水爲陰也亦明。然不藉乎陽無以資生也，蓋陰陽也，日月也，體相生也，用相須也。苟乖戾焉，則陽爲癏陽，陰爲凝陰，二氣弗交，日月歲時之功弗成，天地生成之道廢矣。日之行也，晷舒以遲，軌循三道，日躔一度，匝三百六十五度四分度之一盈三百有六旬有六日之期，以一歲乃一周天以分至而定四時。分也者，陰陽二氣之中也，至也者，陰陽二氣之復也，時之爲言實也，序也，候也。實則不虚也，序則不悖也，候而有徵也。故繇日而旬，旬而月，月而晦，晦而歲，歲功共成君子之道備矣。月之行也，晷數以疾軜汰九道，日踰十三度有奇，僅三十日而匝。心危畢張之紘必一月而一周天，以弦望而紀三旬，弦也者，日月二景之中也，望也者，日月二景之會也。旬之爲言宣也，溥也，始也。宣，盪日之陽也；

溥，歷乎九逵也，日終于十而始于一也。故繇日而旬，旬而月，月而歲，歲功共成，小人之道餙矣。日之以分至而定四時也，子爲十二辰之首，故月至子而一陽生，日南至。南至者，少陽發軔南陸，晷馹于長，按轡安行，稅駕于北陸也。陽之生也，孳基於子，紐誘於丑，引申於寅，冒茂於卯。至卯，而春始分。分者陽，德正中，中而壯，壯而大，大而振迅於辰，盛駃於巳，至巳而陽老矣。醞而成暑，卦爲純乾陽之極也。物極必反矣。午爲十二辰之中也，日中必昃，故月至午而一陰生，日北至。北至者，少陰發軔北陸，晷短，以疾倍道兼行，稅駕于南陸也。陰之生也，咢吐於午，昧曖於未，憑陳於申，宿留於酉，而秋始分。分者陰，德方中，中亦大，大而欝勃於戌，凝閡於亥，至亥而陰老矣。結而爲寒卦，爲重坤陰之極也。一陽復生，君子之道長矣。斯則日馭一歲，周天之行也。月之弦望，而紀三旬也。朔爲一月之首，故月建朔而朏於東，月南至。南至者，太陰遇少陽之末，光發軔南陸，漸得陽輝，益而輪滿，稅駕于北陸也。月之耀也，縮朒于朔，生明于三，八日而上弦，弦則日泊，月光交半矣。弦而半，半而增，日耿月華，輻輪浸廣，十有四日爲幾幾望也。日月相望，光合輪圓，陽資陰滿之極也。滿招損矣。望爲一月之中也，月盈則虧，故光西垂，月北至。北至者，少陰失太陽之秒，光發軔北陸，漸遠陽輝，偏刓而缺，稅駕于南陸也。朏盛將傾，生魄于三，八日而下弦，弦則日背，月光去半矣。弦而半，半而損，日月背馳，輪輻奇衺，至二十有九爲晦。晦，灰頹也。陽燼而殘，陰老而羸，陰失陽助之極也。極亦久矣。朓生于西，小人之道消矣。斯則月轂，一月一周天之行也。請詳論之，日之經于天也，猶織者之有經焉。蓋日以二十八宿，三百六十五度四分度之一媿，三百六旬六日之算，十有二月之紀，循三道中軌，布爲一歲周天之大經。既經矣，未有不須緯以成者也。故月之緯乎天，猶織者之緯焉。蓋月以朓朏弦望之程，歷心、危、畢、張之次，三旬三十日小大之策，曲折十二周天之緯，以緯日抒一歲周天之經，共成報歲之功。譬之織者之運梭，緯經積絲，而忽，而分，而寸，而尺，而丈，幅幀縝緻，以成一機之功者焉。亦猶君子布政于上，小人用命于下，以叶濟一代隆平之治也。然日駕遲驅，歲天一周四時行焉。體君之道，逸而爲尊者也。月馭捷馳，月旬三始十有二周，以佐時成歲，體臣之道勞而處卑者也。雖日月以三旬一周天之象焉，夫朔之朒，日之冬至之候也；上弦而分中，春分之候也；望而魄，日之夏至之候也；下弦而分中，秋分之候也。彼春之分也，日在卯。卯，茂也。四陽用壯，百物暢茂。人徒見其品彙繁蕪，枝幹疏達，殊不知物壯則老，而成熟隕穫之漸隨之，是陽壯之時，陰已用事，故不待午而始生，特至午而發露之耳。亦猶君子之措百爲小，人日用其中而不知也。彼秋之分也，月在酉。酉，歛也。四陽用傷，百物揫歛。人徒見其葉荄黃落，條枝槎枿，殊不知去故就新，而勾萌甲坼之漸隨之，是則强陰之時，陽已亭毒，故不待子而始生，特至子而奮迅之耳。亦猶小人決勝於外，君子運籌於中也。吾故曰：陰陽也，日月也，不可須臾離也。可離，君子、小人、朋黨之論興也。

明・唐順之《荊川稗編・月星不受日光辨》 史氏曰：《天問》：夜光何德，死而又育。厥利惟何，而顧兔在腹。《集註》答曰：云云。惟近世沈括之言曰：月本無光，猶一銀丸，日耀之乃光耳。光之初生，日在其傍，故光側而所見纔如鈎。日漸遠則斜照，而光稍滿。大抵如一彈丸，以粉塗其半側視之，則粉處如鈎，對視之，則正圓也云云。《性理會元》文公曰：緯星是陰中之陽，經星是陽中之陰，蓋五星皆是木火土金水之氣上結而成，却受日光，經星却是陽氣之餘凝結者，亦受日光。但經星則閃爍開闢，其光不定，緯星則不然，縱有芒角其本體之光亦自不虧。按沈氏之說，愚竊有所未曉者。夫《集註》又曰：或者以爲日月在天，如兩鏡相照，而地居其中，四旁皆空水也，此乃實見，非臆度之論。但曰月本無光，日耀之乃光，如此則日光必照著月，月乃有光耳。若日光爲物所遮，隔照不著月，則月乃無以爲光乎？今或者既曰日月在天，如兩鏡相照，而地居其中，則是日月之行不免隔地之時，若日光爲地體所障，月體爲地影所蔽，則月必無日光可受，又將何以爲光乎？愚嘗以此爲月食之說，終是不慊於心。何者？蓋地體甚大，若謂其有影，則凡物之影必倍於形，地之與水豈無十萬里之廣厚，則對日之衝，其影又當倍此。以天度言之，一度纔二千六百三十二里有餘耳，月行與黃道近者只在一度間，極遠者不過六度，便以六度計之，不過一萬五千七百九十二里有餘而已。而地與水之影，在對日之衝者，乃有一二十萬里之廣大，可以遮六七十度，不知月行入在此影中，日光亦能照及之否？故謂地爲無影則可，若不免有影，政恐月若本自無光，須待日耀之乃光，則爲地影所蔽，失光之時豈一夕二夕而已？今則月自生明之後無夕不光，雖有時而食，亦不過一時之頃而已。不知又何說也？又按文公「星亦受日光」之說，朱子又嘗言「天地間本無光，光皆是日之光，故月與星有光者皆是受日之光，以爲光」，亦此意也。愚亦有所未達者，夫既曰月與星皆受光，則月之生明必在合朔之第三日，是時月去日已三四十度矣，然始生之明不過一綫之微耳，漸增以至於半，而弦漸增，

至於滿而望，望後漸虧，以至於晦亦然。無明生頓滿之理也，今經星緯星近日遠日，光皆圓滿，滿皆無以漸者，姑以金星言之，金星附日而行，自距合後進在日前，只去日十八度便夕見西方，或退在日後亦只去日十八度便晨見東方。是時去日如此之近，皆一見便滿，不如月之生明有漸，亦不知此何説也？愚竊以意度之。夫星去日雖近而光亦滿，不如月之生明，有漸則似乎星自有光，不待受日光以爲光者。星若果自有光，烏知月之不亦自有光乎？若月之所以有魄者，蓋日月與星雖總謂之三光，而陰陽大小則異焉。是故日爲太陽，猶四象之老陽，六十四卦之乾卦，是純乎陽之象也。月爲太陰，猶四象之老陰，六十四卦之坤卦，是純乎陰之象也。日純乎陽，故其光獨盛，而其體四面皆光。月純乎陰，故光不及日，其體半光而半晦，光乃其面，晦乃其背，即所謂魄爾。日全體光而月半體光者，陽全陰半之意也。至於星則陰陽合體而不純矣。文公謂緯星是陰中之陽，經星是陽中之陰，陰中之陽，陽中之陰，猶四象之少陽少陰，六十四卦中凡陰陽合體之六十二卦，是不純乎陽、不純乎陰之象也。不純乎陰，故其光皆全，不如月之半明半晦。不純乎陽，故其光雖全而不如日之獨盛也。三光之體不同，恐或如此星，既本自有光，則近日遠日光皆圓滿，不必致疑可也。獨月之近日遠日，而光有盈虧之異，則未得其説。竊以爲日君象，月臣象，臣主敬君，故月常面日而不敢背，此其光所以生而滿，自滿而虧，皆以漸而進退也，此即沈氏彈丸以粉塗半側視對視之説。但彼主日耀之光，此主月自有光爲異耳。至於日君，月臣、臣主敬君，月常面日之説，何以知其然耶？曰以月行與黄道離合遠近之勢而知之也，觀月行與黄道相交相去之勢，則知月之光，月既不敢當日道而行，又不敢去日道太遠，遠去不過六度而已，甚則日失中道則月亦變行，月於行之常變皆不違乎日，如此非臣敬君之意，而何如此？則常面日而不敢背亦何足怪乎？既曰月自有光，則地影遮隔之疑可釋矣。然則日月有時而食，何也？曰：月常面日魄乃其背則朔，月掩日而日食，亦自與先賢之説不相背，但望月之食則張衡所謂對日之衝有暗虛者，月若望行黄道則適與之值，故爲所掩而食耳。曰：然則對日之衝何故有暗虛在彼？曰：天象所有，有非人所能盡知者，對日之衝與太陽遠處往往常自有幽暗之象在焉，其大如日，與日同運，亦未可知也。既不能淩倒景旁日月以目擊其實，則只當以古人此説爲據而已，尚何言哉？鑿説繆妄，豈曰可信？疑不敢蓄，姑筆於此，以俟知道云爾。或疑在易坎爲水，又爲月，水光在内，可以鑑形於内而不可以照物於外，故月之體如水之黑，非受日光則無以照物於外。今曰：月自有光則與水異矣。曰日月在天之象也，豈可以爲盡同於地之水火哉？假如日月盡同於水火，則合朔月或食日之時，火何以不熄，水何以不燥，而日月尚得兩無恙乎？況辰星明謂之水星，其體尚不如水之黑，而自有光，則月之自有光，又何可疑之有？

明・來知德《來瞿唐先生日録》日月星辰

或問：日行有長短，何也？曰：此因地也。日月者，地中陰陽之精也，故日行高低不離乎地之氣。冬至以後一陽生，此氣之長也。陽氣主於升，鼓萬物之出機，故漸伸而高。日隨氣而亦高，故晝長。夏至以後一陰生，此氣之消也，陰氣主于沉，鼓萬物之入機，故漸屈而低，日隨氣而亦低，故晝短。

或問：日之行一日一周天，如此山河大地縱飛亦不能周天。或者以日爲驥，步驥不過日行千里耳，安能周天？縱一時行一萬里，一日十二時地之體豈止十二萬里哉？自古聖賢皆不能窮之，不知何以能周天也。曰此正論造化者，當默識其大頭腦也，既理會得大頭腦，則其間左來右去，闔竅自然通矣。蓋日月皆此地陰陽所發之精英也，既爲所發之精英，則不離乎地矣，安能不周天乎？試將一枝燭置於竹筒内，放在廳中間棹上，廳之燭照去瓦上有一圓光，即譬之日也，將手把竹筒一斜側，少傾斜間瞬息過了廳，此日周天之義也。何以驗日月爲地陰陽之精英？余遊峨眉山，欲見佛光，連日陰雨，山中將住一月矣。僧曰：「此光亦難遇，如將發光之時，前一夜必有大風吹撼屋動，則次日有光矣。」果一夜風發屋動，次日天開霽晴明。」僧曰：「此當以日影驗之，日照屋影到某處即有光矣。」果至其時，日射崖下之光，石即有霧如綿，平鋪二三十里。僧家謂之銀色世界。信乎銀色世界也。俄而空中兩道白毫挺出，霧中即有一光如螮蝀，紅緑相間，圓如月五、七丈寬。地之精英于此可驗。此則一山之精英也，若日月則九州萬國之精英矣。苾芻指爲佛光，世人安得不惑哉？朱子説峨眉山看佛光以五更看，五更看者非佛光也，僧家謂之聖燈滿天飛，蓋腐葉之類。

或問：宋儒以月本無光，受日之光以爲光。程子、邵子、朱子、張子皆如是説，而今獨以爲非受日光，何也？曰：此正未達造化大頭腦，而有此新巧之説也。蓋天地既有此陰陽，就有往來，有生死，有盛衰，有寒暑，有長短，有常變，此必然之理數也。況月乃陰精，既屬陰，則月之中有昏黑之狀者，此定理也，有盈

有虧者亦定理也。孔子曰：懸象著明，莫大於日月，日自爲日，月自爲月，豈有月受日光之理哉？至若望日酉時，日月固相對矣，至於半夜，日在地之中，月在天之中，有許大山河天地相隔，月豈能受日之光乎？譬如置一鏡於棹上，置一鏡於棹下，乃以棹上之光受棹下之光，雖三尺之童亦不信也。朱子乃以地在天中不甚大，四邊空，有時月在天中央，日在地中央，則光照四傍，上受於月，則説得全不成話了，豈有是理也哉。蓋朱子篤信之過，信沈存中之言爾。既然地不甚大，月在天中央，日在地中央。光從四傍上可以受於月，宜乎月之光夜夜滿矣，何以十七、十八月即缺哉？賢人篤信之過亦至於此，且月本有圓缺，聖人已先説矣。如曰天道虧盈而益謙，此聖人之言也。日中則昃，月盈則食，此聖人之言也。天秉陽垂日星，地秉陰竅於山川，和而后月生也。是以三五而盈，三五而缺，此聖人之言也哉。生明既生魄，旁死魄，此聖人之言也。聖人明説生、説死、説盈、説缺，乃不信經而信沈存中之言，何哉？朱子又以經星、緯星亦受日光，如説以星亦受日光，則當每月三十、初一、初二月缺將盡之時，星亦當缺其光而不見矣，何以星常常如此明也。看來朱子説日食，並月受日光皆信曆家之言，未曾把造化大規模頭腦理會。

明・章潢《圖書編》　日月精氣發斂説

天地大矣，一本乎陰陽之屈伸，陰陽微矣，一顯諸日月之發散。《易・繫辭》曰：一陰一陽之謂道，生生之謂易，陰陽不測之謂神，而陰陽之所以生生不測者，即日月升沉之際，可象見而意會也。是故觀之於一日也，陽光初啓而爲曉，故率土皆明，人物咸營營以作興。陽光漸收而爲昏，故率土皆晦，人物悉冥冥以宴息。是晝夜晦明，謂非陽精發斂爲之歟？觀之於一月也，陰魄漸蘇，其光漸滿，故自朔、上弦而爲望。陰魂漸消，光體漸微，故自望、下弦而復晦，是晦朔、弦望謂非陰精發斂爲之歟？觀之于一歲也，冬至一陽生而陰氣漸返，則爲春、爲夏，萬物悉流形而育神；夏至一陰生，而陽氣漸斂，則爲秋、爲冬，萬物悉歸根而復命，是節候寒暑、晝夜短長、生長收藏孰非陰陽斂散爲之歟？況其發也、斂也，非意之也，即旦暮中天其象之小大、色之濃淡，凡有目者所共觀也。知此則知古人所謂「日初出大如車蓋，及日中則如盤盂，此不爲遠者小而近者大乎」非然也。精氣散不敢寓目，故覺其小；精氣尚斂，而未盡發洩，則可以目及，故覺其大也。小大不以遠近論也明矣。所謂「初出滄滄凉凉，及其日中如探湯，此不爲近者熱而遠者涼乎」非然也。精氣散則陽盛乃熱，而午後秋初尚有積熱之餘威；精氣斂則陰盛而寒，將曙初春尚有積陰之餘威也。寒熱不可以遠近論也，昭昭矣。信乎陰陽生生不測，所以易字即日月之象，而日月爲天地間之神物歟！雖然天人一也，人之神猶夫天之日而心乃神明之舍也，方其旦而寤，寤而興也，神則注心而游於目。及其夜而寢，寢而寐也。神則注心而歸於腎。神之發斂亦猶之日也，但日一也，光發爲晝，光斂爲夜，時當昏夜，雖明若離婁，無徑寸之光。人之目亦一也，開則見明，閉則見暗，苟不用明，即白晝爲長夜矣。然則通知晝夜得非人心之神歟？天人合發，交用互藏，尚慎思之。

冬至日躔距赤道二十四度，立冬與立春，所距亦相近，是時黄道横而平，近南極也。立夏至立秋，黄道横平而近北極，亦然。蓋冬夏之日躔，東西移差多，南北移差少；春秋則黄道斜移於南北，雖東西行而南北差速於冬夏，故春秋六七日間增減晝夜一刻，而二至前後其晝夜長短增減一刻相去二十餘日矣。是故冬夏增減之日遲，春秋增減之日速，日數未始均平也。舊云日未出二刻半天先明，日已入二刻半天方昏，然此五刻不可以衆星出没論。但日始出爲晝，入則爲夜也。

天暑則日高而近北，天寒則日低而近南。立表木以測其影，日在中天表景最短，東西出没之時表景最長。以四時驗之，中晝之景漸長漸短，逐日不同，於是以中晝表景極短之日爲夏至，以中晝表景極長之日爲冬至。其所以短者由日近北而高，所以長者由日近南而低也。日高則行天必久而晝長，晝長則陽氣積多而暑矣。日低則行天不久而晝短，晝短則陰氣積多而寒矣。寒暑之變驗日景之長短可知也。

日初出時見日大，宜當熱而尚寒凉者，陰凝而陽未勝也。日中天時見日小，宜寒凉而反漸煖漸熱者，陽積盛而陰已消也。申未熱愈於午者，陽尤積盛故也。廣海冬熱，由冬日南行，正當戴日之下，故熱。朔北夏寒，夏日西北行朔北，直當陰山之背處，日光斜及，故寒。由此觀之，南北寒熱亦由於日也。

日爲衆陽之宗，故其煖熱之氣皆出乎日也，凉寒則日氣之不及處爾。日漸長故煖，日極長則熱矣。日漸短故凉，日極短則寒矣。暖則陽氣之盛也，而極則斯熱；凉則陰氣之盛也，而極則斯寒。

日在地上時多，故地熱而井水寒也。日在地上時少，故地寒而井水温也。

明・陽瑪諾《天問略・日天本動及日距赤道度分》　問：日蝕由於月揜其

光，凡每朔時日月同度，又正過其下，宜皆得食。今不盡然，何也？曰：日躔惟一黄道，終古無出其外也，月於黄道，有時在南在北，故月道半出黄道北，半出黄道南，而爲南北二交。吾國所謂龍頭、龍尾是也，朔時若月在二交之外，或南或北，與日非經緯同度不能揜日光也。南北爲經，東西爲緯，凡是朔日經度必同，如更同緯度，適在二交之上，乃能揜其光而食耳。

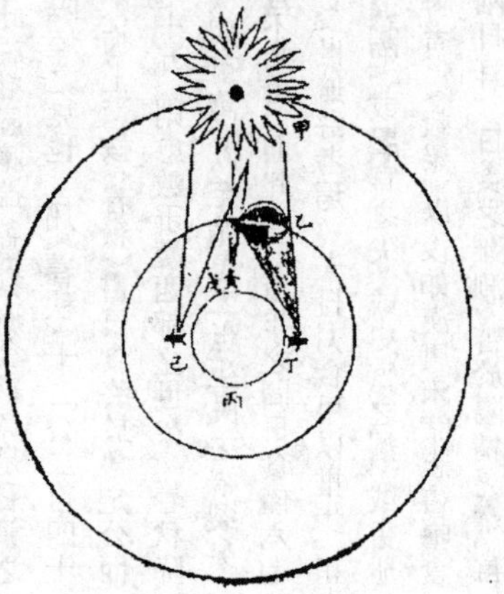

如左圖：月道交黄道于龍頭、龍尾，甲爲月道，在黄道南，丙在北，試使月朔時在龍頭，則經緯同度，月正過日輪之下，揜其光而食焉。如朔時月在甲、黄道之南，日乃在乙黄道之上，而緯不同度，則日在北、月在南矣，故不食也。

問：日食若因月天在日天之下，則水星、金星天亦在日天之下，而不見揜其光；且月天在金水二星之下，月亦宜揜其光，而金水有食如日矣。今其食不顯何也？曰：水星、金星雖正過日輪之下，而有與日同度時，然金星大於水星，而日大於金星一百倍，二星之體比日體甚小，豈能揜其光而使人不見日也？吾國曆家遇金水二星與日同度，恒見日輪中有黑點，以星體不能全揜日體故也，月輪正過二星之下，亦宜揜其星光使人不見。今不顯其食，如日者非月不能揜之，乃二星之光甚微，其體甚小，故不明顯也。

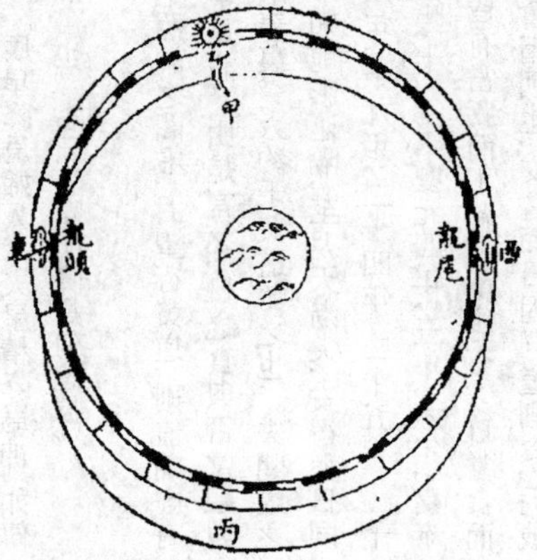

問：天地渾儀説曰地球大於金星三十六倍又二十七分之一，大於月輪三十八倍又三分之一，是金星大於月輪也。夫月球能揜日光，則金星更大亦何不揜日光乎？曰：凡物以形相揜，非惟論其大小，又當計其遠近。蓋人目視物之時，自目至物之體射兩直綫爲直角形，故愈近于目其物雖小而徑愈大，愈遠于目其物雖大而徑愈小。

如左圖，甲爲人目，庚爲物體，甲乙、甲己爲人目所射兩直綫，則徑愈近愈小，愈遠愈大，故戊大於丁，而丁大於丙也。試以人手隔目，手愈近於目，則愈揜物體矣，是故金星雖大於月，乃在月天之上，去人目甚遠，故不能揜日光也。月雖小於金星，乃在金星天之下，去人目最近，故能揜日光也。此其理也。

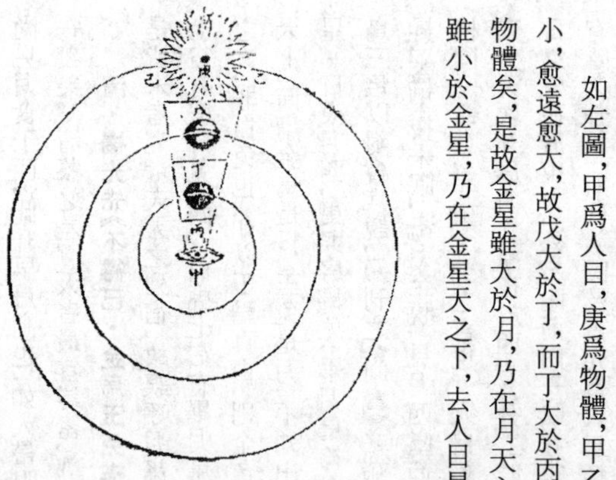

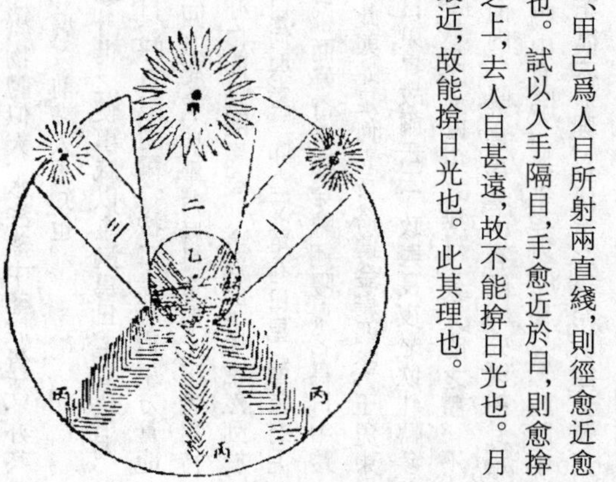

問：日大於月固矣，日輪較地球不知其大有幾？曰：吾國曆家蒼明此理有論甚廣，測七政高下及大小之度分有器甚準，日大於地一百六十五倍又八分之三，欲徵之，宜知圓光照圓體之影也。圓光若照圓體同大，其影廣恒等而無窮，若照圓體更次，其影漸大而亦無窮，若照圓體更小，其影漸小而有象。

試觀上圖，甲爲圓光，乙爲圓體，丙爲體影。第一圖甲圓光與乙圓體相等，丙影亦等無窮盡矣。第二圖甲圓光大于乙圓體，丙影漸小而有盡矣。第三圖甲圓光小于乙圓體，丙影漸寬大而亦無窮矣。太陽照地之時，地影非恒等亦非漸大，臂之物影其爲漸小而有盡如第二圓也。則以日輪圓光大於地形也，地之影漸鋭而小至有盡焉甚明也。凡星月無光，借日之光。太陽照及其體則光生焉。不然則否。儻日與地等，地或更大焉，則其影爲無窮之影，宜射蔭直過諸星之天，必見諸星有食焉者矣。今惟地體甚小，鋭影有盡，不到諸星之天，故日光無礙，照及木、火、土以及列宿諸天，而諸星恒明，光無朦也。其地影之盡可過第一、第二重天，至第三重天，而不及第四重天，所以月因地影得食，而諸星不食也。地球一周三百六十度，每度二百五十里；日天一周亦三百六十度，其每一

度有數萬餘里焉。吾國曆家有器量得日天之度，每半度爲日一全徑，因知其圓形亦得數萬餘里，而非地形可比。譬如山高二十餘里，上有人焉，居下者視之如小鳥也。日天之高自地面至太陽中心相隔一千六百萬餘里，今視日輪如小車輪，猶之二十里高山視人如鳥矣。

明·熊明遇《格致草》 五星降人辨

凡五星盈縮失位，其精降于地爲人。歲星降爲貴臣；熒惑降爲童兒，歌謡嬉笑；填星降爲老人、婦女；太白降爲壯夫；辰星降爲婦人。夫星精降爲神，如傳説之在箕尾，雖于書有之，然盡信書不如無書也。右云五星所降是何證據？

又 當食不食辨

張衡云：對日之衝其大如日，日光不照謂之闇虚，月望行黄道，則值闇虚有表裏深淺，故月食有南北多少。朱熹頗主是説。由是言之，日之食與否當觀月之行黄道表裏，月之食與否當觀所值闇虚表裏。大約于黄道驗之也。夫闇虚之説謂「對日之衝其大如日」，謬論也。殊不知地影遮隔，至月天漸尖，安得與日同大？如唐開元盛際及宋紹興十三年、十八年、十九年、二十四年、二十五年、二十八年、三十一年，隆興二年，淳熙三年、四年、十六年，慶元四年、五年、六年，嘉泰二年、三年，開禧二年，嘉定四年、十一年皆有當虧而不虧。邵雍云：日當食而不食，曆筭之誤。云唐孔氏曰：日月交會謂朔也，交會而日月同道則食，月或在日道表，或在日道裏，則不食矣。又曆家爲交食之法，大率以百七十三日有奇爲限。然月先在裏，則依限而食者多；若月在表，雖依限而食者少。杜預見其參差，乃云：日月動物，雖行度有大量，不能不少有盈縮，故有雖交會而不食，或有頻交會而食者，此説得之矣。孔氏此説猶屬臆揣，當食不食畢竟是曆筭之疏。邵子之言爲確，張衡、朱熹、杜預尚隔垣之見也。凡《春秋》十二公二百四十二年，日食三十六，《穀梁》以爲朔二十六、晦七。按《春秋》書日食終於魯定公而日食七十二。魏晉一百五十年而日食七十九，則愈數于漢西都之世矣。春秋降而戰國七雄競角争城争地，斬艾其民，伏尸百萬，以至始皇二世生民之禍裂矣，世道之變極矣。乖氣所致，謫見於天，宜不勝書，而此二三百年之間日食僅六七見焉，何哉？蓋史失其官，不書於册，故後世無繇考焉。夫日月食可以推步，正因其有常也，其《春秋》、秦漢所記，疏密懸絶，或曆官之失，或史官之漏，或書册之缺耳，日月合朔乃食，恐未有日食于晦者。《穀梁》以後如漢唐宋諸志書晦食者比比，皆曆官未密。亥子一差、遂争兩日耳。日食之難測，苦於陽精晃耀，每先食而後見。月食之難測，苦於游氣紛侵，每先見而後食。

又 視差

何爲視差？曰：如一人在極西，一人在極東，同一時仰觀七政，則其躔度各不同也。七政愈近人者差愈大，愈遠者差愈小。月最大，日次之，熒惑次之，歲星又次之，填星最小幾于無有。故知月最近，填星最遠。至于最近地之雲雷蜺暈，數百里便不同。觀差有無，不差大小也。

如下圖，丙爲地，甲爲東目，乙爲西目，甲望戊月在己度，乙則在庚度，甲望丁星在辛度，乙則在壬度。己庚差大則月去人近，辛壬差小則星去人遠也。

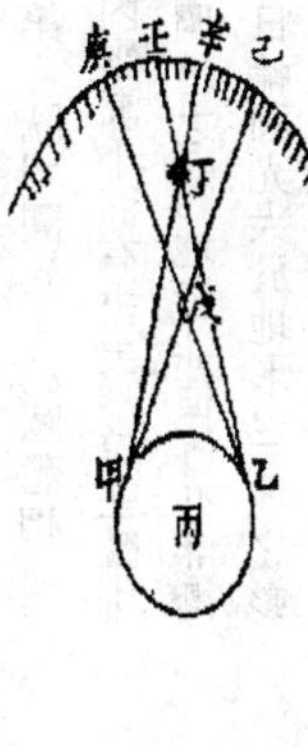

又 清蒙氣

清蒙之氣，地中游氣，時時上騰，水上更多，其于物體，不能隔礙人目，使之隱蔽，却能映小爲大，升卑爲高。故日出入，人從地平上望之，比于中天則大；星座出入，人從地平上望之，比于中天則廣，此映小爲大也。若望日時入地，在日月之間無兩見之理，而恒得兩見，或日未西没而已見月食于東；日已東出而尚見月食于西，此升早爲高也。如人帶眼鏡，物體似大，水注盞中盞底覺浮，亦其一證矣。清蒙之差測天者最宜詳密，郭守敬以前諸人不知也。

清·楊光先《不得已·金烏玉兔辯》 世之使事咸以金烏爲日，玉兔爲月，是皆未考究。夫天之列宿，故誤呼月爲日，呼日爲月爾。按二十八宿東方蒼龍七宿有房日兔，西方白虎七宿有畢月烏，西方屬金，故畢月烏爲金烏。玉者對待之文，非白兔也，如以玉爲真白，則金色亦白而烏匪黑矣。金烏、玉兔昭然列於天上，而謂金烏是日，玉兔是月，不知出自何典考。卯宫又畢有日星，酉宫有月星。日東月西，更與房日兔、畢月烏符合。而好奇者輒穿鑿翔陽烏名爲日中跂烏三足以附會其説，乃刊之《尚書》之端，此與蛇足何異？俗傳金烏西墜，玉兔東昇，蓋望夜未眠，翫月至曉，見月西墜而日東昇故爾云云，政與長夜之飲斗轉參横同一命意，非望之夕之言也。人自錯會意爾，人以兔之無雄，象太陰之體。不察先天坎卦爲月之象在於西方，外二陰而内一陽，是爲陰中有陽；先天離卦爲日之象在於東方，外二陽而内一陰，是爲陽中有陰。無雄之兔之爲日宿，政陽中有陰之卦象，斯伏羲氏及古先聖人至精至微之道理，豈尋常之學問所能企及其萬一哉？元章使事，貴求義理之正、出處之真。若舍古先聖賢之大道理不問，而

以至微小毛蟲之體爲據，是亦西洋新法之謬也。故附之於圓地圓水之後，與天下學者共政之。

外盤是新法黄道之二十八宿，計三百六十度，俟查明補刻。又外盤是新法赤道之二十八宿，計三百六十五度二十二分，此若望刊印，見界總星圖所載之數。何赤黄二道之數目自相矛盾，大統、回回二科絶無糾駁？可見二科之衰弱也。

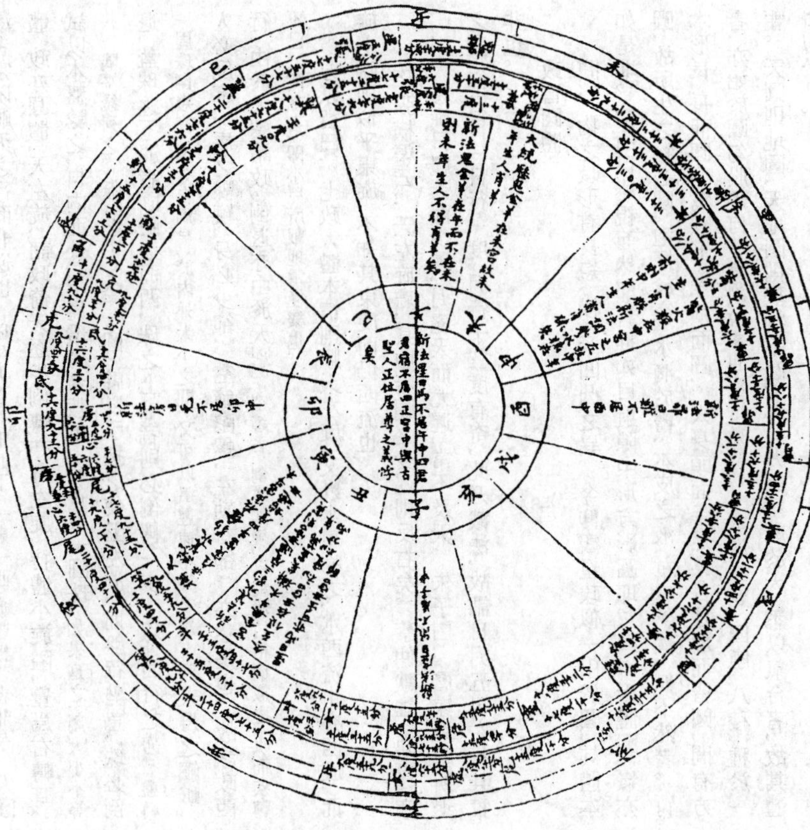

内盤是大統赤道之二十八宿，計三百六十五度二十五分七十五秒。又内盤是大統黄道之二十八宿，總數與赤同，而各宿之度數與赤異，由日行之宫有闊狹也。大統黄道自郭守敬至今未脩，十二宫之闊狹盡皆不同，所當亟宜考脩者也。

清・方以智《物理小識》卷一 左右一旋説問左旋右旋何決耶？愚者曰：仲默註《尚書》、紫陽註「十月之交」説之皆可者也。高皇舉一星以視月，月漸遠於星然同行而一疾一徐，謂徐者右行，疾者左行，此亦説之可合而不遂決者也。天左旋，日月五星右旋，自人北面言之也。日月星從西向東，其周天各有遲疾，宗動天從東向西一日一周。或曰曆家取捷，是亦一説也。西法分爲九層，各爲一種行法，乃可立算。問嘗窮之，黄帝運氣左升右降，自人南面而言也，東向西行，其天之習氣乎？其定理乎？日月星在一氣之中，各有熟路丸滚於槽，槽西行急，則槽中之圜物自然東轉，而實西旋順天，但積差之度見於星宿，似乎不與天同而每退焉，其分遲速者，近地者疾、遠地者遲也。帶動之説固無疑矣。暄曰：天從東而西，政亦稍有不及，較静天從東而西日夜不停，特以政較動天，則並爲左旋，安得有右轉乎？

日月食蔡邕言側匿，許慎言朓朒，解以朔晦月見，此曆差耳。月質以日映爲光，合朔日食，月質掩日也；望有月食，地球之影隔日也。凡見月之處，見食皆同而日食則異，其不當頂而斜迤者，則不見日食也，故分秒各别，此質測也。古人以占君相致儆者類，應之心幾也。《中通》曰：平行相距實引交周分時各有算法，但日距限如在百度外則日不食，月距黄緯小於並徑則食，若等者相切，大者不相涉，則月不食。

五星遲留伏逆土周二十八歲，木周十二，火約二歲，各於大輪中跳爲小輪。人在地直視其上下則留，迤行則遲，避日則伏，如水車之旋，下西上東則逆也。金水遶日爲小輪，乃日之餘體隨日而轉耳。舊法詳曆書積日爲算耳，即泰西亦未推明其故也。暄曰：金水遶日爲輪，確矣，水輪近日故速於金。至火、木、土又皆遇日對衝，則遲，留以至於逆，近日則伏也。《中通》曰：兩閒惟日爲陽，而月與五星皆陰，皆用日之光，而遇日正衝則避，及其遠則復來就之，辟如物滚槽中，槽西行急則物反東轉且有激，而跳爲小輪者，此喻奇哉！

清・揭暄《璇璣遺述》卷三 問：天自東而西，政自西而東，相反甚明，而曰皆左旋，何也？曰：有静天，有動天，諸政與天皆静。天之中自東而西如舟競渡，止争遲疾，無有退者，月最遲亦行三百五十餘度，較動天而算則稍遲，較静天而算何一非進何時非左旋，而日有右轉乎？所謂静天，在太虚中亦不可見，惟地在天中即静天之實，憑地而觀，曾見諸政有從右西上逆行而東者否？西曆天元道、天元極、天元度、天元經圈、天元緯圈當静，大圈諸測算總繫於地，以地爲静，天之寔何等直

截，何等簡明！然在動天中除天氣有遲疾外，間亦有倒退者。人皆以爲與天相反而不知亦非也。七政之體圓如活珠，黄道之軌有若虚槽，槽進則丸退，故政之倒滚者寔以順天之行而非逆也。以爲天自一重而下，一東一西，動皆相背者非矣。天圓體、政亦圓體，天左旋，諸政倚天逐步倒轉亦屬左旋，特體小旋隘，覺爲右轉耳。試以木盤驗之，自内而外，犁爲環溝者數重，溝各置一圓珠，如果寔之，屬大小不等共一隅平綫列之。版之中心竪一圓，幹以手挼之使盤左旋，而盤行勢急，珠必倒退，蓋珠之下麗者固隨盤而西，珠之上虚者則必倒轉一步，以從西行之勢。盤轉一周珠倒幾許，積久自周矣，於内外大小之間，又可以徵遲速不等之别。猶夫舟之觸岓，人必反靡；馬之驟鞭，身必少卻；空鐘陀螺，左勒右卻。亦猶是也。故諸政西行，由於天掣諸政，倒退亦由於天掣。空鐘者，刳木如鐘，以繩渡竹格而放之，哄而疾轉不已。陀螺者，即小兒所戲地雷極樂也。

方以智曰：七政大體本情則順天左旋，又以水車喻之，水西流車亦西旋，而旋上時則似乎東旋，不知其東旋而仍西流也。

按，張横渠云：天左旋處，其中者順之少遲則反右矣。蔡仲默註《尚書》亦曰：天左旋日麗天而少遲，月麗天而尤遲，常不及天。朱子曰：曆家只算所退之度，卻云日一日行一度，月行十三度有奇，此乃截法，故謂日月五星右行其實非也。

政皆圓體

問：物之賦形有長短、横竪、凹凸之異。今仰觀星政似一出於圓，其體本如是耶？抑由目遠視而然耶？抑如目射隙中形方影圓耶？曰：天體圓，氣亦圓，故所生之物必圓，泡揮於空、水滴於霤、木皮之液、草尾之濡，無不然者。竹木形長，長而圓；禽獸形横，横而圓；人身頭面手足具各種形而皆圓，間有方者，亦始於圓勾股幾何。幾何，筭率也，論度數綫法。本於一點、四觚、八稜，種於一顆。天圓則地圓，天地圓則無物不圓，況日月諸星麗於天，悉以氣合者，故其體皆似於珠。

星政原本乎氣，氣合者必圓，非徒形像，理有如是。

政皆自轉

問：諸政爲天帶轉，激輪倒滚，又爲天所急掣，則各種物法皆天轉之，何以又云自轉？曰：天西行勢急，政自倒滚固已然，其勢已動，不能復止，如輪錢於案攬杯於手，水雖離錢於杯，猶轉轉不能已也，況諸政刻刻爲天所掣無少間時耶？弄丸轉石，於實轉，於空亦轉，故知諸政皆轉，行非平行，由天轉亦自轉、體圓故也，經星亦然。

政無遲速

問：政之進退皆由於天，則其行度宜出一轍，何以有遲速不等？曰：無遲速也，一因於天之度，天之度内狹而外寬，如繖轑然，愈遠則徑愈倍，狹易周而寬難周，其退同也。一因於政之體，政之體有大小，譬身偉者步必闊，翼長者飛必捷，大者迅而小者遲，其進同也。一因於天之氣，凡氣剛者易旋，氣柔者難攝。猶之舟遇游波則行緩，遇湍流則行急，其行同也。然以氣差者十之七，以體與度差者十之三。即以日月較之，日月在本天，均半度，以大者周大，小者周小，則日退一度，月亦當退一度，而月退十三者，其一爲體之倒滚其十二爲天氣之遲。然日退一度，當月三十三度，其十六爲日體之大，其十七爲天度之闊。以度言之，則日一度而少，月十三度而多；以度之里數言之，則日一度而多，月十三度而少。日一度二億七萬六千四百九十七里，月十三度一億一萬餘里，差一倍半。合而計之，氣差多，而體度差少也。此外又有激輪，氣遲則行遲，激輪亦遲，體小則轉身小，激輪亦小，以是數者相參，而較則知諸政之不齊，乃所以齊也，無遲速。日非有盈縮，以掣輪有高卑，月星非有遲疾，再行加減以衡輪。攝輪有上下諸輪，非有異同，因體氣度有參差，其寔皆均平行，所謂終古不失分秒者。諸輪見動法。至於列星深入天之剛健、大小、高下不等，兩極闊狹相懸，雖無視差之異，然亦從是可推矣。

正要分得各動各轉極其細微，方見是一動一轉所合。人但見合之而後分，不見分之所以合，乃天一動一轉之妙也。予曰：子思於川流，見天地，所以大先儒以萬殊言一本，腐儒冬烘久矣，至此了然。自記。

方以智曰：一氣之中其大小疾徐、倫類條理、秩叙周流絲毫不亂，各得其所，可信一切如此，而人猶不悟耳。

邱邦士曰：余嘗謂子宣言，天妙在一天一轉，而天中自經星至地之各動各轉，以至不動不轉，皆井井不亂。

諸政激輪

問：諸政倒退皆天帶轉，如槽進丸退矣。則止應自西而東，何以間亦從西，似别有小輪者？曰：天掣急，諸政體小，不能與之俱，故激而倒退，天掣甚急，間與俱西，俱西又不能，則必激躍而轉於空，轉於空而成小輪。夫珠之在槽，豈若

鉗鏂大釘也。之定於物哉？捼盤旋動，槽中之物自不能□立，然捼緩則圓者必轉，即丸退也。直者必仆，捼急則小者、輕者不及移，必飛躍倒捲，如米在箕中，掣之則前，觸之則卻，簸之、揚之則粃靡倒捲。浪頭白沫，水側回觴，無不反綴而成小圈，亦猶是也。天體圓，所激之輪必圓；天行大圈，所激之輪必行小圈。因激而成小圈，因圈而名小輪，豈真有小輪哉？在天諸象無有不行圈者，彼以爲各附一天，各天又附游輪者，惑矣。勢皆西行，皆東升西降，特輪小不逮於天，故有似於倒捲耳。戲惜千千者，即小陀螺。視其緩而鞭之，鞭急則躍起，躍起必倒捲，蓋鞭既往西，政自切東。第千千從上躍，繼復就下，諸政從下，躍繼復就上，在地仰視，則有分在天則無異矣。諸政就上爲切天，切其剛健處。故其上半輪自東而西躍起爲讓天，讓其剛健。故下半輪自西而東，上半輪爲遠地之輪弦，下半輪爲近地之輪弦，然天上急而下緩、上順而下逆，故自東而西之分多，自西而東之分少耳。日月有浮沉、遲速，諸星有離合、順逆，無不由此一激而生。試以大竹圈切小竹圈於內，相挨而轉大圈帶小圈而西，小圈自切大圈而東，而小圈之升降順倒讓天、切天，上下輪弦高分多，卑分少，無不畢見矣。乃知各種之動皆由一動，歲差之不定。此其一端也。

方以智曰：一激而生，逆機順理，同時本具，此所以無息也。向謂地周九萬理止矣，而車之輪不止此也，理到極處，忽然一笑。

諸輪動法即動法有三

天有掣輪又有激輪，日有攝輪又有沖輪，總爲四輪。諸曜因之，以行其動各種不同皆由於此，然輪上下環轉，人從地面徑視直算，故每但得其跡，而未究其所以然也。蓋掣輪者，天氣掣之而轉也。星政如溜丸，爲天所掣，在本道中隨勢滾轉，或上或下，莫有一定。然人止見其行有遲速，而不知其輪有高下，此均大圈而爲輪，諸曜之所共有也。激輪者因天氣之掣逆，退滾進激成一小輪也，蓋天氣上急下緩，上掣急，政體小則必稍讓而避於下，漸下漸緩，遂成下半之輪而爲下行，自西而東，下行之勢已極，在本道位内已極其分。受天來氣，必復返上急行，而爲上半輪。自東而西，此亦諸曜所共有，但天氣上下皆左旋，自東而西之分多，此依合術言。不見其爲逆，祇覺其爲遲耳；不見其爲輪，祇覺其有上中下三行耳。西曆亦言有三行，但不知此均大圜而爲輪，又激成一小輪也。一爲攝輪，如金、水則日攝之而轉也，磁之吸珀之拾，自相施受不能離也。日球受天之掣，旋轉不停，故其氣亦旋轉不停。二星受攝隨其氣，亦旋轉不停，遂爲遶日上下也。人在下亦不覺其爲輪，祇見其爲遲、留、伏、逆耳。近西氏從遠鏡中見金星有時晦，有時望，有時爲上下弦，始悟其或在日上，或在日下。雖已自繹其各天之説非然，猶不知爲日所攝也。木土之旁有小星環轉，其攝類皆如是，列星中亦或有小星周轉者，但位高難見耳。一爲衝輪，日氣沖諸行而轉也，如火、木、土與日合伏之時，日正過其下，日氣盛，則必遠避而爲上行，此爲正沖。日去稍遠，則漸揹於下而爲下行，行將對日又爲日火所沖，則自下沖上此爲對沖。迎天，急氣挾與俱西，而爲上半輪，自東而西算術以爲逆。日氣稍遠，行將復下，漸遠漸緩，遂爲下半輪，算術以爲順。然上半輪短，下半輪長，以常行者久，衝行者暫也。此依分術言。此輪月、火、木、土皆有之，在火、木、土亦不覺其爲輪，祇見其有遲、留、伏、逆，在列星亦不覺其爲輪，祇見其有離而復，復而離之徵異耳。西氏見月食有淺深與自東入影之時，亦悟其有上半遠地之輪弦，下半近地之輪弦，測之徑十二度，稱爲游輪游帶、小環小帶，謂月有自行輪、自行次輪、又次輪，而不知爲日氣所沖，與諸星皆同也。星命家以星與日對，謂爲星日相沖，不知余所言乃日有火氣沖星，使之變易，常行，非第相對已也，星雖有氣，豈能敵日？故相沖之際日行如故，星則辟易矣。諸曜諸星皆有本位本行，爲受掣、受激、受攝、受沖，遂成各種異行。究各種異行，雖自上必復下，自下必復上，環轉無停，俱不能離其本所也。自上復下，自下復上爲倒爲順，俱係滾轉而無一息平行可知矣。凡圓物行則必滾，不滾則不行。天氣西逝，如水流滔滔無有窮極，諸躍在天上或沉或浮，隨流滾徙，亦無有窮極也。四種之動二由於天，二由於日。究之日沖月、日沖星與日攝星、星攝星各成小輪，總由於天之一掣。天之動雖有數端，詳天行參。於以生諸曜四種之動，四種之動又生各種之動，所謂萬種之動，皆由一動。而天之生生不已，地之靜而有常，莫不因之，知此則平視、正視、分術、合術、測算、不測算，舉得之矣。合術言其動天，俱西分術，言其逆天不及。

星政避日

問：諸政切天之高處則西行速，皆因激輪，然微而不覺，若火、木、土西行一日一周，而又過之，有至百餘日十餘度者，其亦激輪乎？曰：非也，日氣衝也，日以天爲主，星又以日爲主也。或曰：日者君象，諸星常行，或先之而導，或後之而從。及至對衝而逆，逆寔進也。不敢當君位也；近日而伏，不敢敵君體也。此皆以理喻耳。寔乃太陽之氣順嘘而出，有旁及、有對沖。旁及者氣散而力微，對沖者正射而力猛，如山間熱氣不甚於高峰，而甚於凹内；不甚於旦晚，而甚於停

午，以凹氣聚而午爲正射也。君火之氣對沖，諸星安得不避舍乎？經日久而行度多者，辟盌中著塵，從旁吹進必至盌底，而後止底者，其極際也。日之沖星必至對極而後止，而又過之者，亦其勢猛而不能止也。至於兩界遲留，亦猶君火之氣，初及始則比常行稍速，算家所謂遲也。繼則與經星全週，算家所謂留也。又繼則君火急甚，兼程而進，較天一日一週而又過之，算家所謂逆也。久之日踰而西，與星對沖而過，復踰於西。氣轉沖東，天圜體，日既踰西氣自沖東。星行勢殺，如强彈之末，不能穿泥悼。漸減漸緩，乃反常行。凡此皆順天而西，皆倍道速前，如奉大君嚴令，亟趨恐後，安有遲留與逆哉？此雖氣機所使，寔理亦從是見焉，惟是火距日近，受沖尤劇，故較之土、木進度多而更速耳，土西行晨速、夕速各五十二日六十四刻五十八分，各比天多進三度六十二分五十二秒半，每日均遶筭得六分餘。木晨速、夕速各四十六日五十八刻，各多進四度八十八分一十二秒半，每日均遶算得十分餘。火晨速夕、速各二十八日九十六刻四十五分，各多進八度六十五分六十七秒半，每日遶算均得三十分，此猶就留後言耳。寔則自遲至留，自留至遲，較常行倍速，倍多進也。其實皆環轉也，日氣順噓至天中心，横廣百二十度，其氣開散至於對沖，則微及半度；其氣叢聚。日體大半度，故氣之聚於對沖亦筭半度。火鏡對日氣聚中心，火氣逆激，則發爲一點，火光著煤而燃。天之對沖乃大火鏡也，發於半度則其力與日並烈，故日之所在爲一日，氣之所聚又一日也。金水附日，抱日爲輪，火、木、土對日抱日氣爲輪，沖與攝皆輪也，皆抱日也，其或上或下環遶，與金、水同旋轉無二，疾徐維均亦與金水同，自下視之，遲留順逆又環轉之，所不能免者，匪維木、火、土也，月亦有之。當望而食，必居本國最高，非沖乎？月受日沖，故交中月孛必先於轉中一千七百一十一分八十八秒，其居最高亦屬西轉，以退法疾，亦但紀其遲耳。西輪五緯行小輪極近處，體大行疾。行小輪極遠處，體小行遲。在兩界爲留非星不行際極遲之所也。余謂非際極遲，乃自上而下，自下而上，垂綫極視不見其行也。羅爲白道交點，計爲白道中點，孛爲月最高之點，此三點火、木、土皆有之。匪惟月也，凡屬腰輪諸星近道受沖，不論大小，東西南北四面激滚，皆爲環轉，皆屬小輪然，但見其離而復，復而離，而不知其爲輪耳。井離復亦微而不覺，窺鏡始見之。太陽之氣一週迴，受沖諸星亦一週迴。俱在黄道左右十數度内外。東西之進退間出於掣，南北之進退多由於沖。或見列星有南北易位、離復不常者，强名爲一退一進之動。又云列星天外有震動天，不知乃太陽之氣周迴所沖也。

方以智曰：立圓以對沖爲極，則光氣必沖於對極太陽所沖諸行讓之，此理易簡，忽然點出，直破天荒。

邱邦士曰：遲留逆明是與太陽對處，西士能繪木火土星各周天圖，顯有二環轉十二環轉三十環轉，而未明言與太陽二沖、十二沖、三十沖之義耳。豈晰天之士固有待而出，抑人之聰明相去不齊如此耶？

金水遶日

問：金、水二星與諸星不同，隨日而行，時在日前，時在日後；或云在日天之上，或云在日天之下；或謂有數輪，或分爲數動。《格致草》言與日共爲一輪，然乎？否乎？曰：與日共輪者是也，但未合諸説而通之耳。金、水附日而行，如針之指極，氣之從鼻，潮之隨月。其體雖分，其氣則相攝，實乃離中之陰，火中之膏也。故其所行輪抱日輪外，如霓暈而無形。蓋天轉故日轉，日轉故金、水轉。天帶日轉，自外掣内，日帶金、水轉，自内掣外，如絮碾然，鐵桿中轉二權，自左右迭乘；如車輪然，轂從内轉，諸輻在外，自上下周旋。日之轉也，金水由上旋如前，由前旋而降，由下旋而後，由後旋而升，而爲小輪一周。人從下平視之，當其行前則見爲順，自東而西，舊作逆。當其行後則見爲逆，自西而東。而不知其遶。曰：上下也，當其行於左右而升降，行於四隅而斜折，則見爲遲、爲留，而不知其遶日之旁也，遶日上下、遶日之旁，在金水俱疾徐維均，旋轉無異，在下視而算者特著遲留伏逆，西曆所謂視行非本行，其寔雖非大圜之均圜，則亦攝輪之均圈也。而測者又以爲與日各輪獨居於上，獨居於下，而遶日之義隱矣。二星俱屬遶日，金遲而水速者何？凡物合爲一體者其轉爲均，如磨之椎心轉一周郭亦一周；如瓜之運蒂轉一周腹亦一周。無内外大小之别也。車輪絮碾皆然。以氣相攝者外遲而内速，日從中轉，以内掣外，水距日近故氣盛而掣速，金距日遠故氣殺而掣緩，金遶日一周水已遶日五周矣，猶水洩於渦遠者漩緩，近者漩急，再近則益急也。然二星並是活珠，雖爲日輪帶動，環轉未免亦有倒滚，亦自轉有如蔗絞，此輪動彼輪自反也。天西故諸政倒滚於東，日東則二星當倒滚於西，平衡較之，未免有兩倒，其寔皆自一轉出也。特目不能見耳。試以竹篾外作一圈，綴金星内折半作一圈，綴水星最中，綴一體共爲一輪，别以大圈環外，用前激輪法切其一邊，相挨而轉，則金水抱日西行東迴，遲留順逆合伏弦望無不可見，持金遲水速難作二層活圈，日東星西雖綴三顆活珠耳，惟掣瓶注水長瀉於盤，其所浮泡屑隨瀉周轉，内急外緩，升降順倒亦活亦顯，與漩渦之勢同，可知天日氣機相掣相攝，本自如此。此遶日均算也。周天則不然，周天以其附日而行，一歲爲一周，第行日上則金上水下，金侵入火星天位，與火道位同，天渡闊而速行，日下則水上金下，近於月，與月道位同，天

度窄而遲。歷引所謂火日金水相割相遇、上下莫定者，此也。邦士云與火道位同，則知火每日爲日激轉，又與本土遠日者不同，人不知此，遂謂火行變易難測。又每日爲日帶遲一度，在日之前後距度畢同，在天則進少而退多，是其周日之數，與人目所見之數全然不合。蓋周日爲實爲本情，周天爲虛爲附日也。由是故而通之，則其在上在下，數動、數輪諸説無不可以相合矣。以日道之度計二星之輪，水輪一周應日道一百四十三度又九分，較日天位五得其二，大月天位一十三倍又一億一萬有一百三十六里，金輪一周應日道二百八十七度半，較日天位五得其四，大於月天位一十六倍又四億九萬六千七百六十九里，附日爲輪甚矣。金輪之大即日輪之大也，《測天約》云：舊説二星在日下，或云在日上，子無確據，欲以相掩証之。大光之中無復可見，論其行度，三曜運行終古若一，兩術皆窮，近因遠鏡始悟從前皆臆説。又云彼國近有士五十年明一水星者，較之前代，可謂精確，其書雖未獲見，然亦可知明之難矣。

方以智曰：日，火也；金水，皆水也，故附日爲輪，月亦水也，故去日尚遠而近於地。熒惑於日猶相火與君火也，故不同日行。木爲生氣之精，上爲沖氣之精，故在上通論之。惟日爲太陽，月與五星皆陰精也。水火不相射，陰陽相反而不相合，於此可悟。

邱邦士曰：金水與日爲輪轉，則時上時下，西法執政各一天，遂皆以爲日下，故終不能算二星之行，惟歷引并言與火星相割相遇，與此足相發明，惜西士亦不能自楚楚耳。

諸星轉徵

問：日月轉、諸星皆轉可知。然至於星，遠矣微矣，亦有徵乎？曰：有之。木有四小星左右隨從，行甚疾，有規則、有定期，又有食時。土有兩小星相夾如蠡耳，經久漸近合而爲一。亦食也，久之復離。四星之抱木，亦猶金水之抱日，上下周行。兩星之環土亦猶黑子在日中隱顯隨從。要之，以內掣外，土木轉夾從諸星乃轉，故或遠或近，離合不一，火星無所識記，就其右行不及自是倒，天掣而左自是順，有順有倒，其轉可知矣。【略】

日月合壁

問：日月會而有交，交之正爲合壁，以起歷元。甲子乃屬休徵，後世不知，誤以爲食，稱以爲災，何與？曰：日月食不爲災。間亦有言及者，日月交而非食，自古傳訛未之是正耳，請言其所以。日月在天也，火氣飛騰，故日位高；水氣下附，故月位卑。人生環地而處，其位又里過朔而交，則日居上人居下，月隔於中，參值則日見而月不見，日非有食也。太陽照於月上，其光自若也，故食之時有多寡，食之地有遠近，皆由人目對與不對，於日無異也。如日當頂見全食，東西南北稍偏則或見半食或見止一綫，至萬五千里外並不見食，凡見太陽處乃人目被月掩，非太陽有異也。相望而交，則日居下、月居上，地隔於中，參值則月入地影而黑，亦非食也。火之照物，對沖必得黑影，地居天中，日循天而週，月適過影位，則闇矣。但日徑大地數倍，光肥於照，又數倍，故影漸遠漸小，沖至月位僅大度半，自初虧至復圓雖深入闇影，無過二時止耳。月體本黑，借日爲光，蓋自生魄以至死魄，循環悉現黑象。豈待地隔而然哉？全食晦象也，半食上下弦也，出影入影皆由日光，對與不對，於月無異也。而交之中又有實中，似三者從地心直至黄道、七曜，正當此徑爲實交，月與五星居小輪之邊，俱有小輪，但大小不等。亦當地心徑爲中交，地心一徑，地面又一徑，人目所見，皆從地面爲似交。合朔論實，實者未必見；虧復論見，見者未必實。地心至地面差一萬四千三百一十八里餘。在月，約差一度，如月已出，地心徑尚未出，地面徑日止差二分，以日月較，凡在地平上二十度內，月常降於日五十八分，從此漸高漸減，高至七十度則日無視差，月差二十分降於日二十分，或至掩日數分而食，是爲視差。至午居頂則地心，地面，共一垂綫，爲無差矣。過此又漸降漸增，亦至一度。又月北交則視差有減，南交則增，然日月俱在地平上，不若實交，則不論上下也。地平差又分二焉，一，加減交食分數，謂之氣差。一加減時刻分數，謂之時差。今日食抑以實交爲食乎？亦以所見爲食乎？日交、日合壁皆美名也，至食則凶象也。《春秋》注：食者，有物侵噬。又曰：如蟲食草木葉。《爾雅翼曆》言交食竟是今日死法。又言若有物食而不知其名既爲物侵噬，何以旋即復出如故？其實太陽、太陰爲天地正令，化育根本，豈有物能侵噬？不過月形地影相隔耳，凡物之近目者雖小必大，物之遠目者雖大必小，月體小而近目，日距之且千百萬里。諺曰：「一指能掩喬嶽」，以指近目也。謂之掩喬嶽，則可謂之食喬嶽可乎？凡物之大者乃能掩小，物之小者安能掩？大月小於日又千百餘倍，謂指能掩目，則可謂指能掩喬嶽可乎？掩且不可言，猥云食耶？日月合朔爲正交，日月相望爲對交，止可以交論耳，以交論則皆爲美事，天地交則萬物長，夫婦交則男女生，天地之交無他，以陰陽交之也，陰陽之交無他，以日月交之也，日月交爲地天泰，而乃以爲變乎？日爲太陽之宗，有夫象；月爲太陰之宗，有婦象，其交也正如男女婚配、夫妻好合，宜其室家相慶，乃以爲變乎？或曰：以其有虧損也，以其屆昏昧也。不知日在月上其光正自故滿，日在地下不過影射闇虛。太陰、太陽形體如故，曾何虧損乎？且古者嫁娶必以昏時，

男女作合必於宵夜，是以禮名婚姻。日月在天也，惟恐其不交耳，交則萬物得以生生；惟恐交不甚耳，甚則生生之道必盛。即使旦晝如夜，良屬快事，乃以爲變乎？凡不當有而有者，謂之變。不當有而有，又足爲害，乃謂之災。日月之交也，相合則同經同緯；相對則龍頭、龍尾兩道相從，勢所必至。夕桀家先已算定時日，測定分數，乃當有而有，烏足言變。太陽交於五千以下，太陰交於一萬以下，累中積四應以交中策除之，截法則於交食後或加交差，而以交終策除；或加轉差，而以轉終策除。月則於除法，而半折之量，其欠餘則五千、一萬以內，則知有食，然後以南北升降、遠近遲疾、地平高下而得實似加減時刻分數焉。測則國朝欽天監每先二年於二至二分，測定推算交食分秒時刻、起復本位，并五星行度。先週年，禮部即頒行直省，惟食朔臨時乃宣。且其交亦比比矣，不惟昏昧之朝時見，即聖明之朝亦時見，在聖明固不足爲害，在昏昧亦豈由此致害乎？乃當有而有不足爲變，又安足爲災。或日時愆戾氣孱夫則病，壯夫則否，故當聖明，雖數食不足爲累，當昏昧，即間食亦致亡國。又《天官書》暈璚風雲，天之容氣發見，亦有大遲，故董仲舒、劉向、京房輩沾沾言之。高后崩則爲應二年食。衛后自殺則爲應建元食。漢成帝永始元年九月食，京師不見，四方皆見，又以爲百姓屈竭故。惟知者知幾，聖人達變，指事爲應，是或一道也。自古傳訛未之或改者，蓋由上世天官草創，故堯時分命推測，舜時在璇璣玉衡，至仲康時羲和由昏昧立罔知，《春秋》書朔不書日，或失之前，書日不書朔，或失之後，并有不書日不書朔，則日月俱失也。《公羊》云：失之前者朔在前也，失之後者朔在後也。《穀梁》云：言日不日朔食晦也，不言日不言朔夜食也。《春秋》書食凡三十七，失之後一月者六，失之前一月者七，失之前二月者二，失之前三月者二。《穀梁》以爲晦日食七，夜食二，二日食一。《公羊》以爲二日食七，晦日食二。《左氏》以爲二日食十八，晦日食一，失前失後，皆由曆法疏也。在當時合朔且不能定，矧能辨食與非食之故與？夫子作《春秋》亦但因魯史舊文志謹而已，豈如天官時日災患之所必悉耶？太史公亦有曰：月食常也，日食不減也。故《春秋》書日食不書月食，亦但知其一，不知其二。按大撓作甲子、邵子作《經世》，歷元謂皆首於日月合璧、五星貫珠。夫歷元甲子爲萬世歲首，古今朔旦第一日，開物成務之首，何等休美，何等重政。不託始於吉祥，而託始於災變，未之敢信也。或曰：冬至子之半，歷元起於夜，不起於日爲合璧，不可爲食。不知子半，雖屬宵夜，此處不見，他處必有見者。如漢安帝元初三年三月五年八月遼東張掖獨見之類。此處爲子半在對足則爲中午，午非正見實食耶，如金陵則與南亞墨利加瑪八作國足底相對之類。況夜亦稱食，如莊十八年三月不書日朔稱爲夜食之類。故以吉言。合璧爲正交以凶言。合璧爲食，既不論夜與日也。豈惟日月合，即五星亦有相貫；不惟日月合先已算定日時，即五星相貫及陵犯雜座亦已預定之矣。日中黑子星入日中，星入月中，月掩五星，五星自相掩皆可測算，至陵犯雜座，計有名星一百三十九，無名星一百三十八，皆有定數，又以月五星所躔黄道盈外縮內，緯度分各以盈縮全分歸除之，得日行南北分，以行次日盈縮乘之，得黄道内外度分，與黄道相減，即得陵犯，又知時日矣。至五星順逆鉤已、所陵所犯，又以日沖正偏算。總之七政在天，其離合聚散皆其躔度使然，乃常而非變，自然而非拂戾，有何凶害而可以災目乎？然則素服以避者何？勵精之朝安不忘危、治不忘亂，雖屬禎吉，亦必恐懼，修省以保之，而後可致無虞，不必專爲變異也。

謝尚璉曰：日月交，正是陰陽和會、萬物亭毒，率土爲當歡禱相慶，而乃鐘鼓弓矢以救，何與得此一變，乃劃然而解？

春秋伐鼓用牲，《春秋》譏其違禮，又長安每當月蝕，士女取鑑向月争□之，謂之救月，流弊使然與？萬年春曰：甲子曆元日月合璧，謂日光月魄兩兩併集，如雙璧然。凡日行一道，月一道，五星各一道，是時七政之聚，異軌同方，蓋平合也，亦猶聯珠之義，與上下交蝕者異。偶與新建杜君夔芳洲論及，因記於此。

清・江永《數學》 論青蒙氣

問：西人謂近地平有青蒙氣，其高約九里，澤國彌厚彌高。日月在青蒙氣内，小可大，卑可高，其説信然與？曰：信也。凡徹體之物如氣、如水、如玻璃、水晶皆能變物之形，遠可使近，小可使大，直可使曲，深可使淺，卑可使高，遠鏡其顯者也。插篙於水，置鐃於盂，無不可驗。是以日月出地與將入地，視徑加大，蒙氣映之故也。不惟加大而已，更能升之使高，實未出地而已出地也；雖已入地而猶未入也。故西人論日食於高卑、南北、東西三差之外，更有青蒙氣差、青蒙徑差，此爲帶食言之也。有此二差，則旦暮日食以東西差加減之，而當食者蒙氣或升之而不食矣，其不當食者或升之而見食矣。視徑加大則能變食限與加時早晚食分多少矣。此非臺官所能預定，必隨方測候而後可知。前史有書當食不食，不當食而食者，其故或由此與？梅先生未嘗言及青蒙氣，謂湯羅諸公已言之耳，學者固不可不知。

《列子》載兩小兒辨日，一謂日初出時如車蓋，日中如盤盂，爲近大而遠小。此未知蒙氣之故耳。日何嘗有遠近，若論遠近之微者，則日近地平時與近天頂時差一地半徑。初出較遠，日中較近，正與此小兒之説反，又非近者熱遠者涼之謂也。

論左旋右旋

問：天左旋，日月五星右轉，曆家之説也。謂日月五星亦左旋，其説始於橫渠。張子，與曰：非也。張子云天左旋，處其中者順之少遲，則反右矣。張子之意，謂地亦是動物，處於天中，隨天而左旋，但少遲。故覺天左而地右。觀其前兩章云：日月五星逆天而行，並包乎地者也，地在氣中，雖順天左旋其所繫辰象隨之稍遲，則反移徙而右。又云：古今謂天左旋，此直至粗之論爾。恒星所行爲晝夜者，直以地氣乘機左旋於中云云：則張子之意可知矣。朱子謂橫渠説天左旋，日月亦左旋其説極是，是以處其中者爲日月，恐非張子之本意。曰：然則朱子謂天行過一度，又謂曆家截其退數便於算，又有大輪在外，小輪載日月在內之喻，若何？曰：愚向亦疑之，謂日月果因行少遲而覺其右轉，則當循赤道而退，無南北斜行之勢，何爲日自行黃道斜交於赤道，月五星各有道，又斜交於黃道乎？何爲恒星亦循黃道而右行乎？後見勿庵先生説，乃給豁然。先生以鈞盤飛輪爲喻，謂如有小盤、小輪附於大盤、大輪之上，而別爲之樞，則必相差而成動移以生逆度，又必與本樞相應而成斜轉之象焉。夫其退逆而右也，因其兩輪相疊，其退轉而斜行也，因於各有本樞而其所以能退逆而斜轉者，則以其隨大輪之行而生此動移也，此説極當。朱子兩輪之喻未及，不同樞必得此論，始爲精密盡善耳。

左旋右旋之説，愚前後有三見。始也信朱子取《正蒙》之説。後因細讀正蒙，覺張子之意不如是。又見西人有隨動、自動之説，謂七政自有性情能力，雖隨天動却能自動而右旋，深信之，乃別爲之説。謂凡物之理，有順必有逆，在天有氣者皆左旋，有□者皆右轉，一順一逆，所以能成造化。若使皆順而無逆，則如水之無灣，山之無轉，不能鍾地脈而居人物矣。古人有蟻行磨之喻，然蟻雖隨磨左旋而蟻之頭足自向東，而右行，若使蟻亦向西，則蟻之行不反速於磨乎？後讀梅先生書乃仍從左旋之説，與始者所見却又不同。此可驗愚學識之進退消長，而所得益於先生之書，此尤其大者矣。

然則後之所見與順逆之説不相妨乎？曰：無妨也。造化之理，即以順而成逆，如五行皆順，生而自有逆克也。如山水皆順行而自有逆轉也。天以層數生遲速，以遲速成順逆，造化之妙也。然則磨蟻之説若相妨矣，奈何？曰：日月在天非若蟻之行磨也，轉載日月，輪動而日月隨之，日月未嘗動也，此如別有輪附於磨，與磨同轉而不同樞，因生退度，蟻則定於輪上未嘗行也。大氣之運如水逝風行，恒星七政如有數舟同泛於江河，得風多者行速，得風少者行遲，彼此相較，遲者若退而上矣，舟各斜迆不與岸平行。舟之斜迆猶行黃道，岸猶赤道。斜迆又不同勢，則各舟捩柁定向不同也。如各曜自有道。

右粗譬之如此，細論之，舟猶非七曜也，本天載本輪，本輪載均輪，均輪載日，而月五星更有次輪，星體在次輪上，月體在次均輪上。然則水猶本天，舟猶本輪，均輪、次輪等猶舟上復有轉輪，而日與六曜，猶有球附於舟之輪上也。

清·李明徹《圜天圖説》卷上 月道交黃道説

月道之行，非如太陽止躔黃道一圈，無有出入，月行則半出黃道南，半出黃道北各五度，而有二交，所交之處取名龍頭、龍尾，此處是南北同經、東西同緯，日月之行至此則必日蝕，如緯度不同則爲合朔。如圖，甲丙圈爲月道，在於黃道之內，甲居南，而丙居北，此圈爲月輪本天四時行焉，每月合朔，或遇月輪行交龍頭、龍尾。斯時經緯同度，月輪正過於日輪之下，相掩其光而蝕矣。若合朔則同行經度，月在甲爲黃道之南，日在乙是黃道之上，經度雖同而緯度不同，日輪在北，月輪在南時則月輪上半光而下半闇，止爲月魄，不爲日蝕也。夫月與金水二星同在太陽天之下，月既能使日蝕而金水二星獨不能蝕日者，因星體小而日體大，故不能全掩日光，倘遇行度相同正過日下，惟見日輪中一黑點而已。又月輪在金水二星之下，月輪遇正過二星度下時，亦當掩二星之光，而星蝕惟星體小而光微，雖有蝕時，其爲失光不顯見也。且凡物形之相掩，非惟論其大小，亦必計其遠近，金星大於月輪，而不能如月之掩日，則

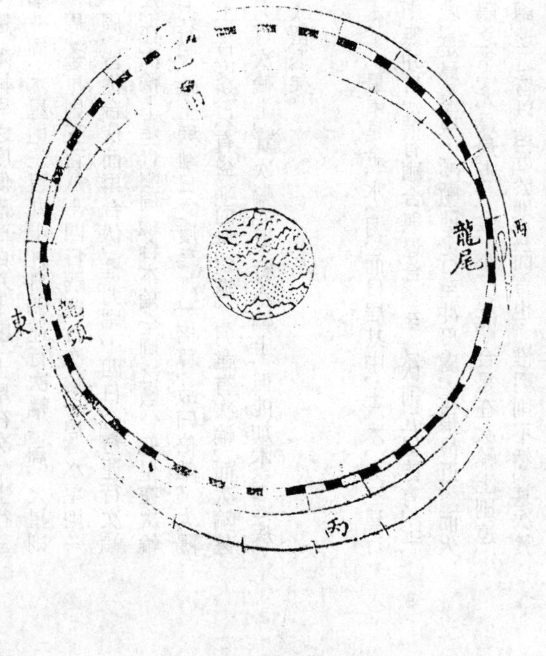

月道交黃道圖

以其居第三重天，離地二百四十餘萬里，不比月在第一重天，離地僅四十八萬二千五百二十二里餘，月雖小而近，故向上能掩太陽之光，向下能遮人之目；金星雖較大，因離人遠故不能全掩人目視徑也。

七政經緯統説

天度之經緯，七政運行於其上，而運行之軌則以日爲主。日行自南自北，一升一降，而分節氣寒暑，一出一入，而別晝夜長短。此其大端，致爲明顯。月行一歲與日十三會而有晦、朔、弦、望，亦皆舉目共見。若夫五星運行微渺難測，然其行亦皆隨乎天度，而天度不離黄、赤二道之經緯。赤道平分天腰，其交於赤道會於兩極者爲赤經，與赤道平行者爲赤緯。黄道是斜交赤道，其交於黄道、會於黄極者爲黄經，與黄道平行者爲黄緯。七政所行胥隸乎此。惟五星又各有本天高卑行度，亦有本輪、次輪、左旋、右轉，其本天大小遠近亦有定距，而其次輪上行度又各各有異。凡月與五星之行，在其本輪上行度，並非星月之真體實行，真體實行是在次輪上行也。五星之會日、冲日、合伏、退、望、近日、遠日、順、逆、遲、留與夫日月星之互相掩映而成交食、陵、犯，其間正視與斜望殊觀，仰測及旁窺異法，在度數有南北疏密，形體垤坳，非深思造微者不能明其理也。理非數無以顯，數非象無以明，明乎經緯之數，天象無不可實測矣。

七政形象大小説

七政形象各有大小不同，土星遠於赤道，其星圈所占甚寬，本體一星長圓仿彿卵形，左右繼有兩小星，或時與本星聯體，外又排定小星五點，繞土星之體而行。觀其所動與恒星各異，故知此星是居七政之内，又別一星也。近本星者爲第一星，約行二日弱，第二星約行三日弱，第三星約行四日半强，第四星畧大，行十六日，第五星行八十日，皆旋繞土星運行一周。其土星全徑大於地球全徑九十倍又八分之一。木星面上常有平行黑影，亦有小星四點，其行動甚異，或東或西，其光甚微，與木星遠近相連。近者爲第一星，約行一日七十三刻，第二星約行三日五十三刻，第三星畧大，約行七日十六刻，第四星約行十六日七十三刻，皆圍繞本星運行一周。木星全徑大於地球全徑九十四倍半。火星面上常有無定黑影，其體大於地球半倍。太陽在七政中間，爲諸天之主宰，本體大於地球一百六十五倍又八之三，金星本體小於地球三十六倍又二十七之一也，水星本體小於地球二萬七千九百八十一里弱，月球小於地球三十八倍又三之一，然則日大於月六千五百三十八倍又五之一，此管窺之實測也。但人目所睹，近者雖小亦大，遠者雖大亦小，不可以井窺泥也。

本輪次輪平行説

七政各有本天，又有本輪，其本輪行度原是平行，就本天三百六十度而以七政周率平分之，則得每日平行實度，如月輪則二十八日奇運行一周天，約每日平行十三度，每歲行十三周；水星則八十八日有奇運行一周天，每日平行四度；金星則二百二十餘日運行一周天，約每日平行一度半强；太陽則一歲行一周天，每日平行一度；火星兩歲運行一周天，約每日平行半度；木星十二歲運行一周天，約每日平行十二分度之一；土星約二十九歲有奇運行一周天，則二十九日而行一度，每日平行二十九分度之一，是爲最遲。此本輪所行本天周行之大畧也。至本輪上又有次輪，兩輪周之度俱爲三百六十度，土星在次輪上行三百七十八日有奇運行次輪一周，木星則三百九十九日弱運行次輪一周，火星則七百八十日弱運行次輪一周，金星則五百八十四日弱運行次輪一周，水星則一百一十六日弱運行次輪一周，皆從合伏而再合伏，惟月則十四日有奇運行次輪一周，從朔至望，從望至朔，在次輪上是行兩周纔合本輪全周之數。五星在次輪上行度與離日之度相同，月行次輪上與離日之度爲加一倍算，故曰倍離。太陽無次輪，其運行全在本輪上，行度故只有盈縮而無留退。月雖有次輪，而次輪甚小，不能改易本輪徑度。月行次輪上，其次輪心又行本輪上，但能加本輪遲疾，不能改徑度東行之勢，斯成留退矣。

輪別高卑説

七政本輪最高是土、木、火，最卑是金、水、月，而日居其中。土、木、火三星行度有合日，有冲日，金、水則無冲日，惟有順合與退合。至合伏則五星皆有，土、木、火在次輪上行至合日處，是爲最遠；漸漸而下行至冲日處，是爲最近。而火星行至冲日時，能直至太陽之下，尤爲最近。金、水二星順合是在次輪上則遠，退合行至次輪底則近，所謂遠近皆以遠近於地心而言也。惟月則不然，其次輪上之或遠或近，皆謂其遠近於本輪而非以地計，故高卑盈縮極增之數皆在兩弦，仍以本輪爲主，遇最高則極高，視徑加小；遇卑亦成極卑，視徑加大。遇遲限則極遲，遇疾限亦極疾，然而高卑極增之時，高卑視差只如行交中距兩輪相加，其勢自然也。但五星遇合、伏、退、望、遠日、近日、順、逆、遲、留、疾、冲所以不能相等者，皆因星之高卑大小，有因乎日者，有由乎氣者，近宗動天則遲，遠宗動天則速，土、木、火三星處高，近宗動天故遲，金、水二星處卑，遠宗動天故速。凡五星

東行曰順，西行曰逆，不東不西曰留，與日相掩而不見曰伏，與日同度曰合，合伏一周謂之周率。

星行次輪周説

日月五星皆隨宗動天左旋，人目共見是東出西入，其實七政之本天自行皆從右轉，因宗動天左旋運行甚疾，帶動七政皆從左旋，土、木、火三星位居太陽之上，近宗動天，故其左旋速於日而每日有所差者，盡在次輪之心平行也。凡五星與日相距者，皆因次輪心爲宗動天所掣，漸離太陽而向西行，其星不得不從次輪之頂向東漸往下行，而追日，星既漸移而東又漸行而下，此即不能平行而成環象，次輪上星行之軌迹即成圓形矣。次輪心在本輪周行，居太陽之上，星又行次輪之頂，從星體正中一綫直透輪心，又過太陽心，通到地球心，此是日與星掩謂之合伏。自合伏以後星在次輪上東移，似乎平轉，故見東行之速，斯時謂之疾限。其次輪心離日漸遠，星在次輪離合伏之度亦漸遠，則向下而行東行之度漸遲，是爲遲限。次輪心行離太陽一象限，於是星在次輪往下直行，人居地面視之，不見其動移，即入留限。過此則次輪距太陽漸遠，追行至半周，其星亦行至輪底，斯時輪心與日相冲，星行在輪底以後，即轉向西行而退，此是退限。自輪心一綫透星體以過地心直至太陽之心，共成一綫，是星與日相望，則爲退冲。未至冲日爲晨見，退冲以後爲夕見，而夕見則西行與日相近，東行則與日相遠。次輪心反在日後，從西而追日，此時日行在西，星在東，其星只得自輪底往西行而追日，此又爲退限。次輪心從西距日則近，而星西移漸向上行，以就其距日之定距，但星在輪邊，與輪心亦有定距，其西過半象限，只得轉從向上行至西行，距日一象限，自向上行之勢，又直人從地面視之，則不見其動，又行八留際。過此則次輪心距日益近，是星在輪上漸向東行，再交合伏之度，又就其距日之常度，於是又見東行之速，而順從合伏又八疾限，此是次輪一周也。

輪分左右旋説

七政爲宗動天，所轉共成左旋，每日繞地運行一周，但星之所行又依本輪右轉，此本輪有一定之度，五緯並同。然則次輪上實行之度，緣與太陽有定距，是以太陽爲主，故能繞日而行，其金、水本輪雖在太陽之下，其星又在次輪之上向日環繞而行，是則日又爲金水次輪心，次輪右轉，故能旋日右行也。土、木、火則不應以日爲心，但其距日亦有一定之度，遂成圍日之迹。此是就次輪上行度而言，仍歸右旋，與金、水相同。若以軌迹之圈圍日而言，則是左轉，與金水異矣。上三星隨宗動天左旋，猶速於日，故合伏之後星在日之西，若以右旋言，是星不及日；以左旋言，是星過於日。在冲日之後，星在日東，以右旋言，是日逐星；以左旋言，是星逐日，所以不特其繞地平行爲左旋也。但其距日有常而成軌迹之圈，繞日亦是左旋，金、水之左旋與日等。故合伏後在日東，退合後在日西，是則平行繞地者均爲左旋，而其圍日之行則爲右旋也，故上三星左旋與金、水異者，主乎圍日以爲言也。然則次輪之行度仍是右旋，此是人目視行之法，遠則見遲，近則見速，但土、木、火左旋雖速於日，又是次輪上半而行，故過日之度稍遲，下半輪過日之度加速，金、水左旋雖與日等，而在次輪上半，較日距地爲遠，則見左旋遲於日，下半距地較近，則見右旋速於日，夫上半輪左旋遲，則下半輪右旋必速；若下半輪左旋速，則上半輪右移反遲，自成留退。此所以次輪上五星皆爲右旋也，然次輪又有上下之分者，是與太陽有定距，因與太陽有定距，則能成次輪上周轉而行，因星在次輪上周轉而行，所以與日有定距也。

順逆遲留視行説

五星在次輪上，至合伏時順輪心行，故疾，行至中距漸遲，人視星行自上而往下，初不見其動，是爲留際。至下半周逐輪心行，是退最近，而與日相冲，斯時離地近，星體必大，復行近中距，自下而上，又見爲留。至上半周復順疾，再交合伏。但金水二星則環繞日體，亦自合伏起，星行次輪上爲最遠，退合時星在次輪下爲最近，退合無緯度，是金、水之星行八日球之中，斯時見日中有黑子，即爲星蝕。土、木、火三星遇合伏時起則順疾，是日在前，星隨後，而晨見漸遠則漸遲，遲極而入留際，將望而逆，既望夕見，逆極而復留，又爲順遲行，近日復疾，再與日合而一周。金、水二星亦自合伏起，行順疾限則日後星前而夕見，漸遠則漸遲，遲極而留，逆行就日而伏，既乃晨見，逆而極遠，復留漸順遲行，近日復疾，再與日合而一周。星行出八黄道與月同理，雖有本輪、次輪，而人目所望，但見一綫迤邐出入黄道也。凡距黄道緯度，近交則小，半交則大，合伏時小，退望並退伏時最大。凡星在次輪，是終古平行，本無遲速，其有遲速而又加留退者，此皆視行也。星行上半輪在本天之外，去地最遠，與輪心俱逐日而東，輪行而星亦行。輪行者次輪心之行也，星行者輪周之行也，兩動並行，故見爲疾。漸下在兩旁盡處，人從下望，其勢徑直，雖行似不行，然星雖不動，而次輪在本輪上，猶移也，故見爲遲。及行下半輪稍深，輪東星西，其數稍盈，則見爲逆。數適相等又

見爲留，轉至兩旁盡處，又見爲遲，漸向上半輪界又以漸而速，是故順、逆、遲、留皆因人目所視而成，非星之實行也。然而究其故，則是輪周之轉而爲之。金、水二星不經天者，緣與日同天而其輪心行度又與日等，故退伏而不退望，實則與三星之理同。

清·李明徹《圜天圖説》卷中　前後兩留考説

五星行兩留限，其行度亦有比較，可知前後兩留之數前少而後多，各自不同，如土星在合伏後行前留則一百十四度，行後留則二百四十六度。

木星前留一百二十六度，後留二百三十四度。

火星前留一百六十三度，後留一百九十七度。

金星前留一百六十七度，後留一百九十三度。

水星前留一百四十四度，後留二百一十六度。此兩留之間俱退行。夫兩留之間濶狹度殊者，蓋輪之東去遲，星之西行速，則兩數相除易盡，而先留輪之東去速，星之西行遲，則兩數相除難盡，而後留此濶狹之原也。土、木、水皆輪遲而星速，最高是土星，在次輪上行則三百八十七日行滿一周，斯時次輪心在本輪周只行得十二度奇。本輪度合本天之度。木星行次輪三百九十九日弱一周，其次輪心在本輪周只行得三十三度奇。水星在次輪行一百一十六日弱則行滿一周，其次輪心在本輪周只行得一百一十四度奇。此三星行度故多在兩留之間，是輪行遲星行速。在火、金二星則輪行速星行遲，如火星行次輪七百八十日弱一周，次輪心行本輪周是四百零八度奇，金星在次輪行五百八十四日弱一周，次輪心行本輪周是五百七十五度奇合星行次輪一周也。故兩留之間少。又前留距合在本天最高則少、最卑則多，星行後留在本天最高則多、最卑則少。所以然者，在最高則次輪心逐本輪周西移而東行之度縮，在最卑是順本輪周東過而度益盈。縮則星度與之相除也易，盈則星度與之相除也難。與前論留限濶狹者有異，而原則同歸也。又凡人自仰視，遠則察見其兩際而近則窄，土、木、水是次輪小，故高而遠；火星是次輪大，故卑而近。在最高則遠，最卑則近，此其兩留之視法所以不同。又五星距黄緯土星三度太，木星二度太，火星南則六度半强、北四度十一分，金星北八度半强、南則九度弱，水星南北各四度，凡在此以下爲淩犯也。

五星以地爲心説

太陽能攝五星者，如磁石之引鐵，故其距日實有定距。太陽在本天旋行一周，而星之升降運行即成圓象，是名次輪，其次輪亦行一周耳。至若土、木、火之次輪皆大能，與太陽天相同，測其徑之大小各以其本天半徑相爲比較焉。因知土、木、火三星又與恒星天相近，統爲宗動天，所掣其次輪雖從宗動天左旋運行甚疾，亦不能與恒星同復故處。其本星在次輪上仍是右旋，依每日比較與恒星所差者甚微，如土星每日所差二分有奇，木星每日約差五六分，火星每日約差半度。然則太陽每日所差一度也，此皆依宗動天左旋而言。實則五星之本天各有大小，皆以距地遠近而論，則一應相同全以地爲心者，實有確據，無可疑也。又有論五星以太陽爲心者，是在次輪上旋行軌迹圈聯之，即成圓象，而能圍日，此五星繞日而行之虛迹，非比地心之實著，原是虛迹不可以作實度算。所謂五星又以太陽爲心者，蓋此耳。兩説雖則不同而次輪之心行於本輪之周，其本輪原以地爲心，此三者相待而成復歸一元，並非兩法，故無不同也。土、木、火三星在次輪右旋，金水在次輪上左旋，皆是挨度平行也。

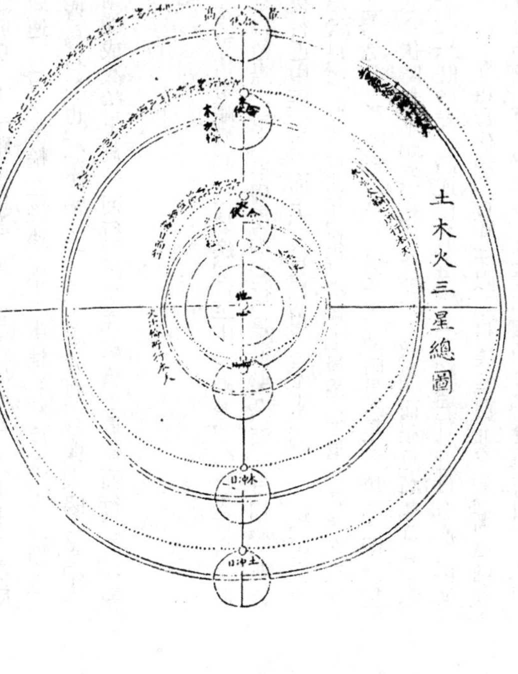

土木火三星總圖

土木二星説

土星之本天，外離宗動天四萬四千一百五十六萬八千一百二十六里餘，内隔恒星天一萬一千六百九十九萬九千二百八十一里餘，其本天大於木星本天七千九百萬零九百八十里餘。其土星次輪與太陽天同大，次輪半徑爲本天半徑十分之一强，上弧一百九十二度强，下弧一百六十八度弱。

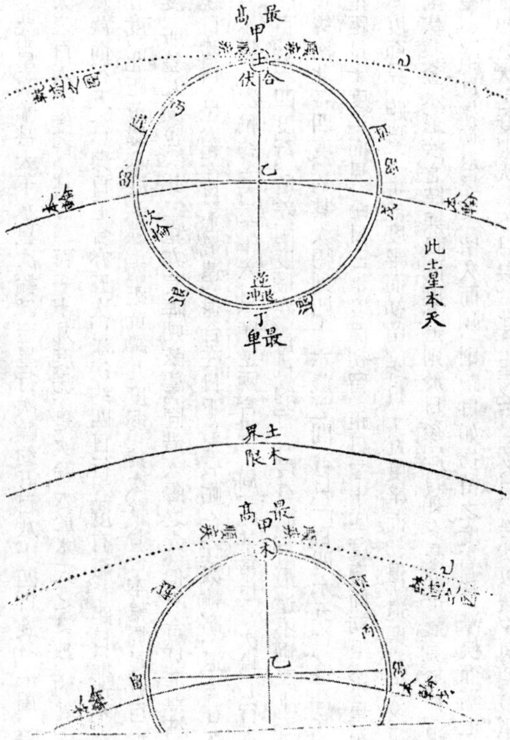

土木遲留伏逆圖

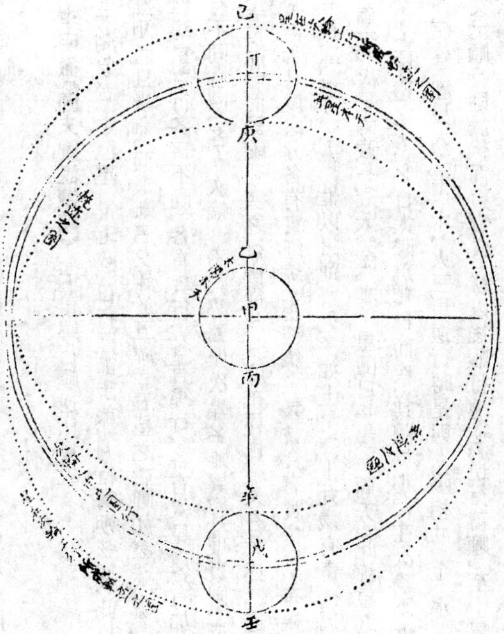

土木行次輪圖

木星本天外離宗動天五萬二千零五十六萬九千一百零六里餘，內隔恒星天一萬九千六百萬零二百六十一里餘，其本天小於土星本天，次輪半徑爲本天半徑十分之二弱，上半弧二百度强，下半弧一百六十度弱。五星次輪俱是上半弧度多，下半弧度少，雖由高下之分，實謂陰陽之理。本輪心行本天一周，星度徧本輪行度亦滿一周也。

如土木行次輪圖。甲爲地心，乙丙爲日輪本天，丁戊爲星本天，庚壬皆爲次輪。如日在乙，次輪心在丁，星在己，此即合伏時也，日行至丙，星亦行至庚，此即夕見退冲時也，庚丙之相距與己乙之相距等也，或日在丙，次輪心在戊，星在壬，日行至乙，星亦行至辛，辛乙之相距等也。星之距日既隨在皆相等，則連其軌迹俱成圍日之形。試用己乙之距爲半徑作圈，即成己辛圈爲星行軌迹，所到而以乙日爲心，試用庚丙之距爲半徑作圈，亦成庚壬圈爲星所行到而即以丙日爲心，雖則各星自行亦有高卑，其距日不無遠近之差，要不能改其圍日之大致矣。

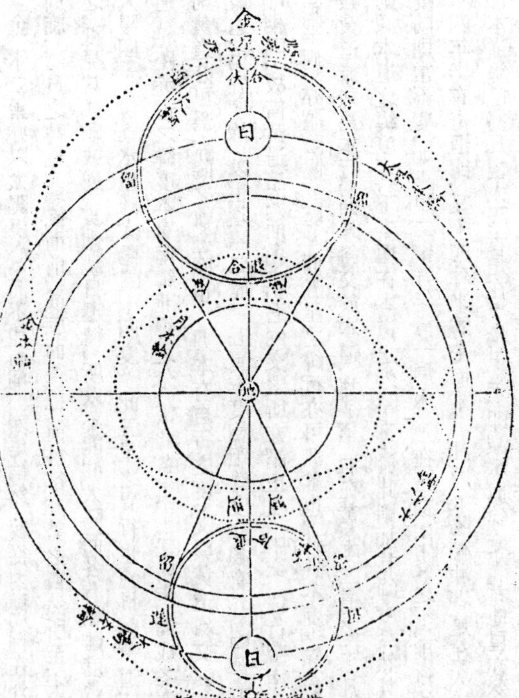

金水二星圖

金水二星説

金水二星雖同一天，每歲約行一周，然金星本天畧大於水星本天不過一度，而金星次輪甚大于水星次輪。金星行次輪約五百八十四日旋行一周，除去本天三百六十度奇，其餘二百一十九度弱，是次輪大於本天之實數，約其大周則八歲而行五合，與日退合亦五次，最疾約四日行五度有奇。距日最遠不過四十五度，北距黄緯八度半强，南距黄緯九度弱，其次輪心行本輪周是五百七十五度，所差九度也。此二星亦有晦朔弦望，同借太陽之光，但有合伏而無冲日。環繞日體自合伏起在日上最遠，退合在日下最近，順合在次輪高，退合在次輪卑。水星行次輪約一百一十六日，順逆兩合爲一周，此其常也。次輪心行本輪周一百一十四度奇，所差兩度最疾，每日約行一度奇，距日最遠不過二十五度，距黄緯南北各四度，約其大周則四十六歲之間合日一百四十五合，退合亦然。金星距日十度半而見，距日三十度而初留，距日二十四度奇而初退，水星距日十六度而見，距日二十一度半而初留，距日十九度半而初退，退與日近夕見之度則伏。金水退疾之時與日同度，退則於日後距日如夕見之度晨見於東，退止而留，則距日如初退之度，留久而順，則距日如初留之度，遲行漸疾而漸近日，距日如退伏之度則伏而不見矣。此二星之行速於日，合伏以後夕見西方，未至退合皆爲夕段，夕段在日東。退伏以後晨見東方，未至合伏皆爲晨段，晨段則在日西矣。

清·李明徹《圜天圖説續編》　五星緯行順逆伏見説

凡步天測象者，定恒星、推七政，日行躔節步歲，月行晦朔弦望，此日月之最明易見，推測尚且爲難，而最難者莫難於五緯。五星之體圓如滚珠，黄道之軌有若虚槽，但緯星之行各自不同，各有異行，各有緯行，各有伏見，各有加減，各有均圈，各有不同心圈，各有次輪。不同心圈與次輪名雖異，其理實同，皆附在黄道左右八度之間，而盈縮遲疾之行皆從此分度布算也。又有黄赤二道，二極各有三百六十度，其度之分各有實經緯、視經緯。其會合有實會合，有視會合，又各有實望、視望，樊然不齊，惟以日躔齊之。如土星二十九歲有奇一周天，木星十二歲一周天，火星兩歲一周天，金、水二星隨日一歲一周天，此緯星之本行也。五星在次輪上極遠之所，必合太陽爲順行而疾，其體見小。在次輪下近地之所爲逆行，亦疾，其體見大。土、木、火三星逆行時是與太陽相冲，金、水二星逆行則夕伏而合，順行則晨伏而合，其合伏以後順行轉逆，逆行轉順，至中界則爲留際，留際非不行，乃際於極遲行之所也。留段前後或順或逆皆爲遲限，則其行遲也。土、木、火三星之本天最大，皆以太陽爲心，而能包地，逆行時得與太陽相冲。金、水二星亦以太陽爲心，而不能包地，如車輪然，轂從内轉，軸在外者自上下周旋，隨日之轉也，或旋而前，或旋而後，一前一卻亦勢之自然所至，人從地面視之，祇見其或順或逆，實則繞日環轉，所以不能冲太陽而各有相離度數。金星離太陽四十八度，水星離太陽二十四度。此五星之異行也。日躔黄道，斜交於赤道，相距赤道之緯度本有南緯北緯之分，南北各二十三度半，而成冬夏二至，是則黄道亦可爲太陽之軌迹圈也。月本有自行之度，又與黄道斜交，相距之緯度最遠，爲五度餘，以生陰陽二歷。五星本度相距緯度亦各有異，因黄道與月道其理相同，故借黄道諸名而名之，遇兩交之所亦謂正交、中交，或行至南，或行至北，兩半周，亦謂陰陽二歷。而五星之緯行亦可測求也，其各本度之外歲行次輪恒與黄道雖共爲本行，而又斜交於本道，其上半恒在黄、本二道之中，凡星躔於此則減本道之緯度，其下半恒在本道之外，星躔於此則加其緯度。然其次輪之緯度向則常不變，如土星二十九年奇一周天，凡在正交、中交之下，則無緯度分，如十四年半有奇恒比，又十四年半有奇恒南。凡與太陽相冲者是在次輪下半，即加本道緯度；凡會太陽者是在次輪上半，即減本道緯度。若他星亦然。或行近於地，次輪加緯度益多。太白星行至合伏之際，因其最低近地，其緯度幾及八度耳。舊歷原不諳五星有緯行之度，但見金星行至南北緯度七八度之間，即詫然謂之失行。此因歷法不密故也。緯行之度是萬曆年間始於徐光啓、李之藻諸公，並泰西利瑪竇、陽瑪諾等測明緯行之度，至今曆法益密精明之至矣。然則五星運行原有南緯、北緯之分，距交黄道又有正斜、升降之勢，各宫所距不同，故不能一應以距度定限。今之定限惟用地平爲主，緣地平蔽障日光，能使五星或伏或見耳。因太陽入於地平，其光漸殺，所謂晨昏是也。晨昏之光四時不等，所以然者，太陽躔黄道，漸入地平，或十度或十五度以至三十度，原自不等，而星度所行在黄道南，相距必多數度；在黄道北，相距必少數度，其限亦不能泥也。大約土、木、火三星較太陽則遲行於後。太陽夕伏晨見，金、水二星順天東旋，較太陽行疾，行在先太陽，晨伏夕見。逆行反是，凡與太陽相遇亦夕伏晨見。月行較日更疾，晨伏夕見。至於金星之緯度所行不及八度則有逆行，合太陽到壽星辰宫、西名天秤。大火卯宫，西名天蝎。此兩宫其緯度是在北七度餘，雖與日合，其光則不伏，晨夕皆可得見。水星之緯度惟四度餘，其緯度向南合太陽於降婁戌宫，西

名白羊。此後去離星必不見，此五星又各有不同也。如土星右行二十九年奇一周天，夕伏與合伏各二十日三十八刻九分，各行二度二十四分，晨出東方，遲疾共八十六日行七度三十九分，留三十日，晨退與夕退各五十二日六十一刻五分，各退三度三十七分四十四秒半，後留三十日，遲疾共八十六日行七度三十九分，又夕後伏見爲一周天，大約六十年同而日時則不能同也，六十年雖同，但其遲疾伏退過宫則不能同。其日時或前或後，大約所差五六時矣。木星十二年一周天，夕伏合伏十六日八十二刻五分，各行三度五十一分三十六秒，晨出東方，疾遲共一百十二日行十七度五十分二十四秒，留二十四日，晨退與夕退各四十六日五十六刻三分，各退四度五十二分五十秒弱，留二十四日又遲疾共一百一十二日，行十七度五十分二十四秒，又夕伏而後見爲一周天，大約八十四年同而日時又不同也。火星二年右行一周天，夕伏與合伏各六十九日行五十度，晨出東方，疾退共二百八十四日行一百六十六度，留八日，晨退與夕退各二十八日九十三刻十四分，各退八度三十九刻四十分奇，後留八日，遲疾共二百八十四日行一百六十六度，又夕伏後見爲一周天，大約八十年同而日時亦不能同也。金星右行，或先或後太陽，每歲一周天，晨伏與合伏各三十九日各行四十九度三十分，夕出西方，疾遲共二百三十一日行二百五十度三十分，留五日，夕退十日九十一刻十三分退三度四十一秒奇，夕退伏六日退行四度二十一分，其合退伏如夕退伏，其晨退亦如夕退，留五日，遲疾共二百三十一日行二百五十度三十分，而又晨伏，但其旋行，晨先日出東方謂之啓明，夕後日入西方謂之長庚，以辰申爲界，辰見巳位，夕見未位，大約九年同而日時亦不能同也。水星右行，或先或後太陽，每歲一周天，晨伏與合伏各十七日七十二刻，各行三十四度一十五分，夕出西方，疾遲共二十七日行三十一度三十分，留二日，夕退與合伏各十一日十七刻十四分，各退七度四十九分弱，晨留二日，遲疾共二十七日行三十一度，而又晨伏，爲一周天大約四十七年同而日時亦不能同也。凡七曜錯綜之行，大約至四千六百一十餘年，逢子月又遇甲子朔日冬至夜半，此七政行度經緯相同，斯時則日月合壁五星連珠，此乃七曜齊元第一日也。

月五星緯行圖列於後

土星南緯三度四分，北緯三度二分，次輪一周輪心平行十二度奇。

木星南北緯度俱二度四分，次輪一周輪心平行三十三度奇。

南緯六度四十七分，北緯四度十一分。次輪一周輪心平行四百餘度。

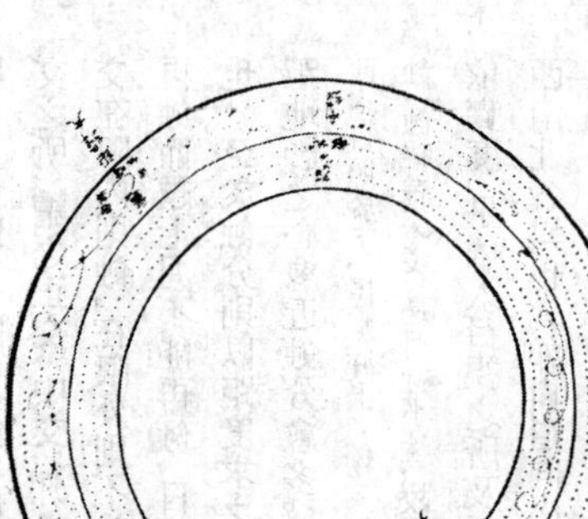
土星南北緯行圖

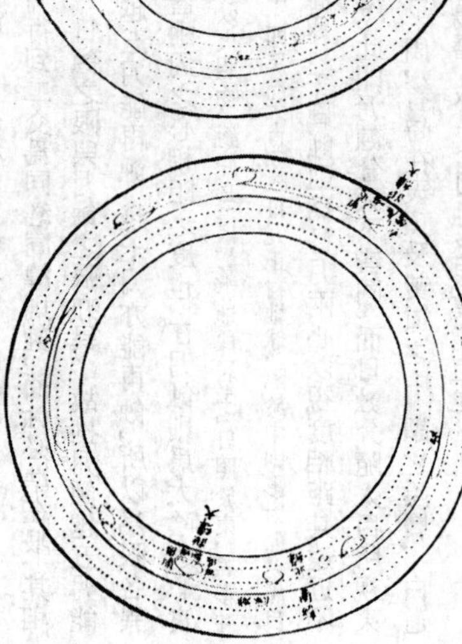
木星南北緯行圖

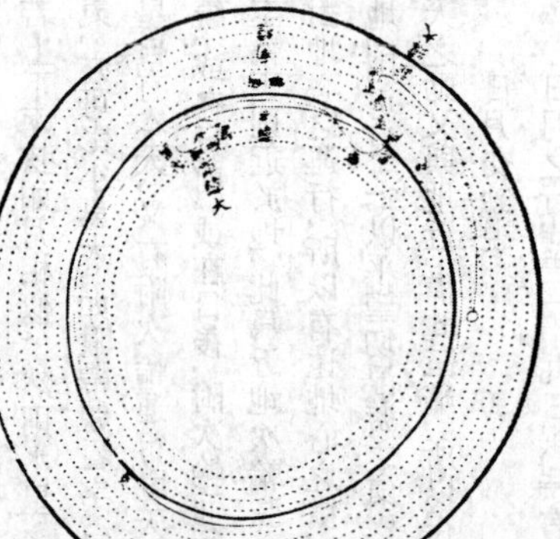
火星南北緯行圖

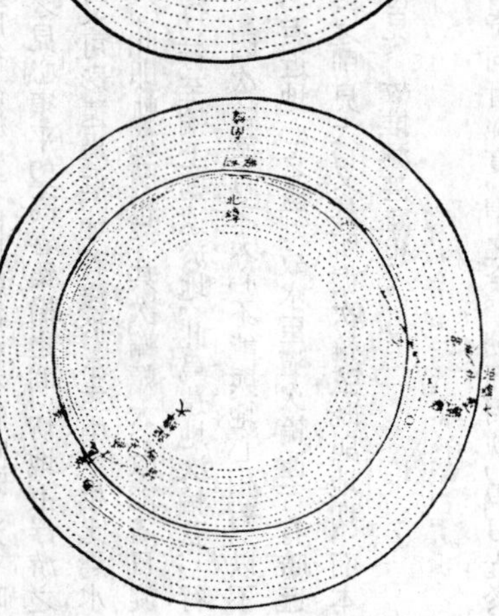
金星南北緯行圖

金星南緯九度弱，北緯八度半强，次輪一周輪心平行五百七十餘度。

水星南緯、北緯各俱四度，次輪一周輪心平行一百一十五度奇。

月距南北緯各五度，冬行北，夏行南，次輪一周輪心平行一百八十度。

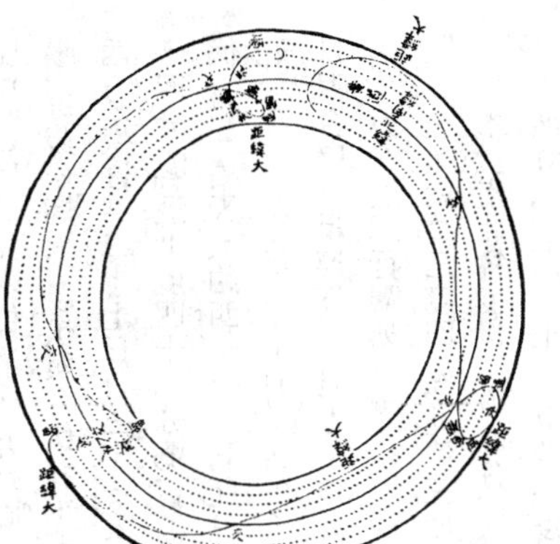

水星南北緯行圖

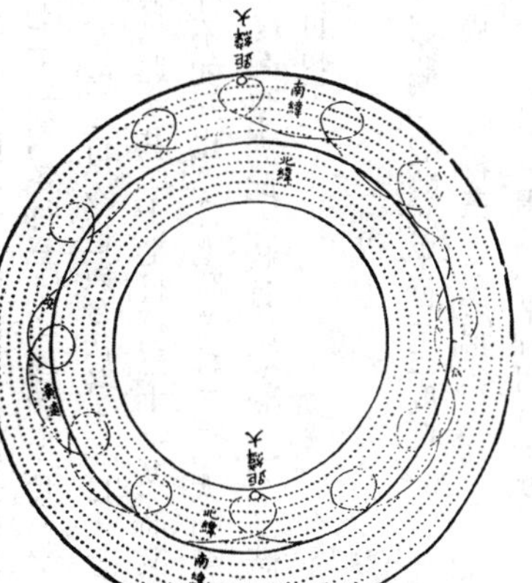

月南北緯行圖

月五星緯行説

五星難測者，是在緯度之參差，月與星皆隨黄道運旋，各有出入，南緯北緯多少不同而生進退，但其周行之度又有進而復退，退而復進，各就所司。然其運行周轉，至於遲、留、伏、逆、順、疾、退、合，此視行之變通也。如人目所見，運行之度亦參差不一，其顯見不同。今繪圖列度以明緯行各異。凡五星在本輪隨本天之上，則逐天行而西，計輪心即退天一度，輪周亦西轉一度；次輪在本輪上，逐日躔而東，計輪心離日躔若干度，輪周亦東轉若干度。雖從璇璣運轉，亦爲氣所攝也。本輪之周爲最高所攝，輪心雖右退而其左轉向最高者不移也。次輪之周爲日所攝，輪心雖左徙而其右轉，以向日者不移也。夫虛空之中一氣而已，其動也一機而已，此皆理勢自然之定數。故一氣之中，羣象効焉；一機之發，衆動生焉。然而兩輪雖周，不離其天；兩數加減，不改平度，隨其變化而道有常。雖則參差，其數有紀，是亦可謂至賾至動而不能亂者矣。

金水二星伏見説

五星之中，最小維金、水二星，金星小於地球三十六倍，又以地球九萬里算之，亦庶幾約大三千里耳。其本天在水、月二天之上，星體光耀可能遍照地面。水星小於地球二萬七千九百八十一里弱，其本體約大六百五十餘里，所居亦在月天之上，此星微小甚矣。又因附日而行，其光俱伏，故不能常見也。泰西有推步名家做成管窺望遠之鏡，管窺之器，以一獨木杵作架乘之，約高五尺，下有三足着地，上有偃月以座管，窺筒能旋轉左右，隨景高低，此觀星之活用也。其管窺鏡以銅爲筒，長約數尺。其大小各四五筒叠套内小鏡，向物視之，見大爲小；外大筒鏡向物視之，見小爲大，約百里之遥，無雲霞所隔視，見人鬚眉嘻笑如在目前。乃萬曆年間始有此器，能測天之高低，觀星宿多少，深淺之度數，皆由此器也。測觀土星兩旁有二小星周行甚疾。太白星所行亦有時晦時，光有時若上下兩弦如月相似。木星旁亦有四小星如附耳焉；外有小星五點圍繞旋行。然則水星之見必須平望高春桑榆之間，切地上浮游之氣，亦可影小爲大，如眼帶鏡看字，又可影遠爲近，如着錢於水盂中。相比焉水星自有本天，又有附次輪運行之天，此即軌迹圈也。其次輪頗大，故能隨日旋繞，或在日前，或在日後，附次輪而行，行至輪上則遠於地，此爲遠地次輪弦；行至輪下則近於地，此爲近地次輪弦。因次輪旋行之天心不能與地心相對，以不對地心之運行，所以有遠地心之處，有近地心之處。故水星隨次輪運行有時近地，則可見之，以平望切浮游之氣影之則見大，又其所循次輪弦既與地切，而本天之動又與地近，備此三端，所以得見。故推測甚難也。

日月交蝕説

日月之行，至二十九日六時有奇同行經度，謂之合。朔而月魄，隔日光於下，而不偏斜，謂之日蝕。合朔，月月初一皆合，是同經度，緯度則不同，此名合朔，不爲蝕。月距日一百八十度相冲，謂之望。若經緯相同當冲時，必入地影，而地居中間，日光爲地所隔，不能射照月體，月不得借光，謂之蝕。而時當在黄白二道相交之所，謂之正交、中交，凡日月行到二交爲同經同緯則蝕，而蝕必準在限，其相交在限内則蝕，在限外則不蝕。日蝕之限與月蝕之限亦異。故推月蝕越五月能再蝕而越七月不能再蝕，日蝕越五月能再蝕、越七月亦能再蝕，所以爲限各異也。至於蝕分則以距度求之，蓋兩周之心相距之度也，在月蝕則爲太陰之心實距地影之心愈近蝕分愈多。凡以火照物，對冲必得黑影，地球居中，日照於東，黑影冲西；日照於下，黑影冲上。物入影中，即黑而不見，故日月正對地球，隔於中則影射而月黑爲蝕，蝕時有深淺，是月行小輪，故有高低。在日蝕則爲日月兩心以視度相距其遠近不依實度，是依人目視之所及爲準，此即月蝕分天下皆同，而日蝕分隨人目所視東西南北各異也。如白道向南極半周，有時在天頂及黄道之中，謂之陰曆；白道向北半周，是時在黄道外，謂之陽曆，故其下日蝕之限莫能定也。

京師北極出地四十度，約算陽曆八度，陰曆則有二十一度，故知月蝕相會凡

在陽曆近二交八度，在陰曆近二交二十一度，其下必見日蝕，過此限以往則否也。即北可以推南，莫不以遠近多寡定蝕之驗。然二曆蝕限之度有異者，其故在月輪，月輪最近於地又小於地，人見之所在地面，非在地心，以月天論地平，雖天與地球皆爲平分直過其心，而人在地面高處視天地之兩界，則地球與月天非平行也，而小半在上，大半在下，約差一度。以求法推算，月以出地平於人目所視之地平尚少一度，此謂之視差。惟月在天頂，正地平與視平之極皆以一直綫合於天頂，此時則無有視差。過此左右不免有差，愈遠天頂，愈近地平，其差愈甚。夫視法無他，常降下月體數十分耳。假令日月同度在近交之南，又因同度並在地平上高二十度，則日於視地平爲十九度五十八分，衹降二分，月於視地平爲十九度，直降一度，以日月二差之較爲五十八分矣。若日月同高共度，而人視之，月常低日一度耳，不掩日光則不蝕，若日月在地平上高七十度則日無視差，月視差止二十分，其降於日亦二十分，勢必相切或至掩數分而成蝕。若日月在交北，又當以月算在日之上，庶因視差所降而掩日光以爲蝕矣。此二地平之差又分二焉，一加減交蝕分數，謂之氣差；一加減時刻，謂之時差。此推測交蝕之難也如此。

七政合聚遲疾淩犯説

凡日月在黄道上同經度，是爲聚會，若月遇日曰合朔。星遇日同經度曰合伏。星遇星同經度曰淩、曰犯。二星光芒相切曰淩，二星相距七分曰犯。若經緯度兩行相遇，月遇日則曰日蝕，星遇星、月遇星皆曰掩。凡同經度者亦有二焉，或同黄道，或同赤道，若在赤道同度謂之同升，同黄道謂之同度。兩曜對照相距天之各半爲經度一百八十度，月對日爲望，若經緯俱同相對，斯時地球在正中相掩，是爲月蝕。夕星與月相對爲夕退，又合伏者，星會太陽，被日光所掩，人不見星，故爲合伏。夕伏星比太陽遲，合伏後太陽故夕初伏不見，如土、木、火三星及金、水二星逆行之時。晨伏星比太陽行疾，合在先太陽，故晨伏不見。夕見星比太陽行疾，過合而先行，故夕見。晨伏夕見者，唯金、水二星及月名晨伏，土、木、火三星非晨伏也。晨見星比太陽行遲，合伏太陽故晨見。此五緯逆行合太陽之後，或初見，或初不見之界限。如日月有遲有疾，五星亦有遲有疾，兼有順逆。星之逆行有限，遲行則無限，蓋遲則不行而入留際。今須求遲疾順逆一日之行若干，始可考其淩犯之分也。

日疾行六十一分二十秒，遲行五十七分。

月疾行十五度十七分九秒，遲爲十一度十九分四十九秒三十六微。

土星順疾爲八分九秒，逆疾爲五分一十三秒。

木星順疾爲十四分二十四秒，逆疾爲七分四十四秒。火星順疾爲四十七分二秒，逆遲爲三十五分十一秒。

水星順疾爲一度五十四分，逆遲爲一度五分。金星順疾爲一度十六分，逆遲爲三十八分。今將月行遲疾限列爲細行之圖，可見遲疾二行較平行之數並非一律，遲行以較平行則減一度四十七分，疾行則須加兩度零三分。五星畧同，一法推測便用也。

算月遲疾限圖式度數横列於後

遲行式	度	分	秒	微
	十單	十單	十單	十單
一日平行	一三	一〇	五三	〇一
半之	六	三五	二六	三〇
前均		三三	二一	四九
倍減	一	〇六	四三	三八
本天遲行 太陽一日	一二	〇四 五六	〇九 〇一	二三 八九
月距日次之	一一	五	〇一	八九
半之	五	三二	三〇	三二
次均		二三	一〇	
倍行		四六	二〇	
極遲行	一一	一九	四九	五三

疾行式	度	分	秒	微
	十單	十單	十單	十單
一日平行數	一三	一〇	五三	
均行	一	一〇	四四	
本天疾行數	一四	二一	三七	
太陽一日行		五九	〇八	
月距月次引	一三	二二	一九	
次均		五四	三二	
極疾行	一五	一六	〇九	

月在次輪上旋行，本天到最高處，其體則最小，因次輪又極遠，即行至弦時所距太陽之三宫亦一日，此太陰距太陽遲行之均數也，如他星亦皆用此法即可得遲疾數也。

七曜會策説

土木二星相會，積爲七千二百五十四日八刻弱會。土星與火星相會，積爲七百三十四日二分六秒會。土與太陽並金水相會，積三百八十七日六時强會。土星與太陽相會，止要二十七日八時零八分弱會。木火二星相會，積爲八百一十六日十時五分强會。木星與太陽並金水二星相會，積爲三百九十六日十一時零四分强會。

木星與太陽相會，二十七日九時零八分弱會。

火星與太陽並金水二星相會，積爲七百二十六日十一時零八分弱會。

火星與月相會，止要二十八日十時零五分强會。

太陽與太陰相會，止要二十九日六時五刻强會。

此七曜相會策數，總計之積爲實算也。

五星平行率説

土星以五十九年節氣或天周年。又一日四分日之一弱行次行圈即歲行也。五十七周，節氣周也。二周一度四十三分。

木星以八十三年不及四日又六十分日之五十四行又次行圈六十五周，此積時間星行本圈天周或節氣或經度。六周不及四度又五十〇分。

火星以七十九年又三日六十分日之一十六行又次行圈三十七周，徑周四十二周又三度〇十分。

金星以八年不及二日又六十分日之一十八行又次行圈五周，其平行與太陽同。

水星以四十年又一日六十分日之三行又次行圈一百四十五周，平行亦與太陽相同。

又積年變日以周天化度得數如左：

土星二萬一千五百五十一日一十八分，日六十分下同。行二萬〇五百二十〇度。

木星二萬五千九百二十七日又三十七分，行二萬三千四百〇〇度。

火星二萬八千八百五十七日又五十三分，行一萬三千三百二十〇度。

金星二千九百一十九日又四十分，行一千八百〇〇度。

水星一萬六千八百〇二日又二十四分，行五萬二千二百〇〇度。

以度爲實日數如法而一，得各星一日之細行。

土星一日行距太陽之行也。〇度五十七分四十三秒四十三微四十三纖四十〇芒。

木星一日行距日之行也。五十七分〇九秒〇二微四十六纖二十六芒。

火星一日行距日行也。二十七分四十一秒四十〇微一十九纖二十〇芒五十八末。

金星一日行距日行也三十六分五十九秒二十五微五十三纖十一芒二十八末。

水星一日行距日之行。三度〇六分二十四秒〇六微五十九纖三十五芒五十〇末。

若太陽一日之平行減去各星一日之細行，其較爲各星之平行，得上三星之平行。下二星金水之平行與太陽等。

土星一日平行〇二分〇三秒十三微三十一纖二十八芒五十一末。

木星一日平行〇四分五十九秒十四微二十六纖四十六芒三十一末。

火星一日平行三十一分二十六秒三十六微五十三纖五十一芒三十三末有一日平行，可細推一時一分，又推得一年之平行。

土星一平年三百六十五日。行三百四十七度三十三分〇〇四十六微有奇。

木星一平年行三百二十九度二十五分二十一秒。

火星一平年行一百六十八度二十分三十秒有奇。

金星一平年行二百二十五度〇一分三十二秒奇。

水星一平年行全周外又五十三度五十六分四十二秒有奇。又以太陽行一年之全周減去各星之平行，其較爲各星一年之經度。

土星一平年經行十二度一十三分二十三秒五十六微。

木星一平年經行三十〇度二十〇分二十二秒五十一微。

火星一平年經行一百九十一度一十六分五十四秒二十二微。依上之行數，可列向後各年及時日之成數，亦可立爲表數之用也。

清·何濟川《管窺圖説》　致日致月圖説

婁角婁在戌，角在辰。爲天東西之中。黄道東至角，西至婁，故婁角爲天之中道。斗丑井未爲天南北之中，夏至之時，朔則日在井，望則月在斗，當朔時日與月方合將離。至望時十五日，月一月一周天者，至望適行其半，以井至斗天度亦半，故望則月在斗也。推之秋分，朔則日在角，望則月在婁者，義亦可例。且春分朔則日在婁，望則月在角；冬至朔則日在斗，望則月在井，俱可推矣。又云春

分之月上弦於東井，下弦於牽牛，秋分則上弦朔後八日。於牽牛、下弦望後八日。於東井，夫上弦與下弦一月之道相對相半，牽牛與斗共次，則牛井相去天度亦得其半，義固猶是，朔望之相對也。此日道以天上之日尚倚于南，故入地不見者當沉，近于北方，與春分勢無偏倚者異。

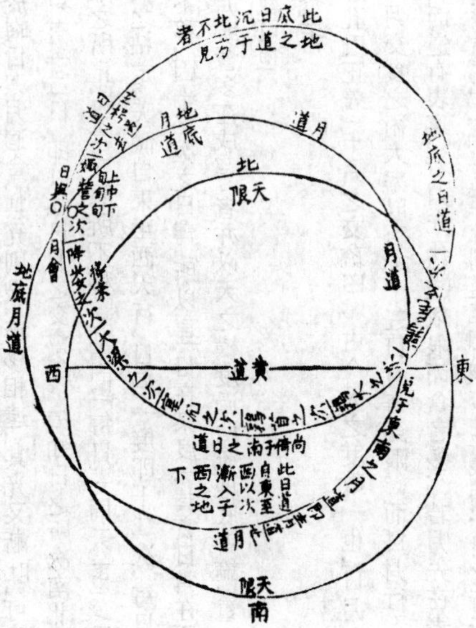

月令孟春，日在營室，次即娵訾也。

立春日月交會圖

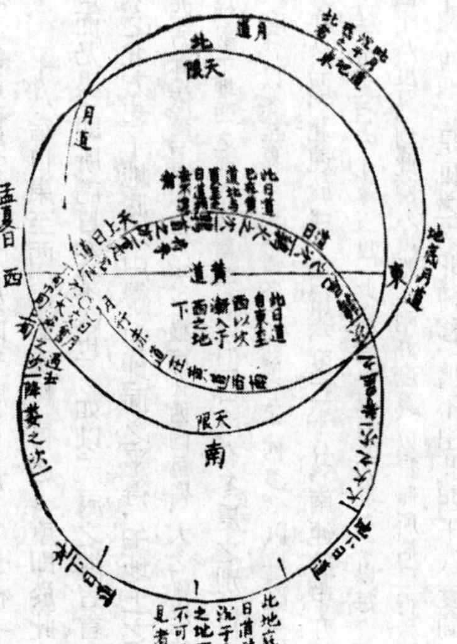

立夏日月交會圖

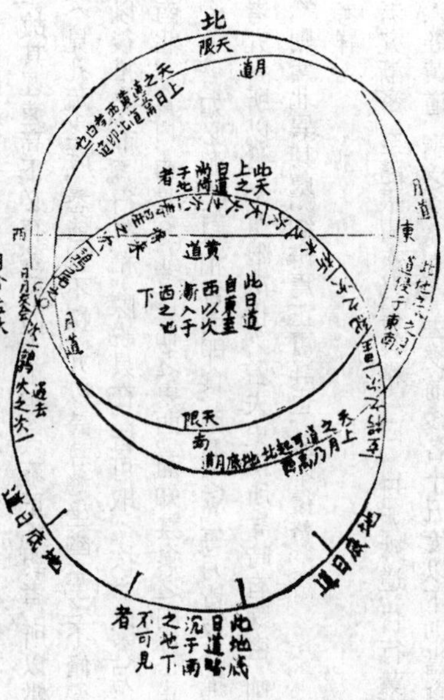

立秋日月交會圖

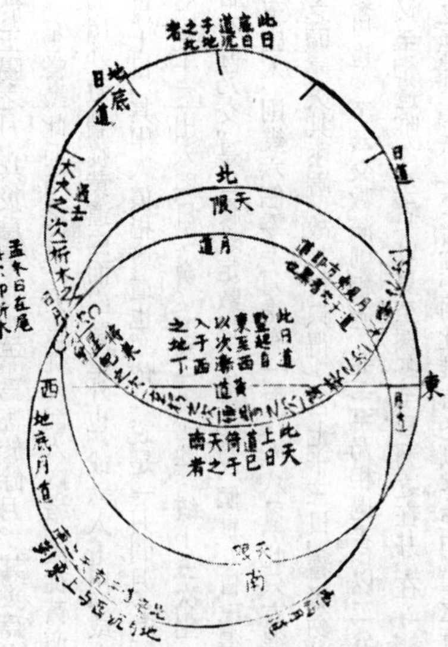

立冬日月交會圖

按黃道比至東井、南至牽牛，以二至日道言。東至角，西至婁。以二分日道言。蓋日行出入於赤道，赤道當中不移，黃道則隨日行，得名。有南至、北至之殊，月行出入於黃道有陽曆、陰曆之分，致月必於春秋者，蓋二分當黃赤二道之交，此時測月之弦望，可得陰陽曆之真度，而氣之至不至可知矣。

日月交會圖説

按日月之交會摠在天之西方。如以天辰十二辰也。之横者言，則東西卯酉適當地面之平，二十八宿自東至西，每日旋轉，日過一度即於此横者驗之，故日之所次三十日而乃盡，即所謂日在某次也。如以天辰之縱者言，是南與北相去之謂也。目天之北方起子地底之中得，卯地面之平得，午地上之中得，酉以天横得，半而言其西方亦依舊得酉也。天之横度在西固爲酉，大之縱度在地上之天中亦屬酉，以天中之酉横射于地面之西亦得酉故也。但日度有冬夏之别，自北至南，黄道之相去有四十八度。以冬至夏至之日道各去赤道二十四度。以一次三十度約之，是日在之次實多。在於酉，北連於戌，當得六度二十分，南連於申亦得六度三十分。兩言二十分者，以天度三百六十零五度，此以零五度言其分數，則以每度作九日四十分算。依南北相去四十八度算，則此兩六度當作兩九度算，以日體所居已得六度，故仍有四十八度，所以此只言得六度也。是日之南北轉移，摠不出此四十八度間，然日必須足一月，東西之間乃過一次，若月之相過，雖曰「某月日月會於某次」，其實月之相過，每月祇有一二日，以月每日之行，一日得十三度而盈，二日即有二十六度而盈故也。故月唯於晦日與月適合，其光則盡，漸移相遠，其光又漸吐，可以驗月之過次一月之間只有一二日，即以知日月之交會矣。須知日之所次南北原有冬夏之轉移，若東西之所止，日常在原所不移，故謂曰「每日一周天」也。云日在某度者，以十二次之粘定，天體自東至西天行，日過一度即十二次，每日進一度矣。以日東西之不移，因十二次之日轉，所以言「日在某度」，其實日常在原所也，

又按日月所會多在戌，方者亦以天之横度過酉統地底者論，看圖者勿以地面之方向泥執可也。

日月交食考

按《詩經孔氏正義》十月之交疏曰：古今天之度數一也，日月之食本無常時，故曆象日月交食之術大率以百七十三日有奇爲限。而日月行天各自有道，雖至朔相逢，而道有表裏，若月先在裏，依限而食者多；若月先在表，雖依限而食者少。又考《左》昭二十一年「分同道至相過」之正義曰：日之行天一歲一周，月之行天二十九日有奇已得一周。日月異道，互相交錯，月之一周必半在日道裏，從外而入内也，半在日道表，從内而出外也，或六入七出，或七出六入，凡十三出入而與日一會，曆家謂之交道。統而計之，一百七十三日有餘而有一交。此爲日食之定期。交在望前，朔則日食，望則月食；交在望後，望則月食，後月朔則日食，此自然之定數也。交數滿則相過，非二至乃相過也。傳之所言以二分日夜等者，春分之時，朔則日在婁，望則月在角。秋分之時，朔則日在角，望則月在婁。婁角是天之中道，日月俱從中道，故晝夜等，似有敵體之理，月可以敵日。冬至之時朔則日在斗，望則月在井，夏至之時朔則日在井，望則月在斗。斗井南北晝夜長短之極，似若月之極，長可以掩日然，故云至相過，謂絶相懸殊也，此唯冬至耳。言二至者全句以成交，此皆假託以爲言也，以日者天之大明，人君之象不可虧損，故於正陽之月，其災爲重於分至，爲輕於餘月。其災爲水，假之以乖訓，非實事也。愚嘗讀此而申之曰：月言從外而入内者，謂從黄道外而入黄道内也；從内而出外者，謂從黄道内而出黄道外也，或六入七出，或七入六出，是六爲六日，七爲七日，其出入俱指黄道也。依其説是一月間月之一周必兩次出入於黄道，故曰凡十三出入與日一會。言會于交道也。統十三次出入，計之實得一百七十三日有餘乃交，是日食之定數也。依算法六個廿九日已得一百七十四日，此云凡十三出入，則幾六個零半月當有一百八十八日，此只言得一百七十三日，以十三次之頭尾夾其兩端，故其日只得一百七十三日，看者勿以定數算之，泥其出入之數可也。至云交數滿則相過，非二至乃相過者，以二分同道之後南北漸相遠也，又至相過唯冬至者，以夏至與冬至日月之在井、在斗，兩相互易，夫斗、井爲南北之極，其相去二至實同，而此唯言冬以冬至月道之行天既極其長故，云似若可以掩日也。按似若可掩之説，先儒有議其非者。按朱子於《十月之交》篇言：日月之食亦祇謂日月之合，東西同度，南北同道，則月掩日而日爲之食，望而日月之對同度同道，則日亢月而月爲之食，是皆常度矣。唯王者脩德，則月當避日，故其遲速高下必有參差而不正相合，不正相對者，所以當食而不食也。朱子非不見孔疏之詳，悉皆置不採，亦以詩意總坐幽王之不脩德耳。然日食之法自漢以後推之，而彌得其精，陳説具在，皆可取。按所以究月道之内外，而知起食之南北，北爲内，南爲外。考日在之東西，而知其食之内外。内近東，外近西，月食亦可例此矣。如必泥相對、相合而即食，則月之光每月皆被日掩，而致晦又何於食此？考究者所以當知有限法也。若夫史傳所誌時有踈密，則載筆失其官，見有互珠，則南北異其處，細辨焉正可詳也，玆不復贅。

附食法考詳

按先儒考究漸密，至隨張胄玄乃得其精。曰：日月殊道，日行黄道，月每於十三日有奇入經黄道，謂之交。朔望去交前後各十五度以下即當食；月行内

道，在黃道之北食多有驗；月行外道，在黃道之南雖遇正交無緣掩映，食多不驗。宋沈氏括亦以爲有時黃道即日所行之道，與月所行之道如兩環相疊而小差。凡日月同在一度相遇，則日爲之食，以日在上月在下掩之也，正一度相對，則月爲之食，或謂之闇虚地蔽之也。雖同一度而月道與黃道不相近，自不相犯，同度而又近日道黃道之交，日月相值乃相淩掩，正當其交處則日食，而既不當其交處則隨其相犯淺深而食。凡日食當月道自外而交入於內，則食起於西南，以西南在外故也；復於東北自內而出交於外，則食起於西北，以西北在內也；而復於東南日在交東，則食其內，以內近東也；日在交西則食其外，以外近西也。既食則起於西，而復於正東。凡月食，月道自外入內則食起於東南復於西北，自內出外則食起於東北而復於西南，月在交內則食其外，月在交西則食其內，食既則起於正東而復於西。此皆先哲考定之成規而不爽者。細考成説，總由當朔而日月之行經緯同度則日食，當望而經緯對度則月食。然日大月小，適當正合，則月之光盡被日掩而致晦。月何能掩日？唯月當冪有偏倚，又與日值，所以言月道自外而交入於內，則食起於西南，以月道自外入內方當西南以進入，故日之西南乃被掩而言食，即此可以類倣其迹矣。

按今之西學，月食則爲之地蔽，蓋即漢張衡《靈憲》曰：「當日之衝，光常不合者，蔽於地也，是謂闇虚，在星星微，月過則食。」見《後漢·天文志》。然其説終不如古注之有理而可據。又考月行十三日有奇入經黃道，日之所行。以日之行天冬夏只有南北之殊，東西之行度絶無加歉，即南北之往返亦只在四十八度間。月道之行四時互殊，如春行青道，立春在黃道東南，春分在黃道東，以及四立、二分、二至、四方、四維無不周遍。所以月十三日有奇入經黃道，蓋每月之行月必一出一入於黃道，謂之交，故有時而食。或疑月行既四時殊道，而日行只在南北，何以能每月與日道交乎？不知月道之青、赤、白、黑見於四方四維者，亦只指其見於天上者言之，其寔月於每月之行天中者，東起西沉，南高北下，見於東南者未嘗不遍歷於西北，所以月道之行斷不能離却日道而不相交接也。故月於每月中必一出一入於黃道中謂之交，非相交即食也，必經十三次出入於黃道，朔望適去交前後各十五度以下乃食。然亦非一交即食也，觧見前。蓋云每月月經黃道以日所行之道，月行亦交錯其間，唯酌其黃道以日每日進一度參之，於朔望去交各十五度，待十五日而至朔望，於此時揆其月道之相去十有五個十三度而盈。殆曆十五日時，日之行道固已當朔，而月之歷十五個十三度而盈者，亦至於是所謂日月如兩環相疊者，有時而食焉。又按朔食因經緯同度者，日月之行固非兩道必並也，亦非必橫直相互。唯當二道或傍側互異，至朔日而彼此交至於一度，所謂相過則日爲之食，以日在上月在下蔽之也。既以相合而相掩，則同度者既同行，何以不踰時而即見？不知同度者非一日之間疊行不離也，所謂經緯同度者，如橫直相交，一時並麗而即離。況日行而月不及十三度有奇，則日速月遲，月自不能常掩日，故一掩即見也。月既不能掩日，試問朔日之月何以常被日掩乎？答曰：月之掩日，無論月體之正面背面，皆可以掩日，夫朔日之月所以不光者，以月在下而日在上，月既與日合，則日光之照與月者即常滿於月，以人在月下則適在月之背面，人何由得見月之光？此月之所以對日而無光也，唯過一日間則月與日方離十三度有奇，則此十三度者已不爲日所掩，積至初二三，月體之面微見，所謂哉生明也，審是可知當朔之月可以掩日，而月終不能却日，而自透其光也。

按日食以當朔，日月經緯同度，月食以望夕，日月經緯合度。夫日月之會，每月固同在一次，如孟春日在營室。以此一月中日月之行皆過於此次，每一月易一次，日月唯於晦朔間會於此次，故曰一月也。而此云日月經緯同度，則日食者其相交之處，又不必指每月同次之所。蓋日月之行未嘗不俱過於所合之次，然一過後日月之行前後殊方，又自不同，如月有九道。而此所云月之行每於十三日有奇。月二十七日一周天，十三日幾過半。入經黃道謂之交者，蓋月之行天，四方四維無所不周，每月於日月必有相過之處，迥異於同次，先後相過之方又不可不辨也。考日月相交被食之處於朔日大約多在東方寅、卯、辰以豎起統地底者言。之區，然亦不能拘於一也。《春秋·桓三年》「日食既」，胡傳引《穀梁》不書朔，不書日爲夜食，因朝日而知之，見其虧傷，定其時刻，先儒或非之，使食於亥子之交，未出地而復明。則雖朔日何從而知之？蓋日食不占夜，猶月食不占日也。又者曆家論朔有平朔，有定朔，以日平行、月平行推算某日某時某刻合朔，是謂平朔。日有盈縮，月有遲疾，取均度或加或減於平行，爲某日某時某刻日月相會，是謂定朔。自劉洪《乾象曆》始用定朔，於是非朔不食。漢初以前皆用平朔，故有日食於朔之前後者，《公羊》所謂「失之前、失之後」，《穀梁》所謂「食晦日、食既朔」也，審是而可知今雖用定朔，則食必在朔日，然時刻不可必拘，則交合之處亦難必拘於一也。

五星説

按《漢書·天文志》班固之論五星其説多本于《史記》之《天官書》。曰：歲星爲

東方春、木,於人五常仁也,五事貌也,仁虧貌失,逆春令,傷木氣,罰見歲星。歲星所在國不可伐,可以伐人。熒惑爲南方火、禮也,視也,體虧視失,逆夏令,傷火氣,罰見熒惑。太白爲西方秋、金,義也,言也,義虧言失,逆秋令,傷金氣,罰見太白。辰星爲北方冬、水,知也,聽也,知虧聽失,逆冬令,傷水氣,罰見辰星。填星爲中央季夏、土,信也,思也,心也。仁義禮知以信爲主,貌言視聽以心爲主,故曰四星皆失,填星乃爲之動。更考五星所行之遲速,晉灼曰:歲星亦名太歲。在四仲則歲行三縮,在四孟、四季則歲行二宿,二八十六,三四十二,然則其行二十八宿,十二歲一周天也。若在仲月之歲,則每歲只行得三度,故四年共行十二度,在四孟月四季月之歲則每歲只行得二度,故八年共行十六度。四年、八年則十二年,故二十八宿一周也。

熒惑爲方伯象,常以十月入太微,受制而出行列宿,司無道,出入無常,大率二年一周天也。細按熒惑一年三百二十一日九十三刻,乃一周天也。太白常以正月甲寅與熒惑晨出東方,二百四十日而入,入四十日又出西方,二百四十日而入,入三十五日而復出東方,出以寅戌,入以丑未。按:此乃統言太白之出入,不必拘于一年中也。然其每歲之遍,大率一年一周天也。按金星即《詩》所云「東有啓明,西有長庚」,蓋金水二星,常附日行,而或先或後,但金大水小,故獨以金星爲言也。又劉氏瑾曰:金水附日而行,無定位,或一在日先,一在日後,或俱在日先,或俱在日後,金星行在日後,則晨見而昏不見;行在日先,則昏見而晨又不見也。又毛氏曰:長庚之庚,續也,金星朝在東,所以啓日之明;夕在西,所以續日之長。朱子《詩》注曰:「啓明、長庚皆金星,以其先日而出,故曰啓明;後日而入,故曰長庚。」其説蓋本《毛傳類編》云。此説學者欸之,以爲金星行度與日相等,既先日而出即當先日而入,若後日而入亦當後日而出,無先出後入之理。鄭樵分而爲二,以啟明爲金星,長庚爲水星。初意亦以鄭説爲是,及考曆書,知毛公之説不可易也。西法云,金水二星之本行皆晨伏夕見,至於逆行則不然,金星緯度距黄道遠,雖與日合,其光不伏,一日之間是夕皆可見。水星緯度距黄道近,其合太陽雖復去離亦必不見,金合而不伏,水離而不見也。《韓詩傳》亦云:太白晨出東方爲啓明,昏見西方爲長庚。然則啟明、長庚之爲一星無疑矣。又考凡星與太陽同經度者名爲合伏。辰星常以二月春分見奎、婁,五月夏至見東井,八月秋分見角、亢,十一月冬至見牽牛,出以辰、戌,入以丑、未,二旬而入,晨候東方,夕候西方,大約一年一周天也。又考辰星水生物布其紀;故辰星理四時,得與北辰同名也。填星常以甲辰之元始建斗,歲鎮一宿,二十八歲而周天;又考一名曰地侯,主歲,歲行十二度百十二分度之五,日行二十八分之一。即二十八歲一周天。合而按之,其行之遲速,唯金水附日,歲一周天。至火則二歲,木則十二歲,土則二十八歲一周天也。更考金則八年而合于日者五,水四十六年而合于日者一百四十五。木八十三年而與日合者七十六,火七十九年而與日合者三十七,土五十九年而與日合者五十七,此又七政之聚合也。當考五星之休咎,見於司馬氏之《天官書》與《漢書》之《天文志》者頗詳,博覽者自可取觀,今唯載其出没而已。蓋稽諸經典,聖人亦未嘗諱災異而勿道其意,亦唯欲人因譴知懼以答天意耳。即如左氏所誌,每以天道遠、人道邇者名賢藉以自持,自漢興,董仲舒治《公羊》始推陰陽,劉向治《穀梁》數其禍福,其子歆治《左氏》作《五行傳》,抑又甚焉。班孟堅著《漢書》尊其說,以爲《五行志》,專言災祥,借前世之往事,逞一己之私見,牽連附和,其見哂於有識也久矣。故一一不敢推考,非特恐其類於史巫也,亦以五行之見諸五事者,道在務近,而不事遠求耳。

清・摩嘉立、薛承恩《天文圖說》 第六章 論行星軌道

行星並彗星繞日軌道皆橢圜,即橢圜其長短亦不一,此爲克伯爾測定天文第一綱也,迨後有天文士奴丹,兼用算學,按吸引理測實行星軌道,定爲橢圜,非平圜也。

行星所以能按軌道環繞太陽,恃有二力相持,一爲向心力,吸定行星,一爲離心力,與向心力直角相衡。倘無離心力祇有向心力,則行星必墜入太陽,有離心力而無向心力則行星必平離太陽而去。惟向心力與離心力合而持之,斯行星方能循軌繞日而成橢圜。

離心與向心二力相濟,能令月與行星自循橢軌而行。子爲地球,丑爲月,細按月在丑位,若無離心力以濟之,而地球之向心力,必從丑位牽之,直下至寅。然雖有離心力,而無向心力,則月必自丑位直行至卯。使其受離心力太輕而向心力下牽,則月不能直行至卯,亦不能直下至寅,却從丑位曲行至辰;或受離心力稍大,并有向心力牽之,而月亦自丑曲行至巳,或受離心力更大,又有向心力牽之,而月直從丑午綫環繞一周復歸本位,或受離心力愈大,更有向心力牽之,而月從丑未之橢圜旋轉而歸丑,若離心力極大,且有向心力牽之,而月必從丑至申之抛物綫處,而終不復歸丑矣。物有底圓而頂尖者,可明橢圜並抛物綫之理,如從尖形右旁畧斜至左而斷之,是爲橢圜。如從尖形一旁斜下至底而斷之,是

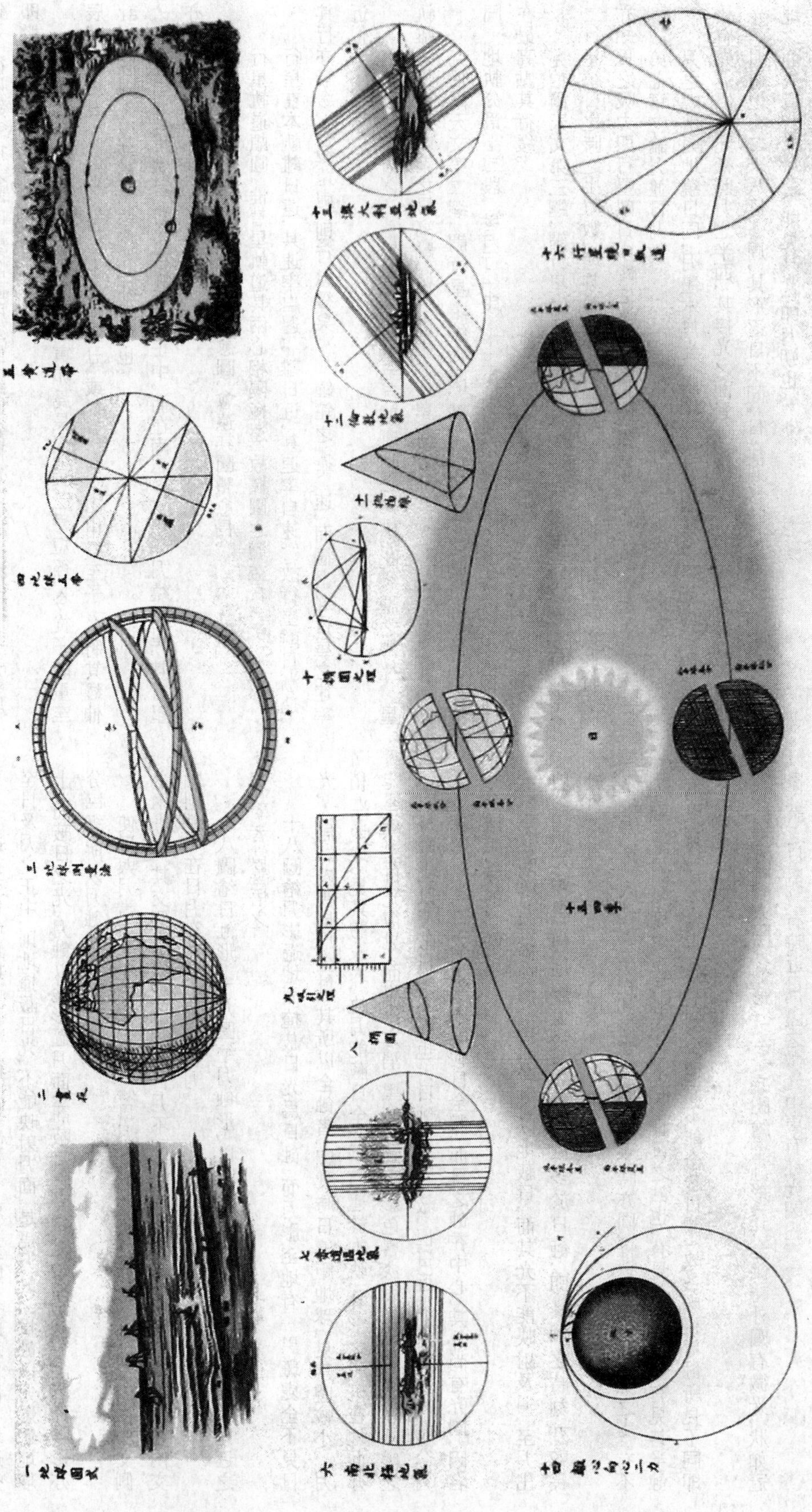

爲拋物綫。

欲作橢圜法，用小繩結成軟圜，後以兩針相離數寸，直插木板，將繩圜套於針外，復用鉛筆插入圜内，緊隨圜所牽制，繞兩針而畫之，即成橢圜。其二針處，即橢圜之兩心也。

橢圜中之子丑位即橢圜之兩心，寅卯爲長徑，辰巳爲短徑，今從子綫量至辰，辰量至丑；或從子量至午，午量至丑，或從丑量至申，申量至子，各將其綫伸計，與橢圜長徑其長短適均，此亦奇事也。

行星並彗星繞日，日不在橢圜之正中，而在兩心之一，即月繞行星，其行星亦在橢圜兩心之一。

月橢圜之兩心相隔愈近，其圜體愈圓，愈遠其圜體愈長。

行星軌道頗圓，惟彗星軌道其兩心相隔極遠，故橢圜之體益長。

行星在本軌離日遠，其速率自遲；離日近，其速率自速。故行星離日漸遠，其行亦漸緩，至極遠處，則行愈緩矣。如鐘鉈之擺下速，而擺上遲行星之速率近似。

由太陽在橢圜之一心起，以一綫量至行星運動之軌止，此綫謂之帶徑。星軌離太陽極遠處謂之最高點，極近處謂之最卑點。

克伯爾天文第二綱，謂行星環繞太陽，其帶徑所越之處時日同，其面積亦同。

地軌分爲十二段，每月行一段，十二段中面積適均，以地在最卑點其行速，在最高點其行緩。

克伯爾天文第三綱，謂行星繞日之時刻長短與其軌道中距之數相稱，譬以二行星繞日之時之平方數，與其離日中距之立方數，其比例正相對。以此推之，亦知日之吸力與行星離日中距之平方數，乃有反比例。

第七章　論月並日月蝕

月之繞地與地繞日同，月體本無光，與地球無異，因接日之光而回照於地，故有光。但日光衹照月之半面，其接光之面對地，則人能見其光，背地則不見其光。月繞地約二十八日一周，其形逐日不同，日在月背時，對日之面有光，而對地之面爲背，日故人不能見其光，即月朔也。

月過太陽，方向不一，所以初見光，衹一綫如蛾眉，而日盛一日，至上弦，則成半輪；至望，全輪畢見，望後復日缺一日，至下弦猶剩半輪，而漸減仍如娥眉，至晦不見，朔後又漸明。

月運行至日與地球之正中，而月掩蔽日光，或全或數分，此爲日蝕。地運行至日及月之正中，則地掩蔽日光，不能映射月面，是爲月蝕。日蝕以月影過地球上，而蔽日之光，月蝕以地影過月面，而蔽日之光。然地體大於月體，而其影亦分巨細，所以月蝕多而日蝕少。

使日與月常在一平面，則每月必日月各蝕一次，乃非在一平面，而在於交側之兩平面，其交側處名爲交點，而日月不同時，在此交點處則不蝕，若月在内交點則蝕。在日月在外交點則蝕在月。

十八圖繪日蝕形，十九圖繪月蝕形，以限於篇幅，不能詳日月大小遠近之實，學者當善悟之。

十八圖繪月影過地面掩蔽日光爲日蝕，而月影至地有一黑斑處全不見日光，人居該處視日爲全蝕，其所以全蝕者，因其時日遠距地球，見其體較小。月稍近，地球，見其體較大，故月能蔽日全體。月運於本軌，其影之黑斑在地面亦能運行，至日光復見，而黑斑方消，黑斑外圜之影色畧淡者名爲外虚，在外虚之地視日蝕少，以月蔽日光不滿也。日蝕爲月所蔽，但日近地球時，其體較大，月遠地球則畧小，日大月小，不能蔽日全體，而日之蝕在中心，其外尚有光圜，因名爲金錢蝕，或稱圜蝕。

十九圖繪月行過地影，則月必蝕，以地蔽日，而其光不能映射及月，至月出地影，而光始復，但地影大於月，故月蝕多於日蝕，即其蝕之時刻亦較長於日。

月蝕時人在地上，視其形式皆同其蝕之時亦同，惟日之蝕有能見之處，有不能見之處，即能見處視其形亦各不同，且日之蝕也，有見其全蝕者，有見其半蝕者，更有見其不蝕者。蓋月影過地面不能全蔽日體，故各處視日蝕所見不同即其蝕之時亦不一。

二十圖繪太陽分蝕形。二十二圖繪全蝕形，其全蝕時外圓有微光，狀如冠冕，謂之日冕。有時近日，體之微光中更有紅光閃出。

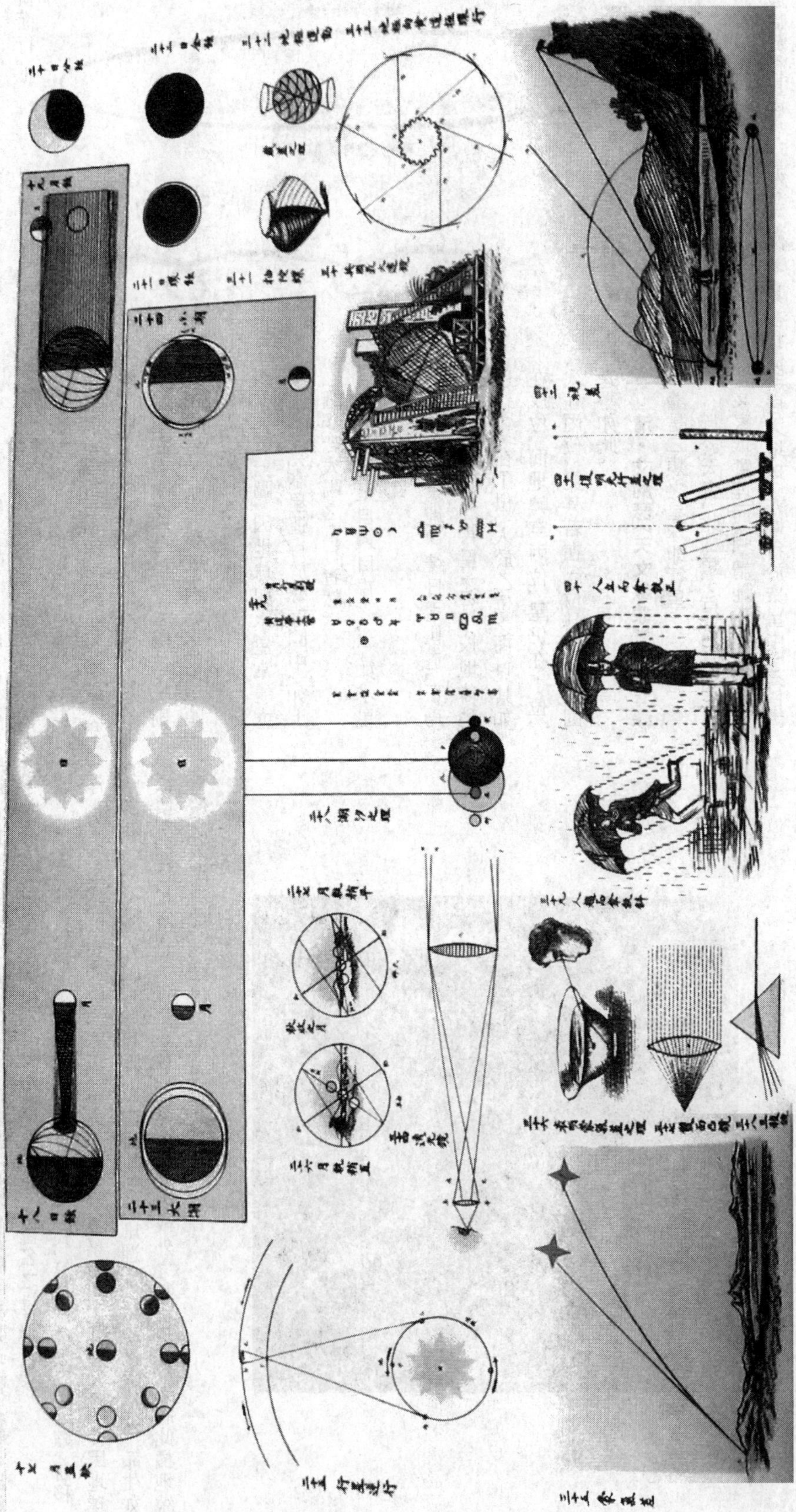

清・摩嘉立、薛承恩《天文圖説》 第九章　論行星順行逆行

吾人若在太陽處視行星運行於本軌盡有層次，其繞天或遲或速，無非順行如鐘表之針，然但以地球常易其所。故人視行星儼似毫無層次，有時如見其進行甚速，繼則漸緩，既而停止，後若逆行，終復停止，俄頃仍又順軌而行。

圖一

圖二

金星水星較地球更近太陽，故其行之順逆尤爲易悟。但水星常近太陽，人視太陽，若一年周天繞行一次，而水星亦與太陽同行，使太陽停止，則人視水星循軌環繞太陽，若於半環順行、半環逆行，所行之軌道乃長匾之橢圜。如上一圖，因地球與水星常繞太陽，人祇見水星運行於螺旋圜中，如上二圖非若太陽之直行者然。

此外行星自人目視之，一如水星之行於螺環者。

圖中甲爲地球繞日之軌道，丁爲一外行星軌道，其星之行，較地球稍遲，故星在丁位，人於乙位之地見其如在戊位，而地轉至丙位，星仍在丁位，人在丙位，見其若在已位其似有轉圜之勢如此。

清・艾約瑟《天文啟蒙》 第三課　論是二類之星球即行星

行於天者，此二類之星俱有，即所謂行星也。分而別之曰内行星外行星。天文家依實理而論，謂地球亦爲行星，設居於行星中者。亦有天文家，其視我儕所居之地球，亦屬行於衆星中之行星，與我儕視各行星無異，蓋屬乎極大之行星。並地合計於内，共有八，水星，亦名晨星，金星，亦名太白星爲内行星。地外，火星，即熒惑；木星，即歲星，土星，即鎮星；烏拉努，即天王星；尼伯頓，即海王星，此爲外行星。水星、火星、金星較地球小，餘皆大於地球多多矣。

水星、金星爲内行星，在地與日之中間。何以知之？即因其似有摇移於日左、日右之象，業經借星球發明其所應有之式矣。水星距日近，較日早出時甚少，較日晚入時亦少，故難於見。而金星不然，視其行至去日遠處，有較日出絶早時，亦有較日入極晚時，故曾名之爲啟明星，亦曾名之爲長庚星。

據上二課言之理，是外行星亦有能行周天之式，第其循環、更變退縮、前移、停止之各形式，以我儕所用之橘與小球，礙難形容摹畫出，此何故哉？即因地球不常居一處不動，亦繞行於日外，以内行星較之則遲，外行星較之則速，諸生如欲發明諸行星之視動，宜定意選取，欲看其或内或外之某行星，須先將此橘地繞日燈之或遲或速，調理停匀，庶可形容稍切。

大圖第二　日統率繞日之諸行星與彗星圖

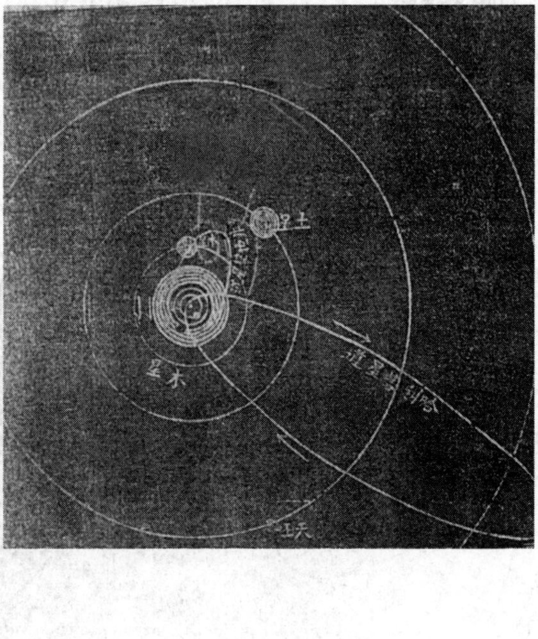

日不惟攝動繞日之諸行星成一世界，並行動無停之彗星流星等，亦統於内，即如軍長統率一營之各員弁兵丁，總呼爲一軍然。

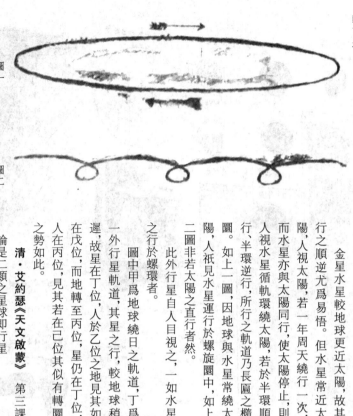

行星之外復有彗星、流星等，後此可詳細提論，但屬此各類之諸星，猶如日所統率之一家眷屬然。如大圖第二列諸星於上，諸生可爲於高處俯觀者，因用限於尺幅不大之圖，不能發明諸星雜亂之真形式。如欲發明其形式較此真切，可權作以二尺直徑之球爲日，以芥菜子一粒爲水星，以直徑十六丈四尺長之平圓綫爲水星所行之軌道。用豌豆一粒爲金星，以直徑二十八丈四尺長之平圓綫爲金星所行之軌道。復用一粒豌豆爲地，以直徑四十三丈長之平圓綫，爲地行之軌道。復用一粒高糧爲火星，以直徑六十五丈四尺長之平圓綫爲火星軌道。其火星外之小行星可藉沙粒代之，使其軌道之直徑爲一百丈或百有二十丈不等。用橘爲木星，其軌道直徑可作爲一里地有半。亦用一小橘爲土星，其軌道直徑可作爲二里地有半。用一大粒之櫻桃或以小粒之李子爲天王星，其軌道直徑之長可作爲四里地有半。以大秋梨爲海王星以直徑七里半地之平圓綫，爲海王星行之軌道。

於上已藉四十三丈直徑之平圓綫發明地繞日行之軌道矣。是四十四丈一尺即爲地去日之數，其實乃二萬七千九百九十萬里也，是數乃在甲戌年金星過日時測得之。日去地既若是之遠，將以何法形容表出乎？火輪車行於鐵路，一時許可行百有八十里，設於此有火輪車路可上達於日，俾火輪車於光緒七年正月初一日，離地向日行去，至耶蘇降生後二千二百二十六年再加四月可以行至日内，統共計之，蓋三百四十一年之久也，然須每一時行百有八十里，日夜無停輪時方可。

清·測隱居士《天學入門》 論五星躔度歌

六十年間看土星，放長一度有原因。遲十一日留伏逆，三十六時過宫尋。木星八十四年詳，度度務要對太陽。縮一度算真法語，遲十六日真源藏。八十年前火六躔，度度相對太陽連。放長二度真踪跡，縮前三日是法言。金星九載大週天，三度縮算是真傳。遲留伏逆均一法，過宫時日任除添。水星六十六年通，遲十二度伏逆同。度數悉與太陽對，詳參此理妙無窮。

論十一曜小周天歌

有人求周周天數，二十九年原是上。木星周行十二年，火星二年始里所。金水太陽只一年，孛星九年大治度。太陰一月一周天，二十八年此氣取。羅計二星皆十八，只將此法真爲祖。

論十一曜大周天歌

六十年前論火躔，孛星六十有三年。金星九載土六十，氣星二十九年然。惟有水星六十六，羅計九十四無偏。八十四年加木德，日月分明二十年。

綜述

《易·豫》 天地以順動，故日月不過，而四時不忒。

《易稽覽圖》 日，春行東方青道，曰東陸。夏，日月行東南赤道，曰南陸。天有十二分，以日月之所躔也。

《書·舜典》 日月之行，則有冬有夏。《正義》曰：日月之行，四時皆有常法，變冬夏爲南北之極，故舉以言之。日月之行，冬夏各有常度，喻人君爲政，大小各有常法。張衡、蔡邕、王蕃等説渾天者皆云，周天三百六十五度四分度之一。天體圓如彈丸，北高南下。北極出地上三十六度，南極入地下三十六度。南極去北極直徑一百二十二度弱，其依天體隆曲。南極去北極一百八十二度强，正當天之中央。南北二極中等之處，謂之赤道，去南北極各九十一度。春分日行赤道，從此漸北。夏至赤道之北二十四度，去北極六十七度，去南極一百一十五度，日行黑道。從夏至以後，日漸南至，秋分還行赤道，與春分同。冬至行赤道之南二十四度，去南極六十七度，去北極一百一十五度，其日之行處，謂之黄道。又有月行之道，與日道相近，交絡而過，半在日道之裏，半在日道之表。其當交則兩道相合，交去極遠處，兩道相去六度，此其日月行道之大略也。

《詩·邶風·日月》 日居月諸，出自東方。毛亨傳：日始月盛，皆出東方。

《周禮·春官》 冬夏致日，春秋致月。

《禮記·樂記》 煖之以日月。

孔穎達疏：萬物之生，必須日月煖煦之。

又《祭義》 日出於東，月生於西。陰陽長短，終始相巡，以致天下之和。

又《哀公問》 公曰：「敢問君子何貴乎天道也？」孔子對曰：「貴其不已，如日月東西相從而不已也，是天道也。」

又《孔子閒居》 日月無私照。

《管子·形勢解》 日月，昭察萬物者也。天多雲氣，蔽蓋者衆，則日月不明。人主，猶日月也，羣臣多姦立私，以擁蔽主，則主不得昭察其臣下，臣下之情不得上通。故姦邪日多而人主愈蔽，故曰：「日月不明，天不易也。」

又《版法解》 日月之明無私，故莫不得光。聖人法之，以燭萬民，故能審察，則無遺善，無隱姦。無遺善，無隱姦，則刑賞信必。刑賞信必，則善勸而姦止，故曰：「參於日月四時之行」，信必而著明，聖人法之以事萬民，故不失時功，故曰「伍於四時」。

《春秋感精符》 人主含天光，據璣衡，齊七政，操八極。故君明聖，天道得正，則日月光明，五星有度。

《春秋合誠圖》 天文、地理各有所主，北斗有七星，天子有七政也。

《春秋説題辭》 天文以七，列精以五，故嘉禾之滋，莖長五尺，五七三十五，神盛，故連莖三十五穗，以成盛德，禾之極也。

《尚書考靈曜》 天地開闢，元曆紀名，月首甲子冬至，日月五緯俱起牽牛初，日月若懸璧，五星若編珠。

漢·劉安《淮南子·天文訓》 太陰在四仲，則歲星行三宿，太陰在四鉤，則歲星行二宿，二八十六，三四十二，故十二歲而行二十八宿。日行十二分度之一，歲行三十度十六分度之七，十二歲而周。熒惑常以十月入太微，受制而出行列宿，司無道之國，爲亂爲賊，爲疾爲喪，爲饑爲兵，出入無常，辯變其色，時見時匿。鎮星以甲寅元始建斗，歲鎮行一宿，當居而弗居，其國亡土，未當居而居之，其國益地，歲熟。日行二十八分度之一，歲行十三度百一十二分度之五，二十八歲而周。太白元始以正月建寅，與熒惑晨出東方，二百四十日而入，入百二十日而夕出西方，二百四十日而入，入三十五日而復出東方，出以辰戌，入以丑未。當出而不出，未當入而入，天下偃兵；當入而不入，當出而不出，天下興兵。辰星正四時，常以二月春分效奎、婁，以五月夏至效東井、輿鬼，以八月秋分效角、亢，以十一月冬至效斗、牽牛，出以辰戌，入以丑未，出二旬而入。晨候之東方，夕候之西方。一時不出，其時不和；四時不出，天下大饑。

漢·劉熙《釋名·釋天》 日，實也，光明盛實也。

又 月，缺也，滿則缺也。

又 光，晃也，晃晃然也；亦言廣也，所照廣遠也。

又 景，境也，明所照處有境限也。

又 晷，規也，如規畫也。

又 曜，耀也，光明照耀也。

漢·司馬遷《史記》卷二七《天官書》 木星與土合，爲內亂，饑，主勿用戰，敗；水則變謀而更事；火爲旱；金爲白衣會若水。金在南曰牝牡，年穀熟。金在北，歲偏無。火與水合爲焠，與金合爲鑠，爲喪，皆不可舉事，用兵大敗。土爲憂，主孽卿；大饑，戰敗，爲北軍，軍困，舉事大敗。土與水合，穰而擁閼，有覆軍，其國不可舉事。出，亡地；入，得地。金爲疾，爲內兵，亡地。三星若合，其宿地國外內有兵與喪，改立公王。四星合，兵喪並起，君子憂，小人流。五星合，是爲易行，有德，受慶，改立大人，掩有四方，子孫蕃昌；無德，受殃若亡。五星皆大，其事亦大；皆小，事亦小。

蚤出者爲贏，贏者爲客。晚出者爲縮，縮者爲主人。必有天應見於杓星。同舍爲合。相陵爲鬬，七寸以內必之矣。

五星色白圜，爲喪旱；赤圜，則中不平，爲兵；青圜，爲憂水；黑圜，爲疾，多死；黄圜，則吉。赤角犯我城，黄角地之争，白角哭泣之聲，青角有兵憂，黑角則水。意，行窮兵之所終。五星同色，天下偃兵，百姓寧昌。春風秋雨，冬寒夏暑，動摇常以此。

月蝕歲星，其宿地，饑若亡。熒惑也亂，填星也下犯上，太白也彊國以戰敗，辰星也女亂。（食）〔蝕〕大角，主命者惡之；心，則爲內賊亂也；列星，其宿地憂。

月食始日，五月者六，六月者五，五月復六，六月者一，而五月者五，凡百一十三月而復始。故月蝕，常也；日蝕，爲不臧也。甲、乙，四海之外，日月不占。丙、丁，江、淮、海岱也。戊、己，中州河、濟也。庚、辛，華山以西。壬、癸，恆山以北。日蝕，國君；月蝕，將相當之。

故甘、石曆五星法，唯獨熒惑有反逆行；逆行所守，及他星逆行，日月薄蝕，皆以爲占。

余觀史記，考行事，百年之中，五星無出而不反逆行，反逆行，嘗盛大而變色；日月薄蝕，行南北有時：此其大度也。故紫宮、房心、權衡、咸池、虛危列宿部星，此天之五官坐位也，爲經，不移徙，大小有差，闊狹有常。水、火、金、木、填星，此五星者，天之五佐，爲（經）緯，見伏有時，所過行贏縮有度。

漢・班固《漢書》卷二六《天文志》 凡五星，歲與填合則爲内亂，與辰合則爲變謀而更事，與熒惑合則爲飢，爲旱，與太白合則爲白衣之會，爲水。太白在南，歲在北，名曰(牡)〔牝〕牡，年穀大孰。太白在北，歲在南，年或有或亡。熒惑與太白合則爲喪，不可舉事用兵；與填合則爲憂，主孽卿；與辰合則爲北軍，用兵舉事大敗。填與辰合則將有覆軍下師；與太白合則爲疾，爲内兵。辰與太白合則爲變謀，爲兵憂。凡歲、熒惑、填、太白四星與辰鬬，皆爲戰，兵不在外，皆爲内亂。一曰，火與水合爲焠，與金合爲鑠，不可舉事用兵。土與金合國亡地，與木合則國饑，與水合爲雍沮，不可舉事用兵。木與金合鬬，國有内亂。同舍爲合，相陵爲鬬。二星相近者其殃大，二星相遠者殃無傷也，從七寸以内必之。

凡月食五星，其國(必)〔皆〕亡：歲以飢，熒惑以亂，填以殺，太白彊國以戰，辰以女亂。月食大角，王者惡之。

凡五星所聚宿，其國王天下：從歲以義，從熒惑以禮，從填以重，從太白以兵，從辰以法。以法者，以法致天下也。三星若合，是謂驚立絶行，其國外内有兵與喪，民人乏飢，改立王公。四星若合，是謂大湯，其國兵喪並起，君子憂，小人流。五星若合，是謂易行：有德受慶，改立王者，掩有四方，子孫蕃昌；亡德受罰，離其國家，滅其宗廟，百姓離去，被滿四方。五星皆大，其事亦大；皆小，其事亦小也。

凡五星色：皆圜，白爲喪爲旱，赤中不平爲兵，青爲憂爲水，黑爲疾爲多死，黄吉；皆角，赤犯我城，黄地之争，白哭泣之聲，青有兵憂，黑水。五星同色，天下匽兵，百姓安寧，歌舞以行，不見災疾，五穀蕃昌。

凡五星，歲，緩則不行，急則過分，逆則占。熒惑，緩則不出，急則不入，違道則占。填，緩則不建，急則過舍，逆則占。太白，緩則不出，急則不入，逆則占。辰，緩則不出，急則不入，非時則占。五星不失行，則年穀豐昌。

秦之疆，候太白，占狼、弧。吴、楚之疆，候熒惑，占鳥衡。燕、齊之疆，候辰星，占虚、危。宋、鄭之疆，候歲星，占房、心。晉之疆，亦候辰星，占參、罰。及秦并吞三晉、燕、代，自河、山以南者中國。中國於四海内則在東南，爲陽，陽則日、歲星、熒惑、填星，占於街南，畢主之。其西北則胡、貉、月氏旃裘引弓之民，爲陰，陰則月、太白、辰星，占於街北，昴主之。故中國山川東北流，其維，首在隴、蜀，尾没於勃海碣石。是以秦、晉好用兵，復占太白。太白主中國，而胡、貉數侵掠，獨占辰星。辰星出入趮疾，常主夷狄，其大經也。

凡五星，早出爲嬴，嬴爲客；晚出爲縮，縮爲主人。五星嬴縮，必有天應見杓。

太歲在寅曰攝提格。歲星正月晨出東方，石氏曰名監德，在斗、牽牛。失次，杓，早水，晚旱。甘氏在建星、婺女。《太初曆》在營室、東壁。

在卯曰單閼。二月出，石氏曰名降入，在婺女、虚、危。甘氏在虚、危。失次，杓，有水災。《太初》在奎、婁。

在辰曰執徐。三月出，石氏曰名青章，在營室、東壁。失次，杓，早旱，晚水。甘氏同。《太初》在胃、昴。

在巳曰大荒落。四月出，石氏曰名路踵，在奎、婁。甘氏同。《太初》在參、罰。

在午曰敦牂。五月出，石氏曰名啓明，在胃、昴、畢。失次，杓，早旱，晚水。甘氏同。《太初》在東井、輿鬼。

在未曰協洽。六月出，石氏曰名長烈，在觜觿、參。甘氏在參、罰。《太初》在注、張、七星。

在申曰涒灘。七月出，石氏曰名天晉，在東井、輿鬼。甘氏在弧。《太初》在翼、軫。

在酉曰作詻。(《爾雅》作作噩。)八月出，石氏曰名長壬，在柳、七星、張。失次，杓，有女喪、民疾。甘氏在注、張。失次，杓，有火。《太初》在角、亢。

在戌曰掩茂。九月出，石氏曰名天睢，在翼、軫。失次，杓，水。甘氏在七星、翼。《太初》在氐、房、心。

在亥曰大淵獻。十月出，石氏曰名天皇，在角、亢始。甘氏在軫、角、亢。《太初》在尾、箕。

在子曰困敦。十一月出，石氏曰名天宗，在氐、房始。甘氏同。《太初》在建星、牽牛。

在丑曰赤奮若。十二月出，石氏曰名天昊，在尾、箕。甘氏在心、尾。《太初》在婺女、虚、危。

甘氏《太初曆》所以不同者，以星嬴縮在前，各録後所見也。其四星亦略如此。

古曆五星之推，亡逆行者，至甘氏、石氏經，以熒惑、太白爲有逆行。夫曆

者，正行也。古人有言曰：「天下太平，五星循度，亡有逆行。日不食朔，月不食望。」夏氏《日月傳》曰：「日月食盡，主位也；不盡，臣位也。」《星傳》曰：「日者德也，月者刑也，故曰日食修德，月食修刑。」然而曆紀推月食，與二星之逆亡異。熒惑主內亂，太白主兵，月主刑。自周室衰，亂臣賊子師旅數起，刑罰失中，雖其亡亂臣賊子師旅之變，內臣猶不治，四夷猶不服，兵革猶不寢，刑罰猶不錯，故二星與月爲之失度，三變常見；及有亂臣賊子伏尸流血之兵，大變乃出。甘、石氏見其常然，因以爲紀，皆非正行也。《詩》云：「彼月而食，則惟其常；此日而食，于何不臧？」《詩傳》曰：「月食非常也，比之日食猶常也，日食則不臧矣。」謂之小變，可也；謂之正行，非也。故熒惑必行十六舍，去日遠而顓恣。太白出西方，進在日前，氣盛乃逆行。及月必食於望，亦誅盛也。

漢·班固《白虎通德論·日月》 天左旋，日、月、五星右行何？日、月、五星比天爲陰，故右行。右行者，猶臣對君也。《含文嘉》曰：「計日月，右行也。」《刑德放》：「日月東行。」而日行遲，月行疾何？君舒臣勞也。日日行一度，月日行十三度十九分度之七。《感精符》曰：「三綱之義，日爲君，月爲臣也。」日月所以懸晝夜者何？助天行化，照明下地。故《易》曰：「懸象著明，莫大乎日月。」日之爲言實也，常滿有節。月之爲言闕也，有滿有闕也。所以有缺何？歸功於日也。八日成光，二八十六日轉而歸功，晦至朔旦，受符復行。故《援神契》曰：「月三日成魄也。」所以名之爲星何？星者，精也，據日節言也。一日一夜適行一度，一日夜爲一日，剩復分天爲三十六度，周天三百六十五度四分度之一。日月徑千里也。所以必有晝夜何？備陰陽也。日照晝，月照夜。日所以有長短何？陰陽更相用事也，故夏節晝長，冬節夜長。夏日宿在東井，出寅入戌；冬日宿在牽牛，出辰入申。月大小何？天道左旋，日月東行。日日行一度，月日行十三度，月及日爲一月，至二十九日未及七度，即三十日者過行七度。日不可分，故月乍大小，明有陰陽。故《春秋》曰：「九月庚戌朔，日有食之。」「十月庚辰朔，日有食之。」此三十日也。又曰：「七月甲子朔，日有食之。」「八月癸巳朔，日有食之。」此二十九日也。月有閏餘何？周天三百六十五度四分度之一，歲十二月，日過十二度，故三年一閏，五年再閏，明陰不足，陽有餘也，故《讖》曰：「閏者陽之餘。」

漢·張衡《靈憲》 懸象著明，莫大乎日月。其徑當天周七百三十六分之一，地廣二百四十二分之一。

又 夫日譬猶火，月譬猶水，火則外光，水則含景。故月光生於日之所照，魄生於日之所蔽，當日則光盈，就日則光盡也。【略】當日之衝，光常不合者，蔽於地也。是謂暗虛。在星星微，月過則食。日之薄地，其明也。繇暗視明，明無所屈，是以望之若火。方於中天，天地同明。繇明瞻暗，暗還自奪，故望之若水。火當夜而揚光，在晝則不明也。月之於夜，與日同而差微。

又 日月運行，歷示吉凶，五緯經次，用告禍福，則天心於是見矣。

又 文曜麗乎天，其動者七，日月五星是也。周旋右回，天道者貴順也。近天則遲，遠天則速。行則屈，屈則留回，留回則逆，逆則遲，迫於天也。行遲者覿於東，覿於東屬陽；行速者覿於西，覿於西屬陰；日與月此配合也。攝提、熒惑、地侯見晨，附於日也；太白、辰星見昏，附於月也。二陰三陽，參天兩地，故男女取焉。

三國魏·張揖《廣雅·月衡》 日、月、五星行黃道。始營室、東壁、奎、婁、胃之陽入昴、畢間，行觜觿、參之陰度、東井、輿鬼，行柳、七星、張、翼、軫之陰入角間，貫氐、房出心、尾、箕之陰入斗、牽牛間，行須女、虛、危之陽，復至營室。

晉·郭璞註《爾雅·釋天》 牽牛、斗者，日月五星之所終始，故謂之星紀。

北周·庾季才《靈臺秘苑》 五星總占

五星者，五德之主。昔人以謂其行也，象人臣以序，不敢亂常。猶月之弦望晦朔，或入黃道裏，出黃道表，不失其行，則年穀豐；若失其行，則大臣非其人，賢不肖並立，臣亂于下。其星錯于上，過有道之分，則順行，吉昌，民庶豐；經無道之分，則犯鬬，變色逆行，會舍環守其宿分。或太白環而不周，徘徊不去，如此者兵之所攻，國家凶，又有喪。故歲星修仁，熒惑修禮，填星修信，太白修義，辰星修智。從之則喜，逆之則怒。以斷其形，明五色之變，以知吉凶。五星並見，其年必惡。若政失於春，則歲星不居常；失政于夏，熒惑逆行；政失季夏，填星失度；政失於秋，太白失行政；失於冬，辰星不効其鄉。五政失則五星不明，年不登。若王者玉曆不正，諸氣不和，五音不調，則熒惑出入不常，太白逆行晝見，是謂大凶。五音和則五星如度，太白不經天，熒惑不逆行，不反明，五星皆順度。秦曆始有金火之逆，甘、石並時有差異，漢初測候，乃知五星皆有逆行。魏末張子信學術精通，三十餘年專以圓儀測候，以算步之，始悟日月交道有表裏遲疾盈縮，五星見伏。見伏向背，東行曰順，西行曰逆。順則疾，逆則遲。通而率之，經東行，不東不西曰留，留與日相近而不見曰復，與日同度曰合。其留、行、逆、順、

掩、合、淩、犯、變色，芒角，凡其所主，皆依時政五常、五官、五事之得失而見其變，遲疾皆有常數。五星合，是謂同，有德者受慶，子孫蕃昌，亡德者受殃。五星皆大，其事亦小。若四星合，是謂大盪。其下兵喪並起，君子憂，小人流。三星合，是謂驚立絶行，其分國内外有兵喪，民飢，改立侯王。又曰：歲星、熒惑、填星，陽也。太白、辰星，陰也。陽自外邦，陰自内邦。陽與陰合，中外邦相連以兵，陰與陽合，兵謀在内，陽與陰合，兵謀在外。木、火、土三星以逆行，勿以爲凶。其遲，夜半經天。其始皆與日合度，合順行，漸遲，迫日不及，晨見于東方。行去日稍遠，朝時近中則留，留隅中則逆，行逆多時，近中則凶。留而又順，先進漸速，以至于夕伏西方，乃更與日合。太白則以出入不時爲凶。辰星則以不効爲凶。速而不經天，自始與日合之後，行速而先日，夕見西方，去日前稍遠，夕時近南方，則漸遲，遲極而留，留而近日則逆行而合。日在于後，晨見東方。逆則留，留而後遲，遲極去日稍遠。日一時欲近南方，則速行以追日，晨伏于東方，復與日合。此五星合、見遲、速、逆、順流行之大經也。南方春，太陽之位，天地之經也。月星之行，當天地之經。則遠日失留，逆行而不居焉。故三星經天，二星不經天。陰星，是臣道也，日去而隱，世不得專也。晝而見上者爲經天，其占爲下臣爲變；更經天，爲肅霜至，爲旱，備五星經天，天變所未有也。五星應曆度，曰：爲政令有常。若違曆錯度逆行盈縮者，爲亂行，亂行，則爲失矣，彗孛焉。

五星雜占

五星有色，大小不同，各依其行而順時應節。色變青，比參右肩；赤比心大星；黄比參左肩；白比狼，黑比奎大星。不失常色而應其央者，吉。色害行，凶。所去所宜之辰，其分得位。歲星以德，熒惑以禮，填星有禍，太白兵强，辰星陰陽合。所行所宜之辰，順其色而有角者勝，其色變者敗。居實有德也，色勝位，行勝色，行盡勝之。木、火、土、金、水五星守其子，則陽氣不足，歲多水災，民飢。守其母，有陰謀者必敗，或曰陰氣不足，水災。守所勝，賦役擊，强淩弱，衆暴寡，多盜，兵起。若圓而色變白，喪，旱。赤則中不平，爲兵。青爲夏水，黑爲疾，黄若用角，亦占其色。赤角犯我城，黄角地之争，白哭泣之聲，青兵憂，黑角水困，窮兵之所終。五星同色，天下偃兵，百姓安寧，歌舞以行，不見災疾，五穀豐登。其主時候以其月，色變則所行失矣。

唐·房玄齡等《晉書》卷一二《天文志中》 凡五星有色，大小不同，各依其行而順時應節。色變有類，凡青皆比參左肩，赤比心大星，黄比參右肩，白比狼星，黑比奎大星。不失本色而應其四時者，吉；色害其行，凶。

凡五星所出所行所直之辰，其國爲得位。得位者，歲星以德，熒惑有禮，填星有福，太白兵强，辰星陰陽和。所行所直之辰，順其色而有角者勝，其色害者敗。居實，有德也；居虚，無德也。色勝位，行勝色，行得盡勝之。營室爲清廟，歲星廟也。心爲明堂，熒惑廟也。南斗爲文太室，填星廟也。亢爲疏廟，太白廟也。七星爲員宫，辰星廟也。五星行至其廟，謹候其命。

凡五星盈縮失位，其精降于地爲人。歲星降爲貴臣；熒惑降爲童兒，歌謡嬉戲；填星降爲老人婦女；太白降爲壯夫，處於林麓；辰星降爲婦人。吉凶之應，隨其象告。

凡五星，木與土合，爲内亂，饑；與水合，爲變謀而更事；與火合，爲饑，爲旱；與金合，爲白衣之會，合鬭，國有内亂，野有破軍，爲水。太白在南，歲星在北，名曰牝牡，年穀大熟。太白在北，歲星在南，年或有或無。火與金合，爲爍，爲喪，不可舉事用兵。從軍，爲軍憂；離之，軍却。出太白陰，分宅；出其陽，偏將戰。與土合，爲憂，主孽卿。與水合，爲北軍，用兵舉事大敗。一曰，火與水合，爲焠，不可舉事用兵。土與水合，爲壅沮，不可舉事用兵，有覆軍下師。一曰，爲變謀更事，必爲旱。與金合，爲疾，爲白衣會，爲内兵，國亡地。與木合，國饑。水與金合，爲變謀，爲兵憂。入太白中而上出，破軍殺將，客勝；下出，客亡地。視旗所指，以命破軍。環繞太白，若與鬭，大戰，客勝。凡木、火、土、金與水鬭，皆爲戰。兵不在外，皆爲内亂。凡同舍爲合，相陵爲鬭。二星相近，其殃大；相遠，毋傷，七寸以内必之。

凡月蝕五星，其國皆亡。歲以饑，熒惑以亂，填以殺，太白以强國戰，辰以女亂。

凡五星入月，歲，其野有逐相；太白，將僇。

凡五星所聚，其國王，天下從。歲以義從，熒惑以禮從，填以重從，太白以兵從，辰以法從，各以其事致天下也。三星若合，是謂驚立絶行，其國外内有兵與喪，百姓饑乏，改立侯王。四星若合，是謂大陽，其國兵喪並起，君子憂，小人流。五星若合，是謂易行，有德承慶，改立王者，奄有四方，子孫蕃昌；亡德受殃，離共國家，滅其宗廟，百姓離去，被滿四方。五星皆大，其事亦大；皆小，事亦小。

凡五星色，皆圜，白爲喪，爲旱；赤中不平，爲兵；青爲憂，爲水；黑爲疾

疫，爲多死；黄爲吉。皆角，赤，犯我城；黄，地之争；白，哭泣聲；青，有兵憂；黑，有水。五星同色，天下偃兵，百姓安寧，歌舞以行，不見災疾，五穀蕃昌。

凡五星，歲，政緩則不行，急則過分，逆則占。熒惑，緩則不出，急則不入，違道則占。填，緩則不還，急則過舍，逆則占。太白，緩則不出，急則不入，逆則占。辰，緩則不出，急則不入，非時則占。五星不失行，則年穀豐昌。

凡五星分天之中，積于東方，中國利；積于西方，外國用兵者利。辰星不出，太白爲客；其出，太白爲主。出而與太白不相從，及各出一方，爲格，野雖有軍，不戰。

凡五星見伏、留行、逆順、遲速應曆度者，爲得其行，政合于常；違曆錯度，而失路盈縮者，爲亂行。亂行則爲天矢彗孛，而有亡國革政，兵饑喪亂之禍云。

【略】

《河圖》云：歲星之精，流爲天棓、天槍、天猾、天衝、國皇、反登、蒼彗。熒惑散爲昭旦、蚩尤之旗、昭明、司危、天欃、赤彗。填星散爲五殘、獄漢、大賁、昭星、絀流、旬始、蚩尤、虹蜺、擊咎、黄彗。太白散爲天杵、天柎、伏靈、大敗、司姦、天狗、天殘、卒起、白彗。辰星散爲枉矢、破女、拂樞、滅寶、繞綎、驚理、大奮祀、黑彗。五色之彗，各有長短，曲折應象。

唐・魏徵等《隋書》卷二〇《天文志中》　凡五星有色，大小不同，各依其行而順時應節，色變有類，凡青皆比參左肩，赤比心大星，黄比參右肩，白比狼星，黑比奎大星。不失本色，而應其四時者，吉；色害其行，凶。

凡五星所出所行所直之辰，其國爲得位者，歲星以德，熒惑有禮，填星有福，太白兵强，辰星陰陽和。所行所直之辰，順其色而有角者勝，其色害者敗。居實，有德也。居虛，無德也。色勝位，行勝色，行得盡勝之。營室爲清廟，歲星廟也。心爲明堂，熒惑廟也。南斗爲文太室，填星廟也。亢爲疏廟，太白廟也。七星爲員官，辰星廟也。五星行至其廟，謹候其命。

凡五星盈縮失位，其精降于地爲人。歲星降爲貴臣；熒惑降爲童兒，歌謡嬉戲；填星降爲老人婦女；太白降爲壯夫，處於林麓；辰星降爲婦人。吉凶之應，隨其象告。

凡五星，木與土合，爲内亂、饑；與水合，爲變謀而更事；與火合，爲饑，爲旱；與金合，爲白衣之會，合鬭，國有内亂，野有破軍，爲水。太白在南，歲星在北，名曰牡年，穀大熟。太白在北，歲星在南，年或有或無。火與金合，爲爍爲喪，不可舉事用兵。從軍爲軍憂，離之軍却。出太白陰，分宅，出其陽，偏將戰。與土合，爲憂，主孽。與水合，爲北軍，用兵舉事大敗。一曰，火與水合爲焠，不可舉事用兵。土與水合，爲壅沮，不可舉事用兵，有覆軍下師。一曰，爲變謀更事，必爲旱。與金合，爲疾，爲白衣會，爲内兵，國亡地。與木合，國饑。水與金合，爲變謀，爲兵憂。入太白中而上出，破軍殺將，客勝。下出，客亡地，視旗所指，以命破軍。環繞太白，若與鬭，大戰，客勝。凡木、火、土、金與水鬭，皆爲戰，兵不在外，皆爲内亂。凡同舍爲合，相陵爲鬭。二星相近，其殃大，相遠無傷，七寸以内必之。

凡月蝕五星，其國亡。歲以饑，熒惑以亂，填以殺，太白以强國戰，辰以女亂。

凡五星入月，其野有逐相。太白，將僇。

凡五星所聚，其國王，天下從。歲以義從，熒惑以禮從，填以重從，太白以兵從，辰以法，各以其事致天下也。三星若合，是謂驚立絶行，其國外内有兵，天喪人民，改立侯王。四星若合，是謂太陽，其國兵喪並起，君子憂，小人流。五星若合，是謂易行，有德受慶，改立王者，奄有四方，子孫蕃昌；亡德受殃，離其國家，滅其宗廟，百姓離去，被滿四方。五星皆大，其事亦大；皆小，事亦小。

凡五星色，其圜白，爲喪，爲旱；赤中不平，爲兵，爲憂；青爲水；黑爲疾疫，爲多死；黄爲吉。皆角，赤，犯我城；黄，地之争；白，哭泣聲；青，有兵憂；黑，有水。五星同色，天下偃兵，百姓安寧，歌舞以行，不見災疾，五穀蕃昌。

凡五星歲政緩則不行，急則過分，逆則占。熒惑，緩則不入，急則不出，違道則占。填，緩則不還，急則過舍，逆則占。太白，緩則不出，急則不入，逆則占。辰星，緩則不出，急則不入，非時則占。五星不失行，則年穀豐昌。

凡五星分天之中，積于東方，中國；積于西方，外國。用兵者利。辰星不出，太白爲客；其出，太白爲主。出而與太白不相從，及各出一方，爲格，野有軍不戰。

五星爲五德之主，其行或入黄道裏，或出黄道表，猶月行出有陰陽也。終出入五常，不可以算數求也。其東行曰順，西行曰逆，順則疾，逆則遲，通而率之，終爲東行矣。不東不西曰留。與日相近而不見，曰伏。伏與日同度曰合。其留

行逆順掩合犯法陵變色芒角，凡其所主，皆以時政五常、五官、五事之得失，而見其變。

木、火、土三星行遲，夜半經天。其初皆與日合度，而後順行漸遲，追日不及，晨見東方。行去日稍遠，朝時近中則留。留經旦過中則逆行。逆行至夕時近中則又留。留而又順，先遲漸速，以至于夕伏西方，乃更與日合。金、水二星，行速而不經天。自始與日合之後，行速而先日，夕見西方。去日前稍遠，夕時欲近南方則漸遲，遲極則留。留而近日，則逆行而合日，在于日後。晨見東方。逆極則留，留而後遲。遲極去日稍遠，旦時欲近南方，則速行以追日，晨伏于東方，復與日合。此五星合見、遲速、逆順、留行之大經也。昏旦者，陰陽之大分也。南方者，太陽之位，而天地之經也。七曜行至陽位，當天之經，則虧昃留逆而不居焉。此天之常道也。三星經天，二星不經天，三天兩地之道也。

凡五星見伏留行，逆順遲速，應曆度者，爲得其行，政合于常。違曆錯度，而失路盈縮者，爲亂行。亂行則爲天矢彗孛，而有亡國革政，兵饑喪亂之禍云。

古曆五星並順行，秦曆始有金火之逆。又甘、石並時，自有差異。漢初測候，乃知五星皆有逆行，其後相承罕能察。至後魏末，清河張子信，學藝博通，尤精曆數。因避葛榮亂，隱於海島中，積三十許年，專以渾儀測候日月五星差變之數，以算步之，始悟日月交道，有表裏遲速，五星見伏，有感召向背。言日行在春分後則遲，秋分後則速。合朔月在日道裏則日食，若在日道外，雖交不虧。月望值交則虧，不問表裏。又月行遇木、火、土、金四星，向之則速，背之則遲。五星行四方列宿，各有所好惡。所居遇其好者，則留多行遲，見早。遇其惡者，則留少行速，見遲。與常數並差，少者差至五度，多者差至三十許度。其辰星之行，見伏尤異。晨應見在雨水後立夏前，夕應見在處暑後霜降前者，並不見。啓蟄、立夏、立秋、霜降四氣之內，晨夕去日前後三十六度內，十八度外，有木、火、土、金一星者見，無者不見。後張胄玄、劉孝孫、劉焯等，依此差度，爲定入交食分及五星定見定行，與天密會，皆古人所未得也。【略】

妖星者，五行之氣，五星之變名，見其方，以爲殃災。

唐・韋展《日月如合璧賦》 國家纂弘天統，紹啟王跡。獵英華於百代，漱芳潤於六籍。於是閱睿歷於疇人，鏡玄象之氷釋，察運行之盈縮，見分度之損益。五星同舍，狀自叶於連珠；兩曜集晨，候不僭於合璧。是知陰陽卷舒，日月居諸。時會而乍離乍合，順行而匪疾匪徐。徵於顓頊之法，考以軒轅之書。百靈以之肅若，四海由其晏如。惟上元之歲，時和氣茂；惟南至之辰，日月來就。望烏兔之交集，瞻斗牛而既覯。璧惟圓制，象其圓正之形；玉以貞稱，表此貞明之候。可以襲承天意，可以敬授人時。觀臺之瑞斯驗，馮相之言不欺。方見仲尼無得而踰矣，乃知潘夏何足以當之？臨楚山豈和氏而能識？入秦野非相如之見持。且夫日者尊而有常，月者謙而不雜，每有德而昭感，必效靈而允答。分則列照於三無，聚則和光於六合。徒觀夫炳煥可嘉，毫釐靡差，珥作如虹之氣，波爲旁達之華。映彼仙娥，有似夫佩而比德；吐茲王字，更疑乎瑜不掩瑕。然則天垂象兮至明，歷爲功兮可久。重之斯實理本，輕之則爲亂首。是以堯之分命，典誥高其能然。魯也失官，春秋貶其誠不。吾君之所懲勸，將永代而遵守。顧惟愚懵，竊覩嘉應。鈞深索隱，雖無瞽史之才，頌德歌功，敢借詩人之興。

唐・賈餗《日月如合璧賦》 格天之功兮，不宰而成；麗天之象兮，乃合其明。躔次無差，乃可立圭以辨；禎符既叶，必俟重璧而呈。於是曜陰魄，騰陽精。將周旋而一體，異遠近之相傾。時也萬類昭融，四方清泰。激朝輝之杲杲，發夜色之藹藹。懸異象於人間，吐榮光於天外。挺連城之價，誰敢指瑕；居匹夫之懷，非同買害。金烏共色，玉兔增鮮。麗萬室兮瑤臺共美，泛千林兮瓊樹爭妍。變芳流於斜漢，疊圓影於遥天。落照西沉，若欲抵於昧谷；澄暉東上，又如返於虞泉。熒煌異質，燭耀非一。抱珥之彩潛銷，如圭之容闇失。於以表玄象，明陰隲。瑞至德於堯年，契昌期於漢日。懿其經紀不忒，明宵有程。聊彩徘徊，似有求於潘子；雙形宛轉，若可賜於虞卿。既同道以脗合，亦相推而運行。見乎天則一人有慶，比於王則百度惟貞。矧今馮相觀祲而罔愆，羲和敬授而無闕。將冥照於幽昧，在宣精於日月。是以靈符必集，休祐可包。不縮不盈，自契於三年之閏；無偏無黨，何憂乎十月之交。豈止合采呈姿，和光效異。陵珠星而掩縟，逗洛水而增媚。東西並耀，疑夾鏡於長空；昇降相沿，異藏珎於厚地。然後操觚進牘，賦邦家之盛事。

唐・瞿曇悉達《開元占經》卷一 天體渾宗

七曜躔麗，道有常。天體旁倚，故曰道。南高而北斗，運轉之樞，南下而北高。

二樞爲轂，日道爲輪，周廻運移，終則復始。北樞未謂之北極，出地上三十六度，故天北際七十二度常見而不伏。謂之南極，入地下三十六度，故天南際七十二度常伏而不見。

或云，火陽也，故外炤。金、水陰也，故内景。日爲陽精，故外炤。月爲太陽之精宗，應内景，而月復能外照，何也？對曰：月光者，日曜之所生。是故外景如日照也。是故鑒金澄水得日之照，物亦有景。又曰：月無虧盈，由人也。日月之體，形如圓丸，各徑千里。月體向日，常有光也。月之初生，日曜其西，人處其東，不見其光，故名曰魄。三日之後微東而南，故明生焉。八日正在南方半之，故見弦也。

望則人處日月之間，故見其圓也。假使月初生時移人在日月之間，東向以視，則月光圓若望也。

至夏至之日，日入戍，月初生時西北，近日有光，及出于寅未，盡三日以視，月則東北近日光不盡也。研之于心，驗之于日，月體向日有光而圓言矣。難者又云：日曜星月，明乃生焉。然則月望之日，夜半之時，日在地下，月在地上，其間隔地，日光何由得照月，闇虚安得常在日衝？對曰：日之曜矣，不以幽而不至，不以行而不及，赫烈炤于四極之中，日光耀焕乎宇宙之内，循天而曜星月，猶火之循炎而升。其及光曜，無不周矣。惟衝不炤，名曰闇虚，與日及天體猶滿面之賁皷矣。

日之光炎在地之上，礙地不得直照而散，故薄虧而炤則遠；在地之上，散而直照則近。以斯言之，則日光應〔曜〕星月，有何礙哉！《易傳》曰：日夜食則星亡，無日以曜之故也。雖云：地上不淂直炤而散，故薄天而炤遠，檢光望一曰，日未入地而月已出，相去三十餘萬里，日光地上散而直炤，不應及月，而月使明光者，何也？

對曰：薄天而炤則遠是也，言礙地廣難耳。

水流濕，火就燥，類相從也。月星者類也，日光直照雖不及月，令燃二燭，一燭在上，一燭在下，滅下燭使烟相當，則上滅之炎循煙而下然下燭矣，此類相從也。

難者又曰：日夜蝕則衆星亡，驗月體不大于地。今日在地下，月在地上，地體大尚不能掩日使不炤月，月體小于地，安能掩日使不曜星也？

對曰：上元之初，日月如叠璧，五星如連珠，故曰重光。重光者，日在上，月在下，次之星居下，地在宿内，故掩日月光循星月而曜云也。

月在星宿之外，故掩日，日光不得炤星也。

梁武帝嘗議云：月體不全光，星亦自有光，非受明于日，若是，日曜月，所以成光，去日遠則光全，去日近則光缺耳。

五星行度亦去日遠近，五星安得不盈缺？當知不然。太陰之精自有光景，但異于太陽，不得渾赫。星月及日體質皆圓，非如鏡當如丸矣。

祖晅曰：姜岌此言非也。星猶月，禀日之光，然後乃見。若星在日裏，則應盈魄，今既不然，故知星在日表而常明也。按，星體自有光，曜非由禀日始明。今星宿有時食月，在魄中分明質見，則是星行亦在月裏，不專在表。

又姜岌承二燭爲喻，理亦迂廻，非實驗也。

晉侍中劉智《論天》曰：凡含天地之氣而生者，人其最貴而有靈智者也。是以動作云爲皆應天地之象。古先聖王觀靈曜，造筭數，准辰極，制渾儀，原性理，考微祥，賛其幽義而作曆術焉。

渾儀象天之圓體，以舍地方，輪轉周匝有三端，中其可見者，極星是也，謂之行極。在南者，在地下不見，故古人不名。陰陽對合爲群生父母，精象在下，五星具于上，共成天地之功也。

則日月爲政，五星爲緯，天以七紀，七曜是也。行極不過爲衆星之君，命政指授，以斗建時，斗有七星，與曜固精而有節氣于下者也。朔晦分于東西，消息辨于南北，取辰以定四方。天地配合，方氣有常也。

天以七紀方修其政，故方有七宿二十八星是也。于是天有常度，日月成象，衆星有宫分，方物有體類，在朝象官，在野象物，在人象事，理自然也。

衆星定位，七曜錯行，盈縮有期節，故曆數立焉。日，太陽也，施温萬物生，施光則陰以明。衆所禀爲唱先者也，君尊之象也。

月，太陰也，禀炤于陽，虧盈隨時，有所禀受，臣卑之道也。

五星象五常，託四時成五事，舊説日譬猶火也，火則施光，水則含景，故月光生于日，當日則明光盈，近日則明滅。然則月之清象在前矣。

又曰：當其衝月食者，陰性毁損，不受光也。君臣不等强，日月不苛明。

陰在于上，不自持損，陽必侵之，望在交度，其應必食。故《詩》曰：「彼月而食，則維其常。」道勢然也。侵甚則既臣之象也。

日尊，君象也。月卑，臣象也，晦朔之會，交則同道，則形相蔽。天道前爲尊，臣由臣道，雖度相值，月不掩日，卑不尊也，于申臣道。月掩日體，卑淩尊也。

是故太平之時，交而不食，尊卑道順。

或問云：顓頊氏造渾儀，其以説云黄帝爲蓋天，以蓋天象立，極在其中，日月以遠近，爲晦明；渾儀以天裹地，地載于氣，天以廻轉，而日月出入之以爲晦明。二説誰其得之？

劉智曰：蓋天之論謬矣。以春秋二分，日出卯入酉，若天象車蓋，極在其中，日月是廻遠則藏，二分之時，當晝短夜長，今以二刻數之，則晝夜分等。以日出入効之，則出卯入酉，此蓋天之説不通之驗也。然此二器皆古之取制，但傳説義者，失其用耳。

昔者聖王治曆，明時作圓，蓋以圓列宿，極在于中，用之以見天象，未可正昏明晝夜，故作渾儀也，象天體，亦以極爲中，而朱規爲赤遊周環，去極九十一度有奇。考日所行，冬夏去極遠近不同，故復晝爲黄道。

夏至去極近，冬至去極遠，二分之際交于赤道。二道有表裏，以定宿之進退，爲術乃密。至漢順帝時，南陽張衡考定進退。靈帝時，太山劉洪步月遲疾，自此之後，天驗愈詳。

自司馬遷、劉向、劉歆、楊雄、賈逵、張衡、蔡氏、劉洪、鄭玄，此八君者不但于筭步皆博索沉綜，寸思弘遠，而不合論渾蓋之用。明定日行四時之道，雖或精考，亦有取得，亦或出必失其本旨。人之不同，處意各異，道之難盡致千斯矣。

或問曰：古曆月食，或云陰損則不受明，或云闇虚，闇虚所在，值月則月食，值星則星亡，今子不從者，何也？

劉智曰：言闇虚者，以爲當日之衝，地體之蔭，日光不至，謂之闇虚。凡光之所炤，光體小于蔽，則大于本質。今日以千之徑而地體蔽之，則闇虚之蔭將過半天。星亡月毁，豈但交會之間而已哉！

由此言之，陰不受明近得之矣。

又問曰：若如所論，必有大蔭，日在月衝，何由有明？智曰：天陰舍陽而明，不待陽光明照之也。

陰陽相應，清者受光，寒者受温，无門而遁，雖遠相應。

是故觸名而次出者，水氣之通也。相向而相及，無遠不至，無隔能寒者，至清之質，承陽之光，以天之圓，回向相背，側立不同，光魄之理也。

陰陽相承，被隆此衰，是故日月有争明，日微則月晝見。若但以形光相炤，無相引受之氣，則當。陽隆乃陰明隆，陽衰則陽陰衰，二者之異，死由生矣。後魏太史令晁崇，修渾儀以觀星象。按，其儀以永興四年歲次子歲也。

因敦創造，傳至後魏末，入齊往周隋，至于大唐，歷年久遠，儀蓋傾墜日以。太史者，曆正也。去景雲三年奉勅重修造。使銀青光禄大夫、檢校將作少監楊務廉，與銀青光禄大夫、行太史令瞿曇悉達，正議大夫、行太始令李仙宗，試太史令殷知易，荆州都督兼秘書監兼古衛率薛玉，銀青光禄大夫、檢校秘書監吴師道，正議大夫、行秘書少監閻朝隱，首末共營，各盡其思，至先天二年歲次赤奮五也。若成，其銘曰：周天三萬七千里，分寸無敗；成歲三百六十日，盈縮其期。敬之敬之，以授人時。今史司見用測候者也。

守太子率更會何承天《論渾象體》也曰：詳尋前説，因觀渾儀，研求其意，有悟天形正負而水居其半，地中高外卑，水周其下。

言四方者，東曰暘谷，日之所出；西曰濛汜，日之所入。

《莊子》文曰：北溟有魚，化而爲鳥，將徙于南溟。斯亦古之遺記，四方者水證也。四方皆水，謂之四海。凡五行相生，水生于金。

唐·瞿曇悉達《開元占經》卷一八　五星所主

《春秋緯》曰：天有五帝、五星爲之使。

《荆州占》曰：五星者，五行之精也。五帝之子，天之使也。行于列舍，以司無道之國。王者若施恩布德，正直清虚，則五星順度，出入應時，天下安寧，禍亂不生。若人君無德，信奸佞，退忠良，遠君子，近小人，則五星逆行變色，出入不時，揚芒角怒，變爲妖星。彗孛、茀掃、天狗、枉矢、天槍、天棓、搶、攙雲、格澤、山崩、地震、川竭、雨血。衆妖所出，天下大亂，主死國滅，不可救也。餘殃不盡，爲水旱、饑饉、疾疫之災。

甘氏曰：五星主兵，太白爲主。五星主穀，歲星爲主。五星主旱，熒惑爲主。五星主土工，填星爲主。五星主水，辰星爲主。

五星：木、土以逆行爲凶，火以鈎已爲凶，金以出入不時爲凶，水以不効爲凶。並見其年必惡。

巫氏曰：五星者，五勝也。十二辰、二十八宿，舍于刑德。日爲朱雀，月爲玄武，心爲青龍，參爲白虎。常每向北斗、太乙審，能知此萬事盡畢五星、二十八宿。以旺時則王者之事也，以相時則卿相之事也，以囚時囚徒之事也，以廢時則萬民之事也。

五星各受制而司無道之國。故審五星逆、順、變色、留、守，觀其喜怒變色，所加宿之左右前後，遠近疏數，害尅陰陽，伏見五炁相賊，王者能救之，轉禍爲福，宗廟可得而保，社稷可得而安。

石氏《五星讃》曰：五星更出司不祥，應節守道不爲殃。日滿不入，其事興；過時不出，陰謀行。以星所守占厥方，芒角變動非其常。審察五色別青黄，各以事類知灾祥。

五星盈縮失行

《黄帝占》曰：有道之國，五星過之不失其行，則人君吉昌，萬民安寧。一曰：五星不失行，則年穀豐登。

又曰：出中道，天下太平；出陽道，旱；出陰道，多水雨。

陣卓曰：五星出陰道，多陰謀。

《動聲儀》曰：五音和，則五星如度。

石氏曰：五星分天之中，積于東方，中國大利。積于西方，負海之國用兵者利。

《春秋緯》曰：五星早出爲盈，盈者爲客；晚出爲縮，縮者爲主，人禍發其衝。

《考靈曜》曰：天失日月，遺其珠囊。珠者，五星也。遺囊者，盈縮失度也。

《黄帝占》曰：五星不出兩河間，必有不道之臣。

一曰必有道不通。

《春秋緯》曰：君臣有謀，心憒未言。精象勑于物，五星錯于宫。

郗萌曰：五星不行天門天闕門，皆爲有喪。五星不道東西咸，皆爲有賊。

五星行從天闕，不出其年有兵。

五星皆逆行，主且乘法，臣且謀其主。

石氏曰：五星行二十八舍星七寸内者及宿者，其國君死。

五星舍二十八宿，王者誅，除其國。

五星犯合宿中間星，其坐者在國中。犯南爲男，犯北爲女，犯東爲少，犯西爲老。

唐·張志和《玄真子·外篇·濤之靈》 日月之體有大小，諸星之位有廣狹。若以遠近論小大，稽夫日也，失之於炎凉；若以炎凉而語遠近，稽夫日也，失之於小大。乃知無遠近之異，旁視仰觀，人目自爾。夫以百尺之竿戴乎盤，卧之立之近遠適等，而小大不同，信目之有夷險矣。在乎東西不熾者，諒衰照而不正，自此地之陰氣得昇耳。

又 日月有合璧之元，死生有循環之端。定合璧之元者，知薄蝕之交有時；達循環之端者，知死生之會有期。是故之掩日而光昏，月度而日耀；日之對月而明奪，違對而月朗。是故死之换生而魂化，死過而生來；生之忘死而識空，失忘而死見。然則月之明，由日之照者也；死之見，由生之知者也。非照而月之不明矣，非知而死之不見矣。且薄蝕之交，不能傷日月之體；死生之會，不能變至人之神。體不傷，故日月無薄蝕之憂；神不變，故至人無死生之恐者矣。

唐·金俱吒《七曜攘災訣》卷上 夫周天三百六十五度四分度之一，每日日行一度，月每日行十三度四分度之一，一月月行三百九十七度四分度之三，日行三十度。一遍與月合會，其宿四世界衆生所生之日時，日月行所在爲之命宿。復日歷天一周，衆生爲之歲。月歷天一周，衆生爲之一月。若所至其宿度有五星，與大歲五行王相合者，必生貴人。若與月五行合者，亦生貴人。若月至休廢囚死宿，所生之處多爲庸人。復五星所至日月災蝕，在人命宿必變見吉凶。今西國婆羅門僧金俱吒，命得二十八宿神下。問其吉凶畫其形狀，辨七曜所至攘災法如後。

宋·張君房《雲笈七籤·日月星辰》 《黄氣陽精三道順行》經曰：日，陽之精，德之長也。縱廣二千三十里。金物、水精暈於内，流光照於外。其中有城郭、人民、七寶浴池，池生青黄、赤白蓮花，人長二丈四尺，衣朱衣之服，其花同衰同盛。日行有五風，故制御日月星宿遊行，皆風梵其綱。金門之上，日之通門也。金門之内，有金精冶鍊之池在西，闕左之分，故立春之節日，更鍊魄於金門之内，耀其光於金門之外，四十五日乃止。順行之洞陽宫，洞陽宫，日之上館也。立夏之日，止於洞陽宫，吐金治之精，以灌於東井之中，沐浴於晨暉，收八素之氣，歸廣寒之宫也。月暉之圍，縱廣二千九百里，白銀、瑠璃，水精映其内，城郭、人民與日宫同，有七寶浴池，八騫之林生乎内。人長一丈六尺，衣青色之衣，常以一日至十六日採白銀、瑠璃，鍊於炎光之冶，故月度盈則光明。比十七日至二十九日，於騫林樹下採三氣之華，拂日月之光也。秋分之日，月宿東井之地，上廣靈之堂，乃沐浴於東井之池，以鍊日魂，明八朗之芒，受陽精日暉，吐黄氣於玉池。諸天人悉採玉樹之華，以拂日月之光月，以黄氣灌天人之容，故秋分是天人會月之日也。

《老子歷藏中經》云：日月者，天地之司徒、司空也。日姓張，名表，字長史；月姓文，名申，字子光。

宋·張君房《雲笈七籤·神仙》 西王母，字偃昌。在目爲日月，左目爲日，右目爲月。

又 西王母【略】夫人兩乳者，萬神之精氣，陰陽之津汋也。左乳下有日，右乳下有月。

又 兩目神六人，日月精也。

宋·張君房《雲笈七籤·清靈真人裴君傳》 太素真人教裴君二事。爲真人之法，曰：旦視日初出之時，臨目閉氣十息，因又咽日光十過，當存令日光霞，使入口中，即而吞之。畢仍存青帝君，從日光中來，在我之左；次存赤帝君，從日光中來，在我之右；次存白帝君，從日光中來，在我之背；次存黑帝君，從日光中來，在我之左手上；次存黄帝君，從日光中來，在我之右手上。五帝都來，乃又存陽燧絳雲之車，駕九龍，從日光中來，到我之前，仍與五君共載而奔日也。裴君止於空山之上，修行精思。一年之中，髣髴形象。二年之中，五帝俱乘日形見在左右。三年之中，終日而言語笑樂。五年之中，五帝日君遂與裴君驂乘飛龍之車，東到日窟之天、東蒙長丘、大桑之宫、八極之城，登明真之臺，坐希琳之殿。授裴君以《揮神》之章、《九有》之符。食青精日飴，飲雲碧玄腴。於是與五帝日君日日而遊，此所謂奔日之道也。日中亦有五帝，一曰日君。《太上隱書》中篇曰：子欲爲真，當存日君，駕龍驂鳳，乘天景雲，東遊希琳，遂入帝門。精思仍得，要道不煩，名上清靈，列位真官，乃執《鬱儀文》。第二事爲真人之法：日夕視月，臨目閉氣九息，因又咽月光九過。當存月光，使入口中，即而吞之。畢仍存青帝夫人，從月光中來，在我之左；次又存赤帝夫人，從月光中來，在我之右；次又存白帝夫人，從月光中來，在我之背；次又存黑帝夫人，從月光中來，在我左手上；次又存黄帝夫人，從月光中來，在我右手上。五帝夫人都來，乃又存流鈴飛雲之車，駕十龍，從月光中來，到我之前，仍存五夫人共載而奔月也。裴君止於空山之上，修行精思。一年之中，髣髴姿容。二年之中，五夫人遂俱乘月形見在左右。三年之中，並共笑樂言語。五年之中，五帝月夫人遂與君共乘飛龍之車，西到六嶺之門、八絡之丘、協晨之宫、八景之城，登七靈之臺，坐太和之殿。授裴君《流星夜光》之章、《十明》之符。食黄琬紫津之飴，飲月華雲膏。於是與五夫人夕夕共遊，此所謂奔月之道矣。月中亦有五帝夫人，《外經》云：日君月夫人者，是少有髣髴也。《太上隱書》中篇曰：子欲昇天，當存月夫人，駕十飛龍，乘我流鈴。西到六嶺，遂入帝堂，精思乃見，上朝天皇，乃執《結璘章》。裴君白日精思對日，存日中五帝君；夜則精思對月，存月中五夫人。五年之中，日月精神並到，共乘飛龍，上遊太玄。

宋·張載《張子全書·正蒙》 日質本陰，月質本陽，故於朔望之際，精魄反交則光，爲之食矣。虧盈法，月於人爲近，日遠在外，故月受日光常在於外，人視其終。初如鉤之曲，及其中天也如半璧，然此虧盈之驗也。

月所位者陽，故受日之光不受日之精，相望、中弦則光，爲之食，精之不可以二也。

宋·王與之《周禮訂義》 王昭禹曰：日爲陽而實，故致於長短極之時。月爲陰而闕，故致於長短不極之時。鄭康成曰：冬至日在牽牛，景丈三尺；夏至日在東井，景尺五寸，此長短之極。極則氣至冬無愆陽，夏無伏陰。春分日在婁，秋分日在角，而月弦於牽牛、東井，亦以其景知氣至否。陸佃曰：黄道北至東井，南至牽牛，東至角，西至婁。夏至日在東井而北近極，則晷短而表景尺五寸；冬至日在牽牛而南遠極，則晷長而表景丈三尺；春分日在婁，秋分日在角，而中於極星，則晷中而表景七尺三寸。夫日陽也，陽用事則日進而北，晝進而長，陽升，故爲温爲暑；陰用事則日退而南，晝退而短，陰勝，則爲涼爲寒。若日失節於南，則晷過而長，爲常寒；失節於北，則晷退而短，爲常燠。此四時致日之法也。月之九行在東西南北，有青白赤黑之道各二，而出於黄道之旁。立春、春分月行青道，立秋、秋分月行白道，立冬、冬至北旋黑道，立夏、夏至南從赤道，古之致月不在立而常在二分，不在二分之望而常在弦者，以月入八日與不盡八日得陰陽之正平故也。然日之與月，陰陽尊卑之辨若君臣。然觀君居中而逸，臣旁行而勞。臣近，君則威損；遠，君則勢盛。威損與君異，勢盛與君同。月遠日則光盛，近日則光缺。未望則出西，既望則出東。則日有中道，月有九行之說，蓋足信也。

宋·高似孫《緯略·日月星》 徐整《長曆》：陽之精上合爲日，徑千里，周圍三千里，下於天七千里。【略】月徑千里，周圍三千里，下於天七千里。

宋·王應麟《六經天文編·八卦納甲》 《繫辭》縣象著明，莫大乎日月。虞翻曰：謂日月懸天成八卦象。三日暮震象，月出庚。八日兑象，月見丁。十五日乾象，月盈甲壬。十六日旦巽象，月退辛。二十三日艮象，月消丙。三十日坤

象，月滅乙。晦夕朔旦則坎象，水流戊。日中則離，離象。火就己，戊己土位，象見於中，日月相推而明生焉。【略】

趙氏曰：天道左旋，日月右轉，兩曜行天，若彈丸然。月受日光，向爲明而背爲魄，下土視之，則有盈闕。蓋日行一度，一歲一周天。月行十三度十九分度之七，一月一周天。合離盈速之既異，朓朒弦望之攸分。魄者月之體，坤之純陰象焉。明者日之光，乾之純陽象焉。其生明也，一陽在下，震之象；其生魄也，一陰在下，巽之象。二陽浸長，上弦爲兑。二陰浸長，下弦爲艮。三日明於庚，震納庚也。十六魄於辛，巽納辛也。八日弦於丁，兑納丁也。廿三弦於丙，艮納丙也。日月相望於三五，月盈在甲，故乾納甲，日月合符於晦朔。月没於乙，故坤納乙。明滿於甲，而盡乎壬，壬，廿九日也。過則晦矣。故乾復納壬，魄全於乙，而止乎癸。癸，二日也。過則明矣，故坤復納癸，望前月行先乎日。故以昏定，望後月行後乎日，故以晨定。月近於朔，故必三十度而明始見。月遠於望，故不待十度而魄已生。日月相去各九十餘度四分天之一。明與魄分謂之弦。日月相對各百八十餘度，直乎天之半。明周乎魄，謂之望。日離也，納己。己居陽中，月坎也，納戊。戊居陰中，日月合德，戊巳无位，循環不窮，所以爲中。

元・脱脱《宋史》卷五二《天文志五》 凡五星：歲星色青，比參左肩；熒惑色赤，比心大星；填星色黄，比參右肩；太白色白，比狼星；辰星色黑，比奎大星。得其常色而應四時則吉，變常爲凶。

木與土合爲内亂，饑；與水合爲變謀而更事；與火合爲饑，爲旱；與金合爲白衣之會，合鬬，國有内亂，野有破軍，爲水。太白在南，歲星在北，名曰牝牡，年穀大熟。太白在北，歲星在南，其年或有或無。火與金合爲爍，爲喪，不可舉事用兵，從軍爲軍憂；離之，軍却。出太白陰，分地；出其陽，偏將戰。與土合爲憂，主孽卿。與水合爲北軍，用兵舉事大敗。一曰，火與水合爲焠，不可舉事用兵。土與水合爲壅沮，不可舉事用兵，有覆軍，一曰，爲變謀更事，必爲旱。與金合爲疾，爲白衣會，爲内兵，國亡地。與木合國饑。水與金合爲變謀，爲兵、憂。

木、火、土、金與水鬬，皆爲戰，兵不在外，皆爲内亂。

三星合，是謂驚立絶行，其國外内有兵與喪，百姓饑乏，改立侯王。四星合，是謂大湯，其國兵、喪並起，君子憂，小人流。五星若合，是謂易行，有德受慶，改立王者，奄有四方，子孫蕃昌；亡德受殃，離其國家，滅其宗廟，百姓離去，被滿四方。五星皆大，其事亦大；皆小，事亦小。五星俱見，其年必惡。

凡五星與列宿相去方寸爲犯，居之不去爲守，兩體俱動而直曰觸，離復合、合復離曰鬬，當東反西曰退，芒角相及同舍曰合。

凡五星東行爲順，西行曰逆，順則疾，逆則遲，通而率之，終於東行。不東不西曰留，與日相近而不見曰伏，伏與日同度曰合。

凡金、水二星，行速而不經天，自始與日合後，行速而先日，夕見西方。去日前稍遠，夕時欲近南方則漸遲，遲極則留，留而近日，則逆行而合日；在于日後，晨見東方。逆極則留，留而後遲，遲極去日稍遠，旦時欲近南方，則速行以追日，晨伏于東方，復與日合度。此五星合見、遲疾、順逆、留行之大端也。

凡五星之行，古法周天之數，如歲星謂十二年一周天，乃約數耳。晉灼謂太歲在四仲則行三宿，在四孟、四季則行二宿，故十二年而行周二十八宿。其説亦非。夫二十八宿，度有廣狹，而歲星之行自有盈縮，豈得以十二年一周無差忒乎？唐一行始言歲星自商、周迄春秋季年，率百二十餘年而超一次，因以爲常。以春秋亂世則其行速，時平則其行遲，其説尤迂。既乃爲後率前率之術以求之，則其説自悖矣。今紹興曆法，歲星每年行一百四十五分，是每年行一次之外有餘一分，積一百四十四年剩一次矣。然則先儒之説，安可信乎？餘四星之行，固無逆順，中間亦豈無差忒？一行不復詳言，蓋亦知之矣。

妖星

妖星，五行乖戾之氣也。五星之精，散而爲妖星，形狀不同，爲殃則一。各以其所見日期、分野、形色，占爲兵、饑、水、旱、亂、亡。星長三尺至五尺，期百日，等而上之，至一丈期一年，三丈期三年，五丈期五年，十丈期七年，十丈已上，不出九年。蓋妖星長大則期遠而殃深，短小則期近而殃淺。

天棓星乃歲之精，主奮争。天槍如彗，出西方，長二三尺，名天槍，主破國。天猾主招亂。天欃出西方，長數丈，主國亂。蚩尤旗類彗而後曲，主兵。天衝狀如人，蒼衣赤首，不動，主下謀上，滅國。國皇大而赤，去地三丈，如炬火，主内寇。及登主夷分，主恣虐，日見則主弱。昭明如太白，光芒不行，主兵、喪。司危，《天官書》如太白，有目，去地可六丈，大而白，其下有兵，主擊强。五殘如辰星，去地六七丈，其下有兵，主奔亡。六賊去地六丈，大而赤，有光，出非其方，下有兵、喪。獄漢青中赤表，下有三彗，去地可六丈，大而赤，數動。大賁主滅邪暴兵。燭星主滅邪。絀流主伏逃。茀星、昴、孛星主災。旬始出北斗旁，如雄雞，見則更主。擊咎主大兵，有反者，大亂。天杵主牂羊。天柎主擊殃。伏靈見則

世亂。天敗主鬬衝。司姦主見怪。天狗有毛，旁有短彗，下如狗形，見則兵饑。天殘主貪殘。卒起有謀反，主驚亡。枉矢色黑，蛇行，望之如有毛目，長數匹者，見則兵起，破女君臣憂，上下亂。拂樞主制時，滅寶主伐亂。繞綎主亂孳。驚理主相屠。大奮祀主招邪。

天鋒彗象，形似矛鋒，見則兵起，有亂臣。昭星有三彗，兵出，有大盜不成，又主滅邪。蓬星大如二斗器，色白，出東南方，東北主旱，或大水。長庚星如一匹布著天，見則兵起。四填大而赤，可二丈，爲兵。地維臧光星如月，始出，大而赤，去地二丈，東南，旱；西北，兵；出東北，大水。老子星色白，爲善爲惡，爲饑爲凶，爲喜爲怒。甞頭星有雲如壞山墜，所墜下有覆軍流血。積陵出西南，長三丈，主兵，小饑。昏昌出西北，氣青赤色，中赤外青，主國易政。莘星出西北，狀如環，大則諸侯失地。白星如削瓜，主男喪。菟昌有赤青環之，主水，天下改易。濛星赤如牙旗，長短四面，西南最多，亂之象。長星出西方。

歲星之精，化爲天棓、天槍、天滑、天衝、國皇、及登，蒼彗。火星之精，化爲昭旦、蚩尤之旗、昭明、司危、天欃，赤彗。土星之精，化爲五殘、六賊、獄漢、大賁、昭星、絀流、茀星、旬始、蚩尤、虹蜺、擊咎，黃彗。太白之精，化爲天杵、天柎、伏靈、天敗、司姦、天狗、天殘、卒起，白彗。辰星之精，化爲枉矢、破女、拂樞、滅寶、繞綎、驚理、大奮祀，黑彗。

而月旁祅星，亦各有所生。天槍、天荆、真若、天猿、天樓、天垣，歲星所生也，見以甲寅日，有兩青方在其旁。天陰、晉若、官張、天惑、天雀、赤若、蚩尤，熒惑所生也，出在丙寅日，有兩赤方在其旁。天上、天伐、從星、天樞、天翟、天沸、荆彗，填星所生也，出在戊寅日，有兩黃方在其旁。若星、帚星、若彗、竹彗、牆星、權星，白藋，太白所生也，出在庚寅日，有兩白方在其旁。天美、天㲹、天社、天林、天庥、天蒿、端下，辰星所生也，出以壬寅日，有兩黑方在其旁，見則爲水、旱、兵、喪、饑、亂。

元・趙友欽《革象新書》 日月盈縮

古法一晝夜月行十三度餘十九之一，然觀其所躔，先後不同，有差至四五度者。後漢劉洪始推究之，知其疾行則十四度餘約四之三，遲行則止十二度不餘。其間漸疾漸遲，大率二百四十八日盈縮九匝。隋劉焯又推究日行亦有盈縮，自冬至行一度五分，漸減一二分至三四分；以及赤道之交，則正行一度；從此復漸減之，極於夏至，止行九十五分。自夏至後其行漸增，所增與所減之數相似，及冬至，則復如前。蓋一日行一度有餘曰疾，不及一度曰遲。以增虧之數相補，一日止爲一度，從冬至距春分以行疾而積盈，從春分距夏至以行遲而消其積盈，比之常度，猶差前，故冬至距夏至皆曰盈段。從夏至距秋分以行遲而積縮，從秋分距冬至以行疾而消其積縮，比之常度，猶差後，故夏至距冬至皆曰縮段。然春分二日之前已交赤道，則盈二度有餘；秋分二日之後纔交赤道，則縮二度有餘。故二分之際，盈縮最多矣。《授時曆》謂日在赤道之南行疾，赤道之北行遲。而後曆亦以春分距秋分行遲，秋分距春分行疾。要之月行遲疾盈縮之理亦然，但度數不同耳。《授時曆》謂每轉二十七日五十五分四十六秒，月行三百六十八度三十七分四秒半，乃盈縮之一匝，其間遲疾之數相補，遂以十三度三十六分八十七秒半爲一日月平行之度。李淳風有推步月孛法，以六十二日行七度，六十二年七周天。孛者，彗星之屬，光芒偏掃者爲彗，光芒四出者爲孛。孛之所在，月行最遲。與孛對衝，則月行最疾。孛不常見，則月行最遲處可以測之矣。按：「孛者，彗星之屬，光芒偏掃者爲彗，光芒四出者爲孛」一段所引未當，考月孛之孛與彗孛之孛不同，月孛乃月歷天之最高處，其行較遲，卑則其行較速。至於彗孛之星，隱見無時，行無定度，非可以常理測也。審如其論，則由月而可算孛星，實屬誤會。若夫日躔十二次，蓋因各次黃道宿度不等，又日有盈縮，故或近或久不同。且一歲分二十四氣，名曰常氣。《授時曆》：一氣爲十五日二十一分八十四秒三十七毫半，則是以常氣爲定，不復增減，而舊曆則有增減之法。月度縮而日度盈，則定朔在常朔，後名曰朒；月度盈而日度縮，則定朔在常朔前，名曰朓。若俱盈俱縮，則對消而用有餘數。定弦、定望亦如之。蓋古者未曾推步日月盈縮，止以常期弦望爲定，今朔與弦望既有常，定之名復有進退之法，定朔在日没以後，若無日食見其初虧者，則進以次日爲朔，恐月見於晦之晨也。定弦望在日出以前，則退一日定望，在日出以後，其望有食，初虧在日出前者，亦退一日。定望在十七，雖日出後亦退一日，爲其太遲也，或望在十四，上弦在初七，下弦在二十二，則不可退，退則太早也。或望在十三，上弦在初六，下弦在二十一，非退而太早，因進朔而然，雖不皆早，其朔不進，或朔進而大月連四日，爲其過多，朔亦不進也。《授時曆》則不然，當朔計二十九日五十三分五秒九十三毫，當望半之，當弦又半之，實定而不進退矣。但月食在夜半後，雖屬次日，亦只以當夜言望。

日月薄食

日所行黃道，未嘗附著於天，其道印天一周，乃在天之黃道。在天黃道如大

環，日行黃道如小環。小環居大環之內，雖寬窄有少殊，而皆爲三百六十五度四分度之一，且以日擬尺而量，故爲度，則日行之黃道要爲得數之真者。夫日體大，其道周圍亦大；月體小，其道周圍亦小。月道在日道內，亦猶小環在大環之中。日去人遠，月去人近，月體因近視而比日體之大，月道因近視而比日道之廣，亦由日道之比乎天道矣。若日食於朔，月食於望，則當以天度經緯推之。日月之行，常數以二十九日五十三分五秒九十三毫相會。二次相會，則同一經度。雖其行度有盈縮，定朔有先後，所差不多，較其同經不同緯，止曰合朔。或月從八道穿度黃道，適與日遇，則爲同經同緯，合朔而有食矣。日體爲月體所蔽，故日食而日體非有損也。日道與月道相交之處有二，若正會於交，則月體障盡日體而日暗甚，謂之食。既若交不正，但在交之前後，而度相近者，亦食而不既，近於正交，則食分多；遠於正交，則食分少也。兩朔之間，日月對躔而望，平分黃道之半。黃道有二交，若不當二交前後而望，則月不食。望在二交前後者，必食，食或既或不既，其食分數則以距交遠近推之。月體映日而明，但涉經度相對，其光已滿，或於二交限內，對經對緯所受日光傷於太勝，陽極反亢，故致月體黑暗如染紅，濃厚反成紫也。《授時曆》：望在交之前後者，距交十三度五分則不食，若當交限內，則有食矣。望而距交未遠，在四度三十五分之內，其食必既。餘八度七十分，雖是食限，而食不既也。古者以日對衝之處名爲「暗虛」，謂日之象景也，月體因之而失明，故云「闇」。日非有象景，而强名之，故云「虛」。「暗虛」緣日而有，故其圓徑與日等，日體徑一度，月體半之而其徑亦准一度，則日道之廣亦必與徑同，月道既准一度，則闇虛廣二度也。今以闇虛之黃道，與月之本道，兩道相交，以交前四度三十五分併交後四度三十五分，共八度七十分爲食既限，既限之前八度七十分爲既外前限，既限之後八度七十分爲既外後限。此三限在闇虛，則爲二十六度十分，而在月道，止爲十三度五分也。夫日食至十分即爲食既，月食乃至十五分者，蓋十分，已是食既，既則已盡黑，然所食雖既而纔入既限，故食十分以上之數爲既內之分。月望正在交的而食，則名曰既內五分乃十五分也。所以然者，月之食限交前後各十三度五分，歸限八度七十分，而望則已食十分矣。更歸八十七分，而後望則食十一分，以十三度五分，均爲十五分，每分計八十七分，食十分，計歸限八度七十分又既內五分，計四度三十五分，共十三度五分，乃前限之一半。其出後限亦然。故月食有既限，而日食則不立既限矣。月食分數唯以距交遠近而論，別無四時加減，八方所見，食分並同。而日食則不然，舊曆云：假令中國食既，戴日之下，所虧纔半；化外反觀，則交而不食。化外食既，戴日之下，所虧纔半；中國反觀，則交則不食。何則？日如大赤丸，月如小黑丸，共懸一索，日上而月下，即其下，正望之，黑丸必掩赤丸，似食之既，及傍觀有遠近之差，則食數有多寡矣。日行有四時之異，月行有丸道之殊。日行極南，月在陰曆，則中國見食分多；月在陽曆，則中國見食分少。開北户而向日之處，月在陽曆反食多，在陰曆反食少。夏日近中國，冬日近交廣。唯戴日之下，則在酌中之間，凡食在午前見食早，午後見食遲，地偏西見食早，偏東見食遲。此其推步之差，實因四時早晚，及地偏南北東西而加減。然南北東西不可以里路計，南北則考表景及北極出地之數，東西亦考表景及中星之所在，以爲加減之法。今太史所驗，徒以中國所見者言之而已，且推步雖有法，亦時或有失，日月交會於夜，望食於晝，人不及見固所不論，若帶食分出入在晨昏之際，雖不見其食甚，但見初虧或見復圓以前，則必論之。而所謂食甚之時，則在初虧復圓之際，其非食既者亦於此際食分最多，從此則轉減少也。日食止言既，月食言既又言甚者，蓋月初既之時名食既，食既之後生光之前，此際名爲食甚。若日則不然，食既甚，生光無所分別，食既不久，止須臾耳。日月在望交者，月道廣一度，闇虛之道廣二度，兩度相犯者多，故食限亦多。至十三度五分，而其食之時刻亦不少。在朔交者，日月二道皆廣一度，相犯者少，故食限亦少，約八度左右。而其食之時刻亦不多，日之食限少，故其食也罕。月之食限廣，故其食也頻。若夫起復方位，則以月在陰陽曆論之。月在陽曆者，日食起於西南，甚於正南，復於東南；月食起於東北，甚於正北，復於西北。月在陰曆者，日食起於西北，甚於正北，復於東北；月食起於東南，甚於正南，復於西南。凡日月食至八分以上者，日食但云起於西，復於東；月食但云起於東，復於西也。日月之食，其所行交道有常數，雖盛世所不免，故可以籌策推，非若五星有反常之變也。

五緯距合

日月懸虛，運轉不附於天，五星亦然。月雖因日而有晦、朔、弦、望，其遲速不因日。若五星，則因日而有遲、留、伏、逆矣。近日則疾，遠日則遲，遲甚而留，留久而退，初遲退，漸疾退，退最疾而後遲，退如初，退止而留，留久而順，行却從最遲以至於最疾，最疾則與日同躔也。歲星最疾約四日行一度，熒惑最疾約七日行五度，填星最疾約七日行一度。此三星比日行度較少，故伏合以後，日在前。歲星距日十三度而晨見，熒惑距日十九度而晨見，填星距日十八度半而晨

見。晨見則在東方，大約近一遠二而留，周天相半而退。歲星初留，約距日一百九度，初退，約距日一百三十一度。熒惑初留，約距日一百三十四度；初退，約距日一百四十四度。填星初留，約距日九十四度；初退，約距日一百二十八度。凡退行最疾之時，必與日對衝，退止而留，則背距日如初退之度，留久而順行，則背距日如初留之度。日近於後躔，漸近而行，漸疾背近，如晨見距日度則伏，而光不著矣。與日未對衝之先，夜半後可望，謂之晨段。與日既對衝之後，夜半前可望，謂之夕段。太白、辰星則不然，太白最疾約四日行五度有餘，辰星最疾約一日行一度有餘，此兩星皆比日行度較多。伏合以後，則過日而前。太白距日十度半而夕見，辰星距日十六度而夕見，夕見則在西方。太白距日甚遠不過四十五度，辰星距日甚遠不過二十四度。既已甚遠，則所行遲比日較少，由是漸與日近。太白距日三十度有餘而初留，辰星距日二十一度半而初留。太白留後，距日二十四度有餘而初退，辰星留後，距日十九度半而初退。退行之際，與日相近如夕見之度，伏而不著，與日相遠如夕見之度，辰見於東，退行最疾之時與日必同度；退止而留，則距日如初退之度；留久而順行，則距日如初留之度；遲行漸疾，而漸近日，距日如退伏之度，則又退而不著矣。與日未退合之先昏後可望，謂之夕段，與日既退合之後，曉前可望，謂之晨段。蓋金、木形體大，故伏見與日近；水、火、土形體小，故伏見與日遠。歲星八十三年而七周天，與日合度者七十六，合期約三百九十九日。熒惑七十九年而四十二周天，與日合度者三十七，合期約七百八十日。填星五十九年而二周天，與日合度者五十七，合期約三百七十八日。太白辰星與日常相近，隨日一年一周天，太白八年而五合於日，退合者又五，約五百八十四日而順逆兩合。辰星四十六年之間合於日者一百四十五，退合亦然，約一百一十六日而順逆兩合。此乃五緯之常數也。古法唯知有常度，未知有變數之加減。北齊張子信仰觀歲久，知五緯有盈縮之變，當加減常數以求其逐日之躔。蓋五緯不由黃道，亦不由月之丸道，而出入黃道內外，各自有其道，視日遠近爲遲疾，如足力之有勤倦。其變數之加減，如里路之徑，直斜曲也。歲星加減最多處約七度，熒惑加減最多處二十五度有餘，填星加減最多處八度有餘，太白加減最多處四度有餘，辰星加減最多處六度有餘，此乃五緯盈縮之變數也。若夫羅喉、計都、月孛、紫氣，則其行均平，無有遲疾。羅喉、計都從月交黃道求之，月交之終始該三百六十三度七十九分三十四秒，歷二十七日二十一分二十二秒二十四毫。羅、計於其間各逆行一度四十六分三十秒，其數併月行交終之度，即黃道周天之度，凡十八年有餘，而周天交初，復在舊躔矣。月孛從月之盈縮而求，盈縮一轉該二十七日五十五分四十六秒，月行三百六十八度三十七分四秒半，孛行三度十一分四十秒半，黃道周天之度，併孛行數，即月行數也，凡六十二年而七周天。月行最遲之處，與之同躔矣。紫氣起於閏法，約二十八年而周天。《授時曆》以一十日八十七分五十三秒八十四毫爲一歲之閏，紫氣則一歲行十三度五分四秒六十毫八十芒，兩數比之，乃加二之算，二十八年十閏，紫氣行十二宮亦加二之算也。舊云：紫氣即景星，罕聞。其見《史記》注云：景星，狀如半月，生於晦朔，助月爲明，見則人君有德，初盛之慶也。設十一曜不附五緯與月孛、紫氣皆以左旋步之，羅喉、計都逆行，乃右旋步之。設十一曜不附天而空轉，則右轉者亦皆左旋，其留者，一日繞地一周，與天同過一度，行疾者反爲遲行，遲者反爲疾，退者反爲疾之甚矣。蓋順行而遲疾者，皆一日繞地一周，以不及天行之數爲所行度。退行者乃一日繞地一周，多退天行之數，退遲者先天不甚多，退疾則愈多矣。以物喻之，日月猶魚也，魚行江河，不著其底，必憑江河之水以行，或逆或順，各任其情。日月雖懸虛，不附於天，意其必憑天之氣以行。五緯之行亦猶是也。夫在天成象，日、月、星辰皆象也。而日月五星獨異於衆星，自有行度者，此陰陽五行之精，可以爲造化之妙，非衆星之比也。日月五星體性不齊，故遲疾有異，亦當以陰陽五行別之。

明・王鏊《震澤長語・象緯》　周天三百六十五度。然天體無定，占中星以知方位。天行健而不息，如磨之旋，自東運而南，南而西，西而北，北而又東，以爲昏明寒暑。二儀運而出没，五緯隨而起伏，列舍就之，隱見炎夏。天道南行，日出于寅，入于戌，陽盛于陰也，日影隨短；窮冬北行，日出于辰，入于申，陰盛于陽也，日影隨長；春秋天道行於正中，日出于卯，入於酉，陰陽平也，日影隨停。南爲明都，天體所見也，日月五星，至是則明；北爲幽都，天體所隱也，日月五星，至是則晦。日月五星至北都而晦，非天入於地也。若天入於地，則日月隨之地中，爲日月所照，安得爲幽都哉！此說與渾天不同，然亦不爲無理，故著之。

明・胡廣《周易大全》：厚齋馮氏曰：日月之行，景長不過南陸，短不過北陸，故分至啟閉不差其序，以順陰陽之氣而動也。

又《離卦》　日月麗乎天。

又《豐卦》　日中則昃，月盈則食。

又《繫辭上》 縣象著明，莫大乎日月。

明・胡廣《周易大全》：天文焕爛，皆懸象著明也，而莫大乎日月。

又 日月運行，一寒一暑。【略】陰陽之義配日月。

又《繫辭下》 往則月來，月往則日來，日月相推而明生焉。

明・胡廣《周易大全》：臨川吴氏曰：因日之往而有月之來，因月之往而有日之來，二曜相推以相繼，則明生而不匱。

明・楊慎《丹鉛總録・甘氏星經論日月黄道》 甘氏曰：日一星，在房之西，氐之東。日者，陽精之宗也。爲雞二足，爲烏三足，雞在日中，而烏之精爲星，以司太陽之行度。日生於東，故於是位焉。月一星，在昴畢間，故昴畢之間爲天街，黄道之所經也。月者，陰精之宗也。爲兔四足，爲蟾蜍三足，兔在月中，而蟾蜍之精爲星，以司太陰之行度。月生於西，故於是位焉。日精在氐房，月精在畢昴，自司其行度。而氐房昴畢乃黄道之所經，不得而司之。

范育曰：日出於卯，卯之屬爲兔，而兔之宅乃在月中；月出於酉，酉之屬爲鷄，而鷄之宅乃在日中。是謂陰陽之精，互藏其宅。

明・章潢《圖書編》卷一八 七政總敘

七政者，肇於《虞書》，至漢劉歆、張衡，雅善星理，厥術猶精。歆曰：太極運三辰五星于上，元氣轉三統五行于下，三辰合于三統，五行合于五星，三辰五星而相經緯也。衡曰：文曜麗乎天，其動者七，爲日、月、五星，故曰七政皆緯。又曰：日，陽精宗也；月，陰精宗也；五星，五行宗也。日行黄道，月與五星皆出入黄道也。是故聖人有作，齊七政以立元，測圭箭以候氣，明九道以步月，交遲速以推星，攷黄道之斜正，辨天勢之升降，而交蝕詳焉。噫！明乎此，其於王政也，視諸掌乎！夫先王之以時齊七政也，非曰文也，以時作息保和也，辨氛祲先幾也，審象器定制也，裁成範圍賛化也，推衍德運明統也，是以人神式序天地官也。故日月合璧，五星聯珠，數之值不得已也，非所以爲祥。然王者道吉，丁辰亦可慶焉。日月之會是謂合朔，會之極。不得已也，非所以爲沴然，聖人扶陽抑陰，必謹候焉。《春秋傳》曰先王之正時也，履端于始，舉正于中，歸餘于終。又曰龍見而戒事，火見而致用，水昏正而栽；日至而畢，凡此皆以欽若其道者也。

日，太陽之精，主生養恩德，人君之象也。人君有道，則日五色；失道，則日露其慝，譴告人主而儆戒之。如史志所載，日有食之，日中烏見，日中黑子，日色赤，日無光，或變爲孛星，夜見中天，光芒四溢之類是也。日體徑一度半，自西而東，一日行一度，一日一周天，所行之路，謂之黄道，與赤道相交，半出赤道外，半入赤道内。冬至之日，黄道出赤道外二十四度，去北極最遠，日出辰，日入申，故時寒，晝短而夜長。夏至之日，黄道入赤道内二十四度，去北極最近，日出寅，日入戌，故時暑，晝長而夜短。春分、秋分黄道出赤道相交，當兩極之中，日出卯，日入酉，故時和而晝夜均焉。

月，太陰之精，主刑罰威權，大臣之象。大臣有德，能盡輔相之道，則月行常道度，或大臣擅權，貴戚宦官用事，則月露其慝，而變異生焉。如史志所載，月有食之，月掩五星，五星入月，月光晝見，或變爲彗星，陵犯紫宫，侵掃列舍之類是也。月體徑一度半，一日行十三度百分度之三十七，二十七日有餘一周天，所行之路謂之白道，與黄道相交，半入黄道内，半出黄道外，出入不過六度，如黄道出入赤道二十四也。陽精猶火，陰精猶水，火則有光，水則會影，故月光生於日之所照，魄生於日之所不照。當日則光明，就日則光盡，與日同度謂之朔，月行潛於日下，與日會也，分天體爲四分，謂初八及三十日，月行近日一分，謂之近一；遠日三分，謂之遐三，通旦分受日光之度，故半明半魄，如弓張弦；上弦昏見，故光在西，下弦旦見，故光在東也。衝分天中謂之望，望十五日之昏，日入月出，東西相望，光滿而魄死也。光盡體伏謂之晦。謂三十日月行近於日，光體皆不見也。月行於白道，與黄道正交之處，在朔則日食，在望則月食。日食者，月體掩日光也。月食者，月入暗虚，不受日光也。暗虚者，日正對照處。

木星者，東方木之精也，其名歲星，又名攝提。星其色青，其性仁，君王之象也。太歲在子午卯酉之歲，上行三宿，太歲在寅申巳亥辰戌丑未之年，歲行二宿，寅申巳亥辰戌丑未歲，四四一十六，子午卯酉歲，三月一十二，而行二十八宿，十二年而周天。

火星者，南方火之精也，其名熒惑，應朱雀之位，其色赤，其性禮，爲執法之象。火星常以十月入太微垣，受制而出入無常，晨始見，去日半次，順日行九十二分度之五十三，二百七十六日始留不行而旋退，逆日行六十二度度之十七，六十日，復留十日不行，而旋復順，日行九十二分度之五十三，二百七十六日而伏，晨伏七十一日，行五十一度，去日二十度，晨見東方，夕伏七十一日。

土星者，中央土之精也，其名鎮星，應勾陳之位，其色黄，其德信，尊王之象。常以甲辰元始建斗之歲，晨始見，去日半次，順日行十五度之一八十日，始留三

十四日不行而旋退，逆日行八十一分度之五，一百一日復留二十三日有奇而旋，復日行十五分度之二，八十五日而伏，晨伏二十一日有奇，行二度七十五分，去日十九度，而晨見於東方，夕伏二十一日有奇，與日會五十九年周天。

金星者，西方金之精也，其名太白，主白虎之位，其色白，其性義，爲將軍之象。金星出以辰戌，入以丑未，晨見東方，二百四十日而一入，又夕出西方，二百四十日又一入，三十五日而復出，晨始見，去日半次，逆行日一分度之二六日始留，八日不行而旋退，始順日行四十六分度之二三十三秒，四十六日，順疾日行一度九十二分度之十五，一百八十四日而伏，夕伏二十九日，行四十九度五十分半而夕見，晨伏三十九日，行四十九度五十分。

水星者，北方水之精也，其名辰星，其色黑，應玄武之位，其性智，爲衛尉之象。春見奎婁，夏見東井，秋見角亢，冬見牛，出于辰戌，入于丑未，晨見東方，夕見西方。晨始見，去日半次，逆日行二度，十日始留，二日不行而旋，順日行七分度之六，十七日順疾日行一度三分度之一，順遲十日，共三十二度五十分，十八日而伏，伏十八日行三十四度五十分而夕見於西方，晨伏十八日。

緯星，五行之精。木曰歲星，火曰熒惑，土曰填星，金曰太白，水曰辰星，并日月而言謂之七政。皆麗于天，天行速，七政行遲，遲爲速所帶，故與天俱東出西入也。五星輔佐日月，斡旋五氣，如六官分職而治，號令天下，利害安危由斯而出，至治之世，人事有常，則各守其常度而行，其或君侵臣職，臣專君權，政令錯謬，風教陵遲，乖氣所感，則變化多端，非復常理，如史志所載，熒惑入于匏瓜，在黄道北三十餘度，或勾己而行，光芒震曜，如王十器，大白或犯狼星，狼星在黄道南四十餘度，或晝見經天，與日争明，甚者變爲妖星，歲星之精變爲欃槍，熒惑之精變爲蚩尤旗，填星之精變爲天賊，太白之精變爲天狗，辰星之精變爲枉矢之類。如日之精變爲孛，月之精變爲彗，政教失於此，變異見於彼，故爲政者尤謹候焉。

七政行道附

行兩角間，行亢外三尺，行氐外四尺，行房中間，行心内二尺，行尾外十二尺，行箕内六尺，行斗柄一尺，行牛上間，行女外四尺，行虚外六尺，行危外七尺，行室外十三尺，行壁外十四尺，行奎外十三尺，行婁外九尺，行胃外九尺，行昴外十五尺，行畢左角，行觜内八度，行參内十三尺，行井中，行鬼外四尺，行星内十五尺，行張内十八尺，行翼内六尺，行軫内三尺。已上日月五星常行黄道也。

月行遇木、火、水、金四星，向之則速，背之則遲，五星行四方列宿各有所好惡。所居遇其好者，則留多、行遲、見早；遇其惡者，則留少、行速、見遲，與常數並差，至五度，多至三十度許，其辰星之行，見伏之異，晨見在雨水後、立夏前，夕應見在處暑後、霜降前，並不見。驚蟄、立夏、立秋、霜降四氣之内，晨夕去日前後三十六度内、十八度外，有水、火、土、金一星者見，無者不見。五星爲五德之主，其行或入黄道裏，或出黄道表，猶月行出有陰陽也。然出入無常，不可以算數求也。其東行曰順，西行曰逆，順疾逆遲，通而率之，終爲東行矣。不東行、不西行曰留，與日相近不見曰伏，與日同度曰合。

列宿所以定經天之體，七曜所以布四時之政。

月因日而有晦、朔、弦、望，而遲疾不由日而定也，五星却因日而有遲、留、伏、逆。

明・王英明《曆體略》 緯曜

太陽當空，列曜俱熄。至夜而星可測也，星莫燦于五緯，然各有遲、留、退、伏。又金、水、太陰距地最近，不可以地面爲較。自太陽以上諸曜，距地絶遠，則地面、地心總之不異。且其形體各不相等，人目所睹，近者雖小亦大，遠者雖大亦小，不可以并闞泥之。

地周九萬里，其半徑一萬四千三百一十八里零九分里之二。

月距地中心四十八萬二千五百二十二里餘。

辰星距地中心九十一萬八千七百五十〇里餘。

太白距地中心二百四十〇萬六百八十一里餘，其光有消有長，如月輪然。

日距地一千六百〇五萬五千六百九十〇里餘。

熒惑距地二千七百四十一萬二千一百〇〇里餘。

歲星距地一億二千六百七十六萬九千五百八十四里餘，四周有四小星，遶行甚疾，或此東彼西，或彼東此西，或俱東俱西。

鎮星距地二億〇五百七十七萬〇五百六十四里餘，形如雞卵，兩側有兩小星。

鎮星全徑大于地全徑九十倍又八分之一。

歲星全徑大于地全徑九十四倍半。

熒惑大半倍。

日大于地一百六十五倍又八分之三。

地大于太白三十六倍又二十七分之一。

地大于辰星二萬一千九百九十一倍。

地大于月三十八倍又三分之一。

日大于月六千五百三十八倍又五分之一。

明・徐應秋《玉芝堂談薈・日月宫殿》《起世經》日天宫殿正方，遥看是圓，一面是天金，一面是天玻璃所成。清浄光明中有閻浮檀金，以爲妙輦。日天子身壽五百歲，日天身光出炤于輦，輦有光明，復炤宫殿，已炤耀遍四大部洲。五百光明旁行而炤，五百光明向下而炤，日移六拘盧舍，有五種風吹轉而行，一持，二住，三隨順轉，四波羅呵游，五將行。月天宫殿純以天銀、天香、琉璃而相間錯，亦有五輦，青琉璃所成。月天子壽五百歲，身分光明，炤覆青輦。其輦光明，炤月宫殿。宫殿光明，炤四大洲。有五百光向下而炤，有五百光旁行而炤，亦爲五風，攝持而行。又《經》稱日城郭方正二千四十里，其高亦然。日王坐方二十里，導從，音樂，林觀浴池如忉利天。月之城郭廣長千九百六十里，其高亦然。二分是銀，一分是琉璃。星宿城郭，天之舍也，以水晶爲城，七寶爲郭，懸在空中，大風持之。大者七百里，中者五百里，小者百二十里，宫室園地，如四天王壽命亦爾。

明・熊明遇《格致草》 經緯定六曜

日躔終古行黄道，其經其緯易定耳。若月、五星，各有道，各有極，各有交，各有轉，紛糅不齊，非定恒星之經緯，則六曜之經緯無從可論。六曜如乘傳恒星，其地右也；六曜如行，棊恒星，其楸局也。恒星之動最微，二萬五千餘年而東行一周；填星二十八年東行一周；木星十二年一周；火星二年有奇一周；日一年一周；月二十七日一周。皆東行。宗動天西行一日一周，諸曜所隨動者也。

日月交食

日在月上，朔而日月行度南北同經、東西同緯，則月掩日，而日爲之食，固也。惟望而月食，日在地下，月在天上。儒者謂月亢日，而月爲之食。曆家曰「闇虚」。問其何以亢？何以闇虚？畢竟不能置對。殊不知月、星皆借日爲光，日在地下，月在天上，經緯皆同，則地影適遮日光，月不受光，而月爲之食。然朔不必皆日食，望不皆月食，何也？蓋經度同而緯度不同故也。日止行黄道一綫，萬古有常，月則或南或北，故同經不能同緯。日體大，地體小，若不同緯，便爲日光射及。然普天之下，食之時與食之分數不能盡同，以地面早夜不同，日月行動故。或曰：星月俱借日爲光，地影既可以食月，獨不可以食星乎？曰：諸星所麗之天，距月天甚高。日光大，地影小，過月以上則暗，影漸尖細，至于星邊，地影不及矣。然金、水二星亦在日下，地球大于金星三十六倍又二十七分，大于月輪三十八倍又三分之一，是金星大于月輪。月既掩日，金星過日下，獨不掩日，何也？曰：凡物以形相掩，非惟論其大小，又當計其遠近，近目者愈近則愈掩。如以一指置睫間，宇宙可蔽；及其遠也，雖泰山不礙。金星雖大于月，乃在月天之上，去人目甚遠，故不能掩日；月雖小于金星，去人目最近，故能掩日光也。

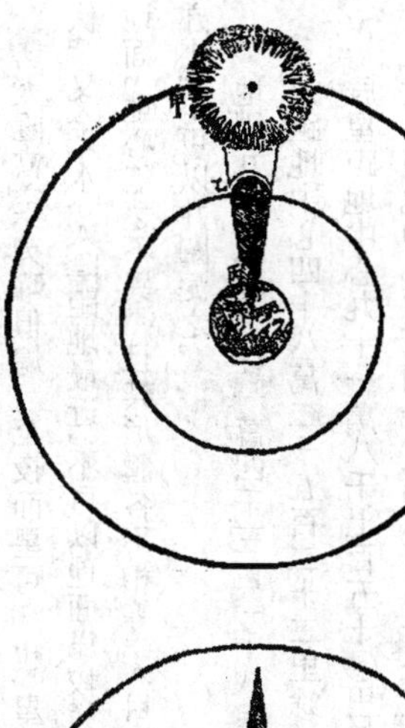

日食圖

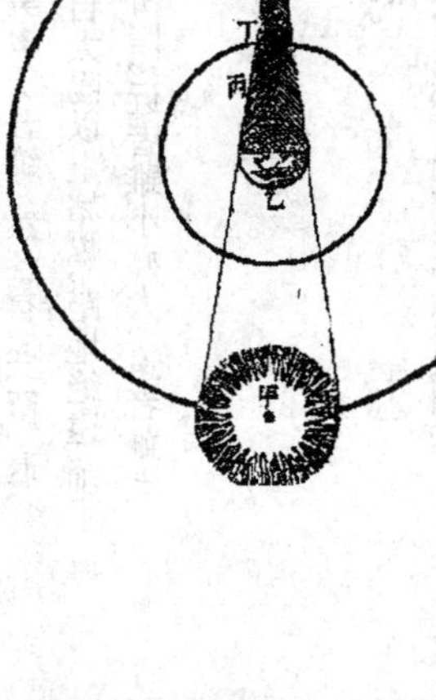

月食圖

格言考信

《朱子語類》曰：月受日光，只是得一邊光。日月相會時，日在月上，不是無光，光都載在上面一邊，故地上無光。到得日月漸漸相遠時，漸擦挫，月光漸漸見于下。到得望時，月光渾在下面一邊，望後又漸漸光向上去。朱子《詩經》「十月之交」註曰：晦朔而日月之合，東西同度，南北同道，則月掩日而日爲之食。

渺論存疑

《淮南子》曰：麟鬬，則日月食。朱子《詩經》「十月之交」註曰：望而日月之對，同度同道，則月亢日，而月爲之食。月在天上，日在地下，請問月如何亢日，而月爲之食？恐紫陽夫子也解不去，凡解得去者，便做得像，試請做一亢日闇虚之象，如何？

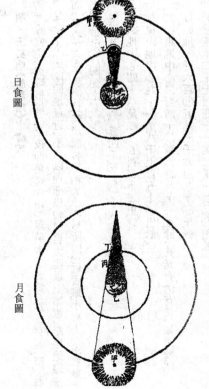

星恒不食月不恒食圖

日體大于地百餘倍，而月位最低，故日光爲地影所障，月當望故食，乃星恒不見食。星位高于月，日大地影尖不及至星位也。然每月望不皆食，以日行黃道一綫，月行至龍頭、龍尾乃食，其出入黃道内外，游環而行，遠至八度。雖望夜同經度，不同緯度，則不食。即同緯而食，有淺、深、遲、速，亦繇地影廣狹所致也。如右上圖，甲爲日輪，乙爲諸星之天，居日天之上，丁爲地形，丙爲地影，即見日光恒照諸星下面，而居地上者，恒見其下面有光。戊爲月，游環月，循環而一晝夜行十三度，故有食有不食，食有淺有深，有遲速。

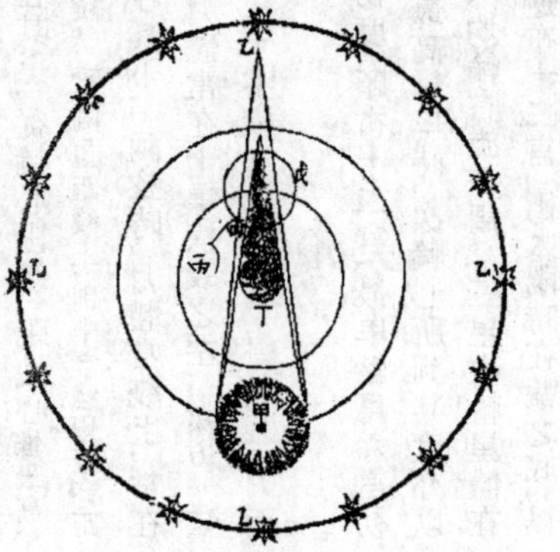

前已條其義後圖以明之

日月重見　星不食月

愍帝建興二年正月辛未，日入于地，又有三日相承出于西方而東行。唐太宗貞觀初突厥有五日並照。成帝建始元年八月戊午晨漏未盡三刻，有兩日重見。梁武帝太清二年五月兩月相承如鉤，見於西方。西魏文帝大統十四年正月朔，兩月並見。隋煬帝大業九年正月二十七日，兩月並見。唐太宗貞觀初突厥有三月並出。孟康曰：星入月而星見於月中，是爲星食月。月奄星而星滅不見，是爲月食星。隋《天文志》曰：月食五星，歲以饑，熒惑以亂，填星以殺，太白以强國戰，辰以女亂。孝宣本始四年七月甲辰，星在翼，月犯之。地節元年正月戊午，月食熒惑在角、亢。成帝建始四年十一月食填星。陽朔元年七月，月犯心。此其證也。夫天無二日，亦無兩月。其建興之三日相承，貞觀中之突厥五日並照，三月並出，建始之兩月重見，太清之兩月相承如鉤，大統之兩月並見，大業之兩月並見，必非真日月也，亦非普天之下所同也，故突厥有之而唐無紀焉。蓋由此方之怪氣，偶觸日月之光，互相暎射，如鏡面水心之景，復閃爍于他處。又如塔影倒懸，或遠、或近、或小、或大，不必在本塔之下。又如燈燭，自如目眚，人見之，或青紅重疊，或三兩争明也，正與暈蜺同義，定爲朝昏濁際之蒙氣所乘，中天無是事也。夫蒙氣能暎小爲大，升卑爲高，故日、月、星之體初升甚大，而月食間有日未入地而見者，故曆家必立清蒙差法，乃爲密近。又月天甚低，諸星皆在其上。孟康云：星入月，而星見于月中，是爲星食月，又理之所無，而事之所不經見者，月食星，則維其常矣。或曰：堯時十日並出，而羿射之，非歟？曰：紀載羿善射，日落九烏，遂傳訛爲落九日，猶云一夔足矣，後人遂訛爲一足夔也。

五星廟

營室爲清廟，歲星廟也。心爲明堂，熒惑廟也。南斗爲文太室，填星廟也。亢爲疏廟，太白廟也。七星爲員官，辰星廟也。太史公世掌天官，其于五星入廟之論，端自有説。然烏項爲員官焉，可與清廟、明堂比論，而方位所屬，又與五曜無取義，不能不俟之天士。

清・江永《數學》　土木火三星諸輪

土木火三星，在日之上，有本天，有本輪，有均輪，有次輪，有繞日圈。本天以地爲心，隨宗動天左旋，而差緩，各以次第，土最緩，木次之，火次之，其右移皆遲。土約二十九年半一周，木約十二年一周，火約二年一周。本天右移帶動本輪，本輪之心定於本天之上，其樞左旋帶動均輪。本輪之頂爲最高，輪樞左旋，視本天之右移者稍緩，因生最高之行。均輪之心定於本輪之上，其樞右旋，帶動次輪。土木次輪與太陽本天等大，惟火星次輪時時不同，本輪高而太陽又高者最大，本輪卑而太陽又卑者最小。二者皆在高卑之中，則與太陽本天等大。次輪之心定於均輪之上，其樞右旋帶動星。星體各定在次輪之上，隨次輪而右旋。次輪亦名歲輪，星在歲輪周右旋，聯其行跡，遂成繞日圓圈。與各星本天等大，火星圈時時不等。其度左旋，與次輪右旋之度相應。

金水二星諸輪

金水二星在日之下，論其本天則然，固有歲輪與日天等大，有時負星出於日上。亦有本天，有本輪，有均輪，有次輪，又有伏見輪。本天皆小，在日天之内，本勿菴先生晚年之説，舊説即以太陽之天爲金水本天。以地爲心，隨宗動天左旋，而稍緩，遂右移，其右移連於上三星。金二百二十四日奇周天，水八十八日周天，亦本勿菴先生説。舊説以周次輪爲周天。本天右移帶動本輪。本輪之心定於本天之上，其樞左旋，帶動均輪。本輪均輪皆在日天之下，曆家以太陽天爲本天，伏見輪爲次輪，□置本輪、均輪於太陽天，皆假設，非本象，本輪之頂爲最高，輪樞左旋，視本天之右移者稍緩，因生最高之行。均輪之心定於本輪之上，其樞右旋，帶動次輪。次輪皆與日天等大。次輪之心定於均輪之上，其樞左旋，帶動星。次輪亦曰歲輪。猶上三星之歲輪，曆家以伏見輪爲

次輪，或日歲輪。勿菴先生非之。【略】星體各定在歲輪上，隨之左旋。上三星在歲輪上右旋，金水在歲輪上左旋，皆向日也。星在歲輪周左旋，聯其行跡，亦成繞日之輪，爲伏見輪。與本天等大，猶上三星之繞日圈。其度右旋。與歲輪左旋之度相應。

七政諸輪起點行度

七政本天平行，皆起冬至點。

太陽本輪起最卑點，爲初宮初度，順布十二宮，最高點爲六宮初度。因今時最卑點近冬至，遂以此爲始。太陽均輪起最近點，謂最近於本輪心，即均輪之頂在最高時爲均輪之底。即最高最卑時日體所在其度，恒以兩度當一度，本輪左旋一度，均輪右旋兩度，本輪左旋一象限，均輪右旋半周，日在最遠之點。謂最遠於本輪心。本輪左旋半周，均輪右旋一周，復於最近點。

太陰本輪起最高點，爲初宮初度，即月孛所在。中法以孛對衝，爲月入轉，是起最卑，西法起月孛。順布十二宮，最卑點爲六宮初度。即古法入轉。太陰均輪起最近點，謂最近於本輪心，最高時爲輪底，最卑時爲輪頂。即最高最卑時次輪最近點所到，其度亦以兩度當一度，本輪左旋半周，均輪右旋一周。太陰次輪朔望起最近點，此最近點謂最近於均輪心。與均輪邊相切。他星次輪心在均輪周，月次輪獨與均輪相切，而輪心在負圈上。又爲次均輪心所到，其度亦以兩度當一度，本天右旋，月離日一度，則次輪左旋兩度。回曆謂之倍離度，左旋者左旋於負圈之上。次均輪心遂至其處兩弦，左旋半周次，均輪心在最遠。謂最遠於均輪心。此輪惟順布六宮，朔至望一周，望後復起初宮。太陰次均輪，月體在其上，從輪心出綫，距地心惟最高、最卑兩點無初均，此綫正，其餘皆是斜綫。作十字綫。於輪面距綫正，則十字綫皆正；距綫斜，則十字綫皆斜。朔望時，月體當綫上，常在其下；兩弦時，月體當綫上，常在其上；朔弦與望弦間，初四、初五、十八、十九。月體常在十字横綫之左；東方。弦望與弦朔間，十一、十二、廿六、廿七。月體常在十字横綫之右，西方。亦一月而兩周。

土、木、火三星本輪起最高點，爲初宮，初度，順布十二宮，最卑點爲六宮初度。三星均輪起最近點，謂最近於本輪心。即最高最卑時，次輪心所到其度亦以兩度當一度。次輪心在其上，本輪左旋半周，均輪右旋一周。三星次輪星體在其上，與太陽合伏時，起輪之頂爲初宮初度，逆布十二宮，衝太陽時在輪之底，爲六宮初度。三星繞日圈合伏在頂衝，日在底與次輪同，但順布十二宮，曆家不用。

金、水二星本輪起最高點，順布十二宮與上三星同。金星均輪起最近點，爲最高最卑時歲輪心所到其度，亦以兩度當一度。歲輪心在其上，與上三星同。水星均輪起最遠點，謂最遠於本輪心，即均輪之頂。爲最高時歲輪心所到，最卑時歲輪心在最近點，亦均輪之頂。其度以三度當一度。歲輪心在其上，本輪左旋四宮，均輪右旋一周，本輪一周，均輪三周。七政均輪，他皆起最近點，倍引數，惟木星均輪起最遠點，三倍引數。金水次輪，本是歲輪，星體在其上，合伏時起輪之頂，順布十二宮，曆家不用。金水伏見輪，本是歲輪上星行之跡所成，曆家用之，合伏時起輪之頂，爲初宮初度，逆布十二宮，衝日在輪之底，爲六宮初度。

日月體上下有定

日在均輪上，月在次均輪上，雖隨輪轉，日右轉，月左轉。而日月之本體上下有定，蓋其底恒對地心也。日之轉動與否不可見，而月則有黑影，西人謂之月駁。恒定不易。則日體亦常定可知，五星當亦然。

土木火三星總輪圖

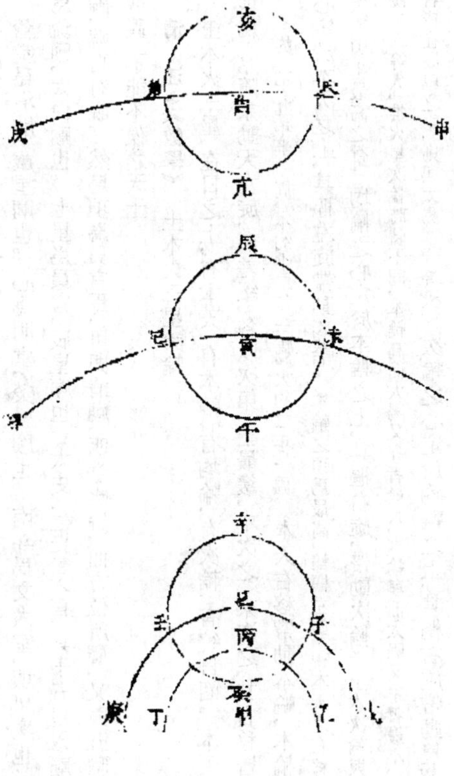

甲爲地心，乙丙丁爲太陽。本天諸星次輪半徑與之等。戊己庚爲火星本天，辛壬癸子爲火星次輪，辛合伏癸衝日輪之下，割入太陽本天。丑寅卯爲木星本天，辰巳午未爲木星次輪，辰合伏午衝日。申酉戌爲土星

本天，亥角亢氐爲土星次輪，亥合伏亢衝日。諸星皆有本輪、均輪，而次輪高下時時不同，此設次輪心在平處。圖其大概後，分圖以見之。

清·江永《數學》卷六　金水發微

勿菴先生曰：問五星之法，至西曆而詳明。然其舊説，五星各一重天，大小相函，而皆以地爲心。其新説，五星天雖亦大小相函，而以日爲心。若是其不同，何也？曰：無不同也，西人九重天之説，第一重宗動天，次則恒星天，又次土星，次木星，次火星，次太陽，次金，次水，次太陰，是皆以其行度之遲速而知其距地有遠近。因以知其天周有大小，理之可信者也。星之天有大小，既皆以距地之遠近而知，則皆以地心爲心矣。是故土木火三星距地心甚遠，故其天皆大於太陽之天，而包於外。金水二星距地心漸近，故其天皆小於太陽之天，而在其內爲太陽天所包。是其本天皆以地爲心，無可疑者。惟是五星之行，各有歲輪，歲輪亦圓象，五星各以其本天載歲輪。歲輪心行於本天之周，星之體則行於歲輪之周，以成遲疾留逆。若以歲輪上星行之度聯之，亦成圓象，而以太陽爲心，西洋新説謂五星皆以日爲心，蓋以此耳。然此圍日圓象原是歲輪周行度所成，而歲輪之心又行於本天之周，本天原以地爲心，三者相待而成，原非兩法，故曰無不同也。上三星在歲輪上右旋，金水在歲輪上左旋，皆挨度平行。夫圍日圓象既爲歲輪周，星行之跡，則遲留逆伏之度，兩輪皆有之。故以歲輪立算可以得其遲留逆伏之度，以圍日圓輪立算，所得不殊。立法者溯本窮源，用法者從簡便算。如曆書上三星用歲輪，金水二星用伏見輪，皆可以求次均。立算雖殊，其歸一也，或者不察，遂謂五星之天真以日爲心，失其指矣。《曆指》又嘗言火星天獨以日爲心，不與四星同。予嘗斷其非是，作圖以推明地谷立法之根，原以地爲本天之心，其説甚明。其金水二星，《曆指》之説多淆，亦久疑其非，今得門人劉允恭，悟得金水二星之有歲輪，其理的確而不可易，可謂發前人之未發矣。問：金水二星之求次均也，用伏見輪，《曆指》謂其即歲輪，其説非與？曰：非也。伏見輪之法，起於《回曆》，而歐邏因之，若果即歲輪，何爲别立此名乎？由今以觀，蓋即歲輪上星行繞日之圓象耳。王寅旭書亦云：伏見輪非歲輪。然則伏見輪既爲圍日之跡，上三星宜皆有之，何以不用，而獨用之金水？曰：以其便用也。蓋五星行於歲輪，起合伏，終合伏，皆從距日而生。故五星之歲輪並與日天同大，而歲輪之心原在本天周。故其圍日象又並與本天同大，上三星之本天，包太陽外，其大無倫，又其行皆左旋，所以左旋之故，詳具後論。頗費解説，故只用歲輪也。至於金水本天在太陽天內，伏見輪既與之同大，又其度順行，故用伏見輪。本即繞日圓象。若用歲輪，則金水之歲輪反大於本天，以歲輪與日天同大，故皆大於本天。故不用歲輪，非無歲輪也。承用者未能深考立法之根，輒謂伏見輪即歲輪，其説似是而非，不可不知也。伏見亦起合伏，終合伏，有似歲輪。然歲輪之心行於本天之周，而伏見輪以太陽爲心，故遂以太陽之平行爲平行。皆相因而誤者也。然則金水既非以太陽之平行爲平行，又何以求其平行？曰：歲輪之心行於本天，是爲平行，乃實度也。實度者，周度也。以本天分三百六十度，而以各星周率平分之，則得其每日平行。如土星二十九年奇而行本天一周，則二十九日而行一度，每日平行二十九分度之一，是爲最遲。木星十二年周天，每日平行約爲十二分度之一，火星二年周天，約爲每日平行半度。金星二百二十餘日周天，約每日平行一度半強。水星八十八日弱而周天，約每日平行四度。皆平行實度。若歲輪及伏見輪雖亦各分三百六十度，亦各有其平行。然而非實度也，既非本天上平行之度，又非從地心實測之平行度。乃各星離日之度耳。因此各星離日之度，下文詳之。用三角法從地心測之，則得其遲留伏逆之狀，亦爲實度矣。此實度不平行，與本天之平行實度不同。本天之度，平行實度也。歲輪及伏見乃離度也。離度爲虛數，故皆以半徑之大小爲大小。伏見輪上行度，與歲輪同。所不同者，半徑也。伏見之半徑皆同本天，歲輪之半徑皆同日天。問：何以謂之離度？曰：於星平行內減去太陽之平行，故曰離度，乃離日之度也。以太陰譬之，其每日平行十三度奇者，太陰平行實度，每日十二度奇者，太陰之離度也。於太陰平行內減太陽平行。是故金星每日行大半度奇，水星每日約行三度，皆於星平行內減太陽之平行。因金水行速，其離度在太陽之前，乃星離於日之度，故其度右旋順行，與太陰同法也。若上三星則當於太陽平行內減去星行，是爲離度。蓋以上三星行遲，在太陽之後，乃星不及於日之度，其度左旋而成逆行，與太陰相反，然其爲離日之行度一而已矣。王寅旭《五星行度解》謂上三星左旋，蓋謂此也。然竟以此爲本天，終非了義。平行者，對實行而言也。然實行有二：一是本天最高卑之行，亦曰實行；一是黄道上遲留逆伏實測，亦曰視行。是二者，皆必以本天之平行爲宗。若金、水獨以太陽之平行爲平行，是廢本天之平行矣。又何以求最高卑乎？圍日之輪即伏見輪。起合伏、終合伏，是即古法之合率也。本天之行即古法之周率也。最高卑即古法之歷率也。又有正交、中交以定緯度，即如古法之太陰交率也。此一法是西法勝中法之一大端。是數者皆必以本天取之，故不得以圍日之輪爲本天。《曆指》言金星正交定於最高前十六度，水星正

交與最高同度，其所指皆本天之度，非伏見行之度，則伏見輪不得爲本天明矣。今以《七政曆》徵之，不惟最高卑之盈縮有定度，即其交南北亦有定度，故金星恒以二百二十餘日，而南北之交一終。水星則八十八日奇而交終。此皆論本天實度，原不論伏見行，是尤其較著者矣。

永按：七政皆有本天。本天皆有平行之實度，月與五星皆有次輪，而五星次輪亦曰歲輪。皆因離日遠近而生離度。月之離度起合朔、終合朔，五星離度起合伏、終合伏。土、木、火三星在日之上，其本天大，其右行之度遲，則於太陽平行度内減其星之行度，是爲歲輪上離度。合伏至衝日，半輪星西而日東；衝日至合伏，半輪星東而日西。金水二星在日之下，其本天小，其右行之度速，則於本天平行度内減太陽平行度，爲歲輪上離度。合伏至衝日，星東而日西；衝日至合伏，星西而日東。金水本天雖小，而歲輪亦如上三星，與日天等大。星在歲輪，上半周則歲輪負星出日上，至下半周乃在日天下。其繞日之圓象，實由歲輪負星行軌迹所成，與上三星成繞日大圓者同理。而曆家別名爲伏見輪，但於伏見輪上離度算其距日實行，則與歲輪所得不殊。又即以太陽之平行，爲二星之平行，皆徑捷之權法，而承用者遂以伏見當歲輪，以日天爲二星，本天且置本輪均輪於日天上，而二星之本天與歲輪皆隱，得勿菴先生發其藴，本象始明。

【略】

清·胡襲參、方江自《嚚嚚子曆鏡》 交食

凡日月之行二十九日有奇，而東西同度，謂之會朔。至若日行在黄道近交，人目視之，與日同經同緯，是人目與日月相參直，而月魄正隔日光，于人目則成日食，非日失其光，乃光爲月障隔耳。凡太陰距太陽一百八十度，而正與之衝，謂之望。若當冲時，月行近于兩交，必對地景而爲闇虚，此乃日月相望，同在一綫，而地居正中，日光爲地體所隔，月不能受其光，日光不能射及于月，而射于地，地景反射及于月，則月失其光而爲月食。此日月二食，躔度有常，持籌推步，分抄確然，曆家推步之疏密于此最難掩也。但不從日月、黄白及最高卑各加減差究心，正未易言也，試述其畧。黄白道相交之二點，名曰正交、中交。凡日月行及二交爲同度，同度則有食矣。然論交又須論限；及交而在限内則食，限外則不食，不可不審也。限度諸方不一，蓋太陽於諸方之地平高度不同，而陰陽二曆之各限亦異。如暖帶下之地，二曆互相受變，若白道向南極半周，有時在天頂及黄道之中，勢必反爲陰曆。白道向北半周，是時在黄道外，勢必反爲陽曆。故其下日食之限莫得而定也。他域更近于北，必陰曆限多，陽曆限少。更近于南者，必陽曆限多，陰曆限少。如京師近北，約算陽曆八度，陰曆二十一度，則知日月相會凡在陽曆近二交八度，陰曆近二交二十一度，其下必見日食。過此限以往則否。由北可以推南，莫不以遠近分多寡矣。然二曆食限之度有異者，其故在月輪，月輪比日最近于地，而月又小于地，人目見之，月之所又在地面，不在地心，以月天論地平，雖天與地球皆爲平分，直過其心，而人在地面高，所以視天地之兩界，則似地球與月天非平分也，少半在上，多半在下，而差約一度，故以本法推算，月已出正地平，其人目所視之地平尚少一度，此其較，謂之視差。惟月在天頂，正地平與視地平之極皆以一直綫合于天頂，無有視差，過此左右不免有差，愈遠天頂，愈近地平，差必愈甚。夫視差無他，恒降下月體數十分耳。設會日月同度，同在近交之南，又因同度並在正地平上高二十度，則太陽于視地平爲十九度五十八分，衹降二分，太陰于視地平爲十九度，直降一度矣。而日月二差之較爲五十八分，故以算論，雖二曜同高同度，而人目視之，太陰恒下于太陽一度弱，不掩日光則不食。若二曜在地平上高至七十度，則太陽無視差，太陰視差只二十分，其降于太陽只二十分，勢必相切，或至掩數分而日食。若二曜在交北，又當以太陰算在太陽之上，庶因視差所降，而掩陽光以爲食也。然此二地平之差又分二類：一則加減交食分數，謂之氣差；一加減時刻，謂之時差。曆算之艱且劇莫過于此，所最當細心參究者也。日食之全與不全，其故有二：一由天上之行；一由食時地平上高弧之度。同一食也，有見全食者，有見多寡不等者，有全不見食者。就南北論見食地界，如北京見全食，其南北各距四十五度之地，爲一萬一千有餘里，皆見有食，而多寡不等。就東西論，各距六十度，爲萬五千有餘里，各見食而分數多寡亦不等。即月食，時刻亦有不同，而東西爲甚也。

五緯異行恒星終古不變，謂其有恒也。緯星者□□時五緯近，時順逆，時留不行，因測其經緯度分定□□合。

土、木、火、金、水五曜，名爲緯星者，有近南近北之行，與恒星異也。夫五緯之行，各有二種，其一爲本行，如填星約三十年行天一周，則以日計之，日行度之二分。歲星約十二年一周天，以日計之，日行度之五分。熒惑將滿二年一周天，計之以日，則日行度之三十五分。太白、辰星皆隨太陽，每年旋天一周，各有盈縮，各有加減分，各有本天之最高與最高衝，即其最高，又各有本行。論其行界，

亦分四種，非若《回回曆》總一最高也。其二在本行之外，名爲歲行。蓋各星會太陽一次成一周也，因此歲行之規，亦名小輪，推知各星順、逆、留、疾諸情。故新法圖五緯各有一不同心圈，一均圈，一小輪。凡星在小輪極遠之所，必合太陽，其行順而疾，其體見小。若凡在小輪極近之所，其行逆而疾，其體見大。土、木、火行逆則冲太陽；金、水行逆夕伏而合，行順晨伏而合。其各順行轉逆，與逆行轉順之兩中界爲留，其留非不行，乃際于極遲行之所也。留□前後，或順或逆，皆有遲行，其土、木、火行逆即冲太陽，其金、水則不然者，緣土木火之本天大，皆以太陽爲心而包地，得與太陽冲，而金、水之本天雖亦以太陽爲心，而不包地，不能冲太陽也。金、水不能冲太陽，而能與之離，金離太陽四十八度，水離太陽二十四度。

五緯緯行

太陽之行，因黄道斜交于赤道，故其距赤道之緯南緯北也，各二十三度有半，以成二至。是黄道者，太陽之軌蹟也。太陰本道又斜交于黄道，最遠之距爲五度，以生陰陽二曆。五星之道雖相距緯度各異，而其斜絡黄道，則與月道同理。故皆借月道諸名之，其兩交之所亦曰正交、中交，其在南在北兩半周，亦謂陰陽二曆。審是而五星緯行庶可詳求矣。蓋各本道外之歲行小輪恒與黄道爲平行，而又斜交于本道，其上半恒在黄本二道中，凡星躔于此，則減本道之緯；其下半恒在本道外，星躔于此，則加其緯。然此小輪之緯向則常不變，如土星三十年行天一周，其在正中二交之下必無緯度，分十五年恒北，十五年恒南耳。凡冲太陽，因在小輪下半，即加本道緯度，凡會太陽，因在小輪上半，即減緯度。他星亦猶此也。其或行近于地，小輪加緯更多。太白至夕伏合之際，因其近地，其緯幾及八度矣。古曆未詳緯行之原，見金星在緯南北七、八、九度，即詫謂本星失行，其實非也。看新法所圖五緯之行，便知之。

五星伏見

五星之光與日相較，譬猶螢火之于庭燎。光本非滅，第爲大光所奪，人莫能睹耳。古曆亦曉此理，用黄道距度以定諸星伏見，如謂太陽在降婁初度，歲星在十五度，即以爲見限似矣。然而諸星各有緯南、緯北之分，黄道有正斜升降之勢，各宫不同，何得泥距度以定限乎！新法定限惟以地平爲主，緣地平障蔽日光，能使他星或伏或見耳。夫日下于地平，其光漸殺，所謂晨昏。此晨昏光之久暫四時不等，即冥漠等矣，而星見時刻又自不等。所以然者，太陽由黄道而下地平，或十度，或十五度，或至三十度有奇。原自不等，而星在黄道南，相距必多數度，在北，相距必少數度。大約土、木、火三星，較太陽行遲，行後太陽，夕伏晨見；金、水二星順天東旋，較太陽行疾，行先太陽，晨伏夕見，逆行反此，其與太陽遇也，亦夕伏晨見。太陰之行較太陽更疾，晨伏夕見。至于金星之緯，不及八度。凡逆行合太陽在于壽里、大火二宫，而其緯又在北七度以上，雖與日合，其光不伏，一日晨夕皆可見之。水星之緯惟四度餘，若其緯之向南合太陽于壽星，此後去離，夕必不見；合太陽于降婁，此後去離，晨必不見。金合而不伏，水離而不見，此二故者，渾儀解之。他如恒星，亦有夕伏晨見者，一因黄道之經緯度，一因其大小等第，即爲見伏之限，故亦可推也。

清・張廷玉《明史》卷二五《天文志一》 七政

日月五星各有一重天，其天皆不與地同心，故其距地有高卑之不同。其最高最卑之數，皆以地半徑準之。太陽最高距地爲地半徑者一千一百八十二，最卑一千一百零二。太陰最高五十八，最卑五十二。填星最高一萬二千九百三十二，最卑九千一百七十五。歲星最高六千一百九十，最卑五千九百一十九。熒惑最高二千九百九十八，最卑二百二十二。太白最高一千九百八十五，最卑三百。辰星最高一千六百五十九，最卑六百二十五。若欲得七政去地之里數，則以地半徑一萬二千三百二十四里通之。

又謂填星形如瓜，兩側有兩小星如耳。歲星四周有四小星，遶行甚疾。太白光有盈缺，如月之弦望。用窺遠鏡視之，皆可悉睹也。

清・楊文言《曆象本要》 七政各有本天，而本天各有高卑，不以地心爲心。七政之行，在最高，則遠地，視徑小，覺行遲，其差爲朒；在最卑，則近地，視徑大，覺行速，其差爲朓。天有九重，故七政各有本天。然惟桓星以地心爲心，七政之天則不以地心爲心者，因其有大小、遲疾，知其有高卑。因其有高卑，知其不以地爲心也。然用高卑之説，則本天之行即七政之行。但月、五星爲日所掣轉生次輪而無所謂小輪者，不用高卑之説，則有小輪，又有次輪。日行有盈縮，古法縮曆起夏至，盈曆起冬至，即以二至爲盈縮之端而已。新法則極盈極縮，不必定於二至之度，而歲有不同，且曰日行原無盈縮，人視之有盈縮爾。行最高，則離地遠而見其度小，是以謂之縮也。行最卑，則離地近而見其度大，是以謂之盈也。又曰：上古最高在夏至前，今在夏至後。由其説考之，郭太史作厝時，最高約與夏至同度。今定在夏至復七度，是其每歲移動之驗也。蓋日之盈縮，

月之遲疾，今統謂之高卑視差。月行遲曆爲月孛者，月之最高處也。而月孛一周行三度餘，則月之最高安得定而不移乎？但月孛之行也速，而日高之動也微，約六七十年而始行一度，故古來推算者未之覺。以理揆之，則月孛周天，日高之行亦應周天，特其數在千萬年之後，未可以意斷爾。五星之理亦然。《授時曆》立爲歲分消長之法，謂上溯往古，百年長一，下推將來，百年消一。然自《授時》後至今，實測歲分，不惟無消而反長矣。論者皆莫能明其故，惟梅定九以爲根在最高之行。其説曰：《授時》立法之時，最高卑正與二至周度，而前此則在至前，後此刑在至後。豈非高衝漸近冬至而歲餘漸消，及其過冬至而東，又復漸長乎？然梅子之論止於此，而不察言之。余謂凡稽歲實者，始冬至，終冬至，故消長皆以冬至一日言之。若以全歲除補，則無消長也。蓋是日也，日行最卑，故最遠，最速，故其景周也，不待刻分之滿也。據此日以總全歲，則若歲分之極消焉爾。其前者向乎此爲漸消，後者過乎此又漸長，理勢然矣。郭太史見往古之遍消而不察其端，故謂消分往而不復。又幸其時適爲消極也，因而復長，以使後人得知其誤而求其説。假設歲實而起夏至，吾知極消者必爲極長矣。故曰：以全歲除補而初無消長也。最高所以有行者，緣輪心之東行已周，而輪周之西轉未周也。蓋心雖爲輪之樞機，然心小而輪大，故運動之勢中外略不相權，而樞機之發遲速微不相應。月孛之行最速者，以月行最速也。月行之速即輪心之速，輪心之東行速，則輪周之西轉有不能追者，而反覺其東去也多矣。

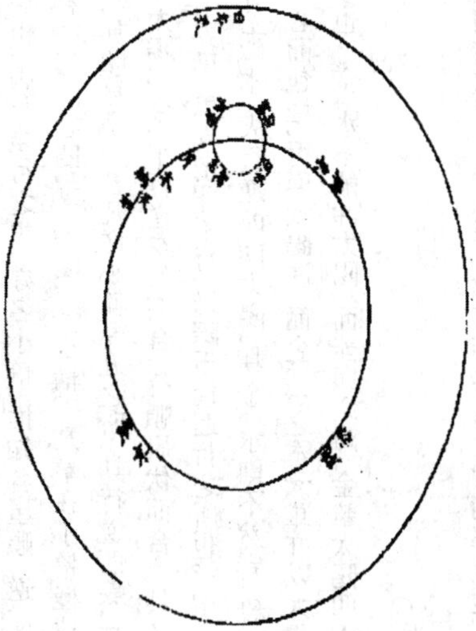

七政本輪以月爲例，日及五星蓋同

以本天高卑求朒朓，謂之不同心圖。前圖本輪者，有小輪在本天之周，而七政行其上。小輪之上半高於本天，下半卑於本天。人自地視之，則成不同心之圈矣。七政本天皆右移，而七政在本輪周左旋，故下半速而上半遲。此説則七政本天皆以地心爲心，其所以有高卑者，小輪之上下爲之也。

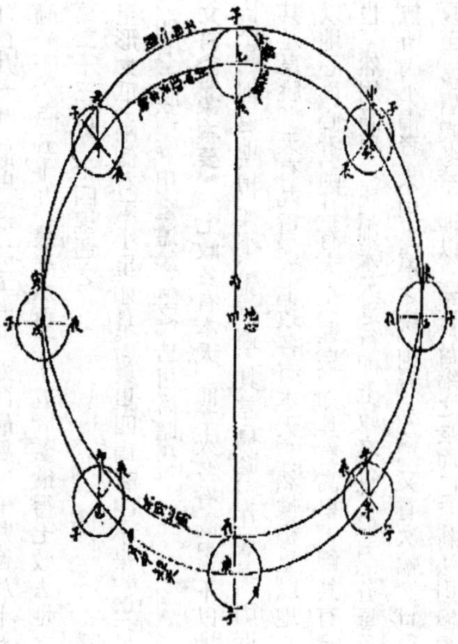

高卑本輪異名同理亦以月爲例

月中距天以地爲心，本輪心乙行其上，月又行於本輪之上，月自輪頂最高子左旋行至丑，輪心乙亦右移至丁，月行至本輪底辰爲最卑，心亦至庚，月行本輪滿一周復至子，心亦行中距滿一周復至乙。以輪心右移之速，能使輪周上月行之度變爲不同心之象。日、五星並同。七政本輪周左旋之度，與輪心在本天周右移之度皆同數。輪心自本天最高右移一度，七政在輪周亦自小輪之最高左旋一度。若以一綫聯其環行之跡則成大圈，而與地不同心，故曰異名同理。二者法則同歸，而理以本輪爲確。蓋地在天中不動，與太虛相應，七政無與地不同心之理，故

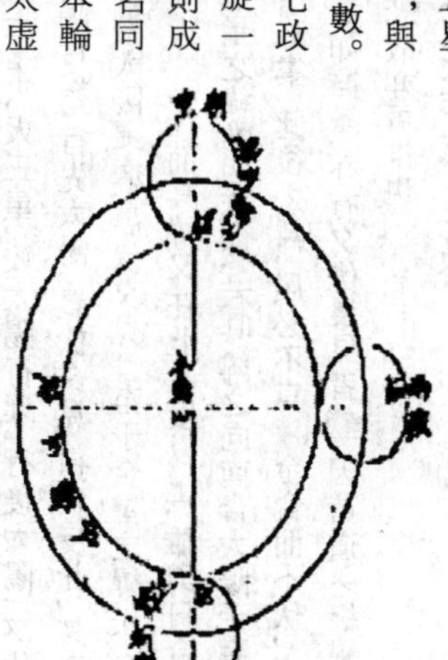

太陰次輪

七政之天皆同心也。其行於本天而成輪象者，遂動天之行勢使然也。天圓而動，日月五星亦圓而動。論者喻之盤之珠丸，雖隨盤轉，而又自生環繞之形。又喻之水之漩渦，雖逐水流，而又自作廻旋之勢。既有環繞廻旋，則其形勢或高或下，而似與地不同心矣。

五星皆以次輪心行於本輪之周，月則以次輪最近點行於本輪之周。朔望起最近，每本輪心離日一度，則次輪最近行於本輪周亦一度，而月在次輪則行兩度。朔望至弦，離日九十度，而月行次輪一百八十度至最遠。弦至朔望，亦行一百八十度，復至最近，故一月行兩周。所以知者，高卑視徑，遲疾視行，皆至兩弦，則其差倍增，而朔望則平也。

本輪最高，又過次輪最遠，爲極高。本輪最高，過次輪最近，爲次高。本輪最卑，過次輪最近，爲次卑。本輪最卑，又過次輪最遠，爲極卑。高則去地遠，視徑小；卑則去地近，視徑大。

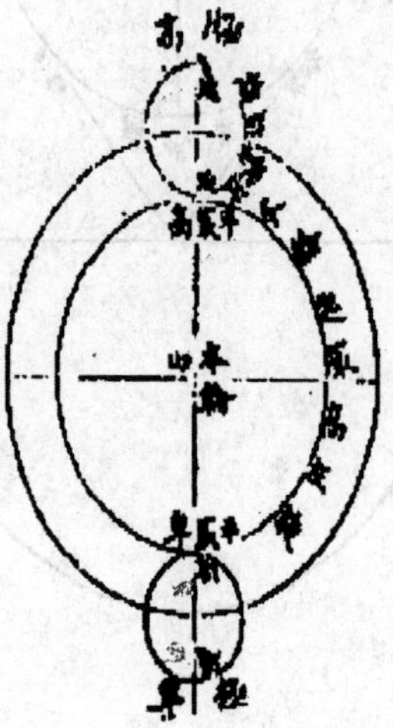
太陰高卑四限

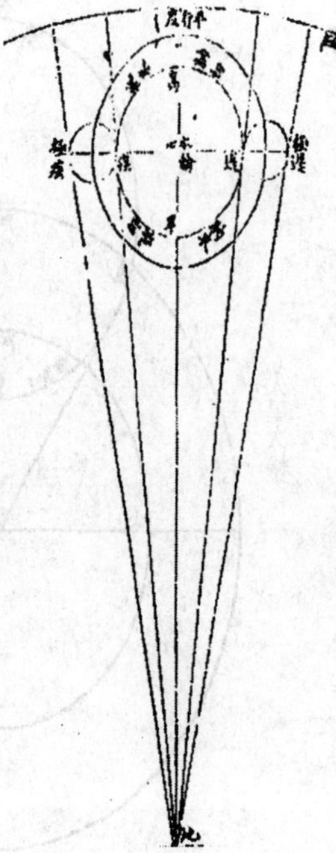
太陰遲疾大差亦分四限

自本輪最高行滿朒初九十度，至留際遲，積度五度奇。自最卑行滿朓初九十度，至留際疾，積度亦五度奇。是爲本輪上遲疾大差，朔望用之。若本輪行至留際，又過次輪之最遠，則其遲疾各得七度四十分，以爲大差，兩弦用之。是爲遲疾大差之四限。

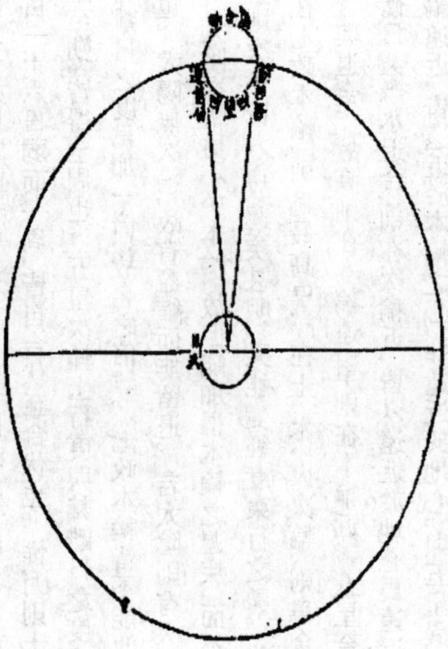
土星次輪

此就輪行最高處爲圖，若轉行最卑處，合望之理可取以三隅也。木、火、金、水四星皆然。

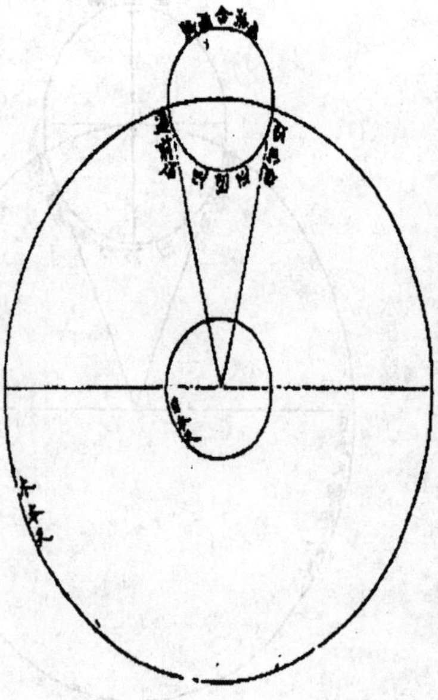
木星次輪

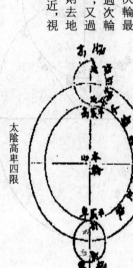

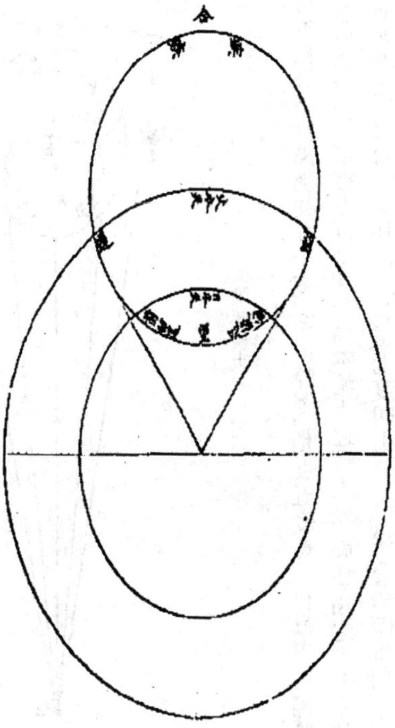

火星次輪

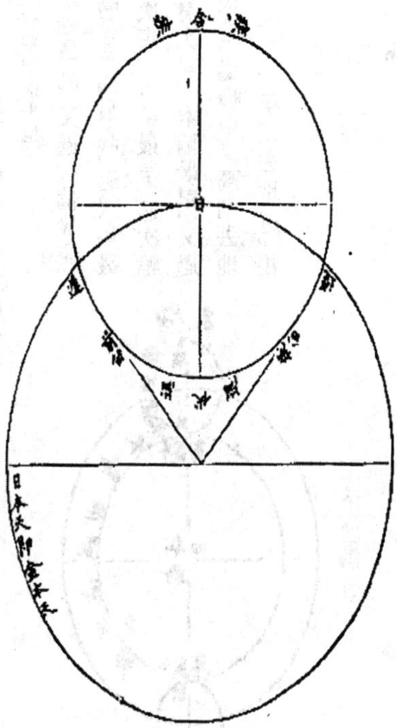

金星次輪

七政各有本天，有本輪，日、五星行本輪而有朓朒，盈縮曆是也。月行本輪而有朓朒，遲疾曆是也。然惟太陽無次輪，故本輪上行度即爲日體。月、五星則本輪之周又有次輪，故本輪上行度尚非月、五星之體，而次輪所行也。七政本天皆右移，故本輪之心亦右移也。即平行度。而七政本輪周行度皆左旋，所以知者，七政之縮曆，遲曆皆輪上半，而盈速下半也。本輪左旋，則次輪亦必從之左旋。即星盈縮曆，月遲疾曆。而月、五星在次輪上仍皆右旋，輪周行，即月星行也。所以知者，五星在次輪上半行反速，下半則反遲留且退。月雖無留退，亦上速而下遲也。七政行天一周，而本輪之朓朒亦一周。七政從天者也，月與日一合一望而次輪再周，五星與日合望而次輪一周。月、星從日者也，本輪行度，日、金、水、歲一周，月一歲十三周有奇，火約二歲，木約十二歲，土約二十八歲，皆一周。本輪心行天一周，則留度徧，本輪周行度滿一周，則朓朒齊。星行次輪，土三百七十八日奇而一周，木三百九十九日弱而一周，火七百八十日弱而一周，金五百八十四日弱而一周，水一百一十六日弱而一周，皆自合伏至合伏也。惟月則十四日奇而一周，朔至望、望至朔，皆得全周也。五星次輪上行度與其離日之度同，惟月則次輪上行度與其離日之度爲加一倍，故名之倍離。七政本輪皆不能改易經度東行之向，輪小故也。太陽無次輪，故有盈縮而無留退。若太陰則有次輪矣，何以亦無留退？曰：太陰次輪更小於本輪，故但能加損本輪之遲疾，而不能改易經度之東行。五星則次輪皆大，故遲疾甚明，又能變經度東行之勢。俾成留退矣。輪有遠近者，在七政本輪，則爲最高卑；在土、木、火次輪，則爲合日與衝日；金、水則爲順合與退合。故高則在本輪遠，卑則在本輪近。五星合伏則在次輪遠，土、木、火衝日，金、水退合，則在次輪近，皆以遠近於地心爲遠近也。惟太陰不然，凡言次輪遠近，皆遠近於本輪之心，非遠近於地心，與五星異，故高卑朓朒之極增數皆在兩弦，而仍以本輪爲主。過最高則極高，視徑加小；過最卑亦成極卑，視徑加大。過遲限則極遲，過疾限亦極疾，迥異常測。然而高卑極增之

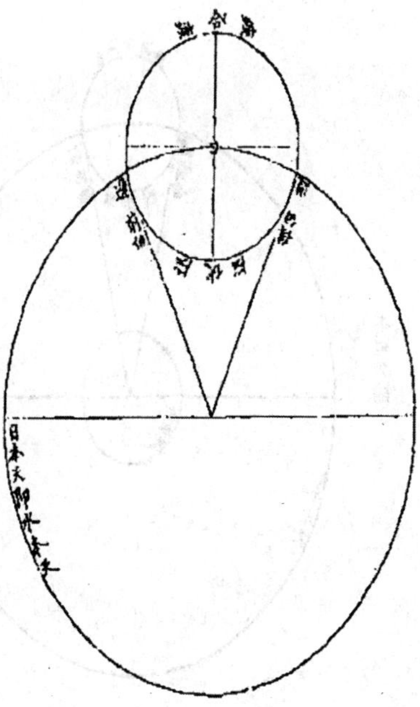

水星次輪

時，遲疾反平；遲疾極增之時，高卑視差。祇如中距，兩輪相加，勢使然也。土、木、火合伏後起最遠，順輪心行，故疾。本輪西行，則次輪心亦宜西行，然本輪心□□本天東行。本天度大，本輪周度小，以相折除，則次輪心總爲東行矣。中距漸遲，人視星自上而下，初不見其有動爲留。至下半周，逆輪心爲退，最近與日衝，近地而星體必大，近中距自下而上，又見爲留，至上半周復順疾而再合。金、水環繞日體，合伏起日上最遠，退合在日下最近，退合無。緯度，即入日而日中有黑子。順逆遲留之理與土、木、火同。大氐五星合伏，必在次輪最遠，退望退伏，必在最近。而火次輪體徑倍大，退望時因直入日天之內，去地甚近也。玉星本輪在本天之上，則逐天行而西，計輪心退天度，輪周亦西轉一度；次輪在本輪之上，則逐日躔而東，計輪心離日若干度，輪周亦東轉若干度。梅子曰：是皆氣所攝也。本輪之周爲最高所攝，故心雖右退，而其左轉以向最高者不移也。次輪之周爲日所攝，故心雖左徙，而其右轉以向日者不移也。夫虛空之中，一氣而已；其動也，一機而已，安得盤桓交錯若是棼然哉？曰：凡皆理勢之自然也。若前盤珠、水沫之喻，則珠之動也，常循於其盤而勢必傾。或銕丸也，而運慈召引之，則又盛於其類而勢必就。沫之浮也，雖有廻轉，而勢常東之，或過漩窩焉，則又爲之呑而勢必下究。今夫天者，盤也，水也，太陽之於星，不啻慈銕之呼噏，渦流之茹納也，故一氣之中，羣象玅焉。機之發，衆動生焉。然而兩輪雖周，不離其天。兩數加減，不改平度。變化而其道有常；參差而其數有紀。是亦可謂至賾至動而不可亂者矣。

土星南緯三度四分，北緯三度二分，歲輪一周，輪心平行十二度奇。

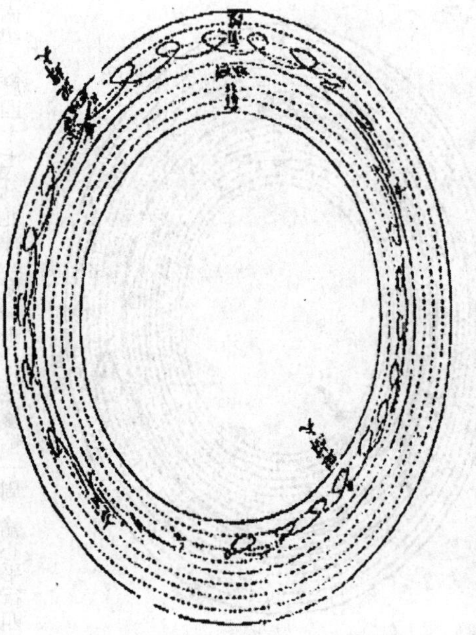
土星視行

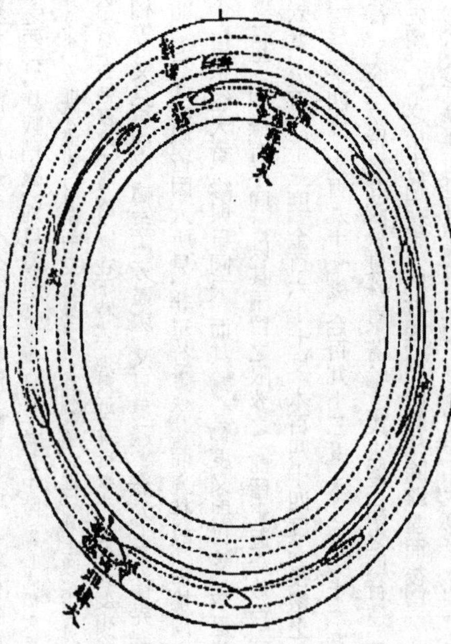
木星視行

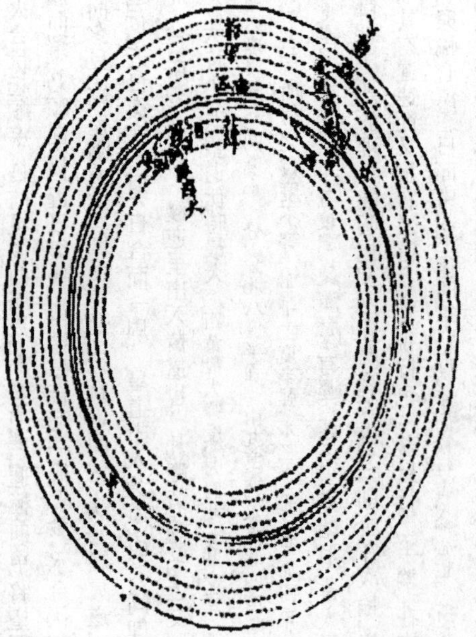
火星視行

木星南北緯俱二度四分，歲輪一度，輪心平行三十三度奇。

火星南緯六度四十七分，北緯四度一十一分，歲輪一周，輪心平行四百餘度。

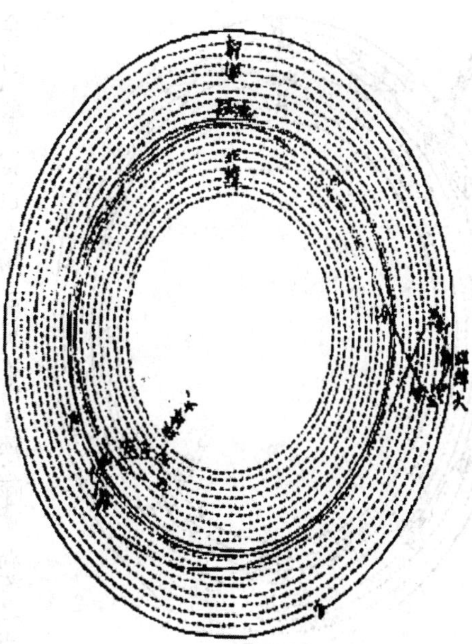

金星視行

金星南緯九度弱，北緯八度半强，歲輪一周，輪心平行五百七十餘度。

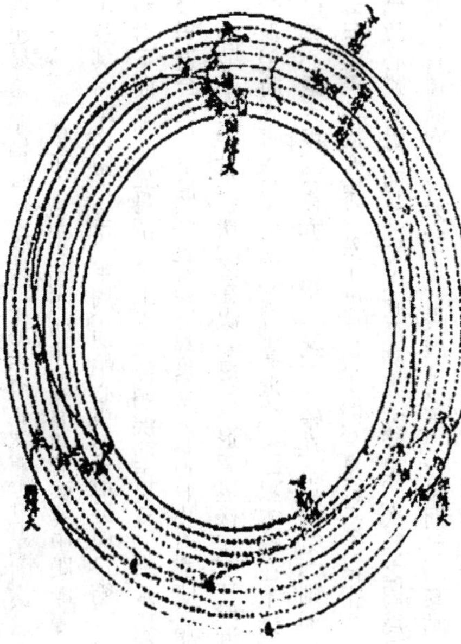

水星視行

水星南北緯俱四度，歲輪一周，輪心平行一百一十五度奇。

土木火合伏起順疾，日前星後而展見，漸遠漸遲，遲極而留，將望而逆，既望夕見，逆極而留，乃順遲行，近日復疾，再與日合而一周。金、水合伏亦起順疾，日後星前而夕見，漸遠漸遲，遲極而留逆，行就日而伏，既乃晨見逆，而極遠復留，漸順遲行，近日復疾，再與日合而一周。星道出入黃道，與月同理。雖有本輪次輪，而人目所望，但見一綫迤里出入黃道也。凡距黃緯度，近交則小，近半交則大；合伏時小，退望退伏時最大。距黃最大緯度，月南北五度少强，土三度太，木二度太，火南六度半强，北四度十一分，金北八度半强。南九度弱，水南北四度。凡在此以下爲淩犯之界。各周所行之實度不等。土十二度半强，木三十三度强，火四百八度半强，合五百七十五度半强，水一百一十五度强。《漢曆》有遲、速、留、逆諸限，後人又覺其疏，而爲之段目衰序，然於理冀能明也。以今曆之説求之，則星在次輪，終古平行，無遲無速，其有遲速而又加有逆留者，皆視行也。蓋星行上半輪，在本天之外，去地最遠，與輪心俱逐日而東，輪行而星亦行，所謂輪行者，輪心也。所謂星行者，輪周也。故見爲疾。漸下在兩旁盡處，人自下望，其勢徑直，雖行而似不行，然星雖不動而輪猶移也，故見爲遲。及入下半輪稍深，輪東星西，其數相除恰盡，則見爲留。星之西行，其數稍贏，則見爲逆。方星行下半輪正中時，輪心尚爾東行，其度大，星行次輪其度小，安能除盡東行之數而反見贏乎？不知測驗之理。凡七政遠則見遲，而度之大者小。近則見疾，而度之小者大。當在下時，去地最近，其度雖小，足與大度相除而猶過之也。數適相等，又見爲留。轉至兩旁盡處，又見爲遲。漸入上半輪界，又以漸而速。是故順、逆、遲、留，皆因人所見，非星行實然。而究其故，則輪周之轉爲之也。金、水二星不經天者，緣與日同天，而其輪心行度又與日等，故退伏而不退望，實則與三星之理無有不同。以其兩留之限攷之，前留土近合後百一十四度，木百二十六度，火百六十三度，金百六十七度，木百四十四度；後留土二百四十六度，木二百三十四度，火百九十七度，金百九十三度，水二百一十六度，兩留之間則俱退行。夫其兩留之間濶狹度殊者，蓋輪之東去速，星之西行速，則兩數相除易盡而先留。輪之東去遲，星之西行遲，則兩數相除難盡而後留。此濶狹之原也。土、木、水皆輪遲而星遠，輪行土十二。度奇，木三十三度奇，水則一百一十四度奇。星行土三百七十八日奇，木三百九十九日弱，木一百一十六日弱。故兩留之間多。火、金皆輪遠而星遲，輪行火四百八度奇，金五百七十五度奇。星行火七百八十日弱，金五百八十四日弱。故兩留之間少。又前留距合，在本天最高則少，最卑則多。後

留在本天最高則多，最卑則少。所以然者，在最高則次輪心逐本輪周西移，而東行之度縮，在最卑則順本輪周東過而度益贏縮則星度與之相除也易，贏則星度與之相除也難。與前論留限潤狹者，異原同歸也。又凡人目仰眂，速則察見其兩際而近則窄，土、木、水輪小，故高而遠；金、火輪大，故卑而近，在最高則遠，在最卑則近。此其兩留之視所以不同。

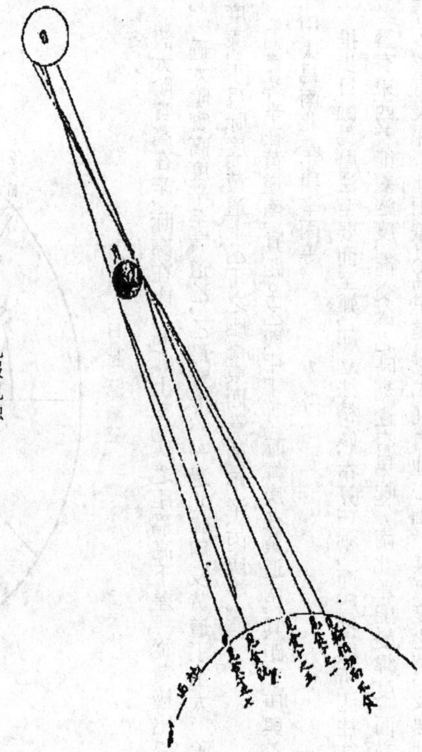

九服見蝕

月魄揜日而日爲之蝕，故正當月魄之下，即見蝕既。地平經緯漸差，所見蝕分多寡遂異。蓋由日高月下，地偏則所見非經緯相合之一綫，漸視兩體空際，而所揜漸覺其少，故日蝕之分隨方不同，非如月蝕普天同視也。《黃鐘曆議》云：舊云月行内道，在黃道之北，蝕多有驗；月行外道，在黃道之南，雖過正交，無由揜暎，蝕多不驗。又云天之交限，雖係内道，若在人之交限之外，類同外道，日亦不食。此説似而未盡。假如夏至前後，日食於寅卯酉戌之間，人向東北、西北而視之，則外道食分反多於内道矣。按内外道，即陰陽曆也。月行陰曆爲内道，則有北緯；行陽曆爲外道，則有南緯。古法日食求差，以赤道午綫爲中，則日食距中之度，或大於象限，故《授時曆》東西南北差有反減法。《黃鐘曆議》之説，蓋出於此。今法以黃平限爲中，可無此疑。何則？日食三差，並以高下差爲根，黃平限恒居天頂之南，而人居其北，北高南下，故能以北緯變南緯，無南緯變北之理，冬夏一也。惟地近交廣，極出地在二十三度以下，黃平限有時在天頂之北，則其時南緯可以變北耳。地緯變北，則外道食分反多，惟此時爲然。

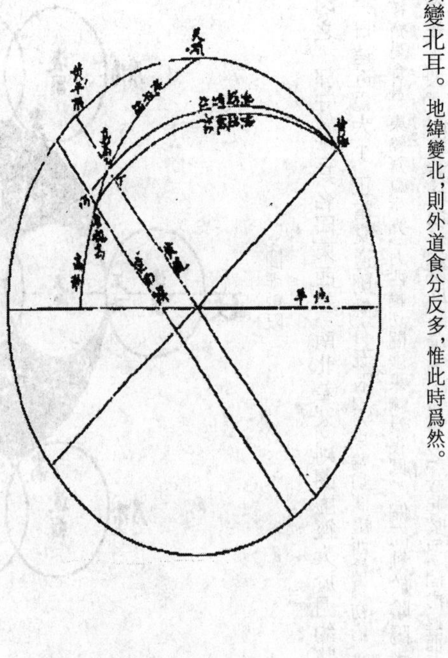

日食三差圖一

設太陰實高在乙，視高在庚，高弧上乙、庚之距爲高下差，從黃極出經綫至太陰實度乙，又從黃極出經綫至視度庚，必過丁，黃道上乙、丁之距爲東西差。實度乙正當黃道，視度庚在黃道南，其距丁、庚緯度，與乙丙等，是爲南北差。

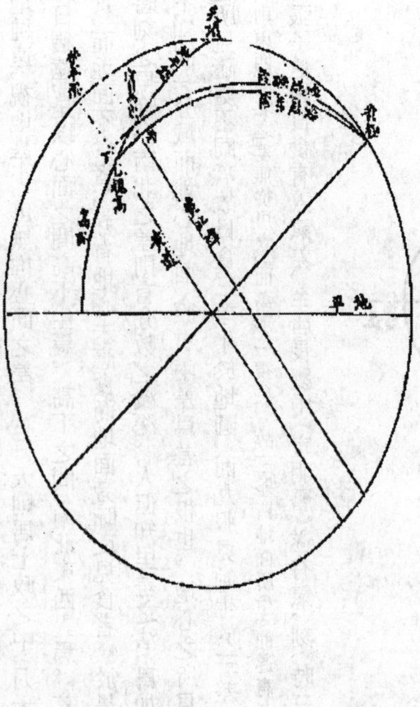

月食三差圖二

設太陰實高在庚，視高在乙，高弧上庚乙之距爲高下差。從黄極出經綫二，一過實高庚，指黄道度丁，一過丙至眎度。黄道丁、乙之距爲東西差，與丙庚等。實度庚在黄道北，其緯度庚丁與丙乙等，眎度乙正當黄道無緯度，丙乙爲南北差，與丁庚等。

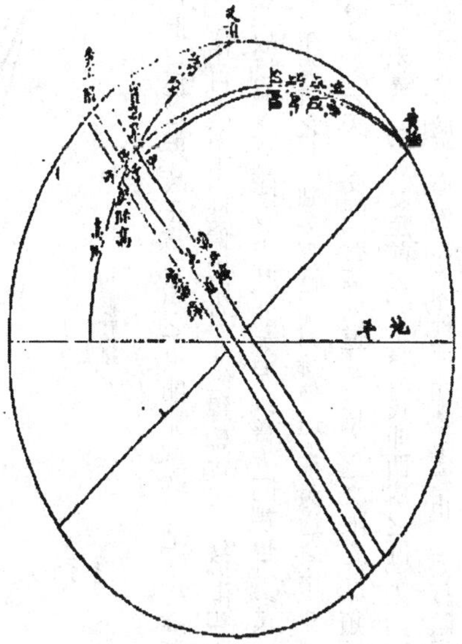

日食三差圖三

設太陰實高在辛，眎高在庚，高弧上辛、庚之距爲高下差。從黄極出經綫二，一過太陰實高度辛至黄道乙，乙爲實度；一過北緯甲及黄道丁至太。陰眎高度庚，丁爲眎度，黄道上乙丁之距爲東西差，與甲辛、丙庚等。

月實緯辛在黄道南，其距辛乙與甲丁等，眎緯庚在黄道南，其距丁庚與乙丙等，甲庚爲南北差，與辛丙等。

推步日蝕爲曆法至要而至難，即立法精微，布算巧密，而所推與所測往往不符。蓋有東西差能變經度，而交蝕之時刻遂有早晚。南北差能變緯度，而交蝕之分秒遂有淺深。此兩差以高卑差爲本，凡自地心指。其實度之高，及自地面觀之，必在實度之下。其差降高爲卑，而象向股之有强，然後東西差與黄道五行而爲之句，從黄極出經綫過句弦以限南北差而爲之股，極南則弦與股合而無東西差，極東極西則弦與句合而無南北差也。地心地面之説，古未有也。新法謂地體正圓而正居大圓之中，則地心即天心也。凡曆家測驗，自地平圈起初度，升至九十度而爲天頂者，皆止與地心相應。而人所居則在地面，穹窿而踞地心之上，徒以體圓勢順，目所環觀，得覩大輿之半，因以謂之地平。若用以直天度，則惟恒星天距地純遠，視地甚小，可無推心面之差。若日天則居七政之中，月天則距地最近，去日猶遠，是以心面之間高下生焉。高下之間，南北東西異焉。蓋有推得地心日食，而地面不食者；亦有地心未應食而地面旁眎反見食者。於是東西之差則有時刻之早晚；南北之差則有分數之淺深。人但知里差之法，爲加時分秒之由。不知同一分域而地心地面，原有兩差爲差之根也。地心之所見惟一，而地面之所見隨處不同。故日食三差生於地圓，而九服見蝕生於三差也。設今人居地心，則東西南北之差無從可立，而萬形一視矣。故三差皆地面所生，而遂有九服之各異。北齊張子信謂日食有入氣差，至唐長慶中《宣明曆》遂有氣、刻、時三差

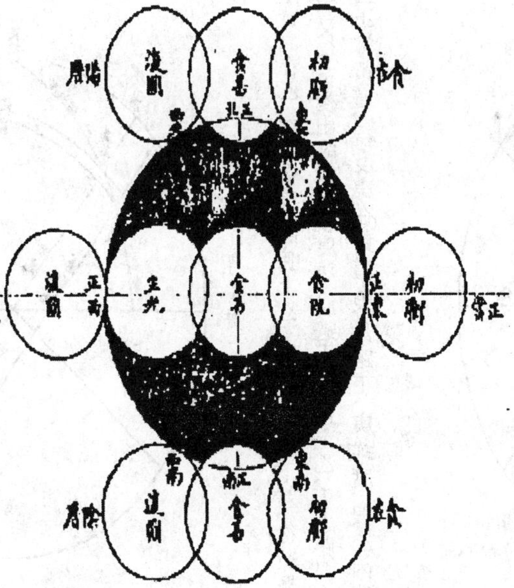

闇虛蝕限

之法，歷代因之。郭守敬正其名曰東西差、南北差，今則闇虛徑大於月約將三倍，又各以去日遠近爲大小，正當交道則蝕有五限，月東輪切闇虛西輪爲初虧，西輪齊爲食既，中徑齊爲食甚，東輪齊爲生光，月西輪切闇虛東輪爲復圓。偏而蝕於陰陽者分三限，初虧、食甚、復圓。起復方位與日蝕反，日遲而月來揜之，故起於西，闇虛遲而月來

就揜，故起於東。緯度多則蝕分少，緯度少則蝕分多。古人指日中之暗爲闇虛，鮑雲龍《天原發微》比於離坎中之陰陽。宋濂謂月蝕爲地影之所隔，魏文魁作《曆測》，疑其説出於西域。然《南齊書》已言之，且漢張衡亦曰「當日之衝，光常不合者，蔽於地也，是謂闇虛」，斯言甚明，獨以爲「在星星微」與今説異。月近地，星遠地，日照地成影，闇虛有盡，不能及星也。

清・王家弼《天學闡微》 日月之食

朔時日月同度，月體掩日而日食。望時日月對度，闇虛掩月而月食。闇虛即地影也。夫每朔同度，每望對度而有食。有不食者，經度同而緯度不同，經度對而緯度不對也。蓋日躔惟一黄道，終古不出其外，月於黄道有時在南在北。在南入陽曆爲正交，在北入陰曆爲中交。朔時若同緯度，則月在二交之上，乃能掩日。日行黄道，不出入内外，地影正對於日，亦恒在黄道上，不出入内外焉。望時緯度相對，則月在二交之上，適過地影之内，故食正在二交之上，則全失其光。距交有遠近，則食分有淺深。《授時》法日食限，陰曆八度，陽曆六度。月食限一十三度零五分，以定法八千分除八度，得陰食十分，以定法六千分除六度得陽食十分，以定法八千七百法除一十三度零五分，得月食一十五分。《時憲》法以倍半往爲一率，十分爲二率，并徑減距爲三率，求得四率爲食甚分秒，日體十分，月體十分，日食最多不過十分，闇虛二十六分五十二秒，大於月者一十六分五十二秒，是以月食最多則有一十八分二十六秒。

日月之行則有冬有夏

日行黄道，而欲求日行之出入，必以赤道爲宗。赤道者，天體之半腰。黄道者，斜交乎赤道而出其内外者也。古謂日有中道。中道者，即黄道也。日循黄道而行，歷二十四節氣而一周。黄道之分宫、分度别有其心，是爲黄道之南北極，而與赤道之極相距二十三度二十九分。故黄赤大距亦二十三度二十九分。春秋分時，正當二道斜交之照，分之前後各有距緯。至冬至，則在赤道之南二十三度二十九分，是爲外衡。至夏至，則在赤道之北二十三度二十九分，是爲内衡。法與古同，但距緯較古爲少耳。月不行黄道，而欲求月行之出入，必以黄道爲宗。蓋月道又斜交於黄道，而出其内外者也。古謂月有九行，以黄道内爲陰曆外爲陽曆。冬入陰曆，夏入陽曆，月行青道。冬入陽曆，夏入陰曆，月行白道。春入陽曆，秋入陰曆，月行朱道。春入陰曆，秋入陽曆，月行黑道。四序離爲八節，至陰陽之所交，皆與黄道相會，今法總名白道。白道之分宫、分度别有其心，是爲白道之南北極，與黄極恒相距五度，大則五度十七分二十秒，小則四度五十九分三十五秒。其經度則歲歲遷動，至滿二百四十九交，交照一周天而經度又復其始。約其數，則十九年有奇。白極隨交照而移，交點逆行，白極亦逆行。先求交點在黄道度，分離一象限爲半交，與白極相應。半交是陽曆則白極在黄道南。半交是陰曆，則白極在黄道北。白極循黄極而左旋，距黄極恒五度，而距赤極則隨時不同。惟交點在二分時，半交與白極並在極至交圈，其距黄極之綫合於黄赤兩極之距綫。正交在秋分，中交在春分，白極在兩極距綫外，則距赤極二十八度半。正交在春分，中交在秋分，白極在兩極距綫内，則距赤極十八度半。若交點離二分，則否。交點一周天，而半交大距亦一周天，而白極之循黄極而左旋者，亦一周天，而復於原度焉。測大距，必在半交時，又必於月當冬夏二至時，當半交而又當冬夏二至，則兩交必在春秋二分。值兩弦，則日必在春秋分而適當兩交。值朔望，則日必在冬夏至而距半交。春分上弦，秋分下弦，而月距半交，是月當夏至，而日在兩交也。春分下弦，秋分上弦，而月距半交，是月當冬至，而日在兩交也。以兩弦與日在兩交而論，皆交角大冬至之日，望而月距半交，是月當夏至，而日距半交也。夏至之日，望而月距半交，是月當冬至而日距半交也。以朔望與日距半交而論，皆交角小。各測其距赤道度，與黄赤大距相減，則最大、最小之黄白距限皆得矣。

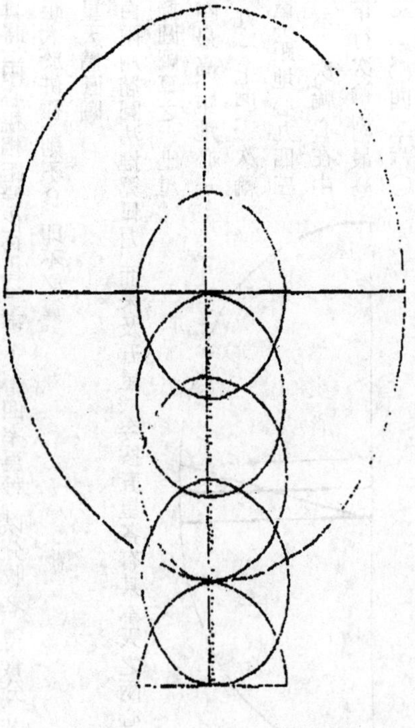

闇虛掩日圖

影半徑最大者，四十六分五十一秒。月半徑最大者，一十六分四十八秒。相併得六十三分三十九秒。以此數當距緯，用最小黄白交角四度五十九分三十五秒，求得距交白道度一十二度一十六分五十四秒爲實望可食之限。又以最大太陽均數，一度五十六分一十三秒，最大太陰均數七度三十九分三十三秒相併，得九度三十五分四十六秒，爲兩實行相距最遠之度，計月逐及于日，太陽又行五十五分，與太陽均數相加，得一十五度九分爲平望可食之限。置本年首朔太陰交周，加交周望策，再以交周朔策遞加之，得逐月望太陰交周，自十一宫一十四度五十一分，至初宫一十五度九分，自五宫一十四度五十一分，至六宫一十五度九分，皆爲太陰入交，再以實望實時，用推日躔月離法，各求其黄道實行，乃視本時月距正交，自十一宫一十七度四十三分，至初宫一十二度一十七分，自五宫一十七度四十三分，至六宫一十二度一十七分，皆入食限，爲有食。以太陰全徑化秒爲一率，十分化作六百秒爲二率，併徑内減食甚實緯，餘化秒爲三率，求得四率爲秒，以分收之，得食分。若食甚實緯大於併徑，則不食，即不必算。

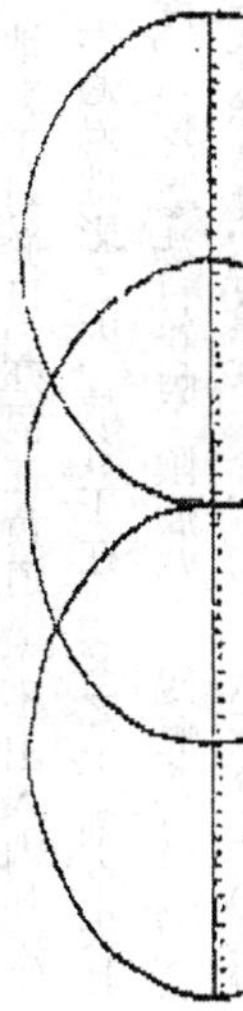
月體蔽日圖

太陽最大視半徑一十六分二十二秒三十微，太陰最大視半徑一十六分四十八秒，相併得三十三分一十秒三十微。以此數當距緯，用最小黄白交角四度五十九分三十五秒，求得距交白道經度六度二十二分，爲黄道南實朔可食之限，又以最大太陽、太陰兩半徑相併之數，與最大高下差一度一分二十七秒相加，得一度三十四分三十七秒三十微，以此數當距緯，用最小黄白交角，求得距交白道經度一十八度二十六分，爲黄道北實朔可食之限，各加實朔距平朔之行度二度五十二分，黄道南得九度一十四分，黄道北得二十一度一十八分，爲平朔可食之限。置本年首朔太陰交周，以太陰交周朔策遞加之，得逐月朔太陰交周，自十一宫二十度四十六分，至初宫二十一度一十八分，自五宫八度四十二分，至六宫九度一十四分，皆爲入交。再以實朔、實時用推日躔月離法，各求其黄道實行，乃視本時月距正交，自十一宫二十三度三十八分，至初宫一十八度二十六分，自五宫一十一度三十四分，至六宫六度二十二分，皆入食限爲有食，以太陰實半徑倍之，得太陽全徑，化秒爲一率，十分化作六百秒爲二率，併徑内減定真時，兩心視相距餘化秒爲三率，求得四率爲秒，以分收之，得食分，若兩心視相距大於併徑，則不食，即不必算。

五星天撱圓圖

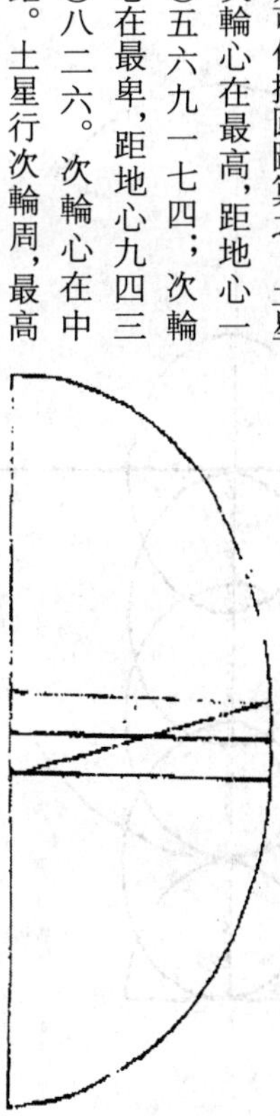

刻白爾用撱圓法推算日月，而未及五星。今按五星各有其本天之兩心差，亦可作撱圓圖算之。土星次輪心在最高，距地心一○五六九一七四；次輪心在最卑，距地心九四三○八二六。次輪心在中距。土星行次輪周，最高距地心一一○四二六○○，最卑距地心八九五七四○○，與半徑相減得一○四二六○○，爲兩心差。木星次輪心距地心最高一○四五七三四○，最卑九五四二六六○。木星行次輪周距地心最高一一九二九四八○，最卑八○七○五二○，與半徑相減得一九二九四八○，爲兩心差。火星次輪心距地心最高一一一三○○○，最卑八八八七○○○，次輪半徑在最高則大，在最卑則小。又太陽在最卑時則小，其本數最高六五六二二五○，最卑六三○二七五○，其太陽高卑差數最高差二三三五○○○。用次輪心最高一一一三○○○，與本數六五六一二五○相加，又與太陽高卑差數二三三五○○○相加，得一七九○九二五○，爲火星行次輪周距地心最高之數。與半徑相減，得七九○九二五○，爲最大兩心差。又用次輪心最卑與本數六三○二七五○相減，得二五八四二五○，爲火星行次輪周距地最卑之數。與半徑相減，得七四一五七五○，爲最小兩心差。金星次輪心在最高，距地心一○一四三一一○，最卑九八五六八九○，次輪心在最高，初宫初度星距地心一七三六七九六○，與半徑相減，得七三六七九六○，爲最大兩心差。次輪心在最高，六宫初度星距地心二九一八二○六，與最卑距地差二八六二二二○相減，得二七三一八六○，爲最卑星距地心之數。與半徑相減，得七二六八一四○，爲最小兩心差。水星次輪心在最高，距地心一○六八二一一五，在最卑距地心九五四七一○九。次輪心在最高，星行輪周距地初宫初度一四五三二一一五五，與半徑相減，得四五三二一一五五，爲最大兩心差。六宫初度六八三二一一五五，與最卑距地

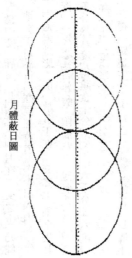

差一一三五〇四六相減，得五六九七一〇九，爲最卑，星距地數與半徑相減，得四三〇二八九一，爲最小兩心差。茲用土星兩心差作撱圓，以見例其餘，俱可按本天之兩心差爲之。

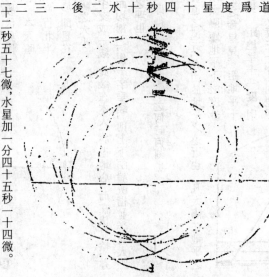

土木火金四天交角圖

土星本天與黄道相交之角，爲二度三十一分。木星本天與黄道相交之角爲一度一十九分四十秒。火星本天與黄道相交之角爲一度五十分。金星次輪面交黄道之角爲三度二十九分。其交角之數，各天不同，相交之點，亦各天不同。本宜分列四圖，茲從簡易，並繪一圖，聊明其數，亦以各天俱有正交之行，又隨時不同，不能膠於一定，故畧於交點之度分耳。

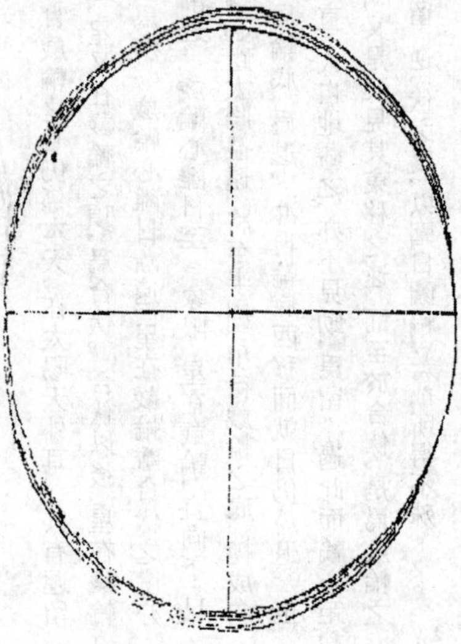

上三星視緯圖

第谷測得次輪心在兩交之中，星又在次輪最近，其視緯極大。土星北緯爲二度四十八分，南緯爲二度四十九分。木星北緯爲一度三十八分，南緯爲一度四十分。火星北緯爲四度三十一分，南緯爲六度四十七分。蓋本輪有高卑，則次輪心距地有遠近。遠則緯小，近則緯大。因次輪心在本道之北半周當最高，南半周當最卑，故南緯大於北緯也。

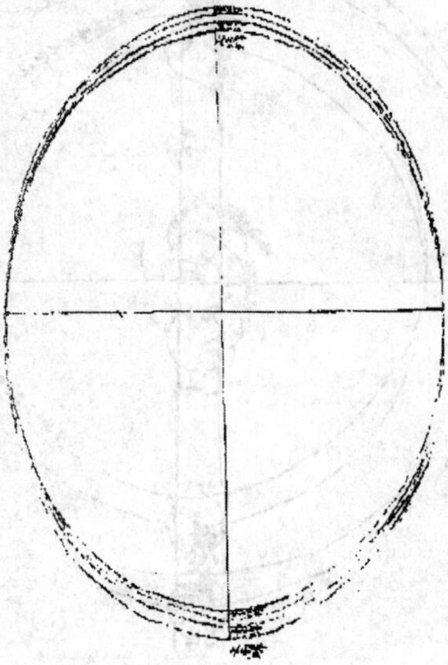

下二星視緯圖

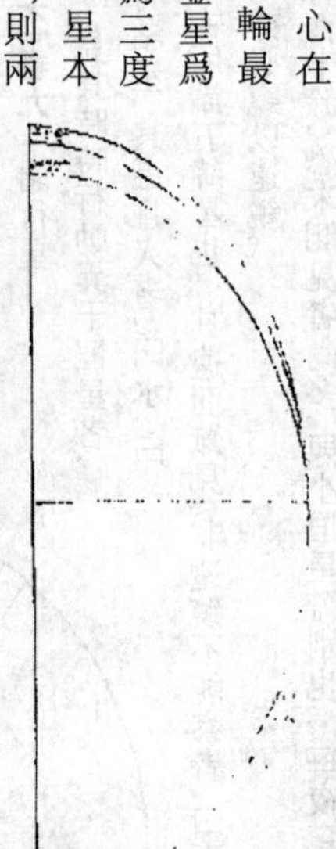

第谷測得次輪心在兩交之中，星在次輪最近，其緯度極大。金星爲九度零二分，水星爲三度三十三分，金、水二星本道之交點皆近最高，則兩交之中皆近中距，故次輪心距地心之遠近皆等，而南北之緯度亦等。

赤道規上加黄道及五星道規圖

黄道交於赤道，五星本道又皆交於黄道。今以赤道爲主，而加黄道規，又以黄道爲主，而各依星之本道交點以加五星道規，俱按道光丁亥。五星交點度分爲之。土星正交六宫二十三度零四十六秒四十六微，木星正交六宫七度五十四分一十四秒二十四微，火星正交四宫一十九度五十八分零六秒零一微，金星正交五宫一十八度五十一分一十三秒，水星正交一十一宫七度一十二分五十八秒一十三微，以後每年用加法，土星加四十一秒五十三微，木星加一十三秒三十六微，火星加五十二秒五十七微，金星加一分二十二秒五十七微，水星加一分四十五秒一十四微。

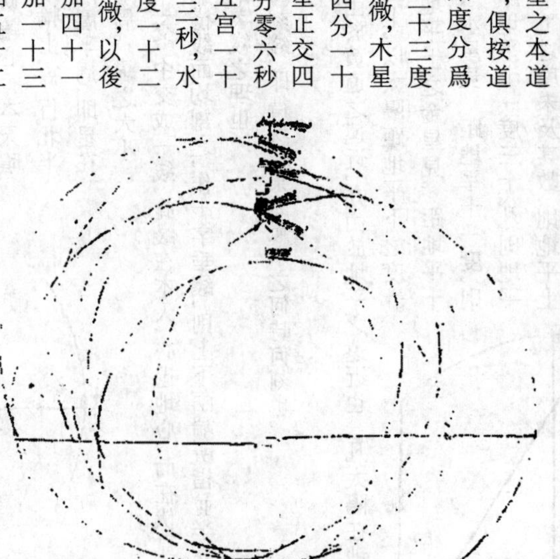

上三星歲輪上軌迹繞日成圜象圖

五星本天並以地爲心，與日、月同至若歲輪，即遲留逆伏之叚目。惟金、水繞太陽左右而行直，以太陽爲歲輪心，亦以二星之平行與太陽同度也。土、木、火三星則不然，並以本天上平行度爲歲輪心，然其軌迹所到，並於太陽有一定之距，故又成繞日左行之圜象。西人新圖，五星並以太陽爲心，蓋以此也。然金、

水歲輪繞日其度右移，上三星軌迹其度左轉，若歲輪則仍右移耳。土星能至甲，木能至乙、至丙，又其自行之高卑也。火星兼論太陽高卑，要不能改其徑綫相距之大，致故五星以徑綫距太陽終古如一。火星天亦用太陽爲心，而冲日之處割入太陽天內，乃歲輪上周行之跡耳，非本天也。其實歲輪之心仍係本天，在太陽天外耳。其有遲留逆伏者，歲輪心正在太陽之上，星又在歲輪之頂，爲合伏。合伏以後，星在歲輪上東移有類平轉，故其東移速爲疾；歲輪心離日漸遠，星在歲輪離合伏之度亦漸遠，而向下行，則東移之度漸遲。歲輪心離日至一象限，星在歲輪，直向下行，人自地觀之，不見其動，爲留輪心距太陽益遠，將至半周，星行歲輪之底，轉成向西行，爲退。輪心與日冲星正居輪底，爲退。冲自輪底西移而就日仍爲退。至于西距日一象限，上行之勢又直，人自地觀之，亦不見動，爲留。過此而輪心距日益近，星在輪上，漸向東行，又是又見其東移之速，而至於合伏，是爲歲輪之周，以歲輪立算，可以得其遲、留、逆、伏之度，以圍日圓輪立算，所得不殊。

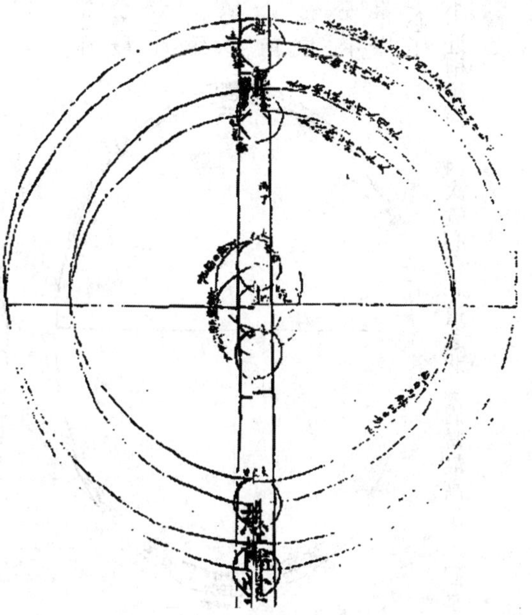

金水伏見輪圖

五星行于歲輪，起合伏、終合伏皆從距日而生，故五星之歲輪，並與日天同大，而歲輪之心原在本天周，故其圍日象又並與本天同大，上三星之本天包太陽外，其大無倫，又其行皆左旋，頗費解説，故只用歲輪也。至於金、水本天，在太陽天內，伏見輪既與之同大，又其度順行，故用伏見輪。伏見輪即繞日圓象，如上三星圍日之圈。若用歲輪，則金、水之歲輪反大於本天，故不用歲輪也。伏見輪半徑與本天等，本天上歲輪心所行之周，半在黃道北，半在黃道南，其勢斜立，如太陰之出入黃道，爲陰陽曆也。而星體行伏見輪周，其勢亦斜立，與之相應，故其交角等，歲輪心在正交或中交，則星無緯度，故伏見輪上亦有正交、中交，歲輪心行本天陰曆半周，即星在伏見輪上，亦行北半周。歲輪心行本天陽曆半周，即星在伏見輪上，亦行南半周。緯之大小，亦無不與之相似，聯正交、中交成一綫，此綫在本天，必過地心，而在伏見輪，亦必過日心。以此綫爲横綫而均剖之，作十字垂綫，則上下兩端所指並半交大距度矣。此伏見輪上十字綫之理也。

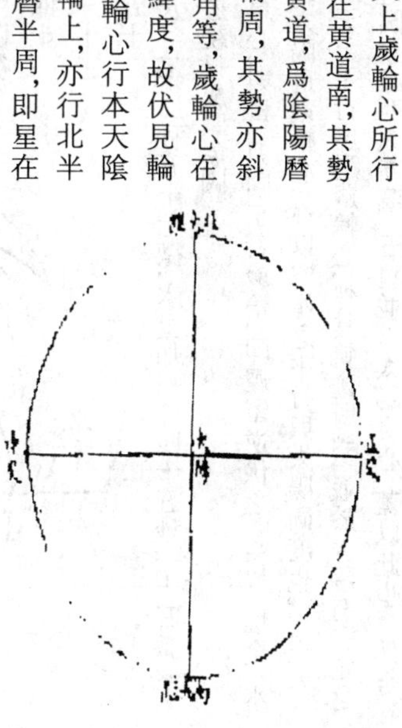

氣綫上所臨之時刻綫，即得現在某節氣中之何時何刻也。

五星伏見界圖

五星之伏見，既由於黃道之遠近，亦由於地平之遠近也。凡太陽在地平之下，而五星在地平之上，以太陽距地平下之度計之，距地平五度，則地平上之金星見。距地平十度，則地平上之木星、水星見。距地平十一度，則地平上之土星見。距地平十一度三十分，則地平上之火星見。距地平下之度未及其數，則地平上之星不見。此五星伏見之定限也。法用地平下太陽赤道經度，求得地平緯度，即知五星在地平上之伏見也。

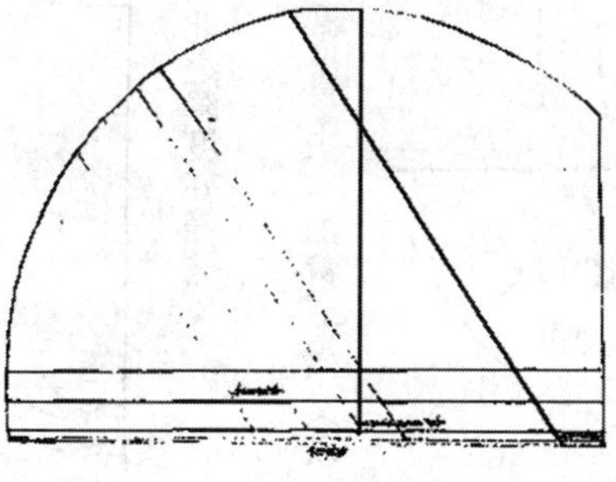

清・侯失勒《談天》卷九 諸行星

於地面仰測諸曜，見其時行動異于恒星者，不獨日月已也。又有諸星，其近且大者，曰水、曰金、曰火、曰木、曰土，古所謂五緯星也。其遠而難見、非遠鏡不能察者，曰天王、曰海王，其微而難見，亦必窺以遠鏡。

所已測見者約有百十餘，恐未測見者尚多，與小恒星難別也。每夜窺測見

其移動者，即知是小行星，俱自嘉慶以來所測得。內有四小星，在道光二十四年之前所得也。【略】

諸行星之道亦自西而東，除穀女、武女、天后諸小星外，其道俱近黄道。在地望之，不能正見各道之面，僅能側見其邊，其各面相交角及遠近俱不能了了，惟星距黄道面之度能明見之。

地上視日月之行略有遲速，由于橢圓，而行星則大異于日月，有順逆行，順行由速而遲，而留，而逆行，逆行亦由速而遲，而留，而復順行。總計之，順行多于逆行，順逆二行之較爲星東行之度。試以黄道相近一帶所見之星道展爲平面而圖之，戊丙爲黄道，己午未申爲星道，巳至午順行，午爲留，午至未逆行，未爲復留，未至申順行，餘可類推。卯爲二道之交點，地在黄道面內，交點亦在黄道面內，故見星至卯必無視差。欲知星過交點時刻，取相連二日，一在黄道南，一在黄道北，各測其緯度，用比例推之即得。屢推之，知凡星二次過中交或正交，中間之積時恒等，無論順逆遲速皆然。然則星之行皆有定法，我見其忽順忽逆忽留若無法者，因我所居之地不在星道之心，而地又行于本道，生視差故也。蓋諸行星道皆以日爲心，故若居于日面觀之，必見其行有定法，而無順逆留諸變矣。行星皆爲球體，與地同類，本皆無光，日照之而生光，此以遠鏡測而知之。又皆爲實質，面之狀各不同，見三版圖，即火木土三星之圖。諸星距地較月甚遠，故月能掩之，有更遠于日者，故距地球最近之星，地半徑視差甚小，不過數秒。而其遠者，視差更微，難測也。

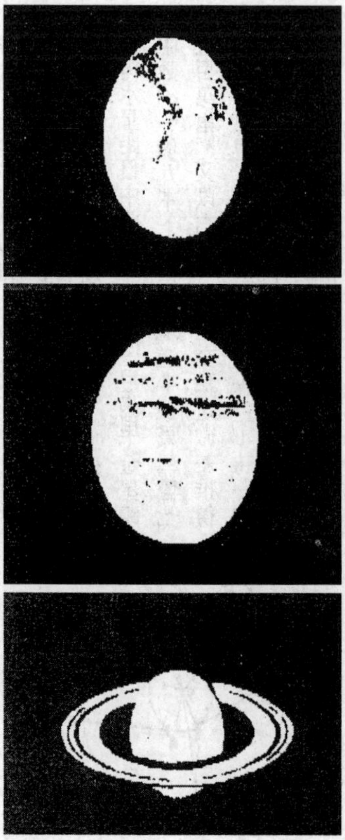

推行星大小，以本星之地半徑視差與星之視半徑比，若地徑與星實徑比，蓋視差即在星上所測地之視半徑，而同用一星地距，故比例同也。凡行星皆小于日，然有大如地或大于地者。

行星視徑有時變大，有時變小，以三角法推得距地諸數，則知若以地爲心，無論行正圜行橢圜，其數俱不合，而于日則大有相屬之理，如火星衝日之時，視徑最大爲十八秒，衝後漸變小，至合日時最小，僅四秒。他行星亦然，故知俱繞日。又金、水、火三星以遠鏡測之，見有弦望與月同，其明面恒正對日，故知諸行星無光，皆借日之光也。

以日爲諸行星道之心，則地上所見諸參錯行之故盡明，而一切行星并地球之動法，皆歸一公理。蓋行星皆繞日，其道斜交黄道，交角甚小，而交點不移，聯二交點，爲二道面之交綫，交綫平分黄道，行星自正交或中交起，復至本點，爲繞日一周，其時可測而推也。

諸行星繞日一周，在地望之各不同，金水二星如偕日而行，離日之度有定界，或在日東，或在日西，在日東則日入後見于西方，名昏見；在日西則日出前見于東方，名晨見。離日最遠，水星不過二十九度，而金星四十七度在日東最遠，與日同速，既而留而逆行，初遲後速，與日漸近而伏，伏時或見其過日面，如小黑圜班，此必行星過交綫而地球亦在交綫乃有之，與日月食理同，伏若干日而復見，在日西，仍逆行，初速後遲，遲極復留而順行，復離日最遠，而與日同速，既而速漸增，追及于日而又伏，伏數日復見，在日東焉。順逆伏留之時有增損，如圖，巳午爲黄道，甲乙丁爲行星道，日居星道心，乙申爲二交點，若日定居黄道無視動，則必見行星進退于日之前後，設地在交綫，則在日下必見星過日面，在日上必見日掩星。今日與黄道巳午有視行，設過申酉、酉戌、戌亥諸分，每分中行星在本道過一象限，則其視道必成甲卯辛子曲綫。在甲卯辛分內必見順行，在辛卯子分內必見逆行，而在辛點必見留也。此惟金水二星爲然。二星在地道內，名內星。伏時星在日地間，名下合。日在星地間，名上合。又圖，正視星地二道，申爲日，甲′子′乙′丙′爲水星道，甲乙丙丁爲地道矢表星地所行之方向，星在甲時，設地在甲，其方向爲星道之切綫甲′甲，則必見其離日最遠，其角度甲′。甲申爲最大，甲

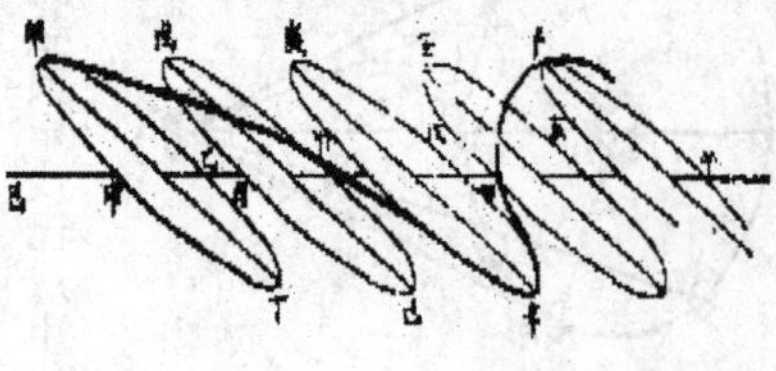

甲′申爲直角，則半徑與甲′甲申角正弦比，若地道半徑甲申與星道半徑甲′申比。故測得甲′甲申角，即能知星道之半徑。然屢測其半徑不等，故知星道非正圜，而爲撱圜。用連次測數推得水星距日中數約一億零四百萬里，金星距日中數約一億九千七百里。地道半徑爲二億七千五百萬里。又以高卑二點正交點之微差推得水星一周之恒星時，爲八十七日二十三小時一刻零四十三秒九，金星一周之時爲二百二十四日十六小時三刻四分八秒。而晨昏見一周之時，水星爲一百十五日八七七，金星爲五百八十三日九二。此恒星周、太陽周之別。設地定居于甲，則行星在甲′，爲晨見，離日最遠，行一周復至甲′，仍得晨見，離日最遠。今地自甲向乙行于本道，故星復至甲′時地已前行，追至戊′遇地在戊，始同在切綫上，而復得星晨見，離日最遠也。中間星至乙′時，地至乙，則見星下合日。星至丙′時，地至丙，則得星昏見，離日最遠。星復過甲′至丁′時，地至丁，則見星上合日。星自甲′起復至甲′，是謂恒星周，一周後更行至戊′，是謂太陽周也。

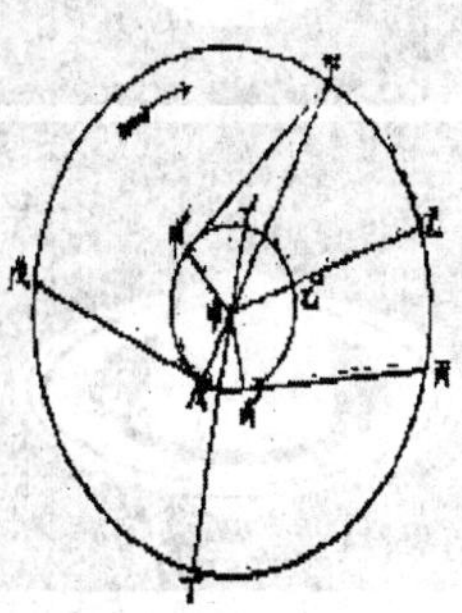

以金、水二星地球三道之半徑推得三道里數，各以一周之時約之，得一小時中水星約行三十一萬六千二百三十里，金星約行二十三萬一千三百三十里，地球約行十九萬六千七百五十里，故星在下合日乙′點左右時，星地之行方向同，而星速于地，從地視之，見星行之方向與日視行逆，故爲逆行。在上合日丁′點左右時，星地之行方向逆，而從地視之，見星行之方向與日視行順，更速于日，故爲順行。二留點不在離日最遠甲′丙′二點，而在甲′乙′與丙′乙′之間。又圖，戊戊′爲地道上之微弧，己己′爲星道上之微弧，若二微弧與二速率比，恰令地過戊戊′，星過己己′，其距綫己戊至己′戊′方向不變，則地視星或背地上行，或向地下行，而不見有順逆行，故曰留也。

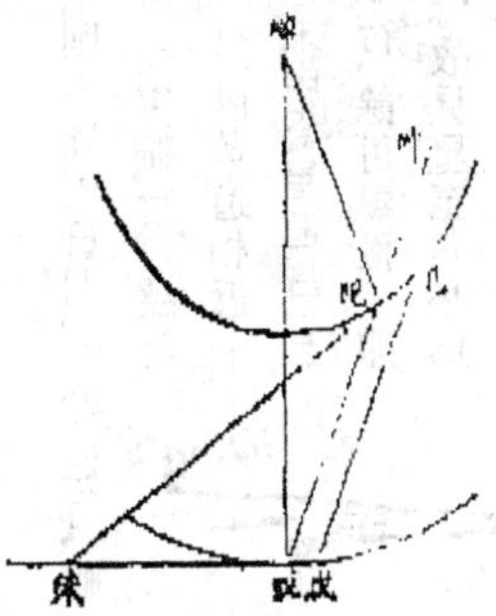

若離日最遠時，則見其與日同速而爲順行矣。欲推留點所在，引長己己′、戊戊′爲己戊二點之切綫，會于未點，任引長戊己至午，己′戊與己′戊′平行，則準平三角例，己己′與戊戊′比若己未與未戊比，命星地之二速率爲亥′亥，則己己′與戊戊′比若亥′與亥比，故亥′與亥比若己未與未戊比，亦若己戊未與未己戊二角之正弦比，亦若申戊己與申己午二角之餘弦比，因申己未、申戊未俱爲直角故也，亦若申戊己角餘弦與申戊己戊申己二角和之餘弦比。又命星地二道之半徑爲未′未，則未′與未比若申戊己角正弦與申戊己戊申己二角和之正弦比，而申戊己、戊申己二角可推。一爲行星留時離日之角，一爲日視行星與地二經度之較角也。然星地二道俱非平圜，故推算更繁，今不詳論而著其已推得之數。水星之留點離日最小約十五度，最大約二十度。金星恒在二十九度左右。其逆行，水星約二十二日，金星約四十二日。金水二星有弦望，如圖申爲日，戊爲地，乙甲丙丁爲星道，星因日照，向日半面明，背日半面暗，故當上合，星在甲，戊視之，見光滿如望，星在乙甲、甲丙之間，光必多于弦，在乙丙二點則如弦，在丙丁、丁乙之間，光必少于弦，漸近下合丁點，則見其如綫，或全無光如朔，或見其過日面如黑斑焉。

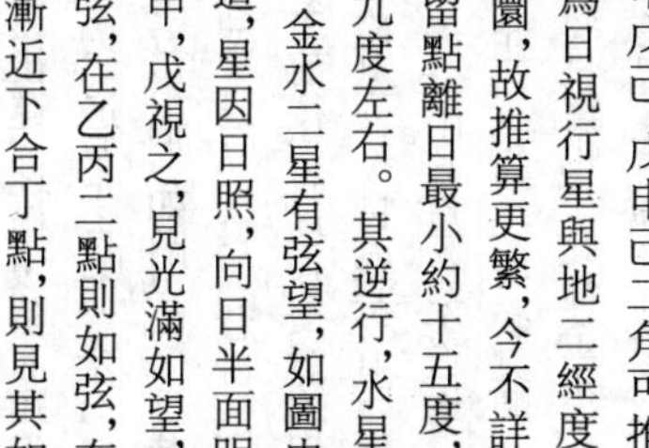

凡金星之光，見其時明時微者，有二故焉。一因弦望，一因距地遠近。星之視體大小不同，如自離日最遠至下合日之時，光面漸變少，然漸近地，視體漸大，每相補焉。依此推之，離日四十度時，光最明焉。

金星過日面有一定時，而二次相距之年不等，率初八年，次一百二十二年，次八年，次一百零五年，如是周而更始。恒近冬夏二至，測此以推地日距及日之地半徑視差，法最妙，如圖，西爲日，戊爲地，亥爲金星，丙丁爲過日面時之道，甲乙爲二測處在地球面相對二點，其徑甲乙正交黄道面，若地不轉，星過日面時，甲乙徑不動則甲點見星在日面甲，乙點見星在日面乙′，甲亥甲′、乙亥乙′皆爲直綫，則亥點之相對二角必等，故甲′乙′與甲乙比若星之距日與距地比，即若六十八與二十七比，約爲五與二比，則日面之甲′乙′必五倍地半徑，其視度必五倍地平視差。是以測甲′乙′設有差，推得地平視差其差減小，不過五分之一，故曰法最妙

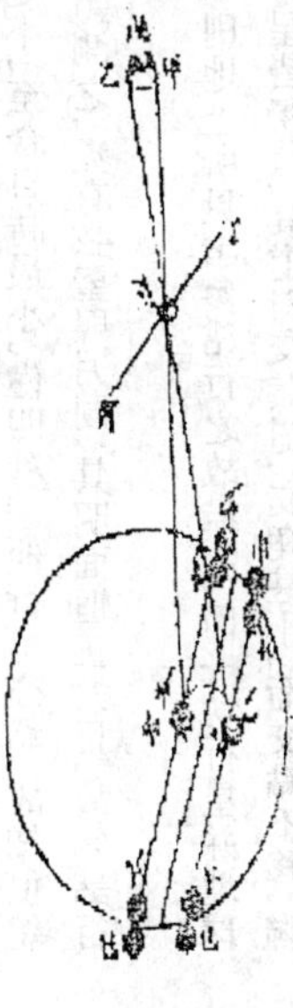

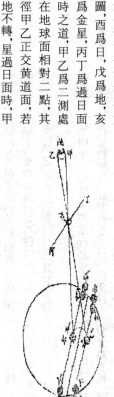

也。巳午未申、巳′午′未′申′二綫爲金星視道之二界，從日之西邊入，東邊出，甲乙測者必細測出入二點，以定界綫所在，若細測過日面之時更妙，蓋查金星表能知其行度速率，而視道約同直綫，知其時，即知過日面綫之長，用作通弦，以日徑求其矢，甲乙所得二矢之較即甲′乙′也。此必測星心過日面，故先測入日時一星日外切之時，如巳；一星日内切之時，如午；次測出日時，與前同，如未、如申，取外切内切之中時，以日周之弧攷之，則得星心出入之時。然地球自轉，而二測處又不能恰在相對二點，故推步甚曲折，與日食月掩星同，而更細密。今不詳論，但論測金星過日面爲最要事云。乾隆三十四年，星過日面，英、法蘭西、俄羅斯等國俱分遣疇人至遠方測之，合各國測數，推得太陽之地平視差爲八秒五七七六。此後過日面，當在同治十三年、二十一年。

水星道之兩心差最大，約爲四分半長徑之一，故其離日最遠度相差甚多，小則十六度十二分，大則二十八度四十八分，金星道亦爲撱圜，而兩心差不甚大。

水星過日面，在正交點近小雪，在中交點近小滿，分計之，在正交點約十三年或七年一次，率三次相距俱十三年，一次相距七年，在中交點亦然。然此約言之耳。水星道與黃道之交角大，故時或不合，當以二百十七年一交之終計之，其次周而復始也。水星近日，用以攷日之視差不便，故非若金星之當詳測焉。道光二十八年，咸豐十一年，水星過日面。

凡星道包地道者，名曰外行星。何以知其包地道？其證有二：内行星離日度有限，遠至限而復近；外行星則無限，衝日時遠至半周，地不在星日中間，不能如是，一也。星之光常滿，不見有弦缺，其遠者爲木、土、天王、海王，恒爲圜體。其近者爲火星，雖或小虧，亦不能過八分之一，故知在地視星，與日照星之方向略同，非地道在星道内不能如此，二也。以火星論之，如圖，申爲日，戊爲地，寅爲火星，地在戊時，火星上見地離日度最大，地上視火星，見暗面亦最多，準星之光分，能推申寅戊角，及星日二心距申寅與日地二心距申戊之比例。故知火星道半徑爲一箇半地道半徑强，而木、土、天王、海王之虧不能見，

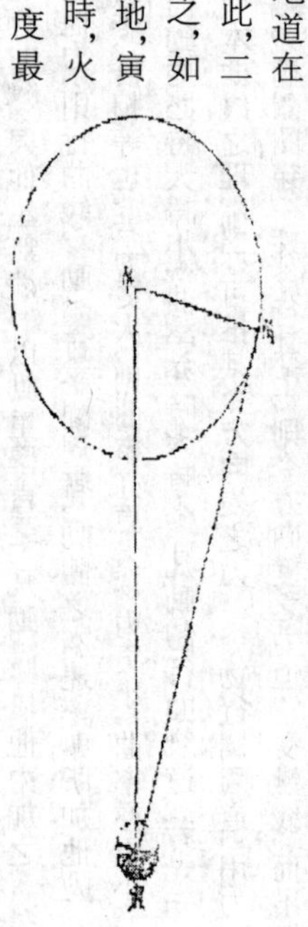

則其道必包地與火二道。

外行星于衝日前後皆逆行，逆行之時，及所過度分及速率各不同，俱火大于木，木大于土，土大于天王，天王大于海王。若知星之周時，則測其逆行，能推星道大小，如圖，申爲日，衝日時地在戊，星在寅，同在申天直綫内，歷若干時地行至戊′，星行至寅′，作戊′寅′聯綫，引長之，交申天綫于天′，成申戊′天′、申寅′天′二三角形。先用申戊′天′形，已有申戊′邊，即日地距，亦有天′申戊′角，即地所過之弧度，亦有申天′戊′角，即地戊′天′角，爲星逆行之度，則可推得申天′邊。次用申寅′天′形，已有申天′寅′角，亦有天′申寅′角，即星所過之弧度，以星周時與今所歷時比例而得，又有申天′邊，則可推得申寅′邊，即星日距也。然星道非平圜，必累測而推之，取其中數，爲星道半徑也。前論測星道交黃道點能知周時，然其交角有甚小者，交點非易測，若于衝日前後數日連測之，以定衝時，二次衝日中間積時即星之太陽周時也。然因撱圜有微差，必屢測取其中數，方得太陽平周時。知太陽周，即知恒星周，測次愈多，得數愈密，五緯星已歷測二千年，推得其周，可云密之至矣。

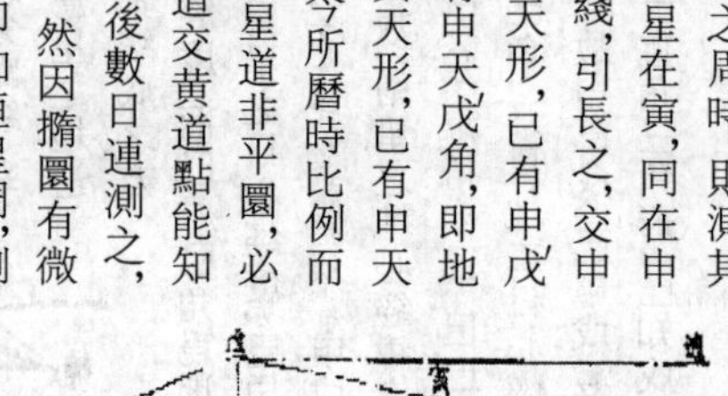

凡二行星周時之平方比，若二距日綫之立方比，如地與火星二周時之率，爲三百六十五萬二千五百六十四，與六百八十六萬九千七百九十六，二距日之率，爲十萬與十五萬二千三百六十九，上二率各自乘，下二率各再乘。其比例同也。此爲古今來天學中第一至妙無上之理，刻白爾精思苦索而得之，是時未有對數推三角頗不易，諸行星之根數，未能若今時之精密，而刻白爾乃能探得此理則又難之難已，苟非大智，何以能之？自明此理，而知地球與諸行星，不獨形體相似，顯然一類，無可疑矣。

刻白爾攷火星行法，悟得火星之道爲撱圜，日居撱圜之一心，星日距綫所過面積等，則歷時亦等，驗之火星既密合，以其法推諸行星皆合。因立三例：一曰曆時同，則星日距所過面積亦同；二曰諸行星皆行撱圜道，以日爲撱圜之一心；三曰諸行星距日中數與周時有公比例。此三例以奈端動重學之理攷之俱合，其第一例：曆時同、距綫所過面積亦同者，蓋諸行星本欲以平速行于直綫，其行于曲綫者必有力恒加之令曲也。其力之方向恒指日心，奈端論此理甚明，其大略云：凡力恒加于一動體，力之方向恒指一點，則體必行曲綫道，曆時同體距點之綫所過面積亦同。此可以淺近事顯之。譬如以繩懸一小鐵球，手執一

端，依地平面旋轉之，一指向下，令繩纏指則球必漸近所繞之心，而速率漸大，周時變小，同時過同面積，目驗即知，無煩細論也。若反旋，令繩展于指，必由速漸遲，與前相反。其第二例：行星皆行橢圜道，以日爲橢圜之一心者，蓋諸行星皆依日之攝力而行曲綫，與他星無涉；以動重學言之，凡動體，無他力加之，必行直綫；恒加以他力，則行曲綫。動體行平圜周者，動體之本速率與所加他力，令本道各點之曲率，恰相等也，若力更大，則曲率亦更大；力更小，曲率亦更小。此皆不合平圜，而動力必時大時小，曲率亦時大時小，凡動體行曲綫道，若先知其本動之方向，與本曲綫之理，則亦可推其令方向變之力。令物行橢圜道，用力之法不一，設作鐵綫橢圜圈穿一珠令行其上，則令方向變之力恒正交鐵綫，而不向橢圜心，其行必爲平速，此與同時同面積之理不合，必如前論用繩懸小鐵球乃合也。欲攷橢圜之力有三理：一準同時同面積能知體在各點之速率；二準曲率，能知各點離切綫而向心之數；三準速率變大小，能知各點力之大小。令體向心而離直綫之率，任在何點，皆可推算；欲驗體行橢圜之理，最妙以蠶絲懸一細鋼球，下置一大力嗡鐵圜，柱嗡鐵之極與懸點正相對，乃動其球令繞嗡鐵，則球必行橢圜，而不行平圜也。其第三例，諸行星距日與周時，有公比例者，蓋諸行星各行本道，皆由于日之攝力，凡化學中質點愛攝力，及嗡鐵力，僅能攝數質，而日之攝力，凡所屬諸星，無論何質皆攝之。攝力有大小，由于諸星距日有遠近，蓋攝力與質多少有正比例，而與相距遠近有反比例也。準奈端之理，凡二體互相繞其周時必如橢圜道半長徑立方之平方根，以二體質和約之之數。準此，若諸星之質較日質，相去非俱甚懸絶，則刻白爾之例不能合。今諸星質雖有大小，而較諸日則俱甚小，故皆略合，其差甚微，不能覺也。

欲明各行星橢圜道之根數，有三要：一爲橢圜形及大小以長短二徑定之，或以半長徑及兩心差定之，如橢圜之長徑十，短徑八，則半長徑爲五，兩心差爲三，其橢率爲五分之三，一爲橢圜之方位，以黄道面及分點綫爲準，此有三事，星道與黄道二面之交角，一也；二面交綫之方向，二也；長徑之方向，三也。交綫必過日心，故知交點經度，即知其方向，星過交點，自南至北爲正交，此時星之經度，即交點經度也。而知最卑點經度，即知長徑方向，最卑點長徑之一端也。一爲星于某時當在本道某點，但知最卑點或橢圜上一定之點，

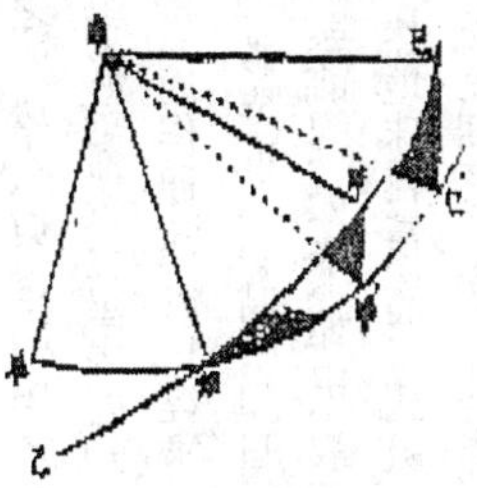

及周時則依同時同面積之理，即能知之也。三要已知，則無論何時，能知行星所在之處，而從日心與地心之二視方位，俱可推得也。先論從日心之視方位，如圖，申爲日，巳甲卯爲行星橢圜道，以申爲心，甲爲最卑點，巳′甲′卯辛。爲依星道作柱面正交黄道面所成形。申辛爲分點綫，爲經度所起，申卯爲星道黄道二面交綫，設乙在黄道南，甲在黄道北，星自乙向甲，則卯爲正交點，辛申卯角爲交點經度。若星在巳，從甲巳二點俱作綫，正交黄道面于甲′巳′二點，則辛申巳′。角爲行星經度。辛申甲′角爲最卑點經度，巳申巳′角爲行星緯度。已知周時，及橢率橢圜面積，故但知星過最卑點之時，則準同時同面積之理，能知甲申巳面積，而用幾何法能推得甲申巳角，即星距最卑度。乃取甲卯甲′正弧三角形推之，已知卯申弧，即最卑與交點二經度之較卯申甲′角，亦知卯角，即二面之交角，故卯甲弧即卯申甲角亦可知，以卯申甲加甲申巳得卯申巳角，爲星距交度。乃用巳卯巳′正弧三角形，已知卯角及卯巳邊，即星距交度，推得巳巳′邊，即巳申巳′角，乃星之緯度也。又推得卯巳′即卯申巳′角，加交點經度卯申辛角，得辛申巳′角，乃星之經度也。

再論從地心之視方位，地心視行星方位，異于日心者，因地球距日而生，故必先求行星距地、距日之數，次求地距日之數，乃可推也。如圖，申爲日，戊爲地，巳爲行星，申辛爲分點綫，辛戊爲地道，巳巳′爲行星心至黄道面之垂綫，申巳戊爲星之地道半徑差角，戊巳′爲從地視星之方向，戊巳′爲地至星垂綫底之方向，作申午綫與戊巳′平行，則辛申午角爲星之地心經度，而巳戊巳′角爲地心緯度。夫辛申戊爲地之日心經度有日表可查，辛申巳′爲星之日心經度，巳申巳′爲日心緯度，依上法可推。前條而申巳爲星道之帶徑，名本代微積拾級。申戊爲地道之帶徑，各準道之大小及體所在度可推，既有此諸數，則星之地心經緯度俱可推。法先用申巳巳′直角三角形，已知申巳邊及巳申巳′角，求得申巳′、巳巳′二邊，次用申戊巳′三角形。已知申巳′、申戊二邊，及戊申巳′角，乃星地二日心經度之較，求得申巳′戊角及戊巳′邊，申巳′戊與巳′申午二角等，故申巳′戊、巳′申戊、辛申戊三角和等于辛申午角，即星之地心經度。又用巳戊巳′直角三角形，已知戊巳′、巳巳′二邊求得巳戊巳′角，即星之地心緯度也。【略】

前條言諸星道相距有定例，其數雖不能如刻白爾諸例之密合，然甚相近，求其所以然之理，未能得，及得海王，其道距水星道，非倍于天王距水星，而僅加

半，與例不合，然後知此例乃偶合，不足憑，而凡説之無證者俱當細攷之，不可遽信矣。

諸行星上設有動植諸物，其性與質，必較地面諸物大不同，蓋諸行星異于地球者三：受日之光熱多少不同，一也。攝力大小不同，二也。體質疏密不同，三也。受日光熱，水星多于地約七倍，地多于海王約九百倍，其二界之比，若五十六與一之比，試思我地面之光熱若多七倍，何以堪之？若少九百倍，又何以堪之？

攝力大小，木星視地約若五與二，火星約半于地，月較地若六分之一，小行星約二十分之一，質疏密以重率言之，則土星重率爲八分地重率之一，意土星質當略如乾松木。此三者，既如是不同，則動植諸物若性質無異地面，必不能生活也。

諸行星所受太陽之熱氣雖多少大不同，然行星外所包之密雲，或能透熱氣，而易射至行星之面，又能阻之使不易發散，故遠日之行星所受太陽之熱氣雖不多，而所受者能多存于其面也。如藏植物之玻璃房，受太陽之熱氣，雖至有雲之時，房内寒暑度仍大也，按此理，行星距太陽甚遠者，未必是甚冷矣。

以遠鏡測諸行星，所得諸事條例于左。

水星略如球體，光如月，有盈虧，因最近日而小，不能細測其質，實徑約九千二百里，視徑五秒至十二秒。金星亦有盈虧，其實徑二萬二千六百里，視徑最大六十一秒，大于他行星。然其面但見有光，而不能見有山與影，雖有光暗之異，而非能一定，故或言金水二星自轉之時畧與地同，或言多于地二十四倍，因其面無斑，未能測定也。或星之體，我人不能見，但見包星之雲，雲所以蔽日光，以護星也。火星之面甚明晰，道光十年六月二十九日，用二丈回光鏡測之，見有大洲與海狀，如三板一圖，大洲作紅色，意其紅土也；海作緑色，有時不清晰，或狀改變，意包星之氣中有雲故耳。而當清晰時有一定形狀，星自轉，其面以次而見，已有好事者，細測著于圖，其二極有白斑最明。或云是積雪，故向日久則小，背日久則大，最大時約距極六度，細測此白斑，知火星自轉，其赤道面與黄道交角三十度十八分，曆二十四小時二刻七分二十三秒而一周，其轉亦自西而東與地同，其實徑約一萬三千一百里，視徑最小四秒，最大十八秒。

木星在行星中爲最大，實徑二十六萬六千里，其體積大于地球一千三百倍，視徑最小三十秒，最大四十六秒。其面有帶數道，道光十二年八月二十九日用二丈回光鏡測之，其帶之廣狹位置屢變非一定，間或散于星之全面。

星面或見白斑，其帶或見分枝，而諸帶之最奇者，有時見其内有明晰之正圓小斑，如其月體過于木星地球之間，有時見其位置與數有變。咸豐七年九月十一日，見有十，而已見者俱在星之南半球。道光二十九年春，導斯初見之，三十年二月十五日，拉斯拉初作圖以解之。

近時導斯見之，更明次第解之，記于天學會之歲册，此必在包星之氣中，因風而成，如地之貿易風也，而星之轉，其面行速于地，故其風愈有一定其黑者爲星之體然不至星之邊，其邊氣愈厚故也。

其白斑或是本處發出之疊雲，如地球空氣中雲柱上之有疊雲也。

細測之，知木星自轉，依愛力曆恒星時九小時三刻十分二十一秒三，而一周，其軸與帶正交，木星體非正圜而微匾，與地同。用分微尺測得赤道徑與二極徑之比，若一百零六與一百之比，依算理推木星之體質并繞日之時，與測得數合，故知此法可推最遠行星，無不合也。

木星有四月繞之，如地之有一月也，其繞法自西而東亦同，諸月繞木星與諸行星繞日，理與法俱合。

土星實徑約二十二萬五千里，體積大于地球約一千倍。距地遠近適中時，視徑十八秒，其面亦有帶數道，不及木星之清晳，理與木星同。間或見大斑，即星之體，侯失勒維廉據以測自轉，得十小時一刻一分〇秒四四而一周。土星有八月繞之，最異者，體外有光環，分三層，與星同心，而共在一平面内，外環之外徑五十一萬零一百四十四里。視徑四十秒〇九五；内徑四十四萬八千九百九十七里，視徑三十五秒二八九。丙環之外徑四十三萬八千六百三十九里，視徑三十四秒四七五；内徑三十三萬九千三百零七里，視徑二十六秒六六八。環之厚難測，然必不能過七百里。星之赤道徑二十二萬八千九百零五里，視徑十七秒九九一；赤道距内環内周五萬五千二百零二里，視距四秒三三九；兩環之間五千一百七十九里，視距〇秒四〇八。此二空處望之若二黑環焉。環之前半對日生影，影在星面。環之後半，有星體之影，故知環爲實體，非虚象也。星面諸帶與環平行，故知星自轉之軸正交環面也。

或謂其環非是實體，有理可證，惟無論爲實體爲虚象。地球在便當之時，能見其環影在土星向日之面，亦見土星影在環向日之面，而在土星之後，曾用遠鏡細測之矣，或意其二環不在一箇平面内，土

星繞日行，其自轉軸與光環方向不變，故光環面交黃道面之角亦不變，恒爲二十八度十一分。其二面交綫與分點綫成角一百六十七度三十一分，而光環二交點之經度，一爲一百六十七度三十一分，一爲三百四十七度三十一分。土星至此二點，光環之邊正對日，若適當衝日時，地上視光環如一細長光綫，非最精遠鏡不能見。謂之光環隱土星約十五年一過交點。過交點時，光環或隱一次或隱三次。如圖，申爲日，甲丁爲土星道，戊己庚辛爲地道，矢所指爲星地行道方向，丙爲交點，丙申爲交點距日綫，作戊乙、庚丁，與丙申平行，切地道于庚、戊二點。光環之方向恒不變，故土星在乙丁之間，若與地球會于丙申平行綫，如子寅戊乙等綫，光環必隱。

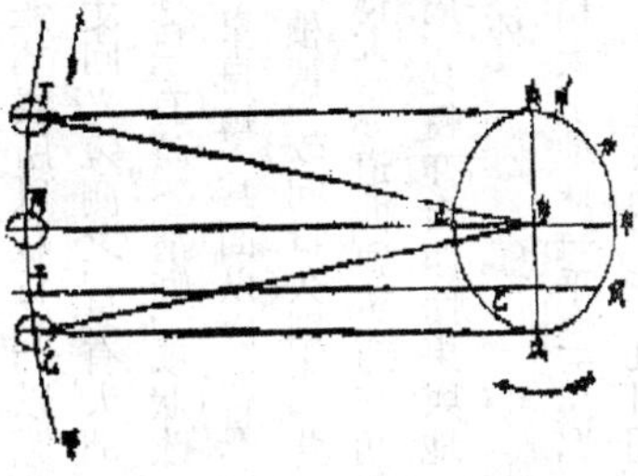

土日距申乙與地日距申戊之比，若九五四與一之比，推得丙申乙角爲六度一分，倍之即乙申丁角爲十二度二分，即乙丁度。土星過此約三百五十九日四六，較地繞日一周，僅少五日八地或在戊己庚或在庚辛戊，二半周俱可與土星會于丙申平行綫，會則光環必隱。設地從庚行五日八至申之時，土星初至乙，則必一會于辛戊象限內，再會于庚點。計其隱有二次，若地在申辛戊弧內，土星至乙則必一會于辛戊象限內，再會于戊己庚半周內，三會于庚辛象限內，計其隱有三次。若地在戊乙弧內，土星至乙，則其初地斜行而遲，星追及地而一會，後地行近正而速，追及星而再會。俱在戊己庚半周內。而星未至丁，地已過庚，又會于庚辛象限內，計其隱亦三次。地在乙時，土星至乙，其初地斜行，星速于地，追及地與會，會後地行漸正，即速于星而前行。再會于庚辛象限內，計其隱只二次。若地在乙己甲半周內，則僅一會于庚辛戊半周內，而其隱不過一次，光環向日之面明，背日之面暗，若丙爲光環之正交點，圖之面爲黃道北，其背爲黃道南，則地會星在辛戊象限內，爲從明至暗在戊己象限內，地追及星，爲從暗至明，星追及地爲從明至暗。在己庚象限內，爲從明至暗，在庚辛象限內，爲從暗至明。地入暗面時望星，見面上有帶數道，而赤道上有細黑綫，若星在乙丁弧外，則無此狀。凡土星之日心經度自一百七十三度三十二分至三百四十一度三十分，見環之北面恒受日光，自三百五十三度三十二分至一百六十一度三十分，見環之南面恒受日光，在七十七度三十一分及二百五十七度三十一分時，見光環之面最廣，其短徑約爲長徑之半，或疑光環如此大，而係實體。何以能懸居空中，而不落于星面？日光環亦依本面自轉環上之光有不同處，據以測得曆十小時二刻二分十五秒而一周，準土星攝力推之，如物在環半繞星應得之速，故能懸居空中不落也。

或言其環如此之薄，若爲實質，恐外邊內邊所加二離心力之較，必將環撕碎，若爲流質則無此事。或疑環爲氣質，又謂氣與氣質交和，如雲之類也，以分微尺細測，知光環之重心行于一小圜周，以繞星之重心非與星共一重心也。如此環之攝力加于星之四面不同，今星恒欲向環之最近點，而最近點繞星而行，頻移其處，故環甚穩，不致摇動。亦不致與星附着也。又環與星繞日，遲速如一，故永不變，若速率微不同，環亦必落于星面也。或言外環之光小于內環，而內環內半之光，亦小于外半。道光三十年十月初八夜，米利堅堪比日星臺官本特，用大赤道儀測之，見內環之半有暗帶界之，其內半較闊，覺别有一環，其闊若五分舊二環和之一。後二十二、二十六兩夜，英國根德天文士導斯用精遠鏡徑六寸者測之，亦見暗帶，更明晢，與本特不謀而合。故定爲三環暗帶乃新環舊環間之空處也，而新環半亦見有黑綫界之，界已內光更小。

道光二十八年閏四月十八日，伯靈星臺官嘉勒，初測，見內環之內邊又加闊，以分微尺測之，約爲星與環間之半。此加闊者，畧能透光，故隔此能見星體，嘉勒測得雖在先，而其頒行已在本特與導斯測得之後，又有多人測得，亦謂其能透光，又見光環之面有數黑綫與環間之黑帶平行，屢有屢無。按此及前説，前條可信土星之光環爲氣質也。

斯得路佛謂光環之內餘環，昔時未見之者，蓋自海更士初測得光環之後用分微尺測得光環與星間之漸減小，乃知始有內餘環而漸闊也。然固林爲志星臺官美以納，用分微尺測得者，與該撒議之，知斯氏之意不合也。

人若居土星光環之邊，而觀光環，必如大光弧，横亘天空，而兩端至土星之地平界，甚奇妙也。人若居土星之軸，則見光環之內外邊，必合其赤道之距等圈，而恒掩距等圈間之多星。人若居土星面，使星體能透光，則因視法之理，見光環之內外邊，必成不同心之橢圜，且近邊闊而遠邊狹。其橢圜不合其赤道之距，等圈必向高之一極而偏，以圖明之于土星面之某點申作申酉，與光環甲乙正交，以甲丁爲其赤道距等圈之徑，以此爲底旋成正圓錐形甲申丁，則圓錐形之底爲赤道距等圈，又以甲乙爲光環之徑，以此爲底，成斜圓錐形甲申乙，則圓錐形之底爲光環，此圈惟在甲點，與前圈相合，其餘則俱在前圈之外。至對面之乙

點，而相距最遠如乙申丁角，即二尖錐角之較也。環邊之曲綫，既在合點與其赤道距等圈，漸近星之極而漸離。故使人居土星，見諸星與日之出，有時先在環下能見，後爲環所掩，後在環上再能見也。土星既有多面久不受太陽之光，且所缺之光，小月所難補，故意其難居生物，然此乃依地球之事論之耳，是否尚未可必信。或地球之人以爲極苦，而在土星實爲最適，亦未可知也。

天王僅見爲一小光面，無環無帶，斑亦難見，實徑若十萬三千里，視徑四秒。此星之道甚大，故視徑之變不甚覺，其體積較地大八十二倍，其月或四或五或六，未測定月道異于他星，詳後卷。

海王最後測得，其道最近黄道面，不能審視，故其狀不能言。昔人疑其有光環，未有確據，惟拉斯拉斯得路佛本特三人測見有一月，可無疑。

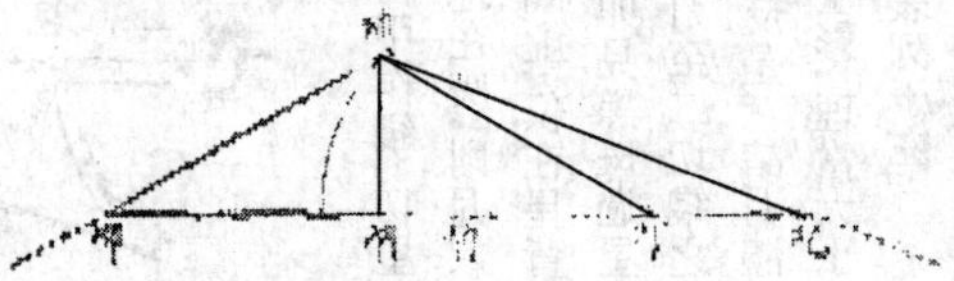

火星外諸小星俱甚微，不能詳視，武女狀似星氣想係厚氣星之攝力小，不能令聚也；又惟武女火女，用最精遠鏡能測其視徑，他俱不能也。設人居諸小星上，能躍高六丈，如在地面躍高三尺也。地上水族之大者，移于諸小星，可陸居也。近時力佛理亞攷知諸小行星體質之和，亦不足計也。欲顯繞日諸星大小及相距之率，當擇一極平地面，置一球徑二尺爲日，距球一百六十四尺置一芥子爲水星，距球二百八十四尺置一豌豆爲金星，距球四百三十尺又置一豌豆爲地，距球六百五十四尺置一菉豆爲火星，距球一千尺至一千二百尺置五十餘沙粒爲穀女等諸小星，距球一里餘置一橘爲木星，距球二里半置一小橘爲土星，距球四里半置一大櫻桃爲天王，距球七里置一大李爲海王，若作圖于紙不能得真比例也。

諸行星可分内外二類，在木星道之内者爲内類，如水星金星地球火星與諸小行星是也。在木星道之外者爲外類，如木星土星天王海王是也。諸小行星亦可另爲一類，其體之小于内星，比如内星之小于外星比，又諸内星自轉，其軸每周之時皆略二十四小時。外類之木星土星，已知自轉，其軸每周之時不及此數之半，疑天王海王亦然。諸内星體質之疏密率與地質略同，諸外星體質之疏密率，僅四分地質之一。木星天王與太陽體質疏密率皆畧同。

清·侯失勒《談天》卷一〇 諸月

諸行星除水金火及諸小星外，皆有月，少者一，多者至六七，月之繞行星，猶行星之繞日焉。

地有一月，月非繞地，乃地與月共繞二體之公重心，而公重心行于橢圜道以繞日。故地與月皆行浪紋橢圜道。以繞日一周約有十三浪，然浪之出入于橢圜甚微，故二道向日之邊恒爲凹也。地月之公重心在地體中，故地心繞公重心之道，小于地球之大圜。然測日之經度，有微差名曰月差。亦視差理也。月差之最大不能至八秒六八秒六者，日之地平視差也。

水星距日最近，爲八十四日半徑，天王距日至二千零二十六日半徑，而月距地心只六十地半徑。月地如此相近，故月恒隨地，若相距甚遠，則月地必相離，各獨行繞日，而因道之大小，令周時不同，當如刻白爾所定之例也。雖地有攝月之力，然甚小，月不能因之生遞遲遞速之率，惟在本道生不平動所謂攝動也。

月地雖甚近，然月受地之攝力，小于受日之攝力，若欲推其比例法以地球繞日與月繞地二道之大小，用相等時分，推地月所過弧分之二矢，即日攝力引地，地攝力引月令向心之數。依法推得二矢之比，若二〇二三三與一之比，即月受日地二攝力之比例也。又攝力近則大而遠則小，其大小之比，若相距平方之反比，而日地距大于地月距約四百倍，以四百自乘得十六萬以乘二〇二三三，得三十五萬七千二百八十，是日與地二攝力之比。畧若三十五萬七千與一之比，故地質僅爲日質三十五萬七千分之一。凡行星帶月者，已測得行星繞日，月繞行星，二道之大小，及二周時，即可推行星之質積若干也。

木星有四月；土星有八月；天王已測得四月，或云六月；海王已測得一月，疑不止一月。此諸月之于各本星，猶諸行星之于日。其攝力及動法皆與刻白爾所定之例合，細測之，尚微有不合處，乃諸月互相攝動，又本星非正球，攝力時有微變。故生此小差也。諸月繞本星之道非平圜，實微橢，本星居其一心，同星之諸月，其各周時平方之比，若各道半長徑立方之比，周時及半長徑之數，見末卷附表中。帶月諸行星中，惟木星曆代曾經細測，蓋其四月甚明了，用最精遠鏡，能測其月之視徑，又月食多而易測，可準之定地面經度。前代測地球之月，未能如今時密合，故恆測木星月食，以定各地經度及時差。

木星諸月繞本星亦自西至東，各道之面畧近本星之赤道，與星面諸帶略平行。攷木星赤道面與星道面之交角，爲三度五分三十秒，二面甚相近。故地上望諸月之道俱略于直綫，而諸月有時過星面，有時過星背，爲星所掩，有時入星影，光爲所奪，即月食也。造諸月表甚精密，各處測其月食之時，可定本地面經度也。

木星月食大略與地球之月食同，但木星距日較地甚遠，星體較地甚大，故其闇虚較地更長且廣。又星與諸月大小之比例，較地球與月大小之比例甚大。而諸月道與星道之交角，俱甚小；又諸月道徑與木星徑之比例，視地之月道徑與地徑之比例較小，故四月中有三月，每周必過闇虚，必食。既餘一月，其道交星道之角畧大，則非每周食既，時或切闇虚邊而過，見微食，然亦食既時爲多也。

地球之月食，人在月道之中望之，木星之月食，人在月道之外望之，視綫與其闇虚之方向、交角時時不同，準此見食之方向，及月與本星之視方位，不能一定，而食時不變。如圖申爲日，戊爲地，戊己庚子爲地道，癸爲木星，甲乙寅卯爲星之月道。闇虚之光在天空中，如天距諸月之道，甚遠，因日距木星甚遠故也。木星見日之視徑甚小，約六分，故當諸月之道，其外虚甚微，可不著于圖。月自西至東，其方向如矢，行至甲入闇，虚必見食，自初虧至食既，月行之弧，必如木星心所見月之視徑分秒，自生光至復圓亦然。然遠鏡及目不能無小差，則初虧食既生光至圜之時刻，不能密合無訛。故但測星之隱見二時，相較折半，得食甚時用之，此時月在申癸天綫內，即木星見月衝日時也，測此時，可定地面經度。有二食中間之積時，即其月之太陽周時，而月之恒星周時亦可推。

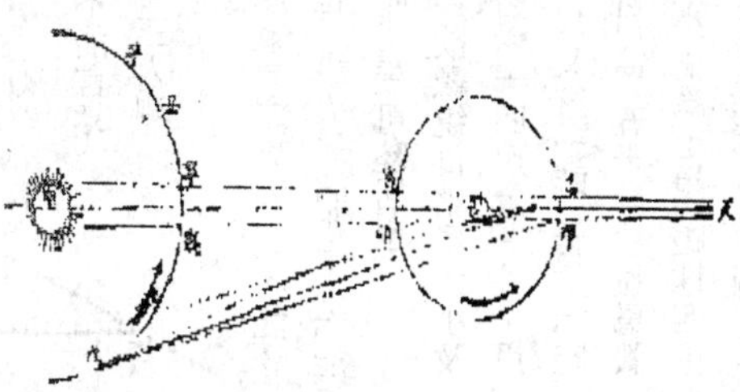

觀此圖，知地在申癸綫之西，則見月食必在木星之西。其時在木星衝日前。地在申癸綫之東，則反是。地漸近申癸綫，則視綫與闇虚之方向漸相近，見月食處必漸近木星之體。自乙作綫，切木星而過，至地道己點，設地在己則月出闇虚，在木星背，不能見自己至木星衝日皆然。又自甲作綫，切星至地道壬點，地自木星衝日至壬，則月入闇虚在木星背不能見。地在庚，則月入闇虚在星邊；地在辛，則月出闇虚在星邊。地在庚辛間，則月出入闇虚，俱在星背而俱不能見。若月至寅點，其影必入星面，望之若黑斑，月自寅至卯見黑斑過星面，月離卯，見黑斑出星面又從戊作二綫，切木星之二邊，地在戊，月至二切綫之間，則見月體過星面。故木星衝日前月過星面必影先于體，衝日後反是。諸月體過星面時，用最精遠鏡測之，有時若光斑在黑帶上；有時若黑斑小于影，理當大于影，今反小，意非月之全面，必面上或包月氣中之大黑斑也。諸月之表列于左。

觀此表，知木星上視第一月，如我地球上視我月，視第二第三月，大小畧等，其視徑若第一月視徑之大半；第四月之視徑，若四分第一月視徑之一，諸月必恒相食，亦令日食，然木星上見食之處不多也。

木星諸月表

	地之中視徑 秒	木星之中視徑 分 秒	實徑 里	體積
木星	一九九三		〇五一六六二	〇〇〇〇〇〇
一月	五〇一一	一一三三	二五二七	三七一〇〇〇〇
二月	一一九	五三七一	九七九五	二三二〇〇〇〇
三月	八八四一	八一	五六七九	五八八〇〇〇〇
四月	三七三一	六四八	八六〇八	七二四〇〇〇〇

地上見諸月過木星背，則月爲星掩，月過木星視徑分秒之時，即掩時，月行有遲速，故掩時不同，第一月二小時一刻五分，第二月二小時三刻十一分，第三月三小時二刻十三分，第四月四小時三刻十一分。地距木星較諸月甚遠，故雖有軌道差而掩時略同。推諸月所見木星之視徑，第一月十九度四十九分，第二月十二度二十五分，第三月七度四十七分，第四月四度二十五分。木星衝日前，月之掩在食後，衝日後，月之掩在食前。第一第二月最近木星，故掩食出入星及出入闇虚，不能全見。在衝日前，入星在食時，出闇虚；在掩時，在衝日後出星在食時，入闇虚；在掩時，俱不能見也。觀前圖自明。地在庚辛弧，居日與木星之間，則掩之，出入俱能見之，而食不能見。木星之第一第二第三月，平速之率最奇。假如同時中，第一月平速度内加兩箇第三月平速度，等于三箇第二月平速度。故第一月之平經度内，加兩箇第三月之平經度，減三箇第二月之平經度，恒得一百八十度。故知兩月所在度，餘一月之度亦可知。準此三月不能同時食，蓋第二第三月同經度，則第一月相去必半周，故第一月食則第二第三月必合日也。反之亦然。此事或以攝力相聯之理釋之。

木星諸月雖不能同食，然四月同時中或食或掩或過星面則未嘗無也。此時必四月俱不見。蓋月在星面，非最精遠鏡，不能測見也。此事康熙二十年十月

初三日，摩利牛始記于測簿。嘉慶七年四月二十三日，侯失勒維廉又記之其後。瓦麗士記道光六年三月初九日，歷二小時不見。又道光二十三年八月初五日葛列斯巴記之。

昔人測木星之月，因悟光行之理，爲格致學中最大事，蓋地道在木星道之內而二道同心，故星地距恒不同，最大爲二道半徑和，最小爲二道半徑較大小之較，爲地道全徑。康熙十四年嗹國天文士勒墨爾取歷年木星諸月食測簿較勘之，覺木星近衝日，測得時必略早于推得時；近合日，測得時必略遲于推得時。詳攷諸時差，及諸遠近差，與最大時差一刻一分二十六秒六，及最大遠近差地道全徑，比例皆同，因悟光自遠而近，行若干路，必歷若干時，徧推之悉合，每曆時一秒，光行五十五萬五千里。人初疑速率太大，不甚信。其欲求其證，後以白拉里所得光行差理證之，則光行差所得光行速率，與木星月食所得光行速率，其較不及八十分之一，後細測之，恐適相等也。

木星諸月道之兩心差俱甚小，其內二道不甚覺，難測也。其相攝動生小差，與諸行星無異。拉白拉瑟諸天學家已細測詳推之，又屢測，覺諸月之光，凖與星之方向而變，其變有定處，且有定時。意諸月必自轉，其自轉一周，與繞木星一周之時等，與我月同例。

土星之諸月距地更遠，較木星更難測，故不能詳細，如木星諸月，距土星最遠之月，其道與光環面之交角最大，爲十二度十四分。其距土星之心六十四倍土星半徑。餘月之道俱略與光環面平行，其距星最遠者，僅得此月距三分之一。惟我地之月，距地六十地半徑，差堪與比，他星之月俱不能及也。康熙十年，葛西尼伯初測得此月，然在土星東半道幾不能見。今用最精遠鏡，始見全周，但在東半道，光變小難測，因思此月必自轉。其一周與繞土星一周之時等，與我月同，想諸星之各月皆同此例也。自外至內舊時所謂之第二月，爲順治十二年二月二十八日海更士所測得，乃土星諸月之最大而明者，其實體略與水星等。第三第四第五月俱甚小，非精遠鏡不能見，葛西尼于康熙十一年及二十三年中測得之。第六第七月，侯失勒維廉于乾隆五十四年測得之。此二月甚近光環外周，于清朗夜用最精遠鏡，方能測之。見光環如綫時，二月若珠附于綫而行，久而各離綫端，既而各退行，過綫端而爲星所掩。

道光二十八年八月二十一日之夜，導斯拉斯拉二人在拉斯拉之星臺，測得第八月在第一第二月之間，暗而難見。本特在堪比日星臺，同時亦測見之。

土星之光環及諸月道，與星道交角大，故月食過面諸事惟內二月爲多，外諸月非近光環如綫時，不能有也。且測其食甚難，故非若木星之月，可用以定地面之經度也。

天文家定土星諸月之次不一，或以最近土星之月爲七，其次爲六。其次至最遠爲一二三四五。或自一至七，俱自內至外順數。因各家之次不同，恐易淆亂，故今以古神之名名之，自內至外，一密麻，二安起拉，三特堤，四弟渥泥，五利亞，六低單，七雅比都。特堤之周時倍于密麻之周時，弟渥泥之周時倍于安起拉之周時，雖有微不合，不能過八百分大周時之一。【略】

清・侯失勒《談天》卷一二　攝動

前數卷屢言月與行星于刻白爾所定三例外，尚有小差，名曰攝動。在行星則因他行星之攝力加之，令繞日之道小變。在月則有二故：一因本星之他月攝力加之，令繞星之道小變；二因日與他行星之攝力加于本星及月，時時不同，又生小變。攝動之差雖甚微然，積久則成大差，故古昔所定撱圜之根數，今不合也。

設天空只有一日一行星，則或行星繞日，或日與行星共繞一公重心，其所行之道必永久不變。設空中又增一體，則新體必攝二舊體，令其道生微差。蓋攝力加于二體不等，則二體相連屬之例必變而生差也。故差非生于攝二體之全力，而生于攝二體力之較也。

諸行星之質積較日皆甚微，最大者爲木星，亦僅得一千一百分日質積之一。故其攝力，較日亦甚微，而攝動他星之力甚小也。諸月所受攝動力最大者莫如日，但月距本星甚近，而距日甚遠，故星月二體受日攝力之較甚微。全攝力令星與月同繞日，而其較令月星攝動奈端推我月受日攝動力之中數，爲六十三萬八千分地面攝力即重力。之一。而爲地令月行撱圜力一百七十九分之一。日之攝動力尚如此小，他行星攝動力之微更可知矣。故諸體攝動力之和，所生差甚微，然積久而著，則令所行之道亦變。其變之源從刹那時中起，故當以法推刹那時中諸體攝動之和力所生微差以爲根。設欲密之又密，當推諸體互相攝動，以求本體之差。然若歷時非甚遠亦不必如是，但分推各體攝動本體所生差并之，即得其法恒推三體之力，一中體，一發攝動力體，一受攝動力體。發力受力二體可交互相易，中體恒作不動，論設二星相攝動，則日爲中體。設二月相攝動，或月爲日所攝動，則以本星爲中體，將日當作最遠之大月，其繞本星之道，如本星繞日之道。凡相攝動之二體，恒稱內行星外行星。日攝動月，月即內行星，日即外

行星也。乃命發力體爲寅，中體爲申，受力體爲己，設寅加攝力于申己二體等，且平行，則己或繞申行，或己申共繞公重心，其行俱不變。此如二球在空中，受地攝力下墜，其方位不變，攝力等故也。然攝力之理，近則大而遠則小，故寅加于己申二體之力必不能恒等。又方向恒不同，則亦不能平行。故不能不生攝動。今細論之，加于己體者有四力：一申攝己之力；一己攝申之力，己引申猶申引己也。此二力俱爲己申方向，并爲一力。己依此力繞申成橢圜，一寅之攝力，在寅己方向，令己向寅一寅加申之攝力令己于寅申平行綫上退行。善蘭案：此力加申不加己，申依此力進行，一若己依此力退行，而申不動也。如圖，丙己甲爲受攝動體之道，寅乙爲發攝動體之道，二道面之交綫爲丙申甲乙，其交角爲己甲甲′，引長寅己成寅卯，令寅卯與寅申比，若寅申之平方與寅己之平方比，則申寅綫顯寅加申之攝力大小方向，寅申綫即顯令己退行力之大小方向，卯寅綫顯寅加于己之攝力大小方向。準重學理，卯寅寅申二力之并力綫爲卯申，即顯己所受攝動力之大小方向也。自己點與卯申平行作一相等綫，理即明。蓋攝動力實加于己也。設欲知卯申力若干，有比例如左：

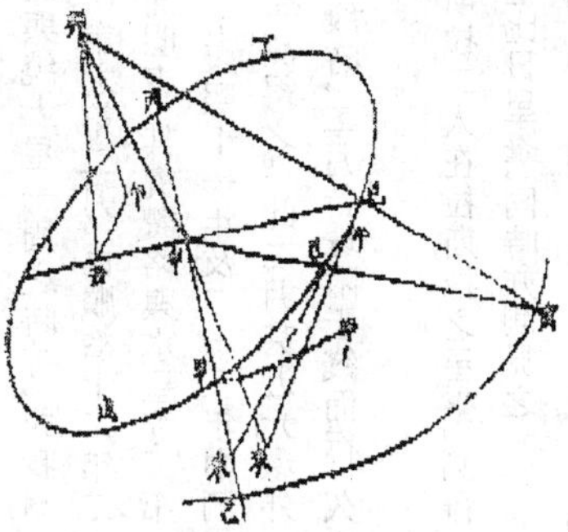
甲圖

一率	申寅	申積	申寅平方
二率	卯申	寅積	申己平方
三率	寅攝申力	申攝寅力	申攝己力
四率	攝動力	寅攝申力	申攝寅力

以合理推之如左：

一率　申寅立方乘申積
二率　申己平方及卯申及寅積連乘數
三率　申攝己力
四率　攝動力

諸數皆已知，故攝動力易推也。設發攝動體之道爲平圜，則申寅不變，而攝動力之比例恒如卯申之比例，道爲微橢，理亦略同。凡卷中或不言橢圜，即作平

諸體攝動表

發動攝體	受動攝體	最遠	中距	最近
日	月	○九	九七	九八
木星	土星	四五三	二一三	八二一
木星	地	三八六五九	五七五七四一	八六二三五
金星	地	八○二五五二	五四二○	一三三三八六二
海王	天王	○二四七五	二九五六五	九一五五
水星	海王	五四八	五四八	五四八
木星	穀女	三三四六	七三九六	三三○一
土星	木星	八四二○二	九七五一二	五六○三

圜論也。今略取受攝動，發攝動二體，相距最遠、最近、適中三處，其攝動力與中體攝力之比例列爲表，中體力恒爲一，以表中諸數約之，得攝動力。設己距寅小于申距寅，如甲圖，則寅卯大于寅己，卯必居寅己引長之綫內，在己道面之上，而寅在己道面之下，故卯申力推己向寅道面內申寅綫中之天點。設己距寅等于申距寅，則寅卯、寅申、寅己三綫俱等，且卯與己合，天與申合，故卯申力推己向中體。設己距寅大于申距寅，如乙圖，則寅卯小于寅己，卯必居寅己之間，與寅同在己道面之下，故卯申力推己向寅道餘半面內寅申引長綫中之天點，甲圖爲近體受遠體之攝動，如地受木星攝，月受日攝是也。乙圖爲遠體受近體攝動，如火星受地球攝是也。凡攝動力之方向，恒在寅己申三體之面內，以此力當作獨力，則攷論諸行星之力互相加，心中不亂。又設以寅爲定點，而己行于橢圜道繞申，則卯點亦必行成橢圜道。

攝力之方向，即卯申之方向，而卯申之方向因申寅、申己二半徑，及己寅之距，及己行之方向而

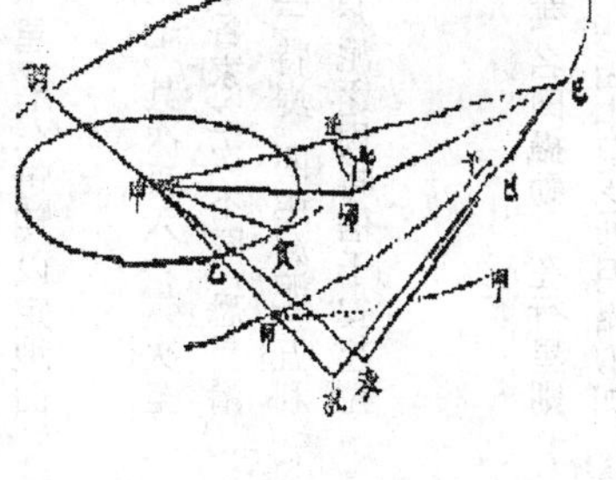
乙圖

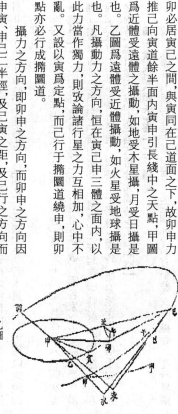

變。僅以攝力爲獨力，則歷久所生星道之變不能瞭然。故當依重學理復論其分力，有數法：一分爲三力在天空有一定方向，相與俱成直角，推每力之數，其合力即獨力之數。論攝動之公理，此法最便，近代諸家俱用之，以攷攝動之深理。二亦分爲三力，相與俱成直角，而方向不一定，如圖中卯午、午丑、丑申三綫是也。丑申與帶徑申己同方向，名帶徑率，午丑正交丑申，而在己道面內，名橫率，卯午正交己道面，名垂率，此三率力，其方向相與皆正交，故不相憑藉，而加于己令生動差各不同。帶徑力或向中體或背中體，故不能變己道面之方位，亦不能變同時同面積之比例，僅能變撱圜各點之曲率及速率。蓋撱圜道視己申相距之遠近而異，此力向中體則令己申變近，此力背中體，則令己申變遠故也。而同時同面積之理，不關中體之攝力，凡帶徑上之力皆然。此力方向恒在帶徑上故不變，面積也橫力既正交帶徑力，則不能變己申距，又在己道面內，則不能變己道面之方位，而能變己之遲速，令同時同面積之例不合。蓋己繞申每剎那中所成面積，即己申綫所過之積，已行增速則面積亦增，已行減速則面積亦減故也。垂力正交己道面，故不能變己申距，亦不能變己之遲速。但或拉己令近寅道面，或推己令遠寅道面而令己道變方位也。此爲奈端以後諸曆家同用之法。三亦分爲三力，相與亦俱成直角，而方向時變不一定，前法帶徑率。今改用己點之法綫；前法橫率，今改用己點之切綫，名法切二力。設己道爲正圜或微撱，則此法與前法畧無異，若撱率甚大，則法切二方向，與帶徑率橫率之方向不同，帶徑之力令己申之距變遠近，橫力令己行變遲速。法力能變曲率，此力向內則曲率增，向外則曲率損。切力能變速率，此力順則速率增，逆則速率損。設欲知攝動力所變角度及距中體遠近，則第二法較顯明易推。設欲知攝動力所變撱圜道之根數，則第三法爲妙。而第二法垂率今不改垂力之用，令己出于己道原面，而行于重曲綫，此重曲綫以申爲心而逐點之方向不同面。因此己道之根數恒變，令其面之方位刻刻移動。設空中有一定面，則己道面與定面之交綫，刻刻旋移也。今以前圖詳解之。設己體自丙行至己，無攝動力，則在巳點時，其行必向已而有卯午平行之垂力加于已，則已必因之斜行。故不行于已已′曲綫，而行于已午′曲綫，甲圖已午′綫在已已′綫之下，乙圖在已已′綫之上，是已道面因垂力變其方位原面巳申已′一分，變爲新面已申午′一分也。引長已已′爲已未切綫。遇寅道面于未點，作申未，即原面之交綫引長已′午′爲已未′切綫。遇寅道面于未′點，作申未′，即新面之交綫，故準甲圖，必令寅道面內之交綫退後，準乙圖必令寅道面內之交綫進前。法切二力于此事無涉。不能令已離原面，亦不能阻其離原面，僅能令切綫遇交綫之點稍移，令未申及未′申之距或變近或變遠，而二交綫不動。再申論之，假如前圖寅在已原道面之上天，在寅申之間，則亦在原道面上，而卯必在原道面之下，則垂力卯午必向上。故推已向上，而已午′曲綫必在已已′曲綫之上。引長之遇寅道面未′點，必在未點之前，故若寅道面不動則交點必進前，即動而不消盡進前之理仍如故。

設以寅道面爲定面，而垂力拉已體令向寅道面，則寅道上之交點必退後，若推已體令遠寅道面，則交點必進前。如圖，丙辛甲爲從申點平視寅道半周，丙庚甲爲未攝動時已道半周，已行自丙至甲，垂力拉已令行于己午。在丙庚甲丙辛甲之間，引長已午成已未，爲已新道之一分。是二交點俱退行，一自丙至未，一自甲至未也。若垂力推已令行于已午′，在丙庚甲之外，引長已午′成已未′，爲已新道之一分，是二次點俱進行，一自丙至未′，一自甲至未′也。

前乙圖，已道大于寅道，設二道相距大于寅道半徑，又寅已二星同在交綫之一邊，則垂力必推已令遠。故無論已寅各在半周何點，寅道上交點必進前。若二星在交綫之兩邊，則垂力必拉已令近。亦無論已寅各在半周何點，寅道上交點必退後，故寅已繞申，無論各若干周。但二星在交綫一邊，交點必進行，在交綫兩邊交點必退行，若二道俱畧近正圜，則進退之時等。而每次退行必大于進行。取相對之二方向，以圖明之。二星在交綫一邊時，內星爲嗔在交綫兩邊時，內星爲嗔′。其方向恰相對，引長已申作嗔寅、嗔′寅二垂綫。星道略近正圜，則嗔申等于嗔′申，故嗔寅等于嗔′寅′，準前嗔卯與嗔申比，若嗔′申與嗔′已之二平方比，又嗔′卯′與嗔′申比，若嗔申與嗔已之二平方比，嗔申等于嗔′申，而已嗔′大于已嗔，則嗔′卯′必小于嗔卯，故已卯′與已嗔′比，大于已卯與已嗔比，作卯卯，卯′卯爲已申之二垂綫，準相似三角形理，卯′卯′與嗔′寅′比大于卯卯與嗔寅比。故卯′卯大于卯卯′攷已嗔嗔′三點之公面與已道面之交綫爲已寅′。故若從卯卯′作已道面二垂綫，其比例必若卯卯與卯′卯′比，是卯′點之垂綫，大于卯點之

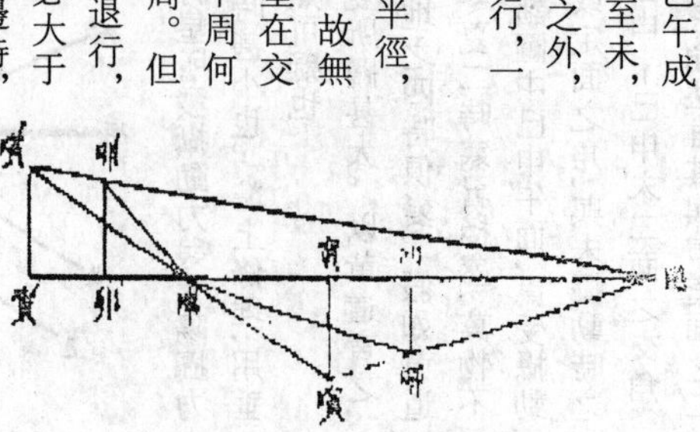

垂綫。夫卯′申與卯申顯′嗔嗔攝動巳之二全力，則此二垂綫，必顯二垂力，卯′點垂力令交點退行卯點垂力，令交點進行，二力有大小，故退行大于進行也。

設二道相距小于寅道半徑，無論巳在何處，于交綫一邊取寅道丁戊二點，相距不滿一百二十度，令距巳申俱等。設寅行全周，巳仍在原處不動，則寅自丁至戊時，交點亦退行，是退行愈多。若丁寅戊弧，大半在交綫此邊，如丁乙，小半在交綫彼邊，如乙戊，則寅在丁乙分内，交點退行；在乙戊分内，交點進行而寅道距巳最近點；在丁乙分内退行力最大，則丁乙分内之退行，大于乙戊分内之進行。不能消盡。故寅在乙戊分内。計交點之度仍爲退行，是以總全周論之，視前條退行更大也。又設内星爲外星攝動寅道大于巳道，取寅丁寅戊皆等于寅申，設巳行一周，寅在原處不動，則巳自丁至甲、自戊至丙，交點必退行；自丙至丁、自甲至戊，交點必進行。凡寅在交綫，則無垂力，交點不動。寅不在交綫，則丁甲與戊丙和恒大于半周。寅愈近交綫申點之垂綫，則其和愈大，垂力亦愈大，交點之進退愈速。巳愈近于丁或戊，垂力愈小，在此二點則無而交點不動。巳在交點，交點亦不動，蓋垂力雖非消盡，方向亦不變，然此時交點退行變進行，則必留也。統論之，交點退行之時長，進行之時短，又退行之力更大，其行更速，故巳每周其退行必多于進行也。此以平圜言之，若微撱理亦合。

今立公款，凡二道，此道交彼道之點退行于彼道上。設別有定面在原交角内，則二道交定面之點亦必退行于定面。在原交角外，則一道之交點退行于定面，一道之交點反進行于定面。如圖，巳巳′寅寅′爲二道原方位，巳巳′寅寅′爲二道各退行後新方位，巳交點退行于寅道，自甲至五寅交點退行于巳道，自甲至四丙丙定面在原交角内。則巳交點退行于定面，自甲至一寅交點退行于定面。自甲至二巳巳定面在原交角外。則寅交點退行。自甲至六，巳交點反進行，自甲至七若非其交于一點，依三面方位推之理同。

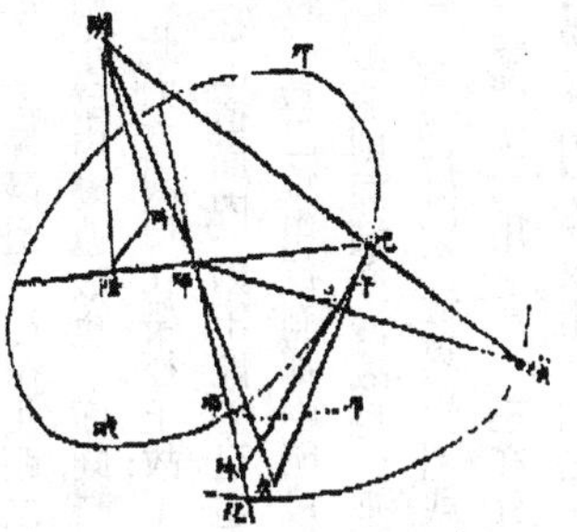
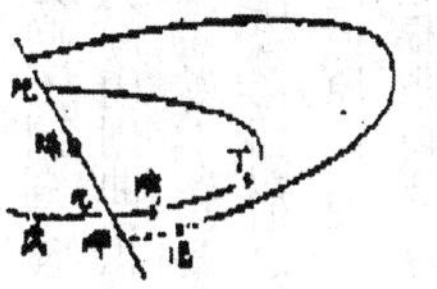
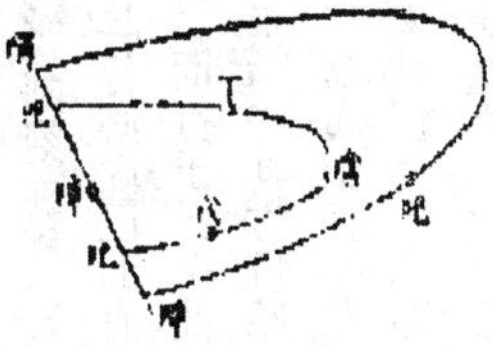

甲圖

諸行星道交黄道點，俱退行于黄道，此以黄道爲本，而推諸行星之攝動，若于諸行星中另虚設一定面以爲本，則當并推黄道被諸星之攝動，而準上條，諸行星交定面之點或進行或退行，不一定也。

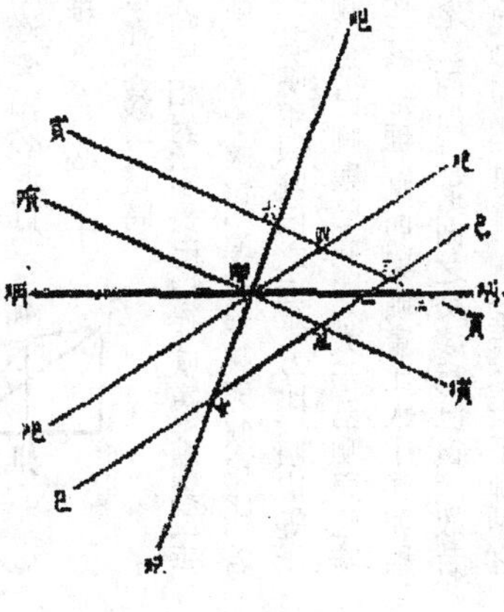

諸行星相距甚遠，質積又俱甚微，故其交點之行甚緩。大率百年中最速者不滿一度，其遲者不滿半度，而月獨不然。約十八年六巳退行一周，其故有二。一、太陽所發攝動力與地攝力之比，甚大于諸行星所發攝動力與太陽攝力之比。一因月之周時僅二十九日半，較諸行星之周時甚小也。準上條理，用垂力推其退行度分，與測望所得合。故知攝動之理確無可疑也。

各行星交點之移所關尚輕，而各星道交角之變所關甚大。以黄道言之，黄道交定面之角變，則黄道交赤道之角亦變，而各地之四時俱變。假如黄道與赤道合，則統地球恒如春時；設黄道過二極，則冬夏二時寒暑極盛，萬物不能生。故各星道交角之變爲最要事，今詳攷之。前諸圖中巳申午′面，爲受攝動體纔離巳點後一刹那中所過之面。此面交寅道面或定面之角，與未攝動時之巳申巳′面不同，而巳申巳′巳申午′二面之交角，即巳申未巳申未′二面之交角。既知此角亦知寅道面二交綫之角未申未′，即可依弧三角法推其與寅道面之二交角，然則一刹那中交角之變，與交點之移，理相聯屬，欲攷此，亦必攷彼也。此一若巳道爲鐵綫圈，巳體爲一珠行其上，巳道之方位變，巳行之方向亦必變。然則巳行之方向變，巳道之方位亦必變，所以交角與交點必同變也。諸行星及我月之道相與成角俱甚小，故雖交角與交點同變，而交角之變較交點變甚小，蓋巳申未未申未′之交角，即二道之交角既甚小，則未巳未角必甚小于未申未′角。若二道面之交角甚微幾近于合則，巳巳′午角變雖甚微，未點移至未′點，必甚大也。

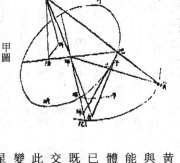

準前説，一刹那中因攝動所成之微曲綫若在丙辛甲丙庚甲二道面之中間如巳午，交點必退行；若在丙庚甲面之外如巳午′，交點必進行。而交角之變大變小，不與交點相應，微曲綫爲巳午交角必變爲巳未辛。微曲綫爲巳午′交角必變

爲已未′辛，在丙庚象限内已未辛小于已丙辛，已未′辛大于已丙辛，在庚甲象限内，已未辛大于已甲辛，已未′辛小于已甲辛。故凡攝動力拉已向寅面已之本動亦漸近寅面，或攝動力推已遠寅面，已之本動亦漸遠寅面，則交角變大。凡攝動力拉已向寅面，已之本動却漸遠寅面，或攝動力推已遠寅面。已之本動却漸近寅面，則交角變小。約言之，已本動與攝動，其向寅面、背寅面同，則交角變大，異則交角變小。

角之變一刹那中甚微，積久則大。欲推其數，非積分術不能。今不言數，但依上條之理論其由小漸變大，復由大漸變小，有一定時分。一其道之面，擺動于中面之兩邊。設外行星爲内行星所攝動，内星道之半徑不及外星道半徑之半。如圖，甲丙甲′爲從申望寅全道，在天空如一直綫，甲庚丙辛甲′爲已道，設寅體在甲丙半周内。則已行第一象限，甲庚爲漸遠寅面，垂力亦令遠寅面，故交角變大；行第二象限，庚丙爲漸近寅面，垂力却令遠寅面，故交角變小；行第三象限，丙辛爲漸遠寅面。垂力却令近寅面，故交角變小，行第四象限，辛′甲爲漸近寅面。垂力亦令近寅面，故交角變大。是已行一周，其道面擺動二次。若寅定于庚點不動，兩邊之攝力等，則已行一周，其道面必復至原處。若寅在他點，兩邊攝力不等，則已行一周，其角變大變小，不能適相補，但寅體在寅與在寅′距庚相等，所生之變必恰相反。而二處所得中數一似寅體平分爲二，一在寅，一在寅′所生之變，必適相補。以遍寅道各點所得中數推之，一似寅體勻分于全道成一圈，故在交綫左右所生各變，一一相對相補也。若外星爲内星攝動，而内星道之半徑，大于外星道半徑之半，又或内星爲外星所攝動，則已道内丁戊一段其變必與本象限相反。任設寅體在寅，乃取庚寅′等于庚寅，又取丁′戊′與丁戊相似，則寅體在寅，寅′已在丁戊，丁′戊′其相關之理，亦正相反，而恰相補仍同也。寅偕已及交綫相與之方位，莫不周徧，則其變盡相補足，而其道復如故。假如我月爲受攝動力之體已其周二十七日三二一，日爲發攝動力之體寅，其周三百六十五日二五六，交綫之周六千七百九十三，日三九一，其比例約如一十三二百四十九。故已行十三周，寅行一周。設無交綫動，則已與寅之方位必略如故。但此時交綫所行度分，已過二百四十九分，周天之十三，約如十九分之一，爲退行。故已與寅之

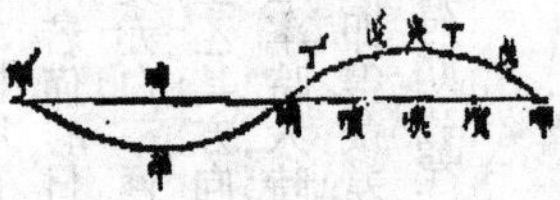

原方位，差于交點前十九分周天之一，必更十九倍之，已行二百四十九周，寅行十九周，然後方位復如初。古曆所謂一章也。然數末尚有小分，去之不用，故其方位仍微不合。欲令此微不合亦消去，當用會數即章數之若干倍也。此設二體之道皆爲平圜則然。若皆爲擠圜，則統計諸方位，令交角增之力恒大于令交角損之力。設交點與長徑俱不動，則交角必有增無減。今不然者，一因交點有行分，過半周時，諸方位令交角增損之力相反；一因長徑亦以不平速行，則令交角增損之方位恒移易于道中故也。又交角因兩心差所生變亦有一定時，而兩心差甚小，所生變甚微，則所生交角差大小之限亦必甚微。幾何家言諸道相與之交角，令諸行星之力相定于空中，拉格浪細推其理，謂各行星之質積乘本道長徑之平方根，又以交定面角之正切平方乘之，所得諸數其和恒等。試以今黄道面爲定面，依法推得其和數，果恒等而甚小。然則諸大行星之道，永無大變，而諸行星互相補其差，此并小行星亦在内。

黄道面恒因諸行星之攝動力而變，令黄赤大距漸小，百年約四十八秒，測諸星之緯度或增或損而知之。準上條理，則其變小必有限，至限必復變大也。其最大最小在中數之左右各一度二十一分。

黄道面變方位，交定面之點必退行。此事與歲差雜糅難分。此當詳攷歲差之理以辨别之。歲差者，黄赤交點恒退行于黄道面是也。此與諸行星道交點退行之理同，亦生于攝動，其攝動力非發于諸行星，而發于日與月。蓋日較諸行星甚大，月較諸行星甚近，故此二體之攝力，同攝地球赤道上之凸積。地又自轉，而歲差生焉。今細論之，如甲圖外星寅攝内星已，假如已之質積平散于全道成一流質圈，寅之攝力加之，令繞申行于本面，則必生二事：一，道之面必變如浪紋形丁甲與戊丙二段交寅面角必愈大；甲戊與丙丁二段，交角必愈小，一，交點必退行于寅道面。此二事各不相涉。若不爲流質圈而爲定質，成一堅圈，則圈中有若干分，欲令交角變大，有若干分，欲令交角變小，此必相消。每時刻依圈行，用其相消之餘成角之變，又圈中諸質點有若干分，欲交點順行，有若干分，欲交點退行，亦必相消。以其餘成進退行，夫赤道即定質圈也。發攝動力者，爲日爲

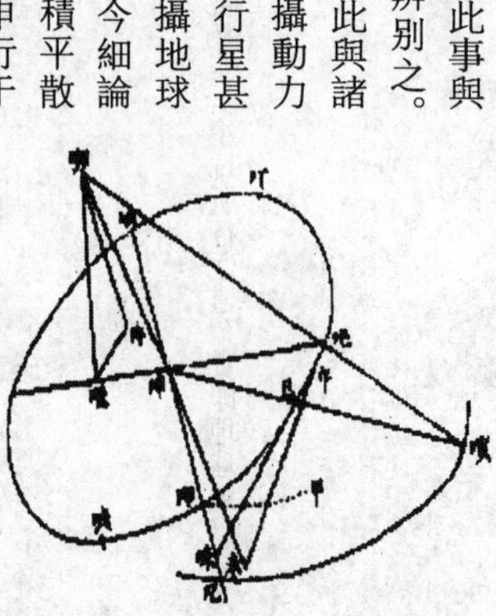

甲圖

月，俱不與赤道同面，則其交點必恒退行。蓋堅圈與質體周行于圈，理同也。此圈若不帶他物，交點之退行當甚速。今赤道圈與地球合爲一體，交點行之理，惟赤道及諸距等圈有之，與全地球無涉。諸圈體質之和即地殼較全地球甚小，則諸圈退行力，爲地球質阻力，所消甚多。故交點行速率變甚小，以日力言之，即歲差也。然赤道之交點，又因月攝退行于白道，夫白道既退行于黄道，

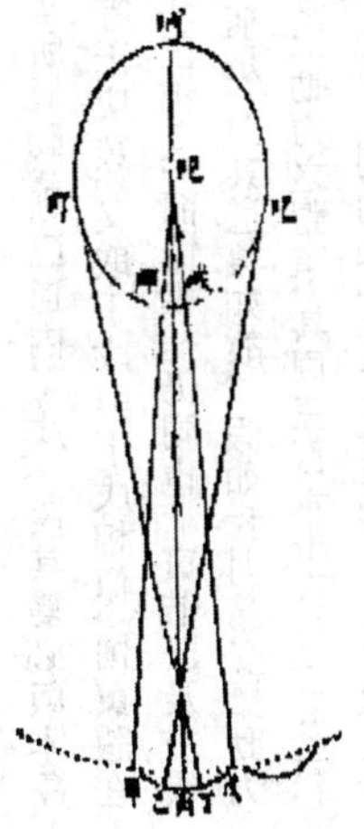

交角略不變，故白極依交點行之速繞黄極。而赤道既退行于黄道，又退行于白道，則赤極依二退行，必行成次擺綫道。如圖，已爲黄極，甲乙丙丁爲白極所行之小圈，十九年一周，甲'丙'戊爲赤極所行之次擺綫，其時大于十九年。若僅有日攝力，赤道當行于甲'戊虚綫；今又有月攝力，則赤極所行方向恒正交赤白二極距。如白極在甲，赤極行在甲'，其方向正交甲甲'；白極至乙，赤極行至乙'其方向正交乙乙'，白極自甲行一周餘至戊，赤極行成一次擺綫，甲'丙'戊'其速率時大時小，每次皆然，是謂歲差。合尖錐動所生之行法，依此理攷諸力之率，即得歲差及尖錐動之數。與測望密合，日月所生二差之比，若二與五之比。既得此二差，則黄道交定面點因諸行星攝動退行之數亦得，與理所應得亦密合也。

此諸外攝動之全力成此變動，而不使赤黄二道之交角改變，或疑不合例，但觀前言，知不論發攝動力之體在何方向，其繞圈之各點不同，而使圈之交角有改變，必有相反之改變，以消故無不合例。

諸動外又有一動，名曰感動。先言其公理。凡諸體或以實質相聯，或以攝力相聯，中有一體以一定之周時旋行，必感動各體，令其各分生一定時之動，其周時俱與原動相應，而其最速最遲時不盡相應。各體有易感者，有不易感者，有一分易感一分不易感者，故其感動有時不覺，有時可推。有時較本動更易見，故地軸因日月旋行所感，又生二小尖錐動，其周時一爲半歲，一爲半月，感動中事之最大者爲潮汐，乃水之感動也。

清·王用臣《幼學歌》 日月食

經東西緯南北同度乃有食，日食恒在合朔，月之始日，曰朔。時月在地與日之間，月蔽人目不見日。月食每當望日看，《釋名》望，月滿之名。月大十六，日小十五日，日在東，月在西，遥相望也。又《左傳·桓三年·疏》月體無光，待日照而光生，半照即爲弦，全照乃成望。望時地在日月間，月爲地隔日光，掩，食之分秒淺深懸。

清·葉瀾《天文地球啟蒙歌·天文歌略》【略】日體發光，遥攝大千。

地與行星，繞日而旋。【略】

繞日軌道，橢圓之形。

同繞日者，測有八星。

各行軌道，分列逐層。

兩極不動，久亦有差。

中腰大圈，名曰赤道。

平分地球，南北各半。

繞日斜交，是爲黄道。黄道者，人在地軌平面上視日所行之道。實即地球繞日之光道也。分十之宫，

推步是攷。黄赤相交，

二分點是，在上屬秋，

在下屬春，太陽過此，

晝夜平均。春分以後，

日照北球。以太陽在赤道北，故北半球向日，受月光多，□北。

秋分以後，日照南球。秋分後太陽在赤道南，南半球向日，接日光多，故南半球爲夏，北半球爲冬。冬夏二至，

南北不同。地與行星，

旋日朝宗。日體較地，

大百萬倍。太陽直徑二百五十五萬七千七百五十一里，較地大一百四十萬倍。

居中自轉，攝星不墜。

面發火燄，普黑宇内。

更有黑斑，時長時退。

行星無光，借日之光。

距日近者，第一水星。距日約七千六百萬里。

自轉本軸，廿四時盈。

繞日一周，八十八辰。

第二金星，距日約十九千八百萬里。近地最明。

自轉周數，廿三時盈。
繞日一周，七月有零。
第三行星，即此地球。距日約二十七千四百萬里。
上論已詳，辭無贅肬。
繞地球者，是名曰月。距地約七十一萬四千里。
繞地而轉，二十七日，
又七小時，更爲圓缺。
月行白道，斜交黄道。即地軌平面。
有五度奇，交點是攷。黄白交點。
月受日光，衹有半面。
與日同度，即不能見。因暗面向地故也。
是爲合朔。在内交點。
自此而南，行象一限。九十度也。
明面在旁，是曰上弦。
復行半周，一百八十度也。明面向地。
恰見光滿，名曰望是。
自此而北，行一象限。
明面在旁，是曰下弦。
有時月行，過内交點。
日月與地，同一直綫。
日爲月掩，日蝕是見。
有時月行，過外交點。
地居中央，日爲地掩。
是爲月蝕，大地皆見。
第四火星，距月約四十七千七百萬里。至地之外。
自轉本軸，廿四時半。
繞日一周，二十三月。
外有空氣，包羅頗密。
遠鏡測之，内有積雪。
陸地海洋，可窺明白。

火星之外，有小行星。
遠鏡窺測，一百餘名。
在火與木，中間而行。
各循軌道，合爲一層。
第五木星，體質最大。距日一百四十二千五百萬里。
繞日一周，十三年數。
自轉本軸，其行甚速。
約十小時，一周已足。
本星外面，有灰色帶。
廣狹數道，赤道環戴。木星之赤道。
更有四月，遠近繞行，如各行星之繞太陽。
較地月大，掩蝕時形。
第六土星，距日二百六十一千六百萬里。美麗殊常。
外有光環，色分三行。
一環之中，數環合成。
更有薄實，散佈中層。
攷環體質，或爲隕石。
其形常變，疑爲碎質。
環之所向，時時不一。
或如直綫，後漸斜側。
三環之外，更有八月。
遠近共繞，軌道分列。
本星繞日，廿九年半。
自轉一周，十小時半。
第七行星，名曰天王。距日五百二十六千二百萬里。
乾隆年間，推測始詳。
繞日一周，八十四年。
自轉周數，遠難窺焉。
攷其自轉，自東而西。
與地相反，其理甚奇。

天王星外，四月繞之。
月行所向，亦東而西。
第八行星，名曰海王。距日八百二十三千八百萬里。
測天王後，其星始彰。
繞日周年，百六十四。
外有一月，繞海王星。
或云此月，亦是逆行。
以上八星，隨日牽轉。
軌道相距，均一倍半。
星何繞日，有向心力。即太陽吸行星之攝力。
何行軌道，有離心力。
二力互吸，圓成橢式。
行星而外，更有彗星。

清・錢塘《淮南天文訓補注》 何謂五星？補曰：《春秋運斗樞》云：太微宫中有五帝座星。《河圖》云：蒼帝神名靈威仰，赤帝神名赤熛怒，黄帝神名含樞紐。白帝神名白招拒，黑帝神名汁光紀。《春秋文曜鉤》云：赤熛怒之神爲熒惑，位南方，禮失則罰出。填，黄帝含樞紐之精，其體旋璣中宿之分也。《尚書攷靈曜》云：歲星，木精。熒惑，火精。鎮星，土精。太白，金精。辰星，水精也。然則五緯即是五帝，常居太微則曰帝，運行周天則曰緯耳。《文曜鉤》又言：東宫蒼帝，其精爲龍；南宫赤帝，其精爲朱鳥；西宫白帝，其精白虎；北宫黑帝，其精玄武。則五帝布精四方，又爲二十八宿矣。《淮南》言：五星有五方、五帝、五佐、五神、五獸，其五帝、五佐乃人神之配天神者，則五方當謂五行，五獸即二十八宿及軒轅。知獸有軒轅者，以《史記》言軒轅黄龍體故也。

東方，木也，其帝太皞。

元注：太皞，伏犧氏有天下號也，死託祀于東方之帝也。

補曰：《周禮・小宗伯》：兆五帝于四郊，康成云，五帝蒼曰靈威仰，太昊食焉。《月令》注云：此蒼精之君。

其佐勾芒。

補曰：高誘《呂氏春秋》正月紀注云：勾芒，少昊氏之裔，子曰重佐，木德之帝，死爲木官之神，然重亦託祀也。《墨子明鬼篇》曰：昔者鄭穆公當晝日中處于廟，有神人入門而左，鳥身，素服三絶，面狀正方。鄭穆公再拜稽首，曰：「敢問何神？」曰：「予爲勾芒。」《山海經》：東方勾芒，鳥身人面，乘兩龍。郭璞注：木神也，方面素服，知天神自有勾芒，重爲木正，故亦曰勾芒。《月令》注云：木官之臣。

執規而治春，其神爲歲星，其獸蒼龍，其音角，其日甲乙。

元注：木色蒼，蒼龍順其色也；角，木也；甲乙，皆木也。

補曰：《史記》律書，九九八十一以爲宫，三分去一，五十四以爲徵。三分益一，七十二以爲商。三分去一，四十八以爲羽。三分益一，六十四以爲角。即黄鐘爲宫，林鐘爲徵，太簇爲商，南吕爲羽，姑洗爲角也。以之分屬五時，則春姑洗應，夏林鐘應，長夏黄鐘應，秋太簇應，冬南吕應。此止就黄鐘一宫言之也。十二月各用其律，則太簇爲無射之角，夾鐘爲應鐘之角，姑洗爲黄鐘之角。以春三月應中吕爲無射之徵，蕤賓爲應鐘之徵，林鐘爲黄鐘之徵。以夏三月應，夷則爲蕤賓之商，南吕爲林鐘之商，無射爲夷則之商。以秋三月應，應鐘爲太簇之羽，黄鐘爲夾鐘之羽，大吕爲姑洗之羽。以冬三月應，而黄鐘之宫獨應于長夏，其義可知。至以十日配四時，亦有二義：一由日行所在，《尚書攷靈曜》云：萬世不失九道謀。康成注引《河圖帝覽嬉》曰：黄道一，青道二，出黄道東，赤道二出黄道南，白道二，出黄道西，黑道二，出黄道北。曰：春東從青道。夏南從赤道。秋西從白道。冬北從黑道也。《隋志》云：晉侍中劉智云，昔者聖王正曆明時，作圓蓋以圖列宿，極在其中，迴之以觀天象，分三百六十五度四分度之一以定日數，日行于星紀，轉迴右行，故規圓之，以爲日行道。欲明其四時所在，故于春也則以爲青道，于夏也則以爲赤道，于秋也則以爲白道，于冬也則以爲黑道。四季之末，各十八日，則以爲黄道，此一義也。一由月體所象，虞翻《周易注》云：甲乾、乙坤，相得合木，謂天地定位也。丙艮、丁兑，相得合火，山澤通氣也。戊坎，己離，相得合土，水火相逮也。庚震、辛巽相得合金，雷風相薄也。天壬、地癸，相得合水，陰陽相薄而戰乎乾，故曰五位相得而各有合。《參同契》云：三日出爲爽，震庚受西方。八日，兑受丁，上弦平如繩。十五乾體就盛滿甲東方。十六，轉就緒巽辛見平明，艮直于丙南，下弦。二十三坤乙。三十日東方喪其朋，壬癸配甲乙，乾坤括始終，又一義也。乾坤即青道，艮兑即赤道，坎離即黄道，震巽即白道，天地即黑道。既日從青道，而甲乙在東方，則其日甲

乙矣。此二義固相因也，其餘倣此。日名甲乙者，《月令》注云：乙之言軋也，日之行春，東從青道，發生萬物，月爲之佐，時萬物皆解，孚甲自抽，軋而出，因以爲日名焉。

南方，火也，其帝炎帝。

元注：帝，少典之子也，以火德王天下，號曰神農，死託祀于南方之帝。

補曰：《小宗伯》注云：赤曰赤熛怒，炎帝食焉。《月令》注云：此赤精之君神也。

其佐朱明。

元注舊説云：祝融。

補曰：《爾雅·釋天》云：夏爲朱明，故淮南以爲南方之帝佐。《山海經》曰：南方祝融，獸身人面，乘兩龍。郭璞注：火神也。《楚辭·九歎》云：絶廣都以直指兮，歷祝融于朱冥。冥、明聲相近，是朱明即祝融也。《月令》注云：火官之臣。

執衡而治夏，其神爲熒惑，其獸朱鳥。

元注：熒惑，五星之一也。朱鳥，朱雀也。

其音徵，其日丙丁。

元注：徵，火也。丙、丁，皆火也。

補曰：《月令》注云：丙之言炳也，日之行，夏南從赤道，長育萬物，月爲之佐時，萬物皆炳然，著見而强大，又因以爲日名焉。

中央，土也，其帝黄帝。

元注：黄帝，少典之子也，以土德王天下，號曰軒轅氏，死託祀于中央之帝。

補曰：《小宗伯》注云，黄曰含樞紐，黄帝食焉。《月令》注云：此黄精之君。

其佐后土。

補曰：《月令》注云：土官之臣。

執繩而制四方，其神爲鎮星，其獸黄龍。

元注：土色黄也。

其音宫，其日戊己。

元注：宫土，戊己土也。

補曰：《史記·天官書·黄鐘宫》：案六十律，始于戊子，則己丑爲林鐘徵。丑衝未，故林鐘爲六月律。林鐘，徵也，其宫黄鐘，算律，宫生徵，亦徵生宫，六倍黄鐘即九倍林鐘是也。宫徵相生，律吕之要盡矣。律中黄鐘之徵者，唯六月，故兼中黄鐘之宫。由此推之，十二月律各自爲徵，即各有其宫，不言者非宫徵之始也。五行土，寄王于未申，故坤爲土而位西南。宫，土音也。六月中之必矣。日名戊己者，《月令注》云：戊之言茂也，己之言起也。日之行四時之間，從黄道，月爲之佐，至此萬物皆枝葉茂盛，其含秀者，屈抑而起，故因以爲日名焉。

西方，金也，其帝少昊。

元注：少昊，黄帝之子。青陽也，以金德王，號曰金天氏，死託祀于西方之帝。

補曰：《小宗伯》注云：白曰白招拒，少昊食焉。《月令注》云：此白精之君。

其佐蓐收。

補曰：高誘《吕氏春秋·七月紀》注云：少昊氏，裔子曰該，皆有金德，死託祀爲金神。然《晉語》云：虢公夢在廟，有神人面白毛，虎爪執鉞立于西阿，公懼而走，覺召史嚚而占之，曰：如君之言，則蓐收也。《山海經》云：西方蓐收，左耳有蛇，乘兩龍。郭璞注：金，神也。明蓐收，本天神該爲金正，故亦名蓐收。《月令注》云：金官之臣。

執矩而治秋，其神爲太白，其獸白虎，其音商，其日庚辛。

元注：商，金也。庚辛，皆金也。

補曰：《月令注》云：庚之言更也，辛之言新也。日之行秋，西從白道，成孰萬物，月爲之佐，萬物皆肅然改更，秀實新成，人因以爲日名焉。

北方，水也，其帝顓頊。

元注：顓頊，黄帝之孫，以水德王天下，號曰高陽氏，死託祀于北方之帝也。

補曰：《小宗伯》注云：黑曰汁光紀，顓頊食焉。《月令注》云：此黑精之君。

其佐玄冥。

補曰：高誘注，十月紀云，玄冥，水官也，少昊氏之子，曰循，爲玄冥師，死祀爲水神。然《山海經》云：北方禺强，人面鳥身，珥兩青蛇，踐兩青蛇。郭璞注云：玄冥，水神也。莊周曰：禺疆立于北極，則玄冥，本天神，循爲水正，因得

星名。《月令》注云：水官之臣。執權而治冬，其神爲辰星，其獸玄武，其音羽，其日壬癸。

元注：羽，水也。壬癸，皆水也。

補曰：《月令》注云，壬之言任也，癸之言揆也。日之行冬，北從黑道，閉藏萬物，月爲之佐，時萬物懷任于下，揆然萌芽，又因以爲日名焉。

太陰在四仲，則歲星行三宿。

元注：仲，中也。四仲，謂太陰在卯、酉、子、午四面之中也。

補曰：楊泉《物理論》曰：歲行一次，謂之歲星。

太陰在四鈎，則歲星行二宿。

元注：丑，鈎辰。申，勾巳。寅，鈎亥。未，鈎戌。謂太陰在四角。

補曰：此以四辰成一鈎也，本或作亥鈎戌者，非此太陰，謂歲陰。《周禮・保章氏》注：歲星爲陽，右行于天；太歲爲陰，左行于地。

十二而小周。鄭所謂陰據太歲，對歲星言之，尚非謂歲陰。此歲陰則歲雌也，既太歲。歲星行有左右，則與斗建日躔無異。故《樂説》云：歲星與日常應，太歲月建以見，謂歲星與日同次之月，其斗所建之辰常有太歲也。古人視歲星以知太歲，因以太歲名年。《爾雅》：太歲在甲曰閼逢，太歲在寅曰攝提格是也。至西漢時，復因太歲而知歲陰，命其時所用。《顓頊曆》，上元爲太歲，甲寅推前三百三十八算而得太陰，甲寅于六十干支後三十八算，于十二辰則後二算，必三百二十八算者，略以五星通率推得之，其氣朔，則正月朔旦啓蟄也。故《天官書》曰：攝提格歲，歲陰左行在寅，歲星右轉居丑，丑爲星紀，日月五星于是始，故治曆者必用此爲十二次之首，即以爲歲陰在攝提格之歲，其太歲則在子。是以孝武太初元年，太歲在丙子而詔以爲復得焉。逢攝提格之歲，蓋用歲陰名也。小司馬不知其義，遂謂史漢曆法不同，誤矣。歲星在丑，歲陰在寅，則歲星在子，歲陰在卯，歲星在酉，歲陰在午。可知由是一左一右周行十二辰，歲星居四仲，歲陰亦必居四仲；歲星居四鈎，歲陰亦必居四鈎。但視歲星可知歲陰。《淮南》由太陰以推歲星，義正同也。必仲有三宿，鈎止二宿者，《左傳》言：婺女，玄枵之維首。又言：玄枵，虚中也。則危爲玄枵之次末。玄枵有次三宿，則大梁、鶉火、大火，亦必三宿，其餘八次僅得二宿，可知此宿次。傳自周秦之代，故《淮南》以爲言也。後漢鄭康成説《周易》爻辰亦用之。

二八十六。

補曰：歲星在四鈎，積八歲行十六宿。

三四十二。

補曰：歲星在四仲，凡四歲，行十二宿。

故十二歲而行二十八宿。

補曰：即一周也，康成依《三統》法謂之小周。小周者，《漢志》云：水金相乘爲十二，是謂小周。小周乘巛策，爲一千七百二十八，是爲大周。木三金四，乘爲十二，即仲三鈎二之義也。十二周天而超一辰，其積百四十四，即巛策十二超辰而爲一終，其積千七百二十八，故以小周乘巛策而爲大周也。《三統》之法，分一次爲百四十五分。歲星歲行一次，又剩行一分，積百四十四歲而剩行分竟，故有超辰。《大衍曆》議謂：昔僖公六年，歲陰在卯，星在析木。昭公三十二年，亦歲陰在卯，而星在星紀，故《三統曆》因以爲超辰之率是也。星有超辰，則太歲、歲陰隨之俱超。故太歲、歲陰皆當以歲星爲宗，不當遽以六十年周定其歲名。東京順帝時，妄謂歲無超辰，遂以滿六十甲子爲青龍一周，且置太陰不講矣。康成云：然則今曆太歲非此也。謂太歲不應歲星。

日行十二分度之一，歲行三十度十六分度之七，十二歲而周。補曰：古歲星無超辰，故以十二歲爲通率。星有見、伏、留、逆，則略之矣。歲星見月爲太歲所在，則一見伏必十三中氣有奇，而十二歲有十一見伏，法以十二歲之積日剖爲十一分，即得一見伏之日數。一見盡一歲，于是伏日内減去一歲日餘，即伏日也。依此推之，十二歲積四千三百八十三日，每見伏有三百九十八日十一分日之五，其伏日，則三十三日二十刻又十一分之五也。其見伏行度亦以周天分爲十一分，得每分三十三度二千分又十一分之五，以一次三十度四千三百七十五分減之，餘二度七千六百七十五分，即伏行度也。欲知歲行分者，古曆度分母四，是乘爲十六，以通周天三百六十五度四分一，得五千八百四十四爲實，以十二次爲法，除之得三十度不盡七。又用爲實，以十六爲法，除之得四百八十七。即一歲歲星所行度分也。然則一次有四百八十七分，故歲有餘分，七積十二次而五千八百四十四分盡，故十二歲而周天也。欲知度行日者，以五千八百四十四爲一度之積，分四百八十七爲一日之行分，以日分除度分，得十二無餘分，是十二日行一度也。如是計之，歲星一見行盡一次，見後伏三十日十六分日之七而復，見積十二歲而有十一見，則周天也。

熒惑。

補曰：《天官志》云，其精爲風伯。惑，童兒歌謡嬉戲也。

常以十月入太微，受制而出行列宿，司無道之國，爲亂，爲賊，爲疾，爲喪，爲饑，爲兵，出入無常，辯變其色，時見時匿。

元注：此皆所以譴告人君。

補曰：熒惑亦以五千八百四十四爲實，計十四終有十六周天，即以實爲積度，如十四而一，得一終行四百十七度十四分度之六。欲知星行與歲日俱終者，則三十二歲有十五終也。因倍實以爲積日，如十五而一，得七百七十九日十五分日之三也。其一見六百三十二日行三百度餘，即伏行日度，通率二十八日行十五度。十月入太微受制者，熒惑在陬訾，太微在鶉尾，一歲可行百九十二度，則近太微矣。

鎮星以甲寅元始建斗歲。

補曰：此太歲在甲寅，非太陰也。時用《顓頊曆》人正月五星會陬訾之次，太歲正在甲寅，若太陰在甲寅，歲星必在星紀矣。

鎮星一宿當居而弗居，其國亡土；未當居而居之，其國益地。歲宿日行二十八分度之一，歲行十三度百二十分度之五，二十八歲而周天。

元注：鎮星一徧。

補曰：鎮星亦以五千八百四十四爲實，十六乘二十八爲法，得歲行十三度四百四十八分度之二十分，各四除之，即百十二分之五也。鎮星歲一見伏，見三百三十日行八度，伏三十五日四分日之一，行五度百十二分之五也。

太白元始以正月甲寅。

補曰：正月甲寅者，甲寅歲人正月之名也。古歲月俱首，甲寅爲建首，人正之定法紀年，用太陰、太歲皆同。太初元年，月名畢聚，用太陰紀年之甲寅月也。《顓頊曆》元首，月名畢陬，用太歲紀年之甲寅月也。自用天正爲首月，而歲月俱始甲子矣。又甲寅爲正月朔旦立春之日，即《顓頊曆》去千一百四十算，其冬至則已巳也。

與熒惑晨出東方，二百四十日而入，入百二十日而夕出西方。補曰：入百二十日非是，晉灼《漢書注》改作四十日，亦非。

二百四十日而入，入三十五日而復出東方，出以辰戌，入以丑未。當出而不出，未當入而入，天下偃兵。當入而不入，當出而不出，補曰：《天官書》作未當出而出，宜從之。

天下興兵。

補曰：太白八歲而出入東西各五，則一歲十六分歲之六，而晨夕各一見伏。此以五百八十四日四十刻爲兩見日數也。兩見四百八十日餘爲兩伏日，晨伏不足九十日，夕伏十六日，云入百二十日，入三十五日者，皆誤。

辰星正四時，補曰：宋均《元命包》注云：辰星正四時之法，得與北辰同名也。常以二月春分效奎婁，以五月夏至效東井、輿鬼，以八月秋分效角、亢，以十一月冬至效斗、牽牛。

元注：效，見。案：「效」，莊刻本文注皆作「効」，《説文》無「効」字，《玉篇》云：効，俗效字，此本作效，是。

出以辰戌，入以丑未，晨候之東方，夕候之西方，一時不出，其時不和；四時不出，天下大饑。

元注：穀不熟爲饑也。案：「饑」，莊刻本作「飢」。飢，餓也。饑，穀不熟也。兩字訓異。依此注之，義自應作「饑」。

補曰：辰星，百六十年有五百十二，終以五千八百四十四日，十倍之爲實，三十二乘十六爲法，法除實得百十四日五百十二分日之七十二，爲晨夕兩見伏之日數，兩見八十日餘，即兩伏日，伏皆十七日有奇，而見歲有六，見伏有奇，則四仲月俱得有辰星，故可以正四時。

清·何國棟《天學輯要》 五星行道

土、木、火三星各有所行之道，名曰本天，皆與黄道斜交，出入于黄道内外，其交有移行，而距則有定度。土星本天出入黄道内外，相距最遠之度爲二度三十一分，交行每年右旋四十一秒五十三微。木星本天出入黄道内外，其相距最遠之度爲一度十九分四十秒，交行每年右旋十三秒三十六微。火星本天出入黄道内外，其相距最遠之度爲一度五十分，交行每年右旋五十二秒五十七微。金、水二星則即以曰本天即黄道。爲本天，而以次輪爲出入。星在次輪周，能繞日行，其次輪面與黄道斜交，則次輪周遂出入于黄道内外而生相距之度。金星次輪面與黄道相交之角爲三度二十九分，交亦有行，每年右旋一分二十二秒五十七微。若水星次輪面與黄道相交之角則時有不同，次輪心在正交，自黄道南過黄道北爲正交。星距黄道北爲五度五分十秒，星距黄道南則爲六度三十一分二秒，次輪心在中交，自黄道北過黄道南爲中交。星距黄道北爲六度十六分五十秒，星距黄道南則爲四

度五分三十二秒，次輪心在兩交之中，星距黃道南北皆五度四十分，而其交亦有行，每年右旋一分四十五秒十四微。五星行道各有不同，而皆以黃道爲宗也。

日月行度

天體帶赤道左旋，自東而西。每日一周。三百六十度。太陽循黃道右旋，自西而東。每日平行五十九分有奇，計三百六十五日有奇而行天一周。太陰循白道亦右旋，每日平行十三度有奇，計二十七日有奇而行天一周。太陽躔丑宮初度爲冬至，追行一周而復躔于此，是爲日與天會而成歲。太陰二十七日有奇而一周，再二日有奇而與日會，故二十九日有奇而爲月。日月同度爲朔，朔後二十七日有奇，而月復歷前朔之故位。然此二十七日，太陽亦東行二十七度，故再二日有奇而後，月與日會。太陽東出西入，隨天左旋而復東出，是爲一日。赤道平分十二分爲十二時，每時八刻，共九十六刻。古法百刻。每刻十五分，共一千四百四十分，太陽所當赤道之度爲某時刻，即係某時刻也。

五星伏見遲疾

五星各有次輪，次輪心之行，自西而東。星行於次輪之周，亦自西而東。星在次輪之上弧，順輪心行，故其行爲順爲疾；在次輪之下弧，逆輪心行，故其行爲退、爲遲。五星之平行甚遲，而次輪甚大，次均退行之度大于平行，故見其退。在次輪之左右，則見其留而不行。以土木火三星而言，星在次輪最遠，去地心最遠。星在日上，與地心一綫參直，星伏而不見，是爲合伏。合伏後距日漸遠，星漸差而西，星平行遲，日平行速，故差而西。日出前即可見，則晨見東方順行。星在次輪上半周，恒爲順行。順行漸遲，遲而不見其行，日前留。亦名順留。留而忽退，日留退初。迨距日半周，地在星與日之間一綫參直，爲退衝。退衝之次日爲夕見。退衝之日，星與日對，至次日，日入西地平時，星已在東地平上，故日夕見，而不言西方。退行漸遲，遲而不見其行，日後留。亦名退留。留而忽順，日留順初。順行漸疾，復近合伏則夕不見。以金水二星而言，其本天即太陽本天，即黃道。其本輪以日爲心，常繞日行，不能與日相距半周天，則有合而無衝。星在次輪最遠，日在星下，與地心成一直綫，星伏而不見，爲順合。合伏後距日漸遠，星漸差而東，金水二星平行與太陽等，星之次輪大，星在次輪上周，順輪心行疾，故差而東。日入後即可見，爲夕見西方順行。順行漸遲，遲而不見其行，亦曰前留。留而忽退，亦曰留退初。退行漸近日下，則夕不見，復與太陽同度，爲合退伏。退伏後距日漸遠，星漸差而西，日出前即可見，爲晨見東方退行。退行漸遲，遲而不見其行，亦曰後留。留而忽順，亦曰留順初。順行漸疾，復近合伏，則晨不見。五星伏見，皆因距日之遠近而生，至於伏見限度，則又以星體之大小爲遠近，以黃道升降之斜正及緯度之南北有加減。蓋星體大則伏見限度近，星體小則伏見限度遠。黃道正升正降，或星在黃道北，則限度皆減而少；黃道斜升斜降，或星在黃道南，則限度皆加而多。故星體大而限度減少，則見早而不見遲；星體小而限度加多，則見遲而不見早。此伏見遲疾之大略也。

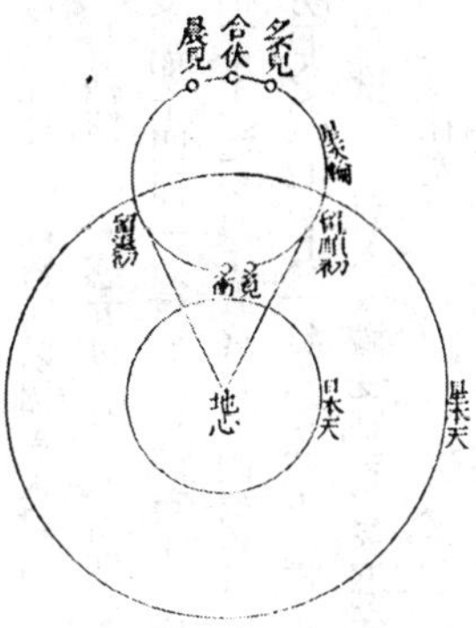

土木二星圖

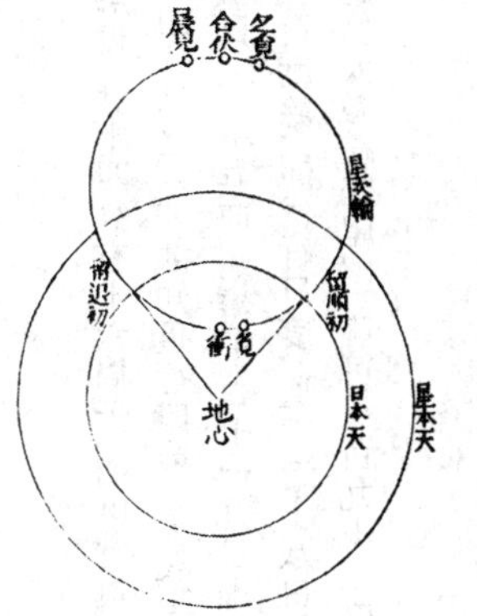

火星圖

火星圖與土木二星圖同，但本天較小，次輪較大，星在退衝時，能割入日天之內，此其異耳。

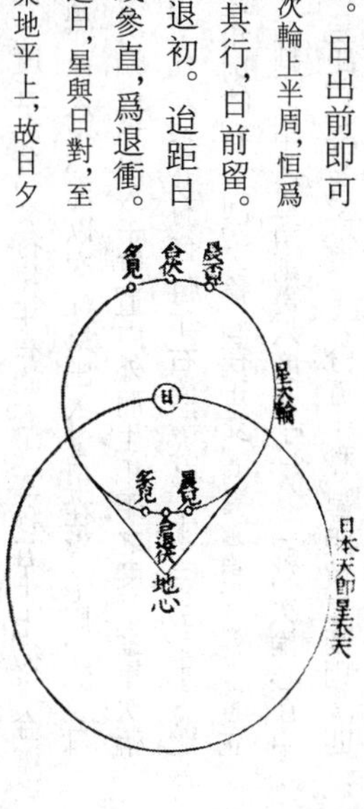

金水二星圖

交食

日月相會爲朔，東西同經度也。日月相對爲望，雖經度隔一百八十度，而一在地之上，一在地之下，彼此相望，東西無偏

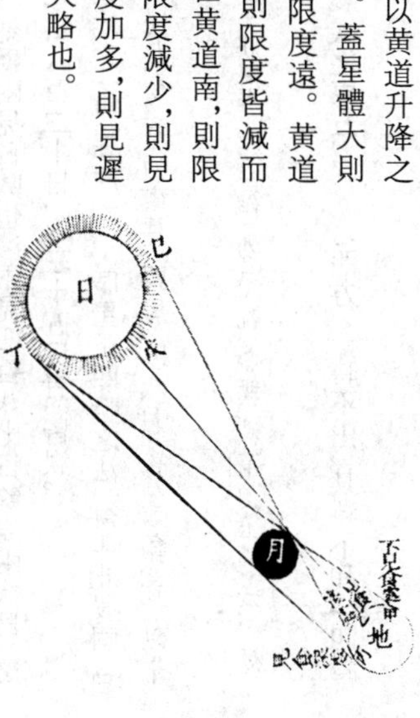

人在地面甲，視綫爲甲丁，月體在日體之下，不見食；人在地面乙，視綫爲乙戊，見月體蔽日體之半；人在地面丙，視綫爲丙丁、丙巳，見月體全蔽日體。

也。若東西既同經，而南北又同緯，朔則月掩日而日爲之食，望則地影隔日光而月爲之食。月食天下皆同，食分無多寡之異，只時刻有遲早之殊。蓋日月正對，地處其中，人居地面，任在何處，而日月之相對自若也。惟居東者見食時刻遲，居西者見食時刻早耳。若日食則各處不同，蓋日月皆在地上，日高而月甚低，如此處人目所視與日心月心成一直綫，見食之分數必最深。距此處而北，其視月必偏於日之南，見食之分數必較淺，愈北則愈淺，再北則見月全在日南而不食矣；距此處而南，其視月必偏於日之北，見食之分數亦較淺，愈南則愈淺，再南則見月全在日北而不食矣。此日食之分秒所以天下不同也。至日食之時刻不同，其故有二：人所居之地面偏東見食早，偏西見食遲。因東西里差而殊者與月食同，若人所居之地面，不在日心月心參直一綫之下，偏東者則見月在日西，尚未食甚，偏西者則見月在日東，已過食甚，是又因視差而殊也。此日食所獨也。是以推步之法，月食易而日食難，則視差之故也。視差有三：日高下差，日東西差，日南北差。凡日月之經度緯度，推算係自地心，而人之視之則自地面。地心推之爲高者，地面視之則高者變下，是爲高下差。地心至地面差一地半徑，名爲地半徑差。太陽去地遠，地半徑差小；太陰去地近，地半徑差大。其日月兩地半徑差之較，即高下差之數。日月之行道皆爲圓周，高既差而下，則經度亦因之而變。或差而東，或差而西，白道在地平上半周折衷之點，爲白平象限。月在限東，則差而東，月在限西，則差而西。是爲東西差。緯度亦因之而變，或差而北，或差而南，月在天頂南者，差而南；月在天頂北者，差而北。是爲南北差。此三差所由立也。三差之數，隨時不同，隨地亦異，變幻無窮。苟非精通象數，不能窮極其精微，至於歷家所定推算數目，又不能久而不差，古云無百年不修之曆，故必隨時考驗而損益之也。

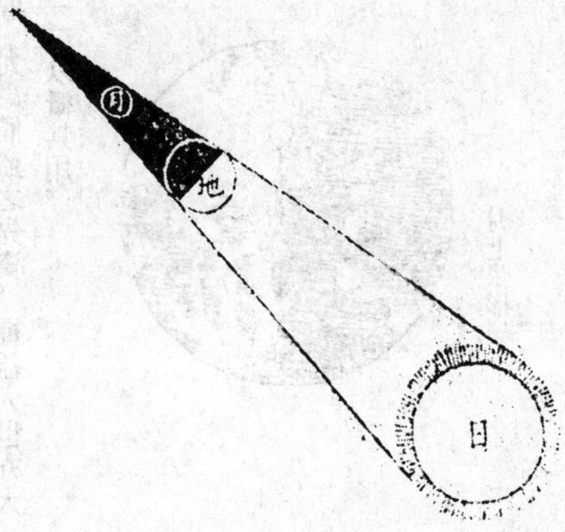

清·測隱居士《天學入門》 日月蝕

日有蝕者，月魄掩日。當晦朔時，日月相會。天有九道，月不行黃。九道交處，故掩其光。太陽薄蝕，非真有蝕之者，亦非太陽，偶失其光，此日月當晦朔之時，所行適當九道交處，故下掩其光也。蓋月不行黃道，止行二青、二赤、二白、二黑之八道也。此八道皆斜出于黃道內外，月經天十三次，則有二十六次出入黃道內外。凡二十四次不蝕，蝕者惟二次，故通計一百七十三日有餘，而有一交。然而有蝕、有不蝕者，舊說東西同度、南北同道則蝕。不知蝕與合是兩事，合朔是天上真合，蝕是地上人仰望太陽，而月輪行到羅睺、計都，適出其間，日光爲月魄所隔，則蝕矣。凡日蝕在午前，則先蝕後合；在午後，則先合後食。月魄行過日下，正對其地，則蝕之分數多。斜對其地，則蝕之分數少。故多寡不同，出地入地之時，近於地平其差時多至八刻，漸近子午，則其差時漸少，故先後不同。

月有蝕者，月本無亮，恒借日光，以爲相望。九道交處，地隔其中，光爲地掩，而月不明。月本無光，得日之光而生明。對望時同道同度，地影隔於其間，則掩其光而蝕矣。蓋大地之影無時不在天上，月行至黃白兩道交角之際，乃與地球三者參直，月球入地影之中，故失其明。張衡曰：當日之衝，光常不合者，蔽於地也。蓋月最近人，日則遠而在外，故晦朔則日照月之上面，而下無光。弦則月東行，漸與日遠，日則旁照，自漸得一綫之明，望則對照下面而全明矣。然日月對照者，總是從旁相對，惟日月各當九道交處，相對爲正對，而地影乃掩其光也。地影在天，是謂闇虛，月入其中而失其明。若羅睺、計都乃黃白兩道交角之處，以此爲名，並非別有此兩星。俗說月爲此兩星所掩，又或謂闇虛別有一物者，皆非也。此日月蝕之大略也，《測蝕》及《天問略》另有備論。

又 諸曜行度

土木火星，夜半經天。金水二星，惟不經天。土、木、火三星，夜半經天，金水二星，不經天。且見丙巳之地，則速以追日，及之而伏，昏見丁未之地，則遲行以待日及之而又伏。

著録

漢·班固《漢書》卷三〇《藝文志》 耿昌《月行帛圖》二百三十二卷，耿昌《月行度》二卷。

南朝梁·范曄《後漢書》卷三五《鄭玄傳》 鄭玄【略】著《天文七政論》。

南朝梁·范曄《後漢書》卷五七《劉陶傳》 陶著書數十萬言，又作《七曜論》。

唐・魏徵等《隋書》卷三四《經籍志》 《月行黄道圖》一卷。梁有《日月交會圖》鄭玄注一卷，又《日月本次位圖》一卷。

又 《日月薄蝕圖》一卷。

又 《五緯合雜》一卷。

又 《五星合雜説》一卷。

元・脱脱《宋史》卷二〇六《藝文志五》 陶隱居【略】《五星交會圖》一卷。徐昇長慶算《五星所在宿度圖》一卷，《七曜雌雄圖》一卷，《七曜會聚一作曆》一卷。

圖表

明・熊明遇《格致草》 五星圖説

○土星大地二十二倍厥色黄 ○木星大地視土星厥色青 ○火星大地半倍厥色紅 ○金星小地三十六倍二十七之一厥色白 ○水星小地萬餘倍位在月上厥色黑

清・湯若望《遠鏡説》 夫遠鏡何昉乎？昉於大西洋天文士也。其用之利，可勝言哉！蓋凡人視近與大易，視遠與小難，遠鏡則無遠近、無大小者也。約略言之，天象地形，不出其照，而至若山海之間，尤爲備盜之先資。補益人世亦大矣，柰何忽爲悦目快心之具也！今試姑舉一二以概其用。

月上弦形

月初四形

一利用於仰觀計六條

用以觀太陰，則見本體，有凸而明者，有凹而暗者，蓋如山之高處，先得日光而明也。又觀月時，試一目用鏡，一目不用鏡，則大小逈别焉。

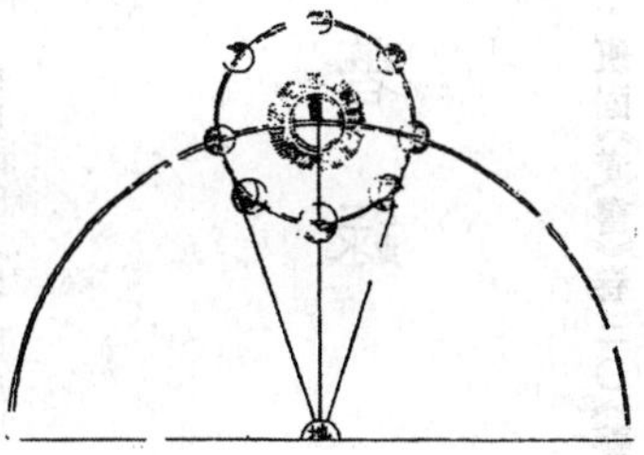

金星消長上下弦之圖

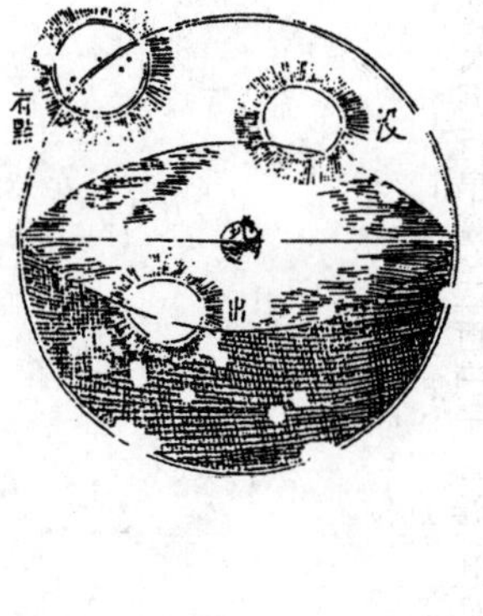

太陽之圖

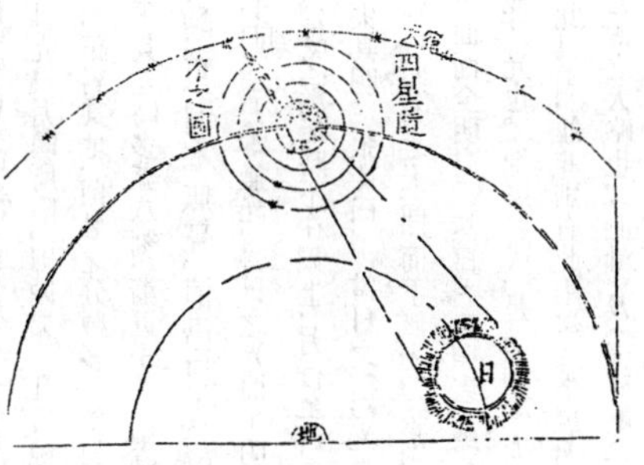

土星之圖

用以觀金星，則見有消長，有上弦下弦，如月焉。其消長上下弦，變易於一年之間，亦如月之消長上下弦，變易於一月之内。又見本體，間或大小不一，則

驗其行動周圍隨太陽者。居太陽之上，其光則滿；居太陽之下，其光則虛。本體之大小，以其居太陽左右之上下而別焉。

用以觀太陽之出没，則見本體非至圓，乃似鷄鳥卵。蓋因塵氣騰空，遮蒙恍惚，使之然也。即此可知塵氣騰空，高遠幾許。若卯酉二時，併見太陽邊體，齟齬如鋸齒，日面有浮游黑點，點大小多寡不一，相爲隱顯隨從，必十四日方周徑日面而出。前點出，後點入，迄無定期，竟不解其何故也。

用以觀木星，則見有四小星左右隨從，護衛木君者。四星隨木，有規則，有定期，又有蝕時，則非宿天之星明矣。欲知其與木近遠幾何，宜先究其經道圈處，合下即驗矣。

用以觀土星，則見兩傍有兩小星，經久漸益近土，竟合而爲一，如卵兩頭有二耳焉。

清·遊藝《天經或問》 朔日日，月同度。月天正居日天之下，日光獨炤其向上之半面，人在中間，仰視獨能見。其無光之下半面。故朔之日，視月全無光；過朔日，月漸離；至初三、四日，月光如峨嵋；至初七、八日，則月見其上面一分之光，爲上弦；至十五六日，則日月對照，全光爲望焉。望之後，日漸遠，至廿三四日，則月見其下面一分之光，爲下弦。晦朔弦望是以月離太陽有遠近，故其光無時不消長也。

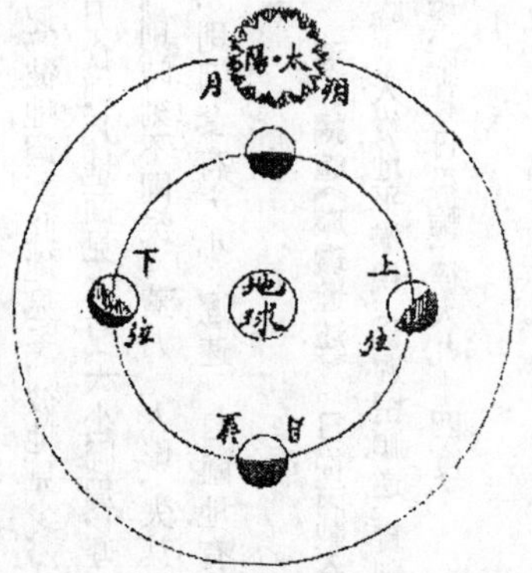

晦朔弦望之圖

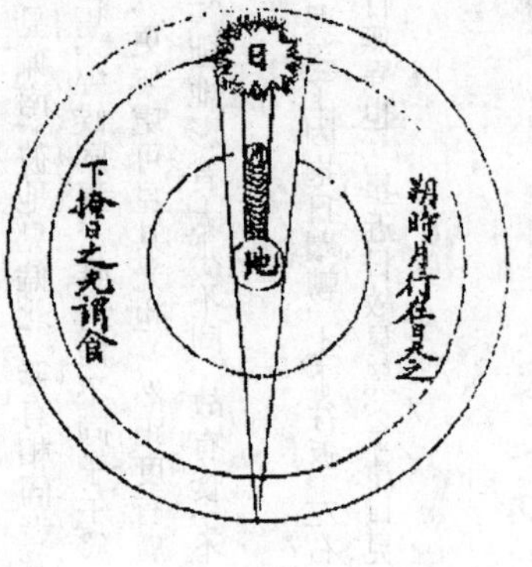

月掩日光爲日食之圖

朔則日月同其經緯，爲一綫，月受日光，於上月體隔日光，於下是月掩日。若無光，爲日食，而光實未常失也。

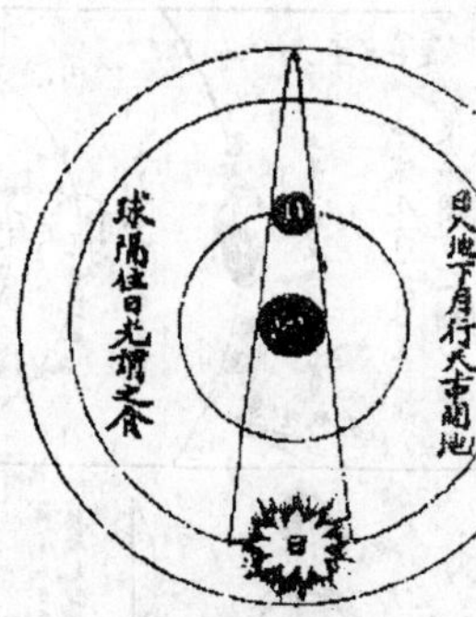
地影蔽月爲月食之圖

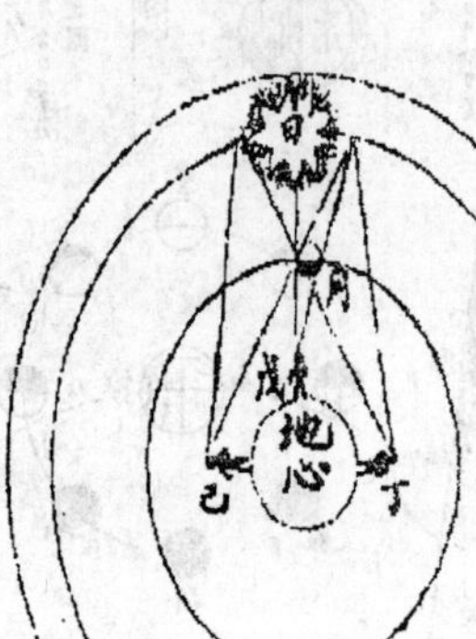

居地有見食不見食圖

望則日月相對如一綫，日光正照之月體，正受之中間地體。適當綫上在日與月之間，地體隔日光於此面，而射影於彼面，月在影中，失其所借之光，爲月食。

居丁者，正見月于日，故見全食；居戊者，斜見月于日，故見半食；居己者，不見月；于日，故全不見日食。

龍頭龍尾日月交食圖

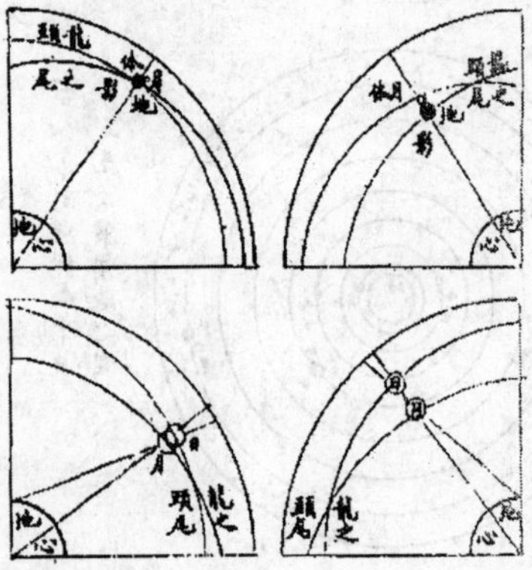
日月彌近龍頭龍尾而食之彌大圜之圖

龍頭龍尾是日纏之兩界，月食所經之處，若龍尾距過數度，則無食，而日食因地之遠近，則見食有多有寡焉。

湯道未曰日食與月食固自有異。蓋月食天下皆同，而日食則否。日食此地速，彼地遲；此地見多，彼地見少；此地見偏南，彼地見偏北，無有相同者。而月食則凡地面見之者，大小同焉，遲速同焉，經候同焉。唯所居不同子午綫者，則時刻不同矣。蓋月一入影，失其借光，更無處可見其光也。然距度有廣狹，則月食有大小、遲速。日離地有遠近，則地影有大小不同，故有食、不食焉。

清・揭暄《璇璣遺述》 日從丙掣金水，與黑子因抱日環轉，上下往返，左右升降。人從地平橫視，爲遲留順逆，實則遶行無異也。星近日故見黑，金遠日見弦望，金其日爲輪，徑大九十四度。

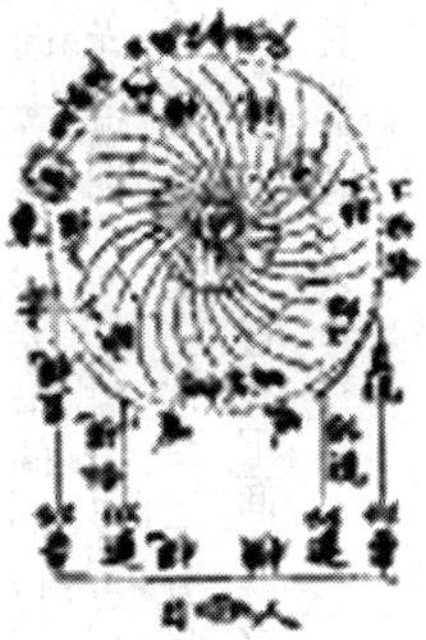

日掣金水黑星環轉圖

火木土順逆遲留圖

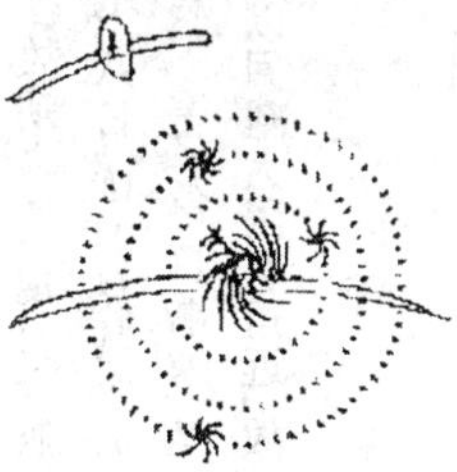

土木攝小星環轉圖

火木土諸星與日俱退，惟遇日火對沖，則西趨疾進，算家所謂逆也。不知遲者，較常行更速。留者，與宿天同周。逆者，比徤行尤疾。但被冲則入天深而行上半輪弦耳。日火抱大地，四面對沖，黑影高僅與地徑等，外爲白光、赤光、晶火合矣。余各圖先多附刻他集，今併入此。

遠鏡照見土有三小星，經久漸近合而爲一，如二耳焉。木有四小星，周行甚疾，有定期，有食時，一如日之攝金、水、黑子。經星應亦有小星環抱者，遠不及見耳。

清・合信《天文略論》

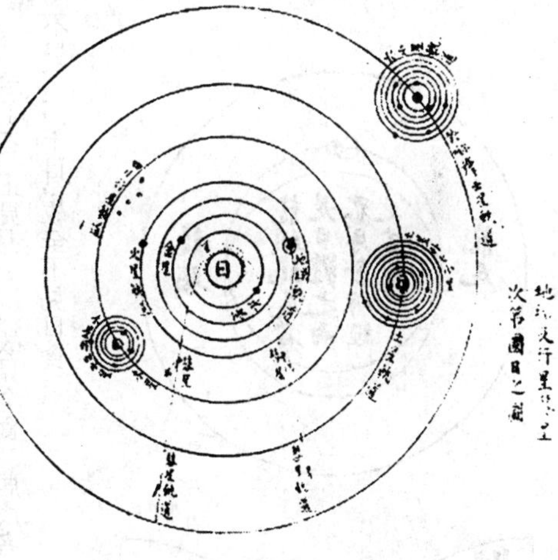

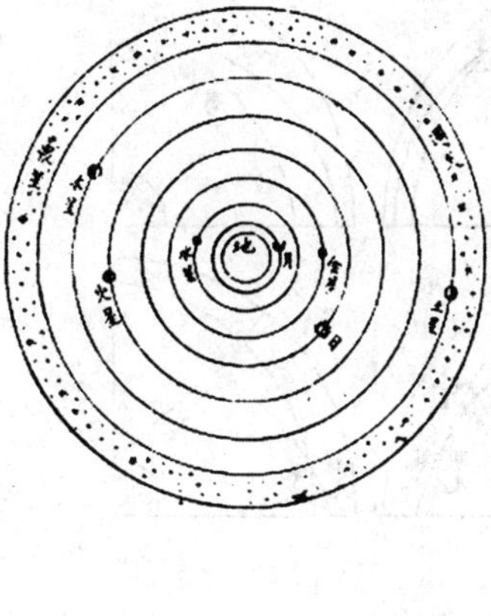

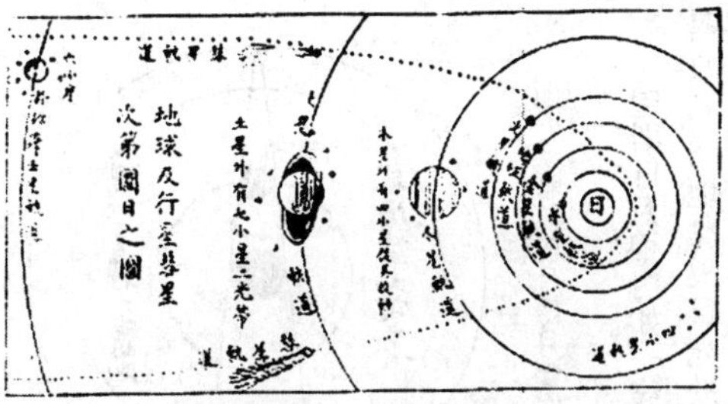

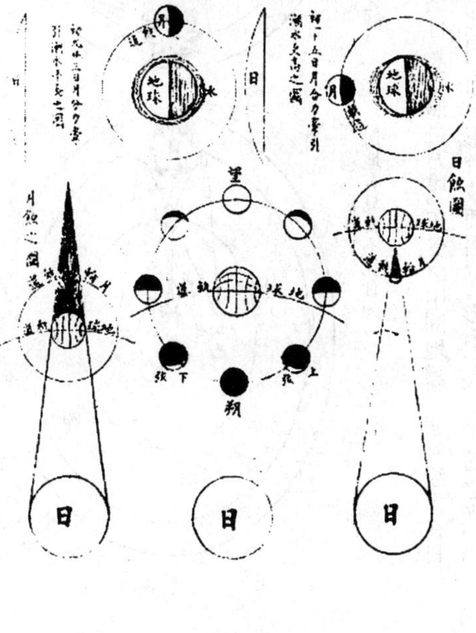

土星及二光带七小星之图

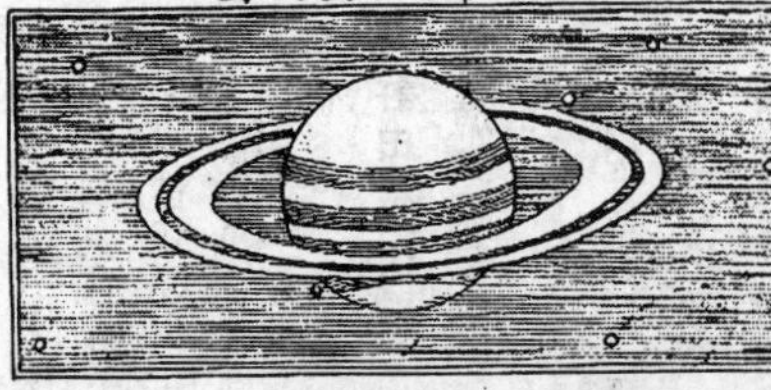

四小星圍行木星之图

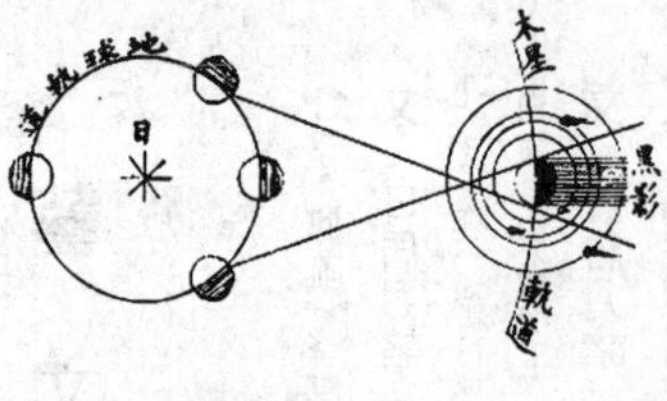

初三見月之形图

金星如月盈缺之图

行星大小之图

木星形体及四小行星之图

地影掩月圖

清・摩嘉立、薛承恩《天文圖説》

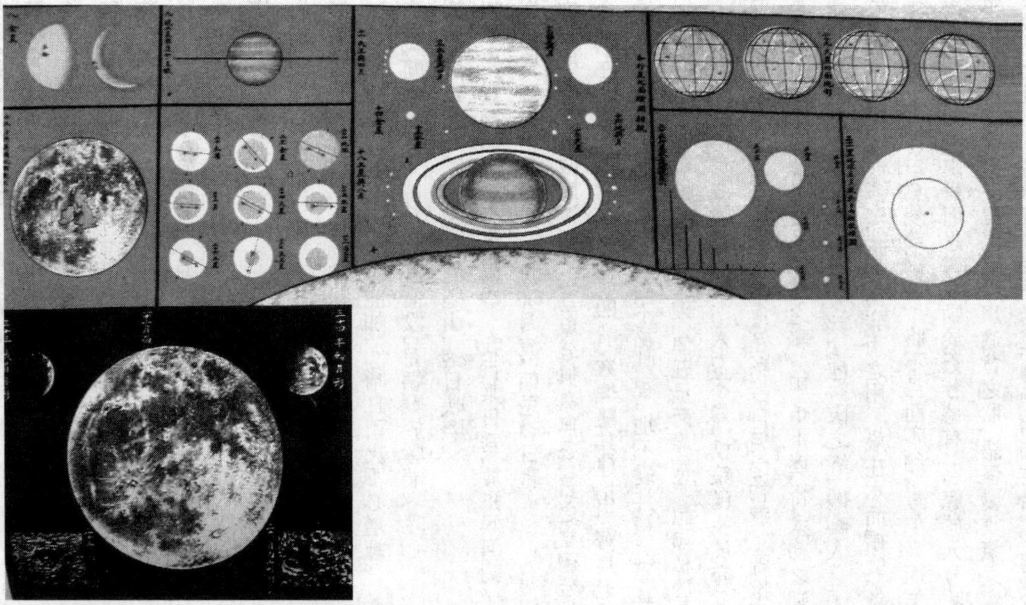

藝文

《詩・邶風》 日居月諸，胡迭而微。

又 日居月諸，照臨下土。

孔穎達疏：言日乎以照晝，月乎，月以照夜，故得同曜齊明，而照臨下土。以興國君也，夫人也，國君視外治，夫人視內政，當亦同德齊意以治理國事。

又 日居月諸，下土是冒。

又 瞻彼日月，悠悠我思。

《詩・唐風》 日月其除，【略】日月其邁，【略】日月其慆。

《詩・小雅》 如月之恒，如日之升。

鄭玄箋：月上弦而就盈，日始出而就明。

又 日月陽止。

又 昔我往矣，日月方除。【略】昔我往矣，日月方奧。

《卿雲歌》 日月光華，旦復旦兮。【略】日月光華，弘于一人。日月有常，星辰有行。

許由《箕山歌》 日月運照，靡不記睹。

《漁父歌三章》 日月昭昭乎寖已馳。

又 日已夕兮，予心憂悲。月已馳兮，何不渡爲。

《禹玉牒辭》 祝融司方發其英，沐日浴月百寶生。

漢・《郊祀歌》 月穆穆以金波，日華耀以宣明。

漢・蔡琰《胡笳十八拍》 日居月諸在我壘。

又 日月無私兮曾不照臨。

又 日東月西兮徒相望。

《楚辭・天問》 日月安屬，列星安陳。

《楚辭・惜誓》 建日月以爲蓋兮，載玉女於後車。

漢・揚雄《長楊賦》 西厭月窟，東震日域。

三國魏・曹操《省西曹令》 日出於東，月盛於東。

三國魏・《秋胡行》 明明日月光，何所不光昭！

三國魏・曹植《慰子賦》 日晼晚而既没，月代照而舒光。

三國魏・王粲《寡婦賦》 日晻曖兮不昏，明月皎兮揚暉。

三國魏・阮籍《大人先生傳》 佩日月以舒光兮，登徜徉而上浮。

晉・傅玄《怨歌行》 昭昭朝時日，皎皎晨明月。

晉・傅玄《三光篇》 三光垂象表，天地有晷度。聲和音響應，形立影自附。素日抱元烏，明月懷靈兔。

晉・陸機《豪士賦》 日罔中而弗昃，月何盈而不闕。

晉・陸機《演連珠》 准月稟水不能加凉，晞日引火不必增輝。

晉・陶潛《閒情賦》 日負影以偕没，月媚景於雲端。

晉・謝靈運《江妃賦》 于時升月隱山，落日映嶼。

晉・謝靈運《發歸瀨三瀑布望兩溪》 我行乘日垂，放舟候月圓。

晉・謝靈運《酬從弟惠連》 夕慮曉月流，朝忌曛日馳。

南朝宋・周渭《齊七政賦》 天之垂象兮無臭無聲，君之立德兮赫赫明明。將同符而合矩，在璇璣與玉衡。故運彼四時，寒燠隨其建指；齊其七政，有道感於無情。故使黎民於變，萬物由庚。神不祕其福，地不愛其禎。原其天斯覆兮地斯載，播羣芳而作主；日陽德兮月陰靈，俾五星而爲輔。諒無私於照燭，或任晦於烟雨。國風可仰，守官方贊於羲和；人力不侔，杖策已疲於夸父。夫能文者政乃不乏，示寰瀛之大法；運天者道在於乾，占日月之初躔。既推曆以生律，亦鉤深而索玄。徒觀其如璧之合，如珠之聯。甲子不迷，符太初之朔旦；精意以享，同肆類於昊天。七政匪差，萬邦攸共，採石氏之經，聽疇人之頌。遠而望也，粲粲映非雲之雲；默而識之，昭昭爲非用之用。歲在木而循度，鎮居中而不携。熒惑無犯於奮若，太白莫陵於攝提。將不盈而不縮，豈乍高而乍低？故我后所以引唐堯而作式，指虞舜而思齊。動於天兮德有一，麗於天兮曜有七。四海以之升平，千箱以之充實。豈比見暈珥適背之狀，語怪變雲氣之質。非訓俗以齊人，徒廢時而亂日。客有從筆硯而未達，懷忠信而待命，望蓂莢於朝階，知如春之聖政。竊昧談天之辯，庶俾觀象之詠。

南朝宋·謝莊《月賦》 日以陽德，月以陰靈。

南朝宋·謝惠連《七月七日夜詠牛女一首》 落日隱簷楹，升月照簾櫳。

南朝梁·蕭統《銅博山香爐賦》 吐圓舒於東岳，匿丹曦於西嶺。

南朝梁·蕭統《答湘東王求文集及詩苑英華書一首》 曜靈既隱，繼之以朗月。

南朝梁·何遜《七召》 踆烏始照，官槐遽而欲舒；顧兔纔滿，庭英紛而就落。

南朝梁·陶弘景《尋山誌》 日負嶂以共隱，月披雲而出山。

唐·劉猛《月生句》 月生十五前，日望光采圓。月滿十五後，日畏光采瘦。

唐·司空圖《短歌行》 烏飛飛兔蹶蹶，朝來暮去催時節。女媧只解補青天，不解煎膠粘日月。

唐·鄭谷《夕陽》 夕陽秋更好，斂斂蕙蘭中。極浦明殘雨，長天急遠鴻。僧窗留半榻，漁舸透疏蓬。莫恨清光盡，寒蟾只照空。

唐·徐寅《日月無情》 日月無情也有情，朝升夕没照均平。雖催前代英雄死，還促後來賢聖生。三尺靈烏金借耀，一輪飛鏡水饒清。憑誰築斷東溟路，龍影蟾光免運行。

唐·李白《經亂離後天恩流夜郎憶舊遊書懷贈江夏韋太守良宰江夏岳陽》 窺日畏銜山，促酒喜得月。

宋·蘇轍《黄樓賦》 送夕陽之西盡，導明月之東出。

宋·范成大《晚步東郊》 斜陽猶滿地，片月早中天。

宋·邵雍《日月吟》 月明星自稀，日出月亦微。既有少正卯，豈無孔仲尼。

宋·楊萬里《羲娥謡》 羲和夢破欲啓行，紫金畢逋啼一聲。聲從天上落人世，千村萬落雞争鳴。素娥西征未歸去，簸弄銀盤浣風露。一丸玉彈東飛來，打落桂林雪毛兔。誰將紅錦幕半天，赤光絳氣貫山川。須臾却駕丹砂轂，推上寒空碾蒼玉。詩翁已行十里强，羲和早起道無雙。

元·張養浩《翠陰亭落成自和十首》 古今不卷江山畫，日月長開宇宙牕。

元·張翥《秦淮晚眺》 新月半天分落照，斷雲千里附歸風。

元·圖帖睦爾《自集慶路入正大統途中偶吟》 穿了氁衫便著鞭，一鉤殘月柳梢邊。二三點露滴如雨，六七箇星猶在天。犬吠竹籬人過語，雞鳴茅店客驚眠。須臾捧出扶桑日，七十二峰都在前。

元·許有壬《日夕觀山》 林慮千仞翠巘巘，罨畫工夫在暮嵐。徙倚崇臺觀未足，紅輪西北月東南。

明·祝允明《述行言情詩五十首》 曜靈爍神燭，望舒循九行。

明·王思任《謔菴文飯小品》 吾登月觀日落，如車有日之觀。吾登日觀月掛，如船有月之觀。雖不兩得，亦未兩失也。

明·李流芳《檀園集》 孟陽云：吾嘗信宿兹山，每於夕陽登嶺眺望，落景尚爛於西浦，望舒已升于東溆，琥珀琉璃和合成界，熠燿恍惚不可名狀。

明·陸時雍《楚辭疏》 引日月以指極兮，少須臾而釋思。

唐·盧士開《日月如合璧賦》 聖人在上，與天地廣。玄德彰於日月，洪休備乎瞻仰。合璧之爲狀也，顯曜相向，圓明比象，麗重光於一軌，開混茫而精爽。其真不還，其合以兩。和陰陽而二儀交泰，辨分至而九服融朗，既無異於弦望，故王道所以坦蕩也。至矣哉！考日以正時，本於玄妙；會日以合月，宜乎昺曜。歷躔次而雙滿，合晶耀而並照。一陰一陽，曰柔曰剛。既恒其用，亦曜其相。其合也契，天地之明；其璧也，本日月之光。國有道則循其度，邦無道則失其常。上元昇而軒歷著，太初復而漢運昌。寧止纖纖西樓，昭國憙而形偃；杲杲東户，表臣忠而據黄者哉！懿乎一德昇聞，天休下荅。示軌範於萬代，發文明於六合。且乾道微而難究，惟君是候；帝德廣而無私，惟天是祐。明者莫昭於日月，故表之以會同；同者將慶於和平，乃整之於宇宙。同輪共規，十慶應期；既周天而同道，乍皎以遲遲。璧之生也，本乎律，律之用也，在乎時。厥祥云久，逢昏則否。其興也明后，惟道之遐。其應不差，是昭乎皇家。諒我后之明德，發大道於光華。何必堯年之與漢代，而兹歷之可嘉。

明·姚希孟《日升月恒賦》 猗璇圖之高揭兮，垂兩曜于萬方。抱赤精而含素輝兮，受鼓鞴於陰陽。共中天以炳靈兮，分宵旦之行藏。麗八極而環四維兮，永終古以耀芒。維光華之烜爛兮，寧初繼其可量。望澄鮮于霄漢兮，眺晶瑩之未央。或自潛以乘躍兮，或豁晦而乍章。驟熹微而欲吐兮，忽騰踴以翱翔。想曈曨之方旭兮，與積朏而弓張。驚玄穹之散彩兮，劈渾沌以呈祥。掣群晴使眙兮，恍衆志其怯惶。乃若金支盡開，翠旂未捲；玉宇深沉，銀河瀲灩。曦光催建章之葳蕤，暝色止長門之御輦。則有丹鳳樓頭，玄菟城角。朝霞薄曉霧以流金，碧海照青天而成縠。東升之烏共晨雉而朝飛；南棲之鵲伴昏鴉而夜啄。

於是火珠吐燧，和璧藏鈎。起咸池而拭浴，倚瑶臺以紓眸。驅飈軸于扶桑之濆，轉冰輪於疏圃之陬。其晝舒也，駕赭驎、驂朱虯，群真絳節以前麾，百神赤幘而鳴騶。其夜明也，弭素靡，控玉騮，綵嶺吹笙而度曲，霓裳振袂以揚謳。乃夫綺疏繡冪，乍白乍紅。海山樓閣，可闢可封。自晻曀而晃曜，又鏦霎而玲瓏。每烘窗而射牖，且窺簾以映櫳。阿房曉鏡，盡作臙脂之色；昭陽夜宴，疑在水晶之宫。吾不知其圓規闕玦，亦不問其入西出東。但見蓄之無垠，攬之靡窮。方積微以成鉅，亦由纖而啓洪。總爲熾之始、壯之萌，而未可以乘除消息，卜度于其中。於是陳犧壘、擊鼍鐘，酬以三雅之爵，佐以九成之鏞。仰天喁喁，祝吾君之千萬年，與日升月恒而俱無終也。而吾甘爲聖世之華封，因曲終而奏曰：邈矣！廣漠承太清兮，維日與月。環貞明兮，慮中而昃。虞虧盈兮，譬之萆録。盛則傾兮，豈惟筲斗。畏滿籯兮，皇矣我后。五福駢兮舜壽堯年，莫與京兮泰階肇開。六符迎兮占厥運會，時方亨兮初陽麗空。晴暉瑩兮清光半璧，含珠英兮月闕其華。日藏精兮將來景爍，瀰八紘兮厚蓄徐昌。悠久成兮小臣獻賦。喜起賡兮惟繁星之粲天。借迭曜以分榮兮，願吾王其介福。臣且爲卷阿之鳳鳴兮。

明·王景《古詩》 明月出天東，團團曆東井。不因朝陽輝，何以散光景。中涵古桂華，期與天地永。本體無盈虧，清明乃其性。常恐中天雲，翳此山河影。有如濁水珠，棄置誰複省。長風一掃蕩，恒若冰鑒炯。白玉十二樓，照耀蓬萊境。

明·何景明《詠懷》 北陸無淹晷，歲邁陰已長。攝衣起中夜，凜凜悲嚴霜。明月麗高隅，繁宿縱以横。徘徊仰天漢，惋彼參與商。形影永乖隔，萬里徒相望。

明·王寵《月夜登上方絶頂》 大道無端倪，人世如蟻蝨。泠然馭風行，天路非阡術。望舒稍西傾，東海已吐日。山川兩照曜，金波中蕩潏。仙人夜行游，巖坐汎寶瑟。吐故餐晨霞，乘露採芝朮。巉巉金庭山，中有煉藥室。却笑尚子平，寧須婚嫁畢。

明·桑悦《小遊仙》 白雲爲被彩霞氈，高枕常凌倒景眠。卻怪兩燈常下照，不知日月麗中天。

明·張京元《湖心亭小記》 湖心亭雄麗空闊。時晚照在山，倒射水面，新月掛東，所不滿者半規，金盤玉餅，與夕陽彩翠重輪交網，不覺狂叫欲絶。

雜録

《易·乾》 夫大人者，與天地合其德，與日月合其明。

《易·亨》 日月得天，而能久照。

《易·豐》 日中則昃，月盈則食。

《尚書·周書》 嗚呼！惟我文考，若日月之照臨。

又 我心之憂，日月逾邁，若弗云來。

《儀禮·覲禮》 禮日於南門外，禮月與四瀆於北門外。

《周禮·春官司常》 日月爲常。

《周禮·冬官·考工記》 輪輻三十，以象日月也。

鄭玄注：輪，象日月者以其運行也。日月三十日而合宿。

《禮記·曲禮》 名子者，不以國，不以日月。

《禮記·禮器》 爲朝夕必放於日月。【略】大明生於東，月生於西，此陰陽之分，夫婦之位也。

《禮記·郊特牲》 旂十有二旒，龍章而設日月，以象天也。

《禮記·祭義》 郊之祭，大報天而主日，配以月。【略】祭日於壇，祭月於坎，以別幽明，以制上下。祭日於東，祭月於西，以別外内，以端其位。

《禮記·經解》 天子者【略】與日月並明，明照四海而不遺微小。

《禮記·昏義》 天子之與后，猶日之與月，陰之與陽，相須而後成者也。

《禮記·鄉飲酒義》 設介、僎以象日月。

《管子·牧民》 如日如月，唯君之節。

《管子·白心》 化物多者，莫多於日月。

《孔子家語·致思》 子路進曰：「由願得白羽若月，赤羽若日。」

《莊子·逍遥遊》 堯讓天下於許由，曰：「日月出矣而爝火不息，其於光也，不亦難乎。」

《莊子・在宥》廣成子曰：「【略】自而治天下，雲氣不待族而雨，草木不待黄而落，日月之光益以荒矣。」

《莊子・齊物》至人神矣！【略】乘雲氣，騎日月。

《莊子・天運》日月其争於所乎？

《莊子・山木》孔子圍於陳蔡之間，【略】大公任往弔之曰：【略】子其【略】昭昭乎如揭日月而行，故不免也。

《墨子・兼愛下》《泰誓》曰：「文王若日若月，乍照，光於四方，於面土」，即此言文王之兼愛天下之博大也，譬之日月，兼照天下之無有私也。

《呂氏春秋・察今》審堂下之陰，而知日月之行，陰陽之變。

《呂氏春秋・勿躬》羲和作占日，尚儀作占月。

又 聖王之德，融乎若月之始出，極燭六合而無所窮屈；昭乎若日之光，變化萬物而無所不行。

《乾坤鑿度》雷木震，日月出入門。日出震，月入於震。【略】澤金水，兑，日月往來門。月出澤，日入於澤。

漢・戴德《大戴禮記・誥志》日歸于西，起明于東；月歸于東，起明于西。

漢・劉安《淮南子・天文訓》麒麟鬭而日月食。

漢・劉安《淮南子・墬形訓》東方川谷之所注，日月之所出。

又 西方高土，川谷出焉，日月入焉。

漢・劉安《淮南子・精神訓》日中有踆烏，而月中有蟾蜍。

漢・劉安《淮南子・繆稱訓》日不知夜，月不知晝，日月爲明而弗能兼也。

漢・劉安《淮南子・詮言訓》天有明，不憂民之晦也，百姓穿户鑿牖，自取照焉。

漢・劉安《淮南子・兵略訓》輪轉而無窮，象日月之運行。

又 處於堂上之陰，而知日月之次序。

漢・司馬遷《史記》卷一二八《龜策列傳》 六曰日月龜。

又 日爲德而君于天下，辱於三足之烏。月爲刑而相佐，見食于蝦蟇。

漢・郭憲《漢武洞冥記》卷二 黄安【略】坐一神龜，廣二尺。人問：子坐此龜幾年矣？對曰：昔伏羲始造網罟，獲此龜以授吾。吾坐龜背已平矣。此蟲畏日月之光，二千歲即一出頭。

漢・佚名《三輔黄圖》卷四 瀛洲【略】火精爲日，刻黑玉爲烏，以水精爲月，青瑶爲蟾兔，於地下爲機戾，以測昏明，不虧弦望。

漢・揚雄《揚子法言・修身》 日有光，月有明。三年不目日，視必盲；三年不目月，精必矇。

漢・班固《白虎通・五行》 人目何法？法日月明也。日照晝，月照夜，人目所不更照何法？目亦更用事也。

漢・蔡邕《獨斷》卷上 天子，父事天，母事地，兄事日，姊事月。常以春分朝日於東門之外，示有所尊，訓人民事君之道也。

晉・郭璞《山海經傳・大荒東經》 東海之外，大荒之中，有山名曰大言，日月所出。

【略】大荒之中，有山名曰合虚，日月所出。

【略】大荒之中，有山名曰明星，日月所出。

【略】大荒之中，有山名曰鞠陵于天、東極、離瞀，日月所出。名曰折丹，東方曰折，來風曰俊，處東極以出入風。

【略】大荒之中，有山名曰猗天蘇門，日月所生。

【略】東荒之中，有山名曰壑明俊疾，日月所出。

【略】有女和月母之國，有人名曰鵷，北方曰鵷，來之風曰狻，是處東極隅以止日月，使無相間出没，司其短長。言鵷主察日月，出入不令得相間錯，知景之短長。

晉・郭璞《山海經傳・大荒西經》 有人名曰石夷，來風曰韋，處西北隅以司日月之長短。言察日月晷度之節。

【略】大荒之中，有方山者，上有青樹，名曰柜格之松，日月所出入也。

【略】大荒之中，有山名曰豐沮玉門，日月所入。

【略】大荒之中，有龍山，日月所入。

【略】大荒之中，有山名曰日月山，天樞也。吴姖天門，日月所入。

【略】大荒之中，有山名曰鏖鏊鉅，日月所入者。

【略】大荒之中，有山名曰常陽之山，日月所入。

【略】大荒之中，有山名曰大荒之山，日月所入。

晉・王嘉《拾遺記・唐堯》 堯登位三十年，有巨查浮於西海。【略】羽人棲息其上，羣仙含露以漱，日月之光則如暝矣。

晉・葛洪《抱朴子・外篇・君道》 晝法創制，則炳若七曜麗天，而不以愛惡曲其情。

晋・葛洪《抱朴子・内篇・金丹》 岷山丹法，道士張蓋蹹精思於岷山石室中，得此方也。其法鼓冶黄銅，以作方諸，以承取月中之水，以水銀覆之，致日精火其中，長服之不死。

晋・葛洪《抱朴子・外篇・備闕》 日月不能摛光於曲穴。

晋・葛洪《抱朴子・外篇・尚博》 俗士多云：【略】今日不及古日之熱，今月不及古月之朗。

晋・葛洪《抱朴子・外篇・博喻》 日月挾蟲鳥之瑕，不妨麗天之景。

晋・葛洪《抱朴子・外篇・廣譬》 日月不能私其耀，以就曲照之惠。

晋・葛洪《抱朴子・外篇・喻蔽》 羲和昇光以啓旦，望舒曜景以灼夜。

晋・葛洪《抱朴子・外篇・詰鮑》 景星摛光以佐望舒之耀，冠日含採以表羲和之晷。

晋・張華《博物志》卷一 東方少陽，日月所出，山谷清朗，其人佼好。西方少陰，日月所入，其土窈冥，其人高鼻、深目、多毛。

南朝宋・劉義慶《世説新語・文學》 北人看書，如顯處視月；南人學問，如牖中窺日。

南朝宋・劉義慶《世説新語・容止》 時人目夏侯太初，朗朗如日月之入懷。

南朝宋・劉義慶《世説新語・言語》 王司州至吴興印渚中看，歎曰：「非唯使人情開滌，亦覺日月清朗。」

南朝梁・陶弘景《真誥・東華真人服日月之象上法》 男服日象，女服月象，一日不廢，使人聰明朗徹，五藏生華。

北魏・酈道元《水經注・江水》 自三峽七百里中，兩岸連山，略無闕處，重巖疊嶂，隱天蔽日，自非停午夜分不見曦月。

北周・衛元嵩《元包經傳・仲陽》 既濟水火，胥納陰陽不榛榛，日之交，月之合。

唐・歐陽詢《藝文類聚・天部・日》 日月揚光者，人君之象也。

唐・李善注《後漢書・光武紀贊一首》 《孝經援神契》曰：天地至貴，精不兩明。宋均曰：天精爲日，地精爲月。

唐・王冰注《黄帝内經素問・移精變氣論》 《八正神明論》曰：天温日明，則人血淖液而衛氣浮，故血易寫，氣易行；天寒日陰，則人血凝泣而衛氣沈。月始生，則血氣始精，衛氣始行；月郭滿，則血氣盛，肌肉堅；月郭空，則肌肉減，經絡虚，衛氣去，形獨居。是以因天時而調血氣也。是故天寒無刺，天温無凝。月生無寫，月滿無補，月郭空無治，是謂得時而調之。因天之序，盛虚之時，移光定位，正立而待之。故曰月生而寫，是謂藏虚；月滿而補，血氣盈溢，絡有留血，命曰重實；月郭空而治，是謂亂經。陰陽相錯，真邪不別，沈以留止，外虚内亂，淫邪乃起。

唐・段成式《酉陽雜俎・諾皋記》 天狐九尾金色，役於日月宫，有符有醮日，可洞達陰陽。

唐・段成式《酉陽雜俎・貝編》 提羅迦樹，花見日光即開。拘尼陁樹，花見月光即開。

唐・馮贄《雲仙雜記・怯夜幡》 胡陽白壇寺，幡刹日中有影，月中無影，不知何故。因號「怯夜幡」。

宋・歐陽修等《新唐書》卷三一《天文志一》 於《易》，五月一陰生，而雲漢潛萌於天稷之下，進及井、鉞間，得坤維之氣，陰始達於地上，而雲漢上升，始交於列宿，七緯之氣通矣。

宋・黄倫《尚書精義・君牙》 胡氏曰：太常，王之旗也。周以日月爲常。日往月來，未嘗少止而謂之常。惟其無常，乃所以爲常也。常者，道也。

宋・沈括《夢溪筆談・象數一》 太衝者，日月五星所出之門户，天之衝也。【略】日之在天，月對則虧，五星對則逆行，避之莫敢當其對。

宋・洪邁《容齋隨筆・天文七政》 《尚書・舜典》：「以齊七政。」孔安國本注，謂「日月五星也」。而馬融云：「七政者北斗七星，各有所主。第一主日；第二主月；第三曰命火，謂熒惑也；第四曰煞土，謂填星也；第五曰伐水，謂辰星也；第六曰危木，謂歲星也；第七曰剽金，謂太白也。日月五星各異，故曰七政。」《尚書大傳》一説，又以爲：「七政者，謂春、秋、冬、夏、天文、地理、人道，所以爲政也，人道正而萬事順成。」三説不同，然不若孔氏之明白也。

宋・洪邁《容齋隨筆・爲文矜誇過實》 文士爲文，有矜夸過實，雖韓文公不能免，如《石鼓歌》極道宣王之事偉矣，至云：「孔子西行不到秦，掎摭星宿遺羲娥。陋儒編詩不收拾，二《雅》褊迫無委蛇。」是謂三百篇皆如星宿，獨此詩如日月也。二《雅》褊迫之語，尤非所宜言。今世所傳，石鼓之詞尚在，豈能出《吉日》《車攻》之右！安知非經聖人所删乎？

宋・洪邁《容齋續筆・月不勝火》 《莊子外物篇》：「利害相摩，生火甚

多，衆人焚和，月固不勝火，於是乎有僓然而道盡。」注云：「大而暗則多累，小而明則知分。」東坡所引，乃曰：「郭象以爲大而暗，不若小而明。陋哉斯言也！爲更之，曰月固不勝燭，言明於大者必晦於小，月能燭天地，而不能燭毫釐，此其所以不勝火也，然卒之火勝月耶？月勝火耶？」予記朱元成《萍洲可談》所載：「王荊公在修撰經義局，因見舉燭，言：『佛書有日月燈光明佛，燈光豈足以配日月乎？』吕惠卿曰：『日煜乎晝，月煜乎夜，燈煜乎日月所不及，其用無差别也。』公大以爲然，蓋發言中理，出人意表云。」予妄意莊子之旨，謂人心如月，湛然虚静，而爲利害所薄，生火熾然，以焚其和，則月不能勝之矣，非論其明暗也。

宋·佚名《錦繡萬花谷後集·神僊名義》 東華真人服日月之象：男服日象，女服月象，一日不廢，使人聰明，五藏生華。太虚真人曰：以月五日夜半存日象在心，日從口入，使照一心之内。

宋·吴淑《事類賦·天部》《春秋感精符》曰：人主父天母地，兄日姊月。注雲：【略】兄日於東郊，姊月於西郊。

宋·佚名《古三墳書·山墳》 疊山象，石疊其山，如天象也。象君日，日爲陽精，象之君也。象臣月，月爲陰精，象之臣也。

宋·佚名《古三墳書·形墳》 日天中道，聖人以分晝景。月天夜明，聖人以辨昏象。

又 日地圜宫，聖人以祭日月。月地斜曲，聖人以正經界。

又 陽形日，聖人以繼明照下。天日昭明，聖人以求賢代明。地日景隨，聖人以德教化民。日月從朔，聖人以推氣候。山日沉西，聖人以思賢繼治。川日流光，聖人以恩及蟲魚。雲日蔽霧，聖人以明察左右。氣日昏蔀，聖人以修省國政。

又 陰形月，聖人以命相代政。天月淫，聖人以機密大臣。地月伏輝，聖人以訪求賢隱。日月代明，聖人以君臣代政。山月升騰，聖人以命相統治。川月東浮，聖人以恩及命婦。雲月藏宫，聖人以慎内政。氣月冥陰，聖人以慎羣小。

又 日山危峯，聖人以慎孤高。月山斜巔，聖人以慎危覆。

又 日川湖，聖人以聚財養士。月川曲池，聖人以教民。

又 日雲赤曇，聖人以防慎火災。月雲素雯，聖人以占其治亂。

又 日氣晝圍，聖人以决災變。月氣夜圓，聖人以定方象。

宋·王楙《野客叢書·浮雲蔽日》《潘子真詩話》云陸賈《新語》曰：「邪臣蔽賢，猶浮雲之障日月也。」太白詩「總爲浮雲能蔽日，長安不見使人愁」，蓋用此語。僕觀孔融詩曰：「讒邪害公正，浮雲翳白日。」曹植詩曰：「悲風動地起，浮雲翳日光。」傅玄詩曰：「飛塵污清流，浮雲蔽日光。」《史記·龜筴傳》曰：「日月之明蔽於浮雲。」枚乘詩曰：「浮雲蔽白日，游子不顧返。」此皆祖《離騷》「雲容容而在下，杳冥冥兮羌晝晦」之意。注：雲氣冥冥使晝日昏暗，喻小人之蔽賢也。東方朔《七諫》亦曰：「浮雲蔽晦兮，使日月乎無光。」又曰：「何汜濫之浮雲兮，蔽此明月；顧皓日之顯行兮，雲蒙蒙而蔽之。」皆指讒邪害忠良之意，苻堅時趙整歌亦曰：「不見雀來入燕室，但見浮雲蔽白日。」

宋·張君房《雲笈七籤·存思日月法》 凡入山，思日在面前，月在腦後。凡暮卧，思日在面上，月在足後；赤氣在内，白氣在外。凡欲從人，各思日月覆身而往，當無所畏。

宋·張君房《雲笈七籤·經》 食日之精，可以長生，緣兹上天。上謁道君。

又 食月之精，以養腎根，白髮復黑，齒落更生。

又 銷珠者，服日之精，左目日也。水玉者，食月之精，右目月也。

宋·蘇軾《東坡志林》卷一 玉川子作月蝕詩，以謂蝕月者，月中之蝦蟆也。梅聖俞作日蝕詩云：食日者三足烏也，此固俚説，以寓其意也。然《戰國策》曰：「日月煇煇於外，其賊在於内。」則俚説亦尚矣。

宋·范成大《吴船録》卷上 蜀中稱尊老者爲波，祖及外祖皆曰波，又所謂天波、日波、月波者，皆尊之之稱。此王波蓋王老或王翁也。

宋·黄休復《茅亭客·話崔尊師》 二十四化各有一大洞，或深廣千里五百里，其中有日月飛精，謂之伏晨之根，下照洞口，與人間無異。

元·駱天驤《類編長安志·結麟樓》《七聖紀》曰：「鬱華赤文與日同居，結麟黄文與月同居。」鬱華日精，結璘月精也。又太上《黄庭内景王經》曰：「高奔日月吾上道，鬱儀結隣善相保梁。」丘子注曰：鬱儀，奔日之僊；結隣，奔月之僊，【略】六典作結鱗【略】未知從何字爲是。

明·劉基《誠意伯文集·二鬼》 憶昔盤古初開天地時，以土爲肉，石爲骨，水爲血脉，天爲皮，崑崙爲頭顱，江海爲胃腸，嵩岳爲背膂，其外四岳爲四肢，四肢百躰咸定位。乃以日月爲兩眼，循環照燭三百六十骨節、八萬四千毛竅，勿使淫邪發洩生瘡痍。兩眼相逐走不歇，天帝愍其勞逸不調，生病患，申命守以兩鬼，名曰結璘與鬱儀。鬱儀手捉三足老鴉脚，脚踏火輪蟠九螭。咀嚼五色若木英，身上五色光陸離。朝發暘谷暮金樞，清晨還上扶桑枝。揚鞭驅龍扶海若，蒸

霞沸浪煎魚鼉。煇煌焜燿啓幽暗，燠煦草木生芳蕤。結璘坐在廣寒桂樹根，漱嗽桂露芬香菲。啖服白兔所擣之靈藥，跳上蟾蜍背眷騎。掐光弄影蕩雲漢，閃奎爍璧葩花擒。手摘桂樹子，撒入大海中，散與蚌蛤爲珠璣。或落岩谷間，化作珣玗琪。人拾得喫者，胸臆生明暈。內外星官各職職，惟有兩鬼兩眼晝夜長相追。有物來掩犯，兩鬼隨即揮刀鈹。禁制蝦蟇與老鴉，低頭屏氣服役使，不敢起意爲奸欺。天帝憐兩鬼，暫放兩鬼人間娭。一鬼乘白狗，走向織女黄姑磯。槌河鼓，褰兩旗，跳下皇初平牧羊群，烹羊食肉口吻流膏脂。却入天台山，呼龍喚虎聽指麾。東岩鑿石取金卯，西岩掘土求瓊蕤。岩訇洞砉石梁折，驚起五百羅漢半夜撥刺衝天飛。一鬼乘白豕，從以青羊青兔赤鼠兒。便從閣道出西清，入少微，浴咸池。身騎青田鶴，去採青田芝，仙都赤城三十六，洞主騎鸞翳鳳來陪隨。神魖清唱毛女和，長烟裊裊飄熊旂。蜚廉唾笙虎擊築，罔象出舞奔馮夷。兩鬼自從天上别，别後道路阻隔不得相聞知。忽聞韓山子，往來説因依。兩鬼各借問，始知相去近不遠，何得不一相見敘情詞。情詞不得敘，焉得不相思。相思人間五十年，未抵天上五十炊。忽然宇宙變差異，六月落雪冰天逵。黿鼉上山作窟穴，蛇頭生角角有岐。鰐魚掉尾斫折巨鰲脚，蓬萊宮倒水没楣。攙搶枉矢争出逞妖恠，或大如甕盎，或長如蜲虵。光爍爍，形躨躨，叫鹿豕，呼熊羆。煽吴回，翔魑魅，天帝左右無扶持，蚊蝱蚤蝨蠅蚋蜞嗜膚咂血圖飽肥，擾擾不可揮筋節，解折兩眼不辨妍與媸。兩鬼大愓傷，身如受榜笞，便欲相約討藥與天帝醫。先去兩眼翳，使識青黄紅白黑。便下天潢天一水，洗滌盤古腸胃心腎肝肺脾。却取女媧所摶黄土塊，改换耳目口鼻牙舌眉。然後請軒轅，邀伏羲，風后、力牧、老龍告泰山稽。命魯般，詔工倕，使豐隆，役黔贏，礪斧鑿，具鑪鎚，取金蓐，收伐材尾箕。修理南極北極樞，斡運太陰、太陽機。檄召皇地示部署，岳瀆神受約天皇墀。生鳥必鳳凰，勿生梟與鴟。生獸必麒麟，勿生豺與狸，生鱗必龍鯉，勿生虵與蟦。生甲必龜貝，勿生蝓與蜞。生木必松楠，生草必薺葵，勿生鉤吻含毒斷人腸，勿生枳棘罥利傷人肌。螟蝗害禾稼，必絶其蝝蚳。虎狼妨畜牧，必遏其孕孳。啓迪天下蠢蠢氓，悉蹈禮義尊父師。奉事周文公、魯仲尼、曾子輿、孔子思，敬習《書》、《易》、《禮》、《樂》、《春秋》、《詩》。履正直，屏邪欹，引頑嚚，入規矩。雍雍熙熙，不凍不飢，避刑遠罪趨祥祺。謀之不能行，不意天帝錯怪恚。謂此是我所當爲，眇眇末兩鬼，何敢越分生思惟。呶呶向瘖盲，洩漏造化微。急詔飛天神王與我捉此兩鬼拘囚之，勿使在人寰做出妖恠奇。飛天神王得天帝詔，立召五百夜叉帶金繩將鐵網，尋踪逐跡莫放兩鬼走逸入崦嵫。五百夜叉箇箇口吐火，搜天刮地走不疲。吹風放火烈山谷，不問杉栢樗櫟蘭艾蒿芷蘅茅茨，熚焱熨灼無餘遺。搜到九萬九千九百九十九仞幽谷底，捉住兩鬼眼睛光活如琉璃。養在銀絲鐵栅內，衣以文采食以麋。莫教突出籠絡外，踏折地軸傾天維。兩鬼亦自相顧笑，但得不寒不餒長樂無憂悲。自可等待天帝息怒解猜惑，依舊天上作伴同游戲。

明·趙台鼎《脉望》卷一 諸天日月爲飛精，諸洞日月爲伏根，人間日月爲明輪。若吞明輪者爲僊，蓋服日月光華各有法，能潤五藏，澤顔容。東方甲乙之地，乃日月所出之門户，地祇於此，旦望迎送鬱儀結璘之神。

明·趙台鼎《脉望》卷七 宿有房日兔，畢月烏。丹書云：「日烏月兔，謂日月之交也。」兔自日屬，所謂月中兔者，月中日光也。借此以喻神入炁中，猶日光照入月內，乃以兔屬月以爲法象，《金丹四旨字》內「日魂玉兔脂，月魄金烏髓」，是正言之耳，注者反迂其説，可笑哉。

明·胡居仁《居業録》卷六 程朱説日月各不同，程子言日月乃陰陽氣之盛處，運行不息。行到子上，則光在子；行到午上，則光在午，本無一定之形象。月虧盈之説，以爲月近日則威損而氣衰，故光虧；月遠日則勢盛而氣盛，故光盈。朱子用先儒之言，以日月有一定之形影，如丸如毬，乃陰陽之精，運行不息。日速月遲，是以或近或遠。月受日光，體魄常全。受光常滿，本無死生虧盈，乃人見之則有正側不同。正則見其光全，側則見其光缺。日月近則人在下見其側，遠則人在中間見其正。會而正交，則月掩日而日食；望而正對，則日射月而月食。二説不同，朱子近是，以《書》之「旁死魄哉生明」論之，則程子亦有理。

明·邵寶《簡端録》卷六 日行於天之內，故天舒於日，數也；月行於日之內，故日揜於月，亦數也。數徵於象，人得而推之，亦得而見之。然理行於氣，人得而與焉，不得而見也。是故陰不能勝陽，其常也，故當食不食，於數爲變，於理爲常；陽不能勝陰，其變也，故當食而食，於數爲常，於理爲變。故曰「十月之交」，交，言數也。又曰「彼月而微，此日而微」，微，言氣也。

明·李鼎《偶譚》 陽而陰者日乎，故能獨照而不能納形；陰而陽者月乎，故能納形而不能獨照。

明·王逵《蠡海集·人身》 七政麗乎天，七竅在乎首。七政之見，在於極

之南；七竅之用，在於面之前。黄道經南天以行七政，傾於前也，故人之鞠躬亦向前。

明・王逵《蠡海集・庶物》 雁生北方，秋自北而南，春自南而北，蓋歷七政所行，以順其情。

明・王逵《蠡海集・氣候》 月爲陰，主乎水；日爲陽，主乎氣。月行至于子午之位則極盛，故潮汐生焉；日行至於子午之位則極盛，故寒暑甚焉。

明・楊慎《丹鉛總録・明月可中》 劉禹錫《生公講堂》詩：「高坐寂寥塵漠漠，一方明月可中亭。」山谷須溪皆稱其「可」字之妙。按《佛祖統》所載宋文帝大會沙門，親御地筵，食至良久，衆疑日過中，僧律不當食。帝曰：「始可中耳。」生公乃曰：「白日麗天，天言可中，何得非中？」遂舉箸而食。禹錫用「可中」字本此，蓋即以生公事詠生公堂，非杜撰也。彼言「白日可中」，變言「明月可中」，尤見其妙。

清・盧文弨《經籍考・書傳會選》 明洪武中，敕脩長洲祝允明枝山《前聞》曰：「上萬幾之暇，留意方策。嘗以《尚書》「咨汝羲和」、「惟天陰隲下民」二節蔡沈註誤，命禮部試右侍郎張智同翰林院學士劉三吾等改正。因通加研校，書成，名曰《書傳會選》。」當時禮部劄付言《書傳》曰：「凡前元科舉，《尚書》專以蔡傳爲主，考其天文一節，已自差謬。謂日月隨天而左旋，今仰觀乾象，甚爲不然。夫日月五星之麗天也，除太陽人目不能見其行於列宿之間，其太陰與五星昭然右旋。何以見之？當天氣清爽之時，指一宿爲主，使太陰居列宿之西一丈許，盡一夜，則太陰過而東矣。蓋列宿附天舍次而不動者，太陰過東，則其右旋明矣。夫左旋者，隨天體也；右旋者，附天體也。必如五星右旋爲順行，左旋爲逆行，其順行之日常多，逆行之日常少。若如蔡氏之説，則逆行多而順行少，豈理也哉？若不改正，有誤方來。今後學《尚書》「天文」一節，當依朱氏詩傳《十月之交》註文爲是。

清・張玉書等《佩文韻府》卷三七 《捫蝨新話》佛書説有四天下，須彌山在四天下之中，山頂名忉利天，四天王所居山如腰鼓，當山腰日月圈繞照四天下，更爲晝夜，此《禹本紀》所謂日月相隱避爲光明者也。

清・錢謙益注《宿青草湖》 《荆州記》：巴陵南有青草湖，周迴百里，日月出没其中。

清・阮葵生《茶餘客話》卷一三 《滇行紀略》云：滇南最爲善地，【略】日月與星比別處倍大五也。

清・蘇天木《潛虛述義》卷三 醜友也，天地相友，萬彙以生，日月相友，羣倫以明。

日部

題解

《易・説卦》 離爲火爲日。

《計然萬物録・日》 日者，寸也。【略】寸者，制萬物陰陽之長短也。

又 日者，火精也。火者，外景。主晝居。晝而爲明，明處照而有光。日者，太陽之精。日者行天，日一度，終而復始，如環無端。

漢・劉安《淮南子・天文訓》 日者，陽之主也，是故春夏則群獸除，日至而麋鹿解。

又 日出于暘谷，浴于咸池，拂于扶桑，是謂晨明。登于扶桑，爰始將行，是謂朏明。至于曲阿，是謂旦明。至于曾泉，是謂蚤食。至于桑野，是謂晏食。至于衡陽，是謂隅中。至于昆吾，是謂正中。至于鳥次，是謂小還。至于悲谷，是謂餔時。至于女紀，是謂大還。至于淵虞，是謂高春。至于連石，是謂下春。至于悲泉，爰止其女，爰息其馬，是謂縣車。至于虞淵，是謂黄昏。至于蒙谷，是謂定昏。日入于虞淵之汜，曙於蒙谷之浦。行九州七舍，有五億萬七千三百九里。

又 日御謂之羲和。

漢・許慎《説文解字》 日，實也，太陽之精。

漢・張衡《靈憲》 日者，陽精之宗。積而成烏，象烏而有三趾陽之類其數奇。

三國魏・張揖《廣雅・異祥》 朱明、曜靈、東君，日也。

唐・魏徵等《隋書》卷二〇《天文志》 日循黄道東行，一日一夜行一度，三百六十五日有奇而周天。行東陸謂之春，行南陸謂之夏，行西陸謂之秋，行北陸謂之冬。行以成陰陽寒暑之節。

又 日爲太陽之精，主生養恩德，人君之象也。

宋・高似孫《緯略・日月星》 徐整《長曆》曰：「衆陽之精，上合爲日，徑千里，周圍三千里，下於天七千里。」

宋・佚名《古三墳書・山墳》 象君日，日爲陽精，象之君也。

元・脱脱等《宋史》卷五二《天文志五》 日爲太陽之精，君之象，日行一度，一年一周天。

明・胡廣《周易大全》 節齋蔡氏曰：「内暗外明者，火與日也。離内陰外陽，故爲火爲日。」

明・陳耀文《天中記・日》 日光曰景，日影曰晷，日氣曰晛。初出爲旭，日昕曰晞，日温曰煦，日在午曰亭午，在未曰昳，日晚曰旰，日將落曰薄暮。日西落，光反照於東，謂之反景，在上曰反景，在下曰倒景。煦，日温也。皓，日晝貌也。暉，日光也。旰，日晚也。翌，日明也。曉，日白也。朝旦爲暉，日中爲光。

論説

漢・王充《論衡・説日》 儒者曰：日朝見，出陰中；暮不見，入陰中。陰氣晦冥，故没不見。如實論之，不出入陰中，何以效之？夫夜，陰也。氣亦晦冥，或夜舉火者，光不滅焉。夜之陰，北方之陰也。朝出日，入所舉之火也。火夜舉，光不滅，日暮入，獨不見，非氣驗也。夫觀冬日之出入，朝出東南，暮入西南，東南西南非陰，何故？謂之出入陰中，且夫星小猶見，日大反滅，世儒之論竟虚妄也。儒者曰：冬日短，夏日長，亦復以陰陽。夏時陽氣多，陰氣少，陽氣光明，與日同耀，故日出輒無鄣蔽。冬陰氣晦冥，掩日之光，日雖出猶隱不見，故冬日日短，陰多陽少，與夏相反。如實論之，日之長短不以陰陽，何以驗之？復以北方之星，北方之陰，日之陰也。北方之陰不蔽星光，冬日之陰何故猶滅？日明由此，言之以陰陽，説者失其實矣。實者，夏時日在東井，冬時日在牽牛，牽牛去極遠，故日道短；東井近極，故日道長。夏北至東井，冬南至牽牛，故冬夏節極皆

謂之至。春秋未至，故謂之分。或曰夏時陽氣盛，陽氣在南方，故天舉而高；冬時陽氣衰，天抑而下，高則日道多，故日長，下則日道少，故日短也。日陽氣盛，天南方舉而日道長，月亦當復長。案夏日長之時，日出東北而月出東南；冬日短之時，日出東南月出東北，如夏時天舉南方，日月當俱出東北；冬時天復下，日月亦當俱出東南。由此言之，夏時天不舉南方，冬時天不抑下也。然則夏日之長也，其所出之星在北方也；冬日之短也，其所出之星在南方也。問曰：「當夏五月日長之時在東井，東井近極，故日道長。今案察五月之時，日出於寅，入於戌，日道長，去人遠。何以得見其出於寅入於戌乎？」日東井之時去人極近，夫東井近極，若極旋轉人常見之矣。使東井在極旁側，得無夜常爲晝乎？日晝行十六分，人常見之不復出入焉。儒者或曰：日月有九道，故曰日行有近遠，晝夜有長短也。夫復五月之時，晝十一分，夜五分；六月晝十分，夜六分。從六月往至十一月，月減一分，此則日行月從一分道也。歲日行天十六道也，豈徒九道？或曰：天高南方下北方，日出高故見，入下故不見。天之居若倚蓋矣，故極在人之北是其效也。極其天下之中，今在人北，其若倚蓋，明矣。日明既以倚蓋喻，當若蓋之形也。極星在上之北，若蓋之葆矣。其下之南，有若蓋之莖者，正何所乎？夫取蓋倚於地，不能運立而樹之，然后能轉，今天運轉，其北際不著地者，觸礙何以能行？由此言之，天不若倚蓋之狀，日之出入不隨天高下，明矣。或曰：天北際下地中，日隨天而入地，地密鄣隱，故人不見，然天地，夫婦也，合爲一體，天在地中，地與天合，天地并氣，故能生物。北方陰也，合體并氣，故居北方，天運行於地中乎？不，則北方之地低下而不平也。如審運行，地中鑿地一丈，轉見水源，天行地中，出入水中乎？如北方低下不平，是則九川北注不得盈滿也，實者天不在地中，日亦不隨天隱，天平正與地無異。然而日出上、日入下者，隨天轉運，視天若覆盆之狀，故視日上下然，似若出入地中矣。然則日之出，近也，其入遠不復見，故謂之人，運見於東方近，故謂之出。何以驗之？繫明月之珠於車蓋之橑，轉而旋之，明月之珠旋邪。人望不過十里天地合矣，遠非合也。今視日入，非入也，亦遠也。當日入西方之時，其下民亦將謂之日中，從日入之下東望，今之天下或時亦天地合。如是，方天下在南方也，故日出於東方，入於北方之地，日出北方，入於南方，各於近者爲出，遠者爲入，實者不入，遠矣。臨大澤之濱，望四邊之際與天屬，其實不屬，遠若屬矣。日以遠爲入，澤以遠爲屬，其實一也。澤際有陸，人望而不見陸在，察之，若望日亦在，視之若入，皆遠之故也。太山之高，參天入雲，去之百里，不見埵塊。夫去百里不見太山，況日去人以萬里數乎？太山之驗則既明矣，試使一人把大炬火夜行於道，平易無險，去人不一里，火光滅矣，非滅也，遠也。今日西轉不復見者，非入也。問曰：天平正與地無異，今仰視天，觀日月之行，天高南方下北方，何也？曰：方今天下在東南之上，視天若高，日月道在人之南，今天下在日月道下，故觀日月之行，若高南下北也。何以驗之？即天高南方之星亦當高，今視南方之星低下，天復低南方乎？夫視天之居近者則高，遠則下焉。極北方之民以爲高，南方爲下，極東極西亦如此焉，皆以近者爲高，遠者爲下，從北塞下，近仰視斗極且在人上。匈奴之北，地之邊陲，北上視天，天一有下字。復高北下南，日月之道亦在其上。立太山之上，太山高，去下十里，太山下。夫天之高下，猶人之察太山也。平正四方，中央高下皆同，今望天之四邊，若下者，非也，遠也。非徒下若合矣。儒者或以旦暮日出入爲近，日中爲遠，或以日中爲近，日出入爲遠。其以日出入爲近，日中爲遠者，見日出入時大，日中時小也。察物近則大，遠則小，故日出入爲近，日中爲遠也。其以日出入爲遠，日中時爲近者，見日中時溫，日出入時寒也。夫火光近人則溫，遠人則寒，故以日中爲近，日出入爲遠也。二論各有所見，故是非曲直未有所定。如實論之，日中近而日出入遠，何以驗之？以植竿於屋下，夫屋高三丈，竿於屋棟之下正而樹之，上扣棟下抵地，是以屋棟去地三丈，如旁邪倚之，則竿末旁跌不得扣棟，是爲去地過三丈也。日中時，日正在天上，猶竿之正，樹去地三丈也；日出入邪在人旁，猶竿之旁跌，去地過三丈也。夫如是，日中爲近，出入爲遠可知明矣。試復以屋中堂而坐一人，一人行於屋上，其行中屋之時，正在坐人之上，是爲屋上之人與屋下坐人相去三丈矣，如屋上人在東危，若西危上其與屋下坐人相去過三丈矣。日中時，猶人正在屋上矣。其始出與入，猶人在東危與西危也。日中去人近，故溫，日出入遠，故寒。然則日中時日小，其出入時大者，日中光明故小，其出入時光暗故大，猶晝日察火光小，夜察之火光大也。既以火爲效，又以星爲驗。晝日星不見者，光耀滅之也，夜無光耀，星乃見。夫日月星之類也，平旦日入光銷故視大也。儒者論日旦出扶桑，暮入細柳。扶桑東方地，細柳西方野也。桑柳天地之際，日月常所出入之處。問曰：歲二月八月時，日出正東，日入正西，可謂日出於扶桑入於細柳。今夏日長之時，日出於東北，入於西北；冬日短之時，日出東南入於西南，冬與夏日之出入，在於四隅，扶桑細柳正在何所乎？所論之言，猶謂春秋，不謂冬與夏也。

如實論之，日不出於扶桑入於細柳，何以驗之？隨天而轉，近則見，遠則不見，當在扶桑細柳之時，從扶桑細柳之民謂之日中之時，從扶桑細柳察之，或時爲日出入，若以其上者爲中，旁則爲旦夕，安得出於扶桑、入細柳？儒者論曰：天左旋，日月之行不繫於天，各自旋轉。難之曰：使日月自行，不繫於天，日行一度，月行十三度，當日月出時，當進而東旋，何還始西轉繫於天，隨天四時轉行也？其喻若蟻行於磑上，日月行遲，天行疾，天持日月轉，故日月實東行而反西旋也。

或問：日、月、天皆行，行度不同，三者舒疾，驗之人物，爲以何喻？曰：天日行一周，日行一度二千里，日晝行千里，夜行千里，麒麟晝日亦行千里。然則日行舒疾與麒麟之步相似類也，月行十三度十度二，萬里三度六千里，月一旦夜行二萬六千里，與晨凫飛相類似也。天行三百六十五度，積凡七十三萬里也，其行甚疾，無以爲驗，當與陶鈞之運弩矢之流相類似乎？天行已疾，去人高遠，視之若遲，蓋望遠物者，動若不動，行若不行。何以驗之？乘船江海之中，順風而驅，近岸則行疾，遠岸則行遲，船行一實也。或疾或遲，遠近之視使之然也，仰視天之運不若麒麟負日而馳，皆暮而日在其前，何則麒麟近而日遠也？遠則若遲，近則若疾，六萬里六程難以得運行之實也。

儒者説曰：日行一度，天一日一夜行三百六十五度，天左行，日月右行，與天相迎。問：日月之行也，繫著於天也，日月附天而行，不直行也。何以言之？《易》曰：日月星辰麗乎天，百果草木麗於土。麗者，附也。附天所行，若人附地而圓行其取喻，若蟻行於磑上焉。

問曰：何知不離天直自行也？如日能直自行，當自東行，無爲隨天而西轉也。月行與日同，亦皆附天，何以驗之？驗之以雲。雲不附天，常止於所處。使不附天，亦當自止其處。由此言之，日行附天明矣。問曰：日，火也。火在地不行，日在天何以爲行？曰：附天之氣行，附地之氣不行。火附地，地不行，故火不行。難曰：附地之氣不行，水何以行？曰：水之行也，東流入海也。西北方高，東南方下，水性歸下，猶火性趨高也。使地不高西方，則水亦不東流。難曰：附地之氣不行，人附地，何以行？曰：人之行求有爲也，人道有爲，故行求。古者質朴，鄰國接境，雞犬之聲相聞，終身不相往來焉。難曰：附天之氣行，列星亦何以不行？曰：列星著天，天已行也，隨天而轉，是亦行也。難曰：人道有爲故行，天道無爲何行？曰：天之行也，施氣自然也，施氣則物自生，非故施氣以生物也。不動氣不施，氣不施，物不生，與人行異，日月五星之行皆施氣焉。

儒者曰：日中有三足烏，月中有兎、蟾蜍。夫日者天之火也，與地之火無以異也。地火之中，無生物，天火之中何故有烏？火中無生物，生物入火中燋爛而死焉，烏安得立？夫月者，水也。水中有生物，非兎、蟾蜍也。兎與蟾蜍久在水中，無不死者。日月毁於天，螺蚌汨於淵，同氣審矣。所謂兎、蟾蜍者，豈反螺與蚌邪？且問儒者，烏、兎、蟾蜍死乎？生也？如死，久在日月，燋枯腐朽；如生，日蝕時既，月晦常盡，烏、兎、蟾蜍皆何在？夫烏、兎、蟾蜍，日月氣也。若人之腹臟，萬物之心膂也。月尚可察也，人之察日，無不眩。不能知日，審何氣，通而見其中有物，名曰「烏」乎？審日不能見烏之形，通而能見其足有三乎？此已非實，且聽儒者之言，蟲物非一，日中何爲有烏，月中何爲有兎、蟾蜍？儒者謂：日蝕、月蝕也。彼見日蝕常於晦朔，晦朔月與日合，故得蝕之。夫春秋之時，日蝕多矣，經曰：「某月朔，日有蝕之。」日有蝕之者，未必月也。知月蝕之，何諱不言月？説日蝕之變，陽弱陰彊也。人物在世，氣力勁彊乃能乘凌。案，月晦光既，朔則如盡，微弱甚矣，安得勝日？夫日之蝕月，蝕也。日蝕謂月蝕之，月誰蝕之者？無蝕月也，月自損也。以月論日，亦如日蝕，光自損也。大率四十一二月日一食，百八十日月一蝕。蝕之皆有時，非時爲變。及其爲變，氣自然也。日時晦朔，月復爲之乎？夫日當實滿，以虧爲變，必謂有蝕之者。山崩地動，蝕者誰也？或説日食者，月掩之也。日在上，月在下，障於日之形也。日月合相襲，月在上，日在下者，不能掩日；日在上，月在日下障於日，月光掩日光，故謂之食也。障於月也，若陰雲蔽日，月不見矣。其端合者，相食是也。其合相當如襲辟者，日既是也。日月合於晦朔，天之常也，日食，月掩日光，非也。何以驗之？使日月合，月掩日光，其初食崖，當與旦復時易處。假令日在東，月在西，月之行疾，東及日，掩日崖，須臾過日而東，西崖初掩之處光當復，東崖未掩者，當復食。今察日之食，西崖光缺，其復也，西崖光復，過掩東崖復西崖，謂之合襲相掩障，如何？儒者謂：日月之體皆至圓。彼從下望見其形，若斗筐之狀，狀如正圓，不如望遠光氣，氣不圓矣。夫日月不圓，視若圓者，人遠也。何以驗之？夫日者，火之精也；月者，水之精也。在地水火不圓，在天水火何故獨圓？日月在天猶五星，五星猶列星，列星不圓，光耀若圓，去人遠也。何以明之？春秋之時，星霣宋都，就而視之，石也，不圓。以星不圓，知日月五星亦不

圓也。

儒者説日及工伎之家皆以日爲一，《禹貢》《山海經》言日有十。在海外東方有湯谷，上有扶桑，十日浴沐水中，有大木，九日居下枝，一日居上枝。《淮南書》又言：「燭十日。堯時十日並出，萬物焦枯，堯上射十日。」以故不並一日見也。世俗又名甲乙爲日，甲至癸凡十日。日之有十，猶星之有五也。通人談士歸於難知，不肯辨明，是以文二傳而不定，世兩言而無主，誠實論之，且無十焉。何以驗之？夫日猶月也，日而有十，月有十二乎？星有五，五行之精，金、木、水、火、土各異光色，如日有十，其氣必異，今觀日光無有異者，察其小大，前後若一，如審氣異，光色宜殊，如誠同氣，宜合爲一，無爲十也。驗日陽遂，火從天來。日者，大火也。察火在地，一氣也，地無十火，天安得十日？然則所謂十日者，殆更自有他物，光質如日之狀，居湯谷中水，時緣據扶桑，禹益見之，則紀十日。數家度日之光，數日之質，刺徑千里，假令日出是扶桑木上之日，扶桑木宜覆萬里，乃能受之。何則？一日徑千里，十日宜萬里也。天之去人，萬里餘也，仰察之，日光眩耀，火光盛明，不能堪也。便日出是扶桑木上之日，禹、益見之，不能知其爲日也。何則？仰察一日，目猶眩曜，況察十日乎？當禹、益見之，若斗筐之狀，故名之爲日，夫火如斗筐，望六萬之形，非就見之，即察之體也。由此言之，禹、益所見，意似日，非日也。天地之間，物氣相類，其實非者多。海外西南有珠樹焉，察之是珠，然非魚中之珠也。夫十日之日，猶珠樹之珠也。珠樹似珠非真珠，十日似日非實日也。《淮南》見《山海經》則虛言真人燭，十日妄紀。堯時十日並出，且日火也，湯谷水也，水火相賊，則十日浴於湯谷，當滅敗焉。火燃木，扶桑木也，十日處其上，宜燋枯焉。今浴湯谷而光不滅，登扶桑而枝不燋不枯，與今日出同不驗於五行，故知十日非真日也。且禹、益見十日之時，終不以夜猶以晝也。則一日出九日宜留，安得俱出十日？如平旦日未出，且天行有度數，日隨天轉行，安得留扶桑枝間，浴湯谷之水乎？留則失行度，行度差跌不相應矣。如行出之日與十日異，是意似日而非日也。《春秋·莊公七年》：「夏四月辛卯，夜中恒星不見星霣如雨者，《公羊傳》曰：「如雨者，何非雨也。非雨，則曷爲謂之如雨？不修《春秋》曰：雨星不及地尺，而復。君子修之曰：「星霣如雨。」不修《春秋》者，未修春秋時，《魯史》記曰：「星霣如雨，不及地尺而復。」君子者，孔子。孔子修之曰：「星霣如雨。」孔子之意，以爲地有山陵樓臺，云「不及地尺」，恐失其實，更正之曰：「如雨。」如雨者，爲從地上而下，星亦從天霣而復，與同，故曰「如」。夫孔子雖云「不及地尺」，但言如雨，其謂霣之者，皆是星也。孔子雖定其位，著其文，謂霣爲星，與史同焉。從平地望泰山之巔，鶴如烏，烏如爵者，泰山高遠，物之小大失其實。天之去地六萬餘里，高遠非直泰山之巔也。星著於天，人察之，失星之實，非直望鶴烏之類也。數等星之質百里，體大光盛，故能垂耀。人望見之若鳳卵之狀，遠失其實也。如星霣審者，天之星霣而至地，人不知其爲星也，何則？霣時小大不與，在天同也。今見星霣，如在天時，是時星也。非星，則氣爲之也。人見鬼如死人之狀，其實氣象聚，非真死人。然則霣星之形，其實非星。孔子云正霣者非星，而徙正言如雨，非雨之文，蓋俱失星之實矣。《春秋左氏傳》：「四月辛卯，夜中恒星不見，夜明也。星霣如雨，與雨俱也。」其言夜明故不見，與《易》之言「日中見斗」相依類也。日中見斗，幽不明也；夜中星不見，夜光明也。事異義同，蓋其實也。其言與雨俱之集也。夫辛卯之夜明，故星不見，明則不雨之驗也。雨氣陰暗，安得明？明則無雨，安得與雨俱？夫如是，言與雨俱者，非實，且言夜明不見，安得見星與雨俱？又僖公十六年正月戊申，霣石于宋五。《左氏傳》曰：「星也。」夫謂霣石爲星，則謂霣爲石矣。辛卯之夜星霣爲星則實爲石矣。辛卯之夜星霣如是石，地有樓臺，樓臺崩壞。孔子雖不合，言及地尺，雖地必有實數。魯史目見不空言者也。云與雨俱雨集於地，石亦宜然，至地而樓臺不壞，非星明矣。且左丘明謂石爲星，何以審之？當時石霣輕然，何以其從天墜也？秦時三山亡，亡有不消散，有在其集下時，必有聲音。或時夷狄之山，從集於宋，宋聞石霣則謂之星也。左丘明省則謂之星。夫星，萬物之精，與日月同説。五星者，謂五行之精之光也。五星衆星同光耀，獨謂列星爲石，恐失其實。實者辛卯之夜，霣星若雨，而非星也。與彼湯谷之十日，若日而非日也。儒者又曰：「雨從天下」，謂正從天墜也。如當論之，雨從地上，不從天下，見雨從上集，則謂從天下矣，其實地上也。然其出地起於山，何以明之？《春秋傳》曰：「觸石而出，膚寸而合，不崇朝而徧天下，惟太山也。」太山雨天下，小山雨一國，各以小大爲近遠差。雨之出山，或謂雲載而行。雲散水墜，名爲雨矣。夫雲則雨，雨則雲矣。初出爲雲，雲繁爲雨。猶甚而泥露濡汚衣服，若雨之狀。非雲與俱，雲載行雨也。或曰：「《尚書》曰，月之從星，則以風雨。《詩》曰：「月麗于畢，俾滂沲矣。」二經咸言，所謂爲之非天，如何？夫雨從山發，月經星麗畢之時，麗畢之時當雨也，時不雨，月不麗，山不雲，天地上下自相應也。月麗於上，山烝於下，氣體偶合，自然道也。雲霧，雨之徵也，

夏則爲露，冬則爲霜，温則爲雨，寒則爲雪，雨露凍凝者，皆由地發，不從天降也。

唐・丘光庭《兼明書・日遠近》 《列子》云孔子出行，逢二小兒争論日之遠近。其一兒曰：「日初出近，日中遠。何以知之？初出大，日中小，非近大而遠小乎！」其一兒曰：「初出遠，日中近，何以知之？初出涼，日中熱，非遠涼而近熱乎！」各以此理質諸仲尼，仲尼笑而不荅。明曰：「按天形如彈丸，陽城土圭得地之中，則日之初出與日之中遠近均也。初出大、日中小者，凡物平視之則大，仰視之則小，此乃視之有異耳。初出涼、日中熱者，天氣不施故也。初出之時，中國在日之西，故涼也；日中之時，中國當日之下，故熱也。《易》曰：『天道下濟而光明，地道卑而上行。』則孔子知之矣。」或曰：「孔子知之，何爲不荅也？」荅曰：「仲尼祖述堯舜，憲章文武，其道大德尊，豈與小兒街譚巷議乎？又六合之外，非關教化者，仲尼棄而不論，故子路問事鬼神與死，皆不荅也。且孔子纂《易》道以黜《八索》，而不知日之遠近乎？以其輕問，故笑而不荅。」或問曰：「子云『陽城土圭得地之中』，何爲東海近而西海遠也？」荅曰：「地傾東南，垂入于海，今之海岸，求其海際，以人之所見謂之近耳。」

明・陳全之《蓬窗日録・日食（司馬光）》 日之所照，周遍華夷；雲之所蔽，至爲近狹。今太陽實虧，而有浮翳蔽之，雖京師不見，四方必有見者，此乃天戒至深，不可不察也。漢成帝永始元年九月，日有食之，四方不見京師見，谷永以爲沈湎于酒，禍在内也。二年二月，日有食之，四方見京師不見，谷永以爲百姓屈竭，禍在外也。臣愚以爲，永之所言未協天意。夫四方不見京師見者，禍尚淺也；四方見京師不見者，禍浸深也。日者，人君之象，天意若曰，人君爲陰邪所蔽，灾慝明著，天下皆知其憂危而朝廷獨不知也。由是言之，人主尤宜側身戒懼，憂念社稷，而群臣乃始相率稱賀，豈非上下相蒙，誣枉天譴哉？又食不滿分者，曆官術數不精，當治其罪，亦非所以爲賀也。日月蝕，昔人紛紛置論不一。國朝宋潜溪云：「月本無光，其有蝕，是爲地影之所隔也。月上地中而日居下地，影既隔則日光不照，其隔或多或寡，故食有淺有深。蓋地居天内，如雞子中黄，大不過與月同，地與月相當，則其食既矣。」宋此論將有見於夜耳，月蝕固有在申酉時、在寅卯時者，或日未没或已出，亦可謂地中日下而隔蔽乎？且日何爲亦有食也？劉保齋云：「日輪大，月輪較小，日道近天在外，月道近，人在内，日食既時，四面猶有光溢出，可見月輪小，不能盡揜日輪也。日月合朔時，月常在内，未有日在内者，故月食日也。日月相望，則日食月者，月雖資日光，有圓於望時，然微相參差，則光圓恰相衝射，則日反食之，如點燈者，當在爐炭炎熾之尖，所衝射則燈反不然，此曆家所謂暗虚。言月爲日所暗，而非日之實體暗之，乃日之虚衝耳。此言有據。日外月内者，日，火也，月，水也，此日月之行所以有上下之異。然謂其輪復有大小，則恐未宜。日食既時，四面猶光，自緣日光本盛，與月不同乃爾。若地與月，其形體大小何煩擬類？昔人以遠征至日，出入處已有所言。朱子亦嘗言之：「日固不大於月也。」宋之所言，地影，正可如佛氏言月中所有，不當以論月蝕。劉之所言，乃是曆家之説。曆家日光遥奪月光則月食，日爲月掩則日食之説，朱子嘗以示門人矣。考之理數，似只如此。他日論日蝕，又云：「日月會合處，月合在日之下，或反在上，故蝕。」論月蝕云：「日月相照，月不受日光，此一句是用伊川語。陰盛亢陽，而不少讓，故蝕。何也？陽氣衰陰，亢陽不讓，此日蝕事也。日蝕書於《春秋》而月蝕不書，若陰盛亢陽，爲月蝕之災，聖經安得，忽諸《禹本記》言：河出崑崙，高二千五百餘里，日月所相避隱爲光明也，後儒日如火把之譬，蓋出此。元人嘗窮河源矣，殊不如《本記》之所言者，十二相屬，取義子、寅、辰、午、申、戌，俱陽，故取相屬之奇數以爲名，鼠五指，虎五指，龍五指，馬單蹄，猴五指，狗五指；丑、卯、巳、未、酉、亥，俱陰，故取相屬之偶數以爲名，牛四爪，兔兩爪，蛇雙舌，羊四爪，鷄四爪，猪四爪。見洪巽漫録子午、卯酉五行死處，其屬體皆有虧，鼠無膽，兔無腎，馬無胃，鷄無肺，見曾三異《因話録》或曰：鼠膽在首，非無也。唐堯元年甲辰至我太祖洪武元年戊申，計三千七百二十五年六十三甲子，郡氏《經世書》謂堯得天地之中數，盖堯之時，在日甲月巳星癸辰申，而當乾之九五，值十二萬九千六百年之中，故謂中數也。考之，天開甲子至我太祖洪武十七年甲子，計六萬八千八百八十一年，勝國元明善有曰：夏禹即位後八年而得甲子，入午會之初運，當始之初六。故推勝國至元甲子爲午會第十運，則今已入第十一運之中。乃始之九三也，欲復二帝之盛，以躋三代之長，是望今日。

明・程敏政《明文衡・日輪》 日輪大，月輪較小。日道近天在外，月道近人在内。故日食既時四面猶有光溢出，可見月輪小不能盡掩日輪也。日月合朔時月常在内，未有日在内者，故月食日也。日月相望則日食月者，月雖資日光以圓於望時，然微相參差，則光圓恰相衝射，則日反食之，如點燈者正當爐炭炎熾

之尖所衝射，則燈反不然矣。此曆所謂暗虚，言月爲日所暗，而非日之實體暗之，乃日之虚衝耳。蓋二曜各有所行之道，如二人各行水陸之塗，朔望則一人由陸者在橋上，一人由水者在橋下，稍相先後亦不食，適相對當乃食矣。日行道周天如循環，月行道亦周天如循環，兩環相搭有兩交處，一處謂之天首，一處謂之天尾，天尾爲計，天首爲羅。至於木火土金水五星，不由日道，亦不由月道，各自有道。木星八十三年而七周天，與日合者七十六。火星七十九年而四十二周天，與日合者三十七。土星五十九年而二周天，與日合者五十七。金水二星雖隨日一年一周天，然金星八年而合於日者五，水星四十六年而合於日者一百四十五，其遲速離合以宰萬類之生成，司千代之起伏俯視人寰奚，異夫甕蚋褌虱之聚散緣嗡也，奈何欲以私意仰干之哉！孛生於月，月之行遲速有常度，最遲之處即孛也，故謂之月孛。孛六十二年而七周天。炁生於閏，二十八年十閏而炁行一周天。炁孛皆有度數無光象，故與羅計同謂之四餘，七政爲十一曜也。

明·楊慎《丹鉛總録·丘處機論日不入地》 《易》曰：「日入地中，明夷。」邵子云：「日入地中，構精之象。」後人遂謂日晝行天上，夜入地中。丘長春曰：輕清者上騰爲天，重濁者下凝爲地。萬物有形，重濁皆附於地。三光輕清，悉上於天，既上於天，如何却沉於地乎？且星隕於地而化爲石，古今有之。星墜於地，猶化爲石，况地下乎？夫二十八宿周天均布，太陽逐日會合，逐月遷移，一歲之終，經歷周徧，且如日在箕斗，箕斗在天河，日入地時，星河皆入地耶？日獨入地，而星河只在天耶？若道星河皆入地，則七八月間河漢尤顯，日正東西出没，初夜則河漢東北、西南向，曉則東南、西北，是知河漢不入地而隨天運行。若日入地時與箕斗坼破，箕斗行天上而日轉地中，天上空虚而行疾，地中結實而行遲，天地懸隔，如何向曉東方出時却得恰好與箕斗相會而同行天上乎？天上日月常無出没，人間常有出没，此間東方日出時，西向千里之外，猶未萬里之外，猶昏北斗，直西半夜北斗之北，初没子丑寅卯。周天輪次，迤邐而去，未嘗暫止，北斗斡運昭然可見，而强稱入地，有何義旨？「明夷」之卦，文王拘於羑里，失勢之象，何足爲據？右丘長春所論如此。愚按明夷，日入地中乃是假，象明理如天在山中之類。邵子「構精」之説，元儒已譏其褻天，由此觀之，長春之識卓矣。

明·來知德《來瞿唐先生日録》 日食者，數當食也，有當食而不食者，邵子曰：「算法之誤。」此言得之矣。或者當夜食，曆家差其時，如宋寧宗六年，太史言夜食不見是也。蓋日食常在於朔，月食常在於望，間有差者，不過差一日耳，不離朔望者，定類也。圓必有虧者，定理也。朱子言朔而日月之合，東西同度，南北同道，則月亢日而日爲之食。望而日月之對，同度同道，則月亢日而日爲之食。亢，當也。言日月相對，太親切，遂遥奪其光。又云，正如一人執燭，一人執扇，相交而過，看來通説錯了。日月在天，譬之兩毬疾馳如飛，相交而過，彼此安能掩乎？况日一日一周天，其迅速一刻千里，月豈能掩乎？曆家見得日食皆在朔，月食皆在望，固生此議論也。此皆不將造化陰陽大頭腦理會，故吾儒亦信之，殊不知天地有此陰陽不齊，就生起許多不齊事來，故有吉必有凶，有盈必有虧，有消必有長，有長必有短，有好必有醜，有常必有變，此必然之理，必然之數也。今以天言之，蒼然者天之常也，然或時而白，或時而紅、而黑，或時空中偶生雷霆，偶生風雨，非變乎？方者，地之體也，然或高而萬丈，或卑而萬丈，亦有盈有虧，非其生成之變乎？鎮静者，地之常也，或時而震，或時而裂，非其偶然之變乎？故明者，日之常也，或時亦如血，或時昏暈，或時有黑氣，如飛鵲，如飛燕，或時有黑子，如棗、如李，或時貫白虹，或時夾兩珥，此皆載之簡册，昭昭可考者，非明者之變乎？故《周禮》眡祲掌十煇之法，以觀妖祥辨吉凶，一曰祲，謂日旁有陰氣相侵也；二曰象，謂陰氣附日凝結成象燕雀之類是也；三曰鐫，謂黑氣刺日也；四曰監，謂氣抱日也；五曰闇，謂方晝而晦也；六曰瞢，謂日瞢瞢然無光也；七曰彌，白虹彌天也；八曰敘，謂雲有片段次序，如山在日旁也；九曰隮，螮蝀升氣於日也；十曰想，雜氣成形，想也。故圓者，日之常也，或時有缺焉，或缺十分之五，或缺十分之盡，則圓而缺者雖變也，亦常也。若以爲月所掩，且如桓公三年秋七月壬辰，日有食之既。既者，盡也。又如，襄公二十四年，安王一十年、高后二年、平帝元始元年、普通三年，日皆食之盡。赧王十四年，日食晝晦。夫月掩日，安能至此甚乎？此皆已前載之史册，不可勝紀矣。至若本朝正德某年，日食晝，白日偶黑，滿天星斗，此先輩所親見者也。月在何處，安能掩日至此乎？且古人不言日缺，而言日食者，其缺處如有物齒之狀，此食字之義也，故解「蝕」字云「如蟲食草木之葉」也。每每救日，見其缺處，參差不齊，月掩日，安得有是象乎？蓋月之圓，有時而虧，正猶日之白，有時而雜氣，如《周禮》之所謂「十煇」也，何必穿鑿以黄道論哉？又説亦有交而不食者，同道而相避也。謂王者脩德行政，則陽足以勝陰，雖當食，而月常避日，亦

不食，此說尤不通也。蓋日月無心情之物也，若月知避日，是有心情矣。且如五帝三王已上，不可得而知矣，至若漢文帝、宋仁宗，豈不脩德哉？然亦日食如常，何哉？常考《宋中興志》云：張衡云：「對日之衡，其大如日，月光不照，謂之闇虛；月望行黃道，則值闇虛，有表裏淺深，故食有南北多少。本朝朱熹頗主是說，由是言之，日之食與否，當觀月之行黃道表裏；月之食與否，當觀所值闇虛表裏，大約於黃道驗之也。此中興志之說也，又沈氏《筆談》，亦論東西南北。觀《中興志》，謂本朝朱熹頗主是說，則自漢唐以來，言日食者紛紛皆未定也。朱子見得曆家通是如此說，遂信之，解《詩經・十月之交》之註，爾又《中興志》云：日之食又有當食而不食者，出於曆法之外者也，如唐開元盛際及本朝中興以來紹興十三年、十八年、十九年、二十四年、二十五年、二十八年，皆當虧而不虧。及考《唐史》，開元三年七月、七年五月、九年九月、十二年閏十二月、共日食十二次。開元盛際，何嘗不日食乎？又考宋紹興五年正月、七年二月、十三年十二月、十五年六月、十七年十月等，共食十三次，止有三次入雲不見。羣臣稱賀者，奸邪蒙蔽也，當是時也，正秦檜弄柄之時。王倫詔諭之日，屈膝稱臣於醜虜，復殺良將以悦其心，君何君也，臣何臣也，何嘗修德哉？而以爲中興以來，紹興某年某年不食，恐亦諛君之言也，則《中興志》不足信矣。朱子脩德不食之說，蓋主曆家此說也。蓋日者，衆陽之宗，君象也，天道變於上，人事應於下，人君於日食，必當側身脩德，以回天變，非脩德則不食也。嘉祐六年，日食入雲不見，時議稱賀，獨司馬光上言：「臣愚以爲，日之所照，周遍華夷，雖京師不見，四方必有見者，此天戒至深，不可不察也。臣聞漢成帝永始元年九月，日有食之，四方不見，京師見，谷永以爲禍在內也。二年三月，日有食之，四方見，京師不見，谷永以爲禍在外也。臣愚以爲，永之言似未協天之意。夫四方不見京師見者，禍尚淺也；四方見京師不見，禍寢深也。天意以爲，人君爲陰邪所蔽，天下皆知而朝廷獨不知也，人主猶宜側身戒懼，乃相率稱賀，不上下蒙誣哉？」若司馬光者，可謂委曲善導其君，以回天變者矣。《禮》曰：日食則天子素服而脩六官之職，以蕩天下之陽事。」此皆垂訓之言，欲人君反身脩德也，蓋言反身脩德以回天變，則可，若曰脩德，則日不食，非矣。何也？日猶水也，日猶旱也。堯之時浩浩襄陵，湯之時焦金流石，堯與湯豈不脩德哉？故堯惟反身脩德，曰洚水警予，湯惟反身脩德，以六事自責。自古聖人惟反身脩德而已，且如孔子之聖，豈不及文王？文王之時，鳳鳴岐山，孔子之時，鳳鳥不至，豈孔子脩德不如文王哉？所遭之氣運不同耳。如曰人君脩德即日不食，是孔子脩德即鳳鳥至也。

○夏仲康五年日食，《書》云：乃季秋日朔，辰弗集於房。弗集者，不安也。言日辰不安於房宿也。即言日食也，亦非日月掩蝕也。蔡仲默以集與輯通，爲日月不和，誣矣。

○《小雅・十月之交》朔日辛卯，日有食之，亦孔之醜。彼月而微，此日而微，今此下民，亦孔之哀，日月吉凶，不用其行，四國無政，不用其良。彼月而食，則維其常，此月而食，于何不臧？朔日辛卯，在幽王六年。常考幽王三年，幽王見褒姒而悦之，是年三川震，五年廢申后及太子宜臼。必定幽王四年五年六年之間有月食矣。但古人月食不載之史也，十月之交，交者，方交十月也，即朔日也，辛卯者，紀其日所值之干支也。微者，食之甚也，與式微之微同；彼者，猶前也；彼月而微者，言前已月食之甚矣；此日而微者，言今又日食之甚矣。日月告凶，月則維其常矣；日則大變，有何善哉？不特天變，地亦有變。又云，百川沸騰，山冢崒崩，高岸爲谷，深谷爲陵。此指三年三川震也。至十二年，犬戎殺幽王於驪山下，而宗周宗廟宮室盡爲丘墟，遂有《黍離》之詩焉。則作此詩者，乃當時賢人。君子見得，日月告凶，雷電不寧，失天道也。山川崩沸，岸谷變遷，失地道也。內有褒姒之邪豔，外有皇父之貪痗，以至羣口噂沓，四國暴亂，三農汗菜，失人道也，三才絶矣。國欲不亡，得乎？作詩者，逆知周之必亡，乃作此詩，朱子解註，依曆家之說，不惟解之錯，且失詩人憂時所刺之意矣。

○「彼月」二句，依蘇氏註，亦通某所辨者，止辨其非日月掩蝕也。

或問：堯時十日並出，果有否？曰：此其必有者也。蓋堯時，六陽已極，陽精之發，極盛故也。觀天地六陰已極之時，即昏黑可知矣。斷史者以儒者莫先於窮理，無十日並出之理，殊不知此造化之妙也，俗儒安得知之哉？且天地陰陽有此不齊之氣，即有此不齊之事。如日明于晝乃其常也，亦有夜出者焉。如漢武帝建元二年是也。天無二日，乃其常也，亦有二日並出者，焉如永聖元年、乾符六年是也。月亦然，或時兩月並出，或時三月並出，或時西南方兩月重出，或時朔月猶見東方，或時生齒其間，恠變不可勝紀。又極而言之，天雨水，常也，或時雨血，或時雨沙，或時雨土，或時雨草，或時雨金，或時雨肉，或時雨水銀，故草木殊質，櫻桃有時而生茄，陰陽異位，男子或時而變女，如履武吞卵，

鳥覆羊腓，皆無理之事。聖人載之于經，豈聖人亦信恠哉？賈誼曰：「天地爲鑪兮，造化爲工。陰陽爲炭兮，萬物爲銅。千變萬化兮，未始有極。」斯言得之矣。

○天下理外事極多，且如孔子，古今至聖，虛墓中生出白兎來，此事都不可曉，所以説賈誼「天地爲鑪」數句説得好，燒窯有窯變，即千變萬化之意也。

明·傅汎濟、李之藻《寰有詮》論星宿借光於日三支

疏古有二説，一云各星所有之光，盡出於日；一云惟月借日爲光，若星光則皆從本體而發也。謂光出於日者，以月證之。當其晦朔之間，月盡無光，緣其魄與日合，不受照故。及其會日以後，始受微光漸遠於日，光乃漸顯。日月會時，日正在上，月正在下，則月之對地一面，不得受日之光，稍行漸遠，則日所射光露出月之下面，地上之人見月光矣。七日而弦，十四日而與日相望。其距日，日日不同，故其受照亦漸不同，顯繇日借之以光也。

又諸星愈近日天，則其光愈顯，可驗於火、金二星。造物主初立七政，置日於最中之第四重，如王者之宅中，可以分施其光，普照餘曜也。

雖然，列宿七政，各有微光，亦即月而可知。蓋月雖從日借光，然其見食之時，亦自有魄可見。人望失光之處，見有赤魄。若謂月全無光，則赤者何物乎？

駁或曰：月之借光於日，信矣。列宿、五星則似不然。設皆借日爲光，宜有變其本象之時，蓋諸所躔之度，與太陽度每日不同，則其受照亦當每日不同，如月象然。次既謂五星借光於日，則火、木、土三星亦宜各有失光之時，爲皆有時爲地所隔故也。又金、水二星，亦能掩日。蓋二星既自無光，有時行至日下，亦必掩日，或減其光，今皆不然。

正曰：火、木、土三星，居於日天以上，與日對時，地在中間，不掩其光者，緣此各重之天距地最遠，地影最微，不能達於日天以上。既無隔礙，則諸星全受日光，其象自宜，恒一不變，不與月同也。其日天以下金、水二星，光亦不變者，有三義焉。一者，其星隨日而行，恒受日照；二者，即亦有時離日，向下域處受光漸異，但緣所損之光甚微，人居地上，窺測未到；三者，其體透明，日光射之，上下俱徹也。此三義者，後義有疵。設果星體透光，光即不留，何得返而成光哉？惟前二義爲允。

金星行度，雖亦時與日合，然其體僅當日輪百分之一。水星更小於金，掩日分秒，皆不能設表而測也。又金、水二星本有之光，視月光差大差明，故其行至日下：對度之時，雖時掩日，不能成暗，如一透明斑點，映於日中者然。

駁或曰：月食，見有赤魄，知有微光，則何每月晦朔之間與其生明之始，見象如鈎，不見所未受照之魄乎？

正曰：月食所有之魄，不能見於晦朔。生明之始者，其魄非無微光也，緣當晝日，其所未受日照之處，爲日之大光所奪，不得呈顯本光。迨至昏夜，受照者既借光於日，不照者亦爲光之所掩，皆不得見。如近月之星，有時稍暗，有時盡暗，皆繇月掩其光故也。然月未受日照之一面，屢見黃色，是其本光之微影云。

明·陽瑪諾《天問略·日天本動及日距赤道分》日輪正居日天之中，日天動而日輪亦動，日天運行之一周，如于宗動天畫一道焉。所謂黃道也，終古如是，故日輪恒躔黃道，一道不出入于南北界，非如月、五星之出入于十二度内也。其上下四時各有定度，不稍前後也，黃道周天三百六十度，分爲四分，每分九十度，爲四象限。又一象限分六分，每分十五度爲一節氣，共二十四節氣。

如圖，自冬至至春分，則周天象限也，分得九十度，每節氣十五度，則六節氣也。自春分至夏至，自夏至至秋分，自秋分至冬至，亦然。日輪躔冬至初度至九十度，在赤道外，而最遠于天頂，故自立冬至立春皆寒，而冬至在其九十度之中，故其寒尤甚。自立春至立夏，因日漸近赤道而稍近于天頂，故其時暖于冬至，涼于夏至。正交赤道謂春分也，自立夏至立秋，因日在赤道上，而夏至則最近于天頂，故其時甚熱，自立秋至立冬，日漸下而離天頂，其時稍冷于夏至，甚煖于春分，亦交赤道，所謂秋分也。夫春秋分𥚃躔二道之交，其離天頂同，則其成寒暑宜亦同，緣春日陰氣塞滿大地，日光雖照，難成温熱；秋日陽氣焦灼，無所不暴，日輪雖下，難成寒氣。故春秋二季，日離天頂並同而寒暑不同也。

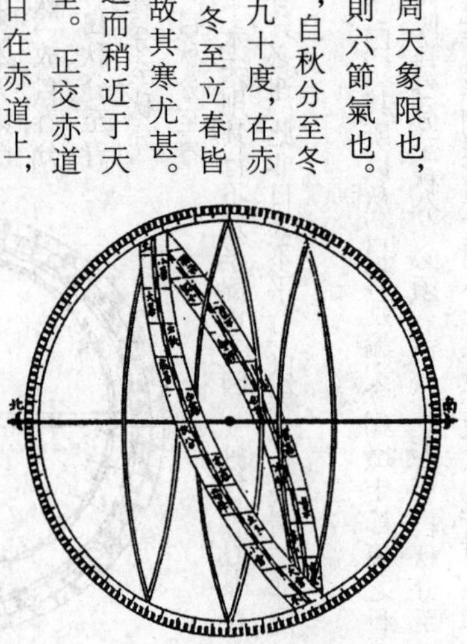

日自春分至夏至，行九十度，爲六節氣。自夏至至秋分亦然。四象限雖各行九十度，而其距赤道之緯度則非九十度，游移不出二十三度半也。故九十度爲黄道，自東而西之度數而二十三度半，爲黄道距赤道南北之度數也。蓋春秋分日，日躔二道之交，過春分日，離赤道向夏至而漸遠赤道，過此則又漸近赤道矣。自秋分至冬至，自冬至至春分，亦然。

如圖，甲乙爲赤道，丙丁爲冬夏二至，距赤道二十三度半。假如日輪在春分，則于赤道無距度。自春分至清明，則日行十五度，而其距度非十五度，乃六度十九分也。自立夏至小滿，此十五日之間，其遠非六度而爲四度也。自芒種至夏至，亦非四度，而爲一度弱也。故近分差多，近至差少，而其差非同也。欲知每節氣及每日日躔黄道距赤道幾何度分，依圖可得焉。假如清明初日，日距赤道度分，上是清明初度，下是白露初度，兩界相對，次用一綫，或界尺隱取兩界循直綫，視所當丙丁綫度，分得六度，因知清明、白露初日，日距赤道六度也。又清明五日、處暑十日，其離甲乙赤道亦同，故撿取清明五度、處暑十度爲兩界，次依法視于丙丁，得七度强，即其距度也，餘倣此。

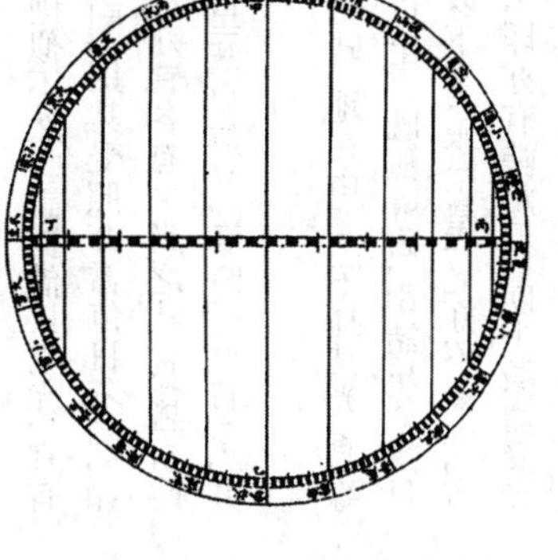

問：太陽平行，一日一度，一歲三百六十五度，自春分至秋分，半歲宜行一百八十二度半半周天，自秋分至春分亦然。今不其然，《大統曆》太陽自春分至秋分有空度，自秋分至春分有隔度，即今甲寅年春分至秋分四月二十二日空一度，五月二十日、六月十四日亦有空度。秋分至春分，十月十一日、二十二日皆隔一度，十一月十二日、十二月十五日亦隔一度，其非平行，何也？曰：此理甚廣，非可易罄，凡求日距赤道度分，則北極出地多寡定諸節氣，真日，算一食之真時刻，皆以此理爲最急也。今姑舉其畧，依上論七政各有本，天所麗各有異動，然其本天之中心，不與地之中心同一心也，故其行轉于地體之面一周自非可謂平行也。宗動天之黄道心與地球心一也，則其行于地面一周恒爲平行矣。則七政之天雖不平行轉于地體之面，然于其本天之中心平行轉也。

如圖，甲爲宗動天之黄道，乙爲太陽之天，丙爲太陽天之中心，丁爲地及宗動天之中心，則視宗動天與地球同心，其上半天于其下半天實爲平分，故其行轉于地面，必亦平行也。日天中心乃與地中心不同一處，其上半天與其下半天亦非平分，故其行轉于地面必非平行。蓋日行從戊過乙至己，在地球正行，其半周分在太陽，本天則已行大半周矣，此以上之黄道亦然，故自春分至秋分，太陽之天，大分在上；自秋分至春分，其在下之分不及半也；自春分至秋分，行十二節氣半周天而多八度；自秋分至春分，以黄道論亦行十二節氣，而于本天則其行不及半周也。因知日行半黄道，自春分至秋分必遲，而自秋分至春分必速，此非日天不平行，以與宗動天黄道非同心故也。

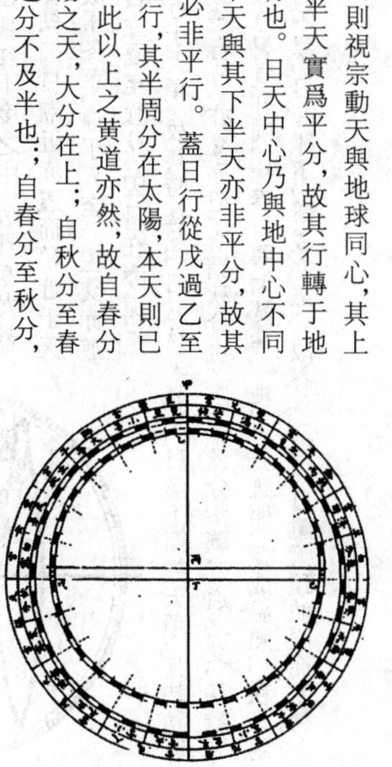

問：日天此理，何以徵乎？曰：其所以然，自有别論，今獨徵定節氣之日也。西國歷家測驗節氣，測得太陽自春分至秋分，必須一百八十七日，自秋分至春分，止須一百七十八日。《大統曆》半周共有一百八十二度，故太陽行夏至節氣，以其本天每日一度，一百八十七日則行一百八十七度。而黄道半周原當行一百八十三度，以每日一度算之爲有餘，故于夏至節氣有空度，日行冬至節氣，黄道自秋分至春分亦當行一百八十二度，而本天止行一百七十八日，乃依每日一度算之而不足，故有隔日，乃知春分至秋分，黄道一百八十二度，本天行一百八十七日，日多度寡，必須空日可以合之；秋分至春分，黄道一百八十二度，本天一百七十八日，度多日寡，必須隔日，可以合之。因此冬夏節氣于周天度數，亦不平分，蓋節氣太陽行黄道之十五度也，日行夏節氣，其所行十五日，而于黄道非行十五度，故不可以十五日定其一節也。冬節氣亦然，欲得其真確，須依上法而定其限焉，故于夏有以十六日，日行黄道之十五度而一節氣足，于冬有以十四日，日行黄道之十五度而一節氣足。【略】

日蝕。問：日蝕所以曰「日蝕」，非日失其光，乃月掩其光也。月之天在日天之下，朔時月輪正過日輪之下，南北同經東西同緯，故揜其光，若有失之耳。

如圖甲爲日，乙爲月，丙爲人居地面，月輪隔在其中，使日光不能照地面，而

人目不能見日輪也，因知日食非各處共有之，或一處見食，別處見光，或一處全食，別處半食，皆目隨地異也，聞貴國先時一年日食，司天言當幾分，草澤言當幾分，後卒如草澤言，說者以爲算法疏密使然，實不爾也。

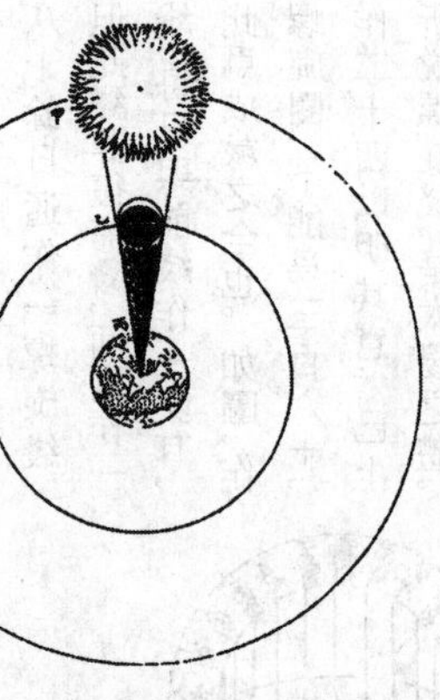

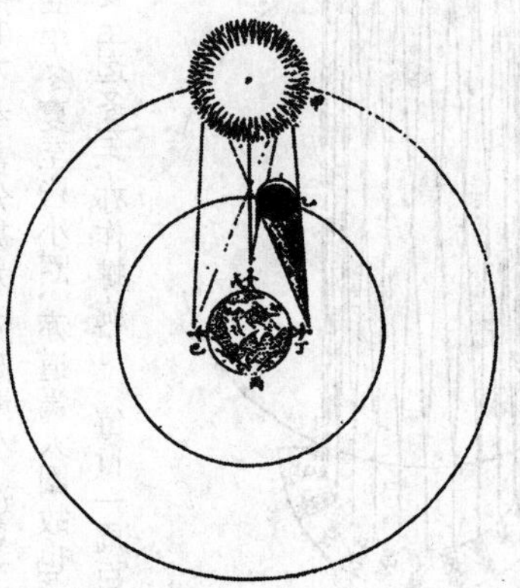

如圖，丙地面，乙月輪，甲日輪，居丁者正見月，于日故見全食；居戊者斜見月，于日故見半日食；居己者不見月，于日故全不見食。如欲得日食時刻，最準先須得七政經緯度及正斜視法，不然即交食分數測驗躔度悉不可算，悉不可定。故吾國歷家窮究此理以爲歷準，別有備論，今特畧言食理也，試觀居房内者，房中有燭以照四方，若于東方有揜光者，必坐東者不見其光而坐南北西方者得光也，各方如是。如滅其光，則居諸方内者，四方見燭無光矣，與食同理也。若月食，則所食全缺分秒，萬人萬目共作是觀，別無同異，與日不同。

問：太陽早晚出入時，近於地平見大，午時近於天頂見小，何也？曰：地球懸于空際，居中無著，其四際離天，諸方同一無遠近也。以理論之，其在東西出入方也，太陽離地凡一千六百萬餘里矣，而人立地面，或自東視西，或自西視東，半徑幾一萬五千里焉，以一千六百萬餘里又加以一萬五千里，人之視日宜小也。日在午，方從下視上，止一千六百萬餘里，人之視日宜大也。今宜小而反大，宜大而反小者，此非由於地之遠近也，濕氣使然也。蓋夜中水氣恒上，騰氣行空中，悉成濕性，濕以太陽，自下而上，映帶而來，晃漾焉，逢勃焉，人望之以爲如是。

明・熊明遇《格致草・論太陽之大》 欲知物大，先知其徑。徑有二。一爲視徑。視徑者，人目所視也。舊云太陽之徑一度，近來測驗，實止半度。

如圖，甲乙、丙丁，丁戊爲宗動天内規面之三度，人從辛視太陽之己庚徑，于天度僅得丙乙，不滿乙丁之一度，約如乙丙者，七百二十則滿黄道周，故知視徑爲半度也。

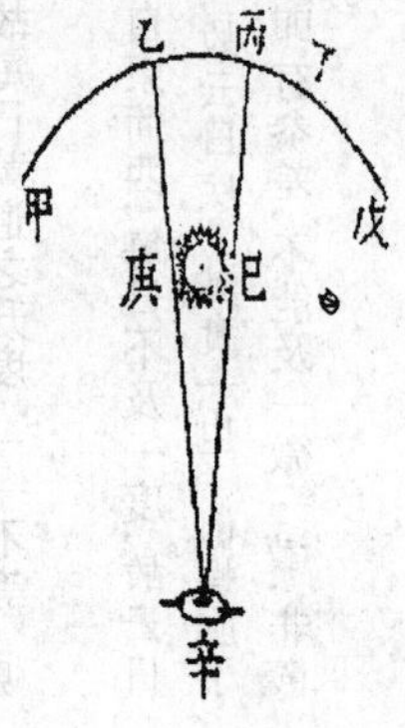

清・鄧玉函《測天約説》 太陽篇不稱日者，篇中有時日之日，故別言之。月稱太陰，同。

總論 宗動天之下，則有列宿，又下則填星，則歲星，則熒惑，何以序先太陽？其義有三。一，列宿與六曜之理，皆繫太陽，不先論此不得論彼。二，理較易明，先明其易。難者并易。三，萬光之原，諸曜皆從受光焉，月若其配，星其從也。

《論太陽之形象本是圓體》圓有面有體。太陽之爲圓面，舉自即是，不待言矣。其爲圓體，何從知之？曰：凡物未有有面無體者，太陽之爲物大矣，知其必有體也。凡自然生者，初生者，無物不圓。太陽之生，亦本自然，曾無雕琢，初生則然，曾無遷變。又諸體中，圓爲最尊。以太陽較天下有形之物，亦是最尊，知其必爲圓體也。論太陽之大 欲知物大，先知其徑。徑有二。一，爲視徑者，人目所視也。舊云：太陽之徑一度。近來測驗實止半度。

如圖「甲乙、乙丁、丁戊」爲宗動天内規面之三度，人從辛視太陽之己庚徑。于天度僅得丙丁，不滿乙丁之一度，約如乙丙者七百二十，則滿黄道周，故知視徑爲半度也。

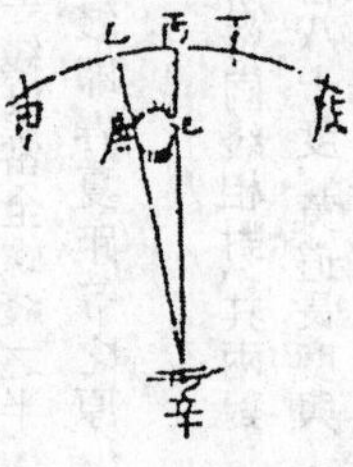

二爲本徑。欲知本徑，先論其去地之遠。太陽去地，有時近有時遠，折取中數，則以地全徑爲度。里數太多難計，故以地徑之里數爲其尺度也。地之周，約九萬里，其全徑約三萬里。一十四，其地徑自之得五百七十六，是太陽去地之中數也。其比例云，地之徑與太陽去地之半徑，若一與五百七十六也。既知其視徑，又得其去地之遠，因以割圓術求其本徑，得太陽之容大于地之容一百餘倍也。割圓術有專書。二徑相比，見《幾何原本》第十二卷第十八題。容者，體之容，筭術謂之立圓積，非徑綫，亦非面也。

【略】論太陽之光　日爲大光，六合之内，無微不照。有不透明之物隔之則生影。地在天中，體小于日，故影漸遠漸殺，以至于盡。其影之長，不至太陽之衝。

如圖，甲乙爲日，丙丁爲地。其影至戊而止，不至已。

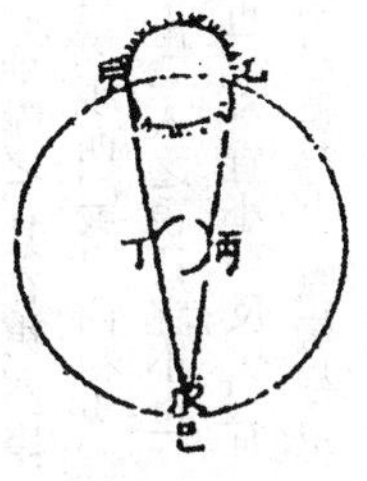

太陽面上有黑子，或一或二，或三四而止。或大或小，恒于太陽東西徑上行。其道止一綫，行十四日而盡，前者盡則後者繼之，其大者能減太陽之光。先時或疑爲金水二星，考其躔度則又不合。近有望遠鏡，乃知其體不與日體爲一。又不若雲霞之去日極遠，特在其面，而不審爲何物。

從運動論，凡五章

太陽之動有二。其一，與黄赤道比論，其一，與地平比論，與黄赤道比論。如從冬至一點起筭，行天一日一周。明日不在冬至，即此一圈作螺旋一周，次日復然。迄夏至點行一百八十餘周，而通作一螺旋綫也。第冬至綫與次日一周綫，相離甚近。以次漸遠，迄春分而甚遠。過此漸近，迄夏至而甚近，過此又漸遠，如是循環無窮耳。詳見後篇。

又冬至初日之綫，其螺圈甚小。次日漸大，至春分甚大，過此漸小，迄夏至而甚小。如是小大循環者，何也？爲緯圈中冬夏至皆小圈，赤道爲大圈故也。從冬至迄夏至，此爲成歲之半矣。若從夏至迄冬至，亦作螺旋行。每日一周百八十餘日通作一螺旋綫。但此綫非復前綫，而别作一綫，每日與前綫作一交耳，此爲成歲之全也。如圖，作螺旋圈，不能爲三百六十，作二十四以明其意。已上所説螺旋綫，是太陽之體，理實作如是運動，無可疑者。但螺旋則無法之綫也，以此測候，亦復無法可立，

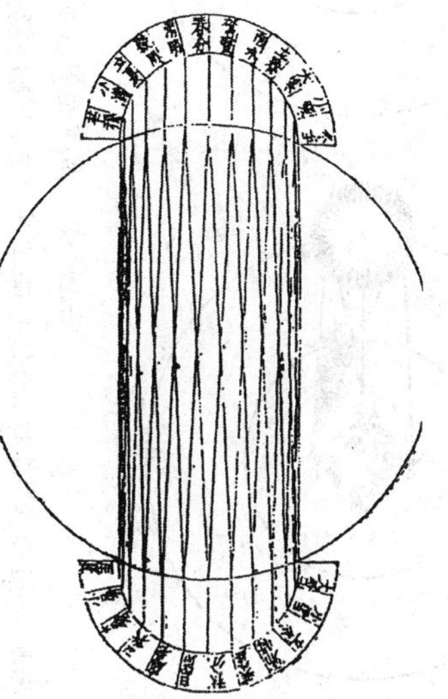

故天官家别用他術。如下文。

測候之術　如用春分起筭，初日從初點，循亦道行，迄一周是爲一日。明日即不在赤道，而在其第一圈。又不直距于初點。而東西相去，爲黄道之一長度。其南北距度，即不及一度也。此一周即爲赤道之一距等圈矣。太陽恒在黄道下行，故無黄道之廣度。至第三日，復作第三距等圈，與次日同。凡九十日行黄道九十度，即于赤道旁作九十距第圈，其第九十則夏至圈。夏至圈去春分圈止二十三度半，故太陽之行亦如是而止。此九十距等綫以當全螺綫之半也。用此術，則從夏至迄秋分，亦有九十距等綫。其綫即春夏距等之原綫矣。

至秋分，即復行赤道一日，無距度距圈。與前春分日所行同綫相對，其兩對處則有極分交圈，以爲之限也。自春迄秋二分之間行一百八十度，黄道長度與赤道之距度，其數皆等。從秋分而後，每日作一距等圈，其第九十則冬至圈也。凡諸距度圈皆交于黄道，獨二至之兩圈，切于黄道，爲其行，至是盡矣。其兩盡處，則極至交圈爲之限也。秋分迄冬至，亦二十三度半，與其迄夏至等。故其間距等圈，與其迄夏至之距等圈亦等。從冬至以後，亦依前所行距等原綫，以迄春分而歲成矣。

太陽之行，恒在黄道下，無廣度，亦恒在兩至之内，故兩至之内皆爲太陽所行之道。而太陽每日行一度弱，故兩至間之距等圈，凡一百八十二有奇。每一圈，歲兩經焉。如此術即分太陽所行爲二路。其一，分計每日所行，各行于赤道似圈，皆在兩赤道極之間。其二，總計每歲所行，皆行于黄道，在兩黄道極之間。其一日一周于黄道爲一長度。于赤道上，不及一上度，此一上度弱者，名爲黄道一日之升度。黄道之升度，每宫與赤道不等，故每日黄道之升度，一一不等。見本設表。

螺旋合術與黄赤分術比論　論合術，則自東而西，每日不及一度，故云日遲。論分術，則自西而東，每日循黄道行一度，故云日疾。其實一也。但螺旋于理甚合，而無法可推。分術則分數易明，其間即有叅差，不能及一微一纖，非儀象可測，故曆家專用分術加減法也。以便推步。

與地平比論　太陽至地平上爲出，爲明；從東而西没于地平下，爲入，爲晦。

論正球　春分日太陽出于東方，行赤道。赤道即東西圈。漸升至頂極，即

至南北圈，爲極高之弧。此地平以上之半晝分也，亦謂之東半晝弧。午正後漸降至地平，謂之西半晝弧。東西合則爲全弧，行盡全弧爲一晝。

其一日之中，地平上凡有表，即得影。日出，則爲無窮之西影，漸短至頂，僅得一點。或云是爲無影，安得一點？不知無表即無影，若令表離于地平，即有與表等大之影。午正後影漸長，至地平復爲無窮之東影。日既入地平下，則有朦朧分。一名昏度，一名黄昏。行地平之低度十八低度者，非黄道赤道之度，乃地平之緯度也。在下，故名低度，在上名高度。後，此爲夜。

如圖甲乙爲赤道，即東西圈。丙甲丁爲南北圈。甲高九十度，滿一象限。已戊爲表。日出辛，表端影在庚。至壬，影在癸。至庚，則在辛也。至甲，止一點。丙丁即地平，低度十八，至子丑而止。

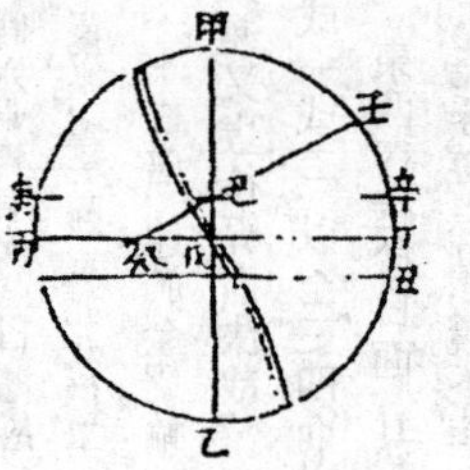

日至于南北圈下爲半夜。迨近地平下十八低度，復爲朦朧分。一名晨度，一名昧旦，一名黎明，一名昧爽。凡黎明將盡，日將出，地平上有雲，則爲朝霞。黄昏之始，日初入，地平上有雲，則爲晚霞。所以赤色者，爲日光返照，如火出烟。本是黑色與火並見，即黑。見烟不見火，即爲紅烟矣。

問：日出入則大，日中則小，何故？曰：地居天中，日周其外，因于太陽，如受燔炙，恒出熱氣，是名清蒙之氣。此氣之厚，去地不能甚遠。日出入時，人目衡視，積氣甚多。如物在水中，其體大于本體。故出入時，日形似大，非果大也。至日中時，以垂綫照地，人直視之積氣甚少，日不受蒙則似小矣。若出入時，或深紫，或微紅，或似長圓，亦皆是氣之厚薄踈密所爲也。

其春分次日，太陽離赤道即不出于東西圈之初度，而在其稍北之瀾度。即地平之經度，不□廣者，以别于黄道緯度也。其相去也與其日之距度等。爲正球則赤道與地平爲直角，故也，欹球則否。太陽既稍北，則其表影亦稍南，其晝分與初日等，其南北圈下之極高弧則稍減于九十度。又次日，則瀾度愈大，極高弧愈小，以迄夏至，其瀾爲二十三度有奇，其高弧爲六十三度有奇。從赤道南迄冬至亦如之。其方之晝與夜恒等，何者？赤道與地平爲直角，即一切經緯圈其隱見恒相半故。

如圖甲乙爲赤道，即東西圈，春分日，日從此道行。

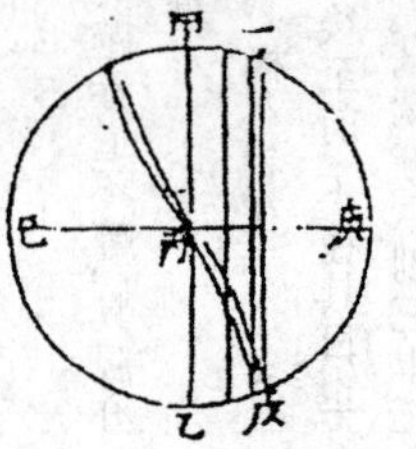

次日以後，漸向丁戊行。甲至丁，乙至戊，各二十三度有奇，庚至丁，其高弧六十三度有奇。

論欹球　一歲中獨春秋分兩日得晝夜平，何者？是其日太陽在赤道下，赤道與地平皆大圈，交而相分，即所分之圈分相等。若赤道距等圈大小不等，以地平分之其圈分上下皆不等。

如圖甲乙爲南北極，丙丁爲赤道，丑寅爲地平。春秋分兩日，日在戊，爲黄赤道之交，則地平上下圈分等。過春分日漸北，如至辛壬距等圈，則丑寅地平分晝夜于子。過秋分，日漸南，如至巳庚距等圈，則地平分晝夜于癸，上下皆不等。又一歲之中，凡兩晝之距兩至等，則其晝分之長短亦等。凡兩晝之距兩分等，即一在赤道南，一在赤道北，其距度等，而此日之晝與彼日之夜等。

凡球愈欹，極愈高，即高至不曰冬夏至，而曰高至，通南北言之。之日愈長。凡正球之南北瀾度等，欹球則否。

凡正球之二至，日中時，其高下恒相等，欹球則否，日中時，其一至一甚高，一甚低。

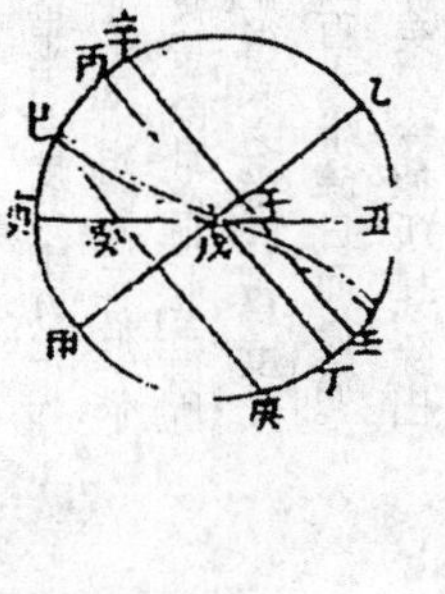

論平球　則以半年爲一晝，以半年爲一夜，何者？北極與頂極合，即赤道與地平亦合。故九十距等圈從赤道迄一至，皆在地平上，其在下亦如之也。其表恒作無窮，及最長影不作短影，每日爲一周，亦作十二時或二十四。但百八十周，恒在晝耳。

論朦朧　早爲晨分，暮爲昏分，或并曰晨昏。或省曰朦，曰朦影、朦度。

太陽在二點，二點之距一至等，其朦亦等，何者？去至等，則同在一距等圈上故。

若二點之距一分等，其朦不等，孰大孰小？近于上極者則大，遠則小。

北極出地處，則北六宮之朦大于南六宮。南極出地處反是。

北極出地處，太陽在北六宮，愈近夏至朦愈大，迄夏至極大，過夏至漸小。南方近冬至愈大，迄冬至則極大，過冬至漸小。北極出地處，迄冬至不極小，極小者在赤道冬至之間。南方迄夏至不極小，極小者，在赤道夏至之間。

太陽在北六宮，愈北朦愈大。

平球之處，其太陽入地低度不過二十三，去朦度之十八未遠也。故其晨昏

最長，一年之中，明多于晦，幾乎不夜。

正球上兩點，在赤道南北，其距赤道等，其朦亦等。其距赤道不等，其朦亦不等，孰大？愈遠赤道者愈大，故二至之朦甚大，二分之朦甚小。

問：欹球北極出地處之朦，夏至極大，而冬至不極小。極小者在赤道冬至之間，然則安在？曰：此在秋分之後，特隨地不同，皆在分後至前，不在其日也。如北極出地四十度，春分則六刻三十三分，夏至八刻六十分，秋分六刻三十三分，冬至則七刻。最小者六刻二十六分有奇，在寒露之中候五日也。

清·揭暄《璇璣遺述》 日自轉徵

問：政轉行非平行固已。若日之轉何所徵？曰：以近體諸星徵之。金水環日輪外，日轉，故金水轉，金水轉益以推日之轉也。凡物之屬，氣者必動，體圓者必轉，於火尤甚。太陽之氣，屬火，性利，摩盪雖爲天所帶動，實則自轉不已。自轉之勢急近者，輒爲所掣。金水爲日所掣，猶舟入漩渦不得不隨之瀠洄也。又如漩水入渦，外緩内急，至近渦處與所洩處，其迅疾之勢有百千其倍而不止者，即以金遲水速推之，水距日折於金度之半，其遶日即速於金五倍。金距日四十七度，水距日二十三度二十分，定折其半也。金五百七十八日八時三刻八分，遶日一週，水僅一百一十九日九時四刻三分，遶日一週，是速五倍。愈内則其行愈速，依其所折之度，速於所轉之倍。從水六折有半，乃至日體之半度，而得日自轉度，每日應滾七百二十五轉。以一刻十五分算之每二分日滾一轉，一刻七轉，半一，時六十轉有奇。日體經半度，一轉爲度半。較以本道之里度，每日自轉一千又八十七度半，得三畡京兆八億二萬八千九百六十一里。速於周本道三倍弱，速於水周輪九百一十二倍，速於金周輪二千二百倍。觀其光影之在地，摇摇播盪而進，則其轉其速又豈待算而決哉？日中有黑子，亦可以徵日之轉。日中黑子大小多寡不一，或一或二，以至三四而止。大者能減太陽之光，能減太陽光則知其體大過於金星矣。東西徑行於日面，其道止一綫，必十餘日方盡，既盡而復繼，迄無定期，遠鏡説以爲浮游黑點，竟不解其故者此也。遠西《測天約》云：太陽黑子初疑爲水金二星，考其躔度，則又不合。近得遠鏡，乃知其體不與太陽爲一，又不若雲霞之去日極遠，特在其面，不審爲何物。歷引又云：以其行在日體外，或疑爲小星，究不知何物。寰有詮云：日中斑點，時小時大。羣徵云：日輪上見血點，時密時疏，時盡去而復來，必非日體，或有他星經行其下。《晉志》：日中見墨子，如桃、如李、如鷄、鴨卵之不同。不知乃日切體之星，亦離中之陰，有内侍象，與金水抱日環轉。同特金水稍遠，此尤切體耳。金水遠日，故離日遠則入見限，此切體光芒爲太陽所奪，則無見限反以入於體下而後見。金水遠日，入見限則見其光，此切體入於體下，惟見其黑。又上半面對日，與月食日法同。月食日則見如黑球，此體小，僅見爲黑點耳，其實皆星也。金水二星正過日下時，亦僅見爲黑子，可知所過黑子皆星也。星本對日，生光，但知金水抱日環轉，則有消有長，在下爲晦，宜不見，在側爲弦，在上爲望，宜有光而晝不見者，人目爲太陽所奪，如人在高燭懸炬下，雖有星，仰視不見；行至暗處，則自瑜燦然。日食既亦燦然，則知日非奪星光，乃奪人目光也。故以窺筒測日或中加録鏡或以紙殼外掩四圍，凡以避目眩耳。水以一百一十九日餘一周，此以十四日一周，速於水八倍有半，是距日十度内外之星也。距日十度非實貼體，故爲浮游黑點，在諸星亦必遠近不等，遲速各異，故無有定期，必抱日環轉，故東西徑行一綫，前者盡而後者繼，苟能於貼體時察識其一二？大者候其再至，以周行遞減之法推之，則此星之情狀，得太陽之轉法益得矣。

方以智曰：迅不停機之體，終古不變之理，惟心如此而不自知也。考亭與西山往往深談，日夜不休，恨不及見此，省得發與未發之疑。

日小光肥

問：初函云：日月在本天，半度爲一全徑，則日大地僅五倍弱耳。又云：日徑大地一百六十三倍又八之三，而後地影有窮，依窮影綫算百六十倍，是論徑大非渾大也。則在本天亘一十七度，離地不遠，熇熱甚矣。有謂日本小，所見如遠望懸燈，并籠爲體，故不熇熱。有謂日雖大，尚離地三倍，其不熇熱，宜然。諸説孰是？做地徑二萬八千六百三十六里又二十五分里之九日，天位每度徑二億七萬六千四百九十七里，如日大地百六十餘倍，則徑四兆七億三萬五千六百七十五里半，占度一十有七止。欠二萬六千二百一十三里半。其離地也，一京六兆又五萬五千六百九十里，相距尚三倍。依《格致草》，折取日道遠近中數，二十四其地徑自乘之，得五兆七億六萬，再除日心地心至面所離止，一倍餘耳。曰：即以天度明之，人立地面，目之所及，止得天之半圓，爲度一百八十有二日體大半度，從黄道横累而進，自東迄西，必三百六十餘日而後滿。七百三十一日則滿黄道一周。使大十有七度不過十一日而滿矣。今據所見，除出没時有氣映之，殊當亭亭中午時真形進露，所大不盈一拳，旁視黄道，空位甚長，其累十一日而滿乎？抑必三百有餘倍乎？熇與不熇要不出於半度而已，彼所爲地影之説者，豈有他哉？蓋以日大則光大，光大於物則影易，窮不至太陽之衝，不及食諸天之星而言也。不知光之照物，嘗溢於形數之外，光嘗肥，影常瘦，不可以直綫取也。若太陽之光又具各種異狀，人所恒習而不知者，試以楮葉通鍼

芒小竅毗几照之，所照適如其分，甫離寸許，摇光倍焉。又攢四五穴，照之，四五穴各具一光也，稍移而遠，光合爲一。又舉以向日，從後視之，覺孔小光大，所隔之畔不復如正視者。又如竹箕懸空，以映日光，重有冒眼以對白光，俱見圖片層疊互相交卸，大孔百十倍，以木投火，入火之截便覺小於外截。光體漸大，影則漸小，地影之易窮此，其一也。太陽之光與月光不同，月光之光，有赤無白，於正射則赤，於不射則黑。太陽之光有赤有白，於正射則赤，於不射則亦白。雖重雲掩蔽，深堂密室之中，穿窗透隙，展轉互映，即一點漏光，滿室皆白，況地懸天中，僅如小蓋仛空，所障無幾，四面環轉又皆赤光，所射中影能不生白乎？所謂赤光爲極光明，白光爲次光明，凡人作細密女紅，俱只用次光明，蓋赤光有火，久視反眩也。白光愈增，黑影愈減，地影之易窮，又其一也。且日之光者，火也。火氣恒散，爲天所包，欲散不得，則必循天而前以聚，於對極，火氣直沖，爲地所阻，直沖不得，則必抱地折轉，以合於前。鋭在天者，如烟鬱。循簷在地者，如水流包砥，舉會於其前也。赤光會前尚遠，白光會前則近，火氣會前如晶，燧取火以煤，承前即得火，則亦不遠矣。蓋日對火鏡而成返照，日對所沖之天乃大火鏡，火返照也。日包晶球而成折照，日包大地乃大晶球大折照也。余嘗於日没地時，見有赤光數道，自西拱起，穿雲倒射而上，横遶冲天，直迄東境，斜揹入地而隱，環抱地面有若虹蜺。其光雖係東西橋起環拱對射，然兩頭尖中腰廣，有若分天球爲十餘瓣狀。兩頭尖者，又若分天球兩極，出綫狀在物，有似蓮瓣、橘瓣特稍長耳。余癸卯於泰和見小條五道，癸丑於桃源縣見大小各一道，其兩頭正如有兩日倒影對射，不知其爲孰東孰西也。始信光非直行，能隨物曲，附地影之易窮，亦其一也。陽之體，生光照物，并能令星月生光照物，又能令虚空之氣生光照物，故日未出而天先曙，日已入而地猶白。赤道下爲朦朧影者，凡五刻有餘；兩極下爲昧爽，黄昏者，各一月有半。歷引以太陽出入地下十八度爲晨昏之界，自赤道下五刻餘始漸偏兩極，漸增以至一月半。如燕京北極出地四十度，晨昏在二分六刻三十分；冬至七刻最小，六刻二十六分在寒露。中候五日内。夏至長至刻餘。若兩極平球下太陽人地不過二十三度半，去朦度十八不遠，故其晨昏最長，明多於晦，幾於不夜。余謂除十八度昏旦各一月半，尚有三月爲黑夜，然算者以日心出地平爲晝，始見者以日輪出地平爲晝始，日心至日邊，駿馬可馳二里。又北陸高出四度，又日盤所到之方先明，所以明多於晦，幾乎不夜。則皆日之餘光所生地影之易窮，又其一也。位北，日以物之圍，中徑八十一倍，乘其光之高，以照其物則無影。位北，因余光肥、影瘦之論而作，絶影率以測之地徑三萬里，影當千二百萬里，而絶地面去日邊千六百餘萬里，影不及日天，□諸星天乎？以中圍徑乘，則八十一倍，以中徑乘則三百廿倍，法同。素白日光大於物，則影瘦；光小於物，則影仍瘦。然自日徑半度言之，已大地五倍，固影瘦矣。即光小於物，影亦瘦，仍不可以直綫取也。如光小於物，以直綫取之，過幾許里，其影當大至六倍，止得四五倍，不及直綫則亦瘦矣。八十一倍亦以此地乘此日，則無影耳。若日高地遠，能以一例求哉？凡日近則影小而短，日遠則影大而長。於日食，有久蔽中掩，見之又日盛，則影潮小而短，日微則影漸大而長。於浮雲渡日，乍明乍晦，時見之又漏光，一大照物，尺大近壁，則黑遠漸淡，至五尺則失影，僅成一微暈。於隙光映粉壁，見之故影亦無定。所謂光小於物，爲無窮之大影，亦論其概耳。於此知表影亦無定。西學光大於物，爲有盡影。歷引日體大地一百五十倍，大月六千五百三十八倍，而地影沖至月天位止高出度半，又云月小於地三十八倍，何以日食既，日更近月，其黑影亦沖及於地，且或昏昏若夜，同地影等大？此亦可悟日小。不惟此也，凡一隙之光，皆具日之全體，故小孔射地，方者必得圓形，或雲近於日，掩日之半，則千萬之孔皆掩半露，亦如之，非次第及也。余嘗於板壁間見日射漏光，有雲影飛渡，一孔之影如是，則孔孔如是，變幻出入皆同。又以水鏡承與以漏影，窺天管穿漏中畫紙而觀日食，其象悉現於紙上，處處皆然，因知無不見其全體也。又於暗室作孔指大，轉透白光，以紙對孔，不遠十步，其光盈尺，凡隔山隔城，所不見物悉倒影照入。此倒影入物法。又以盆注水，轉映空明，凡左右上下直影所不見物，悉浮出水面，斜透入目矣。每光之徑大於孔之十，其雜光之遠，即倍於光徑百倍，於孔則千倍矣。凡白光出縫隙，即作喇叭形。可知光彼此互照斜折，各倒而溢於形數之外也。以此而求，析地作八分爲赤光折，八者二之弱爲白光，轉攝者六之弱，黑影切地，僅分許耳。日離地千六百萬餘里，月離地四億萬餘里，闇虚之影尚大度半，歷家所稱闇虚即地影也，月食經之。以此算之，其鋭當沖出一兆一億餘萬里外，一算止出八億四萬餘里。包赤光、白光，以直綫取其鋭，當沖出一京一兆餘萬里外，一算止一兆餘萬里。幾過於闇虚，故影雖小日雖大，必不至大地百六十餘倍也。日大地五倍，遠地五百倍，黑影沖至月位，遠地一十六倍。闇虚止六度半，依月位度半算，止得一萬二千四百六十三里半，小於地徑一萬六千一百七十二里半，過月位再遠十二倍，則一萬二千里之影亦消盡矣。以此觀之，黑影自影其透不過八億四萬里，而直綫則透三兆二億四萬餘。所云影綫短而直綫長也，直綫逮日天，僅五分之一，影綫逮日天，僅二十分之一，此猶以白影共算作黑影，共入食限，若真黑影在白光中僅如物之徑。地大三萬里，影高亦等此耳。赤光、白光、黑影難分三等，然以此而變白光，漸遠漸赤，漸近漸黑，節節不同。以物乘日，可見也。依歷引月，離地七億二萬九千五百里，算其影之鋭，更當遠出半部，正抵日位，影綫難分三等。然自末而至於根，自赤而至於黑，漸次以變，如火之焰由青而白，由白而赤，而黑也。以不熖之説言之，天火下降，地火上升，舉正沖也。日環大地而轉，一日一周，則無時不午，無

時不有午，無時當午而不屬正沖，三倍不熇，與火平距，則可若屬正沖。雖離十倍，亦不堪矣。辟燈小寸許，三倍以上其能著手乎？況天圓體，包日於內，不若燈雖正射，四面空曠，其氣猶得旁達，轉殺也。試爲一球，距中止三寸許，納燈於內，燈火薰爍，勢不相容，球堅則火必閉伏而隱，球薄則火必沖燬而出。天日且不能自容，何有於人物乎？況日爲陽宗，又非常火之可此。乎天包日於內，萬物得以生生者，實由日止半度離地百六十倍餘也。所云日居最上，則寒冷不能滋萬物，最下則亢烈萬物嘆損，惟居中乃得中和之理。余謂日大半度亦適得中和之理。故春夏則熱，秋冬則寒；赤道之下則熱，兩極則寒。正射久曝，則熱斜照暫映與林木巖洞間，則生涼生寒。如云日大地百六十倍離不過三倍，則在地雖有千里萬里之殊，在烈日中止如紅爐一點，而謂此一點，能分寒暑乎？有謂遠鏡照物，百十步內其大數倍，晶天千六百萬餘里，與滿空之氣橫直相映，其爲鏡也多矣。日體小，所映之體則大，必非籠也。今有照遠小鏡二，凹相覆眼上，照之可視遠如近，近視者用之，竟可觀天象，亦巧極矣。以此言之，即所見不盈一拳者，猶是溢數。并言日不大於地捌論。安有於十七度乎？不知映小爲大者，蓋由地上浮游之氣與玻璃之類蒙之，遂有清蒙視差。近地平，地冷山僻，東風起，土氣升，日斜目昏則蒙差多；近天頂，熱帶，近地藪澤，西風起，天氣清，日晴目乾爽則蒙差少，故差亦有異，然必有差也。若晶融之天，彼此透徹，無所遮隔，愈遠則視徑愈小矣。何以言之？凡物之遠目者，雖大必小；物之近目者，雖小必大。蓋由人目光交射而出，近交則視正而物平，遠交則視闊而物小，如登山而望崇臺，臨海而視巨舶，不踰數十里，即鴉然一點，況其遠然者乎？此論前人所未到。又以物居前，掩左目開右目，視則見其物在左；掩右目以左目視，則見其物居右。非物有移動，緣人月斜射、交射而然。愈遠愈闊，此論亦前人所未及。故日雖大地五倍，所見不過如盌、如盂，即是故也。安得以遠映爲大乎？是熇與不熇，籠與不籠，總不必論，但就目所見儀所測與度綫所分，要不出於半度也。依月徑半度爲四千一百五十四里半，又云地火三十八倍又三之一，則不及半度矣。又云日徑半度在本道一十三萬八千餘里，有云日大於月六千三十八倍，則徑四兆八億八萬四千零三十五里，餘，更浮於前數，其非徑大，惟渾大乎。然則日大於地，實維幾何以徑？面算所云：五倍弱以立圓，算則渾大一百一十八倍有零，積而乘之，自得之矣。以徑自乘再乘，爲方積，然後用十六除面九乘之得立圓。積與小圓積測天，約既知視徑之本度，又得其離地之遠，較地近約一與五百七十六，因以割圓術得太陽之容，大於地容百餘倍也。

余前所論乃就大西之言而辨之也。依余算之，凡火大於物則通體皆熱，火小於物則移彼此寒、移此彼寒。如地大一丈，火大五丈，以之灼地，有不盡熱乎？惟地大一丈，火大一尺，則所居之尺則熱，所遠之尺則寒，中處則溫。又火小而近地，所臨則熱，若高遠雖當頂，亦不熱。故冬或不冷，夏或不熱，以日小而行有遠近輪故也。以此算之，今地大不過三萬里，而有熱有寒，則日徑必小於地數十倍，即日天之度，亦不甚大，里不過以千計，離地亦不甚遠，里不過以萬計，所行之廣，每呼吸不過行數里耳。日天位如是，諸星天位不甚大，亦可推矣，姑開一荒，以待後之神明者。

愚者曰：若非生千古以下，集千古之智，安能如此指掌，數一二耶？鏡鏡相照，可以徵光氣自相轉移，山市海市皆其徵也，將來此理傳於遠方，豈不令兜離人伏地乎？

邦士曰：以直綫測者，質測也；不可以直綫求，則非質測而後能質測也。故知真能測物者，必能得大意，不得斤斤以繩墨相之。

清蒙差測天約地受日蒸，恒有濕氣上升，然去地不高，日出入時人目橫視，橫則地徑遠。萬五千里地升之氣廣，故見大日；中時以垂綫照地，人目直視，直則所立之地上升之氣少，又減地心至地面徑、去日近，又午位前後正射，辟去陰濕氣，故見小歷引：遠赤地冷氣沖，能令日光映廣，故日食時月魄見小，近赤則見魏大，差至一分以上。《寰有詮》大地上恒有上氣升焉，中分濁則見大，清則見小。又土氣地氣不同，東風動則土氣起，見大西風動則天氣清，見小又近地平，地冷水濁土氣升，日斜目昏蒙差多。近天頂熱帶，土燥天氣清，日晴目乾爽蒙差少。余謂上氣亦有深山平原之分，濕氣則有川澤眵淚之別，余甲戌四月，曾在新放鶴仙觀從塔右，看月如常。步上不五六丈，從塔左看月，則大如盆，不啻數十倍，所見不同於片地亦異。日月加倍。西史先知波羅佛大及竟撒意者論：天主審判日後，景象，云月光如日，日光七倍於今，又云蘇厄征戰呼天日輪輒止長倍常日。又主賜厄蘇既亞王壽以日影對十綫爲□，與中土，所傳虞公以劍指日，日遂不落，汲冢《周書》懿王元年天再旦於鄭，與向所傳十日并出，羿射日，落九烏之説同，皆荒唐莫稽。第自有天地以來，凡百所生物在前者，每過於後。則日月之光與長或遠過今日，未可知也。測天約舊言日徑一度，近測驗止半度、豈日體今亦半消耶？所云射日落九烏，古文簡要分四句讀，言羿善射，於一日間能射落九隻烏鴉，非日中有烏。向有十日被羿射落九，今止存一也。五質晉東晳云：日光大小所存有伸厭，厭而形小，伸而形大，此人目力之殊，日非有遠近也。是故置器廣庭，則函牛之鼎如釜，堂崇十仞則八尺之人猶短，蓋其理耳。姜伋云：渾天之體，圓周徑詳於天度而知大小之異，由人目也，參伐初上則覺間疏，在頂則覺間密，以渾儀測其度爲均無或殊也。又目不見星者，乃太

陽之光能奪人目，非能掩星。試觀日食，既日，近星而星猶見。又日光所射，凡物之有質者，皆生白。惟天氣高厚，日光不及外象，必純闇在内，止得青耳。雄居郎云：如管可窺百丈之山，僅可窺一星，可知星在上愈遠愈大，人在下視愈遠愈小，亦爲視差，其實視差亦由人目之交有遠近耳。近視斜視。凡人有兩目，左目之光斜射於右，右目之光斜射於左。在前近尺之内，相交處視物，則明而平，若於交外，則愈遠愈斜，愈開愈大，而物在前者，視雖明而小矣。若交近於寸許者，爲近視，其光則横過左右不見前有物矣。斜視者一目光直，一目光斜，斜交左者左視，斜交右者右視。惟今作有眼鏡，能使近視者遠竟可窺天星，斜視者正目昏愈明，遠視愈大，亦奇之極矣。

炎光影算

日體大半度徑，大地五倍弱，此實可見可測並可算者。若云徑大一百六十三倍有奇，而後地影窮，是以直綫取余，前辨雖悉，然論理而不及數，亦不足以徵信。因創爲三算非四算，比蓋就日體以立算法，非他算所可通也。就日體以算日體，非可并算他物也。一日炎算，以其體有火也；一日光算，以其火有照也；一日影算，以其照有影也。三算立而理數定，理數定而情形得，不惟日體從此可知，即凡諸天以及百物，理數情形無不概可通矣。

炎算法　日火射地，正射爲赤炎。赤炎之熱，有如其徑。如晒曝必在赤炎下，赤炎不到處熱即不及。先儒云：天高九萬二千里，以日距地言也。日在本天大半度，依三百六十五度算，必七百三十一日輪，乃横天赤道一周。二百四十四輪爲天中徑，一百二十二輪爲自天至地心半徑。折九萬里之高，分百二十二輪，則日體大七百五十里弱。比月大二倍有奇。地大三萬里，以分日輪徑，則日小地四十倍。捌論。又折地心至地面一萬五千里，則日距地僅七萬五千里。高等月位五倍半。即以日之高、日之大，算其熱分，日火離地百倍即大十倍，懸笪捲篷所漏光影，俱可見之。其熱亦十倍，依平炤地面算，若凹凸皆不同，凹熱凸涼。今日距地七萬五千里，則炎大七千五百里，其體僅大七百五十里，亦可倒算。不問而知矣。即以理推，凡火小於物，當炙處熱，不炙處涼。若以百尺火熱一尺爐，有不炎處乎？而地何以有冷帶？大小於物，移近則熱，移遠則涼，若以百尺火煮一尺鐺，尚分近遠乎？而地何以有冬至？火小於物，正沖處熱，偏倚處涼，若以百尺火薰一尺蓋，能分偏正乎？而地何以有温境？又火小則有先後、高卑、久暫之或殊。若大火爍小物，又止離數倍之遠，依初函徑地百六十三倍算，則日止離地三倍，不必離三倍，即百倍亦不堪熏灼。四面煏射，亘古不息，寧有先後、高卑、久暫乎？而暮有夕陽，山有積雪，夏有凝氷，如莪眉等山北，直夏賣氷。又火小則或在籠中，或著平板，猶有冷煖。若百倍火加天包於外，如甑蒸彈丸，鼎煉點汞，熱氣鬱内不散，有不爛銷鎔乎？請君入甕寧不骨焦？咸陽一炬安有譙類？而四時生養萬物，蓄植前後相續，又如火鏡，雖小煤置其前，即得火晶球，雖小艾承其影，亦得火。皆數寸物耳，離數寸即得火，可見君火之烈。若百倍火加天包外，如大火鏡地凝内如大晶球盤旋環轉周圍，返激則彌空皆火，徹天透地，不惟大地燒成瓦礫，即寰宇亦必沖裂而出，若不獲出則火必閉伏而隱，所謂天日，且不能自濟，何有於人物？在後三論，日體不必大百餘倍，即五倍亦不堪熏灼。而星政顯耀，水土滋潤，從來如故，豈非其體小炎不大乎？《天問略》云：日在天第四位，故光及諸星政暄及下地，滋生萬物。不知其近而小，故得滋生，其高居第四位，非天分四重也。再以數求。依地半徑言之，極下距赤下，僅萬五千里，而分三折，極下則寒，中帶則温，熱境乃在赤道下，依當炙則熱看。爲里不過五千許耳。二十度内，活算。以土中較之，河南爲中土之中，測影驗氣，舉在汝寧府天景山，此處極出三十四度。距立夏、立秋，黄道界止十五度内外，日必至立夏始熱，至立秋即殺，熱極乃在夏至，爲里不過三千七百耳。以距汝寧活算。是熱境亦不專屬赤道下，南移十五度，北殺；北移十五度，南殺。惟以日之所臨，乃爲正沖，乃屬熱分。照遠近偏正段看。合計左右熱境，大不過三十度，濶不過七千五百里。二百五十里一度，乃圜算以應天也，依徑算偏倚三十度，應減十度爲里，不過五千，今言七千亦是活算以外，偏多減數亦漸多。餘止温分而已，今折熱分十倍爲日離地百倍，則日體大三度，爲七百五十里，可知度皆依地徑算。又一日十二時，周地九萬里，推日臨午位爲正射，直射餘爲斜射、側射。依前先後算。以十二時折之，則熱分在三十度，又午止居其一。一時行三十度圍算。日體之大之里亦與前數符。以熱分推，固與日輪之大合以高分推，又與先儒之説合，則其數確有不可易者。

光算法　日陽之光與月光不同。日陽有赤、有白，赤爲極光明藴火，即熱分。凡目不敢仰視，視則眩。白爲次光明，最顯雖不能如赤之熱可長養萬物，實爲世所資用，百凡工作皆係之。凡人除耕作外，所爲細密工巧俱在白光分内。火有赤無白，可繼日爲用。竟可通霄。擬次光明然不射處即黑，射亦不能及遠，遠漸隱。赭山一里之廣，光至五里即成麻點，再遠則隱。月光有白無赤，減日。百倍，在地減火十倍。火本不及月，但以其近目故可繼日月，遠故減百倍亦是活算。雖亮亦止見物之體，并不得擬。次光明但可擬再次光明，二者皆日所生者，故算日之大，先須算赤，次宜算白。赤者所云離地百倍，即大十倍是也。白光不惟極顯，又極大，離百倍即加百倍，屋漏綴壁重布冒眼俱得見之。則日體在本天止大一倍，依日高九萬二千里，

分百倍算。又不問而知矣。即以理推日之射地，咸得赤象。使日大於地，則全天所射皆赤，不宜得蒼。《莊子》天之蒼蒼，其正色耶，其高而無至極耶，抑人目所見而然耶？在諸星亦不宜生白。月最近者，亦止得白象，是知赤光有限矣。又星月射地皆得白象，則大地周圍強半屬海，亦宜生白返照宇內，不宜有夜。今迨夜不惟地面不白，在天亦不白。是知白光有限矣。或以夜間，日行地下，隔金水月數層赤光倒射，故有不及。若日食則在諸天之上，與列星最近，宜奪其光。而食既頃，諸星燦然，是赤光不惟不能射天，并不能掩星。大白經天，五星互見，月魄晝見，其常耳。月當日食則與日同度，切近日體，其質雖頑而隔，歷引謂其質非清純，故能隔日光。然甚小，徑小日三倍，立圓小二十倍許。日光至月體下一倍即宜相合而生白黑影，不宜及地，迨食既則昏昏若夜，是白光不惟不能轉射於地，并不能合於月夜。惟見黑影，并可推月體較日亦不甚小。論理月屬水，自當如玻璃，上可透見日赤，下可透白光於地，豈真如頑石乎，抑日體小而遠乎？是知赤光白光雖切近，亦有限，其光有限，豈非其體甚小乎？再以數求，凡光之照物，能隨物曲附，每影小而光大，不可以直綫取，即以地徑言之。析影作十分赤光之折入者二分半，白光之折入者七分半。然白乃赤之所映，故包白以爲用，漸折漸入，全數幾盡，光體偏滿則日體止得其一，可知此以光包地，地影有窮處言。又以地圍徑言之，其於一面，折入二分半，周圍互對即得五分，一面折入七分半，周圍互對即得十五分。周圍赤白，折入二十分。又次光明亦折入二十分，以六圍一算，三圍即得四十分弱。則日體止得其一。又可知以四十分之照，向有不及之處，即訂黑影。是光體雖大，日體仍小，光體若歉，則日體尤遜矣。

影算法　日赤光照物對沖，先得黑光，黑光之遠，僅與物徑等屏案窗櫺間，俱可見之，但赤光炤物，黑影亦是白光，姑云黑光。切赤光起，白光距徑漸遠漸微，爲再次光明漸長漸隱，乃爲黑影。地大三萬里，黑影之高亦三萬里，沖至月天位，爲闇虛。大度半則高出，亦度半月經之必食。地影隔之，往以月徑之必闇而食，故謂之闇。然迄無定所，故謂闇虛。月在本天位大半度，與日在本天位大半度法等，則周徑、中徑至地心半徑，算月輪數亦等。黑影三萬里，高出度半，當三月輪折三萬里，黑影分一百二十二月輪，則月體僅大二百四十里，折一萬五千里。自地心至本位，又折七百二十里。出本天外，則月距地僅一萬四千二百八十里。初函月距地心四十八萬二千五百一十里，所推不同，載以互質。業云近矣。然黑影在日赤光之下，包白光之內，以漸而隱，既餘再次光明，更越又再次光明，直至火月不到之所方入。月食限月不到之所，乃出月天位度半，非小於地而何？兒輩桂聞與諸孫輩亦學爲童子辨。謂一隙漏光，滿室皆白。雖有雲遮壁障，亦有再次光明如昧爽、黃昏者，決無闇象。惟光小於物，乃有闇象。今夜六時，二時次闇，四時黑闇，幾三分之二，非小地四十倍，何火月不到處，即闇以無轉映也。日光不到處不闇，以有轉映也。火月雖無轉映，如一寸燈能照萬寸而不第，一鈎月能蘇下上而無遺。日爲火月，君能有轉映而反不如乎？何也？以其小之甚，即半度猶屬焰體也。如燈焰徑寸，所灼實體則在燈心，又止二十分之一。余前所云，日行近則影小而短，遠則影大而長。於日食久蔽中，掩之月小而行近，日故食，田或止，中掩四面露光又日光自微而顯，則影漸小而短，自顯而微則影漸大而長，於浮雲渡日，乍明乍晦，時見之。當見於几足之影。外又有氣燥、氣清則小，氣冷、氣濁則大，如赤道下，月至二十夜猶圓。故影亦無定。所謂清、蒙視差，又物小物近，影短，月小於地徑，算二百四十五倍，當日食又近於日，月體屬水，能阻光發彩，何以地影及月位出度半？食日既，何以月影亦及地昏昏若夜？要知日爲太陽之宗，生生無替，雖千萬年不增，千萬年不減。然則向測大半度亦有誤，余謂月有水，故可映日生光；日有脂，故能灼火成照。然月之水、乃水母，日之脂乃火母，故萬古如故，漫無增減。燈有燈心，乃能引光發照，日亦必有如燈心形，尤小而爲太陽宗者。余之三算，止論其常，未盡其變，是在後之君子。

游子六曰：炎熱與赤徑等，則炎熱算有一定黑影，與月徑等，則黑影算有一定赤白光，介在其間則赤白光算亦一定，三算定而日月莫或差移矣。日月在本天大半度，則天度里數算法亦定。依此例，以例前後諸算法，則諸象錯綜無不畢定矣。此豈珠籌筆尺所能萬一哉？又風行遠近，水行遠近，已入方師。《物理小識》中，惟聲行陰行未及梓行。

清・李明徹《圜天圖說》黃道說

黃道居宗動天內，以地爲心，是太陽所行之路。周天三百六十度，分四象限，每象限九十度。又六分之，每分十五度爲一節氣，共二十四節氣備焉。太陽每日平行一度，歷二十四節氣全周之。每歷六節氣，行滿一象限。如太陽躔冬至之節，前後共九十度，正在赤道外而最遠於天頂，故有晝短夜長。而各方長短稍有參差之處，則因地球各方之地面不同而有異，所以自立冬至立春皆寒，而冬至在其九十度之中而寒冷尤甚，則日遠天頂故也。自立春至立夏，太陽漸行近赤道，而稍上於天頂，其時暖於冬至，凉於夏至。而春分正行，值赤道中交，此時溫和氣候，普天下皆是晝夜平分，則於赤道爲平行故也。自立夏至立秋，太陽行

於赤道之上，而夏至在其九十度之中，斯時與冬至節爲對望，則有晝長夜短而天氣甚爲炎熱，則日當天頂故也。自立秋至立冬，太陽又離天頂漸往下行。其時稍涼於夏至，甚暖於春分，復漸行至赤道中交，而爲秋分，此時普天下又是晝夜平分，不寒不熱，與春分一樣。是則寒暑永短，皆因日行黃道有所出入於赤道之故，惟春秋二分，太陽皆躔二道之交，即屬循行赤道之下。永短既同，即寒暑亦宜畧同。緣春日陰氣塞滿大地，日光雖照，難成温熱；秋日陽氣焦灼，無所不暴，日輪雖下，難成寒氣。則寒暑畧有不同，在乎各方氣候之故耳。日之到天頂與離天頂，因地而異。居赤道下者，以赤道爲天頂；居二極下者，以二極爲天頂。故極之低昂，隨人在地球所居而定其度。天頂所在，亦因人在地而所仰而易其方。前所謂天頂就中國，言之蓋中國居赤道北二十三度半之下，故夏至之日最遠於赤道，而在中國則爲最正於天頂。過此以往，又往南

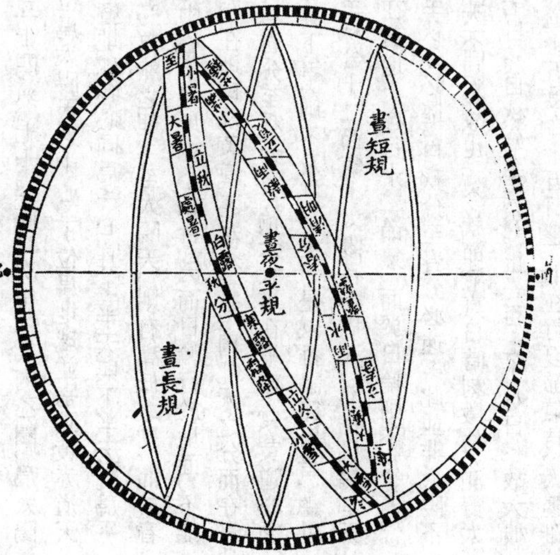

日行黃道圖

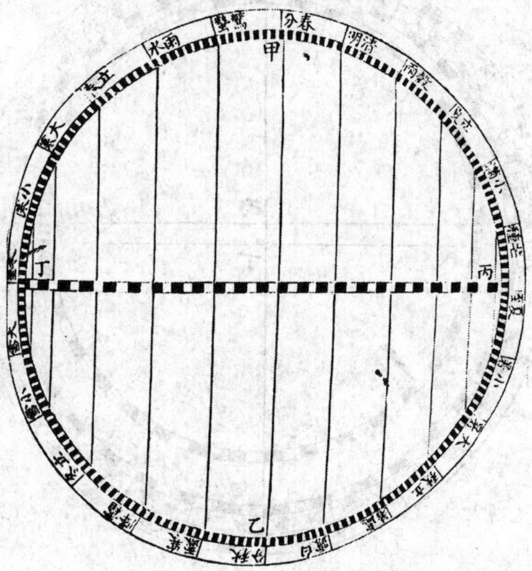

黃道應中圖

行，則漸近於赤道，以至南出於赤道，而中國則見其日遠於天頂矣。

黄赤距交應中説

黄道爲七政之界限。太陽主其正，終古躔行，所以主周年之節令，定四時之氣候。非如月與五星，雖依黃道旋行，而行有出入。故太陽不距黃緯，而有距赤緯。日輪由春分而至夏至，共行九十度，爲六節氣；自夏至至秋分；自秋分至冬至；冬至至春分；皆然。雖則各行九十度，而其所距赤道之緯度則非九十度也。所距赤道總不出二十三度半之外。蓋日行九十度者，乃黃道自東而西之經度；二十三度半者，乃黃赤相距南北之緯度也。如應中圖上甲乙之正中，即天腰横帶，是爲赤道。此道居中，分剖南北。其丙丁位南北相值，此即赤道之緯度。南爲冬至，北爲夏至，各距赤道二十三度半。假如太陽行春分，正位在赤道之中，故無距度；自春分以後，行至清明，則已行十五度，而距赤道之緯度則非十五度，乃六度强也；清明至穀雨，又行十五度，則又加距度得六度弱；穀雨至立夏，又行十五度有奇，則又加距度得五度强；立夏至小滿，又行十五度有奇，所加之距度不過四度也；小滿至芒種，又行十五度有奇，所加距度只兩度而已；芒種至夏至，又行十五度有奇，而所加距度只得一度弱；以後夏至至秋分距度亦如是；秋分以後，日出赤道南，以至冬至，復回至春分，其距度亦皆如前。所以近交差多，近至差少。欲知每日太陽躔黃道距赤道幾度，細看前圖度數可得焉。如圖中清明初日，查太陽距赤道度分，上是清明初度，下是白露初度，兩界相對，用一綫引之，視綫所當。丙丁綫度分得六度强，因知清明初度即同白露初度，太陽並距赤道六度强也。若取清明五度，則對值處暑十度，依法視之，於丙丁，則得七度，故可爲兩界互用之法，餘倣此。

太陽出入赤道説

太陽所躔黃道，出入赤道南北各二十三度半。内外不異，往來有漸，以二十四節準之，太陽距赤道，逐日皆有移動，但以節氣爲準，令人易測知其所在高低，因以推北極焉。此是周徑距交度數，應中圖是分宫相距度數，兩數皆同，如春分日，太陽行周天圈，無偏南北之度，即知南北平分天體之界。

日天不同心圖列後

日天不同心説

七政本位各有所麗，本天各有異動，其行轉於地球之面，常不得爲平行。且如太陽躔黃道，日行一度，自是平行，一歲周三百六十五度四分度之一。自春分

至秋分爲半歲，理應行一百八十二度半有奇，爲半周天。自秋分至春分亦當然。今不然者，别因南北高低各地不同，太陽所行亦有斜交、正交之别，所以晝夜各隨地面而異焉，故知太陽亦非平行也。此因太陽天之中心不與黃道心、地球心同爲一心，是以氣候有參差，寒暑有同異。如圖甲圈乃七政之黃道，上列十二宮，主四時之正；分八節之宜，及二十四氣、七十二候之次第。其內乙圈，爲太陽天，即日輪所行之本天也。丙位爲太陽天之中心，丁位爲地球並宗動黃赤道天之中心。是則宗動天與黃赤道暨地球各心同爲一心，其上半天與下半天實爲平行，則其旋轉於地面亦是平行，乃自然之理。至太陽天，則有高低之别，而於春秋二分，各差四度，此由其天之中心不與地球心相合，因而日輪行於地面，不能爲平行，所以太陽從戊過乙至己，在地球及黃道上，祇行其半周。天之分而在日輪本天則已行過半周有餘也。自春分至秋分，日輪天大半在地球心、黃道心之上，自秋分至春分，日輪本天在其下者，則不及其半矣。是以推論節氣者，總以黃道爲主，太陽所交爲定春分至秋分十二節氣。太陽行半周天，而在日輪本天則多八度；秋分至春分，太陽在黃道上亦行十二節氣，而於日輪則不及半周。因知太陽行黃道半周，自春分至秋分必遲，自秋分至春分必速。此並非太陽不平行，乃日輪天與宗動、黃道諸天不同心故也。今就節氣真日時刻徵之，測得太陽自春分至秋分，必一百八十七日；自秋分至春分，止一百七十八日。故大概言之，則每一節氣，太陽應行黃道十五度合十五日整，而在行夏節氣時，太陽雖行十五日，而於黃道上則不及十五度，故不可以十五日定爲一節氣也。即如現在戊寅年，各節氣春分後凡十五日二時三刻十分交清明，又十五日三時七刻七分交穀雨，又十五日五時十一分交立夏，又十五日六時六刻五分交小滿；又十五日七時二刻十一分交芒種，又十五日八時四刻五分交夏至，又十五日八時六刻九分交小暑，又十五日八時五刻七分交大暑，又十五日八時十四分交立秋，又十五日七時一刻六分交處暑，又十五日五時三刻五分交白露，又十五日四時三刻七分交秋分，又十五日二時六刻九分交寒露，又十五日一時一刻十三分交霜降，又十四日十一時五刻十一分交立冬，又十四日十時三刻六分交小雪，又十四日九時三刻三分交大雪，又十四日八時六刻交冬至，又十四日八時四刻交小寒，又十四日八時五刻二分交大寒，又十四日九時一刻八分交立春，又十四日十時十二分交雨水，又十四日十一時二刻九分交驚蟄，又十五日六刻二分交春分，按之餘年節氣大都相同，不過刻分之間小有參差，則日輪天春秋分多八度，而天心與黃赤道及地球不同心明矣。

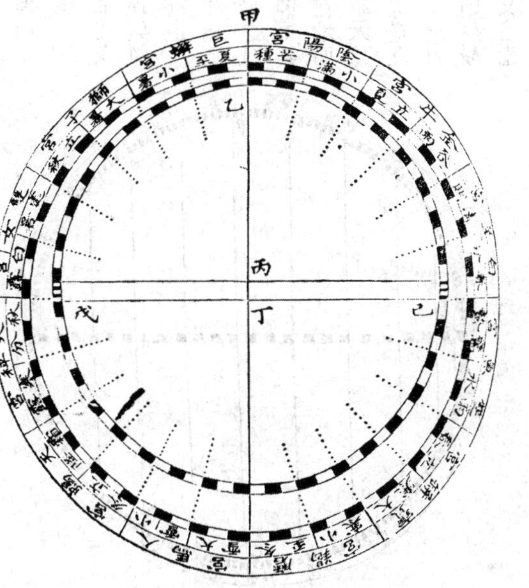

日天不同心圖

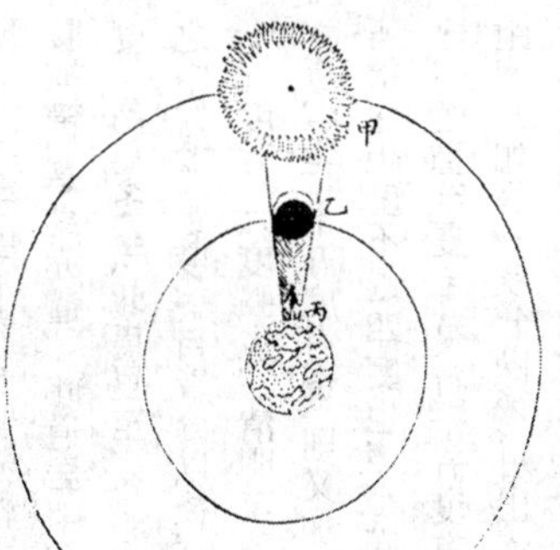

日蝕全圖

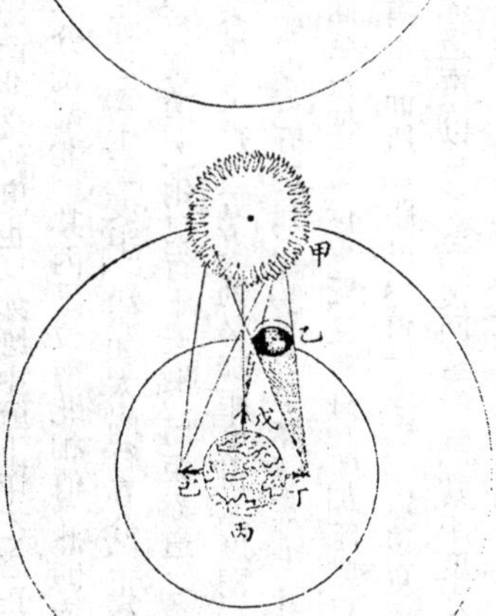

日蝕三差圖

日蝕説

太陽薄蝕，非真有蝕之者，亦非日偶失其光，乃日月同度，月在日下能掩日輪之光，使人目不得見，遂爲蝕。凡遇蝕時必在朔日，斯時日月兩行經緯同度乃得有蝕。若同經而不同緯，則惟月受其晦而成魄，月則無光而日如故。若經緯度並同，月正掩日，則日爲之蝕。但太陽止躔黃道一圈，終古不出入內外，又與月蝕各别，所以日蝕有東西南北各方不同，或有此處見蝕，别處不見蝕，此處見

蝕五分，別處見蝕三分者，今言其大概，約爲三差，作圖以明之甲爲日輪，乙爲月輪，丙爲地球。人居地面，月在第一重天，日在月上第四重天，則月懸隔於人與日之中間。倘遇兩行南北同經，東西同緯時，則月輪正過日輪之下，遮掩日體，使其光不到地，人目不見，因而爲蝕。然必地上經緯度數與天上日月所行經緯度數並同者，此處度下居人始見月全掩日，而日爲全蝕。若前後左右離隔數度，所居之人衹見爲半蝕。若地面相去至三十餘度，其人則全不見蝕。此因地之經緯不同故也。是故在丁位者，是正見月與日相直，見爲全蝕。在戊位者，是斜見月與日相並，見爲半蝕，在已位者，只見日不見月，此爲外視，全不見日蝕矣。此如人列坐一室，一燈照耀或一面有物遮掩，則此處無燈，彼處無物遮掩，則睹燈熒然。日蝕之異，亦復如是。惟全蝕則如燈火共滅，房内全黑，人皆無睹焉。此特畧言其理，若欲細測，則必確求躔度之經緯與地球之經緯，兩兩寀合，然後交蝕時刻乃可算定。

日較地大小説

太陽位居第四重天，離地一千六百零五萬五千六百九十里有餘。與地球比較，日天大於地一百六十五倍有零。欲明徵之，可以圓光照圓體之影明之。大凡圓光與圓體同大，其影廣恒等而無窮；若圓體大於圓光，則影漸大而亦無窮；若圓體小於圓光，則影漸小而有盡。如前圖甲爲圓光，乙爲圓體，丙爲體影。第一甲圓光與乙圓體相等，丙影亦等而無窮；第二甲圓光大於乙圓體，丙影漸小而有盡；第三甲圓光小於乙圓體，丙影漸大而亦無窮。太陽照地則如第二圖，日球圓光大於地球圓體，能使地影漸小至於有盡。若使日大與地等，或地更大於日，則其影爲無窮之影，宜直掩過諸星之天，必見諸星入影而有蝕矣。今惟地體甚小，鋭影有盡，故不能到諸星之天，而諸星恒得光明焉。細驗地影，止能掩第一重、第二重，至第三重天而止，而不能及第四重天，所以月與金、水二星因地影而得蝕，餘

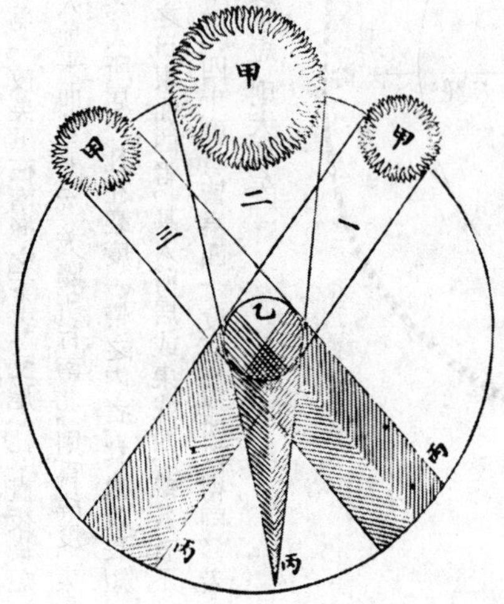

日較地大小圖

星不蝕也。地球一周三百六十度，每度二百五十里。日天一周亦三百六十度，每一度則有數萬餘里。用管窺之器，能量得日天之度每度可爲日一全徑，因知其圓體亦得數萬里有餘，而非地球之可比。譬如山高二十餘里，上有人焉。居其下者向上視之，見其人如小鳥。日天之高，自地至太陽中心，相隔一千六百餘萬里。今視日如小圓鏡，猶之二十里高山視人如小鳥耳。

太陽晨午體影説

太陽早晚出入，近地平時見大；中午行至天頂，則見小。此因地之濕氣使然也。地球懸於空際，居中無着，四際離天各方相等。其東西出入之方，亦同一體球之周圍九萬里，其半徑則一萬四千三百二十八里九分里之二。地面至地心爲半徑，人從所立處向一方横視，至地邊盡處亦爲半徑。人在地面，如從測處向東横視，其半徑大畧幾及一萬四千三百二十餘里，太陽離地一千六百餘萬里，加半徑一萬四千三百二十餘里，人目視日應小；及日到天中，直向上視，省去半徑一萬四千三百二十八里，人目視日宜大。今宜大而反小，應小而反大者，則由地之濕氣所爲耳。蓋夜中水氣上騰，行於空中，悉成濕性，太陽自下而上，暎帶晃漾，人望之以爲如是其大耳。所以其時之光，不能刺人之眼。若太陽當空，浮翳盡掃，無所烘映，所見明净真體自比旦暮爲小。太陰之高平大小，亦復如是。今試於空盤内置一錢，人遠於盤十步八步，錢不可見；斟水滿之，此錢忽見；要之所視見之錢乃錢之影，非真錢體也。然則在地平之徑所見日月，亦非日月真體，乃日月影耳。

太陽升降説

太陽行黄道一圈，並無出入，但與赤道有距，交南北各出二十三度半耳。太陽在黄道上，每日約行一度，十五度爲一節氣，歷二十四節氣足則還復一周，是一歲始運行一周天，此乃太陽在本天自行。黄道終古是平行也，至於陰陽消長，則全由宗動天之左旋。一日一周，太陽因之而有升降。太陽出地平時，人所見者謂之日爲晝；入地平而人不見日者，爲夜。此一晝一夜，皆由太陽隨宗動天一升一降而成。然而升降之跡，時各有異。蓋因太陽天之心不能與地球同心，故有晝夜長短之別，又有斜升、正升不同。如太陽行至冬至，陰極則一陽，初動自冬至至小寒、大寒，此三節太陽行赤道之南，是斜升斜降。至立春、雨水，此二節則斜升正降。驚蟄、春分、清明，此三節則正升正降。穀雨、立夏，此二節是正升斜降。小滿、芒種以至夏至，斯時行赤道之北。陽極則一陰初生，又歷小暑、大暑，此五節又是斜升斜降。立秋、處暑，此二節復正升斜降。白露、秋分、寒

露，此三節亦正升正降。霜降、立冬，又斜升正降。至小雪、大雪，仍斜升斜降而復還冬至。此太陽一歲升降之常也。如太陽冬至行至極南，在於中國見爲晝短氣寒，而在晝短規下者則見爲晝長氣熱。若夏至行至極北，中國見爲夜短氣熱，而在晝短規下者，則見爲夜長氣寒。南北之冬、夏恒相反也，惟春秋分行至赤道下，則咸爲晝夜平分，各四十八刻。惟赤道下一帶，氣候炎熱，而中國與晝短規下者，俱爲温暖和平，此其不同耳。就中國而推之，行夏令時，但從北者是晝再長夜再短，故有三十日爲一晝者，有六十日爲一晝者，又有三個月爲一晝者。至北極下，則六個月爲一晝，六個月爲一夜矣。在南極之下者，反是。故晝夜長短及冬夏，皆由南北二極與太陽出入地平而各成也。太陽所行南北，則爲緯度，東西則爲經度。各一周三百六十度，人所居。凡在經度一帶之内者，其晝夜長短恒同，惟出入時刻有異。蓋經度之自東而西者，其人所居或東或西，雖各有不同，而緯度之三十度者，皆爲三十度，四十度者皆爲四十度，長短所以得同。若緯度有異，自赤道至極下，其晝夜永短，則大異矣。

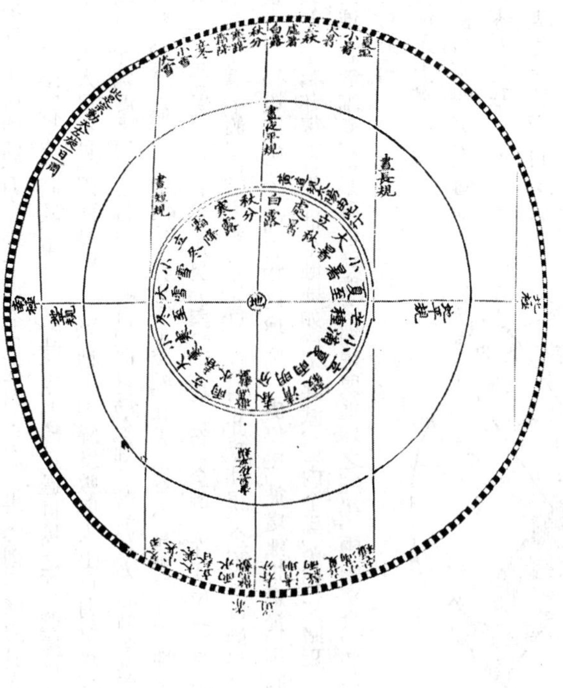

太陽升降全圖

日盈縮平行實行説

日行黄道，積歲平分之數，以天度計，一日爲五十九分八秒有奇，一度以六十分爲算。所謂平行度分是也。然平行爲齊，實行非齊也，冬有盈，夏有縮矣。所以然者，蓋緣日天之心不能與宗動天心並地球心同位，所以日行距地有遠近不等，距近則行疾，疾則所行之度過於平行而爲盈。冬月每日計行一度一分有奇，以較平行，則盈二分矣。平行周天度實行太陽度。因太陽天心不同宗動天心，故有平行實行之度，相較而有盈縮矣。故冬至一節氣爲十四日六十八刻有奇，距遠則行遲，遲則所行之度不及平行而爲縮。每夏月一日，計行五十七分有奇，以較平行，則縮二分矣。故夏至一節有十五日七十一刻弱，總由夏行北陸，冬行南陸，則有盈縮差耳。在春秋二分相近前後，止有兩日平行，則晝夜均平也。此二行相均之後，日日比較，必漸次不同，因而有加分、減分，又爲加減差也。春分至秋分一百九十日七時四刻，每一日應縮四十三分六秒，共縮八度二十五分。秋分至春分一百七十四日七時四刻，每日應伸四十七分四秒，共計伸八度二十五分。以太陽平行與實行，實行者，乃太陽入某宫次。節氣以平行算，則十五日二十一刻奇爲一節氣，平分總算也。若以太陽實躔宫度分秒逐日測之，是有盈縮，故冬夏不齊。如太陽從春分至立夏，行黄道四十五度，則歷四十六日十刻十分，原謂之空度，從立秋至秋分，亦行黄道四十五度，而所歷四十六日三十八刻十分，原謂之共度，是逐日刻數不等。所謂春行盈，秋行縮也。故定盈縮之界，非在二至之點，乃在二至之後六度，此二點爲盈末縮初。今盈爲最高之點，縮爲最卑之點，此最高本行，亦猶太陰之按月孛也。

清・何濟川《管窺圖説》　四時日道總圖説

按日之行也，升於東，中於南，沉於西，晦於北。觀天者必先知天之覆包於外，如一大燈籠，南北極爲貫穿之軸，於是自東至南而西而北，周轉於地底。所謂天左旋，處其中者順之以俱運。顧日道高遠，無可捉模，必以二十八宿之隨天而行者爲之次舍，愚所以即著二十八宿出没之圖，通曉列宿之隱現與其方向之所在，然後日躔之度可稽，且空浮乎天中者，地也，故畫一地之方圖於其中，但天之方向必以升中沉晦統地底言之，若地面之方向，則平坦曠廣。四方所在，與天之統地底論者頗殊，然究其日出地上，亦未嘗不循其方向。如二分，日行天之中道，則出於卯；夏至則先於卯近北，而出寅；冬至則後乎卯，近南而出辰。雖地面東方之寅卯辰難與天之東方統地底論者同，然日出於地面，今以寅卯辰爲日

出之候，亦未始不可，即此爲地面方向之準也。日之長短，其出處之寅卯辰，當指天體之横者言，其實地面之寅卯辰亦隨時爲轉移而相出入。蓋二十八宿分列於天之四方，不能均如帶之一條，其勢周圍側轉，所以日道自南至北天體南北以縱言，東西則以横言也。亦有四十八度之往復。然日行之道，一月之内不能驟變其南北。故曰之自西進東，一月之間總在一辰，一年而遍十二辰，此兼推及日道南北轉移，所謂有冬有夏，與東西日躔之度又不同也。日道自北至西，即上言自西進東，所謂天左旋、日似右旋者。每月次一辰之説，某問：二十八宿既云粘定於天，周布四方，則二十八宿無日不爲，日之所經，何以每月又曰日在某辰？答曰：此以天之行日過一度，日每日只還得原度，則日每日不及天一度，天過一度，日只還得原度，則似退一度矣。其寔日亦隨天左旋，曆家以進數難算，即以日之日退一度算爲進度。日既日還原度，何有進退此言？進退仍以二十八宿之隨天而運，自東而西日過一度者言之則日之仍舊者如退一度矣。所以天左旋日却右轉，竟自東而北而西而南而復東。日只冬夏南北之轉移，此云自東而北者，以粘定二十八宿十二次之方向言，並不及日之進退也。其日在某次之法，如孟春，日在營室爲娵訾之次，正月一日在娵訾初度，二日在娵訾二度，歷至一月而盡。此謂立春後三十日也。于娵訾之次日過乎西一度日也，于娵訾之次，日進乎東一度至一月而一次，乃盡遍輪于十二次也。二十八宿左旋於天，在天一定之方向，每於戌方即所謂宗動天爲九重天之第一重，在二十八宿之上，較列宿之轉而更速，若十二辰之有定，雖曰粘定在宗動天中，其實宗動天即運之速而十二辰之位究有一定不移者，所以日在揔有定所也。此言十二辰之方向有定者，以宗動天雖日運不停，而十二辰之方位究離天自在，不以天之而動有易也。爲日在之所，其坐定二十八宿之方向，則與天之方向相易，唯仲春降婁，坐定之方本在戌，與天之方向適合，餘則俱相反。詳説在四仲日道各圖。蓋以日之行，每日朝升於東，夕落於西，所以地底戌方當西北之間，俱爲十二次輪轉之區，而日每以一月當一次，至一年而十二次乃周也。凡日在與日月所交多在戌，方此當以天之横度自東至西，□地底之天而論實，在天圖西方之下，入地之天不可得見者者，勿以圖上之迹致泥可也。某復疑日既升東沉西，無日不同，天左旋矣，又何以言日祇還得原度，不同列宿之日轉？復云：日每日躔一度也。答曰：此正所謂日每日一周天，起止不改原度，唯列宿之行，則自東而西，如孟春在娵訾之次，列宿隨天左旋，視原所每日過乎西一度，日常在原所，則以宿之日轉乎西一度視日，似進乎東一度，所以上言日似退一度亦可，所謂日如右旋也。其實日常在原所，以宿之日轉致日之日更一度而言日，日躔一度也。

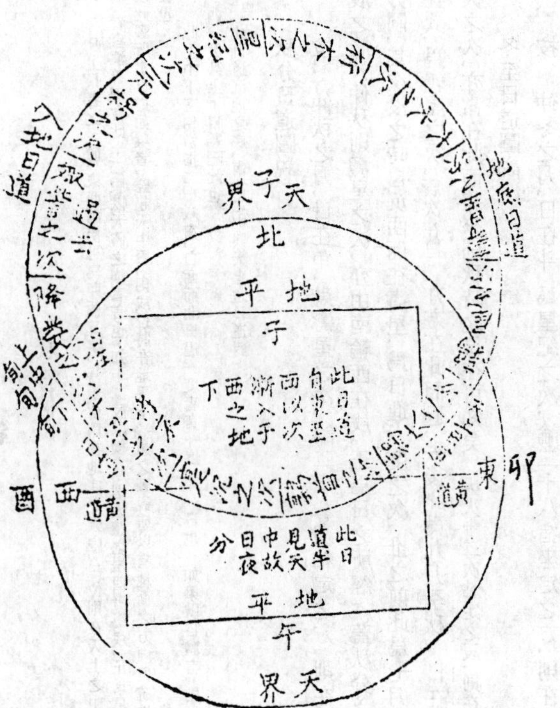

春分日道圖

此中間方圖之卯酉就地面之方向言，若十二次粘定于天之辰，則當統地底而論，卯在左爲東，午在南爲天，中酉在右爲西，子在天北屬地底，所以春分日道適當天中，其十二次正宜全寫乎日道以見天在地外之包乎地也。

此日道沉於地之中，與天上之日道相對右日道兩旁似垂，其寔則高起，中立於天，一邊當天之正東，一邊當天之正西，以象日行天中也。言正東，即近圖上之即正西，即近圖上之酉。

春分日道圖説

按仲春之月，日在奎，降婁之次。論二十八宿粘定之向，本在西方，當戌之辰爲仲春降婁之次，其行由東而南而西，常仲春之時，亦輪乎西而在戌，爲日之所經。即所謂日在也。蓋春分之日道，方當天中，在黃赤二道間，故其升東沉西之候，正在降婁，爲日進一度之次，推之前月孟春，日在營室，爲娵訾之次。論十二次粘定之辰。娵訾本在亥，正月建寅而辰在亥寅，與亥合也，例之十二月皆然。亦曾在此戌位而過去，後此三月爲季春，日在胃辰位在酉。爲大梁之次。亦將過此而方來也。

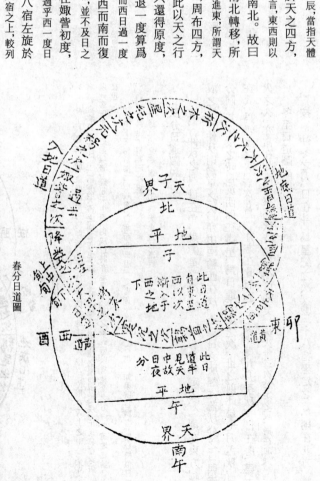

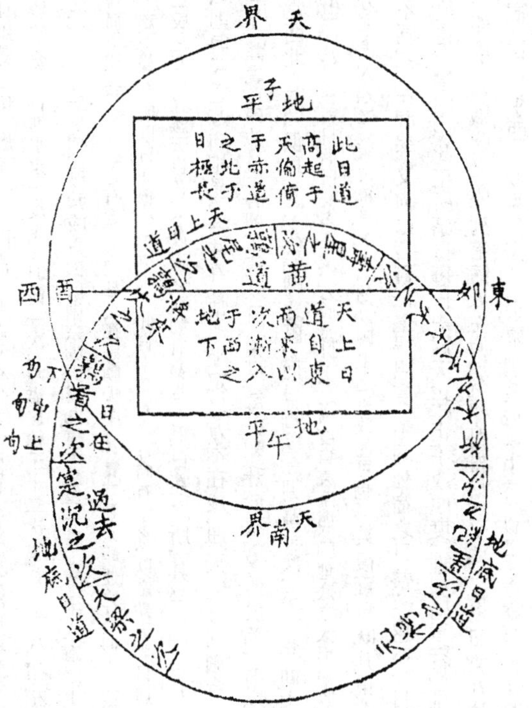

夏至日道圖

蓋上天下地正相對也，然繼酉者則爲戌，先卯者則爲寅，俱在地底不可得見，蓋此十二辰以天體至高者言之，與列宿粘定不移之十二次隨天俱左旋考又不同也。然則所謂日在每當戌位者，亦以天之横度一定不動者言，如以縱度言，則日月之行有冬有夏，共南北之相去自有四十八度，又非粘定一辰也，説已見前矣。

右天體如穹，看星辰之出没於天體之卯酉者，自與地面之卯酉相符。此沉于地底之日道偏倚于地之南，天上之日道乃斜于天之北。

夏至日道圖説

按：仲夏之月，日在井，鶉首之宿。論二十八宿粘定之方，則在南方，當未之辰，爲仲夏鶉首之次，其行亦由南輪西而在戌爲曰之所經。蓋仲夏之日既偪其高起於北方，而止，其夕没之時，自沉西而在鶉首，爲日進一度之次，推之前此爲四月孟夏日在畢，爲實沈之次辰次在申。亦曾在此，而過去後此爲六月季夏，日在柳，爲鶉火之次，辰次在午。亦當過此而將來也。此圖旁謂十二辰不動者，即九重天第一重之宗動天上也。十二次隨天左旋者，即第二重之例宿天也，然則天體縱横皆有不易之辰次。

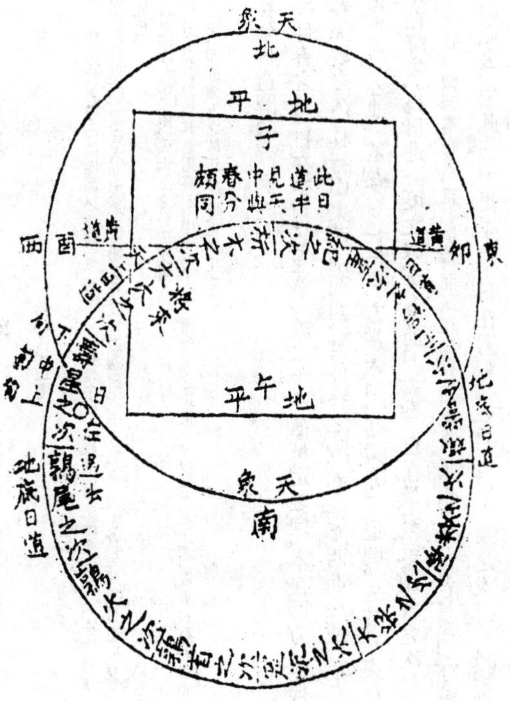

秋分日道圖

凡上員者之天體，東西兩傍可寫卯酉二字，其子位則在地底之天中，午位則在天上之中心，不便于寫，看者須善理會此十二辰以天體之横者言也，知十二辰以横言，則天體之繼酉者爲戌，正爲日在之所，蓋以此圖所畫日道如環者，竪起天中看，則戌位將在地平下。愚之圖説所以有地面之方向與統地底論者之長也

此上中下三旬當指二十八宿，自西而北日過一度者言一度，即一日也。如第以自體言，則日轉似日進于西一度其上下自難□此也。

此日道沉地之底，南北之中與天上之日道對。

秋分日道圖説

按：仲秋之月，日在角，爲壽星之次，論二十八宿粘定之方，則在東方，當辰之辰。仲秋則壽星之次，亦由南輪西在戌，正爲曰之所經。蓋秋分之日與春分同，其夕没之時自沉西而在壽星，爲日進一度之次，推之前此爲七月孟秋，日在翼，爲鶉尾之次，辰次在巳。亦方在此而過，去後此爲九月季秋。日在房，爲大火之次，亦當在此而將來則秋時之日在可知矣。大火十二次粘定之辰，則在卯。

冬至日道圖説

按：仲冬之月，日在斗，爲星紀之次，論二十八宿坐定之方，則在北方，當

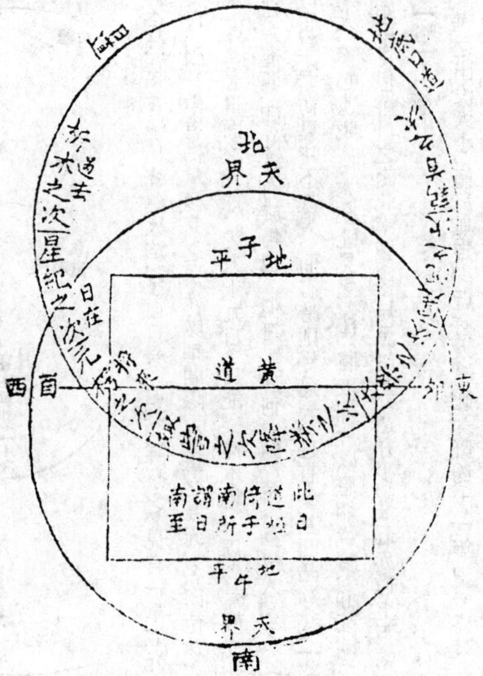

冬至日道圖

或疑以上四圖南方所中之星與《書》頗未協，如夏至大火之宿當丁，南方之中大梁之宿當丁，於地爲北方之中，前夏至圖上大大尚倚于東，大梁尚倚于西，似不相符，不知此在紙上只得如許畫耳。試將夏至日在鶉首之次，直監向地下酉戌之間看，則大勢自遇于西幾許，大火之宿，必正於南大梁之宿，自正於北方，推之四時仍咸相協也。

此日道沉於地之北，天上之日道乃可極倚于南。列宿皆其所經也，二至則日道偏倚於南北列宿，有不須盡經者，故不全寫。細按之日月，唯于出没之際多當天地之東西。

右上四圖之日道於二分必全寫宿列者以二分日行天中。

丑之辰，仲冬則星紀之次亦由南輪西在戌，爲日之所在。蓋仲冬之日，既極其短，所謂日南至，其見於南方者，去地幾只三十餘度，然其夕晚亦必沉西，而在星紀，爲日進一度之次，推之前此爲十月孟冬日在尾，爲析木之次。辰次本坐在亥。亦曾在此而已，過後此爲十二月季冬，日在虛，爲玄枵之次，辰次在子。亦當過此而方來，則冬時之日道可知也。

申明四時日道圖説

二十四氣，散布於二分二至間，如冬至後南極而日返，其氣則爲小寒、大寒、立春、雨水、驚蟄以至春分。自冬至至春分，歷六氣而已，成三月。自春分而進則爲清明、穀雨、立夏、小滿、芒種以及夏至。自春分至夏至又歷六氣，而成三月。自夏至後北極而日返，則爲小暑、大暑、立秋、處暑、白露以至秋分。自夏至至秋分，亦歷六氣而成三月，自秋分而進，則爲寒露、霜降、立冬、小雪、大雪，依舊至於冬至。二十四氣不遍布於二分二至間乎？而十二次亦即布於二分二至之中。如正月娵訾，則爲立春、雨水；二月降婁，則爲驚蟄、春分。以此遞推之，十二月遍而列宿之遍行於二分二至之間者，亦可知矣。若春分、秋分之日道，雖云出入於赤道間，其實二分之日道摠在一處，並不有出入，所以左氏云：「分同道也。」《月令》於仲春、仲秋，則均言「日夜分」，是知此圖。以分至著其運行之道，而日之隨月轉移，積漸以進退於天之南北二分二至之間者，悉可參已。

清・合信《天文略論》 論日體圓轉

或問日能轉動否？天文士常用大千里鏡看日面上，見有幾樣形迹，初見形迹在日東邊，是窄窄暗暗的；數日間見形迹在日中間，畧闊大明白些；旬日間形迹到日西邊，又是窄窄暗暗的；十三日即在西邊，漸漸不見了。若過十三日，又復見形迹在日東邊。以此形迹推之，因而想出幾件道理。第一理，日不是扁的，必圓如球的。日體若扁，其形迹必時時一樣大，一樣明，亦不轉换了。第二理是日能轉動，由西轉過東的，因見其形迹，初在東邊而漸過西邊也。第三理，日轉一遍，若二十六日。因二十六日其形迹再見，仍在初時所見之位也。日之形迹，有大有小有方有圓有角，至小之迹，約闊一千里，亦有大過一千里者。明理之人，必當思此日爲至寶，即星、月、地球、人物、草木、鳥獸、昆蟲皆倚賴之以受益，其妙用無窮，不能殫述，亦造化之大主。爺火華上帝所作成，更可想見上帝之尊貴、大德、全能，正當時時讚美而崇拜之也。

論日蝕定理各國不同

日蝕必在朔日。月行至與地交軌之上界，月掩日光，在地則見日蝕，但月小過地多倍，且日又甚大，月影不能掩全地，所以見日蝕之人甚少，各國或見或不見也。日蝕有多少，則以月行至交軌遠近推算。若月離交軌十六度，亦不蝕也。凡日蝕之久，不過四分之時矣。日之蝕，有時中黑，四圍仍露日體，如戒指之形者，因月遠而影小也。亦有時甚黑者，前數十年西洋國見日蝕黑於常夜，天星皆見，鳥雀驚跌，牛羊皆伏，此月影在近掩之密也。日蝕必由西邊而起，在他方月影不掩之處，雖不見日蝕，亦見日色微黄而畧暗也。人能知月與地行度之遲速，二軌道交接之遠近，用法推算，雖數十年後之日蝕可知也。天文士言每年日蝕必有二次，多者五次，月蝕每年多不過三次。大約每年日蝕三次，月蝕二次者多，最多者一

年之内日蝕五，月蝕二，共七次。但日蝕之時人見者少，月蝕則人人共見也。日月交蝕，天文士必能先知實定數耳。蓋上帝化成日、月、地球，令之行度有常，世人可免疑惑，當禁止救日、救月之陋習，敬思上帝之大德神能而警畏也。

清・摩嘉立、薛承恩《天文圖説》 論日體

日居行星中央，不行移，而自旋轉，體極廣大，設以各行星並彗星加入日體中，則日亦不見增廣。

日之直徑長二百五十五萬六千里法以長繩直量中央，見其體長如此。西國火車一小時能行九十里，設以火車繞行日體，須九年可得一周，若繞行地球，則三十三日可也。八節

日體大於地體殊多，若以地與月繞地之軌道置於日體内，畧佔日直徑一半之地。【略】九節【略】日面純爲火焰，謂之光球，其光自球中而出，火焰升降如海之波浪掀湃高低，在高處之光極爲燦爛，因四圍之氣少且薄，不能盡吸之，惟在低處之光則稍黯，因被深厚之氣所吸故也。十節

日全蝕時，有極長絳色火焰，發自日旁，遠甚，詳察之，見有一重紅光與光球相離咫尺，因其中有一重極薄之白光以相間隔，外重之紅光，名曰色球，能發絳色火焰。十一節日面之光球，約二十九日，自能旋轉本軸一周。蓋觀光焰，上有黑斑，自東迤西，即知其有旋轉也。但日體如何自轉，至今猶無人知之。【略】

日面黑斑，初見時不甚大，而有時則變爲大，且有參差凹凸等式，【略】有時黑斑極大，不必遠鏡，目力亦能見之，法，將玻璃片以燈烟烘暗，仰蔽兩目，以避日光，始可見也。日之南北南極，皆無黑斑，赤道亦少，惟近赤道上下南北兩帶甚多。【略】十三節

黑斑之出没大小，極爲無定。近有人謂此黑斑約十一年中一盛衰，其上五年半，逐漸而盛；下五年半，逐漸而衰。十四節

日之黑斑與地球之北曉有關。當黑斑盛時，則北曉之光亦大，黑斑衰時，則北曉之光亦小。日面光焰摇動，亦與地球有磁氣之物有關。十五節

近有人擬黑斑發現之故，係由日面光焰大動裂開而現，且恒有冷氣冲入日體，又有白熱輕氣自深處而上，冲入色球。十六節

一黑斑内，其色三等，中體黑甚，闇虚畧淡，外虚則更淡。十七節

細察日面，有無數火舌密佈，長短不等而火舌中有無數罅隙，惟黑斑之旁所現之式頗多，儼如草槁、柳葉、米粒等狀，後即漸化爲無，可知實乃火焰而已。【略】十八節

日面黑斑大小變幻極爲奇異，當其最大時，以地球較之，猶不能滿其中體。十九節

此黑斑實有確據，令人知日面之氣大動，非人所能意度，祇在瞬息之間，其出没變幻，各異其式。二十節

太陽熱氣極大，人雖盡力所爲之熱亦不能與之相較。或思太陽只須三尺方之熱，即與大爐十分時鎔煤二千斤之熱相同。二十一節

太陽之光極大，逾吾人盡力所爲之光萬萬也。人力所爲之光，莫如輕養石灰燈，若以此燈置日前而較之，只如一烏子而已。二十二節

以上。所論數端，光球、色球、火烈外，更有氣環太陽。當太陽全蝕時，始得見之，且月遮日全體時，旁環有白光，西人稱爲日冕。日全蝕時，更有奇異光芒，自日旁閃出，此理詳見下第三卷十八節並圖。二十三節

論日面

日面有似一大火燄之球，故名曰光球。光球之内，如有雲霧幾重遮隔，究其實係何物，人終難臆度。十三節

光球之火燄不相聯屬，乃歧分爲無數火舌之狀，附近黑斑者，其焰如柳葉、如粒米，以及奇異之諸形。其火舌之狀，間有長三千里，濶三百里者。十四節

日面黑斑即由光球開裂之處而顯露。黑斑之色非純一，有濃有淡，在中體深黑色，斯因外面之大光焰互相和合故然。離中體之外，色畧淡，名爲闇虚。再外色更淡，名爲外虚。十五節

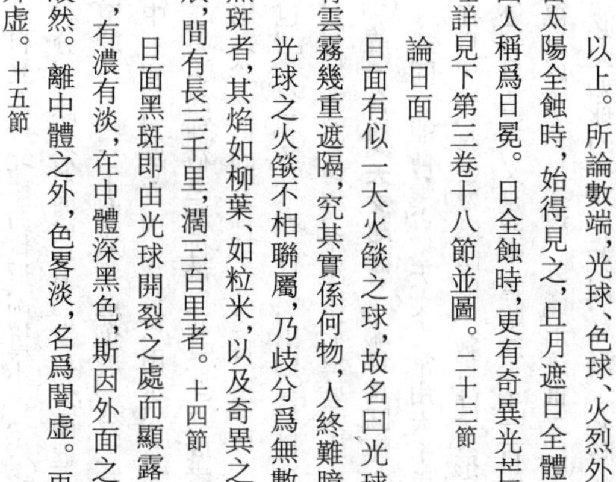

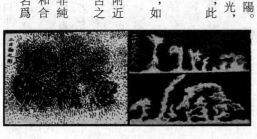

論日全蝕

按此圖，乃日全蝕之象。當食既時，見有光氣甚薄，大且廣，環日四周，此光氣西人名曰日冕。其光原所自有，亦有受日光返照而來者。十六節

日冕之光亦非純一，有至長之光綫，射出極遠，中亦有罅隙之處深且黑，直向日面。十七節

此外更有光氣一層包裹，亦環日之四周，名曰色球。其高出約一萬五千里，此色球發無數絳色之光而上騰，形甚奇異。間有上騰至數萬里者，推求此絳色之光燄，謂即猛火所燒煆至白之輕氣耳。且此光焰，突然而發，見其變動甚速，則知日面必大，動盪難以臆度。有天文士曾測大火燄一縷騰竟至八萬一千里，歷十分時而滅。【略】十八節

色球而外，又有一層金質之氣包之，居太陽光球之上，攝引其光線。由斯理懸揣，知日面實有如許金質。此説詳下章。十九節

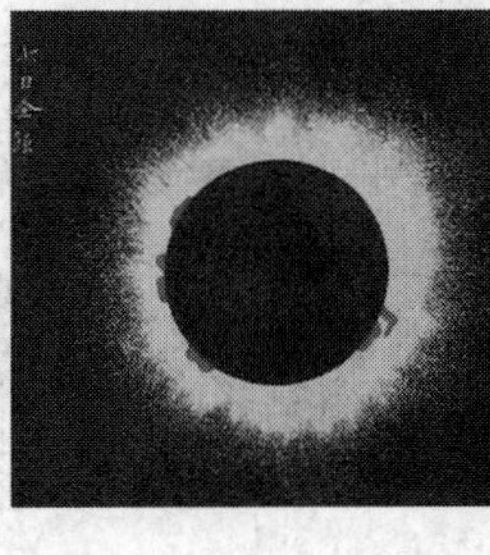

日全蝕

清・艾約瑟《天文啓蒙》 日爲恒星即距地最近之一恒星

論日率諸行星之功用

地球爲何等物，於前課業經畧論。第未言及地球爲何品類，原物所成者，以其理俱詳。《化學啓蒙》亦未言及地面形式、陸地水面如何、何以有風氣套旋裹籠罩，以其説俱見《地理質學啓蒙》。我儕所講者，即以地爲行星、地之本體不熱繞行日外。因其本體不熱，故不能自放光輝。地面所有之光，由日照來，是即所知之實事也。

並論形似地球，亦如地球繞行日外之諸行星，體亦同地之無熱不自發光、借日照來之光。

我儕已測知地球面，歷春夏秋冬一歲，與他行星面之年歲，均視乎其繞行日外之時日爲準。外此復測知地面晝夜之長短與各行星晝夜之長短，均以地球與各行星自旋轉其本軸外之時刻爲準。殆其向日之時刻與背日之時刻，俱關乎旋轉之遲速而定也。

地球之南北二極軸綫，與其所行軌道面之相交角，並各行星自運行其軌道面相交角，即爲分别春夏秋冬四季之根。四時之錯行遞更，即視乎地球面與某行星面，某處向日之時刻多寡，某處背日之時刻多寡也。

諳生如是觀之，是地面與各行星面，爲冷爲熱，有光無光，均爲日之功用矣。

衆行星旋繞於日之四面，日住居中央，爲不可少之至寶，其使各行星面與地面，有各活物在上者，果爲何物，則非茲時之所宜急論乎？

論日之熱、日之光與日之大小遠近

余先語諸生，日爲極熱之球，較窑罏中火熱猶加萬倍，欲以物量度其熱，苦無其物。欲以言道明其熱，亦無其恰當之言。第知諸行星體，均冷如地球，面上亦同地面，可有判分數品凝結於彼之定質物，而日體面不然。所有之物俱有罏火燒熱之白氣形，至熱率爲若干，實爲不可測量之數也。

日既有如是之極大熱，故能自放大光。而諸行星均因體冷，不能自放光芒。附近各行星之月，亦如我儕地外之月，不能自放光輝。

設欲將日體之大小若干明語諸生，甚非易事。不惟難宣於口，兼不能虚擬於心。祇知若能聚衆行星於一處，日猶較其大及五百倍。可取譬喻之，果能將一百五十萬地球聚於一處，凝結爲一大球，殆與日體之大差無幾乎？

日去我儕地球之數，於前課已論及，相距二萬七千九百九十萬里。推測其里數用之法，余不得遽爾詳言，亦以其算法過深，恐觀是書者不能解透。亦祇言其大畧而已。我儕距日之遠近，固已知，更以器具試測其所見面之寬濶，果爲度中若干分秒，所用測其直徑之法，如圖，以綫二道由乙丙處，通至有人看視之甲處，乙丙綫爲日之直徑，以甲乙甲丙二綫相交之角爲已知之數，凡畫丁戊己庚等綫便其與甲乙綫成十字角，則每道丁戊己庚綫長短俱有一定，甲己與己庚綫相比，甲丁與丁戊綫相比，即爲一百零七與一之比。凡此等綫之長短，即爲距人目綫一百零七分中之一分也。而乙丙綫亦在內，故我儕知日去人目爲二萬七千九百九十萬里，以一百零七除之，得二百五十五萬一千四百零一，爲乙丙綫長短之數，即太陽直徑之里數也。

第三十九圖 推測日大小之法

論日之形式

大抵測驗日形，設不用遠鏡窺看，不用不光亮之暗玻璃窺測，所知之事殆無多。乎日之光芒與日之熱過烈，視之能害人目，幼年學士務宜謹慎。手持不用暗玻璃之小遠鏡窺日，恐此目失明，轉爲耿一目。須以玻璃一片，置燭燄上薰之使黑，持此片窺日，可見其光，亦不致傷目。因其體各處能發光，見爲極明之圓物，從不能似月之有時虧減明面。發光明照處，名爲日之明套，以遠鏡窺視，於

日面際，屢見有黑斑片，其斑片有時極大，即不使遠鏡，亦能見之。

日面黑斑片旁，亦見有明處，較日面他明處倍明，其處可呼曰明條。遥爲懸揣之，知其處爲長及數萬里之雲片。細視其明雲片與黑斑，均有隨時變更之形式。

論日面之諸斑

日距我儕地面雖極遠，而其體極大。兼以火燒煉之，力亦過大，故使余等以遠鏡審視，見其色象鮮艷，成爲美觀之景也。如圖畫者，僅爲日面之一斑片，其本體之大可知。設將數地球連合一處，投入其中，斑内亦可包容。

測驗日面之斑片時，詳記其方位，踰一二日再測之，見方位已向西移。日繼一日，細視之，十數日頃，見黑片於日面，由東而西，漸漸遷移至日之西邊。復由漸而逝，爲目之所不能見矣。

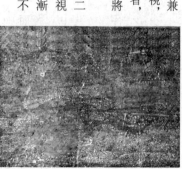

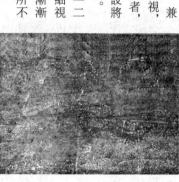

第四十圖　日面黑斑式

於日面諸斑，詳細窺視，大約均有自東而西之行動，緣此我儕乃逆料，必日體行動，將其諸斑片帶之同行動也。定睛審視，形迹昭然之一斑片，行至日西邊，即淹没不見。約踰十二日，必復見於日之東邊。由漸增露，驗其每歷二十五日，可行至其原處，蓋二十五日内，諸斑片行於日之彼面，亦行於日之此面也。

如是觀來，是日之面可於二十五日中自轉移一周也。然此果何言哉？即云日自旋轉於其本軸外，故面際之明條暗斑，俱於二十五日隨同轉一周也。

茲時可推測日面諸斑，果爲何物。試選一有定式之斑而瞻視之，即取定去當中不遠之一斑也，見其必有平圓形。數日後復視，見其已西近日邊，形式已變，是前時斑由深暗之一處，今已移至左邊矣。前時復有圍繞其斑之淺暗處，今日視之乃無。我儕於此遥想其實屬何意。諸生將安茶杯之茶船取來，其茶杯底安坐處塗黑，諸生於對面望之，見其如在甲點，由上至下之斜面，平匀圓繞其黑處。設將其茶船側轉，由旁面視之，即見其偏左之面，由漸隱起，而偏右之面，幾與目平圓相對，即見其有先如乙

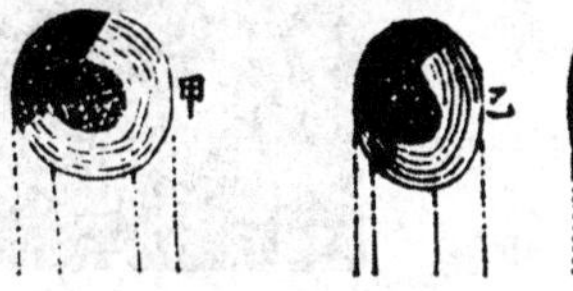

第四十一圖　解日面黑斑時變各形式

點，後復如丙點之形式矣。

如於大球中，刊刻一如茶船中茶杯底坐之圓凹形式，於對面與旁面往返視之，亦必隨時變形狀，與視此茶船無異。日面見有暗斑片，亦屬一理。其斑片，即日外明套之破裂孔隙處，露其内之日體。如是揣之，是日面之諸暗斑，皆爲日明套之孔隙處也。外此所測驗者，更有他據。謂其所開裂處，亦非虚空，内充滿屬乎數品之氣，日體内層之光爲各種氣所掩蔽，反使光不能發出。

論籠日之氣套

我儕所見之平圓日，亦非完全日。所見者惟日最密之質體，亦有屬乎日外，質體較疏稀，輝光較減少之各氣在外籠罩，且高出日外，至數十萬里。俾余等不能窺其梗概，皆因日之本體光過大，與有日在天時，不能見恒星光之理相似。然遇日食時，日本體之光被月掩蔽，即可見其體外之氣套，與可見恒星之理無異。【略】籠罩日之氣套，顔色深堪悦人觀，帶紅色者極多。距日體近處，其光倍明，成爲套形，可名爲色套。斯時測驗日，更有一專法。用其法窺日，即見有屬日内輕質之各種氣，由日發出，冲擊日外，名爲圜套之氣套，於氣套之一周，見日内駕質各種氣，似成爲若許山峯排列式，且形甚奇異，時刻改變，各有不同。

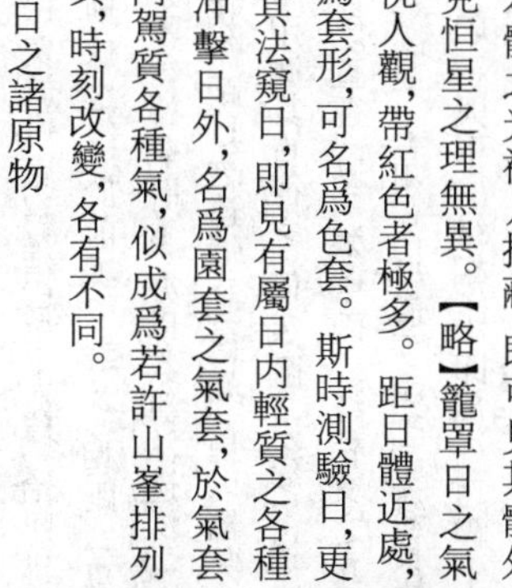

第四十二圖　日食時日體外氣套式

論合聚爲日之諸原物

有可測日光之一器，名之曰測七色象器。又名光圖鏡。其氣之用處，能將白光分爲七類，諸類各顯其色，如諸生所見攢聚千百燭之玻璃燈下，皆點綴無數之玻璃片然。凝眸窺視，見其俱將光分爲各色，與此器係一理也。用此器測驗，乃知我儕地球中金類各質之原物，日中殆多有之，惟不似我儕地面者，有定質形，日面者均爲氣質式，此何故哉？即因日内極熱，金品類悉變爲氣，如地上水置火間化爲水氣一式。余等地面有之原物，並有於日内者，可畧列之，首推輕氣，即水母氣。次即馬革尼先、即鹽精。嘎里先、即灰精。梫低阿母、即城精。鐵、蒙乃斯、尼該樂、巴里烏母、斯特龍寫母，金類之他品，有者極多，外復有氣品二類，在余等地中，由來未嘗得見。

如是觀之，是日之體質，大半爲氣品矣。諸生聞日體質疏密率，不及地體質

稠密，無庸怪異，其實日之疏密率，僅有地疏密率四分之一也。即或取地體若干，與日體同大，地重百斤，日不及二十五斤也。

論日爲最近之恒星

余於日之質體爲何等原物成者，論已甚詳，余何爲若是之不憚煩也？即以其爲物類，與行星大不同，而日爲恒星，較他恒星更明更大，非因日與恒星之體不同也，以日去余等地球近，余等視日最近，故明而大耳。

如是論來，是日與日所統率之地，與各行星，可謂若許冷球，同繞一極熱之球矣。地既與行星爲一式，可將地假爲行星式；日既與恒星爲一式，可將日假爲恒星式。我儕向天仰望，見光輝閃爍之諸星，於太虚中，殆如無數州縣錯處於國内乎？夫何國無州縣，何州縣無市鎮村落環繞，亦即如何恒星無行星環繞之乎？是各恒星皆與日同式也，於是細爲思之，各恒星俱有行星環繞，亦爲應信之語耳。

綜述

《爾雅·釋地》 觚竹、北户、西王母、日下，謂之四荒。郭璞注：觚竹在北，北户在南，西王母在西，日下在東。邢昺疏：户者，即日南郡是也。顔師古曰：言其在日之南，所謂北户以向日者。日下者，謂日所出處其下之國也。

又 岠齊州以南戴日爲丹穴。邢昺疏：戴，值也。言去中國以南，北户以北，值日之下，其處名丹穴。

又 東至日所出爲太平，西至日所入爲大蒙。邢昺疏：即《淮南子》云「日出扶桑，入于蒙汜」是也。

《尚書考靈曜》 仲春仲秋日出於卯，入於酉。仲夏日出於寅，入於戌。仲冬日出於辰，入於申。

又 日光臨照四十萬六千里。

漢·班固《漢書》卷二六《天文志》 日有中道。中道者，黄道，一曰光道。光道北至東井，去北極近；南至牽牛，去北極遠；東至角，西至婁，去極中。夏至至於東井，北近極，故晷短；立八尺之表，而晷景長尺五寸八分。冬至至於牽牛，遠極，故晷長；立八尺之表，而晷景長丈三尺一寸四分。春秋分日至婁、角，去極中，而晷中；立八尺之表，而晷景長七尺三寸六分。此日去極遠近之差，晷景長短之制也。去極遠近難知，要以晷景。晷景者，所以知日之南北也。日，陽也。陽用事則日進而北，晝進而長，陽勝，故爲温暑；陰用事則日退而南，晝退而短，陰勝，故爲涼寒也。故日進爲暑，退爲寒。若日之南北失節，晷過而長爲常寒，退而短爲常燠。此寒燠之表也，故曰爲寒暑。一曰，晷長爲潦，短爲旱，奢爲扶。扶者，邪臣進而正臣疏，君子不足，姦人有餘。

凡君行急則日行疾，君行緩則日行遲。日行不可指而知也，故以二至二分之星爲候。日東行，星西轉。冬至昏，奎八度中；夏至，氐十三度中；春分，柳一度中；秋分，牽牛三度七分中：此其正行也。日行疾，則星西轉疾，事勢然也。故過中則疾，君行急之感也；不及中則遲，君行緩之象也。

唐·房玄齡等《晉書》卷一一《天文志上》 黄道，日之所行也，半在赤道外，半在赤道内，與赤道東交於角五少弱，西交於奎十四少强。其出赤道外極遠者，去赤道二十四度，斗二十一度是也。其入赤道内極遠者，亦二十四度，井二十五度是也。

日南至在斗二十一度，去極百一十五度少强。是也日最南，去極最遠，故景最長。黄道斗二十一度，出辰入申，故日亦出辰入申。日晝行地上百四十六度强，故日短；夜行地下二百一十九度少弱，故夜長。自南至之後，日去極稍近，故景稍短。日晝行地上度稍多，故日稍長；夜行地下度稍少，故夜稍短。日所在度稍北，故日稍北，以至於夏至，日在井二十五度，去極六十七度少强。是日最北，去極最近，景最短。黄道井二十五度，出寅入戌，故日亦出寅入戌。日晝行地上二百一十九度少弱，故日長；夜行地下百四十六度强，故夜短。自夏至之後，日去極稍遠，故景稍長。日晝行地上度稍少，故日稍短；夜行地下度稍多，故夜稍長。日所在度稍南，故日出入稍南，以至於南至而復初焉。斗二十一，井二十五，南北相應四十八度。

春分日在奎十四少强，秋分日在角五少弱，此黄赤二道之交中也。去極俱九十一度少强，南北處斗二十一、井二十五之中，故景居二至長短之中。奎十四角五，出卯入酉，故日亦出卯入酉。日晝行地上，夜行地下，俱百八十二度半强，

故日見之漏五十刻，不見之漏五十刻，謂之晝夜同。夫天之晝夜以日出没爲分，人之晝夜以昏明爲限。日未出二刻半而明，日入二刻半而昏，故損夜五刻以益晝，是以春秋分漏晝五十五刻。

唐・房玄齡等《晉書》卷一二《天文志中》 七曜

日爲太陽之精，主生養恩德，人君之象也。人君有瑕，必露其慝以告示焉。故日月行有道之國則光明，人君吉昌，百姓安寧。人君乘土而王，其政太平，則日五色無主。日變色，有軍，軍破；無軍，喪侯王。其君無德，其臣亂國，則日赤無光。日失色，所臨之國不昌。日晝昏，行人無影，到暮不止者，上刑急，下不聊生，不出一年有大水。日晝昏，烏鳥羣鳴，國失政。日中烏見，主不明，爲政亂，國有白衣會，將軍出，旌旗舉。日中有黑子、黑氣、黑雲，乍三乍五，臣廢其主。日蝕，陰侵陽，臣掩君之象，有亡國。

唐・魏徵等《隋書》卷一九《天文志上》 日去赤道表裏二十四度，遠寒近暑而中和。二分之日，去天頂三十六度。日去地中，四時同度，而有寒暑者，地氣上騰，天氣下降，故遠日下而寒，近日下而暑，非有遠近也。猶火居上，雖遠而炎，在傍，雖近而微。視日在傍而大，居上而小者，仰矚爲難，平觀爲易也。由視有夷險，非遠近之効也。今懸珠於百仞之上，或置之於百仞之前，從而觀之，則大小殊矣。先儒弗斯取驗，虚繁翰墨，夷途頓轡，雄辭析辯，不亦迂哉。今大寒在冬至後二氣者，寒積而未消也。大暑在夏至後二氣者，暑積而未歇也。寒暑均和，乃在春秋分後二氣者，寒暑積而未平也。譬之火始入室，而未甚温，弗事加薪，久而逾熾。既已遷之，猶有餘熱也。【略】

七曜

日循黄道東行，一日一夜行一度，三百六十五日有奇而周天。行東陸謂之春，行南陸謂之夏，行西陸謂之秋，行北陸謂之冬。行以成陰陽寒暑之節。是故《傳》云：「日爲太陽之精，主生養恩德，人君之象也。」又人君有瑕，必露其慝，以告示焉。故日月行有道之國則光明，人君吉昌，百姓安寧。日變色，有軍軍破，無軍喪侯王。其君無德，其臣亂國，則日赤無光。日失色，所臨之國不昌。日晝昏，行人無影，到暮不止者，上刑急，下人不聊生，不出一年，有大水。日晝昏，烏鳥羣鳴，國失政。日中烏見，主不明，爲政亂，國有白衣會。日中有黑子、黑氣、黑雲，乍三乍五，臣廢其主。日食，陰侵陽，臣掩君之象，有亡國，有死君，有大水。日食見星，有殺君，天下分裂。王者修德以禳之。

唐・釋道世《法苑珠林・日宫》 依《起世經》云：佛告諸比丘，日天宫殿，縱廣正等五十一由旬，上下亦爾。以二種物成其宫殿，正方如宅，遥看似圓。何等爲二？所謂金及玻瓈，二面兩分，皆是天金成，清淨光明；二面一分是天玻瓈成，淨潔光明。有五種風吹轉而行，何等爲五？一名爲持，二名爲住，三名隨順轉，四名波羅訶迦，五名將行。彼日天宫之前別，有無量諸天於前而行，時各常受樂皆名牢行（依《長阿含經》云，日天宫墻地薄如華葩，爲五風所持地）。又日宫殿中有閻浮檀金，以爲妙輦轝，高十六由旬，方八由旬，莊嚴殊勝，天子及眷屬在彼輦中。以天五欲具足受樂，日天子身壽五百歲。子孫相承皆於彼治，宫殿住持滿足一劫。日天身光出照於輦，輦有光明復照宫殿，光明相接出已照曜遍四大洲及諸世間。日天身輦及宫殿有一千光明，五百光明傍行而照，五百光明向下而照。日天宫殿常行不息，六月北行，於一日中漸移北向六拘盧舍（依《雜寶藏經》有五里），未曾暫時離於日道。六月南行，亦一日中漸移南向六拘盧舍，不差日道。日天宫殿六月行時，月天宫殿十五日中亦行爾許。

唐・瞿曇悉達《開元占經》卷五 日占

日名體

張揖《廣雅》曰：「朱明、曜靈、東君，日也。」《兵法》曰：「張氏，名長生，字子房，一名子明，字長史，能知者，便不畏白刃。」

皇甫謐《年曆》曰：「日以晝明，名曜靈。」

《春秋元命包》曰：「日之爲言，寔也，節也。含一開度立節使物咸使，故謂之日，言陽布散，合如一故。其立字四合，共一者爲。日望之度，尺以千里，立寔者，周圓缺合，一言其身也。」

天尊精爲日，陽以一起，日以發紀。尊故滿，滿故施，施故仁，仁故明，明故精，精故外光，故火，日外景，陽精外吐。

元開陽爲天，積精爲日，散而分布大辰，天一陽成于三，故日中有三足烏。

《淮南・天文問詁》曰：積陽之熱氣主火，火氣之精者爲日。」日，陽之主也，故陽燧見日則焕而爲火。又曰日者陽之主也，故天之使也。

《河圖》曰：「在天爲日月，在地爲水火。」

楊泉《物理論》曰：「日者，天陽之精也。夏則陽盛，故晝長夜短；冬則陰盛，故夜長晝短，春秋則陰陽均，故晝夜等。」

張衡《靈憲》曰：「日者，陽精之宗，積而成鳥象，鳥有三趾，陽之數，其數

奇也。」

日譬猶火也，月譬猶水也，火則外光，水則含景，故宣明于晝，納明于夜。如有瑕，必露其匿，人君者仰則焉。

又曰：其當天七百三十六分之一。

《石氏》曰：「日光旁照十萬二千里，經三十二萬四千里，周一百二千里，暉經千里。」

《周髀》曰：「經一千二百五十里。」徐整《長曆》曰：「日下于天七千里，經千里，用二千里。」

日行度

楊雄《方言》曰：「日暈爲躔曆行也。躔，殘也。」

《春秋元命包》曰：「日行一度以立序，行三百六十五日四分度之一。」

又曰：「日月左行，周天二十三萬里。」

《河面》曰：「天元十一月甲子夜半朔，日月俱起牽牛初度，推曆考宿正月在營室，二月在奎，三月在胃，四月在畢，五月在東井，六月在柳，七月在翼，八月在角，九月在房，十月在尾，十一月在斗，十二月在牽牛。」

日月五星同道，過牽牛、女、虛、危、室、奎、婁、胃、昴，皆行其南，去之九尺畢，北七尺，觜參北一丈三尺，貫東井出鬼南六尺，出柳北六尺，出七星張北一丈三尺，出翼軫北一丈三尺，貫角亢出氐南一尺，出房左右股間出心北二尺。」

出尾北九尺，出箕北九尺，貫南斗復至牛，此日月五星行常道也。」

《洛書》曰：「日月五星，行歷左角內，左亢外四尺，行歷左氐外，行房兩股間，行心內六尺行尾內十八尺，行箕內十二尺，行斗柄中一尺，行牛中，行女外四尺，行虛外六尺，行危外三十尺，行室外十六尺，行壁外十三尺，行奎外十三尺，行婁外九尺，行胃外十尺，行昴南九尺，行畢北七尺，行觜參北一丈一尺，行井中，行鬼外十四尺，行柳內九尺，行七星內十五尺，行張內十八尺，翼內十六尺，軫內十六尺，在上者爲北。此日月星之正道也。

《易坤靈圖》曰：王者至德之萌，日月若連珠璧。

鄭玄曰：至德之萌，則日月若連珠璧。又謂將奐之時，連璧謂元朔望之異也。

《尚書考靈曜》曰：天地開闢，耀滿舒元，歷紀名月，首甲于冬至日，五緯俱起牽牛初，日月若懸璧，五星若連珠。

《淮南・天文間詁》曰：大元始，正月建甲寅。上元，初有日月星辰之時也。日月俱入營室五度。日月如連璧，五星若貫珠，皆右行。天一建七以十六歲，日月復以正月入營室五度，无餘分。（餘分，小餘也。）

名曰一紀。天一九二十紀千五百二十歲大終，日月星辰復始甲寅之元。日月行一度而危有奇四分度之一。危，北方宿也。

故四歲而積千四百六十一日，故曰子午卯酉爲二繩，丑寅、辰巳、未申、戌亥爲四鉤。東北爲執德之維，西南爲倍陽之維，東南爲常平之維，西北爲遷邇之維。日冬至則井北中繩，陰氣萌，故曰冬至爲德。日夏至爲刑，陰氣極則冬，下至黄泉，北至北極，故不可以鑿地穿井，萬物閉藏，蟄虫首穴，故曰德在室。陽氣極則夏南至，南極上至朱天，故不可以夷兵上屋，故曰刑在也。

《漢書天文志》曰：凡君行急，則日行疾；君行緩，則日行遲，日行可指而知也。

故以二至五星皆爲候。日東行，星西轉。冬至昏奎八度中，夏至軫十三度中，春分柳一度中，秋分牽牛三度七分中，此其正行也。

日行疾，則星西轉疾，事緩然也。故過中則疾，君行忽之感也。不及中則遲，君行緩之象也。至月行則以晦朔決之。

日冬則南，夏則北，冬至于牽牛，夏至于東井。日之所行爲中道，月、五星皆隨之。

唐・金俱吒《七曜攘災訣》 日宮占災攘之法第一

日至其命宿度，其人合得分望，得人敬重，合得爵禄，若先有罪並得皆免。若日在人命宿災蝕，其人即有風災重厄，當宜攘之。其攘法先須知其定蝕之日，去蝕五日書齋，當畫其神形，形如人而似獅子頭。人身若天衣，手持寶瓶而黑色，當於頂上帶之。其日過本命宿，棄東流水中災自散。

宋・張君房《雲笈七籤・總叙日月》 《黄氣陽精三道順行經》曰：日，陽之精，德之長也。縱廣二千三十里。金物、水精暈於內，流光照於外。其中有城郭、人民、七寶浴池，池生青、黄、赤、白蓮花，人長二丈四尺，衣朱衣之服，其花同衰同盛。日行有五風，故制御日月星宿遊行，皆風梵其綱。金門之上，日之通門也。金門之內，有金精冶錬之池，在西關左之分，故立春之節日，更錬魄於金門之內，耀其光於金門之外，四十五日乃止。順行之洞陽宮，洞陽宮，日之上館也。立夏之日，止於洞陽宮，吐金冶之精，以灌於東井之中，沐浴於晨暉，収八素之

氣。歸廣寒之宮也。

宋・張君房《雲笈七籤・奔日》 日中赤氣上皇真君，諱將車梁，字高騫爽。此位號尊祕，經雖無存修之法，而云知者不死。當宜行事之始，心存以知，不得輒呼。

宋・張君房《雲笈七籤・太上鬱儀日中五帝諱字服色》 日中青帝諱圓常無，字昭龍韜，衣青玉錦帔，蒼華飛羽帬，建翠芙蓉晨冠。

日中赤帝諱丹虛峙，字綠虹映，衣絳玉錦帔，丹華飛羽帬，建丹符靈明冠。

日中白帝諱浩鬱將，字廻金霞，衣素玉錦帔，白羽飛華帬，建浩靈芙華冠。

日中黑帝諱澄增停，字玄綠炎，衣玄玉錦帔，黑羽飛華帬，建玄山芙蓉冠。

日中黃帝諱壽逸阜，字飈暉像，衣黃玉錦帔，黃羽飛華帬，建芙靈紫冠。

右日中五帝君諱字、服色。欲行奔日之道，當祝識名、字，存五帝服色在我之左右前後。

宋・張君房《雲笈七籤・太上結璘月中五帝夫人諱字服色》 日中五帝魂精内神，名珠景赤童。

宋・張君房《雲笈七籤・釋三十九章經》 皇上四老道中君曰：皇上四老真人，在日中無影。呼日名爲「九曜」。生常乘明玉之輪，轉宴於日中也。廣霞者，玉清天中山名，乃九日之所出矣，日帝之所司也。

又 皇初紫元君曰：皇初紫元之天，常有暉暉之光，鬱鬱如薄霞焉。乃九日之所出，有如一日之照耳。

又 微玄者，日中之神，名曰玉賢。天中或呼日爲「微玄」也。

宋・張君房《雲笈七籤・後四天》 九天真人呼日爲「濯曜羅」，三天真人呼日爲「圓光蔚」，太素天中呼日爲「眇景皇」，上清真人呼日爲「九曜生」，泰清天中仙人呼日爲「太明」，太極天中呼日爲「圓明」，玉賢天中呼日爲「微玄」，東華真人呼日爲「紫曜明」，亦名「圓珠」，亦謂「始暉」，亦謂「太明」，亦謂日名「鬱儀」。

元・脱脱等《宋史》卷五二《天文志五》 七曜

日爲太陽之精，君之象，日行一度，一年一周天。日月行有道之國，則光明。君道至大，則日色光明；動不失時，則日揚光。至德之萌，日月如連璧。君臣有道，則日含「王」字；君亮天工，則日備五色；有聖人起，則日再中。人君有德，日有四彗，光芒四出；日有二彗，一年再赦。

元・岳熙載《天文精義賦》 太陽

日爲太陽之至精，光明盛實而常盈。

《宋志》曰：日爲太陽之精，積而成象，光明盛實，布照四方。出則天下明，入則天下晦。萬物莫能視其體，猶至尊之不可窺逾，有人君之象焉。若明王踐位，羣賢履職，天下太平，民庶豐樂，則日抱珥，重光而揚景輝，人君有瑕，必露其匿，歷以告示焉耳。

爲君、父、夫、兄，中國之應。

劉向曰：日者，天子之象。君、父、夫、兄之類，中國之應也。《乾坤寶典》云：光明外發，魄體内全，匿精楊輝，圓而常滿，此人君之體也。晝夜有節，循環有常，春生夏養，秋肅冬殺，此人君之政也。星月稟其光，辰宿宣其氣，生靈養其照，葵藿慕其恩，此則爲人君之大德也。

有遲速、發斂、南北之行。

《宋志》曰：其所經行，謂之黃道。常以一晝夜東行一度，經三百六十五日有奇，是謂歲周。冬至之日，日在赤道外二十四度，去極北百一十五度少强，爲極疾，日行一度强。自後損疾，經八十九日弱，至春分定日，當赤道之中與黃道相交，去北極九十一度少强，日行一度半。自後入赤道内，其形漸遲，經九十四日弱，夏至之日，日任赤道内二十四度，去北極六十七度少强，爲極遲，日行一度弱。自後益遲，經九十四日弱，至秋分定日，復當赤道之中，與黃道相交，北極九十一度少强，日行一度平。自後出赤道外，其行漸疾，經八十九日弱，復會冬至之日，爲一歲盈縮遲疾之終始。而小有不及周天之數者，曆家謂之歲差矣。《紀元曆議》曰：自冬至之日，由南没北謂之斂，去極彌近，其景彌短，迨夏至，則近短最極者也。自夏至日，由北浸南，謂之發，去極彌遠，其景彌長，迨冬至，則遠長最極者也。二至之中，道齊景正謂之二分，迨三百六十五日有奇，天周既窮，然後四時備成，萬物畢改，而攝提遷焉。

春行西陸至南陸，謂之夏；秋行東陸，至北陸謂之冬。

《紀元曆議》曰：居則列宿終於四七，推移有度，巡乘六甲，與斗相逢，則舒函有時，其在北陸，謂之冬，至春則行於西陸矣。其在南陸，謂之夏，至秋則行東乙於六矣。

迨三百六十之五日，乃云乎周天而數窮。

《宋志》曰：經三百六十五日有奇，是謂歲周。《紀元曆議》曰：迨三百六十五日有奇，天周次窮，然後四時備成，萬物畢改，而攝提遷焉。

日一南而萬物皆死，日一北而萬物皆生。

《紀元曆議》曰：萬物之出入榮悴，氣之消長進退，時之寒暑溫涼，民析因夷隩，莫不視日南北而爲之節。《傳》曰：日一北而萬物生，日一南而萬物死。

與日相會，爲辰之朔，十有二會爲歲之成。

日月相會爲月朔。月朔者，一辰之始。一年十二月爲十二辰，日月一歲十二會。《書》曰：「乃季秋月朔，辰弗集于房。」是知日月之所會爲辰也。

太抵朔之有食，由乎月掩其日。

朔之有食，日光非虧也。日月掩其體，特人間見其虧耳。《紀元曆議》曰：「食之於朔者，因乎月也。」

交而月在陽曆則虧西南，而圓於東南。

《紀元曆議》曰：黄道常在中國人頂之南，雖當北至，亦在南十有二度，况當南至乎？然則人常在日之北，日常在人之南。月出黄道爲陽曆，入黄道爲陰曆。陽曆之交也，當人之所望者少，故涉交稍遠。則或有不食陰曆之交也，當人之所望者多故。稍交，近而鮮有不食且交而月在陽曆，則月踰黄道之南，故其食必旁映日輪之南，而不及其北，故起於西南，甚於正南，復於東南。

交而月在陰曆則虧，西北而圓於東北。

月之陰曆則月入黄道之北，故其分必旁映日輪之北，不及其南，故起於西北，甚於正北，復於東北。又曰：食之於朔者，因乎月也。日在月之前，月以函而及焉。則其掩陽光而過之，未有不自西而東者也，故其初缺必從乎西，盈滿必在東乙乎？

食分之有淺深，各隨所望然矣。

《唐曆志》曰：中國，食既南方戴日之下，所虧纔半月，外反觀交而不食。

《紀元曆議》曰：「日無恃而明，常行黄道。當合朔之時，月在八行，交黄道處或隣於所交，則月或在日之下，或在日之側。在日之下，則仰望之者目力不及日之光；在日之側，則斜望之者目力不及日之光。全不及日之光爲既，非全不及所見，所不見或淺或深，各隨其望而然也。

《周禮》：十煇之氣，皆見太陽之旁，祲、象、鑴、監、闇、瞢、彌、序、隮、想。

《宋志》曰：《周禮》十煇氣曰祲、曰象、曰鑴、曰監、曰闇、曰瞢、曰彌、曰序、曰隮、曰想。

祲，氣祲淫相侵。

祲者，陰陽五色之氣，浸淫相侵，抱珥背璚之屬，如虹而短，皆爲祲也。

象，氣成其形象。

象者，雲氣成形象，如赤烏夾日以飛之類。

鑴，如童子所佩鑴。

鑴如者，日旁氣刺日，形如童子所佩之鑴也。

監，乃雲氣臨於上。

監者，雲氣臨在日上。

闇，則日月食之，而日或脱色。

闇者，日月食，或日脱光。

瞢，則日不光明，而瞢瞢昏暗。

瞢者，瞢瞢不光明也。

彌，則白虹而彌天。

彌者，白虹彌天而貫日。

序，則冠珥而相向。

序者，氣若山而在日上。又云：冠珥背璚，重疊次序於日旁。

隮，暈虹而朝隮于西。

隮者，軍氣也，或曰虹。《詩》所謂「朝隮于西」者是也。

想，思想而似如何狀。

想者，謂氣五色形想，青饑，赤兵，白喪，黑憂，黄熟。或曰：想思也，赤氣爲人狩之形，可思而知其吉凶。

明・李泰《天文精義補注》卷二　太陽

日爲太陽之至精，光明盛實而常盈。

原註云：《宋志》曰：「日爲太陽之精，積而成象，光明盛實，布照四方。出則天下明，入則天下晦。萬物莫能視其體，猶至尊之不可窺踰，有人君之象焉。若明王踐位，羣賢履職，天下太平，民庶豐樂，則日抱珥，重光而揚景耀；人君有瑕，必露其慝，曆以告示焉。

補註曰：《淮南子》云：「日爲陽精。」李淳風云：「日乃太陽之精，人君之象。顯麗中天，以光明無所不照爲德，出入從辰運循行度無變已。薄食之異，則人君乘土而王其政太平，百姓安寧。人君有瑕，必彰其慝，以爲所示，使修其德政。太平則日色五彩，國有道則其象光明。《宋志》曰：「日者，實也。」邵氏曰：

「日行陽度則盈。」張氏曰：「日自冬至以後，行陽度而漸長。」鄭氏曰：「日爲陽之精，循黄道而行。」

爲君、父、夫、兄，中國之應。

原註云：劉向曰：日者，天子之象。君、父、夫、兄之類，中國之應也。《乾坤寶典》云：光明外發，魄體内全，匿精揚輝，圓而常滿，此人君之體也。晝夜有節，循度有常，春生夏養，秋成冬殺，此人君之體也。星月稟其光，辰宿宣其氣，生靈仰其照，葵藿慕其思，此人君之德也。

補註曰：《洪範傳》曰：日者，君也。愚謂君、父、夫、兄，中國皆屬陽，故日皆應之也。

有遲疾、發斂、南北之行。

原註曰：《宋志》云：其所經行，謂之黄道。常以一晝夜東行一度，經三百六十五日有奇，是哉是謂歲周。冬至之日，日在赤道外二十四度，去北極一百一十五度少强，爲疾極，日行一度强自後損疾，經八十九日弱，至春分定日，當赤道之中與黄道相交，去北極九十一度少强，日行一度平。自後入赤道内，其形漸遲，經九十四日弱，夏至之日，日在赤道内二十四度，去北極六十七度少强，爲極遲，日行一度弱。自後益遲，經九十四日弱，至秋分定日，復當赤道之中，與黄相交，去北極九十一度少强，日行一度平。自後出赤道外，其行漸疾，經八十九日弱，復會冬至之日，爲一歲盈縮遲疾之終。而小有不及周天之數者，曆家謂之歲差矣。《紀元曆議》曰：自冬至日，由南浸北，謂之斂，去極彌近，其景彌短，逮夏至，則近短最極者也。自夏至日，由北浸南，謂之發，去極彌遠，其景彌長，逮冬至，則遠長最極者也。二至之中，道齊景正謂之二分，逮三百六十五日有奇，天周既窮，然後四時備成，萬物畢改，而攝提遷焉。

補註曰：「天文總論云，日有中道。中道者，黄道也。北至東井，南至牽牛，東至角，西至婁。夏至日在東井而北近極星，故晷短；冬至日在牽牛而南遠極星，則晷長。日，陽也。陽用事則日而北，陰用事則日退而南。日失節於南，則晷過而長爲長常寒。日失節於北，則晷短而常燠。此四時致日之法也。」唐一行曰：「劉焯立立盈縮躔衰術，李淳風因之，更名曰躔差。凡陰陽往來，馴積而變。日冬至，其行最急，急而漸遲；夏至其行漸舒，舒而漸急，急極而寒，舒極而燠，得其中則雨暘之氣也。」一行又謂：「日躔有舒急之異，蓋周天三百六十五度，冬至之時夜之所占度多，日之所占度少。度少則日短迫，故曰其行急也。夏至之時，夜之所占度少，日之所占度多，度多則日舒長，故曰其行最舒也。春秋二分，日夜停適，故云其行及中也。所謂躔衰，躔差者。或自急而漸舒，自舒而漸急，或在乎舒急之中也。以氣候之，以景測之，而求其盈縮之所加，則可知矣。」一行以二十四氣晷景考日躔盈縮，而密加于時，蓋謂此也。《漢志》曰：「日道發南，去極彌遠，其景彌長，遠長乃極，冬乃至焉。日道躔北，去極彌近，其景彌短，近短乃極，夏乃至焉。二至之中，道齊景正，春秋分焉。日有中道，月有九施行，出入而交生焉朔會望陵衡鄰於所交虧。薄生焉。

春行西陸，在南陸，謂之夏；秋行東陸、在北陸，謂之冬。

原註云：《紀元曆議》曰：居以列宿，終於四七，推移有度，巡乘六甲，與斗相逢，則舒函有時，其在北陸，謂之冬，至春則行於西陸矣。其在南陸，謂之夏，至秋則行於東陸矣。

補註曰：「《漢志》云，日行西陸謂之春，日行南陸謂之夏，日行東陸謂之秋，日行北陸謂之冬。愚按《律曆志》并《隋志》云，日行東陸謂之春，日行南陸謂之夏，日行西陸謂之秋，日行北陸謂之冬。按《月令》，孟春日在營室，中春日在奎，季春日在胃，孟夏日在畢，仲夏日在東井，季夏日在柳，孟秋日在冀，仲秋日在角，季秋日在房，孟冬日在尾，仲冬日在斗，季冬日在婁女。四時日行陸維孟月未正，自仲至季皆正。以此考之，則《漢志》信然，而《隋志》與《律曆志》未必然。《易適統圖》云：「日行東方青道曰東陸，日行南方赤道曰南陸，日行西方白道曰西陸，日行北方黑道曰北陸。」

迨三百六十之五日，乃云乎天周而次窮。

原註云：《宋志》曰：經三百六十五日有奇，是謂歲周。《紀元曆議》曰：「迨三百六十五日有奇，天周次窮，然後四時備成，萬物畢改，而攝提遷焉。

補註曰：「天體至圓，周圍三百六十五度四分度之一，應一歲三百六十五日四分日之一。天行健，一日一夜而一周。日，陽精。一日而繞地一周。月，陰精。一月而與日一會。以日月所會分周天之度，爲十二次。正月會亥爲陬訾，二月戌爲降婁，三月酉爲大梁，四月申爲實沈，五月未爲鶉首，六月午爲鶉火，七月巳爲鶉尾，八月辰爲壽星，九月卯爲大火，十月寅爲析木，十一月丑爲星紀，十二月子爲玄枵。次窮者，言天行一周而十二次亦窮盡焉。

日一南而萬物乃死，日一北而萬物乃生。

原註云：《紀元曆議》曰：萬物之出入榮悴，氣之消長進退，時之寒暑温涼，民

之析因夷隩，莫不視日南北而爲之節。《傳》曰：日一北而萬物生，日一南而萬物死。

補註曰：《大元經》云：「日一北而萬物生，日一南而萬物死。」楊子云：故曰，日未望則載魄於西，至望則終魄於東。所以冬至而曰日南至，日邊發南故也。夏至而曰日北至，日道歛北故也。萬物死生乃在乎二至焉。

與月相會，爲辰之朔，十有二會爲歲之成。

原註云：日月相會爲月朔。月朔者，一辰之始。一年十二月爲十二辰，日月一歲十二會。《書》曰：「乃季秋月朔，辰弗集於房。」是知日月相會爲辰也。

補註曰：天一晝夜行三百六十五度有奇，日麗天而少遲，故日行一日，繞地一周，而在天不及一度，積三百六十五日九百四十分日之二百三十五而與天會，是一歲日行之數也。月麗天尤遲，一日常不及天十三度十九分度之七。積二十九日九百四十分日之四百九十九而與日會。十二會得全日三百四十八餘分之積又五千九百八十八。如日法九百四十而一，得六不盡三百四十八，通計得日三百五十四九百四十分日之三百四十八，是一歲月行之數也。歲有十二月，有三十日，三百六十者，一月歲之常數也，故日與天會而多五日九百四十分日之二百三十五者爲氣盈，月與日會而少五日九百四十分日之五百九十二者爲朔虛，合氣盈朔虛而歲生焉。又曰二十八宿循天而左行，一日一夜一周天。天周之外，更行一度，計一年三百六十五度四分度之一也。日一日行一度，則是一歲一周天也。月一日行十三度十九分度之七。凡二十七日而周天一匝，更行十九度半餘遂於日，與日之會，以所次之辰故曰日月相會謂之辰。

大抵朔之有食，由乎月掩其日。

原註云：朔之有食，日光非實虧也。因其月掩其體，特人間見其虧爾。《紀元曆議》曰：「日食之於朔者，因乎月也。」

補註曰：凡日之食，觀月之行黃道表裏。月之行，曆二十九日五十三分而與日會，是謂合朔。日月之交，月行黃道而日爲月所掩，則日食是謂陰勝也。

交而月在陽曆，則虧西南，而圓於東南。

原謂註云：《紀元曆議》曰：黃道常在中國人頂之南，雖當北至，亦在南十有二度，况當南至哉！然則人常在日之北，日常在人之南。月出黃道爲陽曆，入黃道爲陰曆。陽曆之交也，當人之所望者少，故涉交稍遠。則或有不食陰曆之交也，當人之所望者多故。所交近而鮮不食且交而月在陽曆，則月越於黃道之南，故其食必旁映日輪之南，而不及其北，故起於西南，甚於正南，復於東南。

補註曰：《太元經》云：月之行天也，循黃道內外。曰陽曆，外曰陰曆沈氏《筆談》曰：凡日食，當月道自外而交於入于內，則食起于西南，復于東北；自內而交出于外，則食起于西北，而復於東南。日在交東，則食其內；日在交西，則食其外。食疏則起于正西，復于正東。隋張胄元以爲日行黃道，月行月道，交給黃道外十三日爲奇，而入經黃道，謂之交。朔望去交前後各十五度以下即當食，若月內道在黃道之北，食多有驗；月行外道在黃道之南，雖遇正交，無由掩映，食多不驗。

交而月在陰曆，則虧西北，而圓於東北。

原註曰：月在陰曆，則月入黃道之北，故其食分在必旁映日輪之北，不及其南，故起於西北，甚於正北，復於東北。又曰：食之於朔者，因乎月也。日在月之前，月以函而及焉。則其掩陽光而過之，未有不自西而東者也，故其初缺必從乎西，盈滿必在乎東也。

補註曰：其解見前。

食分之有淺深，各隨所望然也。

原註曰：《唐曆志》云：「中國，食既南方戴日之下，所虧纔半月，外反觀交而不食。《紀元曆議》曰：「日無恃而明，常行黃道。當合朔之時，月在八行，交黃道處或隣於所交，則月或在日之下，或在日之側。在日之下，則仰望之者目力不及日之光；在日側，則斜望之者目力不及日之光。全不及日之光爲既，非全不及所見，所不見或淺深，各隨所望也。」

補註曰：沈氏《筆談》云：或問日月之行，日一合一對而有食，不食何也？對曰：黃道與月道知環相疊而差小，凡日月二同在一度相過，則日爲之食，正一度相度對，則月爲之虧。雖同一度而月與黃道不相侵，同度而又近黃道，月道之交，日月相值乃相淩掩。正當其交處，則食而既；不全當交道，則隨其相犯淺深而食矣。

《周禮》十暉，皆見太陽之旁，祲、象、鑴、監、闇、瞢、彌、序、隮、想。

原註曰：《宋志》曰：《周禮》十暉氣曰祲、曰象、曰鑴、曰監、曰闇、曰瞢、曰彌、曰序、曰隮、曰想。

補註曰：《周禮》胝祲氏，掌十暉之法，以觀妖祥，辨吉凶。

祲，氣浸淫相侵。

原註云：祲者，陰陽五色之氣，浸淫相侵，抱珥背璚之屬，如虹而短，皆爲祲。

補註曰：《周禮》一曰祲。註曰：日旁有陰邪氣，相相侵犯也。

象，氣成其形象。

原註曰：象者，雲氣成形象，如赤烏夾日以飛之類。

補註曰：《周禮》二曰象。註云：陰氣闇日凝結，而成象也。

鐫，如童子所佩之鐫。

原註云：鐫者，日旁氣刺日，形如童子所佩之鐫。

補註曰：《周禮》三曰鐫。註：黑氣，如鐫刺於日也。

監，乃雲氣臨於日上。

原註云：監者，雲氣臨在日上。

補註曰：《周禮》四曰監。註云：抱日之氣，如冠珥也。

闇者，日月食之，而日或脱光。

原註曰：闇者，日月食，或日光脱。

補註曰：《周禮》五曰闇。註云：方晝而暗也。

瞢，則日不光明，而瞢瞢昏暗。

原註云：瞢瞢，不光明。

補註曰：《周禮》六曰瞢。註云：陰氣蒙蒙，日光瞢然也。

彌，謂白虹貫日而彌天。

原註云：彌者，白虹彌天而貫日。

補註曰：《周禮》七曰彌。註云：白虹彌天，橫氣貫日也。

序，謂冠珥重叠而相向。

原註曰：序者，氣若山而在日上。又曰：冠珥背璚，重叠次序於日旁。

補註曰：《周禮》八曰序。註云：氣片段成列，穿日有序也。

隮，暈虹而朝隮于西。

原註云：隮者，暈氣也，或曰虹。《詩》所謂「朝隮于西」是也。

補註曰：《周禮》九曰隮。註云：螮蝀升氣於日旁也。

想，思想而似如何狀。

原註云：想者，謂氣五色有形想，青飢、赤兵、白喪、黑憂、黃熟。或曰：想，思也，赤氣爲人狩之形，可思而知吉凶。

補註云：《周禮》十曰想。註云：雜氣以成形想也。

明・章潢《圖書編》 日總敘

日者，衆陽之宗，人君之象也。光明外發，魄體内全，匿精陽輝，圓而常滿，人君之體也。晝夜有節，循度有常，春生夏長，秋收冬藏，人君之政也。星月資其光，辰宿宣其氣，生靈仰其照，葵藿慕其恩，人君之德也。故日主道，德養生，佑仁恩。人君有瑕，必露其慝，以告示焉。日行於天，一晝一夜行一度，日出地上謂之晝，日没地下謂之夜，謂之一日。積三百六十五日有奇而周天，謂之一歲。日寅也，言光明盛也，寅也。日之先後不可名狀，假甲子、乙丑以異之，其行乎天，去極近而日長，爲暑；去極遠而日短，爲寒；去二極中晝夜均，暄凉等。以入大概未能盡其微妙，故聖人作歷以推步焉，序之以時，分之以八卦，正之以中氣，變之以節爲二十四氣，其詳著之歷法，茲不能載也。《天文志》曰：日月行有道之國，則有色光明，人主吉昌，百姓安寧；其君無德，其臣亂國，則日爲之失色不明；日食者，陰侵陽，臣掩君也，有亡國，有死君，有大水；日食見星，臣奪其君，天下分争，故有變，人君必脩德以禳之。【略】

日乃太陽之精，貞明不息，而其體質本無增損，但象一也。方其東升及將西沉時，乃覺其象頗大，甚赤，至中天則覺其象小而色稍淡，何也？光一也。方其升於東方，但覺其光尚隱而物皆無影，其質尚暗而光不爍目，及將西沉亦猶是也。惟中天，則大明朗照，質亦洞然，而人不敢仰視，何也？氣一也。夏則朝暮凉而午漸熱，冬則朝暮寒而午稍温，又何也？以予言之，其殆精氣舒斂之不齊乎！嘗觀諸火矣，炭之方灼也，其體已赤而其質暗，故其光亦不徧及；其昭明有融而氣燄爍人，則其色反淡矣。是故朝升暮沉，由于陽氣翕聚，故其象之大也，色之赤也，光之隱而質之暗也，人皆可以目而對之，猶方然之炭，其燄尚内聚而未之散也；若中天之時，則陽氣已盡發散，故覺其象小、色淡、光顯、質朗，而不敢凝眸仰視，猶火炭炎炎外爍，而其内外洞明，有如此耳，胡可盡歸於天體之遠近也？否則近故大而赤矣，何爲其早暮凉，而人可對以目也？遠故小而淡矣，何爲其午反熱，而人不敢仰也？況一日之間，由旦而晝，由晝而暮，人皆得而見之，而何其不同一至此哉？然萬古此日也，試於一日之間即其象而觀之，自有不待辨者，惟知日則知月矣。

太陽之精，在天爲日，在人爲心。日一也，陽氣發散，則明而爲晝；陽氣翕聚，則暗而爲夜。日固通晝夜而不息，而謂其陽氣無翕散焉，不可也。心一也，指體而言，則寂然不動；指用而言，則感而遂通。心固合體用而不二，而謂其陽神無寂感焉，不可也。《易》曰：不專一則不直遂，不翕聚則不發散，在天之四時固如此，在人之一刻亦如此。不知四時者一日之積也，一刻者一日之分也，況在

天不徒有是理，而日固有實象之可見乎！但觀於日之升沉，見其明有聚散，此所以日新。日日新而貞明不息，日誠在天之神物也。曾謂人之精神不專一，翕聚而可與日月合其明乎！

天地陰陽之精氣聚于日月，果信日月之精氣本有斂而有散也。其精氣散則熱，斂則涼；其精氣斂則覺其形質小，散則覺其形質大。非日月有小大也，而小大涼熱亦不以遠近言也，一精氣之斂散爲之耳。知此，則所謂「日初出大如車蓋，及日中則如盤盂」此不爲遠者小而近者大乎；所謂「初出滄滄涼涼，及其日中如探湯」，此不爲近者熱而遠者涼乎，皆可以斂散決之矣。

明·王英明《曆體略》 二曜

日者，太陽之精，循黄道右行，三百六十五日有奇而周天。黄道起箕斗間，北距赤道二十三度九十分，迤邐東北至壁一度入赤道北。又東北至參十度，則南距赤道亦二十三度九十分。遂折而東南，至軫初度，出赤道南，又東南旋于尾箕。周而復始，長三百六十五度二十五分六十四秒。其與赤道交也，自南入北曰内道口，自北入南曰外道口。二交之口，隨歲差左移。日行于此，冬至居析木津躔箕，小寒躔斗，大寒躔牛，立春躔虚，雨水躔危，驚蟄躔室，春分躔壁，清明躔奎，穀雨躔婁，立夏躔胃，小滿躔昴，芒種躔畢，夏至躔參，小暑、大暑俱躔井，立秋躔柳，處暑躔張，白露、秋分俱躔翼，寒露躔軫，霜降躔角，立冬躔氐，小雪躔房，大雪躔尾，而二十四氣備矣。冬至後九日入星紀之次，大寒後十日入玄枵之次，雨水後六日入娵訾之次，春分後九日入降婁之次，穀雨後十日入大梁之次，小滿後十一日入實沉之次，夏至後十日入鶉尾之次，大暑後九日入鶉火之次，處暑後十日入鶉首之次，秋分後十三日入壽星之星，霜降後十四日入大火之次，小雪後十二日入析木之次，而十二過宫備矣。冬至前後，日行一度零百分度之五有餘，日盈。段其前其後各十有八日，日損一分有奇。春秋分，日行一度無盈縮。夏至前後，日行百分度之九十五不足，日縮。段其前其後各十有八日，益一分有奇。約一歲間截盈補縮，日得一度。歲行黄道三百六十五度二十四分二十五秒，不及周天一分五十秒，是日歲差，約六十六年八箇月而差一度。歲差有二故，一，太陽從某宫次度分行天周而復于元度不及其數也。二，太陽會列宿天之某星，行天周而復與元星會，其星每歲有本行，又當加其本行以定歲。斯二者，推步家所謂成實周、真歲差也。

明·熊明遇《格致草》 日體

日爲萬光之原，諸曜皆從此受光焉。其體圓，圓有面有體。日爲圓面，舉目即是，固無可疑。其爲圓體，何從知之？曰：凡物未有有面無體者，日之爲物大矣，知其必有體也。凡自然生者，初生無不圓。太陽之生本自然，曾無雕琢。又諸體中圓爲最尊，太陽最尊，知其必爲圓體也。舊云：日徑一度，近測驗實止半度。其去地有時近有時遠，折中取數，則以地全徑爲度，地球約九萬里全徑，三萬里二十四其地徑自之，得五百七十六，是太陽去地之中數也。以視徑觀其去地之遠，因以割圓術求其本徑，得日體大地體一百餘倍矣。以九萬里之地球不能障其光，地球景又不能過月天以上，則日體之大可知。使地大于日，則星曜皆可食也。日面上有黑子，或一或二，或三四而止，或大或小，恒于太陽東西徑上行其道，止一綫，行十四日而盡，前者盡則後者繼之，其大者能減太陽之光。先是或疑爲金水二星，考其躔度則又不合。近從望遠鏡窺之，乃知其體不與日體爲一，又不若雲霞之去日極遠，特在其面，而不識爲何物。以此知日體亦是平行；如轉行，則黑子不能常矣。每日行一度弱，其一日一周，于黄道爲一長度，于赤道上不及一上度。其日初出，入大日中則小，以地平之蒙氣衡視則厚，直視則薄。朦朧景，朝爲昧爽，夜爲黄昏，各入地坪十八度。而冬夏至朦景大，春秋分朦景小者，以二至迤行出入，二分直行出入耳。論太陽之光　日爲大光，六合之内無微不照，有不透明之物隔之，則生影。地在天中，體小于日，故影漸遠漸殺以至於盡，其影之長不至太陽之衝。

如下圖，甲乙爲日，丙丁爲地，其影至戊而止，不至己。

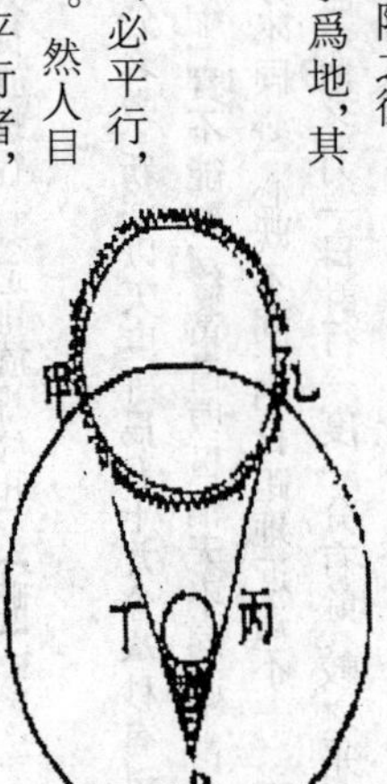

日圈不同地心

凡天體及七政、恒星等，必平行，不平行則推步之術無從可立。然人目所見，各有遲疾順逆，若無一平行者，曆家因此推求，悟有不同心之圈及諸小輪等。如太陽從春分至秋分，歷一百九十日零；從秋分至春分，歷一百七十四日零，差八日。緣日輪之心與宗動天之心不同，故夏贏冬縮。今曆中設有空度，不得其解，强爲之所耳。又太陽之體，冬至則大，夏至則小，冬至月食小于夏至之食，蓋大光之體愈遠，其景愈長愈大，月過地景之時愈多，故知時多者景大也。

清·江永《數學》卷五 太陽諸輪

日有本天，有本輪，有均輪。本天以地爲心，隨宗動天左旋而稍緩，故漸右

移。本勿菴先生之説。本天右移帶動本輪，本輪之心定於本天之上，亦本勿菴先生説。其樞左旋帶動均輪。本輪之□爲最高，底爲最卑。輪樞左旋，視本天之右移者稍緩，因生最高最卑之行。均輪之心定於本輪之上，其樞右旋帶動日。日體定於均輪之上，隨均輪而右旋，均輪旋而日體之上下不變。【略】

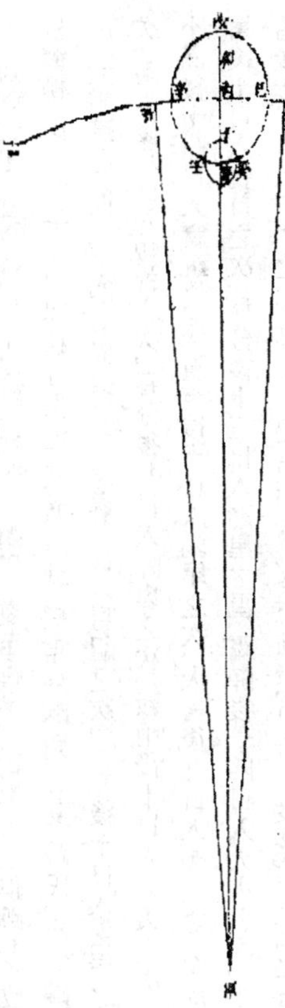

日輪圖

甲爲地心，乙丙丁爲本天界，戊己庚辛爲本輪，壬癸爲均輪，子爲日體，在均輪上。庚爲最卑，亦日高□。戊爲最高，此設均輪在最卑，初宫。則日體在子。若到三宫，辛點。則日體當丑。到最高，六宫。則日體在卯。到九宫，己點。則日體當寅。本輪心丙點所到爲平行度，丙至丑視行所加之度，丙至寅視行所減之度。子甲、丑甲、卯甲、寅甲，人從地視太陽綫。各度有視綫，本天半徑大於本輪半徑者約三十八倍，作圖不能如其數，後倣此。

清·胡襄參、方江自《囂囂子曆鏡》 太陽體用

日爲陽精，諸説已見于經史。經生家恒知之，而其體用之所以然，知之者鮮矣。太陽煦萬物，成寒暑晝夜，已見于經史。經生家亦知之矣。其爲列曜之尊，而曆家必首論太陽，而漸及他曜。之所以然，則知者鮮矣。蓋太陽于人目所視者，其面也，有面必有體，面之圓，舉目而知；體之圓，何以驗之？天下之物，自然而生者，其初生無物不圓，天體圓也，地形圓也。太陽爲萬光之原，由月而星皆受其光，爲物大，爲用宏，終古不變，則知其體之圓一也。又諸體之中最尊爲圓，太陽亦有形之物，有面必有體，面圓體亦圓也。知之者二。測驗家謂人目所視者，測止半度。必有本徑，欲知本徑，先論人所居之地看太陽去地之遠近，而知其在空中周圍若干也。而太陽離地時遠時近，折取中數，須以地之全徑爲度。地之徑三萬里，三之約九萬里，太陽之圓測得二十四其地徑，自之得五百七十六，是太陽去地之中數也。既知視徑，又知去地之遠，因以割圓術求其本徑，得太陽之容大于地之容百餘倍矣。太陽之光，六合之内無物不照，無微不入。有隔之者，必去影。地在天中，體小於日，故影漸遠漸鋭，以迄于無影。其數之長，不能底太陽之界，止到月金水之界。太陽之行，如從冬至而漸至夏至，極南者漸改，而極北非另有圓路也，在天從旋螺行，其道則旋螺綫也。【略】

日軌

太陽行黄道，論其積歲十分之數，新法以天度計爲五十九分八秒有奇，即平行度分也。太陽之行，冬盈夏縮，實不能齊，緣黄道與日輪天不同心，黄道之心即地球心，是日輪天與地球亦不同心，心既不同，則日距地近遠不一。近即行疾，所行之度過于平行，而爲盈。每冬月一日計行一度一分有餘，較之平行盈二分矣。距遠則行遲，遲則所行之度不及平行，而爲縮。每夏月一日計行五十七分有奇，較之平行又縮二分矣，盈縮相差如此。終歲之間，逢最高最卑限二日，平實二行之度數惟一。此外兩行之較，日日不等，故立加減分法，謂之加減差。以有恒率，即平行根也。以加減差定之，所以齊不齊也。如太陽入某宫，以分節氣，亦有平實二算。蓋平行十五日二十一刻有奇爲一節氣，乃一年平分之二十四。若用躔度之日以算冬夏不齊，冬則十四日八十四刻有奇，夏則十五日七十二刻有奇，總由夏遲冬疾，其差如此。

太陽天距地極遠之點，名最高。極近之點，名高冲，又名最高痺。此二點，乃盈縮之界。古法謂冬夏二至常在一點，其實不然。古測最高在夏至前數度，今測在後六度，以此知太陽之内自行四十五秒也。

清·楊文言《曆象本要》 日體光大，東升之先，西没之後，距地平十八度以下皆有光，謂之朦景。古名昏明分。朦景刻數之差，一因日躔緯度而多寡不同，近二分少，近二至多，而夏至更多；江南春秋分五刻十一分，冬至六刻七分，夏至六刻十三分。一因北極出地而多寡不同。夏至日廣東六刻，京師八刻十二分，古法概定爲二刻半者，非。度有濶狹，亦有斜直，所謂地平下十八度有朦景者地平下半渾圓之高弧緯度，皆濶度也，又直度也。而天度惟赤道腰圍最濶，漸遠則狹；又惟地居赤道下，日行度最直，漸遠則斜。設地居赤道下，又直春秋分，則以濶度謂日行赤道。

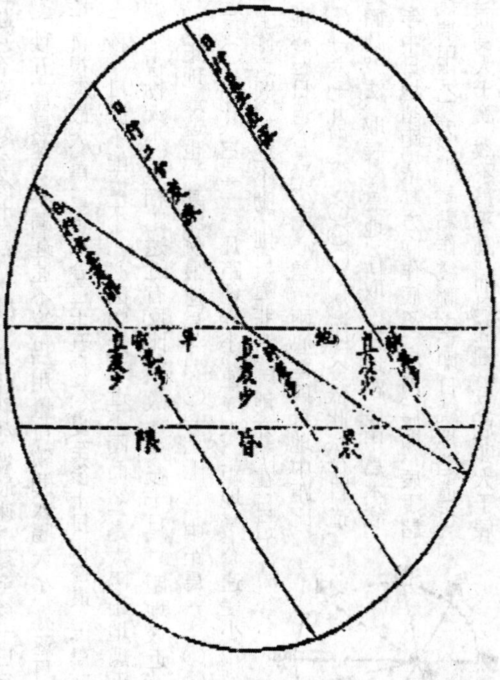

晨昏朦景

準濶度，謂地平下距緯。即當以十八度爲朦景之時刻矣；几論時刻並以赤逆度。若二至時則以狹度謂日行在赤道南北。準濶度，謂地平下距緯。其朦景時刻必在十八度以上矣。是則二至朦景多於二分者，因度有濶狹，而天下皆同，雖地居赤道之下，亦然也。又設地在赤道北，即中國地土。則雖春秋分日行赤道，其度本濶。而以斜度地在赤道北，則地平下日道亦偏於北，而成斜勢。準直度，謂地平下距緯。朦景時刻必增尖；下下十八度者，所當斜度，必十八度以上。若二至時，則度説狹而勢又斜，朦景時刻必倍增矣。斜度當直度，既有所增，而所增者仍爲狹度其增必倍。是則□北地勢朦景增多者，因度有斜直而愈北則愈多。知京師多於江南，江南又多於浙閩，皆以距赤道下愈□，而朦景愈多。夏至彌北。故尤多於冬至也。□此論之，地在赤道南者，地愈南，□景愈多，而冬至亦多於夏至。

清·王家弼《天學闡微》 太陽最高，距地心一〇一六九〇〇〇；最卑，距地心九八三一〇〇〇。與半徑一〇〇〇〇〇〇〇相減，得一六九〇〇〇，爲兩心差。倍之，得三三八〇〇〇，爲盈縮差。刻白爾用兩心差作橢圓，均分橢圓面爲三百六十分，每分之積皆爲一度，每一度爲六十分。太陽每日右旋，當每一度積之五十九分〇八一九四四四三二二〇三，是爲平行。在最卑，半周地心至橢圓界之綫短，則角度必寬，是爲行盈；在最高，半周地心至橢圓界之綫長，則角度必狹，是爲行縮。故太陽循橢圓周行，惟所當之面積相等而角不等，其角度與積度之較，即平行、實行之差。

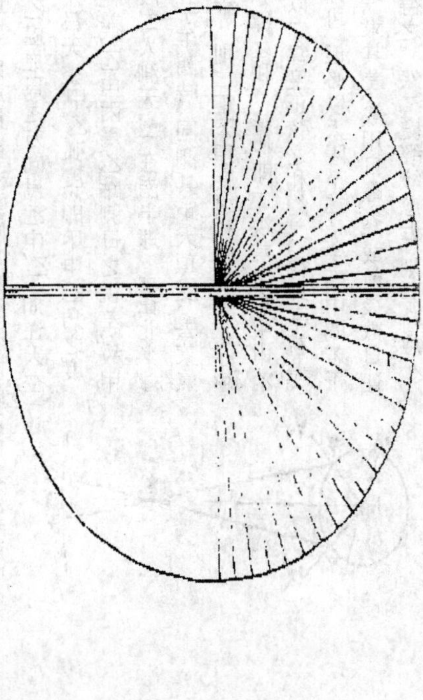

日天橢圓圖

太陽高弧晷圖

太陽高弧之晷，乃太陽在天之本象也。天體本圓，故以圓影測其度分。其法範銅爲圈，上爲天頂，下爲地底。天頂之下位，置地心爲太陽透影之孔。地心平對之處，爲地平綫。地平綫上分十三直綫，爲二十四節氣所值。地平綫至地底分九十緯度，以九十緯度按太陽各節氣之高弧點于十三直綫，即其所點者而聯之，爲午正前後時刻。綫圈用象限，則以九十度爲九。

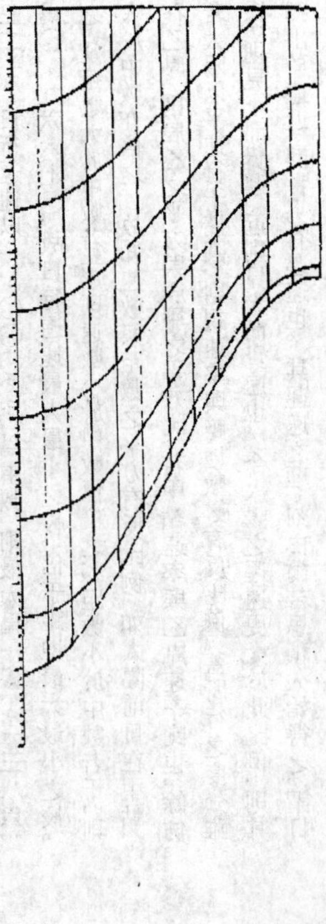

以周天三百六十度均分之晝夜，各得一百八十度。而晝分恒贏于夜分，晝分得二百一十六度，夜分得一百四十四度。則以昏旦各得一十八度，爲太陽之曚影限也。太陽未出，在地平之下一十八度，而天已旦矣；太陽既入，在地平之

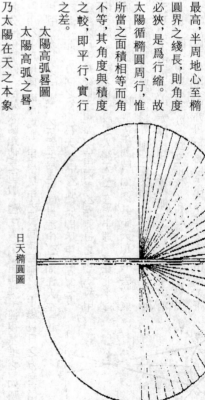

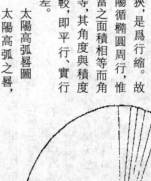

下一十八度，而天始焉。所謂一十八度者，以地平之緯度言之，非以赤道之經度言之也，故一十八度則同，而各處時刻不同，一處之各節氣時刻亦不同。兹用鹽城地平緯度推之，而各節氣曚影之時刻皆可按圖而得矣。

清·侯失勒《談天》 日躔

前論日之視道爲天球面一大圈，一歲日行一周。準此則地心至日心諸綫恒在一面内，此面即名黄道面。視黄道日所在，爲日躔某宫某度。

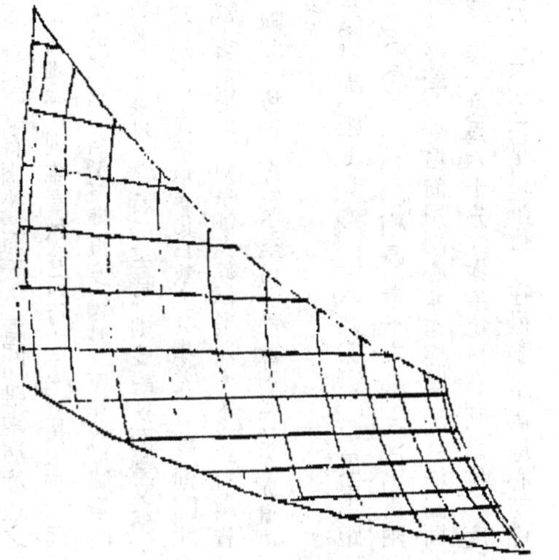

太陽曚影限圖

攷日躔于赤經度，其行不平，厥故有二：一，因黄赤斜交，故黄經度與赤經度不合。一，太陽行黄道，亦非平速，蓋太陽平速每日當行五十九分八秒三三，而逐日遲速不等。冬至後十日行一度一分九秒九，爲最速；夏至後十日行五十七分十一秒五，爲最遲。不獨遲速不等也，用量日鏡測太陽大小，亦逐日不等。冬至後十日視徑最大，爲三十二分三十五秒六，夏至後十日視徑最小，爲三十一分三十一秒。日體不能變大小，必因距地遠近不同而然，是太陽距地遠近逐日不等也。凡視物大小，與相距遠近有反比例，故冬至後十日，日距地最近；夏至後十日，日距地最遠也。其比例最遠爲一·〇一六七九，中距爲一·〇〇〇〇，最近爲〇·九八三二一。凡距地變小，速變大；距地變大，速變小。

準上條之理，設地不動，則日道非平□，地亦不在日道中心。地心距日道心數，名兩心差。兩心差與日地中距比，若〇·〇一六七九與一·〇〇〇〇〇比，今依此試作日道，即顯爲橢圓。法，取辰點爲地，任取一日地距辰甲爲本綫，次取一年中日地諸距，依其方向作辰乙、辰丙、辰卯、辰丁諸綫，於綫端甲、乙、丙、丁諸點作綫聯之，即日繞地之道也。其道之面長大于廣，故不爲平圓，而爲橢圓。又辰卯大于辰寅，故地不居中點，而居橢圓之一心。定爲橢圓者，以法推辰乙、辰丙諸距，皆與橢圓諸帶徑相合也。

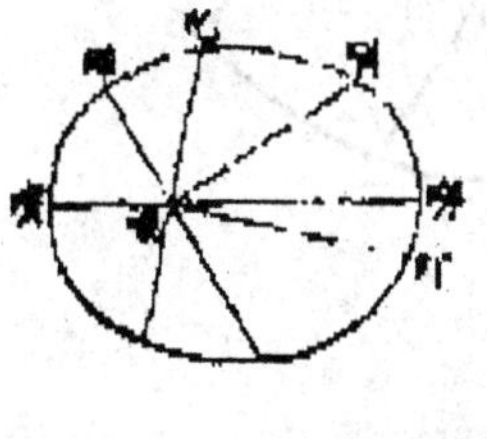

日地距以一·〇〇〇〇〇爲中數，則最大爲一·〇一六七九，最小爲〇·九八三二一。日行遲速以一·〇〇〇〇〇爲中數，則最大爲一·〇三三八六，最小爲〇·九六六七〇，故日行遲速最大最小之較，倍于距地最大最小之較。累測之，凡距數大於中數若干，則速數小於中數恒倍之；距數小於中數若干，則速數大於中數亦倍之。故知速數與距數之平方有反比例，如太陽前日在甲點，次日在乙點，則辰乙之平方與辰甲之平方比，若甲點速率與乙點速率比也，餘仿此。若太陽以平速行于橢圓，則視速率與距地數必有反比例，蓋所行之度分雖同，然遠則見小而覺遲，近則見大而覺速也。今太陽之遲速更大於此比例，則其故非獨山於遠近，而實另有遲速也。其遲速之理，刻白爾苦思積久始得之，謂日若依橢圓繞地球，則日地相連之帶徑，必盡經過橢圓之面，太陽之行法歷時同，帶徑經過之面積亦同，時分與所過面積恒有比例。如前圖，太陽自甲至乙之時與自丙至乙之時比，若甲辰乙面積與丁辰丙面積之比也。約言之，自北極俯視太陽之繞行，自西而東，與時辰表之針相反，黄道非平圜而爲橢圜，地不居中點而居橢圓之一心。若中距爲一·〇〇〇〇〇，則兩心差爲〇·〇一六七九，中距即半長徑也，故兩心差約爲六十分半長徑之一。太陽行法帶徑所過面積，與時分比例恒同。欲知太陽距地之里數、體之大小，當用地半徑視差推之，如圖，巳甲乙午爲地面，丙爲地心，申爲日，甲乙爲同時二測處，甲處見日之方向爲甲申甲′，如在天空甲′點；乙處見日之方向爲乙申乙′，如在天空乙′點。此二方向之交角爲天空甲′乙′弧度，即甲申乙角之度。甲申丙爲甲點測日之視差，乙申丙爲乙點測日之視差，故甲申乙爲二視差之和。設二人測天，一在南半球，一在北半球同一子午圈，于太陽過子午圈時，同測其距天頂度、去蒙氣差。若太陽之遠與恒星等，則二距天頂度之和必等于二赤緯之和，如人丙天角，即赤緯之和。其較即二視差之和甲申乙角也。既得甲申乙角，以二緯度正弦之和約之，得地平視差。若二測處子午圈不同亦可，但必以太陽至二子午圈中間若干時中距天頂之差改正之，求其差，或用日躔表，或前後數日連測太陽之高度，俱可推得之。然二處經綫愈近，則歷時愈小，

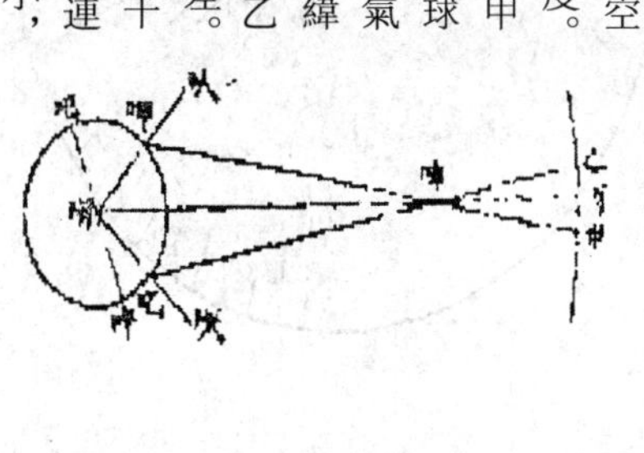

改亦愈小，較便也。如法，測得地平視差八秒六，依其數推得日地中距爲三萬三千九百八十四個地半徑，約二億七千餘萬里。

已知太陽距地數，又測得視徑爲三十二分三秒，推其實徑，必爲二百五十五萬里，故太陽與地球二徑比，若一百十一半與一比；太陽與地球二體積比，若一百三十八萬四千四百七十二與一比。

續近時火星衝日，近於地球，便定其視差。未尼格預議使數人屆期測火星與相近諸恒星視赤緯之較，由所測求得火星之視差，大于舊所設諸行星道當得之視差二十七分之一。按此，則舊所設諸行星與地道之數俱過大也。日之地平視差，舊略謂八秒六，詳之爲八秒五七六六，今推之，當爲八秒九五三。日地中距舊謂二億七千餘萬里，今推之當爲二億六千餘萬里。近時富告測光行速率，所得之數與此略合。故知格致各學，彼此相需而顯明也。此所謂之數不特小于費皂所得之數，亦小於常用之數五萬五千里。依光行地道全徑之路，歷時一刻一分二十六秒八。因歷時同而速率減小，則地道全徑亦必減小，故用減小速率與測得時差之歷時，求日距地之數，則所得之數必以同比例減小，按此可知舊定太陽行星之數俱過大，當減小約二十八分之一也。

乾隆三十四年，曾測金星過日之諸事。近時英國斯多尼將其所得重詳推之，天學公會贈以同治八年之金牌。斯氏云：舊時推算此事之誤，因測者之説內金星體之内外切日，推算者未明故也。此事與光學之理相關，爲推算之最要。若測者之説與光學之理已明，而實推之，必得日視差八秒九一，所差不過○秒○三而已，此與斯氏推算同治元年在固林爲志岌朴敦及新南維里斯之維多里三地所測火星衝日諸數密合。前言當減小二十八分之一，又可依此爲確據也。諸行星距數依比例減小，則其體積必依距數立方之比例減小，因諸行星之距數依新得之數，故諸行星之月道全徑亦必重推。又因行一周諸歷時之平方，既與體積有正比例，亦與距數之立方有反比例，故若歷時不變，則體積必減小，與其立方有比例。諸行星元數減小之實倍數，今究不能詳定，必待同治十三年、二十一年二次測金星過日，乃能詳定之。惟未定此之時，則按前數諸行星之相距約當減二十八分之一，而體積減小若二十七之立方與二十八之立方比，即○．八九六六四與一比。推算太陽之遠，差至一億餘里。常人有以此譏格致之學者，然而當知測太陽視差所失之數僅○秒三二，此比諸一髮在一百二十五尺之遠，或一銅錢在二十四里遠之角度也。其所失之微如此，且今格致之徒已改正之，望説者毋以此爲譏焉。

以遠鏡窺太陽，知是實質，非虛體也。面有諸黑斑，其位置及形狀時時變動。久測之，知太陽亦自轉，與地球同。其軸約略正交黄道面，其轉亦自西而東，約二十五日而一周。以體大，故轉遲也。以輕重之理論之，則太陽大體繞地球小體，恐無是理。譬如有二球，以鐵條相連，今旋于空中，則二球必俱繞重心，而重心不動。若二球輕重大小不等，則重心必近大球，或在大球體中，故小球必繞大球，而大球不甚易其處。準重學之理，凡二體在空中相環繞，雖無鐵條相連，亦必其繞公重心，公重心距二體心遠近之比，若二體質輕重之比。準此推得太陽與地球二體質之比，若三十五萬四千九百三十六與一之比。則其公重心距太陽心當得七百七十二里，爲三千三百分日徑之一。故太陽與地球俱繞重心，而太陽一若不動，地球一若繞太陽焉。然而一年中測恒星無視差，故知恒星距太陽俱極遠，最近之恒星視地球繞太陽之道若一點耳。

此後諸條以太陽爲不動，居橢圜之一心，地球繞太陽行於橢圜道，每年一周。其道之大小、兩心差速率，俱與前同。地球向太陽之半面，一年中日日不同，一日中刻刻不同，其行道自西而東，本卷日距地條。故有寒暑晝夜。

地球繞太陽一年一周，而地球自轉之軸方向不變，恒指天空之一點，此四時所由生也。

續解四時之理，設以地道爲正圓而不爲橢圜，太陽爲圓心，地球行過四象限之時各等，因行正圓，即以平速故也。

如圖，申爲日，甲乙丙丁爲地球在軌道上之四處，相距各九十度。甲爲春分點，乙爲夏至點，丙爲秋分點，丁爲冬至點。其自轉皆以巳午方向爲軸。日照地球不過半面，圖中白者乃受日光之半面，黑者乃背日光之半面也。地球在甲點，日正照赤道，故巳午二極恰在受光半面之界上，而統地面晝夜之時平分，故名春分。地球在丙點爲秋分，亦然。地球在乙點爲夏至，北寒帶巳乙恒在日照半面內，爲恒晝。相對南寒帶，恒在背日半面內，爲恒夜。北寒帶中，愈近北極，恒晝愈久；南寒帶中，愈近南極，恒夜亦愈久。而赤道北至寒帶界，雖無恒晝，

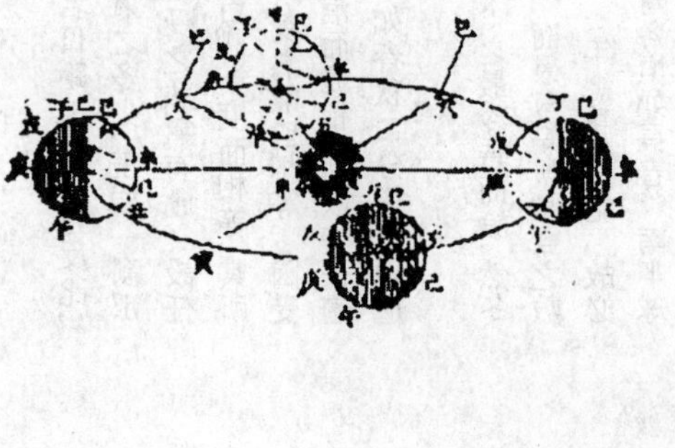

然俱晝長於夜；赤道南至寒帶界，雖無恒夜，然俱夜長於晝。地球在丁點爲冬至，與乙點一一相反。

凡太陽在地平上，地面受熱氣；太陽在地平下，地面散熱氣，各處皆然。晝長夜短，則太陽地平上之時多於在地平下，熱氣必大於平率；反之則小於平率。地球自甲至乙，北半球之晝漸長，夜漸短；南半球之晝漸短，夜漸長。故自春分至夏至，北半球之熱氣日盈，南半球之熱氣日朒。地球自乙至丙，晝夜漸近相等，故自夏至後，北半球熱氣之盈率、南半球熱氣之朒率俱漸小，至秋分而各得平率。地球自丙至丁復至甲，則與上一一相反，故各處一年所受之熱氣恒與所散相等也。

地道上任取一點天，作地軸天巳，又至日心作天申綫，則巳天申角爲日距北極之度。地球在丁點，此角最大，爲九十度加二十三度二十八分，即一百十三度二十八分。在乙點此角最小，爲九十度減二十三度二十八分，即六十六度三十二分。至此二點，見太陽在最南、最北，故謂之至。

續前以地道爲正圓，兹將地道之橢圓及長徑與二至徑交角所有改變詳細攷之。地道之橢圓率本卷日地距條。略爲六十分日地距中數之一，故日地距最大與最小之較略爲三十分中距之一，所以同若干時中，對日之半地球最近之時，所受光熱必多於最遠之時十五分之一也。蓋熱氣如光，散於日之四周，愈遠日，則所散之面愈廣，而熱力愈薄，力之厚薄與面積有反比例，即與距日綫之平方有反比例。以算式明之：

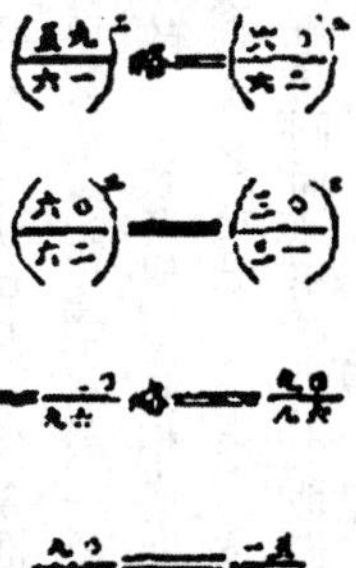

今時太陽最近地球之時，太陽在黄經二百八十度二十八分，爲太陽之最卑點，亦即地球之最卑點，在北半球冬至後十一日，亦在南半球夏至後十一日也。本卷地球繞太陽條。今時太陽最遠地球之時，太陽在黄經一百度二十八分，爲太陽之最高點，亦即地球之最高點，在北半球夏至後十一日，亦在南半球冬至後十一日也。兹設爲最卑、最高二點合於二至，以便易明，故當南半球夏至之時，地球近太陽，而全地球每日受熱氣最多，而南半球又受大半，此時南極與寒帶恒向日，而北極與寒帶恒背日故也。反之，當北半球夏至之時，地球遠日，而全地球每日受熱氣較少，而南半球仍受其大半，故地球若以平速行於其道，而四時皆相等，則南半球每年受熱必較多於北半球，其天氣必更暖。

按前論，地球不以平速行於其道，而其速率之變比，若日距地之平方反比，即受熱率之正比。因地球行道各點，在一剎那中所受熱氣之多少，正如一剎那中所行經度之多少，無論在行道之何點，所行之經度與所受之熱氣有比。設任意過日作直綫，分其道爲二分，則綫二邊之角度必合爲一百八十度而相等，其所受之熱氣亦必相等。所自二分點行至又一分點，全地球所受熱氣皆相等。因受太陽熱氣之力雖不等，而受熱氣之時亦不等，兩不等恰相消而成相等，以時長適補其力少也。北半球之春夏，多於南半球約七日半之比，如春秋二分徑分地道橢圓面積所得二分相較之比。

人與諸植物所覺天氣之適宜，常以夏令之最熱時與冬令之最冷時而論，然冬夏所受熱氣之總數則相等也。設地道橢率甚大於當今之數，而最卑點與當今之數等，則兩半球之四時必大不同。北半球之秋冬必更短，而受一年總熱氣之半，故必温；春夏時必更長，而亦受一年總熱氣之半，故必涼，而四時各恒如長春。南半球之春夏時必更短，而受一年總熱氣之半，則必酷暑；秋冬時必更長，而亦受一年熱氣之半，則必嚴寒。惟今時冬夏天氣寒暑之别，多因後條之故，而非前説之故也。

凡太陽近天頂過，其光正射地面同緯度之地，晴天正午時必較熱，而南半球更熱於北半球，其熱率約加十五分之一。故曠野無冰處，上無庇蔭，人必大苦。凡游行探地者，暑月在澳大利，較在阿非利加之北煩暍尤甚，甚苦之。近時西士陀拂于各地各時比驗寒暑針之度，言凡球面相對二地，測各時氣之平率，知統地面仲夏之平率較仲冬之平率更大，此與仲冬日地距最近之理不合。陀氏云其故：由於北半球陸地多於南半球，仲夏太陽正照北半球故也。蓋太陽之熱氣遇土則回入氣中，而散於普地面，遇水則深入，爲水所收，回入氣中者少，故仲冬太陽雖正照南半球，而赤道之南海面無大熱也。

續推算地面受太陽熱氣所加若干分之一，如十五分之一，不可以寒暑表之，任一元點起，至夏令最熱時計之，必設爲無太陽時所當得之度起，至夏令最熱時之度計之。無太陽時所當得之度，在法倫海得表元點之下二百三十九度，夏令太陽過天頂之最熱時，在陰處常有一百度，以此加二百三十九度，得三百三十九度，其十五分之一，即二十三度，爲日地距之差熱度最小之變數。

前以地道長徑與二至綫相合，乃是略數。實則尚有十一日之差，然此數亦非恒如此，依歲差之理，卷五測得諸星條。二分二至兩綫每年在黄道行過五十秒

一，以地道長徑爲不動，則二分二至兩綫必二萬五千八百六十八年行成一周，二分二至兩綫必逐合最卑點。惟長徑亦動，每年十一秒八，較歲差動更慢，而與歲差動相逆，故若無歲差，則長徑亦必十萬九千八百三十年行成一周，今合二動之和，故每年爲六十一秒九，而五十八年一六行過一度。所以最卑點與春分點必在二萬九百八十四年相合一次。按此推之，約六千年之前，最卑點必合於春分點。殷祖甲時，最卑點在黄經九十度。同治元年後約四千六百年，必至一百八十度。同治元年後約九千八百年，至二百七十度。至此時，前説諸事本卷前以地道爲平圓等條。悉相反，南半球之酷暑嚴寒移至北半球矣。察地家考究地球荒古之來歷，知南北兩半球天氣寒暑之相反，必已有數千次矣。但即以地殼内所見諸事徵古今天氣之大異，則前言之故恐稍有相因，而實不足全釋之也。

凡天文家於諸曜之動，必取一中點以爲測望推算之本。地球既繞太陽，而太陽不動，則地心不可爲中點，而太陽心爲中點。夫地因自轉，地面測得之數不足用，故以地半徑視差推得地心測得之數用之。則地行於本道，地上測得諸行星之行法亦不足用，故以黄道半徑視差推得日心測得之數，或推得諸行星之公重心測得之數用之。如此，則簡便而不繁亂。凡言日心球上諸曜之經緯度，一若人居日星測之也。人居日心測地心，其方向心在地心所見日心方向之對面。地心測日心無緯度，則日心視地心亦無緯度，其經度必爲地心所測日心經度加半周，故日心所見二至二分，與地心所見二至二分相反而適合。欲明此理，心中當設一過日心而與地赤道平行之面，此面與黄道面交綫爲二分綫，距二至各九十度也。

設地道爲平圜，太陽居中心，地球以平速繞之，則從春分起，無論何時，欲推地球之方位或經度，俱甚易。但以歲實爲一率，已過之時分爲二率，三百六十度爲三率，求得四率，即已過之經度也，是爲地球之平經度。今地之道非平圜，其繞日亦非用平速，故必撿表，取本時均數加減平經度，方得真經度。蓋表所列均數，即逐時真經度與平經度之較也。如前圖，地球從最卑甲起，行於甲巳寅半周，真經度恒大於平經度，至最高寅而真度與平度合；行於寅午甲半周，真經度恒小於平經度，至甲點而真度與平度復合。故甲巳寅半周中，均數爲加，在甲點之均數爲〇，後漸大，至甲寅中一點而最大，過此漸小，至寅點而復爲〇；寅午甲半周中，均數爲減，初起亦甚小，後漸大，至寅甲中一點而最大，過此漸小，至甲點而復爲〇。均數之最大爲一度五十五分三十三秒三，或加或減皆同。

最大均數生於地道之兩心差，故有兩心差，可推均數；有均數，亦可推兩心差。蓋凡兩數有相關之理，則知其一，餘一亦可推也。細測太陽過子午圈，得每日赤經真度，以推得每日黄經真度，與黄經平度相減，即得每日之均數，亦得一年中之最大均數。準之，推地道之兩心差，較以日之視徑推日地距更易更密。設黄道與赤道合，而地行有均數加減，則每日測太陽過子午圈時，必不等，有均數故也。設地無均數，以平速行，而黄赤道斜交，則每日測太陽過子午圈時，亦不等。蓋黄赤二經度與赤緯度成正弧三角形，黄經度爲對直角之一邊，此邊平變大，餘二邊隨之變大，而其率必不能平也。今地行既有均數，而黄赤道又斜交，故每日太陽過子午圈時兼有二差，最大至半小時强，其真午正或在平午正前十六分十五秒，或在平午正後十四分三十秒。歷家每日記午正平真二時之較，名時差率，或記太陽過子午圈之真時。

地球上每日見太陽西行之道，其赤緯日日不同，以二至圈爲南北二限，其緯度俱二十三度二十七分三十秒，地圖名此二圈爲晝長晝短圈。二圈之間，日地之距綫恒正交地面。

古分黄道爲星紀元枵等十二次，西曆分爲白羊金牛等十二宫，本皆以星象命名。今因歲差，十二宫次所在較當時俱約差三十度，而仍係以星紀白羊等名，與天象不合矣。竊謂但以十二支名之始通耳，蓋黄道十二宫爲推步所用，起於春分，春分退行，故此十二宫亦退行也。當漢孝武元朔元年，依巴谷測角宿第一星，在秋分西六度；順治七年，在秋分東二十度二十一分是分點已退行二十六度二十一分也。因有此差，故近時但言度分，而宫不常用。凡日在晝長晝短圈上，則其光過本半球之極二十三度二十七分三十秒，依此度分繞極作一小圈，名寒帶圈。南爲南寒帶圈，北爲北寒帶圈。寒帶圈之内爲寒帶，晝長晝短圈之間爲熱帶，而寒帶圈與晝長晝短圈之間爲温帶。然此不過記日及日光所至之界耳，其實地之寒暑，與緯度圈不相應，因二半球水陸之位置參錯不齊故也。

凡地上見日在某宿幾度，東行一周，復至某宿幾度，名恒星年。見日在春分點，復至春分點，名太陽年。若春分點不動，則太陽年必與恒星年合。今因地軸有尖錐動，令春分點退行於黄道，故太陽未及恒星一周已復至春分點，春分點每年退行五十秒一，太陽於黄道過五十秒一歷時二十分十九秒九，即太陽年與恒星年之較。故太陽年爲三百六十五日五小時四十八分四十九秒七，而恒星年爲

三百六十五日六小時九分九秒六也。又地道撱圜之長徑有微動，每年順行於黄道十一秒八，故地球從最卑點起行恒星一周，必再過十一秒八，方復至最卑點。行十一秒八，必歷時四分三十九秒七，以加恒星年，得三百六十五日六小時十三分四十九秒三，名最卑年。此諸年天算家俱用之，而民間惟用太陽年，四時憑之定故也。太陽年合二故而成，一因地球繞日，一因地軸尖錐動，故生歳差也。

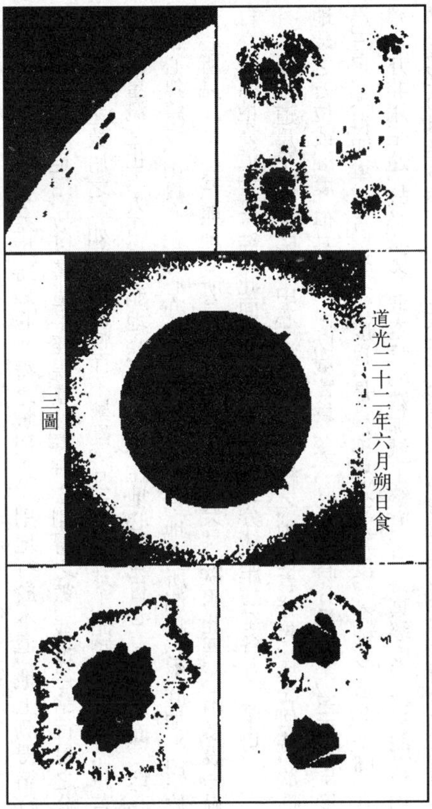

二圖　三圖　一圖　五圖　四圖

用最精遠鏡隔黑色玻璃窺太陽，見其面時見大黑斑，斑之中深黑，其邊略淡，如一版二圖，即此斑也。此斑累日累時測之，則見或變大，或變小，或變形狀，久而舊斑消滅，他處復見新斑。其滅時，中之深黑者先滅，四周之淡者遲滅，時或一斑分爲二三斑，即此太陽面爲流質之證。又其變動甚速，此爲氣之證。所見最小之斑，其徑一秒，地球測日面一秒之角爲一千三百三十三里，而大斑有徑十三萬餘里者。自初見至消滅，久者約一月有半，故斑之邊每日約縮近三千里。又無斑之處，光非純一，其中有無數細點，若人身之毫孔。細測之，其點時時變動，極似水中沙泥欲澄時向底之狀。因意日面必有發光之質，雜於透光之質中而然也。而近大斑或諸斑羣聚之地，時見一綫，或曲或歧，其光較日面之常光愈明，相近處時有斑發出，或意此綫乃光氣浪之頂，相近處必大動盪，故發斑也。此事多在近日邊處，其狀如一版一圖。

續太陽面之無數小點以毫孔者，近時柰斯密攷察而釋之。同治元年，曼識特《格致會歳册》載柰氏之説，謂自造大回光遠鏡，常時窺測太陽之面，知此諸毫孔皆係同式光物相交，而毫孔乃其相交間所成之角形也。其光物之形，如楊柳之葉，在無黑斑之處充滿太陽之面，位置無定，乙版即柰氏説中之圖也。第一圖爲太陽無斑處之式，第二圖爲黑斑之中與邊及無斑處之式，英國之特拉路、不立揸、斯多尼三人，羅馬之色幾，俱攷此事，與柰氏所攷大同小異。斯多尼比此物如米粒之狀，或謂如條草之狀，按此物大似諸定質浮於透光之氣中，而此氣最薄，因流質受大熱與上面所壓之重漸變而成也。此物有光，可爲定質之徵。蓋流質若透光而無色，則熱雖極大皆不能發光也。

咸豐九年八月初四，賈令敦好者孫二人，各在家中，忽見無法形大斑之相近處發二光雲，較諸無斑之處甚亮，約歷五分時而忽滅見，時行過大斑之面十萬餘里，並見指南針有大摇動，古今所記磁氣諸大摇動中，此爲最奇。

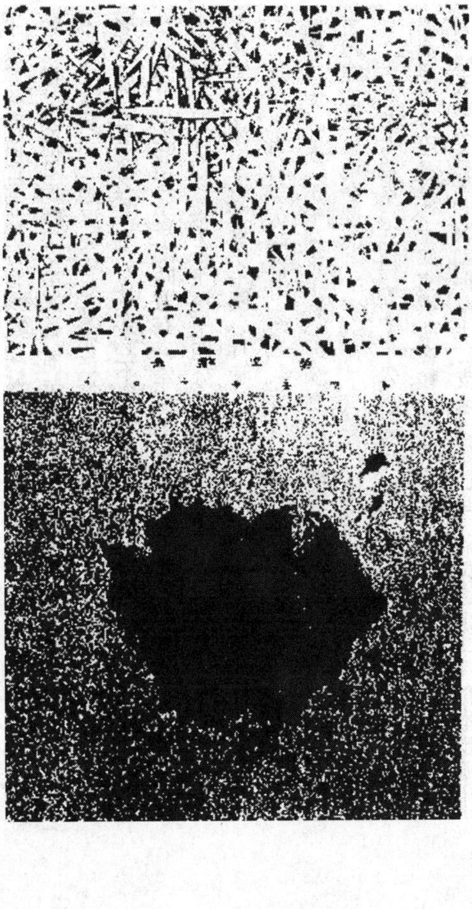
一圖　二圖

近時賈令敦著書，論詳測太陽黑斑最多最少之時，謂黑斑一周之時，依在太陽面之緯度，在近太陽之赤道所行一周之時，必短於在遠赤道所行一周之時也。黑斑在丑太陽緯度一日所行度之公式爲□，所以太陽赤道處之斑在二十四日二

○二，南北十五緯度處之斑在二十五日四四，南北三十度處之斑在二十六日二四，皆行全恒星周。

太陽赤道左右各二十五度之內，黑斑最多；三十度之外，黑斑甚少。當成行列，本卷太陽赤道左右條。故可知太陽面外常有氣質旋轉，與地球之貿易風相似。或云太陽面外之氣質是扁球形，故赤道處厚於兩極處，厚者多阻。日體之發熱，而致赤道與兩極之熱不同。即使其氣質生動與地球之貿易風同理，果如此，則在赤道處亦當静而不動。蓋地球外若包黑雲，而人在外觀之，則但見黑雲轉動，而不見地球之體，亦可想見地球亦必旋轉。測黑雲外層在赤道及近極旋轉之速，可求得地球自轉一周之時。第見赤道與兩極間雲之動，而即以爲地球之動，則必差於太速，因其間雲之上層常略向西而動也。自兩極起向赤道，其轉漸速，至距赤道南北二帶而最速，過此再向赤道，轉又漸慢，與賈令敦之例不合。外力必設別理解之，而可解者僅有一理，即太陽外之力加於雲上，使動之理也。外力者，即行星之未成者，繞太陽而轉，漸低而漸濃，其繞轉甚速於太陽之自轉，以星氣之理論之，中體皆爲四面之物相聚而成，各物之原轉力彼此相消，而稍有餘轉力，故所餘之轉速比原時甚慢，依此又可明中體極熱之理。

問：黑斑係何物？曰：其説不一，或言是太陽實體，乃上而上光氣，開裂而顯露者也。此説似可信。問：開裂之故？曰：其説亦不一，拉浪謂黑斑乃太陽中突起之地，如地面之山，其頂高出光氣面，故見深黑；其下斜入光氣底，光氣不厚，故見淡黑。準此説，則四邊淡黑自内至外，必由深漸淺，以至於無。今深淺不分，且外有定界，於理不合。侯失勒維廉謂太陽實體外，四周有氣包之，氣之外有光氣一層浮於上，距實體甚遠，光氣下有雲一層，受此光返照地球。二層俱裂開，則見黑斑中之深黑者，太陽實體也；四邊淡黑者，雲也。光氣之裂口必大於雲之裂口者，因氣旋動成風，愈遠實體愈大，或則有他故，不得而知也。如圖甲爲實體，乙爲雲，丙爲光氣。

續初著此書時，知黑斑之事如此。咸豐元年，導斯用前所論之器。攷察黑斑之異者，淡色邊中之黑處，昔測之人謂日體透過光氣而見者，導斯以此器之大力測之，知爲另一層小光之質，名之爲雲層。此雲層亦有時見有小圓孔，更黑，想是太陽之體質。一板四五兩圖，爲咸豐元年十一月初四日與二十九日二次所見之黑斑也。導斯逐日測其斑之變而思之，謂皆自轉其心，惟二十九日所見如此。自此日至十月初五日，已轉過九十餘度，其雲層之原形如五圖甲，至初五日則如乙形，俱略同。

細測日面諸斑，其方位俱漸變，自東向西，至邊而不見。另有斑出於東邊，過日面復没於西邊。凡他曜過日面，俱平速，而斑之行，在中間則速，在兩邊則遲。又其過日面之道皆如橢圓，此必附於日面與日同轉，其道與日之赤道平行而然也。其最大之橢圓，以日徑爲長徑，餘各以日面諸通弦爲長徑，諸長徑俱平行。夏至前約十七日、冬至前約十六日見諸斑之道，皆如直綫，則此二日地球所居之處，即日之赤道斜交黃道之二點，而黃赤二面之交綫，必經過地球。此二日從太陽視地之經度，依賈林登於道光元年測得，一爲七十三度四十分，一爲二百五十三度四十分，即相對之兩點也。

欲知日軸斜交黃道面之角度，取一最明晰之斑，測其過日面橢圓之長短二徑，即可推得之。此事當用分微尺，自初出至没，刻刻細測之。又測時地在黃道距太陽赤道交黃道點之度，亦當推之。假如驚蟄後四日，地球在太陽黃赤交綫之垂綫上，其日心經度一百七十度二十一分，太陽之軸在過地球正交黃道之面内，設地球定於此，則最易測。如圖，丙爲日心，巳丙巳爲日軸，戊丙爲地球之視綫，卯甲申面引廣之必過地球，午爲太陽赤道上之一斑，地球望之如在丁點，在日心北，其距爲丙丁，即視橢圓之小半徑也。既測得丙丁，則以日之視半徑與丙丁比，若一與午丙卯角之餘弦比，午丙卯角即日軸與黃道而之交角也。

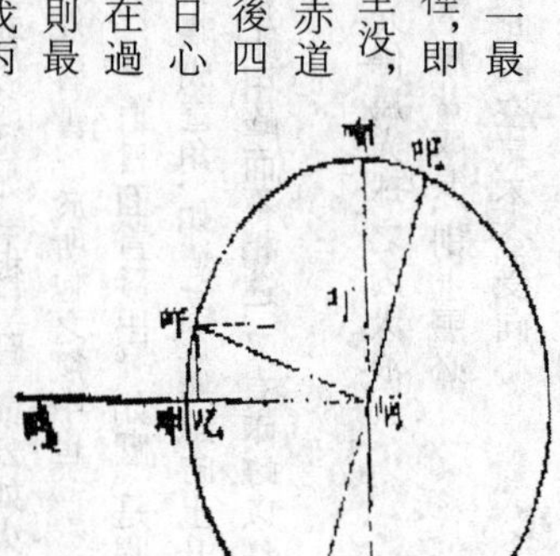

續此時見黑斑在北半行成圈，其在南半者爲太陽體所隔，而太陽之南極已在所見之面内，此乃自冬至前約十六日至夏至前十七日之間，所正見太陽赤道之南邊也。自夏至前十七日至冬至前十六日，則所見相反。太陽赤道之正交點，在太陽在黃經七十三度四十分。即此時太陽赤道上之一點，自黃道之南半至北半也。

若餘時則推算甚繁，今不載。案太陽赤道與黃道交角，依賈令敦爲七度十

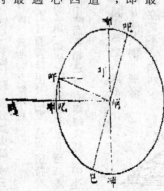

五分，太陽自轉一周爲二十七日六小時二刻六分。

太陽赤道左右各二十五度之内斑最多，三十度之外甚少，近二極則無，近赤道一帶少於南北二帶。又北半球大而多，南半球小而少，赤道北自十一度至十五度最大最多亦最久。又斑多時，恒列爲一帶，與赤道平行，故知日體上必有一故，最易生此斑，其故今尚未知。又因日自轉，令斑成列，可見光氣爲流質，其動有若地面之貿易風也。卷四地面有恒風等條。

斑自生至滅，歷時不久。最小者僅見一次過日面，其次或一二周，有歷數周者則甚少。乾隆四十四年，有一大斑閱六月而滅。道光二十年，有衆斑羣衆，歷八周而滅。凡測斑，必記其距赤道方位，及其形狀，又有出没之時可推，故没而復出，誠能識之也。或言有數次所見斑，在日面之處略同，或本即一斑，滅而復發也。然未有證，未敢定其是否。

續日耳曼德騷人失瓦白，自道光六年至三十年，記太陽面上斑之多少而比較之，得知斑之多少及其時之變均有定例。其最少至最少，周時恒略同；而最多至最多，周時亦同。按所記之事推之，知自第一次最少至第二次最少，約歷十年。嗣有瑞士國伯藹尼人胡而弗，以自萬歷三十八年初用遠鏡窺測之時以來，所記一切窺測太陽之事，會集商議，知最多至最多之周時十一年一一。而一百年之中有最多之時九次，與失氏之説合。如康熙三十九年、嘉慶五年，皆最少之時也。此時黑斑或甚少，或無最多之時，或見五十斑，或見一百斑，此時不在二最少時間之正中，而約在一最少時後之第五年也。又未造遠鏡之前，史中屢記日面有黑斑。如唐憲宗元和二年，文宗開成五年，宋哲宗紹聖三年，明萬歷三十五年是也。又梁武帝大同二年，日光大滅，至十四日而復明。《梁書》數次曰老人星見。唐高祖武德九年七月至貞觀元年五月，日光滅至半。《唐書》數次曰太白晝見。明嘉靖二十六年，日光甚小，書見恒星。約皆因黑斑之多或大也，此可爲胡而弗所定周時之徵。惟元和二年、萬歷三十五年二次，與定時所差者多，其餘與定時所差不及二年也。侯失勒維廉謂日面之多斑，因日體之氣包亂動而成，又發光與熱，因各雜料，彼此有愛力，化合極緊而成。故據此，諸説而謂當日面之斑甚多之年，地球之熱度大而五穀豐，日面之斑甚少之年，地球之熱度小而五穀歉。但稽之史中，不足爲全據。嗣有告爺以歐羅巴三十三處、米利堅二十九處十一年内所測之天氣，會集而取其中數，與侯失勒之説相反。而謂斑多之年，地球之熱度小；斑少之年，地球之熱度大，其差約〇度一一。胡而弗又攷蘇黎之史，自宋真宗咸平三年，至嘉慶五年間，確知多斑之年略旱而多穀，少斑之年陰溼而有暴風，與侯氏説合。又日面多斑之年，指南針必摇，且斑之多少與摇之多少亦相合，其針之摇遍地球同時，故知此二者必有相因，格致中之要事也，現在天學與吸鐵學皆未能解其理焉。

用遠鏡隔黑玻璃望太陽面，見其中間之光最盛，四邊之光略微。或用映日鏡照於白紙上驗之，亦然。此必太陽光體之外，另有最清之氣包之。四邊之光所過氣厚，故然也。嘗以日食證之，月掩日，則見食月之視體大於日之視體，則見食既。若日外無氣受日之本光，則食既時，天空必黑。乃當食既時，恒有光帶溢出月外，漸遠漸暗，其光帶與日同心，非與月同心，則知非出於月，此日外有氣之證也。道光二十二年六月朔日食，見食既之地測其光最詳，而巴未、亞米蘭、維也納諸地，俱見月體外發出三峰，其色若玫瑰，如一板三圖，或云如火燄，或云如山，其形甚大而甚小。此必日之光體外，有雲浮於所包之氣中也。

續咸豐元年七月朔日，蝕既見玫瑰色峰，自日面直發出。如圖，是賜密特在日耳曼國之拉丁堡所見之狀，甲峰忽曲略成直角，如煙支在無風時上升至高處而被風所吹過者，另乙塊亦是玫瑰色，稍距甲峰而不相連，又有兩峰以紅色帶連於甲峰，此皆是有雲狀之據也。

太陽光包之外設有空氣，則可明光條爲光球之内大浪也。本卷最精遠鏡條。凡空氣漸高漸輕，下層若成浪，則上層必舉起更高，故比諸流質所生之浪甚大，此因空氣不全受向心力，而永動性能使之更高也。試將水一盆上面浮油，易知其徵。

同治七年七月朔日，蝕既自紅海邊之亞丁起印度全地，又自馬瓦過摩魯隅奥大利亞之境，皆見之，皆最便測望其邊所發出之峰，及四周之光帶。此光帶在日蝕影之中綫能見，故不可謂是地球之空氣所成，因地面上之影，闊約三百四十里故也。有測望之數人預知其蝕既甚久，儘可詳測並照相，故先以最精之器，擇影中綫之數處，待日蝕時測之。在印度之根都，與亞喇伯之亞丁，皆有照得之相甚佳。其所測得者有四要：其一，在影内之暗不及人意所料者，略因光帶與高出之峰所發之光能成光圖，有全色而

甚有歧光之性，光帶之各處，見於所測之點及太陽中心之平面內，由此知必因光球外所包最闊最輕之氣所發之光也。若是在地球所發之光，則大不合理。蓋地球近太陽之空氣，所發之光絶無歧光之性也。

其二，高出之峰甚多，皆絶無歧光之性，必其自能發光也。其最顯之一峰似牛角，自光球之邊高出三分十秒，約高出光球之面二十六萬零八百里，根都而照相所得者如圖，有螺絲之形，似上升時旋轉之狀，意自光球内發燃燒之大氣，支至不發光之氣内而旋轉也。其三，用光圖鏡攷諸峰之光，與此意合。其光圖之色不全，而俱爲單色之光綫，如燒氣質者然。根都而之然孫，在光圖之紅黄緑青淡青諸分見六條，與弗路好拂光圖之二綫丙巳相合，而指峰體有輕氣相合。同地有南德僅見四條弗氏之圖，在紅色之㖼指有輕氣在火黄色，有叮指有鈉在緑色，有吧指有輕氣在青色，難見而近於㖾在儸干氏有多雲之處。武官侯失勒見紅色、火黄色、青巴三條甚明，其餘不見光，圖無全色。量之知火黄綫與弗氏之叮密合，餘二條與㖼吧相近，因難於窺測，未定其確不相合也。於摩魯隅之瓦屯有來，亦測得光亮之綫九條，與黑綫叱叮戒乙吧合。兩條近㖾，一條在乙與叱之間，恐是鋇，以此知其峰必是氣質，焚燒甚猛，而在光球外之氣内上升有大力。其四，此明形物之外，又有如連山而無定形，想是雲或氣質。因其熱稍小，而形不清也。黑京、陸甲二人，謂氣燒而發光，是單色。又謂其峰是亂發之燒氣，故意爲峰連於太陽之外，或在光球所不照之黑斑中。果如此，則不在日既蝕之時，亦可用光圖鏡測之也。同治七年七月之前，黑京用光圖鏡及他器精心窺測二年，不能見。陸甲請英國大公會造精器測之，至日蝕之時，器尚未成。當時然因孫其光爲單色，而其諸綫，與光球之光圖内光少之處正合，思用光圖鏡可以測此數光綫。武官侯失勒亦思用數層有色之玻璃相疊而測之，至日食之明日。然孫用其法所得不差，以光圖鏡之槽，使鏡之半爲光球之邊所照，而又半爲光球外之光所照，見光球之光圖在近㖼光綫之處，爲此黑綫所交過。初見太陽光球邊之處，其外不見他物，惟漸循光球之邊，忽見紅光一點，直連於黑綫之外，漸移鏡循其邊，則紅光漸變長，後又變短，如此顯峰發紅色之光，所以能測其外形。又攷黑綫吧所見相同光色與彼處相合，其中有處見峰之光綫，進光球所合之黑綫。九月初五日，陸甲之器成，測之始見峰之光圖，其一段有三光綫，一與㖼正合，一近可，一與吧略合。八年正月初六日，黑京用妙法，使進光圖鏡之諸光綫略獨有㖼之折光，又開闊其槽，使峰能全見，其餘有他折光諸綫，皆以紅玻璃消盡之，故能一見峰之形。稍後陸甲但開其槽，不消其光，而使光球及空氣皆遮蔽，在槽内能見峰之全形，漸移其槽，在影内見有奇形飛過，或似細雲形，又似花園外之籬笆及高挺之榆樹，或似茂林，其枝相交如網，發出之處向外漸闊，其形漸變而不覺。三月二十三、二十四、二十五三日之間，武官侯失勒得太陽外包之光圖，獨用光圖鏡連遠鏡易見之，略能畫太陽四面光帶之形，特攷二峰成景雲之狀，浮於面上高一二分之處。此時初見第四光綫近㖾，又有一光綫在吧與㖾之間。末一次循太陽之全周觀之，不見有異，至原處見其綫甚明於常，細察之，知所見者乃發氣甚猛也，其歷時僅數分。因屢次移動遠鏡，而能見日面之雲形，且人目内腦筋衣能存所受之形，少頃故前見者與後見者能相連而成全形。侯氏云：太陽之雲與地球之雲相似，光亮而成無法之形，似棉花與羊毛之狀，日食時能見之。此載於太陽之格致新聞，後能深太陽之體質，或以此爲始基也。黑京亦用光圖之法，攷測彗星之鬚與尾，謂是炭質。

太陽面熱最大，何以知之？凡熱與光離所發處漸遠，則其力漸小，其力漸小之比例，若距綫平方之反比例。假如有大小相等二面，一在地面，一在日面，其受熱大小之比，若太陽視面與半天球面之比，即一與三十萬之比。今地面些子熱以陽燧聚之，尚能銷諸金，令化爲氣，則日面之熱當如何耶？凡化學中之熱愈猛，則愈易透玻璃，而太陽之熱已遠行至地球，透玻璃尚甚易，則日面之熱當何如耶！最大火燄在日光中即不見，燒物至通赤，移置日光中，但見黑色，則日面之熱當如何耶！觀通赤燒物變黑色，則黑斑爲日之體可信，日體必最熱，恐亦猛火也。然此不敢遽定，日體或冷，亦未可知。蓋光熱在外，日體在内，中間有雲隔之，令光照日體不太猛，而元氣漸近，日體漸緊，令外之熱氣不得入，則云日非熱體，亦未始不可也。

曾有人地上測若干面積若干熱，以測得太陽全體若干時中當發若干熱。謂設有大圜冰柱，其徑一百三十里，其長無窮，插入日中，與光行同速，隨入隨消化，水氣四散，則日所發之熱盡用以消冰，而面上之熱如故。

續唐孫云：太陽發熱之數，可以一言喻之，用太陽面三尺方之熱加於汽機，能得六萬三千馬力，即等於每小時燒煤九千觔於此可見天地功力之大也。太陽常發之熱如是之多，則其面上流質變動之故不待解自明矣。

地面諸物無日之光與熱，則不能生動。氣非熱則永靜而不成，風雷電亦由熱氣所感動，嗡鐵力北曉皆由日氣所發也，植物資水土，動物食植物，亦互相食，然無太陽之熱，則俱不生。草木成煤，以資火化，海水化爲氣，散入空際，凝爲雨露，以潤地脉，湧而爲泉，匯而爲澤，流而爲江河，皆熱之力也。因熱之力，化學中諸元質之變化生焉，或合而分，或分而合，以成諸新物。而地質或爲風雨所消耗，或因寒暑而變化。瀕海濱河之地，浪激波衝，日受侵削，沙泥石屑隨流遷移，運入大海，日積月累，海底壓力增大，相對之地壓力減少，地中之火受壓不均，則從力小處湧出而爲火山，推其源，皆日氣所爲也，日之功用大矣哉！

日果爲火耶其火何以能久存不滅？化學中諸理皆不能推其故，可見天下習見者，其理最深難明也。或言其熱因磨而生，或電氣永永常發，而非氣與實質所能生也。

續近倫敦之地，有特拉以照日鏡照得日之黑斑甚佳，衣來地有教師色而混，亦能照得日斑之形。

清·傅蘭雅《天文須知》 總論太陽

凡人仰看天空，見其中最大而最明者，是爲太陽。當早晚時如大紅火球懸掛天際，甚覺悦目。

日體極大○凡以目視物，愈遠則愈小，而太陽離地極遠，尚能見其如大火球，若離地近，則其體必極大，可知矣。天文家用千里鏡察看太陽，知是實質，非虛體也。其體圓如球式，故可稱曰日球。推算其徑，約二百五十五萬里，比地球徑長一百一十二倍，可見地球小於太陽多矣。日之周圍約八百萬里，如有人自早至晚能行路九十里，假若環行日球，必須二百四十餘年方能行徧一周。計日全體大於地球全體一百四十萬倍，是必一百四十萬個地球方能合成一個日球，則其體之大，爲何如哉！

日面黑斑○用最精千里鏡詳察日球，見其面有多黑斑，【略】大小方圓斜角不等。若每日每時察看，則知其斑之位置時有變動。如初見之斑，窄小而暗，在日面之東；過數日，則見在日面之中；又過數日，則見在日面之西；到十三日以後，則其斑不復見，另有新斑出見；又過十三日，則舊斑又見，在日面之東。以此推之，可知日體如球能自轉動，每轉一徧計二十五日零四時辰。其斑之形狀，中深黑而邊略淡。或謂其深黑處，即太陽之凹處也。但其斑有時變大，或變小，或變形狀，或漸消滅。滅時其深黑處先滅，而淡處後滅。間有一斑或分爲二三斑者，由此可知太陽之面，必爲流質也。

太陽最熱○太陽之面，光熱最大，其離地有二萬八千五百萬里，猶能令地球和暖，若近於地球，則不知若何熱也。如以火鏡聚其光熱，即能燃物，亦可銷金。所以察看太陽時，必用黑色之鏡，或以玻璃在燭烟上薰黑，方可看之。而地面萬物，皆賴其光熱。如空氣受其熱，則能動蕩成風；水受其熱，則能化汽成雲成雨；動物植物受其熱，則能生長。故地上事物多以日爲根本，可見其功用爲甚大也。

近來天文家用分光鏡辨别太陽光色，知其體含地球上數種原質，如養氣輕氣等，又有鈣、鎂、鈉、鐵、錳、等金類。但其金類非定質，乃因熱而化爲氣質耳。且以此鏡，亦能辨各恒星之體有何原質也。

黄道者，太陽所躔之軌迹也。與赤道斜交，半出赤道南，爲外，爲陽。半出赤道北。爲内，爲陰。交有定所，而距有定度。其相距最遠處，南北各二十三度半，半爲三十分，今測爲二十三度二十九分。名曰黄赤大距。太陽躔赤道之最北爲夏至，躔赤道之最南爲冬至，躔黄赤二道之交點爲春秋分。南北極爲實有之理，天無兩極，則不能運矣。黄赤道爲人所命之名，赤道以定天體之中，黄道雖爲日道而亦爲月星之所宗也。

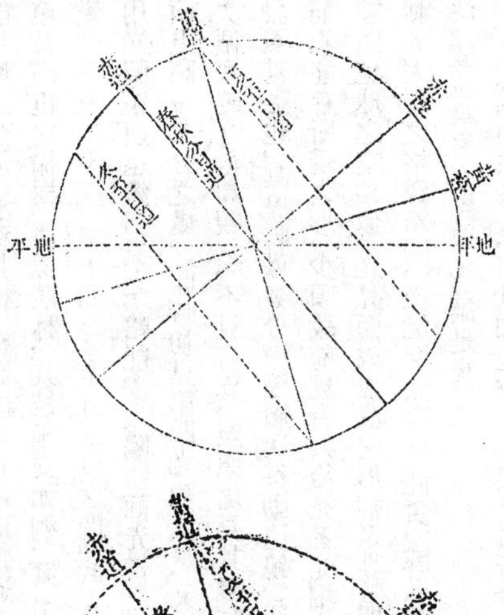

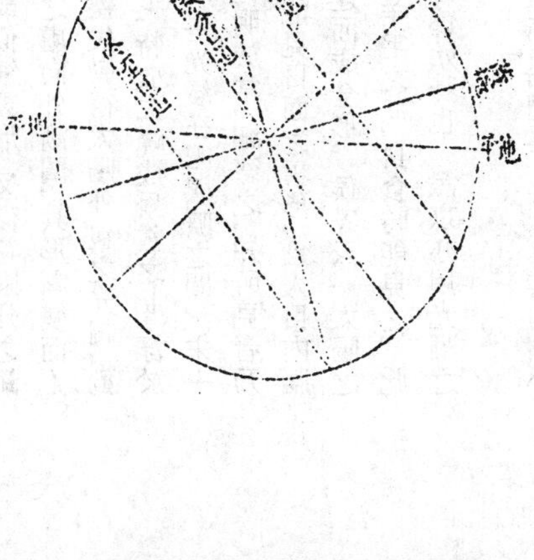

清·測隱居士《天學入門·七曜大小形體》 日輪之大，大于地丸一百六十五倍八三。形如雞卵，體不甚圓。邊如鋸齒，面有黑斑。大於地球一百六十五倍又八之三。西人以遠鏡測之，見其于出没時體不甚圓，形如雞卵，其邊則如鋸齒，其面有浮游黑

點，大小不一，隱見隨從。每閲十四日，則周日面之徑，前點出，後點入，不能解其何物，何故。

清・測陽居士《天學入門・諸曜行度》 太陽每日，右旋一度。三百六十五日餘數。繞行一週，而與天會。不遲不疾，閏餘成歲。其行每日右旋一度，故積三百六十五日有奇而與天會，以成歲。日躔黄道，亘古不變，黄極亦亘古不動，赤極約一千三百餘年差一度，赤道每歲差五十二秒，白極繞黄極五度内外一圈，皆爲月遊輪之極心。

藝文

《詩・邶風・苦葉》 雝雝鳴鴈，旭日始旦。宋・朱熹《詩集傳》：旭日，初出貌。昏禮納采，用鴈親迎。以昏而納采，請期以旦。

《詩・鄘風・伯兮》 其雨其雨，杲杲出日。

《詩・鄘風・定之方中》 揆之以日，作于楚室。

《詩・王風・君子于役》 日之夕矣，羊牛下來。

《詩・齊風・東方之日》 東方之日兮。

《詩・檜風・羔裘》 日出有曜。

《詩・豳風・七月》 春日載陽。

又 春日遲遲。

《詩・小雅・天保》 如日之升。

注：升，出也。【略】日始出而就明。

《詩・小雅・四月》 秋日淒淒。

又 冬日烈烈。

《詩・大雅・公劉》 既景乃岡，相其陰陽。

《楚辭・離騷》 吾令羲和弭節兮，望崦嵫而勿迫。

又 折若木以拂日兮，聊逍遥以相羊。

《楚辭・九歌》 暾將出兮東方，照吾檻兮扶桑。

《楚辭・天問》 出自湯谷，次于蒙汜。自明及晦，所行幾里？

又 角宿未旦，曜靈安藏？

又 日安不到，燭龍何照？羲和之未揚，若華何光？

又 羿焉彃日？烏焉解羽？

《楚辭・遠游》 恐天時之代序兮，曜靈曅而西征。

又 朝濯髮於湯谷兮，夕晞余身兮九陽。

《楚辭・九辯》 願皓日之顯行兮，雲蒙蒙而蔽之。

《楚辭・招魂》 十日代出，流金鑠石些。

《楚辭・大招》 青春受謝，白日昭只。

《楚辭・九歎》 日杳杳以西頹兮，路長遠而窘迫。

又 日暾暾其西舍兮，陽焱焱而復顧。

漢《古樂府》 日出東南隅，照我秦氏樓。

漢・揚雄《太玄經》卷一 盛哉日乎，丙明離章，五色淳光。

三國魏・曹植《與吴季重書》 日不我與，曜靈急節。

又 思欲抑六龍之首，頓羲和之轡，折若木之華，閉蒙汜之谷。

晉・左思《蜀都賦》 羲和假道于峻岐，陽烏回翼乎高標。

晉・陶潛《閑情賦》 日負影以偕没。

南朝宋・江淹《恨賦》 方架黿鼉以爲梁，巡海右以送日。

南朝梁・陶弘景《答謝中書書》 夕日欲頹，沈鱗競躍。

南朝梁・徐陵《詠日華》 朝暉爛曲池，夕照滿西陂。復有當晝景，江上鑠光儀。時從高浪歌，乍逐細波移。一在雕梁上，詎比扶桑枝。

唐・楊炯《渾天賦》 天鷄曉唱，靈烏晝踆。扶桑臨於大海，若木照於昆崙。太平太象，所以司其出入；南至北至，所以節其寒温。龍山銜燭，不能議其光景；夸父棄策，無以方其駿奔。

唐・熊曜《琅琊臺觀日賦》 秦門之東，天地一空；直見曉日，生于海中。赤光浮浪，如沸如鑠；驚濤連山，前拒後却。圜觀上下，隱見寥廓；焜煌天垂，若吞巨壑。當扶桑洶湧于雲光，陽德出麗于乾剛。

唐・駱賓王《代女道士王靈妃贈道士李榮》 朝雲旭日照青樓，遲暉麗色滿皇州。

唐・王灣《次北固山下作》 海日生殘夜，江春入舊年。

唐・王維《使至塞上》 大漠孤烟直，長河落日圓。

唐・李白《烏棲曲》 吴歌楚舞歡未畢，青山猶銜半邊日。

唐・杜甫《刈稻了詠懷》 寒風疏草木，旭日散雞豚。

宋・蘇軾《日喻》 生而眇者不識日，問之有目者。或告之曰：「日之狀如銅盤。」扣盤而得其聲。他日聞鐘，以爲日也。或告之曰：「日之光如燭。」捫燭而得其形。他日揣籥，以爲日也。日之與鐘、籥亦遠矣，而眇者不知其異，以其未嘗見而求之人也。

宋・吴淑《日賦》 日實也，人君象之而臨極者也；爾乃懸象著明，至陽之精；赫矣流珠之狀，皎然連璧之形；杲杲始出，旭旭初昇；或委照于窮桑之邑，或淪光于不夜之城。

宋・陸游《金山觀日出》 系船浮玉山，清晨得奇觀。日輪擘水出，始覺江面寬。遥波蹙紅鱗，翠靄門金盤。光彩射樓塔，丹碧浮雲端。

明・孫炎《迎日詞》 鳳炙兮麟脯，瑶席兮桂俎。樂萬舞兮如雲，吹笙竽兮龍二女。干孑孑，載以輿。六蒼虬，歷天衢。雲霈霈兮夜未，艾執長轡兮久相待。

明・周鼎《夕陽》 白頭人愛夕陽紅，短葛凉生緑樹風。别浦帆歸天遠近，乳雅巢滿屋西東。比鄰酒熟閑招飲，故舊書來喜拆封。珍重曲闌干外月，又分清影照衰容。

明・胡翰《冬日何可愛》 冬日何可愛，夏日何可畏？矯首問羲和，羲和不停轡。寒燠相代更，天運自有常。但惜愛日短，不及畏日長。

雜録

《易・雜卦》 日昃之離，不鼓缶而歌，則大耋之嗟，凶。

《易・説卦》 雨以潤之，日以晅之。明・胡廣《周易大全》：蔡氏曰：潤則物滋，晅則物舒，二者言長物之功也。

《列子・周穆王》 命駕八駿之乘，【略】迺觀日之所入。

《管子・四時》 南方曰日，其時曰夏，其氣曰陽，陽生人與氣，其德施舍修樂，其事號令，賞賜賦爵，受禄順鄉，謹修神祀，量功賞賢，以動陽氣。九暑乃至，時雨乃降，五穀百果乃登，此謂日德。

《管子・樞言》 道之在天者，日也。其在人者，心也。【略】日掌賞，賞爲暑。

《乾坤鑿度・立坎離震兑四正》 日，離，火宫。正中而明，二陽一陰，虚内實外，明天地之目。《萬形經》曰：太陽順四方之氣。古聖曰：燭龍行東時肅清，行西時嘔噢，行南時大啜，行北時嚴殺。順太陽實元，煖熯萬物。形以烏離燭龍四方，萬物嚮明。承惠煦德，實而遲重，聖人則象，月即輕疾，日則凝重，天地之理然也。

《易稽覽圖》 日者，陽德之母也。

《尚書考靈曜》 日有九光，光照四極。日光隆照四十萬六千里。

又 日出於列宿之外，萬有餘里。

《春秋内事》 陽燧見日，則然而爲火。

《孝經援神契》 日中則光溢。

又 日神五色，明照四方。

《孔子家語・致思》 楚王渡江得萍實，大如斗，赤如日，剖而食之，甜如蜜。

《尸子》 聖人以日圓盈尺，光滿天下。聖人居室而所燭彌綸六合。

又 火在井中不能燭遠，目在足下不可以視近。君之於國也，猶天之有日，居不高則不明，視不尊則不遠。

又 聖人身猶日也。夫日圜尺，光盈天地。聖人之身小，其所燭遠矣。

《爾雅・釋山》 山西曰夕陽，山東曰朝陽。

《韓非子》 龜嚥日氣而壽，故養生者服日華。所以效之。

《吕氏春秋・有始》 白民之南，建木之下，日中無影，呼而無響，蓋天地之中也。

《山海經・南山經》 漆吴之山，無草木，多博石，無玉。處于海東，望丘山，其光載出載入，是惟日次。是日景之所次舍。

《山海經・西山經》 又西二百里，曰長留之山，其神白帝少昊居之。【略】是神也，主司反景。日西入則景反東照，主司察之。

又 又西二百九十里，曰泑山，神蓐收居之。【略】是山也，西望日之所入，其氣員，神紅光之所司也。

又 西南三百六十里，曰崦嵫之山。日夜所入山也。

《山海經・海外西經》 女丑之尸，生而十日炙殺之，在丈夫北，以右手鄣其面。十日居上，女丑居山之上。

《山海經・海外北經》 夸父與日逐走，入日；渴，欲得飲，飲於河、渭；河、渭不足，北飲大澤。未至，道渴而死。弃其杖，化爲鄧林。

《山海經・海外東經》 黑齒國在其北，爲人黑，食稻啖蛇，一赤一青，在其旁。一曰在竪亥北，爲人黑手，食稻使蛇，其一蛇赤。下有湯谷。湯谷上有扶桑，十日所浴，在黑齒北。居水中，有大木，九日居下枝，一日居上枝。

《山海經・大荒東經》 大荒之中有山，名曰孽摇頵羝，上有扶木，柱三百里，其葉如芥。有谷，曰温源谷。湯谷上有扶木，一日方至，一日方出，皆載於烏。

《山海經・大荒南經》 東南海之外，甘水之間，有羲和之國，有女子名曰羲和，方浴日於甘淵。羲和蓋天地始生，主日月者也。羲和者，帝俊之妻，生十日。言生十子，各以日名名之。

《山海經・大荒北經》 大荒之中有山，名曰成都載天。有人珥兩黄蛇，把兩黄蛇，名曰夸父。后土生信，信生夸父。夸父不量力，欲追日景，逮之於禺谷，將飲河而不足也，將走大澤，未至，死于此。

《左傳・成公十七年》 仲尼曰：「鮑莊子之知不如葵，葵猶能衛其足。」杜預注：葵傾葉向日，以蔽其根。

漢・戴德《大戴禮記・本命》 天無二日，國無二君。

漢・劉安《淮南子・本經訓》 堯之時，十日並出，焦禾稼，殺草木，而民无所食。猰貐、鑿齒、九嬰、大風、封豨、修蛇皆爲民害。堯乃使羿誅鑿齒於疇華之野，殺九嬰於凶水之上，繳大風於青丘之澤，上射十日而下殺猰貐，斷脩蛇於洞庭，禽封豨於桑林。萬民皆喜，置堯以爲天子。

漢・劉安《淮南子・覽冥訓》 魯陽公與韓構難戰酣，日暮，援戈而撝之，日爲之反三舍。

漢・劉安《淮南子・主術訓》 冬日之陽，夏日之陰，萬物歸之，而莫使之然。

漢・劉安《淮南子・説山訓》 拘囹圄者以日爲脩，當死市者以日爲短。日之脩短有度也，有所在而短，有所在而脩也，則中不平也。

漢・郭憲《漢武洞冥記》卷三 帝舒闔海玄落之席，散明天發日之香，香出胥池寒國。地有發日樹，言日從雲出，雲來掩日，風吹樹枝，拂雲開日光也。亦名開日樹。

又 有喜日鵝，至日出時銜翅而舞，又名曰舞日鵝。

漢・司馬遷《史記》卷一一七《司馬相如列傳》 視之無端，察之無崖。日出東沼，入於西陂。

漢・班固《漢書》卷二一上《律曆志上》 三五相包而生。天統之正，始施於子半，日萌色赤。地統受之於丑初，日肇化而黄，至丑半，日牙化而白。人統受之於寅初，日孽成而黑，至寅半，日生成而青。

漢・班固《漢書》卷九六上《西域傳上》 自條支乘水西行，可百餘日，近日所入云。烏弋地暑熱莽平。

漢・賈誼《新書・脩政》 湯曰：學聖王之道者，譬其如日；静居而獨思，譬其若火。夫舍學聖之道而静居獨思，譬其若去日之明於庭，而就火之光於室也。然可以小見，不可以大知。

又 周文王問於粥子曰：「敢問君子將入其職，則於其民也何如？」粥子對曰：「唯，疑。請以上世之政詔於君王。《政》曰：『君子將入其職，則其於民也，旭旭然如日之始出也。』周文王曰：『受命矣。』曰：『君子既入其職，則其於民也何若？』對曰：『君子既入其職，則其於民也，暵暵然如日之正中。』周文王曰：『受命矣。』曰：『君子既去其職，則其於氏也何若？』對曰：『君子既去其職，則其於民也，暗暗然如日之已入也。故君子將入而旭旭者，義先聞也；既入而暵暵者，民保其福也；既去而暗暗者，民失其教也。』周文王曰：『受命矣。』」

漢・韓嬰《韓詩外傳》卷二 吾有天下，猶天之有日也。日有亡乎？日亡吾亦亡也。

漢・劉向《説苑・建本》 少而好學，如日出之陽；壯而好學，如日中之光；老而好學，如炳燭之明。

漢・揚雄《揚子法言》卷八 赫赫乎日之光，羣目用之也。渾渾乎聖人之道，羣心之用也。

漢・揚雄《太玄經・攡》 日一南而萬物死，日一北而萬物生。

漢・許慎《説文解字》卷七上 日，實也。太陽之精不虧。

又 昭，日明也。

又　旭，日旦出。

又　晧，日出也。

又　暘，日出也。

又　暘，日覆雲暫見也。

又　昫，日出溫也。

又　晛，日見也。

又　晷，日景也。

又　曨，日行曨曨也。

又　暼，日無光也。

又　暜，日無色也。

又　曈，曈曨日欲明也。

又　暱，日近也。

又　昪，日上也。

漢・應劭《漢官儀》　泰山東南巖名日觀，日觀者，雞一鳴時，見日始欲出，長三丈。

晉・葛洪《抱朴子・外篇・廣譬》　日不入，則燭不明。

晉・張華《博物志》卷二　削冰令圓，舉以向日，以艾於後承其影，則得火。

晉・張華《博物志》卷一〇　夏桀之時，費昌之河上，見二日，在東者爛爛將起，在西者沉沉將滅，若疾雷之聲。昌問於馮夷曰：「何者爲殷？何者爲夏？」馮夷曰：「西夏東殷。」於是費昌徙，疾歸殷。

晉・崔豹《古今注・鳥獸》　鷓鴣，出南方，鳴常自呼，常向日而飛。

晉・王嘉《拾遺記・顓頊》　溟海之北，有勃鞮之國。人皆衣羽毛，無翼而飛，日中無影。

晉・王嘉《拾遺記・虞舜》　北極之外有【略】巨魚吸日。

又　孝養之國，【略】魚吸日之光，冥然則暗如薄蝕矣。

晉・王嘉《拾遺記・殷湯》　傳說賃爲赭衣者，舂於深巖以自給。夢乘雲繞日而行，筮得「利建侯」之卦。歲餘，湯以玉帛聘爲阿衡也。

晉・王嘉《拾遺記・周穆王》　八龍之駿，【略】四名超影，逐日而行。

晉・王嘉《拾遺記・秦始皇》　宛渠國，【略】夜燃石以繼日光。此石出燃山，其土石皆自光澈，扣之則碎，狀如粟，一粒輝映一堂。

晉・王嘉《拾遺記・昆吾山》　越王句踐，使工人以白馬白牛祠昆吾之神，採金鑄之，以成八劍。一名「掩日」，以之指日，則光晝暗。

晉・伏琛《三齊略記》　不夜城，在陽廷東南，蓋古有日夜出，此城以不夜名異之也。

南朝宋・范曄《後漢書》卷七四上《袁紹傳》　曠若開雲見日，何喜如之！

南朝宋・范曄《後漢書》卷五七《劉陶傳》　臣敢吐不時之義於諱言之朝，猶冰霜見日，必至消滅。

南朝宋・劉義慶《世說新語》　遠公在廬山中，雖老，講論不輟。弟子中或有惰者，遠公曰：「桑榆之光，理無遠照。但願朝陽之暉，與時並明耳。」執經登坐，諷誦朗暢，詞色甚苦。高足之徒皆肅然增敬。

南朝梁・任昉《述異記》卷上　秦始皇作石橋於海上，欲過海觀日出處。有神人驅石，去不速，神人鞭之，皆流血，今石橋其色猶赤。

北齊・劉晝《劉子・遇不遇》　春日麗天，而隱者不照。

隋・杜公瞻《編珠・果實》　《世說》曰：扶南蔗一丈三節，見日即消。

唐・李延壽《北史》卷二一《崔宏傳》　時方士祁纖奏立四王，以日東西南北爲名，欲以致禎吉，除災異。詔浩與學士議之。浩曰：「先王建國以作藩屏，不應假名以爲其福。夫日月運轉，周歷四方，京師所居，在於其內，四王之稱，實奄邦畿，名之則逆，不可承用。」

唐・段成式《酉陽雜俎・仙藥有》　炎山夜日。

唐・張志和《玄真子・鸑鷟》　日之耀昭然曰：「煌煌乎陽陽乎歟，晶晶乎之熒熒乎歟。杲杲曈曈，炎炎赫赫，光天照地，流金鑠石，其孰能大乎吾之大乎歟？」

宋・康譽之《昨夢錄》　猛火油者，聞出於高麗之東數千里，日初出之時，因盛夏日力烘，石極熱則出液，他物遇之即爲火，惟真瑠璃器可貯之。

宋・陳顯微《周易參同契解》　汞日爲流珠，青龍與之俱。

宋・李石《續博物志》卷一　日有九道，故《考靈曜》云：「萬世不失九道。」鄭注引《河圖帝覽嬉》云：「黃道一，青道二，出黃道東；赤道二，出黃道南；白道二，出黃道西；黑道二，出黃道北。日，春東從青道，夏南從赤道，秋西從白道，冬北從黑道。」

宋・尤袤《全唐詩話・裴休》　上乘之印，唯是一心，更無別法。心體一空，

萬緣俱寂，如大日輪升於虛空，其中照耀，浄無纖埃。

宋·宋祁《益部方物略記》 素花碧葉，浮秀波面，日中則向，日入還斂。

右朝日蓮。注：花色或黄或白，葉浮水上，翠厚而澤，形如菱花差大。開則隨日所在，日入輒斂，而自藏於葉下，若葵藿向太陽之比。

宋·歐陽修《歸田録》卷二 寇萊公在中書，與同列戲云：「水底日爲天上日」，未有對，而會楊大年適來白事，因請其對，大年應聲曰：「眼中人是面前人」，一坐稱爲的對。

宋·沈括《夢溪筆談·藝文》 退之《城南聯句》首句曰：「竹影金鎖碎。」所謂金鎖碎者，乃日光耳，非竹影也。

宋·蘇軾《東坡志林》卷五 菱芡皆水物，菱寒而芡暖者，菱開花背日，芡開花向日故也。

宋·釋贊寧《東坡先生物類相感志·日中烏》 日中三足烏。見《山海經》云：「凡日無光，則烏不見；日烏不見，則飛烏隱竄。」伏侯《古今注》云：「漢元帝永元年中，日無光，其日長安無烏，或言日中烏之去也。」詳其日中烏無光曜，應民間烏屏迹矣。又云：「乾象着明，莫大乎日月。」日之精粹爲三足烏，棲翔太陰，回薄玄氣，亦灵之最，飛烏可不宗乎！

宋·釋贊寧《東坡先生物類相感志·觀日玉》 大如八寸鏡，明徹如琉璃，映日觀，見日中宫殿，皎然分明。

宋·姚寛《西溪叢語》卷下 柳子厚詩云：「空齋不語坐高春。」薛能詩云：「隔江遥見夕陽春。」或云見春米，大非也。《淮南子》云：「日至於虞淵，是謂高春。」注云：「虞淵，地名。高春時始成，民碓春時也。」「至於連石，是謂下春。」注云：「連石，西山名，言將瞑下，民悉春，故曰下春。」

宋·王應麟《漢制考》卷一 婁柳注《書》曰：「分命和仲，度西曰柳穀。」疏：濟南伏生《書傳》文，度亦居也，柳者，諸色所聚，日將没，其赤兼有餘色，故云柳穀。

宋·周密《齊東野語·曝日》 袁安臥負暄，令兒搔背，曰：「甚快人意。」趙勝負暄風櫓，侯樵牧之歸。故杜詩云「負暄侯樵牧」，又云「負暄近牆壁」。又《西閣曰》云：「凜冽倦玄冬，負暄嗜飛閣。」又云：「毛髪且自和，肌膚潛沃若。太陽信深仁，衰氣歘有託。欹傾煩注眼，容易收病脚。」樂天《負日》詩云：「杲杲冬日出，照我屋南隅。負暄閉目坐，和氣生肌膚。初似飲醇醪，又如蟄者蘇。外融百骸暢，中適一念無。曠然忘所在，心與虛空俱。」此皆深知負暄之味者也。冬日可愛，真苦可持獻者。晁端仁嘗得冷疾，無藥可治，惟日中炙背乃愈。周邦彦嘗有詩云：「冬曦如村釀，奇温止須臾。行行正須此，戀戀忽已無。」余嘗於南榮作小日閣，名之曰獻日軒。幕以白汕絹，通明虛白，盎然終日，四體融暢，不止須臾而已。適有客戲余曰：「此所謂天下都綿襖者。」相與一笑。後見何期舉《黄綿襖子歌》，序曰：「正月大雨雪，十日不已。既晴，鄰舍相呼負日，曰：『黄綿襖子出矣。』」乃知古已有此語。然王立之亦嘗名日窗爲大裘軒。謝無逸爲賦詩曰：「小人拙生事，三冬臥無帳。忍寒東窗底，坐待朝曦上。徐徐晨光熙，稍稍血氣暢。薰然四體知（一作和），恍若醉春釀。此法祕勿傳，不易車百輛，君胡得此法，開軒亦東向。蘇公名大裘，意豈在萬丈。但觀名軒心，人人如挾纊。」陶隱居《清異録》載開元時，高太素隱商山，起六逍遥館，各製一銘。其三曰《冬日初出》，銘曰：「折膠墮指，夢想負背，金鑼騰空，映檐白醉。」樓攻媿嘗取白醉二字以名閣，陳進道爲賦詩，攻媿次之云：「處世難獨醒，時作映檐醉。年少足裘馬，安知老夫味。天梳與日帽，且復供酒事。謫居幸三適，得此更慙愧。向來六逍遥，特書見清異。君家老希夷，相求諒同氣。曲身成直身，朝寒俄失記。醉中知其天，不飲乃同意。書生暫奇（一作寄）温，難語純綿麗。」

宋·周密《齊東野語·隱語》 日謎云：「晝時圓，寫時方，寒時短，熱時長。」又云：「東海有一魚，無頭亦無尾。除去脊梁骨，便是這箇謎。」

宋·趙彦衛《雲麓漫鈔》卷七 《史記·龜筴傳》：「孔子曰：『日爲德而君天下，辱於三足之烏；月爲刑而相佑，見食於蝦蟆。』」盧仝《月蝕》詩蓋用此事。《淮南子》：「堯時十日並出，堯命羿仰射，中其九日，日中九烏皆死。」又《山海經》：「墨齒之北曰暘谷，居水中，有扶木，九日居下枝，一日居上枝，皆戴烏。」《春秋元命苞》云：「陽成於三，故日中有三足烏。」

宋·王欽臣《王氏談録·詩話》 公言，舊嘗得句云「槐杪青蟲縋夕陽」，因思昔人似未曾道。後閲杜少陵詩，有云：「青蟲懸就日」，尤歎其才，思無所不周也。

宋·李石《續博物志》卷二 老君其母曾見日精下落，如流星飛入口中，有娠，七十二歲而生，於陳國渦水李樹下剖左腋，而生長一十二尺。

宋·邵博《聞見後録》卷二八 嘉祐末年，京師麻家巷，有聚小學者李道，太學生湯保衡嘗與之游。一日，保衡至道學舍，有一道士，形貌恢偉，鬢髯怪異，言

語如風狂人，與道相接，保衡見而異之。既去，保衡問道，道曰：「此道士居建隆觀，朝夕嘗過我，我固未嘗詣之，乃落魄不檢者，子何問之？」保衡曰：「余居與建隆甚邇，凡觀之道士皆與之識，未始見此人。」既而保衡頗欲訪之。它日，保衡至道學舍，復見前道士，問其所止，亦曰建隆。既去，保衡默從之，入觀門至西廊而没，保衡往追尋之不復見。因觀廊壁繪畫，有一道士，正如所見者，其上題云「張天師」。保衡心異之。他日，乃具冠帶伺于李道之舍，道問曰：「子何所伺？」保衡佯以它語荅之。凡伺三日，其道士始自外至，已若昏醉者，與道相見如常日，保衡既見正如所畫者，遂出拜之稱曰：「天師」。道士辭避曰：「足下無過言。」道亦笑曰：「此道士安得天師之稱哉？」保衡再三叩請，具述所見。道士乃曰：「請，以某日會于某地。」保衡曰：「諾。」如約而往，道士見之曰：「但舉目視日十日，必有所見，可復會于某地。」保衡歸，依所教視日，視既久，目不復眩。至十日，乃覩日中有人形，細視之，見道士在日中，形貌宛然。保衡復往會道士，道士曰：「何所見？」保衡曰：「見天師在日中。」道士曰：「可復歸再視日，百日外復有所見，可再相會于某地，慎勿泄也。」保衡如教視之，家人以爲風狂，問之不荅。逾百日，乃見已形亦在日中，與道士立。保衡乃會道士具談之，道士曰：「可教矣。」乃爲授以符籙，可以攝制鬼神，其道士復不見。

宋·周密《癸辛雜識》　揚州趙都統舟至登萊，殊不可進，滯留凡數月，嘗于舟中見日初出海門，時有一人通身皆赤，眼色純碧，頭頂大日輪而上，日漸高，人漸小，凡數月所見皆然。

宋·佚名《古三墳書·形墳》　日天中道，聖人以分晝景。

又　日地圜宫，聖人以祭日月。

又　陽形日，聖人以繼明照下。天日昭明，聖人以求賢代明。地日景隨，聖人以德教化民。日月從朔，聖人以推氣候。出日沉西，聖人以思賢繼治。川日流光，聖人以恩及蟲魚。雲日蔽霧，聖人以明察左右。氣日昏蔀，聖人以修省國政。

又　日山危峯，聖人以慎孤高。

又　日川湖，聖人以聚財養士。

又　日雲赤暈，聖人以防慎火災。

又　日氣晝圍，聖人以決災變。

宋·施青臣《高春》　《淮南子》曰：「日經於泉隅，是謂高春；頓於蓮石，是謂下春。」故梁元帝《遊後園詩》：「斜景落高春。」又《納凉詩》：「高春斜日下。」唐薛能詩：「隔溪遥見夕陽春。」皆本《淮南子》也，已上皆吴氏《漫録》云。余按「高春」二字，古人用者多矣，今附益之。《南史·陳本紀》云：「求衣昧旦，仄食高春。」柳子厚詩：「越絶孤城千萬峯，空齋不語坐高春。」李義山詩：「碧虚隨轉笠，紅燭近高春。」皆以日景爲言也。訂之注釋：未暝時，上光蒙春曰「上春」；欲暝時，下光蒙春曰「下春」，豈晚日近昏之候乎？

元·脱脱等《遼史》卷四九《禮志一》　拜日儀：皇帝升露臺，設褥，向日再拜，上香。門使通，閤使或副，應拜臣僚殿左右階陪位，再拜。皇帝昇坐。奏牓訖，北班起居畢，時相已下通名再拜，不出班，奏「聖躬萬福」，又再拜，各祗候。宣徽已下横班同。諸司、閤門、北面先奏事，餘同。教坊與臣僚同。

元·脱脱等《金史》卷二《太祖紀》　宋使登州防禦使馬政以國書來，其略曰：「日出之分，實生聖人。」

明·徐應秋《玉芝堂談薈·頻迦鳥》　《天禄閣外史》：扶桑之野，有鳥曰摇光。感日之精，千歲一孕，其形如龜。

明·楊慎《譚苑醍醐·日昃曰映》　梁元帝《纂要》云：「日在午曰亭，在未曰映。」王仲宣詩：「山岡有餘映」，謂日昃也。

明·薛瑄《讀書録附續録》卷二　覩日影之漸移，即造化之密移可知矣。

明·謝肇淛《滇略·雜略》　唐時，楊都師創洱河東羅筌寺。寺前有田四十畆，每栽秧約三日。傭者戲師曰：「若能繫日，當爲畢栽。」師默念呪，田栽既，而日乃暝。傭歸，而後知已歷二晝矣。

明·葉子奇《草木子·鉤元》　佛居大地之陰，西域也。日必後照，地皆西傾，水皆西流也，故言性以空。孔子居大地之陽，中國也。日必先照，地皆東傾，水皆東流也，故言性以實。意者亦地氣有以使之然歟。佛得性之影，儒得性之形。是故儒以明人，佛以明鬼。

明·楊慎《丹鉛總録·晚見朝日》　謝靈運詩：「曉聞夕飈急，晚見朝日暾。」此語殊有變互。凡風起必以夕，此云「曉聞夕飈」，即杜子美之「喬木易高風」也。「晚見朝日」，倒景返照也。孟郊詩：「南山塞天地，日月石上生。高峯夕駐景，深谷夜先明。」皆自謝詩翻出。

明·陳耀文《正楊·羿射日落九烏》　《古傳》言：羿射，日落九烏，烏最難射。一日落九烏，言射之捷也。而後世不得其説者，遂以爲射九日矣。流俗謬

說而傳恠，文士循名而騁奇，異哉！

明·袁子讓《五先堂文市榷酤·辨誣》 蜀之犬吠日，嶺南之犬駭雪。日與雪非異，犬固吠，非其有爾。

明·陳全之《蓬窗日録·事紀》 漢《封禪記》云：「泰山東山，名曰日觀，鷄一鳴時，見日始出。」近閲《島夷志》云：「琉球國有大崎山，極高峻，夜半登之，望暘谷日出，紅光燭天，山頂爲之俱明。」又宋學士集云：「補恒洛迦山，在東大洋海中，鷄初號，遥見東方日出，輪赤如火，流光燭海波，閃爍不定。」唐人詩云：「海岸夜深嘗見日」，非虚語也。

明·趙台鼎《脉望》卷二 《經世書》云：「天之神棲於日，人之神發於目。」

明·高濂《遵生八牋·保叔塔頂觀海日》 保叔塔，遊人罕登其巔。能窮七級，四望神爽。初秋時，夜宿僧房，至五鼓起，登絶頂東望，海日將起，紫霧氤氳，金霞漂蕩，亘天光彩，狀若長横疋練，圓走車輪。或肖虎豹超驤，鸞鶴飛舞，五色鮮豔，過目改觀，瞬息幻化，變遷萬狀。頃焉，陽谷吐炎，千山影赤，金輪浴海，閃爍熒煌，火鏡浮空，曈曨輝映，丹熖炯炯，彌天流光，赫赫動地。斯時，惟啓明在東，晶丸燦爛，衆星隱，不敢爲顔矣。長望移時，令我目亂神駭。陡然狂呼，聲振天表，忽聽籌報鳴鷄，樹喧宿鳥，大地雲開，露華影白。回顧城市，嚣塵萬籟，滚滚生動。空中新凉逼人，凛乎不可留也。下塔閉息歛神，迷目尚爲雲霞眩彩。

明·陳繼儒《致富奇書·茶》 茶見日而味奪，墨見日而色灰。

清·張英等《淵鑒類函·天部》 增張衡《靈憲》曰：日宣明於晝，納明於夜。

清·蘇天木《潛虚述義》卷二 日匿其光，傒於東方；日匿其光，日未曜也。

又 日麗於天，萬物粲然；日麗於天，無不照也。

清·吴士玉《駢字類編·方隅門》 劉跂《暇日記》：彭澤縣在江東岸，山巇中必無東日，但有西照。

月部

題解

《春秋元命苞》 陰精爲月，日行十三度。

《計然萬物録・月》 月，水精内景。月行疾二十九日、三十日間，一與日合，取日之度以爲月節。月者水之精，水者内景。月主夜，居夜爲明；夜者内也。月居夜而爲明，主紀度而成數。

《吕氏春秋・季春》 月躔二十八宿。

漢・劉安《淮南子・天文訓》 月者，陰之宗也，是以月虚而魚腦減，月死而蠃蛖膲。

清・錢塘《淮南天文訓補注》元注：宗，本也。減，少也。膲肉不滿，言應陰氣也。膲讀若物醮少醮之。

補曰：一本云「讀若物少之醮也」，語較明。

漢・原題伏勝《尚書大傳》卷三 晦而月見西方謂之朓，朔而月見東方謂之縮肭，此則側匿，與縮肭聲近義一也。

漢・許慎《説文解字》卷七 上月，闕也，太陰之精。

又 朔，月一日，始蘇也。

又 朏，月未盛之明，从月出，《周書》曰：「丙午朏。」

又 霸，月始生霸然也。承大月二日，承小月三日，切从月䨣聲。《周書》曰：「哉生霸。」

又 朓，晦而月見西方謂之朓。

又 肭，朔而月見東方謂之縮肭。

三國魏・張揖《廣雅・釋天》 夜光謂之月，【略】月御謂之望舒。

唐・房玄齡等《晉書》卷一二《天文志中》 月爲太陰之精，以之配日，女主之象；以之比德，刑罰之義；列之朝廷，諸侯大臣之類。

宋・鮑雲龍《天原發微・太陰》 《説卦》曰：「坎爲水爲月。」

明・胡廣《周易大全》：進齋徐氏曰：「内明外暗者，水與月也。坎内陽外陰，故爲水爲月。」【略】潘氏夢旂曰：「通者水之性，月者水之精也。」

元・脱脱等《宋史》卷五二《天文志五》 月爲太陰之精，女主之象，一月一周天。凡月之行，歷二十有九日五十三分而與日相會，是謂合朔。當朔日之交，月行黄道而日爲月所揜，則日食，是爲陰勝陽，其變重，自古聖人畏之。若日月同度于朔，月行不入黄道，則雖會而不食。月之行在望與日對衝，月入于闇虚之内，則月爲之食，是爲陽勝陰，其變輕。昔朱熹謂月食終亦爲災，陰若退避，則不至相敵而食。所謂闇虚，蓋日火外明，其對必有闇氣，大小與日體同。此日月交會薄食之大略也。

論説

漢・班固《漢書》卷二六《天文志》 至月行，則以晦朔決之。日冬則南，夏則北；冬至於牽牛，夏至於東井。日之所行爲中道，月、五星皆隨之也。

箕星爲風，東北之星也。東北地事，天位也，故《易》曰「東北喪朋」。及《巽》在東南，爲風；風，陽中之陰，大臣之象也，其星，軫也。月去中道，移而東北入箕，若東南入軫，則多風。西方爲雨；雨，少陰之位也。月去中道，移而西入畢，則多雨。故《詩》云「月離于畢，俾滂沱矣」，言多雨也。《星傳》曰「月入畢則將相有以家犯罪者」，言陰盛也。《書》曰「星有好風，星有好雨，月之從星，則以風雨」，言失中道而東西也。故《星傳》曰「月南入牽牛南戒，民間疾疫；月北入太微，出坐北，若犯坐，則下人謀上。」

一曰月爲風雨，日爲寒温。冬至日南極，晷長，南不極則温爲害；夏至日北極，晷短，北不極則寒爲害。故《書》曰「日月之行，則有冬有夏」也。政治變於下，日月運於上矣。(日)〔月〕出房北，爲雨爲陰，爲亂爲兵；出房南，爲旱爲天喪。水旱至衝而應，及五星之變，必然之效也。

明・傅汎濟、李之藻《寰有詮》　論月中黑影四支

疏或疑月既借光於日，則相望時月宜光明澄徹，胡爲中見闇影，似有不盡借之光也？或又謂月中暗影之故有三：一，月體原無闇影，緣人目力爲自地距月之氣所矇，如直木半在水中，其真形爲深厚之水所映，視之如曲木然。二，月吸下域土氣以續其體，如資用糧，故見闇色。三，月中闇影，乃地上山林之影，蓋月如鏡。然在地之物射像空中，月體不透而返，乃成闇影也。三説皆非，其一，如謂中分被矇，則矇氣隨時隨處變化不常。自地距月中分，萬有不同，何爲闇影無變？其二，天非生活之體，設謂月爲活體，資吸土氣爲糧，此糧寧能騰越月天以下元火燥烈之域，不銷鑠乎？其三，地上有形之物隨處不同，即其射月之像亦皆不同。苟如其説，則其所見斑影宜隨地異。乃月中闇影，從古至今，各處所見無異。其非山林射照之像，明甚。

論其正義，緣有體中有透凝之不一，凝分見明，透分見暗。蓋凝分體既堅實，所受日照不能洞過，浮光返射，是以有光無闇。透體則冲虛無礙，所受來照洞出不返，所以闇影斑駁也。

駁或曰：凡有形者之透分所受外光之照，視凝分尤爲澄徹，驗諸水晶及銅鐵之類，有可例者。然則月中斑迹非見於凝體，尚似見於透體也。

正曰：不然。透體受照雖似易於凝體，然欲返射所受之光，則必屬之凝體。試以天體證之。夫月星麗天，其外餘分孰非能透光者，皆受日照，皆容日光，無以異於月星，然皆不能返射所受之光，與月星異是，緣透而不凝之故。透體無光，於此可驗。

駁或曰：造物主之造天地也，胡爲令月有不同之明？假令全明無暗，更備寰中之美。

正曰：此殊不然。月所既接下域，其勢其情相近，則其象亦宜相稱也。下域無光，所有之光悉繇上照。月所與地相接，宜以無光爲稱。所以不必全具明體。蓋凡有形之物，在下域者其所愈高，則其性愈貴；而在上域者，漸遠於最高之所，則其性亦漸不相及也。第阿尼謂，下者之上接上者之下，亦是此義。以此爲寰中秩序，其美更備且協矣。

駁或曰：七政天之動，自本動及宗動天之動而外，又各別顯一動。星家測謂，七政天内各有小輪，星乘輪動，月動亦乘本輪，然而所見闇影恒向於西，星家比爲向東獅像。夫既乘小輪而動，此影所向，自宜日有不同。今却不然，何也？

正曰：月所以動有三：一屬本天大輪，二屬小輪，三屬本體。蓋月居小輪邊際，如珠在盤，自已有動。故輪動月動，所向雖有不同，乃其相調相應，永無差忒。所以闇分向地恒一也。

或又問：造物主造月，原在何時？於晦朔乎？於月望乎？曰：《聖經》載天主造天地萬物之事。蓋云，始成二大白光，令鉅主晝，次主夜，未示成於某時。厥後釋經者準理而推，其論有二。一謂造於望時。所據者何？想繇天主凡造某物，其初即賦本有之全。《經》云：天主之功，至圜滿也。繇是而推，則似化成草木之初，即令結實化成禽獸之初，即令全具形性所宜之德之力，可徵之於初人。初生人祖。《紀》云：天主造成初人，即成三十三歲之相。則知天主造月之初，即賦滿月。二謂造於晦朔時。所憑者云，月以二十七周始成一月，又十二周始成一歲，四時準此，則天主造月在於晦朔之間，蓋其所歷之時與其所周之度適相準也。二義皆爲有徵，後義尤當。

或又問：五星之體，惟水星小於月耳，其餘列宿五星，其大遠過於月。《經》稱天主造物，乃謂月爲明之大者，何耶？曰：其故有二，一則有施下域之功用，視諸星更顯更切；一則月體雖小於諸星，然居各天之下層，光照大地，自日而外，莫大於月也。

明・陽瑪諾《天問略》　月天爲第一重天及月本動

問太陰在何重？天曰：第一重天，最近於地者是也。吾徵之日食，由於月掩其光，且恒見月體能揜水與金星，則月天必居其下矣。依表影之理亦可徵也。立表取影，光體遠於地面得景短，光體近於地面得景長。今西國歷家以表景測驗日月高下，日輪高於地平五十度，月輪亦高於地平五十度。然而所得日光表景則短，月光表景則長也。

如圖，甲乙爲地平，因爲表視日輪高於地平五十度，月輪亦高五十度，即日光從表端至丁，月光從表端至戊，戊影長於丁影明也。是知月天必在其下，而近於地面也。

月天南北二極各離宗動天之極二十三度半，與日天同，故月行亦交黄道，而其曠黄道非如日輪也。日輪恒行黄道一路，月輪之路非一，乃出入黄道南北五度。故中國歷家曰：月有九道，其出入相交處謂之龍頭、龍尾。詳見前日食同。

月本動自西而東，每日約行十三度有奇。朔時日月同度，至第三日及第四日，即

見月輪在日始之東，至上弦離太陽九十度，望日正相對百八十度半。問：天非月行最疾，何能離日是乎？然其自東而西，日月諸星其動並同，無有疾遲，以其皆爲宗動天所帶故也。

問：月光每日不同，何故？曰：月體及諸星之體，與本天之體一也。第天體透光如玻璨，而月與星之體堅凝，不能透光耳，故日光全照月天，天體直透不能發光，月星堅凝不透，故耀日光而發照焉。徵之朔日及上下弦可知也。月體無光，恒借太陽之光。故日光照及其體則明，不及其體則暗。如使月本有光，則近于日、遠于日，其光恒一，絶無消長矣。今朔則月全無光，上弦漸長，下弦漸消，必借于日，明也。日天在上，月天在下，日光在月恒照半體，朔日日月同度。月正居日之下，白光獨照其向上之半，不照其向下之半。

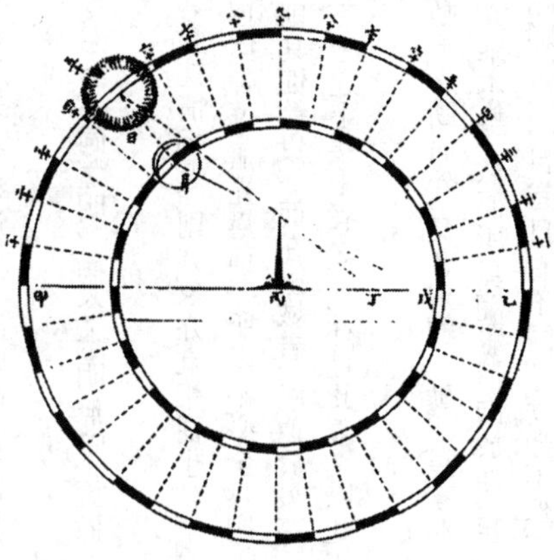

人居地上，獨能見其無光之下半，而不見其有光之上半故朔之日視月全無光也。過朔日則月東行，而漸隱于日。日輪在西，月亦受光于西，愈近于日，日光愈照其上面。愈遠于日，日光愈照其下面以離太陽有遠近故，其光無時不消長也。

如圖，甲爲日輪在上，乙爲月輪在下，丙爲地上，日力所及以視月光。見月輪在乙，正居日下，日光全照向上半體，而向下半體日所不及者，絶無光焉。故朔日則月全無光，月在丁，雖日光皆照其半，然大半居天內，目力獨見其小分也。月在戊、在己，亦然。月在庚，乃正相對于日輪。日光全照其向下之半，自力得見，而其向上者無光，人目俱所不及焉。故望日月光滿全也，過望日後目力晰不能及，月光漸消以至無光焉。

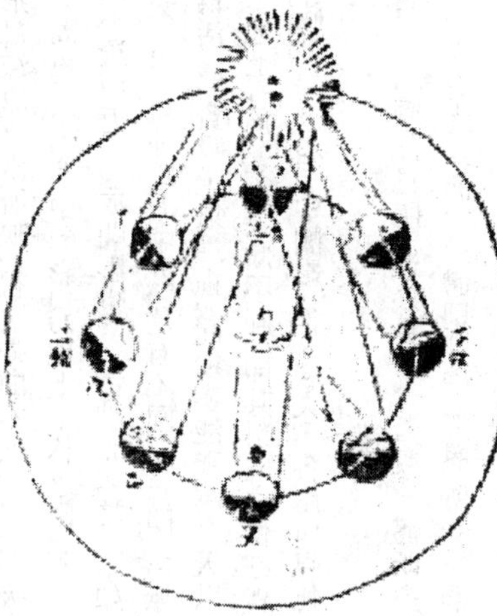

問：月借日光，光有消長。乃諸星之光，恒見滿圓，而無消長，何也？曰：諸星與月，其借日光不同也。月天在日天之下，月受其光，近遠一異，消長不同。諸星之天居日天之上，日光照星，恒照其下面。雖或近或遠，于日而其下面恒有光，故居地上者視星恒有光也。

如圖，甲爲日輪，乙爲諸星之天，居日天之上，丁爲地形，丙爲地影。即見日光恒照諸星下面，而居地上者恒見其下面有光。且月食由於地影，地影之鋭有盡，不及諸星之天，故諸星之光不朦也。

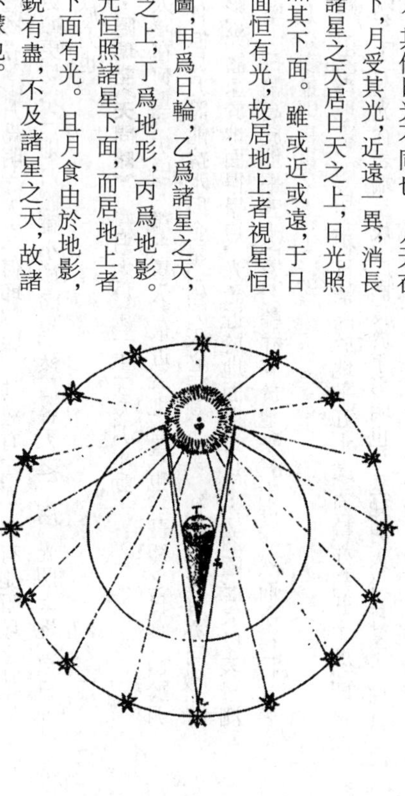

月食

問：望日月與日正對，則月光當滿圓矣。然而或全無光，或一分有光、一分無光，其故何也？曰：地球懸于十二重天之中央，如鷄卵黄在青之中央，故日由西照地，地必有景射東；照東，必有景射西。夫日輪恒在黄道上，若遇望日，而月輪亦在黄道上，與日正對望，則地毬障隔日月之間，月輪必入地景之內，太陽不能照之，故失光而食矣。漸出地景之外，太陽能照之，乃漸復得原光也。若渾然相對，全失光。若一分對、一分不對，對者失光，不對者否矣。因知月輪失光而食，悉由於地景也。

如圖，甲爲日輪，乙爲地毬，丙爲地影，丁爲月輪。即見日月正對，故月輪全居地影之內，而居地上者視月無光，月無光則食也。

問：日輪值望必與月正相對，相對，月必過地影。過影，必當每望食矣。今月之遇食不過什一焉，地影之説毋乃碍乎？曰：日輪恒行黄道上，不出入内外。地體之影正對于日，亦由在黄道上不出入内外焉。月輪惟行龍頭、龍尾之上，月

行黃道，故望時月輪適當龍頭龍尾，適過地影之内，故食。若出黃道内外，或南或北，地影不掩，不能食。即食，或分秒不同。此望日，日月雖對，而亦不能常食也。

問：日月正對，則相遠必百八十度半，周天也。故月在地平上，日必居其下。日在地平上，月必居其下。然有月食，而日月皆在地平上。則月食非由地影矣，何也？曰：從古至今，凡有食皆以望日爲限，其相遠必半周天，不然不食也。月食時，日月俱在地平上者，或日在西以將入，月在東以始出，或月入而日出也。夫月將出而日將入，其視月在地平者，非月全出也。則海水或濕氣所影映也。蓋地平傍近恒有濕氣，清微如烟，或空中對月輪，偶有輕薄白雲，或值當海水，皆能令月影映于其内，而目力所成，宛一月焉。此視法之理也。固有别論，今試于空盤。若盤底内置一錢，人漸遠于盤，或八步或十餘步，盤内之錢已不見矣。令斟水滿盤，即仍八步或十餘步而錢忽見之，何也？所視非錢體也，錢影也。然則地平之見日非月體也，月影也。

問：月食時刻不同，或所食時長，或時短，何也？曰：月食長短，由于地體之影，及月輪之行也。月天之内，别有小輪以帶月，爲帶月輪。此小輪之動，與月天之本動非同一也。乃月天行自西而東，小輪其上半周行，自東而西，其下半周。行自西而東。故月輪近遠于地必恒異也。月輪若居小輪之下，必近於地；若居小輪之上，必遠于地也。地景漸鋭而有盡，其愈近於地愈寬，愈至于鋭愈狹。若月行小輪之下，所經影界寬，故食久；若行小輪之上，所經影界狹，故食暫也。小輪之説及其上半周，何得行自東而西，其下半周自西而東，别有正論。

如圖，甲爲日輪，乙爲地形，丙爲小輪，丁爲地影。漸鋭，故影寬于戊，而狹于己。月行地影之内在戊，小輪之下必久於在己。在己，小輪之上必速於在戊。故其時刻長短異也。因知二食之時刻長短，由于地影及月輪之行也。

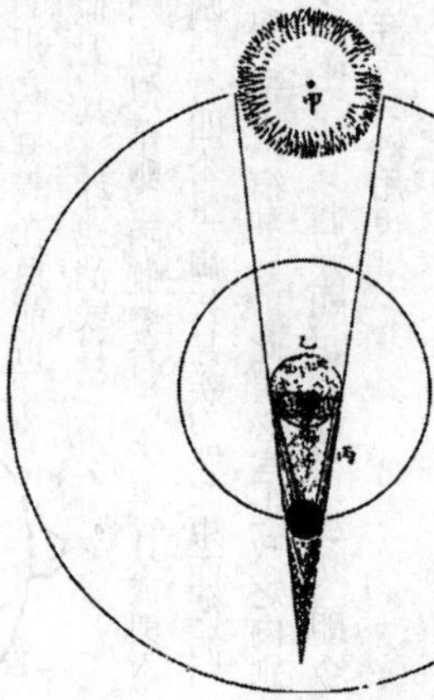

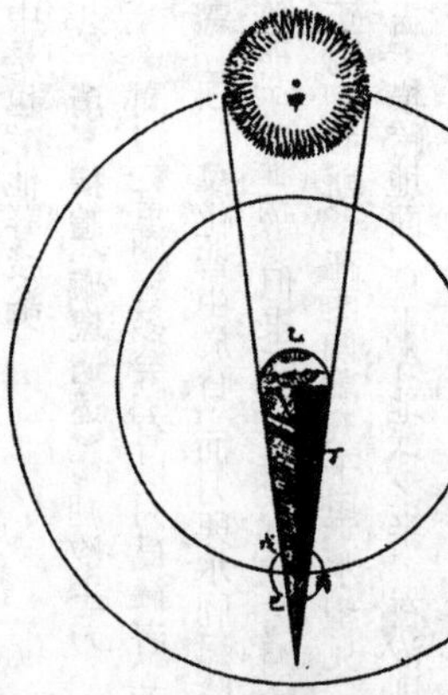

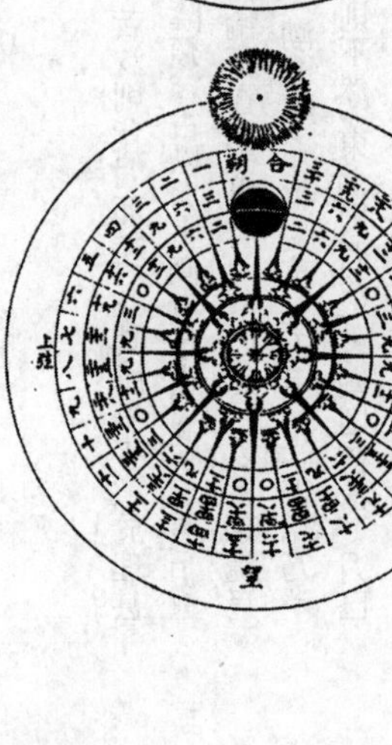

朔日既過，月光漸長，望日以後，其光漸消，則月行平地上，其光非同也。蓋月輪每日自西而東，約行十三度，朔日以後，每日離日輪亦十三度。故朔日日輪入地平，而月在日東十三度，爲三刻，未入地也。次日又離十三度，次日亦然。以至于望，月與日正相對，故日入地下而月出地上也。望日以後，月漸近于日，以至合璧焉。因知居地面者，其有月光。朔日以後，每日多三刻，望日以後，每日少三刻。欲知每日多寡，試觀右圖。第一上圈，月日自初一日，至第三十日也。第二中圈，月在地上，每日有光幾刻也。第三内圈，一刻之分也。假如初六日，欲知日八以後，月光照地幾何刻分。視上圈第六日，即得第二圈六日正下十九刻與三圈三分。

問：既朔日以後，月光漸長，又每日離日輪十三度，則第二日日入地平，月在日東十三度遠，則月高于地平亦十三度遠。自第二日以後，宜無不見月光者，乃今之見光，或在朔後二日，或在三日，或在四日，其不同何也？曰：其故由於地平及黄道也。人居地面而得見月光者，必月輪在地平上高十二度方可得見，不然則否。蓋月之度數有離日輪之度，有離地平之度。月光之見否，出于離地平之高低，不由于離日輪之遠近也。故黄道交于地平不同，有斜相交，有正相交。朔時日月同度，若其同度在于斜交之宫，則居地面者遲見月光也。若在于正交之宫，則速見其光也。

視二圖，甲乙爲地平，丙丁爲黄道，戊爲月輪在地平上，己爲日輪將入地平。第一圖乃甲乙地平斜相交于丙丁黄道，戊月輪雖離己日輪十三度或十五度，乃

其高于地平非十二度，故合朔之次日其月雖離日輪十三餘度，因未至地平十二度高，故居地面者，第二日不能見其光，或在第三、第四日之間也。第二圖，甲乙地平乃正相交于黃道，戊月輪之離日輪及地平並同也，故均爲行十三度。而其第二日已高于地平十二度，故得即見月光。云，又月因有逆順行，亦有離太陽遲速。逆行時，必遲離太陽；順行時，必速離太陽。此其故也。

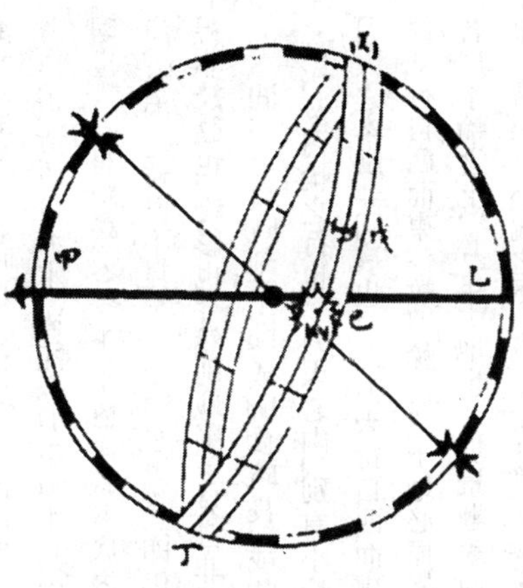

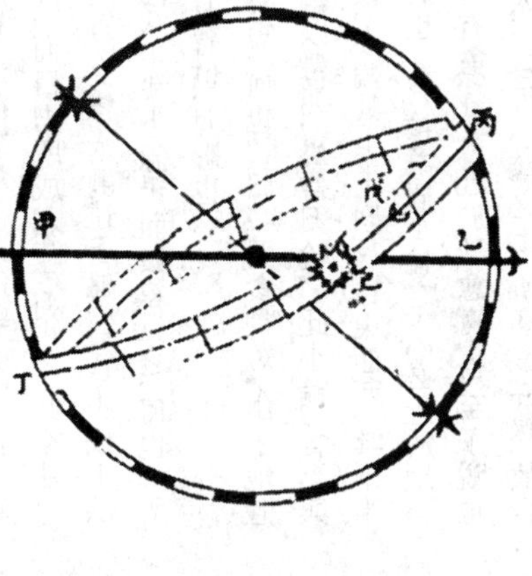

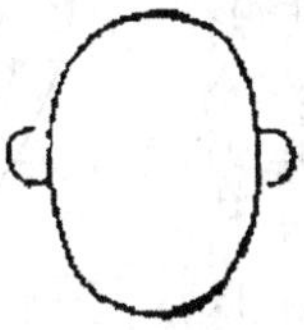

凡右諸論，大約則據肉目所及測而已矣。第肉目之力劣短，曷能窮盡天上微眇理之萬一耶！近世西洋精于曆法一名士務測日月星辰奥理，而哀其日力尫羸，則造刱一巧器以助之。持此器觀六十里遠一尺大之物，明視之，無異在目前也。持之觀月，則千倍大于常。觀金星，大似月，其光亦或消或長，無異于月輪也。觀土星，則其形如上圖，圓似雞卵，兩側繼有兩小星，其或與本星聯體否，不可明測也。觀木星，其四圍恒有四小星，周行甚疾，或此東而彼西，或此西而彼東，或俱東俱西。但其行動與二十八宿甚異。此星必居七政之內別一星也。觀列宿之天，則其中小星更多稠密，故其體光顯，相連若白練然，即今所謂天河者。待此器至中國之日，而後詳言其眇用也。

清·鄧玉函《測天約説》 太陰篇

五緯在二曜之上，今先太陰者何故？一，凡論年月日時，皆以二曜定之。二，其理較五緯特爲易明。三，太陰體大，晝時亦見。四，太陰之能力亞于太陽，五緯無能及之。

從本體論

論太陰之形象　本是圓體，與太陽同，雖有晦朔弦望不害爲圓，詳見後論。

論太陰之大　太陰去人時近時遠，折取中數，八其地半徑，自之，得六十四半徑，爲三十二全徑，是太陰去地之中數也。

其視徑去人愈近愈大，愈遠愈小。折取中數，亦得半度與太陽等。

其本徑則小于地球，地之容大于月約三十倍也。

論太陰之光　本自無光，受光于太陽，故本球之光恒得半以上，因太陽之體大于其體故。

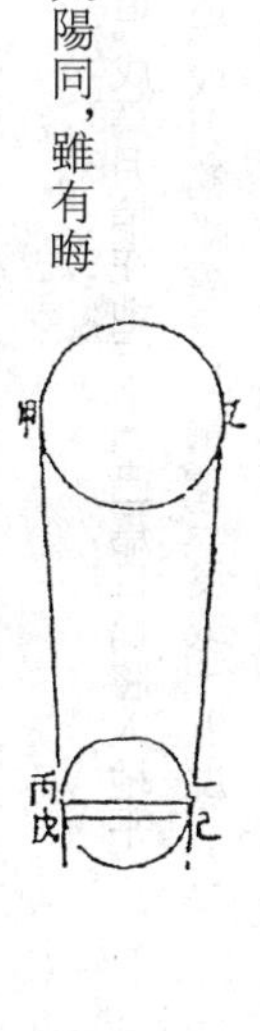

如上圖，甲乙爲日，丙丁爲月徑，因日大，故受光至于戊乙。

太陰面上黑象有二種。其一，今人人所見黑白異色者是。其二，小者則日日不同，非遠鏡不能見也。詳見後論。

從運動論

太陰之運動有二。其一，一日一周隨宗動天行，與六曜同，公動也。其二，循白道，白道，月之本道，一名月道。下文通用。日行十三度有奇，迄二十七日有奇而一周，本動也。因太陽同行二十七日有奇，則過周二十七度有奇，故又二日有奇乃及于日而與之會。

白道不與黃道同綫，而兩交于黃道。兩交名正交、中交，亦名天首、天尾，亦名龍頭、龍尾，亦名羅、計。兩半交去黃道五度有奇，故每行一周在黃道下者二，交初、交中是也。他詳後論。

清·揭暄《璇璣遺述》 潮汐主月

問：「言潮者多矣，有以月爲攝者，若汐則背月而起，亦其所攝乎？於理甚惑。」曰：萬化皆由於日，而月與水同爲陰類。古以月主潮者是也，遠西亦言，月無他能，所主惟潮。但未晰言其故耳。蓋月輪所在，諸水悉升固已然。以當頂處爲正對潮壯盛。在西偏萬五千里，水望見，潮即起，在東偏萬五千里，水不見，乃消盡。橫跨地面，實平分地球之半。在汐則不然，東潮則西汐，晝潮則夜汐。月已沒，汐方起；月正隔，特壯盛；月將生，乃消盡；正與月相背，正與潮相反，亦平分地球之半。汐背月而生，月在地面上周移，汐亦在地面上周移，不論晝夜，漸移漸改，似不欲與月相見而深相避者。然地圓體，上下潮汐突起兩頭，前生後消，遂抱地球作一長橢形，

有如攬核，但橢移，地球不移，余有圖。然言潮者言攝言吸，而不及汐，以汐與月背莫之或解也。惟《文粹》有「日出則早潮激右，日入則晚潮激左」之論。余伯約軒先生，諱其大著有《環經》、《周易》、《禹貢》、《晰疑》等書。其《經》有云：「月東升，則潮隨其趨攝，西没則潮因其指擊以激擊」，言之又與攝吸之理不可同日語矣。其實潮與汐皆月也，皆月所攝也。月之氣從前順噓，至中而廣，至對沖而極，極而不能前則聚，聚則滿，故月之所在爲一月，月氣所聚又一月，與日對火燧而生反焰，其理同也。【略】崇禎十二年九月望，兩日並出没，可爲一證。雲南省會有一地，日月没尚有日月見其中，不知乃返照天上所聚，亦返照天上所照，如重鏡然。又與國縣十二景，亦有月光常涵圓影。承天京山子陵峒旁有井，星光恒見其中，一理也。故月之所臨則潮起爲正攝，月之對沖潮亦起爲對攝，交攝月與潮不啻鍼芥磁珀者，所謂内有水母，對沖積有月氣，水望見必投也。【略】月過天心而潮溢，月過地心而汐湧，月遶地而行潮亦遶地而行。月行天一週，潮循地二週，是大地内無時不潮，無日不兩潮，皆月攝也。然水不起則氣不至，氣不至則潮不移。月以旋轉生潮汐，即以旋轉生呼吸，非猶夫人呼吸一升則滿腹俱滿，一降則滿腹俱消也。【略】星亦與月類，夏當無月之夜，衆星燦爍，地之氣升而爲霧，草尾悉懸，露珠亦潮也。而必以月爲主者，以月之氣近而大耳。或云，無星之夜伐黄楊，爲枕不裂，以其燥而不濕耳。所異者朔望有盈虧，激輪有高下，故潮之盛衰分焉；用口有廣狹，河路有修短，故來之遲速分焉；黄道有黄白，北海眼有遠近，故發之大小漸暴分焉。或空際爲陰盛，所提故長湧不退。或空際爲陽盛，所遏或地中爲震盪，所徙故時有不至。氣行於大處則一躍而至，氣行於狹處、遠處必連躍而後至，猶擲波盪者激石，水面儘一撇之力，始則大躍，繼則連躍以行，遠而鋭盡也。擲波盪者，法用瓦片薄石向水面撇之俾跳，盪波面連躍而前。寧都稱盪波，建陽稱擲水撇，廣昌稱撇水遠。甚哉人一呼一吸，脉恆數至，或急或緩，多寡有不同也。凡月必滿一面，上弦月滿西，故在西諸水悉攝之而東向，下弦月滿東，故在東諸水悉攝之而西泛。人見其行有耑向，遂謂其一日一潮，不知其實亦兩潮也。然必黄道之下環緯大，漠合沓不分乃有然者，若是潮主月矣，而實主於日。非日則氣不生，氣不生則水不起，月又何自而攝乎？非日則陰不生，陰不生則氣不吸，月又何自爲攝乎？陽去生陰，陽遠生陰，陽極生陰，故陰亦爲日生。余謂一陽即有一陰，如燈照物，數燈即得數影，是陽内有陰，陰内具陽。詳余《大易全義考》。則寒暑、晦明、晝夜、時刻俱無以定，月又何自而有晦望盈虧乎？故不惟盈於子午、盛於朔望，倍於春秋者，惟日，即弱於大暑、減於大寒久晴不至亦惟日也。故凡天地間之氣機物理無不因乎日也。有攝即有反，如甘草、甘遂，納脬與水，稍過即分奔，諸藥皆有之，則其爲氣不同。

又 附潮汐考

《抱樸》云：「一年之内天再東再西，故潮再大再小。春夏日居東南，天高一萬五千里，陰消陽盛，故潮漸起而大；秋冬日居西北，天卑一萬五千里，陰盛陽消，故潮漸減而小。」此以天言潮也。元耿伯宣謂：方儀之運，大水承之，氣升則地浮水溢，氣降則地沉水縮，而朝汐生焉。若地水共爲浮沉，潮汐又安有消長？必地沉水浮，地浮水沉，乃然耳。《洞正經》謂地機吸張，此以地言潮也。亦兼言氣。《博物志》：「潮擊日月若鼎之沸。」姚令威云：附日而依月，盈於朔望消於朏魄，日月合朔子夜潮平，每日漸移三刻七十二分，對月到之位加以日臨之次，潮必應之。月望後東行，潮附日而又西應之，在南海如是。此以日月言潮也。《文粹》云：日附于天，天又旋入海，而日隨之水，因其灼激退於彼必盈於此。故日入則晚潮激於左，日出則早潮激於右。此則專主日言也。亦專言激。元吴壽《答起崖書》謂：「月與水陰類相應張。」封演謂：「月週天而潮應。」徐叔《蒙海嶠志》：「水隨月之盈虧。」古州曰：朔後三日朏明而潮壯，望後三日魄見而汐湧。每歲仲春月落水生而汐微，仲秋月明水生而潮陪，減於大寒極陰而凝，弱於大暑畏陽而縮，陰陽消長不失其時。故曰潮汐即潮汛也，每月十三二十七日曰水起，是爲大汛，各七日。初五、二十日下岸，是爲小汛，亦不七日。潮汐共言爲半月，分言爲各七日。久晴。雖大汛亦不長，潮之大小隨月，月高潮小，月低潮大，此專主月言也。《瓊州志》：瓊海潮之大小隨長短星，不隨月之盈缺，半月東流，半月西流，與江浙欽廉之潮異。此又以星言也。邵子曰：潮地之喘息也所以應月者，從其類也。姚寬、徐明叔、傅黑卿、高麗録與耐得翁皆主元氣呼吸之説。王充《論衡》以爲：水者，地之血脉，隨氣進退。或曰土剛水柔，土若鼻水，若涕，非氣機推盪，無由升降而出入也。自子至巳爲陽盛，自午至亥爲陰盛，盛莫盛於氣之交。子午爲一日氣之交，朔望爲一月氣之交，仲春仲秋爲一歲氣之交，氣盛而潮汐盛，固其所也。朱隱老言，月麗卯酉則潮應乎東西，月麗子午則潮應乎南北。採珠者入海底，間遇潮起則水湧而下虚焉。潮高十丈下所虚亦十丈，以水則虚，以氣則實。采珠中其氣輒病地之喘息，寓息於風生氣也，寓息於水死氣也，此又以氣之喘息言也。遠西水法謂，月爲陰精，與水同物，凡濕潤陰寒皆月主之，既爲同物，勢當相就，如呼吸然，潮長之時以月攝之，故江河以及盆盎無處不長。長則氣入，又

月上攝，故水爲之輕。潮降氣出，水復故重。人以瓶盛水，每日權之，輕重不等，當月高升時稱之則輕，西下則重。獨水小之處升降甚微，人所不覺耳。水族之物皆係望盈晦縮，故月虛而魚腦減，月滿而蠃蚌實也。草木潤濕無不應月，月滿氣滋，月虛氣燥，故上弦以後、下弦以前不宜伐竹木，爲材易蠹，以生氣在中也。此又言無水不潮，無物不潮，無潮不與月應也。晝影潮臨午汐臨子，一日之候也。一月之候則朔望盛，一年之候則仲春仲秋盛，而春夏盛潮，秋冬盛汐，春尤盛於朔，秋尤盛於望，有謂氣之陰陽交於子午，天之日月位乎卯酉。水陰類，從月不從日，月於朔出卯，於望出酉，潮汐隨月，而以卯酉爲推移。其正臨子午，惟朔望爲然，自朔後晝潮迭差，而至於夜，夜潮迭差，而至於晝，望後復差，至次月朔，日月復會卯，仍與子午合矣。又謂日月同度惟在於朔，自是而後，日每日行一度，月每日行十三度。故太陽每晨必出卯，月自初三初四則出辰矣。月出卯，則潮汐恰臨子午，月出辰後卯一時，潮汐亦後子午一時。如朔日正午、二日午未、三四五日未、五六七日申，每七日移三時。汐則對沖，亦復如之，此固以候言潮、以時日言潮也。凡此皆言潮之有常也，其異者或因地勢之不同，各洋潮皆有漸。惟小西洋極高大，頃刻湧數百里，海潮皆不怒。惟錢塘獨震撼如雷吼。伯宣謂：「東於龕赭二山。」魏石床謂：「定海、奉化、餘姚、寧海一帶吞吐，四明台蕩之支股，方之錢塘夾逼尤甚，面乃怒。」古州謂：「凡潮生則水長，但期有遠近。鎮江至大海五百里，十八日辰時潮至浙江，至海三百里，則十八日丑時潮至鄮陽。」《雜記》：早潮平，晚潮上，雨水相合。日沓潮前未退而後已至，必遠海也，又有多寡之不同。媛姝由筆曰：「海恆早晚兩潮，惟廣東一潮。」韶州有雌雄泉兩潮。《拾遺記》：柳州昔相嶺西麓下有潮井，廣百畝，一日三湧三落。夔州開縣有三潮溪。安寧州有潮泉，一日三溢三焦。楊穆西云：張佳胤記滇大華山有聖泉，一名海眼，應子午卯酉四潮曰三潮者，夜不見也。《職方外紀》：厄勒祭亞有海一日七潮。連州下流有斞泉一日十溢十竭。《玄中記》：貴州城外有漏汐，一日百盈百竭，或云五十盈五十竭。尤異者有反潮，有忽至，有忽止，有久不退，竟不潮之不同，厄勒祭亞旁一島，别有海島，潮盛吸水入而不盈，潮退則噴水如山，當吸時衣不可沾水，沾則連人吸入，不沾，雖近立亦無害。萊北、膠西相距不二百里，此潮上即彼潮下，彼潮上即此潮下，兩者恆相反。楊穆西云：虔州廉溪旁有井日三潮，名三潮泉。當潮時可操觚而吸。崇禎末不至。温伯芳云：已而復至，但少殺於前。己酉，余往觀之，但見多拳石，問汲者，近祇微潮，旁更有出水寺，水出殿上，云可愈目疾。錢塘江隣海口有子午潮，不爽諺云：「潮過夷亭出狀元，宋末過之果應。衛涇自嘉靖甲午來，不惟不過夷亭錢塘江邊，日或不至，時人謂之凍死潮。」宋潮不至，信已。歐邏巴西北有勿搦祭亞城，建海中，以木爲樁，其海不潮。廣東、金陵近海諸處，水常湧十餘日不退，名曰海嘯。凡此皆潮之異也。至張僧鑒《潯陽記》：鷄籠山湧泉如潮，朔望尤大。《輿地記》：移風縣有潮，鷄鳴長，旦清，如吹角，每鳴應潮至。如此者種種，筆不勝書，姑録其要，以俟徵質。

余謂潮汐而及月氣，無從徵考，人未之或信。近簡閱《寰有詮得》所記，漢武八年三月日食在望，月退自東奄，全地無光者十有二刻。復明後，日仍對望東現，爲有五，疑因大呼。擊案曰：余言有徵矣。蓋此食非實食也，乃月食所沖聚成一月，乃虛月。適當龍頭正在望時，氣聚成月，自大，此月大二倍。故可十二刻。月氣迴沖，自由東食西，氣月大則厚，故全地昏暗無餘光。氣厚則實，故結成月形，如月食日法。氣過明復，實月自仍現於東方，有何異哉？但往者不見食，或旁射過不當龍頭，或聚氣不食，不大或食而不覺，或云黑眚耳，眚字從黑，生於月，其亦此義與，而潮汐得此一證。遂覺天闢遠。西氏弟阨尼計里銷謂，非時非度月遺常運，止其本動，日自歛光爲耶蘇受難諸説，亦可憬然悟矣。春秋襄公時比月書日食，晉懷永嘉比夜書月食，【略】與竟日陰翳似食非食，氷馳交門，僵立湧沸，似潮非潮。諸異良由月氣隱微聚散，事雖不同，理可通推。方以智曰：人日夜五十榮，一萬三千息、一呼一吸，脉且四至，水當火烹，百沸百止，亦氣之上下也。潮之大小應月，月行有南北極，地異有不同耳。

又 月自轉徵

問：日之轉有金水黑點足以徵之，月之轉何所徵？曰：月有黑象二種，一大而在内者見有常形，一小而在外者日日不同，均足以徵其轉。日日不同者，轉不待言矣，惟有常者，人或疑之。遂謂：月體中生有回凸形，如山谷，突者先得日，故曰；□者照未及，故黑。此象恒俛對地面，不測不移，非不轉乎？此説非也。體有凹凸，必終古平行，大環四轉皆向下，此象乃不易，若居小輪，每月内大陰兩周小輪。則在下所見者在上，爲反向矣。試綴一子於小圈，望之始面對下，則見其面繼移，而旁則見其側轉，而之上惟見其背，漸移漸改，何以始終一視耶？即以炤未及言之，日在望前居西，黑影當盛於東；日在望後居東，黑影當盛於西；對望則正中畢射，如日當亭午，無論高山與深谷皆光所及，又安所得黑影乎？日之正射爲赤光，氣之轉映爲白光，赤光爲極光明，白光爲次光明，雲上爲

赤光，雲下爲白光，室外爲赤光，室内爲白光。即照所未及，雖無極光明，亦有次光明，惟物重隔之，乃失其光，豈月之體有若幽洞若深穴，并次光明亦所不及耶？即有之黑象含於内而不在外，非人目所可到矣。又有言其轉者，謂大地之影所射也，其高而晰者爲土，深而黑者爲水，月在上猶以球鏡照物，即軒轅鏡，俗名千人鏡。鏡雖盤旋，影則如故，豈礙轉乎？此説亦非也。地影所射，必所臨之地不易，故其象不改。若地面易，則此處見者彼處不同矣。試於望時候之，月生於東則當現東帶，側面諸地之象墜於西，則當現西帶，側面諸地之象居中，乃現當中，直下諸地之象漸移漸改，何以始中一視耶？即以土白水黑言之，中土西北多山，當現白影，何以反黑？東南屬瀚，海中悉緑沈色。當現黑影，何以反白？豈倒炤者有似於火墜耶？火鏡凹，炤影恒倒，凸者不然。況地影所射，必以對月之面炤，入對月即得月，得月則無論土與水，受光皆白象，又安所得黑影子？有謂水乃通明之體，東南屬海，正當生白；西北實地兼山，多草木，故蒼，當生黑影，正應月象。有謂海底離地脉無幾，在水又廣深莫測，加以渾濁，安得通明？況大海悉碧緑色，故名蒼海，是在海之蒼色無間，而地有不毛，即有草木，至秋冬萎剥，片葉無存，春乃有微青可踏，安得恒生黑影乎？是與月象相反。凡此皆在近似處論辨，而非質言也。平鏡炤物，物體相當，窪鏡炤物，其象則大，球鏡炤物，其象則小。嘗以球鏡炤日，其小如星月球體也。倘地影居之，不過一點，安得圖滿且至切邊乎？況地影射入，則日象圓球亦當射入，如以燈懸，鏡前燈體與諸物悉現於内者先見，曰大地百十倍，焰光烜赫，地影反見乎？有謂月體通明處如玻璃，在月外逗見於内，則日食時日象亦在月外逗見，而反被掩隔乎？況以玻璃乘日，其影光鋭赤如火，并可灼火，安有黑象乎？即月中別有黑象，爲光彩所奪而不及見矣。故諸説皆非也，然則謂其中有常形，亦足以證其轉者何？蓋月之體乃陰氣，亦外剛内柔，内有水母黑白宗，其體活動質如汞銀，能走而不濡，半虛半實，與地水緊攝，故重面下垂，終古不變。所謂有常形者是也。【略】外體堅瑩，質若玻璃，光明逗徹，然有黑點，如玉之瑕，實附於面，月體轉故黑轉，黑轉故其象屢變。黑之轉一周，即月之轉一周，黑之象日日不同，即月之轉日日不已者是也。内體渾濁，故能阻光發彩，外體清潔，故能逗象生明。二象俱於日食時見之，日食時月之中體覺甚濃厚，不能逗見日象，近邊際則光亮不同，非有異乎？第純粹晶瑩者難於察識，黑白相間者易於爾目，入從數十萬里下視之，不真，遽謂體有凹凸，又或疑爲地影耳。外轉而内不轉者，猶以晶球包水於中，球轉而水暈不移，外面之瑕點則自隨體遷矣。如灌鉛之骰，其點隨色而轉，而重者在下，亦如緬鈴皮鼠，其體常轉而汞必墜底。究之皆轉也，外爲天氣所掣，故恒展轉以從天，内爲地水所攝，故恒展轉以就地。轉者固轉，不轉者亦轉也。然小者微而難見，若能識其一二，刖其去來所轉幾周亦可得而考矣。《測天約》亦言黑象小者，日日不同，而不知其轉行何哉？

方以智曰：火體，水暈合而發光直，創論也。燭之光以膏，薪之光以汁，何往不然？可以悟水火之本一矣。《禮運》獨標月以爲量，三五盈闕，豈非以其明暗交參寓變化耶？又曰，黑象雙取，時時轉時時不轉。此處可參邱邦士日黑子中影分析，辨證愈細愈確。

何鯖猷曰：月轉之説，創出千古，如登高觀下，止見水之横鋪，而不知波之流止，見車之平行，而不知輪之轉。於此并可推諸政矣。

任上昇曰：内爲虛注，不轉而轉，外爲實附，轉而不轉。動静相因，千古不壞，豈惟月乎？

月體《遠鏡篇·太陰》：其形不圓，其面濕泡，其不滿之内邊高低不等。《歷引》月體班駁，由其質非清純，虛實相乘，實則發光密，虛則發光微。又謂實處如金類。余謂虛實猶凸凹之説，實處如金，虛處不。又如玻璃能逗見天色之青乎？其色白不如金，黑亦非青，惟面猶濕泡，與外體清潔相符。

月影地在月中，亦當有影，如漆如磁，遇物亦能發象，況月乎！但地在月止成一點，雜於大黑象内，非人目所可見，當在月中如球鏡之照，終古不移，非日日不同者。

月圓馮時可云：滇冬日不短，月至二十夜猶圓。余謂冬夜不短者，赤道下晝夜恒平也；月二十日猶圓者，赤道下日火正沖，視光若滿也。

匹匿晉懷帝義熙九年十二月辛卯朔，月猶見東方，是名匹匿，與望前西缺、望後東缺，名曰反日。晦而見西方曰朓，朔而見東方曰朒。余謂與有物如月望時掩日而食，乃氣聚，非真月，反日、朓朒、過望、過縮皆氣所映，非月本光匹匿，諸名與日食闇虛皆不解其故，强立名色耳。

月轉月體外轉而内不轉者，猶天包地於内，其爲一體。天在外，無時不轉，地在内，千古不移，恍月中有水母攝潮，猶磁吸針，故外在外轉以從天，内在内轉以從地，不轉者皆屬轉，良可悟矣。【略】

月光月每日行三十度，故自朔後離日而東，每日增光三刻，在地上見望後近日而西，每日減光三刻，地上不見朔後在於斜交宫，則見光遲在正交宫，則見光速由離地之平度高低，不由離日輪之遠近。

月象月外剛内柔，中含水母，與地水緊攝，故内黑。象恒對地面不移，其外有小黑點附於殼，而故恒與月同滚轉。内之黑點有青紫金黄色，一如老石榴皮。又白體中有赤硃小圈者四，三近南，作品字形，一近地，離邊不遠。數者猶如鏡照人物，金形畢見。余於窺天鏡曾熟

視，得之其外剛內柔，於禽虫卵可見其黑白象。【略】然以遠鏡窺，則見其各顏色，憑目視祇見爲黑，暈層折而已。

清・李明徹《圜天圖説》 月蝕説

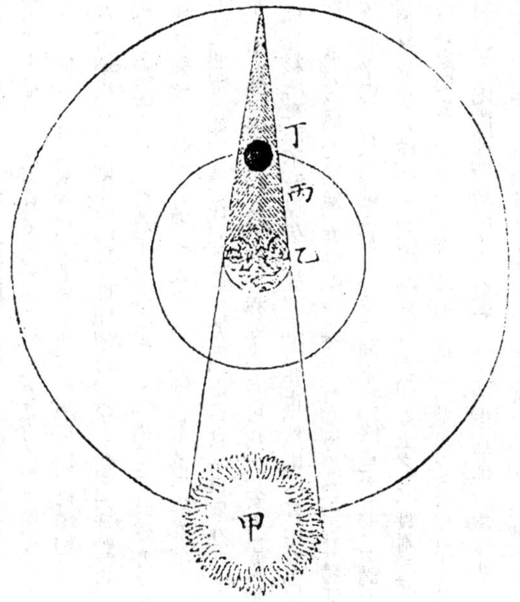

月蝕全圖

日月之體本圓如球，而其蝕則兩不相同。日蝕由月體掩其光，月蝕則因地球之影使然也。何謂地球影？蓋日行黃道，而地球懸於黃道天之當中，日由東照地，必有影射於西，日由西照地，必有影射於東。凡在地影之內者，必皆闇而不明。月本無光，恒藉日照以爲光，無論離日遠近，皆有光之可受。惟至望時，太陰太陽或東西正對，或上下正對，而地球障隔於日月之間，斯時月之行度倘走入地影之內，則太陽不能照及而失其光，因而蝕焉。必其漸離地影，使太陽漸復照及，則其光漸次復明。若渾然相對，全失其光，若一分對一分不對，其對者失光，不對者不失光。故云月蝕悉由地影也。如月蝕圖，甲爲日球，乙爲地球，丙爲地影，丁爲月球。望時，日月地三者參相直，則月球居地影之內，在地球上居人無論四方，皆共見其蝕。至於蝕時亦有蝕多蝕少之異者，則由地影有正對與斜對又各自不同。蓋月球恒在黃道下，遇望日行度或適當龍頭適當龍尾，斯時日球在黃道上，所照地影正對於月，月球全過地影內則必全蝕。若與地影斜對，則入影有多寡。即所蝕有時刻分秒，與日食三差之理兩不相同。凡月蝕必以望時，因其日月相遠一百八十度，乃半周天之分，月球全受日光而圓滿。斯時月在地平上，日必居其下，日在地平上，月必居其下，正對薄蝕，大勢是如此。或有同在地平上而蝕者，則必日在西將入，月在東始出，或月入而日出之時也。是故必相遠半周而月始圓，亦必相遠半周而月乃蝕。但望日月行若不經龍頭龍尾，即亦不蝕。至於蝕之時刻或久或不久，則由月球行度有高低，因而入影有寬狹。蓋月天之內，其本輪上別有次輪，是爲帶月輪也。此輪之動與本輪大動不同，本輪之行自西而東，次輪則上半周行自東而西，下半周行自西而東。故月球行於次輪之頂必遠於地，地影漸鋭而有盡。近地處愈寬鋭處愈狹。若月球行於次輪之底，則較近於地，而所經之影界寬，故蝕時則久。若行次輪頂，所經之影狹，故蝕時必暫。如後之高卑圖，丙爲次輪，丁爲地影，其影漸高則漸鋭，故在下之戊寬於在上之己。月行相遇地影，行次輪之下戊位，必久於在上輪之己。行次輪之上己位，必速於在下之戊，此則時刻長短所由異也。

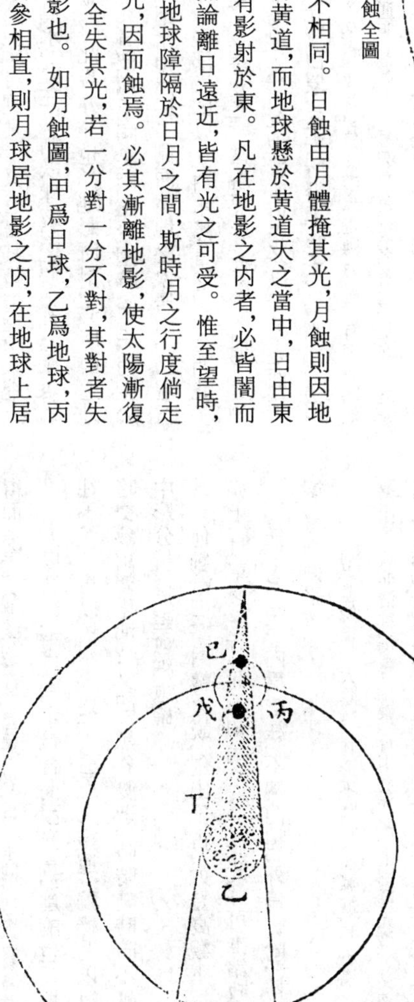

月蝕高卑圖

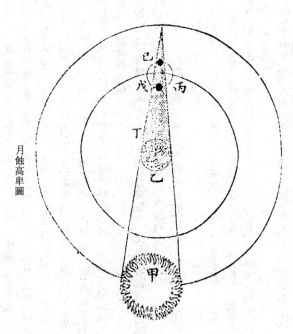

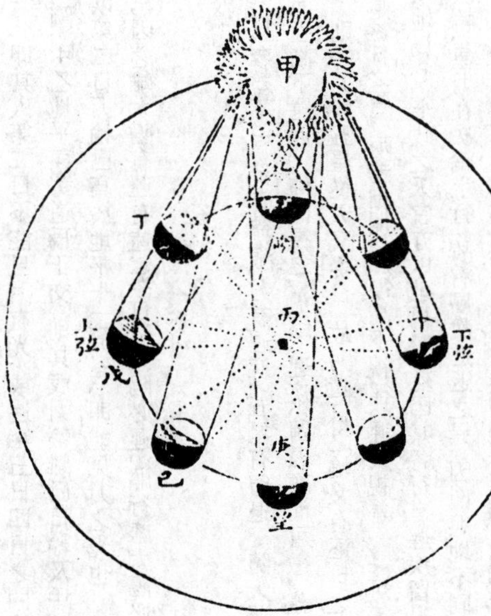

朔望消長圖

朔望消長説

月體如球，日映之而有光。日道在外，月道在内，外内相映，月體終古是一半明一半闇。今則見月光有消有長，每日不同，其故何也？蓋天體如玻璃，月與衆星之體則堅凝不透，故耀日光而後能發亮，四照欲明。徵之於朔日及上下弦有可知焉。月借太陽之光，日照及其體，則光不及其體則闇，月本體木無光也。如使月自有光，則近於日、遠於日其光恒一，絶無消長。今朔日則月全無光，上弦則光漸長，下弦則光漸消，必其借日光而後明也。日天在上，月天在下，日之照月，恒照其向日半體。是故朔日日月同一經度，月正當日輪之下，其上半體向日，下半體背日，人在地上，獨見其背日之下半體，而不能見其受光之上半體，故遇朔日，視月全無光也。及行過朔日，則月往東行而漸離於日，日球在其西，月亦受光於西，愈近於日，日光愈照其上面；愈遠於日，日光愈照其下面。是離太陽有遠近，隨時而光有消長也。如朔望消長圖，甲爲日球居上，乙爲月體在下，丙爲地上目力視月之處。月球在乙正當日下，日光全照其上半體，而向下半體日所不及者絶無光焉，故朔日月全無光。月在丁，日光雖照其半，然受光之體大半居天内，目力獨見其小分。月居戊居己亦然，特見分漸多耳。必至庚，乃正對於日，日光全照其向下之半，人目所共見，而其向上者無光，人目所不見。故望日則月光圓滿，過望以後人目力又漸不及見，則惟睹月光漸消，以至於晦復朔仍無光焉。

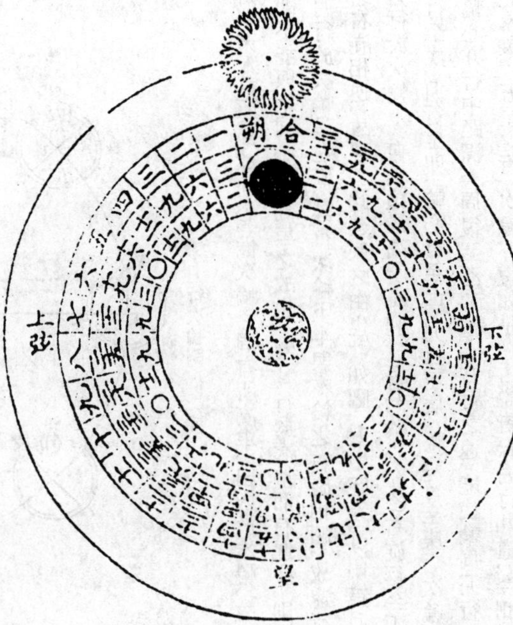

月輪行度圖

月輪行度消長説

月輪之行必以太陽爲主，其在黄道旋行，只南北各出入五度，四時皆隨太陽運行，此陰必從陽之理。朔後月光漸長，望後月光漸消，逐日消長不同，蓋月輪每日自西而東約行十三度，朔日以後每日月輪離日輪亦十三度。凡是朔日，日輪西落入於地平，斯時月在日之東十三度，計其入地平比日須遲三刻。次日又離十三度，又長三刻。以後各日俱然。以至於望，而日月兩輪乃東西上下正對，而月光圓滿。望後月自西移又漸次近日，以至合朔。統計朔日以後每日進三刻五日爲一候，每一候之中另多進一刻三候爲一節氣，共得四十八刻，月光始圓，是故行夏令之時有十六日而交望，望後每日月輪退行三刻，亦如前進之數。欲

知每日月輪生光多寡，可作圖以稽其進退時刻之分數。如行度圖，上第一圈日月合朔自初一至三十也。第二圈月在地上，每日有光刻數。第三圈刻上之分數也。如初六日，欲知日入之後月光照地時刻幾何，看圖上六日下，第二圈是十九刻，第三圈是三分，即知初六日月光照地有二時三刻三分也。餘日可以類推。

地平見月遲早説

朔日以後，每日月輪離日十三度，則第二日日輪入地平時，月在日東又離十三度，在地平亦得十三度，理應得見月有一綫之光，乃有遲至三日四日纔見月光者，此不同之説，皆由地平與黄道有斜交、正交故也。人居地面初見月光者，月輪必在地平上，高至十二度方可得見光，不然則否。蓋月行之度有離日輪度，有離地平度。月道距交黄道亦有所差，皆在時刻。月光見否在於離地平高低，不在離日輪遠近，因黄道交於地平亦有不同。在合朔正時，日月同行經度，過此一時月漸生光，若在斜交之宫，則人居地面遲見月光，若在正交之宫，人居地面則速見月光。如後二圖，甲乙爲地平，丙丁爲黄道，戊爲月輪在地平上，己爲日輪將入地平下。此甲乙地平斜交於丙丁黄道，戊月輪雖離己日輪十三度或十五度，而在甲乙地平上則未及高出十二度。故合朔次日月已離日十三度餘，因未到地平高十二度之分，即其人第二日不能見月有光，或遲至三日四日之間纔得見月光焉。如第二圖，甲乙地平與黄道爲正交，則其戊月輪離己日輪及甲乙地平均爲十三度，所以第二日月輪已高於地平十二度矣，即能見月之光也。且月輪有順行又有逆行，因之離太陽有遲有速，逆行離太陽必遲，順行離太陽必速，此月行之實跡也。

月行次輪説

七政所行，參差不一，日有盈縮，月有遲疾，五星有留退。隨天運行，因運而生輪，因輪而生高下遠近。仰而視之，盈縮、遲疾、留退顯而可徵，蓋有故焉。太陽從天本輪，則一月與五星從天又從日，故月隨日之輪又有逐日之輪，本輪是隨日之輪，次輪是逐日之輪。兩者相加，然後高下視徑、遲疾視差一一可籌策運算焉。夫恒星天以地爲心，七政之天宜亦以地爲心，然因其各行有遲疾留退，是知月與五星必有次輪，星月在次輪上行，故有層次進退之異，因而與地不同心也。星月之行，時高時卑，時遲時疾，因其高下遲疾可以測知。次輪之理，蓋月與五星爲日所掣轉而生次輪。次輪行於本輪周，其上半輪高於本輪天，下半輪卑於本輪天。星月本天本是與地球同心，惟次輪之周有所高卑，出入於本輪，故不能與本天同心，即不能與地同心，此高卑之故也。至其行於次輪而有遲疾，則以本天右旋，而星月行於次輪是左旋，其行次輪下半與本輪之右旋相順，故速行上半，則與本輪之右旋相逆，故遲。此遲疾之由也。如圖，月中距天，以甲爲心，次輪心在乙。月行於次輪上，自輪頂最高子左旋行至丑，輪心在乙右旋行至丁，月行至寅，輪心行至戊，月行至卯，輪心行至己，月行至辰，輪心行至庚。次輪行滿一周復至子，輪心亦行中距滿一周復至乙。輪心右行之速，能使輪周月行之迹變爲不同心之象矣。五星之行，次輪亦復如是。古説皆云月行九道，今測得別有次輪之説，其理尤爲明顯也。月每日行次輪周，左旋之度與本輪每日右旋之度並同。均爲十三度有奇。輪心自本天右移一度，月在次輪周亦從最高子位左移一度，以一綫聯其環行之跡而成大圈，即顯次輪與地不同心，故名雖異理則同也。月在朔望起，最近本輪心，離日一度，則次輪行於本輪周亦一度，而月之行於次輪則行兩度。朔望至弦離九十度，而月行次輪是一百八十度，而至最遠，弦離朔

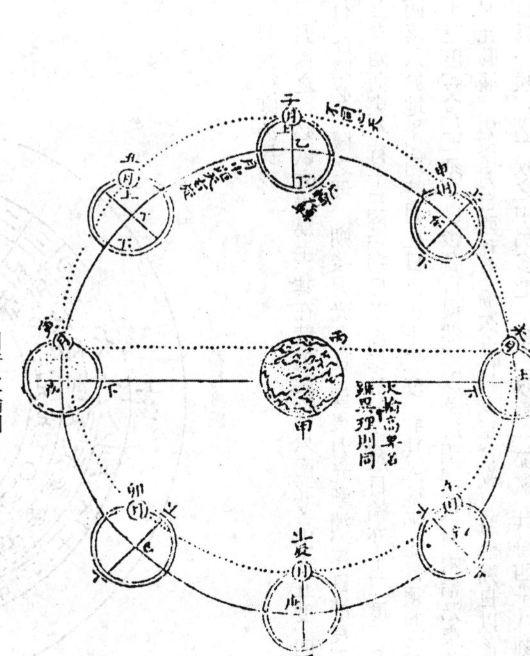
月行次輪圖

望，月行次輪亦一百八十度，復至最近。故一月行次輪兩周。

清・李明徹《圜天圖説續編》 月平行交終朔策説

日之升也，布光於色象，闡景於山川；日之没也，諸曜受光，地面則幽闇。太陰之體最近於地，受日之光反映照於下，使夜之幽闇者時受清輝焉。故與日爲敵而運行參差不一，推步籌算倍難皆爲交蝕之故。苟或分秒乖違，交蝕豈能密合？故必細審其行度，然後可立法致用也。蓋太陰不循黄道一圈，另有月道自行，又名月游輪。其周圍亦分三百六十度，與黄道距交南北相離各遠五度。上有次輪，如一小環繫於月游輪帶行焉。其本旋之外又有平行，一日行十三度三分有奇。但此行之界有四焉。一界是從某宫次度分起，此界定而不動。二界爲本天之最高，此非定界，每日隨動天順行七分有奇，是月距本天最高一日之行爲十三度十分奇，故其平行二十七日三十刻奇，一周已復，於宫次元度又必再行二十三度奇，共二十九日五十三刻，始能及於本天最高之度。今謂之月自行，元又謂之轉周，行滿一周謂之轉終。其最高則行八年奇而一周天，謂之月孛是也。月行最高極遠之點後，人謂之月孛星也。三界爲黄白二道相交之所，謂正交、中交。此界亦有自行，乃逆行也。自東而西每日行三分奇，則月平行距正交一日爲十三度十三分奇，至二十七日二十七刻減交行之一度二十三分，得二十七日十五刻有奇，月乃同於元界，歷謂之交終。四界是與太陽去離。太陽一日約行一度，則太陰距太陽遲爲十二度三分有奇，至二十九日五十三刻奇遂及太陽，復與之會，謂之朔策。古謂月行九道，是月游輪出入黄道内外算也。自内出外爲陽曆口，俗謂之羅睺，實名龍首；自外入内爲陰曆口，俗謂之計都，又名龍尾。羅、計乃黄白二道左右内外相交出入之名，後人以爲土火之餘星，非也。此乃白道正交行及四正陰陽二曆之異名，共爲八道，並黄道即九道，實則一道也。其白道兩交黄道，論最遠之距爲五度，今測朔望外相距皆過五度外，上下二弦則爲五度十七分三十秒也。推之二道相交之角，非定而不動，約其廣狹之行，常以十五日爲限也。

清・何濟川《管窺圖説》 先儒月行九道圖説

按胡氏一中字允文，元人。曰：「日有中道，月有九行。」見《書經洪範》。今以陽曆陰曆之説推之，凡月行所交，以黄道内爲陰曆，外爲陽曆。冬入陰曆，夏入陽曆，月行青道；冬至夏至後，青道半交春分之宿，當黄道東；立冬立夏後，青道半在立春之宿，當黄道東。南至所衝之宿，亦如之。冬入陽曆，夏入陰曆，月行白道；冬至夏至後，白道半交在秋分之宿，當黄道西；立冬立夏後，白道半交在立秋之宿，當黄道西。北至所衝之宿，亦如之。春入陽曆，秋入陰曆，月行朱道；春分秋分後，朱道半交在夏至之宿，當黄道南；立春立秋後，朱道半交在立夏之宿，當黄道西。南所衝之宿，亦如之。春入陰曆，秋入陽曆，月行黑道。春分秋分後，黑道半交在冬至之宿，當黄道北；立春立秋後，黑道半交在立冬之宿，當黄道東。北至所衝之宿，亦如之。四序離爲八節，至陰陽之所交，皆與黄道相會，故月行有九道。所謂日月之行，則有冬有夏也。

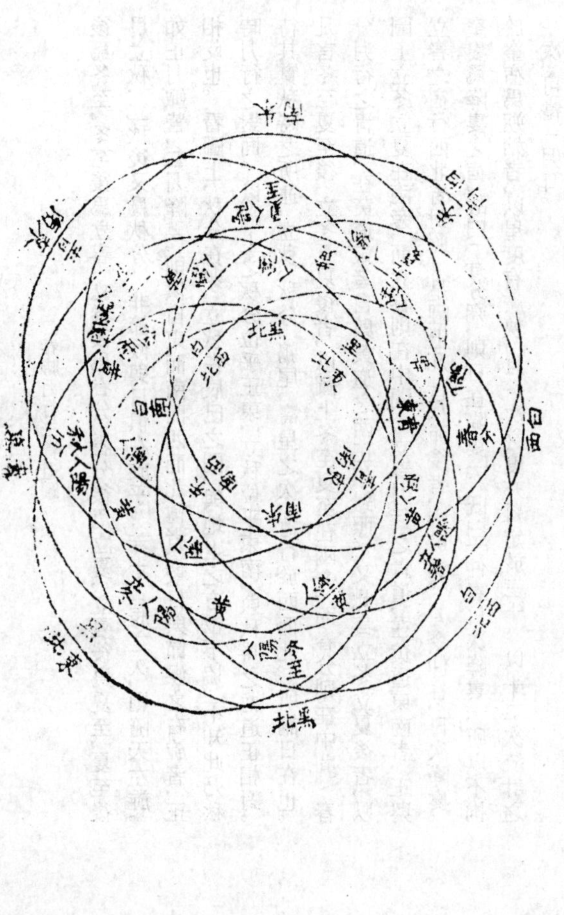

先儒月行九道圖

中釋月行九道圖説

愚自早歲，曾研月道圖。九環交疊，平輔紙上，幾蒙然而罔解。即圖旁引列先儒之説，亦意度而不獲真覺。師授乏人，負笈無從，坐自嘆耳。嗣後研索，乃知八節之次序，亦如日道之逆行，且當以南北分陰陽統地底而論。看圖者以身置其中，間庶不泥於平鋪之繞躔。蓋圖中冬夏二至相去之間，春分秋分則界乎其中。冬夏二立相去之間，立春立秋則界乎其中。春秋二分相去之間，夏至冬至則界乎其中。春秋二立相去之間，立夏立冬則界乎其中。愚以四時之月道分圖之，庶觀者易曉，按圖彌可得其義焉。按九道圖如第，以平鋪看，則東傍之月

道，幾不西落；西傍之月道，亦不東上矣。唯竪起圓圖看，將黄道依舊置在天之中間，人處其內，則凡此圖所列先儒之説，謂「在黄道東、黄道東南」，皆指見於四時之天上者言之。又此圖所言「冬入陰曆，夏入陽曆，月行青道」，又言「冬入陽曆，夏入陰曆，月行白道」，陰陽相爲反覆等説，皆以黄道之内外分陰陽。蓋當春時，天上月道在黄道東、黄東南者，未嘗不南北交行。故細尋青道之圖，在南云陽曆，入北即云陰曆矣。推之四時之道皆然。試將黄道圖竪起，天中兩側置在東西，則凡四時之月道亦皆竪起，以南北出入於黄道閒，庶幾於此圖不見紛躍也。又按，此圖於愚所畫四時月道分著圖，其方位與此似不相協，不知此圖亦宜以升東、中南、沉西、晦北看，則圖面竪起，南在天上之中，北在地底。試以冬至之地中在北者起子，以人面向南，左旋數之，則立冬在丑寅之間，秋分在卯，立秋在辰巳之間，夏至在午，立夏在未申之間，春分在西，立春在戌亥之間。十二辰以左旋數之，則八節依然右旋，（圖上八節之行，如春分立春，皆與日道自西至東，爲右旋。）即所謂「日右旋」者，於此，圖義尤顯然矣。摠之，立春，月行青道，在黄道東南；春分，月行青道，在黄道東。九道圖與分著圖無不相合。然則圖中所畫秋分在東、春分在西者，皆以對面言之。故春分圖上之節位在西北，而其對照之月道見於天上者，則在東南。推之，八節皆然。（此下冬夏二月道圖説云，不須從對面言，然如立夏之宿在天者，圖中本位乎西南，而西南之方未嘗不與沉地之月道東北對照，則隨其方位皆有對照，即前注云所衝之「宿」也。）

春時月行二青道圖説

先儒云「冬至夏至後，青道（青道在黄道外，爲陽曆。）半交在春分之宿，（日在奎，次降婁。）當黄道東」，又云「立冬立夏後，青道半交在立春之宿，（日在營室，次娵訾。）當黄道東南」，蓋黄道東、黄道東南，俱以對面而起者言。以春分之宿，圖中則位乎正西，立春之宿，圖中則位乎西北也。言「立春月道如環，半環上見黄道之東南，則半環入地不見」者，自下沉西北，與上行、與東南者適相對，是立春月行至西北，正得其半，故曰「半交」也。春分，月道如環，高起直立，既當黄道東，自然與位乎正西，春分之宿適相對半，故亦云「半交」也。後言半交者俱可倣此。參孔疏《正義》云：「春分之時朔，則日在婁。」婁與奎同度也，望則月在角。婁角二宿，天之中道，故日夜刻分相半。又考《春秋致月注》云：「春分之月，上弦於東井，下弦於牽牛；秋分，則上弦於牽牛，下弦於東井。」皆宜於此圖竪起看。日右旋，圖上之節候亦右旋。如秋分之節，圖上在卯，依圖而看，秋分後爲立冬，立冬

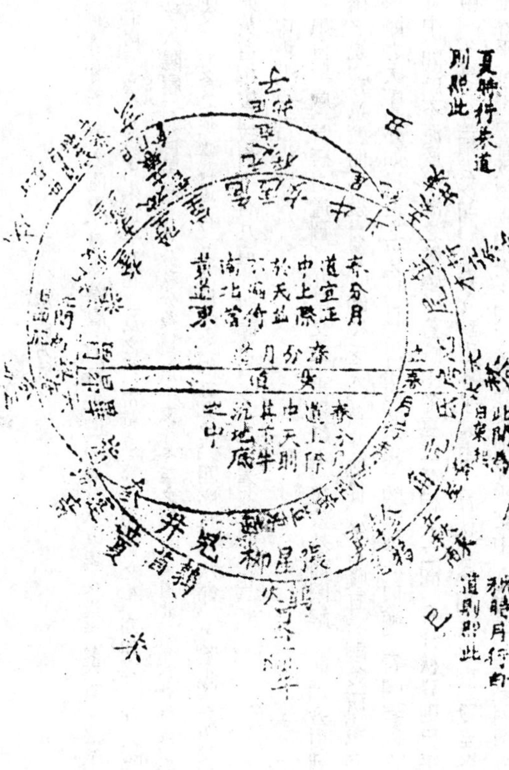

春時月行二青道圖

後爲冬至，冬至後爲立春，立春後爲春分，春分後爲立夏，立夏後爲夏至，夏至後爲立秋，立秋後又爲秋分。非節候與日俱右旋乎？若十二辰之次，則隨天左旋。如正月娵訾，二月降婁，則俱自東而南而西而北轉者，較日與節候之右旋者，正相反也。看圖上，秋分在卯，立秋在辰巳之間，與地上之方位不協，不知此乃秋時月行之對面。以圖上之秋分位乎正東，立秋位乎東南，與秋時之月道正相對。待其實秋時之所運，立秋、秋分，鶉尾、壽星之次，摠行於西而北。所謂日在也。凡言冬至夏至後、立冬立夏後者，以圖上冬至夏至在兩旁，而春分則在中間。春分月行之青道，在黄道東者自與黄道之西正相對照。又此言立冬立夏後者，以圖上立冬立夏在兩旁，而立春則在中間。立春月行之青道，在黄道東南者，正與立春之宿行西北者對照。是圖上凡言八節後者，皆可例。月令仲春，日次降婁。奎婁爲降婁之宿，故曰「春分朔，則日在降婁」。既曰「仲春日次降婁」，所以不拘於奎宿爲朔始者，以星度有廣狹，且一次之度亦難定於三十。以十二次統計之一次，可當一月耳。

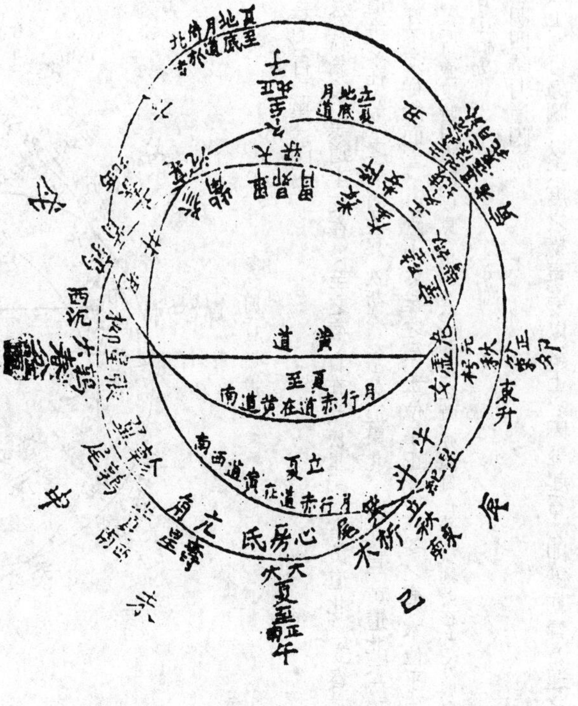

夏時月行二朱道圖

夏時月行二朱道圖説

春分秋分後，朱道半交在夏至之宿，日在井，次鶉首。當黃道南。又云，立春立秋後，朱道半交在立夏之宿，日在畢，次實沈。當黃道西南。此「黃道南」、「黃道西南」，則不從對面言。以圖中夏至之宿，本位乎正南；立夏之宿，本位乎西南也。立夏，月道如半環，高起於西南，其半環入地不見者，自下沉於西北，亦與天上對照矣。夏至月道如環，自東至西對立，上半高起於天，并倚於南，以行天上。其下半環則由西而沉於北，與上之行於黃道南又相對照。是則此圖言「半交」亦舉月道之見於上者言也。《正義》云：「夏至之時朔，則日在井，望則月在斗。」此月道四時，前後凡四圖。雖平鋪紙上，其實皆宜竪起看。以圖之正南上際天中，東在東畔，西在西畔，正北則下沉於地中。凡月道所在，隨其方向，將人置在月道，如環之内則，方位隨時而各得矣。曾考月道圖，乃知有從對面而起者，春秋之月道也；有不須對面即從本位者，冬夏之月道也。對面如春時，日在西北，爲立春。春分之候，月道之見於天上者，乃在東南。秋時，日在東南，爲立秋。秋分之候，月道之見於天上者，則在西北也。不須對面，在本位者，以立夏、夏至日在西南，月道之見於天上者，亦在西南。立冬、冬至日在東北，月道之見於天上者，亦在東北。凡此皆看圖而可以曉然者。夏至，月道見於天上，固在黃道南，云「半交在夏至之宿」者，以夏至、仲夏日在井，次鶉首。東井本南方未位之宿，至夏至而右旋然西方之戌。天上月道，於黃道南高起者，至西沉所歷之區，必適當於井宿鶉首之次，所謂「半交在夏至之宿」者，此也。然則所云不必對面而半交者，俱可按圖面例推矣。

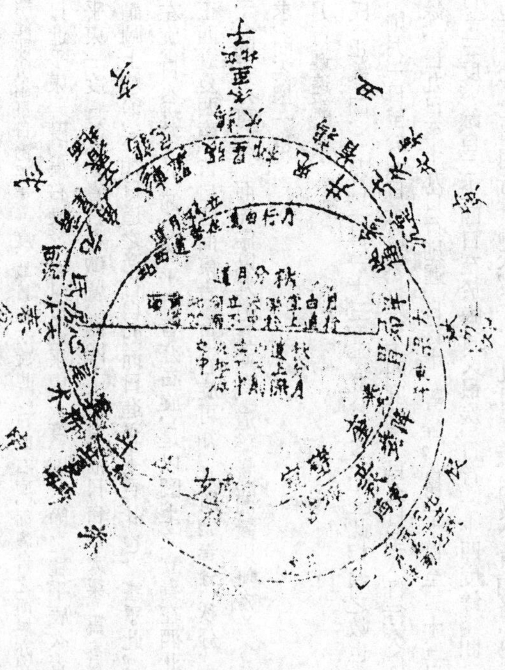

秋時月行二白道圖

秋時月行二白道圖説

冬至夏至後，白道半交在秋分之宿，日在角，次壽星。當黃道西。立冬立夏後，白道半交在立秋之宿，日在翼，次鶉尾。當黃道西北。蓋黃道西、黃道西北，亦以對面而起者言。以圖中秋分之宿，則位乎正東，立秋之宿，則位乎東南也。半交之説，俱可倣春時以見。《正義》云：「秋分之時，朔則日在角，望則月在婁。」與春分之日月東西互相易。亦即「此可見分同道也」之義。右上下月道四圖，其

四時殊向，皆依天覆地。上之方似於酉戌之間，爲日月交會之所有不甚協，不知日月之運於地下未有不自西而沉者。試以此圖竪起看，則人在其中間，於西沉之處摠不能越此，而别有入地之方也，則每月自有必會之理。況日之行常在原所，即南北之殊亦不出黄道内外之間。月之行則四序分爲八節，八節又别以十二月，即一月之中其行最遲，常不能趨及於日。其每月相會之區不過於晦時，一相交會，日後即離。與日仍漸相遠，自不能如日在之每月每日必會於一辰之間也。

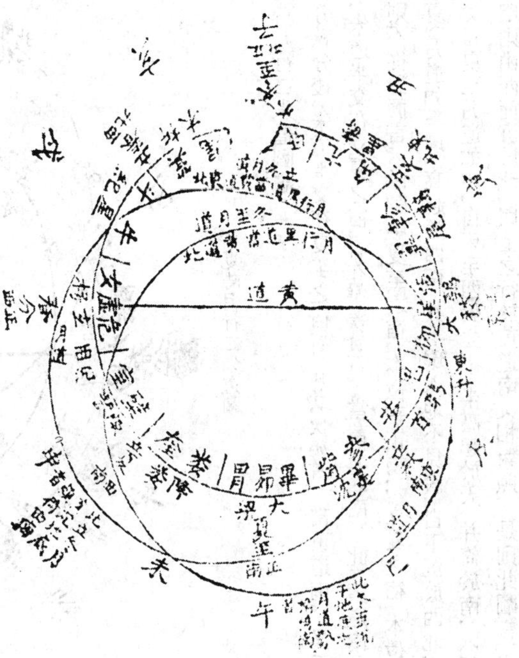

冬時月行二黑道圖

冬時月行二黑道圖説

春分秋分後，黑道半交在冬至之宿，日在斗，次星紀。當黄道北。立春立秋後，黑道半交在立冬之宿，日在尾，次析木。當黄道東北。蓋此言「黄道北」、「黄道東北」，亦不須從對面言。以圖中冬至之宿，本位乎正北，立冬之宿，本位乎東北也。半交説可倣夏時月道圖，以見《正義》云：冬至之時，朔則日在斗，望則月在井，亦與夏至東西日月互相易。

申明四時月道圖説

右上月行之圖，以天度之横言，要以紙上之圖竪起看。即就初春方運之辰次言，如正東卯位，辰屬大火，於圖上八節之次則爲秋分。依圖而言，秋分則在卯矣。於宗動天一定之辰位，則卯次正屬秋分，何相反之？甚不知圖中秋分在卯者，以春分之位虚置之言也。其運行二十八宿之辰次，漸由東而輪南、輪西，自春分至秋分，歷六辰。春分二月在卯者，至秋分八月而適當輪乎酉矣。則日月之會即所謂日在也。會在某辰，而節候即粘定辰次之節候。即在某辰，自然相協。故日月會於酉戌之間，而十二次之運行自與相符。如正月，辰當娵訾，而十二次運行之節則屬立春。於以見八節與辰次有一定之位、一定之運。夫十二次之運，自南而西，爲左旋。日則有定不移，因日之日過乎西一度，實因天之日過乎一度也，在十二辰，粘天天既日過乎西一度，則十二辰次亦日過乎西一度，而日不動，因辰之日過乎西而似動，此即所謂日日過乎東一度，故日似右旋也。日既右旋，而麗日之節候亦右旋。而日轉似日進乎東一度，爲右旋。以日日過乎東一度，則八節之麗乎辰次者，亦自西日進乎東一度，是以立春日在娵訾，閲四十五日，而日自在大梁，爲春分之候。愚所謂圖上八節，亦如日道之逆行自西而日進乎東者，此也。審乎此，知十二辰與天左旋，日右旋，并八節之麗乎日者亦右旋，是以圖上之立春在西北，由是而春分正西立夏西南，皆自西而東者之爲右旋可知，并所謂春分、秋分，夾乎冬至、夏至之間者亦可知。而先儒以九道叠畫者，道雖疊，而義則無殊。今分圖之迹固易求，而義摠一也。

附考月行遲速説

按孔氏《正義》曰：「月行一日一十三度十九分度之七。」此相通之數也。今歷家之説，則月一日至於四日行最疾，日行十四度餘；自五日至八日行次疾，日行十三度餘；自九日至十九日行則遲，日行十二度餘；自二十日至二十三日又少疾，日行十三度；餘自二十四日至於晦行又最疾，日行一十四度餘。此是月行之大率也。二十七日月行一周天，至二十九日强半，月及於日相會，乃爲一月。此言月二十七日一周天者，以月本日行十三度十九分度之七，廿七個十三度已得三百五十一度，此十九分度之七所積應得十四度，而盈四分度之一，即二百三十五分。故云二十七日一周天。

再申月道圖説

有地上之十二辰，自子丑寅爲左旋，故立春正月寅，春分二月卯，立夏四月巳，夏至五月午，立秋七月申，秋分八月酉，立冬十月亥，冬至十一月子，此八節之在四時。地雖不動，然其運行則自春至冬俱左旋也。

有天上之十二辰屬星次運行者，言如亥次爲娵訾之宿，正月爲立春之節，月建寅，而辰在之次屬亥，爲寅與亥合也；戌次爲降婁之宿，二月爲春分之節，月建卯，而辰在戌，爲卯與戌合也。由是而酉次爲大梁之宿，申次爲實沉之宿，自三月四月以及十二月之元枵，莫不皆然。是知圖上之八節，繫運行之右旋，言與地面不動之十二辰其方向所以不協也。

月體盈虧圖説

朱子曰：「日爲魂，月爲魄。魄是黯處，魄死則明生。」蓋月無光，受「日之光以爲光。日之光常全，人望在下，却在側邊了，故見盈虧不同。且如月在午，日在酉，則是近一遠三謂之弦。至日月相望，則日在西，月在東，人在中，得以望見其光之全。自十六生魄之後，其遠近如前之弦，謂之「下弦」。至晦，則日與月相沓，月在日後，光盡體伏矣。《黄氏鎮成》曰：「朔，蘇也。晦而復蘇，明於是生焉。」上弦月行漸遠於日，以周天言之，近日九十一度有奇，遠日二百七十四度有奇。是近一遠三。上弦在八日，其常，或退在九日，其變也。望月行甚遠，而與日相去一百八十二度六十二分有奇。望在十五日，其常，或進在十四日，或退在十六日，其變也。下弦月行過中，遠日二百七十四度有奇，近日九十一度有奇，亦近一遠三。下弦在二十二日，其常，或進在二十一日，或退在二十三日，其變也。按先儒之論盈虧者，多本於此。雖於人在側邊看，月有虧盈之殊。人或有未喻，然以日月相對則光滿推之，日之與月當遠近異途，旁側互對，則月之借日光以爲光者，自不能無上下左右之異，此月所以有虧盈也。總之，《通志》之言尤明白而顯易，謂：「月者，太陰之精。其形員，其質清，日光照之，則見其明，日光所不照，則謂之魄。故月望之時，日月相望，人居其間，盡覩其明，故形員也。二弦之日，日照其側，人觀其傍，故半魄也。晦朔之日，日照其表，人在其裏。」愚考九重之體，第六重爲日輪，第九重爲月輪，則日在内，月在外。晦朔日月相合，則日光盡照於月。人在月後，如在月之背面，故曰望，則人居中間。晦朔日照月表，人在月裏，故不見也。嘗依其迹論之，如月當初二三方與日離，初昏之時日已沉西，月魄正見於申，見即西沉者也。至初七八上弦，則當午未之方，與日較遠，其光漸積。至十四五，正與日對，光仍盈滿。自十六以後，漸生魄以至於晦然月雖缺，而其升揔以東，唯時有早晚耳。試看晦後一二日，月夕生於西，不可見其升東之在前半日乎？故當月將盡時，早望看也。日月之升相去不過二三竿。是日道雖四時有異，大率不踰此也。更考盈虛納甲之説曰：「自晦朔而象坤，朏出於庚而震，上弦於丁而兑，盈於甲壬而乾，退於辛而巽，消於丙而艮，没於乙癸而復坤。此一月之消息盈虛也。」蓋納甲以五干八卦爲體，何以月之盈虧必居於甲乙壬癸？曾稽五行六甲納音之説曰：「五干爲氣之運，故甲乙爲氣之始，丙丁爲氣之旺，戊己爲氣之化，庚辛爲氣之成，壬癸爲氣之終。」其於月之望，卦象在乾，而曰「月盈甲壬」者，於月爲盈之終，不能加盈焉，即虧之所由始也。於月之晦，卦象在坤，而曰「月没乙癸」者，於月爲虧之終，不能加虧焉，即盈之所由始也。故於甲乙壬癸分居月之盈虧，然壬癸之方必於晦朔之夜半覩之也。晦後爲朔，朔「始」也。朔後爲朏，其曰「三日出」庚者，於卦象震。震則一陽生於下，光透一綫，所謂「哉生明也」。坎離爲日月之體，中含戊己，或對待或交易，以爲之主。過此爲初八之上弦，其曰「八日見丁」者，於卦象兑。兑則上缺，月至初八已盈大半，唯於上邊有缺，月盈如弓之滿，所謂上弦也。再進爲十五之望矣。望則有乾卦三陽之象，昏見於甲。望後十八日，退辛，於卦象巽，巽則下斷一陰始生，

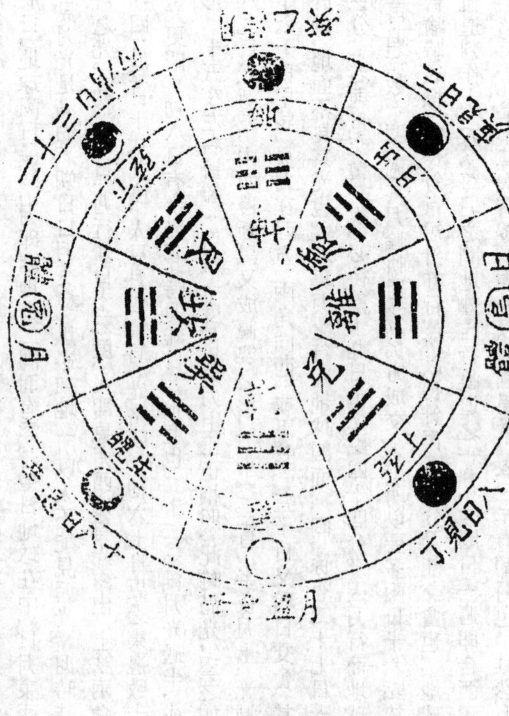

月象虧盈圖

所謂「哉生魄也」。漸轉而二十三日之下弦，則消於丙，於卦象艮。艮如覆碗，月之缺已將大半，所謂既生魄也。唯有上邊一露之明，其明處如弓之彎，所謂下弦也。繼此復於坤，坤則有三陰之象。夕消於乙，此一月之盈虚也。如是，則五千之氣其終始即日月盈虧之終始，其八日見丁，即明之旺，二十三消丙，即陰虧之旺，所謂丙丁爲氣之旺也。三日出庚，爲明之成，十八退辛，爲暗之成，所謂庚辛爲氣之成也。而戊己爲氣之化，納於坎離甲乙壬癸之相爲終始者，皆可據矣。若八卦之方位見諸先天者，乾南坤北自有一定，而此特以月之昏旦所見之方，象其卦畫之陰陽，與先天之位無與，且於後天之位亦無與也。

清・王家弼《天學闡微》 月之從星則以風雨

鄭康成引《詩》及《春秋緯》謂：箕星好風，畢星好雨，且爲好妻。所尚之説，諸家從之。夫經星原有風雨之性，穆尼閣亦言之，而謂好妻。所尚則陋矣。以經星之本力言之，黄道一十二象，各其乾、濕、冷、熱之性。白羊、金牛陰陽屬熱、屬濕。巨蟹、獅子、雙女，屬熱，屬乾。天秤、天蝎、人馬屬冷，屬乾。摩羯、寶瓶、雙魚，屬冷，屬濕。其效尤著者，如參、井、心、尾等宿，因内有五車、大星、柱星，故主風。參、觜、大角、貫索，主暴風。昴、畢，主雨。軒轅、南河、狼星，主熱是也。而所重則尤在於緯星。土星效冷，時變風雨爲雹，以損下物。木星主風，而益下物，即又主雷，亦順時而緩聲。火星主猛雷雨，主酷熱。金星主濕而冷。水星無定情。經星本力亦有所其緯星之性，光極大静白者。木星之性，光大黄白者。金星之性，色紅有光，或不甚光者。火星之性，不光明者。土星之性。如雲霧者。皆水性之性。又有黄白有光不大者，則月性也。光精明稍紅者，則日性也。穆氏以月與五星冲合度分，推測各方風雨，兼用躔次經星參群乾溓之性。月從土星，濕宫，冷雲，小雨，天蝎，人馬加冷。夏至濕減熱，冬至雪冷。月從木星，有風，天晴，冲和。月從火星，天氣有變。濕宫，有雨，熱宫，乾宫，有大熱，紅雲。夏至，雷。月從金星，小雨。春分，濕雲。夏至，小熱。秋分，雲。冬至，雪。月從水星，乾濕冷熱在十二宫之性，而各地方旱澇不同，尤須看各處天頂經星同五星之性。其有地方不遠，而旱澇相反者，蓋以此也。

清・合信《天文略論》 十四論月體像圖缺

在天之行動者，月與地爲最近。世人在地球見日，彷似與月一般圜地而行，雖似是而實非也。日體居中非行者，請觀天文圖可明之。圖之中是日，外邊大圈是地球圜日而行之軌道，四邊小圈是月圜地之軌道。月行軌道一回，西國未及一月，即中國一月也。月在軌道每日行七萬六千八百里，中國二十六萬八千八百里。一點鐘行三千二百里。中國八千零五十里。但月之行週圜於地，地球又帶月而週圜於日，地球圜日一回，月即圜地十二回而有零。望日地球在中，日月東西相對，人見月光是滿的。朔日日月交會，黑邊向地，所以人不能見月光。月時時一邊得日之光。初二三日，月行離日十三度，人即見月西邊有光露出，上弦兩角向東。初四日離日十八九度，人見月似蛾眉，光略闊。初六七日更過東邊數十度，則月光更闊。初八日有半光，此時月離日九十度也。十二三日月光過半，成偏僂之形。十五夜左右皆離一百八十度，日落月上正正相照，此時滿光，望之如鏡。十八九日光漸減，由西邊漸黑又成偏僂之形，二十二三日，半夜月上，光減半。二十六七日早辰，見月在西方，兩角向西，成下弦。三十日又與日交會，其光上朝於日，地面不見其光也。若算月之行圜地球四面一回，係有二十七日七點四十三分。若與日交會一次，必待二十九日十二點四十四分。因月行而地球亦行，月再追行數十度，過其月輪軌道之數，方成交會。所以要多兩日十六點鐘有零。譬喻時辰標之，長針行短針亦行，所以長針再過五分乃能交會也。地球圜日之軌道判作十二分，每月之間地球自行軌道之一分，故圜日一週即合西國之一年，而月之光暗十二次有零。中國以月圓爲數，故三年有閏月也。雖然月與地球至近不似行星之遠，若算其離地之數，有二百四十萬里。中國八百四十萬里。比如有一火輪車要行到月邊，一點鐘行二十里，中國即七十里。總不停息，必要一年零四個月之久方纔可到也。

十五論月大小形迹遠近

世人看月似與日同大，豈知日月之大小甚不同。有人推算要六十兆之月數聯作一堆，然後可比一個日輪之大。因月近而日遠，月體週圍六千八百四十八里，中國二萬三千九百六十八里。月中直徑有二千一百八十里。中國七千六百三十里。有人用千里鏡看月，見月之中有高山、有窨、有谷、有石，各形像不同。月半黑之時，見月之中有光點，此定是山頂，因其在高故先得日之光也。天文士俱想月中無大海，惟有山多，其山有高、有低、有大、有小，此亦易測。用法推量其影即可知也。有一天文士見月中有三個火山。月之外有氣否尚未能知，多人皆想月面亦當有氣，但必不高，是薄薄的耳。天文士常看月之形，見月一邊時時向地，所以憑據月身不能自轉，但隨地而轉耳。月後之一邊必全不見日之光也，或問地球亦有反光射到月上否？答曰有。因初三四日之時，月光未滿，即見月之

旁有一圓綫之暗光，此即地球之光射到月上之證也。或問月中有人民否？今西國有天文士，做成大千里鏡長六十四尺，中國五丈一尺二寸。闊六尺，中國四尺八寸。用架高懸，此鏡看月甚真，但不能見人，未得憑據。若月上果有人民，則彼亦必見衆星地日之運行，同我世人所見一樣。月中亦必有日夜四季，蓋上帝之聖德神能化成萬物，定然各有妙用。恨我世人名利皆心、私慾錮蔽，全忘上帝之恩，不思造化之妙，不識目前之福，深可惜也！即以明月論之。秋夜春宵，一輪如鏡，襯花香風爽，萬人息作閒暇之時，散步從容玩此美景清光，何樂可及？上帝化成大日，光暖萬國，並照行星，又做月輪獨照世人，昏夜自生成而保養，復教訓以調和，何恩不極！觀日當知上帝養育之心，對月應念上帝慈愛之意也。

十六論月蝕定理不用救解

世人未識天文之理，每逢月蝕，妄説太陰遭難，遂竭其誠心，用人力而救月。大衆紛紛吹響角，鳴鑼，擊鼓，或燒火以燻天。又遇日蝕之時，以爲上帝震怒世人，故令日轉面失光，垂象警戒，於是用幣於社、代鼓於朝，以示憂懼之意。昔西方有兩大國相争，正當會戰之時，忽逢日蝕。兩國三軍皆恐，各解甲抛戈，立成和好。此古人之畏日蝕也。今人痴想日月交蝕是貪狼野獸星吃之，官與兵民紛紛救解，又請僧道之人咒禳之，此極謬矣。蓋日月交蝕本有一定之理，人人皆可知之。若人拈一黑實之物掛在燈側，則其後必有一影，我地球本是黑實之物，一邊向日之光，則後邊有一影射出也。今看此圖，上圓式是日，中圓式是地球，下圈是月行之軌道，暗影即地球之影，暗中黑點是月。月在望夜適爲地球之影所蔽，不能接日之光，是爲蝕也。或問：每月皆有望夜，何以月蝕不常見？因月之軌道與地球之軌道非平直的。倘是平直，則每月望夜亦必蝕。惟月與地之軌道高低斜隔五度，二軌相交處如剪較之形，又如瓜瓣之形，月行到交軌之中，與日地同一直綫，然後地影掩月也。或問：月蝕有一二分、有全蝕者，何故？因月與地之軌道皆是圓而帶長，地影斜掩月地之交軌十二度，月行正過交軌之中則全蝕，有三四點鐘之久而後復明。若離數度，則雖全蝕亦不久。離度多則蝕少，故有蝕一二分者。離交軌十二度則不能蝕矣。凡月蝕必由東起，地影入月之軌道有六千里之闊，中國二萬一千里。月體之徑闊二千里，中國七千里。是月體小於地影兩倍矣。有人算月離地二百四十萬里，中國八百四十萬里。日大過地，日光能斜包於地之後，故地之影初大漸小，長射八百四十萬里而没。中國二千九百四十萬里。倘地與日同大，則地影平照至遠亦無盡也。凡遇月蝕，各國皆同，因半地球同一夜而地影共見也。

論潮水長退隨月定期

古人俱知大海之水時時流動，三時而長亦三時而退，每日十二時三刻四分長退兩回，不息不倦，但不能明其故。今西國天文士測知其妙，亦是一定之理耳。因日月之氣力能引起水勢之故也。月與地球近，故月引水之力較大於日。夫潮水上下，英華兩國之通書亦寫録其定期矣。月光上午綫在天心之時，潮水引動過三點鐘必長滿，過一日，月行遲十三度，水即長遲三刻，過兩日，月行遲二十六度，潮水長遲六刻。各國之見月上、水長皆同，倘若地球不動，或月無力不能引攝水勢，則水常平而不流；若月能引攝水勢而不行動，則水必堆在一處。但月與地球俱時時行動，所以各處之水隨月陸續而長也。日亦有牽引水勢之力，但不及月力之多，十三分之力，日有三分，月即有十分也。朔望日月交會并力引攝水勢，潮水之長更滿。每過三日其滿始定，蓋水性隨月緩緩而來，非驟然而至也。初九念三月上之時，潮水亦長，但日不同力，潮不如朔望之滿也。或問：月到天心牽引水勢則潮長，何故日夜有兩潮？蓋因水性本係輕動之物，週流於地球之外，月在上邊牽引之，分動其四圍之水，是以四圍之水有數分引動歸前，遂有數分退流於後，故地球上下兩潮相對而長也。且日月之力共十三分，朔望之期能引起海潮高七八尺。或問：内河之水，朔望之日只高五六尺，此是何故？蓋内河與外海不同，海水廣大無涯，故隨日月之氣感動易於高下，河水則深遠灣曲，又有山石沙洲阻擱，故長未滿而即退也。夫海潮長退，其關繫極大。人民廣居之所常多污濁之氣，又溪流與海水混雜，久久必成毒臭，若無此海潮以蕩滌之，則人民不安，多成疾疫。此皆上帝造化之妙理，仁慈之深恩，盡應感謝而誦讚也。

清・摩嘉立、薛承恩《天文圖説》第五章論月

我等所居地球，有一月輪環繞，距地約七十一萬四千里。【略】較小於地，其直徑僅六千四百五十九里大，與水星略同。【略】以月與英國地相較，大小如何？月繞地約二十七日有七小時一周，而漸有盈虧之别。如初一不能見，初二三見如一綫蛾眉，【略】初七八始見半輪，【略】漸至於望，則圓輪畢見。廿二三亦見半輪，後漸虧缺，至朔則無。夫月本無光，不過借日之光以爲光，而倒映於地。月之質與地權，約得其重之半。【略】天文士測月面，無水亦無空氣包羅。【略】外之白環乃表明月質較地質更輕若干，驗之即明斯理。

月面有山，甚異，【略】其形多圓，亦高低大小不等。山下更有平地，色如墨水，或疑在昔本有水，迄今乾涸耳。月中之山較地上之山更高耳。蓋以地與月相較，地大於月，故月中之山似較地上之山儼似更高而實，非也。

月繞地，其一面常向於地，故人不得見月之後面形象如何。其自轉與繞地之時日相同，故其一日即其一年。月繞地之軌道與地繞日之軌道，兩面相斜而交，而月之軌道在地軌平面之上下各半，故其繞地一周過地軌平面兩次，而兩次經過之處名爲交點。由地軌横推至太虛中恒星止，名爲地軌道，平面，亦名黄道。有時月繞地過交點，適與日相對，日月地同居一直綫，是爲日蝕。蓋月在交點，掩日之光，人不能見也。倘掩日全體，日即全蝕，所掩者幾何，蝕亦如之。有時月過地軌平面，其離地較常更遠，而日離地較常亦更近，則日近而大，月遠而小，不能滿掩日體則有環蝕。所謂環食者，乃月適至日中，而四外有光如環，故曰環蝕。

有時地在日與月之間，而月在外交點，日在内交點，是爲月蝕。因地掩日，日光不能射及月面，且地影大於月體，故月蝕多於日蝕。

第八章論潮汐

宇内萬物中，雖極細微，亦各具吸引之力。而物爲所吸，則有相向欲前之勢，然亦有遲速之分，且吸力能牽制日月諸星。凡兩物愈迫近，其吸力愈大，故月吸地球之正面，力較地球之中心更大。月吸地球之中心，力較背月之面更大。

海半向月而半背月。向背兩地，潮汐同時。蓋向月者，水爲月攝動而高漲，背月者，月拖吸地球離水，水亦高漲。夫向月之水，被月攝高三度，唯地體被月拖進二度。兩數對除剩一，故潮汐漲高一度。背月之水，離月遠甚，被月攝高僅一度。唯地體已拖離二度，兩數對除剩一，故潮汐亦漲高一度，儼若正面者然。

由此推之，海之潮汐，靡特係乎月之吸引，亦因遠近之差，所以吸力有大小而成其潮汐也。若地距月甚遠，或亦有吸力，而終不能成其潮汐。蓋相距太遠，則吸力至地之向背兩面略均，而無所厚薄以成其潮汐。

太陽吸力大於月，而令海水之潮汐更小於月。其故何耶？蓋日距地遠甚，其牽引地向背兩面之水，與拖進地體略同，故所成之潮汐較小於月。按地球之直徑長二萬四千里，而月距地約七十一萬里，日距地約二十七千萬里，彼此相較，是日距地向背兩面，較月之距地向背兩面，實多一萬餘倍。故日之全體雖大於月，而牽力亦多於月，唯因其相距之遠，所以較月牽引地之海水尤小三倍也。【略】

由此推之，即有小於月之物逼近地球，其吸力不難令洋海高漲，淹溢大地，非其吸力大於月也，乃因逼近地體，其距兩面之差較月距兩面之差更多故也。

以圖喻潮汐之理，中畫大小鐵球三，子位一大球爲地，丑寅兩小球爲地兩面之海水。將三球用繩繫垂而下，令小球緊附大球兩旁，於其旁置大磁石，以爲月之吸引。試借圖之日位爲磁石，其力能拖吸子丑寅三球略近本體。但磁石之吸力至三球處遠近不同，故球爲所吸亦有多少之别。丑球爲地面近月之水，磁石拖之自丑至卯。子球比地體距磁石稍遠，而拖之僅至辰。寅球比水隔磁石更遠，而拖之較子丑兩球尤少，僅至巳。據此可知，對月背月兩處，同時潮汐適均。

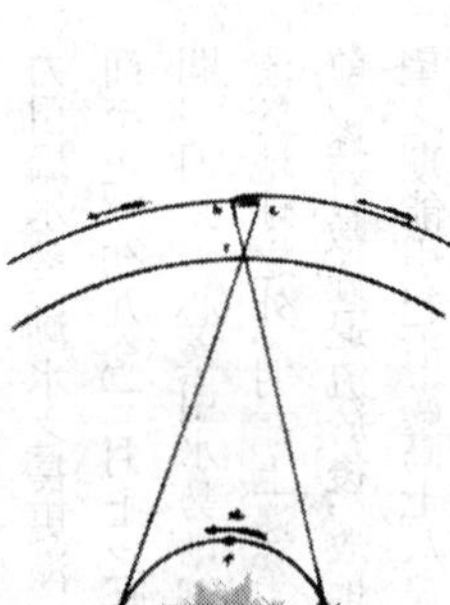
行星逆行

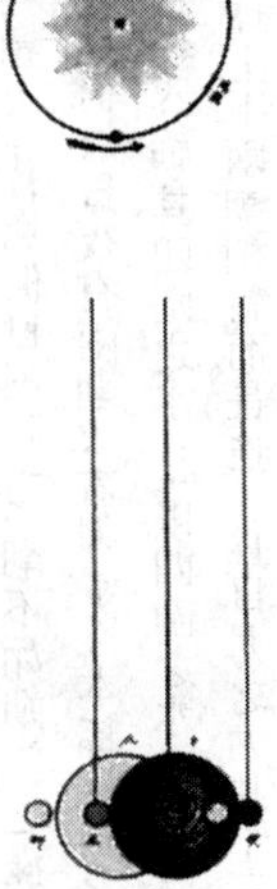
潮汐之理

若置磁石稍近鐵球，其吸力更大，能令鐵球離本位愈遠。如是，丑球離本位亦多於寅球。蓋其遠近之差更多。

按以上所論，若置磁石離鐵球倍遠，其吸三球不特離本位無多，彼此亦能相行較近。或欲詳究潮汐之理，再以吸力更大之磁石能令吸子球至辰，則不能吸丑球至卯，若寅球，則不止至巳，三者相距不甚遠，蓋置有吸力之物於遠處，而此物受吸所差無幾。

日月皆有吸力以成潮汐，而月之拖吸潮汐較大於日。於上下弦時，日月相分力，則吸力少，而潮汐亦較小。

於朔望時，日月相合力，則吸力多，而潮汐亦較大。

如圖，圖繪日月吸引兩向相分，便成小潮，以其吸引彼此相反故也。如圖圖繪日月吸引相合而成大潮，以日月合而吸引其力加倍。

潮汐者，以日月之吸引而成，若以天文之理論之，則潮汐爲至微。【略】圖所繪潮汐之水太高，不過取以明斯理，非實如此也，閱者當先會焉。蓋地之直徑長二萬餘里，若將二三寸之廣繪地與潮汐，則潮汐祇容一絲，非顯微鏡莫得而見也。

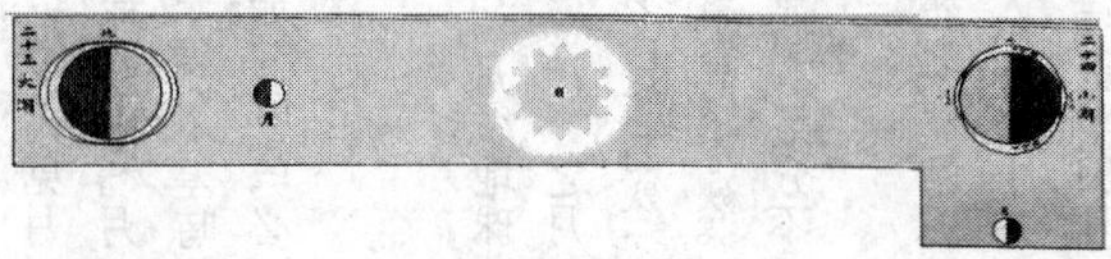

第十二章論秋收之月

秋分時，日夜平分，太陽於朝六點鐘時即卯正。出，暮六點鐘時即酉正。入。月至望，亦出於六點鐘時，斯時晝夜皆光。設當秋令日日如是，在農夫可謂至便。蓋晝夜皆光，則崇朝胼胝或有不足，至暮猶可少補也。

太陽本不動，自人視之，其繞天須三百六十五日一周，而月之環天約二十八日一周。細按月於遞日，遲有五十二分時。其當望也，出於六點鐘時，翌晚約出七點鐘時。即酉盡戌初。至第三夜，月出約在七點三刻，即略戌正。是以夕陽西墜而晚景倍覺暝昏也。

惟秋月之望也，數日間其出較速，時亦略同。昔西人謂日初八，而月即有光。彼力田者，深幸明月早來，加我收獲之候，雖皎日西沉，而月光亦可資以工作，此秋收之月所由名也。

上節云，月繞地二十八日一周。使其軌道與地赤道平列，則夜夜月出皆遲五十二分時。但月軌非平列於地之赤道，故月出漸遲，有逾五十二分時之外者，亦有在五十二分時之內者。

如圖，月軌交地平稍直，則月循軌下行自速，而地自轉須多假時刻方得見月，所以每日之遲有逾五十二分時者。

如圖，月軌與地平斜交而稍平，則月循軌行度如常，而自地平視之，見其下行似少。參以地之自轉，所以至夕見月之時略同，無須遲至五十二分時也。

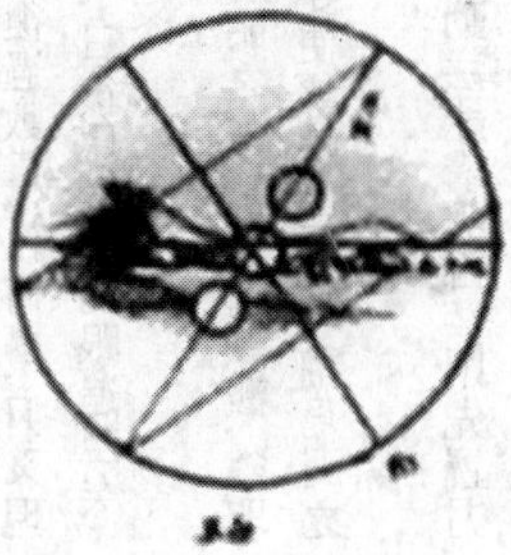

第二十六圖

若秋分之時恰值月望，而月適當赤道而過，則其時之三五夜或十夜，月皆出於六點鐘時。其候合西曆九月二十三前後十日，而爲秋收。月唯斯時，可逢此事，過此則無。

以遠鏡窺月而幾盡崎嶇之形，洵奇觀也。在南之處有塊然一至光至圓者，名曰太古山，其頂有白光百道四周分射而出，其狀有似於一球之極處，繪出無數經綫。月面之山高低大小不一，長高者約有一十二里。

月面黑處，即最大之平原，其邊界多有圓形，以遠鏡窺月面，最明晰者，即大小之山，其狀如環，故名曰環山，其光亮如金銀所製之環。

月中山之形勢，【略】如圖乃幾座小山與其窪下之處在月之南半球尤多，與此相類者，其山形皆中窪若碗口，俱正圜，酷肖地球所有之火山。惟其不同者，山中之火壑廣且深，並在月面之下。大率壑之深，較山之高恆二三倍。或謂太初之時，月面凝結，其內之流質漸冷漸縮，即下陷於此。月中之山壑有最廣者，太古山之口濶約一百六十里，壑凹入約一千六百丈，壑底更有一小山，高約三里。

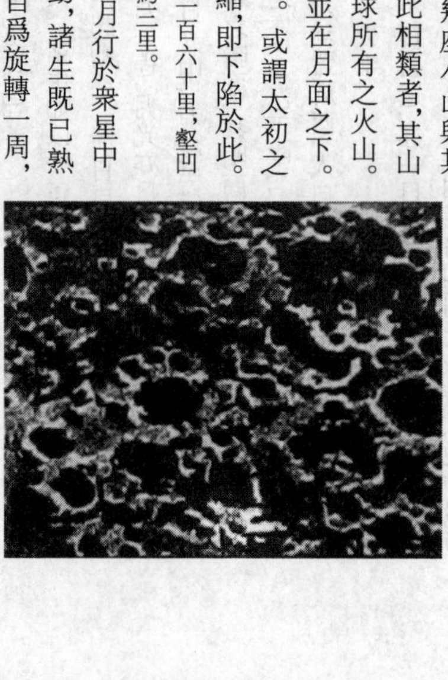

清・艾約瑟《天文啟蒙》 論月行於衆星中

地之形式，與地之運行轉動，諸生既已熟悉。固灼見乎地球，每十二時中自爲旋轉一周，一歲中繞日運行一周矣。諸生真知地球實有此二行動，能令吾儕於日月星，見其有似旋轉運動者二式。一，每日見日月星有出入升降。一，即一歲中仰觀天星月繼一月，每日黃昏後見南方出現之星各隨其月，與前月不同。往者既過，來者復續，絡繹不絕。歷一歲，周而復始，如循環然。至論地之他形式如何，諸生誠熟悉《地理質學啟蒙》，即知地之本體實冷，外有風氣裹罩，日加熱於風氣使轉動，而地之本體仍冷矣。

觀余書者，怪余未談及月。孰意余等觀月體大亦如日體，光雖不及日多，然亦非小，斯理正不能不講也。

於茲欲講月矣。無雲之夜，舉首望月，見其列於衆星中，色甚明朗。近月之小星，發光細微，不能甚顯，難借之驗月行動遲速。惟發光大之星，縱距月最近，亦可與月同見在天。大星不常近月，可憑以觀月方位。觀即知月方位恒無定所，今日視在此，至明日視之，方位已變。漸向東移，東出天邊之時刻一日遲於一日，每日遲時刻三刻餘。此易知事也，連數日驗之即曉。每日月落於西之時

刻亦一日遲於一日，前數日觀月，於日暮後西見。過二十餘日後，移至日未出之先。月由東先出，繼始出日，與日已由月經過一般。復過數日，日甫暮，月又現於西，依舊每日後於日落。再俟二十八日，照依原式，日復尾隨月而跟追至矣。正如鐘表面際，大小針俱行動，小針常被大針越過然。

於上文測觀月之行動，既有若是式矣。於是欲解明之，仍可借喻試觀，復取橘燈等，至更用一小球權爲月，觀權爲地球之橘，球要使其静而不動，權爲月之小球，行於平圓綫繞地，與地球繞日運行式同。

於此略爲嘗試，視余等所測驗之事，用如是之行動法能講明否。則先置月於戊，如圖，使月與日同在一綫若此，我儕於地面觀月，必見在與日近處，月與日之東出西入時刻所差無幾。試使橘自旋轉於本軸外，即能明曉此事。復將月球移至西處，權爲月過幾日之方位，觀之必知日入早於月入，在地球甲點人視之，日已墜落，月猶高懸。復將月球移至已處，在甲點人視之，日方西落，月出現於正南午綫，是時月落即較日遲六點鐘頃矣。更將月球移至庚點，則日甫西落，月即東出，子正時月行至正南午綫，而月之出入已較日遲十二點鐘矣。地球面視望之人假爲在丁點，此理即明。復將月球移辛點，在地面甲點視望之人見日暮時，未見月出升天邊上，月較日已遲十八點鐘頃。是時在地球面丁點之人見月甫東出，在丙點望月者見月甫過正南午綫，而紅日東升矣。試移月球於壬處，月後於日時刻益多，已足二十一點鐘頃。由是復過二三日之久，日月出入又不差時刻矣。細爲酌之，即知見月於此諸方位較日曆歷遲落後。如欲求其如何解法，必權爲二十八日中月球旋繞地球行一周，且我儕亦確知月實如是式繞地球行也。

論月隨時變形

月行於星中之理，上文固已講明。外復有言未盡者，亦宜續解。月繞地球行時，恒由牛角彎形漸變爲圓滿形，後復由圓滿形漸變爲牛角彎形。此等之月改形式，我儕目視久耳聞熟矣。人自幼至長，所習聽者，是由於月之自然而然，多不追憶其緣何。若是有更變，諸生若問月之本體果有變更乎，余將答以不然。月居其所，本體形式常無變，惟其向地之明面，人目或有時有幾分見，有幾分不見，亦有時全見爲圓滿，而其本體在彼，從無或異。

茲也於黄昏後望月，作爲十五日之時，月形必圓滿如日。試爲想之，是時月在天，恰與日爲對面，地居日與月之中間，見日入則月出，日出則月入，如二十二圖月在庚點之狀。於是將借形月之球置庚處，橘球居中，燈仍在左，見小月球半爲明半爲暗。半明面乃燈光所照，燈不能照之半面必黑，正如日照地彼面時，我儕所居之此面日不能照，即爲夜間也。試將目置近橘處望月，月球有光之半面全見，無光之半暗面分毫不見，是即月望時式。如午點中空白圈可爲式，詳細觀之，明顯出月圓滿時。月居與日對之面，地居月日相去之中間，我儕於地面即見月之明面也。月圓滿後晚間望月出，一日晚似一日。過七日，月出時約在子正上下，諸生多謂子正乃就枕入夢時也。至彼時始見月由東出，不過晚乎？諸生須知，測日月星之天文家以爲晝者，即衆人之夜。月至子時方出，即不能圓滿，僅有一半，欲驗月於半夜東出，宜在何方位，可於地球面際丁點驗之。子正時觀月出，必宜視在辛點，可將小球移置辛處，人目在丁處視望，見月有未之形式，其白半面即月球爲燈所照之半面，人目於月之明面止能見此半，不能見爲圓滿全月，月體乃一半明一半暗，即所謂下弦式也。

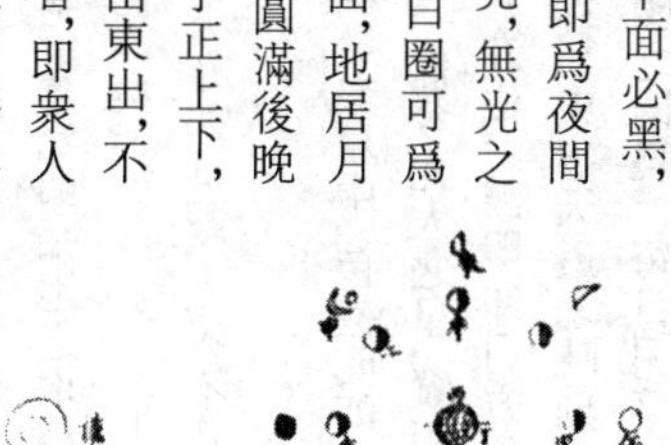

月環行於地球外式

試復測之，須於子正後觀月矣。諸生如以子正後爲過晚，彼時應在睡鄉，余亦謂不必拘泥，可易爲日未出時早起觀之。前日早睡，次日早起，見月出之處，一日近日一日。日於一日中必追月一程，月光亦日減一日，減爲月至壬點，有申處之形狀。此後月光即漸掩没於日光中，月行至戊，應有何形？可將月球移置於燈與人目中間，人目止能見月球之暗面，其明面毫不能見，是即晦日朔日式。復遲數日，於日暮後能見月在日之左，日已下墜，月尚高懸在西，有極薄彎弓背向日之式，如月在酉點狀。試將月球置於酉，人目於橘邊視之，於月球之明半面，止見一弓勢月，其暗半面乃見一大半。

自是而後，月在日左，一日較一日去遠，亦一日較一日落遲。明半面人目所見之分數，日有增多。試將月球置已點，見其半明半暗即月上弦時式也。日方西落，月現正南，用目於橘面視之，即明曉月至上弦形狀，並其所以有是形之故也。復過七日，月明面與日相對，圓滿亦同於日。

諸生於是理果欲深明，可立於去燈遠處，是室内僅有是燈，無燃他燭，於此或以球或以橘於諸生中一人首間，使其環繞之，於月之晦朔弦望變形式益瞭然矣。從可知月繞地球，與地繞日實無二式。由此月望日，至彼月望日，殆相距二十九日有半日。

論月如何爲日月交食之根

諸生即上所論月行之事細揣想之，或有人謂：果屬如是，即宜於每月中有月行我儕與日中間之一次，必見有日食既之形矣。而抑知不然哉。下復有可詳解之情理數種。因月行之道過日時，有時在地與日連綫上，有時在地與日連綫下，或不能掩蔽日面不見有日食，或經過時於日面微有掩映，謂之日食微見。

試仍用橘與小球發明此理。

將燈置於几左端，於几右端鋪以厚褥，串橘長針之下端斜插入几上褥面内，使橘球懸褥面上，不挨褥面。如圖以綫懸繫小球爲月，使環繞地球。以綫繫球之意，取其無人手影照地面也。試使月球繞行地外，至日與地相對面中間之區，如圖丙處，是時影射於地面。凡影所射處必不能見日，此即日食既之狀。於地球面他處住居者，如乙點，爲月暗影不能射照之區，見日之全面，不爲月所遮掩，惟見日爲食甚與微食狀。由是於地球面際外移去暗影射照處愈遠，所見日面之分數愈多。是時月射於地之影有二式，一爲中空黑影，一即四外之極虚微暗圓象，乃爲半明半暗淡影，此半明半暗之處，視日即爲微食。

月離地益遠，暗影即短不及地。如圖使橘復向外移遠處，丁點之月影尖不足長，不能射至地面，即不見有食既狀。於地面視之，月小不能掩蔽全日面，日之周邊光現可謂之光圈日食，又謂之金錢食。

日食既式

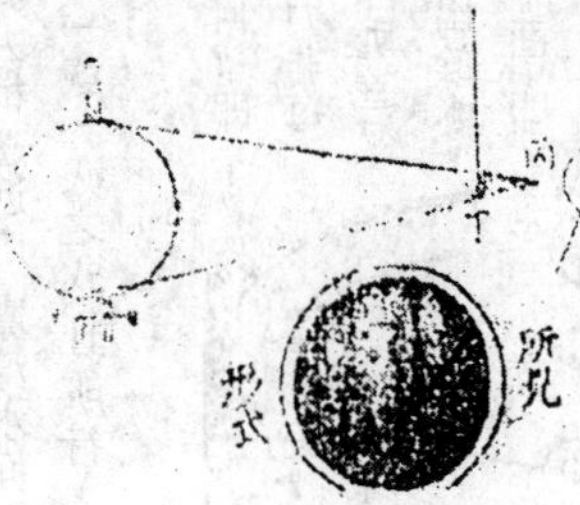

光圈日食圖與形式

諸生試去橘，用目於橘處看視，此理益覺明顯。將目先置入月影之中，即見日有食既形式。復將目向下稍移，月仍在其本方位，既見日光由邊際透出，如弓式，所謂日食甚狀也。更將目向下移動，去月之黑影愈遠，於日光面所見分數愈多。茲將目置於甲處，使月稍近，即見日有食既狀。於此設使月漸去目向外遠移，見月體亦由漸而小，及月至丁處，月之大有不足矣，不能將日面全掩，則見月體之外有日光如帶圓束，即光圈日食。

日食之理，上已講明，外復有月食。夫月食爲地影所生也。因月體經歷於地影内，故於地面見有月食式。諸生欲明此理，可將燈與橘均依舊安於几上原處。月球繞橘時，繞至地球之暗面，必屬經歷地影。人於地面視之，見月面即極暗，地爲不透光之體，間隔於日與月中間，故月食式不能與日食同。是月之所以有見食式，乃月爲地所遮障也。如圖設有人置足月面，於日食既時視地，見地之面際必有一小黑圓點迅速經過地面。其黑圓點之外見有半明半暗之環帶，即所謂外虚也。此外虚處所居之人，即見日有微食與食甚之形狀。殆日食既與月食既之理大不相同。月食既時，月體盡涵罩於地影内也。

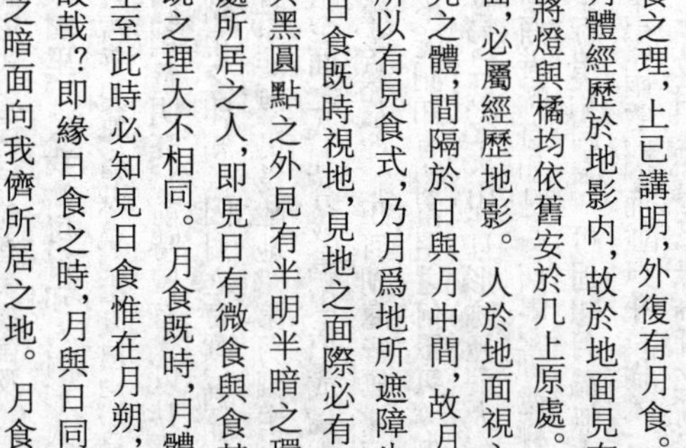
月食式

諸生至此時必知見日食惟在月朔，見月食惟在月望矣。是果何故哉？即緣日食之時，月與日同在一面，月在地日中間，而月之暗面向我儕所居之地。月食時，月與日不同在一面，必屬月之光明面向我儕所居之地也。

於上文已明言，月行本道，有時經地與日連綫上，有時經地與日連綫下，則且以橘與小球嘗試觀之。倘月不於地與日之連綫上下經歷，必其每一朔日月與日會即有日食，每一望日月不與日同在一面即有月食矣。

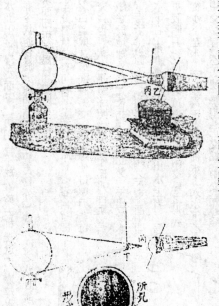

余等試懸揣之，月有時經歷日上，有時經歷日下，而不能每至朔日即有日食，果屬何故？上文已測知，月行地球外，月行之軌道幾近平圓，而地居中心矣。試可取鐵絲於橘外環遶一巨圈，作爲月行軌道。更以大玻璃珠或小圓球貫串於鐵絲上，權借爲月觀。將假爲地之橘球置於鐵絲圈正中，使月球行動，循所貫之鐵絲繞於地球外。如是測觀之，即知鐵絲圈平衡懸時，月必逐次行於地與日中間，此原非月行於白道之真式也。如欲假爲月之玻璃珠行於軌道，有時經上經下，必使鐵絲圈於燈與橘中間之面，或偏上斜立，或偏下斜立，則與月行白道之

式適合矣。

欲發明此理，宜用水桶，桶內注水，於水面正中區置一巨球權爲日觀，使之半出水面上，半浸水面下。更用一小球置於去桶邊近處，漂浮水面，假爲地球觀。並令其游行於大球四面，如地繞行日外一歲一次之式，其所行之道必在水面，水面即可假爲黃道面式。

至此吾儕已有可會心處矣。所會心者何？即月行之白道與黃道面有斜交之形式，使日與月非每次有交食也。試復將鐵絲照依舊式作爲月行軌道，惟安鐵絲於地球外時，使其稍有斜立勢，半出於水面上，半浸入水面下。如圖，其畫虛綫之下半面，即爲浸水下者，畫實綫之上半面，即爲出水上者。假此正可發明月行白道與黃道面正中兩交點之形式。圖中從水下至水上丁點爲正交點，從水上入水下乙點爲中交點，其乙丁連綫謂之正交點、中交點連綫。

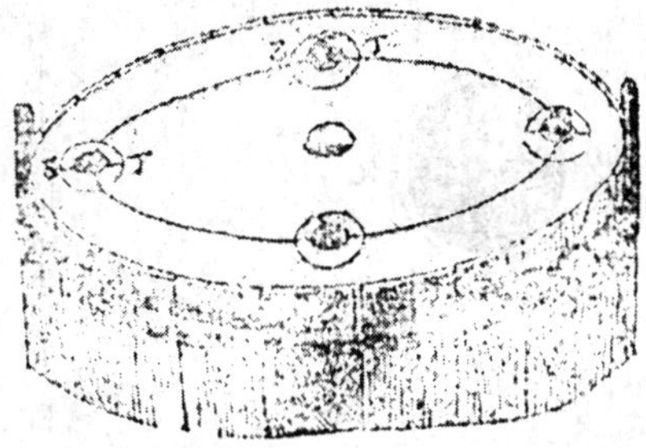
白道與黃道面斜交之式

從可知日月交食，總因白道與黃道面有斜交之理矣。亦祇在月行至地與日中間，距本道之正交點或中交點不遠時方能有也。月行本道，離二交點遠時，因月不能恰在地與日中間，故不能有交食。欲知月行本道他處不能有交食之故，即因貫於鐵絲之小珠於應有交食時，或在水面上，或在水面下，不在水面際地與日中間之一道綫也。每月如是之不常有交食，即可爲白道與黃道面斜交之證矣。

地旋轉本軸之面與黃道面爲斜交，於前卷業經解明。而今言月於地球外所行之白道面，亦與黃道面相斜交，應留心學習，查明此二斜交式每一斜交有何法可測出其爲若干角度也。

凡天文家定角度之法，無論其平圓圈爲大爲小，均分爲三百六十度。如圖式從平圓圈心點起，畫二道綫至外界綫在外界處，此道綫與彼道綫所統括之數度，分爲心點二綫相交角之準度。每三百六十中，即有四個九十，於此平分其平圓圈爲四分，每分即九十度。無論其平圓之大小，均屬一致。諸生如有所疑，可憑爾意畫同心平圓綫，內外層層平圓無數，試由層層平圓之中心點起，畫二道綫至外界，於外界平圓綫上，二綫相去之中隔間判爲九十度，詳爲視之，即知界內諸平圓綫之爲二綫剖分者，亦各足九十度。每一九十度名爲直角，每二綫相交處成爲九十度者，即名爲互成直角綫。如是圖之平圓綫皆包容三百六十個一度之角，並包容四個九十度之角，他角均可類推。

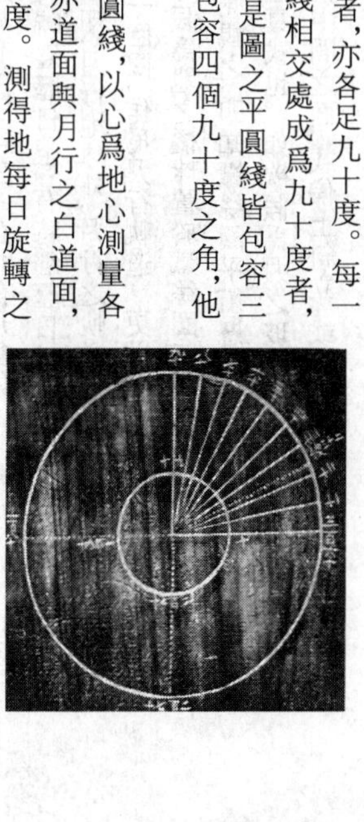
平圓分度式

天文家常借此類平圓綫，以心爲地心測量各事。伊等定準黃道面、赤道面與月行之白道面，【略】三面交成之若干角度。測得地每日旋轉之面與黃道面斜交之角爲二十三度有奇，白道與黃道面相交之角乃五度有餘也。

論月面形式

地面形式之理，於前卷業經言及。月距我儕所居地面，約略言之，不能越七十五萬中國里。故我儕可得知月內形式之數種事。

則且視乎月無庸以鏡，止以目視，見月面有似雲霧之痕跡，有數處微覺黑暗，有數處稍覺明亮。前時曾有人以其黑暗處目爲海，並呼以平安海、狂風海等名，於月圖視之即知。因月之有圖，猶如地之有圖可考。邇時有人測考之，知其名爲海者原非海，仍爲陸地。第月圖中之名尚未更耳。於此以小千里鏡視月，即可見月全面之八九分或爲山岳，或爲山壑，低窪處不似地上之山谷有花草樹木，均屬極乾燥荒地。江河湖海皆無據，茲時測知者，月內無水，故不能有雲興蔽日，亦不能測知有籠罩月之何風氣。如是想來，月內不能有活物，其十分全面之七八分爲已滅之火山，且形跡極濶大，與地面火山形式大不相若。

屬月面者既有如是一切事，可逆料我儕所居地球之形式光景，難決定是與諸恒星行星相同矣。可遙想月爲無水之地矣，既爲無水之地，即無江河湖沼，即無雲露雨雪，因而並無花草樹木，難養育各類生動物，更不能有飛禽走獸居其間。無啟明，無黃昏，無暮春之漸溫，無深秋之漸涼。均爲由極熱之白晝忽變爲極冷之夜間。兼爲無聲響之世界，大抵發音聲響，乃風氣鼓盪而生，如月間既無風氣，縱月面極大山崩壞倒裂，遇有應發極大聲響事，彼處亦不能有聲。

諸生亦可遐想之，月與地所有相似者，即自不發光照亮之一事。月之明面即日光所射照之面，其日光所不能射照之面，我儕即不能得而見之矣。是月面

之光爲日面所射照來者，均非本月面所發出。

月之直徑約六千中國里，月之體積若干，輕於地之體積同大若干。設以地一爲率，月重止有三分一之二。即同一大小之體，地重一百，月重六十六有奇也。

此事宜略爲解明。夫物各有輕重之别也，鉛金極重，緣其體積最密；瓶塞極輕，緣其爲樹皮所成，體積最疏。諸生不深明何爲寸、何爲平方寸、何爲立方寸乎？則試取鉛金一立方寸，塞瓶木一立方寸，權量其孰輕孰重。詳審測之，則知鉛金較塞瓶木加重數倍。以塞瓶木之重爲一率，即可言鉛金之重較一加幾倍幾分。如諸生不欲拘拘用方寸，即以立尺言之亦可，立丈言之亦可，立里言之亦無不可，所加之倍數分數均同。

天文家已測知地之重輕、月之重輕，並已測知月地二球各包容之立里若干矣。然欲察得月内體積一立里，較地體積一立里輕重相差爲若干，亦非難事。即以地體積與月體積較其孰爲疏孰爲密也。天文家並已測得地體一立寸較月體一立寸重加半倍。即如上所言，月之疏密僅如地之疏密三分之二也。

格致諸家恒借水之立寸爲率，以較他物之輕重。則且取水立寸重爲一，地立寸重較之則爲五倍半，月立寸重較之則爲三倍半。而測度日月星各體之理，凡三條：一曰體大。即言以其直徑若干長爲據，核算其體爲若干立里、立尺、立寸。二曰輕重。即言其球之完全體積若干輕重噸數，用其攝力感動他物爲據推算之。三曰疏密。即其體之一立里重若干，一立寸重若干，如欲得知其有若干疏密，可以其體積共重若干爲已知之數，用立里立寸共若干爲法除之。

月之此面常向地球，其彼面我儕永不得見，究其所以，皆因月繞地球遲緩旋轉於本軸外，其旋轉之時刻恰合於繞地球之時刻。譬諸生於地植一木桿，以二手握之，恒以面向木桿緩緩環行，如是則爾，每繞木桿一次，本身亦旋轉一次，觀其身傍不遠之物即知。人遇偶患頭眩，即有一自轉之確據。

月既如是之一面恒向我儕，可確知月繞地球之時日中，自轉止爲一次矣。月之一永晝永夜，大抵足我儕地上二十九日。我儕於每日所得日光，截長補短，約足六個時辰。而月面各處爲日光所照，連照十四日有餘，繼乃十四日餘不見日光。殆月内於晝時則極熱，夜間則極冷，均爲人所不能當之冷熱也。

綜述

《尚書·武成》 惟一月壬辰，旁死魄，越翼日癸巳，王朝步自周，于征伐商。

宋·蔡沈《書經集傳》：一月，建寅之月，不曰正而曰一者，商建丑，以十二月爲正朔，故曰一月也。死魄，朔也。**【略】**二日，故曰旁死魄，翼明也。

明·胡廣《書傳大全》：王氏日休曰：翼，輔也。以此日爲主，則明日爲輔。翼此日者，故以明日爲翼日。

又 厥四月，哉生明，王來自商，至于豐。

宋·蔡沈《書經集傳》：哉，始也。始生明，月三日也。

又 既生魄，庶邦冢君暨百工，受命于周。

宋·蔡沈《書經集傳》：生魄，望後也。

明·胡廣《書傳大全》：問：「『生明』『生魄』如何？」朱子曰：「日爲魂，月爲魄。魄是黯處。魄死則明生，《書》所謂『哉生明』是也。《老子》所謂『載營魄』，載，如人載車、車載人之載。月受日之光，魂加於魄，魄載魂也。明之生時，大盡則初二，小盡則初三。月受日之光常全，人望在下，卻在側邊了，故見其盈虧不同。**【略】**新安陳氏曰：「諸家多謂『生魄，望後也』，而不察既字，以望與既望例之，則哉生魄十六日，既生魄十七日也。」

《尚書·洪範》 王省惟歲，卿士惟月。

僞孔安國傳：卿士各有所掌，如月之有别。

宋·蔡沈《書經集傳》：卿士之失得，其徵以月。

又 庶民惟星，星有好風，星有好雨。日月之行，則有冬有夏。月之從星，則以風雨。

宋·蔡沈《書經集傳》：月行東北入于箕，則多風；月行西南入于畢，則多雨。

《尚書·康誥》 惟三月哉生魄，周公初基，作新大邑于東國洛，四方民大

和會。

宋・蔡沈《書經集傳》：始生魄，十六日也。

《尚書・召誥》 惟二月既望，越六日乙未，王朝步自周，則至于豐。

宋・蔡沈《書經集傳》：日月相望謂之望，既望十六日也。

又 惟丙午朏，越三日戊申，太保朝至于洛，蔔宅。

宋・蔡沈《書經集傳》：朏，孟康曰「月出也」。三日，明生之名。

《詩・小雅・漸漸之石》 月離于畢，俾滂沱矣。月離陰星則雨。

《禮記・禮運》 播五行於四時，和而后月生也。是以三五而盈，三五而闕。

元・陳澔《雲莊禮記集説》：月之盈虧，由於日之遠近，四序順和，日行循軌，而後月之生明如期，望而盈，晦而死，無朓朒之失也。

明・胡廣《禮記大全》：三五者，數之所變。故數之至於三五，則爲五行成數之極，而月所以盈；又積之至於三五，則爲五行成數之極，而月所以闕也。

《禮記・鄉飲酒義》 月者三日則成魄，三月則成時。

孔穎達疏：月者三日則成魄者，謂月盡之後三日乃成魄。魄，謂明生傍有微光也。此謂月明盡之後而生魄，非必月三日也。若以前月大則月二日生魄，前月小則三日乃生魄。

漢・劉熙《釋名・釋天》 月，缺也，滿則缺也。【略】晦，灰也。火死爲灰，月光盡似之也。朔，蘇也，月死復蘇生也。弦，月半之名也。其形一旁曲，一旁直，若張弓施弦也。望，月滿之名也。月大十六日，小十五日。日在東，月在西，遥相望也。

漢・司馬遷《史記》卷二七《天官書》 月行中道，安寧和平。陰間，多水，陰事。外北三尺，陰星。北三尺，太陰，大水，兵。陽間，驕恣。陽星，多暴獄。太陽，大旱喪也。角、天門，十月爲四月，十一月爲五月，十二月爲六月，水發，近三尺，遠五尺。犯四輔，輔臣誅。行南北河，以陰陽言，旱水兵喪。

漢・班固《漢書》卷二六《天文志》 月有九行者：黑道二，出黄道北；赤道二，出黄道南；白道二，出黄道西；青道二，出黄道東。立春、春分，月東從青道；立秋、秋分，西從白道；立冬、冬至，北從黑道；立夏、夏至，南從赤道。然用之，一決房中道。青赤出陽道，白黑出陰道。若月失節度而妄行，出陽道則旱風，出陰道則陰雨。

三國魏・張揖《廣雅・釋天》 立春、春分，東從青道二，出黄道東，交於房二度中；立夏、夏至，南從赤道二，出黄道南，交於七星四度中；立秋、秋分，西從白道二，出黄道西，交於胃十二度中；立冬、冬至，北從黑道二，出黄道北，交於虚二度中。四季之月，還從黄道。

南朝梁・沈約《宋書》卷二三《天文志》 月生三日，日入而月見西方；至十五日，日入而月見東方；將晦，日未出乃見東方。

唐・房玄齡等《晉書》卷一二《天文志中》 月爲太陰之精，以之配日，女主之象；以之比德，刑罰之義；列之朝廷，諸侯大臣之類。故君明，則月行依度；臣執權，則月行失道；大臣用事，兵刑失理，則月行乍南乍北；女主外戚擅權，則或進或退。月變色，將有殃。月晝明，姦邪並作，君臣爭明，女主失行，陰國兵强，中國饑，天下謀僭。數月重見，國以亂亡。

唐・魏徵等《隋書》卷二〇《天文志中》 月者，陰之精也。其形圓，其質清，日光照之，則見其明。日光所不照，則謂之魄。故月望之日，日月相望，人居其間，盡覩其明，故形圓也。二絃之日，日照其側，人觀其傍，故半明半魄也。晦朔之日，日照其表，人在其裏，故不見也。其行有遲疾，其極遲則日行十二度强，極疾則日行十四度半强。遲則漸疾，疾極漸遲，二十七日半强而遲疾一終矣。又月行之道，斜帶黄道。十三日有奇在黄道表，又十三日有奇在黄道裏。表裏極遠者，去黄道六度。二十七日有奇，陰陽一終。張衡云：「對日之衝，其大如日，日光不照，謂之闇虚。闇虚逢月則月食，值星則星亡。」今曆家月望行黄道，則值闇虚矣。值闇虚有表裏深淺，故食有南北多少。月爲太陰之精，以之配日，女主之象也。以之比德，刑罰之義。列之朝廷，諸侯大臣之類。故君明則月行依度，臣執權則月行失道。大臣用事，兵刑失理，則月行乍南乍北。女主外戚擅權，則或進或退。月變色，將有殃。月晝明，姦邪並作，君臣爭明，女主失行，陰國兵强，中國饑，天下謀僭。數月重見，國以亂亡。

唐・瞿曇悉達《開元占經》卷一一 月名體

皇甫謐《年曆》曰：月者，群陰之宗。光内影月以宵曜，名曰夜光。《易説》曰：坎爲月。

《河圖帝覽嬉》曰：月者，金之精。

《感精符》曰：月乃陰之精，地之理。

《廣雅》曰：月光乃夜光，謂之月。

《天官書》曰：太陰之精上爲月。月者，天地之陰，金之精也。

王子年《拾遺記》曰：瀛州之水，積爲月。

《禮記》曰：月者，闕也。《鮑子計然》曰：月者，水也。

《淮南子》曰：月者，天之使也。水氣之精者爲月。

漢李尋上書曰：月者，□明之長，妃后大臣諸侯之象。

張衡《靈憲》曰：月者，陰精之宗積而成。象兔、蛤，爲陰之類，數偶也。

羿請不死之藥于西王母，姮娥竊之以奔月，遂託身于月。是謂蟾蠩。

楊泉《拘理論》曰：月，陰之精，其形也圜，其質也清。廪日之光而見其體，日不炤則謂之魄也。故月望之日，日月相望，人居其間，盡覩其明，故形圓也。二弦之日，日昭其側，人觀其傍，故半昭半魄也。晦朔之日，日昭其表，人在其裏，故不見也。

月行度

四十分日之七百四十三寄一則遲疾之，一終而復始矣。

月朔而晨見東方，謂之側匿，行遲也。月晦而夕見西方，謂之朓，行疾也。遲疾相通，謂之平行。一日十三度六十七分度之二十五半，二十七日一千三百四十分度之七百四十三分一而周天矣。一年明十三周天，有閏之年則十四周天。與日合，是爲月朔。日月相與東行，日行遲而月行疾，二十九日一千三百四十分日之七日一十一則月周天，復還及日，即二朔去日之數也。

《春秋元命苞》曰：日月右行，周天二十三萬里。一曰：日月五星同道，過牽牛、女、虛、危、室、壁、奎、婁、胃、昴，皆行其南，去之九尺，畢北七尺，觜參北一丈三尺，貫井出鬼南六尺，出柳北六尺，出七星張北壹丈尺三，出軫翌北一丈三尺，貫角，亢出氐南二尺，出房左右股間，出心北二尺，尾北十尺，出箕北六尺，貫斗至牛，此日月五星常行道也。

《洛書》曰：日月五星行，歷左角內行左亢外四尺。歷左右氐外行房兩股間，行心內六尺，行尾內十八尺，行箕內十三尺，行斗柄中一尺，行牛中行女外四尺，外虛外六尺，行危外十三尺，行室外十六尺，行壁外十三尺，行奎外十三尺，行婁外九尺，行胃外行十一尺，行昴外五尺，歷畢左角行觜內六尺，行參內十八尺，行井中，行鬼外一尺，行柳內九尺，行七星內十五尺，行張內十八尺，行翌內十六尺，行軫內十三尺。在上者，爲此日月五星之正道也。

月行盈縮

石氏曰：明王在上，月行依道。若主不明，臣執勢，則月行失道。大臣用事，背公向私，兵刑失道，則月行乍南乍北。

女主外戚擅權，則或進退朓朒，皆君臣刑德不正之咎也。

有不如常，隨事占其吉凶。

月行疾則君刑緩，行遲則君刑急。月之與日遲疾勢殊，而事勢異也。

是故人君日有變則省刑以德，恩從肆，故春秋有眚灾肆赦。

劉向曰：晦而月見西方，謂之朓。朔而月見東方，謂之側匿。朓則王侯其舒言政緩，則陽行遲陰行速也。側匿則王侯其肅言政急，則陽行疾陰行遲也。

舒者，臣驕而執政也。

肅者，臣下恐懼太甚也。

劉歆曰：舒者，王侯用意專政，臣下促急，故月行疾也。

肅者，王侯縮訥不任事，臣下遲縱，故月行遲也。此遲疾之分也。

《運斗樞》曰：主勢集于后族，群妃之黨横僭爲害，則月盈。

《荆州占》曰：月行疾，天下有急事。行不急，多留事。太盈君惡之，太縮臣惡之。

京房《易飛候》曰：月生八日當中、五日六日而中有兵在外大戰，三日四日而昏中，天下有急兵，臣專恣横。

《荆州占》曰：月行過度者，奸邪起；月行不及度者，多留事。

一曰：月未當中而中，有急兵大戰，軍破將死，大臣逼君易主。月五日而昏中，急兵大起，糴大貴。大月八日昏中，小月七日昏中。

過度有兵事，不及度有喪事。十二十三日而昏中，下謀上事成。

月行陰陽

京房《對災異》曰：人君好用佞邪，朝無忠臣，則月失其行。

天有三門，房星其準也，其中央曰天街，南二星間曰陽環，其南星之下曰大陽道，北二星間曰陰環，其北星之上曰太陰道。

月行由天街，則天下和平。行太陽道，則爲旱。行太陰道，則爲水。

班固《天文志》曰：月失節度而妄行，出太陽道，則旱風；出陰道，則陰雨。

京氏曰：月行南爲旱，行北爲水。當道天門駟之間，天下大安，五谷大得，人主延年益壽。

《河圖帝覽》曰：月一歲不三出昴畢間，來年有兵。

郗萌曰：月不道東西，咸必有賊。

《易飛候》曰：月生八日，北向，陰國亡地。月不盡八日，北向，南國亡地。月光明。

《易萌氣樞》曰：臣道修則，月明有光。

《高宗占》曰：月出如盛，天下且有主治也。

《尚書綃考靈曜》曰：五政不失，日月光明。五政，謂四時及憂夏季之政也。

《禮緯含文加》曰：君道尊而制命，即日月明。

《黃帝占》曰：有道之國，日月過之即明。人君吉昌，人民安樂。

唐・金俱吒《七曜攘災訣》卷上 月宫占災攘之法第二

月者太陰之精，一月一遷至人命宿，若依常度者則無吉凶，若不依常度者即有變見。犯極南有災蝕者，先合損□財，後合加爵禄。犯極北有災蝕者，合損男女奴婢，若行遲者多有疾病，若行疾者則無災厄。若月行不依行度，當有災蝕，即須攘之。當晝一神形，形如天女著青天衣，持寶劍，當月蝕夜項帶之，天明松火燒之，其災自散。

宋・張君房《雲笈七籤・總叙日月》 《黃氣陽精三道順行經》曰：月暉之圍，縱廣二千九百里。白銀、瑠璃、水精映其内，城郭、人民與日宫同，有七寶浴池，八騫之林生乎内。人長一丈六尺，衣青色之衣常，以一日至十六日採白銀、瑠璃，鍊於炎光之治，故月度盈則光明。比十七日至二十九日，於騫林樹下採三氣之華，拂日月之光也。秋分之日，月宿東井之地，上廣靈之堂，乃沐浴於東井之池，以鍊日魂，明八朗之芒，受陽精日暉，吐黃氣於玉池。諸天人悉採玉樹之華，以拂日月之光。月以黃氣灌天人之容，故秋分是天人會月之日也。

宋・張君房《雲笈七籤・奔月》 月中黃氣上黃神母，諱曜道支，字玉薈條。其奔月齋静存思。

宋・張君房《雲笈七籤・太上鬱儀日中五帝諱字服色》 月中夫人魂精内神，名曖蕭臺摽，右月魂配五帝，次又存祝之。能知月魂名，終身無災，萬害不傷。

宋・張君房《雲笈七籤・太上結璘月中五帝夫人諱字服色》 月中青帝夫人諱隱娥珠，字芬豔嬰，衣青華瓊錦帔，翠龍鳳文飛羽帬。

月中赤帝夫人諱逸寥無，字婉筵靈，衣丹蘂玉錦帔，朱華鳳落飛羽帬。

月中白帝夫人諱靈素蘭，字鬱連華，衣白珠四出龍錦帔，素羽鸞章飛華帬。

月中黑帝夫人諱結連翘，字淳厲金，衣玄琅九道雲錦帔，黑羽龍文飛華帬。

月中黃帝夫人諱清營襟，字炅定容，衣黃雲山文錦帔，緑羽鳳華繡帬。

已上五夫人，頭並頽雲三角髻，髮垂之至腰。

右月中五帝夫人諱字、服色。欲行奔月之道，當祝識名字，存夫人服色在已之左右前後。

宋・張君房《雲笈七籤・釋三十九章經》 月中樹名騫樹，一名藥王。凡有八樹，在月中也。得食其葉者爲玉仙。玉仙之身，洞徹如水精、瑠璃焉。

元・脱脱等《宋史》卷五二《天文志五》 月珥背璚，暈而珥，六十日兵起；珥青，憂；赤，兵；白，喪；黑，國亡；黃，喜。有背璚，臣下弛縱，欲相殘賊，不和之氣。暈三重，兵起；四重，國亡；五重，女主憂；六重，國失政；七重，下易主；八重，亡國；九重，兵起亡地；十重，天下更始。

月食，從上始則君失道，從旁始爲相失令，從下始爲將失法。歲星犯之，兵、饑，民流。熒惑犯之，大將死，有叛臣，民饑。填星犯之，人臣弑主；合，國饑。月食填星，民流；一曰月犯填，女主憂，民流。太白犯，出月右爲陰國有謀，左爲陽國有謀；出月下君死，民流。月戴太白，起兵；入月，將死；與太白會，太子危。辰星犯之，天下水。月食辰，水，饑。辰入月，臣叛主。彗星入，或犯之，兵期十二年，大饑；貫月，臣叛主。流星犯之，有兵；入無光，有亡國；在月上下，國將亂。月犯列星，其國受兵。星食月，國相死。星見月中，主憂。

凡有之行，歷二十有九日五十三分而與日相會，是謂合朔。當朔日之交，月行黃道而日爲月所揜，則日食，是爲陰勝陽，其變重，自古聖人畏之。若日月同度于朔，月行不入黃道，則雖會而不食。月之行在望與日對衝，月入于闇虛之内，則月爲之食，是爲陽勝陰，其變輕。昔朱熹謂月食終亦爲災，陰若退避，則不至相敵而食。所謂闇虛，蓋日火外明，其對必有闇氣，大小與日體同。此日月交會薄食之大略也。日食修德，月食修刑，自昔人主遇災而懼，側身修行者，此也。

元・趙友欽《革象新書》 月有九行

月行不由黃道，亦不由赤道，乃出入黃道之内外而有九行。九行止是一道，其道與黃道相交如赤道然。然黃赤二道相遠處二十三度九十分，而月道距黃道遠六度二分而已。其相交處，交之始强，名曰羅睺交之中强，名曰計都自交始至交中，月在黃道外，名陽曆，乃背羅向計之處也。自交中至交始，月在黃道内名陰曆，乃背計向羅之處也。月道猶水道，日道猶陸道，而羅計猶橋道其歲歲改

異，則由日行歲差之故也。案交行歲歲改易，不獨因日行歲，差之故，考交行有遲速，而歲差無退行，交行歲十九度强，歲差則歲不及一分，謂交行由歲差，亦誤會也。且所謂九行者，陽曆在夏至日躔之南，夏爲南，乃南之南也，名外朱道。陰曆在冬至日躔之北，北爲内，名内朱道。在北而曰朱道者，冬至屬子，若冬至日躔伏於地盤子位，則月在黄道之上，凡地以下爲北，上爲南，故曰内朱道，乃北之南也。苟冬至日躔反在午位，則内朱道亦在黄道之北矣。此不論反而論伏，黑道之理亦然。陰曆在夏至日躔之北，名内黑道，夏爲南，乃南之北也。陽曆在冬至日躔之南，名内黑道。在南而曰黑者，月道在黄道之下，凡地以上爲南，下爲北，故雖南而曰黑。冬爲北，乃北之北也，月行朱道，則羅在日之春躔，計在日之秋躔，月行黑道，則羅在日之秋躔，計在日之春躔，陽曆在秋分日躔之東，名外青道，乃東之東也。陰曆在春分日躔之東，名内青道，乃西之東也。陽曆在春分日躔之西，名外白道，乃西之西也。陰曆在秋分日躔之西，名内白道，乃東之西也。青白道不論反，復若天地卯酉互位者亦然。月行青道，則羅在日之夏躔，計在日之冬躔，月行白道則羅在日之冬躔，計在日之夏躔，是故以内外分别，朱黑青白爲八道。八道而曰九行者，以八道之行交於黄道而穿度其間，故通以九言也。八道變易，不常不可置於渾儀，亦不可畫於星圖，所可具者黄赤二道耳。欲别於黄，故塗以赤。赤道與八道各相交遠近，朱道止十八度遠，黑道至三十度遠，青白二道約二十四度遠。

授時曆謂：月從黄道之交出外一百八十一度八十九分六十七秒，則中交於黄道，從此入黄道内，復至交初，則該三百六十三度七十九分三十六秒，乃月道之一周。計二十七日二十一分二十二秒二十四毫，與古曆數不同焉。

月體半明

月體本無圓缺，如懸黑漆丸於簷下。映日必有光轉射暗壁，其半邊因映日故有光，而半邊元暗也。遇望與日躔度相對，半邊之光全向於地，普照人間。半邊之暗全向於天，人不可見也。及漸相近，而側相映，則向地之邊光漸少矣。至晦朔則與日同經，日與天近，月與日近，其半邊之光全向於天，半邊之暗則向於地。及漸相遠而側相映，則向地之邊光漸多矣。故月體之光暗半輪轉旋，人目所不及，因謂其有圓缺耳。然其與日對望爲地所隔，猶能受日之光者，陰陽精氣之潛通如吸鐵之石、感霜之鐘莫或間之也。月明不全瑩而似瑕者，如懸明鏡照水之處，則瑩映地之處則瑕。世以爲山河所印之景是也。按月之瑩瑕爲山河所印之景，其說相沿已久，而於理未確。考《輿地全圖》，其在下者固不得見。即東西與中間三面形勢亦迥不相同。月東升西降，在在照景而瑩瑕終始不異，且光魄交際往往不齊，似因凸凹之形而成明暗之質，非山河印景，亦未必如鏡之平也。

元・岳熙載《天文精義賦》 太陰

瀛洲水精爲月。

王子年《拾遺記》曰：瀛洲水精爲月，分其所主爲夜。

《宋志》曰：其主夜。

稟日照以爲光，其盈極則必缺。

《宋志》曰：舊說月光不照爲魄，稟日之光。近日則光斂，猶臣近君，躬而屈也。遠日則滿而明，爲其守道循法，蒙君榮華而體伸也。當日則食，猶臣僭君道而禍至於覆滅。盈極必缺，示其不可久也。

爲陰、后、臣、妻、夷狄之應。

《宋志》曰：爲陰、爲后、爲臣、爲妻、爲水。

有弦望晦朔遲疾之節。

《宋志》曰：月望之日，日月相望，人居其間，盡覩其明，故其形圓也。二弦之日，日照其側，人觀其旁，故半月半魄也。晦朔之日，日照其表，人在其裏，故形不見。又曰：當合朔之時與日同度，以平行言之，經七日有奇，去日九十一度少强，光魄分半，如弦直者，爲上弦。又經七日有奇，積十四日有奇，去日一百八十二度半强，光魄圓滿，與日對望，爲望。又經七日有奇，積二十二日有奇，向日九十一度少强，光魄相半，如弦直，爲下弦。又經七日有奇，積二十九日半强，復與日會，爲合朔。又曰：常明一晝夜平行十三度百分度之三十七，初行遲，行十二度微强，自後益遲，至十三日太强，則行十三度太弱。自後損疾，又行十三度太强，則行十二度微强，遲極則漸疾，疾極則漸遲，二十七日半强遲疾一終，周而復始。

積二十九日之半强，與太陽復會，謂之用。

弦望晦朔，積二十九日半强，復與日會，爲再朔，以成其用。《宋志》曰：日有盈朔，月有進退，不能盡如其數，以多少通率之，則皆二十九日，萬分其日，五千三百有六也。

青朱白黑，表裏八行，出入黄道，通爲九名。

《宋志》曰：所行之道，謂之白道，斜絡黄道，出入内外不過六度。出則爲表爲陽，入則爲裏爲陰。又行九道，則春行青道二，出黄道東。夏行朱道二，出黄

道南。秋行白道二，出黃道西。冬行黑道二，出黃道北。《紀元曆議》曰：日月所行，謂之九道。《洪範傳》曰：所謂九道者是也。黃道以赤道爲體，故必因赤道而增損之，始得黃道宿度之數。九道以黃道爲體，故必因黃道而增損之，始得九道宿度之數。白道二，一爲陽曆，一爲陰曆，其半交皆直黃道正西及西北。白，西方氣，故以白名之。黑道二，一屬陽曆，一屬陰曆，其半交直黃道正北及西北。黑，北方色，故以黑名之。青道二，一爲陽曆，一爲陰曆，其半交皆直黃道正南及東南。青，東方色，故以青名之。朱道二，一屬陽曆，一屬陰曆，其半交皆直黃道正南西南。朱，南方色，故以朱名之。凡陽曆，出黃道之外也；陰曆，入黃道之中也。白黑青朱各二，其出入之際，必斜截黃道而過之，并黃道爲九道。要其實則月行非有九段也，亦以道而已。隨交遷徙出入之方各異，故曆家立爲九焉。

其行也，不行於日道。

月有九道，是不行於日道也。《宋志》曰：不行日道，猶不敢與君同器。

其食也，必食於日沖。

《宋志》曰：月食者，古人以爲對日之沖，其大如日。日光不照，謂之陰虛，逢月則月食，值星則星亡。當望與交相會，而闇虛之氣掩蔽。今曆家月望行黃道，值闇虛有表裏淺深，故食有南北多少。又曰烏兔抗衡，光盛威重，數盈理極，厄亡之災，一時傾盡，遂使太陽奪其光華，闇虛虧其體資，小僭則小虧，大驕則大滅。當赦不赦，或臣執法不中，怨氣盛溢，害及良善，則月食。不救則水敗成廓，失利之國當之，其鄉有大戰，所宿分貴人死。月食出軍，其軍折傷。又曰：月食，修六宮之職於刑事。凡有食，七日内有風雨，則災解矣。

食分少者，由侵闇虛徑之淺；食分多者，由侵闇虛徑之深。

《紀元曆議》曰：對日之沖常當黃道之正。春常行黃道者也，每在沖處，謂之闇虛，實正當於黃道。望而涉交，或當闇虛之度，則月輪全入陰虛，是以食。既侵闇虛一邊而過，則所虧或多或寡，侵之深，則食分多；侵之淺，則食分寡；至於全無所侵，則不食也。又曰：夫月非出中道表，則入中道裏，其自裏至表，由表之裏，不免交於中道，此虧食之所由生也。又曰：常時之望月未嘗盈，似盈而非全盈，有交之望月方全盈，又必有食之所由生也。

行陽曆而食，則東北爲初虧，而西南爲復滿。

《紀元曆議》曰：月在陽曆，則月逾黃道南，闇虛不能掩其南，所食必其在北，故起於東北，甚於正北，復於西北。

行陰曆而食，則東南爲始起，而西南爲再盈。

月在陰曆，則月入黃道北，闇虛不能掩其北，所食必其南，故起於東南，甚於正南，復於西南。

食既以正東、正西爲限，由全没於闇虛之所生。

闇虛在月之前，月侵而過焉，則月之虧於闇虛也未有不自東而西者也。故其初缺必從乎東，盈滿必在乎西。

明・李泰《天文精義補注》 太陰

瀛州水精爲月。

原註云：壬子年《拾遺記》云：月，瀛州水精爲月。

補註曰：《淮南子》云：月者，太陰之精，天之使也。

積陰之寒氣久者爲水，水氣之精爲月。

愚按：瀛州居海中，故曰瀛州水精爲月。

分其所主爲夜。

原註曰：《宋志》曰：其主夜。

補注云：《宋志》曰：月者，闕也。其體主夜，爲陰，爲水。

稟日照以爲光，其盈極則必闕。

原註云：《宋志》曰：舊説日光不照爲魄，稟日之光。近日則光歛，猶臣近君，躬而屈也。遠日，則滿而明，爲其守道循法，蒙君榮華而體伸也。當日則食，猶臣僭君道而禍至於覆滅。盈極必闕，示其不可久也。

補註曰：《漢書》云，日之與月，陰陽尊卑之辦，若君臣也。君居中而佚臣旁行。而旁君近臣則威損，臣遠君則勢盛。威盛與君異，勢盛與君同，月遠日則其光盈，近日則其光闕。《隋書》云：月陰精，日光照之則見，日光所不照，則月魄。《玉曆通政經》云：月體本黑，望日之至陽，而成顯照。宋《中興天文志》曰：或云，日月猶水火也，火外光，水含景，故月之光生於日之所照。其魄生於日之不照也。故當日則光盈，照之全也。自是而闕，以日光之映其有不全。乃至於晦，愈相近而不之照故也。太史局官劉孝榮曰：月本無光，受日爲明。望夜，正與日對，故一輪光滿。望後，或月行有遲疾先後，日光所不處，則漸漸闕矣。沈括曰：月本無光，猶一銀，凡日耀之，乃光爾。光之初生，日在其旁，故光測，而所見纔如鈎。日漸遠則斜照，而光稍滿，大抵如一彈丸以粉其半，側視之則粉處如鈎，對視之則正圓也。是以有盈闕之異，故程子曰：月受日光，而日不爲之，虧

月之光也。

爲陰、后、臣、妻、夷狄之應。

原註云：《宋志》曰：爲陰，爲后，爲臣，爲妻，爲水。

補註曰：《宋志》云，月者，太陰之精。闕者，盈極必闕也。其體主夜，爲陰、后、臣、妻、水、夷狄。

有弦望晦朔遲疾之節。

原註云：《宋志》曰：月望之日，日月相望，人居其間，盡覩其明，故其形圓也。二弦之日，日照其側，人觀其旁，故半明半魄也。晦朔之日，日照其表人在其裏，故形不見。又曰：當合加時與日同度，以平行言之，經七日有奇，去日九十一度少强，光魄分半，如弦直者，爲上弦。又經七日有奇，積十四日有奇，去日一百八十二度半强，光魄圓滿，與日對，爲望。又經七日有奇，積二十二日有奇，向日九十一度少强，光魄復半，如弦直，爲下弦。又經七日有奇，積二十九日半强，復與日會，爲合朔。又曰：常以一晝夜平行十三度百分度之三十七，初行遲，行十二度微强，自從益遲，至十三日太强，則行十三度太弱。自後損疾，又行十三日太强，則行十二度微强，遲極則漸疾，疾極則漸遲，二十七日半强遲疾一終，周而復始。

補註《漢書》曰：日行舒，月行速，當以二十九日半强而與日會。故一歲之周凡十有二會焉。會而爲晦，晦而復蘇，明於是乎生焉，是之謂朔月行速，漸遠於日。以周天言之，其近日也，九十一度有奇，其速於日也，三百七十四度有奇，是之謂近一遠三爲弦，爲此上弦也。其行遠，遠而與日對，去日一百八十二度六十二分有奇，是謂相與爲衡，分天之中爲望，蓋日與月相望故也。其行過中，遠於日也。二百七十四度有奇，其謂之近三遠一爲弦，此謂下弦也。上弦在於初八日，下弦在於二十三日，望在於十五日，此其常也。上弦或退則七是日，或進則在九日；下弦或退則在二十一日，或進則在二十三日；望或退則在於十四日，進在十六日，此其變也。王朴曰：日之行也舒，月之行也速，當其同度，謂之合朔，舒速先後，近一遠三謂之弦。相與爲衡，分天之中謂之望。以速及舒，光盡體伏，謂之晦。歐陽修曰：四時寒暑無形而運於天，日月星形見於上，二者常動而不息，一有一無，出入升降，或遲或疾，勢使之然也。其說本於《唐志》。

真氏曰：月，太陰也。本有質無光，其盈闕也，以受日光之多少月之朔也，始與日合，越三日而明，生八日而上弦，其光半，十五日而望，其光滿，其所謂三五而盈也。既望而漸虧，二十三日而下弦，其半虧，三十日而晦，其光盡，此所謂三五而闕也。方其晦也，是爲純陽，故魄而光泯。至合朔，日月合朔而明生焉，其遲疾已見原註。

原註云：弦望晦朔，積二十九日半强，復與日會，爲再朔，以成其月。《宋志》曰：日有盈縮，月有進退，不能盡如其數，以多少通率之，則皆二十九日，萬分其日，五千三百有六也。

補註：横渠張氏云：日月皆是左旋，蓋天行甚健，一日一夜周三百六十五度四分度之一又進過一度。日行速，健次於天，一日一夜周三百六十五度四分度之一正恰好。彼天進一度則日爲退一度，一日天進二度則日爲退二度，積三百六十五日四分日之一，則天所進過之度又恰周得本數，而日所退之度亦恰退盡本數，遂與天會日成一年，是謂一年一周天。月行遲，一日一夜於三百六十五度四分度之一行不盡此，天爲退了十三度有奇，至二十九日半强，恰與天相值在恰好處，是謂一月一周。又逐及於日，而與日會焉。蓋進數爲順天，而左退數爲逆天。而右曆家以進數難算，口以退數算之，故謂右行。

青朱白黑，表裏八行，出入黃道，通爲九名。

原註云：《宋志》曰：所行之道，謂之白道，斜帶黃道，出入內外不過六度。出則爲表爲陽，入則爲裏爲陰。又行九道，則春行青道二，出黃道東。夏行朱道二，出黃道南。秋行白道二，出黃道西。冬行黑道二，出黃道北。《紀元曆議》曰：月所行謂之九道。《洪範傳》所謂：月有九道者是也。黃道以赤道爲體，故必因赤道而增損之，始得黃道宿度之數。九道以黃道爲體，故必因黃道而增損之，始得九道宿度之數。白道二，一屬陽曆，一屬陰曆，其半交皆直黃道正西及西北。白，西方色，故以白名之。黑道二，一屬陽曆，一屬陰曆，其半交皆直黃道正北及東北。黑，北方色，故以黑名之。青道二，一屬陽曆，一屬陰曆，其半交皆直青道正東及東東南。青，東方色，故以青名之。朱道二，一屬陽曆，一屬陰曆，其半交皆直黃道正南及西南。朱，南方色，故以朱名之。凡陽曆，出黃道之外也；陰曆，入黃道之內也。白青黑朱各二道，其出入之際必斜截黃道而過之，并黃道爲九道。要其實則月行非有九段也，亦一道而已。隨交遷徙出入之分各異，故曆家立爲九焉。

補註《大玄經》云：月之行天也，循黃道內外而東。黃道內曰陽曆，外曰陰曆，與黃道赤道相去最遠者二十四度。月道與黃道相去最遠者六度。日行黃道，月行九道。道二，出黃道。東；朱道二，出黃道南；白道二，出黃道西；黑道一，出黃道北。其交必由於黃道而出入，故無言爲九道也。然此時言其大概

爾。至五代王朴作《欽天曆》，乃以黃道一州分，爲九節之中爲九道，盡七十二道。而斜正之數，勢所隱遯，明月之行道備於此矣。

其行也，不行於日道。其食也，必食於日衝。

原註云：月有九道，是不行日道也。《宋志》曰：不行日道，猶不敢與君同器也。

《宋志》曰：月食者，古人以。爲對日之衝，其大如日。日光不照，謂之闇虛之氣掩閉。今曆家望月行黃道，值闇虛有表裏深淺，故食有南北多少。又曰：烏兔抗衡，光盛威重，數盈理極，危亡之災，一時頓盡，遂使太陽奪其光華，闇虛虧其體質，小僭則小虧，大驕則大減。當赦不赦，或臣執法不忠，怨氣盛益，害及良善，則月食。不救則水敗城郭，失邢之國當之，其鄉有大戰，所分貴宿人死。月食出軍，折傷。又曰：月食，修六宮之職與刑事。凡月食，七日內有風雨，則災解。

補註：沈括曰：日之所行，謂之黃道。黃道即日道也。南北極之最均處，謂之赤道。月行黃道之南，謂之朱道。黃道之北，謂之黑道。黃道之東，謂之青道。黃道之西，謂之白道。是以知月不行日道也。

宋《中興天文志》曰：凡月之行，歷二十九日五十三分，而與日相會，是謂合朔。凡日月之交，月行黃道，而日爲月所掩，則日食。是爲陰勝陽，若日月同度于朔，月行不入黃道，雖會而不食。月之行在望，與日對衝，月入於日闇虛之內，則月爲之食。是謂陽勝陰。

朱子曰：月與日一氣凡十二會。方會則月光都盡而爲晦，已會則月光復蘇而爲朔。朔後晦前各十五日，日月相對，則月光正滿而爲望；晦朔而日月之合，東西同度，南北同道，則月掩日，爲日爲之食。望而日月之對，同度同道，則亢日月，而月爲之食。此皆有常度也。

食分少者，由侵闇虛之徑淺；食分多者，由侵闇虛之徑深。

原註：《紀元曆議》曰：對日之衝，常當黃道之正。夫日常行黃道也，每在衝處，謂之闇虛，實正當黃道。望而涉交，或當闇虛之度？則月輪常全入闇虛，是以食。既侵闇虛一邊而過，則所虧或多或寡，侵之深，則食分多；侵之淺，則食之少；至於全無所侵，則不食也。又曰：夫月非出中道表，即入中道裏，其自裏之表，由表之裏，不免交於中道，此虧之所由也。又曰：常時之時，望月未常盈，似盈而非全盈，有交之望月方全盈，盈而必食，猶日中而必昃也。

補註：張衡云：對日之衝，其大如日，日光不照，謂之闇虛。闇虛逢月則月食，值星則星亡。今曆家謂月望行黃道，則值闇虛矣。闇值虛有表裏深淺，故食有南北多少。趙氏曰：日體對衝之處，往古名曰闇虛，似乎日之像景月體，因之而失明，故云闇。日非有像景，强立其名，改云虛，言其非實有也。闇虛緣日而有，故其圓徑與日相等。或問朱子曰：月食如何？曰：至明中有闇虛，其闇至微，望之時，月與之正對，無分毫相差，月爲闇虛所射，故食。雖是陽勝陰，畢竟不好。若陰有退避之意，則不相敵而不食矣。

行陽曆而食，則東北爲初虧，而西北爲復滿。行陰曆而食，則東南爲始起，而西南爲再盈。

原註：《紀元曆議》曰：月在陽曆，則月踰黃道南，闇虛不能掩其南，其食必其北，故起於東北，甚於正北，復於西北。月在陰曆，則月入黃道北，闇虛不能掩其北，所食必其南，故起於東南，甚於正南，復於西南。

補註：漢班《志》云：曆陽者，先朔而月生；陰曆者，後朔而月生。

唐一行所謂日道表爲陽曆，裏爲陰曆者，此以日道爲立，而配驗月道之交，有表有裏，故曆之名亦曰陽曰陰也。又曰，月行九道，青道二，朱道二，白道二，黑道二，無黃一，爲九道。青赤爲陽，白黑爲陰，陰爲裏，陽爲表也。

食既以正東正西爲限，由全沒於闇虛知所之。

原註云：闇虛在月之前，月侵而過焉，則月之虧於闇虛也未有不自東而西也。故其於初缺必從乎東，盈滿必在乎西也。

補註：沈括曰：凡月食，月道自外入內，則食起於東南，後于西北。自內出外，則食起於東北，而復于西南。月在交東，則食其外。月在交西，則食其內。食其內，食既則起于正東，復于正西也。闇虛解見前原註。

明·孫瑴《古微書》 徐整《長曆》曰：「月徑千里，周圍三千里，下去地七千里。」《地書說》曰：「月照四十五萬里。」

明·王廷相《慎言·乾運》 月之晦朔弦望，歷於日之義也。月會日而明盡，故曰晦。初離日而光蘇，故曰朔。月與日相去四分天之一如弓之張，故曰弦。月與日相去四分天之二，相對，故曰望。

明·王英明《曆體略》 二曜

月者，太陰之精。循白道右行，白道半出黃道外，半入黃道內，相距遠者六度〇二分，兩環相交如赤道之于黃道也。其相交處自內出外自北而南也。曰陽曆口，世謂羅睺。亦名龍頭。自外入內自南而北也。曰陰曆口，世謂計都。亦名龍

□。羅計逆行黃道上，每十有八日五十八分五十二秒九十四微五而移一度。月行一交移一度四十六分四十一秒八十微四。羅睺即白道之正交，乃月道自南遡北以交於黃遊之處。而羅睺正對之處即計都矣。月孛者，是月所行極高極遠之處。月離于是，其行極遲，其體見小。孛云者，指其交轉兩行相悖之義也。日者之流以羅計、月孛等處，皆指爲星，謂其所躔宿度谷有吉凶，因以推人祿命。夫周天諸道諸點皆人所設，以其便于揆算其行度也。以人所虛設之名即謂能爲吉爲凶，宇內顧有是理歟。若月道交孛有吉有凶，何□土木火諸星交孛獨不然也？至于紫炁一曜或謂生于閏餘，或謂土木相會，或謂古人以是紀載年宿，而天上實無是星其爲不經，不待辨晰而自明矣。羅居午，計居子，則月道出黃道東，古謂青道。羅居子，計居午，則月道出黃道西，古謂白道。羅居酉，計居卯，則月道出黃道南，古謂朱道。羅居卯，計居酉，則月道出黃道北，古謂黑道。各分內外，是曰八道，並黃道爲九道，實惟一道也。月行十八年而遍九道，所謂春行青道，夏行朱道，秋行白道，冬行黑道者，妄也。月行二十有七日五十五刻四十六分八十八秒而疾遲一周。又行一日九十七刻有奇，共二十有九日五十三刻〇五分九十三秒而與日會，則爲合朔。其遲疾一周也，名轉終。折半爲轉中之日，其轉終前後，月行疾，日十有四度七十一分五十四秒。轉中前後，月行遲日十有二度〇四分六十二秒。終中之間，月行平，日十有三度三十六分八十七秒半。每一轉終行三百六十八度三十七分〇五秒五十八微，七五折半爲轉中之度，所在名曰孛。月行最遲處也。合朔以後，月夕西見，遲疾不一，或有差至三日者，其因有三。一因月視行度，若視行爲疾段則疾見，遲段則遲見。一因黃道升降有斜有正，正必疾見，斜必遲見。一因白道在緯南緯北，凡在陰曆疾見，陽曆遲見也。三因之外，又有極出地之不同，以及矇朧分與炁差諸異，所以遲疾恒不能齊也。月行二十七日二十一刻二十二分二十四秒爲交終，折半爲交中之日。每一交終行三百六十三度七十九分三十三秒一十九微六一，折半爲交中之度。其交終前六度一十五分三十四秒曰正交，交中後六度一十五分三十四秒曰中交。正交近羅睺，中交近計都。月離去聲。其度而與日遇，則日食。與日對，則月食也。日月行二十九日有奇，東西同□，月視行在于黃道近交，人適視爲同經同緯，則人月與月日相參直，月魄正□日光于人日，是爲日食。非日失其光，月魄掩之耳。太陰距太陽一百八十度而正與之衝，月行近于兩交，地球居日月東西之中，體影間隔，則日光不能照射于月，人目視之，若月失其光，是爲月食。非月失其光也，地影隔之耳。然必日月及于正交或中交，爲同度則食，餘則不能食也。

明·章潢《圖書編》 月總敘

月者，太陰之精。積而成象，魄而含影，稟日之光，以明照夜。以之配日，女主之象。以之比德，刑罰之義。列之朝廷，諸侯大臣之數。故近日則光斂，猶臣卑君尊而居也。遠日則光滿，爲其守道循法，蒙君榮華而體勢伸也。當日則蝕，猶臣僭君道而至于覆滅也。盈極必缺，示其不可久盈也。行有弦望、晦朔、遲疾、陰陽、刑政之等威也。日一日行一度，月一日行十三度一千三百四十分度之四百九十四，此平行之大率也。人君有道，人臣奉法，則月行依度。臣擅權，則月行失道。大臣用事，兵刑失理，則月行乍南乍北。女主外戚擅權，則月行或進或退。此以其大略也。若夫推求晦朔弦望等術，皆著于曆法，此不勝載。

春入陽曆，秋入陰曆，月行朱道，則羅在日之春躔，計在日之秋躔。

春入陰曆，秋入陽曆，月行黑道，則羅在日之秋躔，計在日之春躔。

冬入陰曆，夏入陽曆，月行青道，則羅在日之夏躔，計在日之冬躔。

冬入陽曆，夏入陰曆，月行白道，則羅在日之冬躔，計在日之夏躔。

起於女虛俱閏，有閏極遲，後一日半；無閏極速，先一日。

遇孛最疾，行十四度餘四之三；衝孛最遲，行十三度餘。

算法積置日減二，以三百二十四一之，爲順行減積日，餘不滿順逆行數者，以九因之，中數二百四十八，數除之不盡者，爲殘分。在一百二十四以下，入疾曆；一百二十四以上，入遲曆。

疾行、一日行十四度半。平行、一日行十三度少強。遲行一日行十二長旨。二十七日有奇行一周天。更行二日。與日合朔。

月乃陰精一日繞地一周，而在天爲不及十三度百分度之三十七曆，家遂以不及之度爲行度，積二十九日五十三分五秒九十三毫而與日會，爲一月。其行不指曰黃道，乃出入黃道之內外而有九行，九行止是一道，其道與黃道相交如赤道然。黃赤二道相距遠處二十三度九十分，而月道距黃道六度二分而已，其相交，交之始强名曰羅睺，交之終强名曰計都。自交始至交終，月在黃道外名陽曆，乃背羅向計之處也。自交終至交始，月在黃道內名陰曆，乃背計向羅之處也。月猶水道，日猶陸道，而羅計猶橋，其歲歲改異者，由日行歲差之故也。所謂九行者，陽曆在夏至日躔之南，夏爲南，乃南之南也，名外朱道。陰曆在冬至日躔之北，北爲內，名內朱道，在北而曰朱者，冬至屬子，若冬至日躔伏於地盤子位，則月在黃道之上，凡地以下爲北，上爲南，故曰內朱道，乃北之南也。苟冬至日，躔反在午位，則內朱道亦在黃道之北矣。此不論反而論伏，黑道之理亦然。陰曆在夏至日躔之北，名內黑道，夏爲南，乃南之北也。陽曆在冬至日躔之

南，名外黑道。在南而曰黑者，月在黄道之下，凡地以上爲南，下爲北，故雖南而曰黑。冬爲北方，北之北也。月行朱道，則羅在日之春躔，計在日之秋躔。月行黑道，則羅在日之秋躔，計在日之春躔。陽曆在秋分日躔之東，名外青道，乃東之東也。陰曆在春分日躔之東，名内青道，乃西之東也。陽曆在春分日躔之西，名内白道，乃東之西也。青白道不論反，復若天地卯酉互位者。然月行青道，則羅在日之夏躔，計在日之冬躔。月行白道，則羅在日之冬躔，計在日之夏躔。以内外分别朱黑青白八道。而名九行者，以八道之行交於黄道而穿度其間，故通以九言也。月從黄道之交，出外一百八十一度七十九，分六十七秒，則終交於黄道，從此入黄道之内復至初交，則該三百六十三度七十九分三十六秒乃月道之一周，計二十七日二十一分二十三秒二十四毫。然其行有盈縮，後漢劉洪以爲疾行則十四度餘約四之三，遲行則止十三餘度，其間漸疾漸遲，大率二百八十四日盈縮九匝。《授時曆》謂：每轉二十七日五十五分四十六秒，月行三百六十八度三十七分四秒半，爲盈縮一匝。其間遲疾之數相補，遂以十三度三十六分八十七秒半爲一日平行之度。然其盈縮視孛星所在，與其同位爲最遲，與其對衝爲最疾。所起有女虚危之不同，宜取其起於危者，立爲定式，而斟酌以用之可也。

萬曆五年十二月朔日，月昏牛四度，初二日丑三刻入子宫。

太陰行道遲疾相交之處

月者太陰之精，右行循白道。白道者，古謂九道，實惟一道也。白道半入黄道北，半出黄道南，相距遠處六度二分，其相交處自北而南曰陽曆口，世謂羅睺。自南入北曰陰曆口，世謂計都。羅睺逆行黄道上，每十有八日六十一分三十秒而移一度，月行一交而移一度四十六分三十一秒二微五十七繊。羅居午，計居子，則月道出黄道東，是謂青道。羅居子，計居午，則月道出黄道西，是謂白道。羅居酉，計居卯，則月出黄道南，是謂赤道。羅居卯，計居酉，則月出黄道北，是謂黑道。四道各分内外，是曰八道。八道出入黄道間，是曰九道。其實非二道也。月行十有八年有奇而遍九道。所謂春行青道，夏行朱道，秋行白道，冬行黑道，妄矣。月行二十有七日五十五刻五十五分而一周天，二十有九日五十三刻五分九十三秒而與日會，週天爲一轉終，折半爲轉中。轉終前後月行疾，日十有四度七十一分五十四秒；轉中前後月行遲，日十有二度一分八十一秒；終中之間月行平，日十有三度二十三分五十三秒。其轉中度分曰孛，月行。最遲處也。轉終月行三百六十八度七十三分五秒五十八微七十五繊，折半爲轉中月行之數。月行二十七日二十一刻二十一分二十四秒，行三百六十三度七十九分三十四秒一十九微五繊，爲一交終，折半爲交中。交終前六度一十五分二十四秒，曰正交。交中後六度一十五分三十三秒，曰中交。正交近羅睺，中交近計都月離其度而與日遇，則日食。月離其度而與日對，則月食也。

月行九道

日有中道，月有九行。説見《洪範本傳》。合以陽曆陰曆之説推之，凡月行所交，以黄道内爲陰曆，外爲陽曆。冬入陰曆，夏入陽曆，月行青道。冬至、夏至後青道半交在春分之宿，當黄道東。立冬、立夏後青道半交在立春之宿，當黄道東南，至所衝之宿亦如之。冬入陽曆，夏入陰曆，月行白道。冬至、夏至後白道交在秋分之宿，當黄道西。立冬、立夏後白道半交在立秋之宿，當黄道西北，至所衝之宿亦如之。春入陽曆，秋入陰曆，月行朱道。春分、秋分後朱道半交在夏至之宿，當黄道南。立春、立秋後朱道半交在立夏之宿，當黄道西南，至所衝之宿亦如之。春入陰曆，秋入陽曆，月行黑道。春分、秋分後黑道半交在冬至之宿，當黄道北。立春、立秋後黑道半交在立冬之宿，當黄道東北，至所衝之宿亦如之。四序離爲八節，至陰陽之所交皆與黄道相會，故月行有九道。所謂日月之行，則有冬有夏也。

月行不由黄道，亦不由赤道，乃出入黄道之内外而有九行。九行止是一道，其道與黄道相交半，如赤道然。然黄赤二道相遠處二十三度九十分，而月距黄道遠六度二分而已。其相交處，交之始，强名曰羅睺；交之中，强名曰計都。自交始至交中，月在黄道外，名陽曆，乃背羅向計之處也。自交中至交始，月在黄道内，名陰曆，乃背計向羅之處也。月道猶水道，日道猶陸道，而羅計猶橋道，其歲歲改異，則由日行歲差之故也。且所謂九行者，陽曆在夏至日躔之南，夏爲南，乃南之南也，名外朱道。陰曆在冬至日躔之北，北爲内，名内朱道。在外而曰朱道者，冬至屬子，若冬至日伏，躔於地盤子位，則月在黄道之上，凡地以下爲北，上爲南，故曰内朱道，乃北之南也。苟冬至日躔反在午位，則内朱道亦在朱道之北矣，此不論反而論伏，黑道之理亦然。陰曆在夏至日躔之北，名内黑道，夏爲南，乃南之北也。陽曆在冬至日躔之南，名外黑道，在南而曰黑者，月道在黄道之下，凡地以上爲南，下爲北，故雖南而曰黑。冬爲北，乃北之北也。月行朱道，則羅在日之春躔，計在日之秋躔。月行黑道，則羅在日之秋躔，計在日之春躔，陽曆在秋分日躔之東，名外青道，乃東之東也。陰曆在春分日躔之東，名

内青道，乃西之東也。陽曆在春分日躔之西，名外白道，乃西之西也。陰曆在秋分日躔之西，名内白道，乃東之西也。青白道不論反，復若天地卯酉互位者亦然。月行青道，則羅在日之夏躔，計在日之冬躔。月行白道，則羅在日之冬躔，計在日之夏躔。是故以内外分别朱黑青白爲八道。八道而曰九行者，以八道之行交於黄道而穿度其間，故通以九言也。八道變易不常，不可置於渾儀，亦不可晝於星圖，所可具者，黄赤二道耳。欲别於黄，故塗以赤，赤道與八道相，交遠近，朱道止十八度遠，黑道至三十度遠，青白二道約二十四度遠。《授時曆》謂：月從黄道之交出外一百八十一度八十九分六十七秒，則中交於黄道，從此入黄道内，復至交初，則皆三百六十三度七十九分三十六秒，乃月道之一周，計二十七日二十一分二十二秒二十四毫，與古曆數不同焉。

月變總敘

《中興天文志》或曰：日月，猶水火也。火外光，水含景，故月之光生於日之所照，其魄生於日之所不照也，故當日則光盈。照之全也，自是而闕，以日光之映有不全，乃至於晦愈相近，而不之照故也。嘗觀諸水，日之所照，每借以爲光，仰而映于屋梁。一有掩焉，則向之光於屋梁者不復見也。月之借於日猶是。故夫月之光也，以日之光有照焉。則月之食也，亦以日之光有掩焉耳。人之于月，猶見其光與食，豈知有借於日哉？太史遷曰：月食常也，日食不臧也。是以《春秋》書日食，不書月食。月食固，可無書也。然常試以前説推之於月之食，以知日之行於地中其亦有食焉不然則日光之全與月相望，其何食之有，月食所關豈細哉！夫日月者，象君臣也。咎繇稱元首明，股肱良；元首叢脞，股肱惰，良惰之分，關於君德。月有光食，顧不然乎？於是月食而書赤可也。《湯誥》曰：萬方有罪，罪在朕躬，古之畏天戒者，不以移於股肱。嗚呼！書月食，其亦足以戒乎？又曰：孟康月星入月而星見於月中，是爲星食。月月掩星，而星滅不見，是爲月食星。《隋天文志》曰：月食五星，歲以饑，熒惑以亂，鎮星以殺，太白以强國戰，辰以女亂。孝宣本始四年七月甲辰星在翼，月犯之地節。元年正月戊午，月食熒惑，熒惑在角亢。成帝建始四年十一月食鎮星，陽朔元年七月，月犯心，此其證也。

月體本無圓缺，如懸黑漆丸於簷下，映日必有光轉射暗壁，其半邊因映日故有光，而半邊元暗也。過望與日躔度相對，半邊之光全向於地，普照人間，半邊之暗全向於天，人不可見也。及漸相近而側相映，則向地之邊光漸少矣。至晦朔則與日同經，日與天近，月與日近，其半邊之光全向於天，半邊之暗則向於地。及漸相遠而側相映，則向地之邊光漸多矣。故月體之光暗半輪轉旋，人目所不及，因謂其有圓缺耳。然其與日對望爲地所隔，猶能受日之光者，陰陽精氣之潛通，如吸鐵之石、感霜之鍾莫或間之也。月明不全，瑩而似瑕者，如懸明鏡照水之處則瑩，映地之處則瑕，世以爲山河所印之景是也。

朱子曰：月體常圓無闕，但常受日光爲明。初三四是日在下照月西邊明，人在這邊望，只見上弦光；十五六則日在地下，其光由地四邊而射出，月被其光而明。月中是地影，古今人皆言月有闕，惟沈存中云無闕。

月無盈闕，人看得有盈闕蓋晦日則月與日相疊了。至初三方漸漸離開去，人在下面側看，見則其月闕。至望日，則月與日正相對，人在中間正看，見則其光方圓。曆家舊説月朔則去日漸遠，故魄死而明生。既望則去日漸近，故魄生而明死。至晦而朔，則又遠日而明復生，所謂死而復育也。此説誤矣。若果如此，則未望之前，西近東遠，而始生之明當在月東；既望之後，東近西遠，而未死之明却在月西矣。安得未望載魄於西，既望終魄於東，而遡日以爲明乎？故唯近世沈括之説乃爲得之。蓋括之言曰：月本無光，猶一銀丸，日耀之乃光耳。光之初生，日在其傍，故光側而所見纔如鉤。日漸遠則斜照，而光稍滿，大抵如一彈丸。以粉塗其半，側視之則粉處如鉤，對視之則正圓也。近歲王普又補其説：月生明之夕，但見其一鉤。至日月相對，而人處其中，方得見其全明。必有神人能凌倒景，傍日月而往參其間，則雖弦晦之時，亦復見其全明，而與望夕無異耳。以此觀之，則知月光常滿，但自人所立處視之，有偏有正，故見其光有盈有虧。非既死而復生也。若顧兎在腹之間，則世俗桂樹蛙兎之傳其惑久矣。或者以爲日月在天如兩鏡相照，而地居其中，四傍皆空，水也。故月中微黑之處乃鏡大地之影，略有形似而非真有是物也。斯言有理，足破千古之疑矣。

問：日月陰陽之精氣，所謂終古不易與光景常新者，其判别如何？非以今日已映之光復爲來日將升之光，固可略見大化無息，而不資於已散之氣也。然竊嘗觀之日月，虧食隨所蝕分數，則光没而魄存，是魄常在而光有聚散也。所謂魄者，在天豈有形質耶？或乃氣之所聚，而所謂終古不易者耶。曰：日月之説，沈存中《筆談》中説得好。日蝕時亦非光散，但爲物掩耳。若論其實，須以終古不易者爲體，但其光氣常新耳。然亦非但一日一個，蓋頃刻不停也。

西山真氏曰：月，太陰也，本有質而無光。其盈虧也，以受日光之多少。月

之朔也，始與日合。越三月而明生，八日而上弦，其光半，十五日而望，其光滿。此所謂三五而盈也。既望而漸虧，二十三日而下弦，其虧半。三十日而晦，其光盡。此所謂三五而闕也。方其晦也，是謂純陰，故魄存而光泯。至日月合朔，而明復生焉。

臨川吴氏曰：古今人率謂月盈虧蓋以人目之所覩言，而非月之體然也。月之體如彈丸，其遡日者常明，常明則常盈，而無虧之時，當其望也，日在月之下，而月之明向下，是以下之人見其體之盈及其弦也。日在月之側，自下而觀者，僅得見其明之半，於是以弦之月爲半虧。及其晦也，日在月之上，而月之明亦向上，自下而觀者，悉不見其明之全。於是以晦之月爲全虧。儻能飛步太虚，傍觀於側，則弦之月如望。乘凌倒景，俯視于上，則晦之月亦如望月之體常盈。而人之目有所不見，以目所不見而遂以爲月體之虧，可乎？知在天有常盈之月，則知人之曰盈曰虧皆就所見而言爾。曾何損於月哉！

明·熊明遇《格致草》 月體

月體去人時近時遠，折取中數，八其地半徑自之得六十四，半徑爲三十二，全徑是月去地之中數也。其視徑去人愈近愈大，愈遠愈小，折取中數，亦得半度與日等，其本徑則小于地球，地之容大約三十餘倍也。月體無光，受光于日，月球之光恒得半以上，因日體大於其體故。

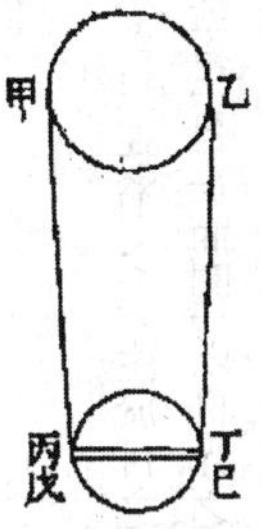

論太陰之光，本自無光，受光于太陽，故本球之光恒得半以上，因太陽之體大于其體故。如上圖甲乙爲日，丙丁爲月徑，因日大故受光至于戊己。

太陰面上黑象有二種，今人所見黑白異色者，是其二小者，則日日不同，非遠鏡不能見也。

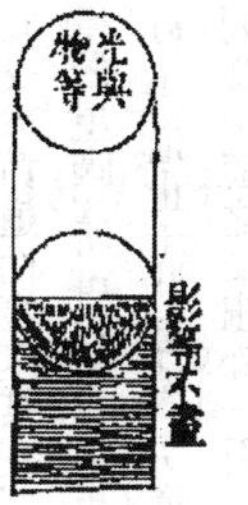

朔後見新月遲早高下之異

問：既朔日以後，月光漸長，又每日離日輪十三度，則第二日日入地平，月在日東十三度遠，則月高于地平亦十三度遠，自第三日以後，宜無不見月光者，乃今之見光或在朔後二日，或在三日，或在四日，其不同何也？曰：其故由于地平及黄道也。人居地面而以見月光者，必月輪在地平上高十二度，方可得見。不然則否。蓋月之度數，有離地平之度。月光之見否，由于離地平之高低，不由于離日輪之遠近也。故黄道交于地平不同，有斜相交，有正相交。朔時日月同度，若其同度在于斜交之宫，則居地面者遲見月光也。若在于正交之宫，則速見其光也。視上三圖，甲乙爲地平，丙丁爲黄道，戊爲月輪在地平上，己爲日輪將入地平。第一圖乃甲乙地平斜相交于丙丁黄道，戊月輪雖離己日輪十三度或十五度，乃其高于地平非十二度。故合朔次日，其月雖離日輪十三度，因未至地平十二度高，故居地面者第二日不能見其光，或在第三第四日也。第二圖甲乙地平乃正相交于黄道，戊月輪之離日輪及地平並同也。故均爲行十三度，而其第二日已高于地平十二度，故得即見月光。云又月因有逆順行，亦有離大陽遲速。逆行時，必遲離太陽，順行時，必速離太陽，此其故也。

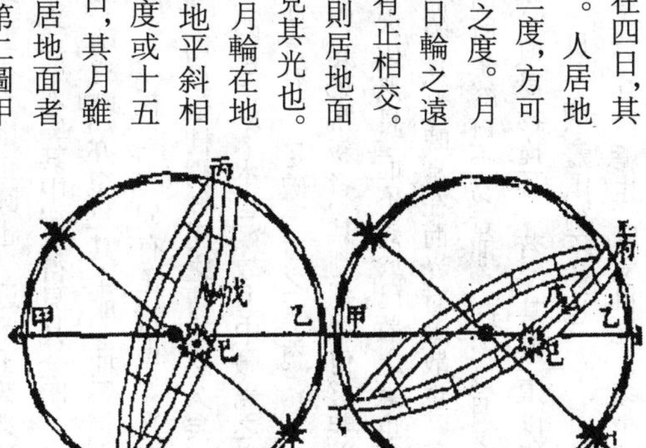

清·江永《數學》 太陰諸輪

月有本天，有本輪，有均輪，有負圈，有次輪，有次均輪。本天以地爲心，隨宗動天左旋而最緩，故右移甚速。本天右移帶動本輪。本輪之心定於本天之上，其樞左旋，帶動均輪。本輪之頂爲月孛，其底爲入，轉輪樞左旋，視本天之右移者稍緩，因生月孛之行。均輪之心定於本輪之上，其樞右旋帶動負圈。負圈所以負，次輪其心在均輪上，併均輪全徑與次輪半徑，爲負圈半徑。負圈之心定於均輪之上，其樞不動，隨均輪而右旋，帶動次輪。若無負圈，則次輪無爲帶動者矣。次輪之心定於負圈之上，隨負圈而出入於本輪，有時在本輪内，有時出本輪外。其周恒與均輪相切，與五星次輪心在均輪上者異。其樞左旋，與土木火三星次輪右旋者異。帶動次均輪。月獨有次均輪。次均輪之心定於次輪之上，其樞不動，隨次輪而左旋帶動月。曆法西傳，謂月在次輪上右旋，非也，轉輪一左旋一右旋，則其樞轉動，惟負圈與均輪同爲右旋，次均輪與次輪同爲左旋，是其樞不轉動。月體定於次均輪之上，隨次輪與次均輪而左旋，月在次均輪。【略】輪旋而月體之上下不變。【略】

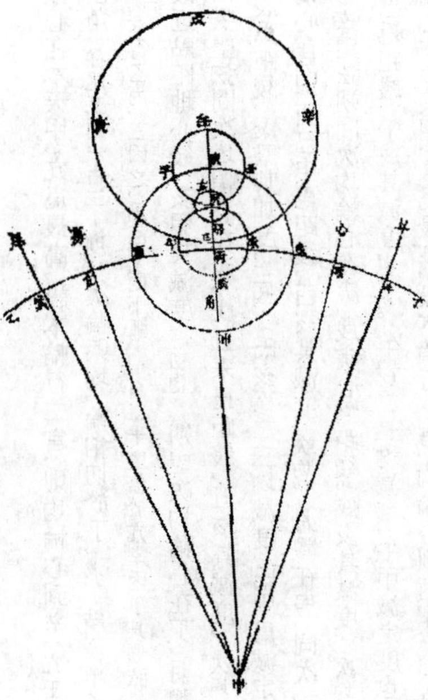

月輪圖

甲爲地心，乙丙丁爲本天界，寅戌申酉爲本輪，壬子癸丑爲均輪，癸未辰午爲次輪，亥卯爲次均輪，戊庚己辛爲負圈。

寅爲最高，即月孛。申爲最卑，此設均輪心在最高，祁宮。則次輪與均輪相切於癸。又設當朔望時，癸即次均輪心所到，而月體在卯若均輪到三宮，戌點。則次輪與均輪相切於心。均輪在最卑，九宮。則次輪與均輪相切於角。均輪到九宮，酉點。則次輪與均輪相切於房。丙至氐初，均減度之最大，丙至亢初，均加度之最大者也。若均輪到三宮又當兩弦時，則月體在斗，視度在牛。均輪到九宮，又當兩弦時，則月體在尾，視度在箕。亢至箕，氐至牛二三，均加減度之大，者也。

月有諸輪，行度最多變態，後分十二宮圖之。本天大於本輪半徑約十七倍有奇。

月本輪初宮圖。

次均輪行於次輪，不能徧圖。每一圖以四爲率。上次均輪朔望時、右次均輪朔弦望弦間、下次均輪上下弦時、左次均輪弦望弦朔間。

子斗丑爲本天界，丙寅辰卯爲本輪，輪心在斗，設當輪最高，丙點。爲初宮初度，則均輪庚午丁女。心在丙，而負圈辛癸甲壬。之心在庚，次輪丁午未申。丁點，與均輪相切。如其正當朔望也，則次均輪戊乙。心在次輪均輪相切之處，丁。而月體在乙，次均輪之底。此時無加減度。從丙乙斗辰巳綫直下至地心，綫長不能圖，只圖其上截，後倣此。爲次輪最近點距地心綫，減去次均輪半徑，丁乙。爲月距地心綫。如其行至朔弦望弦之間，初四、初五、十八、十九。則次均輪角酉。心到午。午奎亥爲輪心距地心綫，奎斗其減度。次均。月體在酉，酉壁戌爲距綫，奎壁其加度，三均。壁斗則減定度也。如其行至上下弦，則次均輪房心。心到未，月體在房，與朔望距地心綫合爲一，惟乙房爲月體相距之差。亦無加減度。如其行至弦望弦朔之間，十一、十二、廿六、廿七。則次均輪亢氐。心到申，申危箕爲輪心距地心綫，危斗其加度，次均。月體在氐，氐室尾，爲距綫，危室其減度，三均。室斗則加定度也。凡諸直綫皆下至地心。

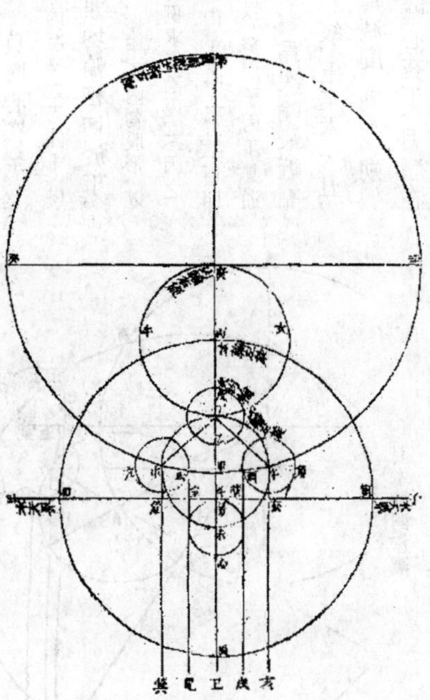

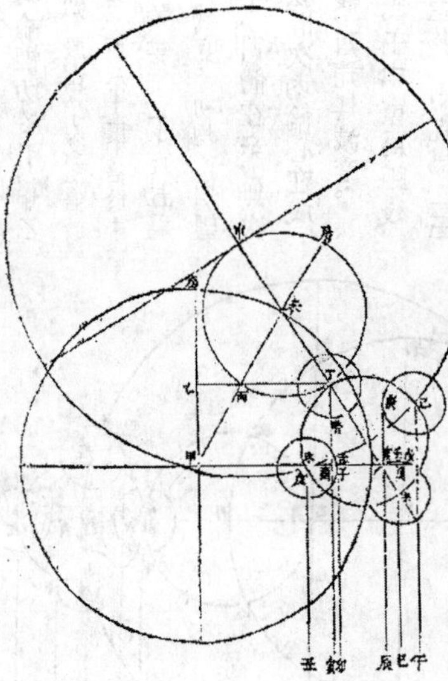

月本輪一宮圖

本輪心在本天甲，房爲最高，設本輪行一宮，則均輪心到未，房未三十度。負圈心在申，從房至申六十度。次輪與均輪相切於丁，求丁點之法，先作甲乙丙勾股形，以正弦比例求得乙丙，三因之，即丁點所在丙丁弧，六十度倍於房未丙丁其通弦。丁酉寅爲次輪最近點距地心綫，酉甲其減度。初均。朔望次均輪心在丁，月體在癸丁，癸酉寅與初均距綫合爲一，故朔望無次均加，減後倣此。朔弦，望弦間次均輪心在巳，巳戌午爲距綫，酉戌其減。度，次均。月體在庚，庚亥辰爲距綫，亥戌其加度。三均。亥酉爲二三均減度，亥甲減定度也。上下弦次均輪心在辛，角辛巳爲距綫，角酉其減度。次均。月體在壬，壬辛巳距綫與次均同，故上下弦即以次均爲三均，後倣此。角甲減定度也。弦望弦朔間次均輪心在戊，氐戊丑爲距綫，氐酉其加度，次均。月體在子，亢子卯爲距綫，亢氐爲減度，三均。亢酉爲二三均減度，亢甲減定度也。

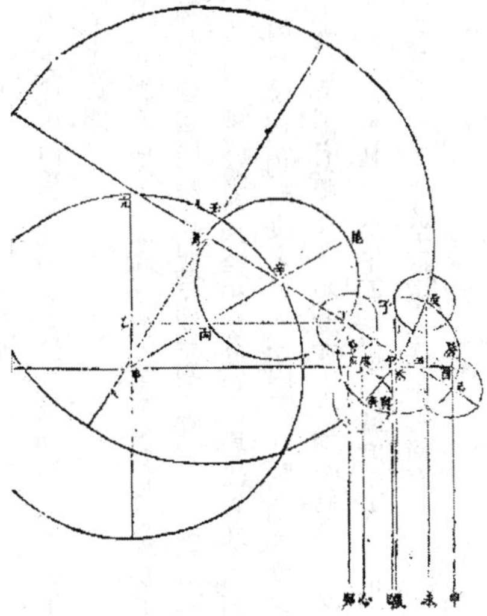
月本輪二宮圖

本輪心在本天甲，亢爲最高，設本輪行二宮，則均輪心到辛，亢壬辛六十度。負圈心在角，從尾至角一百二十度。次輪與均，輪相切於丁，求丁點，作甲乙丙勾股形以正弦比例求得乙丙，三因之，爲乙丁丙丁弧，一百二十度倍於亢辛丙丁其通弦。丁亥，卯爲次輪最近點距地心綫，亥甲其減度。初均。朔望次均輪心在丁，月體在癸，無次均。朔弦望弦間次均輪心在戊，戊丑未爲距綫，丑亥其減度。次均。月體在子，子氐辰爲距綫，氐丑其加度，三均。氐亥爲二三均減度，氐甲爲減定度。上下弦次均輪心在巳，酉巳申爲距綫，酉亥其減度，次均。月體在房，同次均，酉甲減定度也。弦望弦朔間次均輪心在庚，戌庚心爲距綫，戌亥其減度。次均。月體在寅，午寅巳爲距綫，午戌其減度，三均。午亥二三均減度，午甲減定度也。

本輪心在本天甲，未爲最高，設本輪行三宮，均輪心到丙，未氐丙九十度。負圈心在乙，從丁曆氐至乙一百八十度。次輪與均輪相切於丁，甲乙丙丁爲直綫，無勾股，甲丁交三倍於甲乙，乙心丁弧一百八十度，倍於未丙乙。丁，爲均輪全徑。丁亢丑爲距綫，亢甲其減度。初均。朔望次均輪心在丁，月體在辛，無次均。朔弦望弦間次均輪心在戊，戊酉即爲距綫，酉亢其減度。次均。月體在壬，壬申寅爲距綫，申酉其加度，三均。申亢爲二三均減度，申甲減，定度也。上下弦次均輪心在巳，巳戌午爲距綫，戌亢其減度。次均。月體在癸，同次均，戌甲減定，度也。弦望弦朔間次均輪心在庚，亥庚辰，爲距綫，亥亢其減度。次均。月體在子，角子巳爲距綫，角亥其減度，三均。角亢爲二三均減度，角甲減定度也。

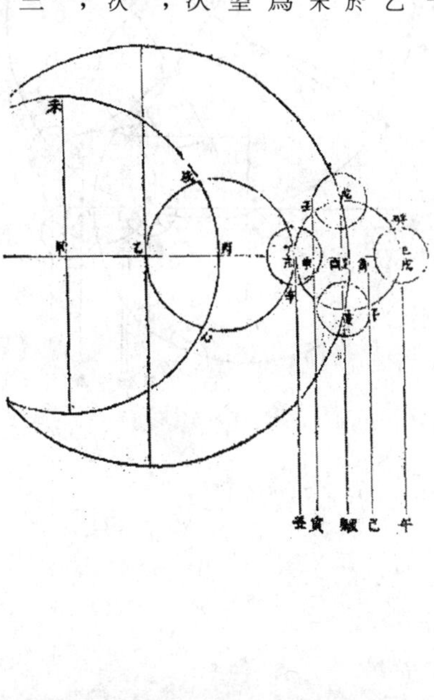
月本輪三宮圖

本輪心在本天甲，癸爲最高，設本輪行四宮，均輪心到子，癸房子一百二十度。負圈心在辛，從壬曆丁丙至辛二百四十度。次輪與均輪相切於丁。求丁點，作甲乙丙勾股形，以正弦比例求得乙丙，三因之，爲乙丁丙辛壬丁弧，二百四十度倍於癸房子丙丁其通弦。丁寅爲次輪最近點距地心綫，上至本天丑，丑甲其減度，初均。朔望次均輪心在丁，月體在

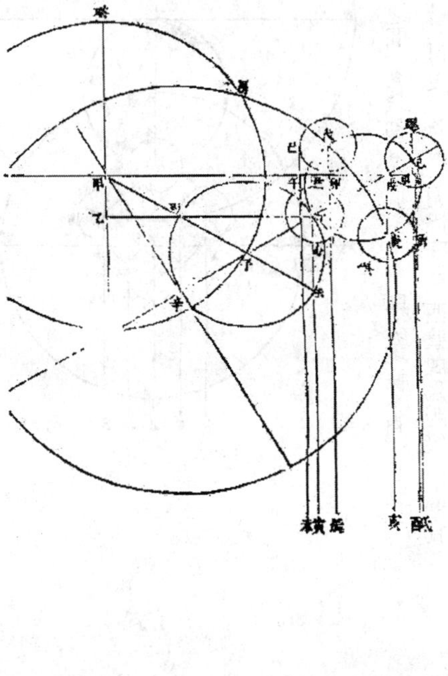
月本輪四宮圖

心，無次均。朔弦望弦間次均輪心在戊，戊卯辰爲距綫，卯丑其減度。次均。月體在巳，巳午未爲距綫，午卯其加度，三均。午丑爲二三均加度，午甲減定度也。上下弦次均輪心在巳，巳申酉爲距綫，申丑其減度。次均。月體在尾，同次均，申甲減定度也。弦望弦朔間次均輪心在庚，戌庚亥爲距綫，戌丑其減度。次均。月體在角，亢角氐爲距綫，亢戌其減度，三均。亢丑二三均減度，亢甲減定度也。

本輪心在本天甲，子爲最高，設本輪行五宮，均輪心到壬，子尾壬一百五十度。負圈心在辛，從癸曆丁丙至辛三百度。次輪與均輪相切於丁。求丁點，作甲乙丙勾股形，求得乙丙，三因之，爲乙丁丙辛癸丁强，三百度，倍於子尾壬丙丁其通弦。丁申爲次輪最近點距地心綫，上至本天午，午甲其減度。初均。朔望次均輪心在丁，月體

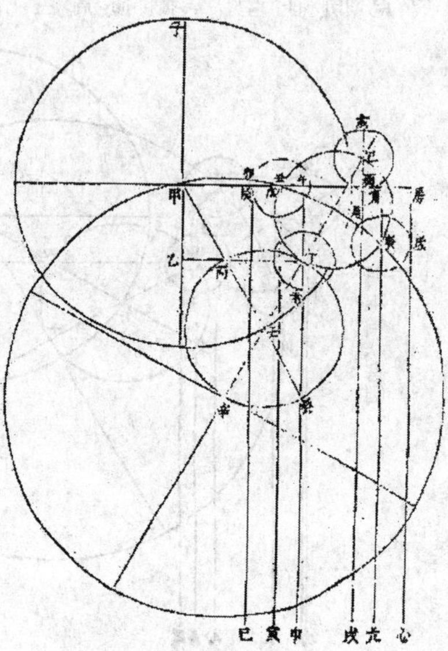

月本輪五宮圖

在未，無次均。朔弦望弦間次均輪心在戊，戊丑寅爲距綫，丑午其加度。次均。月體在卯，卯辰巳爲距綫，辰丑其加度，三均。午辰爲二三均加度，辰甲減，定度也。上下弦次均輪心到巳，巳酉戌爲距綫，酉午其減度。次均。月體在亥，同次均，酉甲減定度也。弦望弦朔間次均輪心到庚，角庚亢爲距綫，角午其減度。次內。月體在氐，房氐心爲距綫，房角其減度，三均。房午二三均減度，房甲減定度也。

本輪心在本天甲，乙爲最高，設本輪行六宮，均輪心到丙，乙亥丙一百八十度。負圈心在辛，從辛曆角丁亢至辛一周。次輪與均輪相切於丁。均輪心在最卑，無勾股形，從丁曆亢辛角至丁，一周倍於乙亥丙。丁辛癸爲次輪最近點距地心綫，上至本天甲爲一直綫，無初均加減度。朔望次均輪心在丁，月體在壬，同一直綫，亦無次均度。朔弦望弦間次均輪心在戊，子戊丑爲距綫，子甲其加度。次均。月體在

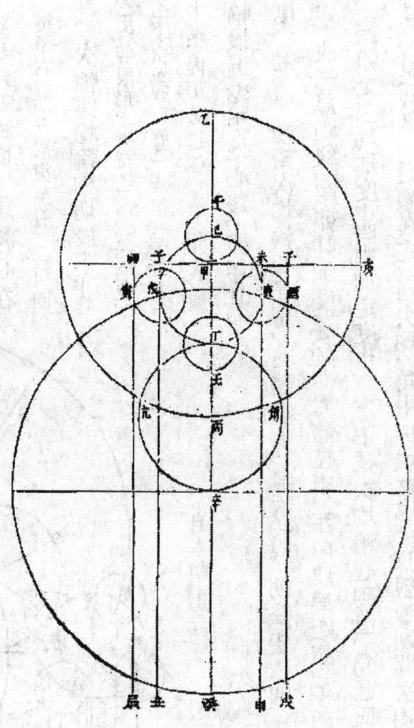

月本輪六宮圖

寅，卯寅辰爲距綫，卯子其加度，三均。卯甲二三均加度，即加定度也。上下弦次均輪在巳，月體在午，與朔望同一直綫，亦無次均。弦望弦朔間次均輪心在庚，未庚申爲距綫，未甲其減度。次均。月體在酉，子酉戌爲距綫，子未其減度，二均。子甲二三均減度，即減定度也。

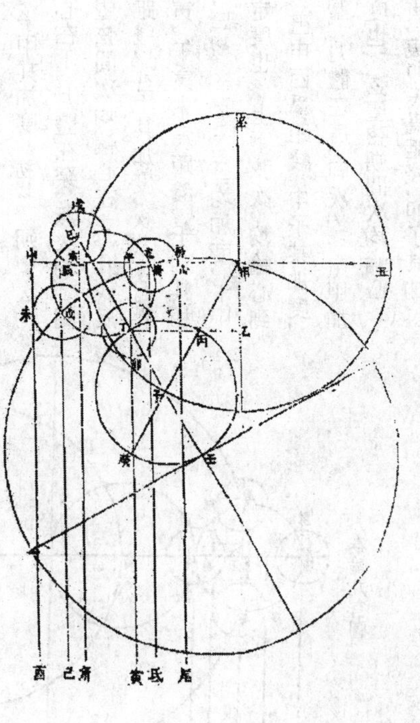

月本輪七宮圖

本輪心在本天甲，辛爲最高，設本輪行七宮，均輪心到子，辛丑子二百一十度。

負圈心在壬，從癸右旋一周復至壬，六十度。次輪與均輪相切於丁，作甲乙丙勾股形，求得乙丙，三因之，爲乙丁。從丙在旋一周，復至丁六十度，丙丁其通弦。丁卯寅爲次輪最近點距地心綫，上至本天午，午甲其加度。初均。朔望次均輪心在丁，月體在卯，無次均。朔弦望弦間次均輪心在戊，辰戊巳爲距綫，辰午其加度。次均。月體在未，申未酉爲距綫，申辰其加度，三均。申午二三均加度，申甲加定度也。上下弦次均輪心到巳，巳亥角爲距綫，亥午其加度，次均。月體在戊，同次均，亥甲加定度也。弦望弦朔間次均輪心到庚，庚亢氐爲距綫，亢午其減度，次均。月體在房，房心尾爲距綫，心亢其減度，三均。心午二三均減度，心甲加定度也。

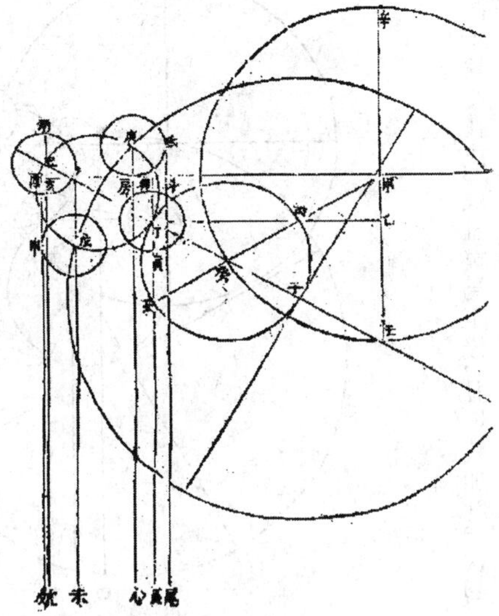
月本輪八宮圖

本輪心在大天甲，辛爲最高，設本輪行八宮，均輪心到癸，辛壬癸二百四十度。負圈心在子從丑右旋一周復至子，一百二十度。次輪與均輪相切於丁，作甲乙丙勾股形，求得乙丙，三因之，爲乙丁，從丙右旋一周復至丁一百二十度，丙丁其通弦。丁寅辰爲次輪最近點距地心綫，上至本天卯，卯甲其加度。初均。朔望次均輪心在丁，月體在寅，無次均。朔弦望弦間次均輪心到戊，午戊未爲距綫，午卯其加度，次均。月體在申，酉申戌爲距綫，酉午其加度，三均。酉卯二三均加度，酉甲加定度也。上下弦次，均輪心到巳，巳亥亢爲距綫，亥卯其加度，次均。月體在角，同次均，亥甲加定度也。弦望弦朔間次均輪心到庚，庚房心爲距綫，房卯其加度。次均。月體在氐，氐斗尾爲距綫，斗房其減度，三均。斗，卯二三均減度，斗甲加定度也。

本輪心在本天甲，壬爲最高，設本輪行九宮，均輪心到丙，壬辛丙二百七十度。負圈心在乙，從丁右旋一周復至乙，一百八十度。次輪與均輪相切於丁，甲乙丙丁爲直綫，無勾股，甲丁亦三倍於甲乙，從乙右旋一周復至，丁一百八十度，乙丁其通弦。丁子丑爲次輪最近點距地心綫，子甲其加度。初均。朔望次均輪心在丁，月體在癸，無次均。湖望次均弦望弦間次均輪心在戊，亢戊辰爲距綫，亢子其加度，次均。月體在寅，午寅未爲距綫，午亢其加度，三均。午子二三均加度，午甲加定度也。上下弦次，均輪心到巳，巳申酉爲距綫，申子其加度，次均。月體在房，同次均，申甲加定度也。弦望弦朔間次均輪心到庚，庚卯氐爲距綫，卯子其加度，次均。月體在戌，戌角亥爲距綫，角卯其減度，三均。角子二三均加度，角甲加定度也。

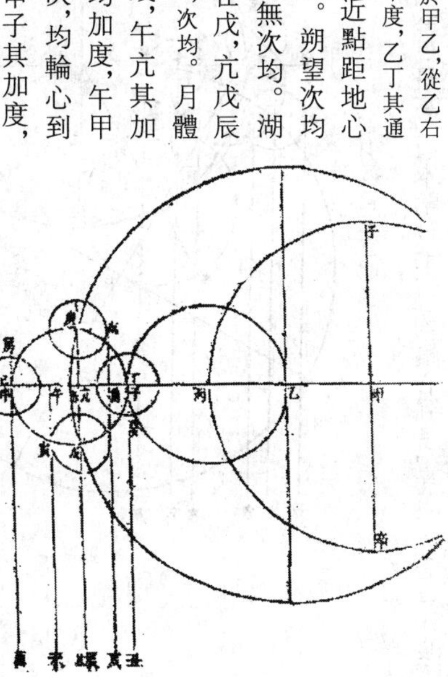
月本輪九宮圖

本輪心在本天甲，辛爲最高，設本輪行十宮，均輪心到癸，辛壬癸三百度。負圈心在丑，從子右旋一周復至丑，二百四十度。次輪與均輪相切於丁，作甲乙丙勾股形，求得乙丙，三因之，爲乙丁，從丙右旋一周復至丁二百四十度，丙丁其通弦。丁卯辰爲次輪最近點距地心綫，卯甲其加度。初均。朔望次均輪心在丁，月體在寅，無次均。朔弦望弦間次均輪心到戊，午戊未爲距綫，午卯其加度，次均。月體在申，酉申戌爲距綫，午酉其加度，三均。酉卯二三均加度，酉甲加定度也。上下弦次均輪心到巳，角巳氐爲距綫，角卯其如度，次均。月體在亢，同次均，角甲加定度也。弦望弦朔間次均輪心到庚，

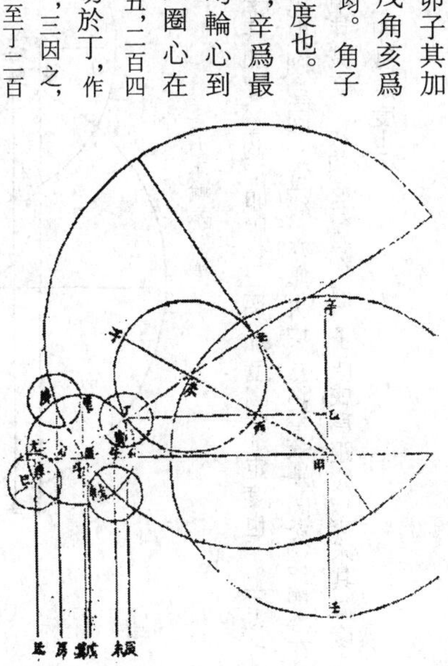
月本輪十宮圖

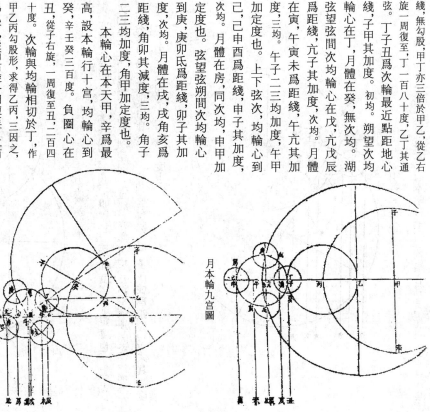

庚心房爲距綫，心卯其加度，次均。月體在尾，尾斗箕爲距綫，斗心其減度，三均。斗卯二三均加度，斗甲加定度也。

本輪心在本天甲，氐爲最高，設本輪行十一宮，均輪心到尾，氐房心尾三百三十度。負圈心在斗，從箕右旋一周復至斗，三百度。次輪與均輪相切於丁，作甲乙丙勾股形，求得乙丙，三因之，爲乙丁，從丙右旋一周復至丁三百度，丙丁其通弦。丁壬癸爲次輪最近點距地心綫，壬甲其加度。初均。朔望次均輪心在丁，月體在辛，無次均。朔弦望弦間次均輪心到戌，申戌酉爲距綫，申壬其減度。次均。月體在子，戌子丑爲距綫，戌申其加度，三均。戌壬二三均加度，戌甲加定度也。上下弦次均輪心到已，卯已寅爲距綫，卯壬其加度，次均。月體在辰，同次均，卯甲加定度也。弦朔弦望間次均輪心到庚，庚午未爲距綫，午壬其加度，次均。月體在亥，亥亢角爲距綫，亢午其減度，三均。亢壬二三均加度，亢甲加定度也。

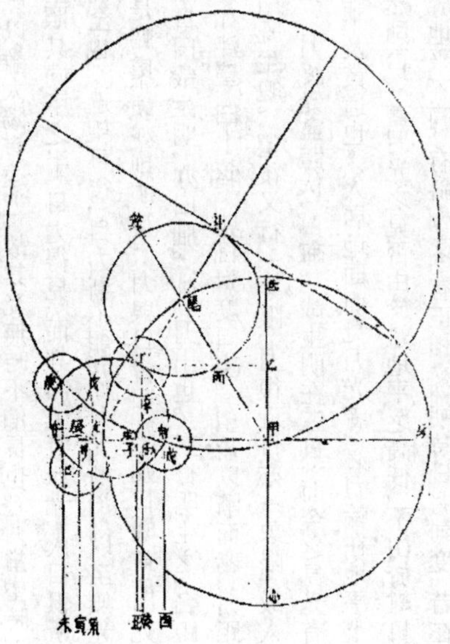

月本輪十一宮圖

清·胡襲參、方江自《囂囂子曆鏡》 太陰大約總要　論日而繼以月，以月配日之功用也。且二曜常明，晝夜相繼，紀月紀年皆藉月爲準則。太陰之受日光，其行於日時有近遠，相對則旋受而圓爲望。漸近則光漸殺，相合而爲晦朔。漸遠而光復漸生。雖有晦朔弦望，而其體圓自在。亦時與人近遠，折中取數，八其地半徑自之得六十四半徑，爲三十二全徑，是太陰生地之中數也，其數與太陽等。其本徑則小于地，而地之容大于月。約三十倍也。

太陰

太陰之行，參錯不一，推步籌算，爲力倍艱。苟或分抄垂違，豈能密合。故必細審其行度所以然，而後可立法致用也。蓋月較諸曜本旋之外，行復多種，第一日平行，日行十三度有奇，此行之界凡四：一界是從某宮次度分起算，此界定而不動。二界爲本天之最高，此非定界，每日自順天右行七分有幾，是月距本天最高，一日爲十三度三分有奇也。故其平行二十七日三十刻有奇爲一周，已復于宮次原度，又必再行二十三刻有奇，爲二十七日五十三刻，始能及于本天之最高。此新法所謂月自行天也，古名謂之轉周，滿一周謂之轉終。其最高則行八年有奇而一周，即今人所云月孛也。孛者悖也，無星無象。不過月行至此而極高而逆，豈可以之爲星推人禄命哉！三界爲黃白二道相交之所，月惟一道，古云九道者，乃白道正交行及四正陰曆陽曆各異名之。因有八名，加以黃道，總名共有九耳，非真九道也。二道相交之所，乃謂之正交、中交，此界亦自有行，乃逆行而西，每日三分有奇，則月平行距正交一日爲十三度十三分有奇。至二十七日二十七刻，減交行之一度二十三分，得二十七日十五刻有奇，乃回元界，曆謂之交終。其四界是與太陽離合。太陽一日約行一度，盈縮不等，太陰之去十三度有奇，是太陰日距，太陽爲十二度十分有奇，至二十九日五十三刻有奇，逐及於太陽，復與之會而爲一月，是名合朔，曆謂朔策是也。凡上四行，總歸第一平行。其第五行曰小輪，每一朔内行滿輪周二次，每日爲二十四度有奇。若心不同心圈論，此即太陰中距圈也。因有此行，復生第二損益加減分。云第二者，蓋於朔望所用加減分外再加再減故也。今新法軌轍不外三者，均圈一，不同心圈一，小輪一。然不同心圈與小輪名異而理同，曆家資算，兩用互推，所得之數正等也。

白道兩交黃道，論最遠之距，謂爲五度。此係二曆未甚大差之數。新法測得凡朔望外皆去皆過五度，上下二弦測得五度一十七分三十秒，推知二道相交之角非定而不動。要其廣狹之恒，以十五日爲限也。二角即世所謂羅計者，是合朔後月夕西見，遲疾不一，甚有差至三日者。其故有三：一因月視行度，視行爲疾段，則疾見，遲段，則遲見。一因黃道升降或斜或正，正必疾見，斜必遲見。一因白道在緯南緯北，即陰陽二曆。凡在陰曆疾見，陽曆遲見也。此外又有極之出地平各處不同，清蒙差分各地不等，與烝差諸異，所以遲疾難齊。

清·楊文言《曆象本要》 月道斜交黃首，交初入黃道北，至交半緯度極大，乃向黃道行。至交中出黃道南，極於交半緯度又最大，又向黃道行，至文初而一周。每周退天之度爲交差。《黃鐘曆議》云：今書傳官本有圖，爲圖規者丸而重叠相錯。先儒所傳九道蓋如此。以理究之，月道如今纏綫於彈丸上，綫道雖重，然止一綫，往來未嘗斷絶。果如九規，則斷而不相屬，此可見九行之説非也。每一交之終退天一度餘。凡二百四十九交有奇退天一周，終而復始，故宿曆所謂

九道，元人一之名曰白道。鄭世子以月道出入黃道之差，譬黃道交於赤道之差，其説已當。然以今曆之理揆之，則月道之交差者，月退也。黃道之交差者，恒星進也。而日度不移，此其所異也。月之爲體最近，其行度最著，故推日星之理者自月始，由其交周可知天日之有歲差矣，由其遲疾可知日星之有贏縮矣，由其月掌之行可知日最高之有移度矣，由其倍離合日而又有遲疾加減之分，可知五星之有歲輪矣。

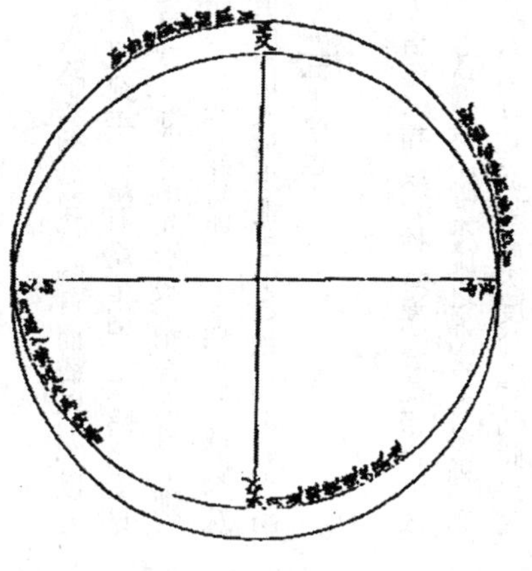

月道交周

清·王家弼《天學闡微》 明魄朔望

月體無光，恒借太陽之光，故日光照及其體則明，不及其體則暗。如使月本有光，則近於日、遠於日，其光恒一，絕無消長矣。今朔則月全無光，上弦漸長，下弦漸消，必借於日明也。日在天上，月天在下，日光在月恒照半體。朔日，日月同度，月正居日之下，日光獨照其向上之半，不照其向下之半，人居地上獨能見其無光之下半，而不能見其有光之上半。故朔之日視月全無光也。過朔日，則月東行而漸離於日，日輪在西，月亦受光於西，愈近於日，日光愈照其上面，愈遠於日，日光愈照其下面，以離太陽有遠近，故其光無時不消長也。月當望時，乃正相對於日輪，日光全照其向下之半，日力得見，而其向上者無光，人目俱所不及焉。故望日，月光滿全也。過望日後，目力漸不能及，月光漸消，以至無光焉。日爲魂，月爲魄，魄是黯處，魄死則明生。月與日會曰朔，朔日魄盡，曰死魄。其二日曰旁死魄，三日曰哉生明，亦曰朏。朏，月出也。三日明生之，名距日一象限，故人所見之光如泮璧，曰上弦。與日對度曰望。望後以漸而虧，月距日又過乎半周，曰既望，曰既生魄。望後又行一象限，月復近日亦一象限，故人所見之泮璧向東，曰下弦。月終光盡體伏，曰晦。哉生明在三日，而今之見光有遲速不同者，其故由於地平及黃道也。人居地面而見月光者，必月輪在地平上高十二度方可得見。不然則否。蓋月光之見否由於離地平之高低，不由於離日輪之遠近也。故黃道交於地平不同，有斜相交，有正相交，朔時日月同度，若在斜交之宮，則居地面者遲見月光也。若在正交之宮，則速見其光也。又月因有遲疾，歷亦有離太陽遲速。在遲歷必遲離太陽，在疾歷必速離太陽也。

合朔日視太陰實行黃道度，子宮一十五度當黃道之立春，戌宮初度當黃道之春分，酉宮一十五度當黃道之立夏，未宮初度當黃道之夏至，午宮一十五度當黃道之立秋，辰宮初度當黃道之秋分，卯宮一十五度當黃道之立冬，丑宮初度當黃道之冬至。自子宮一十五度至酉宮一十五度爲正升，自酉宮一十五度至未宮初度爲斜升，自未宮初度至寅宮一十五度爲橫升，自寅宮一十五度至子宮一十五度亦爲斜升。正升，月體背正西而向正東；斜升，月體背西北而向東南；橫升，月體背正北而向正南。

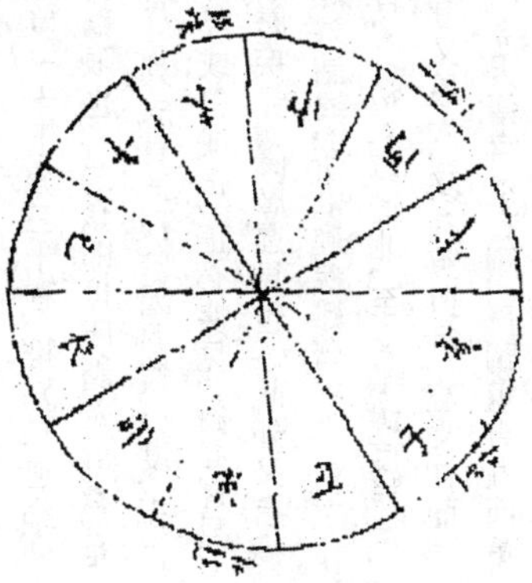

月升圖

陽循橢圓周行，惟所當之面積相等而角不等。其角度與積度之較，即平行實行之差。

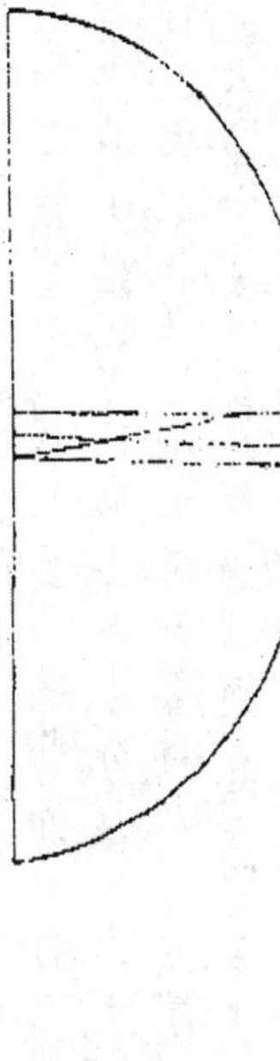

月天橢圓圖

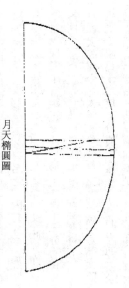

太陰兩心差隨時不同，日當月天最高或當月天最卑，則最大遲疾差爲七度三十九分三十三秒，兩心差爲六六七八二〇。日當月天中距，則最大遲疾差爲四度五十七分五十七秒，兩心差爲四三三一九〇。日曆月天高卑而後兩心差漸小中距，而後兩心差漸大。日距月天高卑前後四十五度，兩心差適中爲五五〇五〇五。兩心差不等，而橢圓之面積與太陰之平行亦因之不等，茲用最大兩心

差作橢圓，以見例。若求其全頃，按逐宮逐度之兩心差爲之。分得本日日出日入之時刻，既得日出日入之時刻，與晝夜平刻相加減，即得晝夜永短刻數，故晝夜永短，不另列表。

太陰地平之高弧，以赤緯定之，而太陰之赤緯與太陽異，太陽之黃經有定，故赤緯亦有定，太陰之黃經無定，故赤緯亦無定也。欲定太陰之赤緯，以求太陰之高弧，當先推太陰之黃經，以定太陰之赤緯。黃經之遷移，由於交周之差。赤緯之遠近，亦由於交周之差。法，先隨時察太陰正交度分，次察黃道經度，次察黃道緯度，次用黃赤經緯互推法，推得赤道經度與赤道緯度。既得赤道緯度，則其出入地平之時刻與其距地平高下之度分，皆可以是推之。今用丁亥首朔後交周赤緯爲圖，加以地平升度，以求太陰之出入與其高下，悉可按圖而得此。特舉一圖以見例，至於交周既差，赤緯亦移，又當隨時察其赤緯，而爲圓以推之赤緯。南行北行又分兩種，此圖用由北向南之度。若夫由南向北，緯度又異。大抵正交、中交之當分爲兩圖，白道出入於黃道之內外，而以赤道求之，非兩圖無以盡其用也。

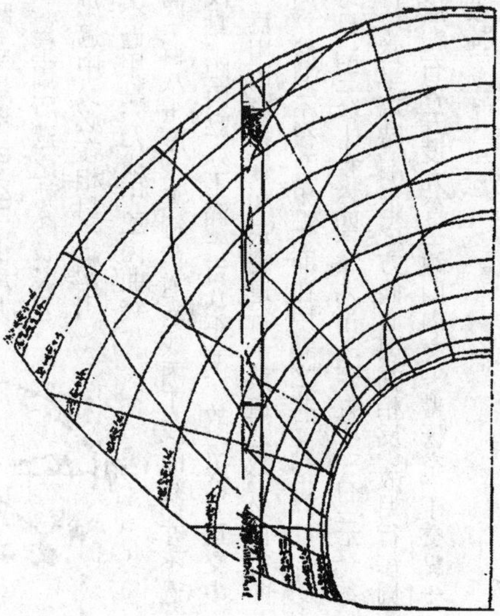
太陰地平高弧圖

太陰赤緯晷圖

太陰南行北行分爲二晷，蓋南北大距之限雖等，而限內每度之距不等。南行時北緯與北行時南緯等，南行時南緯與北行時北緯等，而南行北行之加減不等。以丁亥首朔後赤緯言之，南北大距皆二十度四十分，而南行北緯每度之限與南緯異，北行北緯查黃赤經緯互推表，距緯度分參緯度定南北，察經度加距日經度定時刻。若用指南針，又可自知日躔月離經緯度分也。

太陰隱見界圖

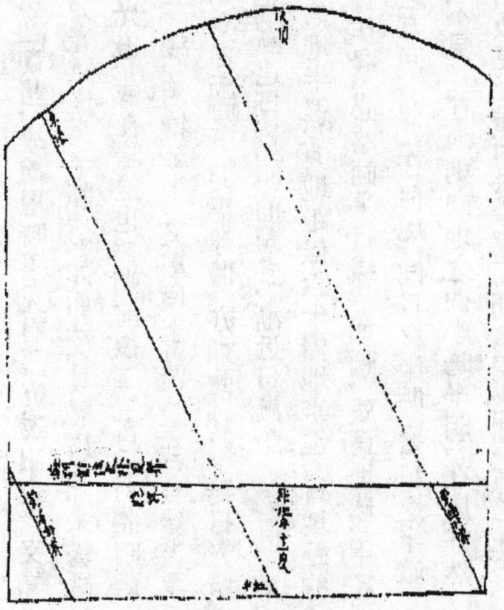

月之初三爲哉生明，而亦有初二見月者，甚有初一見月者，又有晦日之晨見月者。前人以爲變而占之，而不知其爲常事也。月在地平之上距地平十二度則見，不問其距日遠近也。黃道交于地平，有正相交、有斜相交，合朔若在斜交之宮，雖距日十三度或十五度，而其高于地平未及十二度，不可見也。合朔若在正交之宮，則距日十三度而已，高于地平十二度，即得見其光也。或合朔在子，而又行疾曆，則朔日之夕可見矣。或合朔在午後，而又行疾曆，則前月晦日之晨見之，尤爲常事，不足異也。

清・侯失勒《談天》月離

月行于諸恆星之間，與天球每日向西之行相反，亦如日，而甚速于日。故一夜中歷視數時，即能覺之，其行有遲有速而不留不逆，約二十七日七小時四十三分十一秒五，而繞地一周。然所離之宿度與前微不同【略】。

月繞地之道略近平圜，故月之視徑大小略同。【略】測太陽地半徑差法，于地面二處測得月之地半徑差，即可推月地二心距。此事于月掩星之時測之更便。如法推得月之地半徑差中率爲五十七分二秒三二五，其月地二心距與地赤道半徑比，若六十二・五五與一比，約爲六十九萬四千五百六十里，當太陽徑四分之一強，故太陽之體幾能容並列二月道。于此可見太陽體之大。知地面測處與月心之距，即可推月之實徑，而月地二心距已知，則但知測處月距天頂度，即知測處與月心之距。如圖甲丙申三角形，申爲月，甲爲測處，丙爲地心。已知申丙邊爲月地二心距，又知丙甲邊爲地半徑，又知丙甲申角爲距天頂角人甲申之外角，故測處與月心之距甲申亦可知，而

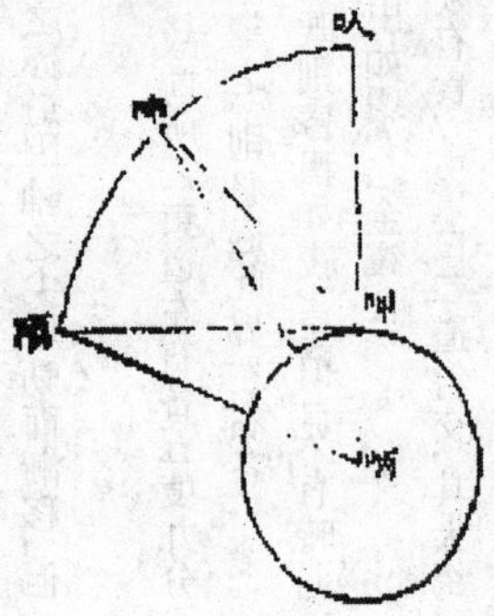

月之實徑不難推矣。如法，推得月之實徑爲六千二百五十里，設地徑爲一·〇〇〇〇，則月徑約爲〇·二七二九，又地體積爲一·〇〇〇〇，則月體積爲〇〇·二〇四，約爲四十九分之一。凡地面月之視徑，必大于地心月之視徑。月在天頂時，二視徑之較最大。地心月之視徑亦時大時小，中數爲三十一分七秒，其大小恆爲〇·五四五乘地平視差之數。地平視差亦時大時小。

頻測月地二心距，至月繞地數周，則知月道之各點距地心數，亦知所過諸角度，即可【略】作日道圖法作月道圖。蓋月道亦爲橢圜，與日道同，而兩心差更大，且時時不同，其中數與半長徑比，若〇·〇五四八四與一比，地居橢圜之一心。此外尚有諸小差，今不論。月道與黄道不同面，二道之交角五度八分四十八秒，爲月道之斜度。二交點相距一百八十度，月自南至北爲正交，自北至南爲中交，按月道名曰白道。

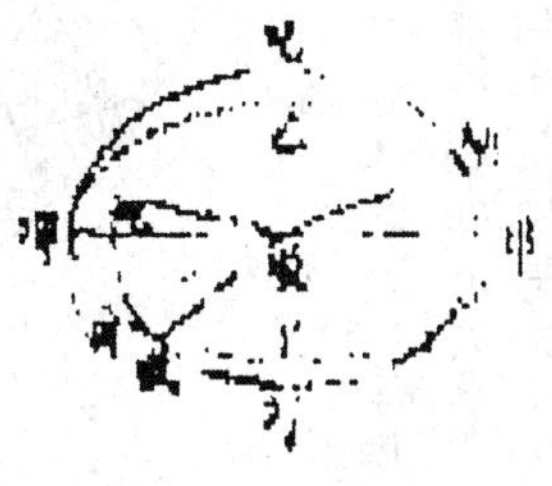

地繞日之橢圜道方位及大小，其變甚微，必細測乃知之。月繞地之橢圜道，月行一周中，其變略測即覺，一周終不至原處，蓋其道之面刻刻變方位。連月測之，知其交點刻刻退行于黄道。如圖，申爲地，甲乙甲'丁爲月道面，甲乙丙丁戊己爲月行一恆星周所過之軌跡。設月道不變，則月從正交甲點起行，過中交必在相對之點甲'，而一周終復至甲點。今其行不過甲點，乃成甲乙丙曲綫而交黄道于丙點，距甲點不滿一百八十度。其行黄道南成丙丁戊曲綫，亦不過丙所對之丙'點，而交黄道于戊點，距丙點亦不滿一百八十度。故二次過正交中間所行不滿三百六十度，其較爲甲申戊角度，即正交退行于黄道之數，必再行曲綫之戊己一段，而成一恆星周。然月不復至甲點，而在甲點之北己點也。

黄白交點退行于黄道，每日約三分十秒六四，積六千七百九十三日三九，約十八年六而一周，是謂正交行。當半周時，月道之方向必與初相反，故月行每周必變其道而成螺綫行。而黄道左右各五度九分二緯圈内之一帶天空，于交點一周之中，月必盡經過星，遇之被掩。

月道橢圜之長徑，亦刻刻變方向，與地道同，而更速順行，凡三千二百三十二日五七五三，約九年而一周，每月行一周差約三度，約歷四年半，其長徑高卑二點之方向正相反。因此事，月地二心距在橢圜法之外又別生差。

上諸條約言之，月繞地之道爲橢圜，地居其一心，而此橢圜有二動法。一，其長徑順行于本面；二，其面之方位恆變，如地之赤道因軸之尖堆動而漸移，但更速耳。

諸曜中月甚近地，太陽及諸星較之俱甚遠。故前所云黄道左右各五度九分内一帶之星，時被掩者，以地心言之耳。若地面望之，則必過此界左右各一度，設遇日，即掩日而爲日食。食分深淺不一，或食既則昏黑如夜，星俱見，有時月視徑小于日，則全食。時月在日中，四邊日光溢出如環，名金錢食。

凡日食必在朔，因日月同經度也。然非每朔有食，蓋黄白二道斜交，其大緯五度八分四十八秒，故合朔遠交點，雖同經度不食也。若合朔近交點，則當推日之視半徑及月之最大視半徑，蓋地面月之視半徑各處不同，俱大于地心之視半徑也。又當推月之地平視差，若日月兩心距小于二半徑和加月地平視差，則地面必有見食之處。此數最大爲一度三十四分二十六秒。如圖，申卯寅弧三角形，申爲日心，寅爲月心，申卯爲黄道，寅卯爲白道，卯爲黄白交點。申爲直角，設申寅爲一度三十四分二十六秒，卯角爲五度八分四十八秒，推得申卯爲十六度五十八分，爲最大食限。合朔時日距交點大于食限，則不食；小于食限，則地面必有見食處。欲推某地食分若干，當檢日月表，查交點所在及日月二半徑，本地之視差、地面地心月視半徑之較乃可推也。推月掩星，亦如上法。凡月距星之數小于月視半徑地平視差之和，則能掩星，其細推法俱詳別書。

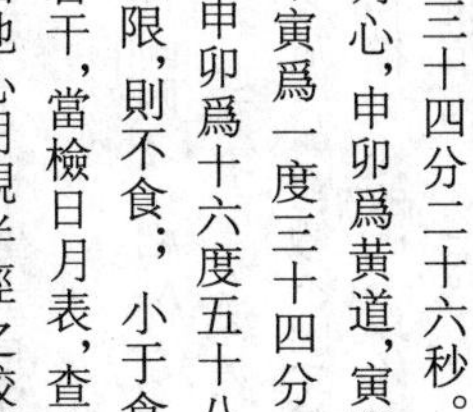

觀日食掩星，而知月爲不透光之實體，故掩星時不見有星光透出也。又知有時月雖不見，然恆在天空，有時月光雖僅爲半體，或如眉然，其體恆圜，未嘗缺也。故掩星時星之出入月體或在光邊，或在暗邊也。朔前後二三日，月體暗處亦有微光能全見之。月光初生僅一綫，漸增至半，又漸增至滿。一若有球半黑半白，先以黑向人目，而漸轉其球，令白漸見。月爲球體，亦如此，其半爲日光所照而明，朔時其明面背地而向日，行漸遠日，見明面漸多，漸近日漸少。

日地距二萬三千九百八十四倍地半徑，月地距僅六十倍地半徑，日地距約四百倍月地距，故從日至白道各點作綫，必略同平行綫。如圖，辰爲地球，甲乙丙丁等爲月在白道諸處，申爲日之方向，月任在何處，向日之半明，背日之半暗。月在甲爲朔，明面背地，故俱暗而不見。在丙則向地之面半暗半明，在庚亦然，是謂上下弦。在戊則明面正向地，故見光滿而爲望。而朔弦望之間，在乙在丁，

則見明面由少漸多。在已在辛，則見明面由多漸少。問：月係實質，何以能回光照地？曰：不足異也，試以白雲證之。晝時月色與白雲無異，落日返照，白雲發光，亦與夜中月同。是實體俱能回光也，故不獨月照地，地亦照月。初三夕月之暗面微明，職是故也。蓋近朔時，地以明面向月，月受地光，復回照地，故見暗處有微光焉。距朔漸遠，則月照地之光漸增，地照月之光漸減，故月之暗面漸不見。

續部額以測光之比例，推算月光爲日光三十萬分之一。

從前朔至後朔爲一月，即月二次會中間所歷之時也。若地視日，如恆星不變方位，則二會相距與恆星月即月行周天之時等。今見日亦行于天空，但較月甚遲，故月行一周時

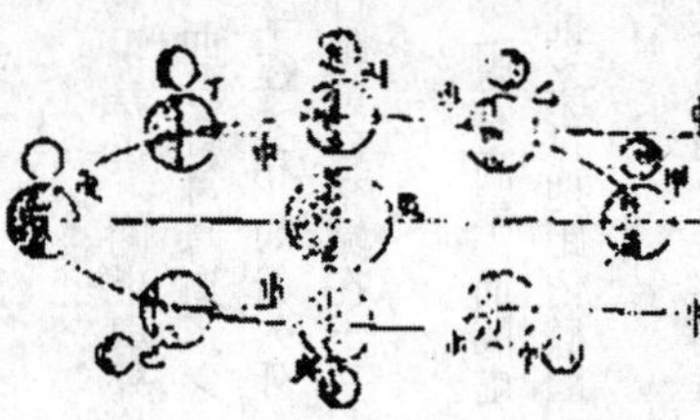

日已前行若干度分，更追及于日而再會，歷時必大于一周，是謂朔望月。按每日日行爲〇度九八五六五，月行爲十三度一七六四〇，推恆星月與朔望月之較，以代數入之，命一日月行度爲亥，日行度爲亥′，二月之弧度較爲天，則亥與亥比，若三百六十度加天與天比，又亥亥′之較與亥比，若三百六十度與天比，既得天以亥約之，即得二月之較弧而朔望月爲三百六十度，以亥亥′之較約之，得數化之，爲二十九日十二小時四十四分二秒八七。

前圖中，月在甲時，若近交點，則必掩日之光而爲日食在戊時。若近交點，則地影必侵月而爲月食。故日食必朔，月食必望也。又地影入月，恆作圜狀，亦地爲球體之一證。蓋凡影任在何方向恆圜，其體必爲球也。

凡日月食，皆由一體之影掩一體，而發光之體大于相掩之二體。如圖，甲乙爲日，丙丁上爲地，下爲月，甲乙大于丙丁，故甲丙乙丁二綫引長之，必遇于戊點，成丙戊丁尖錐形，錐形中必黑暗，名闇虛。在闇虛中不能見日，在闇虛外已丙戊界中如寅，則僅能見日之甲辰卯巳一分，故得光少，名外虛。在外虛外界丙已外，始全見日。持小木球于日光中，以紙乍遠乍近承取其影驗之，即信。此上一圖爲月食，辛爲月，月先入外虛，望之如隔煙，色甚昏黃。次入闇虛，其初入雖已虧，然光盛，目不能察，用遠鏡乃能察之，

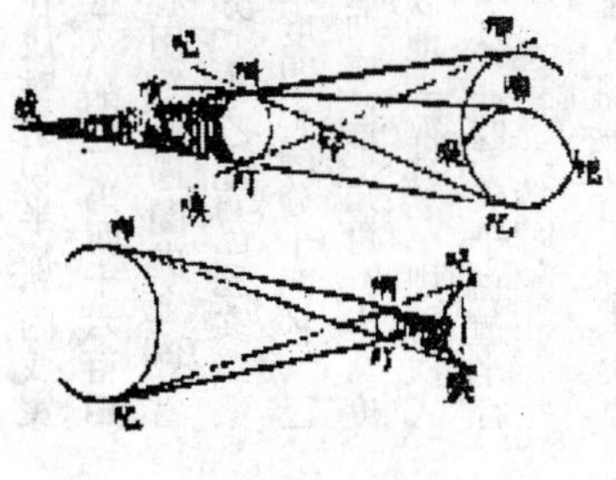

如灰色焉。入漸深，光漸損，不能侵其食界，始易察。在闇虛中，月體亦非全黑，似有微光，自月周至心，色不同。近周四五分，色藍，微帶緑。內一層作玫瑰色，又內一層紅銅色，或作熱鐵退紅色。入闇虛最深，則最內一層之色徧于月面，此乃透過地氣之日光生蒙氣差故然也。如圖，甲丁甲爲闇虛尖錐，已乙辛已爲外虛界，皆以過日地二心之丁戊申綫爲軸，子寅子′爲闇虛及外虛之截面，戊寅爲白道半徑，戊申爲日地二心距。若地面無氣，則月在子丙丙′子′之間，日光爲地球所侵，色必黯淡。

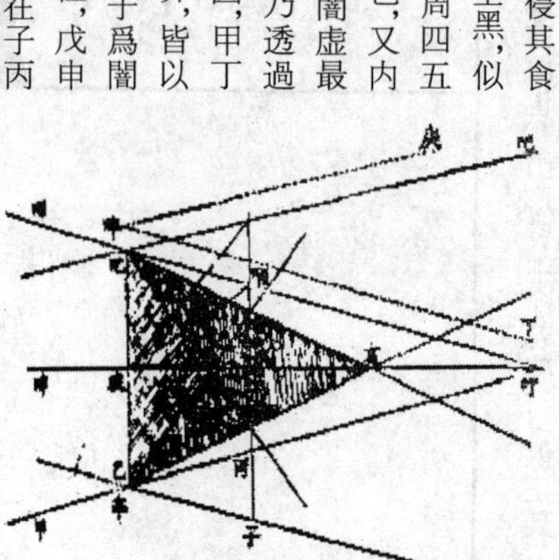

在丙丙′之間，則全爲地球所隱，必全黑無微光。今地全徑乙乙′之外，有乙辛乙′辛′之氣，理如凸鏡。故日光透過此氣必生蒙氣差，而從日上邊甲所出之光，其外界必爲辛丁，其內界必爲乙地。從日下邊甲′所出之光，其外界必爲辛′庚，其內界必爲乙亥，二內界交戊丁軸于人亥二點。乙′辛′之光仿此。戊亥大于白道半徑，戊人小于白道半徑，距地面約十三里，內氣甚厚。月入闇虛，在天丙、地丙′之間，其光從薄氣來，故見藍緑色。在天地之間，其光從厚氣來，故見紅紫色也。然每月食所見微光不同，蓋地之四周或有雲或晴明異也。微光最多時，能令物生影，測以遠鏡，亦能辨月面之各地也。

續其乙點所折之光必散，蓋亥乙地其辛點所折之光亦散，蓋庚辛′丁其中間各點亦必似之。故月在影時僅成諸外虛，而終不成實闇。今不詳論所折之光綫，而略謂月在影界內所受折進之光與地球所隔之光比，如地球外空氣中圜剖面與地球中圜剖面比，故甚小也。又在月面若見地球外空氣內有雲，則折進之光更減小。若有多雲，則折進之光至月者極少。若地球周圍半有暗雲而半晴，則對晴之處，必有紅光進月面闇虛而有變散之光。若地球周圍全晴，則月面闇虛必甚清。

細推上條諸數，命地球半徑戊乙爲一，則日地距戊申爲二萬三千九百八十四，日半徑爲一百十一，推闇虛尖距地丁戊爲二百十八，而距月丁寅爲一百五十八，推戊丁乙角爲十五分四十六秒，而丁乙戊角爲八十九度四十四分十四秒，即

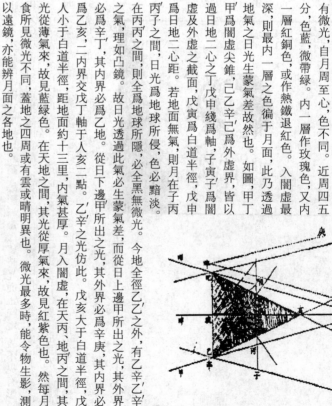

得闇虛半徑寅丙爲〇·七二五，即八千二百九十三里，在戊點之視半徑，丙戊寅角爲四十一分三十二秒。又推得外虛半徑寅子爲一·二八，即一萬四千六百四十三里，其視半徑子戊寅角爲一度十三分二十秒。月心用平速過闇虛全徑，當歷二小時四十六分。過外虛全徑，當歷四小時五十六分。丁乙地、己乙亥二蒙氣差角俱倍地平蒙氣差各一度六分，丁乙戊角爲八十九度四十四分十四秒。己乙戊角爲丁乙戊加日視徑，故得九十度十六分十七秒，而戊乙地角爲八十八度三十八分十四秒，戊乙亥角爲八十九度十分十七秒。以地半徑爲一，則得戊人爲四十二·〇四，小于白道半徑十七·九六。戊亥爲六十九·一四，大于白道半徑九·一四。

地體大，闇虛尖錐長，月道在尖錐之腰，故月食月必入闇虛。月體小，尖錐短，日食時其尖或侵地，或僅及地，或不及地，尖侵地則如前圖。【略】地面有黑斑，繞斑有淡影，在黑斑中全食，在淡影中見食幾分，淡影外不見食。尖僅及地，則尖所過處見食既即生光。尖不及地，則統地面不見食既。尖所指處見月全體入日而不能全掩日，所謂金錢食也。

續金錢食外環初缺時，倍里測見其奇狀，如光珠與黑條在月之外邊相錯者，名曰倍里珠。

月行一章，與交點一周之時略合。一章二百二十三月，爲六千五百八十五日三二。交點一周十九交終爲六千五百八十五日七八，故每二百二十三月即十八年又十日。中間有若干日月食，食之時食分之深淺次第略相同也。在古昔迦勒底天算家已有此説，蓋未明其理先得其時也。大率一章中共有七十食，月食二十九，日食四十一。一年日月食最多七次，最少二次。

月食時刻及食分較日食易推。蓋地面所見與地心同，無視差也。闇虛與外虛恆在黄道上，其心與日心恰相對。望時白道闇虛即見食，而每日每時白道之方位，月離表皆可查。但察月與闇虛兩心距，等于月外虛二半徑之和，即月入外虛之時，等于月闇虛二半徑之和，即月入闇虛之時，凡望時日距黄白交點在十一度二十一分内，則月入闇虛而有食。

日食距地俱有遠近之變，則闇虛尖錐有長短，月入尖錐之處有高卑，而闇虛之截面有大小之不同矣。故月食時，日月距地各若干，皆當推之，日地距依橢圜推之亦易，月地距則略難，因長徑屢變故也。

續其日地距在曆表中可以檢得其數，月地距在曆表中可檢得月之視徑而推得其數，二者表内俱逐日有數也。【略】

有時日尚未沒，能見月食，因蒙氣差角大於日之視徑，故雖見日月同在地平之上，而實則已在地平之下也。【略】康熙七年，巴黎斯諸博物士曾見此事。

望日最近秋分之月，西國名之爲穡月，因此月望後，日入至月出之時較諸他月更近，而便於收穫也。設秋分適在望日，即日在翼宿而正西入，月在室宿而正東出，黄道南半周盡在地平上，北半周盡在地平下，故黄道與地平之交角最小。每日月行白道十二度，則降在地平之度亦最小。故秋分後一日，日入時至月出時行之時角小於他月。所以望在秋分而月在正交時，爲穡月之最便也。

以遠鏡窺月面，見有山、有谷，其對日方向山俱生影，影有長短之變，比例悉合。又光暗之界綫參差不齊，近此綫山影甚長，盖此綫上之地見日出或日入故也。入光面漸深，則其地見日漸高，故影漸短。望時光面正向地，故不見有影。用分微尺測其影，可推諸山之高。近有二人曰比爾、曰梅特勒，以此法測得月中一千零九十五山之高，著于册。最高者約二萬二千五百尺，較南亞墨利加安的斯之最高山成波拉鎖更多一千三百八十尺。此山近光界時，其頂先見小光點，亦如地面最高山先得日光也。

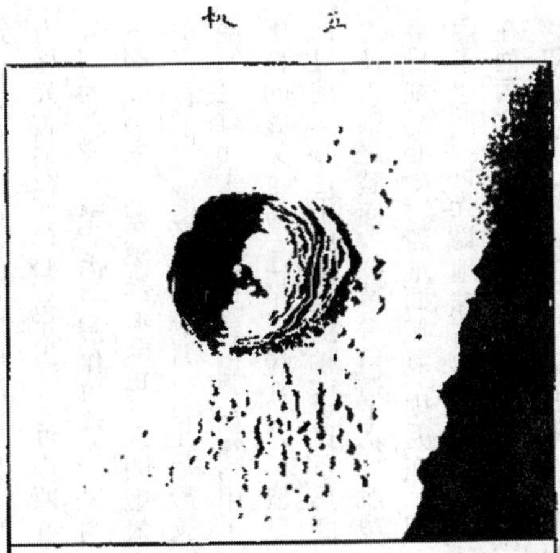

月中多山而南半尤多，徧月面幾盡山也。山形皆中窪若碗，口俱正圜，在月

邊者視之若橢圜。而山之大者，內有小峯矗起，其狀酷肖地面火山。試觀以大利那不勒維蘇威火山，及更比勿鼇奇與法蘭西卑得陀墨二地諸火山之圖，則信矣。其不同者，山中之火壑甚深，更在月面之下，大率壑之深較山之高恆二三倍，用最精之遠鏡窺最明晰之火山，能分溫石之層次，且見石汁四面下流，如五板二圖，而用羅斯所造最精回光鏡，能見亞白得紐山月中火山。火壑底之大石塊，又亞里梯路山月中火山。之四周凸邊俱有裂縫向裏。又月中不見有海，而有大平原，其壤皆類沙土。

續又有連山散列，其狀爲無火山。

月面多火山之壑，大而深，較地面之火山甚偉壯。初似奇異，然依已知月面之事推之，無不合理。蓋火山噴火之力，不依球之大小，而攝力則全依球之大小。按月體爲地球六分之一，故月面攝力爲六分地球面攝力之一。又月地二球之火山內噴出石質之力與速率相同，故月面之石質散開必遠，是以不能再落於壑中，而必散於壑外。又月面無氣，故噴出之物不若地面有空氣之阻力，故更遠也。

人常疑月面之形必有改變，然自古至今遠鏡愈精，屢觀月向日向地諸勢，未見其形有改變之證。惟昔時陸爾鑾月圖內之甲壑，梅特勒名爲立內者，徑約十六里而甚深。同治五年九月初八日，雅典星臺官賜密特見此壑現成平面，無形跡。又十月十一日間最便之時，數次測望影俱不見，而相近之數小壑乃易見。其不見之故，或謂自下噴出之鎔流質滿壑內而溢出流散，塞其粗毛而成平滑之斜坡，故無影也。

窺月面不見有雲，亦似無氣。蓋有氣，則掩星時以星出入月體時所推得之月徑，與分微尺測得之徑當有差，其數倍月面蒙氣差。今不覺有差，即有氣亦甚薄，所生之差不能至一秒，即其重不能及一千九百八十分地氣之一也。又若有氣，則日食時月邊外當有一光綫，今亦未嘗見焉。小星近月未至掩時，先不見者乃爲天空中月光所奪，雖在暗邊亦然，不足爲證。日食既時，雖十一等小星，切月邊尚見也。

月面無氣，故受日光處其熱最猛，更甚于地面赤道之午正，而暗處必極冷，更甚于地面之二極。故月面各地每半月酷暑，半月嚴寒。若有溼氣，則向日半面必散而移于背日半面，而半月炎荒半月積霜。惟當光暗之界疑有水流也。其或一面水蒸化汽，一面汽凝爲水，因各得氣之平，不至盛暑盛寒。然如此則汽乍生乍滅，亦甚微不能測也。

月向日之面甚熱，然當月滿時，地面不能覺。用回光鏡映聚其熱，亦不能變寒暑針之度，是月中之熱較日中之熱力甚薄，疑入地氣上層已消盡，故不能至下層。當月滿時雲每不多，意其熱能消之也。

自地推月徑，一秒之圖面約方三里，故今之遠鏡雖精，尚未能證其有人與否，因未能察及房屋田畝也。且質輕于地，攝力亦小，設有力在地面能舉若干質，在月面必能舉六倍之質，故若有動物，必與地面動物異，否則體性不宜也。又月面不見有四時變化，故有植物否亦未能知。

月亦自轉，其一周與繞地球一恆星周之時等。其赤道與黃道之交角，爲一度三十分十一秒，而正交點與白道之中交點合，故白道交點退行于黃道一周。月自轉之軸搖動成一尖錐形，環黃道軸一周，此二周之時相合。

月自轉一周與繞地一恆星周等，故月向地之面略不變。然自轉用平速，而行于白道有遲疾，故月向地半赤道之東西兩邊能多見二三度。蓋月地二心之聯綫，時進退于月赤道也。又月自轉之軸不正交白道面，故月之二極遞次側向地而亦可見，二動俱名天平動。因此二動，故月向地之面無一定之中點，而半球外二三度一帶遞次能見之。

設月向地之面有人，則彼視地如地視月。其徑二度，其朔弦望之時與月恰相反。又見地定于天空略不動，諸星在地之前後左右徐徐而過。又見地面有斑點，變化不定，而因貿易風，則見赤道及晝長晝短圈諸帶上其斑屢變。又見大洲與海，歷代改變，則月中人必久測不能定地面之形狀。又月食時，月中爲日食，則見地面之氣如細光環，近地邊色紅，稍遠爲淡藍，中包黑地面，其周有雲，必見不平狀。

續前言月面無氣，【略】然未必全月面如此，故亦可有生物。近時韓孫云，月常一面向地，恐因月體之形非正球，而一面略凸。其凸者與地月二球之聯綫相合。而月球之重心，與月形之中心不合。果如此，則背地之面未必不能有生物也。試將木條一端連重物，一端連輕物，當中繫綫，執綫而旋舞之，則重物必遠人手，輕物必近人手，月之繞地，爲地攝力所牽而行於其道，如手牽綫相同。設月體之質兩面輕重不同，使月形之中心不合于重心，則繞行時重面必背地球。若月面有氣或水或別流質，而不足滿全面，則其散流非以形之中心爲心，而必以重心爲心，故必流向重心之面最低之處，而在此處或成湖海，其大小依流質之多

少，其定質之輕者，在重心之對面，成大州。其重心、形心二點之相距，即陸地高于海面之數也。設月之重心、形心相距約一百里，則其陸地高于海面亦必一百里。所以在地球見之月面，俱必高于背面之海面，而爲有山之陸矣。

水必成平面，氣亦相同。月面上之氣，必盖于月面之水上而成大氣，故向地之面雖有氣，亦必極薄。況月面之氣，少于地面，更當如此。所以月向地之面雖無水迹，而背地之面未必無生物也。地球亦略有如此之狀，地之半球面略盡爲陸地，餘半球面略盡爲海，【略】可知太平洋正中之下必有重質甚多，故其略對面有印度之高地及崑崙也。此山頂氣之疏密率，僅三分海面氣疏密率之一，動物不能生焉。

葛西尼伯作月面圖最著名，而羅色力用七尺回光遠鏡察月狀，作之更精。此外有陸爾蠻、比爾、梅特勒諸人所作。阿諾威有女士曰：維德用梅特勒圖，參以己測，精心造半月球象。又與奈斯密各造月中火山象，甚大。至咸豐元年，米利堅獲魄勒于堪比日星臺用大赤道鏡及影畫器作之。

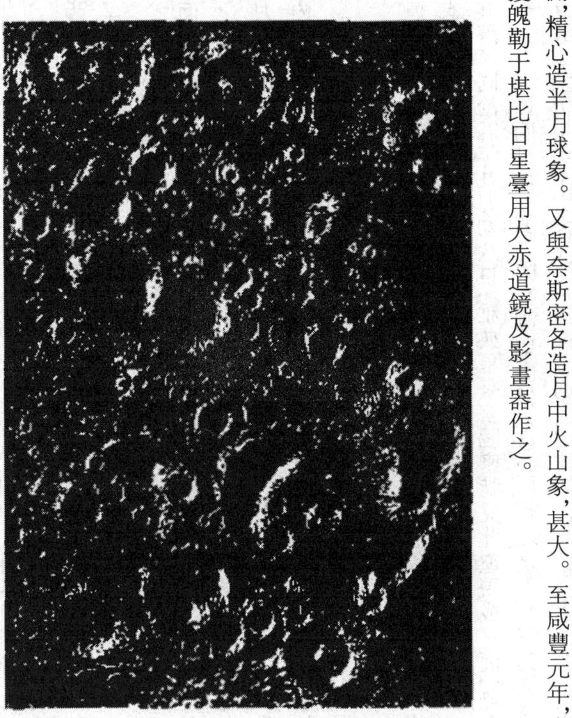

續奈斯密窺測月面極粗毛而似出火之處，作其像，照其相而刻之，如昞板。韋思敦思得妙理，能使照得月體之圖，觀之不似平面，而似球面，山俱凸出如實體。因月之天平動，【略】故月面之一處有時在中心之一邊，有時在中心之又一邊。此同于月定，而人目移動與天平動相等之角而一次在右，一次在左觀之也。照相而見爲真形，即按此理。故擇月之天平動至二邊之時，各作一月圖。以二圖同在鏡内觀之，能相合而成月體之真形矣。此如月球在極大人之二目間而見之也。拉路以所造大力回光鏡所得之圖，可爲格致内最妙之物，能顯月體之真形，無以加焉。又近時白德亦詳攷月面之數小處。

又英國哈德努在里味不星臺用赤道鏡作之，又特拉路用奈端十尺聚光點之赤道回光鏡，其目鏡孔徑十三寸，所作者最精焉。

清・傅蘭雅《天文須知》　總論太陰

天空之中光體次於太陽者，是爲太陰。其初出或將落之時，見其體略與日同大，但其實比日球小多矣。

月體大小○月之徑長約六千四百八十里，比日徑小四百倍之多，比地徑小三倍半，其全體比地球小四十九倍，若與日全體相比，必更小矣。但人視之與日體同大者，何也？因日離地甚遠，而月離地近耳。計其離地有七十二萬里，略爲日離地四百分之一也。

月面形狀○用大千里鏡看月，能見其上有高山、幽谷平地，惟無水無氣，故應未有人也。另見其高處有光數點，此必是月中山頂，因其高能先得日光也。其山略如地上大山，惟不見有火有烟，而山有大小高低不等，如第五圖，即月面之形狀也。月體本無光亮，人所見之光，乃日之光照於月面而返照於地也。地面所受之日光，亦能返照於月。假如有人在月上望地球，則比在地上看月能大十三倍。月繞地球○人皆知太陰東升西没，時時行動，實因月繞地球而轉也。且不但環繞地球，亦隨地球而並繞太陽，其對日半面有光，背日半面無光，但在地看之，其光面常有盈缺。如第六圖右爲太陽，中爲地球，外圈綫爲月繞地球之軌道。月在甲時，地面不見其光，是猶三十與初一也。因月略在日地之間，其有光之面略對太陽，無光之面略對地球也。在乙爲初三四，人即見其西邊，有一綫之光。在丙爲初八九，即能見其一半之光。在丁爲十二三，能見其大半之光。在戊爲十五日，即見其全光。此時地略在日月之間，過此以後，則在己、庚、辛等處，人見其光亦漸少，直至不見，共計月繞地球一周須二十七日三時四刻四十三分。但月繞地一周時，地亦前行而繞太陽一周之若干分，故月再到日地之間，須二十九日六時四十四分，即中國一月也。月亦能自轉，每月一次，故人所見之月面常不變。月又能吸海水成潮，所以朝潮夕汐恆隨月而消長也。

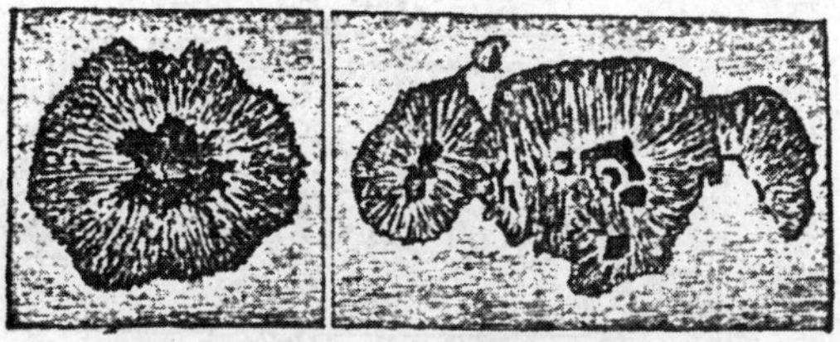

第四圖　日面黑斑

第五圖　月面形狀

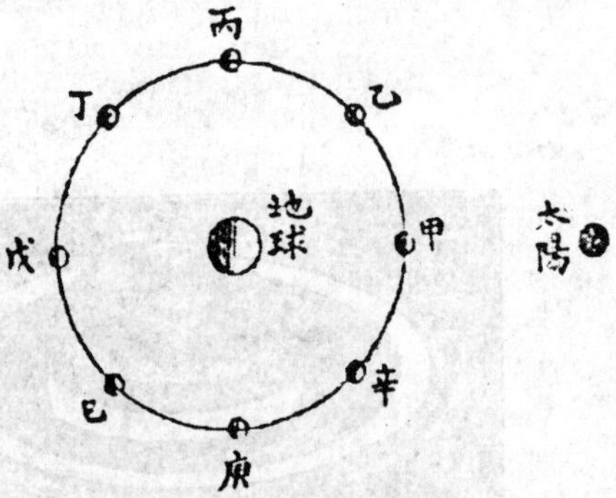

第六圖　月繞地球而現盈缺

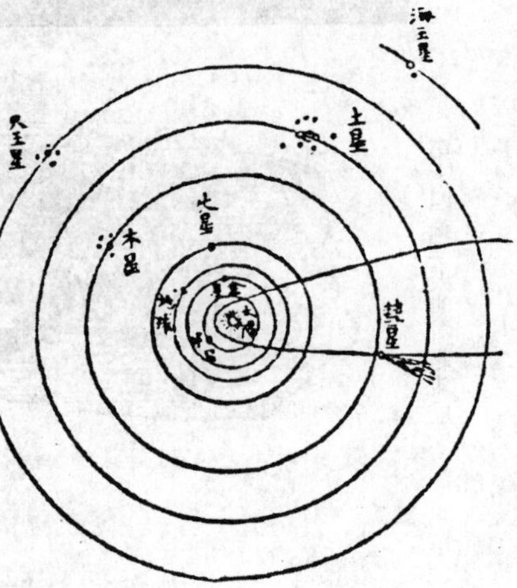

第八圖　日屬行星

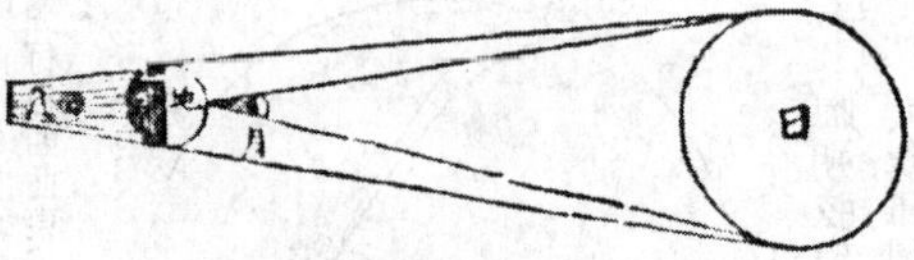

第七圖　日月蝕

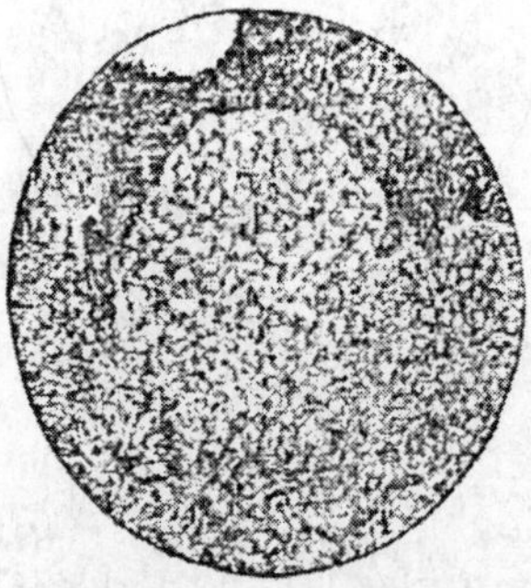

第十圖　火星

第十一圖　木星

第九圖　金星盈朒之形

第十三圖　彗星

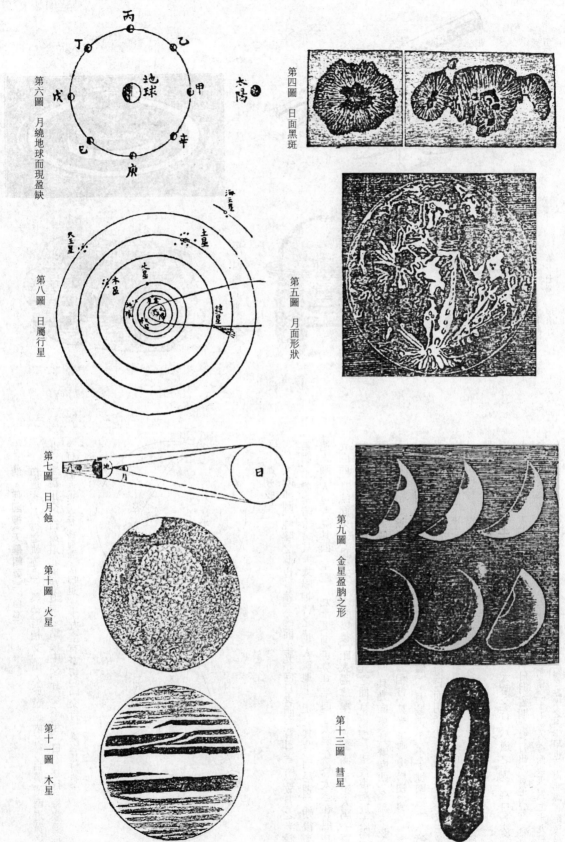

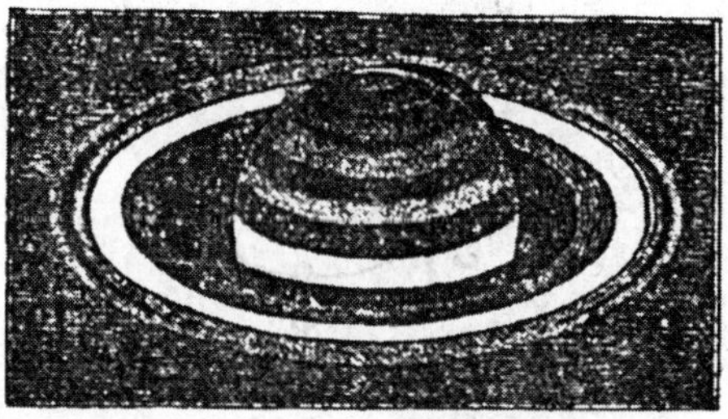

第十二圖　土星

第十四圖　大熊宿北斗星

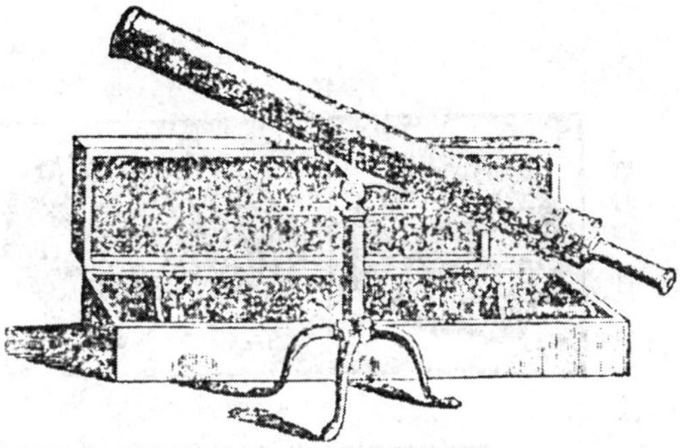

第十五圖　千里鏡，又名遠鏡

第十六圖　天球

第十七圖　指南針

清·何國棟《天學輯要》　白道

白道者，月行之軌迹也。與黃道相交，出入於黃道内外。自黃道南過黃道北之點爲正交，自黃道北過黃道南之點爲中交，其交不定。日有移行，每歲退行月行自西而東，交行移而西，故曰退。十九度有奇，名曰交行。亦名羅計行。

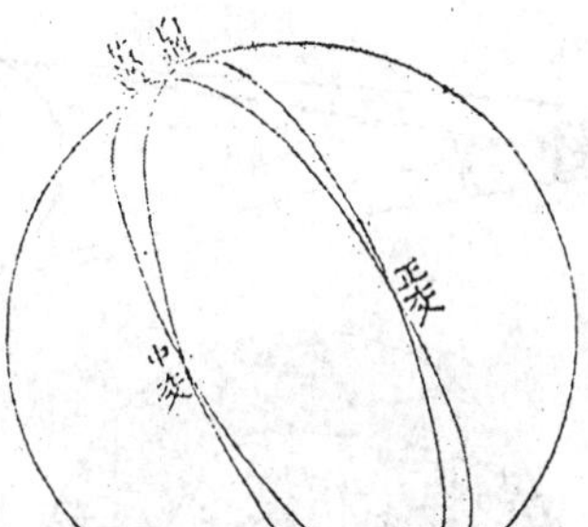

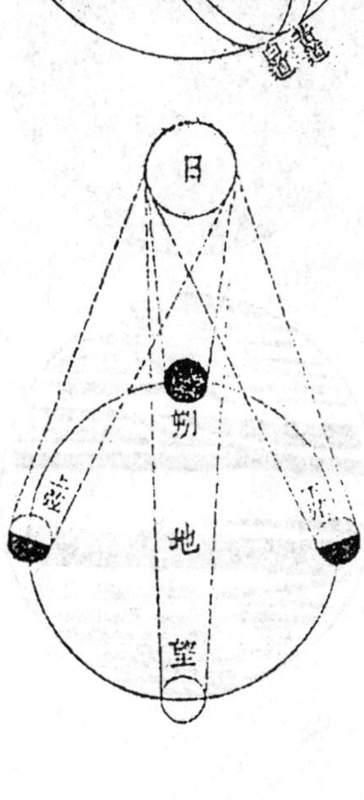

晦朔弦望

太陰渾圓，純陰之體也。賴太陽而生光，向日者明，背日者暗，故月之半體常明，半體常暗。當其與太陽相會之時，人在地上，正見其背，則爲朔。朔後漸遠太陽，人可漸見其面，至距日九十度，則可見其半面。太陽在後，太陰在前，其光向西，其魄向東，名爲上弦。上弦以後，距太陽愈遠，其光漸滿，至距太陽一百八十度，正與太陽相望，人居其間，正見其滿光之面，是爲望。望後復漸近太陽，其光漸虧，至距太陽後九十度，則又見其半面，其光向東，其魄向西，名爲下弦。下弦以後，距太陽愈近，其光漸消，至復與太陽相會，其光全晦，復爲朔矣。

清·測隱居士《天學入門·七曜大小形體》　月輪則小，小于地圜三十八倍又三之一。觀其體面，凹凸不平。其形無光，得日而明。小于地球三十八倍又三之一，其體面凹凸不平，其明處如山之高處得日而明，暗處如山之卑處不得日而暗。亦本《遠鏡説》。以日較月，則日大于月六千五百三十八倍又五之一，而視之若不甚大小者，則以人目所睹，物近則雖小亦大，物遠則雖大亦小故也。

清·測隱居士《天學入門·諸曜行度》　太陰之行，八道之中。每日左旋，十三度零。二十七日，週與天會。二十九日，日月會期。其行出入黃道内外，春青夏赤秋白冬黑各二道而爲八道，每日右旋十三度有零，積二十七日有奇而與天會，二十九日有奇而與日會，爲一月。八年有奇爲一大周，最高極遠之點謂之月孛星也。南北緯各距黃道

五度有奇，十四日奇行次輪一周，輪心平行一百八十度。凡日月相會必在初一，如初一卯時以前相會，則望在十五卯時以後相會，則望在十六。若在酉時以後，則望必在十七也。

藝文

漢・司馬相如《長門賦》 眾鷄鳴而愁予兮，起視月之精光。

漢・蘇武《詩》 燭燭晨明月，馥馥我蘭芳。

三國魏・曹植《愁思賦》 歸室解裳兮步庭前，月光照懷兮星依天。

三國魏・阮籍《清思賦》 太陰潛乎後房兮，明月耀乎前庭。

晉・謝靈運《怨曉月賦》 臥洞房兮當何悦？滅華燭兮弄曉月。昨三五兮既滿，今二八兮將缺。浮雲褰兮收泛灧，明舒照兮殊皎潔。墀除兮鏡鑑，房櫳兮澄澈。

晉・陸機《擬明月何皎皎》 安寢北堂上，明月入我牖。照之有餘輝，攬之不盈手。

南朝齊・謝朓《七夕賦》 盈多露之藹藹，升明月之悠悠。

南朝梁・江淹《休上人怨别》 露彩方泛艷，月華始徘徊。

南朝梁・庾信《昭君辭應詔》 斂眉光禄塞，還望夫人城。片片紅顔落，雙雙淚眼生。冰河牽馬渡，雪路抱鞍行。胡風入骨冷，夜月照心明。方調琴上曲，變入胡笳聲。

隋・楊素《贈薛播州》 惟有孤城月，徘徊獨臨映。

隋・盧思道《日出東南隅行》 初月正如鉤，懸光入綺樓。

唐・李白《單父東樓秋夜送族弟沈之秦時凝弟在席》 捲簾見月清興來，疑是山陰夜中雪。

唐・杜甫《遣意》 雲掩初弦月，香傳小樹花。鄰人有美酒，稚子夜能賒。

唐・王淮《瑤臺月賦》 素月霄凝，寒空迥徹，照瓊樹以增麗，煥瑤臺而共潔。遠而望也，浮皎晶晶之精光。近而察焉，帶巍峩之積雪。

唐・鄭遙《初月賦》 初生微月，若無若有，出城中兮纔廣於眉，入堂上兮不盈於手。若乃金壺稍滴，銀漢將流，暗鵲驚夜，寒蛩送秋。

唐・李商隱《同學彭道士參寥》 莫羨仙家有上真，仙家暫謫亦千春。月中桂樹高多少，試問西河斫樹人。

唐・薛能《句》 坐久僕頭出，語多僧齒寒。西塞長雲盡，南湖片月斜。

唐・溫庭筠《曉仙謡》 玉妃喚月歸海宫，月色澹白涵春空。

南唐・李煜《同江僕射遊攝山栖霞寺》 天迥浮雲細，山空明月深。

宋・歐陽修《葉下》 臨水復欹石，陶然同醉醒。山霞坐未斂，池月來亭亭。

宋・蘇軾《宿望湖樓再和》 新月如佳人，出海初弄色。娟娟到湖上，瀲瀲摇空碧。

宋・徐璣《中川别舍弟》 江迴風來急，山低月落遲。

宋・朱淑真《春日雜書》 春來春去幾經過，不似今年恨最多。寂寂海棠枝上月，照人清夜欲如何。

元・黄庚《凉夜即事》 光摇珠箔梧桐月，香透紗厨茉莉風。

元・張養浩《送姚學士》 江空孤月白，天濶片雲高。

元・虞集《畫鶴》 赤壁江深孤月小，白雲野迥秋霄薄。

明・王直《月下對酒》 月從今夜滿，人在異鄉看。

明・徐禎卿《月》 看月生西浦，穿雲度北窗。高棲有羈羽，照影不成雙。

明・黄克晦《八月初三夜月》 纖月西樓已可望，雁聲斷處一痕霜。微紛露葉光猶淡，初上風簾氣自涼。羌笛漫教悲舊曲，蛾眉空與妒新妝。只將今夕娟娟影，預卜中秋一夜長。

雜録

《山海經・大荒西經》 大荒之中，有山名曰日月山，天樞也。吳姖天門，日月所。（略）有女子方浴月。帝俊妻常羲，生月十有二，此始浴之。

漢·張衡《靈憲》 羿請無死之藥於西王母，姮娥竊之以奔月，將往，枚筮之於有黃，有黃占之曰：「吉，翩翩歸妹，獨將西行，逢天晦芒，毋驚毋恐，後其大昌。」姮娥遂託身于月，是爲蟾蠩。

漢·東方朔《海內十洲記》 方朔云：「臣學仙者耳，非得道之人。【略】曾隨師主履行：比至朱陵、扶桑、蜃海，冥夜之丘，純陽之陵，始青之下，月宮之間。」

漢·郭憲《洞冥記》卷三 帝於望鵠臺西起俯月臺，臺下穿池，廣千尺，登臺以眺月，影入池中，使仙人乘舟弄月影，因名影娥池，亦曰眺蟾臺。

又 影娥池中有遊月船、觸月船、鴻毛船、遠見船，載數百人。

漢·王充《論衡·道虛》 曼都好道學仙，委家亡去，三年而返。家問其狀，曼都曰：「去時不能自知，忽見若臥形，有仙人數人，將我上天，離月數里而止。見月上下幽冥，幽冥不知東西。居月之旁，其寒悽愴。」

晉·王嘉《拾遺記·昆吾山》 越王句踐，使工人以白馬白牛祠昆吾之神。採金鑄之，以成八劍。（略）三名「轉魄」，以之指月，蟾兔爲之倒轉。

唐·段成式《酉陽雜俎·天咫》 舊言月中有桂、有蟾蜍，故異書言月桂高五百丈，下有一人常斫之，樹創隨合。人姓吳名剛，西河人，學仙有過，謫令伐樹。釋氏書言須彌山南面有閻扶樹，月過，樹影入月中。或言月中蟾桂地影也，空處水影也，此語差近。

又 君知月乃七寶合成乎？月勢如丸，其影，日爍其凸處也，常有八萬二千戶修之，予即一數。

唐·釋道世《法苑珠林·月宮》 如《起世經》云，佛告比丘，月天子宮殿縱廣正等四十九由旬，四面垣牆，七寶所成。月天宮殿純以天銀、天青、瑠璃而相間錯，二分天銀，清淨無垢，光甚明曜，餘之一分天青瑠璃，亦甚清淨，表裏映徹，光明遠照，亦爲五風攝持而行五風如前。月天宮依空而行，亦有無量諸天宮殿，引前而行，恒受快樂於此。月殿亦有大輦，青瑠璃成，舉高十六由旬，廣八由旬，月天子身與諸天女在此輦中，以天種種五欲功德，和合受樂隨意而行。彼月天子身壽五百歲，子孫相承皆於彼治，然其宮殿住於一劫。彼月天子身分光明，照彼青輦，其輦光明照月宮殿，宮殿光照四大洲。彼月天子有五百光向下而照，有五百光傍行而照，是故月天名千光明，亦復名爲涼冷光明。又何因緣月天宮殿漸漸現耶？佛答：此月三因緣。一、背相轉；二、青身諸天，形服瓔珞一切悉青，常半月中隱覆其宮，以隱覆故月漸而現；三、從日天宮殿有六十光明一時流出，障彼月輪，以是因緣漸漸而現。復何因緣是月宮殿圓淨滿足？亦三因緣故令如是。一、爾時月天宮殿面相轉出；二、青色諸天一切皆青，當半月中隱，於十五日時形最圓滿，光明熾盛，譬如於多。油中然火熾炬，諸小燈明皆悉隱翳，如是月宮十五日時能覆諸光；三、復次日，宮殿六十光明一時流出障月輪者，此月宮殿十五日時圓滿具足，於一切處皆離翳障，是時日光不能隱覆。復何因緣？月天宮殿於黑月分第十五日一切不現，此月宮殿於黑月分十五日最近日宮，由彼日光所覆翳，故一切不現。復何因緣名爲月耶？此月宮殿於黑月分一日已去乃至月盡，光明威德漸漸減少，以此因緣名之爲月。西方一月分爲黑白，初月一日至十五日，名爲白月；十六日已去至於月盡，名爲黑月。此方通攝黑月合爲一月也。復何因緣月宮殿中有諸影現？此大洲中有閻浮樹，因此樹故名閻浮洲。其樹高大影現月輪，又瑜伽論云由大海中有魚鼈等，影現月輪，故有其內有黑相現。依西國傳云，過去有兔，行菩薩行，天帝試之索肉欲食，捨身火中，天帝愍之，取其焦兔置於月內，令未來一切衆生舉目瞻之，知是過去菩薩行慈之身。

唐·釋玄奘《大唐西域記》卷第七 烈士池西有三獸，【略】吾感其心，不泯其迹，寄之月輪，傳乎後世。故彼咸言，月中之兔，自斯而有。

唐·柳宗元《龍城錄·明皇夢遊廣寒宮》 開元六年，上皇與申天師道士鴻都客，八月望日夜，因天師作術，三人同在雲上遊月中，過一大門在玉光中飛浮，宮殿往來無定，寒氣逼人，露濡衣袖皆濕，頃見一大宮府，榜曰「廣寒清虛之府」，其守門兵衛甚嚴，白刃粲然，望之如凝雪。時三人皆止其下，不得入，天師引上皇起躍，身如在烟霧中，下視玉城崔峩，但聞清香藹鬱，下若萬里琉璃之田，其間見有仙人道士，乘雲駕鶴往來若遊戲。少焉步向前，覺翠色冷光相射目眩，極寒不可進，下見有素娥十餘人，皆皓衣乘白鸞，往來舞笑於廣陵大桂樹之下，又聽樂音嘈雜，亦甚清麗。上皇素解音律，熟覽而意已傳。頃天師亟欲歸，三人下若旋風，忽悟若醉夢中迴爾。次夜上皇欲再求往，天師但笑，謝而不允，上皇因想素娥風中飛舞，袖被編律成音，製霓裳羽衣舞曲，自古洎今，清麗舞復加於是矣。

宋·朱勝非《紺珠集·遊月宮》 明皇中秋夜，羅公遠擲杖化爲銀橋，請遊月宮，見廣寒庭女羣仙舞，問是何曲，曰「霓裳羽衣」。帝記其聲，回遂製其曲舞。

宋·陳元靚《歲時廣記·奏玉笛》 《集異記》：玄宗嘗八月望夜與葉法善同遊月宮。【略】自月宮還，過潞州城，上俯視城郭，悄然而月色如畫，法善因請

上以玉笛奏曲。時玉笛在寢殿中，法善命人取之，旋頃而至。曲奏既，竟復以金錢投城中而還。旬餘，潞州奏：「八月望夜，有天樂臨城，兼獲金錢以進。」

宋・陳元靚《歲時廣記・架筋梯》 《宣室志》：唐太和中，有周生者，【略】以道術濟吴楚。時中秋，夕霽月澄瑩，且吟且望，有説明皇帝遊月宫事者。【略】且告客曰：「我將梯此取月。」【略】生曰：「月在某衣中矣。」【略】其外尚昏晦，食頃月在天如初。陳簡齋《中秋無月》詩云：「卻疑周生懷月去，待到三更黑如故。」

宋・陳元靚《歲時廣記・壺史》 長慶初，山人楊隱之在郴州，常尋訪道者。有唐居士，土人謂百歲人，楊謁之，因留楊止宿。及夜，呼其女曰：「可將一下弦月子來。」其女遂帖月於壁上，如片紙耳。唐即起祝之曰：「今夕有客，可賜光明。」言訖，一室朗若張燭。

宋・李昉等《太平御覽・天部》 《遁甲開山圖》榮氏解曰：女狄暮汲石紐山下，泉水中得月精如雞子，愛而含之，不覺而吞，遂有娠，十四月生夏禹。

宋・李覆言《續幽怪録・定婚店》 杜陵韋固，【略】旅次宋城南店客，客有以前清河司馬潘昉女見議者。來日先明，期於店西龍興寺門，固以求之意切，且往焉。斜月尚明，有老人倚布囊，坐於階上，向月撿書，固步覘之，不識其字。

宋・陶穀《清異録・饌羞》 蜀中有一道人賣自然羹，人試買之。盌中二魚，鱗鬣腸胃皆在，鱗上有黑紋，如一圓月，汁如淡水，食者旋剔去鱗腸，其味香美。有問魚上何故有月？道人從盌中傾出，皆是荔枝仁，初未嘗有魚并汁。笑而急走，回顧云：「蓬萊月也不識。」明年時疫，食羹人皆免。道人不復再見。

元・伊世珍《瑯嬛記・修真録》 九天先生降王方平宅，書尺牘遺龍女曰：「汝謫以來，月輪周圍減一寸矣。更減其半，汝得復還本處，幸自努力。」方平問故，先生對月屈指曰：「自垂象以來至黄帝時減若干，自黄帝以至唐堯又減若干，自唐堯以至三代漸減，至今則愈減矣。減之又減，以至于無，則天地毁。不但是也，即世間聲色滋味莫不漸減，如人自少至老精神消損，頃刻不停，亦復如是，非日變而月化也，人皆不覺。以真人覩之，若日影過庭，分毫不差耳。」時八月十五日也。

明・董斯張《廣博物志・天道》 嫦娥奔月之後，羿晝夜思惟成疾。正月十四夜，忽有童子詣宫求見，曰：「臣，夫人之使也，夫人知君懷思，無從得降。明日乃月圓之夜，君宜用米粉作丸團，團如月，置室西北方，呼夫人之名，三夕可降耳。」如期果降，復爲夫婦如初。今言月中有嫦娥，大謬。蓋月中自有主者，乃結璘，非嫦娥也。

明・田汝成《西湖遊覽志餘》卷一 漢武《洞冥記》云：有遠飛雞，朝往夕還，嘗銜桂子，歸於南土。南土月路，固其宜也。所以北方無之。又《本草圖經》云：江東諸處多於衢路拾得桂子，北土獨無者，非月路也。

明・徐應秋《玉芝堂談薈・人頂日輪》 《快雪堂漫録》：虞長孺祖母三四十時，秋夜露坐庭中，見有三人挨月而過，異之，急呼長孺伯母同觀。伯母出遲，僅見其二，須臾俱入月中矣。

清・陳元龍《格致鏡原》 尹思，晉時人。正月十五夜，坐室中，遣兒視月中有異物否，兒曰：「今年當水，月中有人被簑帶劍。」思出視之，曰：「非水也，將有兵，月中人乃帶甲仗矛耳。」果如其言。

水星部

題解

僞孔安國注《尚書・虞書》 水曰辰星。

《春秋合誠圖》 天皇大帝，北辰星也，含元秉陽，舒精吐光，居紫宮中，制御四方，冠有五采。

《文子・精誠》 政失於冬，辰星不效其鄉。

漢・劉安《淮南子・天文訓》 北方，水也，其帝顓頊，其佐玄冥，執權而治冬；其神爲辰星，其獸玄武，其音羽，其日壬癸。

漢・司馬遷《史記》卷二七《天官書》 察日辰之會以治辰星之位，曰北方水，太陰之精，主冬，日壬癸。刑失者，罰出辰星。《正義》天官占云：『辰星，北水之精，黑帝之子，宰相之祥也。一名細極，一名鈎星，一名爨星，一名伺祠。徑一百里。亦偏將、廷尉象也。』《天文志》云：『其日壬、癸。四時，冬也；五常，智也；五事，聽也。』

漢・班固《漢書》卷二六《天文志》 辰星曰北方冬水，知也，聽也。

三國魏・張揖《廣雅・異祥》 辰星，謂之鉤星、免星，或謂之鉤星。

南北朝《靈寶五符經・靈寶五帝官將》 北方隱侯局，號曰黑帝，其神壬癸，服色尚玄，駕黑龍，建皁旗，氣爲水星，爲辰，從群神五十萬人，上和冬氣，下藏萬物。

唐・釋道世《法苑珠林・審察篇》 辰星，水精，生玄武。

唐・釋湛然《輔行記》第八 北方水，帝顓頊，佐元冥，執權而治冬。星辰星，獸玄武，音羽，日壬癸，味鹹臭腐。

宋・歐陽修、宋祁《新唐書》卷三一《天文志一》 大梁、析木以負北海，其神主於恒山，辰星位焉。

元・史伯璿《管窺外篇》 卷下辰星明，謂之水星，其體尚不如水之黑，而自有光。

清・孫之騄注盧仝《玉川子詩集・月蝕詩》 辰星，殺伐之氣，戰國之象也。

論說

明・熊明遇《格致草》 水星至小可見辯

夫土、木二星大地二十餘倍，火星半倍。其明隱大小繇天之遠近，其可見固也。即金星小地三十六倍，以地球九萬里算之，亦庶幾大三千里，其天處水月之上，可見亦固也。獨水星小地萬餘倍，計其大不及十里，所處又在月天之上，宜永無可見之理。然有時而見，其故安在？曰：金水二星附日而行，其見都不經天。若水星之見必平望于高春桑榆間，切地上浮游之氣，既可影小爲大，如帶眼鏡看字。又可影遠爲近，如着錢于盂水中。又水星有本天，有附輪之天，其輪又頗大，蓋不大則不能或在目前、或在日後也。附輪而行，有遠地之輪弦，又有近地之輪弦，而其本天之心又不對地心，以不對，運既有遠地心之處，又有近地心之處。故水星之有時可見也，以平望切浮游之氣，影之使大，又其所循之輪弦既與地切，而本天之行動又與地近，所以可見。

星大于地，以視界合儀測，定其當然。然理尚難測，每見燈懸遠地，連籠視爲一體，則近星之天體透亮，從下視之，并爲星體矣。如遠燈之光體大不踰寸，乃望之，則盈尺者豈非籠□所瑛，游氣所影□此尚當細思。

清・合信《天文略論》 論水星

衆行星有大有小，有近有遠，光明之色，運行之數俱各不同，又有彗星爲星之妖，其行怪異，今畧分而言之。水星比於別行星爲最小，又與日最近，離日三十七兆里。中國一萬二千九百五十萬里。其星體直徑三千二百里，中國一萬一千二百里。外圍一萬零五十三里，中國三萬五千一百八十五里半。每一轉身二十四點鐘零五分，每八十七日二十三點鐘二十五分運行日外一回。故每年與地球軌道有三次交會，其行之軌道長圓，或與日近，則在十七度，離日遠亦不過二十九度。運行至日之西則早間見之，但纔見之日即上。運行在日之東則日落時見之，纔見亦即隨日落。常被日氣所遮，蓋甚難得見。因其星小，軌道又近日故也。春秋二時日氣不甚大，見之畧易。天文士用鏡細觀水星，其光潔白，有時圓，有時缺，如月一般，可知是借日之光，亦同於月也。水星比地球離日減七倍，得日之光必多於地七倍，人在水星上看日必大過世人所見七倍。天文士言水星堅實過地兩倍，有時與地球交會，與日同一直徑，人見水星過日面如一黑點，此可見水星本體無光也。有人測想水星有氣極厚，倘若星上有人民，量亦可以當其熱。然上帝實公義慈悲，生人生物必各與之安樂之恩，自有奇妙之權，宜非人意所能量也。

清·摩嘉立、薛承恩《天文圖説》 論水星

繞日之各行星，按次離日之第一近者爲水星，距日十千六百萬里。【略】

水星距日不甚遠，而距地則稍遠，故人目鮮能見之。天文士以遠鏡測，知其自轉本軸約二十四小時一周，繞日約八十八日一周，則成爲一年。故水星之日夜與地球畧同，而年較地球只四分之一。若於水星處，較在地球觀日更大。【略】水星有一奇異，其於八行星中體雖極小而其質則較重，比之土星重約十倍，比地球重四分之一。【略】譬如一器滿貯水星之質，亦滿貯土星之質，各權之，則水星質重十斤，土星只重一斤。若以地質與水星權而較之，則地重四斤，水星重五斤，此西國以水權物之法也，故謂水權，餘倣此。

清·艾約瑟《天文啓蒙》 水星

水星於行星中，爲距日最近之星，與日相去約在一萬有五百萬里之數。地球距日既爲二萬七千九百九十萬里，水星本體之直徑較地之直徑僅有三分之一，有時日入後見在西，有時日出前見在東，總不離日甚遠。共計八十四晝夜可繞日一周。水星内之春夏秋冬四季，可包於我儕地球面一季之中。【略】其軌道與黃道面少有斜交，與月行白道與黃道面所有斜交相若。譬猶地行之軌道在水面，水星軌道即半出離水面上、半浸入水面下。【略】我儕於地面視水星，必去日甚邇，星在日左時，於白晝常隨日行於天，日入後少頃即入，在日右時，必在日前移行。星先落日方落，亦祇於昧爽時、見日未出而星先出耳。

設以千里鏡恒向水星窺視，見其隨時變更形式，與月無異，理亦一致。【略】於地面見其繞行日外時，更變方位，即更變形式，水星至日與地之中間，即所謂下合於日時，我儕不能見有水星。緣其暗面向我儕地面，嗣後於此向前行去，即漸露其明面，前行愈遠，我儕於其明面見愈多，及前行至與我儕相對面，即在日之後面，所謂上合於日時也，水星之明面，對我儕地面，故能全見。

第水星本體面之形式，我儕所知者甚少，未知其有無山河湖海，或似地之半山半水乎，抑如月之有山無水乎。其距日也最近，愈近應愈熱，特未知其體外有無籠罩之風氣套護庇，且未知水星面是否有居住之人與各活物。所可知者，水星之疏密率較地球尤大也。

綜述

漢·劉安《淮南子·天文訓》 辰星正四時，常以二月春分效奎、婁，以五月夏至效東井、輿鬼，以八月秋分効角、亢，以十一月冬至効斗、牽牛。出以辰戌，入以丑未，出二旬而入。晨候之東方，夕候之西方。一時不出，其時不和；四時不出，天下大饑。

漢·司馬遷《史記》卷二七《天官書》 察日辰之會，以治辰星之位。曰北方水，太陰之精，主冬，日壬、癸。刑失者，罰出辰星，以其宿命國。

是正四時：仲春春分，夕出郊奎、婁、胃東五舍，爲齊；仲夏夏至，夕出郊東井、輿鬼、柳東七舍，爲楚；仲秋秋分，夕出郊角、亢、氐、房東四舍，爲漢；仲冬冬至，晨出郊東方，與尾、箕、斗、牽牛俱西，爲中國。其出入常以辰、戌、丑、未。

其蚤，爲月蝕；晚，爲彗星及天矢。其時宜效不效爲失，追兵在外不戰。一

時不出，其時不和；四時不出，天下大饑。其當效而出也，色白爲旱，黄爲五穀熟，赤爲兵，黑爲水。出東方，大而白，有兵於外，解。常在東方，其赤，中國勝；其西而赤，外國利。無兵於外而赤，兵起。其與太白俱出東方，皆亦而角，外國大敗，中國勝；其與太白俱出西方，皆赤而角，外國利。五星分天之中，積于東方，中國利；積于西方，外國用〔兵〕者利。五星皆從辰星而聚于一舍，其所舍之國可以法致天下。辰星不出，太白爲客；其出，太白爲主。出而與太白不相從，野雖有軍，不戰。出東方，太白出西方；若出西方，太白出東方，爲格，野雖有兵不戰。失其時而出，爲當寒反温，當温反寒。當出不出，是謂擊卒，兵大起。其入太白中而上出，破軍殺將，客軍勝；下出，客亡地。辰星來抵太白，太白不去，將死。正旗上出，破軍殺將，客勝；下出，客亡地。視旗所指，以命破軍。其繞環太白，若與鬭，大戰，客勝。免過太白，間可械劍，小戰，客勝。免居太白前，軍罷；出太白左，小戰；摩太白，有數萬人戰，主人吏死，出太白右，去三尺，軍急約戰。青角，兵憂；黑角，水。赤行窮兵之所終。

兔七命，曰小正、辰星、天欃、安周星、細爽、能星、鉤星。其色黄而小，出而易處，天下之文變而不善矣。兔五色，青圜憂，白圜喪，赤圜中不平，黑圜吉。赤角犯我城，黄角地之争，白角號泣之聲。

其出東方，行四舍四十八日，其數二十日，而反入于東方；其出西方，行四舍四十八日，其數二十日，而反入于西方。其一候之營室、角、畢、箕、柳。出房、心間，地動。

辰星之色：春，青黄；夏，赤白；秋，青白，而歲熟；冬，黄而不明。即變其色，其時不昌。春不見，大風，秋則不實。夏不見，有六十日之旱，月蝕。秋不見，有兵，春則不生。冬不見，陰雨六十日，有流邑，夏則不長。

角、亢、氐，兖州。房、心，豫州。尾、箕，幽州。斗，江、湖。牽牛、婺女，揚州。虚、危，青州。營室至東壁，并州。奎、婁、胃，徐州。昴、畢，冀州。觜觿、參，益州。東井、輿鬼，雍州。柳、七星、張，三河。翼、軫，荆州。

七星爲員官，辰星廟，蠻夷星也。

漢・班固《漢書》卷二六《天文志》　辰星曰北方冬水，知也，聽也。知虧聽失，逆冬令，傷水氣，罰見辰星。出蚤爲月食，晚爲彗星及天祅。一時不出，其時不和；四時不出，天下大饑。失其時而出，爲當寒反温，當温反寒。當出不出，是謂擊卒，兵大起。與它星遇而鬭，天下大亂。出於房、心間，地動。

北周・庾季才《靈臺秘苑》　辰星占

辰星者，玄武之精，宰輔、廷尉、褊將之象。其色黑，冬，北方，水；壬癸皆配之。五常曰智，五事曰聽。分爲燕、趙、代，七星爲員宫，則其廟也。於卦爲坎，以其行速於太白，緩則不出，急則不入。非時則占，爲盗，爲陰，主殺伐戰鬭，刑法得失，亦爲蠻夷之星。欲其小而明則吉。小而憒，地大動。動而光明，則刑獄繁。若光明與日相近，其分大水。色虚白，有大喪，人君當之。冬時宜順冬令，蓋藏，謹循行積聚，無有不斂，相城郭，戒門閭，修關閉，備邊境，謹關梁，塞蹊徑。若人君失德非道，辰星失度，智虧聽失，違冬令，傷水氣，則罰見辰星。若冬行春令，則歲星之氣干之，色青。凍不密，地氣上泄，人多流亡，蟲蝗爲敗，水泉成竭，人多疫癘，曠夫多傷，人多固疾。行夏令，則熒惑之氣干之。色赤，小而昧，則多暴風，方冬不寒，蟄蟲復出，其分乃旱，雷發先聲，水潦爲敗，時雨不降，凍冰消釋。行秋令，則太白之氣干之，其色大不明。霜雪不時，小兵時起，土地侵削，冰雪雜下，瓜瓠不成，國有大兵，白露早降，介蟲爲妖，四鄙入堡，不救則必逆亂爲謀。其救也，明賞罰，審法度，勿放肆，求賢良，廣思慮，則星辰順度，春不晨見，秋不夕見，此其常也。晨有見則高大，勢必然也。其星行始與日同度，名合伏，經一十六日三十分，去日一十四度外，夕見於西方而順，順三十六日，行三十六度而留，留三日，去日二十一度内，爲夕退，復經十三日九十四分，行八度六分復與日同度，爲順合，其前爲前變，其後爲後變。又十二日十四分，行八度六分乃晨留，去日二十一度晨見于東方，三日乃晨順。經二十六日，行三十六度復與日同軌同度而合，積一百一十五日八十八分，計行一百一十五度八十八分與矩合，周而復始。其行常附于日所在之分，有權智，用兵革，失位，則下降爲婦人。當出不出，謂之擊卒，兵大起。當入不入，爲災。法律若行失簡，宗廟廢，祭祀則不以時，當寒反温，當温反寒。在黄道，多水潦。又曰，春不見，大風，秋則不實，夏旱，又六十日月食。秋不見，有兵。春則不生，冬不見陰雨。六十日有流色，夏則不長。辰星不出，太白爲客；其出，太白爲主。若出東方，太白出西方；出西方，太白出東方，爲格野。或出而太白不相從，野雖兵，不戰。其入太白中而上出，破軍殺將，客軍勝；下出，客亡也。辰星來抵太白，太白不出，將死；正行上出，破軍殺將，客勝；不出，客亡也。視其所指以命破軍。其環繞太白若與鬭，大戰，客勝；繞過太白間，可亟斂兵小戰。繞居太白前，軍罷；出太白左，小戰；摩太白右，數萬人戰，吏人死；去太白右，去之三尺，軍急約戰。星芒角，民

多疾。隨用所之，有喪，則不昌。若黑，三芒，天下有喪。又曰，有兵，兵起；無兵，兵罷。若出入依期，光明潤澤，歲豐民樂。不爾，則水旱並作，獄訟不平，出太南則火潦，太北，則大旱。當留而去也，色白爲旱，黄爲五穀熟，赤黑水。若出東方，東方有兵於外，解；常在東方。其中赤，中國勝，其外赤，外國利。無兵於外而出，兵起。與太白俱出而赤，出而用兵；若出東方，中國勝，出西方，外國利。辰星在冬曰王色，比奎大星，精明有光，冬至之時有芒角。在秋曰相色，精明無芒角，不摇光。在春曰休，其色蒼黄，微小無精光。在夏曰囚，其色小黑如不明。在四季，其色青赤，小而不明。當王而有相色，大臣專政，令不行；休色，冬不冰；囚色，冬無霜雪；死色，夏無雨露；白不明，雷電行。其留守也，其分不祥。其進舍也，五星合其地，天下有謀。其退舍也，五星及之，不可舉事用兵。當相而有王色，君弱臣强；休色，政令不行；囚色，秋不霜；死色，穀不成，雷電不藏。其留守也，其分亡地。其進舍也，與五星合，其下有殃；其退舍也，五星及之，不可舉事用兵。休而有王色，是謂不祥。主令失，大臣縱横；相色，君臣不和；囚色，夏不雨，大旱；死色，六月病傷，貴人有土工。其留守也，其分小兒有多死者。其進舍也，與五星合，天下有水災；其退舍也，五星及之，不可舉事用兵。囚而有王色則憂，夏雨霜雪，蟄蟲咸伏，雷電不行；相色，秋有暴兵；休色，同之，又曰，流水滂。死色，暴有獄，大臣受其咎。其進舍也，五星合，有德令；其退舍也，五星及之，不可舉事用兵。死而有王色，貴人病；休色，庶人疾；囚色，大旱。其進舍也，與五星合，其年不登；其退舍也，五星及之，國有兵不成行。其與四星相犯，其犯歲星，后有謀；熒惑，則上妨太子、孽子，下妨太尉、司馬；填星則憂雨雪，妨后；太白則相叛敗。其合熒惑，則爲悴，不可舉事，用兵必受其殃，必破軍殺將。不利起，爲主勝。填星則主令不行，爲壅阻，所在之分不可舉事，用兵必受其殃，覆軍殺將；太白則爲變謀，若起，爲兵憂。其觸熒惑，則天子不安，其出入，則填星出，兵失地；入，兵得地。若有兵車，必賊，客敗。四星與辰星鬬，皆爲戰。兵不在外，皆爲内亂。

唐·李淳風《觀象玩占·辰星》 總叙

辰星，一曰安調，一曰細極，一曰熊星，曰鈎星，曰司農，曰免星，曰小武，曰何晨，曰鼎星，曰小爽，比方黑帝，叶光紀之使。玄武之宿，水之精也。辰星之出，常在四仲，出以辰戌，入以丑未，二旬而入。晨候之東方，夕候之西方，附日而行。其出入也，不違其時，故曰辰星。辰星，宰相之象，又爲廷尉，主刑法、殺伐戰鬬、在軍、在外、野爲偏將軍，無軍爲刑官。主和陰陽，五常爲智，王事爲聽，智虧聽失，逆冬令，傷水氣，則罰見辰星。故辰星主冬，其國燕趙代，其日壬癸，其辰亥子，其帝顓頊，其神玄冥，其音羽，其□□數六，其卦坎。主刑獄、險阻之事。辰宿星所在有權智用，兵爲主。失其時則寒暑失節，國當大飢。辰星出入，必有以陰雨，不則陰風。辰星又爲夷狄之事，及刑法之得失，皆于展星觀之。

唐·房玄齡等《晉書》卷一二《天文志中》 辰星曰北方冬水，智也，聽也。智虧聽失，逆冬令，傷水氣，罰見辰星。辰星見，則主刑，主廷尉，主燕趙，又爲燕趙代以北；宰相之象。亦爲殺伐之氣，戰鬬之象。又曰，軍於野，辰星爲偏將之象，無軍爲刑事。和陰陽，應效不效，其時不和。出失其時，寒暑失其節，邦當大饑。當出不出，是謂擊卒，兵大起。在於房心間，地動。亦曰，辰星出入躁疾，常主夷狄。又曰，蠻夷之星也，亦主刑法之得失。色黄而小，地大動。光明與月相逮，其國大水。

唐·魏徵等《隋書》卷二〇《天文志中》 辰星之精，散爲枉矢、破女、拂樞、滅寶、繞廷、驚理、大奮祀。

唐·瞿曇悉達《開元占經》卷五三《辰星占》 辰星占主一

郗萌曰：辰星七名：小武星，天免，安調，細爽星能星，鈎星。《荆州》曰：辰星一曰勾星，一曰鼎星，一曰小霜，一曰音黄，一曰歲咸，一曰□龍。

《天官星占》曰：辰星，北方之位，黑帝之子，宰相之象，一名安調，一名細極，一名能星，一名鈎星，一名伺辰。主德常，行四仲。

《鴻範五行傳》曰：辰星者，北方水之精也，於五常爲智，槌檽貪道，於五事爲聽，不或是非。智虧聽失，逆冬令，則辰星爲變怪，爲水災，爲四時不和。

班固《天文志》曰：逆冬令，傷水氣，則罰見辰星。

《淮南子》曰：北方，水也，其帝顓頊，其佐玄冥，執權而治冬。其神爲辰星，其獸玄冥，其音羽；其日壬癸。

《荆州》曰：色太陰之精，黑帝之子，立東主北維，其國燕趙，於日壬癸，其位卿相。又曰：人君之象，天子執政，主刑，刑失者罰出辰星之易是也。

《合誠圖》曰：星主正常。

《巫咸》曰：辰星主調和陰陽，節四時，効其萬物。辰星修順之則嘉，逆之則怒。

班固《天文志》曰：辰星，殺伐之氣，斗之象也。

《五行志》曰：辰星爲蠻夷。

《荆州》曰：辰星主内謀，天下有急，一時憂出。辰星主刑罰，王者殺無辜，好暴逆，簡宗廟，重徭役，逆天時，則辰星伏而不効。主恩寬，赦有罪，輕薄税斂，賑貧窮，調陰陽四時，則星効於四重，天下和平，災害不生。

《荆州》曰：辰星主刑獄，法官及遷尉，人君宰相失治，重刑罰，改法令，役無辜，戮不辜，棄正法，貨賂上流，則辰星不効度，失時節，法官憂。

《荆州》曰：有畢於野，辰星爲偏將之相；無畢於野，辰星爲刑事之象。又辰星主燕、趙、代以北，宰相之象。

《石氏》曰：讚辰星，効四時，和陰陽。

辰星行度二

《鴻範五行傳》曰：辰星以上元甲子歲十一月甲子朔旦冬至夜半甲子時，與日月五星俱起牽牛前五度，右行迅疾，常與日月相傾，見於四仲，以正四時；歲一周天。按曆法，辰星夕見西方，三十日而伏，二十二日而晨見東方而伏，伏入三十三日一千五百四十分日之一千一百七十八奇六十六，復夕見西方如初。一終億一百一十五日一千一百七十八奇六十六。星行度數亦如之。是七十也年而二百四十九終也。星平行日一度，一年周天。舊説皆云辰星効四仲，以爲謬矣。丞相之象，一歲一周，出以四仲，天下和平；不出四仲，災變生，人民大飢，穀不榮，陰陽錯亂，國家傾，冬温夏寒，災害傷人。

《洛書》曰：春分二日，辰星在奎，晨見東方，十八日而晨入東方。夏至二日，辰星在井，晨見東方，十八日而晨入東方。秋分二日，辰星在[氐]，昏出丙方，十九日昏入西方。冬至二日，辰星在女，昏出西方，十九日而昏入西方。

《春秋緯》曰：辰星出四仲爲初紀，春分夕出，夏至夕出，秋分夕出，冬至晨出，其初常自辰戌入丑未。

《淮南子》曰：辰星正四時，常以二月春分効奎婁，効，見也。以五月夏至効東井、輿鬼，以八月秋分効角、亢，以十一月冬至効斗、牛，出以辰戌，入以丑未，出三旬而復入，晨候之東方，夕候之西方。

《石氏》曰：辰星仲春春分暮出奎，胃東五舍爲齊。仲夏夏至，暮出東井、輿鬼，柳東七舍爲楚。仲秋秋分，暮出角、亢、氐、房庚四舍爲漢中。仲冬冬至，晨出東方輿尾箕斗牛，俱出西方爲中國。

《甘氏》曰：辰星乃正四時，春分効婁，夏至効輿鬼，秋分効亢，冬至効牽牛。其出東方也，行星四舍，爲日四十八日，退速二十日而反入于東方。其夕西方也，行星四十八日，其進也，二十日而反入于西方。

《皇甫謐年曆》曰：辰星春分立卯之月，夕効於奎婁；宋均常以三月春分見婁。夏至立午之月，夕効於東井；秋分立酉之月，夕効於角亢。宋均曰：見日角亢。冬至立子之月，晨効於斗牛。出以辰戌；入以丑未。宋均曰：二旬入，晨候之東，夕候之西。其星將出，必先陰風，辰之情也。

《巫咸》曰：辰星出四仲，以正四時，出孟，天下大亂更三。

班固《天文志》曰：漢時，辰星出四孟，後二年，漢成晉也。又曰，出西季，彗星出，有敗國。一曰：諸侯不及命。

《尚書緯》曰：文政失於冬，辰星不効其節。

《孝經授神契》曰：辰星出仲，得和柔。

《巫咸》曰：辰星出，常不見高海，且有聚卒。辰星受制則閉門閣，無道客，斷罰殺當罪，節關梁，楚水泛。

郗萌曰：太白不出，辰星獨出，西方兵起不戰。辰星入兵罷。

《荆州》曰：太白不出，辰星獨出東方，天下有兵罷，無兵有得令。

唐・金俱吒《七曜攘災訣》卷上 水宫占災禳之法第七

辰星者，北方黑帝之子，一歲一周天。所至人命星吉凶不等，春至人命星，其人多有女婦言諍，家内不和。夏至人命星，其人宅中多有妖怪，人心不安，亦有移動，後則大吉。秋至人命星，其人合有改官加禄。冬至人命星，多病，和氣不周，五藏不安，神氣不任。四季至人命星，家中合有陰謀事起，多有失脱。攘之法當畫一神形，形如黑蛇，有四足而食蟹，當項帶，過命星訖，棄不流水中則吉。

又

水其神女人，著青衣，帶獲冠，手執文卷，宜持藥師異言，轉《藥師經》六卷或六十卷。宜燒甲香、龍腦、零陵等香。宜著青衣，好食酷苦之物，善能言語及□亂作誑，與人物後却悔，因作□酬，慎之吉。咥日平旦，水和蜜，數數嘗經七日。

又

辰星北方水之精，一名毚星。徑一百里，其色黑。所在之位主大憂。一年一周天，去日極遠不過二十六度。初夕見，日行一度半，漸遲，二十七日行三十度，乃留三日而夕伏之二十二日，遂見東方，留三日，乃順行，日行半度，漸疾，二十七日行三十度，遂□伏，伏三十四日又夕見如初。一百一十六日一終，凡三十

三年一百四十終，晨夕共六十見，皆一月乃伏。假令正月十日夕見，則二月十日夕伏也。

宋・鮑雲龍《天原發微・少陽》 辰星

水性平淡，主形法之得失，是正四時，常以春分見奎婁，夏至見東井，秋分見角亢，冬至見牽牛。出辰戌，入丑未。晨候之東方，夕候之西方。一時不出，其時不和。四時不出，天下大飢。亦一歲一周天。或曰水星爲辰星，時有十二辰，月有十二會。散在天地間，無往而不爲潤澤。出非其時，寒暑失節，故爲太一之象。蓋水、火二星相須，火或有或無，水或盈或涸，皆得天地變化之氣。

元・脱脱等《宋史》卷五二《天文志五》 辰星爲北方，爲冬，爲水。於人五常，智也；五事，聽也。常以二月春分見奎、婁，五月夏至見東井，八月秋分見角、亢，十一月冬至見牽牛。出以辰戌，入以丑未，二旬而入。晨候之東方，夕候之西方也。一年一周天。出早爲月食，晚爲彗星及天祆。一時不出，其時不和。四時不出，天下大饑。《星經》曰：『主常山，冀并幽州，又主斗、牛、女、虛、危、室、壁。』又曰：主燕、趙、代，主廷尉，以比宰相之象。石申曰：色黃，五穀熟；黑，爲水；蒼白，爲喪。凡與歲星相犯，皇后有謀。熒惑犯，妨太子。填星犯，兵敗；太白亦然。芒角相及同光曰合，他星光曜相逮爲害。客星、太陰、流星相犯，主内患。

元・岳熙載《天文精義賦》 辰星

辰星，北方，色黑，司冬，爲聽，主智。

辰星者，立武之精，其色黑，北方，水。五常曰智，五事曰聽。其配在子，太陰之氣，而四象之終。言其事象，即至陰之氣存焉，其位即萬化之化萌焉。故《易》有幽明之説，原始反終，即其義也。

於卦則坎水於是乎分；於日則壬癸於是乎配。

《宋志》曰：壬癸配之，於卦曰坎。

隸七星之員官爲廟。

七星爲員官，則其廟也。

分燕趙之雁門爲邑。

分主燕趙代。

一主殺罰，戰鬭，一爲刑法，得失。

又爲盜，爲陰，主刑罰、戰鬭、刑法得失。又曰：有事於野，辰星爲偏將之象，無軍於野，辰星爲刑事之象。王者殺無辜，好暴逆，簡宗廟，重傜役，逆天時，則辰星伏而不動。

備邊境而謹關梁，戒門閭而修鍵閉。

人君當冬時宜順冬令，謹蓋藏，循行積聚，無有不斂。坯城郭，戒門閭，修鍵閉，備邊境，謹關梁，塞蹊徑。

辰星一歲一周天。

周天以十二月爲畢爲窮。

去日以十四度或見或入。

去日十四度外夕見西方，去日二十一度内爲夕退伏。去日二十一度外晨見東方，去日十四度内乃晨伏。

積一百一十五日八十分爲終率之期，行一百一十五度八十八分，爲變改之畢。

星之行，始與日同度，日合伏。經十六日行三十度，去日十四度外，則夕見於西方而順。順二十六日行三十度而夕留，留三日，去日二十一度内爲夕退，伏經十二日九十四分，退行八度六分，復與日同度，爲再合。其前爲前變，其後爲後變。又十二日九十四日分退行八度六分，乃晨留，去日二十一度外晨見於東方，留三日，乃晨順，經二十六日行三十六度，去日十四度内，乃晨伏。經十六日行三十度，復與日軌同度。

積一百一十五日八十八分，計行一百一十五度八十八分，名曰距合，其行常附於日。

所在有兵權，主於智。

所在之分有兵權智，用兵爲主。

失物則下降爲婦人。

在冬曰旺色，比奎星之大星，精明有光，至仲冬之時，有芒角，如其色，則天下和平。

不效則逆傷乎水氣。

《景祐占》曰：政失於冬，辰星不效其鄉。

明・李泰《天文精義補注》 辰星

辰星，北方，色黑，司冬，爲聽，主智。

原註云：辰星者，玄武之精，其色黑，北方，冬，水。五常曰智，五事曰聽。

其位當子，得太陰之氣，而四象之終。言其事象，即至陰之氣存焉，其位即萬物之化萌焉。故《易》有幽明之説，原始反終，即其義也。

補註曰：《玉曆通政經》云：水星應於冬，合主智謀，以其天一生水，爲五緯之先，其體散，無方無定，如龍之變。故名曰辰星。辰屬龍也。

於卦則坎水於是乎分；於日則壬癸於是乎配。原註云：《宋志》曰：壬癸配之，於卦曰坎。

補註曰：坎卦屬水，辰星爲水，星北方，壬癸屬水，所以配辰星也。

隷七星之員官爲廟。

原註云：七星爲員官，則其廟也。

補註《玉曆通政經》云：七星柳宿也，爲員官，辰星廟也。

分燕趙之雁門爲邑。

原註：燕趙代。

補註曰：辰星分野主燕、趙、雁門。燕，今北京趙州屬地，雁門，今山西代州屬地。

（一）主殺罰、戰鬭，一爲刑法，得失。

原註云：去日十四度外夕見西方，去日二十一度内爲夕退伏。去日二十一度外晨見東方，去日十四度内乃晨伏也。

補註曰：見則遠日，近則近日，辰星或見或入，在遠日近十六度半。

積一百一十五度八十八分爲終率之期，行一百一十五度八十八分，爲變改之畢。

原註云：星之行，始與日同度，曰合伏。經十六日行三十度，去日十四度外，則夕見於西方而順。順二十六日行三十六日度而夕留，留三日，去日二十一度内爲夕退，伏經十二日九十四分，退行八度六分，復與日同度，爲再合。其前爲前變，其後爲後變。又十二日九十四分退行八度六分，乃晨留，去日二十一度外晨見於東方，留三日，乃晨順，經二十六日行三十六度，去日十四度内，晨伏。經十六日乃三十度，復與日軌同度。積一百一十五日八十八分，計行一百一十五度八十八分，名曰距合，周而復始，其行常附於日。

補註曰：周天三百六十五度有奇。一年三百六十五日有奇。辰星積一百一十五度八十八分，行星一百一十五度八十八分，此大畧也。其伏見留順已見原註。

所在則有權智，爲主之兵。

原註曰：所在之分有權智，用兵爲主。

補註：《祥異賦》云：所在之分，有權智，爲主用兵。蓋言辰星所在之處，其下必有權謀智畧之人，以主兵柄。

失位則下降爲婦人之質。

原註云：失位則下降爲婦人。

補註曰：《玉曆通政經》云：辰星降而在人主爲婦人，質美麗，有文章，能音律。

在冬則比奎之大星。

原註曰：在冬曰王色，比奎之大星，精明而有光，冬至之時，有芒角，如其色，則天下和平。

補註：宋《中興天文志》曰：辰星色黑，北奎大星，小於歲星。

不効則逆傷乎水氣。

原註：《景祐占》曰：政失於冬，辰星不効其鄉。

補註：《漢志》云：辰星北方、冬、水、智也，聽也。智虧聽失，逆冬令，傷水氣，罰見辰星。又曰應効不効，其時不知。出入失時，寒暑失節，邦當大飢。不効者，不依時出也。

《正義》云：効見也，言宜見不見爲失，罰之也。

明・王英明《曆體略》 五緯

水曰辰星，其行亦先後太陽，歲一周天。法，晨伏、合伏各一十七日七十五刻，各行三十四度二十五分。夕出西方，疾遲共二十七日，行三十一度五十分。留二日。夕退伏，合退伏各一十一日一十八刻八十分，各退七度八十一分二十秒。晨留二日，遲疾共二十七日，行三十一度五十分，而又晨伏，一周焉。

清・江永《數學》 歲輪從本天右行九十度，則歲輪上自巳至酉亦九十度，而星在壬。巳至壬即太陽之行度。酉壬爲離度，伏見輪上丑至斗亦即太陽平行度，并斗壬九十度後倣此。

此設水星合伏時，在歲輪之頂，因及歲輪心行一象限也。甲爲地心，丙申未午爲黄道，乙丁巳辛爲本天，戊亥尾亢爲歲輪，戊己子癸爲伏見輪，歲輪心乙在本天周，丙爲太陽，戊爲星，合伏時星在日上，從甲視之，同一直綫，此星在歲輪上本象。若設伏見輪繞日，丙爲輪心，即太陽，其合伏之點戊即歲輪之頂，星在

歲輪頂，即在伏見輪頂也。本天上更有本輪、均輪、歲輪，心在均輪上，其差皆□，此勿論，後倣此。

設合伏後二十二日弱，歲輪行一象限。己角戌酉輪心至丁，則太陽自丙行至庚二十一度太弱，星自酉至壬酉即合伏戊點。六十八度少强，自丑牛卯丙伏見輪上觀之，則自斗至壬亦六十八度少强也。斗亦合伏點。

此圖有二行，其一己子丁巳歲輪心行至乙，則太陽在酉，星在房，而伏見輪未戌房申輪。亦交於房。其一午癸丑卯歲輪心行至辛，則太陽在亥，星在心，而伏見輪尾角斗心輪。亦交於心。又二十二日弱，并前爲

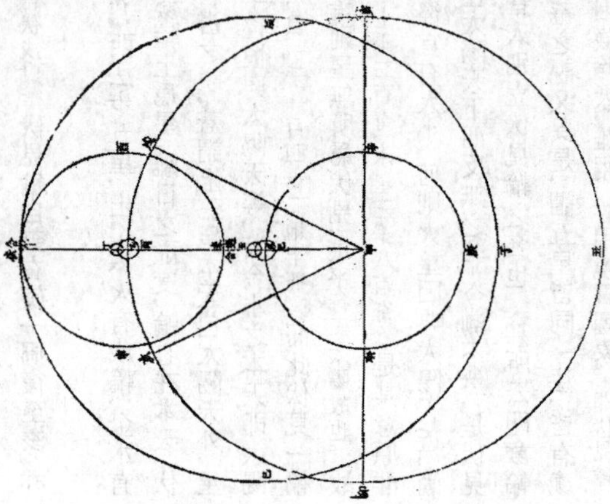
水星諸輪圖

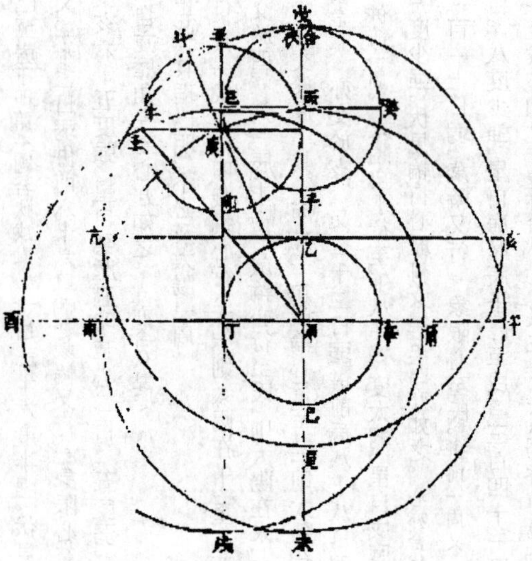
水星行歲輪圖一

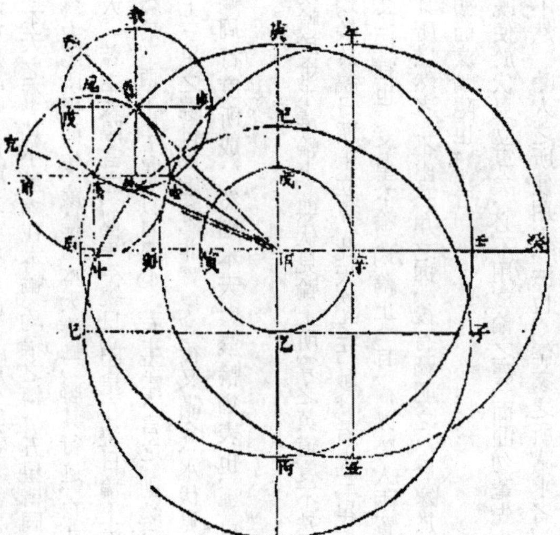
水星行歲輪圖二

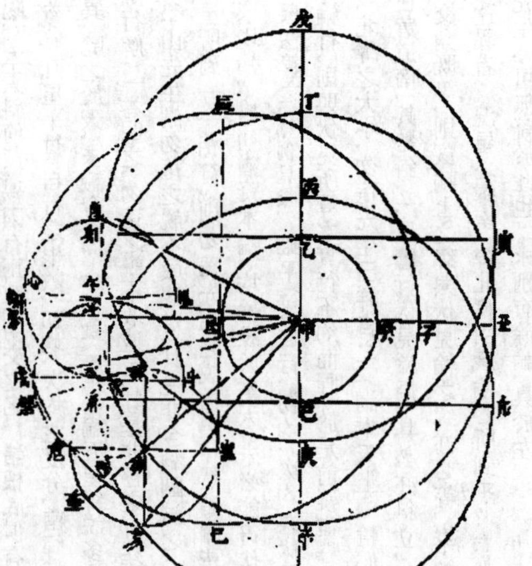
水星行歲輪圖三

四十四日弱，歲輪又行一象限，心至乙，併前二象限。太陽自庚至酉四十三度少强，星自丁歷，巳至房丁即第一圖合伏戊點。一百三十六度半强，伏見輪自氐歷戌至房亦如之。又二十二日弱併前六十六日弱，歲輪又行一象限心至辛，併前三象限。太陽自庚至亥六十五度强，星自癸歷丑卯至心二百〇五度弱，癸即第一圖合伏戊點。伏見輪自亢歷角斗至心亦如之。亢亦合伏點。

水星作圖止此，其理已明，不必及太陽一周。

此圖有三行，其一戊寅庚卯歲輪心行至乙，則太陽在午，星在酉，而伏見輪酉柳女尾輪。亦交於酉。其一辰子巳房歲輪心行至氐，則太陽在未，星在戌，而伏見輪斗牛虛戌輪。亦交於戌。其一丙亢壬角歲輪心行至巳，則太陽在申，星在亥，而伏見輪并室亥危輪。亦交於亥。又二十二日弱併前爲八十八日弱，歲輪又行一象限心至乙，併前一周。太陽自丁行至午八十六度太弱，星自戊歷寅庚卯至酉【略】二百七十三度少强，伏見輪自心歷柳女尾至酉亦如之。心亦合伏點。又二十二日弱併前爲一百一十日弱，歲輪又行一象限心至氐，併前一周又一象限。太陽自丁行至未一百〇八度少强，星自房歷辰子巳至戌。三百四十一度半强，伏見輪自壁歷虛牛斗至戌亦如之。壁亦合伏點。又二十二日弱併前爲一百三十二日弱，歲輪又行一象限心至巳，併前一周半。太陽自丁行至申一百三十度强，星自壬左旋一周又五十度弱至亥，壬即第一圖合伏戊點。伏見輪自奎右旋一周復至亥，亦如之。奎亦合伏點。

錫山楊學山作枚曰：《書五星紀要後》西法步五星，土、木、火有歲輪，金水有伏見輪，雖兩輪行度求角之法皆同，然歲輪上爲星，離日之虛度，輪心在本天，伏見輪則自有行度，輪心即太陽。細按曆書之説，蓋謂上三星本天包太陽天外，星離日而又與日有定距，是生歲輪。其半徑恒與太陽天等，若金水之本天即太陽天，其平行與太陽同，距地亦與太陽等，俱一千一百四十二地半徑。而此伏見一輪以日爲心，繞日環轉而爲伏見，使非此輪則星無所爲伏見，以平行周太陽故也。故名伏見輪。其輪之半徑皆有定度，金星七千二百奇，水星三千八百奇。是其意原非以伏見輪當歲輪，若果即爲歲輪，則半徑宜有大小，何則火星因典太陽天近，尚有日躔本天二差以變次均角，豈金水在太陽天下而反無之？今測不然，是伏見輪另爲一種行動，爲金水之所獨。故昔人别立伏見輪之名也。其所云即歲輪者，蓋因行法相同，而混言之耳。今勿菴之説又異是，謂五星皆同一法，皆有歲輪。上三星因本天大，故用歲輪，金水因歲輪大，難用，故用繞日圖象。即伏見輪，如上三星圖日之圖。如此可明金水自有本天，因得自有高卑，亦自有平行度，因在日天下連於太陽。本天斜倚黄道，因有正交、中交之名。諸根底俱有著落，且五星一貫，但依此立算。凡星平行、自行之根數，初均、次均之度分，南緯、北緯之大小，皆與歷書數迥異，驗之於天，未識合否。余嘗疑《歷指》論五星緯説多混淆，金水尤略，因作《五星緯行解》一卷明之，勿菴之説不敢遽定，其是非存之，以待參攷焉。

永按：學山先生謂勿菴之説不敢遽定，其是非今繪圖試之。歲輪上星所到與伏見輪上星所到一一相符，則勿菴先生之説信矣。然諸圖皆設歲輪心於本天，未設本輪、均輪。愚初猶疑本輪，均輪設於本天，未必能符伏見輪上所算之數也。既而擬法算之，算例見後。雖平行、自行、初均、次均與伏見算大異，而以後均加減歲輪行，則與伏見所算之實行不約而同，於是前疑盡釋，而算例亦可立矣。若南緯、北緯之大小，勿菴先生已詳言之。謂本天上歲輪心所行之周半在黄道北，半在黄道南，其勢斜立，星體行伏見輪周，其勢亦斜立，與之相應，故其交角等。夫交角既等，則歲輪上之緯與伏見輪之緯亦必等，豈兩輪事事相符而緯行一事獨違異者？況星之緯南、緯北實由歲輪心所到乎？輪心到正交、中交，則無緯度。楊先生亦可無疑於此也。永别有餘論，具於左。

凡星體皆載於歲輪上，歲輪之心在均輪，均輪之心在本輪，本輪之心在本天，其大遲速在本天之行，其小盈縮在本輪、均輪之轉。五星皆同。

歲輪由星爲太陽所攝而生，歲輪隨本天旋轉，聯其行迹，自成繞日之輪，其輪各與本天等大。若主太陽言之，似星本繞日，因星在繞日輪上旋轉，而成與太陽本天等大之歲輪。西土謂五星皆以日爲心。若主本天言之，則繞日輪生於歲輪，勿菴先生始謂上三星之繞日爲虛跡，非實象。後又謂金、水伏見輪亦如圍日之圓象，實爲歲輪周行度所成。然則本天與歲輪猶表也，繞日圈伏見輪猶景也。

置本輪、均輪於金水歲輪上，與伏見輪上所算之黄道度不殊。然則上三星亦可置本輪。均輪於繞日圈上立算，此天然之巧妙。若上三星用歲輪，金水用伏見輪，則步算之權宜也。各星本輪、均輪止一耳，何以隨人兩置之而皆可？由其本同故也。其所以然者，不出三角之理，後有圖明之。曆家於金水何以不用歲輪立算伏見顯而歲輪隱也。

然則曆家既便於伏見立算矣，必不用歲輪之隱，而曲勿菴先生之説，亦可置勿論乎？曰：不然。疇人之所便用者，法也；儒家之所講求者，理也。有勿菴

之説而後知二星亦有本天，有歲輪與上三星一貫，因其本天在日天下，故其左旋者漸遲，右旋者漸速，下至太陰，上至恒星，高下遲速各以其等。而西人始言天有重數之説，得此益明，故愚以爲甚有功也。否則，但以二星之行與日等，其本天與日天混而爲一，烏覩所謂九重者乎？

梅先生恐人謂歲輪實有堅硬之物，則有人持珠竿行於浮屠梯磴之喻，門人劉著亦有風中放紙鳶之喻，皆謂員周爲虚設，二喻皆妙。永又思之，使其只有一本天，一歲輪，則謂因相距之半徑隨天旋繞而成員象可也，而本天之上有本輪，本輪之上有均輪，均輪之上乃有歲輪，至太陰則小輪尤多。諸輪又各有其左旋、右轉，隨動、自動、起點，行度之異，又火星之次輪時時不等，水星之均輪一周三周。按此九字，語意未清，似當云：水星之本輪一周，均輪三周。一若實有諸輪相聯、相貫，相推，相盪，又且多其變態者，則在天雖無輪之形質，而有輪之神理，雖謂之實有焉，可也。

學山謂火星因與太陽天近，故有日躔、本天二差，以變次均角。愚始亦疑其然，後細攷之，此説未確。使火星之次輪半徑由近日天而致差，則木星天距火星未甚遠，豈得無些小之差？土星天雖去日天甚遠，而本輪比諸星獨大，亦豈得無微細之差？歷家積候之久，雖有小差，必能立法以追其變，使土木次輪亦如火星之例，豈不依火星距日日差之法，爲活動之算，以窮其變？今攷之，不然，則次輪半徑有二差，唯火星則然，金水雖最近日，次輪半徑有定，尤可互證。

伏見輪雖曰以太陽爲心，其實亦非真以太陽之形體爲心也。乃是太陽本輪之心爲之心耳。故算次均角，不因太陽之盈縮、高卑而改變，惟算合伏與退合兩日，以太陽實行定其實合伏、實退合之時刻，以此例之，土木二星繞日圈，其真心亦是太陽本輪心，非太陽之形體也。唯火星不然耳。

梅先生云歲輪大小，又因於太陽高卑，伏見輪既以日爲心，則太陽行最高時，伏見輪從之亦高，而星去地遠；太陽行最卑，則伏見輪從之卑，而去地近。永思之，金水近日，使伏見半徑果因太陽高卑而有改變，則太陽行至三宫九宫，平視兩行差不啻兩度，伏見輪半徑亦當大兩度，歷家有不覺者乎？知其所謂心者，爲太陽本輪心，非太陽形體，則此疑冰釋矣。

梅先生又謂，太陽有高卑，則黄道半徑有大小，星亦能變緯度，論視緯當兼用兩種高卑立算。永謂算視緯必用星距地心綫定其遠近，此綫即黄道上星距太陽本輪心之界綫也。算次均角即此綫所界之度，求次均不因太陽高卑而變，則此綫亦不因太陽高卑而改，疑其無緯差。

《五星紀要》詳於金，略於水，永攷水星與金星不同者有二事，其一則均輪也，他星均輪最高時，起最近點右旋而倍引數。獨水星均輪最高時起最遠點右旋三倍引數；引數一度，均輪三度。其一則交角也，金星交角三度二十九分，惟一耳；水星交角則時時不同，伏見輪心在大距，與黄道交角五度四十分，伏見輪心在正交，當黄道北則減，南則加；伏見輪心在中交，當黄道北則加，南則減。其加減各有與大距交角相較之數，以距交實行逐度算其交角差加減交角而得實交角。此二事蓋相因，其理極精微。

又按歷書，水星前後緯表，南北之向，與金星相反，初不知其何故。及考之《歷象考成》，求金、水正交行，置最高平行，金星則減十六度，水星則加減六宫，得正交平行。乃知水星正交與最卑同度，而舊法謂與最高同度，是以正交爲中，中交爲正。故南北與金星相反，當易其正、中之名，乃與諸曜一例。

清・王家弼《天學闡微》 水星次輪心在正交，當黄道北之角，爲三度零五分一十秒；當黄道南之角，爲六度三十一分零二秒。次輪心在中交，當黄道北之角，爲六度一十六分五十秒；當黄道南之角，爲四度五十五分三十二秒。次輪心在兩交之中，當黄道南北之角，皆五度四十分。夫五星之次輪面斜交，本道其交角宜相等，而輪心南北之角爲交錯之角，其度尤宜相等。惟水星獨不等，或因水星近日，逼於陽光，低昂不定，亦未可知。

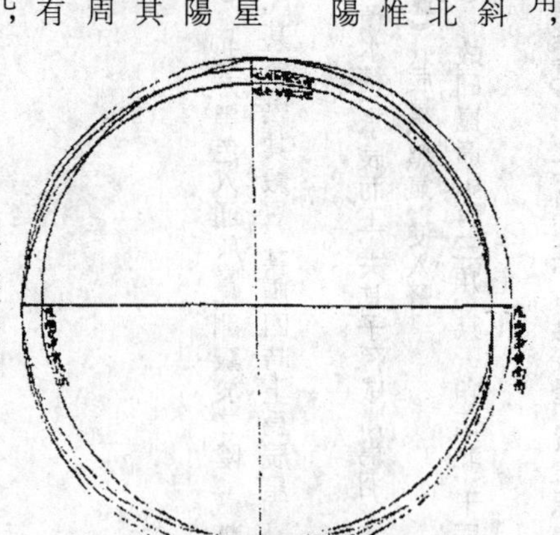
水星天交角圖

清・傅蘭雅《天文須知》 水星

太陽外第一圜行星名曰水星，離太陽一萬一千一百萬里，比別星甚小，其全體比地球小十九倍。繞太陽一周須八十八日。用千里鏡看其光面，有盈缺時，與月相似。因知其體無光，乃藉太陽之光也。

清・測隱居士《天學入門・七曜大小形體》 水星則小於地二萬，形如火星，

別無所見。亦小於地二萬一千九百五十一倍，與火星形體遠鏡中別無所見，與人目所睹畧同。

清·測隱居士《天學入門·諸曜行度》 水星右旋，麗天行度。附日而動，或前或後。一日一度，一月一宮。一歲之久，一週之行。其行一歲一周天，其全徑小於地球全徑二萬七千九百八十一里，約計全徑六百五十五里餘，其大周計四十六年奇，行次行圈一百四十五固日合，退合亦然。其平行與太陽同，南緯、北緯各四度。

與日同度，順逆伏留。平行一百十六度偶。積日一百一十有六，次輪一周，復同日度。

次輪一周，輪心平行不足一百十六度，積日不足一百十六日，與日同度，伏於日下。經十七日半奇，行三十四度奇，西出西方，爲夕順。經二十七日，行三十一度半，爲夕留。留二日爲夕退伏。經十一日奇退七度半奇，復與日同度，爲再合。後變退伏，經十一日奇，退七度半奇，乃晨留。留二日乃晨順。經二十七日，行三十一度半，乃晨伏。經十七日半奇，行三十四度奇，復與日軌同度，周而復始也。凡水星近日則遲，遠日則疾，火星則近日則疾，遠日則遲。

藝文

五代·杜光庭《廣成集·趙郜助上元黄籙齋詞》 水帝司辰星，杓方指於孟冬，朔氣正雄於北。

宋·胡寅《斐然集·原亂賦》 詔豐隆使導路兮，風伯屏夫埃昧。役太歲而隸辰星兮，勇有進而無退。

宋·蘇洵《嘉祐集·吴道子畫五星贊》 辰星北方，不麗不妖。執筆與紙，凝然不囂。

明·高攀龍《高子遺書·答熊壇石操院》 去年九月，水星犯三台，其占已如見今日也。

雜錄

《黄帝内經·素問·金匱真言》 北方黑色入通於腎，開竅於二陰，藏精於腎。其病發在谿谷，其味鹹，其類水，其畜彘，其穀豆，其應四時上爲辰星，是以知病之在骨也。

漢·王符《潛夫論·卜列》 顓頊水精，承辰而王，夫其子孫咸當爲羽。

晉·葛洪《抱朴子·内篇·雜應》 辰星，黑氣，使入腎。

北魏·酈道元《水經注·河水》 故曰崑崙山有三角，其一角正北，干辰星之輝，案名曰閬風巔。

南北朝·佚名《赤松子章曆·消怪章》 北方黑怪，自稱辰星，發泉源黿鱉之精，動作黑物，轉易姓名，乞北方黑帝消滅怪形。

元·宋褧《燕石集·代祀嶽鎮海瀆祝文十九道·北嶽》 上主辰星，下壓趙境，延袤朔土，盤固郊圻。

金星部

題解

《詩・小雅・大東》 東有啓明，西有長庚。

宋・朱熹《詩集傳》：啓明、長庚，皆金星也。以其先日而出，故謂之啓明。以其後日而入，故謂之長庚。蓋金、水二星常附日行而或先或後。但金大水小，故獨以金星爲言也。

《詩・鄭風・女曰雞鳴》 子興視夜，明星有爛。

宋・朱熹《詩集傳》：明星，啓明之星，先日而出者也。

《詩・陳風・東門之池》 昏以爲期，明星煌煌。【略】昏以爲期，明星晢晢。

宋・朱熹《詩集傳》：明星，啓明也。煌煌，大明貌。【略】晢晢，猶煌煌也。

《爾雅・釋天》 明星，謂之啓明。太白星也。晨見東方爲啓明，昏見西方爲太白。

郭璞疏：孫炎曰：『明星，太白也。出東方，高三舍，今曰明星；昏出西方，高三舍，今曰太白。』郭云：『太白星也。晨見東方爲啓明，昏見西方爲太白。』然則啓明是太白矣。《詩・小雅》云：『東有啓明，西有長庚。』長庚不知是何星也。或以星出在東西而異名，或二者別星，未能審也。

《文子・精誠》 政失於秋，太白不當，出入無常。四時失政，鎮星搖蕩。

僞孔安國注《尚書・虞書》 金曰太白星。

《尚書考靈曜》 氣在於秋，其紀太白，是謂大武。用時治兵，是謂得功；非時治兵，其令不昌。

漢・劉安《淮南子・天文訓》 西方，金也，其帝少昊，其佐蓐收，執矩而治秋；其神爲太白，其獸白虎，其音商，其日庚辛。

漢・京房《京氏易傳》 卷上五星從位起太白。

吳績注：太白在西，居金位，井宿從位入辛丑，辛丑入土元，土臨母也。

漢・許慎《說文解字》 卷十二下《甘氏星經》曰：太白，上公妻，曰女媊，女媊居南斗，食厲，天下祭之，曰明星。

三國蜀・諸葛亮《諸葛武侯文集・上先主》 觀乾象，太白臨於雒城之分，主於將帥，多凶少吉，事應龐統。

三國魏・張揖《廣雅・異祥》 太白，謂之長庚，或謂之太囂。晨見東方爲啓明，昏見西方爲長庚。案，金星。

北周・甄鸞注《數術記遺》 太白者，金之精也。

宋・鄭樵《通志・天文略》 太白曰西方，秋，金義也，言也。義虧言失，逆秋令，傷金氣，罰見太白。太白進退以侯兵，高卑遲速，靜躁見伏，用兵皆象之，吉。其出西方，失行，夷狄敗；出東方，失行，中國敗。未盡期曰，過參天，病其對國。若經天，天下革，人更王，是謂亂紀，人民流亡。晝與日爭明，彊國弱，小國彊，女主昌。又曰：太白主大臣，其號上公也，大司馬位謹侯此。張衡云：太白者，白帝之子，一名火政，一名官星，一名明堂，一名文表，一名太皞，一名終星，一名天相，一名天浩，一名序星，一名梁星，一名威星，一名大囂，一名大爽。

論說

清・合信《天文略論》 論金星

金星之色最美，西國亦稱之啡那士，即古之美女名也。其光如月照及於地，離日六十八兆里。中國二百三十八兆里。其星體直徑七千八百里，中國二萬七千三百里。大小與地球差不多。軌道在水星地球之中，圓長四百三十四兆里，中國一千五百一十九兆里。離水星三十一兆里，中國一千零八十五萬里。或時離地球至近二十七兆里，中國九百四十五萬里。除月之外，金星與地球最近。天文士用鏡細看星上有迹，測知每二十三點鐘二十一分轉身一回。知金星之一日短於地球三十五分，每點鐘行八千里，中國二萬八千里。每二百二十四日十六點鐘週行日外一

回。古人俱想星行在地上，後人製成千里鏡，測見形迹，顯明真理，衆行星皆圍日而行非圍地也。天文士用鏡細測金星，見亦似月一般，有時上弦、有時下弦，有滿光、有半光，有時黑暗，可知確是借日之光，不可不信也。衆行星俱是由西過東者，世人見行星或時在西，因其圍日之軌道此時在西也；或時在東，因其軌道此時在東也。或數日不覺其動，因其軌道彎轉之處數十度，與地斜對也。前英國一千七百四十四年十二月初九早四點八分時，見金星黑影過於日面，此星與地球交會，適與日同一直徑也。金星離日不出五十度之外，夜見在西，則比衆星最早；若朝見在東，不久則日出。有人測看金星之體有氣甚高，亦有高山，想其中必有人民，若有人民，則彼見日必大於我世人所見兩倍也。

清・摩嘉立、薛承恩《天文圖説》 論金星

按行星之次離日之第二近者，爲金星，此星距地最近，觀空中極光耀者，即此星，以其離日較地更近，故人或於早晨見之，或於薄暮見之。晨則名爲啓明，暮則名爲長庚。其體較地畧小，質亦畧輕，而四時則大異於地，蓋其本軸極斜故也。

按金星軌道離日約十九千八百萬里，繞日約七月有半一周；日轉一周約二十三小時一刻，故金星之日夜與地球畧同。若在金星處，較在地球看日更大。【略】

水金二星，行於日與地球之間，有時正對日面而過，其過日面時視如一黑珠。有天文士分往兩處觀此行星過日之遲速，以法計之，即知地距日之遠近。

清・艾約瑟《天文啓蒙》 金星去日，次於水星，距日約在一萬九千八百萬里。金星球直徑較地球直徑，所短無幾，平素仰觀金星，視其方位，或在日入後西望，或於日未出東望，與水星同然。所有異者，金星行之軌道在水星軌道外，金星去恒星中日之方位時常較水星遠，使我儕察驗方便極矣。衆行星中惟金星最明，呼曰太白，從不能誤識爲他星。繞日行一周，需二百二十四晝夜二十三點鐘又加一刻之頃；自於本軸外旋轉一周，較地面之一晝夜，殆欠三刻也。

於前卷七十一節輪地時，已明講地軸斜立非直立。其斜立式，即有春夏秋冬四時之根。南北軸綫與黄道面斜交相差二十三度有半，而金星與黄道面有無斜交，尚未測知。天文家或有云其差五十度者，果屬差五十度，則是金星自旋轉之南北極軸綫，與黄道面相交，幾在縱横之間。而金星面之冷熱，亦較我儕地球差多矣。

金星與水星，隨時變形，既一式一理矣。而金星面際之形式，所得知者亦無多，惟以顯微力極大之遠鏡，向金星細窺時，見有數暗片，如圖中形式，可謂是其風氣套破裂處，暗片即金星之本球面。金星體質疏密率，與地球體質疏密率大致相同。

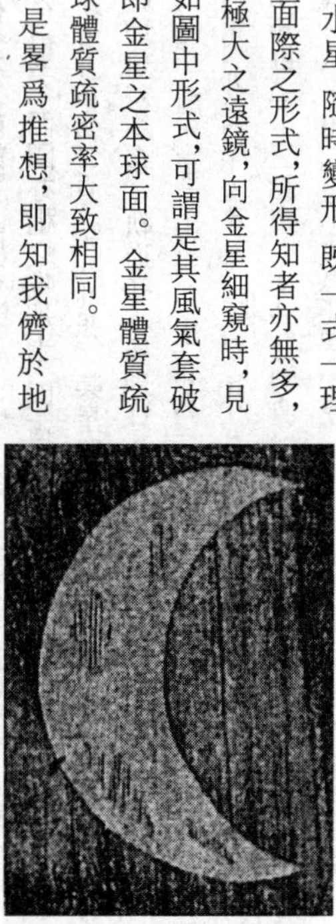
第三十圖　金星面帶暗片之式

諸生於是畧爲推想，即知我儕於地上，仰觀金星，必視其大小更易者不少。金星離我儕地近時，設能見其全面，定屬極大；離我儕地遠時，見之必甚小。蓋金星與月，有同有不同，月光分增減，月體不更大小。金星形式有變易，大小亦有變易。試可即其理詳察之，金星移行將至地與日中間時，止見有極薄之彎弓式，是時金星去地球，僅有七千五百萬里，此數何由得知乎？按天文家云：地球距日二萬七千九百九十萬里，金星距日一萬九千八百萬里，於二萬七千九百九十萬里中，除去一萬九千八百萬里，猶餘八千一百九十萬里。設即金星行至日彼面時，反言之，其去我儕地面有四萬七千七百九十萬里之數，即以地距日之二萬七千九百九十萬，金星距日之一萬九千八百萬，相加而得是數也。如是，則星之變大變小，可以四百七十一與七十五爲比例，率而核算之，得其差數爲六與一之比，所差幾及六倍。是見金星弓式時，與見金星圓滿平圓時，遠近相差幾至六倍也。

金星、水星有時見於日面，如小黑圓斑，即謂爲金星過日。水星過日形，即金星水星恰行至地與日中間時，於地面仰視，見星由日面過，故有是式。

内行星過日面之理，與日食月食之理相似。而内行星過日之式，止在星近日時，所行軌道，與黄道面相交點相離近方能有之。某行星由黄道面

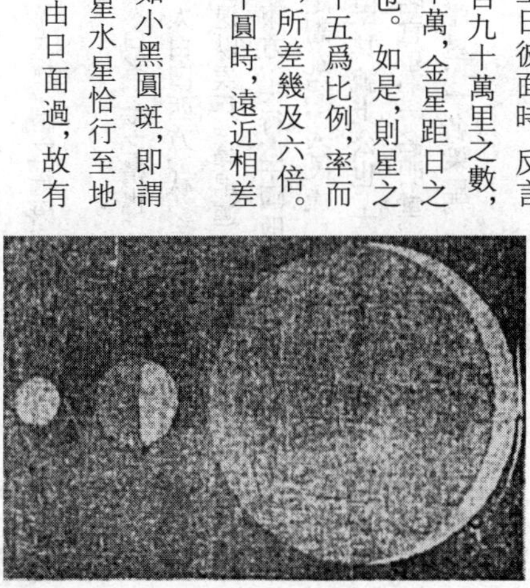
第三十一圖　金星離地近，與離地遠，及去地不遠不近三處之式

上至下，下至上，俱可有其式。如是觀之，是其式惟在某行星行至本軌道與黃道交點與日最近時，恰與地在一道直綫間方能有也。前同治十三年，金星一次過日；光緒八年有一次金星過日，過此再逾一百有五年半，亦可復有一次金星過日面，不至其時不能見也。

金星之外爲地星，即我儕所居之地球。前卷業經講論，無庸重複，下課可接論外行星矣。

綜述

漢・劉安《淮南子・天文訓》 太白元始以正月甲寅，與熒惑晨出東方，二百四十日而入，入百二十日而夕出西方。二百四十日而入，入三十五日而復出東方。出以辰戌，入以丑未。當出而不出，未當入而入，天下偃兵；當入而不入，當出而不出，天下興兵。

漢・司馬遷《史記》卷二七《天官書》 察日行以處位太白。曰西方，秋(司兵月行及天矢)，日庚、辛，主殺。殺失者，罰出太白。太白失行，以其舍命國。其出行十八舍二百四十日而入。入東方，伏行十一舍百三十日；其入西方，伏行三舍十六日而出。當出不出，當入不入，是謂失舍，不有破軍，必有國君之篡。其紀上元，以攝提格之歲，與營室晨出東方，至角而入；與營室夕出西方，至角而入；與角晨出，入畢；與角夕出，入畢；與畢晨出，入箕；與畢夕出，入箕；與箕晨出，入柳；與箕夕出，入柳；與柳晨出，入營室；與柳夕出，入營室。凡出入東西各五，爲八歲，二百三十日，復與營室晨出東方。其大率，歲一周天。其始出東方，行遲，率日半度，一百二十日，必逆行一二舍；上極而反，東行，行日一度半，一百二十日入。其庳，近日，曰明星，柔；高，遠日，曰大囂，剛。其始出西(方)，行疾，率日一度半，百二十日；上極而行遲，日半度，百二十日，旦入，必逆行一二舍而入。其庳，近日，曰太白，柔；高，遠日，曰大相，剛。出以辰、戌，入以丑、未。

當出不出，未當入而入，天下偃兵，兵在外，入。未當出而出，當入而不入，(天)下起兵，有破國。其當期出也，其國昌。其出東爲東，入東爲北方；出西爲西，入西爲南方。所居久，其鄉利；(疾)〔易〕，其鄉凶。

出西(逆行)至東，正西國吉。出東至西，正東國吉。其出不經天；經天，天下革政。

小以角動，兵起。始出大，後小，兵弱；出小，後大，兵强。出高，用兵深吉，淺凶；庳，淺吉，深凶。日方南金居其南，日方北金居其北，曰嬴，侯王不寧，用兵進吉退凶。日方南金居其北，日方北金居其南，曰縮，侯王有憂，用兵退吉進凶。用兵象太白：太白行疾，疾行；遲，遲行。角，敢戰。動摇躁，躁。圜以静，静。順角所指，吉；反之，皆凶。出則出兵，入則入兵。赤角，有戰；白角，有喪；黑圜角，憂，有水事；青圜小角，憂，有木事；黄圜和角，有土事，有年。其已出三日而復，有微入，入三日乃復盛出，是謂耎，其下國有軍敗將北。其已入三日又復微出，出三日而復盛入，其下國有憂；師有糧食兵革，遺人用之；卒雖衆，將爲人虜。其出西失行，外國敗；其出東失行，中國敗。其色大圜黄滜，可爲好事；其圜大赤，兵盛不戰。

太白白，比狼；赤，比心；黄，比參左肩；蒼，比參右肩；黑，比奎大星。五星皆從太白而聚乎一舍，其下之國可以兵從天下。居實，有得也；居虚，無得也。行勝色，色勝位，有位勝無位，有色勝無色，行得盡勝之。出而留桑榆間，疾其下國。上而疾，未盡其日，過參天，疾其對國。上復下，下復上，有反將。其入月，將僇。金、木星合，光，其下戰不合，兵雖起而不鬭；合相毁，野有破軍。出西方，昏而出陰，陰兵彊；暮食出，小弱；夜半出，中弱；雞鳴出，大弱：是謂陰陷於陽。其在東方，乘明而出陽，陽兵之彊；雞鳴出，小弱；夜半出，中弱；昏出，大弱：是謂陽陷於陰。太白伏也，以出兵，兵有殃。其出卯南，南勝北方；出卯北，北勝南方；正在卯，東國利。出西北，北勝南方；出西南，南勝北方；正在西，西國勝。

其與列星相犯，小戰；五星，大戰。其相犯，太白出其南，南國敗；出其北，北國敗。行疾，武；不行，文。色白五芒，出蚤爲月蝕，晚爲天夭及彗星，將發其國。出東爲德，舉事左之迎之，吉。出西爲刑，舉事右之背之，吉。反之皆凶。太白光見景，戰勝。晝見而經天，是謂争明，彊國弱，小國彊，女主昌。

亢爲疏廟，太白廟也。太白，大臣也，其號上公。其他名殷星、太正、營星、

觀星、宮星、明星、大衰、大澤、終星、大相、天浩、序星、月緯。大司馬位謹候此。

漢·班固《漢書》卷二六《天文志》 太白曰西方，秋，金，義也，言也。義虧言失，逆秋令，傷金氣，罰見太白。日方南太白居其南，日方北太白居其北，爲贏，侯王不寧，用兵進吉退凶。日方南太白居其北，日方北太白居其南，爲縮，侯王有憂，用兵退吉進凶。當出不出，當入不入，爲失舍，不有破軍，必有死王之墓，有亡國。一曰，天下匽兵，埜有兵者，所當之國大凶。當出不出，未當入而入，天下匽兵，兵在外，入。未當出而出，當入而不入，天下起兵，有至破國。未當出而出，未當入而入，天下舉兵，所當之國亡。當期而出，其國昌。出東爲東方，入爲北方；出西爲西方，入爲南方。所居久，其國利；易，其鄉凶。入七日復出，將軍戰死。入十日復出，相死之。入又復出，人君惡之。已出三日而復微入，三日乃復盛出，是爲耎而伏，其下國有軍，其衆敗將北。已入三日，又復微出，三日乃復盛入，其下國有憂，帥師雖衆，敵食其糧，用其兵，虜其帥。出西方，失其行，夷狄敗；出東方，失其行，中國敗。一曰，出蚤爲月食，晚爲天祆及彗星，將發於亡道之國。

太白出而留桑榆間，病其下國。上而疾，未盡期日過參天，病其對國。太白經天，天下革，民更王，是爲亂紀，人民流亡。晝見與日爭明，彊國弱，小國彊，女主昌。

太白，兵象也。出而高，用兵深吉淺凶；埤，淺吉深凶。行疾，用兵疾吉遲凶；行遲，用兵遲吉疾凶。角，敢戰吉，不敢戰凶；擊角所指吉，逆之凶。進退左右，用兵進退左右吉，静凶。圜以静，用兵静吉趮凶。出則兵出，入則兵入。象太白吉，反之凶。赤角，戰。

太白者，猶軍也，而熒惑，憂也。故熒惑從太白，軍憂；離之，軍舒。出太白之陰，有分軍；出其陽，有偏將之戰。當其行，太白還之，破軍殺將。

辰星，殺伐之氣，戰鬬之象也。與太白俱出東方，皆赤而角，夷狄敗，中國勝；與太白俱出西方，皆赤而角，中國敗，夷狄勝。

五星分天之中，積於東方，中國大利；積於西方，夷狄用兵者利。

辰星不出，太白爲客；辰星出，太白爲主人。辰星與太白不相從，雖有軍不戰。辰星出東方，太白出西方。若辰星出西方，太白出東方，爲格，野雖有兵，不戰。辰星入太白中，五日乃出，及入而上出，破軍殺將，客勝；下出，客亡地。辰星來抵，太白不去，將死。正其上出，破軍殺將，客勝；下出，客亡地。視其所指，以名破軍。辰星繞環太白，若鬬，大戰，客勝，主人吏死。辰星過太白，間可械劍，小戰，客勝；居太白前旬三日，軍罷；出太白左，小戰；歷太白右，數萬人戰，主人吏死；出太白右，去三尺，軍急約戰。

凡太白所出所直之辰，其國爲得位，得位者戰勝。所直之辰順其色而角者勝，其色害者敗。太白白比狼，赤比心，黄比參右肩，青比參左肩，黑比奎大星。色勝位，行勝色，行得盡勝之。

北周·宇文邕《無上秘要·星品》 太白星圓鏡，金精焕曜西辰。太白星中有七門，門中出七鋒芒，鋒芒光垂七百萬丈。一門内各有一白帝，凡七白帝備門，奉衛於西真上皇道君。

北周·庾季才《靈臺秘苑》 太白占

太白者，白虎之精，主刑戮殺伐、威勢斷割，色白，秋西方，金、庚、辛皆配之，五常曰義，五事曰言，於卦曰乾、兑，於官爲大將軍、大司馬，至大臣，其號上公。其行最急，緩則不出，急則不入，逆則占，是以用兵先占太白。太白進退以候兵，高卑、遲疾、静躁，見伏，用兵皆象之，吉。得其時，色白，大而光潤，行無錯逆，其下兵强，可以攻守他人。圓大黄潤以好，事人君於秋時。當時順少陰以行德令，乃命將，選士勵兵，簡斂俊傑，專任有功，以伐不義，詰誅暴慢，以明好惡，順被遠方，修法、制書，修方，修囹圄，具桎梏，斷薄刑，决小罪。其分數失政教，則太白失行經天。義虧言失，逆秋令，傷金氣，則罰見太白。秋行冬令，辰星之氣干之，其星黑色而大，有芒角，陰氣大勝，介蟲、夷戎兵乃來，其災數，近冬雷見先行，國多盜賊，邊境不寧。行春令，則歲星之氣干之，其星色青而昧，陽氣復還，五穀不實，秋雨不降，草木不榮，燰風未至，人氣懈惰。行夏令，則熒惑之氣干之，色赤而怒，國多水災，寒熱不節，人多瘧疾，蟄蟲不藏，五穀弗生，冬殃敗，人多嗽嚏。

星之行與日同度，合伏於日下，經三十八日半，行四十九度半，去日一十度外，則夕見於西方，爲夕順，順二百九十九日，行二百五十二度，爲夕留，留八日，爲夕退，退，經十日九十五分，退行五度五十八分，去日九度，因乃夕伏，五日退行四度，復與日同度爲合。其前爲前變，其後爲後變。又五日退行四度，去日九度外，則辰見於東方。退經十日九十五分，退行五度五十分，爲辰留，留二十八日，乃晨順，總三百二十九日半，行二百五十度，去日九度内復晨伏，又三十八日，行四十九度半，復與日軌同度，積五百八十三日九十分，計行五百八十三度九十分，名爲矩合，周而復始。其失伍，則下降爲壯夫，處於林麓。其變而失行，西方則外國敗；東方則中國敗；出卯西南，南勝；出卯西北，北勝；出正卯則東國利；

在西則西國勝。其出四維，東南、西南在日月之陽，陽國凶；在日月之陰，陰國吉。北則反之。東北叛，有兵相攻。若當出不出，當入不入，是謂失舍，爲亡軍、亡地。當出而出，當入而入，天下偃兵，兵在外地。未當出而出，當入而不入，始兵，亡地。始出大後小，兵弱；出小後大，兵强；出高，用兵深吉；淺凶。出卑，淺，吉；深凶。若夏至後日方南而居其南，冬至後日方北而居其北，曰嬴。侯王不寧，用兵進吉、退凶。日方南而居其北，日方北而居其南，曰縮。侯王有憂，用兵退吉而進凶。出黄道北，伏兵起。但用兵之所多象之，行疾、行遲、行角，敢戰；動摇，操。又圓圜，静，又順角所指吉，反之凶。上復下，下復上，有反將，四方南北，皆其分敗；行疾，武不行文。出東，爲東舉事，左之迎之吉，出西爲刑舉事，右之、背之吉，反之皆凶。若經天，則天下變，是謂亂紀，人衆流亡。晝見，日俱明，强國弱，弱國强，女主昌。太白，少陰，謂不得專行，故以巳爲界，不得經天。經天則晝見，其占爲兵喪，爲不臣，爲臣强。若天下失位，大臣行毒，請謁阿尊，則經天。若赤而怒，天下有兵，雖勝而不戰。其壯炎然而上，有大兵起；炎然而下，當在天狗所下，其野流血。若光明見影，戰勝，歲豐。休下而昧，軍敗國憂。若一芒，兵起，不用；二芒，有攻戰；三芒，天下兵起；四芒，諸侯死；五芒，更制。若逆宿而有角，長則取地，短則失地，外指得地，内指失地，期一年。若大而角，摇而不安，四向乍小如欲驚者，其年有喪。在秋曰王，其色比狼星，精明而有光，仲秋之時有芒角；在春曰囚，其色青黄而不明；在夏曰死，其色細小不明。當王而有相色，主弱將强，權勢縱横，天下有兵；休色，臣下有謀者，專行君事；囚色，所在官者囚；死色，大將死，不葬。所留之舍，其分兵起。其進舍也，其下之國兵歸之；其退舍也，兵若不用。當相而有王色，主弱將强；休色，相不用兵；囚色，將謀不成；死色，將誅傷。所留之舍，其國有兵。其進舍也，是謂趣兵；其退舍也，兵不行。當休而有王色，野多賊兵起，民亂；囚色，囚人縱横，又吏暴虐。當囚而有王色，其下將有殺者；相色，下犯上；休色，野有暴兵，盜賊起；死色，有妖言。所留之舍不可舉事用兵。其進舍也，歲多霜雹；其退舍也，秋無霜雪。死時而有王色，流水湯湯；相色，野火煌煌；休色，金幣不行；囚色，野多虎狼。其留守也，野獸食人。其進舍也，白刃鏘鏘；其退舍也，兵不成行。其與四星相犯；歲星合光，必戰。一云同光，殺大將。熒惑合，光芒相接，大亂，有兵則戰。一曰白衣會，爲飢、水，爲疾，爲亂，爲囚兵。犯歲星者，有賊，或民飢。犯熒惑，則主病。一曰客敗。太白所在，其分敗；填星，太子不安。入歲星，則君有咎。守歲星，皇后有憂；熒惑，太子憂。辰星，國有憂。環繞歲星，其下變亂，殺將亡地。觸歲星，女后憂病；熒惑，則有賊臣；填星，則有主憂；辰星，則宰相惡之。辰星相薄，先起兵者凶。

唐·李淳風《觀象玩占·太白》總叙

太白，一曰殷星，一曰太正熒頭，曰明星，曰覌星，曰大威，曰大皞，曰衆星，曰排星，曰大囂，曰大爽，曰序星。辰見東方曰啓明，夕見西方曰長庚。西方白招拒之使，白虎之神，金之精也，大而色白，故曰太白。五常爲義，五事爲言，義軍之象太白，進兵，高卑，遲速，静躁，見伏皆象之，吉。主刑殺，主秦、雍、河、華、蜀、漢以西之國，其月庚辛，其辰申酉，其卦乾兑，其音商，其數九，其帝少昊，其神蓐收。出以辰戌，入以丑未，其出入也必以風雨。太白主威、主割殺伐，故用兵必占之。

唐·房玄齡等《晉書》卷一二《天文志中》 太白曰西方秋金，義也，言也。義虧言失，逆秋令，傷金氣，罰見太白。太白進退以候兵，高埤遲速，静躁見伏，用兵皆象之，吉。其出西方，失行，夷狄敗；出東方，失行，中國敗。未盡期日，過參天，病其對國。若經天，天下革，民更王，是謂亂紀，人衆流亡。晝見，與日争明，强國弱，小國强，女主昌。又曰，太白主大臣，其號上公也，大司馬位謹候此。

唐·魏徵等《隋書》卷二〇《天文志中》 太白之精，散爲天杵、天柎、伏靈、大敗、司姦、天狗、天殘、卒起。

唐·瞿曇悉達《開元占經·太白占一》 太白名主一

石氏曰：太白者，大而能曰，故曰太白。一曰殷星，一曰太正，一曰熒頭，一曰明星，一曰魏星，一曰大表，一曰大威，一曰太皞，一曰衆星，一曰相星，一曰大囂，一曰爽星，一曰大皓，一曰序星上八之神，出東方爲明星。

《荆州占》曰：出東方爲啓明，郭璞曰：太白晨見東方，爲啓明。

《爾雅》曰：明星謂之啓明。

《詩》曰：東有啓明，西有長庚。

鄭玄曰：日既入，謂明星爲長庚。

《荆州占》曰：太白出東北，爲視星。出東方，若東南爲明星。出西方，太白也。

吴龔《天官星占》曰：太一位在西方，白帝之子，大將之象，一名天相，一名大臣，一名太皓。

石氏曰：太白主秋，主西維，主金，主兵。於日主庚辛，主殺殺，失者罰出，太白之失行，是失秋政者也，以其舍命國。

甘氏曰：太白主大將，主秦鄭。

《巫咸》曰：太白主兵革、誅伐，正刑法。

《五行傳》曰：太白者，西方金精也。於五常爲義，舉動得宜。於五事爲言，號令民徒。義虧言失，逆秋令，則太白爲變動，爲兵，爲殺。

班固《天文志》曰：逆秋令，傷金氣，罰見太白。

石氏曰：太白司兵喪，奸凶不時禁不祥，或出東方，或出西方。

《荆州占》曰：太白出東方，黄而明，旱，黄而不明，此常色也。太白出西方，其高而色正白旱，而色青白，其正色也，即變其常，以五色占。

太白行度二

《洪範傳》曰：太白以上元甲子歲十一月甲子朔旦冬至夜半甲子時，與日月五星俱起於牛前五度，順行二十八宿，右遊一歲一周天。案曆法，太白一終凡五百八十三日一千一百四十分日之一千一百一十九奇，九星行過一周天二百一十八度一千二百二十九奇，是二百六十七年四百六十七終也，星平行日行十度一周天也。

石氏曰：太白出東方，高三舍，命曰明星，柔；上又尚三舍，命曰大囂，剛。出其東方也，行星九舍，爲百二十三日而反。反又有二十日，行星九舍入。又伏行百二十三日，行星十一舍。昏出西方也，高三舍，曰若太向，柔；上又三舍，合曰大囂，剛。出其西方也，行星九舍，爲百二十三日而反。反又百二十日，行星九星而入。入又伏行星一舍，爲日赤五日。晨東方出營室入角，出角入畢，出畢入箕，出箕入柳，出柳入營室。其出西方也，出營室入角，盡如出東方之數。

甘氏曰：太白以攝提格之歲正月與營室晨出於東方亢氐，出東方爲日八歲二百二十二日，而後與營室晨出於東方。太白之居左也，其恒二百三十日，其遲也二百四十日，其居右也，順行二百四十日，其速二百二十日，從左過右也，其右百三十日，其速九十日，而見從左過右也，其又三日，其速十日，而見從右過右，其又三十日，其速其日而見。

《荆州占》曰：太白兒見東方二百三十日，而復不見四十六日，名少罰。太白與歲星爲雄雌，出於東方西方。高三合爲太白，柔；又高三舍爲太白，剛，用兵象也。剛則入地深吉淺凶，柔則入地淺吉深凶。

石氏曰：太白出百二十日乃極，乃極退也。未滿此日便至極疾也。東方以辰巳爲極，西方以申未爲極。太白出，以辰戌，入，以丑未，出入必以風。太白當期而出，其國昌。

《荆州占》曰：太白出入如度，天下昌。

石氏曰：出則出兵，入則入兵，戰則有勝，用兵象太白吉，反之凶。

《荆州占》曰：太白已入而未出，先起兵者國破亡，禍及一世。

石氏曰：太白，兵家也，行疾用兵疾吉，遲凶；行遲用兵遲吉，疾凶。

太白行疾，前用兵者善，行遲，後用兵者善。

唐・金俱吒《七曜攘災訣》卷上　金宮占災禳之法第六

太白者，西方白帝之子。一年一周天。所至人命星即有吉凶，春至人命星，其人合遠行，萬里路中有疾，家有之失。夏至人命星，其人親故合有死損，日上亦合有服起。秋至人命星，其人合有兵災，陳厄見血光。冬至人命星，其人合主大兵權，出外大得科益。四季至人命星，其人合有惡消息，有名無形，多足言訟，禳之法，當畫一神形，形如天女，手持印，騎白雞，當項帶之，過命星以火燋之，其災必散。

金，其神是女人，著黄衣，頭戴騎冠，手彈琵琶。到人命宿，宜轉《大般涅槃經》《般若經》《大集經》《思益經》共九卷或九十卷。持大隨求真言九十遍，文殊真言九百遍。宜燒龍腦、欝金、蘇合、丁香等。宜著黄衣，帶金玉之寶。不得與女人論訟交往，恐有相刑嫉妬口舌虛災。先有刑病，宜燒前件香，加持綿素，帶馬腦、金華，如有疾病，辰取渠水及山泉流水各少許，石蜜徐與飲之。

大白，西方金之精，一名長庚。徑一百里，其色白而光明。一年一周天，晨皆之見二百四十四日。初夕見西方，稍行急，日行一度小半，漸遲，二百二十六日行二百四十九度，乃留八日，則逆行，十日退一度，亦留八日，乃順行。初日行半度，漸疾，二百二十六日行二百四十九度，而夕伏東方，伏經八十四日，又夕見西方如初。凡五百八十四日一終，大抵八年晨夕各見五。每年其伏留退則減兩日，度減兩度半。晨令第五年三月十五日夕見胃十二度，後迴三月十日見胃十二度也。

宋・鮑雲龍《天原發微・少陽》　太白

金性堅剛，主司兵，陰星也。出東當伏東，出西當伏西。班曰：常以正月，甲寅與熒惑出東方，二百四十日而入，四十日又出東方，出以寅戌，入以丑未，大率一歲一周天，僅與日月同。

元・脱脱等《宋史》卷五二《天文志五》　太白爲西方，爲秋，爲金。於人五常，義也；五事，言也。常以正月甲寅與火晨出東方，二百四十日而入。入四十

日又出西方，二百四十日而入。入三十五日而復出東方。出以寅戌，入以丑未也。一年一周天。日方南太白居其南，日方北太白居其北，爲贏，侯王不寧，用兵進吉退凶。日方南太白居其北，日方北太白居其南，爲縮，侯王有憂，用兵退吉進凶。《星經》曰：『主華陰山、梁雍益州，又主奎、婁、胃、昴、畢、觜、參。』出西方，失行，外國敗。出東方，失行，中國敗。若經天，天下革，民更主，是謂亂紀，人衆流亡。晝見，與日爭明，强國弱，女主昌，又曰主大臣。巫咸曰：光明見影，戰勝，歲熟。狀炎然而上，兵起。光如張蓋，下有立王。凡與歲星相犯，兵敗失地。犯熒惑，客敗主勝。犯填星，太子不安，失地。犯辰星，主兵。入月，主死，其下兵。犯月角，兵起，在左則中國勝，在右則外國勝。當見不見，失地破軍。他星犯，其事急。祆星犯，邊城有戰。客星犯，主兵將死。凡太白至午位，避日而伏，若行至未，即爲經天，其災異重也。

元·史伯璿《管窺外篇》卷下　金星附日而行，自距合後，或進在日前，只去日十八度便夕見西方，或退在日後，亦只去日十八度便晨見東方，是時去日如此之近，皆見圓滿，不如月之生明有漸，亦不知此何説也。

元·岳熙載《天文精義賦》　太白，秋，金，西方，言，義。

太白者，白虎之精，西方，秋，金，五常曰義，五事曰言，其位當酉，當少陰用事之際，萬物成象之秋，宰主生成故爲之將，太者大將軍之麾，白者金精之色，觀象察法，因以爲名。

於配爲庚爲辛，於卦曰乾曰兑。

《宋志》曰：庚辛配之，於卦曰乾兑。

亢爲疏廟，爲廟。

亢爲疏廟，則其廟也。

分爲素蜀之地。

分爲秦蜀。

主刑戮之殺罰，有斷割之威勢。

主刑戮、殺罰、斷割、威勢。

法大臣上公之官，效司馬將軍之位。

於官，主大司馬將軍，主大臣，其號上公。

凡國家動衆以興兵，必先占太白之進退。

用兵先占太白，太白進退以候兵。高卑、遲速、静躁、見伏用兵，皆象之，吉。

行得其時，色白而大，光潤無錯逆，則其下兵强，可以攻守他人。圓大黄而潤，可以爲好畫。又曰，人君當秋之時，順金之政，錬慮審於法度，施教精於甲兵。即太白伏見以時，進退合度，不然則氣失性，冶鑄不成。太白爲之變常，伏見以之錯舍。

命將帥，選兵士，詰誅暴慢，修法制，繕圖圉，斷決小罪。

當秋之時，人君當順少陰，以行德令，乃命將帥選士勵兵，簡錬俊傑，專任有功，以征不義，詰誅暴慢，以明好惡，順彼遠方，修法制，繕囹圄，具桎梏，斷薄刑，決小罪，其分失殺政，則太白失行經天。

伏見於九度之間。

去日十一度外，夕見西方。去日九度内，夕伏；去日九度外，晨見；去日九度内，晨伏。

周天於一載之際。

太白一歲一周天。

積五百八十三日九十分爲率，終行五百八十三度九十分而變例。

星之行，始與日同度，曰合伏。經三十八日半，行四十九度半，去日十一度外，夕見於西方，爲夕順；經二百二十九日，行二百五十二度，爲夕留；留八日爲夕退；經十日九十五分，退行五度五十五分，去日九度内，乃夕伏；經五日，退行四度，復與日同度，爲再合；其前爲前變，其後爲後變；又五日，退行四度，去日九度外，則晨見東方，爲辰退；經十日九十五分，退行五度五十五分，乃晨留，留八日，乃晨順；經二百二十九日半，行二百五十二度，去日九度内，乃晨伏；經三十八日半，行四十九度，復與軌同度，積五百八十三日九十分，計行五百八十三度九十分，名之曰距合，周而復始。

失位降爲壯夫，處於林麓之内。

其失位則下降爲壯夫，處於林麓。

秋比狼星色，白大而精明。

在秋月旺，色比狼星，精明而有光。仲秋之時，有芒角。

如其色，則天下和平。

失舍失行，逆秋令而虧義。

《景祐占》曰：政失於秋，太白失行，出入不當。《宋志》曰：義虧言失，逆秋令，傷金氣，罰見太白。

明·李泰《天文精義補注》　太白

太白，秋，金，西方，言，義。

原註云：太白者，白虎之精，西方，秋，金，五常曰義，五事曰言，其位當西，當少陰用事之際，萬物成象之秋，辛主生成故爲之將，太白者大將軍之麾，白者金精之色，觀象察法，因以爲其名。

補註：《玉曆通政經》云：太白金星應於秋令，主言，主義，司於刑殺。以其光芒盛餘餘星，故名曰太白。

於日爲庚爲辛，於卦曰乾曰兑。

原註：《宋志》曰：庚辛配之，於卦曰乾兑。

補註曰：庚辛，西方，金也，乾卦西北，兑卦正西，亦金也。

亢爲疏廟，爲廟。

原註云：亢爲疏廟，則其廟也。

補註《玉曆通政經》云：亢宿爲疏廟，太白廟也，疏者外。

分主秦蜀之地。

原註云：分主秦蜀。

補註曰：分野，太白主秦蜀，今陝西屬地，謂秦；今四川成都，蜀也。

主刑戮之殺罰，有斷割之威勢。

補註《玉曆通政經》云：金星主於刑殺，一名威星。義虧言失，送秋令，傷金氣，罰見太白，故有斷割之威勢。

法大臣上公之官，效司馬將軍之位。

原註云：於官，主將軍大司馬，主大臣，其號上公。

補註：《玉曆通政經》云：太白主上公，爲大司馬大司冦，皆司兵刑之職也。

《祥異賦》云：太白主占之素，宰主生成，故爲將。

《宋志》曰：太白者，大將軍之麾，白者金之色也。凡國家動衆以興兵，必先占太白之進退。

原註云：用兵先占太白，太白，進退以候兵，高卑、遲速、靜躁、見伏用兵，皆象之，吉。行得其時，色白而大，光潤無錯逆，則其下兵强，可以攻守他人。圖大黄而潤，可以爲好事。又曰，人君當秋之時，順金之政，鍊慮審於法度，施教精於甲兵，即太白伏見以時，進退合度，不然則金氣失性，冶鑄不成。太白爲之變常，伏見以之錯舍。

補註：《西漢・天文志》曰：太白，兵象也，出而高，用兵深吉，淺凶。行疾，用兵疾吉，遲凶。行遲，用兵遲吉，疾凶。有角，故戰吉，不敢戰則凶。擊角。所指吉，逆之凶。出則，兵出入，則兵入象之吉，反之凶。

命將帥，選兵士，詰誅暴慢；修法制，繕囹圄，斷決小罪。

原註云：當秋之時，人君當順少陰，以行德令，乃命將帥選士勵兵，簡練俊傑，專任有功，以伐不義，詰誅暴慢，以明好惡，順彼遠方，修法制，繕囹圄，具桎梏，斷薄刑，決小罪，其分失殺失政，則太白失經行經天。

補註《禮記・月令》云：簡練者，簡擇而練之也。專任有功，謂大將。有已試之功，召使之專主其事也。詰者問其罪，誅者戮其人，殘下謂之暴，慢上謂之慢，好惡明，則遠方順服。又曰：令云立秋，命有司，循法制，繕囹圄，具桎梏，禁止奸，慎罪邪，務搏執命理，瞻傷察創，視折審斷，決獄訟必端平，戮有罪嚴斷刑。註云：繕者，治也。奸在人心，故當有以禁止之；邪見於行，故慎以罪之務音事也。搏者戮也，執者拘也，理者治獄官也，傷者損皮膚，創者損血肉，折者損筋骨，嚴者謹重之，意非峻急之謂也。

伏見於九度其間。

原註云：去日九度外，夕見西方；去日九度内，乃夕伏；去日九度外，晨見東方，去日九度内，乃晨伏。

補註曰：伏則近日見；遠日，太白或見或伏，在近日遠日九度之内外。

周天於一載之際。

原註云：太白一歲一周。

補註曰：太白隨太陽，一年行一周天。

積五百八十五日九十分爲率，終行五百八十三度九十分爲變例。

原註云：星之行，始與日同度，曰合伏。經三十八日半，行四十九度半，去日十一度外，夕見於西方，爲夕順；經二百二十九日半，行二百五十二度，爲夕留；留八日爲夕退；經十日九十五分，退行五度五十五分，去日九度内，乃夕伏；經五日，退行四度，復與日同度，爲再合；其前爲前變，其後爲後變；又五日，退行四度，去日九度外，則晨見於東方，爲晨退；經十九日十五分，退行五度五十五分，乃晨留；留八日，乃晨順；經二百二十九日半，行二百五十二度，去日九度内，乃晨休；經三十八日半，行四十九度，復與日軌同度。積五百八十三日九十分，計五百八十三度九十分，名之距合，周而復始。

補註曰：周天三百六十五度四分度之一，一年三百六十五日，國敗秋金屬義，故曰逆秋令而虧義。

明·王英明《曆體略》 五緯

金曰太白，其行先後太陽，歲一周天。法，晨伏合伏，各三十有九日。各行四十九度五十分。夕出西方，疾遲共二百三十一日，行二百五十度五十分。留五日，夕退。一十日。九十五刻一十三分，退三度六十九分八十七秒，夕退伏。六日退四度三十五分，其合退伏。如夕退伏。其晨退，如夕退。復留五日，遲疾共二百三十一日，行二百五十度五十分，而又晨伏。其行也，晨先日出東，謂之啓明。夕後日入西，謂之長庚。以辰申爲界，晨見於巳位，夕見於未位，爲晝見。過午位爲經天，爲失行，或謂金爲長庚，水爲啓明，非也。

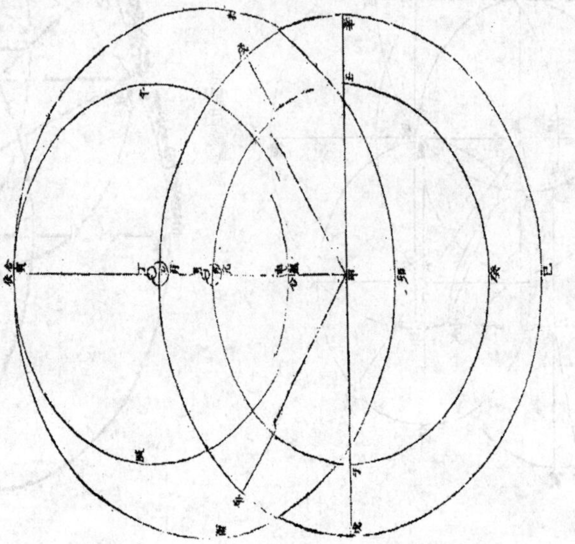
金星諸輪圖

清·江永《數學》

甲爲地心，乙戊己辛爲太陽本天，即黃道，曆家用伏見輪借爲金星本天。庚子癸壬爲星本天，寅酉卯未爲歲輪，亢爲本輪，角爲均輪，最高時歲輪心在均輪之底，合伏星在寅，退合星在申，兩留際星富黃道之亥戌。本輪、均輪設於本天，歲輪心在其上，本象也。星在歲輪周，成繞日圓象，爲寅辰申午伏見輪。亦設本輪丙均輪丁於其上，最高時伏見輪心在均輪之底，星行伏見輪與歲輪不殊。【略】

歲輪從本天右行九十度，則歲輪上自辰至癸亦九十度，而星在亥，辰至亥即太陽之行度，癸亥爲離度，所謂於本天行度內減太陽平行度，爲歲輪上離度。伏見輪上戌至房亦即太陽平行度，并房亥則九十度。

此設金星合伏時，在歲輪之頂，以爲起算之端，因及歲輪心行一象限也。甲爲地心，亦爲金星本天與黃道之心，乙丁己戊爲黃道，午酉未申爲本天，庚辛心壬爲歲輪，庚辰寅卯爲伏見輪，歲輪心午在本天周。乙爲太陽，庚爲星，合伏時星在日上，從甲望之，同在一直綫，此星在歲輪上本象也。若設伏見輪繞日，乙爲輪心即太陽，其合伏之點庚即歲輪之頂，星在歲輪頂即在伏見輪頂也。若向後五十六日有奇，歲輪心行一象限此姑以輪心行言之，實因本天右旋，□帶動歲輪也。又本天上更有本輪，本輪上有均輪，歲輪心在均輪上，其差皆微。至酉，爲辰子丑癸輪，則太陽自乙行至丙，五十五度奇。而星在歲輪上，自癸行至亥，三十四度奇，癸即前之合伏點庚。其繞日之伏見輪戌亥氐亢。心至丙，其周與歲輪交於亥，亥爲星□到。房至亥房爲令伏點。猶癸至亥也。同度。

此又五十六日奇，併前爲一百十二日奇，歲輪又行一象限，心至未也。凡行二象限。太陽自乙至辰，一百十度奇，星自心至子六十九度奇，若自伏見輪上觀之，輪心在辰，其周與歲輪交於子，子即星所到也，丑至子猶心至子也。丑與心皆合伏點。黃道上角至辰，即星離日次均度也。

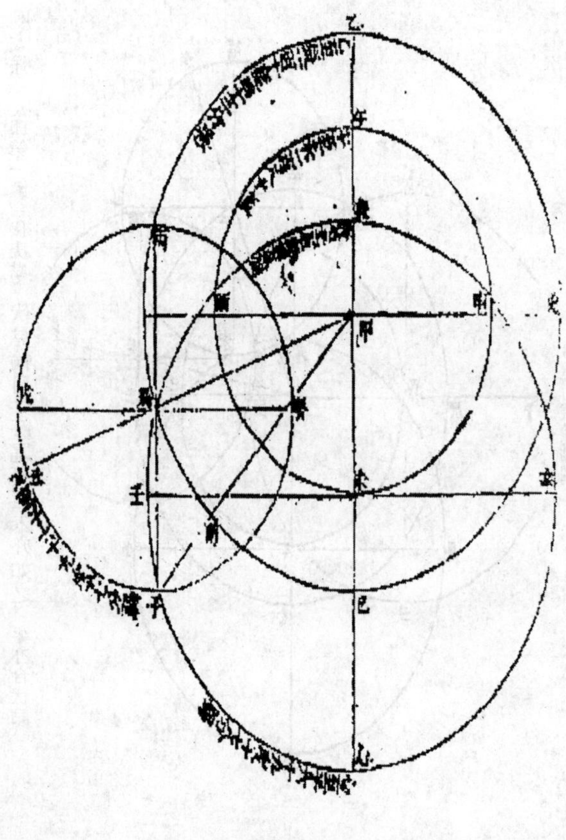
金星行歲輪圖一

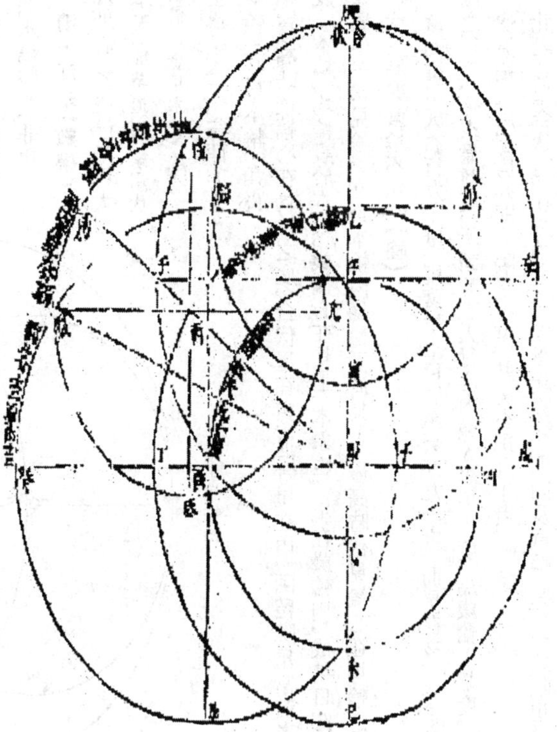

金星行歲輪圖二

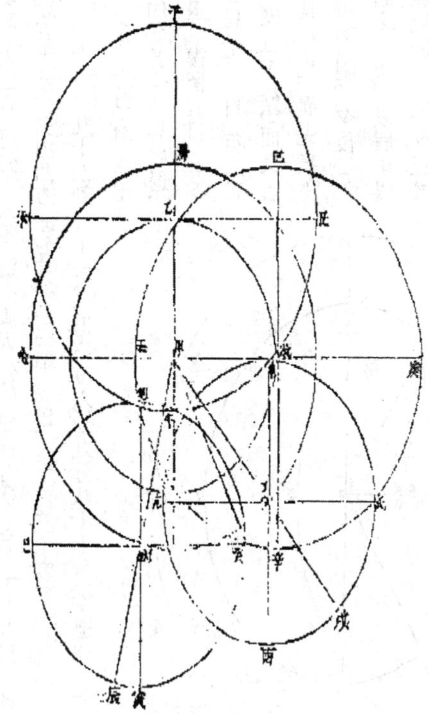

金星行歲輪圖三

此圖有二行，其一已庚辛壬，歲輪心行至戊，則太陽在丙，星在癸，而伏見輪卯巳寅癸輪。亦交於癸。其一子丑午未，歲輪心行至乙，則太陽在丁，星在申，而伏見輪申亢酉氐輪。亦交於申。又五十六日奇，併前爲二百六十八日半强，歲輪又行一象限，心至戊，併前三象限。太陽自房心至丙二百六十五度强，星自庚歷辛至癸。一百三度太强，伏見輪自辰寅至癸亦如之。辰亦合伏點。又五十六日奇，併前二百二十四日半强，歲輪又行一象限，心至乙。併前一周太陽自房心至丁，二百二十一度半弱，星自子丑至申，一百三十八度半强，伏見輪自戌氐至申亦如之。子戌皆合伏點。

此圖亦有二行，其一癸寅丑子，歲輪心行至丙，則太陽在卯，星在申，而伏見輪酉申戌亥輪。亦交於申。其一亢心氐房，歲輪心行至丁，則太陽在午，星在未，而伏見輪尾箕未斗輪。亦交於未。又五十六日奇。併前爲二百八十一日弱，歲輪又行一象限，心至丙，併前一周外又一象限。太陽自辛庚至卯，二百七十六度太强，星自子歷癸至申，子即第一圖合伏庚點。一百七十三度少弱，伏見輪自角歷酉至申，亦如之。角亦合伏點。又五十六日奇，併前爲三百三十七日强，歲輪又行一象限，心至丁。併前一周外又二象限。太陽自辛庚至午三百三十二度强，星自氐，歷房亢至未二百。七度太强。氐即第一圖合伏庚點。伏見輪自牛歷尾箕至未亦如之。牛亦合伏點。

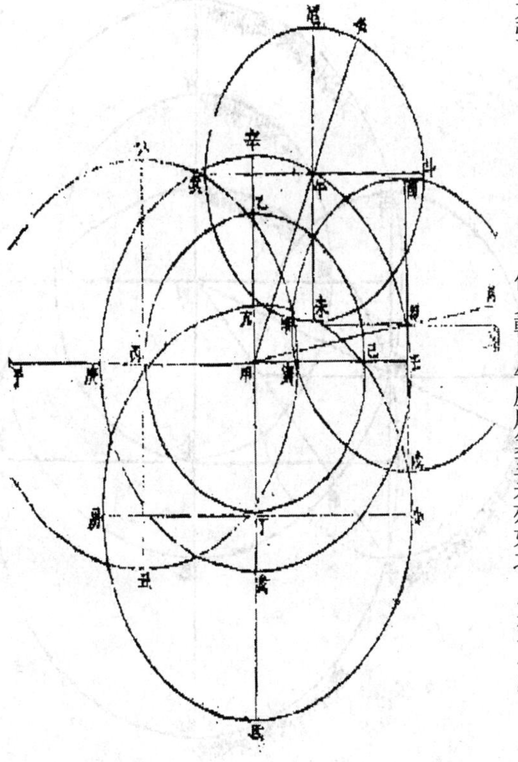

金星行歲輪圖四

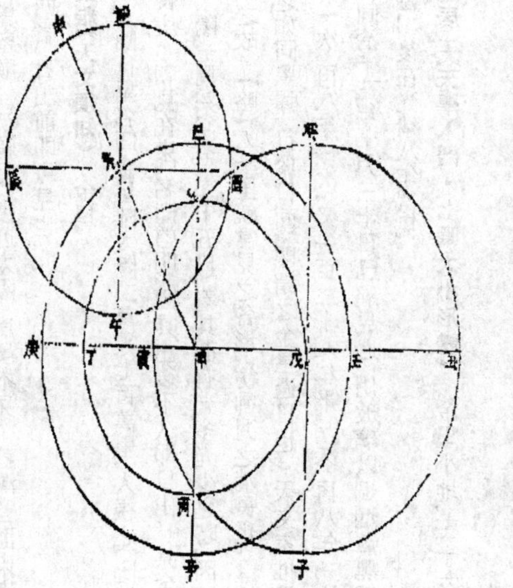

金星行歲輪圖五

此又五十六日奇，併前爲三百九十三日強，歲輪癸丑子寅。又行一象限，併前一周外又三象限。心至戊。太陽行一周，又自巳至未二十七度半，星自丑歷子寅至酉二百四十二度半弱，丑即第一圖合伏庚點。伏見輪自申歷辰午至酉亦如之。申亦合伏點。

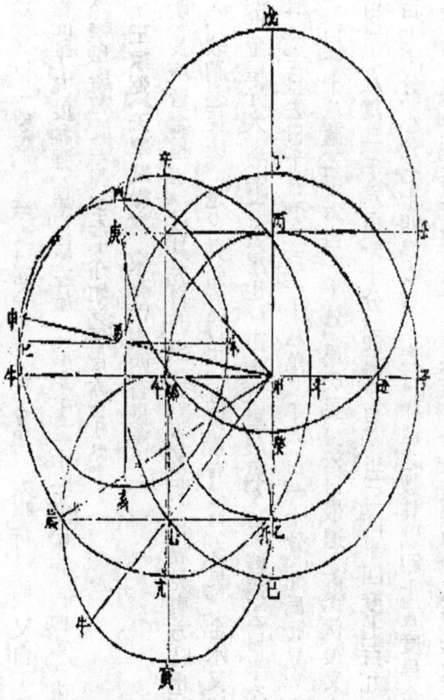

金星行歲輪圖六

此圖有二行，其一戊壬癸庚，次輪心行至丙，則太陽在房，星在酉，而伏見輪酉巳亥未輪。亦交於酉。其一辛斗亢牛，歲輪心行至午，則太陽在心，星在辰，而伏見輪卯辰寅氐輪。亦交於辰。又五十六日奇，併前爲四百四十九日少強，歲輪又行一象限，心至丙。併前二周。太陽行一周，又自丁至房八十二度太強，星自戊歷壬癸至酉，戊即第一圖合伏庚點。二百七十七度強，伏見輪自申歷巳亥未至酉亦如之。申亦合伏點。又五十六日奇，併前爲五百〇五日半強，歲輪又行一象限，心至午。併前二周又一象限。太陽行一周，又自丁房至心一百三十八度強，星自巳歷辛斗亢至辰三百一十一度半強，巳即第一圖合伏庚點。伏見輪自半歷寅氐卯至辰亦如之。牛亦合伏點。

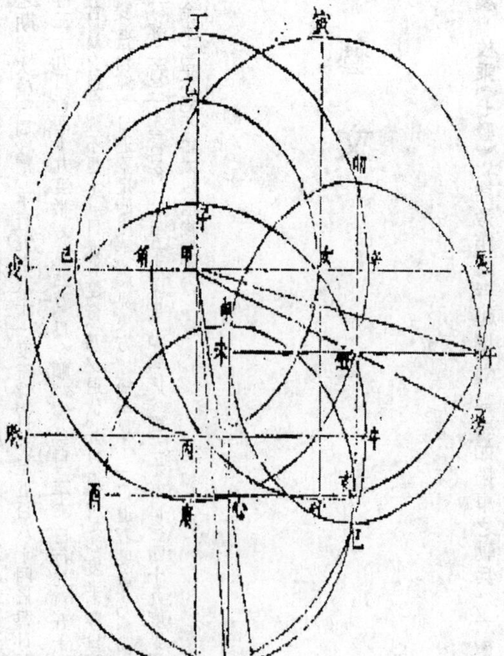

金星行歲輪圖七

此圖亦有二行，其一子牛壬癸，歲輪心行至丙，則太陽在心，星在戌，而伏見輪申酉戌亥輪。亦交於戌。其一寅辰斗角，歲輪心行至女，則太陽在丑，星在午，而伏見輪即未巳午輪。亦交於午。又五十六日奇，併前爲五百六十一日太弱，歲輪又行一象限，心至丙。併前二周有半。太陽行一周，又自丁歷戊庚至心一百九十三度半強，星自壬歷癸子牛至戌三百四十六度強。壬即第一圖合伏庚點。伏見

輪自亢歷亥申酉至戌亦如之。亢亦令伏點。又五十六日奇，併前爲六百一十七日太强，歲輪又行一象限，心至女。併前二周又三象限。太陽行一周，又自丁歷戊庚至丑二百四十九度稍强，星自辰左旋一周至午二十一度稍弱，辰即第一圖合伏庚點。伏見輪自房右旋一周，至午亦如之。房亦合伏點。

清・王家弼《天學闡微》 東有啓明西有長庚

啓明、長庚皆金星也。以其先日而出，故謂之啓明，是晨見東方時也；以其後日而入，故謂之長庚。是夕見西方時也，五星皆有晨見夕見。金水又皆附日而行，而惟金星光大，故獨言金星也。古謂五星晨見夕見，皆爲去日半次，但分數不同耳。金星去日十五度二百一十八萬二千六百一十分，而爲晨見。去日四十五度二百一十八萬二千六百一十分，爲晨見。去日最遠之度，伏後又去日十五度二百一十八萬二千六百一十分，而爲夕見。去日四十四度七百九十六萬三千八百七十分，小分七十四爲夕見。去日最遠之數其以四十五度爲金星，去日最遠是則然矣。而去日半次之説於法未真。今推五星晨夕伏見，限度各星不同，土星限爲一十一度，木星限爲一十度，火星限爲一十一度三十分，水星限爲一十度，而金星則以五度爲限。合伏前去日五度，爲晨不見；合伏後去日五度，爲夕見；合退伏前去日五度，爲夕不見；合退伏後去日五度，爲晨見；又晨見、夕見，有順行退行之分，合伏之後，夕見西方者順行也。順行漸遲，遲而忽留，爲留退；初退行漸近太陽，爲夕不見；合退伏後晨見東方者，亦爲退行，退行漸遲，遲而忽順，爲留順。初順行，復近太陽，爲晨不見。蓋漸差而東者，日入後即可見，漸差而西者，日出前即可見也。

清・傅蘭雅《天文須知》 金星

太陽外第二圜行星名曰金星離太陽二萬零七百萬里，人視之，比别星更亮，夜見在西，名曰長庚。朝見在東，名曰啓明，因其出後不久即日出。其全體比地球小十分之一，繞太陽一周，須二百二十五日，看其面有光多光少之時，因離地有遠近，並光面有盈朒之故。【略】大千里鏡常見之各形，彷彿月之消長也。惟當其行在日地之間時，視之如同黑彈，行於日面，即謂之金星過日也。天文家推算其期，應隔一百零五年半一次，再八年一次，又一百二十八年半一次，再八年一次，如此周而復始。如前在同治十三年十月三十日已經見過，用玻璃以燭烟薰黑看之，見其在日面，如一黑點；後在光緒八年得見。

清・測隱居士《天學入門・七曜大小形體》 金星小地，三十六倍。形體如月，有盈有虧。則小於地三十六倍又二十七之一，其形體如月之有盈虧，有上下弦。其變易，於一年之間，亦如月之變易。於一月之内，凡居太陽之上，則光滿；居太陽之下，則光虚。其忽大忽小，恒以居太陽左左上下而别焉。

清・測隱居士《天學入門・諸曜行度》 金星右旋，麗天行度。附日而移，或前或後。一日一度，一月一宫。一歲之久，一週之行。其行約計一年一周天，其大周則不及八年，行次行圈五周與日合者，亦五周，其平行與太陽同南緯九度弱，北緯八度半强。

與日同度，順逆伏留，平行五百八十一度。積日五百八十有四，次輪一周，會日之期。次輪一周，輪心平行五百八十一度奇，積日不足五百八十四日與日同度，伏於日下，經三十九日行四十九度半，夕見西方，爲夕順。經二百三十一日行二百五十度半，爲夕留，留五日爲夕退。經不足十一日退五度奇，乃夕退伏，六日退不足四度半，與日同度，爲再合。後變退伏，經六日退不足四度半，晨見東方。經不足十一日退五度奇，乃晨留。留五日乃晨順。經二百三十一日行二百五十度半，乃晨伏。經三十九日行四十九度半，復與日同度。凡金水二星，總不離太陽前後二宫。

藝文

漢・枚乘《七發》 其旁作而奔起也，飄飄焉如輕車之勒兵。六駕蛟龍，附從太白。

漢・鄒陽《獄中上書自明》 衛先生爲秦畫長平之事，太白食昴，昭王疑之。夫精誠變天地，而信不諭兩主，豈不哀哉！

南朝梁・庾信《庾子山集・周大將軍司馬裔碑》 既而雲生伏龜，星出鯨魚，太白經天，蚩尤映野。

唐・白居易《授范希朝京西都統制》 閶闔風至，太白星高，謀帥護邊，國之大計。

唐・鮑溶《壯士行》 西方太白高，壯士羞病死。

唐・岑參《熱海行送崔侍御還京》 勢吞月窟侵太白，氣連赤坂通單于。

唐・儲光羲《同諸公送李雲南伐蠻》 廣車設置梁，太白收光芒。

唐・李白《胡無人》 雲龍風虎盡交回，太白入月敵可摧。

唐・李白《經亂後將避地剡中留贈崔宣城》 中原走豺虎，烈火焚宗廟。太白晝經天，頹陽掩餘照。

唐・杜甫《喜達行在所》 死去憑誰報，歸來始自憐。猶瞻太白雪，喜遇武功天。

唐・韓愈《東方半明》 東方半明大星没，獨有太白配殘月。【略】殘月暉暉，太白睒睒。

唐・杜甫《九成宮》 我來屬時危，仰望嗟歎久。天王守太白，駐馬更搔首。

唐・高適《塞下曲》 青海陣雲匝，黑山兵氣衝。戰酣太白高，戰罷旄頭空。

唐・柳宗元《河東先生集・雅詩歌曲》 涇水黄，隴野茫。負太白，騰天狼。

唐・皇甫湜《祭柳子厚文》 公卿之禄，若在倉廩。至駿難馭，太白易慘。

唐・陸龜蒙《雜諷九首》 吴兵甚犀利，太白光突兀。日已費千金，塵聞侵一撥。

唐・王維《隴頭吟》 長城少年游俠客，夜上戍樓看太白。

唐・韋莊《浣花集・聞再幸梁洋》 行宫夢太白，山前月欲低。

宋・晁説之《枕上聞蛩忽久不鳴》 智哉神於蓍，夢有不待卜。秋風日已高，太白光如植。予豈默默時，殺身循吾國。

宋・陳與義《鄧州西軒書事》 不須夜夜看太白，天地景氣今如斯。

明・程明善《嘯餘譜・賣花聲》 半泓秋水金星，一幅寒雲玉版牋。

明・馮夢龍《古今小説・鬧陰司司馬貌斷獄》 時有太白金星啓奏道：『司馬貌雖然出言無忌，但此人因才高運蹇，抑鬱不平，致有此論。若據福善禍淫的常理，他所言未爲無當，可諒情而恕之。』

明・馮惟訥《古詩紀・閨妾寄征人》 斂色金星聚，縈悲玉筯流。願君看海氣，憶妾上高樓。

雜録

《戰國策・惠文王三十年》 昔者，文王之拘於牖里，而武王羈於玉門，卒斷紂之頭而縣於太白者，是武王之功也。

《黄帝内經・素問・金匱真言》 西方白色，入通於肺，開竅在鼻，藏精在肺。其病發在肩背，其味辛，其類金玉，其畜虎雞，其穀稻，其應四時爲太白星，是以知病之在皮毛也。

漢・劉向《説苑・辨物》 太白經天而行，無雲而雷，枉矢夜光。

漢・郭憲《洞冥記》卷一 俄有黄翁指阿母以告朔曰：『昔爲吾妻，託形爲太白之精。今汝此星精也。』

漢・王充《論衡・感虚篇》 荆軻爲燕太子謀刺秦王，白虹貫日。衛先生爲秦畫長平之事，太白蝕昴，此言精感天，天爲變動也。夫言白虹貫日、太白蝕昴實也，言荆軻之謀、衛先生之畫感動皇天，故白虹貫日、太白蝕昴者虚也。

漢・王符《潛夫論・卜列》 少皞金精，承太白而王，夫其子孫咸當爲商。

漢・應劭《風俗通義・正失・東方朔》 俗言，東方朔，太白星精，黄帝時爲風。

漢・佚名《太平經鈔・丙部》 刺者，少陰之精也，太白之質，所以用義斬伐，治百中百，治十中十。

晉・葛洪《抱朴子・内篇・雜應》 太白，白氣，使入肺，冬服。

南朝宋・陸修静《太上洞玄靈寶授度儀》 七炁之天，太白流精，光曜金門，洞朗太冥。

北齊・劉晝《劉子・類感》 其旦雨也，寸雲未布而蟻蚓移矣。巢居知風，穴處識雨，風雨方至，而鳥蟲應之。太白暉芒，雞必夜鳴。火精光盈，馬必晨驚。

南朝梁・陶弘景《真誥・甄命授》 頃天氣激逸，陰景屢變，太白解體於二辰之中，熒勃於紫房之下，王者惡焉。

唐・黄子發《相雨書・察日月並星宿》 太白入斗，五日陰雨，不見星。

唐・王松年《仙苑編珠・蓬萊尼公太白岐暉》 《仙經》云：欲爲仙客，入太白，遂與弟子登太白山，頗有雲霞之志焉。

五代・杜光庭《録異記》 金星之精，墜於終南圭峯之西，因號爲太白山，其精化爲白石，狀如美玉，時有紫雲覆之。

五代・王定保《唐摭言・知己》 李華著《含元殿賦》，蕭穎士見之，曰：『景福之上，靈光之下。』白樂天初舉，名未振，以謌詩謁顧況。況謔之曰：『長安百物貴，居大不易。』及讀至《賦得原上草送友人詩》，曰：『野火燒不盡，春風吹又

生。』況嘆之曰：『有句如此，居天下有甚難，老夫前言戲之耳。』李太白始自蜀至京，名未甚振，因以所業贄謁賀知章。知章覽《蜀道難》一篇，揚眉謂之曰：『公非人世之人，可不是太白星精耶！』

宋·陳元靚《歲時廣記·寫符經》 袖中有一瓢，令筌於谷中取水。水既滿，瓢忽沈泉中。旋至樹下，失母所在。但於石上得麥飯數升，食之，因絶粒。注《陰符經》著《太白經》，筌後官至節度，入山訪道，不知其終。

宋·程顥、程頤《二程遺書·劉元承手編》 今人信者必惑，不信者亦是孟浪不信。如出行忌太白之類，太白在西，不可西行，有人在東方居，不成都不得西行？又却初行日忌，次日便不忌，次日不成不衝太白也？如使太白爲一人爲之，則鬼神亦勞矣。

宋·歐陽修《歐陽文忠公集·太白戲聖俞》 開元無事二十年，五兵不用太白閑。太白之精下人間。李白高歌《蜀道難》。

宋·蘇軾《蘇文忠公全集·任師中挽詞》 兩任才行不須説，疇昔並友吾先人。相看半作晨星没，可憐太白與殘月。

元·傅若金《傅與礪文集·金咢傳》 咢生時，望氣者見西南有白光，如曰：『此非金星之精耶！』

火星部

題解

僞孔安國注《尚書·虞書》 火曰熒惑星。

《文子·精誠》 政失於夏，熒惑逆行。

漢·劉安《淮南子·天文訓》 南方，火也，其帝炎帝，其佐朱明，執衡而治夏；其神爲熒惑，其獸朱鳥，其音徵，其日丙丁。

漢·鄭玄注《易緯乾鑿度》 詩含神霧云：四角主張，熒惑司過也。

《易緯辨終備》 必視熒惑所在時殃。

鄭玄注：熒惑，主理天下，故必候之以知時禍。

漢·司馬遷《史記》卷二七《天官書》 曰南方，火，主夏，日丙丁。

三國魏·張揖《廣雅·異祥》 熒惑，謂之罰星，或謂之執法。火宿也。

唐·孔穎達疏《左傳》 火精曰熒惑。

宋·歐陽修等《新唐書》卷三一《天文志一》 星紀鶉尾，以負南海，其神主於衡山，熒惑位焉。

明·陳洪謨《(嘉靖)常德府志·地理志》 五星屬熒惑。《星經》云：熒惑，主霍山，揚、荆、交州。又曰：主楚漢。《書》：吳楚之疆，候熒惑；几考災祥，視熒惑之所經行。

論説

宋·程顥《二程遺書·雜録》 問：「熒惑退舍，果然否？」曰：「觀宋景公，不能至是。」問：「反風如何？」曰：「亦未必然。成王一中才之主，聖人爲之臣，尚幾不能保。金縢書，成王亦安知？只是二公知之，因此以示王。弭變，非有動天之德，不能至也。」

清·李明徹《圜天圖説》 火星説

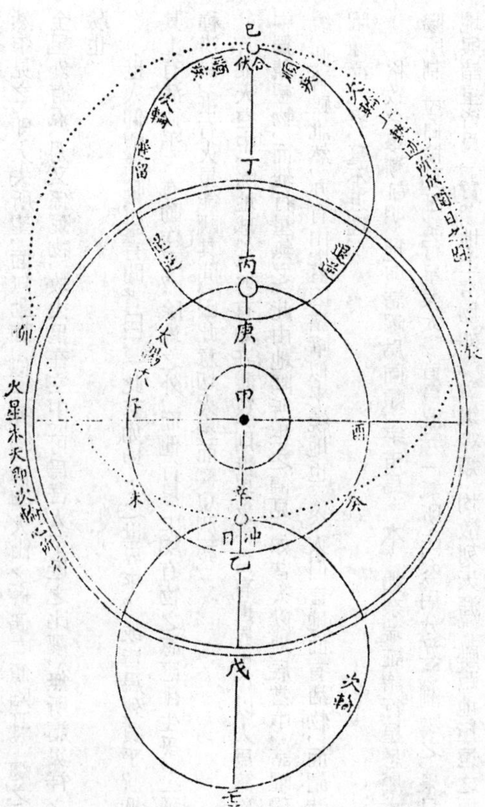

火星行次輪圖

火星約七十二歲而行四十二周天，與日合度者三十七，合期約七百八十日。凡順行最疾之時必與日合，合期爲周率最疾，約七日行五度。初見約距日十九度，初留約距日一百三十四度，初退距日約一百四十四度。退行最疾，是與日對冲，但其退冲之時侵入太陽天内亦是周天各半。退至止則復留，距日如初退之度。留久而順，則旋還一大周也。此三星之行遲於日，故合日以後晨見東方，未至冲日皆爲晨段，晨段則日在西；冲日以後夕見東方，未至合伏皆爲夕段，夕段在日東也。火星本天小於土木二星之本天，與黄道相距南則六度半强，北距四度十一分。星之本天皆從右旋，本輪心亦隨本天右移，此即平行之度。至若本輪周行之度原自左旋，所以有縮曆遲曆之分，此本輪上半盈下半縮，本輪左旋則次輪亦隨之左旋，此星之盈縮曆也。但星行次輪周仍皆右旋，行次輪上半輪反

速，下半輪反遲，所謂順合遲留與退冲，是以星行於本天一周而本輪亦行一周，但星與日合伏則次輪亦行一周。星行次輪上在最高順行則爲右旋，在次輪下最卑逆行則爲左旋。次輪半徑爲本天半徑十分之六有奇，蓋星之本天仍在太陽之外，故能包太陽之天。因次輪上星行繞日，又能割太陽天，則星行至次輪最高，離太陽漸遠。至於太陽行過其下，相遇謂之合伏。合伏以後，星行次輪，離太陽順行入於遲限將近留際。星行至次輪中，與本天並齊，斯時星行入留際之中。及其再下行至輪底，與太陽相冲，是爲冲日，則割入太陽天之内，離地最近。離地近者，所以爲日所攝也。此理五星畧同，土木火三星能圍日之象，惟火星次輪更大，遇冲日時稍侵入太陽天一二分，所以有時或在太陽之下，其實次輪心仍俱行本天上，在太陽之外耳。但五星之次輪周行於天，遂成軌迹之圈，並非星之本天也。此虚迹所成不同心圈，能圍日之形而已矣。若依實數考之，火星次輪半徑約爲半天半徑十之六，其合伏時則兩半徑相加而成十六，冲日時兩半徑相減只餘十之四。其侵入太陽天内約一二分，則太陽天半徑只得火星天半徑十之六有奇。而火星合伏時在太陽上約爲十分，冲日時在太陽下亦約十分，而成圍日之形矣。是故以日爲心者，是次輪上星行之軌迹，此虚擬之迹也。如火星行次輪，圖丙子與乙酉爲太陽本天，丁卯、戊辰爲火星本天。巳庚次輪以丁爲心，辛壬次輪以戊爲心，丙爲日體，巳辛皆是星體。巳卯、辛辰爲次輪上星行軌迹，成一大圈，而以日爲心，繞日而行。星天在外能圍日天，星在次輪自分高卑，其本天則同以地爲心也。星行欠輪在巳位爲合伏，離地最遠；星在辛位爲冲日，冲日之時未辛癸弧割入太陽天未乙癸之内，離地最近。星在冲日辛時，已割入太陽天，而其次輪心仍在本天戊位。

清・合信《天文略論》 論火星

火星離日一百四十五兆里，中國五百零七兆五十萬里。圜日軌道九百兆里，中國三千零五十兆里。離地球軌道五十兆里，中國一百七十五兆里。星體直徑四千二百里，中國一萬四千七百里。外圍一萬三千里。中國四萬五千五百里。每轉身一回二十四點鐘零三十九分，每圜日一回六百八十七日，是火星之一年比地球之一年多十月也。與地球遠時看之甚小；有時運行與地球近，看之則大如木星。其光有深紅之色，故名之爲火星也。天文士用鏡看火星有黑迹，真如地涯海岸之形，地有微紅之色，水有淡緑之色，似地之形迹更多於別星，因想火星週圍必有高厚之氣，既見其迹能轉身，則必有晝夜，亦有四季，有人民在内，但彼之每年多於地球十月也。

清・駱三畏《熒惑新解》 熒惑新解

天之懸象，凡十五年中有客星赫赫照著於夜半，即大紅星。當日入之後出於東方霧氣之中，漸而上升，愈高愈明，行至正南。光焰若火顯於太虚，其光華勝於天狼星，其潤大不亞於木星，因其大而使人駭然。其紅芒尤令人可畏，有謂不祥之兆者亦不足怪，不知赤光燭天即火星是也。其焰大者，因其距地近，地與火星俱繞日，惟火星之軌道不圓，有處距日微近，有處距日微遠。凡二年零二月地及火星一次，至歷十有五年火星距地始最低，故劉流通皇，其狀如是之顯。

此雖客星不爲新，其體亦不爲大，然人意念不置。目爲災祥者，其故有二：一、與地同類；一、除金星與月外，無他行星距地如此之近。矧以遠鏡窺火星，較金星尤清，且朗蔽金星。有雲翳，非雲翳，偶散，不易瞥見本體。月雖距地近，然乍見之，即大失所望，面無動静，似一死物，惟圍火山之墻偶有傾陷耳。總之，金星外有氣，月又係死物，故火星在空中，可爲吾人至近之比鄰，無所謂災祥之驗也。

世人仰觀諸曜，設有問者曰：「此有如地上之世界乎？或皆爲死質乎？抑其上有活物乎？有動作乎？除地之外，而他行星上均有物之感應化生乎？」種種辨難，祇有火星能酬其問，因此意切火星而喜窺測焉。

如天空中，除地球外，皆有如許體質，則世界之外當有世界也。以人爲萬象中獨號靈物，而他行星無之，此由地隅所生之偏見，如昔人以地居當中，諸曜環繞，此論雖訛然，亦有由，蓋因諸曜似乎繞地也。今人但言地面有活物，而謂諸曜僅浮光者，毫不近理。

格致之學漸証明，地與諸曜爲同類，宇宙爲一本。如奈端証諸行星悉屬太陽所制，拉白拉瑟証諸行星與太陽皆爲混元一氣所生，今用分光鏡測驗之，果見地與諸星皆爲一質。地上常物如鐵鏞鉞等類，均散列天涯。雖距地極遠之恒星，亦斡權化於混茫，賦品稟於陰隲矣。

地既與星之質相等，若祇以地爲有知覺之靈物，不亦拘於一隅之見乎？人於匆迫之際不遑思，地爲諸曜中極小之物，因人居地面，故以地爲至大至要，莫之與京，須離地極高，方知地之真位。

設人立於天空，距地極遠，可使人見地之狀如豌豆。以所見者繪圖，月狀必

如芥子，距地七寸。日如二尺之球，距地二百一十五尺。火星如小菜豆，距日面三百二十五尺。木星如橘，距日五分之三里。土星如小橘，距日一零五分之一里。天王星如大李，距日二零四分之一里。海王星亦如大李，距日三零四分之三里。最近之恒星，其狀如常，距日二萬四千里。三等星距日七十二萬里。若繪月之圖距地七寸，而中等恒星必於七十二萬里之遠繪之。推溯恒星所居亦有行星，所繞如五星之繞日。然彼地如是之小，宇宙如是之大，豈能獨謂地有生命乎？

謂諸曜中有生物，泛言之則易，切指之則難。故欲考何星有活物，當擇一易察之星測之。月爲死物，金星外有氣，祇火星易於窺測。此書所載，冀欲求知火星有生物否耳。然論此事人常誤會，厥有二端，今並釋之。一言火星有活物，或以爲與地皆然，或以火星上之人亦用車馬衣冠。此不然也，如火星之風土與地不同，則其所生之活物與地亦必異。一事無左証，吾所信者，因已閲歷有年。吾所疑者，因其爲新。創事雖然，各事之証皆爲大略也。如人深信各物攝力之理，究之此理之証，無非大略而已。論火星上之生命，其証亦如是。窺其至要者，或不以此論爲僞也。考驗事理之真否，必悟數學。設某理與數事相符，其理真歟，大概之數等於三與一之比。若此理與他數事相符，其理洵真矣，大概之數等於四與一之比。總大概之數，非七與一比，實爲十二與一比，故証佐愈多而信愈深，非按相加之比例，而按自乘之比例也。

論火星之軌道

欲定某行星有生命活物，毫厘似地者，必先考核二事，風土之可否，與居住之基址也。此二者必循序察之，如風土既不宜，又何須考其基址？澈究火星之風土，必自厥初而論之，此紅星名爲火星，與鄰近之星不同者，孰先知之乎？今亦未能確指其人，臆度之，大抵爲無名士，於迦勒底平原牧羊之時，孤立終宵，以星爲伴侶。夜間仰觀天象，但覺星勢每夜如常，雖皆有出入，然同出同入之候。忽疑有一星移動，復測數夜，而確知其果然移動，此夜即天文學之權輿也。

測行星之方位可定其軌道。刻白爾藉天文家所測者，闡明行星皆繞日，其軌道爲橢圓，日居其一心，歷時復同星與日距，所過面積亦同，又諸行星距日中數之立方，與周時之平方有公比例，此爲刻白爾所立之三例。後奈端準上三例推驗策馭行星之力，悉屬乎日。蓋攝力與質之多寡有比例，而相距遠近又有反平方比例也，攝力之故未能遽晰，大抵與熱光電氣皆歸一理。

行星均屬乎日，惟火星依於地球軌道之外。其二軌道皆繪於圖，外周爲火星之軌道，內周爲地之軌道。日不居於中點，居於心點，一覽此圖即明火星十五年。光朗之由其道爲橢圓，誌最卑點爲火星距日最近之處，誌最高點爲距日最遠之處。內周即地之軌道，雖爲橢圓，與圜所差無幾。誌卑高二點爲地距日最近最遠之處，蓋地繞日一周用三百六十五零百分之二十六日，火星繞日一周用六百八十六零百分之九十八日，故每二年零二月地及火星一次。故夫日也地也火星也，皆趨一線，地居其中，斯時之火星名爲衝。衝時距地近，他時距地遠。然火星之周時不爲地周時之整倍數，地必行二周有餘始及火星。若爲整倍數則衝，時準於一處非整倍數，故火星軌道各處皆有衝。雖火星距日近，然衝時猶有遠近之殊。設衝於最卑點，此爲最近，相距一億零五百一十五萬里。萬萬爲億。設衝於最高點，此爲最遠，相距一億八千三百萬里。然此論遠近之里數，尚未度光耀之差別也。衝於最卑點，此時距日至近，其光與日火相距之平方有反比例；此時距地亦至近，自地所見，其光之明暗與距地之平方亦有反比例。得此二，故火星衝於最卑點，其光大於最高點四倍半以上，所論足解明火星變狀之由。

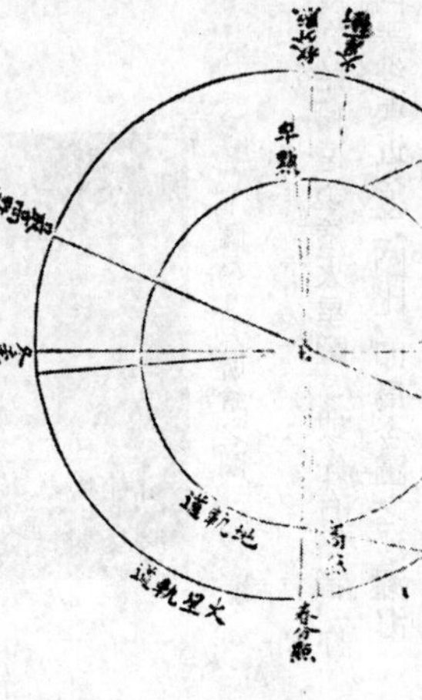

火地軌道之圖

試思火星明暗極有關於軌道，然火星之時令於軌道尤有關，因日居軌道之心點，有時火星行距日近，有時行距日遠，近則熱，遠則涼。距日至近爲三億八千八百五十萬里，距日之中數爲四億二千四百五十萬里，距日至遠爲四億六千三百五十萬里。因距日有遠近之殊，故涼熱亦有輕重之別。設距日至遠所受之熱，即爲十六距日中數，即爲二十距日至近，即爲二十四，故至近所受之熱較至遠所受者大半倍。

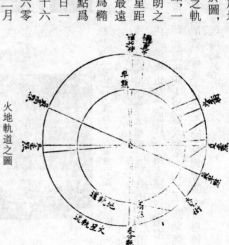

論火星之廣與其狀

前所論者，皆於未造遠鏡之先。自創造遠鏡後，人之學問博焉，識見增焉。

推步火星之廣，必先推火星距地之里數，以測諸行星繞日之周時。推距日遠近之比例尚易，測某星距日之里數則難。其易者何？五行諸星彼此相距之里數，較各星之廣大數萬倍，而各行星之狀又略爲球形，故易也。其難者何？測諸星距地之里數，與地面之測遠物其法相同。設地面有遠物如塔，欲測相距之遠，必自兩處測其方位，復步兩處相距之遠，方可推算兩處相距，名爲底線。若底線短塔甚遠，安能推準，推諸曜之距地，必自地南北兩處測星之方位，復步兩處相距之里數。惜南北相隔約二萬里，底線極短，而欲推準諸星距地之里數，不亦難乎？日距地之難測，又譬諸人距塔五里遠，先合左目，以右目測之；再合右目，以左目測之。以眼準程，終竟懜悅，故非用遠鏡不克測。日與地相距之遠近也然，用之亦綦難。

又以遠鏡窺火星之半徑，推得火星徑爲一萬二千六百四十五里，是火星之面約爲地面四分之一，其體積約爲地七分之一。

論火星之體質並內含若干物。如凡行星有月繞之，其體質易測；無月繞之，其體質難測。其故，惟何星之質必以其攝力度之？如月繞地，地質愈重，而攝月之力愈大，地距月愈近，其攝力亦愈大。欲知地之攝力若干，以月繞地之遲速度之，即可推地之質也，亦即可定火星之質也，其法詳下。

火星有二小月，擇一月，窺其繞之周時與距之里數，知此月繞火星乃因火星之攝力。繞愈速而力愈大，力愈大而質愈重。地之繞日亦因日之攝力，則日之攝力與火星之攝力可比，即日之質與火星之質亦可比也。準此法，知火星爲日之質三百零九萬三千五百分之一，爲地之質九十四分之十。若無月之行星而欲推其質，難矣。或謂彗星行近，被星所攝，彗星之軌道變，測其變而可推星之質，此一説也。或謂火星距地近，因火星之攝力、地之軌道微變，可以推星之體，此又一説也。然未察火星二小月之先，以此法推其體質，有以爲日之體質三百七十萬分之一，有以爲二百五十萬分之一不等，此法難而且紊，故天文家所測往往有此參差，自察二小月以後，方得火星體質之的解。

既知火星之體質與其體積，亦並知其質之重數也。知其爲地質之重百分之七十二，復知其面上之攝力爲地面上之攝力百分之三十八，由此而知地面上物重，火星面上物輕。若人重一百五十斤，移至火星僅重五十五斤，至火星上之各工作較地面省力三倍。

乍以遠鏡測火星，見其面有時正圓如滿月，有時微虧如十三夜之月，由是顯著其本體無光。又其軌道圜於地球軌道之外，一覽前圖便可了然。若自日心至火心作一直線，又經火心作面於此線正交，即分火星爲兩半球，向日之半明，背日之半暗。若自火心至地面某處作直線，又經火心作面於此線正交，亦分爲兩半球，向地之半可見，背地之半不見。緣此二線不常合爲一線，則常有光之半球不正向地，是非火星外合與衝不能滿面光明，故他時不全光明而有微虧，有漆暗之處也。觀光緒二十年五月所繪三圖，可了然於其狀矣。圖內火星面之右邊約虧六分之一。距日九十度之時，其面爲極虧，狀如十一十二等夜之月，此時自火星視地，爲距日最遠之度，即四十七度，金星最遠之度亦約爲四十七度，故自地視金星，如自火星之視地。

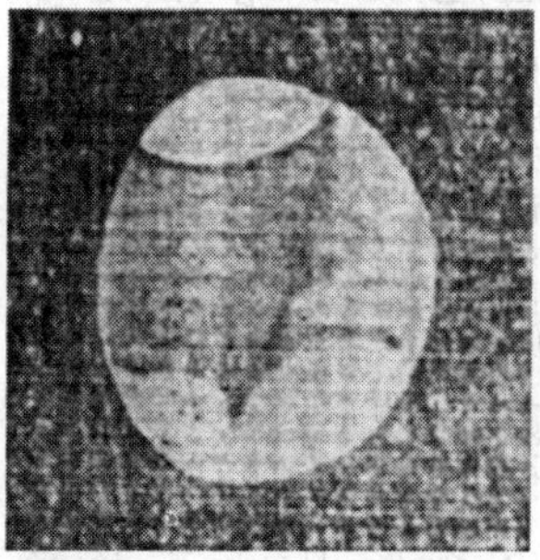

上圖爲五月所繪之圖

下圖爲九月所繪之圖

昔人於順治十六年十月十五日戍初始藉遠鏡繪火星圖。或先有繪者，亦模糊而難察識。順治年所繪之圖圖內黑縷與近今之圖比，即爲今圖之沙漏海。雖舊圖不甚詳細，然爲至要，因當時藉此圖証明火星旋於軸上，約二十四點鐘轉一次。後康熙五年天文家名葛西尼者，確定火星二十四點鐘零四十分自轉一次，於是始知火星有晝夜，其長短與地稍差。

以舊圖與今圖相較，火星自轉之時可定極準，即或有差，不過一秒十分之一，準此法以推，則火星自轉約二十四點鐘三十七分二十二零十分之七秒。

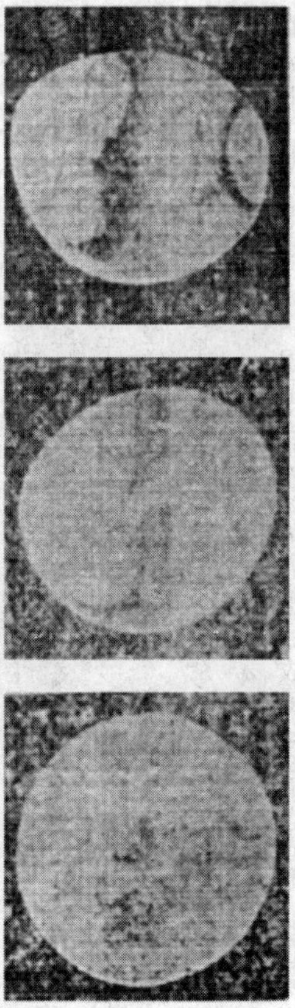

上圖爲五月所繪之圖，中圖爲七月所繪之圖，下圖爲九月所繪之圖

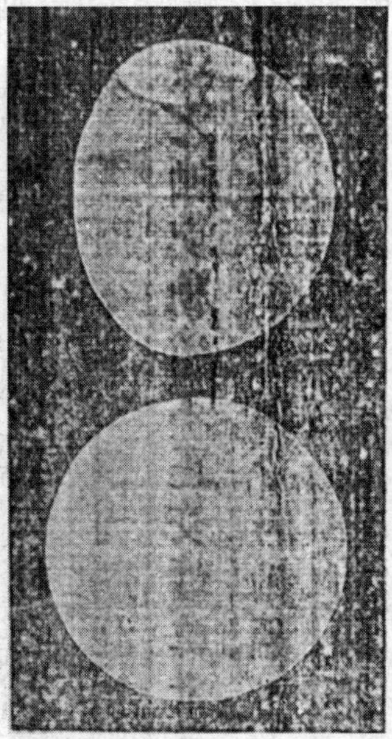

上圖爲五月所繪之圖　下圖爲九月所繪之圖

地自轉約二十三點鐘五十六分，是火星晝夜較多於地四十分也。由其自轉而知其二極之方位圍，火星二極有二白片，名爲二極之冠，以小遠鏡測之可覩。

火星之軸與軌道不正交，偏二十五度。地軸與軌道偏二十三度二十四分，因軸偏而有四季，則知火星有春夏秋冬，與地之四季相似。然稍有差者，火星軸尤斜於地軸，火星面上寒帶與熱帶微寬，温帶微狹，故其時令與地不得不微異。且火星之軌道甚扁，有時距日近而行速，有時距日遠而行遲，故四季中之長短各有不均。地之軌道略爲正圓，四季幾乎平勻，近今地之北半球，自春分至秋分即春夏，自秋分至春分即秋冬，而春夏節候較秋冬長八日。地之南半球反是。如火星上有七十四日之差，則火星之南半球冬季長而冷，夏季短而熱。北半球反是。南半球冬季一百八十一日，春季一百四十九日，夏季一百四十七日，秋季一百九十一日。北半球冬季一百四十七日，春季一百九十一日，夏季一百八十一日，秋季一百四十九日。蓋測地與火星之時令，其相似者，因夏季皆於最高點，冬季皆於最卑點。其相差者，因火星之軌道較地球極扁也。

問：火星之形狀究係正圓乎，抑扁形乎？答云：大行星如木、土、天王、海王等星形均爲扁，小行星如水、金、地、火等星形幾爲圓。以遠鏡窺木星，一望即知爲扁。若窺火星，雖精察詳測，猶幾乎爲圓。蓋火星似圓，而二極處微扁耳。以顯微尺測之，而其扁呈露矣。第各測扁分若干，彼此不合，所差亦均爲甚大。

今於旗竿觀星臺，即著書陸君所建者。測火星扁分若干，較他天文家所測者特顯其小，他人以爲大者，其故維何？乃因圍星邊有朦朧影也，即包火星有氣，析日之光也。此影能助星光，能令赤道徑較二極徑尤大，而影又不時有變，此爲各測扁分不同之故也。再星極有象白冠之時，測之不能極準者，因有明暗二處。明必侵暗，則明處顯大，暗處顯小。更有甚者，白冠非居正極，其勢微偏，有時冠於星邊俾，其過大有時在星面之内，與星狀無涉，幸今於旗竿觀象臺測之，極冠恰方消融，故所測之數較準，推得火星扁數爲一百九十分之一，若赤道徑爲一百九十，極徑必爲一百八十九。

又有二法可參考火星扁分之數。一，火星似地，體原極熱，其流質自轉於其軸，其赤道處即星二極當中之處也。必臌漲，二極處必縮扁。設火星之質自内至外皆勻，準算法推之，得扁分爲一百七十八分之一。設愈深愈密，與地一律，推得其扁數爲二百二十七分之一。雖火星之質内外不均，然愈深愈密，亦不能與地一律之密，則其扁分之數大於二百二十七分之一，而小於一百七十八分之一，大抵與一百九十分之一之數不甚懸殊也。一，火星有二小月，其軌道與火星之赤道相交爲二點，此二點逆行於赤道上，而小月之最卑、最高二點順行於赤道上。蓋火星不爲正圓，而赤道臌處攝月，有時使其前行，有時使其後退，故有二交點與最卑、最高二點遷移之勢然也。

測此點遷移之速，並可推火星當中臌處，即扁分若干也。其扁分爲一百九十分之一也。以此二法證明，知旗竿觀象臺所測爲準。

火星較地微扁，其二極之徑較赤道徑短六十六里。地面潮汐因月與日之攝力，潮汐力能阻地，故地旋微遲。然地當凝結之後自轉一周即一日，與近今歷時

略同。則自地凝結時以至於今年，數亦不甚久。火星年數稍多於地者，因其自轉一周較遲於地也。現今火星之海潮皆因日之攝力，其二月甚小，作潮之力可不計也。

論火星之天氣

問：無論何等活物，水與天氣均不能離。若行星上缺此二者，亦難長養生命。生命草木非賴水與天氣，何以生乎？然則包火星者，有天氣乎？無天氣乎？善哉問也，請試酬之。世間活物，固恃天氣爲至要，即死物之變化，亦不能相離。行星原熱質散失至外皮，凝結之後，萬物變易均恃天氣。若行星無天氣，其物不能生發，亦不能朽爛，如死物之行於天空，月質是也。月面上火山上古顯有變動之勢，今均已安静矣。除圍火山之崗或有傾圮，如前數年，天文家見林内火山似成蟄陷之形，然其恃天氣以生，則不易之理也。

月無天氣，故無改變。火星面上常有變易，若揣度變易之勢與其廣大，可披覽前三圖。此圖爲光緒二十年五月所繪，斯時窺見火星之面分爲三段，上段圍星極處有大白物似冠，此爲南極冠。遠鏡内物皆顛倒，故南居上，北居下。中段爲藍緑色，其中雜有紅黄處。下段一大片，色爲紅黄。自創遠鏡至今約二百年，測火星白冠由長漸消，每二年復周一次，如鐘擺之準。然冬春長而夏秋消，隨火星之時令爲循環。此白冠定積雪所成，常時未能全消，至光緒二十年始皆融盡。

火星面上有白冠消融之變，數年前天文家夏君，於火星數次衝時，覺明暗處色微有變，以爲此係四季之故。光緒二十年，於火星衝時，窺測日久，目睹其變，証明其實的係因乎四季。其改易之狀姑置弗論俟，論水與天氣時再詳言之。但既有變化，即爲有天氣，自著原稿後德君測火星之徑，其天氣不期而顯。雖予嘗証明有天氣，然熟察久視，更覺真確此事，實得之意料外也。自五月至十月，德君夜夜測火星，然得其至要者，則自八月二十一日至十月二十四日，其中共二十六夜，測出火星之赤道徑與其二極之徑，於是删改差謬，循序條例，覺又有故。使赤道徑變而與二極徑無干者，蓋因圍星有氣，似地之朦朧影，故自始至終，二極徑之數均相同，而赤道徑依次漸增，此變彼不變也。德君測赤道徑，無心中兼夫天氣，故有漸次之增，雖當時未能覺悟其實，不啻見之。九月二十三日係星衝之際，初測於衝之先後數日，見其滿面有光，如十五夜之月。愈距衝遠而光愈虧，如十六七八等夜之月。因星之軌道與黄道略同，故星之赤道處光虧，而二極處依然如舊也。測量星之赤道徑與二極徑，知二徑不同之勢亦皆於其光虧也，此解先論赤道徑差之端倪耳。然光虧則不能使赤道徑漸增，而反使之漸短矣。何以測其爲漸增？今繪圖於左，以解其故。

內圈乙丙丁己，爲火星之面。外圈叱吶叮叱，爲包火星天氣之界。日爲太陽之位，地爲地與太陽衝之位。其時乙丙丁己爲正向日與地之半球，乙己爲火星之真徑，叱叱爲所測之徑。越數日，地移於地之位，日恒居其舊位，則乙丙丁己仍爲有光之半球，而丙丁戊爲正向地之半球，戊甲己爲光虧之段，則自地所見者僅爲丙丁己少半球。若圍星有天氣，太陽光可至子，自地所見者爲越己而至子；如無天氣，則丙庚爲所見之半徑；若有天氣，吶天爲所見之半徑，因光虧之，故庚天爲半徑所增之數。復越數日，地移至地三之位，己甲申爲光虧之段，若無天氣，半徑爲丁卯；若有，半徑爲叮辰。因光虧，半徑所增之數爲卯辰，然因卯辰大於庚天，故地距衝愈遠，星徑愈增。所增之故，均因包火星有天氣。詳考此圖，確悉光緒二十二年測火星赤道徑漸增之故，寔因火星有天氣也。

今於地面上某處，太陽在地平之下不過十八度，即有光爲朦朧影。若於火星某處，日在火星地平之下不過十度，即有朦朧影。且地之天氣厚於火星之天氣，人距火星甚遠，所測朦朧影之度數不能如地度數之準，火星朦朧影至小得十度，抑或多焉。然度數愈多，天氣亦愈厚。

天氣空虛，爲目力不見之物而於火星獨能見之，似屬新奇。然人覺火星有天氣，均因其透光之故。若所測者爲不透光之物，如星面之山，有時此山令星之徑增，有時此山令星之徑減，以增減之數折中，化爲烏有矣。其他不透光之物，如雲霧，亦似山形，然祇可測徑不能測物，審是，則火星之天氣不啻目睹，尤可以理証之。

地面時有雲霧，故或陰或晴。若火星不然，常日無雲，亦常年不見，幾乎永爲晴霽。嘗見天文書中，謂火星上時有雲蒸蔽，其州與其海涯之跡，越數時始消散。縱有此事，定出非常，何也？火星似有雲，實地上之天氣重濁爲之，今於天氣晴朗時測驗火星，愈測而愈顯其無雲。憶自光緒二十年由四月至十月，每夜測星，無一次見有雲蔽其面，雖有時見有光明似雲之狀，而星體昭明，亦不至掩其本像。

繞火星之邊，有色微暗，依其邊者，又恒有一明帶，除至暗之跡其餘皆可逼視，此名爲週光，天文家嘗以此爲火星上日光出入之霞霧。然予於五月測此光，証明其不爲霞霧，蓋是時火星光虧，如十二夜之月，循其西邊有此週光，內伸三十度，當時正向地之半球，非滿有光也。故其當中處時，不居正午而爲日昃；則其邊之當中時，不居日出而爲巳初。并且週光內伸三十度即至午初之處，儻爲霞霧，豈有不消散之理？此週光不爲霞霧之確証也。

夫週光不爲霞霧，果何物乎？或云火星有山之故，如月邊之有週光，係月中高山坡之折光也。然火星之山稀而低，測其面上明暗交界之處，有山嶺先得日光所露之山，亦小於月山孔多。

週光非因霧與山洵，何故哉？夫地之天氣如籠罩，仰視則疏，平視則密，其中含有纖塵水珠。故天中諸星較光明，天涯諸星較晦暗。天中諸星光直，射地所經之天氣淺而疏，所以光少阻隔；天涯諸星光斜，至地所歷之天氣深且密，所以光多扞格。火星之天氣亦如是焉，其中含濕氣，俾其邊之景象不甚分明，大抵內含冰凌，固宜有週光之象。

又有一事，令人信火星上天氣多含濕氣。火星距日遠，其天氣薄於地，其時令當冷於地，不至反暖於地。以理推之，火星通歲時令，當較水結冰凌度數尤冷也。今細以遠鏡推測，益顯其時令較地尤暖，蓋火星全面除二極白冠外，其餘處皆無冰雪，至夏季而二極所積之雪亦皆消化。惟地不然，當中熱帶或少霜凌，其他處不時降雪，而南北二極永爲雪窟冰山。火星之時令應冷而反暖者，非天氣內多含濕氣之故乎？濕氣似衾裯，不使暖氣失散，亦似花廠暖洞內之玻璃，能使暖氣兜入，而不使其透出。

混沌初開，渾元一氣，厥後散爲行星時，大抵各星循其質之多寡，沾帶天氣之厚薄，故各星之天氣與其質有正比例。小星之天氣較疏，大星之天氣較密，非因星愈小，而其面與其體積之比例愈大乎？設有甲乙二星，甲爲大星，其徑大於乙一倍。準算學推之，甲之體積等於乙八倍，而其面積等於乙四倍，甲星之天氣等於乙之天氣八倍，故有八倍之天氣布散於四倍之面，其天氣不益密乎！星愈小而天氣愈疏，此火星之天氣薄於地之一証也；星愈小其攝力亦小，其天氣愈輕，其升騰益上，此又爲火星天氣疏於地之一証也。準理推之，地面之天氣密於火星面之天氣七倍，火星之天氣薄，又終年無雨，非其中少含雲霧，生命活物將奚賴哉！蓋雲爲小水珠或小冰凌，藉天氣拖之，珠愈小而拖益易。如距地面近者皆爲濃雲，天氣密而所含之水珠較大；距地面遠者均爲淡雲，天氣疏而所含之水珠極小。若升騰益上至於十五里，天氣益淡永不升雲，其力亦不能拖之矣，此即火星無雲之理也。

前祇論火星之天氣疏密淡濃，尚未論其氣爲何質所成。今雖不能實指，然準格致之學參之，可得其大端。凡物皆係無數小分積聚而成，如一木焉，分而又分，至於無可分之際，小之又小，名爲嚒嘞呫洪由纖起。嚒嘞呫，即物之本源也。論至氣之嚒嘞呫，四面往來行勸極速，而各氣嚒嘞呫之速力又不相同。若知氣之體積與其重，即知其速力若干。予嘗推測養氣嚒嘞呫，中數之速力每分行四十五里，輕氣每秒行三里，此爲合中之速力也。若嚒嘞呫往來行走，彼此相碰，而速力增焉。馬君推得至大之速力大於中等速力七倍，養氣至大之速力每秒行五零十分之四里，蒸氣至大之速力每秒行七里半，輕氣每秒行二十一里，較至快之火車尤速四百五十倍。

若自地面高擲某物，或嚒嘞呫或炮子，地必攝之使其欲墜。雖人力所擲之物皆墜於地，然地之攝力有限，擲物之速力甚大，所升之境界甚高，則地之攝力愈弱，而物墜地之時亦必久。設除地外無他行星，此物行於空中永距地遠，行愈遠而速力愈小，行至玄穹之高，歷許久而仍墜於地，此速力名爲離地不回之速力，又名拋物線之速力。若有物繞地軌道爲拋物線，必行至無窮之遠而復回。離地不回之速力每秒行二十零十分之七里，高處擲物之速力每秒行二十零十分之七里，此物雖永不墜地，然能離地不能離日，必因日之攝力永繞日而行如地繞

日。然若使物亦離日，必須每秒行八十一里之速方可噫物。苟有如此之速力，雖遊目騁懷，造穹蒼而謁恒星不難矣。

所論輕氣㗇嘞呫至大之速力爲二十一里，較離地不回之速力尤大，若地面天氣中含有輕氣，亦必漸離地上散於天空。據理而論，地面之天氣當不含輕氣，雖有輕氣，亦必與他氣合，如水係輕養二氣合成。然專一輕氣未之有也，地上之天氣内含養、硝、蒸等氣。因各氣至大之速力不及離地不回之速力，但此氣不由自主，永不能脱地之管攝。若輕氣則不然，速力甚大，地亦莫能約束矣。

論他星之狀，足以實此理。星愈大而攝力亦大，即離星不回之速力亦因之而大。如月體較地甚小，推算離月不回之速力爲每秒行四里半，若有人於月面以此速力高擲一物，則此物永不能復回月面。况各氣㗇嘞呫至大之速力較四里半尤强乎，縱圍月有天氣，亦必漸漸脱離月面失散空中，至年久而漸滅殆盡矣。現今推測月面，實顯其無天氣之狀，此亦足以證明其理。

大行星如土木等星，其天氣甚濃，故攝力大而不使其離散。然此理非臆斷也。測金星有上弦之狀，見其光暗界弧較半圓微長，此必圍星外有天氣之折光，故使弧微長耳。測水星上弦之狀，見其光暗界弧正爲半圓，足知水星面無天氣。若有，必爲極疏也。推算水星離星不回之速力，爲每秒行六零十分之六里。較蒸氣㗇嘞呫之速力尤小，而與養、硝二氣略相等，水星約束各氣之力極弱，天氣極疏，此論與測驗水星之狀實相符。

論至火星離星不回之速力爲每秒行九零十分之三里，然不及輕氣㗇嘞呫之速力，較他氣之速力尤大，火星天氣中除輕氣外，他氣抑或有之，故知火星之天氣與地相同。

前論火星天氣之情形與其内含各氣，即可推其有生命活物安居樂業，與人所居地球相同。但華夏之時令油然作雲，沛然下雨，火星不然。其天時不變，晴霽常多，雖大州沙漠之地被日所曬，其氣蒸蒸上騰，而四面之氣復向内颭，補其空際。然颭力甚弱，氣息極微，雖有風之名猶不足成爲風之烈，而人亦無傷風之症，故火星上或降冰雹或霈霖雨，極爲罕見之事也。天氣極薄，内含濕氣，未及成至水珠，先墜於地，如霜如露，浩浩無垠，前所論二極白冠之雪，非雪也，乃霜露所墜，迭次積累而成者。

今試驗地面之水不易滚沸，必熱至二百一十二度方可。因覆地之天氣下壓水面，而不使其浮泡，故高山之水較地面易沸，山愈高而天氣愈薄也。火星面之天氣較地面薄七倍强，推測其水之滚沸須熱至一百二十七度，蓋天氣内多含濕氣，濕氣爲雲雨則不足，爲霜露則有餘也。

論火星之雲霧

予於光緒二十年恒測火星，無一次見有雲霧蔽其面。雖有時窺測星面數處拖練鋪羅，爛如堆絮，然凝立不動，足知其不爲風雲，且此處白光朗曜，顯經數日，亦歷年而復回。予前在樂邑、金邑等處見其光明漸而消暗，俟火星衝時依然復明。又有時顯出數小光點，歷時不久即消，以理勢揣之均非雲也。

又於七月底，距南極約十五度，畢君與予見數白堆如六出繽紛之雪，此處原爲白冠所居，現已南移，則此白堆非白冠，亦非陸地。諦審之，大抵白冠消融其氣，薰蒸成爲雲也。所見之時，距火星之夏至不過數日。又八月二十三、二十四等夜，杜君測於樂邑之西段，尤變之最顯者也，南極處光朗如恒。至二十五夜，見西段之明大勝於東段，亦不亞於白冠之曜。至二十六夜，復測前勢又大變，見西段復暗於東段。其變易如此之速，或以爲雲升於高地，歷日而消；或以爲霜降於平川，經日而晞。至十月二十八夜，杜君於火星之上見一光點，測其距星面約爲九十里，觀其形勢變態，蓋不爲山而爲雲，或有疑雲不能若是之高，不知數年前曾於地面見塵雲有高至三百里者。

今試論杜君所測，實與火星之雲霧大有關繫。前次星衝之際，窺測明暗交界處，其參差不齊之狀有六百九十四，數中間凹處四百零三，凸處二百九十一，而凹較凸之數多而且廣，其故何也？大約此凹凸處非山，若明暗交界處有山，暮時可見此山之黑影成凹，朝時可見此嶺之日光成凸。設凹凸處皆爲山，不應數目大相逕庭也。且其不齊之處顯分二類，一長而低淺，一短而高深。就此短類者計之，共一百五十有二，其中有九十五凸處，高約一秒千分之二百七十六；有五十七凹處，深約一秒千分之三百六十八。是不惟凸凹之多寡不同，並其高深亦異，種種景象，殆非蜿蜒互地之山，實蓊裔礮車之云耳。

雲氣排疊似山，得日之光亦可作影，但雲有變幻，或來或去，或高或低，或散於此而聚於彼。前論凸凹處悉爲雲，以其高深之不同，故皆低昂之迥别。成凹勢之雲，於明暗界線内即爲明處，此朝暮所生之勢然也；成凸勢之雲，於明暗界線外即爲暗處，此昏曉所生之態然也。因凸處較多於凹處，固知火星黑夜所生之雲較多於白晝，凹處之深又長於凸處之高，固知白晝之雲又高於黑夜，若地面生雲之景象，又何獨不然？

十月二十九夜，杜君於火星暗處見光一團，視其高廣，察其明麗暨其變化，非雲豈能若是，乍見時所測與越數時所測局陣又變？至廣至大之時約長三百四十五里，寬九十九里，距明暗界線二百四十里，其色爲淺黃，畢君測其高約三十三里，越二刻許，驟然不見。若爲山，必漸漸下低，何至轉瞬即弗覩乎？至十一月初一夜，此雲復見，不於原處而於偏北九度，聚散無常，其勢與昨相等，測其高，約三十三里有餘，四十五里不足。其北移者，因現雲之處有南風，風從南來，故雲不得不北徙耳。予嘗推風之速力，一點鐘約行三十九里，地上之疏雲高約十七里，火星之浮雲高約三十三里。雖近火星面之天氣，較近地面之天氣尤薄，然火星高數里之天氣，較距地面高數里之天氣更濃。

論火星之水

火星上能有生命，其面必然有水，無論何等活物，恃水之重一如天氣。欲考火星之生命，當先察水之有無也。驗火星之水，以白冠爲關鍵。知白冠之變，足爲有天氣之証；知變之形勢，又足爲有水之証。蓋白冠即水之來源也。光緒二十年四月三十夜，見南極冠展布一大白片，廣約五十五度。火星一度爲一百一十一里，是其冠寬六千一百零五里。因火星之軌道與赤道斜交，成角二十四度五十二分，故其時白冠必滿掩星之寒帶。火星之夏至軸偏向日，火星之冬至軸偏背日，春秋二分中立不倚，由此推之，是光緒二十年三月初二日爲火星南半球之春分，八月初一日爲夏至，二十一年正月十三日爲秋分，一知此三節，即易推火星之月令。前所論四月三十夜者，即火星春分後五十七日也，斯時白冠日消數百方里，而所消之際又露四圍黑帶，形跡顯然。乃在予先者，祇有一人於一處獨見之似此分明之物，而人不得共見，亦甚可怪！道光十年，有二天文家見圍北極之白冠亦有此帶，其色藍，即火星滿面至暗之處寬窄不等，而愈寬處色愈深，有二處極其明顯，一在二百七十黃經度，一在三百三十黃經度，二處黑帶勢成二湖，二百七十黃經度之處色現深藍，似海洞水。依此帶之北邊有藍綠處，色極分明，比帶微遜，但帶之寬窄全然不等，藍綠處愈廣則帶愈寬，藍綠處愈小則帶愈窄。若察火星之圖，居三百三十黃經度似湖形者，其下有大暗處，名大斯爾得斯；居二百七十黃經度似湖形者，其下有暗處，名小斯爾得斯。觀此二處，實與二湖有相關之勢，已後顯出二長黑線，牽連各湖與二斯爾得斯之處，更足以証明其相關也。

論黑帶之最緊要者，白冠向極而消，黑帶亦隨冠而徙。是黑帶不常居一處，隨冠爲轉移，足知非火星永久之痕，乃暫留之狀。觀此局勢，令人想此黑帶不能不指爲水矣。白冠之雪化成灣溪，黑帶隨白冠而移，而其大小，彼此亦有相感之勢，雪愈消而白冠愈縮，即黑帶亦因之愈窄。至七月間極冠爲一小白堆，則前數月之大白片今已消融略盡，故所圍之黑帶如線，僅可見之。至九月十五日雪消罄空，白堆與黑帶皆成一片深黃之色。

雪邊之黑帶爲水，又有數証。一，藍色即水色也。一，帶之左右恒圍雪，消融之水也。一，白冠消盡，帶亦化爲烏有也。乃畢君又有一証，謂黑帶之光係平面，似水返照之光，此説亦近理。至論極冠之質係何物而成，亦有數疑。或謂冰，或謂雪，或謂炭强氣，聚訟紛紛，幾於莫衷一是。不知炭强氣可變爲無色之流質，亦可凝結爲堅實之死物。淺論之，白冠爲炭强，似乎可信。深求之，白冠爲積雪，確不可移。何也？雪與炭强之消化，難易懸殊，故即此二質可剖別，其爲積雪，非炭强也。氣之凝結，必用寒冷與壓力。即以水論，如寒暑表，初度無受他壓力，祇有天氣之壓力可凝爲冰。有格致家名法勒底者，試炭强氣凝結之候於寒暑表初度，即凍冰之冷度。必用三十六倍天氣之壓力方可。天氣壓力每方寸爲十五斤，是三十六倍天氣每方寸爲五百四十斤。若較初度尤冷九十九度，必用壓力一零百分之十四倍方可。若無他壓力，祇有天氣，必較水結冰凌度尤冷一百一十二度方可。若地面有炭强氣，使其凝結，亦必冷至此數也。由斯觀之，炭强氣或聚爲流質，或凝爲堅實，比諸水凝結尤難。不但此也，冰先化水，後化爲氣，若炭强氣不爲流質，幾乎逕蒸爲氣。若白冠實爲炭强，則必無水可知。即或成冰，必爲塵垢所掩可知。設水與炭强同積於星面，受天之冷，能使炭强氣凝爲白冠，則水更當何如乎？且白冠雖消盡，而冰則依然凝結，其下應見冰雪，白堆乃卒無一見，是白冠非炭强也，明矣。火星天氣之壓力較地輕七倍，至夏季時令將暖，果爲炭氣，必逕蒸爲氣，何以白冠消時，所圍之黑帶即爲流質，如水之物？是白冠之不爲炭强也，又明矣。説者又謂，白冠的係凝結之炭强氣，不知火星時令必較結冰之度尤冷二百度，即天空無氣之冷度也。然圍火星有天氣，固不至如許之冷，火星雖有炭强，亦不克凝爲白冠也，又明矣。知斯三者，足知白冠爲雪聚爲冰凝，炭强不足比擬也。大抵霏微者爲霜，由積累者爲冰。

詳究通年白冠之狀，如光緒二十年所見，其變化較詳於十五年之前。不第因其時火星距地近，亦因南極偏斜向地。予將圍南極之處繪一圖，較前所繪尤

爲加詳，觀此圖，覺吾輩知圍火星南極之勢，更詳於知地面二極之勢。閒有泰西人梯山，航海欲赴地之北極，冀探其景像，果爲平野之路，亦爲汪洋之海。奔走馳驅，手足皴裂，身體凍餓者，不知凡幾。雖膺如是之顛連，究未躬造其境界。今予坐遊火星之南極，不受飢寒，不須勞苦，操尺寸之管，費數月之功，覺夜色澄鮮，球囊百道，晨光朗澈，玉燭千行。志之所欲見者，皆得如願以償，豈非快事！

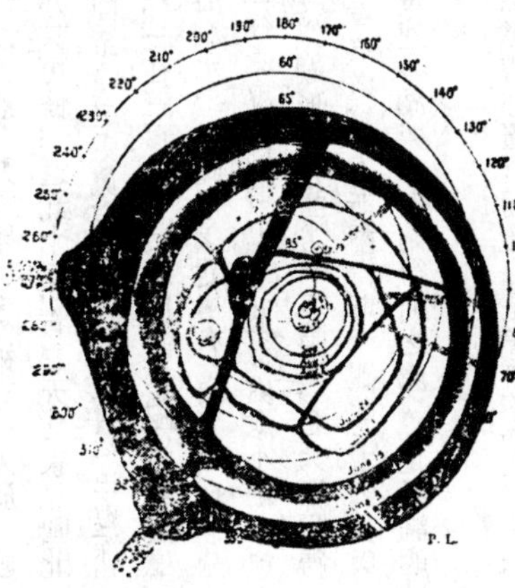

自四月三十日至九月十五日，圖內有南極冠所變之勢。乍見此圖，覺白冠不正於南極，而偏轉六度，又見所消之勢坷坎不平，微特圍邊漸消，即他處亦有先後所化之不同。四月十八夜，畢君覺白冠開裂一隙，自三百三十黃經度達至一百七十黃經度，其後日愈久而隙愈寬，甚爲昭明，幾乎千人皆見。五月初三夜，測其隙寬至三百里。五月十二夜，寬至一千零五十里。海市蜃樓，儼著可觀之美景。予晨興駐目其中，白冠上倏爾發二光點，此點過明雪色轉暗，煌煌晰晰，奪目眩睛，越數秒始不見。然則此二光點謂之何哉？或謂火星上之人，假大鏡返逼日光，傳信於地上之人。雖天文家有此論，然終爲無稽之談，吾不之信。臆度之，此必火星之冰山坡偶與太陽相對，故乍如明鏡返照之光。霎時不見者，因火星自轉，冰山隨移，其光不能射地耳。譬如輪船駛行，船舷所置之玻璃窗，岸上人於日將沉西時，欻自窗中得明耀之色。是此二光點非人靈機所使也，審矣。天光經一萬萬里傳信至地，至地之時候須用九分。獨予一人於山巔黎明時見之。

推此二光點之方位，一在二百八十黃經度，一在二百九十黃經度，均於赤道南七十六度。蓋此處有一帶山坡，上凝爲冰，得日之光足使返照至地。光緒三年，有天文家名顧林者，見此二光點。道光二十六年，有天文家名宓君者，乃先見之，因此顧君命此二處爲宓山。二君所見之時，光點與白冠相離。予初見之時，乃在白冠之中，厥後，周圍消化成爲海島矣。但始見時形勢，與二君所見實相符。

五月初七夜，杜君見山坡之後白冠中又裂一隙。初十夜，予覺距隙愈近而雪色愈暗，兩夜之中又開一隙，自二百七十達至二百九十黃經度，其西圍白冠處又顯數光點於圖內，所誌如×。此數日之間，白冠一邊成影，顯有冰山坡之勢，初見白冠圓如橢形，至五月二十二夜，畢君亦覺其不爲圓形，此必白冠之雪消化不齊之故。

泰西人數百年來夢想北極有海，可達至華夏、印度諸國，迄今猶未身臨其境，而吾坐遊火星南極之海，不亦甚奇乎！五月二十八夜，畢君於白冠中二百六十黃經度、赤緯度之南八十度，窺大水一片，長七百五十里，寬四百五十里，此爲前隙裂大，距南極甚近，然南極非爲至冷之處。

時愈久而白冠愈小，圖內各圓黑帶爲白冠，每日之界線，冠愈縮而海愈內侵。五月初見之時，二百七十黃經度之湖爲綠色，今變成深黃，想即潦地水涸之色也。至七月初六夜，見雪一堆，其光燦爛於白冠之左。測此雪之方，與前所見二光點之位相符。此足証明白冠有山坡，周圍平川之雪已消罄盡，而山坡之雪堆依然如是也。

七月十一夜，見此白堆距白冠愈遠，其間彷彿有水，亦彷彿有陸路，至十三夜已消盡矣。其後日愈久，而白冠愈小。至九月十四夜，恰方四百五十里，僅可視之。是夜，杜君測其方位於五十四度黃經度，距南極六度。至十五夜，白冠化盡不及見，此千載一時之事也。向見白冠消化所剩者，或七度，或四度。至此之後，仍增長如初。光緒二十年，白冠始消盡，是年必火星極熱之夏季。白冠既消，通夏不得復見，有數次似見白點，意者天氣多含濕氣，有時白露變霜，故見似白點歟。然未可確指也。今白冠與南極海原侵之地，變爲大片黃色，如沙漠地然。

論火星之輿圖

論火星，必常言其面上各處之名目，故先略論其輿圖，因此繪圖十二幅。觀圖之法，如以人懸天空，俯視火星自轉，按定時序，令各處正向其人，於是讀此書者，不出户庭而身所未至之境，心能遊覽無遺矣。

以遠鏡測木星或土星，所見之跡非其本體，蓋雲霧中之氣太厚也。火星不然，所窺者皆其本面，所見者皆其上之實跡，布置分明，細翫自見。木與土星之跡時有變化，如地面之雲，聚散無定。火星又永無變更，縱稍有移動，亦按四時，如地四季之往來，循環不已。此十二圖，爲光緒二十年十月火星之總狀。作圖之法，將火星面之形狀繪於球上，後將此球作斜勢向人。如十月，火星南軸斜向地，以照相法照之，每轉三十度照一次，故共繪十有二圖。圖內無白冠與極海者，因十月業已消盡，故未繪也。

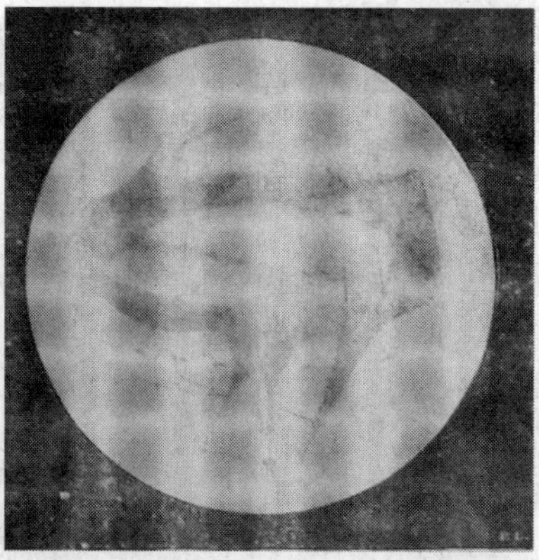
第七圖　初度黃經度於當中

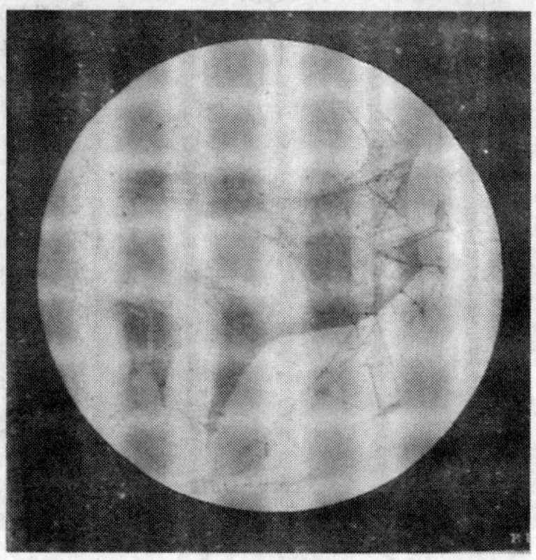
第八圖　三十度黃經度於當中

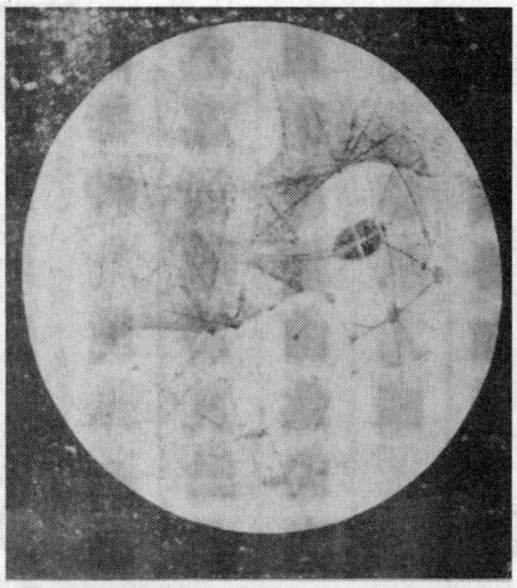
第九圖　六十度黃經度於當中

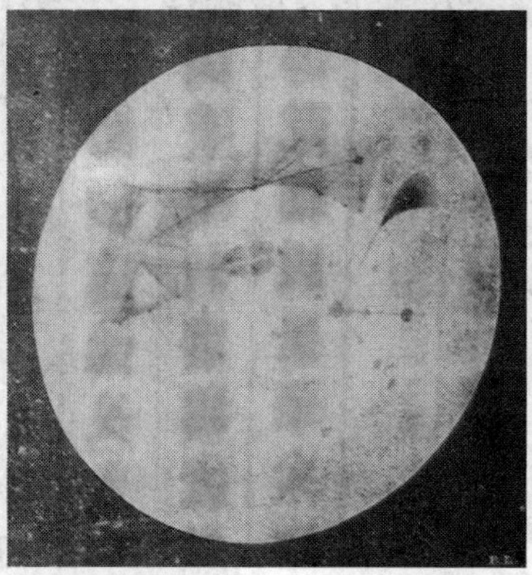
第十圖　九十度黃經度於當中

以遠鏡測物，其形顛倒，故圖中上爲南，下爲北，右爲西，左爲東。火星自轉，自西徂東，則圖內之右邊其時爲午前，左邊其時爲午後。圖上又繪縱橫線，彼此相距十度，橫線爲赤道之距等圈，縱線爲子午圈。

論第七圖

觀此圖，覺初度之子午圈經三楞形一處之上尖，而三楞插入上之暗處，紀火星各處之黃經度均由此尖測算，此暗處名爲薩波也瑟海。命名之時，天文家皆以暗處爲海，迄今雖知非海，然名仍由舊。此處之西又有三楞暗處，名爲馬格兒伊得分海。其義即産寶珍之海。雖不知其中是否有珠，然下頭有圓點如珠，名爲阿克錫亞湖，此圓點最爲緊要之處。

薩波也瑟海兩尖之下，有二長暗線與兩尖相連，又有數暗線於火星明處聯絡如網，此暗線爲最著名之處，係火星之河。右邊名其訓河，左邊名希底結河，其下有圓點，名也瑟民也瑟湖。察此圖，不第火星明處有此河，即暗處亦如是。

論第八圖

此圖與三圖相接而偏西三十度，圖內斜有長帶，名爲加模那河。繪圖之時，其河勢似成雙，又有二暗帶與此河成爲直三角形。一與邊平行，名爲大爾的那司河；一爲南北向，名爲恒河。此爲火星至大至要之河。

論第九圖

圖內之大黑團，名爲薩勒司湖，長一千六百二十里。用力小之遠鏡測之，皆爲一色；用力大之遠鏡測之，顯其中有黑點，又有明縷，分爲五段。中間明縷之西有河，名爲那可大爾。圍團之外有如許黑線與黑點，其點常居黑線相交之處。

論第十圖

圖內薩勒司湖居當中微偏右，爲鳳凰湖。湖之西南名爲腮臉司海，其北頭之尖似鳥喙。自海至鳳凰湖，有相連之河名爲阿拉克斯，糾結旋繞，如車輪之輻條。

論第十一圖

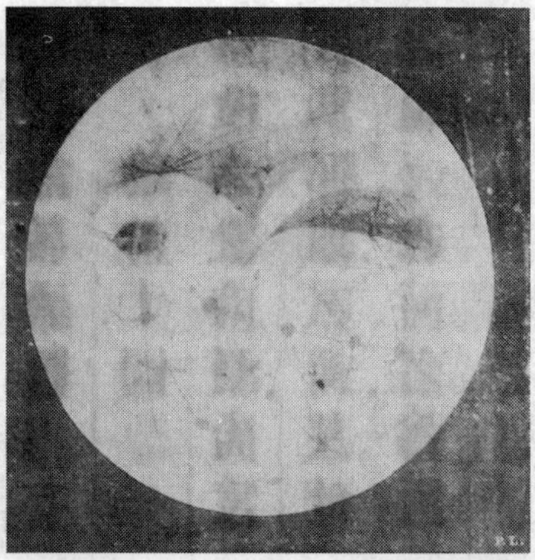
第十一圖　一百二十度黃經度於當中

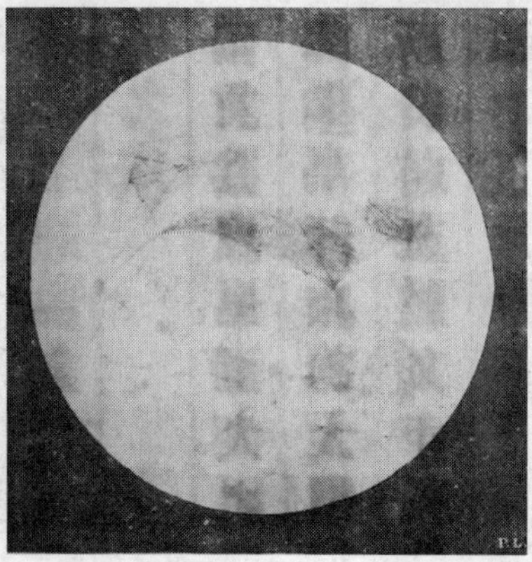
第十二圖　一百五十度黃經度於當中

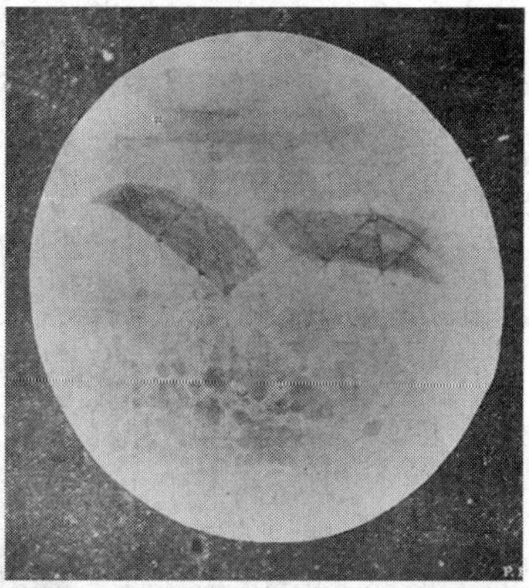
第十三圖　一百八十度黄經度於當中

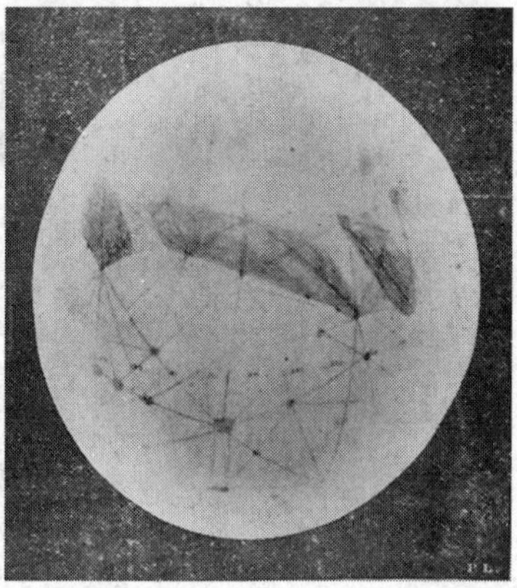
第十四圖　二百一十度黄經度於當中

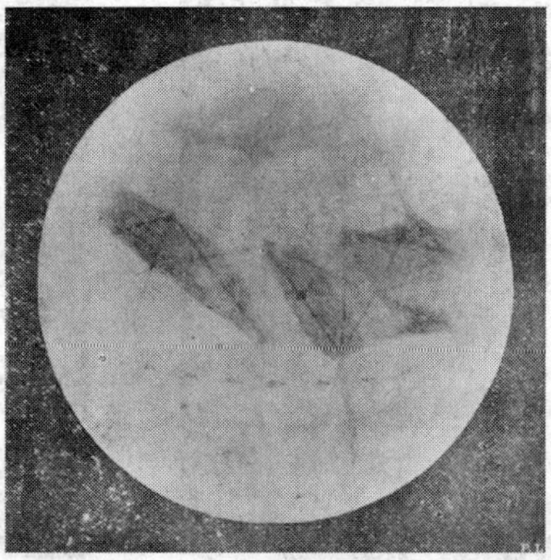
第十五圖　二百四十度黄經度於當中

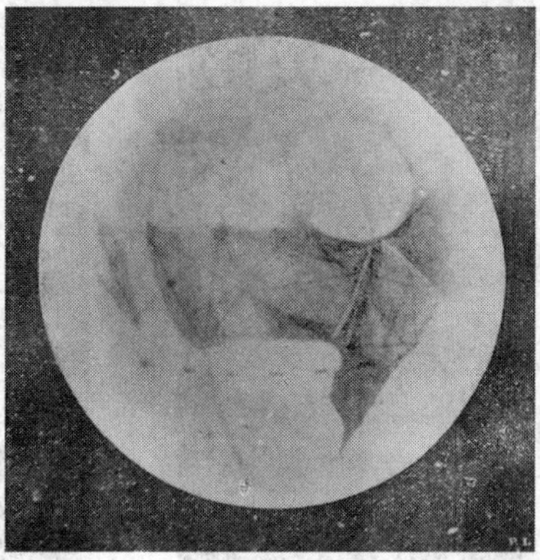
第十六圖　二百七十度黄經度於當中

此圖内所見黑團，皆於鳳凰湖之西。其中有長横河，上多黑團，聯絡如珠，名於咩唎迭司。圖内腮臉司海，愈移至中，而見愈分明。

下餘之圖不必詳論，因火星各處之名目繁長，甚不易誌。

論火星之海

觀火星，有極海之期圍，北面有藍緑之處，其中布散如許分明，其下一帶紅黄之色，則尤可歷指也。或謂藍緑處爲海，紅黄色爲旱路，然澄觀其形，紅黄即沙漠地也。何也？因其勢常不變也。

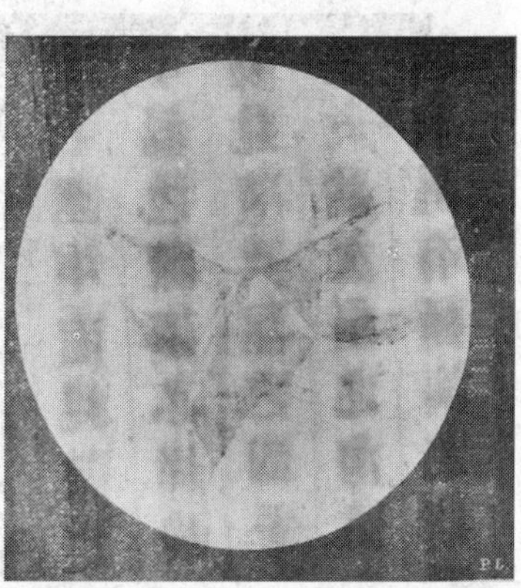
第十七圖　三百度黄經度於當中

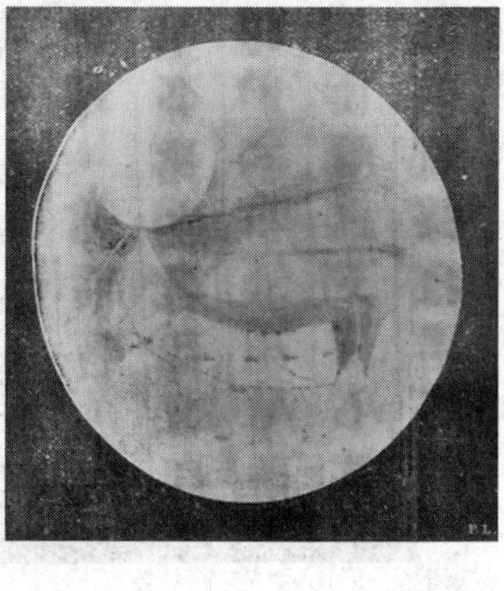
第十八圖　三百三十度黄經度於當中

指藍緑處非爲海，又有數理俾人可疑，何者？其色不均，中有駁雜。若果爲海，其光必渾然如一。况此處廣大，必係大海。豈大海之中，竟有數處水淺至數尺者乎？雖火星之面甚平，亦不能平至如是。又畢君推測此處，細驗其光，非爲平地如水返照之光。愚謂火星面有海，必有時明浄似鏡，返照日光至地，人居地上，當可見此中日影，譬地面上有大片水，白晝時常見日光蕩漾。火星面上有數澄定處，若有水，日光必直射至地，人見日影當大如三等之星，何以日光常經此澄定處，終未見此影也？故疑藍緑處不爲海也。

藍緑名海之處，其色不勻。即指一處而言，亦按四時變易，故深淺不同。於旗竿觀象臺測之，始証明色之變化，隨火星之四季爲轉移。前論白冠循時消變，微特此處屢變，即他處亦然。至所變之景象，下詳論之。若衆人各繪一圖，雖同時並繪，而圖皆不符。蓋各人之目力不同，繪法亦異。欲証明火星是否有變，當時時專用一人繪之。若以所繪之各圖相較，其不符者，必因火星有變易之故。如甲乙等圖，皆予一人所繪，均於火星衝時前後數月而作。一見此圖，即知火星面勢按時變易，此變顯然，人非罔覺。火星爲活潑世界，一年之中有生長茂盛之時，有凋殘零落之時，循環往來，周而復始，故火星以後之時令無難預推。

白冠消化，爲火星一年之關鍵，即可爲萬物發生之期候。地球南北二極冰帶消融之處，亦可爲地球一年之權輿。惟地球河海孔多，足供萬物之用，非藉二極雪化之水也。火星面上水甚少，全恃極冠消化，供一年之用。其四季之變，均

藉白冠消化之水，引流各處，灌溉田園。此理何以知之？予光緒二十年用功六月之久，始明其概。若測火星之景像，自南極至赤道北四十度，所視者乃南半球之變化，而北半球亦畧與此同，然夷考其時，已遲半載矣。

第十九圖　甲圖　五月大斯爾得斯所顯之勢

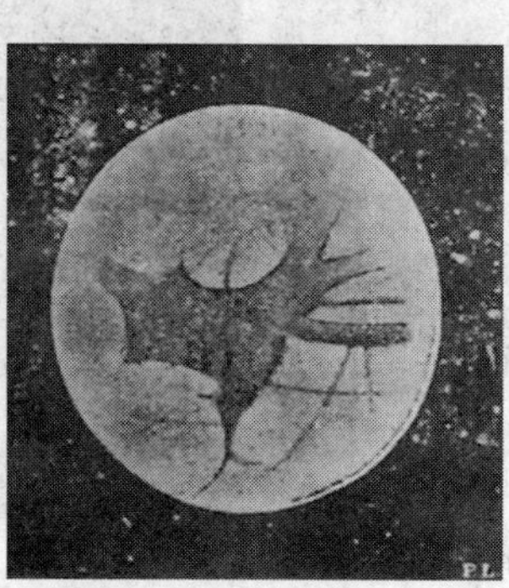

乙圖　九月大斯爾得斯所顯之勢

若欲領會火星之真諦，必時思其氣候。今細推之，其春分爲光緒二十年三月初二日，夏至爲八月初一日，秋分爲二十一年正月十三日，即知予四月二十七日初測火星之夜，已過春分五十四日矣。其時白冠甚大，所圍之極海亦大。其色深藍，較火星他處之藍色尤甚。若爲海，其水必深也。若他藍處果爲海，其水當較諸極海稍淺。乃測極海之時，廣約一千零五十里，越數日全行不見，則其水豈能甚深乎？由斯以談洵，令人疑他處之藍色，亦不能指爲碧海之磨青銅也。

五月中，極冠之雪化爲水，冲刷平地。此時景象，與近今所繪之圖甚殊。自南極冠至大州之界，其間所見之跡現已就湮。南温帶接連海島之邊涯，迷離難認。明暗之處參伍錯綜。最可異者，連州與海島之地凸旱路插入海裏，即爲地凸。亦不見。自大斯爾得斯直至赫爾可雷斯，全爲一帶藍緑之色。

極冠全消，其微暗處漸漸復明，其深暗處漸漸色退。初時其色甚繁，有藍緑者，有深淺者，有攙雜橘黄者，依大州之海口與灣，更有最黑如墨瀋、最暗如漆室者，極海與大斯爾得斯中間，窄徑之色，又微次之。

初時，最顯之處在赫斯畢里亞，至五月遂不見。至七月，仍顯於原處。其先不見者，非雲霧隔閡也。何也？有在鄰境處所見者，原甚分也明。赫斯畢里亞長一千八百里，寬六百里。呈露兩月之久，人不得見，不亦甚奇乎？至阿克蘭底斯，向亦未見，十月初二夜始見焉。同時四海島曰三瑟斯、斯克滿耳、賽克勒斯、賽莫斯。中間徑道黑暗無光，而温帶接連之海島又逐一明顯，亦異事也。

前論赫斯畢里亞，自五月不見，七月復顯，至九月又半明半暗。其實五月赫斯畢里亞，與周圍處皆爲一色緑藍。至七月變黄，而周圍仍爲原色。二色相趁，故所見尤清爽。至九月，周圍四届，其色亦黄，此九月，赫斯畢里亞所由混一不見歟。

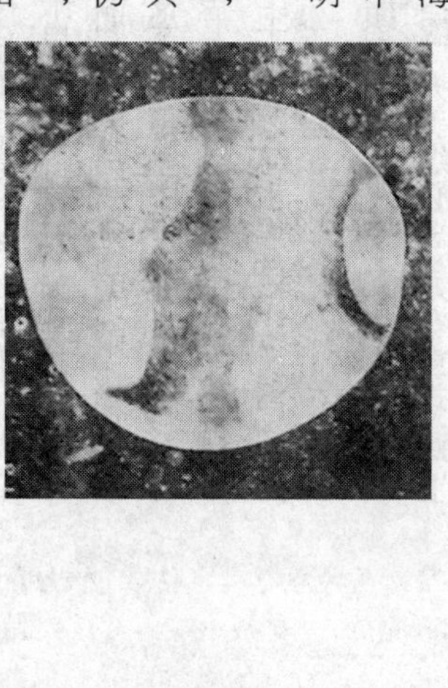

第二十圖　五月赫斯畢里亞之勢

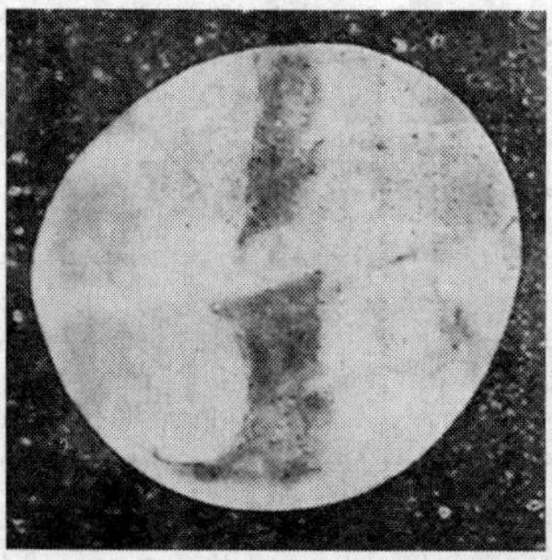

七月赫斯畢里亞之勢

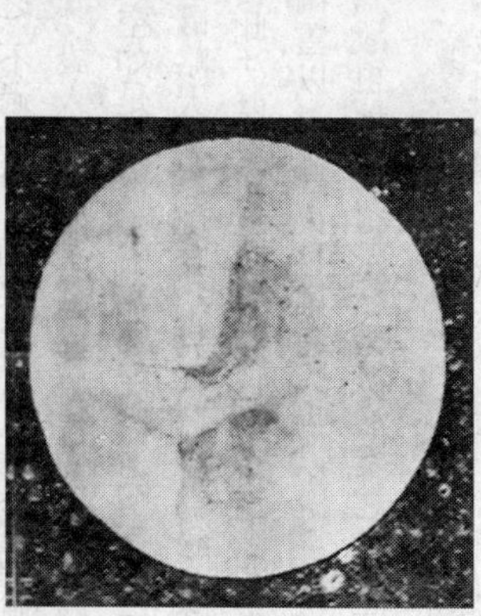

九月赫斯畢里亞之勢

赫斯畢里亞變時，與南温帶之變相似。然則此藍緑者，果春水緑波，如萬頃之堆琉璃乎？此黄色者，果泥沙俱下，如萬派之涌濁流乎？皆未可知。然前數年，畢君所測，不以爲混混之原泉，而爲芊芊之碧草。現今細察其光，尤証明其非水，與前數年所論實屬相符。十月初，予於旗竿觀象臺測之，果又與畢君所言如出一轍。

更有一説令人料想其理，藍緑變黄，而他處亦未嘗增減。以火星全面而論，藍緑處消則黄色處必長。雖其時火星之河色更深沈，然河狹如線，而所增之色，大不敷藍緑處所虧之色也。若藍緑處爲水，至十月色改之時，水流於何處乎？豈果流於火星之外乎，抑流於北極不見之地乎？此不然也。大抵郊原草地，春

夏暢茂，故其色藍緑；秋深彫零，故其色黃隕。又火星之大州多爲沙漠地，寸草不生，永不能爲藍緑矣。

地與火星原皆爲氣，熱質散失，化至今形。勿論火星先分爲星，地先分爲球。迄今，據年歲而論，火星或小於地；以局面而論，火星又老於地。蓋其體小，冷速不能與地相較也。且星老則其海必涸水，綿藉隙與孔滲入土內，如人之血氣，既衰不能暢旺周流，益形蒼老耳。

火星之水，與今之月勢相類。月面名海處，早已旱涸枯焦，僅有海底存焉。火星雖未至於如此之極，然有海之虛名，無海之實際。不過，至低之處所有之水皆匯於一方，有水時即洪流滉瀁，無水時即沙漠縱横，如人世滄海桑田之意耳。然其本初爲海，無可疑也。若火星平原較高之處，水永不及故，恒爲不毛之地，用力小遠鏡窺火星，必覺其勢永無變改，厭見黑帶斜繞如螺絲之形。及專心測之，覺黑帶匍匐行向北極，倏然一夜，見其墮落。閲數日復然，循環無已。雖天文家屢見此事，終未詳解其故。今以大遠鏡測之，物無遁形，瑣碎畢顯，覺此黑帶不整，皆被海島地凸所截斷，成長方形之黑段，則有提爾然那莫斯、米拉雅莫

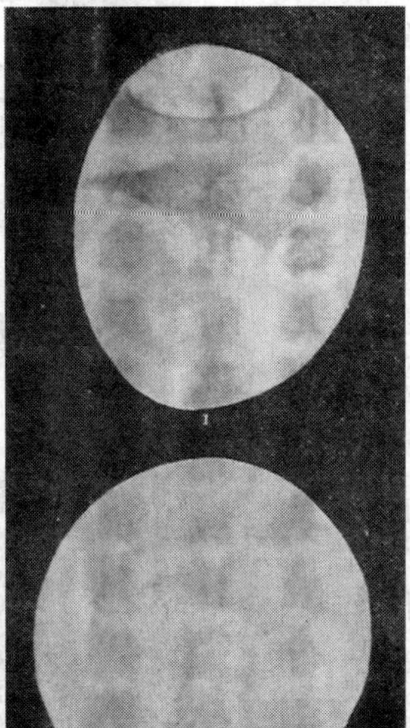

第二十一圖　上圖爲五月腮臉斯海之勢　下圖爲九月之勢

腮臉斯等海。使其截斷之海島，則有阿蘇尼亞、赫斯畢里亞、斯米拉亞、阿克蘭底斯、貝爾黑等處。依火星極近之黑段，順乎南北，愈距赤道近，愈偏西。

火星白冠爲層疊之雪，較四面獨高。一經消化，旁潰分流。初流之時，浩蕩向北，然火星自轉，南北二極不動，愈距赤道近東行愈速，故水向北流，必漸而偏西。水每北行一里，即距赤道近一里，距赤道近一里則其向東之速力愈迅，水無此速力，故遺落於後，反有似乎西行。於是不拘何物，或堅實或流質或氣，自極行向赤道，必漸向西移，而其所行之道如繆絲形，與火星面上之黑帶相類。不第此也，火星黑處，其北邊較黑於南邊。若有水自南極流向赤道，水必沖刷北岸，故北岸較低。今雖無此多水沖溢，然所有之水必經被刷之低窪處，使其色爲藍緑，此爲黑帶之北岸較黑於南岸也。火星面上，海之分際則在地球之下，月球之上，雖非似月海之涸，亦不及地海之盈。

水者，與天地鴻洞，與萬物始終，其德至矣。火星無水，何以沐浴羣生乎？予爲擬之，僅有一策，曰開渠灌溉而已。然賈庸決竇，既非蕞爾之區，僅一州一國可能偏及者。乃今於旗竿觀象臺測之，覺顯呈其面，似有無數支河分引各處，由此觀之，含太一之中精，飲滋穴之神瀵，億萬之口，挹彼注兹，不重賴有此乎！

論火星之河

欲知火星上之有人否，必先察其灌溉之蹤跡。然火星距地甚遠，譬如有平疇一段，即寬至九十里，人自地上窺之，不過如芥子如秋毫耳。英人自詡倫敦爲遼闊之地，華人亦以北京爲廣大之區。設人立於火星，向地俯視，在人以爲至大之二城，在火星必形影之弗見。彼天空如是之大，人工如是之微，隔一億二千萬里，見地上所作之人工，大抵僅如美國略大之麥田耳。見其黃變爲緑、緑變爲金，觀其五穀即可知地上之有人。藉此法以察火星，何獨不然？星上開墾之田必較地球寬闊，何也？地之五穀恃雨雪以滋生，火星則藉人力以澆灌，既爲人力，則種植五穀，必擇平原曠野之方，故自地亦易見之，又况活潑之勢，江河紛紜，非火星有人之真據乎？

火星大州，即紅黄處，於清朗寂静夜細心測之，見其似沙漠地。滿面縱横，有細長黑線如羅網，然此線自海沿數點起，直至大州中與他黑線同居，或矢直，或彎環。若將黑線繪圖於球，顯著爲大圈之段，極細極直，寬約九十里，又有窄於此者，寬四十五里。若火星面有圓點，徑九十里，人不得見者，因其甚小，而得見此線者，又因其甚長也。指一線而論兩端之間，寬窄甚匀，雖線之兩邊齊否不能準定，然窺視愈久，則線愈顯其齊。此線有長至三千里或四千五百里者，至若那克大爾河長七百五十里，恒河長四千三百五十里，布蘭迭斯河自待單灣起，伸長七千二百里，於哶咧迭司河長一萬零六百二十里，雖河水洋洋，江漢滔滔，尚不足與比數也。

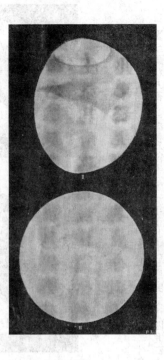

黑線皆爲大圈之弧，有數証焉。一，短弧顯爲直線之式。一，依星邊近者，顯有曲灣之式。一，長線之數段繪於圖成爲大圈，夫黑線必短，方有直式，球上

長線除向南北二處，其餘者皆爲曲彎之式。火星衹有南北之河，名爲待單，長六千九百里，故此河自南而北，似一直線之式。下餘之河，各方皆有彼此經流水渠式，如羅網自此點行至彼點，常有三四河相會。故火星滿面有各河相交之勢，紅黄處分數弧，三角形大小、寬狹、形狀不一。此三角形之邊皆爲河，其總數目不易計算，因天氣愈朗所見愈多，予於旗竿觀象臺所見，較夏君所見者多四倍。

光緒三年，夏君窺出數黑線，世間始聞有此河。然始初所窺者，或爲長海口，或爲海頸。至五年所窺之黑線，較前尤爲分明。見此河直而且窄，此豈河有今昔之不同歟？乃目力愈察愈精，較前更確也。自此以後，愈窺此河，愈顯其直而且多。至冬季某夜間，河忽分爲兩股。夏君疑鏡中有疵，及改他鏡觀之，依然若是，則知所窺爲不爽也。

俟火星再衝之際，即光緒八年，夏君又窺此黑線，一一皆爲雙河。蓋夏君用心專一，日積月累，已有九年之功故也。十二年時，曾有天文家亦窺此黑線，然爲日雖久，所得無多，豈果熟視而無覩歟！夏君所用之鏡，寬八寸，能窺此線。美國京都瓦星敦所用之大鏡，寬二十六寸，反不能見者，以意大利國夏君建觀象臺之處，天氣清朗，寂靜明潤無瑕耳。他天文家所建之觀象臺，多近大城，人烟稠密；或在低處，雲霧迷漫，故不能見此線。非遠鏡之有大小，實氣候之有昏明耳。若欲進行星之學，建立觀象臺處，必也天清冷而無霞，野曠朗而無塵，庶乾儀渾成冲邃天道，下濟高明矣。儻用大遠鏡於埃障不静之區，欲見此河，如人讀珍珠密字之洋板書，目眩睛摇，馳騁靡定，安能剖辨清晰乎！

論火星之名目

以遠鏡測火星各處，已命有名目。然四五天文家各名其名，故火星一處常有四五名。

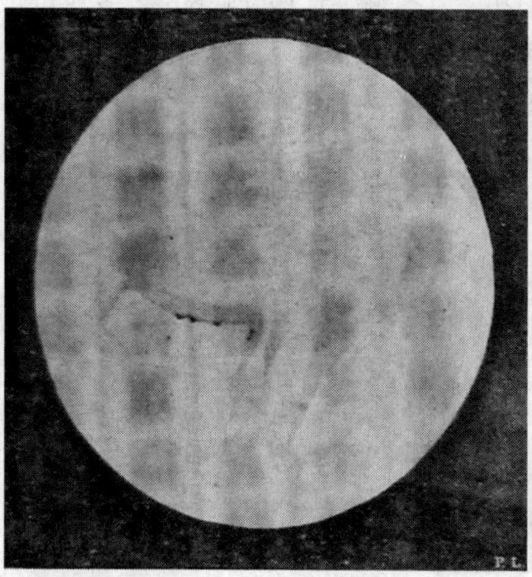

第二十二圖　九月法斯底真馬林之勢

而各家之名，與火星上之人所命之名當不同。火星名目如此之繁且多矣。現在不必譯爲華語，俟準有定名時，再爲譯之。所見之河共計一百八十三。

論河爲人工

察河之勢，可知不爲自然之物，一因其甚值，一因其無寬窄之别，一因有數河自一處歧出。夫地上自然之物即天造之物，雖爲一類，實不相同。如天生衆人面貌縱極相似，從無二人毫釐不爽者。又如一表行所造之時辰表，均皆從同，遲速有準。故天造之物與人造之物有别。觀火星之河，如此之直而且齊，非人工而何。

若有人問：火星距地如許之遠，何以確知其河直而且齊也？答云：此黑線愈測愈清，愈顯其齊。又人之眼目最爲靈明，有毫厘不齊之處亦不能瞞過，所謂太清之中一微疵，世間竟有離婁，子也何不知之有。

此黑線爲人工，又有確証。人於大球上無心用筆繪畫數千線相交一處，必無過二線者。每二線相交於一點，必再無他線經此點。蓋線愈細，而數線相交於一點之式愈少也。察火星面上之黑線，常有三四五線至七線相交一點，此黑線與彼黑線之端又相交數線，如蜘蛛所結羅網之形。細思之，非出於自然，亦非偶然也，必火星上有靈機者所造作，故能成此繚繞之觀，仍復絲毫不亂也。

人未詳察此河，或以爲地隙，如火星某處有地震，則四面迸裂成隙，説亦良迂。隙之寬狹不匀，距地震處愈近則愈寬，愈遠則愈細。且其隙之式，測月即可知之。圍月之火山四面有隙歧出，與火星之黑線迥不相同也。或謂黑線爲天生之河，此説更謬。天生之河，兩端寬狹不匀，豈有自發源至河尾爲一律者乎？或謂流星擦地，故成如耒犂田之式，此説尤非。流星擦地，亦必零雜剥落，豈有縷析條分，井然不紊者乎？夏君云河爲人工所造，實屬合理。觀其形狀，可疑爲火星上之哲士所經營云。

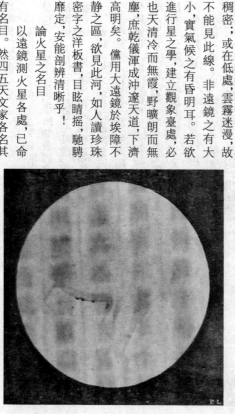

論河之變

火星之河不恒見，有時見有時不見。其不見之時，非有隔閡，亦非因火星距地遠也，乃河之本體勢變耳。常有火星距地最近之時，見河亦不甚分明。同時測之，甚至此河明而彼河暗，彼河顯而此河隱，則知河之勢與火星距地之遠近無與也。光緒二十年七月杪，圍太陽湖數河極其顯明，迤北之河幾於不見。至十月，二處之河顯暗又互易。七月中，待單海北之河幾於不見，至十月又顯然復明。迨十月，恒河東之河較九月尤清晰，然十月火星距地較遠，則知見河清晰，

非因距地近之故，可知矣。光緒三年十月，夏君測恩德斯河，踪跡全然不見。待至四月後，火星較前距地四倍遠，此河反爲逼真，是不見者非雲霧所遮也，蓋非其顯露之期也。

星河變勢之故，非由外鑠，因其本體真變也。然河變之時有不改者，一方位是也。光緒二十年，予所測各河之方位與前十七年夏君所測者相同。先不見而後漸顯，有似生長，然署考其故，蓋與火星之時令有關。河之隱晦均依節令之更換爲之，二極之雪，其將消也，始覺河身微現；其消盡也，又覺河身畢呈。

若論火星之南半球最南之河先顯，即距南極近之河也。而北者次之。如光緒二十年五月，河始見之時，圍太陽湖與鳳凰湖之河較爲易見，然此處係紅黃大州依南極近之段，與南極間毫無障翳。南極之雪消化下流，必先冲此處，河身既顯，日愈久而愈真矣。至七月又顯爲極黑，而餘河依然。至九月傍黑處，北岸之河漸可分晰，而此後北處之河又漸覺黑黟，其反覆變化亦多已哉。

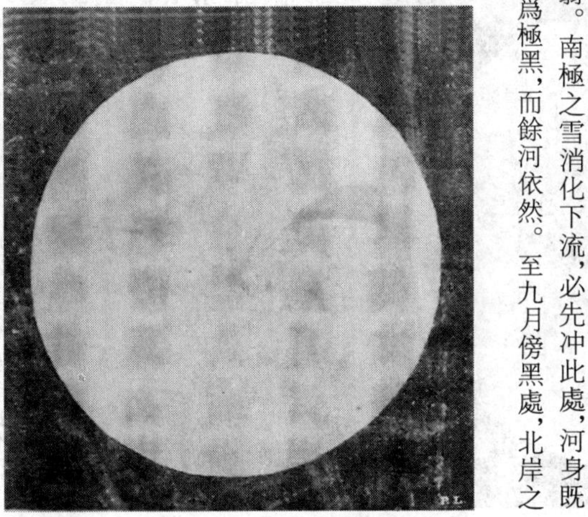

第二十三圖　十月鳳凰圖之勢

觀河顯之序，隱知有使其如是者。一爲距南極遠近，一爲距黑處遠近。總之，距南極近之河必先顯，河愈遠而顯愈遲也。如光緒二十年，圍太陽湖之河先見，圍腮臉斯之河次之，圍待單湖之河又次之，足以証明距南極愈遠，而顯愈遲。然有不盡然者，如大斯爾得斯迤西之河，雖距南極微遠，而其影早顯。自南極通大斯爾得斯有數海頸，實陸路之夾一線水渠而滋潤者也。水渠連南極之海，與大斯爾得斯接壤，南極之雪一消，水必通流於大斯爾得斯，彼其河又安得不先顯乎？

河顯遲早，不第與距南極之遠近、距黑處之遠近相關，亦與河之方位相繫。如待單、布蘭底斯、葛爾根等河皆爲南北之流，此河早顯，而東西流之河稍遲，蓋南北流之河通極較易，故其顯亦獨先也。

火星滿面之河由隱而顯，歷時愈久而顯愈真，依極近之河先顯，愈遠愈遲。藍綠處亦如是，其變易者均循火星之節令故也。極雪下流，冲滿水渠，故有黑線之式、漫溢之觀、藍綠之痕。然此説人多駁辨其非，水若僅爲水，其顯不至如是之遲。極雪消化，赤道處之河必閱兩月方顯。果爲水，自極流至赤道，何至用兩月之功？况某河非立時驟現，乃漸臻漸明，極處之河其顯固泄泄，赤道處之河其顯亦遲遲，有何説可以解明乎？

火星之河與藍綠處所見者非水，乃河畔青青之草也。極雪既消，水就下流，循水渠而灌溉各處，此後田地萌芽，端倪漸露，河身漸顯。職此之由，必閱兩月之久，赤道處方顯者亦是故也。秋冬二季，水渠乾涸，故河與藍綠處不明；春夏之交，南極水來，故河與藍綠處皆現。

先天文家以此黑線爲河，世人多疑焉。火星有河，須寬至數十里，地上之人方能理會，豈有人工所造之河如是之寬者乎？前已論火星極欠夫水，其人必挑挖水渠，引水至各處灌溉。據理而論，水渠之兩岸潮濕滋潤，亦當生長青草，故所見者與此理相符。雖非一定如是，然以貌取之，當失之不遠矣。

若爲河，日愈久而水愈淺，其色與之俱淺；如爲草地，日愈久而草愈茂，其色因之俱深。

披覽至此，益不能無躊躇之意。火星之河，其多數百，其長數千里，其直如矢，自始至終毫無截阻，然則火星豈無山乎？又何以經由山路乎？豈亦有巨靈之擘龍門之鑿歟？且欲挑長河，惟有權勢者始能如泰西之開蘇彝士河，地球亦嘗有之，然火星河成數百，又何法以開之乎？

若黑線果夾有大河，必火星之山不能阻，火星之人方可，或火星無山方可。况於咩咧迭司河直流至一萬五千里，豈修河者均選擇一帶大平地乎？且數百河如此，又安能修之？

論至山與河，有兩難之事，或謂有山不能有河，有河不能有山，此説非也。測火星，有一法足証明爲坦平地。質之天文家，果用何法乎？曰：知測月山之高則知測火星之平。

測月山之影若干長，即可推其高。月繞地，向地有光之處多寡不等，朔日不見，至初二三等夜爲弓勢，至望滿面有光，既望之後有光之處漸少，至二十七八等夜仍爲弓勢。光處有二界線，外爲半圜之勢，内爲半橢圓之勢。人知日將出入之際，物影甚長，較本物之長數倍矣。若界線處有山，其影必甚長，亦最易見。

以遠鏡測月之界線處，形如鋸齒，極不齊整。有黑影侵於光內者，山影也。測其影長若干，即可推其山高若干。又黑內有光點，乃山嶺先獲太陽之光。若測光點距界線若干遠，亦可推山若干高。用此測法，即知月面甚不平，多有崇山峻嶺。

火星雖無如月之朔望、上下弦，然有時其面稍欠光，如十二三等夜之月，即火星距日九十度之勢也。此時測火星界線，即明暗相交，其勢與月迥不相類，火星界線極齊截，如刀刃，此知火星無坎坷崎嶇之地，極其坦平。

火星界線亦有微不齊之時，然其勢與月不同。其不齊之故，蓋非山之所使，實因圍火星之天氣然也。

前所論之河，皆居火星紅黃處。即沙漠地。然杜君察之，不第此處有河，即他處亦有。伊於黑處即名爲海處。見有長齊黑線，極似河勢。若爲海，不至有河經由黑處；有河，可知其非海，迺海底也。形勢低窪，其土潮濕，漸成草地耳。以遠鏡窺之，光處之河與黑處連接相通。自二極引水必經黑處即草地也。引水之河，兩岸之草必更覺茂盛，故黑處亦顯有河影。本河不見者，迺傍河兩岸之青草太密，河形太狹耳。今杜君於黑處共察出四十四河，各河與光處之河相通。

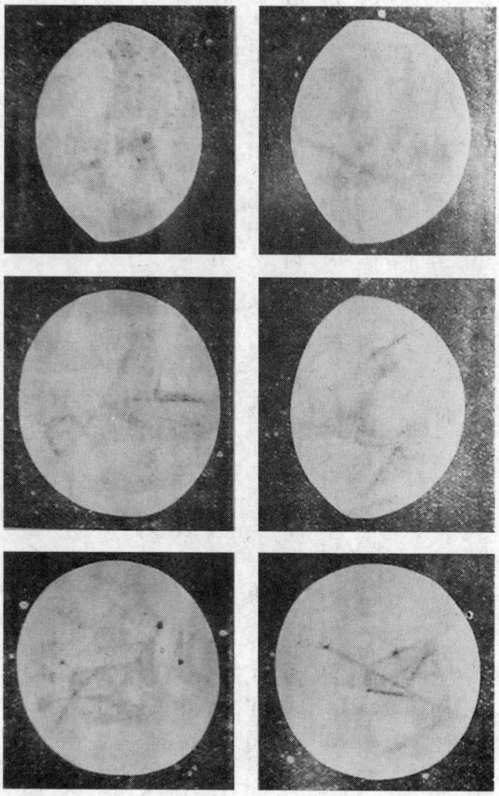

第二十四圖　衡後所繪之圖

若論名海之處爲真海河爲真河，又焉有甜水河自鹹水海流出者乎？火星之海亦必與地海無殊，內含鹹鹽等物，又何以澆灌田地，藉之發育？又何以飽飫羣黎，飲之太和乎？然予特爲斷之，火星來水之源皆由二極消化之雪，其水必甜。何也？每年一易，無暇含鹽類等物耳。

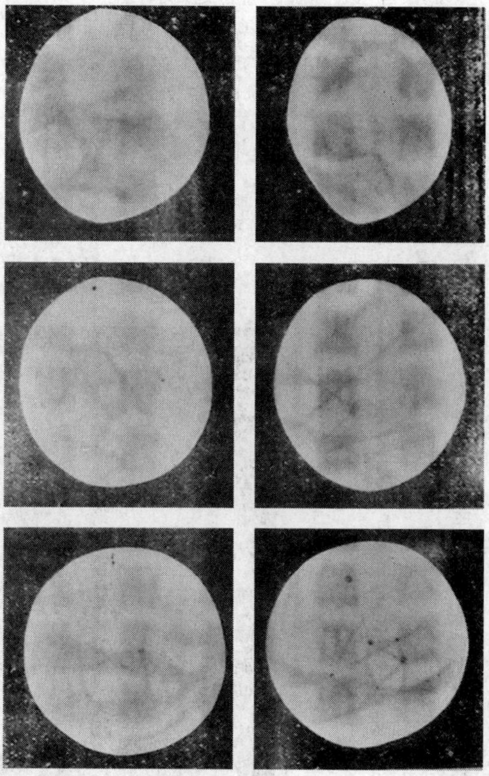

第二十五圖　衡後所繪之圖

論沙漠地之池塘

火星滿面黑線，如羅網之式，即澆灌田地之河渠也。雖各河均流各道，然彼此相交，有兩河、三河、四河相交一處者，相交之處名爲通處。以遠鏡詳測之，見各通處有圓黑點。火星紅黃處即沙漠，布散無數之點。居於河之通處圓點，如車輪之軸頭，各河如輻條接於沙漠地，除光點與河，別無踪跡。

圓點與河彼此聯屬，各點有河使其與黑處通，至少各點均有二河，總無一圓點不與河通者，亦未有河相交之處而無圓點者。圓點形狀極其整齊，天氣愈清，其顯愈圓；若天氣稍濁，則似模糊不整。雙河之點不爲圓而爲方，可見此圓點非河漲溢之勢。若爲漲溢，其形必凸向外，亦不能如是之整。大概此河必有靈

明者制作而成，如地球神禹之治水云。

圓點大半自三百六十至四百五十里寬，其形狀相似，大小亦畧相等，又有數小者不過二百二十五里寬。火星紅黄處，除河之外，其他踪跡皆與圓點一類，如大太陽湖居赤道南二十八度，長一千六百二十里，寬九百里，爲火星面上至顯之跡形，成橢圓。環湖有一紅黄色，即沙漠地也。依此處之南有藍緑處，即火星南温帶之草地，其全形如人之目睛星漸轉，令其隨旋以瞪地，頗似不祥之徵。天文家察此湖已有數十年，通湖之北有阿拉克斯、迭門、愛各薩迭門等河，河之上有圓點如牟尼一串之珠，此處則河與圓點先顯之地。

予於此處始見圓點，然其時未料其性情與其用處。其後於於咩咧迭司河分出圓點，方悟真理。此河長一萬零六百二十里，依腮臉斯海北岸而流，相通亦有極多之河。予覺太陽湖北之圓點較先色深，又有許多新點顯出，觀其勢知點與河有涉，河先顯，須臾點亦顯，且點似河時愈久而色愈深，圓點之色先淺而後深，亦無雲霧掩蔽，可知點亦似河之增長。

圓點與河之長法相似，二者皆長，均依一序。其長之式樣亦同，自彼極至赤道，復自赤道至此極，火星滿面按時漸變，圓點與河隨而改易。前論火星之南半球南極之雪既消，最南之河先現，而北漸次之，圓點所現亦係如是，故圓點似河之復顯皆按火星之四時。今即三圓點表明其故，如鳳凰湖居赤道南十七度，斯然捏斯湖居赤道北十二度，賽阿内泉源居赤道北二十八度。光緒二十年七月鳳凰湖極其顯明，斯然捏斯湖次之，至於賽阿内泉源纔能見之。至十月，鳳凰湖稍顯，斯然捏斯湖頗顯，賽阿内泉源似七月斯然捏斯湖之顯。按火星之時令，七月如五月，十月如七月，此二點皆於赤道暖帶内。地面上赤道暖帶無甚大變，一年恒如夏季，草永青青，火星則暖帶亦按四季而漸變。明其故，舍水其誰與歸乎？如名爲海者，却非海；名爲河者，却非河，實臨河兩岸之草地；則圓點雖名爲湖，却非湖也。測其點之長法，非因增長而現，乃色更深而現，如以爲湖始而水涸，特水漲以成其中必深，而色亦深；其邊。必淺，而色亦淺。安有如是之匀色乎？今若指圓點非湖而爲草地，則各事均易了然矣。漸漬顯明者，草愈生而愈青也。其色調匀者，裡外同發而並茂也。然杜君又推測圓點如鳳凰湖等處，以爲返照之光，非水之力，其説亦近理。

論火星之雙河

火星面上奇異之事人罕見者，雙河是也。若天氣寂静，專心察之，見此雙河亦不爲難。始見此河，迺夏君忽於一夜間見其自端至委，新河與舊河平行皆成兩道，如鐵路之雙軌，且二線逼真，順流而下，如畫圖然。

雙河之總勢皆相符，其不同者，乃在河之相距，最寬者爲恒河，二河相距六度，即六百六十里；最狹者爲比遜河，二河相距四度零十五分，即四百六十八里。恒河中各河寬約一百三十五里，自此河岸至彼河岸五百二十五里，其間皆沙漠地，與西域之瀚海同。單河變爲雙河，實最奇異難解之事。雖人見之以爲陡然，不知的係漸改漸異。河未分之先，予見其有欲分之像，且各河所分之時不同，所分之勢亦不同。南北之河先分，東西之河後分，亦有時此處南北之河與東西河同時而分，而彼處南北之河依然如舊，從可知河之分實因變化無方，並非在眼目迷離之故。單河分爲雙河，雙法有二。如恒河在七月時有欲分之像，勢如寬帶，色則淺黑，天氣稍清之際，見兩邊之色較深於當中，其後時愈久，兩邊之色愈深，中間之色愈淺，至十月顯然分爲二河，其間紅黄處愈覺真矣；又有不似恒河之漸異，陡然而變者，如比遜百辣二鄰河，夏秋間似有欲分之勢，至十月某夜，予陡然見各河分爲雙河，如長鐵路之雙軌，中央顔色一片光亮。有人論此雙河係當中青草漸茂，蔓延兩傍之故，然亦不敢確定。予深信其屬火星之四季，又屬草類之暢茂，若能得其奥理，大可增人識見。

論火星暗處之黑點

火星光處之圓黑點，皆居河之下端，此點爲一塊圓草地，皆恃河水灌溉。然於河之上端亦有黑點，式如三角V形，即河未顯之先，此點先顯。如欲定河將來之方位，觀此即可知之。此點在火星黑處，即名海之處，點亦黑色，然較黑處之色深，此點與河聯屬，因無此河即無此點。莫測其用，或爲蓄水處，使河水均流而之；或非蓄水處，乃圍此處之草地，均未可知。前論黑處亦

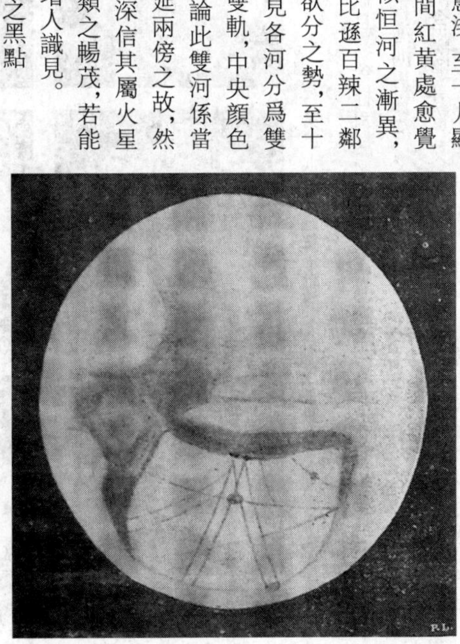

第二十六圖　十月二十一日比遜百辣二雙河之圖

有河，此點則在此河之下端，光處河之上端，其用似乎欲連二處之河。

總束

居火星與居地面者，其詳細光景不同之處有數，故焉論。第一故，至易了然，亦最確實，即火星之體質與其重較地球大不相同。人之身體高矮巨細，與其所居球之大小極有關繫，若知某球之體積與其重，可畧尋繹其球上之人之狀。地面物之分量皆因地之吸力，物本無分量，因地吸之而有輕重也。火星之體積與其重較小於地，故火星各物之分量較地輕三倍，若地面稱一物爲三斤，至火星稱之竟剩一斤，因此知火星之人有二利處。一，猶是用力也，可多作工三倍。如地面挑河用功九日，火星僅用三日。設吾人移居火星上，必甚樂利之，必然詫異之。地球之人，身軀有定限，若天生人過於高大，必不便捷，呆笨難堪。火星不然，其人較地大三倍而猶是輕便者，以火星體積不同，自己亦不知不覺爲如是之大也。

人身過於魁梧，較笨於僬僥之輩，如欲象似蚤之跳躍，豈可得乎？遇流潦泥濘之寬途，須涉水而過，絶不能跳而越之，此非因道之寬，實因地之吸力甚大也。嘗論人身之竪立也，其體之重即爲其敵，而身之體積有三面高也、寬也、厚也，然所以使人能立者，實因磕膝蓋之筋。筋有二面，僅爲寬、厚。設有甲乙二人，甲之通身大於乙一倍，甲之筋撑其身之力等於乙者四倍，然其體之重等於乙者八倍，故甲與乙同立而甲必先倦焉。人身高大原有定限，倘逾其限，則不能立而永卧矣。又嘗取譬以解明此理，如有蜜蠟二塊，一爲尋常者，一爲至大者，同置立於案，小者依然，大者之底必軟而隨化矣。

火星之吸力等於地者三分之一，設人之通身大於地上者加三倍，立於地上，其重大二十七倍，立於火星僅重九倍，其筋亦壯九倍，二事相抵，故火星站立之偉人與地球同一便捷，則其工作自可迅速多多矣。筋長而寬厚，力大於地者二十七倍，軀幹雄偉巨無霸，不得擅美於前。不甯惟是火星面上之物如土石等類，較地球者輕三倍，故火星挖河等工較地可多作八十一倍以上。諸説非臆造荒唐之言，皆準格致之理以相推校，詢不誣云。

自闢地至今，可爲地所歷之年紀。闢之日，即地生之日；陷之日，即地死之日。行星可比活物，亦生死之攸關，火星年紀與居處之人大有關繫。若知其年，即可推其人有數端之情狀。

行星比活物有初生之日，有年幼氣鋭之日，有老而氣鈍之日。將至年壯即生活物之期，諸行星活物亦必及此時而生長也。諸星自初生至年壯，自壯年至老邁，其變或遲或速者，以星體之大小，故其體愈小，熱失愈速。熱質始散，即星生活物之權與活物既産，均恃太陽之感化以成。日光既滅，活物亦因之死矣。故某星能養活物若干年，皆以太陽之年紀爲度。第各星之年紀不同，光景亦異。如大行星失熱遲而冷亦遲，小行星失熱速而冷亦速，二星之情形迥不同也。若行星太小，永不能長養活物。大行星其老必遲，小行星其老必速，舉某星論之，其變化一年深於一年，究其終極，太陽衰滅，星之變化，亦隨之而止。

火星雖小於地，然年紀較大於地，觀其面可知其齒面上儼有老邁之跡，其旱路皆磨沏坦平，其海皆乾涸，迄今，如穩練之老人，年幼荒唐之際已早經歷，雖名爲火星，然有名而無實，其熱早已失散。

火星年紀既大，其面上之變化亦深。若有活物，必較地球歷世年久。且火星之活物較地球必美且善，雖吾輩管窺有限，然亦足証明此事。

觀火星滿面灌溉之法、各河接連之式，亦甚相宜可。然心嘗展放，既知世間有已，當知他行星亦有如已且有過已者。以天地萬物專爲爲人，此無理之詞，殊覺可笑。萬物可比索練，人比練中之一環耳。又以爲人能窮萬象之理，更足軒渠。地上之物尚且不能盡測，况萬象乎？《淮南子》謂：「和陰陽之氣，理日月之光，節開塞之時，列星辰之行，知順逆之變，避忌諱之殃。」皆空談耳，何如目見之得，其實際乎？

清・摩嘉立、薛承恩《天文圖説》　論火星

觀地與諸行星之軌道，則知火星最近於地，爲近日之第四行星。火星無月，與水金二星無月一般。其體小於地，直徑約一萬四千七百六十里，自轉本軸一周約二十四小時有半，故其時日比地頗長。若在火星處，較在地球觀日更小。【略】

火星之軌道距日約四十一千七百萬里，其繞日一周約一年有十一個月。其本軸偏斜，故南半球與北半球其冬夏之時令乃相反。【略】其外有一種空氣包羅頗密，故星中之形勢不能詳細窺測，但知其空氣不及地氣之密厚。【略】

天文士測火星，知其中陸地居夫大半，而水則少之。又擬其空氣中有積雪以見其南北極；至隆冬時色白且多，至夏則減。復以最精之遠鏡詳細窺厥州與海洋，一一定其名目，繪之於圖。【略】

清・艾約瑟《天文啓蒙》 論外行星

火星

地星外繞日行動之諸星，第一即火星。火星距日四萬一千七百萬里，自旋轉於本軸線外之時刻，需二十四點鐘復加二刻，是火星之晝夜較我儕地上多半點鐘矣。火星本體直徑不長，較地球直徑止有半。

火星繞日行一周用六百八十六日，我儕地球面一載爲火星之半年，因其所行軌道在地星軌道外，故我儕永不見其有行於地與日中間時，亦不能見如金星、水星常更易其形狀式。惟於本軌道之二處見有變，爲扁圓之狀。如圖，地在戊點，火星在甲點、在乙點，於旁面即微虧其明分。因其在彼二點，我儕於地面從旁窺火星，能見其暗面數分，故使我儕視之，如每月十五前後二三日，見月有虧其圓滿之形式。

火星行至此面，與日適相對處，地居正中，即謂之衝日，其時距我儕地球最近，僅有一萬四千四百萬里。此數果由何而知乎？火星距日爲四萬一千七百萬里，地距日二萬七千三百萬里，於四萬一千七百萬中去二萬七千三百萬，餘得一萬四千四百萬，即火星是時距地之數，則見滿面有光。測驗其形式極便，然不能每常一式。火星軌道扁圓式甚多，有數處愈近地軌道，有數處愈遠地軌道。緣此，故火星衝日時去地亦有遠有近，所差極多。近時距地較遠時距地近減一倍，是驗視火星形式，惟於此機最美。其旋轉本軸之軸線與黃道面相交角二十九度，與地二十三度之交角差無多，火星內之春夏秋冬殆與地亦差無多乎？

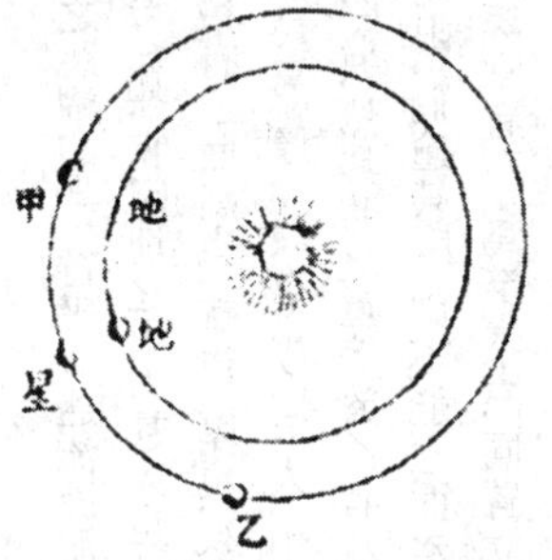

發明某星在地軌道外運動形式

以目向火星詳視，見其稍有紅色，與他星不同。以遠鏡窺視，見其紅色少減，滿面光潔明亮，而明亮中亦有暗處明處爲山，暗處爲海。火星於衆行星中所不同者，即以由地面視其形式與在火星面視地面形式大畧相似附近火星南北二極處見有白色，即其白色隨時詳視，見其漸及夏時則減小，漸及冬時則增大，如白雪堆積其處，各隨其冬夏令有增大減小式，與地球之南極北極處積雪不化無異，如圖即其式。以力大之遠鏡視火星，見與地面不同。其所以不同者，即地面水居四分，陸地居一分，火星面陸地四水居一也。

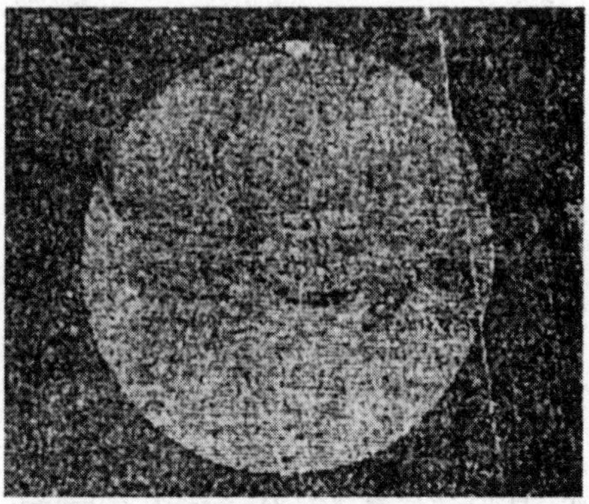

第三十二圖　火星之山海形式及其北極處雪蓋式

第三十三圖　由旁面視火星式

綜述

漢・劉安《淮南子・天文訓》 熒惑常以十月入太微，受制而出行列宿，司無道之國，爲亂爲賊，爲疾爲喪，爲饑爲兵，出入無常，辨變其色，時見時匿。

漢・司馬遷《史記》卷二七《天官書》 察剛氣以處熒惑。曰南方火，主夏，日丙、丁。禮失，罰出熒惑，熒惑失行是也。出則有兵，入則兵散。以其舍命國。（熒惑）熒惑爲勃亂，殘賊、疾、喪、饑、兵。反道二舍以上，居之，三月有殃，五月受兵，七月半亡地，九月太半亡地。因與俱出入，國絶祀。居之，殃還至，雖大當小；久而至，當小反大。其南爲丈夫〔喪〕，北爲女子喪。若角動繞環之，及乍前乍後，左右，殃益大。與他星鬬，光相逮，爲害；不相逮，不害。五星皆從而聚于一舍，其下國可以禮致天下。

法，出東行十六舍而止；逆行二舍；六旬，復東行，自所止數十舍，十月而入西方；伏行五月，出東方。其出西方曰「反明」，主命者惡之。東行急，一日行一度半。

其行東、西、南、北疾也。兵各聚其下，用戰，順之勝，逆之敗。熒惑從太白，軍憂；離之，軍卻。出太白陰，有分軍；行其陽，有偏將戰。當其行，太白逮之，破軍殺將。其入守犯太微、軒轅、營室，主命惡之。心爲明堂，熒惑廟也。謹候此。

漢·班固《漢書》卷二六《天文志》 熒惑曰南方夏火，禮也，視也。禮虧視失，逆夏令，傷火氣，罰見熒惑。逆行一舍二舍爲不祥，居之三月國有殃，五月受兵，七月國半亡地，九月地太半亡。因與俱出入，國絶祀。熒惑爲亂爲（成）〔賊〕，爲疾爲喪，爲飢爲兵，所居之宿國受殃。殃還至者，雖大當小；居之久殃乃至者，當小反大。已去復還居之，若居之而角者，若動者，繞環之，及乍前乍後，乍左乍右，殃愈甚。一曰，熒惑出則有大兵，入則兵散。周還止息，乃爲其死喪。寇亂在其野者亡地，以戰不勝。東行疾則兵聚于東方，西行疾則兵聚于西方；其南爲丈夫喪，北爲女子喪。熒惑，天子理也，故曰雖有明天子，必視熒惑所在。

北周·庾季才《靈臺秘苑》 熒惑占

熒惑者，朱雀之精，色赤，南方，火，丙丁，皆配之。五常曰禮，五事曰視。於官爲執法，鴻臚，司空，司馬，分爲吴、越、楚，於卦曰離，具物之常動而不静者、大者。心爲明堂，則爲朝廟也。其類爲大。又詳臣之過，及矯亡亂妖孽之成敗。主察，爲内有喪死。當衰之時，人君修德熒惑之政，則君臣父子咸得其序，不失禮節，道合相贊，俊傑遂，賢良舉，行爵出禄，必當其位，挺重囚，出輕罪，則熒惑順軌而無變異。主明察，燔燒積，蕩除餘氣。故星行疾於木而象禮官，緩則不忠，急則不仁，違道則占。禮虧，視貌失道，夏令傷火氣，則罰見於熒惑。當審獄情，以罰四方。若夏行秋令，則太白之氣干之，其星色白而昧，若雨數來，五穀不熟，草木早落，菜實不成，人傷于疫。行春令則歲星之氣干之，色青而變，則蝗蟲爲災，暴蟲來格，莠草不實，五穀晚熟，麥稼時起。行冬令則辰星之氣干之，色黑而怒，則草木早降，水敗城郭，凍雹傷殺，暴兵來至。其星之行與日合度，合伏于日下，經六十九日，行四十九度，行二十度外晨見于東方而順行，順二百七十八日，中行六十度五十五分而留，又十三日而退，經二十八日九十六分，退行八度二十一分乃與日對，其前爲變。又二十八日九十六分，退行八度，二十一分而留，留三十三日而順，順二百二十八日六十三度五分，去日二十度内乃夕伏於西方，經六十九日，日行四十九度，復與日軌同度而合。積七百七十九日九十一分，爲伏見一終之，計行四百一十四度六十六分與矩合，周而復始。失位則下降爲兒童歌謡嬉戲，及明爲木備而雨至。夏旺色，比心大星，而有精明，仲夏之時有芒角，在春曰相，其色精明，無芒角。在四季曰休，其色黑黄。在秋曰囚，其色清白不明。在冬曰死，其色黄黑，細而不明。如其色，天下太平。當王時而有相色，相蔽王聰；休色，政令不行；囚色，讒臣用事；死色，而有其留守也，不可主事用兵。其進舍也，其國不祥；其退舍也，其下旱。當相時而有王色，所居之國受殃；休色，讒臣在旁；囚色，國輔囚，裨將死；死色，大臣誅傷。其留守也，其國兵起；其進舍也，有蝗蟲；其退舍也，赤地千里，而有五色，其國受殃。當休時而有相色，其邦亂，下臣不從；囚色，有小兵；死色，賊盗横行，廟堂有火。其留守也，所居之國受殃；其進舍也，災陽；其退舍也，利舌危國。當囚而有王色，大臣有憂；相色，臣下毀傷；休色，死者道路相望；死色，丁壯從軍。其進舍也，兵殃；其退舍，有妖言。當死而有王色，宗廟不享；相色，大臣攝政；休色，宗廟有憂，邊地兵起；囚色，丁壯多死，以兵所留之舍有兵。其進舍也，多徵戍；其退舍也，少徵戍。與他星相犯：歲星，則冊太子及有赦；填星，則大戰，又曰女子當之；太白，則主凶，天下憂兵起。其守也，歲星，則太子有憂；填星，則太子坐法，内有賊害；太白，則主不安；辰星，則太子憂，有赦。其觸歲星，則有子孫之慶，天下受擅，及有兵，主病；太白，則有暴兵，有寇賊，偏將死襲及兵起。辰星，則世亂僭叛。其合：歲星合，内亂，臣有謀；填星合，爲憂，孽卿，會大惡之；太白爲喪，不可舉事，則兵；辰星合，赤地千里，又爲飢，將行事不利，行則覆軍殺將。在秋爲兵，冬爲喪。會爲淬，用兵受殃，或大旱百日。相近不可用兵，或野有兵不戰，若兵在外亦罷。入填星，將軍爲亂。

唐·李淳風《觀象玩占》 熒惑

總叙

熒惑，一曰赤星，一曰罰星，曰執法，曰天候。南方赤帝，赤，熛怒之神，未雀之宿，火之精也。其行無常，出則有兵，入則兵散。熒惑居東方爲懸息，西方爲天理，南方爲熒惑，進退無常，爍急促疾，故曰熒惑。五常爲禮，五事爲視，禮其卦離，音徵，其數七，其帝□帝，其神祝融。熒惑主死喪，主司天下君臣之過，司驕奢亡亂妖孽，主歲成敗。明照四方，察過失以譴告人主者也。主楚、主吴越以

南諸國，主憂。

患過惡禍福之所由生，其國有道，則疾行而東，無道，則留而降。罰爲亂，爲賊，爲疾，爲喪，爲兵，爲飢，所居之國受殃，環繞勾已，芒角動摇，變色，乍前乍後，乍左乍右，其殃彌。其周旋止息，爲死喪，寇亂其野，亡地。熒惑失行而速，兵聚其下；順之，戰勝。又曰，熒惑不動兵不戰，有戰誅戮。又曰，熒惑爲天子之禮，內則理政，外則理兵，從之者吉，逆之者凶，故曰雖有天子，必視熒惑之所在。

唐・魏徵等《隋書》卷二〇《天文志中》　熒惑曰南方夏火，禮也，視也。禮虧視失，逆夏令，傷火氣，罰見熒惑。熒惑法使行無常，出則有兵，入則兵散。以舍命國，爲亂，爲賊，爲疾，爲喪，爲饑，爲兵，居國受殃。環繞勾已，芒角動摇變色，乍前乍後，乍左乍右，其殃愈甚。其南丈夫、北女子喪。周旋止息，乃爲死喪，寇亂其野，亡地。其失行而速，兵聚其下，順之戰勝。又曰，熒惑主大鴻臚，主死喪，主司空，又爲司馬，主楚、吴、越以南，又司天下羣臣之過，司驕奢亡亂妖孽，主歲成敗。又曰，熒惑不動，兵不戰，有誅將。其出色赤怒，逆行成鉤已，戰凶，有圍軍。鉤已，有芒角如鋒刃，人主無出宫，下有伏兵。芒大則人民怒，君子邊逞，小人浪浪，不有亂臣，則有大喪，人欺吏，吏欺王。又爲外則兵，內則理政，爲天子之理也。故曰，雖有明天子，必視熒惑所在。其入守犯太微、軒轅、營室、房、心，主命惡之。【略】

熒惑之精，流爲析旦、蚩尤旗、昭明、司危、天攙。【略】

唐・瞿曇悉達《開元占經》卷三〇　熒惑名主

《黄帝》曰：熒惑，一名赤星。《廣雅・釋天篇》曰：一名罰星，或曰執法。《荆州》曰：熒惑居東爲懸息，居西爲天理，南方爲熒惑，其行無常，司無道之國。吴龍《天官書》曰：熒惑，火之精。其位在南方，赤帝之子，方伯之象也。其神赤熛怒，朱雀之宿也。爲天候主歲成敗，司察妖孽。東西南北無有常。出則有兵，入則兵散。躁急促疾，進退無常，周旋止息，巧爲死喪。《詩含神霧》曰：熒惑司災。《春秋緯》曰：熒惑主候守，主禮成天意。禮失則妾爲妻，支爲嗣。精感類應，則熒惑逆見變恠。石氏曰：熒惑主夏，主南維，主火，其日丙丁，其辰巳午，其卦離，其音徵，其數三，其帝炎，其神祝融，主禮。禮失者罰，出熒惑之逆行是也。又主大鴻臚，主死喪。巫氏曰：熒惑者，太白之雄也，五星之伯也。其色赤，勝太白。熒惑主憂患過惡，禍福所由也。《洪範・五行》曰：熒惑於五常爲禮，辨上下之節。於五事爲視，明察善惡之事也。禮虧視失逆夏令，則熒惑爲旱災，爲饑，爲疾，爲亂，爲死喪，爲賊，爲妖言，大恠也。班固《天文志》曰：逆夏令，傷火氣，罰見熒惑。熒惑，天子理也。故曰，雖有明天子，必視熒惑所在。《淮南鴻烈》曰：南方，火也。其帝祝融，其佐朱明，執衡而治夏。衡，平也。其神爲熒惑，其禽爲朱雀，其音徵，其日丙丁。又曰：出入無常，辨其變，其時也見時匿。郗萌曰：熒惑爲司馬。《荆州》曰：熒惑，火之精，其神上爲熒惑，其國荆楚，主吴越以南。熒惑乃天乙使者，司萬物之變。熒惑上承太乙，下司天下君臣之過。司驕司奢，司福司賊，司饑司荒，司死司喪，司正司直，司兵司亂，爲熒惑殃無不主之。韓揚：曰熒惑主諸侯，熒惑修禮，其變色，失行乘凌，守犯勾已，芒角動摇，乍前後，乍左右，順喜逆怒，入其列宿，其國有殃死喪兵寇，無所不隸矣。

《星讃》曰：熒惑，法使，行無常。

又　熒惑行度

《洪範・五行》曰：熒惑以上元甲子歲十一月甲子朔冬至夜半子時，與五星俱起於牛前五度，順行二十八宿，右旋二歲，一周天也。

按曆法，熒惑一終也，百七十九日一千三百四十分日之一千一百二十有奇，六十二歲强一周天。

《樂動聲儀》曰：徵音和調，則熒惑日行四十二分度之一。伏五月得其度，不反明，從海則動應致焦明，至則有兩，備以樂和之。

《春秋文曜鉤》曰：熒惑東行急，一日行一度半。其行東西南北疾，兵各聚其下，主以煩穢，若自恣招禍。謀用戰，順之勝，逆之敗。

石氏曰：熒惑行卒變百五十六日而行八十三度。

甘氏曰：熒惑之東行也，急則一日一夜行七寸半。其益此則行疾。疾則兵聚於東方。熒惑之西行疾，則兵聚於西方。其南其北爲有死喪，其南丈夫之喪，其北女子之喪。熒惑法東方，修緯及常十六舍而亡，逆行西運動以成章，含一舍半。

巫氏曰：熒惑休入常，不得過五月而出，遠八月而出。受制則舉賢良，賞有功，主封侯，出財貨，行賑貸。

《荆州》曰：熒惑日行一尺以上，期五月至十五月而廢。五寸以上，期十五月至二十五月而廢。三寸以上，期二十五月至三十月而廢。一寸以上，期三十五月至五十月而廢。諸廢期月，此皆熒惑順行，而其國有道，熒惑出東方行順，

即其國吉。

《尚書緯》曰：氣在初夏，其絶熒惑，是謂發氣之陽。可以鎔銷金銅，與氣固無，使民備火，皆清室堂。是謂敬天之明，必勿行武。與季夏相輔和，是夏之時不出。與季夏同期，如是，則熒惑順行，甘雨時若矣。

唐・金俱吒《七曜攘災訣》卷上　火宫占災攘之法第四

熒惑者，南方赤帝之子。二歲一周天。所至人命星多不吉。春至人命星，其人男女身上多有瘡疾，本身則災厄疾疫。夏至人命星，其人多有口舌謀狂之事。秋至人命星，多有折傷兵刀之事，不得登於高處，勿騎黑驢馬，莫受納人財物六畜。冬至人命星，其所作所爲皆不稱意，錢財六畜皆破散。四季至人命星，合有移改，若有災者當畫一神形，形如象，黑色，向天大呼，當項帶之。其火過星過訖，以佛香揪木火燋之，其災乃過。

又　火其神到宿命及皆衝向之宿，宜畫火曜本身，供養其神，作銅牙赤色，貌帶嗔色，驢冠，著豹皮裙，四臂一手執弓，一手執箭，一手執刀。宜持觀自在真言轉《金剛般若經》及《金光明經》共七卷或十卷，宜著緋衣服并帶朱砂。其供養取雲漢日平旦時，燒丁香、紫檀香、蘇合香，好食熱味及辛膩之物。

又　熒惑，南方火之精，一曰罰星。徑七十里，其色赤。明所在分野多疾病。其星二年一周天，强七百八十日一伏見，初晨見東方，行疾。一月行二十二度余，每月漸差遲一度半强，二百七十四日計行一百六十二度半，乃留十三日，遂逆行三日强退一度，六十二日退二十度。又留十三日乃順行，初行遲，月行十度，每月益疾一度半弱。二百七十四日計行一百七十二度半。夕伏西方，伏經一百四十四日晨見如初。凡七十九年三十七終，而四十二馬天也。

宋・鮑雲龍《天原發微・少陽》　熒惑

火性激烈，使主執法。常以十月入大微，受制出行列宿。司無道，出入無常，二歲一周天。張曰：火者，陰質，爲陽萃焉。然其氣比日，故其遲倍日。蓋火星自有入無，自無入有，受天地變化之氣爲之。

元・脱脱《宋史》卷五二《天文志五》　熒惑爲南方，爲夏，爲火。於人五常，禮也；五事，視也。晉灼曰：「常以十月入太微，受制而出，行列宿，司無道，出入無常。」二歲一周天。出，則有兵；入，則兵散。逆行一舍二舍，爲不祥，所舍國爲亂、賊、疾、喪、饑、兵。或環遶勾已，芒角、動摇、變色，乍前乍後，爲殃愈甚。退行一舍，天下有火災；五舍，大臣叛。《星經》曰：「主霍山、揚荆交州，又主輿鬼、柳、七星。」又主大鴻臚，又曰主司空，爲司馬，主楚、吴、越以南，司天下羣臣之過失。東行，則兵聚東方；西行，則兵聚西方。天下安，則行疾。與歲星相犯，主册太子，有赦。觸歲星，有子；守之，太子危。填星相犯，兵大起。入填星，將爲亂；觸之，有刀兵；守之，有内賊，太子危。與太白相犯，主亡，兵起；守北，太子憂；南，庶子憂。環遶，偏將死。與辰星相犯，兵敗。與辰星相會，爲旱，秋爲兵，冬爲喪；守之，太子憂，有赦。他星相犯，兵起。祅星犯之，爲兵，爲火。

元・岳熙載《天文精義賦》　熒惑

火星，南方，熒惑，司夏令而視禮。

《宋志》曰：熒惑者，朱雀之精，南方，夏，火，五常曰禮，五事曰視。且審禮之道必在審於視聽，不法皆自熒惑變生，聖人因而名之，故曰熒惑也。

丙丁，吴楚爲配，爲邦。

丙丁配之，分在吴越楚。

執法，鴻臚爲官，爲職。

於官主執法，大鴻臚司馬司空。

象離明，而廟在心宿明堂。

於《卦》曰離，且物之常動而不静者，火也。心爲明堂，則其廟也。

主糾察，而政在燔燒積穢。

一曰罰星，主糾察。又曰火，主明察，燔燒積穢，蕩除異與氣。

遂賢良則無變，出囚繫則順軌。

當夏時，人君修熒惑之政，則君臣父子咸得其序，不失禮節。命相，贊俊傑，遂賢良，舉長大，行爵出禄，必當其位。梃重囚，出輕繫，則熒惑順軌而無變。

伏見於二十度之内外。

去日二十度外晨見，去日二十度内夕伏。

周天於二十月之表裏。

熒惑約二十月餘一周天。

積七百七十九日之九十一分，行四百一十四度之六十六矣。

熒惑之行，始與日同度，曰合伏。經六十九日，行四十九度，去日二十度外晨見。行東方而順，順二百七十八日半，行一百六十六度五十五分而留，留十

三日而退，經行二十八日九十六分，退行八度二十一分，乃與日對。其前爲前變，其後爲後變。又二十八日九十六分，退行八度二十一分而留，留一十三日而順，順二百七十八日半，行一百六十六度五十五分，去日二十五度内乃夕伏於西方，經六十九日，行四十九度，復與日軌同度。積七百七十九日九十一分，爲伏見一終之數，計行四百一十四度六十六分，曰距合。周而復始，看天者宜詳之。

若盈縮失位，爲妖，爲童兒歌謡嬉戲。

失位，則下降爲童兒歌謡嬉戲。

在夏，比心宿大星。

在夏曰旺，色比心宿大星，而有精神。仲夏之時有芒角，如其色，則天下和平。

逆行，則夏政乃失。

《景祐占》曰：政失於夏，熒惑逆行。

明・李泰《天文精義補注》 熒惑

火星，南方，熒惑，司夏令而視禮。

原註：《宋志》曰：熒惑者，朱雀之精，南方，夏，火，五常曰禮，五事曰視。且審理之道必在審於視聽，不法皆自熒惑變生，聖人因以名之，故曰熒惑。

補註：《玉曆通政經》云：火星應於夏令，主禮，火處必爲神，神應無方，其體萬測，名曰熒惑。

丙丁，吴楚配，爲邦。

原註云：丙丁、吴楚配之，分主吴越楚。

補註曰：丙丁，南方火也，分野主吴楚之地，今蘇州，楚自淮南抵湖廣是也。

執法，鴻臚爲官，爲職。

原註云：於官執法，大鴻臚司空司馬。

補註曰：左執法，廷尉也。右執法，御史也。鴻臚，鴻臚寺皆火星主之，故張衡曰：「熒惑爲執法之星。熒惑，罰星，故主執法。」李淳風曰：「熒惑主於鴻臚，熒惑司禮，故主鴻臚寺。」

象離明，而廟在心宿明堂。

原註云：於《卦》曰離，且物之常動而不静者，火也。心爲明堂，則其廟也。

補註：《易》云：離爲火，火乃南方離明之象。李淳風曰：「心宿三星大，廟中星明堂也，故曰火星廟於明堂。」

主糾察，而政在燔燒積穢。

原註云：一曰罰星，主糾察。又曰火，主明察，燔燒積穢，蕩除異氣。

補註曰：火星，御史之象，故主糾察；又爲罰星，故主燔燒積穢。

遂賢良則無變，出囚繫則順軌。

原註曰：當夏時，人君修熒惑之政，則君臣父子咸得其序，不失禮節。命相，賛傑俊，遂賢良，舉長大，行爵出禄，必當其位。挺重囚，出輕繫，則熒惑順執而無變。

補註：《玉曆通政經》云：熒惑，法使也，外則理兵，内則理政。又曰：熒惑，罰星，主司羣臣之過，又曰：熒惑主死喪，故遂賢良，出囚繫，則無變順軌也。

《尚書》云：顯忠遂良成也。

伏見於二十度之内外。

原註云：去日二十度外晨見，去日二十度内夕伏。

補註曰：伏則近日，見則遠日，熒惑或見或伏，在近日遠日二十度之内外。

周天於二十月之表裏。

原註云：熒惑二十月餘一周天。

補註曰：熒惑二十月之表裏行一周天。

積七百七十九日之九十一分，行四百一十四度之六十六矣。

原註云：熒惑之行，始與日同度，曰合伏。經六十九日，行四十九度，去日二十度外晨見。於東方而順，順二百七十八日半，行一百六十六度五十五分而留，留一十三日而退，經二十八日九十六分，退行八度二十一分，乃與日對。其前爲前變，其後爲後變。又二十八日九十六分，退行八度二十一分而留，留一十三日而順，順二百七十八日半，行一百六十六度五十五分，去日二十二度内乃夕伏於西方，經六十九日，行四十九度，復與日執同度。積七百七十九日九十一分，爲伏見一終之數，計行一百四十四度六十六分，曰距合。周而復始。

補註曰：周天三百六十五度四分度之一，一歲三百六十五日四分日之一，熒惑積七百七十九日六十一分，行星四百一十四度六十六分，此大畧也。其見伏、留、順已見原註。

若盈縮失位，爲妖，爲童兒歌謡嬉戲。

原註云：失位，則下降爲童兒歌謡嬉戲。

補註：張衡云：「熒惑盈縮失位，次或爲童兒歌謡嬉戲。」

李淳風曰：「熒惑降而在人爲童兒。」

在夏，比心宿大星。

原註曰：在夏曰王，色比心大星，而有精明。仲夏之時有芒角，如其色，則天下和平。

逆行，則夏政乃失。

原註：《景祐占》曰：政失於夏，熒惑逆行。

補註曰：熒惑若不循軌而逆行，則國失其夏政。故《經》曰：逆夏政令，傷火氣，罰見熒惑。

錯度，則思心不容而虧信。

原註：《景祐占》曰：政失於季夏，鎮星失度。

補註：《玉曆通政經》云：仁義以智信爲主，貌言視聽以思爲主，若鎮星不依曆順度，則思心不容而虧信矣。王命不成，后戚憂災。

明·王英明《曆體略》 五緯

火曰熒惑，其行約二歲一周天。法，夕伏、合伏各六十九日各行五十度。晨出東方，疾遲共二百八十有四日行一百六十六度，留八日。晨退、夕退各二十八日九十六刻四十五分，各退八度六十五分六十七秒半。復留八日。遲疾共二百八十有四日行一百六十六度而又夕伏，爲一周。其疾也，日一度有半。

清·江永《數學》 甲爲地心，乙丙丁爲太陽本天，戊己庚爲火星本天，壬子癸丑爲本輪，卯午爲均輪，寅辰申未爲次輪。壬爲最高，癸爲最卑，設均輪在最高，初宫。則次輪心在午，如合伏星在寅，衝日星在申，次輪三宫星在辰，九宫星在未。均輪心在最卑，六宫。則次輪衝日時星在寅。次輪近太陽天留際，加減度大均輪到三宫，子點。而次輪又爲留順之際，星至酉，本天上在戌，黄道上視之在亥。亥丙其減度均輪到九宫，丑點。而次輪又爲留退之際，星至角，本天上在亢，黄道上視之在氐。氐丙其加度。房心爲次輪割入太陽天處。火星次輪半徑時時不等，此圖其大小之中者。五星皆以太陽爲心，如磁石之引針，但土木金水以太陽本輪之心爲心，而火星獨以太陽實體爲心，次輪雖與日天等大，而半徑時時不同。算法，置本星於最卑，兼太陽高卑，算之得數，加於最卑之數，即次輪半徑之數。所以然者，何也？火與日同類，故其精相攝也。昧於度數者，渾言五星以太陽爲心，而不別夫本輪、實體，訛謬甚矣。

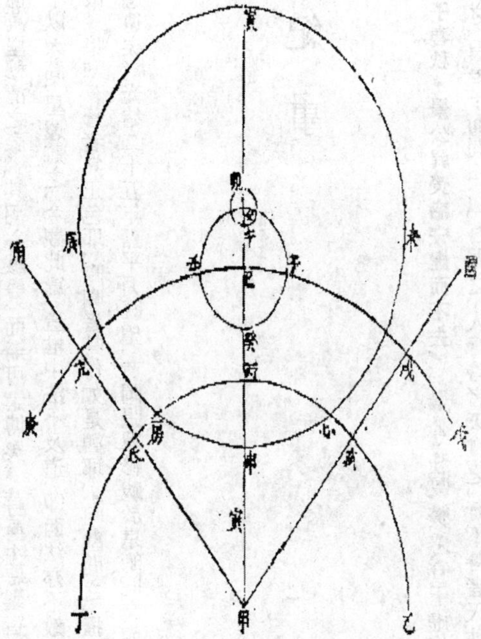

火星諸輪圖

清·傅蘭雅《天文須知》 火星，太陽外第四圜行星，名曰火星，離太陽四萬三千五百萬里。人視之其星甚微，以千里鏡看之，其體【略】有紅色之處，疑爲陸地，又有緑色處，似水洋。其全體比地球小七倍，繞太陽一周須一年零三百二十二日。

清·測隱居士《天學入門·七曜大小形體》 火星之大，于地半倍。觀其形體，別無所隨。大于地半倍。

清·測隱居士《天學入門·諸曜行度》 火星平行，右旋其位。常以十月，太微受制，二日一度，二月一宫。二歲一週，麗天繞行。其行約計二年一周天，其大周共七十九歲奇，行四十二周天奇，與日合者三十有七。南緯距黄道六度半奇，北緯距黄道四度奇。

與日同度，順逆伏留。平行四百十四度餘。積日七百零八十日。次輪一周，復與日會。次輪一周，輪心平行四百十四度半奇，積日不足七百八十日，與日同度，伏於日下經六十。九日行五十度，晨出東方，爲前順。經二百八十四日，行一百六十度，爲前留。留八日，爲前退。經不足二十九日，退八度半奇，乃與日對望，爲後變之初，謂之後退。

經不足二十九日，退八度半奇，爲後留。留八日，爲後順。經二百八十四日，行一百六十度，乃夕伏。於西方經六十九日，行五十度，復與日同度。名之距合，周而復始也。

著録

清・袁昶《〈熒惑新解〉序》 測熒惑星圖解敘

天之蒼蒼，其正色邪？星之煜煜，其正形邪？中士推步孥諸虛；西士測驗課諸實，不有虛也，用惡乎？見不有實也，體惡乎？呈總教習駱君敬齋，天姿湛敏，督課司天臺有年矣。其於日躔月離、經緯星相距之度數靡，勿以儀器測而於火星考之，尤詳。夫苗氏之言曰：「熒惑者，一名罰星。於時爲夏，於五常爲禮，於五事爲視君人者。禮虧、視失、逆夏令損火德，則罰見火星。」此以洪範五行家之義言之也。《明史・天文志》九重天之説，以熒惑天次歲星天之下，太陽天之上，謂距地半徑最高二千九百九十八，最卑二百二十二。凡緯星出入黄道之内外，舉恒星之近黄道者，皆其必由之道。其凌犯遲速數，可預言而無休咎可占，此稍稍用新法測驗矣，而未若駱君之精也。今美國疇人以極大遠鏡測火星全形，就光緒十八年閏六月火星距地最近時測之。駱君譯其文而删潤之大要，推得火星徑爲一萬二千六百四十五里。面積得地球四分之一。體積得地球七分之一。其距地最近時約有三十五兆英里，最遠時則約有二百四十兆英里。揣其難顯之形，察其至賾之色，紬其體用，著爲一書。憭矣哉，古近天文家所稀有也！抑又聞邵子云：「天有日月星辰，地有火水石土，故星霣常爲石。」然則星者，固石質邪？今駱君乃言火星之所以常潤不能離水與天氣，并測知其中有河形，乃南北二極消化之雪所融液而成。是則邵子觀物之理所不能晐，而予固不能盡通其説矣。爰序行之，以視後之善言天者。

光緒己亥九月賜進士出身階中憲大夫太常寺卿筦理同文館事務袁昶撰敘

張翼軫《〈熒惑新解〉跋》 中土自帝堯御世，欽昊天，命羲和遠涉嵎夷南交、昧谷幽都之險，平秩敬在，不遺餘力，豈放勳故爲此不憚煩阻之事，以自矜探索哉？蓋不如是，則無以贊天地之化，劑陰陽之和，準節候而授人時也。其功偉，其法備矣。自後世圖書纖緯之説起，幻誕支離，漫相比附，姑與熒惑一端論之，尚覺言之龐詞之强也。如宋景公時，熒惑在心，發至德之言三而他徙。齊景公時，熒惑守心，行善政三日而退舍。他若犯帝座，則吕隆滅。入心躔，則石虎李勢亡。繞轅軒，則明帝弑。入南斗，則孝武西奔。犯上將，則馬洵美卒。人事動於下，天象變乎上，如影隨形，如鐘應雒。記者鑿鑿，談者娓娓，究之上帝不言於彼乎？於此乎？亦徒穿鑿附會，莫可致詰而已。然而君子不以爲非者，則自有説。夫人生莫不畏天命，棄德滅義之餘，往往理勢屈阻，清議俱窮，法律所不得治者，以天鑒天怒怵之而立改，故大《易》多言先天後天，《尚書・洪範》備陳五福六極之徵。孔子作《春秋》，災異無小大，必書。董仲舒謂國家將有失道之敗，天迺先出災怪以譴告警懼之。由此觀之，以授時治天者法之正，以感應詁天者理之奇，象占所言雖難盡據，而其意未始不可取也。今駱君敬齋口譯《熒惑新解》一書，介其徒熙璋屬予點定字句，披覽之下，生面别開，如謂天垂諸宿，皆符吾輩所居之地球，鉅而山川、形勝、氣候、陰陽；細而工用、動作、人物、瑣屑，僂指條分，歷歷如繪。有身造其境所不能道者，較諸佛氏粟顆世界之説，不尤恢奇俶詭乎！且其中鈎深溯渺，衍之以格致，參之以化學，準之以推步，測董諸術，操尺寸之管，竭十數年之目力，以仰窺於億萬里穆清之表。其用心誠勞，而辯可謂博矣。昔孟子惡鑿智者，然千歲日至不以天高，星遠難之，今觀此篇，豈惟中法不及道，即西法亦不敵其詳也，亦異矣哉。噫！蒼蒼者其正色耶，嘒嘒者其作如是觀耶！呵壁問之，搔首呼之，而天道悠遠矣。光緒二十五年嘉平月既望，黄岡張翼軫跋於京師同文館。

紀事

《晏子春秋・景公異熒惑守虚而不去》 景公之時，熒惑守于虚，朞年不去，公異之，召晏子而問曰：「吾聞之，人行善者天賞之，行不善者天殃之。熒

惑，天罰也，今留虚，其孰當之？」晏子曰：「齊當之。」公不説，曰：「天下大國十二，皆曰諸侯，齊獨何以當？」晏子曰：「虚，齊野也，且天之下殃，固于富疆，爲善不用，出政不行，賢人使遠，讒人反昌，百姓疾怨，自爲祈祥，録録疆食，進死何傷！是以列舍無次，變星有芒，熒惑回逆，孽星在旁，有賢不用，安得不亡！」公曰：「可去乎？」對曰：「可致者可去，不可致者不可去。」公曰：「寡人爲之若何？」對曰：「盍去冤聚之獄，使反田矣；散百官之財，施之民矣；振孤寡而敬老人矣。夫若是者，百惡可去，何獨是孽乎！」公曰：「善。」行之三月，而熒惑遷。

《吕氏春秋・季夏・制樂》 宋景公之時，熒惑在心，公懼，召子韋而問焉，曰：「熒惑在心，何也？」子韋曰：「熒惑者，天罰也；心者，宋之分野也，禍當於君。雖然，可移於宰相。」公曰：「宰相所與治國家也，而移死焉，不祥。」子韋曰：「可移於民。」公曰：「民死，寡人將誰爲君乎？寧獨死。」子韋曰：「可移於歲。」公曰：「歲害則民饑，民饑必死。爲人君而殺其民以自活也，其誰以我爲君乎？是寡人之命固盡已，子無復言矣。」子韋還走，北面載拜曰：「臣敢賀君。天之處高而聽卑。君有至德之言三，天必三賞君。今夕熒惑其徙三舍，君延年二十一歲。」公曰：「子何以知之？」對曰：「有三善言，必有三賞。熒惑有三徙舍，舍行七星，星一徙當一年，三七二十一，臣故曰君延年二十一歲矣。臣請伏於陛下以伺候之。熒惑不徙，臣請死。」公曰：「可。」是夕熒惑果徙三舍。

藝文

漢・揚雄《羽獵賦》 明月爲候，熒惑司命，天弧發射，鮮扁陸離，駢衍佖路。

漢・郎顗《論弭災數事》 以爲立夏之後，當有震裂涌水之害，又比熒惑失度，盈縮往來，涉歷輿鬼，環繞軒轅。

唐・白居易《與沈楊二舍人閣老同食勑賜櫻桃翫物感恩因成十四韻》 内園題兩字，西掖賜三臣。熒惑晶華赤，醍醐氣味真。如珠未穿孔，似火不燒人。

唐・杜甫《魏將軍歌》 星纏寶校金盤陁，夜騎天駟超天河。欃槍熒惑不敢動，翠蕤雲旓相蕩。

唐・韓愈《苦寒》 虎豹僵穴中，蛟螭死幽潛。熒惑喪躔次，六龍冰脱髯。

宋・畢仲游《西臺集・上門下侍郎司馬温公書》 一二公所用不過八九人，如熒惑失度而欃槍竟天，雖有德星之出，豈敢言禍之所勝哉！

宋・陳普《石堂先生遺集・弟子清夜遊賦》 乃者歲朝明堂，熒惑潛慝，露華百室，柝静萬國，澗水有聲。

宋・蘇軾《述災沴論賞罰及修河事繳進歐陽修議狀劄子》 又是日熒惑與日同度，太史奏言當旱，既而雨足歲豐。臣讀至此，因進言水旱雖天數，然人君修德，可以轉災爲福。故宋景公一言，熒惑退三舍。元豐八年，熒惑守心，逆行犯房，又逆而西垂，欲犯氐。氐四星，后妃之象也。方是時，二聖在位，發政施仁，惟恐不及。臣視熒惑退舍甚速，如有所畏，不敢復西。

宋・蒲瀛《次韻袁升之遊海雲寺鴻慶院山茶》 花開似火半燒空，熒惑飛來失故宫。但見洛人誇魏紫，誰知蜀國産真紅。

元・鄧雅《玉笥集・走馬燈》 絳紗籠子夜通明，戲馬盤迴不暫停。謾想龍媒追電火，恍疑熒惑犯房星。光騰不照關山路，影動還依錦繡屏。多少駑駘空食粟，獨能焜耀使君庭。

元・郝經《陵川集・緯亢行》 誰知總向亢中聚，同舍參差不同度。歲鎮熒惑共光明，金水煌煌俱不怒。

明・貝瓊《清江文集・贈星學梅生序》 熒惑南流，會鶉尾。利不及升斗，位不登三公，唯有文章吐奇。

明・程敏政《篁墩集・平逆頌》 孟秋既朔，熒惑在垣。伺間而舉，狺聲喧喧。燔我闕門，戕我朝士。

雜録

《韓非子・飾邪》 又非天缺、弧逆、刑星、熒惑、奎台非數年在東也。

《黃帝内經・素問・金匱真言》 南方赤色入通於心，開竅在舌，藏精在心。其病在五臟，其味苦，其類火光，其畜馬雉羊，其穀黍，其應四時上爲熒惑，是以知病之在脈也。

漢・劉向《説苑・辨物》 熒惑襲月，孽火燒宫，野禽戲庭，都門内崩。天變動於上，羣臣昏於朝，百姓亂於下，遂不察是以亡也。

漢・王符《潛夫論・卜列》 神農火精，承熒惑而王，夫其子孫咸當爲徵。

漢・京房《京氏易傳》卷上 金土火互爲體，五星從位起熒惑。

晉・葛洪《抱朴子・内篇・雜應》 熒惑，赤氣，使入心，四季之月食。

晉・干寶《搜神記》卷八 諸兒莫之識也，皆問曰：「爾誰家小兒，今日忽來？」答曰：「見爾羣戲樂，故來耳。」詳而視之，眼有光芒，爚爚外射。諸兒畏之，重問其故。兒乃答曰：「爾恐我乎？我非人也，乃熒惑星也。將有以告爾：三公歸于司馬。」諸兒大驚。

南北朝《赤松子章曆・消怪章》 南方赤怪，自稱熒惑，動作赤物，欲來所害，願南方赤帝消滅怪殃。

南北朝《靈寶五符經・靈寶五帝官將號》 南方赤飄弩，號曰赤帝，其神丙丁，服色尚赤，駕赤龍，建朱旗，氣爲火，星爲熒惑，從羣神三十萬人，上和夏氣，下長萬物。

唐・李善注《文選・靈台詩》 《尚書考靈耀》曰：熒惑順行，甘雨時也。

唐・王涇《大唐郊祀録・祀禮》 以炎帝，又以祝融氏、熒惑、三辰、七宿從祀。

案：【略】杜元凱云：祝融，明貌也。熒惑，禮也視也。

五代・彭曉《周易參同契通真義・審用成物》 女姹朱砂男孕雪，地藏熒惑丙含壬。

宋・白玉蟾《武夷集・木郎祈雨呪》 閼伯撼動崑崙峰。

南方熒惑星君，下有閼伯神君。撼動崑崙之山頂，有天河也。此言火神動山嶽傾天河也。

宋・釋贊寧《宋高僧傳・義解》 昔後魏曾失熒惑星，至今帝車不見，此則天將大儆於陛下也。

元・李道謙《甘水仙源録・長春真人本行碑》 參叩玄官，方門異户，靡不向風。每醮輒鶴見。熒惑犯尾宿，師禳之即退舍，旱魃爲民虐，師祈之則兩應。

元・丘處機《攝生消息論・心臟夏旺》 心合辰之巳午，外應南岳，上通熒惑之精。故心風者，舌縮不能言也。

明・曹學佺《周易可説・繫辭上》 天地之異，如景公發言善而熒惑退舍，東海孝婦含而三年不雨是也。言行一發，有榮有辱，推而極之，動天地者亦然，安得而不慎哉！

明・朱橚《普濟方・五臟像位》 南方，朱雀之火，旺於夏七十二日，墓在戌，其數二七，上應熒惑，下合離卦。

木星部

題　解

僞孔安國注《尚書·虞書》　木曰歲星。

《文子·精誠》　政失於春，歲星盈縮不居其常。

漢·劉安《淮南子·天文訓》　東方，木也，其帝太皞，其佐句芒，執規而治春；其神爲歲星，其獸蒼龍，其音角，其日甲乙。

漢·許慎《説文解字》卷二下　歲，木星也，越曆二十八宿，宣徧陰陽，十二月一次。

三國魏·張揖《廣雅·異祥》　歲星，謂之重星，或謂之應星。木宿也。

宋·陳埴《木鍾集·史》卷一一　德歲謂歲星，古分野得名，皆以侯國始封之日歲星所次，故因以爲分野。以此知自古天文家，常以歲星所在占吉祥。今歲星正次越分野，足知吴之不能爲也。

宋·林希逸《鬳齋續集·太玄精語》　倉靈，木星也。其配爲太白金星也。金木相配，而不可以同二十八宿之度，太白在南，木星在北，名曰牝牡，歲則大稔。

論　説

宋·洪邁《論歲星》　十有二歲。注：歲星爲陽，右行於天，太歲爲陰，左行於地，十二歲而小周。湍水云：歲星在天，歲陰在地。《天官書》曰：歲陰在攝提格，歲星在星紀。歲陰在單閼，歲星在玄枵。自嘉祐丁酉，驗之多差，近年尤甚。歲星常先月餘，近年以來，常先一百二十餘日。愚考《大衍歷議》曰：歲星自商、周迄春秋之季，率百二十餘年而超一次。戰國後，其行寖急，至漢尚微差，及哀、平間，餘勢乃盡，更八十四年而超一次。三山陳氏謂：如《左氏》之説，則寅而在卯，午而在亥；如《史記》之説，則寅而在丑，辰而在亥。以次推之，皆不同。《汲冢·師春》謂：歲星每歲而減一分，積百四十四年而滿本數，則爲超辰之限。

宋·王應麟《困學紀聞·周禮》　「十有二歲」。注：歲星爲陽，右行於天，太歲爲陰，左行於地，十二歲而小周。湍水云：「歲星在天，歲陰在地。《天官書》曰：『歲陰在攝提格，歲星在星紀。歲陰在單閼，歲星在玄枵。』自嘉祐丁酉，驗之多差，近年尤甚。歲星常先月餘，近年以來，常先一百二十餘日。」愚攷《大衍曆議》曰：「歲星自商、周迄春秋之季，率百二十餘年而超一次。戰國後，其行寖急，至漢尚微差，及哀、平間，餘勢乃盡，更八十四年而超一次。」三山陳氏謂：如《左氏》之説，則寅而在卯，午而在亥；如《史記》之説，則寅而在丑，辰而在求。以次推之，皆不同。《汲冢·師春》謂：歲星每歲而減一分，積百四十四年而滿本數，則爲超辰之限。

元·熊朋來《五經説·左傳襄昭間所言歲星與〈天官書〉及今歷家算木星各不同》　襄二十八年春無冰，梓慎曰：今兹宋、鄭其饑乎？歲在星紀，而淫於元枵。注引襄十八年董叔曰：天道多在西北，謂是年歲星在亥。自襄十八年至二十八年，行十一宮，當在星紀。如左氏之法，是歲星午年在亥，未年在戌，申年在酉，酉年在申，戌年在未，亥年在午，子年在巳，丑年在辰，寅年在卯，卯年在寅，辰年在丑，巳年在子。襄十八年丙午，據今曆家躔度約法，則午年木星在辰；依《史記·天官書》，則午年當在酉。襄二十八年丙辰，據今曆家躔度約法，則辰年木星在午；依《史記·天官書》，則辰年當在亥。皆與左氏言歲星不同。又如昭九年書夏四月陳災，《左傳》鄭裨竈曰：五年陳將復封，封五十二年而亡。歲五及鶉火，而陳卒亡。故曰五十二年。本注是年在星紀，五歲及大梁，而陳復封。自大梁四年而及鶉火，又四周四十八年。凡五及鶉火。愚案昭公八年，楚滅陳九年戊辰。據今曆家躔度約法，辰年木星在午；依《史記·天官書》則辰年當在亥。左氏説歲星，自爲一家。昭九年戊辰，歲在星紀，正如襄二十八年丙辰，歲在星紀。所謂五十二年者，當哀公十二年戊午，不見陳亡，是年楚公子結伐陳，

吳救陳，未嘗亡也。又如昭三十二年辛卯伐越，史墨曰：不及四十年，越其有吳乎？越得歲而吳伐之。本注此年歲在星紀。星紀，吳越之分。歲星所在，其國有福。案十二星本無吳，止有越。以左氏歲星例推之，卯年當在寅，而淫於星紀者也。案今曆家算木星約法，則卯年當在未；依《史記・天官書》，則卯年當在子。愚嘗觀天象而證之，則曆家所算木星，乃歲星之昏見者也；《天官書》所言歲星，乃歲星之晨見者也。各有其星在焉。昏見者，先他星而出。晨見者，後他星而没。恒以寅年寅月、卯年卯月，朝昏候之可見，皆謂歲星也。惟左氏所言，未知爲何星？又如王猛克壺關之年，當海西公太和五年庚午。申胤謂「福德在燕」，趙秋謂「天道在燕」。當時秦太史論彗星亦云「尾箕燕」，分然午年，歲星不在尾箕之分。又如石越諫伐晉，言「歲鎮守斗，福德在吳」。當秦世祖建元十八年壬午則午年，亦不當在吳越之分。此時所謂歲星，與《左傳》午年在亥之例，又不同。必有至當之説，以俟知天道者。

清・何濟川《管窺圖説》 歲星考詳

按馮相氏掌十有二歲，十有二辰專屬太歲。保章氏以十有二歲之相觀天下之妖祥，專言歲星，蓋太歲十二年一周，歲星亦十二年一周天，故易致混。《周官義疏》曰：木星有似太歲，故名歲星，是歲星因太歲而得名，而太歲究無與於歲星也。見諸注疏者義甚詳悉，而周氏所採亦頗簡明。今備録於此，其言曰：《周禮》馮相氏掌十二歲。鄭康成謂：歲者，太歲與歲星相應，歲星右行於天，如娵訾，降婁日在之次第是也，十二年一周天。太歲左行於地，如寅曰攝提格，卯曰單閼之次第是也，亦十二歲一周天。歲星可見，太歲不可見，故舉歲星亦可以表太歲也。然歲星雖十二年一周，其實每年行一次有餘。劉歆《三統》之術，以爲歲星一百四十四年行一百四十五次，是以《左傳》昭公十三年壬申歲在大梁，十五年甲戌當在鶉首，而越在鶉火，由餘分數滿，跳過一次也。孔穎達曰：歲星在天一百四十四年跳一辰，十二年一小周，謂一年移一辰也；一千七百八十年一大周，謂十二跳匝也。服虔注《春秋》，有龍度天門之説。龍者，歲星，辰爲天門，以歲星跳度，故曰龍度天門也。太歲在地，與歲星跳辰年數同，雖右行、左行各異，而行度不異，故舉歲星則太歲可見。又馮相氏注云：歲星與日同次之月，太歲在焉，今歷太歲非此也。疏謂：太歲同次者，一年之中以一辰爲法，即如是年歲星與日會於星紀，是子月有太歲也，至下年歲星移向子上。若歲星與日會於元枵，是五月有太歲也，至下年歲星移向丑上。此外皆然，其言今歷太星非此者，以今歷太歲無跳辰之義也。歲星行度一甲子，五周天有奇。周景王甲戌在鶉火，至今康熙甲戌歷三十七甲子。若依三統法，已跳十五次，宜乎在大火。及質之術家，皆云：今仍在鶉火，知跳辰之法，其中又有變通。按上言，至下年，歲星移向子上，移向丑上。此歲星，皆當指太歲言。自子而丑，所謂太歲與月建左旋也，先言是年歲星與日會於星紀，次言歲星與日會於玄枵。星紀屬丑，玄枵屬子，是由丑而及子，即所謂歲星與日右旋也。

觀此，知日行右轉，月建左旋，天道左旋，而經星并太歲從之，日體右轉而歲星從之，故《天官書》云：歲陰在寅，歲星居丑。歲陰即太歲，即地支也。

清・合信《天文略論》 論木星

木星乃行星之最大者也，離日四百九十五兆里，中國一千七百三十二兆五十萬里。離地至近時四百兆里。中國一千四百兆里。離日雖遠，但除金星之外，即係木星最光，因星之體大也。其直徑有八萬九千里，中國三十一萬一千五百里。外圍二十七萬九千里，中國九十七萬六千五百里。圜日軌道三千兆里。中國二萬一千五百兆里。每九點鐘五十五分轉身一回，每一點鐘行二萬九千里。中國十萬零一千五百里。運行日外一回十一年零三百十五日，天文士用鏡細看木星見真形迹，轉身一回正合九點五十五分之時，因知木星有日夜，但比地球日夜更短也。星體有黑氣三四條，如帶横於腰中，向日之處時時平對，則星體雖然轉身，可分晝夜，大約四時亦不分也。黑帶之迹天文士皆不能猜，是何故？前數百年，天文士加利利阿始有大千里鏡，測見木星之旁有三點小光，東二西一，此時想係定位之星偶然相近。次晚再看，見三光點總在木星之西，心内疑惑。十日再看，得見兩點在東，十一晚亦見兩點在東，但有一點倍大，如此每夜所見不同。十三夜再看，見有四光點，西三東一，都是平排。十五夜見四點都在西邊，均匀平正相離木星之位，因想此光點非定位之星，必是木星之月，如地球之有一月也。天文士測算木星四月合之爲一，比較地球之月大十三倍，後人同心測看此四月，時時由西轉過東，必與木星中腰平對，其運行有遲有速，時近時遠轉行甚捷。西國天文士以木星之月轉於星後之時，亦名之爲月蝕，推算之，每月必蝕數回，遂先推準其時刻作成一書，可以助行船之人在大洋海之中，測算地球之經度也。

清・麼嘉立、薛承恩《天文圖説》 論木星【略】

小行星外即木星，爲近日之第五星，在屬日行星間可謂最大，而光則次於金星。直徑約二十五萬五千里，其體較地體大千餘倍，或疑所見者非其實體，乃其

包羅之氣，以其內恒大搖動，故知其空氣必厚且深耳。其質最輕，較地僅得四分之一。【略】或度此氣後可化爲洋海，但其體極熱，故其氣至今猶常聚於外面，畧如雲霧而未成海洋也。【略】

木星之軌道離日一百四十二千五百萬里，繞日約十二年一周。其在本軌道，一小時能行九萬里。自轉本軸約十小時一周，而所成之日極短，較地之日猶未及其半。以其自轉本軸速甚，故赤道則凸而長，兩極則平而縮，窺以極精遠鏡，覺其體畧扁，而赤道之直徑較兩極直徑長一萬八千里。若在木星處較在地球觀日更小。【略】

木星外面有灰色帶數道，廣狹不定，其近赤道則帶廣且多，近南北極則帶狹，時見變易，且赤道之光較則處更大。【略】

木星有四月輪，繞行之遠近不同，如各行星之繞太陽。【略】四月中，其第三者爲最大，其第二者之大與地球之月等，其第一、第四，較地球之月則更大。若未有遠鏡，莫能見之。

木星之體甚巨，其形亦闊，所以月之環繞，多與其本體之影相遇，故木星之月，較地球之月其蝕更多。【略】

清·艾約瑟《天文啓蒙》 木星

衆小行星之外有木星，即歲星，於日所統率之衆行星中爲最大者，明亮僅遜於金星，因金星距日，從不甚遠，我儕不至與金星認混。木星軌道距日十四萬二千八百萬里，繞行一周，四千三百三十三日。

以力不大之遠鏡視木星，見其形式爲扁圓，南北二極處，形多虧缺。木星面横有暗帶數道，如圖中式。更見有若許大黑片，並別樣瑕玼斑痕於其面際，後此可詳言之。惟歷家驗其行動之遲速，乃知木星約於十點鐘頃即自爲旋轉本軸一次。木星直徑，較地直徑長及十倍，揣而知其南北二極處扁圓式，並赤道處凸出式，必甚多於地

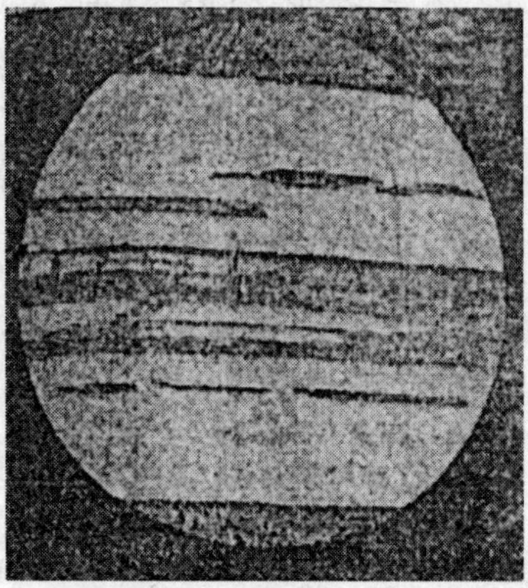

第三十四圖　木星面暗帶式

球。此何故哉？即以木星赤道處旋轉之速率，較地球赤道處速及二十倍，一點鐘頃，木星赤道處，可旋行六萬里。

木星面積有數道暗帶，並他類之黑片、瑕玼、斑痕，於上文已畧爲講論，並揣想木星體外，有雲套籠罩，故我儕望之極明，其暗帶、黑片，皆爲無雲籠罩雲套破裂處，或爲木星之本體，或爲雲套內之下層雲。然揣其爲下層雲，似真於本體，其暗帶之多少，形式之大小，俱屢有變更，時見有架起之雲橋，渡過横列之暗帶。據此爲證，可知我儕見之明面，非木星本體面，乃籠罩木星多帶雲之風氣套也。

前所論之各行星與地球不同者，即無月在其星外環繞之一事，惟木星體外，有四個小月環繞行動，且俱隨時變形，與我儕之月無異。其四個小月體，大小差無幾，直徑之長，約在六千里上下，距木星面遠近各不等，繞木星行動之時刻，亦遲速各不同。其一月繞木星行一周，用不滿二晝夜頃，其二月三晝夜有半即繞木星行一周，其三月七晝夜復加三點鐘頃，方能繞木星行一周，其四月需十六晝夜有四分晝夜之三，始可繞木星行一周，即十六日有十八點鐘也。各小月行之軌道，俱與木星軌道面相交角無多，因而其一二三小月，經過木星與日之中間時，於木星面際，必有見爲日食之某處。惟其第四小月所行之軌道，與木星相交角較大，不能每一次經過日與木星中間，即準有日食，皆以其經過時，有偏上偏下式也。其四個小月行於木星彼面，恒入於木星之影，每一次入木星影亦必每一次見有月食式，與地外之月亦屬一理。

以遠鏡向其四個小月看視，見其俱往來於木星之左右，與我儕於地面視內行星往來於日之左右相似。小月由左至木星右，由木星右至左，多有經過木星面式，即可名之曰某月過木星面，且我儕有時由旁觀之，能見其月影過木星面。凡我儕地球行至日與木星之連線近處，因月自遮其影，不能見月影過木星面，若行至日與木星之連線外遠處，即可見月之影從木星面過，衆小月在木星彼面經過，我儕有時倏然不見，其月體入於木星影內，即謂之月食。有時我儕不與木星影在一面，於月過木星之後，不見爲月食式，祇見爲木星掩月式，如圖。地行於其軌道至戊點時，

第三十五圖　發明木星外之四小月或月食或被木星掩或經過木星面之各形式

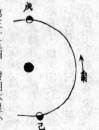

見未點月經過木星面，午點月爲木星掩，申點月有月食之式，由戌點向木星處窺視，見每一小月入木星影之先，必爲木星體所掩。試復移地於已點視之，見午點月不爲木星掩，而入木星影內，即有月食之式。酉點之月必經過木星面，申點之月必入木星影而有月食之式，嗣後出木星影時，即行至木星背後，被木星遮掩，仍還至木星左邊。

木星之南北軸線，與其所行軌道之交角，所差不能踰四度，冬夏令無甚異。

木星體較地球體，大及一千三百倍，足與千有三百與地體同大之球相等。雖其體如是大，而重止有地體重之三百倍。成木星體之各物，雖不能確知爲何物，然知其較地之泥、土、水、石、木等物，輕者多矣。設以地體質疏密率爲一，與木星體質疏密比較，木星猶不及地四分一之一。

綜述

漢・劉安《淮南子・天文訓》 太陰在四仲，則歲星行三宿；太陰在四鉤，則歲星行二宿，二八十六，三四十二，故十二歲而行二十八宿。日行十二分度之一，歲行三十度十六分度之七，十二歲而周。

又 太陰元始建於甲寅，一終而建甲戌，二終而建甲午，三終而復得甲寅之元。歲徙一辰，立春之後，得其辰而遷其所順。前三後五，百事可舉。太陰所建，蟄蟲首穴而處，鵲巢鄉而爲户。太陰在寅，朱鳥在卯，勾陳在子，玄武在戌，白虎在酉，蒼龍在辰。寅爲建，卯爲除，辰爲滿，巳爲平，主生。午爲定，未爲執，主陷。申爲破，主衡。酉爲危，主杓。戌爲成，主少德。亥爲收，主大德。子爲開，主太歲。丑爲閉，主太陰。太陰在寅，歲名曰攝提格，其雄爲歲星，舍斗、牽牛，以十一月與之晨出東方，東井、輿鬼爲對。太陰在卯，歲名單閼，歲星舍須女、虛、危，以十二月與之晨東方，柳、七星、張爲對。太陰在辰，歲名曰執除，歲星舍營室、東壁，以正月與之晨出東方，翼、軫爲對。太陰在巳，歲名曰大荒落，歲星舍奎、婁，以二月與之晨出東方，角、亢爲對。太陰在午，歲名曰敦牂，歲星舍胃、昴、畢，以三月與之晨出東方，氐、房、心爲對。太陰在未，歲名曰協洽，歲星舍觜巂、參，以四月與之晨出東方，尾、箕爲對。太陰在申，歲名曰涒灘，歲星舍東井、輿鬼，以五月與之晨出東方，斗、牽牛爲對。太陰在酉，歲名作鄂，歲星舍柳、七星、張，以六月與之晨出東方，須女、虛、危爲對。太陰在戌，歲名曰閹茂，歲星舍翼、軫，以七月與之晨出東方，營室、東壁爲對。太陰在亥，歲名大淵獻，歲星舍角、亢，以八月與之晨出東方，奎、婁爲對。太陰在子，歲名困敦，歲星舍氐、房、心，以九月與之晨出東方，胃、昴、畢爲對。太陰在丑，歲名曰赤奮若，歲星舍尾、箕，以十月與之晨出東方，觜巂、參爲對。太陰在甲子，刑德合東宮，常徙所不勝，合四歲而離，離十六歲而復合。所以離者，刑不得入中宮，而徙於木。

漢・司馬遷《史記》卷二七《天官書》 察日、月之行以揆歲星順逆。曰東方木，主春，日甲乙。義失者，罰出歲星。歲星贏縮，以其舍命國。所在國不可伐，可以罰人。其趨舍而前曰贏，退舍曰縮。贏，其國有兵不復；縮，其國有憂，將亡，國傾敗。其所在，五星皆從而聚於一舍，其下之國可以義致天下。

以攝提格歲：歲陰左行在寅，歲星右轉居丑。正月，與斗、牽牛晨出東方，名曰監德。色蒼蒼有光。其失次，有應見柳。歲早，水；晚，旱。

歲星出，東行十二度，百日而止，反逆行；逆行八度，百日，復東行。歲行三十度十六分度之七，率日行十二分度之一，十二歲而周天。出常東方，以晨；入於西方，用昏。

單閼歲：歲陰在卯，星居子。以二月與婺女、虛、危晨出，曰降入。大有光。其失次，有應見張。(名曰降入。)其歲大水。

執徐歲：歲陰在辰，星居亥。以三月(居)與營室、東壁晨出，曰青章。青青甚章。其失次，有應見軫。(曰青章)歲早，旱；晚，水。

大荒駱歲：歲陰在巳，星居戌。以四月與奎、婁(胃昴)晨出，曰跰踵。熊熊赤色，有光。其失次，有應見亢。

敦牂歲：歲陰在午，星居酉。以五月與胃、昴、畢晨出，曰開明。炎炎有光。偃兵；唯利公王，不利治兵。其失次，有應見房。歲早，旱；晚，水。

叶洽歲：歲陰在未，星居申。以六月與觜巂、參晨出，曰長列。昭昭有光。利行兵。其失次，有應見箕。

涒灘歲：歲陰在申，星居未。以七月與東井、輿鬼晨出，曰大音。昭昭白。

其失次，有應見牽牛。

作鄂歲：歲陰在酉，星居午。以八月與柳、七星、張晨出，曰(爲)長王。作作有芒。國其昌，熟穀。其失次，有應見危。(曰大章。)有旱而昌，有女喪，民疾。

閹茂歲：歲陰在戌，星居巳。以九月與翼、軫晨出，曰天睢。白色大明。其失次，有應見東壁。歲水，女喪。

大淵獻歲：歲陰在亥，星居辰。以十月與角、亢晨出，曰大章。蒼蒼然，星若躍而陰出旦，是謂「正平」。起師旅，其率必武；其國有德，將有四海。其失次，有應見婁。

困敦歲：歲陰在子，星居卯。以十一月與氐、房、心晨出，曰天泉。玄色甚明。江池其昌，不利起兵。其失次，有應(在)〔見〕昴。

赤奮若歲：歲陰在丑，星居寅。以十二月與尾、箕晨出，曰天晧。黫然黑色甚明。其失次，有應見參。

當居不居，居之又左右搖，未當去去之，與他星會，其國凶。所居久，國有德厚。其角動，乍小乍大，若色數變，人主有憂。

其失次舍以下，進而東北，三月生天棓，長四丈，末兑。進而東南，三月生彗星，長二丈，類彗。退而西北，三月生天欃，長四丈，末兑。退而西南，三月生天槍，長數丈，兩頭兑。謹視其所見之國，不可舉事用兵。其出如浮如沈，其國有土功；如沈如浮，其野亡。色赤而有角，其所居國昌。迎角而戰者，不勝。星色赤黄而沈，所居野大穰。色青白而赤灰，所居野有憂。歲星入月，其野有逐相；與太白鬬，其野有破軍。

歲星一曰攝提，曰重華，曰應星，曰紀星。營室爲清廟，歲星廟也。

漢・班固《漢書》卷二六《天文志》 歲星曰東方春木，於人五常仁也，五事貌也。仁虧貌失，逆春令，傷木氣，罰見歲星。歲星所在，國不可伐，可以伐人。超舍而前爲贏，退舍爲縮。贏，其國有兵不復；縮，其國有憂，其將死，國傾敗。所去，失地；所之，得地。一曰，當居不居，國亡；所之，國昌；已居之，又東西去之，國凶，不可舉事用兵。安静中度，吉。出入不當其次，必有天祅見其舍也。

歲星贏而東南，石氏「見彗星」，甘氏「不出三月乃生彗，本類星，末類彗，長二丈」。贏東北，石氏「見覺星」，甘氏「不出三月乃生天棓，本類星，末鋭，長四尺」。縮西南，石氏「見欃雲，如牛」，甘氏「不出三月乃生天槍，左右鋭，長數丈」。縮西北，石氏「見槍雲，如馬」，甘氏「不出三月乃生天欃，本類星，末鋭，長數丈」。石氏「槍、欃、棓、彗異伏，其殃一也，必有破國亂君，伏死其辜，餘殃不盡，爲旱、凶、飢、暴疾」。至日行一尺，出二十餘日乃入，甘氏「其國凶，不可舉事用兵」。出而易，「所當之國，是受其殃」。又曰「祅星，不出三年，其下有軍，及失地，若國君喪」。

北周・庾季才《靈臺秘苑》卷九五 星占法

歲星占

歲星者，蒼龍之精，主福德也。色青，東方，木，甲乙，皆配之。五常曰仁，五事曰貌，於官曰大司農，分主齊，主五穀，營室曰清廟，於卦爲震，其類風雷，而風雷爲號令，風動雷震動，人君之道也，故象主德焉。又司人君、諸侯之過。若人君之行德政，貌恭肅，星則光盈滿大潤澤，而降福祥，人主壽昌，五穀豐登，天下安而四夷服，其分豐樂，從諫則如度。酷亂恣情，讒臣競進，則失度芒角，君道不昌，百穀不登，庶士不寧，天下兵起。君明則星明，暗則星暗。當春時必順少陽，施德令，率百官行賞賚，以及兆民，順天象，授民時，樹嘉穀，務農時，修封疆，相地置，以道民命，祀山林，禁伐材木，命有司發倉廩，賜貧乏，賑飢繼絶，開府庫，出幣帛，周給天下，勉勵諸侯，聘名士，禮賢者，則星無變異，政緩不行，急則過分，逆則占。仁虧貌失，逆春令，傷木氣，罰見歲星。春行夏令，則熒惑之氣干之，星乃變、赤、芒角，則雨水不時，草木早落，國時多恐，大旱，煖氣早來，蟲蝗爲害，人多疫痢。或時雨不降，山林不收。若行秋令，則太白之氣干之，色白無光，人多疾疫，飄風大雨驟至，藜莠與蓬蒿並生，國有大水，灌侵我境，征伐大興。若行冬令，辰星之氣干之，色黑水滂爲敗，霜雪大盛，百種不如，陽氣不勝，麥乃不熟，熱氣時發，草木皆肅。星之行，初與日同度，曰合伏。光伏日下經十六日八十分，行度八十分，去日十三度外，乃晨見東方而順。順二百一十二日，行十八度十二分而留。二十四日而退，退四十六日六十四分，行五度一十八分，與日對其前爲前期，後爲後期。又入退四十六日六十六分，行五度一十八分而留，留二十四日然後順，順一百一十二日，行十八度三十分，去日十三度乃夕伏於西方。經十六日八十分，行度八十分，復與日軌同度而合，積三百九十八日十八分爲伏見。一終之，計行十三度六十三分與距合，周而復始。若盈縮以其舍，命國有德，厚五穀，成人，不可伐，可以伐人。其對爲沖，歲乃有殃。安静中度則吉。進退失度，變色，其分憂，不可主事用兵。又爲五穀不登，下有逐臣，出入不當，其所必有天妖。見其舍在黄道陰，則多雨水。初見小而益大，所居國利，迫之，國

耗。去其舍之，他所去之國爲飢，爲兵，爲凶，爲失，所居之國爲樂、爲昌、爲得也。未當居而居之，當去而不去，既以去復還居之，皆爲有福，當修其德以應其福，則不變爲災。若當居而不居，未當去而去之，若居之又左右行，搖，其國凶，臣强。晝盡見，爲臣强。去氣長在三丈，有喪或大水。若色赤而角，其國昌。赤黄而沈，其野大穰。一曰色青，獄訟興，赤乃人君暴，黄則歲豐，黑白爲兵喪。又曰芒澤色赤，有子孫喜。其角動，乍小乍大，若色數變，人主有憂。在春曰王象，如參左角大而青，有精光，仲春之時有芒角，在冬曰相，其色精明。芒角在夏曰休，色赤無精明。在四季曰囚，其色青，微黑。在秋曰死，其色細不明，如其色，則天下和平。王時而有退舍，有惡令，所守之舍，其下有逆德逐臣。相時而有五色，其宿國主强臣强，休色免，囚色憂死。色相留守之，國在中道，天下和平。當休時而有五色，其宿國有兵，相色，大臣傷，囚色，草木損死，五穀復。若囚時而有五色，其宿國政令不行，臣下有謀，相色，下奪，六月降霜，休色，所謀不成，死色，公卿憂，所居之舍，居其喪。當死時而有五色，果木榮華，相色，草木枯折，休色，土工興，囚色，下有喪。凡歲星與他星合鬬，大合，旱，爲飢戰，北軍困。合而鬬，殺大將，爲飢，爲旱，子憂父，國憂賊。土則内亂民飢。又曰，其國熟，若人吏死，一曰，太子反，國辱。太白，大將死，白衣會。金南，曰稔，來年熟。金在北，歲偏無。又曰，合而過者，兵罷。與金同光，其野有謀，兵起，若還繞乍東乍西，有逐相。若合，而國有亂内大將，野有破軍。又爲水，與水合，爲内亂，有兵兵不利，寇起，亦爲變謀而更事，國災水，民流亡。若與辰星合七日以上，其分上下和，道德相生，其半年。若觸熒惑，其國亂憂病；填星，則太子、王公侯有疾；太白，則旱，四夷來侵，辰星，則主憂病。其守則火爲敗，有賊，蝕則人主惡之，土則其下城敗，金則四序不調，陰陽失則，木則以賊爲憂，其退相犯，火則奸臣謀殺大將，戰克勝。退犯鎮星，太子叛，相犯太白，大臣黜，女后喪，犯之，草木自死，角生。犯辰星，太子憂，一曰喪死，爲兵。

唐·李淳風《觀象玩占》卷六 歲星

總叙

歲呈，一曰攝提，又曰重華，曰應星，曰經星，曰紀星。東方青帝，靈威仰之，神蒼龍之，精木德之。宿歲行一次，十二年一周天，與太歲相應，故謂之歲星。人主之象，主道德五常，主仁、五事爲貌失，逆春、令寒、傷木氣，則罰見歲星，故歲星主春，其日甲乙，其辰寅卯，其卦震巽，其音角，其帝太皞，其神勾芒。歲星

其有福逆之，則恕，爲殃尤甚。歲星主司天下，諸侯人君之福，主齊吴以東之國，又爲農官，主五谷所居之宿，五谷蕃昌，其對爲衝，歲乃有殃，歲星所在之國不可伐，可以伐人，所留之野吉，去之野凶。

唐·魏徵等《隋書》卷二〇《天文志中》 歲星曰東方春木。於人五常，仁也；五事，貌也。仁虧貌失，逆春令，傷木氣，則罰見歲星。歲星盈縮，以其舍命國。其所居久，其國有德厚，五穀豐昌，不可伐。其對爲衝，歲乃有殃。歲星安静中度，吉。盈縮失次，其國有變，不可舉事用兵。又曰，人主出象也。色欲明光潤澤，德合同。又曰，進退如度，姦邪息；變色亂行，主無福。又主福，主大司農，主齊、吴，主司天下諸侯人君之過，主歲五穀。赤而角，其國昌；赤黄面沉，其野大穰。

又 歲星之精，流爲天棓、天槍、天猾、天衝、國皇、反登。【略】

唐·瞿曇悉達《開元占經》卷二三 歲星占

歲星名主

《石氏》曰：歲星，一名攝提。一名重華。一名應星。一名經星。

《天官書》曰：歲星，一名紀星。又曰：歲星，廟也。

《春秋緯》曰：春精靈威仰神爲歲星體，東方青龍之宿。

《石氏》曰：歲星，木之精也。位在東方，青帝之子，歲行一次，十二年一周天，與太歲相應，故曰歲星。人主之象，主仁、主義、主德，主大司農，主次相。其國吴齊，於日于甲乙，其辰寅邪，所在之邦有福。主顔貌怒喜，意所欲施行。《合誠圖》曰：歲星主合德。

《洪範五行傳》曰：歲星者，於五常爲仁，恩德孝慈；於五事爲貌，威儀舉動。仁虧貌失，逆春令則歲星爲灾。案：班固《天文志》曰：日逆春令，傷木氣，則罰見歲星。歲星雖主福德，見惡逆則怒，爲殃更重。

《淮南子》曰：東，方木也。木，日地而生也。其神太皞，主東方。其佐勾芒，執規而治春。規者圓也。其神爲歲星，其獸爲青龍，其音角，其日甲乙。

《荆州占》曰：歲星，主春，農宫也。其神上爲歲星，主東維。主歲、主穀。歲星，主司天下諸侯人君之過。

《天鏡》曰：歲星，主春。蒼帝之子，爲天布德。

《石氏》曰：歲星所在之國不可伐，可以伐人。

《甘氏》曰：邦將有福，歲星留居之。

《淮南子》曰：歲星之所居，五谷豈昌，其對爲衝，歲乃有殃。

《荆州占》曰：歲星所居之宿，其國樂；所去之宿，其國飢。又曰：歲所在從，野有慶。所去，兵起。歲星居次順常，其國不可以加兵。可以伐無道之國，伐之必尅。歲星所留之舍，其國五谷成熟。

《石氏讚》曰：歲星，象主，色欲明。歲星，君之象也。

歲星行度

《洪範五行傳》曰：歲星以上元甲子歲十一月甲子朔旦冬至夜半甲子時，與日月五星俱起于牛前五度，順二十八宿右行，十二歲而一周天。

案曆法：歲星一見三百六十三日而伏，三十五日一千三百三十分日之一千一百六十二奇四千五復見如終，一終三百九十八日一千三百四十分日之一千一百六十二奇四十五，衆家之説皆云十二年而一周天，准此微爲踈矣。

《洛書》曰：歲星日行十二分度之一，十二歲而周天，出東方以晨，入四方以昏。

《甘氏》曰：歲星九十二歲而周，皆三百七十日而夕，入于西方。三十日復晨出于東方。視其進退左右，以占其妖祥。歲星居處，安净中度，吉。

《天官言》曰：歲星出東行十二度，百日而止，反逆行八度，百日復東行。

《巫咸》曰：歲星受制，則行桑惠，進羣賢，封有功，出財貨，行賑貸，禁開闔，通障塞，无伐木。

《尚書緯》曰：時五紀氣在于春純，可以觀農桑，禁斬伐，以安國家。如是，則歲星得度，五谷滋矣。

政失于春，星不居其常。《樂動聲儀》曰：角音和調，則歲星常應。太歲月建以見，則發明主爲兵備。發明，金精，鳥也。金既尅木，兵象也。

《荆州占》曰：歲星居金，進退如度，其國有福，王者言，奸邪息。

人君治急，歲星行疾，緩者行遲，刻者行陰道，寬者行陽道，和者行中道。行陽道者旱，行陰道者水，行中道者，陰陽調和。

歲心行正，則王者心正；行邪，則王者心邪。行正者，行黄道也；行邪者，失黄道也。

君行寬則歲星行陽道，多旱。王者外其心，憂在邊臣，封寵无功之人。

《甘氏》曰：凡歲星所在，不可伐。假令歲星在寅，則其歲不可東北征。利西南征，西南無年，有亂民，是謂歲星之衡，當受其凶也。十二歲皆倣此。

《荆州占》曰：歲星，歲行一次居二十八宿，與太歲應。十二歲而周天。太陰居維辰，歲星居維宿二；太陰居仲辰，歲星居仲宿三。

《淮南子》曰：太陰在四仲，則歲星守三宿。太陰，謂太歲也。四仲，子午卯酉也。假令歲陰在卯，星守須女虚危，故曰三宿也。

太陰在四鈎，歲星行二宿。四鈎，謂丑寅爲一鈎，辰巳爲一鈎，未申爲一鈎，戌亥爲一鈎。假令歲陰在寅，歲星在斗牛，故曰二宿也。

案：晉灼曰：太陰在四孟四季，則歲行二宿也。

二八十六，三四十二，故十二歲而行二十八宿。日行十二分度之一，歲行三十度十六分度之一七。十二歲而周。

《春秋緯》曰：太陰在亥，歲星居角亢，太陰在子，歲星居氐房心。太陰在丑，歲星居尾箕。太陰在寅，歲星居斗牽牛。太陰在卯，歲星居須女虚危。太陰在辰，歲星居營室東壁。太陰在巳，歲星居奎婁。太陰在午，歲星居胃昴畢。太陰在未，歲星居觜參伐。太陰在申，歲星居東井輿鬼。太陰在酉，歲星居柳七星張。太陰在戌，歲星居翼軫。運之常也。

《甘氏》曰：歲星居處一國是司歲十二，名攝提格之歲。

案：李巡曰：言萬物承陽而起，故曰攝提格。格，起也。

孫炎曰：陽攝持提攜萬物，使上至。攝提格在寅，歲星在丑，以正月與建斗、牛、婺女。

《天官書》曰：與斗牽牛，石氏曰在斗牛。

《太初曆》曰：在營室東壁。

《淮南鴻烈》曰：太陰在寅歲，名攝提格。其雄在星舍斗牽牛。許慎注曰：太陽在天，爲雄。歲星在地，爲太陰。晨出于東方，爲日，又十二月。

案：《淮南鴻烈》曰：以十二月與之晨出東方，東井輿鬼爲對。許慎注曰：東井輿鬼在未，斗牛在丑，故爲對。夕入于西方，其名曰監德，其狀蒼蒼若有光。其國有德，乃熟黍稷。其國無德，甲兵惻惻。其失次，將有天應，見于柳輿鬼。

《天官書》曰：應見杓。其歲早水晚旱。

《淮南鴻烈》曰：攝提格之歲，早水晚旱，稻疾蠶不登。菽麥昌，民食四升。

《甘氏》曰：單閼之歲，李巡曰：日在夘，吉陽氣推萬物而起，故曰單閼。單者，盡也。閼者，止也。

孫炎曰：本單作單，釋曰殫，猶申也。壅之物于此盡申也。

攝提格在卯，歲星在子，與虛、危。

《天官書》曰：與婺女虛危。

《漢書・天文志》曰：太初曆在奎婁者，晨出夕入。

《淮南子》曰：歲星合婺女虛危，以十二月與之晨出東方，柳也，七星張翼對也。其狀甚大，有光芒，有小赤星附于其側，是謂同盟西國，或昌或亡，死者不在其鄉。其失次見于張，其名曰降入。周王受其殃。國斯反服，甲兵惻惻，其歲大水。

《淮南子》曰：單閼之歲，歲和菽惡，蠶昌，民食五升。

《甘氏》曰：執徐之歲。

李巡曰：言勢之物，皆敷舒而出，故曰執徐。執，蟄也。徐，野也。

孫炎曰：勾者必達。蟄伏之物盡敷舒也。

攝提在辰，歲星在亥，與營室、東壁。

《天官書》曰：以三月與室壁。

《天文志》曰：太初曆在胃昴，晨出夕入。

《淮南子》曰：歲星合壁營室東壁，以正月與之晨出東方，翼軫爲對，其名爲搏谷。

《天官書》曰：青章，甚章也。其國有德，必數其狀。其失次見于軫。

《石氏》曰：失次杓，其名曰青章，其國不利，治兵將有大喪。其歲早旱晚水，小饑，蠶門麥熟，民食之三升，淮南爲執徐之歲。

《甘氏》曰：大荒落之歲。

李巡曰：言萬物皆熾茂而大出，霍然落落，故曰荒落。孫炎曰：物長大荒蕪落莫也。

攝提在巳，歲星在戌也，晨出夕入。

《淮南子》曰：歲星舍奎婁，以二月之晨出東方角亢爲對也，其名曰路嶂。

《天官書》曰：跰踵，其狀熊熊，色有光，其國安，其君增地。其失次見于亢，其名曰清明，其下出賊死主，是歲不可西北征，利東南。東南無軍，有亂民，將有兵作，于其傍執穀其主。

《淮南子》曰：大荒落之歲，有小兵，蠶登、麥昌，菽疾，民食二升。

太歲在午，歲名搀搶。

郭璞曰：謂郭辨。《甘氏》曰：郭將之歲。

《淮南子》曰：郭功。李巡曰：言萬物皆茂，猗移其枝，故曰郭辨。郭，茂也，又曰祥狀也。

孫炎曰：萬物茂狀也。

攝提在午，歲星在酉，與畢昴。

《天官書》曰：以五月與胃昴。

《漢・天文志》曰：太初曆在井鬼也。晨出夕入。

《淮南子》曰：歲星舍胃昴，以二月與之晨出東方，氐房心爲對，其名曰啓明。

《天官書》曰：開明。一曰天津。

《石氏》曰：名磬明，其狀熊熊，若有光。天下偃兵，唯利于立王，不利治兵，其失次見于房。

《石氏》曰：失次杓，其名曰不祥。孽及殷王，禍及四鄉，其歲早旱晚水。

《淮南子》曰：搀搶之歲，歲大旱，蠶登柳疾，菽麥昌華，禾爲，民食二升。

《甘氏》曰：協洽之歲。

李巡曰：在未，言陰陽欲化，萬物和合，故曰協洽也。

孫炎曰：物生和合，含英秀也。

攝提在未，歲星在申，與觜參。

《天官書》曰：以六月與觜參。

《天文志》曰：在張星，晨出夕入。

《淮南子》曰：歲星舍觜參，以四月與之晨出東，尾箕爲對，其名曰張列。

《天官書》曰：長列，其狀昭昭若有光，其色若赤，無有他祥。惟利行兵于四方，仇人不敢治民。其失次見于箕，其名曰不，小民有子，時頭相期。

《淮南子》曰：協洽之歲，有小兵，蠶登稻昌，菽麥不爲，民食三升。

《甘氏》曰：沼灘之歲。郭璞曰：沼音湯昆切，灘音湯干切。

李巡曰：言萬物皆修其精氣，故曰沼灘。物吐秀傾之貌也。

攝提在申，歲星在未，與東井、輿鬼。

《天官書》曰：以七月與井鬼。

《天文志》曰：太初曆在翼軫也。晨出夕入。

《淮南子》曰：歲星舍井鬼，以五月與之晨出東方，斗牛爲對，其名曰火晉，

其狀昭昭，白色有光。有國其亡，亦不在其鄉。其失次見于牽牛，其名曰小章。不利治兵，其國有誅，必害其王，歲小水雨。

《淮南子》曰：沼灘之歲，歲和，小雨行，蠶登，菽麥昌，民食三升。

《甘氏》曰：作愕之歲。《淮南子》曰：作愕或作噩。孫炎曰：鄂音愕。

李巡曰：在酉言萬物墜落，故曰作愕。作，索也，咢落也。孫炎曰：作愕者，物落而枝起之貌。

攝提在酉，歲星在午，與柳、七星、張。

《淮南子》曰：歲星在柳、七星、張。

《漢天文書》曰以八月與柳、七星、張。

《天文志》曰：太初曆在亢。晨出夕入，以六月與之晨出東方，須女虛危爲對也。其名爲長王，其狀乍有芒，有國其昌，盡有四方享獻之祥。其失次見于虛。

《天官書》曰：應見危。

《石氏》曰：失次杓，其名曰大章。有昌而昌，或爲之殃，必在其鄉。其歲有火，有女喪民疾。

《淮南子》曰：作愕之歲，有大兵，民病，蠶不登，麥菽爲禾，民食五升也。

《甘氏》曰：閹茂之歲。孫炎曰：霜閹茂物，使俱落也。

李巡曰：言萬物皆蔽冒，故曰閹茂閥蔽也。茂，冒也。攝提在戌，歲星在巳，與翼、軫。

《天官書》曰：以九月與翼、軫。

《天文志》曰：太初曆在氐房心也。晨出夕入。

《淮南子》曰：歲星舍翼、軫，以九月與之晨出東方，營室壁爲對，其名曰天曜，其狀白色文明，其色若青，國有大疾，其失次見于東壁。

《石氏》曰：失次杓。其國士卿相謫，民人各直剌無有仇謫，鬼神書曰璧，其名曰天侈。其歲有小水，有女喪。

《淮南子》曰：閹茂之歲，小熟有兵，蠶不登，麥不爲，菽昌，民食七升。

《甘氏》曰：大淵獻之歲。李巡曰：言萬物落于亥，更小深藏在近陽，故曰淵獻。淵者，藏也。獻者，近也。孫炎曰：淵深也，獻萬物于大深，謂盡藏攝提在亥，歲星在辰與軫、角、亢。

《天官書》曰：以十月與角、亢。

《漢天文志》曰：太初曆在尾箕，晨出夕入。

《淮南子》曰：歲星舍角、亢，以十月與之晨出東方，奎婁爲對也，其名爲天皇。

《天官書》曰：大章。其狀色玄青，天下不寧，有婦爲政，星若耀而陰出，是謂正本。利起軍旅，其師必武，有德將回國，海内盍服。其失次見于婁，其名厚營，天下盡驚。

《淮南子》曰：大淵獻之歲，有大兵，大熟，蠶開，菽麥不爲，禾凶，民食三升。

《甘氏》曰：困敦之歲。郭璞曰：敦音頓。

李巡曰：在子，言陽氣皆混，萬物芽孽，故曰困敦。

孫炎曰：困敦，混沌也。萬物初萌，混沌于黄泉之下。攝提在子，歲星在卯，與氐、房。

《天官書》曰：以十一月與氐、房心。

《漢天文志》曰：太初曆在建星牽牛，晨出夕入。

《淮南子》曰：歲星舍氐、房心，以九月與之晨出東方，胃昴星爲對也。其名爲天泉，其狀玄色，其江其昌，不利起兵。其失次見于昴，其名曰赤章，其國有喪，不在其王，有水而昌。

《淮南子》曰：困敦之歲，大霧起，大水出，蠶登稻疾，菽麥昌，民食三升也。

《甘氏》曰：赤奮若之歲。李巡曰：言陽氣奮迅，萬物而起，下若其性，故曰赤奮若。陽也，奮迅也。若，順也。

孫炎曰：物萌色赤奮若，順其性而氣始子也。

攝提在丑，歲星在寅，與心、尾、箕。

《天官書》曰：以十二月與尾箕。

《漢天文志》：太初曆在婺女虛危。

甘氏曰：太初曆所以不同者，以星盈盒縮在前，後所見也。其四星亦各如此者也。晨出夕入。

《淮南子》曰：歲星舍尾箕，以十二月與之晨出東方，觜参爲對也。

其名曰天昊，其狀黯然黑色甚明，侯王有慶。其失次見于參，其名洋，有國其虛，其歲早水。

《淮南子》曰：赤奮若之歲，有小兵，早水，蠶不出，稻小疾，菽不爲，麥昌，民食一升。

歲星相王休囚死

《甘氏》曰：歲星之相也，從立冬至冬之盡，其色精明無芒角。

歲星之王也，從立春至春之盡，其色比左角大而蒼，有精光而內實，仲春有芒角。

歲星之休也，從立夏至仲夏無，光明而赤黃。

歲星之囚也，從仲夏至夏之盡，及四季土王時，其色當青黑，止而不行。

歲星之死也，從立秋至秋之盡，其色黑而細小不明，此歲星之常也，如其常，天下大昌。

當其相也而有王色，主弱臣强，有休色，相免。有囚色，相囚。有死色，相死。留之舍，其國大强。行中度，天下和。其伏，相有逆謀不成。

當其旺而有相色，主弱臣强。有休色，人主有疾病之憂。有囚色，大赦。有死色，有大喪。其進舍也，有德令。其退舍也，有還令。其所守之舍，其下必有逆德者。

唐・金俱吒《七曜攘災訣》卷上　水宮占災攘之法第三

歲星者，東方蒼帝之子。十二年一周天。所行至人命星，春至人命星，大吉，合加官禄得財物。夏至人命星，合生好男女。秋至人命星，其人多病及折傷。冬至人命星，得財則大吉。四季至人命星，其人合有虛消息及口舌起。若至人命星起災者，當畫一神形，形如人，人身龍頭。若天衣，隨四季色，當項帶之。若過其命宿，棄於丘井中，大吉。

又　歲星東方木之精，一名攝提。徑一百里，其色青。而光明所在有福，與太白合宿有喪。其行十三年一周天强，三百九十九日一伏見。初晨見東方，六日行一度，一百一十四日，順行十九度，乃留而不行二十七日，遂逆行，七日半退一度，八十二日半退十一度，則又留二十七日，復順行，一百一十四日行十九度而夕見伏於西方，伏經三十二日又晨見如初。八十三年凡七十六終而七周天也。

又　木，其神如老人，著青衣，帶猪冠，容貌儼然。宜持普賢真言轉《法華經》及《維摩經》，共八卷或八十卷。宜燒沈香及宜著章服，宜帶珠玉銀。不宜殺生及食猪肉，不宜入神廟及弔死問病。好食香美菓子生薑，令人强者弱弱者强者，宜坐白氈帶華珠玉。

宋・鮑雲龍《天原發微・少陽》　歲星

木性柔直，史氏謂其主司天下、人君之過。主歲五穀。分四七宿爲十二次，一歲行一次。太歲在子午卯酉四仲，則歲行三宿。太歲在寅申巳亥四孟，及辰戌丑未四季，則歲行二宿。二八十六，三四十二，而行二十八宿。歲星十二歲一周天，爲一紀。太歲爲陰，左行在寅。歲星爲陽，右轉在丑。太歲在卯，則歲星居子，在辰，則歲星居亥之類。又爲太歲在寅，則歲星正月最出東方。在卯，則二月晨出東方。以此而推，餘皆可見。歲星所在其國，有福，失次則所衝之地有禍。過次者，殃大過。舍者，殃小。不過，則無咎。張曰：木乃一歲盛衰辰者，一月一交之次，有歲之象也。

元・脱脱《宋史》卷五二《天文志五》　歲星爲東方，爲春，爲木。於人五常，仁也；五事，貌也。超舍而前爲贏，退舍爲縮。色光明潤，君壽民富。又主福，主大司農，主五穀。石申曰：歲星所在，國不可伐，如歲在卯，不可東征。甘德曰：所去，國凶；所之，國吉；退行，爲凶災。主泰山、徐、青、兖及角、亢、氐、房、心、尾、箕。君令不順，則歲星退行；入陰爲内事，入陽爲外事；行陰道爲水，行陽道爲旱。星大，則喜；小，則牛馬多死，疾疫。初見小而日益大，所居國利。初出大而日小，國耗。《荆州占》：歲星色黑，爲喪；黄，則歲豐；白，爲兵；青，多獄；君暴，則色赤。熒惑相犯，爲大戰，相去方寸爲犯，戰，客勝。食火，國亡。邊侵曰食。守之爲賊。居之不去爲守。觸火，則國亂。兩體俱動而直曰觸。合鬭，爲饑，旱。離復合，合復離曰鬭。填星相犯，退，犯填，太子叛。當東反西曰退。與填星合，爲内亂，民饑。芒角相及同光曰合。守填星，其下城敗。太白相犯，大臣黜，女主喪。觸太白，則四邊來侵。守太白，爲四序不調。合鬭，則大將死。辰星相犯，太子憂。觸辰，主憂；守，憂賊。合，則君臣和。晝見，則臣强。他星犯之，主不安。客星犯守，主憂。流星犯之，色蒼黑，大農死；赤，爲饑疫；黄，則歲豐。抵之，臣叛主。

元・岳熙載《天文精義賦》　歲星

東方歲星，司春貌仁。

《宋志》曰：歲星者，蒼龍之精，東方春木。五常曰仁，五事曰貌，與太歲更爲表裏。名曰歲星，主福德。

以甲乙爲配，以齊吴是分。

甲乙配之分，主齊吴。

營室之清廟爲廟，

營室爲清廟，則其廟也。
風雷之震動應焉。
於卦曰震、巽，其類風雷，又震百里，而風爲號令，雷震動人，君之道也，故象之德。
布農事，播植百穀。
於官，主大司農，司五穀。
施慶賞以及庶民。
人君當春時，爲順少陽，施德令，率百官行慶賞以及兆民。順天象，授民時，祈嘉穀，布農事，修封疆，相地宜以遵民躬命。祀山，禁伐林木，命有司，發倉廩，賜貧窮，賑乏絶。開府庫，出幣帛，周給天下。勉諸侯，聘名士，禮賢者，則星無變。緩則不行，急則過分，逆則占，仁虧貌失，逆春令，傷木炁，則罰見歲星。
祚有道之君，罰無道之人。
主司人君諸侯之過。若人君行德，貌恭，心肅，則明大潤澤，而降福祥。人主壽長，百穀成熟，天下安寧，從諫則星如度。酷亂恣情，讒臣競進，失度或怒，君道不昌，百穀不登，庶士不寧。君明則星明，暗則星暗。又曰：其行循軌，則君政可觀，或遲疾失常，則皇綱不振。
昔五星聚井而從歲，變其事，祚漢而禍秦。
君若無道，從使歲星見在其宿分，亦不爲福。且如秦末，歲星在井，子嬰不爲福，故秦二世之君，終於屠滅。漢祖之入秦也，修德布政，約法三章，與民更始，秦人欣戴，遂成王業。項羽後入，燔燒宮室，殘暴荼毒，終至敗亡，是其驗也。
上古百二十年而踰一次，震代八十四歲而超一辰。
考商周之際，率一百二十年而超一次。至戰國之時，則行浸急，逮中平之後八十四年而超一辰。此皆霸政凌遲，羣雄竟起，馴致其變，漸清其差，終以仁政將衰，天下大亂。亦由隨人君之政，遲速之差使之然。
見伏以十三度爲限。
去日十三度外，晨見。去日十三度内，夕伏。
周天以十二歲爲真。
歲星十二歲一周天。
終率積三百九十八日太强之數，計行乎三十三度六十之有三分。
歲星之行，初與日同度，曰合伏。經十六日八萬分，行三度八十分，去日十三度外，乃晨見於東方而順，順一百一十二日行十八度十二分而留，留二十四日而退，退四十六日六十四分行五度一十八分與日對。其前爲前變，其後爲後變。又退四十六日六十四分行五度一十八分而留，留二十四日然後順，順一百一十二日行十八度二十分，其日十三度内，乃夕伏於西方。經十六日八十分行三度八十分，復與日軌同度而合。積三百九十八日八十八分，爲伏見一終之數。計行三十三度六十三分，曰距合同而復始。
若盈縮之失位，必下降爲貴臣。
若盈縮失位，則其精降而爲貴臣。
在春當望，色如左角而大。
在春曰旺，色如左角，大而青，有精光。仲春之時，有芒角。如其色，則天下和平。
不居常，則人君政失於春。
《景祐占》曰：政失於春，歲星不居常。

明・李泰《天文精義補注》 歲星

東方歲星，司春貌仁。
原註：《宋志》云：歲星者，蒼龍之精，東方春木。五常曰仁，五事曰貌，與太歲更爲表裏。名曰歲星，主福德。
補註：《玉曆通政經》云：木星應於春令，主仁而化生萬物，如太歲之生成，故名曰歲星。
《宋志》曰：歲星乃少陽發揮之官，位居正卯，與太歲更爲表裏，名曰歲星，故春占之。
以甲乙爲配，以齊吴爲分。
原註云：甲乙配之分，主齊吴。
補註曰：甲乙，東方木也，分野主齊吴之地。齊，今山東青州。吴，今蘇州是也。
營室之清廟爲廟，風雷之震動應。
原註云：營室爲清廟，則其廟也。於卦曰震巽，其類風雷，雷震百里，而風爲號令，風雷震，人君之道也。故象主德焉。
補註：《玉曆通政經》曰：歲星，廟主營室。室，宿也。
愚按：室宿南六星，白雷電震爲雷震，屬東方主仁德，故仁君發號於令應焉。

布農事，播植百穀。

原註云：於官，主大司農，司五穀。

補註：《尚書》云：平秩東作，蓋言春月歲功，方興教百姓，播種百穀也。《禮記》云：孟春之月，天氣下降，地氣上騰，天地和同，草木萌動，王命布農事，相土地所宜五穀，所殖以教導民。

施慶賞以及兆民。

原註曰：人君當春時，必順少陽，施德令，率百官行慶賞以及兆民。順天象，授民時，祈嘉穀，布農事，修封疆，相地宜以教民躬命。祀山林，禁伐林木，命有司，發倉廩，賜貧窮，賑乏絶。開府庫，出幣帛，周給天下。勉諸侯，聘明士，禮賢者，則星無變。政緩則不行，急則過分，逆則占，仁虧貌失，逆春令，傷木氣，則罰見歲星。

補註：《禮記・月令》云：立春之日，天子親帥三八九卿，諸侯大夫，以迎春於東郊，還反賞公卿大夫於朝，命相布德和令，行慶於惠而及兆民。

祚有道之主，罰無道之人。

原註云：主司人君諸侯之過。若人君行德令，貌恭，心肅，則明大潤澤，而降福祥。人主壽昌，百穀成熟，天下安寧。從諫則星如度。酷亂恣情，讒臣競起，則失度或怒，君道不昌，百穀不登，士庶不寧。君明則星明，君暗則星暗。又曰：其行循軌，則君政可觀，或遲疾失常，則皇風不振。

補註：西漢《天文志》曰：歲星所在國不可大，可以伐人。《玉曆通政經》云：國有厚德，則居之而不去。

昔五星聚井而從歲，變其事，祚漢而過秦。

原註云：君若無道，縱使歲星在其宿分，亦不爲福。且如秦末，歲星在井，子嬰不爲福，故秦二世之君，終於屠滅。

漢祖之入秦也，修德布政，約法三章，與民更始，秦人欣戴，遂成王業。項羽後入，燔燒宫室，殘暴荼毒，終致敗亡。

補註：《史記》云：漢高祖元年十月，五星聚于東井，以曆推之，從星歲也。占者以爲漢興秦亡之兆也。《五星議》曰：五星留繞伏見之效，表裏盈縮之行，皆係也。而象之於政，政有小失，則小變。不然，皇天何以陰隲下民，驚悟人主哉！

上古一百一十年而踰一次，震代八十四歲而超一辰。

原註云：考商周之際，率一百二十年而超一次。至戰國之時，其行浸急，逮中平之後八十四年而超一辰。此皆霸政凌遲，羣雄並起，馴致其變，漸積其差，終以仁政將衰，天下大亂。亦曰：隨人君之政，遲疾之差使之然也。

補註曰：天有十二次，日月之所躔。地有十二辰，王侯之所國。上古帝王淳朴之時，歲星行遲一百二十年而踰一次，至中古霸伐澆漓之日，歲星行疾八十四年而超過一辰也。

見伏以一十三度爲限。

原註曰：去日十三度外，晨見。去日十三度内，夕伏。

補註云：遠日爲見，近日爲伏。歲星或見或伏，以近日遠日十三辰爲限則。

周天以十二歲爲真。

原註曰：歲星十二年一周天。

補註：晉灼云：太歲在四仲，則歲星行三宿。太歲在四孟四季，則歲星行二宿。二八十六，三四十二，而行一十八舍。

終率積三百九十八日太强之數，計行乎三十三度六十之有三分。

原註云：歲星之行，初與日同度，曰合伏。經十六日八十分，行三度八十分，去日十三度外，乃晨見於東方而順，順一百一十二日行十八度十二分而留，留二十四日而退，退四十六日六十四分行五度一十八分而留。與日對。其前爲前變，其後爲後變。又退四十六日六十四分行五度一十八分而留，留二十四日然後順，順一百一十二日行十八度二十分，其日十三度内，乃夕伏於西方。經十六日八十分行三度八十分，復與日軌同度而合。積三百九十八日八十八分，爲伏見一終之數。計行三十三度六十三分，曰距合周而復始。

補註曰：周天三百六十五度有奇，一歲三百六十五日有奇。歲星三百九十八日太强，行星三十三度六十三分。此大畧也，其見伏留順已見原註。

若盈縮失位，必下降爲貴臣。

原註云：若盈縮宿失位，則其精降而爲貴臣。

補註曰：歲星或超舍而前爲盈，退舍而後爲縮。歲星若行而有盈縮，失次必下降爲貴臣，故李淳風曰：降而在人，則爲貴臣。

補註曰：歲星或超舍而前爲盈，退舍而後爲縮。歲星若行而有盈縮，失次必下降爲貴臣。

在春當王，色如左角而大。

原註云：在春曰王，色如左角，大而青，有精光。仲春之時，有芒角。如其

色，則天下和平。

補註曰：歲星主春，故在春當王，如角星左星。

宋中《興天文志》曰：歲星色青，比參左肩小於太白。

歲星不居常，則人君失政於春。

原註《景祐占》曰：政失於春，歲星不居常。

補註曰：《漢·天文志》曰：歲星當居不居，或居之又東西去之，主國君失政。

明·王英明《曆體略》 五緯

木曰歲星，其行約十有二年一周天。法夕伏、合伏各一十六日八十六刻，各行三度八十六分。晨出東方，疾遲共一百一十二日，行十有七度八十四分，留二十四日，晨退、夕退各四十六日五十八刻，各退四度。八十八分一十二秒半，復留二十四日，遲疾共一百一十二日，行一十七度八十四分，則又夕伏。而伏見一周，其行以卯年居卯宮，建卯月，與氐、房、心夜半見東方。辰年居寅宮，建辰月，與尾、箕夜半見東方。巳年居丑宮，建巳月，與斗牛夜半見東方。午年居子宮，建午月，與女、虛夜半見東方。未年居亥宮，建未月，與室、壁夜半見東方。申年居戌宮，建申月，與奎、婁，夜半見東方。酉年居酉宮，建酉月，與胃、昴夜半見東方。戌年居申宮，亥年居未宮，子年居午宮，丑年居巳宮，寅年居辰宮。各以其年之月，與其宮之宿，夜半見東方。凡五星之行，贏縮與日同。

清·江永《數學》 甲爲地心，乙丙丁爲太陽本天，壬癸子爲木星本天，戊己庚辛爲本輪，亢氐爲均輪，丑卯寅辰爲次輪。戊爲最高，庚爲最卑。設均輪在最高，初宫。則次輪心在氐；如合伏星在丑，衝日星在寅，次輪三宫星在卯，九宫星在辰，均輪星在最卑，六宫。則次輪衝日時星在酉。均輪到三宫，己點。而次輪又爲九宫，則星到。巳本天上，在未，黄道上視之，在戌，戌丙其減度。均輪到九宫，辛點。而次輪又爲三宫，則星到午本天上，在申，黄道上視之，在亥，亥丙其加度。

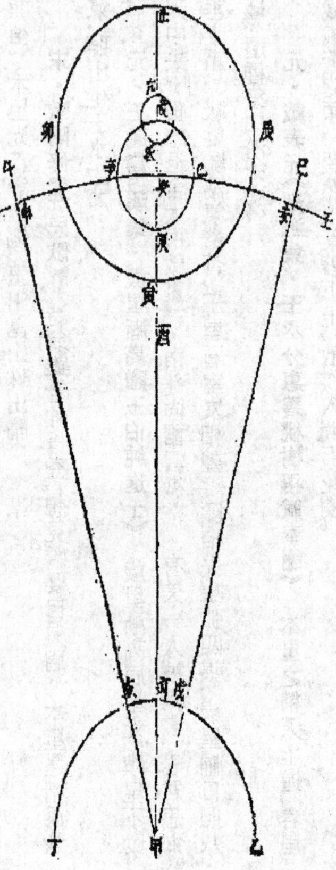

木星諸輪圖

清·傅蘭雅《天文須知》 木星，太陽外第五圜行星，名曰木星。離太陽十四萬八千八百萬里。其體爲行星中最大者。人視之，其光頗大，惟不及金星之明。其面有黑斑條條。【略】其全體比地球大一千四百倍。繞太陽一周，須十一年零三百一十七日。其體外有四個月輪，環繞本星如地球之月焉。

清·測隱居士《天學入門·七曜大小形體》 木星大地，九十四倍。別有四星，隨從有規。大于地九十四倍半，近木別有四小星，左右隨從，有規則，有定期，又有蝕時。

清·測隱居士《天學入門·諸曜行度》 木星右旋，平行麗天。一十二日一度之躔。一十二月，一宫之移。一十二年，繞一週圜。其星旁有小星四點，近者爲第一星，一日半奇；二星，三日半奇；三星，七日奇；四星，十六日奇。皆爲繞木星一周之日數。其行約十二年一周天，其大周則不足八十三年，行不足七周天，與日合者七十有六南北緯各距黄道二度有奇。

與日同度，伏留順逆。平行三十三度有奇。積日三百九十有八。次輪一週，會日無差。次輪一周，輪心平行三十三度半奇，積日三百九十八日奇。與日同度，伏於日下，經不足十七日，行不足四度，爲前順。經一百十二日，行不足十八度，爲前留。留二十四日，爲前退。經四十六日半奇，退不足五度，與日對望，謂之後退。經四十六日半奇，退不足五度，爲後留。留二十四日爲後順。經一百十二日，行不足十八度，乃夕伏西方。經不足十七日，行不足四度，復與日合。

藝文

五代·杜光庭《廣成集·川主令公南斗醮詞》 木星處愁煩之宿，暗曜出乖

背之方，垂象至明，陰陽有數，得無警懼，以自勵修？

宋・黄公度《知稼翁集・次方咨謀韻賀鄭宋英弄璋》 渥窪産龍種，莞簟兆熊禧。木星光芒舒紫焰，玉出崑山珠出隋。

宋・歐陽修《洗兒歌》 詩翁雖老神骨秀，想見嬌嬰目與眉。木星之精爲紫氣，照山生玉水生犀。

元・王逢《梧溪集・歲星漸高贈王伯純進士》 歲星漸高辰星光，鎮星不動天中央。熒惑退舍太白斂晝芒，南斗尚爾雲微茫。有美一人被褐裳，思君思鄉垂十霜。駆姿駘蕩氣鬱蒼，王屋石室岌相望。願棓先驅弧四張，歲星輔日照八極，還種祭田汾水陽。

元・戴表元《剡源集・王丞分惠碧桃樹再賦奉謝》 木星之精天上遊，春風歲歲蒼龍頭。偶然根葉著下土，散作人間百花樹。

明・焦竑《焦氏筆乘・用脩誤解歲字》 從戌者，木星之精生於亥，自亥行至戌而周天也，謂其始於秦，蓋誤。

清・蔡衍鎤《操齋集・巡守議》 夏商以來，皆因此禮。至周，取象於木星之行，十二歲一周，非不數出也，不忍以愛民之故，而數煩吾民也。

雜録

《關尹子・四符》 鬼者，人死所變。【略】輕清者魄從魂升，重濁者魂從魄降，有以仁升者爲木星。

《黄帝内經・素問・金匱真言》 東方，青色，入通於肝，開竅在目，藏精在肝。其病發爲驚駭，其味酸，其類艸木，其畜兔與雞，其穀麥，其應四時上爲歲星，是以春氣在頭也。

漢・劉向《列仙傳》卷下 然歲星變爲甯壽公等，所見非一家，聖人所以不開其事者，以其無常。

漢・王符《潛夫論・卜列》 太皞木精，承歲而王，夫其子孫咸當爲角。

三國吴・張仲遠《月波洞中記・耳詩》 無珠曰：木星若得無凶陷，却許將來壽數堅。

晉・葛洪《抱朴子・内篇・雜應》 歲星，青氣，使入肝，夏服。

晉・郭璞《葬書》 鳳出於木星，故貴。

北周・庾季才《靈臺秘苑・斛》 斛距西南星，去極八十六度半，入尾三度。星明則尺量平，而商人不欺，不然則反之。亡則歲饑。木星守之，則得忠臣。

唐・李筌《太白陰經・歲星占》 木星乘金，偏將軍死。

五代・杜光庭《録異記・異石》 歲星之精，墜於荊山，化而爲玉，側而視之色碧，正而視之色白。卞和得之獻楚王。後入趙，獻秦。始皇一統天下，琢爲受命璽，李斯小篆其文，歷世傳之，爲傳國寶。又《古今異説》云：是大角星精。大角，亦木星是也。

明・廖道南《殿閣詞林記・方孝孺》 洪武初爲濟寧知府，有異政子三人，孝孺其仲也。至正丁酉始生之夕，有木星墮於其所，故其性資精敏絶倫，長老見之皆咄咄嗟異。

土星部

題解

僞孔安國注《尚書·虞書》 土曰鎮星。

《文子·精誠》 四時失政，鎮星搖蕩。

漢·劉安《淮南子·天文訓》 中央，土也，其帝黄帝，其佐后土，執繩而制四方；其神爲鎮星，其獸黄龍，其音宫，其日戊己。

三國魏·張揖《廣雅·異祥》 鎮星，謂之地侯。土宿也。

宋·真德秀《讀書記·填星》 填星，地類，然根本五行，雖其行最緩，亦不純，繫乎地也。

論説

清·合信《天文略論》 論土星

土星離日九百兆里，中國三千一百五十兆里。星體直徑七萬九千里，中國二十七萬六千五百里。大過地球九百數十倍，每點鐘行二萬一千里，中國七萬三千五百里。十點半鐘轉身一回。週圍日外一回係二十九年五個半月，離日更遠，其行愈遲，看之亦小，彷似定位之星。其光似鉛之色，不大明亮，故人難見之。星之外有七月，第一月至近者二十二點半鐘運行星外一回，第七月至遠者七十九日七點鐘運行星外一回。土星之月亦如木星之月，時時有蝕，預先推算定其掩蝕之時刻，亦可助行船之人以算經度也。七月之外，又有光帶二條圍星之腰，最爲奇異。天文士加利利阿之前未有千里鏡，無人得見其迹也。內一帶闊二萬里，中國七萬里。外一帶闊七千二百里，中國二萬二千五百里。內帶與外帶相離一千七百里，中國五千九百五十里。內帶圍之中均離星體二萬里。中國七萬里。天文士測想此光帶與星體一般堅實，皆是借日之光以照。土星帶上有凸角之形，旋轉而圍土星，十點半鐘轉一回也。

清·摩嘉立、薛承恩《天文圖説》 論土星

近日之第六星爲土星，在木星之外，其體較木星頗小，直徑二十一萬六千里，離日二百六十一千六百萬里，繞日約二十九年半一周，自轉一周約十小時有半，其本軸比木星更斜。

人目見土星之光小於金、火、木三星，而色則淡黄。昔有天文士：謂此星能令世人憂苦，但古人所識之行星，只有此數星，計離日最遠者，即土星，且云此數星有關於世人之吉凶，其説與華人畧同。若在土星處，較在地球觀日更小。【略】

以遠鏡測土星，見其美麗殊異，蓋此星外有光環三層環繞四周，外更有八月繞之，其異於衆星如此。【略】

土星外有三光環，人易於認識，而環中又分數層之環合而爲一。其外環直徑五十一萬餘里，闊三萬里；中環直徑四十三萬八千餘里，闊五萬四千里；外環距中環約四千五百里，更有內環所異者，有極薄之質如紗散佈至中環，其離土星只三萬里。【略】

光環之體質究係何物，至今猶未之知。或云乃瑣碎之質合成，亦循本軌道而遶土星，或爲隕石之類，俱未可知。蓋其形常變，故人擬爲碎質合成。

環之所向不一，有時見其邊正與地軌平面相對，故所見如一直綫。【略】後漸斜側【略】再後其邊又正爲一直綫式。【略】所以變更若此者，以其赤道與地軌平面有正斜之交故也。【略】土星自轉甚速，故赤道凸而長，南北極平而縮，而光亦以赤道爲最，其面有帶，而帶之光較木星則稍黯。【略】

土星之質重如堅木，然較諸行星則皆輕，【略】其外只有包羅之氣，本非其實體。【略】

土星旁有八月，各循軌道，遠近不同，皆遶土星而行。【略】

清·艾約瑟《天文啓蒙》 土星

以遠鏡向土星窺視，形色最嘉美可觀。不惟有八個小月在土星外環繞，並

有極大光圜，發光甚明，環繞於土星體外。土星距日之遠，在二十六萬有一千六百萬里。繞日運行一周需一萬有七百五十九晝夜。即我儕地面上將及三十年，方爲土星面之一年也。直徑較地球長九倍。土星面有黑斑，亦有暗帶，與木星面大畧相似，即其面之黑斑，以驗其行之遲速，測知其旋轉本軸外一次，約在十點半鐘頃，如是觀之，是土星之一日，較木星一日微見其多。大抵土星與木星之體質，積聚之物料，所差亦無幾。此事由何知哉？即因細視土星體外，彷彿有多帶密雲之大風氣套，其風氣套破裂處，望見有暗帶式，與木星之理同。土星體甚輕，體質疏密率較木星輕減一半，與地球體質疏密相較，其輕重不待言矣。土星之本軸線與所行之軌道面相交之角約在二十六度有半，其春夏秋冬，可與地面同。設問其光圜爲何物，實難答對。如圖中形式，分而爲三道光圜內外依次層層套列，至外之一道光圜，直徑長及四十九萬八千里，外之二道光圜明於內之一道光圜，內光圜形式猶如縐紗，因名之曰縐紗圜，以力極大之遠鏡方能見，鏡力不大即不能見，然能透光，內邊土星本體可令我儕見之。光圜闊而不厚，僅厚及四百十四里，因其光圜有如是薄，故土星行於軌道某處，其光圜適向我時，不以力大之遠鏡不能見。泰西歷家每謂此三道大光圜即爲無數之小月環繞土星。

土星外之八個小月，不似木星外之小月，能令吾等看視真切，以其去地甚遠，故於平常時少見有被土星遮掩月食式，亦因其八小月所行軌道，與土星軌道面，所差交角甚大，故月食時極少。

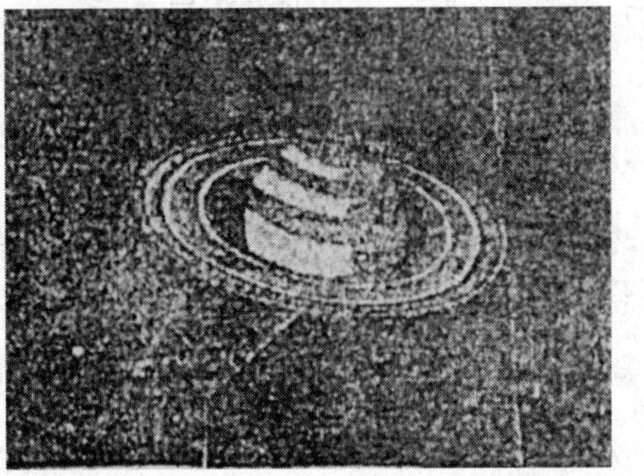
第三十六圖　土星及土星光圜式

綜述

漢・劉安《淮南子・天文訓》　鎮星以甲寅元始建斗，歲鎮行一宿。當居而弗居，其国亡土；未當居而居之，其國益地，歲熟。日行二十八分度之一，歲行十三度百一十二分度之五，二十八歲而周。

漢・司馬遷《史記》卷二七《天官書》　曆斗之會以定填星之位。曰中央土，主季夏，日戊、己，黄帝，主德，女主象也。歲填一宿，其所居國吉。未當居而居，若已去而復還，還居之，其國得土，不乃得女。若當居而不居，既已居之，又西東去，其國失土，不乃失女，不可舉事用兵。其居久，其國福厚；易，福薄。

其一名曰地侯，主歲。歲行十(二)〔三〕度百十二分度之五，日行二十八分度之一，二十八歲周天。其所居，五星皆從而聚于一舍，其下之國，可〔以〕重致天下。禮、德、義、殺、刑盡失，而填星乃爲之動摇。

贏，爲王不寧；其縮，有軍不復。填星，其色黄，九芒，音曰黄鍾宫。其失次上二三宿曰贏，有主命不成，不乃大水。失次下二三宿曰縮，有后戚，其歲不復，不乃天裂若地動。

斗爲文太室，填星廟，天子之星也。

填星出百二十日而逆西行，西行百二十日反東行。見三百三十日而入，入三十日復出東方。太歲在甲寅，鎮星在東壁，故在營室。

漢・班固《漢書》卷二六《天文志》　填星曰中央季夏土，信也，思心也。仁義禮智以信爲主，貌言視聽以心爲正，故四星皆失，填星乃爲之動。填星所居，國吉。未當居而居之，若已去而復還居之，國得土，不乃得女子。當居不居，既已居之，又東西去之，國失土，不乃失女，不，有土事若女之憂。居宿久，國福厚；易，福薄。當居不居，爲失填，其下國可伐；得者，不可伐。其贏，爲王不寧；縮，有軍不復。一曰，既已居之又東西去之，其國凶，不可舉事用兵。失次而上一舍三舍，有王命不成，不乃大水；失次而下二舍，有后慼，其歲不復，不乃

天裂若地動。

北周・庾季才《靈臺秘苑》 鎮星占

鎮星者，勾陳之精，色黄，中央。夏季，土，戊巳，皆配之，五常曰信，五事曰思，主德厚安危存亡之機，南斗爲大室宗廟也。於卦有坤、艮，其行最遲，象地與山之不可移易，女后之象也。皇帝之德，司天下女主之過。四星皆失，鎮乃爲之動，動而盈，侯王不寧則有軍，不復失次。其上二三宿曰嬴，有土命不成，不久有大水，失次而下曰縮，后凶，其歲不寧。有若天裂，若地動，緩則不入，急則過舍，逆則占凶，則其所在之分民信，物順，國安，得地。軍順而兵安，女子在軍，其地不可攻。去地，失地，或有女憂。若光明潤澤，則歲豐；微細，女后失勢，居宿久，則福厚。易，則人君好畋獵，出入不時，賜與不當，則鎮星失明，人多疾病，歲多大風，禾稼不成。又爲天子之星，若天子性道不施，則鎮星大動。又曰動則大德義、刑罰盡失、若女后怒。或有憂，亦爲江河決溢。人君當於季夏之時祀宗廟社稷之靈，爲民祈福。行令必信，配天成功，象地之載，以成百穀，不入山林斬伐，不可興工，不可合諸侯，不可興兵衆。若季夏行春令，則歲星之氣干之，其色青，無芒角，其歲不實，多風欬，人多遷徙。行秋令，則太白之氣干之，星乃變白，則兵起，水滂，禾稼不熟，乃多災。行冬令，則辰星之氣干之，星變黑小，風雨不時，鷹隼悍鷙，四鄙入堡。星之行，始與日同度，合伏日下，經十八日三十四分，行二度三十四分，去日十六度晨見于東方而順。順八十四日，行四度七十八分而留。留三十六日八十八分而退。退五十日七十分，行三度五十八分而留。留三十六日而順。順八十四日七十八分，去日十六度内乃夕伏于西方。經十八日三十八分，行二度三十四分，復與日軌同度而合，積三百七十八日八分爲伏見。一終之，計行十二度八十三分與矩合。同而復始。失位則下降爲老人、婦女，若芒角則争地或旱。色黄而明，土工興。潤白而芒角，有子孫興旺之慶。色青黄，國有憂。色白，有素服，天下不安。色黑，人多疾病，或小災。若黄而耀，吏工失而土工興。黄如火光，女后恣，又爲分争。春青，夏赤，秋白，冬黑，皆爲女后有喜。若失色，而爲憂。出黄道北，匿謀動。在四季曰王色，正黄，北極中央大星而精明有芒角，在秋曰休，其色無精明；在冬曰囚，其色黑，小細不明；在春曰死，色青，細小不明。當王而有相色，則女戚强；休色，在公卿；白色，女不昌；死色，后之戚之祥。其留守之舍，德厚；其進舍也，其國得土；其退舍也，失土。相時而有王色，其分主弱，女后用事；休色，土工起；囚色，不昌；死色，貴人多喪。留守之舍，女后憂；進舍、退舍，皆爲土工憂。休而有王色，臣下縱横；相色，女色媚好行；囚色，女后宗室有喪；死色，重有女喪。所留之舍，其分人流；進舍、退舍，其國受殃。囚而有王色，國有赦令，四時不和，多風雨，穀不成，野多囚人；相色，臣下謀，爲謀及司空；休色，女后與妾誣死；囚色，國多怪，土工作。所留之舍及進退，其國庶子憂，其退爲喪。死有王色，下大盛，枯木復生，臣下專政；相色，地洩其藏；休色，五穀暴貴，人死，多散亡；囚色，有霜雹。留守之舍尤凶；進舍也，若有地動摇；其退也，多移徙也。其與四星合，歲星則謀更代事，上勢且弱，又曰必敗，又爲飢。相合則野有兵相攻，爲内亂。熒惑合，爲兵亂、旱喪，其分不可舉事，用兵必受其殃，大兵則爲國亡地。相近數十日間不去，女后有憂，又爲疾病，爲内兵、白衣之會及水決。其分大微，國有兵，大懼。入營室，天下兵謀。相守，爲兵、爲疫。與辰星合，爲壅阻，其分不可舉事。其殃爲覆軍殺將，出兵亡地，入兵得地。若兵戰，客敗。一曰爲謀更事，爲旱飢。

唐・李淳風《觀象玩占》 卷七

鎮星

總叙

鎮星一曰地候，中央，黄帝含樞紐之使，勾陳之神，土星之精也。

鎮星常晨出東方，夕伏西方，其行二十八歲而一周天。

歲鎮一宿，故曰鎮星。五常爲信，五事爲思。

仁義禮智，以信爲本；貌言視聽，以思爲主。故四星皆失，鎮星乃爲己之動。動而盈，侯王不寧，縮，有軍不復。鎮星主四季，其日戊巳，其辰丑未辰戌，其卦坤、艮，其音宫，其數五，其帝黄帝，其神土后。

主福德，女主之象，所國有福，不可伐。

人主聚衆，主土功，主正綱紀，主周梁。

主太常，主司天下女主之過。

鎮星正則女主正，邪則女主邪。一曰鎮星天子之星也，天子失信則鎮大動。

唐・房玄齡等《晉書》卷一二《天文志中》 填星曰中央季夏土，信也，思心也。仁義禮智，以信爲主，貌言視聽，以心爲正，故四星皆失，填乃爲之動。動而盈，侯王不寧。縮，有軍不復。所居之宿，國吉，得地及女子，有福，不可伐；去之，失地，若有女憂。居宿久，國福厚；易則薄。失次而上二三宿曰盈，有主命不成，不乃大水。失次而下曰縮，后戚，其歲不復，不乃天裂若地動。一曰，填爲

黄帝之德，女主之象，主德厚安危存亡之機，司天下女主之過。又曰，天子之星也。天子失信，則填星大動。

唐・魏徵等《隋書》卷二〇《天文志中》 填星曰中央季夏土，信也，思心也。仁義禮智，以信爲主，貌言視聽，以心爲政。故四星皆失，填乃爲之動。動而盈，侯王不寧。縮，有軍不復。所居之宿，國吉，得地及女子，有福，不可伐。去之，失地，若有女憂。居宿久，國福厚，易則薄。失次而上二三宿曰盈，有主命不成，不乃大水。失次而下曰縮，后戚，其歲不復，不乃天裂，若地動。一曰，填爲黄帝之德，女主之象，主德厚，安危存亡之機，司天下女主之過。又曰，天子之星也。天子失信，則填星大動。【略】

填星之精，流爲五殘、六賊、獄漢、大賁、炤星、絀流、茀星、旬始、擊咎。一曰五殘。或曰，旋星散爲五殘。亦曰，蒼彗散爲五殘。【略】

唐・瞿曇悉達《開元占經》卷三八 填星占

填星名主

《石氏》曰：填星，其神雷公。一名決星，又曰卿魄。填星主季夏，主中央，土之精也，于日戊己。是謂黄帝之子，主德，女主之象也，宜愛而不受者，爲失填。其下之國可伐也。有德者不可伐也。一名地候。

《荆州占》曰：填星常出東方，夕伏西方，其行歲鎮一宿，故名鎮星。

《海中占》曰：填星，天子之星也，若失信，則填星大動。

《服食經》曰：雄黄，鎮星之精也。

《淮南子》曰：中央，土地，其帝黄帝，其佐后土，執繩制四方。繩者，直也。其神也，后土，爲填星，其獸黄龍，其音宫，其數五，其卦坤、艮。其辰辰戌，丑未，其日爲戊己。

《春秋緯》曰：填星主德，德失則宫室高臺樹繁，故填星縮，火燒門，動則水决江河，溢大凶。

《文曜鈎》曰：填星主德，以正常德，失則罰，出填星二十四徵以効存亡。

《春秋合誠圖》曰：填星正紀綱。

《甘氏》曰：填星主太常，主周梁。

《海中占》曰：周梁，中國也。邦有德，填星當也。

《巫咸》曰：填之德厚安危存亡之機，星填所宿者，其國安，大人有喜，增土。

《五行傳》曰：填星者，於五常爲信，言行不二。于五事爲思，心寬容受諫。若五常五事皆失，填星爲變，動爲土功，爲女主，爲山崩，爲地動。

吴龔《天官星占》曰：填星所居國有德，不可以兵加。

班固《天文志》曰：填星者，信也，思也。仁義禮智，以信爲主，貌言視聽，以思爲正，故四星皆失，填星乃動。

郗萌曰：填星主祭祀，主鬼神官及太常。

《荆州占》曰：填星，土之精，主四季，主司天下女主之過，女若邪；填星邪；女主正，填星正。

《石氏》曰：填星女主，正綱紀。

《五行傳》曰：填星以上元甲子歲十一月朔旦冬至夜半甲子時，與日月五星俱起于牛前五度，順行二十八宿，右旋，歲一宿，二十八歲而周天。

按《曆法》，填星一年行十二度十一萬六千四百三十二分度之四萬六千二百七十一，二十九年百六十八日千九百七十六分日之千一百三十七，而周天，是三百八十三年而十三周天。

《淮南子》曰：填以甲寅元始建斗，寅元，始曆起之年也；建斗，填星起于斗也。日行二十八分度之一，歲行十三度百一十二分度之五，二十八年而周天。

《春秋緯》曰：填星出百二十日，反逆西行百二十日，東行見三百三十日而入，入三十日復出東方，運之常也。守度持節爲紀綱，順之則吉，逆之則凶。

《荆州占》曰：填星出東方三百六十日而伏西方，三十日而復晨見東方。

《動聲儀》曰：宫音和調，填星如度，不逆則鳳凰至。

巫氏曰：填星受制，則養老存鰥寡，行糟粥，施恩澤，事賓客。

《尚書緯》曰：氣在于季夏，其紀填星，是謂大静。無立兵，立兵命曰犯命。

奪人一畝，償人千里。殺人，不當償。以長子不可起土功，是謂犯之常，滅德之光。可以居正殿安處，舉有道之人，與之慮國，人以順式時，利以布大德，修禮義。不可以行武事。可以赦罪人，與德相應，其禮衣黄。是謂順陰陽，奉天之常也。如事則填星得度，地無灾也。

郗萌曰：填星用事，務招録賢聖，擇廉平，勸民耕農，實倉庫，治城郭，通溝渠，奉天補，修治社稷，數問牢獄，察勉失職，務安百姓。如是，則填星盈縮，不逆行變色。

《荆州占》曰：填星順行而明，其國有厚德。

填星行中道，陰陽和調。

皇甫謐《年曆》曰：甘、石《太陽曆》所以記星出不同者，以星盈縮在前，各録後所見也。

填星之精，凡六十三變。

唐·金俱吒《七曜攘災訣》卷上

一土宫占災攘之法第五

鎮星者，中方黄帝之子，二十九年半一周天。所至人命星多有哭泣聲起。春至人命星，其人有鬭諍死亡之事，不宜見軍器之類。夏至人命星，其人男女多疾患，自身有枷鎖之厄。秋至人命星，有失脱之事，交關不利，水中財物損失。冬至人命星，其人家中合有哭泣聲起。四季至人命星，其人合有重病。攘之法，當畫一神形，形如婆羅門騎黑沙牛。星其至宿當項帶之，星過其命宿訖，以枯木燻之，其災乃過。

又　王，其神似婆羅門，色黑，頭帶牛冠，一手拄杖，一手指前，微似曲腰。到宿命宫，宜鑄可長四寸曲腰三衣瓶鉢。土直日，平旦以黑瓷瓶盛之，於卧處頭邊，以油麻油瀝於頂上，經三年止盡供養，持熾盛光一字王真言《涅槃經》《般若經》十卷或百卷，宜燒安悉香，著白上衣，及帶雄黄朱砂及屠刀，打作環帶之，可重四兩。鶏緩日，平旦以絹畫之供養，好食菓子，帶黑色者爲上。至心啓告，鶏緩國王，某甲君王如護弟子，伏願護命去災，所供養物宜自食之，令人病患如破散，被人欺輕，宜以安悉香燒之供養。

又　鎮星，中方土之精，一名地。徑五十里，其色黄。所在分野多憂，與歲星合女十二崩，與辰星合宿，有破軍殺將。二十九年一周天，三百七十八日一伏見。初晨見東方，十日半行一度，八十三日行八度，則留三十七日，乃逆行，十六日半强退一度，一百日退六度，又留三十七日，復順行，八十三日行八度而夕伏西方，經三十八日又晨見東方如初。凡五十九年五十七終，而再周天也。

宋·鮑雲龍《天原發微·少陽》　鎮星

土性重厚，戊巳，居季夏，四時之中，如人有心，四肢百骸無不統，故四星皆失，鎮星爲動。一曰主女象，又曰天子之星。天子失信，鎮星大動，常以甲辰元斗之歲，鎮行一宿二十八歲一周天，所居之次殊久，其國德厚，張曰鎮星其行最緩，亦不純係乎地。

填星爲中央，爲季夏，爲土。於人五常，信也；五事，思也。常以甲辰元始之歲填行一宿，二十八歲而一周天。四星皆失，填爲之動。所居，國吉，女子有福，不可伐。去之，失地。天子失信，則填大動。盈則超舍，以德盈則加福，刑盈則不復；縮則退舍不及常，德縮則迫慼，刑縮則不育。《星經》曰：「主嵩山、豫州，又主東井。」行中道，則陰陽和調。退行一舍，爲水；二舍，海溢河決。經天退行，天下更政，地動。巫咸曰：光明，歲熟。大明，主昌。小暗，主憂。春青，夏赤，女主喜。春色蒼，歲大熟；色赤，饑。有芒，兵。與歲星相犯相鬭，爲内亂；合，則野有兵。熒惑相犯，爲兵、喪；合，則爲兵，爲内亂，大人忌之。太白相犯，爲内兵，有大戰，一曰王者失地。合於太微，國有大兵，一曰國亡。辰星犯，爲兵，爲旱。祆星犯，下臣謀上。流星犯，則民多事。與月相犯，有兵。

元·岳熙載《天文精義賦》　填星

土在中央爲填主季夏，而思信。

《宋志》曰：填星者，句陳之精，季夏，土。五常曰信，五事曰思。凡跡陳於外而兆發於中，土居四方之中，萬物因之以生，四氣據之而列，故星名之曰填焉。

所配也，配於戊已；所象也，象於坤艮。

戊已配之於卦曰坤艮。

后德天子之言，法地山而不震。

其行最遲，象地之與山不可移易者，女后之德也，故爲女后之象。黄帝之德，司天下女主之過。四星皆失，填乃爲之動。又曰，又爲天子之星，若天子信道不施，則填星大動。若人君發號施令，動必以信，中和之氣作權詐之威，寢則填星循常行，叶於天矣。

其廟以南斗之太室。

南斗爲太室，則其廟也。

其行以不速而緩進。

填星，其形最遲。

主厚德安危存亡之機，其所在也，民信而物順。

其所之分，民信物順，國得安地，軍勝而兵强，及女子有福，其地不可攻伐。去之失地，或有女憂，居宿久則福厚，易則薄。

無動土功之徭，無興師旅之釁。

人君當夏之時，祠祀宗廟社稷之靈，爲民祈福，行令必信，配天成功，象地之載，以成百穀。入山林，竹木無有斬伐。不可興土工，不可合諸侯，不可興兵動衆。

二十八載行及周天。

填星，二十八年而一周天。

一十六度分乎隱顯。

去日一十六度外晨見，去日一十六度內夕伏。

積三百七十八日而有八分，行十二度强，爲終率盡。

星之行，始與日同度，曰合伏。經十八日三十四分，行二度三十四分，去日十六度外，則晨見於東方而順。順八十四日，行四度七十分而留。留三十六日而退，經五十日七十分，退行三度五十八分，乃與日對。其前爲前變，其後爲後變。又退五十日七十分，退行三度五十八分而留。留三十六日而順。順八十四日，行四度七十八分，去日十六度內乃夕伏於西方。經十八日三十四分，行二度三十四分，復與日軌同度。積三百七十八日八分，計行一十二度八十三分，曰距合。周而復始。

失位，爲婦女老人，此盈縮失常之論。

失位，則下降爲婦女老人。

季夏比北極中央之大星。

在季夏及四季曰旺色，其色正黄，比北極中央大星，而精明，有芒角，如其色，則天下和平。

錯度，則思心不容而虧信。

《景祐占》曰：政失於季夏，則填星失度。

明・李泰《天文精義補注》 鎮星

土在中央爲鎮，主季夏，而思信。

原註：《宋志》曰：鎮星者，勾陳之精，中央，季夏，土。五常曰信，五事曰思。凡陳跡於外而兆發於中，土，居四方之中，萬物因之以生，四氣據之而例，故星名之曰鎮。

補註：《玉曆通政經》曰：土，德方而静，静而不動，故名曰鎮星。

原註云：戊己配之於卦曰坤艮。

所配也，配於戊己；所象也，象於坤艮。

補註曰：鎮星主土，戊己，中央屬土，故配之坤，居西南艮，居東北亦屬土，故象之。

后德天子之言，法地山而不震。

原註云：其行最遲，象地與山之不可移易者，女后之德也，故爲女后之象。

黄帝之德，司天下女主之過。四星皆失，鎮乃爲之動。又曰，又爲天子之星，若天子信道不施，則鎮星大動。若人君發號施令，動必以德，中和之氣作權詐之威，寢則鎮星循常行，叶於天。

補註：《玉曆通政經》云：鎮爲黄帝之德，女主之象也。又曰天子之星也。天子失信，鎮星爲之動。女主有過，則鎮星亦多變。坤爲地，艮爲山，地山體静而不動，故曰不震。

其廟以南斗之太室。

原註云：南斗爲太室，則其廟也。

補註《玉曆通政經》曰：南斗爲文太室，鎮星廟也。

其行以不速而緩進。

原註云：鎮星，其行最遲。

補註：宋中興《天文志》云：土性重厚，而舒緩，其行最遲。

主厚德安危存亡之機。

原註闕。

補註云：齊洪氏云：所居國吉，未當居而居，已去而復還，居之其國得土。若當居而不居，既已居之又西東去，其國失土。其居久，其國福厚；其居易，其國福薄，易輕遠也。

其所在也，民信而物順。

原註云：其所在之分，民順，物順，國得安地，軍勝兵强，及女子有福，其地不可攻伐。去之失地，或有女憂，居宿久則福厚，易則薄。

補註：《玉曆通政經》曰：鎮星所居之方，火而不去，戰則得地，田則歲收，國享厚福，女子有慶，王者生嗣，國不可伐。

無動土功之徭，無興師旅之釁。

原註云：人君當季夏之時，祠祀宗廟社稷之靈，爲民祈福，行令必信，配天成功，象地之載，以成百穀。入山林，竹木無有斬伐。不可興土功，不可合諸侯，不可興動象。

補註曰：鎮星所在之分，不可修造興師。

二十八載行及周天。

原註云：鎮星，二十八年一周天。

補註曰：鎮星主土，土性遲，故行周天必於二十八年。

一十六度分乎隱顯。

原註云：去日十六度外晨見，去日十六度內夕伏。

補註曰：隱則近日，顯則遠日。鎮星或隱或顯，在近日遠日一十六度之內外也，顯隱則伏見也。

積三百七十八日而有八分，行十二度强爲終率盡。

原註云：星之行，始與日同度，曰合伏。經十八日三十四分，行二度三十四分，去日十五度外，則晨見於東方。而順。順八十四日，行四度七十八分而留。留三十六日而退，經五十日七十分，退行三度五十八分，乃與日對。其前爲前變，其後爲後變。又退五十日七十分，退行三度五十八分而留。留三十六日而順。順八十四日，行四度七十八分，去日十六度內夕伏於西方。經十八日三十四分，行二度三十四分，復與日軌同度。積三百七十八日八分，計行一十二度八十三分，曰距合。而周而復始。

補註曰：周天三百六十五度有奇，一年三百六十五日有奇，鎮星積三百七十八日八分行星十二度太强，比其大略也，其伏留順退已見原註。

原註云：失位，則下降爲老人婦女。

失位，爲婦女老人，此盈縮失常之論。

補註曰：《玉曆通政經》云：鎮失次，降而在人爲老兒星婦人。又曰：鎮星失次，而上二三宿曰盈，失次而下二三宿曰縮，是謂失常。

季夏比北極中央之大星。

原註云：在季夏及四季曰王，其色正黃，比北極中央大星，而精明，有芒角，如其色，則天下和平。

補註曰：鎮星其大，若比北極中央大星。北極五星中央大星，謂第三星也。

明·王英明《曆體略》 五緯

土曰鎮星，約二十九歲一周天，法。夕伏、合伏各二十日四十刻，各行二度四十分。晨出東方，疾遲共八十六日，行七度六十五分。留三十日。晨夕退各五十二日六十四刻五十八分，各退三度六十二分五十四秒半。復留三十日。遲疾共八十六日，行七度六十五分，而又夕伏，爲一周，或名地候。

清·江永《數學》 甲爲地心，乙丙丁爲太陽本天，壬子癸爲土星本天，戊己庚辛爲本輪，午未爲均輪，丑卯寅辰爲次輪。戊爲最高，庚爲最卑。設均輪在最高，初宮。則次輪心在未，如合伏，星在丑，衝日星在寅，次輪三宮星在卯，九宮星在辰。均輪心在最卑，六宮。則次輪衝日時星在申。均輪到三宮，已點。而次輪又爲九宮，則星到酉本天上在戌，黃道上視之在氐，氐丙其減度，均輪到九宮，辛點。而次輪又爲三宮，則星到亥本天上在角，黃道上視之，在亢，亢丙其加度。

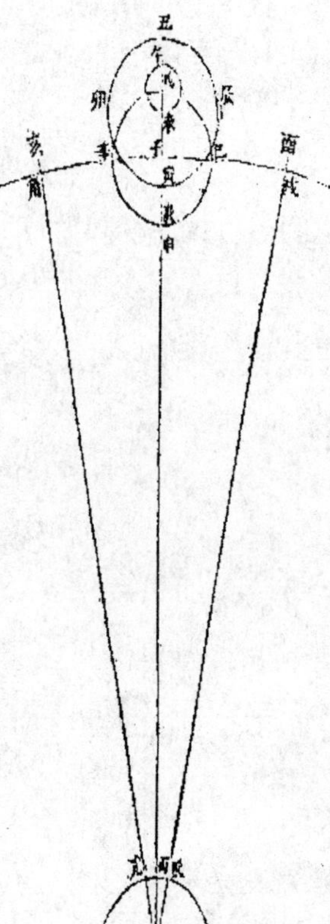

土星諸輪圖

清·傅蘭雅《天文須知》 土星，太陽外第六圜行星，名曰土星。離太陽二十七萬二千七百萬里，其體爲行星中次大者。人視之，仿彿恒星，光色微細，但其全體比地球大一千倍，繞太陽一周須二十九年零一百七十五日。用千里鏡看土星，面上有黑斑如帶，星外有二光環圍纏星體，【略】環上有凹凸之形，環外另有八個月輪繞轉本星。

清·測隱居士《天學入門·七曜大小形體》 土星形體，旁隨數星。其大于地，九十倍零。大于地九十倍又八之一，其形體則兩旁有小二星，經久則漸近土，後或合而爲一，如卵兩頭，又如鼓之有兩耳，外又有五小星繞行。

清·測隱居士《天學入門·諸曜行度》 土星右旋，平行麗天。二十九日，移一度焉。二十九月，移一宮間。二十九年，繞一週天。其行二十九年有奇，行一週天。星體長圓，旁有二小星聯體，外有五小星繞行，最近爲第一星，二日弱，二星三日弱，三星四日半强，四星十六日，五星八十日，此皆繞行土星一周之日數。其大周則五十九歲奇，行二周天奇。與日合者五十七，南北緯各距黃道三度有奇。

與日同度，順逆伏留。一十二度，次輪一周。積日三百七十有八。復與日會，行度不差。次輪一周，輪心平行十二度奇，積日三百七十八日奇，與日同度，伏於日下，經不足二十日半行二度奇，晨見東方，爲前順。經八十六日。行七度半奇，爲前留。留三十

日爲前退。經五十二日半奇，退三度半奇，與日對望，謂之後退。經五十二日半奇，退三度半奇，乃後留。留三十日乃後順。經八十六日行七度半奇，乃夕伏。西方經不足二十日半，行二度奇，復與日同度。

藝文

五代・杜光庭《廣成集・川主周天南斗醮詞》 今以土星對照，金火正臨，五鬼方寄於二宮。地一將移於益部。

元・王惲《秋澗集・填星神像贊》 坤元之精，積而上曜。厚載之德，至靜而妙。爛然黃明，有歲之兆。僧繇像之，其神杳杳。冠著牛首，類其順也。手綰方玦，耿乎填也。非夫知鬼神之情狀者，何以則其奧隱也？

元・袁桷《清容居士集・土星》 昭哉填星，德隆倭遲。燁燁中黃，百穀阜滋。斟酌元氣，導迎丕基。照臨元命，肅將以祈。嘉薦苾芬，留俞靡違。

元・施耐庵《水滸傳》卷八七 「中央鎮星土星」上將都統軍兀顔光，總領各飛兵馬首將五千，鎮守中壇。

明・程明善《嘯餘譜・北曲譜》 宮，屬土，性圓，爲君，其色黃，在天符土星，於人曰信分，旺四季。

雜録

《黃帝内經・素問・金匱真言》 中央黃色，入通於脾，開竅在口，藏精在脾。其病發在舌本，其味甘，其類土，其畜丫蹄屬牛，其穀稷，其應四時上爲鎮星，是以知病之在肉也。

晉・郭璞《葬書》 牛出於土星，故富。

漢・王符《潛夫論・卜列》 黃帝土精，承鎮而王，夫其子孫咸當爲宮。

晉・葛洪《抱朴子・内篇・雜應》 鎮星，黃氣，使入脾，秋食。

北周・庾季才《靈臺秘苑・星總》 東南星曰司空，神主填星，主荆楚，黍禾也。

南北朝《靈寶五符經・靈寶五帝官將號》 中央舍樞紐，號曰黃帝，其神戊己，服色尚黃，駕黃龍，建黃旗，氣爲土，星爲鎮，從羣神十二萬人，下和土氣，上戴九天。

五代・何溥《靈城精義・形氣章正訣》 看尊星是何星辰，如土星起頂垂肩，大開蓋帳，則爲土龍勢。

宋・劉攽《彭城集・行狀》 嘗與呂溱濟叔同在禮部，夜視填星，指曰：「此於法當得土，不然乃得女。」

宋・陳藻《樂軒集・五星》 惟國朝觀文察變，以和人道比者，土星旅於上相之次，宰臣抗疏求去，九重不俞其請。

元・佚名《元河南志・京城門坊街隅古跡》卷一 靖安觀，俗曰土星觀，至宋嘉祐四年，判河南府文潞公奏改，潞公親題其額。